广东省市政基础设施工程竣工验收技术资料系列培训教材

《广东省市政基础设施工程竣工验收技术资料统一用表》(2019版)

(下　册)

广东省市政行业协会　组织编写

中国建筑工业出版社

目　　录

(上　册)

（下　　册）

7.2.4 给排水构筑物工程

7.2.4.1 市政验·构-1 围堰检验批质量验收记录

市政基础设施工程

围堰检验批质量验收记录

市政验·构-1

第　　页，共　　页

<table>
<tr><td colspan="4">工程名称</td><td colspan="5"></td></tr>
<tr><td colspan="4">单位工程名称</td><td colspan="5"></td></tr>
<tr><td colspan="4">施工单位</td><td colspan="2"></td><td colspan="2">分包单位</td><td></td></tr>
<tr><td colspan="4">项目负责人</td><td colspan="2"></td><td colspan="2">项目技术负责人</td><td></td></tr>
<tr><td colspan="4">分部（子分部）工程名称</td><td colspan="2"></td><td colspan="2">分项工程名称</td><td></td></tr>
<tr><td colspan="4">验收部位/区段</td><td colspan="2"></td><td colspan="2">检验批容量</td><td></td></tr>
<tr><td colspan="4">施工及验收依据</td><td colspan="5">《给水排水构筑物工程施工及验收规范》GB 50141</td></tr>
<tr><td colspan="4">验收项目</td><td>设计要求或规范规定</td><td>最小/实际抽样数量</td><td colspan="2">检查记录</td><td>检查结果</td></tr>
<tr><td rowspan="2">主控项目</td><td>1</td><td colspan="2">围堰结构形式和围堰高度、堰底宽度、堰顶宽度以及悬臂桩式围堰板桩入土深度符合设计要求</td><td>第4.7.1-1条</td><td>/</td><td colspan="2"></td><td></td></tr>
<tr><td>2</td><td colspan="2">堰体稳固，变位、沉降在限定值内，无开裂、塌方、滑坡现象，背水面无线流</td><td>第4.7.1-2条</td><td>/</td><td colspan="2"></td><td></td></tr>
<tr><td rowspan="10">一般项目</td><td>1</td><td colspan="2">所用钢板桩、木桩、填筑土石方、围堰用袋等材料符合设计要求和有关标准的规定</td><td>第4.7.1-3条</td><td>/</td><td colspan="2"></td><td></td></tr>
<tr><td>2</td><td colspan="2">土、袋装土围堰的边坡应稳定、密实，堰内边坡平整、堰外边坡耐水流冲刷；双层桩填芯围堰的内外桩排列紧密一致，芯内填筑材料应分层压实；止水钢板桩垂直，相邻板桩锁口咬合紧密</td><td>第4.7.1-4条</td><td>/</td><td colspan="2"></td><td></td></tr>
<tr><td>3</td><td rowspan="8">允许偏差</td><td>围堰中心轴线位置（mm）</td><td>50</td><td>/</td><td colspan="2"></td><td></td></tr>
<tr><td>4</td><td>堰顶高程（mm）</td><td rowspan="2">不低于设计要求</td><td>/</td><td colspan="2"></td><td></td></tr>
<tr><td>5</td><td>堰顶宽度（mm）</td><td>/</td><td colspan="2"></td><td></td></tr>
<tr><td>6</td><td>边坡（mm）</td><td>不陡于设计要求</td><td>/</td><td colspan="2"></td><td></td></tr>
<tr><td>7</td><td>钢板桩、木桩轴线位置（mm）</td><td rowspan="2">陆上：100
水上：200</td><td>/</td><td colspan="2"></td><td></td></tr>
<tr><td>8</td><td>钢板桩顶标高（mm）</td><td>/</td><td colspan="2"></td><td></td></tr>
<tr><td>9</td><td>钢板桩、木桩长度（mm）</td><td>±100</td><td>/</td><td colspan="2"></td><td></td></tr>
<tr><td>10</td><td>钢板桩垂直度（mm）</td><td>1.0%H，且不大于100</td><td>/</td><td colspan="2"></td><td></td></tr>
<tr><td colspan="2">施工单位检查结果</td><td colspan="7">专业工长：（签名）　　项目专业质量检查员：（签名）　　年　月　日</td></tr>
<tr><td colspan="2">监理单位验收结论</td><td colspan="7">专业监理工程师：（签名）　　年　月　日</td></tr>
</table>

注：H 指钢板桩的总长度，mm。

7.2.4.2 市政验·构-2 给排水构筑物基坑开挖检验批质量验收记录

市政基础设施工程

给排水构筑物基坑开挖检验批质量验收记录

市政验·构-2

第 页，共 页

<table>
<tr><td colspan="4">工程名称</td><td colspan="5"></td></tr>
<tr><td colspan="4">单位工程名称</td><td colspan="5"></td></tr>
<tr><td colspan="4">施工单位</td><td colspan="2"></td><td colspan="2">分包单位</td><td></td></tr>
<tr><td colspan="4">项目负责人</td><td colspan="2"></td><td colspan="2">项目技术负责人</td><td></td></tr>
<tr><td colspan="4">分部（子分部）工程名称</td><td colspan="2"></td><td colspan="2">分项工程名称</td><td></td></tr>
<tr><td colspan="4">验收部位/区段</td><td colspan="2"></td><td colspan="2">检验批容量</td><td></td></tr>
<tr><td colspan="4">施工及验收依据</td><td colspan="5">《给水排水构筑物工程施工及验收规范》GB 50141</td></tr>
<tr><td colspan="5">验收项目</td><td>设计要求或规范规定</td><td>最小/实际抽样数量</td><td>检查记录</td><td>检查结果</td></tr>
<tr><td rowspan="3">主控项目</td><td>1</td><td colspan="3">基底不应受浸泡或受冻；天然地基不得扰动、超挖</td><td>第 4.7.2-1 条</td><td>/</td><td></td><td></td></tr>
<tr><td>2</td><td colspan="3">地基承载力应符合设计要求</td><td>第 4.7.2-2 条</td><td>/</td><td></td><td></td></tr>
<tr><td>3</td><td colspan="3">基坑边坡稳定、围护结构安全可靠，无变形、沉降、位移、无线流现象；基底无隆起、沉陷、涌水（砂）等现象</td><td>第 4.7.2-3 条</td><td>/</td><td></td><td></td></tr>
<tr><td rowspan="8">一般项目</td><td>1</td><td colspan="3">基坑边坡护坡完整，无明显渗水现象；围护墙体排列整齐、钢板桩咬合紧密，混凝土墙体结构密实、接缝严密，围檩与支撑牢固可靠</td><td>第 4.7.2-4 条</td><td>/</td><td></td><td></td></tr>
<tr><td>2</td><td rowspan="7">允许偏差</td><td colspan="2">平面位置（mm）</td><td>≤50</td><td>/</td><td></td><td></td></tr>
<tr><td rowspan="2">3</td><td rowspan="2">高程（mm）</td><td>土方</td><td>±20</td><td>/</td><td></td><td></td></tr>
<tr><td>石方</td><td>±20，－200</td><td>/</td><td></td><td></td></tr>
<tr><td>4</td><td colspan="2">平面尺寸（mm）</td><td>满足设计要求</td><td>/</td><td></td><td></td></tr>
<tr><td>5</td><td colspan="2">放坡开挖的边坡坡度（mm）</td><td>满足设计要求</td><td>/</td><td></td><td></td></tr>
<tr><td>6</td><td colspan="2">多级放坡的平台宽度（mm）</td><td>＋100，－50</td><td>/</td><td></td><td></td></tr>
<tr><td>7</td><td colspan="2">基底表面平整度（mm）</td><td>20</td><td>/</td><td></td><td></td></tr>
<tr><td colspan="3">施工单位检查结果</td><td colspan="6">专业工长：（签名） 项目专业质量检查员：（签名） 年 月 日</td></tr>
<tr><td colspan="3">监理单位验收结论</td><td colspan="6">专业监理工程师：（签名） 年 月 日</td></tr>
</table>

7.2.4.3 市政验·构-3 抗浮锚杆检验批质量验收记录

市政基础设施工程

抗浮锚杆检验批质量验收记录

市政验·构-3

第　页，共　页

<table>
<tr><td colspan="4">工程名称</td><td colspan="5"></td></tr>
<tr><td colspan="4">单位工程名称</td><td colspan="5"></td></tr>
<tr><td colspan="4">施工单位</td><td></td><td colspan="2">分包单位</td><td colspan="2"></td></tr>
<tr><td colspan="4">项目负责人</td><td></td><td colspan="2">项目技术负责人</td><td colspan="2"></td></tr>
<tr><td colspan="4">分部（子分部）工程名称</td><td></td><td colspan="2">分项工程名称</td><td colspan="2"></td></tr>
<tr><td colspan="4">验收部位/区段</td><td></td><td colspan="2">检验批容量</td><td colspan="2"></td></tr>
<tr><td colspan="4">施工及验收依据</td><td colspan="5">《给水排水构筑物工程施工及验收规范》GB 50141</td></tr>
<tr><td colspan="4">验收项目</td><td>设计要求或规范规定</td><td>最小/实际抽样数量</td><td>检查记录</td><td colspan="2">检查结果</td></tr>
<tr><td rowspan="4">主控项目</td><td>1</td><td colspan="2">钢杆件（钢筋、钢绞线等）以及焊接材料、锚头、压浆材料等的材质、规格应符合设计要求</td><td>第 4.7.5-1 条</td><td>/</td><td></td><td colspan="2"></td></tr>
<tr><td>2</td><td colspan="2">锚杆的结构、数量、深度等应符合设计要求</td><td>第 4.7.5-2 条</td><td>/</td><td></td><td colspan="2"></td></tr>
<tr><td>3</td><td colspan="2">锚杆抗拔能力、压浆强度等应符合设计要求</td><td>第 4.7.5-3 条</td><td>/</td><td></td><td colspan="2"></td></tr>
<tr><td></td><td colspan="2"></td><td></td><td></td><td></td><td colspan="2"></td></tr>
<tr><td rowspan="5">一般项目</td><td>1</td><td rowspan="5">允许偏差</td><td>锚固段长度（mm）</td><td>±30</td><td>/</td><td></td><td colspan="2"></td></tr>
<tr><td>2</td><td>锚杆式锚固体位置（mm）</td><td>±100</td><td>/</td><td></td><td colspan="2"></td></tr>
<tr><td>3</td><td>钻孔倾斜角度</td><td>±1%</td><td>/</td><td></td><td colspan="2"></td></tr>
<tr><td>4</td><td>锚杆与构筑物锁定（mm）</td><td>按设计要求</td><td>/</td><td></td><td colspan="2"></td></tr>
<tr><td></td><td></td><td></td><td></td><td></td><td colspan="2"></td></tr>
<tr><td colspan="3">施工单位检查结果</td><td colspan="6">专业工长：（签名）　　项目专业质量检查员：（签名）　　年　月　日</td></tr>
<tr><td colspan="3">监理单位验收结论</td><td colspan="6">专业监理工程师：（签名）　　年　月　日</td></tr>
</table>

7.2.4.4 市政验·构-4 给排水构筑物基坑回填检验批质量验收记录

市政基础设施工程

给排水构筑物基坑回填检验批质量验收记录

市政验·构-4

第　　页，共　　页

<table>
<tr><td colspan="3">工程名称</td><td colspan="5"></td></tr>
<tr><td colspan="3">单位工程名称</td><td colspan="5"></td></tr>
<tr><td colspan="3">施工单位</td><td colspan="2"></td><td>分包单位</td><td colspan="2"></td></tr>
<tr><td colspan="3">项目负责人</td><td colspan="2"></td><td>项目技术负责人</td><td colspan="2"></td></tr>
<tr><td colspan="3">分部（子分部）工程名称</td><td colspan="2"></td><td>分项工程名称</td><td colspan="2"></td></tr>
<tr><td colspan="3">验收部位/区段</td><td colspan="2"></td><td>检验批容量</td><td colspan="2"></td></tr>
<tr><td colspan="3">施工及验收依据</td><td colspan="5">《给水排水构筑物工程施工及验收规范》GB 50141</td></tr>
<tr><td colspan="4">验收项目</td><td>设计要求或规范规定</td><td>最小/实际抽样数量</td><td>检查记录</td><td>检查结果</td></tr>
<tr><td rowspan="3">主控项目</td><td>1</td><td colspan="2">回填材料应符合设计要求；回填土中不应含有淤泥、腐殖土、有机物，砖、石、木块等杂物，超过规范第4.6.8条规定的冻土块应清除干净</td><td>第4.7.7-1条</td><td>/</td><td></td><td></td></tr>
<tr><td>2</td><td colspan="2">回填高度符合设计要求；沟槽不得带水回填，回填应分层夯实</td><td>第4.7.7-2条</td><td>/</td><td></td><td></td></tr>
<tr><td>3</td><td colspan="2">回填时构筑物无损伤、沉降、位移</td><td>第4.7.7-3条</td><td>/</td><td></td><td></td></tr>
<tr><td rowspan="5">一般项目</td><td>1</td><td colspan="2">压实后表面平整、无松散、起皮、裂纹；粗细颗粒分配均匀，不得有砂窝及梅花现象</td><td>第4.7.7-5条</td><td>/</td><td></td><td></td></tr>
<tr><td>2</td><td colspan="2">回填表面平整度宜为20mm</td><td>第4.7.7-6条</td><td>/</td><td></td><td></td></tr>
<tr><td>3</td><td rowspan="3">允许偏差</td><td>一般情况下</td><td>≥90</td><td>/</td><td></td><td></td></tr>
<tr><td>4</td><td>地面有散水等</td><td>≥95</td><td>/</td><td></td><td></td></tr>
<tr><td>5</td><td>当年回填土上修路、铺设管道</td><td>≥93 注≥95</td><td>/</td><td></td><td></td></tr>
<tr><td colspan="3">施工单位检查结果</td><td colspan="5">专业工长：（签名）　　项目专业质量检查员：（签名）　　年　月　日</td></tr>
<tr><td colspan="3">监理单位验收结论</td><td colspan="5">专业监理工程师：（签名）　　年　月　日</td></tr>
</table>

注：压实度除标注者外均为轻型击实标准。

7.2.4.5 市政验·构-5 大口井检验批质量验收记录

市政基础设施工程

大口井检验批质量验收记录

市政验·构-5

第　　页，共　　页

工程名称			
单位工程名称			
施工单位		分包单位	
项目负责人		项目技术负责人	
分部（子分部）工程名称		分项工程名称	
验收部位/区段		检验批容量	
施工及验收依据	《给水排水构筑物工程施工及验收规范》GB 50141		

验收项目			设计要求或规范规定	最小/实际抽样数量	检查记录	检查结果
主控项目	1	预制管节、滤料的规格、性能应符合国家有关标准、设计要求和规范第5.2.4条有关规定	第5.7.3-1条	/		
	2	井筒位置及深度、辐射管布置应符合设计要求	第5.7.3-2条	/		
	3	反滤层铺设范围、高度应符合设计要求	第5.7.3-3条	/		
	4	抽水清洗、产水量的测定应符合规范第5.2.2、5.2.3条的规定	第5.7.3-4条	/		
一般项目	1	井筒应平整、洁净、边角整齐，无变形；混凝土表面不得出现有害裂缝，蜂窝麻面面积不得超过总面积的1%	第5.7.3-5条	/		
	2	辐射管坡向正确、线形直顺、接口平顺，管内洁净；管与预留孔（管）之间无渗漏水现象	第5.7.3-6条	/		
	3	反滤层层数和每层厚度应符合设计要求	第5.7.3-7条	/		
	4	大口井外四周封填材料、厚度应符合设计要求和规范第5.2.5条第3款的规定，封填密实	第5.7.3-8条	/		
	5	允许偏差 预制井筒 筒平面尺寸 长、宽（L）（mm）	±0.5%L，且≤100	/		
		允许偏差 预制井筒 筒平面尺寸 曲线部分半径（R）（mm）	±0.5%R，且≤50	/		
		允许偏差 预制井筒 筒平面尺寸 两对角线差（mm）	不超过对角线长的1%	/		
	6	允许偏差 预制井筒 井壁厚度（mm）	±15	/		
	7	允许偏差 大口井施工 井筒中心位置（mm）	30	/		
	8	允许偏差 大口井施工 井筒井底高程（mm）	±30	/		
	9	允许偏差 大口井施工 井筒倾斜（mm）	符合设计要求，且≤50	/		
	10	允许偏差 大口井施工 表面平整度（mm）	≤10	/		
	11	允许偏差 大口井施工 预埋件、预埋管的中心位置（mm）	≤5	/		
	12	允许偏差 大口井施工 预留洞的中心位置（mm）	≤10	/		
	13	允许偏差 大口井施工 辐射管坡度	符合设计要求，且≥4‰	/		
施工单位检查结果	专业工长：（签名）　项目专业质量检查员：（签名）　年　月　日					
监理单位验收结论	专业监理工程师：（签名）　年　月　日					

7.2.4.6 市政验·构-6 渗渠检验批质量验收记录

市政基础设施工程

渗渠检验批质量验收记录

市政验·构-6

第 页，共 页

<table>
<tr><td colspan="4">工程名称</td><td colspan="5"></td></tr>
<tr><td colspan="4">单位工程名称</td><td colspan="5"></td></tr>
<tr><td colspan="4">施工单位</td><td></td><td colspan="2">分包单位</td><td colspan="2"></td></tr>
<tr><td colspan="4">项目负责人</td><td></td><td colspan="2">项目技术负责人</td><td colspan="2"></td></tr>
<tr><td colspan="4">分部（子分部）工程名称</td><td></td><td colspan="2">分项工程名称</td><td colspan="2"></td></tr>
<tr><td colspan="4">验收部位/区段</td><td></td><td colspan="2">检验批容量</td><td colspan="2"></td></tr>
<tr><td colspan="4">施工及验收依据</td><td colspan="5">《给水排水构筑物工程施工及验收规范》GB 50141</td></tr>
<tr><td colspan="5">验收项目</td><td>设计要求或规范规定</td><td>最小/实际抽样数量</td><td>检查记录</td><td>检查结果</td></tr>
<tr><td rowspan="3">主控项目</td><td>1</td><td colspan="3">预制管材、滤料及原材料的规格、性能应符合国家有关标准、设计要求和规范第5.2.4相关规定</td><td>第5.7.4-1条</td><td>/</td><td></td><td></td></tr>
<tr><td>2</td><td colspan="3">集水管安装的进水孔方向正确，且无堵塞；管道坡度必须符合设计要求</td><td>第5.7.4-2条</td><td>/</td><td></td><td></td></tr>
<tr><td>3</td><td colspan="3">抽水清洗、产水量的测定应符合规范第5.2.2、5.2.3条的规定</td><td>第5.7.4-3条</td><td>/</td><td></td><td></td></tr>
<tr><td rowspan="10">一般项目</td><td>1</td><td colspan="3">集水管道应坡向正确、线形直顺、接口平顺，管内洁净；管道应垫稳，管口间隙应均匀</td><td>第5.7.4-4条</td><td>/</td><td></td><td></td></tr>
<tr><td rowspan="2">2</td><td rowspan="9">允许偏差</td><td rowspan="2">沟槽（mm）</td><td>高程</td><td>±20</td><td>/</td><td></td><td></td></tr>
<tr><td>槽底中心线每侧宽</td><td>不少于设计宽度</td><td>/</td><td></td><td></td></tr>
<tr><td rowspan="3">3</td><td rowspan="3">基础（mm）</td><td>高程（弧型基础底面、枕基顶面、条形基础顶面）</td><td>±15</td><td>/</td><td></td><td></td></tr>
<tr><td>中心轴线</td><td>20</td><td>/</td><td></td><td></td></tr>
<tr><td>相邻枕基的中心距离</td><td>20</td><td>/</td><td></td><td></td></tr>
<tr><td rowspan="4">4</td><td rowspan="4">管道（mm）</td><td>轴线位置</td><td>10</td><td>/</td><td></td><td></td></tr>
<tr><td>内底高程</td><td>±20</td><td>/</td><td></td><td></td></tr>
<tr><td>对口间隙</td><td>±5</td><td>/</td><td></td><td></td></tr>
<tr><td>相邻两管节错口</td><td>5</td><td>/</td><td></td><td></td></tr>
<tr><td colspan="2">施工单位检查结果</td><td colspan="7">专业工长：（签名） 项目专业质量检查员：（签名） 年 月 日</td></tr>
<tr><td colspan="2">监理单位验收结论</td><td colspan="7">专业监理工程师：（签名） 年 月 日</td></tr>
</table>

7.2.4.7 市政验·构-7 管井检验批质量验收记录

市政基础设施工程

管井检验批质量验收记录

市政验·构-7

第 页，共 页

<table>
<tr><td colspan="3">工程名称</td><td colspan="5"></td></tr>
<tr><td colspan="3">单位工程名称</td><td colspan="5"></td></tr>
<tr><td colspan="3">施工单位</td><td></td><td colspan="2">分包单位</td><td colspan="2"></td></tr>
<tr><td colspan="3">项目负责人</td><td></td><td colspan="2">项目技术负责人</td><td colspan="2"></td></tr>
<tr><td colspan="3">分部（子分部）工程名称</td><td></td><td colspan="2">分项工程名称</td><td colspan="2"></td></tr>
<tr><td colspan="3">验收部位/区段</td><td></td><td colspan="2">检验批容量</td><td colspan="2"></td></tr>
<tr><td colspan="3">施工及验收依据</td><td colspan="5">《给水排水构筑物工程施工及验收规范》GB 50141</td></tr>
<tr><td colspan="3">验收项目</td><td>设计要求或规范规定</td><td>最小/实际抽样数量</td><td>检查记录</td><td colspan="2">检查结果</td></tr>
<tr><td rowspan="5">主控项目</td><td>1</td><td>井管、过滤器的类型、规格、性能应符合国家有关标准规定和设计要求</td><td>第 5.7.5-1 条</td><td>/</td><td></td><td colspan="2"></td></tr>
<tr><td>2</td><td>滤料的规格应符合设计要求，其中不符合规格的数量不得超过设计数量的 15%；滤料应不含土或杂物，严禁使用棱角碎石</td><td>第 5.7.5-2 条</td><td>/</td><td></td><td colspan="2"></td></tr>
<tr><td>3</td><td>井身应圆正、竖直，其直径不得少于设计要求</td><td>第 5.7.5-3 条</td><td>/</td><td></td><td colspan="2"></td></tr>
<tr><td>4</td><td>井管安装稳固，并直立于井口中心、上端口水平；井管安装的偏斜度：小于或等于 100m 的井段，其顶角的偏斜不得超过 1°；大于 100m 的井段，每百米顶角偏斜的递增速度不得超过 1.5°</td><td>第 5.7.5-4 条</td><td>/</td><td></td><td colspan="2"></td></tr>
<tr><td>5</td><td>洗井、出水量和水质测定符合国家有关标准的规定和设计要求</td><td>第 5.7.5-5 条</td><td>/</td><td></td><td colspan="2"></td></tr>
<tr><td rowspan="5">一般项目</td><td>1</td><td>井身的偏斜度应符合本条第 4 款的相关规定；井段的顶角和方位角不得有突变</td><td>第 5.7.5-6 条</td><td>/</td><td></td><td colspan="2"></td></tr>
<tr><td>2</td><td>过滤管安装深度的允许偏差为±300mm</td><td>第 5.7.5-7 条</td><td>/</td><td></td><td colspan="2"></td></tr>
<tr><td>3</td><td>填砾的数量及深度符合设计要求</td><td>第 5.7.5-8 条</td><td>/</td><td></td><td colspan="2"></td></tr>
<tr><td>4</td><td>洗井后井内沉淀物的高度应小于井深的 5‰</td><td>第 5.7.5-9 条</td><td>/</td><td></td><td colspan="2"></td></tr>
<tr><td>5</td><td>管井封闭位置、厚度、封闭材料以及封闭效果符合设计要求</td><td>第 5.7.5-10 条</td><td>/</td><td></td><td colspan="2"></td></tr>
<tr><td colspan="2">施工单位检查结果</td><td colspan="6">专业工长：（签名） 项目专业质量检查员：（签名） 年 月 日</td></tr>
<tr><td colspan="2">监理单位验收结论</td><td colspan="6">专业监理工程师：（签名） 年 月 日</td></tr>
</table>

7.2.4.8 市政验·构-8-1 预制取水头部的制作检验批质量验收记录（一）

市政基础设施工程

预制取水头部的制作检验批质量验收记录（一）

市政验·构-8-1

第　　页，共　　页

<table>
<tr><td colspan="3">工程名称</td><td colspan="5"></td></tr>
<tr><td colspan="3">单位工程名称</td><td colspan="5"></td></tr>
<tr><td colspan="3">施工单位</td><td colspan="2"></td><td colspan="2">分包单位</td><td></td></tr>
<tr><td colspan="3">项目负责人</td><td colspan="2"></td><td colspan="2">项目技术负责人</td><td></td></tr>
<tr><td colspan="3">分部（子分部）工程名称</td><td colspan="2"></td><td colspan="2">分项工程名称</td><td></td></tr>
<tr><td colspan="3">验收部位/区段</td><td colspan="2"></td><td colspan="2">检验批容量</td><td></td></tr>
<tr><td colspan="3">施工及验收依据</td><td colspan="5">《给水排水构筑物工程施工及验收规范》GB 50141</td></tr>
<tr><td colspan="3">验收项目</td><td>设计要求或规范规定</td><td>最小/实际抽样数量</td><td colspan="2">检查记录</td><td>检查结果</td></tr>
<tr><td rowspan="3">主控项目</td><td>1</td><td>工程原材料、预制构件等的产品质量保证资料应齐全，每批的出厂质量合格证明书及各项性能检验报告应符合国家有关标准规定和设计要求</td><td>第5.7.6-1条</td><td>/</td><td colspan="2"></td><td></td></tr>
<tr><td>2</td><td>混凝土结构的强度、抗渗、抗冻性能应符合设计要求；外观无严重质量缺陷；钢制结构的拼接、防腐性能应符合设计要求；结构无变形现象</td><td>第5.7.6-2条</td><td>/</td><td colspan="2"></td><td></td></tr>
<tr><td>3</td><td>预制构件试拼装经检验合格，进水孔、预留孔及预埋件位置正确</td><td>第5.7.6-3条</td><td>/</td><td colspan="2"></td><td></td></tr>
<tr><td rowspan="3">一般项目</td><td>1</td><td>混凝土结构表面应光洁平整，洁净，边角整齐；外观质量不宜有一般缺陷</td><td>第5.7.6-4条</td><td>/</td><td colspan="2"></td><td></td></tr>
<tr><td>2</td><td>钢制结构防腐层完整，涂装均匀</td><td>第5.7.6-5条</td><td>/</td><td colspan="2"></td><td></td></tr>
<tr><td>3</td><td>拼装、沉放的吊环、定位件、测量标记等满足安装要求</td><td>第5.7.6-6条</td><td>/</td><td colspan="2"></td><td></td></tr>
<tr><td colspan="2">施工单位检查结果</td><td colspan="6">专业工长：（签名）　　项目专业质量检查员：（签名）　　年　月　日</td></tr>
<tr><td colspan="2">监理单位验收结论</td><td colspan="6">专业监理工程师：（签名）　　年　月　日</td></tr>
</table>

7.2.4.9　市政验·构-8-2　预制取水头部的制作检验批质量验收记录（二）

市政基础设施工程

预制取水头部的制作检验批质量验收记录（二）

市政验·构-8-2

第　　页，共　　页

<table>
<tr><td colspan="6">工程名称</td><td colspan="5"></td></tr>
<tr><td colspan="6">单位工程名称</td><td colspan="5"></td></tr>
<tr><td colspan="6">施工单位</td><td></td><td colspan="2">分包单位</td><td colspan="2"></td></tr>
<tr><td colspan="6">项目负责人</td><td></td><td colspan="2">项目技术负责人</td><td colspan="2"></td></tr>
<tr><td colspan="6">分部（子分部）工程名称</td><td></td><td colspan="2">分项工程名称</td><td colspan="2"></td></tr>
<tr><td colspan="6">验收部位/区段</td><td></td><td colspan="2">检验批容量</td><td colspan="2"></td></tr>
<tr><td colspan="6">施工及验收依据</td><td colspan="5">《给水排水构筑物工程施工及验收规范》GB 50141</td></tr>
<tr><td colspan="6">验收项目</td><td colspan="2">设计要求或规范规定</td><td>最小/实际抽样数量</td><td>检查记录</td><td>检查结果</td></tr>
<tr><td rowspan="16">一般项目</td><td>1</td><td rowspan="16">允许偏差</td><td rowspan="8">预制箱式和筒式钢筋混凝土取水头部</td><td colspan="2">长、宽（直径）、高度（mm）</td><td colspan="2">±20</td><td>/</td><td></td><td></td></tr>
<tr><td rowspan="2">2</td><td rowspan="2">变形</td><td>方形的两对角线差值（mm）</td><td colspan="2">对角线长0.5%</td><td>/</td><td></td><td></td></tr>
<tr><td>圆形的椭圆度（mm）</td><td colspan="2">D_o/200，且≤20</td><td>/</td><td></td><td></td></tr>
<tr><td>3</td><td colspan="2">厚度（mm）</td><td colspan="2">+10，−5</td><td>/</td><td></td><td></td></tr>
<tr><td>4</td><td colspan="2">表面平整度（mm）</td><td colspan="2">10</td><td>/</td><td></td><td></td></tr>
<tr><td>5</td><td colspan="2">端面垂直度（mm）</td><td colspan="2">8</td><td>/</td><td></td><td></td></tr>
<tr><td rowspan="2">6</td><td rowspan="2">中心位置</td><td>预埋件、预埋管（mm）</td><td colspan="2">5</td><td>/</td><td></td><td></td></tr>
<tr><td>预留洞（mm）</td><td colspan="2">10</td><td>/</td><td></td><td></td></tr>
<tr><td>7</td><td rowspan="8">预制箱式和筒式钢结构取水头部制作</td><td colspan="2">（mm）</td><td>箱式</td><td>管式</td><td>/</td><td></td><td></td></tr>
<tr><td>8</td><td colspan="2">椭圆度</td><td>D_o/200，且≤20</td><td>D_o/200，且≤10</td><td>/</td><td></td><td></td></tr>
<tr><td rowspan="2">9</td><td rowspan="2">周长</td><td>D_o≤1600</td><td>±8mm</td><td>±8</td><td>/</td><td></td><td></td></tr>
<tr><td>D_o>1600</td><td>±12 mm</td><td>±12</td><td>/</td><td></td><td></td></tr>
<tr><td>10</td><td colspan="2">长、宽（多边形边长）、直径、高度</td><td>1/200，且≤20</td><td>D_o/200</td><td>/</td><td></td><td></td></tr>
<tr><td>11</td><td colspan="2">端面垂直度</td><td>4</td><td>5</td><td>/</td><td></td><td></td></tr>
<tr><td rowspan="2">12</td><td rowspan="2">中心位置</td><td>进水管</td><td>10</td><td>10</td><td>/</td><td></td><td></td></tr>
<tr><td>进水孔</td><td>20</td><td>20</td><td>/</td><td></td><td></td></tr>
<tr><td colspan="3">施工单位检查结果</td><td colspan="8">专业工长：（签名）　　项目专业质量检查员：（签名）　　年　月　日</td></tr>
<tr><td colspan="3">监理单位验收结论</td><td colspan="8">专业监理工程师：（签名）　　年　月　日</td></tr>
</table>

7.2.4.10　市政验·构-9　预制取水头部的沉放检验批质量验收记录

市政基础设施工程

预制取水头部的沉放检验批质量验收记录

市政验·构-9

第　　页，共　　页

<table>
<tr><td colspan="3">工程名称</td><td colspan="5"></td></tr>
<tr><td colspan="3">单位工程名称</td><td colspan="5"></td></tr>
<tr><td colspan="3">施工单位</td><td colspan="2"></td><td colspan="2">分包单位</td><td></td></tr>
<tr><td colspan="3">项目负责人</td><td colspan="2"></td><td colspan="2">项目技术负责人</td><td></td></tr>
<tr><td colspan="3">分部（子分部）工程名称</td><td colspan="2"></td><td colspan="2">分项工程名称</td><td></td></tr>
<tr><td colspan="3">验收部位/区段</td><td colspan="2"></td><td colspan="2">检验批容量</td><td></td></tr>
<tr><td colspan="3">施工及验收依据</td><td colspan="5">《给水排水构筑物工程施工及验收规范》GB 50141</td></tr>
<tr><td colspan="4">验收项目</td><td>设计要求或规范规定</td><td>最小/实际抽样数量</td><td>检查记录</td><td>检查结果</td></tr>
<tr><td rowspan="3">主控项目</td><td>1</td><td colspan="2">沉放安装中所用的原材料、配件等的等级、规格、性能应符合国家有关标准规定和设计要求</td><td>第 5.7.7-1 条</td><td>/</td><td></td><td></td></tr>
<tr><td>2</td><td colspan="2">取水头部的沉放位置、高度以及预制构件之间的连接方式等符合设计要求，拼装位置准确、连接稳固</td><td>第 5.7.7-2 条</td><td>/</td><td></td><td></td></tr>
<tr><td>3</td><td colspan="2">进水孔、进水管口的中心位置符合设计要求；结构无变形、裂缝、歪斜</td><td>第 5.7.7-3 条</td><td>/</td><td></td><td></td></tr>
<tr><td rowspan="8">一般项目</td><td>1</td><td colspan="2">底板结构层厚度、封底混凝土强度应符合设计要求</td><td>第 5.7.7-4 条</td><td>/</td><td></td><td></td></tr>
<tr><td>2</td><td colspan="2">基坑回填、抛石的范围、高度应符合设计要求</td><td>第 5.7.7-5 条</td><td>/</td><td></td><td></td></tr>
<tr><td>3</td><td colspan="2">进水工艺布置、装置安装符合设计要求；钢制结构防腐层无损伤</td><td>第 5.7.7-6 条</td><td>/</td><td></td><td></td></tr>
<tr><td>4</td><td colspan="2">警告、警示标志及安全保护设施设置齐全</td><td>第 5.7.7-7 条</td><td>/</td><td></td><td></td></tr>
<tr><td>5</td><td rowspan="4">允许偏差</td><td>轴线位置（mm）</td><td>150</td><td>/</td><td></td><td></td></tr>
<tr><td>6</td><td>顶面高程（mm）</td><td>±100</td><td>/</td><td></td><td></td></tr>
<tr><td>7</td><td>水平扭转</td><td>1°</td><td>/</td><td></td><td></td></tr>
<tr><td>8</td><td>垂直度（mm）</td><td>1.5‰H，且≤30</td><td>/</td><td></td><td></td></tr>
<tr><td colspan="2">施工单位
检查结果</td><td colspan="6">专业工长：（签名）　　　项目专业质量检查员：（签名）　　　年　　月　　日</td></tr>
<tr><td colspan="2">监理单位
验收结论</td><td colspan="6">专业监理工程师：（签名）　　　年　　月　　日</td></tr>
</table>

注：H 为底板至顶面的总高度（mm）。

7.2.4.11 市政验·构-10-1 缆车、浮船式取水构筑物工程的混凝土及砌体结构检验批质量验收记录（一）

市政基础设施工程

缆车、浮船式取水构筑物工程的混凝土及砌体结构检验批质量验收记录（一）

市政验·构-10-1

第　　页，共　　页

工程名称			
单位工程名称			
施工单位		分包单位	
项目负责人		项目技术负责人	
分部（子分部）工程名称		分项工程名称	
验收部位/区段		检验批容量	
施工及验收依据	《给水排水构筑物工程施工及验收规范》GB 50141		

验收项目						设计要求或规范规定	最小/实际抽样数量	检查记录	检查结果
主控项目	1	所用的原材料、砌石砌块、构件应符合国家有关标准规定和设计要求				第5.7.8-1条	/		
	2	混凝土结构的强度、砌筑砂浆强度应符合设计要求				第5.7.8-2条	/		
	3	水下基床抛石、反滤层和垫层的铺设范围、厚度应符合设计要求；构筑物结构类型、斜坡道上预制框架装配连接形式、摇臂管支墩数量与布置方式等应符合设计要求；结构稳定、位置正确，无沉降、位移、变形等现象				第5.7.8-3条	/		
	4	混凝土结构外光内实，外观质量无严重缺陷；砌体结构砌筑完整、灰缝饱满，无明显裂缝、通缝等现象；斜坡道的坡度、水平度满足铺轨要求				第5.7.8-4条	/		
一般项目	1	混凝土结构外观质量不宜有一般缺陷；砌体结构砌筑齐整、缝宽均匀一致				第5.7.8-5条	/		
	2	允许偏差	现浇混凝土和砌体结构施工	轴线位置（mm）		20	/		
	3			长度（mm）		$\pm L/200$	/		
	4			宽度（mm）		±20	/		
	5			厚度（mm）		±10	/		
	6			高程	设计枯水位以上（mm）	±10	/		
					设计枯水位以下（mm）	±30	/		
	7			中心位置	预埋件（mm）	5	/		
					预留件（mm）	10	/		
	8			表面平整度（mm）		10	/		
施工单位检查结果	专业工长：（签名）　　项目专业质量检查员：（签名）　　年　月　日								
监理单位验收结论	专业监理工程师：（签名）　　年　月　日								

注：L为斜坡道总长度（mm）。

7.2.4.12　市政验·构-10-2　缆车、浮船式取水构筑物工程的混凝土及砌体结构检验批质量验收记录（二）

市政基础设施工程

缆车、浮船式取水构筑物工程的混凝土及砌体结构检验批质量验收记录（二）

市政验·构-10-2

第　　页，共　　页

工程名称			
单位工程名称			
施工单位		分包单位	
项目负责人		项目技术负责人	
分部（子分部）工程名称		分项工程名称	
验收部位/区段		检验批容量	
施工及验收依据	《给水排水构筑物工程施工及验收规范》GB 50141		

验收项目						设计要求或规范规定	最小/实际抽样数量	检查记录	检查结果
一般项目	1	允许偏差	现浇钢筋混凝土框架施工	轴线位置（mm）		20	/		
	2			长、宽（mm）		±10	/		
	3			高程（mm）		±10	/		
	4			垂直度（mm）		*H*/200，且≤15	/		
	5			水平度（mm）		*L*/200，且≤15	/		
	6			表面平整度（mm）		10	/		
	7			中心位置（mm）	预埋件	5	/		
					预留孔	10	/		
	8		预制钢筋混凝土框架施工	（mm）		板　梁　柱			
	9			长度		+10，−5	/		
	10			宽度、高度或厚度		±5	/		
	11			直顺度		*L*/1000，且≤20；*L*/750，且≤20	/		
	12			表面平整度		5	/		
	13			中心位置（mm）	预埋件	5	/		
					预留孔	10	/		
	14		预制框架安装	轴线位置（mm）		20	/		
	15			长、宽、高（mm）		±10	/		
	16			高程（柱基，柱顶）（mm）		±10	/		
	17			垂直度（mm）		*H*/200，且≤10	/		
	18			水平度（mm）		*L*/200，且≤10	/		

施工单位检查结果	专业工长：（签名）　　项目专业质量检查员：（签名）　　年　月　日
监理单位验收结论	专业监理工程师：（签名）　　年　月　日

注：1. *H* 为柱或构件（mm）；2. *L* 为单梁或板或构的长度（mm）。

7.2.4.13 市政验·构-10-3 缆车、浮船式取水构筑物工程的混凝土及砌体结构检验批质量验收记录（三）

市政基础设施工程

缆车、浮船式取水构筑物工程的混凝土及砌体结构检验批质量验收记录（三）

市政验·构-10-3

第　　页，共　　页

<table>
<tr><td colspan="6">工程名称</td><td colspan="4"></td></tr>
<tr><td colspan="6">单位工程名称</td><td colspan="4"></td></tr>
<tr><td colspan="6">施工单位</td><td></td><td>分包单位</td><td colspan="2"></td></tr>
<tr><td colspan="6">项目负责人</td><td></td><td>项目技术负责人</td><td colspan="2"></td></tr>
<tr><td colspan="6">分部（子分部）工程名称</td><td></td><td>分项工程名称</td><td colspan="2"></td></tr>
<tr><td colspan="6">验收部位/区段</td><td></td><td>检验批容量</td><td colspan="2"></td></tr>
<tr><td colspan="6">施工及验收依据</td><td colspan="4">《给水排水构筑物工程施工及验收规范》GB 50141</td></tr>
<tr><td colspan="6">验收项目</td><td>设计要求或规范规定</td><td>最小/实际抽样数量</td><td>检查记录</td><td>检查结果</td></tr>
<tr><td rowspan="17">一般项目</td><td>1</td><td rowspan="17">允许偏差</td><td rowspan="10">轨枕、梁及轨道安装</td><td rowspan="5">钢筋混凝土轨枕、轨梁（mm）</td><td>轴线位置</td><td>10</td><td>/</td><td></td><td></td></tr>
<tr><td>2</td><td>高程</td><td>+2，−5</td><td>/</td><td></td><td></td></tr>
<tr><td>3</td><td>中心线间距</td><td>±5</td><td>/</td><td></td><td></td></tr>
<tr><td>4</td><td>接头高差</td><td>5</td><td>/</td><td></td><td></td></tr>
<tr><td>5</td><td>轨梁柱跨间对角线差</td><td>15</td><td>/</td><td></td><td></td></tr>
<tr><td>6</td><td rowspan="5">轨道（mm）</td><td>轴线位置</td><td>5</td><td>/</td><td></td><td></td></tr>
<tr><td>7</td><td>高程</td><td>±2</td><td>/</td><td></td><td></td></tr>
<tr><td>8</td><td>同一横截面上两轨高差</td><td>2</td><td>/</td><td></td><td></td></tr>
<tr><td>9</td><td>两轨内距</td><td>±2</td><td>/</td><td></td><td></td></tr>
<tr><td>10</td><td>钢轨接头左、右、上三面错位</td><td>1</td><td>/</td><td></td><td></td></tr>
<tr><td>11</td><td rowspan="7">摇臂管钢筋混凝土支墩施工</td><td colspan="2">轴线位置（mm）</td><td>20</td><td>/</td><td></td><td></td></tr>
<tr><td>12</td><td colspan="2">长、宽或直径（mm）</td><td>±20</td><td>/</td><td></td><td></td></tr>
<tr><td>13</td><td colspan="2">曲线部分的半径（mm）</td><td>±10</td><td>/</td><td></td><td></td></tr>
<tr><td>14</td><td colspan="2">顶面高程（mm）</td><td>±10</td><td>/</td><td></td><td></td></tr>
<tr><td>15</td><td colspan="2">顶面平整度（mm）</td><td>10</td><td>/</td><td></td><td></td></tr>
<tr><td rowspan="2">16</td><td rowspan="2">中心位置（mm）</td><td>预埋件</td><td>5</td><td>/</td><td></td><td></td></tr>
<tr><td>预留孔</td><td>10</td><td>/</td><td></td><td></td></tr>
<tr><td colspan="2">施工单位检查结果</td><td colspan="8">专业工长：（签名）　　项目专业质量检查员：（签名）　　年　月　日</td></tr>
<tr><td colspan="2">监理单位验收结论</td><td colspan="8">专业监理工程师：（签名）　　年　月　日</td></tr>
</table>

7.2.4.14 市政验·构-11 缆车、浮船式取水构筑物的接管车与浮船检验批质量验收记录

市政基础设施工程

缆车、浮船式取水构筑物的接管车与浮船检验批质量验收记录

市政验·构-11

第 页，共 页

<table>
<tr><td colspan="4">工程名称</td><td colspan="7"></td></tr>
<tr><td colspan="4">单位工程名称</td><td colspan="7"></td></tr>
<tr><td colspan="4">施工单位</td><td colspan="2"></td><td>分包单位</td><td colspan="4"></td></tr>
<tr><td colspan="4">项目负责人</td><td colspan="2"></td><td>项目技术负责人</td><td colspan="4"></td></tr>
<tr><td colspan="4">分部（子分部）工程名称</td><td colspan="2"></td><td>分项工程名称</td><td colspan="4"></td></tr>
<tr><td colspan="4">验收部位/区段</td><td colspan="2"></td><td>检验批容量</td><td colspan="4"></td></tr>
<tr><td colspan="4">施工及验收依据</td><td colspan="7">《给水排水构筑物工程施工及验收规范》GB 50141</td></tr>
<tr><td colspan="6">验收项目</td><td colspan="2">设计要求或规范规定</td><td>最小/实际抽样数量</td><td>检查记录</td><td>检查结果</td></tr>
<tr><td rowspan="4">主控项目</td><td>1</td><td colspan="4">机电设备、仪器仪表应符合国家有关标准规定和设计要求，浮船接管车、摇臂管等构件、附件应符合规范第5.4.8-5.4.13条的规定和设计要求</td><td colspan="2">第5.7.9-1条</td><td>/</td><td></td><td></td></tr>
<tr><td>2</td><td colspan="4">缆车、浮船接管车以及浮船上的设备布置、数量应符合设计要求，安装牢固、防腐层完整、构件无变形、各水密舱的密封性能良好；且安装检测、联动调试合格</td><td colspan="2">第5.7.9-2条</td><td>/</td><td></td><td></td></tr>
<tr><td>3</td><td colspan="4">摇臂管及摇臂接头的岸、船两端组装就位符合设计要求，调试合格</td><td colspan="2">第5.7.9-3条</td><td>/</td><td></td><td></td></tr>
<tr><td>4</td><td colspan="4">浮船与摇臂管联合试运行以及缆车、浮船接管车试运转符合规范第5.4.16-5.4.17的规定，各种设备运行情况正常，并符合设计要求</td><td colspan="2">第5.7.9-4条</td><td>/</td><td></td><td></td></tr>
<tr><td rowspan="17">一般项目</td><td>1</td><td colspan="4">进水口处的防漂浮物装置及清理设备安装正确</td><td colspan="2">第5.7.9-5条</td><td>/</td><td></td><td></td></tr>
<tr><td>2</td><td colspan="4">船舷外侧防撞击设施、锚链和缆绳、安全及消防器材等设置齐全、配备正确</td><td colspan="2">第5.7.9-6条</td><td>/</td><td></td><td></td></tr>
<tr><td></td><td rowspan="15">允许偏差</td><td colspan="3">（mm）</td><td>钢船</td><td>混凝土船</td><td>木船</td><td></td><td></td><td></td></tr>
<tr><td>3</td><td rowspan="7">浮船各部尺寸</td><td colspan="2">长、宽</td><td>±15</td><td>±20</td><td>±20</td><td>/</td><td></td><td></td></tr>
<tr><td>4</td><td colspan="2">高度</td><td>±10</td><td>±15</td><td>±15</td><td>/</td><td></td><td></td></tr>
<tr><td>5</td><td rowspan="2">板梁、横隔梁</td><td>高度</td><td>±5</td><td>±5</td><td>±5</td><td>/</td><td></td><td></td></tr>
<tr><td>6</td><td>间距</td><td>±5</td><td>±10</td><td>±10</td><td>/</td><td></td><td></td></tr>
<tr><td>7</td><td colspan="2">接头外边缘高差</td><td>δ/5，且不大于2</td><td>3</td><td>2</td><td>/</td><td></td><td></td></tr>
<tr><td>8</td><td colspan="2">机组与设备位置</td><td>10</td><td>10</td><td>10</td><td>/</td><td></td><td></td></tr>
<tr><td>9</td><td colspan="2">摇臂管支座中心位置</td><td>10</td><td>10</td><td>10</td><td>/</td><td></td><td></td></tr>
<tr><td>10</td><td rowspan="7">缆车、浮船接管车的尺寸</td><td colspan="2">轮中心距</td><td colspan="3">±1</td><td>/</td><td></td><td></td></tr>
<tr><td>11</td><td colspan="2">两对角轮距差</td><td colspan="3">2</td><td>/</td><td></td><td></td></tr>
<tr><td>12</td><td colspan="2">两侧滚轮直顺偏差</td><td colspan="3">±1</td><td>/</td><td></td><td></td></tr>
<tr><td>13</td><td colspan="2">外形尺寸</td><td colspan="3">±5</td><td>/</td><td></td><td></td></tr>
<tr><td>14</td><td colspan="2">倾斜角</td><td colspan="3">±30′</td><td>/</td><td></td><td></td></tr>
<tr><td>15</td><td colspan="2">机组与设备位置</td><td colspan="3">10</td><td>/</td><td></td><td></td></tr>
<tr><td>16</td><td colspan="2">出水管中心位置</td><td colspan="3">10</td><td>/</td><td></td><td></td></tr>
<tr><td colspan="2">施工单位检查结果</td><td colspan="9">专业工长：（签名） 项目专业质量检查员：（签名） 年 月 日</td></tr>
<tr><td colspan="2">监理单位验收结论</td><td colspan="9">专业监理工程师：（签名） 年 月 日</td></tr>
</table>

7.2.4.15　市政验·构-12-1　岸边排放构筑物的出水口检验批质量验收记录（一）

市政基础设施工程

岸边排放构筑物的出水口检验批质量验收记录（一）

市政验·构-12-1

第　　页，共　　页

<table>
<tr><td colspan="3">工程名称</td><td colspan="5"></td></tr>
<tr><td colspan="3">单位工程名称</td><td colspan="5"></td></tr>
<tr><td colspan="3">施工单位</td><td colspan="2"></td><td colspan="2">分包单位</td><td></td></tr>
<tr><td colspan="3">项目负责人</td><td colspan="2"></td><td colspan="2">项目技术负责人</td><td></td></tr>
<tr><td colspan="3">分部（子分部）工程名称</td><td colspan="2"></td><td colspan="2">分项工程名称</td><td></td></tr>
<tr><td colspan="3">验收部位/区段</td><td colspan="2"></td><td colspan="2">检验批容量</td><td></td></tr>
<tr><td colspan="3">施工及验收依据</td><td colspan="5">《给水排水构筑物工程施工及验收规范》GB 50141</td></tr>
<tr><td colspan="3">验收项目</td><td>设计要求或规范规定</td><td>最小/实际抽样数量</td><td colspan="2">检查记录</td><td>检查结果</td></tr>
<tr><td rowspan="4">主控项目</td><td>1</td><td>所用的原材料、石料、防渗材料符合国家有关标准规定和设计要求</td><td>第 5.7.10-1 条</td><td>/</td><td colspan="2"></td><td></td></tr>
<tr><td>2</td><td>混凝土强度、砌筑砂浆（细石混凝土）强度应符合设计要求；其试块的留置及质量评定应符合规范第 5.5.6 条的有关规定</td><td>第 5.7.10-2 条</td><td>/</td><td colspan="2"></td><td></td></tr>
<tr><td>3</td><td>构筑物结构稳定、位置正确，出水口无倒坡现象；翼墙、护坡等混凝土或砌筑结构的沉降量、位移量应符合设计要求</td><td>第 5.7.10-3 条</td><td>/</td><td colspan="2"></td><td></td></tr>
<tr><td>4</td><td>混凝土结构外光内实，外观质量无严重缺陷；砌体结构砌筑完整、灌浆密实，无裂缝、通缝、翘动等现象</td><td>第 5.7.10-4 条</td><td>/</td><td colspan="2"></td><td></td></tr>
<tr><td rowspan="4">一般项目</td><td>1</td><td>混凝土结构外观质量不宜有一般缺陷；砌体结构砌筑齐整、勾缝平整、缝宽均匀一致；抛石的范围、高度应符合设计要求</td><td>第 5.7.10-5 条</td><td>/</td><td colspan="2"></td><td></td></tr>
<tr><td>2</td><td>翼墙反滤层铺筑断面不得少于设计要求，其后背的回填土的压实度不应少于 95%</td><td>第 5.7.10-6 条</td><td>/</td><td colspan="2"></td><td></td></tr>
<tr><td>3</td><td>变形缝位置应准确，安设顺直，上下贯通；变形缝的宽度允许偏差为 0～5mm</td><td>第 5.7.10-7 条</td><td>/</td><td colspan="2"></td><td></td></tr>
<tr><td>4</td><td>所有预埋件、预留孔洞、排水孔位置正确</td><td>第 5.7.10-8 条</td><td>/</td><td colspan="2"></td><td></td></tr>
<tr><td colspan="2">施工单位检查结果</td><td colspan="6">专业工长：（签名）　　　　项目专业质量检查员：（签名）　　　　年　　月　　日</td></tr>
<tr><td colspan="2">监理单位验收结论</td><td colspan="6">专业监理工程师：（签名）　　　　年　　月　　日</td></tr>
</table>

7.2.4.16 市政验·构-12-2 岸边排放构筑物的出水口检验批质量验收记录（二）

市政基础设施工程

岸边排放构筑物的出水口检验批质量验收记录（二）

市政验·构-12-2

第　　页，共　　页

<table>
<tr><td colspan="5">工程名称</td><td colspan="6"></td></tr>
<tr><td colspan="5">单位工程名称</td><td colspan="6"></td></tr>
<tr><td colspan="5">施工单位</td><td colspan="2"></td><td colspan="2">分包单位</td><td colspan="2"></td></tr>
<tr><td colspan="5">项目负责人</td><td colspan="2"></td><td colspan="2">项目技术负责人</td><td colspan="2"></td></tr>
<tr><td colspan="5">分部（子分部）工程名称</td><td colspan="2"></td><td colspan="2">分项工程名称</td><td colspan="2"></td></tr>
<tr><td colspan="5">验收部位/区段</td><td colspan="2"></td><td colspan="2">检验批容量</td><td colspan="2"></td></tr>
<tr><td colspan="5">施工及验收依据</td><td colspan="6">《给水排水构筑物工程施工及验收规范》GB 50141</td></tr>
<tr><td colspan="7">验收项目</td><td>设计要求或规范规定</td><td>最小/实际抽样数量</td><td>检查记录</td><td>检查结果</td></tr>
<tr><td rowspan="23">一般项目</td><td rowspan="3">1</td><td rowspan="23">允许偏差</td><td colspan="2" rowspan="3">轴线位置（mm）</td><td colspan="2">混凝土结构</td><td>±10</td><td>/</td><td></td><td></td></tr>
<tr><td rowspan="2">砌石结构</td><td>料石</td><td>±10</td><td>/</td><td></td><td></td></tr>
<tr><td>块石卵石</td><td>±15</td><td>/</td><td></td><td></td></tr>
<tr><td rowspan="2">2</td><td rowspan="7">翼墙</td><td rowspan="2">顶面高程（mm）</td><td colspan="2">混凝土结构</td><td>±10</td><td>/</td><td></td><td></td></tr>
<tr><td colspan="2">砌石结构</td><td>±15</td><td>/</td><td></td><td></td></tr>
<tr><td rowspan="3">3</td><td rowspan="3">断面尺寸、厚度（mm）</td><td colspan="2">混凝土结构</td><td>＋10，－5</td><td>/</td><td></td><td></td></tr>
<tr><td rowspan="2">砌石结构</td><td>料石</td><td>±15</td><td>/</td><td></td><td></td></tr>
<tr><td>块石</td><td>＋30，－20</td><td>/</td><td></td><td></td></tr>
<tr><td rowspan="2">4</td><td rowspan="2">墙面垂直度（mm）</td><td colspan="2">混凝土结构</td><td>1.5‰H</td><td>/</td><td></td><td></td></tr>
<tr><td colspan="2">砌石结构</td><td>0.5‰H</td><td>/</td><td></td><td></td></tr>
<tr><td rowspan="3">5</td><td rowspan="11">护坡、护坦</td><td rowspan="3">坡面坡底顶面高程（mm）</td><td rowspan="2">砌石结构</td><td>块石卵石</td><td>±20</td><td>/</td><td></td><td></td></tr>
<tr><td>料石</td><td>±15</td><td>/</td><td></td><td></td></tr>
<tr><td colspan="2">混凝土结构</td><td>±10</td><td>/</td><td></td><td></td></tr>
<tr><td rowspan="3">6</td><td rowspan="3">净空尺寸（mm）</td><td rowspan="2">砌石结构</td><td>块石卵石</td><td>±20</td><td>/</td><td></td><td></td></tr>
<tr><td>料石</td><td>±10</td><td>/</td><td></td><td></td></tr>
<tr><td colspan="2">混凝土结构</td><td>±10</td><td>/</td><td></td><td></td></tr>
<tr><td>7</td><td colspan="3">护坡坡度（mm）</td><td rowspan="2">不大于设计要求</td><td>/</td><td></td><td></td></tr>
<tr><td>8</td><td colspan="3">结构厚度（mm）</td><td>/</td><td></td><td></td></tr>
<tr><td rowspan="3">9</td><td rowspan="3">坡面坡底平整度（mm）</td><td rowspan="2">砌石结构</td><td>块石卵石</td><td>20</td><td>/</td><td></td><td></td></tr>
<tr><td>料石</td><td>15</td><td>/</td><td></td><td></td></tr>
<tr><td colspan="2">混凝土结构</td><td>12</td><td>/</td><td></td><td></td></tr>
<tr><td>10</td><td colspan="4">预埋件中心位置（mm）</td><td>5</td><td>/</td><td></td><td></td></tr>
<tr><td>11</td><td colspan="4">预留孔洞中心位置（mm）</td><td>10</td><td>/</td><td></td><td></td></tr>
<tr><td colspan="3">施工单位检查结果</td><td colspan="8">专业工长：（签名）　　项目专业质量检查员：（签名）　　年　月　日</td></tr>
<tr><td colspan="3">监理单位验收结论</td><td colspan="8">专业监理工程师：（签名）　　年　月　日</td></tr>
</table>

7.2.4.17 市政验·构-13 水中排放构筑物的出水口检验批质量验收记录

市政基础设施工程

水中排放构筑物的出水口检验批质量验收记录

市政验·构-13

第　　页，共　　页

工程名称			
单位工程名称			
施工单位		分包单位	
项目负责人		项目技术负责人	
分部（子分部）工程名称		分项工程名称	
验收部位/区段		检验批容量	
施工及验收依据	《给水排水构筑物工程施工及验收规范》GB 50141		

验收项目					设计要求或规范规定	最小/实际抽样数量	检查记录	检查结果
主控项目	1	所用预制构件、配件、抛石料符合国家有关标准规定和设计要求			第5.7.11-1条	/		
	2	出水口的位置、相邻间距及顶面高程应符合设计要求			第5.7.11-2条	/		
	3	出水口顶部的出水装置安装牢固、位置正确、出水通畅			第5.7.11-3条	/		
一般项目	1	垂直顶升立管周围采用抛石等稳管保护措施的范围、高度符合设计要求			第5.7.11-4条	/		
	2	警告、警示标志及安全保护设施符合设计要求，设置齐全			第5.7.11-5条	/		
	3	钢制构件的防腐措施符合设计要求			第5.7.11-6条	/		
	4	允许偏差	出水口顶面高程（mm）		±20	/		
	5		出水口垂直度（mm）		0.5%H	/		
	6		出水口中心轴线（mm）	沿水平出水管纵向	30	/		
	7			沿水平出水管横向	20	/		
	8		相邻出水口间距（mm）		40	/		
施工单位检查结果	专业工长：（签名）　　项目专业质量检查员：（签名）　　年　月　日							
监理单位验收结论	专业监理工程师：（签名）　　年　月　日							

7.2.4.18 市政验·构-14 给排水构筑物模板检验批质量验收记录

市政基础设施工程

给排水构筑物模板检验批质量验收记录

市政验·构-14

第 页，共 页

<table>
<tr><td colspan="5">工程名称</td><td colspan="5"></td></tr>
<tr><td colspan="5">单位工程名称</td><td colspan="5"></td></tr>
<tr><td colspan="5">施工单位</td><td colspan="2"></td><td colspan="2">分包单位</td><td></td></tr>
<tr><td colspan="5">项目负责人</td><td colspan="2"></td><td colspan="2">项目技术负责人</td><td></td></tr>
<tr><td colspan="5">分部（子分部）工程名称</td><td colspan="2"></td><td colspan="2">分项工程名称</td><td></td></tr>
<tr><td colspan="5">验收部位/区段</td><td colspan="2"></td><td colspan="2">检验批容量</td><td></td></tr>
<tr><td colspan="5">施工及验收依据</td><td colspan="5">《给水排水构筑物工程施工及验收规范》GB 50141</td></tr>
<tr><td colspan="6">验收项目</td><td>设计要求或规范规定</td><td>最小/实际抽样数量</td><td>检查记录</td><td>检查结果</td></tr>
<tr><td rowspan="22">一般项目</td><td>1</td><td colspan="4">浇筑混凝土前，模板内的杂物应清理干净；钢模板板面不应有明显锈渍</td><td>第 6.8.1-4 条</td><td>/</td><td></td><td></td></tr>
<tr><td>2</td><td colspan="4">对清水混凝土工程及装饰混凝土工程，应使用能达到设计效果的模板</td><td>第 6.8.1-5 条</td><td>/</td><td></td><td></td></tr>
<tr><td>3</td><td rowspan="20">允许偏差</td><td colspan="3">相邻板差（mm）</td><td>2</td><td>/</td><td></td><td></td></tr>
<tr><td>4</td><td colspan="3">表面平整度（mm）</td><td>3</td><td>/</td><td></td><td></td></tr>
<tr><td>5</td><td colspan="3">高程（mm）</td><td>±5</td><td>/</td><td></td><td></td></tr>
<tr><td rowspan="2">6</td><td rowspan="2">垂直度（mm）</td><td rowspan="2">池壁柱</td><td>$H\leqslant 5m$</td><td>5</td><td>/</td><td></td><td></td></tr>
<tr><td>$5m<H\leqslant 15m$</td><td>0.1%H，且≤6</td><td>/</td><td></td><td></td></tr>
<tr><td rowspan="3">7</td><td rowspan="3">平面尺寸（mm）</td><td colspan="2">$L\leqslant 20m$</td><td>±10</td><td>/</td><td></td><td></td></tr>
<tr><td colspan="2">$20m\leqslant L\leqslant 50m$</td><td>±$L$/2000</td><td>/</td><td></td><td></td></tr>
<tr><td colspan="2">$L\geqslant 50m$</td><td>±25</td><td>/</td><td></td><td></td></tr>
<tr><td rowspan="4">8</td><td rowspan="4">截面尺寸（mm）</td><td colspan="2">池壁、顶板</td><td>±3</td><td>/</td><td></td><td></td></tr>
<tr><td colspan="2">梁、柱</td><td>±3</td><td>/</td><td></td><td></td></tr>
<tr><td colspan="2">洞净空</td><td>±5</td><td>/</td><td></td><td></td></tr>
<tr><td colspan="2">槽、沟净空</td><td>±5</td><td>/</td><td></td><td></td></tr>
<tr><td rowspan="4">9</td><td rowspan="4">轴线位移（mm）</td><td colspan="2">底板</td><td>10</td><td>/</td><td></td><td></td></tr>
<tr><td colspan="2">墙</td><td rowspan="2">5</td><td>/</td><td></td><td></td></tr>
<tr><td colspan="2">梁、柱</td><td>/</td><td></td><td></td></tr>
<tr><td colspan="2">预埋件、预埋管</td><td>3</td><td>/</td><td></td><td></td></tr>
<tr><td>10</td><td>中心位置（mm）</td><td colspan="2">预留洞</td><td>5</td><td>/</td><td></td><td></td></tr>
<tr><td rowspan="2">11</td><td rowspan="2">止水带（mm）</td><td colspan="2">中心位移</td><td>5</td><td>/</td><td></td><td></td></tr>
<tr><td colspan="2">垂直度</td><td>5</td><td>/</td><td></td><td></td></tr>
<tr><td colspan="3">施工单位检查结果</td><td colspan="7">专业工长：（签名） 项目专业质量检查员：（签名） 年 月 日</td></tr>
<tr><td colspan="3">监理单位验收结论</td><td colspan="7">专业监理工程师：（签名） 年 月 日</td></tr>
</table>

注：1. L 为混凝土底板和池体的长、宽或直径，H 为池壁、柱的高度；2. 止水带指设计为防止变形缝渗水或漏水而设置的阻水装置，不包括施工单位为防止混凝土施工缝漏水而加的止水板；3. 仓指构筑物中由变形缝、施工缝分隔而成的一次浇筑成型的结构单元。

7.2.4.19 市政验·构-15-1 给排水构筑物钢筋检验批质量验收记录（一）

市政基础设施工程

给排水构筑物钢筋检验批质量验收记录（一）

市政验·构-15-1

第　　页，共　　页

工程名称			
单位工程名称			
施工单位		分包单位	
项目负责人		项目技术负责人	
分部（子分部）工程名称		分项工程名称	
验收部位/区段		检验批容量	
施工及验收依据	《给水排水构筑物工程施工及验收规范》GB 50141		

验收项目			设计要求或规范规定	最小/实际抽样数量	检查记录	检查结果
主控项目	1	进场钢筋的质量保证资料应齐全，每批的出厂质量合格证明书及各项性能检验报告应符合国家有关标准规定和设计要求；受力钢筋的品种、级别、规格和数量必须符合设计要求；钢筋的力学性能检验、化学成分检验等应符合现行国家标准《混凝土结构工程施工质量验收规范》GB 50204的相关规定	第6.8.2-1条	/		
	2	钢筋加工时，受力钢筋的弯钩和弯折、箍筋的末端弯钩形式等应符合现行国家标准《混凝土结构工程施工质量验收规范》GB 50204的相关规定和设计要求	第6.8.2-2条	/		
	3	纵向受力钢筋的连接方式应符合设计要求；受力钢筋采用机械连接接头或焊接接头时，其接头应按现行国家标准《混凝土结构工程施工质量验收规范》GB 50204的相关规定进行力学性能检验	第6.8.2-3条	/		
	4	同一连接区段内的受力钢筋，采用机械连接或焊接接头时，接头面积百分率应按现行国家标准《混凝土结构工程施工质量验收规范》GB 50204的相关规定；采用绑扎接头时，接头面积百分率及最小搭按长度应符合规范第6.2.4条第3款的规定	第6.8.2-4条	/		

施工单位检查结果	专业工长：（签名）　　项目专业质量检查员：（签名）　　年　　月　　日
监理单位验收结论	专业监理工程师：（签名）　　年　　月　　日

7.2.4.20 市政验·构-15-2 给排水构筑物钢筋检验批质量验收记录（二）

市政基础设施工程

给排水构筑物钢筋检验批质量验收记录（二）

市政验·构-15-2

第 页，共 页

<table>
<tr><td colspan="5">工程名称</td><td colspan="5"></td></tr>
<tr><td colspan="5">单位工程名称</td><td colspan="5"></td></tr>
<tr><td colspan="5">施工单位</td><td colspan="2"></td><td colspan="2">分包单位</td><td></td></tr>
<tr><td colspan="5">项目负责人</td><td colspan="2"></td><td colspan="2">项目技术负责人</td><td></td></tr>
<tr><td colspan="5">分部（子分部）工程名称</td><td colspan="2"></td><td colspan="2">分项工程名称</td><td></td></tr>
<tr><td colspan="5">验收部位/区段</td><td colspan="2"></td><td colspan="2">检验批容量</td><td></td></tr>
<tr><td colspan="5">施工及验收依据</td><td colspan="5">《给水排水构筑物工程施工及验收规范》GB 50141</td></tr>
<tr><td colspan="6">验收项目</td><td>设计要求或规范规定</td><td>最小/实际抽样数量</td><td>检查记录</td><td>检查结果</td></tr>
<tr><td rowspan="21">一般项目</td><td>1</td><td colspan="4">钢筋应平直、无损伤，表面不得有裂纹、油污、颗粒状或片状老锈</td><td>第6.8.2-5条</td><td>/</td><td></td><td></td></tr>
<tr><td>2</td><td colspan="4">成型的网片或骨架应稳定牢固，不得有滑动、折断、位移、伸出等情况；绑扎接头应扎紧并向内折</td><td>第6.8.2-6条</td><td>/</td><td></td><td></td></tr>
<tr><td>3</td><td colspan="4">钢筋安装就位后应稳固，无变形、走动、松散等现象；保护层符合要求</td><td>第6.8.2-7条</td><td>/</td><td></td><td></td></tr>
<tr><td>4</td><td rowspan="18">允许偏差</td><td rowspan="4">钢筋加工</td><td colspan="2">受力钢筋成型长度（mm）</td><td>+5，−10</td><td>/</td><td></td><td></td></tr>
<tr><td rowspan="2">5</td><td rowspan="2">弯起钢筋</td><td>弯起点位置（mm）</td><td>±20</td><td>/</td><td></td><td></td></tr>
<tr><td>弯起点高度（mm）</td><td>0，−10</td><td>/</td><td></td><td></td></tr>
<tr><td>6</td><td colspan="2">箍筋尺寸（mm）</td><td>±5</td><td>/</td><td></td><td></td></tr>
<tr><td>7</td><td rowspan="14">钢筋成型与安装</td><td colspan="2">受力钢筋的间距（mm）</td><td>±10</td><td>/</td><td></td><td></td></tr>
<tr><td>8</td><td colspan="2">受力钢筋的排距（mm）</td><td>±5</td><td>/</td><td></td><td></td></tr>
<tr><td>9</td><td colspan="2">钢筋弯起点位置（mm）</td><td>20</td><td>/</td><td></td><td></td></tr>
<tr><td rowspan="2">10</td><td rowspan="2">箍筋、横向钢筋间距（mm）</td><td>绑扎骨架</td><td>±20</td><td>/</td><td></td><td></td></tr>
<tr><td>焊接骨架</td><td>±10</td><td>/</td><td></td><td></td></tr>
<tr><td>11</td><td colspan="2">圆环钢筋同心度（mm）
（直径小于3m管状结构）</td><td>±10</td><td>/</td><td></td><td></td></tr>
<tr><td rowspan="2">12</td><td rowspan="2">焊接预埋件（mm）</td><td>中心线位置</td><td>3</td><td>/</td><td></td><td></td></tr>
<tr><td>水平高差</td><td>±3</td><td>/</td><td></td><td></td></tr>
<tr><td rowspan="3">13</td><td rowspan="3">受力钢筋的保护层（mm）</td><td>基础</td><td>0～+10</td><td>/</td><td></td><td></td></tr>
<tr><td>柱、梁</td><td>0～+5</td><td>/</td><td></td><td></td></tr>
<tr><td>板、墙、拱</td><td>0～+3</td><td>/</td><td></td><td></td></tr>
<tr><td colspan="3">施工单位检查结果</td><td colspan="7">专业工长：（签名） 项目专业质量检查员：（签名） 年 月 日</td></tr>
<tr><td colspan="3">监理单位验收结论</td><td colspan="7">专业监理工程师：（签名） 年 月 日</td></tr>
</table>

7.2.4.21 市政验·构-16 给排水构筑物现浇混凝土检验批质量验收记录

市政基础设施工程

给排水构筑物现浇混凝土检验批质量验收记录

市政验·构-16

第 页，共 页

<table>
<tr><td colspan="3">工程名称</td><td colspan="5"></td></tr>
<tr><td colspan="3">单位工程名称</td><td colspan="5"></td></tr>
<tr><td colspan="3">施工单位</td><td></td><td colspan="2">分包单位</td><td colspan="2"></td></tr>
<tr><td colspan="3">项目负责人</td><td></td><td colspan="2">项目技术负责人</td><td colspan="2"></td></tr>
<tr><td colspan="3">分部（子分部）
工程名称</td><td></td><td colspan="2">分项工程名称</td><td colspan="2"></td></tr>
<tr><td colspan="3">验收部位/区段</td><td></td><td colspan="2">检验批容量</td><td colspan="2"></td></tr>
<tr><td colspan="3">施工及验收依据</td><td colspan="5">《给水排水构筑物工程施工及验收规范》GB 50141</td></tr>
<tr><td colspan="3">验收项目</td><td>设计要求或规范规定</td><td>最小/实际抽样数量</td><td>检查记录</td><td colspan="2">检查结果</td></tr>
<tr><td rowspan="5">主控项目</td><td>1</td><td>现浇混凝土所用的水泥、细骨料、粗骨料、外加剂等原材料的产品质量保证资料应齐全，每批的出厂质量合格证明书及各项性能检验报告应符合规范第6.2.6条的规定和设计要求</td><td>第6.8.3-1条</td><td>/</td><td></td><td colspan="2"></td></tr>
<tr><td>2</td><td>混凝土配合比应满足施工和设计要求</td><td>第6.8.3-2条</td><td>/</td><td></td><td colspan="2"></td></tr>
<tr><td>3</td><td>结构混凝土的强度、抗渗和抗冻性能应符合设计要求；其试块的留置及质量评定应符合规范第6.2.8条的相关规定</td><td>第6.8.3-3条</td><td>/</td><td></td><td colspan="2"></td></tr>
<tr><td>4</td><td>混凝土结构应外光内实；施工缝后浇带部位应表面密实，无冷缝、蜂窝、露筋现象，否则应修理补强</td><td>第6.8.3-4条</td><td>/</td><td></td><td colspan="2"></td></tr>
<tr><td>5</td><td>拆模时的混凝土结构强度应符合规范第6.2.3条的相关规定和设计要求</td><td>第6.8.3-5条</td><td>/</td><td></td><td colspan="2"></td></tr>
<tr><td rowspan="5">一般项目</td><td>1</td><td>浇筑现场的混凝土坍落度或维勃稠度符合配合比设计要求</td><td>第6.8.3-6条</td><td>/</td><td></td><td colspan="2"></td></tr>
<tr><td>2</td><td>模板在浇筑中无变位、变形、漏浆等现象，拆模后无粘模、缺棱掉角及损伤表面等现象</td><td>第6.8.3-7条</td><td>/</td><td></td><td colspan="2"></td></tr>
<tr><td>3</td><td>施工缝后浇带位置应符合设计要求，表面平顺，无明显漏浆、错台、色差等现象</td><td>第6.8.3-8条</td><td>/</td><td></td><td colspan="2"></td></tr>
<tr><td>4</td><td>混凝土表面无明显收缩裂缝</td><td>第6.8.3-9条</td><td>/</td><td></td><td colspan="2"></td></tr>
<tr><td>5</td><td>对拉螺栓孔的填封应密实、平整，无收缩现象</td><td>第6.8.3-10条</td><td>/</td><td></td><td colspan="2"></td></tr>
<tr><td colspan="2">施工单位检查结果</td><td colspan="6">专业工长：（签名） 项目专业质量检查员：（签名） 年 月 日</td></tr>
<tr><td colspan="2">监理单位验收结论</td><td colspan="6">专业监理工程师：（签名） 年 月 日</td></tr>
</table>

7.2.4.22　市政验·构-17-1　给排水构筑物装配式混凝土结构的构件安装检验批质量验收记录（一）

市政基础设施工程

给排水构筑物装配式混凝土结构的构件安装检验批质量验收记录（一）

市政验·构-17-1

第　　页 共　　页

<table>
<tr><td colspan="3">工程名称</td><td colspan="5"></td></tr>
<tr><td colspan="3">单位工程名称</td><td colspan="5"></td></tr>
<tr><td colspan="3">施工单位</td><td></td><td colspan="2">分包单位</td><td colspan="2"></td></tr>
<tr><td colspan="3">项目负责人</td><td></td><td colspan="2">项目技术负责人</td><td colspan="2"></td></tr>
<tr><td colspan="3">分部（子分部）工程名称</td><td></td><td colspan="2">分项工程名称</td><td colspan="2"></td></tr>
<tr><td colspan="3">验收部位/区段</td><td></td><td colspan="2">检验批容量</td><td colspan="2"></td></tr>
<tr><td colspan="3">施工及验收依据</td><td colspan="5">《给水排水构筑物工程施工及验收规范》GB 50141</td></tr>
<tr><td colspan="3">验收项目</td><td>设计要求或规范规定</td><td>最小/实际抽样数量</td><td>检查记录</td><td colspan="2">检查结果</td></tr>
<tr><td rowspan="5">主控项目</td><td>1</td><td>装配式混凝土所用的原材料、预制构件等的产品质量保证资料应齐全，每批的出厂质量合格证明书及各项性能检验报告应符合国家有关标准规定和设计要求</td><td>第6.8.4-1条</td><td>/</td><td></td><td colspan="2"></td></tr>
<tr><td>2</td><td>预制构件上的预埋件、插筋、预留孔洞的规格、位置和数量应符合设计要求</td><td>第6.8.4-2条</td><td>/</td><td></td><td colspan="2"></td></tr>
<tr><td>3</td><td>预制构件的外观质量不应有严重质量缺陷，且不应有影响构件性能和安装、使用功能的尺寸偏差</td><td>第6.8.4-3条</td><td>/</td><td></td><td colspan="2"></td></tr>
<tr><td>4</td><td>预制构件与结构之间、预制构件之间的连接应符合设计要求；构件安装应位置准确，垂直、稳固；相邻构件湿接缝及杯口、杯槽填充部位混凝土应密实，无露筋、孔洞、夹渣、疏松现象；钢筋机械或焊接接头连接可靠</td><td>第6.8.4-4条</td><td>/</td><td></td><td colspan="2"></td></tr>
<tr><td>5</td><td>安装后的构筑物尺寸、表面平整度应满足设计和设备安装及运行的要求</td><td>第6.8.4-5条</td><td>/</td><td></td><td colspan="2"></td></tr>
<tr><td rowspan="3">一般项目</td><td>1</td><td>预制构件的混凝土表面应平整、洁净，边角整齐；外观质量不宜有一般缺陷</td><td>第6.8.4-6条</td><td>/</td><td></td><td colspan="2"></td></tr>
<tr><td>2</td><td>构件安装时，应将杯口、杯槽内及构件连接面的杂物、污物清理干净，界面处理满足安装要求</td><td>第6.8.4-7条</td><td>/</td><td></td><td colspan="2"></td></tr>
<tr><td>3</td><td>现浇混凝土杯口、杯槽内表面应平整、密实；预制构件安装不应出现扭曲、损坏、明显错台等现象</td><td>第6.8.4-8条</td><td>/</td><td></td><td colspan="2"></td></tr>
<tr><td>施工单位检查结果</td><td colspan="7">专业工长：（签名）　　项目专业质量检查员：（签名）　　年　月　日</td></tr>
<tr><td>监理单位验收结论</td><td colspan="7">专业监理工程师：（签名）　　年　月　日</td></tr>
</table>

7.2.4.23 市政验·构-17-2 给排水构筑物装配式混凝土结构的构件安装检验批质量验收记录（二）

市政基础设施工程

给排水构筑物装配式混凝土结构的构件安装检验批质量验收记录（二）

市政验·构-17-2

第　　页 共　　页

<table>
<tr><td>工程名称</td><td colspan="3"></td></tr>
<tr><td>单位工程名称</td><td colspan="3"></td></tr>
<tr><td>施工单位</td><td></td><td>分包单位</td><td></td></tr>
<tr><td>项目负责人</td><td></td><td>项目技术负责人</td><td></td></tr>
<tr><td>分部（子分部）
工程名称</td><td></td><td>分项工程名称</td><td></td></tr>
<tr><td>验收部位/区段</td><td></td><td>检验批容量</td><td></td></tr>
<tr><td>施工及验收依据</td><td colspan="3">《给水排水构筑物工程施工及验收规范》GB 50141</td></tr>
</table>

<table>
<tr><td colspan="5">验收项目</td><td colspan="2">设计要求或
规范规定</td><td>最小/实际
抽样数量</td><td>检查记录</td><td>检查结果</td></tr>
<tr><td rowspan="14">一般项目</td><td>1</td><td rowspan="14">允许偏差</td><td colspan="2">预制构件制作</td><td>板</td><td>梁、柱</td><td>/</td><td></td><td></td></tr>
<tr><td>2</td><td colspan="2">长度（mm）</td><td>±5</td><td>−10</td><td>/</td><td></td><td></td></tr>
<tr><td rowspan="4">3</td><td rowspan="4">横截面尺寸</td><td>宽（mm）</td><td>−8</td><td>±5</td><td>/</td><td></td><td></td></tr>
<tr><td>高（mm）</td><td>±5</td><td>±5</td><td>/</td><td></td><td></td></tr>
<tr><td>肋宽（mm）</td><td>+4，−2</td><td>—</td><td>/</td><td></td><td></td></tr>
<tr><td>厚（mm）</td><td>+4，−2</td><td>—</td><td>/</td><td></td><td></td></tr>
<tr><td>4</td><td colspan="2">板对角线差（mm）</td><td>10</td><td>—</td><td>/</td><td></td><td></td></tr>
<tr><td>5</td><td colspan="2">直顺度（或曲梁的曲度）（mm）</td><td>L/1000，且不大于20</td><td>L/750，且不大于20</td><td>/</td><td></td><td></td></tr>
<tr><td>6</td><td colspan="2">表面平整度（mm）</td><td>5</td><td>—</td><td>/</td><td></td><td></td></tr>
<tr><td>7</td><td rowspan="3">预埋件</td><td>中心线位置（mm）</td><td>5</td><td>5</td><td>/</td><td></td><td></td></tr>
<tr><td>8</td><td>螺栓位置（mm）</td><td>5</td><td>5</td><td>/</td><td></td><td></td></tr>
<tr><td>9</td><td>螺栓明露长度（mm）</td><td>+10，−5</td><td>+10，−5</td><td>/</td><td></td><td></td></tr>
<tr><td>10</td><td colspan="2">预留孔洞中心线位置（mm）</td><td>5</td><td>5</td><td>/</td><td></td><td></td></tr>
<tr><td>11</td><td colspan="2">受力钢筋的保护层（mm）</td><td>+5，−3</td><td>+10，−5</td><td>/</td><td></td><td></td></tr>
<tr><td colspan="2">施工单位
检查结果</td><td colspan="8">专业工长：（签名）　　项目专业质量检查员：（签名）　　年　月　日</td></tr>
<tr><td colspan="2">监理单位
验收结论</td><td colspan="8">专业监理工程师：（签名）　　年　月　日</td></tr>
</table>

注：1. L为构件长度（mm）；2. 受力钢筋的保护层偏差，仅在必要时进行检查；3. 横截面尺寸栏内的高，对板系指肋高。

7.2.4.24　市政验·构-17-3　给排水构筑物装配式混凝土结构的构件安装检验批质量验收记录（三）

市政基础设施工程

给排水构筑物装配式混凝土结构的构件安装检验批质量验收记录（三）

市政验·构-17-3

第　　页 共　　页

<table>
<tr><td>工程名称</td><td colspan="3"></td></tr>
<tr><td>单位工程名称</td><td colspan="3"></td></tr>
<tr><td>施工单位</td><td></td><td>分包单位</td><td></td></tr>
<tr><td>项目负责人</td><td></td><td>项目技术负责人</td><td></td></tr>
<tr><td>分部（子分部）
工程名称</td><td></td><td>分项工程名称</td><td></td></tr>
<tr><td>验收部位/区段</td><td></td><td>检验批容量</td><td></td></tr>
<tr><td>施工及验收依据</td><td colspan="3">《给水排水构筑物工程施工及验收规范》GB 50141</td></tr>
</table>

<table>
<tr><td colspan="6">验收项目</td><td>设计要求或
规范规定</td><td>最小/实际
抽样数量</td><td>检查记录</td><td>检查结果</td></tr>
<tr><td rowspan="14">一般项目</td><td>1</td><td rowspan="14">允许偏差</td><td rowspan="7">钢筋混凝土池底板及杯口杯槽</td><td colspan="2">圆池半径（mm）</td><td>±20</td><td>/</td><td></td><td></td></tr>
<tr><td>2</td><td colspan="2">底板轴线位移（mm）</td><td>10</td><td>/</td><td></td><td></td></tr>
<tr><td rowspan="3">3</td><td rowspan="3">预留杯口
杯槽
（mm）</td><td>轴线位置</td><td>8</td><td>/</td><td></td><td></td></tr>
<tr><td>内底面高程</td><td>0，－5</td><td>/</td><td></td><td></td></tr>
<tr><td>底宽、顶宽</td><td>＋10，－5</td><td>/</td><td></td><td></td></tr>
<tr><td rowspan="2">4</td><td rowspan="2">中心位置
偏移
（mm）</td><td>预埋件、
预埋管</td><td>5</td><td>/</td><td></td><td></td></tr>
<tr><td>预留洞</td><td>10</td><td>/</td><td></td><td></td></tr>
<tr><td>5</td><td rowspan="7">预制壁板构件安装</td><td colspan="2">壁板、墙板、梁、
柱中心轴线（mm）</td><td>5</td><td>/</td><td></td><td></td></tr>
<tr><td>6</td><td colspan="2">壁板、墙板、柱高程
（mm）</td><td>±5</td><td>/</td><td></td><td></td></tr>
<tr><td rowspan="2">7</td><td rowspan="2">壁板、墙板
及柱垂直度
（mm）</td><td>$H \leqslant 5$m</td><td>5</td><td>/</td><td></td><td></td></tr>
<tr><td>$H > 5$m</td><td>8</td><td>/</td><td></td><td></td></tr>
<tr><td>8</td><td colspan="2">挑梁高程（mm）</td><td>－5，0</td><td>/</td><td></td><td></td></tr>
<tr><td>9</td><td colspan="2">壁板、墙板与
定位中线半径（mm）</td><td>±10</td><td>/</td><td></td><td></td></tr>
<tr><td>10</td><td colspan="2">壁板、墙板、
拱构件间隙（mm）</td><td>±10</td><td>/</td><td></td><td></td></tr>
<tr><td>施工单位
检查结果</td><td colspan="9">专业工长：（签名）　　项目专业质量检查员：（签名）　　年　月　日</td></tr>
<tr><td>监理单位
验收结论</td><td colspan="9">专业监理工程师：（签名）　　年　月　日</td></tr>
</table>

注：H 为壁板及柱的全高。

7.2.4.25　市政验·构-18　圆形构筑物缠丝张拉预应力混凝土检验批质量验收记录

市政基础设施工程

圆形构筑物缠丝张拉预应力混凝土检验批质量验收记录

市政验·构-18

第　　页 共　　页

<table>
<tr><td colspan="3">工程名称</td><td colspan="6"></td></tr>
<tr><td colspan="3">单位工程名称</td><td colspan="6"></td></tr>
<tr><td colspan="3">施工单位</td><td colspan="2"></td><td colspan="2">分包单位</td><td colspan="2"></td></tr>
<tr><td colspan="3">项目负责人</td><td colspan="2"></td><td colspan="2">项目技术负责人</td><td colspan="2"></td></tr>
<tr><td colspan="3">分部（子分部）
工程名称</td><td colspan="2"></td><td colspan="2">分项工程名称</td><td colspan="2"></td></tr>
<tr><td colspan="3">验收部位/区段</td><td colspan="2"></td><td colspan="2">检验批容量</td><td colspan="2"></td></tr>
<tr><td colspan="3">施工及验收依据</td><td colspan="6">《给水排水构筑物工程施工及验收规范》GB 50141</td></tr>
<tr><td colspan="5">验收项目</td><td>设计要求或
规范规定</td><td>最小/实际
抽样数量</td><td>检查记录</td><td>检查结果</td></tr>
<tr><td rowspan="5">主控项目</td><td>1</td><td colspan="3">预应力筋和预应力锚具、夹具、连接器以及保护层所用水泥、砂、外加剂等的产品质量保证资料应齐全，每批的出厂质量合格证明书及各项性能检验报告应符合规范第6.4.2条的相关规定和设计要求</td><td>第6.8.5-1条</td><td>/</td><td></td><td></td></tr>
<tr><td>2</td><td colspan="3">预应力筋的品种、级别、规格、数量、下料、墩头加工以及环向预应力筋和锚具槽的布置、锚固位置必须符合设计要求</td><td>第6.8.5-2条</td><td>/</td><td></td><td></td></tr>
<tr><td>3</td><td colspan="3">缠丝时，构件及拼接处的混凝土强度应符合规范第6.4.8条的规定</td><td>第6.8.5-3条</td><td>/</td><td></td><td></td></tr>
<tr><td>4</td><td colspan="3">缠丝应力应符合设计要求；缠丝过程中预应力筋应无断裂，发生断裂时应将钢丝接好，并在断裂位置左右相邻锚固槽各增加一个锚具</td><td>第6.8.5-4条</td><td>/</td><td></td><td></td></tr>
<tr><td>5</td><td colspan="3">保护层砂浆的配合比计量准确，其强度、厚度应符合设计要求，并应与预应力筋(钢丝）黏结紧密，无漏喷、脱离现象</td><td>第6.8.5-5条</td><td>/</td><td></td><td></td></tr>
<tr><td rowspan="6">一般项目</td><td>1</td><td colspan="3">预应力筋展开后应平顺，不得有弯折，表面不应有裂纹、刺、机械损伤、氧化铁皮和油污</td><td>第6.8.5-6条</td><td>/</td><td></td><td></td></tr>
<tr><td>2</td><td colspan="3">预应力锚具、夹具、连接器等的表面应无污物、锈蚀、机械损坏和裂纹</td><td>第6.8.5-7条</td><td>/</td><td></td><td></td></tr>
<tr><td>3</td><td colspan="3">缠丝顺序应符合设计和施工方案要求；各圈预应力筋缠绕与设计位置的偏差不得大于15mm</td><td>第6.8.5-8条</td><td>/</td><td></td><td></td></tr>
<tr><td>4</td><td colspan="3">保护层表面应密实、平整，无空鼓、开裂等缺陷现象</td><td>第6.8.5-9条</td><td>/</td><td></td><td></td></tr>
<tr><td>5</td><td rowspan="2">允许偏差</td><td rowspan="2">预应力筋保护层（mm）</td><td>平整度</td><td>30</td><td>/</td><td></td><td></td></tr>
<tr><td>6</td><td>厚度</td><td>不小于设计值</td><td>/</td><td></td><td></td></tr>
<tr><td>施工单位
检查结果</td><td colspan="8">专业工长：（签名）　　项目专业质量检查员：（签名）　　年　月　日</td></tr>
<tr><td>监理单位
验收结论</td><td colspan="8">专业监理工程师：（签名）　　年　月　日</td></tr>
</table>

7.2.4.26 市政验·构-19 给排水构筑物后张法预应力混凝土检验批质量验收记录

市政基础设施工程

给排水构筑物后张法预应力混凝土检验批质量验收记录

市政验·构-19

第　　页共　　页

工程名称			
单位工程名称			
施工单位		分包单位	
项目负责人		项目技术负责人	
分部（子分部）工程名称		分项工程名称	
验收部位/区段		检验批容量	
施工及验收依据	《给水排水构筑物工程施工及验收规范》GB 50141		

验收项目			设计要求或规范规定	最小/实际抽样数量	检查记录	检查结果
主控项目	1	预应力筋和预应力锚具、夹具、连接器以及有黏结预应力筋孔道灌浆所用水泥、砂、外加剂、波纹管等的产品质量保证资料应齐全，每批的出厂质量合格证明书及各项性能检验报告应符合规范第6.4.2条的相关规定和设计要求	第6.8.6-1条	/		
	2	预应力筋的品种、级别、规格、数量下料加工必须符合设计要求	第6.8.6-2条	/		
	3	张拉时混凝土强度应符合规范第6.4.8条的规定	第6.8.6-3条	/		
	4	后张法张拉应力和伸长值、断裂或滑脱数量、内缩量等应符合规范6.4.13条第4、5、6款的规定和设计要求	第6.8.6-4条	/		
	5	有黏结预应力筋孔道灌浆应饱满、密实；灌浆水泥砂浆强度应符合设计要求	第6.8.6-5条	/		
一般项目	1	有黏结预应力筋应平顺，不得有弯折，表面不应有裂纹、刺、机械损伤、氧化铁皮和油污；无黏结预应力筋护套应光滑，无裂缝和明显皱褶	第6.8.6-6条	/		
	2	预应力筋具、夹具、连接器等的表面应无污物、锈蚀、机械损坏和裂纹；波纹管外观应符合规范第6.4.5条第2款的规定	第6.8.6-7条	/		
	3	后张法有黏结预应力筋预留孔道的规格、数量、位置和形状应符合设计要求，并应符合下列规定：(1)预留孔道的位置应牢固，浇筑混凝土时不应出现位移和变形；(2)孔道应平顺，端部的预埋锚垫板应垂直于孔道中心线；(3)成孔用管道应封闭良好，接头应严密且不得漏浆；(4)灌浆孔的间距：预埋波纹管不宜大于30m；抽芯成型孔道不宜大于12m；(5)曲线孔道的曲线波峰部位应设排气（泌水）管，必要时可在最低点设置排水孔；(6)灌浆孔及泌水管的孔径应能保证浆液畅通	第6.8.6-8条	/		
	4	无黏结预应力筋的铺设应符合下列规定：(1)无黏结预应力筋的定位牢固，浇筑混凝土时不应出现移位和变形；(2)端部的预埋锚垫板应垂直于预应力筋；(3)内埋式固定端垫板不应重叠，锚具与垫板应贴紧；(4)无黏结预应力筋成束布置时应能保证混凝土密实并能裹住预应力筋；(5)无黏结预应力筋的护套应完整，局部破损处应采用防水胶带缠绕紧密	第6.8.6-9条	/		
	5	预应力筋张拉后与设计位置的偏差不得大于5mm，且不得大于池壁截面短边边长的4%	第6.8.6-10条	/		
	6	封锚的保护层厚度、外露预应力筋的保护层厚度、封锚混凝土强度应符合规范第6.4.13条第10款的规定	第6.8.6-11条	/		
施工单位检查结果	专业工长：（签名）　　项目专业质量检查员：（签名）　　年　月　日					
监理单位验收结论	专业监理工程师：（签名）　　年　月　日					

7.2.4.27 市政验·构-20 混凝土结构水处理构筑物检验批质量验收记录

市政基础设施工程

混凝土结构水处理构筑物检验批质量验收记录

市政验·构-20

第　　页共　　页

工程名称			
单位工程名称			
施工单位		分包单位	
项目负责人		项目技术负责人	
分部（子分部）工程名称		分项工程名称	
验收部位/区段		检验批容量	
施工及验收依据	《给水排水构筑物工程施工及验收规范》GB 50141		

验收项目					设计要求或规范规定	最小/实际抽样数量	检查记录	检查结果
主控项目	1	水处理构筑物结构类型、结构尺寸以及预埋件、预留孔洞、止水带等规格、尺寸应符合设计要求			第6.8.7-1条	/		
	2	混凝土强度符合设计要求；混凝土抗渗、抗冻性能符合设计要求			第6.8.7-2条	/		
	3	混凝土结构外观无严重质量缺陷			第6.8.7-3条	/		
	4	构筑物外壁不得渗水			第6.8.7-4条	/		
	5	构筑物各部位以及预埋件、预留孔洞、止水带等的尺寸、位置、高程、线形等的偏差，不得影响结构性能和水处理工艺平面布置、设备安装、水力条件			第6.8.7-5条	/		
一般项目	1	混凝土结构外观不宜有一般质量缺陷			第6.8.7-6条	/		
	2	结构无明显湿渍现象			第6.8.7-7条	/		
	3	结构表面应光洁和顺、线形流畅			第6.8.7-9条	/		
	4	允许偏差	轴线位移（mm）	池壁、柱、梁	8	/		
	5		高程（mm）	池壁顶	±10	/		
				底板顶		/		
				顶板		/		
				柱、梁		/		
	6		平面尺寸（池体的长、宽或直径）（mm）	$L\leqslant20m$	±20	/		
				$20m<L\leqslant50m$	$\pm L/1000$	/		
				$L>50m$	±50	/		
	7		截面尺寸（mm）	池壁	+10，−5	/		
				底板		/		
				柱、梁		/		
				孔、洞、槽内净空	±10	/		
	8		表面平整度（mm）	一般平面	8	/		
				轮轨面	5	/		
	9		墙面垂直度（mm）	$H\leqslant5m$	8	/		
				$5m<H\leqslant20m$	1.5H/1000	/		
	10		中心线位置偏移（mm）	预埋件、预埋管	5	/		
				预留洞	10	/		
				水槽	±5	/		
	11		坡度		0.15%	/		
施工单位检查结果	专业工长：（签名）　　项目专业质量检查员：（签名）　　年　月　日							
监理单位验收结论	专业监理工程师：（签名）　　年　月　日							

注：H为池壁全高，L为池体的长、宽或直径。

砖石砌体结构水处理构筑物检验批质量验收记录（一）

市政验·构-21-1

第　　页，共　　页

工程名称							
单位工程名称							
施工单位				分包单位			
项目负责人				项目技术负责人			
分部（子分部）工程名称				分项工程名称			
验收部位/区段				检验批容量			
施工及验收依据	《给水排水构筑物工程施工及验收规范》GB 50141						
验收项目			设计要求或规范规定	最小/实际抽样数量	检查记录		检查结果
主控项目	1	砖、石以及砌筑、抹面用的水泥、砂等材料的产品质量保证资料齐全，每批的出厂质量合格证明书及各项性能检验报告应符合规范第6.5.1条的相关规定和设计要求	第6.8.8-1条	/			
	2	砌筑、抹面砂浆配合比应满足施工和规范第6.5.1条的相关规定	第6.8.8-2条	/			
	3	砌筑、抹面砂浆的强度应符合设计要求；其试块的留置及质量评定应符合规范第6.5.2、6.5.3条的相关规定	第6.8.8-3条	/			
	4	砌体结构各部位的构造形式以及预埋件、预留孔洞、变形缝位置、构造等应符合设计要求	第6.8.8-4条	/			
	5	砌筑应垂直稳固、位置正确；灰缝必须饱满、密实、完整，无透缝、通缝、开裂等现象；砖砌抹面时，砂浆与基层及各层间应黏结紧密牢固，不得有空鼓及裂纹等现象	第6.8.8-5条	/			
一般项目	1	砌筑前，砖、石表面应洁净，并充分湿润	第6.8.8-6条	/			
	2	砌筑砂浆应灰缝均匀一致、横平竖直，灰缝宽度的允许偏差为±2mm	第6.8.8-7条	/			
	3	抹面时，抹面接茬应平整，阴阳角清晰顺直	第6.8.8-8条	/			
	4	勾缝应密实，线形平整、深度一致	第6.8.8-9条	/			
施工单位检查结果	专业工长：（签名）　　项目专业质量检查员：（签名）　　年　月　日						
监理单位验收结论	专业监理工程师：（签名）　　年　月　日						

7.2.4.29 市政验·构-21-2 砖石砌体结构水处理构筑物检验批质量验收记录（二）

市政基础设施工程

砖石砌体结构水处理构筑物检验批质量验收记录（二）

市政验·构-21-2

第 页 共 页

<table>
<tr><td colspan="5">工程名称</td><td colspan="6"></td></tr>
<tr><td colspan="5">单位工程名称</td><td colspan="6"></td></tr>
<tr><td colspan="5">施工单位</td><td></td><td colspan="2">分包单位</td><td colspan="3"></td></tr>
<tr><td colspan="5">项目负责人</td><td></td><td colspan="2">项目技术负责人</td><td colspan="3"></td></tr>
<tr><td colspan="5">分部（子分部）工程名称</td><td></td><td colspan="2">分项工程名称</td><td colspan="3"></td></tr>
<tr><td colspan="5">验收部位/区段</td><td></td><td colspan="2">检验批容量</td><td colspan="3"></td></tr>
<tr><td colspan="5">施工及验收依据</td><td colspan="6">《给水排水构筑物工程施工及验收规范》GB 50141</td></tr>
<tr><td colspan="6">验收项目</td><td>设计要求或规范规定</td><td>最小/实际抽样数量</td><td>检查记录</td><td colspan="2">检查结果</td></tr>
<tr><td rowspan="23">主控项目</td><td>1</td><td rowspan="23">允许偏差</td><td rowspan="11">砖砌体水处理构筑物</td><td colspan="2">轴线位置（池壁、隔墙、柱）（mm）</td><td>10</td><td>/</td><td></td><td colspan="2"></td></tr>
<tr><td>2</td><td colspan="2">高程（池壁、隔墙、柱的顶面）（mm）</td><td>±15</td><td>/</td><td></td><td colspan="2"></td></tr>
<tr><td rowspan="2">3</td><td rowspan="2">平面尺寸（池体长、宽或直径）（mm）</td><td>$L \leqslant 20m$</td><td>±20</td><td>/</td><td></td><td colspan="2"></td></tr>
<tr><td>$20 < L \leqslant 50m$</td><td>$\pm L/1000$</td><td>/</td><td></td><td colspan="2"></td></tr>
<tr><td rowspan="2">4</td><td rowspan="2">垂直度（池壁、隔墙、柱）（mm）</td><td>$H \leqslant 5m$</td><td>8</td><td>/</td><td></td><td colspan="2"></td></tr>
<tr><td>$H > 5m$</td><td>$1.5H/1000$</td><td>/</td><td></td><td colspan="2"></td></tr>
<tr><td rowspan="2">5</td><td rowspan="2">表面平整度（mm）</td><td>清水</td><td>5</td><td>/</td><td></td><td colspan="2"></td></tr>
<tr><td>混水</td><td>8</td><td>/</td><td></td><td colspan="2"></td></tr>
<tr><td rowspan="2">6</td><td rowspan="2">中心位置（mm）</td><td>预埋件、预埋管</td><td>5</td><td>/</td><td></td><td colspan="2"></td></tr>
<tr><td>预埋洞</td><td>10</td><td>/</td><td></td><td colspan="2"></td></tr>
<tr><td>7</td><td rowspan="13">石砌体水处理构筑物</td><td colspan="2">轴线位置（mm）</td><td>10</td><td>/</td><td></td><td colspan="2"></td></tr>
<tr><td>8</td><td colspan="2">高程（池壁顶面）（mm）</td><td>±15</td><td>/</td><td></td><td colspan="2"></td></tr>
<tr><td rowspan="2">9</td><td rowspan="2">平面尺寸（池体长、宽或直径）（mm）</td><td>$L \leqslant 20m$</td><td>±20</td><td>/</td><td></td><td colspan="2"></td></tr>
<tr><td>$20 < L \leqslant 50m$</td><td>$\pm L/1000$</td><td>/</td><td></td><td colspan="2"></td></tr>
<tr><td>10</td><td colspan="2">砌体厚度（mm）</td><td>+10，−5</td><td>/</td><td></td><td colspan="2"></td></tr>
<tr><td rowspan="2">11</td><td rowspan="2">垂直度（池壁）（mm）</td><td>$H \leqslant 5m$</td><td>10</td><td>/</td><td></td><td colspan="2"></td></tr>
<tr><td>$H > 5m$</td><td>$2H/1000$</td><td>/</td><td></td><td colspan="2"></td></tr>
<tr><td rowspan="2">12</td><td rowspan="2">表面平整度（mm）</td><td>清水</td><td>10</td><td>/</td><td></td><td colspan="2"></td></tr>
<tr><td>混水</td><td>15</td><td>/</td><td></td><td colspan="2"></td></tr>
<tr><td rowspan="2">13</td><td rowspan="2">中心位置（mm）</td><td>预埋件、预埋管</td><td>5</td><td>/</td><td></td><td colspan="2"></td></tr>
<tr><td>预埋洞</td><td>10</td><td>/</td><td></td><td colspan="2"></td></tr>
<tr><td colspan="2">施工单位检查结果</td><td colspan="9">专业工长：（签名） 项目专业质量检查员：（签名） 年 月 日</td></tr>
<tr><td colspan="2">监理单位验收结论</td><td colspan="9">专业监理工程师：（签名） 年 月 日</td></tr>
</table>

注：1. L 为池体长、宽或直径；2. H 为池壁、隔墙或柱的高度。

7.2.4.30 市政验·构-22 构筑物变形缝检验批质量验收记录

市政基础设施工程

构筑物变形缝检验批质量验收记录

市政验·构-22

第　　页共　　页

<table>
<tr><td colspan="4">工程名称</td><td colspan="5"></td></tr>
<tr><td colspan="4">单位工程名称</td><td colspan="5"></td></tr>
<tr><td colspan="4">施工单位</td><td></td><td colspan="2">分包单位</td><td colspan="2"></td></tr>
<tr><td colspan="4">项目负责人</td><td></td><td colspan="2">项目技术负责人</td><td colspan="2"></td></tr>
<tr><td colspan="4">分部（子分部）工程名称</td><td></td><td colspan="2">分项工程名称</td><td colspan="2"></td></tr>
<tr><td colspan="4">验收部位/区段</td><td></td><td colspan="2">检验批容量</td><td colspan="2"></td></tr>
<tr><td colspan="4">施工及验收依据</td><td colspan="5">《给水排水构筑物工程施工及验收规范》GB 50141</td></tr>
<tr><td colspan="5">验收项目</td><td>设计要求或规范规定</td><td>最小/实际抽样数量</td><td>检查记录</td><td>检查结果</td></tr>
<tr><td rowspan="4">主控项目</td><td>1</td><td colspan="3">构筑物变形缝的止水带、柔性密封材料等的产品质量保证资料齐全，每批的出厂质量合格证明书及各项性能检验报告应符合规范第 6.1.10 条的相关规定和设计要求</td><td>第 6.8.9-1 条</td><td>/</td><td></td><td></td></tr>
<tr><td>2</td><td colspan="3">止水带位置应符合设计要求；安装固定稳固，无孔洞、撕裂、扭曲、褶皱等现象</td><td>第 6.8.9-2 条</td><td>/</td><td></td><td></td></tr>
<tr><td>3</td><td colspan="3">先行施工一侧的变形缝结构端面应平整、垂直，混凝土或砌筑砂浆应密实，止水带与结构咬合紧密；端面混凝土外观严禁出现严重质量缺陷，且无明显一般质量缺陷</td><td>第 6.8.9-3 条</td><td>/</td><td></td><td></td></tr>
<tr><td>4</td><td colspan="3">变形缝应贯通，缝宽均匀一致；柔性密封材料嵌填应完整、饱满、密实</td><td>第 6.8.9-4 条</td><td>/</td><td></td><td></td></tr>
<tr><td rowspan="11">一般项目</td><td>1</td><td colspan="3">变形缝结构端面部位施工完成后，止水带应完整，线形直顺，无损坏、走动、褶皱等现象</td><td>第 6.8.9-5 条</td><td>/</td><td></td><td></td></tr>
<tr><td>2</td><td colspan="3">变形缝内的填缝板应完整，无脱离、缺损现象</td><td>第 6.8.9-6 条</td><td>/</td><td></td><td></td></tr>
<tr><td>3</td><td colspan="3">柔性密封材料嵌填前缝内应清洁杂物、污物；嵌填应表面平整，其深度应符合设计要求，并与两侧端面黏结紧密</td><td>第 6.8.9-7 条</td><td>/</td><td></td><td></td></tr>
<tr><td>4</td><td rowspan="8">允许偏差</td><td colspan="2">结构端面平整度（mm）</td><td>8</td><td>/</td><td></td><td></td></tr>
<tr><td>5</td><td colspan="2">结构端面垂直度（mm）</td><td>2H/1000，且不大于 8</td><td>/</td><td></td><td></td></tr>
<tr><td>6</td><td colspan="2">变形缝宽度（mm）</td><td>±3</td><td>/</td><td></td><td></td></tr>
<tr><td>7</td><td colspan="2">止水带长度（mm）</td><td>不小于设计要求</td><td>/</td><td></td><td></td></tr>
<tr><td rowspan="2">8</td><td rowspan="2">止水带（mm）</td><td>结构端面</td><td>±5</td><td>/</td><td></td><td></td></tr>
<tr><td>止水带中心</td><td>±5</td><td>/</td><td></td><td></td></tr>
<tr><td>9</td><td colspan="2">相邻错缝（mm）</td><td>±5</td><td>/</td><td></td><td></td></tr>
<tr><td colspan="6"></td></tr>
<tr><td>施工单位检查结果</td><td colspan="8">专业工长：（签名）　　项目专业质量检查员：（签名）　　年　月　日</td></tr>
<tr><td>监理单位验收结论</td><td colspan="8">专业监理工程师：（签名）　　年　月　日</td></tr>
</table>

注：H 为结构全高（mm）。

7.2.4.31 市政验·构-23 塘体结构基槽检验批质量验收记录

市政基础设施工程

塘体结构基槽检验批质量验收记录

市政验·构-23

第　　页 共　　页

<table>
<tr><td colspan="4">工程名称</td><td colspan="5"></td></tr>
<tr><td colspan="4">单位工程名称</td><td colspan="5"></td></tr>
<tr><td colspan="4">施工单位</td><td></td><td colspan="2">分包单位</td><td colspan="2"></td></tr>
<tr><td colspan="4">项目负责人</td><td></td><td colspan="2">项目技术负责人</td><td colspan="2"></td></tr>
<tr><td colspan="4">分部（子分部）
工程名称</td><td></td><td colspan="2">分项工程名称</td><td colspan="2"></td></tr>
<tr><td colspan="4">验收部位/区段</td><td></td><td colspan="2">检验批容量</td><td colspan="2"></td></tr>
<tr><td colspan="4">施工及验收依据</td><td colspan="5">《给水排水构筑物工程施工及验收规范》GB 50141</td></tr>
<tr><td colspan="4">验收项目</td><td colspan="2">设计要求或
规范规定</td><td>最小/实际
抽样数量</td><td>检查记录</td><td>检查结果</td></tr>
<tr><td rowspan="7">一般项目</td><td>1</td><td rowspan="7">允许偏差</td><td>轴线位移（mm）</td><td colspan="2">20</td><td>/</td><td></td><td></td></tr>
<tr><td>2</td><td>基底高程（mm）</td><td colspan="2">±20</td><td>/</td><td></td><td></td></tr>
<tr><td>3</td><td>平面尺寸（mm）</td><td colspan="2">±20</td><td>/</td><td></td><td></td></tr>
<tr><td>4</td><td>边坡</td><td colspan="2">设计边坡的0～3%范围</td><td>/</td><td></td><td></td></tr>
<tr><td></td><td></td><td colspan="2"></td><td></td><td></td><td></td></tr>
<tr><td></td><td></td><td colspan="2"></td><td></td><td></td><td></td></tr>
<tr><td></td><td></td><td colspan="2"></td><td></td><td></td><td></td></tr>
<tr><td colspan="2">施工单位
检查结果</td><td colspan="7">专业工长：（签名）　　项目专业质量检查员：（签名）　　年　月　日</td></tr>
<tr><td colspan="2">监理单位
验收结论</td><td colspan="7">专业监理工程师：（签名）　　年　月　日</td></tr>
</table>

7.2.4.32 市政验·构-24 管渠检验批质量验收记录

市政基础设施工程

管渠检验批质量验收记录

市政验·构-24

第　　页 共　　页

工程名称			
单位工程名称			
施工单位		分包单位	
项目负责人		项目技术负责人	
分部（子分部）工程名称		分项工程名称	
验收部位/区段		检验批容量	
施工及验收依据	《给水排水构筑物工程施工及验收规范》GB 50141		

<table>
<tr><th colspan="6">验收项目</th><th colspan="4">设计要求或规范规定</th><th>最小/实际抽样数量</th><th>检查记录</th><th>检查结果</th></tr>
<tr><td rowspan="18">一般项目</td><td>1</td><td rowspan="18">允许偏差</td><td rowspan="9">混凝土结构管渠</td><td colspan="2">轴线位移（mm）</td><td colspan="4">15</td><td>/</td><td></td><td></td></tr>
<tr><td>2</td><td colspan="2">渠底高程（mm）</td><td colspan="4">±10</td><td>/</td><td></td><td></td></tr>
<tr><td>3</td><td colspan="2">管、拱圈断面尺寸</td><td colspan="4">不小于设计要求</td><td>/</td><td></td><td></td></tr>
<tr><td>4</td><td colspan="2">盖板断面尺寸（mm）</td><td colspan="4">不小于设计要求</td><td>/</td><td></td><td></td></tr>
<tr><td>5</td><td colspan="2">墙高（mm）</td><td colspan="4">±10</td><td>/</td><td></td><td></td></tr>
<tr><td>6</td><td colspan="2">渠底中线每侧宽度（mm）</td><td colspan="4">±10</td><td>/</td><td></td><td></td></tr>
<tr><td>7</td><td colspan="2">墙面垂直度（mm）</td><td colspan="4">10</td><td>/</td><td></td><td></td></tr>
<tr><td>8</td><td colspan="2">墙面平整度（mm）</td><td colspan="4">10</td><td>/</td><td></td><td></td></tr>
<tr><td>9</td><td colspan="2">墙厚（mm）</td><td colspan="4">±10，0</td><td>/</td><td></td><td></td></tr>
<tr><td></td><td rowspan="9">砌体管渠</td><td colspan="2">（mm）</td><td>砖</td><td>料石</td><td>块石</td><td>混凝土砌块</td><td></td><td></td><td></td></tr>
<tr><td>10</td><td colspan="2">轴线位置</td><td>15</td><td>15</td><td>20</td><td>15</td><td>/</td><td></td><td></td></tr>
<tr><td>11</td><td rowspan="2">渠底</td><td>高程</td><td>±10</td><td colspan="2">±20</td><td>±10</td><td>/</td><td></td><td></td></tr>
<tr><td>12</td><td>中心线每侧宽</td><td>±10</td><td>±10</td><td>±20</td><td>±10</td><td>/</td><td></td><td></td></tr>
<tr><td>13</td><td colspan="2">墙高</td><td>±20</td><td colspan="2">±20</td><td>±20</td><td>/</td><td></td><td></td></tr>
<tr><td>14</td><td colspan="2">墙厚</td><td colspan="4">不小于设计要求</td><td></td><td></td><td></td></tr>
<tr><td>15</td><td colspan="2">墙面垂直度</td><td>15</td><td>15</td><td>15</td><td>15</td><td>/</td><td></td><td></td></tr>
<tr><td>16</td><td colspan="2">墙面平整度</td><td>10</td><td>20</td><td>30</td><td>10</td><td>/</td><td></td><td></td></tr>
<tr><td>17</td><td colspan="2">拱圈断面尺寸</td><td colspan="4">不小于设计要求</td><td>/</td><td></td><td></td></tr>
<tr><td colspan="2">施工单位检查结果</td><td colspan="11">专业工长：（签名）　　项目专业质量检查员：（签名）　　年　月　日</td></tr>
<tr><td colspan="2">监理单位验收结论</td><td colspan="11">专业监理工程师：（签名）　　年　月　日</td></tr>
</table>

7.2.4.33 市政验·构-25 水处理工艺辅助构筑物检验批质量验收记录

市政基础设施工程

水处理工艺辅助构筑物检验批质量验收记录

市政验·构-25

第　　页 共　　页

<table>
<tr><td colspan="5">工程名称</td><td colspan="5"></td></tr>
<tr><td colspan="5">单位工程名称</td><td colspan="5"></td></tr>
<tr><td colspan="5">施工单位</td><td></td><td colspan="2">分包单位</td><td colspan="2"></td></tr>
<tr><td colspan="5">项目负责人</td><td></td><td colspan="2">项目技术负责人</td><td colspan="2"></td></tr>
<tr><td colspan="5">分部（子分部）工程名称</td><td></td><td colspan="2">分项工程名称</td><td colspan="2"></td></tr>
<tr><td colspan="5">验收部位/区段</td><td></td><td colspan="2">检验批容量</td><td colspan="2"></td></tr>
<tr><td colspan="5">施工及验收依据</td><td colspan="5">《给水排水构筑物工程施工及验收规范》GB 50141</td></tr>
<tr><td colspan="6">验收项目</td><td>设计要求或规范规定</td><td>最小/实际抽样数量</td><td>检查记录</td><td>检查结果</td></tr>
<tr><td rowspan="4">主控项目</td><td>1</td><td colspan="4">有关工程材料、型材等的产品质量保证资料应齐全，并符合国家有关标准的规定和设计要求</td><td>第 6.8.13-1 条</td><td>/</td><td></td><td></td></tr>
<tr><td>2</td><td colspan="4">位置、高程、结构和工艺线形尺寸、数量等应符合设计要求，满足运行功能</td><td>第 6.8.13-2 条</td><td>/</td><td></td><td></td></tr>
<tr><td>3</td><td colspan="4">混凝土、水泥砂浆抹面等光洁密实、线形和顺，无阻水、滞水现象</td><td>第 6.8.13-3 条</td><td>/</td><td></td><td></td></tr>
<tr><td>4</td><td colspan="4">堰板、槽板、孔板等安装应平整、牢固，安装位置及高程应准确，接缝应严密；堰顶、穿孔槽、孔眼的底缘在同一水平面上</td><td>第 6.8.13-4 条</td><td>/</td><td></td><td></td></tr>
<tr><td rowspan="18">一般项目</td><td rowspan="2">1</td><td rowspan="18">允许偏差</td><td rowspan="2">轴线位置（mm）</td><td colspan="2">工艺井</td><td>15</td><td>/</td><td></td><td></td></tr>
<tr><td colspan="2">板、堰、槽、孔、眼（混凝土结构）</td><td>5</td><td>/</td><td></td><td></td></tr>
<tr><td rowspan="3">2</td><td rowspan="3">高程（mm）</td><td colspan="2">工艺井井底</td><td>±10</td><td>/</td><td></td><td></td></tr>
<tr><td rowspan="2">板、堰顶、槽底、孔眼中心</td><td>混凝土结构</td><td>±5</td><td>/</td><td></td><td></td></tr>
<tr><td>型板安装</td><td>±2</td><td>/</td><td></td><td></td></tr>
<tr><td rowspan="3">3</td><td rowspan="3">净尺寸（mm）</td><td colspan="2">工艺井</td><td>不小于设计要求</td><td>/</td><td></td><td></td></tr>
<tr><td rowspan="2">槽、孔、眼</td><td>混凝土结构</td><td>±5</td><td>/</td><td></td><td></td></tr>
<tr><td>型板安装</td><td>±3</td><td>/</td><td></td><td></td></tr>
<tr><td rowspan="3">4</td><td rowspan="3">墙面垂直度（mm）</td><td colspan="2">工艺井</td><td>10</td><td>/</td><td></td><td></td></tr>
<tr><td rowspan="2">堰、槽、孔、眼</td><td>混凝土结构</td><td>$1.5H/1000$</td><td>/</td><td></td><td></td></tr>
<tr><td>型板安装</td><td>$1.0H/1000$</td><td>/</td><td></td><td></td></tr>
<tr><td rowspan="3">5</td><td rowspan="3">墙面平整度（mm）</td><td colspan="2">工艺井</td><td>10</td><td>/</td><td></td><td></td></tr>
<tr><td rowspan="2">板、堰、槽、孔、眼</td><td>混凝土结构</td><td>5</td><td>/</td><td></td><td></td></tr>
<tr><td>型板安装</td><td>2</td><td>/</td><td></td><td></td></tr>
<tr><td rowspan="2">6</td><td rowspan="2">墙厚（mm）</td><td colspan="2">工艺井</td><td>±10，0</td><td>/</td><td></td><td></td></tr>
<tr><td colspan="2">板、堰、槽、孔、眼的结构</td><td>+5，0</td><td>/</td><td></td><td></td></tr>
<tr><td>7</td><td colspan="3">孔眼间距（mm）</td><td>±5</td><td>/</td><td></td><td></td></tr>
<tr><td>施工单位检查结果</td><td colspan="9">专业工长：（签名）　　项目专业质量检查员：（签名）　　年　月　日</td></tr>
<tr><td>监理单位验收结论</td><td colspan="9">专业监理工程师：（签名）　　年　月　日</td></tr>
</table>

注：H 为全高（mm）。

7.2.4.34 市政验·构-26 梯道、平台、栏杆、盖板、走道板、设备行走的钢轨轨道等细部结构检验批质量检验记录

市政基础设施工程

梯道、平台、栏杆、盖板、走道板、设备行走的钢轨轨道等细部结构检验批质量检验记录

市政验·构-26

第　　页 共　　页

<table>
<tr><td colspan="5">工程名称</td><td colspan="6"></td></tr>
<tr><td colspan="5">单位工程名称</td><td colspan="6"></td></tr>
<tr><td colspan="5">施工单位</td><td colspan="2"></td><td colspan="2">分包单位</td><td colspan="2"></td></tr>
<tr><td colspan="5">项目负责人</td><td colspan="2"></td><td colspan="2">项目技术负责人</td><td colspan="2"></td></tr>
<tr><td colspan="5">分部（子分部）工程名称</td><td colspan="2"></td><td colspan="2">分项工程名称</td><td colspan="2"></td></tr>
<tr><td colspan="5">验收部位/区段</td><td colspan="2"></td><td colspan="2">检验批容量</td><td colspan="2"></td></tr>
<tr><td colspan="5">施工及验收依据</td><td colspan="6">《给水排水构筑物工程施工及验收规范》GB 50141</td></tr>
<tr><td colspan="7">验收项目</td><td>设计要求或规范规定</td><td>最小/实际抽样数量</td><td>检查记录</td><td>检查结果</td></tr>
<tr><td rowspan="4">主控项目</td><td>1</td><td colspan="5">原材料、成品构件、配件等的产品质量保证资料应齐全，并符合国家有关标准的规定和设计要求</td><td>第6.8.14-1条</td><td>/</td><td></td><td></td></tr>
<tr><td>2</td><td colspan="5">位置和高程、线形尺寸、数量等应符合设计要求，安装应稳固可靠</td><td>第6.8.14-2条</td><td>/</td><td></td><td></td></tr>
<tr><td>3</td><td colspan="5">固定构件与结构预埋件应连接牢固；活动构件安装平稳可靠、尺寸匹配，无走动、翘动等现象；混凝土结构外观质量无严重缺陷</td><td>第6.8.14-3条</td><td>/</td><td></td><td></td></tr>
<tr><td>4</td><td colspan="5">安全设施应符合国家有关安全生产的规定</td><td>第6.8.14-4条</td><td>/</td><td></td><td></td></tr>
<tr><td rowspan="16">一般项目</td><td>1</td><td colspan="5">混凝土结构外观质量不宜有一般缺陷，钢制构件防腐完整，活动走道板无变形、松动等现象</td><td>第6.8.14-5条</td><td>/</td><td></td><td></td></tr>
<tr><td rowspan="2">2</td><td rowspan="15">允许偏差</td><td rowspan="10">梯道平台栏杆盖板走道板安装(mm)</td><td rowspan="2">楼梯</td><td colspan="2">长、宽</td><td>±5</td><td>/</td><td></td><td></td></tr>
<tr><td colspan="2">踏步间距</td><td>±3</td><td>/</td><td></td><td></td></tr>
<tr><td rowspan="2">3</td><td rowspan="2">平台</td><td colspan="2">长、宽</td><td>±5</td><td>/</td><td></td><td></td></tr>
<tr><td colspan="2">局部凸凹度</td><td>3</td><td>/</td><td></td><td></td></tr>
<tr><td rowspan="2">4</td><td rowspan="2">栏杆</td><td colspan="2">直顺度</td><td>5</td><td>/</td><td></td><td></td></tr>
<tr><td colspan="2">垂直度</td><td>3</td><td>/</td><td></td><td></td></tr>
<tr><td rowspan="4">5</td><td rowspan="4">盖板走道板</td><td rowspan="2">混凝土盖板</td><td>直顺度</td><td>10</td><td>/</td><td></td><td></td></tr>
<tr><td>相邻高差</td><td>8</td><td>/</td><td></td><td></td></tr>
<tr><td rowspan="2">非混凝土盖板</td><td>直顺度</td><td>5</td><td>/</td><td></td><td></td></tr>
<tr><td>相邻高差</td><td>2</td><td>/</td><td></td><td></td></tr>
<tr><td>6</td><td rowspan="5">轨道铺设(mm)</td><td colspan="3">轴线位置</td><td>5</td><td>/</td><td></td><td></td></tr>
<tr><td>7</td><td colspan="3">轨顶高度</td><td>±2</td><td>/</td><td></td><td></td></tr>
<tr><td>8</td><td colspan="3">两轨间距离或圆形轨道的半径</td><td>±2</td><td>/</td><td></td><td></td></tr>
<tr><td>9</td><td colspan="3">轨道接头间隙</td><td>±0.5</td><td>/</td><td></td><td></td></tr>
<tr><td>10</td><td colspan="3">轨道接头左、右、上三面错位</td><td>1</td><td>/</td><td></td><td></td></tr>
<tr><td>施工单位检查结果</td><td colspan="10">专业工长：（签名）　　项目专业质量检查员：（签名）　　年　月　日</td></tr>
<tr><td>监理单位验收结论</td><td colspan="10">专业监理工程师：（签名）　　年　月　日</td></tr>
</table>

7.2.4.35 市政验·构-27-1 混凝土及砌体结构泵房检验批质量验收记录（一）

市政基础设施工程

混凝土及砌体结构泵房检验批质量验收记录（一）

市政验·构-27-1

第　　页 共　　页

<table>
<tr><td colspan="2">工程名称</td><td colspan="5"></td></tr>
<tr><td colspan="2">单位工程名称</td><td colspan="5"></td></tr>
<tr><td colspan="2">施工单位</td><td></td><td colspan="2">分包单位</td><td colspan="2"></td></tr>
<tr><td colspan="2">项目负责人</td><td></td><td colspan="2">项目技术负责人</td><td colspan="2"></td></tr>
<tr><td colspan="2">分部（子分部）工程名称</td><td></td><td colspan="2">分项工程名称</td><td colspan="2"></td></tr>
<tr><td colspan="2">验收部位/区段</td><td></td><td colspan="2">检验批容量</td><td colspan="2"></td></tr>
<tr><td colspan="2">施工及验收依据</td><td colspan="5">《给水排水构筑物工程施工及验收规范》GB 50141</td></tr>
<tr><td colspan="3">验收项目</td><td>设计要求或规范规定</td><td>最小/实际抽样数量</td><td>检查记录</td><td>检查结果</td></tr>
<tr><td rowspan="5">主控项目</td><td>1</td><td>泵房结构类型、结构尺寸、工艺布置平面尺寸及高程等应符合设计要求</td><td>第7.4.2-1条</td><td>/</td><td></td><td></td></tr>
<tr><td>2</td><td>混凝土、砌筑砂浆抗压强度符合设计要求；混凝土抗渗、抗冻性能应符合设计要求；混凝土试块的留置及质量验收应符合规范第6.2.8条的相关规定，砌筑砂浆试块的留置及质量验收应符合规范第6.5.2、6.5.3条的相关规定</td><td>第7.4.2-2条</td><td>/</td><td></td><td></td></tr>
<tr><td>3</td><td>混凝土结构外观无严重质量缺陷；砌体结构砌筑完整、灌浆密实，无裂缝、通缝等现象</td><td>第7.4.2-3条</td><td>/</td><td></td><td></td></tr>
<tr><td>4</td><td>井壁、隔墙及底板均不得渗水；电缆沟内不得有湿渍现象</td><td>第7.4.2-4条</td><td>/</td><td></td><td></td></tr>
<tr><td>5</td><td>变径流道应线形和顺、表面光洁，断面尺寸不得小于设计要求</td><td>第7.4.2-5条</td><td>/</td><td></td><td></td></tr>
<tr><td rowspan="3">一般项目</td><td>1</td><td>混凝土结构外观不宜有一般的质量缺陷；砌体结构砌筑齐整，勾缝平整，缝宽一致</td><td>第7.4.2-6条</td><td>/</td><td></td><td></td></tr>
<tr><td>2</td><td>结构无明显湿渍现象</td><td>第7.4.2-7条</td><td>/</td><td></td><td></td></tr>
<tr><td>3</td><td>导流墙、板、槽、坎及挡水墙、板、墩等表面光洁和顺、线形流畅</td><td>第7.4.2-8条</td><td>/</td><td></td><td></td></tr>
<tr><td>施工单位检查结果</td><td colspan="6">专业工长：（签名）　　项目专业质量检查员：（签名）　　年　月　日</td></tr>
<tr><td>监理单位验收结论</td><td colspan="6">专业监理工程师：（签名）　　年　月　日</td></tr>
</table>

7.2.4.36 市政验·构-27-2 混凝土及砌体结构泵房检验批质量验收记录（二）

市政基础设施工程

混凝土及砌体结构泵房检验批质量验收记录（二）

市政验·构-27-2

第　　页 共　　页

<table>
<tr><td colspan="5">工程名称</td><td colspan="7"></td></tr>
<tr><td colspan="5">单位工程名称</td><td colspan="7"></td></tr>
<tr><td colspan="5">施工单位</td><td colspan="3"></td><td colspan="2">分包单位</td><td colspan="2"></td></tr>
<tr><td colspan="5">项目负责人</td><td colspan="3"></td><td colspan="2">项目技术负责人</td><td colspan="2"></td></tr>
<tr><td colspan="5">分部（子分部）工程名称</td><td colspan="3"></td><td colspan="2">分项工程名称</td><td colspan="2"></td></tr>
<tr><td colspan="5">验收部位/区段</td><td colspan="3"></td><td colspan="2">检验批容量</td><td colspan="2"></td></tr>
<tr><td colspan="5">施工及验收依据</td><td colspan="7">《给水排水构筑物工程施工及验收规范》GB 50141</td></tr>
<tr><td colspan="5">验收项目</td><td colspan="4">设计要求或规范规定</td><td>最小/实际抽样数量</td><td>检查记录</td><td>检查结果</td></tr>
<tr><td rowspan="18">一般项目</td><td rowspan="2"></td><td rowspan="18">允许偏差</td><td colspan="2" rowspan="2">（mm）</td><td rowspan="2">混凝土</td><td rowspan="2">砖砌体</td><td colspan="2">石砌体</td><td rowspan="2">/</td><td rowspan="2"></td><td rowspan="2"></td></tr>
<tr><td>毛料料石</td><td>粗细料石</td></tr>
<tr><td rowspan="2">4</td><td rowspan="2">轴线位置</td><td>底板墙 基</td><td>15</td><td>10</td><td>20</td><td>15</td><td>/</td><td></td><td></td></tr>
<tr><td>墙柱梁</td><td>8</td><td>10</td><td>15</td><td>10</td><td>/</td><td></td><td></td></tr>
<tr><td rowspan="2">5</td><td rowspan="2">高程</td><td>垫层底板
墙 柱梁</td><td>±10</td><td colspan="3">±15</td><td>/</td><td></td><td></td></tr>
<tr><td>吊装的
支承面</td><td>−5</td><td>—</td><td>—</td><td>—</td><td>/</td><td></td><td></td></tr>
<tr><td rowspan="2">6</td><td rowspan="2">截面尺寸</td><td>墙柱梁顶板</td><td>±10，−5</td><td>—</td><td>±20，−10</td><td>±10，−5</td><td>/</td><td></td><td></td></tr>
<tr><td>洞 墙沟净空</td><td>±10</td><td colspan="3">±20</td><td>/</td><td></td><td></td></tr>
<tr><td rowspan="2">7</td><td rowspan="2">中心位置</td><td>预埋件预埋管</td><td colspan="4">5</td><td>/</td><td></td><td></td></tr>
<tr><td>预留洞</td><td colspan="4">10</td><td>/</td><td></td><td></td></tr>
<tr><td rowspan="3">8</td><td rowspan="3">平面尺寸（长宽或直径）</td><td>$L \leqslant 20$m</td><td colspan="4">±20</td><td>/</td><td></td><td></td></tr>
<tr><td>20m<$L \leqslant$50m</td><td colspan="4">±L/1000</td><td>/</td><td></td><td></td></tr>
<tr><td>50m<$L \leqslant$250m</td><td colspan="4">±50</td><td>/</td><td></td><td></td></tr>
<tr><td rowspan="3">9</td><td rowspan="3">垂直度</td><td>$H \leqslant 5$m</td><td>8</td><td colspan="3">10</td><td>/</td><td></td><td></td></tr>
<tr><td>5m<$H \leqslant$20m</td><td>1.5H/1000</td><td colspan="3">2H/1000</td><td>/</td><td></td><td></td></tr>
<tr><td>H>20m</td><td>30</td><td colspan="3">—</td><td>/</td><td></td><td></td></tr>
<tr><td rowspan="2">10</td><td rowspan="2">表面平整度</td><td>垫层底板顶板</td><td>10</td><td colspan="3">—</td><td>/</td><td></td><td></td></tr>
<tr><td>墙柱梁</td><td>8</td><td>清水 5
混水 8</td><td>20</td><td>清水10
混水15</td><td>/</td><td></td><td></td></tr>
<tr><td colspan="2">施工单位检查结果</td><td colspan="10">专业工长：（签名）　　项目专业质量检查员：（签名）　　年　月　日</td></tr>
<tr><td colspan="2">监理单位验收结论</td><td colspan="10">专业监理工程师：（签名）　　年　月　日</td></tr>
</table>

注：L 为泵房的长、宽，或直径；H 为墙、柱等的高度。

7.2.4.37 市政验・构-28 泵房设备的混凝土基础及闸槽检验批质量验收记录

市政基础设施工程

泵房设备的混凝土基础及闸槽检验批质量验收记录

市政验・构-28

第 页 共 页

<table>
<tr><td colspan="4">工程名称</td><td colspan="5"></td></tr>
<tr><td colspan="4">单位工程名称</td><td colspan="5"></td></tr>
<tr><td colspan="4">施工单位</td><td colspan="2"></td><td colspan="2">分包单位</td><td></td></tr>
<tr><td colspan="4">项目负责人</td><td colspan="2"></td><td colspan="2">项目技术负责人</td><td></td></tr>
<tr><td colspan="4">分部（子分部）工程名称</td><td colspan="2"></td><td colspan="2">分项工程名称</td><td></td></tr>
<tr><td colspan="4">验收部位/区段</td><td colspan="2"></td><td colspan="2">检验批容量</td><td></td></tr>
<tr><td colspan="4">施工及验收依据</td><td colspan="5">《给水排水构筑物工程施工及验收规范》GB 50141</td></tr>
<tr><td colspan="5">验收项目</td><td>设计要求或规范规定</td><td>最小/实际抽样数量</td><td>检查记录</td><td>检查结果</td></tr>
<tr><td rowspan="4">主控项目</td><td>1</td><td colspan="3">所用工程材料的等级、规格、性能应符合国家有关标准的规定和设计要求</td><td>第 7.4.3-1 条</td><td>/</td><td></td><td></td></tr>
<tr><td>2</td><td colspan="3">基础、闸槽以及预埋件、预留孔的位置、尺寸应符合设计要求；水泵和电机分装在两个层间时，各层间板的高程允许偏差应为±10mm，上下层间板安装机电和水泵的预留洞中心位置应在同一垂直线上，其相对偏差为 5mm</td><td>第 7.4.3-2 条</td><td>/</td><td></td><td></td></tr>
<tr><td>3</td><td colspan="3">二次混凝土或灌浆材料的强度符合设计要求；采用植筋方式时，其抗拔试验应符合设计要求</td><td>第 7.4.3-3 条</td><td>/</td><td></td><td></td></tr>
<tr><td>4</td><td colspan="3">混凝土外观无严重缺陷</td><td>第 7.4.3-4 条</td><td>/</td><td></td><td></td></tr>
<tr><td rowspan="26">一般项目</td><td>1</td><td colspan="3">混凝土外观不宜有一般质量缺陷；表面平整，外光内实</td><td>第 7.4.3-5 条</td><td>/</td><td></td><td></td></tr>
<tr><td rowspan="2">2</td><td rowspan="25">允许偏差</td><td rowspan="2">轴线位置（mm）</td><td>水泵与电动机</td><td>8</td><td>/</td><td></td><td></td></tr>
<tr><td>闸槽</td><td>5</td><td>/</td><td></td><td></td></tr>
<tr><td rowspan="2">3</td><td rowspan="2">高程（mm）</td><td>设备基础</td><td>−20</td><td>/</td><td></td><td></td></tr>
<tr><td>闸槽底槛</td><td>±10</td><td>/</td><td></td><td></td></tr>
<tr><td rowspan="3">4</td><td rowspan="3">闸槽（mm）</td><td>垂直度</td><td>H/1000，且不大于 20</td><td>/</td><td></td><td></td></tr>
<tr><td>两闸槽间净距</td><td>±5</td><td>/</td><td></td><td></td></tr>
<tr><td>闸槽扭曲（自身及两槽相对）</td><td>2</td><td>/</td><td></td><td></td></tr>
<tr><td rowspan="2">5</td><td rowspan="2">预埋地脚螺栓</td><td>顶端高程（mm）</td><td>+20</td><td>/</td><td></td><td></td></tr>
<tr><td>中心距（mm）</td><td>±2</td><td>/</td><td></td><td></td></tr>
<tr><td rowspan="4">6</td><td rowspan="4">预埋活动地脚螺栓锚板（mm）</td><td>中心位置</td><td>5</td><td>/</td><td></td><td></td></tr>
<tr><td>高程</td><td>+20</td><td>/</td><td></td><td></td></tr>
<tr><td>水平度（带槽的锚板）</td><td>5</td><td>/</td><td></td><td></td></tr>
<tr><td>水平度(带螺纹的锚板)</td><td>2</td><td>/</td><td></td><td></td></tr>
<tr><td rowspan="3">7</td><td rowspan="3">基础外形（mm）</td><td>平面尺寸</td><td>±10</td><td>/</td><td></td><td></td></tr>
<tr><td>水平度</td><td>L/200，且不大于 10</td><td>/</td><td></td><td></td></tr>
<tr><td>垂直度</td><td>H/200，且不大于 10</td><td>/</td><td></td><td></td></tr>
<tr><td rowspan="3">8</td><td rowspan="3">地脚螺栓预留孔（mm）</td><td>中心位置</td><td>8</td><td>/</td><td></td><td></td></tr>
<tr><td>深度</td><td>+20</td><td>/</td><td></td><td></td></tr>
<tr><td>孔壁垂直度</td><td>10</td><td>/</td><td></td><td></td></tr>
<tr><td rowspan="2">9</td><td rowspan="2">闸槽底槛（mm）</td><td>水平度</td><td>3</td><td>/</td><td></td><td></td></tr>
<tr><td>平整度</td><td>2</td><td>/</td><td></td><td></td></tr>
<tr><td>施工单位检查结果</td><td colspan="8">专业工长：（签名） 项目专业质量检查员：（签名） 年 月 日</td></tr>
<tr><td>监理单位验收结论</td><td colspan="8">专业监理工程师：（签名） 年 月 日</td></tr>
</table>

注：L 为基础的长或宽（mm）；H 为基础、闸槽的高度（mm）。

7.2.4.38 市政验·构-29 给排水构筑物沉井制作检验批质量验收记录

市政基础设施工程

给排水构筑物沉井制作检验批质量验收记录

市政验·构-29

第　　页 共　　页

工程名称			
单位工程名称			
施工单位		分包单位	
项目负责人		项目技术负责人	
分部（子分部）工程名称		分项工程名称	
验收部位/区段		检验批容量	
施工及验收依据	《给水排水构筑物工程施工及验收规范》GB 50141		

验收项目			设计要求或规范规定	最小/实际抽样数量	检查记录	检查结果
主控项目	1	所用工程材料的等级、规格、性能应符合国家有关标准的规定和设计要求	第7.4.4-1条	/		
	2	混凝土强度以及抗渗、抗冻性能应符合设计要求	第7.4.4-2条	/		
	3	混凝土外观无严重质量缺陷	第7.4.4-3条	/		
	4	制作过程中沉井无变形、开裂现象	第7.4.4-4条	/		
一般项目	1	混凝土外观不宜有一般质量缺陷	第7.4.4-5条	/		
	2	垫层厚度、宽度，垫木的规格、数量应符合施工方案的要求	第7.4.4-6条	/		
	3	允许偏差 平面尺寸 长度（mm）	±0.5%L，且≤100	/		
		允许偏差 平面尺寸 宽度（mm）	±0.5%B，且≤50	/		
		允许偏差 平面尺寸 高度（mm）	±30	/		
		允许偏差 平面尺寸 直径（圆形）	±0.5%D_0，且≤100	/		
		允许偏差 平面尺寸 两对角线差（mm）	对角线长1%，且≤100	/		
	4	允许偏差 井壁厚度（mm）	±15	/		
	5	允许偏差 井壁、隔墙垂直度（mm）	≤1%H	/		
	6	允许偏差 预埋件中心线位置（mm）	±10	/		
	7	允许偏差 预留孔（洞）位移（mm）	±10	/		

施工单位检查结果	专业工长：（签名）　　项目专业质量检查员：（签名）　　年　月　日
监理单位验收结论	专业监理工程师：（签名）　　年　月　日

注：L为沉井长度（mm）；B为沉井宽度（mm）；H为沉井高度（mm）；D_0为沉井外径（mm）。

7.2.4.39 市政验·构-30 给排水构筑物沉井下沉及封底检验批质量验收记录

市政基础设施工程

给排水构筑物沉井下沉及封底检验批质量验收记录

市政验·构-30

第　　页 共　　页

工程名称			
单位工程名称			
施工单位		分包单位	
项目负责人		项目技术负责人	
分部（子分部）工程名称		分项工程名称	
验收部位/区段		检验批容量	
施工及验收依据	《给水排水构筑物工程施工及验收规范》GB 50141		

验收项目				设计要求或规范规定	最小/实际抽样数量	检查记录	检查结果
主控项目	1	封底所用工程材料应符合国家有关标准规定和设计要求		第 7.4.5-1 条	/		
主控项目	2	封底混凝土强度以及抗渗、抗冻性能应符合设计要求		第 7.4.5-2 条	/		
主控项目	3	封底前坑底标高应符合设计要求；封底后混凝土底板厚度不得小于设计要求		第 7.4.5-3 条	/		
主控项目	4	下沉过程及封底时沉井无变形、倾斜、开裂现象；沉井结构无线流现象，底板无渗水现象		第 7.4.5-4 条	/		
一般项目	1	沉井结构无明显渗水现象；底板混凝土外观质量不宜有一般缺陷		第 7.4.5-5 条	/		
一般项目	2	允许偏差 沉井下沉阶段	沉井四角高差（mm）	不大于下沉总深度的 1.5%～2.0%，且不大于 500	/		
一般项目	3	允许偏差 沉井下沉阶段	顶面中心位移（mm）	不大于下沉总深度的 1.5%，且不大于 300	/		
一般项目	4	允许偏差 沉井的终沉	下沉到位后，刃脚平面中心位置（mm）	不大于下沉总深度的 1%；下沉总深度小于 10m 时应不大于 100	/		
一般项目	5	允许偏差 沉井的终沉	下沉到位后，沉井四角（圆形为相互垂直两直径与周围的交点）中任何两角的刃脚底面高差（mm）	不大于该两角间水平距离的 1%；且不大于 300；两角间水平距离小于 10m 时应不大于 100	/		
一般项目	6	允许偏差 沉井的终沉	刃脚平均高程（mm）	不大于 100；地层为软土层时可根据使用条件和施工条件确定	/		
施工单位检查结果	专业工长：（签名）　　项目专业质量检查员：（签名）　　年　月　日						
监理单位验收结论	专业监理工程师：（签名）　　年　月　日						

7.2.4.40 市政验·构-31 钢筋混凝土圆筒、框架结构水塔塔身检验批质量验收记录

市政基础设施工程

钢筋混凝土圆筒、框架结构水塔塔身检验批质量验收记录

市政验·构-31

第　　页 共　　页

<table>
<tr><td colspan="3">工程名称</td><td colspan="6"></td></tr>
<tr><td colspan="3">单位工程名称</td><td colspan="6"></td></tr>
<tr><td colspan="3">施工单位</td><td></td><td colspan="2">分包单位</td><td colspan="3"></td></tr>
<tr><td colspan="3">项目负责人</td><td></td><td colspan="2">项目技术负责人</td><td colspan="3"></td></tr>
<tr><td colspan="3">分部（子分部）工程名称</td><td></td><td colspan="2">分项工程名称</td><td colspan="3"></td></tr>
<tr><td colspan="3">验收部位/区段</td><td></td><td colspan="2">检验批容量</td><td colspan="3"></td></tr>
<tr><td colspan="3">施工及验收依据</td><td colspan="6">《给水排水构筑物工程施工及验收规范》GB 50141</td></tr>
<tr><td colspan="4">验收项目</td><td colspan="2">设计要求或规范规定</td><td>最小/实际抽样数量</td><td>检查记录</td><td>检查结果</td></tr>
<tr><td rowspan="4">主控项目</td><td>1</td><td colspan="2">水塔塔身的结构类型、结构尺寸以及预埋件、预留孔洞等规格应符合设计要求</td><td colspan="2">第8.5.2-1条</td><td>/</td><td></td><td></td></tr>
<tr><td>2</td><td colspan="2">混凝土的强度、抗冻性能必须符合设计要求；其试块的留置及质量评定应符合规范第6.2.8条的相关规定</td><td colspan="2">第8.5.2-2条</td><td>/</td><td></td><td></td></tr>
<tr><td>3</td><td colspan="2">塔身混凝土结构外观质量无严重缺陷</td><td colspan="2">第8.5.2-3条</td><td>/</td><td></td><td></td></tr>
<tr><td>4</td><td colspan="2">塔身各部位的构造形式以及预埋件、预留孔洞位置、构造等应符合设计要求，其尺寸偏差不得影响结构性能和相关构件、设备的安装</td><td colspan="2">第8.5.2-4条</td><td>/</td><td></td><td></td></tr>
<tr><td rowspan="12">一般项目</td><td>1</td><td colspan="2">混凝土结构外观质量不宜有一般缺陷</td><td colspan="2">第8.5.2-5条</td><td>/</td><td></td><td></td></tr>
<tr><td>2</td><td colspan="2">混凝土表面应平整密实，边角整齐</td><td colspan="2">第8.5.2-6条</td><td>/</td><td></td><td></td></tr>
<tr><td>3</td><td colspan="2">装配式塔身的预制构件之间连接应符合设计要求，钢筋连接质量应符合国家相关标准的规定</td><td colspan="2">第8.5.2-7条</td><td>/</td><td></td><td></td></tr>
<tr><td></td><td rowspan="9">允许偏差</td><td>(mm)</td><td>圆筒塔身</td><td>框架塔身</td><td></td><td></td><td></td></tr>
<tr><td>4</td><td>中心垂直度</td><td colspan="2">1.5H/1000，且不大于30</td><td>/</td><td></td><td></td></tr>
<tr><td>5</td><td>壁厚</td><td colspan="2">−3，+10</td><td>/</td><td></td><td></td></tr>
<tr><td>6</td><td>框架塔身柱之间距和对角线</td><td>—</td><td>L/500</td><td>/</td><td></td><td></td></tr>
<tr><td>7</td><td>圆筒塔身直径或
框架节点距塔身中心距离</td><td>±20</td><td>±5</td><td>/</td><td></td><td></td></tr>
<tr><td>8</td><td>内外表面平整度</td><td>10</td><td>10</td><td>/</td><td></td><td></td></tr>
<tr><td>9</td><td>框架塔身每节柱顶水平高差</td><td>—</td><td>5</td><td>/</td><td></td><td></td></tr>
<tr><td>10</td><td>预埋管、预埋件中心位置</td><td>5</td><td>5</td><td>/</td><td></td><td></td></tr>
<tr><td>11</td><td>预留孔洞中心位置</td><td>10</td><td>10</td><td>/</td><td></td><td></td></tr>
<tr><td>施工单位检查结果</td><td colspan="8">专业工长：（签名）　　项目专业质量检查员：（签名）　　年　月　日</td></tr>
<tr><td>监理单位验收结论</td><td colspan="8">专业监理工程师：（签名）　　年　月　日</td></tr>
</table>

注：H为圆筒塔身高度（mm）；L为柱间距或对角线长（mm）。

7.2.4.41 市政验·构-32 钢架及钢圆筒结构水塔塔身检验批质量验收记录

市政基础设施工程

钢架及钢圆筒结构水塔塔身检验批质量验收记录

市政验·构-32

第　　页共　　页

<table>
<tr><td colspan="4">工程名称</td><td colspan="6"></td></tr>
<tr><td colspan="4">单位工程名称</td><td colspan="6"></td></tr>
<tr><td colspan="4">施工单位</td><td colspan="2"></td><td colspan="2">分包单位</td><td colspan="2"></td></tr>
<tr><td colspan="4">项目负责人</td><td colspan="2"></td><td colspan="2">项目技术负责人</td><td colspan="2"></td></tr>
<tr><td colspan="4">分部（子分部）工程名称</td><td colspan="2"></td><td colspan="2">分项工程名称</td><td colspan="2"></td></tr>
<tr><td colspan="4">验收部位/区段</td><td colspan="2"></td><td colspan="2">检验批容量</td><td colspan="2"></td></tr>
<tr><td colspan="4">施工及验收依据</td><td colspan="6">《给水排水构筑物工程施工及验收规范》GB 50141</td></tr>
<tr><td colspan="5">验收项目</td><td colspan="2">设计要求或规范规定</td><td>最小/实际抽样数量</td><td>检查记录</td><td>检查结果</td></tr>
<tr><td rowspan="4">主控项目</td><td>1</td><td colspan="3">钢材、连接材料、钢构件、防腐材料等的产品质量保证资料齐全，每批的出厂质量合格证明书及各项性能检验报告应符合国家有关标准规定和设计要求</td><td colspan="2">第 8.5.3-1 条</td><td>/</td><td></td><td></td></tr>
<tr><td>2</td><td colspan="3">钢构件的预拼装质量经检验合格</td><td colspan="2">第 8.5.3-2 条</td><td>/</td><td></td><td></td></tr>
<tr><td>3</td><td colspan="3">钢构件之间的连接方式、连接检验等符合设计要求，组装应紧密牢固</td><td colspan="2">第 8.5.3-3 条</td><td>/</td><td></td><td></td></tr>
<tr><td>4</td><td colspan="3">塔身各部位的结构形式以及预埋件、预留孔洞位置、构造等应符合设计要求，其尺寸偏差不得影响结构性能和相关构件、设备的安装</td><td colspan="2">第 8.5.3-4 条</td><td>/</td><td></td><td></td></tr>
<tr><td rowspan="12">一般项目</td><td>1</td><td colspan="3">采用螺栓连接构件时，螺头平面与构件间不得有间隙；螺栓应全部穿入，其穿入的方向符合规范要求</td><td colspan="2">第 8.5.3-5 条</td><td>/</td><td></td><td></td></tr>
<tr><td>2</td><td colspan="3">采用焊接连接构件时，焊缝表面质量符合设计要求</td><td colspan="2">第 8.5.3-6 条</td><td>/</td><td></td><td></td></tr>
<tr><td>3</td><td colspan="3">钢结构表面涂层厚度及附着力符合设计要求；涂层外观应均匀，无褶皱、空泡、凝块、透底等现象，与钢构件表面附着紧密</td><td colspan="2">第 8.5.3-7 条</td><td>/</td><td></td><td></td></tr>
<tr><td></td><td rowspan="9">允许偏差</td><td colspan="2">（mm）</td><td>钢架塔身</td><td>钢圆筒塔身</td><td></td><td></td><td></td></tr>
<tr><td>4</td><td colspan="2">中心垂直度</td><td>1.5H/1000，且不大于 30</td><td>1.5H/1000，且不大于 30</td><td>/</td><td></td><td></td></tr>
<tr><td>5</td><td colspan="2">柱间距和对角线差</td><td>L/1000</td><td>—</td><td>/</td><td></td><td></td></tr>
<tr><td>6</td><td colspan="2">钢架节点距塔身中心距离</td><td>5</td><td>—</td><td>/</td><td></td><td></td></tr>
<tr><td rowspan="2">7</td><td rowspan="2">塔身直径</td><td>$D_0 \leqslant 2$m</td><td>—</td><td>$+D_0/200$</td><td>/</td><td></td><td></td></tr>
<tr><td>$D_0 > 2$m</td><td>—</td><td>+10</td><td>/</td><td></td><td></td></tr>
<tr><td>8</td><td colspan="2">内外表面平整度</td><td>—</td><td>+10</td><td>/</td><td></td><td></td></tr>
<tr><td>9</td><td colspan="2">焊接附件及预留孔洞中心位置</td><td>5</td><td>5</td><td>/</td><td></td><td></td></tr>
<tr><td colspan="2">施工单位检查结果</td><td colspan="8">专业工长：（签名）　　项目专业质量检查员：（签名）　　年　月　日</td></tr>
<tr><td colspan="2">监理单位验收结论</td><td colspan="8">专业监理工程师：（签名）　　年　月　日</td></tr>
</table>

注：H 为钢架或圆筒塔身高度（mm）；L 为柱间距或对角线长（mm）；D_0为圆筒塔外径。

7.2.4.42　市政验·构-33　预制砌块和砖、石砌体结构水塔塔身检验批质量验收记录

市政基础设施工程

预制砌块和砖、石砌体结构水塔塔身检验批质量验收记录

市政验·构-33

第　　页　共　　页

<table>
<tr><td colspan="3">工程名称</td><td colspan="7"></td></tr>
<tr><td colspan="3">单位工程名称</td><td colspan="7"></td></tr>
<tr><td colspan="3">施工单位</td><td colspan="2"></td><td colspan="2">分包单位</td><td colspan="3"></td></tr>
<tr><td colspan="3">项目负责人</td><td colspan="2"></td><td colspan="2">项目技术负责人</td><td colspan="3"></td></tr>
<tr><td colspan="3">分部（子分部）工程名称</td><td colspan="2"></td><td colspan="2">分项工程名称</td><td colspan="3"></td></tr>
<tr><td colspan="3">验收部位/区段</td><td colspan="2"></td><td colspan="2">检验批容量</td><td colspan="3"></td></tr>
<tr><td colspan="3">施工及验收依据</td><td colspan="7">《给水排水构筑物工程施工及验收规范》GB 50141</td></tr>
<tr><td colspan="5">验收项目</td><td colspan="2">设计要求或规范规定</td><td>最小/实际抽样数量</td><td>检查记录</td><td>检查结果</td></tr>
<tr><td rowspan="4">主控项目</td><td>1</td><td colspan="3">预制砌块、砖、石、水泥、砂等材料的产品质量保证资料应齐全，每批的出厂质量合格证明书及各项性能检验报告应符合国家有关标准规定和设计要求</td><td colspan="2">第 8.5.4-1 条</td><td>/</td><td></td><td></td></tr>
<tr><td>2</td><td colspan="3">砌筑砂浆配比及强度符合设计要求；其试块的留置及质量评定应符合规范第 6.5.2、6.5.3 条的规定</td><td colspan="2">第 8.5.4-2 条</td><td>/</td><td></td><td></td></tr>
<tr><td>3</td><td colspan="3">砌块砌筑应垂直稳固、位置正确；灰缝或灌缝饱满、严密，无透缝、通缝、开裂现象</td><td colspan="2">第 8.5.4-3 条</td><td>/</td><td></td><td></td></tr>
<tr><td>4</td><td colspan="3">塔身各部位的构造形式以及预埋件、预留孔洞位置、构造等应符合设计要求，其尺寸偏差不得影响结构性能和相关构件、设备的安装</td><td colspan="2">第 8.5.4-4 条</td><td>/</td><td></td><td></td></tr>
<tr><td rowspan="11">一般项目</td><td>1</td><td colspan="3">砌筑前，预制砌块、砖、石表面应洁净，并充分湿润</td><td colspan="2">第 8.5.4-5 条</td><td>/</td><td></td><td></td></tr>
<tr><td>2</td><td colspan="3">预制砌块和砖的砌筑砂浆灰缝应均匀一致、横平竖直，灰缝宽度的允许偏差为±2mm</td><td colspan="2">第 8.5.4-6 条</td><td>/</td><td></td><td></td></tr>
<tr><td>3</td><td colspan="3">砌筑进行勾缝时，勾缝应密实，线形平整、深度一致</td><td colspan="2">第 8.5.4-7 条</td><td>/</td><td></td><td></td></tr>
<tr><td></td><td rowspan="8">允许偏差</td><td colspan="2">(mm)</td><td>预制砌块、砖砌塔身</td><td>石砌塔身</td><td></td><td></td><td></td></tr>
<tr><td>4</td><td colspan="2">中心垂直度</td><td>1.5H/1000</td><td>2H/1000</td><td>/</td><td></td><td></td></tr>
<tr><td>5</td><td colspan="2">壁厚</td><td>不少于设计要求</td><td>+20−10</td><td>/</td><td></td><td></td></tr>
<tr><td rowspan="2">6</td><td rowspan="2">塔身直径</td><td>$D_0 \leqslant 5$m</td><td>$\pm D_0/100$</td><td>$\pm D_0/100$</td><td>/</td><td></td><td></td></tr>
<tr><td>$D_0 > 5$m</td><td>±50</td><td>±50</td><td>/</td><td></td><td></td></tr>
<tr><td>7</td><td colspan="2">内外表面平整度</td><td>20</td><td>25</td><td>/</td><td></td><td></td></tr>
<tr><td>8</td><td colspan="2">预埋管、预埋件中心位置</td><td>5</td><td>5</td><td>/</td><td></td><td></td></tr>
<tr><td>9</td><td colspan="2">预留洞中心位置</td><td>10</td><td>10</td><td>/</td><td></td><td></td></tr>
<tr><td>施工单位检查结果</td><td colspan="9">专业工长：（签名）　　项目专业质量检查员：（签名）　　年　月　日</td></tr>
<tr><td>监理单位验收结论</td><td colspan="9">专业监理工程师：（签名）　　年　月　日</td></tr>
</table>

注：H 为塔身高度（mm）；D_0 为塔身截面外径（mm）。

7.2.4.43 市政验·构-34 钢丝网水泥、钢筋混凝土倒锥壳水柜和圆筒水柜制作检验批质量验收记录

市政基础设施工程

钢丝网水泥、钢筋混凝土倒锥壳水柜和圆筒水柜制作检验批质量验收记录

市政验·构-34

第 页 共 页

<table>
<tr><td colspan="4">工程名称</td><td colspan="5"></td></tr>
<tr><td colspan="4">单位工程名称</td><td colspan="5"></td></tr>
<tr><td colspan="4">施工单位</td><td></td><td colspan="2">分包单位</td><td colspan="2"></td></tr>
<tr><td colspan="4">项目负责人</td><td></td><td colspan="2">项目技术负责人</td><td colspan="2"></td></tr>
<tr><td colspan="4">分部（子分部）工程名称</td><td></td><td colspan="2">分项工程名称</td><td colspan="2"></td></tr>
<tr><td colspan="4">验收部位/区段</td><td></td><td colspan="2">检验批容量</td><td colspan="2"></td></tr>
<tr><td colspan="4">施工及验收依据</td><td colspan="5">《给水排水构筑物工程施工及验收规范》GB 50141</td></tr>
<tr><td colspan="4">验收项目</td><td>设计要求或规范规定</td><td>最小/实际抽样数量</td><td>检查记录</td><td colspan="2">检查结果</td></tr>
<tr><td rowspan="4">主控项目</td><td>1</td><td colspan="2">原材料的产品质量保证资料应齐全，每批的出厂质量合格证明书及各项性能检验报告应符合国家有关标准规定和设计要求</td><td>第 8.5.5-1 条</td><td>/</td><td></td><td colspan="2"></td></tr>
<tr><td>2</td><td colspan="2">水柜钢丝网或钢筋的规格数量、各部位结构尺寸和净尺寸以及预埋件、预留孔洞位置、构造等应符合设计要求；其尺寸偏差不得影响结构性能和相关构件、设备的安装</td><td>第 8.5.5-2 条</td><td>/</td><td></td><td colspan="2"></td></tr>
<tr><td>3</td><td colspan="2">砂浆或混凝土强度以及混凝土抗渗、抗冻性能应符合设计要求；砂浆试块的留置应符合规范第 8.3.5 条第 6 款的规定，混凝土试块的留置应符合规范第 6.2.8 条的相关规定</td><td>第 8.5.5-3 条</td><td>/</td><td></td><td colspan="2"></td></tr>
<tr><td>4</td><td colspan="2">水柜外观质量无严重缺陷</td><td>第 8.5.5-4 条</td><td>/</td><td></td><td colspan="2"></td></tr>
<tr><td rowspan="9">一般项目</td><td>1</td><td colspan="2">钢丝网或钢筋安装平整，表面无污物</td><td>第 8.5.5-5 条</td><td>/</td><td></td><td colspan="2"></td></tr>
<tr><td>2</td><td colspan="2">混凝土水柜外观质量不宜有一般缺陷，钢丝网水柜壳体砂浆不得有空鼓和缺棱掉角，表面不得有露丝、露网、印网和气泡</td><td>第 8.5.5-6 条</td><td>/</td><td></td><td colspan="2"></td></tr>
<tr><td>3</td><td rowspan="7">允许偏差</td><td>轴线位置（对塔身轴线）(mm)</td><td>10</td><td>/</td><td></td><td colspan="2"></td></tr>
<tr><td>4</td><td>结构厚度（mm）</td><td>+10，−3</td><td>/</td><td></td><td colspan="2"></td></tr>
<tr><td>5</td><td>净高度（mm）</td><td>±10</td><td>/</td><td></td><td colspan="2"></td></tr>
<tr><td>6</td><td>平面净尺寸（mm）</td><td>±20</td><td>/</td><td></td><td colspan="2"></td></tr>
<tr><td>7</td><td>表面平整度（mm）</td><td>5</td><td>/</td><td></td><td colspan="2"></td></tr>
<tr><td>8</td><td>预埋管、预埋件中心位置（mm）</td><td>5</td><td>/</td><td></td><td colspan="2"></td></tr>
<tr><td>9</td><td>预埋孔洞中心位置（mm）</td><td>10</td><td>/</td><td></td><td colspan="2"></td></tr>
<tr><td>施工单位检查结果</td><td colspan="8">专业工长：（签名） 项目专业质量检查员：（签名） 年 月 日</td></tr>
<tr><td>监理单位验收结论</td><td colspan="8">专业监理工程师：（签名） 年 月 日</td></tr>
</table>

7.2.4.44 市政验·构-35 钢丝网水泥、钢筋混凝土倒锥壳水柜和圆筒水柜吊装检验批质量验收记录

市政基础设施工程

钢丝网水泥、钢筋混凝土倒锥壳水柜和圆筒水柜吊装检验批质量验收记录

市政验·构-35

第 页 共 页

<table>
<tr><td colspan="3">工程名称</td><td colspan="5"></td></tr>
<tr><td colspan="3">单位工程名称</td><td colspan="5"></td></tr>
<tr><td colspan="3">施工单位</td><td colspan="2"></td><td colspan="2">分包单位</td><td></td></tr>
<tr><td colspan="3">项目负责人</td><td colspan="2"></td><td colspan="2">项目技术负责人</td><td></td></tr>
<tr><td colspan="3">分部（子分部）工程名称</td><td colspan="2"></td><td colspan="2">分项工程名称</td><td></td></tr>
<tr><td colspan="3">验收部位/区段</td><td colspan="2"></td><td colspan="2">检验批容量</td><td></td></tr>
<tr><td colspan="3">施工及验收依据</td><td colspan="5">《给水排水构筑物工程施工及验收规范》GB 50141</td></tr>
<tr><td colspan="4">验收项目</td><td>设计要求或规范规定</td><td>最小/实际抽样数量</td><td>检查记录</td><td>检查结果</td></tr>
<tr><td rowspan="5">主控项目</td><td>1</td><td colspan="2">预制水柜、水柜预制构件等的成品质量经检验、验收符合设计要求；拼装连接所用材料的产品质量保证资料应齐全，每批的出厂质量合格证明及各项性能检验报告应符合国家有关标准规定和设计要求</td><td>第 8.5.6-1 条</td><td>/</td><td></td><td></td></tr>
<tr><td>2</td><td colspan="2">预制水柜经满水试验合格；水柜预制构件经试拼装检验合格</td><td>第 8.5.6-2 条</td><td>/</td><td></td><td></td></tr>
<tr><td>3</td><td colspan="2">钢筋、预埋件、预留孔洞的规格、位置和数量应符合设计要求</td><td>第 8.5.6-3 条</td><td>/</td><td></td><td></td></tr>
<tr><td>4</td><td colspan="2">水柜与塔身、预制件之间的拼装方式符合设计要求；构件安装应位置准确，垂直、稳固；相邻构件的钢筋接头连接可靠，湿接缝的混凝土应密实</td><td>第 8.5.6-4 条</td><td>/</td><td></td><td></td></tr>
<tr><td>5</td><td colspan="2">安装后的水柜位置、高程等应满足设计要求</td><td>第 8.5.6-5 条</td><td>/</td><td></td><td></td></tr>
<tr><td rowspan="10">一般项目</td><td>1</td><td colspan="2">构件安装时，应将连接面的杂物、污物清理干净，界面处理满足安装要求</td><td>第 8.5.6-6 条</td><td>/</td><td></td><td></td></tr>
<tr><td>2</td><td colspan="2">吊装完成后，水柜无变形、裂缝现象，表面应平整、洁净，边角整齐</td><td>第 8.5.6-7 条</td><td>/</td><td></td><td></td></tr>
<tr><td>3</td><td colspan="2">各拼装部位严密、平顺，无损伤、明显错台等现象</td><td>第 8.5.6-8 条</td><td>/</td><td></td><td></td></tr>
<tr><td>4</td><td colspan="2">防水、防腐、保温层应符合设计要求；表面应完整，无破损等现象</td><td>第 8.5.6-9 条</td><td>/</td><td></td><td></td></tr>
<tr><td>5</td><td rowspan="6">允许偏差</td><td>轴线位置（对塔身轴线）(mm)</td><td>10</td><td>/</td><td></td><td></td></tr>
<tr><td>6</td><td>底部高程（mm）</td><td>±10</td><td>/</td><td></td><td></td></tr>
<tr><td>7</td><td>装配式水柜净尺寸（mm）</td><td>±20</td><td>/</td><td></td><td></td></tr>
<tr><td>8</td><td>装配式水柜表面平整度（mm）</td><td>10</td><td>/</td><td></td><td></td></tr>
<tr><td>9</td><td>预埋管、预埋件中心位置（mm）</td><td>5</td><td>/</td><td></td><td></td></tr>
<tr><td>10</td><td>预留孔洞中心位置（mm）</td><td>10</td><td>/</td><td></td><td></td></tr>
<tr><td>施工单位检查结果</td><td colspan="7">专业工长：（签名） 项目专业质量检查员：（签名） 年 月 日</td></tr>
<tr><td>监理单位验收结论</td><td colspan="7">专业监理工程师：（签名） 年 月 日</td></tr>
</table>

7.2.4.45　市政验·构-36　水池满水试验验收记录

市政基础设施工程

水池满水试验验收记录

市政验·构-36

<table>
<tr><td>工程名称</td><td colspan="2"></td><td>施工单位</td><td colspan="2"></td></tr>
<tr><td>单位工程名称</td><td colspan="2"></td><td>分包单位</td><td colspan="2"></td></tr>
<tr><td>验收构筑物名称</td><td></td><td>水池结构</td><td></td><td>注水时间</td><td></td></tr>
<tr><td>水池平面尺寸
（m×m）</td><td>水面面积 A1
（m^2）</td><td>水深（m）</td><td colspan="2">湿润面积 A2（m^2）</td><td>允许渗水量
L/（m^2·d）</td></tr>
<tr><td></td><td></td><td></td><td colspan="2"></td><td></td></tr>
</table>

<table>
<tr><td rowspan="11">验收情况</td><td rowspan="2">第三方
检测情况</td><td>试验结论</td><td>试验日期</td><td>报告编号</td><td>试验单位</td></tr>
<tr><td></td><td></td><td></td><td></td></tr>
<tr><td rowspan="9">自检情况</td><td>测读记录</td><td>初读数</td><td>末读数</td><td>两次读数差</td></tr>
<tr><td>测读时间
（年　月　日　时　分）</td><td></td><td></td><td></td></tr>
<tr><td>构筑物水位 E（mm）</td><td></td><td></td><td></td></tr>
<tr><td>蒸发水箱水位
e（mm）</td><td></td><td></td><td></td></tr>
<tr><td>大气温度（℃）</td><td></td><td></td><td></td></tr>
<tr><td>水温（℃）</td><td></td><td></td><td></td></tr>
<tr><td>实测渗水量（q）</td><td>m^3/d</td><td>L/（m^2·d）</td><td>占允许量的百分率（%）</td></tr>
<tr><td>试验结论</td><td colspan="3"></td></tr>
</table>

<table>
<tr><td rowspan="2">验收结论</td><td colspan="2">施工单位自检意见：

项目专业质量检查员：

年　　月　　日</td></tr>
<tr><td colspan="2">监理单位意见：

专业监理工程师：

年　　月　　日</td></tr>
<tr><td rowspan="4">会签栏</td><td>项目技术负责人</td><td></td></tr>
<tr><td>项目建设负责人</td><td></td></tr>
<tr><td>项目设计负责人</td><td></td></tr>
<tr><td></td><td></td></tr>
</table>

7.2.5 污水处理厂工程

7.2.5.1 市政验·厂-1 基坑开挖检验批质量验收记录

市政基础设施工程

基坑开挖检验批质量验收记录

市政验·厂-1

第　　页共　　页

<table>
<tr><td colspan="3">工程名称</td><td colspan="4"></td></tr>
<tr><td colspan="3">单位工程名称</td><td colspan="4"></td></tr>
<tr><td colspan="3">施工单位</td><td colspan="2"></td><td>分包单位</td><td></td></tr>
<tr><td colspan="3">项目负责人</td><td colspan="2"></td><td>项目技术负责人</td><td></td></tr>
<tr><td colspan="3">分部（子分部）工程名称</td><td colspan="2"></td><td>分项工程名称</td><td></td></tr>
<tr><td colspan="3">验收部位/区段</td><td colspan="2"></td><td>检验批容量</td><td></td></tr>
<tr><td colspan="3">施工及验收依据</td><td colspan="4">《城镇污水处理厂工程质量验收规范》GB 50334</td></tr>
<tr><td colspan="3">验收项目</td><td>设计要求或规范规定</td><td>最小/实际抽样数量</td><td>检查记录</td><td>检查结果</td></tr>
<tr><td rowspan="4">主控项目</td><td>1</td><td>地基基底不得扰动、浸泡、受冻和超挖，基底土质应符合设计文件要求</td><td>第5.2.1条</td><td>/</td><td></td><td></td></tr>
<tr><td>2</td><td>基坑基底应进行施工验槽，基槽验收应符合设计文件要求</td><td>第5.2.2条</td><td>/</td><td></td><td></td></tr>
<tr><td>3</td><td>基坑开挖应按设计文件要求进行基坑监测</td><td>第5.2.3条</td><td>/</td><td></td><td></td></tr>
<tr><td>4</td><td>基底局部地基换填后，应按设计文件要求进行压实度试验</td><td>第5.2.4条</td><td>/</td><td></td><td></td></tr>
<tr><td rowspan="2">一般项目</td><td>1</td><td>基坑开挖的检验项目和允许偏差应符合设计文件及相关标准要求</td><td>第5.2.6条</td><td>/</td><td></td><td></td></tr>
<tr><td>2</td><td>基坑土石方开挖、支护结构或放坡尺寸应符合相关标准要求</td><td>第5.2.7条</td><td>/</td><td></td><td></td></tr>
<tr><td>施工单位检查结果</td><td colspan="6">专业工长：（签名）　　项目专业质量检查员：（签名）　　年　月　日</td></tr>
<tr><td>监理单位验收结论</td><td colspan="6">专业监理工程师：（签名）　　年　月　日</td></tr>
</table>

7.2.5.2　市政验·厂-2　基坑回填检验批质量验收记录

市政基础设施工程

基坑回填检验批质量验收记录

市政验·厂-2

第　　页共　　页

<table>
<tr><td colspan="3">工程名称</td><td colspan="4"></td></tr>
<tr><td colspan="3">单位工程名称</td><td colspan="4"></td></tr>
<tr><td colspan="3">施工单位</td><td></td><td colspan="2">分包单位</td><td></td></tr>
<tr><td colspan="3">项目负责人</td><td></td><td colspan="2">项目技术负责人</td><td></td></tr>
<tr><td colspan="3">分部（子分部）工程名称</td><td></td><td colspan="2">分项工程名称</td><td></td></tr>
<tr><td colspan="3">验收部位/区段</td><td></td><td colspan="2">检验批容量</td><td></td></tr>
<tr><td colspan="3">施工及验收依据</td><td colspan="4">《城镇污水处理厂工程质量验收规范》GB 50334</td></tr>
<tr><td colspan="3">验收项目</td><td>设计要求或规范规定</td><td>最小/实际抽样数量</td><td>检查记录</td><td>检查结果</td></tr>
<tr><td rowspan="5">主控项目</td><td>1</td><td>基坑回填应符合设计文件及相关标准要求</td><td>第5.2.5条</td><td>/</td><td></td><td></td></tr>
<tr><td></td><td></td><td></td><td></td><td></td><td></td></tr>
<tr><td></td><td></td><td></td><td></td><td></td><td></td></tr>
<tr><td></td><td></td><td></td><td></td><td></td><td></td></tr>
<tr><td></td><td></td><td></td><td></td><td></td><td></td></tr>
<tr><td>施工单位检查结果</td><td colspan="6">专业工长：（签名）　　项目专业质量检查员：（签名）　　年　月　日</td></tr>
<tr><td>监理单位验收结论</td><td colspan="6">专业监理工程师：（签名）　　年　月　日</td></tr>
</table>

7.2.5.3 市政验·厂-3 地基处理检验批质量验收记录

市政基础设施工程

地基处理检验批质量验收记录

市政验·厂-3

第　页共　页

<table>
<tr><td colspan="3">工程名称</td><td colspan="5"></td></tr>
<tr><td colspan="3">单位工程名称</td><td colspan="5"></td></tr>
<tr><td colspan="3">施工单位</td><td></td><td colspan="2">分包单位</td><td colspan="2"></td></tr>
<tr><td colspan="3">项目负责人</td><td></td><td colspan="2">项目技术负责人</td><td colspan="2"></td></tr>
<tr><td colspan="3">分部（子分部）工程名称</td><td></td><td colspan="2">分项工程名称</td><td colspan="2"></td></tr>
<tr><td colspan="3">验收部位/区段</td><td></td><td colspan="2">检验批容量</td><td colspan="2"></td></tr>
<tr><td colspan="3">施工及验收依据</td><td colspan="5">《城镇污水处理厂工程质量验收规范》GB 50334</td></tr>
<tr><td colspan="3">验收项目</td><td>设计要求或规范规定</td><td>最小/实际抽样数量</td><td>检查记录</td><td colspan="2">检查结果</td></tr>
<tr><td rowspan="4">主控项目</td><td>1</td><td>地基承载力应符合设计文件要求</td><td>第5.3.1条</td><td>/</td><td></td><td colspan="2"></td></tr>
<tr><td>2</td><td>地基处理使用材料及配合比应符合设计文件要求</td><td>第5.3.2条</td><td>/</td><td></td><td colspan="2"></td></tr>
<tr><td>3</td><td>地基处理范围应不小于设计文件要求</td><td>第5.3.3条</td><td>/</td><td></td><td colspan="2"></td></tr>
<tr><td>4</td><td>局部处理过的地基，承载力应符合设计文件要求</td><td>第5.3.4条</td><td>/</td><td></td><td colspan="2"></td></tr>
<tr><td rowspan="3">一般项目</td><td>1</td><td>地基处理的主要技术指标应符合设计文件及相关标准规定</td><td>第5.3.5条</td><td>/</td><td></td><td colspan="2"></td></tr>
<tr><td>2</td><td>地基分层碾压的虚铺厚度、碾压和夯实强度等应符合设计文件及相关标准规定</td><td>第5.3.6条</td><td>/</td><td></td><td colspan="2"></td></tr>
<tr><td>3</td><td>特殊地基加固应符合设计文件及相关标准规定</td><td>第5.3.7条</td><td>/</td><td></td><td colspan="2"></td></tr>
<tr><td>施工单位检查结果</td><td colspan="7">

专业工长：（签名）　　　项目专业质量检查员：（签名）　　　年　月　日</td></tr>
<tr><td>监理单位验收结论</td><td colspan="7">

专业监理工程师：（签名）　　　年　月　日</td></tr>
</table>

7.2.5.4 市政验·厂-4 桩基础检验批质量验收记录

市政基础设施工程

桩基础检验批质量验收记录

市政验·厂-4

第 页 共 页

<table>
<tr><td colspan="3">工程名称</td><td colspan="5"></td></tr>
<tr><td colspan="3">单位工程名称</td><td colspan="5"></td></tr>
<tr><td colspan="3">施工单位</td><td></td><td colspan="2">分包单位</td><td colspan="2"></td></tr>
<tr><td colspan="3">项目负责人</td><td></td><td colspan="2">项目技术负责人</td><td colspan="2"></td></tr>
<tr><td colspan="3">分部（子分部）工程名称</td><td></td><td colspan="2">分项工程名称</td><td colspan="2"></td></tr>
<tr><td colspan="3">验收部位/区段</td><td></td><td colspan="2">检验批容量</td><td colspan="2"></td></tr>
<tr><td colspan="3">施工及验收依据</td><td colspan="5">《城镇污水处理厂工程质量验收规范》GB 50334</td></tr>
<tr><td colspan="3">验收项目</td><td>设计要求或规范规定</td><td>最小/实际抽样数量</td><td>检查记录</td><td colspan="2">检查结果</td></tr>
<tr><td rowspan="3">主控项目</td><td>1</td><td>桩基础使用的原材料、半成品、预制构件应符合设计文件及相关标准规定</td><td>第5.4.1条</td><td>/</td><td></td><td colspan="2"></td></tr>
<tr><td>2</td><td>桩基完整性和承载力应符合设计文件要求</td><td>第5.4.2条</td><td>/</td><td></td><td colspan="2"></td></tr>
<tr><td>3</td><td>抗拔桩应按设计文件要求进行抗拔检验，预制抗拔桩应按设计文件要求进行桩身抗裂性能检验</td><td>第5.4.3条</td><td>/</td><td></td><td colspan="2"></td></tr>
<tr><td rowspan="3">一般项目</td><td>1</td><td>桩基础检验项目和允许偏差应符合设计文件及国家现行标准《建筑地基基础工程施工质量验收规范》GB 50202 的相关规定</td><td>第5.4.4条</td><td>/</td><td></td><td colspan="2"></td></tr>
<tr><td></td><td></td><td></td><td></td><td></td><td colspan="2"></td></tr>
<tr><td></td><td></td><td></td><td></td><td></td><td colspan="2"></td></tr>
<tr><td>施工单位检查结果</td><td colspan="7">专业工长：（签名） 项目专业质量检查员：（签名） 年 月 日</td></tr>
<tr><td>监理单位验收结论</td><td colspan="7">专业监理工程师：（签名） 年 月 日</td></tr>
</table>

7.2.5.5　市政验·厂-5-1　现浇钢筋混凝土构筑物检验批质量验收记录（一）

市政基础设施工程

现浇钢筋混凝土构筑物检验批质量验收记录（一）

市政验·厂-5-1

第　　页共　　页

<table>
<tr><td colspan="3">工程名称</td><td colspan="5"></td></tr>
<tr><td colspan="3">单位工程名称</td><td colspan="5"></td></tr>
<tr><td colspan="3">施工单位</td><td></td><td colspan="2">分包单位</td><td colspan="2"></td></tr>
<tr><td colspan="3">项目负责人</td><td></td><td colspan="2">项目技术负责人</td><td colspan="2"></td></tr>
<tr><td colspan="3">分部（子分部）工程名称</td><td></td><td colspan="2">分项工程名称</td><td colspan="2"></td></tr>
<tr><td colspan="3">验收部位/区段</td><td></td><td colspan="2">检验批容量</td><td colspan="2"></td></tr>
<tr><td colspan="3">施工及验收依据</td><td colspan="5">《城镇污水处理厂工程质量验收规范》GB 50334</td></tr>
<tr><td colspan="4">验收项目</td><td>设计要求或规范规定</td><td>最小/实际抽样数量</td><td>检查记录</td><td>检查结果</td></tr>
<tr><td rowspan="7">主控项目</td><td>1</td><td colspan="2">现浇钢筋混凝土构筑物混凝土的抗压、抗渗、抗冻、抗腐蚀等性能应符合设计文件及相关标准要求</td><td>第6.2.1条</td><td>/</td><td></td><td></td></tr>
<tr><td>2</td><td colspan="2">现浇钢筋混凝土构筑物钢筋的物理性能、化学成分检验应符合相关标准要求</td><td>第6.2.2条</td><td>/</td><td></td><td></td></tr>
<tr><td>3</td><td colspan="2">现浇结构混凝土应密实，表面平整，颜色纯正，不得渗漏，具体结构工艺部位应符合下列规定：(1) 施工缝的位置应符合设计文件和施工方案要求，混凝土结合处应紧密、平顺；(2) 混凝土结构预留孔、洞应规整、表面平滑；(3) 预埋与穿墙管、件应与混凝土结合紧密、顺直、安装牢固；(4) 变形缝（止水带）应贯通，缝宽窄均匀一致，止水带安装稳固，位置应符合设计文件要求；(5) 现浇混凝土结构表面的对拉螺栓、对拉螺栓孔、变形缝、施工缝等处应修饰牢固、平顺整齐、颜色均匀</td><td>第6.2.3条</td><td>/</td><td></td><td></td></tr>
<tr><td>4</td><td colspan="2">结构混凝土表面不得出现有影响使用功能的裂缝</td><td>第6.2.4条</td><td>/</td><td></td><td></td></tr>
<tr><td>5</td><td colspan="2">有保温和防腐要求的构筑物，使用的保温层材质和防腐材料配合比应符合设计文件要求</td><td>第6.2.5条</td><td>/</td><td></td><td></td></tr>
<tr><td>6</td><td colspan="2">底板混凝土应连续浇筑，不应设置施工缝</td><td>第6.2.6条</td><td>/</td><td></td><td></td></tr>
<tr><td>7</td><td colspan="2">现浇混凝土施工模板安装与拆除应符合设计要求及国家现行标准《混凝土结构工程施工质量验收规范》GB 50204的相关规定</td><td>第6.2.7条</td><td>/</td><td></td><td></td></tr>
<tr><td rowspan="5">一般项目</td><td>1</td><td colspan="2">构筑物混凝土保护层厚度应符合设计文件要求，允许偏差应为0～＋8mm</td><td>第6.2.9条</td><td>/</td><td></td><td></td></tr>
<tr><td>2</td><td colspan="2">钢筋和预应力钢筋的规格、形状、数量、间距、锚固长度、接头设置应符合设计文件及相关标准要求</td><td>第6.2.10条</td><td>/</td><td></td><td></td></tr>
<tr><td>3</td><td colspan="2">消化池等构筑物内壁防腐涂料基面应洁净、干燥，湿度应控制在85％以下，涂层不应出现脱皮、漏刷、流坠、皱皮、厚度不均、表面不光滑等现象</td><td>第6.2.11条</td><td>/</td><td></td><td></td></tr>
<tr><td>4</td><td colspan="2">板状保温材料板块上下层接缝应错开，接缝处嵌料应密实、平整</td><td>第6.2.12条</td><td>/</td><td></td><td></td></tr>
<tr><td>5</td><td colspan="2">现浇整体保温层铺料厚度应均匀、密实、平整</td><td>第6.2.13条</td><td>/</td><td></td><td></td></tr>
<tr><td colspan="2">施工单位检查结果</td><td colspan="6">专业工长：（签名）　　项目专业质量检查员：（签名）　　年　月　日</td></tr>
<tr><td colspan="2">监理单位验收结论</td><td colspan="6">专业监理工程师：（签名）　　年　月　日</td></tr>
</table>

7.2.5.6 市政验·厂-5-2 现浇钢筋混凝土构筑物检验批质量验收记录（二）

市政基础设施工程

现浇钢筋混凝土构筑物检验批质量验收记录（二）

市政验·厂-5-2

第 页共 页

<table>
<tr><td colspan="4">工程名称</td><td colspan="6"></td></tr>
<tr><td colspan="4">单位工程名称</td><td colspan="6"></td></tr>
<tr><td colspan="4">施工单位</td><td colspan="2"></td><td colspan="2">分包单位</td><td colspan="2"></td></tr>
<tr><td colspan="4">项目负责人</td><td colspan="2"></td><td colspan="2">项目技术负责人</td><td colspan="2"></td></tr>
<tr><td colspan="4">分部（子分部）
工程名称</td><td colspan="2"></td><td colspan="2">分项工程名称</td><td colspan="2"></td></tr>
<tr><td colspan="4">验收部位/区段</td><td colspan="2"></td><td colspan="2">检验批容量</td><td colspan="2"></td></tr>
<tr><td colspan="4">施工及验收依据</td><td colspan="6">《城镇污水处理厂工程质量验收规范》GB 50334</td></tr>
<tr><td colspan="5">验收项目</td><td>设计要求或规范规定</td><td>最小/实际抽样数量</td><td>检查记录</td><td colspan="2">检查结果</td></tr>
<tr><td rowspan="24">一般项目</td><td rowspan="2">1</td><td rowspan="24">允许偏差</td><td rowspan="2">轴线位移（mm）</td><td>池壁、柱、梁</td><td>8</td><td rowspan="2">/</td><td rowspan="2"></td><td colspan="2" rowspan="2"></td></tr>
<tr><td>底板</td><td>10</td></tr>
<tr><td rowspan="3">2</td><td rowspan="3">高程（mm）</td><td>底板</td><td>±10</td><td rowspan="3">/</td><td rowspan="3"></td><td colspan="2" rowspan="3"></td></tr>
<tr><td>池壁板</td><td>±10</td></tr>
<tr><td>柱、梁、顶板</td><td>±10</td></tr>
<tr><td rowspan="3">3</td><td rowspan="3">平面尺寸（池体的长、宽或直径）（mm）</td><td>$L\leqslant20$m</td><td>±20</td><td rowspan="3">/</td><td rowspan="3"></td><td colspan="2" rowspan="3"></td></tr>
<tr><td>20m<$L\leqslant50$m</td><td>±L/1000</td></tr>
<tr><td>$L\geqslant50$m</td><td>±50</td></tr>
<tr><td rowspan="2">4</td><td rowspan="2">截面尺寸（mm）</td><td>池壁、柱、梁、顶板</td><td>+10，−5</td><td rowspan="2">/</td><td rowspan="2"></td><td colspan="2" rowspan="2"></td></tr>
<tr><td>孔洞、槽内净空</td><td>±10</td></tr>
<tr><td rowspan="2">5</td><td rowspan="2">表面平整度（mm）</td><td>一般平面</td><td>8</td><td rowspan="2">/</td><td rowspan="2"></td><td colspan="2" rowspan="2"></td></tr>
<tr><td>轮轨顶面</td><td>5</td></tr>
<tr><td rowspan="2">6</td><td rowspan="2">墙面垂直度（mm）</td><td>$H\leqslant5$m</td><td>8</td><td rowspan="2"></td><td rowspan="2"></td><td colspan="2" rowspan="2"></td></tr>
<tr><td>5m<$H\leqslant20$m</td><td>1.5H/1000</td></tr>
<tr><td rowspan="3">7</td><td rowspan="3">中心线位置偏移（mm）</td><td>预埋件、预埋支管</td><td>5</td><td rowspan="3">/</td><td rowspan="3"></td><td colspan="2" rowspan="3"></td></tr>
<tr><td>预留洞</td><td>10</td></tr>
<tr><td>水槽</td><td>5</td></tr>
<tr><td>8</td><td>坡度（mm）</td><td colspan="2">0.15%，且不反坡</td><td>/</td><td></td><td colspan="2"></td></tr>
<tr><td rowspan="4">9</td><td rowspan="4">保温层厚度（mm）</td><td>板状制品</td><td>±5%δ，且$\ngtr$4</td><td rowspan="4">/</td><td rowspan="4"></td><td colspan="2" rowspan="4"></td></tr>
<tr><td>化学材料</td><td>+8%δ</td></tr>
<tr><td>加气混凝土</td><td>+5</td></tr>
<tr><td>蛭石</td><td>+5</td></tr>
<tr><td>施工单位检查结果</td><td colspan="9">专业工长：（签名） 项目专业质量检查员：（签名） 年 月 日</td></tr>
<tr><td>监理单位验收结论</td><td colspan="9">专业监理工程师：（签名） 年 月 日</td></tr>
</table>

7.2.5.7　市政验·厂-6-1　预制装配式钢筋混凝土构筑物检验批质量验收记录（一）

市政基础设施工程

预制装配式钢筋混凝土构筑物检验批质量验收记录（一）

市政验·厂-6-1

第　　页 共　　页

工程名称			
单位工程名称			
施工单位		分包单位	
项目负责人		项目技术负责人	
分部（子分部）工程名称		分项工程名称	
验收部位/区段		检验批容量	
施工及验收依据	《城镇污水处理厂工程质量验收规范》GB 50334		

验收项目			设计要求或规范规定	最小/实际抽样数量	检查记录	检查结果
主控项目	1	预制混凝土构件的强度、抗冻、抗渗、抗腐蚀等性能应符合设计文件及相关标准要求	第 6.3.1 条	/		
	2	预制混凝土构件外观质量不应有严重缺陷，构件上的预埋件、插筋和预留孔洞的规格和数量应符合设计文件及《混凝土结构工程施工质量验收规范》GB 50204 的相关规定	第 6.3.2 条	/		
	3	预制构件不应有影响结构性能、安装和使用功能的尺寸偏差	第 6.3.3 条	/		
	4	池壁板安装应垂直、稳固，相邻板湿接缝与杯口应填充密实，满足防水功能要求	第 6.3.4 条	/		
	5	池壁顶面高程和平整度应满足设备安装及运行的精度要求	第 6.3.5 条	/		
一般项目	1	现浇混凝土杯口应与底板混凝土衔接密实，杯口内表面应平整	第 6.3.8 条	/		
	2	预制混凝土构件安装应牢固、位置准确，不应出现扭曲、损坏、明显错台等现象	第 6.3.10 条	/		
	3	预制壁板的混凝土湿接缝不应有裂缝	第 6.3.12 条	/		
	4	喷涂混凝土的强度和厚度应符合设计文件要求，不得有砂浆流淌、流坠、空鼓现象	第 6.3.13 条	/		
	5	允许偏差 预制构件 平整度	5	/		
	6	允许偏差 预制构件 断面尺寸（mm） 壁板（梁、柱） 长度	0，−8（0，−10）	/		
		宽度	+4，−2(±5)			
		厚度	+4，−2（直顺度：$L/750$，且≯20）			
		矢高	±2			
	7	预埋件位置（mm） 中心	5	/		
		螺栓位置	2	/		
		螺栓外露长度	+10，−5	/		
	8	预留孔中心位置	10	/		
施工单位检查结果		专业工长：（签名）　　项目专业质量检查员：（签名）　　年　月　日				
监理单位验收结论		专业监理工程师：（签名）　　年　月　日				

注：L 为预制梁、柱的长度，括号内为梁、柱的允许偏差。

7.2.5.8 市政验·厂-6-2 预制装配式钢筋混凝土构筑物检验批质量验收记录（二）

市政基础设施工程

预制装配式钢筋混凝土构筑物检验批质量验收记录（二）

市政验·厂-6-2

第　　页共　　页

<table>
<tr><td colspan="5">工程名称</td><td colspan="6"></td></tr>
<tr><td colspan="5">单位工程名称</td><td colspan="6"></td></tr>
<tr><td colspan="5">施工单位</td><td colspan="2"></td><td colspan="2">分包单位</td><td colspan="2"></td></tr>
<tr><td colspan="5">项目负责人</td><td colspan="2"></td><td colspan="2">项目技术负责人</td><td colspan="2"></td></tr>
<tr><td colspan="5">分部（子分部）
工程名称</td><td colspan="2"></td><td colspan="2">分项工程名称</td><td colspan="2"></td></tr>
<tr><td colspan="5">验收部位/区段</td><td colspan="2"></td><td colspan="2">检验批容量</td><td colspan="2"></td></tr>
<tr><td colspan="5">施工及验收依据</td><td colspan="6">《城镇污水处理厂工程质量验收规范》GB 50334</td></tr>
<tr><td colspan="7">验收项目</td><td>设计要求或规范规定</td><td>最小/实际抽样数量</td><td>检查记录</td><td>检查结果</td></tr>
<tr><td rowspan="16">一般项目</td><td>1</td><td rowspan="16">允许偏差</td><td rowspan="6">底板（mm）</td><td colspan="3">圆池半径</td><td>±20</td><td>/</td><td></td><td></td></tr>
<tr><td>2</td><td colspan="3">底板轴线位移</td><td>10</td><td>/</td><td></td><td></td></tr>
<tr><td>3</td><td colspan="3">中心支墩与杯口圆周的圆心位移</td><td>8</td><td>/</td><td></td><td></td></tr>
<tr><td>4</td><td colspan="3">预留孔中心</td><td>10</td><td>/</td><td></td><td></td></tr>
<tr><td>5</td><td colspan="3">预埋件、预埋管中心位置</td><td>5</td><td>/</td><td></td><td></td></tr>
<tr><td>6</td><td colspan="3">预埋件、预埋管顶面高程</td><td>±5</td><td>/</td><td></td><td></td></tr>
<tr><td>7</td><td rowspan="2">杯口（mm）</td><td colspan="3">杯口内高程</td><td>0，−5</td><td>/</td><td></td><td></td></tr>
<tr><td>8</td><td colspan="3">中心位移</td><td>8</td><td>/</td><td></td><td></td></tr>
<tr><td>9</td><td rowspan="8">预制构件安装（mm）</td><td colspan="3">壁板、梁、柱中心轴线</td><td>5</td><td>/</td><td></td><td></td></tr>
<tr><td>10</td><td colspan="3">壁板、柱高程</td><td>±5</td><td>/</td><td></td><td></td></tr>
<tr><td rowspan="2">11</td><td rowspan="2" colspan="2">壁板及柱垂直度</td><td>$H \leq 5m$</td><td>5</td><td rowspan="2">/</td><td rowspan="2"></td><td rowspan="2"></td></tr>
<tr><td>$H > 5m$</td><td>8</td></tr>
<tr><td rowspan="2">12</td><td rowspan="2" colspan="2">悬臂梁</td><td>轴线偏移</td><td>8</td><td rowspan="2">/</td><td rowspan="2"></td><td rowspan="2"></td></tr>
<tr><td>高程</td><td>0，−5</td></tr>
<tr><td>13</td><td colspan="3">壁板与定位中线半径</td><td>±7</td><td>/</td><td></td><td></td></tr>
<tr><td>14</td><td colspan="3">壁板安装的间隙</td><td>±10</td><td>/</td><td></td><td></td></tr>
<tr><td colspan="2">施工单位
检查结果</td><td colspan="9">专业工长：（签名）　　项目专业质量检查员：（签名）　　年　月　日</td></tr>
<tr><td colspan="2">监理单位
验收结论</td><td colspan="9">专业监理工程师：（签名）　　年　月　日</td></tr>
</table>

注：H 为壁板及柱的全高。

7.2.5.9 市政验·厂-7 无黏结预应力混凝土构筑物检验批质量验收记录

市政基础设施工程

无黏结预应力混凝土构筑物检验批质量验收记录

市政验·厂-7

第 页 共 页

<table>
<tr><td colspan="3">工程名称</td><td colspan="5"></td></tr>
<tr><td colspan="3">单位工程名称</td><td colspan="5"></td></tr>
<tr><td colspan="3">施工单位</td><td></td><td colspan="2">分包单位</td><td colspan="2"></td></tr>
<tr><td colspan="3">项目负责人</td><td></td><td colspan="2">项目技术负责人</td><td colspan="2"></td></tr>
<tr><td colspan="3">分部（子分部）工程名称</td><td></td><td colspan="2">分项工程名称</td><td colspan="2"></td></tr>
<tr><td colspan="3">验收部位/区段</td><td></td><td colspan="2">检验批容量</td><td colspan="2"></td></tr>
<tr><td colspan="3">施工及验收依据</td><td colspan="5">《城镇污水处理厂工程质量验收规范》GB 50334</td></tr>
<tr><td colspan="3">验收项目</td><td>设计要求或规范规定</td><td>最小/实际抽样数量</td><td>检查记录</td><td colspan="2">检查结果</td></tr>
<tr><td rowspan="7">主控项目</td><td>1</td><td>无黏结预应力混凝土构筑物预应力筋的品种、强度级别、规格、数量以及各项性能指标应符合设计文件及国家现行标准《预应力混凝土用钢绞线》GB/T 5224 的相关规定</td><td>第 6.4.1 条</td><td>/</td><td></td><td colspan="2"></td></tr>
<tr><td>2</td><td>锚具、夹具和连接器外观、硬度和静载锚固性能应符合设计文件及国家现行标准《预应力筋用锚具、夹具和连接器》GB/T 14370 的相关规定</td><td>第 6.4.2 条</td><td>/</td><td></td><td colspan="2"></td></tr>
<tr><td>3</td><td>预应力筋的数量、下料长度、布束、张拉形式、张拉顺序、封锚等应符合设计文件要求</td><td>第 6.4.3 条</td><td>/</td><td></td><td colspan="2"></td></tr>
<tr><td>4</td><td>预应力张拉时的混凝土强度和弹性模量应符合设计文件要求，设计文件未规定时，混凝土的强度应不小于设计强度等级值的 75%，弹性模量应不小于混凝土 28d 弹性模量的 75%</td><td>第 6.4.4 条</td><td>/</td><td></td><td colspan="2"></td></tr>
<tr><td>5</td><td>无黏结预应力筋的张拉应力和伸长率应符合设计文件要求</td><td>第 6.4.5 条</td><td>/</td><td></td><td colspan="2"></td></tr>
<tr><td>6</td><td>预应力张拉设备和仪表应定期维护和校验、配套标定和使用</td><td>第 6.4.6 条</td><td>/</td><td></td><td colspan="2"></td></tr>
<tr><td>7</td><td>预应力钢筋张拉时发生的滑脱、断丝数量不应超过结构同一截面预应力钢筋总量的 3%，且每束钢丝不得超过一根</td><td>第 6.4.7 条</td><td>/</td><td></td><td colspan="2"></td></tr>
<tr><td rowspan="2">一般项目</td><td>1</td><td>无黏结预应力筋外包层不应有破损，预应力钢筋应用无齿锯切割，严禁采用电弧、气焊切断</td><td>第 6.4.8 条</td><td>/</td><td></td><td colspan="2"></td></tr>
<tr><td>2</td><td>预应力筋端头锚垫板和螺旋筋的埋设位置应符合设计文件要求，预应力筋与锚垫板板面应垂直</td><td>第 6.4.9 条</td><td>/</td><td></td><td colspan="2"></td></tr>
<tr><td>施工单位检查结果</td><td colspan="7">专业工长：（签名） 项目专业质量检查员：（签名） 年 月 日</td></tr>
<tr><td>监理单位验收结论</td><td colspan="7">专业监理工程师：（签名） 年 月 日</td></tr>
</table>

7.2.5.10 市政验·厂-8 土建与设备安装连接部位检验批质量验收记录

市政基础设施工程

土建与设备安装连接部位检验批质量验收记录

市政验·厂-8

第　　页 共　　页

<table>
<tr><td colspan="4">工程名称</td><td colspan="6"></td></tr>
<tr><td colspan="4">单位工程名称</td><td colspan="6"></td></tr>
<tr><td colspan="4">施工单位</td><td></td><td colspan="2">分包单位</td><td colspan="3"></td></tr>
<tr><td colspan="4">项目负责人</td><td></td><td colspan="2">项目技术负责人</td><td colspan="3"></td></tr>
<tr><td colspan="4">分部（子分部）
工程名称</td><td></td><td colspan="2">分项工程名称</td><td colspan="3"></td></tr>
<tr><td colspan="4">验收部位/区段</td><td></td><td colspan="2">检验批容量</td><td colspan="3"></td></tr>
<tr><td colspan="4">施工及验收依据</td><td colspan="6">《城镇污水处理厂工程质量验收规范》GB 50334</td></tr>
<tr><td colspan="6">验收项目</td><td>设计要求或规范规定</td><td>最小/实际抽样数量</td><td>检查记录</td><td>检查结果</td></tr>
<tr><td rowspan="4">主控项目</td><td>1</td><td colspan="4">设备基础部位混凝土的性能指标应符合设计、设备技术文件及国家现行标准《机械设备安装工程施工及验收通用规范》GB 50231 的相关规定</td><td>第 6.5.1 条</td><td>/</td><td></td><td></td></tr>
<tr><td>2</td><td colspan="4">基础有预压和沉降观测要求时，设备基础预压和沉降观测应符合设计文件要求</td><td>第 6.5.2 条</td><td>/</td><td></td><td></td></tr>
<tr><td>3</td><td colspan="4">设备安装的预埋件和预留孔的数量、规格应符合设计文件及国家现行标准《机械设备安装工程施工及验收通用规范》GB 50231 的相关规定</td><td>第 6.5.3 条</td><td>/</td><td></td><td></td></tr>
<tr><td>4</td><td colspan="4">土建与设备连接部位的混凝土应密实、平整</td><td>第 6.5.4 条</td><td>/</td><td></td><td></td></tr>
<tr><td rowspan="11">一般项目</td><td rowspan="2">1</td><td rowspan="11">允许偏差</td><td colspan="2" rowspan="2">预埋件（mm）</td><td>高程</td><td>±3</td><td rowspan="2">/</td><td rowspan="2"></td><td rowspan="2"></td></tr>
<tr><td>平面中心位置</td><td>5</td></tr>
<tr><td>2</td><td colspan="2">预留孔（mm）</td><td>中心位置</td><td>10</td><td>/</td><td></td><td></td></tr>
<tr><td rowspan="2">3</td><td colspan="2" rowspan="2">预埋地脚螺栓（mm）</td><td>外露高度</td><td>+10，−5</td><td rowspan="2">/</td><td rowspan="2"></td><td rowspan="2"></td></tr>
<tr><td>平面中心距</td><td>±2</td></tr>
<tr><td rowspan="2">4</td><td colspan="2" rowspan="2">预埋螺栓预留孔（mm）</td><td>平面中心位置</td><td>10</td><td rowspan="2">/</td><td rowspan="2"></td><td rowspan="2"></td></tr>
<tr><td>孔深度</td><td>不小于设计值，且≯20</td></tr>
<tr><td rowspan="2">5</td><td colspan="2" rowspan="2">预埋活动地脚螺栓锚板（mm）</td><td>平面中心位置</td><td>5</td><td rowspan="2">/</td><td rowspan="2"></td><td rowspan="2"></td></tr>
<tr><td>高程</td><td>+20，0</td></tr>
<tr><td>6</td><td colspan="2">连接部位（mm）</td><td>平整度</td><td>2</td><td>/</td><td></td><td></td></tr>
<tr><td>7</td><td colspan="2">预埋件（mm）</td><td>高程</td><td>±3</td><td>/</td><td></td><td></td></tr>
<tr><td colspan="2">施工单位检查结果</td><td colspan="8">专业工长：（签名）　　项目专业质量检查员：（签名）　　年　月　日</td></tr>
<tr><td colspan="2">监理单位验收结论</td><td colspan="8">专业监理工程师：（签名）　　年　月　日</td></tr>
</table>

7.2.5.11　市政验·厂-9　附属结构检验批质量验收记录

市政基础设施工程

附属结构检验批质量验收记录

市政验·厂-9

第　　页 共　　页

<table>
<tr><td colspan="5">工程名称</td><td colspan="5"></td></tr>
<tr><td colspan="5">单位工程名称</td><td colspan="5"></td></tr>
<tr><td colspan="5">施工单位</td><td></td><td colspan="2">分包单位</td><td colspan="2"></td></tr>
<tr><td colspan="5">项目负责人</td><td></td><td colspan="2">项目技术负责人</td><td colspan="2"></td></tr>
<tr><td colspan="5">分部（子分部）工程名称</td><td></td><td colspan="2">分项工程名称</td><td colspan="2"></td></tr>
<tr><td colspan="5">验收部位/区段</td><td></td><td colspan="2">检验批容量</td><td colspan="2"></td></tr>
<tr><td colspan="5">施工及验收依据</td><td colspan="5">《城镇污水处理厂工程质量验收规范》GB 50334</td></tr>
<tr><td colspan="6">验收项目</td><td>设计要求或规范规定</td><td>最小/实际抽样数量</td><td>检查记录</td><td>检查结果</td></tr>
<tr><td rowspan="3">主控项目</td><td>1</td><td colspan="4">计量槽、配水井、排水口、扶梯、防护栏、平台、集水槽、堰板等附属结构混凝土强度、抗渗、抗冻等性能应符合设计文件要求</td><td>第 6.6.1 条</td><td>/</td><td></td><td></td></tr>
<tr><td>2</td><td colspan="4">混凝土堰应平整、垂直，位置、高程应符合设计文件要求，堰顶全周长上的水平度允许偏差应为 1mm</td><td>第 6.6.2 条</td><td>/</td><td></td><td></td></tr>
<tr><td>3</td><td colspan="4">扶梯、防护栏、平台安装应牢固可靠、线性直顺、涂漆均匀，表面无污染</td><td>第 6.6.3 条</td><td>/</td><td></td><td></td></tr>
<tr><td rowspan="16">一般项目</td><td>1</td><td colspan="4">圆形集水槽安装应与水池同心，允许偏差应为 5mm。</td><td>第 6.6.5 条</td><td>/</td><td></td><td></td></tr>
<tr><td>2</td><td colspan="4">排水口质量验收应符合下列要求：
1 翼墙变形缝的位置应准确、直顺、上下贯通，宽度允许偏差为 0 ～－5mm。2 翼墙后背填土应分层夯实，压实度应符合设计文件要求。3 护坡、护底砌筑的表面应平整，灰缝砂浆饱满、嵌缝密实，不得有松动、裂缝、空鼓。</td><td>第 6.6.7 条</td><td>/</td><td></td><td></td></tr>
<tr><td>3</td><td rowspan="14">允许偏差</td><td rowspan="6">计量槽（mm）</td><td colspan="2">表面平整度</td><td>5</td><td>/</td><td></td><td></td></tr>
<tr><td>4</td><td colspan="2">槽底高程</td><td>±5</td><td>/</td><td></td><td></td></tr>
<tr><td rowspan="3">5</td><td rowspan="3">断面尺寸</td><td>槽长</td><td>±10</td><td rowspan="3">/</td><td rowspan="3"></td><td rowspan="3"></td></tr>
<tr><td>槽内宽</td><td rowspan="2">±5</td></tr>
<tr><td>槽内高</td></tr>
<tr><td>6</td><td colspan="2">预埋件位置</td><td>5</td><td>/</td><td></td><td></td></tr>
<tr><td rowspan="2">7</td><td rowspan="7">扶梯平台防护栏（mm）</td><td rowspan="2">扶梯</td><td>长、宽</td><td>±5</td><td rowspan="2">/</td><td rowspan="2"></td><td rowspan="2"></td></tr>
<tr><td>踏步间距</td><td>±3</td></tr>
<tr><td rowspan="3">8</td><td rowspan="3">平台</td><td>长、宽</td><td>±5</td><td rowspan="3">/</td><td rowspan="3"></td><td rowspan="3"></td></tr>
<tr><td>两对角线长</td><td>±5</td></tr>
<tr><td>局部凸凹度</td><td>3</td></tr>
<tr><td rowspan="2">9</td><td rowspan="2">防护栏</td><td>直顺度</td><td>5</td><td rowspan="2">/</td><td rowspan="2"></td><td rowspan="2"></td></tr>
<tr><td>垂直度（全高）</td><td>3</td></tr>
<tr><td colspan="2">施工单位检查结果</td><td colspan="8">专业工长：（签名）　　项目专业质量检查员：（签名）　　年　月　日</td></tr>
<tr><td colspan="2">监理单位验收结论</td><td colspan="8">专业监理工程师：（签名）　　年　月　日</td></tr>
</table>

7.2.5.12 市政验·厂-10 格栅设备检验批质量验收记录

市政基础设施工程

格栅设备检验批质量验收记录

市政验·厂-10

第　　页 共　　页

<table>
<tr><td colspan="3">工程名称</td><td colspan="6"></td></tr>
<tr><td colspan="3">单位工程名称</td><td colspan="6"></td></tr>
<tr><td colspan="3">施工单位</td><td colspan="2"></td><td colspan="2">分包单位</td><td colspan="2"></td></tr>
<tr><td colspan="3">项目负责人</td><td colspan="2"></td><td colspan="2">项目技术负责人</td><td colspan="2"></td></tr>
<tr><td colspan="3">分部（子分部）工程名称</td><td colspan="2"></td><td colspan="2">分项工程名称</td><td colspan="2"></td></tr>
<tr><td colspan="3">验收部位/区段</td><td colspan="2"></td><td colspan="2">检验批容量</td><td colspan="2"></td></tr>
<tr><td colspan="3">施工及验收依据</td><td colspan="6">《城镇污水处理厂工程质量验收规范》GB 50334</td></tr>
<tr><td colspan="5">验收项目</td><td>设计要求或规范规定</td><td>最小/实际抽样数量</td><td>检查记录</td><td>检查结果</td></tr>
<tr><td rowspan="4">主控项目</td><td>1</td><td colspan="3">格栅栅条对称中心与导轨的对称中心应符合设备技术文件的要求</td><td>第 7.2.1 条</td><td>/</td><td></td><td></td></tr>
<tr><td>2</td><td colspan="3">高链格栅主动链轮与被动链轮的轮齿几何中心线应重合，其偏差不大于两链轮中心距的 2‰</td><td>第 7.2.2 条</td><td>/</td><td></td><td></td></tr>
<tr><td>3</td><td colspan="3">格栅设备出渣口应与输送机进渣口衔接良好，不应漏渣</td><td>第 7.2.3 条</td><td>/</td><td></td><td></td></tr>
<tr><td>4</td><td colspan="3">格栅设备试运转时应平稳，无卡阻、晃摆现象</td><td>第 7.2.4 条</td><td>/</td><td></td><td></td></tr>
<tr><td rowspan="10">一般项目</td><td>1</td><td colspan="3">格栅设备浸水部位两侧及底部与沟渠间隙应封堵严密</td><td>第 7.2.5 条</td><td>/</td><td></td><td></td></tr>
<tr><td>2</td><td colspan="3">格栅设备与土建基础连接的非不锈钢金属表面防腐蚀应符合设计文件要求</td><td>第 7.2.6 条</td><td>/</td><td></td><td></td></tr>
<tr><td>3</td><td colspan="3">现浇整体保温层施工时，铺料厚度应均匀、密实、平整</td><td>第 7.2.7 条</td><td>/</td><td></td><td></td></tr>
<tr><td>4</td><td rowspan="7">允许偏差</td><td colspan="2">设备平面位置（mm）</td><td>10</td><td>/</td><td></td><td></td></tr>
<tr><td>5</td><td colspan="2">设备标高（mm）</td><td>±10</td><td>/</td><td></td><td></td></tr>
<tr><td>6</td><td colspan="2">设备安装倾角（°）</td><td>±0.5°</td><td>/</td><td></td><td></td></tr>
<tr><td>7</td><td colspan="2">机架垂直度（mm）</td><td>$H/1000$</td><td>/</td><td></td><td></td></tr>
<tr><td>8</td><td colspan="2">机架水平度（mm）</td><td>$L1/1000$</td><td>/</td><td></td><td></td></tr>
<tr><td>9</td><td colspan="2">栅条与栅条纵向面、栅条与导轨侧面平行度（mm）</td><td>$0.5L2/1000$</td><td>/</td><td></td><td></td></tr>
<tr><td>10</td><td colspan="2">落料口位置（mm）</td><td>5</td><td>/</td><td></td><td></td></tr>
<tr><td colspan="2">施工单位检查结果</td><td colspan="7">专业工长：（签名）　　项目专业质量检查员：（签名）　　年　月　日</td></tr>
<tr><td colspan="2">监理单位验收结论</td><td colspan="7">专业监理工程师：（签名）　　年　月　日</td></tr>
</table>

注：L_1 为机架长度，H 为机架高度，L_2 为栅条纵向面长度。

7.2.5.13　市政验·厂-11　螺旋输送设备检验批质量验收记录

市政基础设施工程

螺旋输送设备检验批质量验收记录

市政验·厂-11

第　　页共　　页

<table>
<tr><td colspan="4">工程名称</td><td colspan="5"></td></tr>
<tr><td colspan="4">单位工程名称</td><td colspan="5"></td></tr>
<tr><td colspan="4">施工单位</td><td colspan="1"></td><td colspan="2">分包单位</td><td colspan="2"></td></tr>
<tr><td colspan="4">项目负责人</td><td colspan="1"></td><td colspan="2">项目技术负责人</td><td colspan="2"></td></tr>
<tr><td colspan="4">分部（子分部）工程名称</td><td colspan="1"></td><td colspan="2">分项工程名称</td><td colspan="2"></td></tr>
<tr><td colspan="4">验收部位/区段</td><td colspan="1"></td><td colspan="2">检验批容量</td><td colspan="2"></td></tr>
<tr><td colspan="4">施工及验收依据</td><td colspan="5">《城镇污水处理厂工程质量验收规范》GB 50334</td></tr>
<tr><td colspan="4">验收项目</td><td>设计要求或规范规定</td><td>最小/实际抽样数量</td><td>检查记录</td><td colspan="2">检查结果</td></tr>
<tr><td rowspan="2">主控项目</td><td>1</td><td colspan="2">螺旋输送设备进、出料口平面位置及标高应符合设计文件要求</td><td>第7.3.1条</td><td>/</td><td></td><td colspan="2"></td></tr>
<tr><td>2</td><td colspan="2">螺旋输送设备试运转应平稳，过载装置的动作应灵敏可靠</td><td>第7.3.2条</td><td>/</td><td></td><td colspan="2"></td></tr>
<tr><td rowspan="6">一般项目</td><td>1</td><td colspan="2">分段组装的螺旋输送设备相邻机壳应连接紧密，并符合设备技术文件的要求</td><td>第7.3.3条</td><td>/</td><td></td><td colspan="2"></td></tr>
<tr><td>2</td><td colspan="2">密封盖板与设备机壳应连接可靠，不应有物料外溢</td><td>第7.3.4条</td><td>/</td><td></td><td colspan="2"></td></tr>
<tr><td>3</td><td rowspan="4">允许偏差</td><td>设备平面位置（mm）</td><td>10</td><td>/</td><td></td><td colspan="2"></td></tr>
<tr><td>4</td><td>设备标高（mm）</td><td>±10</td><td>/</td><td></td><td colspan="2"></td></tr>
<tr><td>5</td><td>螺旋槽直线度（mm）</td><td>$L/1000$，且≤3</td><td>/</td><td></td><td colspan="2"></td></tr>
<tr><td>6</td><td>设备纵向水平度（mm）</td><td>$L/1000$，且≤5</td><td>/</td><td></td><td colspan="2"></td></tr>
<tr><td colspan="2">施工单位检查结果</td><td colspan="7">专业工长：（签名）　　项目专业质量检查员：（签名）　　年　月　日</td></tr>
<tr><td colspan="2">监理单位验收结论</td><td colspan="7">专业监理工程师：（签名）　　年　月　日</td></tr>
</table>

注：L为螺旋输送设备的长度。

7.2.5.14 市政验·厂-12 泵类设备检验批质量验收记录

市政基础设施工程

泵类设备检验批质量验收记录

市政验·厂-12

第　页 共　页

<table>
<tr><td colspan="3">工程名称</td><td colspan="5"></td></tr>
<tr><td colspan="3">单位工程名称</td><td colspan="5"></td></tr>
<tr><td colspan="3">施工单位</td><td colspan="2"></td><td colspan="2">分包单位</td><td></td></tr>
<tr><td colspan="3">项目负责人</td><td colspan="2"></td><td colspan="2">项目技术负责人</td><td></td></tr>
<tr><td colspan="3">分部（子分部）工程名称</td><td colspan="2"></td><td colspan="2">分项工程名称</td><td></td></tr>
<tr><td colspan="3">验收部位/区段</td><td colspan="2"></td><td colspan="2">检验批容量</td><td></td></tr>
<tr><td colspan="3">施工及验收依据</td><td colspan="5">《城镇污水处理厂工程质量验收规范》GB 50334</td></tr>
<tr><td colspan="3">验收项目</td><td>设计要求或规范规定</td><td>最小/实际抽样数量</td><td>检查记录</td><td colspan="2">检查结果</td></tr>
<tr><td rowspan="5">主控项目</td><td>1</td><td>驱动机轴与泵轴采用联轴器方式连接时，联轴器组装的端面间隙、径向位移和轴向倾斜应符合设备技术文件及《机械设备安装工程施工及验收通用规范》GB 50231的相关规定</td><td>第7.4.1条</td><td>/</td><td></td><td colspan="2"></td></tr>
<tr><td>2</td><td>潜水泵导杆间应相互平行，导杆与基础应垂直，导杆中间固定装置的数量不应少于设计及设备技术文件的要求；自动连接处的金属面之间应密封严密</td><td>第7.4.2条</td><td>/</td><td></td><td colspan="2"></td></tr>
<tr><td>3</td><td>立式轴（混）流泵的主轴轴线安装应垂直，连接应牢固</td><td>第7.4.3条</td><td>/</td><td></td><td colspan="2"></td></tr>
<tr><td>4</td><td>泵类设备试运转时，应无异常声响，振动速度有效值、轴承温升等应符合设备技术文件及《风机、压缩机、泵安装工程施工及验收规范》GB 50275的规定</td><td>第7.4.4条</td><td>/</td><td></td><td colspan="2"></td></tr>
<tr><td>5</td><td>输送有毒、有害、易燃、易爆介质的泵应密封，泄漏量不应大于设计及设备技术文件的规定值</td><td>第7.4.5条</td><td>/</td><td></td><td colspan="2"></td></tr>
<tr><td rowspan="7">一般项目</td><td>1</td><td>泵类设备进、出水口配置的成对法兰安装应平直</td><td>第7.4.6条</td><td>/</td><td></td><td colspan="2"></td></tr>
<tr><td>2</td><td>7螺旋泵与导流槽间隙应符合设计文件要求，允许偏差为±2mm</td><td>第7.4.7条</td><td>/</td><td></td><td colspan="2"></td></tr>
<tr><td>3</td><td>允许偏差 设备平面位置（mm）</td><td>10</td><td>/</td><td></td><td colspan="2"></td></tr>
<tr><td>4</td><td>允许偏差 设备标高（mm）</td><td>+20，−10</td><td>/</td><td></td><td colspan="2"></td></tr>
<tr><td rowspan="2">5</td><td>允许偏差 设备水平度（mm） 纵向</td><td>0.10L/1000</td><td rowspan="2">/</td><td rowspan="2"></td><td rowspan="2" colspan="2"></td></tr>
<tr><td>允许偏差 设备水平度（mm） 横向</td><td>0.20L/1000</td></tr>
<tr><td>6</td><td>允许偏差 导杆垂直度（mm）</td><td>H/1000，且≤3</td><td>/</td><td></td><td colspan="2"></td></tr>
<tr><td>施工单位检查结果</td><td colspan="7">专业工长：（签名）　项目专业质量检查员：（签名）　年　月　日</td></tr>
<tr><td>监理单位验收结论</td><td colspan="7">专业监理工程师：（签名）　年　月　日</td></tr>
</table>

注：L为设备长度，H为导杆长度。

7.2.5.15 市政验·厂-13 除砂设备检验批质量验收记录

市政基础设施工程

除砂设备检验批质量验收记录

市政验·厂-13

第 页 共 页

工程名称			
单位工程名称			
施工单位		分包单位	
项目负责人		项目技术负责人	
分部（子分部）工程名称		分项工程名称	
验收部位/区段		检验批容量	
施工及验收依据	《城镇污水处理厂工程质量验收规范》GB 50334		

验收项目				设计要求或规范规定	最小/实际抽样数量	检查记录	检查结果
主控项目	1		吸砂机吸砂管口及刮砂机刮板与池底间隙应符合设计及设备技术文件的要求	第 7.5.1 条	/		
	2		旋流式除砂机中桨叶式分离机的桨叶板倾角应一致，并保持平衡	第 7.5.2 条	/		
	3		提砂装置风管及排砂管应固定牢固，连接可靠，无泄漏	第 7.5.3 条	/		
	4		桥式吸砂机两侧行走应同步，限位装置应安装牢固，位置正确，动作灵敏可靠	第 7.5.4 条	/		
	5		链条式、链斗式刮砂机链轴及中间轴等转动应灵活，链轮与链条应啮合良好，运行平稳，无卡阻现象	第 7.5.5 条	/		
一般项目	1		桥式吸砂机的两条轨道标高、间距及中心线位置应符合设计文件要求	第 7.5.6 条	/		
	2		撇渣器刮板标高和撇渣器刮板与池壁间隙应符合设计及设备技术文件要求	第 7.5.7 条	/		
	3	允许偏差 吸砂机、刮砂机安装（mm）	导轨接头错位（顶面、侧面）	0.5	/		
	4		吸砂管垂直度	$H/1000$	/		
	5		撇渣器刮板与池壁间隙	±10	/		
	6		链轮横向中心线与机组纵向中心线水平位置	2	/		
	7		链轮轴线与机组纵向中心线垂直度	$L/1000$	/		
	8		链轮轴水平度	$0.5L/1000$	/		
			H 为吸砂管长度，L 为链轮轴线长度				
	9	允许偏差 砂水分离器、旋流式除砂机安装（mm）	设备平面位置	10	/		
	10		设备标高	±10	/		
	11		旋流式除砂机桨叶式立轴垂直度	$H/1000$	/		
			H 为桨叶式立轴长度。				
施工单位检查结果	专业工长：（签名） 项目专业质量检查员：（签名） 年 月 日						
监理单位验收结论	专业监理工程师：（签名） 年 月 日						

7.2.5.16 市政验·厂-14 曝气设备检验批质量验收记录

市政基础设施工程

曝气设备检验批质量验收记录

市政验·厂-14

第　　页 共　　页

工程名称			
单位工程名称			
施工单位		分包单位	
项目负责人		项目技术负责人	
分部（子分部）工程名称		分项工程名称	
验收部位/区段		检验批容量	
施工及验收依据	《城镇污水处理厂工程质量验收规范》GB 50334		

<table>
<tr><td colspan="6">验收项目</td><td>设计要求或规范规定</td><td>最小/实际抽样数量</td><td>检查记录</td><td>检查结果</td></tr>
<tr><td rowspan="4">主控项目</td><td>1</td><td colspan="4">表面曝气设备曝气产生的冲击力影响区域内的明敷管，其加固处理应符合设计文件要求</td><td>第7.6.1条</td><td>/</td><td></td><td></td></tr>
<tr><td>2</td><td colspan="4">中、微孔曝气设备管路安装完毕后应吹扫干净，曝气孔不应堵塞</td><td>第7.6.2条</td><td>/</td><td></td><td></td></tr>
<tr><td>3</td><td colspan="4">中、微孔曝气设备应做清水养护及曝气试验，出气应均匀，无漏气现象</td><td>第7.6.3条</td><td>/</td><td></td><td></td></tr>
<tr><td>4</td><td colspan="4">曝气设备整机试运转应平稳灵活，无摩擦、卡滞、振动等现象</td><td>第7.6.4条</td><td>/</td><td></td><td></td></tr>
<tr><td rowspan="19">一般项目</td><td>1</td><td colspan="4">表面曝气设备淹没深度应符合设计及设备技术文件要求</td><td>第7.6.6条</td><td>/</td><td></td><td></td></tr>
<tr><td>2</td><td colspan="4">曝气设备的连接应紧密，管路安装应牢固，无泄漏</td><td>第7.6.7条</td><td>/</td><td></td><td></td></tr>
<tr><td>3</td><td colspan="4">曝气设备的升降调节装置应灵敏可靠，并有锁紧装置</td><td>第7.6.8条</td><td>/</td><td></td><td></td></tr>
<tr><td>4</td><td rowspan="16">允许偏差</td><td rowspan="6">表面曝气设备、水下曝气设备安装（mm）</td><td colspan="2">设备平面位置</td><td>10</td><td>/</td><td></td><td></td></tr>
<tr><td>5</td><td colspan="2">水下曝气设备标高</td><td>±5</td><td>/</td><td></td><td></td></tr>
<tr><td>6</td><td colspan="2">立轴式曝气设备轴垂直度</td><td>$H/1000$</td><td>/</td><td></td><td></td></tr>
<tr><td rowspan="2">7</td><td rowspan="2">水平轴式曝气设备</td><td>主轴水平度</td><td>$L/1000$，且≤5</td><td>/</td><td></td><td></td></tr>
<tr><td>主驱动水平度</td><td>$0.2L/1000$</td><td>/</td><td></td><td></td></tr>
<tr><td></td><td colspan="6">L为水平轴长度，H为立轴长度。</td></tr>
<tr><td rowspan="3">8</td><td rowspan="10">中、微孔曝气设备安装（mm）</td><td rowspan="3">池底水平空气管</td><td>平面位置</td><td>10</td><td>/</td><td></td><td></td></tr>
<tr><td>标高</td><td>±5</td><td>/</td><td></td><td></td></tr>
<tr><td>水平度</td><td>$2L/1000$</td><td>/</td><td></td><td></td></tr>
<tr><td>9</td><td colspan="2">同一曝气池曝气器盘面标高差</td><td>3</td><td>/</td><td></td><td></td></tr>
<tr><td>10</td><td colspan="2">两曝气池曝气器盘面标高差</td><td>5</td><td>/</td><td></td><td></td></tr>
<tr><td rowspan="2">11</td><td rowspan="2">管式膜曝气器</td><td>水平度</td><td>$L/1000$，且≤5</td><td>/</td><td></td><td></td></tr>
<tr><td>标高差</td><td>5</td><td>/</td><td></td><td></td></tr>
<tr><td rowspan="2">12</td><td rowspan="2">穿孔管曝气器</td><td>水平度</td><td>$L/1000$，且≤5</td><td>/</td><td></td><td></td></tr>
<tr><td>标高差</td><td>5</td><td>/</td><td></td><td></td></tr>
<tr><td></td><td colspan="6">L为空气管或管式曝气器长度。</td></tr>
<tr><td>施工单位检查结果</td><td colspan="9">专业工长：（签名）　　　　项目专业质量检查员：（签名）　　　　年　　月　　日</td></tr>
<tr><td>监理单位验收结论</td><td colspan="9">专业监理工程师：（签名）　　　　年　　月　　日</td></tr>
</table>

7.2.5.17 市政验·厂-15 搅拌设备检验批质量验收记录

市政基础设施工程
搅拌设备检验批质量验收记录

市政验·厂-15

第　　页 共　　页

工程名称			
单位工程名称			
施工单位		分包单位	
项目负责人		项目技术负责人	
分部（子分部）工程名称		分项工程名称	
验收部位/区段		检验批容量	
施工及验收依据	《城镇污水处理厂工程质量验收规范》GB 50334		

		验收项目						设计要求或规范规定	最小/实际抽样数量	检查记录	检查结果
主控项目	1	搅拌、推流装置升降导轨应垂直、固定牢固、沿导轨升降自如，锁紧装置应可靠						第7.7.1条	/		
主控项目	2	潜水搅拌推流设备试运转时应运行平稳，无卡阻、异响或异常震动等现象						第7.7.2条	/		
一般项目	1	搅拌机及附件的防腐应符合设计文件要求						第7.7.3条	/		
一般项目	2	允许偏差	搅拌、推流装置安装	设备平面位置（mm）				10	/		
一般项目	3	允许偏差	搅拌、推流装置安装	设备标高（mm）				±10	/		
一般项目	4	允许偏差	搅拌、推流装置安装	导轨垂直度（mm）				$H_1/1000$	/		
一般项目	5	允许偏差	搅拌、推流装置安装	设备安装角（°）				1°	/		
一般项目	6	允许偏差	搅拌、推流装置安装	搅拌机外缘与池壁间隙（mm）				±5	/		
一般项目	7	允许偏差	搅拌、推流装置安装	垂直搅拌轴垂直度（mm）				$H_2/1000$，且≤3	/		
一般项目	8	允许偏差	搅拌、推流装置安装	水平搅拌轴水平度（mm）				$L/1000$，且≤3	/		
一般项目		允许偏差	搅拌、推流装置安装	H_1为导轨长度，H_2为垂直搅拌轴长度，L为水平搅拌轴长度。							

				验收项目	$D<1$m	1m$<D<$2m	$D>2$m	最小/实际抽样数量	检查记录	检查结果
一般项目	9	允许偏差	澄清池搅拌机的叶轮和桨板角度	叶轮上面板平面度（mm）	3	4.5	6	/		
一般项目	10	允许偏差	澄清池搅拌机的叶轮和桨板角度	叶轮出水口宽度（mm）	+2	+3	+4	/		
一般项目	11	允许偏差	澄清池搅拌机的叶轮和桨板角度	叶轮径向圆跳动（mm）	4	6	8	/		
一般项目		允许偏差	澄清池搅拌机的叶轮和桨板角度		$D<400$mm	400mm$<D<$1000mm	$D>1000$mm			
一般项目	12	允许偏差	澄清池搅拌机的叶轮和桨板角度	桨板与叶轮下面板应垂直，其角度	±1°30′	±1°15′	±1°	/		
一般项目		允许偏差	澄清池搅拌机的叶轮和桨板角度	D为澄清池搅拌机的叶轮直径。						
施工单位检查结果	专业工长：（签名）			项目专业质量检查员：（签名）				年　月　日		
监理单位验收结论				专业监理工程师：（签名）				年　月　日		

7.2.5.18 市政验·厂-16 排泥设备检验批质量验收记录

市政基础设施工程

排泥设备检验批质量验收记录

市政验·厂-16

第　　页 共　　页

<table>
<tr><td colspan="4">工程名称</td><td colspan="5"></td></tr>
<tr><td colspan="4">单位工程名称</td><td colspan="5"></td></tr>
<tr><td colspan="4">施工单位</td><td></td><td colspan="2">分包单位</td><td colspan="2"></td></tr>
<tr><td colspan="4">项目负责人</td><td></td><td colspan="2">项目技术负责人</td><td colspan="2"></td></tr>
<tr><td colspan="4">分部（子分部）工程名称</td><td></td><td colspan="2">分项工程名称</td><td colspan="2"></td></tr>
<tr><td colspan="4">验收部位/区段</td><td></td><td colspan="2">检验批容量</td><td colspan="2"></td></tr>
<tr><td colspan="4">施工及验收依据</td><td colspan="5">《城镇污水处理厂工程质量验收规范》GB 50334</td></tr>
<tr><td colspan="5">验收项目</td><td>设计要求或规范规定</td><td>最小/实际抽样数量</td><td>检查记录</td><td>检查结果</td></tr>
<tr><td rowspan="2">主控项目</td><td>1</td><td colspan="3">排泥设备的刮泥板、吸泥口与池底的间隙应符合设计及设备技术文件要求</td><td>第7.8.1条</td><td>/</td><td></td><td></td></tr>
<tr><td>2</td><td colspan="3">排泥设备试运转时，传动装置运行应正常，行程开关动作应准确可靠，撇渣板和刮泥板不应有卡阻、突跳现象</td><td>第7.8.2条</td><td>/</td><td></td><td></td></tr>
<tr><td rowspan="13">一般项目</td><td>1</td><td colspan="3">行车式排泥设备的两条轨道标高、间距及中心线位置应符合设计文件要求</td><td>第7.8.3条</td><td>/</td><td></td><td></td></tr>
<tr><td>2</td><td colspan="3">周边传动及中心传动排泥设备的旋转中心与池体中心应重合，同轴度偏差不应大于设备技术文件的规定。轨道相对中心支座的半径偏差和行走面水平度应符合设备技术文件的要求</td><td>第7.8.4条</td><td>/</td><td></td><td></td></tr>
<tr><td>3</td><td colspan="3">排泥设备的刮渣装置，其刮渣板与排渣口的间距应符合设计文件要求</td><td>第7.8.5条</td><td>/</td><td></td><td></td></tr>
<tr><td>4</td><td rowspan="10">允许偏差</td><td rowspan="8">矩形沉淀池（mm）</td><td>驱动装置机座面水平度</td><td>$0.10L_1/1000$</td><td>/</td><td></td><td></td></tr>
<tr><td>5</td><td>链板式主链驱动、从动轴水平度</td><td>$0.10L_2/1000$</td><td>/</td><td></td><td></td></tr>
<tr><td>6</td><td>链板式同一主链前后二链轮中心线差</td><td>3</td><td>/</td><td></td><td></td></tr>
<tr><td>7</td><td>链板式同轴上左右二链轮轮距</td><td>±3</td><td>/</td><td></td><td></td></tr>
<tr><td>8</td><td>链板式左右二导轨中心距</td><td>±10</td><td>/</td><td></td><td></td></tr>
<tr><td>9</td><td>链板式左右二导轨顶面高差</td><td>中心距离 $0.5L_3/1000$</td><td>/</td><td></td><td></td></tr>
<tr><td>10</td><td>导轨接头错位（顶面、侧面）</td><td>0.5</td><td>/</td><td></td><td></td></tr>
<tr><td>11</td><td>撇渣管水平度</td><td>$L_4/1000$</td><td>/</td><td></td><td></td></tr>
<tr><td>12</td><td rowspan="2">圆形沉淀池（mm）</td><td>排渣斗水平度</td><td>$L_5/1000$，且≤3</td><td>/</td><td></td><td></td></tr>
<tr><td>13</td><td>中心传动竖架垂直度</td><td>$H/1000$，且≤5</td><td>/</td><td></td><td></td></tr>
<tr><td>施工单位检查结果</td><td colspan="8">专业工长：（签名）　　项目专业质量检查员：（签名）　　年　月　日</td></tr>
<tr><td>监理单位验收结论</td><td colspan="8">专业监理工程师：（签名）　　年　月　日</td></tr>
</table>

注：L_1为驱动装置长度；L_2为链板式主链驱动、从动轴长度；L_3为链板式导轨长度；L_4为撇渣管长度；L_5为排渣斗的排渣口长度；H为中心传动竖架长度。

7.2.5.19　市政验·厂-17　斜板与斜管检验批质量验收记录

市政基础设施工程

斜板与斜管检验批质量验收记录

市政验·厂-17

第　　页 共　　页

<table>
<tr><td colspan="3">工程名称</td><td colspan="5"></td></tr>
<tr><td colspan="3">单位工程名称</td><td colspan="5"></td></tr>
<tr><td colspan="3">施工单位</td><td>分包单位</td><td colspan="4"></td></tr>
<tr><td colspan="3">项目负责人</td><td>项目技术负责人</td><td colspan="4"></td></tr>
<tr><td colspan="3">分部（子分部）
工程名称</td><td>分项工程名称</td><td colspan="4"></td></tr>
<tr><td colspan="3">验收部位/区段</td><td>检验批容量</td><td colspan="4"></td></tr>
<tr><td colspan="3">施工及验收依据</td><td colspan="5">《城镇污水处理厂工程质量验收规范》GB 50334</td></tr>
<tr><td colspan="4">验收项目</td><td>设计要求或规范规定</td><td>最小/实际抽样数量</td><td>检查记录</td><td>检查结果</td></tr>
<tr><td rowspan="3">主控项目</td><td>1</td><td colspan="2">斜板与斜管支撑面应平整，固定应可靠</td><td>第 7.9.1 条</td><td>/</td><td></td><td></td></tr>
<tr><td>2</td><td colspan="2">斜板与斜管应无损坏、压扁、弯折等现象</td><td>第 7.9.2 条</td><td>/</td><td></td><td></td></tr>
<tr><td></td><td colspan="2"></td><td></td><td></td><td></td><td></td></tr>
<tr><td rowspan="5">一般项目</td><td>1</td><td colspan="2">斜板与斜管的安装方向和角度、斜板间距以及斜管直径应符合设备技术文件的规定</td><td>第 7.9.3 条</td><td>/</td><td></td><td></td></tr>
<tr><td>2</td><td rowspan="4">允许偏差</td><td>平面位置（mm）</td><td>10</td><td>/</td><td></td><td></td></tr>
<tr><td>3</td><td>标高（mm）</td><td>±10</td><td>/</td><td></td><td></td></tr>
<tr><td>4</td><td>底座钢梁水平度（mm）</td><td>3</td><td>/</td><td></td><td></td></tr>
<tr><td></td><td></td><td></td><td></td><td></td><td></td></tr>
<tr><td>施工单位检查结果</td><td colspan="7">专业工长：（签名）　　项目专业质量检查员：（签名）　　年　月　日</td></tr>
<tr><td>监理单位验收结论</td><td colspan="7">专业监理工程师：（签名）　　年　月　日</td></tr>
</table>

7.2.5.20　市政验·厂-18　过滤设备检验批质量验收记录

市政基础设施工程

过滤设备检验批质量验收记录

市政验·厂-18

第　　页 共　　页

<table>
<tr><td colspan="3">工程名称</td><td colspan="7"></td></tr>
<tr><td colspan="3">单位工程名称</td><td colspan="7"></td></tr>
<tr><td colspan="3">施工单位</td><td colspan="2"></td><td colspan="3">分包单位</td><td colspan="2"></td></tr>
<tr><td colspan="3">项目负责人</td><td colspan="2"></td><td colspan="3">项目技术负责人</td><td colspan="2"></td></tr>
<tr><td colspan="3">分部（子分部）工程名称</td><td colspan="2"></td><td colspan="3">分项工程名称</td><td colspan="2"></td></tr>
<tr><td colspan="3">验收部位/区段</td><td colspan="2"></td><td colspan="3">检验批容量</td><td colspan="2"></td></tr>
<tr><td colspan="3">施工及验收依据</td><td colspan="7">《城镇污水处理厂工程质量验收规范》GB 50334</td></tr>
<tr><td colspan="5">验收项目</td><td>设计要求或规范规定</td><td>最小/实际抽样数量</td><td>检查记录</td><td>检查结果</td></tr>
<tr><td rowspan="3">主控项目</td><td>1</td><td colspan="3">滤池的滤头紧固度应符合设备技术文件的要求</td><td>第7.10.1条</td><td>/</td><td></td><td></td></tr>
<tr><td>2</td><td colspan="3">滤池应做布气试验，出气应均匀，无漏气现象</td><td>第7.10.2条</td><td>/</td><td></td><td></td></tr>
<tr><td>3</td><td colspan="3">盘式过滤器试运转时链条应转动灵活，无跑偏现象，整体运行平稳</td><td>第7.10.3条</td><td>/</td><td></td><td></td></tr>
<tr><td rowspan="8">一般项目</td><td>1</td><td colspan="3">承托层及滤料层的厚度及粒径应符合设计文件要求</td><td>第7.10.4条</td><td>/</td><td></td><td></td></tr>
<tr><td>2</td><td colspan="3">盘式过滤器的主轴水平度应符合设备技术文件的要求</td><td>第7.10.5条</td><td>/</td><td></td><td></td></tr>
<tr><td>3</td><td colspan="3">盘式过滤器主动链轮与被动链轮的轮齿几何中心线应重合，其偏差不应大于两链轮中心距的2‰</td><td>第7.10.6条</td><td>/</td><td></td><td></td></tr>
<tr><td>4</td><td colspan="3">一体化过滤设备应固定牢固，安装位置、标高和垂直度应符合设计文件要求，进出口方向应正确</td><td>第7.10.8条</td><td>/</td><td></td><td></td></tr>
<tr><td>5</td><td rowspan="4">允许偏差</td><td rowspan="3">砂过滤池（mm）</td><td>单块滤板、滤头水平度</td><td>2</td><td>/</td><td></td><td></td></tr>
<tr><td>6</td><td>同格滤板、滤头水平度</td><td>5</td><td>/</td><td></td><td></td></tr>
<tr><td>7</td><td>整池滤板、滤头水平度</td><td>5</td><td>/</td><td></td><td></td></tr>
<tr><td>8</td><td>深床砂过滤池（mm）</td><td>滤砖水平度</td><td>5</td><td>/</td><td></td><td></td></tr>
<tr><td>施工单位检查结果</td><td colspan="9">专业工长：（签名）　　项目专业质量检查员：（签名）　　年　月　日</td></tr>
<tr><td>监理单位验收结论</td><td colspan="9">专业监理工程师：（签名）　　年　月　日</td></tr>
</table>

7.2.5.21 市政验·厂-19 微、超滤膜设备检验批质量验收记录

市政基础设施工程

微、超滤膜设备检验批质量验收记录

市政验·厂-19

第　页　共　页

<table>
<tr><td colspan="3">工程名称</td><td colspan="5"></td></tr>
<tr><td colspan="3">单位工程名称</td><td colspan="5"></td></tr>
<tr><td colspan="3">施工单位</td><td colspan="2"></td><td colspan="2">分包单位</td><td></td></tr>
<tr><td colspan="3">项目负责人</td><td colspan="2"></td><td colspan="2">项目技术负责人</td><td></td></tr>
<tr><td colspan="3">分部（子分部）工程名称</td><td colspan="2"></td><td colspan="2">分项工程名称</td><td></td></tr>
<tr><td colspan="3">验收部位/区段</td><td colspan="2"></td><td colspan="2">检验批容量</td><td></td></tr>
<tr><td colspan="3">施工及验收依据</td><td colspan="5">《城镇污水处理厂工程质量验收规范》GB 50334</td></tr>
<tr><td colspan="3">验收项目</td><td>设计要求或规范规定</td><td>最小/实际抽样数量</td><td colspan="2">检查记录</td><td>检查结果</td></tr>
<tr><td rowspan="5">主控项目</td><td>1</td><td>微滤膜成套设备安装应符合设备技术文件的要求</td><td>第7.11.1条</td><td>/</td><td colspan="2"></td><td></td></tr>
<tr><td>2</td><td>水池闭水试验后，内部应清洁</td><td>第7.11.2条</td><td>/</td><td colspan="2"></td><td></td></tr>
<tr><td>3</td><td>浸没式膜架导轨垂直度安装允许偏差为导轨高度的1/1000</td><td>第7.11.3条</td><td>/</td><td colspan="2"></td><td></td></tr>
<tr><td>4</td><td>膜系统产水、反吹、反洗管路进出口连接配件应齐全、完好，管路无渗漏</td><td>第7.11.4条</td><td>/</td><td colspan="2"></td><td></td></tr>
<tr><td>5</td><td>微、超滤膜应进行清水试验，膜体应完整、无破损</td><td>第7.11.5条</td><td>/</td><td colspan="2"></td><td></td></tr>
<tr><td rowspan="3">一般项目</td><td>1</td><td>同一膜架膜安装高度允许偏差为±2mm，整体膜架膜安装高度允许偏差为±5mm；成排膜间距允许偏差为±3mm</td><td>第7.11.6条</td><td>/</td><td colspan="2"></td><td></td></tr>
<tr><td>2</td><td>浸没式膜架固定附件的材质和防腐性能应符合设计及设备技术文件要求</td><td>第7.11.7条</td><td>/</td><td colspan="2"></td><td></td></tr>
<tr><td></td><td></td><td></td><td></td><td colspan="2"></td><td></td></tr>
<tr><td colspan="2">施工单位检查结果</td><td colspan="6">专业工长：（签名）　　项目专业质量检查员：（签名）　　年　月　日</td></tr>
<tr><td colspan="2">监理单位验收结论</td><td colspan="6">专业监理工程师：（签名）　　年　月　日</td></tr>
</table>

7.2.5.22　市政验·厂-20　反渗透膜设备检验批质量验收记录

市政基础设施工程

反渗透膜设备检验批质量验收记录

市政验·厂-20

第　　页共　　页

<table>
<tr><td colspan="3">工程名称</td><td colspan="5"></td></tr>
<tr><td colspan="3">单位工程名称</td><td colspan="5"></td></tr>
<tr><td colspan="3">施工单位</td><td></td><td colspan="2">分包单位</td><td colspan="2"></td></tr>
<tr><td colspan="3">项目负责人</td><td></td><td colspan="2">项目技术负责人</td><td colspan="2"></td></tr>
<tr><td colspan="3">分部（子分部）工程名称</td><td></td><td colspan="2">分项工程名称</td><td colspan="2"></td></tr>
<tr><td colspan="3">验收部位/区段</td><td></td><td colspan="2">检验批容量</td><td colspan="2"></td></tr>
<tr><td colspan="3">施工及验收依据</td><td colspan="5">《城镇污水处理厂工程质量验收规范》GB 50334</td></tr>
<tr><td colspan="4">验收项目</td><td>设计要求或规范规定</td><td>最小/实际抽样数量</td><td>检查记录</td><td>检查结果</td></tr>
<tr><td rowspan="2">主控项目</td><td>1</td><td colspan="2">反渗透膜设备应密封良好、无渗漏，膜壳及相连管道压力试验应符合设备技术文件要求</td><td>第7.12.1条</td><td>/</td><td></td><td></td></tr>
<tr><td>2</td><td colspan="2">反渗透膜元件安装后应进行低压冲洗，冲洗时间不少于30min</td><td>第7.12.2条</td><td>/</td><td></td><td></td></tr>
<tr><td rowspan="6">一般项目</td><td>1</td><td colspan="2">膜壳安装支撑点之间距离不大于1.5m，且在同一水平面上</td><td>第7.12.3条</td><td>/</td><td></td><td></td></tr>
<tr><td>2</td><td colspan="2">膜壳水平度安装允许偏差为膜套长度的2/1000</td><td>第7.12.4条</td><td>/</td><td></td><td></td></tr>
<tr><td>3</td><td rowspan="4">允许偏差</td><td>平面位置（mm）</td><td>5</td><td>/</td><td></td><td></td></tr>
<tr><td>4</td><td>标高（mm）</td><td>±5</td><td>/</td><td></td><td></td></tr>
<tr><td>5</td><td>水平度（mm）</td><td>2L/1000</td><td>/</td><td></td><td></td></tr>
<tr><td>6</td><td>膜与膜壳同心度（mm）</td><td>10</td><td>/</td><td></td><td></td></tr>
<tr><td colspan="2">施工单位检查结果</td><td colspan="6">专业工长：（签名）　　项目专业质量检查员：（签名）　　年　月　日</td></tr>
<tr><td colspan="2">监理单位验收结论</td><td colspan="6">专业监理工程师：（签名）　　年　月　日</td></tr>
</table>

注：L 为反渗透膜成套设备长度。

7.2.5.23　市政验·厂-21　加药设备检验批质量验收记录

市政基础设施工程

加药设备检验批质量验收记录

市政验·厂-21

第　　页 共　　页

<table>
<tr><td colspan="3">工程名称</td><td colspan="5"></td></tr>
<tr><td colspan="3">单位工程名称</td><td colspan="5"></td></tr>
<tr><td colspan="3">施工单位</td><td></td><td colspan="2">分包单位</td><td colspan="2"></td></tr>
<tr><td colspan="3">项目负责人</td><td></td><td colspan="2">项目技术负责人</td><td colspan="2"></td></tr>
<tr><td colspan="3">分部（子分部）工程名称</td><td></td><td colspan="2">分项工程名称</td><td colspan="2"></td></tr>
<tr><td colspan="3">验收部位/区段</td><td></td><td colspan="2">检验批容量</td><td colspan="2"></td></tr>
<tr><td colspan="3">施工及验收依据</td><td colspan="5">《城镇污水处理厂工程质量验收规范》GB 50334</td></tr>
<tr><td colspan="4">验收项目</td><td>设计要求或规范规定</td><td>最小/实际抽样数量</td><td>检查记录</td><td>检查结果</td></tr>
<tr><td rowspan="5">主控项目</td><td>1</td><td colspan="2">加药间防爆设备的安装应符合设计文件及《电气装置安装工程爆炸和火灾危险环境电气装置施工及验收规范》GB 50257的相关规定</td><td>第7.13.1条</td><td>/</td><td></td><td></td></tr>
<tr><td>2</td><td colspan="2">管路、阀的连接应牢固紧密、无渗漏</td><td>第7.13.1条</td><td>/</td><td></td><td></td></tr>
<tr><td>1</td><td rowspan="3">允许偏差</td><td>设备平面位置（mm）</td><td>10</td><td>/</td><td></td><td></td></tr>
<tr><td>2</td><td>设备标高（mm）</td><td>＋20，－10</td><td>/</td><td></td><td></td></tr>
<tr><td>3</td><td>设备水平度（mm）</td><td>L/1000</td><td>/</td><td></td><td></td></tr>
<tr><td>施工单位检查结果</td><td colspan="7">专业工长：（签名）　　项目专业质量检查员：（签名）　　年　月　日</td></tr>
<tr><td>监理单位验收结论</td><td colspan="7">专业监理工程师：（签名）　　年　月　日</td></tr>
</table>

注：L为药剂制备装置的长度。

7.2.5.24 市政验·厂-22 鼓风、压缩设备检验批质量验收记录

市政基础设施工程

鼓风、压缩设备检验批质量验收记录

市政验·厂-22

第　　页 共　　页

工程名称						
单位工程名称						
施工单位			分包单位			
项目负责人			项目技术负责人			
分部（子分部）工程名称			分项工程名称			
验收部位/区段			检验批容量			
施工及验收依据	《城镇污水处理厂工程质量验收规范》GB 50334					
验收项目			设计要求或规范规定	最小/实际抽样数量	检查记录	检查结果
主控项目	1	联轴器组装的端面间隙、径向位移和轴向倾斜，应符合设备技术文件及《机械设备安装工程施工及验收通用规范》GB 50231 的相关规定	第 7.14.1 条	/		
	2	管路中的进风阀、配管、消声器等辅助设备的连接应牢固、紧密、无泄漏	第 7.14.2 条	/		
	3	消声与减振装置安装应符合设备技术文件的规定	第 7.14.3 条	/		
	4	减压阀、安全阀经检验应准确可靠	第 7.14.4 条	/		
	5	鼓风机、压缩机试运转时应无异常声响，振动速度有效值、轴承温升等应符合设备技术文件及《风机、压缩机、泵安装工程施工及验收规范》GB 50275 的相关要求	第 7.14.5 条	/		
一般项目	1	进出口连接管件、阀部件等部位应设置支、吊架	第 7.14.6 条	/		
	2	鼓风、压缩设备安装允许偏差应符合《风机、压缩机、泵安装工程施工及验收规范》GB 50275 的相关规定	第 7.14.7 条	/		
施工单位检查结果	专业工长：（签名）　　项目专业质量检查员：（签名）　　年　月　日					
监理单位验收结论	专业监理工程师：（签名）　　年　月　日					

7.2.5.25 市政验·厂-23 臭氧系统设备检验批质量验收记录

市政基础设施工程

臭氧系统设备检验批质量验收记录

市政验·厂-23

第　　页 共　　页

<table>
<tr><td colspan="3">工程名称</td><td colspan="5"></td></tr>
<tr><td colspan="3">单位工程名称</td><td colspan="5"></td></tr>
<tr><td colspan="3">施工单位</td><td colspan="1"></td><td colspan="2">分包单位</td><td colspan="2"></td></tr>
<tr><td colspan="3">项目负责人</td><td></td><td colspan="2">项目技术负责人</td><td colspan="2"></td></tr>
<tr><td colspan="3">分部（子分部）工程名称</td><td></td><td colspan="2">分项工程名称</td><td colspan="2"></td></tr>
<tr><td colspan="3">验收部位/区段</td><td></td><td colspan="2">检验批容量</td><td colspan="2"></td></tr>
<tr><td colspan="3">施工及验收依据</td><td colspan="5">《城镇污水处理厂工程质量验收规范》GB 50334</td></tr>
<tr><td colspan="4">验收项目</td><td>设计要求或规范规定</td><td>最小/实际抽样数量</td><td>检查记录</td><td>检查结果</td></tr>
<tr><td rowspan="4">主控项目</td><td>1</td><td colspan="2">臭氧系统防爆设备的安装应符合设计文件及《电气装置安装工程爆炸和火灾危险环境电气装置施工及验收规范》GB 50257的相关规定</td><td>第7.15.1条</td><td>/</td><td></td><td></td></tr>
<tr><td>2</td><td colspan="2">臭氧、氧气系统的管道及附件在安装前必须进行脱脂</td><td>第7.15.2条</td><td>/</td><td></td><td></td></tr>
<tr><td>3</td><td colspan="2">臭氧系统内管路、阀门的连接应牢固紧密、无渗漏</td><td>第7.15.3条</td><td>/</td><td></td><td></td></tr>
<tr><td>4</td><td colspan="2">臭氧系统的强度试验及严密性试验应符合设计文件及相关标准要求</td><td>第7.15.4条</td><td>/</td><td></td><td></td></tr>
<tr><td rowspan="3">一般项目</td><td>1</td><td rowspan="3">允许偏差</td><td>设备平面位置（mm）</td><td>10</td><td>/</td><td></td><td></td></tr>
<tr><td>2</td><td>设备标高（mm）</td><td>+20，−10</td><td>/</td><td></td><td></td></tr>
<tr><td>3</td><td>设备水平度（mm）</td><td>$L/1000$</td><td>/</td><td></td><td></td></tr>
<tr><td colspan="2">施工单位检查结果</td><td colspan="6">专业工长：（签名）　　项目专业质量检查员：（签名）　　年　月　日</td></tr>
<tr><td colspan="2">监理单位验收结论</td><td colspan="6">专业监理工程师：（签名）　　年　月　日</td></tr>
</table>

注：L为臭氧系统设备的长度。

7.2.5.26　市政验·厂-24　消毒设备检验批质量验收记录

市政基础设施工程

消毒设备检验批质量验收记录

市政验·厂-24

第　　页 共　　页

<table>
<tr><td colspan="4">工程名称</td><td colspan="5"></td></tr>
<tr><td colspan="4">单位工程名称</td><td colspan="5"></td></tr>
<tr><td colspan="4">施工单位</td><td></td><td colspan="2">分包单位</td><td colspan="2"></td></tr>
<tr><td colspan="4">项目负责人</td><td></td><td colspan="2">项目技术负责人</td><td colspan="2"></td></tr>
<tr><td colspan="4">分部（子分部）工程名称</td><td></td><td colspan="2">分项工程名称</td><td colspan="2"></td></tr>
<tr><td colspan="4">验收部位/区段</td><td></td><td colspan="2">检验批容量</td><td colspan="2"></td></tr>
<tr><td colspan="4">施工及验收依据</td><td colspan="5">《城镇污水处理厂工程质量验收规范》GB 50334</td></tr>
<tr><td colspan="5">验收项目</td><td>设计要求或规范规定</td><td>最小/实际抽样数量</td><td>检查记录</td><td>检查结果</td></tr>
<tr><td rowspan="4">主控项目</td><td>1</td><td colspan="3">紫外消毒装置排架与渠壁应固定牢固</td><td>第 7.16.1 条</td><td>/</td><td></td><td></td></tr>
<tr><td>2</td><td colspan="3">紫外消毒装置石英套管应严密、无渗漏；管壁应清洁、无污染</td><td>第 7.16.2 条</td><td>/</td><td></td><td></td></tr>
<tr><td>3</td><td colspan="3">加氯系统内管路、阀门的连接应紧密、牢固</td><td>第 7.16.3 条</td><td>/</td><td></td><td></td></tr>
<tr><td>4</td><td colspan="3">加氯系统严密性试验及加氯管道的强度试验应符合设计文件要求</td><td>第 7.16.4 条</td><td>/</td><td></td><td></td></tr>
<tr><td rowspan="3">一般项目</td><td>1</td><td rowspan="3">允许偏差</td><td colspan="2">设备平面位置（mm）</td><td>10</td><td>/</td><td></td><td></td></tr>
<tr><td>2</td><td colspan="2">设备标高（mm）</td><td>±10</td><td>/</td><td></td><td></td></tr>
<tr><td>3</td><td colspan="2">设备水平度（mm）</td><td>L/1000</td><td>/</td><td></td><td></td></tr>
<tr><td colspan="2">施工单位检查结果</td><td colspan="7">专业工长：（签名）　　项目专业质量检查员：（签名）　　年　月　日</td></tr>
<tr><td colspan="2">监理单位验收结论</td><td colspan="7">专业监理工程师：（签名）　　年　月　日</td></tr>
</table>

注：L 为加氯、紫外线等消毒设备的长度。

7.2.5.27　市政验·厂-25　浓缩脱水设备检验批质量验收记录

市政基础设施工程

浓缩脱水设备检验批质量验收记录

市政验·厂-25

第　　页共　　页

<table>
<tr><td colspan="4">工程名称</td><td colspan="5"></td></tr>
<tr><td colspan="4">单位工程名称</td><td colspan="5"></td></tr>
<tr><td colspan="4">施工单位</td><td></td><td colspan="2">分包单位</td><td colspan="2"></td></tr>
<tr><td colspan="4">项目负责人</td><td></td><td colspan="2">项目技术负责人</td><td colspan="2"></td></tr>
<tr><td colspan="4">分部（子分部）工程名称</td><td></td><td colspan="2">分项工程名称</td><td colspan="2"></td></tr>
<tr><td colspan="4">验收部位/区段</td><td></td><td colspan="2">检验批容量</td><td colspan="2"></td></tr>
<tr><td colspan="4">施工及验收依据</td><td colspan="5">《城镇污水处理厂工程质量验收规范》GB 50334</td></tr>
<tr><td colspan="5">验收项目</td><td>设计要求或规范规定</td><td>最小/实际抽样数量</td><td>检查记录</td><td>检查结果</td></tr>
<tr><td rowspan="5">主控项目</td><td>1</td><td colspan="3">污泥浓缩脱水设备与污泥输送设备连接应严密、无渗漏</td><td>第7.17.1条</td><td>/</td><td></td><td></td></tr>
<tr><td>2</td><td colspan="3">离心式脱水设备减震措施应齐全，振动值应符合设备技术文件的要求</td><td>第7.17.2条</td><td>/</td><td></td><td></td></tr>
<tr><td>3</td><td colspan="3">板框脱水设备固定侧与滑动侧的安装应符合设备技术文件的要求</td><td>第7.17.3条</td><td>/</td><td></td><td></td></tr>
<tr><td>4</td><td colspan="3">带式脱水设备的压榨辊水平度、平行度应符合设备技术文件的要求</td><td>第7.17.4条</td><td>/</td><td></td><td></td></tr>
<tr><td>5</td><td colspan="3">浓缩脱水设备试运转时传动部件运行应平稳、无异常现象，转鼓滚筒应转动灵活，滤带不得出现跑偏急停现象</td><td>第7.17.5条</td><td>/</td><td></td><td></td></tr>
<tr><td rowspan="3">一般项目</td><td>1</td><td rowspan="3">允许偏差</td><td colspan="2">设备平面位置（mm）</td><td>10</td><td>/</td><td></td><td></td></tr>
<tr><td>2</td><td colspan="2">设备标高（mm）</td><td>±10</td><td>/</td><td></td><td></td></tr>
<tr><td>3</td><td colspan="2">设备水平度（mm）</td><td>L/1000</td><td>/</td><td></td><td></td></tr>
<tr><td colspan="2">施工单位检查结果</td><td colspan="7">专业工长：（签名）　　项目专业质量检查员：（签名）　　年　月　日</td></tr>
<tr><td colspan="2">监理单位验收结论</td><td colspan="7">专业监理工程师：（签名）　　年　月　日</td></tr>
</table>

注：L为污泥浓缩脱水设备的长度。

7.2.5.28 市政验·厂-26 除臭设备安装检验批质量验收记录

市政基础设施工程

除臭设备安装检验批质量验收记录

市政验·厂-26

第　　页共　　页

<table>
<tr><td colspan="4">工程名称</td><td colspan="5"></td></tr>
<tr><td colspan="4">单位工程名称</td><td colspan="5"></td></tr>
<tr><td colspan="4">施工单位</td><td></td><td colspan="2">分包单位</td><td colspan="2"></td></tr>
<tr><td colspan="4">项目负责人</td><td></td><td colspan="2">项目技术负责人</td><td colspan="2"></td></tr>
<tr><td colspan="4">分部（子分部）工程名称</td><td></td><td colspan="2">分项工程名称</td><td colspan="2"></td></tr>
<tr><td colspan="4">验收部位/区段</td><td></td><td colspan="2">检验批容量</td><td colspan="2"></td></tr>
<tr><td colspan="4">施工及验收依据</td><td colspan="5">《城镇污水处理厂工程质量验收规范》GB 50334</td></tr>
<tr><td colspan="5">验收项目</td><td>设计要求或规范规定</td><td>最小/实际抽样数量</td><td>检查记录</td><td>检查结果</td></tr>
<tr><td rowspan="2">主控项目</td><td>1</td><td colspan="3">管路中的进风阀、配管、消声器等的连接应牢固、紧密、无泄漏</td><td>第7.18.1条</td><td>/</td><td></td><td></td></tr>
<tr><td>2</td><td colspan="3">除臭设备试运转时应运行平稳，无漏水、漏气现象，无异常振动及响声</td><td>第7.18.2条</td><td>/</td><td></td><td></td></tr>
<tr><td rowspan="3">一般项目</td><td>1</td><td rowspan="3">允许偏差</td><td colspan="2">中心线的平面位置（mm）</td><td>10</td><td>/</td><td></td><td></td></tr>
<tr><td>2</td><td colspan="2">标高（mm）</td><td>+20，−10</td><td>/</td><td></td><td></td></tr>
<tr><td>3</td><td colspan="2">设备水平度（mm）</td><td>$L/1000$</td><td>/</td><td></td><td></td></tr>
<tr><td colspan="2">施工单位检查结果</td><td colspan="7">专业工长：（签名）　　项目专业质量检查员：（签名）　　年　月　日</td></tr>
<tr><td colspan="2">监理单位验收结论</td><td colspan="7">专业监理工程师：（签名）　　年　月　日</td></tr>
</table>

注：L 为除臭设备的长度。

7.2.5.29 市政验·厂-27 滗水器设备检验批质量验收记录

市政基础设施工程

滗水器设备检验批质量验收记录

市政验·厂-27

第 页 共 页

<table>
<tr><td colspan="3">工程名称</td><td colspan="6"></td></tr>
<tr><td colspan="3">单位工程名称</td><td colspan="6"></td></tr>
<tr><td colspan="3">施工单位</td><td></td><td colspan="2">分包单位</td><td colspan="3"></td></tr>
<tr><td colspan="3">项目负责人</td><td></td><td colspan="2">项目技术负责人</td><td colspan="3"></td></tr>
<tr><td colspan="3">分部（子分部）工程名称</td><td></td><td colspan="2">分项工程名称</td><td colspan="3"></td></tr>
<tr><td colspan="3">验收部位/区段</td><td></td><td colspan="2">检验批容量</td><td colspan="3"></td></tr>
<tr><td colspan="3">施工及验收依据</td><td colspan="6">《城镇污水处理厂工程质量验收规范》GB 50334</td></tr>
<tr><td colspan="4">验收项目</td><td>设计要求或规范规定</td><td>最小/实际抽样数量</td><td>检查记录</td><td colspan="2">检查结果</td></tr>
<tr><td rowspan="2">主控项目</td><td>1</td><td colspan="2">旋转式滗水器固定部件与转动部件之间的连接应严密，不渗漏</td><td>第7.19.1条</td><td>/</td><td></td><td colspan="2"></td></tr>
<tr><td>2</td><td colspan="2">滗水器试运转时应运行平稳、无卡阻</td><td>第7.19.2条</td><td>/</td><td></td><td colspan="2"></td></tr>
<tr><td rowspan="3">一般项目</td><td>1</td><td colspan="2">滗水器排气管上端开口高度应符合设计文件要求</td><td>第7.19.3条</td><td>/</td><td></td><td colspan="2"></td></tr>
<tr><td>2</td><td colspan="2">机械旋转式、虹吸式、浮筒式滗水器及伸缩管滗水器等设备安装应符合设计文件要求</td><td>第7.19.4条</td><td>/</td><td></td><td colspan="2"></td></tr>
<tr><td>3</td><td colspan="2">滗水器堰口的水平度应不大于堰口长度的1/1000，且不大于5mm，运转时不应倾斜</td><td>第7.19.5条</td><td>/</td><td></td><td colspan="2"></td></tr>
<tr><td colspan="2">施工单位检查结果</td><td colspan="7">专业工长：（签名） 项目专业质量检查员：（签名） 年 月 日</td></tr>
<tr><td colspan="2">监理单位验收结论</td><td colspan="7">专业监理工程师：（签名） 年 月 日</td></tr>
</table>

7.2.5.30 市政验·厂-28 闸、阀门设备检验批质量验收记录

市政基础设施工程

闸、阀门设备检验批质量验收记录

市政验·厂-28

第　　页 共　　页

<table>
<tr><td colspan="3">工程名称</td><td colspan="5"></td></tr>
<tr><td colspan="3">单位工程名称</td><td colspan="5"></td></tr>
<tr><td colspan="3">施工单位</td><td></td><td colspan="2">分包单位</td><td colspan="2"></td></tr>
<tr><td colspan="3">项目负责人</td><td></td><td colspan="2">项目技术负责人</td><td colspan="2"></td></tr>
<tr><td colspan="3">分部（子分部）工程名称</td><td></td><td colspan="2">分项工程名称</td><td colspan="2"></td></tr>
<tr><td colspan="3">验收部位/区段</td><td></td><td colspan="2">检验批容量</td><td colspan="2"></td></tr>
<tr><td colspan="3">施工及验收依据</td><td colspan="5">《城镇污水处理厂工程质量验收规范》GB 50334</td></tr>
<tr><td colspan="4">验收项目</td><td>设计要求或规范规定</td><td>最小/实际抽样数量</td><td>检查记录</td><td>检查结果</td></tr>
<tr><td rowspan="5">主控项目</td><td>1</td><td colspan="2">启闭机与闸门或基础连接应牢固可靠</td><td>第7.20.1条</td><td>/</td><td></td><td></td></tr>
<tr><td>2</td><td colspan="2">启闭机中心与闸板中心应位于同一垂线，垂直度偏差不大于启闭机高度的1/1000。丝杠直线度不大于丝杠长度的1/1000，且不大于2mm</td><td>第7.20.2条</td><td>/</td><td></td><td></td></tr>
<tr><td>3</td><td colspan="2">闸、阀门设备密封面应严密，其泄漏值应符合设备技术文件的规定</td><td>第7.20.3条</td><td>/</td><td></td><td></td></tr>
<tr><td>4</td><td colspan="2">闸、阀门安装方向应符合设计文件要求</td><td>第7.20.4条</td><td>/</td><td></td><td></td></tr>
<tr><td>5</td><td colspan="2">闸、阀门设备开启应灵活，无卡阻和抖动现象。限位装置应灵敏、准确、可靠</td><td>第7.20.5条</td><td>/</td><td></td><td></td></tr>
<tr><td rowspan="7">一般项目</td><td>1</td><td colspan="2">闸门框与构筑物之间应封闭，不渗漏</td><td>第7.20.6条</td><td>/</td><td></td><td></td></tr>
<tr><td>2</td><td rowspan="6">允许偏差</td><td>设备平面位置（mm）</td><td>10</td><td>/</td><td></td><td></td></tr>
<tr><td>3</td><td>设备标高（mm）</td><td>+20，−10</td><td>/</td><td></td><td></td></tr>
<tr><td>4</td><td>闸门垂直度（mm）</td><td>$H_1/1000$</td><td>/</td><td></td><td></td></tr>
<tr><td>5</td><td>闸门门框底槽水平度（mm）</td><td>$L_1/1000$</td><td>/</td><td></td><td></td></tr>
<tr><td>6</td><td>闸门门框侧槽垂直度（mm）</td><td>$H_2/1000$</td><td>/</td><td></td><td></td></tr>
<tr><td>7</td><td>闸门升降螺杆摆幅（mm）</td><td>$L_2/1000$</td><td>/</td><td></td><td></td></tr>
<tr><td>施工单位检查结果</td><td colspan="7">专业工长：（签名）　　项目专业质量检查员：（签名）　　年　月　日</td></tr>
<tr><td>监理单位验收结论</td><td colspan="7">专业监理工程师：（签名）　　年　月　日</td></tr>
</table>

注：H_1为闸门高度；H_2为门框侧槽高度；L_1为门框槽长度；L_2为螺杆长度。

7.2.5.31　市政验·厂-29　堰、堰板与集水槽检验批质量验收记录

市政基础设施工程

堰、堰板与集水槽检验批质量验收记录

市政验·厂-29

第　　页共　　页

<table>
<tr><td colspan="3">工程名称</td><td colspan="5"></td></tr>
<tr><td colspan="3">单位工程名称</td><td colspan="5"></td></tr>
<tr><td colspan="3">施工单位</td><td colspan="2"></td><td colspan="2">分包单位</td><td></td></tr>
<tr><td colspan="3">项目负责人</td><td colspan="2"></td><td colspan="2">项目技术负责人</td><td></td></tr>
<tr><td colspan="3">分部（子分部）工程名称</td><td colspan="2"></td><td colspan="2">分项工程名称</td><td></td></tr>
<tr><td colspan="3">验收部位/区段</td><td colspan="2"></td><td colspan="2">检验批容量</td><td></td></tr>
<tr><td colspan="3">施工及验收依据</td><td colspan="5">《城镇污水处理厂工程质量验收规范》GB 50334</td></tr>
<tr><td colspan="4">验收项目</td><td>设计要求或规范规定</td><td>最小/实际抽样数量</td><td>检查记录</td><td>检查结果</td></tr>
<tr><td rowspan="2">主控项目</td><td>1</td><td colspan="2">可调堰板密封面应严密</td><td>第7.21.1条</td><td>/</td><td></td><td></td></tr>
<tr><td>2</td><td colspan="2">堰、堰板出水应均匀</td><td>第7.21.2条</td><td>/</td><td></td><td></td></tr>
<tr><td rowspan="12">一般项目</td><td>1</td><td colspan="2">堰板与基础的接触部位应严密、不渗漏</td><td>第7.21.3条</td><td>/</td><td></td><td></td></tr>
<tr><td>2</td><td colspan="2">堰的厚度应均匀一致，外形尺寸应对称、分布均匀</td><td>第7.21.4条</td><td>/</td><td></td><td></td></tr>
<tr><td>3</td><td colspan="2">堰板安装应平整、垂直、牢固</td><td>第7.21.5条</td><td>/</td><td></td><td></td></tr>
<tr><td>4</td><td colspan="2">堰的齿口接缝应严密</td><td>第7.21.6条</td><td>/</td><td></td><td></td></tr>
<tr><td>5</td><td colspan="2">圆形集水槽安装应与水池同心，允许偏差应符合设备技术文件的要求</td><td>第7.21.7条</td><td>/</td><td></td><td></td></tr>
<tr><td>6</td><td colspan="2">矩形集水槽安装允许偏差应符合设备技术文件的要求</td><td>第7.21.8条</td><td>/</td><td></td><td></td></tr>
<tr><td>7</td><td rowspan="6">允许偏差</td><td>单池相对基准线标高（mm）</td><td>±5</td><td>/</td><td></td><td></td></tr>
<tr><td>8</td><td>同组各池相对标高（mm）</td><td>±2</td><td>/</td><td></td><td></td></tr>
<tr><td>9</td><td>水平度（单池全周长）（mm）</td><td>1</td><td>/</td><td></td><td></td></tr>
<tr><td>10</td><td>可调堰板垂直度（mm）</td><td>$H_1/1000$</td><td>/</td><td></td><td></td></tr>
<tr><td>11</td><td>可调堰板门框底槽水平度（mm）</td><td>$L/1000$</td><td>/</td><td></td><td></td></tr>
<tr><td>12</td><td>可调堰板门框侧槽垂直度（mm）</td><td>$H_2/1000$</td><td>/</td><td></td><td></td></tr>
<tr><td>施工单位检查结果</td><td colspan="7">专业工长：（签名）　　项目专业质量检查员：（签名）　　年　月　日</td></tr>
<tr><td>监理单位验收结论</td><td colspan="7">专业监理工程师：（签名）　　年　月　日</td></tr>
</table>

注：H_1为堰板高度；H_2为门框侧槽高度；L为门框底槽长度。

7.2.5.32 市政验·厂-30 巴氏计量槽检验批质量验收记录

市政基础设施工程

巴氏计量槽检验批质量验收记录

市政验·厂-30

第　　页 共　　页

<table>
<tr><td colspan="3">工程名称</td><td colspan="5"></td></tr>
<tr><td colspan="3">单位工程名称</td><td colspan="5"></td></tr>
<tr><td colspan="3">施工单位</td><td colspan="2"></td><td colspan="2">分包单位</td><td></td></tr>
<tr><td colspan="3">项目负责人</td><td colspan="2"></td><td colspan="2">项目技术负责人</td><td></td></tr>
<tr><td colspan="3">分部（子分部）工程名称</td><td colspan="2"></td><td colspan="2">分项工程名称</td><td></td></tr>
<tr><td colspan="3">验收部位/区段</td><td colspan="2"></td><td colspan="2">检验批容量</td><td></td></tr>
<tr><td colspan="3">施工及验收依据</td><td colspan="5">《城镇污水处理厂工程质量验收规范》GB 50334</td></tr>
<tr><td colspan="3">验收项目</td><td>设计要求或规范规定</td><td>最小/实际抽样数量</td><td>检查记录</td><td colspan="2">检查结果</td></tr>
<tr><td rowspan="3">主控项目</td><td>1</td><td>巴氏计量槽安装应固定牢固，与渠道侧壁、渠底连结应紧密，不应漏水</td><td>第7.22.1条</td><td>/</td><td></td><td colspan="2"></td></tr>
<tr><td></td><td></td><td></td><td></td><td></td><td colspan="2"></td></tr>
<tr><td></td><td></td><td></td><td></td><td></td><td colspan="2"></td></tr>
<tr><td rowspan="3">一般项目</td><td>1</td><td>巴氏计量槽的中心线与渠道中心线应重合</td><td>第7.22.2条</td><td>/</td><td></td><td colspan="2"></td></tr>
<tr><td>2</td><td>巴氏计量槽的内表面应平整光滑；喉道表面平整度不大于±1mm；其他竖直面、水平面倾斜面和曲面的误差不大于±5mm</td><td>第7.22.3条</td><td>/</td><td></td><td colspan="2"></td></tr>
<tr><td></td><td></td><td></td><td></td><td></td><td colspan="2"></td></tr>
<tr><td>施工单位检查结果</td><td colspan="7">专业工长：（签名）　　项目专业质量检查员：（签名）　　年　月　日</td></tr>
<tr><td>监理单位验收结论</td><td colspan="7">专业监理工程师：（签名）　　年　月　日</td></tr>
</table>

7.2.5.33 市政验·厂-31 起重设备检验批质量验收记录

市政基础设施工程

起重设备检验批质量验收记录

市政验·厂-31

第　　页 共　　页

工程名称					
单位工程名称					
施工单位			分包单位		
项目负责人			项目技术负责人		
分部（子分部）工程名称			分项工程名称		
验收部位/区段			检验批容量		
施工及验收依据	《城镇污水处理厂工程质量验收规范》GB 50334				

验收项目			设计要求或规范规定	最小/实际抽样数量	检查记录	检查结果
主控项目	1	车挡及限位装置应安装牢固，位置正确；同一跨端两条轨道上的车挡与起重机缓冲器应同时接触	第7.23.1条	/		
	2	各构件之间的连接螺栓应拧紧，不得松动	第7.23.2条	/		
	3	起升及运行机构制动器应开闭灵活，制动平稳可靠	第7.23.3条	/		
	4	起重设备安装后应进行空载、静载、动载试运转，试运转应符合设备技术文件及相关标准要求	第7.23.4条	/		
一般项目	1	起重机安装允许偏差应符合设备技术文件及相关标准要求	第7.23.5条	/		

施工单位检查结果	专业工长：（签名）　　项目专业质量检查员：（签名）　　年　月　日
监理单位验收结论	专业监理工程师：（签名）　　年　月　日

7.2.5.34　市政验·厂-32　钢制消化池检验批质量验收记录

市政基础设施工程

钢制消化池检验批质量验收记录

市政验·厂-32

第　　页 共　　页

<table>
<tr><td colspan="4">工程名称</td><td colspan="5"></td></tr>
<tr><td colspan="4">单位工程名称</td><td colspan="5"></td></tr>
<tr><td colspan="4">施工单位</td><td colspan="2"></td><td colspan="2">分包单位</td><td></td></tr>
<tr><td colspan="4">项目负责人</td><td colspan="2"></td><td colspan="2">项目技术负责人</td><td></td></tr>
<tr><td colspan="4">分部（子分部）工程名称</td><td colspan="2"></td><td colspan="2">分项工程名称</td><td></td></tr>
<tr><td colspan="4">验收部位/区段</td><td colspan="2"></td><td colspan="2">检验批容量</td><td></td></tr>
<tr><td colspan="4">施工及验收依据</td><td colspan="5">《城镇污水处理厂工程质量验收规范》GB 50334</td></tr>
<tr><td colspan="5">验收项目</td><td>设计要求或规范规定</td><td>最小/实际抽样数量</td><td>检查记录</td><td>检查结果</td></tr>
<tr><td rowspan="4">主控项目</td><td>1</td><td colspan="3">钢制消化池的安装应符合设计文件和《钢结构工程施工质量验收规范》GB 50205 的相关规定</td><td>第 8.2.1 条</td><td>/</td><td></td><td></td></tr>
<tr><td>2</td><td colspan="3">焊接接头型式和尺寸应符合《气焊、焊条电弧焊、气体保护焊和高能束焊的推荐坡口》GB/T 985.1 的相关规定，焊缝表面及热影响区不应有裂纹、气孔、弧坑或夹渣</td><td>第 8.2.2 条</td><td>/</td><td></td><td></td></tr>
<tr><td>3</td><td colspan="3">钢制消化池应充水至溢流，静置 8 小时无渗漏</td><td>第 8.2.3 条</td><td>/</td><td></td><td></td></tr>
<tr><td>4</td><td colspan="3">钢制消化池应进行气密性试验，柜体、进出料口、搅拌及压力安全系统、自动排砂及自控系统等连接处应密封、无泄漏</td><td>第 8.2.4 条</td><td>/</td><td></td><td></td></tr>
<tr><td rowspan="6">一般项目</td><td rowspan="3">1</td><td rowspan="6">允许偏差</td><td rowspan="3">柜体直径（mm）</td><td>≤10m</td><td>±20</td><td rowspan="3">/</td><td rowspan="3"></td><td rowspan="3"></td></tr>
<tr><td>10m～20m</td><td>±25</td></tr>
<tr><td>≥20m</td><td>±30</td></tr>
<tr><td rowspan="3">2</td><td rowspan="3">柜体高度（mm）</td><td>≤5m</td><td>±10</td><td rowspan="3">/</td><td rowspan="3"></td><td rowspan="3"></td></tr>
<tr><td>5m～10m</td><td>±15</td></tr>
<tr><td>≥10m</td><td>±20</td></tr>
<tr><td colspan="2">施工单位检查结果</td><td colspan="7">专业工长：（签名）　　项目专业质量检查员：（签名）　　年　月　日</td></tr>
<tr><td colspan="2">监理单位验收结论</td><td colspan="7">专业监理工程师：（签名）　　年　月　日</td></tr>
</table>

7.2.5.35　市政验·厂-33　消化池搅拌设备检验批质量验收记录

市政基础设施工程

消化池搅拌设备检验批质量验收记录

市政验·厂-33

第　　页共　　页

<table>
<tr><td colspan="3">工程名称</td><td colspan="6"></td></tr>
<tr><td colspan="3">单位工程名称</td><td colspan="6"></td></tr>
<tr><td colspan="3">施工单位</td><td colspan="2"></td><td colspan="2">分包单位</td><td colspan="2"></td></tr>
<tr><td colspan="3">项目负责人</td><td colspan="2"></td><td colspan="2">项目技术负责人</td><td colspan="2"></td></tr>
<tr><td colspan="3">分部（子分部）工程名称</td><td colspan="2"></td><td colspan="2">分项工程名称</td><td colspan="2"></td></tr>
<tr><td colspan="3">验收部位/区段</td><td colspan="2"></td><td colspan="2">检验批容量</td><td colspan="2"></td></tr>
<tr><td colspan="3">施工及验收依据</td><td colspan="6">《城镇污水处理厂工程质量验收规范》GB 50334</td></tr>
<tr><td colspan="6">验收项目</td><td>设计要求或规范规定</td><td>最小/实际抽样数量</td><td>检查记录</td><td>检查结果</td></tr>
<tr><td rowspan="3">主控项目</td><td>1</td><td colspan="4">机械搅拌系统的导流筒各层牵引对拉钢丝绳受力应均匀</td><td>第8.3.1条</td><td>/</td><td></td><td></td></tr>
<tr><td>2</td><td colspan="4">沼气搅拌系统的各连接管路、接头及连接处应密封、无泄漏，支撑应牢固，无晃动</td><td>第8.3.2条</td><td>/</td><td></td><td></td></tr>
<tr><td>3</td><td colspan="4">消化池搅拌设备试运转时，各运动部件应转动平稳、转向正确、无卡阻、无异常声响，各紧固件无松动</td><td>第8.3.3条</td><td>/</td><td></td><td></td></tr>
<tr><td rowspan="7">一般项目</td><td>1</td><td colspan="4">导流筒连接应牢固可靠</td><td>第8.3.4条</td><td>/</td><td></td><td></td></tr>
<tr><td rowspan="2">2</td><td rowspan="6">允许偏差</td><td rowspan="2">导流筒安装直线度（mm）</td><td>任意3m内</td><td>全长 $H\leqslant15$m</td><td>全长 $H>15$m</td><td rowspan="2">/</td><td rowspan="2"></td><td rowspan="2"></td></tr>
<tr><td>3</td><td>$H/1000$</td><td>$0.5H/1000+8$</td></tr>
<tr><td>3</td><td rowspan="4">消化池搅拌机安装（mm）</td><td colspan="2">搅拌机支座纵横中心位置</td><td>5</td><td>/</td><td></td><td></td></tr>
<tr><td>4</td><td colspan="2">搅拌机标高</td><td>±5</td><td>/</td><td></td><td></td></tr>
<tr><td>5</td><td colspan="2">搅拌机轴中心线与导流筒中心线</td><td>10</td><td>/</td><td></td><td></td></tr>
<tr><td>6</td><td colspan="2">搅拌机叶片与导流筒间隙量</td><td>20</td><td>/</td><td></td><td></td></tr>
<tr><td>施工单位检查结果</td><td colspan="9">专业工长：（签名）　　项目专业质量检查员：（签名）　　年　月　日</td></tr>
<tr><td>监理单位验收结论</td><td colspan="9">专业监理工程师：（签名）　　年　月　日</td></tr>
</table>

注：H 为导流筒高度。

7.2.5.36 市政验·厂-34　热交换器设备检验批质量验收记录

市政基础设施工程

热交换器设备检验批质量验收记录

市政验·厂-34

第　　页 共　　页

<table>
<tr><td colspan="3">工程名称</td><td colspan="6"></td></tr>
<tr><td colspan="3">单位工程名称</td><td colspan="6"></td></tr>
<tr><td colspan="3">施工单位</td><td colspan="2"></td><td colspan="2">分包单位</td><td colspan="2"></td></tr>
<tr><td colspan="3">项目负责人</td><td colspan="2"></td><td colspan="2">项目技术负责人</td><td colspan="2"></td></tr>
<tr><td colspan="3">分部（子分部）工程名称</td><td colspan="2"></td><td colspan="2">分项工程名称</td><td colspan="2"></td></tr>
<tr><td colspan="3">验收部位/区段</td><td colspan="2"></td><td colspan="2">检验批容量</td><td colspan="2"></td></tr>
<tr><td colspan="3">施工及验收依据</td><td colspan="6">《城镇污水处理厂工程质量验收规范》GB 50334</td></tr>
<tr><td colspan="5">验收项目</td><td>设计要求或规范规定</td><td>最小/实际抽样数量</td><td>检查记录</td><td>检查结果</td></tr>
<tr><td rowspan="2">主控项目</td><td>1</td><td colspan="3">热交换器的固定端和滑动端安装应符合设计文件和《热交换器》GB/T 151 的相关规定</td><td>第 8.4.1 条</td><td>/</td><td></td><td></td></tr>
<tr><td>2</td><td colspan="3">热交换器的水压试验应符合设计文件要求</td><td>第 8.4.2 条</td><td>/</td><td></td><td></td></tr>
<tr><td rowspan="4">一般项目</td><td>1</td><td rowspan="4">允许偏差</td><td colspan="2">支座纵、横中心线位置（mm）</td><td>10</td><td>/</td><td></td><td></td></tr>
<tr><td>2</td><td colspan="2">标高（mm）</td><td>＋20，－10</td><td>/</td><td></td><td></td></tr>
<tr><td rowspan="2">3</td><td rowspan="2">水平度（mm）</td><td>轴向</td><td>$L/1000$</td><td rowspan="2">/</td><td rowspan="2"></td><td rowspan="2"></td></tr>
<tr><td>径向</td><td>$2D/1000$</td></tr>
<tr><td colspan="2">施工单位检查结果</td><td colspan="7">专业工长：（签名）　　　项目专业质量检查员：（签名）　　　年　　月　　日</td></tr>
<tr><td colspan="2">监理单位验收结论</td><td colspan="7">专业监理工程师：（签名）　　　年　　月　　日</td></tr>
</table>

注：D 为设备外径，L 为设备两端部测点间距离。

7.2.5.37 市政验·厂-35 沼气脱硫设备检验批质量验收记录

市政基础设施工程

沼气脱硫设备检验批质量验收记录

市政验·厂-35

第 页 共 页

<table>
<tr><td colspan="3">工程名称</td><td colspan="5"></td></tr>
<tr><td colspan="3">单位工程名称</td><td colspan="5"></td></tr>
<tr><td colspan="3">施工单位</td><td colspan="2"></td><td colspan="2">分包单位</td><td></td></tr>
<tr><td colspan="3">项目负责人</td><td colspan="2"></td><td colspan="2">项目技术负责人</td><td></td></tr>
<tr><td colspan="3">分部（子分部）工程名称</td><td colspan="2"></td><td colspan="2">分项工程名称</td><td></td></tr>
<tr><td colspan="3">验收部位/区段</td><td colspan="2"></td><td colspan="2">检验批容量</td><td></td></tr>
<tr><td colspan="3">施工及验收依据</td><td colspan="5">《城镇污水处理厂工程质量验收规范》GB 50334</td></tr>
<tr><td colspan="4">验收项目</td><td>设计要求或规范规定</td><td>最小/实际抽样数量</td><td>检查记录</td><td>检查结果</td></tr>
<tr><td rowspan="3">主控项目</td><td>1</td><td colspan="2">现场组装的脱硫设备焊接质量应符合设计文件及《钢制焊接常压容器》NB/T 47003 的相关规定</td><td>第 8.5.1 条</td><td>/</td><td></td><td></td></tr>
<tr><td>2</td><td colspan="2">脱硫设备的防腐应符合设计文件及《工业设备及管道防腐蚀工程施工质量验收规范》GB 50727 的相关规定</td><td>第 8.5.2 条</td><td>/</td><td></td><td></td></tr>
<tr><td>3</td><td colspan="2">脱硫设备应进行气密性试验，无泄漏</td><td>第 8.5.3 条</td><td>/</td><td></td><td></td></tr>
<tr><td rowspan="4">一般项目</td><td>1</td><td colspan="2">脱硫设备内部支撑构件的各层支撑梁间的垂直度允许偏差为 2mm，水平度允许偏差为 5mm</td><td>第 8.5.5 条</td><td>/</td><td></td><td></td></tr>
<tr><td>2</td><td rowspan="3">允许偏差</td><td>设备平面位置（mm）</td><td>10</td><td>/</td><td></td><td></td></tr>
<tr><td>3</td><td>设备标高（mm）</td><td>+20，−10</td><td>/</td><td></td><td></td></tr>
<tr><td>4</td><td>设备垂直度（mm）</td><td>$H/1000$</td><td>/</td><td></td><td></td></tr>
<tr><td colspan="2">施工单位检查结果</td><td colspan="6">专业工长：（签名） 项目专业质量检查员：（签名） 年 月 日</td></tr>
<tr><td colspan="2">监理单位验收结论</td><td colspan="6">专业监理工程师：（签名） 年 月 日</td></tr>
</table>

注：H 为设备高度。

7.2.5.38 市政验·厂-36 沼气柜检验批质量验收记录

市政基础设施工程

沼气柜检验批质量验收记录

市政验·厂-36

第 页 共 页

<table>
<tr><td colspan="3">工程名称</td><td colspan="6"></td></tr>
<tr><td colspan="3">单位工程名称</td><td colspan="6"></td></tr>
<tr><td colspan="3">施工单位</td><td colspan="2"></td><td colspan="2">分包单位</td><td colspan="2"></td></tr>
<tr><td colspan="3">项目负责人</td><td colspan="2"></td><td colspan="2">项目技术负责人</td><td colspan="2"></td></tr>
<tr><td colspan="3">分部（子分部）工程名称</td><td colspan="2"></td><td colspan="2">分项工程名称</td><td colspan="2"></td></tr>
<tr><td colspan="3">验收部位/区段</td><td colspan="2"></td><td colspan="2">检验批容量</td><td colspan="2"></td></tr>
<tr><td colspan="3">施工及验收依据</td><td colspan="6">《城镇污水处理厂工程质量验收规范》GB 50334</td></tr>
<tr><td colspan="4">验收项目</td><td>设计要求或规范规定</td><td>最小/实际抽样数量</td><td>检查记录</td><td colspan="2">检查结果</td></tr>
<tr><td rowspan="4">主控项目</td><td>1</td><td colspan="2">柜体的焊缝质量应符合设计文件及《钢制焊接常压容器》NB/T 47003的相关规定</td><td>第8.6.1条</td><td>/</td><td></td><td colspan="2"></td></tr>
<tr><td>2</td><td colspan="2">柜体与钢构件除锈及防腐应符合设计文件和《涂装前钢材表面锈蚀等级和除锈等级》GB 8923的相关规定</td><td>第8.6.2条</td><td>/</td><td></td><td colspan="2"></td></tr>
<tr><td>3</td><td colspan="2">调平系统导向滑轮安装应牢固、角度正确、转动灵活</td><td>第8.6.3条</td><td>/</td><td></td><td colspan="2"></td></tr>
<tr><td>4</td><td colspan="2">沼气柜应进行气密性试验，柜体、进出口管道、阀门、法兰及人孔应无泄漏、无异常变形</td><td>第8.6.4条</td><td>/</td><td></td><td colspan="2"></td></tr>
<tr><td rowspan="11">一般项目</td><td>1</td><td colspan="2">活塞架及波形板的安装应符合设计文件要求，表面应干净</td><td>第8.6.6条</td><td>/</td><td></td><td colspan="2"></td></tr>
<tr><td>2</td><td colspan="2">密封装置的密封胶填充应饱满</td><td>第8.6.7条</td><td>/</td><td></td><td colspan="2"></td></tr>
<tr><td>3</td><td rowspan="9">允许偏差</td><td>底板平整度（mm）</td><td>60</td><td>/</td><td></td><td colspan="2"></td></tr>
<tr><td>4</td><td>侧板局部凹凸（mm）</td><td>35/2000</td><td>/</td><td></td><td colspan="2"></td></tr>
<tr><td>5</td><td>立柱基柱相邻柱标高差（mm）</td><td>2</td><td>/</td><td></td><td colspan="2"></td></tr>
<tr><td>6</td><td>立柱后续柱相邻柱间距（mm）</td><td>±5</td><td>/</td><td></td><td colspan="2"></td></tr>
<tr><td>7</td><td>立柱后续柱相对两柱间距（mm）</td><td>+30，−10</td><td>/</td><td></td><td colspan="2"></td></tr>
<tr><td>8</td><td>中心环标高偏差（mm）</td><td>+10～+50</td><td>/</td><td></td><td colspan="2"></td></tr>
<tr><td>9</td><td>中心位移（mm）</td><td>10</td><td>/</td><td></td><td colspan="2"></td></tr>
<tr><td>10</td><td>水平度（mm）</td><td>10</td><td>/</td><td></td><td colspan="2"></td></tr>
<tr><td>11</td><td>活塞板局部凹凸（mm）</td><td>60</td><td>/</td><td></td><td colspan="2"></td></tr>
<tr><td>施工单位检查结果</td><td colspan="8">专业工长：（签名） 项目专业质量检查员：（签名） 年 月 日</td></tr>
<tr><td>监理单位验收结论</td><td colspan="8">专业监理工程师：（签名） 年 月 日</td></tr>
</table>

7.2.5.39　市政验·厂-37　沼气锅炉检验批质量验收记录

市政基础设施工程

沼气锅炉检验批质量验收记录

市政验·厂-37

第　　页共　　页

工程名称			
单位工程名称			
施工单位		分包单位	
项目负责人		项目技术负责人	
分部（子分部）工程名称		分项工程名称	
验收部位/区段		检验批容量	
施工及验收依据	《城镇污水处理厂工程质量验收规范》GB 50334		

验收项目			设计要求或规范规定	最小/实际抽样数量	检查记录	检查结果
主控项目	1	沼气锅炉的受压元件、管道、阀门应无变形、无渗漏、无堵塞，管路系统的焊接质量应符合设计文件要求	第8.7.1条	/		
	2	沼气锅炉应进行强度及严密性试验，其主汽阀、出水阀、排污阀和截止阀应与锅炉本体进行整体压力试验，安全阀应单独进行试验	第8.7.2条	/		
	3	现场组装的锅炉应带负荷正常连续运转48小时，整体出厂的锅炉应带负荷正常连续运转24小时	第8.7.3条	/		
	4	锅炉高低水位报警装置和低水位连锁保护装置应灵敏可靠	第8.7.4条	/		
	5	锅炉超压报警装置和连锁保护装置应灵敏可靠	第8.7.5条	/		
一般项目	1	排烟烟囱安装垂直度偏差为烟囱高度的1/1000，且不大于15mm	第8.7.6条	/		
	2	燃烧器的火筒与炉膛应平行，应位于炉胆中心线	第8.7.6条	/		
	3	燃烧器的管路应清洁、无污染，燃烧器应管路通畅，闸阀无渗漏、无堵塞，点火熄火装置灵敏可靠	第8.7.6条	/		
施工单位检查结果	专业工长：（签名）　　项目专业质量检查员：（签名）　　年　月　日					
监理单位验收结论	专业监理工程师：（签名）　　年　月　日					

7.2.5.40　市政验·厂-38　沼气发电机、沼气拖动鼓风机、沼气压缩机检验批质量验收记录

市政基础设施工程

沼气发电机、沼气拖动鼓风机、沼气压缩机检验批质量验收记录

市政验·厂-38

第　　页 共　　页

<table>
<tr><td colspan="3">工程名称</td><td colspan="5"></td></tr>
<tr><td colspan="3">单位工程名称</td><td colspan="5"></td></tr>
<tr><td colspan="3">施工单位</td><td></td><td colspan="2">分包单位</td><td colspan="2"></td></tr>
<tr><td colspan="3">项目负责人</td><td></td><td colspan="2">项目技术负责人</td><td colspan="2"></td></tr>
<tr><td colspan="3">分部（子分部）工程名称</td><td></td><td colspan="2">分项工程名称</td><td colspan="2"></td></tr>
<tr><td colspan="3">验收部位/区段</td><td></td><td colspan="2">检验批容量</td><td colspan="2"></td></tr>
<tr><td colspan="3">施工及验收依据</td><td colspan="5">《城镇污水处理厂工程质量验收规范》GB 50334</td></tr>
<tr><td colspan="4">验收项目</td><td>设计要求或规范规定</td><td>最小/实际抽样数量</td><td>检查记录</td><td>检查结果</td></tr>
<tr><td rowspan="5">主控项目</td><td>1</td><td colspan="2">沼气发电机和拖动鼓风机防爆设备的安装应符合设备技术文件及相关标准规定</td><td>第 8.8.1 条</td><td>/</td><td></td><td></td></tr>
<tr><td>2</td><td colspan="2">沼气管道上安装的稳压罐、电控混合器、阻火器、电磁阀、调压阀、除尘、除湿、除油装置位置正确，严密无泄漏，装置参数符合设计文件要求</td><td>第 8.8.2 条</td><td>/</td><td></td><td></td></tr>
<tr><td>3</td><td colspan="2">沼气发电机和拖动鼓风机各轴承处的振动值应符合设备技术文件的要求</td><td>第 8.8.3 条</td><td>/</td><td></td><td></td></tr>
<tr><td>4</td><td colspan="2">沼气压缩机的各连接管路、接头及连接处应密封、无泄漏</td><td>第 8.8.4 条</td><td>/</td><td></td><td></td></tr>
<tr><td>5</td><td colspan="2">沼气发电机、沼气拖动鼓风机和压缩机的试运转应符合设备技术文件及《风机、压缩机、泵安装工程施工及验收规范》GB 50275 的相关规定</td><td>第 8.8.5 条</td><td>/</td><td></td><td></td></tr>
<tr><td rowspan="3">一般项目</td><td>1</td><td rowspan="3">允许偏差</td><td>设备平面位置（mm）</td><td>5</td><td>/</td><td></td><td></td></tr>
<tr><td>2</td><td>设备标高（mm）</td><td>±10</td><td>/</td><td></td><td></td></tr>
<tr><td>3</td><td>设备纵、横水平度（mm）</td><td>L/1000</td><td>/</td><td></td><td></td></tr>
<tr><td colspan="2">施工单位检查结果</td><td colspan="6">专业工长：（签名）　　项目专业质量检查员：（签名）　　年　月　日</td></tr>
<tr><td colspan="2">监理单位验收结论</td><td colspan="6">专业监理工程师：（签名）　　年　月　日</td></tr>
</table>

注：L 为设备纵、横长度。

7.2.5.41　市政验·厂-39　沼气火炬检验批质量验收记录

市政基础设施工程

沼气火炬检验批质量验收记录

市政验·厂-39

第　　页共　　页

<table>
<tr><td colspan="4">工程名称</td><td colspan="5"></td></tr>
<tr><td colspan="4">单位工程名称</td><td colspan="5"></td></tr>
<tr><td colspan="4">施工单位</td><td></td><td colspan="2">分包单位</td><td colspan="2"></td></tr>
<tr><td colspan="4">项目负责人</td><td></td><td colspan="2">项目技术负责人</td><td colspan="2"></td></tr>
<tr><td colspan="4">分部（子分部）工程名称</td><td></td><td colspan="2">分项工程名称</td><td colspan="2"></td></tr>
<tr><td colspan="4">验收部位/区段</td><td></td><td colspan="2">检验批容量</td><td colspan="2"></td></tr>
<tr><td colspan="4">施工及验收依据</td><td colspan="5">《城镇污水处理厂工程质量验收规范》GB 50334</td></tr>
<tr><td colspan="4">验收项目</td><td>设计要求或规范规定</td><td>最小/实际抽样数量</td><td>检查记录</td><td colspan="2">检查结果</td></tr>
<tr><td rowspan="3">主控项目</td><td>1</td><td colspan="2">沼气火炬安装应符合设计文件和《火炬工程施工及验收规范》GB 51029的相关规定</td><td>第8.9.1条</td><td>/</td><td></td><td colspan="2"></td></tr>
<tr><td>2</td><td colspan="2">火炬管道上的阻火器应安装牢固可靠，密封无泄漏且阻火效果应符合设计文件要求</td><td>第8.9.2条</td><td>/</td><td></td><td colspan="2"></td></tr>
<tr><td>3</td><td colspan="2">火炬的点火装置应动作灵敏、可靠、准确</td><td>第8.9.3条</td><td>/</td><td></td><td colspan="2"></td></tr>
<tr><td rowspan="3">一般项目</td><td>1</td><td rowspan="3">允许偏差</td><td>中心线位置（mm）</td><td>10</td><td>/</td><td></td><td colspan="2"></td></tr>
<tr><td>2</td><td>标高（mm）</td><td>＋20，－10</td><td>/</td><td></td><td colspan="2"></td></tr>
<tr><td>3</td><td>垂直度（mm）</td><td>H/1000</td><td>/</td><td></td><td colspan="2"></td></tr>
<tr><td>施工单位检查结果</td><td colspan="8">专业工长：（签名）　　项目专业质量检查员：（签名）　　年　月　日</td></tr>
<tr><td>监理单位验收结论</td><td colspan="8">专业监理工程师：（签名）　　年　月　日</td></tr>
</table>

注：H为火炬高度。

7.2.5.42　市政验·厂-40　混料机检验批质量验收记录

市政基础设施工程

混料机检验批质量验收记录

市政验·厂-40

第　　页 共　　页

<table>
<tr><td colspan="4">工程名称</td><td colspan="5"></td></tr>
<tr><td colspan="4">单位工程名称</td><td colspan="5"></td></tr>
<tr><td colspan="4">施工单位</td><td></td><td colspan="2">分包单位</td><td colspan="2"></td></tr>
<tr><td colspan="4">项目负责人</td><td></td><td colspan="2">项目技术负责人</td><td colspan="2"></td></tr>
<tr><td colspan="4">分部（子分部）工程名称</td><td></td><td colspan="2">分项工程名称</td><td colspan="2"></td></tr>
<tr><td colspan="4">验收部位/区段</td><td></td><td colspan="2">检验批容量</td><td colspan="2"></td></tr>
<tr><td colspan="4">施工及验收依据</td><td colspan="5">《城镇污水处理厂工程质量验收规范》GB 50334</td></tr>
<tr><td colspan="5">验收项目</td><td>设计要求或规范规定</td><td>最小/实际抽样数量</td><td>检查记录</td><td>检查结果</td></tr>
<tr><td rowspan="2">主控项目</td><td>1</td><td colspan="3">混料机的减速器、滚筒等主要部件的安装应符合设备技术文件的要求</td><td>第8.10.1条</td><td>/</td><td></td><td></td></tr>
<tr><td>2</td><td colspan="3">混料机试运转时应运转平稳、无卡阻</td><td>第8.10.2条</td><td>/</td><td></td><td></td></tr>
<tr><td rowspan="4">一般项目</td><td>1</td><td rowspan="4">允许偏差</td><td colspan="2">平面位置（mm）</td><td>10</td><td>/</td><td></td><td></td></tr>
<tr><td>2</td><td colspan="2">标高（mm）</td><td>+20，−10</td><td>/</td><td></td><td></td></tr>
<tr><td>3</td><td colspan="2">横向水平度（mm）</td><td>$L_1/1000$</td><td>/</td><td></td><td></td></tr>
<tr><td>4</td><td colspan="2">纵向水平度（mm）</td><td>$L_2/1000$</td><td>/</td><td></td><td></td></tr>
<tr><td colspan="2">施工单位检查结果</td><td colspan="7">专业工长：（签名）　　项目专业质量检查员：（签名）　　年　月　日</td></tr>
<tr><td colspan="2">监理单位验收结论</td><td colspan="7">专业监理工程师：（签名）　　年　月　日</td></tr>
</table>

注：L_1为混料机设备横向长度；L_2为设备纵向长度。

7.2.5.43 市政验·厂-41 布料机检验批质量验收记录

市政基础设施工程

布料机检验批质量验收记录

市政验·厂-41

第 页 共 页

<table>
<tr><td colspan="3">工程名称</td><td colspan="5"></td></tr>
<tr><td colspan="3">单位工程名称</td><td colspan="5"></td></tr>
<tr><td colspan="3">施工单位</td><td></td><td colspan="2">分包单位</td><td colspan="2"></td></tr>
<tr><td colspan="3">项目负责人</td><td></td><td colspan="2">项目技术负责人</td><td colspan="2"></td></tr>
<tr><td colspan="3">分部（子分部）工程名称</td><td></td><td colspan="2">分项工程名称</td><td colspan="2"></td></tr>
<tr><td colspan="3">验收部位/区段</td><td></td><td colspan="2">检验批容量</td><td colspan="2"></td></tr>
<tr><td colspan="3">施工及验收依据</td><td colspan="5">《城镇污水处理厂工程质量验收规范》GB 50334</td></tr>
<tr><td colspan="4">验收项目</td><td>设计要求或规范规定</td><td>最小/实际抽样数量</td><td>检查记录</td><td>检查结果</td></tr>
<tr><td rowspan="3">主控项目</td><td>1</td><td colspan="2">布料机的传动装置、行走装置、移动小车等主要部件的安装应符合设备技术文件要求</td><td>第 8.11.1 条</td><td>/</td><td></td><td></td></tr>
<tr><td>2</td><td colspan="2">布料机试运转时，往复运动部件在整个行程上不得有异常振动、阻滞和走偏现象</td><td>第 8.11.2 条</td><td>/</td><td></td><td></td></tr>
<tr><td></td><td colspan="2"></td><td></td><td></td><td></td><td></td></tr>
<tr><td rowspan="3">一般项目</td><td>1</td><td rowspan="3">允许偏差</td><td>布料机轨道中心线与安装基准线的水平位置偏差</td><td>3</td><td>/</td><td></td><td></td></tr>
<tr><td>2</td><td>布料机的同一截面两平行导轨标高差</td><td>5</td><td>/</td><td></td><td></td></tr>
<tr><td></td><td></td><td></td><td></td><td></td><td></td></tr>
<tr><td>施工单位检查结果</td><td colspan="7">专业工长：（签名） 项目专业质量检查员：（签名） 年 月 日</td></tr>
<tr><td>监理单位验收结论</td><td colspan="7">专业监理工程师：（签名） 年 月 日</td></tr>
</table>

7.2.5.44 市政验·厂-42 带式输送机检验批质量验收记录

市政基础设施工程

带式输送机检验批质量验收记录

市政验·厂-42

第 页共 页

<table>
<tr><td colspan="4">工程名称</td><td colspan="5"></td></tr>
<tr><td colspan="4">单位工程名称</td><td colspan="5"></td></tr>
<tr><td colspan="4">施工单位</td><td></td><td colspan="2">分包单位</td><td colspan="2"></td></tr>
<tr><td colspan="4">项目负责人</td><td></td><td colspan="2">项目技术负责人</td><td colspan="2"></td></tr>
<tr><td colspan="4">分部（子分部）工程名称</td><td></td><td colspan="2">分项工程名称</td><td colspan="2"></td></tr>
<tr><td colspan="4">验收部位/区段</td><td></td><td colspan="2">检验批容量</td><td colspan="2"></td></tr>
<tr><td colspan="4">施工及验收依据</td><td colspan="5">《城镇污水处理厂工程质量验收规范》GB 50334</td></tr>
<tr><td colspan="5">验收项目</td><td>设计要求或规范规定</td><td>最小/实际抽样数量</td><td>检查记录</td><td>检查结果</td></tr>
<tr><td rowspan="14">主控项目</td><td>1</td><td colspan="3">带式输送机的机架应安装牢固</td><td>第 8.12.1 条</td><td>/</td><td></td><td></td></tr>
<tr><td>2</td><td colspan="3">全部非加工表面和加工的非配合表面应进行防腐处理，防腐质量应符合设备技术文件的要求</td><td>第 8.12.2 条</td><td>/</td><td></td><td></td></tr>
<tr><td>3</td><td colspan="3">带式输送机应运转平稳，辊子转动灵活，拉紧装置调整方便，动作灵活，皮带不打滑，不跑偏，保护装置动作灵敏可靠</td><td>第 8.12.3 条</td><td>/</td><td></td><td></td></tr>
<tr><td rowspan="3">4</td><td rowspan="11">允许偏差</td><td rowspan="3">头、尾部、驱动、改向及滚筒（mm）</td><td>滚筒水平、垂直方向中心线间距</td><td>±3</td><td rowspan="3">/</td><td rowspan="3"></td><td rowspan="3"></td></tr>
<tr><td>滚筒轴向水平度</td><td>$0.5L_1/1000$</td></tr>
<tr><td>滚筒标高</td><td>±5</td></tr>
<tr><td rowspan="3">5</td><td rowspan="3">传动装置（mm）</td><td>纵、横向中心线</td><td>5</td><td rowspan="3">/</td><td rowspan="3"></td><td rowspan="3"></td></tr>
<tr><td>标高</td><td>±5</td></tr>
<tr><td>水平度</td><td>$0.5L_2/1000$</td></tr>
<tr><td rowspan="4">6</td><td rowspan="4">头架尾架中间架及其支腿（mm）</td><td>机架中心线直线度在任意 25m 内</td><td>2.5</td><td rowspan="3">/</td><td rowspan="3"></td><td rowspan="3"></td></tr>
<tr><td>机架支腿的垂直度</td><td>$2H/1000$</td></tr>
<tr><td>机架纵梁中心线间距</td><td>±5</td></tr>
<tr><td>机架接头处错位</td><td>1</td><td>/</td><td></td><td></td></tr>
<tr><td colspan="2">施工单位检查结果</td><td colspan="7">专业工长：（签名） 项目专业质量检查员：（签名） 年 月 日</td></tr>
<tr><td colspan="2">监理单位验收结论</td><td colspan="7">专业监理工程师：（签名） 年 月 日</td></tr>
</table>

注：L_1为滚筒长度；L_2为传动装置长度；H为机架支腿高度。

7.2.5.45 市政验·厂-43 翻抛机检验批质量验收记录

市政基础设施工程

翻抛机检验批质量验收记录

市政验·厂-43

第　　页 共　　页

<table>
<tr><td colspan="4">工程名称</td><td colspan="5"></td></tr>
<tr><td colspan="4">单位工程名称</td><td colspan="5"></td></tr>
<tr><td colspan="4">施工单位</td><td></td><td colspan="2">分包单位</td><td colspan="2"></td></tr>
<tr><td colspan="4">项目负责人</td><td></td><td colspan="2">项目技术负责人</td><td colspan="2"></td></tr>
<tr><td colspan="4">分部（子分部）工程名称</td><td></td><td colspan="2">分项工程名称</td><td colspan="2"></td></tr>
<tr><td colspan="4">验收部位/区段</td><td></td><td colspan="2">检验批容量</td><td colspan="2"></td></tr>
<tr><td colspan="4">施工及验收依据</td><td colspan="5">《城镇污水处理厂工程质量验收规范》GB 50334</td></tr>
<tr><td colspan="5">验收项目</td><td>设计要求或规范规定</td><td>最小/实际抽样数量</td><td>检查记录</td><td>检查结果</td></tr>
<tr><td rowspan="3">主控项目</td><td>1</td><td colspan="3">翻抛机的传动装置、提升装置、行走装置、翻堆装置、转移车等主要部件的安装应符合设备技术文件要求</td><td>第8.13.1条</td><td>/</td><td></td><td></td></tr>
<tr><td>2</td><td colspan="3">翻抛机试运转时，往复运动部件在整个行程上不得有异常振动、阻滞和走偏现象</td><td>第8.13.2条</td><td>/</td><td></td><td></td></tr>
<tr><td></td><td colspan="3"></td><td></td><td></td><td></td><td></td></tr>
<tr><td rowspan="7">一般项目</td><td>1</td><td colspan="3">翻抛滚筒的叶片离地间隙应符合设备技术文件要求</td><td>第8.13.4条</td><td>/</td><td></td><td></td></tr>
<tr><td>1</td><td rowspan="6">允许偏差</td><td colspan="2">翻抛机的同一截面两平行导轨标高差（mm）</td><td>10</td><td>/</td><td></td><td></td></tr>
<tr><td rowspan="2">2</td><td rowspan="2">翻抛机的导轨弯曲度（mm）</td><td>在平面上的弯曲，每2m检测长度上</td><td>1</td><td>/</td><td></td><td></td></tr>
<tr><td>在立面上的弯曲，每2m检测长度上</td><td>2</td><td>/</td><td></td><td></td></tr>
<tr><td rowspan="2">3</td><td rowspan="2">翻抛机的导轨跨度偏差（mm）</td><td>跨度≤10m</td><td>±3</td><td rowspan="3">/</td><td rowspan="3"></td><td rowspan="3"></td></tr>
<tr><td>跨度>10m</td><td>±5</td></tr>
<tr><td>4</td><td colspan="2">导轨接头错位（mm）</td><td>1</td></tr>
<tr><td colspan="2">施工单位检查结果</td><td colspan="7">专业工长：（签名）　　项目专业质量检查员：（签名）　　年　月　日</td></tr>
<tr><td colspan="2">监理单位验收结论</td><td colspan="7">专业监理工程师：（签名）　　年　月　日</td></tr>
</table>

7.2.5.46 市政验·厂-44 筛分机检验批质量验收记录

市政基础设施工程

筛分机检验批质量验收记录

市政验·厂-44

第　　页 共　　页

<table>
<tr><td colspan="3">工程名称</td><td colspan="5"></td></tr>
<tr><td colspan="3">单位工程名称</td><td colspan="5"></td></tr>
<tr><td colspan="3">施工单位</td><td></td><td colspan="2">分包单位</td><td colspan="2"></td></tr>
<tr><td colspan="3">项目负责人</td><td></td><td colspan="2">项目技术负责人</td><td colspan="2"></td></tr>
<tr><td colspan="3">分部（子分部）工程名称</td><td></td><td colspan="2">分项工程名称</td><td colspan="2"></td></tr>
<tr><td colspan="3">验收部位/区段</td><td></td><td colspan="2">检验批容量</td><td colspan="2"></td></tr>
<tr><td colspan="3">施工及验收依据</td><td colspan="5">《城镇污水处理厂工程质量验收规范》GB 50334</td></tr>
<tr><td colspan="4">验收项目</td><td>设计要求或规范规定</td><td>最小/实际抽样数量</td><td>检查记录</td><td>检查结果</td></tr>
<tr><td rowspan="2">主控项目</td><td>1</td><td colspan="2">振动式筛分机各紧固件应连接牢固、无松动</td><td>第 8.14.1 条</td><td>/</td><td></td><td></td></tr>
<tr><td>2</td><td colspan="2">筛分机应运转平稳，无异常振动和声响，物料在进料和出料位置无堵塞、无淤积、无泄漏</td><td>第 8.14.2 条</td><td>/</td><td></td><td></td></tr>
<tr><td rowspan="6">一般项目</td><td>1</td><td rowspan="6">允许偏差</td><td>机体中心与设计中心线（mm）</td><td>3</td><td>/</td><td></td><td></td></tr>
<tr><td>2</td><td>机体标高（mm）</td><td>±5</td><td>/</td><td></td><td></td></tr>
<tr><td>3</td><td>支承座水平度（mm）</td><td>$2L_1/1000$</td><td>/</td><td></td><td></td></tr>
<tr><td>4</td><td>支承座安装对角线（mm）</td><td>$L_2/1000$</td><td>/</td><td></td><td></td></tr>
<tr><td>5</td><td>支承座安装相对标高（mm）</td><td>2</td><td>/</td><td></td><td></td></tr>
<tr><td>6</td><td>传动轴水平度（mm）</td><td>$0.2L_3/1000$</td><td>/</td><td></td><td></td></tr>
<tr><td colspan="2">施工单位检查结果</td><td colspan="6">专业工长：（签名）　　项目专业质量检查员：（签名）　　年　月　日</td></tr>
<tr><td colspan="2">监理单位验收结论</td><td colspan="6">专业监理工程师：（签名）　　年　月　日</td></tr>
</table>

注：L_1为支座长度；L_2为支座对角线长度；L_3为传动轴长度。

7.2.5.47 市政验·厂-45 污泥贮仓检验批质量验收记录

市政基础设施工程

污泥贮仓检验批质量验收记录

市政验·厂-45

第　　页 共　　页

<table>
<tr><td colspan="3">工程名称</td><td colspan="6"></td></tr>
<tr><td colspan="3">单位工程名称</td><td colspan="6"></td></tr>
<tr><td colspan="3">施工单位</td><td></td><td colspan="2">分包单位</td><td colspan="3"></td></tr>
<tr><td colspan="3">项目负责人</td><td></td><td colspan="2">项目技术负责人</td><td colspan="3"></td></tr>
<tr><td colspan="3">分部（子分部）工程名称</td><td></td><td colspan="2">分项工程名称</td><td colspan="3"></td></tr>
<tr><td colspan="3">验收部位/区段</td><td></td><td colspan="2">检验批容量</td><td colspan="3"></td></tr>
<tr><td colspan="3">施工及验收依据</td><td colspan="6">《城镇污水处理厂工程质量验收规范》GB 50334</td></tr>
<tr><td colspan="4">验收项目</td><td>设计要求或规范规定</td><td>最小/实际抽样数量</td><td>检查记录</td><td colspan="2">检查结果</td></tr>
<tr><td rowspan="6">主控项目</td><td>1</td><td colspan="2">仓体的焊缝表面不应有裂纹、焊瘤、烧穿、弧坑等，焊缝质量应符合设计文件要求</td><td>第8.15.1条</td><td>/</td><td></td><td colspan="2"></td></tr>
<tr><td>2</td><td colspan="2">仓体支腿应与基础可靠连接</td><td>第8.15.2条</td><td>/</td><td></td><td colspan="2"></td></tr>
<tr><td>3</td><td colspan="2">液压系统各管路的法兰、管接头、螺堵等安装应牢固</td><td>第8.15.3条</td><td>/</td><td></td><td colspan="2"></td></tr>
<tr><td>4</td><td colspan="2">污泥贮仓与闸板阀的连接应密封、无松动</td><td>第8.15.4条</td><td>/</td><td></td><td colspan="2"></td></tr>
<tr><td>5</td><td colspan="2">滑架和闸门应控制灵敏，无泄漏</td><td>第8.15.5条</td><td>/</td><td></td><td colspan="2"></td></tr>
<tr><td>6</td><td colspan="2">贮仓空载试运转前，应检查电气接线和液压管路的连接，电机和搅拌轴运行应平稳、顺畅，无异常噪音</td><td>第8.15.6条</td><td>/</td><td></td><td colspan="2"></td></tr>
<tr><td rowspan="3">一般项目</td><td>1</td><td rowspan="3">允许偏差</td><td>污泥贮仓平面位置（mm）</td><td>10</td><td>/</td><td></td><td colspan="2"></td></tr>
<tr><td>2</td><td>污泥贮仓标高（mm）</td><td>±5</td><td>/</td><td></td><td colspan="2"></td></tr>
<tr><td>3</td><td>污泥贮仓垂直度（mm）</td><td>H/1000</td><td>/</td><td></td><td colspan="2"></td></tr>
<tr><td>施工单位检查结果</td><td colspan="8">专业工长：（签名）　　项目专业质量检查员：（签名）　　年　月　日</td></tr>
<tr><td>监理单位验收结论</td><td colspan="8">专业监理工程师：（签名）　　年　月　日</td></tr>
</table>

注：H为污泥贮仓仓体高度。

7.2.5.48 市政验·厂-46 污泥干化设备检验批质量验收记录

市政基础设施工程

污泥干化设备检验批质量验收记录

市政验·厂-46

第 页 共 页

<table>
<tr><td colspan="3">工程名称</td><td colspan="5"></td></tr>
<tr><td colspan="3">单位工程名称</td><td colspan="5"></td></tr>
<tr><td colspan="3">施工单位</td><td></td><td colspan="2">分包单位</td><td colspan="2"></td></tr>
<tr><td colspan="3">项目负责人</td><td></td><td colspan="2">项目技术负责人</td><td colspan="2"></td></tr>
<tr><td colspan="3">分部（子分部）工程名称</td><td></td><td colspan="2">分项工程名称</td><td colspan="2"></td></tr>
<tr><td colspan="3">验收部位/区段</td><td></td><td colspan="2">检验批容量</td><td colspan="2"></td></tr>
<tr><td colspan="3">施工及验收依据</td><td colspan="5">《城镇污水处理厂工程质量验收规范》GB 50334</td></tr>
<tr><td colspan="4">验收项目</td><td>设计要求或规范规定</td><td>最小/实际抽样数量</td><td>检查记录</td><td>检查结果</td></tr>
<tr><td rowspan="3">主控项目</td><td>1</td><td colspan="2">进出料口与物料输送设备应连接牢固，密封良好</td><td>第 8.16.1 条</td><td>/</td><td></td><td></td></tr>
<tr><td>2</td><td colspan="2">石灰污泥搅拌机密封盖板与设备机壳应连接可靠</td><td>第 8.16.2 条</td><td>/</td><td></td><td></td></tr>
<tr><td>3</td><td colspan="2">干化设备运行应平稳，无明显振动和噪声；热介质、烟气处理等各附属系统连接应符合设备技术文件的要求，无渗漏</td><td>第 8.16.3 条</td><td>/</td><td></td><td></td></tr>
<tr><td rowspan="6">一般项目</td><td>1</td><td colspan="2">薄层干燥机导轨接头错位安装允许偏差应不大于 1mm</td><td>第 8.16.4 条</td><td>/</td><td></td><td></td></tr>
<tr><td>2</td><td colspan="2">带式污泥干化机干化带的接头应牢固，干化带的张力应符合设备技术文件要求</td><td>第 8.16.5 条</td><td>/</td><td></td><td></td></tr>
<tr><td>3</td><td rowspan="4">允许偏差</td><td>平面位置（mm）</td><td>10</td><td>/</td><td></td><td></td></tr>
<tr><td>4</td><td>标高（mm）</td><td>＋20，－10</td><td>/</td><td></td><td></td></tr>
<tr><td>5</td><td>轴向水平度（mm）</td><td>$L/1000$</td><td>/</td><td></td><td></td></tr>
<tr><td>6</td><td>径向水平度（mm）</td><td>$2D/1000$</td><td>/</td><td></td><td></td></tr>
<tr><td colspan="2">施工单位检查结果</td><td colspan="6">专业工长：（签名） 项目专业质量检查员：（签名） 年 月 日</td></tr>
<tr><td colspan="2">监理单位验收结论</td><td colspan="6">专业监理工程师：（签名） 年 月 日</td></tr>
</table>

注：L 为设备长度；D 为设备直径。

7.2.5.49 市政验·厂-47 悬斗输送机检验批质量验收记录

市政基础设施工程

悬斗输送机检验批质量验收记录

市政验·厂-47

第　　页 共　　页

<table>
<tr><td colspan="3">工程名称</td><td colspan="4"></td></tr>
<tr><td colspan="3">单位工程名称</td><td colspan="4"></td></tr>
<tr><td colspan="3">施工单位</td><td></td><td colspan="2">分包单位</td><td></td></tr>
<tr><td colspan="3">项目负责人</td><td></td><td colspan="2">项目技术负责人</td><td></td></tr>
<tr><td colspan="3">分部（子分部）工程名称</td><td></td><td colspan="2">分项工程名称</td><td></td></tr>
<tr><td colspan="3">验收部位/区段</td><td></td><td colspan="2">检验批容量</td><td></td></tr>
<tr><td colspan="3">施工及验收依据</td><td colspan="5">《城镇污水处理厂工程质量验收规范》GB 50334</td></tr>
<tr><td colspan="4">验收项目</td><td>设计要求或规范规定</td><td>最小/实际抽样数量</td><td>检查记录</td><td>检查结果</td></tr>
<tr><td rowspan="2">主控项目</td><td>1</td><td colspan="2">悬斗输送机应密封良好、无臭气泄漏</td><td>第8.17.1条</td><td>/</td><td></td><td></td></tr>
<tr><td>2</td><td colspan="2">悬斗输送机过载装置动作应灵敏可靠，无卡阻、突跳</td><td>第8.17.2条</td><td>/</td><td></td><td></td></tr>
<tr><td rowspan="6">一般项目</td><td>1</td><td rowspan="6">允许偏差</td><td>悬斗输送机平面位置（mm）</td><td>10</td><td>/</td><td></td><td></td></tr>
<tr><td>2</td><td>悬斗输送机安装标高（mm）</td><td>+20，−10</td><td>/</td><td></td><td></td></tr>
<tr><td>3</td><td>链轮横向中心线与输送机纵向中心线水平位置（mm）</td><td>2</td><td>/</td><td></td><td></td></tr>
<tr><td>4</td><td>链轮轴线与输送机纵向中心线的垂直度偏差（mm）</td><td>$L_1/1000$</td><td>/</td><td></td><td></td></tr>
<tr><td>5</td><td>链轮轴水平度偏差（mm）</td><td>$0.5L_2/1000$</td><td>/</td><td></td><td></td></tr>
<tr><td>6</td><td>进出、料口的位置误差（mm）</td><td>5</td><td>/</td><td></td><td></td></tr>
<tr><td>施工单位检查结果</td><td colspan="7">专业工长：（签名）　　项目专业质量检查员：（签名）　　年　月　日</td></tr>
<tr><td>监理单位验收结论</td><td colspan="7">专业监理工程师：（签名）　　年　月　日</td></tr>
</table>

注：L_1为输送机长度；L_2为链轮长度。

7.2.5.50　市政验・厂-48　干泥料仓检验批质量验收记录

市政基础设施工程

干泥料仓检验批质量验收记录

市政验・厂-48

第　　页共　　页

<table>
<tr><td colspan="3">工程名称</td><td colspan="5"></td></tr>
<tr><td colspan="3">单位工程名称</td><td colspan="5"></td></tr>
<tr><td colspan="3">施工单位</td><td colspan="2"></td><td colspan="2">分包单位</td><td></td></tr>
<tr><td colspan="3">项目负责人</td><td colspan="2"></td><td colspan="2">项目技术负责人</td><td></td></tr>
<tr><td colspan="3">分部（子分部）工程名称</td><td colspan="2"></td><td colspan="2">分项工程名称</td><td></td></tr>
<tr><td colspan="3">验收部位/区段</td><td colspan="2"></td><td colspan="2">检验批容量</td><td></td></tr>
<tr><td colspan="3">施工及验收依据</td><td colspan="5">《城镇污水处理厂工程质量验收规范》GB 50334</td></tr>
<tr><td colspan="4">验收项目</td><td>设计要求或规范规定</td><td>最小/实际抽样数量</td><td>检查记录</td><td>检查结果</td></tr>
<tr><td rowspan="2">主控项目</td><td>1</td><td colspan="2">干泥料仓的防爆安装应符合设计文件及国家现行相关标准规定</td><td>第 8.18.1 条</td><td>/</td><td></td><td></td></tr>
<tr><td>2</td><td colspan="2">干泥料仓试运转时，气动闸板阀、压力释放器动作应及时准确，无卡阻</td><td>第 8.18.2 条</td><td>/</td><td></td><td></td></tr>
<tr><td rowspan="5">一般项目</td><td>1</td><td colspan="2">干泥料仓振动活化器安装应符合设计文件要求</td><td>第 8.18.3 条</td><td>/</td><td></td><td></td></tr>
<tr><td>2</td><td rowspan="4">允许偏差</td><td>设备平面位置（mm）</td><td>10</td><td>/</td><td></td><td></td></tr>
<tr><td>3</td><td>设备标高（mm）</td><td>＋20，－10</td><td>/</td><td></td><td></td></tr>
<tr><td></td><td></td><td></td><td></td><td></td><td></td></tr>
<tr><td></td><td></td><td></td><td></td><td></td><td></td></tr>
<tr><td>施工单位检查结果</td><td colspan="7">专业工长：（签名）　　项目专业质量检查员：（签名）　　年　月　日</td></tr>
<tr><td>监理单位验收结论</td><td colspan="7">专业监理工程师：（签名）　　年　月　日</td></tr>
</table>

7.2.5.51 市政验·厂-49 污泥焚烧设备检验批质量验收记录

市政基础设施工程

污泥焚烧设备检验批质量验收记录

市政验·厂-49

第　　页 共　　页

工程名称						
单位工程名称						
施工单位			分包单位			
项目负责人			项目技术负责人			
分部（子分部）工程名称			分项工程名称			
验收部位/区段			检验批容量			
施工及验收依据	《城镇污水处理厂工程质量验收规范》GB 50334					
验收项目			设计要求或规范规定	最小/实际抽样数量	检查记录	检查结果
主控项目	1	焚烧设备各部件及管道接口安装应牢固，连接应紧密	第 8.19.1 条	/		
	2	焚烧设备试运转应运行平稳，温度压力正常，自动给料及出灰系统应操作方便，运行顺畅，无停滞、无卡阻；尾气处理、余热利用系统应严密无泄漏	第 8.19.2 条	/		
一般项目	1	焚烧炉支架应稳固、垂直，垂直度允许偏差为支架全长的 1/1000，全长不大于 10mm	第 8.19.3 条	/		
施工单位检查结果	专业工长：（签名）　　项目专业质量检查员：（签名）　　年　月　日					
监理单位验收结论	专业监理工程师：（签名）　　年　月　日					

7.2.5.52 市政验·厂-50 消烟、除尘设备检验批质量验收记录

市政基础设施工程

消烟、除尘设备检验批质量验收记录

市政验·厂-50

第 页 共 页

<table>
<tr><td colspan="3">工程名称</td><td colspan="5"></td></tr>
<tr><td colspan="3">单位工程名称</td><td colspan="5"></td></tr>
<tr><td colspan="3">施工单位</td><td colspan="2"></td><td colspan="2">分包单位</td><td></td></tr>
<tr><td colspan="3">项目负责人</td><td colspan="2"></td><td colspan="2">项目技术负责人</td><td></td></tr>
<tr><td colspan="3">分部（子分部）工程名称</td><td colspan="2"></td><td colspan="2">分项工程名称</td><td></td></tr>
<tr><td colspan="3">验收部位/区段</td><td colspan="2"></td><td colspan="2">检验批容量</td><td></td></tr>
<tr><td colspan="3">施工及验收依据</td><td colspan="5">《城镇污水处理厂工程质量验收规范》GB 50334</td></tr>
<tr><td colspan="4">验收项目</td><td>设计要求或规范规定</td><td>最小/实际抽样数量</td><td>检查记录</td><td>检查结果</td></tr>
<tr><td>主控项目</td><td>1</td><td colspan="2">用于消烟、除尘系统的风管的材料品种、规格、性能与厚度等应符合设计文件和《通风与空调工程施工与质量验收规范》GB 50243 的相关规定</td><td>第 8.20.1 条</td><td>/</td><td></td><td></td></tr>
<tr><td rowspan="5">一般项目</td><td>1</td><td colspan="2">现场组装的除尘器应做漏风量检测，在设计工作压力下允许漏风率为 5%，其中离心式除尘器为 3%</td><td>第 8.20.2 条</td><td>/</td><td></td><td></td></tr>
<tr><td>2</td><td colspan="2">消烟、除尘系统的风管，宜垂直或倾斜敷设，与水平夹角宜不小于 45°</td><td>第 8.20.3 条</td><td>/</td><td></td><td></td></tr>
<tr><td>3</td><td rowspan="3">允许偏差</td><td>平面位置（mm）</td><td>10</td><td>/</td><td></td><td></td></tr>
<tr><td>4</td><td>标高（mm）</td><td>+20，−10</td><td>/</td><td></td><td></td></tr>
<tr><td></td><td></td><td></td><td></td><td></td><td></td></tr>
<tr><td>施工单位检查结果</td><td colspan="7">
专业工长：（签名） 项目专业质量检查员：（签名） 年 月 日</td></tr>
<tr><td>监理单位验收结论</td><td colspan="7">
专业监理工程师：（签名） 年 月 日</td></tr>
</table>

7.2.5.53 市政验·厂-51 无功功率补偿装置检验批质量验收记录

市政基础设施工程

无功功率补偿装置检验批质量验收记录

市政验·厂-51

第　　页 共　　页

<table>
<tr><td colspan="3">工程名称</td><td colspan="5"></td></tr>
<tr><td colspan="3">单位工程名称</td><td colspan="5"></td></tr>
<tr><td colspan="3">施工单位</td><td colspan="2"></td><td>分包单位</td><td colspan="2"></td></tr>
<tr><td colspan="3">项目负责人</td><td colspan="2"></td><td>项目技术负责人</td><td colspan="2"></td></tr>
<tr><td colspan="3">分部（子分部）工程名称</td><td colspan="2"></td><td>分项工程名称</td><td colspan="2"></td></tr>
<tr><td colspan="3">验收部位/区段</td><td colspan="2"></td><td>检验批容量</td><td colspan="2"></td></tr>
<tr><td colspan="3">施工及验收依据</td><td colspan="5">《城镇污水处理厂工程质量验收规范》GB 50334</td></tr>
<tr><td colspan="3">验收项目</td><td>设计要求或规范规定</td><td>最小/实际抽样数量</td><td>检查记录</td><td colspan="2">检查结果</td></tr>
<tr><td rowspan="4">主控项目</td><td>1</td><td>进出线端连接应紧固可靠，紧固件、垫圈应齐全</td><td>第 9.2.1 条</td><td>/</td><td></td><td colspan="2"></td></tr>
<tr><td>2</td><td>无功功率补偿装置内部布置与接线应符合设计及设备技术文件要求</td><td>第 9.2.2 条</td><td>/</td><td></td><td colspan="2"></td></tr>
<tr><td>3</td><td>熔断器熔体的额定电流应符合设计文件要求</td><td>第 9.2.3 条</td><td>/</td><td></td><td colspan="2"></td></tr>
<tr><td>4</td><td>电容器试运转时放电回路应完整且操作灵活，保护回路应完整，电磁锁及五防联锁装置灵敏可靠，外表无异常</td><td>第 9.2.4 条</td><td>/</td><td></td><td colspan="2"></td></tr>
<tr><td>一般项目</td><td>1</td><td>现场组装的三相电容器电容量的差值应符合设计文件及《电气装置安装工程电气设备交接试验标准》GB 50150 的相关规定</td><td>第 9.2.5 条</td><td>/</td><td></td><td colspan="2"></td></tr>
<tr><td>施工单位检查结果</td><td colspan="7">专业工长：（签名）　　项目专业质量检查员：（签名）　　年　月　日</td></tr>
<tr><td>监理单位验收结论</td><td colspan="7">专业监理工程师：（签名）　　年　月　日</td></tr>
</table>

7.2.5.54 市政验·厂-52 电力变压器检验批质量验收记录

市政基础设施工程

电力变压器检验批质量验收记录

市政验·厂-52

第　　页 共　　页

工程名称			
单位工程名称			
施工单位		分包单位	
项目负责人		项目技术负责人	
分部（子分部）工程名称		分项工程名称	
验收部位/区段		检验批容量	
施工及验收依据	《城镇污水处理厂工程质量验收规范》GB 50334		

验收项目				设计要求或规范规定	最小/实际抽样数量	检查记录	检查结果
主控项目	1	电力变压器安装应符合《电气装置安装工程 电力变压器、油浸电抗器、互感器施工及验收规范》GB 50148 的相关规定，与外网连接的主变压器安装应通过电力部门检查认定		第 9.3.1 条	/		
	2	电力变压器绝缘件应无裂纹、缺损，瓷件无瓷釉损坏		第 9.3.2 条	/		
	3	油浸电力变压器绝缘油油品、油位应符合设备技术文件要求，无渗油现象		第 9.3.3 条	/		
	4	电力变压器测控保护装置安装应符合设备技术文件要求，保护系统、冷却系统应经模拟试验灵敏准确		第 9.3.4 条	/		
	5	中性点直接接地系统接地位置和型式应符合设计文件要求		第 9.3.5 条	/		
	6	电力变压器首次受电应在额定电压下对电力变压器进行 5 次冲击合闸试验，励磁涌流不应引起保护装置的误动，无异常现象；首次受电持续时间不应少于 10min；有并列要求的变压器，应核相正确，进行并列试验无异常		第 9.3.6 条	/		
一般项目	1	装有气体继电器的电力变压器，顶盖沿气体继电器的气流方向应有升高坡度，坡度宜为 1.0%～1.5%		第 9.3.7 条	/		
	2	允许偏差	基础轨道平面位置（mm）	10	/		
	3		基础轨道标高（mm）	+20，−10	/		
	4		基础轨道水平度（mm）	$L/1000$	/		
	5		电力变压器垂直度（mm）	$H/1000$	/		

施工单位检查结果	专业工长：（签名）　　项目专业质量检查员：（签名）　　年　月　日
监理单位验收结论	专业监理工程师：（签名）　　年　月　日

注：L 为变压器基础轨道水平度测量长度；H 为变压器测量高度。

7.2.5.55 市政验·厂-53 电动机检验批质量验收记录

市政基础设施工程

电动机检验批质量验收记录

市政验·厂-53

第 页 共 页

<table>
<tr><td colspan="3">工程名称</td><td colspan="5"></td></tr>
<tr><td colspan="3">单位工程名称</td><td colspan="5"></td></tr>
<tr><td colspan="3">施工单位</td><td></td><td colspan="2">分包单位</td><td colspan="2"></td></tr>
<tr><td colspan="3">项目负责人</td><td></td><td colspan="2">项目技术负责人</td><td colspan="2"></td></tr>
<tr><td colspan="3">分部（子分部）工程名称</td><td></td><td colspan="2">分项工程名称</td><td colspan="2"></td></tr>
<tr><td colspan="3">验收部位/区段</td><td></td><td colspan="2">检验批容量</td><td colspan="2"></td></tr>
<tr><td colspan="3">施工及验收依据</td><td colspan="5">《城镇污水处理厂工程质量验收规范》GB 50334</td></tr>
<tr><td colspan="3">验收项目</td><td>设计要求或规范规定</td><td>最小/实际抽样数量</td><td>检查记录</td><td colspan="2">检查结果</td></tr>
<tr><td rowspan="3">主控项目</td><td>1</td><td>电动机安装应牢固，螺栓及防松零件齐全</td><td>第9.4.1条</td><td>/</td><td></td><td colspan="2"></td></tr>
<tr><td>2</td><td>电动机绝缘电阻应符合设备技术文件及相关标准规定</td><td>第9.4.2条</td><td>/</td><td></td><td colspan="2"></td></tr>
<tr><td>3</td><td>电动机试运转应不小于2小时，电动机电流、电动机温度、轴承温升、电动机振动应符合设备技术文件及相关标准规定</td><td>第9.4.3条</td><td>/</td><td></td><td colspan="2"></td></tr>
<tr><td rowspan="3">一般项目</td><td>1</td><td>电动机的接线入口及接线盒盖防水防潮密封处理应符合设计文件要求</td><td>第9.4.4条</td><td>/</td><td></td><td colspan="2"></td></tr>
<tr><td></td><td></td><td></td><td></td><td></td><td colspan="2"></td></tr>
<tr><td></td><td></td><td></td><td></td><td></td><td colspan="2"></td></tr>
<tr><td>施工单位检查结果</td><td colspan="7">专业工长：（签名） 项目专业质量检查员：（签名） 年 月 日</td></tr>
<tr><td>监理单位验收结论</td><td colspan="7">专业监理工程师：（签名） 年 月 日</td></tr>
</table>

7.2.5.56 市政验·厂-54 开关柜、控制盘（柜、箱）检验批质量验收记录

市政基础设施工程

开关柜、控制盘（柜、箱）检验批质量验收记录

市政验·厂-54

第　　页 共　　页

<table>
<tr><td colspan="3">工程名称</td><td colspan="6"></td></tr>
<tr><td colspan="3">单位工程名称</td><td colspan="6"></td></tr>
<tr><td colspan="3">施工单位</td><td colspan="2"></td><td colspan="2">分包单位</td><td colspan="2"></td></tr>
<tr><td colspan="3">项目负责人</td><td colspan="2"></td><td colspan="2">项目技术负责人</td><td colspan="2"></td></tr>
<tr><td colspan="3">分部（子分部）工程名称</td><td colspan="2"></td><td colspan="2">分项工程名称</td><td colspan="2"></td></tr>
<tr><td colspan="3">验收部位/区段</td><td colspan="2"></td><td colspan="2">检验批容量</td><td colspan="2"></td></tr>
<tr><td colspan="3">施工及验收依据</td><td colspan="6">《城镇污水处理厂工程质量验收规范》GB 50334</td></tr>
<tr><td colspan="4">验收项目</td><td>设计要求或规范规定</td><td>最小/实际抽样数量</td><td>检查记录</td><td colspan="2">检查结果</td></tr>
<tr><td rowspan="5">主控项目</td><td>1</td><td colspan="2">开关柜、控制盘（柜、箱）安装应牢固，接线应正确、连接紧密，瓷件应完整、清洁，铁件和瓷件胶合处应完整无损</td><td>第9.5.1条</td><td>/</td><td></td><td colspan="2"></td></tr>
<tr><td>2</td><td colspan="2">开关柜、控制盘（柜、箱）内部元器件整定、调整应符合设计文件要求</td><td>第9.5.2条</td><td>/</td><td></td><td colspan="2"></td></tr>
<tr><td>3</td><td colspan="2">开关柜、控制盘（柜、箱）接地应符合设计文件及《电气装置安装工程盘、柜及二次回路接线施工及验收规范》GB 50171的规定，标识清晰</td><td>第9.5.3条</td><td>/</td><td></td><td colspan="2"></td></tr>
<tr><td>4</td><td colspan="2">开关柜、控制盘（柜、箱）的手车或抽屉式开关柜在推入或拉出时应灵活，五防装置齐全，动作灵活可靠；二次回路连接插件应接触良好，机械闭锁、电气闭锁应动作准确、可靠</td><td>第9.5.4条</td><td>/</td><td></td><td colspan="2"></td></tr>
<tr><td>5</td><td colspan="2">10kV及以下室内配电装置母线应在额定电压下进行3次冲击试验（带PT），无闪络、异味、杂音等现象；对双路或多路供电、变配电装置应核相正确，备自投装置应动作灵敏，变配电装置应带电试运转24小时，无异常</td><td>第9.5.5条</td><td>/</td><td></td><td colspan="2"></td></tr>
<tr><td rowspan="10">一般项目</td><td>1</td><td colspan="2">主控制盘、继电保护盘和自动装置盘等装置不应与基础型钢焊死</td><td>第9.5.7条</td><td>/</td><td></td><td colspan="2"></td></tr>
<tr><td>2</td><td colspan="2">开关柜、控制盘（柜、箱）所有进出孔洞、电缆保护管口应密封严密，箱柜门封条应达到隔断外界潮湿或腐蚀气体的侵蚀效果，安装后不应降低盘（柜、箱）防护等级</td><td>第9.5.8条</td><td>/</td><td></td><td colspan="2"></td></tr>
<tr><td>3</td><td rowspan="8">允许偏差</td><td>基础型钢平面位置（mm）</td><td>10</td><td>/</td><td></td><td colspan="2"></td></tr>
<tr><td>4</td><td>基础型钢标高（mm）</td><td>±10</td><td>/</td><td></td><td colspan="2"></td></tr>
<tr><td>5</td><td>相邻盘（柜、箱）顶高差（mm）</td><td>2</td><td>/</td><td></td><td colspan="2"></td></tr>
<tr><td>6</td><td>成列盘（柜、箱）顶高差（mm）</td><td>5</td><td>/</td><td></td><td colspan="2"></td></tr>
<tr><td>7</td><td>相邻盘（柜、箱）盘面不平度（mm）</td><td>1</td><td>/</td><td></td><td colspan="2"></td></tr>
<tr><td>8</td><td>成列盘（柜、箱）盘面不平度（mm）</td><td>5</td><td>/</td><td></td><td colspan="2"></td></tr>
<tr><td>9</td><td>盘间接缝（mm）</td><td>2</td><td>/</td><td></td><td colspan="2"></td></tr>
<tr><td>10</td><td>盘（柜、箱）垂直度（mm）</td><td>1.5H/1000</td><td>/</td><td></td><td colspan="2"></td></tr>
<tr><td>施工单位检查结果</td><td colspan="8">专业工长：（签名）　　项目专业质量检查员：（签名）　　年　月　日</td></tr>
<tr><td>监理单位验收结论</td><td colspan="8">专业监理工程师：（签名）　　年　月　日</td></tr>
</table>

注：H为盘（柜、箱）高度。

7.2.5.57 市政验·厂-55 不间断电源检验批质量验收记录

市政基础设施工程

不间断电源检验批质量验收记录

市政验·厂-55

第 页 共 页

<table>
<tr><td colspan="3">工程名称</td><td colspan="5"></td></tr>
<tr><td colspan="3">单位工程名称</td><td colspan="5"></td></tr>
<tr><td colspan="3">施工单位</td><td></td><td colspan="2">分包单位</td><td colspan="2"></td></tr>
<tr><td colspan="3">项目负责人</td><td></td><td colspan="2">项目技术负责人</td><td colspan="2"></td></tr>
<tr><td colspan="3">分部（子分部）工程名称</td><td></td><td colspan="2">分项工程名称</td><td colspan="2"></td></tr>
<tr><td colspan="3">验收部位/区段</td><td></td><td colspan="2">检验批容量</td><td colspan="2"></td></tr>
<tr><td colspan="3">施工及验收依据</td><td colspan="5">《城镇污水处理厂工程质量验收规范》GB 50334</td></tr>
<tr><td colspan="3">验收项目</td><td>设计要求或规范规定</td><td>最小/实际抽样数量</td><td>检查记录</td><td colspan="2">检查结果</td></tr>
<tr><td rowspan="2">主控项目</td><td>1</td><td>不间断电源安装应符合设计、设备技术文件及《建筑电气工程施工质量验收规范》GB 50303的相关规定</td><td>第9.6.1条</td><td>/</td><td></td><td colspan="2"></td></tr>
<tr><td></td><td></td><td></td><td></td><td></td><td colspan="2"></td></tr>
<tr><td rowspan="3">一般项目</td><td>1</td><td>不间断电源主机柜、蓄电池屏或机架安装水平度允许偏差不应大于其长度的1.5‰，垂直度不应大于其高度的1.5‰</td><td>第9.6.2条</td><td>/</td><td></td><td colspan="2"></td></tr>
<tr><td></td><td></td><td></td><td></td><td></td><td colspan="2"></td></tr>
<tr><td></td><td></td><td></td><td></td><td></td><td colspan="2"></td></tr>
<tr><td colspan="2">施工单位检查结果</td><td colspan="6">专业工长：（签名） 项目专业质量检查员：（签名） 年 月 日</td></tr>
<tr><td colspan="2">监理单位验收结论</td><td colspan="6">专业监理工程师：（签名） 年 月 日</td></tr>
</table>

7.2.5.58 市政验·厂-56 电缆桥架检验批质量验收记录

市政基础设施工程

电缆桥架检验批质量验收记录

市政验·厂-56

第　　页 共　　页

<table>
<tr><td colspan="3">工程名称</td><td colspan="5"></td></tr>
<tr><td colspan="3">单位工程名称</td><td colspan="5"></td></tr>
<tr><td colspan="3">施工单位</td><td></td><td colspan="2">分包单位</td><td colspan="2"></td></tr>
<tr><td colspan="3">项目负责人</td><td></td><td colspan="2">项目技术负责人</td><td colspan="2"></td></tr>
<tr><td colspan="3">分部（子分部）工程名称</td><td></td><td colspan="2">分项工程名称</td><td colspan="2"></td></tr>
<tr><td colspan="3">验收部位/区段</td><td></td><td colspan="2">检验批容量</td><td colspan="2"></td></tr>
<tr><td colspan="3">施工及验收依据</td><td colspan="5">《城镇污水处理厂工程质量验收规范》GB 50334</td></tr>
<tr><td colspan="3">验收项目</td><td>设计要求或规范规定</td><td>最小/实际抽样数量</td><td>检查记录</td><td colspan="2">检查结果</td></tr>
<tr><td>主控项目</td><td>1</td><td>金属电缆桥架及支架和引入或引出的金属电缆导管必须接地可靠，并符合下列规定：
1　金属电缆桥架及其支架全长不应少于2处与接地干线相连接；
2　金属电缆桥架（镀锌、不锈钢、铝合金电缆桥架除外）间连接板的两端应跨接镀锡铜芯接地线，接地线最小允许截面积不小于4mm²；
3　镀锌、不锈钢、铝合金桥架间连接板的两端不跨接接地线时，连接板两端应设置不少于2个有防松螺帽或防松垫圈的连接固定螺栓</td><td>第9.7.1条</td><td>/</td><td></td><td colspan="2"></td></tr>
<tr><td rowspan="2">一般项目</td><td>1</td><td>电缆桥架、伸缩节、补偿装置、支架与临近管道间距等应符合设计文件及国家现行标准《建筑电气工程施工质量验收规范》GB 50303的相关规定</td><td>第9.7.2条</td><td>/</td><td></td><td colspan="2"></td></tr>
<tr><td>2</td><td>电缆桥架外观应无锈蚀破损，安装应牢固、平直，无明显的扭曲或倾斜，同一直线段上的电缆桥架中心线允许偏差为10mm，标高允许偏差为±5mm</td><td>第9.7.3条</td><td>/</td><td></td><td colspan="2"></td></tr>
<tr><td>施工单位检查结果</td><td colspan="7">专业工长：（签名）　　项目专业质量检查员：（签名）　　年　月　日</td></tr>
<tr><td>监理单位验收结论</td><td colspan="7">专业监理工程师：（签名）　　年　月　日</td></tr>
</table>

7.2.5.59 市政验·厂-57 电缆及导管检验批质量验收记录

市政基础设施工程

电缆及导管检验批质量验收记录

市政验·厂-57

第　　页 共　　页

<table>
<tr><td colspan="3">工程名称</td><td colspan="4"></td></tr>
<tr><td colspan="3">单位工程名称</td><td colspan="4"></td></tr>
<tr><td colspan="3">施工单位</td><td></td><td colspan="2">分包单位</td><td></td></tr>
<tr><td colspan="3">项目负责人</td><td></td><td colspan="2">项目技术负责人</td><td></td></tr>
<tr><td colspan="3">分部（子分部）工程名称</td><td></td><td colspan="2">分项工程名称</td><td></td></tr>
<tr><td colspan="3">验收部位/区段</td><td></td><td colspan="2">检验批容量</td><td></td></tr>
<tr><td colspan="3">施工及验收依据</td><td colspan="4">《城镇污水处理厂工程质量验收规范》GB 50334</td></tr>
<tr><td colspan="4">验收项目</td><td>设计要求或规范规定</td><td>最小/实际抽样数量</td><td>检查记录</td><td>检查结果</td></tr>
<tr><td rowspan="4">主控项目</td><td>1</td><td colspan="2">电缆型号、规格、绝缘性能应符合设计文件要求，电缆外表应无破损、机械损伤，电缆的首端、末端和分支处应设标志牌，回路标记应清晰、准确</td><td>第 9.8.1 条</td><td>/</td><td></td><td></td></tr>
<tr><td>2</td><td colspan="2">电缆的固定、弯曲半径、间距及电缆金属保护层的接线应符合设计文件及相关标准规定</td><td>第 9.8.2 条</td><td>/</td><td></td><td></td></tr>
<tr><td>3</td><td colspan="2">电力电缆终端头安装应牢固，相色正确，电缆芯线与接续端子应规格适配</td><td>第 9.8.3 条</td><td>/</td><td></td><td></td></tr>
<tr><td>4</td><td colspan="2">金属导管焊接、连接应符合《建筑电气工程施工质量验收规范》GB 50303 的相关规定</td><td>第 9.8.4 条</td><td>/</td><td></td><td></td></tr>
<tr><td rowspan="9">一般项目</td><td>1</td><td rowspan="9">允许偏差</td><td>电缆保护管不应有变形及裂缝，内部应清洁、无毛刺，管口应光滑、无锐边，保护管弯曲处不应有凹陷、裂缝和明显的弯扁</td><td>第 9.8.5 条</td><td>/</td><td></td><td></td></tr>
<tr><td>2</td><td>电缆支架应牢固可靠，油漆应完好无损</td><td>第 9.8.6 条</td><td>/</td><td></td><td></td></tr>
<tr><td>3</td><td>高压电缆和低压电缆、动力电缆和控制电缆应分层架设，不应相互交叉，必需交叉时应采用隔板隔离</td><td>第 9.8.7 条</td><td>/</td><td></td><td></td></tr>
<tr><td>4</td><td>电缆管线和其他管线的间距及敷设位置应符合设计文件及国家现行标准《电气装置安装工程电缆线路施工及验收规范》GB 50168 的相关规定</td><td>第 9.8.8 条</td><td>/</td><td></td><td></td></tr>
<tr><td>5</td><td>电缆沟及隧道内应无杂物，盖板应齐全、稳固、平整，并应符合设计文件要求</td><td>第 9.8.9 条</td><td>/</td><td></td><td></td></tr>
<tr><td>6</td><td>电缆出入电缆沟、竖井、建筑物、柜（盘）、台等处应作防火隔堵，管口处应作密封处理</td><td>第 9.8.10 条</td><td>/</td><td></td><td></td></tr>
<tr><td>7</td><td>明配的导管应排列整齐、安装牢固，固定点间距应符合国家现行标准《电气装置安装工程电缆线路施工及验收规范》GB 50168 的相关规定。</td><td>第 9.8.11 条</td><td>/</td><td></td><td></td></tr>
<tr><td>8</td><td>金属软管或可挠金属电线管的长度宜不大于 800mm，应采用专用接头连接，密封可靠</td><td>第 9.8.12 条</td><td>/</td><td></td><td></td></tr>
<tr><td>9</td><td>潜水泵、潜水搅拌（推进）器等设备的水下电缆敷设悬挂引力适当，不应松散、滑脱，电缆与周边部件不应有碰撞和摩擦；水下电缆距潜水泵吸入口、设备转动部分应不小于 350mm</td><td>第 9.8.13 条</td><td>/</td><td></td><td></td></tr>
<tr><td>施工单位检查结果</td><td colspan="7">专业工长：（签名）　　　　项目专业质量检查员：（签名）　　　　年　月　日</td></tr>
<tr><td>监理单位验收结论</td><td colspan="7">专业监理工程师：（签名）　　　　年　月　日</td></tr>
</table>

7.2.5.60 市政验·厂-58 接地装置、防雷设施及等电位联结检验批质量验收记录

市政基础设施工程

接地装置、防雷设施及等电位联结检验批质量验收记录

市政验·厂-58

第　　页 共　　页

<table>
<tr><td colspan="3">工程名称</td><td colspan="5"></td></tr>
<tr><td colspan="3">单位工程名称</td><td colspan="5"></td></tr>
<tr><td colspan="3">施工单位</td><td></td><td colspan="2">分包单位</td><td colspan="2"></td></tr>
<tr><td colspan="3">项目负责人</td><td></td><td colspan="2">项目技术负责人</td><td colspan="2"></td></tr>
<tr><td colspan="3">分部（子分部）工程名称</td><td></td><td colspan="2">分项工程名称</td><td colspan="2"></td></tr>
<tr><td colspan="3">验收部位/区段</td><td></td><td colspan="2">检验批容量</td><td colspan="2"></td></tr>
<tr><td colspan="3">施工及验收依据</td><td colspan="5">《城镇污水处理厂工程质量验收规范》GB 50334</td></tr>
<tr><td colspan="3">验收项目</td><td>设计要求或规范规定</td><td>最小/实际抽样数量</td><td>检查记录</td><td colspan="2">检查结果</td></tr>
<tr><td rowspan="5">主控项目</td><td>1</td><td>接地装置的接地电阻值必须符合设计文件要求</td><td>第9.9.1条</td><td>/</td><td></td><td colspan="2"></td></tr>
<tr><td>2</td><td>变压器室和变、配电室内的接地干线与接地装置引出干线的连接位置和连接方式应符合设计文件要求</td><td>第9.9.2条</td><td>/</td><td></td><td colspan="2"></td></tr>
<tr><td>3</td><td>接地装置、防雷设施安装应符合设计文件及《电气装置安装工程接地装置施工及验收规范》GB 50169的相关规定</td><td>第9.9.3条</td><td>/</td><td></td><td colspan="2"></td></tr>
<tr><td>4</td><td>消化池内壁敷设的防静电接地导体应与引入的金属管道及电缆的铠装金属外壳连接，并引至罐槽的外壁与接地装置连接</td><td>第9.9.4条</td><td>/</td><td></td><td colspan="2"></td></tr>
<tr><td>5</td><td>建筑物等电位联结网络应符合设计文件及《建筑电气工程施工质量验收规范》GB 50303的相关规定</td><td>第9.9.5条</td><td>/</td><td></td><td colspan="2"></td></tr>
<tr><td rowspan="3">一般项目</td><td>1</td><td>接地装置的焊接应采用搭接焊，搭接长度应符合《建筑电气工程施工质量验收规范》GB 50303的相关规定</td><td>第9.9.6条</td><td>/</td><td></td><td colspan="2"></td></tr>
<tr><td>2</td><td>变、配电室配电间隔、静止补偿装置的栅栏门及变配电室金属门铰链处的接地连接，应采用镀锡编织铜线</td><td>第9.9.7条</td><td>/</td><td></td><td colspan="2"></td></tr>
<tr><td>3</td><td>可接近裸露导体或其他金属部件、构件与就近敷设的等电位联结线应连接可靠</td><td>第9.9.8条</td><td>/</td><td></td><td colspan="2"></td></tr>
<tr><td colspan="2">施工单位检查结果</td><td colspan="6">专业工长：（签名）　　项目专业质量检查员：（签名）　　年　月　日</td></tr>
<tr><td colspan="2">监理单位验收结论</td><td colspan="6">专业监理工程师：（签名）　　年　月　日</td></tr>
</table>

7.2.5.61 市政验·厂-59 中心控制系统检验批质量验收记录

市政基础设施工程

中心控制系统检验批质量验收记录

市政验·厂-59

第　页 共　页

<table>
<tr><td colspan="2">工程名称</td><td colspan="5"></td></tr>
<tr><td colspan="2">单位工程名称</td><td colspan="5"></td></tr>
<tr><td colspan="2">施工单位</td><td></td><td colspan="2">分包单位</td><td colspan="2"></td></tr>
<tr><td colspan="2">项目负责人</td><td></td><td colspan="2">项目技术负责人</td><td colspan="2"></td></tr>
<tr><td colspan="2">分部（子分部）工程名称</td><td></td><td colspan="2">分项工程名称</td><td colspan="2"></td></tr>
<tr><td colspan="2">验收部位/区段</td><td></td><td colspan="2">检验批容量</td><td colspan="2"></td></tr>
<tr><td colspan="2">施工及验收依据</td><td colspan="5">《城镇污水处理厂工程质量验收规范》GB 50334</td></tr>
<tr><td colspan="3">验收项目</td><td>设计要求或规范规定</td><td>最小/实际抽样数量</td><td>检查记录</td><td>检查结果</td></tr>
<tr><td rowspan="3">主控项目</td><td>1</td><td>中心控制系统的线路应连接牢固正确，线路布设应符合设计要求</td><td>第10.2.1条</td><td>/</td><td></td><td></td></tr>
<tr><td>2</td><td>中心控制系统应按设计要求采用不间断电源供电</td><td>第10.2.2条</td><td>/</td><td></td><td></td></tr>
<tr><td>3</td><td>中心控制系统应反映整个厂区的工艺处理情况，显示及数据应与实际情况一致，不应有超出工艺要求的延迟</td><td>第10.2.3条</td><td>/</td><td></td><td></td></tr>
<tr><td>一般项目</td><td>1</td><td>中心控制系统的性能应符合设计要求，且应具备下列功能：
（1）现场信息的采集和输入；
（2）数据处理；
（3）过程测量、控制和监视；
（4）用户程序组态、生成；
（5）过程控制输出；
（6）显示、输出、打印、记录各工艺段参数的历史曲线；
（7）自诊断功能；
（8）报警、保护与自启动；
（9）通信；
（10）设计文件所规定的其他系统</td><td>第10.2.4条</td><td>/</td><td></td><td></td></tr>
<tr><td>施工单位检查结果</td><td colspan="6">专业工长：（签名）　项目专业质量检查员：（签名）　年　月　日</td></tr>
<tr><td>监理单位验收结论</td><td colspan="6">专业监理工程师：（签名）　年　月　日</td></tr>
</table>

7.2.5.62 市政验·厂-60 控制（仪表）盘、柜、箱检验批质量验收记录

市政基础设施工程

控制（仪表）盘、柜、箱检验批质量验收记录

市政验·厂-60

第　　页 共　　页

<table>
<tr><td colspan="3">工程名称</td><td colspan="5"></td></tr>
<tr><td colspan="3">单位工程名称</td><td colspan="5"></td></tr>
<tr><td colspan="3">施工单位</td><td colspan="2"></td><td colspan="2">分包单位</td><td></td></tr>
<tr><td colspan="3">项目负责人</td><td colspan="2"></td><td colspan="2">项目技术负责人</td><td></td></tr>
<tr><td colspan="3">分部（子分部）工程名称</td><td colspan="2"></td><td colspan="2">分项工程名称</td><td></td></tr>
<tr><td colspan="3">验收部位/区段</td><td colspan="2"></td><td colspan="2">检验批容量</td><td></td></tr>
<tr><td colspan="3">施工及验收依据</td><td colspan="5">《城镇污水处理厂工程质量验收规范》GB 50334</td></tr>
<tr><td colspan="4">验收项目</td><td>设计要求或规范规定</td><td>最小/实际抽样数量</td><td>检查记录</td><td>检查结果</td></tr>
<tr><td rowspan="2">主控项目</td><td>1</td><td colspan="2">控制（仪表）盘、柜、箱的安装应牢固可靠，连接正确</td><td>第10.3.1条</td><td>/</td><td></td><td></td></tr>
<tr><td>2</td><td colspan="2">在振动、多尘、潮湿、腐蚀、爆炸和火灾危险场所安装的控制（仪表）盘、柜、箱，防护措施应符合设计要求</td><td>第10.3.2条</td><td>/</td><td></td><td></td></tr>
<tr><td rowspan="9">一般项目</td><td>1</td><td colspan="2">控制（仪表）盘、柜、箱安装的位置应符合设计文件的规定</td><td>第10.3.3条</td><td>/</td><td></td><td></td></tr>
<tr><td>2</td><td rowspan="8">允许偏差</td><td>基础型钢平面位置（mm）</td><td>10</td><td>/</td><td></td><td></td></tr>
<tr><td>3</td><td>基础型钢标高（mm）</td><td>±10</td><td>/</td><td></td><td></td></tr>
<tr><td>4</td><td>相邻盘（柜、箱）顶高差（mm）</td><td>2</td><td>/</td><td></td><td></td></tr>
<tr><td>5</td><td>成列盘（柜、箱）顶高差</td><td>5</td><td>/</td><td></td><td></td></tr>
<tr><td>6</td><td>相邻盘（柜、箱）盘面不平度（mm）</td><td>1</td><td>/</td><td></td><td></td></tr>
<tr><td>7</td><td>成列盘（柜、箱）盘面不平度（mm）</td><td>5</td><td>/</td><td></td><td></td></tr>
<tr><td>8</td><td>盘间接缝（mm）</td><td>2</td><td>/</td><td></td><td></td></tr>
<tr><td>9</td><td>盘（柜、箱）垂直度（mm）</td><td>1.5H/1000</td><td>/</td><td></td><td></td></tr>
<tr><td colspan="2">施工单位检查结果</td><td colspan="6">专业工长：（签名）　　项目专业质量检查员：（签名）　　年　月　日</td></tr>
<tr><td colspan="2">监理单位验收结论</td><td colspan="6">专业监理工程师：（签名）　　年　月　日</td></tr>
</table>

注：H为盘（柜、箱）高度。

7.2.5.63 市政验·厂-61 仪表设备检验批质量验收记录

市政基础设施工程

仪表设备检验批质量验收记录

市政验·厂-61

第　　页 共　　页

<table>
<tr><td colspan="4">工程名称</td><td colspan="4"></td></tr>
<tr><td colspan="4">单位工程名称</td><td colspan="4"></td></tr>
<tr><td colspan="4">施工单位</td><td></td><td colspan="2">分包单位</td><td></td></tr>
<tr><td colspan="4">项目负责人</td><td></td><td colspan="2">项目技术负责人</td><td></td></tr>
<tr><td colspan="4">分部（子分部）工程名称</td><td></td><td colspan="2">分项工程名称</td><td></td></tr>
<tr><td colspan="4">验收部位/区段</td><td></td><td colspan="2">检验批容量</td><td></td></tr>
<tr><td colspan="4">施工及验收依据</td><td colspan="4">《城镇污水处理厂工程质量验收规范》GB 50334</td></tr>
<tr><td colspan="4">验收项目</td><td>设计要求或规范规定</td><td>最小/实际抽样数量</td><td>检查记录</td><td>检查结果</td></tr>
<tr><td rowspan="5">主控项目</td><td>1</td><td colspan="2">仪表设备及部件应安装牢固，连接正确，安装位置、接地应符合设计要求</td><td>第 10.4.1 条</td><td>/</td><td></td><td></td></tr>
<tr><td>2</td><td colspan="2">仪表取源部件的安装应符合设计及《自动化仪表工程施工及质量验收规范》GB 50093 的相关规定</td><td>第 10.4.2 条</td><td>/</td><td></td><td></td></tr>
<tr><td>3</td><td colspan="2">自动控制、仪表线路从室外进入室内时，应有防水和封堵措施</td><td>第 10.4.3 条</td><td>/</td><td></td><td></td></tr>
<tr><td>4</td><td colspan="2">有报警装置的仪表或设备，应根据设计文件规定的设定值进行整定或标定</td><td>第 10.4.4 条</td><td>/</td><td></td><td></td></tr>
<tr><td>5</td><td colspan="2">仪表设备在运行前应经过单体调校，调校方法应符合设备技术文件及《自动化仪表工程施工及质量验收规范》GB 50093 的相关规定</td><td>第 10.4.5 条</td><td>/</td><td></td><td></td></tr>
<tr><td rowspan="10">一般项目</td><td>1</td><td colspan="2">可燃气体、有毒气体分析仪表所检测气体密度大于空气密度时，其检测器应安装在距地面 200mm～300mm 处；密度小于空气密度时，检测器应安装在泄漏区域的上方</td><td>第 10.4.7 条</td><td>/</td><td></td><td></td></tr>
<tr><td>2</td><td colspan="2">直接安装在设备或管道上的仪表在安装完毕后，应随同设备或管道进行压力试验</td><td>第 10.4.8 条</td><td>/</td><td></td><td></td></tr>
<tr><td>3</td><td colspan="2">仪表接线箱（盒）电缆进出口应做密封处理，进出口不宜朝上</td><td>第 10.4.9 条</td><td>/</td><td></td><td></td></tr>
<tr><td>4</td><td colspan="2">在线非取样分析仪表的传感器的安装高度应在最低液位以下 200mm</td><td>第 10.4.10 条</td><td>/</td><td></td><td></td></tr>
<tr><td>5</td><td colspan="2">浊度仪主体顶部安装应水平，其取源部件应避开气泡多的地方</td><td>第 10.4.11 条</td><td>/</td><td></td><td></td></tr>
<tr><td>6</td><td colspan="2">流量计的安装前后直管道的长度应符合设计要求，且宜安装在管路低点或上升流管道上</td><td>第 10.4.12 条</td><td>/</td><td></td><td></td></tr>
<tr><td>7</td><td rowspan="4">允许偏差</td><td>仪表设备平面位置（mm）</td><td>10</td><td>/</td><td></td><td></td></tr>
<tr><td>8</td><td>仪表设备标高（mm）</td><td>±10</td><td>/</td><td></td><td></td></tr>
<tr><td>9</td><td>仪表控制箱（柜）水平度（mm）</td><td>$L/1000$</td><td>/</td><td></td><td></td></tr>
<tr><td>10</td><td>仪表控制箱（柜）垂直度（mm）</td><td>$1.5H/1000$</td><td>/</td><td></td><td></td></tr>
<tr><td>施工单位检查结果</td><td colspan="7">专业工长：（签名）　　项目专业质量检查员：（签名）　　年　月　日</td></tr>
<tr><td>监理单位验收结论</td><td colspan="7">专业监理工程师：（签名）　　年　月　日</td></tr>
</table>

注：L 为仪表控制箱（柜）长度；H 为仪表控制箱（柜）高度。

7.2.5.64 市政验·厂-62 监控设备检验批质量验收记录

市政基础设施工程

监控设备检验批质量验收记录

市政验·厂-62

第　　页 共　　页

<table>
<tr><td colspan="3">工程名称</td><td colspan="4"></td></tr>
<tr><td colspan="3">单位工程名称</td><td colspan="4"></td></tr>
<tr><td colspan="3">施工单位</td><td>分包单位</td><td colspan="3"></td></tr>
<tr><td colspan="3">项目负责人</td><td>项目技术负责人</td><td colspan="3"></td></tr>
<tr><td colspan="3">分部（子分部）工程名称</td><td>分项工程名称</td><td colspan="3"></td></tr>
<tr><td colspan="3">验收部位/区段</td><td>检验批容量</td><td colspan="3"></td></tr>
<tr><td colspan="3">施工及验收依据</td><td colspan="4">《城镇污水处理厂工程质量验收规范》GB 50334</td></tr>
<tr><td colspan="3">验收项目</td><td>设计要求或规范规定</td><td>最小/实际抽样数量</td><td>检查记录</td><td>检查结果</td></tr>
<tr><td rowspan="4">主控项目</td><td>1</td><td>监控设备安装应牢固、端正，符合设计文件要求</td><td>第10.5.1条</td><td>/</td><td></td><td></td></tr>
<tr><td>2</td><td>监控设备的接地安装应符合设计文件要求</td><td>第10.5.2条</td><td>/</td><td></td><td></td></tr>
<tr><td>3</td><td>拼接屏的拼接缝应符合设备技术文件要求</td><td>第10.5.3条</td><td>/</td><td></td><td></td></tr>
<tr><td>4</td><td>模拟屏、拼接屏的安装应牢固可靠</td><td>第10.5.4条</td><td>/</td><td></td><td></td></tr>
<tr><td rowspan="9">一般项目</td><td>1</td><td>控制（仪表）盘、柜、箱安装的位置应符合设计文件的规定</td><td>第10.3.3条</td><td>/</td><td></td><td></td></tr>
<tr><td>2</td><td>允许偏差：基础型钢平面位置（mm）</td><td>10</td><td>/</td><td></td><td></td></tr>
<tr><td>3</td><td>允许偏差：基础型钢标高（mm）</td><td>±10</td><td>/</td><td></td><td></td></tr>
<tr><td>4</td><td>允许偏差：相邻盘（柜、箱）顶高差（mm）</td><td>2</td><td>/</td><td></td><td></td></tr>
<tr><td>5</td><td>允许偏差：成列盘（柜、箱）顶高差（mm）</td><td>5</td><td>/</td><td></td><td></td></tr>
<tr><td>6</td><td>允许偏差：相邻盘（柜、箱）盘面不平度（mm）</td><td>1</td><td>/</td><td></td><td></td></tr>
<tr><td>7</td><td>允许偏差：成列盘（柜、箱）盘面不平度（mm）</td><td>5</td><td>/</td><td></td><td></td></tr>
<tr><td>8</td><td>允许偏差：盘间接缝（mm）</td><td>2</td><td>/</td><td></td><td></td></tr>
<tr><td>9</td><td>允许偏差：盘（柜、箱）垂直度（mm）</td><td>1.5H/1000</td><td>/</td><td></td><td></td></tr>
<tr><td>施工单位检查结果</td><td colspan="6">专业工长：（签名）　　项目专业质量检查员：（签名）　　年　月　日</td></tr>
<tr><td>监理单位验收结论</td><td colspan="6">专业监理工程师：（签名）　　年　月　日</td></tr>
</table>

注：H为盘（柜、箱）高度。

7.2.5.65 市政验·厂-63 执行机构、调节阀检验批质量验收记录

市政基础设施工程

执行机构、调节阀检验批质量验收记录

市政验·厂-63

第　页共　页

工程名称					
单位工程名称					
施工单位			分包单位		
项目负责人			项目技术负责人		
分部（子分部）工程名称			分项工程名称		
验收部位/区段			检验批容量		
施工及验收依据	《城镇污水处理厂工程质量验收规范》GB 50334				

验收项目			设计要求或规范规定	最小/实际抽样数量	检查记录	检查结果
主控项目	1	执行机构的安装位置应便于观察、操作和维护，安装应牢固、平整，附件齐全，接管接线无误，进出口方向正确	第10.6.1条	/		
	2	执行机构与操作手轮的“开”和“关”的方向应一致，并有标识	第10.6.2条	/		
	3	执行机构应正确及时的反映中心控制系统的指令，不应有超出工艺要求的延迟	第10.6.3条	/		
	4	执行机构指示器的开度位置和上传的开度信号应与实际开度相符，调节机构在全开到全关的范围内动作应准确、灵活、平稳，机械传动灵活，无松动和卡涩现象	第10.6.4条	/		
一般项目	1	执行机构、调节阀安装工程验收时整机应清洁、无锈蚀，漆层平整光亮无脱落	第10.6.5条	/		
	2	气动或液压执行机构的连接管道和线路应有伸缩余度，不应妨碍执行机构的动作	第10.6.6条	/		
	3	电磁阀安装应连接牢固、正确，动作灵活，电磁阀排气口方向应向下	第10.6.7条	/		
	4	气动执行器操作时，应断开手动装置，手动操作时应断开气动装置，保证执行器输出轴与阀杆安装的同轴度，并转动灵活，无爬行现象	第10.6.8条	/		
	5	调节器的正反作用及输出信号特性应符合设计文件要求	第10.6.9条	/		
施工单位检查结果	专业工长：（签名）　　项目专业质量检查员：（签名）　　年　月　日					
监理单位验收结论	专业监理工程师：（签名）　　年　月　日					

7.2.5.66 市政验·厂-64-1 工艺管线检验批质量验收记录（一）

市政基础设施工程

工艺管线检验批质量验收记录（一）

市政验·厂-64-1

第　　页　共　　页

<table>
<tr><td colspan="3">工程名称</td><td colspan="5"></td></tr>
<tr><td colspan="3">单位工程名称</td><td colspan="5"></td></tr>
<tr><td colspan="3">施工单位</td><td></td><td colspan="2">分包单位</td><td colspan="2"></td></tr>
<tr><td colspan="3">项目负责人</td><td></td><td colspan="2">项目技术负责人</td><td colspan="2"></td></tr>
<tr><td colspan="3">分部（子分部）工程名称</td><td></td><td colspan="2">分项工程名称</td><td colspan="2"></td></tr>
<tr><td colspan="3">验收部位/区段</td><td></td><td colspan="2">检验批容量</td><td colspan="2"></td></tr>
<tr><td colspan="3">施工及验收依据</td><td colspan="5">《城镇污水处理厂工程质量验收规范》GB 50334</td></tr>
<tr><td colspan="4">验收项目</td><td>设计要求或规范规定</td><td>最小/实际抽样数量</td><td>检查记录</td><td>检查结果</td></tr>
<tr><td rowspan="7">主控项目</td><td>1</td><td colspan="2">管道基础的承载力、强度、压实度应符合设计文件及《给水排水管道工程施工及验收规范》GB 50268的相关规定．</td><td>第11.2.1条</td><td>/</td><td></td><td></td></tr>
<tr><td>2</td><td colspan="2">管道连接应符合下列规定：
1　各类承插口管材的承口、插口应无破损、开裂，承插完成后密封圈位置应正确，不外露，两连接管节的轴线应对正插入，插入深度应符合要求。
2　各类法兰连接管材，两连接管节的法兰压盖的纵向轴线应对正，密封圈位置正确，不外露，连接螺栓终拧扭矩应符合设计文件。
3　混凝土管材采用刚性接口时，接口混凝土强度应符合设计文件要求，且不得有开裂、空鼓、脱落现象。
4　焊接连接的管道焊缝应饱满、表面平整，不得有裂纹、烧伤、结瘤等现象，进行焊缝检查前应清除焊缝的渣皮、飞溅物。
5　管道接口采用粘接时应牢固，连接件之间应严密、无空隙。
6　化学建材管采用熔焊连接时，焊缝应完整，无缺损和变形现象。
7　其他管道连接应符合设计文件及相关标准要求</td><td>第11.2.2条</td><td>/</td><td></td><td></td></tr>
<tr><td>3</td><td colspan="2">在管道穿越池体、墙体和楼板处应按设计文件要求设置套管，套管的安装质量应符合设计文件及相关标准规定</td><td>第11.2.3条</td><td>/</td><td></td><td></td></tr>
<tr><td>4</td><td colspan="2">穿墙管及与池体连接管道的安装应符合设计文件和沉降要求</td><td>第11.2.4条</td><td>/</td><td></td><td></td></tr>
<tr><td>5</td><td colspan="2">管道与设备连接部位应牢固、紧密、无泄漏，并符合设计、设备技术文件及相关标准规定</td><td>第11.2.5条</td><td>/</td><td></td><td></td></tr>
<tr><td>6</td><td colspan="2">管道安全放气阀、安全阀安装应符合设计文件要求，并应有明确标识</td><td>第11.2.6条</td><td>/</td><td></td><td></td></tr>
<tr><td>7</td><td colspan="2">管道安装坡度应符合设计文件要求</td><td>第11.2.7条</td><td>/</td><td></td><td></td></tr>
<tr><td>施工单位检查结果</td><td colspan="7">专业工长：（签名）　　项目专业质量检查员：（签名）　　年　月　日</td></tr>
<tr><td>监理单位验收结论</td><td colspan="7">专业监理工程师：（签名）　　年　月　日</td></tr>
</table>

7.2.5.67 市政验·厂-64-2 工艺管线检验批质量验收记录（二）

市政基础设施工程

工艺管线检验批质量验收记录（二）

市政验·厂-64-2

第　　页 共　　页

<table>
<tr><td colspan="3">工程名称</td><td colspan="5"></td></tr>
<tr><td colspan="3">单位工程名称</td><td colspan="5"></td></tr>
<tr><td colspan="3">施工单位</td><td></td><td colspan="2">分包单位</td><td colspan="2"></td></tr>
<tr><td colspan="3">项目负责人</td><td></td><td colspan="2">项目技术负责人</td><td colspan="2"></td></tr>
<tr><td colspan="3">分部（子分部）工程名称</td><td></td><td colspan="2">分项工程名称</td><td colspan="2"></td></tr>
<tr><td colspan="3">验收部位/区段</td><td></td><td colspan="2">检验批容量</td><td colspan="2"></td></tr>
<tr><td colspan="3">施工及验收依据</td><td colspan="5">《城镇污水处理厂工程质量验收规范》GB 50334</td></tr>
<tr><td colspan="3">验收项目</td><td>设计要求或规范规定</td><td>最小/实际抽样数量</td><td>检查记录</td><td colspan="2">检查结果</td></tr>
<tr><td rowspan="10">主控项目</td><td>1</td><td>管道垫层、基础高程及固定支架安装位置应符合设计文件及《给水排水管道工程施工及验收规范》GB 50268 的相关规定</td><td>第 11.2.8 条</td><td>/</td><td></td><td colspan="2"></td></tr>
<tr><td>2</td><td>管道安装的线位应准确、管道线形应直顺，管道中线位置、高程的允许偏差应符合设计及相关标准规定</td><td>第 11.2.9 条</td><td>/</td><td></td><td colspan="2"></td></tr>
<tr><td>3</td><td>焊接及粘接的管道允许偏差应符合设计及相关标准规定</td><td>第 11.2.10 条</td><td>/</td><td></td><td colspan="2"></td></tr>
<tr><td>4</td><td>箱涵管渠的施工质量应符合设计文件及相关标准规定</td><td>第 11.2.11 条</td><td>/</td><td></td><td colspan="2"></td></tr>
<tr><td>5</td><td>部件安装应平直、不扭曲，表面不应有裂纹、重皮和麻面等缺陷，外圆弧应均匀</td><td>第 11.2.12 条</td><td>/</td><td></td><td colspan="2"></td></tr>
<tr><td>6</td><td>管道的检查井砌筑应灰浆饱满，灰缝平整，抹面坚实，不得有空鼓、裂缝等现象，检查井安装质量应符合设计文件及《给水排水管道工程施工及验收规范》GB 50268 的相关规定</td><td>第 11.2.13 条</td><td>/</td><td></td><td colspan="2"></td></tr>
<tr><td>7</td><td>管道保温、防腐层的结构及材质应符合设计文件及相关标准规定</td><td>第 11.2.14 条</td><td>/</td><td></td><td colspan="2"></td></tr>
<tr><td>8</td><td>管道阴极保护工程质量应符合设计文件和《埋地钢质管道阴极保护技术规范》GB/T 21448 相关规定</td><td>第 11.2.15 条</td><td>/</td><td></td><td colspan="2"></td></tr>
<tr><td>9</td><td>非开挖管道工程施工质量应符合设计文件及《给水排水管道工程施工及验收规范》GB 50268 相关规定</td><td>第 11.2.16 条</td><td>/</td><td></td><td colspan="2"></td></tr>
<tr><td>10</td><td>管道的吹扫与清洗应符合相关标准规定</td><td>第 11.2.17 条</td><td>/</td><td></td><td colspan="2"></td></tr>
<tr><td>施工单位检查结果</td><td colspan="7">专业工长：（签名）　　项目专业质量检查员：（签名）　　年　月　日</td></tr>
<tr><td>监理单位验收结论</td><td colspan="7">专业监理工程师：（签名）　　年　月　日</td></tr>
</table>

7.2.5.68 市政验·厂-65 配套管线检验批质量验收记录

市政基础设施工程

配套管线检验批质量验收记录

市政验·厂-65

第　　页 共　　页

工程名称							
单位工程名称							
施工单位				分包单位			
项目负责人				项目技术负责人			
分部（子分部）工程名称				分项工程名称			
验收部位/区段				检验批容量			
施工及验收依据	《城镇污水处理厂工程质量验收规范》GB 50334						
验收项目			设计要求或规范规定	最小/实际抽样数量	检查记录	检查结果	
主控项目	1	厂区内配套管线与外网连接接口应符合下列要求： （1）接口的位置应符合设计及相关标准规定； （2）接口的质量应符合相关标准规定	第 11.3.1 条	/			
	2	内外网连接处的检查井、闸、阀等应符合设计及相关标准规定	第 11.3.2 条	/			
	3	配套管线工程的质量验收除应符合本规范外，尚应符合国家现行有关标准的规定	第 11.3.3 条	/			
施工单位检查结果	专业工长：（签名）　　项目专业质量检查员：（签名）　　年　月　日						
监理单位验收结论	专业监理工程师：（签名）　　年　月　日						

7.2.5.69 市政验·厂-66 构筑物功能性试验检验批质量验收记录

市政基础设施工程

构筑物功能性试验检验批质量验收记录

市政验·厂-66

第　　页 共　　页

<table>
<tr><td colspan="3">工程名称</td><td colspan="5"></td></tr>
<tr><td colspan="3">单位工程名称</td><td colspan="5"></td></tr>
<tr><td colspan="3">施工单位</td><td></td><td colspan="2">分包单位</td><td colspan="2"></td></tr>
<tr><td colspan="3">项目负责人</td><td></td><td colspan="2">项目技术负责人</td><td colspan="2"></td></tr>
<tr><td colspan="3">分部（子分部）工程名称</td><td></td><td colspan="2">分项工程名称</td><td colspan="2"></td></tr>
<tr><td colspan="3">验收部位/区段</td><td></td><td colspan="2">检验批容量</td><td colspan="2"></td></tr>
<tr><td colspan="3">施工及验收依据</td><td colspan="5">《城镇污水处理厂工程质量验收规范》GB 50334</td></tr>
<tr><td colspan="3">验收项目</td><td>设计要求或规范规定</td><td>最小/实际抽样数量</td><td>检查记录</td><td>检查结果</td><td></td></tr>
<tr><td rowspan="3">主控项目</td><td>1</td><td>构筑物满水试验应符合设计文件及《给水排水构筑物施工及验收规范》GB 50141 的相关规定</td><td>第 13.2.1 条</td><td>/</td><td></td><td></td><td></td></tr>
<tr><td>2</td><td>消化池等密闭池体应在满水试验合格后做气密性试验，气密性试验应符合设计文件及《给水排水构筑物施工及验收规范》GB 50141 的相关规定</td><td>第 13.3.2 条</td><td>/</td><td></td><td></td><td></td></tr>
<tr><td></td><td></td><td></td><td></td><td></td><td></td><td></td></tr>
<tr><td colspan="2">施工单位检查结果</td><td colspan="6">专业工长：（签名）　　项目专业质量检查员：（签名）　　年　月　日</td></tr>
<tr><td colspan="2">监理单位验收结论</td><td colspan="6">专业监理工程师：（签名）　　年　月　日</td></tr>
</table>

7.2.5.70 市政验·厂-67 管线工程功能性试验检验批质量验收记录

市政基础设施工程

管线工程功能性试验检验批质量验收记录

市政验·厂-67

第　　页 共　　页

<table>
<tr><td colspan="3">工程名称</td><td colspan="5"></td></tr>
<tr><td colspan="3">单位工程名称</td><td colspan="5"></td></tr>
<tr><td colspan="3">施工单位</td><td></td><td colspan="2">分包单位</td><td colspan="2"></td></tr>
<tr><td colspan="3">项目负责人</td><td></td><td colspan="2">项目技术负责人</td><td colspan="2"></td></tr>
<tr><td colspan="3">分部（子分部）工程名称</td><td></td><td colspan="2">分项工程名称</td><td colspan="2"></td></tr>
<tr><td colspan="3">验收部位/区段</td><td></td><td colspan="2">检验批容量</td><td colspan="2"></td></tr>
<tr><td colspan="3">施工及验收依据</td><td colspan="5">《城镇污水处理厂工程质量验收规范》GB 50334</td></tr>
<tr><td colspan="3">验收项目</td><td>设计要求或规范规定</td><td>最小/实际抽样数量</td><td>检查记录</td><td colspan="2">检查结果</td></tr>
<tr><td rowspan="3">主控项目</td><td>1</td><td>给水、回用水、污泥以及热力等压力管线应进行水压试验，水压试验应符合设计文件和《给水排水管道工程施工及验收规范》GB 50268的相关规定</td><td>第13.3.1条</td><td>/</td><td></td><td colspan="2"></td></tr>
<tr><td>2</td><td>沼气、氯气等易燃、易爆、有毒、有害物质的管道必须做强度和严密性试验</td><td>第13.3.2条</td><td>/</td><td></td><td colspan="2"></td></tr>
<tr><td>3</td><td>污水管线、管渠、倒虹吸管等无压管线应做闭水或闭气试验，试验方法应符合设计文件及《给水排水管道工程施工及验收规范》GB 50268的相关规定</td><td>第13.3.3条</td><td>/</td><td></td><td colspan="2"></td></tr>
<tr><td>施工单位检查结果</td><td colspan="7">

专业工长：（签名）　　项目专业质量检查员：（签名）　　年　月　日</td></tr>
<tr><td>监理单位验收结论</td><td colspan="7">

专业监理工程师：（签名）（盖章）　　年　月　日</td></tr>
</table>

7.2.5.71 市政验·厂-68 联合试运转检验批质量验收记录

市政基础设施工程

联合试运转检验批质量验收记录

市政验·厂-68

第　页共　页

工程名称					
单位工程名称					
施工单位			分包单位		
项目负责人			项目技术负责人		
分部（子分部）工程名称			分项工程名称		
验收部位/区段			检验批容量		
施工及验收依据	《城镇污水处理厂工程质量验收规范》GB 50334				

验收项目			设计要求或规范规定	最小/实际抽样数量	检查记录	检查结果
主控项目	1	污水、污泥处理设备联合试运转应连续、稳定，工艺过程应符合设计及设备技术文件的要求，运行指标达到工艺要求	第13.4.1条	/		
	2	电气设备及系统联合试运转应连续、稳定，运行指标应满足安全要求，供电能力应满足工艺要求，运行状态及数据应显示正常，报警应及时	第13.4.2条	/		
	3	自动控制、仪表安装工程联合试运转应连续、稳定；显示数据应与现场情况一致，执行机构动作准确、到位，数据记录完整，形成图表完整；软件画面切换应迅速，报警应及时	第13.4.3条	/		
	4	联合试运转应带负荷运行，试运转持续时间应不小于72小时，设备应运行正常、性能指标符合设计文件要求	第13.4.4条	/		
	5	联合试运转过程中，构（建）筑物及管线工程应安全可靠，污水、污泥等池体、管线无渗漏	第13.4.5条	/		
施工单位检查结果	专业工长：（签名）　　项目专业质量检查员：（签名）　　年　月　日					
监理单位验收结论	专业监理工程师：（签名）　　年　月　日					

7.2.5.72 市政验·厂-69 其他试验检验批质量验收记录

市政基础设施工程

其他试验检验批质量验收记录

市政验·厂-69

第　　页 共　　页

<table>
<tr><td colspan="3">工程名称</td><td colspan="5"></td></tr>
<tr><td colspan="3">单位工程名称</td><td colspan="5"></td></tr>
<tr><td colspan="3">施工单位</td><td></td><td colspan="2">分包单位</td><td colspan="2"></td></tr>
<tr><td colspan="3">项目负责人</td><td></td><td colspan="2">项目技术负责人</td><td colspan="2"></td></tr>
<tr><td colspan="3">分部（子分部）工程名称</td><td></td><td colspan="2">分项工程名称</td><td colspan="2"></td></tr>
<tr><td colspan="3">验收部位/区段</td><td></td><td colspan="2">检验批容量</td><td colspan="2"></td></tr>
<tr><td colspan="3">施工及验收依据</td><td colspan="5">《城镇污水处理厂工程质量验收规范》GB 50334</td></tr>
<tr><td colspan="3">验收项目</td><td>设计要求或规范规定</td><td>最小/实际抽样数量</td><td>检查记录</td><td colspan="2">检查结果</td></tr>
<tr><td rowspan="4">主控项目</td><td>1</td><td>沼气柜、罐等压力容器应按结构、密封形式分部位进行气密性试验，焊接和连接应无泄漏、异常变形，气密性试验应符合设计文件及国家现行标准《压力容器》GB 150 的相关规定</td><td>第 13.5.1 条</td><td>/</td><td></td><td colspan="2"></td></tr>
<tr><td>2</td><td>设备、管道、构（建）筑物防腐的试验检测应符合设计文件及相关标准规定</td><td>第 13.5.2 条</td><td>/</td><td></td><td colspan="2"></td></tr>
<tr><td>3</td><td>管道、构筑物阴极保护系统的试验检测应符合设计文件及《埋地钢质管道阴极保护技术规范》GB/T 21448 的相关规定</td><td>第 13.5.3 条</td><td>/</td><td></td><td colspan="2"></td></tr>
<tr><td>4</td><td>厂区配套工程涉及的功能性试验应符合设计文件及相关标准规定</td><td>第 13.5.4 条</td><td>/</td><td></td><td colspan="2"></td></tr>
<tr><td>施工单位检查结果</td><td colspan="7">

专业工长：（签名）　　　　项目专业质量检查员：（签名）　　　　年　　月　　日</td></tr>
<tr><td>监理单位验收结论</td><td colspan="7">

专业监理工程师：（签名）　　　　年　　月　　日</td></tr>
</table>

7.2.6 照明工程

7.2.6.1 市政验·照-1 变压器、箱式变电站安装工程质量检验表

市政基础设施工程

变压器、箱式变电站安装工程质量检验表

市政验·照-1

第　　页共　　页

工程名称			
单位工程名称			
施工单位		分包单位	
项目负责人		项目技术负责人	
分部（子分部）工程名称		分项工程名称	
验收部位/区段		检验批容量	
施工及验收依据	《城市道路照明工程施工及验收规程》CJJ 89		

		验收项目	设计要求或规范规定	最小/实际抽样数量	检查记录						检查结果
主控项目	1	变压器、箱式变型号、规格、质量必须符合设计要求，并应有合格的检测报告资料	符合设计要求	/							
	2	变压器、箱式变电站设备位置应符合《规程》第3.1.2条规定	第3.1.2条	/							
	3	器身检查的主要项目和要求应符合《规程》第3.1.4和3.1.5条的规定	第3.1.4和3.1.5条	/							
	4	变压器、箱式变投运前检查应符合《规程》第3.2.4条的规定	第3.2.4条	/							
一般项目	1	设备外观应符合《规程》第3.1.3条规定	第3.1.3条	/	测点						
					评价						
	2	柱上台架式变压器应符合《规程》第3.2.1条的规定	第3.2.1条	/	测点						
					评价						
	3	柱上台架式变压器在试运行前应全面检查，并符合《规程》第3.2.4条规定	第3.2.4条	/	测点						
					评价						
	4	箱式变电站内零、地排、二次回路应符合《规程》第3.3.2、3.3.5、3.3.8条的规定	第3.3.2、3.3.5、3.3.8条	/	测点						
					评价						
	5	箱式变电站送电投运前应进行检查，并应符合《规程》第3.3.11条的规定要求	第3.3.11条	/	测点						
					评价						
	6	地下式变电站绝缘、耐热、防护性能应符合《规程》3.4.1条规定	3.4.1条	/	测点						
					评价						
	7	地下式变电站送电前应按照《规程》第3.4.6条规定进行检查	第3.4.6条	/	测点						
					评价						
	8	允许偏差：跌落式熔断器相间安全距离≥0.7mm		/	测点						
					评价						
	9	允许偏差：箱式变电站设置围栏通道宽度≥0.8mm		/	测点						
					评价						
	10	允许偏差：地下式变电站设备防护等级为IP68		/	测点						
					评价						
	11	允许偏差：地下式变电站地坑面积应大于箱体占地面积的3倍		/	测点						
					评价						
施工单位检查结果	专业工长：（签名）　　项目专业质量检查员：（签名）　　年　月　日										
监理单位验收结论	专业监理工程师：（签名）　　年　月　日										

7.2.6.2 市政验·照-2 配电装置与控制工程质量检验表

市政基础设施工程

配电装置与控制安装工程质量检验表

市政验·照-2

第　　页共　　页

<table>
<tr><td colspan="4">工程名称</td><td colspan="5"></td></tr>
<tr><td colspan="4">单位工程名称</td><td colspan="5"></td></tr>
<tr><td colspan="4">施工单位</td><td colspan="2"></td><td colspan="2">分包单位</td><td></td></tr>
<tr><td colspan="4">项目负责人</td><td colspan="2"></td><td colspan="2">项目技术负责人</td><td></td></tr>
<tr><td colspan="4">分部（子分部）工程名称</td><td colspan="2"></td><td colspan="2">分项工程名称</td><td></td></tr>
<tr><td colspan="4">验收部位/区段</td><td colspan="2"></td><td colspan="2">检验批容量</td><td></td></tr>
<tr><td colspan="4">施工及验收依据</td><td colspan="5">《城市道路照明工程施工及验收规程》CJJ 89</td></tr>
<tr><td colspan="5">验收项目</td><td>设计要求或规范规定</td><td>最小/实际抽样数量</td><td>检查记录</td><td>检查结果</td></tr>
<tr><td rowspan="4">主控项目</td><td>1</td><td colspan="3">配电柜（箱）型号、规格、质量必须符合设计要求，并且应有主要元器件产品合格证书</td><td>符合设计要求</td><td>/</td><td></td><td></td></tr>
<tr><td>2</td><td colspan="3">低压绝缘部件完整，带电体与裸露的不带电导体间、带电体相互之间的电气间隙及爬电距离符合《规程》第4.3.2条规定</td><td>第4.3.2条</td><td>/</td><td></td><td></td></tr>
<tr><td>3</td><td colspan="3">配电柜（箱）内配线整齐、美观，端子标志、电缆标牌字迹清晰且不易脱色</td><td></td><td>/</td><td></td><td></td></tr>
<tr><td>4</td><td colspan="3">容量达到100kVA以上必须设置专用路灯配电室（或箱式变电站）</td><td></td><td>/</td><td></td><td></td></tr>
<tr><td rowspan="11">一般项目</td><td>1</td><td colspan="3">配电柜（箱）室内通道宽度应符合《规程》第4.2.3条规定，室内电缆沟深度宜0.6m</td><td>第4.2.3条</td><td>/</td><td>测点
评价</td><td></td></tr>
<tr><td>2</td><td colspan="3">配电柜（箱）内设备、电缆回路编号标识齐全、接地排和零排应有标志符号，并应符合《规程》4.3.1、4.3.3的条规定</td><td>第4.3.1、4.3.3条</td><td>/</td><td>测点
评价</td><td></td></tr>
<tr><td>3</td><td colspan="3">接地（接零）保护应符合《规程》7.2接零和接地保护的有关规定</td><td>第7.2节</td><td>/</td><td>测点
评价</td><td></td></tr>
<tr><td>4</td><td colspan="3">引入柜（箱、屏）接线应符合《规程》第4.3.3条规定</td><td>第4.3.3条</td><td>/</td><td>测点
评价</td><td></td></tr>
<tr><td>5</td><td colspan="3">二次回路接线应符合《规程》第4.4.1、4.4.2条的规定</td><td>第4.4.1、4.4.2条</td><td>/</td><td>测点
评价</td><td></td></tr>
<tr><td>6</td><td rowspan="6">允许偏差</td><td rowspan="3">配电柜安装</td><td>每米垂直度
柜间接缝</td><td><1.5mm
<2mm</td><td>/</td><td>测点
评价</td><td></td></tr>
<tr><td>7</td><td>水平偏差</td><td>相邻两柜顶部<2mm
成列柜顶部<5mm</td><td>/</td><td>测点
评价</td><td></td></tr>
<tr><td>8</td><td>柜面偏差</td><td>相邻两柜边<1mm成列柜面<5mm</td><td>/</td><td>测点
评价</td><td></td></tr>
<tr><td>9</td><td colspan="2">室配　电外箱</td><td>落地配电箱基础平面高出地面≥200m
杆上配电箱底离地高度≥2.5m</td><td>/</td><td>测点
评价</td><td></td></tr>
<tr><td>10</td><td colspan="2">末端电压</td><td>≥90%额定电压</td><td>/</td><td>测点
评价</td><td></td></tr>
<tr><td>11</td><td colspan="2">负荷分配</td><td>三相负荷不平衡度≤20%</td><td>/</td><td>测点
评价</td><td></td></tr>
<tr><td>施工单位检查结果</td><td colspan="8">专业工长：（签名）　　项目专业质量检查员：（签名）　　年　月　日</td></tr>
<tr><td>监理单位验收结论</td><td colspan="8">专业监理工程师：（签名）　　年　月　日</td></tr>
</table>

7.2.6.3 市政验·照-3 架空线路工程质量检验表

市政基础设施工程

架空线路工程质量检验表

市政验·照-3

第　　页共　　页

工程名称			
单位工程名称			
施工单位		分包单位	
项目负责人		项目技术负责人	
分部（子分部）工程名称		分项工程名称	
验收部位/区段		检验批容量	
施工及验收依据	《城市道路照明工程施工及验收规程》CJJ 89		

验收项目				设计要求或规范规定	最小/实际抽样数量	检查记录	检查结果
主控项目	1	金具、绝缘子、导线的规格、型号必须符合设计要求		符合设计要求	/		
	2	导线无松股、不得有磨损、断股、扭曲、金钩及破损等缺陷，拉线与导线架设必须符合《规程》第5章节有关条文规定		第5章节有关条文规定	/		
	3	金具外观表面光洁，无裂纹、毛刺、飞边等缺陷，镀锌良好、无锌皮剥落，锈蚀现象			/		
	4	绝缘子瓷釉光滑、无裂纹、缺釉、斑点、烧痕、气泡或瓷釉烧坏等缺陷，并应符合《规程》第5.2.1和5.2.2条的规定		第5.2.1和5.2.2条	/		
	5	混凝土杆表面光洁平整，壁厚均匀，无露筋、跑浆等现象，杆身弯曲度不超过杆长的1/1000，应符合《规程》第5.1.3条规定		第5.1.3条	/		
一般项目	1	金具应热镀锌，抱箍尺寸适宜，高低压横担角钢≥∠63×6、∠50×5			/	杆号 评价	
	2	拉线跨越道路垂直距离＞6m，张力拉线反向倾斜10°～20°，绝缘子自然悬垂距地面＞2.5m			/	杆号 评价	
	3	导线架设一档内无两个接头，对建筑物、树木、地面、水面等跨越物的安全距离应符合《规程》第5.3.11、5.3.12和5.3.13条规定		第5.3.11、5.3.12和5.3.13条	/	杆号 评价	
	4	引流线无硬弯、弧度均匀，对相邻导线及对地净空距离应符合《规程》第5.3.8条的规定		第5.3.8条	/	杆号 评价	
	5	允许偏差	立混凝土电杆	电杆基坑深度允许偏差	＋100mm，－50mm	/	杆号 检测值	
	6		立混凝土电杆	直线杆顺线路档距	＜3%	/	杆号 检测值	
			立混凝土电杆	横向位置偏移	＜50mm			
	7		立混凝土电杆	电杆立好后，倾斜不应大于1/2杆梢直径		/	杆号 检测值	
	8		导线弧垂	实际弧垂与设计弧垂偏差	±5%	/	杆号 检测值	
	9		导线弧垂	同一档内弧垂偏差	≤50mm	/	杆号 检测值	
施工单位检查结果	专业工长：（签名）　　项目专业质量检查员：（签名）　　年　月　日						
监理单位验收结论	专业监理工程师：（签名）　　年　月　日						

7.2.6.4 市政验·照-4-1 电缆线路工程质量检验表

市政基础设施工程

电缆线路工程质量检验表

市政验·照-4-1

第　　页 共　　页

工程名称			
单位工程名称			
施工单位		分包单位	
项目负责人		项目技术负责人	
分部（子分部）工程名称		分项工程名称	
验收部位/区段		检验批容量	
施工及验收依据	《城市道路照明工程施工及验收规程》CJJ 89		

验收项目			设计要求或规范规定	最小/实际抽样数量	检查记录	检查结果
主控项目	1	电缆的品种、规格符合设计要求，电气性能试验必须符合规范规定	符合设计要求	/		
	2	电缆敷设严禁有扭绞、铠装压扁、保护层断裂和表面严重划伤等缺陷。电缆敷设应符合《规程》第 6.1.3、6.2.3、6.2.5 条规定	第 6.1.3、6.2.3、6.2.5 条	/		
	3	电缆在终端、分支处、工作井内应设置标志牌，并符合《规程》第 6.1.10 条规定	第 6.1.10 条	/		
	4	电缆线路在高架路、桥和明敷设时应符合《规程》第 6.2.12、6.2.13、6.2.16 条的规定	第 6.2.12、6.2.13、6.2.16 条	/		

验收项目			设计要求或规范规定	最小/实际抽样数量	检查记录							检查结果
一般项目	1	直埋电缆全长上下铺细土或沙层厚度不小于 100mm		/	测点							
					检测值							
	2	电缆敷设时与其他管道之间平行交叉净距符合《规程》第 6.2.5 条的规定	第 6.2.5 条	/	测点							
					评价							
	3	过街管道两端、直线段超过 50m 设置工作井应符合《规程》第 6.2.17 条规定	第 6.2.17 条	/	测点							
					评价							
	4	电缆铠装重复接地电阻	≤10Ω	/	测点							
					检测值							
允许偏差	5	电缆直埋敷设在绿地、车行道下深度	≥0.7m	/	测点							
					检测值							
	6	电缆在人行道下埋设深度	≥0.5m	/	测点							
					检测值							
	7	工作井深 1m，井内壁净宽≥0.7m，电缆保护管伸进工作井壁 30～50mm		/	测点							
					检测值							
	8	电缆保护管的内径与电缆外径比值≥1.5 倍，电缆管弯曲时弯扁程度不宜大于管子外径的 10%		/	测点							
					检测值							

施工单位检查结果	专业工长：（签名）　　项目专业质量检查员：（签名）　　年　月　日
监理单位验收结论	专业监理工程师：（签名）　　年　月　日

7.2.6.5　市政验·照-4-2　电缆线路绝缘电阻检验测试记录

市政基础设施工程

电缆线路绝缘电阻检验测试记录

市政验·照-4-2

第　　页 共　　页

<table>
<tr><td colspan="3">工程名称</td><td colspan="5"></td></tr>
<tr><td colspan="3">单位工程名称</td><td colspan="5"></td></tr>
<tr><td colspan="3">施工单位</td><td></td><td colspan="2">分包单位</td><td colspan="2"></td></tr>
<tr><td colspan="3">项目负责人</td><td></td><td colspan="2">项目技术负责人</td><td colspan="2"></td></tr>
<tr><td colspan="3">分部（子分部）工程名称</td><td></td><td colspan="2">分项工程名称</td><td colspan="2"></td></tr>
<tr><td colspan="3">验收部位/区段</td><td></td><td colspan="2">检验批容量</td><td colspan="2"></td></tr>
<tr><td colspan="3">施工及验收依据</td><td colspan="5">《城市道路照明工程施工及验收规程》CJJ 89</td></tr>
<tr><td colspan="4">验收项目</td><td>设计要求或规范规定</td><td>最小/实际抽样数量</td><td>检查记录</td><td>检查结果</td></tr>
<tr><td rowspan="3">主控项目</td><td>1</td><td colspan="2">电缆线路敷设前后，进行绝缘电阻测试应符合《规程》6.1.3条规定</td><td>第6.1.3条</td><td>/</td><td></td><td></td></tr>
<tr><td>2</td><td colspan="2">检测仪器（兆欧表）应有有关计量部门检验认可的有效合格证</td><td></td><td>/</td><td></td><td></td></tr>
<tr><td>3</td><td colspan="2">兆欧表的电压等级：测1000V电缆为1000V级，测普通绝缘线为500V级</td><td></td><td>/</td><td></td><td></td></tr>
<tr><td rowspan="10">一般项目</td><td colspan="3">检测绝缘电阻（MΩ）</td><td colspan="4"></td></tr>
<tr><td colspan="3">回路编号</td><td rowspan="3"></td><td rowspan="3">/</td><td rowspan="3"></td><td rowspan="3"></td></tr>
<tr><td colspan="3">阻值</td></tr>
<tr><td colspan="3">相别</td></tr>
<tr><td>1</td><td colspan="2">L1—L2</td><td></td><td>/</td><td></td><td></td></tr>
<tr><td>2</td><td colspan="2">L2—L3</td><td></td><td>/</td><td></td><td></td></tr>
<tr><td>3</td><td colspan="2">L3—L1</td><td></td><td>/</td><td></td><td></td></tr>
<tr><td>4</td><td colspan="2">L1—N</td><td></td><td>/</td><td></td><td></td></tr>
<tr><td>5</td><td colspan="2">L2—N</td><td></td><td>/</td><td></td><td></td></tr>
<tr><td>6</td><td colspan="2">L3—N</td><td></td><td>/</td><td></td><td></td></tr>
<tr><td>施工单位检查结果</td><td colspan="7">专业工长：（签名）　　项目专业质量检查员：（签名）　　年　月　日</td></tr>
<tr><td>监理单位验收结论</td><td colspan="7">专业监理工程师：（签名）　　年　月　日</td></tr>
</table>

7.2.6.6 市政验·照-5-1 接地装置工程质量检验表

市政基础设施工程

接地装置工程质量检验表

市政验·照-5-1

第　　页 共　　页

<table>
<tr><td colspan="5">工程名称</td><td colspan="9"></td></tr>
<tr><td colspan="5">单位工程名称</td><td colspan="9"></td></tr>
<tr><td colspan="5">施工单位</td><td colspan="2"></td><td colspan="3">分包单位</td><td colspan="4"></td></tr>
<tr><td colspan="5">项目负责人</td><td colspan="2"></td><td colspan="3">项目技术负责人</td><td colspan="4"></td></tr>
<tr><td colspan="5">分部（子分部）工程名称</td><td colspan="2"></td><td colspan="3">分项工程名称</td><td colspan="4"></td></tr>
<tr><td colspan="5">验收部位/区段</td><td colspan="2"></td><td colspan="3">检验批容量</td><td colspan="4"></td></tr>
<tr><td colspan="5">施工及验收依据</td><td colspan="9">《城市道路照明工程施工及验收规程》CJJ 89</td></tr>
<tr><td colspan="5">验收项目</td><td>设计要求或规范规定</td><td>最小/实际抽样数量</td><td colspan="6">检查记录</td><td>检查结果</td></tr>
<tr><td rowspan="3">主控项目</td><td>1</td><td colspan="3">由同一台变压器供电的路灯线路，严格禁止部分采用接零保护，另一部分采用接地保护，应符合《规程》第7.1.3条规定</td><td>第7.1.3条</td><td>/</td><td colspan="6"></td><td></td></tr>
<tr><td>2</td><td colspan="3">公用配变供电的路灯配电，采用的保护方式应符合当地供电部门规定</td><td></td><td>/</td><td colspan="6"></td><td></td></tr>
<tr><td>3</td><td colspan="3">接地装置及避雷针的接地方式及接地电阻值必须符合设计和规范规定，接地装置的导体截面应符合《规程》第7.3.2条规定</td><td>符合设计要求</td><td>/</td><td colspan="6"></td><td></td></tr>
<tr><td rowspan="20">一般项目</td><td rowspan="2">1</td><td colspan="3" rowspan="2">避雷针热镀锌圆钢≥ϕ25mm、钢管≥ϕ40mm、δ≥2.75mm</td><td rowspan="2"></td><td rowspan="2">/</td><td>测点</td><td></td><td></td><td></td><td></td><td></td><td rowspan="2"></td></tr>
<tr><td>评价</td><td></td><td></td><td></td><td></td><td></td></tr>
<tr><td rowspan="2">2</td><td colspan="3" rowspan="2">接地装置导体截面圆钢≥ϕ10mm，扁钢≥4×30mm，角钢厚度≥4mm</td><td rowspan="2"></td><td rowspan="2">/</td><td>测点</td><td></td><td></td><td></td><td></td><td></td><td rowspan="2"></td></tr>
<tr><td>评价</td><td></td><td></td><td></td><td></td><td></td></tr>
<tr><td rowspan="2">3</td><td colspan="3" rowspan="2">接地装置敷设应符合《规程》7.3.4条的要求</td><td rowspan="2">第7.3.4条</td><td rowspan="2">/</td><td>测点</td><td></td><td></td><td></td><td></td><td></td><td rowspan="2"></td></tr>
<tr><td>评价</td><td></td><td></td><td></td><td></td><td></td></tr>
<tr><td rowspan="2">4</td><td rowspan="14">允许偏差</td><td colspan="2" rowspan="2">接地体离地面埋设深度</td><td rowspan="2">≥0.6m</td><td rowspan="2">/</td><td>测点</td><td></td><td></td><td></td><td></td><td></td><td rowspan="2"></td></tr>
<tr><td>检测值</td><td></td><td></td><td></td><td></td><td></td></tr>
<tr><td rowspan="2">5</td><td colspan="2" rowspan="2">接地体与建筑物间距</td><td rowspan="2">≥1.5mm</td><td rowspan="2">/</td><td>测点</td><td></td><td></td><td></td><td></td><td></td><td rowspan="2"></td></tr>
<tr><td>检测值</td><td></td><td></td><td></td><td></td><td></td></tr>
<tr><td rowspan="2">6</td><td colspan="2" rowspan="2">垂直接地体间距与其长度的比值</td><td rowspan="2">≥2倍</td><td rowspan="2">/</td><td>测点</td><td></td><td></td><td></td><td></td><td></td><td rowspan="2"></td></tr>
<tr><td>检测值</td><td></td><td></td><td></td><td></td><td></td></tr>
<tr><td rowspan="2">7</td><td rowspan="8">接地体焊接搭接长度</td><td rowspan="2">圆钢与圆钢</td><td rowspan="2">6d</td><td rowspan="2">/</td><td>测点</td><td></td><td></td><td></td><td></td><td></td><td rowspan="2"></td></tr>
<tr><td>检测值</td><td></td><td></td><td></td><td></td><td></td></tr>
<tr><td rowspan="2">8</td><td rowspan="2">扁钢与扁钢</td><td rowspan="2">2b</td><td rowspan="2">/</td><td>测点</td><td></td><td></td><td></td><td></td><td></td><td rowspan="2"></td></tr>
<tr><td>检测值</td><td></td><td></td><td></td><td></td><td></td></tr>
<tr><td rowspan="2">9</td><td rowspan="2">扁钢与角钢</td><td rowspan="2">2b</td><td rowspan="2">/</td><td>测点</td><td></td><td></td><td></td><td></td><td></td><td rowspan="2"></td></tr>
<tr><td>检测值</td><td></td><td></td><td></td><td></td><td></td></tr>
<tr><td rowspan="2">10</td><td rowspan="2">圆钢与扁钢或角钢</td><td rowspan="2">2d</td><td rowspan="2">/</td><td>测点</td><td></td><td></td><td></td><td></td><td></td><td rowspan="2"></td></tr>
<tr><td>检测值</td><td></td><td></td><td></td><td></td><td></td></tr>
<tr><td colspan="2">施工单位检查结果</td><td colspan="12">专业工长：（签名）　　项目专业质量检查员：（签名）　　年　月　日</td></tr>
<tr><td colspan="2">监理单位验收结论</td><td colspan="12">专业监理工程师：（签名）　　年　月　日</td></tr>
</table>

注：b为扁钢宽度；d为圆钢直径。

7.2.6.7 市政验·照-5-2 零线、保护（防雷）接地电阻的检验测试记录

市政基础设施工程

零线、保护（防雷）接地电阻的检验测试记录

市政验·照-5-2

第　　页，共　　页

<table>
<tr><td colspan="2">工程名称</td><td colspan="5"></td></tr>
<tr><td colspan="2">单位工程名称</td><td colspan="5"></td></tr>
<tr><td colspan="2">施工单位</td><td colspan="2"></td><td colspan="2">分包单位</td><td></td></tr>
<tr><td colspan="2">项目负责人</td><td colspan="2"></td><td colspan="2">项目技术负责人</td><td></td></tr>
<tr><td colspan="2">分部（子分部）工程名称</td><td colspan="2"></td><td colspan="2">分项工程名称</td><td></td></tr>
<tr><td colspan="2">验收部位/区段</td><td colspan="2"></td><td colspan="2">检验批容量</td><td></td></tr>
<tr><td colspan="2">施工及验收依据</td><td colspan="5">《城市道路照明工程施工及验收规程》CJJ 89</td></tr>
<tr><td></td><td>柜（箱）、杆号</td><td>Ro（Ω）</td><td>柜（箱）、杆号</td><td>Ro（Ω）</td><td>柜（箱）、杆号</td><td>Ro（Ω）</td></tr>
<tr><td rowspan="4">配电柜（箱）</td><td></td><td></td><td></td><td></td><td></td><td></td></tr>
<tr><td></td><td></td><td></td><td></td><td></td><td></td></tr>
<tr><td></td><td></td><td></td><td></td><td></td><td></td></tr>
<tr><td></td><td></td><td></td><td></td><td></td><td></td></tr>
<tr><td rowspan="6">高（中）杆灯</td><td></td><td></td><td></td><td></td><td></td><td></td></tr>
<tr><td></td><td></td><td></td><td></td><td></td><td></td></tr>
<tr><td></td><td></td><td></td><td></td><td></td><td></td></tr>
<tr><td></td><td></td><td></td><td></td><td></td><td></td></tr>
<tr><td></td><td></td><td></td><td></td><td></td><td></td></tr>
<tr><td></td><td></td><td></td><td></td><td></td><td></td></tr>
<tr><td rowspan="6">其他路灯</td><td></td><td></td><td></td><td></td><td></td><td></td></tr>
<tr><td></td><td></td><td></td><td></td><td></td><td></td></tr>
<tr><td></td><td></td><td></td><td></td><td></td><td></td></tr>
<tr><td></td><td></td><td></td><td></td><td></td><td></td></tr>
<tr><td></td><td></td><td></td><td></td><td></td><td></td></tr>
<tr><td></td><td></td><td></td><td></td><td></td><td></td></tr>
</table>

<table>
<tr><td rowspan="3">测试结论</td><td>配电柜（箱）</td><td>合格：　　点</td><td>不合格：　　点</td><td>合格率：　　%</td></tr>
<tr><td>高（中）杆灯</td><td>合格：　　点</td><td>不合格：　　点</td><td>合格率：　　%</td></tr>
<tr><td>其他路灯</td><td>合格：　　点</td><td>不合格：　　点</td><td>合格率：　　%</td></tr>
<tr><td>施工单位检查结果</td><td colspan="4">专业工长：（签名）　　项目专业质量检查员：（签名）　　年　　月　　日</td></tr>
<tr><td>监理单位验收结论</td><td colspan="4">专业监理工程师：（签名）　　年　　月　　日</td></tr>
</table>

说明：1. 配电柜（箱）、高杆灯、中杆灯应全部测试，其他路灯的测试比例应不小于30%；

2. 检测仪器应有有关计量部门认可的有效合格证。

7.2.6.8 市政验·照-6-1 路灯安装工程质量检验表

市政基础设施工程

路灯安装工程质量检验表

市政验·照-6-1

第　　页 共　　页

<table>
<tr><td colspan="5">工程名称</td><td colspan="8"></td></tr>
<tr><td colspan="5">单位工程名称</td><td colspan="8"></td></tr>
<tr><td colspan="5">施工单位</td><td></td><td colspan="2">分包单位</td><td colspan="5"></td></tr>
<tr><td colspan="5">项目负责人</td><td></td><td colspan="2">项目技术负责人</td><td colspan="5"></td></tr>
<tr><td colspan="5">分部（子分部）工程名称</td><td></td><td colspan="2">分项工程名称</td><td colspan="5"></td></tr>
<tr><td colspan="5">验收部位/区段</td><td></td><td colspan="2">检验批容量</td><td colspan="5"></td></tr>
<tr><td colspan="5">施工及验收依据</td><td colspan="8">《城市道路照明工程施工及验收规程》CJJ 89</td></tr>
<tr><td colspan="5">验收项目</td><td>设计要求或规范规定</td><td>最小/实际抽样数量</td><td colspan="5">检查记录</td><td>检查结果</td></tr>
<tr><td rowspan="4">主控项目</td><td>1</td><td colspan="3">灯杆、灯具的规格和型号必须符合设计要求，高杆灯应符合 CJ/T 3076《高杆照明设施技术条件》的规定</td><td>符合 CJ/T 3076</td><td>/</td><td colspan="5"></td><td></td></tr>
<tr><td>2</td><td colspan="3">灯杆基础标高恰当、杆位合理，灯杆不得设在易被车辆碰撞地点且符合《规程》第 8.1.1 和 8.1.2 条规定</td><td>第 8.1.1 和 8.1.2 条</td><td>/</td><td colspan="5"></td><td></td></tr>
<tr><td>3</td><td colspan="3">灯杆、灯具的技术性能要求应符合《规程》第 8.1.6、8.1.7 和 8.3.3 条的规定</td><td>第 8.1.6、8.1.7 和 8.3.3 条</td><td>/</td><td colspan="5"></td><td></td></tr>
<tr><td>4</td><td colspan="3">路灯编号应符合《规程》第 8.1.21 条的规定</td><td>第 8.1.21 条</td><td>/</td><td colspan="5"></td><td></td></tr>
<tr><td rowspan="18">一般项目</td><td rowspan="2">1</td><td colspan="3" rowspan="2">灯臂安装高度符合设计要求，直线路段仰角和装灯方向宜一致</td><td rowspan="2">符合设计要求</td><td rowspan="2">/</td><td>测点</td><td></td><td></td><td></td><td></td><td rowspan="2"></td></tr>
<tr><td>评价</td><td></td><td></td><td></td><td></td></tr>
<tr><td rowspan="2">2</td><td colspan="3" rowspan="2">灯具横向水平与地面平行，灯具安装纵向中心线与灯臂纵向中心一致</td><td rowspan="2">符合设计要求</td><td rowspan="2">/</td><td>测点</td><td></td><td></td><td></td><td></td><td rowspan="2"></td></tr>
<tr><td>评价</td><td></td><td></td><td></td><td></td></tr>
<tr><td rowspan="2">3</td><td colspan="3" rowspan="2">灯座安装门朝向慢车道（人行道）侧，基础结面不积水，混凝土厚度不得小于 100mm</td><td rowspan="2"></td><td rowspan="2">/</td><td>测点</td><td></td><td></td><td></td><td></td><td rowspan="2"></td></tr>
<tr><td>评价</td><td></td><td></td><td></td><td></td></tr>
<tr><td rowspan="2">4</td><td colspan="3" rowspan="2">灯杆、灯臂焊接均匀无虚焊，并热镀锌防腐处理</td><td rowspan="2"></td><td rowspan="2">/</td><td>测点</td><td></td><td></td><td></td><td></td><td rowspan="2"></td></tr>
<tr><td>评价</td><td></td><td></td><td></td><td></td></tr>
<tr><td rowspan="2">5</td><td colspan="3" rowspan="2">混凝土基础强度等级不低于 C20，电缆护管从中心穿出应超过基础面 30～50mm</td><td rowspan="2"></td><td rowspan="2">/</td><td>测点</td><td></td><td></td><td></td><td></td><td rowspan="2"></td></tr>
<tr><td>评价</td><td></td><td></td><td></td><td></td></tr>
<tr><td rowspan="2">6</td><td colspan="3" rowspan="2">玻璃钢灯杆应符合《规程》第 8.1.20 条的规定</td><td rowspan="2">第 8.1.20 条</td><td rowspan="2">/</td><td>测点</td><td></td><td></td><td></td><td></td><td rowspan="2"></td></tr>
<tr><td>评价</td><td></td><td></td><td></td><td></td></tr>
<tr><td rowspan="2">7</td><td rowspan="6">允许偏差</td><td rowspan="6">灯杆垂直灯臂正直</td><td>灯杆杆梢垂直偏移</td><td>$0.5D_1$</td><td rowspan="2">/</td><td>测点</td><td></td><td></td><td></td><td></td><td rowspan="2"></td></tr>
<tr><td>杆根横向位置偏移</td><td>$0.5D_2$</td><td>检测值</td><td></td><td></td><td></td><td></td></tr>
<tr><td rowspan="2">8</td><td rowspan="2">杆身直线度允许误差</td><td rowspan="2"><3‰</td><td rowspan="2">/</td><td>测点</td><td></td><td></td><td></td><td></td><td rowspan="2"></td></tr>
<tr><td>检测值</td><td></td><td></td><td></td><td></td></tr>
<tr><td rowspan="2">9</td><td rowspan="2">与道路纵向成 90°，角度偏差</td><td rowspan="2">≤2°</td><td rowspan="2">/</td><td>测点</td><td></td><td></td><td></td><td></td><td rowspan="2"></td></tr>
<tr><td>检测值</td><td></td><td></td><td></td><td></td></tr>
<tr><td colspan="2">施工单位检查结果</td><td colspan="11">专业工长：（签名）　　　　项目专业质量检查员：（签名）　　　　年　月　日</td></tr>
<tr><td colspan="2">监理单位验收结论</td><td colspan="11">专业监理工程师：（签名）　　　　年　月　日</td></tr>
</table>

注：1. 灯杆横向位置偏差应检查直线路段灯排列成一直线时；2. D_1 为灯杆梢径，D_2 为灯杆根部直径。

7.2.6.9 市政验·照-6-2 路灯安装电器工程质量检验表

市政基础设施工程

路灯安装电器工程质量检验表

市政验·照-6-2

第　　页共　　页

<table>
<tr><td colspan="3">工程名称</td><td colspan="9"></td></tr>
<tr><td colspan="3">单位工程名称</td><td colspan="9"></td></tr>
<tr><td colspan="3">施工单位</td><td></td><td colspan="2">分包单位</td><td colspan="6"></td></tr>
<tr><td colspan="3">项目负责人</td><td></td><td colspan="2">项目技术负责人</td><td colspan="6"></td></tr>
<tr><td colspan="3">分部（子分部）工程名称</td><td></td><td colspan="2">分项工程名称</td><td colspan="6"></td></tr>
<tr><td colspan="3">验收部位/区段</td><td></td><td colspan="2">检验批容量</td><td colspan="6"></td></tr>
<tr><td colspan="3">施工及验收依据</td><td colspan="9">《城市道路照明工程施工及验收规程》CJJ 89</td></tr>
<tr><td colspan="3">验收项目</td><td>设计要求或规范规定</td><td>最小/实际抽样数量</td><td colspan="6">检查记录</td><td>检查结果</td></tr>
<tr><td rowspan="3">主控项目</td><td>1</td><td>光源、镇流器、触发器、熔断器等低压电器的规格、型号必须符合设计要求</td><td>符合设计要求</td><td>/</td><td colspan="6"></td><td></td></tr>
<tr><td>2</td><td>镇流器、接线板等部件安装应有适当空间，尤其是钢杆内装设时，直观应符合要求</td><td></td><td>/</td><td colspan="6"></td><td></td></tr>
<tr><td>3</td><td>电器接线正确、牢固，导线截面符合规范要求，电源进线在电器上桩头，相线在瓷灯头中心触点</td><td></td><td>/</td><td colspan="6"></td><td></td></tr>
<tr><td rowspan="12">一般项目</td><td rowspan="2">1</td><td rowspan="2">灯具引至主线路的导线及在灯臂、灯杆内穿线技术要求应符合《规程》第8.1.11和8.1.12条的规定</td><td rowspan="2">第8.1.11和8.1.12条</td><td rowspan="2">/</td><td>测点</td><td></td><td></td><td></td><td></td><td></td><td rowspan="2"></td></tr>
<tr><td>评价</td><td colspan="5"></td></tr>
<tr><td rowspan="2">2</td><td rowspan="2">接线面板、灯具内接线、电器排列的技术要求应符合《规程》第8.1.13和8.1.14条的规定</td><td rowspan="2">第8.1.13和8.1.14条</td><td rowspan="2">/</td><td>测点</td><td></td><td></td><td></td><td></td><td></td><td rowspan="2"></td></tr>
<tr><td>评价</td><td colspan="5"></td></tr>
<tr><td rowspan="2">3</td><td rowspan="2">道路照明用灯具的技术性能应符合《规程》第8.1.8和8.1.9条的规定</td><td rowspan="2">第8.1.8和8.1.9条</td><td rowspan="2">/</td><td>测点</td><td></td><td></td><td></td><td></td><td></td><td rowspan="2"></td></tr>
<tr><td>评价</td><td colspan="5"></td></tr>
<tr><td rowspan="2">4</td><td rowspan="2">庭院灯的安装应符合《规程》第8.3.9和8.3.10条的规定</td><td rowspan="2">第8.3.9和8.3.10条</td><td rowspan="2">/</td><td>测点</td><td></td><td></td><td></td><td></td><td></td><td rowspan="2"></td></tr>
<tr><td>评价</td><td colspan="5"></td></tr>
<tr><td rowspan="2">5</td><td rowspan="2">杆上路灯的电器、引下线安装应符合《规程》第7.4.3、7.4.5和7.4.8条的规定</td><td rowspan="2">第7.4.3、7.4.5和7.4.8条</td><td rowspan="2">/</td><td>测点</td><td></td><td></td><td></td><td></td><td></td><td rowspan="2"></td></tr>
<tr><td>评价</td><td colspan="5"></td></tr>
<tr><td rowspan="2">6</td><td rowspan="2">高架路（桥）的灯具安装应符合《规程》第8.5.5～8.5.7条的规定</td><td rowspan="2">第8.5.5～8.5.7条</td><td rowspan="2">/</td><td>测点</td><td></td><td></td><td></td><td></td><td></td><td rowspan="2"></td></tr>
<tr><td>评价</td><td colspan="5"></td></tr>
<tr><td colspan="2">施工单位检查结果</td><td colspan="10">专业工长：（签名）　　项目专业质量检查员：（签名）　　年　月　日</td></tr>
<tr><td colspan="2">监理单位验收结论</td><td colspan="10">专业监理工程师：（签名）　　年　月　日</td></tr>
</table>

7.2.6.10 市政验·照-6-3 路灯开关箱汇总表

市政基础设施工程

路灯开关箱汇总表

市政验·照6-3

第　　页，共　　页

<table>
<tr><td colspan="2">工程名称</td><td colspan="10"></td></tr>
<tr><td colspan="2">单位工程名称</td><td colspan="10"></td></tr>
<tr><td colspan="2">施工单位</td><td colspan="3"></td><td colspan="3">分包单位</td><td colspan="4"></td></tr>
<tr><td colspan="2">项目负责人</td><td colspan="3"></td><td colspan="3">项目技术负责人</td><td colspan="4"></td></tr>
<tr><td colspan="2">分部（子分部）工程名称</td><td colspan="3"></td><td colspan="3">分项工程名称</td><td colspan="4"></td></tr>
<tr><td colspan="2">验收部位/区段</td><td colspan="3"></td><td colspan="3">检验批容量</td><td colspan="4"></td></tr>
<tr><td colspan="2">施工及验收依据</td><td colspan="10">《城市道路照明工程施工及验收规程》CJJ 89</td></tr>
<tr><td rowspan="2">开关型号</td><td rowspan="2">使用项数</td><td rowspan="2">负荷功率</td><td rowspan="2">馈线名称</td><td rowspan="2">表号局编号</td><td rowspan="2">电表容量</td><td colspan="2">电压（伏）</td><td colspan="3">电流（安）</td></tr>
<tr><td>起</td><td>终</td><td>A项</td><td>B项</td><td>C项</td></tr>
<tr><td></td><td></td><td></td><td></td><td></td><td></td><td></td><td></td><td></td><td></td><td></td></tr>
<tr><td></td><td></td><td></td><td></td><td></td><td></td><td></td><td></td><td></td><td></td><td></td></tr>
<tr><td></td><td></td><td></td><td></td><td></td><td></td><td></td><td></td><td></td><td></td><td></td></tr>
<tr><td></td><td></td><td></td><td></td><td></td><td></td><td></td><td></td><td></td><td></td><td></td></tr>
<tr><td></td><td></td><td></td><td></td><td></td><td></td><td></td><td></td><td></td><td></td><td></td></tr>
<tr><td></td><td></td><td></td><td></td><td></td><td></td><td></td><td></td><td></td><td></td><td></td></tr>
<tr><td></td><td></td><td></td><td></td><td></td><td></td><td></td><td></td><td></td><td></td><td></td></tr>
<tr><td></td><td></td><td></td><td></td><td></td><td></td><td></td><td></td><td></td><td></td><td></td></tr>
<tr><td></td><td></td><td></td><td></td><td></td><td></td><td></td><td></td><td></td><td></td><td></td></tr>
<tr><td></td><td></td><td></td><td></td><td></td><td></td><td></td><td></td><td></td><td></td><td></td></tr>
<tr><td></td><td></td><td></td><td></td><td></td><td></td><td></td><td></td><td></td><td></td><td></td></tr>
<tr><td></td><td></td><td></td><td></td><td></td><td></td><td></td><td></td><td></td><td></td><td></td></tr>
<tr><td></td><td></td><td></td><td></td><td></td><td></td><td></td><td></td><td></td><td></td><td></td></tr>
<tr><td></td><td></td><td></td><td></td><td></td><td></td><td></td><td></td><td></td><td></td><td></td></tr>
<tr><td></td><td></td><td></td><td></td><td></td><td></td><td></td><td></td><td></td><td></td><td></td></tr>
<tr><td></td><td></td><td></td><td></td><td></td><td></td><td></td><td></td><td></td><td></td><td></td></tr>
<tr><td></td><td></td><td></td><td></td><td></td><td></td><td></td><td></td><td></td><td></td><td></td></tr>
<tr><td></td><td></td><td></td><td></td><td></td><td></td><td></td><td></td><td></td><td></td><td></td></tr>
<tr><td></td><td></td><td></td><td></td><td></td><td></td><td></td><td></td><td></td><td></td><td></td></tr>
<tr><td>施工单位检查结果</td><td colspan="10">专业工长：（签名）　　项目专业质量检查员：（签名）　　年　月　日</td></tr>
<tr><td>监理单位验收结论</td><td colspan="10">专业监理工程师：（签名）　　年　月　日</td></tr>
</table>

7.2.6.11　市政验·照-7　道路照明节能设备运行记录表

市政基础设施工程

道路照明节能设备运行记录表

市政验·照-7

<table>
<tr><td colspan="2">工程名称</td><td colspan="6"></td></tr>
<tr><td colspan="2">单位工程名称</td><td colspan="6"></td></tr>
<tr><td colspan="2">施工单位</td><td colspan="2"></td><td colspan="2">分包单位</td><td colspan="2"></td></tr>
<tr><td colspan="2">项目负责人</td><td colspan="2"></td><td colspan="2">项目技术负责人</td><td colspan="2"></td></tr>
<tr><td colspan="2">分部（子分部）工程名称</td><td colspan="2"></td><td colspan="2">分项工程名称</td><td colspan="2"></td></tr>
<tr><td colspan="2">验收部位/区段</td><td colspan="2"></td><td colspan="2">验收部位/区段</td><td colspan="2"></td></tr>
<tr><td colspan="2">施工及验收依据</td><td colspan="6">《城市道路照明工程施工及验收规程》CJJ 89</td></tr>
<tr><td colspan="8">一般资料</td></tr>
<tr><td colspan="2">编号（开关箱）</td><td colspan="2"></td><td colspan="2">安装地点</td><td colspan="2"></td></tr>
<tr><td colspan="2">生产厂家</td><td colspan="2"></td><td colspan="2">容量、型号</td><td colspan="2"></td></tr>
<tr><td colspan="2">节能控制方式</td><td colspan="2"></td><td colspan="2">节能电压等级</td><td colspan="2"></td></tr>
<tr><td colspan="8">其他资料</td></tr>
<tr><td colspan="8"></td></tr>
<tr><td colspan="8">运行资料</td></tr>
<tr><td colspan="2">安装时间</td><td colspan="3"></td><td>调试时间</td><td colspan="2"></td></tr>
<tr><td colspan="2" rowspan="2">输入电压电流</td><td>Ua</td><td></td><td>Ub</td><td></td><td>Uc</td><td></td></tr>
<tr><td>Ia</td><td></td><td>Ib</td><td></td><td>Ic</td><td></td></tr>
<tr><td colspan="2">节能启动时间</td><td colspan="3"></td><td colspan="2">节能电压等级</td><td></td></tr>
<tr><td colspan="2" rowspan="2">节能输出
电压电流</td><td>Ua</td><td></td><td>Ub</td><td></td><td>Uc</td><td></td></tr>
<tr><td>Ia</td><td></td><td>Ib</td><td></td><td>Ic</td><td></td></tr>
<tr><td colspan="8">工作调整情况记录</td></tr>
<tr><td colspan="8"></td></tr>
<tr><td>施工单位</td><td colspan="7">项目专职质检员：　　　　项目技术负责人：　　　　年　　月　　日</td></tr>
<tr><td>监理单位</td><td colspan="7">专业监理工程师：　　　　年　　月　　日</td></tr>
</table>

7.2.7 隧（地）道工程

7.2.7.1 市政验·隧-1 管节混凝土（原材料）检验批质量验收记录

市政基础设施工程

管节混凝土（原材料）检验批质量验收记录

市政验·隧-1

第 页 共 页

<table>
<tr><td colspan="3">工程名称</td><td colspan="4"></td></tr>
<tr><td colspan="3">单位工程名称</td><td colspan="4"></td></tr>
<tr><td colspan="3">施工单位</td><td></td><td colspan="2">分包单位</td><td></td></tr>
<tr><td colspan="3">项目负责人</td><td></td><td colspan="2">项目技术负责人</td><td></td></tr>
<tr><td colspan="3">分部（子分部）工程名称</td><td></td><td colspan="2">分项工程名称</td><td></td></tr>
<tr><td colspan="3">验收部位/区段</td><td></td><td colspan="2">检验批容量</td><td></td></tr>
<tr><td colspan="3">施工及验收依据</td><td colspan="4">《沉管法隧道施工与质量验收规范》GB 51201</td></tr>
<tr><td colspan="3">验收项目</td><td>设计要求或规范规定</td><td>最小/实际抽样数量</td><td>检查记录</td><td>检查结果</td></tr>
<tr><td rowspan="3">主控项目</td><td>1</td><td>原材料检验</td><td>第 7.5.1.1 条</td><td>/</td><td></td><td></td></tr>
<tr><td>2</td><td>混凝土强度、抗渗性能检验</td><td>第 7.5.1.2 条</td><td>/</td><td></td><td></td></tr>
<tr><td>3</td><td>混凝土重度检验</td><td>第 7.5.1.3 条</td><td>/</td><td></td><td></td></tr>
<tr><td rowspan="5">一般项目</td><td>1</td><td>混凝土塌落度、扩展度工作性能检验</td><td>第 7.5.1.4 条</td><td>/</td><td></td><td></td></tr>
<tr><td></td><td></td><td></td><td></td><td></td><td></td></tr>
<tr><td></td><td></td><td></td><td></td><td></td><td></td></tr>
<tr><td></td><td></td><td></td><td></td><td></td><td></td></tr>
<tr><td></td><td></td><td></td><td></td><td></td><td></td></tr>
<tr><td>施工单位检查结果</td><td colspan="6">专业工长：（签名） 专业质量检查员：（签名） 年 月 日</td></tr>
<tr><td>监理单位验收结论</td><td colspan="6">专业监理工程师：（签名） 年 月 日</td></tr>
</table>

7.2.7.2 市政验·隧-2 管节（构件）检验批质量验收记录

市政基础设施工程

管节（构件）检验批质量验收记录

市政验·隧-2

第　　页 共　　页

<table>
<tr><td colspan="4">工程名称</td><td colspan="5"></td></tr>
<tr><td colspan="4">单位工程名称</td><td colspan="5"></td></tr>
<tr><td colspan="4">施工单位</td><td></td><td colspan="2">分包单位</td><td colspan="2"></td></tr>
<tr><td colspan="4">项目负责人</td><td></td><td colspan="2">项目技术负责人</td><td colspan="2"></td></tr>
<tr><td colspan="4">分部（子分部）工程名称</td><td></td><td colspan="2">分项工程名称</td><td colspan="2"></td></tr>
<tr><td colspan="4">验收部位/区段</td><td></td><td colspan="2">检验批容量</td><td colspan="2"></td></tr>
<tr><td colspan="4">施工及验收依据</td><td colspan="5">《沉管法隧道施工与质量验收规范》GB 51201</td></tr>
<tr><td colspan="5">验收项目</td><td>设计要求或规范规定</td><td>最小/实际抽样数量</td><td>检查记录</td><td>检查结果</td></tr>
<tr><td rowspan="13">主控项目</td><td>1</td><td colspan="3">钢筋、模板、混凝土质量检验</td><td>第7.5.2.1条</td><td>/</td><td></td><td></td></tr>
<tr><td>2</td><td colspan="3">外观质量严重缺陷检验</td><td>第7.5.2.2条</td><td>/</td><td></td><td></td></tr>
<tr><td>3</td><td colspan="3">焊接及焊条检验</td><td>第7.5.2.3条</td><td>/</td><td></td><td></td></tr>
<tr><td rowspan="9">4</td><td rowspan="9">允许偏差</td><td rowspan="9">端钢壳面板制作及安装</td><td>外包宽度（mm）</td><td>±10</td><td>/</td><td></td><td></td></tr>
<tr><td>外包高度（mm）</td><td>±10</td><td>/</td><td></td><td></td></tr>
<tr><td rowspan="3">面板整体平整度（mm）</td><td>≤3</td><td>/</td><td></td><td></td></tr>
<tr><td>≤1</td><td>/</td><td></td><td></td></tr>
<tr><td>≤2</td><td>/</td><td></td><td></td></tr>
<tr><td>横向垂直度（‰）</td><td>≤3</td><td>/</td><td></td><td></td></tr>
<tr><td>竖向倾斜度（‰）</td><td>≤3</td><td>/</td><td></td><td></td></tr>
<tr><td>端面倾角（mm）</td><td>按设计要求</td><td>/</td><td></td><td></td></tr>
<tr><td></td><td></td><td></td><td></td><td></td></tr>
<tr><td>5</td><td colspan="3">检漏试验</td><td>第7.5.2.4条</td><td>/</td><td></td><td></td></tr>
<tr><td rowspan="11">一般项目</td><td>1</td><td colspan="3">外观质量一般缺陷检验</td><td>第7.5.2.5条</td><td>/</td><td></td><td></td></tr>
<tr><td rowspan="9">2</td><td rowspan="9">允许偏差</td><td rowspan="9">制作几何尺寸（mm）</td><td>外包宽度</td><td>±10</td><td>/</td><td></td><td></td></tr>
<tr><td>外包高度</td><td>±5</td><td>/</td><td></td><td></td></tr>
<tr><td>顶、底板厚度</td><td>0～−5</td><td>/</td><td></td><td></td></tr>
<tr><td>外、内墙厚度</td><td>0～−10</td><td>/</td><td></td><td></td></tr>
<tr><td>内净高度</td><td>0～10</td><td>/</td><td></td><td></td></tr>
<tr><td>内净宽度</td><td>0～10</td><td>/</td><td></td><td></td></tr>
<tr><td>墙身平整度</td><td>10</td><td>/</td><td></td><td></td></tr>
<tr><td>墙身垂直度</td><td>10</td><td>/</td><td></td><td></td></tr>
<tr><td>长度</td><td>±30</td><td>/</td><td></td><td></td></tr>
<tr><td>3</td><td colspan="3">保护层厚度检验（mm）</td><td>0～+10</td><td>/</td><td></td><td></td></tr>
<tr><td>施工单位检查结果</td><td colspan="8">专业工长：（签名）　　专业质量检查员：（签名）　　年　月　日</td></tr>
<tr><td>监理单位验收结论</td><td colspan="8">专业监理工程师：（签名）　　年　月　日</td></tr>
</table>

7.2.7.3 市政验·隧-3 管节（预埋件）检验批质量验收记录

市政基础设施工程

管节（预埋件）检验批质量验收记录

市政验·隧-3

第　　页共　　页

<table>
<tr><td colspan="4">工程名称</td><td colspan="4"></td></tr>
<tr><td colspan="4">单位工程名称</td><td colspan="4"></td></tr>
<tr><td colspan="4">施工单位</td><td></td><td>分包单位</td><td colspan="2"></td></tr>
<tr><td colspan="4">项目负责人</td><td></td><td>项目技术负责人</td><td colspan="2"></td></tr>
<tr><td colspan="4">分部（子分部）工程名称</td><td></td><td>分项工程名称</td><td colspan="2"></td></tr>
<tr><td colspan="4">验收部位/区段</td><td></td><td>检验批容量</td><td colspan="2"></td></tr>
<tr><td colspan="4">施工及验收依据</td><td colspan="4">《沉管法隧道施工与质量验收规范》GB 51201</td></tr>
<tr><td colspan="4">验收项目</td><td>设计要求或规范规定</td><td>最小/实际抽样数量</td><td>检查记录</td><td>检查结果</td></tr>
<tr><td rowspan="4">主控项目</td><td rowspan="2">1</td><td rowspan="2">允许偏差</td><td>预埋件中心线位置（mm）</td><td>±10</td><td>/</td><td></td><td></td></tr>
<tr><td>预埋孔（洞）中心位置（mm）</td><td>±10</td><td>/</td><td></td><td></td></tr>
<tr><td colspan="3"></td><td></td><td></td><td></td><td></td></tr>
<tr><td colspan="3"></td><td></td><td></td><td></td><td></td></tr>
<tr><td rowspan="3">一般项目</td><td>1</td><td colspan="2">外观质量一般缺陷检验</td><td>第7.5.3.3条</td><td>/</td><td></td><td></td></tr>
<tr><td></td><td colspan="2"></td><td></td><td></td><td></td><td></td></tr>
<tr><td></td><td colspan="2"></td><td></td><td></td><td></td><td></td></tr>
<tr><td>施工单位检查结果</td><td colspan="7">专业工长：（签名）　　专业质量检查员：（签名）　　年　月　日</td></tr>
<tr><td>监理单位验收结论</td><td colspan="7">专业监理工程师：（签名）　　年　月　日</td></tr>
</table>

注：检查中心线位置时，应沿纵、横两个方向测量，并取其中的较大值。

7.2.7.4 市政验·隧-4 基槽成槽检验批质量验收记录

市政基础设施工程

基槽成槽检验批质量验收记录

市政验·隧-4

第 页 共 页

<table>
<tr><td colspan="3">工程名称</td><td colspan="6"></td></tr>
<tr><td colspan="3">单位工程名称</td><td colspan="6"></td></tr>
<tr><td colspan="3">施工单位</td><td colspan="2"></td><td colspan="2">分包单位</td><td colspan="2"></td></tr>
<tr><td colspan="3">项目负责人</td><td colspan="2"></td><td colspan="2">项目技术负责人</td><td colspan="2"></td></tr>
<tr><td colspan="3">分部（子分部）工程名称</td><td colspan="2"></td><td colspan="2">分项工程名称</td><td colspan="2"></td></tr>
<tr><td colspan="3">验收部位/区段</td><td colspan="2"></td><td colspan="2">检验批容量</td><td colspan="2"></td></tr>
<tr><td colspan="3">施工及验收依据</td><td colspan="6">《沉管法隧道施工与质量验收规范》GB 51201</td></tr>
<tr><td colspan="4">验收项目</td><td>设计要求或规范规定</td><td>最小/实际抽样数量</td><td>检查记录</td><td colspan="2">检查结果</td></tr>
<tr><td rowspan="4">主控项目</td><td>1</td><td rowspan="4">允许偏差</td><td>轴线（mm）</td><td>±500</td><td>/</td><td></td><td colspan="2"></td></tr>
<tr><td>2</td><td>边坡坡率（mm）</td><td>不陡于设计</td><td>/</td><td></td><td colspan="2"></td></tr>
<tr><td>3</td><td>槽底宽度（mm）</td><td>0，＋2500</td><td>/</td><td></td><td colspan="2"></td></tr>
<tr><td>4</td><td>槽底标高（mm）</td><td>－500，＋0</td><td>/</td><td></td><td colspan="2"></td></tr>
<tr><td rowspan="3">一般项目</td><td>1</td><td colspan="2"></td><td></td><td></td><td></td><td colspan="2"></td></tr>
<tr><td>2</td><td colspan="2"></td><td></td><td></td><td></td><td colspan="2"></td></tr>
<tr><td>3</td><td colspan="2"></td><td></td><td></td><td></td><td colspan="2"></td></tr>
<tr><td>施工单位检查结果</td><td colspan="8">专业工长：（签名） 专业质量检查员：（签名） 年 月 日</td></tr>
<tr><td>监理单位验收结论</td><td colspan="8">专业监理工程师：（签名） 年 月 日</td></tr>
</table>

注：表中“＋”表示向上或向外，“－”表示向下或向内。

7.2.7.5　市政验·隧-5　基槽回淤检验批质量验收记录

市政基础设施工程

基槽回淤检验批质量验收记录

市政验·隧-5

第　　页　共　　页

<table>
<tr><td colspan="3">工程名称</td><td colspan="6"></td></tr>
<tr><td colspan="3">单位工程名称</td><td colspan="6"></td></tr>
<tr><td colspan="3">施工单位</td><td colspan="2"></td><td colspan="2">分包单位</td><td colspan="2"></td></tr>
<tr><td colspan="3">项目负责人</td><td colspan="2"></td><td colspan="2">项目技术负责人</td><td colspan="2"></td></tr>
<tr><td colspan="3">分部（子分部）工程名称</td><td colspan="2"></td><td colspan="2">分项工程名称</td><td colspan="2"></td></tr>
<tr><td colspan="3">验收部位/区段</td><td colspan="2"></td><td colspan="2">检验批容量</td><td colspan="2"></td></tr>
<tr><td colspan="3">施工及验收依据</td><td colspan="6">《沉管法隧道施工与质量验收规范》GB 51201</td></tr>
<tr><td colspan="4">验收项目</td><td>设计要求或规范规定</td><td>最小/实际抽样数量</td><td>检查记录</td><td>检查结果</td><td></td></tr>
<tr><td rowspan="3">主控项目</td><td>1</td><td>基槽精挖后块石夯平前</td><td>隧道基槽低含水率＜150％或密度＞1.26g/cm³回淤沉积物厚度＞10cm</td><td>块石夯平前7d测一次</td><td>/</td><td></td><td></td><td></td></tr>
<tr><td>2</td><td>块石夯平后碎石平整前</td><td>密度＞1.26g/cm³的回淤沉积物厚度超过10cm，或密度＞1.15g/cm³的回淤沉积物厚度＞10cm</td><td>碎石整平前15d、7d各一次</td><td>/</td><td></td><td></td><td></td></tr>
<tr><td>3</td><td>碎石整平后管节沉放前</td><td>密度＞1.26g/cm³的回淤沉积物厚度超过4cm，或密度＞1.15g/cm³的回淤沉积物厚度＞10cm</td><td>管节沉放前每2d～5d一次</td><td>/</td><td></td><td></td><td></td></tr>
<tr><td rowspan="2">一般项目</td><td></td><td colspan="2"></td><td></td><td></td><td></td><td></td><td></td></tr>
<tr><td></td><td colspan="2"></td><td></td><td></td><td></td><td></td><td></td></tr>
<tr><td colspan="2">施工单位检查结果</td><td colspan="7">专业工长：（签名）　　专业质量检查员：（签名）　　年　月　日</td></tr>
<tr><td colspan="2">监理单位验收结论</td><td colspan="7">专业监理工程师：（签名）　　年　月　日</td></tr>
</table>

7.2.7.6 市政验·隧-6 管节回填检验批质量验收记录

市政基础设施工程

管节回填检验批质量验收记录

市政验·隧-6

第 页 共 页

<table>
<tr><td colspan="3">工程名称</td><td colspan="6"></td></tr>
<tr><td colspan="3">单位工程名称</td><td colspan="6"></td></tr>
<tr><td colspan="3">施工单位</td><td colspan="2"></td><td colspan="2">分包单位</td><td colspan="2"></td></tr>
<tr><td colspan="3">项目负责人</td><td colspan="2"></td><td colspan="2">项目技术负责人</td><td colspan="2"></td></tr>
<tr><td colspan="3">分部（子分部）工程名称</td><td colspan="2"></td><td colspan="2">分项工程名称</td><td colspan="2"></td></tr>
<tr><td colspan="3">验收部位/区段</td><td colspan="2"></td><td colspan="2">检验批容量</td><td colspan="2"></td></tr>
<tr><td colspan="3">施工及验收依据</td><td colspan="6">《沉管法隧道施工与质量验收规范》GB 51201</td></tr>
<tr><td colspan="5">验收项目</td><td>设计要求或规范规定</td><td>最小/实际抽样数量</td><td>检查记录</td><td>检查结果</td></tr>
<tr><td rowspan="2">主控项目</td><td>1</td><td colspan="3">回填覆盖断面平均轮廓线检验</td><td>第 8.6.3.1 条</td><td>/</td><td></td><td></td></tr>
<tr><td>2</td><td colspan="3">断面平均坡度</td><td>不小于设计坡度</td><td>/</td><td></td><td></td></tr>
<tr><td rowspan="6">一般项目</td><td>1</td><td rowspan="6">允许偏差</td><td rowspan="3">覆盖层顶轮廓线（或外边线）标高（mm）</td><td>10kg～100kg 块石</td><td>±400</td><td>/</td><td></td><td></td></tr>
<tr><td>2</td><td>100kg～200kg 块石</td><td>±500</td><td>/</td><td></td><td></td></tr>
<tr><td>3</td><td>300kg～500kg 块石</td><td>±700</td><td>/</td><td></td><td></td></tr>
<tr><td>4</td><td rowspan="3">一般回填顶轮廓线（或外边线）标高（mm）</td><td>10kg～100kg 块石</td><td>±400</td><td>/</td><td></td><td></td></tr>
<tr><td>5</td><td>碎石</td><td>±300</td><td>/</td><td></td><td></td></tr>
<tr><td>6</td><td>石砾</td><td>±100</td><td>/</td><td></td><td></td></tr>
<tr><td colspan="2">施工单位检查结果</td><td colspan="7">专业工长：（签名） 专业质量检查员：（签名） 年 月 日</td></tr>
<tr><td colspan="2">监理单位验收结论</td><td colspan="7">专业监理工程师：（签名） 年 月 日</td></tr>
</table>

注：1. 表中负值为向下或向内；2. 当采用 5kg～300kg 开山石代替 10～100kg 块石时，允许偏差为±500mm；3. 两侧锁定回填高差不大于 1m，锁定回填与一般回填石料不得侵入一般回填层；4. 覆盖层顶宽不小于设计宽度，护面层坡度不陡于设计坡率。

7.2.7.7　市政验·隧-7　沉管隧道垫层检验批质量验收记录

市政基础设施工程

沉管隧道垫层检验批质量验收记录

市政验·隧-7

第　　页　共　　页

<table>
<tr><td colspan="5">工程名称</td><td colspan="4"></td></tr>
<tr><td colspan="5">单位工程名称</td><td colspan="4"></td></tr>
<tr><td colspan="5">施工单位</td><td>分包单位</td><td colspan="3"></td></tr>
<tr><td colspan="5">项目负责人</td><td>项目技术负责人</td><td colspan="3"></td></tr>
<tr><td colspan="5">分部（子分部）工程名称</td><td>分项工程名称</td><td colspan="3"></td></tr>
<tr><td colspan="5">验收部位/区段</td><td>检验批容量</td><td colspan="3"></td></tr>
<tr><td colspan="5">施工及验收依据</td><td colspan="4">《沉管法隧道施工与质量验收规范》GB 51201</td></tr>
<tr><td colspan="5">验收项目</td><td>设计要求或规范规定</td><td>最小/实际抽样数量</td><td>检查记录</td><td>检查结果</td></tr>
<tr><td rowspan="8">主控项目</td><td rowspan="5">1</td><td rowspan="8">允许偏差</td><td rowspan="5">先铺法垫层</td><td>顶部标高（cm）</td><td>±4</td><td>/</td><td></td><td></td></tr>
<tr><td>两侧顶边线平面偏差（cm）</td><td>－20～100</td><td>/</td><td></td><td></td></tr>
<tr><td>宽度（cm）</td><td>不小于设计宽度</td><td>/</td><td></td><td></td></tr>
<tr><td>桩位（cm）</td><td>2</td><td>/</td><td></td><td></td></tr>
<tr><td>桩顶标高（cm）</td><td>－5～3</td><td>/</td><td></td><td></td></tr>
<tr><td rowspan="3">2</td><td rowspan="3">后填法临时支座</td><td>顶面标高（mm）</td><td>±20</td><td>/</td><td></td><td></td></tr>
<tr><td>横纵向定位精度（mm）</td><td>±50</td><td>/</td><td></td><td></td></tr>
<tr><td>倾斜度（mm）</td><td><1/125</td><td>/</td><td></td><td></td></tr>
<tr><td rowspan="2">一般项目</td><td>1</td><td colspan="3"></td><td></td><td></td><td></td><td></td></tr>
<tr><td>2</td><td colspan="3"></td><td></td><td></td><td></td><td></td></tr>
<tr><td>施工单位检查结果</td><td colspan="8">专业工长：（签名）　　　专业质量检查员：（签名）　　　年　　月　　日</td></tr>
<tr><td>监理单位验收结论</td><td colspan="8">专业监理工程师：（签名）　　　年　　月　　日</td></tr>
</table>

7.2.7.8 市政验·隧-8 管节安装质量验收记录

市政基础设施工程

管节安装质量验收记录

市政验·隧-8

第　　页共　　页

<table>
<tr><td colspan="4">工程名称</td><td colspan="5"></td></tr>
<tr><td colspan="4">单位工程名称</td><td colspan="5"></td></tr>
<tr><td colspan="4">施工单位</td><td></td><td colspan="2">分包单位</td><td colspan="2"></td></tr>
<tr><td colspan="4">项目负责人</td><td></td><td colspan="2">项目技术负责人</td><td colspan="2"></td></tr>
<tr><td colspan="4">分部（子分部）工程名称</td><td></td><td colspan="2">分项工程名称</td><td colspan="2"></td></tr>
<tr><td colspan="4">验收部位/区段</td><td></td><td colspan="2">检验批容量</td><td colspan="2"></td></tr>
<tr><td colspan="4">施工及验收依据</td><td colspan="5">《沉管法隧道施工与质量验收规范》GB 51201</td></tr>
<tr><td colspan="4">验收项目</td><td>设计要求或规范规定</td><td>最小/实际抽样数量</td><td>检查记录</td><td colspan="2">检查结果</td></tr>
<tr><td>1</td><td colspan="3">对接前潜水探摸检查</td><td>第 10.8.1 条</td><td>/</td><td></td><td colspan="2"></td></tr>
<tr><td>2</td><td colspan="3">止水带检查</td><td>第 10.8.2 条</td><td>/</td><td></td><td colspan="2"></td></tr>
<tr><td rowspan="4">3</td><td rowspan="4">允许偏差</td><td rowspan="2">对接偏移（mm）</td><td>水平方向</td><td>20</td><td>/</td><td></td><td colspan="2"></td></tr>
<tr><td>垂直方向</td><td>20</td><td>/</td><td></td><td colspan="2"></td></tr>
<tr><td rowspan="2">节管轴线偏移（mm）</td><td>水平方向</td><td>50</td><td>/</td><td></td><td colspan="2"></td></tr>
<tr><td>垂直方向</td><td>50</td><td>/</td><td></td><td colspan="2"></td></tr>
<tr><td>施工单位检查结果</td><td colspan="8">专业工长：（签名）　　专业质量检查员：（签名）　　年　月　日</td></tr>
<tr><td>监理单位验收结论</td><td colspan="8">专业监理工程师：（签名）　　年　月　日</td></tr>
</table>

7.2.7.9 市政验·隧-9 管节接头质量验收记录

市政基础设施工程

管节接头质量验收记录

市政验·隧-9

第　　页 共　　页

<table>
<tr><td colspan="3">工程名称</td><td colspan="5"></td></tr>
<tr><td colspan="3">单位工程名称</td><td colspan="5"></td></tr>
<tr><td colspan="3">施工单位</td><td colspan="2"></td><td colspan="2">分包单位</td><td></td></tr>
<tr><td colspan="3">项目负责人</td><td colspan="2"></td><td colspan="2">项目技术负责人</td><td></td></tr>
<tr><td colspan="3">分部（子分部）工程名称</td><td colspan="2"></td><td colspan="2">分项工程名称</td><td></td></tr>
<tr><td colspan="3">验收部位/区段</td><td colspan="2"></td><td colspan="2">检验批容量</td><td></td></tr>
<tr><td colspan="3">施工及验收依据</td><td colspan="5">《沉管法隧道施工与质量验收规范》GB 51201</td></tr>
<tr><td colspan="4">验收项目</td><td>设计要求或规范规定</td><td>最小/实际抽样数量</td><td>检查记录</td><td>检查结果</td></tr>
<tr><td rowspan="3">1</td><td rowspan="6">允许偏差</td><td rowspan="3">剪力键加工、安装（mm）</td><td>剪力键平整度</td><td>±2</td><td>/</td><td></td><td></td></tr>
<tr><td>支承垫的高度</td><td>±2</td><td>/</td><td></td><td></td></tr>
<tr><td>剪力键的安装</td><td>±2</td><td>/</td><td></td><td></td></tr>
<tr><td rowspan="3">2</td><td rowspan="3">最终接头（mm）</td><td>管节间纵横偏差</td><td>50</td><td>/</td><td></td><td></td></tr>
<tr><td>管节间轴线处标高偏差</td><td>20</td><td>/</td><td></td><td></td></tr>
<tr><td>管节间底板横倾相对偏差</td><td>5</td><td>/</td><td></td><td></td></tr>
<tr><td colspan="2">施工单位检查结果</td><td colspan="6">专业工长：（签名）　　专业质量检查员：（签名）　　年　月　日</td></tr>
<tr><td colspan="2">监理单位验收结论</td><td colspan="6">专业监理工程师：（签名）　　年　月　日</td></tr>
</table>

7.2.7.10 市政验·隧-10-1 衔接段结构质量验收记录（一）

市政基础设施工程

衔接段结构质量验收记录（一）

市政验·隧-10-1

第　　页 共　　页

工程名称			
单位工程名称			
施工单位		分包单位	
项目负责人		项目技术负责人	
分部（子分部）工程名称		分项工程名称	
验收部位/区段		检验批容量	
施工及验收依据	《沉管法隧道施工与质量验收规范》GB 51201		

验收项目				设计要求或规范规定	最小/实际抽样数量	检查记录	检查结果
1	允许偏差	平面位置（mm）	垫层	30	/		
			底板	20	/		
			中墙	10	/		
			侧墙	10	/		
			预留洞、预留件	±10	/		
2		垂直度（mm）	中墙	10	/		
			测墙	10	/		
			变形缝	10	/		
3		直顺度（mm）	变形缝	5	/		
4		平整度（mm）	垫层	15	/		
			底板	15	/		
			顶板下表面	10	/		
			顶板上表面	15	/		
			中墙	10	/		
			侧墙	10	/		

施工单位检查结果	专业工长：（签名）　　项目专业质量检查员：（签名）　　年　月　日
监理单位验收结论	专业监理工程师：（签名）　　年　月　日

7.2.7.11 市政验·隧-10-2 衔接段结构质量验收记录（二）

市政基础设施工程

衔接段结构质量验收记录（二）

市政验·隧-10-2

第 页共 页

<table>
<tr><td colspan="3">工程名称</td><td colspan="6"></td></tr>
<tr><td colspan="3">单位工程名称</td><td colspan="6"></td></tr>
<tr><td colspan="3">施工单位</td><td colspan="2"></td><td colspan="2">分包单位</td><td colspan="2"></td></tr>
<tr><td colspan="3">项目负责人</td><td colspan="2"></td><td colspan="2">项目技术负责人</td><td colspan="2"></td></tr>
<tr><td colspan="3">分部（子分部）工程名称</td><td colspan="2"></td><td colspan="2">分项工程名称</td><td colspan="2"></td></tr>
<tr><td colspan="3">验收部位/区段</td><td colspan="2"></td><td colspan="2">检验批容量</td><td colspan="2"></td></tr>
<tr><td colspan="3">施工及验收依据</td><td colspan="6">《沉管法隧道施工与质量验收规范》GB 51201</td></tr>
<tr><td colspan="4">验收项目</td><td>设计要求或规范规定</td><td>最小/实际抽样数量</td><td>检查记录</td><td colspan="2">检查结果</td></tr>
<tr><td rowspan="4">5</td><td rowspan="10">允许偏差</td><td rowspan="4">高程（mm）</td><td>垫层</td><td>±20</td><td>/</td><td></td><td colspan="2"></td></tr>
<tr><td>底板</td><td>±20</td><td>/</td><td></td><td colspan="2"></td></tr>
<tr><td>顶板下表面</td><td>+200</td><td>/</td><td></td><td colspan="2"></td></tr>
<tr><td>顶板上表面</td><td>+200</td><td>/</td><td></td><td colspan="2"></td></tr>
<tr><td rowspan="6">6</td><td rowspan="6">厚度（mm）</td><td>垫层</td><td>−15</td><td>/</td><td></td><td colspan="2"></td></tr>
<tr><td>底板</td><td>−10，+20</td><td>/</td><td></td><td colspan="2"></td></tr>
<tr><td>顶板下表面</td><td>±10</td><td>/</td><td></td><td colspan="2"></td></tr>
<tr><td>顶板上表面</td><td>±10</td><td>/</td><td></td><td colspan="2"></td></tr>
<tr><td>中墙</td><td>±10</td><td>/</td><td></td><td colspan="2"></td></tr>
<tr><td>侧墙</td><td>−10，+20</td><td>/</td><td></td><td colspan="2"></td></tr>
<tr><td colspan="2">施工单位检查结果</td><td colspan="7">专业工长：（签名） 项目专业质量检查员：（签名） 年 月 日</td></tr>
<tr><td colspan="2">监理单位验收结论</td><td colspan="7">专业监理工程师：（签名） 年 月 日</td></tr>
</table>

7.2.7.12 市政验·隧-11 沉管隧道（成型）检验批质量验收记录

市政基础设施工程

沉管隧道（成型）检验批质量验收记录

市政验·隧-11

第 页 共 页

<table>
<tr><td colspan="3">工程名称</td><td colspan="5"></td></tr>
<tr><td colspan="3">单位工程名称</td><td colspan="5"></td></tr>
<tr><td colspan="3">施工单位</td><td></td><td colspan="2">分包单位</td><td colspan="2"></td></tr>
<tr><td colspan="3">项目负责人</td><td></td><td colspan="2">项目技术负责人</td><td colspan="2"></td></tr>
<tr><td colspan="3">分部（子分部）工程名称</td><td></td><td colspan="2">分项工程名称</td><td colspan="2"></td></tr>
<tr><td colspan="3">验收部位/区段</td><td></td><td colspan="2">检验批容量</td><td colspan="2"></td></tr>
<tr><td colspan="3">施工及验收依据</td><td colspan="5">《沉管法隧道施工与质量验收规范》GB 51201</td></tr>
<tr><td colspan="3">验收项目</td><td colspan="2">设计要求或规范规定</td><td>最小/实际抽样数量</td><td>检查记录</td><td>检查结果</td></tr>
<tr><td rowspan="3">主控项目</td><td>1</td><td>无结构性裂缝检验</td><td colspan="2">第 15.0.3.1 条</td><td>/</td><td></td><td></td></tr>
<tr><td>2</td><td>中轴线平面、高程偏差检验</td><td colspan="2">第 15.0.3.2 条</td><td>/</td><td></td><td></td></tr>
<tr><td>3</td><td>安全和功能的检测资料检查</td><td colspan="2">第 15.0.3.3 条</td><td>/</td><td></td><td></td></tr>
<tr><td rowspan="5">一般项目</td><td>1</td><td>管节错台检验</td><td colspan="2">第 15.0.3.4 条</td><td>/</td><td></td><td></td></tr>
<tr><td>2</td><td>表面平整度检验</td><td colspan="2">第 15.0.3.5 条</td><td>/</td><td></td><td></td></tr>
<tr><td>3</td><td>预留孔洞位置及尺寸检验</td><td colspan="2">第 15.0.3.6 条</td><td>/</td><td></td><td></td></tr>
<tr><td></td><td></td><td colspan="2"></td><td></td><td></td><td></td></tr>
<tr><td></td><td></td><td colspan="2"></td><td></td><td></td><td></td></tr>
<tr><td colspan="2">施工单位检查结果</td><td colspan="6">专业工长：（签名） 专业质量检查员：（签名） 年 月 日</td></tr>
<tr><td colspan="2">监理单位验收结论</td><td colspan="6">专业监理工程师：（签名） 年 月 日</td></tr>
</table>

7.2.7.13 市政验·隧-12 管片模具质量验收记录

市政基础设施工程

管片模具质量验收记录

市政验·隧-12

第　　页共　　页

<table>
<tr><td colspan="3">工程名称</td><td colspan="4"></td></tr>
<tr><td colspan="3">单位工程名称</td><td colspan="4"></td></tr>
<tr><td colspan="3">施工单位</td><td></td><td colspan="2">分包单位</td><td></td></tr>
<tr><td colspan="3">项目负责人</td><td></td><td colspan="2">项目技术负责人</td><td></td></tr>
<tr><td colspan="3">分部（子分部）工程名称</td><td></td><td colspan="2">分项工程名称</td><td></td></tr>
<tr><td colspan="3">验收部位/区段</td><td></td><td colspan="2">检验批容量</td><td></td></tr>
<tr><td colspan="3">施工及验收依据</td><td colspan="4">《盾构法隧道施工及验收规范》GB 50446</td></tr>
<tr><td colspan="3">验收项目</td><td>设计要求或规范规定</td><td>最小/实际抽样数量</td><td>检查记录</td><td>检查结果</td></tr>
<tr><td>1</td><td colspan="2">承载力、刚度、稳定性、密封性检验</td><td>第 6.3.1 条</td><td>/</td><td></td><td></td></tr>
<tr><td>2</td><td colspan="2">安装、拆卸和使用情况检验</td><td>第 6.3.2 条</td><td>/</td><td></td><td></td></tr>
<tr><td>3</td><td colspan="2">锚具（焊条、焊物材质、安装、原始出厂数据、检测工具）验收</td><td>第 6.3.3 条</td><td>/</td><td></td><td></td></tr>
<tr><td rowspan="4">4</td><td rowspan="4">必须进行检验</td><td>模具每周转 100 次</td><td rowspan="4">第 6.3.4 条</td><td>/</td><td></td><td></td></tr>
<tr><td>模具受到重击或严重碰撞</td><td>/</td><td></td><td></td></tr>
<tr><td>钢筋混凝土管片几何尺寸不合格</td><td>/</td><td></td><td></td></tr>
<tr><td>模具停用超过 3 个月，投入生产前</td><td>/</td><td></td><td></td></tr>
<tr><td>5</td><td colspan="2">合模与开模检验</td><td>第 6.3.5 条</td><td>/</td><td></td><td></td></tr>
<tr><td>6</td><td colspan="2">管片出模强度检验</td><td>第 6.3.6 条</td><td>/</td><td></td><td></td></tr>
<tr><td colspan="2">施工单位检查结果</td><td colspan="5">专业工长：（签名）　　项目专业质量检查员：（签名）　　年　月　日</td></tr>
<tr><td colspan="2">监理单位验收结论</td><td colspan="5">专业监理工程师：（签名）　　年　月　日</td></tr>
</table>

7.2.7.14 市政验·隧-13 混凝土管片成品质量验收记录

市政基础设施工程

混凝土管片成品质量验收记录

市政验·隧-13

第 页 共 页

<table>
<tr><td colspan="4">工程名称</td><td colspan="4"></td></tr>
<tr><td colspan="4">单位工程名称</td><td colspan="4"></td></tr>
<tr><td colspan="4">施工单位</td><td></td><td colspan="2">分包单位</td><td></td></tr>
<tr><td colspan="4">项目负责人</td><td></td><td colspan="2">项目技术负责人</td><td></td></tr>
<tr><td colspan="4">分部（子分部）工程名称</td><td></td><td colspan="2">分项工程名称</td><td></td></tr>
<tr><td colspan="4">验收部位/区段</td><td></td><td colspan="2">检验批容量</td><td></td></tr>
<tr><td colspan="4">施工及验收依据</td><td colspan="4">《盾构法隧道施工及验收规范》GB 50446
《盾构隧道管片质量检测技术标准》CJJ/T 164</td></tr>
<tr><td colspan="4">验收项目</td><td>设计要求或
规范规定</td><td>最小/实际
抽样数量</td><td>检查记录</td><td>检查结果</td></tr>
<tr><td>1</td><td colspan="3">混凝土强度</td><td>CJJ/T 164 第 6.1.2 条</td><td>/</td><td></td><td></td></tr>
<tr><td>2</td><td colspan="3">外观质量检验</td><td>第 6.6.3.1 条</td><td>/</td><td></td><td></td></tr>
<tr><td rowspan="4">3</td><td rowspan="8">允许偏差</td><td rowspan="4">几何尺寸和
保护层检验
（mm）</td><td>宽度</td><td>±1</td><td>/</td><td></td><td></td></tr>
<tr><td>弧长</td><td>±1</td><td>/</td><td></td><td></td></tr>
<tr><td>厚度</td><td>+3，−1</td><td>/</td><td></td><td></td></tr>
<tr><td>主筋保护层厚度</td><td>设计要求或−3～+5</td><td>/</td><td></td><td></td></tr>
<tr><td rowspan="4">4</td><td rowspan="4">水平拼装
（mm）</td><td>环向缝间隙</td><td>2</td><td>/</td><td></td><td></td></tr>
<tr><td>纵向缝间隙</td><td>2</td><td>/</td><td></td><td></td></tr>
<tr><td>成环后内径</td><td>±2</td><td>/</td><td></td><td></td></tr>
<tr><td>成环后外径</td><td>+6，−2</td><td>/</td><td></td><td></td></tr>
<tr><td>5</td><td colspan="3">渗漏</td><td>CJJ/T 164 第 6.1.2 条</td><td>/</td><td></td><td></td></tr>
<tr><td>6</td><td colspan="3">抗弯性能</td><td>CJJ/T 164 第 6.1.2 条</td><td>/</td><td></td><td></td></tr>
<tr><td>7</td><td colspan="3">抗拔性能</td><td>CJJ/T 164 第 6.1.2 条</td><td>/</td><td></td><td></td></tr>
<tr><td colspan="2">施工单位
检查结果</td><td colspan="6">专业工长：（签名） 项目专业质量检查员：（签名） 年 月 日</td></tr>
<tr><td colspan="2">监理单位
验收结论</td><td colspan="6">专业监理工程师：（签名） 年 月 日</td></tr>
</table>

7.2.7.15 市政验·隧-14 钢管片成品质量验收记录

市政基础设施工程

钢管片成品质量验收记录

市政验·隧-14

第 页 共 页

<table>
<tr><td colspan="2">工程名称</td><td colspan="4"></td></tr>
<tr><td colspan="2">单位工程名称</td><td colspan="4"></td></tr>
<tr><td colspan="2">施工单位</td><td></td><td colspan="2">分包单位</td><td></td></tr>
<tr><td colspan="2">项目负责人</td><td></td><td colspan="2">项目技术负责人</td><td></td></tr>
<tr><td colspan="2">分部（子分部）工程名称</td><td></td><td colspan="2">分项工程名称</td><td></td></tr>
<tr><td colspan="2">验收部位/区段</td><td></td><td colspan="2">检验批容量</td><td></td></tr>
<tr><td colspan="2">施工及验收依据</td><td colspan="4">《盾构法隧道施工及验收规范》GB 50446
《盾构隧道管片质量检测技术标准》CJJ/T 164</td></tr>
<tr><td colspan="2">验收项目</td><td>设计要求或
规范规定</td><td>最小/实际
抽样数量</td><td>检查记录</td><td>检查结果</td></tr>
<tr><td>1</td><td>外观检验</td><td>第 6.7.3.1 条
CJJ/T 164 第 6.1.3 条</td><td>/</td><td></td><td></td></tr>
<tr><td>2</td><td>几何尺寸检验</td><td>第 6.7.3.2 条
CJJ/T 164 第 6.1.3 条</td><td>/</td><td></td><td></td></tr>
<tr><td>3</td><td>水平拼装检验</td><td>第 6.7.3.3 条
CJJ/T 164 第 6.1.3 条</td><td>/</td><td></td><td></td></tr>
<tr><td>4</td><td>焊缝</td><td>CJJ/T 164 第 6.1.3 条</td><td>/</td><td></td><td></td></tr>
<tr><td>5</td><td>涂层</td><td>CJJ/T 164 第 6.1.3 条</td><td>/</td><td></td><td></td></tr>
<tr><td>施工单位
检查结果</td><td colspan="5">专业工长：（签名） 项目专业质量检查员：（签名） 年 月 日</td></tr>
<tr><td>监理单位
验收结论</td><td colspan="5">专业监理工程师：（签名） 年 月 日</td></tr>
</table>

7.2.7.16 市政验·隧-15 管片进场检验批质量验收记录

市政基础设施工程

管片进场检验批质量验收记录

市政验·隧-15

第 页 共 页

<table>
<tr><td colspan="4">工程名称</td><td colspan="5"></td></tr>
<tr><td colspan="4">单位工程名称</td><td colspan="5"></td></tr>
<tr><td colspan="4">施工单位</td><td></td><td colspan="2">分包单位</td><td colspan="2"></td></tr>
<tr><td colspan="4">项目负责人</td><td></td><td colspan="2">项目技术负责人</td><td colspan="2"></td></tr>
<tr><td colspan="4">分部（子分部）工程名称</td><td></td><td colspan="2">分项工程名称</td><td colspan="2"></td></tr>
<tr><td colspan="4">验收部位/区段</td><td></td><td colspan="2">检验批容量</td><td colspan="2"></td></tr>
<tr><td colspan="4">施工及验收依据</td><td colspan="5">《盾构法隧道施工及验收规范》GB 50446
《盾构隧道管片质量检测技术标准》CJJ/T 164</td></tr>
<tr><td colspan="5">验收项目</td><td>设计要求或规范规定</td><td>最小/实际抽样数量</td><td>检查记录</td><td>检查结果</td></tr>
<tr><td rowspan="3">主控项目</td><td>1</td><td colspan="3">混凝土强度、抗渗、结构性能检验</td><td>第 6.9.1 条</td><td>/</td><td></td><td></td></tr>
<tr><td>2</td><td colspan="3">外观质量严重缺陷检验</td><td>第 6.9.2 条</td><td>/</td><td></td><td></td></tr>
<tr><td>3</td><td colspan="3">外观裂缝检验</td><td>第 6.9.3 条</td><td>/</td><td></td><td></td></tr>
<tr><td rowspan="8">一般项目</td><td>1</td><td colspan="3">外观质量一般缺陷检验</td><td>第 6.9.4 条</td><td>/</td><td></td><td></td></tr>
<tr><td rowspan="4">2</td><td rowspan="4">允许偏差</td><td rowspan="4">钢筋混凝土管片几何尺寸和保护层检验（mm）</td><td>宽度</td><td>±1</td><td>/</td><td></td><td></td></tr>
<tr><td>弧长</td><td>±1</td><td>/</td><td></td><td></td></tr>
<tr><td>厚度</td><td>＋3，－1</td><td>/</td><td></td><td></td></tr>
<tr><td>主筋保护层厚度</td><td>设计要求或－3～＋5</td><td>/</td><td></td><td></td></tr>
<tr><td>3</td><td colspan="3">表面锈蚀度检验</td><td>第 6.9.6 条
第 6.7.2.5 条</td><td>/</td><td></td><td></td></tr>
<tr><td>4</td><td colspan="3">几何尺寸检验</td><td>第 6.9.7 条
CJJ/T 164 条</td><td>/</td><td></td><td></td></tr>
<tr><td>5</td><td colspan="3">焊缝检验</td><td>第 6.9.8 条</td><td>/</td><td></td><td></td></tr>
<tr><td colspan="2">施工单位检查结果</td><td colspan="7">专业工长：（签名） 专业质量检查员：（签名） 年 月 日</td></tr>
<tr><td colspan="2">监理单位验收结论</td><td colspan="7">专业监理工程师：（签名） 年 月 日</td></tr>
</table>

7.2.7.17 市政验·隧-16 盾构组装质量验收记录

市政基础设施工程

盾构组装质量验收记录

市政验·隧-16

第　　页 共　　页

<table>
<tr><td colspan="3">工程名称</td><td colspan="5"></td></tr>
<tr><td colspan="3">单位工程名称</td><td colspan="5"></td></tr>
<tr><td colspan="3">施工单位</td><td></td><td colspan="2">分包单位</td><td colspan="2"></td></tr>
<tr><td colspan="3">项目负责人</td><td></td><td colspan="2">项目技术负责人</td><td colspan="2"></td></tr>
<tr><td colspan="3">分部（子分部）工程名称</td><td></td><td colspan="2">分项工程名称</td><td colspan="2"></td></tr>
<tr><td colspan="3">验收部位/区段</td><td></td><td colspan="2">检验批容量</td><td colspan="2"></td></tr>
<tr><td colspan="3">施工及验收依据</td><td colspan="5">《盾构法隧道施工及验收规范》GB 50446</td></tr>
<tr><td colspan="3">验收项目</td><td>设计要求或规范规定</td><td>最小/实际抽样数量</td><td>检查记录</td><td colspan="2">检查结果</td></tr>
<tr><td rowspan="14">1</td><td rowspan="14">盾构现场验收</td><td>盾构壳体</td><td rowspan="14">第 7.3.1 条</td><td>/</td><td></td><td colspan="2"></td></tr>
<tr><td>刀盘</td><td>/</td><td></td><td colspan="2"></td></tr>
<tr><td>管片拼装机</td><td>/</td><td></td><td colspan="2"></td></tr>
<tr><td>螺栓输送机（土压平衡盾构）</td><td>/</td><td></td><td colspan="2"></td></tr>
<tr><td>皮带输送机（土压平衡盾构）</td><td>/</td><td></td><td colspan="2"></td></tr>
<tr><td>泥水输送系统（泥水平衡盾构）</td><td>/</td><td></td><td colspan="2"></td></tr>
<tr><td>泥水处理系统（泥水平衡盾构）</td><td>/</td><td></td><td colspan="2"></td></tr>
<tr><td>同步注浆系统</td><td>/</td><td></td><td colspan="2"></td></tr>
<tr><td>集中润滑系统</td><td>/</td><td></td><td colspan="2"></td></tr>
<tr><td>液压系统</td><td>/</td><td></td><td colspan="2"></td></tr>
<tr><td>铰接装置</td><td>/</td><td></td><td colspan="2"></td></tr>
<tr><td>电气系统</td><td>/</td><td></td><td colspan="2"></td></tr>
<tr><td>渣土改良系统</td><td>/</td><td></td><td colspan="2"></td></tr>
<tr><td>盾尾密封系统</td><td>/</td><td></td><td colspan="2"></td></tr>
<tr><td>2</td><td colspan="2">盾构各系统检验</td><td>第 7.3.2 条</td><td>/</td><td></td><td colspan="2"></td></tr>
<tr><td>3</td><td colspan="2">运转状况和掘进情况检验</td><td>第 7.3.3 条</td><td>/</td><td></td><td colspan="2"></td></tr>
<tr><td colspan="2">施工单位
检查结果</td><td colspan="6">专业工长：（签名）　　　　项目专业质量检查员：（签名）　　　　年　　月　　日</td></tr>
<tr><td colspan="2">监理单位
验收结论</td><td colspan="6">专业监理工程师：（签名）　　　　年　　月　　日</td></tr>
</table>

7.2.7.18 市政验·隧-17 掘进施工质量验收记录

市政基础设施工程

掘进施工质量验收记录

市政验·隧-17

第 页共 页

<table>
<tr><td colspan="3">工程名称</td><td colspan="5"></td></tr>
<tr><td colspan="3">单位工程名称</td><td colspan="5"></td></tr>
<tr><td colspan="3">施工单位</td><td></td><td colspan="2">分包单位</td><td colspan="2"></td></tr>
<tr><td colspan="3">项目负责人</td><td></td><td colspan="2">项目技术负责人</td><td colspan="2"></td></tr>
<tr><td colspan="3">分部（子分部）工程名称</td><td></td><td colspan="2">分项工程名称</td><td colspan="2"></td></tr>
<tr><td colspan="3">验收部位/区段</td><td></td><td colspan="2">检验批容量</td><td colspan="2"></td></tr>
<tr><td colspan="3">施工及验收依据</td><td colspan="5">《盾构法隧道施工及验收规范》GB 50446</td></tr>
<tr><td colspan="3">验收项目</td><td>设计要求或规范规定</td><td>最小/实际抽样数量</td><td>检查记录</td><td colspan="2">检查结果</td></tr>
<tr><td>1</td><td colspan="2">各系统调试验收</td><td>第 7.1.1 条</td><td>/</td><td></td><td colspan="2"></td></tr>
<tr><td>2</td><td colspan="2">施工技术措施检查</td><td>第 7.1.2 条</td><td>/</td><td></td><td colspan="2"></td></tr>
<tr><td>3</td><td colspan="2">试掘进检验</td><td>第 7.1.3 条</td><td>/</td><td></td><td colspan="2"></td></tr>
<tr><td>4</td><td colspan="2">排土量、盾构姿态和地层变形检验</td><td>第 7.1.4 条</td><td>/</td><td></td><td colspan="2"></td></tr>
<tr><td>5</td><td colspan="2">拼装时盾构姿态稳定检验</td><td>第 7.1.5 条</td><td>/</td><td></td><td colspan="2"></td></tr>
<tr><td>6</td><td colspan="2">间隙注浆检验</td><td>第 7.1.6 条</td><td>/</td><td></td><td colspan="2"></td></tr>
<tr><td>7</td><td colspan="2">盾构与后备设备、抽排水等设备和系统运转情况检验</td><td>第 7.1.7 条</td><td>/</td><td></td><td colspan="2"></td></tr>
<tr><td rowspan="8">8</td><td rowspan="8">应及时处理情况检验</td><td>前方地层发生坍塌或遇有障碍</td><td rowspan="8">第 7.1.8 条</td><td>/</td><td></td><td colspan="2"></td></tr>
<tr><td>壳体滚转角达到 3°</td><td>/</td><td></td><td colspan="2"></td></tr>
<tr><td>轴线偏离隧道线达到 50mm</td><td>/</td><td></td><td colspan="2"></td></tr>
<tr><td>推力与预计值相差较大</td><td>/</td><td></td><td colspan="2"></td></tr>
<tr><td>管片严重开裂或严重错台</td><td>/</td><td></td><td colspan="2"></td></tr>
<tr><td>壁后注浆系统发生故障无法注浆</td><td>/</td><td></td><td colspan="2"></td></tr>
<tr><td>盾构掘进扭矩发生异常波动</td><td>/</td><td></td><td colspan="2"></td></tr>
<tr><td>动力系统、密封系统和控制系统等发生故障</td><td>/</td><td></td><td colspan="2"></td></tr>
<tr><td>9</td><td colspan="2">曲线段施工时竖向位移和横向位移的检查</td><td>第 7.1.9 条</td><td>/</td><td></td><td colspan="2"></td></tr>
<tr><td>10</td><td colspan="2">掘进参数记录检查</td><td>第 7.1.10 条</td><td>/</td><td></td><td colspan="2"></td></tr>
<tr><td>11</td><td colspan="2">盾构姿态纠偏检查</td><td>第 7.1.11 条</td><td>/</td><td></td><td colspan="2"></td></tr>
<tr><td>12</td><td colspan="2">停止掘进时开挖面稳定性检查</td><td>第 7.1.12 条</td><td>/</td><td></td><td colspan="2"></td></tr>
<tr><td>13</td><td colspan="2">盾构姿态和管片状态复核测量检查</td><td>第 7.1.13 条</td><td>/</td><td></td><td colspan="2"></td></tr>
<tr><td colspan="2">施工单位检查结果</td><td colspan="6">专业工长：（签名） 项目专业质量检查员：（签名） 年 月 日</td></tr>
<tr><td colspan="2">监理单位验收结论</td><td colspan="6">专业监理工程师：（签名） 年 月 日</td></tr>
</table>

7.2.7.19　市政验·隧-18-1　管片拼装质量验收记录（一）

市政基础设施工程

管片拼装质量验收记录（一）

市政验·隧-18-1

第　　页 共　　页

工程名称			
单位工程名称			
施工单位		分包单位	
项目负责人		项目技术负责人	
分部（子分部）工程名称		分项工程名称	
验收部位/区段		检验批容量	
施工及验收依据	《盾构法隧道施工及验收规范》GB 50446 《地下工程防水技术规范》GB 50108		

验收项目				设计要求或规范规定	最小/实际抽样数量	检查记录	检查结果	
1	管片裂缝检验（mm）			＜0.2		/		
2	防水密封质量检验			第9.3.2条		/		
3	螺栓质量及拧紧度检验			第9.3.3条		/		
4	允许偏差	隧道轴线平面位置（mm）	地铁隧道	±50		/		
			公路隧道	±75		/		
			铁路隧道	±70		/		
			水工隧道	±100		/		
			市政隧道	±100		/		
			油气隧道	±100		/		
5		轴线高程（mm）	地铁隧道	±50		/		
			公路隧道	±75		/		
			铁路隧道	±70		/		
			水工隧道	±100		/		
			市政隧道	±100（隧道底高程）		/		
			油气隧道	±100		/		

施工单位检查结果	专业工长：（签名）　　项目专业质量检查员：（签名）　　年　　月　　日
监理单位验收结论	专业监理工程师：（签名）　　年　　月　　日

7.2.7.20 市政验·隧-18-2 管片拼装质量验收记录（二）

市政基础设施工程

管片拼装质量验收记录（二）

市政验·隧-18-2

第　　页 共　　页

<table>
<tr><td colspan="4">工程名称</td><td colspan="5"></td></tr>
<tr><td colspan="4">单位工程名称</td><td colspan="5"></td></tr>
<tr><td colspan="4">施工单位</td><td colspan="2"></td><td colspan="2">分包单位</td><td></td></tr>
<tr><td colspan="4">项目负责人</td><td colspan="2"></td><td colspan="2">项目技术负责人</td><td></td></tr>
<tr><td colspan="4">分部（子分部）工程名称</td><td colspan="2"></td><td colspan="2">分项工程名称</td><td></td></tr>
<tr><td colspan="4">验收部位/区段</td><td colspan="2"></td><td colspan="2">检验批容量</td><td></td></tr>
<tr><td colspan="4">施工及验收依据</td><td colspan="5">《盾构法隧道施工及验收规范》GB 50446
《地下工程防水技术规范》GB 50108</td></tr>
<tr><td colspan="5">验收项目</td><td>设计要求或规范规定</td><td>最小/实际抽样数量</td><td>检查记录</td><td>检查结果</td></tr>
<tr><td rowspan="6">6</td><td rowspan="18">允许偏差</td><td rowspan="18">管片拼装（mm）</td><td rowspan="6">衬砌环椭圆度（‰）</td><td>地铁隧道</td><td>±5</td><td>/</td><td></td><td></td></tr>
<tr><td>公路隧道</td><td>±6</td><td>/</td><td></td><td></td></tr>
<tr><td>铁路隧道</td><td>±6</td><td>/</td><td></td><td></td></tr>
<tr><td>水工隧道</td><td>±8</td><td>/</td><td></td><td></td></tr>
<tr><td>市政隧道</td><td>±5</td><td>/</td><td></td><td></td></tr>
<tr><td>油气隧道</td><td>±6</td><td>/</td><td></td><td></td></tr>
<tr><td rowspan="6">7</td><td rowspan="6">衬砌环内错台（mm）</td><td>地铁隧道</td><td>5</td><td>/</td><td></td><td></td></tr>
<tr><td>公路隧道</td><td>6</td><td>/</td><td></td><td></td></tr>
<tr><td>铁路隧道</td><td>6</td><td>/</td><td></td><td></td></tr>
<tr><td>水工隧道</td><td>8</td><td>/</td><td></td><td></td></tr>
<tr><td>市政隧道</td><td>5</td><td>/</td><td></td><td></td></tr>
<tr><td>油气隧道</td><td>8</td><td>/</td><td></td><td></td></tr>
<tr><td rowspan="6">8</td><td rowspan="6">衬砌环间错台（mm）</td><td>地铁隧道</td><td>6</td><td>/</td><td></td><td></td></tr>
<tr><td>公路隧道</td><td>7</td><td>/</td><td></td><td></td></tr>
<tr><td>铁路隧道</td><td>7</td><td>/</td><td></td><td></td></tr>
<tr><td>水工隧道</td><td>9</td><td>/</td><td></td><td></td></tr>
<tr><td>市政隧道</td><td>6</td><td>/</td><td></td><td></td></tr>
<tr><td>油气隧道</td><td>9</td><td>/</td><td></td><td></td></tr>
<tr><td>9</td><td colspan="4">密封槽、防水密封条检验</td><td>第 9.6.6 条</td><td>/</td><td></td><td></td></tr>
<tr><td>10</td><td colspan="4">螺栓孔橡胶密封圈安装检验</td><td>第 9.6.7 条</td><td>/</td><td></td><td></td></tr>
<tr><td>11</td><td colspan="4">嵌缝防水检验</td><td>第 9.6.8 条
GB 50108</td><td>/</td><td></td><td></td></tr>
<tr><td colspan="2">施工单位检查结果</td><td colspan="7">专业工长：（签名）　　项目专业质量检查员：（签名）　　年　月　日</td></tr>
<tr><td colspan="2">监理单位验收结论</td><td colspan="7">专业监理工程师：（签名）　　年　月　日</td></tr>
</table>

注：本表中市政隧道包括给水排水隧道、电力隧道等。

7.2.7.21 市政验·隧-19 管片注浆质量验收记录

市政基础设施工程

管片注浆质量验收记录

市政验·隧-19

第　　页 共　　页

<table>
<tr><td colspan="2">工程名称</td><td colspan="5"></td></tr>
<tr><td colspan="2">单位工程名称</td><td colspan="5"></td></tr>
<tr><td colspan="2">施工单位</td><td></td><td colspan="2">分包单位</td><td colspan="2"></td></tr>
<tr><td colspan="2">项目负责人</td><td></td><td colspan="2">项目技术负责人</td><td colspan="2"></td></tr>
<tr><td colspan="2">分部（子分部）工程名称</td><td></td><td colspan="2">分项工程名称</td><td colspan="2"></td></tr>
<tr><td colspan="2">验收部位/区段</td><td></td><td colspan="2">检验批容量</td><td colspan="2"></td></tr>
<tr><td colspan="2">施工及验收依据</td><td colspan="5">《盾构法隧道施工及验收规范》GB 50446</td></tr>
<tr><td colspan="2">验收项目</td><td>设计要求或规范规定</td><td>最小/实际抽样数量</td><td>检查记录</td><td colspan="2">检查结果</td></tr>
<tr><td>1</td><td>注浆材料和配比检验</td><td>第10.2.1条</td><td>/</td><td></td><td colspan="2"></td></tr>
<tr><td>2</td><td>注浆材料的强度、流动性、可填充性、凝结时间、收缩率和环保满足要求检验</td><td>第10.2.2条</td><td>/</td><td></td><td colspan="2"></td></tr>
<tr><td>3</td><td>注浆速度检验</td><td>第10.2.3条</td><td>/</td><td></td><td colspan="2"></td></tr>
<tr><td>4</td><td>注浆压力检验</td><td>第10.2.4条</td><td>/</td><td></td><td colspan="2"></td></tr>
<tr><td>5</td><td>注浆量充填系数检验</td><td>1.30～2.50</td><td>/</td><td></td><td colspan="2"></td></tr>
<tr><td>6</td><td>二次注浆的注浆量和注浆压力检验</td><td>第10.2.6条</td><td>/</td><td></td><td colspan="2"></td></tr>
<tr><td>7</td><td>浆液配合比检验</td><td>第10.3.3.1条</td><td>/</td><td></td><td colspan="2"></td></tr>
<tr><td>8</td><td>浆液的相对密度、稠度等各项指标检验</td><td>第10.3.3.2条</td><td>/</td><td></td><td colspan="2"></td></tr>
<tr><td>9</td><td>离析和沉淀指标检验</td><td>第10.3.3.3条</td><td>/</td><td></td><td colspan="2"></td></tr>
<tr><td>10</td><td>注浆工艺和注浆参数合理性检验</td><td>第10.3.4条</td><td>/</td><td></td><td colspan="2"></td></tr>
<tr><td>11</td><td>对相关参数自动记录仪器配置情况检验</td><td>第10.3.5条</td><td>/</td><td></td><td colspan="2"></td></tr>
<tr><td>12</td><td>注浆设备和管理路清洗情况检查</td><td>第10.3.6条</td><td>/</td><td></td><td colspan="2"></td></tr>
<tr><td>13</td><td>注浆口堵封情况检验</td><td>第10.3.7条</td><td>/</td><td></td><td colspan="2"></td></tr>
<tr><td>施工单位检查结果</td><td colspan="6">专业工长：（签名）　　项目专业质量检查员：（签名）　　年　月　日</td></tr>
<tr><td>监理单位验收结论</td><td colspan="6">专业监理工程师：（签名）　　年　月　日</td></tr>
</table>

7.2.7.22　市政验·隧-20-1　盾构隧道成型检验批质量验收记录（一）

市政基础设施工程

盾构隧道成型检验批质量验收记录（一）

市政验·隧-20-1

第　　页共　　页

<table>
<tr><td colspan="4">工程名称</td><td colspan="5"></td></tr>
<tr><td colspan="4">单位工程名称</td><td colspan="5"></td></tr>
<tr><td colspan="4">施工单位</td><td colspan="2"></td><td colspan="2">分包单位</td><td></td></tr>
<tr><td colspan="4">项目负责人</td><td colspan="2"></td><td colspan="2">项目技术负责人</td><td></td></tr>
<tr><td colspan="4">分部（子分部）工程名称</td><td colspan="2"></td><td colspan="2">分项工程名称</td><td></td></tr>
<tr><td colspan="4">验收部位/区段</td><td colspan="2"></td><td colspan="2">检验批容量</td><td></td></tr>
<tr><td colspan="4">施工及验收依据</td><td colspan="5">《盾构法隧道施工及验收规范》GB 50446</td></tr>
<tr><td colspan="5">验收项目</td><td>设计要求或规范规定</td><td>最小/实际抽样数量</td><td>检查记录</td><td>检查结果</td></tr>
<tr><td rowspan="15">主控项目</td><td>1</td><td colspan="3">结构表面检验</td><td>第16.0.1条</td><td>/</td><td></td><td></td></tr>
<tr><td>2</td><td colspan="3">防水性检验</td><td>第16.0.2条</td><td>/</td><td></td><td></td></tr>
<tr><td rowspan="6">3</td><td rowspan="12">允许偏差</td><td rowspan="6">隧道轴线平面位置（mm）</td><td>地铁隧道</td><td>±100</td><td>/</td><td></td><td></td></tr>
<tr><td>公路隧道</td><td>±150</td><td>/</td><td></td><td></td></tr>
<tr><td>铁路隧道</td><td>±120</td><td>/</td><td></td><td></td></tr>
<tr><td>水工隧道</td><td>±150</td><td>/</td><td></td><td></td></tr>
<tr><td>市政隧道</td><td>±150</td><td>/</td><td></td><td></td></tr>
<tr><td>油气隧道</td><td>±150</td><td>/</td><td></td><td></td></tr>
<tr><td rowspan="6">4</td><td rowspan="6">轴线高程（mm）</td><td>地铁隧道</td><td>±100</td><td>/</td><td></td><td></td></tr>
<tr><td>公路隧道</td><td>±150</td><td>/</td><td></td><td></td></tr>
<tr><td>铁路隧道</td><td>±120</td><td>/</td><td></td><td></td></tr>
<tr><td>水工隧道</td><td>±150</td><td>/</td><td></td><td></td></tr>
<tr><td>市政隧道</td><td>±150</td><td>/</td><td></td><td></td></tr>
<tr><td>油气隧道</td><td>±150</td><td>/</td><td></td><td></td></tr>
<tr><td>5</td><td colspan="3">衬砌结构与建筑限界情况检查</td><td>第16.0.4条</td><td>/</td><td></td><td></td></tr>
<tr><td>施工单位检查结果</td><td colspan="8">专业工长：（签名）　　专业质量检查员：（签名）　　年　月　日</td></tr>
<tr><td>监理单位验收结论</td><td colspan="8">专业监理工程师：（签名）　　年　月　日</td></tr>
</table>

7.2.7.23 市政验·隧-20-2 盾构隧道成型检验批质量验收记录（二）

市政基础设施工程

盾构隧道成型检验批质量验收记录（二）

市政验·隧-20-2

第　　页 共　　页

<table>
<tr><td colspan="4">工程名称</td><td colspan="5"></td></tr>
<tr><td colspan="4">单位工程名称</td><td colspan="5"></td></tr>
<tr><td colspan="4">施工单位</td><td colspan="2"></td><td colspan="2">分包单位</td><td></td></tr>
<tr><td colspan="4">项目负责人</td><td colspan="2"></td><td colspan="2">项目技术负责人</td><td></td></tr>
<tr><td colspan="4">分部（子分部）工程名称</td><td colspan="2"></td><td colspan="2">分项工程名称</td><td></td></tr>
<tr><td colspan="4">验收部位/区段</td><td colspan="2"></td><td colspan="2">检验批容量</td><td></td></tr>
<tr><td colspan="4">施工及验收依据</td><td colspan="5">《盾构法隧道施工及验收规范》GB 50446</td></tr>
<tr><td colspan="5">验收项目</td><td>设计要求或规范规定</td><td>最小/实际抽样数量</td><td>检查记录</td><td>检查结果</td></tr>
<tr><td rowspan="18">一般项目</td><td rowspan="6">1</td><td rowspan="18">隧道允许偏差</td><td rowspan="6">衬砌环椭圆度（‰）</td><td>地铁隧道</td><td>±6</td><td>/</td><td></td><td></td></tr>
<tr><td>公路隧道</td><td>±8</td><td>/</td><td></td><td></td></tr>
<tr><td>铁路隧道</td><td>±6</td><td>/</td><td></td><td></td></tr>
<tr><td>水工隧道</td><td>±10</td><td>/</td><td></td><td></td></tr>
<tr><td>市政隧道</td><td>±8</td><td>/</td><td></td><td></td></tr>
<tr><td>油气隧道</td><td>±8</td><td>/</td><td></td><td></td></tr>
<tr><td rowspan="6">2</td><td rowspan="6">衬砌环内错台（mm）</td><td>地铁隧道</td><td>10</td><td>/</td><td></td><td></td></tr>
<tr><td>公路隧道</td><td>12</td><td>/</td><td></td><td></td></tr>
<tr><td>铁路隧道</td><td>12</td><td>/</td><td></td><td></td></tr>
<tr><td>水工隧道</td><td>15</td><td>/</td><td></td><td></td></tr>
<tr><td>市政隧道</td><td>15</td><td>/</td><td></td><td></td></tr>
<tr><td>油气隧道</td><td>15</td><td>/</td><td></td><td></td></tr>
<tr><td rowspan="6">3</td><td rowspan="6">衬砌环间错台（mm）</td><td>地铁隧道</td><td>15</td><td>/</td><td></td><td></td></tr>
<tr><td>公路隧道</td><td>17</td><td>/</td><td></td><td></td></tr>
<tr><td>铁路隧道</td><td>17</td><td>/</td><td></td><td></td></tr>
<tr><td>水工隧道</td><td>20</td><td>/</td><td></td><td></td></tr>
<tr><td>市政隧道</td><td>20</td><td>/</td><td></td><td></td></tr>
<tr><td>油气隧道</td><td>20</td><td>/</td><td></td><td></td></tr>
<tr><td colspan="2">施工单位检查结果</td><td colspan="7">专业工长：（签名）　　专业质量检查员：（签名）　　年　月　日</td></tr>
<tr><td colspan="2">监理单位验收结论</td><td colspan="7">专业监理工程师：（签名）　　年　月　日</td></tr>
</table>

7.2.7.24　市政验·隧-21　工作坑工程检验批质量验收记录

市政基础设施工程

工作坑工程检验批质量验收记录

市政验·隧-21

第　　页，共　　页

<table>
<tr><td colspan="3">工程名称</td><td colspan="5"></td></tr>
<tr><td colspan="3">单位工程名称</td><td colspan="5"></td></tr>
<tr><td colspan="3">施工单位</td><td colspan="2"></td><td colspan="2">分包单位</td><td></td></tr>
<tr><td colspan="3">项目负责人</td><td colspan="2"></td><td colspan="2">项目技术负责人</td><td></td></tr>
<tr><td colspan="3">分部（子分部）工程名称</td><td colspan="2"></td><td colspan="2">分项工程名称</td><td></td></tr>
<tr><td colspan="3">验收部位/区段</td><td colspan="2"></td><td colspan="2">检验批容量</td><td></td></tr>
<tr><td colspan="3">施工及验收依据</td><td colspan="5">《城镇地道桥顶进施工及验收规程》CJJ 74</td></tr>
<tr><td colspan="4">验收项目</td><td>设计要求或规范规定</td><td>最小/实际抽样数量</td><td>检查记录</td><td>检查结果</td></tr>
<tr><td rowspan="4">主控项目</td><td>1</td><td colspan="2">基底不得被水浸泡或结冻；天然地基不得扰动、超挖</td><td>第9.2.1条</td><td>/</td><td></td><td></td></tr>
<tr><td>2</td><td colspan="2">地基承载力应符合设计要求</td><td>第9.2.2条</td><td>/</td><td></td><td></td></tr>
<tr><td>3</td><td colspan="2">边坡稳定、围护结构安全可靠，无变形、沉降、位移，无线流现象；基底无隆起、沉陷、涌水（砂）等现象</td><td>第9.2.3条</td><td>/</td><td></td><td></td></tr>
<tr><td></td><td colspan="2"></td><td></td><td></td><td></td><td></td></tr>
<tr><td rowspan="6">一般项目</td><td>1</td><td rowspan="6">允许偏差</td><td rowspan="2">坑底高程（mm）</td><td rowspan="2">+5
−30</td><td rowspan="2">/</td><td rowspan="2"></td><td rowspan="2"></td></tr>
<tr><td>2</td></tr>
<tr><td>3</td><td>轴线偏位（mm）</td><td>50</td><td>/</td><td></td><td></td></tr>
<tr><td>4</td><td>基坑尺寸</td><td>不小于设计规定</td><td>/</td><td></td><td></td></tr>
<tr><td rowspan="2">5</td><td>边坡坡度</td><td>不大于设计要求</td><td>/</td><td></td><td></td></tr>
<tr><td>表面平整度（mm）</td><td>20</td><td>/</td><td></td><td></td></tr>
<tr><td colspan="2">施工单位检查结果</td><td colspan="6">专业工长：（签名）　　项目专业质量检查员：（签名）　　年　月　日</td></tr>
<tr><td colspan="2">监理单位验收结论</td><td colspan="6">专业监理工程师：（签名）　　年　月　日</td></tr>
</table>

7.2.7.25 市政验·隧-22 滑板工程检验批质量验收记录

市政基础设施工程

滑板工程检验批质量验收记录

市政验·隧-22

第　　页，共　　页

<table>
<tr><td colspan="3">工程名称</td><td colspan="5"></td></tr>
<tr><td colspan="3">单位工程名称</td><td colspan="5"></td></tr>
<tr><td colspan="3">施工单位</td><td></td><td colspan="2">分包单位</td><td colspan="2"></td></tr>
<tr><td colspan="3">项目负责人</td><td></td><td colspan="2">项目技术负责人</td><td colspan="2"></td></tr>
<tr><td colspan="3">分部（子分部）工程名称</td><td></td><td colspan="2">分项工程名称</td><td colspan="2"></td></tr>
<tr><td colspan="3">验收部位/区段</td><td></td><td colspan="2">检验批容量</td><td colspan="2"></td></tr>
<tr><td colspan="3">施工及验收依据</td><td colspan="5">《城镇地道桥顶进施工及验收规程》CJJ 74</td></tr>
<tr><td colspan="4">验收项目</td><td>设计要求或规范规定</td><td>最小/实际抽样数量</td><td>检查记录</td><td>检查结果</td></tr>
<tr><td rowspan="2">主控项目</td><td>1</td><td colspan="2">滑板混凝土强度应符合设计要求，混凝土质量检验应符合现行标准《城市桥梁工程施工与质量验收规范》CJJ 2 中的相关规定</td><td>第 9.3.1 条</td><td>/</td><td></td><td></td></tr>
<tr><td>2</td><td colspan="2">滑板顶面坡度、锚梁、方向墩等应符合施工设计要求</td><td>第 9.3.2 条</td><td>/</td><td></td><td></td></tr>
<tr><td rowspan="6">一般项目</td><td>1</td><td colspan="2">滑板顶面润滑隔离层应摊铺均匀、平顺，厚度应符合设计要求或施工组织设计要求。</td><td>第 9.3.4 条</td><td>/</td><td></td><td></td></tr>
<tr><td>2</td><td rowspan="5">允许偏差</td><td>滑板尺寸</td><td rowspan="2">不得小于设计要求</td><td>/</td><td></td><td></td></tr>
<tr><td>3</td><td>厚度</td><td>/</td><td></td><td></td></tr>
<tr><td>4</td><td>中线偏位（mm）</td><td>30</td><td>/</td><td></td><td></td></tr>
<tr><td>5</td><td>高程（mm）</td><td>+5
0</td><td>/</td><td></td><td></td></tr>
<tr><td>6</td><td>平整度（mm）</td><td>3</td><td>/</td><td></td><td></td></tr>
<tr><td colspan="2">施工单位检查结果</td><td colspan="6">专业工长：（签名）　　项目专业质量检查员：（签名）　　年　　月　　日</td></tr>
<tr><td colspan="2">监理单位验收结论</td><td colspan="6">专业监理工程师：（签名）　　年　　月　　日</td></tr>
</table>

7.2.7.26 市政验·隧-23 箱形节段预制模板工程检验批质量验收记录

市政基础设施工程

箱形节段预制模板工程检验批质量验收记录

市政验·隧-23

第　　页，共　　页

<table>
<tr><td colspan="3">工程名称</td><td colspan="5"></td></tr>
<tr><td colspan="3">单位工程名称</td><td colspan="5"></td></tr>
<tr><td colspan="3">施工单位</td><td></td><td colspan="2">分包单位</td><td colspan="2"></td></tr>
<tr><td colspan="3">项目负责人</td><td></td><td colspan="2">项目技术负责人</td><td colspan="2"></td></tr>
<tr><td colspan="3">分部（子分部）工程名称</td><td></td><td colspan="2">分项工程名称</td><td colspan="2"></td></tr>
<tr><td colspan="3">验收部位/区段</td><td></td><td colspan="2">检验批容量</td><td colspan="2"></td></tr>
<tr><td colspan="3">施工及验收依据</td><td colspan="5">《城镇地道桥顶进施工及验收规程》CJJ 74</td></tr>
<tr><td colspan="4">验收项目</td><td>设计要求或规范规定</td><td>最小/实际抽样数量</td><td>检查记录</td><td>检查结果</td></tr>
<tr><td rowspan="2">主控项目</td><td>1</td><td colspan="2">箱形节段预制的钢模板应有足够的刚度、强度和稳定性，安装时，应接缝严密不得漏浆，内模应有足够的支撑体系，模板与混凝土接触面必须清理干净并涂刷隔离剂</td><td>第9.7.1条</td><td>/</td><td></td><td></td></tr>
<tr><td></td><td colspan="2"></td><td></td><td></td><td></td><td></td></tr>
<tr><td rowspan="7">一般项目</td><td>1</td><td rowspan="7">允许偏差</td><td>长度（mm）</td><td>±2</td><td>/</td><td></td><td></td></tr>
<tr><td>2</td><td>宽度（mm）</td><td>±2</td><td>/</td><td></td><td></td></tr>
<tr><td>3</td><td>高度（mm）</td><td>±2</td><td>/</td><td></td><td></td></tr>
<tr><td>4</td><td>壁厚（mm）</td><td>±2</td><td>/</td><td></td><td></td></tr>
<tr><td>5</td><td>外对角线（mm）</td><td>±2</td><td>/</td><td></td><td></td></tr>
<tr><td>6</td><td>内对角线（mm）</td><td>±2</td><td>/</td><td></td><td></td></tr>
<tr><td>7</td><td>接缝错口（mm）</td><td>±2</td><td>/</td><td></td><td></td></tr>
<tr><td>施工单位检查结果</td><td colspan="7">专业工长：（签名）　　项目专业质量检查员：（签名）　　年　月　日</td></tr>
<tr><td>监理单位验收结论</td><td colspan="7">专业监理工程师：（签名）　　年　月　日</td></tr>
</table>

7.2.7.27　市政验·隧-24　节段预制混凝土工程检验批质量验收记录

市政基础设施工程

节段预制模板工程检验批质量验收记录

市政验·隧-24

第　　页，共　　页

<table>
<tr><td colspan="3">工程名称</td><td colspan="6"></td></tr>
<tr><td colspan="3">单位工程名称</td><td colspan="6"></td></tr>
<tr><td colspan="3">施工单位</td><td colspan="2"></td><td colspan="2">分包单位</td><td colspan="2"></td></tr>
<tr><td colspan="3">项目负责人</td><td colspan="2"></td><td colspan="2">项目技术负责人</td><td colspan="2"></td></tr>
<tr><td colspan="3">分部（子分部）工程名称</td><td colspan="2"></td><td colspan="2">分项工程名称</td><td colspan="2"></td></tr>
<tr><td colspan="3">验收部位/区段</td><td colspan="2"></td><td colspan="2">检验批容量</td><td colspan="2"></td></tr>
<tr><td colspan="3">施工及验收依据</td><td colspan="6">《城镇地道桥顶进施工及验收规程》CJJ 74</td></tr>
<tr><td colspan="5">验收项目</td><td>设计要求或规范规定</td><td>最小/实际抽样数量</td><td>检查记录</td><td>检查结果</td></tr>
<tr><td>主控项目</td><td>1</td><td colspan="3">箱形节段混凝土强度和其他指标应符合设计要求，混凝土质量检验与验收除应符合现行行业标准《城市桥梁工程施工与质量验收规范》CJJ 2 中的相关规定外，强度试件取样频率每预制节段不应少于1组；抗渗试件取样频率符合每节不应少于1组；抗冻试件应符合设计要求</td><td>第9.8.1条</td><td>/</td><td></td><td></td></tr>
<tr><td rowspan="8">一般项目</td><td>1</td><td colspan="3">箱形节段混凝土外观质量应符合设计要求，检验与验收应符合现行行业标准《城市桥梁工程施工与质量验收规范》CJJ 2 中的相关规定</td><td>第9.8.2条</td><td>/</td><td></td><td></td></tr>
<tr><td>2</td><td colspan="3">箱形节段的钢套环接口无疵点，焊缝平整</td><td>第9.8.3条</td><td>/</td><td></td><td></td></tr>
<tr><td>3</td><td colspan="3">箱形节段的钢套环防腐处理应符合设计要求</td><td>第9.8.4条</td><td>/</td><td></td><td></td></tr>
<tr><td>4</td><td rowspan="5">允许偏差</td><td colspan="2">管节长度（mm）</td><td>±10</td><td>/</td><td></td><td></td></tr>
<tr><td>5</td><td rowspan="3">断面尺寸（mm）</td><td>宽</td><td>±3</td><td>/</td><td></td><td></td></tr>
<tr><td>6</td><td>高</td><td>±2</td><td>/</td><td></td><td></td></tr>
<tr><td>7</td><td>壁厚</td><td>±2</td><td>/</td><td></td><td></td></tr>
<tr><td>8</td><td colspan="2">管节表面平整度（mm）</td><td>±2</td><td>/</td><td></td><td></td></tr>
<tr><td>施工单位检查结果</td><td colspan="8">专业工长：（签名）　　项目专业质量检查员：（签名）　　年　月　日</td></tr>
<tr><td>监理单位验收结论</td><td colspan="8">专业监理工程师：（签名）　　年　月　日</td></tr>
</table>

7.2.7.28 市政验·隧-25 箱涵顶进工程检验批质量验收记录

市政基础设施工程

箱涵顶进工程检验批质量验收记录

市政验·隧-25

第　　页，共　　页

<table>
<tr><td colspan="3">工程名称</td><td colspan="7"></td></tr>
<tr><td colspan="3">单位工程名称</td><td colspan="7"></td></tr>
<tr><td colspan="3">施工单位</td><td colspan="2"></td><td colspan="2">分包单位</td><td colspan="3"></td></tr>
<tr><td colspan="3">项目负责人</td><td colspan="2"></td><td colspan="2">项目技术负责人</td><td colspan="3"></td></tr>
<tr><td colspan="3">分部（子分部）工程名称</td><td colspan="2"></td><td colspan="2">分项工程名称</td><td colspan="3"></td></tr>
<tr><td colspan="3">验收部位/区段</td><td colspan="2"></td><td colspan="2">检验批容量</td><td colspan="3"></td></tr>
<tr><td colspan="3">施工及验收依据</td><td colspan="7">《城镇地道桥顶进施工及验收规程》CJJ 74</td></tr>
<tr><td colspan="6">验收项目</td><td>设计要求或规范规定</td><td>最小/实际抽样数量</td><td>检查记录</td><td>检查结果</td></tr>
<tr><td rowspan="2">主控项目</td><td>1</td><td colspan="4">顶进设施和线路加固必须符合施工工艺设计要求</td><td>第9.9.1条</td><td>/</td><td></td><td></td></tr>
<tr><td>2</td><td colspan="4">混凝土必须达到设计强度后方可顶进</td><td>第9.9.2条</td><td>/</td><td></td><td></td></tr>
<tr><td rowspan="5">一般项目</td><td>1</td><td colspan="4">分节顶进的箱涵就位后，接缝处直顺、无明显错台，接缝处不应有渗漏</td><td>第9.9.4条</td><td>/</td><td></td><td></td></tr>
<tr><td>2</td><td rowspan="4">允许偏差</td><td rowspan="2">中线（mm）</td><td colspan="2">一端顶进</td><td>200</td><td>/</td><td></td><td></td></tr>
<tr><td>3</td><td colspan="2">两端顶进</td><td>100</td><td>/</td><td></td><td></td></tr>
<tr><td>4</td><td colspan="3">高程（mm）</td><td>1%H顶程并
偏高≤150
偏低≤200</td><td>/</td><td></td><td></td></tr>
<tr><td>5</td><td colspan="3">相邻两节高差（mm）</td><td>50</td><td>/</td><td></td><td></td></tr>
<tr><td colspan="2">施工单位检查结果</td><td colspan="8">专业工长：（签名）　　项目专业质量检查员：（签名）　　年　月　日</td></tr>
<tr><td colspan="2">监理单位验收结论</td><td colspan="8">专业监理工程师：（签名）　　年　月　日</td></tr>
</table>

7.2.7.29 市政验·隧-26 箱形节段顶进工程检验批质量验收记录

市政基础设施工程

箱形节段顶进工程检验批质量验收记录

市政验·隧-26

第　　页，共　　页

<table>
<tr><td colspan="3">工程名称</td><td colspan="5"></td></tr>
<tr><td colspan="3">单位工程名称</td><td colspan="5"></td></tr>
<tr><td colspan="3">施工单位</td><td></td><td colspan="2">分包单位</td><td colspan="2"></td></tr>
<tr><td colspan="3">项目负责人</td><td></td><td colspan="2">项目技术负责人</td><td colspan="2"></td></tr>
<tr><td colspan="3">分部（子分部）工程名称</td><td></td><td colspan="2">分项工程名称</td><td colspan="2"></td></tr>
<tr><td colspan="3">验收部位/区段</td><td></td><td colspan="2">检验批容量</td><td colspan="2"></td></tr>
<tr><td colspan="3">施工及验收依据</td><td colspan="5">《城镇地道桥顶进施工及验收规程》CJJ 74</td></tr>
<tr><td colspan="4">验收项目</td><td>设计要求或规范规定</td><td>最小/实际抽样数量</td><td>检查记录</td><td>检查结果</td></tr>
<tr><td rowspan="2">主控项目</td><td>1</td><td colspan="2">节段顶进施工的初始顶进和进出洞措施必须符合施工工艺设计要求</td><td>第9.10.1条</td><td>/</td><td></td><td></td></tr>
<tr><td></td><td colspan="2"></td><td></td><td></td><td></td><td></td></tr>
<tr><td rowspan="5">一般项目</td><td>1</td><td colspan="2">箱形节段顶进完成后，应进行贯通检测，节段接缝应平顺、无明显错台，接缝处不应渗漏，节段与工作坑接收坑连接牢固，无渗漏水</td><td>第9.10.3条</td><td>/</td><td></td><td></td></tr>
<tr><td>2</td><td rowspan="4">允许偏差</td><td>轴线偏位（mm）</td><td>50</td><td>/</td><td></td><td></td></tr>
<tr><td>3</td><td>高程（mm）</td><td>±50</td><td>/</td><td></td><td></td></tr>
<tr><td>4</td><td>倾斜（mm）</td><td>±50</td><td>/</td><td></td><td></td></tr>
<tr><td>5</td><td>相邻两节高差（mm）</td><td>10</td><td>/</td><td></td><td></td></tr>
<tr><td colspan="2">施工单位检查结果</td><td colspan="6">专业工长：（签名）　　项目专业质量检查员：（签名）　　年　　月　　日</td></tr>
<tr><td colspan="2">监理单位验收结论</td><td colspan="6">专业监理工程师：（签名）　　年　　月　　日</td></tr>
</table>

7.2.7.30 市政验·隧-27 防水工程检验批质量验收记录

市政基础设施工程

防水工程检验批质量验收记录

市政验·隧-27

第　　页，共　　页

<table>
<tr><td colspan="7">工程名称</td><td colspan="5"></td></tr>
<tr><td colspan="7">单位工程名称</td><td colspan="5"></td></tr>
<tr><td colspan="7">施工单位</td><td></td><td colspan="2">分包单位</td><td colspan="2"></td></tr>
<tr><td colspan="7">项目负责人</td><td></td><td colspan="2">项目技术负责人</td><td colspan="2"></td></tr>
<tr><td colspan="7">分部（子分部）工程名称</td><td></td><td colspan="2">分项工程名称</td><td colspan="2"></td></tr>
<tr><td colspan="7">验收部位/区段</td><td></td><td colspan="2">检验批容量</td><td colspan="2"></td></tr>
<tr><td colspan="7">施工及验收依据</td><td colspan="5">《城镇地道桥顶进施工及验收规程》CJJ 74</td></tr>
<tr><td colspan="8">验收项目</td><td>设计要求或规范规定</td><td>最小/实际抽样数量</td><td>检查记录</td><td>检查结果</td></tr>
<tr><td rowspan="14">主控项目</td><td>1</td><td colspan="6">防水材料的品种、规格、性能、质量应符合设计要求和国家现行相关标准的规定</td><td>第9.11.1条</td><td>/</td><td></td><td></td></tr>
<tr><td>2</td><td colspan="6">防水层与基层之间应密贴，结合牢固。防水层黏结质量应符合设计要求</td><td>第9.11.2条</td><td>/</td><td></td><td></td></tr>
<tr><td>3</td><td colspan="6">保护层纤维混凝土指标及所用材料的规格、质量、性能等应符合设计要求</td><td>第9.11.3条</td><td>/</td><td></td><td></td></tr>
<tr><td>4</td><td colspan="6">接缝防水构造必须符合设计要求</td><td>第9.11.4条</td><td>/</td><td></td><td></td></tr>
<tr><td rowspan="10">5</td><td rowspan="10">黏结强度（MPa）</td><td rowspan="5">防水涂料</td><td rowspan="10">允许偏差</td><td rowspan="10">防水层表面温度</td><td>10℃</td><td>≥0.40</td><td>/</td><td></td><td></td></tr>
<tr><td>20℃</td><td>≥0.35</td><td>/</td><td></td><td></td></tr>
<tr><td>30℃</td><td>≥0.30</td><td>/</td><td></td><td></td></tr>
<tr><td>40℃</td><td>≥0.25</td><td>/</td><td></td><td></td></tr>
<tr><td>50℃</td><td>≥0.20</td><td>/</td><td></td><td></td></tr>
<tr><td rowspan="5">防水卷材</td><td>10℃</td><td>≥0.40</td><td>/</td><td></td><td></td></tr>
<tr><td>20℃</td><td>≥0.35</td><td>/</td><td></td><td></td></tr>
<tr><td>30℃</td><td>≥0.30</td><td>/</td><td></td><td></td></tr>
<tr><td>40℃</td><td>≥0.25</td><td>/</td><td></td><td></td></tr>
<tr><td>50℃</td><td>≥0.20</td><td>/</td><td></td><td></td></tr>
<tr><td rowspan="5">一般项目</td><td>1</td><td colspan="6">防水材料铺装或涂刷外观质量和细部构造应符合下列要求：
（1）卷材防水层表面平整，不得有空鼓、翘边、油迹和皱褶等现象；
（2）涂料防水层的厚度应均匀，不得有漏涂处；不得有空鼓、翘边和气泡等现象</td><td>第9.10.6条</td><td>/</td><td></td><td></td></tr>
<tr><td>2</td><td colspan="6">防水层保护层厚度和顶面的流水坡应符合设计要求，表面应平整，排水应畅通</td><td>第9.10.7条</td><td>/</td><td></td><td></td></tr>
<tr><td>3</td><td rowspan="3">允许偏差</td><td colspan="5">卷材接茬搭接宽度（mm）</td><td>不小于100</td><td>/</td><td></td><td></td></tr>
<tr><td>4</td><td colspan="5">防水涂膜厚度（mm）</td><td>符合设计要求；设计未规定时±0.1</td><td>/</td><td></td><td></td></tr>
<tr><td>5</td><td colspan="5">保护层平整度（mm）</td><td>5</td><td>/</td><td></td><td></td></tr>
<tr><td>施工单位检查结果</td><td colspan="11">专业工长：（签名）　　项目专业质量检查员：（签名）　　年　月　日</td></tr>
<tr><td>监理单位验收结论</td><td colspan="11">专业监理工程师：（签名）　　年　月　日</td></tr>
</table>

7.2.8 综合管廊工程

7.2.8.1 市政验·廊-1 高压旋喷注浆截水帷幕检验批质量验收记录

市政基础设施工程

高压旋喷注浆截水帷幕检验批质量验收记录

市政验·廊-1

第　　页 共　　页

<table>
<tr><td colspan="3">工程名称</td><td colspan="6"></td></tr>
<tr><td colspan="3">单位工程名称</td><td colspan="6"></td></tr>
<tr><td colspan="3">施工单位</td><td colspan="2"></td><td colspan="2">分包单位</td><td colspan="2"></td></tr>
<tr><td colspan="3">项目负责人</td><td colspan="2"></td><td colspan="2">项目技术负责人</td><td colspan="2"></td></tr>
<tr><td colspan="3">分部（子分部）工程名称</td><td colspan="2"></td><td colspan="2">分项工程名称</td><td colspan="2"></td></tr>
<tr><td colspan="3">验收部位/区段</td><td colspan="2"></td><td colspan="2">检验批容量</td><td colspan="2"></td></tr>
<tr><td colspan="3">施工及验收依据</td><td colspan="6">《城市综合管廊工程施工及验收规范》DB 4401/T 3</td></tr>
<tr><td colspan="4">验收项目</td><td>设计要求或规范规定</td><td>最小/实际抽样数量</td><td>检查记录</td><td colspan="2">检查结果</td></tr>
<tr><td rowspan="4">主控项目</td><td>1</td><td colspan="2">水泥及外掺剂质量</td><td>符合出厂要求</td><td>/</td><td></td><td colspan="2"></td></tr>
<tr><td>2</td><td colspan="2">水泥用量</td><td>设计要求</td><td>/</td><td></td><td colspan="2"></td></tr>
<tr><td>3</td><td colspan="2">桩体完整性检验</td><td>设计要求</td><td>/</td><td></td><td colspan="2"></td></tr>
<tr><td>4</td><td colspan="2">截水防渗效果检验</td><td>设计要求</td><td>/</td><td></td><td colspan="2"></td></tr>
<tr><td rowspan="7">一般项目</td><td>1</td><td rowspan="3">允许偏差</td><td>位置（mm）</td><td>≤50</td><td>/</td><td></td><td colspan="2"></td></tr>
<tr><td>2</td><td>垂直度（%）</td><td>≤1.5</td><td>/</td><td></td><td colspan="2"></td></tr>
<tr><td>3</td><td>孔深（mm）</td><td>±200</td><td>/</td><td></td><td colspan="2"></td></tr>
<tr><td>4</td><td colspan="2">注浆压力</td><td>按设定参数指标</td><td>/</td><td></td><td colspan="2"></td></tr>
<tr><td>5</td><td rowspan="3">允许偏差</td><td>桩体搭接（mm）</td><td>>200</td><td>/</td><td></td><td colspan="2"></td></tr>
<tr><td>6</td><td>桩体直径（mm）</td><td>≤50</td><td>/</td><td></td><td colspan="2"></td></tr>
<tr><td>7</td><td>桩身中心</td><td>≤0.2D</td><td>/</td><td></td><td colspan="2"></td></tr>
<tr><td colspan="2">施工单位检查结果</td><td colspan="7">专业工长：（签名）　　专业质量检查员：（签名）　　年　月　日</td></tr>
<tr><td colspan="2">监理单位验收结论</td><td colspan="7">专业监理工程师：（签名）　　年　月　日</td></tr>
</table>

7.2.8.2 市政验·廊-2 水泥土搅拌桩截水帷幕检验批质量验收记录

市政基础设施工程

水泥土搅拌桩截水帷幕检验批质量验收记录

市政验·廊-2

第 页 共 页

<table>
<tr><td colspan="3">工程名称</td><td colspan="6"></td></tr>
<tr><td colspan="3">单位工程名称</td><td colspan="6"></td></tr>
<tr><td colspan="3">施工单位</td><td></td><td colspan="2">分包单位</td><td colspan="3"></td></tr>
<tr><td colspan="3">项目负责人</td><td></td><td colspan="2">项目技术负责人</td><td colspan="3"></td></tr>
<tr><td colspan="3">分部（子分部）工程名称</td><td></td><td colspan="2">分项工程名称</td><td colspan="3"></td></tr>
<tr><td colspan="3">验收部位/区段</td><td></td><td colspan="2">检验批容量</td><td colspan="3"></td></tr>
<tr><td colspan="3">施工及验收依据</td><td colspan="6">《城市综合管廊工程施工及验收规范》DB 4401/T 3</td></tr>
<tr><td colspan="4">验收项目</td><td>设计要求或规范规定</td><td>最小/实际抽样数量</td><td>检查记录</td><td>检查结果</td></tr>
<tr><td rowspan="4">主控项目</td><td>1</td><td colspan="2">水泥及外渗剂质量</td><td>设计要求</td><td>/</td><td></td><td></td></tr>
<tr><td>2</td><td colspan="2">水泥用量</td><td>参数指标</td><td>/</td><td></td><td></td></tr>
<tr><td>3</td><td colspan="2">桩体强度</td><td>设计要求</td><td>/</td><td></td><td></td></tr>
<tr><td>4</td><td colspan="2">截水防渗效果检验</td><td>设计要求</td><td>/</td><td></td><td></td></tr>
<tr><td rowspan="7">一般项目</td><td>1</td><td rowspan="7">允许偏差</td><td>机头提升速度（m/min）</td><td>≤0.5</td><td>/</td><td></td><td></td></tr>
<tr><td>2</td><td>桩底标高（mm）</td><td>±200</td><td>/</td><td></td><td></td></tr>
<tr><td>3</td><td>桩顶标高（mm）</td><td>+200
−50</td><td>/</td><td></td><td></td></tr>
<tr><td>4</td><td>桩位偏差（mm）</td><td><50</td><td>/</td><td></td><td></td></tr>
<tr><td>5</td><td>桩径</td><td><0.04<i>D</i></td><td>/</td><td></td><td></td></tr>
<tr><td>6</td><td>垂直度（%）</td><td>≤1.5</td><td>/</td><td></td><td></td></tr>
<tr><td>7</td><td>搭接（mm）</td><td>>200</td><td>/</td><td></td><td></td></tr>
<tr><td colspan="2">施工单位检查结果</td><td colspan="6">专业工长：（签名） 专业质量检查员：（签名） 年 月 日</td></tr>
<tr><td colspan="2">监理单位验收结论</td><td colspan="6">专业监理工程师：（签名） 年 月 日</td></tr>
</table>

7.2.8.3 市政验·廊-3 钢板桩截水帷幕检验批质量验收记录

市政基础设施工程

钢板桩截水帷幕检验批质量验收记录

市政验·廊-3

第　页 共　页

<table>
<tr><td colspan="3">工程名称</td><td colspan="6"></td></tr>
<tr><td colspan="3">单位工程名称</td><td colspan="6"></td></tr>
<tr><td colspan="3">施工单位</td><td colspan="2"></td><td colspan="2">分包单位</td><td colspan="2"></td></tr>
<tr><td colspan="3">项目负责人</td><td colspan="2"></td><td colspan="2">项目技术负责人</td><td colspan="2"></td></tr>
<tr><td colspan="3">分部（子分部）工程名称</td><td colspan="2"></td><td colspan="2">分项工程名称</td><td colspan="2"></td></tr>
<tr><td colspan="3">验收部位/区段</td><td colspan="2"></td><td colspan="2">检验批容量</td><td colspan="2"></td></tr>
<tr><td colspan="3">施工及验收依据</td><td colspan="6">《城市综合管廊工程施工及验收规范》DB 4401/T 3</td></tr>
<tr><td colspan="5">验收项目</td><td>设计要求或规范规定</td><td>最小/实际抽样数量</td><td>检查记录</td><td>检查结果</td></tr>
<tr><td rowspan="4">主控项目</td><td>1</td><td colspan="3">管廊中心轴线位置（mm）</td><td>50</td><td>/</td><td></td><td></td></tr>
<tr><td>2</td><td colspan="3">钢板桩入土深度</td><td>不低于设计要求</td><td>/</td><td></td><td></td></tr>
<tr><td>3</td><td colspan="3">钢板桩净距</td><td>不低于设计要求</td><td>/</td><td></td><td></td></tr>
<tr><td>4</td><td colspan="3">截水防渗效果检验</td><td>设计要求</td><td>/</td><td></td><td></td></tr>
<tr><td rowspan="6">一般项目</td><td rowspan="2">1</td><td rowspan="6">允许偏差</td><td rowspan="2">轴线位置（mm）</td><td>陆上</td><td>100</td><td>/</td><td></td><td></td></tr>
<tr><td>水上</td><td>200</td><td>/</td><td></td><td></td></tr>
<tr><td rowspan="2">2</td><td rowspan="2">桩顶标高（mm）</td><td>陆上</td><td>100</td><td>/</td><td></td><td></td></tr>
<tr><td>水上</td><td>200</td><td>/</td><td></td><td></td></tr>
<tr><td>3</td><td colspan="2">钢板桩长度（mm）</td><td>±100</td><td>/</td><td></td><td></td></tr>
<tr><td>4</td><td colspan="2">钢板桩垂直度（%）</td><td>1.0</td><td>/</td><td></td><td></td></tr>
<tr><td colspan="2">施工单位检查结果</td><td colspan="7">专业工长：（签名）　　专业质量检查员：（签名）　　年　月　日</td></tr>
<tr><td colspan="2">监理单位验收结论</td><td colspan="7">专业监理工程师：（签名）　　年　月　日</td></tr>
</table>

7.2.8.4 市政验·廊-4 坑槽降水与排水施工质量验收记录

市政基础设施工程

坑槽降水与排水施工质量验收记录

市政验·廊-4

第 页 共 页

<table>
<tr><td colspan="3">工程名称</td><td colspan="5"></td></tr>
<tr><td colspan="3">单位工程名称</td><td colspan="5"></td></tr>
<tr><td colspan="3">施工单位</td><td colspan="2"></td><td>分包单位</td><td colspan="2"></td></tr>
<tr><td colspan="3">项目负责人</td><td colspan="2"></td><td>项目技术负责人</td><td colspan="2"></td></tr>
<tr><td colspan="3">分部（子分部）工程名称</td><td colspan="2"></td><td>分项工程名称</td><td colspan="2"></td></tr>
<tr><td colspan="3">验收部位/区段</td><td colspan="2"></td><td>检验批容量</td><td colspan="2"></td></tr>
<tr><td colspan="3">施工及验收依据</td><td colspan="5">《城市综合管廊工程施工及验收规范》DB 4401/T 3</td></tr>
<tr><td colspan="3">验收项目</td><td>设计要求或规范规定</td><td>最小/实际抽样数量</td><td>检查记录</td><td colspan="2">检查结果</td></tr>
<tr><td>1</td><td rowspan="2">允许偏差</td><td>排水沟坡度（‰）</td><td>1～2</td><td>/</td><td></td><td colspan="2"></td></tr>
<tr><td>2</td><td>集水井（cm）</td><td>5</td><td>/</td><td></td><td colspan="2"></td></tr>
<tr><td></td><td colspan="2"></td><td></td><td></td><td></td><td colspan="2"></td></tr>
<tr><td></td><td colspan="2"></td><td></td><td></td><td></td><td colspan="2"></td></tr>
<tr><td colspan="2">施工单位检查结果</td><td colspan="6">专业工长：（签名） 项目专业质量检查员：（签名） 年 月 日</td></tr>
<tr><td colspan="2">监理单位验收结论</td><td colspan="6">专业监理工程师：（签名） 年 月 日</td></tr>
</table>

7.2.8.5 市政验・廊-5 基坑开挖施工检验批质量验收记录

市政基础设施工程

基坑开挖施工检验批质量验收记录

市政验・廊-5

第　　页 共　　页

<table>
<tr><td colspan="4">工程名称</td><td colspan="5"></td></tr>
<tr><td colspan="4">单位工程名称</td><td colspan="5"></td></tr>
<tr><td colspan="4">施工单位</td><td></td><td colspan="2">分包单位</td><td colspan="2"></td></tr>
<tr><td colspan="4">项目负责人</td><td></td><td colspan="2">项目技术负责人</td><td colspan="2"></td></tr>
<tr><td colspan="4">分部（子分部）工程名称</td><td></td><td colspan="2">分项工程名称</td><td colspan="2"></td></tr>
<tr><td colspan="4">验收部位/区段</td><td></td><td colspan="2">检验批容量</td><td colspan="2"></td></tr>
<tr><td colspan="4">施工及验收依据</td><td colspan="5">《城市综合管廊工程施工及验收规范》DB 4401/T 3</td></tr>
<tr><td colspan="4">验收项目</td><td>设计要求或规范规定</td><td>最小/实际抽样数量</td><td>检查记录</td><td colspan="2">检查结果</td></tr>
<tr><td rowspan="3">主控项目</td><td>1</td><td rowspan="2">允许偏差</td><td>标高（mm）</td><td>−50</td><td>/</td><td></td><td colspan="2"></td></tr>
<tr><td>2</td><td>长度、宽度（由设计中心线向两边量）（mm）</td><td>+100</td><td>/</td><td></td><td colspan="2"></td></tr>
<tr><td>3</td><td colspan="2">基底土性</td><td>设计要求</td><td>/</td><td></td><td colspan="2"></td></tr>
<tr><td rowspan="5">一般项目</td><td>1</td><td colspan="2">表面平整度（mm）</td><td>20</td><td>/</td><td></td><td colspan="2"></td></tr>
<tr><td>2</td><td colspan="2">边坡</td><td>设计要求</td><td>/</td><td></td><td colspan="2"></td></tr>
<tr><td></td><td colspan="2"></td><td></td><td></td><td></td><td colspan="2"></td></tr>
<tr><td></td><td colspan="2"></td><td></td><td></td><td></td><td colspan="2"></td></tr>
<tr><td></td><td colspan="2"></td><td></td><td></td><td></td><td colspan="2"></td></tr>
<tr><td>施工单位检查结果</td><td colspan="8">专业工长：（签名）　　专业质量检查员：（签名）　　年　月　日</td></tr>
<tr><td>监理单位验收结论</td><td colspan="8">专业监理工程师：（签名）　　年　月　日</td></tr>
</table>

7.2.8.6 市政验·廊-6.1 基坑支护（钢板桩）质量验收记录

市政基础设施工程

基坑支护（钢板桩）质量验收记录

市政验·廊-6.1

第　　页 共　　页

<table>
<tr><td colspan="3">工程名称</td><td colspan="5"></td></tr>
<tr><td colspan="3">单位工程名称</td><td colspan="5"></td></tr>
<tr><td colspan="3">施工单位</td><td colspan="2"></td><td>分包单位</td><td colspan="2"></td></tr>
<tr><td colspan="3">项目负责人</td><td colspan="2"></td><td>项目技术负责人</td><td colspan="2"></td></tr>
<tr><td colspan="3">分部（子分部）工程名称</td><td colspan="2"></td><td>分项工程名称</td><td colspan="2"></td></tr>
<tr><td colspan="3">验收部位/区段</td><td colspan="2"></td><td>检验批容量</td><td colspan="2"></td></tr>
<tr><td colspan="3">施工及验收依据</td><td colspan="5">《城市综合管廊工程施工及验收规范》DB 4401/T 3</td></tr>
<tr><td colspan="3">验收项目</td><td>设计要求或规范规定</td><td>最小/实际抽样数量</td><td>检查记录</td><td colspan="2">检查结果</td></tr>
<tr><td>1</td><td rowspan="2">允许偏差</td><td>桩垂直度（%）</td><td><1</td><td>/</td><td></td><td colspan="2"></td></tr>
<tr><td>2</td><td>桩身弯曲度</td><td><2%l</td><td>/</td><td></td><td colspan="2"></td></tr>
<tr><td>3</td><td colspan="2">齿槽平直度及光滑度</td><td>无电焊渣或毛刺</td><td>/</td><td></td><td colspan="2"></td></tr>
<tr><td>4</td><td colspan="2">桩长度</td><td>不小于设计长度</td><td>/</td><td></td><td colspan="2"></td></tr>
<tr><td colspan="2">施工单位检查结果</td><td colspan="6">专业工长：（签名）　　项目专业质量检查员：（签名）　　年　月　日</td></tr>
<tr><td colspan="2">监理单位验收结论</td><td colspan="6">专业监理工程师：（签名）　　年　月　日</td></tr>
</table>

7.2.8.7　市政验·廊-6.2　基坑支护（混凝土板桩）检验批质量验收记录

市政基础设施工程

基坑支护（混凝土板桩）检验批质量验收记录

市政验·廊-6.2

第　　页　共　　页

<table>
<tr><td colspan="4">工程名称</td><td colspan="5"></td></tr>
<tr><td colspan="4">单位工程名称</td><td colspan="5"></td></tr>
<tr><td colspan="4">施工单位</td><td></td><td colspan="2">分包单位</td><td colspan="2"></td></tr>
<tr><td colspan="4">项目负责人</td><td></td><td colspan="2">项目技术负责人</td><td colspan="2"></td></tr>
<tr><td colspan="4">分部（子分部）工程名称</td><td></td><td colspan="2">分项工程名称</td><td colspan="2"></td></tr>
<tr><td colspan="4">验收部位/区段</td><td></td><td colspan="2">检验批容量</td><td colspan="2"></td></tr>
<tr><td colspan="4">施工及验收依据</td><td colspan="5">《城市综合管廊工程施工及验收规范》DB 4401/T 3</td></tr>
<tr><td colspan="4">验收项目</td><td>设计要求或规范规定</td><td>最小/实际抽样数量</td><td>检查记录</td><td>检查结果</td><td></td></tr>
<tr><td rowspan="2">主控项目</td><td>1</td><td rowspan="2">允许偏差</td><td>桩长度（mm）</td><td>+10
0</td><td>/</td><td></td><td></td><td></td></tr>
<tr><td>2</td><td>桩身弯曲度</td><td><0.1%l</td><td>/</td><td></td><td></td><td></td></tr>
<tr><td rowspan="5">一般项目</td><td>1</td><td rowspan="5">允许偏差</td><td>保护层厚度（mm）</td><td>±5</td><td>/</td><td></td><td></td><td></td></tr>
<tr><td>2</td><td>模截面相对两面之差（mm）</td><td>5</td><td>/</td><td></td><td></td><td></td></tr>
<tr><td>3</td><td>桩尖对桩轴线的位（mm）</td><td>10</td><td>/</td><td></td><td></td><td></td></tr>
<tr><td>4</td><td>桩厚度（mm）</td><td>+10
0</td><td>/</td><td></td><td></td><td></td></tr>
<tr><td>5</td><td>凹凸槽尺寸（mm）</td><td>±3</td><td>/</td><td></td><td></td><td></td></tr>
<tr><td colspan="2">施工单位检查结果</td><td colspan="7">专业工长：（签名）　　专业质量检查员：（签名）　　年　月　日</td></tr>
<tr><td colspan="2">监理单位验收结论</td><td colspan="7">专业监理工程师：（签名）　　年　月　日</td></tr>
</table>

7.2.8.8 市政验·廊-6.3 基坑支护（灌注桩）检验批质量验收记录

市政基础设施工程

基坑支护（灌注桩）检验批质量验收记录

市政验·廊-6.3

第　　页共　　页

<table>
<tr><td colspan="4">工程名称</td><td colspan="5"></td></tr>
<tr><td colspan="4">单位工程名称</td><td colspan="5"></td></tr>
<tr><td colspan="4">施工单位</td><td></td><td colspan="2">分包单位</td><td colspan="2"></td></tr>
<tr><td colspan="4">项目负责人</td><td></td><td colspan="2">项目技术负责人</td><td colspan="2"></td></tr>
<tr><td colspan="4">分部（子分部）工程名称</td><td></td><td colspan="2">分项工程名称</td><td colspan="2"></td></tr>
<tr><td colspan="4">验收部位/区段</td><td></td><td colspan="2">检验批容量</td><td colspan="2"></td></tr>
<tr><td colspan="4">施工及验收依据</td><td colspan="5">《城市综合管廊工程施工及验收规范》DB 4401/T 3</td></tr>
<tr><td colspan="5">验收项目</td><td>设计要求或规范规定</td><td>最小/实际抽样数量</td><td>检查记录</td><td>检查结果</td></tr>
<tr><td rowspan="6">主控项目</td><td>1</td><td colspan="2" rowspan="2">允许偏差</td><td>桩位</td><td>按 GB 50202 规定</td><td>/</td><td></td><td></td></tr>
<tr><td>2</td><td>孔深（mm）</td><td>+300</td><td>/</td><td></td><td></td></tr>
<tr><td>3</td><td colspan="3">桩体质量检查</td><td>按基桩检测技术规范</td><td>/</td><td></td><td></td></tr>
<tr><td>4</td><td colspan="3">混凝土强度</td><td>设计要求</td><td>/</td><td></td><td></td></tr>
<tr><td>5</td><td colspan="3">承载力</td><td>按基桩检测技术规范</td><td>/</td><td></td><td></td></tr>
<tr><td rowspan="15">一般项目</td><td>1</td><td rowspan="15">允许偏差</td><td colspan="2">垂直度（%）</td><td><1</td><td>/</td><td></td><td></td></tr>
<tr><td rowspan="3">2</td><td rowspan="3">桩径（mm）</td><td>泥浆护壁</td><td>±50</td><td>/</td><td></td><td></td></tr>
<tr><td>套管成孔</td><td>−20</td><td>/</td><td></td><td></td></tr>
<tr><td>干成孔</td><td>−20</td><td>/</td><td></td><td></td></tr>
<tr><td>3</td><td colspan="2">泥浆比重（黏土或砂性土中）</td><td>1.15～1.20</td><td>/</td><td></td><td></td></tr>
<tr><td>4</td><td colspan="2">泥浆面标高（高于地下水位）（m）</td><td>0.5～1.0</td><td>/</td><td></td><td></td></tr>
<tr><td rowspan="2">5</td><td rowspan="2">沉渣厚度（mm）</td><td>端承桩</td><td>≤50</td><td>/</td><td></td><td></td></tr>
<tr><td>摩擦桩</td><td>≤150</td><td>/</td><td></td><td></td></tr>
<tr><td rowspan="2">6</td><td rowspan="2">坍落度（mm）</td><td>水下灌注</td><td>160～220</td><td>/</td><td></td><td></td></tr>
<tr><td>干施工</td><td>70～100</td><td>/</td><td></td><td></td></tr>
<tr><td>7</td><td colspan="2">钢筋笼安装深度（mm）</td><td>±100</td><td>/</td><td></td><td></td></tr>
<tr><td>8</td><td colspan="2">充盈系数（mm）</td><td>>1</td><td>/</td><td></td><td></td></tr>
<tr><td>9</td><td colspan="2">桩顶标高（mm）</td><td>+30；−50</td><td>/</td><td></td><td></td></tr>
<tr><td>施工单位检查结果</td><td colspan="8">专业工长：（签名）　　专业质量检查员：（签名）　　年　月　日</td></tr>
<tr><td>监理单位验收结论</td><td colspan="8">专业监理工程师：（签名）　　年　月　日</td></tr>
</table>

7.2.8.9 市政验·廊-6.4 基坑支护（加筋水泥土桩）质量验收记录

市政基础设施工程

基坑支护（加筋水泥土桩）质量验收记录

市政验·廊-6.4

第　　页共　　页

<table>
<tr><td colspan="3">工程名称</td><td colspan="5"></td></tr>
<tr><td colspan="3">单位工程名称</td><td colspan="5"></td></tr>
<tr><td colspan="3">施工单位</td><td colspan="2"></td><td colspan="2">分包单位</td><td></td></tr>
<tr><td colspan="3">项目负责人</td><td colspan="2"></td><td colspan="2">项目技术负责人</td><td></td></tr>
<tr><td colspan="3">分部（子分部）工程名称</td><td colspan="2"></td><td colspan="2">分项工程名称</td><td></td></tr>
<tr><td colspan="3">验收部位/区段</td><td colspan="2"></td><td colspan="2">检验批容量</td><td></td></tr>
<tr><td colspan="3">施工及验收依据</td><td colspan="5">《城市综合管廊工程施工及验收规范》DB 4401/T 3</td></tr>
<tr><td colspan="3">验收项目</td><td>设计要求或规范规定</td><td>最小/实际抽样数量</td><td>检查记录</td><td colspan="2">检查结果</td></tr>
<tr><td>1</td><td rowspan="4">允许偏差</td><td>型钢长度（mm）</td><td>±10</td><td>/</td><td></td><td colspan="2"></td></tr>
<tr><td>2</td><td>型钢垂直度（%）</td><td><1</td><td>/</td><td></td><td colspan="2"></td></tr>
<tr><td>3</td><td>型钢插入标高（mm）</td><td>±30</td><td>/</td><td></td><td colspan="2"></td></tr>
<tr><td>4</td><td>型钢插入平面位置（mm）</td><td>10</td><td>/</td><td></td><td colspan="2"></td></tr>
<tr><td colspan="2">施工单位检查结果</td><td colspan="6">专业工长：（签名）　　项目专业质量检查员：（签名）　　年　月　日</td></tr>
<tr><td colspan="2">监理单位验收结论</td><td colspan="6">专业监理工程师：（签名）　　年　月　日</td></tr>
</table>

7.2.8.10　市政验·廊-6.5　基坑支护（锚杆及土钉墙支护）检验批质量验收记录

市政基础设施工程

基坑支护（锚杆及土钉墙支护）检验批质量验收记录

市政验·廊-6.5

第　　页 共　　页

<table>
<tr><td colspan="3">工程名称</td><td colspan="5"></td></tr>
<tr><td colspan="3">单位工程名称</td><td colspan="5"></td></tr>
<tr><td colspan="3">施工单位</td><td>分包单位</td><td colspan="4"></td></tr>
<tr><td colspan="3">项目负责人</td><td>项目技术负责人</td><td colspan="4"></td></tr>
<tr><td colspan="3">分部（子分部）工程名称</td><td>分项工程名称</td><td colspan="4"></td></tr>
<tr><td colspan="3">验收部位/区段</td><td>检验批容量</td><td colspan="4"></td></tr>
<tr><td colspan="3">施工及验收依据</td><td colspan="5">《城市综合管廊工程施工及验收规范》DB 4401/T 3</td></tr>
<tr><td colspan="4">验收项目</td><td>设计要求或规范规定</td><td>最小/实际抽样数量</td><td>检查记录</td><td>检查结果</td></tr>
<tr><td rowspan="2">主控项目</td><td>1</td><td colspan="2">锚杆土钉长度（mm）</td><td>±30</td><td>/</td><td></td><td></td></tr>
<tr><td>2</td><td colspan="2">锚杆锁定力</td><td>设计要求</td><td>/</td><td></td><td></td></tr>
<tr><td rowspan="6">一般项目</td><td>1</td><td rowspan="3">允许偏差</td><td>锚杆或土钉位置（mm）</td><td>±100</td><td>/</td><td></td><td></td></tr>
<tr><td>2</td><td>钻孔倾斜度</td><td>±1</td><td>/</td><td></td><td></td></tr>
<tr><td>3</td><td>土钉墙面厚度（mm）</td><td>±10</td><td>/</td><td></td><td></td></tr>
<tr><td>4</td><td colspan="2">浆体强度</td><td>设计要求</td><td>/</td><td></td><td></td></tr>
<tr><td>5</td><td colspan="2">注浆量</td><td>大于理论计算浆量</td><td>/</td><td></td><td></td></tr>
<tr><td>6</td><td colspan="2">墙体强度</td><td>设计要求</td><td>/</td><td></td><td></td></tr>
<tr><td>施工单位检查结果</td><td colspan="7">专业工长：（签名）　　专业质量检查员：（签名）　　年　月　日</td></tr>
<tr><td>监理单位验收结论</td><td colspan="7">专业监理工程师：（签名）　　年　月　日</td></tr>
</table>

7.2.8.11 市政验·廊-6.6 基坑支护（钢筋混凝土支撑）检验批质量验收记录

市政基础设施工程

基坑支护（钢筋混凝土支撑）检验批质量验收记录

市政验·廊-6.6

第　　页 共　　页

<table>
<tr><td>工程名称</td><td colspan="3"></td></tr>
<tr><td>单位工程名称</td><td colspan="3"></td></tr>
<tr><td>施工单位</td><td></td><td>分包单位</td><td></td></tr>
<tr><td>项目负责人</td><td></td><td>项目技术负责人</td><td></td></tr>
<tr><td>分部（子分部）工程名称</td><td></td><td>分项工程名称</td><td></td></tr>
<tr><td>验收部位/区段</td><td></td><td>检验批容量</td><td></td></tr>
<tr><td>施工验收依据</td><td colspan="3">《城市综合管廊工程施工及验收规范》DB 4401/T 3</td></tr>
</table>

<table>
<tr><td colspan="5">验收项目</td><td>设计要求或规范规定</td><td>最小/实际抽样数量</td><td>检查记录</td><td>检查结果</td></tr>
<tr><td rowspan="3">主控项目</td><td rowspan="2">1</td><td rowspan="3">允许偏差</td><td rowspan="2">支撑位置</td><td>标高（mm）</td><td>30</td><td>/</td><td></td><td></td></tr>
<tr><td>平面（mm）</td><td>100</td><td>/</td><td></td><td></td></tr>
<tr><td>2</td><td colspan="2">预加顶力（kN）</td><td>±50</td><td>/</td><td></td><td></td></tr>
<tr><td rowspan="7">一般项目</td><td>1</td><td rowspan="5">允许偏差</td><td colspan="2">围囹标高（mm）</td><td>30</td><td>/</td><td></td><td></td></tr>
<tr><td rowspan="3">2</td><td rowspan="3">立柱位置</td><td>标高（mm）</td><td>30</td><td>/</td><td></td><td></td></tr>
<tr><td>平面（mm）</td><td>50</td><td>/</td><td></td><td></td></tr>
<tr><td>垂直度（mm）</td><td>1/150</td><td>/</td><td></td><td></td></tr>
<tr><td>3</td><td colspan="2">开挖超深（开槽放支撑不在此范围）（mm）</td><td><200</td><td>/</td><td></td><td></td></tr>
<tr><td>4</td><td colspan="3">立柱桩</td><td>参见本规范表 5.7.6-2</td><td>/</td><td></td><td></td></tr>
<tr><td>5</td><td colspan="3">支撑安装时间</td><td>设计要求</td><td>/</td><td></td><td></td></tr>
<tr><td>施工单位检查结果</td><td colspan="8">专业工长：（签名）　　专业质量检查员：（签名）　　年　月　日</td></tr>
<tr><td>监理单位验收结论</td><td colspan="8">专业监理工程师：（签名）　　年　月　日</td></tr>
</table>

7.2.8.12 市政验·廊-6.7-1 基坑支护（地下连续墙）检验批质量验收记录（一）

市政基础设施工程

基坑支护（地下连续墙）检验批质量验收记录（一）

市政验·廊-6.7-1

第　　页 共　　页

<table>
<tr><td colspan="4">工程名称</td><td colspan="5"></td></tr>
<tr><td colspan="4">单位工程名称</td><td colspan="5"></td></tr>
<tr><td colspan="4">施工单位</td><td></td><td colspan="2">分包单位</td><td colspan="2"></td></tr>
<tr><td colspan="4">项目负责人</td><td></td><td colspan="2">项目技术负责人</td><td colspan="2"></td></tr>
<tr><td colspan="4">分部（子分部）工程名称</td><td></td><td colspan="2">分项工程名称</td><td colspan="2"></td></tr>
<tr><td colspan="4">验收部位/区段</td><td></td><td colspan="2">检验批容量</td><td colspan="2"></td></tr>
<tr><td colspan="4">施工及验收依据</td><td colspan="5">《城市综合管廊工程施工及验收规范》DB 4401/T 3</td></tr>
<tr><td colspan="5">验收项目</td><td>设计要求或规范规定</td><td>最小/实际抽样数量</td><td>检查记录</td><td>检查结果</td></tr>
<tr><td rowspan="5">主控项目</td><td>1</td><td colspan="3">墙体强度</td><td>设计要求</td><td>/</td><td></td><td></td></tr>
<tr><td rowspan="2">2</td><td rowspan="2">允许偏差</td><td rowspan="2">垂直度</td><td>永久结构</td><td>1/300</td><td>/</td><td></td><td></td></tr>
<tr><td>临时结构</td><td>1/150</td><td>/</td><td></td><td></td></tr>
<tr><td>3</td><td colspan="3">钢筋材质</td><td>设计要求</td><td>/</td><td></td><td></td></tr>
<tr><td>4</td><td colspan="3">墙体完整性</td><td>设计要求</td><td>/</td><td></td><td></td></tr>
<tr><td rowspan="6">一般项目</td><td rowspan="3">1</td><td rowspan="6">允许偏差</td><td rowspan="3">导墙尺寸</td><td>宽度（mm）</td><td>W+40</td><td>/</td><td></td><td></td></tr>
<tr><td>墙面平整度（mm）</td><td><5</td><td>/</td><td></td><td></td></tr>
<tr><td>导墙平面位置（mm）</td><td>±10</td><td>/</td><td></td><td></td></tr>
<tr><td rowspan="2">2</td><td rowspan="2">沉渣厚度（mm）</td><td>永久结构</td><td>≤100</td><td>/</td><td></td><td></td></tr>
<tr><td>临时结构</td><td>≤200</td><td>/</td><td></td><td></td></tr>
<tr><td>3</td><td colspan="2">槽深（mm）</td><td>+100</td><td>/</td><td></td><td></td></tr>
<tr><td colspan="2">施工单位检查结果</td><td colspan="7">专业工长：（签名）　　专业质量检查员：（签名）　　年　月　日</td></tr>
<tr><td colspan="2">监理单位验收结论</td><td colspan="7">专业监理工程师：（签名）　　年　月　日</td></tr>
</table>

7.2.8.13 市政验·廊-6.7-2 基坑支护（地下连续墙）检验批质量验收记录（二）

市政基础设施工程

基坑支护（地下连续墙）检验批质量验收记录（二）

市政验·廊-6.7-2

第 页共 页

<table>
<tr><td colspan="4">工程名称</td><td colspan="6"></td></tr>
<tr><td colspan="4">单位工程名称</td><td colspan="6"></td></tr>
<tr><td colspan="4">施工单位</td><td></td><td colspan="2">分包单位</td><td colspan="3"></td></tr>
<tr><td colspan="4">项目负责人</td><td></td><td colspan="2">项目技术负责人</td><td colspan="3"></td></tr>
<tr><td colspan="4">分部（子分部）工程名称</td><td></td><td colspan="2">分项工程名称</td><td colspan="3"></td></tr>
<tr><td colspan="4">验收部位/区段</td><td></td><td colspan="2">检验批容量</td><td colspan="3"></td></tr>
<tr><td colspan="4">施工及验收依据</td><td colspan="6">《城市综合管廊工程施工及验收规范》DB 4401/T 3</td></tr>
<tr><td colspan="6">验收项目</td><td>设计要求或规范规定</td><td>最小/实际抽样数量</td><td>检查记录</td><td>检查结果</td></tr>
<tr><td rowspan="10">一般项目</td><td>4</td><td rowspan="10">允许偏差</td><td colspan="3">混凝土坍落度（mm）</td><td>180～220</td><td>/</td><td></td><td></td></tr>
<tr><td>5</td><td colspan="3">钢筋笼长度（mm）</td><td>±10</td><td>/</td><td></td><td></td></tr>
<tr><td>6</td><td colspan="3">主筋间距（mm）</td><td>±10</td><td>/</td><td></td><td></td></tr>
<tr><td>7</td><td colspan="3">箍筋间距（mm）</td><td>±20</td><td>/</td><td></td><td></td></tr>
<tr><td>8</td><td colspan="3">加劲箍间距（mm）</td><td>±20</td><td>/</td><td></td><td></td></tr>
<tr><td rowspan="3">9</td><td colspan="2" rowspan="3">地下墙表面平整度（mm）</td><td>永久结构</td><td><100</td><td>/</td><td></td><td></td></tr>
<tr><td>临时结构</td><td><150</td><td>/</td><td></td><td></td></tr>
<tr><td>插入式结构</td><td><20</td><td>/</td><td></td><td></td></tr>
<tr><td rowspan="2">10</td><td colspan="2" rowspan="2">永久结构时的预埋件位置（mm）</td><td>水平向</td><td>≤10</td><td>/</td><td></td><td></td></tr>
<tr><td>垂直向</td><td>≤20</td><td>/</td><td></td><td></td></tr>
<tr><td colspan="2">施工单位检查结果</td><td colspan="8">专业工长：（签名） 专业质量检查员：（签名） 年 月 日</td></tr>
<tr><td colspan="2">监理单位验收结论</td><td colspan="8">专业监理工程师：（签名） 年 月 日</td></tr>
</table>

7.2.8.14 市政验·廊-7 基坑回填施工检验批质量验收记录

市政基础设施工程

基坑回填施工检验批质量验收记录

市政验·廊-7

第　页共　页

<table>
<tr><td colspan="3">工程名称</td><td colspan="5"></td></tr>
<tr><td colspan="3">单位工程名称</td><td colspan="5"></td></tr>
<tr><td colspan="3">施工单位</td><td></td><td colspan="2">分包单位</td><td colspan="2"></td></tr>
<tr><td colspan="3">项目负责人</td><td></td><td colspan="2">项目技术负责人</td><td colspan="2"></td></tr>
<tr><td colspan="3">分部（子分部）工程名称</td><td></td><td colspan="2">分项工程名称</td><td colspan="2"></td></tr>
<tr><td colspan="3">验收部位/区段</td><td></td><td colspan="2">检验批容量</td><td colspan="2"></td></tr>
<tr><td colspan="3">施工及验收依据</td><td colspan="5">《城市综合管廊工程施工及验收规范》DB 4401/T 3</td></tr>
<tr><td colspan="3">验收项目</td><td>设计要求或规范规定</td><td>最小/实际抽样数量</td><td>检查记录</td><td colspan="2">检查结果</td></tr>
<tr><td rowspan="3">主控项目</td><td>1</td><td>标高（mm）</td><td>−50</td><td>/</td><td></td><td colspan="2"></td></tr>
<tr><td>2</td><td>分层压实系数</td><td>设计要求</td><td>/</td><td></td><td colspan="2"></td></tr>
<tr><td></td><td></td><td></td><td></td><td></td><td colspan="2"></td></tr>
<tr><td rowspan="5">一般项目</td><td>1</td><td>回填土料（mm）</td><td>50</td><td>/</td><td></td><td colspan="2"></td></tr>
<tr><td>2</td><td>分层厚度及含水量</td><td>设计要求</td><td>/</td><td></td><td colspan="2"></td></tr>
<tr><td>3</td><td>表面平整度（mm）</td><td>30</td><td>/</td><td></td><td colspan="2"></td></tr>
<tr><td></td><td></td><td></td><td></td><td></td><td colspan="2"></td></tr>
<tr><td></td><td></td><td></td><td></td><td></td><td colspan="2"></td></tr>
<tr><td>施工单位检查结果</td><td colspan="7">专业工长：（签名）　　专业质量检查员：（签名）　　年　月　日</td></tr>
<tr><td>监理单位验收结论</td><td colspan="7">专业监理工程师：（签名）　　年　月　日</td></tr>
</table>

7.2.8.15 市政验·廊-8.1 换填地基（灰土）检验批质量验收记录

市政基础设施工程

换填地基（灰土）检验批质量验收记录

市政验·廊-8.1

第　　页共　　页

<table>
<tr><td colspan="3">工程名称</td><td colspan="5"></td></tr>
<tr><td colspan="3">单位工程名称</td><td colspan="5"></td></tr>
<tr><td colspan="3">施工单位</td><td></td><td colspan="2">分包单位</td><td colspan="2"></td></tr>
<tr><td colspan="3">项目负责人</td><td></td><td colspan="2">项目技术负责人</td><td colspan="2"></td></tr>
<tr><td colspan="3">分部（子分部）工程名称</td><td></td><td colspan="2">分项工程名称</td><td colspan="2"></td></tr>
<tr><td colspan="3">验收部位/区段</td><td></td><td colspan="2">检验批容量</td><td colspan="2"></td></tr>
<tr><td colspan="3">施工及验收依据</td><td colspan="5">《城市综合管廊工程施工及验收规范》DB 4401/T 3</td></tr>
<tr><td colspan="4">验收项目</td><td>设计要求或规范规定</td><td>最小/实际抽样数量</td><td>检查记录</td><td>检查结果</td></tr>
<tr><td rowspan="3">主控项目</td><td>1</td><td colspan="2">地基承载力</td><td>设计要求</td><td>/</td><td></td><td></td></tr>
<tr><td>2</td><td colspan="2">配合比</td><td>设计要求</td><td>/</td><td></td><td></td></tr>
<tr><td>3</td><td colspan="2">压实系数</td><td>设计要求</td><td>/</td><td></td><td></td></tr>
<tr><td rowspan="5">一般项目</td><td>1</td><td rowspan="5">允许偏差</td><td>石灰粒径（mm）</td><td>≤5</td><td>/</td><td></td><td></td></tr>
<tr><td>2</td><td>土料有机质含量（%）</td><td>≤5</td><td>/</td><td></td><td></td></tr>
<tr><td>3</td><td>土颗粒粒径（mm）</td><td>≤15</td><td>/</td><td></td><td></td></tr>
<tr><td>4</td><td>含水量（与要求的最优含水量比较）（mm）</td><td>±2</td><td>/</td><td></td><td></td></tr>
<tr><td>5</td><td>分层厚度偏差（与设计要求比较）（mm）</td><td>±50</td><td>/</td><td></td><td></td></tr>
<tr><td colspan="2">施工单位检查结果</td><td colspan="6">专业工长：（签名）　　专业质量检查员：（签名）　　年　月　日</td></tr>
<tr><td colspan="2">监理单位验收结论</td><td colspan="6">专业监理工程师：（签名）　　年　月　日</td></tr>
</table>

7.2.8.16 市政验·廊-8.2 换填地基（砂和砂石）检验批质量验收记录

市政基础设施工程

换填地基（砂和砂石）检验批质量验收记录

市政验·廊-8.2

第 页 共 页

<table>
<tr><td colspan="3">工程名称</td><td colspan="5"></td></tr>
<tr><td colspan="3">单位工程名称</td><td colspan="5"></td></tr>
<tr><td colspan="3">施工单位</td><td></td><td colspan="2">分包单位</td><td colspan="2"></td></tr>
<tr><td colspan="3">项目负责人</td><td></td><td colspan="2">项目技术负责人</td><td colspan="2"></td></tr>
<tr><td colspan="3">分部（子分部）工程名称</td><td></td><td colspan="2">分项工程名称</td><td colspan="2"></td></tr>
<tr><td colspan="3">验收部位/区段</td><td></td><td colspan="2">检验批容量</td><td colspan="2"></td></tr>
<tr><td colspan="3">施工及验收依据</td><td colspan="5">《城市综合管廊工程施工及验收规范》DB 4401/T 3</td></tr>
<tr><td colspan="4">验收项目</td><td>设计要求或规范规定</td><td>最小/实际抽样数量</td><td>检查记录</td><td>检查结果</td></tr>
<tr><td rowspan="3">主控项目</td><td>1</td><td colspan="2">地基承载力</td><td>设计要求</td><td>/</td><td></td><td></td></tr>
<tr><td>2</td><td colspan="2">配合比</td><td>设计要求</td><td>/</td><td></td><td></td></tr>
<tr><td>3</td><td colspan="2">压实系数</td><td>设计要求</td><td>/</td><td></td><td></td></tr>
<tr><td rowspan="5">一般项目</td><td>1</td><td rowspan="5">允许偏差</td><td>砂石料有机质含量（mm）</td><td>≤5</td><td>/</td><td></td><td></td></tr>
<tr><td>2</td><td>砂石料含泥量（%）</td><td>≤5</td><td>/</td><td></td><td></td></tr>
<tr><td>3</td><td>石料粒径（mm）</td><td>≤100</td><td>/</td><td></td><td></td></tr>
<tr><td>4</td><td>含水量（与最优含水量比较）（mm）</td><td>±2</td><td>/</td><td></td><td></td></tr>
<tr><td>5</td><td>分层厚度（与设计要求比较）（mm）</td><td>±50</td><td>/</td><td></td><td></td></tr>
<tr><td>施工单位检查结果</td><td colspan="7">专业工长：（签名） 专业质量检查员：（签名） 年 月 日</td></tr>
<tr><td>监理单位验收结论</td><td colspan="7">专业监理工程师：（签名） 年 月 日</td></tr>
</table>

7.2.8.17 市政验·廊-9 压实地基质量验收记录

市政基础设施工程

压实地基质量验收记录

市政验·廊-9

第　　页 共　　页

<table>
<tr><td colspan="2">工程名称</td><td colspan="5"></td></tr>
<tr><td colspan="2">单位工程名称</td><td colspan="5"></td></tr>
<tr><td colspan="2">施工单位</td><td></td><td colspan="2">分包单位</td><td colspan="2"></td></tr>
<tr><td colspan="2">项目负责人</td><td></td><td colspan="2">项目技术负责人</td><td colspan="2"></td></tr>
<tr><td colspan="2">分部（子分部）工程名称</td><td></td><td colspan="2">分项工程名称</td><td colspan="2"></td></tr>
<tr><td colspan="2">验收部位/区段</td><td></td><td colspan="2">检验批容量</td><td colspan="2"></td></tr>
<tr><td colspan="2">施工及验收依据</td><td colspan="5">《城市综合管廊工程施工及验收规范》DB 4401/T 3</td></tr>
<tr><td colspan="3">验收项目</td><td>设计要求
或规范规定</td><td>最小/实际
抽样数量</td><td>检查记录</td><td>检查结果</td></tr>
<tr><td>1</td><td colspan="2">施工质量验收</td><td>第5.7.2.1条</td><td>/</td><td></td><td></td></tr>
<tr><td>2</td><td colspan="2">压实系数验收</td><td>第5.7.2.2条</td><td>/</td><td></td><td></td></tr>
<tr><td>3</td><td colspan="2">质量检验</td><td>第5.7.2.3条</td><td>/</td><td></td><td></td></tr>
<tr><td>4</td><td colspan="2">物理力学指标检测（冲击碾压法施工）</td><td>第5.7.2.4条</td><td>/</td><td></td><td></td></tr>
<tr><td>5</td><td colspan="2">地基承载力检验</td><td>第5.7.2.5条</td><td>/</td><td></td><td></td></tr>
<tr><td>6</td><td colspan="2">压实地基验收</td><td>第5.7.2.6条</td><td>/</td><td></td><td></td></tr>
<tr><td colspan="2">施工单位
检查结果</td><td colspan="5">专业工长：（签名）　　　　项目专业质量检查员：（签名）　　　　年　　月　　日</td></tr>
<tr><td colspan="2">监理单位
验收结论</td><td colspan="5">专业监理工程师：（签名）　　　　年　　月　　日</td></tr>
</table>

7.2.8.18　市政验·廊-10　强夯处理检验批质量验收记录

市政基础设施工程

强夯处理检验批质量验收记录

市政验·廊-10

第　　页 共　　页

<table>
<tr><td colspan="4">工程名称</td><td colspan="5"></td></tr>
<tr><td colspan="4">单位工程名称</td><td colspan="5"></td></tr>
<tr><td colspan="4">施工单位</td><td></td><td colspan="2">分包单位</td><td colspan="2"></td></tr>
<tr><td colspan="4">项目负责人</td><td></td><td colspan="2">项目技术负责人</td><td colspan="2"></td></tr>
<tr><td colspan="4">分部（子分部）工程名称</td><td></td><td colspan="2">分项工程名称</td><td colspan="2"></td></tr>
<tr><td colspan="4">验收部位/区段</td><td></td><td colspan="2">检验批容量</td><td colspan="2"></td></tr>
<tr><td colspan="4">施工及验收依据</td><td colspan="5">《城市综合管廊工程施工及验收规范》DB 4401/T 3</td></tr>
<tr><td colspan="5">验收项目</td><td>设计要求或规范规定</td><td>最小/实际抽样数量</td><td>检查记录</td><td>检查结果</td></tr>
<tr><td rowspan="2">主控项目</td><td>1</td><td colspan="3">地基强度</td><td>设计要求</td><td>/</td><td></td><td></td></tr>
<tr><td>2</td><td colspan="3">地基承载力</td><td>设计要求</td><td>/</td><td></td><td></td></tr>
<tr><td rowspan="6">一般项目</td><td>1</td><td rowspan="3">允许偏差</td><td colspan="2">夯锤落距（mm）</td><td>±300</td><td>/</td><td></td><td></td></tr>
<tr><td>2</td><td colspan="2">锤重（mm）</td><td>±100</td><td>/</td><td></td><td></td></tr>
<tr><td>3</td><td colspan="2">夯点间距（mm）</td><td>±500</td><td>/</td><td></td><td></td></tr>
<tr><td>4</td><td colspan="3">夯击遍数及顺序</td><td>设计要求</td><td>/</td><td></td><td></td></tr>
<tr><td>5</td><td colspan="3">夯击范围（超出基础范围距离）</td><td>设计要求</td><td>/</td><td></td><td></td></tr>
<tr><td>6</td><td colspan="3">前后两遍间歇时间</td><td>设计要求</td><td>/</td><td></td><td></td></tr>
<tr><td>施工单位检查结果</td><td colspan="8">专业工长：（签名）　　专业质量检查员：（签名）　　年　月　日</td></tr>
<tr><td>监理单位验收结论</td><td colspan="8">专业监理工程师：（签名）　　年　月　日</td></tr>
</table>

7.2.8.19 市政验·廊-11 预压地基检验批质量验收记录

市政基础设施工程

预压地基检验批质量验收记录

市政验·廊-11

第 页 共 页

<table>
<tr><td colspan="4">工程名称</td><td colspan="5"></td></tr>
<tr><td colspan="4">单位工程名称</td><td colspan="5"></td></tr>
<tr><td colspan="4">施工单位</td><td></td><td colspan="2">分包单位</td><td colspan="2"></td></tr>
<tr><td colspan="4">项目负责人</td><td></td><td colspan="2">项目技术负责人</td><td colspan="2"></td></tr>
<tr><td colspan="4">分部（子分部）工程名称</td><td></td><td colspan="2">分项工程名称</td><td colspan="2"></td></tr>
<tr><td colspan="4">验收部位/区段</td><td></td><td colspan="2">检验批容量</td><td colspan="2"></td></tr>
<tr><td colspan="4">施工及验收依据</td><td colspan="5">《城市综合管廊工程施工及验收规范》DB 4401/T 3</td></tr>
<tr><td colspan="5">验收项目</td><td>设计要求或规范规定</td><td>最小/实际抽样数量</td><td>检查记录</td><td>检查结果</td></tr>
<tr><td rowspan="3">主控项目</td><td>1</td><td rowspan="2">允许偏差</td><td colspan="2">预压载荷（%）</td><td>≤2</td><td>/</td><td></td><td></td></tr>
<tr><td>2</td><td colspan="2">固结度（与设计要求比）（%）</td><td>≤2</td><td>/</td><td></td><td></td></tr>
<tr><td>3</td><td colspan="3">承载力或其他性能指标</td><td>设计要求</td><td>/</td><td></td><td></td></tr>
<tr><td rowspan="6">一般项目</td><td>1</td><td rowspan="6">允许偏差</td><td colspan="2">沉降速率（与控制值比）（%）</td><td>±10</td><td>/</td><td></td><td></td></tr>
<tr><td>2</td><td colspan="2">砂井或塑料排水带位置（mm）</td><td>±100</td><td>/</td><td></td><td></td></tr>
<tr><td>3</td><td colspan="2">砂井或塑料排水带插入深度（mm）</td><td>±200</td><td>/</td><td></td><td></td></tr>
<tr><td>4</td><td colspan="2">插入塑料排水带时的回带长度（mm）</td><td>≤500</td><td>/</td><td></td><td></td></tr>
<tr><td>5</td><td colspan="2">塑料排水带或砂井高出砂垫层距离（mm）</td><td>≥200</td><td>/</td><td></td><td></td></tr>
<tr><td>6</td><td colspan="2">插入塑料排水带的回带根数（%）</td><td><5</td><td>/</td><td></td><td></td></tr>
<tr><td colspan="2">施工单位检查结果</td><td colspan="7">专业工长：（签名） 专业质量检查员：（签名） 年 月 日</td></tr>
<tr><td colspan="2">监理单位验收结论</td><td colspan="7">专业监理工程师：（签名） 年 月 日</td></tr>
</table>

7.2.8.20　市政验·廊-12.1　复合地基（土和灰土挤密桩）检验批质量验收记录

市政基础设施工程

复合地基（土和灰土挤密桩）检验批质量验收记录

市政验·廊-12.1

第　　页 共　　页

<table>
<tr><td colspan="4">工程名称</td><td colspan="5"></td></tr>
<tr><td colspan="4">单位工程名称</td><td colspan="5"></td></tr>
<tr><td colspan="4">施工单位</td><td></td><td colspan="2">分包单位</td><td colspan="2"></td></tr>
<tr><td colspan="4">项目负责人</td><td></td><td colspan="2">项目技术负责人</td><td colspan="2"></td></tr>
<tr><td colspan="4">分部（子分部）工程名称</td><td></td><td colspan="2">分项工程名称</td><td colspan="2"></td></tr>
<tr><td colspan="4">验收部位/区段</td><td></td><td colspan="2">检验批容量</td><td colspan="2"></td></tr>
<tr><td colspan="4">施工及验收依据</td><td colspan="5">《城市综合管廊工程施工及验收规范》DB 4401/T 3</td></tr>
<tr><td colspan="5">验收项目</td><td>设计要求或规范规定</td><td>最小/实际抽样数量</td><td>检查记录</td><td>检查结果</td></tr>
<tr><td rowspan="4">主控项目</td><td>1</td><td colspan="3">桩体及桩间土干密度</td><td>设计要求</td><td>/</td><td></td><td></td></tr>
<tr><td>2</td><td colspan="3">地基承载力</td><td>设计要求</td><td>/</td><td></td><td></td></tr>
<tr><td>3</td><td rowspan="2">允许偏差</td><td colspan="2">桩长（mm）</td><td>+500</td><td>/</td><td></td><td></td></tr>
<tr><td>4</td><td colspan="2">桩径（mm）</td><td>−20</td><td>/</td><td></td><td></td></tr>
<tr><td rowspan="6">一般项目</td><td>1</td><td rowspan="6">允许偏差</td><td colspan="2">土料有机质含量（%）</td><td>≤5</td><td>/</td><td></td><td></td></tr>
<tr><td>2</td><td colspan="2">石灰粒径（mm）</td><td>≤5</td><td>/</td><td></td><td></td></tr>
<tr><td rowspan="2">3</td><td rowspan="2">桩位</td><td>满堂（舱）布桩</td><td>≤0.40D</td><td>/</td><td></td><td></td></tr>
<tr><td>条（廊）形布桩</td><td>≤0.25D</td><td>/</td><td></td><td></td></tr>
<tr><td>4</td><td colspan="2">垂直度（%）</td><td><50</td><td>/</td><td></td><td></td></tr>
<tr><td>5</td><td colspan="2">桩径（mm）</td><td><0.04<i>D</i></td><td>/</td><td></td><td></td></tr>
<tr><td colspan="2">施工单位检查结果</td><td colspan="7">专业工长：（签名）　　专业质量检查员：（签名）　　年　　月　　日</td></tr>
<tr><td colspan="2">监理单位验收结论</td><td colspan="7">专业监理工程师：（签名）　　年　　月　　日</td></tr>
</table>

注：桩径允许偏差负值是指个别断面。

7.2.8.21 市政验·廊-12.2 复合地基（水泥粉煤灰碎石桩）检验批质量验收记录

市政基础设施工程

复合地基（水泥粉煤灰碎石桩）检验批质量验收记录

市政验·廊-12.2

第 页共 页

<table>
<tr><td colspan="4">工程名称</td><td colspan="5"></td></tr>
<tr><td colspan="4">单位工程名称</td><td colspan="5"></td></tr>
<tr><td colspan="4">施工单位</td><td></td><td colspan="2">分包单位</td><td colspan="2"></td></tr>
<tr><td colspan="4">项目负责人</td><td></td><td colspan="2">项目技术负责人</td><td colspan="2"></td></tr>
<tr><td colspan="4">分部（子分部）工程名称</td><td></td><td colspan="2">分项工程名称</td><td colspan="2"></td></tr>
<tr><td colspan="4">验收部位/区段</td><td></td><td colspan="2">检验批容量</td><td colspan="2"></td></tr>
<tr><td colspan="4">施工及验收依据</td><td colspan="5">《城市综合管廊工程施工及验收规范》DB 4401/T 3</td></tr>
<tr><td colspan="5">验收项目</td><td>设计要求或规范规定</td><td>最小/实际抽样数量</td><td>检查记录</td><td>检查结果</td></tr>
<tr><td rowspan="4">主控项目</td><td>1</td><td colspan="3">原材料</td><td>设计要求</td><td>/</td><td></td><td></td></tr>
<tr><td>2</td><td colspan="3">桩径（mm）</td><td>−20</td><td>/</td><td></td><td></td></tr>
<tr><td>3</td><td colspan="3">桩身强度</td><td>设计要求</td><td>/</td><td></td><td></td></tr>
<tr><td>4</td><td colspan="3">地基承载力</td><td>设计要求</td><td>/</td><td></td><td></td></tr>
<tr><td rowspan="6">一般项目</td><td>1</td><td colspan="3">桩身完整性</td><td>按桩基检测技术规范</td><td>/</td><td></td><td></td></tr>
<tr><td rowspan="2">2</td><td rowspan="5">允许偏差</td><td rowspan="2">桩位偏差</td><td>满堂（舱）布桩</td><td>≤0.40D</td><td>/</td><td></td><td></td></tr>
<tr><td>条（廊）形布桩</td><td>≤0.25D</td><td>/</td><td></td><td></td></tr>
<tr><td>3</td><td colspan="2">桩垂直度（%）</td><td>≤1.5</td><td>/</td><td></td><td></td></tr>
<tr><td>4</td><td colspan="2">桩长（mm）</td><td>+100</td><td>/</td><td></td><td></td></tr>
<tr><td>5</td><td colspan="2">褥垫层夯填度</td><td>≤0.9</td><td>/</td><td></td><td></td></tr>
<tr><td colspan="2">施工单位检查结果</td><td colspan="7">专业工长：（签名）　　专业质量检查员：（签名）　　年　月　日</td></tr>
<tr><td colspan="2">监理单位验收结论</td><td colspan="7">专业监理工程师：（签名）　　年　月　日</td></tr>
</table>

注：1. 夯填度指夯实后的褥垫层厚度与虚体厚度的比值；2. 桩径允许偏差负值是指个别断面。

7.2.8.22 市政验·廊-12.3 复合地基（水泥土搅拌桩）检验批质量验收记录

市政基础设施工程

复合地基（水泥土搅拌桩）检验批质量验收记录

市政验·廊-12.3

第　　页 共　　页

<table>
<tr><td colspan="3">工程名称</td><td colspan="5"></td></tr>
<tr><td colspan="3">单位工程名称</td><td colspan="5"></td></tr>
<tr><td colspan="3">施工单位</td><td></td><td colspan="2">分包单位</td><td colspan="2"></td></tr>
<tr><td colspan="3">项目负责人</td><td></td><td colspan="2">项目技术负责人</td><td colspan="2"></td></tr>
<tr><td colspan="3">分部（子分部）工程名称</td><td></td><td colspan="2">分项工程名称</td><td colspan="2"></td></tr>
<tr><td colspan="3">验收部位/区段</td><td></td><td colspan="2">检验批容量</td><td colspan="2"></td></tr>
<tr><td colspan="3">施工及验收依据</td><td colspan="5">《城市综合管廊工程施工及验收规范》DB 4401/T 3</td></tr>
<tr><td colspan="4">验收项目</td><td>设计要求或规范规定</td><td>最小/实际抽样数量</td><td>检查记录</td><td>检查结果</td></tr>
<tr><td rowspan="4">主控项目</td><td>1</td><td colspan="2">水泥及外掺剂质量</td><td>设计要求</td><td>/</td><td></td><td></td></tr>
<tr><td>2</td><td colspan="2">水泥用量</td><td>参数指标</td><td>/</td><td></td><td></td></tr>
<tr><td>3</td><td colspan="2">桩体强度</td><td>设计要求</td><td>/</td><td></td><td></td></tr>
<tr><td>4</td><td colspan="2">地基承载力</td><td>设计要求</td><td>/</td><td></td><td></td></tr>
<tr><td rowspan="7">一般项目</td><td>1</td><td rowspan="7">允许偏差</td><td>机头提升速度（m/min）</td><td>≤0.5</td><td>/</td><td></td><td></td></tr>
<tr><td>2</td><td>桩底标高（mm）</td><td>±200</td><td>/</td><td></td><td></td></tr>
<tr><td>3</td><td>桩顶标高（mm）</td><td>+200
−50</td><td>/</td><td></td><td></td></tr>
<tr><td>4</td><td>桩位偏差（mm）</td><td><50</td><td>/</td><td></td><td></td></tr>
<tr><td>5</td><td>桩径</td><td><0.04D</td><td>/</td><td></td><td></td></tr>
<tr><td>6</td><td>垂直度（%）</td><td>≤1.5</td><td>/</td><td></td><td></td></tr>
<tr><td>7</td><td>搭接（mm）</td><td>>200</td><td>/</td><td></td><td></td></tr>
<tr><td colspan="2">施工单位检查结果</td><td colspan="6">专业工长：（签名）　　专业质量检查员：（签名）　　年　月　日</td></tr>
<tr><td colspan="2">监理单位验收结论</td><td colspan="6">专业监理工程师：（签名）　　年　月　日</td></tr>
</table>

7.2.8.23　市政验·廊-12.4-1　复合地基（化学注浆）检验批质量验收记录（一）

市政基础设施工程

复合地基（化学注浆）检验批质量验收记录（一）

市政验·廊-12.4-1

第　　页共　　页

<table>
<tr><td colspan="5">工程名称</td><td colspan="4"></td></tr>
<tr><td colspan="5">单位工程名称</td><td colspan="4"></td></tr>
<tr><td colspan="5">施工单位</td><td></td><td colspan="2">分包单位</td><td></td></tr>
<tr><td colspan="5">项目负责人</td><td></td><td colspan="2">项目技术负责人</td><td></td></tr>
<tr><td colspan="5">分部（子分部）工程名称</td><td></td><td colspan="2">分项工程名称</td><td></td></tr>
<tr><td colspan="5">验收部位/区段</td><td></td><td colspan="2">检验批容量</td><td></td></tr>
<tr><td colspan="5">施工及验收依据</td><td colspan="4">《城市综合管廊工程施工及验收规范》DB 4401/T 3</td></tr>
<tr><td colspan="5">验收项目</td><td>设计要求或规范规定</td><td>最小/实际抽样数量</td><td>检查记录</td><td>检查结果</td></tr>
<tr><td rowspan="12">主控项目</td><td rowspan="12">1</td><td rowspan="12">允许偏差</td><td rowspan="12">原材料检验</td><td>注浆用砂：粒径（mm）</td><td>＜2.5</td><td rowspan="3">/</td><td rowspan="3"></td><td rowspan="3"></td></tr>
<tr><td>细度模数</td><td>＜2.0</td></tr>
<tr><td>含泥量及有机物含量（%）</td><td>＜3</td></tr>
<tr><td>注浆用黏土：塑性指数</td><td>＞14</td><td rowspan="4">/</td><td rowspan="4"></td><td rowspan="4"></td></tr>
<tr><td>黏粒含量（%）</td><td>＞25</td></tr>
<tr><td>含砂量</td><td>＜5</td></tr>
<tr><td>有机物含量（%）</td><td>＜3</td></tr>
<tr><td>粉煤灰：细度</td><td>不粗于同时使用的水泥</td><td rowspan="2">/</td><td rowspan="2"></td><td rowspan="2"></td></tr>
<tr><td>烧失量（%）</td><td>＜3</td></tr>
<tr><td>水玻璃：模数</td><td>2.5～3.3</td><td>/</td><td></td><td></td></tr>
<tr><td>其他化学浆液</td><td>设计要求</td><td>/</td><td></td><td></td></tr>
<tr><td colspan="2">施工单位检查结果</td><td colspan="7">专业工长：（签名）　　专业质量检查员：（签名）　　年　月　日</td></tr>
<tr><td colspan="2">监理单位验收结论</td><td colspan="7">专业监理工程师：（签名）　　年　月　日</td></tr>
</table>

7.2.8.24 市政验·廊-12.4-2 复合地基（化学注浆）检验批质量验收记录（二）

市政基础设施工程

复合地基（化学注浆）检验批质量验收记录（二）

市政验·廊-12.4-2

第　页 共　页

工程名称							
单位工程名称							
施工单位				分包单位			
项目负责人				项目技术负责人			
分部（子分部）工程名称				分项工程名称			
验收部位/区段				检验批容量			
施工及验收依据	《城市综合管廊工程施工及验收规范》DB 4401/T 3						
验收项目				设计要求或规范规定	最小/实际抽样数量	检查记录	检查结果
主控项目	2	注浆体强度		设计要求	/		
	3	地基承载力		设计要求	/		
一般项目	1	允许偏差	各种注浆材料称量误差（%）	<3	/		
	2		注浆孔位（mm）	±20	/		
	3		注浆孔深（mm）	±100	/		
	4		注浆压力（与设计参数比）（%）	±10	/		
施工单位检查结果	专业工长：（签名）　专业质量检查员：（签名）　年　月　日						
监理单位验收结论	专业监理工程师：（签名）　年　月　日						

7.2.8.25 市政验·廊-12.5 复合地基（高压喷射注浆）检验批质量验收记录

市政基础设施工程

复合地基（高压喷射注浆）检验批质量验收记录

市政验·廊-12.5

第　　页 共　　页

<table>
<tr><td colspan="3">工程名称</td><td colspan="5"></td></tr>
<tr><td colspan="3">单位工程名称</td><td colspan="5"></td></tr>
<tr><td colspan="3">施工单位</td><td></td><td colspan="2">分包单位</td><td colspan="2"></td></tr>
<tr><td colspan="3">项目负责人</td><td></td><td colspan="2">项目技术负责人</td><td colspan="2"></td></tr>
<tr><td colspan="3">分部（子分部）工程名称</td><td></td><td colspan="2">分项工程名称</td><td colspan="2"></td></tr>
<tr><td colspan="3">验收部位/区段</td><td></td><td colspan="2">检验批容量</td><td colspan="2"></td></tr>
<tr><td colspan="3">施工及验收依据</td><td colspan="5">《城市综合管廊工程施工及验收规范》DB 4401/T 3</td></tr>
<tr><td colspan="4">验收项目</td><td>设计要求或规范规定</td><td>最小/实际抽样数量</td><td>检查记录</td><td>检查结果</td></tr>
<tr><td rowspan="4">主控项目</td><td>1</td><td colspan="2">水泥及外掺剂质量</td><td>符合出厂要求</td><td>/</td><td></td><td></td></tr>
<tr><td>2</td><td colspan="2">水泥用量</td><td>设计要求</td><td>/</td><td></td><td></td></tr>
<tr><td>3</td><td colspan="2">桩体强度或完整性检验</td><td>设计要求</td><td>/</td><td></td><td></td></tr>
<tr><td>4</td><td colspan="2">地基承载力</td><td>设计要求</td><td>/</td><td></td><td></td></tr>
<tr><td rowspan="7">一般项目</td><td>1</td><td rowspan="7">允许偏差</td><td>钻孔位置（mm）</td><td>≤50</td><td>/</td><td></td><td></td></tr>
<tr><td>2</td><td>钻孔垂直度（%）</td><td>≤1.5</td><td>/</td><td></td><td></td></tr>
<tr><td>3</td><td>孔深（mm）</td><td>±200</td><td>/</td><td></td><td></td></tr>
<tr><td>4</td><td>桩身中心</td><td>≤0.2D</td><td>/</td><td></td><td></td></tr>
<tr><td>5</td><td>桩体搭接（mm）</td><td>>200</td><td>/</td><td></td><td></td></tr>
<tr><td>6</td><td>桩体直径（mm）</td><td>≤50</td><td>/</td><td></td><td></td></tr>
<tr><td>7</td><td>注浆压力</td><td>按设定参数指标</td><td>/</td><td></td><td></td></tr>
<tr><td>施工单位检查结果</td><td colspan="7">专业工长：（签名）　　专业质量检查员：（签名）　　年　月　日</td></tr>
<tr><td>监理单位验收结论</td><td colspan="7">专业监理工程师：（签名）　　年　月　日</td></tr>
</table>

7.2.8.26 市政验·廊-13.1-1 刚性桩基础（静力压桩）检验批质量验收记录（一）

市政基础设施工程

刚性桩基础（静力压桩）检验批质量验收记录（一）

市政验·廊-13.1-1

第　　页 共　　页

<table>
<tr><td colspan="5">工程名称</td><td colspan="4"></td></tr>
<tr><td colspan="5">单位工程名称</td><td colspan="4"></td></tr>
<tr><td colspan="5">施工单位</td><td></td><td>分包单位</td><td colspan="2"></td></tr>
<tr><td colspan="5">项目负责人</td><td></td><td>项目技术负责人</td><td colspan="2"></td></tr>
<tr><td colspan="5">分部（子分部）工程名称</td><td></td><td>分项工程名称</td><td colspan="2"></td></tr>
<tr><td colspan="5">验收部位/区段</td><td></td><td>检验批容量</td><td colspan="2"></td></tr>
<tr><td colspan="5">施工及验收依据</td><td colspan="4">《城市综合管廊工程施工及验收规范》DB 4401/T 3</td></tr>
<tr><td colspan="5">验收项目</td><td>设计要求或规范规定</td><td>最小/实际抽样数量</td><td>检查记录</td><td>检查结果</td></tr>
<tr><td rowspan="3">主控项目</td><td>1</td><td colspan="3">桩体质量检验</td><td>按基桩检测技术规范</td><td>/</td><td></td><td></td></tr>
<tr><td>2</td><td colspan="3">桩位偏差</td><td>按 GB 50202 规定</td><td>/</td><td></td><td></td></tr>
<tr><td>3</td><td colspan="3">承载力</td><td>按基桩检测技术规范</td><td>/</td><td></td><td></td></tr>
<tr><td rowspan="10">一般项目</td><td rowspan="4">1</td><td rowspan="2">允许偏差</td><td rowspan="2">外观</td><td>掉角深度（mm）</td><td>＜10</td><td rowspan="2">/</td><td rowspan="2"></td><td rowspan="2"></td></tr>
<tr><td>蜂窝面积</td><td>小于总面积0.5％</td></tr>
<tr><td colspan="3">外形尺寸</td><td>按 GB 50202</td><td>/</td><td></td><td></td></tr>
<tr><td colspan="3">强度</td><td>满足设计要求</td><td>/</td><td></td><td></td></tr>
<tr><td>2</td><td colspan="3">硫黄胶泥质量（半成品）</td><td>设计要求</td><td>/</td><td></td><td></td></tr>
<tr><td>3</td><td colspan="3">电焊条质量</td><td>设计要求</td><td>/</td><td></td><td></td></tr>
<tr><td>4</td><td rowspan="4">允许偏差</td><td colspan="2">压桩压力（设计有要求时）（％）</td><td>±5</td><td>/</td><td></td><td></td></tr>
<tr><td rowspan="2">5</td><td colspan="2">接桩时上下节平面偏差（mm）</td><td>＜10</td><td>/</td><td></td><td></td></tr>
<tr><td colspan="2">接桩时节点弯曲矢高（mm）</td><td>＜1/1000L</td><td>/</td><td></td><td></td></tr>
<tr><td>6</td><td colspan="2">桩顶标高（mm）</td><td>±50</td><td>/</td><td></td><td></td></tr>
<tr><td colspan="2">施工单位检查结果</td><td colspan="7">专业工长：（签名）　　专业质量检查员：（签名）　　年　月　日</td></tr>
<tr><td colspan="2">监理单位验收结论</td><td colspan="7">专业监理工程师：（签名）　　年　月　日</td></tr>
</table>

7.2.8.27 市政验·廊-13.1-2 刚性桩基础（静力压桩）检验批质量验收记录（二）

市政基础设施工程

刚性桩基础（静力压桩）检验批质量验收记录（二）

市政验·廊-13.1-2

第　页 共　页

<table>
<tr><td colspan="4">工程名称</td><td colspan="7"></td></tr>
<tr><td colspan="4">单位工程名称</td><td colspan="7"></td></tr>
<tr><td colspan="4">施工单位</td><td colspan="3"></td><td colspan="2">分包单位</td><td colspan="2"></td></tr>
<tr><td colspan="4">项目负责人</td><td colspan="3"></td><td colspan="2">项目技术负责人</td><td colspan="2"></td></tr>
<tr><td colspan="4">分部（子分部）工程名称</td><td colspan="3"></td><td colspan="2">分项工程名称</td><td colspan="2"></td></tr>
<tr><td colspan="4">验收部位/区段</td><td colspan="3"></td><td colspan="2">检验批容量</td><td colspan="2"></td></tr>
<tr><td colspan="4">施工及验收依据</td><td colspan="7">《城市综合管廊工程施工及验收规范》DB 4401/T 3</td></tr>
<tr><td colspan="7">验收项目</td><td>设计要求或规范规定</td><td>最小/实际抽样数量</td><td>检查记录</td><td>检查结果</td></tr>
<tr><td rowspan="10">一般项目</td><td rowspan="10">7</td><td rowspan="10">允许偏差</td><td rowspan="10">接桩</td><td rowspan="5">焊接</td><td rowspan="2">上下端部错口</td><td>外径≥700mm</td><td>≤3</td><td rowspan="5">/</td><td rowspan="5"></td><td rowspan="5"></td></tr>
<tr><td>外径<700mm</td><td>≤2</td></tr>
<tr><td colspan="2">焊缝咬边深度（mm）</td><td>≤0.5</td></tr>
<tr><td colspan="2">焊缝加强层高度（mm）</td><td>2</td></tr>
<tr><td colspan="2">焊缝加强层宽度（mm）</td><td>2</td></tr>
<tr><td colspan="3">焊缝电焊质量外观</td><td>无气孔，无焊瘤，无裂缝</td><td>/</td><td></td><td></td></tr>
<tr><td colspan="3">焊缝探伤检验</td><td>满足设计要求</td><td>/</td><td></td><td></td></tr>
<tr><td colspan="3">电焊结束后停歇时间（min）</td><td>>1.0</td><td>/</td><td></td><td></td></tr>
<tr><td rowspan="2">硫黄胶泥接桩</td><td colspan="2">胶泥浇注时间（mm）</td><td><2</td><td rowspan="2">/</td><td rowspan="2"></td><td rowspan="2"></td></tr>
<tr><td colspan="2">浇注后停歇时间（mm）</td><td>>7</td></tr>
<tr><td colspan="2">施工单位检查结果</td><td colspan="9">

专业工长：（签名）　　　　专业质量检查员：（签名）　　　　年　　月　　日</td></tr>
<tr><td colspan="2">监理单位验收结论</td><td colspan="9">

专业监理工程师：（签名）　　　　年　　月　　日</td></tr>
</table>

7.2.8.28 市政验·廊-13.2-1 刚性桩基础（混凝土灌注桩）检验批质量验收记录（一）

市政基础设施工程

刚性桩基础（混凝土灌注桩）检验批质量验收记录（一）

市政验·廊-13.2-1

第 页 共 页

工程名称						
单位工程名称						
施工单位			分包单位			
项目负责人			项目技术负责人			
分部（子分部）工程名称			分项工程名称			
验收部位/区段			检验批容量			
施工及验收依据	《城市综合管廊工程施工及验收规范》DB 4401/T 3					
验收项目			设计要求或规范规定	最小/实际抽样数量	检查记录	检查结果
主控项目	1	桩位	按 GB 50202 规定	/		
	2	孔深（mm）	+300	/		
	3	桩体质量检验	按基桩检测技术规范。如钻芯取样，大直径嵌岩桩应钻至尖下 50cm	/		
	4	混凝土强度	设计要求	/		
	5	承载力	按基桩检测技术规范	/		
施工单位检查结果	专业工长：（签名） 专业质量检查员：（签名） 年 月 日					
监理单位验收结论	专业监理工程师：（签名） 年 月 日					

7.2.8.29 市政验·廊-13.2-2 刚性桩基础（混凝土灌注桩）检验批质量验收记录（二）

市政基础设施工程

刚性桩基础（混凝土灌注桩）检验批质量验收记录（二）

市政验·廊-13.2-2

第　页共　页

<table>
<tr><td colspan="5">工程名称</td><td colspan="5"></td></tr>
<tr><td colspan="5">单位工程名称</td><td colspan="5"></td></tr>
<tr><td colspan="5">施工单位</td><td></td><td colspan="2">分包单位</td><td colspan="2"></td></tr>
<tr><td colspan="5">项目负责人</td><td></td><td colspan="2">项目技术负责人</td><td colspan="2"></td></tr>
<tr><td colspan="5">分部（子分部）工程名称</td><td></td><td colspan="2">分项工程名称</td><td colspan="2"></td></tr>
<tr><td colspan="5">验收部位/区段</td><td></td><td colspan="2">检验批容量</td><td colspan="2"></td></tr>
<tr><td colspan="5">施工及验收依据</td><td colspan="5">《城市综合管廊工程施工及验收规范》DB 4401/T 3</td></tr>
<tr><td colspan="6">验收项目</td><td>设计要求或规范规定</td><td>最小/实际抽样数量</td><td>检查记录</td><td>检查结果</td></tr>
<tr><td rowspan="14">一般项目</td><td>1</td><td rowspan="14">允许偏差</td><td colspan="3">垂直度（%）</td><td><1</td><td>/</td><td></td><td></td></tr>
<tr><td rowspan="3">2</td><td colspan="2" rowspan="3">桩径（mm）</td><td>泥浆护壁</td><td>±50</td><td rowspan="3">/</td><td rowspan="3"></td><td rowspan="3"></td></tr>
<tr><td>套管成孔</td><td>−20</td></tr>
<tr><td>干成孔</td><td>−20</td></tr>
<tr><td>3</td><td colspan="3">泥浆比重（黏土或砂性土中）</td><td>1.15～1.20</td><td>/</td><td></td><td></td></tr>
<tr><td>4</td><td colspan="3">泥浆面标高（高于地下水位）（mm）</td><td>0.5～1.0</td><td>/</td><td></td><td></td></tr>
<tr><td rowspan="2">5</td><td rowspan="2">沉渣厚度</td><td colspan="2">端承桩（mm）</td><td>≤50</td><td rowspan="2">/</td><td rowspan="2"></td><td rowspan="2"></td></tr>
<tr><td colspan="2">摩擦桩（mm）</td><td>≤150</td></tr>
<tr><td rowspan="2">6</td><td colspan="2" rowspan="2">混凝土坍落度</td><td>水下灌注</td><td>160～220</td><td rowspan="2">/</td><td rowspan="2"></td><td rowspan="2"></td></tr>
<tr><td>干施工</td><td>70～100</td></tr>
<tr><td>7</td><td colspan="3">钢筋笼安装深度（mm）</td><td>±100</td><td>/</td><td></td><td></td></tr>
<tr><td>8</td><td colspan="3">混凝土充盈系数</td><td>>1</td><td>/</td><td></td><td></td></tr>
<tr><td>9</td><td colspan="3">桩顶标高（mm）</td><td>+30
−50</td><td>/</td><td></td><td></td></tr>
<tr></tr>
<tr><td colspan="2">施工单位检查结果</td><td colspan="8">专业工长：（签名）　　专业质量检查员：（签名）　　年　月　日</td></tr>
<tr><td colspan="2">监理单位验收结论</td><td colspan="8">专业监理工程师：（签名）　　年　月　日</td></tr>
</table>

7.2.8.30 市政验·廊-14 模板制作检验批质量验收记录

市政基础设施工程

模板制作检验批质量验收记录

市政验·廊-14

第 页 共 页

<table>
<tr><td colspan="3">工程名称</td><td colspan="5"></td></tr>
<tr><td colspan="3">单位工程名称</td><td colspan="5"></td></tr>
<tr><td colspan="3">施工单位</td><td></td><td colspan="2">分包单位</td><td colspan="2"></td></tr>
<tr><td colspan="3">项目负责人</td><td></td><td colspan="2">项目技术负责人</td><td colspan="2"></td></tr>
<tr><td colspan="3">分部（子分部）工程名称</td><td></td><td colspan="2">分项工程名称</td><td colspan="2"></td></tr>
<tr><td colspan="3">验收部位/区段</td><td></td><td colspan="2">检验批容量</td><td colspan="2"></td></tr>
<tr><td colspan="3">施工及验收依据</td><td colspan="5">《城市综合管廊工程施工及验收规范》DB 4401/T 3</td></tr>
<tr><td colspan="3">验收项目</td><td>设计要求或规范规定</td><td>最小/实际抽样数量</td><td>检查记录</td><td colspan="2">检查结果</td></tr>
<tr><td rowspan="4">主控项目</td><td>1</td><td>模板及支撑体系等材料进场</td><td>第 6.5.1.1 条</td><td>/</td><td></td><td colspan="2"></td></tr>
<tr><td>2</td><td>模板及支撑体系的安装质量</td><td>第 6.5.1.2 条</td><td>/</td><td></td><td colspan="2"></td></tr>
<tr><td>3</td><td>后浇带位置的模板及支撑体系</td><td>第 6.5.1.3 条</td><td>/</td><td></td><td colspan="2"></td></tr>
<tr><td>4</td><td>支撑架体或竖向模板安装在土层上</td><td>第 6.5.1.4 条</td><td>/</td><td></td><td colspan="2"></td></tr>
<tr><td rowspan="5">一般项目</td><td>1</td><td>模板安装</td><td>第 6.5.1.5 条</td><td>/</td><td></td><td colspan="2"></td></tr>
<tr><td>2</td><td>隔离剂的品种和涂刷方法</td><td>第 6.5.1.6 条</td><td>/</td><td></td><td colspan="2"></td></tr>
<tr><td>3</td><td>模板的起拱</td><td>第 6.5.1.7 条</td><td>/</td><td></td><td colspan="2"></td></tr>
<tr><td>4</td><td>现浇混凝土结构多层连续支模</td><td>第 6.5.1.8 条</td><td>/</td><td></td><td colspan="2"></td></tr>
<tr><td>5</td><td>固定在模板上的预埋件和预留孔洞不得遗漏，且应安装牢固</td><td>第 6.5.1.9 条</td><td>/</td><td></td><td colspan="2"></td></tr>
<tr><td>施工单位检查结果</td><td colspan="7">专业工长：（签名） 专业质量检查员：（签名） 年 月 日</td></tr>
<tr><td>监理单位验收结论</td><td colspan="7">专业监理工程师：（签名） 年 月 日</td></tr>
</table>

7.2.8.31 市政验·廊-15 预埋件和预留孔洞质量验收记录

市政基础设施工程

预埋件和预留孔洞质量验收记录

市政验·廊-15

第　　页 共　　页

<table>
<tr><td colspan="3">工程名称</td><td colspan="5"></td></tr>
<tr><td colspan="3">单位工程名称</td><td colspan="5"></td></tr>
<tr><td colspan="3">施工单位</td><td></td><td colspan="2">分包单位</td><td colspan="2"></td></tr>
<tr><td colspan="3">项目负责人</td><td></td><td colspan="2">项目技术负责人</td><td colspan="2"></td></tr>
<tr><td colspan="3">分部（子分部）工程名称</td><td></td><td colspan="2">分项工程名称</td><td colspan="2"></td></tr>
<tr><td colspan="3">验收部位/区段</td><td></td><td colspan="2">检验批容量</td><td colspan="2"></td></tr>
<tr><td colspan="3">施工及验收依据</td><td colspan="5">《城市综合管廊工程施工及验收规范》DB 4401/T 3</td></tr>
<tr><td colspan="4">验收项目</td><td>设计要求或规范规定</td><td>最小/实际抽样数量</td><td>检查记录</td><td>检查结果</td></tr>
<tr><td>1</td><td rowspan="8">允许偏差</td><td colspan="2">预埋板中心线位置（mm）</td><td>2</td><td>/</td><td></td><td></td></tr>
<tr><td>2</td><td colspan="2">预埋管、预留孔中心线位置（mm）</td><td>3</td><td>/</td><td></td><td></td></tr>
<tr><td rowspan="2">3</td><td rowspan="2">插筋</td><td>中心线位置（mm）</td><td>5</td><td>/</td><td></td><td></td></tr>
<tr><td>外露长度（mm）</td><td>+10，0</td><td>/</td><td></td><td></td></tr>
<tr><td rowspan="2">4</td><td rowspan="2">预埋螺栓</td><td>中心线位置（mm）</td><td>2</td><td>/</td><td></td><td></td></tr>
<tr><td>外露长度（mm）</td><td>+10，0</td><td>/</td><td></td><td></td></tr>
<tr><td rowspan="2">5</td><td rowspan="2">预留孔</td><td>中心线位置（mm）</td><td>10</td><td>/</td><td></td><td></td></tr>
<tr><td>尺寸（mm）</td><td>+10，0</td><td>/</td><td></td><td></td></tr>
<tr><td colspan="2">施工单位检查结果</td><td colspan="6">专业工长：（签名）　　项目专业质量检查员：（签名）　　年　月　日</td></tr>
<tr><td colspan="2">监理单位验收结论</td><td colspan="6">专业监理工程师：（签名）　　年　月　日</td></tr>
</table>

7.2.8.32 市政验·廊-16.1-1 预制装配式混凝土（构件）检验批质量验收记录（一）

市政基础设施工程

预制装配式混凝土（构件）检验批质量验收记录（一）

市政验·廊-16.1-1

第　　页 共　　页

<table>
<tr><td colspan="5">工程名称</td><td colspan="5"></td></tr>
<tr><td colspan="5">单位工程名称</td><td colspan="5"></td></tr>
<tr><td colspan="5">施工单位</td><td>分包单位</td><td colspan="4"></td></tr>
<tr><td colspan="5">项目负责人</td><td>项目技术负责人</td><td colspan="4"></td></tr>
<tr><td colspan="5">分部（子分部）工程名称</td><td>分项工程名称</td><td colspan="4"></td></tr>
<tr><td colspan="5">验收部位/区段</td><td>检验批容量</td><td colspan="4"></td></tr>
<tr><td colspan="5">施工及验收依据</td><td colspan="5">《城市综合管廊工程施工及验收规范》DB 4401/T 3</td></tr>
<tr><td colspan="7">验收项目</td><td>设计要求或规范规定</td><td>最小/实际抽样数量</td><td>检查记录</td><td>检查结果</td></tr>
<tr><td rowspan="2">主控项目</td><td>1</td><td colspan="5">进场检查</td><td>第7.4.1.1条</td><td>/</td><td></td><td></td></tr>
<tr><td>2</td><td colspan="5">外观质量检查（严重缺陷）</td><td>第7.4.1.2条</td><td>/</td><td></td><td></td></tr>
<tr><td rowspan="9">一般项目</td><td>1</td><td colspan="5">外观质量检查（一般缺陷）</td><td>第7.4.1.3条</td><td>/</td><td></td><td></td></tr>
<tr><td>2</td><td colspan="5">一般缺陷的管片数量检测</td><td>第7.4.1.5条</td><td>/</td><td></td><td></td></tr>
<tr><td>3</td><td colspan="5">管片的尺寸精度</td><td>第7.4.1.6条</td><td>/</td><td></td><td></td></tr>
<tr><td>4</td><td colspan="5">管片成品检漏测试</td><td>第7.4.1.8条</td><td>/</td><td></td><td></td></tr>
<tr><td rowspan="4">5</td><td rowspan="4">允许偏差</td><td rowspan="4">管片水平拼装（mm）</td><td rowspan="2">间隙</td><td>环向缝</td><td>2</td><td>/</td><td></td><td></td></tr>
<tr><td>纵向缝</td><td>2</td><td>/</td><td></td><td></td></tr>
<tr><td rowspan="2">成环后</td><td>内径</td><td>±2</td><td>/</td><td></td><td></td></tr>
<tr><td>外径</td><td>+6，−2</td><td>/</td><td></td><td></td></tr>
<tr><td>6</td><td colspan="5">水平拼装检验的频率和结果</td><td>符合本规范规定</td><td>/</td><td></td><td></td></tr>
<tr><td colspan="2">施工单位检查结果</td><td colspan="9">专业工长：（签名）　　专业质量检查员：（签名）　　年　月　日</td></tr>
<tr><td colspan="2">监理单位验收结论</td><td colspan="9">专业监理工程师：（签名）　　年　月　日</td></tr>
</table>

7.2.8.33 市政验·廊-16.1-2 预制装配式混凝土（构件）检验批质量验收记录（二）

市政基础设施工程

预制装配式混凝土（构件）检验批质量验收记录（二）

市政验·廊-16.1-2

第　　页 共　　页

<table>
<tr><td colspan="4">工程名称</td><td colspan="6"></td></tr>
<tr><td colspan="4">单位工程名称</td><td colspan="6"></td></tr>
<tr><td colspan="4">施工单位</td><td></td><td colspan="2">分包单位</td><td colspan="3"></td></tr>
<tr><td colspan="4">项目负责人</td><td></td><td colspan="2">项目技术负责人</td><td colspan="3"></td></tr>
<tr><td colspan="4">分部（子分部）工程名称</td><td></td><td colspan="2">分项工程名称</td><td colspan="3"></td></tr>
<tr><td colspan="4">验收部位/区段</td><td></td><td colspan="2">检验批容量</td><td colspan="3"></td></tr>
<tr><td colspan="4">施工及验收依据</td><td colspan="6">《城市综合管廊工程施工及验收规范》DB 4401/T 3</td></tr>
<tr><td colspan="5" rowspan="2">验收项目</td><td colspan="2">设计要求及规范规定</td><td rowspan="2">最小/实际抽样数量</td><td rowspan="2">检查记录</td><td rowspan="2">检查结果</td></tr>
<tr><td>板</td><td>梁、柱</td></tr>
<tr><td rowspan="14">一般项目</td><td>7</td><td rowspan="14">允许偏差</td><td colspan="2">长度（mm）</td><td>±5</td><td>−0</td><td>/</td><td></td><td></td></tr>
<tr><td rowspan="4">8</td><td rowspan="4">横截面尺寸（mm）</td><td>宽</td><td>−8</td><td>±−5</td><td>/</td><td></td><td></td></tr>
<tr><td>高</td><td>±5</td><td>±5</td><td>/</td><td></td><td></td></tr>
<tr><td>肋宽</td><td>+4，−2</td><td>—</td><td>/</td><td></td><td></td></tr>
<tr><td>厚</td><td>+4，−2</td><td>—</td><td>/</td><td></td><td></td></tr>
<tr><td>9</td><td colspan="2">板对角线差（mm）</td><td>10</td><td>—</td><td>/</td><td></td><td></td></tr>
<tr><td>10</td><td colspan="2">直顺度（或曲梁的曲度）（mm）</td><td>L/1000，且不大于20</td><td>L/750，且不大于20</td><td>/</td><td></td><td></td></tr>
<tr><td>11</td><td colspan="2">表面平整度（mm）</td><td>5</td><td>—</td><td>/</td><td></td><td></td></tr>
<tr><td rowspan="3">12</td><td rowspan="3">预埋件</td><td>中心线位置（mm）</td><td>5</td><td>5</td><td>/</td><td></td><td></td></tr>
<tr><td>螺栓位置（mm）</td><td>5</td><td>5</td><td>/</td><td></td><td></td></tr>
<tr><td>螺栓明露长度（mm）</td><td>+10，−5</td><td>+10，−5</td><td>/</td><td></td><td></td></tr>
<tr><td>13</td><td colspan="2">预留孔洞中心线位置（mm）</td><td>5</td><td>5</td><td>/</td><td></td><td></td></tr>
<tr><td>14</td><td colspan="2">受力钢筋的保护层（mm）</td><td>+5，−3</td><td>+10，−5</td><td>/</td><td></td><td></td></tr>
<tr><td colspan="2">施工单位检查结果</td><td colspan="8">专业工长：（签名）　　专业质量检查员：（签名）　　年　月　日</td></tr>
<tr><td colspan="2">监理单位验收结论</td><td colspan="8">专业监理工程师：（签名）　　年　月　日</td></tr>
</table>

注：1. L 为构件长度（mm）；2. 受力钢筋的保护层偏差仅在必要时进行检查；3. 横截面尺寸栏内的高，对板系指其肋高。

7.2.8.34　市政验·廊-16.2　预制装配式混凝土（预应力施工）检验批质量验收记录

市政基础设施工程

预制装配式混凝土（预应力施工）检验批质量验收记录

市政验·廊-16.2

第　　页共　　页

工程名称						
单位工程名称						
施工单位			分包单位			
项目负责人			项目技术负责人			
分部（子分部）工程名称			分项工程名称			
验收部位/区段			检验批容量			
施工及验收依据	《城市综合管廊工程施工及验收规范》DB 4401/T 3					
验收项目			设计要求或规范规定	最小/实际抽样数量	检查记录	检查结果
主控项目	1	水泥、砂、外加剂、波纹管等的产品质量	第7.4.2.1条	/		
	2	品种、级别、规格、数量	第7.4.2.2条	/		
	3	张拉时混凝土强度	第7.4.2.3条 第7.3.14.3条	/		
	4	后张法张拉应力和伸长值、断裂或滑脱数量、内缩量等	第7.4.2.4条	/		
	5	孔道灌浆要求	第7.4.2.5条	/		
一般项目	1	有黏结预应力筋外观质量	第7.4.2.6条	/		
	2	预应力锚具、夹具、连接器等外观质量	第7.4.2.7条	/		
	3	后张法有黏结预应力筋预留孔道的规格、数量、位置和形状	第7.4.2.8条	/		
	4	无黏结预应力筋的铺设	第7.4.2.9条	/		
	5	预应力筋张拉后与设计位置的偏差（mm）	≯5mm，且≯管廊壁截面短边边长的4%	/		
	6	保护层厚度、封锚混凝土强度要求	第7.4.2条	/		
施工单位检查结果	专业工长：（签名）　　　　专业质量检查员：（签名）　　　　年　　月　　日					
监理单位验收结论	专业监理工程师：（签名）　　　　年　　月　　日					

7.2.8.35　市政验·廊-16.3　预制装配式混凝土（接口连接）检验批质量验收记录

市政基础设施工程

预制装配式混凝土（接口连接）检验批质量验收记录

市政验·廊-16.3

第　　页共　　页

<table>
<tr><td colspan="2">工程名称</td><td colspan="6"></td></tr>
<tr><td colspan="2">单位工程名称</td><td colspan="6"></td></tr>
<tr><td colspan="2">施工单位</td><td colspan="2"></td><td colspan="2">分包单位</td><td colspan="2"></td></tr>
<tr><td colspan="2">项目负责人</td><td colspan="2"></td><td colspan="2">项目技术负责人</td><td colspan="2"></td></tr>
<tr><td colspan="2">分部（子分部）工程名称</td><td colspan="2"></td><td colspan="2">分项工程名称</td><td colspan="2"></td></tr>
<tr><td colspan="2">验收部位/区段</td><td colspan="2"></td><td colspan="2">检验批容量</td><td colspan="2"></td></tr>
<tr><td colspan="2">施工及验收依据</td><td colspan="6">《城市综合管廊工程施工及验收规范》DB 4401/T 3</td></tr>
<tr><td colspan="3">验收项目</td><td>设计要求或规范规定</td><td>最小/实际抽样数量</td><td>检查记录</td><td colspan="2">检查结果</td></tr>
<tr><td rowspan="3">主控项目</td><td>1</td><td>管廊构件及管件、橡胶圈的产品质量要求</td><td>第7.4.3.1条</td><td>/</td><td></td><td colspan="2"></td></tr>
<tr><td>2</td><td>柔性接口的橡胶圈位置正确，无扭曲、外露现象；承口、插口无破损、开裂；双道橡胶圈的单口水压试验合格</td><td>第7.4.3.2条</td><td>/</td><td></td><td colspan="2"></td></tr>
<tr><td>3</td><td>刚性接口的强度要求，不得有开裂、空鼓、脱落现象</td><td>第7.4.3.3条</td><td>/</td><td></td><td colspan="2"></td></tr>
<tr><td>一般项目</td><td>1</td><td>构件接口的填缝要求，密实、光洁、平整</td><td>第7.4.3.4条</td><td>/</td><td></td><td colspan="2"></td></tr>
<tr><td>施工单位检查结果</td><td colspan="7">专业工长：（签名）　　专业质量检查员：（签名）　　年　月　日</td></tr>
<tr><td>监理单位验收结论</td><td colspan="7">专业监理工程师：（签名）　　年　月　日</td></tr>
</table>

7.2.8.36 市政验·廊-16.4-1 预制装配式混凝土（安装与连接）检验批质量验收记录（一）

市政基础设施工程

预制装配式混凝土（安装与连接）检验批质量验收记录（一）

市政验·廊-16.4-1

第 页 共 页

工程名称						
单位工程名称						
施工单位			分包单位			
项目负责人			项目技术负责人			
分部（子分部）工程名称			分项工程名称			
验收部位/区段			检验批容量			
施工及验收依据	《城市综合管廊工程施工及验收规范》DB 4401/T 3					
验收项目			设计要求或规范规定	最小/实际抽样数量	检查记录	检查结果
主控项目	1	构件安装位置检查	第7.4.4.1条	/		
	2	后浇混凝土的强度要求	第7.4.4.2条	/		
	3	装配式综合管廊外观质量要求	第7.4.4.3条	/		
	4	管廊尺寸要求	第7.4.4.4条	/		
一般项目	1	混凝土表面外观要求	第7.4.4.5条	/		
	2	槽口内及构件连接面，界面处理要求	第7.4.4.7条	/		
	3	预制构件安装外观要求	第7.4.4.8条	/		
施工单位检查结果	专业工长：（签名） 专业质量检查员：（签名） 年 月 日					
监理单位验收结论	专业监理工程师：（签名） 年 月 日					

7.2.8.37 市政验·廊-16.4-2 预制装配式混凝土（安装与连接）检验批质量验收记录（二）

市政基础设施工程

预制装配式混凝土（安装与连接）检验批质量验收记录（二）

市政验·廊-16.4-2

第　　页共　　页

<table>
<tr><td colspan="6">工程名称</td><td colspan="4"></td></tr>
<tr><td colspan="6">单位工程名称</td><td colspan="4"></td></tr>
<tr><td colspan="6">施工单位</td><td></td><td colspan="2">分包单位</td><td></td></tr>
<tr><td colspan="6">项目负责人</td><td></td><td colspan="2">项目技术负责人</td><td></td></tr>
<tr><td colspan="6">分部（子分部）工程名称</td><td></td><td colspan="2">分项工程名称</td><td></td></tr>
<tr><td colspan="6">验收部位/区段</td><td></td><td colspan="2">检验批容量</td><td></td></tr>
<tr><td colspan="6">施工及验收依据</td><td colspan="4">《城市综合管廊工程施工及验收规范》DB 4401/T 3</td></tr>
<tr><td colspan="6">验收项目</td><td>设计要求或规范规定</td><td>最小/实际抽样数量</td><td>检查记录</td><td>检查结果</td></tr>
<tr><td rowspan="20">一般项目</td><td rowspan="3">4</td><td rowspan="20">允许偏差</td><td rowspan="3">中心线对轴线位置（mm）</td><td colspan="2">基础</td><td>15</td><td>/</td><td></td><td></td></tr>
<tr><td colspan="2">竖向构件（柱、墙、桁架）</td><td>10</td><td>/</td><td></td><td></td></tr>
<tr><td colspan="2">水平构件（梁、板）</td><td>5</td><td>/</td><td></td><td></td></tr>
<tr><td>5</td><td>标高（mm）</td><td colspan="2">梁、柱、墙、板底面或顶面</td><td>±5</td><td>/</td><td></td><td></td></tr>
<tr><td rowspan="3">6</td><td rowspan="3">垂直度（mm）</td><td rowspan="3">柱、墙</td><td><5m</td><td>5</td><td>/</td><td></td><td></td></tr>
<tr><td>≥5m且<10m</td><td>10</td><td>/</td><td></td><td></td></tr>
<tr><td>≥10m</td><td>20</td><td>/</td><td></td><td></td></tr>
<tr><td>7</td><td>倾斜度（mm）</td><td colspan="2">梁、桁架</td><td>5</td><td>/</td><td></td><td></td></tr>
<tr><td rowspan="5">8</td><td rowspan="5">相邻构件平整度（mm）</td><td colspan="2">板端面</td><td>5</td><td>/</td><td></td><td></td></tr>
<tr><td rowspan="2">梁、板底面</td><td>抹灰</td><td>5</td><td>/</td><td></td><td></td></tr>
<tr><td>不抹灰</td><td>3</td><td>/</td><td></td><td></td></tr>
<tr><td rowspan="2">柱墙侧面</td><td>外露</td><td>5</td><td>/</td><td></td><td></td></tr>
<tr><td>不外露</td><td>10</td><td>/</td><td></td><td></td></tr>
<tr><td>9</td><td>搁置长度（mm）</td><td colspan="2">梁、板</td><td>±10</td><td>/</td><td></td><td></td></tr>
<tr><td>10</td><td>支座、支垫中心位置（mm）</td><td colspan="2">板、梁、柱、墙、桁架</td><td>10</td><td>/</td><td></td><td></td></tr>
<tr><td rowspan="2">11</td><td rowspan="2">墙板接缝（mm）</td><td colspan="2">宽度</td><td>±5</td><td>/</td><td></td><td></td></tr>
<tr><td colspan="2">中心线位置</td><td>±5</td><td>/</td><td></td><td></td></tr>
<tr><td colspan="2">施工单位检查结果</td><td colspan="8">专业工长：（签名）　　专业质量检查员：（签名）　　年　月　日</td></tr>
<tr><td colspan="2">监理单位验收结论</td><td colspan="8">专业监理工程师：（签名）　　年　月　日</td></tr>
</table>

7.2.8.38 市政验·廊-17.1-1 不开槽施工（圆形顶管）检验批质量验收记录（一）

市政基础设施工程

不开槽施工（圆形顶管）检验批质量验收记录（一）

市政验·廊-17.1-1

第　　页 共　　页

<table>
<tr><td colspan="4">工程名称</td><td colspan="6"></td></tr>
<tr><td colspan="4">单位工程名称</td><td colspan="6"></td></tr>
<tr><td colspan="4">施工单位</td><td colspan="2"></td><td colspan="2">分包单位</td><td colspan="2"></td></tr>
<tr><td colspan="4">项目负责人</td><td colspan="2"></td><td colspan="2">项目技术负责人</td><td colspan="2"></td></tr>
<tr><td colspan="4">分部（子分部）工程名称</td><td colspan="2"></td><td colspan="2">分项工程名称</td><td colspan="2"></td></tr>
<tr><td colspan="4">验收部位/区段</td><td colspan="2"></td><td colspan="2">检验批容量</td><td colspan="2"></td></tr>
<tr><td colspan="4">施工及验收依据</td><td colspan="6">《城市综合管廊工程施工及验收规范》DB 4401/T 3</td></tr>
<tr><td colspan="6">验收项目</td><td>设计要求或规范规定</td><td>最小/实际抽样数量</td><td>检查记录</td><td>检查结果</td></tr>
<tr><td rowspan="4">主控项目</td><td>1</td><td colspan="4">材料的产品质量要求</td><td>第 8.7.1.1 条</td><td>/</td><td></td><td></td></tr>
<tr><td>2</td><td colspan="4">接口橡胶圈安装位置要求，焊缝无损探伤检验要求</td><td>第 8.7.1.2 条</td><td>/</td><td></td><td></td></tr>
<tr><td>3</td><td colspan="4">无压管道的管底坡度要求</td><td>第 8.7.1.3 条</td><td>/</td><td></td><td></td></tr>
<tr><td>4</td><td colspan="4">管道接口端部要求</td><td>第 8.7.1.4 条</td><td>/</td><td></td><td></td></tr>
<tr><td rowspan="10">一般项目</td><td>1</td><td colspan="4">管道内部检查</td><td>第 8.7.1.5 条</td><td>/</td><td></td><td></td></tr>
<tr><td>2</td><td colspan="4">管道与工作井出、进洞口的间隙检查</td><td>第 8.7.1.6 条</td><td>/</td><td></td><td></td></tr>
<tr><td>3</td><td colspan="4">外防腐层及内防腐层质量验收</td><td>第 8.7.1.7 条</td><td>/</td><td></td><td></td></tr>
<tr><td rowspan="3">4</td><td rowspan="7">允许偏差</td><td rowspan="3">直线顶管水平轴线（mm）</td><td colspan="2">顶进长度<300m</td><td>50</td><td>/</td><td></td><td></td></tr>
<tr><td colspan="2">300m≤顶进长度<1000m</td><td>100</td><td>/</td><td></td><td></td></tr>
<tr><td colspan="2">顶进长度≥1000m</td><td>L/10</td><td>/</td><td></td><td></td></tr>
<tr><td rowspan="4">5</td><td rowspan="4">直线顶管内底高程（mm）</td><td rowspan="2">顶进长度<300m</td><td>Di<1500</td><td>+30，−40</td><td>/</td><td></td><td></td></tr>
<tr><td>Di≥1500</td><td>+40，−50</td><td>/</td><td></td><td></td></tr>
<tr><td colspan="2">300m≤顶进长度<1000m</td><td>+60，−80</td><td>/</td><td></td><td></td></tr>
<tr><td colspan="2">顶进长度≥1000m</td><td>+80，−100</td><td>/</td><td></td><td></td></tr>
<tr><td colspan="2">施工单位检查结果</td><td colspan="8">专业工长：（签名）　　专业质量检查员：（签名）　　年　月　日</td></tr>
<tr><td colspan="2">监理单位验收结论</td><td colspan="8">专业监理工程师：（签名）　　年　月　日</td></tr>
</table>

7.2.8.39 市政验·廊-17.1-2 不开槽施工（圆形顶管）检验批质量验收记录（二）

市政基础设施工程

不开槽施工（圆形顶管）检验批质量验收记录（二）

市政验·廊-17.1-2

第　　页共　　页

<table>
<tr><td colspan="4">工程名称</td><td colspan="6"></td></tr>
<tr><td colspan="4">单位工程名称</td><td colspan="6"></td></tr>
<tr><td colspan="4">施工单位</td><td colspan="2"></td><td colspan="2">分包单位</td><td colspan="2"></td></tr>
<tr><td colspan="4">项目负责人</td><td colspan="2"></td><td colspan="2">项目技术负责人</td><td colspan="2"></td></tr>
<tr><td colspan="4">分部（子分部）工程名称</td><td colspan="2"></td><td colspan="2">分项工程名称</td><td colspan="2"></td></tr>
<tr><td colspan="4">验收部位/区段</td><td colspan="2"></td><td colspan="2">检验批容量</td><td colspan="2"></td></tr>
<tr><td colspan="4">施工验收依据</td><td colspan="6">《城市综合管廊工程施工及验收规范》DB 4401/T 3</td></tr>
<tr><td colspan="6">验收项目</td><td>设计要求或规范规定</td><td>最小/实际抽样数量</td><td>检查记录</td><td>检查结果</td></tr>
<tr><td rowspan="17">一般项目</td><td rowspan="6">6</td><td rowspan="17">允许偏差</td><td rowspan="6">曲线顶管水平轴线（mm）</td><td rowspan="3">$R\leqslant150Di$</td><td>水平曲线</td><td>150</td><td>/</td><td></td><td></td></tr>
<tr><td>竖曲线</td><td>150</td><td>/</td><td></td><td></td></tr>
<tr><td>复合曲线</td><td>200</td><td>/</td><td></td><td></td></tr>
<tr><td rowspan="3">$R>150Di$</td><td>水平曲线</td><td>150</td><td>/</td><td></td><td></td></tr>
<tr><td>竖曲线</td><td>150</td><td>/</td><td></td><td></td></tr>
<tr><td>复合曲线</td><td>150</td><td>/</td><td></td><td></td></tr>
<tr><td rowspan="6">7</td><td rowspan="6">曲线顶管内底高程（mm）</td><td rowspan="3">$R\leqslant150Di$</td><td>水平曲线</td><td>+100，−150</td><td>/</td><td></td><td></td></tr>
<tr><td>竖曲线</td><td>+150，−200</td><td>/</td><td></td><td></td></tr>
<tr><td>复合曲线</td><td>±200</td><td>/</td><td></td><td></td></tr>
<tr><td rowspan="3">$R>150Di$</td><td>水平曲线</td><td>+100，−150</td><td>/</td><td></td><td></td></tr>
<tr><td>竖曲线</td><td>+100，−150</td><td>/</td><td></td><td></td></tr>
<tr><td>复合曲线</td><td>±200</td><td>/</td><td></td><td></td></tr>
<tr><td rowspan="2">8</td><td rowspan="2">相邻管间错口（mm）</td><td colspan="2">钢管、玻璃钢管</td><td>≤2</td><td>/</td><td></td><td></td></tr>
<tr><td colspan="2">钢筋混凝土管</td><td>15%壁厚，且≤20</td><td>/</td><td></td><td></td></tr>
<tr><td>9</td><td colspan="3">钢筋混凝土管曲线顶管相邻管间接口的最大间隙与最小间隙之差（mm）</td><td>$\leqslant\Delta S$</td><td>/</td><td></td><td></td></tr>
<tr><td>10</td><td colspan="3">钢管、玻璃钢管道竖向变形</td><td>$\leqslant0.03Di$</td><td>/</td><td></td><td></td></tr>
<tr><td>11</td><td colspan="3">对顶时两端错口</td><td>50</td><td>/</td><td></td><td></td></tr>
<tr><td colspan="2">施工单位检查结果</td><td colspan="8">专业工长：（签名）　　专业质量检查员：（签名）　　年　月　日</td></tr>
<tr><td colspan="2">监理单位验收结论</td><td colspan="8">专业监理工程师：（签名）　　年　月　日</td></tr>
</table>

7.2.8.40 市政验·廊-17.2-1 不开槽施工（矩形顶管）检验批质量验收记录（一）

市政基础设施工程

不开槽施工（矩形顶管）检验批质量验收记录（一）

市政验·廊-17.2-1

第　　页　共　　页

<table>
<tr><td colspan="3">工程名称</td><td colspan="5"></td></tr>
<tr><td colspan="3">单位工程名称</td><td colspan="5"></td></tr>
<tr><td colspan="3">施工单位</td><td></td><td colspan="2">分包单位</td><td colspan="2"></td></tr>
<tr><td colspan="3">项目负责人</td><td></td><td colspan="2">项目技术负责人</td><td colspan="2"></td></tr>
<tr><td colspan="3">分部（子分部）工程名称</td><td></td><td colspan="2">分项工程名称</td><td colspan="2"></td></tr>
<tr><td colspan="3">验收部位/区段</td><td></td><td colspan="2">检验批容量</td><td colspan="2"></td></tr>
<tr><td colspan="3">施工及验收依据</td><td colspan="5">《城市综合管廊工程施工及验收规范》DB 4401/T 3</td></tr>
<tr><td colspan="4">验收项目</td><td>设计要求或规范规定</td><td>最小/实际抽样数量</td><td>检查记录</td><td>检查结果</td></tr>
<tr><td rowspan="3">主控项目</td><td>1</td><td colspan="2">工程原材料、成品、半成品的产品质量要求</td><td>第8.7.2.1条</td><td>/</td><td></td><td></td></tr>
<tr><td>2</td><td colspan="2">强度、刚度和尺寸要求</td><td>第8.7.2.2条</td><td>/</td><td></td><td></td></tr>
<tr><td>3</td><td colspan="2">抗压强度等级、抗渗等级要求</td><td>第8.7.2.3条</td><td>/</td><td></td><td></td></tr>
<tr><td rowspan="4">一般项目</td><td>1</td><td colspan="2">结构外观现象</td><td>第8.7.2.4条</td><td>/</td><td></td><td></td></tr>
<tr><td>2</td><td colspan="2">后背墙；后座与井壁后背墙要求</td><td>第8.7.2.5条</td><td>/</td><td></td><td></td></tr>
<tr><td>3</td><td colspan="2">两导轨、盾构基座及导轨的夹角等要求</td><td>第8.7.2.6条</td><td>/</td><td></td><td></td></tr>
<tr><td>4</td><td colspan="2">工作井施工允许偏差应符合规范规定</td><td>第8.7.2条</td><td>/</td><td></td><td></td></tr>
<tr><td>施工单位检查结果</td><td colspan="7">专业工长：（签名）　　专业质量检查员：（签名）　　年　月　日</td></tr>
<tr><td>监理单位验收结论</td><td colspan="7">专业监理工程师：（签名）　　年　月　日</td></tr>
</table>

7.2.8.41 市政验·廊-17.2-2 不开槽施工（矩形顶管）检验批质量验收记录（二）

市政基础设施工程

不开槽施工（矩形顶管）检验批质量验收记录（二）

市政验·廊-17.2-2

第　　页共　　页

<table>
<tr><td colspan="2">工程名称</td><td colspan="8"></td></tr>
<tr><td colspan="2">单位工程名称</td><td colspan="8"></td></tr>
<tr><td colspan="2">施工单位</td><td colspan="3"></td><td colspan="2">分包单位</td><td colspan="3"></td></tr>
<tr><td colspan="2">项目负责人</td><td colspan="3"></td><td colspan="2">项目技术负责人</td><td colspan="3"></td></tr>
<tr><td colspan="2">分部（子分部）工程名称</td><td colspan="3"></td><td colspan="2">分项工程名称</td><td colspan="3"></td></tr>
<tr><td colspan="2">验收部位/区段</td><td colspan="3"></td><td colspan="2">检验批容量</td><td colspan="3"></td></tr>
<tr><td colspan="2">施工及验收依据</td><td colspan="8">《城市综合管廊工程施工及验收规范》DB 4401/T 3</td></tr>
<tr><td colspan="6">验收项目</td><td>设计要求或规范规定</td><td>最小/实际抽样数量</td><td>检查记录</td><td>检查结果</td></tr>
<tr><td rowspan="14">一般项目</td><td rowspan="6">1</td><td rowspan="14">允许偏差</td><td rowspan="6">井内导轨安装（mm）</td><td rowspan="2">顶面高程</td><td>顶管、夯管</td><td>+3.0</td><td>/</td><td></td><td></td></tr>
<tr><td>盾构</td><td>+5.0</td><td>/</td><td></td><td></td></tr>
<tr><td rowspan="2">中心水平位置</td><td>顶管、夯管</td><td>3</td><td>/</td><td></td><td></td></tr>
<tr><td>盾构</td><td>5</td><td>/</td><td></td><td></td></tr>
<tr><td rowspan="2">两轨间距</td><td>顶管、夯管</td><td>+2</td><td>/</td><td></td><td></td></tr>
<tr><td>盾构</td><td>±5</td><td>/</td><td></td><td></td></tr>
<tr><td rowspan="2">2</td><td rowspan="2">盾构后座管片（mm）</td><td colspan="2">高程</td><td>±10</td><td>/</td><td></td><td></td></tr>
<tr><td colspan="2">水平轴线</td><td>±10</td><td>/</td><td></td><td></td></tr>
<tr><td rowspan="2">3</td><td rowspan="2">井尺寸（mm）</td><td>矩形</td><td>每侧长、宽</td><td rowspan="2">不小于设计要求</td><td>/</td><td></td><td></td></tr>
<tr><td>圆形</td><td>半径</td><td>/</td><td></td><td></td></tr>
<tr><td rowspan="2">4</td><td colspan="2" rowspan="2">进、出井预留洞口（mm）</td><td>中心位置</td><td>20</td><td>/</td><td></td><td></td></tr>
<tr><td>内径尺寸</td><td>±20</td><td>/</td><td></td><td></td></tr>
<tr><td>5</td><td colspan="3">井底板高程（mm）</td><td>±30</td><td>/</td><td></td><td></td></tr>
<tr><td>6</td><td colspan="2">顶管、盾构工作井后背墙（mm）</td><td>垂直度</td><td>0.1%H</td><td>/</td><td></td><td></td></tr>
<tr><td colspan="2">施工单位检查结果</td><td colspan="8">专业工长：（签名）　　专业质量检查员：（签名）　　年　月　日</td></tr>
<tr><td colspan="2">监理单位验收结论</td><td colspan="8">专业监理工程师：（签名）　　年　月　日</td></tr>
</table>

市政基础设施工程

不开槽施工（盾构）检验批质量验收记录

市政验·廊-17.3

第　　页共　　页

<table>
<tr><td colspan="4">工程名称</td><td colspan="5"></td></tr>
<tr><td colspan="4">单位工程名称</td><td colspan="5"></td></tr>
<tr><td colspan="4">施工单位</td><td></td><td colspan="2">分包单位</td><td colspan="2"></td></tr>
<tr><td colspan="4">项目负责人</td><td></td><td colspan="2">项目技术负责人</td><td colspan="2"></td></tr>
<tr><td colspan="4">分部（子分部）工程名称</td><td></td><td colspan="2">分项工程名称</td><td colspan="2"></td></tr>
<tr><td colspan="4">验收部位/区段</td><td></td><td colspan="2">检验批容量</td><td colspan="2"></td></tr>
<tr><td colspan="4">施工及验收依据</td><td colspan="5">《城市综合管廊工程施工及验收规范》DB 4401/T 3</td></tr>
<tr><td colspan="5">验收项目</td><td>设计要求或规范规定</td><td>最小/实际抽样数量</td><td>检查记录</td><td>检查结果</td></tr>
<tr><td rowspan="10">主控项目</td><td>1</td><td colspan="3">混凝土强度与抗渗等级要求</td><td>第 8.7.3.1 条</td><td>/</td><td></td><td></td></tr>
<tr><td>2</td><td colspan="3">管片混凝土外观质量质量要求</td><td>第 8.7.3.2 条</td><td>/</td><td></td><td></td></tr>
<tr><td>3</td><td colspan="3">结构表面要求</td><td>第 8.7.3.3 条</td><td>/</td><td></td><td></td></tr>
<tr><td>4</td><td colspan="3">隧道防水要求</td><td>第 8.7.3.4 条</td><td>/</td><td></td><td></td></tr>
<tr><td>5</td><td colspan="3">衬砌结构要求</td><td>第 8.7.3.5 条</td><td>/</td><td></td><td></td></tr>
<tr><td rowspan="2">6</td><td rowspan="5">允许偏差</td><td rowspan="2">管廊轴线（mm）</td><td>平面位置</td><td>±100</td><td>/</td><td></td><td></td></tr>
<tr><td>高程</td><td>±100</td><td>/</td><td></td><td></td></tr>
<tr><td rowspan="3">7</td><td rowspan="3">隧道（mm）</td><td>衬砌环直径椭圆度</td><td>$\pm 0.6\% D$</td><td>/</td><td></td><td></td></tr>
<tr><td>相邻管片的径向错台</td><td>10</td><td>/</td><td></td><td></td></tr>
<tr><td>相邻管片环向错台</td><td>15</td><td>/</td><td></td><td></td></tr>
<tr><td colspan="2">施工单位检查结果</td><td colspan="7">专业工长：（签名）　　专业质量检查员：（签名）　　年　月　日</td></tr>
<tr><td colspan="2">监理单位验收结论</td><td colspan="7">专业监理工程师：（签名）　　年　月　日</td></tr>
</table>

7.2.8.43 市政验·廊-17.4-1 不开槽施工（暗挖）检验批质量验收记录（一）

市政基础设施工程

不开槽施工（暗挖）检验批质量验收记录（一）

市政验·廊-17.4-1

第　　页 共　　页

<table>
<tr><td colspan="5">工程名称</td><td colspan="5"></td></tr>
<tr><td colspan="5">单位工程名称</td><td colspan="5"></td></tr>
<tr><td colspan="5">施工单位</td><td colspan="2"></td><td>分包单位</td><td colspan="2"></td></tr>
<tr><td colspan="5">项目负责人</td><td colspan="2"></td><td>项目技术负责人</td><td colspan="2"></td></tr>
<tr><td colspan="5">分部（子分部）工程名称</td><td colspan="2"></td><td>分项工程名称</td><td colspan="2"></td></tr>
<tr><td colspan="5">验收部位/区段</td><td colspan="2"></td><td>检验批容量</td><td colspan="2"></td></tr>
<tr><td colspan="5">施工及验收依据</td><td colspan="5">《城市综合管廊工程施工及验收规范》DB 4401/T 3</td></tr>
<tr><td colspan="6">验收项目</td><td>设计要求
或规范规定</td><td>最小/实际
抽样数量</td><td>检查记录</td><td>检查结果</td></tr>
<tr><td rowspan="18">主控项目</td><td>1</td><td colspan="4">隧道总体主控项目实测值应符合规范规定</td><td>第8.7.4条</td><td>/</td><td></td><td></td></tr>
<tr><td rowspan="5">2</td><td rowspan="17">允许偏差</td><td rowspan="5">隧道（mm）</td><td colspan="2">中线位置</td><td>20</td><td>/</td><td></td><td></td></tr>
<tr><td colspan="2">中线高程</td><td>±20</td><td>/</td><td></td><td></td></tr>
<tr><td colspan="2">车行道宽度</td><td>±10</td><td>/</td><td></td><td></td></tr>
<tr><td colspan="2">净总宽</td><td rowspan="2">不小于设计</td><td>/</td><td></td><td></td></tr>
<tr><td colspan="2">净高</td><td>/</td><td></td><td></td></tr>
<tr><td rowspan="8">3</td><td rowspan="8">洞口、明洞开挖（mm）</td><td colspan="2">高程</td><td>+10，−20</td><td>/</td><td></td><td></td></tr>
<tr><td colspan="2">轴线偏位</td><td>50</td><td>/</td><td></td><td></td></tr>
<tr><td colspan="2">平整度</td><td>≤20</td><td>/</td><td></td><td></td></tr>
<tr><td rowspan="2">边坡</td><td>坡率</td><td>不大于设计值</td><td>/</td><td></td><td></td></tr>
<tr><td>平整度</td><td>符合设计</td><td>/</td><td></td><td></td></tr>
<tr><td rowspan="3">洞门端墙、翼墙基坑尺寸</td><td>基坑中心线到道路中心线距离</td><td>+50，0</td><td>/</td><td></td><td></td></tr>
<tr><td>基坑长度、宽度</td><td>+100，0</td><td>/</td><td></td><td></td></tr>
<tr><td>基坑高程</td><td>0，−100</td><td>/</td><td></td><td></td></tr>
<tr><td rowspan="2">4</td><td rowspan="2">喷射混凝土支护（mm）</td><td colspan="2">喷层厚度</td><td>平均厚度≥设计厚度；检查点80%≥设计厚度；最小厚度≥0.7设计厚度，且≥50</td><td>/</td><td></td><td></td></tr>
<tr><td colspan="2">空洞检测</td><td>无空洞、杂物</td><td>/</td><td></td><td></td></tr>
<tr><td rowspan="2">5</td><td rowspan="2">钢架安装（mm）</td><td colspan="2">间距</td><td>±50</td><td>/</td><td></td><td></td></tr>
<tr><td colspan="2">保护层厚度</td><td>≥20</td><td>/</td><td></td><td></td></tr>
<tr><td>施工单位
检查结果</td><td colspan="9">专业工长：（签名）　　专业质量检查员：（签名）　　年　月　日</td></tr>
<tr><td>监理单位
验收结论</td><td colspan="9">专业监理工程师：（签名）　　年　月　日</td></tr>
</table>

7.2.8.44　市政验·廊-17.4-2　不开槽施工（暗挖）检验批质量验收记录（二）

市政基础设施工程

不开槽施工（暗挖）检验批质量验收记录（二）

市政验·廊-17.4-2

第　　页 共　　页

<table>
<tr><td colspan="5">工程名称</td><td colspan="5"></td></tr>
<tr><td colspan="5">单位工程名称</td><td colspan="5"></td></tr>
<tr><td colspan="5">施工单位</td><td colspan="2"></td><td colspan="2">分包单位</td><td></td></tr>
<tr><td colspan="5">项目负责人</td><td colspan="2"></td><td colspan="2">项目技术负责人</td><td></td></tr>
<tr><td colspan="5">分部（子分部）工程名称</td><td colspan="2"></td><td colspan="2">分项工程名称</td><td></td></tr>
<tr><td colspan="5">验收部位/区段</td><td colspan="2"></td><td colspan="2">检验批容量</td><td></td></tr>
<tr><td colspan="5">施工及验收依据</td><td colspan="5">《城市综合管廊工程施工及验收规范》DB 4401/T 3</td></tr>
<tr><td colspan="6">验收项目</td><td>设计要求
或规范规定</td><td>最小/实际
抽样数量</td><td>检查记录</td><td>检查结果</td></tr>
<tr><td rowspan="19">一
般
项
目</td><td>1</td><td colspan="4">管廊总体一般项目实测值应符合规范规定</td><td>第 8.7.4 条</td><td>/</td><td></td><td></td></tr>
<tr><td rowspan="2">2</td><td rowspan="18">允
许
偏
差</td><td colspan="2" rowspan="2">管廊
（mm）</td><td>表面平整度</td><td>3</td><td>/</td><td></td><td></td></tr>
<tr><td>边仰坡坡率</td><td>不大于设计</td><td>/</td><td></td><td></td></tr>
<tr><td rowspan="5">3</td><td rowspan="5">钻
爆
法
施
工</td><td rowspan="3">拱部超挖
（mm）</td><td>破碎岩、土等
（Ⅴ、Ⅵ级围岩）</td><td>平均 100，
最大 150</td><td>/</td><td></td><td></td></tr>
<tr><td>中硬岩、软岩（Ⅱ、
Ⅲ、Ⅳ级围岩）</td><td>平均 150，
最大 250</td><td>/</td><td></td><td></td></tr>
<tr><td>硬岩（Ⅰ级围岩）</td><td>平均 100，
最大 200</td><td>/</td><td></td><td></td></tr>
<tr><td rowspan="2">边墙超挖
（mm）</td><td>每侧</td><td>＋100，－0</td><td>/</td><td></td><td></td></tr>
<tr><td>全宽</td><td>＋200，－0</td><td>/</td><td></td><td></td></tr>
<tr><td>4</td><td colspan="3">仰拱、隧底超挖（mm）</td><td>平均 100，
最大 250</td><td>/</td><td></td><td></td></tr>
<tr><td rowspan="2">5</td><td colspan="2" rowspan="2">锚杆孔位和钻
孔深度（mm）</td><td>孔位</td><td>±15</td><td>/</td><td></td><td></td></tr>
<tr><td>深度</td><td>±50</td><td>/</td><td></td><td></td></tr>
<tr><td rowspan="4">6</td><td colspan="2" rowspan="4">钢架安装</td><td>倾斜度（°）</td><td>±2</td><td>/</td><td></td><td></td></tr>
<tr><td>安装偏差（mm）横向</td><td>±50</td><td>/</td><td></td><td></td></tr>
<tr><td>安装偏差（mm）竖向</td><td>不低于设计标高</td><td>/</td><td></td><td></td></tr>
<tr><td>拼装偏差（mm）</td><td>±3</td><td>/</td><td></td><td></td></tr>
<tr><td rowspan="2">7</td><td colspan="2" rowspan="2">管棚</td><td>孔位（mm）</td><td>±50</td><td>/</td><td></td><td></td></tr>
<tr><td>钻孔深度（mm）</td><td>±50</td><td>/</td><td></td><td></td></tr>
<tr><td>施工单位
检查结果</td><td colspan="9">专业工长：（签名）　　专业质量检查员：（签名）　　年　月　日</td></tr>
<tr><td>监理单位
验收结论</td><td colspan="9">专业监理工程师：（签名）　　年　月　日</td></tr>
</table>

7.2.8.45 市政验·廊-18.1 附属工程（仪表安装）检验批质量验收记录

市政基础设施工程

附属工程（仪表安装）检验批质量验收记录

市政验·廊-18.1

第 页 共 页

<table>
<tr><td colspan="3">工程名称</td><td colspan="4"></td></tr>
<tr><td colspan="3">单位工程名称</td><td colspan="4"></td></tr>
<tr><td colspan="3">施工单位</td><td></td><td colspan="2">分包单位</td><td></td></tr>
<tr><td colspan="3">项目负责人</td><td></td><td colspan="2">项目技术负责人</td><td></td></tr>
<tr><td colspan="3">分部（子分部）工程名称</td><td></td><td colspan="2">分项工程名称</td><td></td></tr>
<tr><td colspan="3">验收部位/区段</td><td></td><td colspan="2">检验批容量</td><td></td></tr>
<tr><td colspan="3">施工及验收依据</td><td colspan="4">《城市综合管廊工程施工及验收规范》DB 4401/T 3</td></tr>
<tr><td colspan="3">验收项目</td><td>设计要求或规范规定</td><td>最小/实际抽样数量</td><td>检查记录</td><td>检查结果</td></tr>
<tr><td rowspan="6">主控项目</td><td>1</td><td>仪表设备和材料检验</td><td>第 10.10.1.1 条</td><td>/</td><td></td><td></td></tr>
<tr><td>2</td><td>仪表盘、柜等设备及部件的型号、规格检验</td><td>第 10.10.1.2 条</td><td>/</td><td></td><td></td></tr>
<tr><td>3</td><td>安装位置检验</td><td>第 10.10.1.3 条</td><td>/</td><td></td><td></td></tr>
<tr><td>4</td><td>安装外观检验</td><td>第 10.10.1.4 条</td><td>/</td><td></td><td></td></tr>
<tr><td>5</td><td>脱脂检验</td><td>第 10.10.1.5 条</td><td>/</td><td></td><td></td></tr>
<tr><td>6</td><td>压力试验</td><td>第 10.10.1.6 条</td><td>/</td><td></td><td></td></tr>
<tr><td rowspan="2">一般项目</td><td>1</td><td>仪表设备和材料检验</td><td>第 10.10.1.7 条</td><td>/</td><td></td><td></td></tr>
<tr><td>2</td><td>仪表设备铭牌和标志检验</td><td>第 10.10.1.8 条</td><td>/</td><td></td><td></td></tr>
<tr><td>施工单位检查结果</td><td colspan="6">专业工长：（签名） 专业质量检查员：（签名） 年 月 日</td></tr>
<tr><td>监理单位验收结论</td><td colspan="6">专业监理工程师：（签名） 年 月 日</td></tr>
</table>

7.2.8.46 市政验·廊-18.2 附属工程（照明系统）检验批质量验收记录

市政基础设施工程

附属工程（照明系统）检验批质量验收记录

市政验·廊-18.2

第　　页 共　　页

<table>
<tr><td colspan="3">工程名称</td><td colspan="5"></td></tr>
<tr><td colspan="3">单位工程名称</td><td colspan="5"></td></tr>
<tr><td colspan="3">施工单位</td><td></td><td colspan="2">分包单位</td><td colspan="2"></td></tr>
<tr><td colspan="3">项目负责人</td><td></td><td colspan="2">项目技术负责人</td><td colspan="2"></td></tr>
<tr><td colspan="3">分部（子分部）工程名称</td><td></td><td colspan="2">分项工程名称</td><td colspan="2"></td></tr>
<tr><td colspan="3">验收部位/区段</td><td></td><td colspan="2">检验批容量</td><td colspan="2"></td></tr>
<tr><td colspan="3">施工及验收依据</td><td colspan="5">《城市综合管廊工程施工及验收规范》DB 4401/T 3</td></tr>
<tr><td colspan="3">验收项目</td><td>设计要求
或规范规定</td><td>最小/实际
抽样数量</td><td>检查记录</td><td colspan="2">检查结果</td></tr>
<tr><td rowspan="4">主控项目</td><td>1</td><td>中心轴线、垂直偏差、距地面高度检验</td><td>第 10.10.2.1 条</td><td>/</td><td></td><td colspan="2"></td></tr>
<tr><td>2</td><td>回路编号及其接线的准确性检验</td><td>第 10.10.2.2 条</td><td>/</td><td></td><td colspan="2"></td></tr>
<tr><td>3</td><td>灯具控制性能及试运行情况检验</td><td>第 10.10.2.3 条</td><td>/</td><td></td><td colspan="2"></td></tr>
<tr><td>4</td><td>保护接地线（PE）连接的可靠性检验</td><td>第 10.10.2.4 条</td><td>/</td><td></td><td colspan="2"></td></tr>
<tr><td rowspan="3">一般项目</td><td>1</td><td>盒（箱）周边的间隙，交流、直流及不同电压等级电源插座安装检验</td><td>第 10.10.2.5 条</td><td>/</td><td></td><td colspan="2"></td></tr>
<tr><td>2</td><td>灯具的安装性能检验</td><td>第 10.10.2.6 条</td><td>/</td><td></td><td colspan="2"></td></tr>
<tr><td>3</td><td>灯具紧固件的防锈蚀措施检验</td><td>第 10.10.2.7 条</td><td>/</td><td></td><td colspan="2"></td></tr>
<tr><td>施工单位检查结果</td><td colspan="7">

专业工长：（签名）　　　　专业质量检查员：（签名）　　　　年　　月　　日</td></tr>
<tr><td>监理单位验收结论</td><td colspan="7">

专业监理工程师：（签名）　　　　年　　月　　日</td></tr>
</table>

7.2.8.47 市政验·廊-18.3 附属工程（消防系统）检验批质量验收记录

市政基础设施工程

附属工程（消防系统）检验批质量验收记录

市政验·廊-18.3

第　　页 共　　页

<table>
<tr><td colspan="5">工程名称</td><td colspan="5"></td></tr>
<tr><td colspan="5">单位工程名称</td><td colspan="5"></td></tr>
<tr><td colspan="5">施工单位</td><td></td><td colspan="2">分包单位</td><td colspan="2"></td></tr>
<tr><td colspan="5">项目负责人</td><td></td><td colspan="2">项目技术负责人</td><td colspan="2"></td></tr>
<tr><td colspan="5">分部（子分部）工程名称</td><td></td><td colspan="2">分项工程名称</td><td colspan="2"></td></tr>
<tr><td colspan="5">验收部位/区段</td><td></td><td colspan="2">检验批容量</td><td colspan="2"></td></tr>
<tr><td colspan="5">施工及验收依据</td><td colspan="5">《城市综合管廊工程施工及验收规范》DB 4401/T 3</td></tr>
<tr><td colspan="6">验收项目</td><td>设计要求或规范规定</td><td>最小/实际抽样数量</td><td>检查记录</td><td>检查结果</td></tr>
<tr><td rowspan="3">主控项目</td><td>1</td><td colspan="4">消防水管、消火栓、消火箱、防火门的规格、型号、质量检验</td><td>第10.10.3.1条</td><td>/</td><td></td><td></td></tr>
<tr><td>2</td><td colspan="4">消火栓、消火箱安装位置，启闭，关闭情况检验</td><td>第10.10.3.2条</td><td>/</td><td></td><td></td></tr>
<tr><td>3</td><td colspan="4">消防管道水压试验检验</td><td>第10.10.3.3条</td><td>/</td><td></td><td></td></tr>
<tr><td rowspan="10">一般项目</td><td rowspan="2">1</td><td colspan="4">消防管道及附件防腐检验</td><td rowspan="2">第10.10.3.4条</td><td rowspan="2">/</td><td rowspan="2"></td><td rowspan="2"></td></tr>
<tr><td colspan="4">穿越管廊墙体结构时防水套管检验</td></tr>
<tr><td rowspan="3">2</td><td rowspan="3">管道阀门安装</td><td colspan="3">强度和严密性试验检验</td><td>第10.10.3.5.1条</td><td rowspan="2">/</td><td rowspan="2"></td><td rowspan="2"></td></tr>
<tr><td colspan="3">安装位置检验</td><td>第10.10.3.5.2条</td></tr>
<tr><td colspan="3">支座检验</td><td>第10.10.3.5.3条</td><td>/</td><td></td><td></td></tr>
<tr><td rowspan="5">3</td><td rowspan="5">允许偏差</td><td rowspan="5">消防管道安装</td><td rowspan="2">管道安装（mm）</td><td>中心线</td><td>±15</td><td rowspan="2">/</td><td rowspan="2"></td><td rowspan="2"></td></tr>
<tr><td>高程</td><td>±10</td></tr>
<tr><td rowspan="2">管道支座（mm）</td><td>纵向</td><td>±50</td><td rowspan="2">/</td><td rowspan="2"></td><td rowspan="2"></td></tr>
<tr><td>横向、高程</td><td>±10</td></tr>
<tr><td colspan="2">钢管切口垂直度（mm）</td><td>管径的1%，且≤2</td><td>/</td><td></td><td></td></tr>
<tr><td>施工单位检查结果</td><td colspan="9">专业工长：（签名）　　专业质量检查员：（签名）　　年　月　日</td></tr>
<tr><td>监理单位验收结论</td><td colspan="9">专业监理工程师：（签名）　　年　月　日</td></tr>
</table>

7.2.8.48 市政验·廊-18.4 附属工程（通风系统）检验批质量验收记录

市政基础设施工程

附属工程（通风系统）检验批质量验收记录

市政验·廊-18.4

第　　页 共　　页

<table>
<tr><td colspan="3">工程名称</td><td colspan="5"></td></tr>
<tr><td colspan="3">单位工程名称</td><td colspan="5"></td></tr>
<tr><td colspan="3">施工单位</td><td></td><td colspan="2">分包单位</td><td colspan="2"></td></tr>
<tr><td colspan="3">项目负责人</td><td></td><td colspan="2">项目技术负责人</td><td colspan="2"></td></tr>
<tr><td colspan="3">分部（子分部）工程名称</td><td></td><td colspan="2">分项工程名称</td><td colspan="2"></td></tr>
<tr><td colspan="3">验收部位/区段</td><td></td><td colspan="2">检验批容量</td><td colspan="2"></td></tr>
<tr><td colspan="3">施工及验收依据</td><td colspan="5">《城市综合管廊工程施工及验收规范》DB 4401/T 3</td></tr>
<tr><td colspan="3">验收项目</td><td>设计要求
或规范规定</td><td>最小/实际
抽样数量</td><td>检查记录</td><td colspan="2">检查结果</td></tr>
<tr><td rowspan="5">主控项目</td><td>1</td><td>机房位置、结构构造检验</td><td>第 10.10.4.1 条</td><td>/</td><td></td><td colspan="2"></td></tr>
<tr><td>2</td><td>机房机座基础承载力检验</td><td>第 10.10.4.2 条</td><td>/</td><td></td><td colspan="2"></td></tr>
<tr><td>3</td><td>机房基础质量、预埋件位置检验</td><td>第 10.10.4.3 条</td><td>/</td><td></td><td colspan="2"></td></tr>
<tr><td>4</td><td>风道、竖井位置及构造尺寸检验</td><td>第 10.10.4.4 条</td><td>/</td><td></td><td colspan="2"></td></tr>
<tr><td>5</td><td>风道、竖井混凝土的强度等级检验</td><td>第 10.10.4.5 条</td><td>/</td><td></td><td colspan="2"></td></tr>
<tr><td rowspan="3">一般项目</td><td>1</td><td>风道、竖井混凝土外观检验</td><td>第 10.10.4.6 条</td><td>/</td><td></td><td colspan="2"></td></tr>
<tr><td></td><td></td><td></td><td></td><td></td><td colspan="2"></td></tr>
<tr><td></td><td></td><td></td><td></td><td></td><td colspan="2"></td></tr>
<tr><td>施工单位
检查结果</td><td colspan="7">

专业工长：（签名）　　　　专业质量检查员：（签名）　　　　年　　月　　日</td></tr>
<tr><td>监理单位
验收结论</td><td colspan="7">

专业监理工程师：（签名）　　　　年　　月　　日</td></tr>
</table>

7.2.8.49　市政验·廊-18.5　附属工程（排水系统）检验批质量验收记录

市政基础设施工程

附属工程（排水系统）检验批质量验收记录

市政验·廊-18.5

第　　页共　　页

<table>
<tr><td colspan="3">工程名称</td><td colspan="5"></td></tr>
<tr><td colspan="3">单位工程名称</td><td colspan="5"></td></tr>
<tr><td colspan="3">施工单位</td><td></td><td colspan="2">分包单位</td><td colspan="2"></td></tr>
<tr><td colspan="3">项目负责人</td><td></td><td colspan="2">项目技术负责人</td><td colspan="2"></td></tr>
<tr><td colspan="3">分部（子分部）工程名称</td><td></td><td colspan="2">分项工程名称</td><td colspan="2"></td></tr>
<tr><td colspan="3">验收部位/区段</td><td></td><td colspan="2">检验批容量</td><td colspan="2"></td></tr>
<tr><td colspan="3">施工及验收依据</td><td colspan="5">《城市综合管廊工程施工及验收规范》DB 4401/T 3</td></tr>
<tr><td colspan="3">验收项目</td><td>设计要求或规范规定</td><td>最小/实际抽样数量</td><td>检查记录</td><td colspan="2">检查结果</td></tr>
<tr><td rowspan="3">主控项目</td><td>1</td><td>低点处集水坑、排水泵位置、个数检验</td><td>第10.10.5.1条</td><td>/</td><td></td><td colspan="2"></td></tr>
<tr><td>2</td><td>排水明沟的坡度检验</td><td>第10.10.5.2条</td><td>/</td><td></td><td colspan="2"></td></tr>
<tr><td></td><td></td><td></td><td></td><td></td><td colspan="2"></td></tr>
<tr><td rowspan="3">一般项目</td><td>1</td><td>排水区间的距离检验</td><td>第10.10.5.3条</td><td>/</td><td></td><td colspan="2"></td></tr>
<tr><td>2</td><td>逆止阀的位置检验</td><td>第10.10.5.4条</td><td>/</td><td></td><td colspan="2"></td></tr>
<tr><td></td><td></td><td></td><td></td><td></td><td colspan="2"></td></tr>
<tr><td>施工单位检查结果</td><td colspan="7">专业工长：（签名）　　专业质量检查员：（签名）　　年　月　日</td></tr>
<tr><td>监理单位验收结论</td><td colspan="7">专业监理工程师：（签名）　　年　月　日</td></tr>
</table>

7.2.8.50　市政验·廊-18.6　附属工程（监控与安防系统）检验批质量验收记录

市政基础设施工程

附属工程（监控与安防系统）检验批质量验收记录

市政验·廊-18.6

第　　页　共　　页

<table>
<tr><td colspan="3">工程名称</td><td colspan="5"></td></tr>
<tr><td colspan="3">单位工程名称</td><td colspan="5"></td></tr>
<tr><td colspan="3">施工单位</td><td></td><td colspan="2">分包单位</td><td colspan="2"></td></tr>
<tr><td colspan="3">项目负责人</td><td></td><td colspan="2">项目技术负责人</td><td colspan="2"></td></tr>
<tr><td colspan="3">分部（子分部）工程名称</td><td></td><td colspan="2">分项工程名称</td><td colspan="2"></td></tr>
<tr><td colspan="3">验收部位/区段</td><td></td><td colspan="2">检验批容量</td><td colspan="2"></td></tr>
<tr><td colspan="3">施工及验收依据</td><td colspan="5">《城市综合管廊工程施工及验收规范》DB 4401/T 3</td></tr>
<tr><td colspan="3">验收项目</td><td>设计要求或规范规定</td><td>最小/实际抽样数量</td><td>检查记录</td><td colspan="2">检查结果</td></tr>
<tr><td rowspan="4">主控项目</td><td>1</td><td>组成及其系统架构、系统配置检验</td><td>第10.10.6.1条</td><td>/</td><td></td><td colspan="2"></td></tr>
<tr><td>2</td><td>环境与设备监控系统的功能性检验</td><td>第10.10.6.2条</td><td>/</td><td></td><td colspan="2"></td></tr>
<tr><td>3</td><td>火灾自动报警系统的功能性检验</td><td>第10.10.6.3条</td><td>/</td><td></td><td colspan="2"></td></tr>
<tr><td>4</td><td>燃气管道舱应设置的可燃气体探测报警系统检验</td><td>第10.10.6.4条</td><td>/</td><td></td><td colspan="2"></td></tr>
<tr><td rowspan="5">一般项目</td><td>1</td><td>监控与安防设备防护等级检验</td><td>第10.10.6.5条</td><td>/</td><td></td><td colspan="2"></td></tr>
<tr><td>2</td><td></td><td></td><td></td><td></td><td colspan="2"></td></tr>
<tr><td>3</td><td></td><td></td><td></td><td></td><td colspan="2"></td></tr>
<tr><td>4</td><td></td><td></td><td></td><td></td><td colspan="2"></td></tr>
<tr><td>5</td><td></td><td></td><td></td><td></td><td colspan="2"></td></tr>
<tr><td colspan="2">施工单位检查结果</td><td colspan="6">专业工长：（签名）　　专业质量检查员：（签名）　　年　月　日</td></tr>
<tr><td colspan="2">监理单位验收结论</td><td colspan="6">专业监理工程师：（签名）　　年　月　日</td></tr>
</table>

7.2.8.51　市政验·廊-18.7　附属工程（供电系统及电缆槽）检验批质量验收记录

市政基础设施工程

附属工程（供电系统及电缆槽）检验批质量验收记录

市政验·廊-18.7

第　　页 共　　页

<table>
<tr><td colspan="3">工程名称</td><td colspan="5"></td></tr>
<tr><td colspan="3">单位工程名称</td><td colspan="5"></td></tr>
<tr><td colspan="3">施工单位</td><td></td><td colspan="2">分包单位</td><td colspan="2"></td></tr>
<tr><td colspan="3">项目负责人</td><td></td><td colspan="2">项目技术负责人</td><td colspan="2"></td></tr>
<tr><td colspan="3">分部（子分部）工程名称</td><td></td><td colspan="2">分项工程名称</td><td colspan="2"></td></tr>
<tr><td colspan="3">验收部位/区段</td><td></td><td colspan="2">检验批容量</td><td colspan="2"></td></tr>
<tr><td colspan="3">施工及验收依据</td><td colspan="5">《城市综合管廊工程施工及验收规范》DB 4401/T 3</td></tr>
<tr><td colspan="4">验收项目</td><td>设计要求
或规范规定</td><td>最小/实际
抽样数量</td><td>检查记录</td><td>检查结果</td></tr>
<tr><td rowspan="5">主
控
项
目</td><td>1</td><td colspan="2">电缆槽布置、结构形式、沟底高程、纵向坡度检验</td><td>第10.10.7.1条</td><td>/</td><td></td><td></td></tr>
<tr><td>2</td><td colspan="2">电缆槽盖板的规格、尺寸、强度及外观质量检验</td><td>第10.10.7.2条</td><td>/</td><td></td><td></td></tr>
<tr><td>3</td><td colspan="2">供电线路回路、备用电源检测</td><td>第10.10.7.3条</td><td>/</td><td></td><td></td></tr>
<tr><td>4</td><td colspan="2">管廊接地系统的检验</td><td>第10.10.7.4条</td><td>/</td><td></td><td></td></tr>
<tr><td>5</td><td colspan="2">管廊防雷装置的检检验</td><td>第10.10.7.5条</td><td>/</td><td></td><td></td></tr>
<tr><td rowspan="4">一
般
项
目</td><td>1</td><td colspan="2">电缆槽盖板铺设检验</td><td>第10.10.7.6条</td><td>/</td><td></td><td></td></tr>
<tr><td>2</td><td colspan="2">电缆槽断面尺寸检验</td><td>第10.10.7.7条</td><td>/</td><td></td><td></td></tr>
<tr><td>3</td><td colspan="2">排管检验，弯扁程度允许偏差</td><td><排管外径10%</td><td>/</td><td></td><td></td></tr>
<tr><td>4</td><td colspan="2">交流220V/380V带剩余电流动作保护装置检修插座的间距、检修插座容量、安装高度检验</td><td>第10.10.7.9条</td><td>/</td><td></td><td></td></tr>
<tr><td colspan="2">施工单位
检查结果</td><td colspan="6">

专业工长：（签名）　　　　专业质量检查员：（签名）　　　　年　　月　　日</td></tr>
<tr><td colspan="2">监理单位
验收结论</td><td colspan="6">

专业监理工程师：（签名）　　　　年　　月　　日</td></tr>
</table>

7.2.8.52　市政验·廊-18.8　附属工程（标识系统）检验批质量验收记录

市政基础设施工程

附属工程（标识系统）检验批质量验收记录

市政验·廊-18.8

第　　页 共　　页

<table>
<tr><td colspan="3">工程名称</td><td colspan="5"></td></tr>
<tr><td colspan="3">单位工程名称</td><td colspan="5"></td></tr>
<tr><td colspan="3">施工单位</td><td colspan="2"></td><td colspan="2">分包单位</td><td></td></tr>
<tr><td colspan="3">项目负责人</td><td colspan="2"></td><td colspan="2">项目技术负责人</td><td></td></tr>
<tr><td colspan="3">分部（子分部）工程名称</td><td colspan="2"></td><td colspan="2">分项工程名称</td><td></td></tr>
<tr><td colspan="3">验收部位/区段</td><td colspan="2"></td><td colspan="2">检验批容量</td><td></td></tr>
<tr><td colspan="3">施工及验收依据</td><td colspan="5">《城市综合管廊工程施工及验收规范》DB 4401/T 3</td></tr>
<tr><td colspan="3">验收项目</td><td>设计要求或规范规定</td><td>最小/实际抽样数量</td><td>检查记录</td><td colspan="2">检查结果</td></tr>
<tr><td rowspan="3">主控项目</td><td>1</td><td>管廊照标识检验</td><td>第10.10.8.1条</td><td>/</td><td></td><td colspan="2"></td></tr>
<tr><td>2</td><td></td><td></td><td></td><td></td><td colspan="2"></td></tr>
<tr><td>3</td><td></td><td></td><td></td><td></td><td colspan="2"></td></tr>
<tr><td rowspan="5">一般项目</td><td>1</td><td>标识牌的布置位置、顺序检验</td><td>第10.10.8.2条</td><td>/</td><td></td><td colspan="2"></td></tr>
<tr><td>2</td><td></td><td></td><td></td><td></td><td colspan="2"></td></tr>
<tr><td>3</td><td></td><td></td><td></td><td></td><td colspan="2"></td></tr>
<tr><td>4</td><td></td><td></td><td></td><td></td><td colspan="2"></td></tr>
<tr><td>5</td><td></td><td></td><td></td><td></td><td colspan="2"></td></tr>
<tr><td colspan="2">施工单位检查结果</td><td colspan="6">专业工长：（签名）　　专业质量检查员：（签名）　　年　月　日</td></tr>
<tr><td colspan="2">监理单位验收结论</td><td colspan="6">专业监理工程师：（签名）　　年　月　日</td></tr>
</table>

7.2.8.53　市政验・廊-19.1　管道安装（给水排水）检验批质量验收记录

市政基础设施工程

管道安装（给水排水）检验批质量验收记录

市政验・廊-19.1

第　　页 共　　页

<table>
<tr><td colspan="5">工程名称</td><td colspan="6"></td></tr>
<tr><td colspan="5">单位工程名称</td><td colspan="6"></td></tr>
<tr><td colspan="5">施工单位</td><td colspan="2"></td><td colspan="2">分包单位</td><td colspan="2"></td></tr>
<tr><td colspan="5">项目负责人</td><td colspan="2"></td><td colspan="2">项目技术负责人</td><td colspan="2"></td></tr>
<tr><td colspan="5">分部（子分部）工程名称</td><td colspan="2"></td><td colspan="2">分项工程名称</td><td colspan="2"></td></tr>
<tr><td colspan="5">验收部位/区段</td><td colspan="2"></td><td colspan="2">检验批容量</td><td colspan="2"></td></tr>
<tr><td colspan="5">施工及验收依据</td><td colspan="6">《城市综合管廊工程施工及验收规范》DB 4401/T 3</td></tr>
<tr><td colspan="7">验收项目</td><td>设计要求或规范规定</td><td>最小/实际抽样数量</td><td>检查记录</td><td>检查结果</td></tr>
<tr><td rowspan="4">主控项目</td><td>1</td><td colspan="5">埋设深度、轴线位置检验</td><td>第11.4.4.1条</td><td>/</td><td></td><td></td></tr>
<tr><td>2</td><td colspan="5">刚性管道无结构贯通裂缝和明显缺损情况检验</td><td>第11.4.4.2条</td><td>/</td><td></td><td></td></tr>
<tr><td>3</td><td colspan="5">柔性管道的管壁、管道竖向变形率检验</td><td>第11.4.4.3条
GB 50268
第4.5.12条</td><td>/</td><td></td><td></td></tr>
<tr><td>4</td><td colspan="5">管道铺设安装</td><td>第11.4.4.4条</td><td>/</td><td></td><td></td></tr>
<tr><td rowspan="11">一般项目</td><td>1</td><td colspan="5">管道内部检验</td><td>第11.4.4条</td><td>/</td><td></td><td></td></tr>
<tr><td>2</td><td colspan="5">管道与井室洞口之间接口检验</td><td>第11.4.4条</td><td>/</td><td></td><td></td></tr>
<tr><td>3</td><td colspan="5">管道内外防腐层检验</td><td>第11.4.4条</td><td>/</td><td></td><td></td></tr>
<tr><td>4</td><td colspan="5">钢管管道开孔检验</td><td>第11.4.4条
GB 50268
第5.3.11条</td><td>/</td><td></td><td></td></tr>
<tr><td>5</td><td colspan="5">闸阀安装情况检验</td><td>第11.4.4条</td><td>/</td><td></td><td></td></tr>
<tr><td rowspan="6">6</td><td rowspan="6">允许偏差</td><td rowspan="6">管道铺设</td><td colspan="2" rowspan="2">水平轴线（mm）</td><td>无压管道</td><td>15</td><td>/</td><td></td><td></td></tr>
<tr><td>压力管道</td><td>30</td><td>/</td><td></td><td></td></tr>
<tr><td rowspan="4">管底高程（mm）</td><td rowspan="2">$D_i \leqslant 1000$</td><td>无压管道</td><td>±10</td><td>/</td><td></td><td></td></tr>
<tr><td>压力管道</td><td>±30</td><td>/</td><td></td><td></td></tr>
<tr><td rowspan="2">$D_i > 1000$</td><td>无压管道</td><td>±15</td><td>/</td><td></td><td></td></tr>
<tr><td>压力管道</td><td>±30</td><td>/</td><td></td><td></td></tr>
<tr><td colspan="2">施工单位检查结果</td><td colspan="9">专业工长：（签名）　　专业质量检查员：（签名）　　年　月　日</td></tr>
<tr><td colspan="2">监理单位验收结论</td><td colspan="9">专业监理工程师：（签名）　　年　月　日</td></tr>
</table>

7.2.8.54 市政验·廊-19.2 管道安装（燃气）质量验收记录

市政基础设施工程

管道安装（燃气）质量验收记录

市政验·廊-19.2

第 页 共 页

<table>
<tr><td colspan="5">工程名称</td><td colspan="5"></td></tr>
<tr><td colspan="5">单位工程名称</td><td colspan="5"></td></tr>
<tr><td colspan="5">施工单位</td><td></td><td colspan="2">分包单位</td><td colspan="2"></td></tr>
<tr><td colspan="5">项目负责人</td><td></td><td colspan="2">项目技术负责人</td><td colspan="2"></td></tr>
<tr><td colspan="5">分部（子分部）工程名称</td><td></td><td colspan="2">分项工程名称</td><td colspan="2"></td></tr>
<tr><td colspan="5">验收部位/区段</td><td></td><td colspan="2">检验批容量</td><td colspan="2"></td></tr>
<tr><td colspan="5">施工及验收依据</td><td colspan="5">《城市综合管廊工程施工及验收规范》DB 4401/T 3</td></tr>
<tr><td colspan="6">验收项目</td><td>设计要求或规范规定</td><td>最小/实际抽样数量</td><td>检查记录</td><td>检查结果</td></tr>
<tr><td>1</td><td colspan="5">平面位置、高程坡度、间距检验</td><td>GB 50028</td><td>/</td><td></td><td></td></tr>
<tr><td>2</td><td colspan="5">管道入廊检验</td><td>第 11.4.5-2 条</td><td>/</td><td></td><td></td></tr>
<tr><td rowspan="2">3</td><td rowspan="2" colspan="2">允许偏差</td><td rowspan="2" colspan="2">吊装（m）</td><td>点间距</td><td><8</td><td>/</td><td></td><td></td></tr>
<tr><td>管道</td><td><36</td><td>/</td><td></td><td></td></tr>
<tr><td>4</td><td colspan="5">管道敷设检验</td><td>第 11.4.5-4 条</td><td>/</td><td></td><td></td></tr>
<tr><td>5</td><td colspan="5">环焊缝间距（mm）</td><td>>管道的公称直径且≥150</td><td>/</td><td></td><td></td></tr>
<tr><td>6</td><td colspan="5">管道管件内部检验</td><td>第 11.4.5-6 条</td><td>/</td><td></td><td></td></tr>
<tr><td>7</td><td colspan="5">管道纵断水平位置折角>22.5°时，弯头检验</td><td>第 11.4.5-7 条</td><td>/</td><td></td><td></td></tr>
<tr><td rowspan="9">8</td><td rowspan="9">允许偏差</td><td rowspan="9">管道安装（mm）</td><td rowspan="2">坐标</td><td rowspan="2">架空及地沟</td><td>室外</td><td>25</td><td>/</td><td></td><td></td></tr>
<tr><td>室内</td><td>15</td><td>/</td><td></td><td></td></tr>
<tr><td rowspan="2">标高</td><td rowspan="2">架空及地沟</td><td>室外</td><td>±20</td><td>/</td><td></td><td></td></tr>
<tr><td>室内</td><td>±15</td><td>/</td><td></td><td></td></tr>
<tr><td rowspan="2" colspan="2">水平管道平直度</td><td>$DN\leqslant100$</td><td>2 10‰，最大 50</td><td>/</td><td></td><td></td></tr>
<tr><td>$DN>100$</td><td>3 10‰，最大 80</td><td>/</td><td></td><td></td></tr>
<tr><td colspan="3">立管铅锤度</td><td>5 10‰，最大 30</td><td>/</td><td></td><td></td></tr>
<tr><td colspan="3">成排管道间距</td><td>15</td><td>/</td><td></td><td></td></tr>
<tr><td colspan="3">交叉管的外壁或绝热层间距</td><td>20</td><td>/</td><td></td><td></td></tr>
<tr><td colspan="2">施工单位检查结果</td><td colspan="8">专业工长：（签名） 项目专业质量检查员：（签名） 年 月 日</td></tr>
<tr><td colspan="2">监理单位验收结论</td><td colspan="8">专业监理工程师：（签名） 年 月 日</td></tr>
</table>

7.2.8.55 市政验·廊-19.3 管道安装（供热）质量验收记录

市政基础设施工程

管道安装（供热）质量验收记录

市政验·廊-19.3

第 页 共 页

<table>
<tr><td colspan="4">工程名称</td><td colspan="6"></td></tr>
<tr><td colspan="4">单位工程名称</td><td colspan="6"></td></tr>
<tr><td colspan="4">施工单位</td><td colspan="2"></td><td colspan="2">分包单位</td><td colspan="2"></td></tr>
<tr><td colspan="4">项目负责人</td><td colspan="2"></td><td colspan="2">项目技术负责人</td><td colspan="2"></td></tr>
<tr><td colspan="4">分部（子分部）工程名称</td><td colspan="2"></td><td colspan="2">分项工程名称</td><td colspan="2"></td></tr>
<tr><td colspan="4">验收部位/区段</td><td colspan="2"></td><td colspan="2">检验批容量</td><td colspan="2"></td></tr>
<tr><td colspan="4">施工及验收依据</td><td colspan="6">《城市综合管廊工程施工及验收规范》DB 4401/T 3</td></tr>
<tr><td colspan="6">验收项目</td><td>设计要求或规范规定</td><td>最小/实际抽样数量</td><td>检查记录</td><td>检查结果</td></tr>
<tr><td rowspan="6">1</td><td rowspan="6">支吊架安装质量</td><td colspan="4">支吊架安装位置检验</td><td>第11.4.6.1条</td><td>/</td><td></td><td></td></tr>
<tr><td colspan="4">活动支架的偏移方向、偏移量及导向性能检验</td><td>第11.4.6.1.2条</td><td>/</td><td></td><td></td></tr>
<tr><td rowspan="4">允许偏差</td><td colspan="3">支、吊架中心点平面位置（mm）</td><td>25</td><td>/</td><td></td><td></td></tr>
<tr><td colspan="3">△支架标高（mm）</td><td>−10</td><td>/</td><td></td><td></td></tr>
<tr><td colspan="2" rowspan="2">两个固定支架间的其他支架中心线（mm）</td><td>距固定支架每10m处</td><td>5</td><td>/</td><td></td><td></td></tr>
<tr><td>中心处</td><td>25</td><td>/</td><td></td><td></td></tr>
<tr><td rowspan="9">2</td><td rowspan="9">管道安装质量检验</td><td colspan="4">管道安装坡向坡度检验</td><td>第11.4.6.2.1条</td><td>/</td><td></td><td></td></tr>
<tr><td colspan="4">支管的接驳检验</td><td>第11.4.6.2.2条</td><td>/</td><td></td><td></td></tr>
<tr><td rowspan="7">允许偏差</td><td colspan="3">△高程（mm）</td><td>±10</td><td>/</td><td></td><td></td></tr>
<tr><td colspan="3">中心线位移（mm）</td><td>每10m不超过5，全长不超过30</td><td>/</td><td></td><td></td></tr>
<tr><td colspan="3">立管垂直度（mm）</td><td>每米不超过2
全高不超过10</td><td>/</td><td></td><td></td></tr>
<tr><td rowspan="2">△对口间隙（mm）</td><td>壁厚（4～9）</td><td>间隙（1.5～2.0）</td><td>±1.0</td><td>/</td><td></td><td></td></tr>
<tr><td>壁厚（≥10）</td><td>间隙（2.0～3.0）</td><td>+1.0
−2.0</td><td>/</td><td></td><td></td></tr>
<tr><td colspan="2">施工单位检查结果</td><td colspan="8">专业工长：（签名） 项目专业质量检查员：（签名） 年 月 日</td></tr>
<tr><td colspan="2">监理单位验收结论</td><td colspan="8">专业监理工程师：（签名） 年 月 日</td></tr>
</table>

注：△为主控项目，其余为一般项目区。

7.2.8.56 市政验·廊-19.4 管道安装（电力）质量验收记录

市政基础设施工程

管道安装（电力）质量验收记录

市政验·廊-19.4

第　　页 共　　页

工程名称			
单位工程名称			
施工单位		分包单位	
项目负责人		项目技术负责人	
分部（子分部）工程名称		分项工程名称	
验收部位/区段		检验批容量	
施工及验收依据	《城市综合管廊工程施工及验收规范》DB 4401/T 3		

验收项目			设计要求或规范规定	最小/实际抽样数量	检查记录	检查结果
1	电线电缆	合格证检验	GB 5023.1～5023.7	/		
		外观检查	第 11.4.7.1.2 条			
		绝缘层厚度、圆形线芯直径检验	第 11.4.7.1.3 条			
		绝缘性能、导电性能和阻燃性能检验	第 11.4.7.1.4 条			
2	导管	合格证检验	第 11.4.7.2.1 条	/		
		外观检查	第 11.4.7.2.2 条	/		
		管径、壁厚及均匀度检验	第 11.4.7.2.3 条	/		
3	型钢和电焊条	合格证和材质证明书检验	第 11.4.7.3.1 条	/		
		外观检查	第 11.4.7.3.2 条	/		
4	镀锌制品（支架、横担、接地极、避雷用型钢等）和外线金具	质量证明书检验	第 11.4.7.4.1 条	/		
		外观检查	第 11.4.7.4.2 条	/		
		镀锌质量检验	第 11.4.7.4.3 条	/		
5	电缆桥架、线槽	合格证检验	第 11.4.7.5.1 条	/		
		外观检查	第 11.4.7.5.2 条	/		

施工单位检查结果	专业工长：（签名）　　项目专业质量检查员：（签名）　　年　月　日
监理单位验收结论	专业监理工程师：（签名）　　年　月　日

7.2.8.57 市政验·廊-20.1 电气设备安装（变压器、箱式变电所）检验批质量验收记录

市政基础设施工程

电气设备安装（变压器、箱式变电所）检验批质量验收记录

市政验·廊-20.1

第　页共　页

<table>
<tr><td colspan="3">工程名称</td><td colspan="5"></td></tr>
<tr><td colspan="3">单位工程名称</td><td colspan="5"></td></tr>
<tr><td colspan="3">施工单位</td><td colspan="2"></td><td>分包单位</td><td colspan="2"></td></tr>
<tr><td colspan="3">项目负责人</td><td colspan="2"></td><td>项目技术负责人</td><td colspan="2"></td></tr>
<tr><td colspan="3">分部（子分部）工程名称</td><td colspan="2"></td><td>分项工程名称</td><td colspan="2"></td></tr>
<tr><td colspan="3">验收部位/区段</td><td colspan="2"></td><td>检验批容量</td><td colspan="2"></td></tr>
<tr><td colspan="3">施工及验收依据</td><td colspan="5">《城市综合管廊工程施工及验收规范》DB 4401/T 3</td></tr>
<tr><td colspan="4">验收项目</td><td>设计要求或规范规定</td><td>最小/实际抽样数量</td><td>检查记录</td><td>检查结果</td></tr>
<tr><td rowspan="7">主控项目</td><td>1</td><td colspan="2">安装位置、附件检验</td><td>第12.5.1.1条</td><td>/</td><td></td><td></td></tr>
<tr><td>2</td><td colspan="2">所有连接检验</td><td>第12.5.1.2条</td><td>/</td><td></td><td></td></tr>
<tr><td>3</td><td colspan="2">交接试验</td><td>《建筑电气工程施工质量验收规范》</td><td>/</td><td></td><td></td></tr>
<tr><td>4</td><td colspan="2">基础、用地脚螺栓、金属箱式变电所及落地式配电箱等检验</td><td>第12.5.1.4条</td><td>/</td><td></td><td></td></tr>
<tr><td rowspan="3">5</td><td rowspan="3">交接试验</td><td>由高压成套开关柜、低压成套开关柜和变压器三个独立单元组合成的</td><td>本规范2.3的规定</td><td>/</td><td></td><td></td></tr>
<tr><td>高压开关、熔断器等与变压器组合在同一个密闭油箱内的箱式变电所的</td><td>按产品提供的技术文件要求执行</td><td>/</td><td></td><td></td></tr>
<tr><td>低压成套配电柜</td><td>《建筑电气工程施工质量验收规范》</td><td>/</td><td></td><td></td></tr>
<tr><td rowspan="6">一般项目</td><td>1</td><td colspan="2">有载调压开关的传动部分的检验</td><td>第12.5.1.6条</td><td>/</td><td></td><td></td></tr>
<tr><td>2</td><td colspan="2">绝缘件等检验</td><td>第12.5.1.7条</td><td>/</td><td></td><td></td></tr>
<tr><td>3</td><td colspan="2">变压器进场器身检验</td><td>第12.5.1.8条</td><td>/</td><td></td><td></td></tr>
<tr><td>4</td><td colspan="2">箱式变电所内外涂层检验</td><td>第12.5.1.9条</td><td>/</td><td></td><td></td></tr>
<tr><td>5</td><td colspan="2">箱式变电所的高低压柜内部检验</td><td>第12.5.1.10条</td><td>/</td><td></td><td></td></tr>
<tr><td>6</td><td colspan="2">装有气体继电器的变压器顶盖检验</td><td>第12.5.1.11条</td><td>/</td><td></td><td></td></tr>
<tr><td>施工单位检查结果</td><td colspan="7">专业工长：（签名）　　专业质量检查员：（签名）　　年　月　日</td></tr>
<tr><td>监理单位验收结论</td><td colspan="7">专业监理工程师：（签名）　　年　月　日</td></tr>
</table>

7.2.8.58 市政验·廊-20.2-1 电气设备安装（成套配电柜、控制柜（屏、台）和动力、照明配电箱（盘））检验批质量验收记录（一）

市政基础设施工程

电气设备安装（成套配电柜、控制柜（屏、台）和动力、照明配电箱（盘））检验批质量验收记录（一）

市政验·廊-20.2-1

第　　页共　　页

<table>
<tr><td colspan="4">工程名称</td><td colspan="5"></td></tr>
<tr><td colspan="4">单位工程名称</td><td colspan="5"></td></tr>
<tr><td colspan="4">施工单位</td><td colspan="2"></td><td colspan="2">分包单位</td><td></td></tr>
<tr><td colspan="4">项目负责人</td><td colspan="2"></td><td colspan="2">项目技术负责人</td><td></td></tr>
<tr><td colspan="4">分部（子分部）工程名称</td><td colspan="2"></td><td colspan="2">分项工程名称</td><td></td></tr>
<tr><td colspan="4">验收部位/区段</td><td colspan="2"></td><td colspan="2">检验批容量</td><td></td></tr>
<tr><td colspan="4">施工及验收依据</td><td colspan="5">《城市综合管廊工程施工及验收规范》DB 4401/T 3</td></tr>
<tr><td colspan="5">验收项目</td><td>设计要求或规范规定</td><td>最小/实际抽样数量</td><td>检查记录</td><td>检查结果</td></tr>
<tr><td rowspan="11">主控项目</td><td>1</td><td colspan="3">金属框架及基础型钢、装有电器的可开启门，门和框架的接地端子间检验</td><td>第12.5.2.1条</td><td>/</td><td></td><td></td></tr>
<tr><td>2</td><td colspan="3">电击保护、保护导体等检验</td><td>不少于表6.1.2规定</td><td>/</td><td></td><td></td></tr>
<tr><td>3</td><td colspan="3">手车、抽出式成套配电柜推拉，动触头与静触头的中心线等检验</td><td>第12.5.2.3条</td><td>/</td><td></td><td></td></tr>
<tr><td>4</td><td rowspan="2">交接试验</td><td colspan="2">高压成套配电柜</td><td>第12.5.2.4条</td><td>/</td><td></td><td></td></tr>
<tr><td>5</td><td colspan="2">低压成套配电柜</td><td>《建筑电气工程施工质量验收规范》</td><td>/</td><td></td><td></td></tr>
<tr><td rowspan="2">6</td><td colspan="2" rowspan="2">绝缘电阻值检验</td><td>馈电线路（MΩ）</td><td>>0.5</td><td rowspan="2">/</td><td rowspan="2"></td><td rowspan="2"></td></tr>
<tr><td>二次回路（MΩ）</td><td>>1</td></tr>
<tr><td>7</td><td colspan="3">柜、屏、台、箱、盘间二次回路交流工频耐压试验</td><td>第12.5.2.7条</td><td>/</td><td></td><td></td></tr>
<tr><td>8</td><td colspan="3">直流屏试验</td><td>第12.5.2.8条</td><td>/</td><td></td><td></td></tr>
<tr><td>9</td><td colspan="3">照明配电箱（盘）安装检验</td><td>第12.5.2.9条</td><td>/</td><td></td><td></td></tr>
<tr><td colspan="8"></td></tr>
<tr><td>施工单位检查结果</td><td colspan="8">专业工长：（签名）　　　　专业质量检查员：（签名）　　　　年　　月　　日</td></tr>
<tr><td>监理单位验收结论</td><td colspan="8">专业监理工程师：（签名）　　　　年　　月　　日</td></tr>
</table>

7.2.8.59　市政验·廊-20.2-2　电气设备安装（成套配电柜、控制柜（屏、台）和动力、照明配电箱（盘））检验批质量验收记录（二）

市政基础设施工程

电气设备安装（成套配电柜、控制柜（屏、台）和动力、照明配电箱（盘））检验批质量验收记录（二）

市政验·廊-20.2-2

第　　页 共　　页

<table>
<tr><td colspan="4">工程名称</td><td colspan="6"></td></tr>
<tr><td colspan="4">单位工程名称</td><td colspan="6"></td></tr>
<tr><td colspan="4">施工单位</td><td colspan="2"></td><td colspan="2">分包单位</td><td colspan="2"></td></tr>
<tr><td colspan="4">项目负责人</td><td colspan="2"></td><td colspan="2">项目技术负责人</td><td colspan="2"></td></tr>
<tr><td colspan="4">分部（子分部）工程名称</td><td colspan="2"></td><td colspan="2">分项工程名称</td><td colspan="2"></td></tr>
<tr><td colspan="4">验收部位/区段</td><td colspan="2"></td><td colspan="2">检验批容量</td><td colspan="2"></td></tr>
<tr><td colspan="4">施工及验收依据</td><td colspan="6">《城市综合管廊工程施工及验收规范》DB 4401/T 3</td></tr>
<tr><td colspan="6">验收项目</td><td>设计要求或规范规定</td><td>最小/实际抽样数量</td><td>检查记录</td><td>检查结果</td></tr>
<tr><td rowspan="17">一般项目</td><td rowspan="3">1</td><td rowspan="3">允许偏差</td><td rowspan="3">基础型钢安装（mm）</td><td>不直度</td><td rowspan="2">1（mm/m）</td><td>5</td><td>/</td><td></td><td></td></tr>
<tr><td>水平度</td><td>5</td><td>/</td><td></td><td></td></tr>
<tr><td colspan="2">不平行度</td><td>5</td><td>/</td><td></td><td></td></tr>
<tr><td>2</td><td colspan="4">螺栓连接情况检验</td><td>第 12.5.2-11 条</td><td>/</td><td></td><td></td></tr>
<tr><td rowspan="3">3</td><td rowspan="3">允许偏差</td><td rowspan="3">安装</td><td colspan="2">垂直度（‰）</td><td>1.5‰</td><td>/</td><td></td><td></td></tr>
<tr><td colspan="2">相互间接缝（mm）</td><td><2</td><td>/</td><td></td><td></td></tr>
<tr><td colspan="2">成列盘面（mm）</td><td><5</td><td>/</td><td></td><td></td></tr>
<tr><td>4</td><td colspan="4">内部检查检验</td><td>第 12.5.2-13 条</td><td>/</td><td></td><td></td></tr>
<tr><td>5</td><td colspan="4">低压电器组合检验</td><td>第 12.5.2-14 条</td><td>/</td><td></td><td></td></tr>
<tr><td rowspan="2">6</td><td colspan="2" rowspan="2">柜、屏、台、箱、盘间配线检验（mm^2）</td><td colspan="2">电流回路</td><td>≥2.5</td><td>/</td><td></td><td></td></tr>
<tr><td colspan="2">其他回路</td><td>≥1.5</td><td>/</td><td></td><td></td></tr>
<tr><td rowspan="2">7</td><td colspan="4" rowspan="2">连接的电器及控制台、板等可动部位的电线检验</td><td rowspan="2">第 12.5.2-16 条</td><td>/</td><td></td><td></td></tr>
<tr><td>/</td><td></td><td></td></tr>
<tr><td rowspan="4">8</td><td rowspan="4">照明配电箱（盘）安装</td><td colspan="3">位置、接线、材料检验</td><td>第 12.5.2-17 条</td><td rowspan="4">/</td><td rowspan="4"></td><td rowspan="4"></td></tr>
<tr><td rowspan="3">箱（盘）安装允许偏差</td><td colspan="2">垂直度（‰）</td><td>1.5</td></tr>
<tr><td colspan="2">底边距地面（m）</td><td>1.5</td></tr>
<tr><td colspan="2">照明配电板底边距地面（m）</td><td>≥1.8</td></tr>
<tr><td colspan="2">施工单位检查结果</td><td colspan="8">专业工长：（签名）　　专业质量检查员：（签名）　　年　月　日</td></tr>
<tr><td colspan="2">监理单位验收结论</td><td colspan="8">专业监理工程师：（签名）　　年　月　日</td></tr>
</table>

7.2.8.60　市政验·廊-20.3　电气设备安装（低压电气动力设备试验和试运行）检验批质量验收记录

市政基础设施工程

电气设备安装（低压电气动力设备试验和试运行）检验批质量验收记录

市政验·廊-20.3

第　　页　共　　页

<table>
<tr><td colspan="4">工程名称</td><td colspan="5"></td></tr>
<tr><td colspan="4">单位工程名称</td><td colspan="5"></td></tr>
<tr><td colspan="4">施工单位</td><td colspan="2"></td><td colspan="2">分包单位</td><td></td></tr>
<tr><td colspan="4">项目负责人</td><td colspan="2"></td><td colspan="2">项目技术负责人</td><td></td></tr>
<tr><td colspan="4">分部（子分部）工程名称</td><td colspan="2"></td><td colspan="2">分项工程名称</td><td></td></tr>
<tr><td colspan="4">验收部位/区段</td><td colspan="2"></td><td colspan="2">检验批容量</td><td></td></tr>
<tr><td colspan="4">施工及验收依据</td><td colspan="5">《城市综合管廊工程施工及验收规范》DB 4401/T 3</td></tr>
<tr><td colspan="5">验收项目</td><td>设计要求或规范规定</td><td>最小/实际抽样数量</td><td>检查记录</td><td>检查结果</td></tr>
<tr><td rowspan="7">主控项目</td><td>1</td><td colspan="3">相关电气设备和线路</td><td>第12.5.3.1条</td><td>/</td><td></td><td></td></tr>
<tr><td rowspan="6">2</td><td rowspan="6">单独安装的低压电器交接试验项目</td><td rowspan="2">绝缘电阻值（MQ）</td><td>用500V兆欧表摇测</td><td>≥1</td><td>/</td><td></td><td></td></tr>
<tr><td>潮湿场所</td><td>≥0.5</td><td>/</td><td></td><td></td></tr>
<tr><td colspan="2">低压电器动作情况（电压、液压或气压在额定值范围）</td><td>85%～110%</td><td>/</td><td></td><td></td></tr>
<tr><td colspan="2">脱扣器的整定值</td><td>不超过产品技术条件规定</td><td>/</td><td></td><td></td></tr>
<tr><td colspan="2">电阻器和变阻器的直流电阻差值</td><td>符合规范规定</td><td>/</td><td></td><td></td></tr>
<tr><td colspan="2"></td><td></td><td></td><td></td><td></td></tr>
<tr><td rowspan="5">一般项目</td><td>1</td><td colspan="3">运行电压、电流及仪表检验</td><td>第12.5.3.3条-</td><td>/</td><td></td><td></td></tr>
<tr><td>2</td><td colspan="3">电动机试通电检验</td><td>第12.5.3.4条-</td><td>/</td><td></td><td></td></tr>
<tr><td>3</td><td colspan="3">空载状态下运行检验</td><td>第12.5.3.5条</td><td>/</td><td></td><td></td></tr>
<tr><td>4</td><td colspan="3">温度抽测记录检验</td><td>不大于设计值</td><td>/</td><td></td><td></td></tr>
<tr><td>5</td><td colspan="3">电动执行机构的动作方向及指示检验</td><td>符合设计要求</td><td>/</td><td></td><td></td></tr>
<tr><td>施工单位检查结果</td><td colspan="8">专业工长：（签名）　　专业质量检查员：（签名）　　年　月　日</td></tr>
<tr><td>监理单位验收结论</td><td colspan="8">专业监理工程师：（签名）　　年　月　日</td></tr>
</table>

市政基础设施工程

电气设备安装（裸母线、封闭母线、插接式母线）检验批质量验收记录

市政验·廊-20.4

第　　页 共　　页

<table>
<tr><td colspan="4">工程名称</td><td colspan="4"></td></tr>
<tr><td colspan="4">单位工程名称</td><td colspan="4"></td></tr>
<tr><td colspan="4">施工单位</td><td></td><td>分包单位</td><td colspan="2"></td></tr>
<tr><td colspan="4">项目负责人</td><td></td><td>项目技术负责人</td><td colspan="2"></td></tr>
<tr><td colspan="4">分部（子分部）工程名称</td><td></td><td>分项工程名称</td><td colspan="2"></td></tr>
<tr><td colspan="4">验收部位/区段</td><td></td><td>检验批容量</td><td colspan="2"></td></tr>
<tr><td colspan="4">施工及验收依据</td><td colspan="4">《城市综合管廊工程施工及验收规范》DB 4401/T 3</td></tr>
<tr><td colspan="4">验收项目</td><td>设计要求或规范规定</td><td>最小/实际抽样数量</td><td>检查记录</td><td>检查结果</td></tr>
<tr><td rowspan="10">主控项目</td><td>1</td><td colspan="2">绝缘子的底座、套管的法兰、保护网（罩）及母线支架等检验</td><td>第 12.5.4.1 条</td><td>/</td><td></td><td></td></tr>
<tr><td rowspan="4">2</td><td rowspan="4">母线与母线或母线与电器接线端子检验</td><td>母线的各类搭接连接的钻孔直径和搭接长度</td><td>表 12.5.4-1</td><td>/</td><td></td><td></td></tr>
<tr><td>用力矩扳手拧紧钢制连接螺栓的力矩值</td><td>表 12.5.4-2</td><td>/</td><td></td><td></td></tr>
<tr><td>连接螺栓两侧有平垫圈，相邻垫圈间有间隙（mm）</td><td>>3</td><td>/</td><td></td><td></td></tr>
<tr><td>螺栓检验</td><td>第 12.5.4.2.4)条</td><td>/</td><td></td><td></td></tr>
<tr><td rowspan="2">3</td><td rowspan="2">封闭、插接式母线安装</td><td>母线与外壳同心(mm)</td><td>±5</td><td>/</td><td></td><td></td></tr>
<tr><td>连接方式检验</td><td>第 12.5.4.3 条</td><td>/</td><td></td><td></td></tr>
<tr><td>4</td><td colspan="2">室内裸母线的最小安全净距</td><td>表 12.5.4-3</td><td>/</td><td></td><td></td></tr>
<tr><td>5</td><td colspan="2">高压母线交流工频耐压试验</td><td>GB 50303</td><td>/</td><td></td><td></td></tr>
<tr><td>6</td><td colspan="2">低压母线交接试验</td><td>GB 50303</td><td>/</td><td></td><td></td></tr>
<tr><td rowspan="5">一般项目</td><td>1</td><td colspan="2">母线的支架与预埋铁件检验</td><td>第 12.5.4-7 条</td><td>/</td><td></td><td></td></tr>
<tr><td>2</td><td colspan="2">母线与母线、母线与电器接线端子搭接，搭接面的处理</td><td>第 12.5.4-8 条</td><td>/</td><td></td><td></td></tr>
<tr><td>3</td><td colspan="2">母线的相序排列及涂色检验</td><td>第 12.5.4-9 条</td><td>/</td><td></td><td></td></tr>
<tr><td>4</td><td colspan="2">母线在绝缘子上安装检验</td><td>第 12.5.4-10 条</td><td>/</td><td></td><td></td></tr>
<tr><td>5</td><td colspan="2">封闭、插接式母线组装和固定位置检验</td><td>第 12.5.4-11 条</td><td>/</td><td></td><td></td></tr>
<tr><td>施工单位检查结果</td><td colspan="7">专业工长：（签名）　　专业质量检查员：（签名）　　年　　月　　日</td></tr>
<tr><td>监理单位验收结论</td><td colspan="7">专业监理工程师：（签名）　　年　　月　　日</td></tr>
</table>

7.2.8.62　市政验·廊-20.5　电气设备安装（普通灯具）检验批质量验收记录

市政基础设施工程

电气设备安装（普通灯具）检验批质量验收记录

市政验·廊-20.5

第　　页 共　　页

<table>
<tr><td colspan="3">工程名称</td><td colspan="5"></td></tr>
<tr><td colspan="3">单位工程名称</td><td colspan="5"></td></tr>
<tr><td colspan="3">施工单位</td><td></td><td colspan="2">分包单位</td><td colspan="2"></td></tr>
<tr><td colspan="3">项目负责人</td><td></td><td colspan="2">项目技术负责人</td><td colspan="2"></td></tr>
<tr><td colspan="3">分部（子分部）工程名称</td><td></td><td colspan="2">分项工程名称</td><td colspan="2"></td></tr>
<tr><td colspan="3">验收部位/区段</td><td></td><td colspan="2">检验批容量</td><td colspan="2"></td></tr>
<tr><td colspan="3">施工及验收依据</td><td colspan="5">《城市综合管廊工程施工及验收规范》DB 4401/T 3</td></tr>
<tr><td colspan="4">验收项目</td><td>设计要求或规范规定</td><td>最小/实际抽样数量</td><td>检查记录</td><td>检查结果</td></tr>
<tr><td rowspan="9">主控项目</td><td>1</td><td colspan="2">灯具的固定检验</td><td>第12.5.5-1条</td><td>/</td><td></td><td></td></tr>
<tr><td rowspan="2">2</td><td colspan="2">花灯吊钩圆钢直径（mm）</td><td>≥灯具挂铺直径，且≥6</td><td rowspan="2">/</td><td rowspan="2"></td><td rowspan="2"></td></tr>
<tr><td colspan="2">大型花灯的固定及悬吊装置检验</td><td>灯具重量的2倍</td></tr>
<tr><td rowspan="2">3</td><td rowspan="2">钢管做灯杆</td><td>钢管内径（mm）</td><td>≥10</td><td rowspan="2">/</td><td rowspan="2"></td><td rowspan="2"></td></tr>
<tr><td>钢管厚度（mm）</td><td>≥1.5</td></tr>
<tr><td>4</td><td colspan="2">绝缘材料检验</td><td>符合设计要求</td><td>/</td><td></td><td></td></tr>
<tr><td>5</td><td colspan="2">灯具的安装高度和使用电压等级检验</td><td>第12.5.5-5条</td><td>/</td><td></td><td></td></tr>
<tr><td>6</td><td colspan="2">灯具的可接近裸露导体检验</td><td>第12.5.5-6条</td><td>/</td><td></td><td></td></tr>
<tr><td rowspan="7">一般项目</td><td>1</td><td colspan="2">引向每个灯具的导线线芯最小截面积</td><td>表12.5.5</td><td>/</td><td></td><td></td></tr>
<tr><td>2</td><td colspan="2">灯具的外形、灯头及其接线</td><td>第12.5.5-8条</td><td>/</td><td></td><td></td></tr>
<tr><td>3</td><td colspan="2">变电所内，高低压配电设备及裸母线的正上方检验</td><td>符合设计要求</td><td>/</td><td></td><td></td></tr>
<tr><td>4</td><td colspan="2">吸顶灯具检验</td><td>第12.5.5-10条</td><td>/</td><td></td><td></td></tr>
<tr><td>5</td><td colspan="2">玻璃罩检验</td><td>第12.5.5-11条</td><td>/</td><td></td><td></td></tr>
<tr><td>6</td><td colspan="2">投光灯的底座及支架、枢轴检验</td><td>第12.5.5-12条</td><td>/</td><td></td><td></td></tr>
<tr><td>7</td><td colspan="2">壁灯检验</td><td>第12.5.5-13条</td><td>/</td><td></td><td></td></tr>
<tr><td>施工单位检查结果</td><td colspan="7">专业工长：（签名）　　专业质量检查员：（签名）　　年　月　日</td></tr>
<tr><td>监理单位验收结论</td><td colspan="7">专业监理工程师：（签名）　　年　月　日</td></tr>
</table>

市政基础设施工程

电气设备安装（专用灯具）检验批质量验收记录

市政验·廊-20.6

第　　页共　　页

<table>
<tr><td colspan="3">工程名称</td><td colspan="5"></td></tr>
<tr><td colspan="3">单位工程名称</td><td colspan="5"></td></tr>
<tr><td colspan="3">施工单位</td><td></td><td colspan="2">分包单位</td><td colspan="2"></td></tr>
<tr><td colspan="3">项目负责人</td><td></td><td colspan="2">项目技术负责人</td><td colspan="2"></td></tr>
<tr><td colspan="3">分部（子分部）工程名称</td><td></td><td colspan="2">分项工程名称</td><td colspan="2"></td></tr>
<tr><td colspan="3">验收部位/区段</td><td></td><td colspan="2">检验批容量</td><td colspan="2"></td></tr>
<tr><td colspan="3">施工及验收依据</td><td colspan="5">《城市综合管廊工程施工及验收规范》DB 4401/T 3</td></tr>
<tr><td colspan="3">验收项目</td><td>设计要求或规范规定</td><td>最小/实际抽样数量</td><td>检查记录</td><td colspan="2">检查结果</td></tr>
<tr><td rowspan="4">主控项目</td><td>1</td><td>36V及以下行灯变压器和行灯安装检验</td><td>第12.5.6-1条</td><td>/</td><td></td><td colspan="2"></td></tr>
<tr><td>2</td><td>水下灯及防水灯具的等电位联结、电源、导管检验</td><td>第12.5.6-2条</td><td>/</td><td></td><td colspan="2"></td></tr>
<tr><td>3</td><td>应急照明灯具安装检验</td><td>第12.5.6-3条</td><td>/</td><td></td><td colspan="2"></td></tr>
<tr><td>4</td><td>防爆灯具安装检验</td><td>第12.5.6-4条</td><td>/</td><td></td><td colspan="2"></td></tr>
<tr><td rowspan="3">一般项目</td><td>1</td><td>36V及以下行灯变压器和行灯安装检验</td><td>第12.5.6-5条</td><td>/</td><td></td><td colspan="2"></td></tr>
<tr><td>2</td><td>应急照明灯具安装检验</td><td>第12.5.6-6条</td><td>/</td><td></td><td colspan="2"></td></tr>
<tr><td>3</td><td>防爆灯具安装检验</td><td>第12.5.6-7条</td><td>/</td><td></td><td colspan="2"></td></tr>
<tr><td colspan="2">施工单位检查结果</td><td colspan="6">专业工长：（签名）　　专业质量检查员：（签名）　　年　月　日</td></tr>
<tr><td colspan="2">监理单位验收结论</td><td colspan="6">专业监理工程师：（签名）　　年　月　日</td></tr>
</table>

7.2.8.64　市政验·廊-20.7　电气设备安装（照明系统通电试运行）检验批质量验收记录

市政基础设施工程

电气设备安装（照明系统通电试运行）检验批质量验收记录

市政验·廊-20.7

第　　页 共　　页

工程名称							
单位工程名称							
施工单位				分包单位			
项目负责人				项目技术负责人			
分部（子分部）工程名称				分项工程名称			
验收部位/区段				检验批容量			
施工及验收依据		《城市综合管廊工程施工及验收规范》DB 4401/T 3					
验收项目			设计要求或规范规定	最小/实际抽样数量	检查记录	检查结果	
主控项目	1	灯具回路控制、开关与灯具控制顺序、风扇的转向及调速开关检验	第12.5.7.1条	/			
	2	管廊内照明系统通电连续试运行时间（h）	24且每2h记录运行状态1次	/			
一般项目	1						
	2						
	3						
	4						
	5						
施工单位检查结果	专业工长：（签名）　　专业质量检查员：（签名）　　年　月　日						
监理单位验收结论	专业监理工程师：（签名）　　年　月　日						

7.2.8.65　市政验·廊-20.8　电气设备安装（接地装置）检验批质量验收记录

市政基础设施工程

电气设备安装（接地装置）检验批质量验收记录

市政验·廊-20.8

第　　页 共　　页

<table>
<tr><td colspan="4">工程名称</td><td colspan="4"></td></tr>
<tr><td colspan="4">单位工程名称</td><td colspan="4"></td></tr>
<tr><td colspan="4">施工单位</td><td></td><td colspan="2">分包单位</td><td></td></tr>
<tr><td colspan="4">项目负责人</td><td></td><td colspan="2">项目技术负责人</td><td></td></tr>
<tr><td colspan="4">分部（子分部）工程名称</td><td></td><td colspan="2">分项工程名称</td><td></td></tr>
<tr><td colspan="4">验收部位/区段</td><td></td><td colspan="2">检验批容量</td><td></td></tr>
<tr><td colspan="4">施工及验收依据</td><td colspan="4">《城市综合管廊工程施工及验收规范》DB 4401/T 3</td></tr>
<tr><td colspan="4">验收项目</td><td>设计要求
或规范规定</td><td>最小/实际
抽样数量</td><td>检查记录</td><td>检查结果</td></tr>
<tr><td rowspan="7">主控项目</td><td>1</td><td colspan="2">接地装置</td><td>第 12.5.8.1 条</td><td>/</td><td></td><td></td></tr>
<tr><td>2</td><td colspan="2">接地电阻值</td><td>第 12.5.8.2 条</td><td>/</td><td></td><td></td></tr>
<tr><td>3</td><td colspan="2">防雷接地装置埋地深度（m）</td><td>≥1</td><td>/</td><td></td><td></td></tr>
<tr><td rowspan="3">4</td><td rowspan="3">接地模块</td><td>顶面埋深（m）</td><td>≥0.6</td><td>/</td><td></td><td></td></tr>
<tr><td>间距</td><td>≥模块长度的
3～5 倍</td><td>/</td><td></td><td></td></tr>
<tr><td>埋设基坑</td><td>模块外形尺寸的
1.2～1.4 倍</td><td>/</td><td></td><td></td></tr>
<tr><td>5</td><td colspan="2">接地模块垂直或水平位置检验</td><td>第 12.5.8-5 条</td><td>/</td><td></td><td></td></tr>
<tr><td rowspan="5">一般项目</td><td rowspan="3">1</td><td rowspan="2">接地装置</td><td>顶面埋设深度（m）</td><td>≥0.6</td><td>/</td><td></td><td></td></tr>
<tr><td>焊接</td><td rowspan="2">第 12.5.8-6 条</td><td>/</td><td></td><td></td></tr>
<tr><td colspan="2">圆钢、角钢及钢管接地极检验</td><td>/</td><td></td><td></td></tr>
<tr><td>2</td><td colspan="2">接地装置的材料，最小允许规格、尺寸检验</td><td>第 12.5.8-7 条
表 12.5.8</td><td>/</td><td></td><td></td></tr>
<tr><td>3</td><td colspan="2">接地模块引出线检验</td><td>第 12.5.8-8 条</td><td>/</td><td></td><td></td></tr>
<tr><td>施工单位
检查结果</td><td colspan="7">专业工长：（签名）　　专业质量检查员：（签名）　　年　　月　　日</td></tr>
<tr><td>监理单位
验收结论</td><td colspan="7">专业监理工程师：（签名）　　年　　月　　日</td></tr>
</table>

7.2.8.66 市政验·廊-20.9 电气设备安装（避雷引下线和变配电室接地干线敷设）检验批质量验收记录

市政基础设施工程

电气设备安装（避雷引下线和变配电室接地干线敷设）检验批质量验收记录

市政验·廊-20.9

第　　页共　　页

<table>
<tr><td colspan="2">工程名称</td><td colspan="6"></td></tr>
<tr><td colspan="2">单位工程名称</td><td colspan="6"></td></tr>
<tr><td colspan="2">施工单位</td><td colspan="2"></td><td colspan="2">分包单位</td><td colspan="2"></td></tr>
<tr><td colspan="2">项目负责人</td><td colspan="2"></td><td colspan="2">项目技术负责人</td><td colspan="2"></td></tr>
<tr><td colspan="2">分部（子分部）工程名称</td><td colspan="2"></td><td colspan="2">分项工程名称</td><td colspan="2"></td></tr>
<tr><td colspan="2">验收部位/区段</td><td colspan="2"></td><td colspan="2">检验批容量</td><td colspan="2"></td></tr>
<tr><td colspan="2">施工及验收依据</td><td colspan="6">《城市综合管廊工程施工及验收规范》DB 4401/T 3</td></tr>
<tr><td colspan="4">验收项目</td><td>设计要求或规范规定</td><td>最小/实际抽样数量</td><td>检查记录</td><td>检查结果</td></tr>
<tr><td rowspan="3">主控项目</td><td>1</td><td colspan="2">引下线</td><td>第 12.5.9.1 条</td><td>/</td><td></td><td></td></tr>
<tr><td>2</td><td colspan="2">接地干线</td><td>≥2</td><td>/</td><td></td><td></td></tr>
<tr><td>3</td><td colspan="2">接地线</td><td>第 12.5.9-3 条</td><td>/</td><td></td><td></td></tr>
<tr><td rowspan="10">一般项目</td><td>1</td><td colspan="2">钢制接地线的焊接连接，材料采用及最小允许规格、尺寸</td><td>第 12.5.9 条
表 12.5.9</td><td>/</td><td></td><td></td></tr>
<tr><td rowspan="3">2</td><td rowspan="3">明敷接地引下线及室内接地干线的支持件间距应均匀</td><td>水平直线部分（m）</td><td>0.5～1.5</td><td>/</td><td></td><td></td></tr>
<tr><td>垂直直线部分（m）</td><td>1.5～3</td><td>/</td><td></td><td></td></tr>
<tr><td>弯曲部分（m）</td><td>0.3～0.5</td><td>/</td><td></td><td></td></tr>
<tr><td>3</td><td colspan="2">保护套管</td><td>符合设计要求</td><td>/</td><td></td><td></td></tr>
<tr><td>4</td><td colspan="2">变配电室内明敷接地干线安装</td><td>第 12.5.9-7 条</td><td>/</td><td></td><td></td></tr>
<tr><td>5</td><td colspan="2">电缆头的接地线</td><td>第 12.5.9-8 条</td><td>/</td><td></td><td></td></tr>
<tr><td>6</td><td colspan="2">栅栏门及变配电室金属门铰链处的接地连接，变配电室的避雷器</td><td>第 12.5.9-9 条</td><td>/</td><td></td><td></td></tr>
<tr><td>7</td><td colspan="2">金属门窗</td><td>第 12.5.9-10 条</td><td>/</td><td></td><td></td></tr>
<tr><td colspan="2">施工单位检查结果</td><td colspan="6">专业工长：（签名）　　专业质量检查员：（签名）　　年　月　日</td></tr>
<tr><td colspan="2">监理单位验收结论</td><td colspan="6">专业监理工程师：（签名）　　年　月　日</td></tr>
</table>

7.2.8.67 市政验·廊-20.10 电气设备安装（接闪器）检验批质量验收记录

市政基础设施工程

电气设备安装（接闪器）检验批质量验收记录

市政验·廊-20.10

第 页 共 页

<table>
<tr><td colspan="3">工程名称</td><td colspan="5"></td></tr>
<tr><td colspan="3">单位工程名称</td><td colspan="5"></td></tr>
<tr><td colspan="3">施工单位</td><td></td><td colspan="2">分包单位</td><td colspan="2"></td></tr>
<tr><td colspan="3">项目负责人</td><td></td><td colspan="2">项目技术负责人</td><td colspan="2"></td></tr>
<tr><td colspan="3">分部（子分部）工程名称</td><td></td><td colspan="2">分项工程名称</td><td colspan="2"></td></tr>
<tr><td colspan="3">验收部位/区段</td><td></td><td colspan="2">检验批容量</td><td colspan="2"></td></tr>
<tr><td colspan="3">施工及验收依据</td><td colspan="5">《城市综合管廊工程施工及验收规范》DB 4401/T 3</td></tr>
<tr><td colspan="3">验收项目</td><td>设计要求或规范规定</td><td>最小/实际抽样数量</td><td>检查记录</td><td colspan="2">检查结果</td></tr>
<tr><td rowspan="3">主控项目</td><td>1</td><td>构筑物顶部的避雷针、避雷带等</td><td>第 12.5.10-1 条</td><td>/</td><td></td><td colspan="2"></td></tr>
<tr><td>2</td><td></td><td></td><td></td><td></td><td colspan="2"></td></tr>
<tr><td>3</td><td></td><td></td><td></td><td></td><td colspan="2"></td></tr>
<tr><td rowspan="5">一般项目</td><td>1</td><td>避雷针、避雷带位置、焊缝、应备帽</td><td>第 12.5.10-2 条</td><td>/</td><td></td><td colspan="2"></td></tr>
<tr><td>2</td><td>固定点、支持件、支持件间距</td><td>第 12.5.10-3 条
表 12.5.10</td><td>/</td><td></td><td colspan="2"></td></tr>
<tr><td>3</td><td></td><td></td><td></td><td></td><td colspan="2"></td></tr>
<tr><td>4</td><td></td><td></td><td></td><td></td><td colspan="2"></td></tr>
<tr><td>5</td><td></td><td></td><td></td><td></td><td colspan="2"></td></tr>
<tr><td colspan="2">施工单位检查结果</td><td colspan="6">专业工长：（签名） 专业质量检查员：（签名） 年 月 日</td></tr>
<tr><td colspan="2">监理单位验收结论</td><td colspan="6">专业监理工程师：（签名） 年 月 日</td></tr>
</table>

7.2.8.68 市政验·廊-20.11 电气设备安装（构筑物等电位联结）检验批质量验收记录

市政基础设施工程

电气设备安装（构筑物等电位联结）检验批质量验收记录

市政验·廊-20.11

第　　页 共　　页

<table>
<tr><td colspan="3">工程名称</td><td colspan="5"></td></tr>
<tr><td colspan="3">单位工程名称</td><td colspan="5"></td></tr>
<tr><td colspan="3">施工单位</td><td></td><td colspan="2">分包单位</td><td colspan="2"></td></tr>
<tr><td colspan="3">项目负责人</td><td></td><td colspan="2">项目技术负责人</td><td colspan="2"></td></tr>
<tr><td colspan="3">分部（子分部）工程名称</td><td></td><td colspan="2">分项工程名称</td><td colspan="2"></td></tr>
<tr><td colspan="3">验收部位/区段</td><td></td><td colspan="2">检验批容量</td><td colspan="2"></td></tr>
<tr><td colspan="3">施工及验收依据</td><td colspan="5">《城市综合管廊工程施工及验收规范》DB 4401/T 3</td></tr>
<tr><td colspan="3">验收项目</td><td>设计要求或规范规定</td><td>最小/实际抽样数量</td><td>检查记录</td><td colspan="2">检查结果</td></tr>
<tr><td rowspan="3">主控项目</td><td>1</td><td>构筑物等电位联结干线</td><td>第 12.5.15-1 条</td><td>/</td><td></td><td colspan="2"></td></tr>
<tr><td>2</td><td>等电位联结的线路最小允许截面</td><td>表 12.5.10</td><td>/</td><td></td><td colspan="2"></td></tr>
<tr><td>3</td><td></td><td></td><td></td><td></td><td colspan="2"></td></tr>
<tr><td rowspan="3">一般项目</td><td>1</td><td>等电位联结的可接近裸露导体或其他金属部件、构件与支线连接检验</td><td>第 12.5.15-3 条</td><td>/</td><td></td><td colspan="2"></td></tr>
<tr><td>2</td><td>高级装修金属部件或零件检验</td><td>第 12.5.15-4 条</td><td>/</td><td></td><td colspan="2"></td></tr>
<tr><td>3</td><td>需等电位联结的高级装修金属部件或零件检验</td><td>第 12.5.15-5 条</td><td>/</td><td></td><td colspan="2"></td></tr>
<tr><td>施工单位检查结果</td><td colspan="7">专业工长：（签名）　　专业质量检查员：（签名）　　年　月　日</td></tr>
<tr><td>监理单位验收结论</td><td colspan="7">专业监理工程师：（签名）　　年　月　日</td></tr>
</table>

7.2.8.69　市政验·廊-21.1　智能化工程（构筑物设备监控系统）质量验收记录

市政基础设施工程

智能化工程（构筑物设备监控系统）质量验收记录

市政验·廊-21.1

第　　页 共　　页

<table>
<tr><td colspan="2">工程名称</td><td colspan="4"></td></tr>
<tr><td colspan="2">单位工程名称</td><td colspan="4"></td></tr>
<tr><td colspan="2">施工单位</td><td></td><td>分包单位</td><td colspan="2"></td></tr>
<tr><td colspan="2">项目负责人</td><td></td><td>项目技术负责人</td><td colspan="2"></td></tr>
<tr><td colspan="2">分部（子分部）工程名称</td><td></td><td>分项工程名称</td><td colspan="2"></td></tr>
<tr><td colspan="2">验收部位/区段</td><td></td><td>检验批容量</td><td colspan="2"></td></tr>
<tr><td colspan="2">施工及验收依据</td><td colspan="4">《城市综合管廊工程施工及验收规范》DB 4401/T 3</td></tr>
<tr><td colspan="2">验收项目</td><td>设计要求
或规范规定</td><td>最小/实际
抽样数量</td><td>检查记录</td><td>检查结果</td></tr>
<tr><td>1</td><td>竣工验收</td><td>在系统正常连续投运时间超过 3 个月后进行</td><td>/</td><td></td><td></td></tr>
<tr><td>2</td><td>文件资料</td><td>第 13.4.1-2 条</td><td>/</td><td></td><td></td></tr>
<tr><td>3</td><td></td><td></td><td></td><td></td><td></td></tr>
<tr><td>4</td><td></td><td></td><td></td><td></td><td></td></tr>
<tr><td>施工单位
检查结果</td><td colspan="5">专业工长：（签名）　　项目专业质量检查员：（签名）　　年　月　日</td></tr>
<tr><td>监理单位
验收结论</td><td colspan="5">专业监理工程师：（签名）　　年　月　日</td></tr>
</table>

7.2.8.70　市政验·廊-21.2　智能化工程（火灾自动报警系统）质量验收记录

市政基础设施工程

智能化工程（火灾自动报警系统）质量验收记录

市政验·廊-21.2

第　　页共　　页

<table>
<tr><td colspan="2">工程名称</td><td colspan="5"></td></tr>
<tr><td colspan="2">单位工程名称</td><td colspan="5"></td></tr>
<tr><td colspan="2">施工单位</td><td></td><td colspan="2">分包单位</td><td colspan="2"></td></tr>
<tr><td colspan="2">项目负责人</td><td></td><td colspan="2">项目技术负责人</td><td colspan="2"></td></tr>
<tr><td colspan="2">分部（子分部）工程名称</td><td></td><td colspan="2">分项工程名称</td><td colspan="2"></td></tr>
<tr><td colspan="2">验收部位/区段</td><td></td><td colspan="2">检验批容量</td><td colspan="2"></td></tr>
<tr><td colspan="2">施工及验收依据</td><td colspan="5">《城市综合管廊工程施工及验收规范》DB 4401/T 3</td></tr>
<tr><td colspan="2">验收项目</td><td>设计要求
或规范规定</td><td>最小/实际
抽样数量</td><td colspan="2">检查记录</td><td>检查结果</td></tr>
<tr><td>1</td><td>提供的接口功能</td><td>符合设计要求</td><td>/</td><td colspan="2"></td><td></td></tr>
<tr><td>2</td><td>实施的质量控制、系统检测和工程验收</td><td>国家标准《火灾自动报警系统施工及验收规范》GB 50166</td><td>/</td><td colspan="2"></td><td></td></tr>
<tr><td>3</td><td></td><td></td><td></td><td colspan="2"></td><td></td></tr>
<tr><td>4</td><td></td><td></td><td></td><td colspan="2"></td><td></td></tr>
<tr><td>施工单位
检查结果</td><td colspan="6">专业工长：（签名）　　项目专业质量检查员：（签名）　　年　月　日</td></tr>
<tr><td>监理单位
验收结论</td><td colspan="6">专业监理工程师：（签名）　　年　月　日</td></tr>
</table>

7.2.8.71 市政验·廊-21.3 智能化工程（安全技术防范系统）质量验收记录

市政基础设施工程

智能化工程（安全技术防范系统）质量验收记录

市政验·廊-21.3

第　　页 共　　页

<table>
<tr><td colspan="2">工程名称</td><td colspan="4"></td></tr>
<tr><td colspan="2">单位工程名称</td><td colspan="4"></td></tr>
<tr><td colspan="2">施工单位</td><td colspan="2"></td><td>分包单位</td><td></td></tr>
<tr><td colspan="2">项目负责人</td><td colspan="2"></td><td>项目技术负责人</td><td></td></tr>
<tr><td colspan="2">分部（子分部）工程名称</td><td colspan="2"></td><td>分项工程名称</td><td></td></tr>
<tr><td colspan="2">验收部位/区段</td><td colspan="2"></td><td>检验批容量</td><td></td></tr>
<tr><td colspan="2">施工及验收依据</td><td colspan="4">《城市综合管廊工程施工及验收规范》DB 4401/T 3</td></tr>
<tr><td colspan="2">验收项目</td><td>设计要求或规范规定</td><td>最小/实际抽样数量</td><td>检查记录</td><td>检查结果</td></tr>
<tr><td>1</td><td>智能建筑工程中的安全防范系统</td><td>《安全防范系统验收规则》GA308</td><td>/</td><td></td><td></td></tr>
<tr><td>2</td><td>以管理为主的电视监控系统、出入口控制（门禁）系统等系统</td><td>《火灾自动报警系统施工及验收规范》GB 50166—2007 第 3.4 节</td><td>/</td><td></td><td></td></tr>
<tr><td>3</td><td>竣工验收</td><td>在系统正常连续投运时间超过 1 个月后进行</td><td>/</td><td></td><td></td></tr>
<tr><td>4</td><td>系统验收的文件及记录</td><td>第 13.4.3-4 条</td><td>/</td><td></td><td></td></tr>
<tr><td>5</td><td>子系统</td><td>分别进行验收</td><td>/</td><td></td><td></td></tr>
<tr><td>施工单位检查结果</td><td colspan="5">专业工长：（签名）　　项目专业质量检查员：（签名）　　年　月　日</td></tr>
<tr><td>监理单位验收结论</td><td colspan="5">专业监理工程师：（签名）　　年　月　日</td></tr>
</table>

7.2.8.72　市政验·廊-21.4　智能化工程（机房）质量验收记录

市政基础设施工程

智能化工程（机房）质量验收记录

市政验·廊-21.4

第　　页 共　　页

<table>
<tr><td colspan="2">工程名称</td><td colspan="4"></td></tr>
<tr><td colspan="2">单位工程名称</td><td colspan="4"></td></tr>
<tr><td colspan="2">施工单位</td><td></td><td colspan="2">分包单位</td><td></td></tr>
<tr><td colspan="2">项目负责人</td><td></td><td colspan="2">项目技术负责人</td><td></td></tr>
<tr><td colspan="2">分部（子分部）工程名称</td><td></td><td colspan="2">分项工程名称</td><td></td></tr>
<tr><td colspan="2">验收部位/区段</td><td></td><td colspan="2">检验批容量</td><td></td></tr>
<tr><td colspan="2">施工及验收依据</td><td colspan="4">《城市综合管廊工程施工及验收规范》DB 4401/T 3</td></tr>
<tr><td colspan="2">验收项目</td><td>设计要求或规范规定</td><td>最小/实际抽样数量</td><td>检查记录</td><td>检查结果</td></tr>
<tr><td>1</td><td>机房工程宜包括供配电系统、防雷与接地系统、空气调节系统、给水排水系统、综合布线系统、监控与安全防范系统、消防系统、室内装饰装修和电磁屏蔽等</td><td>符合设计要求
第13.4.4条</td><td>/</td><td></td><td></td></tr>
<tr><td>2</td><td>机房工程验收时，应检测供配电系统的输出电能质量</td><td>符合设计要求</td><td>/</td><td></td><td></td></tr>
<tr><td>3</td><td>机房工程验收时，应检测不间断点源的供电时延</td><td>符合设计要求</td><td>/</td><td></td><td></td></tr>
<tr><td>4</td><td>机房工程验收时，应检测静电防护措施</td><td>符合设计要求</td><td>/</td><td></td><td></td></tr>
<tr><td>5</td><td>机房工程验收文件</td><td>《智能建筑工程质量验收规范》GB 50339—2013第3.3.4，机柜设备装配图</td><td>/</td><td></td><td></td></tr>
<tr><td>施工单位检查结果</td><td colspan="5">专业工长：（签名）　　项目专业质量检查员：（签名）　　年　月　日</td></tr>
<tr><td>监理单位验收结论</td><td colspan="5">专业监理工程师：（签名）　　年　月　日</td></tr>
</table>

7.2.8.73 市政验·廊-21.5 智能化工程（防雷接与接地系统）质量验收记录

市政基础设施工程

智能化工程（防雷接与接地系统）质量验收记录

市政验·廊-21.5

第 页 共 页

<table>
<tr><td colspan="2">工程名称</td><td colspan="5"></td></tr>
<tr><td colspan="2">单位工程名称</td><td colspan="5"></td></tr>
<tr><td colspan="2">施工单位</td><td></td><td colspan="2">分包单位</td><td colspan="2"></td></tr>
<tr><td colspan="2">项目负责人</td><td></td><td colspan="2">项目技术负责人</td><td colspan="2"></td></tr>
<tr><td colspan="2">分部（子分部）工程名称</td><td></td><td colspan="2">分项工程名称</td><td colspan="2"></td></tr>
<tr><td colspan="2">验收部位/区段</td><td></td><td colspan="2">检验批容量</td><td colspan="2"></td></tr>
<tr><td colspan="2">施工及验收依据</td><td colspan="5">《城市综合管廊工程施工及验收规范》DB 4401/T 3</td></tr>
<tr><td colspan="2">验收项目</td><td>设计要求或规范规定</td><td>最小/实际抽样数量</td><td>检查记录</td><td colspan="2">检查结果</td></tr>
<tr><td>1</td><td>防雷与接地宜包括智能化系统的接地装置、接地桩、等电位联结、屏蔽设施和电涌保护器</td><td>符合设计要求</td><td>/</td><td></td><td colspan="2"></td></tr>
<tr><td>2</td><td>防雷接与接地系统的验收文件</td><td>《智能建筑工程质量验收规范》GB 50339—2013 第 3.3.4，防雷保护设备的一览表</td><td>/</td><td></td><td colspan="2"></td></tr>
<tr><td>施工单位检查结果</td><td colspan="6">专业工长：（签名） 项目专业质量检查员：（签名） 年 月 日</td></tr>
<tr><td>监理单位验收结论</td><td colspan="6">专业监理工程师：（签名） 年 月 日</td></tr>
</table>

7.2.9 园林绿化工程

7.2.9.1 市政验·绿-1 土方分项工程检验批质量验收记录

市政基础设施工程

土方分项工程检验批质量验收记录

市政验·绿-1

第　　页 共　　页

<table>
<tr><td colspan="3">工程名称</td><td colspan="5"></td></tr>
<tr><td colspan="3">单位工程名称</td><td colspan="5"></td></tr>
<tr><td colspan="3">施工单位</td><td></td><td colspan="2">分包单位</td><td colspan="2"></td></tr>
<tr><td colspan="3">项目负责人</td><td></td><td colspan="2">项目技术负责人</td><td colspan="2"></td></tr>
<tr><td colspan="3">分部（子分部）工程名称</td><td></td><td colspan="2">分项工程名称</td><td colspan="2"></td></tr>
<tr><td colspan="3">验收部位/区段</td><td></td><td colspan="2">检验批容量</td><td colspan="2"></td></tr>
<tr><td colspan="3">施工及验收依据</td><td colspan="5">《广东省城市绿化工程施工及验收规范》DB 44/T 581</td></tr>
<tr><td colspan="3">验收项目</td><td>设计要求或规范规定</td><td>最小/实际抽样数量</td><td>检查记录</td><td colspan="2">检查结果</td></tr>
<tr><td rowspan="5">主控项目</td><td>1</td><td>有害客土更换</td><td>第 6.1.2.1 条</td><td>/</td><td></td><td colspan="2"></td></tr>
<tr><td>2</td><td>回填材料</td><td>第 6.1.2.2 条</td><td>/</td><td></td><td colspan="2"></td></tr>
<tr><td>3</td><td>回填坡度、标高、密实度和排水情况</td><td>第 6.1.2.3 或 8.4.2 条</td><td>/</td><td></td><td colspan="2"></td></tr>
<tr><td></td><td></td><td></td><td></td><td></td><td colspan="2"></td></tr>
<tr><td></td><td></td><td></td><td></td><td></td><td colspan="2"></td></tr>
<tr><td rowspan="4">一般项目</td><td></td><td></td><td></td><td></td><td></td><td colspan="2"></td></tr>
<tr><td></td><td></td><td></td><td></td><td></td><td colspan="2"></td></tr>
<tr><td></td><td></td><td></td><td></td><td></td><td colspan="2"></td></tr>
<tr><td></td><td></td><td></td><td></td><td></td><td colspan="2"></td></tr>
<tr><td>施工单位检查结果</td><td colspan="7">专业工长：（签名）　　项目专业质量检查员：（签名）　　年　月　日</td></tr>
<tr><td>监理单位验收结论</td><td colspan="7">专业监理工程师：（签名）　　年　月　日</td></tr>
</table>

7.2.9.2 市政验·绿-2 种植土回填工程检验批质量验收记录

市政基础设施工程

种植土回填工程检验批质量验收记录

市政验·绿-2

第　　页 共　　页

<table>
<tr><td colspan="3">工程名称</td><td colspan="4"></td></tr>
<tr><td colspan="3">单位工程名称</td><td colspan="4"></td></tr>
<tr><td colspan="3">施工单位</td><td></td><td colspan="2">分包单位</td><td></td></tr>
<tr><td colspan="3">项目负责人</td><td></td><td colspan="2">项目技术负责人</td><td></td></tr>
<tr><td colspan="3">分部（子分部）工程名称</td><td></td><td colspan="2">分项工程名称</td><td></td></tr>
<tr><td colspan="3">验收部位/区段</td><td></td><td colspan="2">检验批容量</td><td></td></tr>
<tr><td colspan="3">施工及验收依据</td><td colspan="4">《广东省城市绿化工程施工及验收规范》DB 44/T 581</td></tr>
<tr><td colspan="3">验收项目</td><td>设计要求
或规范规定</td><td>最小/实际
抽样数量</td><td>检查记录</td><td>检查结果</td></tr>
<tr><td rowspan="5">主控项目</td><td>1</td><td>种植土性能</td><td>第 6.2.2.1 或 8.2.2 或
8.3.2 或 8.4.3.1 条</td><td>/</td><td></td><td></td></tr>
<tr><td>2</td><td>不透水层情况</td><td>第 6.2.3.1.1 条</td><td>/</td><td></td><td></td></tr>
<tr><td>3</td><td>有效土层厚度</td><td>第 6.2.3.1.2 条
或 8.4.3.3 条</td><td>/</td><td></td><td></td></tr>
<tr><td>4</td><td>种植物容器</td><td>第 8.3.3.1 条</td><td>/</td><td></td><td></td></tr>
<tr><td>5</td><td>种植土内杂物情况</td><td>第 6.2.2.2 条</td><td>/</td><td></td><td></td></tr>
<tr><td rowspan="4">一般项目</td><td></td><td></td><td></td><td></td><td></td><td></td></tr>
<tr><td></td><td></td><td></td><td></td><td></td><td></td></tr>
<tr><td></td><td></td><td></td><td></td><td></td><td></td></tr>
<tr><td></td><td></td><td></td><td></td><td></td><td></td></tr>
<tr><td>施工单位
检查结果</td><td colspan="6">专业工长：（签名）　　　　项目专业质量检查员：（签名）　　　　年　　月　　日</td></tr>
<tr><td>监理单位
验收结论</td><td colspan="6">专业监理工程师：（签名）　　　　年　　月　　日</td></tr>
</table>

7.2.9.3　市政验·绿-3　绿地地形整理工程检验批质量验收记录

市政基础设施工程

绿地地形整理工程检验批质量验收记录

市政验·绿-3

第　　页共　　页

<table>
<tr><td colspan="3">工程名称</td><td colspan="6"></td></tr>
<tr><td colspan="3">单位工程名称</td><td colspan="6"></td></tr>
<tr><td colspan="3">施工单位</td><td></td><td colspan="2">分包单位</td><td colspan="3"></td></tr>
<tr><td colspan="3">项目负责人</td><td></td><td colspan="2">项目技术负责人</td><td colspan="3"></td></tr>
<tr><td colspan="3">分部（子分部）工程名称</td><td></td><td colspan="2">分项工程名称</td><td colspan="3"></td></tr>
<tr><td colspan="3">验收部位/区段</td><td></td><td colspan="2">检验批容量</td><td colspan="3"></td></tr>
<tr><td colspan="3">施工及验收依据</td><td colspan="6">《广东省城市绿化工程施工及验收规范》DB 44/T 581</td></tr>
<tr><td colspan="4">验收项目</td><td>设计要求或规范规定</td><td>最小/实际抽样数量</td><td>检查记录</td><td colspan="2">检查结果</td></tr>
<tr><td rowspan="4">主控项目</td><td>1</td><td colspan="2">平整度</td><td>第6.2.4.1条</td><td>/</td><td></td><td colspan="2"></td></tr>
<tr><td>2</td><td colspan="2">坡度及排水情况</td><td>第6.2.4.1条</td><td>/</td><td></td><td colspan="2"></td></tr>
<tr><td>3</td><td colspan="2">密实度</td><td>第8.4.3.4条</td><td>/</td><td></td><td colspan="2"></td></tr>
<tr><td></td><td colspan="2"></td><td></td><td></td><td></td><td colspan="2"></td></tr>
<tr><td rowspan="4">一般项目</td><td>1</td><td colspan="2">完成面杂物情况</td><td>第6.2.4.2条</td><td>/</td><td></td><td colspan="2"></td></tr>
<tr><td>2</td><td rowspan="3">允许偏差</td><td>土壤颗粒尺寸（cm）</td><td>±1.0</td><td>/</td><td></td><td colspan="2"></td></tr>
<tr><td></td><td></td><td></td><td></td><td></td><td colspan="2"></td></tr>
<tr><td></td><td></td><td></td><td></td><td></td><td colspan="2"></td></tr>
<tr><td colspan="2">施工单位检查结果</td><td colspan="7">专业工长：（签名）　　项目专业质量检查员：（签名）　　年　月　日</td></tr>
<tr><td colspan="2">监理单位验收结论</td><td colspan="7">专业监理工程师：（签名）　　年　月　日</td></tr>
</table>

7.2.9.4 市政验·绿-4 种植穴、槽的挖掘工程检验批质量验收记录

市政基础设施工程

种植穴、槽的挖掘工程检验批质量验收记录

市政验·绿-4

第 页 共 页

<table>
<tr><td colspan="3">工程名称</td><td colspan="5"></td></tr>
<tr><td colspan="3">单位工程名称</td><td colspan="5"></td></tr>
<tr><td colspan="3">施工单位</td><td></td><td colspan="2">分包单位</td><td colspan="2"></td></tr>
<tr><td colspan="3">项目负责人</td><td></td><td colspan="2">项目技术负责人</td><td colspan="2"></td></tr>
<tr><td colspan="3">分部（子分部）工程名称</td><td></td><td colspan="2">分项工程名称</td><td colspan="2"></td></tr>
<tr><td colspan="3">验收部位/区段</td><td></td><td colspan="2">检验批容量</td><td colspan="2"></td></tr>
<tr><td colspan="3">施工及验收依据</td><td colspan="5">《广东省城市绿化工程施工及验收规范》DB 44/T 581</td></tr>
<tr><td colspan="3">验收项目</td><td>设计要求或规范规定</td><td>最小/实际抽样数量</td><td>检查记录</td><td colspan="2">检查结果</td></tr>
<tr><td rowspan="5">主控项目</td><td>1</td><td>种植穴、槽的直径与深度</td><td>第 6.3.3.1 条</td><td>/</td><td></td><td colspan="2"></td></tr>
<tr><td>2</td><td>施基肥情况</td><td>第 6.3.3.1 条</td><td>/</td><td></td><td colspan="2"></td></tr>
<tr><td>3</td><td>定点放线</td><td>第 6.3.3.2 条</td><td>/</td><td></td><td colspan="2"></td></tr>
<tr><td>4</td><td>排水不良种植穴的处理</td><td>第 6.3.3.2 条</td><td>/</td><td></td><td colspan="2"></td></tr>
<tr><td></td><td></td><td></td><td></td><td></td><td colspan="2"></td></tr>
<tr><td rowspan="5">一般项目</td><td></td><td></td><td></td><td></td><td></td><td colspan="2"></td></tr>
<tr><td></td><td></td><td></td><td></td><td></td><td colspan="2"></td></tr>
<tr><td></td><td></td><td></td><td></td><td></td><td colspan="2"></td></tr>
<tr><td></td><td></td><td></td><td></td><td></td><td colspan="2"></td></tr>
<tr><td></td><td></td><td></td><td></td><td></td><td colspan="2"></td></tr>
<tr><td>施工单位检查结果</td><td colspan="7">专业工长：（签名） 项目专业质量检查员：（签名） 年 月 日</td></tr>
<tr><td>监理单位验收结论</td><td colspan="7">专业监理工程师：（签名） 年 月 日</td></tr>
</table>

7.2.9.5　市政验·绿-5　植物种植工程检验批质量验收记录

市政基础设施工程

植物种植工程检验批质量验收记录

市政验·绿-5

第　　页 共　　页

<table>
<tr><td colspan="3">工程名称</td><td colspan="5"></td></tr>
<tr><td colspan="3">单位工程名称</td><td colspan="5"></td></tr>
<tr><td colspan="3">施工单位</td><td></td><td colspan="2">分包单位</td><td colspan="2"></td></tr>
<tr><td colspan="3">项目负责人</td><td></td><td colspan="2">项目技术负责人</td><td colspan="2"></td></tr>
<tr><td colspan="3">分部（子分部）工程名称</td><td></td><td colspan="2">分项工程名称</td><td colspan="2"></td></tr>
<tr><td colspan="3">验收部位/区段</td><td></td><td colspan="2">检验批容量</td><td colspan="2"></td></tr>
<tr><td colspan="3">施工及验收依据</td><td colspan="5">《广东省城市绿化工程施工及验收规范》DB 44/T 581</td></tr>
<tr><td colspan="3">验收项目</td><td>设计要求
或规范规定</td><td>最小/实际
抽样数量</td><td>检查记录</td><td colspan="2">检查结果</td></tr>
<tr><td rowspan="7">主控项目</td><td>1</td><td>植物材料</td><td>第 6.3.2.1.1-6.3.2.1.7 或 8.3.3.1 或 8.4.4.2 条</td><td>/</td><td></td><td colspan="2"></td></tr>
<tr><td>2</td><td>施基肥</td><td>第 6.3.4.1.1-6.3.4.1.2 条</td><td>/</td><td></td><td colspan="2"></td></tr>
<tr><td>3</td><td>包装物与固定设施</td><td>第 6.3.4.1.3 或 8.4.4.1 或 8.2.3.3 条或 8.3.3.2 条</td><td>/</td><td></td><td colspan="2"></td></tr>
<tr><td>4</td><td>栽植深度</td><td>第 6.3.4.1.4 或 8.2.3.1-8.2.3.2 条</td><td>/</td><td></td><td colspan="2"></td></tr>
<tr><td>5</td><td>栽植排列</td><td>第 6.3.4.1.5-6.3.4.1.6 条</td><td>/</td><td></td><td colspan="2"></td></tr>
<tr><td>6</td><td>栽植密度</td><td>第 6.3.4.1.7-6.3.4.1.8 条</td><td>/</td><td></td><td colspan="2"></td></tr>
<tr><td>7</td><td>大树种植要求</td><td>第 7.4.1-7.4.3 条</td><td>/</td><td></td><td colspan="2"></td></tr>
<tr><td rowspan="7">一般项目</td><td>1</td><td>苗木到场后处理</td><td>第 6.3.4.2.1 条</td><td>/</td><td></td><td colspan="2"></td></tr>
<tr><td>2</td><td>苗木种植前修剪</td><td>第 6.3.2.2 条</td><td>/</td><td></td><td colspan="2"></td></tr>
<tr><td>3</td><td>苗木起吊</td><td>第 6.3.4.2.2 条</td><td>/</td><td></td><td colspan="2"></td></tr>
<tr><td>4</td><td>苗木支撑</td><td>第 6.3.4.2.3 条</td><td>/</td><td></td><td colspan="2"></td></tr>
<tr><td>5</td><td>花卉、地被种植顺序</td><td>第 6.3.4.2.4 条</td><td>/</td><td></td><td colspan="2"></td></tr>
<tr><td>6</td><td>假山或岩缝间种植</td><td>第 6.3.4.2.5 条</td><td>/</td><td></td><td colspan="2"></td></tr>
<tr><td>7</td><td>淋水、开窝、培土</td><td>第 6.3.4.2.6-6.3.4.2.8 条</td><td>/</td><td></td><td colspan="2"></td></tr>
<tr><td>施工单位
检查结果</td><td colspan="7">专业工长：（签名）　　　　项目专业质量检查员：（签名）　　　　年　　月　　日</td></tr>
<tr><td>监理单位
验收结论</td><td colspan="7">专业监理工程师：（签名）　　　　年　　月　　日</td></tr>
</table>

7.2.9.6 市政验·绿-6 草坪播种工程检验批质量验收记录表

市政基础设施工程

草坪播种工程检验批质量验收记录

市政验·绿-6

第　　页共　　页

<table>
<tr><td colspan="3">工程名称</td><td colspan="4"></td></tr>
<tr><td colspan="3">单位工程名称</td><td colspan="4"></td></tr>
<tr><td colspan="3">施工单位</td><td></td><td>分包单位</td><td colspan="2"></td></tr>
<tr><td colspan="3">项目负责人</td><td></td><td>项目技术负责人</td><td colspan="2"></td></tr>
<tr><td colspan="3">分部（子分部）工程名称</td><td></td><td>分项工程名称</td><td colspan="2"></td></tr>
<tr><td colspan="3">验收部位/区段</td><td></td><td>检验批容量</td><td colspan="2"></td></tr>
<tr><td colspan="3">施工及验收依据</td><td colspan="4">《广东省城市绿化工程施工及验收规范》DB 44/T 581</td></tr>
<tr><td colspan="3">验收项目</td><td>设计要求或规范规定</td><td>最小/实际抽样数量</td><td>检查记录</td><td>检查结果</td></tr>
<tr><td rowspan="6">主控项目</td><td>1</td><td>植物材料</td><td>第6.3.2.1.1条</td><td>/</td><td></td><td></td></tr>
<tr><td>2</td><td>播种类型选择</td><td>第6.3.5.1条</td><td>/</td><td></td><td></td></tr>
<tr><td>3</td><td>播种</td><td>第6.3.5.2条</td><td>/</td><td></td><td></td></tr>
<tr><td>4</td><td>播种后的处理</td><td>第6.3.5.3条</td><td>/</td><td></td><td></td></tr>
<tr><td>5</td><td>喷播</td><td>第8.4.3.2条</td><td>/</td><td></td><td></td></tr>
<tr><td></td><td></td><td></td><td></td><td></td><td></td></tr>
<tr><td rowspan="6">一般项目</td><td></td><td></td><td></td><td></td><td></td><td></td></tr>
<tr><td></td><td></td><td></td><td></td><td></td><td></td></tr>
<tr><td></td><td></td><td></td><td></td><td></td><td></td></tr>
<tr><td></td><td></td><td></td><td></td><td></td><td></td></tr>
<tr><td></td><td></td><td></td><td></td><td></td><td></td></tr>
<tr><td></td><td></td><td></td><td></td><td></td><td></td></tr>
<tr><td colspan="2">施工单位检查结果</td><td colspan="5">专业工长：（签名）　　项目专业质量检查员：（签名）　　年　月　日</td></tr>
<tr><td colspan="2">监理单位验收结论</td><td colspan="5">专业监理工程师：（签名）　　年　月　日</td></tr>
</table>

7.2.9.7 市政验·绿-7 水生植物种植工程检验批质量验收记录表

市政基础设施工程

水生植物种植工程检验批质量验收记录

市政验·绿-7

第 页 共 页

工程名称						
单位工程名称						
施工单位			分包单位			
项目负责人			项目技术负责人			
分部（子分部）工程名称			分项工程名称			
验收部位/区段			检验批容量			
施工及验收依据	《广东省城市绿化工程施工及验收规范》DB 44/T 581					
验收项目			设计要求或规范规定	最小/实际抽样数量	检查记录	检查结果
主控项目	1	植物材料	第6.3.2.1.1-6.3.2.1.7条	/		
	2	最适水深	第6.3.6.1条	/		
一般项目	1	缸盆固定	第6.3.6.2条	/		
	2	流动区域栽植的必要固定措施	第6.3.6.2条	/		
	3	漂浮植物栽植	第6.3.6.2条	/		
施工单位检查结果	专业工长：（签名） 项目专业质量检查员：（签名） 年 月 日					
监理单位验收结论	专业监理工程师：（签名） 年 月 日					

7.2.9.8 市政验·绿-8-1 苗木进场检验批质量验收记录表

市政基础设施工程

苗木进场检验批质量验收记录（一）

市政验·绿-8-1

第　　页共　　页

工程名称					检验日期			
序号	类别	苗木名称	来源	规格	根系树型及土球	检疫	单位	进场数量
检验结论：								
施工单位检查结果	专业工长：（签名）　项目专业质量检查员：（签名）　年　月　日							
监理单位验收结论	专业监理工程师：（签名）　年　月　日							

注：1. 本表由施工单位填写；

2. 类别划分：（1）常绿乔木；（2）常绿灌木；（3）绿篱；（4）落叶乔木；（5）落叶灌木；（6）色块（带）；（7）花卉；（8）藤本植物；（9）水生植物；（10）竹子；（11）草坪地被。

7.2.9.9 市政验·绿-8-2 苗木进场检验批质量验收记录表

市政基础设施工程

苗木进场检验批质量验收记录（二）

市政验·绿-8-2

第　　页 共　　页

工程名称			
单位工程名称			
施工单位		分包单位	
项目负责人		项目技术负责人	
分部（子分部）工程名称		分项工程名称	
验收部位/区段		检验批容量	
施工及验收依据	《广东省城市绿化工程施工及验收规范》DB 44/T 581		

验收项目					设计要求或规范规定	最小/实际抽样数量	检查记录	检查结果
主控项目	1	乔木	胸径	<10cm	±0.5	/		
				10～20cm	±1	/		
				>20cm	±2	/		
			冠幅	<2m	±20	/		
				2～4m	±30	/		
				>4m	±50	/		
			树高	<3m	±30	/		
				3～5m	±50	/		
				>5m	±80	/		
			净干高	<1m	±10	/		
				1～3m	±15	/		
				>3m	±30	/		
			定干高度设计值		—	/		
	2	灌木		高度	10%	/		
				冠幅	10%	/		
	3	袋装地被植物		冠幅	10%	/		
				高度	10%	/		
施工单位检查结果	专业工长：（签名）　　项目专业质量检查员：（签名）　　年　月　日							
监理单位验收结论	专业监理工程师：（签名）　　年　月　日							

注：行道树规格应填写定干高度。

7.2.9.10 市政验·绿-9 养护分项工程检验批质量验收记录

市政基础设施工程

养护分项工程检验批质量验收记录

市政验·绿-9

第 页 共 页

<table>
<tr><td colspan="3">工程名称</td><td colspan="4"></td></tr>
<tr><td colspan="3">单位工程名称</td><td colspan="4"></td></tr>
<tr><td colspan="3">施工单位</td><td></td><td colspan="2">分包单位</td><td></td></tr>
<tr><td colspan="3">项目负责人</td><td></td><td colspan="2">项目技术负责人</td><td></td></tr>
<tr><td colspan="3">分部（子分部）工程名称</td><td></td><td colspan="2">分项工程名称</td><td></td></tr>
<tr><td colspan="3">验收部位/区段</td><td></td><td colspan="2">检验批容量</td><td></td></tr>
<tr><td colspan="3">施工及验收依据</td><td colspan="4">《广东省城市绿化工程施工及验收规范》DB 44/T 581</td></tr>
<tr><td colspan="3">验收项目</td><td>设计要求
或规范规定</td><td>最小/实际
抽样数量</td><td>检查记录</td><td>检查结果</td></tr>
<tr><td rowspan="7">主控项目</td><td>1</td><td>植物生长势</td><td>第 6.4.2.1
或 8.2.4.2 条</td><td>/</td><td></td><td></td></tr>
<tr><td>2</td><td>植物成活率、覆盖率</td><td>第 6.4.2.2 条</td><td>/</td><td></td><td></td></tr>
<tr><td>3</td><td>植后修剪</td><td>第 6.4.2.3 条</td><td>/</td><td></td><td></td></tr>
<tr><td>4</td><td>植物病虫害</td><td>第 6.4.2.4 或 7.5.1
或 8.2.4.1 条</td><td>/</td><td></td><td></td></tr>
<tr><td>5</td><td>植后施肥</td><td>第 6.4.2.5 条</td><td>/</td><td></td><td></td></tr>
<tr><td>6</td><td>草坪平整度、草坪边缘</td><td>第 6.4.2.6 条</td><td>/</td><td></td><td></td></tr>
<tr><td>7</td><td>边坡养护</td><td>第 8.4.5 条</td><td>/</td><td></td><td></td></tr>
<tr><td rowspan="2">一般项目</td><td>1</td><td>人员配备</td><td>第 7.5.2.1 条</td><td>/</td><td></td><td></td></tr>
<tr><td>2</td><td>使用植物生长调节剂情况</td><td>第 7.5.2.2 条</td><td>/</td><td></td><td></td></tr>
<tr><td>施工单位
检查结果</td><td colspan="6">专业工长：（签名） 项目专业质量检查员：（签名） 年 月 日</td></tr>
<tr><td>监理单位
验收结论</td><td colspan="6">专业监理工程师：（签名） 年 月 日</td></tr>
</table>

7.2.9.11 市政验·绿-10 植后植物材料检验批质量验收记录

市政基础设施工程

植后植物材料检验批质量验收记录

市政验·绿-10

第 页 共 页

<table>
<tr><td colspan="3">工程名称</td><td colspan="5"></td></tr>
<tr><td colspan="3">单位工程名称</td><td colspan="5"></td></tr>
<tr><td colspan="3">施工单位</td><td>分包单位</td><td colspan="4"></td></tr>
<tr><td colspan="3">项目负责人</td><td>项目技术负责人</td><td colspan="4"></td></tr>
<tr><td colspan="3">分部（子分部）工程名称</td><td>分项工程名称</td><td colspan="4"></td></tr>
<tr><td colspan="3">验收部位/区段</td><td>检验批容量</td><td colspan="4"></td></tr>
<tr><td colspan="3">施工及验收依据</td><td colspan="5">《广东省城市绿化工程施工及验收规范》DB 44/T 581</td></tr>
<tr><td colspan="3">验收项目</td><td>设计要求或规范规定</td><td>最小/实际抽样数量</td><td>检查记录</td><td colspan="2">检查结果</td></tr>
<tr><td rowspan="5">主控项目</td><td>1</td><td>乔木</td><td>第6.3.7条</td><td>/</td><td></td><td colspan="2"></td></tr>
<tr><td>2</td><td>灌木</td><td>第6.3.7条</td><td>/</td><td></td><td colspan="2"></td></tr>
<tr><td>3</td><td>花卉及地被</td><td>第6.3.7条</td><td>/</td><td></td><td colspan="2"></td></tr>
<tr><td>4</td><td>草坪</td><td>第6.3.7条</td><td>/</td><td></td><td colspan="2"></td></tr>
<tr><td>5</td><td>水生植物</td><td>第6.3.7条</td><td>/</td><td></td><td colspan="2"></td></tr>
<tr><td rowspan="3">一般项目</td><td></td><td></td><td></td><td></td><td></td><td colspan="2"></td></tr>
<tr><td></td><td></td><td></td><td></td><td></td><td colspan="2"></td></tr>
<tr><td></td><td></td><td></td><td></td><td></td><td colspan="2"></td></tr>
<tr><td>施工单位检查结果</td><td colspan="7">专业工长：（签名） 项目专业质量检查员：（签名） 年 月 日</td></tr>
<tr><td>监理单位验收结论</td><td colspan="7">专业监理工程师：（签名） 年 月 日</td></tr>
</table>

7.2.9.12 市政验·绿-11 苗木挖掘分项工程检验批质量验收记录

市政基础设施工程

苗木挖掘分项工程检验批质量验收记录

市政验·绿-11

第 页共 页

<table>
<tr><td colspan="3">工程名称</td><td colspan="5"></td></tr>
<tr><td colspan="3">单位工程名称</td><td colspan="5"></td></tr>
<tr><td colspan="3">施工单位</td><td></td><td colspan="2">分包单位</td><td colspan="2"></td></tr>
<tr><td colspan="3">项目负责人</td><td></td><td colspan="2">项目技术负责人</td><td colspan="2"></td></tr>
<tr><td colspan="3">分部（子分部）工程名称</td><td></td><td colspan="2">分项工程名称</td><td colspan="2"></td></tr>
<tr><td colspan="3">验收部位/区段</td><td></td><td colspan="2">检验批容量</td><td colspan="2"></td></tr>
<tr><td colspan="3">施工及验收依据</td><td colspan="5">《广东省城市绿化工程施工及验收规范》DB 44/T 581</td></tr>
<tr><td colspan="3">验收项目</td><td>设计要求或规范规定</td><td>最小/实际抽样数量</td><td>检查记录</td><td colspan="2">检查结果</td></tr>
<tr><td rowspan="3">主控项目</td><td>1</td><td>挖掘前的准备</td><td>第7.2.1条</td><td>/</td><td></td><td colspan="2"></td></tr>
<tr><td>2</td><td>土球直径</td><td>第7.2.2条</td><td>/</td><td></td><td colspan="2"></td></tr>
<tr><td>3</td><td>土球包裹物</td><td>第7.2.2条</td><td>/</td><td></td><td colspan="2"></td></tr>
<tr><td rowspan="6">一般项目</td><td></td><td></td><td></td><td></td><td></td><td colspan="2"></td></tr>
<tr><td></td><td></td><td></td><td></td><td></td><td colspan="2"></td></tr>
<tr><td></td><td></td><td></td><td></td><td></td><td colspan="2"></td></tr>
<tr><td></td><td></td><td></td><td></td><td></td><td colspan="2"></td></tr>
<tr><td></td><td></td><td></td><td></td><td></td><td colspan="2"></td></tr>
<tr><td></td><td></td><td></td><td></td><td></td><td colspan="2"></td></tr>
<tr><td>施工单位检查结果</td><td colspan="7">专业工长：（签名） 项目专业质量检查员：（签名） 年 月 日</td></tr>
<tr><td>监理单位验收结论</td><td colspan="7">专业监理工程师：（签名） 年 月 日</td></tr>
</table>

7.2.9.13　市政验·绿-12　苗木迁移分项工程检验批质量验收记录

市政基础设施工程

苗木迁移分项工程检验批质量验收记录

市政验·绿-12

第　　页 共　　页

<table>
<tr><td colspan="3">工程名称</td><td colspan="5"></td></tr>
<tr><td colspan="3">单位工程名称</td><td colspan="5"></td></tr>
<tr><td colspan="3">施工单位</td><td></td><td colspan="2">分包单位</td><td colspan="2"></td></tr>
<tr><td colspan="3">项目负责人</td><td></td><td colspan="2">项目技术负责人</td><td colspan="2"></td></tr>
<tr><td colspan="3">分部（子分部）工程名称</td><td></td><td colspan="2">分项工程名称</td><td colspan="2"></td></tr>
<tr><td colspan="3">验收部位/区段</td><td></td><td colspan="2">检验批容量</td><td colspan="2"></td></tr>
<tr><td colspan="3">施工及验收依据</td><td colspan="5">《广东省城市绿化工程施工及验收规范》DB 44/T 581</td></tr>
<tr><td colspan="3">验收项目</td><td>设计要求或规范规定</td><td>最小/实际抽样数量</td><td>检查记录</td><td colspan="2">检查结果</td></tr>
<tr><td rowspan="4">主控项目</td><td>1</td><td>迁移苗木质量</td><td>第 7.3.1 条</td><td>/</td><td></td><td colspan="2"></td></tr>
<tr><td>2</td><td>迁移前的修剪、支撑</td><td>第 7.3.2-7.3.3 条</td><td>/</td><td></td><td colspan="2"></td></tr>
<tr><td>3</td><td>观赏面的标明</td><td>第 7.3.4 条</td><td>/</td><td></td><td colspan="2"></td></tr>
<tr><td>4</td><td>运输</td><td>第 7.3.5 条</td><td>/</td><td></td><td colspan="2"></td></tr>
<tr><td rowspan="7">一般项目</td><td></td><td></td><td></td><td></td><td></td><td colspan="2"></td></tr>
<tr><td></td><td></td><td></td><td></td><td></td><td colspan="2"></td></tr>
<tr><td></td><td></td><td></td><td></td><td></td><td colspan="2"></td></tr>
<tr><td></td><td></td><td></td><td></td><td></td><td colspan="2"></td></tr>
<tr><td></td><td></td><td></td><td></td><td></td><td colspan="2"></td></tr>
<tr><td></td><td></td><td></td><td></td><td></td><td colspan="2"></td></tr>
<tr><td></td><td></td><td></td><td></td><td></td><td colspan="2"></td></tr>
<tr><td>施工单位检查结果</td><td colspan="7">专业工长：（签名）　　项目专业质量检查员：（签名）　　年　月　日</td></tr>
<tr><td>监理单位验收结论</td><td colspan="7">专业监理工程师：（签名）　　年　月　日</td></tr>
</table>

7.2.9.14　市政验·绿-13　边坡基础分项工程检验批质量验收记录

市政基础设施工程

边坡基础分项工程检验批质量验收记录

市政验·绿-13

第　　页 共　　页

<table>
<tr><td colspan="3">工程名称</td><td colspan="5"></td></tr>
<tr><td colspan="3">单位工程名称</td><td colspan="5"></td></tr>
<tr><td colspan="3">施工单位</td><td colspan="2"></td><td>分包单位</td><td colspan="2"></td></tr>
<tr><td colspan="3">项目负责人</td><td colspan="2"></td><td>项目技术负责人</td><td colspan="2"></td></tr>
<tr><td colspan="3">分部（子分部）工程名称</td><td colspan="2"></td><td>分项工程名称</td><td colspan="2"></td></tr>
<tr><td colspan="3">验收部位/区段</td><td colspan="2"></td><td>检验批容量</td><td colspan="2"></td></tr>
<tr><td colspan="3">施工及验收依据</td><td colspan="5">《广东省城市绿化工程施工及验收规范》DB 44/T 581</td></tr>
<tr><td colspan="3">验收项目</td><td>设计要求或规范规定</td><td>最小/实际抽样数量</td><td>检查记录</td><td colspan="2">检查结果</td></tr>
<tr><td rowspan="7">主控项目</td><td>1</td><td>基质质量</td><td>第 8.4.3.1～8.4.3.2 条</td><td>/</td><td></td><td colspan="2"></td></tr>
<tr><td>2</td><td>基质厚度</td><td>第 8.4.3.3 条</td><td>/</td><td></td><td colspan="2"></td></tr>
<tr><td>3</td><td>地形整理</td><td>第 8.4.3.4 条</td><td>/</td><td></td><td colspan="2"></td></tr>
<tr><td>4</td><td>基质密实度</td><td>第 8.4.3.4 条</td><td>/</td><td></td><td colspan="2"></td></tr>
<tr><td>5</td><td>非喷播边坡的其他项目</td><td>附基础分项的相关检验批表</td><td>/</td><td></td><td colspan="2"></td></tr>
<tr><td></td><td></td><td></td><td></td><td></td><td colspan="2"></td></tr>
<tr><td></td><td></td><td></td><td></td><td></td><td colspan="2"></td></tr>
<tr><td>施工单位检查结果</td><td colspan="7">专业工长：（签名）　　项目专业质量检查员：（签名）　　年　月　日</td></tr>
<tr><td>监理单位验收结论</td><td colspan="7">专业监理工程师：（签名）　　年　月　日</td></tr>
</table>

7.2.9.15 市政验·绿-14 边坡栽植分项工程检验批质量验收记录

市政基础设施工程

边坡栽植分项工程检验批质量验收记录

市政验·绿-14

第 页 共 页

<table>
<tr><td colspan="3">工程名称</td><td colspan="5"></td></tr>
<tr><td colspan="3">单位工程名称</td><td colspan="5"></td></tr>
<tr><td colspan="3">施工单位</td><td></td><td colspan="2">分包单位</td><td colspan="2"></td></tr>
<tr><td colspan="3">项目负责人</td><td></td><td colspan="2">项目技术负责人</td><td colspan="2"></td></tr>
<tr><td colspan="3">分部（子分部）工程名称</td><td></td><td colspan="2">分项工程名称</td><td colspan="2"></td></tr>
<tr><td colspan="3">验收部位/区段</td><td></td><td colspan="2">检验批容量</td><td colspan="2"></td></tr>
<tr><td colspan="3">施工及验收依据</td><td colspan="5">《广东省城市绿化工程施工及验收规范》DB 44/T 581</td></tr>
<tr><td colspan="4">验收项目</td><td>设计要求
或规范规定</td><td>最小/实际
抽样数量</td><td>检查记录</td><td>检查结果</td></tr>
<tr><td rowspan="6">主
控
项
目</td><td>1</td><td colspan="2">一般人工种植和植生岛法</td><td>第 8.4.4.1 条</td><td>/</td><td></td><td></td></tr>
<tr><td>2</td><td colspan="2">喷播</td><td>第 8.4.4.2 条</td><td>/</td><td></td><td></td></tr>
<tr><td>3</td><td colspan="2">非喷播边坡的其他项目</td><td>第 8.4.4.3 条</td><td>/</td><td></td><td></td></tr>
<tr><td></td><td colspan="2"></td><td></td><td></td><td></td><td></td></tr>
<tr><td></td><td colspan="2"></td><td></td><td></td><td></td><td></td></tr>
<tr><td></td><td colspan="2"></td><td></td><td></td><td></td><td></td></tr>
<tr><td colspan="2">施工单位
检查结果</td><td colspan="6">专业工长：（签名） 项目专业质量检查员：（签名） 年 月 日</td></tr>
<tr><td colspan="2">监理单位
验收结论</td><td colspan="6">专业监理工程师：（签名） 年 月 日</td></tr>
</table>

7.2.9.16　市政验·绿-15　假山叠石分项工程检验批质量验收记录

市政基础设施工程

假山叠石分项工程检验批质量验收记录

市政验·绿-15

第　　页共　　页

<table>
<tr><td colspan="3">工程名称</td><td colspan="5"></td></tr>
<tr><td colspan="3">单位工程名称</td><td colspan="5"></td></tr>
<tr><td colspan="3">施工单位</td><td></td><td colspan="2">分包单位</td><td colspan="2"></td></tr>
<tr><td colspan="3">项目负责人</td><td></td><td colspan="2">项目技术负责人</td><td colspan="2"></td></tr>
<tr><td colspan="3">分部（子分部）工程名称</td><td></td><td colspan="2">分项工程名称</td><td colspan="2"></td></tr>
<tr><td colspan="3">验收部位/区段</td><td></td><td colspan="2">检验批容量</td><td colspan="2"></td></tr>
<tr><td colspan="3">施工及验收依据</td><td colspan="5">《广东省城市绿化工程施工及验收规范》DB 44/T 581</td></tr>
<tr><td colspan="3">验收项目</td><td>设计要求
或规范规定</td><td>最小/实际
抽样数量</td><td>检查记录</td><td colspan="2">检查结果</td></tr>
<tr><td rowspan="4">主控项目</td><td>1</td><td>基础</td><td>第9.2.1.1条</td><td>/</td><td></td><td colspan="2"></td></tr>
<tr><td>2</td><td>石材</td><td>第9.2.1.2条</td><td>/</td><td></td><td colspan="2"></td></tr>
<tr><td>3</td><td>基架</td><td>第9.2.1.3条</td><td>/</td><td></td><td colspan="2"></td></tr>
<tr><td></td><td></td><td></td><td></td><td></td><td colspan="2"></td></tr>
<tr><td rowspan="4">一般项目</td><td>1</td><td>勾缝、上色</td><td>第9.2.2.1-
9.2.2.2条</td><td>/</td><td></td><td colspan="2"></td></tr>
<tr><td>2</td><td>其他材料</td><td>第9.2.2.3条</td><td>/</td><td></td><td colspan="2"></td></tr>
<tr><td>3</td><td>艺术造型</td><td>第9.2.2.1条</td><td>/</td><td></td><td colspan="2"></td></tr>
<tr><td></td><td></td><td></td><td></td><td></td><td colspan="2"></td></tr>
<tr><td>施工单位
检查结果</td><td colspan="7">

专业工长：（签名）　　　　项目专业质量检查员：（签名）　　　　年　　月　　日</td></tr>
<tr><td>监理单位
验收结论</td><td colspan="7">

专业监理工程师：（签名）　　　　年　　月　　日</td></tr>
</table>

7.2.9.17 市政验·绿-16 铺装分项工程检验批质量验收记录

市政基础设施工程

铺装分项工程检验批质量验收记录

市政验·绿-16

第 页 共 页

<table>
<tr><td colspan="3">工程名称</td><td colspan="4"></td></tr>
<tr><td colspan="3">单位工程名称</td><td colspan="4"></td></tr>
<tr><td colspan="3">施工单位</td><td></td><td colspan="2">分包单位</td><td></td></tr>
<tr><td colspan="3">项目负责人</td><td></td><td colspan="2">项目技术负责人</td><td></td></tr>
<tr><td colspan="3">分部（子分部）工程名称</td><td></td><td colspan="2">分项工程名称</td><td></td></tr>
<tr><td colspan="3">验收部位/区段</td><td></td><td colspan="2">检验批容量</td><td></td></tr>
<tr><td colspan="3">施工及验收依据</td><td colspan="4">《广东省城市绿化工程施工及验收规范》DB 44/T 581</td></tr>
<tr><td colspan="3">验收项目</td><td>设计要求
或规范规定</td><td>最小/实际
抽样数量</td><td>检查记录</td><td>检查结果</td></tr>
<tr><td rowspan="3">主控项目</td><td>1</td><td>路床</td><td>第9.3.1.1-9.3.1.2条</td><td>/</td><td></td><td></td></tr>
<tr><td>2</td><td>基层</td><td>第9.3.1.3条</td><td>/</td><td></td><td></td></tr>
<tr><td>3</td><td>面层</td><td>第9.3.1.4条</td><td>/</td><td></td><td></td></tr>
<tr><td rowspan="9">一般项目</td><td>1</td><td>基层</td><td>第9.3.2.1条</td><td>/</td><td></td><td></td></tr>
<tr><td>2</td><td>面层</td><td>第9.3.2.2条</td><td>/</td><td></td><td></td></tr>
<tr><td>3</td><td>完成面</td><td>第9.3.2.3条</td><td>/</td><td></td><td></td></tr>
<tr><td>4</td><td>卵石、嵌草砖安装</td><td>第9.3.2.4-9.3.2.5条</td><td>/</td><td></td><td></td></tr>
<tr><td></td><td></td><td></td><td></td><td></td><td></td></tr>
<tr><td></td><td></td><td></td><td></td><td></td><td></td></tr>
<tr><td></td><td></td><td></td><td></td><td></td><td></td></tr>
<tr><td></td><td></td><td></td><td></td><td></td><td></td></tr>
<tr><td></td><td></td><td></td><td></td><td></td><td></td></tr>
<tr><td colspan="2">施工单位
检查结果</td><td colspan="5">专业工长：（签名） 项目专业质量检查员：（签名） 年 月 日</td></tr>
<tr><td colspan="2">监理单位
验收结论</td><td colspan="5">专业监理工程师：（签名） 年 月 日</td></tr>
</table>

7.2.9.18 市政验·绿-17 小品分项工程检验批质量验收记录

市政基础设施工程

小品分项工程检验批质量验收记录

市政验·绿-17

第　　页 共　　页

工程名称					
单位工程名称					
施工单位		分包单位			
项目负责人		项目技术负责人			
分部（子分部）工程名称		分项工程名称			
验收部位/区段		检验批容量			
施工及验收依据	《广东省城市绿化工程施工及验收规范》DB 44/T 581				

验收项目			设计要求或规范规定	最小/实际抽样数量	检查记录	检查结果
主控项目	1	成品	第9.4.1条	/		
	2	原材料	第9.4.2条	/		
	3	基础与成品安装	第9.4.3条	/		
一般项目						
施工单位检查结果	专业工长：（签名）　　项目专业质量检查员：（签名）　　年　月　日					
监理单位验收结论	专业监理工程师：（签名）　　年　月　日					

7.2.9.19 市政验·绿-18 路基分项工程检验批质量验收记录

市政基础设施工程

路基分项工程检验批质量验收记录

市政验·绿-18

第 页 共 页

<table>
<tr><td colspan="4">工程名称</td><td colspan="5"></td></tr>
<tr><td colspan="4">单位工程名称</td><td colspan="5"></td></tr>
<tr><td colspan="4">施工单位</td><td></td><td colspan="2">分包单位</td><td colspan="2"></td></tr>
<tr><td colspan="4">项目负责人</td><td></td><td colspan="2">项目技术负责人</td><td colspan="2"></td></tr>
<tr><td colspan="4">分部（子分部）工程名称</td><td></td><td colspan="2">分项工程名称</td><td colspan="2"></td></tr>
<tr><td colspan="4">验收部位/区段</td><td></td><td colspan="2">检验批容量</td><td colspan="2"></td></tr>
<tr><td colspan="4">施工及验收依据</td><td colspan="5">《广州市园林铺装工程（园路）施工验收规范》DBJ 440100/T 86</td></tr>
<tr><td colspan="4">验收项目</td><td>设计要求或
规范规定</td><td>最小/实际
抽样数量</td><td>检查记录</td><td colspan="2">检查结果</td></tr>
<tr><td rowspan="3">主控项目</td><td>1</td><td colspan="2">路基开挖</td><td>第 6.2.1-6.2.4 条</td><td>/</td><td></td><td colspan="2"></td></tr>
<tr><td>2</td><td colspan="2">路基回填</td><td>第 6.2.5-6.2.6 条</td><td>/</td><td></td><td colspan="2"></td></tr>
<tr><td>3</td><td colspan="2">土方路床密实度</td><td>第 6.2.7 条</td><td>/</td><td></td><td colspan="2"></td></tr>
<tr><td rowspan="8">一般项目</td><td>1</td><td colspan="2">控制测量</td><td>第 6.3.1 条</td><td>/</td><td></td><td colspan="2"></td></tr>
<tr><td rowspan="4">2</td><td rowspan="4">路基完成面</td><td>平整度（mm）</td><td>≤15</td><td>/</td><td></td><td colspan="2"></td></tr>
<tr><td>宽度</td><td>不小于设计要求</td><td>/</td><td></td><td colspan="2"></td></tr>
<tr><td>中线标高（mm）</td><td>−20，+10</td><td>/</td><td></td><td colspan="2"></td></tr>
<tr><td>路床横坡</td><td>不得反坡</td><td>/</td><td></td><td colspan="2"></td></tr>
<tr><td>3</td><td colspan="2">边坡、边沟</td><td>第 6.3.3-6.3.4 条</td><td>/</td><td></td><td colspan="2"></td></tr>
<tr><td>4</td><td colspan="2">特殊土路基</td><td>第 6.1.5 条</td><td>/</td><td></td><td colspan="2"></td></tr>
<tr><td></td><td colspan="2"></td><td></td><td></td><td></td><td colspan="2"></td></tr>
<tr><td>施工单位
检查结果</td><td colspan="8">专业工长：（签名） 项目专业质量检查员：（签名） 年 月 日</td></tr>
<tr><td>监理单位
验收结论</td><td colspan="8">专业监理工程师：（签名） 年 月 日</td></tr>
</table>

7.2.9.20 市政验·绿-19 基层分项工程检验批质量验收记录

市政基础设施工程

基层分项工程检验批质量验收记录

市政验·绿-19

第　　页共　　页

工程名称			
单位工程名称			
施工单位		分包单位	
项目负责人		项目技术负责人	
分部（子分部）工程名称		分项工程名称	
验收部位/区段		检验批容量	
施工及验收依据	《广州市园林铺装工程（园路）施工验收规范》DBJ 440100/T 86		

验收项目				设计要求或规范规定	最小/实际抽样数量	检查记录	检查结果
主控项目	1	原材料		第 5.2.1 条	/		
	2	轮迹深度（mm）		≯5	/		
	3	基层压实度		第 7.2.2 条	/		
	4	素混凝土垫层强度		第 7.1.2 和 7.2.3 条	/		
一般项目	1	表面情况		第 7.3.1 条	/		
	2	基层完成面	厚度	第 7.3.2 条	/		
			平整度		/		
			宽度		/		
			标高		/		
			坡度		/		
	3	汀步基层完成面		第 9.2.1.1 条	/		
	4	混凝土独立基础		第 9.2.1.2 条	/		
施工单位检查结果	专业工长：（签名）　　项目专业质量检查员：（签名）　　年　　月　　日						
监理单位验收结论	专业监理工程师：（签名）　　年　　月　　日						

7.2.9.21 市政验·绿-20 水泥混凝土面层检验批质量验收记录

市政基础设施工程

水泥混凝土面层检验批质量验收记录

市政验·绿-20

第　　页 共　　页

<table>
<tr><td colspan="3">工程名称</td><td colspan="5"></td></tr>
<tr><td colspan="3">单位工程名称</td><td colspan="5"></td></tr>
<tr><td colspan="3">施工单位</td><td></td><td colspan="2">分包单位</td><td colspan="2"></td></tr>
<tr><td colspan="3">项目负责人</td><td></td><td colspan="2">项目技术负责人</td><td colspan="2"></td></tr>
<tr><td colspan="3">分部（子分部）工程名称</td><td></td><td colspan="2">分项工程名称</td><td colspan="2"></td></tr>
<tr><td colspan="3">验收部位/区段</td><td></td><td colspan="2">检验批容量</td><td colspan="2"></td></tr>
<tr><td colspan="3">施工及验收依据</td><td colspan="5">《广州市园林铺装工程（园路）施工验收规范》DBJ 440100/T 86</td></tr>
<tr><td colspan="4">验收项目</td><td>设计要求或规范规定</td><td>最小/实际抽样数量</td><td>检查记录</td><td>检查结果</td></tr>
<tr><td rowspan="5">主控项目</td><td>1</td><td colspan="2">原材料</td><td>第5.2.1-5.2.2条</td><td>/</td><td></td><td></td></tr>
<tr><td>2</td><td colspan="2">板面边角表面观感</td><td>第8.2.2.1.1条</td><td>/</td><td></td><td></td></tr>
<tr><td>3</td><td colspan="2">伸缩缝</td><td>第8.2.2.1.2条</td><td>/</td><td></td><td></td></tr>
<tr><td>4</td><td colspan="2">面层厚度</td><td>第8.2.2.1.3条</td><td>/</td><td></td><td></td></tr>
<tr><td>5</td><td colspan="2">混凝土抗压/折强度</td><td>第8.2.2.1.3条</td><td>/</td><td></td><td></td></tr>
<tr><td rowspan="9">一般项目</td><td>1</td><td colspan="2">混凝土面层表面观感</td><td>第8.2.2.2.1条</td><td>/</td><td></td><td></td></tr>
<tr><td>2</td><td colspan="2">施工间缝</td><td>第8.2.2.2.4条</td><td>/</td><td></td><td></td></tr>
<tr><td>3</td><td colspan="2">斩假石面层</td><td>第8.2.2.2.3条</td><td>/</td><td></td><td></td></tr>
<tr><td rowspan="6">4</td><td rowspan="6">水泥混凝土面层</td><td>平整度（mm）</td><td>≤5</td><td>/</td><td></td><td></td></tr>
<tr><td>相邻板高差（mm）</td><td>≤3</td><td>/</td><td></td><td></td></tr>
<tr><td>宽度（mm）</td><td>0～−20</td><td>/</td><td></td><td></td></tr>
<tr><td>中线高程（mm）</td><td>±20</td><td>/</td><td></td><td></td></tr>
<tr><td>横坡（mm）</td><td>±0.3%
且不反坡</td><td>/</td><td></td><td></td></tr>
<tr><td>井框与路面高差（mm）</td><td>≤3</td><td>/</td><td></td><td></td></tr>
<tr><td>施工单位检查结果</td><td colspan="7">专业工长：（签名）　　项目专业质量检查员：（签名）　　年　月　日</td></tr>
<tr><td>监理单位验收结论</td><td colspan="7">专业监理工程师：（签名）　　年　月　日</td></tr>
</table>

7.2.9.22 市政验·绿-21 沥青混凝土面层检验批质量验收记录

市政基础设施工程

沥青混凝土面层检验批质量验收记录

市政验·绿-21

第　　页共　　页

<table>
<tr><td colspan="3">工程名称</td><td colspan="5"></td></tr>
<tr><td colspan="3">单位工程名称</td><td colspan="5"></td></tr>
<tr><td colspan="3">施工单位</td><td></td><td colspan="2">分包单位</td><td colspan="2"></td></tr>
<tr><td colspan="3">项目负责人</td><td></td><td colspan="2">项目技术负责人</td><td colspan="2"></td></tr>
<tr><td colspan="3">分部（子分部）工程名称</td><td></td><td colspan="2">分项工程名称</td><td colspan="2"></td></tr>
<tr><td colspan="3">验收部位/区段</td><td></td><td colspan="2">检验批容量</td><td colspan="2"></td></tr>
<tr><td colspan="3">施工及验收依据</td><td colspan="5">《广州市园林铺装工程（园路）施工验收规范》DBJ 440100/T 86</td></tr>
<tr><td colspan="4">验收项目</td><td>设计要求或规范规定</td><td>最小/实际抽样数量</td><td>检查记录</td><td>检查结果</td></tr>
<tr><td rowspan="6">主控项目</td><td>1</td><td colspan="2">原材料</td><td>第5.2.1-5.2.2条</td><td>/</td><td></td><td></td></tr>
<tr><td>2</td><td colspan="2">外观</td><td>第8.2.3.1.1条</td><td>/</td><td></td><td></td></tr>
<tr><td>3</td><td colspan="2">路面接茬</td><td>第8.2.3.1.2条</td><td>/</td><td></td><td></td></tr>
<tr><td>4</td><td colspan="2">路面压实度</td><td>≥95%</td><td>/</td><td></td><td></td></tr>
<tr><td>5</td><td colspan="2">路面厚度（mm）</td><td>+15，−5</td><td>/</td><td></td><td></td></tr>
<tr><td>6</td><td colspan="2">贯入与浇洒</td><td>第8.2.3.1.4条</td><td>/</td><td></td><td></td></tr>
<tr><td rowspan="5">一般项目</td><td rowspan="5">1</td><td rowspan="5">沥青混凝土面层</td><td>平整度（mm）</td><td>≤7</td><td>/</td><td></td><td></td></tr>
<tr><td>宽度</td><td>不小于设计值</td><td>/</td><td></td><td></td></tr>
<tr><td>中线高程（mm）</td><td>±15</td><td>/</td><td></td><td></td></tr>
<tr><td>横坡（mm）</td><td>±0.3%
且不反坡</td><td>/</td><td></td><td></td></tr>
<tr><td>井框与路面高差（mm）</td><td>≤5</td><td>/</td><td></td><td></td></tr>
<tr><td>施工单位检查结果</td><td colspan="7">专业工长：（签名）　　项目专业质量检查员：（签名）　　年　月　日</td></tr>
<tr><td>监理单位验收结论</td><td colspan="7">专业监理工程师：（签名）　　年　月　日</td></tr>
</table>

7.2.9.23 市政验·绿-22 水磨石、水刷石面层检验批质量验收记录

市政基础设施工程

水磨石、水刷石面层检验批质量验收记录

市政验·绿-22

第　　页共　　页

<table>
<tr><td colspan="3">工程名称</td><td colspan="6"></td></tr>
<tr><td colspan="3">单位工程名称</td><td colspan="6"></td></tr>
<tr><td colspan="3">施工单位</td><td colspan="2"></td><td colspan="2">分包单位</td><td colspan="2"></td></tr>
<tr><td colspan="3">项目负责人</td><td colspan="2"></td><td colspan="2">项目技术负责人</td><td colspan="2"></td></tr>
<tr><td colspan="3">分部（子分部）工程名称</td><td colspan="2"></td><td colspan="2">分项工程名称</td><td colspan="2"></td></tr>
<tr><td colspan="3">验收部位/区段</td><td colspan="2"></td><td colspan="2">检验批容量</td><td colspan="2"></td></tr>
<tr><td colspan="3">施工及验收依据</td><td colspan="6">《广州市园林铺装工程（园路）施工验收规范》DBJ 440100/T 86</td></tr>
<tr><td colspan="4">验收项目</td><td>设计要求
或规范规定</td><td>最小/实际
抽样数量</td><td>检查记录</td><td>检查结果</td></tr>
<tr><td rowspan="4">主控项目</td><td>1</td><td colspan="2">原材料</td><td>第 5.2.1 条</td><td>/</td><td></td><td></td></tr>
<tr><td>2</td><td colspan="2">水泥强度</td><td>第 8.2.4.2.1 条</td><td>/</td><td></td><td></td></tr>
<tr><td>3</td><td colspan="2">颜料</td><td>第 8.2.4.2.2 条</td><td>/</td><td></td><td></td></tr>
<tr><td>4</td><td colspan="2">拌和料体积比</td><td>第 8.2.4.2.3 条</td><td>/</td><td></td><td></td></tr>
<tr><td rowspan="8">一般项目</td><td>1</td><td colspan="2">面层表面观感</td><td>第 8.2.4.3.1 条</td><td>/</td><td></td><td></td></tr>
<tr><td>2</td><td colspan="2">水磨石石粒</td><td>第 8.2.4.3.2 条</td><td>/</td><td></td><td></td></tr>
<tr><td rowspan="6">3</td><td rowspan="6">水磨石、水刷石面层（mm）</td><td>平整度</td><td>≤5</td><td>/</td><td></td><td></td></tr>
<tr><td>相邻板高差</td><td>≤3</td><td>/</td><td></td><td></td></tr>
<tr><td>宽度</td><td>0，−20</td><td>/</td><td></td><td></td></tr>
<tr><td>中线高程</td><td>±20</td><td>/</td><td></td><td></td></tr>
<tr><td>横坡</td><td>±0.3%
且不反坡</td><td>/</td><td></td><td></td></tr>
<tr><td>井框与路面高差</td><td>≤5</td><td>/</td><td></td><td></td></tr>
<tr><td>施工单位检查结果</td><td colspan="8">
专业工长：（签名）　　项目专业质量检查员：（签名）　　年　月　日</td></tr>
<tr><td>监理单位验收结论</td><td colspan="8">
专业监理工程师：（签名）　　年　月　日</td></tr>
</table>

7.2.9.24　市政验·绿-23　块料面层检验批质量验收记录

市政基础设施工程

块料面层检验批质量验收记录

市政验·绿-23

第　　页共　　页

<table>
<tr><td colspan="3">工程名称</td><td colspan="6"></td></tr>
<tr><td colspan="3">单位工程名称</td><td colspan="6"></td></tr>
<tr><td colspan="3">施工单位</td><td colspan="2"></td><td colspan="2">分包单位</td><td colspan="2"></td></tr>
<tr><td colspan="3">项目负责人</td><td colspan="2"></td><td colspan="2">项目技术负责人</td><td colspan="2"></td></tr>
<tr><td colspan="3">分部（子分部）工程名称</td><td colspan="2"></td><td colspan="2">分项工程名称</td><td colspan="2"></td></tr>
<tr><td colspan="3">验收部位/区段</td><td colspan="2"></td><td colspan="2">检验批容量</td><td colspan="2"></td></tr>
<tr><td colspan="3">施工及验收依据</td><td colspan="6">《广州市园林铺装工程（园路）施工验收规范》DBJ 440100/T 86</td></tr>
<tr><td colspan="4">验收项目</td><td>设计要求或规范规定</td><td>最小/实际抽样数量</td><td>检查记录</td><td colspan="2">检查结果</td></tr>
<tr><td rowspan="6">主控项目</td><td>1</td><td colspan="2">原材料</td><td>第5.2.1-5.2.2条</td><td>/</td><td></td><td colspan="2"></td></tr>
<tr><td rowspan="3">2</td><td rowspan="3">块料</td><td>抗压/抗折强度</td><td rowspan="3">第8.3.2.1-8.3.2.2条</td><td>/</td><td></td><td colspan="2"></td></tr>
<tr><td>厚度</td><td>/</td><td></td><td colspan="2"></td></tr>
<tr><td>其他</td><td>/</td><td></td><td colspan="2"></td></tr>
<tr><td>3</td><td colspan="2">与下一层结合情况</td><td>第8.3.2.3条</td><td>/</td><td></td><td colspan="2"></td></tr>
<tr><td></td><td colspan="2"></td><td></td><td></td><td></td><td colspan="2"></td></tr>
<tr><td rowspan="9">一般项目</td><td>1</td><td colspan="2">块料表面观感</td><td>第8.3.3.1条</td><td>/</td><td></td><td colspan="2"></td></tr>
<tr><td>2</td><td colspan="2">表面坡度</td><td>第8.3.3.2条</td><td>/</td><td></td><td colspan="2"></td></tr>
<tr><td rowspan="7">3</td><td rowspan="7">块料面层</td><td>表面平整度</td><td rowspan="6">第8.3.3.3条</td><td>/</td><td></td><td colspan="2"></td></tr>
<tr><td>缝格直顺</td><td>/</td><td></td><td colspan="2"></td></tr>
<tr><td>接缝高低差（相邻块高差）</td><td>/</td><td></td><td colspan="2"></td></tr>
<tr><td>板块间隙宽度</td><td>/</td><td></td><td colspan="2"></td></tr>
<tr><td>井框与路面高差</td><td>/</td><td></td><td colspan="2"></td></tr>
<tr><td>横坡度</td><td>/</td><td></td><td colspan="2"></td></tr>
<tr><td>外观质量</td><td>第8.3.3.4条</td><td>/</td><td></td><td colspan="2"></td></tr>
<tr><td>施工单位检查结果</td><td colspan="8">专业工长：（签名）　　项目专业质量检查员：（签名）　　年　月　日</td></tr>
<tr><td>监理单位验收结论</td><td colspan="8">专业监理工程师：（签名）　　年　月　日</td></tr>
</table>

7.2.9.25　市政验·绿-24　碎料面层检验批质量验收记录

市政基础设施工程

碎料面层检验批质量验收记录

市政验·绿-24

第　　页 共　　页

<table>
<tr><td colspan="2">工程名称</td><td colspan="5"></td></tr>
<tr><td colspan="2">单位工程名称</td><td colspan="5"></td></tr>
<tr><td colspan="2">施工单位</td><td></td><td colspan="2">分包单位</td><td colspan="2"></td></tr>
<tr><td colspan="2">项目负责人</td><td></td><td colspan="2">项目技术负责人</td><td colspan="2"></td></tr>
<tr><td colspan="2">分部（子分部）工程名称</td><td></td><td colspan="2">分项工程名称</td><td colspan="2"></td></tr>
<tr><td colspan="2">验收部位/区段</td><td></td><td colspan="2">检验批容量</td><td colspan="2"></td></tr>
<tr><td colspan="2">施工及验收依据</td><td colspan="5">《广州市园林铺装工程（园路）施工验收规范》DBJ 440100/T 86</td></tr>
<tr><td colspan="3">验收项目</td><td>设计要求
或规范规定</td><td>最小/实际
抽样数量</td><td>检查记录</td><td>检查结果</td></tr>
<tr><td rowspan="5">主控项目</td><td>1</td><td>原材料</td><td>第5.2.1条</td><td>/</td><td></td><td></td></tr>
<tr><td>2</td><td>卵石外观</td><td>第8.4.2.1条</td><td>/</td><td></td><td></td></tr>
<tr><td>3</td><td>色泽与规格搭配</td><td>第8.4.2.2条</td><td>/</td><td></td><td></td></tr>
<tr><td></td><td></td><td></td><td></td><td></td><td></td></tr>
<tr><td></td><td></td><td></td><td></td><td></td><td></td></tr>
<tr><td rowspan="6">一般项目</td><td></td><td></td><td></td><td></td><td></td><td></td></tr>
<tr><td></td><td></td><td></td><td></td><td></td><td></td></tr>
<tr><td></td><td></td><td></td><td></td><td></td><td></td></tr>
<tr><td></td><td></td><td></td><td></td><td></td><td></td></tr>
<tr><td></td><td></td><td></td><td></td><td></td><td></td></tr>
<tr><td></td><td></td><td></td><td></td><td></td><td></td></tr>
<tr><td>施工单位
检查结果</td><td colspan="6">专业工长：（签名）　　项目专业质量检查员：（签名）　　年　月　日</td></tr>
<tr><td>监理单位
验收结论</td><td colspan="6">专业监理工程师：（签名）　　年　月　日</td></tr>
</table>

7.2.9.26　市政验·绿-25　汀步面层检验批质量验收记录

市政基础设施工程

汀步面层检验批质量验收记录

市政验·绿-25

第　　页　共　　页

<table>
<tr><td colspan="3">工程名称</td><td colspan="6"></td></tr>
<tr><td colspan="3">单位工程名称</td><td colspan="6"></td></tr>
<tr><td colspan="3">施工单位</td><td colspan="2"></td><td colspan="2">分包单位</td><td colspan="2"></td></tr>
<tr><td colspan="3">项目负责人</td><td colspan="2"></td><td colspan="2">项目技术负责人</td><td colspan="2"></td></tr>
<tr><td colspan="3">分部（子分部）工程名称</td><td colspan="2"></td><td colspan="2">分项工程名称</td><td colspan="2"></td></tr>
<tr><td colspan="3">验收部位/区段</td><td colspan="2"></td><td colspan="2">检验批容量</td><td colspan="2"></td></tr>
<tr><td colspan="3">施工及验收依据</td><td colspan="6">《广州市园林铺装工程（园路）施工验收规范》DBJ 440100/T 86</td></tr>
<tr><td colspan="3">验收项目</td><td>设计要求或规范规定</td><td>最小/实际抽样数量</td><td colspan="2">检查记录</td><td colspan="2">检查结果</td></tr>
<tr><td rowspan="4">主控项目</td><td>1</td><td>半成品</td><td>第9.3.1.1条</td><td>/</td><td colspan="2"></td><td colspan="2"></td></tr>
<tr><td>2</td><td>各种半成品外观</td><td>第9.3.1.2条</td><td>/</td><td colspan="2"></td><td colspan="2"></td></tr>
<tr><td></td><td></td><td></td><td></td><td colspan="2"></td><td colspan="2"></td></tr>
<tr><td></td><td></td><td></td><td></td><td colspan="2"></td><td colspan="2"></td></tr>
<tr><td rowspan="8">一般项目</td><td>1</td><td>天然材料尺寸</td><td>第9.3.2.1条</td><td>/</td><td colspan="2"></td><td colspan="2"></td></tr>
<tr><td>2</td><td>与基层连接</td><td>第9.3.2.2条</td><td>/</td><td colspan="2"></td><td colspan="2"></td></tr>
<tr><td></td><td></td><td></td><td></td><td colspan="2"></td><td colspan="2"></td></tr>
<tr><td></td><td></td><td></td><td></td><td colspan="2"></td><td colspan="2"></td></tr>
<tr><td></td><td></td><td></td><td></td><td colspan="2"></td><td colspan="2"></td></tr>
<tr><td></td><td></td><td></td><td></td><td colspan="2"></td><td colspan="2"></td></tr>
<tr><td></td><td></td><td></td><td></td><td colspan="2"></td><td colspan="2"></td></tr>
<tr><td></td><td></td><td></td><td></td><td colspan="2"></td><td colspan="2"></td></tr>
<tr><td>施工单位检查结果</td><td colspan="8">专业工长：（签名）　　项目专业质量检查员：（签名）　　年　月　日</td></tr>
<tr><td>监理单位验收结论</td><td colspan="8">专业监理工程师：（签名）　　年　月　日</td></tr>
</table>

7.2.9.27 市政验·绿-26 路缘石安装分项工程检验批质量验收记录

市政基础设施工程

路缘石安装分项工程检验批质量验收记录

市政验·绿-26

第　　页 共　　页

<table>
<tr><td colspan="3">工程名称</td><td colspan="6"></td></tr>
<tr><td colspan="3">单位工程名称</td><td colspan="6"></td></tr>
<tr><td colspan="3">施工单位</td><td colspan="2"></td><td colspan="2">分包单位</td><td colspan="2"></td></tr>
<tr><td colspan="3">项目负责人</td><td colspan="2"></td><td colspan="2">项目技术负责人</td><td colspan="2"></td></tr>
<tr><td colspan="3">分部（子分部）工程名称</td><td colspan="2"></td><td colspan="2">分项工程名称</td><td colspan="2"></td></tr>
<tr><td colspan="3">验收部位/区段</td><td colspan="2"></td><td colspan="2">检验批容量</td><td colspan="2"></td></tr>
<tr><td colspan="3">施工及验收依据</td><td colspan="6">《广州市园林铺装工程（园路）施工验收规范》DBJ 440100/T 86</td></tr>
<tr><td colspan="4">验收项目</td><td>设计要求
或规范规定</td><td>最小/实际
抽样数量</td><td>检查记录</td><td colspan="2">检查结果</td></tr>
<tr><td rowspan="7">一
般
项
目</td><td>1</td><td colspan="2">表面观感、黏结</td><td>第10.1.1.1条</td><td>/</td><td></td><td colspan="2"></td></tr>
<tr><td>2</td><td colspan="2">侧石背后回填</td><td>第10.1.1.2条</td><td>/</td><td></td><td colspan="2"></td></tr>
<tr><td>3</td><td colspan="2">预制路缘石强度</td><td>第10.1.1.3条</td><td>/</td><td></td><td colspan="2"></td></tr>
<tr><td rowspan="4">4</td><td rowspan="4">路缘石
（mm）</td><td>直顺度</td><td>≤10</td><td>/</td><td></td><td colspan="2"></td></tr>
<tr><td>相邻板高差</td><td>≤3</td><td>/</td><td></td><td colspan="2"></td></tr>
<tr><td>缝宽</td><td>±3</td><td>/</td><td></td><td colspan="2"></td></tr>
<tr><td>侧石顶面高程</td><td>±10</td><td>/</td><td></td><td colspan="2"></td></tr>
<tr><td colspan="2">施工单位
检查结果</td><td colspan="7">专业工长：（签名）　　项目专业质量检查员：（签名）　　年　月　日</td></tr>
<tr><td colspan="2">监理单位
验收结论</td><td colspan="7">专业监理工程师：（签名）　　年　月　日</td></tr>
</table>

7.2.9.28　市政验·绿-27　收水井分项工程检验批质量验收记录

市政基础设施工程

收水井分项工程检验批质量验收记录

市政验·绿-27

第　　页 共　　页

<table>
<tr><td colspan="3">工程名称</td><td colspan="5"></td></tr>
<tr><td colspan="3">单位工程名称</td><td colspan="5"></td></tr>
<tr><td colspan="3">施工单位</td><td colspan="2"></td><td colspan="2">分包单位</td><td></td></tr>
<tr><td colspan="3">项目负责人</td><td colspan="2"></td><td colspan="2">项目技术负责人</td><td></td></tr>
<tr><td colspan="3">分部（子分部）工程名称</td><td colspan="2"></td><td colspan="2">分项工程名称</td><td></td></tr>
<tr><td colspan="3">验收部位/区段</td><td colspan="2"></td><td colspan="2">检验批容量</td><td></td></tr>
<tr><td colspan="3">施工及验收依据</td><td colspan="5">《广州市园林铺装工程（园路）施工验收规范》DBJ 440100/T 86</td></tr>
<tr><td colspan="4">验收项目</td><td>设计要求或规范规定</td><td>最小/实际抽样数量</td><td>检查记录</td><td>检查结果</td></tr>
<tr><td rowspan="9">一般项目</td><td>1</td><td colspan="2">井内壁抹面</td><td>第10.2.1.1条</td><td>/</td><td></td><td></td></tr>
<tr><td>2</td><td colspan="2">井框、井蓖</td><td>第10.2.1.2条</td><td>/</td><td></td><td></td></tr>
<tr><td>3</td><td colspan="2">垃圾、杂物</td><td>第10.2.1.3条</td><td>/</td><td></td><td></td></tr>
<tr><td>4</td><td colspan="2">回填</td><td>第10.2.1.3条</td><td>/</td><td></td><td></td></tr>
<tr><td>5</td><td colspan="2">支管</td><td>第10.2.1.4条</td><td>/</td><td></td><td></td></tr>
<tr><td rowspan="4">6</td><td rowspan="4">收水井、支管（mm）</td><td>井框与井壁吻合</td><td>≤10</td><td>/</td><td></td><td></td></tr>
<tr><td>井框与路面吻合</td><td>0，−10</td><td>/</td><td></td><td></td></tr>
<tr><td>雨水口边线与路边线间距</td><td>≤20</td><td>/</td><td></td><td></td></tr>
<tr><td>井内尺寸</td><td>+20，0</td><td>/</td><td></td><td></td></tr>
<tr><td>施工单位检查结果</td><td colspan="7">专业工长：（签名）　　项目专业质量检查员：（签名）　　年　月　日</td></tr>
<tr><td>监理单位验收结论</td><td colspan="7">专业监理工程师：（签名）　　年　月　日</td></tr>
</table>

7.2.9.29　市政验·绿-28　小型排水沟分项工程检验批质量验收记录

市政基础设施工程

小型排水沟分项工程检验批质量验收记录

市政验·绿-28

第　　页 共　　页

<table>
<tr><td colspan="4">工程名称</td><td colspan="5"></td></tr>
<tr><td colspan="4">单位工程名称</td><td colspan="5"></td></tr>
<tr><td colspan="4">施工单位</td><td></td><td colspan="2">分包单位</td><td colspan="2"></td></tr>
<tr><td colspan="4">项目负责人</td><td></td><td colspan="2">项目技术负责人</td><td colspan="2"></td></tr>
<tr><td colspan="4">分部（子分部）工程名称</td><td></td><td colspan="2">分项工程名称</td><td colspan="2"></td></tr>
<tr><td colspan="4">验收部位/区段</td><td></td><td colspan="2">检验批容量</td><td colspan="2"></td></tr>
<tr><td colspan="4">施工及验收依据</td><td colspan="5">《广州市园林铺装工程（园路）施工验收规范》DBJ 440100/T 86</td></tr>
<tr><td colspan="4">验收项目</td><td>设计要求或规范规定</td><td>最小/实际抽样数量</td><td>检查记录</td><td colspan="2">检查结果</td></tr>
<tr><td rowspan="12">一般项目</td><td>1</td><td colspan="2">砂浆饱和度</td><td>第 10.3.1.1 条</td><td>/</td><td></td><td colspan="2"></td></tr>
<tr><td>2</td><td colspan="2">垃圾、杂物</td><td>第 10.3.1.2 条</td><td>/</td><td></td><td colspan="2"></td></tr>
<tr><td>3</td><td colspan="2">基础</td><td>第 10.3.1.2 条</td><td>/</td><td></td><td colspan="2"></td></tr>
<tr><td>4</td><td colspan="2">沟内壁外观</td><td>第 10.3.1.3 条</td><td>/</td><td></td><td colspan="2"></td></tr>
<tr><td>5</td><td colspan="2">沟内是否直顺，有无错口</td><td>第 10.3.1.3 条</td><td>/</td><td></td><td colspan="2"></td></tr>
<tr><td rowspan="6">6</td><td rowspan="6">明沟</td><td>沟断面尺寸</td><td rowspan="6">第 10.3.1.4 条</td><td>/</td><td></td><td colspan="2"></td></tr>
<tr><td>沟底标高</td><td>/</td><td></td><td colspan="2"></td></tr>
<tr><td>墙面垂直度</td><td>/</td><td></td><td colspan="2"></td></tr>
<tr><td>墙面平整度</td><td>/</td><td></td><td colspan="2"></td></tr>
<tr><td>边线直顺度</td><td>/</td><td></td><td colspan="2"></td></tr>
<tr><td>盖板压墙长度</td><td>/</td><td></td><td colspan="2"></td></tr>
<tr><td></td><td></td><td></td><td></td><td></td><td></td><td colspan="2"></td></tr>
<tr><td>施工单位检查结果</td><td colspan="8">专业工长：（签名）　　项目专业质量检查员：（签名）　　年　　月　　日</td></tr>
<tr><td>监理单位验收结论</td><td colspan="8">专业监理工程师：（签名）　　年　　月　　日</td></tr>
</table>

7.2.9.30 市政验·绿-29 园凳、护栏等成品安装分项工程检验批质量验收记录

市政基础设施工程

园凳、护栏等成品安装分项工程检验批质量验收记录

市政验·绿-29

第　　页 共　　页

<table>
<tr><td colspan="3">工程名称</td><td colspan="5"></td></tr>
<tr><td colspan="3">单位工程名称</td><td colspan="5"></td></tr>
<tr><td colspan="3">施工单位</td><td></td><td colspan="2">分包单位</td><td colspan="2"></td></tr>
<tr><td colspan="3">项目负责人</td><td></td><td colspan="2">项目技术负责人</td><td colspan="2"></td></tr>
<tr><td colspan="3">分部（子分部）工程名称</td><td></td><td colspan="2">分项工程名称</td><td colspan="2"></td></tr>
<tr><td colspan="3">验收部位/区段</td><td></td><td colspan="2">检验批容量</td><td colspan="2"></td></tr>
<tr><td colspan="3">施工及验收依据</td><td colspan="5">《广州市园林铺装工程（园路）施工验收规范》DBJ 440100/T 86</td></tr>
<tr><td colspan="4">验收项目</td><td>设计要求
或规范规定</td><td>最小/实际
抽样数量</td><td>检查记录</td><td>检查结果</td></tr>
<tr><td rowspan="7">一般项目</td><td>1</td><td colspan="2">基础</td><td>第 10.4.1.1 条</td><td>/</td><td></td><td></td></tr>
<tr><td>2</td><td colspan="2">混凝土强度</td><td>第 10.4.1.2 条</td><td>/</td><td></td><td></td></tr>
<tr><td>3</td><td colspan="2">成品外观</td><td>第 10.4.1.3 条</td><td>/</td><td></td><td></td></tr>
<tr><td></td><td colspan="2"></td><td></td><td></td><td></td><td></td></tr>
<tr><td></td><td colspan="2"></td><td></td><td></td><td></td><td></td></tr>
<tr><td></td><td colspan="2"></td><td></td><td></td><td></td><td></td></tr>
<tr><td></td><td colspan="2"></td><td></td><td></td><td></td><td></td></tr>
<tr><td colspan="2">施工单位
检查结果</td><td colspan="6">专业工长：（签名）　　项目专业质量检查员：（签名）　　年　月　日</td></tr>
<tr><td colspan="2">监理单位
验收结论</td><td colspan="6">专业监理工程师：（签名）　　年　月　日</td></tr>
</table>

7.2.9.31 市政验·绿-30 穿线导管（槽）敷设分项工程检验批质量验收记录

市政基础设施工程

穿线导管（槽）敷设分项工程检验批质量验收记录

市政验·绿-30

第　　页共　　页

<table>
<tr><td colspan="3">工程名称</td><td colspan="5"></td></tr>
<tr><td colspan="3">单位工程名称</td><td colspan="5"></td></tr>
<tr><td colspan="3">施工单位</td><td></td><td colspan="2">分包单位</td><td colspan="2"></td></tr>
<tr><td colspan="3">项目负责人</td><td></td><td colspan="2">项目技术负责人</td><td colspan="2"></td></tr>
<tr><td colspan="3">分部（子分部）工程名称</td><td></td><td colspan="2">分项工程名称</td><td colspan="2"></td></tr>
<tr><td colspan="3">验收部位/区段</td><td></td><td colspan="2">检验批容量</td><td colspan="2"></td></tr>
<tr><td colspan="3">施工及验收依据</td><td colspan="5">《园林景观照明工程施工和验收规范》DBJ 440100/T 119</td></tr>
<tr><td colspan="3">验收项目</td><td>设计要求或规范规定</td><td>最小/实际抽样数量</td><td>检查记录</td><td colspan="2">检查结果</td></tr>
<tr><td rowspan="6">主控项目</td><td>1</td><td>接地接零</td><td>第6.1.1-6.1.3条</td><td>/</td><td></td><td colspan="2"></td></tr>
<tr><td>2</td><td>绝缘导管在砌体上剔槽埋设</td><td>第6.1.4条</td><td>/</td><td></td><td colspan="2"></td></tr>
<tr><td>3</td><td>管道沟槽开挖</td><td>第6.1.5条</td><td>/</td><td></td><td colspan="2"></td></tr>
<tr><td>4</td><td>管道沟槽回填</td><td>第6.1.6条</td><td>/</td><td></td><td colspan="2"></td></tr>
<tr><td>5</td><td>熔焊连接</td><td>第6.1.7条</td><td>/</td><td></td><td colspan="2"></td></tr>
<tr><td>6</td><td>弯曲半径</td><td>第6.1.8条</td><td>/</td><td></td><td colspan="2"></td></tr>
<tr><td rowspan="7">一般项目</td><td>1</td><td>电缆导管外观</td><td>第6.2.1条</td><td>/</td><td></td><td colspan="2"></td></tr>
<tr><td>2</td><td>电缆管在弯制</td><td>第6.2.2条</td><td>/</td><td></td><td colspan="2"></td></tr>
<tr><td>3</td><td>硬质塑料管连接</td><td>第6.2.3条</td><td>/</td><td></td><td colspan="2"></td></tr>
<tr><td>4</td><td>金属电缆管连接</td><td>第6.2.4条</td><td>/</td><td></td><td colspan="2"></td></tr>
<tr><td>5</td><td>铺设的电缆导管的要求</td><td>第6.2.5条</td><td>/</td><td></td><td colspan="2"></td></tr>
<tr><td>6</td><td>设置工作井</td><td>第6.2.6条</td><td>/</td><td></td><td colspan="2"></td></tr>
<tr><td>7</td><td>变形缝处的补偿装置</td><td>第6.2.7条</td><td>/</td><td></td><td colspan="2"></td></tr>
<tr><td>施工单位检查结果</td><td colspan="7">专业工长：（签名）　　项目专业质量检查员：（签名）　　年　月　日</td></tr>
<tr><td>监理单位验收结论</td><td colspan="7">专业监理工程师：（签名）　　年　月　日</td></tr>
</table>

7.2.9.32 市政验·绿-31 电线、电缆敷设分项工程检验批质量验收记录

市政基础设施工程

电线、电缆敷设分项工程检验批质量验收记录

市政验·绿-31

第　　页 共　　页

<table>
<tr><td colspan="3">工程名称</td><td colspan="5"></td></tr>
<tr><td colspan="3">单位工程名称</td><td colspan="5"></td></tr>
<tr><td colspan="3">施工单位</td><td></td><td colspan="2">分包单位</td><td colspan="2"></td></tr>
<tr><td colspan="3">项目负责人</td><td></td><td colspan="2">项目技术负责人</td><td colspan="2"></td></tr>
<tr><td colspan="3">分部（子分部）工程名称</td><td></td><td colspan="2">分项工程名称</td><td colspan="2"></td></tr>
<tr><td colspan="3">验收部位/区段</td><td></td><td colspan="2">检验批容量</td><td colspan="2"></td></tr>
<tr><td colspan="3">施工及验收依据</td><td colspan="5">《园林景观照明工程施工和验收规范》DBJ 440100/T 119</td></tr>
<tr><td colspan="3">验收项目</td><td>设计要求或规范规定</td><td>最小/实际抽样数量</td><td>检查记录</td><td colspan="2">检查结果</td></tr>
<tr><td rowspan="8">主控项目</td><td>1</td><td>穿管</td><td>第7.1.1-7.1.2条</td><td>/</td><td></td><td colspan="2"></td></tr>
<tr><td>2</td><td>电缆敷设</td><td>第7.1.3条</td><td>/</td><td></td><td colspan="2"></td></tr>
<tr><td>3</td><td>电缆在敷设前绝缘电阻值</td><td>第7.1.3条</td><td>/</td><td></td><td colspan="2"></td></tr>
<tr><td>4</td><td>灯杆两侧预留量</td><td>第7.1.4条</td><td>/</td><td></td><td colspan="2"></td></tr>
<tr><td>5</td><td>直埋电缆敷设</td><td>第7.1.5-7.1.8条</td><td>/</td><td></td><td colspan="2"></td></tr>
<tr><td>6</td><td>铺设遇热力管道时的处理</td><td>第7.1.9条</td><td>/</td><td></td><td colspan="2"></td></tr>
<tr><td>7</td><td>电缆最小弯曲半径</td><td>第7.1.10条</td><td>/</td><td></td><td colspan="2"></td></tr>
<tr><td>8</td><td>电缆之间、电缆与管道之间平行和交叉时的最小净距</td><td>第7.1.11条</td><td>/</td><td></td><td colspan="2"></td></tr>
<tr><td rowspan="4">一般项目</td><td>1</td><td>电线、电缆穿管前处理措施</td><td>第7.2.1条</td><td>/</td><td></td><td colspan="2"></td></tr>
<tr><td>2</td><td>直埋电缆</td><td>第7.2.2-7.2.3条</td><td>/</td><td></td><td colspan="2"></td></tr>
<tr><td>3</td><td>电缆埋设深度</td><td>第7.2.4条</td><td>/</td><td></td><td colspan="2"></td></tr>
<tr><td>4</td><td>标示牌的设置</td><td>第7.2.5条</td><td>/</td><td></td><td colspan="2"></td></tr>
<tr><td>施工单位检查结果</td><td colspan="7">专业工长：（签名）　　项目专业质量检查员：（签名）　　年　月　日</td></tr>
<tr><td>监理单位验收结论</td><td colspan="7">专业监理工程师：（签名）　　年　月　日</td></tr>
</table>

7.2.9.33 市政验·绿-32 电缆头制作、接线和线路绝缘测试分项工程检验批质量验收记录

市政基础设施工程

电缆头制作、接线和线路绝缘测试分项工程检验批质量验收记录

市政验·绿-32

第　　页共　　页

<table>
<tr><td colspan="3">工程名称</td><td colspan="5"></td></tr>
<tr><td colspan="3">单位工程名称</td><td colspan="5"></td></tr>
<tr><td colspan="3">施工单位</td><td colspan="2"></td><td colspan="2">分包单位</td><td></td></tr>
<tr><td colspan="3">项目负责人</td><td colspan="2"></td><td colspan="2">项目技术负责人</td><td></td></tr>
<tr><td colspan="3">分部（子分部）工程名称</td><td colspan="2"></td><td colspan="2">分项工程名称</td><td></td></tr>
<tr><td colspan="3">验收部位/区段</td><td colspan="2"></td><td colspan="2">检验批容量</td><td></td></tr>
<tr><td colspan="3">施工及验收依据</td><td colspan="5">《园林景观照明工程施工和验收规范》DBJ 440100/T 119</td></tr>
<tr><td colspan="3">验收项目</td><td>设计要求或规范规定</td><td>最小/实际抽样数量</td><td colspan="2">检查记录</td><td>检查结果</td></tr>
<tr><td rowspan="5">主控项目</td><td>1</td><td>电线和电缆，线间和线对地间的绝缘电阻值</td><td>大于0.5MΩ</td><td>/</td><td colspan="2"></td><td></td></tr>
<tr><td>2</td><td>电线、电缆接线</td><td>第8.1.2条</td><td>/</td><td colspan="2"></td><td></td></tr>
<tr><td>3</td><td>并联运行的电线或电缆</td><td>第8.1.2条</td><td>/</td><td colspan="2"></td><td></td></tr>
<tr><td>4</td><td>电线、电缆的回路标记</td><td>第8.1.3条</td><td>/</td><td colspan="2"></td><td></td></tr>
<tr><td>5</td><td>铠装电力电缆头的接地线</td><td>第8.1.4条</td><td>/</td><td colspan="2"></td><td></td></tr>
<tr><td rowspan="8">一般项目</td><td>1</td><td>电缆接头和终端头绕包</td><td>第8.2.1条</td><td>/</td><td colspan="2"></td><td></td></tr>
<tr><td>2</td><td>电缆芯线</td><td>第8.2.2条</td><td>/</td><td colspan="2"></td><td></td></tr>
<tr><td></td><td></td><td></td><td></td><td colspan="2"></td><td></td></tr>
<tr><td></td><td></td><td></td><td></td><td colspan="2"></td><td></td></tr>
<tr><td></td><td></td><td></td><td></td><td colspan="2"></td><td></td></tr>
<tr><td></td><td></td><td></td><td></td><td colspan="2"></td><td></td></tr>
<tr><td></td><td></td><td></td><td></td><td colspan="2"></td><td></td></tr>
<tr><td></td><td></td><td></td><td></td><td colspan="2"></td><td></td></tr>
<tr><td colspan="2">施工单位检查结果</td><td colspan="6">专业工长：（签名）　　项目专业质量检查员：（签名）　　年　月　日</td></tr>
<tr><td colspan="2">监理单位验收结论</td><td colspan="6">专业监理工程师：（签名）　　年　月　日</td></tr>
</table>

市政基础设施工程

配电、控制（屏台柜箱盆）的安装分项工程检验批质量验收记录

市政验·绿-33

第 页共 页

工程名称						
单位工程名称						
施工单位			分包单位			
项目负责人			项目技术负责人			
分部（子分部）工程名称			分项工程名称			
验收部位/区段			检验批容量			
施工及验收依据	《园林景观照明工程施工和验收规范》DBJ 440100/T 119					
验收项目			设计要求或规范规定	最小/实际抽样数量	检查记录	检查结果
主控项目	1	可靠接地	第 9.2.1 条	/		
	2	电击保护	第 9.2.2 条	/		
	3	保护导体	第 9.2.2 条	/		
	4	绝缘电阻值	馈电线路必须大于 0.5MΩ	/		
	5	成套柜（箱）安装	第 9.2.4-9.2.5 条	/		
	6	柱上的配电箱	第 9.2.6 条	/		
	7	配电箱（盘）的安装	第 9.2.7 条	/		
一般项目	1	座地式配电、控制（屏台柜箱盆）	第 9.3.1 条	/		
	2	室内通道	第 9.3.2 条	/		
	3	母线	第 9.3.3 条	/		
	4	基础型钢安装	第 9.3.4 条	/		
	5	与其设备各构件间连接	第 9.3.5 条	/		
	6	漆层与机械闭锁、电气闭锁	第 9.3.6 条	/		
	7	端子箱安装	第 9.3.7 条	/		
	8	垂直度、水平偏差	第 9.3.8 条	/		
	9	配电箱（盘）的安装	第 9.3.9 条	/		
施工单位检查结果	专业工长：（签名） 项目专业质量检查员：（签名） 年 月 日					
监理单位验收结论	专业监理工程师：（签名） 年 月 日					

7.2.9.35 市政验·绿-34 配电、控制（屏台柜箱盆）电器安装分项工程检验批质量验收记录

市政基础设施工程

配电、控制（屏台柜箱盆）电器安装分项工程检验批质量验收记录

市政验·绿-34

第 页共 页

<table>
<tr><td colspan="3">工程名称</td><td colspan="5"></td></tr>
<tr><td colspan="3">单位工程名称</td><td colspan="5"></td></tr>
<tr><td colspan="3">施工单位</td><td></td><td colspan="2">分包单位</td><td colspan="2"></td></tr>
<tr><td colspan="3">项目负责人</td><td></td><td colspan="2">项目技术负责人</td><td colspan="2"></td></tr>
<tr><td colspan="3">分部（子分部）工程名称</td><td></td><td colspan="2">分项工程名称</td><td colspan="2"></td></tr>
<tr><td colspan="3">验收部位/区段</td><td></td><td colspan="2">检验批容量</td><td colspan="2"></td></tr>
<tr><td colspan="3">施工及验收依据</td><td colspan="5">《园林景观照明工程施工和验收规范》DBJ 440100/T 119</td></tr>
<tr><td colspan="3">验收项目</td><td colspan="2">设计要求
或规范规定</td><td>最小/实际
抽样数量</td><td>检查记录</td><td>检查结果</td></tr>
<tr><td rowspan="4">主控项目</td><td>1</td><td>最小电气间隙及爬电距离</td><td colspan="2">第10.1.1条</td><td>/</td><td></td><td></td></tr>
<tr><td>2</td><td>接地</td><td colspan="2">第10.1.2条</td><td>/</td><td></td><td></td></tr>
<tr><td></td><td></td><td colspan="2"></td><td></td><td></td><td></td></tr>
<tr><td></td><td></td><td colspan="2"></td><td></td><td></td><td></td></tr>
<tr><td rowspan="5">一般项目</td><td>1</td><td>配电、控制（屏台柜箱盆）电器安装的要求</td><td colspan="2">第10.2.1条</td><td>/</td><td></td><td></td></tr>
<tr><td>2</td><td>端子排安装的要求</td><td colspan="2">第10.2.2条</td><td>/</td><td></td><td></td></tr>
<tr><td>3</td><td>标示</td><td colspan="2">第10.2.3条</td><td>/</td><td></td><td></td></tr>
<tr><td></td><td></td><td colspan="2"></td><td></td><td></td><td></td></tr>
<tr><td></td><td></td><td colspan="2"></td><td></td><td></td><td></td></tr>
<tr><td>施工单位
检查结果</td><td colspan="7">专业工长：（签名） 项目专业质量检查员：（签名） 年 月 日</td></tr>
<tr><td>监理单位
验收结论</td><td colspan="7">专业监理工程师：（签名） 年 月 日</td></tr>
</table>

7.2.9.36 市政验·绿-35 二次回路结线分项工程检验批质量验收记录

市政基础设施工程

二次回路结线分项工程检验批质量验收记录

市政验·绿-35

第　　页 共　　页

<table>
<tr><td colspan="3">工程名称</td><td colspan="5"></td></tr>
<tr><td colspan="3">单位工程名称</td><td colspan="5"></td></tr>
<tr><td colspan="3">施工单位</td><td></td><td colspan="2">分包单位</td><td colspan="2"></td></tr>
<tr><td colspan="3">项目负责人</td><td></td><td colspan="2">项目技术负责人</td><td colspan="2"></td></tr>
<tr><td colspan="3">分部（子分部）工程名称</td><td></td><td colspan="2">分项工程名称</td><td colspan="2"></td></tr>
<tr><td colspan="3">验收部位/区段</td><td></td><td colspan="2">检验批容量</td><td colspan="2"></td></tr>
<tr><td colspan="3">施工及验收依据</td><td colspan="5">《园林景观照明工程施工和验收规范》DBJ 440100/T 119</td></tr>
<tr><td colspan="3">验收项目</td><td>设计要求或规范规定</td><td>最小/实际抽样数量</td><td>检查记录</td><td colspan="2">检查结果</td></tr>
<tr><td rowspan="5">主控项目</td><td>1</td><td>配电、控制（屏台柜箱盆）二次线连接</td><td>第 11.1.1 条</td><td>/</td><td></td><td colspan="2"></td></tr>
<tr><td>2</td><td>用于连接门上的电器、控制台板等可动部位的导线导线</td><td>第 11.1.2 条</td><td>/</td><td></td><td colspan="2"></td></tr>
<tr><td>3</td><td>引进屏台柜箱盆内的控制电缆及其芯线</td><td>第 11.1.3 条</td><td>/</td><td></td><td colspan="2"></td></tr>
<tr><td>4</td><td>绝缘电阻值</td><td>大于 1MΩ</td><td>/</td><td></td><td colspan="2"></td></tr>
<tr><td>5</td><td>二次回路连接件</td><td>第 11.1.5 条</td><td>/</td><td></td><td colspan="2"></td></tr>
<tr><td rowspan="4">一般项目</td><td>1</td><td>柜、屏、台、箱、盘间配线</td><td>第 11.2.1 条</td><td>/</td><td></td><td colspan="2"></td></tr>
<tr><td>2</td><td>二次回路连线</td><td>第 11.2.2 条</td><td>/</td><td></td><td colspan="2"></td></tr>
<tr><td>3</td><td>二次线连接所配导线</td><td>第 11.2.3-11.2.4 条</td><td>/</td><td></td><td colspan="2"></td></tr>
<tr><td></td><td></td><td></td><td></td><td></td><td colspan="2"></td></tr>
<tr><td colspan="2">施工单位检查结果</td><td colspan="6">专业工长：（签名）　　项目专业质量检查员：（签名）　　年　月　日</td></tr>
<tr><td colspan="2">监理单位验收结论</td><td colspan="6">专业监理工程师：（签名）　　年　月　日</td></tr>
</table>

7.2.9.37 市政验·绿-36 交通空间照明灯具工安装工程检验批质量验收记录

市政基础设施工程

交通空间照明灯具工安装工程检验批质量验收记录

市政验·绿-36

第 页 共 页

<table>
<tr><td colspan="3">工程名称</td><td colspan="5"></td></tr>
<tr><td colspan="3">单位工程名称</td><td colspan="5"></td></tr>
<tr><td colspan="3">施工单位</td><td></td><td colspan="2">分包单位</td><td colspan="2"></td></tr>
<tr><td colspan="3">项目负责人</td><td></td><td colspan="2">项目技术负责人</td><td colspan="2"></td></tr>
<tr><td colspan="3">分部（子分部）工程名称</td><td></td><td colspan="2">分项工程名称</td><td colspan="2"></td></tr>
<tr><td colspan="3">验收部位/区段</td><td></td><td colspan="2">检验批容量</td><td colspan="2"></td></tr>
<tr><td colspan="3">施工及验收依据</td><td colspan="5">《园林景观照明工程施工和验收规范》DBJ 440100/T 119</td></tr>
<tr><td colspan="3">验收项目</td><td>设计要求或规范规定</td><td>最小/实际抽样数量</td><td>检查记录</td><td colspan="2">检查结果</td></tr>
<tr><td rowspan="9">主控项目</td><td>1</td><td>接线盒或熔断盒</td><td>第 12.2.1.1 条</td><td>/</td><td></td><td colspan="2"></td></tr>
<tr><td>2</td><td>穿线</td><td>第 12.2.1.2 条</td><td>/</td><td></td><td colspan="2"></td></tr>
<tr><td>3</td><td>电源控制接线头</td><td>第 12.2.1.3 条</td><td>/</td><td></td><td colspan="2"></td></tr>
<tr><td>4</td><td>绝缘电阻值</td><td>大于 2MΩ</td><td>/</td><td></td><td colspan="2"></td></tr>
<tr><td>5</td><td>配接引下线</td><td>第 12.2.1.5 条</td><td>/</td><td></td><td colspan="2"></td></tr>
<tr><td>6</td><td>灯具的底座和支架应固定牢固</td><td>第 12.2.1.6 条</td><td>/</td><td></td><td colspan="2"></td></tr>
<tr><td>7</td><td>接地和接零</td><td>第 12.2.1.7 条</td><td>/</td><td></td><td colspan="2"></td></tr>
<tr><td>8</td><td>嵌入式或隐蔽式灯具</td><td>第 12.2.1.8 条</td><td>/</td><td></td><td colspan="2"></td></tr>
<tr><td></td><td></td><td></td><td></td><td></td><td colspan="2"></td></tr>
<tr><td rowspan="3">一般项目</td><td>1</td><td>灯具及配件外观</td><td>第 12.2.2.1 条</td><td>/</td><td></td><td colspan="2"></td></tr>
<tr><td></td><td></td><td></td><td></td><td></td><td colspan="2"></td></tr>
<tr><td></td><td></td><td></td><td></td><td></td><td colspan="2"></td></tr>
<tr><td>施工单位检查结果</td><td colspan="7">专业工长：（签名） 项目专业质量检查员：（签名） 年 月 日</td></tr>
<tr><td>监理单位验收结论</td><td colspan="7">专业监理工程师：（签名） 年 月 日</td></tr>
</table>

7.2.9.38　市政验·绿-37　水体照明灯具安装工程检验批质量验收记录

市政基础设施工程

水体照明灯具安装工程检验批质量验收记录

市政验·绿-37

第　　页共　　页

工程名称							
单位工程名称							
施工单位			分包单位				
项目负责人			项目技术负责人				
分部（子分部）工程名称			分项工程名称				
验收部位/区段			检验批容量				
施工及验收依据	《园林景观照明工程施工和验收规范》DBJ 440100/T 119						
验收项目			设计要求或规范规定	最小/实际抽样数量	检查记录	检查结果	
主控项目	1	灯具外观	第12.3.1.1-12.3.1.2条	/			
	2	灯具安装	第12.3.1.3-12.3.1.8条	/			
一般项目	1	灯体及手柄	第12.3.2.1条	/			
施工单位检查结果	专业工长：（签名）　　项目专业质量检查员：（签名）　　年　月　日						
监理单位验收结论	专业监理工程师：（签名）　　年　月　日						

7.2.9.39 市政验·绿-38 植物照明灯具安装工程检验批质量验收记录

市政基础设施工程

植物照明灯具安装工程检验批质量验收记录

市政验·绿-38

第　　页 共　　页

工程名称						
单位工程名称						
施工单位			分包单位			
项目负责人			项目技术负责人			
分部（子分部）工程名称			分项工程名称			
验收部位/区段			检验批容量			
施工及验收依据	《园林景观照明工程施工和验收规范》DBJ 440100/T 119					
验收项目			设计要求或规范规定	最小/实际抽样数量	检查记录	检查结果
主控项目	1	灯具安装	第12.4.1.1-12.4.1.4条	/		
	2	植物保护	第12.4.1.5-12.4.1.7条	/		
	3	射灯	第12.4.1.8条	/		
一般项目	1	座地式灯具	第12.4.2.1条	/		
	2	彩灯灯罩	第12.4.2.2条	/		
	3	彩灯电线导管	第12.4.2.3条	/		
施工单位检查结果	专业工长：（签名）　　项目专业质量检查员：（签名）　　年　月　日					
监理单位验收结论	专业监理工程师：（签名）　　年　月　日					

7.2.9.40 市政验·绿-39 硬质景观照明灯具安装工程检验批质量验收记录

市政基础设施工程

硬质景观照明灯具安装工程检验批质量验收记录

市政验·绿-39

第 页共 页

<table>
<tr><td colspan="3">工程名称</td><td colspan="5"></td></tr>
<tr><td colspan="3">单位工程名称</td><td colspan="5"></td></tr>
<tr><td colspan="3">施工单位</td><td colspan="2"></td><td colspan="2">分包单位</td><td></td></tr>
<tr><td colspan="3">项目负责人</td><td colspan="2"></td><td colspan="2">项目技术负责人</td><td></td></tr>
<tr><td colspan="3">分部（子分部）工程名称</td><td colspan="2"></td><td colspan="2">分项工程名称</td><td></td></tr>
<tr><td colspan="3">验收部位/区段</td><td colspan="2"></td><td colspan="2">检验批容量</td><td></td></tr>
<tr><td colspan="3">施工及验收依据</td><td colspan="5">《园林景观照明工程施工和验收规范》DBJ 440100/T 119</td></tr>
<tr><td colspan="3">验收项目</td><td>设计要求
或规范规定</td><td>最小/实际
抽样数量</td><td colspan="2">检查记录</td><td>检查结果</td></tr>
<tr><td rowspan="4">主控项目</td><td>1</td><td>座地式灯具安装</td><td>第 12.5.1.1 条</td><td>/</td><td colspan="2"></td><td></td></tr>
<tr><td>2</td><td>投光灯安装</td><td>第 10.2.1.2-12.5.1.3 条</td><td>/</td><td colspan="2"></td><td></td></tr>
<tr><td>3</td><td>霓虹灯安装</td><td>第 10.5.1.4 条</td><td>/</td><td colspan="2"></td><td></td></tr>
<tr><td>4</td><td>硬质景观保护</td><td>第 12.5.1.5-10.5.1.6 条</td><td>/</td><td colspan="2"></td><td></td></tr>
<tr><td rowspan="7">一般项目</td><td>1</td><td>座地式灯具安装</td><td>第 12.5.2.1 条</td><td>/</td><td colspan="2"></td><td></td></tr>
<tr><td>2</td><td>壁灯</td><td>第 12.5.2.2 条</td><td>/</td><td colspan="2"></td><td></td></tr>
<tr><td></td><td></td><td></td><td></td><td colspan="2"></td><td></td></tr>
<tr><td></td><td></td><td></td><td></td><td colspan="2"></td><td></td></tr>
<tr><td></td><td></td><td></td><td></td><td colspan="2"></td><td></td></tr>
<tr><td></td><td></td><td></td><td></td><td colspan="2"></td><td></td></tr>
<tr><td></td><td></td><td></td><td></td><td colspan="2"></td><td></td></tr>
<tr><td>施工单位
检查结果</td><td colspan="7">专业工长：（签名） 项目专业质量检查员：（签名） 年 月 日</td></tr>
<tr><td>监理单位
验收结论</td><td colspan="7">专业监理工程师：（签名） 年 月 日</td></tr>
</table>

7.2.9.41 市政验·绿-40 接地装置安装分项工程检验批质量验收记录

市政基础设施工程

接地装置安装分项工程检验批质量验收记录

市政验·绿-40

第　　页 共　　页

<table>
<tr><td colspan="3">工程名称</td><td colspan="5"></td></tr>
<tr><td colspan="3">单位工程名称</td><td colspan="5"></td></tr>
<tr><td colspan="3">施工单位</td><td colspan="2"></td><td colspan="2">分包单位</td><td></td></tr>
<tr><td colspan="3">项目负责人</td><td colspan="2"></td><td colspan="2">项目技术负责人</td><td></td></tr>
<tr><td colspan="3">分部（子分部）工程名称</td><td colspan="2"></td><td colspan="2">分项工程名称</td><td></td></tr>
<tr><td colspan="3">验收部位/区段</td><td colspan="2"></td><td colspan="2">检验批容量</td><td></td></tr>
<tr><td colspan="3">施工及验收依据</td><td colspan="5">《园林景观照明工程施工和验收规范》DBJ 440100/T 119</td></tr>
<tr><td colspan="3">验收项目</td><td>设计要求或规范规定</td><td>最小/实际抽样数量</td><td>检查记录</td><td colspan="2">检查结果</td></tr>
<tr><td rowspan="6">主控项目</td><td>1</td><td>接地装置的导体截面</td><td>第 13.2.1 条</td><td>/</td><td></td><td colspan="2"></td></tr>
<tr><td>2</td><td>接地体的连接</td><td>第 13.2.2 条</td><td>/</td><td></td><td colspan="2"></td></tr>
<tr><td>3</td><td>接地体的焊接应采用搭接焊</td><td>第 13.2.3 条</td><td>/</td><td></td><td colspan="2"></td></tr>
<tr><td>4</td><td>搭接长度</td><td>第 13.2.3 条</td><td>/</td><td></td><td colspan="2"></td></tr>
<tr><td>5</td><td>测试接地装置的接地电阻值</td><td>第 13.2.4 条</td><td>/</td><td></td><td colspan="2"></td></tr>
<tr><td></td><td></td><td></td><td></td><td></td><td colspan="2"></td></tr>
<tr><td rowspan="4">一般项目</td><td>1</td><td>接地体埋深</td><td>第 13.3.1 条</td><td>/</td><td></td><td colspan="2"></td></tr>
<tr><td>2</td><td>接地体的间距</td><td>第 13.3.2 条</td><td>/</td><td></td><td colspan="2"></td></tr>
<tr><td>3</td><td>接地和接零</td><td>第 13.3.3 条</td><td>/</td><td></td><td colspan="2"></td></tr>
<tr><td></td><td></td><td></td><td></td><td></td><td colspan="2"></td></tr>
<tr><td>施工单位检查结果</td><td colspan="7">专业工长：（签名）　　项目专业质量检查员：（签名）　　年　月　日</td></tr>
<tr><td>监理单位验收结论</td><td colspan="7">专业监理工程师：（签名）　　年　月　日</td></tr>
</table>

7.2.9.42　市政验·绿-41　附属构筑物分项工程检验批质量验收记录

市政基础设施工程

附属构筑物分项工程检验批质量验收记录

市政验·绿-41

第　　页 共　　页

工程名称							
单位工程名称							
施工单位				分包单位			
项目负责人				项目技术负责人			
分部（子分部）工程名称				分项工程名称			
验收部位/区段				检验批容量			
施工及验收依据	《园林景观照明工程施工和验收规范》DBJ 440100/T 119						
验收项目			设计要求或规范规定	最小/实际抽样数量	检查记录	检查结果	
主控项目	1	灯具基础	第13.2.1-13.2.2条	/			
	2	电缆沟	第13.2.3条	/			
	3	电缆支架	第13.2.4条	/			
一般项目	1	电缆沟	第13.3.1条	/			
	2	过路管道两端工作井	第13.3.2条	/			
施工单位检查结果	专业工长：（签名）　　项目专业质量检查员：（签名）　　年　月　日						
监理单位验收结论	专业监理工程师：（签名）　　年　月　日						

7.2.9.43　市政验·绿-42　塑石（山）基础分项工程检验批质量验收记录

市政基础设施工程

塑石（山）基础分项工程检验批质量验收记录

市政验·绿-42

第　　页共　　页

工程名称						
单位工程名称						
施工单位			分包单位			
项目负责人			项目技术负责人			
分部（子分部）工程名称			分项工程名称			
验收部位/区段			检验批容量			
施工及验收依据	《园林假山工程施工验收规范》DBJ 440100/T 179					
验收项目			设计要求或规范规定	最小/实际抽样数量	检查记录	检查结果
主控项目	1	原材料、成品、半成品的产品证明文件和进场复验文件	第6.2.1.1条	/		
	2	基础的地（桩）基承载力	第6.2.1.2条	/		
	3	基础压实系数	第6.2.1.3条	/		
一般项目						
施工单位检查结果	专业工长：（签名）　项目专业质量检查员：（签名）　年　月　日					
监理单位验收结论	专业监理工程师：（签名）　年　月　日					

7.2.9.44 市政验·绿-43 塑石（山）主体分项工程检验批质量验收记录

市政基础设施工程

塑石（山）主体分项工程检验批质量验收记录

市政验·绿-43

第　　页 共　　页

<table>
<tr><td colspan="3">工程名称</td><td colspan="5"></td></tr>
<tr><td colspan="3">单位工程名称</td><td colspan="5"></td></tr>
<tr><td colspan="3">施工单位</td><td></td><td colspan="2">分包单位</td><td colspan="2"></td></tr>
<tr><td colspan="3">项目负责人</td><td></td><td colspan="2">项目技术负责人</td><td colspan="2"></td></tr>
<tr><td colspan="3">分部（子分部）工程名称</td><td></td><td colspan="2">分项工程名称</td><td colspan="2"></td></tr>
<tr><td colspan="3">验收部位/区段</td><td></td><td colspan="2">检验批容量</td><td colspan="2"></td></tr>
<tr><td colspan="3">施工及验收依据</td><td colspan="5">《园林假山工程施工验收规范》DBJ 440100/T 179</td></tr>
<tr><td colspan="3">验收项目</td><td>设计要求或规范规定</td><td>最小/实际抽样数量</td><td>检查记录</td><td>检查结果</td><td></td></tr>
<tr><td rowspan="7">主控项目</td><td>1</td><td>骨架原材料</td><td>第6.3.1.1条</td><td>/</td><td></td><td></td><td></td></tr>
<tr><td>2</td><td>模板和支架</td><td>第6.3.1.2条</td><td>/</td><td></td><td></td><td></td></tr>
<tr><td>3</td><td>用作模板的胎膜质量</td><td>第6.3.1.3条</td><td>/</td><td></td><td></td><td></td></tr>
<tr><td>4</td><td>骨架质量</td><td>第6.3.1.4条</td><td>/</td><td></td><td></td><td></td></tr>
<tr><td>5</td><td>钢网质量</td><td>第6.3.1.5条</td><td>/</td><td></td><td></td><td></td></tr>
<tr><td>6</td><td>骨架承载力</td><td>第6.3.1.6条</td><td>/</td><td></td><td></td><td></td></tr>
<tr><td>7</td><td>表面材料</td><td>第6.3.1.6条</td><td>/</td><td></td><td></td><td></td></tr>
<tr><td rowspan="3">一般项目</td><td>1</td><td>表面完整性</td><td>第6.3.2.1条</td><td>/</td><td></td><td></td><td></td></tr>
<tr><td>2</td><td>外观形态、颜色</td><td></td><td>/</td><td></td><td></td><td></td></tr>
<tr><td>3</td><td>种植穴</td><td></td><td>/</td><td></td><td></td><td></td></tr>
<tr><td>施工单位检查结果</td><td colspan="7">专业工长：（签名）　　项目专业质量检查员：（签名）　　年　月　日</td></tr>
<tr><td>监理单位验收结论</td><td colspan="7">专业监理工程师：（签名）　　年　月　日</td></tr>
</table>

7.2.9.45 市政验·绿-44 叠石（置石）基础分项工程检验批质量验收记录

市政基础设施工程

叠石（置石）基础分项工程检验批质量验收记录

市政验·绿-44

第　　页 共　　页

<table>
<tr><td colspan="3">工程名称</td><td colspan="5"></td></tr>
<tr><td colspan="3">单位工程名称</td><td colspan="5"></td></tr>
<tr><td colspan="3">施工单位</td><td></td><td colspan="2">分包单位</td><td colspan="2"></td></tr>
<tr><td colspan="3">项目负责人</td><td></td><td colspan="2">项目技术负责人</td><td colspan="2"></td></tr>
<tr><td colspan="3">分部（子分部）工程名称</td><td></td><td colspan="2">分项工程名称</td><td colspan="2"></td></tr>
<tr><td colspan="3">验收部位/区段</td><td></td><td colspan="2">检验批容量</td><td colspan="2"></td></tr>
<tr><td colspan="3">施工及验收依据</td><td colspan="5">《园林假山工程施工验收规范》DBJ 440100/T 179</td></tr>
<tr><td colspan="3">验收项目</td><td>设计要求或规范规定</td><td>最小/实际抽样数量</td><td>检查记录</td><td colspan="2">检查结果</td></tr>
<tr><td rowspan="7">主控项目</td><td>1</td><td>原材料、成品、半成品的产品证明文件和进场复验文件</td><td>第7.2.1.1条</td><td>/</td><td></td><td colspan="2"></td></tr>
<tr><td>2</td><td>基础的地（桩）基承载力</td><td>第7.2.1.2条</td><td>/</td><td></td><td colspan="2"></td></tr>
<tr><td>3</td><td>基础压实系数</td><td>第7.2.1.3条</td><td>/</td><td></td><td colspan="2"></td></tr>
<tr><td>4</td><td>底石材</td><td>第7.2.1.4条</td><td>/</td><td></td><td colspan="2"></td></tr>
<tr><td></td><td></td><td></td><td></td><td></td><td colspan="2"></td></tr>
<tr><td></td><td></td><td></td><td></td><td></td><td colspan="2"></td></tr>
<tr><td></td><td></td><td></td><td></td><td></td><td colspan="2"></td></tr>
<tr><td>施工单位检查结果</td><td colspan="7">专业工长：（签名）　　项目专业质量检查员：（签名）　　年　月　日</td></tr>
<tr><td>监理单位验收结论</td><td colspan="7">（盖章）
专业监理工程师：（签名）　　年　月　日</td></tr>
</table>

7.2.9.46　市政验·绿-45　叠石（置石）主体分项工程检验批质量验收记录

市政基础设施工程

叠石（置石）主体分项工程检验批质量验收记录

市政验·绿-45

第　　页 共　　页

<table>
<tr><td colspan="3">工程名称</td><td colspan="5"></td></tr>
<tr><td colspan="3">单位工程名称</td><td colspan="5"></td></tr>
<tr><td colspan="3">施工单位</td><td></td><td colspan="2">分包单位</td><td colspan="2"></td></tr>
<tr><td colspan="3">项目负责人</td><td></td><td colspan="2">项目技术负责人</td><td colspan="2"></td></tr>
<tr><td colspan="3">分部（子分部）工程名称</td><td></td><td colspan="2">分项工程名称</td><td colspan="2"></td></tr>
<tr><td colspan="3">验收部位/区段</td><td></td><td colspan="2">检验批容量</td><td colspan="2"></td></tr>
<tr><td colspan="3">施工及验收依据</td><td colspan="5">《园林假山工程施工验收规范》DBJ 440100/T 179</td></tr>
<tr><td colspan="4">验收项目</td><td>设计要求
或规范规定</td><td>最小/实际
抽样数量</td><td>检查记录</td><td>检查结果</td></tr>
<tr><td rowspan="4">主控项目</td><td>1</td><td colspan="2">石材选材</td><td>第7.3.1.1条</td><td>/</td><td></td><td></td></tr>
<tr><td>2</td><td colspan="2">结合层砂浆强度</td><td>第7.3.1.2条</td><td>/</td><td></td><td></td></tr>
<tr><td></td><td colspan="2"></td><td></td><td></td><td></td><td></td></tr>
<tr><td></td><td colspan="2"></td><td></td><td></td><td></td><td></td></tr>
<tr><td rowspan="4">一般项目</td><td>1</td><td colspan="2">种植穴留置</td><td>第7.3.2.1条</td><td>/</td><td></td><td></td></tr>
<tr><td>2</td><td colspan="2">结合层</td><td>第7.3.2.2条</td><td>/</td><td></td><td></td></tr>
<tr><td>3</td><td colspan="2">勾缝</td><td>第7.3.2.3条</td><td>/</td><td></td><td></td></tr>
<tr><td></td><td colspan="2"></td><td></td><td></td><td></td><td></td></tr>
<tr><td colspan="2">施工单位
检查结果</td><td colspan="6">专业工长：（签名）　　项目专业质量检查员：（签名）　　年　月　日</td></tr>
<tr><td colspan="2">监理单位
验收结论</td><td colspan="6">专业监理工程师：（签名）　　年　月　日</td></tr>
</table>

7.2.9.47 市政验·绿-46 绿化种植分项工程检验批质量验收记录

市政基础设施工程

绿化种植分项工程检验批质量验收记录

市政验·绿-46

第　页共　页

<table>
<tr><td colspan="3">工程名称</td><td colspan="5"></td></tr>
<tr><td colspan="3">单位工程名称</td><td colspan="5"></td></tr>
<tr><td colspan="3">施工单位</td><td></td><td colspan="2">分包单位</td><td colspan="2"></td></tr>
<tr><td colspan="3">项目负责人</td><td></td><td colspan="2">项目技术负责人</td><td colspan="2"></td></tr>
<tr><td colspan="3">分部（子分部）工程名称</td><td></td><td colspan="2">分项工程名称</td><td colspan="2"></td></tr>
<tr><td colspan="3">验收部位/区段</td><td></td><td colspan="2">检验批容量</td><td colspan="2"></td></tr>
<tr><td colspan="3">施工及验收依据</td><td colspan="5">《园林假山工程施工验收规范》DBJ 440100/T 179</td></tr>
<tr><td colspan="3">验收项目</td><td>设计要求或规范规定</td><td>最小/实际抽样数量</td><td>检查记录</td><td colspan="2">检查结果</td></tr>
<tr><td rowspan="5">主控项目</td><td>1</td><td>植物材料</td><td>第9.1.1.1条</td><td>/</td><td></td><td colspan="2"></td></tr>
<tr><td>2</td><td>岩缝间种植</td><td>第9.1.1.2条</td><td>/</td><td></td><td colspan="2"></td></tr>
<tr><td>3</td><td>植物种植</td><td>第9.1.1.3条</td><td>/</td><td></td><td colspan="2"></td></tr>
<tr><td>4</td><td>植后养护</td><td>第9.1.1.4-9.1.1.5条</td><td>/</td><td></td><td colspan="2"></td></tr>
<tr><td></td><td></td><td></td><td></td><td></td><td colspan="2"></td></tr>
<tr><td rowspan="7">一般项目</td><td></td><td></td><td></td><td></td><td></td><td colspan="2"></td></tr>
<tr><td></td><td></td><td></td><td></td><td></td><td colspan="2"></td></tr>
<tr><td></td><td></td><td></td><td></td><td></td><td colspan="2"></td></tr>
<tr><td></td><td></td><td></td><td></td><td></td><td colspan="2"></td></tr>
<tr><td></td><td></td><td></td><td></td><td></td><td colspan="2"></td></tr>
<tr><td></td><td></td><td></td><td></td><td></td><td colspan="2"></td></tr>
<tr><td></td><td></td><td></td><td></td><td></td><td colspan="2"></td></tr>
<tr><td colspan="2">施工单位检查结果</td><td colspan="6">专业工长：（签名）　项目专业质量检查员：（签名）　年　月　日</td></tr>
<tr><td colspan="2">监理单位验收结论</td><td colspan="6">专业监理工程师：（签名）　年　月　日</td></tr>
</table>

7.2.9.48　市政验·绿-47　附属园路平台分项工程检验批质量验收记录

市政基础设施工程

附属园路平台分项工程检验批质量验收记录

市政验·绿-47

第　　页共　　页

<table>
<tr><td colspan="3">工程名称</td><td colspan="5"></td></tr>
<tr><td colspan="3">单位工程名称</td><td colspan="5"></td></tr>
<tr><td colspan="3">施工单位</td><td></td><td colspan="2">分包单位</td><td colspan="2"></td></tr>
<tr><td colspan="3">项目负责人</td><td></td><td colspan="2">项目技术负责人</td><td colspan="2"></td></tr>
<tr><td colspan="3">分部（子分部）工程名称</td><td></td><td colspan="2">分项工程名称</td><td colspan="2"></td></tr>
<tr><td colspan="3">验收部位/区段</td><td></td><td colspan="2">检验批容量</td><td colspan="2"></td></tr>
<tr><td colspan="3">施工及验收依据</td><td colspan="5">《园林假山工程施工验收规范》DBJ 440100/T 179</td></tr>
<tr><td colspan="3">验收项目</td><td>设计要求
或规范规定</td><td>最小/实际
抽样数量</td><td>检查记录</td><td colspan="2">检查结果</td></tr>
<tr><td rowspan="5">主控项目</td><td>1</td><td>路床</td><td>第9.2.1.1-
9.2.1.2条</td><td>/</td><td></td><td colspan="2"></td></tr>
<tr><td>2</td><td>基层</td><td>第9.2.1.3条</td><td>/</td><td></td><td colspan="2"></td></tr>
<tr><td>3</td><td>面层</td><td>第9.2.1.4条</td><td>/</td><td></td><td colspan="2"></td></tr>
<tr><td>4</td><td>台阶</td><td>第9.2.1.5条</td><td>/</td><td></td><td colspan="2"></td></tr>
<tr><td></td><td></td><td></td><td></td><td></td><td colspan="2"></td></tr>
<tr><td rowspan="4">一般项目</td><td>1</td><td>基层</td><td>第9.2.2.1条</td><td>/</td><td></td><td colspan="2"></td></tr>
<tr><td>2</td><td>完成面</td><td>第9.2.2.2条</td><td>/</td><td></td><td colspan="2"></td></tr>
<tr><td>3</td><td>卵石、嵌草砖安装</td><td>第9.2.2.3条</td><td>/</td><td></td><td colspan="2"></td></tr>
<tr><td></td><td></td><td></td><td></td><td></td><td colspan="2"></td></tr>
<tr><td>施工单位
检查结果</td><td colspan="7">

专业工长：（签名）　　　　项目专业质量检查员：（签名）　　　　年　　月　　日</td></tr>
<tr><td>监理单位
验收结论</td><td colspan="7">

专业监理工程师：（签名）　　　　年　　月　　日</td></tr>
</table>

7.2.9.49 市政验·绿-48 园林理水分项工程检验批质量验收记录

市政基础设施工程

园林理水分项工程检验批质量验收记录

市政验·绿-48

第　　页 共　　页

<table>
<tr><td colspan="3">工程名称</td><td colspan="5"></td></tr>
<tr><td colspan="3">单位工程名称</td><td colspan="5"></td></tr>
<tr><td colspan="3">施工单位</td><td></td><td colspan="2">分包单位</td><td colspan="2"></td></tr>
<tr><td colspan="3">项目负责人</td><td></td><td colspan="2">项目技术负责人</td><td colspan="2"></td></tr>
<tr><td colspan="3">分部（子分部）工程名称</td><td></td><td colspan="2">分项工程名称</td><td colspan="2"></td></tr>
<tr><td colspan="3">验收部位/区段</td><td></td><td colspan="2">检验批容量</td><td colspan="2"></td></tr>
<tr><td colspan="3">施工及验收依据</td><td colspan="5">《园林假山工程施工验收规范》DBJ 440100/T 179</td></tr>
<tr><td colspan="3">验收项目</td><td>设计要求
或规范规定</td><td>最小/实际
抽样数量</td><td>检查记录</td><td colspan="2">检查结果</td></tr>
<tr><td rowspan="5">主控项目</td><td>1</td><td>沟槽开挖</td><td>第9.4.1.1条</td><td>/</td><td></td><td colspan="2"></td></tr>
<tr><td>2</td><td>给水管道必须水压试验</td><td>第9.4.1.2条</td><td>/</td><td></td><td colspan="2"></td></tr>
<tr><td>3</td><td>防水混凝土所用材料</td><td>第9.4.1.3条</td><td>/</td><td></td><td colspan="2"></td></tr>
<tr><td>4</td><td>防水混凝土的抗压强度和抗渗性能</td><td>第9.4.1.4条</td><td>/</td><td></td><td colspan="2"></td></tr>
<tr><td>5</td><td>水池不得有渗漏现象</td><td>第9.4.1.5条</td><td>/</td><td></td><td colspan="2"></td></tr>
<tr><td rowspan="4">一般项目</td><td>1</td><td>回填材料</td><td>第9.4.2.1条</td><td>/</td><td></td><td colspan="2"></td></tr>
<tr><td>2</td><td>管道埋深</td><td>第9.4.2.2条</td><td>/</td><td></td><td colspan="2"></td></tr>
<tr><td>3</td><td>管道铺设</td><td>第9.4.2.2条</td><td>/</td><td></td><td colspan="2"></td></tr>
<tr><td></td><td></td><td></td><td></td><td></td><td colspan="2"></td></tr>
<tr><td>施工单位
检查结果</td><td colspan="7">专业工长：（签名）　　项目专业质量检查员：（签名）　　年　月　日</td></tr>
<tr><td>监理单位
验收结论</td><td colspan="7">专业监理工程师：（签名）　　年　月　日</td></tr>
</table>

7.3 有轨电车工程专用表

7.3.1 轨道工程

7.3.1.1 市政验·轨-1 长轨接触焊接头布氏硬度检测验收记录

市政基础设施工程

长轨接触焊接头布氏硬度检测验收记录

市政验．轨-1

共 页 第 页

工程名称				合 同 号	
里 程				工程部位	
施工单位				监理单位	
钢轨焊接接头编号	刚球压痕直径 D（mm）			平均值 d（mm）	布氏硬度值（HBS）
	1	2	3		
施工单位检查结果	专业工长：（签名） 项目专业质量检查员：（签名） 年 月 日				
监理单位验收结论	专业监理工程师：（签名） 年 月 日				

7.3.1.2 市政验·轨-2 钢轨接触焊接头超声探伤验收记录

市政基础设施工程

钢轨接触焊接头超声探伤验收记录

市政验．轨-2

共 页，第 页

<table>
<tr><td>工程名称</td><td colspan="3"></td><td>合同号</td><td colspan="3"></td></tr>
<tr><td>里　　程</td><td colspan="3"></td><td>工程部位</td><td colspan="3"></td></tr>
<tr><td>施工单位</td><td colspan="3"></td><td>监理单位</td><td colspan="3"></td></tr>
<tr><td>仪器名称</td><td></td><td>机型</td><td></td><td>接头编号</td><td colspan="3"></td></tr>
<tr><td>参数
探测部位</td><td>入射角</td><td>频率</td><td>增益</td><td>抑制</td><td>粗衰减 dB</td><td>细衰减 dB</td><td>备　注</td></tr>
<tr><td></td><td></td><td></td><td></td><td></td><td></td><td></td><td></td></tr>
<tr><td></td><td></td><td></td><td></td><td></td><td></td><td></td><td></td></tr>
<tr><td></td><td></td><td></td><td></td><td></td><td></td><td></td><td></td></tr>
<tr><td></td><td></td><td></td><td></td><td></td><td></td><td></td><td></td></tr>
<tr><td></td><td></td><td></td><td></td><td></td><td></td><td></td><td></td></tr>
<tr><td></td><td></td><td></td><td></td><td></td><td></td><td></td><td></td></tr>
<tr><td></td><td></td><td></td><td></td><td></td><td></td><td></td><td></td></tr>
<tr><td>施工单位
检查结果</td><td colspan="7">

专业工长：（签名）　　项目专业质量检查员：（签名）　　年　月　日</td></tr>
<tr><td>监理单位
验收结论</td><td colspan="7">

专业监理工程师：（签名）　　年　月　日</td></tr>
</table>

7.3.1.3 市政验·轨-3 钢轨铝热焊接头超声探伤验收记录

市政基础设施工程

钢轨铝热焊接头超声探伤验收记录

市政验．轨-3

共 页 第 页

<table>
<tr><td>工程名称</td><td colspan="4"></td><td>合同号</td><td colspan="3"></td></tr>
<tr><td>里　程</td><td colspan="4"></td><td>工程部位</td><td colspan="3"></td></tr>
<tr><td>施工单位</td><td colspan="4"></td><td>监理单位</td><td colspan="3"></td></tr>
<tr><td>仪器名称</td><td colspan="2"></td><td>机型</td><td colspan="2"></td><td>接头编号</td><td colspan="2"></td></tr>
<tr><td rowspan="2">参数
探测方式</td><td rowspan="2">频率</td><td rowspan="2">起始灵敏度</td><td colspan="5">仪器调整度</td><td rowspan="2">备注</td></tr>
<tr><td>发射</td><td>增益</td><td>抑制</td><td>补偿</td><td>衰减器 Db</td></tr>
<tr><td>踏面 2＊45°</td><td></td><td></td><td></td><td></td><td></td><td></td><td></td><td></td></tr>
<tr><td>踏面 2＊45</td><td></td><td></td><td></td><td></td><td></td><td></td><td></td><td></td></tr>
<tr><td>0°探头</td><td></td><td></td><td></td><td></td><td></td><td></td><td></td><td></td></tr>
</table>

探测结果：

踏面：

左：

右：

轨脚：

左：

右：

0°探头

解剖日期：

试验人员：

施工员：

项目技术负责人：

监理意见：

监理工程师：　　　　日期：

7.3.1.4 市政验·轨-4 钢轨焊接接头外观检查质量验收记录

市政基础设施工程

钢轨焊接接头外观检查质量验收记录

市政验·轨-4

共　页第　页

工程名称		合 同 号	
里　　程		工程部位	
施工单位		监理单位	

焊头编号	一米不直度（mm）			轨头上	轨底上	是否有横向打磨痕迹	母材打磨深度<0.5mm	备　注
	轨顶面 ＋0.5	轨头内侧工作面 ±0.5	轨底 ＋1.0 0	圆角 圆顺	圆角 圆顺			

施工单位检查结果	专业工长：（签名）　　项目专业质量检查员：（签名）　　年　月　日
监理单位验收结论	专业监理工程师：（签名）　　年　月　日

7.3.1.5 市政验·轨-5 整体道床轨道状态检查质量验收记录

市政基础设施工程

整体道床轨道状态检查质量验收记录

市政验·轨-5

共　　页　第　　页

项目	与基标关系				轨距	水平	方向			高低	接头				备注
	水平距离		高差				直线	曲线正矢		10m弦测量	错牙	平顺	相错量		
检查里程	设计	实测	设计	实测			目测	设计	实测				设计	实测	

施工单位检查结果	专业工长：（签名）　项目专业质量检查员：（签名）　　年　月　日	监理单位验收结论	专业监理工程师：（签名）　年　月　日

7.3.1.6 市政验·轨-6 整体道床工程检查质量验收记录

市政基础设施工程

整体道床工程检查质量验收记录

市政验·轨-6

共　　页，第　　页

<table>
<tr><td>单位（子单位）工程名称</td><td colspan="3"></td></tr>
<tr><td>总承包施工单位</td><td colspan="3"></td></tr>
<tr><td>报检时间</td><td></td><td>检查部位</td><td></td></tr>
<tr><td colspan="4">1. 站场名称：　　　　　　道岔编号：　　　　　　非车站□
2. 普通/弹性混凝土轨枕合格证齐全 □
混凝土强度符合设计规定□ 几何尺寸偏差符合设计规定□
3. 普通/弹性混凝土轨枕安装：数量及间距符合设计规定□
同一断面处的混凝土轨枕中心线垂直于轨道中心线□
4. 曲线地段轨距加宽、超高已按设计规定设置 □
5. 道床高程允许偏差符合设计规定 □
6. 承轨台混凝土强度及施工允许误差符合设计要求□
承轨台断面及承轨台之间间隔符合要求□ 承轨台表面抹平□
7. 弹性混凝土轨枕整体道床的承轨台表面，抹面高度不高于橡胶套靴侧面凸缘的底面□
8. 道床排水沟无反坡□横向排水坡符合设计要求□
9. 弹性混凝土轨枕之间的过渡段设置长度及联结配件配置符合要求□
10. 隧道内混凝土整体道床与其他道床的过渡段符合设计规定 □
11. 道床外观：表面抹灰平整、无裂缝□
经检查认为被检工程：满足设计要求□经整改后满足设计要求□决定：准于隐蔽□准进入下道工序□</td></tr>
<tr><td>施工单位
检查结果</td><td colspan="3">

专业工长：（签名）　　　　项目专业质量检查员：（签名）　　　　年　　月　　日</td></tr>
<tr><td>监理单位
验收结论</td><td colspan="3">

专业监理工程师：（签名）　　　　年　　月　　日</td></tr>
</table>

7.3.1.7 市政验·轨-7 钢轨焊接工程检查质量验收记录

市政基础设施工程

钢轨焊接工程检查质量验收记录

市政验．轨-7

共 页 第 页

<table>
<tr><td>单位（子单位）工程名称</td><td colspan="3"></td></tr>
<tr><td>总承包施工单位</td><td colspan="3"></td></tr>
<tr><td>报检时间</td><td></td><td>检查部位</td><td></td></tr>
<tr><td colspan="4">1. 焊接接头编号：
2. 型式检验报告编号：
3. 周期性生产检验报告编号：
4. 焊头在 50℃以下时进行超声波探伤：
5. 焊缝及两侧 100mm 范围内外观质量：
6. 钢轨焊接接头几何偏差；
轨　顶　面：　　mm/lm，
轨头内侧工作面：　　m/lm，
轨　　底：　　mm/lm，
1. PD3 钢轨接触焊接头超声探伤质量验收记录
无附件：□
经检查认为被检工程：满足设计要求□经整改后满足设计要求□
决定：准予隐蔽□准进入下道工序□</td></tr>
<tr><td>施工单位检查结果</td><td colspan="3">专业工长：（签名）　　项目专业质量检查员：（签名）　　年　月　日</td></tr>
<tr><td>监理单位验收结论</td><td colspan="3">专业监理工程师：（签名）　　年　月　日</td></tr>
</table>

7.3.1.8　市政验·轨-8　线路锁定工程检查质量验收记录

市政基础设施工程

线路锁定工程检查质量验收记录

市政验·轨-8

共　　页　第　　页

<table>
<tr><td>单位（子单位）工程名称</td><td colspan="3"></td></tr>
<tr><td>总承包施工单位</td><td colspan="3"></td></tr>
<tr><td>报检时间</td><td></td><td>检查部位</td><td></td></tr>
<tr><td colspan="4">单元轨节编号：
1. 应力放散时，每隔 m 设一位移观测点，每个观测点处钢轨的位移量分别为符合技术条件要求□
2. 该单元轨锁定轨温情况：符合技术条件要求□

<table>
<tr><td>设计锁定轨温</td><td>℃</td><td>实际锁定轨温</td><td>℃</td><td>温差</td><td>℃</td><td colspan="2">拉伸量 mm</td></tr>
<tr><td>前单元轨左股实际锁定轨</td><td>℃</td><td>单元轨左股实际锁定轨</td><td>℃</td><td>温差</td><td>℃</td><td>左股</td><td></td></tr>
<tr><td>前单元轨右股实际锁定轨</td><td>℃</td><td>单元轨左股实际锁定轨</td><td>℃</td><td>温差</td><td>℃</td><td>右股</td><td></td></tr>
</table>

3. 轨道纵向位移“零点”标记：符合技术条件要求□ 准确齐全□
大小适当□色泽均匀清晰□
经检查认为被检工程：满足设计要求□经整改后满足设计要求□决定：准于隐蔽□准进入下道工序□</td></tr>
<tr><td>施工单位检查结果</td><td colspan="3">专业工长：（签名）　　　　项目专业质量检查员：（签名）　　　　年　　月　　日</td></tr>
<tr><td>监理单位验收结论</td><td colspan="3">专业监理工程师：（签名）　　　　年　　月　　日</td></tr>
</table>

7.3.1.9 市政验·轨-9 基桩测设检验批质量验收记录

市政基础设施工程

基桩测设检验批质量验收记录

市政验·轨-9

第 页共 页

<table>
<tr><td colspan="3">工程名称</td><td colspan="6"></td></tr>
<tr><td colspan="3">单位工程名称</td><td colspan="6"></td></tr>
<tr><td colspan="3">施工单位</td><td colspan="2"></td><td colspan="2">分包单位</td><td colspan="2"></td></tr>
<tr><td colspan="3">项目负责人</td><td colspan="2"></td><td colspan="2">项目技术负责人</td><td colspan="2"></td></tr>
<tr><td colspan="3">分部（子分部）
工程名称</td><td colspan="2"></td><td colspan="2">分项工程名称</td><td colspan="2"></td></tr>
<tr><td colspan="3">验收部位/区段</td><td colspan="2"></td><td colspan="2">检验批容量</td><td colspan="2"></td></tr>
<tr><td colspan="3">施工及验收依据</td><td colspan="6">《铁路轨道工程施工质量验收标准》TB 10413</td></tr>
<tr><td colspan="3">验收项目</td><td>设计要求或规范规定</td><td colspan="2">最小/实际抽样数量</td><td colspan="2">检查记录</td><td>检查结果</td></tr>
<tr><td rowspan="4">主控项目</td><td>1</td><td>基桩所用材料进场时，应对其规格、型式、外观进行验收，其质量应符合设计要求</td><td>第4.0.2条</td><td colspan="2">/</td><td colspan="2"></td><td></td></tr>
<tr><td>2</td><td>基桩的设置位置及数量应符合设计要求</td><td>第4.0.3条</td><td colspan="2">/</td><td colspan="2"></td><td></td></tr>
<tr><td>3</td><td>基桩的测设精度应满足以下要求：
(a) 基标设置位置应符合以下标准：
控制基标：直线上每120m，曲线上每60m和曲线起止点、缓圆点、圆缓点、道岔起止点等均应各设置一个点。
加密基标：直线上每6m、曲线上每5m各设置一个点。
(b) 基标设置允许偏差应符合以下规定：
控制基标：方向为6″，高程为±2mm；直线段距离为1/5000，曲线段为1/10000。
加密基标：方向为±1mm；高程为±2mm；直线段距离为±5mm，曲线段为±3mm</td><td>第4.0.4条</td><td colspan="2">/</td><td colspan="2"></td><td></td></tr>
<tr><td>4</td><td>基桩标志应设置牢固</td><td>第4.0.5条</td><td colspan="2">/</td><td colspan="2"></td><td></td></tr>
<tr><td>一般项目</td><td>1</td><td>基桩的标示应设置齐全，色泽鲜明、清晰完整</td><td>第4.0.6条</td><td colspan="2">/</td><td colspan="2"></td><td></td></tr>
<tr><td>施工单位检查结果</td><td colspan="8">专业工长：（签名） 项目专业质量检查员：（签名） 年 月 日</td></tr>
<tr><td>监理单位验收结论</td><td colspan="8">专业监理工程师：（签名） 年 月 日</td></tr>
</table>

7.3.1.10 市政验·轨-10 轨排组装架设检验批质量验收记录

市政基础设施工程

轨排组装架设检验批质量验收记录

市政验·轨-10

第　　页共　　页

<table>
<tr><td colspan="3">工程名称</td><td colspan="7"></td></tr>
<tr><td colspan="3">单位工程名称</td><td colspan="7"></td></tr>
<tr><td colspan="3">施工单位</td><td colspan="2"></td><td colspan="2">分包单位</td><td colspan="3"></td></tr>
<tr><td colspan="3">项目负责人</td><td colspan="2"></td><td colspan="2">项目技术负责人</td><td colspan="3"></td></tr>
<tr><td colspan="3">分部（子分部）工程名称</td><td colspan="2"></td><td colspan="2">分项工程名称</td><td colspan="3"></td></tr>
<tr><td colspan="3">验收部位/区段</td><td colspan="2"></td><td colspan="2">检验批容量</td><td colspan="3"></td></tr>
<tr><td colspan="3">施工及验收依据</td><td colspan="7">《铁路轨道工程施工质量验收标准》TB 10413</td></tr>
<tr><td colspan="4">验收项目</td><td colspan="2">设计要求或规范规定</td><td>最小/实际抽样数量</td><td>检查记录</td><td>检查结果</td></tr>
<tr><td rowspan="2">主控项目</td><td>1</td><td colspan="2">长枕进场时，应对型号、外观进行验收，四周边角无破损、掉块、外观无可见裂纹，质量符合设计</td><td colspan="2">第 6.7.1 条</td><td>/</td><td></td><td></td></tr>
<tr><td>2</td><td colspan="2">扣件进场时，应对型号、外观进行验收，质量应符合产品标准规定</td><td colspan="2">第 6.7.2 条</td><td>/</td><td></td><td></td></tr>
<tr><td rowspan="12">一般项目</td><td>1</td><td rowspan="12">轨排组装架设允许偏差（mm）</td><td>轨枕间距</td><td>±5</td><td rowspan="12">第 6.7.3 条</td><td>/</td><td></td><td></td></tr>
<tr><td>2</td><td>轨距（变化率不大于1‰）</td><td>1</td><td>/</td><td></td><td></td></tr>
<tr><td>3</td><td>水　平</td><td>2</td><td>/</td><td></td><td></td></tr>
<tr><td>4</td><td>扭　曲（基长 6.25m）</td><td>2</td><td>/</td><td></td><td></td></tr>
<tr><td>5</td><td>轨向：直线（20m 弦）</td><td>2</td><td>/</td><td></td><td></td></tr>
<tr><td>6</td><td>轨向：缓和曲线 20m 弦正矢与计算正矢差</td><td>2（1）</td><td>/</td><td></td><td></td></tr>
<tr><td>7</td><td>轨向：圆曲线 20m 弦正矢连续差</td><td>3（2）</td><td>/</td><td></td><td></td></tr>
<tr><td>8</td><td>轨向：圆曲线 20m 弦正矢最大最小值差</td><td>5（3）</td><td>/</td><td></td><td></td></tr>
<tr><td>9</td><td>高低（直线 10m 弦）</td><td>2</td><td>/</td><td></td><td></td></tr>
<tr><td>10</td><td>中　线</td><td>2</td><td>/</td><td></td><td></td></tr>
<tr><td>11</td><td>高　程</td><td>±5</td><td>/</td><td></td><td></td></tr>
<tr><td>12</td><td>轨底坡</td><td>1/35～1/45</td><td>/</td><td></td><td></td></tr>
<tr><td>施工单位检查结果</td><td colspan="9">专业工长：（签名）　　项目专业质量检查员：（签名）　　年　月　日</td></tr>
<tr><td>监理单位验收结论</td><td colspan="9">专业监理工程师：（签名）　　年　月　日</td></tr>
</table>

7.3.1.11 市政验·轨-11 轨道整理检验批质量验收记录

市政基础设施工程

轨道整理检验批质量验收记录

市政验·轨-11

第 页共 页

<table>
<tr><td colspan="4">工程名称</td><td colspan="6"></td></tr>
<tr><td colspan="4">单位工程名称</td><td colspan="6"></td></tr>
<tr><td colspan="4">施工单位</td><td colspan="2"></td><td>分包单位</td><td colspan="3"></td></tr>
<tr><td colspan="4">项目负责人</td><td colspan="2"></td><td>项目技术负责人</td><td colspan="3"></td></tr>
<tr><td colspan="4">分部（子分部）工程名称</td><td colspan="2"></td><td>分项工程名称</td><td colspan="3"></td></tr>
<tr><td colspan="4">验收部位/区段</td><td colspan="2"></td><td>检验批容量</td><td colspan="3"></td></tr>
<tr><td colspan="4">施工及验收依据</td><td colspan="6">《铁路轨道工程施工质量验收标准》TB 10413</td></tr>
<tr><td colspan="5">验收项目</td><td colspan="2">设计要求或规范规定</td><td>最小/实际抽样数量</td><td>检查记录</td><td>检查结果</td></tr>
<tr><td rowspan="8">主控项目</td><td>1</td><td rowspan="8">轨道静态质量几何尺寸（mm）</td><td colspan="2">轨距</td><td>无碴轨道：±2</td><td rowspan="8">第7.7.4条</td><td>/</td><td></td><td></td></tr>
<tr><td rowspan="7">2</td><td rowspan="4">轨向</td><td>直线（10m弦量）</td><td>≤4</td><td>/</td><td></td><td></td></tr>
<tr><td>缓和曲线20m正矢与计算正矢差</td><td>无碴：3（3）</td><td>/</td><td></td><td></td></tr>
<tr><td>圆曲线20m正矢连续差</td><td>无碴：6（4）</td><td>/</td><td></td><td></td></tr>
<tr><td>圆曲线20m正矢最大最小值差</td><td>无碴：9（6）</td><td>/</td><td></td><td></td></tr>
<tr><td colspan="2">水平</td><td>4</td><td>/</td><td></td><td></td></tr>
<tr><td colspan="2">扭曲（基长6.25）</td><td>4</td><td>/</td><td></td><td></td></tr>
<tr><td colspan="2">高低（10m弦量）</td><td>4</td><td>/</td><td></td><td></td></tr>
<tr><td rowspan="3">一般项目</td><td colspan="2">1</td><td colspan="2">中线（mm）</td><td>10</td><td rowspan="3">第7.7.6条</td><td>/</td><td></td><td></td></tr>
<tr><td colspan="2">2</td><td colspan="2">线间距（mm）</td><td>+10
0</td><td>/</td><td></td><td></td></tr>
<tr><td colspan="2">3</td><td colspan="2">轨顶高程（mm）</td><td>±10</td><td>/</td><td></td><td></td></tr>
<tr><td>施工单位检查结果</td><td colspan="9">专业工长：（签名） 项目专业质量检查员：（签名） 年 月 日</td></tr>
<tr><td>监理单位验收结论</td><td colspan="9">专业监理工程师：（签名） 年 月 日</td></tr>
</table>

7.3.1.12 市政验·轨-12 底座施工检验批质量验收记录

市政基础设施工程

底座施工检验批质量验收记录

市政验·轨-12

第　　页 共　　页

<table>
<tr><td colspan="3">工程名称</td><td colspan="6"></td></tr>
<tr><td colspan="3">单位工程名称</td><td colspan="6"></td></tr>
<tr><td colspan="3">施工单位</td><td colspan="2"></td><td colspan="2">分包单位</td><td colspan="2"></td></tr>
<tr><td colspan="3">项目负责人</td><td colspan="2"></td><td colspan="2">项目技术负责人</td><td colspan="2"></td></tr>
<tr><td colspan="3">分部（子分部）
工程名称</td><td colspan="2"></td><td colspan="2">分项工程名称</td><td colspan="2"></td></tr>
<tr><td colspan="3">验收部位/区段</td><td colspan="2"></td><td colspan="2">检验批容量</td><td colspan="2"></td></tr>
<tr><td colspan="3">施工及验收依据</td><td colspan="6">《轨道交通梯形轨枕轨道工程施工质量验收标准》CJJ—266</td></tr>
<tr><td colspan="5">验收项目</td><td>设计要求或规范规定</td><td>最小/实际抽样数量</td><td>检查记录</td><td>检查结果</td></tr>
<tr><td rowspan="5">主控项目</td><td>1</td><td colspan="3">底座所采用的钢筋应符合设计的规定</td><td>第 5.4.1 条</td><td></td><td>/</td><td></td></tr>
<tr><td>2</td><td colspan="3">底座混凝土的强度等级应符合设计规定</td><td>第 5.4.2 条</td><td></td><td>/</td><td></td></tr>
<tr><td>3</td><td colspan="3">梯形轨枕轨道与不同道床形式间排水过渡段的设置应符合设计规定</td><td>第 5.4.3 条</td><td></td><td>/</td><td></td></tr>
<tr><td>4</td><td colspan="3">隔离间隙内及梯形轨枕端头间不应有残留混凝土</td><td>第 5.4.4 条</td><td></td><td>/</td><td></td></tr>
<tr><td>5</td><td colspan="3">底座伸缩缝的设置应符合设计规定</td><td>第 5.4.5 条</td><td></td><td>/</td><td></td></tr>
<tr><td rowspan="5">一般项目</td><td rowspan="2">1</td><td rowspan="2">底座钢筋安装位置应符合设计规定，允许偏差应符合表 5.4.6 的规定</td><td>钢筋间距</td><td>20</td><td rowspan="2">第 5.4.6 条</td><td rowspan="2">/</td><td rowspan="2"></td><td rowspan="2"></td></tr>
<tr><td>保护层厚度</td><td>+5 −2</td></tr>
<tr><td>2</td><td colspan="3">底座混凝土结构表面应密实平整，颜色均匀，不应有露筋，蜂窝，孔洞，疏松，麻面和缺棱角等缺陷</td><td>第 5.4.7 条</td><td>/</td><td></td><td></td></tr>
<tr><td>3</td><td colspan="3">底座外形尺寸应符合合计规定，允许偏差应为±10mm，凹陷深度不应大于 3mm/m，表面平整度允许偏差为 3mm/m</td><td>第 5.4.8 条</td><td>/</td><td></td><td></td></tr>
<tr><td>4</td><td colspan="3">排水沟纵向坡度应符合设计规定，排水畅通</td><td>第 5.4.9 条</td><td>/</td><td></td><td></td></tr>
<tr><td>施工单位检查结果</td><td colspan="8">专业工长：（签名）　　　　项目专业质量检查员：（签名）　　　　年　月　日</td></tr>
<tr><td>监理单位验收结论</td><td colspan="8">专业监理工程师：（签名）　　　　年　月　日</td></tr>
</table>

7.3.1.13 市政验·轨-13 钢轨焊接检验批质量验收记录

市政基础设施工程

钢轨焊接检验批质量验收记录

市政验·轨-13

第 页 共 页

<table>
<tr><td colspan="3">工程名称</td><td colspan="6"></td></tr>
<tr><td colspan="3">单位工程名称</td><td colspan="6"></td></tr>
<tr><td colspan="3">施工单位</td><td colspan="2"></td><td colspan="2">分包单位</td><td colspan="2"></td></tr>
<tr><td colspan="3">项目负责人</td><td colspan="2"></td><td colspan="2">项目技术负责人</td><td colspan="2"></td></tr>
<tr><td colspan="3">分部（子分部）工程名称</td><td colspan="2"></td><td colspan="2">分项工程名称</td><td colspan="2"></td></tr>
<tr><td colspan="3">验收部位/区段</td><td colspan="2"></td><td colspan="2">检验批容量</td><td colspan="2"></td></tr>
<tr><td colspan="3">施工及验收依据</td><td colspan="6">《铁路轨道工程施工质量验收标准》TB 10413</td></tr>
<tr><td colspan="6">验收项目</td><td>设计要求及规范规定</td><td>最小/实际抽样数量</td><td>检查记录</td><td>检查结果</td></tr>
<tr><td rowspan="7">主控项目</td><td>1</td><td colspan="4">钢轨焊接接头的型式检验和周期性生产检验
钢轨焊接接头的型式检验和周期性生产检验应符合现行《钢轨焊接接头技术条件》的有关规定</td><td>第7.2.2条</td><td>/</td><td></td><td></td></tr>
<tr><td>2</td><td colspan="4">钢轨焊接接头的探伤检查。焊头不得有未焊透，过烧，裂纹，气孔夹渣等</td><td>第7.2.3条</td><td>/</td><td></td><td></td></tr>
<tr><td>3</td><td colspan="4">钢轨焊缝两侧各100mm范围内不得有明显压痕，碰痕，划伤等缺陷，焊头不得有电击伤</td><td>第7.2.4条</td><td>/</td><td></td><td></td></tr>
<tr><td>4</td><td colspan="4">钢轨胶接绝缘接头焊接前应按规定测定绝缘性能，并符合现行《胶结绝缘钢轨技术条件》TB/T 2975规定</td><td>第7.5.4条</td><td>/</td><td></td><td></td></tr>
<tr><td rowspan="3">5</td><td rowspan="3">焊接接头平整度</td><td rowspan="3">允许偏差（mm）</td><td>轨顶面</td><td>+0.3
0</td><td rowspan="3">第7.5.5条</td><td>/</td><td></td><td></td></tr>
<tr><td>轨头内侧工作面</td><td>±0.3</td><td>/</td><td></td><td></td></tr>
<tr><td>轨底（焊筋）</td><td>+0.5
0</td><td>/</td><td></td><td></td></tr>
<tr><td>一般项目</td><td>1</td><td colspan="4">检验数量：施工单位全部检查</td><td>第7.5.6条</td><td>/</td><td></td><td></td></tr>
<tr><td>施工单位检查结果</td><td colspan="9">专业工长：（签名） 项目专业质量检查员：（签名） 年 月 日</td></tr>
<tr><td>监理单位验收结论</td><td colspan="9">专业监理工程师：（签名） 年 月 日</td></tr>
</table>

7.3.1.14 市政验·轨-14 线路锁定检验批质量验收记录

市政基础设施工程

线路锁定检验批质量验收记录

市政验·轨-14

第 页 共 页

<table>
<tr><td colspan="3">工程名称</td><td colspan="5"></td></tr>
<tr><td colspan="3">单位工程名称</td><td colspan="5"></td></tr>
<tr><td colspan="3">施工单位</td><td></td><td colspan="2">分包单位</td><td colspan="2"></td></tr>
<tr><td colspan="3">项目负责人</td><td></td><td colspan="2">项目技术负责人</td><td colspan="2"></td></tr>
<tr><td colspan="3">分部（子分部）
工程名称</td><td></td><td colspan="2">分项工程名称</td><td colspan="2"></td></tr>
<tr><td colspan="3">验收部位/区段</td><td></td><td colspan="2">检验批容量</td><td colspan="2"></td></tr>
<tr><td colspan="3">施工及验收依据</td><td colspan="5">《铁路轨道工程施工质量验收标准》TB 10413</td></tr>
<tr><td colspan="3">验收项目</td><td>设计要求或规范规定</td><td>最小/实际抽样数量</td><td>检查记录</td><td colspan="2">检查结果</td></tr>
<tr><td rowspan="5">主控项目</td><td>1</td><td>单元轨节锁定前应按设计要求设置好钢轨位移观测桩，位移观测桩应设置齐全，牢固，不易损坏并易于观测</td><td>第7.6.1条</td><td>/</td><td></td><td colspan="2"></td></tr>
<tr><td>2</td><td>线路锁定时，实际锁定轨温必须在设计锁定轨温范围内</td><td>第7.6.2条</td><td>/</td><td></td><td colspan="2"></td></tr>
<tr><td>3</td><td>左左右两股钢轨及相邻单元轨节的锁定轨温差均不得大于5℃</td><td>第7.6.3条</td><td>/</td><td></td><td colspan="2"></td></tr>
<tr><td>4</td><td>同一区间内各单元轨条的最高与最低锁定轨温差不得大于10℃</td><td>第7.6.4条</td><td>/</td><td></td><td colspan="2"></td></tr>
<tr><td>5</td><td>线路锁定后，应及时在钢轨上设置纵向位移观测得“零点”标记。定期观测钢轨位移量并做好记录。位移观测桩处计算200m范围内相应位移量不得大于10mm，任何一个位移观测桩处位移量不得超过20mm</td><td>第7.6.5条</td><td>/</td><td></td><td colspan="2"></td></tr>
<tr><td rowspan="2">一般项目</td><td>1</td><td>位移观测桩应编号，每对位移观测桩基准点连线与线路中线应垂直</td><td>第7.6.6条</td><td>/</td><td></td><td colspan="2"></td></tr>
<tr><td>2</td><td>缓冲区钢轨接头螺栓扭矩应达到900N·m，接头处钢轨面高低差及轨距线错牙偏差不超过1mm。接头轨缝应按设计预留</td><td>第7.6.7条</td><td>/</td><td></td><td colspan="2"></td></tr>
<tr><td>施工单位检查结果</td><td colspan="7">专业工长：（签名） 项目专业质量检查员：（签名） 年 月 日</td></tr>
<tr><td>监理单位验收结论</td><td colspan="7">专业监理工程师：（签名） 年 月 日</td></tr>
</table>

7.3.1.15 市政验·轨-15 线路、信号标志检验批质量验收记录

市政基础设施工程

线路、信号标志检验批质量验收记录

市政验·轨-15

第　　页共　　页

<table>
<tr><td colspan="3">工程名称</td><td colspan="5"></td></tr>
<tr><td colspan="3">单位工程名称</td><td colspan="5"></td></tr>
<tr><td colspan="3">施工单位</td><td></td><td colspan="2">分包单位</td><td colspan="2"></td></tr>
<tr><td colspan="3">项目负责人</td><td></td><td colspan="2">项目技术负责人</td><td colspan="2"></td></tr>
<tr><td colspan="3">分部（子分部）
工程名称</td><td></td><td colspan="2">分项工程名称</td><td colspan="2"></td></tr>
<tr><td colspan="3">验收部位/区段</td><td></td><td colspan="2">检验批容量</td><td colspan="2"></td></tr>
<tr><td colspan="3">施工及验收依据</td><td colspan="5">《铁路轨道工程施工质量验收标准》TB 10413</td></tr>
<tr><td colspan="4">验收项目</td><td>设计要求或
规范规定</td><td>最小/实际
抽样数量</td><td>检查记录</td><td>检查
结果</td></tr>
<tr><td rowspan="3">主控项目</td><td>1</td><td colspan="2">线路，信号标志的材质、规格、图案字样均应符合设计要求</td><td>第 12.0.1 条</td><td></td><td>/</td><td></td></tr>
<tr><td>2</td><td colspan="2">标志的数量、位置、高度应符合设计要求</td><td>第 12.0.2 条</td><td></td><td>/</td><td></td></tr>
<tr><td>3</td><td colspan="2">标志设置牢固、标示方向正确</td><td>第 12.0.3 条</td><td></td><td>/</td><td></td></tr>
<tr><td>一般项目</td><td>1</td><td colspan="2">各种标志应设置端正，涂料均匀，色泽鲜明，图像字迹清晰完整</td><td>第 12.0.4 条</td><td></td><td>/</td><td></td></tr>
<tr><td colspan="2">施工单位
检查结果</td><td colspan="6">

专业工长：（签名）　　项目专业质量检查员：（签名）　　年　月　日</td></tr>
<tr><td colspan="2">监理单位
验收结论</td><td colspan="6">

专业监理工程师：（签名）　　年　月　日</td></tr>
</table>

7.3.1.16 市政验·轨-16 车档检验批质量检验记录表

市政基础设施工程

车挡检验批质量检验记录表

市政验·轨-16

第 页，共 页

<table>
<tr><td colspan="3">工程名称</td><td colspan="7"></td></tr>
<tr><td colspan="3">单位工程名称</td><td colspan="7"></td></tr>
<tr><td colspan="3">施工单位</td><td colspan="3"></td><td colspan="2">分包单位</td><td colspan="2"></td></tr>
<tr><td colspan="3">项目负责人</td><td colspan="3"></td><td colspan="2">项目技术负责人</td><td colspan="2"></td></tr>
<tr><td colspan="3">分部（子分部）
工程名称</td><td colspan="3"></td><td colspan="2">分项工程名称</td><td colspan="2"></td></tr>
<tr><td colspan="3">验收部位/区段</td><td colspan="3"></td><td colspan="2">检验批容量</td><td colspan="2"></td></tr>
<tr><td colspan="3">施工及验收依据</td><td colspan="7">《有轨电车供货要求》（参考）</td></tr>
<tr><td colspan="3">验收项目</td><td colspan="4">设计要求或规范规定</td><td>最小/实际抽样数量</td><td>检查记录</td><td>检查结果</td></tr>
<tr><td rowspan="12">主控项目</td><td>1</td><td rowspan="2">占用线路长度（m）</td><td colspan="2">正线</td><td>≤2</td><td>第 8.3 条</td><td>/</td><td></td><td></td></tr>
<tr><td rowspan="5">2</td><td colspan="2">车辆段</td><td>≤2</td><td>第 9.2.2 条</td><td>/</td><td></td><td></td></tr>
<tr><td rowspan="4">容许冲撞速度（km/h）</td><td colspan="2">正线</td><td>≤15</td><td>第 8.3 条</td><td>/</td><td></td><td></td></tr>
<tr><td rowspan="3">车辆段</td><td>滑动</td><td>≤15</td><td rowspan="2">第 9.2.1 条</td><td>/</td><td></td><td></td></tr>
<tr><td>固定</td><td>≤5</td><td>/</td><td></td><td></td></tr>
<tr><td>摩擦式</td><td>≤3</td><td>第 9.2.2 条</td><td>/</td><td></td><td></td></tr>
<tr><td rowspan="3">3</td><td rowspan="3">轨距容许值（m）</td><td colspan="2">正线</td><td>0</td><td>第 8.2 条</td><td>/</td><td></td><td></td></tr>
<tr><td colspan="2" rowspan="2">车辆段</td><td rowspan="2">+4
−2</td><td rowspan="2">第 9.2.2 条</td><td>/</td><td></td><td></td></tr>
<tr><td>/</td><td></td><td></td></tr>
<tr><td>4</td><td colspan="4">基础坑内混凝土尺寸</td><td>第 9.2 条</td><td>/</td><td></td><td></td></tr>
<tr><td>5</td><td colspan="4">车挡材料</td><td rowspan="2">第 9.3 条</td><td>/</td><td></td><td></td></tr>
<tr><td>6</td><td colspan="4">车挡防腐</td><td>/</td><td></td><td></td></tr>
<tr><td colspan="3">施工单位
检查结果</td><td colspan="7">专业工长：（签名） 项目专业质量检查员：（签名） 年 月 日</td></tr>
<tr><td colspan="3">监理单位
验收结论</td><td colspan="7">专业监理工程师：（签名） 年 月 日</td></tr>
</table>

7.3.1.17 市政验·轨-17.1 道岔铺设检验批质量检查记录表（一）

市政基础设施工程

道岔铺设检验批质量检查记录（一）

市政验·轨-17-1

第 页，共 页

工程名称						
单位工程名称						
施工单位			分包单位			
项目负责人			项目技术负责人			
分部（子分部）工程名称			分项工程名称			
验收部位/区段			检验批容量			
施工及验收依据	《储能式有轨电车供电及弱电系统施工质量验收标准》（参考）					
验收项目			设计要求或规范规定	最小/实际抽样数量	检查记录	检查结果
主控项目	1	道岔及岔枕的类型、规格和质量应符合设计要求和产品标准规定	第 9.4.8 条	/		
	2	混凝土岔枕螺旋道钉锚固抗拔力不得小于 60kN	第 9.4.9 条	/		
	3	查照间隔（辙叉心作用面至护轨头部外侧的距离）不得小于设计值；护背距离（翼轨作用面至护轨头部外侧的距离）不得大于设计值	第 9.4.10 条	/		
	4	基本轨、尖轨轨面应无碰伤、擦伤、掉块、低陷、压溃飞边等缺陷	第 9.4.11 条	/		
	5	无缝道岔内锁定焊及与无缝线路锁定焊连时，必须在设计锁定轨温范围内进行	第 9.4.12 条	/		
	6	道岔内焊接接头平直度应符合《铁路轨道工程施工质量验收标准》TB 10413—2003 第 7.5.5 条的规定	第 9.4.13 条	/		
	7	无缝道岔与相邻轨条的锁定轨温相差不得超过 5℃	第 9.4.14 条	/		
施工单位检查结果	专业工长：（签名） 项目专业质量检查员：（签名） 年 月 日					
监理单位验收结论	专业监理工程师：（签名） 年 月 日					

7.3.1.18 市政验·轨-17.2 道岔铺设检验批质量检查记录表（二）

市政基础设施工程

道岔铺设检验批质量检查记录（二）

市政验·轨-17-2

第 页，共 页

<table>
<tr><td>工程名称</td><td colspan="6"></td></tr>
<tr><td>单位工程名称</td><td colspan="6"></td></tr>
<tr><td>施工单位</td><td colspan="2"></td><td colspan="2">分包单位</td><td colspan="2"></td></tr>
<tr><td>项目负责人</td><td colspan="2"></td><td colspan="2">项目技术负责人</td><td colspan="2"></td></tr>
<tr><td>分部（子分部）工程名称</td><td colspan="2"></td><td colspan="2">分项工程名称</td><td colspan="2"></td></tr>
<tr><td>验收部位/区段</td><td colspan="2"></td><td colspan="2">检验批容量</td><td colspan="2"></td></tr>
<tr><td>施工及验收依据</td><td colspan="6">《储能式有轨电车供电及弱电系统施工质量验收标准》（参考）</td></tr>
<tr><td colspan="3">验收项目</td><td>设计要求或规范规定</td><td>最小/实际抽样数量</td><td>检查记录</td><td>检查结果</td></tr>
<tr><td rowspan="3">一般项目</td><td>1</td><td>轨道道岔竣工验收，其精度应符合下列规定：
a）里程位置：允许偏差为±20mm。
b）导曲线及附带曲线：导曲线支距允许偏差为 2mm；附带曲线用 10m 弦量正矢为 2mm。
c）轨顶水平及高程：全长范围内高低差不应大于 3mm，高程允许偏差为±2mm。
d）转辙器必须扳动灵活，曲尖轨在第一连杆处的动程不应小于设计值。尖轨与基本轨密贴，其间隙不应大于 1mm。尖轨尖端处轨距允许偏差为±1mm。
e）护轨头部外侧至辙岔心作用边距离允许偏差 0～+3mm，至翼轨作用边距离允许偏差为−2～0mm。
f）轨面应平顺，滑床板在同一平面内。轨撑与基本轨密贴，其间隙不应大于 1mm。
g）其他精度应符合本标准第 9.3.3.6 条</td><td>第 9.4.15 条</td><td>/</td><td></td><td></td></tr>
<tr><td>2</td><td>道岔紧固螺栓扭矩应满足设计值</td><td>第 9.4.16 条</td><td>/</td><td></td><td></td></tr>
<tr><td>3</td><td>道岔各类螺栓丝扣均应涂有效期不少于 2 年的油脂</td><td>第 9.4.17 条</td><td>/</td><td></td><td></td></tr>
<tr><td>施工单位检查结果</td><td colspan="6">专业工长：（签名） 项目专业质量检查员：（签名） 年 月 日</td></tr>
<tr><td>监理单位验收结论</td><td colspan="6">专业监理工程师：（签名） 年 月 日</td></tr>
</table>

7.3.1.19　市政验·轨-18　道岔调整检验批质量验收检查记录表

市政基础设施工程

道岔调整检验批质量验收检查记录表

市政验·轨-18

第　　页，共　　页

<table>
<tr><td colspan="4">工程名称</td><td colspan="5"></td></tr>
<tr><td colspan="4">单位工程名称</td><td colspan="5"></td></tr>
<tr><td colspan="4">施工单位</td><td colspan="2"></td><td>分包单位</td><td colspan="2"></td></tr>
<tr><td colspan="4">项目负责人</td><td colspan="2"></td><td>项目技术负责人</td><td colspan="2"></td></tr>
<tr><td colspan="4">分部（子分部）工程名称</td><td colspan="2"></td><td>分项工程名称</td><td colspan="2"></td></tr>
<tr><td colspan="4">验收部位/区段</td><td colspan="2"></td><td>检验批容量</td><td colspan="2"></td></tr>
<tr><td colspan="4">施工及验收依据</td><td colspan="5">《铁路轨道工程施工质量验收标准》TB 10413</td></tr>
<tr><td colspan="5">验收项目</td><td>设计要求或规范规定</td><td>最小/实际抽样数量</td><td>检查记录</td><td>检查结果</td></tr>
<tr><td>主控项目</td><td>1</td><td colspan="3">道岔普通接头、绝缘接头</td><td>按设计图布置</td><td>/</td><td></td><td></td></tr>
<tr><td rowspan="17">一般项目</td><td rowspan="17">1</td><td rowspan="17">道岔调整允许偏差（mm）</td><td colspan="2">里程位置</td><td>±15</td><td>/</td><td></td><td></td></tr>
<tr><td colspan="2">全长范围内高程</td><td>±1</td><td>/</td><td></td><td></td></tr>
<tr><td colspan="2">全长范围内高低差</td><td>≯2</td><td>/</td><td></td><td></td></tr>
<tr><td colspan="2">左右胶水平</td><td>1</td><td>/</td><td></td><td></td></tr>
<tr><td colspan="2">道岔方向（10m弦）</td><td>1</td><td>/</td><td></td><td></td></tr>
<tr><td colspan="2">导曲线支距</td><td>1</td><td>/</td><td></td><td></td></tr>
<tr><td colspan="2">附带曲线正矢（10m弦量）</td><td>1</td><td>/</td><td></td><td></td></tr>
<tr><td rowspan="2">轨距</td><td>尖轨尖端轨距</td><td>±1</td><td>/</td><td></td><td></td></tr>
<tr><td>其他部位</td><td>−2
1</td><td>/</td><td></td><td></td></tr>
<tr><td colspan="2">尖轨与基本轨的间隙</td><td>≯1</td><td>/</td><td></td><td></td></tr>
<tr><td rowspan="2">曲尖轨在第一连接杆处动程</td><td>9♯、12♯</td><td>≮160</td><td>/</td><td></td><td></td></tr>
<tr><td>5♯</td><td>≮152</td><td>/</td><td></td><td></td></tr>
<tr><td colspan="2">护轨头部外侧至辙岔心作用边距离1391</td><td>0，+2</td><td>/</td><td></td><td></td></tr>
<tr><td colspan="2">护轨头部外侧至翼轨作用边距离1348</td><td>0，−1</td><td>/</td><td></td><td></td></tr>
<tr><td colspan="2">轨面平顺，滑床板在同一平面内，轨撑与基本轨密贴，其间隙</td><td>≯0.5</td><td>/</td><td></td><td></td></tr>
<tr><td colspan="4">施工单位检查结果</td><td colspan="5">专业工长：（签名）　　项目专业质量检查员：（签名）　　年　月　日</td></tr>
<tr><td colspan="4">监理单位验收结论</td><td colspan="5">专业监理工程师：（签名）　　年　月　日</td></tr>
</table>

7.3.1.20　市政验·轨-19　轨距杆、轨撑检验批质量验收记录

市政基础设施工程

轨距杆、轨撑检验批质量验收记录

市政验·轨-19

第　　页，共　　页

<table>
<tr><td colspan="3">工程名称</td><td colspan="5"></td></tr>
<tr><td colspan="3">单位工程名称</td><td colspan="5"></td></tr>
<tr><td colspan="3">施工单位</td><td colspan="2"></td><td colspan="2">分包单位</td><td></td></tr>
<tr><td colspan="3">项目负责人</td><td colspan="2"></td><td colspan="2">项目技术负责人</td><td></td></tr>
<tr><td colspan="3">分部（子分部）
工程名称</td><td colspan="2"></td><td colspan="2">分项工程名称</td><td></td></tr>
<tr><td colspan="3">验收部位/区段</td><td colspan="2"></td><td colspan="2">检验批容量</td><td></td></tr>
<tr><td colspan="3">施工及验收依据</td><td colspan="5">《铁路轨道工程施工质量验收标准》TB 10413</td></tr>
<tr><td colspan="3">验收项目</td><td>设计要求或规范规定</td><td>最小/实际抽样数量</td><td colspan="2">检查记录</td><td>检查结果</td></tr>
<tr><td rowspan="2">主控项目</td><td>1</td><td>轨距杆、轨撑的类型、规格、质量均应符合设计文件规定</td><td>第 13.2.1 条</td><td>/</td><td colspan="2"></td><td></td></tr>
<tr><td>2</td><td>轨距杆、轨撑的安装位置、数量应符合设计规定，轨道电路区段的轨距杆应绝缘</td><td>第 13.2.2 条</td><td>/</td><td colspan="2"></td><td></td></tr>
<tr><td>一般项目</td><td>1</td><td>轨距杆或柜撑无失效，丝杆应涂油</td><td>第 13.2.3 条</td><td>/</td><td colspan="2"></td><td></td></tr>
<tr><td colspan="2">施工单位
检查结果</td><td colspan="6">专业工长：（签名）　　项目专业质量检查员：（签名）　　年　　月　　日</td></tr>
<tr><td colspan="2">监理单位
验收结论</td><td colspan="6">专业监理工程师：（签名）　　年　　月　　日</td></tr>
</table>

7.3.1.21　市政验·轨-20　轨道防护检验批质量检验记录表

市政基础设施工程

轨道防护检验批质量检验记录表

市政验·轨-20

第　　页，共　　页

<table>
<tr><td colspan="3">工程名称</td><td colspan="5"></td></tr>
<tr><td colspan="3">单位工程名称</td><td colspan="5"></td></tr>
<tr><td colspan="3">施工单位</td><td colspan="2"></td><td>分包单位</td><td colspan="2"></td></tr>
<tr><td colspan="3">项目负责人</td><td colspan="2"></td><td>项目技术负责人</td><td colspan="2"></td></tr>
<tr><td colspan="3">分部（子分部）
工程名称</td><td colspan="2"></td><td>分项工程名称</td><td colspan="2"></td></tr>
<tr><td colspan="3">验收部位/区段</td><td colspan="2"></td><td>检验批容量</td><td colspan="2"></td></tr>
<tr><td colspan="3">施工及验收依据</td><td colspan="5">《有轨电车供货要求》（参考）</td></tr>
<tr><td colspan="3">验收项目</td><td>设计要求或
规范规定</td><td>最小/实际
抽样数量</td><td colspan="2">检查记录</td><td>检查结果</td></tr>
<tr><td rowspan="4">主控项目</td><td>1</td><td>原材料</td><td>第 10.4.1 条</td><td>/</td><td colspan="2"></td><td></td></tr>
<tr><td>2</td><td>尺寸精度</td><td>第 10.4.2 条</td><td>/</td><td colspan="2"></td><td></td></tr>
<tr><td>3</td><td>外观</td><td>第 10.4.3 条</td><td>/</td><td colspan="2"></td><td></td></tr>
<tr><td>4</td><td>性能</td><td>第 10.4.4 条</td><td>/</td><td colspan="2"></td><td></td></tr>
<tr><td colspan="2">施工单位
检查结果</td><td colspan="6">专业工长：（签名）　　项目专业质量检查员：（签名）　　年　　月　　日</td></tr>
<tr><td colspan="2">监理单位
验收结论</td><td colspan="6">专业监理工程师：（签名）　　年　　月　　日</td></tr>
</table>

7.3.2 供电系统工程

7.3.2.1 市政验·供-1 设备基础预埋件检验批质量验收记录

市政基础设施工程

设备基础预埋件检验批质量验收记录

市政验·供-1

第　　页，共　　页

<table>
<tr><td colspan="2">工程名称</td><td colspan="5"></td></tr>
<tr><td colspan="2">单位工程名称</td><td colspan="5"></td></tr>
<tr><td colspan="2">施工单位</td><td colspan="2"></td><td colspan="2">分包单位</td><td></td></tr>
<tr><td colspan="2">项目负责人</td><td colspan="2"></td><td colspan="2">项目技术负责人</td><td></td></tr>
<tr><td colspan="2">分部（子分部）工程名称</td><td colspan="2"></td><td colspan="2">分项工程名称</td><td></td></tr>
<tr><td colspan="2">验收部位/区段</td><td colspan="2"></td><td colspan="2">检验批容量</td><td></td></tr>
<tr><td colspan="2">施工及验收依据</td><td colspan="5">《储能式有轨电车供电及弱电系统施工质量验收标准》（参考）</td></tr>
<tr><td colspan="3">验收项目</td><td>设计要求或规范规定</td><td>最小/实际抽样数量</td><td>检查记录</td><td>检查结果</td></tr>
<tr><td rowspan="4">主控项目</td><td>1</td><td>设备基础预埋件的材料、规格、尺寸应符合设计要求</td><td>第10.3.1条</td><td>/</td><td></td><td></td></tr>
<tr><td>2</td><td>设备基础预埋件的测量定位、预埋位置应符合设计要求，其顶部标高宜高出地坪10～20mm。手车式成套柜按产品技术要求执行</td><td>第10.3.2条</td><td>/</td><td></td><td></td></tr>
<tr><td>3</td><td>10.3.3 设备基础预埋件应按设计图纸或设备尺寸制作，其尺寸应与盘、柜相符，允许偏差应符合表10.3.3的规定</td><td>第10.3.3条</td><td>/</td><td></td><td></td></tr>
<tr><td>4</td><td>设备基础预埋件应可靠接地，接地方式、接地数量应符合设计要求，应有明显且不少于两点的可靠接地</td><td>第10.3.4条</td><td>/</td><td></td><td></td></tr>
<tr><td rowspan="2">一般项目</td><td>1</td><td>设备基础预埋件所有焊接处应牢固，焊接饱满，不应有裂缝、气孔及脱焊现象</td><td>第10.3.5条</td><td>/</td><td></td><td></td></tr>
<tr><td>2</td><td>设备基础预埋件固定牢固，其防腐处理应符合设计要求，外观平整光洁，涂漆均匀，无漏涂、锈蚀现象</td><td>第10.3.6条</td><td>/</td><td></td><td></td></tr>
<tr><td colspan="2">施工单位检查结果</td><td colspan="5">专业工长：（签名）　　项目专业质量检查员：（签名）　　年　月　日</td></tr>
<tr><td colspan="2">监理单位验收结论</td><td colspan="5">专业监理工程师：（签名）　　年　月　日</td></tr>
</table>

7.3.2.2 市政验·供-2 电缆支（桥）架安装检验批质量验收记录

市政基础设施工程

电缆支（桥）架安装检验批质量验收记录

市政验·供-2

第　　页，共　　页

<table>
<tr><td colspan="2">工程名称</td><td colspan="6"></td></tr>
<tr><td colspan="2">单位工程名称</td><td colspan="6"></td></tr>
<tr><td colspan="2">施工单位</td><td></td><td colspan="2">分包单位</td><td colspan="3"></td></tr>
<tr><td colspan="2">项目负责人</td><td></td><td colspan="2">项目技术负责人</td><td colspan="3"></td></tr>
<tr><td colspan="2">分部（子分部）工程名称</td><td></td><td colspan="2">分项工程名称</td><td colspan="3"></td></tr>
<tr><td colspan="2">验收部位/区段</td><td></td><td colspan="2">检验批容量</td><td colspan="3"></td></tr>
<tr><td colspan="2">施工及验收依据</td><td colspan="6">《储能式有轨电车供电及弱电系统施工质量验收标准》（参考）</td></tr>
<tr><td colspan="3">验收项目</td><td>设计要求或规范规定</td><td>最小/实际抽样数量</td><td colspan="2">检查记录</td><td>检查结果</td></tr>
<tr><td rowspan="4">主控项目</td><td>1</td><td>电缆支架、桥架及附件到达现场应进行检查，其规格、型号、材质、外观质量应符合设计要求</td><td>第10.4.1条</td><td>/</td><td colspan="2"></td><td></td></tr>
<tr><td>2</td><td>电缆支架、桥架应安装牢固、横平竖直；支吊架的径路、支吊跨距、固定方式应符合设计要求。各支架的同层横档应在同一水平面上，其高低偏差不应大于5mm。支吊架沿桥架走向左右的偏差不应大于10mm。当安装路径有坡度时，其安装方式应符合设计要求和现行国家标准《电气装置安装工程 电缆线路施工及验收规范》GB 50168的相关规定</td><td>第10.4.2条</td><td>/</td><td colspan="2"></td><td></td></tr>
<tr><td>3</td><td>电缆桥架转弯处的转弯半径，不应小于该桥架上的电缆最小允许弯曲半径的最大者</td><td>第10.4.3条</td><td>/</td><td colspan="2"></td><td></td></tr>
<tr><td>4</td><td>金属电缆支架、桥架应接地可靠，电缆支架上接地扁钢的连接位置应符合设计要求，接地扁钢与托架间可靠电气连接，接地扁钢全线可靠电气贯通，全长应不少于2处与所内接地装置相连接。电缆桥架间连接板的两端应保证可靠接地连通，电缆桥架全长不大于30m时，不应少于2处与接地扁钢相连；电缆桥架全长大于30m时，应每隔20～30m增加与接地扁钢的连接点</td><td>第10.4.4条</td><td>/</td><td colspan="2"></td><td></td></tr>
<tr><td>一般项目</td><td>1</td><td>电缆支架、桥架的表面光滑无毛刺、切口处应无卷边、毛刺。电缆支架焊接应牢固，无显著变形，镀锌表面应光滑，无锈蚀，镀锌层厚度应符合设计要求</td><td>第10.4.5条</td><td>/</td><td colspan="2"></td><td></td></tr>
<tr><td colspan="2">施工单位检查结果</td><td colspan="6">专业工长：（签名）　　项目专业质量检查员：（签名）　　年　月　日</td></tr>
<tr><td colspan="2">监理单位验收结论</td><td colspan="6">专业监理工程师：（签名）　　年　月　日</td></tr>
</table>

7.3.2.3 市政验·供-3.1 12kV GIS 开关柜检验批质量验收记录（一）

市政基础设施工程

12kV GIS 开关柜检验批质量验收记录（一）

市政验·供-3.1

第　　页，共　　页

<table>
<tr><td colspan="3">工程名称</td><td colspan="5"></td></tr>
<tr><td colspan="3">单位工程名称</td><td colspan="5"></td></tr>
<tr><td colspan="3">施工单位</td><td></td><td colspan="2">分包单位</td><td colspan="2"></td></tr>
<tr><td colspan="3">项目负责人</td><td></td><td colspan="2">项目技术负责人</td><td colspan="2"></td></tr>
<tr><td colspan="3">分部（子分部）
工程名称</td><td></td><td colspan="2">分项工程名称</td><td colspan="2"></td></tr>
<tr><td colspan="3">验收部位/区段</td><td></td><td colspan="2">检验批容量</td><td colspan="2"></td></tr>
<tr><td colspan="3">施工及验收依据</td><td colspan="5">《储能式有轨电车供电及弱电系统施工质量验收标准》（参考）</td></tr>
<tr><td colspan="3">验收项目</td><td>设计要求或规范规定</td><td>最小/实际抽样数量</td><td>检查记录</td><td colspan="2">检查结果</td></tr>
<tr><td rowspan="5">主控项目</td><td>1</td><td>12kV GIS 开关柜及其附件到达现场应进行检查，其规格、型号、质量应符合设计要求</td><td>第 10.8.1 条</td><td>/</td><td></td><td colspan="2"></td></tr>
<tr><td>2</td><td>12kV GIS 开关柜的排列、安装应符合设计要求，其允许偏差应符合表 10.8.2 的规定</td><td>第 10.8.2 条</td><td>/</td><td></td><td colspan="2"></td></tr>
<tr><td>3</td><td>柜与柜之间的连接方法正确，母线连接牢固、可靠，符合产品技术要求</td><td>第 10.8.3 条</td><td>/</td><td></td><td colspan="2"></td></tr>
<tr><td>4</td><td>12kV 开关柜二次回路接线应符合下列规定：
1. 二次回路接线正确，配线整齐、清晰、美观，导线绝缘良好；
2. 导线与电气元件间应采用螺栓连接、插接、焊接或压接等，且均应牢固可靠；
3. 开关柜内的导线不应有接头，芯线应无损伤；
4. 多股导线与端子、设备连接应压终端附件；
5. 电缆芯线和所配导线的端部均应标明其回路编号，编号应正确，字迹应清晰，不易脱色；
6. 每个接线端子的每侧接线宜为 1 根，不得超过 2 根；对于插接式端子，不同截面的两根导线不得接在同一端子中；螺栓连接端子接两根导线时，中间应加平垫片</td><td>第 10.8.4 条</td><td>/</td><td></td><td colspan="2"></td></tr>
<tr><td>5</td><td>12kV 开关柜的接地铜排应采用铜绞线与接地干线连接可靠，接地点不少于两点，标识明显</td><td>第 10.8.5 条</td><td>/</td><td></td><td colspan="2"></td></tr>
<tr><td colspan="2">施工单位
检查结果</td><td colspan="6">专业工长：（签名）　　　项目专业质量检查员：（签名）　　　年　　月　　日</td></tr>
<tr><td colspan="2">监理单位
验收结论</td><td colspan="6">专业监理工程师：（签名）　　　年　　月　　日</td></tr>
</table>

7.3.2.4 市政验·供-3.2 12kV GIS 开关柜检验批质量验收记录（二）

市政基础设施工程

12kV GIS 开关柜检验批质量验收记录（二）

市政验·供-3.2

第　　页，共　　页

<table>
<tr><td colspan="3">工程名称</td><td colspan="5"></td></tr>
<tr><td colspan="3">单位工程名称</td><td colspan="5"></td></tr>
<tr><td colspan="3">施工单位</td><td></td><td>分包单位</td><td colspan="3"></td></tr>
<tr><td colspan="3">项目负责人</td><td></td><td>项目技术负责人</td><td colspan="3"></td></tr>
<tr><td colspan="3">分部（子分部）工程名称</td><td></td><td>分项工程名称</td><td colspan="3"></td></tr>
<tr><td colspan="3">验收部位/区段</td><td></td><td>检验批容量</td><td colspan="3"></td></tr>
<tr><td colspan="3">施工及验收依据</td><td colspan="5">《储能式有轨电车供电及弱电系统施工质量验收标准》（参考）</td></tr>
<tr><td colspan="3">验收项目</td><td>设计要求或规范规定</td><td>最小/实际抽样数量</td><td>检查记录</td><td colspan="2">检查结果</td></tr>
<tr><td rowspan="3">主控项目</td><td>6</td><td>12kV 开关柜的断路器、互感器、避雷器、主回路、二次回路等电气试验合格，并符合现行国家标准《电气装置安装工程 电气设备交接试验标准》GB 50150 的相关规定</td><td>第 10.8.6 条</td><td>/</td><td></td><td colspan="2"></td></tr>
<tr><td>7</td><td>12kV 断路器、三工位隔离开关的辅助开关及闭锁装置动作灵活，准确可靠，触头接触紧密，所有传动部位无卡阻现象，位置指示器与开关的实际位置相符</td><td>第 10.8.7 条</td><td>/</td><td></td><td colspan="2"></td></tr>
<tr><td>8</td><td>12kV 开关柜的分合功能、闭锁功能、保护功能、监视测量功能、保护装置与变电所综合自动化（PSCADA）系统主控单元的接口等应符合设计要求</td><td>第 10.8.8 条</td><td>/</td><td></td><td colspan="2"></td></tr>
<tr><td rowspan="3">一般项目</td><td>1</td><td>12kV 开关柜与基础的连接应固定牢固，所有紧固件应防腐处理，柜内清洁、无杂物</td><td>第 10.8.9 条</td><td>/</td><td></td><td colspan="2"></td></tr>
<tr><td>2</td><td>柜内母线与母线、母线与电气接线端子用螺栓搭接时应紧密，连接螺栓应采用力矩扳手紧固，其紧固力矩应符合产品技术要求</td><td>第 10.8.10 条</td><td>/</td><td></td><td colspan="2"></td></tr>
<tr><td>3</td><td>开关柜上的标志牌、标志框齐全、清晰、正确</td><td>第 10.8.11 条</td><td>/</td><td></td><td colspan="2"></td></tr>
<tr><td colspan="2">施工单位检查结果</td><td colspan="6">专业工长：（签名）　　项目专业质量检查员：（签名）　　年　月　日</td></tr>
<tr><td colspan="2">监理单位验收结论</td><td colspan="6">专业监理工程师：（签名）　　年　月　日</td></tr>
</table>

7.3.2.5 市政验·供-4 低压开关柜检验批质量验收记录

市政基础设施工程

低压开关柜检验批质量验收记录

市政验·供-4

第　　页，共　　页

工程名称						
单位工程名称						
施工单位			分包单位			
项目负责人			项目技术负责人			
分部（子分部）工程名称			分项工程名称			
验收部位/区段			检验批容量			
施工及验收依据	《储能式有轨电车供电及弱电系统施工质量验收标准》（参考）					
验收项目			设计要求或规范规定	最小/实际抽样数量	检查记录	检查结果
主控项目	1	低压开关柜到达现场应进行检查，其规格、型号、质量应符合设计要求	10.9.1条	/		
	2	低压开关柜的排列、安装应符合设计要求，其允许偏差应符合表10.9.2的规定	10.9.2条	/		
	3	柜与柜之间的连接方法正确，母线连接牢固、可靠，符合产品技术要求	10.9.3条	/		
	4	低压开关柜的接地铜排应采用铜绞线与接地干线连接可靠，接地点不少于两点，标识明显	10.9.4条	/		
	5	低压开关柜二次回路接线正确，排列整齐、固定牢靠、回路编号正确、字迹清晰	10.9.5条	/		
	6	低压开关柜的断路器、互感器、主回路、二次回路等电气试验合格，并符合现行国家标准《电气装置安装工程电气设备交接试验标准》GB 50150的相关规定	10.9.6条	/		
一般项目	1	低压开关柜与基础的连接应固定牢固，所有紧固件应防腐处理，柜内清洁、无杂物	10.9.7条	/		
	2	低压开关柜上的设备编号及名称，标志牌、标志框齐全、清晰、正确、不易脱色	10.9.8条	/		
	3	柜内母线与母线、母线与电气接线端子用螺栓搭接时应紧密，连接螺栓应采用力矩扳手紧固，其紧固力矩应符合产品技术要求	10.9.9条	/		
施工单位检查结果	专业工长：（签名）　　项目专业质量检查员：（签名）　　年　月　日					
监理单位验收结论	专业监理工程师：（签名）　　年　月　日					

7.3.2.6 市政验·供-5 变压器安装检验批质量验收记录

市政基础设施工程

变压器安装检验批质量验收记录

市政验·供-5

第 页，共 页

工程名称						
单位工程名称						
施工单位			分包单位			
项目负责人			项目技术负责人			
分部（子分部）工程名称			分项工程名称			
验收部位/区段			检验批容量			
施工及验收依据	《储能式有轨电车供电及弱电系统施工质量验收标准》（参考）					
验收项目			设计要求或规范规定	最小/实际抽样数量	检查记录	检查结果
主控项目	1	变压器及其附件到达现场应进行检查，其规格、型号、质量应符合设计要求	第10.10.1条	/		
主控项目	2	变压器母线相间及对地的安全净距应符合设计要求和相关产品标准的规定	第10.10.2条	/		
主控项目	3	变压器及其附件（含变压器外壳、温控器、变压器电缆固定支架等）均应有可靠的接地，动力变压器中性点的接地应符合设计要求	第10.10.3条	/		
主控项目	4	所有母线搭接面的连接螺栓应用力矩扳手紧固，其紧固力矩值应符合表10.10.4的规定	第10.10.4条	/		
主控项目	5	10.10.5 变压器的交接试验应符合现行国家标准《电气装置安装工程电气设备交接试验标准》GB 50150的相关规定	第10.10.5条	/		
一般项目	1	变压器及其外壳安装时应牢固可靠、连接紧密。器身及外壳表面应干净清洁、油漆完整无锈蚀。线圈绕组绝缘应完整，无缺损、位移现象，并且各绕组应排列整齐。铁心无锈蚀，铭牌齐全，相色标志正确	第10.10.6条	/		
一般项目	2	变压器外联接线路连接应符合以下规定： 1. 变压器的温控器、热敏电阻应安装正确，布线合理，连接可靠。 2. 连接螺栓的锁紧装置齐全，引入、引出端子便于接线，外连接线应准确无误，器身各附件间连接的导线应有保护管，接线固定牢固可靠	第10.10.7条	/		
施工单位检查结果	专业工长：（签名） 项目专业质量检查员：（签名） 年 月 日					
监理单位验收结论	专业监理工程师：（签名） 年 月 日					

7.3.2.7　市政验·供-6　交、直流电源装置检验批质量验收记录

市政基础设施工程

交、直流电源装置检验批质量验收记录

市政验·供-6

第　　页，共　　页

<table>
<tr><td colspan="2">工程名称</td><td colspan="5"></td></tr>
<tr><td colspan="2">单位工程名称</td><td colspan="5"></td></tr>
<tr><td colspan="2">施工单位</td><td></td><td colspan="2">分包单位</td><td colspan="2"></td></tr>
<tr><td colspan="2">项目负责人</td><td></td><td colspan="2">项目技术负责人</td><td colspan="2"></td></tr>
<tr><td colspan="2">分部（子分部）工程名称</td><td></td><td colspan="2">分项工程名称</td><td colspan="2"></td></tr>
<tr><td colspan="2">验收部位/区段</td><td></td><td colspan="2">检验批容量</td><td colspan="2"></td></tr>
<tr><td colspan="2">施工及验收依据</td><td colspan="5">《储能式有轨电车供电及弱电系统施工质量验收标准》（参考）</td></tr>
<tr><td colspan="3">验收项目</td><td>设计要求或规范规定</td><td>最小/实际抽样数量</td><td>检查记录</td><td>检查结果</td></tr>
<tr><td rowspan="7">主控项目</td><td>1</td><td>交、直流电源装置及蓄电池到达现场应进行检查，其规格、型号、质量、容量应符合设计要求</td><td>第 10.12.1 条</td><td>/</td><td></td><td></td></tr>
<tr><td>2</td><td>交、直流电源装置的排列、安装应符合设计要求，其安装的允许误差符合本规范第 10.9.2 条的规定</td><td>第 10.12.2 条</td><td>/</td><td></td><td></td></tr>
<tr><td>3</td><td>蓄电池组在屏内台架上安装应稳固、排列整齐，端子连接紧密正确可靠，无锈蚀，每只（组）蓄电池间应保持一定间距</td><td>第 10.12.3 条</td><td>/</td><td></td><td></td></tr>
<tr><td>4</td><td>交、直流电源装置的二次回路接线应符合本规范第 10.8.4 条的规定</td><td>第 10.12.4 条</td><td>/</td><td></td><td></td></tr>
<tr><td>5</td><td>蓄电池组的充放电容量或倍率校验等应符合产品的技术规定</td><td>第 10.12.5 条</td><td>/</td><td></td><td></td></tr>
<tr><td>6</td><td>交、直流电源装置的充电功能、保护功能、自动切换功能、与 PSCADA 系统的接口功能等应符合设计要求</td><td>第 10.12.6 条</td><td>/</td><td></td><td></td></tr>
<tr><td>7</td><td>交、直流电源装置的交接试验应符合设计要求和现行国家标准《电气装置安装工程 蓄电池施工及验收规范》GB 50172、《电气装置安装工程电气设备交接试验标准》GB 50150 的相关规定</td><td>第 10.12.7 条</td><td>/</td><td></td><td></td></tr>
<tr><td rowspan="2">一般项目</td><td>1</td><td>蓄电池连接条（线）及抽头的连接部分应涂敷电力复合脂</td><td>第 10.12.8 条</td><td>/</td><td></td><td></td></tr>
<tr><td>2</td><td>充电后蓄电池的外壳清洁、干燥，电池编号的位置和颜色醒目，电池组的绝缘电阻不应小于0.5MΩ</td><td>第 10.12.9 条</td><td>/</td><td></td><td></td></tr>
<tr><td colspan="2">施工单位检查结果</td><td colspan="5">专业工长：（签名）　　项目专业质量检查员：（签名）　　年　月　日</td></tr>
<tr><td colspan="2">监理单位验收结论</td><td colspan="5">专业监理工程师：（签名）　　年　月　日</td></tr>
</table>

7.3.2.8 市政验·供-7 成套充放电装置检验批质量验收记录

市政基础设施工程

成套充放电装置检验批质量验收记录

市政验·供-7

第　页，共　页

<table>
<tr><td colspan="3">工程名称</td><td colspan="5"></td></tr>
<tr><td colspan="3">单位工程名称</td><td colspan="5"></td></tr>
<tr><td colspan="3">施工单位</td><td colspan="2"></td><td>分包单位</td><td colspan="2"></td></tr>
<tr><td colspan="3">项目负责人</td><td colspan="2"></td><td>项目技术负责人</td><td colspan="2"></td></tr>
<tr><td colspan="3">分部（子分部）
工程名称</td><td colspan="2"></td><td>分项工程名称</td><td colspan="2"></td></tr>
<tr><td colspan="3">验收部位/区段</td><td colspan="2"></td><td>检验批容量</td><td colspan="2"></td></tr>
<tr><td colspan="3">施工及验收依据</td><td colspan="5">《储能式有轨电车供电及弱电系统施工质量验收标准》（参考）</td></tr>
<tr><td colspan="3">验收项目</td><td>设计要求或规范规定</td><td>最小/实际抽样数量</td><td colspan="2">检查记录</td><td>检查结果</td></tr>
<tr><td rowspan="5">主控项目</td><td>1</td><td>成套充电装置到达现场应进行检查，其规格、型号、质量应符合设计要求</td><td>第10.11.1条</td><td>/</td><td colspan="2"></td><td></td></tr>
<tr><td>2</td><td>成套充电装置的排列、安装应符合设计要求，其安装的允许误差符合本规范第10.9.2条的规定</td><td>第10.11.2条</td><td>/</td><td colspan="2"></td><td></td></tr>
<tr><td>3</td><td>成套充电装置二次回路接线应符合本规范第10.8.4条的规定</td><td>第10.11.3条</td><td>/</td><td colspan="2"></td><td></td></tr>
<tr><td>4</td><td>成套充电装置的接地铜排应采用铜绞线与接地干线连接可靠，接地点不少于两点，标识明显</td><td>第10.11.4条</td><td>/</td><td colspan="2"></td><td></td></tr>
<tr><td>5</td><td>成套充电装置的交接试验应符合设计要求和现行国家标准《电气装置安装工程 电力变流设备施工及验收规范》GB 50255、《电气装置安装工程电气设备交接试验标准》GB 50150的相关规定</td><td>第10.11.5条</td><td>/</td><td colspan="2"></td><td></td></tr>
<tr><td rowspan="2">一般项目</td><td>1</td><td>成套充电装置柜柜内、外及盘面应清洁，油漆完整</td><td>第10.11.6条</td><td>/</td><td colspan="2"></td><td></td></tr>
<tr><td>2</td><td>柜上的标志牌、标志框齐全、清晰、正确</td><td>第10.11.7条</td><td>/</td><td colspan="2"></td><td></td></tr>
<tr><td colspan="2">施工单位
检查结果</td><td colspan="6">专业工长：（签名）　项目专业质量检查员：（签名）　年　月　日</td></tr>
<tr><td colspan="2">监理单位
验收结论</td><td colspan="6">专业监理工程师：（签名）　年　月　日</td></tr>
</table>

7.3.2.9 市政验·供-8 预装式变电站检验批质量验收记录

市政基础设施工程

预装式变电站检验批质量验收记录

市政验·供-8

第　　页，共　　页

<table>
<tr><td colspan="3">工程名称</td><td colspan="5"></td></tr>
<tr><td colspan="3">单位工程名称</td><td colspan="5"></td></tr>
<tr><td colspan="3">施工单位</td><td colspan="2"></td><td>分包单位</td><td colspan="2"></td></tr>
<tr><td colspan="3">项目负责人</td><td colspan="2"></td><td>项目技术负责人</td><td colspan="2"></td></tr>
<tr><td colspan="3">分部（子分部）工程名称</td><td colspan="2"></td><td>分项工程名称</td><td colspan="2"></td></tr>
<tr><td colspan="3">验收部位/区段</td><td colspan="2"></td><td>检验批容量</td><td colspan="2"></td></tr>
<tr><td colspan="3">施工及验收依据</td><td colspan="5">《储能式有轨电车供电及弱电系统施工质量验收标准》（参考）</td></tr>
<tr><td colspan="3">验收项目</td><td>设计要求或规范规定</td><td>最小/实际抽样数量</td><td colspan="2">检查记录</td><td>检查结果</td></tr>
<tr><td rowspan="4">主控项目</td><td>1</td><td>预装式变电站到达现场应进行检查，其规格、型号、质量应符合设计要求</td><td>第10.13.1条</td><td>/</td><td colspan="2"></td><td></td></tr>
<tr><td>2</td><td>预装式变电站的基础应高于室外地秤，周围排水通畅。用地脚螺栓固定的螺帽齐全，拧紧牢固；自由安放的应垫平放正。预装式变电站箱体应接地可靠，且有标识</td><td>第10.13.2条</td><td>/</td><td colspan="2"></td><td></td></tr>
<tr><td>3</td><td>预装式变电站采用综合接地网时，其接地电阻不应大于1Ω；采用独立接地网时，其接地电阻应不大于4Ω</td><td>第10.13.3条</td><td>/</td><td colspan="2"></td><td></td></tr>
<tr><td>4</td><td>预装式变电站的交接试验，应符合下列规定：
1. 由成套开关柜、低压成套开关柜和变压器三个独立单元组合成的预装式变电所高压电气设备部分，按现行国家标准《电气装置安装工程电气设备交接试验标准》GB 50150的规定交接试验合格；
2. 预装式变电站通风空调、消防、门禁、闭锁等辅助配套设施的功能试验及与电力监控系统的接口功能应符合设计要求</td><td>第10.13.4条</td><td>/</td><td colspan="2"></td><td></td></tr>
<tr><td rowspan="2">一般项目</td><td>1</td><td>预装式变电站内外涂层完整、无损伤，有通风口的风口防护网完好</td><td>第10.13.5条</td><td>/</td><td colspan="2"></td><td></td></tr>
<tr><td>2</td><td>预装式变电站的高低压柜内部接线完整、低压每个输出回路标记清晰，回路名称准确</td><td>第10.13.6条</td><td>/</td><td colspan="2"></td><td></td></tr>
<tr><td colspan="2">施工单位检查结果</td><td colspan="6">专业工长：（签名）　　项目专业质量检查员：（签名）　　年　月　日</td></tr>
<tr><td colspan="2">监理单位验收结论</td><td colspan="6">专业监理工程师：（签名）　　年　月　日</td></tr>
</table>

7.3.2.10 市政验·供-9.1 低压电缆及控制电缆检验批质量验收记录（一）

市政基础设施工程

低压电缆及控制电缆检验批质量验收记录（一）

市政验·供-9.1

第　　页，共　　页

<table>
<tr><td colspan="3">工程名称</td><td colspan="5"></td></tr>
<tr><td colspan="3">单位工程名称</td><td colspan="5"></td></tr>
<tr><td colspan="3">施工单位</td><td></td><td>分包单位</td><td colspan="3"></td></tr>
<tr><td colspan="3">项目负责人</td><td></td><td>项目技术负责人</td><td colspan="3"></td></tr>
<tr><td colspan="3">分部（子分部）
工程名称</td><td></td><td>分项工程名称</td><td colspan="3"></td></tr>
<tr><td colspan="3">验收部位/区段</td><td></td><td>检验批容量</td><td colspan="3"></td></tr>
<tr><td colspan="3">施工及验收依据</td><td colspan="5">《储能式有轨电车供电及弱电系统施工质量验收标准》（参考）</td></tr>
<tr><td colspan="4">验收项目</td><td>设计要求或
规范规定</td><td>最小/实际
抽样数量</td><td>检查记录</td><td>检查
结果</td></tr>
<tr><td rowspan="3">主控项目</td><td>1</td><td colspan="2">低压电缆及控制电缆到达现场应进行检查，其规格、型号、长度及电压等级应符合设计要求</td><td>第 10.7.1 条</td><td>/</td><td></td><td></td></tr>
<tr><td>2</td><td colspan="2">低压电缆及控制电缆敷设应符合下列规定：
1. 电缆敷设的路径、终端位置应符合设计要求；
2. 电缆的弯曲半径应符合设计要求和现行国家标准《电气装置安装工程电缆线路施工及验收标准》GB 50168 的相关规定；
3. 敷设好的电缆外表无绞拧、压扁、护层断裂和表面严重划伤等缺陷；
4. 电缆的固定应符合设计要求和现行国家标准《电气装置安装工程电缆线路施工及验收标准》GB 50168 的相关规定</td><td>第 10.7.2 条</td><td>/</td><td></td><td></td></tr>
<tr><td>3</td><td colspan="2">低压电缆及控制电缆的接续应符合下列规定：
1. 电缆在终端处预留的长度应符合设计要求；
2. 电缆宜采用干包或热塑形式制作终端头，其性能应保证终端头绝缘可靠，密封良好；
3. 电缆的制造长度内不应有中间接头；
4. 电缆与设备连接应正确可靠，绝缘良好，芯线的导线端部均应有回路编号，字迹清晰</td><td>第 10.7.3 条</td><td>/</td><td></td><td></td></tr>
<tr><td colspan="2">施工单位
检查结果</td><td colspan="6">专业工长：（签名）　　项目专业质量检查员：（签名）　　年　　月　　日</td></tr>
<tr><td colspan="2">监理单位
验收结论</td><td colspan="6">专业监理工程师：（签名）　　年　　月　　日</td></tr>
</table>

7.3.2.11 市政验·供-9.2 低压电缆及控制电缆检验批质量验收记录（二）

市政基础设施工程

低压电缆及控制电缆检验批质量验收记录（二）

市政验·供-9.2

第　　页，共　　页

<table>
<tr><td colspan="3">工程名称</td><td colspan="5"></td></tr>
<tr><td colspan="3">单位工程名称</td><td colspan="5"></td></tr>
<tr><td colspan="3">施工单位</td><td></td><td>分包单位</td><td colspan="3"></td></tr>
<tr><td colspan="3">项目负责人</td><td></td><td>项目技术负责人</td><td colspan="3"></td></tr>
<tr><td colspan="3">分部（子分部）工程名称</td><td></td><td>分项工程名称</td><td colspan="3"></td></tr>
<tr><td colspan="3">验收部位/区段</td><td></td><td>检验批容量</td><td colspan="3"></td></tr>
<tr><td colspan="3">施工及验收依据</td><td colspan="5">《储能式有轨电车供电及弱电系统施工质量验收标准》（参考）</td></tr>
<tr><td colspan="3">验收项目</td><td>设计要求或规范规定</td><td>最小/实际抽样数量</td><td>检查记录</td><td>检查结果</td></tr>
<tr><td>主控项目</td><td>4</td><td>电缆铠装的接地线截面宜与芯线截面相同，且不应小于4mm^2，电缆屏蔽层的接地线截面面积应大于屏蔽层截面面积的2倍。当接地线较多时，可将不超过6根的接地线同压一接线鼻子，且应与接地铜排可靠连接</td><td>第10.7.4条</td><td>/</td><td></td><td></td></tr>
<tr><td rowspan="2">一般项目</td><td>5</td><td>电缆在支架上、预埋管内的敷设应符合下列规定：
1. 电缆在支架上、预埋管内的排列层次符合设计要求；
2. 低压电缆及控制电缆在每层支架上的排列不宜超过1层，在桥架上的排列不宜超过2层；
3. 电缆应排列整齐，不宜交叉，绑扎牢固</td><td>第10.7.5条</td><td>/</td><td></td><td></td></tr>
<tr><td>6</td><td>电缆在终端、拐弯处、电缆穿墙板处、夹层内、人井内的显著部位均应挂有标志牌，标志牌的字迹应清晰不易脱落</td><td>第10.7.6条</td><td>/</td><td></td><td></td></tr>
<tr><td colspan="2">施工单位检查结果</td><td colspan="5">专业工长：（签名）　　项目专业质量检查员：（签名）　　年　月　日</td></tr>
<tr><td colspan="2">监理单位验收结论</td><td colspan="5">专业监理工程师：（签名）　　年　月　日</td></tr>
</table>

7.3.2.12 市政验·供-10.1 电缆保护管检验批质量验收记录（一）

市政基础设施工程

电缆保护管检验批质量验收记录（一）

市政验·供-10.1

第 页，共 页

<table>
<tr><td colspan="3">工程名称</td><td colspan="5"></td></tr>
<tr><td colspan="3">单位工程名称</td><td colspan="5"></td></tr>
<tr><td colspan="3">施工单位</td><td></td><td>分包单位</td><td colspan="3"></td></tr>
<tr><td colspan="3">项目负责人</td><td></td><td>项目技术负责人</td><td colspan="3"></td></tr>
<tr><td colspan="3">分部（子分部）
工程名称</td><td></td><td>分项工程名称</td><td colspan="3"></td></tr>
<tr><td colspan="3">验收部位/区段</td><td></td><td>检验批容量</td><td colspan="3"></td></tr>
<tr><td colspan="3">施工及验收依据</td><td colspan="5">《储能式有轨电车供电及弱电系统施工质量验收标准》（参考）</td></tr>
<tr><td colspan="3">验收项目</td><td>设计要求或
规范规定</td><td>最小/实际
抽样数量</td><td>检查记录</td><td>检查
结果</td></tr>
<tr><td rowspan="4">主控项目</td><td>1</td><td>电缆保护管到达现场应进行检查，其规格、型号、管口和内壁质量、防腐处理应符合设计要求和现行国家标准《电气装置安装工程 电缆线路施工及验收规范》GB 50168 的相关规定</td><td>第 10.5.1 条</td><td>/</td><td></td><td></td></tr>
<tr><td>2</td><td>电缆保护管的内径不应小于电缆外径或多根电缆包络外径的 1.5 倍，弯曲半径不小于电缆的最小允许弯曲半径</td><td>第 10.5.2 条</td><td>/</td><td></td><td></td></tr>
<tr><td>3</td><td>电缆保护管明敷时应符合下列要求：1. 电缆保护管应安装牢固，电缆保护管支持点间的距离应符合设计要求，当设计无规定时，不宜超过 3m。2. 当塑料管的直线长度超过 30m 时，宜加装伸缩节</td><td>第 10.5.3 条</td><td>/</td><td></td><td></td></tr>
<tr><td>4</td><td>电缆保护管暗埋时应符合下列要求：1. 电缆保护管的埋设深度不应小于 0.7m；在人行道下面敷设时，不应小于 0.5m；2. 电缆保护管应有不小于 0.1%的排水坡度</td><td>第 10.5.4 条</td><td>/</td><td></td><td></td></tr>
<tr><td colspan="2">施工单位
检查结果</td><td colspan="5">专业工长：（签名） 项目专业质量检查员：（签名） 年 月 日</td></tr>
<tr><td colspan="2">监理单位
验收结论</td><td colspan="5">专业监理工程师：（签名） 年 月 日</td></tr>
</table>

7.3.2.13 市政验·供-10.2 电缆保护管检验批质量验收记录（二）

市政基础设施工程

电缆保护管检验批质量验收记录（二）

市政验·供-10.2

第　　页，共　　页

<table>
<tr><td colspan="3">工程名称</td><td colspan="5"></td></tr>
<tr><td colspan="3">单位工程名称</td><td colspan="5"></td></tr>
<tr><td colspan="3">施工单位</td><td></td><td>分包单位</td><td colspan="3"></td></tr>
<tr><td colspan="3">项目负责人</td><td></td><td>项目技术负责人</td><td colspan="3"></td></tr>
<tr><td colspan="3">分部（子分部）工程名称</td><td></td><td>分项工程名称</td><td colspan="3"></td></tr>
<tr><td colspan="3">验收部位/区段</td><td></td><td>检验批容量</td><td colspan="3"></td></tr>
<tr><td colspan="3">施工及验收依据</td><td colspan="5">《储能式有轨电车供电及弱电系统施工质量验收标准》（参考）</td></tr>
<tr><td colspan="4">验收项目</td><td>设计要求或规范规定</td><td>最小/实际抽样数量</td><td>检查记录</td><td>检查结果</td></tr>
<tr><td>主控项目</td><td>5</td><td colspan="2">电缆保护管的连接应符合下列要求：
1. 金属电缆保护管连接应牢固，密封应良好，两管口应对准。套接的短套管或带螺纹的管接头的长度，不应小于电缆保护管外径的2.2倍。金属电缆保护管不宜直接对焊；
2. 硬质塑料管在套接或插接时，其插入深度宜为管子内径的1.1～1.8倍。在插接面上应涂以胶合剂粘牢密封；采用套接时套管两端应封焊</td><td>第10.5.5条</td><td>/</td><td></td><td></td></tr>
<tr><td rowspan="3">一般项目</td><td>1</td><td colspan="2">电缆保护管弯曲处无明显的皱折和不平，明设部分横平竖直，成排敷设的排列整齐</td><td>第10.5.6条</td><td>/</td><td></td><td></td></tr>
<tr><td>2</td><td colspan="2">引至设备的电缆保护管管口位置，应便于电缆与设备的连接并不妨碍设备进出，并列敷设的电缆保护管管口高度应一致</td><td>第10.5.7条</td><td>/</td><td></td><td></td></tr>
<tr><td>3</td><td colspan="2">电缆保护管进入电缆夹层、电缆沟、建筑物时，出入口应封闭，管口密封。
检验数量：施工单位全检、监理单位20%抽检</td><td>第10.5.8条</td><td>/</td><td></td><td></td></tr>
<tr><td colspan="2">施工单位检查结果</td><td colspan="6">专业工长：（签名）　　项目专业质量检查员：（签名）　　年　月　日</td></tr>
<tr><td colspan="2">监理单位验收结论</td><td colspan="6">专业监理工程师：（签名）　　年　月　日</td></tr>
</table>

7.3.2.14 市政验·供-11 变电站附属设施检验批质量验收记录

市政基础设施工程

变电站附属设施检验批质量验收记录

市政验·供-11

第　　页，共　　页

<table>
<tr><td colspan="3">工程名称</td><td colspan="5"></td></tr>
<tr><td colspan="3">单位工程名称</td><td colspan="5"></td></tr>
<tr><td colspan="3">施工单位</td><td></td><td colspan="2">分包单位</td><td colspan="2"></td></tr>
<tr><td colspan="3">项目负责人</td><td></td><td colspan="2">项目技术负责人</td><td colspan="2"></td></tr>
<tr><td colspan="3">分部（子分部）
工程名称</td><td></td><td colspan="2">分项工程名称</td><td colspan="2"></td></tr>
<tr><td colspan="3">验收部位/区段</td><td></td><td colspan="2">检验批容量</td><td colspan="2"></td></tr>
<tr><td colspan="3">施工及验收依据</td><td colspan="5">《储能式有轨电车供电及弱电系统施工质量验收标准》（参考）</td></tr>
<tr><td colspan="4">验收项目</td><td>设计要求或规范规定</td><td>最小/实际抽样数量</td><td>检查记录</td><td>检查结果</td></tr>
<tr><td>主控项目</td><td>1</td><td colspan="2">干粉灭火器、操作手柄和钥匙、绝缘垫已配置，并能完好使用</td><td>第10.16.1条</td><td>/</td><td></td><td></td></tr>
<tr><td>一般项目</td><td>1</td><td colspan="2">防鼠板、检修孔盖板、爬梯等已安装，进出变电站管线孔洞已封堵；变电站操作记录本和进所作业登记簿、操作安全手套、绝缘鞋、安全警示已配置，并能完好使用</td><td>第10.16.2条</td><td>/</td><td></td><td></td></tr>
<tr><td colspan="2">施工单位
检查结果</td><td colspan="6">专业工长：（签名）　　项目专业质量检查员：（签名）　　年　月　日</td></tr>
<tr><td colspan="2">监理单位
验收结论</td><td colspan="6">专业监理工程师：（签名）　　年　月　日</td></tr>
</table>

7.3.2.15 市政验·供-12.1 变电站启动试运行及送电开通检验批质量验收记录（一）

市政基础设施工程

变电站启动试运行及送电开通检验批质量验收记录（一）

市政验·供-12.1

第　　页，共　　页

<table>
<tr><td colspan="3">工程名称</td><td colspan="5"></td></tr>
<tr><td colspan="3">单位工程名称</td><td colspan="5"></td></tr>
<tr><td colspan="3">施工单位</td><td></td><td colspan="2">分包单位</td><td colspan="2"></td></tr>
<tr><td colspan="3">项目负责人</td><td></td><td colspan="2">项目技术负责人</td><td colspan="2"></td></tr>
<tr><td colspan="3">分部（子分部）
工程名称</td><td></td><td colspan="2">分项工程名称</td><td colspan="2"></td></tr>
<tr><td colspan="3">验收部位/区段</td><td></td><td colspan="2">检验批容量</td><td colspan="2"></td></tr>
<tr><td colspan="3">施工及验收依据</td><td colspan="5">《储能式有轨电车供电及弱电系统施工质量验收标准》（参考）</td></tr>
<tr><td colspan="3">验收项目</td><td>设计要求或规范规定</td><td>最小/实际抽样数量</td><td colspan="2">检查记录</td><td>检查结果</td></tr>
<tr><td rowspan="2">主控项目</td><td>1</td><td>变电站在受电前变压器、断路器、馈线及相关设备的绝缘电阻合格。受电时，其高压侧母线电压、相位及相序，低压侧母线电压、相位以及所用电电压、相位、相序均符合设计要求。变压器冲击合闸试验无异常</td><td>第10.17.1条</td><td>/</td><td colspan="2"></td><td></td></tr>
<tr><td>2</td><td>变电站在启动前应进行传动试验检查，检查试验的项目应保证变电所能可靠地投入运行并满足设计要求，在变电站启动前应进行下列试验：
（1）确认每台电气设备均能进行可靠的操作，按设计说明书文件规定的运行条件及设备操作对象表的顺序，在控制室逐一对本所的所有电气设备进行传动检查。
（2）在配备综合自动化功能的变电站，除进行上述试验项目外，尚应根据计算机操作菜单显示的功能，进行相应电气设备的顺序操作及程序操作功能的检查。
（3）对于配备远动操作系统的变电站，除进行上述两项试验检查外，尚应根据设计要求，对操作对象的位置信号、故障信号、预告信号等配合在电力监控调度中心进行检查确认</td><td>第10.17.2条</td><td>/</td><td colspan="2"></td><td></td></tr>
<tr><td colspan="2">施工单位
检查结果</td><td colspan="6">专业工长：（签名）　　项目专业质量检查员：（签名）　　年　　月　　日</td></tr>
<tr><td colspan="2">监理单位
验收结论</td><td colspan="6">专业监理工程师：（签名）　　年　　月　　日</td></tr>
</table>

7.3.2.16 市政验·供-12.2 变电站启动试运行及送电开通检验批质量验收记录（二）

市政基础设施工程

变电站启动试运行及送电开通检验批质量验收记录（二）

市政验·供-12.2

第　　页，共　　页

<table>
<tr><td colspan="3">工程名称</td><td colspan="5"></td></tr>
<tr><td colspan="3">单位工程名称</td><td colspan="5"></td></tr>
<tr><td colspan="3">施工单位</td><td></td><td colspan="2">分包单位</td><td colspan="2"></td></tr>
<tr><td colspan="3">项目负责人</td><td></td><td colspan="2">项目技术负责人</td><td colspan="2"></td></tr>
<tr><td colspan="3">分部（子分部）
工程名称</td><td></td><td colspan="2">分项工程名称</td><td colspan="2"></td></tr>
<tr><td colspan="3">验收部位/区段</td><td></td><td colspan="2">检验批容量</td><td colspan="2"></td></tr>
<tr><td colspan="3">施工及验收依据</td><td colspan="5">《储能式有轨电车供电及弱电系统施工质量验收标准》（参考）</td></tr>
<tr><td colspan="3">验收项目</td><td>设计要求或
规范规定</td><td>最小/实际
抽样数量</td><td colspan="2">检查记录</td><td>检查
结果</td></tr>
<tr><td rowspan="4">主控项目</td><td>3</td><td>变电站开关动作准确无误，闭锁功能符合设计规定要求。各种声光信号显示正确，测量仪表指示准确</td><td>第10.17.3条</td><td>/</td><td colspan="2"></td><td></td></tr>
<tr><td>4</td><td>各种保护装置动作准确可靠，保护范围符合设计规定</td><td>第10.17.4条</td><td>/</td><td colspan="2"></td><td></td></tr>
<tr><td>5</td><td>对于具有远动操作功能的变电所，其“三遥”及程序控制功能符合设计规定</td><td>第10.17.5条</td><td>/</td><td colspan="2"></td><td></td></tr>
<tr><td>6</td><td>送电后试运行24h，全所功能满足设计要求且无异常</td><td>第10.17.6条</td><td>/</td><td colspan="2"></td><td></td></tr>
<tr><td colspan="2">施工单位
检查结果</td><td colspan="6">

专业工长：（签名）　　项目专业质量检查员：（签名）　　年　月　日</td></tr>
<tr><td colspan="2">监理单位
验收结论</td><td colspan="6">

专业监理工程师：（签名）　　年　月　日</td></tr>
</table>

7.3.2.17　市政验·供-13　变电所综合自动化检验批质量验收记录

市政基础设施工程

变电所综合自动化检验批质量验收记录

市政验·供-13

第　　页，共　　页

<table>
<tr><td colspan="3">工程名称</td><td colspan="5"></td></tr>
<tr><td colspan="3">单位工程名称</td><td colspan="5"></td></tr>
<tr><td colspan="3">施工单位</td><td></td><td colspan="2">分包单位</td><td colspan="2"></td></tr>
<tr><td colspan="3">项目负责人</td><td></td><td colspan="2">项目技术负责人</td><td colspan="2"></td></tr>
<tr><td colspan="3">分部（子分部）工程名称</td><td></td><td colspan="2">分项工程名称</td><td colspan="2"></td></tr>
<tr><td colspan="3">验收部位/区段</td><td></td><td colspan="2">检验批容量</td><td colspan="2"></td></tr>
<tr><td colspan="3">施工及验收依据</td><td colspan="5">《储能式有轨电车供电及弱电系统施工质量验收标准》（参考）</td></tr>
<tr><td colspan="4">验收项目</td><td>设计要求或规范规定</td><td>最小/实际抽样数量</td><td>检查记录</td><td>检查结果</td></tr>
<tr><td rowspan="5">主控项目</td><td>1</td><td colspan="2">设备到达现场应进行检查，其型号、规格和质量应符合设计要求及相关产品标准的规定。各种接插件的规格应与设备接口互相一致，且符合订货合同要求</td><td>第10.22.1条</td><td>/</td><td></td><td></td></tr>
<tr><td>2</td><td colspan="2">监控系统各个模块单元的安装应符合产品技术要求和设计文件的规定；监控主机及其外设的配置方案和位置应便于维护人员操作及监视，所有通信端口的连接应符合产品规定</td><td>第10.22.2条</td><td>/</td><td></td><td></td></tr>
<tr><td>3</td><td colspan="2">操作系统软件和监控系统应用软件应符合设计和产品技术要求</td><td>第10.22.3条</td><td>/</td><td></td><td></td></tr>
<tr><td>4</td><td colspan="2">变电所综合自动化系统设备接地应符合设计要求，接地可靠</td><td>第10.22.4条</td><td>/</td><td></td><td></td></tr>
<tr><td>5</td><td colspan="2">变电所综合自动化系统调试应符合下列规定：
1. 系统的当地监控、当地维护、数据采集与传输、数据预处理及当地和远程通信功能应符合设计规定；
2. “三遥”功能应符合设计规定，监控功能完好，系统运行正常，各类数值与现场显示一致；
3. 系统应能自动接受并正确执行电力调度所下达的全部指令；
4. 各种保护功能应符合设计规定</td><td>第10.22.5条</td><td>/</td><td></td><td></td></tr>
<tr><td rowspan="2">一般项目</td><td>1</td><td colspan="2">当地监控主机功能应符合设计规定，可查询本变电所的所有按规定保存的事件记录，信号装置反映的信息应完整准确，并能正确向上级管理中心传输、再现</td><td>第10.22.6条</td><td>/</td><td></td><td></td></tr>
<tr><td>2</td><td colspan="2">综合自动化系统的设备标识清晰，连接线连接正确，排列整齐，插件连接紧密可靠</td><td>第10.22.7条</td><td>/</td><td></td><td></td></tr>
<tr><td colspan="3">施工单位检查结果</td><td colspan="5">专业工长：（签名）　　项目专业质量检查员：（签名）　　年　月　日</td></tr>
<tr><td colspan="3">监理单位验收结论</td><td colspan="5">专业监理工程师：（签名）　　年　月　日</td></tr>
</table>

7.3.2.18 市政验·供-14 控制中心检验批质量验收记录

市政基础设施工程

控制中心检验批质量验收记录

市政验·供-14

第　　页，共　　页

<table>
<tr><td colspan="3">工程名称</td><td colspan="5"></td></tr>
<tr><td colspan="3">单位工程名称</td><td colspan="5"></td></tr>
<tr><td colspan="3">施工单位</td><td></td><td>分包单位</td><td colspan="3"></td></tr>
<tr><td colspan="3">项目负责人</td><td></td><td>项目技术负责人</td><td colspan="3"></td></tr>
<tr><td colspan="3">分部（子分部）工程名称</td><td></td><td>分项工程名称</td><td colspan="3"></td></tr>
<tr><td colspan="3">验收部位/区段</td><td></td><td>检验批容量</td><td colspan="3"></td></tr>
<tr><td colspan="3">施工及验收依据</td><td colspan="5">《储能式有轨电车供电及弱电系统施工质量验收标准》（参考）</td></tr>
<tr><td colspan="4">验收项目</td><td>设计要求或规范规定</td><td>最小/实际抽样数量</td><td>检查记录</td><td>检查结果</td></tr>
<tr><td rowspan="4">主控项目</td><td>1</td><td colspan="2">设备到达现场应进行检查，其型号、规格和质量应符合设计要求及相关产品标准的规定。各种接插件的规格应与设备接口互相一致，且符合订货合同要求</td><td>第7.23.1条</td><td>/</td><td></td><td></td></tr>
<tr><td>2</td><td colspan="2">主站硬件设备的安装位置准确，接线正确，接地可靠，各插件安装牢固</td><td>第7.23.2条</td><td>/</td><td></td><td></td></tr>
<tr><td>3</td><td colspan="2">主站软件配置应齐全，软、硬件的接口应正确，通信数据处理正确，通信不间断，无对时误差</td><td>第7.23.3条</td><td>/</td><td></td><td></td></tr>
<tr><td>4</td><td colspan="2">主站控制、测量、信号显示功能应符合设计规定，监控功能完好，系统运行正常，各类数值与现场显示一致</td><td>第7.23.4条</td><td>/</td><td></td><td></td></tr>
<tr><td>一般项目</td><td>1</td><td colspan="2">电缆布线排布整齐，牢固可靠，标识清晰</td><td>第7.23.5条</td><td>/</td><td></td><td></td></tr>
<tr><td colspan="2">施工单位检查结果</td><td colspan="6">专业工长：（签名）　　项目专业质量检查员：（签名）　　年　月　日</td></tr>
<tr><td colspan="2">监理单位验收结论</td><td colspan="6">专业监理工程师：（签名）　　年　月　日</td></tr>
</table>

7.3.2.19 市政验·供-15 试验调试检验批质量验收记录

市政基础设施工程

试验调试检验批质量验收记录

市政验·供-15

第 页，共 页

<table>
<tr><td colspan="3">工程名称</td><td colspan="5"></td></tr>
<tr><td colspan="3">单位工程名称</td><td colspan="5"></td></tr>
<tr><td colspan="3">施工单位</td><td colspan="1"></td><td colspan="2">分包单位</td><td colspan="2"></td></tr>
<tr><td colspan="3">项目负责人</td><td colspan="1"></td><td colspan="2">项目技术负责人</td><td colspan="2"></td></tr>
<tr><td colspan="3">分部（子分部）
工程名称</td><td colspan="1"></td><td colspan="2">分项工程名称</td><td colspan="2"></td></tr>
<tr><td colspan="3">验收部位/区段</td><td colspan="1"></td><td colspan="2">检验批容量</td><td colspan="2"></td></tr>
<tr><td colspan="3">施工及验收依据</td><td colspan="5">《储能式有轨电车供电及弱电系统施工质量验收标准》（参考）</td></tr>
<tr><td colspan="3">验收项目</td><td>设计要求或
规范规定</td><td>最小/实际
抽样数量</td><td colspan="2">检查记录</td><td>检查
结果</td></tr>
<tr><td rowspan="5">主控项目</td><td>1</td><td>变电站内12kV GIS开关柜、动力变压器、成套充电装置、低压开关柜、交直流电源装置等设备的试验调试应符合设计要求和现行国家标准《电气装置安装工程电气设备交接试验标准》GB 50150的相关规定</td><td>第10.15.1条</td><td>/</td><td colspan="2"></td><td></td></tr>
<tr><td>2</td><td>变电站的电力电缆和控制电缆试验应符合设计要求和现行国家标准《电气装置安装工程电气设备交接试验标准》GB 50150的相关规定</td><td>第10.15.2条</td><td>/</td><td colspan="2"></td><td></td></tr>
<tr><td>3</td><td>设备接地、电缆接地、支架接地和接地装置的试验应符合设计要求和现行国家标准《电气装置安装工程电气设备交接试验标准》GB 50150的相关规定</td><td>第10.15.3条</td><td>/</td><td colspan="2"></td><td></td></tr>
<tr><td>4</td><td>变电站内设备间的保护功能试验应符合设计要求</td><td>第10.15.4条</td><td>/</td><td colspan="2"></td><td></td></tr>
<tr><td>5</td><td>变电站电气传动试验，在受电前应按设计文件规定的全部功能进行检查验证</td><td>第10.15.5条</td><td>/</td><td colspan="2"></td><td></td></tr>
<tr><td colspan="2">施工单位
检查结果</td><td colspan="6">专业工长：（签名） 项目专业质量检查员：（签名） 年 月 日</td></tr>
<tr><td colspan="2">监理单位
验收结论</td><td colspan="6">专业监理工程师：（签名） 年 月 日</td></tr>
</table>

7.3.2.20 市政验·供-16 系统试运行检验批质量验收记录

市政基础设施工程

系统试运行检验批质量验收记录

市政验·供-16

第　　页，共　　页

<table>
<tr><td>工程名称</td><td colspan="6"></td></tr>
<tr><td>单位工程名称</td><td colspan="6"></td></tr>
<tr><td>施工单位</td><td colspan="2"></td><td colspan="2">分包单位</td><td colspan="2"></td></tr>
<tr><td>项目负责人</td><td colspan="2"></td><td colspan="2">项目技术负责人</td><td colspan="2"></td></tr>
<tr><td>分部（子分部）
工程名称</td><td colspan="2"></td><td colspan="2">分项工程名称</td><td colspan="2"></td></tr>
<tr><td>验收部位/区段</td><td colspan="2"></td><td colspan="2">检验批容量</td><td colspan="2"></td></tr>
<tr><td>施工及验收依据</td><td colspan="6">《智能建筑工程质量验收规范》GB 50339</td></tr>
<tr><td colspan="3">验收项目</td><td>设计要求或
规范规定</td><td>最小/实际
抽样数量</td><td>检查记录</td><td>检查
结果</td></tr>
<tr><td rowspan="3">主控项目</td><td>1</td><td>系统试运行应连续进行 120h</td><td>第 3.1.3 条</td><td>/</td><td></td><td></td></tr>
<tr><td>2</td><td>试运行中出现系统故障时，应重新开始计时，直至连续运行满 120h</td><td>第 3.1.3 条</td><td>/</td><td></td><td></td></tr>
<tr><td>3</td><td>系统功能符合设计要求</td><td>设计要求</td><td>/</td><td></td><td></td></tr>
<tr><td>施工单位
检查结果</td><td colspan="6">专业工长：（签名）　　项目专业质量检查员：（签名）　　年　月　日</td></tr>
<tr><td>监理单位
验收结论</td><td colspan="6">专业监理工程师：（签名）　　年　月　日</td></tr>
</table>

7.3.3 充电网安装工程

7.3.3.1 市政验·充-1 固定式充电网检验批质量验收记录

市政基础设施工程

固定式充电网检验批质量验收记录

市政验·充-1

第 页，共 页

<table>
<tr><td colspan="3">工程名称</td><td colspan="5"></td></tr>
<tr><td colspan="3">单位工程名称</td><td colspan="5"></td></tr>
<tr><td colspan="3">施工单位</td><td></td><td colspan="2">分包单位</td><td colspan="2"></td></tr>
<tr><td colspan="3">项目负责人</td><td></td><td colspan="2">项目技术负责人</td><td colspan="2"></td></tr>
<tr><td colspan="3">分部（子分部）工程名称</td><td></td><td colspan="2">分项工程名称</td><td colspan="2"></td></tr>
<tr><td colspan="3">验收部位/区段</td><td></td><td colspan="2">检验批容量</td><td colspan="2"></td></tr>
<tr><td colspan="3">施工及验收依据</td><td colspan="5">《储能式有轨电车供电及弱电系统施工质量验收标准》（参考）</td></tr>
<tr><td colspan="3">验收项目</td><td>设计要求或规范规定</td><td>最小/实际抽样数量</td><td colspan="2">检查记录</td><td>检查结果</td></tr>
<tr><td rowspan="3">主控项目</td><td>1</td><td>悬挂装置、绝缘子及连接零配件、充电轨及附件到达现场应进行检查，其规格、型号、质量应符合设计要求</td><td>第10.18.1条</td><td>/</td><td colspan="2"></td><td></td></tr>
<tr><td>2</td><td>绝缘子的电气性能、机械性能、绝缘电阻值应符合设计规定</td><td>第10.18.2条</td><td>/</td><td colspan="2"></td><td></td></tr>
<tr><td>3</td><td>充电轨安装应符合下列规定：
1 端部弯头的安装坡度应符合设计要求；
2 悬挂点至轨面的安装高度应符合设计要求，施工允许偏差为±5mm；
3 悬挂点的拉出值应符合设计要求，施工允许偏差为±5mm；
4 充电轨的受流面应与轨面平行，倾斜度不大于1%；
5 充电轨接头处受流面连接应平顺，接缝紧密，连接螺栓紧固力矩应符合产品技术要求；
6 中心锚结安装位置和安装形式应符合设计要求</td><td>第10.18.3条</td><td>/</td><td colspan="2"></td><td></td></tr>
<tr><td rowspan="2">一般项目</td><td>1</td><td>悬挂装置安装应端正，各部件连接牢固，构件无变形，镀锌层完好，螺栓有适当调节余量</td><td>第10.18.4条</td><td>/</td><td colspan="2"></td><td></td></tr>
<tr><td>2</td><td>绝缘子安装端正，绝缘子瓷釉表面光滑、清洁、无裂纹、缺釉、斑点、气泡等缺陷</td><td>第10.18.5条</td><td>/</td><td colspan="2"></td><td></td></tr>
<tr><td colspan="2">施工单位检查结果</td><td colspan="6">专业工长：（签名）　　项目专业质量检查员：（签名）　　年　月　日</td></tr>
<tr><td colspan="2">监理单位验收结论</td><td colspan="6">专业监理工程师：（签名）　　年　月　日</td></tr>
</table>

7.3.3.2 市政验·充-2 移动式充电网检验批质量验收记录

市政基础设施工程

移动式充电网检验批质量验收记录

市政验·充-2

第 页，共 页

<table>
<tr><td colspan="3">工程名称</td><td colspan="5"></td></tr>
<tr><td colspan="3">单位工程名称</td><td colspan="5"></td></tr>
<tr><td colspan="3">施工单位</td><td></td><td colspan="2">分包单位</td><td colspan="2"></td></tr>
<tr><td colspan="3">项目负责人</td><td></td><td colspan="2">项目技术负责人</td><td colspan="2"></td></tr>
<tr><td colspan="3">分部（子分部）工程名称</td><td></td><td colspan="2">分项工程名称</td><td colspan="2"></td></tr>
<tr><td colspan="3">验收部位/区段</td><td></td><td colspan="2">检验批容量</td><td colspan="2"></td></tr>
<tr><td colspan="3">施工及验收依据</td><td colspan="5">《储能式有轨电车供电及弱电系统施工质量验收标准》（参考）</td></tr>
<tr><td colspan="3">验收项目</td><td>设计要求或规范规定</td><td>最小/实际抽样数量</td><td>检查记录</td><td colspan="2">检查结果</td></tr>
<tr><td rowspan="7">主控项目</td><td>1</td><td>设备、材料到达现场应进行检查，其规格、型号、质量应符合设计要求</td><td>第10.19.1条</td><td>/</td><td></td><td colspan="2"></td></tr>
<tr><td>2</td><td>锚栓的规格型号、埋设位置、深度、荷载检测应符合设计要求</td><td>第10.19.2条</td><td>/</td><td></td><td colspan="2"></td></tr>
<tr><td>3</td><td>驱动电机与主动机构法兰盘对接应密贴无缝，电机输出轴旋转无卡滞，表面无裂纹、漏油等现象</td><td>第10.19.3条</td><td>/</td><td></td><td colspan="2"></td></tr>
<tr><td>4</td><td>自动接地装置触板与搭接板接触良好，无回弹现象，接地功能满足设计要求</td><td>第10.19.4条</td><td>/</td><td></td><td colspan="2"></td></tr>
<tr><td>5</td><td>控制柜的安装位置、排列应符合设计要求，其安装的允许误差符合本规范第10.9.2条的规定</td><td>第10.19.5条</td><td>/</td><td></td><td colspan="2"></td></tr>
<tr><td>6</td><td>移动充电网的安全联锁系统、报警系统、显示系统的功能应符合设计要求</td><td>第10.19.6条</td><td>/</td><td></td><td colspan="2"></td></tr>
<tr><td>7</td><td>充电轨的安装应符合本规范第10.18.3条的规定</td><td>第10.19.7条</td><td>/</td><td></td><td colspan="2"></td></tr>
<tr><td rowspan="2">一般项目</td><td>1</td><td>悬臂底座法兰盘、悬臂安装应水平，位置正确，安装牢固</td><td>第10.19.8条</td><td>/</td><td></td><td colspan="2"></td></tr>
<tr><td>2</td><td>拉线型号应符合设计要求，不得有断股、松股和接头。悬挂基座、锚结悬挂夹具各类螺栓的紧固力矩应符合产品技术要求</td><td>第10.19.9条</td><td>/</td><td></td><td colspan="2"></td></tr>
<tr><td colspan="3">施工单位检查结果</td><td colspan="5">专业工长：（签名） 项目专业质量检查员：（签名） 年 月 日</td></tr>
<tr><td colspan="3">监理单位验收结论</td><td colspan="5">专业监理工程师：（签名） 年 月 日</td></tr>
</table>

7.3.3.3 市政验·充-3 直流电缆检验批质量验收记录

市政基础设施工程

直流电缆检验批质量验收记录

市政验·充-3

第　　页，共　　页

<table>
<tr><td colspan="3">工程名称</td><td colspan="4"></td></tr>
<tr><td colspan="3">单位工程名称</td><td colspan="4"></td></tr>
<tr><td colspan="3">施工单位</td><td></td><td colspan="2">分包单位</td><td></td></tr>
<tr><td colspan="3">项目负责人</td><td></td><td colspan="2">项目技术负责人</td><td></td></tr>
<tr><td colspan="3">分部（子分部）
工程名称</td><td></td><td colspan="2">分项工程名称</td><td></td></tr>
<tr><td colspan="3">验收部位/区段</td><td></td><td colspan="2">检验批容量</td><td></td></tr>
<tr><td colspan="3">施工及验收依据</td><td colspan="4">《储能式有轨电车供电及弱电系统施工质量验收标准》（参考）</td></tr>
<tr><td colspan="3">验收项目</td><td>设计要求或规范规定</td><td>最小/实际抽样数量</td><td>检查记录</td><td>检查结果</td></tr>
<tr><td rowspan="4">主控项目</td><td>1</td><td>直流电缆到达现场应进行检查，其型号、规格、质量应符合设计要求及相关产品标准的规定</td><td>第 10.20.1 条</td><td>/</td><td></td><td></td></tr>
<tr><td>2</td><td>直流电缆接线端子与电缆接线板连接应采取铜铝过渡措施，连接牢固可靠，连接紧固力矩应符合产品技术要求</td><td>第 10.20.2 条</td><td>/</td><td></td><td></td></tr>
<tr><td>3</td><td>电缆与钢轨连接位置及连接方式应符合设计要求，当设计无规定时，宜采用放热焊接，连接应牢固可靠</td><td>第 10.20.3 条</td><td>/</td><td></td><td></td></tr>
<tr><td>4</td><td>直流电缆敷设路径、位置应符合设计要求，敷设规整、固定牢靠，弯曲半径不应小于电缆的最小弯曲半径</td><td>第 10.20.4 条</td><td>/</td><td></td><td></td></tr>
<tr><td>一般项目</td><td>1</td><td>直流电缆与接线端子压接应良好，握紧力不小于 6.9kN</td><td>第 10.20.5 条</td><td>/</td><td></td><td></td></tr>
<tr><td colspan="2">施工单位
检查结果</td><td colspan="5">专业工长：（签名）　　项目专业质量检查员：（签名）　　年　　月　　日</td></tr>
<tr><td colspan="2">监理单位
验收结论</td><td colspan="5">专业监理工程师：（签名）　　年　　月　　日</td></tr>
</table>

7.3.3.4 市政验·充-4 充电网送电及车辆配合试验检验批质量验收记录

市政基础设施工程

充电网送电及车辆配合试验检验批质量验收记录

市政验·充-4

第 页，共 页

<table>
<tr><td colspan="3">工程名称</td><td colspan="5"></td></tr>
<tr><td colspan="3">单位工程名称</td><td colspan="5"></td></tr>
<tr><td colspan="3">施工单位</td><td></td><td colspan="2">分包单位</td><td colspan="2"></td></tr>
<tr><td colspan="3">项目负责人</td><td></td><td colspan="2">项目技术负责人</td><td colspan="2"></td></tr>
<tr><td colspan="3">分部（子分部）
工程名称</td><td></td><td colspan="2">分项工程名称</td><td colspan="2"></td></tr>
<tr><td colspan="3">验收部位/区段</td><td></td><td colspan="2">检验批容量</td><td colspan="2"></td></tr>
<tr><td colspan="3">施工及验收依据</td><td colspan="5">《储能式有轨电车供电及弱电系统施工质量验收标准》(参考)</td></tr>
<tr><td colspan="4">验收项目</td><td>设计要求或规范规定</td><td>最小/实际抽样数量</td><td>检查记录</td><td>检查结果</td></tr>
<tr><td rowspan="3">主控项目</td><td>1</td><td colspan="2">待送电充电网绝缘应良好，绝缘电阻值应不小于1MΩ</td><td>第10.21.1条</td><td>/</td><td></td><td></td></tr>
<tr><td>2</td><td colspan="2">车辆进出站时检测装置应能可靠检测车辆位置，充电装置根据检测信号应能正确启停</td><td>第10.21.2条</td><td>/</td><td></td><td></td></tr>
<tr><td>3</td><td colspan="2">车辆受电弓与充电轨接触良好、运行平顺，无明显火花和拉弧现象</td><td>第10.21.3条</td><td>/</td><td></td><td></td></tr>
<tr><td colspan="2">施工单位
检查结果</td><td colspan="6">

专业工长：(签名)　　项目专业质量检查员：(签名)　　年　月　日</td></tr>
<tr><td colspan="2">监理单位
验收结论</td><td colspan="6">

专业监理工程师：(签名)　　年　月　日</td></tr>
</table>

7.3.4 通信系统工程

7.3.4.1 市政验·弱-1 传输设备安装检验批质量验收记录

市政基础设施工程

传输设备安装检验批质量验收记录

市政验·弱-1

第　　页，共　　页

<table>
<tr><td colspan="3">工程名称</td><td colspan="5"></td></tr>
<tr><td colspan="3">单位工程名称</td><td colspan="5"></td></tr>
<tr><td colspan="3">施工单位</td><td></td><td colspan="2">分包单位</td><td colspan="2"></td></tr>
<tr><td colspan="3">项目负责人</td><td></td><td colspan="2">项目技术负责人</td><td colspan="2"></td></tr>
<tr><td colspan="3">分部（子分部）
工程名称</td><td></td><td colspan="2">分项工程名称</td><td colspan="2"></td></tr>
<tr><td colspan="3">验收部位/区段</td><td></td><td colspan="2">检验批容量</td><td colspan="2"></td></tr>
<tr><td colspan="3">施工及验收依据</td><td colspan="5">《储能式有轨电车供电及弱电系统施工质量验收标准》（参考）</td></tr>
<tr><td colspan="3">验收项目</td><td>设计要求或规范规定</td><td>最小/实际抽样数量</td><td>检查记录</td><td colspan="2">检查结果</td></tr>
<tr><td rowspan="2">主控项目</td><td>1</td><td>传输设备到达现场应进行检查，其型号、规格和质量应符合设计要求及相关产品标准的规定</td><td>第11.8.1条</td><td>/</td><td></td><td colspan="2"></td></tr>
<tr><td>2</td><td>机架（柜）电路插板的规格、数量和安装位置应符合设计要求</td><td>第11.8.2条</td><td>/</td><td></td><td colspan="2"></td></tr>
<tr><td rowspan="3">一般项目</td><td>1</td><td>设备安装位置、机架及底座的加固方式应符合设计要求</td><td>第11.8.3条</td><td>/</td><td></td><td colspan="2"></td></tr>
<tr><td>2</td><td>设备安装牢固，排列整齐，漆饰完好，铭牌、标记清楚正确，并符合设计要求</td><td>第11.8.4条</td><td>/</td><td></td><td colspan="2"></td></tr>
<tr><td>3</td><td>机架（柜）安装的垂直倾斜度偏差应小于架（柜）高度的1‰</td><td>第11.8.5条</td><td>/</td><td></td><td colspan="2"></td></tr>
<tr><td colspan="2">施工单位
检查结果</td><td colspan="6">专业工长：（签名）　　项目专业质量检查员：（签名）　　年　月　日</td></tr>
<tr><td colspan="2">监理单位
验收结论</td><td colspan="6">专业监理工程师：（签名）　　年　月　日</td></tr>
</table>

7.3.4.2 市政验·弱-2.1 传输设备配线检验批质量验收记录（一）

市政基础设施工程

传输设备配线检验批质量验收记录（一）

市政验·弱-2.1

第　　页，共　　页

<table>
<tr><td colspan="3">工程名称</td><td colspan="5"></td></tr>
<tr><td colspan="3">单位工程名称</td><td colspan="5"></td></tr>
<tr><td colspan="3">施工单位</td><td></td><td colspan="2">分包单位</td><td colspan="2"></td></tr>
<tr><td colspan="3">项目负责人</td><td></td><td colspan="2">项目技术负责人</td><td colspan="2"></td></tr>
<tr><td colspan="3">分部（子分部）工程名称</td><td></td><td colspan="2">分项工程名称</td><td colspan="2"></td></tr>
<tr><td colspan="3">验收部位/区段</td><td></td><td colspan="2">检验批容量</td><td colspan="2"></td></tr>
<tr><td colspan="3">施工及验收依据</td><td colspan="5">《储能式有轨电车供电及弱电系统施工质量验收标准》（参考）</td></tr>
<tr><td colspan="3">验收项目</td><td>设计要求或规范规定</td><td colspan="2">最小/实际抽样数量</td><td>检查记录</td><td>检查结果</td></tr>
<tr><td rowspan="7">主控项目</td><td>1</td><td>传输设备的配线光、电缆到达现场应进行检查，其型号、规格、质量应符合设计要求及相关产品标准的规定。配线标识齐全、清晰、不易脱落</td><td>第11.9.1条</td><td colspan="2">/</td><td></td><td></td></tr>
<tr><td>2</td><td>配线电缆和电线的芯线应无错线或断线、混线，中间不得有接头。配线电缆芯线间的绝缘电阻应符合下列规定：
（1）音频配线电缆不应小于50MΩ；
（2）高频配线电缆不应小于100MΩ；
（3）同轴配线电缆不应小于1000MΩ</td><td>第11.9.2条</td><td colspan="2">/</td><td></td><td></td></tr>
<tr><td>3</td><td>音频配线电缆近端串音衰减不应小于78dB</td><td>第11.9.3条</td><td colspan="2">/</td><td></td><td></td></tr>
<tr><td>4</td><td>光缆尾纤应按标定的纤序连接设备。光缆尾纤应单独布放并用垫衬固定，不得挤压、扭曲、捆绑。弯曲半径不应小于50mm</td><td>第11.9.4条</td><td colspan="2">/</td><td></td><td></td></tr>
<tr><td>5</td><td>电源端子配线应正确，配线两端的标志应齐全</td><td>第11.9.5条</td><td colspan="2">/</td><td></td><td></td></tr>
<tr><td>6</td><td>设备地线必须连接良好</td><td>第11.9.6条</td><td colspan="2">/</td><td></td><td></td></tr>
<tr><td>7</td><td>电缆、电线的屏蔽护套应接地可靠，并应与接地线就近连接</td><td>第11.9.7条</td><td colspan="2">/</td><td></td><td></td></tr>
<tr><td colspan="2">施工单位检查结果</td><td colspan="6">专业工长：（签名）　　项目专业质量检查员：（签名）　　年　月　日</td></tr>
<tr><td colspan="2">监理单位验收结论</td><td colspan="6">专业监理工程师：（签名）　　年　月　日</td></tr>
</table>

7.3.4.3 市政验·弱-2.2 传输设备配线检验批质量验收记录（二）

市政基础设施工程

传输设备配线检验批质量验收记录（二）

市政验·弱-2.2

第　　页，共　　页

<table>
<tr><td colspan="3">工程名称</td><td colspan="5"></td></tr>
<tr><td colspan="3">单位工程名称</td><td colspan="5"></td></tr>
<tr><td colspan="3">施工单位</td><td></td><td>分包单位</td><td colspan="3"></td></tr>
<tr><td colspan="3">项目负责人</td><td></td><td>项目技术负责人</td><td colspan="3"></td></tr>
<tr><td colspan="3">分部（子分部）
工程名称</td><td></td><td>分项工程名称</td><td colspan="3"></td></tr>
<tr><td colspan="3">验收部位/区段</td><td></td><td>检验批容量</td><td colspan="3"></td></tr>
<tr><td colspan="3">施工及验收依据</td><td colspan="5">《储能式有轨电车供电及弱电系统施工质量验收标准》(参考)</td></tr>
<tr><td colspan="3">验收项目</td><td>设计要求或规范规定</td><td>最小/实际抽样数量</td><td>检查记录</td><td>检查结果</td><td></td></tr>
<tr><td rowspan="7">一般项目</td><td>1</td><td>配线电缆、电线的走向、路由应符合设计文件要求</td><td>第 11.9.8 条</td><td>/</td><td></td><td></td><td></td></tr>
<tr><td>2</td><td>配线电缆在电缆走道上应顺序平直排列。电缆槽道内配线应顺直。配线电缆弯曲半径不得小于其外径的 5 倍</td><td>第 11.9.9 条</td><td>/</td><td></td><td></td><td></td></tr>
<tr><td>3</td><td>电缆芯线的编扎应按色谱顺序分线，余留的芯线长度应符合更换编扎线最长芯线的要求</td><td>第 11.9.10 条</td><td>/</td><td></td><td></td><td></td></tr>
<tr><td>4</td><td>设备配线采用焊接时，焊接后芯线绝缘层应无烫伤、开裂及后缩现象，绝缘层离开端子边缘露铜不宜大于 1mm</td><td>第 11.9.11 条</td><td>/</td><td></td><td></td><td></td></tr>
<tr><td>5</td><td>设备配线采用绕接时，绕线应严密、紧贴，不应有叠绕。铜线去除绝缘外皮后，在绕线柱上的最少匝数：当芯线直径为 0.4～0.5mm 时应为 6～8 匝；0.6～1mm 时应为 4～6 匝。不接触绕线柱的芯线部分不宜露铜</td><td>第 11.9.12 条</td><td>/</td><td></td><td></td><td></td></tr>
<tr><td>6</td><td>设备配线采用卡接时，卡接电缆芯线的卡接端子应接触牢固</td><td>第 11.9.13 条</td><td>/</td><td></td><td></td><td></td></tr>
<tr><td>7</td><td>高频线、低频线、电源线应分开绑扎，交、直流配线应分开布放</td><td>第 11.9.14 条</td><td>/</td><td></td><td></td><td></td></tr>
<tr><td colspan="3">施工单位
检查结果</td><td colspan="5">专业工长：（签名）　　项目专业质量检查员：（签名）　　年　月　日</td></tr>
<tr><td colspan="3">监理单位
验收结论</td><td colspan="5">专业监理工程师：（签名）　　年　月　日</td></tr>
</table>

7.3.4.4 市政验·弱-3 系统传输指标检测及功能检验检验批质量验收记录

市政基础设施工程

系统传输指标检测及功能检验检验批质量验收记录

市政验·弱-3

第 页，共 页

工程名称						
单位工程名称						
施工单位			分包单位			
项目负责人			项目技术负责人			
分部（子分部）工程名称			分项工程名称			
验收部位/区段			检验批容量			
施工及验收依据	《储能式有轨电车供电及弱电系统施工质量验收标准》（参考）					
验收项目			设计要求或规范规定	最小/实际抽样数量	检查记录	检查结果
主控项目	1	传输系统光通道的接收光功率不应超过系统的过载光功率，并应符合下列要求： $P_1 \geq P_r + M_c + M_e$ 式中 P_1——接收端在R点实测系统接受光功率（dBm）； P_r——在R点测得的接收器的接受灵敏度（dBm）； M_c——光缆富裕度（dBm）； M_e——设备富裕度（dBm）。	第11.10.1条	/		
	2	传输设备光接口的以下性能指标测试应符合设计要求：1平均发送光功率。2接受机灵敏度。3接收机最小过载功率	第11.10.2条	/		
	3	传输设备电接口的输入允许比特率容差应符合设计要求或产品技术条件	第11.10.3条	/		
	4	传输系统2048kbit/s数字接口端到端误码性能测试、2048kbit/s数字接口输入抖动容限和最大输出抖动性能应符合现行国家标准《城市轨道交通通信工程质量验收规范》GB 50382的相关规定	第11.10.4条	/		
	5	传输系统低速数据接口的端到端误码性能指标应满足以下要求： 1. 速率为$N \times 64$kbit/s（$N=1 \sim 31$）时，比特误码率（BER）不应大于1×10^{-6}。 2. 速率小于64kbit/s时，比特误码率（BER）不应大于1×10^{-5}	第11.10.5条	/		
	6	传输系统自愈功能应正常，保护倒换时间应小于50ms	第11.10.6条	/		
施工单位检查结果	专业工长：（签名） 项目专业质量检查员：（签名） 年 月 日					
监理单位验收结论	专业监理工程师：（签名） 年 月 日					

7.3.4.5　市政验·弱-4　SDH 传输系统指标检测及功能检验检验批质量验收记录

市政基础设施工程

SDH 传输系统指标检测及功能检验检验批质量验收记录

市政验·弱-4

第　　页，共　　页

<table>
<tr><td colspan="3">工程名称</td><td colspan="5"></td></tr>
<tr><td colspan="3">单位工程名称</td><td colspan="5"></td></tr>
<tr><td colspan="3">施工单位</td><td></td><td>分包单位</td><td colspan="3"></td></tr>
<tr><td colspan="3">项目负责人</td><td></td><td>项目技术负责人</td><td colspan="3"></td></tr>
<tr><td colspan="3">分部（子分部）工程名称</td><td></td><td>分项工程名称</td><td colspan="3"></td></tr>
<tr><td colspan="3">验收部位/区段</td><td></td><td>检验批容量</td><td colspan="3"></td></tr>
<tr><td colspan="3">施工及验收依据</td><td colspan="5">《储能式有轨电车供电及弱电系统施工质量验收标准》（参考）</td></tr>
<tr><td colspan="3">验收项目</td><td>设计要求或规范规定</td><td>最小/实际抽样数量</td><td>检查记录</td><td colspan="2">检查结果</td></tr>
<tr><td rowspan="3">主控项目</td><td>1</td><td>SDH 传输系统端到端误码性能指标应满足表 11.11.1 的规定</td><td>第 11.11.1 条</td><td>/</td><td></td><td colspan="2"></td></tr>
<tr><td>2</td><td>定时基准源应能正确倒换</td><td>第 11.11.2 条</td><td>/</td><td></td><td colspan="2"></td></tr>
<tr><td>3</td><td>SDH 传输系统输出抖动测试指标、输入抖动容限应符合现行国家标准《城市轨道交通通信工程质量验收规范》GB 50382 的相关规定</td><td>第 11.11.3 条</td><td>/</td><td></td><td colspan="2"></td></tr>
<tr><td colspan="2">施工单位检查结果</td><td colspan="6">专业工长：（签名）　　项目专业质量检查员：（签名）　　年　月　日</td></tr>
<tr><td colspan="2">监理单位验收结论</td><td colspan="6">专业监理工程师：（签名）　　年　月　日</td></tr>
</table>

7.3.4.6　市政验·弱-5.1　传输系统网管功能检验检验批质量验收记录（一）

市政基础设施工程

传输系统网管功能检测检验批质量验收记录（一）

市政验·弱-5.1

第　　页，共　　页

<table>
<tr><td colspan="3">工程名称</td><td colspan="5"></td></tr>
<tr><td colspan="3">单位工程名称</td><td colspan="5"></td></tr>
<tr><td colspan="3">施工单位</td><td></td><td colspan="2">分包单位</td><td colspan="2"></td></tr>
<tr><td colspan="3">项目负责人</td><td></td><td colspan="2">项目技术负责人</td><td colspan="2"></td></tr>
<tr><td colspan="3">分部（子分部）
工程名称</td><td></td><td colspan="2">分项工程名称</td><td colspan="2"></td></tr>
<tr><td colspan="3">验收部位/区段</td><td></td><td colspan="2">检验批容量</td><td colspan="2"></td></tr>
<tr><td colspan="3">施工及验收依据</td><td colspan="5">《储能式有轨电车供电及弱电系统施工质量验收标准》（参考）</td></tr>
<tr><td colspan="3">验收项目</td><td>设计要求或规范规定</td><td>最小/实际抽样数量</td><td>检查记录</td><td colspan="2">检查结果</td></tr>
<tr><td rowspan="5">主控项目</td><td>1</td><td>网管设备到达现场应进行检查，其型号、规格、质量应符合设计要求及相关产品标准的规定</td><td>第11.14.1条</td><td>/</td><td></td><td colspan="2"></td></tr>
<tr><td>2</td><td>所有网元应能接入网管系统。网管系统显示的配置应符合网元的实际配置。网管设备应能正确显示整个网络的拓扑结构</td><td>第11.14.2条</td><td>/</td><td></td><td colspan="2"></td></tr>
<tr><td>3</td><td>通过网管应能按预定路由表自动进行路由变更</td><td>第11.14.3条</td><td>/</td><td></td><td colspan="2"></td></tr>
<tr><td>4</td><td>故障管理应具有下列功能：
1. 告警功能：
（1）故障定位；
（2）设置故障等级；
（3）告警指示；
（4）告警历史记录。
2. 监视参数。
3. 近端和远端环回测试</td><td>第11.14.4条</td><td>/</td><td></td><td colspan="2"></td></tr>
<tr><td>5</td><td>性能管理功能应具有采集和分析误码性能的功能</td><td>第11.14.5条</td><td>/</td><td></td><td colspan="2"></td></tr>
<tr><td colspan="2">施工单位
检查结果</td><td colspan="6">专业工长：（签名）　　项目专业质量检查员：（签名）　　年　月　日</td></tr>
<tr><td colspan="2">监理单位
验收结论</td><td colspan="6">专业监理工程师：（签名）　　年　月　日</td></tr>
</table>

7.3.4.7　市政验·弱-5.2　传输系统网管功能检验检验批质量验收记录（二）

市政基础设施工程

传输系统网管功能检验检验批质量验收记录（二）

市政验·弱-5.2

第　　页，共　　页

<table>
<tr><td colspan="3">工程名称</td><td colspan="5"></td></tr>
<tr><td colspan="3">单位工程名称</td><td colspan="5"></td></tr>
<tr><td colspan="3">施工单位</td><td></td><td colspan="2">分包单位</td><td colspan="2"></td></tr>
<tr><td colspan="3">项目负责人</td><td></td><td colspan="2">项目技术负责人</td><td colspan="2"></td></tr>
<tr><td colspan="3">分部（子分部）
工程名称</td><td></td><td colspan="2">分项工程名称</td><td colspan="2"></td></tr>
<tr><td colspan="3">验收部位/区段</td><td></td><td colspan="2">检验批容量</td><td colspan="2"></td></tr>
<tr><td colspan="3">施工及验收依据</td><td colspan="5">《储能式有轨电车供电及弱电系统施工质量验收标准》（参考）</td></tr>
<tr><td colspan="3">验收项目</td><td>设计要求或
规范规定</td><td>最小/实际
抽样数量</td><td colspan="2">检查记录</td><td>检查
结果</td></tr>
<tr><td rowspan="3">主控项目</td><td>6</td><td>配置管理应具有下列功能：
(a) 各种业务时隙分配。
(b) 通信关系配置（点对点、点对多点、总线和以太网）。
(c) 通道的交叉连接和指配。
(d) 1+1 或 1：N 保护倒换、低阶/高阶通道保护倒换以及自愈环配置</td><td>第 11.14.6 条</td><td>/</td><td colspan="2"></td><td></td></tr>
<tr><td>7</td><td>安全管理功能应具有下列功能：
(a) 未经授权的人不能进入管理系统。
(b) 具有有限授权的人只能进入相应的授权部分。
(c) 在安全受到侵扰后，应能利用备份文件恢复业务</td><td>第 11.14.7 条</td><td>/</td><td colspan="2"></td><td></td></tr>
<tr><td>8</td><td>保护功能应具有下列功能：
(a) 业务的自动通道保护。
(b) 网元与相关的网元管理设备之间、网元管理设备互相之间的信息通信应有自动通道保护措施。当具有远端接入功能时，本端网管设备或终端应能远端接入对端的网管设备，以监视对端网管设备区域系统的运行情况。
(c) 当出现软件差错或电源失效恢复后，系统应返回初始工作状态</td><td>第 11.14.8 条</td><td>/</td><td colspan="2"></td><td></td></tr>
<tr><td colspan="2">施工单位
检查结果</td><td colspan="6">专业工长：（签名）　　项目专业质量检查员：（签名）　　年　月　日</td></tr>
<tr><td colspan="2">监理单位
验收结论</td><td colspan="6">专业监理工程师：（签名）　　年　月　日</td></tr>
</table>

7.3.4.8 市政验·弱-6.1 OTN传输指标检测及功能检验检验批质量验收记录（一）

市政基础设施工程

OTN传输指标检测及功能检验批质量验收记录（一）

市政验·弱-6.1

第　　页，共　　页

<table>
<tr><td colspan="3">工程名称</td><td colspan="5"></td></tr>
<tr><td colspan="3">单位工程名称</td><td colspan="5"></td></tr>
<tr><td colspan="3">施工单位</td><td></td><td>分包单位</td><td colspan="3"></td></tr>
<tr><td colspan="3">项目负责人</td><td></td><td>项目技术负责人</td><td colspan="3"></td></tr>
<tr><td colspan="3">分部（子分部）工程名称</td><td></td><td>分项工程名称</td><td colspan="3"></td></tr>
<tr><td colspan="3">验收部位/区段</td><td></td><td>检验批容量</td><td colspan="3"></td></tr>
<tr><td colspan="3">施工及验收依据</td><td colspan="5">《储能式有轨电车供电及弱电系统施工质量验收标准》（参考）</td></tr>
<tr><td colspan="4">验收项目</td><td>设计要求或规范规定</td><td>最小/实际抽样数量</td><td>检查记录</td><td>检查结果</td></tr>
<tr><td rowspan="4">主控项目</td><td>1</td><td colspan="2">OTN系统光接口应测试以下指标：
1. 平均发送光功率、接收机灵敏度、接收机最小过载功率应符合本规范第11.10.2条的要求。
2. OTN系统误码性能测试应符合本规范第8.11.1条的要求。
3. OTN系统光接口抖动性能测试测试应符合本规范第8.11.3条的要求</td><td>第11.13.1条</td><td>/</td><td></td><td></td></tr>
<tr><td>2</td><td colspan="2">OTN系统RS-322、RS-422、RS485端口点到点或点到多点连接功能检查正常，测试的端口误码率（BER）应符合本规范第11.10.5的规定</td><td>第11.13.2条</td><td>/</td><td></td><td></td></tr>
<tr><td>3</td><td colspan="2">OTN系统X.21接口点到点连接功能检查应正常，测试误码率（BER）应符合本规范第11.10.5条的规定</td><td>第11.13.3条</td><td>/</td><td></td><td></td></tr>
<tr><td>4</td><td colspan="2">OTN系统模拟电话、带信令语音通道的通话功能应正常</td><td>第11.13.4条</td><td>/</td><td></td><td></td></tr>
<tr><td colspan="2">施工单位检查结果</td><td colspan="6">

专业工长：（签名）　　项目专业质量检查员：（签名）　　年　　月　　日</td></tr>
<tr><td colspan="2">监理单位验收结论</td><td colspan="6">

专业监理工程师：（签名）　　年　　月　　日</td></tr>
</table>

7.3.4.9 市政验·弱-6.2 OTN传输指标检测及功能检验检验批质量验收记录（二）

市政基础设施工程

OTN传输指标检测及功能检验检验批质量验收记录（二）

市政验·弱-6.2

第 页，共 页

<table>
<tr><td colspan="3">工程名称</td><td colspan="5"></td></tr>
<tr><td colspan="3">单位工程名称</td><td colspan="5"></td></tr>
<tr><td colspan="3">施工单位</td><td></td><td>分包单位</td><td colspan="3"></td></tr>
<tr><td colspan="3">项目负责人</td><td></td><td>项目技术负责人</td><td colspan="3"></td></tr>
<tr><td colspan="3">分部（子分部）
工程名称</td><td></td><td>分项工程名称</td><td colspan="3"></td></tr>
<tr><td colspan="3">验收部位/区段</td><td></td><td>检验批容量</td><td colspan="3"></td></tr>
<tr><td colspan="3">施工及验收依据</td><td colspan="5">《储能式有轨电车供电及弱电系统施工质量验收标准》（参考）</td></tr>
<tr><td colspan="4">验收项目</td><td>设计要求或规范规定</td><td>最小/实际抽样数量</td><td>检查记录</td><td>检查结果</td></tr>
<tr><td rowspan="5">主控项目</td><td>5</td><td colspan="2">OTN系统E1接口端到端误码性能应符合本规范第11.10.4条的规定</td><td>第11.13.5条</td><td>/</td><td></td><td></td></tr>
<tr><td>6</td><td colspan="2">OTN系统ISDN接口误码测试，应符合本规范第11.10.4条和第11.10.5条的规定</td><td>第11.13.6条</td><td>/</td><td></td><td></td></tr>
<tr><td>7</td><td colspan="2">OTN系统以太网接口连接功能检查应正常</td><td>第11.13.7条</td><td>/</td><td></td><td></td></tr>
<tr><td>8</td><td colspan="2">OTN系统高保真音频接口检测，试听双向语音质量应清晰可靠、流畅、无漏字、无杂音，其测试电平衰减应符合设计要求或产品技术要求</td><td>第11.13.8条</td><td>/</td><td></td><td></td></tr>
<tr><td>9</td><td colspan="2">OTN系统视频接口，检查经系统传输的图像信号，应清晰无抖动，无雪花干扰、无马赛克现象等</td><td>第11.13.9条</td><td>/</td><td></td><td></td></tr>
<tr><td colspan="3">施工单位
检查结果</td><td colspan="5">专业工长：（签名） 项目专业质量检查员：（签名） 年 月 日</td></tr>
<tr><td colspan="3">监理单位
验收结论</td><td colspan="5">专业监理工程师：（签名） 年 月 日</td></tr>
</table>

7.3.4.10 市政验·弱-7 ATM 传输指标检测及功能检验检验批质量验收记录

市政基础设施工程

ATM 传输指标检测及功能检验检验批质量验收记录

市政验·弱-7

第 页，共 页

<table>
<tr><td colspan="2">工程名称</td><td colspan="5"></td></tr>
<tr><td colspan="2">单位工程名称</td><td colspan="5"></td></tr>
<tr><td colspan="2">施工单位</td><td></td><td>分包单位</td><td colspan="3"></td></tr>
<tr><td colspan="2">项目负责人</td><td></td><td>项目技术负责人</td><td colspan="3"></td></tr>
<tr><td colspan="2">分部（子分部）工程名称</td><td></td><td>分项工程名称</td><td colspan="3"></td></tr>
<tr><td colspan="2">验收部位/区段</td><td></td><td>检验批容量</td><td colspan="3"></td></tr>
<tr><td colspan="2">施工及验收依据</td><td colspan="5">《储能式有轨电车供电及弱电系统施工质量验收标准》（参考）</td></tr>
<tr><td colspan="3">验收项目</td><td>设计要求或规范规定</td><td>最小/实际抽样数量</td><td>检查记录</td><td>检查结果</td></tr>
<tr><td rowspan="2">主控项目</td><td>1</td><td>ATM 传输系统物理层光接口应测试以下指标：
1. 平均发送光功率、接收机灵敏度、接收机最小过载功率应符合本规范第 11.10.2 条的要求。
2. ATM 系统误码性能测试应符合本规范第 11.11.1 条的要求。
3. ATM 系统光接口抖动性能测试测试应符合本规范第 11.11.3 条的要求</td><td>第 11.12.1 条</td><td>/</td><td></td><td></td></tr>
<tr><td>2</td><td>ATM 层网络性能应测试以下指标，其指标应符合表 11.12.2 的规定：
1. 信元丢失率（CLR）
2. 信元差错率（CER）
3. 信元传送时延（CTD）
4. 信元时延变化（CDV）</td><td>第 11.12.2 条</td><td>/</td><td></td><td></td></tr>
<tr><td colspan="2">施工单位检查结果</td><td colspan="5">

专业工长：（签名） 项目专业质量检查员：（签名） 年 月 日</td></tr>
<tr><td colspan="2">监理单位验收结论</td><td colspan="5">

专业监理工程师：（签名） 年 月 日</td></tr>
</table>

7.3.4.11　市政验·弱-8　有线电话设备安装检验批质量验收记录

市政基础设施工程

有线电话设备安装检验批质量验收记录

市政验·弱-8

第　　页，共　　页

<table>
<tr><td colspan="3">工程名称</td><td colspan="5"></td></tr>
<tr><td colspan="3">单位工程名称</td><td colspan="5"></td></tr>
<tr><td colspan="3">施工单位</td><td></td><td>分包单位</td><td colspan="3"></td></tr>
<tr><td colspan="3">项目负责人</td><td></td><td>项目技术负责人</td><td colspan="3"></td></tr>
<tr><td colspan="3">分部（子分部）
工程名称</td><td></td><td>分项工程名称</td><td colspan="3"></td></tr>
<tr><td colspan="3">验收部位/区段</td><td></td><td>检验批容量</td><td colspan="3"></td></tr>
<tr><td colspan="3">施工及验收依据</td><td colspan="5">《储能式有轨电车供电及弱电系统施工质量验收标准》（参考）</td></tr>
<tr><td colspan="3">验收项目</td><td>设计要求或
规范规定</td><td>最小/实际
抽样数量</td><td>检查记录</td><td colspan="2">检查
结果</td></tr>
<tr><td rowspan="2">主控项目</td><td>1</td><td>程控交换设备到达现场应进行检查，其型号、规格、质量应符合设计要求及相关产品标准的规定</td><td>第11.15.1条</td><td>/</td><td></td><td colspan="2"></td></tr>
<tr><td>2</td><td>程控交换设备机架（柜）电路插板的规格、数量和安装位置应符合设计要求</td><td>第11.15.2条</td><td>/</td><td></td><td colspan="2"></td></tr>
<tr><td>一般项目</td><td>3</td><td>程控交换设备的安装应符合本规范第11.8.3～11.8.5条的相关规定</td><td>第11.15.3条</td><td>/</td><td></td><td colspan="2"></td></tr>
<tr><td colspan="2">施工单位
检查结果</td><td colspan="6">专业工长：（签名）　　项目专业质量检查员：（签名）　　年　月　日</td></tr>
<tr><td colspan="2">监理单位
验收结论</td><td colspan="6">专业监理工程师：（签名）　　年　月　日</td></tr>
</table>

7.3.4.12 市政验·弱-9 有线电话设备配线检验批质量验收记录

市政基础设施工程

有线电话设备配线检验批质量验收记录

市政验·弱-9

第　页，共　页

<table>
<tr><td colspan="3">工程名称</td><td colspan="5"></td></tr>
<tr><td colspan="3">单位工程名称</td><td colspan="5"></td></tr>
<tr><td colspan="3">施工单位</td><td></td><td>分包单位</td><td colspan="3"></td></tr>
<tr><td colspan="3">项目负责人</td><td></td><td>项目技术负责人</td><td colspan="3"></td></tr>
<tr><td colspan="3">分部（子分部）
工程名称</td><td></td><td>分项工程名称</td><td colspan="3"></td></tr>
<tr><td colspan="3">验收部位/区段</td><td></td><td>检验批容量</td><td colspan="3"></td></tr>
<tr><td colspan="3">施工及验收依据</td><td colspan="5">《储能式有轨电车供电及弱电系统施工质量验收标准》（参考）</td></tr>
<tr><td colspan="4">验收项目</td><td>设计要求或
规范规定</td><td>最小/实际
抽样数量</td><td>检查记录</td><td>检查
结果</td></tr>
<tr><td rowspan="2">主控项目</td><td>1</td><td colspan="2">程控交换设备的配线电缆到达现场应进行检查，其型号、规格、质量应符合设计要求及相关产品标准的规定。配线标识齐全、清晰、不易脱落</td><td>第 11.16.1 条</td><td>/</td><td></td><td></td></tr>
<tr><td>2</td><td colspan="2">程控交换设备的配线应符合本规范第 11.9.2～11.9.7 条的相关规定</td><td>第 11.16.2 条</td><td>/</td><td></td><td></td></tr>
<tr><td rowspan="2">一般项目</td><td>1</td><td colspan="2">程控交换设备的配线应符合本规范第 11.9.8～11.9.14 条的相关规定</td><td>第 11.16.3 条</td><td>/</td><td></td><td></td></tr>
<tr><td>2</td><td colspan="2">紧急电话进线孔应做防水处理</td><td>第 11.16.4 条</td><td>/</td><td></td><td></td></tr>
<tr><td colspan="3">施工单位
检查结果</td><td colspan="5">专业工长：（签名）　　项目专业质量检查员：（签名）　　年　月　日</td></tr>
<tr><td colspan="3">监理单位
验收结论</td><td colspan="5">专业监理工程师：（签名）　　年　月　日</td></tr>
</table>

7.3.4.13 市政验·弱-10 有线电话系统指标检测及功能检验检验批质量验收记录

市政基础设施工程

有线电话系统指标检测及功能检验检验批质量验收记录

市政验·弱-10

第　　页，共　　页

<table>
<tr><td colspan="2">工程名称</td><td colspan="5"></td></tr>
<tr><td colspan="2">单位工程名称</td><td colspan="5"></td></tr>
<tr><td colspan="2">施工单位</td><td>分包单位</td><td colspan="4"></td></tr>
<tr><td colspan="2">项目负责人</td><td>项目技术负责人</td><td colspan="4"></td></tr>
<tr><td colspan="2">分部（子分部）工程名称</td><td>分项工程名称</td><td colspan="4"></td></tr>
<tr><td colspan="2">验收部位/区段</td><td>检验批容量</td><td colspan="4"></td></tr>
<tr><td colspan="2">施工及验收依据</td><td colspan="5">《储能式有轨电车供电及弱电系统施工质量验收标准》（参考）</td></tr>
<tr><td colspan="3">验收项目</td><td>设计要求或规范规定</td><td>最小/实际抽样数量</td><td>检查记录</td><td>检查结果</td></tr>
<tr><td rowspan="7">主控项目</td><td>1</td><td>有线电话系统的本局呼叫连续故障率性能指标不应大于 4×10^{-4}</td><td>第 11.17.1 条</td><td>/</td><td></td><td></td></tr>
<tr><td>2</td><td>有线电话系统的局间呼叫连续故障率性能指标不应大于 4×10^{-4}</td><td>第 11.17.2 条</td><td>/</td><td></td><td></td></tr>
<tr><td>3</td><td>有线电话系统的计费差错率性能指标不应大于 4×10^{-4}</td><td>第 11.17.3 条</td><td>/</td><td></td><td></td></tr>
<tr><td>4</td><td>忙时呼叫尝试次数（BHCA）性能指标应符合设计要求</td><td>第 11.17.4 条</td><td>/</td><td></td><td></td></tr>
<tr><td>5</td><td>有线电话系统的以下功能应符合设计要求：
1. 系统建立功能。
2. 基本业务功能。
3. 新业务功能。
4. 话务统计功能。
5. 计费功能</td><td>第 11.17.5 条</td><td>/</td><td></td><td></td></tr>
<tr><td>6</td><td>有线电话系统的通话保持功能应符合设计要求</td><td>第 11.17.6 条</td><td>/</td><td></td><td></td></tr>
<tr><td>7</td><td>紧急电话的通话及使用功能应符合设计要求</td><td>第 11.17.7 条</td><td>/</td><td></td><td></td></tr>
<tr><td colspan="2">施工单位检查结果</td><td colspan="5">专业工长：（签名）　　项目专业质量检查员：（签名）　　年　月　日</td></tr>
<tr><td colspan="2">监理单位验收结论</td><td colspan="5">专业监理工程师：（签名）　　年　月　日</td></tr>
</table>

7.3.4.14 市政验·弱-11 有线电话系统网管功能检验检验批质量验收记录

市政基础设施工程

有线电话系统网管功能检验检验批质量验收记录

市政验·弱-11

第　　页，共　　页

<table>
<tr><td>工程名称</td><td colspan="6"></td></tr>
<tr><td>单位工程名称</td><td colspan="6"></td></tr>
<tr><td>施工单位</td><td colspan="2"></td><td colspan="2">分包单位</td><td colspan="2"></td></tr>
<tr><td>项目负责人</td><td colspan="2"></td><td colspan="2">项目技术负责人</td><td colspan="2"></td></tr>
<tr><td>分部（子分部）
工程名称</td><td colspan="2"></td><td colspan="2">分项工程名称</td><td colspan="2"></td></tr>
<tr><td>验收部位/区段</td><td colspan="2"></td><td colspan="2">检验批容量</td><td colspan="2"></td></tr>
<tr><td>施工及验收依据</td><td colspan="6">《储能式有轨电车供电及弱电系统施工质量验收标准》（参考）</td></tr>
<tr><td colspan="3">验收项目</td><td>设计要求或
规范规定</td><td>最小/实际
抽样数量</td><td>检查记录</td><td>检查
结果</td></tr>
<tr><td rowspan="6">主控项目</td><td>1</td><td>有线电话系统网管终端应具有图形实时显示功能</td><td>第11.17.1条</td><td>/</td><td></td><td></td></tr>
<tr><td>2</td><td>有线电话系统的人机命令功能应符合设计要求</td><td>第11.17.2条</td><td>/</td><td></td><td></td></tr>
<tr><td>3</td><td>有线电话系统的故障诊断、告警功能应符合设计要求</td><td>第11.17.3条</td><td>/</td><td></td><td></td></tr>
<tr><td>4</td><td>有线电话系统的维护管理功能应符合设计要求</td><td>第11.17.4条</td><td>/</td><td></td><td></td></tr>
<tr><td>5</td><td>有线电话系统对远端模块的集中维护功能应符合设计要求</td><td>第11.17.5条</td><td>/</td><td></td><td></td></tr>
<tr><td>6</td><td>有线电话系统的计费及话务统计功能应符合设计要求</td><td>第11.17.6条</td><td>/</td><td></td><td></td></tr>
<tr><td>施工单位
检查结果</td><td colspan="6">专业工长：（签名）　　项目专业质量检查员：（签名）　　年　月　日</td></tr>
<tr><td>监理单位
验收结论</td><td colspan="6">专业监理工程师：（签名）　　年　月　日</td></tr>
</table>

7.3.4.15 市政验·弱-12 视频监视设备安装检验批质量验收记录

市政基础设施工程

视频监视设备安装检验批质量验收记录

市政验·弱-12

第　　页，共　　页

<table>
<tr><td colspan="3">工程名称</td><td colspan="5"></td></tr>
<tr><td colspan="3">单位工程名称</td><td colspan="5"></td></tr>
<tr><td colspan="3">施工单位</td><td></td><td>分包单位</td><td colspan="3"></td></tr>
<tr><td colspan="3">项目负责人</td><td></td><td>项目技术负责人</td><td colspan="3"></td></tr>
<tr><td colspan="3">分部（子分部）
工程名称</td><td></td><td>分项工程名称</td><td colspan="3"></td></tr>
<tr><td colspan="3">验收部位/区段</td><td></td><td>检验批容量</td><td colspan="3"></td></tr>
<tr><td colspan="3">施工及验收依据</td><td colspan="5">《储能式有轨电车供电及弱电系统施工质量验收标准》（参考）</td></tr>
<tr><td colspan="4">验收项目</td><td>设计要求或
规范规定</td><td>最小/实际
抽样数量</td><td>检查记录</td><td>检查
结果</td></tr>
<tr><td rowspan="3">主控项目</td><td>1</td><td colspan="2">闭路电视监视设备到达现场应进行检查，其型号、规格、质量应符合设计要求及相关产品标准的规定</td><td>第 11.19.1 条</td><td>/</td><td></td><td></td></tr>
<tr><td>2</td><td colspan="2">闭路电视监视设备机柜（架）电路插板的规格、数量和安装位置应符合设计要求</td><td>第 11.19.2 条</td><td>/</td><td></td><td></td></tr>
<tr><td>3</td><td colspan="2">在室外露天处安装摄像机时，避雷针和摄像机装置的安装应牢靠、稳固</td><td>第 11.19.3 条</td><td>/</td><td></td><td></td></tr>
<tr><td rowspan="4">一般项目</td><td>1</td><td colspan="2">监视器的安装位置应使屏幕不受外来光直射，当有不可避免的光时，应加遮光罩遮挡</td><td>第 11.19.4 条</td><td>/</td><td></td><td></td></tr>
<tr><td>2</td><td colspan="2">监视器装设在固定的机架和柜内时，应采取通风散热措施</td><td>第 11.19.5 条</td><td>/</td><td></td><td></td></tr>
<tr><td>3</td><td colspan="2">监视器的外部可调节部分，应暴露在便于操作的位置，并可加保护盖</td><td>第 11.19.6 条</td><td>/</td><td></td><td></td></tr>
<tr><td>4</td><td colspan="2">闭路电视监视机架及机内设备的安装应符合本规范第 11.8.3～11.8.5 条的相关规定</td><td>第 11.19.7 条</td><td>/</td><td></td><td></td></tr>
<tr><td colspan="3">施工单位
检查结果</td><td colspan="5">专业工长：（签名）　　项目专业质量检查员：（签名）　　年　月　日</td></tr>
<tr><td colspan="3">监理单位
验收结论</td><td colspan="5">专业监理工程师：（签名）　　年　月　日</td></tr>
</table>

7.3.4.16　市政验·弱-13　视频监视设备配线检验批质量验收记录

市政基础设施工程

视频监视设备配线检验批质量验收记录

市政验·弱-13

第　　页，共　　页

<table>
<tr><td colspan="3">工程名称</td><td colspan="5"></td></tr>
<tr><td colspan="3">单位工程名称</td><td colspan="5"></td></tr>
<tr><td colspan="3">施工单位</td><td></td><td>分包单位</td><td colspan="3"></td></tr>
<tr><td colspan="3">项目负责人</td><td></td><td>项目技术负责人</td><td colspan="3"></td></tr>
<tr><td colspan="3">分部（子分部）
工程名称</td><td></td><td>分项工程名称</td><td colspan="3"></td></tr>
<tr><td colspan="3">验收部位/区段</td><td></td><td>检验批容量</td><td colspan="3"></td></tr>
<tr><td colspan="3">施工及验收依据</td><td colspan="5">《储能式有轨电车供电及弱电系统施工质量验收标准》（参考）</td></tr>
<tr><td colspan="4">验收项目</td><td>设计要求或
规范规定</td><td>最小/实际
抽样数量</td><td>检查记录</td><td>检查
结果</td></tr>
<tr><td rowspan="2">主控项目</td><td>1</td><td colspan="2">闭路电视监视设备的配线电缆到达现场应进行检查，其型号、规格、质量应符合设计要求及相关产品标准的规定</td><td>第 11.20.1 条</td><td>/</td><td></td><td></td></tr>
<tr><td>2</td><td colspan="2">闭路电视监视系统电缆的敷设应符合本规范第 11.9.2～11.9.7 条的相关规定</td><td>第 11.20.2 条</td><td>/</td><td></td><td></td></tr>
<tr><td rowspan="4">一般项目</td><td>1</td><td colspan="2">闭路电视监视系统电缆敷设还应符合本规范第 11.9.8～11.9.14 条的相关规定</td><td>第 11.20.3 条</td><td>/</td><td></td><td></td></tr>
<tr><td>2</td><td colspan="2">从摄像机引出的电缆宜留有 1m 的余量，并不得影响摄像机的转动</td><td>第 11.20.4 条</td><td>/</td><td></td><td></td></tr>
<tr><td>3</td><td colspan="2">摄像机的电缆和电源线均应固定，并不得用插头承受电缆的自重</td><td>第 11.20.5 条</td><td>/</td><td></td><td></td></tr>
<tr><td>4</td><td colspan="2">室外设备连接电缆时，宜从设备的下部进线</td><td>第 11.20.6 条</td><td>/</td><td></td><td></td></tr>
<tr><td colspan="3">施工单位
检查结果</td><td colspan="5">专业工长：（签名）　　项目专业质量检查员：（签名）　　年　月　日</td></tr>
<tr><td colspan="3">监理单位
验收结论</td><td colspan="5">专业监理工程师：（签名）　　年　月　日</td></tr>
</table>

7.3.4.17 市政验·弱-14.1 视频监视系统指标检测及功能检验检验批质量验收记录（一）

市政基础设施工程

视频监视系统指标检测及功能检验检验批质量验收记录（一）

市政验·弱-14.1

第　　页，共　　页

工程名称			
单位工程名称			
施工单位		分包单位	
项目负责人		项目技术负责人	
分部（子分部）工程名称		分项工程名称	
验收部位/区段		检验批容量	
施工及验收依据	《储能式有轨电车供电及弱电系统施工质量验收标准》（参考）		

验收项目			设计要求或规范规定	最小/实际抽样数量	检查记录	检查结果
主控项目	1	闭路电视监视系统的质量主观评价应采用“五级损伤制”评定，随即信噪比、单频干扰、电源干扰、脉冲干扰四项主观评价项目的得分值不应低于4分	第11.21.1条	/		
	2	系统图形水平清晰度应符合设计要求；若无设计要求，黑白电视系统不应低于400线，彩色电视系统不应低于270线	第11.21.2条	/		
	3	系统图形画面的灰度不应低于8级	第11.21.3条	/		
	4	系统的各路视频信号送至监视器输入端时，其电平值应为1Vp－p±3dB/75Ω	第11.21.4条	/		
	5	系统的微分增益、微分相位指标，应符合设计要求及相关产品标准的规定	第11.21.5条	/		

施工单位检查结果	专业工长：（签名）　　项目专业质量检查员：（签名）　　年　月　日
监理单位验收结论	专业监理工程师：（签名）　　年　月　日

7.3.4.18 市政验·弱-14.2 视频监视系统指标检测及功能检验检验批质量验收记录（二）

市政基础设施工程

视频监视系统指标检测及功能检验检验批质量验收记录（二）

市政验·弱-14.2

第　　页，共　　页

<table>
<tr><td colspan="3">工程名称</td><td colspan="5"></td></tr>
<tr><td colspan="3">单位工程名称</td><td colspan="5"></td></tr>
<tr><td colspan="3">施工单位</td><td></td><td colspan="2">分包单位</td><td colspan="2"></td></tr>
<tr><td colspan="3">项目负责人</td><td></td><td colspan="2">项目技术负责人</td><td colspan="2"></td></tr>
<tr><td colspan="3">分部（子分部）
工程名称</td><td></td><td colspan="2">分项工程名称</td><td colspan="2"></td></tr>
<tr><td colspan="3">验收部位/区段</td><td></td><td colspan="2">检验批容量</td><td colspan="2"></td></tr>
<tr><td colspan="3">施工及验收依据</td><td colspan="5">《储能式有轨电车供电及弱电系统施工质量验收标准》（参考）</td></tr>
<tr><td colspan="3">验收项目</td><td>设计要求或规范规定</td><td>最小/实际抽样数量</td><td colspan="2">检查记录</td><td>检查结果</td></tr>
<tr><td rowspan="4">主控项目</td><td>6</td><td>系统的信噪比性能指标应符合设计要求；若无设计要求时，随机信噪比不应小于 37dB；低照度使用时，监视画面达到可用图形，其系统信噪比不应小于 25dB</td><td>第 11.21.6 条</td><td>/</td><td colspan="2"></td><td></td></tr>
<tr><td>7</td><td>闭路电视监视系统的以下功能指标应符合设计要求：
1. 云台水平转动；2. 云台垂直转动；3. 自动光圈调节；4. 调焦功能；5. 变倍功能；6. 切换功能；7. 录像功能；8. 报警功能；9. 防护套功能；10. 字符叠加、时间同步功能；11. 电源开关控制功能</td><td>第 11.21.7 条</td><td>/</td><td colspan="2"></td><td></td></tr>
<tr><td>8</td><td>闭路电视监视系统控制中心显示系统的显示功能应符合设计要求</td><td>第 11.21.8 条</td><td>/</td><td colspan="2"></td><td></td></tr>
<tr><td>9</td><td>控制中心画面选择的优先级功能应符合设计要求</td><td>第 11.21.9 条</td><td>/</td><td colspan="2"></td><td></td></tr>
<tr><td colspan="2">施工单位
检查结果</td><td colspan="6">专业工长：（签名）　　项目专业质量检查员：（签名）　　年　　月　　日</td></tr>
<tr><td colspan="2">监理单位
验收结论</td><td colspan="6">专业监理工程师：（签名）　　年　　月　　日</td></tr>
</table>

7.3.4.19 市政验·弱-15 视频监视系统网管功能检验检验批质量验收记录

市政基础设施工程

视频监视系统网管功能检验检验批质量验收记录

市政验·弱-15

第　　页，共　　页

<table>
<tr><td colspan="3">工程名称</td><td colspan="5"></td></tr>
<tr><td colspan="3">单位工程名称</td><td colspan="5"></td></tr>
<tr><td colspan="3">施工单位</td><td></td><td colspan="2">分包单位</td><td colspan="2"></td></tr>
<tr><td colspan="3">项目负责人</td><td></td><td colspan="2">项目技术负责人</td><td colspan="2"></td></tr>
<tr><td colspan="3">分部（子分部）
工程名称</td><td></td><td colspan="2">分项工程名称</td><td colspan="2"></td></tr>
<tr><td colspan="3">验收部位/区段</td><td></td><td colspan="2">检验批容量</td><td colspan="2"></td></tr>
<tr><td colspan="3">施工及验收依据</td><td colspan="5">《储能式有轨电车供电及弱电系统施工质量验收标准》（参考）</td></tr>
<tr><td colspan="3">验收项目</td><td colspan="2">设计要求或
规范规定</td><td>最小/实际
抽样数量</td><td>检查记录</td><td>检查
结果</td></tr>
<tr><td rowspan="3">主控项目</td><td>1</td><td>闭路电视监视系统网管的以下功能应符合设计要求：
1. 对车站摄像机的数量和种类、机号的设置。
2. 对摄像机顺序切换，群切等功能的设置。
3. 对监视器的数量的设置。
4. 对摄像机和监视器代号字符的设置。
5. 对各矩阵通信口的设置。
6. 对用户密码和球形机使用优先级的设置。
7. 对报警功能的设置。
8. 控制中心和各车站电视相关设备（含切换矩阵等）的故障诊断。
9. 调度员操作命令的记录</td><td colspan="2">第 11.22.1 条</td><td>/</td><td></td><td></td></tr>
<tr><td>2</td><td>闭路电视监视系统各车站网管设备和控制中心网管设备的数据通信功能应符合设计要求</td><td colspan="2">第 11.22.2 条</td><td>/</td><td></td><td></td></tr>
<tr><td>3</td><td>闭路电视监视系统网管的人机交互功能应符合设计要求</td><td colspan="2">第 11.22.3 条</td><td>/</td><td></td><td></td></tr>
<tr><td colspan="3">施工单位
检查结果</td><td colspan="5">专业工长：（签名）　　项目专业质量检查员：（签名）　　年　月　日</td></tr>
<tr><td colspan="3">监理单位
验收结论</td><td colspan="5">专业监理工程师：（签名）　　年　月　日</td></tr>
</table>

7.3.4.20 市政验·弱-16 广播设备检验批质量验收记录

市政基础设施工程

广播设备检验批质量验收记录

市政验·弱-16

第 页，共 页

<table>
<tr><td colspan="3">工程名称</td><td colspan="5"></td></tr>
<tr><td colspan="3">单位工程名称</td><td colspan="5"></td></tr>
<tr><td colspan="3">施工单位</td><td></td><td>分包单位</td><td colspan="3"></td></tr>
<tr><td colspan="3">项目负责人</td><td></td><td>项目技术负责人</td><td colspan="3"></td></tr>
<tr><td colspan="3">分部（子分部）
工程名称</td><td></td><td>分项工程名称</td><td colspan="3"></td></tr>
<tr><td colspan="3">验收部位/区段</td><td></td><td>检验批容量</td><td colspan="3"></td></tr>
<tr><td colspan="3">施工及验收依据</td><td colspan="5">《储能式有轨电车供电及弱电系统施工质量验收标准》（参考）</td></tr>
<tr><td colspan="4">验收项目</td><td>设计要求或规范规定</td><td>最小/实际抽样数量</td><td>检查记录</td><td>检查结果</td></tr>
<tr><td rowspan="6">主控项目</td><td>1</td><td colspan="2">广播系统控制设备、扬声器及电缆到达现场应进行检查，其型号、规格、质量应符合设计要求</td><td>第11.23.1条</td><td>/</td><td></td><td></td></tr>
<tr><td>2</td><td colspan="2">广播系统室内设备的机柜（架）电路插板的规格、数量和安装位置应符合设计要求</td><td>第11.23.2条</td><td>/</td><td></td><td></td></tr>
<tr><td>3</td><td colspan="2">安装扬声器严禁超出设备限界，不得影响与行车有关的信号和标志</td><td>第11.23.3条</td><td>/</td><td></td><td></td></tr>
<tr><td>4</td><td colspan="2">露天扬声器馈线进入室内时，应装设真空保安器</td><td>第11.23.4条</td><td>/</td><td></td><td></td></tr>
<tr><td>5</td><td colspan="2">控制中心和车站广播的负载区数量应符合设计要求</td><td>第11.23.5条</td><td>/</td><td></td><td></td></tr>
<tr><td>6</td><td colspan="2">控制中心录音设备规格、型号应符合设计要求，录音功能应正常</td><td>第11.23.6条</td><td>/</td><td></td><td></td></tr>
<tr><td rowspan="3">一般项目</td><td>1</td><td colspan="2">广播系统室内设备的安装应符合本规范第11.8.3～11.8.5条的相关规定</td><td>第11.23.7条</td><td>/</td><td></td><td></td></tr>
<tr><td>2</td><td colspan="2">广播系统控制设备、扬声器的安装位置与安装方式应符合设计要求</td><td>第11.23.8条</td><td>/</td><td></td><td></td></tr>
<tr><td>3</td><td colspan="2">扬声器支撑架安装应牢固，扬声器单元或零部件应安装紧密</td><td>第11.23.9条</td><td>/</td><td></td><td></td></tr>
<tr><td colspan="2">施工单位
检查结果</td><td colspan="6">专业工长：（签名） 项目专业质量检查员：（签名） 年 月 日</td></tr>
<tr><td colspan="2">监理单位
验收结论</td><td colspan="6">专业监理工程师：（签名） 年 月 日</td></tr>
</table>

7.3.4.21 市政验·弱-17 广播设备配线检验批质量验收记录

市政基础设施工程

广播设备配线检验批质量验收记录

市政验·弱-17

第　　页，共　　页

<table>
<tr><td colspan="3">工程名称</td><td colspan="5"></td></tr>
<tr><td colspan="3">单位工程名称</td><td colspan="5"></td></tr>
<tr><td colspan="3">施工单位</td><td></td><td colspan="2">分包单位</td><td colspan="2"></td></tr>
<tr><td colspan="3">项目负责人</td><td></td><td colspan="2">项目技术负责人</td><td colspan="2"></td></tr>
<tr><td colspan="3">分部（子分部）
工程名称</td><td></td><td colspan="2">分项工程名称</td><td colspan="2"></td></tr>
<tr><td colspan="3">验收部位/区段</td><td></td><td colspan="2">检验批容量</td><td colspan="2"></td></tr>
<tr><td colspan="3">施工及验收依据</td><td colspan="5">《储能式有轨电车供电及弱电系统施工质量验收标准》（参考）</td></tr>
<tr><td colspan="4">验收项目</td><td>设计要求或
规范规定</td><td>最小/实际
抽样数量</td><td>检查记录</td><td>检查
结果</td></tr>
<tr><td rowspan="2">主控项目</td><td>1</td><td colspan="2">广播设备的配线电缆到达现场应进行检查，其型号、规格、质量应符合设计要求及相关产品标准的规定</td><td>第11.24.1条</td><td>/</td><td></td><td></td></tr>
<tr><td>2</td><td colspan="2">广播系统室内设备的缆线布放应符合本规范第11.9.2～11.9.7条的相关规定</td><td>第11.24.2条</td><td>/</td><td></td><td></td></tr>
<tr><td>一般项目</td><td>1</td><td colspan="2">广播系统室内设备的配线还应符合本规范第11.9.8～11.9.14条的相关规定</td><td>第11.24.3条</td><td>/</td><td></td><td></td></tr>
<tr><td colspan="2">施工单位
检查结果</td><td colspan="6">专业工长：（签名）　　项目专业质量检查员：（签名）　　年　月　日</td></tr>
<tr><td colspan="2">监理单位
验收结论</td><td colspan="6">专业监理工程师：（签名）　　年　月　日</td></tr>
</table>

7.3.4.22 市政验·弱-18.1 广播系统指标检测及功能检验检验批质量验收记录（一）

市政基础设施工程

广播系统指标检测及功能检验检验批质量验收记录（一）

市政验·弱-18.1

第　　页，共　　页

<table>
<tr><td colspan="3">工程名称</td><td colspan="5"></td></tr>
<tr><td colspan="3">单位工程名称</td><td colspan="5"></td></tr>
<tr><td colspan="3">施工单位</td><td colspan="2"></td><td>分包单位</td><td colspan="2"></td></tr>
<tr><td colspan="3">项目负责人</td><td colspan="2"></td><td>项目技术负责人</td><td colspan="2"></td></tr>
<tr><td colspan="3">分部（子分部）
工程名称</td><td colspan="2"></td><td>分项工程名称</td><td colspan="2"></td></tr>
<tr><td colspan="3">验收部位/区段</td><td colspan="2"></td><td>检验批容量</td><td colspan="2"></td></tr>
<tr><td colspan="3">施工及验收依据</td><td colspan="5">《储能式有轨电车供电及弱电系统施工质量验收标准》（参考）</td></tr>
<tr><td colspan="3">验收项目</td><td>设计要求或规范规定</td><td>最小/实际抽样数量</td><td>检查记录</td><td colspan="2">检查结果</td></tr>
<tr><td rowspan="5">主控项目</td><td>1</td><td>广播系统功率放大器的下列性能指标应符合设计要求或产品技术条件：
1. 额定输出电压；2. 输出功率；3. 频率响应；4. 谐波失真；5. 信噪比；6. 输出电调整率；7. 输入过激励；8. 输入灵敏度</td><td>第11.25.1条</td><td>/</td><td></td><td colspan="2"></td></tr>
<tr><td>2</td><td>语音合成器的下列性能指标应符合设计要求或产品技术条件：
1. 频率响应；2. 谐波失真；3. 信噪比；4. 输出电平；5. 回放时间；6. 播放通道</td><td>第11.25.2条</td><td>/</td><td></td><td colspan="2"></td></tr>
<tr><td>3</td><td>广播系统的最大声压级指标应符合设计要求</td><td>第11.25.3条</td><td>/</td><td></td><td colspan="2"></td></tr>
<tr><td>4</td><td>广播系统的声场不均匀度指标应符合设计要求</td><td>第11.25.4条</td><td>/</td><td></td><td colspan="2"></td></tr>
<tr><td>5</td><td>车站广播设备的以下功能应符合设计要求：
1. 优先级功能；2. 分区、分路广播功能；3. 多路平行广播功能；4. 自动、手动、紧急三种不同播音方式；5. 车站接收列车运行信息并自动播音；6. 功放故障诊断与切换；7. 状态查询功能；8. 负载、功放主要技术指标测量的功能</td><td>第11.25.5条</td><td>/</td><td></td><td colspan="2"></td></tr>
<tr><td colspan="2">施工单位
检查结果</td><td colspan="6">专业工长：（签名）　　项目专业质量检查员：（签名）　　年　月　日</td></tr>
<tr><td colspan="2">监理单位
验收结论</td><td colspan="6">专业监理工程师：（签名）　　年　月　日</td></tr>
</table>

7.3.4.23　市政验·弱-18.2　广播系统指标检测及功能检验检验批质量验收记录（二）

市政基础设施工程

广播系统指标检测及功能检验检验批质量验收记录（二）

市政验·弱-18.2

第　　页，共　　页

<table>
<tr><td colspan="3">工程名称</td><td colspan="5"></td></tr>
<tr><td colspan="3">单位工程名称</td><td colspan="5"></td></tr>
<tr><td colspan="3">施工单位</td><td></td><td colspan="2">分包单位</td><td colspan="2"></td></tr>
<tr><td colspan="3">项目负责人</td><td></td><td colspan="2">项目技术负责人</td><td colspan="2"></td></tr>
<tr><td colspan="3">分部（子分部）
工程名称</td><td></td><td colspan="2">分项工程名称</td><td colspan="2"></td></tr>
<tr><td colspan="3">验收部位/区段</td><td></td><td colspan="2">检验批容量</td><td colspan="2"></td></tr>
<tr><td colspan="3">施工及验收依据</td><td colspan="5">《储能式有轨电车供电及弱电系统施工质量验收标准》（参考）</td></tr>
<tr><td colspan="4">验收项目</td><td>设计要求或规范规定</td><td>最小/实际抽样数量</td><td>检查记录</td><td>检查结果</td></tr>
<tr><td rowspan="3">主控项目</td><td>6</td><td colspan="2">车站播音盒应具备播音功能、监听功能、故障显示、噪音探测及控制功能</td><td>第11.25.6条</td><td>/</td><td></td><td></td></tr>
<tr><td>7</td><td colspan="2">控制中心设备的以下功能应符合设计要求：
1. 全选、单选、组选车站和各广播区的功能；
2. 优先级功能；
3. 与时钟子系统的时间同步功能；
4. 多路平行广播功能；
5. 监听功能</td><td>第11.25.7条</td><td>/</td><td></td><td></td></tr>
<tr><td>8</td><td colspan="2">广播系统的以下功能应符合设计要求：
1. 广播切换；
2. 广播显示；
3. 编程广播；
4. 预录及语音合成广播；
5. 噪声检测；
6. 消防广播；
7. 集中维护管理</td><td>第11.25.8条</td><td>/</td><td></td><td></td></tr>
<tr><td colspan="2">施工单位
检查结果</td><td colspan="6">专业工长：（签名）　　项目专业质量检查员：（签名）　　年　　月　　日</td></tr>
<tr><td colspan="2">监理单位
验收结论</td><td colspan="6">专业监理工程师：（签名）　　年　　月　　日</td></tr>
</table>

7.3.4.24 市政验·弱-19 广播系统网管功能检验检验批质量验收记录

市政基础设施工程

广播系统网管功能检验检验批质量验收记录

市政验·弱-19

第　　页，共　　页

<table>
<tr><td colspan="3">工程名称</td><td colspan="5"></td></tr>
<tr><td colspan="3">单位工程名称</td><td colspan="5"></td></tr>
<tr><td colspan="3">施工单位</td><td></td><td>分包单位</td><td colspan="3"></td></tr>
<tr><td colspan="3">项目负责人</td><td></td><td>项目技术负责人</td><td colspan="3"></td></tr>
<tr><td colspan="3">分部（子分部）
工程名称</td><td></td><td>分项工程名称</td><td colspan="3"></td></tr>
<tr><td colspan="3">验收部位/区段</td><td></td><td>检验批容量</td><td colspan="3"></td></tr>
<tr><td colspan="3">施工及验收依据</td><td colspan="5">《储能式有轨电车供电及弱电系统施工质量验收标准》(参考)</td></tr>
<tr><td colspan="3">验收项目</td><td>设计要求或
规范规定</td><td>最小/实际
抽样数量</td><td>检查记录</td><td colspan="2">检查
结果</td></tr>
<tr><td rowspan="6">主控项目</td><td>1</td><td>控制中心应能监测车站的播音控制盒、各功能模块以及各功放的状态</td><td>第 11.26.1 条</td><td>/</td><td></td><td colspan="2"></td></tr>
<tr><td>2</td><td>各车站自动播音的内容应能在控制中心集中修改</td><td>第 11.26.2 条</td><td>/</td><td></td><td colspan="2"></td></tr>
<tr><td>3</td><td>控制中心应能自动记录中心调度员的广播时间、操作过程，并提供至少两路录音输出</td><td>第 11.26.3 条</td><td>/</td><td></td><td colspan="2"></td></tr>
<tr><td>4</td><td>控制中心应能测试任意车站的负载区（开路或短路）和功放技术指标（功率、频率响应等）</td><td>第 11.26.4 条</td><td>/</td><td></td><td colspan="2"></td></tr>
<tr><td>5</td><td>远程修改参数后观察车站被修改后的参数应有相应的变化</td><td>第 11.26.5 条</td><td>/</td><td></td><td colspan="2"></td></tr>
<tr><td>6</td><td>便携式维护终端应能对各音量参数进行修改，能测试设备模块</td><td>第 11.26.6 条</td><td>/</td><td></td><td colspan="2"></td></tr>
<tr><td colspan="2">施工单位
检查结果</td><td colspan="6">

专业工长：(签名)　　　项目专业质量检查员：(签名)　　　年　月　日</td></tr>
<tr><td colspan="2">监理单位
验收结论</td><td colspan="6">

专业监理工程师：(签名)　　　年　月　日</td></tr>
</table>

7.3.4.25 市政验·弱-20 乘客信息显示设备安装检验批质量验收记录

市政基础设施工程

乘客信息显示设备安装检验批质量验收记录

市政验·弱-20

第　　页，共　　页

<table>
<tr><td colspan="3">工程名称</td><td colspan="5"></td></tr>
<tr><td colspan="3">单位工程名称</td><td colspan="5"></td></tr>
<tr><td colspan="3">施工单位</td><td></td><td colspan="2">分包单位</td><td colspan="2"></td></tr>
<tr><td colspan="3">项目负责人</td><td></td><td colspan="2">项目技术负责人</td><td colspan="2"></td></tr>
<tr><td colspan="3">分部（子分部）工程名称</td><td></td><td colspan="2">分项工程名称</td><td colspan="2"></td></tr>
<tr><td colspan="3">验收部位/区段</td><td></td><td colspan="2">检验批容量</td><td colspan="2"></td></tr>
<tr><td colspan="3">施工及验收依据</td><td colspan="5">《储能式有轨电车供电及弱电系统施工质量验收标准》（参考）</td></tr>
<tr><td colspan="3">验收项目</td><td>设计要求或规范规定</td><td>最小/实际抽样数量</td><td colspan="2">检查记录</td><td>检查结果</td></tr>
<tr><td rowspan="5">主控项目</td><td>1</td><td>乘客信息设备到达现场应进行检查，其型号、规格、质量应符合设计要求及相关产品标准的规定</td><td>第11.27.1条</td><td>/</td><td colspan="2"></td><td></td></tr>
<tr><td>2</td><td>乘客信息设备机柜（架）电路插板的规格、数量和安装位置应符合设计要求</td><td>第11.27.2条</td><td>/</td><td colspan="2"></td><td></td></tr>
<tr><td>3</td><td>电子显示设备屏幕的安装位置应不受外来光直射，周围没有遮挡物</td><td>第11.27.3条</td><td>/</td><td colspan="2"></td><td></td></tr>
<tr><td>4</td><td>电子显示设备的保护接地端子应有明确标记并接地良好。在熔断器和开关电源处应有警告标志</td><td>第11.27.4条</td><td>/</td><td colspan="2"></td><td></td></tr>
<tr><td>5</td><td>电子显示设备的支撑架应安装牢固</td><td>第11.27.5条</td><td>/</td><td colspan="2"></td><td></td></tr>
<tr><td>一般项目</td><td>1</td><td>乘客信息设备的安装应符合本规范第11.8.3～11.8.5条的相关规定</td><td>第11.27.6条</td><td>/</td><td colspan="2"></td><td></td></tr>
<tr><td colspan="2">施工单位检查结果</td><td colspan="6">专业工长：（签名）　　项目专业质量检查员：（签名）　　年　　月　　日</td></tr>
<tr><td colspan="2">监理单位验收结论</td><td colspan="6">专业监理工程师：（签名）　　年　　月　　日</td></tr>
</table>

7.3.4.26　市政验·弱-21　乘客信息显示设备配线检验批质量验收记录

市政基础设施工程

乘客信息显示设备配线检验批质量验收记录

市政验·弱-21

第　　页，共　　页

<table>
<tr><td colspan="3">工程名称</td><td colspan="5"></td></tr>
<tr><td colspan="3">单位工程名称</td><td colspan="5"></td></tr>
<tr><td colspan="3">施工单位</td><td></td><td>分包单位</td><td colspan="3"></td></tr>
<tr><td colspan="3">项目负责人</td><td></td><td>项目技术负责人</td><td colspan="3"></td></tr>
<tr><td colspan="3">分部（子分部）
工程名称</td><td></td><td>分项工程名称</td><td colspan="3"></td></tr>
<tr><td colspan="3">验收部位/区段</td><td></td><td>检验批容量</td><td colspan="3"></td></tr>
<tr><td colspan="3">施工及验收依据</td><td colspan="5">《储能式有轨电车供电及弱电系统施工质量验收标准》（参考）</td></tr>
<tr><td colspan="3">验收项目</td><td>设计要求或规范规定</td><td>最小/实际抽样数量</td><td>检查记录</td><td>检查结果</td></tr>
<tr><td rowspan="2">主控项目</td><td>1</td><td>乘客信息设备的配线电缆到达现场应进行检查，其型号、规格、质量应符合设计要求及相关产品标准的规定</td><td>第 11.28.1 条</td><td>/</td><td></td><td></td></tr>
<tr><td>2</td><td>乘客信息设备的配线应符合本规范第 11.9.2～11.9.7 条的相关规定</td><td>第 11.28.2 条</td><td>/</td><td></td><td></td></tr>
<tr><td rowspan="2">一般项目</td><td>1</td><td>乘客信息设备的配线应符合本规范第 11.9.8～11.9.14 条的相关规定</td><td>第 11.28.3 条</td><td>/</td><td></td><td></td></tr>
<tr><td>2</td><td>电子显示设备配线成端应有预留</td><td>第 11.28.4 条</td><td>/</td><td></td><td></td></tr>
<tr><td colspan="2">施工单位
检查结果</td><td colspan="5">

专业工长：（签名）　　项目专业质量检查员：（签名）　　年　月　日</td></tr>
<tr><td colspan="2">监理单位
验收结论</td><td colspan="5">

专业监理工程师：（签名）　　年　月　日</td></tr>
</table>

7.3.4.27 市政验·弱-22.1 乘客信息系统指标检测及功能检验检验批质量验收记录（一）

市政基础设施工程

乘客信息系统指标检测及功能检验检验批质量验收记录（一）

市政验·弱-22.1

第　　页，共　　页

<table>
<tr><td colspan="3">工程名称</td><td colspan="5"></td></tr>
<tr><td colspan="3">单位工程名称</td><td colspan="5"></td></tr>
<tr><td colspan="3">施工单位</td><td></td><td>分包单位</td><td colspan="3"></td></tr>
<tr><td colspan="3">项目负责人</td><td></td><td>项目技术负责人</td><td colspan="3"></td></tr>
<tr><td colspan="3">分部（子分部）工程名称</td><td></td><td>分项工程名称</td><td colspan="3"></td></tr>
<tr><td colspan="3">验收部位/区段</td><td></td><td>检验批容量</td><td colspan="3"></td></tr>
<tr><td colspan="3">施工及验收依据</td><td colspan="5">《储能式有轨电车供电及弱电系统施工质量验收标准》（参考）</td></tr>
<tr><td colspan="3">验收项目</td><td>设计要求或规范规定</td><td>最小/实际抽样数量</td><td>检查记录</td><td colspan="2">检查结果</td></tr>
<tr><td rowspan="7">主控项目</td><td>1</td><td>文本LED显示屏和图文LED显示屏的移入移出方式及显示方式应符合设计要求</td><td>第11.29.1条</td><td>/</td><td></td><td colspan="2"></td></tr>
<tr><td>2</td><td>计算视频LED显示屏的动画、文字显示和灰度功能应符合设计要求</td><td>第11.29.2条</td><td>/</td><td></td><td colspan="2"></td></tr>
<tr><td>3</td><td>电视视频LED显示屏的动画、文字显示、灰度和电视录像功能应符合设计要求</td><td>第11.29.3条</td><td>/</td><td></td><td colspan="2"></td></tr>
<tr><td>4</td><td>LED显示系统的分区、分路文字显示功能及显示规格应符合设计要求</td><td>第11.29.4条</td><td>/</td><td></td><td colspan="2"></td></tr>
<tr><td>5</td><td>显示设备的视频显示屏幕应能按照设计要求区分显示</td><td>第11.29.5条</td><td>/</td><td></td><td colspan="2"></td></tr>
<tr><td>6</td><td>显示设备的视频显示图像分辨率不应小于704×576</td><td>第11.29.6条</td><td>/</td><td></td><td colspan="2"></td></tr>
<tr><td>7</td><td>显示设备的视频显示应可叠加彩色字幕，且色彩不小于1670万色，并具有256级半透明效果</td><td>第11.29.7条</td><td>/</td><td></td><td colspan="2"></td></tr>
<tr><td colspan="2">施工单位检查结果</td><td colspan="6">专业工长：（签名）　　项目专业质量检查员：（签名）　　年　月　日</td></tr>
<tr><td colspan="2">监理单位验收结论</td><td colspan="6">专业监理工程师：（签名）　　年　月　日</td></tr>
</table>

7.3.4.28 市政验·弱-22.2 乘客信息系统指标检测及功能检验检验批质量验收记录（二）

市政基础设施工程

乘客信息系统指标检测及功能检验检验批质量验收记录（二）

市政验·弱-22.2

第　　页，共　　页

<table>
<tr><td colspan="3">工程名称</td><td colspan="5"></td></tr>
<tr><td colspan="3">单位工程名称</td><td colspan="5"></td></tr>
<tr><td colspan="3">施工单位</td><td></td><td>分包单位</td><td colspan="3"></td></tr>
<tr><td colspan="3">项目负责人</td><td></td><td>项目技术负责人</td><td colspan="3"></td></tr>
<tr><td colspan="3">分部（子分部）
工程名称</td><td></td><td>分项工程名称</td><td colspan="3"></td></tr>
<tr><td colspan="3">验收部位/区段</td><td></td><td>检验批容量</td><td colspan="3"></td></tr>
<tr><td colspan="3">施工及验收依据</td><td colspan="5">《储能式有轨电车供电及弱电系统施工质量验收标准》（参考）</td></tr>
<tr><td colspan="3">验收项目</td><td colspan="2">设计要求或规范规定</td><td>最小/实际抽样数量</td><td>检查记录</td><td>检查结果</td></tr>
<tr><td rowspan="5">主控项目</td><td>8</td><td>显示设备单位显示面积的最大功耗或显示设备的总功耗应符合设计要求</td><td colspan="2">第11.29.8条</td><td>/</td><td></td><td></td></tr>
<tr><td>9</td><td>车站显示系统的以下功能应符合设计要求：
1. 优先级显示功能；
2. 分区、分路显示功能；
3. 自动、手动、紧急三种显示方式；
4. 自动生成或随时变更修改显示；
5. 自动倒换至备用显示控制设备；
6. 与车站控制设备的时间同步</td><td colspan="2">第11.29.9条</td><td>/</td><td></td><td></td></tr>
<tr><td>10</td><td>控制中心系统应能全选、单选、组选车站和在各显示区进行显示，根据实际需要设置显示优先级</td><td colspan="2">第11.29.10条</td><td>/</td><td></td><td></td></tr>
<tr><td>11</td><td>控制中心系统应能向车站发送列车运行信息，并能按预设程序自动播放</td><td colspan="2">第11.29.11条</td><td>/</td><td></td><td></td></tr>
<tr><td>12</td><td>控制中心系统应与时钟子系统的时间同步</td><td colspan="2">第11.29.12条</td><td>/</td><td></td><td></td></tr>
<tr><td colspan="3">施工单位
检查结果</td><td colspan="5">专业工长：（签名）　　项目专业质量检查员：（签名）　　年　月　日</td></tr>
<tr><td colspan="3">监理单位
验收结论</td><td colspan="5">专业监理工程师：（签名）　　年　月　日</td></tr>
</table>

7.3.4.29 市政验·弱-23 乘客信息系统网管功能检验检验批质量验收记录

市政基础设施工程

乘客信息系统网管功能检验检验批质量验收记录

市政验·弱-23

第 页，共 页

<table>
<tr><td colspan="3">工程名称</td><td colspan="5"></td></tr>
<tr><td colspan="3">单位工程名称</td><td colspan="5"></td></tr>
<tr><td colspan="3">施工单位</td><td></td><td colspan="2">分包单位</td><td colspan="2"></td></tr>
<tr><td colspan="3">项目负责人</td><td></td><td colspan="2">项目技术负责人</td><td colspan="2"></td></tr>
<tr><td colspan="3">分部（子分部）
工程名称</td><td></td><td colspan="2">分项工程名称</td><td colspan="2"></td></tr>
<tr><td colspan="3">验收部位/区段</td><td></td><td colspan="2">检验批容量</td><td colspan="2"></td></tr>
<tr><td colspan="3">施工及验收依据</td><td colspan="5">《储能式有轨电车供电及弱电系统施工质量验收标准》（参考）</td></tr>
<tr><td colspan="3">验收项目</td><td>设计要求或规范规定</td><td>最小/实际抽样数量</td><td>检查记录</td><td colspan="2">检查结果</td></tr>
<tr><td rowspan="4">主控项目</td><td>1</td><td>乘客信息系统控制中心网管上应能监测车站显示设备的工作状态</td><td>第 11.30.1 条</td><td>/</td><td></td><td colspan="2"></td></tr>
<tr><td>2</td><td>乘客信息系统各车站自动显示的内容应能在控制中心网管上集中修改</td><td>第 11.30.2 条</td><td>/</td><td></td><td colspan="2"></td></tr>
<tr><td>3</td><td>在控制中心网管上应能检测任意车站显示设备的技术性能指标</td><td>第 11.30.3 条</td><td>/</td><td></td><td colspan="2"></td></tr>
<tr><td>4</td><td>便携式维护终端应能对各参数进行修改和检测设备模块，远程修改参数后，车站被修改的参数应能响应变化</td><td>第 11.30.4 条</td><td>/</td><td></td><td colspan="2"></td></tr>
<tr><td colspan="2">施工单位
检查结果</td><td colspan="6">专业工长：（签名） 项目专业质量检查员：（签名） 年 月 日</td></tr>
<tr><td colspan="2">监理单位
验收结论</td><td colspan="6">专业监理工程师：（签名） 年 月 日</td></tr>
</table>

7.3.4.30　市政验·弱-24　时钟设备安装检验批质量验收记录

市政基础设施工程

时钟设备安装检验批质量验收记录

市政验·弱-24

第　　页，共　　页

<table>
<tr><td colspan="3">工程名称</td><td colspan="6"></td></tr>
<tr><td colspan="3">单位工程名称</td><td colspan="6"></td></tr>
<tr><td colspan="3">施工单位</td><td>分包单位</td><td colspan="5"></td></tr>
<tr><td colspan="3">项目负责人</td><td>项目技术负责人</td><td colspan="5"></td></tr>
<tr><td colspan="3">分部（子分部）工程名称</td><td>分项工程名称</td><td colspan="5"></td></tr>
<tr><td colspan="3">验收部位/区段</td><td>检验批容量</td><td colspan="5"></td></tr>
<tr><td colspan="3">施工及验收依据</td><td colspan="6">《储能式有轨电车供电及弱电系统施工质量验收标准》（参考）</td></tr>
<tr><td colspan="3">验收项目</td><td>设计要求或规范规定</td><td>最小/实际抽样数量</td><td>检查记录</td><td>检查结果</td></tr>
<tr><td rowspan="3">主控项目</td><td>1</td><td>时钟设备到达现场应进行检查，其型号、规格、质量应符合设计要求及相关产品标准的规定</td><td>第11.31.1条</td><td>/</td><td></td><td></td></tr>
<tr><td>2</td><td>时钟设备机柜（架）电路插板的规格、数量和安装位置应符合设计要求</td><td>第11.31.2条</td><td>/</td><td></td><td></td></tr>
<tr><td>3</td><td>标准信号接收单元的接收天线头应安装在室外，且周围无明显遮挡物；时间信号接收器应安装在室内，安装方式应符合设计要求</td><td>第11.31.3条</td><td>/</td><td></td><td></td></tr>
<tr><td rowspan="3">一般项目</td><td>1</td><td>时钟设备的安装应符合本规范第11.8.3～11.8.5条的相关规定</td><td>第11.31.4条</td><td>/</td><td></td><td></td></tr>
<tr><td>2</td><td>子钟安装位置和高度应符合设计要求</td><td>第11.31.5条</td><td>/</td><td></td><td></td></tr>
<tr><td>3</td><td>子钟支架安装应牢固、稳定</td><td>第11.31.6条</td><td>/</td><td></td><td></td></tr>
<tr><td colspan="2">施工单位检查结果</td><td colspan="5">专业工长：（签名）　　项目专业质量检查员：（签名）　　年　月　日</td></tr>
<tr><td colspan="2">监理单位验收结论</td><td colspan="5">专业监理工程师：（签名）　　年　月　日</td></tr>
</table>

7.3.4.31　市政验·弱-25　时钟设备配线检验批质量验收记录

市政基础设施工程

时钟设备配线检验批质量验收记录

市政验·弱-25

第　　页，共　　页

<table>
<tr><td colspan="3">工程名称</td><td colspan="4"></td></tr>
<tr><td colspan="3">单位工程名称</td><td colspan="4"></td></tr>
<tr><td colspan="3">施工单位</td><td></td><td>分包单位</td><td colspan="2"></td></tr>
<tr><td colspan="3">项目负责人</td><td></td><td>项目技术负责人</td><td colspan="2"></td></tr>
<tr><td colspan="3">分部（子分部）
工程名称</td><td></td><td>分项工程名称</td><td colspan="2"></td></tr>
<tr><td colspan="3">验收部位/区段</td><td></td><td>检验批容量</td><td colspan="2"></td></tr>
<tr><td colspan="3">施工及验收依据</td><td colspan="4">《储能式有轨电车供电及弱电系统施工质量验收标准》（参考）</td></tr>
<tr><td colspan="3">验收项目</td><td>设计要求或规范规定</td><td>最小/实际抽样数量</td><td>检查记录</td><td>检查结果</td></tr>
<tr><td rowspan="2">主控项目</td><td>1</td><td>时钟设备的配线电缆到达现场应进行检查，其型号、规格、质量应符合设计要求及相关产品标准的规定</td><td>第 11.32.1 条</td><td>/</td><td></td><td></td></tr>
<tr><td>2</td><td>时钟设备的缆线布放应符合本规范第 11.9.2～11.9.7 条的相关规定</td><td>第 11.32.2 条</td><td>/</td><td></td><td></td></tr>
<tr><td>一般项目</td><td>1</td><td>时钟系统缆线的布放应符合本规范第 11.9.8～11.9.14 条的相关规定</td><td>第 11.32.3 条</td><td>/</td><td></td><td></td></tr>
<tr><td colspan="2">施工单位
检查结果</td><td colspan="5">专业工长：（签名）　　项目专业质量检查员：（签名）　　年　月　日</td></tr>
<tr><td colspan="2">监理单位
验收结论</td><td colspan="5">专业监理工程师：（签名）　　年　月　日</td></tr>
</table>

7.3.4.32 市政验·弱-26 时钟系统指标检测及功能检验检验批质量验收记录

市政基础设施工程

时钟系统指标检测及功能检验检验批质量验收记录

市政验·弱-26

第　　页，共　　页

<table>
<tr><td colspan="3">工程名称</td><td colspan="5"></td></tr>
<tr><td colspan="3">单位工程名称</td><td colspan="5"></td></tr>
<tr><td colspan="3">施工单位</td><td></td><td>分包单位</td><td colspan="3"></td></tr>
<tr><td colspan="3">项目负责人</td><td></td><td>项目技术负责人</td><td colspan="3"></td></tr>
<tr><td colspan="3">分部（子分部）
工程名称</td><td></td><td>分项工程名称</td><td colspan="3"></td></tr>
<tr><td colspan="3">验收部位/区段</td><td></td><td>检验批容量</td><td colspan="3"></td></tr>
<tr><td colspan="3">施工及验收依据</td><td colspan="5">《储能式有轨电车供电及弱电系统施工质量验收标准》（参考）</td></tr>
<tr><td colspan="4">验收项目</td><td>设计要求或规范规定</td><td>最小/实际抽样数量</td><td>检查记录</td><td>检查结果</td></tr>
<tr><td rowspan="6">主控项目</td><td>1</td><td colspan="2">数字式子钟的时、分、秒或日期的显示应符合设计要求；指针式子钟的机芯应完好无损、运行自如、没有卡滞现象</td><td>第11.33.1条</td><td>/</td><td></td><td></td></tr>
<tr><td>2</td><td colspan="2">子钟和母钟的自身校时精度及带有全球定位系统（GPS）的中心母钟的校时精度应符合设计要求</td><td>第11.33.2条</td><td>/</td><td></td><td></td></tr>
<tr><td>3</td><td colspan="2">GPS、母钟、子钟和电源的主备用自动切换功能应符合设计要求</td><td>第11.33.3条</td><td>/</td><td></td><td></td></tr>
<tr><td>4</td><td colspan="2">时钟系统向其他系统提供的标准时间信号格式应符合设计要求</td><td>第11.33.4条</td><td>/</td><td></td><td></td></tr>
<tr><td>5</td><td colspan="2">系统故障时的声光报警功能应正常</td><td>第11.33.5条</td><td>/</td><td></td><td></td></tr>
<tr><td>6</td><td colspan="2">母钟及子钟的自动校时功能应符合设计要求</td><td>第11.33.6条</td><td>/</td><td></td><td></td></tr>
<tr><td colspan="3">施工单位
检查结果</td><td colspan="5">专业工长：（签名）　　项目专业质量检查员：（签名）　　年　月　日</td></tr>
<tr><td colspan="3">监理单位
验收结论</td><td colspan="5">专业监理工程师：（签名）　　年　月　日</td></tr>
</table>

7.3.4.33 市政验·弱-27 时钟系统网管功能检验检验批质量验收记录

市政基础设施工程

时钟系统网管功能检验检验批质量验收记录

市政验·弱-27

第 页，共 页

<table>
<tr><td colspan="3">工程名称</td><td colspan="5"></td></tr>
<tr><td colspan="3">单位工程名称</td><td colspan="5"></td></tr>
<tr><td colspan="3">施工单位</td><td></td><td>分包单位</td><td colspan="3"></td></tr>
<tr><td colspan="3">项目负责人</td><td></td><td>项目技术负责人</td><td colspan="3"></td></tr>
<tr><td colspan="3">分部（子分部）工程名称</td><td></td><td>分项工程名称</td><td colspan="3"></td></tr>
<tr><td colspan="3">验收部位/区段</td><td></td><td>检验批容量</td><td colspan="3"></td></tr>
<tr><td colspan="3">施工及验收依据</td><td colspan="5">《储能式有轨电车供电及弱电系统施工质量验收标准》（参考）</td></tr>
<tr><td colspan="4">验收项目</td><td>设计要求或规范规定</td><td>最小/实际抽样数量</td><td>检查记录</td><td>检查结果</td></tr>
<tr><td rowspan="3">主控项目</td><td>1</td><td colspan="2">时钟系统网管应能监控和显示时钟系统主要设备的运行状态</td><td>第11.34.1条</td><td>/</td><td></td><td></td></tr>
<tr><td>2</td><td colspan="2">时钟系统网管应能正确显示故障点及故障类型</td><td>第11.34.2条</td><td>/</td><td></td><td></td></tr>
<tr><td>3</td><td colspan="2">时钟系统网管应能记录故障发生时间及修复时间，并能显示和打印</td><td>第11.34.3条</td><td>/</td><td></td><td></td></tr>
<tr><td colspan="2">施工单位检查结果</td><td colspan="6">专业工长：（签名） 项目专业质量检查员：（签名） 年 月 日</td></tr>
<tr><td colspan="2">监理单位验收结论</td><td colspan="6">专业监理工程师：（签名） 年 月 日</td></tr>
</table>

7.3.4.34 市政验·弱-28 计算机网络设备安装检验批质量验收记录

市政基础设施工程

计算机网络设备安装检验批质量验收记录

市政验·弱-28

第　页，共　页

<table>
<tr><td colspan="3">工程名称</td><td colspan="5"></td></tr>
<tr><td colspan="3">单位工程名称</td><td colspan="5"></td></tr>
<tr><td colspan="3">施工单位</td><td></td><td>分包单位</td><td colspan="3"></td></tr>
<tr><td colspan="3">项目负责人</td><td></td><td>项目技术负责人</td><td colspan="3"></td></tr>
<tr><td colspan="3">分部（子分部）
工程名称</td><td></td><td>分项工程名称</td><td colspan="3"></td></tr>
<tr><td colspan="3">验收部位/区段</td><td></td><td>检验批容量</td><td colspan="3"></td></tr>
<tr><td colspan="3">施工及验收依据</td><td colspan="5">《储能式有轨电车供电及弱电系统施工质量验收标准》（参考）</td></tr>
<tr><td colspan="4">验收项目</td><td>设计要求或规范规定</td><td>最小/实际抽样数量</td><td>检查记录</td><td>检查结果</td></tr>
<tr><td rowspan="2">主控项目</td><td>1</td><td colspan="2">云计算设备到达现场应进行检查，其型号、规格和质量应符合设计要求及相关产品标准的规定</td><td>第 11.41.1 条</td><td>/</td><td></td><td></td></tr>
<tr><td>2</td><td colspan="2">机架（柜）电路插板的规格、数量和安装位置应符合设计要求</td><td>第 11.41.2 条</td><td>/</td><td></td><td></td></tr>
<tr><td rowspan="3">一般项目</td><td>1</td><td colspan="2">设备安装位置、机架及底座的加固方式应符合设计要求</td><td>第 11.41.3 条</td><td>/</td><td></td><td></td></tr>
<tr><td>2</td><td colspan="2">设备安装牢固，排列整齐，漆饰完好，铭牌、标记清楚正确，并符合设计要求</td><td>第 11.41.4 条</td><td>/</td><td></td><td></td></tr>
<tr><td>3</td><td colspan="2">机架（柜）安装的垂直倾斜度偏差应小于架（柜）高度的1‰</td><td>第 11.41.5 条</td><td>/</td><td></td><td></td></tr>
<tr><td colspan="3">施工单位
检查结果</td><td colspan="5">专业工长：（签名）　　项目专业质量检查员：（签名）　　年　月　日</td></tr>
<tr><td colspan="3">监理单位
验收结论</td><td colspan="5">专业监理工程师：（签名）　　年　月　日</td></tr>
</table>

7.3.4.35 市政验·弱-29.1 计算机网络设备配线检验批质量验收记录（一）

市政基础设施工程

计算机网络设备配线检验批质量验收记录（一）

市政验·弱-29.1

第　　页，共　　页

<table>
<tr><td colspan="3">工程名称</td><td colspan="5"></td></tr>
<tr><td colspan="3">单位工程名称</td><td colspan="5"></td></tr>
<tr><td colspan="3">施工单位</td><td></td><td>分包单位</td><td colspan="3"></td></tr>
<tr><td colspan="3">项目负责人</td><td></td><td>项目技术负责人</td><td colspan="3"></td></tr>
<tr><td colspan="3">分部（子分部）
工程名称</td><td></td><td>分项工程名称</td><td colspan="3"></td></tr>
<tr><td colspan="3">验收部位/区段</td><td></td><td>检验批容量</td><td colspan="3"></td></tr>
<tr><td colspan="3">施工及验收依据</td><td colspan="5">《储能式有轨电车供电及弱电系统施工质量验收标准》（参考）</td></tr>
<tr><td colspan="4">验收项目</td><td>设计要求或规范规定</td><td>最小/实际抽样数量</td><td>检查记录</td><td>检查结果</td></tr>
<tr><td rowspan="6">主控项目</td><td>1</td><td colspan="2">云计算平台的配线光、电缆到达现场应进行检查，其型号、规格、质量应符合设计要求及相关产品标准的规定。配线标识齐全、清晰、不易脱落</td><td>第11.42.1条</td><td>/</td><td></td><td></td></tr>
<tr><td>2</td><td colspan="2">配线电缆和电线的芯线应无错线或断线、混线，中间不得有接头</td><td>第11.42.2条</td><td>/</td><td></td><td></td></tr>
<tr><td>3</td><td colspan="2">光缆尾纤应按标定的纤序连接设备。光缆尾纤应单独布放并用垫衬固定，不得挤压、扭曲、捆绑。弯曲半径不应小于50mm</td><td>第11.42.3条</td><td>/</td><td></td><td></td></tr>
<tr><td>4</td><td colspan="2">电源端子配线应正确，配线两端的标志应齐全</td><td>第11.42.4条</td><td>/</td><td></td><td></td></tr>
<tr><td>5</td><td colspan="2">设备地线必须连接良好</td><td>第11.42.5条</td><td>/</td><td></td><td></td></tr>
<tr><td>6</td><td colspan="2">电缆、电线的屏蔽护套应接地可靠，并应与接地线就近连接</td><td>第11.42.6条</td><td>/</td><td></td><td></td></tr>
<tr><td colspan="3">施工单位
检查结果</td><td colspan="5">专业工长：（签名）　　项目专业质量检查员：（签名）　　年　月　日</td></tr>
<tr><td colspan="3">监理单位
验收结论</td><td colspan="5">专业监理工程师：（签名）　　年　月　日</td></tr>
</table>

市政基础设施工程

计算机网络设备配线检验批质量验收记录（二）

市政验·弱-29.2

第　　页，共　　页

<table>
<tr><td colspan="3">工程名称</td><td colspan="5"></td></tr>
<tr><td colspan="3">单位工程名称</td><td colspan="5"></td></tr>
<tr><td colspan="3">施工单位</td><td></td><td colspan="2">分包单位</td><td colspan="2"></td></tr>
<tr><td colspan="3">项目负责人</td><td></td><td colspan="2">项目技术负责人</td><td colspan="2"></td></tr>
<tr><td colspan="3">分部（子分部）
工程名称</td><td></td><td colspan="2">分项工程名称</td><td colspan="2"></td></tr>
<tr><td colspan="3">验收部位/区段</td><td></td><td colspan="2">检验批容量</td><td colspan="2"></td></tr>
<tr><td colspan="3">施工及验收依据</td><td colspan="5">《储能式有轨电车供电及弱电系统施工质量验收标准》（参考）</td></tr>
<tr><td colspan="3">验收项目</td><td>设计要求或规范规定</td><td>最小/实际抽样数量</td><td colspan="2">检查记录</td><td>检查结果</td></tr>
<tr><td rowspan="6">一般项目</td><td>7</td><td>配线电缆、电线的走向、路由应符合设计文件要求</td><td>第 11.42.7 条</td><td>/</td><td colspan="2"></td><td></td></tr>
<tr><td>8</td><td>配线电缆在电缆走道上应顺序平直排列。电缆槽道内配线应顺直。配线电缆弯曲半径不得小于其外径的 5 倍</td><td>第 11.42.8 条</td><td>/</td><td colspan="2"></td><td></td></tr>
<tr><td>9</td><td>电缆芯线的编扎应按色谱顺序分线，余留的芯线长度应符合更换编扎线最长芯线的要求</td><td>第 11.42.9 条</td><td>/</td><td colspan="2"></td><td></td></tr>
<tr><td>10</td><td>设备配线采用焊接时，焊接后芯线绝缘层应无烫伤、开裂及后缩现象，绝缘层离开端子边缘露铜不宜大于 1mm</td><td>第 11.42.10 条</td><td>/</td><td colspan="2"></td><td></td></tr>
<tr><td>11</td><td>设备配线采用绕接时，绕线应严密、紧贴，不应有叠绕。铜线去除绝缘外皮后，在绕线柱上的最少匝数：当芯线直径为 0.4～0.5mm 时应为 6～8 匝；0.6～1mm 时应为 4～6 匝。不接触绕线柱的芯线部分不宜露铜</td><td>第 11.42.11 条</td><td>/</td><td colspan="2"></td><td></td></tr>
<tr><td>12</td><td>设备配线采用卡接时，卡接电缆芯线的卡接端子应接触牢固</td><td>第 11.42.12 条</td><td>/</td><td colspan="2"></td><td></td></tr>
<tr><td colspan="2">施工单位
检查结果</td><td colspan="6">专业工长：（签名）　　项目专业质量检查员：（签名）　　年　月　日</td></tr>
<tr><td colspan="2">监理单位
验收结论</td><td colspan="6">专业监理工程师：（签名）　　年　月　日</td></tr>
</table>

7.3.4.37 市政验·弱-30 计算机网络功能检测检验批质量验收记录

市政基础设施工程

计算机网络功能检测检验批质量验收记录

市政验·弱-30

第　　页，共　　页

<table>
<tr><td colspan="3">工程名称</td><td colspan="5"></td></tr>
<tr><td colspan="3">单位工程名称</td><td colspan="5"></td></tr>
<tr><td colspan="3">施工单位</td><td></td><td colspan="2">分包单位</td><td colspan="2"></td></tr>
<tr><td colspan="3">项目负责人</td><td></td><td colspan="2">项目技术负责人</td><td colspan="2"></td></tr>
<tr><td colspan="3">分部（子分部）
工程名称</td><td></td><td colspan="2">分项工程名称</td><td colspan="2"></td></tr>
<tr><td colspan="3">验收部位/区段</td><td></td><td colspan="2">检验批容量</td><td colspan="2"></td></tr>
<tr><td colspan="3">施工及验收依据</td><td colspan="5">《储能式有轨电车供电及弱电系统施工质量验收标准》（参考）</td></tr>
<tr><td colspan="3">验收项目</td><td>设计要求或规范规定</td><td>最小/实际抽样数量</td><td>检查记录</td><td colspan="2">检查结果</td></tr>
<tr><td rowspan="7">主控项目</td><td>1</td><td>云计算平台内网络丢包率小于3%</td><td>第11.43.1条</td><td>/</td><td></td><td colspan="2"></td></tr>
<tr><td>2</td><td>云计算平台信号覆盖区内信号强度≥－75dBm，信噪比≥20dB</td><td>第11.43.2条</td><td>/</td><td></td><td colspan="2"></td></tr>
<tr><td>3</td><td>云计算平台内终端设备访问服务器的数据下载速率≥1M/s</td><td>第11.43.3条</td><td>/</td><td></td><td colspan="2"></td></tr>
<tr><td>4</td><td>各终端设备配置的操作系统、网卡和云计算平台内设备配置的操作系统网卡兼容</td><td>第11.43.4条</td><td>/</td><td></td><td colspan="2"></td></tr>
<tr><td>5</td><td>云计算平台内每个热点AP站点的信号覆盖区域内若干个终端设备可共享数据</td><td>第11.43.5条</td><td>/</td><td></td><td colspan="2"></td></tr>
<tr><td>6</td><td>同一终端设备在不同的AP站点信号覆盖区域内自由切换</td><td>第11.43.6条</td><td>/</td><td></td><td colspan="2"></td></tr>
<tr><td>7</td><td>AP站点信号覆盖测试：每一台AP设备信号覆盖区域内信号强度≥－75dBm</td><td>第11.43.7条</td><td>/</td><td></td><td colspan="2"></td></tr>
<tr><td colspan="2">施工单位
检查结果</td><td colspan="6">专业工长：（签名）　　项目专业质量检查员：（签名）　　年　月　日</td></tr>
<tr><td colspan="2">监理单位
验收结论</td><td colspan="6">专业监理工程师：（签名）　　年　月　日</td></tr>
</table>

7.3.4.38 市政验·弱-31 门禁设备安装检验批质量验收记录

市政基础设施工程

门禁设备安装检验批质量验收记录

市政验·弱-31

第　　页，共　　页

<table>
<tr><td colspan="3">工程名称</td><td colspan="5"></td></tr>
<tr><td colspan="3">单位工程名称</td><td colspan="5"></td></tr>
<tr><td colspan="3">施工单位</td><td></td><td colspan="2">分包单位</td><td colspan="2"></td></tr>
<tr><td colspan="3">项目负责人</td><td></td><td colspan="2">项目技术负责人</td><td colspan="2"></td></tr>
<tr><td colspan="3">分部（子分部）
工程名称</td><td></td><td colspan="2">分项工程名称</td><td colspan="2"></td></tr>
<tr><td colspan="3">验收部位/区段</td><td></td><td colspan="2">检验批容量</td><td colspan="2"></td></tr>
<tr><td colspan="3">施工及验收依据</td><td colspan="5">《储能式有轨电车供电及弱电系统施工质量验收标准》（参考）</td></tr>
<tr><td colspan="3">验收项目</td><td>设计要求或
规范规定</td><td>最小/实际
抽样数量</td><td colspan="2">检查记录</td><td>检查
结果</td></tr>
<tr><td rowspan="2">主控项目</td><td>1</td><td>门禁系统设备到达现场应进行检查，其型号、规格和质量应符合设计要求及相关产品标准的规定</td><td>第 11.44.1 条</td><td>/</td><td colspan="2"></td><td></td></tr>
<tr><td>2</td><td>机架（柜）电路插板的规格、数量和安装位置应符合设计要求</td><td>第 11.44.2 条</td><td>/</td><td colspan="2"></td><td></td></tr>
<tr><td rowspan="3">一般项目</td><td>1</td><td>设备安装位置、机架及底座的加固方式应符合设计要求</td><td>第 11.44.3 条</td><td>/</td><td colspan="2"></td><td></td></tr>
<tr><td>2</td><td>设备安装牢固，排列整齐，漆饰完好，铭牌、标记清楚正确，并符合设计要求</td><td>第 11.44.4 条</td><td>/</td><td colspan="2"></td><td></td></tr>
<tr><td>3</td><td>机架（柜）安装的垂直倾斜度偏差应小于架（柜）高度的1‰</td><td>第 11.44.5 条</td><td>/</td><td colspan="2"></td><td></td></tr>
<tr><td colspan="2">施工单位
检查结果</td><td colspan="6">专业工长：（签名）　　项目专业质量检查员：（签名）　　年　　月　　日</td></tr>
<tr><td colspan="2">监理单位
验收结论</td><td colspan="6">专业监理工程师：（签名）　　年　　月　　日</td></tr>
</table>

7.3.4.39 市政验·弱-32 门禁设备配线检验批质量验收记录

市政基础设施工程

门禁设备配线检验批质量验收记录

市政验·弱-32

第　　页，共　　页

<table>
<tr><td colspan="3">工程名称</td><td colspan="5"></td></tr>
<tr><td colspan="3">单位工程名称</td><td colspan="5"></td></tr>
<tr><td colspan="3">施工单位</td><td></td><td>分包单位</td><td colspan="3"></td></tr>
<tr><td colspan="3">项目负责人</td><td></td><td>项目技术负责人</td><td colspan="3"></td></tr>
<tr><td colspan="3">分部（子分部）工程名称</td><td></td><td>分项工程名称</td><td colspan="3"></td></tr>
<tr><td colspan="3">验收部位/区段</td><td></td><td>检验批容量</td><td colspan="3"></td></tr>
<tr><td colspan="3">施工及验收依据</td><td colspan="5">《储能式有轨电车供电及弱电系统施工质量验收标准》（参考）</td></tr>
<tr><td colspan="3">验收项目</td><td>设计要求或规范规定</td><td>最小/实际抽样数量</td><td>检查记录</td><td>检查结果</td><td></td></tr>
<tr><td rowspan="5">主控项目</td><td>1</td><td>门禁系统的配线电缆到达现场应进行检查，其型号、规格、质量应符合设计要求及相关产品标准的规定。配线标识齐全、清晰、不易脱落</td><td>第11.45.1条</td><td>/</td><td></td><td></td><td></td></tr>
<tr><td>2</td><td>配线电缆和电线的芯线应无错线或断线、混线，中间不得有接头</td><td>第11.45.2条</td><td>/</td><td></td><td></td><td></td></tr>
<tr><td>3</td><td>电源端子配线应正确，配线两端的标志应齐全</td><td>第11.45.3条</td><td>/</td><td></td><td></td><td></td></tr>
<tr><td>4</td><td>设备地线必须连接良好</td><td>第11.45.4条</td><td>/</td><td></td><td></td><td></td></tr>
<tr><td>5</td><td>电缆、电线的屏蔽护套应接地可靠，并应与接地线就近连接</td><td>第11.45.5条</td><td>/</td><td></td><td></td><td></td></tr>
<tr><td rowspan="5">一般项目</td><td>1</td><td>配线电缆、电线的走向、路由应符合设计文件要求</td><td>第11.45.6条</td><td>/</td><td></td><td></td><td></td></tr>
<tr><td>2</td><td>配线电缆在电缆走道上应顺序平直排列。电缆槽道内配线应顺直。配线电缆弯曲半径不得小于其外径的5倍</td><td>第11.45.7条</td><td>/</td><td></td><td></td><td></td></tr>
<tr><td>3</td><td>电缆芯线的编扎应按色谱顺序分线，余留的芯线长度应符合更换编扎线最长芯线的要求</td><td>第11.45.8条</td><td>/</td><td></td><td></td><td></td></tr>
<tr><td>4</td><td>设备配线采用绕接时，绕线应严密、紧贴，不应有叠绕。铜线去除绝缘外皮后，在绕线柱上的最少匝数：当芯线直径为0.4～0.5mm时应为6～8匝；0.6～1mm时应为4～6匝。不接触绕线柱的芯线部分不宜露铜</td><td>第11.45.9条</td><td>/</td><td></td><td></td><td></td></tr>
<tr><td>5</td><td>设备配线采用卡接时，卡接电缆芯线的卡接端子应接触牢固</td><td>第11.45.10条</td><td>/</td><td></td><td></td><td></td></tr>
<tr><td colspan="3">施工单位检查结果</td><td colspan="5">专业工长：（签名）　　项目专业质量检查员：（签名）　　年　月　日</td></tr>
<tr><td colspan="3">监理单位验收结论</td><td colspan="5">专业监理工程师：（签名）　　年　月　日</td></tr>
</table>

7.3.4.40 市政验·弱-33 门禁系统指标检测及功能检验检验批质量验收记录

市政基础设施工程

门禁系统指标检测及功能检验批质量验收记录

市政验·弱-33

第 页，共 页

<table>
<tr><td colspan="3">工程名称</td><td colspan="5"></td></tr>
<tr><td colspan="3">单位工程名称</td><td colspan="5"></td></tr>
<tr><td colspan="3">施工单位</td><td></td><td colspan="2">分包单位</td><td colspan="2"></td></tr>
<tr><td colspan="3">项目负责人</td><td></td><td colspan="2">项目技术负责人</td><td colspan="2"></td></tr>
<tr><td colspan="3">分部（子分部）工程名称</td><td></td><td colspan="2">分项工程名称</td><td colspan="2"></td></tr>
<tr><td colspan="3">验收部位/区段</td><td></td><td colspan="2">检验批容量</td><td colspan="2"></td></tr>
<tr><td colspan="3">施工及验收依据</td><td colspan="5">《储能式有轨电车供电及弱电系统施工质量验收标准》（参考）</td></tr>
<tr><td colspan="3">验收项目</td><td>设计要求或规范规定</td><td>最小/实际抽样数量</td><td colspan="2">检查记录</td><td>检查结果</td></tr>
<tr><td rowspan="7">主控项目</td><td>1</td><td>系统主机在离线情况下，控制器具备可以准确、实时的独立工作和储存信息的功能</td><td>第 11.46.1 条</td><td>/</td><td colspan="2"></td><td></td></tr>
<tr><td>2</td><td>系统主机在线状态下具有对控制器工作和储存信息的功能进行控制</td><td>第 11.46.2 条</td><td>/</td><td colspan="2"></td><td></td></tr>
<tr><td>3</td><td>系统具有检测断电情况后，启用备用电源应急工作的功能和信息的存储、恢复的能力</td><td>第 11.46.3 条</td><td>/</td><td colspan="2"></td><td></td></tr>
<tr><td>4</td><td>系统具有实时监控出入控制点人员状况</td><td>第 11.46.4 条</td><td>/</td><td colspan="2"></td><td></td></tr>
<tr><td>5</td><td>系统具有对非法强行入侵及时报警的能力</td><td>第 11.46.5 条</td><td>/</td><td colspan="2"></td><td></td></tr>
<tr><td>6</td><td>系统具有与消防系统报警时的联运功能</td><td>第 11.46.6 条</td><td>/</td><td colspan="2"></td><td></td></tr>
<tr><td>7</td><td>系统的数据存储记录保存时间应满足管理要求</td><td>第 11.46.7 条</td><td>/</td><td colspan="2"></td><td></td></tr>
<tr><td colspan="2">施工单位检查结果</td><td colspan="6">专业工长：（签名） 项目专业质量检查员：（签名） 年 月 日</td></tr>
<tr><td colspan="2">监理单位验收结论</td><td colspan="6">专业监理工程师：（签名） 年 月 日</td></tr>
</table>

7.3.4.41 市政验·弱-34 云平台质量验收记录

云平台质量验收记录

市政验·弱-34

第　　页，共　　页

<table>
<tr><td>工程名称</td><td colspan="3"></td></tr>
<tr><td>建设单位名称</td><td colspan="3"></td></tr>
<tr><td>承建单位名称</td><td colspan="3"></td></tr>
<tr><td>实施日期</td><td colspan="3"></td></tr>
<tr><td>验收时间</td><td></td><td>验收地点</td><td></td></tr>
<tr><td colspan="4">验收人员</td></tr>
</table>

验收项目	验收内容	功能	性能
功能验收	按需自服务能力	满足□不满足□	满足□不满足□
	足够的网络访问能力	满足□不满足□	满足□不满足□
	动态调整的共享资源池	满足□不满足□	满足□不满足□
	快速的弹性部署能力	满足□不满足□	满足□不满足□
	服务可计算能力	满足□不满足□	满足□不满足□
系统验收	Bingocloud 云管理服务器 CLC	满足□不满足□	满足□不满足□
	Bingocloud 区域控制器 CC	满足□不满足□	满足□不满足□
	节点控制器 NC	满足□不满足□	满足□不满足□
	分布式存储控制器 SC	满足□不满足□	满足□不满足□

验收意见：

建设单位：　　　　　　　　施工单位：

签字：（盖章）　　　　　　签字：（盖章）

日期：　　　　　　　　　　日期：

7.3.4.42 市政验·弱-35 硬件设备验收记录

市政基础设施工程

硬件设备验收记录

市政验·弱-35

第　　页，共　　页

项目名称	
供方单位名称	
需方单位名称	
验收地点	
验收时间	
验收人员 审批	
验收总结：	
备注：	

附件 1

市政基础设施工程

设备验收单

第　　页，共　　页

设备 1：

设备名称：	设备型号：	产品序列号：
设备外观检查：		
设备外观完好	□是□否　备注：	
设备固定牢固	□是□否　备注：	
设备跳线完毕	□是□否　备注：	
状态灯指示正常	□是□否　备注：	
相关资料齐全	□是□否　备注：	
硬件配置检查：		
CPU 配置正确	□是□否　备注：	
内存配置正确	□是□否　备注：	
硬盘配置正确	□是□否　备注：	
设备功能检查：		
电源供电正常	□是□否　备注：	
冗余电源工作正常	□是□否　备注：	
网络通信正常	□是□否　备注：	
网络冗余通信正常	□是□否　备注：	
系统软件正常	□是□否　备注：	
应用软件正常	□是□否　备注：	
其他检查：		
检查内容及结果		

设备 2：

设备名称：	设备型号：	产品序列号：
设备外观检查：		
设备外观完好	□是□否　备注：	
设备固定牢固	□是□否　备注：	
设备跳线完毕	□是□否　备注：	
状态灯指示正常	□是□否　备注：	
相关资料齐全	□是□否　备注：	
硬件配置检查：		
CPU 配置正确	□是□否　备注：	
内存配置正确	□是□否　备注：	
硬盘配置正确	□是□否　备注：	
设备功能检查：		
电源供电正常	□是□否　备注：	
冗余电源工作正常	□是□否　备注：	
网络通信正常	□是□否　备注：	
网络冗余通信正常	□是□否　备注：	
系统软件正常	□是□否　备注：	
应用软件正常	□是□否　备注：	
其他检查：		
检查内容及结果		

设备3：

设备名称：	设备型号：	产品序列号：

设备外观检查：	
设备外观完好	□是□否　备注：
设备固定牢固	□是□否　备注：
设备跳线完毕	□是□否　备注：
状态灯指示正常	□是□否　备注：
相关资料齐全	□是□否　备注：
硬件配置检查：	
CPU配置正确	□是□否　备注：
内存配置正确	□是□否　备注：
硬盘配置正确	□是□否　备注：
设备功能检查：	
电源供电正常	□是□否　备注：
冗余电源工作正常	□是□否　备注：
网络通信正常	□是□否　备注：
网络冗余通信正常	□是□否　备注：
系统软件正常	□是□否　备注：
应用软件正常	□是□否　备注：
其他检查：	
检查内容及结果	

附件 2

市政基础设施工程

验收签章

第　　页，共　　页

乙方 验收意见	本项目硬件设备部分经过测试和检查，已达到验收标准。同意验收。 乙　　方：（签章） 验收代表： 日　　期：　　年　　月　　日
甲方 验收意见	甲　　方：（签章） 验收代表： 验收日期：　　年　　月　　日
备注	

7.3.5 信号系统工程

7.3.5.1 市政验·号-1 调度管理机柜安装检验批质量验收记录

市政基础设施工程

调度管理机柜安装检验批质量验收记录

市政验·号-1

第　　页，共　　页

<table>
<tr><td colspan="2">工程名称</td><td colspan="5"></td></tr>
<tr><td colspan="2">单位工程名称</td><td colspan="5"></td></tr>
<tr><td colspan="2">施工单位</td><td></td><td>分包单位</td><td colspan="3"></td></tr>
<tr><td colspan="2">项目负责人</td><td></td><td>项目技术负责人</td><td colspan="3"></td></tr>
<tr><td colspan="2">分部（子分部）
工程名称</td><td></td><td>分项工程名称</td><td colspan="3"></td></tr>
<tr><td colspan="2">验收部位/区段</td><td></td><td>检验批容量</td><td colspan="3"></td></tr>
<tr><td colspan="2">施工及验收依据</td><td colspan="5">《储能式有轨电车供电及弱电系统施工质量验收标准》（参考）</td></tr>
<tr><td colspan="3">验收项目</td><td>设计要求或规范规定</td><td>最小/实际抽样数量</td><td>检查记录</td><td>检查结果</td></tr>
<tr><td rowspan="3">主控项目</td><td>1</td><td>各类机柜（架）进场时应进行检查，其型号、规格、质量应符合设计要求及相关产品标准的规定</td><td>第 12.13.1 条</td><td>/</td><td></td><td></td></tr>
<tr><td>2</td><td>机房内机柜（架）的平面布置、安装位置、机面朝向、柜（架）间距应符合设计要求</td><td>第 12.13.2 条</td><td>/</td><td></td><td></td></tr>
<tr><td>3</td><td>机柜（架）安装应符合下列要求：
1. 机柜（架）固定方式应符合设计要求。机柜（架）底座与地面固定应平稳、牢固。当机房内铺设有防静电地板时，底座应与防静电地板等高；
2. 机柜（架）安装应横平竖直、端正稳固。同排各种机柜（架）应正面处于同一平面、底部处于同一条直线；
3. 机柜（架）间需绝缘隔离时，各种绝缘装置应安装齐全、无损伤；
4. 机柜（架）有抗震设计要求时，机柜（架）的抗震加固措施应符合设计要求</td><td>第 12.13.3 条</td><td>/</td><td></td><td></td></tr>
<tr><td rowspan="3">一般项目</td><td>1</td><td>机柜（架）内所有设备的紧固件应安装完整、牢固，各种零配件应无脱落</td><td>第 12.13.4 条</td><td>/</td><td></td><td></td></tr>
<tr><td>2</td><td>机柜（架）铭牌文字和符号标志应正确、清晰、齐全</td><td>第 12.13.5 条</td><td>/</td><td></td><td></td></tr>
<tr><td>3</td><td>机柜（架）漆面色调应一致，并无脱落现象；机柜（架）金属底座应经热镀锌、涂漆等防腐处理</td><td>第 12.13.6 条</td><td>/</td><td></td><td></td></tr>
<tr><td colspan="2">施工单位
检查结果</td><td colspan="5">专业工长：（签名）　　项目专业质量检查员：（签名）　　年　月　日</td></tr>
<tr><td colspan="2">监理单位
验收结论</td><td colspan="5">专业监理工程师：（签名）　　年　月　日</td></tr>
</table>

7.3.5.2 市政验·号-2 操作显示设备安装检验批质量验收记录

市政基础设施工程

操作显示设备安装检验批质量验收记录

市政验·号-2

第　　页，共　　页

<table>
<tr><td colspan="3">工程名称</td><td colspan="5"></td></tr>
<tr><td colspan="3">单位工程名称</td><td colspan="5"></td></tr>
<tr><td colspan="3">施工单位</td><td></td><td>分包单位</td><td colspan="3"></td></tr>
<tr><td colspan="3">项目负责人</td><td></td><td>项目技术负责人</td><td colspan="3"></td></tr>
<tr><td colspan="3">分部（子分部）
工程名称</td><td></td><td>分项工程名称</td><td colspan="3"></td></tr>
<tr><td colspan="3">验收部位/区段</td><td></td><td>检验批容量</td><td colspan="3"></td></tr>
<tr><td colspan="3">施工及验收依据</td><td colspan="5">《储能式有轨电车供电及弱电系统施工质量验收标准》（参考）</td></tr>
<tr><td colspan="3">验收项目</td><td colspan="2">设计要求或规范规定</td><td>最小/实际抽样数量</td><td>检查记录</td><td>检查结果</td></tr>
<tr><td rowspan="3">主控项目</td><td>1</td><td>操作显示设备进场时应进行检查，其型号、规格、质量应符合设计要求及相关产品标准的规定</td><td colspan="2">第12.12.1条</td><td>/</td><td></td><td></td></tr>
<tr><td>2</td><td>操作显示设备安装位置、整体布局应符合设计要求</td><td colspan="2">第12.12.2条</td><td>/</td><td></td><td></td></tr>
<tr><td>3</td><td>计算机及附属设备安装应符合下列要求：
1. 各种接口连接应符合设计要求，应连接正确、牢靠；
2. 防电磁干扰的屏蔽措施应符合相关技术要求，屏蔽连接应牢固可靠，中间应无断开；
3. 计算机配线应采用专用电缆，电缆引入处开孔位置应适宜，并有防护措施；
4. 计算机显示屏图像、字符应清晰，键盘、鼠标应操作灵便，打印机、扫描仪等应安装正确</td><td colspan="2">第12.12.3条</td><td>/</td><td></td><td></td></tr>
<tr><td>一般项目</td><td>1</td><td>计算机及附属设备应摆放稳固、整齐，并应方便操作</td><td colspan="2">第12.12.4条</td><td>/</td><td></td><td></td></tr>
<tr><td colspan="2">施工单位
检查结果</td><td colspan="6">专业工长：（签名）　　项目专业质量检查员：（签名）　　年　月　日</td></tr>
<tr><td colspan="2">监理单位
验收结论</td><td colspan="6">专业监理工程师：（签名）　　年　月　日</td></tr>
</table>

7.3.5.3 市政验·号-3 计轴安装检验批质量验收记录

市政基础设施工程

计轴安装检验批质量验收记录

市政验·号-3

第　　页，共　　页

<table>
<tr><td colspan="3">工程名称</td><td colspan="5"></td></tr>
<tr><td colspan="3">单位工程名称</td><td colspan="5"></td></tr>
<tr><td colspan="3">施工单位</td><td></td><td>分包单位</td><td colspan="3"></td></tr>
<tr><td colspan="3">项目负责人</td><td></td><td>项目技术负责人</td><td colspan="3"></td></tr>
<tr><td colspan="3">分部（子分部）工程名称</td><td></td><td>分项工程名称</td><td colspan="3"></td></tr>
<tr><td colspan="3">验收部位/区段</td><td></td><td>检验批容量</td><td colspan="3"></td></tr>
<tr><td colspan="3">施工及验收依据</td><td colspan="5">《储能式有轨电车供电及弱电系统施工质量验收标准》（参考）</td></tr>
<tr><td colspan="4">验收项目</td><td>设计要求或规范规定</td><td>最小/实际抽样数量</td><td>检查记录</td><td>检查结果</td></tr>
<tr><td rowspan="5">主控项目</td><td>1</td><td colspan="2">计轴装置进场时应进行检查，其型号、规格、质量应符合设计要求及相关产品标准的规定</td><td>第 12.5.1 条</td><td>/</td><td></td><td></td></tr>
<tr><td>2</td><td colspan="2">计轴装置的安装位置、安装方法应符合设计和产品技术要求</td><td>第 12.5.2 条</td><td>/</td><td></td><td></td></tr>
<tr><td>3</td><td colspan="2">计轴磁头的安装应符合下列要求：
1. 磁头应安装在同一根钢轨上，磁头安装必须用绝缘材料与钢轨隔离；
2. 磁头在钢轨上的安装孔中心距轨底高度、孔径、孔与孔的间距应符合产品技术要求</td><td>第 12.5.3 条</td><td>/</td><td></td><td></td></tr>
<tr><td>4</td><td colspan="2">计轴电子盒的安装应符合下列要求：
1. 电子盒内部配线应连接正确、排列整齐；
2. 电子盒密封装置应完整</td><td>第 12.5.4 条</td><td>/</td><td></td><td></td></tr>
<tr><td>5</td><td colspan="2">计轴装置采用的专用电缆，其长度应符合设计要求；电缆走线应平缓走向，严禁盘圈、弯折</td><td>第 12.5.5 条</td><td>/</td><td></td><td></td></tr>
<tr><td rowspan="2">一般项目</td><td>1</td><td colspan="2">磁头安装应平稳、牢固，螺栓应紧固、无松动</td><td>第 12.5.6 条</td><td>/</td><td></td><td></td></tr>
<tr><td>2</td><td colspan="2">电子盒安装应与地面保持垂直。安装应平稳、牢固，螺栓应紧固、无松动</td><td>第 12.5.7 条</td><td>/</td><td></td><td></td></tr>
<tr><td colspan="3">施工单位检查结果</td><td colspan="5">专业工长：（签名）　　项目专业质量检查员：（签名）　　年　月　日</td></tr>
<tr><td colspan="3">监理单位验收结论</td><td colspan="5">专业监理工程师：（签名）　　年　月　日</td></tr>
</table>

7.3.5.4 市政验·号-4 AP设备安装检验批质量验收记录

市政基础设施工程

AP设备安装检验批质量验收记录

市政验·号-4

第　　页，共　　页

工程名称						
单位工程名称						
施工单位			分包单位			
项目负责人			项目技术负责人			
分部（子分部）工程名称			分项工程名称			
验收部位/区段			检验批容量			
施工及验收依据	《储能式有轨电车供电及弱电系统施工质量验收标准》（参考）					
验收项目			设计要求或规范规定	最小/实际抽样数量	检查记录	检查结果
主控项目	1	无线AP天线、立柱、AP箱、支架进场时应进行检查，其型号、规格、质量应符合设计要求及相关产品标准的规定	第12.7.1条	/		
	2	无线AP天线、AP箱的安装位置、安装方法应符合设计和产品技术要求	第12.7.2条	/		
	3	无线AP天线顶面应与钢轨顶面平行，距钢轨顶面距离应符合设计规定	第12.7.3条	/		
	4	无线AP天线安装的纵向，横向偏移量应符合设计和相关技术要求	第12.7.4条	/		
一般项目	1	无线AP天线立柱安装稳固、杆体垂直，倾斜度不得超过5‰	第12.7.5条	/		
	2	AP箱安装应牢固，螺栓紧固、无松动	第12.7.6条	/		
	3	无线AP组件安装应符合设计要求及相关产品标准的规定	第12.7.7条	/		
	4	无线AP天线安装角度应符合设计要求	第12.7.8条	/		
施工单位检查结果	专业工长：（签名）　　项目专业质量检查员：（签名）　　年　月　日					
监理单位验收结论	专业监理工程师：（签名）　　年　月　日					

7.3.5.5 市政验·号-5 显示屏安装检验批质量验收记录

市政基础设施工程

显示屏安装检验批质量验收记录

市政验·号-5

第 页，共 页

<table>
<tr><td colspan="3">工程名称</td><td colspan="5"></td></tr>
<tr><td colspan="3">单位工程名称</td><td colspan="5"></td></tr>
<tr><td colspan="3">施工单位</td><td colspan="2"></td><td>分包单位</td><td colspan="2"></td></tr>
<tr><td colspan="3">项目负责人</td><td colspan="2"></td><td>项目技术负责人</td><td colspan="2"></td></tr>
<tr><td colspan="3">分部（子分部）工程名称</td><td colspan="2"></td><td>分项工程名称</td><td colspan="2"></td></tr>
<tr><td colspan="3">验收部位/区段</td><td colspan="2"></td><td>检验批容量</td><td colspan="2"></td></tr>
<tr><td colspan="3">施工及验收依据</td><td colspan="5">《储能式有轨电车供电及弱电系统施工质量验收标准》（参考）</td></tr>
<tr><td colspan="3">验收项目</td><td>设计要求或规范规定</td><td>最小/实际抽样数量</td><td colspan="2">检查记录</td><td>检查结果</td></tr>
<tr><td rowspan="3">主控项目</td><td>1</td><td>显示屏设备进场时应进行检查，其型号、规格、质量应符合设计要求及相关产品标准的规定</td><td>第 12.11.1 条</td><td>/</td><td colspan="2"></td><td></td></tr>
<tr><td>2</td><td>显示屏设备的安装位置、屏幕配置及安装方式，应符合设计和产品技术要求</td><td>第 12.11.2 条</td><td>/</td><td colspan="2"></td><td></td></tr>
<tr><td>3</td><td>显示屏安装应符合下列要求：
(a) 显示屏安装的安装程序、操作工艺应符合产品技术要求；
(b) 信号源到显示屏控制器的地面走线槽应设施完整、径路合理、安装牢固；
(c) 屏幕间缝隙条应连接紧密，屏幕拼接间距及大屏总体平整精度应符合产品技术要求，整墙屏幕应无凹凸不平现象</td><td>第 12.11.3 条</td><td>/</td><td colspan="2"></td><td></td></tr>
<tr><td>一般项目</td><td>1</td><td>显示屏显示图像、字符应清晰，显示识别区域应符合产品技术要求</td><td>第 12.11.4 条</td><td>/</td><td colspan="2"></td><td></td></tr>
<tr><td colspan="3">施工单位检查结果</td><td colspan="5">专业工长：（签名） 项目专业质量检查员：（签名） 年 月 日</td></tr>
<tr><td colspan="3">监理单位验收结论</td><td colspan="5">专业监理工程师：（签名） 年 月 日</td></tr>
</table>

7.3.5.6 市政验·号-6 转辙机安装检验批质量验收记录

市政基础设施工程

转辙机安装检验批质量验收记录

市政验·号-6

第　　页，共　　页

<table>
<tr><td colspan="3">工程名称</td><td colspan="5"></td></tr>
<tr><td colspan="3">单位工程名称</td><td colspan="5"></td></tr>
<tr><td colspan="3">施工单位</td><td></td><td>分包单位</td><td colspan="3"></td></tr>
<tr><td colspan="3">项目负责人</td><td></td><td>项目技术负责人</td><td colspan="3"></td></tr>
<tr><td colspan="3">分部（子分部）
工程名称</td><td></td><td>分项工程名称</td><td colspan="3"></td></tr>
<tr><td colspan="3">验收部位/区段</td><td></td><td>检验批容量</td><td colspan="3"></td></tr>
<tr><td colspan="3">施工及验收依据</td><td colspan="5">《储能式有轨电车供电及弱电系统施工质量验收标准》（参考）</td></tr>
<tr><td colspan="3">验收项目</td><td>设计要求或规范规定</td><td>最小/实际抽样数量</td><td>检查记录</td><td>检查结果</td></tr>
<tr><td rowspan="4">主控项目</td><td>1</td><td>转辙机进场时应进行检查，其型号、规格、质量应符合设计要求及相关产品标准的规定</td><td>第12.3.1条</td><td>/</td><td></td><td></td></tr>
<tr><td>2</td><td>转辙机的安装位置、安装方式应符合设计要求及相关产品标准的规定</td><td>第12.3.2条</td><td>/</td><td></td><td></td></tr>
<tr><td>3</td><td>转辙机动作杆与密贴调整杆应在一条直线上，并与表示杆、道岔第一连接杆平行。转辙机动作杆、表示杆应安装在一条直线上</td><td>第12.3.3条</td><td>/</td><td></td><td></td></tr>
<tr><td>4</td><td>转辙机的内部配线应符合下列要求：
(a) 配线型号及规格应符合设计和产品技术要求；
(b) 配线不得有中间接头，并无损伤、老化现象；
(c) 机箱内部的配线应绑扎整齐；
(d) 配线在引入管进出口处应加防护</td><td>第12.3.4条</td><td>/</td><td></td><td></td></tr>
<tr><td>一般项目</td><td>1</td><td>各零部件安装应正确和齐全；螺栓应紧固、无松动；开口销应齐全</td><td>第12.3.5条</td><td>/</td><td></td><td></td></tr>
<tr><td colspan="2">施工单位
检查结果</td><td colspan="5">专业工长：（签名）　　项目专业质量检查员：（签名）　　年　月　日</td></tr>
<tr><td colspan="2">监理单位
验收结论</td><td colspan="5">专业监理工程师：（签名）　　年　月　日</td></tr>
</table>

7.3.5.7 市政验·号-7 进路表示器安装检验批质量验收记录

市政基础设施工程

进路表示器安装检验批质量验收记录

市政验·号-7

第　　页，共　　页

<table>
<tr><td colspan="3">工程名称</td><td colspan="5"></td></tr>
<tr><td colspan="3">单位工程名称</td><td colspan="5"></td></tr>
<tr><td colspan="3">施工单位</td><td colspan="2"></td><td>分包单位</td><td colspan="2"></td></tr>
<tr><td colspan="3">项目负责人</td><td colspan="2"></td><td>项目技术负责人</td><td colspan="2"></td></tr>
<tr><td colspan="3">分部（子分部）工程名称</td><td colspan="2"></td><td>分项工程名称</td><td colspan="2"></td></tr>
<tr><td colspan="3">验收部位/区段</td><td colspan="2"></td><td>检验批容量</td><td colspan="2"></td></tr>
<tr><td colspan="3">施工及验收依据</td><td colspan="5">《储能式有轨电车供电及弱电系统施工质量验收标准》（参考）</td></tr>
<tr><td colspan="3">验收项目</td><td>设计要求或规范规定</td><td>最小/实际抽样数量</td><td colspan="2">检查记录</td><td>检查结果</td></tr>
<tr><td rowspan="7">主控项目</td><td>1</td><td>进路表示器、现地控制盘及其附属设施进场时应进行检查，其型号、规格、质量应符合设计要求及相关产品标准的规定</td><td>第12.3.1条</td><td>/</td><td colspan="2"></td><td></td></tr>
<tr><td>2</td><td>进路表示器的安装位置、安装高度、显示方向及灯光配列应符合设计规定</td><td>第12.3.2条</td><td>/</td><td colspan="2"></td><td></td></tr>
<tr><td>3</td><td>现地控制盘的安装位置、安装高度、显示方向应符合设计规定</td><td>第12.3.3条</td><td>/</td><td colspan="2"></td><td></td></tr>
<tr><td>4</td><td>进路表示器金属支架有接地要求时，应保证接地良好；有绝缘要求时，支架的绝缘电阻符合设计规定</td><td>第12.3.4条</td><td>/</td><td colspan="2"></td><td></td></tr>
<tr><td>5</td><td>进路表示器光源应符合设计要求及相关产品标准的规定</td><td>第12.3.5条</td><td>/</td><td colspan="2"></td><td></td></tr>
<tr><td>6</td><td>进路表示器、现地控制盘配线应符合设计要求及相关产品标准的规定</td><td>第12.3.6条</td><td>/</td><td colspan="2"></td><td></td></tr>
<tr><td>7</td><td>进路表示器编号书写应符合下列要求：
（a）进路表示器编号书写在机柱正面，高度应一致；
（b）进路表示器编号与竣工图示相符；
（c）进路表示器编号应统一字体和尺寸，字迹应清晰端正。书写面底色为浅色时应书写黑色字，底色为深色时应书写白色字</td><td>第12.3.7条</td><td>/</td><td colspan="2"></td><td></td></tr>
<tr><td rowspan="4">一般项目</td><td>1</td><td>进路表示器采用金属基础支架安装方式。支架安装应平稳、牢固。螺栓应紧固、无松动。金属基础支架使用前应经热镀锌、涂漆等防腐处理</td><td>第12.3.8条</td><td>/</td><td colspan="2"></td><td></td></tr>
<tr><td>2</td><td>进路表示器灯室结构应符合设计要求及相关产品标准的规定</td><td>第12.3.9条</td><td>/</td><td colspan="2"></td><td></td></tr>
<tr><td>3</td><td>进路表示器支架顶面应保持水平、安装牢固</td><td>第12.3.10条</td><td>/</td><td colspan="2"></td><td></td></tr>
<tr><td>4</td><td>进路表示器组件安装应符合设计要求及相关产品标准的规定</td><td>第12.3.11条</td><td>/</td><td colspan="2"></td><td></td></tr>
<tr><td colspan="2">施工单位检查结果</td><td colspan="6">专业工长：（签名）　　项目专业质量检查员：（签名）　　年　月　日</td></tr>
<tr><td colspan="2">监理单位验收结论</td><td colspan="6">专业监理工程师：（签名）　　年　月　日</td></tr>
</table>

7.3.5.8　市政验・号-8　信标安装检验批质量验收记录

市政基础设施工程

信标安装检验批质量验收记录

市政验・号-8

第　　页，共　　页

<table>
<tr><td colspan="3">工程名称</td><td colspan="5"></td></tr>
<tr><td colspan="3">单位工程名称</td><td colspan="5"></td></tr>
<tr><td colspan="3">施工单位</td><td></td><td>分包单位</td><td colspan="3"></td></tr>
<tr><td colspan="3">项目负责人</td><td></td><td>项目技术负责人</td><td colspan="3"></td></tr>
<tr><td colspan="3">分部（子分部）
工程名称</td><td></td><td>分项工程名称</td><td colspan="3"></td></tr>
<tr><td colspan="3">验收部位/区段</td><td></td><td>检验批容量</td><td colspan="3"></td></tr>
<tr><td colspan="3">施工及验收依据</td><td colspan="5">《储能式有轨电车供电及弱电系统施工质量验收标准》（参考）</td></tr>
<tr><td colspan="3">验收项目</td><td>设计要求或规范规定</td><td>最小/实际抽样数量</td><td>检查记录</td><td colspan="2">检查结果</td></tr>
<tr><td rowspan="3">主控项目</td><td>1</td><td>信标进场时应进行检查，其型号、规格、质量应符合设计要求及相关产品标准的规定</td><td>第 12.8.1 条</td><td>/</td><td></td><td colspan="2"></td></tr>
<tr><td>2</td><td>信标的安装位置、安装方法应符合设计和相关技术要求</td><td>第 12.8.2 条</td><td>/</td><td></td><td colspan="2"></td></tr>
<tr><td>3</td><td>信标的安装高度，以及纵向、横向偏移量应符合设计和相关技术要求</td><td>第 12.8.3 条</td><td>/</td><td></td><td colspan="2"></td></tr>
<tr><td colspan="2">施工单位
检查结果</td><td colspan="6">专业工长：（签名）　　项目专业质量检查员：（签名）　　年　　月　　日</td></tr>
<tr><td colspan="2">监理单位
验收结论</td><td colspan="6">专业监理工程师：（签名）　　年　　月　　日</td></tr>
</table>

7.3.5.9 市政验·号-9 路口控制器安装检验批质量验收记录

市政基础设施工程

路口控制器安装检验批质量验收记录

市政验·号-9

第 页，共 页

<table>
<tr><td colspan="3">工程名称</td><td colspan="5"></td></tr>
<tr><td colspan="3">单位工程名称</td><td colspan="5"></td></tr>
<tr><td colspan="3">施工单位</td><td></td><td colspan="2">分包单位</td><td colspan="2"></td></tr>
<tr><td colspan="3">项目负责人</td><td></td><td colspan="2">项目技术负责人</td><td colspan="2"></td></tr>
<tr><td colspan="3">分部（子分部）
工程名称</td><td></td><td colspan="2">分项工程名称</td><td colspan="2"></td></tr>
<tr><td colspan="3">验收部位/区段</td><td></td><td colspan="2">检验批容量</td><td colspan="2"></td></tr>
<tr><td colspan="3">施工及验收依据</td><td colspan="5">《储能式有轨电车供电及弱电系统施工质量验收标准》（参考）</td></tr>
<tr><td colspan="3">验收项目</td><td>设计要求或规范规定</td><td>最小/实际抽样数量</td><td colspan="2">检查记录</td><td>检查结果</td></tr>
<tr><td rowspan="2">主控项目</td><td>1</td><td>路口控制器及路口控制器支架进场时应进行检查，其型号、规格、质量应符合设计要求及相关产品标准的规定</td><td>第 12.6.1 条</td><td>/</td><td colspan="2"></td><td></td></tr>
<tr><td>2</td><td>路口控制器的安装位置、安装方法应符合设计和产品技术要求</td><td>第 12.6.2 条</td><td>/</td><td colspan="2"></td><td></td></tr>
<tr><td rowspan="2">一般项目</td><td>1</td><td>路口控制器采用金属基础支架安装方式。支架安装应平稳、牢固。螺栓应紧固、无松动。金属基础支架使用前应经热镀锌、涂漆等防腐处理</td><td>第 12.6.3 条</td><td>/</td><td colspan="2"></td><td></td></tr>
<tr><td>2</td><td>路口控制器安装应平稳、牢固，螺栓应紧固、无松动</td><td>第 12.6.4 条</td><td>/</td><td colspan="2"></td><td></td></tr>
<tr><td colspan="2">施工单位
检查结果</td><td colspan="6">专业工长：（签名） 项目专业质量检查员：（签名） 年 月 日</td></tr>
<tr><td colspan="2">监理单位
验收结论</td><td colspan="6">专业监理工程师：（签名） 年 月 日</td></tr>
</table>

7.3.5.10　市政验·号-10　发车指示器安装检验批质量验收记录

市政基础设施工程

发车指示器安装检验批质量验收记录

市政验·号-10

第　　页，共　　页

<table>
<tr><td colspan="3">工程名称</td><td colspan="5"></td></tr>
<tr><td colspan="3">单位工程名称</td><td colspan="5"></td></tr>
<tr><td colspan="3">施工单位</td><td></td><td colspan="2">分包单位</td><td colspan="2"></td></tr>
<tr><td colspan="3">项目负责人</td><td></td><td colspan="2">项目技术负责人</td><td colspan="2"></td></tr>
<tr><td colspan="3">分部（子分部）
工程名称</td><td></td><td colspan="2">分项工程名称</td><td colspan="2"></td></tr>
<tr><td colspan="3">验收部位/区段</td><td></td><td colspan="2">检验批容量</td><td colspan="2"></td></tr>
<tr><td colspan="3">施工及验收依据</td><td colspan="5">《城市轨道交通信号工程质量验收标准》GB 50578</td></tr>
<tr><td colspan="3">验收项目</td><td>设计要求或规范规定</td><td>最小/实际抽样数量</td><td>检查记录</td><td colspan="2">检查结果</td></tr>
<tr><td rowspan="3">主控项目</td><td>1</td><td>发车指示器进场时应进行检查，其型号、规格、质量应符合设计要求及相关产品质量规定</td><td>第5.5.1条</td><td>/</td><td></td><td colspan="2"></td></tr>
<tr><td>2</td><td>发车指示器的安装位置、安装高度及显示方式应符合设计要求</td><td>第5.5.2条</td><td>/</td><td></td><td colspan="2"></td></tr>
<tr><td>3</td><td>发车指示器的配线的规格、型号应符合相关产品标准的规定。配线引入管进出口处应加防护，防护管路应采用卡箍固定</td><td>第5.5.3条</td><td>/</td><td></td><td colspan="2"></td></tr>
<tr><td>一般项目</td><td>1</td><td>发车指示器的安装应符合下列要求：1. 在站台地面上安装时，应采用金属机柱安装方式，机柱与地面应垂直安装牢固；2. 在站台顶棚下、隧道壁或高架线路桥梁体上安装时，应采用金属支架安装方式，支架应安装牢固；3. 金属机柱、支架应经热镀锌、涂漆等防腐处理，并应无锈蚀和裂纹现象</td><td>第5.5.4条</td><td>/</td><td></td><td colspan="2"></td></tr>
<tr><td colspan="2">施工单位
检查结果</td><td colspan="6">专业工长：（签名）　　　项目专业质量检查员：（签名）　　　年　　月　　日</td></tr>
<tr><td colspan="2">监理单位
验收结论</td><td colspan="6">专业监理工程师：（签名）　　　年　　月　　日</td></tr>
</table>

7.3.5.11 市政验・号-11 机架（柜）安装检验批质量验收记录

市政基础设施工程

机架（柜）安装检验批质量验收记录

市政验・号-11

第　　页，共　　页

<table>
<tr><td colspan="3">工程名称</td><td colspan="5"></td></tr>
<tr><td colspan="3">单位工程名称</td><td colspan="5"></td></tr>
<tr><td colspan="3">施工单位</td><td></td><td colspan="2">分包单位</td><td colspan="2"></td></tr>
<tr><td colspan="3">项目负责人</td><td></td><td colspan="2">项目技术负责人</td><td colspan="2"></td></tr>
<tr><td colspan="3">分部（子分部）工程名称</td><td></td><td colspan="2">分项工程名称</td><td colspan="2"></td></tr>
<tr><td colspan="3">验收部位/区段</td><td></td><td colspan="2">检验批容量</td><td colspan="2"></td></tr>
<tr><td colspan="3">施工及验收依据</td><td colspan="5">《城市轨道交通信号工程质量验收标准》GB 50578</td></tr>
<tr><td colspan="3">验收项目</td><td>设计要求或规范规定</td><td>最小/实际抽样数量</td><td>检查记录</td><td colspan="2">检查结果</td></tr>
<tr><td rowspan="3">主控项目</td><td>1</td><td>各类机柜（架）进场时应进行检查，其型号、规格、质量应符合设计要求及相关产品标准的规定</td><td>第9.2.1条</td><td>/</td><td></td><td colspan="2"></td></tr>
<tr><td>2</td><td>机房内机柜（架）的平面布置、安装位置、机面朝向、柜（架）间距应符合设计要求</td><td>第9.2.2条</td><td>/</td><td></td><td colspan="2"></td></tr>
<tr><td>3</td><td>机柜（架）安装应符合下列要求：1. 机柜（架）固定方式应符合设计要求。机柜（架）底座与地面固定应平稳、牢固。当机房内铺设有防静电地板时，底座应与防静电地板等高；2. 机柜（架）安装应横平竖直、端正稳固。同排各种机柜（架）应正面处于同一平面、底部处于同一条直线；3. 除有特定的绝缘隔离时，各种绝缘装置应安装齐全，无损伤；4. 机柜（架）间需绝缘隔离时，各种绝缘装置应安装齐全、无损伤；5. 机柜（架）有抗震设计要求时，机柜（架）的抗震加固措施应符合设计要求</td><td>第9.2.3条</td><td>/</td><td></td><td colspan="2"></td></tr>
<tr><td rowspan="3">一般项目</td><td>1</td><td>机柜（架）内所有设备的紧固件应安装完整、牢固，各种零配件应无脱落</td><td>第9.2.4条</td><td>/</td><td></td><td colspan="2"></td></tr>
<tr><td>2</td><td>机柜（架）铭牌文字和符号标志应正确、清晰、齐全</td><td>第9.2.5条</td><td>/</td><td></td><td colspan="2"></td></tr>
<tr><td>3</td><td>机柜（架）漆面色调应一致，并无脱落现象；机柜（架）金属底座应经热镀锌、涂漆等防腐处理</td><td>第9.2.6条</td><td>/</td><td></td><td colspan="2"></td></tr>
<tr><td colspan="3">施工单位检查结果</td><td colspan="5">专业工长：（签名）　　项目专业质量检查员：（签名）　　年　月　日</td></tr>
<tr><td colspan="3">监理单位验收结论</td><td colspan="5">专业监理工程师：（签名）　　年　月　日</td></tr>
</table>

7.3.5.12 市政验·号-12 计算机联锁机安装试验检验批质量验收记录

市政基础设施工程

计算机联锁机安装试验检验批质量验收记录

市政验·号-12

第 页，共 页

<table>
<tr><td colspan="3">工程名称</td><td colspan="5"></td></tr>
<tr><td colspan="3">单位工程名称</td><td colspan="5"></td></tr>
<tr><td colspan="3">施工单位</td><td></td><td>分包单位</td><td colspan="3"></td></tr>
<tr><td colspan="3">项目负责人</td><td></td><td>项目技术负责人</td><td colspan="3"></td></tr>
<tr><td colspan="3">分部（子分部）
工程名称</td><td></td><td>分项工程名称</td><td colspan="3"></td></tr>
<tr><td colspan="3">验收部位/区段</td><td></td><td>检验批容量</td><td colspan="3"></td></tr>
<tr><td colspan="3">施工及验收依据</td><td colspan="5">《城市轨道交通信号工程质量验收标准》GB 50578</td></tr>
<tr><td colspan="4">验收项目</td><td>设计要求或规范规定</td><td>最小/实际抽样数量</td><td>检查记录</td><td>检查结果</td></tr>
<tr><td rowspan="3">主控项目</td><td>1</td><td colspan="2">计算机及外部设备功能性试验应符合设计和相关技术要求</td><td>第 13.2.1 条</td><td>/</td><td></td><td></td></tr>
<tr><td>2</td><td colspan="2">车站联锁试验应符合下列要求：1. 进路联锁表所列的每条列车/调车进路的建立与取消、信号机开放与关闭、进路锁闭与解锁等项目的试验，应保证联锁关系正确并符合设计要求；2. 进路不应建立敌对进路，敌对信号不得开放；建立进路时，与该进路无关的设备不得误动作，列车防护进路应正确和完整；3. 站内联锁设备去区间、站（场）间的联锁关系应符合设计要求；4. 计算机联锁设备的采集单元与采集对象、驱动单元与执行器件的状态应一致</td><td>第 13.2.3 条</td><td>/</td><td></td><td></td></tr>
<tr><td>3</td><td colspan="2">车站连锁设备故障报警信号应及时、准确、可靠</td><td>第 13.2.4 条</td><td>/</td><td></td><td></td></tr>
<tr><td colspan="2">施工单位
检查结果</td><td colspan="6">专业工长：（签名） 项目专业质量检查员：（签名） 年 月 日</td></tr>
<tr><td colspan="2">监理单位
验收结论</td><td colspan="6">专业监理工程师：（签名） 年 月 日</td></tr>
</table>

7.3.5.13　市政验・号-13　车载系统检验批质量验收记录

市政基础设施工程

车载系统检验批质量验收记录

市政验・号-13

第　　页，共　　页

<table>
<tr><td colspan="3">工程名称</td><td colspan="5"></td></tr>
<tr><td colspan="3">单位工程名称</td><td colspan="5"></td></tr>
<tr><td colspan="3">施工单位</td><td></td><td>分包单位</td><td colspan="3"></td></tr>
<tr><td colspan="3">项目负责人</td><td></td><td>项目技术负责人</td><td colspan="3"></td></tr>
<tr><td colspan="3">分部（子分部）
工程名称</td><td></td><td>分项工程名称</td><td colspan="3"></td></tr>
<tr><td colspan="3">验收部位/区段</td><td></td><td>检验批容量</td><td colspan="3"></td></tr>
<tr><td colspan="3">施工及验收依据</td><td colspan="5">《城市轨道交通信号工程质量验收标准》GB 50578</td></tr>
<tr><td colspan="3">验收项目</td><td>设计要求或
规范规定</td><td>最小/实际
抽样数量</td><td>检查记录</td><td>检查
结果</td></tr>
<tr><td rowspan="4">主控项目</td><td>1</td><td>ATP 系统功能应符合设计要求</td><td>第 15.2 条</td><td>/</td><td></td><td></td></tr>
<tr><td>2</td><td>ATS 系统功能应符合设计要求</td><td>第 16.2 条</td><td>/</td><td></td><td></td></tr>
<tr><td>3</td><td>ATO 系统功能应符合设计要求</td><td>第 17.2 条</td><td>/</td><td></td><td></td></tr>
<tr><td>4</td><td>ATC 系统功能应符合设计要求</td><td>第 18.2 条</td><td>/</td><td></td><td></td></tr>
<tr><td colspan="2">施工单位
检查结果</td><td colspan="5">专业工长：（签名）　　项目专业质量检查员：（签名）　　年　　月　　日</td></tr>
<tr><td colspan="2">监理单位
验收结论</td><td colspan="5">专业监理工程师：（签名）　　年　　月　　日</td></tr>
</table>

7.3.5.14 市政验·号-14 系统调试检验批质量验收记录

市政基础设施工程

系统调试检验批质量验收记录

市政验·号-14

第　　页，共　　页

<table>
<tr><td colspan="3">工程名称</td><td colspan="5"></td></tr>
<tr><td colspan="3">单位工程名称</td><td colspan="5"></td></tr>
<tr><td colspan="3">施工单位</td><td></td><td>分包单位</td><td colspan="3"></td></tr>
<tr><td colspan="3">项目负责人</td><td></td><td>项目技术负责人</td><td colspan="3"></td></tr>
<tr><td colspan="3">分部（子分部）
工程名称</td><td></td><td>分项工程名称</td><td colspan="3"></td></tr>
<tr><td colspan="3">验收部位/区段</td><td></td><td>检验批容量</td><td colspan="3"></td></tr>
<tr><td colspan="3">施工及验收依据</td><td colspan="5">《储能式有轨电车供电及弱电系统施工质量验收标准》（参考）</td></tr>
<tr><td colspan="3">验收项目</td><td colspan="2">设计要求或规范规定</td><td>最小/实际抽样数量</td><td>检查记录</td><td>检查结果</td></tr>
<tr><td>主控项目</td><td>1</td><td>联锁综合试验应符合下列要求：
1. 应确保进路上转辙机、进路表示器和区段的联锁，联锁条件不符时，严禁进路开通；敌对进路必须相互照查，不得同时开通。
2. 室内、外设备一致性检验应符合下列要求：
（1）控制台（显示器）上复示信号显示与室外对应信号机的信号显示含义应一致，灯丝断丝报警功能符合设计要求；
（2）室外轨道电路位置与控制台（显示器）上的轨道区段表示应一致；
（3）室外道岔实际定/反位位置与控制台（显示器）上的道岔位置表示相符；操作道岔时，室外道岔转换设备动作状态与室内有关设备动作状态应一致；
（4）室外其他设备状态与控制台（显示器）上的相关表示应一致。
3. 正线与车辆基地间的接口测试及功能检验应符合设计要求</td><td colspan="2">第 12.14.1 条</td><td>/</td><td></td><td></td></tr>
<tr><td colspan="2">施工单位
检查结果</td><td colspan="6">专业工长：（签名）　　项目专业质量检查员：（签名）　　年　月　日</td></tr>
<tr><td colspan="2">监理单位
验收结论</td><td colspan="6">专业监理工程师：（签名）　　年　月　日</td></tr>
</table>

7.3.5.15　市政验·号-15　电源调试检验批质量验收记录

市政基础设施工程

电源调试检验批质量验收记录

市政验·号-15

第　　页，共　　页

<table>
<tr><td colspan="3">工程名称</td><td colspan="5"></td></tr>
<tr><td colspan="3">单位工程名称</td><td colspan="5"></td></tr>
<tr><td colspan="3">施工单位</td><td></td><td colspan="2">分包单位</td><td colspan="2"></td></tr>
<tr><td colspan="3">项目负责人</td><td></td><td colspan="2">项目技术负责人</td><td colspan="2"></td></tr>
<tr><td colspan="3">分部（子分部）
工程名称</td><td></td><td colspan="2">分项工程名称</td><td colspan="2"></td></tr>
<tr><td colspan="3">验收部位/区段</td><td></td><td colspan="2">检验批容量</td><td colspan="2"></td></tr>
<tr><td colspan="3">施工及验收依据</td><td colspan="5">《城市轨道交通信号工程质量验收标准》GB 50578</td></tr>
<tr><td colspan="4">验收项目</td><td>设计要求或
规范规定</td><td>最小/实际
抽样数量</td><td>检查记录</td><td>检查
结果</td></tr>
<tr><td>主控项目</td><td>1</td><td colspan="2">电源设备试验应符合下列要求：1. 各种电源输出电压值测试应符合设计和相关技术要求，并无接地、混电现象；2. 主、副电源应切换（包括自动和手动）可靠，切换时间和电压稳定度应符合设计和相关技术要求；3. 不间断电源的输出电压、频率、满负荷放电时间及超载性能符合设计和相关技术要求；4. 电源设备对地绝缘电阻值应符合设计要求；5. 电源故障报警功能应试验正常</td><td>第13.2.2条</td><td>/</td><td></td><td></td></tr>
<tr><td colspan="2">施工单位
检查结果</td><td colspan="6">专业工长：（签名）　　项目专业质量检查员：（签名）　　年　　月　　日</td></tr>
<tr><td colspan="2">监理单位
验收结论</td><td colspan="6">专业监理工程师：（签名）　　年　　月　　日</td></tr>
</table>

7.3.5.16 市政验·号-16 最小时间间隔检验批质量验收记录

市政基础设施工程

最小时间间隔检验批质量验收记录

市政验·号-16

第 页，共 页

<table>
<tr><td colspan="3">工程名称</td><td colspan="5"></td></tr>
<tr><td colspan="3">单位工程名称</td><td colspan="5"></td></tr>
<tr><td colspan="3">施工单位</td><td></td><td>分包单位</td><td colspan="3"></td></tr>
<tr><td colspan="3">项目负责人</td><td></td><td>项目技术负责人</td><td colspan="3"></td></tr>
<tr><td colspan="3">分部（子分部）
工程名称</td><td></td><td>分项工程名称</td><td colspan="3"></td></tr>
<tr><td colspan="3">验收部位/区段</td><td></td><td>检验批容量</td><td colspan="3"></td></tr>
<tr><td colspan="3">施工及验收依据</td><td colspan="5">《城市轨道交通质量验收标准》DB 11/T 311.2</td></tr>
<tr><td colspan="4">验收项目</td><td>设计要求或规范规定</td><td>最小/实际抽样数量</td><td>检查记录</td><td>检查结果</td></tr>
<tr><td>主控项目</td><td>1</td><td colspan="2">信号 ATC 系统施工结束后，应进行最小时间间隔试验，测试系统的运行间隔、折返间隔等指标符合设计要求</td><td>第 6.8.1.1 条</td><td>/</td><td></td><td></td></tr>
<tr><td colspan="2">施工单位
检查结果</td><td colspan="6">专业工长：（签名） 项目专业质量检查员：（签名） 年 月 日</td></tr>
<tr><td colspan="2">监理单位
验收结论</td><td colspan="6">专业监理工程师：（签名） 年 月 日</td></tr>
</table>

7.3.5.17 市政验·号-17 144 小时系统联调检验批质量验收记录

市政基础设施工程

144 小时系统联调检验批质量验收记录

市政验·号-17

第　　页，共　　页

<table>
<tr><td colspan="3">工程名称</td><td colspan="5"></td></tr>
<tr><td colspan="3">单位工程名称</td><td colspan="5"></td></tr>
<tr><td colspan="3">施工单位</td><td></td><td>分包单位</td><td colspan="3"></td></tr>
<tr><td colspan="3">项目负责人</td><td></td><td>项目技术负责人</td><td colspan="3"></td></tr>
<tr><td colspan="3">分部（子分部）
工程名称</td><td></td><td>分项工程名称</td><td colspan="3"></td></tr>
<tr><td colspan="3">验收部位/区段</td><td></td><td>检验批容量</td><td colspan="3"></td></tr>
<tr><td colspan="3">施工及验收依据</td><td colspan="5">《城市轨道交通质量验收标准》DB 11/T 311.2</td></tr>
<tr><td colspan="4">验收项目</td><td>设计要求或规范规定</td><td>最小/实际抽样数量</td><td>检查记录</td><td>检查结果</td></tr>
<tr><td>主控项目</td><td>1</td><td colspan="2">144 小时连续系统联调试验应验证下列指标达到设计要求：1. 安全指标：在联锁、ATP 安全功能正常的基础上，系统必须提供 100%的安全运行；2. 可用性指标：各子系统的可用性都不得低于 99.999%。3. 系统 MTBF：设备的 MTBF 必须满足有关要求；4. 列车因信号系统原因产生的非期望（非正常）紧急制动发生率符合系统设计要求。5. 列车停车精度、正线列车运行间隔、折返站折返能力符合系统设计要求</td><td>第 6.8.2.1 条</td><td>/</td><td></td><td></td></tr>
<tr><td colspan="2">施工单位
检查结果</td><td colspan="6">专业工长：（签名）　　项目专业质量检查员：（签名）　　年　月　日</td></tr>
<tr><td colspan="2">监理单位
验收结论</td><td colspan="6">专业监理工程师：（签名）　　年　月　日</td></tr>
</table>

7.3.6 自动售检票系统工程

7.3.6.1 市政验·票-1 自动售票机安装检验批质量验收记录

市政基础设施工程

自动售票机安装检验批质量验收记录

市政验·票-1

第　　页，共　　页

<table>
<tr><td colspan="3">工程名称</td><td colspan="5"></td></tr>
<tr><td colspan="3">单位工程名称</td><td colspan="5"></td></tr>
<tr><td colspan="3">施工单位</td><td></td><td>分包单位</td><td colspan="3"></td></tr>
<tr><td colspan="3">项目负责人</td><td></td><td>项目技术负责人</td><td colspan="3"></td></tr>
<tr><td colspan="3">分部（子分部）工程名称</td><td></td><td>分项工程名称</td><td colspan="3"></td></tr>
<tr><td colspan="3">验收部位/区段</td><td></td><td>检验批容量</td><td colspan="3"></td></tr>
<tr><td colspan="3">施工及验收依据</td><td colspan="5">《城市轨道交通自动售检票系统工程质量验收标准》GB 50381</td></tr>
<tr><td colspan="3">验收项目</td><td>设计要求或规范规定</td><td>最小/实际抽样数量</td><td>检查记录</td><td>检查结果</td></tr>
<tr><td rowspan="7">主控项目</td><td>1</td><td>自动售票机与车站计算机间双向通信正常时．自动售票机应及时将交易记录上传车站计算机系统并在车站计算机系统上显示交易记录</td><td>第8.4.1条</td><td>/</td><td></td><td></td></tr>
<tr><td>2</td><td>自动售票机具有多种操作模式符合设计要求</td><td>第8.4.2条</td><td>/</td><td></td><td></td></tr>
<tr><td>3</td><td>自动售票机的基本功能应符合下列规定：1. 发售有效车票；2. 密钥安全性检查；3. 具有向车站计算机上传车票处理交易、设备运行状态等数据，接受车站计算机或线路中央计算机下传的命令、票价表、黑名单及其他参数等数据，并应对版本控制参数执行自动生效处理；4. 具备自动接收硬币、纸币、储值票和信用卡等一种或数种支付方式，并具备硬币找零或硬币、纸币找零的功能；5. 在与线路中央计算机及车站计算机通信中断时，应能在离线模式下工作，并保存一段周期的数据。在通信恢复后，应能自动上传未传送的数据</td><td>第8.4.3条</td><td>/</td><td></td><td></td></tr>
<tr><td>4</td><td>自动售票机的找零功能应符合设计要求</td><td>第8.4.4条</td><td>/</td><td></td><td></td></tr>
<tr><td>5</td><td>自动售票机开门时应进行安全识别检测，应有输入身份识别码和操作密码的时间限制，并有超时报警，同时上传至车站计算机</td><td>第8.4.10条</td><td>/</td><td></td><td></td></tr>
<tr><td>6</td><td>系统断电后应能完成最后一次的交易处理，并应保证交易记录不丢失</td><td>第8.4.11条</td><td>/</td><td></td><td></td></tr>
<tr><td>7</td><td>自动售价票系统所有金属外壳或机体应可靠接地，其保护接地导体和保护连接导体应符合现行国家标准《信息技术设备的安全》GB 4943.1—201中的有关规定</td><td>第8.4.13条</td><td>/</td><td></td><td></td></tr>
<tr><td colspan="2">施工单位检查结果</td><td colspan="5">专业工长：（签名）　　项目专业质量检查员：（签名）　　年　月　日</td></tr>
<tr><td colspan="2">监理单位验收结论</td><td colspan="5">专业监理工程师：（签名）　　年　月　日</td></tr>
</table>

7.3.6.2 市政验·票-2 中央计算机系统检验批质量验收记录

市政基础设施工程

中央计算机系统检验批质量验收记录

市政验·票-2

第　　页，共　　页

<table>
<tr><td colspan="3">工程名称</td><td colspan="5"></td></tr>
<tr><td colspan="3">单位工程名称</td><td colspan="5"></td></tr>
<tr><td colspan="3">施工单位</td><td></td><td colspan="2">分包单位</td><td colspan="2"></td></tr>
<tr><td colspan="3">项目负责人</td><td></td><td colspan="2">项目技术负责人</td><td colspan="2"></td></tr>
<tr><td colspan="3">分部（子分部）工程名称</td><td></td><td colspan="2">分项工程名称</td><td colspan="2"></td></tr>
<tr><td colspan="3">验收部位/区段</td><td></td><td colspan="2">检验批容量</td><td colspan="2"></td></tr>
<tr><td colspan="3">施工及验收依据</td><td colspan="5">《城市轨道交通自动售检票系统工程质量验收标准》GB 50381</td></tr>
<tr><td colspan="3">验收项目</td><td>设计要求或规范规定</td><td>最小/实际抽样数量</td><td>检查记录</td><td colspan="2">检查结果</td></tr>
<tr><td rowspan="14">主控项目</td><td>1</td><td>线路中央计算机系统应与车站计算机系统通信正常，线路中央计算机系统局域网应保证连通性</td><td>第 10.1.1 条</td><td>/</td><td></td><td colspan="2"></td></tr>
<tr><td>2</td><td>网路设备的性能应符合设计要求</td><td>第 10.1.2 条</td><td>/</td><td></td><td colspan="2"></td></tr>
<tr><td>3</td><td>网路系统容量、带宽、延时、丢包率、流量控制性能应符合设计要求</td><td>第 10.1.3 条</td><td>/</td><td></td><td colspan="2"></td></tr>
<tr><td>4</td><td>局域网系统的冗余度应符合设计要求</td><td>第 10.1.4 条</td><td>/</td><td></td><td colspan="2"></td></tr>
<tr><td>5</td><td>车票管理功能正常，并符合下列规定：1 车票动态库存管理功能。2 车票查询，统计功能。3 监控车票编码分拣设备</td><td>第 10.2.2 条</td><td>/</td><td></td><td colspan="2"></td></tr>
<tr><td>6</td><td>参数管理功能正常，并应符合下来要求：1. 查询各类参数的版本 2. 编辑各类参数的草稿版本 3. 向指定车站同步同类参数 4. 查询参数的实时性，响应时间符合设计要求</td><td>第 10.2.3 条</td><td>/</td><td></td><td colspan="2"></td></tr>
<tr><td>7</td><td>用户及权限管理功能应符合设计要求</td><td>第 10.2.4 条</td><td>/</td><td></td><td colspan="2"></td></tr>
<tr><td>8</td><td>实时客流统计的实时性符合设计要求</td><td>第 10.2.5 条</td><td>/</td><td></td><td colspan="2"></td></tr>
<tr><td>9</td><td>设备软件管理功能正常，并符合相关规定</td><td>第 10.2.6 条</td><td>/</td><td></td><td colspan="2"></td></tr>
<tr><td>10</td><td>日终处理、运营报表和交易数据查询功能正常，并符合相关规定</td><td>第 10.2.7 条</td><td>/</td><td></td><td colspan="2"></td></tr>
<tr><td>11</td><td>应急票发售和缴销功能正常，并符合相关规定</td><td>第 10.2.8 条</td><td>/</td><td></td><td colspan="2"></td></tr>
<tr><td>12</td><td>系统后台处理功能满足要求，并符合相关规定</td><td>第 10.2.9 条</td><td>/</td><td></td><td colspan="2"></td></tr>
<tr><td>13</td><td>线路中央计算机系统应具有与票务清分系统的时间同步功能，满足设计要求，并符合相关规定</td><td>第 10.2.10 条</td><td>/</td><td></td><td colspan="2"></td></tr>
<tr><td>14</td><td>维修管理功能正常，并应符合下列规定：1. 故障监控；2. 部件管；3. 维护统计</td><td>第 10.2.11 条</td><td>/</td><td></td><td colspan="2"></td></tr>
<tr><td colspan="2">施工单位检查结果</td><td colspan="6">专业工长：（签名）　项目专业质量检查员：（签名）　年　月　日</td></tr>
<tr><td colspan="2">监理单位验收结论</td><td colspan="6">专业监理工程师：（签名）　年　月　日</td></tr>
</table>

7.3.6.3 市政验·票-3 机房设备安装检验批质量验收记录

市政基础设施工程

机房设备安装检验批质量验收记录

市政验·票-3

第 页，共 页

<table>
<tr><td colspan="3">工程名称</td><td colspan="5"></td></tr>
<tr><td colspan="3">单位工程名称</td><td colspan="5"></td></tr>
<tr><td colspan="3">施工单位</td><td></td><td colspan="2">分包单位</td><td colspan="2"></td></tr>
<tr><td colspan="3">项目负责人</td><td></td><td colspan="2">项目技术负责人</td><td colspan="2"></td></tr>
<tr><td colspan="3">分部（子分部）工程名称</td><td></td><td colspan="2">分项工程名称</td><td colspan="2"></td></tr>
<tr><td colspan="3">验收部位/区段</td><td></td><td colspan="2">检验批容量</td><td colspan="2"></td></tr>
<tr><td colspan="3">施工及验收依据</td><td colspan="5">《城市轨道交通自动售检票系统工程质量验收标准》GB 50381</td></tr>
<tr><td colspan="4">验收项目</td><td>设计要求或规范规定</td><td>最小/实际抽样数量</td><td>检查记录</td><td>检查结果</td></tr>
<tr><td rowspan="2">主控项目</td><td>1</td><td colspan="2">服务器、工作站、交换机、打印机、编码分拣机和机柜的型号、规格、质量和数量应符合设计要求</td><td>第 6.3.1 条</td><td>/</td><td></td><td></td></tr>
<tr><td>2</td><td colspan="2">各种机柜插接件应插接追却、牢固</td><td>第 6.3.2 条</td><td>/</td><td></td><td></td></tr>
<tr><td rowspan="4">一般项目</td><td>1</td><td colspan="2">服务器、工作站、交换机、打印机和编码分拣机的安装智联应符合下列规定：1. 安装应稳定、牢固，位置准确，符合设计要求；2. 通风散热应符合设计要求</td><td>第 6.3.3 条</td><td>/</td><td></td><td></td></tr>
<tr><td>2</td><td colspan="2">机柜的安装质量应符合下列规定：1. 机柜固定牢固、垂直、水平、垂直允许偏差应为 2mm；2. 同列机柜正面应位于同一平面，允许偏差应为 5mm；3. 非标准件、漆色与设备漆色应一致</td><td>第 6.3.4 条</td><td>/</td><td></td><td></td></tr>
<tr><td>3</td><td colspan="2">设备的附备件全完整</td><td>第 6.3.5 条</td><td>/</td><td></td><td></td></tr>
<tr><td>4</td><td colspan="2">设备的迹象漆饰良好、无严重脱漆和锈蚀</td><td>第 6.3.6 条</td><td>/</td><td></td><td></td></tr>
<tr><td colspan="3">施工单位检查结果</td><td colspan="5">专业工长：（签名） 项目专业质量检查员：（签名） 年 月 日</td></tr>
<tr><td colspan="3">监理单位验收结论</td><td colspan="5">专业监理工程师：（签名） 年 月 日</td></tr>
</table>

7.3.6.4 市政验·票-4 车站终端设备安装检验批质量验收记录

市政基础设施工程

车站终端设备安装检验批质量验收记录

市政验·票-4

第 页，共 页

工程名称						
单位工程名称						
施工单位			分包单位			
项目负责人			项目技术负责人			
分部（子分部）工程名称			分项工程名称			
验收部位/区段			检验批容量			
施工及验收依据	《城市轨道交通自动售检票系统工程质量验收标准》GB 50381					
验收项目			设计要求或规范规定	最小/实际抽样数量	检查记录	检查结果
主控项目	1	终端设备的进场质量应符合下列规定：1. 设备安装前对设备进行开箱检查，设备完好无缺，附件资料齐全；2. 终端设备的型号、规范。质量和数量符合设计要求；3. 终端设备外形完好，便面无划痕及破坏；设备外形尺寸、设备内的个主要部件及接线端子的型号、规格符合设计要求；4. 终端设备接地点和设备接地必须连接可靠；5. 终端设备构件连接紧密、牢固，安装用的紧固件有防锈层	第 6.2.1 条	/		
一般项目	1	终端设备安装的质量应符合下列规定：1. 设备安装位置符合设计要求；2. 设备安装的通道宽度符合设计要求；3. 各类终端设备周围留出足够的操作和维护空间；4. 设备底座安装牢固，底座与地面间做防水处理，设备安装垂直、水平偏差小于2mm。自动检票机水平间隔偏差小于 5mm	第 6.2.2 条	/		
施工单位检查结果	专业工长：（签名） 项目专业质量检查员：（签名） 年 月 日					
监理单位验收结论	专业监理工程师：（签名） 年 月 日					

7.3.6.5 市政验·票-5 紧急按钮安装检验批质量验收记录

市政基础设施工程

紧急按钮安装检验批质量验收记录

市政验·票-5

第 页，共 页

<table>
<tr><td colspan="3">工程名称</td><td colspan="5"></td></tr>
<tr><td colspan="3">单位工程名称</td><td colspan="5"></td></tr>
<tr><td colspan="3">施工单位</td><td></td><td>分包单位</td><td colspan="3"></td></tr>
<tr><td colspan="3">项目负责人</td><td></td><td>项目技术负责人</td><td colspan="3"></td></tr>
<tr><td colspan="3">分部（子分部）
工程名称</td><td></td><td>分项工程名称</td><td colspan="3"></td></tr>
<tr><td colspan="3">验收部位/区段</td><td></td><td>检验批容量</td><td colspan="3"></td></tr>
<tr><td colspan="3">施工及验收依据</td><td colspan="5">《城市轨道交通自动售检票系统工程质量验收标准》GB 50381</td></tr>
<tr><td colspan="4">验收项目</td><td>设计要求或规范规定</td><td>最小/实际抽样数量</td><td>检查记录</td><td>检查结果</td></tr>
<tr><td>主控项目</td><td>1</td><td colspan="2">紧急按钮安装的质量应符合下列规定：1. 紧急按钮的安装位置符合设计要求；2. 紧急按钮的安装考虑操作方便并有明显醒目的标志；3. 引入电缆或引出线应采用屏蔽保护措施</td><td>第 6.4.1 条</td><td>/</td><td></td><td></td></tr>
<tr><td colspan="2">施工单位
检查结果</td><td colspan="6">

专业工长：（签名） 项目专业质量检查员：（签名） 年 月 日</td></tr>
<tr><td colspan="2">监理单位
验收结论</td><td colspan="6">

专业监理工程师：（签名） 年 月 日</td></tr>
</table>

7.3.6.6 市政验·票-6 缆线的敷设检验批质量验收

市政基础设施工程

缆线的敷设检验批质量验收记录

市政验·票-6

第　　页，共　　页

<table>
<tr><td colspan="2">工程名称</td><td colspan="5"></td></tr>
<tr><td colspan="2">单位工程名称</td><td colspan="5"></td></tr>
<tr><td colspan="2">施工单位</td><td></td><td>分包单位</td><td colspan="3"></td></tr>
<tr><td colspan="2">项目负责人</td><td></td><td>项目技术负责人</td><td colspan="3"></td></tr>
<tr><td colspan="2">分部（子分部）工程名称</td><td></td><td>分项工程名称</td><td colspan="3"></td></tr>
<tr><td colspan="2">验收部位/区段</td><td></td><td>检验批容量</td><td colspan="3"></td></tr>
<tr><td colspan="2">施工及验收依据</td><td colspan="5">《城市轨道交通自动售检票系统工程质量验收标准》GB 50381</td></tr>
<tr><td colspan="3">验收项目</td><td>设计要求或规范规定</td><td>最小/实际抽样数量</td><td>检查记录</td><td>检查结果</td></tr>
<tr><td rowspan="3">主控项目</td><td>1</td><td>数据电缆、电源电缆、控制电缆的型号、规格、数量和质量应符合设计要求</td><td>第 5.1.1 条</td><td>/</td><td></td><td></td></tr>
<tr><td>2</td><td>数据线缆和控制电缆与电源电缆应分管分槽敷设。线缆出入口处，应做密封处理并满足防火要求</td><td>第 5.1.2 条</td><td>/</td><td></td><td></td></tr>
<tr><td>3</td><td>配线用的分线设备及附备件的绝缘电阻应符合设备技术条件的规定</td><td>第 5.1.3 条</td><td>/</td><td></td><td></td></tr>
<tr><td>一般项目</td><td>1</td><td>数据线缆、控制电缆、电源电缆在管槽内敷设的质量应符合下列规定：1. 管槽内线缆敷设应平直，无扭绞、打圈等现象。线缆在管槽内应无接头；2. 3 跟及以上绝缘导线敷设于同一根管时，其总截面积（含防护层）不宜超过管内截面的 40%；2. 根绝缘导线敷设于同一根管时，管内经不宜小于 2 根绝缘导线外径之和的 1.35 倍；3. 线缆敷设时应有一定余量，在设备出线处根据实际情况预留；4. 敷设于水平线槽内的线缆，每隔 3～5m 宜绑扎固定；敷设于垂直线槽内的线缆每隔 2m 宜绑扎固定；5. 线缆两端及经过分线盒处应有标签，标明线缆的起始和终端位置，标签应清晰、准确、牢固</td><td>第 5.1.4 条</td><td>/</td><td></td><td></td></tr>
<tr><td colspan="2">施工单位检查结果</td><td colspan="5">专业工长：（签名）　　项目专业质量检查员：（签名）　　年　月　日</td></tr>
<tr><td colspan="2">监理单位验收结论</td><td colspan="5">专业监理工程师：（签名）　　年　月　日</td></tr>
</table>

7.3.6.7 市政验·票-7 线缆的引入及接续检验批质量验收记录

市政基础设施工程

线缆的引入及接续检验批质量验收记录

市政验·票-7

第　　页，共　　页

<table>
<tr><td colspan="2">工程名称</td><td colspan="6"></td></tr>
<tr><td colspan="2">单位工程名称</td><td colspan="6"></td></tr>
<tr><td colspan="2">施工单位</td><td></td><td colspan="2">分包单位</td><td colspan="3"></td></tr>
<tr><td colspan="2">项目负责人</td><td></td><td colspan="2">项目技术负责人</td><td colspan="3"></td></tr>
<tr><td colspan="2">分部（子分部）
工程名称</td><td></td><td colspan="2">分项工程名称</td><td colspan="3"></td></tr>
<tr><td colspan="2">验收部位/区段</td><td></td><td colspan="2">检验批容量</td><td colspan="3"></td></tr>
<tr><td colspan="2">施工及验收依据</td><td colspan="6">《城市轨道交通自动售检票系统工程质量验收标准》GB 50381</td></tr>
<tr><td colspan="3">验收项目</td><td colspan="2">设计要求或规范规定</td><td>最小/实际抽样数量</td><td>检查记录</td><td>检查结果</td></tr>
<tr><td rowspan="3">主控项目</td><td>1</td><td>配线设备的型号规格数量应符合设计要求。配线设备的绝缘电阻应符合设备技术条件规定</td><td colspan="2">第 5.2.1 条</td><td>/</td><td></td><td></td></tr>
<tr><td>2</td><td>光纤接续应符合下列规定：1 单模光纤接续平均损耗不应大于 0.1dB，多模光纤接续平均损耗不应大于 0.2dB。光纤的弯曲半径不应大于 40mm</td><td colspan="2">第 5.3.1 条</td><td>/</td><td></td><td></td></tr>
<tr><td>3</td><td>电源线缆接续应符合下列规定：1. 电源电缆接线应正确；2. 电源电缆的芯线与电气设备的连接应符合《城市轨道交通自动售检票系统工程质量验收规范》(GB 50381—2010) 相关规定；3. 每个设备的端子接线不多于 2 根电线；4. 电源电缆的芯线连接管和端子规格应与芯线的规格适配，且不得采用开口端子</td><td colspan="2">第 5.3.2 条</td><td>/</td><td></td><td></td></tr>
<tr><td rowspan="2">一般项目</td><td>1</td><td>线缆引入、成端的质量应符合下列规定：1 线缆的引入时，引入口处应加防护。2 配线设备端子跳线排列整齐顺直，配线箱底孔引进电缆后应堵牢</td><td colspan="2">第 5.2.2 条</td><td>/</td><td></td><td></td></tr>
<tr><td>2</td><td>线缆应有明显标志，标明线缆的型号、长度</td><td colspan="2">第 5.2.3 条</td><td>/</td><td></td><td></td></tr>
<tr><td colspan="2">施工单位
检查结果</td><td colspan="6">专业工长：(签名)　　项目专业质量检查员：(签名)　　年　月　日</td></tr>
<tr><td colspan="2">监理单位
验收结论</td><td colspan="6">专业监理工程师：(签名)　　年　月　日</td></tr>
</table>

7.3.6.8 市政验·票-8 车票检测检验批质量验收记录

市政基础设施工程

车票检测检验批质量验收记录

市政验·票-8

第　页，共　页

<table>
<tr><td colspan="3">工程名称</td><td colspan="5"></td></tr>
<tr><td colspan="3">单位工程名称</td><td colspan="5"></td></tr>
<tr><td colspan="3">施工单位</td><td></td><td>分包单位</td><td colspan="3"></td></tr>
<tr><td colspan="3">项目负责人</td><td></td><td>项目技术负责人</td><td colspan="3"></td></tr>
<tr><td colspan="3">分部（子分部）工程名称</td><td></td><td>分项工程名称</td><td colspan="3"></td></tr>
<tr><td colspan="3">验收部位/区段</td><td></td><td>检验批容量</td><td colspan="3"></td></tr>
<tr><td colspan="3">施工及验收依据</td><td colspan="5">《城市轨道交通自动售检票系统工程质量验收标准》GB 50381</td></tr>
<tr><td colspan="4">验收项目</td><td>设计要求或规范规定</td><td>最小/实际抽样数量</td><td>检查记录</td><td>检查结果</td></tr>
<tr><td>主控项目</td><td>1</td><td colspan="2">车票的一般物理特性应符合下列规定：1. 车票的物理尺寸符合设计要求；2. 车票封装的材料和工艺符合设计要求</td><td>第7.2.1条</td><td>/</td><td></td><td></td></tr>
<tr><td rowspan="2">一般项目</td><td>1</td><td colspan="2">车票外观检验应符合下列规定：1. 车票平整光滑，无明显察觉的划痕，凸凹痕和摩擦痕；2. 表面印刷清晰；3. 无明显线圈和芯片等内封物的显现；4. 车票表面和边缘无任何毛刺</td><td>第7.2.7条</td><td>/</td><td></td><td></td></tr>
<tr><td>2</td><td colspan="2">车票包装检查应符合下列规定：1. 满足合同对包装防护的要求，外观良好，运输途中未受损；2. 出厂编号或批号（或合同号）；3. 生产日期；4. 生产许可证编号；5. 包装箱内文件：装箱单、产品合格证、产品检测报告。
检查数量：全部检查</td><td>第7.2.8条</td><td>/</td><td></td><td></td></tr>
<tr><td colspan="2">施工单位检查结果</td><td colspan="6">

专业工长：（签名）　　项目专业质量检查员：（签名）　　年　月　日</td></tr>
<tr><td colspan="2">监理单位验收结论</td><td colspan="6">

专业监理工程师：（签名）　　年　月　日</td></tr>
</table>

7.3.6.9 市政验·票-9 单体测试检验批质量验收记录

市政基础设施工程

单体测试检验批质量验收记录

市政验·票-9

第 页，共 页

<table>
<tr><td colspan="3">工程名称</td><td colspan="5"></td></tr>
<tr><td colspan="3">单位工程名称</td><td colspan="5"></td></tr>
<tr><td colspan="3">施工单位</td><td></td><td>分包单位</td><td colspan="3"></td></tr>
<tr><td colspan="3">项目负责人</td><td></td><td>项目技术负责人</td><td colspan="3"></td></tr>
<tr><td colspan="3">分部（子分部）
工程名称</td><td></td><td>分项工程名称</td><td colspan="3"></td></tr>
<tr><td colspan="3">验收部位/区段</td><td></td><td>检验批容量</td><td colspan="3"></td></tr>
<tr><td colspan="3">施工及验收依据</td><td colspan="5">《城市轨道交通工程质量验收标准》B11/T 311.2</td></tr>
<tr><td colspan="4">验收项目</td><td>设计要求或
规范规定</td><td>最小/实际
抽样数量</td><td>检查记录</td><td>检查
结果</td></tr>
<tr><td rowspan="10">主控项目</td><td>1</td><td colspan="2">电源设备的试验应符合相关规定</td><td>第 7.5.1 条</td><td>/</td><td></td><td></td></tr>
<tr><td>2</td><td colspan="2">电源设备各种仪表指示应正常</td><td>第 7.5.2 条</td><td>/</td><td></td><td></td></tr>
<tr><td>3</td><td colspan="2">系统绝缘测试应符合相关规定</td><td>第 7.5.3 条</td><td>/</td><td></td><td></td></tr>
<tr><td>4</td><td colspan="2">接地系统接地电阻应符合设计要求</td><td>第 7.5.4 条</td><td>/</td><td></td><td></td></tr>
<tr><td>5</td><td colspan="2">网络接口模块的通信协议、数据传输格式、速率应符合设计要求</td><td>第 7.5.5 条</td><td>/</td><td></td><td></td></tr>
<tr><td>6</td><td colspan="2">控制中心设备和车站设备单机测试应正确，系统配置（软件版本、内存大小等）、端口配置和冗余配置应符合设计要求</td><td>第 7.5.6 条</td><td>/</td><td></td><td></td></tr>
<tr><td>7</td><td colspan="2">检测服务器、计算机等设备的主机配置，外设配置应符合设计要求</td><td>第 7.5.7 条</td><td>/</td><td></td><td></td></tr>
<tr><td>8</td><td colspan="2">UPS 的过流/过压保护功能应符合设计要求</td><td>第 7.5.8 条</td><td>/</td><td></td><td></td></tr>
<tr><td>9</td><td colspan="2">输出电压允许的变动范围应符合设计要求</td><td>第 7.5.9 条</td><td>/</td><td></td><td></td></tr>
<tr><td>10</td><td colspan="2">初始编码机、自动售票机、自动检票机、进/出站闸机等的启动和单机操作测试应正常</td><td>第 7.5.10 条</td><td>/</td><td></td><td></td></tr>
<tr><td colspan="3">施工单位
检查结果</td><td colspan="5">专业工长：（签名） 项目专业质量检查员：（签名） 年 月 日</td></tr>
<tr><td colspan="3">监理单位
验收结论</td><td colspan="5">专业监理工程师：（签名） 年 月 日</td></tr>
</table>

7.3.6.10　市政验·票-10　系统联调检验批质量验收记录

市政基础设施工程

系统联调检验批质量验收记录

市政验·票-10

第　　页，共　　页

<table>
<tr><td colspan="3">工程名称</td><td colspan="5"></td></tr>
<tr><td colspan="3">单位工程名称</td><td colspan="5"></td></tr>
<tr><td colspan="3">施工单位</td><td></td><td colspan="2">分包单位</td><td colspan="2"></td></tr>
<tr><td colspan="3">项目负责人</td><td></td><td colspan="2">项目技术负责人</td><td colspan="2"></td></tr>
<tr><td colspan="3">分部（子分部）工程名称</td><td></td><td colspan="2">分项工程名称</td><td colspan="2"></td></tr>
<tr><td colspan="3">验收部位/区段</td><td></td><td colspan="2">检验批容量</td><td colspan="2"></td></tr>
<tr><td colspan="3">施工及验收依据</td><td colspan="5">《城市轨道交通工程质量验收标准》B11/T 311.2</td></tr>
<tr><td colspan="3">验收项目</td><td>设计要求或规范规定</td><td>最小/实际抽样数量</td><td>检查记录</td><td colspan="2">检查结果</td></tr>
<tr><td rowspan="5">主控项目</td><td>1</td><td>144小时联调内相应功能应工作正常</td><td>第7.6.1条</td><td>/</td><td></td><td colspan="2"></td></tr>
<tr><td>2</td><td>AFC系统应具有设备故障自诊断功能，当设备自身或来自远程的应用程序所调用，应能实现相关功能</td><td>第7.6.2条</td><td>/</td><td></td><td colspan="2"></td></tr>
<tr><td>3</td><td>AFC系统的紧急模式功能应满足设计要求</td><td>第7.6.3条</td><td>/</td><td></td><td colspan="2"></td></tr>
<tr><td>4</td><td>轨道交通AFC系统中所有服务器、网络及终端设备应统一配置IP地址，对网络性能进行测试</td><td>第7.6.4条</td><td>/</td><td></td><td colspan="2"></td></tr>
<tr><td>5</td><td>对系统中的所有网络设备的相关功能进行测试正常，且符合设计要求</td><td>第7.6.5条</td><td>/</td><td></td><td colspan="2"></td></tr>
<tr><td rowspan="8">一般项目</td><td>1</td><td>自动售价票系统的中央计算机测试</td><td>第7.6.6条</td><td>/</td><td></td><td colspan="2"></td></tr>
<tr><td>2</td><td>车站计算机的相关功能试验应正常</td><td>第7.6.7条</td><td>/</td><td></td><td colspan="2"></td></tr>
<tr><td>3</td><td>车站售价票终端设备相关功能试验应正常</td><td>第7.6.8条</td><td>/</td><td></td><td colspan="2"></td></tr>
<tr><td>4</td><td>初始编码机的相关功能试验应正常</td><td>第7.6.9条</td><td>/</td><td></td><td colspan="2"></td></tr>
<tr><td>5</td><td>自动售票机的相关功能试验应正常</td><td>第7.6.10条</td><td>/</td><td></td><td colspan="2"></td></tr>
<tr><td>6</td><td>自动验票机的相关功能试验应正常</td><td>第7.6.11条</td><td>/</td><td></td><td colspan="2"></td></tr>
<tr><td>7</td><td>进、出站闸机的相关功能试验应正常</td><td>第7.6.12条</td><td>/</td><td></td><td colspan="2"></td></tr>
<tr><td>8</td><td>票务中心系统的相关功能试验应正常</td><td>第7.6.13条</td><td>/</td><td></td><td colspan="2"></td></tr>
<tr><td colspan="2">施工单位检查结果</td><td colspan="6">专业工长：（签名）　　项目专业质量检查员：（签名）　　年　　月　　日</td></tr>
<tr><td colspan="2">监理单位验收结论</td><td colspan="6">专业监理工程师：（签名）　　年　　月　　日</td></tr>
</table>

7.3.7 交通工程

7.3.7.1 市政验·交-1 立柱安装检验批质量验收记录

市政基础设施工程

立柱安装检验批质量验收记录

市政验·交-1

第 页，共 页

<table>
<tr><td colspan="3">工程名称</td><td colspan="5"></td></tr>
<tr><td colspan="3">单位工程名称</td><td colspan="5"></td></tr>
<tr><td colspan="3">施工单位</td><td></td><td colspan="2">分包单位</td><td colspan="2"></td></tr>
<tr><td colspan="3">项目负责人</td><td></td><td colspan="2">项目技术负责人</td><td colspan="2"></td></tr>
<tr><td colspan="3">分部（子分部）
工程名称</td><td></td><td colspan="2">分项工程名称</td><td colspan="2"></td></tr>
<tr><td colspan="3">验收部位/区段</td><td></td><td colspan="2">检验批容量</td><td colspan="2"></td></tr>
<tr><td colspan="3">施工及验收依据</td><td colspan="5">储能式有轨电车供电及弱电系统施工质量验收标准（参考）</td></tr>
<tr><td colspan="3">验收项目</td><td>设计要求或规范规定</td><td>最小/实际抽样数量</td><td>检查记录</td><td colspan="2">检查结果</td></tr>
<tr><td rowspan="3">主控项目</td><td>1</td><td>立柱构件的材料、规格、尺寸、安装方式及位置应符合设计要求</td><td>第13.3.1条</td><td>/</td><td></td><td colspan="2"></td></tr>
<tr><td>2</td><td>立柱及悬臂、抱箍座、夹板等附件的防腐性能应符合设计要求和《高速公路交通工程钢构件防腐技术条件》GB/T 18226的规定</td><td>第13.3.2条</td><td>/</td><td></td><td colspan="2"></td></tr>
<tr><td>3</td><td>信号灯及视频监控杆保护接地电阻应不大于10Ω</td><td>第13.3.3条</td><td>/</td><td></td><td colspan="2"></td></tr>
<tr><td>一般项目</td><td>1</td><td>立柱安装时应保证杆体垂直，倾斜度不得超过±0.5%</td><td>第13.3.4条</td><td>/</td><td></td><td colspan="2"></td></tr>
<tr><td colspan="2">施工单位
检查结果</td><td colspan="6">专业工长：（签名） 项目专业质量检查员：（签名） 年 月 日</td></tr>
<tr><td colspan="2">监理单位
验收结论</td><td colspan="6">专业监理工程师：（签名） 年 月 日</td></tr>
</table>

7.3.7.2　市政验·交-2　标志标牌检验批质量验收记录

市政基础设施工程

标志标牌检验批质量验收记录

市政验·交-2

第　　页，共　　页

<table>
<tr><td colspan="3">工程名称</td><td colspan="5"></td></tr>
<tr><td colspan="3">单位工程名称</td><td colspan="5"></td></tr>
<tr><td colspan="3">施工单位</td><td></td><td>分包单位</td><td colspan="3"></td></tr>
<tr><td colspan="3">项目负责人</td><td></td><td>项目技术负责人</td><td colspan="3"></td></tr>
<tr><td colspan="3">分部（子分部）工程名称</td><td></td><td>分项工程名称</td><td colspan="3"></td></tr>
<tr><td colspan="3">验收部位/区段</td><td></td><td>检验批容量</td><td colspan="3"></td></tr>
<tr><td colspan="3">施工及验收依据</td><td colspan="5">储能式有轨电车供电及弱电系统施工质量验收标准（参考）</td></tr>
<tr><td colspan="4">验收项目</td><td>设计要求或规范规定</td><td>最小/实际抽样数量</td><td>检查记录</td><td>检查结果</td></tr>
<tr><td rowspan="2">主控项目</td><td>1</td><td colspan="2">标志标牌的材质、规格、尺寸应符合设计要求</td><td>第 13.4.1 条</td><td>/</td><td></td><td></td></tr>
<tr><td>2</td><td colspan="2">标志标牌的安装位置及高度应符合设计要求</td><td>第 13.4.2 条</td><td>/</td><td></td><td></td></tr>
<tr><td>一般项目</td><td>1</td><td colspan="2">标志标牌安装牢固、角度要求应符合设计要求</td><td>第 13.4.3 条</td><td>/</td><td></td><td></td></tr>
<tr><td colspan="2">施工单位检查结果</td><td colspan="6">专业工长：（签名）　　项目专业质量检查员：（签名）　　年　月　日</td></tr>
<tr><td colspan="2">监理单位验收结论</td><td colspan="6">专业监理工程师：（签名）　　年　月　日</td></tr>
</table>

7.3.7.3 市政验·交-3 交通标线检验批质量验收记录

市政基础设施工程

交通标线检验批质量验收记录

市政验·交-3

第　　页，共　　页

<table>
<tr><td colspan="2">工程名称</td><td colspan="6"></td></tr>
<tr><td colspan="2">单位工程名称</td><td colspan="6"></td></tr>
<tr><td colspan="2">施工单位</td><td>分包单位</td><td colspan="5"></td></tr>
<tr><td colspan="2">项目负责人</td><td>项目技术负责人</td><td colspan="5"></td></tr>
<tr><td colspan="2">分部（子分部）工程名称</td><td>分项工程名称</td><td colspan="5"></td></tr>
<tr><td colspan="2">验收部位/区段</td><td>检验批容量</td><td colspan="5"></td></tr>
<tr><td colspan="2">施工及验收依据</td><td colspan="6">储能式有轨电车供电及弱电系统施工质量验收标准（参考）</td></tr>
<tr><td colspan="3">验收项目</td><td>设计要求或规范规定</td><td>最小/实际抽样数量</td><td>检查记录</td><td>检查结果</td></tr>
<tr><td rowspan="4">主控项目</td><td>1</td><td>路面标线的颜色、形状和设置位置应符合设计要求和《道路交通标志和标线》GB 5768—2009 的规定</td><td>第 13.5.1 条</td><td>/</td><td></td><td></td></tr>
<tr><td>2</td><td>路面标线涂料应符合设计要求和《城市道路交通设施设计规范》GB 50688 及《路面标线涂料》JT/T 280 的规定</td><td>第 13.5.2 条</td><td>/</td><td></td><td></td></tr>
<tr><td>3</td><td>标线边缘整齐、表面平整，无涂料流淌、沟槽、气泡等缺陷</td><td>第 13.5.3 条</td><td>/</td><td></td><td></td></tr>
<tr><td>4</td><td>标线位置应符合设计要求，横向偏位允许偏差 ±30mm</td><td>第 13.5.4 条</td><td>/</td><td></td><td></td></tr>
<tr><td rowspan="4">一般项目</td><td>1</td><td>标线的纵向间距应符合设计要求，允许偏差应符合表 6.5.9 标线纵向间距允许偏差值的规定</td><td>第 13.5.5 条</td><td>/</td><td></td><td></td></tr>
<tr><td>2</td><td>标线的线段长度应符合设计要求，允许偏差应符合表 6.5.10 标线线段长度允许偏差值的规定</td><td>第 13.5.6 条</td><td>/</td><td></td><td></td></tr>
<tr><td>3</td><td>标线的宽度应符合设计要求，允许偏差应符合表 6.5.11 标线宽度允许偏差值的规定</td><td>第 13.5.7 条</td><td>/</td><td></td><td></td></tr>
<tr><td>4</td><td>标线的厚度应符合设计要求，允许偏差应符合表 6.5.12 标线厚度允许偏差值的规定</td><td>第 13.5.8 条</td><td>/</td><td></td><td></td></tr>
<tr><td colspan="2">施工单位检查结果</td><td colspan="5">专业工长：（签名）　　项目专业质量检查员：（签名）　　年　月　日</td></tr>
<tr><td colspan="2">监理单位验收结论</td><td colspan="5">专业监理工程师：（签名）　　年　月　日</td></tr>
</table>

7.3.7.4 市政验·交-4 交通信号设备安装检验批质量验收记录

市政基础设施工程

交通信号设备安装检验批质量验收记录

市政验·交-4

第　　页，共　　页

<table>
<tr><td colspan="3">工程名称</td><td colspan="5"></td></tr>
<tr><td colspan="3">单位工程名称</td><td colspan="5"></td></tr>
<tr><td colspan="3">施工单位</td><td></td><td>分包单位</td><td colspan="3"></td></tr>
<tr><td colspan="3">项目负责人</td><td></td><td>项目技术负责人</td><td colspan="3"></td></tr>
<tr><td colspan="3">分部（子分部）工程名称</td><td></td><td>分项工程名称</td><td colspan="3"></td></tr>
<tr><td colspan="3">验收部位/区段</td><td></td><td>检验批容量</td><td colspan="3"></td></tr>
<tr><td colspan="3">施工及验收依据</td><td colspan="5">储能式有轨电车供电及弱电系统施工质量验收标准（参考）</td></tr>
<tr><td colspan="4">验收项目</td><td>设计要求或规范规定</td><td>最小/实际抽样数量</td><td>检查记录</td><td>检查结果</td></tr>
<tr><td rowspan="7">主控项目</td><td>1</td><td colspan="2">交通信号控制机、路口控制器、信号灯、车辆检测器、光端机、信标、无线地磁等信号设备的规格型号及质量应符合设计要求</td><td>第13.8.1条</td><td>/</td><td></td><td></td></tr>
<tr><td>2</td><td colspan="2">信号灯安装稳固，其安装高度、可视角度应符合设计要求和现行国家标准《道路交通信号灯设置与安装规范》GB 14886的相关规定</td><td>第13.8.2条</td><td>/</td><td></td><td></td></tr>
<tr><td>3</td><td colspan="2">交通信号控制机安装应符合设计要求和现行行业标准《道路交通信号控制机》GA47的相关规定</td><td>第13.8.3条</td><td>/</td><td></td><td></td></tr>
<tr><td>4</td><td colspan="2">无线地磁安装位置和深度应符合设计要求</td><td>第13.8.4条</td><td>/</td><td></td><td></td></tr>
<tr><td>5</td><td colspan="2">路口控制器安装应符合本规范第12.6.1～12.6.4条的规定</td><td>第13.8.5条</td><td>/</td><td></td><td></td></tr>
<tr><td>6</td><td colspan="2">信标安装应符合本规范第12.8.1～12.8.3条的规定</td><td>第13.8.6条</td><td>/</td><td></td><td></td></tr>
<tr><td>7</td><td colspan="2">室内设备安装应符合本规范第12.13.1～12.13.6条的规定</td><td>第13.8.7条</td><td>/</td><td></td><td></td></tr>
<tr><td colspan="2">施工单位检查结果</td><td colspan="6">专业工长：（签名）　　项目专业质量检查员：（签名）　　年　月　日</td></tr>
<tr><td colspan="2">监理单位验收结论</td><td colspan="6">专业监理工程师：（签名）　　年　月　日</td></tr>
</table>

7.3.7.5 市政验·交-5 交通信号系统调试检验批质量验收记录

市政基础设施工程

交通信号系统调试检验批质量验收记录

市政验·交-5

第 页，共 页

<table>
<tr><td colspan="3">工程名称</td><td colspan="5"></td></tr>
<tr><td colspan="3">单位工程名称</td><td colspan="5"></td></tr>
<tr><td colspan="3">施工单位</td><td></td><td colspan="2">分包单位</td><td colspan="2"></td></tr>
<tr><td colspan="3">项目负责人</td><td></td><td colspan="2">项目技术负责人</td><td colspan="2"></td></tr>
<tr><td colspan="3">分部（子分部）
工程名称</td><td></td><td colspan="2">分项工程名称</td><td colspan="2"></td></tr>
<tr><td colspan="3">验收部位/区段</td><td></td><td colspan="2">检验批容量</td><td colspan="2"></td></tr>
<tr><td colspan="3">施工及验收依据</td><td colspan="5">储能式有轨电车供电及弱电系统施工质量验收标准（参考）</td></tr>
<tr><td colspan="4">验收项目</td><td>设计要求或规范规定</td><td>最小/实际抽样数量</td><td>检查记录</td><td>检查结果</td></tr>
<tr><td rowspan="3">主控项目</td><td>1</td><td colspan="2">交通信号设备间的连接电缆和控制电缆试验调试应符合设计要求</td><td>第 13.9.1 条</td><td>/</td><td></td><td></td></tr>
<tr><td>2</td><td colspan="2">交通信号系统的显示功能应符合设计要求</td><td>第 13.9.2 条</td><td>/</td><td></td><td></td></tr>
<tr><td>3</td><td colspan="2">交通信号优先级功能应符合设计要求</td><td>第 13.9.3 条</td><td>/</td><td></td><td></td></tr>
<tr><td colspan="3">施工单位
检查结果</td><td colspan="5">专业工长：（签名） 项目专业质量检查员：（签名） 年 月 日</td></tr>
<tr><td colspan="3">监理单位
验收结论</td><td colspan="5">专业监理工程师：（签名） 年 月 日</td></tr>
</table>

7.4 填 表 说 明

7.1.1 检查（测）验收及汇总

该节用表适用于各专业工程，主要包括了对工程材料检验、施工/安全及功能性检测质量情况进行检查汇总，以及工序/检验批、分项、分部工程质量验收等方面的通用表式。

7.1.1.1 市政验·通-1 工程材料/施工检测质量情况检查汇总表

1. 适用范围

本表由承包单位在工程完工后，收集齐全相关的试验、检测报告时汇总填写。

已有专用检查汇总表的施工检测项目，如压实度、弯沉、混凝土试块抗压强度等，可不在该表重复填写。

2. 表内填写提示

1）检测类别：工程材料检测、施工检测两大类应分开进行汇总，并在对应的类型上打“√”；

2）试验项目：填写现行质量标准规定的标准名称，如钢筋试验、钢材焊接力学性能试验、混凝土试块抗渗强度试验等。

3）规格/品种等：简要填写能体现对应试验项目所检测材料的规格、品种、型号或部位等主要信息，如不发生可不填写；

4）代表数量、单位：指同一规格、品种、类型的材料在工程中的实际发生数量；其计量单位应与相应材料检测项目的检测频率中的单位相同。

5）应试总数：按照设计文件和现行的施工验收规范中规定的检测频率应该进行试验的总数。

6）有见证检验、监督抽检：按照实际发生的数量填写。

填表参考示例 **表 1**

<table>
<tr><td>工程名称</td><td colspan="5"></td><td colspan="2">单位工程名称</td><td colspan="4"></td></tr>
<tr><td>施工单位</td><td colspan="5"></td><td colspan="2">分包单位</td><td colspan="4"></td></tr>
<tr><td>检测类别</td><td colspan="11">☑工程材料检测　　□施工检测</td></tr>
<tr><td rowspan="2">试验项目</td><td rowspan="2">规格/品种等</td><td rowspan="2">代表数量</td><td rowspan="2">单位</td><td rowspan="2">应试总数</td><td colspan="2">有见证检验</td><td colspan="2">监督抽检</td><td colspan="2"></td><td rowspan="2">备注</td></tr>
<tr><td>组数</td><td>合格组数</td><td>组数</td><td>合格组数</td><td>组数</td><td>合格组数</td></tr>
<tr><td rowspan="2">钢筋原材试验</td><td>Φ10</td><td>138</td><td>T</td><td>3</td><td>5</td><td>5</td><td></td><td></td><td></td><td></td><td></td></tr>
<tr><td>Φ25</td><td>80</td><td>T</td><td>2</td><td>4</td><td>4</td><td></td><td></td><td></td><td></td><td></td></tr>
<tr><td>钢材焊接力学性能试验</td><td>Φ25</td><td>450</td><td>个</td><td>2</td><td>2</td><td>2</td><td></td><td></td><td></td><td></td><td></td></tr>
</table>

填表参考示例 **表 2**

<table>
<tr><td>工程名称</td><td colspan="4"></td><td colspan="3">单位工程名称</td><td colspan="5"></td></tr>
<tr><td>施工单位</td><td colspan="4"></td><td colspan="3">分包单位</td><td colspan="5"></td></tr>
<tr><td>检测类别</td><td colspan="12">□工程材料检测　☑施工检测</td></tr>
<tr><td rowspan="2">试验项目</td><td rowspan="2">规格/品种等</td><td rowspan="2">代表数量</td><td rowspan="2">单位</td><td rowspan="2">应试总数</td><td colspan="2">有见证检验</td><td colspan="2">监督抽检</td><td colspan="2"></td><td rowspan="2">备注</td></tr>
<tr><td>组数</td><td>合格组数</td><td>组数</td><td>合格组数</td><td>组数</td><td>合格组数</td></tr>
<tr><td>预制梁静载试验</td><td>30M 预应力箱梁</td><td>300</td><td>片</td><td>1</td><td>1</td><td>1</td><td></td><td></td><td></td><td></td><td></td></tr>
<tr><td rowspan="2">闭水试验</td><td>Φ500-Φ700 混凝土污水管</td><td>30</td><td>井段</td><td>30</td><td></td><td></td><td></td><td></td><td></td><td></td><td></td></tr>
<tr><td>Φ800-Φ1000 混凝土污水管</td><td>30</td><td>井段</td><td>10</td><td></td><td></td><td></td><td></td><td></td><td></td><td></td></tr>
<tr><td>水压试验</td><td>Φ1000 钢管</td><td>2500</td><td>M</td><td>3</td><td>3</td><td>3</td><td></td><td></td><td></td><td></td><td>分 3 段全检</td></tr>
</table>

7.1.1.2 市政验·通-2 压实度检查汇总表

1. 适用范围

本表适用于各专业工程压实度试验汇总。该表用于对不同工程部位、不同材料种类、不同标准密度的材料压实度试验结果统计汇总。

2. 表内填写提示

1）该表应在各部位压实度试验报告收集齐全后及时填写；

2）工程部位：一般按质量检验标准或施工图设计文件中不同的压实度标准进行划分。如：道路工程，可分为车行道的路基、基层、面层及人行道路基、基层等工程部位。而路基则可再分为：路基填方（路床顶面以下深度的 0～80cm、＞80cm～150cm、＞150cm）、路基挖方（路床顶面以下深度的 0～30cm）、基层（垫层、下基层、上基层等）、面层（不同材料、配比的沥青混凝土面层，包括下面层、中面层、上面层等）。排水（管道）工程，可分管腔部分、管顶以上 50cm、管顶 50cm 以上至路床下的 0～80cm、80～150cm、＞150cm 等；

3）代表工程数量、单位：其计量单位一般应与工程部位压实度检测频率的单位相同，如：道路工程车行道代表工程数量应反映的是面积、人行道代表工程数量应反映的是长度，管（渠）道工程代表工程数量反映的是井段数或长度，桥梁、构筑物可以为构筑物的个数等；

4）标准密度报告编号、标准密度：按照不同材料的标准击实试验报告上提供的对应信息填写；

5）设计或标准值：根据施工图设计文件的要求或相应的质量验收规范填写；

6）击实类型：与相应的试验报告信息一致，并符合设计及质量验收规范的要求；

7）应检点数：必须按国家现行法规、标准要求的检测频率，确定每一工程部位的压实度的检测点数；

8）检查结果：可填写“符合要求”。其判断标准按各专业工程质量验收规范要求；

9）检查依据：应按工程所采用的行业标准，选择填写；

10）监理单位检查意见：应明确检验的频率及结论是否满足相关验收规范及施工图设计文件的要求，如不符合要求，应明确处理意见。

7.1.1.3 市政验·通-3 弯沉检查汇总表

1. 适用范围

本表适用于对市政道路工程（桥梁引道等）的路床、垫层、基层、面层等各部位的弯沉试验情况汇总。

2. 表内填写提示

1）表内“工程部位”、“结构层名称”、“试验类别”、“统计点数”、“设计弯沉值”、“代表弯沉值”、“试验结论”、“报告编号”等指标的数据应与对应编号的“道路弯沉试验报告”（市政试一51）内数据一致。

2）结构层名称：包括：路床（土路床、碎石路床等）、基层（分垫层、下基层、上基层等）、面层（不同配比、不同结构沥青类面层，如沥青碎石、粗粒式沥青混凝土、中粒式沥青混凝土、细粒式沥青混凝土等）。

3）代表里程桩号：填写对应报告编号内试验段的起止里程、桩号等。

4）代表位置：填写对应报告编号内试验段的路幅名称或车道号等。

5）应检点数：按照《城镇道路工程施工与质量验收规范》CJJ 1、《沥青路面施工及验收规范》GB 50092 等相关规定的抽检频率确定应检点数。一般每车道每 20m 测 1 点。

6）已检点数：指对应报告编号的试验段内测点总数。

7）监理单位检查意见：应明确检验的频率及结论是否满足相关验收规范及施工图设计文件的要求，如不符合要求，应明确处理意见。

7.1.1.4 市政验·通-4 无侧限抗压强度检查汇总表

1. 适用范围

本表适用于对不同工程部位、规格/种类、设计强度等级要求的无机结合料稳定类基层的无侧限抗压强度检验结果进行统计汇总。

2. 表内填写提示

1）该表应在各部位强度报告收集齐全后及时填写；

2）工程部位：一般按质量检验标准或施工图设计文件中不同的混合料种类/规格、设计强度等级进行划分。

3）混合料种类/规格、设计强度等级：应与施工图设计文件和试验报告对应信息相符

4）应检点数：必须按国家现行法规、标准要求的检测频率，确定每一工程部位的无侧限抗压强度的检测点数。

5）已检点数：实际检测的数量，应有报告一一对应。

6）试验结论：与对应的试验报告结论一致。

7）监理单位检查意见：应明确检验的频率及结论是否满足相关验收规范及施工图设计文件的要求，如不符合要求，应明确处理意见。

7.1.1.5 市政验·通-5 钢管（钢构件）焊缝质量检验汇总表

1. 适用范围

本表适用于钢管、钢构件焊缝质量检验的汇总，并应在各部位焊缝质量检测报告收集齐全后及时填写。

2. 表内填写提示

1）工程部位/区段：一般按质量验收标准或施工图设计文件进行划分。如：桥梁工程，可分为墩柱/2＃-7＃、箱梁/1＃-5＃等，且应与对应的检验批质量验收记录中的“检验批部位/区段”的范围相符。

2）焊缝种类：按施工图设计文件填写，一般分为纵向对接焊、横向对接焊、主要角焊缝等。

3）代表数量（条/米）：指该工程部位/区段内同焊缝种类的焊缝条数和总长度。

4）内部质量等级：按施工图设计文件填写。

5）外观质量检查情况（等级）：所有焊缝必须进行外观检查，外观合格后按规定进行内部质量检验；不同的焊缝种类，其外观质量标准应满足相应的质量验收标准或施工图设计文件的要求。

6）应检数量（条/米）：按施工图设计文件、规范或经审批的检测方案的检验频率，计算出该工程部位/区段应抽检的焊缝条数和长度。

7）已检数量（条/米）：该工程部位/区段实际抽检的焊缝条数和长度，且应与相应检验报告中的数量相符。

8）检验方法：按检验报告所列的检测方法填写，该工程部位/区段焊缝检测方法应符合施工图设计文件、规范或经审批的检测方案的要求。

9）检验等级、评定等级、检测结论：填写相应检验报告的数据。

10）返修情况：根据相应检测报告上要求返修的条数、长度、结果填写。

11）监理单位检查意见：应明确检验的频率及结论是否满足相关验收规范及施工图设计文件的要求，如不符合要求，应明确处理的意见。

7.1.1.6　市政验·通-6　长钢轨焊接试验资料汇总表

填表说明：略

7.1.1.7　市政验·通-7　混凝土/砂浆试块留置情况及强度检查汇总表

1. 适用范围

本表适用于各专业工程混凝土/砂浆试块留置情况及强度检查汇总。该表应在施工过程中及时填写，且有关的附件必须能提供检查。

2. 表内填写提示

（1）混凝土/砂浆设计用量：指以设计图、设计变更等文件为依据，计算出来的混凝土/砂浆用量；

（2）试验类型：在对应的类型上打“√”；

（3）浇注里程、桩号：应与对应的混凝土浇注资料中的“浇注部位”一致；

（4）浇注数量：该里程、桩号的实际混凝土浇注量；

（5）留置数量：必须按国家现行法规、标准要求的检测频率，确定每类型试件的留样、送检数量；一般各类型混凝土/砂浆试块留置抽检频率如下：

1）混凝土标准养护试件留置抽检频率：

① 抗压试件：

A. 同一配比 1 组/每台班或 $100m^3$；

B. 当一次连续浇筑超过 $1000m^3$时，同一配比 1 组/$200m^3$；

② 抗折试件：同一配比 1 组/每台班或 $100m^3$。

③ 抗渗试件：同一配比 1 组/每台班或 $500m^3$。

不足以上数量的也按上述的要求抽检至少 1 组。

2）混凝土同条件养护试件留置抽检频率：

同一强度等级的混凝土同条件养护试件留置数量应根据混凝土工程量和重要性确定，不宜少于 10 组，且不应少于 3 组。（同条件养护：与结构物相同的温度、湿度等环境下养护累计至 600 摄氏度天时（℃·d）进行破件试验）。

3）砂浆（水泥净浆）标准养护试件留置抽检频率：

① 每个构筑物（大型构筑物用沉降缝划分为若干个构筑物）或 $50m^3$砌体留置一组；

② 孔道压浆试块，每一工作班不少于 3 组，其中一组为标准养护 28 天龄期的强度值，用于强度统计评定；其余两组采用同条件养护至拟进行移运和吊装前进行强度试验，其结果用作移运和吊装时的强度参考资料；

③ 路面层砌块同一配合比，每 $1000m^2$留一组标准养护试块。

（6）养护方式：标准养护或同条件养护；

(7) 龄期：抗压、抗折试块标准养护时应填写 28 天；同条件养护试块应填写试块养护至每天平均温度累计到 600 摄氏度时的天数；抗渗试块应填写试块留置至试验时的累计天数；

(8) 标准养护、同条件养护、抗压、抗折、抗渗试块应分别填表；

7.1.1.8 市政验·通-8 混凝土试块抗压强度检验评定表

1. 适用范围

本表适用于各专业工程混凝土试块抗压强度检查评定。

本表用于对不同的部位、不同的强度等级（不同的配比）的混凝土抗压强度分别进行统计评定。

该表应在各部位强度报告收集齐全后及时填写。

2. 表内填写提示

(1) 对现场制作的混凝土标准养护及同条件养护试件强度值分别进行统计评定。

(2) 表内各项目的填写是根据实际发生的数量或试验结果，并按国标《混凝土强度检验评定标准》GB/T 50107 的要求进行。

(3) 评定结论：应明确混凝土试块评定的强度是否合格；对出现个别不合格的部位，应当提出具体的处理意见和补救措施。

(4) 当使用一张表格填写不下时，自行编制混凝土试块抗压强度检验评定表续表填写。

(5) 混凝土抗压强度的合格标准：

1) 采用统计方法评定

① 当连续生产的混凝土，生产条件在较长时间内保持一致，且同一品种、同一强度等级混凝土的强度变异性保持稳定时，应按下面的规定进行评定。

一个检验批的样本容量应为连续的 3 组试件，其强度应同时符合下列规定：

$$mf_{cu} \geqslant f_{cu,k} + 0.7\sigma_0$$

$$f_{cu,min} \geqslant f_{cu,k} - 0.7\sigma_0$$

检验批混凝土立方体抗压强度的标准差应按下式计算：

当混凝土强度等级不高于 C20 时，其强度的最小值尚应满足下式要求：

$$\sigma_0 = \sqrt{\frac{\sum_{i=1}^{n} f_{cu,i}^2 - nmf_{cu}^2}{n-1}}$$

$$f_{cu,min} \geqslant 0.85 f_{cu,k}$$

当混凝土强度等级不高于 C20 时，其强度的最小值尚应满足下式要求：

$$f_{cu,min} \geqslant 0.90 f_{cu,k}$$

式中 mf_{cu}——同一检验批混凝土立方体抗压强度的平均值（N/mm^2），精确到 0.1（N/mm^2）；

$f_{cu,k}$——混凝土立方体抗压强度标准值（N/mm^2），精确到 0.1（N/mm^2）；

σ_0——检验批混凝土立方体抗压强度的标准差（N/mm^2），精确到 0.01（N/mm^2）；当检验批混凝土强度标准差 σ_0 计算值小于 $2.5N/mm^2$ 时，应取 $2.5\ N/mm^2$。

$f_{cu,i}$——前一检验期内同一品种、同一强度等级的 i 组混凝土试件的立方体抗压强度代表值（N/mm^2），精确到 0.1（N/mm^2）；该检验期不应少于 60d，也不得大于 90d。

n——前一检验期内样本容量，在该期间内样本容量不应少于 45；

$f_{cu,min}$——同一检验批混凝土立方体抗压强度的最小值（N/mm^2），精确到 0.1（N/mm^2）。

② 其他情况下，当样本容量不少于 10 组时，其强度应同时满足下列要求：

$$mf_{cu} \geqslant f_{cu,k} + \lambda_1 \cdot Sf_{cu}$$

$$f_{cu,min} \geqslant \lambda_2 \cdot f_{cu,k}$$

同一检验批混凝土立方体抗压强度的标准差应按下式计算：

$$Sf_{cu}=\sqrt{\frac{\sum_{i=1}^{n}f_{cu,i}^{2}-nmf_{cu}^{2}}{n-1}}$$

Sf_{cu}——同一批检验批混凝土立方体抗压强度的标准差（N/mm^2），精确到 0.01（N/mm^2）；当检验批混凝土强度标准差 Sf_{cu}计算值小于 $2.5N/mm^2$时，应取 $2.5N/mm^2$

λ_1，λ_2——合格判定系数，见表 3：

合格判定系数 **表 3**

试件组数	10～14	15～19	≥20
λ_1	1.15	1.05	0.95
λ_2	0.90	0.85	

n——检验本期内的样本容量。

2）非统计方法评定

当用于评定的样本容量少于 10 组时，应采用非统计方法评定混凝土强度。

按非统计方法评定混凝土强度时，其强度应同时符合下列规定：

$$mf_{cu}\geqslant\lambda_3\cdot f_{cu,k}$$

$$f_{cu,min}\geqslant\lambda_4\cdot f_{cu,k}$$

式中 λ_3，λ_4——合格评定系数，见表 4：

合格评定系数 **表 4**

混凝土强度等级	<C60	≥C60
λ_3	1.15	1.10
λ_4	0.95	

当检验结果满足 1）或 2）的规定时，则该批混凝土强度应评定为合格；当不能满足上述规定时，该批混凝土强度应评定为不合格。

对评定为不合格批的混凝土，应按国家现行的有关标准进行处理。

7.1.1.9 市政验·通-9 混凝土试块抗折（弯拉）强度检验评定表

1. 适用范围

本表适用于各专业工程混凝土试块抗折（弯拉）强度检查评定。

本表用于对不同的部位、不同的强度等级（不同的配比）的混凝土抗折强度分别进行统计评定。

该表应在各部位强度报告收集齐全后及时填写。

2. 表内填写提示

1）以现场制作的混凝土标准养护试件强度值进行统计评定。

2）表内各项目的填写根据实际发生的数量或试验结果，并按《公路工程质量检验评定标准 第一册 土建工程》JTG F 80/1 的要求进行检查评定。

3）评定结论：应明确混凝土试块评定的强度是否合格；对出现个别不合格的部位，应当提出具体的处理意见和补救措施。

3. 合格判定系数（表 5）

合格判定系数 **表 5**

试件组数 n	11～14	15～19	≥20
合格判定系数 K	0.75	0.70	0.65

7.1.1.10 市政验·通-10 砌筑砂浆试块抗压强度检验评定表

1. 适用范围

本表适用于各专业工程砂浆或水泥净浆试块抗压强度检查评定。

本表用于对不同的部位、不同的强度等级（不同的配比）的砂浆抗压强度分别进行统计评定。

该表应在各部位强度报告收集齐全后及时填写。

2. 表内填写提示

（1）以现场制作的砂浆或水泥净浆标准养护试件强度值进行统计评定。

（2）表内各项目的填写根据实际发生的数量或试验结果。

（3）评定依据及评定公式：

《砌体工程施工与验收规范》GB 50203

1）同一验收批砂浆试块强度平均值大于或等于设计强度等级值的 1.10 倍：$mf_{cu}\geqslant 1.10f_{cu,k}$

2）同一验收批砂浆试块强度最小一组平均值大于或等于设计强度等级值的 85%：$f_{cu,min}\geqslant 0.85f_{cu,k}$

3）同一验收批只有 1 组或 2 组试块时，每组试块抗压强度平均值应大于或等于设计强度等级值的 1.10 倍：$f_{cu,i}\geqslant 1.10f_{cu,k}$

（4）评定结论：应明确标准养护砂浆或水泥净浆试块的强度是否合格；对出现个别不合格的部位，应当提出具体的处理意见和补救措施。

7.1.1.11 市政验·通-11 地基施工质量检查汇总表

1. 适用范围

本表用于在施工过程中对各类型地基（天然地基、处理土地基、复合地基）的施工质量进行检查。

该表应在施工过程中及时对同一地基类型、同一地基处理方法的每一施工里程（区号）的地基施工质量情况进行填写汇总，记录的内容必须与地基基础的施工、验收、检测资料内容吻合，且有关的数据必须能提供附件检查。

2. 表内填写提示

1）地基类型：按设计图的要求填写，如：天然地基、处理土地基、复合地基。

2）地基处理方法：按设计图的要求填写，如：碎石换填、水泥搅拌桩，CFG 桩等。

3）设计总工程量（桩数/面积）：按设计图的要求填写，应能反映不同规格、尺寸等主要设计参数，一般天然地基、处理土地基填写面积，复合地基根据具体的处理方法填写桩数、桩径、桩长等。

4）施工里程（区号）：应与相应的施工记录数据吻合，如无施工记录，可填写实际检查验收的范围。

5）施工日期：填写该栏“施工里程（区号）”范围内的工作量完成时间。

6）实际工程量（桩数/面积）：填写该施工里程（区号）范围内的实际施工工程量，一般天然地基、处理土地基填写面积，复合地基根据具体的处理方法填写桩数、桩径、桩长等。

7）检测情况：根据实际采用的检测方法，填写对应检测报告中的检测数量及检测结论。

8）当出现检测结果不符合要求的情况应在“备注”中简要注明处理措施及处理资料的组卷位置。

9）各人员在表内信息填写完善后应及时签名确认。

10）年 月 日：填写资料汇总完成时间。

7.1.1.12 市政验·通-12 混凝土灌注桩/地下连续墙施工质量检查汇总表

1. 适用范围

本表用于在施工过程中对混凝土灌注桩、地下连续墙施工质量情况进行检查汇总。

该表应在施工过程中及时对每一根桩、地下连续墙的施工质量情况进行填写汇总，记录的内容必须与桩基础/地下连续墙的施工、验收、检测资料内容吻合，且有关的数据必须能提供附件检查。

其他类型的桩基础施工质量检查可填写此表，检查项目可根据实际情况采用。

2. 表内填写提示

1）桩（墙）数/桩径（墙尺寸）：按设计图的要求填写，应反映出不同规格、尺寸的桩（墙）数量，如：10 根 Φ1500 桩、20 根 Φ2500 桩，填写为 10Φ1500、20/Φ2500；10 幅 1000mm×800mm 的连续墙，填写为：10/1000mm×800mm。

2）检测方法及数量：必须按国家现行法规标准及设计图的要求，确定检测的方法、频率（数量）；填写时应明确不同规格桩（墙）检测数量，如对 5 根 Φ1500 桩、20 根 Φ1200 桩进行低应变，则填写为：☑低应变法 数量5/Φ1500、20/Φ1200。

3）嵌岩深度：端承桩、端承摩擦桩均需填写此项。

4）取样厚度：指持力层钻芯的最大厚度，有进行抽芯检测的桩（墙）应填写此项；对桩底持力层的钻探深度应满足现行法规标准、设计图的要求。

5）检测情况：根据检测报告中的检测结论填写。

6）芯样桩（墙）身混凝土强度：有抽芯的桩应填写，根据检测报告中的检测结论填写。

7）当出现检测结果不符合要求的情况应在“备注”中简要注明处理措施及处理资料的组卷位置。

8）各人员在表内信息填写完善后应及时签名确认。

9）年　月　日：填写资料汇总完成时间。

7.1.1.13　市政验·通-13　设备、配件进场验收记录

1. 适用范围

本表适用于市政工程中的设备（配件）在进场（或到岸时）检查验收时使用。如建设单位负责采购的设备（配件），本表适用于建设单位向施工单位交货的检查记录，其中供货单位则为建设单位。

2. 表内填写提示

1）设备（配件）检查一般在进场时（或到岸时）进行，检查由供货单位（供应商或建设单位）、购货单位（施工单位）和设备监理单位相关人员参加。

2）设备（配件）名称、规格型号、设备（配件）编号、总数量、检查数量：对照购销合同（或供应商提供）的供货清单提供的信息并在现场检查时核对后填入对应栏目内。

3）检查记录：技术证件、设备与附件：对照购销合同的技术要求条款核对实际提供的是否与合同的要求相符（技术参数、规格、数量等）；外观情况：主要检查实际到有无缺、损等外观质量缺陷；测试情况：对需要进行测试检查的设备和配件，应当在现场（或现场取样送样）进行测试，将测试结果填入此栏。

4）缺损附备件明细表：对有缺损的附备件，应填入其名称、规格、计量单位、数量及需要注明的其他情况。

5）检查结论：供货方、施工单位、监理单位三方根据现场检查的情况分别填入各自的检查意见。

6）供货单位栏由其参加检查的相关负责人填写意见并签名确认或加盖单位公章。

7）施工单位根据现场组织检查结果写出自评意见，并由项目负责人（或驻地负责人）、材料部门、技术部门、施工部门、质量部门的参加人员亲笔签名确认。

8）专业监理工程师必须现场组织检查的结果填写监理意见并亲笔签名确认。

7.1.1.14　市政验·通-14　隐蔽工程质量验收记录

1. 适用范围

本表是工程施工过程中对部位（工序）质量控制情况现场验收确认的通用表式。

各专业工程的隐蔽验收涉及范围广，结合市政工程的特点，为保证工程质量，同时为避免同一被隐蔽部位（工序）重复填写验收文件，本章只编制了桩基础、地基等重要部位的隐蔽验收专用表，当某些专业工程的部位（工序）没有验收专用表且验收内容不适宜用“____ 检验批质量验收记录”反映时，用本表填写。

2. 表内填写提示

1）验收部位/区段：填写需验收检验批的抽样范围，即验收的范围，要按实际情况标注清楚所在的具体位置（如里程、桩号、设计图结构的编号等）。

2）施工及验收依据：填写执行的施工设计图图号及施工、验收标准的名称、编号，其中施工依据还可以是技术或施工标准、工艺规程、工法、施工方案等技术文件；如工程对应使用的验收规范中，没有所需的检查项目，要参照其他规范时，应在规范号前多加“参照”两字。

3）主要检查内容及检查情况：包括相关验收规范标准、设计文件等要求检查的项目、质量要求、外观质量情况、质量保证资料的完备情况等；如果需要进行实测项目的检验，则须按质量验收标准的要求，填写实测结果。

4）施工单位检查结果：施工单位根据自查情况，写出自评意见，由专业工长、项目专业质量检查员签名确认。

5）监理单位验收结论：专业监理工程师必须根据隐蔽工程质量检查验收的情况，填写验收的结论并签名确认。

7.1.1.15　市政验·通-15　附图

1. 适用范围

本表视实际情况选用，可用于各专业工程各种质量验收文件的补充说明和示意。

2. 表内填写提示

1）______________附图：横线上应填写与主表表头一致的名称。

2）验收部位/区段：本图所反映的项目所属的验收部位/区段应与所对应主表的验收部位、范围一致。

3）填写和绘制图表时，要求整洁、清晰，符合工程制图的一般要求，必要时可附加说明。

7.1.1.16　市政验·通-16　检验批质量验收记录

1. 适用范围

本表是工程施工过程中对检验批质量控制情况现场验收确认的通用表式。当某些专业工程的检验批验收没有专用表或采用的质量验收规范、标准与对应的验收专用表采用的不一致时，用本表填写。

2. 表内填写提示

（1）________检验批质量验收记录：在横线上填写按各专业施工与质量验收规范中划定的名称。

（2）验收部位/区段：填写需验收检验批的抽样范围，即验收的范围，要按实际情况标注清楚所在的具体位置（如里程、桩号、设计图结构的编号等）。

（3）检验批容量：指本检验批的工程量，按工程实际填写，计量项目和单位按专业验收规范中对应抽样的规定；

（4）施工及验收依据：填写执行的施工设计图图号及施工、验收标准的名称、编号（专用表已标出），其中施工依据还可以是技术或施工标准、工艺规程、工法、施工方案等技术文件；如工程对应使用的验收规范中，没有所需的检查项目，要参照其他规范时，应在规范号前多加“参照”两字。

（5）验收项目：填写本检验批对应专业验收规范中的主控项目、一般项目，对于不涉及的项目，要用“/”划掉，不留空白。

（6）设计要求或规范规定：填写本检验批对应专业验收规范或设计文件中的对主控项目、一般项目的质量要求或允许偏差。

（7）最小/实际抽样数量：

检验批抽样样本应随机抽取，满足分布均匀、具有代表性的要求，抽样数量不应低于有关专业验收规范及《建筑工程施工质量验收统一标准》GB 50300—2013 表 3.0.9 的规定。明显不合格的个体可不纳入检验批，但必须进行处理，使其满足有关专业验收规范的规定，对处理的情况应予以记录并重新验收。

1）抽样数量，指检验批质量验收过程中抽取的样本数量。对主控项目和一般项目，专业验收规范要求的检查数量就是最小抽样数量。施工现场质量验收时，实际的抽样数量不能小于最小抽样数量。

2）当专业验收规范没有对抽样数量做出规定时，应由建设单位组织监理、施工等单位协商制定抽样方案。抽样方案中对计数检验的项目，应按照 GB 50300—2013 中表 3.0.9 的规定确定最小抽样数量。

检验批最小抽样数量 **表 3.0.9**

检验批的容量	最小抽样数量	检验批的容量	最小抽样数量
2～15	2	151～280	13
16～25	3	281～500	20
26～90	5	501～1200	32
91～150	8	1201～3200	50

3）对于材料、设备及工程试验类规范条文，非抽样项目，直接写入“/”。

4）对于抽样项目但样本为总体（全数检查）时，写入“全/实际抽样数量”，如“全/5”，“5”指本检验批实际包括的样本总量。

5）对于抽样项目且按工程量抽样时，写入“最小/实际抽样数量”，如“10/10”，即按工程量计算出最小抽样数量（应检数量）为 10，实际抽样数量为 10。

6）本检验批验收不涉及的项目，要用“/ ”划掉，不留空白。

（8）检查记录：

1）对于材料、设备及工程试验类结果的非抽样项目，采用文字描述、数据说明实际质量验收情况，不合格或超标的必须明确指出。如需要用试验报告等来描述的项目，此栏应填写送检的数量、检测结论及报告编号等内容。

2）对于抽样项目且样本为总体（全数检查）时，例如“共 5 处，检查 5 处，合格 4 处”，或者“共 5 处，检查 5 处，全部合格”；

3）对于抽样项目且按工程量抽样时，直接填写检查所得的合格和不合格的数据，例如“抽查 5 处，合格 4 处”，或者“抽查 5 处，全部合格”；

4）对于不涉及的项目，要用“/ ”划掉，不留空白。

（9）检查结果：

1）对于采用文字描述方式的非抽样项目，合格打“√”，不合格打“×”，且非抽样项目无论是主控项目还是一般项目，必须全部合格，此条方为合格。

2）当抽样项目为主控项目时，全数合格为合格，有 1 处不合格即为不合格，合格打“√”，不合格打“×”。

3）当抽样项目为一般项目时，用合格率（%）来表示。其中每个项目都必须有 80%以上（混凝土保护层为 90%）检测点的实测数值达到规范规定，其余 20%按各专业施工质量验收规范规定，不能大于 1.5 倍，钢结构为 1.2 倍，就是说有数据的项目，除必须达到规定的数值外，其余可放宽的，最大放宽到 1.5 倍。

4）本次检验批验收不涉及此验收项目时，此栏写入“/”。

（10）施工单位检查结果：

1）依据规范、规程判定该检验批质量是否合格，填写检查结果，填写内容可为：“主控项目全部合格，一般项目符合验收规范（规程）要求”等。如果检验批中含有混凝土、砂浆试件强度验收等内容，应待试验报告出来后再作判定。

2）专业工长和项目专业质量检查员应签字确认并按实际填写日期。

（11）监理单位验收结论：

1）应由专业监理工程师填写。

2）填写前，应对“主控项目”、“一般项目”按照施工质量验收规范的规定逐项抽查验收，独立得出验收结论。认为验收合格，应签注“主控项目和一般项目均合格，有完整的施工操作依据、质量验收记录，同意验收”等。如果检验批中含有需要用试验报告等来描述的项目，应收集试验报告后再作判定。

7.1.1.17　市政验·通-17　分项工程质量验收记录

1. 适用范围

本表适用于各专业工程的分项工程质量验收。

分项工程可由出一个或若干检验批组成，凡分项工程被隐蔽前必须要及时验收并填写此记录。

验收前，施工单位先填好该表（有关监理检查情况、验收结论不填），并由专业工长、项目专业质量检查员在记录中相关栏目签字，然后由专业监理工程师组织，严格按规定程序进行验收。

2. 表内填写提示

1）________分项工程质量验收记录：在横线上填写按各专业施工与质量验收规范中划定的分项工程名称。

2）验收区段：指本分项工程验收的范围，包含了一个或若干组成本分项工程的检验批的验收部位/区段。

3）检验批数：指本分项工程验收范围内所包括的检验批合计数量。如钢筋分项工程，包括了钢筋加工检验批、钢筋成形与安装检验批，而这两检验批又可在验收区段内按部位/区段分成一个或若干批次进行验收，这些批次好的合计数就是本分项工程的检验批数。

4）检验批名称：指组成本分项工程的检验批的名称，填写时应与对应的专业验收规范、检验批验收记录表的表头名称一致。

5）验收部位/区段、检验批容量：与对应的检验批验收记录中的数据、信息一致。

7.1.1.18　市政验·通-18　分部（子分部）工程质量验收记录

1. 适用范围

本表适用于各专业工程的分部（子分部）工程质量验收。

分部（子分部）工程可由出一个或若干分项工程组成，凡分部（子分部）工程被隐蔽前必须要及时验收并填写此记录；

验收前，施工单位先填好该表（有关监理检查情况、验收结论不填），并由项目负责人在记录中相关栏目签字，然后由总监理工程师组织，严格按规定程序进行验收。

2. 表内填写提示

1）________分部（子分部）工程质量验收记录：在横线上填写按各专业施工与质量验收规范中划定的分部（子分部）工程名称。

2）验收区段：指本分部（子分部）工程验收的范围，包含了一个或若干组成本分部（子分部）工程的分项工程的验收区段。检验批、分项工程、分部（子分部）工程的验收应统一考虑三者验收区段的划分。

3）分项工程名称、检验批数：应与对应的分项工程质量验收记录的表内数据、信息一致；

4）分项合计数：指本分部（子分部）工程所包含的分项工程个数。

5）检验批合计数：指本分部（子分部）工程所包含的分项工程的所有检验批数的合计数量。

6）观感质量：以观察、触摸或简单量测的方式进行观感质量验收，并由验收人根据经验判断，给出质量评价。但并不给出“合格”或“不合格”的结论，而是综合给出“好”、“一般”、“差”的质量评价结果。对于“差”的检查点应进行返修处理。

7.1.1.19　市政验·通-19　分部工程质量验收汇总表

1. 适用范围

本表适用于各专业工程的分部工程检验汇总。

本表是对组成单位工程的各分部（子分部）工程的质量验收的主要信息进行汇总。

本表由施工单位在单位工程完工后，根据该单位工程的所有分部（子分部）工程质量验收记录填写；

2. 表内填写提示

1）验收次数：指该分部（子分部）工程组织验收的次数，每次验收均形成一份分部（子分部）工程质量验收记录，即有几张验收记录就是有几次分部验收。

2）验收区段：有几次验收就有几个区段，而且每个验收区段与对应的分部（子分部）工程质量验收记录中的数据、信息一致。

3）分项合计数、检验批合计数：应与对应验收区段的分部（子分部）工程质量验收记录中的数据、信息一致。

3. 该表内的空白行可根据实际验收次数（区段）进行调整。

7.1.2 地基基础

本节用表以《建筑地基基础工程施工质量验收标准》GB 50202—2018、《地下防水工程质量验收规范》GB 50208—2011 为编制依据，适用于各专业工程该结构部位质量验收没有专用表或专用表不齐全、不能满足实际验收需求时填写。

7.1.2.14 市政验·通-33 地基与基槽隐蔽验收记录

1. 适用范围

本表适用于对各类型非临时性结构的地基（天然地基、处理土地基、复合地基）、基槽的施工质量进行隐蔽验收。

2. 表内填写提示

1）验收里程（区号）：填本次验收的具体位置，如：管道可填写井段，隧道可填写板块编号等。

2）地基类型：地基类型：按施工设计文件的要求填写，如：天然地基、处理土地基、复合地基。

3）地基处理方法：按施工设计文件的要求填写，如：碎石换填、水泥搅拌桩，CFG 桩等。

4）基坑尺寸（长×宽）：按施工设计文件及施工方案要求填写，实际验收情况按实测值填写，如为不规则基坑，可注明见示意图。

5）轴线偏位：按施工设计文件或规范要求填写，实际验收情况按实测值填写，并应注明偏位方向。

6）槽底标高（m）：按施工设计文件要求填写，实际验收情况按实测值填写。如为不规则基坑，可注明见示意图及编号。

7）槽底岩（土）层性状：按施工设计文件要求填写，实际验收情况按实际填写。

8）地下水位情况：按施工设计文件要求填写，如图纸无提供可不填写，实际验收情况按现场观测值填写。

9）基底浸泡情况：按施工设计文件要求填写，实际验收情况按实际观测填写。

10）地基处理情况：当地基类型处理土地基、复合地基时，此栏应填写所采用的地基处理方法的主要设计参数及实际施工的完成情况。如验收段地基采用 CFG 桩加固，则该栏可填写为：桩长 10～12m，Φ40cm，间距 2m×2m 的 C20 GFC 桩共 15 条。

11）承载力：按施工设计文件要求填写，实际验收情况填写代表该验收范围的检测结果的最小值。

12）检验方法：按施工设计文件、规范、或检测方案要求填写，实际验收情况按实际采用的方法填写。

13）检测点数：代表该验收范围的检测点数量。

14）检验报告编号：按试验单位出的报告编号填写。

15）结论：填写试验报告对应段最后的结果。

16）基坑平面（立面）示意图：验收段的简单示图。

17）验收结论：填写符合设计要求（如不符合，还需要填写采用什么方法处理，处理后的地基应重

新进行验收）

7.1.2.20　市政验·通-39　灌注桩隐蔽验收记录

一、适用范围

本表适用于灌注桩，在灌注水下混凝土之前对成孔质量和钢筋笼的加工质量及安装就位情况进行隐蔽验收的记录，此表每根桩填写一张表。灌注桩的质量验收还需填写对应检验批质量验收记录。

二、表内填写提示

（一）桩孔部分

1. 桩径：设计值按设计图要求填写，实际验收情况：用探孔器检验，不得少于设计值。

2. 孔底标高：设计值按设计图要求填写，实际验收情况：按建设单位（或专业监理工程师）组织隐蔽验收时实际测得的标高填写。

3. 沉淀物厚度：设计或规范要求按设计图或规范允许值填写，摩擦桩一般不大于300mm；端承桩≤50mm；实际验收沉淀物厚度＝清孔后孔底标高－终孔标高。当实测沉淀物厚度大于允许值时，须作处理后才能灌注水下混凝土。

4. 孔底下卧层地质、桩埋入岩层深度：设计或规范要求按地质勘探资料或设计图要求填写；实际验收情况：入岩深度通过查施工原始记录和按终孔时捞取的岩样进行判断、计算；孔底地质根据桩超前钻所取得的地质芯样及终孔时捞取的岩样来判断。

5. 桩长、桩垂直度：设计或规范要求按设计图或规范规定的允许值填写；实际验收情况：实际桩长＝设计桩顶标高－清孔后孔底标高；垂直度按测量孔径时探孔器置于孔底微用力拉紧钢丝绳，然后测定钢丝绳的垂直度填入此栏。

6. 桩埋入岩层深度：为桩进入中风化岩层标高起至终孔孔底标高累计的中风化、微风化岩层长度。

（二）钢筋笼

1. 钢筋笼长度、直径、分段，主筋规格、根数，箍筋规格、间距，加强筋规格、数量：按设计图纸要求填写设计要求值；按照验收时实测结果填入实际验收情况对应的栏目内。

2. 钢筋笼分段连接方法、钢筋连接情况、保护层控制：按设计图纸或施工验收规范的要求填写设计要求；按照实际采用的钢筋笼和主筋的连接方法和连接情况，以及保护层控制方法、措施情况填入实际验收情况对应的栏目内。

3. 钢筋笼顶标高：按照设计图纸提供的数据填写设计要求值；按钢筋笼固定就位后，验收时实测笼顶标高值填写实际验收情况。

4. 成孔断面示意图：要注明岩（土）质变化各个界面标高及其对应的岩（土）性质，及原地面标高、设计桩顶标高、终孔标高。

5. 施工单位根据企业自检结果写出自检意见，并由项目负责人或驻地负责人亲笔签名。

6. 专业监理工程师必须根据组织隐蔽验收时的检查结果填写监理意见并亲笔签名；

7. 当实际桩长（终孔标高）与设计文件规定值的误差超过验收规范的允许值或第一根桩隐蔽验收时，必须通知项目设计、勘察负责人参加隐蔽验收并签名确认；

7.1.2.21　市政验·通-40　挖孔灌注桩隐蔽验收记录

1. 适用范围

本表是挖孔灌注桩在灌注混凝土前进行隐蔽验收时的记录，此表每根桩填写一张表。挖孔灌注桩的质量验收还需填写填写对应检验批质量验收记录。

2. 表内填写提示

1）桩的设计几何尺寸：各项数值按设计图纸提供的数值填写；桩成孔几何尺寸：各项数值均按建设单位（或专业监理工程师）组织隐蔽验收时的实测数据填写。

2）桩的偏位情况：按成孔后实际量取的孔口和孔底的偏差值填写。

3）桩身垂直度＝用锤球测量桩顶形心与桩底形心的实测偏位值÷实际桩长。

4）桩顶偏位：桩顶标高处实际形心与桩顶设计形心的偏位值，一般不得大于100mm。

5）孔口标高、护壁标高、护壁厚度、护壁深度、桩护壁及基底渗水情况：按实际验收时的实测结果填写。

6）桩底下卧层地质情况：按实际桩底的地质情况填写，如中风化岩或微风化岩等。

7）开、终孔时间：按施工的实际开挖孔、终孔时间填写。

8）钢筋笼检查：同市政验·通-39表的说明。

9）成孔断面示意图：要注明岩质变化各个界面标高及其对应的岩性。

10）施工单位根据企业自检结果写出自检意见，并由项目负责人（或驻地负责人）亲笔签名。

11）专业监理工程师必须根据组织隐蔽验收时的检查结果填写监理意见并亲笔签名。

12）当实际桩长（终孔标高）与设计文件规定值的误差超过验收规范的允许值或第一根桩隐蔽验收时，必须通知项目设计、勘察负责人参加隐蔽验收并签名确认。

7.1.2.30　市政验·通-49　沉井隐蔽验收记录

1. 适用范围

本表是沉井在灌注封底混凝土前进行隐蔽验收时的记录，沉井检验批质量还需填写对应检验批质量验收记录 。

2. 表内填写提示

1）按设计图要求和实际验收情况填写。

2）具体填写可参考挖孔灌注桩隐蔽验收记录和沉井的检验批的验收用表的填写说明。

7.1.2.42　市政验·通-60　地下连续墙隐蔽验收记录

1. 适用范围

本表适用于地下连续墙在灌注水下混凝土之前对成槽质量和钢筋骨架的加工质量及安装就位情况进行验收的记录，地下连续墙检验批的质量验收还需填写对应检验批质量验收记录 。

2. 表内填写提示

1）槽段尺寸：设计值按设计图要求填写，实际验收情况：用探孔器检验，不得少于设计值。

2）轴线偏位：设计值按设计图要求填写，实际验收情况：用经纬仪检测，不得超出设计或规范允许值。

3）槽底标高：设计值按设计图要求填写，实际验收情况：按建设单位（或专业监理工程师）组织隐蔽验收时实际测得的标高填写。

4）沉淀物厚度：填写设计或规范允许值，实际验收沉淀物厚度＝清槽后槽底标高－终槽标高。当实测沉淀物厚度大于允许值时，须作处理后方可灌注水下混凝土。

5）成槽垂直度：设计值或规范值按设计图或规范规定的允许值填写；实际验收情况：实际槽长＝设计槽顶标高－清孔后槽底标高；垂直度按检测槽段时探孔器置于槽底微用力拉紧钢丝绳，然后测定钢丝绳的垂直度填入此栏。

6）槽底岩（土）层性状：设计要求值按照地质勘探资料或设计图要求填写；实际验收情况：按终孔时捞取的岩样进行判断或参照超前钻所取得的地质芯样进行判断。

7）入岩层深度、泥浆比重：设计要求值按照设计图要求填写；实际验收情况：通过查施工原始记录进行计算及填写，一般以进入中风化岩层标高起至终槽槽底标高累计的中风化、微风化岩层长度为入岩层深度。

8）钢筋骨架尺寸、分段，钢筋数量、规格、间距：按设计图纸要求填写设计要求值；按照验收时实测结果填入实际验收情况对应的栏目内。

9）钢筋骨架分段连接方法，钢筋连接情况，保护层厚度：按设计图纸或施工验收规范的要求填写设计要求；按照实际采用的钢筋骨架和主筋的连接方法和连接情况，以及保护层控制的方法、措施情况填入实际验收情况对应的栏目内。

10）钢筋骨架顶标高：按照设计图纸提供的数据填写设计要求值；按钢筋骨架固定就位后，验收时实测骨架顶标高值填写实际验收情况。

11）墙顶标高、墙体接头处理、预埋件位置偏差：设计要求值按照设计图要求填写；实际验收情况：按实际验收情况填入对应的栏目内。

12）成槽断面示意图：要注明岩（土）质变化各个界面标高及其对应的岩（土）性质。及原地面标高、设计槽顶标高、导墙标高、终槽标高。

13）施工单位根据自检结果写出自检意见，并由项目负责人（或驻地负责人）亲笔签名。

14）专业监理工程师必须根据组织隐蔽验收时的检查结果填写监理意见并亲笔签名。

15）当实际槽长（终槽标高）与设计文件规定值的误差超过验收规范的允许值或第一槽连续墙隐蔽验收时，必须通知项目设计负责人参加隐蔽验收并签名确认。

7.1.3　混凝土结构

本节用表以《混凝土结构工程施工质量验收规范》GB 50204—2015 为编制依据，适用于各专业工程该类型结构质量验收没有专用表或专用表不齐全、不能满足实际验收需求时填写。

7.1.4　钢结构

本节用表以《钢结构工程施工质量验收规范》GB 50205—2001 为编制依据，适用于各专业工程该类型结构质量验收没有专用表或专用表不齐全、不能满足实际验收需求时填写。

7.1.5　无障碍设施

一、本节用表以《无障碍设施施工验收及维护规范》GB 50642—2011 为编制依据，适用于各专业工程相应的无障碍设施施工质量验收时填写。

二、当无障碍设施施工质量不符合要求时，应按下列规定进行处理：

1. 经返工或更换器具、设备的检验批，应重新进行验收提法。

2. 经返修的分项工程，虽然改变外形尺寸但仍能满足安全使用要求，应按技术处理方案和协商文件进行验收。

3. 因主体结构、分部工程原因造成的拆除重做或采取其他技术方案处理的，应重新进行验收或按技术方案验收。

三、通过返修或加固处理仍不能满足安全和使用要求的无碍设施分项工程，不得验收。

经返工或更换器具、设备的检验批，应重新进行验收。

7.2.1　道路工程

7.2.1.1　市政验·道-1　土方路基检验批质量验收记录

1. 适用范围

本表适用于市政道路工程的土方路基（路床）或换填土处理路基检验批的质量检查验收。

2. 表内填写提示

土方路基（路床）质量检验应符合下列规定：

（1）主控项目

路基压实度应符合 CJJ 1 表 6.3.12-2 的规定。

检查数量：每 1000m^2、每压实层 3 点。

检验方法：环刀法、灌水法或灌沙法。

弯沉值：不应大于设计规定。

检查数量：每车道、每 20 米测 1 点。

检验方法：弯沉仪检测。

（2）一般项目

土路基允许偏差应符合表 6.8.1 的规定。

土路基允许偏差 **表 6.8.1**

<table>
<tr><th rowspan="2">项目</th><th rowspan="2">允许偏差</th><th colspan="4">检验频率</th><th rowspan="2">检验方法</th></tr>
<tr><th>范围（m）</th><th colspan="3">点数</th></tr>
<tr><td>路床纵断高程（mm）</td><td>−20
+10</td><td>20</td><td colspan="3">1</td><td>用水准仪测量</td></tr>
<tr><td>路床中线偏位（mm）</td><td>≤30</td><td>100</td><td colspan="3">2</td><td>用经纬仪、钢尺量取最大值</td></tr>
<tr><td rowspan="3">路床平整度（mm）</td><td rowspan="3">≤15</td><td rowspan="3">20</td><td rowspan="3">路宽（m）</td><td><9</td><td>1</td><td rowspan="3">用 3m 直尺和塞尺连续量两次，取较大值</td></tr>
<tr><td>9～15</td><td>2</td></tr>
<tr><td>>15</td><td>3</td></tr>
<tr><td>路床宽度（mm）</td><td>不少于设计值+B</td><td>40</td><td colspan="3">1</td><td>用钢尺量</td></tr>
<tr><td rowspan="3">路床横坡</td><td rowspan="3">±0.3%且不反坡</td><td rowspan="3">20</td><td rowspan="3">路宽（m）</td><td><9</td><td>2</td><td rowspan="3">用水准仪测量</td></tr>
<tr><td>9～15</td><td>4</td></tr>
<tr><td>>15</td><td>6</td></tr>
<tr><td>边坡</td><td>不陡于设计值</td><td>20</td><td colspan="3">2</td><td>用坡度尺量，每侧 1 点</td></tr>
</table>

路床应平整、坚实、无显著轮迹、翻浆、波浪、起皮等现象，路堤边坡应密实、稳定、平顺等。

检查数量：全数检查。

检验方法：观察。

7.2.1.2 市政验·道-2 挖石方路基（路堑）检验批质量验收记录

1. 适用范围

本表适用于市政道路工程的挖石方路基（路堑）检验批的质量检查验收。

2. 表内填写提示

挖石方路基（路堑）质量应符合下列要求：

（1）主控项目

土坡必须稳定，严禁有松石、险石。

检查数量：全数检查。

检验方法：观察。

（2）一般项目

挖方路基允许偏差应符合表 6.8.2-1 的规定

挖石方路基允许偏差 **表 6.8.2-1**

项目	允许偏差	检验频率		检验方法
		范围（m）	点数	
路床纵断高程（mm）	+50 −100	20	1	用水准仪测量
路床中线偏位（mm）	≤30	100	2	用经纬仪、钢尺量取最大值
路床宽度（mm）	不少于设计值+*B*	40	1	用钢尺量
边坡	不陡于设计规定	20	2	用坡度尺量，每侧 1 点

注：*B* 为施工必须附加的宽度。

7.2.1.3　市政验·道-3　填石方路基检验批质量验收记录

1. 适用范围

本表适用于市政道路工程的填石方路基检验批的质量检查验收。

2. 表内填写提示

石方路基质量检验应符合下列规定：

填石路堤质量要符合下列要求：

（1）主控项目

压实密度应符合试验路段确定的施工工艺，沉降差不应大于试验路段确定的沉降差。

检查数量：每 1000m^2、抽检 3 点。

检验方法：水准仪测量。

（2）一般项目

路床顶面应嵌缝牢固，表面均匀、平整、稳定、无推移、浮石。

检查数量：全数检查。

检验方法：观察。

边坡应稳定、平顺、无松石。

检查数量：全数检查。

检验方法：观察。

填石方路基允许偏差应符合表 6.8.2-2 的规定。

填石方路基允许偏差　　表 6.8.2-2

<table>
<tr><th rowspan="2">项目</th><th rowspan="2">允许偏差</th><th colspan="4">检验频率</th><th rowspan="2">检验方法</th></tr>
<tr><th>范围（m）</th><th colspan="3">点数</th></tr>
<tr><td>路床纵断高程（mm）</td><td>−20
+10</td><td>20</td><td colspan="3">1</td><td>用水准仪测量</td></tr>
<tr><td>路床中线偏位（mm）</td><td>≤30</td><td>100</td><td colspan="3">2</td><td>用经纬仪、钢尺量取最大值</td></tr>
<tr><td rowspan="3">路床平整度（mm）</td><td rowspan="3">≤20</td><td rowspan="3">20</td><td rowspan="3">路宽（m）</td><td>＜9</td><td>1</td><td rowspan="3">用 3m 直尺和塞尺连续量两次，取较大值</td></tr>
<tr><td>9～15</td><td>2</td></tr>
<tr><td>＞15</td><td>3</td></tr>
<tr><td>路床宽度（mm）</td><td>不少于设计值+B</td><td>40</td><td colspan="3">1</td><td>用钢尺量</td></tr>
<tr><td rowspan="3">路床横坡</td><td rowspan="3">±0.3%且不反坡</td><td rowspan="3">20</td><td rowspan="3">路宽（m）</td><td>＜9</td><td>2</td><td rowspan="3">用水准仪测量</td></tr>
<tr><td>9～15</td><td>4</td></tr>
<tr><td>＞15</td><td>6</td></tr>
<tr><td>边坡</td><td>不陡于设计值</td><td>20</td><td colspan="3">2</td><td>用坡度尺量，每侧 1 点</td></tr>
</table>

注：*B* 为施工必须附加的宽度。

7.2.1.4　市政验·道-4　路肩检验批质量验收记录

1. 适用范围

本表适用于市政道路工程的路肩检验批的质量检查验收。

2. 表内填写提示

路肩质量检验应符合下列规定：

一般项目

肩线应畅顺、表面平整、不积水、不阻水。

检查数量：全数检查。

检验方法：观察。

路肩、压实度应大于或等于90%。

检查数量：每100米，每侧各抽查1点。

检验方法：用环刀法、灌水法或灌砂法。

路肩允许偏差应符合表6.8.3的规定。

路肩允许偏差 **表6.8.3**

<table>
<tr><th rowspan="2">项目</th><th rowspan="2">允许偏差</th><th colspan="2">检验频率</th><th rowspan="2">检验方法</th></tr>
<tr><th>范围（m）</th><th>点数</th></tr>
<tr><td>宽度（mm）</td><td>不小于设计规定</td><td>40</td><td>2</td><td>用钢尺量，每侧1点</td></tr>
<tr><td>横坡</td><td>±1%且不反坡</td><td>40</td><td>2</td><td>用水准仪测量，每侧1点</td></tr>
</table>

注：硬质路肩应结合所用材料，按CJJ 1第7～11章的有关规定，补充相应的检查项目。

7.2.1.5 市政验·道-5 砂垫层处理软土路基检验批质量验收记录

1. 适用范围

本表适用于市政道路工程的砂填层处理软土路基检验批的质量检查验收。

2. 表内填写提示

砂填层处理软土路基质量检验应符合下列规定：

（1）主控项目

砂垫层的材料质量应符合设计要求。

检查数量：按不同材料进场批次，每批检查一次。

检验方法：查检验报告。

砂垫层的压实度应大于等于90%。

检查数量：每1000m²、每压实层3点。

检验方法：灌砂法。

（2）一般项目

砂垫层允许偏差应符合表6.8.4-1的规定。

砂垫层允许偏差 **表6.8.4-1**

<table>
<tr><th rowspan="2">项目</th><th rowspan="2">允许偏差</th><th colspan="3">检验频率</th><th rowspan="2">检验方法</th></tr>
<tr><th>范围（m）</th><th colspan="2">点数</th></tr>
<tr><td>宽度（mm）</td><td>不小于设计规定+B</td><td>40</td><td colspan="2">1</td><td>用钢尺量</td></tr>
<tr><td rowspan="3">厚度（mm）</td><td rowspan="3">不小于设计规定</td><td rowspan="3">200</td><td rowspan="3">路宽（m）</td><td><9</td><td>2</td><td rowspan="3">用钢尺量</td></tr>
<tr><td>9～15</td><td>4</td></tr>
<tr><td>>15</td><td>6</td></tr>
</table>

注：*B*为必要附加的宽度。

7.2.1.6　市政验·道-6　反压护道检验批质量验收记录

1. 适用范围

本表适用于市政道路工程的反压护道检验批的质量检查验收。

2. 表内填写提示

反压护道质量检验应符合下列规定：

（1）主控项目

压实度不应小于90%。

检查数量：每压实层，每200米检查3点。

检验方法：环刀法、灌砂法或灌水法。

（2）一般项目

宽度、高度应符合设计要求。

检查数量：全数检查。

检验方法：观察、用尺量。

7.2.1.7　市政验·道-7　土工材料处理软土路基检验批质量验收记录

1. 适用范围

本表适用于市政道路工程的土工材料处理软土路基检验批的质量检查验收。

2. 表内填写提示

土工材料处理软土路基质量检验应符合下列规定：

（1）主控项目

土工材料的技术质量指标应符合设计要求。

检查数量：按进场批次，每批次按5%抽检。

检验方法：查出厂检验报告，进场复检。

土工合成材料敷设、胶接、锚固和回卷长度应符合设计要求。

检查数量：全数检查。

检验方法：用尺量。

（2）一般项目

下承层面不应有突刺、尖角。

检查数量：全数检查。

检验方法：观察。

土工合成材料敷设允许偏差应符合表6.8.4-2的规定。

土工合成材料敷设允许偏差　　表6.8.4-2

<table>
<tr><th rowspan="2">项目</th><th rowspan="2">允许偏差</th><th colspan="4">检验频率</th><th rowspan="2">检验方法</th></tr>
<tr><th>范围（m）</th><th colspan="3">点数</th></tr>
<tr><td rowspan="3">下承面平整度（mm）</td><td rowspan="3">≤15</td><td rowspan="3">20</td><td rowspan="3">路宽（m）</td><td><9</td><td>1</td><td rowspan="3">用3m直尺和塞尺连续量两次，取较大值</td></tr>
<tr><td>9～15</td><td>2</td></tr>
<tr><td>>15</td><td>3</td></tr>
<tr><td rowspan="3">下承面拱度</td><td rowspan="3">±1%</td><td rowspan="3">20</td><td rowspan="3">路宽（m）</td><td><9</td><td>2</td><td rowspan="3">用水准仪测量</td></tr>
<tr><td>9～15</td><td>4</td></tr>
<tr><td>>15</td><td>6</td></tr>
</table>

7.2.1.8　市政验·道-8　袋装砂井检验批质量验收记录

1. 适用范围

本表适用于市政道路工程的袋装砂井检验批的质量检查验收。

2. 表内填写提示

袋装砂井质量检验应符合下列规定：

（1）主控项目

砂的规格和质量，砂袋织物质量必须符合设计要求。

检查数量：按不同材料进场批次，每批检查1次。

检验方法：查检验报告。

砂袋下沉时不得出现扭结、断裂等现象。

检查数量：全数检查。

检验方法：观察并记录。

井深不小于设计要求，砂袋在井口外应深入砂垫层30cm以上。

（2）一般项目

袋装砂井允许偏差应符合表6.8.4-3的规定。

袋装砂井允许偏差　　**表6.8.4-3**

项目	允许偏差	检验频率		检验方法
		范围	点数	
井间距（mm）	±150	全部	抽检2% 且不少于5处	两井间，用钢尺量
砂井直径（mm）	+10 0			查施工记录
井竖直度	≤1.5%H			查施工记录
砂井灌砂量	−5%G			查施工记录

注：H为桩长或孔深，G为灌砂量。

7.2.1.9　市政验·道-9　塑料排水板检验批质量验收记录

1. 适用范围

本表适用于市政道路工程的塑料排水板检验批的质量检查验收。

2. 表内填写提示

塑料排水板质量检验应符合下列规定：

（1）主控项目

塑料排水板质量必须符合设计要求。

检查数量：按不同材料进场批次，每批检查1次。

检验方法：查检验报告。

塑料排水板下沉时不得出现扭结、断裂等现象。

检查数量：全数检查。

检验方法：观察。

板深不小于设计要求，排水板在井口外应伸入砂垫层50cm以上。

检查数量：全数检查。

检验方法：查施工记录。

（2）一般项目

塑料排水板设置允许偏差应符合表6.8.4-4的规定。

塑料排水板设置允许偏差 **表 6.8.4-4**

项目	允许偏差	检验频率		检验方法
		范围	点数	
板间距（mm）	±150	全部	抽检 2% 且不少于 5 处	两板间，用钢尺量
板竖直度	≤1.5%*H*			查施工记录

注：*H* 为桩长或孔深。

7.2.1.10 市政验·道-10 砂桩处理软土路基检验批质量验收记录

1. 适用范围

本表适用于市政道路工程的砂桩处理软土路基检验批的质量检查验收。

2. 表内填写提示

砂桩处理软土路基质量检验应符合下列规定：

（1）主控项目

砂桩材料应符合设计规定。

检查数量：按不同材料进场批次，每批检查 1 次。

检验方法：查检验报告。

复合地基承载力不应小于设计规定值。

检查数量：按总桩数的 1%进行抽检，且不少于 3 处。

检验方法：查复合地基承载力检验报告。

桩长不小于设计规定。

检查数量：全数检查。

检验方法：查施工记录。

（2）一般项目

砂桩允许偏差应符合表 6.8.4-5 的规定。

砂桩允许偏差 **表 6.8.4-5**

项目	允许偏差	检验频率		检验方法
		范围	点数	
桩距（mm）	±150	全部	抽检 2% 且不少于 2 根	两板间，用钢尺量，查施工记录
桩径（mm）	≥设计值			
板竖直度	≤1.5%*H*			

注：*H* 为桩长或孔深。

7.2.1.11 市政验·道-11 碎石桩处理软土路基检验批质量验收记录

1. 适用范围

本表适用于市政道路工程的碎石桩处理软土路基检验批的质量检查验收。

2. 表内填写提示

碎石桩处理软土路基质量检验应符合下列规定：

（1）主控项目

碎石桩材料应符合设计规定。

检查数量：按不同材料进场批次，每批检查 1 次。

检验方法：查检验报告。

复合地基承载力不应小于设计规定值。

检查数量：按总桩数的 1%进行抽检，且不少于 3 处。

检验方法：查复合地基承载力检验报告。

桩长不小于设计规定。

检查数量：全数检查。

检验方法：查施工记录。

（2）一般项目

碎石桩成桩质量允许偏差应符合表 6.8.4-6 的规定。

碎石桩允许偏差 **表 6.8.4-6**

项目	允许偏差	检验频率		检验方法
		范围	点数	
桩距（mm）	±150	全部	抽检 2%，且不少于 2 根	两板间，用钢尺量，查施工记录
桩径（mm）	≥设计值			
竖直度	≤1.5%H			

注：H 为桩长或孔深。

7.2.1.12 市政验·道-12 粉喷桩处理软土路基检验批质量验收记录

1. 适用范围

本表适用于市政道路工程的喷粉桩处理软土地基检验批的质量检查验收。

2. 表内填写提示

喷粉桩处理软土地基质量检验应符合下列规定：

（1）主控项目

水泥的品种、级别及石灰、粉煤灰的性能指标应符合设计规定。

检查数量：按不同材料进场批次，每批检查 1 次。

检验方法：查检验报告。

桩长不小于设计规定。

检查数量：全数检查。

检验方法：查施工记录。

复合地基承载力不应小于设计规定值。

检查数量：按总桩数的 1%进行抽检，且不少于 3 处。

检验方法：查复合地基承载力检验报告。

（2）一般项目

粉喷桩成桩允许偏差应符合表 6.8.4-7 的规定。

粉喷桩允许偏差 **表 6.8.4-7**

项目	允许偏差	检验频率		检验方法
		范围	点数	
强度（kPa）	不小于设计值	全部	抽查 5%	切取试样或无损检测
桩距（mm）	±100	全部	抽检 2%且不少于 2 根	两板间，用钢尺量，查施工记录
桩径（mm）	不小于设计值			
竖直度	≤1.5%H			

注：H 为桩长或孔深。

7.2.1.13　市政验·道-13　湿陷性黄土强夯处理路基检验批质量验收记录

1. 适用范围

本表适用于市政道路工程的湿陷性黄土路基强夯处理检验批的质量检查验收。

2. 表内填写提示

湿陷性黄土路基强夯处理质量检验应符合下列规定：

（1）主控项目

路基的压实强度应符合设计规定和本规范表 6.3.2-2 规定。

检查数量：每 1000m^2，每压实层，抽检 3 点。

检验方法：环刀法、灌砂法或灌水法。

（2）一般项目

湿陷性黄土夯实质量应符合表 6.8.5 的规定。

湿陷性黄土夯实质量检验标准　　表 6.8.5

<table>
<tr><td rowspan="2">项目</td><td rowspan="2">允许偏差</td><td colspan="4">检验频率</td><td rowspan="2">检验方法</td></tr>
<tr><td>范围（m）</td><td colspan="3">点数</td></tr>
<tr><td rowspan="3">夯点累计夯沉量</td><td rowspan="3">不小于试夯时确定夯沉量的 95％</td><td rowspan="6">200</td><td rowspan="3">路宽（m）</td><td>＜9</td><td>2</td><td rowspan="3">查施工记录</td></tr>
<tr><td>9～15</td><td>4</td></tr>
<tr><td>＞15</td><td>6</td></tr>
<tr><td rowspan="3">湿陷系数</td><td rowspan="3">符合设计要求</td><td rowspan="3">路宽（m）</td><td>＜9</td><td>2</td><td rowspan="3">见注</td></tr>
<tr><td>9～15</td><td>4</td></tr>
<tr><td>＞15</td><td>6</td></tr>
</table>

注：隔 7～10 天，在设计有效加固深度内，每隔 50～100cm 取土样测定土的压实度、湿陷系数等指标。

7.2.1.14　市政验·道-14　石灰稳定土，石灰、粉煤灰稳定砂砾（碎石），粉煤灰稳定钢渣基层及底基层检验批质量验收记录

1. 适用范围

本表适用于市政道路工程的石灰稳定土、石灰、粉煤灰稳定砂砾（碎石）、石灰、粉煤灰稳定钢渣基层及底基层检验批的质量检查验收。

2. 表内填写提示

石灰稳定土、石灰、粉煤灰稳定砂砾（碎石）、石灰、粉煤灰稳定钢渣基层及底基层质量检验应符合下列规定：

（1）主控项目

原材料质量检验应符合下列要求：

土应符合 CJJ 1 第 7.2.1 第 1 款或 7.4.1 条第 4 款的规定。

石灰应符合 CJJ 1 第 7.2.1 第 2 款的规定。

粉煤灰应符合 CJJ 1 第 7.3.1 第 2 款的规定。

砂砾应符合 CJJ 1 第 7.3.1 第 3 款的规定。

钢渣应符合 CJJ 1 第 7.4.1 第 3 款的规定。

水应符合 CJJ 1 第 7.2.1 第 3 款的规定。

检查数量：按不同材料进厂批次，每批检查 1 次。

检验方法：查检验报告、复检。

基层、底基层的压实度应符合下列要求：

城市快速路、主干道基层大于或等于 97%，底基层大于或等于 95%。

其他等级道路基层大于或等于 95%，底基层大于或等于 93%。

检查数量：每 1000m^2，每压实层抽检 1 点。

检验方法：环刀法、灌砂法或灌水法。

基层、底基层试件作 7d 无侧限抗压强度，应符合设计要求。

检查数量：每 2000m^{2}抽检 1 组（6 块）。

检验方法：现场取样试验。

（2）一般项目

表面应平整、坚实、无粗细骨料集中现象，无明显轮迹、推移、裂缝、接茬平顺、无内贴皮、散料。

基层及底基层允许偏差应符合 CJJ 1 表 7.8.1 的规定。

石灰稳定土类基层及底基层允许偏差　　表 7.8.1

<table>
<tr><th colspan="2" rowspan="2">项目</th><th rowspan="2">允许偏差</th><th colspan="4">检验频率</th><th rowspan="2">检验方法</th></tr>
<tr><th>范围（m）</th><th colspan="3">点数</th></tr>
<tr><td colspan="2">中线偏位（mm）</td><td>≤20</td><td>100</td><td colspan="3">1</td><td>用经纬仪测量</td></tr>
<tr><td rowspan="2">纵断高程（mm）</td><td>基层</td><td>±15</td><td rowspan="2">20</td><td colspan="3" rowspan="2">1</td><td rowspan="2">用水准仪测量</td></tr>
<tr><td>底基层</td><td>±20</td></tr>
<tr><td rowspan="3">平整度（mm）</td><td>基层</td><td>≤10</td><td rowspan="3">20</td><td rowspan="3">路宽（m）</td><td><9</td><td>1</td><td rowspan="3">用 3m 直尺和塞尺连续量两次，取较大值</td></tr>
<tr><td rowspan="2">底基层</td><td rowspan="2">≤15</td><td>9～15</td><td>2</td></tr>
<tr><td>>15</td><td>3</td></tr>
<tr><td colspan="2">宽度（mm）</td><td>不小于设计规定＋B</td><td>40</td><td colspan="3">1</td><td>用钢尺量</td></tr>
<tr><td colspan="2" rowspan="3">横坡</td><td rowspan="3">±0.3%且不反坡</td><td rowspan="3">20</td><td rowspan="3">路宽（m）</td><td><9</td><td>2</td><td rowspan="3">用水准仪测量</td></tr>
<tr><td>9～15</td><td>4</td></tr>
<tr><td>>15</td><td>6</td></tr>
<tr><td colspan="2">厚度（mm）</td><td>±10</td><td>1000m^2</td><td colspan="3">1</td><td>用钢尺量</td></tr>
</table>

7.2.1.15　市政验・道-15　水泥稳定土类基层及底基层检验批质量验收记录

1. 适用范围

本表适用于市政道路工程的水泥稳定土类基层及底基层检验批的质量检查验收。

2. 表内填写提示

水泥稳定土类基层及底基层质量检验应符合下列规定：

（1）主控项目

原材料质量检验应符合下列要求：

水泥应符合 CJJ 1 第 7.5.1 第 1 款的规定。

土类材料应符合 CJJ 1 第 7.5.1 第 2 款的规定。

粒料应符合 CJJ 1 第 7.5.1 第 3 款的规定。

水应符合 CJJ 1 第 7.2.1 第 3 款的规定。

检查数量：按不同材料进厂批次，每批检查 1 次。

检验方法：查检验报告、复检。

基层、底基层的压实度应符合下列要求：

城市快速路、主干道基层大于等于 97%；底基层大于等于 95%。

其他等级道路基层大于等于 95%；底基层大于等于 93%。

检查数量：每 1000m²，每压实层抽检 1 点。

检验方法 ：灌砂法或灌水法。

基层、底基层 7d 无侧限抗压强度应符合设计要求。

检查数量：每 2000m² 抽检 1 组（6 块）。

检验方法：现场取样试验。

（2）一般项目

表面应平整、坚实、接缝平顺、无明显粗、细骨料集中现象，无推移、裂缝、贴皮、松散、浮料。

基层及底基层的偏差应符合本规范表 7.8.1 的规定。

基层及底基层允许偏差应符合 CJJ 1 表 7.8.1 的规定。

石灰稳定土类基层及底基层允许偏差　　表 7.8.1

<table>
<tr><th colspan="2" rowspan="2">项目</th><th rowspan="2">允许偏差</th><th colspan="3">检验频率</th><th rowspan="2">检验方法</th></tr>
<tr><th>范围（m）</th><th colspan="2">点数</th></tr>
<tr><td colspan="2">中线偏位（mm）</td><td>≤20</td><td>100</td><td colspan="2">1</td><td>用经纬仪测量</td></tr>
<tr><td rowspan="2">纵断高程（mm）</td><td>基层</td><td>±15</td><td rowspan="2">20</td><td colspan="2" rowspan="2">1</td><td rowspan="2">用水准仪测量</td></tr>
<tr><td>底基层</td><td>±20</td></tr>
<tr><td rowspan="3">平整度（mm）</td><td>基层</td><td>≤10</td><td rowspan="3">20</td><td rowspan="3">路宽（m）</td><td><9　1</td><td rowspan="3">用 3m 直尺和塞尺连续量两次，取较大值</td></tr>
<tr><td rowspan="2">底基层</td><td rowspan="2">≤15</td><td>9～15　2</td></tr>
<tr><td>>15　3</td></tr>
<tr><td colspan="2">宽度（mm）</td><td>不小于设计规定＋B</td><td>40</td><td colspan="2">1</td><td>用钢尺量</td></tr>
<tr><td colspan="2" rowspan="3">横坡</td><td rowspan="3">±0.3%且不反坡</td><td rowspan="3">20</td><td rowspan="3">路宽（m）</td><td><9　2</td><td rowspan="3">用水准仪测量</td></tr>
<tr><td>9～15　4</td></tr>
<tr><td>>15　6</td></tr>
<tr><td colspan="2">厚度（mm）</td><td>±10</td><td>1000m²</td><td colspan="2">1</td><td>用钢尺量</td></tr>
</table>

7.2.1.16　市政验·道-16　级配砂砾（级配砾石）基层及底基层检验批质量验收记录

1. 适用范围

本表适用于市政道路工程的级配砂砾及级配砾石基层及底基层检验批的质量检查验收。

2. 表内填写提示

级配砂砾及级配碎砾石基层和底基层施工质量检验应符合下列规定：

（1）主控项目

集料质量及级配应符合 CJJ 1 第 7.6.2 条的有关规定。

检查数量：按砂石材料的进场批次，每批检查 1 次。

检验方法：查检验报告。

基层压实度大于等于 97%、底基层大于等于 95%。

检查数量：每压实层、每 1000m² 抽检 1 点。

检验方法：灌砂法或灌水法。

弯沉值，不应大于设计规定。

检查数量：设计规定时每车道、每 20m，测 1 点。

检验方法：弯沉仪检测。

（2）一般项目

表面应平整、坚实、无推移、松散和浮石现象。

检查数量：全数检查。

检验方法：观察。

级配砂砾及级配碎砾石基层及底基层的偏差应符合表 7.8.3 的有关规定。

级配砂砾及级配砾石基层及底基层允许偏差　　　　表 7.8.3

<table>
<tr><th colspan="2" rowspan="2">项目</th><th colspan="2" rowspan="2">允许偏差</th><th colspan="4">检验频率</th><th rowspan="2">检验方法</th></tr>
<tr><th>范围（m）</th><th colspan="3">点数</th></tr>
<tr><td colspan="2">中线偏位（mm）</td><td colspan="2">≤20</td><td>100</td><td colspan="3">1</td><td>用经纬仪测量</td></tr>
<tr><td rowspan="2">纵断高程（mm）</td><td>基层</td><td colspan="2">±15</td><td rowspan="2">20</td><td colspan="3" rowspan="2">1</td><td rowspan="2">用水准仪测量</td></tr>
<tr><td>底基层</td><td colspan="2">±20</td></tr>
<tr><td rowspan="3">平整度（mm）</td><td>基层</td><td colspan="2">≤10</td><td rowspan="3">20</td><td rowspan="3">路宽（m）</td><td><9</td><td>1</td><td rowspan="3">用 3m 直尺和塞尺连续量两次，取较大值</td></tr>
<tr><td rowspan="2">底基层</td><td colspan="2" rowspan="2">≤15</td><td>9～15</td><td>2</td></tr>
<tr><td>>15</td><td>3</td></tr>
<tr><td colspan="2">宽度（mm）</td><td colspan="2">不小于设计规定＋B</td><td>40</td><td colspan="3">1</td><td>用钢尺测量</td></tr>
<tr><td colspan="2" rowspan="3">横坡</td><td colspan="2" rowspan="3">±0.3%且不反坡</td><td rowspan="3">20</td><td rowspan="3">路宽（m）</td><td><9</td><td>2</td><td rowspan="3">用水准仪测量</td></tr>
<tr><td>9～15</td><td>4</td></tr>
<tr><td>>15</td><td>6</td></tr>
<tr><td colspan="2" rowspan="2">厚度（mm）</td><td>砂石</td><td>＋20
－10</td><td rowspan="2">1000m^2</td><td colspan="3" rowspan="2">1</td><td rowspan="2">用钢尺量</td></tr>
<tr><td>砾石</td><td>＋20
－10%层厚</td></tr>
</table>

7.2.1.17　市政验·道-17　级配碎石及级配碎砾石基层和底基层检验批质量验收记录

1. 适用范围

本表适用于市政道路工程的级配碎石及级配碎砾石基层及底基层检验批的质量检查验收。

2. 表内填写提示

级配碎石及级配碎砾石基层和底基层施工质量检验应符合下列规定：

（1）主控项目

碎石与嵌缝料质量及级配应符合 CJJ 1 第 7.7.1 条的有关规定。

检查数量：按不同材料进场批次，每批次抽检不应少于 1 次。

检验方法：查检验报告。

级配石压实度，基层不得小于 97%、底基层不应小于 95%。

检查数量：每 1000m^2 抽检 1 点。

检验方法：灌砂法或灌水法。

弯沉值，不应小于设计规定。

检查数量：设计规定时每车道、每 20m，测 1 点。

检验方法：弯沉仪检测。

（2）一般项目

外观质量：表面应平整、坚实、无推移、松散、浮石现象。

检查数量：全数检查。

检验方法：观察。

级配碎石及级配碎砾石基层和底基层的偏差应符合 CJJ 1 表 7.8.3 的有关规定。

7.2.1.18　市政验·道-18　沥青混合料（沥青碎石）基层检验批质量验收记录

1. 适用范围

本表适用于市政道路工程的沥青混合料（沥青碎石）基层检验批的质量检查验收。

2. 表内填写提示

沥青混合料（沥青碎石）基层施工质量检验应符合下列规定：

（1）主控项目

用于沥青碎石各种原材料质量应符合 CJJ 1 第 8.5.1 条第 1 款的有关规定。

压实度不应低于 95%（马歇尔击实试件密度）。

检查数量：每 $1000m^2$ 抽检 1 点

检验方法：检查试验记录（钻孔取样、蜡封法）。

弯沉值，不应大于设计规定。

检查数量：设计规定时每车道、每 20m，测 1 点。

检验方法：弯沉仪检测。

（2）一般项目

表面应平整、坚实、接缝紧密、不应有明显轮迹、粗细集料集中、推挤、裂缝、脱落等现象。

检查数量：全数检查。

检验方法：观察。

沥青碎石基层允许偏差应符合表 7.8.5 的规定。

沥青碎石基层允许偏差　　表 7.8.5

<table>
<tr><th rowspan="2">项目</th><th rowspan="2">允许偏差</th><th colspan="3">检验频率</th><th rowspan="2">检验方法</th></tr>
<tr><th>范围（m）</th><th colspan="2">点数</th></tr>
<tr><td>中线偏位（mm）</td><td>≤20</td><td>100</td><td colspan="2">1</td><td>用经纬仪测量</td></tr>
<tr><td>纵断高程（mm）</td><td>±15</td><td>20</td><td colspan="2">1</td><td>用水准仪测量</td></tr>
<tr><td rowspan="3">平整度（mm）</td><td rowspan="3">≤10</td><td rowspan="3">20</td><td rowspan="3">路宽（m）</td><td><9　1</td><td rowspan="3">用 3m 直尺和塞尺连续量两次，取较大值</td></tr>
<tr><td>9～15　2</td></tr>
<tr><td>>15　3</td></tr>
<tr><td>宽度（mm）</td><td>不小于设计规定＋B</td><td>40</td><td colspan="2">1</td><td>用钢尺量</td></tr>
<tr><td rowspan="3">横坡</td><td rowspan="3">±0.3%且不反坡</td><td rowspan="3">20</td><td rowspan="3">路宽（m）</td><td><9　2</td><td rowspan="3">用水准仪测量</td></tr>
<tr><td>9～15　4</td></tr>
<tr><td>>15　6</td></tr>
<tr><td>厚度（mm）</td><td>±10</td><td>$1000m^2$</td><td colspan="2">1</td><td>用钢尺量</td></tr>
</table>

7.2.1.19 市政验·道-19 沥青贯入式基层检验批质量验收记录

1. 适用范围

本表适用于市政道路工程的沥青贯入式基层检验批的质量检查验收。

2. 表内填写提示

沥青贯入式基层施工质量检验应符合下列规定：

(1) 主控项目

沥青、集料、嵌缝料的质量应符合 CJJ 1 第 9.4.1 条第 1 款的规定。

压实度不应小于 95%。

检查数量：每 1000m^2 抽检 1 点。

检验方法：灌砂法、灌水法、蜡封法。

弯沉值，不应大于设计规定。

检查数量：设计规定时每车道、每 20 米，测 1 点。

检验方法：弯沉仪检测。

(2) 一般项目

表面应平整、坚实、石料嵌锁稳定、无明显高低差；嵌缝料、沥青撒布应均匀，无花白、积油、漏浇等现象，且不得污染其他构筑物。

检查数量：全数检查。

检验方法：观察。

沥青贯入式碎石基层和底基层允许偏差应符合表 7.8.6 的规定。

沥青贯入式碎石基层和底基层允许偏差　　表 7.8.6

<table>
<tr><th colspan="2" rowspan="2">项目</th><th rowspan="2">允许偏差</th><th colspan="3">检验频率</th><th rowspan="2">检验方法</th></tr>
<tr><th>范围（m）</th><th colspan="2">点数</th></tr>
<tr><td colspan="2">中线偏位（mm）</td><td>≤20</td><td>100</td><td colspan="2">1</td><td>用经纬仪测量</td></tr>
<tr><td rowspan="2">纵断高程（mm）</td><td>基层</td><td>±15</td><td rowspan="2">20</td><td colspan="2" rowspan="2">1</td><td rowspan="2">用水准仪测量</td></tr>
<tr><td>底基层</td><td>±20</td></tr>
<tr><td rowspan="3">平整度（mm）</td><td>基层</td><td>≤10</td><td rowspan="3">20</td><td rowspan="3">路宽（m）</td><td><9　1</td><td rowspan="3">用 3m 直尺和塞尺连续量两次，取较大值</td></tr>
<tr><td rowspan="2">底基层</td><td rowspan="2">≤15</td><td>9～15　2</td></tr>
<tr><td>>15　3</td></tr>
<tr><td colspan="2">宽度（mm）</td><td>不小于设计规定+B</td><td>40</td><td colspan="2">1</td><td>用钢尺量</td></tr>
<tr><td colspan="2" rowspan="3">横坡</td><td rowspan="3">±0.3%且不反坡</td><td rowspan="3">20</td><td rowspan="3">路宽（m）</td><td><9　2</td><td rowspan="3">用水准仪测量</td></tr>
<tr><td>9～15　4</td></tr>
<tr><td>>15　6</td></tr>
<tr><td colspan="2">厚度（mm）</td><td>+20
−10%层厚</td><td>1000m^2</td><td colspan="2">1</td><td>刨挖、用钢尺量</td></tr>
<tr><td colspan="2">沥青总用量</td><td>±0.5%</td><td>每工作日、每层</td><td colspan="2">1</td><td>T0982</td></tr>
</table>

7.2.1.20 市政验·道-20 热拌沥青混合料检验批质量验收记录

1. 适用范围

本表适用于市政道路工程的热拌沥青混合料检验批的质量检查验收。

2. 表内填写提示

热拌沥青混合料面层质量检验应符合下列规定：

主控项目

热拌沥青混合料质量应符合下列要求：

道路用沥青品种、标号应符合国家现行有关标准和 CJJ 1 第 8.1 节的有关规定。

检查数量：按同一生产厂家、同一品种、同一标号、同一批号连续进场的沥青（石油沥青每 100t 为 1 批，改性沥青每 50t 为 1 批）每批次抽检 1 次。

检验方法：查出厂合格证、检验报告并进场复检。

沥青混合料所选用的粗集料、细集料、矿粉、纤维稳定剂等质量及规格应符合 CJJ 1 第 8.1 节的有关规定。

检查数量：按不同品种产品进场批次和产品抽样检验方案确定。

检验方法：观察、检查进场检验报告。

热拌沥青混合料、热拌改性沥青混合料、SMA 混合料、查出厂合格证、检验报告并进场复验，拌合温度、出厂温度应符合 CJJ 1 第 8.2.5 条的有关规定。

检查数量：全数检查。

检验方法：查测温记录，现场检测温度。

沥青混合料品质应符合马歇尔试验配合比技术要求。

检查数量：每日、每品种检查 1 次。

检验方法：现场取样试验。

7.2.1.21 市政验·道-21 热拌沥青混合料面层检验批质量验收记录

1. 适用范围

本表适用于市政道路工程的热拌沥青混合料面层检验批的质量检查验收。

2. 表内填写提示

热拌沥青混合料面层质量检验应符合下列规定：

（1）主控项目

沥青混合料面层压实度，对城市快速路、主干路不应小于 96%；对次干路及以下道路不应小于95%。

检查数量：每 $1000m^2$ 测 1 点。

检验方法：查试验记录（马歇尔击实试件密度，试验室标准密度）。

面层厚度应符合设计规定，允许偏差为＋10～－5mm。

检查数量：每 $1000m^2$ 测 1 点。

检验方法：钻孔或刨挖，用钢尺量。

弯沉值，不应大于设计规定。

检查数量：每车道、每 20m，测 1 点。

检验方法：弯沉仪检测。

（2）一般项目

表面应平整、坚实、接缝紧密、无枯焦；不应有明显轮迹、推挤裂缝、脱落、烂边、油斑、掉渣等现象，不得污染其他构筑物。面层与路缘石、平石及其他构筑物应接顺，不得有积水现象。

检查数量：全数检查。

检验方法：观察。

热拌沥青混合料面层允许偏差应符合表 8.5.1 的规定。

热拌沥青混合料面层允许偏差　　　　表 8.5.1

<table>
<tr><td rowspan="2" colspan="2">项目</td><td rowspan="2" colspan="2">允许偏差</td><td colspan="3">检验频率</td><td rowspan="2">检验方法</td></tr>
<tr><td>范围（m）</td><td colspan="2">点数</td></tr>
<tr><td colspan="2">纵断高程（mm）</td><td colspan="2">±15</td><td>20</td><td colspan="2">1</td><td>用水准仪测量</td></tr>
<tr><td colspan="2">中线偏位（mm）</td><td colspan="2">≤20</td><td>100</td><td colspan="2">1</td><td>用经纬仪测量</td></tr>
<tr><td rowspan="6">平整度（mm）</td><td rowspan="3">标准差δ值</td><td>快速路、主干道</td><td>≤1.5</td><td rowspan="3">100</td><td rowspan="3">路宽（m）</td><td>＜9</td><td>1</td><td rowspan="3">用测平仪检测、见注1</td></tr>
<tr><td rowspan="2">次干道、支路</td><td rowspan="2">≤2.4</td><td>9～15</td><td>2</td></tr>
<tr><td>＞15</td><td>3</td></tr>
<tr><td rowspan="3">最大间隙</td><td rowspan="3">次干道、支路</td><td rowspan="3">≤5</td><td rowspan="3">20</td><td rowspan="3">路宽（m）</td><td>＜9</td><td>1</td><td rowspan="3">用3m直尺和塞尺连续量两次，取最大值</td></tr>
<tr><td>9～15</td><td>2</td></tr>
<tr><td>＞15</td><td>3</td></tr>
<tr><td colspan="2">宽度（mm）</td><td colspan="2">不小于设计值</td><td>40</td><td colspan="2">1</td><td>用钢尺量</td></tr>
<tr><td colspan="2" rowspan="3">横坡</td><td colspan="2" rowspan="3">±0.3%且不反坡</td><td rowspan="3">20</td><td rowspan="3">路宽（m）</td><td>＜9</td><td>2</td><td rowspan="3">用水准仪测量</td></tr>
<tr><td>9～15</td><td>4</td></tr>
<tr><td>＞15</td><td>6</td></tr>
<tr><td colspan="2">井框与路面高差（mm）</td><td colspan="2">≤5</td><td>每座</td><td colspan="2">1</td><td>十字法、用直尺、塞尺量取最大值</td></tr>
<tr><td rowspan="4">抗滑</td><td rowspan="2">摩擦系数</td><td colspan="2" rowspan="2">符合设计要求</td><td rowspan="2">200</td><td colspan="2">1</td><td>摆式仪</td></tr>
<tr><td colspan="2">全线连续</td><td>横向力系数车</td></tr>
<tr><td rowspan="2">构造深度</td><td colspan="2" rowspan="2">符合设计要求</td><td rowspan="2">200</td><td colspan="2" rowspan="2">1</td><td>砂铺法</td></tr>
<tr><td>激光构造深度仪</td></tr>
</table>

注：1. 测平仪为全线每车道连续检测每100m计算标准差δ；无测平仪时可采用3m直尺检测；表中检验频率点数为测线数。
2. 平整度、抗滑性能也可采用自动检测设备进行检测。
3. 底基层表面、下面层应按设计规定用量洒泼透层油、粘层油。
4. 中面层、底面层仅进行中线偏位、平整度、宽度、横坡检测。
5. 改性（再生）沥青混凝土路面可采用此表进行检验。
6. 十字法检查井框与路面高差，每座检查井均应检查。十字法检查中，以平行于道路中线，过检查井盖中心的直线做基线，另一条线与基线垂直，构成检查用十字线。

7.2.1.22　市政验·道-22　冷拌沥青混合料面层检验批质量验收记录

1. 适用范围

本表适用于市政道路工程的冷拌沥青混合料面层检验批的质量检查验收。

2. 表内填写提示

冷拌沥青混合料面层质量检验应符合下列规定：

（1）主控项目

面层所用乳化沥青的品种、性能和集料规格、质量应符合CJJ 1第8.1节的有关规定。

检查数量：按产品进场批次和产品抽样检验方案确定。

检验方法：查进场复查报告。

冷拌沥青混合料的压实度不应小于95%。

检查数量：每1000m²测1点。

检验方法：检查配合比设计资料、复测。

面层厚度应符合设计规定，允许偏差为+15～−5mm。

检查数量：每1000m²测1点。

检验方法：钻孔或刨挖，用钢尺量。

（2）一般项目

表面应平整、坚实、接缝紧密、不应有明显轮迹、粗细集料集中、推挤、裂缝、脱落等现象。

检查数量：全数检查。

检验方法：观察。

冷拌沥青混合料面层允许偏差应符合表8.5.2的规定。

冷拌沥青混合料面层允许偏差　　表8.5.2

<table>
<tr><th colspan="2" rowspan="2">项目</th><th rowspan="2">允许偏差</th><th colspan="4">检验频率</th><th rowspan="2">检验方法</th></tr>
<tr><th>范围（m）</th><th colspan="3">点数</th></tr>
<tr><td colspan="2">纵断高程（mm）</td><td>±20</td><td>20</td><td colspan="3">1</td><td>用水准仪测量</td></tr>
<tr><td colspan="2">中线偏位（mm）</td><td>≤20</td><td>100</td><td colspan="3">1</td><td>用经纬仪测量</td></tr>
<tr><td colspan="2" rowspan="3">平整度（mm）</td><td rowspan="3">≤10</td><td rowspan="3">20</td><td rowspan="3">路宽（m）</td><td><9</td><td>1</td><td rowspan="3">用3m直尺和塞尺连续量两次，取最大值</td></tr>
<tr><td>9～15</td><td>2</td></tr>
<tr><td>>15</td><td>3</td></tr>
<tr><td colspan="2">宽度（mm）</td><td>不小于设计值</td><td>40</td><td colspan="3">1</td><td>用钢尺量</td></tr>
<tr><td colspan="2" rowspan="3">横坡</td><td rowspan="3">±0.3%且不反坡</td><td rowspan="3">20</td><td rowspan="3">路宽（m）</td><td><9</td><td>2</td><td rowspan="3">用水准仪测量</td></tr>
<tr><td>9～15</td><td>4</td></tr>
<tr><td>>15</td><td>6</td></tr>
<tr><td colspan="2">井框与路面高差（mm）</td><td>≤5</td><td>每座</td><td colspan="3">1</td><td>十字法、用直尺、塞尺量取最大值</td></tr>
<tr><td rowspan="4">抗滑</td><td rowspan="2">摩擦系数</td><td rowspan="2">符合设计要求</td><td rowspan="2">200</td><td colspan="3">1</td><td>摆式仪</td></tr>
<tr><td colspan="3">全线连续</td><td>横向力系数车</td></tr>
<tr><td rowspan="2">构造深度</td><td rowspan="2">符合设计要求</td><td rowspan="2">200</td><td colspan="3" rowspan="2">1</td><td>砂铺法</td></tr>
<tr><td>激光构造深度仪</td></tr>
</table>

7.2.1.23　市政验·道-23　沥青混合料面层透层检验批质量验收记录

1. 适用范围

本表适用于市政道路工程的沥青混合料面层透层检验批的质量检查验收。

2. 表内填写提示

粘层、透层与封层质量检验应符合下列规定：

（1）主控项目

粘层、透层、封层所采用沥青的品种、标号和封层粒料质量、规格应符合CJJ 1第8.1节的有关规定。

检查数量：按进场品种、批次，同品种、同批次检查不应少于1次。

检验方法：查产品出厂合格证、出厂检验报告和进场复检报告。

（2）一般项目

透层、粘层、封层的宽度不应小于设计规定值。

检查数量：每40m抽检1处。

检验方法：用尺量。

封层油层与粒料洒布应均匀，不应有松散、裂缝、油丁、泛油、波浪、花白、漏洒、堆积、污染其他构筑物等现象。

检查数量：全数检查。

检验方法：观察。

7.2.1.24 市政验·道-24 沥青混合料面层粘层检验批质量验收记录

1. 适用范围

本表适用于市政道路工程的沥青混合料面层粘层检验批的质量检查验收。

2. 表内填写提示

粘层、透层与封层质量检验应符合下列规定：

（1）主控项目

透层、粘层、封层所采用沥青的品种、标号和封层粒料质量、规格应符合CJJ 1第8.1节的有关规定。

检查数量：按进场品种、批次，同品种、同批次检查不应少于1次。

检验方法：查产品出厂合格证、出厂检验报告和进场复检报告。

（2）一般项目

透层、粘层、封层的宽度不应小于设计规定值。

检查数量：每40m抽检1处。

检验方法：用尺量。

封层油层与粒料洒布应均匀，不应有松散、裂缝、油丁、泛油、波浪、花白、漏洒、堆积、污染其他构筑物等现象。

检查数量：全数检查。

检验方法：观察。

7.2.1.25 市政验·道-25 沥青混合料面层封层检验批质量验收记录

1. 适用范围

本表适用于市政道路工程的沥青混合料面层封层检验批的质量检查验收。

2. 表内填写提示

粘层、透层与封层质量检验应符合下列规定：

（1）主控项目

透层、粘层、封层所采用沥青的品种、标号和封层粒料质量、规格应符合CJJ 1第8.1节的有关规定。

检查数量：按进场品种、批次，同品种、同批次检查不应少于1次。

检验方法：查产品出厂合格证、出厂检验报告和进场复检报告。

（2）一般项目

透层、粘层、封层的宽度不应小于设计规定值。

检查数量：每40m抽检1处。

检验方法：用尺量。

封层油层与粒料洒布应均匀，不应有松散、裂缝、油丁、泛油、波浪、花白、漏洒、堆积、污染其他构筑物等现象。

检查数量：全数检查。

检验方法：观察。

7.2.1.26　市政验·道-26　沥青贯入式面层检验批质量验收记录

1. 适用范围

本表适用于市政道路工程的沥青混合料面层封层检验批的质量检查验收。

2. 表内填写提示

沥青贯入式面层质量检验应符合下列规定：

（1）主控项目

沥青、乳化沥青、集料、嵌缝料的质量应符合设计及 CJJ 1 规范的有关规定。

检查数量：按不同材料进场批次，每批次 1 次。

检验方法：查出厂合格证及进场复检报告。

压实度不应小于 95%。

检查数量：每 $1000m^2$ 抽检 1 点。

检验方法：灌砂法、灌水法、蜡封法。

弯沉值，不得大于设计规定。

检查数量：按设计规定。

检验方法：每车道、每 20m，测 1 点

面层厚度应符合设计规定，允许偏差为－5～＋15mm。

检查数量：每 $1000m^2$ 抽检 1 点。

检验方法：钻孔或刨坑，用钢尺量。

（2）一般项目

表面应平整、坚实、石料嵌锁稳定、明显高低差；嵌缝料、沥青应撒布均匀、无花白、积油、漏浇、浮料等现象，且不应污染其他构筑物。

检查数量：全数检查。

检验方法：观察。

沥青贯入式面层允许偏差应符合表 9.4.1 的规定。

沥青贯入式面层允许偏差　　表 9.4.1

项目	允许偏差	检验频率			检验方法
		范围（m）	点数		
纵断高程（mm）	±15	20	1		用水准仪测量
中线偏位（mm）	≤20	100	1		用经纬仪测量
平整度（mm）	≤7	20	路宽（m） <9	1	用 3m 直尺和塞尺连续量两次，取较大值
			9～15	2	
			>15	3	
宽度（mm）	不小于设计值	40	1		用钢尺量
横坡	±0.3%且不反坡	20	路宽（m） <9	2	用水准仪测量
			9～15	4	
			>15	6	

续表

项目	允许偏差	检验频率		检验方法
		范围（m）	点数	
井框与路面高差（mm）	≤5	每座	1	十字法、用直尺、塞尺量取最大值
沥青总用量	±0.5%	每工作日、每层	1	T0982

7.1.2.27　市政验·道-27　沥青表面处治施工检验批质量验收记录

1. 适用范围

本表适用于市政道路工程的沥青表面处治施工检验批的质量检查验收。

2. 表内填写提示

沥青表面处治施工质量检验应符合下列规定：

（1）主控项目

沥青、乳化沥青的品种、指标、规格应符合设计和CJJ 1的有关规定。

检查数量：按进场批次。

检验方法：查出厂合格证、出厂检验报告、进场检验报告。

（2）一般项目

集料应压实平整，沥青应撒布均匀、无露白，嵌缝料应撒铺、扫墁均匀，不应有重叠现象。

沥青表面处治允许偏差应符合表9.4.2的规定

沥青表面处治允许偏差　　**表9.4.2**

项目	允许偏差	检验频率				检验方法
		范围（m）	点数			
纵断高程（mm）	±15	20	1			用水准仪测量
中线偏位（mm）	≤20	100	1			用经纬仪测量
平整度（mm）	≤7	20	路宽（m）	＜9	1	用3m直尺和塞尺连续量两次，取较大值
				9～15	2	
				＞15	3	
宽度（mm）	不小于设计规定	40	1			用钢尺量
横坡	±0.3%且不反坡	20	路宽（m）	＜9	2	用水准仪测量
				9～15	4	
				＞15	6	
厚度（mm）	+10 −5	1000m²	1			钻孔、用钢尺量
弯沉值	符合设计要求	设计要求时	—			弯沉仪测定时
沥青总用量（kg/m²）	±0.5%总用量	每工作日、每层	1			T0982

7.1.2.28　市政验·道-28　水泥混凝土面层模板制作检验批质量验收记录

1. 适用范围

本表适用于市政道路工程的水泥混凝土面层模板制作检验批的质量检查验收。

2. 表内填写提示

模板制作允许偏差应符合表 10.4.1 的规定

模板制作允许偏差　　**表 10.4.1**

检测项目＼施工方式	三辊轴机组	轨道摊铺机	小型机具
高度（mm）	±1	±1	±2
局部变形（mm）	±2	±2	±3
两垂直边夹角（°）	90±2	90±1	90±3
顶面平整度（mm）	±1	±1	±2
侧面平整度（mm）	±2	±2	±3
纵向直顺度（mm）	±2	±1	±3

7.1.2.29　市政验·道-29　水泥混凝土面层模板安装检验批质量验收记录

1. 适用范围

本表适用于市政道路工程的水泥混凝土面层模板安装检验批的质量检查验收。

2. 表内填写提示

模板安装应符合下列规定：

支模前应核对路面标高、面板分快、胀缝和构造物位置。

模板应安装稳固、顺直、平整，无扭曲，相邻模板连接紧密平顺，不应错位。

严禁在基层上挖槽嵌入模板。

使用轨道摊铺机应采用专用钢制轨模。

模板安装完毕，应进行检验，合格后方可使用。

模板安装允许偏差应符合表 10.4.2 的规定

模板安装允许偏差　　**表 10.4.2**

检测项目＼施工方式	允许偏差			检验频率		检验方法
	三辊轴机组	轨道摊铺机	小型机具	范围	点数	
中线偏位（mm）	≤10	≤5	≤15	100m	2	用经纬仪、钢尺量
宽度（mm）	≤10	≤5	≤15	20m	1	用钢尺量
顶面高程（mm）	±5	±5	±10	20m	1	用水准仪测量
横坡（%）	±0.10	±0.10	±0.20	20m	1	用钢尺量
相邻板高差（mm）	≤1	≤1	≤2	每缝	1	用水平尺、塞尺量
模板接缝宽度（mm）	≤3	≤2	≤3	每缝	1	用钢尺量

续表

检测项目＼施工方式	允许偏差			检验频率		检验方法
	三辊轴机组	轨道摊铺机	小型机具	范围	点数	
侧面垂直度（mm）	≤3	≤2	≤4	20m	1	用水平尺、卡尺量
纵向顺直度（mm）	≤3	≤2	≤4	40m	1	用20m线和钢尺量
顶面平整度（mm）	≤1.5	≤1	≤2	每两缝间	1	用3m直尺、塞尺量

7.1.2.30 市政验·道-30 水泥混凝土面层原材料检验批质量验收记录

1. 适用范围

本表适用于市政道路工程的水泥混凝土面层原材料检验批的质量检查验收。

2. 表内填写提示

原材料质量应符合下列要求。

主控项目

水泥品种、级别、质量、包装、贮存应符合国家现行有关标准的规定。

检查数量：按同一生产厂家、同一等级、同一品种、同一批号且连续进场的水泥，袋装水泥不超过200t为一批，散装水泥不超过500t为一批，每批抽样1次。

水泥出厂超过三个月（快硬硅酸盐水泥超过一个月）时，应进行复检，复验合格后方可使用。

检验方法：检查产品合格证、出厂检验报告、进场复验。

混凝土中掺加外加剂的质量应符合现行国家标准《混凝土外加剂》GB 8076和《混凝土外加剂应用技术规范》GB 50119的规定。

检查数量：按进场批次和产品抽样检验方法确定，每批次不少于1次。

检验方法：检查产品合格证、出厂检验报告和进场复验报告。

钢筋品种、规格、数量、下料尺寸及质量应符合设计要求及现行国家有关标准的规定。

检查数量：全数检查。

检验方法：观察、用钢尺量，检查出厂检验报告和进场复验报告。

钢纤维的规格质量应符合设计要求及CJJ 1第10.1.7条有关规定。

检查数量：按进场批次，每批抽检1次。

检验方法：现场取样、试验。

粗集料、细集料应符合CJJ 1第10.1.2、10.1.3条的有关规定。

检查数量：同产地、同品种、同规格且连续进场的集料，每400m^3按一批计，每批抽检1次。

检验方法：检查出厂合格证和抽检报告。

水应符合CJJ 1第7.2.1条第3款的规定。

检查数量：同水源检查1次。

检验方法：检查水质分析报告。

7.1.2.31 市政验·道-31 水泥混凝土面层钢筋加工及安装检验批质量验收记录

1. 适用范围

本表适用于市政道路工程的水泥混凝土面层钢筋加工及安装检验批的质量检查验收。

2. 表内填写提示

钢筋安装应符合下列规定：

钢筋安装前应检查其原材料品种、规格与加工质量，确认符合设计规定。

钢筋网、角隅钢筋等安装应牢固、位置准确。钢筋安装后应进行检查，合格后方可使用。

传力杆安装应牢固、位置准确。胀缝传力杆应与胀缝板、提缝板一起安装。

钢筋加工允许偏差应符合表 10.4.3-1 的规定

钢筋加工允许偏差 **表 10.4.3-1**

<table>
<tr><th rowspan="2">项目</th><th rowspan="2">焊接钢筋网及骨架允许偏差（mm）</th><th rowspan="2">绑扎钢筋网及骨架允许偏差（mm）</th><th colspan="2">检查频率</th><th rowspan="2">检验方法</th></tr>
<tr><th>范围</th><th>点数</th></tr>
<tr><td>钢筋网的长度与宽度</td><td>±10</td><td>±10</td><td rowspan="4">每检验批</td><td rowspan="4">抽查10%</td><td>用钢尺量</td></tr>
<tr><td>钢筋网眼尺寸</td><td>±10</td><td>±20</td><td>用钢尺量</td></tr>
<tr><td>钢筋骨架宽度及高度</td><td>±5</td><td>±5</td><td>用钢尺量</td></tr>
<tr><td>钢筋骨架的长度</td><td>±10</td><td>±10</td><td>用钢尺量</td></tr>
</table>

钢筋安装允许偏差应符合表 10.4.3-2 的规定

钢筋安装允许偏差 **表 10.4.3-2**

<table>
<tr><th colspan="2" rowspan="2">项目</th><th rowspan="2">允许偏差（mm）</th><th colspan="2">检验频率</th><th rowspan="2">检验方法</th></tr>
<tr><th>范围</th><th>点数</th></tr>
<tr><td rowspan="2">受力钢筋</td><td>排距</td><td>±5</td><td rowspan="11">每检验批</td><td rowspan="11">抽查10%</td><td rowspan="2">用钢尺量</td></tr>
<tr><td>间距</td><td>±10</td></tr>
<tr><td colspan="2">钢筋弯起点位置</td><td>20</td><td>用钢尺量</td></tr>
<tr><td rowspan="2">箍筋、横向钢筋间距</td><td>绑扎钢筋网及钢筋骨架</td><td>±20</td><td rowspan="2">用钢尺量</td></tr>
<tr><td>焊接钢筋网及钢筋骨架</td><td>±10</td></tr>
<tr><td rowspan="2">钢筋预埋位置</td><td>中心线位置</td><td>±5</td><td rowspan="2">用钢尺量</td></tr>
<tr><td>水平高差</td><td>±3</td></tr>
<tr><td rowspan="2">钢筋保护层</td><td>距表面</td><td>±3</td><td rowspan="2">用钢尺量</td></tr>
<tr><td>距底面</td><td>±5</td></tr>
</table>

7.2.1.32　市政验·道-32　混凝土面层检验批质量检验记录

1. 适用范围

本表适用于市政道路工程的水泥混凝土面层检验批的质量检查验收。

2. 表内填写提示

(1) 主控项目

混凝土面层质量应符合设计要求。

混凝土弯拉强度应符合设计规定。

检查数量：每 100m^3 的同配合比混凝土取样 1 次；不足 100m^3 时按 1 次计。每次取样应至少留置 1 组标准养护试件。同条件养护试件的留置组数应根据实际需要确定，最少 1 组。

检验方法：检查试件强度试验报告。

混凝土面层厚度应符合设计规定，允许误差为±5mm。

检查数量：每 1000m^2 抽测 1 点。

检验方法：查试验报告、复测。

抗滑构造深度应符合设计要求。

检查数量：每 1000m^{2}抽测 1 点。

检验方法：铺砂法。

(2) 一般项目

水泥混凝土面层应板面平整、坚实、边角应整齐、无裂缝，并不应有石子外露和浮浆、脱皮、踏痕、积水等现象，蜂窝麻面面积不得大于总面积的 0.5%。

检查数量：全数检查。

检验方法：观察、量测。

伸缩缝应垂直、直顺，缝内不应有杂物。伸缩缝在规定的深度和宽度范围内应全部贯通，传力杆应与缝面垂直。

检查数量：全数检查。

检验方法：观察。

混凝土路面允许偏差应符合表 10.8.1 的规定。

混凝土路面允许偏差 **表 10.8.1**

<table>
<tr><th colspan="2" rowspan="2">项目</th><th colspan="2">允许偏差或规定值</th><th colspan="2">检验频率</th><th rowspan="2">检验方法</th></tr>
<tr><th>快速路、主干道</th><th>次干道、支路</th><th>范围（m）</th><th>点数</th></tr>
<tr><td colspan="2">纵断高程（mm）</td><td colspan="2">±15</td><td>20</td><td>1</td><td>用水准仪测量</td></tr>
<tr><td colspan="2">中线偏位（mm）</td><td colspan="2">≤20</td><td>100</td><td>1</td><td>用经纬仪测量</td></tr>
<tr><td rowspan="2">平整度（mm）</td><td>标准差 δ 值（mm）</td><td>≤1.2</td><td>≤2</td><td>100</td><td>1</td><td>用测平仪检测</td></tr>
<tr><td>最大间隙（mm）</td><td>≤3</td><td>≤5</td><td>20</td><td>1</td><td>用 3m 直尺和塞尺连续量两次，取较大值</td></tr>
<tr><td colspan="2">宽度（mm）</td><td colspan="2">0
−20</td><td>40</td><td>1</td><td>用钢尺量</td></tr>
<tr><td colspan="2">横坡（%）</td><td colspan="2">±0.3%且不反坡</td><td>20</td><td>1</td><td>用水准仪测量</td></tr>
<tr><td colspan="2">井框与路面高差（mm）</td><td colspan="2">≤3</td><td>每座</td><td>1</td><td>十字法，用直尺、塞尺量取最大值</td></tr>
<tr><td colspan="2">相邻板高差（mm）</td><td colspan="2">≤3</td><td>20</td><td>1</td><td>用钢板尺和塞尺量</td></tr>
<tr><td colspan="2">纵缝直顺度（mm）</td><td colspan="2">≤10</td><td>100</td><td rowspan="2">1</td><td rowspan="2">用 20m 线和钢尺量</td></tr>
<tr><td colspan="2">横缝直顺度（mm）</td><td colspan="2">≤10</td><td>40</td></tr>
<tr><td colspan="2">蜂窝麻面面积①（%）</td><td colspan="2">≤2</td><td>20</td><td>1</td><td>观察和用钢板尺量</td></tr>
</table>

注：①每 20m 查 1 块板的侧面。

7.2.1.33 市政验·道-33 铺砌式料石面层检验批质量验收记录

1. 适用范围

本表适用于市政道路工程的料石面层检验批的质量检查验收。

2. 表内填写提示

料石面层质量检验应符合下列规定：

（1）主控项目

石材质量、外形尺寸应符合设计及 CJJ 1 规范要求。

检查数量：每检验批，抽样检查。

检验方法：查出厂检验报告或复验。

砂浆平均抗压强度等级应符合设计规定，任一组试件抗压强度最低值不应低于设计强度的 85%。

检查数量：同一配合比，每 1000m^{2}1 组（6 块），不足 1000m^{2}取 1 组。

检验方法：查试验报告。

（2）一般项目

表面应平整、稳固、无翘动、缝线直顺、灌缝饱满、无反坡积水现象。

检查数量：全数检查。

检验方法：观察。

料石面层允许偏差应符合表 11.3.1 的规定。

料石面层允许偏差 **表 11.3.1**

项目	允许偏差	检验频率		检验方法
		范围（m）	点数	
纵断高程（mm）	±10	10	1	用水准仪测量
中线偏位（mm）	≤20	100	1	用经纬仪测量
平整度（mm）	≤3	20	1	用 3m 直尺和塞尺 连续量两次，取较大值
宽度（mm）	不小于设计规定	40	1	用钢尺量
横坡（%）	±0.3%且不反坡	20	1	用水准仪测量
井框与路面高差（mm）	≤3	每座	1	十字法，用直尺和 塞尺量，取最大值
相邻块高差（mm）	≤2	20	1	用钢板尺量
纵横缝直顺度（mm）	≤5	20	1	用 20m 线和钢尺量
缝宽（mm）	+3 −2	20	1	用钢尺量

7.2.1.34　市政验·道-34　铺砌式预制混凝土砌块面层检验批质量验收记录

1. 适用范围

本表适用于市政道路工程的预制混凝土砌块面层检验批的质量检查验收。

2. 表内填写提示

预制混凝土砌块面层检验应符合下列规定：

（1）主控项目

砌块的强度应符合设计要求。

检查数量：同一品种、规格，每 1000m^{2}抽样检查 1 次。

检验方法：查出厂检验报告、复验。

砂浆平均抗压强度等级应符合设计规定，任一组试件抗压强度最低值不应低于设计强度的 85%。

检查数量：同一配比，每 1000m^{2}1 组（6 块），不足 1000m^{2}取 1 组。

检验方法：查试验报告。

（2）一般项目

外观质量应符合 CJJ 1 第 11.3.1 条第 3 款的规定。

预制混凝土砌块面层允许偏差应符合表 11.3.2 的规定。

预制混凝土砌块面层允许偏差 **表 11.3.2**

项目	允许偏差	检验频率		检验方法
		范围（m）	点数	
纵断高程（mm）	±15	20	1	用水准仪测量
中线偏位（mm）	≤20	100	1	用经纬仪测量
平整度（mm）	≤5	20	1	用 3m 直尺和塞尺连续量两次，取较大值
宽度（mm）	不小于设计规定	40	1	用钢尺量
横坡（%）	±0.3%且不反坡	20	1	用水准仪测量
井框与路面高差（mm）	≤4	每座	1	十字法，用直尺和塞尺量，取最大值
相邻块高差（mm）	≤3	20	1	用钢板尺量
纵横缝直顺度（mm）	≤5	20	1	用 20m 线和钢尺量
缝宽（mm）	+3 −2	20	1	用钢尺量

7.2.1.35 市政验·道-35 广场与停车场料石面层检验批质量验收记录

1. 适用范围

本表适用于市政道路工程的广场与停车场料石面层检验批的质量检查验收。

2. 表内填写提示

料石面层质量检验应符合下列规定：

（1）主控项目

石材质量、外形尺寸及砂浆平均抗压强度等级应符合 CJJ 1 第 11.3.1 条的有关规定。

（2）一般项目

石材安装除应符合 CJJ 1 第 11.3.1 条有关规定外，料石面层允许偏差应符合表 12.2.1 的要求。

广场、停车场料石面层允许偏差 **表 12.2.1**

项目	允许偏差	检验频率		检验方法
		范围（m）	点数	
高程（mm）	±6	施工单元①	1	用水准仪测量
平整度（mm）	≤3	10×10	1	用 3m 直尺和塞尺连续量两次，取较大值
宽度（mm）	不小于设计规定	40②	1	用钢尺或测距仪量测
坡度（%）	±0.3%且不反坡	20	1	用水准仪测量

续表

项目	允许偏差	检验频率		检验方法
		范围（m）	点数	
井框与面层高差（mm）	≤3	每座	1	十字法，用直尺和塞尺量，取最大值
相邻块高差（mm）	≤2	10×10	1	用钢板尺量
纵、横缝直顺度（mm）	≤5	40×40	1	用20m线和钢尺量
缝宽（mm）	+3 −2	40×40	1	用钢尺量

注：① 在每单位工程中，以40m×40m定方格网，进行编号，作为量测检查的基本施工单元，不足40m×40m的部分以一个单元计。在基本施工单元中再以10m×10m或20m×20m为子单元，每基本施工单元范围内只抽一个子单元检查。检查方法为随机取样。即基本施工单元在室内确定，子单元在现场确定，量取3点取最大值计为检查频率中的1个点。

② 适用于矩形广场与停车场。

7.2.1.36 市政验·道-36 广场与停车场预制混凝土砌块面层检验批质量验收记录

1. 适用范围

本表适用于市政道路工程的广场与停车场预制混凝土砌块面层检验批的质量检查验收。

2. 表内填写提示

预制混凝土砌块面层质量检验应符合下列规定：

（1）主控项目

预制块强度、外形尺寸及砂浆平均抗压强度等级应符合CJJ 1第11.3.2条有关规定。

（2）一般项目

预制块安装除应符合CJJ 1第11.3.2条的有关规定外，预制混凝土砌块面层允许偏差尚应符合表12.2.2的规定。

广场、停车场预制混凝土砌块面层允许偏差　　表12.2.2

项目	允许偏差	检验频率		检验方法
		范围（m）	点数	
高程（mm）	±10	施工单元①	1	用水准仪测量
平整度（mm）	≤5	10×10	1	用3m直尺和塞尺连续量两次，取较大值
宽度（mm）	不小于设计规定	40②	1	用钢尺或测距仪量测
坡度（%）	±0.3%且不反坡	20	1	用水准仪测量
井框与面层高差（mm）	≤4	每座	1	十字法，用直尺、塞尺量取最大值
相邻块高差（mm）	≤2	10×10	1	用钢板尺量
纵、横缝直顺度（mm）	≤10	40×40	1	用20m线和钢尺量
缝宽（mm）	+3 −2	40×40	1	用钢尺量

注：① 同表12.2.1注。

② 适用于矩形广场和停车场。

7.2.1.37　市政验·道-37　广场与停车场沥青混合料面层检验批质量验收记录

1. 适用范围

本表适用于市政道路工程的广场与停车场沥青混合料面层检验批的质量检查验收。

2. 表内填写提示

沥青混合料面层质量检验应符合 CJJ 1 第 8.5.1、8.5.2 条的有关规定外，尚应符合下列规定：

(1) 主控项目

面层厚度应符合设计规定，允许偏差为±5mm。

检查数量：每 1000m^{2}抽测 1 点，不足 1000m^{2}取 1 点。

检验方法：钻孔用钢尺量。

(2) 一般项目

广场、停车场沥青混合料面层允许偏差应符合表 12.2.3 的有关规定。

广场、停车场沥青混合料面层允许偏差　　**表 12.2.3**

项目	允许偏差	检验频率		检验方法
		范围（m）	点数	
高程（mm）	±10	施工单元①	1	用水准仪测量
平整度（mm）	≤5	10×10	1	用 3m 直尺和塞尺连续量两次，取较大值
宽度（mm）	不小于设计规定	40②	1	用钢尺或测距仪量测
坡度（%）	±0.3%且不反坡	20	1	用水准仪测量
井框与面层高差（mm）	≤5	每座	1	十字法，用直尺和塞尺量取最大值

注：①同表 12.2.1 注。

②适用于矩形广场和停车场。

7.2.1.38　市政验·道-38　广场与停车场水泥混凝土面层检验批质量验收记录

1. 适用范围

本表适用于市政道路工程的广场与停车场水泥混凝土面层检验批的质量检查验收。

2. 表内填写提示

水泥混凝土面层质量检验应符合下列规定。

(1) 主控项目

混凝土原材料与混凝土面层质量应符合 CJJ 1 第 10.8.1 条关于主控项目的有关规定。

(2) 一般项目

水泥混凝土面层外观质量应符合 CJJ 1 第 10.8.1 条一般项目的有关规定。

水泥混凝土面层允许偏差应符合表 12.2.4 的规定。

广场、停车场水泥混凝土面层允许偏差　　**表 12.2.4**

项目	允许偏差	检验频率		检验方法
		范围（m）	点数	
高程（mm）	±10	施工单元①	1	用水准仪测量
平整度（mm）	≤5	10×10	1	用 3m 直尺和塞尺连续量两次，取较大值

续表

项目	允许偏差	检验频率		检验方法
		范围（m）	点数	
宽度	不小于设计规定	40②	1	用钢尺或测距仪量测
坡度	±0.3%且不反坡	20	1	用水准仪测量
井框与面层高差（mm）	≤5	每座	1	十字法，用直尺和塞尺量，取最大值
相邻板高差（mm）	≤3	10×10	1	用钢板尺量和塞尺量
纵缝直顺度（mm）	≤10	40×0	1	用 20m 线和钢尺量
横缝直顺度（mm）	≤10	40×40	1	
蜂窝麻面面积③（%）	≤2	20	1	观察和用钢板尺量

注：① 同表 12.2.1 注。

② 适用于矩形广场和停车场。

③ 每 20m 查 1 块板的侧面。

7.2.1.39　市政验·道-39　料石铺砌人行道面层检验批质量验收记录

1. 适用范围

本表适用于市政道路工程的料石铺砌人行道面层检验批的质量检查验收。

2. 表内填写提示

料石铺砌人行道面层质量检验应符合下列规定：

(1) 主控项目

路床与基层压实度应大于或等于 90%。

检查数量：每 100m 查 2 点。

检验方法：环刀法、灌砂法、灌水法。

砂浆强度应符合设计要求。

检查数量：同一配合比，每 $1000m^2$ 1 组（6 块），不足 $1000m^2$ 取 1 组。

检验方法：查试验报告。

石材强度、外观尺寸应符合设计及 CJJ 1 规范要求。

检查数量；每检验批抽样检验。

检验方法：查出厂检验报告及复检报告。

盲道铺砌应正确。

检查数量：全数检查。

检验方法：观察。

(2) 一般项目

铺砌应稳固、无翘动、表面平整、缝线直顺、缝宽均匀、灌缝饱满，无翘边、翘角、反坡、积水现象。

料石铺砌允许偏差应符合表 13.4.1 的规定。

料石铺砌允许偏差 **表 13.4.1**

项目	允许偏差	检验频率		检验方法
		范围（m）	点数	
平整度（mm）	≤3	20	1	用3m直尺和塞尺连续量两次，取较大值
横坡	±0.3%且不反坡	20	1	用水准仪测量
井框与面层高差（mm）	≤3	每座	1	十字法，用直尺和塞尺量，取最大值
相邻块高差（mm）	≤2	20	1	用钢尺量3点
纵缝直顺（mm）	≤10	40	1	用20m线和钢尺量
横缝直顺（mm）	≤10	20	1	沿路宽用线和钢尺量
缝宽（mm）	+3 −2	20	1	用钢尺量3点

7.2.1.40 市政验·道-40 混凝土预制铺砌人行道（含盲道）面层检验批质量验收记录

1. 适用范围

本表适用于市政道路工程的混凝土预制砌块铺砌人行道（含盲道）面层检验批的质量检查验收。

2. 表内填写提示

混凝土预制砌块铺砌人行道（含盲道）质量检验应符合下列规定：

（1）主控项目

路床与基层压实度应符合CJJ 1第13.4.1条的规定。

混凝土预制砌块（含盲道砌块）强度应符合设计规定。

检查数量：同一品种、规格、每检验批1组。

检验方法：查抗压强度试验报告。

砂浆平均抗压强度等级应符合设计规定，任一组试件抗压强度最低值不应低于设计强度的85%。

检查数量：同一配合比，每1000m^{2}1组（6块），不足1000m^{2}取1组。

检验方法：查试验报告。

盲道铺砌应正确。

检查数量：全数检查。

检验方法：观察。

（2）一般项目

铺砌应稳固、无翘动、表面平整、缝线直顺、缝宽均匀、灌缝饱满，无翘边、翘角、反坡、积水现象。

预制砌块铺砌允许偏差应符合表13.4.2的规定。

预制砌块铺砌允许偏差 **表 13.4.2**

项目	允许偏差	检验频率		检验方法
		范围（m）	点数	
平整度（mm）	≤5	20	1	用3m直尺和塞尺连续量两次，取较大值

续表

项目	允许偏差	检验频率		检验方法
		范围（m）	点数	
横坡（%）	±0.3%且不反坡	20	1	用水准仪量测
井框与面层高差（mm）	≤4	每座	1	十字法，用直尺和塞尺量，取最大值
相邻块高差（mm）	≤3	20	1	用钢尺量
纵缝直顺（mm）	≤10	40	1	用20m线和钢尺量
横缝直顺（mm）	≤10	20	1	沿路宽用线和钢尺量
缝宽（mm）	+3 −2	20	1	用钢尺量

7.2.1.41　市政验·道-41　沥青混凝土铺筑人行道面层检验批质量验收记录

1. 适用范围

本表适用于市政道路工程的沥青混合料铺筑人行道面层检验批的质量检查验收。

2. 表内填写提示

沥青混合料铺筑人行道面层质量检验应符合下列规定：

（1）主控项目

路床与基层压实度应符合CJJ 1第13.4.1条第1款的规定。

沥青混合料品质应符合马歇尔试验配合比技术要求。

检查数量：每日、每品种检查1次。

检验方法：现场取样试验。

（2）一般项目

沥青混合料压实度不小于95%。

检查数量：每100m查2点。

检验方法：查试验记录（马歇尔击实试件密度、试验室标准密度）。

表面应平整、密实、无裂缝、烂边、掉渣、推挤现象，接茬应平顺、烫边无枯焦现象，与构筑物衔接平顺、无反坡积水。

检查数量：全数检查。

检验方法：观察。

沥青混合料铺筑人行道面层允许偏差应符合表13.4.3的规定。

沥青混合料铺筑人行道面层允许偏差　　表13.4.3

项目		允许偏差	检验频率		检验方法
			范围（m）	点数	
平整度（mm）	沥青混凝土	≤5	20	1	用3m直尺和塞尺连续量两次，取较大值
	其他	≤7			
横坡（%）		±0.3%且不反坡	20	1	用水准仪测量

续表

项目	允许偏差	检验频率		检验方法
		范围（m）	点数	
井框与面层高差（mm）	≤5	每座	1	十字法，用直尺和塞尺量，取最大值
厚度（mm）	±5	20	1	用钢尺量

7.2.1.42　市政验·道-42　人行地道、挡土墙地基检验批质量验收记录

1. 适用范围

本表适用于市政道路工程的人行地道、挡土墙或其他附属构筑物地基检验批的质量检查验收。

2. 表内填写提示

(1) 主控项目

地基承载力应符合设计要求。填方地基压实强度不应小于95%，挖方地段钎探合格。

检查数量：每个通道抽检3点。

检验方法：查压实度检验报告或钎探报告。

(2) 一般项目

基底高程允许偏差应符合表15.6.3的规定。

7.2.1.43　市政验·道-43　人行地道结构防水层检验批质量验收记录

1. 适用范围

本表适用于市政道路工程的人行地道结构或其他附属构筑物防水层检验批的质量检查验收。

2. 表内填写提示

主控项目

防水层材料应符合设计要求。

检查数量：同品种、同牌号材料每检验批1次。

检验方法：产品性能检验报告、取样试验。

防水层应粘贴密实、牢固、无破损；搭接长度大于或等于10cm。

检查数量：全数检查。

检验方法：查验收记录。

7.2.1.44　市政验·道-44　人行地道、挡土墙结构基础模板制作及安装检验批质量验收记录

1. 适用范围

本表适用于市政道路工程的人行地道、挡土墙结构或其他附属构筑物基础模板制作及安装检验批的质量检查验收。

2. 表内填写提示

(1) 主控项目

模板、支架和拱架制作及安装应符合施工设计图（符合施工方案）的规定，且稳固牢靠，接缝严密，立柱基础有足够的支撑面和排水、防冻融措施。

检查数量：全数检查。

检验方法：观察和用钢尺量。检查施工记录。

(2) 一般项目

基础模板安装允许偏差应符合表14.2.3-1的规定。

基础模板安装允许偏差　　表 14.2.3-1

<table>
<tr><th rowspan="2" colspan="2">项目</th><th rowspan="2">允许偏差（mm）</th><th colspan="2">检验频率</th><th rowspan="2">检验方法</th></tr>
<tr><th>范围</th><th>点数</th></tr>
<tr><td rowspan="3">相邻两板表面高差（mm）</td><td>刨光模板</td><td rowspan="2">≤2</td><td rowspan="3">20m</td><td rowspan="3">2</td><td rowspan="3">用塞尺量</td></tr>
<tr><td>钢模板</td></tr>
<tr><td>不刨光模板</td><td>≤4</td></tr>
<tr><td rowspan="3">表面平整度（mm）</td><td>刨光模板</td><td rowspan="2">≤3</td><td rowspan="3">20m</td><td rowspan="3">4</td><td rowspan="3">用 2m 直尺、塞尺量</td></tr>
<tr><td>钢模板</td></tr>
<tr><td>不刨光模板</td><td>≤5</td></tr>
<tr><td rowspan="3">断面尺寸（mm）</td><td>宽度</td><td>±10</td><td rowspan="3">20m</td><td rowspan="3">2</td><td rowspan="3">用钢尺量</td></tr>
<tr><td>高度</td><td>±10</td></tr>
<tr><td>杯槽宽度①</td><td>+20，0</td></tr>
<tr><td>轴线偏位（mm）</td><td>杯槽中心线①</td><td>≤10</td><td>20m</td><td>1</td><td>用经纬仪测量</td></tr>
<tr><td colspan="2">杯槽底面高程（支撑面）①（mm）</td><td>+5，−10</td><td>20m</td><td>1</td><td>用水准仪测量</td></tr>
<tr><td rowspan="2">预埋件①（mm）</td><td>高程</td><td>±5</td><td rowspan="2">每个</td><td rowspan="2">1</td><td rowspan="2">用水准仪测量，
用钢尺量</td></tr>
<tr><td>偏位</td><td>≤15</td></tr>
</table>

注：①发生此项时使用。

7.2.1.45　市政验·道-45　人行地道、挡土墙结构钢筋加工检验批质量验收记录

1. 适用范围

本表适用于市政道路工程的人行地道、挡土墙结构或其他附属构筑物钢筋加工检验批的质量检查验收。

2. 表内填写提示

主控项目（CJJ 2）

钢筋品种、规格和加工、成型与安装应符合设计要求。

检查数量：钢筋按品种每批 1 次。安装全数检查。

检验方法：查钢筋试验单和验收记录。

主控项目（CJJ 2）

材料检验应符合下列规定：

钢筋、焊条的品种、牌号、规格和技术性能必须符合现行国家标准规定和设计要求（CJJ 2 第 6.5.1.1 条）。

检查数量：全数检查。

检验方法：检查产品合格证、出厂检验报告。

钢筋进场时，必须按批抽取试件做力学性能检验和工艺性能试验。其质量必须符合国家现行标准的规定（CJJ 2 第 6.5.1.2 条）。

检查数量：以同牌号、同炉号、同规格、同交货状态的钢筋，每 60t 为 1 批，不足 60t 也按 1 批计，每批抽检 1 次。

检验方法：检查试件检验报告。

当钢筋出现脆断、焊接性能不良、或力学性能显著不正常等现象时，应对该批钢筋进行化学成分检验或其他专项检验(CJJ 2第 6.5.1.3 条)。

检查数量：该批钢筋全数检查。

检验方法：检查专项检验报告。

钢筋弯制和末端弯钩均应符合设计要求和 CJJ 2 第 6.2.3、6.2.4 条的规定（CJJ 2 第 6.5.2 条）。

检查数量：每工作日同一类型钢筋抽查不应少于 3 件。

检验方法：用钢尺量。

一般项目（CJJ 2）

钢筋表面不得有裂纹、结疤、折叠、锈蚀和油污，钢筋焊接接头表面现象不得有夹渣、焊瘤（CJJ 2 第 6.5.6 条）。

检查数量：全数检查。

检验方法：观察。

一般项目（CJJ 1）

钢筋加工允许偏差应符合表 14.2.4-1 的规定。

钢筋加工允许偏差 **表 14.2.4-1**

<table>
<tr><th rowspan="2">项目</th><th rowspan="2">允许偏差
(mm)</th><th colspan="2">检验频率</th><th rowspan="2">检验方法</th></tr>
<tr><th>范围</th><th>点数</th></tr>
<tr><td>受力钢筋成型长度</td><td>+5
−10</td><td rowspan="2">每根（每一类型抽查10%且不小于 5 根）</td><td>1</td><td>用钢尺量</td></tr>
<tr><td>箍筋尺寸</td><td>0
−3</td><td>2</td><td>用钢尺量，高、宽各 1 点</td></tr>
</table>

7.2.1.46 市政验·道-46 人行地道、挡土墙结构钢筋成型与安装检验批质量验收记录

1. 适用范围

本表适用于市政道路工程的人行地道、挡土墙结构或其他附属构筑物钢筋成型与安装检验批的质量检查验收。

2. 表内填写提示

（1）主控项目（CJJ 1）

钢筋品种、规格和加工、成型与安装应符合设计要求。

检查数量：钢筋按品种每批 1 次。安装全数检查。

检验方法：查钢筋试验单和验收记录。

（2）主控项目（CJJ 2）

受力钢筋连接应符合下列规定：（CJJ 2 第 6.5.3 条）

钢筋的连接形式必须符合设计要求（CJJ 2 第 6.5.3.1 条）。

检查数量：全数检查。

检验方法：观察。

钢筋接头位置、同一截面的接头数量、搭接长度应符合设计要求和 CJJ 2 第 6.3.2、6.3.5 条的规定（CJJ 2 第 6.5.3.2 条）。

检查数量：全数检查。

检验方法：观察、用钢尺量。

钢筋焊接接头质量应符合国家现行标准《钢筋焊接及验收规程》JGJ 18 的规定和设计要求（CJJ 2 第 6.5.3.3 条）。

检查数量：外观质量全数检查；力学性能检验按 CJJ 2 第 6.3.4、6.3.5 条规定抽样作拉伸试验和冷弯试验。

检验方法：观察、用钢尺量、检查接头性能检验报告。

HRB335 和 HRB400 带肋钢筋机械连接接头质量应符合国家现行标准《钢筋机械连接通用技术规程》JGJ 107、《带肋钢筋套筒挤压连接技术规程》JGJ 108 的规定和设计要求（CJJ 2 第 6.5.3.4 条）。

检查数量：外观质量全数检查：力学性能检验按 CJJ 2 第 6.3.8 条规定抽样作拉伸试验。

检验方法：外观用卡尺或专用量具检查、检查合格证和出厂检验报告、检查进场验收记录和性能复验报告。

一般项目

预埋件的规格、数量、位置等必须符合设计要求（CJJ 2 第 6.5.5 条）。

检查数量：全数检查。

检验方法：观察、用钢尺量。

钢筋表面不得有裂纹、结疤、折叠、锈蚀和油污，钢筋焊接接头表面现象不得有夹渣、焊瘤（CJJ 2 第 6.5.6 条）。

检查数量：全数检查。

检验方法：观察。

一般项目（CJJ 1）

钢筋成型与安装允许偏差应符合表 14.2.4-2 的规定。

钢筋成型与安装允许偏差　　　　表 14.2.4-2

项目	允许偏差（mm）	检验频率		检验方法
		范围（m）	点数	
配置两排以上受力筋时钢筋的排距	±5	10	2	用钢尺量
受力筋间距	±10		2	用钢尺量
箍筋间距	±20		2	5 个箍筋间距量 1 尺
保护层厚度	±5		2	用钢尺量

7.2.1.47　市政验·道-47　预制安装钢筋混凝土人行地道结构、装配式挡土墙混凝土基础检验批质量验收记录

1. 适用范围

本表适用于市政道路工程的预制安装钢筋混凝土人行地道结构、装配式挡土墙或其他预制附属构筑物混凝土基础检验批的质量检查验收。

2. 表内填写提示

（1）主控项目

混凝土强度应符合设计要求。

检查数量；每班或每 100m^{3}取 1 组（3 块），少于规定按 1 组计。

检验方法；查强度试验报告。

（2）一般项目

混凝土基础允许偏差应符合表 14.5.2-1 的规定。

混凝土基础允许偏差　　表 14.5.2-1

项目	允许偏差(mm)	检验频率		检验方法
		范围	点数	
中线偏位	≤10	20m	1	用经纬仪测量
顶面高程	±10		1	用水准仪测量
长度	±10		1	用钢尺量
宽度	±10		1	用钢尺量
厚度	±10		1	用钢尺量
杯口轴线偏位①	≤10		1	用经纬仪测量
杯口底面高程①	±10		1	用水准仪测量
杯口底、顶宽度①	10～15		1	用钢尺量
预埋件①	≤10	每个	1	用钢尺量

注：① 发生此项时时使用。

7.2.1.48　市政验·道-48　现浇钢筋混凝土人行地道结构侧墙与顶板模板安装检验批质量验收记录

1. 适用范围

本表适用于市政道路工程的现浇钢筋混凝土人行地道结构或其他附属构筑物侧墙与顶板模板安装检验批的质量检查验收。

2. 表内填写提示

(1) 主控项目

模板、支架和拱架制作及安装应符合施工设计图（施工方案）的规定，且稳固牢靠，接缝严密，立柱基础有足够的支撑面和排水、防冻融措施（CJJ 2 第 5.4.1 条）。

检查数量：全数检查。

检验方法：观察和用钢尺量。检查施工记录。

(2) 一般项目（CJJ 1）

侧墙与顶板模板安装允许偏差应符合表 14.2.3-2 的规定

侧墙与顶板模板安装允许偏差　　表 14.2.3-2

项目		允许偏差(mm)	检验频率		检验方法
			范围	点数	
相邻两板表面高差(mm)	刨光模板	≤2	20m	4	用钢尺、塞尺量
	钢模板				
	不刨光模板	≤4			
表面平整度(mm)	刨光模板	≤3	20m	4	用 2m 直尺和塞尺量
	钢模板				
	不刨光模板	≤5			
垂直度		≤0.1%H 且≤6		2	用垂线或经纬仪测量

续表

项目	允许偏差（mm）	检验频率		检验方法
		范围	点数	
杯槽内尺寸（mm）	+3 −5	20m	3	用钢尺量，长、宽、高各1点
轴线偏位（mm）	10	20m	2	用经纬仪测量，纵、横各1点
顶面高程	+2 −5	20m	1	用水准仪测量

7.2.1.49　市政验·道-49　现浇钢筋混凝土人行地道结构检验批质量验收记录

1. 适用范围

本表适用于市政道路工程的现浇钢筋混凝土人行地道结构检验批的质量检查验收。

2. 表内填写提示

(1) 主控项目

混凝土强度应符合设计要求。

检查数量；每班或每100m^{3}取1组（3块），少于规定按1组计。

检验方法；查强度试验报告。

(2) 一般项目

混凝土表面应光滑、平整、无蜂窝、麻面、缺边掉角现象。

钢筋混凝土结构允许偏差应符合表14.5.1的规定。

钢筋混凝土结构允许偏差　　　**表14.5.1**

项目	允许偏差	检验频率		检验方法
		范围（m）	点数	
地道底板顶面高程（mm）	±10	20	1	用水准仪测量
地道净宽（mm）	±20		2	用钢尺量，宽、厚各1点
墙高（mm）	±10		2	用钢尺量，每侧1点
中线偏位（mm）	≤10		2	用钢尺量，每侧1点
墙面垂直度（mm）	≤10		2	用垂线和钢尺量，每侧1点
墙面平整度（mm）	≤5		2	用2m直尺、塞尺量，每侧1点
顶板挠度（mm）	≤L/1000 H<10		2	用钢尺量
现浇顶板底面平整度（mm）	≤5	10	2	用2m直尺、塞尺量

注：L为人行地道净跨径。

7.2.1.50　市政验·道-50　预制钢筋混凝土人行地道结构预制墙板、顶板检验批质量验收记录

1. 适用范围

本表适用于市政道路工程的预制钢筋混凝土人行地道结构、挡土墙或其他附属构筑物预制墙板、顶板检验批的质量检查验收。

2. 表内填写提示

(1) 主控项目

预制钢筋混凝土墙板、顶板强度应符合设计要求。

检查数量：全数检查。

检验方法：查出厂合格证和强度试验报告。

（2）一般项目

预制墙板、顶板允许偏差应符合表 14.5.2-2、表 14.5.2-3 的规定。

预制墙板允许偏差 **表 14.5.2-2**

<table>
<tr><th rowspan="2">项目</th><th rowspan="2">允许偏差
(mm)</th><th colspan="2">检验频率</th><th rowspan="2">检验方法</th></tr>
<tr><th>范围（m）</th><th>点数</th></tr>
<tr><td>厚、高</td><td>±5</td><td rowspan="6">每构件
（每类抽查
板的 10%，
且不少于
5 块）</td><td>1</td><td rowspan="4">用钢尺量，每抽查一块板
（序号 1、2、3、4）各 1 点</td></tr>
<tr><td>宽度</td><td>0
−10</td><td>1</td></tr>
<tr><td>侧弯</td><td>≤L/1000</td><td>1</td></tr>
<tr><td>板面对角线</td><td>≤10</td><td>1</td></tr>
<tr><td>外露面平整度</td><td>≤5</td><td>2</td><td>用 2m 直尺、塞尺量，每侧 1 点</td></tr>
<tr><td>麻面</td><td>≤1%</td><td>1</td><td>用钢尺量麻面总面积</td></tr>
</table>

注：表中 L 为墙板长度（mm）

预制顶板允许偏差 **表 14.5.2-3**

<table>
<tr><th rowspan="2">项目</th><th rowspan="2">允许偏差
(mm)</th><th colspan="2">检验频率</th><th rowspan="2">检验方法</th></tr>
<tr><th>范围（m）</th><th>点数</th></tr>
<tr><td>厚度</td><td>±5</td><td rowspan="6">每构件（每
类抽查总数
20%）</td><td>1</td><td>用钢尺量</td></tr>
<tr><td>宽度</td><td>0
−10</td><td>1</td><td>用钢尺量</td></tr>
<tr><td>长度</td><td>±10</td><td>1</td><td>用钢尺量</td></tr>
<tr><td>对角线长度</td><td>≤10</td><td>1</td><td>用钢尺量</td></tr>
<tr><td>外露面平整度</td><td>≤5</td><td>2</td><td>用 2m 直尺、塞尺量</td></tr>
<tr><td>麻面</td><td>≤1%</td><td>1</td><td>用尺量麻面总面积</td></tr>
</table>

7.2.1.51 市政验·道-51 预制钢筋混凝土人行地道结构墙板、顶板安装检验批质量验收记录

1. 适用范围

本表适用于市政道路工程的预制钢筋混凝土人行地道结构或其他预制附属构筑物墙板、顶板安装检验批的质量检查验收。

2. 表内填写提示

一般项目

墙板、顶板安装直顺，杯口与板缝灌注密实。

检查数量：全数检查。

检验方法：观察、查强度试验报告。

预制顶板应安装平顺、灌缝饱满。

墙板、顶板安装允许偏差应符合表 14.5.2-4 的规定。

墙板、顶板安装允许偏差　　表 14.5.2-4

项目	允许偏差	检验频率		检验方法
		范围（m）	点数	
中线偏位（mm）	≤10	每块	2	拉线用钢尺量
墙板内顶面、高程（mm）	±5		2	用水准仪测量
墙板垂直度	≤0.15%H H≤5mm		4	用垂线和钢尺量
板间高差（mm）	≤5		4	用钢板尺和塞尺量
相邻板顶面错台（mm）	≤10	每座地道	20% 板缝	用钢尺量
板端压墙长度（mm）	±10		6	查隐蔽验收记录， 用钢尺量，每侧 3 点

注：表中 H 为板墙全高（mm）

7.2.1.52　市政验·道-52　砌筑墙体、钢筋混凝土顶板人行地道结构检验批质量验收记录

1. 适用范围

本表适用于市政道路工程的砌筑墙体、钢筋混凝土顶板人行地道结构与或其他附属构筑物砌体墙体砌筑检验批的质量检查验收。

2. 表内填写提示

（1）主控项目

结构厚度不应小于设计值。

检查数量：每 20m 抽检 2 点。

检验方法：用钢尺量。

砂浆平均抗压强度等级应符合设计规定，任一组试件抗压强度最低值不应低于设计强度的 85%。

检查数量：同一配合比砂浆，每 50m^{3}砌体中，作 1 组（6 块），不足 50m^{3}按 1 组计。

检验方法：查试验报告。

（2）一般项目

砌筑墙体应丁顺均称，表面平整、灰缝均匀、饱满、变形缝垂直贯通。

墙体砌筑允许偏差应符合表 14.5.3 的规定。

墙体砌筑允许偏差　　表 14.5.3

项目	允许偏差（mm）	检验频率		检验方法
		范围（m）	点数	
地道底部高程	±10	10	1	用水准仪测量
地道结构净高	±10	20	2	用钢尺量
地道净宽	±20	20	2	用钢尺量
中线偏位	≤10	20	2	用经纬仪定线、钢尺量
墙面垂直度	≤15	10	2	用垂线和钢尺量

续表

项目	允许偏差（mm）	检验频率		检验方法
		范围（m）	点数	
墙面平整度	≤5	10	2	用2m直尺、塞尺量
现场顶板平整度	≤5	10	2	用2m直尺、塞尺量
预制顶板两板底面错台	≤10	10	2	用钢板尺、塞尺量
顶板压墙长度	±10	10	2	查隐蔽验收记录

7.2.1.53　市政验·道-53　现浇混凝土挡土墙检验批质量验收记录

1. 适用范围

本表适用于市政道路工程的现浇混凝土挡土墙检验批的质量检查验收。

2. 表内填写提示

（1）主控项目

钢筋品种和规格、加工、成型、安装与混凝土强度应符合CJJ 1第14.5.1条的有关规定。

（2）一般项目

混凝土表面应光洁、平整、密实、无蜂窝、麻面、露筋现象。泄水孔畅通。

检查数量：全数检查。

检验方法：观察。

现浇混凝土挡土墙允许偏差应符合表15.6.1-1的规定。

现浇混凝土挡土墙允许偏差　　表15.6.1-1

项目		允许偏差	检验频率		检验方法
			范围	点数	
长度（mm）		±20	每座	1	用钢尺量
断面尺寸（mm）	厚	±5	20m	1	用钢尺量
	高	±5		1	用钢尺量
垂直度		≤0.15%H且≤10mm		1	用经纬仪或垂线检测
外露面平整度（mm）		≤5		1	用2m直尺、塞尺量取最大值
顶面高程（mm）		±5		1	用水准仪测量

注：表中H为挡土墙板高度。

7.2.1.54　市政验·道-54　挡土墙滤层、泄水孔检验批质量验收记录

1. 适用范围

本表适用于市政道路工程的挡土墙滤层、泄水孔检验批的质量检查验收。

2. 表内填写提示

参考（CJJ 2—90）第12.4.1、2、3、4条。

7.2.1.55　市政验·道-55　挡土墙回填土检验批质量验收记录

1. 适用范围

本表适用于市政道路工程的挡土墙回填土检验批的质量检查验收。

2. 表内填写提示

（1）主控项目

路基压实度应符合CJJ 1表6.3.12-2的规定。

检查数量：每 1000m^2、每压实层 3 点。
检验方法：环刀法、灌水法或灌沙法。
弯沉值：不应大于设计规定。
检查数量：每车道、每 20m 测 1 点。
检验方法：弯沉仪检测。
路外回填土压实度应符合设计规定。
检查数量：路外回填土每压实层抽检 3 点。
检验方法：环刀法、灌砂法或灌水法。
压实度应符合设计要求。
检查数量：每压实层、每 500m^{2}取 1 点，不足 500m^{2}取 1 点。
检验方法：环刀法、灌砂法或灌水法。
（2）一般项目
土路基允许偏差应符合表 6.8.1 的规定。
路床应平整、坚实、无显著轮迹、翻浆、波浪、起皮等现象，路堤边坡应密实、稳定、平顺等。
检查数量：全数检查。
检验方法：观察。

7.2.1.56　市政验·道-56　挡土墙帽石检验批质量验收记录

1. 适用范围
本表适用于市政道路工程的挡土墙帽石检验批的质量检查验收。
2. 表内填写提示
（1）主控项目
钢筋品种和规格、加工、成型、安装与混凝土强度应符合 CJJ 1 第 14.5.1 条的有关规定。
（2）一般项目
帽石安装边缘顺畅、顶面平整、缝隙均匀密实。
检查数量：全数检查。
检验方法：观察。

7.2.1.57　市政验·道-57　挡土墙混凝土栏杆预制检验批质量验收记录

1. 适用范围
本表适用于市政道路工程的挡土墙或其他附属构筑物栏杆预制检验批的质量检查验收。
2. 表内填写提示
一般项目
预制混凝土栏杆允许偏差应符合表 15.6.1-2 的规定。

预制混凝土栏杆允许偏差　　**表 15.6.1-2**

项目	允许偏差	检验频率		检验方法
		范围	点数	
断面尺寸（mm）	符合设计规定	每件（每类型）抽查10%，且不少于 5 件	1	观察、用钢尺量
柱高（mm）	0 +5		1	用钢尺量
侧向弯曲	≤L/750		1	沿构件全长拉线量最大矢高
麻面	≤1%		1	用钢尺量麻面总面积

注：L 为构件长度。

7.2.1.58 市政验·道-58 挡土墙混凝土栏杆安装检验批质量验收记录

1. 适用范围

本表适用于市政道路工程的挡土墙或其他附属构筑物栏杆安装检验批的质量检查验收。

2. 表内填写提示

一般项目

栏杆安装允许偏差应符合 表 15.6.1-3 的规定

栏杆安装允许偏差　　表 15.6.1-3

<table>
<tr><th colspan="2" rowspan="2">项目</th><th rowspan="2">允许偏差
（mm）</th><th colspan="2">检验频率</th><th rowspan="2">检验方法</th></tr>
<tr><th>范围</th><th>点数</th></tr>
<tr><td>直顺度</td><td>扶手</td><td>≤4</td><td>每跨侧</td><td>1</td><td>用 10m 线和钢尺量</td></tr>
<tr><td>垂直度</td><td>栏杆柱</td><td>≤3</td><td>每柱（抽查 10%）</td><td>2</td><td>用垂线和钢尺量，
顺、横桥轴各 1 点</td></tr>
<tr><td colspan="2">栏杆间距</td><td>±3</td><td>每柱（抽查 10%）</td><td rowspan="3">1</td><td rowspan="3">用钢尺量</td></tr>
<tr><td rowspan="2">相邻栏
杆高差</td><td>有柱</td><td>≤4</td><td rowspan="2">每处（抽查 10%）</td></tr>
<tr><td>无柱</td><td>≤2</td></tr>
<tr><td colspan="2">栏杆平面偏位</td><td>≤4</td><td>每 30m</td><td>1</td><td>用经纬仪和钢尺量</td></tr>
</table>

注：现场浇筑的栏杆、扶手和钢结构栏杆、扶手的允许偏差可参照本款办理。

7.2.1.59 市政验·道-59 装配式钢筋混凝土挡土墙板安装检验批质量验收记录

1. 适用范围

本表适用于市政道路工程的装配式钢筋混凝土挡土墙板安装检验批的质量检查验收。

2. 表内填写提示

（1）主控项目

挡土墙板应焊接牢固。焊缝长度、宽度、高度均应符合设计要求。且无夹渣、裂纹、咬肉现象。

检查数量：全数检查。

检验方法：查隐蔽验收记录。

挡土墙板杯口混凝土强度应符合设计要求。

检查数量：每班 1 组（3 块）。

检验方法：查试验报告。

（2）一般项目

预制挡土墙板安装应板缝均匀、灌缝密实、泄水孔通畅，帽石安装边缘顺畅、顶面平整、缝隙均匀密实。

检查数量：全数检查。

检验方法：观察。

挡土墙板安装允许偏差应符合表 15.6.2 的规定。

挡土墙板安装允许偏差　　表 15.6.2

<table>
<tr><th rowspan="2">项目</th><th rowspan="2">允许偏差</th><th colspan="2">检验频率</th><th rowspan="2">检验方法</th></tr>
<tr><th>范围</th><th>点数</th></tr>
<tr><td>墙面垂直度</td><td>≤0.15%H 且≤15mm</td><td rowspan="3">20m</td><td>1</td><td>用垂线挂全高量测</td></tr>
<tr><td>直顺度（mm）</td><td>≤10</td><td>1</td><td>用 20m 线和钢尺量</td></tr>
<tr><td>板间错台（mm）</td><td>≤5</td><td>1</td><td>用钢尺和和塞尺量</td></tr>
</table>

续表

<table>
<tr><th colspan="2" rowspan="2">项目</th><th rowspan="2">允许偏差</th><th colspan="2">检验频率</th><th rowspan="2">检验方法</th></tr>
<tr><th>范围</th><th>点数</th></tr>
<tr><td rowspan="2">预埋件（mm）</td><td>高程</td><td>±5</td><td rowspan="2">每个</td><td rowspan="2">1</td><td>用水准仪测量</td></tr>
<tr><td>偏位</td><td>±15</td><td>用钢尺量</td></tr>
</table>

注：表中 H 为挡土墙高度。

7.2.1.60 市政验·道-60 砌体挡土墙检验批质量验收记录

1. 适用范围

本表适用于市政道路工程的砌体挡土墙检验批的质量检查验收。

2. 表内填写提示

（1）主控项目

砌块、石料强度应符合设计要求。

检查数量：每品种、每检验批 1 组（3 块）。

检验方法：查试验报告。

砌筑砂浆质量应符合 CJJ 1 第 14.5.3 条第 7 款的规定。

（2）一般项目

挡土墙应牢固，外形美观，勾缝密实，均匀，泄水孔通畅。

砌筑挡土墙允许偏差应符合表 15.6.3 的规定。

砌筑挡土墙允许偏差 **表 15.6.3**

<table>
<tr><th colspan="2" rowspan="2">项目</th><th colspan="4">允许偏差</th><th colspan="2">检验频率</th><th rowspan="2">检验方法</th></tr>
<tr><th>料石</th><th colspan="2">块石、片石</th><th>预制块</th><th>范围</th><th>点数</th></tr>
<tr><td colspan="2">断面尺寸（mm）</td><td>0
+10</td><td colspan="3">不少于设计规定</td><td rowspan="9">20m</td><td>2</td><td>用钢尺量、上下各 1 点</td></tr>
<tr><td rowspan="2">基底高程（mm）</td><td>土方</td><td>±20</td><td>±20</td><td>±20</td><td>±20</td><td rowspan="2">2</td><td rowspan="3">用水准仪测量</td></tr>
<tr><td>石方</td><td>±100</td><td>±100</td><td>±100</td><td>±100</td></tr>
<tr><td colspan="2">顶面高程（mm）</td><td>±10</td><td>±15</td><td>±20</td><td>±10</td><td>2</td></tr>
<tr><td colspan="2">轴线偏位（mm）</td><td>≤10</td><td>≤15</td><td>≤15</td><td>≤10</td><td>2</td><td>用经纬仪测量</td></tr>
<tr><td colspan="2">墙面垂直度（mm）</td><td>≤0.5%H 且≤20</td><td>≤0.5%H 且≤30</td><td>≤0.5%H 且≤30</td><td>≤0.5%H 且≤20</td><td>2</td><td>用垂线检测</td></tr>
<tr><td colspan="2">平整度（mm）</td><td>≤5</td><td>≤30</td><td>≤30</td><td>≤5</td><td>2</td><td>用 2m 直尺和塞尺量</td></tr>
<tr><td colspan="2">水平缝平直度（mm）</td><td>≤10</td><td>—</td><td>—</td><td>≤10</td><td>2</td><td>用 20m 线和钢尺量</td></tr>
<tr><td colspan="2">墙面坡度</td><td colspan="4">不陡于设计规定</td><td>1</td><td>用坡度板检验</td></tr>
</table>

注：表中 H 为构筑物全高

7.2.1.61 市政验·道-61 加筋挡土墙板及筋带安装检验批质量验收记录

1. 适用范围

本表适用于市政道路工程的加筋挡土墙板及筋带安装检验批的质量检查验收。

2. 表内填写提示

(1) 主控项目

预制挡墙板的质量应符合设计要求。

检查数量和检验方法应符合 CJJ 1 第 15.6.1 条第一款的有关规定。

拉环、筋骨带材料应符合设计要求。

检查数量：每品种、每检验批。

检验方法：查检验记录。

拉环、筋带数量、安装位置应符合设计要求，且粘接牢固。

检查数量：全部。

检验方法：观察、抽样，查检验记录。

(2) 一般项目

加筋土挡土墙安装允许偏差应符合表 15.6.4-1 的规定。

加筋土挡土墙安装允许偏差　　表 15.6.4-1

项目	允许偏差	检验频率		检验方法
		范围（m）	点数	
每层顶面高程（mm）	±10	20	4 组板	用水准仪测量
轴线偏位（mm）	≤10		3	用经纬仪测量
墙面板垂直度或坡度	0～ −0.5%H①		3	用垂线或坡度板量

注：1. 墙面板安装以同层相邻两板为一组。

2. 表中 H 为挡土墙板高度。

3. ①示垂直度，“+”指向外，“−”指向内。

7.2.1.62　市政验·道-62　加筋挡土墙检验批质量验收记录

1. 适用范围

本表适用于市政道路工程的加筋挡土墙检验批的质量检查验收。

2. 表内填写提示

一般项目

墙面板应光洁、平顺、美观无破损，板缝均匀，线形顺畅，沉降缝上下贯通顺直，泄水孔通畅。

检查数量：全数检查。

检验方法：观察。

加筋土挡土墙总体允许偏差应符合表 15.6.4-2 的规定。

加筋土挡土墙总体安装允许偏差　　表 15.6.4-2

项目		允许偏差	检验频率		检验方法
			范围	点数	
墙顶线位	路堤式（mm）	−100 +50	20m	3	用 20m 线和钢尺量见注①
	路肩式（mm）	±50			
墙顶高程	路堤式（mm）	±50		3	用水准仪测量
	路肩式（mm）	±30			

续表

<table>
<tr><th rowspan="2">项目</th><th rowspan="2">允许偏差</th><th colspan="2">检验频率</th><th rowspan="2">检验方法</th></tr>
<tr><th>范围</th><th>点数</th></tr>
<tr><td>墙面倾斜度</td><td>＋（≤0.5%H）①
H≤＋50① mm
－（≤1.0%H）①
H≥－100① mm</td><td rowspan="3">20m</td><td>2</td><td>用垂线或坡度板量</td></tr>
<tr><td>墙面板缝宽（mm）</td><td>±10</td><td>5</td><td>用钢尺量</td></tr>
<tr><td>墙面平整度（mm）</td><td>≤15</td><td>3</td><td>用 2m 直尺、塞尺量</td></tr>
</table>

注：1. ①示墙面倾斜度，“＋”指向外，“－”指向内。

2. 表中 H 为挡墙板高度。

7.2.1.63 市政验·道-63 路缘石安砌检验批质量验收记录

1. 适用范围

本表适用于市政道路工程的路缘石安砌检验批的质量检查验收。

2. 表内填写提示

（1）主控项目

混凝土路缘石强度应符合设计要求。

检查数量：每种、每检验批 1 组（3 块）。

检验方法：查出厂检验报告并复验。

（2）一般项目

路缘石应砌筑稳固、砂浆饱满、勾缝密实。外露面清洁、线条顺畅、平缘石不阻水。

检查数量：全数检查。

检验方法：观察。

立缘石、平缘石安砌允许偏差应符合表 16.11.1 的规定。

立缘石、平缘石安砌允许偏差 **表 16.11.1**

项目	允许偏差（mm）	检验频率		检验方法
		范围（m）	点数	
直顺度	≤10	100	1	用 20m 线和钢尺量①
相邻块高差	≤3	20	1	用钢板尺和塞尺量①
缝宽	±3	20	1	用钢尺量①
顶面高程	±10	20	1	用水准仪测量

注：1. ①表示随机抽样，量 3 点取最大值；

2. 曲线段缘石安装的圆顺度允许偏差应结合工程具体制定。

7.2.1.64 市政验·道-64 雨水管与雨水口检验批质量验收记录

1. 适用范围

本表适用于市政道路工程的雨水管与雨水口检验批的质量检查验收。

2. 表内填写提示

（1）主控项目

管材应符合现行国家标准《混凝土和钢筋混凝土排水管》GB 11836 的有关规定。
检查数量：每种、每检验批。
检验方法：查合格证和出厂检验报告。
基础混凝土强度应符合设计要求。
检查数量：每 $100m^3$ 1 组（3 块）（不足 $100m^3$ 取 1 组）。
检验方法：查试验报告。
砌筑砂浆强度应符合 CJJ 1 第 14.5.3 条第 7 款的规定。
回填土应符合 CJJ 1 第 6.6.3 条压实度的有关规定。
检查数量：全数检查。
检验方法：环刀法、灌砂法和灌水法。
（2）一般项目
雨水口内壁勾缝应直顺、坚实、无漏勾、脱落。井框、井箅应完整、配套、安装平稳、牢固。
检查数量：全数检查。
检验方法：观察。
雨水支管安装应顺直、无错口、反坡、存水、管内清洁，接口处内壁无砂浆外露及破损现象、管端面应完整。
检查数量：全数检查。
检验方法：观察。
雨水支管与雨水口允许偏差应符合表 16.11.2 的规定。

雨水支管与雨水口允许偏差　　表 16.11.2

项目	允许偏差（mm）	检验频率		检验方法
		范围（m）	点数	
井框与井壁吻合	≤10	每座	1	用钢尺量
井框与周边路面吻合	0 −10		1	用直尺靠量
雨水口与路边线间距	≤20		1	用钢尺量
井内尺寸	+20 0		1	用钢尺量、最大值

7.2.1.65　市政验·道-65　排水沟或截水沟检验批质量验收记录

1. 适用范围
本表适用于市政道路工程的排水沟或截水沟检验批的质量检查验收。
2. 表内填写提示
（1）主控项目
预制砌块强度应符合设计要求。
检查数量：每种、每检验批 1 组。
检验方法：查试验报告。
预制盖板的钢筋品种、规格、数量，混凝土强度应符合设计要求。
检查数量：同类构件，抽查 1/10。不少于 3 件。
检验方法：用钢尺量，查出厂检验报告。
砂浆强度应符合 CJJ 1 第 14.5.3 第 7 款的规定。

(2) 一般项目

砌筑砂浆饱满度不应小于80%。

检查数量：每100m或每班抽查不少于3点。

检验方法：观察。

砌筑水沟沟底应平整、无反坡、凹兜 、边墙应平整、直顺、勾缝密实。与排水构筑物衔接顺畅。

检查数量：全数检查。

检验方法：观察。

砌筑排水沟或截水沟允许偏差应符合表16.11.3的规定。

砌筑排水沟或截水沟允许偏差　　　表16.11.3

<table>
<tr><th rowspan="2">项目</th><th rowspan="2" colspan="2">允许偏差（mm）</th><th colspan="2">检验频率</th><th rowspan="2">检验方法</th></tr>
<tr><th>范围（m）</th><th>点数</th></tr>
<tr><td>轴线偏位</td><td colspan="2">≤30</td><td>100</td><td>2</td><td>用经纬仪和钢尺量</td></tr>
<tr><td rowspan="2">沟断面尺寸</td><td>砌石</td><td>±20</td><td rowspan="2">40</td><td rowspan="2">1</td><td rowspan="2">用钢尺量</td></tr>
<tr><td>砌块</td><td>±10</td></tr>
<tr><td rowspan="2">沟底高程</td><td>砌石</td><td>±20</td><td rowspan="2">20</td><td rowspan="2">1</td><td rowspan="2">用水准仪测量</td></tr>
<tr><td>砌块</td><td>±10</td></tr>
<tr><td rowspan="2">墙面垂直度</td><td>砌石</td><td>≤30</td><td rowspan="7">40</td><td rowspan="2">2</td><td rowspan="2">用垂线、钢尺量</td></tr>
<tr><td>砌块</td><td>≤15</td></tr>
<tr><td rowspan="2">墙面平整度</td><td>砌石</td><td>≤30</td><td rowspan="2">2</td><td rowspan="2">用2m直尺、塞尺量</td></tr>
<tr><td>砌块</td><td>≤10</td></tr>
<tr><td rowspan="2">边线直顺度</td><td>砌石</td><td>≤20</td><td rowspan="2">2</td><td rowspan="2">用20m小线和钢尺量</td></tr>
<tr><td>砌块</td><td>≤10</td></tr>
<tr><td>盖板压墙长度</td><td colspan="2">±20</td><td>2</td><td>用钢尺量</td></tr>
</table>

土沟断面应符合设计要求，沟底、边坡应坚实，无贴皮、反坡和积水现象。检查数量：全数检查。

7.2.1.66　市政验·道-66　倒虹管及涵洞检验批质量验收记录

1. 适用范围

本表适用于市政道路工程的倒虹管及涵洞检验批的质量检查验收。

2. 表内填写提示

(1) 主控项目

地基承载力应符合设计要求。

检查数量：每个基础。

检验方法：查钎探记录。

管材应符合CJJ 1第16.11.2条的第1款的规定。

混凝土强度应符合设计要求。

检查数量：每第100$m^3$1组（3块）。

检验方法：查试验记录。

砂浆强度应符合CJJ 1第14.5.3条第7款的规定。

倒虹管闭水试验应符合CJJ 1第16.4.2条第2款的规定。

检查数量：每一条倒虹管。
检验方法：查闭水试验记录。
回填土压实度应符合路基压实度要求。
检查数量：每压实层抽查 3 点。
检验方法：环刀法、灌砂法或灌水法。
矩形涵洞应符合 CJJ 1 第 14.5 节的有关规定。
（2）一般项目
倒虹管允许偏差应符合表 16.11.4-1 的规定。

倒虹管允许偏差 **表 16.11.4-1**

<table>
<tr><th rowspan="2">项目</th><th rowspan="2">允许偏差
（mm）</th><th colspan="2">检验频率</th><th rowspan="2">检验方法</th></tr>
<tr><th>范围</th><th>点数</th></tr>
<tr><td>轴线偏位</td><td>≤30</td><td rowspan="3">每座</td><td>2</td><td>用经纬仪和钢尺量</td></tr>
<tr><td>内底高程</td><td>±15</td><td>2</td><td>用水准仪测量</td></tr>
<tr><td>倒虹管长度</td><td>不小于设计值</td><td>1</td><td>用钢尺量</td></tr>
<tr><td>相邻管错口</td><td>≤5</td><td>每井段</td><td>4</td><td>用钢板和塞尺量</td></tr>
</table>

预制管材涵洞允许偏差应符合表 16.11.4-2 的规定。

预制管材涵洞允许偏差 **表 16.11.4-2**

<table>
<tr><th rowspan="2">项目</th><th rowspan="2" colspan="2">允许偏差（mm）</th><th colspan="2">检验频率</th><th rowspan="2">检验方法</th></tr>
<tr><th>范围</th><th>点数</th></tr>
<tr><td>轴线位移</td><td colspan="2">≤20</td><td rowspan="4">每道</td><td>2</td><td>用经纬仪和钢尺量</td></tr>
<tr><td rowspan="2">内底高程</td><td>D≤1000</td><td>±10</td><td rowspan="2">2</td><td rowspan="2">用水准仪测量</td></tr>
<tr><td>D>1000</td><td>±15</td></tr>
<tr><td>涵管长度</td><td colspan="2">不小于设计值</td><td>1</td><td>用钢尺量</td></tr>
<tr><td rowspan="2">相邻管错口</td><td>D≤1000</td><td>≤3</td><td rowspan="2">每节</td><td rowspan="2">1</td><td rowspan="2">用钢板尺和塞尺量</td></tr>
<tr><td>D>1000</td><td>≤5</td></tr>
</table>

注：*D* 为涵管内径

矩形涵洞应符合 CJJ 1 第 14.5 节的有关规定。

7.2.1.67　市政验·道-67　护坡检验批质量验收记录

1. 适用范围
本表适用于市政道路工程的护坡检验批的质量检查验收。
2. 表内填写提示
一般项目
预制砌块强度应符合设计要求。
检查数量：每种、每检验批 1 组（3 块）。
检验方法：查出厂试验报告。
砂浆强度应符合 CJJ 1 第 14.5.3 条第 7 款的规定。
基础混凝土强度应符合设计要求。

检查数量：每 100m^{3}1 组（3 块）。

检验方法：查试验报告。

砌筑线型顺畅、表面平整、咬砌有序、无翘动、砌缝均匀、勾缝密实。护坡顶与坡面之间缝隙封堵密实。

检查数量：全数检查。

检验方法：观察。

护坡允许偏差应符合表 16.11.5 的规定

护坡允许偏差 **表 16.11.5**

项目		允许偏差（mm）			检验频率		检验方法
		浆砌块石	浆砌料石	混凝土砌块	范围	点数	
基底高程	土方	±20			20m	2	用水准仪测量
	石方	±100				2	
垫层厚度		±20			20m	2	用钢尺量
砌体厚度		不小于设计值			每沉降缝	2	用钢尺量顶、底各 1 处
坡度		不大于设计值			每 20m	1	用坡度尺量
平整度		≤30	≤15	≤10	每座	1	用 2m 直尺、塞尺量
顶面高程		±50	±30	±30	每座	2	用水准仪测量两端部
顶边线型		≤30	≤10	≤10	100m	1	用 20m 线和钢尺量

7.2.1.68 市政验·道-68 隔离墩检验批质量验收记录

1. 适用范围

本表适用于市政道路工程的隔离墩检验批的质量检查验收。

2. 表内填写提示

（1）主控项目

隔离墩混凝土强度应符合设计要求。

检查数量：每种、每批（2000 块）1 组。

检验方法：查出厂检验报告并复验。

隔离墩预埋件焊接应牢固，焊缝长度、宽度、高度均应符合设计要求，且无夹渣、裂纹、咬肉现象。

检查数量：全数检查。

检验方法：查隐蔽验收记录。

（2）一般项目

隔离墩安装应牢固、位置正确、线型美观、墩表面整洁。

检查数量：全数检查。

检验方法：观察。

隔离墩安装允许偏差应符合表 16.11.6 的规定。

隔离墩安装允许偏差 **表 16.11.6**

项目	允许偏差（mm）	检验频率		检验方法
		范围	点数	
直顺度	≤5	每 20m	1	用 20m 线和钢尺量
平面偏位	≤4	每 20m	1	用经纬仪和钢尺量测

续表

项目	允许偏差（mm）	检验频率		检验方法
		范围	点数	
预埋件位置	≤5	每件	2	用经纬仪和钢尺量测（发生时）
断面尺寸	±5	每 20m	1	用钢尺量
相邻高差	≤3	抽查 20%	1	用钢板尺和钢尺量
缝宽	±3	每 20m	1	用钢尺量

7.2.1.69　市政验·道-69　隔离栅检验批质量验收记录

1. 适用范围

本表适用于市政道路工程的隔离栅检验批的质量检查验收。

2. 表内填写提示

一般项目

隔离栅材质、规格、防腐处理均应符合设计要求。

检查数量：每种、每批（2000 件）1 次。

检验方法：查出厂检验报告。

隔离栅柱（金属、混凝土）材质应符合设计要求。

检查数量：每种、每批（2000 根）1 次。

检验方法：查出厂检验报告或试验报告。

隔离栅柱安装应牢固。

检查数量：全数检查。

检验方法：观察。

隔离栅允许偏差应符合表 16.11.7 的规定

隔离栅允许偏差　　表 16.11.7

项目	允许偏差	检验频率		检验方法
		范围（m）	点数	
顺直度（mm）	≤20	20	1	用 20m 线和钢尺量
立柱垂直度（mm/m）	≤8	40	1	用垂线和直尺量
柱顶高度（mm）	±20		1	用钢尺量
立柱中距（mm）	±30		1	用钢尺量
立柱埋深（mm）	不小于设计规定		1	用钢尺量

7.2.1.70　市政验·道-70　护栏检验批质量验收记录

1. 适用范围

本表适用于市政道路工程的护栏检验批的质量检查验收。

2. 表内填写提示

（1）主控项目

护栏质量应符合设计要求。

检查数量：每种、每批 1 次。

检验方法：查出厂检验报告。

护栏立柱质量应符合设计要求。
检查数量：每种、每批（2000 根）1 次。
检验方法：查检验报告。
护栏柱基础混凝土强度应符合设计要求。
检查数量：每 $100m^3$ 1 组（3 块）
检验方法：查试验报告。
护栏柱置入深度应符合设计规定。
检查数量：全数检查。
检验方法：观察、量测。
（2）一般项目
护栏安装应牢固、位置正确、线型美观。
检查数量：全数检查。
检验方法：观察。
护栏安装允许偏差应符合表 16.11.8 的规定。

护栏安装允许偏差 **表 16.11.8**

项目	允许偏差	检验频率		检验方法
		范围	点数	
顺直度（mm/m）	≤5	20m	1	用 20m 线和钢尺量
中线偏位（mm）	≤20		1	用经纬仪和钢尺量
立柱间距（mm）	±5		1	用钢尺量
立柱垂直度（mm）	≤5		1	用垂线、钢尺量
横栏高度（mm）	±20		1	用钢尺量

7.2.1.71　市政验·道-71　声屏障检验批质量验收记录

1. 适用范围
本表适用于市政道路工程的声屏障检验批的质量检查验收。
2. 表内填写提示
（1）主控项目
降噪效果应符合设计要求。
检查数量：按环保部门规定。
检验方法：按环保部门规定。
（2）一般项目
声屏障所用材料与性能应符合设计要求。
检查数量：每检验批 1 次。
检验方法：查检验报告和合格证。
砌筑砂浆强度应符合 CJJ 1 第 14.5.3 条第 7 款的规定。
混凝土强度应符合设计要求。
检查数量：每 $100m^3$ 1 组（3 块）
检验方法：查试验报告。
砌体声屏障应砌筑牢固，咬砌有序，砌缝均匀，勾缝密实。金属声屏障安装应牢固。
检查数量：全数检查。

检验方法：观察。

砌体声屏障允许偏差应符合表 16.11.9-1 的规定。

砌体声屏障允许偏差 **表 16.11.9-1**

<table>
<tr><th rowspan="2">项目</th><th rowspan="2">允许偏差</th><th colspan="2">检验频率</th><th rowspan="2">检验方法</th></tr>
<tr><th>范围（m）</th><th>点数</th></tr>
<tr><td>中线偏位（mm）</td><td>≤10</td><td rowspan="3">20</td><td>1</td><td>用经纬仪和钢尺量</td></tr>
<tr><td>垂直度（mm）</td><td>≤0.3%H</td><td>1</td><td>用垂线和钢尺量</td></tr>
<tr><td>墙体断面尺寸（mm）</td><td>符合设计规定</td><td>1</td><td>用钢尺量</td></tr>
<tr><td>顺直度（mm）</td><td>≤10</td><td rowspan="2">100</td><td>2</td><td rowspan="2">用 10m 线与钢尺量，不少于 5 处</td></tr>
<tr><td>水平灰缝平直度（mm）</td><td>≤7</td><td>2</td></tr>
<tr><td>平整度（mm）</td><td>≤8</td><td>20</td><td>2</td><td>用 2m 直尺和钢尺量</td></tr>
</table>

金属声屏障安装允许偏差应符合表 16.11.9-2 的规定。

金属声屏障安装允许偏差 **表 16.11.9-2**

<table>
<tr><th rowspan="2">项目</th><th rowspan="2">允许偏差</th><th colspan="2">检验频率</th><th rowspan="2">检验方法</th></tr>
<tr><th>范围</th><th>点数</th></tr>
<tr><td>基线偏位（mm）</td><td>≤10</td><td rowspan="5">20m</td><td>1</td><td>用经纬仪和钢尺量</td></tr>
<tr><td>金属立柱中距（mm）</td><td>±10</td><td>1</td><td>用钢尺量</td></tr>
<tr><td>立柱垂直度（mm）</td><td>≤0.3%H</td><td>2</td><td>用垂线和钢尺量，
顺、横向各 1 点</td></tr>
<tr><td>屏体厚度（mm）</td><td>±2</td><td>1</td><td>用游标卡尺量</td></tr>
<tr><td>屏体宽度、高度（mm）</td><td>±10</td><td>1</td><td>用钢尺量</td></tr>
<tr><td>镀层厚度（μm）</td><td>≥设计值</td><td>20m 且
不少于 5 处</td><td>1</td><td>用测厚仪测量</td></tr>
</table>

7.2.1.72 市政验·道-72 防眩板检验批质量验收记录

1. 适用范围

本表适用于市政道路工程的声屏障检验批的质量检查验收。

2. 表内填写提示

一般项目

防眩板质量应符合设计要求。

检查数量：每种、每批查 1 次。

检验方法：查出厂检验报告。

防眩板安装应牢固、位置准确、遮光角符合设计要求。板面无裂纹、涂层无气泡、缺损。

检查数量：全数检查。

检验方法：观察。

防眩板安装允许偏差应符合表 16.11.10 的规定。

防眩板安装允许偏差　　表 16.11.10

<table>
<tr><th rowspan="2">项目</th><th rowspan="2">允许偏差
(mm)</th><th colspan="2">检验频率</th><th rowspan="2">检验方法</th></tr>
<tr><th>范围</th><th>点数</th></tr>
<tr><td>防眩板直顺度</td><td>≤8</td><td>20m</td><td>1</td><td>用 10m 线和钢尺量</td></tr>
<tr><td>垂直度</td><td>≤5</td><td rowspan="3">20m 且
不少于 5 处</td><td>2</td><td>用垂线和钢尺量，顺、横向各 1 点</td></tr>
<tr><td>板条间距</td><td>±10</td><td rowspan="2">1</td><td rowspan="2">用钢尺量</td></tr>
<tr><td>安装高度</td><td>±10</td></tr>
</table>

7.2.2.1　市政验·桥-1　模板制作检验批质量验收记录

1. 适用范围

本表适用于市政桥梁工程或其他工程构筑物的模板制作检验批的质量检查验收。

2. 表内填写提示

（1）主控项目

模板、支架和拱架制作及安装应符合施工设计图（施工方案的规定，且稳固牢靠，接缝严密，立柱基础有足够的支撑面和排水、防冻融措施。

检查数量：全数检查。

检验方法：观察和用钢尺量。

（2）一般项目

模板制作允许偏差应符合表 5.4.2 规定。

模板制作允许偏差　　表 5.4.2

<table>
<tr><th colspan="3" rowspan="2">项目</th><th rowspan="2">允许偏差
(mm)</th><th colspan="2">检验频率</th><th rowspan="2">检验方法</th></tr>
<tr><th>范围</th><th>点数</th></tr>
<tr><td rowspan="6">木模板</td><td colspan="2">模板的长度和宽度</td><td>±5</td><td rowspan="14">每个构筑物或每个构件</td><td rowspan="5">4</td><td>用钢尺量</td></tr>
<tr><td colspan="2">不刨光模板相邻两板表面高低差</td><td>3</td><td rowspan="2">用钢板尺和塞尺量</td></tr>
<tr><td colspan="2">刨光模板和相邻两板表面高低差</td><td>1</td></tr>
<tr><td colspan="2">平板模板表面最大的局部不平（刨光模板）</td><td>3</td><td rowspan="2">用 2m 直尺和塞尺量</td></tr>
<tr><td colspan="2">平板模板表面最大的局部不平（不刨光模板）</td><td>5</td></tr>
<tr><td colspan="2">榫槽嵌接紧密度</td><td>2</td><td>2</td><td rowspan="3">用钢尺量</td></tr>
<tr><td rowspan="8">钢模板</td><td colspan="2">模板的长度和宽度</td><td>0，−1</td><td>4</td></tr>
<tr><td colspan="2">肋高</td><td>±5</td><td>2</td></tr>
<tr><td colspan="2">面板端偏斜</td><td>0.5</td><td>2</td><td>用水平尺量</td></tr>
<tr><td rowspan="3">连接配件（螺栓、卡子等）的孔眼位置</td><td>孔中心与板面的间距</td><td>±0.3</td><td rowspan="4">4</td><td rowspan="3">用钢尺量</td></tr>
<tr><td>板端孔中心与板端的间距</td><td>0，−0.5</td></tr>
<tr><td>沿板长宽方向的孔</td><td>±0.6</td></tr>
<tr><td colspan="2">板面局部不平</td><td>1.0</td><td>用 2m 直尺和塞尺量</td></tr>
<tr><td colspan="2">板面和板侧挠度</td><td>±1.0</td><td>1</td><td>用水准仪和拉线量</td></tr>
</table>

7.2.2.2 市政验·桥-2-1 模板、支架和拱架安装检验批质量验收记录（一）

7.2.2.3 市政验·桥-2-2 模板、支架和拱架安装检验批质量验收记录（二）

1. 适用范围

本表适用于市政桥梁工程或其他工程构筑物的模板、支架和拱架安装检验批的质量检查验收。

2. 表内填写提示

（1）主控项目

模板、支架和拱架制作及安装应符合施工设计图（施工方案的规定，且稳固牢靠，接缝严密，立柱基础有足够的支撑面和排水、防冻融措施。

检查数量：全数检查。

检验方法：观察和用钢尺量。

（2）一般项目

模板、支架和拱架安装允许偏差应符合表 5.4.3 规定。

固定在模板上的预埋件、预留孔内模不得遗漏，且应安装牢固。

检查数量：全数检查。

检验方法：观察。

模板、支架和拱架安装允许偏差 **表 5.4.3**

项目		允许偏差（mm）	检验频率		检验方法
			范围	点数	
相邻两板表面高低差	清水模板	2	每个构筑物或每个构件	4	用钢板尺和塞尺量
	混水模板	4			
	钢模板	2			
表面平整度	清水模板	3		4	用 2m 直尺和塞尺量
	混水模板	5			
	钢模板	3			
垂直度	墙、柱	$H/1000$，且不大于 6		2	用经纬仪或垂线和钢尺量
	墩、台	$H/500$，且不大于 20			
	塔柱	$H/3000$，且不大于 30			
模内尺寸	基础	±10		3	用钢尺量，长、宽高各 1 点
	墩、台、	+5，−8			
	梁、板、墙、柱、桩、拱	+3，−6			
轴线偏位	基础	15		2	用经纬仪测量，纵横向各 1 点
	墩、台、墙	10			
	梁、柱、拱、塔柱	8			
	悬浇各梁段	8			
	横隔梁	5			
支承面高程		+2，−5	每支承面	1	用水准仪测量

续表

<table>
<tr><th colspan="3" rowspan="2">项目</th><th rowspan="2">允许偏差（mm）</th><th colspan="2">检验频率</th><th rowspan="2">检验方法</th></tr>
<tr><th>范围</th><th>点数</th></tr>
<tr><td colspan="3">悬浇各梁段底面高程</td><td>+10，0</td><td>每个梁段</td><td>1</td><td>用水准仪测量</td></tr>
<tr><td rowspan="4">预埋件</td><td rowspan="2">支座板、锚垫板、连接板等</td><td>位置</td><td>5</td><td rowspan="4">每个预埋件</td><td>1</td><td>用钢尺量</td></tr>
<tr><td>平面高差</td><td>2</td><td>1</td><td>用水准仪测量</td></tr>
<tr><td rowspan="2">螺栓、锚筋等</td><td>位置</td><td>3</td><td>1</td><td rowspan="2">用钢尺量</td></tr>
<tr><td>外露长度</td><td>±5</td><td>1</td></tr>
<tr><td rowspan="3">预留孔洞</td><td colspan="2">预应力筋孔道位置（梁端）</td><td>5</td><td rowspan="3">每个预留孔洞</td><td>1</td><td rowspan="3">用钢尺量</td></tr>
<tr><td rowspan="2">其他</td><td>位置</td><td>8</td><td>1</td></tr>
<tr><td>孔径</td><td>+10，0</td><td>1</td></tr>
<tr><td colspan="3">梁底模拱度</td><td>+5，−2</td><td rowspan="9">每根梁、每个构件、每个安装段</td><td>1</td><td>沿底模全长拉线，用钢尺量</td></tr>
<tr><td rowspan="3">对角线差</td><td colspan="2">板</td><td>7</td><td rowspan="3">1</td><td rowspan="3">用钢尺量</td></tr>
<tr><td colspan="2">墙板</td><td>5</td></tr>
<tr><td colspan="2">桩</td><td>3</td></tr>
<tr><td rowspan="3">侧向弯曲</td><td colspan="2">板、拱肋、桁架</td><td>L/1500</td><td rowspan="3">1</td><td rowspan="3">沿侧模全长拉线，用钢尺量</td></tr>
<tr><td colspan="2">柱、桩</td><td>L/1000，且不大于10</td></tr>
<tr><td colspan="2">梁</td><td>L/2000，且不大于10</td></tr>
<tr><td>支架、拱架</td><td colspan="2">纵轴线的平面偏位</td><td>L/2000且不大于30</td><td rowspan="2">3</td><td>用经纬仪测量</td></tr>
<tr><td colspan="3">拱架高程</td><td>+20，−10</td><td>用水准仪测量</td></tr>
</table>

注：1. H为构筑物高度（mm），L为计算长度（mm）；

2. 支承面高程系指模板底模上表面支撑混凝土面的高程。

7.2.2.4　市政验·桥-3　钢筋加工检验批质量验收记录

1. 适用范围

本表适用于市政桥梁工程或其他工程构筑物的钢筋加工检验批的质量检查验收。

2. 表内填写提示

（1）主控项目

材料检验应符合下列规定：

钢筋、焊条的品种、牌号、规格和技术性能必须符合国家现行标准规定和设计要求。

检查数量：全数检查。

检验方法：检查产品合格证、出厂检验报告。

钢筋进场时，必须按批抽取试件做力学性能和工艺性能试验。其质量必须符合国家现行标准的规定。

检查数量：以同牌号、同炉号、同规格、同交货状态的钢筋，每60t为一批，不足60t也按一批计，每批抽检1次。

检验方法：检查试件检验报告。

当钢筋出现脆断、焊接性能不良或力学性能显著不正常等现象时，应对该批钢筋进行化学成分检验或其他专项检验。

检查数量：该批钢筋全数检查。

检验方法：检查专项检验报告。

钢筋弯制和末端弯钩均应符合设计要求和CJJ 2—2008第6.2.3、6.2.4条的规定。

检查数量：每工作日同一类型钢筋抽查不应少于3件。

检验方法：用钢尺量。

（2）一般项目

钢筋表面不得有裂纹、结疤、折叠、锈蚀和油污，钢筋焊接接头表面不得有夹渣、焊瘤。

检查数量：全数检查。

检验方法：观察。

钢筋加工允许偏差应符合表6.5.7的规定。

钢筋加工允许偏差 **表6.5.7**

检查项目	允许偏差（mm）	检查频率		检查方法
		范围	点数	
受力钢筋顺长度方向全长的净尺寸	±10	按每工作日同一类型钢筋，同一加工设备抽查3件	3件	用钢尺量
弯起钢筋的弯折	±20			
箍筋内净尺寸	±5			

钢筋网允许偏差应符合表6.5.8的规定。

钢筋网允许偏差 **表6.5.8**

检查项目	允许偏差（mm）	检验频率		检验方法
		范围	点数	
网的长、宽	±10	每片钢筋网	3	用钢尺量两端和中间各1处
网眼尺寸	±10			用钢尺量任意3个网眼
网眼对角线差	15			用钢尺量任意3个网眼

7.2.2.5 市政验·桥-4-1 钢筋成型和安装检验批质量验收记录（一）

7.2.2.6 市政验·桥-4-2 钢筋成型和安装检验批质量验收记录（二）

1. 适用范围

本表适用于市政桥梁工程或其他工程构筑物的钢筋成型和安装检验批的质量检查验收。

2. 表内填写提示

（1）主控项目

受力钢筋连接应符合下列规定：

钢筋的连接形式必须符合设计要求。

检查数量：全数检查。

检验方法：观察。

钢筋接头位置、同一截面的接头数量、搭接长度应符合设计要求和本规范第 6.3.2 和第 6.3.5 条的规定。

检查数量：全数检查。

检验方法：观察、用钢尺量。

钢筋焊接接头质量应符合国家现行标准《钢筋焊接及验收规程》JGJ 18 的规定和设计要求。

检查数量：外观质量全数检查；力学性能检验按 CJJ 2—2008 第 6.3.4、6.3.5 条规定抽样做拉伸试验和冷弯试验。

检验方法：观察、用钢尺量、检查接头性能检验报告。

HRB335 和 HRB400 带肋钢筋机械连接接头质量应符合国家现行标准《钢筋机械连接通用技术规程》JGJ 107、《带肋钢筋套筒挤压连接技术规程》JGJ 108 的规定和设计要求。

检查数量：外观质量全数检查：力学性能检验按 CJJ 2—2008 第 6.3.8 条规定抽样作拉伸试验。

检验方法：外观用卡尺或专用量具检查、检查合格证和出厂检验报告、检查进场验收记录和性能复验报告。

钢筋安装时，其品种、规格、数量、形状，必须符合设计要求。

检查数量：全数检查。

检验方法：观察、用钢尺量。

（2）一般项目

预埋件的规格、数量、位置等必须符合设计要求。

检查数量：全数检查。

检验方法：观察、用钢尺量。

钢筋表面不得有裂纹、结疤、折叠、锈蚀和油污，钢筋焊接接头表面不得有夹渣、焊瘤。

检查数量：全数检查。

检验方法：观察。

钢筋成形和安装允许偏差应符合表 6.5.9 的规定。

钢筋成形和安装允许偏差 **表 6.5.9**

<table>
<tr><th colspan="3" rowspan="2">项目</th><th rowspan="2">允许偏差（mm）</th><th colspan="2">检验频率</th><th rowspan="2">检验方法</th></tr>
<tr><th>范围</th><th>点数</th></tr>
<tr><td rowspan="4">受力钢筋间距</td><td colspan="2">两排以上排距</td><td>±5</td><td rowspan="11">每个构筑物或每个构件</td><td rowspan="4">3</td><td rowspan="4">用钢尺量，两端和中间各一个断面，每个断面连续量取钢筋间（排）距，取其平均值计一点</td></tr>
<tr><td rowspan="2">同排</td><td>梁板、拱肋</td><td>±10</td></tr>
<tr><td>基础、墩台、柱</td><td>±20</td></tr>
<tr><td colspan="2">灌注桩</td><td>±20</td></tr>
<tr><td colspan="3">箍筋、横向水平筋、螺旋筋间距</td><td>±10</td><td>5</td><td>连续量取 5 个间距，其平均值计一点</td></tr>
<tr><td colspan="2" rowspan="2">钢筋骨架尺寸</td><td>长</td><td>±10</td><td>3</td><td rowspan="2">用钢尺量，两端和中间各 1 处</td></tr>
<tr><td>宽、高或直径</td><td>±5</td><td>3</td></tr>
<tr><td colspan="3">弯起钢筋位置</td><td>±20</td><td>30%</td><td>用钢尺量</td></tr>
<tr><td colspan="2" rowspan="3">钢筋保护层厚度</td><td>墩台、基础</td><td>±10</td><td rowspan="3">10</td><td rowspan="3">沿模板周边检查，用钢尺量</td></tr>
<tr><td>梁、柱、桩</td><td>±5</td></tr>
<tr><td>板、墙</td><td>±3</td></tr>
</table>

7.2.2.7　市政验·桥-5-1　混凝土检验批质量验收记录（一）

7.2.2.8　市政验·桥-5-2　混凝土检验批质量验收记录（二）

1. 适用范围

本表适用于市政桥梁工程或其他工程构筑物的混凝土检验批的质量检查验收。

2. 表内填写提示

（1）主控项目

水泥进场除全数检查合格证和出厂检验报告外，应对其强度、细度、安定性和凝固时间抽样复验。

检查数量：同生产厂家、同批号、同品种、同强度等级、同出厂日期且连续进场的水泥、散装水泥每 500t 为一批，袋装水泥每 200t 为一批，当不足上述数量时，也按一批计，每批抽样不少于 1 次。

检验方法：检查试验报告。

混凝土外加剂除全数检查合格证和出厂检验报告外，应对其减水率、凝结时间差、抗压强度比抽样检验。

检验数量：同生产厂家、同批号、同品种、同出厂日期且连续进场的外加剂，每 50t 为一批，当不足为 50t 时，也按一批计，每批至少抽检一次。

检验方法：检查试验报告。

混凝土配合比设计应符合 CJJ 2—2008 第 7.3 节规定。

检验数量：同强度等级、同性能混凝土的配合比设计应各检查一次。

检验方法：检查配合比设计选定单、试配试验报告和经审批后的配合比报告单。

当使用具有潜在碱活性骨料时，混凝土中的总碱含量应符合 CJJ 2—2008 第 7.1.2 条的规定和设计要求。

检验数量：每一混凝土配合比进行一次总碱含量计算。

检验方法：检查核算单。

混凝土强度等级应按现行国家标准《混凝土强度检验评定标准》GBJ 107 的规定检验评定，其结果必须符合设计要求，用于检查混凝土强度的试件，应在混凝土浇筑地点随机抽取，取样与试件留置应符合下列规定：

每拌制 100 盘且不超过 $100m^3$ 的同配比混凝土，取样不得少于 1 次；

每工作班拌制的同一配合比的混凝土不足 100 盘时，取样不得少于 1 次；

每次取样至少留置一组标准养护试件，同条件养护试件的留置组数应根据实际需要确定；

检查数量：全数检查。

检验方法：检查试验报告。

抗冻混凝土应进行抗冻性能试验，抗渗混凝土应进行抗渗性能试验。试验方法应符合现行国家标准《普通混凝土长期性能和耐久性能试验方法》GB/T 50082—2009 的规定。

检验数量：混凝土数量少于 $250m^3$，应制作抗冻或抗渗试件 1 组（6 个）；$250\sim500m^3$，应再制作 2 组。

检验方法；检查试验报告。

（2）一般项目

混凝土掺用的矿物掺合料除全数检查合格证和出厂检验报告外，应对其细度、含水率、抗压强度比等项目抽样检验。

检验数量：同品种、同等级且连续进场的矿物掺合料，每 200t 为一批，当不足 200t 时，也按一批计，每批至少抽检一次。

检验方法：检查试验报告。

对细骨料，应抽样检验其颗粒级配、细度模数、含泥量及规定要求的检验项，并应符合《普通混凝土用砂、石质量及检验方法标准》JGJ 52 的规定。

检验数量：同产地、同品种、同规格且连续进场的细骨料，每 400m^3 或 600t 为一批，不足 400m^3 或 600t，也按一批计，每批至少抽检一次。

检验方法：检查试验报告。

对粗骨料，应抽样检验其颗粒级配、压碎值指标、针片状颗粒含量及规定要求的检验项，并应符合《普通混凝土用砂、石质量及检验方法标准》JGJ 52 的规定。

检验数量：同产地、同品种、同规格且连续进场的粗骨料，机械生产的每 400m^3 或 600t 为一批，不足 400m^3 或 600t，也按一批计；人工生产的每 200m^3 或 300t 为一批，不足 200m^3 或 300t，也按一批计，每批至少抽检一次。

检验方法：检查试验报告。

当拌制混凝土用水采用非饮用水源时，应进行水质检测，并应符合国家现行标准《混凝土用水标准》JGJ 63 的规定。

检查数量：同水源检查不少于 1 次。

检验方法：检查水质分析报告。

混凝土拌合物的坍落度应符合设计配合比要求。

检验数量：每工作班不少于一次。

检验方法：用坍落度仪检测。

混凝土原材料每盘称量允许偏差应符合表 7.13.12 的规定。

混凝土原材料每盘称量允许偏差　　表 7.13.12

材料项目	允许偏差	
	工地	工厂或搅拌站
水泥和干燥状态的掺合料	±2%	±1%
粗、细骨料	±3%	±2%
水、外加剂	±2%	±1%

注：1. 各种衡器应定期检定，每次使用前应进行零点校核，保证计量准确。
2. 当遇雨天或含水率有显著变化时，应增加含水率检测次数，并及时调整水和骨料的用量。

检验数量：每工作班抽查不少于一次。

检验方法：复称。

7.2.2.9　市政验·桥-6-1　预应力混凝土张拉检验批质量验收记录（一）

7.2.2.10　市政验·桥-6-2　预应力混凝土张拉检验批质量验收记录（二）

1. 适用范围

本表适用于市政桥梁工程或其他工程构筑物的预应力混凝土张拉检验批的质量检查验收。

2. 表内填写提示

（1）主控项目

混凝土质量检验应遵守 CJJ 2—2008 第 7.13 节的有关规定。

预应力筋检验应符合 CJJ 2—2008 第 8.1.2 条规定。

检查数量：按进场的批次抽样检验。

检验方法：检查产品合格证、出厂检验报告和进场试验报告。

预应力筋用锚具、夹具和连接器进场检验应符合 CJJ 2—2008 第 8.1.3 条规定。

检查数量：按进场批次抽样检验。

检验方法：检查产品合格证、出厂检验报告和进场试检报告。

预应力筋的品种、规格、数量必须符合设计要求。

检查数量：全数检查。

检验方法：观察或用钢尺量、检查施工记录。

预应力筋张拉和放张时，混凝土强度和龄期必须符合设计规定。设计无规定时，不得低于设计强度的75%。

检查数量：全数检查。

检验方法：检查同条件养护试件试验报告。

预应力筋张拉允许偏差应分别符合表8.5.6-1～表8.5.6-3规定。

钢丝、钢绞线先张法允许偏差 **表8.5.6-1**

项目		允许偏差（mm）	检验频率	检验方法
镦头钢丝同束长度相对差	束长>20m	$L/5000$ 且不大于5	每批抽查2束	用钢尺量
	束长6～20m	$L/3000$ 且不大于4		
	束长<6m	2		
张拉应力值		符合设计要求	全数	查张拉记录
张拉伸长率		±6%		
断丝数		不超过总数的1%		

注：L 为束长（mm）

钢筋先张法允许偏差 **表8.5.6-2**

项目	允许偏差（mm）	检验频率	检验方法
接头在同一平面内的轴线偏位	2，且不大于1/10直径	抽查30%	用钢尺量
中心偏位	4%短边，且不大于5		
张拉应力值	符合设计要求	全数	查张拉记录
张拉伸长率	±6%		

钢筋后张法允许偏差 **表8.5.6-3**

项目		允许偏差（mm）	检验频率	检验方法
管道坐标	梁长方向	30	抽查30%，每根查10个点	用钢尺量
	梁高方向	10		
管道间距	同排	10	抽查30%，每根查5个点	用钢尺量
	上下排	10		
张拉应力值		符合设计要求	全数	查张拉记录
张拉伸长率		±6%		
断丝滑丝数	钢束	每束一丝，且每断面不超过钢丝总数的1%		
	钢筋	不允许		

孔道压浆的水泥强度必须符合设计规定，压浆时排气孔、排水孔应有水泥浓浆溢出。

检查数量：全数检查。

检验方法：观察、检查压浆记录和水泥浆试件强度试验报告。

锚具的封闭保护应符合 CJJ 2—2008 第 8.4.8 条第 8 款的规定。

检查数量：全数检查。

检验方法：观察、用钢尺量、检查施工记录。

（2）一般项目

预应力筋使用前应进行外观质量检查，不得有弯折，表面不得有裂纹、毛刺、机械损伤、氧化铁锈、油污等。

检查数量：全数检查。

检验方法：观察。

预应力筋用锚具、夹具和连接器使用前应进行外观质量检查，表面不得有裂纹、机械损伤、锈蚀、油污等。

检查数量：全数检查。

检验方法：观察。

预应力混凝土用金属螺旋管使用前应按国家现行标准《预应力混凝土用金属螺旋管》JG/T 3013 的规定进行检验。

检查数量：按进场的批次抽样复验。

检验方法：检查产品合格证、出厂检验报告和进场复验报告。

锚固阶段张拉端预应力筋的内缩量，应符合 CJJ 2—2008 第 8.4.6 条规定。

检查数量：每工作日抽查预应力筋总数的 3%，且不少于 3 束。

检验方法：用钢尺量，检查施工记录。

7.2.2.11 市政验·桥-7 砌体检验批质量验收记录

1. 适用范围

本表适用于市政桥梁工程或其他工程构筑物的砌体检验批的质量检查验收。

2. 表内填写提示

（1）主控项目

石材的技术性能和混凝土砌块的强度等级应符合设计要求。

同产地石材至少抽取一组试件进行抗压强度试验（每组试件不少于 6 个）；在潮湿和浸水地区使用的石材，应各增加一组抗冻性能指标和软化系数试验的试件。混凝土砌块抗压强度试验，应符合 CJJ 2—2008 第 7.13.5 条的规定。

检查数量：全数检查。

检验方法：检查试验报告。

砌筑砂浆应符合下列规定：

砂、水泥、水和外加剂的质量检验应符合 CJJ 2—2008 第 7.13 节的有关规定，砌筑工程所用砂浆强度等级必须符合设计要求。

每个构筑物、同类型、同强度等级每 $100m^3$ 砌体为一批，不足 $100m^3$ 的按一批计，每批取样不得少于一次。砂浆强度试件应在砂浆搅拌机出料口随机抽取，同一盘砂浆制作 1 组试件。

检查数量：全数检查。

检验方法：检查试验报告。

砂浆的饱满度应达到 80%以上。

检查数量：每一砌筑段，每步脚手架高度抽查不少于 5 处。

检验方法 ：观察。

（2）一般项目

砌体必须分层砌筑，灰缝均匀，缝宽符合要求，咬槎紧密，严禁通缝。
检查数量：全数检查。
检验方法：观察。
预埋件、泄水孔、滤层、防水设施、沉降缝等应符合设计规定。
检查数量：全数检查。
检验方法：观察、用钢尺量。
砌体砌缝宽度，位置应符合表 9.6.6 规定。

砌体砌缝宽度、位置　　　　表 9.6.6

<table>
<tr><th colspan="2" rowspan="2">项目</th><th rowspan="2">允许值
（mm）</th><th colspan="2">检验频率</th><th rowspan="2">检验方法</th></tr>
<tr><th>范围</th><th>点数</th></tr>
<tr><td rowspan="3">表面砌缝宽度</td><td>浆砌片石</td><td>≤40</td><td rowspan="5">每个构筑物、每个砌筑面或两条伸缩缝之间为一检验批</td><td rowspan="5">10</td><td rowspan="5">用钢尺量</td></tr>
<tr><td>浆砌块石</td><td>≤30</td></tr>
<tr><td>浆砌料石</td><td>15～20</td></tr>
<tr><td colspan="2">三块石料相接处的空隙</td><td>≤70</td></tr>
<tr><td colspan="2">两层间竖向错缝</td><td>≥80</td></tr>
</table>

勾缝应坚固、无脱落、交接处应平顺，宽度、深度应均匀，灰缝颜色应一致，砌体表面应洁净。
检查数量：全数检查。
检查方法：观察。

7.2.2.12　市政验·桥-8　基坑开挖检验批质量验收记录

1. 适用范围
本表适用于市政桥梁工程或其他工程构筑物的基坑开挖检验批的质量检查验收。
2. 表内填写提示
基坑开挖偏差应符合表 10.7.2-1 的规定。
（1）一般项目

基坑开挖允许偏差　　　　表 10.7.2-1

<table>
<tr><th colspan="2" rowspan="2">序号项目</th><th rowspan="2">允许偏差
（mm）</th><th colspan="2">检验频率</th><th rowspan="2">检验方法</th></tr>
<tr><th>范围</th><th>点数</th></tr>
<tr><td rowspan="2">基底高程</td><td>土方</td><td>0，−20</td><td rowspan="4">每座基坑</td><td>5</td><td rowspan="2">用水准仪测量四角和中心</td></tr>
<tr><td>石方</td><td>+50，−200</td><td>5</td></tr>
<tr><td colspan="2">轴线偏位</td><td>50</td><td>4</td><td>用经纬仪测量，纵横各 2 点</td></tr>
<tr><td colspan="2">基坑尺寸</td><td>不小于设计规定</td><td>4</td><td>用钢尺量每边各 1 点</td></tr>
</table>

地基检验应符合下列要求：
（2）主控项目
地基承载力应按 CJJ 2—2008 第 10.1.7 条规定进行检验，确认符合设计要求。
检查数量：全数检查。
检验方法：检查地基承载力报告。
地基处理应符合专项处理方案要求，处理后的地基必须满足设计要求。
检查数量：全数检查。

检验方法：观察、检查施工记录。

7.2.2.13　市政验·桥-9　地基回填土方检验批质量验收记录

1. 适用范围

本表适用于市政桥梁工程或其他工程构筑物的地基回填土方检验批的质量检查验收。

2. 表内填写提示

回填土方应符合下列要求：

（1）主控项目

当年筑路和管线上填方的压实度标准应符合表 10.7.2-2 的要求。

当年筑路和管线上填方压实度标准　　表 10.7.2-2

项目	压实度	检验频率		检验方法
		范围	点数	
填土上当年筑路	符合国家现行标准《城镇道路工程施工与质量验收规范》CJJ 1 的有关规定	每个基坑	每层 4 点	用环刀法或灌砂法
管线填土	符合现行相关管线施工标准的规定	每条管线	每层 1 点	

（2）一般项目

除当年筑路和管线上回填土方以外，填方压实度不应小于 87%（轻型击实）。检查频率与检验方法同表 10.7.2-2 第 1 项。

填料应符合设计要求，不得含有影响填筑质量的杂物。基坑填筑应分层回填、分层夯实。

检查数量：全数检查。

检验方法：观察、检查回填压实度报告和施工记录。

7.2.2.14　市政验·桥-10　现浇混凝土基础检验批质量验收记录

1. 适用范围

本表适用于市政桥梁工程或其他工程构筑物的现浇混凝土基础检验批的质量检查验收。

2. 表内填写提示

现浇混凝土基础的质量检验除符合第 10.7.1 条外，且应符合下列要求：

一般项目

现浇混凝土基础允许偏差应符合 CJJ 2—2008 表 10.7.2-3 的要求。

现浇混凝土基础允许偏差　　表 10.7.2-3

项目		允许偏差（mm）	检验频率		检验方法
			范围	点数	
断面尺寸	长、宽	±20	每座基础	4	用钢尺量，长、宽各 2 点
顶面高程		±10		4	用水准仪测量
基础厚度		+10，0		4	用钢尺量，长、宽向各 2 点
轴线偏位		15		4	用经纬仪测量，纵、横各 2 点

基础表面不得有孔洞、露筋。

检查数量：全数检查。

检验方法：观察。

7.2.2.15　市政验·桥-11　砌体基础检验批质量验收记录

1. 适用范围

本表适用于市政桥梁工程或其他工程构筑物的砌体基础检验批的质量检查验收。

2. 表内填写提示

砌体基础的质量检验应符合 CJJ 2—2008 第 10.7.1 条规定，砌体基础允许偏差应符合表 10.7.2-4 的要求。

一般项目

砌体基础允许偏差　　**表 10.7.2-4**

<table>
<tr><th colspan="2" rowspan="2">项目</th><th rowspan="2">允许偏差
(mm)</th><th colspan="2">检验频率</th><th rowspan="2">检验方法</th></tr>
<tr><th>范围</th><th>点数</th></tr>
<tr><td colspan="2">顶面高程</td><td>±25</td><td rowspan="4">每座
基础</td><td rowspan="3">4</td><td>用水准仪测量</td></tr>
<tr><td rowspan="2">基础厚度</td><td>片石</td><td>+30，0</td><td rowspan="2">用钢尺量，长、宽各 2 点</td></tr>
<tr><td>料石、砌块</td><td>+15，0</td></tr>
<tr><td colspan="2">轴线偏位</td><td>15</td><td>4</td><td>用经纬仪测量，纵、横各 2 点</td></tr>
</table>

7.2.2.16　市政验·桥-12　预制混凝土桩制作检验批质量验收记录

1. 适用范围

本表适用于市政桥梁工程或其他工程预制混凝土桩制作检验批的质量检查验收。

2. 表内填写提示

沉入桩质量检验应符合下列规定：

预制桩质量检验应符合 CJJ 2—2008 第 10.7.1 条规定，且应符合下列要求。

(1) 主控项目

桩表面不得出现孔洞、露筋和受力裂缝。

检查数量：全数检查。

检验方法：观察。

(2) 一般项目

钢筋混凝土和预应力混凝土桩的预制允许偏差应符合表 10.7.3-1 规定。

钢筋混凝土和预应力混凝土桩的预制允许偏差　　**表 10.7.3-1**

<table>
<tr><th colspan="2" rowspan="2">项目</th><th rowspan="2">允许偏差
(mm)</th><th colspan="2">检验频率</th><th rowspan="2">检验方法</th></tr>
<tr><th>范围</th><th>点数</th></tr>
<tr><td rowspan="6">实
心
桩</td><td>横截面边长</td><td>±5</td><td rowspan="3">每批抽查
10%</td><td>3</td><td>用钢尺量相邻两边</td></tr>
<tr><td>长度</td><td>±50</td><td>2</td><td>用钢尺量</td></tr>
<tr><td>桩尖对中轴线的倾斜</td><td>10</td><td>1</td><td>用钢尺量</td></tr>
<tr><td>桩轴线的弯曲矢高</td><td>≤0.1%桩长，
且不大于 20</td><td>全数</td><td>1</td><td>沿构件全长拉线，
用钢尺量</td></tr>
<tr><td>桩顶平面对桩纵
轴线的倾斜</td><td>≤1%桩径（边长），
且不大于 3</td><td>每批抽查
10%</td><td>1</td><td>用垂线和钢尺量</td></tr>
<tr><td>接桩的接头平面与桩轴
平面垂直度</td><td>0.5%</td><td>每批抽查
20%</td><td>4</td><td>用钢尺量</td></tr>
</table>

续表

<table>
<tr><th colspan="2" rowspan="2">项目</th><th rowspan="2">允许偏差
（mm）</th><th colspan="2">检验频率</th><th rowspan="2">检验方法</th></tr>
<tr><th>范围</th><th>点数</th></tr>
<tr><td rowspan="3">空心桩</td><td>内径</td><td>不小于设计</td><td rowspan="2">每批抽查10%</td><td>2</td><td>用钢尺量</td></tr>
<tr><td>壁厚</td><td>0，−3</td><td>2</td><td>用钢尺量</td></tr>
<tr><td>桩轴线的弯曲矢高</td><td>0.2%</td><td>全数</td><td>1</td><td>沿管节全长拉线，用钢尺量</td></tr>
</table>

桩的表面无蜂窝、麻面和超过0.15mm的收缩裂缝。小于0.15mm的横向裂缝长度，方桩不得大于边长或短边长的1/3；管桩或多边形桩不得大于直径或对角线的1/3；小于0.15mm的纵向裂缝长度，方桩不得大于边长或短边长的1.5倍，管桩或多边形桩不得大于直径或对角线的1.5倍。

检查数量：全数检查。

检验方法：观察、用读数放大镜量测。

7.2.2.17　市政验·桥-13　钢管桩制作检验批质量验收记录

1. 适用范围

本表适用于市政桥梁工程或其他工程钢管桩制作检验批的质量检查验收。

2. 表内填写提示

钢管桩制作质量检验应符合下列要求：

（1）主控项目

钢材品种、规格及其技术性能应符合设计要求和相关标准规定。

检查数量：全数检查。

检验方法：检查钢材出厂合格证、检验报告和生产厂的复验报告。

制作焊接质量应符合设计要求和相关标准规定。

检查数量：全数检查。

检验方法：检查生产厂的检验报告。

（2）一般项目

钢管桩制作允许偏差应符合表10.7.3-2的规定。

钢管桩制作允许偏差　　表10.7.3-2

<table>
<tr><th rowspan="2">项目</th><th rowspan="2">允许偏差（mm）</th><th colspan="2">检验频率</th><th rowspan="2">检验方法</th></tr>
<tr><th>范围</th><th>点数</th></tr>
<tr><td>外径</td><td>±5</td><td rowspan="2">每批抽查10%</td><td>4</td><td rowspan="2">用钢尺量</td></tr>
<tr><td>长度</td><td>+10，0</td><td rowspan="3">1</td></tr>
<tr><td>桩轴线的弯曲矢高</td><td>≤1%桩长，且不大于20</td><td>全数</td><td>沿桩身拉线，用钢尺量</td></tr>
<tr><td>端部平面度</td><td>2</td><td rowspan="2">每批抽查20%</td><td>用直尺和塞尺量</td></tr>
<tr><td>端部平面与桩身中心线的倾斜</td><td>≤1%桩径，且不大于3</td><td>2</td><td>用垂线和钢尺量</td></tr>
</table>

7.2.2.18　市政验·桥-14　沉桩检验批质量验收记录

1. 适用范围

本表适用于市政桥梁工程或其他工程沉桩检验批的质量检查验收。

2. 表内填写提示

沉桩质量检验应符合下列要求：

（1）主控项目

沉入桩的入土深度、最终贯入度或停打标准应符合设计要求。

检查数量：全数检查。

检验方法：观查、测量、检查沉桩记录。

（2）一般项目

沉桩允许偏差应符合表 10.7.3-3 的规定。

沉桩允许偏差 **表 10.7.3-3**

<table>
<tr><th colspan="3" rowspan="2">项目</th><th rowspan="2">允许偏差
（mm）</th><th colspan="2">检验频率</th><th rowspan="2">检验方法</th></tr>
<tr><th>范围</th><th>点数</th></tr>
<tr><td rowspan="4">桩位</td><td rowspan="2">群桩</td><td>中间桩</td><td>≤d/2 且不大于 250</td><td rowspan="4">每排桩</td><td rowspan="4">20%</td><td rowspan="4">用经纬仪测量</td></tr>
<tr><td>外缘桩</td><td>d/4</td></tr>
<tr><td rowspan="2">排架桩</td><td>顺桥方向</td><td>40</td></tr>
<tr><td>垂直桥轴方向</td><td>50</td></tr>
<tr><td colspan="3">桩尖高程</td><td>不高于设计要求</td><td rowspan="3">每根桩</td><td rowspan="3">全数</td><td>用水准仪测量</td></tr>
<tr><td colspan="3">斜桩倾斜度</td><td>±15%tanθ</td><td rowspan="2">用垂线和钢尺量尚未沉入部分</td></tr>
<tr><td colspan="3">直桩垂直度</td><td>1%</td></tr>
</table>

注：1. d 为桩的直径或短边尺寸（mm）

2. θ 为斜桩设计纵轴线与铅垂线间夹角（°）

接桩焊缝外观质量应符合表 10.7.3-4 的规定

接桩焊缝外观允许偏差 **表 10.7.3-4**

<table>
<tr><th colspan="2" rowspan="2">项目</th><th rowspan="2">允许偏差
（mm）</th><th colspan="2">检验频率</th><th rowspan="2">检验方法</th></tr>
<tr><th>范围</th><th>点数</th></tr>
<tr><td colspan="2">咬边深度（焊缝）</td><td>0.5</td><td rowspan="5">每条焊道</td><td rowspan="5">1</td><td rowspan="3">用焊缝量规、钢尺量</td></tr>
<tr><td colspan="2">加强层高度（焊缝）</td><td rowspan="2">+3
0</td></tr>
<tr><td colspan="2">加强层宽度（焊缝）</td></tr>
<tr><td rowspan="2">钢管桩上下节错台</td><td>公称直径≥700mm</td><td>3</td><td rowspan="2">用钢板尺和塞尺量</td></tr>
<tr><td>公称直径<700mm</td><td>2</td></tr>
</table>

7.2.2.19 市政验·桥-15 混凝土灌注桩检验批质量验收记录

1. 适用范围

本表适用于市政桥梁工程或其他工程混凝土灌注桩检验批的质量检查验收。

2. 表内填写提示

混凝土灌注桩质量检验应符合下列规定。

（1）主控项目

成孔达到设计深度后，必须核实地质情况，确认符合设计要求。

检查数量：全数检查。

检验方法：观察、检查施工记录。

孔径、孔深应符合设计要求。

检查数量：全数检查。

检验方法：观察、检查施工纪录。

混凝土抗压强度应符合设计要求。

检查数量：每根桩在浇筑地点制作混凝土试件不得少于2组。

检验方法：检查试验报告。

桩身不得出现断桩、缩径。

检查数量：全数检查。

检验方法：检查桩基无损检测报告。

（2）一般项目

钢筋笼制作和安装质量检验应符合CJJ 2—2008第10.7.1条规定，且钢筋笼底端高程偏差不得大于±50mm。

检查数量：全数检查。

检验方法：用水准仪测量。

混凝土灌注桩允许偏差应符合表10.7.4的规定。

混凝土灌注桩允许偏差 **表10.7.4**

<table>
<tr><th colspan="2" rowspan="2">项目</th><th rowspan="2">允许偏差（mm）</th><th colspan="2">检验频率</th><th rowspan="2">检验方法</th></tr>
<tr><th>范围</th><th>点数</th></tr>
<tr><td rowspan="2">桩位</td><td>群桩</td><td>100</td><td rowspan="6">每根桩</td><td>1</td><td rowspan="2">用全站仪测量</td></tr>
<tr><td>排架桩</td><td>50</td><td>1</td></tr>
<tr><td rowspan="2">沉渣厚度</td><td>摩擦桩</td><td>符合设计要求</td><td>1</td><td rowspan="2">沉淀盒或标准测锤，查灌注前记录</td></tr>
<tr><td>支承桩</td><td>不大于设计要求</td><td>1</td></tr>
<tr><td rowspan="2">垂直度</td><td>钻孔桩</td><td>≤1%桩长，且不大于500</td><td>1</td><td>用测壁仪或钻杆垂线和钢尺量</td></tr>
<tr><td>挖孔桩</td><td>≤0.5%桩长，且不大于200</td><td>1</td><td>用垂线和钢尺量</td></tr>
</table>

注：此表适用于钻孔和挖孔。

7.2.2.20 市政验·桥-16 沉井制作检验批质量检验记录

1. 适用范围

本表适用于市政桥梁工程或其他工程沉井制作检验批的质量检查验收。

2. 表内填写提示

沉井基础质量检验应符合下列规定；

沉井制作质量检验应符合CJJ 2—2008第10.7.1条规定，且应符合下列要求：

（1）主控项目

钢壳沉井的钢材及其焊接质量应符合设计要求和相关标准规定。

检查数量：全数检查。

检验方法：检查钢材出厂合格证、检验报告、复验报告和焊接检验报告。

钢壳沉井气筒必须按受压容器的有关规定制造，并经水压（不得低于工作压力的1.5倍）试验合格后方可投入使用。

检查数量：全数检查。

检验方法：检查制作记录，检查试验报告。

（2）一般项目

混凝土沉井制作允许偏差应符合表 10.7.5-1 的规定。

混凝土沉井壁表面应无孔洞、露筋、蜂窝、麻面和宽度超过 0.15mm 的收缩裂缝。

检查数量：全数检查。

检验方法：观察。

混凝土沉井制作允许偏差　　　　表 10.7.5-1

<table>
<tr><th colspan="2" rowspan="2">项目</th><th rowspan="2">允许偏差（mm）</th><th colspan="2">检验频率</th><th rowspan="2">检验方法</th></tr>
<tr><th>范围</th><th>点数</th></tr>
<tr><td rowspan="2">沉井尺寸</td><td>长、宽（直径）</td><td>±0.5%边长，大于 24m 时±120</td><td rowspan="7">每座</td><td>2</td><td>用钢尺量长、宽各 1 点</td></tr>
<tr><td>半径</td><td>±0.5%半径，大于 12m±60</td><td>4</td><td>用钢尺量，每侧 1 点</td></tr>
<tr><td colspan="2">对角线长度差</td><td>1%理论值，且不大于 80</td><td>2</td><td>用钢尺量，圆井量两个直径</td></tr>
<tr><td rowspan="2">井壁厚度</td><td>混凝土</td><td>+40，−30</td><td rowspan="2">4</td><td rowspan="2">用钢尺量，每侧 1 点</td></tr>
<tr><td>钢壳和钢筋混凝土</td><td>±15</td></tr>
<tr><td colspan="2">平整度</td><td>8</td><td>4</td><td>用 2m 直尺、塞尺量，每侧各 1 点</td></tr>
</table>

7.2.2.21　市政验·桥-17　沉井浮运检验批质量验收记录

1. 适用范围

本表适用于市政桥梁工程或其他工程沉井浮运检验批的质量检查验收。

2. 表内填写提示

沉井浮运应符合下列要求。

主控项目

预制浮式沉井在下水、浮运前，应进行水密试验，合格后方可下水；

检查数量：全数检查。

检验方法：检查试验报告。

钢壳沉井底节应进行水压试验，其余各节应进行水密检查，合格后方可下水；

检查数量：全数检查。

检验方法：检查试验报告。

7.2.2.22　市政验·桥-18　沉井下沉检验批质量验收记录

1. 适用范围

本表适用于市政桥梁工程或其他工程沉井下沉检验批的质量检查验收。

2. 表内填写提示

沉井下沉应符合下列要求。

（1）主控项目

就地浇筑沉井首节下沉应在井壁混凝土达到设计强度后进行，其上各节达到设计强度的 75%后方可下沉。

检查数量：全数检查。

检验方法：每节沉井下沉前检查同条件养护试件试验报告。

（2）一般项目

就地制作沉井下沉就位偏差应符合表 10.7.5-2 的规定。

就地制作沉井下沉就位允许偏差 **表 10.7.5-2**

项目	允许偏差（mm）	检验频率		检验方法
		范围	点数	
底面、顶面中心位置	$H/50$	每座	4	用经纬仪测量纵横向各 2 点
垂直度	$H/50$		4	用经纬仪测量
平面扭角	1°		2	经纬仪检验纵、横轴线交点

注：H 为沉井高度（mm）

浮式沉井下沉就位允许偏差应符合表 10.7.5-3 的规定。

浮式沉井下沉就位允许偏差 **表 10.7.5-3**

项目	允许偏差（mm）	检验频率		检验方法
		范围	点数	
底面、顶面中心位置	$H/50+250$	每座	4	用经纬仪测量纵横向各 2 点
垂直度	$H/50$		4	用经纬仪测量
平面扭角	2°		2	经纬仪检验纵、横轴线交点

注：H 为沉井高度（mm）

下沉后内壁不得渗漏。

检查数量：全数检查。

检验方法：观察。

7.2.2.23 市政验·桥-19 沉井清基、封底检验批质量验收记录

1. 适用范围

本表适用于市政桥梁工程或其他工程沉井清基、封底检验批的质量检查验收。

2. 表内填写提示

（1）主控项目

清基后基底地质条件检验应符合 CJJ 2—2008 第 10.7.2 条第 2 款的规定。

检查数量：全数检查。

检验方法：观察、用钢尺量。

封底填充混凝土应符合 CJJ 2—2008 第 10.7.1 条规定，且应符合下列要求。

（2）一般项目

沉井在软土中沉至设计高程并清基后，待 8h 内累计下沉小于 10mm 时，方可封底。

检查数量：全数检查。

检验方法：水准仪测量。

沉井应在封底混凝土强度达到设计要求后方可进行抽水填充。

检查数量：全数检查。

检验方法：抽水前检查同条件养护试件强度试验报告。

7.2.2.24 市政验·桥-20 地下连续墙检验批质量验收记录

1. 适用范围

本表适用于市政桥梁工程或其他工程地下连续墙检验批的质量检查验收。

2. 表内填写提示

地下连续墙质量检验应符合下列规定：

（1）主控项目

成槽的深度应符合设计要求。

检查数量：全数检查。

检验方法：用重锤检查。

水下混凝土质量检验应符合 CJJ 2—2008 第 10.7.1 条规定，且应符合下列要求：

墙身不得有夹层、局部凹进。

检查数量：全数检查。

检验方法：检查无损检测报告。

（2）一般项目

地下连续墙允许偏差应符合表 10.7.6 规定。

地下连续墙允许偏差　　表 10.7.6

项目	允许偏差（mm）	检验频率		检验方法
		范围	点数	
轴线偏位	30	每单元段或每槽段	2	用经纬仪测量
外形尺寸	+30，0		1	用钢尺量一个断面
垂直度	0.5%墙高		1	用超声波测槽仪检验
顶面高程	±10		2	用水准仪测量
沉渣厚度	符合设计要求		1	用重锤或沉积物测定仪（沉淀盒）

7.2.2.25　市政验·桥-21　混凝土承台检验批质量验收记录

1. 适用范围

本表适用于市政桥梁工程或其他工程混凝土承台检验批的质量检查验收。

2. 表内填写提示

现浇混凝土承台质量检验，应符合 CJJ 2—2008 第 10.7.1 条规定，且应符合下列规定：

一般项目

混凝土承台允许偏差应符合表 10.7.7 的规定。

混凝土承台允许偏差　　表 10.7.7

项目		允许偏差（mm）	检验频率		检验方法
			范围	点数	
断面尺寸	长、宽	±20	每座	4	用钢尺量，长、宽各 2 点
承台厚度		0，+10		4	用钢尺量
顶面高程		±10		4	用水准仪测量四角
轴线偏位		15		4	用经纬仪测量，纵横各 2 点
预埋件位置		10	每件	2	经纬仪放线，用钢尺量

承台表面应无孔洞、露筋、缺棱掉角、蜂窝、麻面和宽度超过 0.15mm 的收缩裂缝。

检查数量：全数检查。

检验方法：观察、用读数放大镜观测。

7.2.2.26　市政验·桥-22　墩台砌体检验批质量验收记录

1. 适用范围

本表适用于市政桥梁工程墩台砌体检验批的质量检查验收。

2. 表内填写提示

墩台砌体质量检验应符合 CJJ 2—2008 第 11.5.1 条规定，砌筑墩台允许偏差应符合表 11.5.2 的规定。

砌筑墩台允许偏差　　**表 11.5.2**

<table>
<tr><td colspan="2" rowspan="2">项目</td><td colspan="2">允许偏差（mm）</td><td colspan="2">检验频率</td><td rowspan="2">检验方法</td></tr>
<tr><td>浆砌块石</td><td>浆砌料石、砌块</td><td>范围</td><td>点数</td></tr>
<tr><td rowspan="2">墩台尺寸</td><td>长</td><td>+20，−10</td><td>+10，0</td><td rowspan="8">每个墩台身</td><td>3</td><td rowspan="2">用钢尺量 3 个断面</td></tr>
<tr><td>厚</td><td>±10</td><td>+10，0</td><td>3</td></tr>
<tr><td colspan="2">顶面高程</td><td>±15</td><td>±10</td><td>4</td><td>用水准仪测量</td></tr>
<tr><td colspan="2">轴线偏位</td><td>15</td><td>10</td><td>4</td><td>用经纬仪测量，纵、横各 2 点</td></tr>
<tr><td colspan="2">墙面垂直度</td><td>≤0.5%H
且不大于 20</td><td>≤0.3%H
且不大于 15</td><td>4</td><td>用经纬仪测量或垂线和钢尺量</td></tr>
<tr><td colspan="2">墙面平整度</td><td>30</td><td>10</td><td>4</td><td>用 2m 直尺、塞尺量</td></tr>
<tr><td colspan="2">水平缝平直</td><td>—</td><td>10</td><td>4</td><td>用 10m 小线、钢尺量</td></tr>
<tr><td colspan="2">墙面坡度</td><td>符合设计要求</td><td>符合设计要求</td><td>4</td><td>用坡度板量</td></tr>
</table>

注：H 为墩台高度（mm）。

7.2.2.27　市政验·桥-23　现浇混凝土墩台、柱、挡墙检验批质量验收记录

1. 适用范围

本表适用于市政桥梁工程现浇混凝土墩台、柱、挡墙检验批的质量检查验收。

2. 表内填写提示

现浇混凝土墩台质量检验应符合 CJJ 2—2008 第 11.5.1 条规定，且应符合下列规定：

（1）主控项目

钢管混凝土柱的钢管制作质量检验应符合 CJJ 2—2008 第 10.7.3 第 2 款的规定。

混凝土与钢管应紧密结合，无空隙。

检查数量：全数检查。

检验方法：手锤敲击检查或检查超声波检测报告。

（2）一般项目

现浇混凝土墩台允许偏差应符合表 11.5.3-1 的规定。

现浇混凝土墩台允许偏差 **表 11.5.3-1**

<table>
<tr><th colspan="2" rowspan="2">项目</th><th rowspan="2">允许偏差
(mm)</th><th colspan="2">检验频率</th><th rowspan="2">检验方法</th></tr>
<tr><th>范围</th><th>点数</th></tr>
<tr><td rowspan="2">墩台身尺寸</td><td>长</td><td>+15，0</td><td rowspan="7">每个墩台或每个节段</td><td>2</td><td>用钢尺量</td></tr>
<tr><td>厚</td><td>+10，−8</td><td>4</td><td>用钢尺量，每侧上、下各 1 点</td></tr>
<tr><td colspan="2">顶面高程</td><td>±10</td><td>4</td><td>用水准仪测量</td></tr>
<tr><td colspan="2">轴线偏位</td><td>10</td><td>4</td><td>用经纬仪测量，纵、横各 2 点</td></tr>
<tr><td colspan="2">墙面垂直度</td><td>≤0.25%H
且不大于 25</td><td>2</td><td>用经纬仪测量或
垂线和钢尺量</td></tr>
<tr><td colspan="2">墙面平整度</td><td>8</td><td>4</td><td>用 2m 直尺、塞尺量</td></tr>
<tr><td colspan="2">节段间错台</td><td>5</td><td>4</td><td>用钢尺和塞尺量</td></tr>
<tr><td colspan="2">预埋件位置</td><td>5</td><td>每件</td><td>4</td><td>经纬仪放线，用钢尺量</td></tr>
</table>

注：H 为墩台高度（mm）。

现浇混凝土柱允许偏差应符合表 11.5.3-2 规定。

现浇混凝土柱允许偏差 **表 11.5.3-2**

<table>
<tr><th colspan="2" rowspan="2">项目</th><th rowspan="2">允许偏差（mm）</th><th colspan="2">检验频率</th><th rowspan="2">检验方法</th></tr>
<tr><th>范围</th><th>点数</th></tr>
<tr><td>断面尺寸</td><td>长、宽
（直径）</td><td>±5</td><td rowspan="6">每根柱</td><td>2</td><td>用钢尺量，长、
宽各 1 点，圆柱量 2 点</td></tr>
<tr><td colspan="2">顶面高程</td><td>±10</td><td>1</td><td>用水准仪测量</td></tr>
<tr><td colspan="2">垂直度</td><td>≤0.2%H，且
不大于 15</td><td>2</td><td>用经纬仪测量或垂线和钢尺量</td></tr>
<tr><td colspan="2">轴线偏位</td><td>8</td><td>2</td><td>用经纬仪测量</td></tr>
<tr><td colspan="2">平整度</td><td>5</td><td>2</td><td>用 2m 直尺、塞尺量</td></tr>
<tr><td colspan="2">节段间错台</td><td>3</td><td>4</td><td>用钢板尺和塞尺量</td></tr>
</table>

注：H 为柱高（mm）。

现浇混凝土挡墙允许偏差应符合表 11.5.3-3 的规定。

现浇混凝土挡墙允许偏差 **表 11.5.3-3**

<table>
<tr><th colspan="2" rowspan="2">项目</th><th rowspan="2">允许偏差
(mm)</th><th colspan="2">检验频率</th><th rowspan="2">检验方法</th></tr>
<tr><th>范围</th><th>点数</th></tr>
<tr><td rowspan="2">墙身尺寸</td><td>长</td><td>±5</td><td rowspan="4">每 10m
墙长度</td><td>3</td><td rowspan="2">用钢尺量</td></tr>
<tr><td>厚</td><td>±5</td><td>3</td></tr>
<tr><td colspan="2">顶面高程</td><td>±5</td><td rowspan="2">3</td><td>用水准仪量测</td></tr>
<tr><td colspan="2">垂直度</td><td>0.15%H，且不大于 10</td><td>用经纬仪测量或垂线和钢尺量</td></tr>
</table>

续表

项目	允许偏差（mm）	检验频率		检验方法
		范围	点数	
轴线偏位	10	每10m墙长度	1	用经纬仪测量
直顺度	10		1	用10m小线，钢尺量
平整度	8		3	用2 m直尺、塞尺量

注：*H* 为挡墙高度（mm）。

混凝土表面应无孔洞、露筋、蜂窝、麻面。

检查数量：全数检查。

检验方法：观察。

7.2.2.28　市政验·桥-24　预制混凝土柱制作检验批质量验收记录

1. 适用范围

本表适用于市政桥梁工程预制混凝土柱制作检验批的质量检查验收。

2. 表内填写提示

预制安装混凝土柱质量检验应符合 CJJ 2—2008 规范第 11.5.1 条规定，且应符合下列规定：

（1）主控项目

柱与基础连接处必须接触严密、焊接牢固、混凝土灌注密实，混凝土强度符合设计要求。

检查数量：全数检查。

检验方法：观察、检查施工记录、用焊缝量规量测、检查试件试验报告。

（2）一般项目

预制混凝土柱制作允许偏差应符合表 11.5.4-1 的规定。

预制混凝土柱制作允许偏差　　表 11.5.4-1

项目		允许偏差（mm）	检验频率		检验方法
			范围	点数	
断面尺寸	长、宽（直径）	±5	每个柱	4	用钢尺量，厚、宽各2点，（圆断面量直径）
高度		±10		2	用钢尺量
预应力筋孔道位置		10	每个孔道	1	
侧向弯曲		*H*/750	每个柱	1	沿构件全高拉线，用钢尺量
平整度		3		2	2m 直尺、塞尺量

注：*H* 为柱高（mm）。

混凝土柱表面应无孔洞、露筋、蜂窝、麻面和缺棱掉角现象。

检查数量：全数检查。

检验方法：观察。

7.2.2.29　市政验·桥-25　混凝土柱安装检验批质量验收记录

1. 适用范围

本表适用于市政桥梁工程混凝土柱安装检验批的质量检查验收。

2. 表内填写提示

一般项目

预制柱安装允许偏差应符合表 11.5.4-2 规定。

预制柱安装允许偏差 **表 11.5.4-2**

项目	允许偏差	检验频率		检验方法
		范围	点数	
平面位置	10	每个柱	2	用经纬仪测量，纵、横向各 1 点
埋入基础深度	不少于设计要求		1	用钢尺量
相邻间距	±10		1	用钢尺量
垂直度	≤0.5%H，且不大于 20		2	用经纬仪测量或用垂线和钢尺量，纵横向各 1 点
墩、柱顶高程	±10		1	用水准仪测量
节段间错台	3		4	用钢板尺和塞尺量

注：H 为柱高（mm）。

混凝土柱表面应无孔洞、露筋、蜂窝、麻面和缺棱掉角现象。

检查数量：全数检查。

检验方法：观察。

7.2.2.30 市政验·桥-26 现浇混凝土盖梁检验批质量验收记录

1. 适用范围

本表适用于市政桥梁工程现浇混凝土盖梁检验批的质量检查验收。

2. 表内填写提示

现浇混凝土盖梁质量检验应符合 CJJ 2—2008 第 11.5.1 条规定，且应符合下列规定：

(1) 主控项目

现浇混凝土盖梁不得出现超过设计规定的受力裂缝。

检查数量：全数检查。

检验方法：观察。

(2) 一般项目

现浇混凝土盖梁允许偏差应符合表 11.5.5 的规定。

现浇混凝土盖梁允许偏差 **表 11.5.5**

项目		允许偏差	检验频率		检验方法
			范围	点数	
盖梁尺寸	长	+20，−10	每个盖梁	2	用钢尺量，两侧各 1 点
	宽	+10，0		3	用钢尺量，两端及中间各 1 点
	高	±5		3	
盖梁轴线偏位		8		4	用经纬仪测量，纵横各 2 点
盖梁顶面高程		0，−5		3	用水准仪测量，两端及中间各 1 点
平整度		5		2	用 2m 直尺、塞尺量

续表

项目		允许偏差	检验频率		检验方法
			范围	点数	
支座垫石预留位置		10	每个	4	用钢尺量，纵横各 2 点
预埋件位置	高程	±2	每件	1	用水准仪测量
	轴线	5		1	经纬仪放线，用钢尺量

盖梁表面应无孔洞、露筋、蜂窝、麻面。

检查数量：全数检查。

检验方法：观察。

7.2.2.31　市政验・桥-27　人行天桥钢墩柱制作检验批质量验收记录

1. 适用范围

本表适用于市政桥梁工程人行天桥钢墩柱制作检验批的质量检查验收。

2. 表内填写提示

（1）主控项目

人行天桥钢墩柱的钢材和焊接质量检验应符合 CJJ 2—2008 第 10.7.3 条第 2 款的规定。

（2）一般项目

人行天桥钢墩柱制作允许偏差应符合表 11.5.6-1 的规定。

人行天桥钢墩柱制作允许偏差　　表 11.5.6-1

项目	允许偏差	检查频率		检验方法
		范围	点数	
柱底面到柱顶支承面的距离	±5	每件	2	用钢尺量
柱身截面	±3			用钢尺量
柱身轴线与柱顶支承面垂直度	±5			用直角尺和钢尺量
柱顶支承面几何尺寸	±3			用钢尺量
柱身挠曲	≤H/1000，且不大于 10			沿全高拉线，用钢尺量
柱身接口错台	3			用钢板尺和塞尺量

注：H 为墩柱高度（mm）。

7.2.2.32　市政验・桥-28　人行天桥钢墩柱安装检验批质量验收记录

1. 适用范围

本表适用于市政桥梁工程人行天桥钢墩柱安装检验批的质量检查验收。

2. 表内填写提示

（1）主控项目

人行天桥钢墩柱的钢材和焊接质量检验应符合 CJJ 2—2008 第 10.7.3 条第 2 款的规定。

（2）一般项目

人行天桥钢墩柱安装允许偏差　　表 11.5.6-2

<table>
<tr><th rowspan="2" colspan="2">项目</th><th rowspan="2">允许偏差
(mm)</th><th colspan="2">检查频率</th><th rowspan="2">检验方法</th></tr>
<tr><th>范围</th><th>点数</th></tr>
<tr><td colspan="2">钢柱轴线对行、列定位轴线的偏位</td><td>5</td><td rowspan="5">每件</td><td rowspan="5">2</td><td>用经纬仪测量</td></tr>
<tr><td colspan="2">柱基标高</td><td>+10，−5</td><td>用水准仪测量</td></tr>
<tr><td colspan="2">挠曲矢高</td><td>≤H/1000，
且不大于 10</td><td>沿全长拉线，用钢尺量</td></tr>
<tr><td rowspan="2">钢柱轴线的
垂直度</td><td>H≤10m</td><td>10</td><td rowspan="2">用经纬仪测量或垂线
和钢尺量</td></tr>
<tr><td>H>10m</td><td>≤H/100，
且不大于 25</td></tr>
</table>

注：H 为墩柱高度（mm）。

7.2.2.33　市政验·桥-29　台背填土检验批质量验收记录

1. 适用范围

本表适用于市政桥梁工程台背填土检验批的质量检查验收。

2. 表内填写提示

台背填土质量检验应符合国家现行标准《城镇道路工程施工及质量验收规范》CJJ 1—2008 有关规定，且应符合下列规定：

（1）主控项目

台身、挡墙混凝土强度达到设计强度的 75%以上时，方可回填土。

检查数量：全数检查。

检验方法：观察、检查同条件养护试件试验报告。

拱桥台背填土应在承受拱圈水平推力前完成。

检查数量：全数检查。

检验方法：观察。

（2）一般项目

台背填土的长度，台身顶面处不应小于桥台高度加 2m，底面不应小于 2m；拱桥台背填土长度不应小于台高的 3～4 倍。

检查数量：全数检查。

检验方法：观察、用钢尺量、检查施工记录。

7.2.2.34　市政验·桥-30　支座安装检验批质量验收记录

1. 适用范围

本表适用于市政桥梁工程支座安装检验批的质量检查验收。

2. 表内填写提示

（1）主控项目

支座应进行进场检验。

检查数量：全数检查。

检验方法：检查合格证、出厂性能试验报告。

支座安装前，应检查跨距、支座栓孔位置和支座垫石顶面高程、平整度、坡度、坡向，确认符合设计要求。

检查数量：全数检查。

检验方法：用经纬仪和水准仪与钢尺量测。

支座与梁底及垫石之间必须密贴，间隙不得大于0.3mm。垫层材料和强度应符合设计要求。
检查数量：全数检查。
检验方法：观察或用塞尺检查、检查垫层材料产品合格证。
支座锚栓的埋置深度和外露长度应符合设计要求。支座锚栓应在其位置调整准确后固结，锚栓与孔的间隙必须填捣密实。
检查数量：全数检查。
检验方法：观察。
支座的粘结灌浆和润滑材料应符合设计要求。
检查数量：全数检查。
检验方法：检查粘结灌浆材料的配合比通知单、检查润滑材料的产品合格证、进场验收记录。
(2) 一般项目
支座安装允许偏差应符合表12.5.6的规定。

支座安装允许偏差 **表12.5.6**

项目	允许偏差（mm）	检验频率		检验方法
		范围	点数	
支座高程	±5	每个支座	1	用水准仪测量
支座偏位	3		2	用经纬仪、钢尺量

7.2.2.35 市政验·桥-31 支架上浇筑梁、板检验批质量验收记录
1. 适用范围
本表适用于市政桥梁工程支架上浇筑梁、板检验批的质量检查验收。
2. 表内填写提示
支架上浇筑梁（板）质量检验应符合CJJ 2—2008第13.7.1条规定，且应符合下列规定：
(1) 主控项目
结构表面不得出现超过设计规定的受力裂缝。
检查数量：全数检查。
检验方法：观察或用读数放大镜观测。
(2) 一般项目
整体浇筑钢筋混凝土梁、板允许偏差应符合表13.7.2的规定。

整体浇筑钢筋混凝土梁、板允许偏差 **表13.7.2**

检查项目		允许偏差（mm）	检查频率		检查方法
			范围	点数	
轴线偏位		10	每跨	3处	用经纬仪测量
梁板顶面高程		±10		3～5处	用水准仪测量
断面尺寸mm	高	+5，−10		1～3个断面	用钢尺量
	宽	±30			
	顶、底、腹板厚	+10，0			
长度		+5，−10		2	用钢尺量
横坡（%）		±0.15		1～3处	用水准仪测量
平整度		8		顺桥向每侧面每10m测1点	用2m直尺、塞尺量

结构表面应无孔洞、露筋、蜂窝、麻面和宽度超过 0.15mm 的收缩裂缝。

检查数量：全数检查。

检验方法：观察、用读数放大镜观测。

7.2.2.36 市政验·桥-32 预制梁（板）检验批质量验收记录

1. 适用范围

本表适用于市政桥梁工程预制梁（板）检验批的质量检查验收。

2. 表内填写提示

预制安装梁（板）质量检验应符合 CJJ 2—2008 第 13.7.1 条规定，且应符合下列规定：

（1）主控项目

结构表面不得出现超过设计规定的受力裂缝。

检查数量：全数检查。

检验方法：观察、用读数放大镜观测。

（2）一般项目

预制梁、板允许偏差应符合表 13.7.3-1 的规定。

预制梁、板允许偏差 **表 13.7.3-1**

<table>
<tr><th colspan="2" rowspan="2">项目</th><th colspan="2">允许偏差（mm）</th><th colspan="2">检验频率</th><th rowspan="2">检验方法</th></tr>
<tr><th>梁</th><th>板</th><th>范围</th><th>点数</th></tr>
<tr><td rowspan="3">断面尺寸</td><td>宽</td><td>0，−10</td><td>0，−10</td><td rowspan="7">每个构件</td><td>5</td><td rowspan="3">用钢尺量、端部、$L/4$ 处和中间各 1 点</td></tr>
<tr><td>高</td><td>±5</td><td>—</td><td>5</td></tr>
<tr><td>顶、底、腹板厚</td><td>±5</td><td>±5</td><td>5</td></tr>
<tr><td colspan="2">长度</td><td>0，−10</td><td>0，−10</td><td>4</td><td>用钢尺量、两侧上、下各 1 点</td></tr>
<tr><td colspan="2">侧向弯曲</td><td>$L/1000$ 且不大于 10</td><td>$L/1000$ 且不大于 10</td><td>2</td><td>沿构件全长拉线，用钢尺量，左右各 1 点</td></tr>
<tr><td colspan="2">对角线长度差</td><td>15</td><td>15</td><td>1</td><td>用钢尺量</td></tr>
<tr><td colspan="2">平整度</td><td colspan="2">8</td><td>2</td><td>用 2m 直尺、塞尺量</td></tr>
</table>

注：L 为构件长度（mm）。

混凝土表面应无孔洞、露筋、蜂窝、麻面和宽度超过 0.15mm 的收缩裂缝。

检查数量：全数检查。

检验方法：观察、读数放大镜观测。

7.2.2.37 市政验·桥-33 梁、板安装检验批质量验收记录

1. 适用范围

本表适用于市政桥梁工程预制梁（板）安装检验批的质量检查验收。

2. 表内填写提示

主控项目

安装时结构强度及预应力孔道砂浆强度必须符合设计要求，设计未要求时，必须达到设计强度的 75%。

检查数量：全数检查。

检验方法：检查试件强度试验报告。

梁、板安装允许偏差应符合表 13.7.3-2 的规定。

梁、板安装允许偏差 **表 13.7.3-2**

<table>
<tr><th colspan="2" rowspan="2">项目</th><th rowspan="2">允许偏差（mm）</th><th colspan="2">检验频率</th><th rowspan="2">检验方法</th></tr>
<tr><th>范围</th><th>点数</th></tr>
<tr><td rowspan="2">平面位置</td><td>顺桥纵轴线方向</td><td>10</td><td rowspan="2">每个构件</td><td>1</td><td rowspan="2">用经纬仪测量</td></tr>
<tr><td>垂直桥纵轴线方向</td><td>5</td><td>1</td></tr>
<tr><td colspan="2">焊接横隔梁相对位置</td><td>10</td><td rowspan="2">每处</td><td>1</td><td rowspan="3">用钢尺量</td></tr>
<tr><td colspan="2">湿接横隔梁相对位置</td><td>20</td><td>1</td></tr>
<tr><td colspan="2">伸缩缝宽度</td><td>+10，−5</td><td rowspan="3">每个构件</td><td>1</td></tr>
<tr><td rowspan="2">支座板</td><td>每块位置</td><td>5</td><td>2</td><td rowspan="2">用钢尺量，纵、横各 1 点</td></tr>
<tr><td>每块边缘高差</td><td>1</td><td>2</td></tr>
<tr><td colspan="2">焊缝长度</td><td>不少于设计要求</td><td>每处</td><td>1</td><td>抽查焊缝的 10%</td></tr>
<tr><td colspan="2">相邻两构件支点处顶面高差</td><td>10</td><td rowspan="2">每个构件</td><td>2</td><td rowspan="2">用钢尺量</td></tr>
<tr><td colspan="2">块体拼装立缝宽度</td><td>+10，−5</td><td>1</td></tr>
<tr><td colspan="2">垂直度</td><td>1.2%</td><td>每孔 2 片梁</td><td>2</td><td>用垂线和钢尺量</td></tr>
</table>

7.2.2.38 市政验·桥-34 悬臂浇筑预应力混凝土梁检验批质量验收记录

1. 适用范围

本表适用于市政桥梁工程悬臂浇筑预应力混凝土梁检验批的质量检查验收。

2. 表内填写提示

悬臂浇筑预应力混凝土梁质量检验应符合 CJJ 2—2008 第 13.7.1 条规定，且应符合下列规定：

（1）主控项目

悬臂浇筑必须对称进行，桥墩两侧平衡偏差不得大于设计规定，轴线挠度必须在设计规定范围内。

检查数量：全数检查。

检验方法：检查监控量测记录。

梁体表面不得出现超过设计规定的受力裂缝。

检查数量：全数检查。

检验方法：观察或用读数放大镜观测。

悬臂合拢时，两侧梁体的高差必须在设计允许范围内。

检查数量：全数检查。

检验方法：用水准仪测量、检查测量记录。

（2）一般项目

悬臂浇筑预应力混凝土梁允许偏差应符合表 13.7.4 的规定。

悬臂浇筑预应力混凝土梁允许偏差 **表 13.7.4**

<table>
<tr><th colspan="2" rowspan="2">检查项目</th><th rowspan="2">允许偏差（mm）</th><th colspan="2">检验频率</th><th rowspan="2">检验方法</th></tr>
<tr><th>范围</th><th>点数</th></tr>
<tr><td rowspan="2">轴线偏位</td><td>$L \leq 100m$</td><td>10</td><td rowspan="2">节段</td><td rowspan="2">2</td><td rowspan="2">用全站仪/经纬仪测量</td></tr>
<tr><td>$L > 100m$</td><td>$L/10000$</td></tr>
</table>

续表

<table>
<tr><td colspan="2" rowspan="2">检查项目</td><td rowspan="2">允许偏差（mm）</td><td colspan="2">检验频率</td><td rowspan="2">检验方法</td></tr>
<tr><td>范围</td><td>点数</td></tr>
<tr><td rowspan="3">顶面高程</td><td>L≤100m</td><td>±20</td><td rowspan="3">节段</td><td rowspan="2">2</td><td rowspan="2">用水准仪测量</td></tr>
<tr><td>L>100m</td><td>±L/5000</td></tr>
<tr><td>相邻节段高差</td><td>10</td><td>3～5</td><td>用钢尺量</td></tr>
<tr><td rowspan="3">断面尺寸</td><td>高</td><td>+5，−10</td><td rowspan="3">节段</td><td rowspan="3">一个断面</td><td rowspan="3">用钢尺量</td></tr>
<tr><td>宽</td><td>±30</td></tr>
<tr><td>顶、底、腹板厚</td><td>+10，0</td></tr>
<tr><td rowspan="2">合拢后同跨对称点高程差</td><td>L≤100m</td><td>20</td><td rowspan="2">每跨</td><td rowspan="2">5～7</td><td rowspan="2">用水准仪测量</td></tr>
<tr><td>L>100m</td><td>L/5000</td></tr>
<tr><td colspan="2">横坡（%）</td><td>±0.15</td><td>节段</td><td>1～2</td><td>用水准仪测量</td></tr>
<tr><td colspan="2">平整度</td><td>8</td><td>检查竖直、水平两个方向，每侧面每10m梁长</td><td>1</td><td>用2m直尺、塞尺量</td></tr>
</table>

注：L为桥梁跨度（mm）。

梁体线形平顺，相邻梁段接缝处无明显折弯和错台，梁体表面无孔洞、露筋、蜂窝、麻面和宽度超过0.15mm的收缩裂缝。

检查数量：全数检查。

检验方法：观察、用读数放大镜观测。

7.2.2.39　市政验·桥-35　悬臂拼装预制梁段检验批质量验收记录

1. 适用范围

本表适用于市政桥梁工程悬臂拼装预制梁段检验批的质量检查验收。

2. 表内填写提示

悬臂拼装预应力混凝土梁质量检验应符合CJJ 2—2008第13.7.1条和第13.7.3条有关规定，且应符合下列规定：

一般项目

预制梁段允许偏差应符合表13.7.5-1的规定。

预制梁段允许偏差　　表13.7.5-1

<table>
<tr><td colspan="2" rowspan="2">项目</td><td rowspan="2">允许偏差（mm）</td><td colspan="2">检验频率</td><td rowspan="2">检验方法</td></tr>
<tr><td>范围</td><td>点数</td></tr>
<tr><td rowspan="3">断面尺寸</td><td>宽</td><td>0，−10</td><td rowspan="7">每段</td><td>5</td><td rowspan="3">用钢尺量、端部、1/4处和中间各1点</td></tr>
<tr><td>高</td><td>±5</td><td>5</td></tr>
<tr><td>顶底腹板厚</td><td>±5</td><td>5</td></tr>
<tr><td colspan="2">长度</td><td>±20</td><td>4</td><td>用钢尺量、两侧上、下各1点</td></tr>
<tr><td colspan="2">横隔梁轴线</td><td>5</td><td>2</td><td>用经纬仪测量，两端各1点</td></tr>
<tr><td colspan="2">侧向弯曲</td><td>≤L/1000，且不大于10</td><td>2</td><td>沿梁段全长拉线，用钢尺量，左右各1点</td></tr>
<tr><td colspan="2">平整度</td><td>8</td><td>2</td><td>用2m直尺、塞尺量</td></tr>
</table>

注：L为梁段长度（mm）。

梁体线形平顺，相邻梁段接缝处无明显折弯和错台，预制梁表面无孔洞、露筋、蜂窝、麻面和宽度超过 0.15mm 的收缩裂缝。

检查数量：全数检查。

检验方法：观察、用读数放大镜观测。

7.2.2.40　市政验·桥-36　悬臂拼装预应力混凝土梁检验批质量验收记录

1. 适用范围

本表适用于市政桥梁工程悬臂拼装预应力混凝土梁检验批的质量检查验收。

2. 表内填写提示

主控项目

悬臂拼装必须对称进行，桥墩两侧平衡偏差不得大于设计规定，轴线挠度必须在设计规定范围内。

检查数量：全数检查。

检验方法：检查监控量测记录。

悬臂合龙时，两侧梁体高差必须在设计规定允许范围内。

检查数量：全数检查。

检验方法：用水准仪测量、检查测量记录。

悬臂拼装预应力混凝土梁允许偏差应符合表 13.7.5-2 的规定。

悬臂拼装预应力混凝土梁允许偏差　　表 13.7.5-2

检查项目		允许偏差（mm）	检查频率		检查方法
			范围	点数	
轴线偏位	$L \leqslant 100$m	10	节段	2	用全站仪/经纬仪测量
	$L > 100$m	$L/10000$			
顶面高程	$L \leqslant 100$m	±20	节段	2	用水准仪测量
	$L > 100$m	$\pm L/5000$			
	相邻节段高差	10		3～5	用钢尺量
合龙后同跨对称点高程差	$L \leqslant 100$m	20	每跨	5～7	用水准仪测量
	$L > 100$m	$L/5000$			

注：L 为桥梁跨度（mm）。

梁体线形平顺，相邻梁段接缝处无明显折弯和错台，预制梁表面无孔洞、露筋、蜂窝、麻面和宽度超过 0.15mm 的收缩裂缝。

检查数量：全数检查。

检验方法：观察、用读数放大镜观测。

7.2.2.41　市政验·桥-37　顶推施工梁检验批质量验收记录

1. 适用范围

本表适用于市政桥梁工程顶推施工梁检验批的质量检查验收。

2. 表内填写提示

顶推施工预应力混凝土梁质量检验应符合 CJJ 2—2008 第 13.7.1 条和第 13.7.3 条有关规定，且应符合下列规定：

一般项目

预制梁段允许偏差应符合表 13.7.5-1 的规定。

顶推施工梁允许偏差应符合表 13.7.6 的规定。

顶推施工梁允许偏差　　表 13.7.6

<table>
<tr><th colspan="2" rowspan="2">项目</th><th rowspan="2">允许偏差
(mm)</th><th colspan="2">检验频率</th><th rowspan="2">检验方法</th></tr>
<tr><th>范围</th><th>点数</th></tr>
<tr><td colspan="2">轴线偏位</td><td>10</td><td rowspan="5">每段</td><td>2</td><td>用经纬仪测量</td></tr>
<tr><td colspan="2">落梁反力</td><td>不大于 1.1 设计反力</td><td>次</td><td>用千斤顶油压计算</td></tr>
<tr><td colspan="2">支座顶面高程</td><td>±5</td><td rowspan="3">全数</td><td rowspan="3">用水准仪测量</td></tr>
<tr><td rowspan="2">支座高差</td><td>相邻纵向支点</td><td>5 或设计要求</td></tr>
<tr><td>同墩两侧支点</td><td>2 或设计要求</td></tr>
</table>

梁体线形平顺，相邻梁段接缝处无明显折弯和错台，预制梁表面无孔洞、露筋、蜂窝、麻面和宽度超过 0.15mm 的收缩裂缝。

检查数量：全数检查。

检验方法：观察、用读数放大镜观测。

7.2.2.42　市政验・桥-38-1　钢板梁制作检验批质量验收记录（一）

7.2.2.43　市政验・桥-38-2　钢板梁制作检验批质量验收记录（二）

1. 适用范围

本表适用于市政桥梁工程钢板梁检验批的质量检查验收。

2. 表内填写提示

钢梁制作质量检验应符合下列规定：

主控项目

钢材、焊接材料、涂装材料检验应符合国家现行标准规定和设计要求。

全数检查出厂合格证和厂方提供的材料性能试验报告，并按国家现行标准规定抽样复验。

高强度螺栓连接副等紧固件及其连接应符合国家现行标准规定和设计要求。

全数检查出厂合格证和厂方提供的材料性能试验报告，并按出厂批每批抽取 8 副做扭矩系数复验。

高强螺栓的栓接板面（摩擦面）除锈处理后的抗滑移系数应符合设计要求。

全数检查出厂检验报告，并对厂方每出厂批提供的 3 组试件进行复验。

焊缝探伤检验应符合设计要求和 CJJ 2—2008 第 14.2.6、14.2.8 条和 14.2.9 条的有关规定。

检查数量：超声波：100%；射线：10%。

检验方法：检查超声波和射线探伤记录或报告。

涂装检验应符合下列要求：

涂装前钢材表面不得有焊渣、灰尘、油污、水和毛刺等。钢材表面除锈等级和粗糙度应符合设计要求。

检查数量：全数检查。

检验方法：观察、用现行国家标准 GB/T 8923.1、GB/T 8923.2、GB/T 8923.3、GB/T 8923.4 规定的标准图片对照检查。

涂装遍数应符合设计要求，每一涂层的最小厚度不应小于设计要求厚度的 90%，涂装干膜总厚度不得小于设计要求厚度。

检查数量：按设计规定数量检查，设计无规定时，每 10m² 检测 5 处，每处的数值为 3 个相距 50mm 测点涂层干漆膜厚度的平均值。

检验方法：用干膜测厚仪检查。

热喷铝涂层应进行附着力检查。

检查数量：按出厂批每批构件抽查 10%，且同类构件不少于 3 件，每个构件检测 5 处。

检验方法：在 15mm×15mm 涂层上用刀刻划平行线，两线距离为涂层厚度的 10 倍，两条线内的涂层不得从钢材表面翘起。

焊缝外观质量应符合 CJJ 2—2008 第 14.2.7 条规定。

检查数量：同类部件抽查 10%，且不少于 3 件；被抽查的部件中，每一类型焊缝按条数抽查 5%，且不少于 1 条；每条检查 1 处，总抽查数应不少于 5 处。

检验方法：观察、用卡尺量或用焊缝量规检查。

钢梁制作允许偏差应分别符合表 14.3.1-1～表 14.3.1-3 的规定。

钢板梁制作允许偏差 **表 14.3.1-1**

<table>
<tr><th colspan="2" rowspan="2">项目</th><th rowspan="2">允许偏差（mm）</th><th colspan="2">检验频率</th><th rowspan="2">检验方法</th></tr>
<tr><th>范围</th><th>点数</th></tr>
<tr><td rowspan="4">梁高 h</td><td>主梁梁高 $h\leqslant 2$m</td><td>±2</td><td rowspan="16">每件</td><td rowspan="4">4</td><td rowspan="4">用钢尺测量两端腹板处高度，每端 2 点</td></tr>
<tr><td>主梁梁高 $h>2$m</td><td>±4</td></tr>
<tr><td>横梁</td><td>±1.5</td></tr>
<tr><td>纵梁</td><td>±1.0</td></tr>
<tr><td colspan="2">跨度</td><td>±8</td><td rowspan="4">2</td><td>测量两支座中心距</td></tr>
<tr><td colspan="2">全长</td><td>±15</td><td>用全站仪或钢尺测量</td></tr>
<tr><td colspan="2">纵梁长度</td><td>+0.5，−1.5</td><td rowspan="2">用钢尺量两端角铁背至背之间距离</td></tr>
<tr><td colspan="2">横梁长度</td><td>±1.5</td></tr>
<tr><td colspan="2">纵、横梁旁弯</td><td>3</td><td rowspan="3">1</td><td>梁立置时在腹板一侧主焊缝 100mm 处拉线测量</td></tr>
<tr><td rowspan="2">主梁 拱度</td><td>不设拱度</td><td>+3，0</td><td rowspan="2">梁卧置时在下盖板外侧拉线测量</td></tr>
<tr><td>设拱度</td><td>+10，−3</td></tr>
<tr><td colspan="2">两片主梁拱度差</td><td>4</td><td rowspan="3">1</td><td>用水准仪测量</td></tr>
<tr><td colspan="2">主梁腹板平面度</td><td>≤h/350，且不大于 8</td><td rowspan="2">用钢板尺和塞尺量（h 为梁高）</td></tr>
<tr><td colspan="2">纵、横梁腹板平面度</td><td>≤h/500，且不大于 5</td></tr>
<tr><td rowspan="2">主梁、纵横梁盖板对腹板的垂直度</td><td>有孔部位</td><td>0.5</td><td rowspan="2">5</td><td rowspan="2">用直角尺和钢尺量</td></tr>
<tr><td>其余部位</td><td>1.5</td></tr>
</table>

焊钉焊接后应进行弯曲试验检查，其焊缝和热影响区不得有肉眼可见的裂纹。

检查数量：每批同类构件抽查10%，且不少于3件；被抽查构件中，每件检查焊钉数量的1%，但不得少于1个。

检查方法：观察、焊钉弯曲30°后用角尺量。

焊钉根部应均匀，焊脚立面的局部未熔合或不足360°的焊脚应进行修补。

检查数量：按总焊钉数量抽查1%，且不得少于10个。

检查方法：观察。

7.2.2.44 市政验·桥-39 钢桁梁节段制作检验批质量验收记录

1. 适用范围

本表适用于市政桥梁工程钢桁梁检验批的质量检查验收。

2. 表内填写提示

钢梁制作质量检验应符合下列规定：

主控项目

钢材、焊接材料、涂装材料检验应符合国家现行标准规定和设计要求。

全数检查出厂合格证和厂方提供的材料性能试验报告，并按国家现行标准规定抽样复验。

高强度螺栓连接副等紧固件及其连接应符合国家现行标准规定和设计要求。

全数检查出厂合格证和厂方提供的材料性能试验报告，并按出厂批每批抽取8副做扭矩系数复验。

高强度螺栓的栓接板面（摩擦面）除锈处理后的抗滑移系数应符合设计要求。

全数检查出厂检验报告，并对厂方每出厂批提供的3组试件进行复验。

焊缝探伤检验应符合设计要求和CJJ 2—2008第14.2.6、14.2.8条的有关规定。

检查数量：超声波：100%；射线：10%。

检验方法：检查超声波和射线探伤记录或报告。

涂装检验应符合下列要求：

涂装前钢材表面不得有焊渣、灰尘、油污、水和毛刺等。钢材表面除锈等级和粗糙度应符合设计要求。

检查数量：全数检查。

检验方法：观察、用现行国家标准GB/T 8923.1、GB/T 8923.2、GB/T 8923.3、GB/T 8923.4规定的标准图片对照检查。

涂装遍数应符合设计要求，每一涂层的最小厚度不应小于设计要求厚度的90%，涂装干膜总厚度不得小于设计要求厚度。

检查数量：按设计规定数量检查，设计无规定时，每10m^{2}检测5处，每处的数值为3个相距50mm测点涂层干漆膜厚度的平均值。

检验方法：用干膜测厚仪检查。

热喷铝涂层应进行附着力检查。

检查数量：按出厂批每批构件抽查10%，且同类构件不少于3件，每个构件检测5处。

检验方法：在15mm×15mm涂层上用刀刻划平行线，两线距离为涂层厚度的10倍，两条线内的涂层不得从钢材表面翘起。

焊接外观质量应符合CJJ 2—2008第14.2.7条规定。

检查数量：同类部件抽查10%，且不少于3件；被抽查的部件中，每一类型焊缝按条数抽查5%，且不少于1条；每条检查1处，总抽查数应不少于5处。

检验方法：观察、用卡尺或焊缝量规检查。

钢梁制作允许偏差应分别符合表14.3.1-1～表14.3.1-3的规定。

钢桁梁节段制作允许偏差　　表 14.3.1-2

<table>
<tr><th rowspan="2">项目</th><th rowspan="2">允许偏差（mm）</th><th colspan="2">检验频率</th><th rowspan="2">检查方法</th></tr>
<tr><th>范围</th><th>点数</th></tr>
<tr><td>节段长度</td><td>±5</td><td rowspan="3">每节段</td><td>4～6</td><td rowspan="5">用钢尺量</td></tr>
<tr><td>节段高度</td><td>±2</td><td rowspan="2">4</td></tr>
<tr><td>节段宽度</td><td>±3</td></tr>
<tr><td>节间长度</td><td>±2</td><td rowspan="2">每节间</td><td rowspan="2">2</td></tr>
<tr><td>对角线长度差</td><td>3</td></tr>
<tr><td>桁片平面度</td><td>3</td><td rowspan="2">每节段</td><td rowspan="2">1</td><td rowspan="2">沿节段全长拉线，用钢尺量</td></tr>
<tr><td>挠度</td><td>±3</td></tr>
</table>

焊钉焊接后应进行弯曲试验检查，其焊缝和热影响区不得有肉眼可见的裂纹。

检查数量：每批同类构件抽查 10%，且不少于 3 件；被抽查构件中，每件检查焊钉数量的 1%，但不得少于 1 个。

检查方法：观察、焊钉弯曲 30°后用角尺量。

焊钉根部应均匀，焊脚立面的局部未熔合或不足 360°的焊脚应进行修补。

检查数量：按总焊钉数量抽查 1%，且不得少于 10 个。

检查方法：观察。

7.2.2.45　市政验·桥-40　钢箱形梁制作检验批质量验收记录

1. 适用范围

本表适用于市政桥梁工程钢箱形梁检验批的质量检查验收。

2. 表内填写提示

钢梁制作质量检验应符合下列规定：

主控项目

钢材、焊接材料、涂装材料检验应符合国家现行标准规定和设计要求。

全数检查出厂合格证和厂方提供的材料性能试验报告，并按国家现行标准规定抽样复验。

高强度螺栓连接副等紧固件及其连接应符合国家现行标准规定和设计要求。

全数检查出厂合格证和厂方提供的材料性能试验报告，并按出厂批每批抽取 8 副做扭矩系数复验。

高强度螺栓的栓接板面（摩擦面）除锈处理后的抗滑移系数应符合设计要求。

全数检查出厂检验报告，并对厂方每出厂批提供的 3 组试件进行复验。

焊缝探伤检验应符合设计要求和 CJJ 2—2008 第 14.2.6、14.2.8 和 14.2.9 条的有关规定。

检查数量：超声波：100%；射线：10%。

检验方法：检查超声波和射线探伤记录或报告。

涂装检验应符合下列要求：

涂装前钢材表面不得有焊渣、灰尘、油污、水和毛刺等。钢材表面除锈等级和粗糙度应符合设计要求。

检查数量：全数检查。

检验方法：观察、用现行国家标准 GB/T 8923.1、GB/T 8923.2、GB/T 8923.3、GB/T 8923.4 规定的标准图片对照检查。

涂装遍数应符合设计要求，每一涂层的最小厚度不应小于设计要求厚度的 90%，涂装干膜总厚度不得小于设计要求厚度。

检查数量：按设计规定数量检查，设计无规定时，每 10m² 检测 5 处，每处的数值为 3 个相距 50mm 测点涂层干漆膜厚度的平均值。

检验方法：用干膜测厚仪检查。

热喷铝涂层应进行附着力检查。

检查数量：按出厂批每批构件抽查 10%，且同类构件不少于 3 件，每个构件检测 5 处。

检验方法：在 15mm×15mm 涂层上用刀刻划平行线，两线距离为涂层厚度的 10 倍，两条线内的涂层不得从钢材表面翘起。

焊缝外观质量应符合 CJJ 2—2008 第 14.2.7 条规定。

检查数量：同类部件抽查 10%，且不少于 3 件；被抽查的部件中，每一类型焊缝按条数抽查 5%，且不少于 1 条；每条检查 1 处，总抽查数应不少于 5 处。

检验方法：观察、用卡尺或用焊缝量规检查。

钢梁制作允许偏差应分别符合表 14.3.1-1～表 14.3.1-3 的规定。

钢箱形梁制作允许偏差　　表 14.3.1-3

<table>
<tr><th colspan="2" rowspan="2">项目</th><th rowspan="2">允许偏差
(mm)</th><th colspan="2">检查频率</th><th rowspan="2">检验方法</th></tr>
<tr><th>范围</th><th>点数</th></tr>
<tr><td rowspan="2">梁高 h</td><td>h≤2m</td><td>±2</td><td rowspan="13">每件</td><td rowspan="13">2</td><td rowspan="2">用钢尺量两端腹板处高度</td></tr>
<tr><td>h>2m</td><td>±4</td></tr>
<tr><td colspan="2">跨度 L</td><td>±(5+0.15L)</td><td>用钢尺量两支座中心距，L 按 m 计</td></tr>
<tr><td colspan="2">全长</td><td>±15</td><td>用全站仪或钢尺量</td></tr>
<tr><td colspan="2">腹板中心距</td><td>±3</td><td>用钢尺量</td></tr>
<tr><td colspan="2">盖板宽度 b</td><td>±4</td><td rowspan="2">用钢尺量</td></tr>
<tr><td colspan="2">横断面对角线长度差</td><td>4</td></tr>
<tr><td colspan="2">旁弯</td><td>3+0.1L</td><td>沿全长拉线，用钢尺量，L 按 m 计</td></tr>
<tr><td colspan="2">拱度</td><td>+10，−5</td><td rowspan="2">用水平仪或拉线用钢尺量</td></tr>
<tr><td colspan="2">支点高度差</td><td>5</td></tr>
<tr><td colspan="2">腹板平面度</td><td>≤h′/250，且不大于 8</td><td>用钢板尺和塞尺量</td></tr>
<tr><td colspan="2">扭曲</td><td>每 m≤1，且每段≤10</td><td>置于平台，四角中三角接触平台，用钢尺量另一角与平台间隙</td></tr>
</table>

注：1. 分段分块制造的箱形梁拼接处，梁高及腹板中心距允许偏差按施工文件要求办理；
2. 箱形梁其余各项检查方法可参照板梁检查方法；
3. h′为盖板与加筋肋或加筋肋与加筋肋之间的距离。

焊钉焊接后应进行弯曲试验检查，其焊缝和热影响区不得有肉眼可见的裂纹。

检查数量：每批同类构件抽查 10%，且不少于 3 件；被抽查构件中，每件检查焊钉数量的 1%，但不得少于 1 个。

检查方法：观察、焊钉弯曲 30°后用角尺量。

焊钉根部应均匀，焊脚立面的局部未熔合或不足 360°的焊脚应进行修补。

检查数量：按总焊钉数量抽查 1%，且不得少于 10 个。

检查方法：观察。

7.2.2.46 市政验·桥-41 钢梁现场安装检验批质量检验记录

1. 适用范围

本表适用于市政桥梁工程钢梁现场安装检验批的质量检查验收。

2. 表内填写提示

钢梁现场安装检验应符合下列规定：

(1) 主控项目

高强螺栓连接质量检验应符合 CJJ 2—2008 第 14.3.1 条第 2、3 款规定，其扭矩偏差不得超过±10%。

检查数量：抽查 5%，且不少于 2 个。

检查方法：用测力扳手。

焊缝探伤检验应符合 CJJ 2—2008 第 14.3.1 第 4 款规定。

(2) 一般项目

钢梁安装允许偏差应符合表 14.3.2 的规定。

钢梁安装允许偏差 **表 14.3.2**

项目		允许偏差 (mm)	检查频率		检验方法
			范围	点数	
轴线偏位	钢梁中线	10	每件或每个安装段	2	用经纬仪测量
	两孔相邻横梁中线相对偏差	5			
梁底标高	墩台处梁底	±10		4	用水准仪测量
	两孔相邻横梁相对高差	5			

焊缝外观质量检验应符合 CJJ 2—2008 第 14.3.1 条第 6 款的规定。

7.2.2.47 市政验·桥-42 结合梁现浇混凝土结构检验批质量验收记录

1. 适用范围

本表适用于市政桥梁工程结合梁现浇混凝土结构检验批的质量检查验收。

2. 表内填写提示

钢主梁制造、安装质量检验应符合 CJJ 2—2008 第 14.3 节有关规定。

混凝土主梁预制与安装质量应符合 CJJ 2—2008 第 13.7.3 条规定。

现浇混凝土施工中涉及模板与支架，钢筋、混凝土、预应力混凝土质量检验除应符合 CJJ 2—2008 第 5.4、6.5、7.13、8.5 节有关规定外，结合梁现浇混凝土结构允许偏差尚应符合表 15.4.3 的规定。

一般项目

结合梁现浇混凝土结构允许偏差 **表 15.4.3**

项目	允许偏差 (mm)	检验频率		检验方法
		范围	点数	
长度	±15	每段每跨	3	用钢尺量，两侧和轴线
厚度	+10，0		3	用钢尺量，两侧和中间
高程	±20		1	用水准仪测量，每跨测 3～5 处
横坡 (%)	±0.15		1	用水准仪测量，每跨测 3～5 个断面

7.2.2.48　市政验·桥-43　砌筑拱圈检验批质量验收记录

1. 适用范围

本表适用于市政桥梁工程砌筑拱圈检验批的质量检查验收。

2. 表内填写提示

拱部与拱上结构施工中涉及模板和拱架、钢筋、混凝土、预应力混凝土、砌体的质量检验应符合CJJ 2—2008第5.4、6.5、7.13、8.5、9.6节的有关规定。

砌筑拱圈质量检验应符合CJJ 2—2008第16.10.1条规定，且应符合下列规定。

（1）主控项目

砌筑程序、方法应符合设计要求和CJJ 2—2008第16.2节有关规定。

检查数量：全数检查。

检验方法：观察、钢尺量、检查施工记录。

（2）一般项目

砌筑拱圈允许偏差应符合表16.10.2规定。

砌筑拱圈允许偏差　　表16.10.2

<table>
<tr><th rowspan="2">检测项目</th><th rowspan="2" colspan="2">允许偏差
（mm）</th><th colspan="2">检验频率</th><th rowspan="2">检验方法</th></tr>
<tr><th>范围</th><th>点数</th></tr>
<tr><td rowspan="2">轴线与砌体外平面偏差</td><td>有镶面</td><td>+20，−10</td><td rowspan="7">每跨</td><td rowspan="3">5</td><td rowspan="2">用经纬仪测量，拱脚、拱顶、L/4处</td></tr>
<tr><td>无镶面</td><td>+30，−10</td></tr>
<tr><td>拱圈厚度</td><td colspan="2">+3%设计厚度，0</td><td>用钢尺量，拱脚、拱顶、L/4处</td></tr>
<tr><td rowspan="2">镶面石表面错台</td><td>粗料石、砌块</td><td>3</td><td rowspan="2">10</td><td rowspan="2">用钢板尺和塞尺量</td></tr>
<tr><td>块石</td><td>5</td></tr>
<tr><td rowspan="2">内弧线偏离设计弧线</td><td>$L\leqslant 30$m</td><td>20</td><td rowspan="2">5</td><td rowspan="2">用水准仪测量，拱脚、拱顶、L/4处</td></tr>
<tr><td>$L>30$m</td><td>$L/1500$</td></tr>
</table>

注：L为跨径。

拱圈轮廓线条清晰圆滑，表面整齐。

检查数量：全数检查。

检验方法：观察。

7.2.2.49　市政验·桥-44　现浇混凝土拱圈检验批质量验收记录

1. 适用范围

本表适用于市政桥梁工程现浇混凝土拱圈检验批的质量检查验收。

2. 表内填写提示

现浇混凝土拱圈质量检验应符合CJJ 2—2008第16.10.1条规定，且应符合下列规定：

（1）主控项目

混凝土应按施工设计要求的顺序浇筑。

检查数量：全数检查。

检验方法：观察、检查施工记录。

拱圈不得出现超过设计规定的受力裂缝。

检查数量：全数检查。

检验方法：观察、或用读数放大镜观测。

（2）一般项目

现浇混凝土拱圈允许偏差应符合表 16.10.3 的规定。

现浇混凝土拱圈允许偏差 **表 16.10.3**

<table>
<tr><td colspan="2" rowspan="2"></td><td rowspan="2">允许偏差
(mm)</td><td colspan="2">检验频率</td><td rowspan="2">检验方法</td></tr>
<tr><td>范围</td><td>点数</td></tr>
<tr><td rowspan="2">轴线偏位</td><td>板拱</td><td>10</td><td rowspan="11">每跨
每肋</td><td rowspan="11">5</td><td rowspan="2">用经纬仪测量，拱脚、拱顶、L/4 处</td></tr>
<tr><td>肋拱</td><td>5</td></tr>
<tr><td rowspan="2">内弧线偏离
设计弧线</td><td>跨径 L≤30m</td><td>20</td><td rowspan="2">用水准仪测量，拱脚、拱顶、L/4 处</td></tr>
<tr><td>跨径 L>30m</td><td>L/1500</td></tr>
<tr><td rowspan="2">断面尺寸</td><td>高度</td><td>±5</td><td rowspan="2">用钢尺量、拱脚、拱顶、L/4 处</td></tr>
<tr><td>顶、底、腹板厚</td><td>+10，0</td></tr>
<tr><td colspan="2">拱肋间距</td><td>±5</td><td>用钢尺量</td></tr>
<tr><td rowspan="2">拱宽</td><td>板拱</td><td>±20</td><td rowspan="2">用钢尺量、拱脚、拱顶、L/4 处</td></tr>
<tr><td>肋拱</td><td>±10</td></tr>
</table>

注：L 为跨径。

拱圈外形轮廓应清晰、圆顺，表面平整，无孔洞、露筋、蜂窝、麻面和宽度大于 0.15mm 的收缩裂缝。

检查数量：全数检查。

检验方法：观察、用读数放大镜观测。

7.2.2.50 市政验·桥-45 劲性骨架混凝土拱圈制作检验批质量验收记录

1. 适用范围

本表适用于市政桥梁工程劲性骨架混凝土拱圈制作检验批的质量检查验收。

2. 表内填写提示

劲性骨架混凝土拱圈质量检验应符合 CJJ 2—2008 第 16.10.1 条规定，且应符合下列规定：

(1) 主控项目

混凝土应按施工设计要求的顺序浇筑。

检查数量：全数检查。

检验方法：观察、检查施工记录。

(2) 一般项目

劲性骨架制作及安装允许偏差应符合表 16.10.4-1 和表 16.10.4-2 的规定。

劲性骨架制作允许偏差 **表 16.10.4-1**

<table>
<tr><td rowspan="2">检查项目</td><td rowspan="2">允许偏差
(mm)</td><td colspan="2">检查频率</td><td rowspan="2">检验方法</td></tr>
<tr><td>范围</td><td>点数</td></tr>
<tr><td>杆件截面尺寸</td><td>不少于设计要求</td><td rowspan="4">每段</td><td>2</td><td>用钢尺量两端</td></tr>
<tr><td>骨架高、宽</td><td>±10</td><td>5</td><td>用钢尺量两端、中间、L/4 处</td></tr>
<tr><td>内弧偏离设计弧线</td><td>10</td><td>3</td><td>用样板量两端、中间</td></tr>
<tr><td>每段的弧长</td><td>±10</td><td>2</td><td>用钢尺量两侧</td></tr>
</table>

注：L 为跨径。

拱圈外形轮廓应清晰、圆顺，表面平整，无孔洞、露筋、蜂窝、麻面和宽度大于 0.15mm 的收缩裂缝。

检查数量：全数检查。

检验方法：观察、用读数放大镜观测。

7.2.2.51 市政验·桥-46 劲性骨架混凝土拱圈安装检验批质量验收记录

1. 适用范围

本表适用于市政桥梁工程劲性骨架混凝土拱圈安装检验批的质量检查验收。

2. 表内填写提示

劲性骨架混凝土拱圈质量检验应符合 CJJ 2—2008 第 16.10.1 条规定，且应符合下列规定：

（1）主控项目

混凝土应按施工设计要求的顺序浇筑。

检查数量：全数检查。

检验方法：观察、检查施工记录。

（2）一般项目

劲性骨架制作及安装允许偏差应符合表 16.10.4-1 和表 16.10.4-2 的规定。

劲性骨架安装允许偏差 **表 16.10.4-2**

检查项目		允许偏差（mm）	检查频率		检验方法
			范围	点数	
轴线偏位		$L/6000$	每跨每肋	5	用经纬仪测量、每肋拱脚、拱顶、$L/4$ 处
高程		$\pm L/3000$		3＋各接头点	用水准仪测量，拱脚、拱顶及各接头点
对称点相对高差	允许	$L/3000$		各接头点	用水准仪测量
	极值	$L/1500$，且反向			

注：L 为跨径。

拱圈外形圆顺，表面平整，无孔洞、露筋、蜂窝、麻面和宽度大于 0.15mm 的收缩裂缝。

检查数量：全数检查。

检验方法：观察、用读数放大镜观测。

7.2.2.52 市政验·桥-47 劲性骨架混凝土拱圈检验批质量验收记录

1. 适用范围

本表适用于市政桥梁工程劲性骨架混凝土拱圈检验批的质量检查验收。

2. 表内填写提示

劲性骨架混凝土拱圈质量检验应符合 CJJ 2—2008 第 16.10.1 条规定，且应符合下列规定：

（1）主控项目

混凝土应按施工设计要求的顺序浇筑。

检查数量：全数检查。

检验方法：观察、检查施工记录。

（2）一般项目

劲性骨架混凝土拱圈允许偏差应符合表 16.10.4-3 的规定。

劲性骨架混凝土拱圈允许偏差　　　　表 16.10.4-3

<table>
<tr><td rowspan="2" colspan="2">检查项目</td><td rowspan="2" colspan="2">允许偏差
(mm)</td><td colspan="2">检查频率</td><td rowspan="2">检查方法</td></tr>
<tr><td>范围</td><td>点数</td></tr>
<tr><td rowspan="3" colspan="2">轴线偏位</td><td>L≤60m</td><td>10</td><td rowspan="7">每跨
每肋</td><td rowspan="7">5</td><td rowspan="3">用经纬仪测量，拱脚、拱顶、L/4 处</td></tr>
<tr><td>L=200m</td><td>50</td></tr>
<tr><td>L>200m</td><td>L/4000</td></tr>
<tr><td colspan="2">高程</td><td colspan="2">±L/3000</td><td rowspan="3">用水准仪测量，拱脚、拱顶、L/4 处</td></tr>
<tr><td rowspan="2">对称点相对高差</td><td>允许</td><td colspan="2">L /3000</td></tr>
<tr><td>极值</td><td colspan="2">L/1500，且反向</td></tr>
<tr><td colspan="2">断面尺寸</td><td colspan="2">±10</td><td>用钢尺量拱脚、拱顶、L/4 处</td></tr>
</table>

注：1. L 为跨径；

2. L 在 60～200m 之间时，轴线偏位允许偏差内插。

拱圈外形圆顺，表面平整，无孔洞、露筋、蜂窝、麻面和宽度大于 0.15mm 的收缩裂缝。

检查数量：全数检查。

检验方法：观察、用读数放大镜观测。

7.2.2.53　市政验·桥-48　装配式混凝土拱部结构（预制拱圈）检验批质量验收记录

1. 适用范围

本表适用于市政桥梁工程装配式混凝土拱部结构（预制拱圈）检验批的质量检查验收。

2. 表内填写提示

装配式混凝土拱部结构质量检验应符合 CJJ 2—2008 第 16.10.1 条规定，且应符合下列规定。

（1）主控项目

拱段接头现浇混凝土强度必须达到设计要求或达到设计强度的 75%后，方可进行拱上结构施工。

检查数量：全数检查（每接头至少留置 2 组试件）。

检验方法：检查同条件养护试件强度试验报告。

结构表面不得出现超过设计规定的受力裂缝。

检查数量：全数检查。

检验方法：观察或用读数放大镜观测。

（2）一般项目

预制拱圈质量检验允许偏差应符合表 16.10.5-1 的规定。

预制拱圈质量检验允许偏差　　　　表 16.10.5-1

<table>
<tr><td rowspan="2" colspan="2">检查项目</td><td rowspan="2">规定值或允许偏差
(mm)</td><td colspan="2">检验频率</td><td rowspan="2">检验方法</td></tr>
<tr><td>范围</td><td>点数</td></tr>
<tr><td colspan="2">混凝土抗压强度</td><td>符合设计要求</td><td rowspan="5">每肋
每片</td><td colspan="2">按现行国家标准《混凝土强度检验评定标准》GBJ 107 的规定</td></tr>
<tr><td colspan="2">每段拱箱内弧长</td><td>0，−10</td><td>1</td><td>用钢尺量</td></tr>
<tr><td colspan="2">内弧偏离设计弧线</td><td>±5</td><td>1</td><td>用样板检查</td></tr>
<tr><td rowspan="2">断面尺寸</td><td>顶底腹板厚</td><td>+10，0</td><td>2</td><td rowspan="2">用钢尺量</td></tr>
<tr><td>宽度及高度</td><td>+10，−5</td><td>2</td></tr>
</table>

续表

<table>
<tr><th colspan="2" rowspan="2">检查项目</th><th rowspan="2">规定值或允许偏差（mm）</th><th colspan="2">检验频率</th><th rowspan="2">检验方法</th></tr>
<tr><th>范围</th><th>点数</th></tr>
<tr><td rowspan="2">轴线偏位</td><td>肋拱</td><td>5</td><td rowspan="5">每肋
每片</td><td>3</td><td rowspan="2">用经纬仪测量</td></tr>
<tr><td>箱拱</td><td>10</td><td>3</td></tr>
<tr><td colspan="2">拱箱接头尺寸及倾角</td><td>±5</td><td>1</td><td>用钢尺量</td></tr>
<tr><td rowspan="2">预埋件位置</td><td>肋拱</td><td>5</td><td>1</td><td rowspan="2">用钢尺量</td></tr>
<tr><td>箱拱</td><td>10</td><td>1</td></tr>
</table>

拱圈外形圆顺，表面平整、无孔洞、露筋、蜂窝、麻面和宽度大于0.15mm的收缩裂缝。

检查数量：全数检查。

检验方法：观察、用读数放大镜观测。

7.2.2.54　市政验·桥-49　装配式混凝土拱部结构（拱圈安装）检验批质量验收记录

1. 适用范围

本表适用于市政桥梁工程装配式混凝土拱部结构（拱圈安装）检验批的质量检查验收。

2. 表内填写提示

装配式混凝土拱部结构质量检验应符合CJJ 2—2008第16.10.1条规定，且应符合下列规定。

（1）主控项目

拱段接头现浇混凝土强度必须达到设计要求或达到设计强度的75%后，方可进行拱上结构施工。

检查数量：全数检查（每接头至少留置2组试件）。

检验方法：检查同条件养护试件强度试验报告。

结构表面不得出现超过设计规定的受力裂缝。

检查数量：全数检查。

检验方法：观察或用读数放大镜观测。

（2）一般项目

拱圈安装允许偏差应符合表16.10.5-2规定。

拱圈安装允许偏差　　表16.10.5-2

<table>
<tr><th colspan="2" rowspan="2">检查项目</th><th colspan="2" rowspan="2">允许偏差（mm）</th><th colspan="2">检验频率</th><th rowspan="2">检验方法</th></tr>
<tr><th>范围</th><th>点数</th></tr>
<tr><td colspan="2" rowspan="2">轴线偏位</td><td>$L\leqslant60$m</td><td>10</td><td rowspan="4">每跨
每肋</td><td rowspan="4">5</td><td rowspan="2">用经纬仪测量，拱脚、拱顶、$L/4$处</td></tr>
<tr><td>$L>60$m</td><td>$L/6000$</td></tr>
<tr><td colspan="2" rowspan="2">高程</td><td>$L\leqslant60$m</td><td>±20</td><td rowspan="2">用水准仪测量，拱脚、拱顶、$L/4$处</td></tr>
<tr><td>$L>60$m</td><td>$\pm L/3000$</td></tr>
<tr><td rowspan="3">对称点相对高差</td><td rowspan="2">允许</td><td>$L\leqslant60$m</td><td>20</td><td rowspan="3">每段、每个接头</td><td rowspan="3">1</td><td rowspan="3">用水准仪测量</td></tr>
<tr><td>$L>60$m</td><td>$L/3000$</td></tr>
<tr><td>极值</td><td colspan="2">允许偏差的2倍，且反向</td></tr>
</table>

续表

<table>
<tr><td rowspan="2">检查项目</td><td rowspan="2" colspan="2">允许偏差
(mm)</td><td colspan="2">检验频率</td><td rowspan="2">检验方法</td></tr>
<tr><td>范围</td><td>点数</td></tr>
<tr><td rowspan="2">各拱肋相对高差</td><td>L≤60m</td><td>20</td><td rowspan="3">各肋</td><td rowspan="3">5</td><td rowspan="2">用水准仪测量，拱脚、拱顶、L/4 处</td></tr>
<tr><td>L>60m</td><td>L/3000</td></tr>
<tr><td>拱肋间距</td><td colspan="2">±10</td><td>用钢尺量，拱脚、拱顶、L/4 处</td></tr>
</table>

注：L 为跨径。

拱圈外形圆顺，表面平整、无孔洞、露筋、蜂窝、麻面和宽度大于 0.15mm 的收缩裂缝。

检查数量：全数检查。

检验方法：观察、用读数放大镜观测。

7.2.2.55　市政验·桥-50　装配式混凝土拱部结构（悬臂拼装桁架拱）检验批质量验收记录

1. 适用范围

本表适用于市政桥梁工程装配式混凝土拱部结构（悬臂拼装桁架拱）检验批的质量检查验收。

2. 表内填写提示

装配式混凝土拱部结构质量检验应符合 CJJ 2—2008 第 16.10.1 条规定，且应符合下列规定：

（1）主控项目

拱段接头现浇混凝土强度必须达到设计要求或达到设计强度的 75%后，方可进行拱上结构施工。

检查数量：全数检查（每接头至少留置 2 组试件）。

检验方法：检查同条件养护试件强度试验报告。

结构表面不得出现超过设计规定的受力裂缝。

检查数量：全数检查。

检验方法：观察或用读数放大镜观测。

（2）一般项目

悬臂拼装的桁架拱允许偏差应符合表 16.10.5-3 的规定。

悬臂拼装的桁架拱允许偏差　　表 16.10.5-3

<table>
<tr><td rowspan="2" colspan="2">检查项目</td><td rowspan="2" colspan="2">允许偏差
(mm)</td><td colspan="2">检查频率</td><td rowspan="2">检验方法</td></tr>
<tr><td>范围</td><td>点数</td></tr>
<tr><td rowspan="2" colspan="2">轴线偏位</td><td>L≤60m</td><td>10</td><td rowspan="8">每跨
每肋
每片</td><td rowspan="4">5</td><td rowspan="2">用经纬仪测量，拱脚、拱顶、L/4 处</td></tr>
<tr><td>L>60m</td><td>L/6000</td></tr>
<tr><td rowspan="2" colspan="2">高程</td><td>L≤60m</td><td>±20</td><td rowspan="2">用水准仪测量，拱脚、拱顶、L/4 处</td></tr>
<tr><td>L>60m</td><td>±L/3000</td></tr>
<tr><td colspan="2">相邻拱片高差</td><td colspan="2">15</td><td rowspan="4">5</td><td rowspan="4">用水准仪测量，拱脚、拱顶、L/4 处</td></tr>
<tr><td rowspan="3">对称点相对高差</td><td rowspan="2">允许</td><td>L≤60m</td><td>20</td></tr>
<tr><td>L>60m</td><td>L/3000</td></tr>
<tr><td>极值</td><td colspan="2">允许偏差的 2 倍，且反向</td></tr>
<tr><td colspan="2">拱片竖向垂直度</td><td colspan="2">≤1/300 高度，且不大于 20</td><td>2</td><td>用经纬仪测量或垂线和钢尺量</td></tr>
</table>

注：L 为跨径。

拱圈外形圆顺，表面平整、无孔洞、露筋、蜂窝、麻面和宽度大于0.15mm的收缩裂缝。

检查数量：全数检查。

检验方法：观察、用读数放大镜观测。

7.2.2.56 市政验·桥-51 装配式混凝土拱部结构（腹拱安装）检验批质量验收记录

1. 适用范围

本表适用于市政桥梁工程装配式混凝土拱部结构（腹拱安装）检验批的质量检查验收。

2. 表内填写提示

装配式混凝土拱部结构质量检验应符合CJJ 2—2008第16.10.1条规定，且应符合下列规定。

（1）主控项目

拱段接头现浇混凝土强度必须达到设计要求或达到设计强度的75%后，方可进行拱上结构施工。

检查数量：全数检查（每接头至少留置2组试件）。

检验方法：检查同条件养护试件强度试验报告。

结构表面不得出现超过设计规定的受力裂缝。

检查数量：全数检查。

检验方法：观察或用读数放大镜观测。

（2）一般项目

腹拱安装允许偏差应符合表16.10.5-4的规定。

腹拱安装允许偏差　　表16.10.5-4

检查项目	允许偏差（mm）	检查频率		检验方法
		范围	点数	
轴线偏位	10	每跨每肋	2	用经纬仪测量拱脚
拱顶高程	±20		2	用水准仪测量
相邻块件高差	5		3	用钢尺量

拱圈外形圆顺，表面平整、无孔洞、露筋、蜂窝、麻面和宽度大于0.15mm的收缩裂缝。

检查数量：全数检查。

检验方法：观察、用读数放大镜观测。

7.2.2.57 市政验·桥-52 钢管拱肋制作与安装检验批质量验收记录

1. 适用范围

本表适用于市政桥梁工程钢管拱肋制作与安装检验批的质量检查验收。

2. 表内填写提示

（1）主控项目

防护涂料规格和层数，应符合设计要求。

检查数量：涂装遍数全数检查；涂层厚度每批构件抽查10%，且同类构件不少于3件。

检验方法：观察、用干膜测厚仪检查

（2）一般项目

钢管拱肋制作与安装允许偏差应符合表16.10.6-1的规定。

钢管拱肋制作与安装允许偏差　　表 16.10.6-1

<table>
<tr><td rowspan="2" colspan="2">检查项目</td><td rowspan="2">允许偏差（mm）</td><td colspan="2">检查频率</td><td rowspan="2">检查方法</td></tr>
<tr><td>范围</td><td>点数</td></tr>
<tr><td colspan="2">钢管直径</td><td>±D/500，且±5</td><td rowspan="10">每跨
每肋
每段</td><td>3</td><td>用钢尺量</td></tr>
<tr><td colspan="2">钢管中距</td><td>±5</td><td>3</td><td>用钢尺量</td></tr>
<tr><td colspan="2">内弧偏离设计弧线</td><td>8</td><td>3</td><td>用样板量</td></tr>
<tr><td colspan="2">拱肋内弧长</td><td>0，−10</td><td>1</td><td>用钢尺分段量</td></tr>
<tr><td colspan="2">节段端部平面度</td><td>3</td><td>1</td><td>拉线、用塞尺量</td></tr>
<tr><td colspan="2">竖杆节间长度</td><td>±2</td><td>1</td><td>用钢尺量</td></tr>
<tr><td colspan="2">轴线偏位</td><td>L/6000</td><td>5</td><td>用经纬仪测量，端、中、L/4 处</td></tr>
<tr><td colspan="2">高程</td><td>±L/3000</td><td>5</td><td>用水准仪测量，端、中、L/4 处</td></tr>
<tr><td rowspan="2">对称点相对高差</td><td>允许</td><td>L/3000</td><td rowspan="2">1</td><td rowspan="2">用水准仪测量各接头点</td></tr>
<tr><td>极值</td><td>L/1500，且反向</td></tr>
<tr><td colspan="2">拱肋接缝错边</td><td>≤0.2 壁厚，且不大于 2</td><td>每个</td><td>2</td><td>用钢板尺和塞尺量</td></tr>
</table>

注：1. D 为钢管直径（mm）；
2. L 为跨径。

钢管混凝土拱肋线形圆顺，无折弯。

检查数量：全数检查。

检验方法：观察。

7.2.2.58　市政验·桥-53　钢管混凝土拱肋检验批质量验收记录

1. 适用范围

本表适用于市政桥梁工程钢管混凝土拱肋检验批的质量检查验收。

2. 表内填写提示

钢管混凝土拱质量检验应符合 CJJ 2—2008 第 16.10.1 条规定，且应符合下列规定：

（1）主控项目

钢管内混凝土应饱满，管壁与混凝土紧密结合。

检查数量：按检验方案确定。

检验方法：观察出浆孔混凝土溢出情况、检查超声波检测报告。

防护涂料规格和层数，应符合设计要求。

检查数量：涂装遍数全数检查；涂层厚度每批构件抽查 10%，且同类构件不少于 3 件。

检验方法：观察、用干膜测厚仪检查

（2）一般项目

钢管混凝土拱肋允许偏差应符合表 16.10.6-2 的规定 .

钢管混凝土拱肋允许偏差　　　表 16.10.6-2

<table>
<tr><th rowspan="2" colspan="2">检查项目</th><th rowspan="2" colspan="2">允许偏差
(mm)</th><th colspan="2">检查频率</th><th rowspan="2">检验方法</th></tr>
<tr><th>范围</th><th>点数</th></tr>
<tr><td rowspan="3" colspan="2">轴线偏位</td><td>$L\leqslant 60$m</td><td>10</td><td rowspan="6">每跨
每肋</td><td rowspan="3">5</td><td rowspan="3">用经纬仪测量，拱脚、拱顶、$L/4$ 处</td></tr>
<tr><td>$L=200$m</td><td>50</td></tr>
<tr><td>$L>200$m</td><td>$L/4000$</td></tr>
<tr><td colspan="2">高程</td><td colspan="2">$\pm L/3000$</td><td>5</td><td>用水准仪测量，拱脚、拱顶、$L/4$ 处</td></tr>
<tr><td rowspan="2">对称点相对高差</td><td>允许</td><td colspan="2">$L/3000$</td><td rowspan="2">1</td><td rowspan="2">用水准仪测量各接头点</td></tr>
<tr><td>极值</td><td colspan="2">$L/1500$，且反向</td></tr>
</table>

注：L 为跨径。

钢管混凝土拱肋线形圆顺，无折弯。

检查数量：全数检查。

检验方法：观察。

7.2.2.59　市政验·桥-54　中下承式拱吊杆和柔性系杆拱检验批质量验收记录

1. 适用范围

本表适用于市政桥梁工程中下承式拱吊杆和柔性系杆拱检验批的质量检查验收。

2. 表内填写提示

中下承式拱吊杆和柔性系杆拱质量检验应符合 CJJ 2—2008 第 16.10.1 条规定，且应符合下列规定：

(1) 主控项目

吊杆、系杆及其锚具的材质、规格和技术性能应符合国家现行标准和设计规定。

检查数量：全数检查或按检验方案确定。

检验方法：检查产品合格证和出厂检验报告、检查进场验收记录和复验报告。

吊杆、系杆防护必须符合设计要求和 CJJ 2—2008 第 14.3.1 条有关规定。

检查数量：涂装遍数全数检查；涂层厚度每批构件抽查 10%，且同类构件不少于 3 件。

检验方法：观察、检查施工记录；用干膜测厚仪检查。

(2) 一般项目

吊杆的制作与安装允许偏差应符合表 16.10.7-1 规定。

吊杆的制作与安装允许偏差　　　表 16.10.7-1

<table>
<tr><th rowspan="2" colspan="2">检查项目</th><th rowspan="2">允许偏差（mm）</th><th colspan="2">检验频率</th><th rowspan="2">检查方法</th></tr>
<tr><th>范围</th><th>数量</th></tr>
<tr><td colspan="2">吊杆长度</td><td>$\pm L/1000$，且± 10</td><td rowspan="6">每吊杆
每吊点</td><td>1</td><td>用钢尺量</td></tr>
<tr><td rowspan="2">吊杆拉力</td><td>允许</td><td>应符合设计要求</td><td rowspan="2">1</td><td rowspan="2">用测力仪（器）检查每吊杆</td></tr>
<tr><td>极值</td><td>下承式拱吊杆拉力偏差 20%</td></tr>
<tr><td colspan="2">吊点位置</td><td>10</td><td>1</td><td>用经纬仪测量</td></tr>
<tr><td rowspan="2">吊点高程</td><td>高程</td><td>±10</td><td rowspan="2">1</td><td rowspan="2">用水准仪测量</td></tr>
<tr><td>两侧高差</td><td>20</td></tr>
</table>

注：L 为吊杆长度。

柔性系杆张拉应力和伸长率应符合表 16.10.7-2 的规定。

柔性系杆张拉应力和伸长率 **表 16.10.7-2**

检查项目	规定值	检验频率		检查方法
		范围	数量	
张拉应力（MPa）	符合设计要求	每根	1	查油压表读数
张拉伸长率（%）	符合设计规定		1	用钢尺量

7.2.2.60 市政验·桥-55 转体施工拱检验批质量验收记录

1. 适用范围

本表适用于市政桥梁工程转体施工拱检验批的质量检查验收。

2. 表内填写提示

转体施工拱质量检验应符合 CJJ 2—2008 第 16.10.1 条规定，且应符合下列规定：

（1）主控项目

转动设施和锚固体系应安全可靠。

检查数量：全数检查。

检验方法：观察、检查施工记录、用仪器检测或量测。

双侧对称施工误差应控制在设计规定的范围内。

检查数量：全数检查。

检验方法：观察、检查施工记录。

合拢段两侧高差必须在设计规定的允许范围内。

检查数量：全数检查。

检验方法：用水准仪测量、检查施工记录。

封闭转盘和合拢段混凝土强度应符合设计要求。

检查数量：每个合拢段、转盘全数检查（至少留置 2 组试件）。

检验方法：检查同条件养护试件强度试验报告。

（2）一般项目

转体施工拱允许偏差应符合表 16.10.8 的规定。

转体施工拱允许偏差 **表 16.10.8**

检查项目	允许偏差（mm）	检验频率		检查方法
		范围	数量	
轴线偏位	$L/6000$	每跨每肋	5	用经纬仪测量、拱脚、拱顶、$L/4$ 处
拱顶高程	±20		2～4	用水准仪测量
同一横截面两侧或相邻上部构件高差	10		5	用水准仪测量

注：L 为跨径。

7.2.2.61 市政验·桥-56 拱上结构检验批质量验收记录

1. 适用范围

本表适用于市政桥梁工程拱上结构检验批的质量检查验收。

2. 表内填写提示

拱上结构质量检验应符合 CJJ 2—2008 第 16.10.1 条规定。

主控项目

拱上结构施工时间和顺序应符合设计和施工设计规定。

检查数量：全数检查。

检验方法：观察、检查试件强度试验报告。

7.2.2.62 市政验·桥-57 现浇混凝土索塔检验批质量验收记录

1. 适用范围

本表适用于市政桥梁工程现浇混凝土索塔检验批的质量检查验收。

2. 表内填写提示

现浇混凝土索塔施工质量检验应符合 CJJ 2—2008 第 17.5.1 条规定，且应符合下列规定：

(1) 主控项目

索塔及横梁表面不得出现孔洞、露筋和超过设计规定的受力裂缝。

检查数量：全数检查。

检验方法：观察、用读数放大镜观测。

避雷设施应符合设计要求。

检查数量：全数检查。

检验方法：观察、检查施工记录、用电气仪表检测。

(2) 一般项目

现浇混凝土索塔允许偏差应符合表 17.5.2 的规定。

现浇混凝土索塔允许偏差 **表 17.5.2**

<table>
<tr><th rowspan="2">项目</th><th rowspan="2">允许偏差
(mm)</th><th colspan="2">检验频率</th><th rowspan="2">检验方法</th></tr>
<tr><th>范围</th><th>点数</th></tr>
<tr><td>地面处轴线偏位</td><td>10</td><td rowspan="4">每对
索距</td><td>2</td><td>用经纬仪测量，纵、横各 1 点</td></tr>
<tr><td>垂直度</td><td>≤H/3000，且不大于 30 或设计要求</td><td>2</td><td>用经纬仪、钢尺量测，纵、横各 1 点</td></tr>
<tr><td>断面尺寸</td><td>±20</td><td>2</td><td>用钢尺量，纵、横各 1 点</td></tr>
<tr><td>塔柱壁厚</td><td>±5</td><td>1</td><td>用钢尺量，每段每侧面 1 处</td></tr>
<tr><td>拉索锚固点高程</td><td>±10</td><td rowspan="2">每索</td><td>1</td><td>用水准仪测量</td></tr>
<tr><td>索管轴线偏位</td><td>10，且两端同向</td><td>1</td><td>用经纬仪测量</td></tr>
<tr><td>横梁断面尺寸</td><td>±10</td><td rowspan="5">每根
横梁</td><td>5</td><td>用钢尺量，端部、L/2 和 L/4 各 1 点</td></tr>
<tr><td>横梁顶面高程</td><td>±10</td><td>4</td><td>用水准仪测量</td></tr>
<tr><td>横梁轴线偏位</td><td>10</td><td>5</td><td>用经纬仪、钢尺量测</td></tr>
<tr><td>横梁壁厚</td><td>±5</td><td>1</td><td>用钢尺量，每侧面 1 处（检查 3～5 个断面，取最大值）</td></tr>
<tr><td>预埋件位置</td><td>5</td><td>2</td><td>用钢尺量</td></tr>
<tr><td>分段浇筑时，接缝错台</td><td>5</td><td>每侧面，
每接缝</td><td>1</td><td>用钢板尺和塞尺量</td></tr>
</table>

注：1. H 为塔高；

2. L 为横梁长度。

索塔表面应平整、直顺，无蜂窝、麻面和大于 0.15mm 的收缩裂缝。

检查数量：全数检查。

检验方法：观察、用读数放大镜观测。

7.2.2.63　市政验·桥-58　斜拉桥悬臂施工墩顶梁段检验批质量验收记录

1. 适用范围

本表适用于市政桥梁工程斜拉桥悬臂施工墩顶梁段检验批的质量检查验收。

2. 表内填写提示

混凝土斜拉桥悬臂施工，墩顶梁段质量检验应符合 CJJ 2—2008 第 17.5.1 条规定，且应符合下列规定：

（1）主控项目

梁段表面不得出现孔洞、露筋和宽度超过设计规定的受力裂缝。

检查数量：全数检查。

检验方法：观察、用读数放大镜观测。

（2）一般项目

混凝土斜拉桥墩顶梁段允许偏差应符合表 17.5.3 的规定。

混凝土斜拉桥墩顶梁段允许偏差　　表 17.5.3

<table>
<tr><th colspan="2" rowspan="2">项目</th><th rowspan="2">允许偏差（mm）</th><th colspan="2">检验频率</th><th rowspan="2">检验方法</th></tr>
<tr><th>范围</th><th>点数</th></tr>
<tr><td colspan="2">轴线偏位</td><td>跨径/10000</td><td rowspan="8">每段</td><td>2</td><td>用经纬仪或全站仪测量，纵桥向 2 点</td></tr>
<tr><td colspan="2">顶面高程</td><td>±10</td><td>1</td><td>用水准仪测量</td></tr>
<tr><td rowspan="4">断面尺寸</td><td>高度</td><td>+5，−10</td><td rowspan="4">2</td><td rowspan="4">用钢尺量，2 个断面</td></tr>
<tr><td>顶宽</td><td>±30</td></tr>
<tr><td>底宽或肋间宽</td><td>±20</td></tr>
<tr><td>顶、底、腹板厚或肋宽</td><td>+10，0</td></tr>
<tr><td colspan="2">横坡（%）</td><td>±0.15</td><td>3</td><td>用水准仪测量，3 个断面</td></tr>
<tr><td colspan="2">平整度</td><td>8</td><td></td><td>用 2m 直尺、塞尺量，检查竖直、水平两个方向，每侧面每 10m 梁长测 1 处</td></tr>
<tr><td colspan="2">预埋件位置</td><td>5</td><td>每件</td><td>2</td><td>经纬仪放线，用钢尺量</td></tr>
</table>

梁段表面应无蜂窝、麻面和大于 0.15mm 的收缩裂缝。

检查数量：全数检查。

检验方法：观察、用读数放大镜观测。

7.2.2.64　市政验·桥-59　斜拉桥悬臂浇筑混凝土主梁检验批质量验收记录

1. 适用范围

本表适用于市政桥梁工程斜拉桥悬臂浇筑混凝土主梁检验批的质量检查验收。

2. 表内填写提示

支架上浇筑混凝土主梁质量检验应符合 CJJ 2—2008 第 17.5.1 条和第 13.7.2 条规定。

悬臂浇筑混凝土主梁质量检验应符合 CJJ 2—2008 第 17.5.1 条规定，且应符合下列规定：

（1）主控项目

悬臂浇筑必须对称进行。

检查数量：全数检查。

检验方法：观察。

合拢段两侧的高差必须在设计允许范围内。

检查数量：全数检查。

检验方法：检查测量记录。

混凝土表面不得出现露筋、孔洞和宽度超过设计规定的受力裂缝。

检查数量：全数检查。

检验方法：观察、用读数放大镜观察。

（2）一般项目

悬臂浇筑混凝土主梁允许偏差应符合表17.5.5的规定。

悬臂浇筑混凝土主梁允许偏差 **表17.5.5**

项目		允许偏差（mm）	检验频率		检验方法
			范围	点数	
轴线偏位	$L\leqslant200$m	10	每段	2	用经纬仪测量
	$L>200$m	$L/20000$			
断面尺寸	宽度	+5，−8		3	用钢尺量端部和$L/2$处
	高度	+5，−8		3	用钢尺量端部和$L/2$处
	壁厚	+5，0		8	用钢尺量前端
长度		±10		4	用钢尺量顶板和底板两侧
节段高差		5		3	用钢尺量底板两侧和中间
预应力筋轴线偏位		10	每个管道	1	用钢尺量
拉索索力		符合设计和施工控制要求	每索	1	用测力计
索管轴线偏位		10	每索	1	用经纬仪测量
横坡（%）		±0.15	每段	1	用水准仪测量
平整度		8	每段	1	用2m直尺、塞尺量，竖直、水平两个方向，每侧每10m梁长测1点
预埋件位置		5	每件	2	经纬仪放线，用钢尺量

注：L为节段长度。

梁体线型平顺、梁段接缝处无明显折弯和错台，表面无蜂窝、麻面和大于0.15mm的收缩裂缝。

检查数量：全数检查。

检验方法：观察、用读数放大镜观测。

7.2.2.65 市政验·桥-60 斜拉桥悬臂拼装混凝土主梁检验批质量验收记录

1. 适用范围

本表适用于市政桥梁工程斜拉桥悬臂拼装混凝土主梁检验批的质量检查验收。

2. 表内填写提示

悬臂拼装混凝土主梁质量检验应符合CJJ 2—2008第17.5.1条和第13.7.3条有关规定，且应符合下列规定：

（1）主控项目

悬臂拼装必须对称进行。

检查数量：全数检查。

检验方法：观察。

合拢段两侧的高差必须在设计允许范围内。

检查数量：全数检查。

检验方法：检查测量记录。

（2）一般项目

悬臂拼装混凝土主梁允许偏差应符合表 17.5.6 的规定。

悬臂拼装混凝土主梁允许偏差　　表 17.5.6

<table>
<tr><th rowspan="2">项目</th><th rowspan="2">允许偏差
(mm)</th><th colspan="2">检验频率</th><th rowspan="2">检验方法</th></tr>
<tr><th>范围</th><th>点数</th></tr>
<tr><td>轴线偏位</td><td>10</td><td rowspan="2">每段</td><td>2</td><td>用经纬仪测量</td></tr>
<tr><td>节段高差</td><td>5</td><td>3</td><td>用钢尺量底板、两侧和中间</td></tr>
<tr><td>预应力筋轴线偏位</td><td>10</td><td>每个管道</td><td>1</td><td>用钢尺量</td></tr>
<tr><td>拉索索力</td><td>符合设计和
施工控制要求</td><td>每索</td><td>1</td><td>用测力计</td></tr>
<tr><td>索管轴线偏位</td><td>10</td><td>每索</td><td>1</td><td>用经纬仪测量</td></tr>
</table>

梁体线型应平顺、梁段接缝处应无明显折弯和错台。

检查数量：全数检查。

检验方法：观察。

7.2.2.66　市政验·桥-61　斜拉桥钢箱梁制作检验批质量验收记录

1. 适用范围

本表适用于市政桥梁工程斜拉桥钢箱梁制作检验批的质量检查验收。

2. 表内填写提示

一般项目

钢箱梁段制作允许偏差应符合表 17.5.7-1 的规定。

钢箱梁段制作允许偏差　　表 17.5.7-1

<table>
<tr><th colspan="2" rowspan="2">项目</th><th rowspan="2">允许偏差
(mm)</th><th colspan="2">检验频率</th><th rowspan="2">检验方法</th></tr>
<tr><th>范围</th><th>点数</th></tr>
<tr><td colspan="2">梁段长</td><td>±2</td><td rowspan="7">每段每索</td><td>3</td><td>用钢尺量，中心线及两侧</td></tr>
<tr><td colspan="2">梁段桥面板四角高差</td><td>4</td><td>4</td><td>用水准仪测量</td></tr>
<tr><td colspan="2">风嘴直线度偏差</td><td>$L/2000$ 且≤6</td><td>2</td><td>拉线、用钢尺量检查各风嘴边缘</td></tr>
<tr><td rowspan="4">端口尺寸</td><td>宽度</td><td>±4</td><td>2</td><td rowspan="4">用钢尺量两端</td></tr>
<tr><td>中心高</td><td>±2</td><td>2</td></tr>
<tr><td>边高</td><td>±3</td><td>4</td></tr>
<tr><td>横断面对角线长度差</td><td>≤4</td><td>2</td></tr>
</table>

续表

<table>
<tr><th colspan="2" rowspan="2">项目</th><th rowspan="2">允许偏差
(mm)</th><th colspan="2">检验频率</th><th rowspan="2">检验方法</th></tr>
<tr><th>范围</th><th>点数</th></tr>
<tr><td rowspan="2">锚箱</td><td>锚点坐标</td><td>±4</td><td rowspan="5">每段每索</td><td>6</td><td rowspan="2">用经纬仪、垂球量测</td></tr>
<tr><td>斜拉索轴线角度(°)</td><td>0.5</td><td>2</td></tr>
<tr><td rowspan="3">梁段匹配性</td><td>纵桥向中心线偏差</td><td>1</td><td>2</td><td rowspan="2">用钢尺量</td></tr>
<tr><td>顶、底、腹板对接间隙</td><td>+3,−1</td><td>2</td></tr>
<tr><td>顶、底、腹板对接错台</td><td>2</td><td>2</td><td>用钢板尺和塞尺量</td></tr>
</table>

注:L 为梁段长度。

梁体线形应平顺、梁段间应无明显折弯。

检查数量:全数检查。

检验方法:观察。

7.2.2.67　市政验·桥-62　斜拉桥钢箱梁的悬拼检验批质量验收记录

1. 适用范围

本表适用于市政桥梁工程斜拉桥钢箱梁的悬拼检验批的质量检查验收。

2. 表内填写提示

钢箱梁的拼装质量检验应符合 CJJ 2—2008 第 14.3 节有关规定,且应符合下列规定:

(1) 主控项目

悬臂拼装必须对称进行。

检查数量:全数检查。

检验方法:观察。

(2) 一般项目

钢箱梁悬臂拼装允许偏差应符合表 17.5.7-2 的规定。

钢箱梁悬臂拼装允许偏差　　表 17.5.7-2

<table>
<tr><th colspan="2" rowspan="2">项目</th><th colspan="2" rowspan="2">允许偏差
(mm)</th><th colspan="2">检验频率</th><th rowspan="2">检验方法</th></tr>
<tr><th>范围</th><th>点数</th></tr>
<tr><td colspan="2" rowspan="2">轴线偏位</td><td>$L \leqslant 200$m</td><td>10</td><td rowspan="2">每段</td><td rowspan="2">2</td><td rowspan="2">用经纬仪测量</td></tr>
<tr><td>$L>200$m</td><td>$L/20000$</td></tr>
<tr><td colspan="2">拉索索力</td><td colspan="2">符合设计和施工控制要求</td><td>每索</td><td>1</td><td>用测力计</td></tr>
<tr><td rowspan="3">梁锚固点高程或梁顶高程</td><td>梁段</td><td colspan="2">满足施工控制要求</td><td rowspan="5">每段</td><td rowspan="3">1</td><td rowspan="3">用水准仪测量每个锚固点或梁段两端中点</td></tr>
<tr><td rowspan="2">合拢段</td><td>$L \leqslant 200$m</td><td>±20</td></tr>
<tr><td>$L>200$m</td><td>$\pm L/10000$</td></tr>
<tr><td colspan="2">梁顶水平度</td><td colspan="2">20</td><td>4</td><td>用水准仪测量梁顶四角</td></tr>
<tr><td colspan="2">相邻节段匹配高差</td><td colspan="2">2</td><td>1</td><td>用钢尺量</td></tr>
</table>

注:L 为跨度。

梁体线形应平顺、梁段间应无明显折弯。

检查数量:全数检查。

检验方法：观察。

7.2.2.68 市政验·桥-63 斜拉桥钢箱梁在支架上安装检验批质量验收记录

1. 适用范围

本表适用于市政桥梁工程斜拉桥钢箱梁在支架上安装检验批的质量检查验收。

2. 表内填写提示

钢箱梁的拼装质量检验应符合 CJJ 2—2008 第 14.3 节有关规定，且应符合下列规定：

一般项目

钢箱梁在支架上安装允许偏差应符合表 17.5.7-3 的规定。

钢箱梁在支架上安装允许偏差　　表 17.5.7-3

项目	允许偏差（mm）	检验频率		检验方法
		范围	点数	
轴线偏位	10	每段	2	用经纬仪测量
梁段的纵向位置	10		1	用经纬仪测量
梁顶高程	±10		2	水准仪测量梁段两端中点
梁顶水平度	10		4	用水准仪测量梁顶四角
相邻节段匹配高差	2		1	用钢尺量

梁体线形应平顺、梁段间应无明显折弯。

检查数量：全数检查。

检验方法：观察。

7.2.2.69 市政验·桥-64 斜拉桥结合梁的工字钢梁段制作检验批质量验收记录

1. 适用范围

本表适用于市政桥梁工程斜拉桥结合梁的工字钢梁段制作检验批的质量检查验收。

2. 表内填写提示

结合梁的工字钢梁段悬臂拼装质量检验应符合 CJJ 2—2008 第 14.3 节有关规定，且应符合下列规定：

一般项目

工字钢梁段制作允许偏差应符合表 17.5.8-1 的规定。

工字钢梁段制作允许偏差　　表 17.5.8-1

项目		允许偏差（mm）	检验频率		检验方法
			范围	点数	
梁高	主梁	±2	每段每索	2	用钢尺量
	横梁	±1.5			
梁长	主梁	±3		3	用钢尺量，每节段两侧和中间
	横梁	±1.5		3	用钢尺量
梁宽	主梁	±1.5		2	用钢尺量
	横梁	±1.5			

续表

<table>
<tr><td colspan="2" rowspan="2">项目</td><td rowspan="2">允许偏差
(mm)</td><td colspan="2">检验频率</td><td rowspan="2">检验方法</td></tr>
<tr><td>范围</td><td>点数</td></tr>
<tr><td rowspan="2">梁腹板平面度</td><td>主梁</td><td>h/350，且不大于 8</td><td rowspan="5">每段每索</td><td>3</td><td rowspan="2">用 2m 直尺、塞尺量</td></tr>
<tr><td>横梁</td><td>h/500，且不大于 5</td><td>3</td></tr>
<tr><td rowspan="2">锚箱</td><td>锚点坐标</td><td>±4</td><td>6</td><td rowspan="2">用经纬仪、垂球量测</td></tr>
<tr><td>斜拉索轴线角度(°)</td><td>0.5</td><td>2</td></tr>
<tr><td colspan="2">梁段顶、底、腹板对接错台</td><td>2</td><td>2</td><td>用钢板尺和塞尺量</td></tr>
</table>

注：h 为梁高。

梁体线形应平顺、梁段间应无明显折弯。

检查数量：全数检查。

检验方法：观察。

7.2.2.70　市政验·桥-65　斜拉桥结合梁的工字钢梁悬臂拼装检验批质量验收记录

1. 适用范围

本表适用于市政桥梁工程斜拉桥结合梁的工字钢梁悬臂拼装检验批的质量检查验收。

2. 表内填写提示

结合梁的工字钢梁段悬臂拼装质量检验应符合 CJJ 2—2008 第 14.3 节有关规定，且应符合下列规定：

一般项目

工字梁悬臂拼装允许偏差应符合表 17.5.8-2 的规定。

工字梁悬臂拼装允许偏差　　表 17.5.8-2

<table>
<tr><td colspan="2" rowspan="2">项目</td><td rowspan="2">允许偏差
(mm)</td><td colspan="2">检验频率</td><td rowspan="2">检验方法</td></tr>
<tr><td>范围</td><td>点数</td></tr>
<tr><td rowspan="2">轴线偏位</td><td>$L \leqslant 200$m</td><td>10</td><td rowspan="5">每段每索</td><td rowspan="2">2</td><td rowspan="2">用经纬仪测量</td></tr>
<tr><td>$L > 200$m</td><td>L/20000</td></tr>
<tr><td colspan="2">拉索索力</td><td>符合设计要求</td><td>1</td><td>用测力计</td></tr>
<tr><td rowspan="2">锚固点高程或梁顶高程</td><td>梁段</td><td>满足施工控制要求</td><td rowspan="2">1</td><td rowspan="2">用水准仪测量每个锚固点或梁段两端中点</td></tr>
<tr><td>两主梁高差</td><td>10</td></tr>
</table>

注：L 为分段长度。

梁体线形应平顺、梁段间应无明显折弯。

检查数量：全数检查。

检验方法：观察。

7.2.2.71　市政验·桥-66　斜拉桥结合梁的混凝土板检验批质量验收记录

1. 适用范围

本表适用于市政桥梁工程斜拉桥结合梁的混凝土板检验批的质量检查验收。

2. 表内填写提示

结合梁的混凝土板质量检验应符合 CJJ 2—2008 第 17.5.1 条规定，且应符合下列规定：

（1）主控项目

混凝土板的浇筑或安装必须对称进行。

检查数量：全数检查。

检验方法：观察。

混凝土表面不得出现孔洞、露筋。

检查数量：全数检查。

检验方法：观察。

（2）一般项目

结合梁混凝土板允许偏差应符合表 17.5.9 的规定。

结合梁混凝土板允许偏差 **表 17.5.9**

<table>
<tr><th colspan="2" rowspan="2">项目</th><th rowspan="2">允许偏差
（mm）</th><th colspan="2">检验频率</th><th rowspan="2">检验方法</th></tr>
<tr><th>范围</th><th>点数</th></tr>
<tr><td rowspan="2">混凝土板
断面尺寸</td><td>宽度</td><td>±15</td><td rowspan="7">每段
每索</td><td>3</td><td>用钢尺量端部和 $L/2$ 处</td></tr>
<tr><td>厚度</td><td>+10，0</td><td>3</td><td>用钢尺量前端，两侧和中间</td></tr>
<tr><td colspan="2">拉索索力</td><td>符合设计和施工
控制要求</td><td>1</td><td>用测力计</td></tr>
<tr><td rowspan="2">高程</td><td>$L\leqslant 200$m</td><td>±20</td><td rowspan="2">1</td><td rowspan="2">用水准仪测量，每跨测 5～15 处，
取最大值</td></tr>
<tr><td>$L>200$m</td><td>$\pm L/10000$</td></tr>
<tr><td colspan="2">横坡（%）</td><td>±0.15</td><td>1</td><td>用水准仪测量，每跨测 3～8 个断面，
取最大值</td></tr>
</table>

注：L 为分段长度。

混凝土表面应平整、边缘线形直顺，无蜂窝、麻面和大于 0.15mm 的收缩裂缝。

检查数量：全数检查。

检验方法：观察。

7.2.2.72 市政验·桥-67 斜拉桥斜拉索安装检验批质量验收记录

1. 适用范围

本表适用于市政桥梁工程斜拉桥斜拉索安装检验批的质量检查验收。

2. 表内填写提示

斜拉索安装质量检验应符合下列规定：

（1）主控项目

拉索和锚头成品性能质量应符合设计要求和国家现行标准规定。

检查数量：全数检查。

检验方法：检查原材料合格证和制造厂复检报告；检查成品合格证和技术性能报告。

拉索和锚头防护材料技术性能应符合设计要求。

检查数量：全数检查。

检验方法：检查原材料合格证和检测报告。

拉索拉力应符合设计要求。

检查数量：全数检查。

检验方法：检查施工记录。

（2）一般项目

平行钢丝斜拉索制作与防护允许偏差应符合表 17.5.10 的规定。

平行钢丝斜拉索制作与防护的允许偏差　　　　表 17.5.10

项目		允许偏差	检验频率		检查方法
			范围	点数	
斜拉索长度	≤100m	±20	每根 每件 每孔	1	用钢尺量
	>100m	±1/5000 索长			
PE 防护厚度		+1.0，−0.5		1	用钢尺量或测厚仪检测
锚板孔眼直径 D		$d<D<1.1d$		1	用量规检测
镦头尺寸		镦头直径≥1.4d， 镦头高度≥d		10	用游标卡尺检测，每种规格检查 10 个
锚具附近密封处理		符合设计要求		1	观察

注：d 为钢丝直径

拉索表面应平整、密实、无损伤、无擦痕。

检查数量：全数检查。

检验方法：观察。

7.2.2.73　市政验·桥-68　悬索桥锚碇锚固系统制作检验批质量验收记录

1. 适用范围

本表适用于市政桥梁工程悬索桥锚碇锚固系统制作检验批的质量检查验收。

2. 表内填写提示

锚碇锚固系统制作质量检验应符合 CJJ 2—2008 第 14.3 节有关规定，且应符合下列规定：

一般项目

预应力锚固系统制作允许偏差应符合表 18.8.3-1 的规定。

预应力锚固系统制作允许偏差　　　　表 18.8.3-1

项目		允许偏差（mm）	检验频率		检验方法
			范围	点数	
连接器	拉杆孔至锚固孔中心距	±0.5	每件	1	游标卡尺
	主要孔径	+1.0，0		1	游标卡尺
	孔轴线与顶、底面垂直度（°）	0.3		2	量具
	底面平面度	0.08		1	量具
	拉杆孔顶、底面平行度	0.15		2	量具
拉杆同轴度		0.04		1	量具

刚架锚固系统制作允许偏差应符合表 18.8.3-2 的规定。

刚架锚固系统制作允许偏差　　表 18.8.3-2

项目	允许偏差（mm）	检验频率		检验方法
		范围	点数	
刚架杆件长度	±2	每件	1	用钢尺量
刚架杆件中心距	±2		1	用钢尺量
锚杆长度	±3		1	用钢尺量
锚梁长度	±3		1	用钢尺量
连接	符合设计要求		30%	超声波或测力扳手

7.2.2.74　市政验·桥-69　悬索桥锚碇锚固系统安装检验批质量验收记录

1. 适用范围

本表适用于市政桥梁工程悬索桥锚碇锚固系统安装检验批的质量检查验收。

2. 表内填写提示

锚锭锚固系统安装质量检验应符合 CJJ 2—2008 第 14.3 节有关规定，且应符合下列规定：

一般项目

预应力锚固系统安装允许偏差应符合表 18.8.4-1 的规定。

预应力锚固系统安装允许偏差　　表 18.8.4-1

项目	允许偏差（mm）	检验频率		检验方法
		范围	点数	
前锚面孔道中心坐标偏差	±10	每件	1	用全站仪测量
前锚面孔道角度（°）	±0.2		1	用经纬仪或全站仪测量
拉杆轴线偏位	5		2	
连接器轴线偏位	5		2	

刚架锚固系统安装允许偏差应符合表 18.8.4-2 的规定。

刚架锚固系统安装允许偏差　　表 18.8.4-2

项目		允许偏差（mm）	检验频率		检验方法
			范围	点数	
刚架中心线偏差		10	每件	2	用经纬仪测量
刚架安装锚杆之平联高差		+5，−2		1	用水准仪测量
锚杆偏位	纵	10		2	用经纬仪测量
	横	5			
锚固点高程		±5		1	用水准仪测量
后锚梁偏位		5		2	用经纬仪测量
后锚梁高程		±5		2	用水准仪测量

7.2.2.75　市政验·桥-70　悬索桥锚碇混凝土检验批质量验收记录

1. 适用范围

本表适用于市政桥梁工程悬索桥锚碇混凝土检验批的质量检查验收。

2. 表内填写提示

锚碇混凝土施工质量检验应符合 CJJ 2—2008 第 18.8.1 条规定，且应符合下列规定：

（1）主控项目

地基承载力必须符合设计要求。

检查数量：全数检查。

检验方法：检查地基承载力检测报告。

混凝土表面不得有孔洞、露筋和受力裂缝。

检查数量：全数检查。

检验方法：观察。

（2）一般项目

锚碇结构允许偏差应符合表 18.8.5 的规定。

锚碇结构允许偏差　　**表 18.8.5**

<table>
<tr><th colspan="2" rowspan="2">项目</th><th rowspan="2">允许偏差
(mm)</th><th colspan="2">检验频率</th><th rowspan="2">检验方法</th></tr>
<tr><th>范围</th><th>点数</th></tr>
<tr><td rowspan="2">轴线偏位</td><td>基础</td><td>20</td><td rowspan="6">每座</td><td rowspan="2">4</td><td rowspan="2">用经纬仪或全站仪测量</td></tr>
<tr><td>槽口</td><td>10</td></tr>
<tr><td colspan="2">断面尺寸</td><td>±30</td><td>4</td><td>用钢尺量</td></tr>
<tr><td rowspan="2">基础底面高程</td><td>土质</td><td>±50</td><td rowspan="3">10</td><td rowspan="3">用水准仪测量</td></tr>
<tr><td>石质</td><td>+50，−200</td></tr>
<tr><td colspan="2">基础顶面高程</td><td>±20</td></tr>
<tr><td colspan="2">大面积平整度</td><td>5</td><td></td><td>1</td><td>用 2m 直尺、塞尺量，每 $20m^2$ 测一处</td></tr>
<tr><td colspan="2">预埋件位置</td><td>符合设计规定</td><td>每件</td><td>2</td><td>经纬仪放线，用钢尺量</td></tr>
</table>

锚碇表面应无蜂窝、麻面和大于 0.15mm 的收缩裂缝。

检查数量：全数检查。

检验方法：观察。

7.2.2.76　市政验·桥-71　悬索桥预应力锚索张拉检验批质量验收记录

1. 适用范围

本表适用于市政桥梁工程悬索桥预应力锚索张拉检验批的质量检查验收。

2. 表内填写提示

预应力锚索张拉的质量检验应符合下列规定：

混凝土达到设计强度，方可进行张拉。

检查数量：全数检查。

检验方法：检查同条件养护试件强度试验报告。

张拉应符合设计和 CJJ 2—2008 第 8.5 节的有关规定。

检查数量：全数检查。

检验方法：检查张拉施工记录。

压浆应符合设计和CJJ 2—2008第8.5节的有关规定。

检查数量：全数检查。

检验方法：检查压浆记录。

7.2.2.77 市政验·桥-72 悬索桥主索鞍制作检验批质量验收记录

1. 适用范围

本表适用于市政桥梁工程悬索桥主索鞍制作检验批的质量检查验收。

2. 表内填写提示

索鞍安装质量检验应符合下列规定：

(1) 主控项目

成品性能质量应符合设计要求和国家现行标准规定。

检查数量：全数检查。

检验方法：检查原材料合格证和制造厂的复验报告；检查成品合格证和技术性能检测报告。

(2) 一般项目

主索鞍、散索鞍允许偏差应符合表18.8.7-1和18.8.7-2的规定。

主索鞍允许偏差 **表18.8.7-1**

项目	允许偏差(mm)	检验频率		检验方法
		范围	点数	
主要平面的平面度	0.08/1000，且不大于0.5/全平面	每件	1	用量具检测
鞍座下平面对中心索槽竖直平面的垂直度偏差	2/全长		1	在检测平台或机床上用量具检测
上、下承板平面的平行度	0.5/全平面		2	在平台上用量具检测上、下承板
对合竖直平面与鞍体下平面的垂直度偏差	＜3/全长		1	用百分表检查每对合竖直平面
鞍座底面对中心索槽底的高度偏差	±2		1	在检测平台或机床上用量具检测
鞍槽轮廓的圆弧半径偏差	±2/1000		1	用数控机床检查
各槽深度、宽度	+1/全长，及累计误差+2		2	用样板、游标卡尺、深度尺量测
各槽对中心索槽的对称度	±0.5		1	用数控机床检查
各槽曲线立面角度偏差(°)	0.2		10	
防护层厚度(μm)	不少于设计规定		10	用测厚仪，每检测面10点

7.2.2.78 市政验·桥-73 悬索桥散索鞍制作检验批质量验收记录

1. 适用范围

本表适用于市政桥梁工程悬索桥散索鞍制作检验批的质量检查验收。

2. 表内填写提示

索鞍安装质量检验应符合下列规定：

(1) 主控项目

成品性能质量应符合设计要求和国家现行标准规定。

检查数量：全数检查。

检验方法：检查原材料合格证和制造厂的复验报告；检查成品合格证和技术性能检测报告。

（2）一般项目

主索鞍、散索鞍允许偏差应符合表 18.8.7-1 和 18.8.7-2 的规定。

散索鞍允许偏差 **表 18.8.7-2**

<table>
<tr><th rowspan="2">项目</th><th rowspan="2">允许偏差
（mm）</th><th colspan="2">检验频率</th><th rowspan="2">检验方法</th></tr>
<tr><th>范围</th><th>点数</th></tr>
<tr><td>平面度</td><td>0.08/1000 且
不大于 0.5/全平面</td><td rowspan="10">每件</td><td>1</td><td>用量具检测，检查摆轴平面、底板下平面、中心索槽竖直平面</td></tr>
<tr><td>支承板平行度</td><td>＜0.5</td><td>1</td><td>用量具检测</td></tr>
<tr><td>摆轴中心线与索槽中心平面的垂直度偏差</td><td>＜3</td><td>2</td><td>在检测平台或机床上用量具检测</td></tr>
<tr><td>摆轴接合面与索槽底面的高度偏差</td><td>±2</td><td>1</td><td>用钢尺量</td></tr>
<tr><td>鞍槽轮廓的圆弧半径偏差</td><td>±2/1000</td><td>1</td><td>用数控机床检查</td></tr>
<tr><td>各槽深度、宽度</td><td>＋1/全长，及累计误差＋2</td><td>1</td><td>用样板、游标卡尺、深度尺量测</td></tr>
<tr><td>各槽对中心索槽的对称度</td><td>±0.5</td><td>1</td><td rowspan="2">用数控机床检查</td></tr>
<tr><td>各槽曲线平面、立面角度偏差（°）</td><td>0.2</td><td>1</td></tr>
<tr><td>加工后鞍槽底部及侧壁厚度偏差</td><td>±10</td><td>3</td><td>用钢尺量</td></tr>
<tr><td>防护层厚度（μm）</td><td>不少于设计规定</td><td>10</td><td>用测厚仪，每检测面 10 点</td></tr>
</table>

7.2.2.79 市政验·桥-74 悬索桥索鞍安装检验批质量验收记录

1. 适用范围

本表适用于市政桥梁工程悬索桥索鞍安装检验批的质量检查验收。

2. 表内填写提示

一般项目

主索鞍、散索鞍安装允许偏差应符合表 18.8.7-3 和 18.8.7-4 的规定。

主索鞍安装允许偏差 **表 18.8.7-3**

<table>
<tr><th colspan="2" rowspan="2">项目</th><th rowspan="2">允许偏差
（mm）</th><th colspan="2">检验频率</th><th rowspan="2">检验方法</th></tr>
<tr><th>范围</th><th>点数</th></tr>
<tr><td rowspan="2">最终偏差</td><td>顺桥向</td><td>符合设计规定</td><td rowspan="4">每件</td><td rowspan="2">2</td><td rowspan="2">用经纬仪或全站仪测量</td></tr>
<tr><td>横桥向</td><td>10</td></tr>
<tr><td colspan="2">高程</td><td>＋20，0</td><td>1</td><td>用全站仪测量</td></tr>
<tr><td colspan="2">四角高差</td><td>2</td><td>4</td><td>用水准仪测量</td></tr>
</table>

散索鞍安装允许偏差　　表 18.8.7-4

项目	允许偏差（mm）	检验频率		检验方法
		范围	点数	
底板轴线纵横向偏位	5	每件	2	用经纬仪或全站仪测量
底板中心高程	±5		1	用水准仪测量
底板扭转	2		1	用经纬仪或全站仪测量
安装基线扭转	1			
散索鞍竖向倾斜角	符合设计规定			

索鞍防护层应完好、无损。

检查数量：全数检查。

检验方法：观察。

7.2.2.80　市政验・桥-75　悬索桥索股和锚头制作检验批质量验收记录

1. 适用范围

本表适用于市政桥梁工程悬索桥股和锚头制作检验批的质量检查验收。

2. 表内填写提示

（1）主控项目

索股和锚头性能质量应符合设计要求和国家现行标准规定。

检查数量：全数检查。

检验方法：检查原材料合格证和制造厂的复验报告；检查成品合格证和技术性能检测报告。

（2）一般项目

索股和锚头允许偏差应符合表 18.8.8-1 规定。

索股和锚头允许偏差　　表 18.8.8-1

项目	允许偏差（mm）	检验频率		检验方法
		范围	点数	
索股基准丝长度	±基准丝长/15000	每丝每索	1	用钢尺量
成品索股长度	±索股长/10000		1	用钢尺量
热铸锚合金灌铸率（%）	＞92		1	量测计算
锚头顶压索股外移量（按规定顶压力，持荷 5min）	符合设计要求		1	用百分表量测
索股轴线与锚头端面垂直度（°）	±5		1	用仪器量测

注：外移量允许偏差应在扣除初始外移量之后进行量测。

7.2.2.81　市政验・桥-76　悬索桥主缆架设检验批质量验收记录

1. 适用范围

本表适用于市政桥梁工程悬索桥主缆架设检验批的质量检查验收。

2. 表内填写提示

一般项目

主缆架设允许偏差应符合表 18.8.8-2 规定。

主缆架设允许偏差　　表 18.8.8-2

项目			允许偏差(mm)	检验频率		检验方法
				范围	点数	
索股标高	基准	中跨跨中	$\pm L/20000$	每索	1	用全站仪测量跨中
		边跨跨中	$\pm L/10000$		1	
		上下游基准	±10		1	
	一般	相对于基准索股	+5　0		1	
锚跨索股力与设计的偏差			符合设计规定		1	用测力计
主缆空隙率			±2		1	量直径和周长后计算，测索夹处和两索夹间
主缆直径不圆率			直径的5%，且不大于2		1	紧缆后横竖直径之差，与设计直径相比，测两索夹间

注：L 为跨度。

主缆架设后索股应直顺、无扭转；索股刚丝应直顺、无重叠和鼓丝、镀锌层完好。

检查数量：全数检查。

检验方法：观察、检查施工记录。

7.2.2.82　市政验·桥-77　悬索桥主缆防护检验批质量验收记录

1. 适用范围

本表适用于市政桥梁工程悬索桥主缆防护检验批的质量检查验收。

2. 表内填写提示

主缆防护质量检验应符合下列规定：

(1) 主控项目

缠丝和防护涂料的材质必须符合设计要求。

检查数量：全数检查。

检验方法：检查产品合格证和技术性能检测报告。

(2) 一般项目

主缆防护允许偏差应符合表 18.8.9 的规定。

主缆防护允许偏差　　表 18.8.9

项目	允许偏差	检验频率		检查方法
		范围	点数	
缠丝间距	1mm	每索	1	用插板，每两索夹间随机量测 1m 长
缠丝张力	±0.3kN		1	标定检测，每盘抽查 1 处
防护涂层厚度	符合设计要求		1	用测厚仪，每 200m 检测 1 点

缠丝不重叠交叉，缠丝腻子应填满。

检查数量：全数检查。

检验方法：观察。

7.2.2.83　市政验·桥-78　悬索桥索夹和吊索检验批质量验收记录

1. 适用范围

本表适用于市政桥梁工程悬索桥索夹和吊索检验批的质量检查验收。

2. 表内填写提示

(1) 主控项目

索夹、吊索和锚头成品性能质量应符合设计要求和国家现行标准规定。

检查数量：全数检查。

检验方法：检查原材料合格证和制造厂的复验报告；检查成品合格证和技术性能检测报告。

(2) 一般项目

索夹允许偏差应符合表 18.8.10-1 的规定。

索夹允许偏差　　　　表 18.8.10-1

项目	允许偏差（mm）	检验频率		检验方法
		范围	点数	
索夹内径偏差	±2	每件	1	用量具检测
耳板销孔位置偏差	±1		1	用量具检测
耳板销孔内径偏差	+1，0		1	用量具检测
螺杆孔直线度	$L/500$		1	用量具检测
壁厚	符合设计要求		1	用量具检测
索夹内壁喷锌厚度	不小于设计要求		1	用测厚仪检测

注：L 为螺杆孔长度。

吊索和锚头允许偏差应符合表 18.8.10-2 的规定。

吊索和锚头允许偏差　　　　表 18.8.10-2

项目		允许偏差（mm）	检验频率		检验方法
			范围	点数	
吊索调整后长度（销孔之间）	≤5m	±2	每件	1	用钢尺量
	>5m	±$L/500$			
销轴直径偏差		0，−0.15		1	用量具检测
叉形耳板销孔位置偏差		±5		1	用量具检测
热铸锚合金灌铸率（%）		>92		1	量测计算
锚头顶压后吊索外移量（按规定顶压力，持荷 5min）		符合设计要求		1	用量具检测
吊索轴线与锚头端面垂直度（°）		0.5		1	用量具检测
锚头喷涂厚度		符合设计要求		1	用测厚仪检测

注：1. L 为吊索长度；

2. 外移量允许偏差应在扣除初始外移量后进行量测。

7.2.2.84　市政验·桥-79　悬索桥索夹和吊索安装检验批质量验收记录

1. 适用范围

本表适用于市政桥梁工程悬索桥索夹和吊索安装检验批的质量检查验收。

2. 表内填写提示

一般项目

索夹和吊索安装允许偏差应符合表 18.8.10-3 的规定。

索夹和吊索安装允许偏差　　　　表 18.8.10-3

<table>
<tr><th colspan="2" rowspan="2">项目</th><th rowspan="2">允许偏差
(mm)</th><th colspan="2">检验频率</th><th rowspan="2">检验方法</th></tr>
<tr><th>范围</th><th>点数</th></tr>
<tr><td rowspan="2">索夹偏位</td><td>纵向</td><td>10</td><td rowspan="4">每件</td><td rowspan="2">2</td><td rowspan="2">用全站仪和钢尺量</td></tr>
<tr><td>横向</td><td>3</td></tr>
<tr><td colspan="2">上、下游吊点高差</td><td>20</td><td>1</td><td>用水准仪测量</td></tr>
<tr><td colspan="2">螺杆紧固力（kN）</td><td>符合设计要求</td><td>1</td><td>用压力表检测</td></tr>
</table>

7.2.2.85　市政验·桥-80　悬索桥钢箱梁段制作检验批质量验收记录

1. 适用范围

本表适用于市政桥梁工程悬索桥钢箱梁段制作检验批的质量检查验收。

2. 表内填写提示

一般项目

悬索桥钢箱梁段制作允许偏差应符合表 18.8.11-1 的规定。

悬索桥钢箱梁段制作允许偏差　　　　表 18.8.11-1

<table>
<tr><th colspan="2" rowspan="2">项目</th><th rowspan="2">允许偏差
(mm)</th><th colspan="2">检验频率</th><th rowspan="2">检验方法</th></tr>
<tr><th>范围</th><th>点数</th></tr>
<tr><td colspan="2">梁长</td><td>±2</td><td rowspan="14">每件
每段</td><td>3</td><td>用钢尺量、中心线及两侧</td></tr>
<tr><td colspan="2">梁段桥面板四角高差</td><td>4</td><td>4</td><td>用水准仪测量</td></tr>
<tr><td colspan="2">风嘴直线度偏差</td><td>≤L/2000，且不大于 6</td><td>2</td><td>拉线、用钢尺量风嘴边缘</td></tr>
<tr><td rowspan="4">端口尺寸</td><td>宽度</td><td>±4</td><td>2</td><td>用钢尺量两端</td></tr>
<tr><td>中心高</td><td>±2</td><td>2</td><td>用钢尺量两端</td></tr>
<tr><td>边高</td><td>±3</td><td>4</td><td>用钢尺量两侧、两端</td></tr>
<tr><td>横断面对角线长度差</td><td>4</td><td>2</td><td>用钢尺量两端</td></tr>
<tr><td rowspan="4">吊点位置</td><td>吊点中心距桥中心线距离偏差</td><td>±1</td><td>2</td><td>用钢尺量</td></tr>
<tr><td>同一梁段两侧吊点相对高差</td><td>5</td><td>1</td><td>用水准仪测量</td></tr>
<tr><td>相邻梁段吊点中心距偏差</td><td>2</td><td>1</td><td>用钢尺量</td></tr>
<tr><td>同一梁段两侧吊点中心连接线与桥轴线垂直度误差（°）</td><td>2</td><td>1</td><td>用经纬仪测量</td></tr>
<tr><td rowspan="3">梁段匹配性</td><td>纵桥向中心线偏差</td><td>1</td><td>2</td><td>用钢尺量</td></tr>
<tr><td>顶、底、腹板对接间隙</td><td>+3，−1</td><td>2</td><td>用钢尺量</td></tr>
<tr><td>顶、底、腹板对接错台</td><td>2</td><td>2</td><td>用钢板尺和塞尺量</td></tr>
</table>

注：L 为量测长度。

7.2.2.86　市政验·桥-81　悬索桥钢加劲梁段拼装检验批质量验收记录

1. 适用范围

本表适用于市政桥梁工程悬索桥钢加劲梁段拼装检验批的质量检查验收。

2. 表内填写提示

一般项目

钢加径梁段拼装允许偏差应符合表18.8.11-2的规定。

钢加劲梁段拼装允许偏差　　表18.8.11-2

项目	允许偏差（mm）	检验频率		检查方法
		范围	点数	
吊点偏位	20	每件每段	1	用全站仪测量
同一梁段两侧对称吊点处梁顶高差	20		1	用水准仪测量
相邻节段匹配高差	2		2	用钢尺量

安装线形应平顺，无明显折弯。焊缝应平整、顺齐、光滑。防护涂层应完好。

检查数量：全数检查。

检验方法：观察。

7.2.2.87　市政验·桥-82　顶进箱涵滑板检验批质量验收记录

1. 适用范围

本表适用于市政桥梁工程顶进箱涵滑板检验批的质量检查验收。

2. 表内填写提示

箱涵施工涉及模板与支架、钢筋、混凝土质量检验应符合CJJ 2—2008第5.4、6.5、7.13节有关规定。

滑板质量检验应符合CJJ 2—2008第19.4.1条规定，且应符合下列规定：

（1）主控项目

滑板轴线位置、结构尺寸、顶面坡度、锚梁、方向墩等应符合施工设计要求。

检查数量：全数检查。

检验方法：观察、检查施工记录。

（2）一般项目

滑板允许偏差应符合表19.4.2的规定。

滑板允许偏差　　表19.4.2

项目	允许偏差（mm）	检验频率		检验方法
		范围	点数	
中线偏位	50	每座	4	用经纬仪测量纵、横各1点
高程	＋5，0		5	用水准仪测量
平整度	5		5	用2m直尺、塞尺量

7.2.2.88　市政验·桥-83　预制箱涵检验批质量验收记录

1. 适用范围

本表适用于市政桥梁工程预制箱涵检验批的质量检查验收。

2. 表内填写提示

预制箱涵质量检验应符合CJJ 2—2008第19.4.1条的规定，且应符合下列规定：

一般项目

箱涵预制允许偏差应符合表 19.4.3 的规定。

箱涵预制允许偏差 **表 19.4.3**

<table>
<tr><th colspan="2" rowspan="2">项目</th><th rowspan="2">允许偏差
(mm)</th><th colspan="2">检验频率</th><th rowspan="2">检验方法</th></tr>
<tr><th>范围</th><th>点数</th></tr>
<tr><td rowspan="2">断面尺寸</td><td>净空宽</td><td>±30</td><td rowspan="11">每座
每节</td><td>6</td><td>用钢尺量，沿全长中间及两端的左、右各 1 点</td></tr>
<tr><td>净空高</td><td>±50</td><td>6</td><td>用钢尺量，沿全长中间及两端的上、下各 1 点</td></tr>
<tr><td colspan="2">厚度</td><td>±10</td><td>8</td><td>用钢尺量，每端顶板、底板及两侧壁各 1 点</td></tr>
<tr><td colspan="2">长度</td><td>±50</td><td>4</td><td>用钢尺量，两侧上、下各 1 点</td></tr>
<tr><td colspan="2">侧向弯曲</td><td>$L/1000$</td><td>2</td><td>沿构件全长拉线、用钢尺量，左、右各 1 点</td></tr>
<tr><td colspan="2">轴线偏位</td><td>10</td><td>2</td><td>用经纬仪测量</td></tr>
<tr><td colspan="2">垂直度</td><td>≤0.15%H，
且不大于 10</td><td>4</td><td>用经纬仪测量或垂线和钢尺量，每侧 2 点</td></tr>
<tr><td colspan="2">两对角线长度差</td><td>75</td><td>1</td><td>用钢尺量顶板</td></tr>
<tr><td colspan="2">平整度</td><td>5</td><td>8</td><td>用 2m 直尺、塞尺量（两侧内墙各 4 点）</td></tr>
<tr><td colspan="2">箱体外形</td><td>符合 CJJ 2—2008
19.3.1 条规定</td><td>5</td><td>用钢尺量，两端上、下各 1 点，
距前端 2m 处 1 点</td></tr>
</table>

混凝土结构表面应无孔洞、露筋、蜂窝、麻面和缺棱掉角等缺陷。

检查数量：全数检查。

检验方法：观察。

7.2.2.89 市政验·桥-84 箱涵顶进检验批质量验收记录

1. 适用范围

本表适用于市政桥梁工程箱涵顶进检验批的质量检查验收。

2. 表内填写提示

箱涵顶进质量检验应符合下列规定：

一般项目

箱涵顶进允许偏差应符合 表 19.4.4 的规定。

箱涵顶进允许偏差 **表 19.4.4**

<table>
<tr><th colspan="2" rowspan="2">项目</th><th rowspan="2">允许偏差
(mm)</th><th colspan="2">检验频率</th><th rowspan="2">检验方法</th></tr>
<tr><th>范围</th><th>点数</th></tr>
<tr><td rowspan="3">轴线偏位</td><td>L<15m</td><td>100</td><td rowspan="7">每座
每节</td><td rowspan="3">2</td><td rowspan="3">用经纬仪测量，两端各 1 点</td></tr>
<tr><td>15m≤L≤30m</td><td>200</td></tr>
<tr><td>L>30m</td><td>300</td></tr>
<tr><td rowspan="3">高程</td><td>L<15m</td><td>+20，−100</td><td rowspan="3">2</td><td rowspan="3">用水准仪测量，两端各 1 点</td></tr>
<tr><td>15m≤L≤30m</td><td>+20，−150</td></tr>
<tr><td>L>30m</td><td>+20，−200</td></tr>
<tr><td colspan="2">相邻两端高差</td><td>50</td><td>1</td><td>用钢尺量</td></tr>
</table>

注：表中 L 为箱涵沿顶进轴线的长度（m）。

分节顶进的箱涵就位后，接缝处应直顺、无渗漏。

检查数量：全数检查。

检验方法：观察。

7.2.2.90　市政验·桥-85　桥面排水设施检验批质量验收记录

1. 适用范围

本表适用于市政桥梁工程桥面排水设施检验批的质量检查验收。

2. 表内填写提示

排水设施质量检验应符合下列规定：

（1）主控项目

桥面排水设施的设置应符合设计要求，泄水管应畅通无阻。

检查数量：全数检查。

检验方法：观察。

（2）一般项目

桥面泄水口应低于桥面铺装层10～15mm。

检查数量：全数检查。

检验方法：观察。

泄水管安装应牢固可靠，与铺装层及防水层之间应结合密实，无渗漏现象；金属泄水管应进行防腐处理。

检查数量：全数检查。

检验方法：观察。

桥面泄水口位置允许偏差应符合表20.8.1的规定。

桥面泄水口位置允许偏差　　表20.8.1

项目	允许偏差（mm）	检验频率		检验方法
		范围	点数	
高程	0，－10	每孔	1	用水准仪测量
间距	±100		1	用钢尺量

7.2.2.91　市政验·桥-86　混凝土桥面防水层检验批质量验收记录

1. 适用范围

本表适用于市政桥梁工程混凝土桥面防水层检验批的质量检查验收。

2. 表内填写提示

桥面防水层质量检验应符合下列规定：

主控项目

防水材料的品种、规格、性能、质量应符合设计要求和相关标准规定。

检查数量：全数检查。

检验方法：检查材料合格证、进场验收记录和质量检验报告。

防水层、粘结层与基层之间应密贴，结合牢固。

检查数量：全数检查。

检验方法：观察、检查施工记录。

混凝土桥面防水层粘结质量和施工允许偏差应符合表20.8.2-1规定。

混凝土桥面防水层粘结质量和施工允许偏差　　表 20.8.2-1

项目	允许偏差 (mm)	检验频率		检验方法
		范围	点数	
卷材接茬搭接宽度	不小于规定	每 20 延米	1	用钢尺量
防水涂膜厚度	符合设计要求，设计未规定时±0.1	每 $200m^2$	4	用测厚仪检测
粘结强度（MPa）	不小于设计要求，且≥0.3（常温），≥0.2（气温≥35℃）	每 $200m^2$	4	拉拔仪（拉拔速度：10mm/min）
抗剪强度（MPa）	不小于设计要求，且≥0.4（常温），≥0.3（气温≥35℃）	1 组	3 个	剪切仪（剪切速度：10mm/min）
剥离强度（N/mm）	不小于设计要求，且≥0.3（常温），≥0.2（气温≥35℃）	1 组	3 个	90°剥离仪（剪切速度：100mm/min）

防水材料铺装或涂刷外观质量和细部做法应符合下列要求：

卷材防水层表面平整，不得有空鼓、脱层、裂缝、翘边、油包、气泡和皱褶等现象；

涂料防水层的厚度应均匀一致，不得有漏涂处。

防水层与泄水口、汇水槽接合部位应密封，不得有漏封处。

检查数量：全数检查。

检验方法：观察。

7.2.2.92　市政验·桥-87　钢桥面防水粘结层检验批质量验收记录

1. 适用范围

本表适用于市政桥梁工程钢桥面防水粘结层检验批的质量检查验收。

2. 表内填写提示

桥面防水层质量检验应符合下列规定：

(1) 主控项目

防水材料的品种、规格、性能、质量应符合设计要求和相关标准规定。

检查数量：全数检查。

检验方法：检查材料合格证、进场验收记录和质量检验报告。

防水层、粘结层与基层之间应密贴，结合牢固。

检查数量：全数检查。

检验方法：观察、检查施工记录。

(2) 一般项目

钢桥面防水粘结层质量应符合表 20.8.2-2 的规定。

钢桥面防水粘结层质量　　表 20.8.2-2

项目	允许偏差 (mm)	检验频率		检验方法
		范围	点数	
钢桥面清洁度	符合设计要求	全部		GB 8923 规定标准图片对照检查
粘结层厚度	符合设计要求	每洒布段	6	用测厚仪检测
粘结层与基层结合力（MPa）	不小于设计要求	每洒布段	6	用拉拔仪检测
防水层总厚度	不小于设计要求	每洒布段	6	用测厚仪检测

防水材料铺装或涂刷外观质量和细部做法应符合下列要求：

卷材防水层表面平整，不得有空鼓、脱层、裂缝、翘边、油包、气泡和皱褶等现象；

涂料防水层的厚度应均匀一致，不得有漏涂处。

防水层与泄水口、汇水槽接合部位应密封，不得有漏封处。

检查数量：全数检查。

检验方法：观察。

7.2.2.93　市政验·桥-88　桥面铺装层检验批质量检验记录

1. 适用范围

本表适用于市政桥梁工程桥面铺装层检验批的质量检查验收。

2. 表内填写提示

桥面铺装层质量检验应符合下列规定：

（1）主控项目

桥面铺装层材料的品种、规格、性能、质量应符合设计要求和相关标准规定。

检查数量：全数检查。

检验方法：检查材料合格证、进场验收记录和质量检验报告。

水泥混凝土桥面铺装层的强度和沥青混凝土桥面铺装层的压实度应符合设计要求。

检查数量和检验方法应符合国家现行标准《城镇道路工程施工及验收规范》CJJ 1—2008 的有关规定。

（2）一般项目

桥面铺装面层允许偏差应符合表 20.8.3-2 ～ 表 20.8.3-4 的规定。

水泥混凝土桥面铺装面层允许偏差　　　　表 20.8.3-2

项目	允许偏差（mm）	检验频率		检验方法
		范围	点数	
厚度	±5	每 20 延米	3	用水准仪对比浇筑前后标高
横坡	±0.15%		1	用水准仪测量 1 个断面
平整度	符合道路面层标准	按城市道路工程检测规定执行		
抗滑构造深度	符合设计要求	每 200m	3	铺砂法

注：跨度小于 20m 时，检验频率按 20m 计算。

沥青混凝土桥面铺装面层允许偏差　　　　表 20.08.3-3

项目	允许偏差（mm）	检验频率		检验方法
		范围	点数	
厚度	±5	每 20 延米	3	用水准仪对比浇筑前后标高
横坡	±0.3%		1	用水准仪测量 1 个断面
平整度	符合城市道路面层标准	按城市道路工程检测规定执行		
抗滑构造深度	符合设计要求	每 200m	3	铺砂法

注：跨度小于 20m 时，检验频率按 20m 计算。

外观检查应符合下列要求：

水泥混凝土桥面铺装面层表面应坚实、平整，无裂缝，并应有足够的粗糙度；面层伸缩缝应直顺，灌缝应密实；

沥青混凝土桥面铺装层表面应坚实、平整，无裂纹、松散、油包、麻面；

桥面铺装层与桥头路接茬应紧密、平顺。

检查数量：全数检查。

检验方法：观察。

7.2.2.94　市政验·桥-89　人行天桥塑胶桥面铺装层检验批质量验收记录

1. 适用范围

本表适用于市政桥梁工程人行天桥塑胶桥面铺装层检验批的质量检查验收。

2. 表内填写提示

桥面铺装层质量检验应符合下列规定：

（1）主控项目

桥面铺装层材料的品种、规格、性能、质量应符合设计要求和相关标准规定。

检查数量：全数检查。

检验方法：检查材料合格证、进场验收记录和质量检验报告。

水泥混凝土桥面铺装层的强度和沥青混凝土桥面铺装层的压实度应符合设计要求。

检查数量和检验方法应符合国家现行标准《城镇道路工程施工与质量验收规范》CJJ 1 的有关规定。

塑胶面层铺装的物理机械性能应符合表 20.8.3-1 的规定。

塑胶面层铺装的物理机械性能　　表 20.8.3-1

项目	允许偏差	检验频率		检验方法
		范围	点数	
硬度（邵 A，度）	45～60	按（GB/T 14833）5.5“硬度的测定”		
拉伸强度（MPa）	≥0.7	按（GB/T 14833）5.6“拉伸强度、扯断伸长率的测定”		
扯断伸长率	≥90％	按（GB/T 14833）5.6“拉伸强度、扯断伸长率的测定”		
回弹值	≥20％	按（GB/T 14833）5.7“回弹值的测定”		
压缩复原率	≥95％	按（GB/T 14833）5.8“压缩复原率的测定”		
阻燃性	1 级	按（GB/T 14833）5.9“阻燃性的测定”		

注：1. 本表参照《塑胶跑道》GB/T 14833 的规定制定。

2. “阻燃性的测定”由业主、设计方商定。

（2）一般项目

人行天桥塑胶桥面铺装面层允许偏差　　表 20.8.3-4

项目	允许偏差（mm）	检验频率		检验方法
		范围	点数	
厚度	不小于设计要求	每铺装段，每次拌合料量	1	取样法：按 GB/T 14833 附录 B
平整度	±3	每 $20m^2$	1	用 3m 直尺、塞尺检查
坡度	符合设计要求	每铺装段	3	用水准仪测量主梁纵轴高程

注：“阻燃性的测定”由业主、设计方商定。

外观检查应符合下列规定要求：

桥面铺装层与桥头路接茬应紧密、平顺。

检查数量：全数检查。

检验方法：观察。

7.2.2.95　市政验·桥-90　伸缩装置检验批质量验收记录

1. 适用范围

本表适用于市政桥梁工程及其他工程构筑物伸缩装置检验批的质量检查验收。

2. 表内填写提示

伸缩装置质量检验应符合下列规定：

（1）主控项目

伸缩装置的形式和规格必须符合设计要求，缝宽应根据设计规定和安装时的气温进行调整。

检查数量：全数检查。

检验方法：观察、钢尺量测。

伸缩装置安装时焊接质量和焊缝长度应符合设计要求和规范规定，焊缝必须牢固，严禁用点焊连接。大型伸缩装置与钢梁连接处的焊缝应做超声波检测。

检查数量：全数检查。

检验方法：观察、检查焊缝检测报告。

伸缩装置锚固部位的混凝土强度应符合设计要求，表面应平整，与路面衔接平顺。

检查数量：全数检查。

检验方法：观察、检查同条件养护试件强度试验报告。

（2）一般项目

伸缩装置安装允许偏差应符合表 20.8.4 的规定。

伸缩装置安装允许偏差　　　　表 20.8.4

<table>
<tr><th rowspan="2">项目</th><th rowspan="2">允许偏差
(mm)</th><th colspan="2">检验频率</th><th rowspan="2">检验方法</th></tr>
<tr><th>范围</th><th>点数</th></tr>
<tr><td>顺桥平整度</td><td>符合道路标准</td><td rowspan="5">每条缝</td><td colspan="2">按道路检验标准检测</td></tr>
<tr><td>相邻板差</td><td>2</td><td rowspan="3">每车道
1点</td><td>用钢板尺和塞尺量</td></tr>
<tr><td>缝宽</td><td>符合设计要求</td><td>用钢尺量，任意选点</td></tr>
<tr><td>与桥面高差</td><td>2</td><td>用钢板尺和塞尺量</td></tr>
<tr><td>长度</td><td>符合设计要求</td><td>2</td><td>用钢尺量</td></tr>
</table>

伸缩装置应无渗漏、无变形、伸缩缝应无阻塞。

检查数量：全数检查。

检验方法：观察。

7.2.2.96　市政验·桥-91　地袱、缘石、挂板检验批质量验收记录

1. 适用范围

本表适用于市政桥梁工程地袱、缘石、挂板检验批的质量检查验收。

2. 表内填写提示

地袱、缘石、挂板质量检验应符合下列规定：

（1）主控项目

地袱、缘石、挂板混凝土的强度必须符合设计要求。

检查数量和检验方法，均应符合 CJJ 2—2008 第 7.13 节有关规定。对于构件厂生产的定型产品进场时，应检验出厂合格证和试件强度试验报告。

预制地袱、缘石、挂板安装必须牢固，焊接连接应符合设计要求；现浇地袱钢筋的锚固长度应符合设计要求。

检查数量：全数检查。

检验方法：观察。

（2）一般项目

预制地袱、缘石、挂板允许偏差应符合表 20.8.5-1 的规定；安装允许偏差应符合表 20.8.5-2 的规定。

预制地袱、缘石、挂板允许偏差　　表 20.8.5-1

项目		允许偏差（mm）	检验频率		检验方法
			范围	点数	
断面尺寸	宽	±3	每件（抽查 10%，且不少于 5 件）	1	用钢尺量
	高			1	
长度		0，−10		1	用钢尺量
侧向弯曲		$L/750$		1	沿构件全长拉线用钢尺量（L 为构件长度）

地袱、缘石、挂板安装允许偏差　　表 20.8.5-2

项目	允许偏差（mm）	检验频率		检验方法
		范围	点数	
直顺度	5	每跨侧	1	用 10m 线和钢尺量
相邻板块高差	3	每接缝（抽查 10%）	1	用钢板尺和塞尺量

注：两个伸缩缝之间的为一个验收批。

伸缩缝必须全部贯通，并与主梁伸缩缝相对应。

检查数量：全数检查。

检验方法：观察。

地袱、缘石、挂板等水泥混凝土构件不得有孔洞、露筋、蜂窝、麻面、缺棱、掉角等缺陷；安装的线形应流畅平顺。

检查数量：全数检查。

检验方法：观察。

7.2.2.97　市政验·桥-92　预制混凝土栏杆检验批质量验收记录

1. 适用范围

本表适用于市政桥梁工程及其他工程构筑物预制混凝土栏杆检验批的质量检查验收。

2. 表内填写提示

（1）主控项目

混凝土栏杆、防撞护栏、防撞墩、隔离墩的强度应符合设计要求，安装必须牢固、稳定。

检查数量：全数检查。

检验方法：观察、检查混凝土试件强度试验报告。

（2）一般项目

预制混凝土栏杆允许偏差应符合表 20.8.6-1 的规定。

预制混凝土栏杆允许偏差　　表 20.8.6-1

<table>
<tr><th colspan="2" rowspan="2">项目</th><th rowspan="2">允许偏差
(mm)</th><th colspan="2">检验频率</th><th rowspan="2">检验方法</th></tr>
<tr><th>范围</th><th>点数</th></tr>
<tr><td rowspan="2">断面尺寸</td><td>宽</td><td rowspan="2">±4</td><td rowspan="4">每件（抽查10%，且不少于5件）</td><td>1</td><td rowspan="2">用钢尺量</td></tr>
<tr><td>高</td><td>1</td></tr>
<tr><td colspan="2">长度</td><td>0，−10</td><td>1</td><td>用钢尺量</td></tr>
<tr><td colspan="2">侧向弯曲</td><td>L/750</td><td>1</td><td>沿构件全长拉线，用钢尺量（L为构件长度）</td></tr>
</table>

混凝土结构表面不得有孔洞、露筋、蜂窝、麻面、缺棱、掉角等缺陷，线形应流畅平顺。

检查数量：全数检查。

检验方法：观察。

7.2.2.98　市政验·桥-93　栏杆安装检验批质量验收记录

1. 适用范围

本表适用于市政桥梁工程及其他工程构筑物栏杆安装检验批的质量检查验收。

2. 表内填写提示

（1）主控项目

混凝土栏杆、防撞护栏、防撞墩、隔离墩的强度应符合设计要求，安装必须牢固、稳定。

检查数量：全数检查。

检验方法：观察、检查混凝土试件强度试验报告。

（2）一般项目

栏杆安装允许偏差应符合表20.8.6-2的规定。

栏杆安装允许偏差　　表 20.8.6-2

<table>
<tr><th colspan="2" rowspan="2">项目</th><th rowspan="2">允许偏差
(mm)</th><th colspan="2">检验频率</th><th rowspan="2">检验方法</th></tr>
<tr><th>范围</th><th>点数</th></tr>
<tr><td>直顺度</td><td>扶手</td><td>4</td><td>每跨侧</td><td>1</td><td>用10m线和钢尺量</td></tr>
<tr><td>垂直度</td><td>栏杆柱</td><td>3</td><td>每柱（抽查10%）</td><td>2</td><td>用垂线和钢尺量，顺、横桥轴方向各1点</td></tr>
<tr><td colspan="2">栏杆间距</td><td>±3</td><td>每柱（抽查10%）</td><td rowspan="3">1</td><td rowspan="3">用钢尺量</td></tr>
<tr><td rowspan="2">相邻栏杆扶手高差</td><td>有柱</td><td>4</td><td rowspan="2">每处（抽查10%）</td></tr>
<tr><td>无柱</td><td>2</td></tr>
<tr><td colspan="2">栏杆平面偏位</td><td>4</td><td>每30m</td><td>1</td><td>用经纬仪和钢尺量</td></tr>
</table>

注：现场浇注的栏杆、扶手和钢结构栏杆、扶手的允许偏差可按本条款执行。

金属栏杆、防护网必须按设计要求作防护处理，不得漏涂、剥落。

检查数量：抽查5%。

检验方法：观察、用涂层测厚检查。

混凝土结构表面不得有孔洞、露筋、蜂窝、麻面、缺棱、掉角等缺陷，线形应流畅平顺。

检查数量：全数检查。

检验方法：观察。

防护设施伸缩缝必须全部贯通，并与主梁伸缩缝相对应。

检查数量：全数检查。

检验方法：观察。

金属栏杆、防护网的品种、规格应符合设计要求，安装必须牢固。

检查数量：全数检查。

检验方法：观察、用钢尺量、检查产品合格证、检查进场检验记录、用焊缝量规检查。

7.2.2.99　市政验·桥-94　防撞护栏、防撞墩、隔离墩检验批质量验收记录

1. 适用范围

本表适用于市政桥梁工程及其他工程防撞护栏、防撞墩、隔离墩检验批的质量检查验收。

2. 表内填写提示

（1）主控项目

混凝土栏杆、防撞护栏、防撞墩、隔离墩的强度应符合设计要求，安装必须牢固、稳定。

检查数量：全数检查。

检查方法：观察、检查混凝土试件强度试验报告。

（2）一般项目

防撞护栏、防撞墩、隔离墩允许偏差应符合表 20.8.6-3 的规定。

防撞护栏、防撞墩、隔离墩允许偏差　　表 20.8.6-3

项目	允许偏差（mm）	检验频率		检验方法
		范围	点数	
直顺度	5	每 20m	1	用 20m 线和钢尺量
平面偏位	4	每 20m	1	经纬仪放线，用钢尺量
预埋件位置	5	每件	2	经纬仪放线，用钢尺量
断面尺寸	±5	每 20m	1	用钢尺量
相邻高差	3	抽查 20%	1	用钢板尺和钢尺量
顶面高程	±10	每 20m	1	用水准仪测量

混凝土结构表面不得有孔洞、露筋、蜂窝、麻面、缺棱、掉角等缺陷，线形应流畅平顺。

检查数量：全数检查。

检验方法：观察。

防护设施伸缩缝必须全部贯通，并与主梁伸缩缝相对应。

检查数量：全数检查。

检验方法：观察。

7.2.2.100　市政验·桥-95　防护网安装检验批质量验收记录

1. 适用范围

本表适用于市政桥梁工程及其他工程防护网检验批的质量检查验收。

2. 表内填写提示

（1）主控项目

混凝土栏杆、防撞护栏、防撞墩、隔离墩的强度应符合设计要求，安装必须牢固、稳定。

检查数量：全数检查。

检查方法：观察、检查混凝土试件强度试验报告。

（2）一般项目

防护网安装允许偏差应符合表 20.8.6-4 的规定。

防护网安装允许偏差　　表 20.8.6-4

项目	允许偏差（mm）	检验频率		检验方法
		范围	点数	
防护网直顺度	5	每 10m	1	用 10m 线和钢尺量
立柱垂直度	5	每柱（抽查 20%）	2	用垂线和钢尺量，顺、横桥轴方向各 1 点
立柱中距	±10	每处（抽查 20%）	1	用钢尺量
高度	±5			

防护网安装后，网面应平整，无明显翘曲、凹凸现象。
检查数量：全数检查。
检验方法：观察。
防护设施伸缩缝必须全部贯通，并与主梁伸缩缝相对应。
检查数量：全数检查。
检查方法：观察。

7.2.2.101　市政验·桥-96　人行道铺装检验批质量验收记录

1. 适用范围
本表适用于市政桥梁工程人行道铺装检验批的质量检查验收。
2. 表内填写提示
人行道质量检验应符合下列规定：
（1）主控项目
人行道结构材质和强度应符合设计要求。
检查数量：全数检查。
检查方法：检查产品合格证和试件强度试验报告。
（2）一般项目
人行道铺装允许偏差应符合表 20.8.7 的规定。

人行道铺装允许偏差　　表 20.8.7

项目	允许偏差（mm）	检验频率		检验方法
		范围	点数	
人行道边缘平面偏位	5	每 20m 一个断面	2	用 20m 线和钢尺量
纵向高程	+10，0		2	用水准仪测量
接缝两侧高差	2		2	
横坡	±0.3%		3	
平整度	5		3	用 3m 直尺，塞尺量

7.2.2.102　市政验·桥-97　隔声与防眩装置检验批质量验收记录

1. 适用范围
本表适用于市政桥梁工程隔声与防眩装置检验批的质量检查验收。
2. 表内填写提示
隔声与防眩装置质量检验应符合下列规定：
（1）主控项目

声屏障的降噪效果应符合设计要求。

检查数量和检查方法：按环保或设计要求方法检测。

隔声与防眩装置安装应符合设计要求，安装必须牢固、可靠。

检查数量：全数检查。

检验方法：观察、用钢尺量、用焊缝量规检查、手扳检查、检查施工记录。

（2）一般项目

隔声和防眩装置防护涂层厚度应符合设计要求，不得漏涂、剥落，表面不得有气泡、起皱、裂纹、毛刺和翘曲等缺陷。

检查数量：抽查20%、且同类构件不少于3件。

检验方法：观察、涂层测厚仪检查。

防眩板安装应与桥梁线形一致，板间距、遮光角应符合设计要求。

检查数量：全数检查。

检验方法：观察、用角度尺检查。

声屏障安装允许偏差应符合表21.6.2-1的规定。

声屏障安装允许偏差　　表21.6.2-1

项目	允许偏差（mm）	检验频率		检验方法
		范围	点数	
中线偏位	10	每柱（抽查30%）	1	用经纬仪和钢尺量
顶面高程	±20	每柱（抽查30%）	1	用水准仪测量
金属立柱中距	±10	每处（抽查30%）		用钢尺量
金属立柱垂直度	3	每柱（抽查30%）	2	用垂线和钢尺量，顺、横桥各1点
屏体厚度	±2	每处（抽查15%）	1	用游标卡尺量
屏体宽度、高度	±10	每处（抽查15%）	1	用钢尺量

防眩板安装允许偏差应符合表21.6.2-2的规定。

防眩板安装允许偏差　　表21.6.2-2

项目	允许偏差（mm）	检验频率		检验方法
		范围	点数	
防眩板直顺度	8	每跨侧	1	用10m线和钢尺量
垂直度	5	每柱（抽查10%）	2	用垂线和钢尺量，顺、横桥各1点
立柱中距	±10	每处（抽查10%）	1	用钢尺量
高度				

7.2.2.103　市政验·桥-98　混凝土梯道检验批质量验收记录

1. 适用范围

本表适用于市政桥梁工程或其他构筑物混凝土梯道检验批的质量检查验收。

2. 表内填写提示

梯道质量检验应符合CJJ 2—2008第21.6.1条规定，且应符合下列规定：

一般项目

混凝土梯道抗磨、防滑设施应符合设计要求。抹面、贴面面层与底层应粘结牢固。

检查数量：检查梯道数量的20%。

检验方法：观察、小锤敲击。

混凝土梯道允许偏差应符合表21.6.3-1的规定。

混凝土梯道允许偏差 **表21.6.3-1**

项目	允许偏差（mm）	检验频率		检验方法
		范围	点数	
踏步高度	±5	每跑台阶抽查10%	2	用钢尺量
踏面宽度	±5		2	用钢尺量
防滑条位置	5		2	用钢尺量
防滑条高度	±3		2	用钢尺量
台阶平台尺寸	±5	每个	2	用钢尺量
坡道坡度	±2%	每跑	2	用坡度尺量

注：应保证平台不积水，雨水可由上向下自流出。

7.2.2.104 市政验·桥-99 钢梯道制作检验批质量验收记录

1. 适用范围

本表适用于市政桥梁工程或其他构筑物钢梯道制作检验批的质量检查验收。

2. 表内填写提示

梯道质量检验应符合CJJ 2—2008第21.6.1条规定，且应符合下列规定：

一般项目

钢梯道梁制作允许偏差应符合表21.6.3-2的规定。

钢梯道梁制作允许偏差 **表21.6.3-2**

项目	允许偏差（mm）	检验频率		检验方法
		范围	点数	
梁高	±2	每件	2	用钢尺量
梁宽	±3		2	
梁长	±5		2	
梯道梁安装孔位置	±3		2	
对角线长度差	4		2	
梯道梁踏步间距	±5		2	
梯道梁纵向挠曲	≤L/1000，且不大于10		2	沿全长拉线，用钢尺量
踏步板不平直度	1/100		2	

注：L为梁长（mm）。

7.2.2.105 市政验·桥-100 钢梯道安装检验批质量验收记录

1. 适用范围

本表适用于市政桥梁工程或其他构筑物钢梯道安装检验批的质量检查验收。

2. 表内填写提示

梯道质量检验应符合 CJJ 2—2008 第 21.6.1 条规定，且应符合下列规定：

一般项目

钢梯道安装允许偏差应符合表 21.6.3-3 的规定。

钢梯道安装允许偏差 **表 21.6.3-3**

项目	允许偏差（mm）	检验频率		检验方法
		范围	点数	
梯道平台高程	±15	每件	2	用水准仪测量
梯道平台水平度	15			
梯道侧向弯曲	10			沿全长拉线，用钢尺量
梯道轴线对定位轴线的偏位	5			用经纬仪测量
梯道栏杆高度和立杆间距	±3	每道		用钢尺量
无障碍 C 型坡道和螺旋梯道高程	±15			用水准仪测量

注：梯道平台水平度应保证梯道平台不积水，雨水可由上向下流出梯道。

7.2.2.106 市政验·桥-101 桥头搭板检验批质量验收记录

1. 适用范围

本表适用于市政桥梁工程桥头搭板检验批的质量检查验收。

2. 表内填写提示

桥头搭板质量检验应符合 CJJ 2—2008 第 21.6.1 条规定，且应符合下列规定：

一般项目

桥头搭板允许偏差应符合表 21.6.4 的规定。

混凝土桥头搭板（预制或现浇）允许偏差 **表 21.6.4**

项目	允许偏差（mm）	检验频率		检验方法
		范围	点数	
宽度	±10	每块	2	用钢尺量
厚度	±5		2	
长度	±10		2	
顶面高程	±2		3	用水准仪测量，每端 3 点
轴线偏位	10		2	用经纬仪测量
板顶纵坡	±0.3%		3	用水准仪测量，每端 3 点

混凝土搭板、枕梁不得有蜂窝、露筋、板的表面应平整，板边缘应直顺。

检查数量：全数检查。

检验方法：观察。

搭板、枕梁，支承处接触严密、稳固，相邻板之间的缝隙应嵌填密实。

检查数量：全数检查。

检验方法：观察。

7.2.2.107　市政验·桥-102　防冲刷结构检验批质量验收记录

1. 适用范围

本表适用于市政桥梁工程防冲刷结构检验批的质量检查验收。

2. 表内填写提示

防冲刷结构质量检验应符合本规范第 21.6.1 条规定，且应符合下列规定：

一般项目

锥坡、护坡、护岸允许偏差　　表 21.6.5-1

项目	允许偏差（mm）	检验频率		检验方法
		范围	点数	
顶面高程	±50	每个，50m	3	用水准仪测量
表面平整度	30	每个，50m	3	用 2m 直尺、钢尺量
坡度	不陡于设计	每个，50m	3	用钢尺量
厚度	不小于设计	每个，50m	3	用钢尺量

注：1. 不足 50m 部分，取 1～2 点；
　　2. 海墁结构允许偏差可按本表 1、2、4 项执行。

导流结构允许偏差应符合表 21.6.5-2 的规定。

导流结构允许偏差　　表 21.6.5-2

项目		允许偏差（mm）	检验频率		检验方法
			范围	点数	
平面位置		30	每个	2	用经纬仪测量
长度		0，−100		1	用钢尺量
断面尺寸		不小于设计		5	用钢尺量
高程	基底	不高于设计		5	用水准仪测量
	顶面	±30			

7.2.2.108　市政验·桥-103　照明系统检验批质量检验记录

1. 适用范围

本表适用于市政桥梁工程或其他构筑物照明系统检验批的质量检查验收。

2. 表内填写提示

照明系统质量检验应符合 CJJ 2—2008 第 21.6.1 条规定，且应符合下列规定：

（1）主控项目

电缆、灯具等的型号、规格、材质和性能等应符合设计要求。

检查数量：全数检查。

检查方法：检查产品出厂合格证和进场验收记录。

电缆接线应正确，接头应作绝缘保护处理，严禁漏电。接地电阻必须符合设计要求。

检查数量：全数检查。

检查方法：观察、用电气仪表检测。

（2）一般项目

电缆铺设位置正确，并应符合国家现行标准的规定。

检查数量：全数检查。

检查方法：观察、检查施工记录。

灯杆（柱）金属构件必须作防腐处理，涂层厚度应符合设计要求。

检查数量：抽查10%，且同类构件不少于3件。

检查方法：观察、用干膜测厚仪检查。

灯杆、灯具安装位置应准确、牢固。

检查数量：全数检查。

检查方法：观察、螺栓用扳手检查、焊缝用量规量测。

照明设施安装允许偏差应符合表21.6.6的规定。

照明设施安装允许偏差 **表21.6.6**

项目		允许偏差（mm）	检验频率		检验方法
			范围	点数	
灯杆地面以上高度		±40	每杆（柱）	1	用钢尺量
灯杆（柱）竖直度		$H/500$			用经纬仪测量
平面位置	纵向	20			经纬仪放线，用钢尺量
	横向	10			

注：表中 H 为灯杆高度。

7.2.2.109 市政验·桥-104 水泥砂浆抹面检验批质量验收记录

1. 适用范围

本表适用于市政桥梁工程或其他构筑物水泥砂浆抹面检验批的质量检查验收。

2. 表内填写提示

水泥砂浆抹面质量检验应符合下列规定：

（1）主控项目

砂浆的强度应符合设计要求

检查数量：全数检查。

检验方法：检查试件强度试验报告。

水泥砂浆面层不得有裂缝，各抹面层之间及其与基层之间应粘结牢固，不得有脱层、空鼓等现象。

检查数量：全数检查。

检验方法：观察、用小锤轻击。

（2）一般项目

普通抹面表面应光滑、洁净、色泽均匀、无抹纹、抹面分隔条的宽度和深度应均匀一致，无错缝、缺棱掉角。

检查数量：按每500m^{2}为一个检验批，不足500m^{2}的也为一个检验批，每个检验批每100m^{2}至少检验一处，每处不小于10m^2。

检查方法：观察、用钢尺量。

普通抹面允许偏差应符合表22.4.1-1的规定。

普通抹面允许偏差 **表 22.4.1-1**

项目	允许偏差（mm）	检验频率		检验方法
		范围	点数	
平整度	4	每跨、侧	4	用 2m 直尺和塞尺量
阴阳角方正	4		3	用 200mm 直角尺量
墙面垂直度	5		2	用 2m 靠尺量

装饰抹面应符合下列规定：

水刷石应石粒清晰，均匀分布，紧密平整，应无掉粒和接茬痕迹。

水磨石应表面平整、光滑、石子显露密实均匀，应无砂眼、磨纹和漏磨处。分格条位置准确、直顺。

剁斧石应剁纹均匀、深浅一致，无漏剁处，不剁的边条宽窄应一致，棱角无损坏。

检查数量：按每 500m^2 为一个检验批，不足 500m^2 的也为一个检验批，每个检验批每 100m^2 至少检验一处，每处不小于 10m^2。

检查方法：观察、钢尺量。

装饰抹面允许偏差应符合表 22.4.1-2 的规定。

装饰抹面允许偏差 **表 22.4.1-2**

项目	允许偏差（mm）			检查频率		检验方法
	水磨石	水刷石	剁斧石	范围	点数	
平整度	2	3	3	每跨、侧	4	用 2m 直尺和塞尺量
阴阳角方正	2	3	3		2	用 200mm 直角尺量
墙面垂直度	3	5	4		2	用 2m 靠尺量
分格条平直	2	3	3		2	拉 2m 线（不足 2m 拉通线），用钢尺量

7.2.2.110　市政验·桥-105　镶饰面板和贴饰面砖检验批质量验收记录

1. 适用范围

本表适用于市政桥梁工程或其他构筑物镶饰面板和贴饰面砖检验批的质量检查验收。

2. 表内填写提示

镶饰面板和贴饰面砖质量检验应符合下列规定：

(1) 主控项目

饰面所用的材料（饰面板、砖、找平、粘结、勾缝等材料）其品种、规格和技术性能应符合设计要求及国家现行标准规定。

检查数量：按进场的批次和产品的抽样检验方案确定。

检验方法：观察、用钢尺或卡尺量、检查产品合格证、进场验收记录、性能检测报告和复验报告。

饰面板镶安必须牢固。镶安饰面板的预埋件（或后置预埋件）、连接件的数量、规格、位置、连接方法和防腐处理应符合设计要求。后置预埋件的现场拉拔强度应符合设计要求。

检查数量：每 100m^2 至少抽查一处，每处不小于 10m^2。

检验方法：手扳、检查进场验收记录和现场拉拔强度检测报告、检查施工记录。

饰面砖粘贴必须牢固。

检查数量：每 300m^2（不足 300m^2 按 300m^2 计）同类墙体为 1 组。每组取 3 个试样。

检验方法：检查样件粘结强度检测报告和施工记录。

(2) 一般项目

镶饰面板的墙（柱）应表面平整、洁净、色泽协调，石材表面不得有起碱、污痕，无显著的光泽受损处。无裂痕和缺损；饰面板嵌缝应平直、密实，宽度和深度应符合设计要求，嵌填材料应色泽一致。

检查数量：全数检查。

检验方法：观察、钢尺量。

贴饰面砖的墙（柱）应表面平整、洁净、色泽一致，镶贴无歪斜、翘曲、空鼓、掉角和裂纹等现象。嵌缝应平直、连续、密实、宽度和深度一致。

检查数量：全数检查。

检验方法：观察、用小锤轻击。

饰面允许偏差应符合表 22.4.2 的规定。

饰面允许偏差 **表 22.4.2**

<table>
<tr><th rowspan="3">项目</th><th colspan="6">允许偏差（mm）</th><th colspan="2">检验频率</th><th rowspan="3">检验方法</th></tr>
<tr><th colspan="3">天然石</th><th colspan="2">人造石</th><th rowspan="2">饰面砖</th><th rowspan="2">范围</th><th rowspan="2">点数</th></tr>
<tr><th>镜面光面</th><th>粗纹石麻面条纹石</th><th>天然石</th><th>水磨石</th><th>水刷石</th></tr>
<tr><td>平整度</td><td>1</td><td>3</td><td></td><td>2</td><td>4</td><td>2</td><td rowspan="6">每跨侧，每饰面</td><td>4</td><td>用 2m 直尺和塞尺量</td></tr>
<tr><td>垂直度</td><td>2</td><td>3</td><td></td><td>2</td><td>4</td><td>2</td><td>2</td><td>用 2m 靠尺量</td></tr>
<tr><td>接缝平直</td><td>2</td><td>4</td><td>5</td><td>3</td><td>4</td><td>3</td><td>2</td><td>拉 5m 线，用钢尺量，横竖各 1 点</td></tr>
<tr><td>相邻板高差</td><td>0.3</td><td>3</td><td></td><td>0.5</td><td>3</td><td>1</td><td>2</td><td>用钢板尺和塞尺量</td></tr>
<tr><td>接缝宽度</td><td>0.5</td><td>1</td><td>2</td><td>0.5</td><td>2</td><td></td><td>2</td><td>用钢尺量</td></tr>
<tr><td>阳角方正</td><td>2</td><td>4</td><td></td><td>2</td><td></td><td>2</td><td>2</td><td>用 200mm 直角尺量</td></tr>
</table>

7.2.2.111 市政验·桥-106 涂饰检验批质量验收记录

1. 适用范围

本表适用于市政桥梁工程或其他构筑物涂饰检验批的质量检查验收。

2. 表内填写提示

涂饰质量检验应符合下列规定：

(1) 主控项目

涂饰材料的材质应符合设计要求。

检查数量：全数检查。

检验方法：检查产品合格证。

涂料涂刷遍数、涂层厚度均应符合设计要求。

检查数量：按每 500m^2 为一检验批，不足 500m^2 的也为一个检验批，每个检验批每 100m^2 至少检验一处。

检验方法：观察、用干膜测厚仪检查。

(2) 一般项目

表面应平整光洁，色泽一致，不得有脱皮、漏刷、返锈、透底、流坠、皱纹等现象。

检查数量：全数检查。

检验方法：观察。

7.2.3 给排水管道工程

7.2.3.1 市政验·管-1 沟槽开挖与地基处理检验批质量验收记录

1. 适用范围

本表适用于给排水管道工程沟槽开挖与地基处理检验批的质量检查验收。

2. 表内填写提示

沟槽开挖与地基处理应符合下列规定：

（1）主控项目

原状地基土不得扰动、受水浸泡或受冻；

检查方法：观察，检查施工记录。

地基承载力应满足设计要求；

检查方法：观察，检查地基承载力试验报告。

进行地基处理时，压实度、厚度满足设计要求；

检查方法：按设计或规定要求进行检查，检查检测记录、试验报告。

（2）一般项目

沟槽开挖的允许偏差应符合表 4.6.1 的规定。

沟槽开挖的允许偏差 **表 4.6.1**

<table>
<tr><th rowspan="2">检查项目</th><th colspan="2" rowspan="2">允许偏差
(mm)</th><th colspan="2">检查数量</th><th rowspan="2">检查方法</th></tr>
<tr><th>范围</th><th>点数</th></tr>
<tr><td rowspan="2">槽底高程</td><td>土方</td><td>±20</td><td rowspan="4">两井
之间</td><td rowspan="2">3</td><td rowspan="2">用水准仪测量</td></tr>
<tr><td>石方</td><td>＋20，－200</td></tr>
<tr><td>槽底中线每侧宽度</td><td colspan="2">不小于规定</td><td>6</td><td>挂中线用钢尺量测，每侧计 3 点</td></tr>
<tr><td>沟槽边坡</td><td colspan="2">不陡于规定</td><td>6</td><td>用坡度尺量测，每侧计 3 点</td></tr>
</table>

7.2.3.2 市政验·管-2 沟槽支护检验批质量验收记录

1. 适用范围

本表适用于给排水管道工程沟槽支护检验批的质量检查验收。

2. 表内填写提示

沟槽支护应符合现行国家标准《建筑地基基础工程施工质量验收规范》GB 50202 的相关规定，对于撑板、钢板桩支撑还应符合下列规定：

（1）主控项目

支撑方式、支撑材料符合设计要求；

检查方法：观察、检查施工方案。

支护结构强度、刚度、稳定性符合设计要求；

检查方法：观察、检查施工方案、施工记录。

（2）一般项目

横撑不得妨碍下管和稳管；

检查方法：观察。

支撑构件安装应牢固、安全可靠、位置正确；

检查方法：观察。

支撑后，沟槽中心线每侧的净宽不应小于施工方案设计要求；

检查方法：观察，用钢尺量测。

钢板桩的轴线位移不得大于50mm；垂直度不得大于1.5%；

检查方法：观察，用小线、垂球量测。

7.2.3.3 市政验·管-3 沟槽回填检验批质量验收记录

1. 适用范围

本表适用于给排水管道工程沟槽回填检验批的质量检查验收。

2. 表内填写提示

沟槽回填应符合下列规定：

(1) 主控项目

回填材料符合设计要求；

检查方法：观察；按国家有关规范的规定和设计要求进行检查，检查检测报告。

检查数量：条件相同的回填材料，每铺筑1000m^2，应取样一次，每次取样至少应做两组测试；回填材料条件变化或来源变化时，应分别取样检测。

沟槽不得带水回填，回填应密实；

检查方法：观察，检查施工记录。

柔性管道的变形率不得超过设计要求或本规范第4.5.12条的规定，管壁不得出现纵向隆起、环向扁平和其他变形情况；

检查方法：观察。方便时用钢尺直接量测，不方便时用圆度测试板或芯轴仪在管内拖拉量测管道变形率；检查记录，检查技术处理资料。

检查数量：试验段（或初始50m）不少于3处，每100m正常作业段（取起点、中间点、终点处各一点），每处平行测量3个断面，取其平均值。

回填土压实度应符合设计要求，设计无要求时，应符合表4.6.3-1、表4.6.3-2的规定。柔性管道沟槽回填部位与压实度见图4.6.3。

(2) 一般项目

回填应达到设计高程，表面应平整；

检查方法：观察，有疑问处用水准仪测量。

回填时管道及附属构筑物无损伤、沉降、位移；

检查方法：观察，有疑问处用水准仪测量。

刚性管道沟槽回填土压实度 **表4.6.3-1**

<table>
<tr><td colspan="3" rowspan="2">项　目</td><td colspan="2">最低压实度（%）</td><td colspan="2">检查数量</td><td rowspan="2">检查方法</td></tr>
<tr><td>重型击实标准</td><td>轻型击实标准</td><td>范围</td><td>点数</td></tr>
<tr><td colspan="3">石灰土类垫层</td><td>93</td><td>95</td><td>100m</td><td rowspan="5">每层每侧一组（每组3点）</td><td rowspan="5">用环刀法检查或采用现行国家标准《土工试验方法标准》GB/T 50123中其他方法</td></tr>
<tr><td rowspan="4">沟槽在路基范围外</td><td rowspan="2">胸腔部分</td><td>管　侧</td><td>87</td><td>90</td><td rowspan="4">两井之间或1000m^2</td></tr>
<tr><td>管顶以上500mm</td><td colspan="2">87±2（轻型）</td></tr>
<tr><td colspan="2">其余部分</td><td colspan="2">≥90（轻型）或按设计要求</td></tr>
<tr><td colspan="2">农田或绿地范围表层500mm范围内</td><td colspan="2">不宜压实，预留沉降量，表面整平</td></tr>
</table>

续表

<table>
<tr><th colspan="4" rowspan="2">项　目</th><th colspan="2">最低压实度（%）</th><th colspan="2">检查数量</th><th rowspan="2">检查方法</th></tr>
<tr><th>重型击实标准</th><th>轻型击实标准</th><th>范围</th><th>点数</th></tr>
<tr><td rowspan="11">沟槽在路基范围内</td><td colspan="2" rowspan="2">胸腔部分</td><td>管　侧</td><td>87</td><td>90</td><td rowspan="11">两井之间或 $1000m^2$</td><td rowspan="11">两层每侧一组（每组3点）</td><td rowspan="11">用环刀法检查或采用现行国家标准《土工试验方法标准》GB/T 50123中其他方法</td></tr>
<tr><td>管顶以上250mm</td><td colspan="2">87（轻型）</td></tr>
<tr><td rowspan="9">由路槽底算起的深度范围（mm）</td><td rowspan="3">≤800</td><td>快速路及主干路</td><td>95</td><td>98</td></tr>
<tr><td>次干路</td><td>93</td><td>95</td></tr>
<tr><td>支　路</td><td>90</td><td>92</td></tr>
<tr><td rowspan="3">＞800～1500</td><td>快速路及主干路</td><td>93</td><td>95</td></tr>
<tr><td>次干路</td><td>90</td><td>92</td></tr>
<tr><td>支　路</td><td>87</td><td>90</td></tr>
<tr><td rowspan="3">＞1500</td><td>快速路及主干路</td><td>87</td><td>90</td></tr>
<tr><td>次干路</td><td>87</td><td>90</td></tr>
<tr><td>支　路</td><td>87</td><td>90</td></tr>
</table>

注：表中重型击实标准的压实度和轻型击实标准的压实度，分别以相应的标准击实试验法求得的最大干密度为100%。

柔性管道沟槽回填土压实度　　表 4.6.3-2

<table>
<tr><th colspan="2" rowspan="2">槽内部位</th><th rowspan="2">压实度（%）</th><th rowspan="2">回填材料</th><th colspan="2">检查数量</th><th rowspan="2">检查方法</th></tr>
<tr><th>范围</th><th>点数</th></tr>
<tr><td rowspan="2">管道基础</td><td>管底基础</td><td>≥90</td><td rowspan="2">中、粗砂</td><td>—</td><td>—</td><td rowspan="6">用环刀法检查或采用现行国家标准《土工试验方法标准》GB/T 50123中其他方法</td></tr>
<tr><td>管道有效支撑角范围</td><td>≥95</td><td>每100m</td><td rowspan="5">每层每侧一组（每组3点）</td></tr>
<tr><td colspan="2">管道两侧</td><td>≥95</td><td rowspan="3">中、粗砂、碎石屑，最大粒径小于40mm的砂砾或符合要求的原土</td><td rowspan="4">两井之间或每 $1000m^2$</td></tr>
<tr><td rowspan="2">管顶以上500mm</td><td>管道两侧</td><td>≥90</td></tr>
<tr><td>管道上部</td><td>85±2</td></tr>
<tr><td colspan="2">管顶500～1000mm</td><td>≥90</td><td>原土回填</td></tr>
</table>

注：回填土的压实度，除设计要求用重型击实标准外，其他皆以轻型击实标准试验获得最大干密度为100%。

7.2.3.4　市政验·管-4　管道基础检验批质量验收记录

1. 适用范围

本表适用于给排水管道工程管道基础检验批的质量检查验收。

2. 表内填写提示

管道基础应符合下列规定：

（1）主控项目

原状地基的承载力符合设计要求；

检查方法：观察，检查地基处理强度或承载力检验报告、复合地基承载力检验报告。

混凝土基础的强度符合设计要求；

检验数量：混凝土验收批与试块留置按照现行国家标准《给水排水构筑物工程施工及验收规范》GB 50141—2008 第 6.2.8 条第 2 款执行；

检查方法：混凝土基础的混凝土强度验收应符合现行国家标准《混凝土强度检验评定标准》GB/T 50107—2010 的有关规定。

砂石基础的压实度符合设计要求或本规范的规定；

检查方法：检查砂石材料的质量保证资料、压实度试验报告。

（2）一般项目

原状地基、砂石基础与管道外壁间接触均匀，无空隙；

检查方法：观察、检查施工记录。

混凝土基础外光内实，无严重缺陷；混凝土基础的钢筋数量、位置正确；

管道基础的允许偏差应符合表 5.10.1 的规定。

管道基础的允许偏差 **表 5.10.1**

<table>
<tr><th colspan="3" rowspan="2">检查项目</th><th rowspan="2">允许偏差
（mm）</th><th colspan="2">检查数量</th><th rowspan="2">检查方法</th></tr>
<tr><th>范围</th><th>点数</th></tr>
<tr><td rowspan="4">垫层</td><td colspan="2">中线每侧宽度</td><td>不小于设计要求</td><td rowspan="13">每个验收批</td><td rowspan="13">每 10m 测 1 点，且不少于 3 点</td><td>挂中心线钢尺检查，每侧一点</td></tr>
<tr><td rowspan="2">高程</td><td>压力管道</td><td>±30</td><td rowspan="2">水准仪测量</td></tr>
<tr><td>无压管道</td><td>0，－15</td></tr>
<tr><td colspan="2">厚度</td><td>不小于设计要求</td><td>钢尺量测</td></tr>
<tr><td rowspan="5">混凝土基础、管座</td><td rowspan="3">平基</td><td>中线每侧宽度</td><td>＋10，0</td><td>挂中心线钢尺量测每侧一点</td></tr>
<tr><td>高程</td><td>0，－15</td><td>水准仪测量</td></tr>
<tr><td>厚度</td><td>不小于设计要求</td><td>钢尺量测</td></tr>
<tr><td rowspan="2">管座</td><td>肩宽</td><td>＋10，－5</td><td rowspan="2">钢尺量测，挂高程线
钢尺量测，每侧一点</td></tr>
<tr><td>肩高</td><td>±20</td></tr>
<tr><td rowspan="4">土（砂及砂砾）基础</td><td rowspan="2">高程</td><td>压力管道</td><td>±30</td><td rowspan="2">水准仪测量</td></tr>
<tr><td>无压管道</td><td>0，－15</td></tr>
<tr><td colspan="2">平基厚度</td><td>不小于设计要求</td><td>钢尺量测</td></tr>
<tr><td colspan="2">土弧基础腋角高度</td><td>不小于设计要求</td><td>钢尺量测</td></tr>
</table>

7.2.3.5 市政验·管-5 钢管接口连接检验批质量验收记录

1. 适用范围

本表适用于给排水管道工程钢管接口检验批的质量检查验收。

2. 表内填写提示

钢管接口连接应符合下列规定：

（1）主控项目

管节及管件、焊接材料等的质量应符合本规范第 5.3.2 条的规定；

检查方法：检查产品质量保证资料；检查成品管进场验收记录，检查现场制作管的加工记录。

接口焊缝坡口应符合本规范第 5.3.7 条的规定；

检查方法：逐口检查，用量规量测；检查坡口记录；

焊口错边符合 GB 50268 第 5.3.8 条的规定，焊口无十字型焊缝；

检查方法：逐口检查，用长 300mm 的直尺在接口内壁周围顺序贴靠量测错边量。

焊口焊接质量应符合本规范第 5.3.17 条的规定和设计要求；

检查方法：逐口观察，按设计要求进行抽检；检查焊缝质量检测报告。

法兰接口的法兰应与管道同心，螺栓自由穿入，高强度螺栓的终拧扭矩应符合设计要求和有关标准的规定；

检查方法：逐口检查；用扭矩扳手等检查；检查螺栓拧紧记录。

（2）一般项目

接口组对时，纵、环缝位置应符合本规范第 5.3.9 条的规定；

检查方法：逐口检查；检查组对检验记录；用钢尺量测。

管节组对前，坡口及内外侧焊接影响范围内表面应无油、漆、垢、锈、毛刺等污物；

检查方法：观察；检查管道组检验记录。

不同壁厚的管节对接应符合本规范第 5.3.10 条的规定；

检查方法：逐口检查，用焊缝量测、钢尺量测；检查管道组对检验记录。

焊缝层次有明确规定时，焊接层数、每层厚度及层间温度应符合焊接作业指导书的规定，且层间焊缝质量均应合格；

检查方法：逐个检查；对照设计文件、焊接作业指导书检查每层焊缝检验记录。

法兰中轴线与管道中轴线的允许偏差应符合：D_i小于或等于 300mm 时，允许偏差小于或等于 1mm；D_i大于 300mm 时，允许偏差小于或等于 2mm；

检查方法：逐个接口检查；用钢尺、角尺等量测。

连接的法兰之间应保持平行，其允许偏差不大于法兰外径的 1.5%，且不大于 2mm；螺孔中心允许偏差应为孔径的 5%；

检查方法：逐口检查；用钢尺、塞尺等量测。

7.2.3.6　市政验・管-6　钢管内防腐层检验批质量验收记录

1. 适用范围

本表适用于给排水管道工程钢管内防腐层检验批的质量检查验收。

2. 表内填写提示

钢管内防腐层应符合下列规定：

（1）主控项目

内防腐层材料应符合国家相关标准的规定和设计要求；给水管道内防腐层材料的卫生性能应符合国家相关标准的规定；

检查方法：对照产品标准和设计文件，检查产品质量保证资料；检查成品管进场验收记录。

水泥砂浆抗压强度符合设计要求，且不低于 30MPa；

检查方法：检查砂浆配合比、抗压强度试块报告。

液体环氧涂料内防腐层表面应平整、光滑，无气泡、无划痕等，湿膜应无流淌现象；

检查方法：观察，检查施工记录。

（2）一般项目

水泥砂浆防腐层的厚度及表面缺陷的允许偏差应符合表 5.10.3-1 的规定。

水泥砂浆防腐厚度及表面缺陷的允许偏差　　表 5.10.3-1

<table>
<tr><th rowspan="2">检查项目</th><th rowspan="2" colspan="2">允许偏差
（mm）</th><th colspan="2">检查数量</th><th rowspan="2">检查方法</th></tr>
<tr><th>范围</th><th>点数</th></tr>
<tr><td>裂缝厚度</td><td colspan="2">≤0.8</td><td rowspan="11">管节</td><td rowspan="2">每处</td><td>用裂缝观测仪测量</td></tr>
<tr><td>裂缝沿管道纵向长度</td><td colspan="2">≤管道的周长，且≤2.0m</td><td>钢尺量测</td></tr>
<tr><td>平整度</td><td colspan="2"><2</td><td rowspan="7">取两个截面，每个截面测 2 点，取偏差值最大 1 点</td><td>用 300m 长的直尺量测</td></tr>
<tr><td rowspan="3">防腐层厚度</td><td>D_i≤1000</td><td>±2</td><td rowspan="3">用测厚仪测量</td></tr>
<tr><td>1000<D_i≤1800</td><td>±3</td></tr>
<tr><td>D_i>1800</td><td>+4，−3</td></tr>
<tr><td rowspan="3">麻点、空窝等表面缺陷的深度</td><td>D_i≤1000</td><td>2</td><td rowspan="3">用直钢丝或探尺量测</td></tr>
<tr><td>1000<D_i≤1800</td><td>3</td></tr>
<tr><td>D_i>1800</td><td>4</td></tr>
<tr><td>缺陷面积</td><td colspan="2">≤500mm^2</td><td>每处</td><td>用钢尺量测</td></tr>
<tr><td>空鼓面积</td><td colspan="2">不得超过 2 处，且每处≤10000mm^2</td><td>每平方米</td><td>用小锤轻击砂浆表面，用钢尺量测</td></tr>
</table>

注：1. 表中单位除注明者外，均为 mm；

2. 工厂涂覆管节，每批抽查 20%；施工现场涂覆管节，逐根检查。

液体环氧涂料内防腐层的厚度、电火花试验应符合表 5.10.3-2 的规定。

液体环氧涂料内防腐层厚度及电火花试验规定　　表 5.10.3-2

<table>
<tr><th rowspan="2">检查项目</th><th rowspan="2" colspan="2">允许偏差
（mm）</th><th colspan="2">检查数量</th><th rowspan="2">检查方法</th></tr>
<tr><th>范围</th><th>点数</th></tr>
<tr><td rowspan="3">干膜厚度
（μm）</td><td>普通级</td><td>≥200</td><td rowspan="3">每根（节）管</td><td rowspan="3">两个断面，各 4 点</td><td rowspan="3">用测厚仪测量</td></tr>
<tr><td>加强级</td><td>≥250</td></tr>
<tr><td>特加强级</td><td>≥300</td></tr>
<tr><td rowspan="3">电火花试验漏点数</td><td>普通级</td><td>3</td><td rowspan="3">个/m^2</td><td rowspan="3">连续检测</td><td rowspan="3">用电火花检漏仪测量，检漏电压值根据涂层厚度按 5V/μm 计算，检漏
仪探头移动速度不大于 0.3m/s</td></tr>
<tr><td>加强级</td><td>1</td></tr>
<tr><td>特加强级</td><td>0</td></tr>
</table>

注：1. 焊缝处的防腐层厚度不得低于管节防腐层规定厚度的 80%；

2. 凡漏点检测不合格的防腐层都应补涂，直至合格。

7.2.3.7　市政验·管-7　钢管外防腐层检验批质量验收记录

1. 适用范围

本表适用于给排水管道工程钢管外防腐层检验批的质量检查验收。

2. 表内填写提示

钢管外防腐层应符合下列规定：

(1) 主控项目

外防腐层材料（包括补口、修补材料）、结构等应符合国家相关标准的规定和设计要求；

检查方法：对照产品标准和设计文件，检查产品质量保证资料；检查成品管进场验收记录。

外防腐层的厚度、电火花检漏、粘结力应符合表 5.10.4 的规定。

外绝缘防腐层厚度、电火花检漏、粘结力验收标准　　表 5.10.4

检查项目	允许偏差	检查数量			检查方法
		防腐成品管	补口	补伤	
厚度	符合本规定第 5.4.9 条的相关规定	每 20 根 1 组（不足 20 根按 1 组），每组抽检 1 根。测管两端和中间共 3 个截面，每截面测互相垂直的 4 点	逐个检测，每根随机抽查 1 个截面，每个截面测互相垂直的 4 点	逐个检测，每处随机测 1 点	用测厚仪量测
电火花检漏		全数检查	全数检查	全数检查	用电火花检漏仪逐根连续测量
粘结力		每 20 根为 1 组（不足 20 根按 1 组），每组抽 1 根，每根 1 处	每 20 个补口抽 1 处	—	按本规范表 5.4.9 规定，用小刀切割观察

注：按组抽检时，若被检测点不合格，则该组应加倍抽检；若加倍抽检仍不合格，则该组为不合格。

(2) 一般项目

钢管表面除锈质量等级应符合设计要求；

检查方法：观察；检查防腐管生产厂提供的除锈等级报告，对照典型样板照片检查每个补口处的除锈质量，检查补口处除锈施工方案。

管道外防腐层（包括补口、补伤）的外观质量应符合本规范第 5.4.9 条的相关规定；

检查方法：观察；检查施工记录。

管体外防腐材料搭接、补口搭接、补伤搭接应符合要求；

检查方法：观察；检查施工记录。

7.2.3.8　市政验·管-8　钢管阴极保护工程检验批质量验收记录

1. 适用范围

本表适用于给排水管道工程钢管阴极保护工程检验批的质量检查验收。

2. 表内填写提示

钢管阴极保护工程质量应符合下列规定：

(1) 主控项目

钢管阴极保护所用的材料、设备等应符合国家有关标准的规定和设计要求；

检查方法：对照成品相关标准和设计文件，检查产品质量保证资料；检查成品管进场验收记录。

管道系统的电绝缘性、电连续性经检查满足阴极保护的要求；

检查方法：阴极保护施工前应全线检查；检查绝缘部位的绝缘测试记录、跨接线的连接记录；用电火花检漏仪、高阻电压表、兆欧表测电绝缘性，万用表测跨线等的电连续性。

阴极保护的系统参数测试应符合下列规定：

设计无要求时，在施加阴极电流的情况下，测得管地电位应小于或等于－850mV（相对于铜－饱和硫酸铜参比电极）；

管道表面与土壤接触的温度的参比电极之间阴极极化电位值最小为100mV；

土壤或水中含有硫酸盐还原菌，且硫酸根含量大于0.5%时，通电保护电位应小于或等于－950mV（相对于铜－饱和硫酸铜参比电极）；

被保护体埋置于干燥的或充气的高电阻率（大于500Ω·m）土壤中时，测得的极化电位小于或等于－750mV（相对于铜－饱和硫酸铜参比电极）；

检查方法：按国家现行标准《埋地钢质管道阴极保护参数测量方法》GB/T 21246—2007的规定测试；检查阴极保护系统运行参数测试记录。

（2）一般项目

管道系统中阳极、辅助阳极的安装应符合CB 50268第5.4.13、5.4.14条的规定；

检查方法：逐个检查；用钢尺或经纬仪、水准仪测量。

所有连接点应按规定做好防腐处理，与管道连接处的防腐材料应与管道相同；

检查方法：逐个检查；检查防腐材料质量合格证明、性能检验报告；检查施工记录、施工测试记录。

阴极保护系统的测试装置及附属设施的安装应符合下列规定：

测试桩埋设位置应符合施加要求，顶面高出地面400mm以上；

电缆、引线铺设应符合设计要求，所有引线应保持一定松弛度，并连接可靠牢固；

接线盒内各类电缆应接线正确，测试桩的舱门应启闭灵活、密封良好；

检查片的材质应与被保护管道的材质相同，其制作尺寸、设置数量、埋设位置应符合设计要求，且埋深与管道底部相同，距管道外壁不小于300mm；

参比电极的选用、埋设深度应符合设计要求；

检查方法：逐个观察（用钢尺量测辅助检查）；检查测试记录和测试报告。

7.2.3.9　市政验·管-9　球墨铸铁管接口连接检验批质量验收记录

1. 适用范围

本表适用于给排水管道工程球墨铸铁管接口连接检验批的质量检查验收。

2. 表内填写提示

球墨铸铁管接口连接应符合下列规定：

（1）主控项目

管节及管件的产品质量应符合GB 50268第5.5.1条的规定；

检查方法：检查产品资料保证资料，检查成品管进场验收记录。

承插接口连接时，两管节中轴线应保持同心，承口、接口部位无破损、变形、开裂；插口推入深度应符合要求；

检查方法：逐个观察；检查施工记录。

法兰接口连接时，插口与承口法兰压盖的纵向抽线一致，连接螺栓终拧扭矩应符合设计或产品使用说明要求；接口连接后，连接部位及连接件应无变形、破损；

检查方法：逐个接口检查，用扭矩扳手检查；检查螺栓拧紧记录。

橡胶圈安装位置应准确，不得扭曲、外露；沿圆周各点应与承口端面等距，其允许偏差应为±3mm；

检查方法：观察，用探尺检查；检查施工记录。

（2）一般项目

连接后管节间平顺，接口无突起、突弯、轴向位移现象；

检查方法：观察；检查施工测量记录。

接口的环向间隙应均匀，承插口间的纵向间隙不应小于 3mm；

检查方法：观察，用塞尺、钢尺检查。

法兰接口的压兰、螺栓和螺母等连接件应规格型号一致，采用钢制螺栓和螺母时，防腐处理应符合设计要求；

检查方法：逐个接口检查；检查螺栓和螺母质量合格证明书、性能检验报告。

管道沿曲线安装时，接口转角应符合 GB 50268 第 5.5.8 条的规定；

检查方法：用直尺量测曲线段接口。

7.2.3.10 市政验・管-10 钢筋混凝土管、预（自）应力混凝土管、预应力钢筒混凝土管接口连接检验批质量验收记录

1. 适用范围

本表适用于给排水管道工程钢筋混凝土管、预（自）应力混凝土管、预应力钢筒混凝土管接口连接检验批的质量检查验收。

2. 表内填写提示

钢筋混凝土管、预（自）应力混凝土管、预应力钢筒混凝土管接口连接应符合下列规定：

（1）主控项目

管及管件、橡胶圈的产品质量应符合 GB 50268 第 5.6.1、5.6.2、5.6.5 和 5.7.1 条的规定；

检查方法：检查产品质量保证资料；检查成品管进场验收记录。

柔性接口的橡胶圈位置正确，无扭曲、外露现象；承口、插口无破损、开裂；双道橡胶圈的单口水压试验合格；

检查方法：观察，用探尺检查；检查单口水压试验记录。

刚性接口的强度符合设计要求，不得有开裂、空鼓、脱离现象；

检查方法：观察；检查水泥砂浆、混凝土试块的抗压强度试验报告。

（2）一般项目

柔性接口的安装位置正确，其纵向间隙应符合 GB 50268 第 5.6.9、5.7.2 条的相关规定；

检查方法：逐个检查，用钢尺量测；检查施工记录。

刚性接口的宽度、厚度符合设计要求；其相邻管接口错口允许偏差：D_i小于 700mm 时，应在施工中自检；D_i 大于 700mm，小于或等于 1000mm 时，应不大于 3mm；D_i 大于 1000mm 时，应不大于 5mm；

检查方法：两井之间取 3 点，用钢尺、塞尺量测；检查施工记录。

管道沿曲线安装时，接口转角应符合 GB 50268 第 5.6.9、5.7.5 条的相关规定；

检查方法：用直尺量测曲线段接口。

管道接口的填缝应符合设计要求，密实、光洁、平整；

检查方法：观察，检查填缝材料质量保证资料、配合比记录。

7.2.3.11 市政验・管-11 化学建材管接口连接检验批质量验收记录

1. 适用范围

本表适用于给排水管道工程化学建材管接口连接检验批的质量检查验收。

2. 表内填写提示

化学建材管接口连接应符合下列规定：

（1）主控项目

管节及管件、橡胶圈等的产品质量应符合 GB 50268 第 5.8.1、5.9.1 条的规定；

检查方法：检查产品质量不保证资料；检查成品管进场验收记录。

承插、套筒式连接时，承口、插口部位节套筒连接紧密，无破损、变形、开裂等现象；插入后胶圈应位置正确，无扭曲等现象；双道橡胶圈的单口水压试验合格；

检查方法：逐个接口检查；检查施工方案及施工记录，单口水压试验记录；用钢尺、探尺量测。

聚乙烯管、聚丙烯管接口熔焊连接应符合下列规定：

焊缝应完整，无缺损和变形现象；焊缝连接应紧密，无气孔、鼓泡和裂缝；电熔连接的电阻丝不裸露；熔焊焊缝接头力学性能不低于母材；

热熔对接连接后应形成凸缘，且凸缘形状大小均匀一致，无气孔、鼓泡和裂缝；接头处有沿管节圆周平滑对称的外翻边，外翻边最低处的深度不低于管节外表面；管壁内翻边应铲平；对接错边量不大于管材壁厚的10%，且不大于3mm。

检查方法：观察；检查熔焊连接工艺试验报告和焊接作业指导书，检查熔焊连接施工记录、熔焊外观质量检验记录、焊接力学性能检查报告。

检查数量：外观质量全数检查、熔焊焊缝焊接力学性能试验每200个接头不少于1组；现场进行破坏性检验或翻边切除检查（可任选一种）时，现场破坏性检验每50个接头不少于1个，现场内翻边切除检验每50个接头不少于3个；单位工程中接头数量不足50个时，仅做熔焊焊缝焊接力学性能试验，可不做现场检验。

卡箍连接、法兰连接、钢塑过渡接头连接时，应连接件齐全、位置正确、安装牢固，连接部位无扭曲、变形；

检查方法：逐个检查。

（2）一般项目

承插、套筒式接口的插入深度应符合要求，相邻挂靠的纵向间隙应不小于10mm；环向间隙应均匀一致；

检查方法：逐口检查，用钢尺量测；检查施工记录。

承插式管道沿曲线安装时的接口转角，玻璃钢管的不应大于本规范第5.8.3条的规定；聚乙烯管、聚丙烯管的接口转角应不大于1.5°；硬聚氯乙烯管的接口转角应不大于1.0°；

检查方法：用直尺量测曲线段接口；检查施工记录。

熔焊连接设备的控制参数满足焊接工艺要求；设备与待连接管的接触面无污物，设备及组合件组装正确、牢固、吻合；焊后冷却期间接口未受外力影响；

检查方法：观察，检查专用熔焊设备质量合格证书、校验报告。

7.2.3.12 市政验·管-12 管道铺设检验批质量验收记录

1. 适用范围

本表适用于给排水管道工程管道铺设检验批的质量检查验收。

2. 表内填写提示

管道铺设应符合下列规定：

（1）主控项目

管道埋设深度、轴线位置应符合设计要求，无压力管道严禁倒坡；

检查方法：检查施工记录、测量记录。

刚性管道无结构贯通裂缝和明显缺陷情况；

检查方法：观察，检查技术资料。

柔性管道的管壁不得出现纵向隆起、环向扁平和其他变形情况；

检查方法：观察，检查施工记录、测量记录。

管道铺设安装必须稳固，管道安装后应线性平直；

检查方法：观察，检查测量记录。

（2）一般项目

管道内应光洁平整，无杂物、油污；管道无明显渗水和水珠现象；

检查方法：观察，渗漏水程度检查按本规范附录 F 第 F.0.3 条执行。

管道与井室洞口之间无渗漏水；

检查方法：逐井观察，检查施工记录。

管道内外防腐层完整，无破损现象；

检查方法：观察，检查施工记录。

钢管管道开孔应符合 GB 50268 第 5.3.11 条的规定；

检查方法：逐个观察，检查施工记录。

闸阀安装应牢固、严密，启闭灵活，与管道轴线垂直；

检查方法：观察检查，检查施工记录。

管道铺设的允许偏差应符合表 5.10.9 的规定。

管道铺设的允许偏差（mm） **表 5.10.9**

<table>
<tr><th colspan="2" rowspan="2">检查项目</th><th colspan="2" rowspan="2">允许偏差</th><th colspan="2">检查数量</th><th rowspan="2">检查方法</th></tr>
<tr><th>范围</th><th>点数</th></tr>
<tr><td colspan="2" rowspan="2">水平轴线</td><td>无压管道</td><td>15</td><td rowspan="6">每节管</td><td rowspan="6">1 点</td><td rowspan="2">经纬仪测量或挂中线用钢尺量测</td></tr>
<tr><td>压力管道</td><td>30</td></tr>
<tr><td rowspan="4">管底高程</td><td rowspan="2">$D_i \leqslant 1000$</td><td>无压管道</td><td>±10</td><td rowspan="4">水准仪测量</td></tr>
<tr><td>压力管道</td><td>±30</td></tr>
<tr><td rowspan="2">$D_i > 1000$</td><td>无压管道</td><td>±15</td></tr>
<tr><td>压力管道</td><td>±30</td></tr>
</table>

7.2.3.13 市政验·管-13 工作井检验批质量验收记录

1. 适用范围

本表适用于给排水管道工程工作井检验批的质量检查验收。

2. 表内填写提示

工作井的围护结构、井内结构施工质量验收标准应按现行国家标准《建筑地基基础工程施工质量验收标准》GB 50202、《给水排水构筑物工程施工及验收规范》GB 50141 的相关规定执行。

工作井应符合下列规定：

（1）主控项目

工程原材料、成品、半成品的铲平质量应符合国家相关标准规定和设计要求；

检查方法：检查产品质量合格证、出厂检验报告和进场复验报告。

工作井结构的强度、刚度和尺寸应满足设计要求，结构无滴漏和线流现象；

检查方法在；观察按 GB 50268 附录 F 第 F.0.3 条的规定逐座进行检查，检查施工记录。

混凝土结构的抗压强度等级、抗渗等级符合设计要求；

检查数量：每根钻孔灌注桩、每幅地下连续墙混凝土为一个验收批，抗压强度试块留置不应少于 1 组；每浇筑 500m^3混凝土抗渗试块留置不应少于 1 组；

检查方法：检查混凝土浇筑记录，检查试块的抗压强度、抗渗试验报告。

（2）一般项目

结构无明显渗水和水珠现象；

检查方法：按 GB 50268 附录 F 第 F.0.3 条的规定逐座观察。

顶管顶进工作井、盾构始发工作井的后背墙应坚实、平整；后座与井壁后背墙联系紧密；

检查方法：逐个观察；检查相关施工记录。

两导轨应顺直、平行、等高，盾构基座及导轨的夹角符合规定；导轨与基座连接应牢固可靠，不得在使用中产生位移；

检查方法：逐个观察、量测。

工作井施工的允许偏差应符合表 6.7.2 的规定。

工作井施工的允许偏差 **表 6.7.2**

<table>
<tr><th colspan="3" rowspan="2">检查项目</th><th rowspan="2">允许偏差（mm）</th><th colspan="2">检查数量</th><th rowspan="2">检查方法</th></tr>
<tr><th>范围</th><th>点数</th></tr>
<tr><td rowspan="6">井内导轨安装</td><td rowspan="2">顶面高程</td><td>顶管、夯管</td><td>+3，0</td><td rowspan="6">每座</td><td rowspan="2">每根导轨 2 点</td><td rowspan="2">用水准仪测量
水平尺量测</td></tr>
<tr><td>盾构</td><td>+5，0</td></tr>
<tr><td rowspan="2">中心水平位置</td><td>顶管、夯管</td><td>3</td><td rowspan="2">每根导轨 2 点</td><td rowspan="2">用经纬仪测量</td></tr>
<tr><td>盾构</td><td>5</td></tr>
<tr><td rowspan="2">两轨间距</td><td>顶管、夯管</td><td>±2</td><td rowspan="2">2 个断面</td><td rowspan="2">用钢尺量测</td></tr>
<tr><td>盾构</td><td>±5</td></tr>
<tr><td rowspan="2">盾构后座管片</td><td colspan="2">高　程</td><td>±10</td><td rowspan="2">每环底部</td><td>1 点</td><td rowspan="2">用水准仪测量</td></tr>
<tr><td colspan="2">水平轴线</td><td>±10</td><td>1 点</td></tr>
<tr><td rowspan="2">井尺寸</td><td>矩形</td><td>每侧长、宽</td><td rowspan="2">不小于设计要求</td><td rowspan="2">每座</td><td rowspan="2">2 点</td><td rowspan="2">挂中线用尺量测</td></tr>
<tr><td>圆形</td><td>半径</td></tr>
<tr><td colspan="2" rowspan="2">进、出井预留洞口</td><td>中心位置</td><td>20</td><td rowspan="2">每个</td><td>竖、水平各 1 点</td><td>用经纬仪测量</td></tr>
<tr><td>内径尺寸</td><td>±20</td><td>垂直向各 1 点</td><td>用钢尺量测</td></tr>
<tr><td colspan="3">井底板高程</td><td>±30</td><td>每座</td><td>4 点</td><td>用水准仪测量</td></tr>
<tr><td colspan="2" rowspan="2">顶管、盾构工作井后背墙</td><td>垂直度</td><td>0.1%H</td><td rowspan="2">每座</td><td rowspan="2">1 点</td><td rowspan="2">用垂线、角尺量测</td></tr>
<tr><td>水平扭转度</td><td>0.1%L</td></tr>
</table>

注：H 为后背墙的高度（mm）；L 为后背墙的长度（mm）。

7.2.3.14　市政验·管-14-1　顶管管道检验批质量验收记录（一）

7.2.3.15　市政验·管-14-2　顶管管道检验批质量验收记录（二）

1. 适用范围

本表适用于给排水管道工程顶管管道检验批的质量检查验收。

2. 表内填写提示

顶管管道应符合下列规定：

（1）主控项目

管节及附件等工程材料的产品质量应符合国家有关标准的规定和设计要求；

检查方法：检查产品质量合格证明书、各项性能检验报告，检查产品制造原材料质量保证资料；检查产品进场验收记录。

接口橡胶圈安装位置正确，无位移、脱落现象；钢管的接口焊接质量应符合 GB 50268 第 5 章的相关规定。焊接无损探伤检验符合设计要求；

检查方法：逐个接口观察；检查钢管接口焊接检验报告。

无压管道的管底坡度无明显反坡现象；曲线顶管的实际曲率半径符合实际要求；

检查方法：观察；检查顶进施工记录、测量记录。

管道接口端部应无破损、顶裂现象，接口处无滴漏；

检查方法：逐节观察，其中渗漏水程度检查按 GB 50268 附录 F 第 F.0.3 条执行。

（2）一般项目

管道内应线形平顺、无突变、变形现象；一般缺陷部位，应修补密实、表面光洁；管道无明显渗水和水珠现象；

检查方法：按 GB 50268 附录 F 第 F.0.3 条、附录 G 的规定逐节观察。

管道与工作井出、进洞口的间隙连接牢固，洞口无渗漏水；

检查方法：观察每个洞口。

钢管防腐层及焊缝处的外防腐层及内防腐层质量验收合格；

检查方法：观察；按 GB 50268 第 5 章的相关规定进行检查。

有内防腐层的钢筋混凝土管道，防腐层应完整、附着紧密；

检查方法：观察。

管道内应清洁，无杂物、油污；

检查方法：观察。

顶管施工贯通后管道的允许偏差应符合表 6.7.3 的规定。

顶管施工贯通后管道的允许偏差 **表 6.7.3**

检查项目			允许偏差（mm）	检查数量		检查方法
				范围	点数	
直线顶管水平轴线	顶进长度＜300m		50	每管节	1点	用经纬仪测量或挂中线用尺量测
	300m≤顶进长度＜1000m		100			
	顶进长度≥1000m		$L/10$			
直线顶管内底高程	顶进长度＜300m	D_i＜1500m	＋30，－40			用水准仪或水平仪测量
		D_i≥1500m	＋40，－50			
	300m≤顶进长度＜1000m		＋60，－80			用水准仪测量
	顶进长度≥1000m		＋80，－100			
曲线顶管水平轴线	$R \leqslant 150D_i$	水平曲线	150			用经纬仪测量
		竖曲线	150			
		复合曲线	200			
	$R > 150D_i$	水平曲线	150			
		竖曲线	150			
		复合曲线	150			
曲线顶管内底高程	$R \leqslant 150D_i$	水平曲线	＋100，－150			用水准仪测量
		竖曲线	＋150，－200			
		复合曲线	±200			
	$R > 150D_i$	水平曲线	＋100，－150			
		竖曲线	＋100，－150			
		复合曲线	±200			

续表

检查项目		允许偏差(mm)	检查数量		检查方法
			范围	点数	
相邻管间错口	钢管、玻璃钢管	≤2	每管节	1点	用钢尺量测，见本规范第4.6.3条的有规定关
	钢筋混凝土管	15%壁厚，且≤20			
钢筋混凝土管曲线顶管相邻管间接口的最大间隙与最小间隙之差		≤Δ*s*			
钢管、玻璃钢管道竖向变形		≤0.03D_i			
对顶时两端错口		50			

注：D_i为管道内径（mm）；*L*为顶进长度（mm）；Δ*s*为曲线顶管相邻管节接口允许的最大间隙与最小间隙之差（mm）；*R*为曲线顶管的设计曲率半径（mm）。

7.2.3.16 市政验·管-15 垂直顶升管道检验批质量验收记录

1. 适用范围

本表适用于给排水管道工程垂直顶升管道检验批的质量检查验收。

2. 表内填写提示

垂直顶升管道应符合下列规定：

（1）主控项目

管节及附件的产品质量应符合国家相关标准的规定和设计要求；

检查方法：检查产品质量合格证明书、各项性能检验报告，检查产品制造原材料质量保证资料；检查产品进场验收记录。

管道直顺，无破损现象；水平特殊管节及相邻管节无变形、破损现象；顶升管道底座与水平特殊管节的连接符合设计要求；

检查方法：逐个观察，检查施工记录。

管道防水、防腐蚀处理符合设计要求；无滴漏和线流现象；

检查方法：逐个观察；检查施工记录，渗漏水程度检查按 GB 50268 附录 F 第 F.0.3 条执行。

（2）一般项目

管节接口连接件安装正确、完整；

检查方法：逐个观察；检查施工记录。

防水、防腐层完整，阴极保护装置符合设计要求；

检查方法：逐个观察，检查防水、防腐材料技术资料、施工记录。

管道无明显渗水和水珠现象；

检查方法：按 GB 50268 附 F 第 F.0.3 条的规定逐节观察。

水平管道内垂直顶升施工的允许偏差应符合表 6.7.4 的规定。

水平管道内垂直顶升施工的允许偏差　　表 6.7.4

检查项目		允许偏差(mm)	检查数量		检查方法
			范围	点数	
顶升管帽盖顶面高程		±20	每根	1点	用水准仪测量
顶升管管节安装	管节垂直度	≤1.5‰*H*	每节	各1点	用垂线量
	管节连接端面平行度	≤1.5‰D_0，且≤2			用钢尺、角尺等量测
顶升管节间错口		≤20			用钢尺量测

续表

检查项目		允许偏差（mm）	检查数量		检查方法
			范围	点数	
顶升管道垂直度		0.5%H	每根	1点	用垂线量
顶升管的中心轴线	沿水平管纵向	30	顶头、底座管节	各1点	用经纬仪测量或钢尺量测
	沿水平管横向	20			
开口管顶升口中心轴线	沿水平管纵向	40	每处	1点	
	沿水平管横向	30			

注：H 为垂直顶升管总长度（mm）；D_0 为垂直顶升管外径（mm）。

7.2.3.17　市政验·管-16-1　盾构管片制作检验批质量验收记录（一）

7.2.3.18　市政验·管-16-2　盾构管片制作检验批质量验收记录（二）

1. 适用范围

本表适用于给排水管道工程盾构管片制作检验批的质量检查验收。

2. 表内填写提示

盾构管片制作应符合下列规定：

（1）主控项目

工厂预制管片的产品质量应符合国家相关标准的规定和设计要求；

检查方法：检查产品质量合格证明书、各项性能检验报告，检查制造产品的原材料质量保证资料。

现场制作的管片应符合下列规定：

原材料的产品应符合国家相关标准的规定和设计要求；

管片的钢模制作的允许偏差应符合表6.7.5-1的规定；

检查方法：检查产品质量合格证明书、各项性能检验报告、进场复验报告；管片的钢模制作的允许偏差应按表6.7.5-1的规定执行。

管片的混凝土强度等级、抗渗等级符合设计要求；

检查方法：检查混凝土抗压强度、抗渗试块报告。

管片的钢模制作的允许偏差　　**表6.7.5-1**

检查项目	允许偏差	检查数量		检查方法
		范围	点数	
宽度	±0.4mm	每块钢模	6点	用专用量轨、卡尺及钢尺等量测
弧弦长	±0.4mm		2点	
底座夹角	±1°		4点	
纵环向芯棒中心距	±0.5mm		全检	
内腔高度	±1mm		3点	

检查数量：同一配合比当天同一班组或每浇筑5环管片混凝土为一个验收批，留置抗压强度试块1组；每生产10环管片混凝土应留置抗渗试块1组。

管片表面应平整，外观质量无严重缺陷、且无裂缝；铸铁管片或钢制管片无影响结构和拼装的质量缺陷；

检查方法：逐个观察；检查产品进场验收记录。

单块管片尺寸的允许偏差应符合表 6.7.5-2 的规定。

单块管片尺寸的允许偏差　　表 6.7.5-2

检查项目	允许偏差（mm）	检查数量		检查方法
		范围	点数	
宽度	±1	每块	内、外侧各 3 点	用卡尺、钢尺、直尺、角尺、专用弧形板量测
弧弦度	±1		两端面各 1 点	
管片的厚度	±3，－1		3 点	
环面平整度	0.2		2 点	
内、外环面与端面垂直度	1		4 点	
螺栓孔位置	±1		3 点	
螺栓孔直径	±1		3 点	

钢筋混凝土管片抗渗试验应符合设计要求；

检查方法：将单块管片放置在专用试验架上，按设计要求水压恒压 2h，渗水深度不得超过管片厚度的 1/5 为合格。

检查数量：工厂预制管片，每生产 50 环应抽查 1 块管片做抗渗试验；连续三次合格时则改为每生产 100 环抽查 1 块管片，再连续三次合格则最终改为 200 环抽查 1 块管片做抗渗试验；如出现一次不合格，则恢复每 50 环抽查 1 块管片，并按上述抽查要求进行试验。

现场生产管片，当天同一班组或每浇筑 5 环管片，应抽查 1 块管片做抗渗试验。

管片进行水平组合拼装检验时应符合表 6.7.5-3 的规定。

管片水平组合的拼装检验的允许偏差　　表 6.7.5-3

检查项目	允许偏差（mm）	检查数量		检查方法
		范围	点数	
环缝间隙	≤2	每条缝	6 点	插片检查
纵缝间隙	≤2		6 点	插片检查
成环后内径（不放衬垫）	±2	每环	4 点	用钢尺量测
成环后外径（不放衬垫）	＋4，－2		4 点	用钢尺量测
纵、环向螺栓穿进后，螺栓杆与螺孔的间隙	$(D_1-D_2)<2$	每处	各 1 点	插钢丝检查

注：D_1为螺孔直径，D_2为螺栓杆直径，单位：mm。

检查数量：每套钢模（或铸铁、钢制管片）先生产 3 环进行水平拼装检验，合格后试生产 100 环再抽查 3 环进行水平拼装检验；合格后正式生产时，每生产 200 环应抽查 3 环进行水平拼装检验；管片正式生产后出现一次不合格时，则应加倍检验。

（2）一般项目

钢筋混凝土管片无缺棱、掉边、麻面和露筋，表面无明显气泡和一般质量缺陷；铸铁管片或钢制管片防腐层完整；

检查方法：逐个观察；检查产品进场验收记录。

管片预埋件齐全，预埋孔完整、位置正确；

检查方法：观察；检查产品进场验收记录。

防水密封条安装凹槽表面光洁，线形直顺；

检查方法：逐个观察。

管片的钢筋骨架制作的允许偏差应符合表 6.7.5-4 的规定。

钢筋混凝土管片的钢筋骨架制作的允许偏差　　表 6.7.5-4

检查项目	允许偏差（mm）	检查数量		检查方法
		范围	点数	
主筋间距	±10	每幅	4 点	用卡尺、钢尺量测
骨架长、宽、高	+5，−10		各 2 点	
环、纵、向螺栓孔	畅通、内圆面平整		每处 1 点	
主筋保护层	±3		4 点	
分布筋长度	±10		4 点	
分布筋间距	±5		4 点	
箍筋间距	±10		4 点	
预埋件位置	±5		每处 1 点	

7.2.3.19　市政验·管-17　盾构掘进和管片拼装检验批质量验收记录

1. 适用范围

本表适用于给排水管道工程盾构掘进和管片拼装检验批的质量检查验收。

2. 表内填写提示

盾构掘进和管片拼装应符合下列规定：

（1）主控项目

管片防水密封条性能符合设计要求，粘贴牢固、平整、无缺损，防水垫圈无遗漏；

检查方法：逐个观察，检查防水密封条质量保证资料。

环、纵向螺栓及连接件的力学性能符合设计要求，螺栓应全部穿入，拧紧力矩应符合设计要求；

检查方法：逐个观察；检查螺栓及连接件的材料质量保证资料、复试报告，检查拼装拧紧记录。

钢筋混凝土管片拼装无内外观察裂缝，表面无大于 0.2mm 的推顶裂缝以及混凝土剥落和露筋现象；铸铁、钢制管片无变形、破损；

检查方法：逐片观察，用裂缝观察仪检查裂缝宽度。

管道无线漏、滴漏水现象；

检查方法：按 GB 50268 附录 F 第 F.0.3 条的规定，全数观察。

管道线形平顺，无突变现象；圆环无明显变形；

检查方法：观察。

（2）一般项目

管道无明显渗水；

检查方法：按本规范附录 F 第 F.0.3 条的规定全数观察。

钢筋混凝土管片表面不宜有一般质量缺陷；铸铁、钢制管片防腐层完好；

检查方法：全数观察，其中一般质量缺陷判定按本规范附录 G 的规定执行。

钢筋混凝土管片的螺栓手孔封堵时不得有剥落现象，且封堵混凝土强度符合设计要求；

检查方法：观察；检查封堵混凝土的抗压强度试块试验报告。

管片在盾尾内管片拼装成环的允许偏差应符合表 6.7.6-1 的规定。

在盾尾内管片拼装成环的允许偏差　　表 6.7.6-1

<table>
<tr><th colspan="2" rowspan="2">检查项目</th><th rowspan="2">允许偏差
（mm）</th><th colspan="2">检查数量</th><th rowspan="2">检查方法</th></tr>
<tr><th>范围</th><th>点数</th></tr>
<tr><td colspan="2">环缝张开</td><td>≤2</td><td rowspan="7">每环</td><td rowspan="2">1</td><td>插片检查</td></tr>
<tr><td colspan="2">纵缝张开</td><td>≤2</td><td>插片检查</td></tr>
<tr><td colspan="2">衬砌环直径圆度</td><td>5‰D_i</td><td rowspan="2">4</td><td>用钢尺量测</td></tr>
<tr><td rowspan="2">相邻管片间的高度</td><td>环向</td><td>5</td><td>用钢尺量测</td></tr>
<tr><td>纵向</td><td>6</td><td rowspan="3">1</td><td>用钢尺量测</td></tr>
<tr><td colspan="2">成环环底高程</td><td>±100</td><td>用水准仪测量</td></tr>
<tr><td colspan="2">成环中心水平轴线</td><td>±100</td><td>用水准仪测量</td></tr>
</table>

注：环缝、纵缝张开的允许偏差仅指直线段。

管道贯通后的允许偏差应符合表 6.7.6-2 的规定。

管道贯通后的允许偏差　　表 6.7.6-2

<table>
<tr><th colspan="2" rowspan="2">检查项目</th><th rowspan="2">允许偏差
（mm）</th><th colspan="2">检查数量</th><th rowspan="2">检查方法</th></tr>
<tr><th>范围</th><th>点数</th></tr>
<tr><td rowspan="2">相邻管片
间的高度</td><td>环向</td><td>15</td><td rowspan="8">每 5 环</td><td rowspan="2">4</td><td rowspan="2">用钢尺量测</td></tr>
<tr><td>纵向</td><td>20</td></tr>
<tr><td colspan="2">环缝张开</td><td>2</td><td rowspan="2">1</td><td>插片检查</td></tr>
<tr><td colspan="2">纵缝张开</td><td>2</td><td>插片检查</td></tr>
<tr><td colspan="2">衬砌环直径圆度</td><td>8‰D_i</td><td rowspan="2">4</td><td>用钢尺量测</td></tr>
<tr><td rowspan="2">管道高程</td><td>输水管道</td><td>±150</td><td rowspan="2">用水准仪测量</td></tr>
<tr><td>套管或管廊</td><td>±100</td><td rowspan="2">1</td></tr>
<tr><td colspan="2">管道中心水平轴线</td><td>±150</td><td>用经纬仪测量</td></tr>
</table>

注：环缝、纵缝张开的允许偏差仅指直线段。

7.2.3.20　市政验·管-18　盾构施工管道的钢筋混凝土二次衬砌检验批质量验收记录

1. 适用范围

本表适用于给排水管道工程盾构施工管道的钢筋混凝土二次衬砌检验批的质量检查验收。

2. 表内填写提示

盾构施工管道的钢筋混凝土二次衬砌应符合下列规定：

（1）主控项目

钢筋数量、规格应符合设计要求；

检查方法：检查每批钢筋的质量保证资料和进场复验报告。

混凝土强度等级、抗渗等级符合设计要求；

检查方法：检查混凝土抗压强度、抗渗试块报告；

检查数量：同一配合比，每连续浇筑一次混凝土为一验收批，应留置抗压、抗渗试块各1组。

混凝土外观质量无严重缺陷；

检查方法：按GB 50268附录G的规定逐段观察；检查施工技术资料。

防水处理符合设计要求，管道无滴漏、线漏现象；

检查方法：按GB 50268附录F第F.0.3条的规定全数观察；检查防水材料质量保证资料、施工记录、施工技术资料。

（2）一般项目

变形缝位置符合设计要求，且通缝、垂直；

检查方法：逐个观察。

拆模后无隐筋现象，混凝土不宜有一般质量缺陷；

检查方法：按GB 50268附录G的规定逐段观察；检查施工技术资料。

管道线形平顺，表面平整、光洁；管道无明显渗水现象；

检查方法：全数观察。

钢筋混凝土衬砌施工质量的允许偏差应符合表6.7.7的规定。

钢筋混凝土衬砌施工质量的允许偏差 **表6.7.7**

检查项目	允许偏差（mm）	检查数量		检查方法
		范围	点数	
内径	±20	每幅	不少于1点	用钢尺量测
内衬壁厚	±15		不少于2点	
主钢筋保护层厚度	±5		不少于4点	
变形缝相邻高差	10		不少于1点	
管底高程	±100		不少于1点	用水准仪测量
管道的中心水平轴线	±100			用经纬仪测量
表面平整度	10			沿管道轴向用2m直尺量测
管道直顺度	15	每20m	1点	沿管道轴向用20m小线测

7.2.3.21 市政验·管-19 浅埋暗挖管道的土层开挖检验批质量验收记录

1. 适用范围

本表适用于给排水管道工程浅埋暗挖管道的土层开挖检验批的质量检查验收。

2. 表内填写提示

浅埋暗挖管道的土层开挖应符合下列规定：

（1）主控项目

开挖方法必须符合施工方案要求，开挖土层稳定；

检查方法：全过程检查；检查施工方案、施工技术资料、施工和监测记录。

开挖断面尺寸不得小于设计要求，且轮廓圆顺；若出现超挖，其超挖允许值不得超出现行国家标准《地下铁道工程施工及验收规范》GB 50299 的规定；

检查方法：检查每个开挖断面；检查设计文件、施工方案、施工技术资料、施工记录。

（2）一般项目

土层开挖的允许偏差应符合表 6.7.8 的规定

土层开挖的允许偏差　　表 6.7.8

检查项目	允许偏差（mm）	检查数量		检查方法
		范围	数量	
轴线偏差	±30	每幅	4	挂中心线用尺量每测 2 点
高程	±30		1	用水准仪测量

注：管道高度大于 3m 时，轴线偏差每侧测量 3 点。

小导管注浆加固质量应符合设计要求；

检查方法：全过程检查，检查施工技术资料、施工记录。

7.2.3.22　市政验·管-20-1　浅埋暗挖管道的初期衬砌检验批质量验收记录（一）

7.2.3.23　市政验·管-20-2　浅埋暗挖管道的初期衬砌检验批质量验收记录（二）

1. 适用范围

本表适用于给排水管道工程浅埋暗挖管道的初期衬砌检验批的质量检查验收。

2. 表内填写提示

浅埋暗挖管道的初期衬砌应符合下列规定：

（1）主控项目

支护钢格栅、钢架的价格、安装应符合下列规定：

每批钢筋、型钢材料规格、尺寸、焊接质量应符合设计要求；

每榀钢格栅、钢架的结构形式，以及部件拼装的整体结构尺寸应符合设计要求，且无变形；

检查方法：观察；检查材料质量保证资料，检查加工记录。

钢筋网安装应符合下列规定：

每批钢筋材料规格、尺寸应符合设计要求；

每片钢筋网加工、制作尺寸应符合设计要求，且无变形；

检查方法：观察；检查材料质量保证资料。

初期衬砌喷射混凝土应符合下列规定：

每批水泥、骨料、水、外加剂等原材料，其产品质量应符合国家标准的规定和设计要求；

混凝土抗压强度应符合设计要求；

检查方法：检查材料质量保证资料、混凝土试件抗压和抗渗试验报告。

检查数量：混凝土标准养护试块，同一配合比，管道拱部和侧墙每 20m 混凝土为一验收批，抗压强度试块各留置一组；同一配合比，每 40m 管道混凝土留置抗渗试块一组。

（2）一般项目

初期支护钢格栅、钢架的加工、安装应符合下列规定：

每榀钢格栅各节点连接必须牢固，表面无焊渣；

每榀钢格栅与壁面应楔紧，底脚支垫稳固，相邻格栅的纵向连接必须绑扎牢固；

钢格栅、钢架的加工与安装的允许偏差应符合表 6.7.9-1 的规定。

钢格栅钢架的加工与安装的允许偏差　　表 6.7.9-1

<table>
<tr><td colspan="3" rowspan="2">检查项目</td><td rowspan="2">允许偏差
(mm)</td><td colspan="2">检查数量</td><td rowspan="2">检查方法</td></tr>
<tr><td>范围</td><td>数量</td></tr>
<tr><td rowspan="6">加工</td><td rowspan="3">拱架（顶拱、墙拱）</td><td>矢高及弧长</td><td>+2mm</td><td rowspan="13">每榀</td><td>2</td><td rowspan="7">用钢尺量</td></tr>
<tr><td>墙架长度</td><td>±20mm</td><td>1</td></tr>
<tr><td>拱、墙架横断面（高、宽）</td><td>+100mm</td><td>2</td></tr>
<tr><td rowspan="3">格栅组装后外轮廓尺寸</td><td>高度</td><td>±30mm</td><td>1</td></tr>
<tr><td>宽度</td><td>±20mm</td><td>2</td></tr>
<tr><td>扭曲度</td><td>≤20mm</td><td>3</td></tr>
<tr><td colspan="2" rowspan="6">安装</td><td colspan="2">横向和纵向位置</td><td>横向±30mm，纵向±50mm</td><td>2</td></tr>
<tr><td colspan="2">垂直度</td><td>5‰</td><td>2</td><td>用垂球及钢尺量测</td></tr>
<tr><td colspan="2">高程</td><td>±30mm</td><td>2</td><td>用水准仪测量</td></tr>
<tr><td colspan="2">与管道中线倾角</td><td>≤2°</td><td>1</td><td>用经纬仪测量</td></tr>
<tr><td rowspan="2">间距</td><td>格栅</td><td>±100mm</td><td>每处 1</td><td rowspan="2">用钢尺量测</td></tr>
<tr><td>钢架</td><td>±50mm</td><td>每处 1</td></tr>
</table>

检查方法：观察；检查制造加工记录，按表 6.7.9-1 的规定检查允许偏差。

钢筋网安装应符合下列规定：

钢筋网必须与钢筋格栅、钢加工或锚杆连接牢固；

钢筋网加工、铺设的允许偏差应符合表 6.7.9-2 的规定。

钢筋网加工、铺设的允许偏差　　表 6.7.9-2

<table>
<tr><td colspan="2" rowspan="2">检查项目</td><td rowspan="2">允许偏差
(mm)</td><td colspan="2">检查数量</td><td rowspan="2">检查方法</td></tr>
<tr><td>范围</td><td>数量</td></tr>
<tr><td rowspan="2">钢筋网加工</td><td>钢筋间距</td><td>±10</td><td rowspan="2">片</td><td rowspan="2">2</td><td rowspan="2">用钢尺量测</td></tr>
<tr><td>钢筋搭接长</td><td>±15</td></tr>
<tr><td rowspan="2">钢筋网铺设</td><td>搭接长度</td><td>≥200</td><td rowspan="2">一榀钢拱架长度</td><td>4</td><td>用钢尺量测</td></tr>
<tr><td>保护层</td><td>符合设计要求</td><td>2</td><td>用垂球及尺量测</td></tr>
</table>

检查方法：观察；按表 6.7.9-2 的规定检查允许偏差。

初期衬筑喷射混凝土应符合下列规定：

喷射混凝土层表面应保持平顺、密实、且无裂缝、无脱落、无漏喷、无露筋、无空鼓、无渗漏水现象；

初期衬砌喷射混凝土质量的允许偏差符合表 6.7.9-3 的规定。

初期衬砌喷射混凝土质量的允许偏差 **表 6.7.9-3**

检查项目	允许偏差（mm）	检查数量		检查方法
		范围	数量	
平整度	≤30	每 20m	2	用 2m 靠尺和塞尺量测
矢、弦比	≯1/6	每 20m	1 个断面	用钢尺量
喷射混凝土层厚度	见表注 1	每 20m	1 个断面	钻孔法或其他有效方法，并见表注 2

注：1. 喷射混凝土层厚度允许偏差，60%以上检查点厚度不小于设计厚度，其余点处的最小厚度不小于设计厚度的 1/2，厚度总平均值不小于设计厚度。

2. 每 20m 管道检查一个断面，每断面以拱部中线开始，每间隔 2～3m 设一个点，但每一检查断面的拱部不应少于 3 个点，总计不应少于 5 个点。

检查方法：观察；按表 6.7.9-3 的规定检查允许偏差。

7.2.3.24 市政验·管-21 浅埋暗挖管道的防水层检验批质量验收记录

1. 适用范围

本表适用于给排水管道工程浅埋暗挖管道的防水层检验批的质量检查验收。

2. 表内填写提示

浅埋暗挖管道的防水层应符合下列规定：

（1）主控项目

每批的防水层及衬垫材料品种、规格必须符合设计要求；

检查方法：观察；检查产品质量合格证明、性能检验报告等。

（2）一般项目

双焊缝焊接，焊缝宽度不小于 10mm，且均匀连续，不得有漏焊、假焊、焊焦、焊穿等现象；

检查方法：观察；检查施工记录。

防水层铺设质量的允许偏差符合表 6.7.10 的规定。

防水层铺设质量的允许偏差 **表 6.7.10**

检查项目	允许偏差（mm）	检查数量		检查方法
		范围	数量	
基面平整度	≤50	每 5m	2	用 2m 直尺量取最大值
卷材环向与纵向搭接宽度	≥100			用钢尺量测
衬垫搭接宽度	≥50			

注：本表防水层系低密度聚乙烯（LDPE）卷材。

7.2.3.25 市政验·管-22 浅埋暗挖管道的二次衬砌检验批质量验收记录

1. 适用范围

本表适用于给排水管道工程浅埋暗挖管道的二次衬砌检验批的质量检查验收。

2. 表内填写提示

浅埋暗挖的二次衬砌应符合下列规定：

（1）主控项目

原材料的产品质量保证资料应齐全，每生产批次的出厂质量合格证明书及各项性能检验报告应符合国家相关标准规定和设计要求。

检查方法：检查产品质量合格证明书、各项性能检验报告、进场复验报告。

伸缩缝隙的设置必须根据设计要求，并应与初期支护变形缝位置重合；

检查方法：逐缝观察；对照设计文件检查。

混凝土抗压、抗渗等级必须符合设计要求。

检查数量：同一配比，每浇筑一次垫层混凝土为一验收批，抗压强度试块各留置一组；同一配比，每浇筑管道每30m混凝土为一验收批，抗压强度试块留置2组（其中1组为28d强度）；如需要与结构同条件养护的试块，其留置组数可根据需要确定；同一配比，每浇筑管道每30m混凝土为一验收批，留置抗渗试块1组；

检查方法：检查混凝土抗压、抗渗试件的试验报告。

（2）一般项目

模板和支架的强度、刚度和稳定性，外观尺寸、中线、标高、预埋件必须满足设计要求；模板接缝应拼接严密，不得漏浆；

检查方法：检查施工记录、测量记录。

止水带安装牢固，浇筑混凝土时，不得产生移动、卷边、漏灰现象；

检查方法：逐个观察。

混凝土表面光洁、密实，防水层完整不漏水；

检查方法：逐个观察。

二次衬砌模板安装质量、混凝土施工的允许偏差应分别符合表6.7.11-1、表6.7.11-2的规定。

二次衬砌模板安装质量的允许偏差　　表6.7.11-1

检查项目	允许偏差（mm）	检查数量		检查方法
		范围	点数	
拱部高程（设计标高加预留沉降量）	±10	每20m	1	用水准仪测量
横向（以中线为准）	±10	每20m	2	用钢尺量测
侧模垂直度	≤3‰	每截面	2	垂球及钢尺量测
相邻两块模板表面高低差	≤2	每5m	2	用尺量测取较大值

注：本表项目只适用分项工程检验，不适用分部及单位工程质量验收。

二次衬砌混凝土施工的允许偏差　　表6.7.11-2

检查项目	允许偏差（mm）	检查数量		检查方法
		范围	数量	
中线	≤30	每5m	2	用经纬仪测量，每侧计1点
高程	+20，−30	每20m	1	用水准仪测量

7.2.3.26　市政验·管-23　定向钻施工管道检验批质量验收记录

1. 适用范围

本表适用于给排水管道工程定向钻施工管道检验批的质量检查验收。

2. 表内填写提示

定向钻施工管道应符合下列规定：

（1）主控项目

管节、防护层等到工程材料的产品质量应符合国家相关标准的规定和设计要求；

检查方法：检查产品质量保证资料，检查产品进场验收记录。

管节组对拼接、钢管外防腐层（包括焊口补口）的质量经检验（验收）合格；

检查方法：管节及接口全数观察；按本规范第 5 章的相关规定进行检查。

钢管接口焊接、聚乙烯管、聚丙烯管接口的熔焊检验符合设计要求，管道预水压试验合格；

检查方法：接口逐个观察；检查焊接检验报告和管道预水压试验记录，其中管道预水压试验应按 GB 50268 第 7.1.7 条第 7 款的规定执行。

管段回拖后的线形应平顺、无突变、变形现象，实际曲率半径符合设计要求；

检查方法：观察；检查钻进、扩孔、回拖施工记录、探测记录。

（2）一般项目

导向孔钻进、扩孔、管段回拖及钻进泥浆（液）等符合施工方案要求；

检查方法：检查施工方案，检查相关施工记录和泥浆（液）性能检验记录。

管段回拖力、扭矩、回拖速度等应符合施工方案要求，回拖力突升和突降现象；

检查方法：观察；检查施工方案，检查回拖记录。

布管和发送管段落时，钢管防腐剂护层无损伤，管段落无变形；回拖后拉出暴露的管段防腐层结构应完整、附着紧密；

检查方法：观察。

定向钻施工管道的允许偏差应符合表 6.7.12 的规定。

定向钻管道的允许偏差　　表 6.7.12

<table>
<tr><th colspan="3" rowspan="2">检查项目</th><th rowspan="2">允许偏差
（mm）</th><th colspan="2">检查数量</th><th rowspan="2">检查方法</th></tr>
<tr><th>范围</th><th>数量</th></tr>
<tr><td rowspan="2">入土点位置</td><td colspan="2">平面轴向、平面横向</td><td>20</td><td rowspan="6">每入、出点</td><td rowspan="6">各 1 点</td><td rowspan="6">用经纬仪、水准仪测量、用钢尺量测</td></tr>
<tr><td colspan="2">垂直向高程</td><td>±20</td></tr>
<tr><td rowspan="4">出土点位置</td><td colspan="2">平面轴向</td><td>500</td></tr>
<tr><td colspan="2">平面横向</td><td>1/2 倍 D_i</td></tr>
<tr><td rowspan="2">垂直向高程</td><td>压力管道</td><td>±1/2 倍 D_i</td></tr>
<tr><td>无压管道</td><td>±20</td></tr>
<tr><td rowspan="3">管道位置</td><td colspan="2">水平轴线</td><td>1/2 倍 D_i</td><td rowspan="3">每节管</td><td rowspan="3">不少于 1 点</td><td rowspan="3">用导向探测仪检查</td></tr>
<tr><td rowspan="2">管道内底高程</td><td>压力管道</td><td>±1/2 倍 D_i</td></tr>
<tr><td>无压管道</td><td>+20，−30</td></tr>
<tr><td rowspan="2">控制井</td><td colspan="2">井中心轴向、横向位置</td><td>20</td><td rowspan="2">每座</td><td rowspan="2">各 1 点</td><td rowspan="2">用经纬仪、水准仪测量、用钢尺量测</td></tr>
<tr><td colspan="2">井内洞口中心位置</td><td>20</td></tr>
</table>

注：D_i 为管道内径（mm）。

7.2.3.27　市政验·管-24　夯管施工管道检验批质量验收记录

1. 适用范围

本表适用于给排水管道工程夯管施工管道检验批的质量检查验收。

2. 表内填写提示

夯管施工管道应符合下列规定：

(1) 主控项目

管节、焊材、防腐层等工程材料的产品应符合 国家相关标准的规定和设计要求；

检查方法：检查产品质量合格证明书、各项性能检验报告、检查产品制造原材料质量保证资料；检查产品进场验收记录。

钢管组对拼接、外防腐层（包括焊口补口）的质量经检验（验收）合格钢管接口焊接检验符合设计要求；

检查方法：全数观察；按 GB 50268 第 5 章的相关规定进行检查，检查焊接检验报告。

管道线形应平顺、无变形、裂缝、突起、突弯、破损现象；管道无渗水现象；

检查方法：观察，其中漏水程度按 GB 50268 附录 F 第 F.0.3 条的规定观察。

(2) 一般项目

管内应清理干净，无杂物、余土、污泥、油污等；内防腐层的质量经检验（验收）合格；

检查方法：观察；按 GB 50268 第 5 章的相关规定进行内防腐层检查。

夯出的管节外防腐结构完整、附着坚密，无明显划伤、破损等现象；

检查方法：观察，检查施工记录。

夯入的起始管节，其轴向水平位置、管中心高程的允许偏差应控制在±20mm 范围内；

检查方法：用经纬仪、水准仪测量；检查施工记录。

夯锤的锤击力、夯进速度应符合施工方案要求；承受锤击的管端部无变形、开裂、残缺等现象，并满足接口组对焊接的要求；

检查方法：逐节检查；用钢尺、卡尺、焊缝量规等测量管端部；检查施工技术方案，检查夯进施工记录。

夯管贯通后的管道的允许偏差应符合表 6.7.13 的规定。

夯管贯通后的管道的允许偏差　　表 6.7.3

<table>
<tr><th colspan="2" rowspan="2">检查项目</th><th rowspan="2">允许偏差
(mm)</th><th colspan="2">检查数量</th><th rowspan="2">检查方法</th></tr>
<tr><th>范围</th><th>数量</th></tr>
<tr><td colspan="2">轴线水平位移</td><td>80</td><td rowspan="4">每管节</td><td rowspan="4">1 点</td><td>用经纬仪测量或挂中线用钢尺量测</td></tr>
<tr><td rowspan="2">管道内底高程</td><td>D_i<1500</td><td>40</td><td rowspan="2">用水准仪测量</td></tr>
<tr><td>D_i≥1500</td><td>60</td></tr>
<tr><td colspan="2">相邻管间错口</td><td>≤2</td><td>用钢尺量测</td></tr>
</table>

注：1. D_i 为管道内径（mm）。

2. D_i≤700mm 时，检查项目 1 和 2 可直接测量管道两端，检查项目 3 可检查施工记录。

7.2.3.28　市政验·管-25　沉管基槽浚挖及管基处理检验批质量验收记录

1. 适用范围

本表适用于给排水管道工程沉管基槽浚挖及管基处理检验批的质量检查验收。

2. 表内填写提示

沉管基槽浚挖及管基处理应符合下列规定：

(1) 主控项目

沉管基槽中心位置和浚挖深度符合设计要求；

检查方法：检查施工测量记录、浚挖记录。

沉管基槽处理、管基结构形式应符合设计要求；

检查方法：可由潜水员水下检查；检查了工记录、施工资料。

（2）一般项目

浚挖成槽后基槽应稳定，沉管前基底回淤量不大于设计和施工方案要求，基槽边坡不陡于 GB 50268 的有关规定；

检查方法：检查施工记录、施工技术资料；必要时水下检查。

管基处理所用的工程材料规格、数量等符合设计要求；

检查方法：检查施工记录、施工技术资料。

沉管基槽浚挖及管基处理的允许偏差应符合表 7.4.1 的规定。

沉管基槽浚挖及管基处理的允许偏差　　　　表 7.4.1

<table>
<tr><th colspan="2" rowspan="2">检查项目</th><th rowspan="2">允许偏差
(mm)</th><th colspan="2">检查数量</th><th rowspan="2">检查方法</th></tr>
<tr><th>范围</th><th>点数</th></tr>
<tr><td rowspan="2">基槽底部高程</td><td>土</td><td>0，−300</td><td rowspan="9">每 5～10m 取一个横断面</td><td rowspan="4">基槽宽度不大于 5m 时测 1 点，基槽宽度大于 5m 时测不少于 2 点</td><td rowspan="7">用回声测深仪、多波束仪，测深图检查。或用水准仪、经纬仪测量、钢尺量测定位标志，潜水员检查</td></tr>
<tr><td>石</td><td>0，−500</td></tr>
<tr><td rowspan="2">整平后基础顶面高程</td><td>压力管道</td><td>0，−200</td></tr>
<tr><td>无压管道</td><td>0，−100</td></tr>
<tr><td colspan="2">基槽底部宽度</td><td>不小于规定</td><td rowspan="5">1 点</td></tr>
<tr><td colspan="2">基槽水平轴线</td><td>100</td></tr>
<tr><td colspan="2">基础宽度</td><td>不小于设计要求</td></tr>
<tr><td rowspan="2">整平后基础平整度</td><td>砂基础</td><td>50</td><td rowspan="2">潜水员检查，用刮平尺量测</td></tr>
<tr><td>砾石基础</td><td>150</td></tr>
</table>

7.2.3.29　市政验·管-26　组对拼装管道（段）的沉放检验批质量验收记录

1. 适用范围

本表适用于给排水管道工程组对拼装管道（段）的沉放检验批的质量检查验收。

2. 表内填写提示

组对拼装管道（段）的沉放应符合下列规定：

（1）主控项目

管节、防腐层等工程材料的产品质量保证资料齐全，各项性能检验报告应符合相关国家相关标准的规定和设计要求；

检查方法：检查产品质量合格证明书、各项性能检验报告，检查产品制造原材料质量保证资料；检查产品进场验收记录。

陆上组对拼装管道（段）的接口连接和钢管防腐层（包括焊口、补口）的质量经验收合格；钢管接口焊接、聚乙烯管、接口熔焊检验符合设计要求，管道预水压试验合格。

检查方法：管道（段）及接口全数观察，按 GB 50268 第 5 章的相关规定进行检查；检查焊接检验报告和管道顶水压试验记录，其中管道顶水压试验按 GB 50268 第 7.1.7 条第 7 款的规定执行。

管道（段）下沉均匀、平稳、无轴向扭曲，环向变形和明显轴向突弯等现象；水上、水下的接口连接质量经检验符合设计要求。

检查方法：观察、检查沉放施工记录及相关检测刻录；检查水上、水下的接口连接检验报告。

(2) 一般项目

沉放前管道（段）及防腐层无损伤，无变形；

检查方法：观察、检查施工记录。

对于分段沉放的管道，其水上、水下的接口防腐质量检验合格；

检查方法：逐个检查接口连接及防腐的施工记录、检验记录。

沉放后管底与沟底接触均匀和紧密；

检查方法：检查沉放记录；必要时由潜水员检查。

沉管下沉铺设的允许偏差应符合表 7.4.2 的规定。

沉管下沉铺设的允许偏差　　表 7.4.2

检查项目		允许偏差(mm)	检查数量		检查方法
			范围	点数	
管道高程	压力管道	0，−200	每 10m	1 点	用回声测深仪、多波束仪、测深图检查；或用水准仪、经纬仪测量、钢尺量测定位标志
	无压管道	0，−100			
管道水平轴线位置		50	每 10m	1 点	

7.2.3.30　市政验·管-27　沉放的预制钢筋混凝土管节制作检验批质量验收记录

1. 适用范围

本表适用于给排水管道工程沉放的预制钢筋混凝土管节制作检验批的质量检查验收。

2. 表内填写提示

沉放的预制钢筋混凝土管节制作应符合下列规定：

(1) 主控项目

原材料的产品质量保证资料齐全，各项性能检验报告应符合国家相关标准的规定和设计要求。

检查方法：检查产品质量合格证明书、各项性能检验报告、进场复验报告。

钢筋混凝土管节制作中的钢筋、模板、混凝土质量经验收合格；

检查方法：按国家有关规范的规定和设计要求进行检查。

混凝土强度、抗渗性能应符合设计要求；

检查方法：检查混凝土浇筑记录，检查试块的抗压强度、抗渗试验报告。

检查数量：底板、侧墙、顶板、后浇带等每部位的混凝土，每工作班不应少于 1 组、且每浇筑 $100m^3$ 为一验收批，抗压强度试块留置不应少于 1 组；每浇筑 $500m^3$ 混凝土及每后浇带为一验收批，抗渗试块留置不应少于 1 组。

混凝土管节无严重质量缺陷；

检查方法：按规范附录 G 的规定进行观察，对可见的裂缝用裂缝观察仪检测；检查技术处理方案。

管节抗渗检验时无线流、滴漏和明显渗水现象；经检测平均渗漏量满足设计要求。

检查方法：逐节检查；进行预水压渗漏试验；检查渗漏检验记录。

(2) 一般项目

混凝土重度应符合设计要求，其允许偏差为：$+0.01t/m^3$，$-0.02t/m^3$；

检查方法：检查混凝土试块重度检测报告，检查原材料质量保证资料，施工记录等。

预制结构的外观质量不宜有一般缺陷，防水层结构符合设计要求；

检查方法：观察；按 GB 50268 附录 G 的规定检查，检查施工记录。

钢筋混凝土管节预制的允许偏差应符合表 7.4.3 的规定。

钢筋混凝土管节预制的允许偏差　　表 7.4.3

检查项目		允许偏差(mm)	检查数量		检查方法
			范围	点数	
外包尺寸	长	±10	每 10m	各 4 点	用钢尺量测
	宽	±10			
	高	±5			
结构厚度	底板、顶板	±5	每部位	各 4 点	
	侧墙	±5			
断面对角线尺寸差		0.5%L	两端面	各 2 点	
管节内净空尺寸	净宽	±10	每 10m	各 4 点	
	净高	±10			
顶板、底板、外侧墙的主钢筋保护层厚度		±5	每 10m	各 4 点	
平整度		5	每 10m	2 点	用 2m 直尺量测
垂直度		10	每 10m	2 点	用垂线测

注：L 为断面对角线长（mm）。

7.2.3.31　市政验·管-28　沉放的预制钢筋混凝土管节接口预制加工（水力压接法）检验批质量验收记录

1. 适用范围

本表适用于给排水管道工程沉放的预制钢筋混凝土管节接口预制加工（水力压接法）检验批的质量检查验收。

2. 表内填写提示

沉放的预制钢筋混凝土管节接口预制加工（水力压接法）应符合下列规定；

（1）主控项目

端部的钢壳材质、焊缝质量等级应符合设计要求；

检查方法：检查钢壳制造材料的质量保证资料、焊缝质量检验报告。

端部钢壳端面加工成型的允许偏差应符合表 7.4.4-1 的规定。

端部钢壳端面加工成型的允许偏差　　表 7.4.4-1

检查项目	允许偏差(mm)	检查数量		检查方法
		范围	点数	
不平整度	＜5，且每延米内＜1	每个钢壳的钢板面、端面	每 2m 各 1 点	用 2m 直尺量
垂直度	＜5		两侧、中间各 1 点	用垂线吊测全高
端面竖向倾斜度	＜5	每个钢壳	两侧、中间各 2 点	全站仪测量或吊垂线测端面上下外缘两点之差

专用的柔性接口橡胶圈材质及相关性能应符合相关规范规定和设计要求，其外观质量应符合表

7.4.4-2 的规定。

橡胶圈外观质量要求　　表 7.4.4-2

缺陷名称	中间部分	边翼部分
气泡	直径≤1mm 气泡，不超过 3 处/m	直径≤2mm 气泡，不超过 3 处/m
杂质	面积≤4mm^{2}气泡，不超过 3 处/m	面积≤8mm^{2}气泡，不超过 3 处/m
凹痕	不允许	允许有深度不超过 0.5mm，面积不大于 10mm^{2}的凹痕，不超过 2 处/m
接缝	不允许有裂口及“海绵”现象，高度≤1.5mm 的凸起，不超过 2 处/m	
中心偏心	中心孔周边对称部位厚度差不超过 1mm	

检查方法：观察；检查每批橡胶圈的质量合格证明、性能检验报告。

（2）一般项目

按设计要求进行端部钢壳的制作与安装；

检查方法：逐个观察；检查钢壳的制作与安装记录。

钢壳防腐处理符合设计要求；

检查方法：观察；检查钢壳防腐材料的质量保证资料，检查防锈、涂装记录。

柔性接口橡胶圈安装位置正确，安装完成后处于松弛状态，并完整地附着在钢端面上。

检查方法：逐个观察。

7.2.3.32　市政验·管-29　预制钢筋混凝土管的沉放检验批质量验收记录

1. 适用范围

本表适用于给排水管道工程预制钢筋混凝土管的沉放检验批的质量检查验收。

2. 表内填写提示

预制钢筋混凝土管沉放应符合下列规定：

（1）主控项目

沉放前、后管道无变形、受损；沉放及接口连接后管道无滴漏、线漏和明显渗水现象；

检查方法：观察，按 GB 50268 附录 F 第 F.0.3 条的规定检查漏水程度；检查管道沉放、接口连接施工记录。

沉放后，对于无裂缝设计的沉管严禁有任何裂缝；对于有裂缝设计的沉管，其表面裂缝宽度、深度应符合设计要求；

检查方法：观察、对可见的裂缝用裂缝观察仪检测；检查技术处理方案。

接口连接形式符合设计文件要求；柔性接口无渗水现象；混凝土刚性接口密实、无裂缝、无滴漏、线漏和明显渗水现象；

检查方法：逐个检查，检查技术处理方案。

（2）一般项目

管道及接口防水处理符合设计要求；

检查方法：观察、检查防水处理施工记录。

管节下沉均匀、平稳、无轴向扭曲、环形变形、纵向弯曲等现象。

检查方法：观察、检查沉放施工记录。

管道与沟底接触均匀和紧密；

检查方法：潜水员检查；检查沉放施工及测量记录。

钢筋混凝土管沉放的允许偏差应符合表 7.4.5 的规定。

钢筋混凝土管沉放的允许偏差　　表 7.4.5

<table>
<tr><td colspan="2" rowspan="2">检查项目</td><td rowspan="2">允许偏差
(mm)</td><td colspan="2">检查数量</td><td rowspan="2">检查方法</td></tr>
<tr><td>范围</td><td>点数</td></tr>
<tr><td rowspan="2">管道高程</td><td>压力管道</td><td>0，−200</td><td rowspan="2">每 10m</td><td rowspan="2">1 点</td><td rowspan="4">用水准仪、经纬仪、测深仪测量或全站仪测量</td></tr>
<tr><td>无压管道</td><td>0，−100</td></tr>
<tr><td colspan="2">沉放后管节四角高差</td><td>50</td><td>每管节</td><td>4 点</td></tr>
<tr><td colspan="2">管道水平轴线位置</td><td>50</td><td>每 10m</td><td>1 点</td></tr>
<tr><td colspan="2">接口连接的对接错口</td><td>20</td><td>每节口每面</td><td>各 1 点</td><td>用钢尺量测</td></tr>
</table>

7.2.3.33　市政验·管-30　沉管的稳管及回填检验批质量验收记录

1. 适用范围

本表适用于给排水管道工程沉管的稳管及回填检验批的质量检查验收。

2. 表内填写提示

沉管的稳管及回填应符合下列规定：

(1) 主控项目

稳管、管基二次处理、回填时所用材料应符合设计要求；

检查方法：观察；检查材料相关的质量保证资料。

稳管、管基二次处理、回填应符合设计要求，管道未发生漂浮和位移现象；

检查方法：观察；检查稳管、管基二次处理、回填施工记录。

(2) 一般项目

管道未受外力影响而发生变形、破坏；

检查方法：观察。

二次处理后管基承载力符合设计要求；

检查方法：检查二次处理检验报告及记录。

基槽回填应两侧均匀，管顶回填高度应符合设计要求。

检查方法：观察、用水准仪或测深仪每 10m 测 1 点检测回填高度；检查回填施工、检测记录。

7.2.3.34　市政验·管-31-1　桥管管道检验批质量验收记录（一）

7.2.3.35　市政验·管-31-2　桥管管道检验批质量验收记录（二）

1. 适用范围

本表适用于给排水管道工程桥管管道检验批的质量检查验收。

2. 表内填写提示

桥管管道的基础、下部结构工程的施工质量应按国家现行标准《城市桥梁工程施工与质量验收规范》CJJ 2 的相关规定和设计要求验收。

桥管管道应符合下列规定：

(1) 主控项目

管材、防腐层等工程材料的产品质量保证资料齐全，各项性能检验报告应符合相关国家标准的规定和设计要求；

检查方法：检查产品质量合格证明书、各项性能检验报告，检查产品制造原材料质量保证资料；检查产品进场验收记录。

钢管组对拼装和防腐层（包括焊口补口）的质量经验收合格；钢管接口焊接检验符合设计要求；

检查方法：管节及接口全数观察；按本规范第5章的相关规定进行检查，检查焊接检验报告。

钢管预拼装尺寸的允许偏差应符合表7.4.8-1的规定。

钢管预拼装尺寸的允许偏差 **表7.4.8-1**

<table>
<tr><th rowspan="2">检查项目</th><th rowspan="2">允许偏差
(mm)</th><th colspan="2">检查数量</th><th rowspan="2">检查方法</th></tr>
<tr><th>范围</th><th>点数</th></tr>
<tr><td>长度</td><td>±3</td><td>每件</td><td>2点</td><td rowspan="2">用钢尺量</td></tr>
<tr><td>管口端面圆度</td><td>$D_0/500$，且≤5</td><td>每端面</td><td>1点</td></tr>
<tr><td>管口端面与管道轴线的垂直度</td><td>$D_0/500$，且≤3</td><td>每端面</td><td>1点</td><td>用焊缝量规测量</td></tr>
<tr><td>侧弯曲矢高</td><td>$L/1500$，且≤5</td><td>每件</td><td>1点</td><td rowspan="2">用拉线、吊线和钢尺量测</td></tr>
<tr><td>跨中起拱度</td><td>±$L/5000$</td><td>每件</td><td>1点</td></tr>
<tr><td>对口错边</td><td>$t/10$，且≤2</td><td>每件</td><td>3点</td><td>用焊缝量规、游标卡尺测量</td></tr>
</table>

注：L为管道长度（mm）；t为管道壁厚（mm）。

桥管位置应符合设计要求，安装方式正确，且安装牢固、结构可靠、管道无变形和裂缝等现象；

检查方法：观察、检查相关施工记录。

(2) 一般项目

桥管的基础、下部结构工程的施工质量经验收合格；

检查方法：按国家有关规范的规定和设计要求进行检查，检查其施工验收记录。

管道安装条件经检查验收合格，满足安装要求；

检查方法：观察、检查施工方案、管道安装条件交接验收记录。

桥管钢管分段拼装焊接时，接口的坡口加工、焊缝质量等级应符合焊接工艺和设计要求；

检查方法：观察，检查接口的坡口加工记录、焊缝质量检验报告。

管道支架规格、尺寸等，应符合设计要求；支架应安装牢固、位置正确，工作状况及性能符合设计文件和产品安装说明的要求；

检查方法：观察、检查相关质量保证及技术资料、安装记录、检验报告等。

桥管管道安装的允许偏差应符合表7.4.8-2的规定。

桥管管道安装的允许偏差 **表7.4.8-2**

<table>
<tr><th colspan="2" rowspan="2">检查项目</th><th rowspan="2">允许偏差
(mm)</th><th colspan="2">检查数量</th><th rowspan="2">检查方法</th></tr>
<tr><th>范围</th><th>点数</th></tr>
<tr><td rowspan="3">支架</td><td>顶面高程</td><td>±5</td><td rowspan="3">每件</td><td>1点</td><td>用准仪测量</td></tr>
<tr><td>中心位置（轴向、横向）</td><td>10</td><td>各1点</td><td>用经纬仪测量，
或挂中线用钢尺量测</td></tr>
<tr><td>水平度</td><td>$L/1500$</td><td>2点</td><td>用水准仪测量</td></tr>
<tr><td colspan="2">管道水平轴线位置</td><td>10</td><td rowspan="2">每跨</td><td>2点</td><td>用经纬仪测量</td></tr>
<tr><td colspan="2">管道中部垂直拱矢高</td><td>10</td><td>1点</td><td>用水准仪测量、或
拉线和钢尺量测</td></tr>
</table>

续表

检查项目		允许偏差（mm）	检查数量		检查方法
			范围	点数	
支架地脚螺栓（锚栓）中心位移		5	每件	1点	用经纬仪测量或挂中线用钢尺量测
活动支架的偏移量		符合设计要求			用钢尺量
弹簧支架	工作圈数	≤半圈			观察检查
	在自由状态下弹簧各圈节距	≤平均节距10%			用钢尺量测
	两端支承面与弹簧轴线垂直度	≤自由高度10%			挂中线用钢尺量测
支架处的管道顶部高程		±10			用水准仪测量

注：L为支架底座的边长（mm）。

钢管涂装材料、涂层厚度及附着力符合设计要求；涂层外观应均匀，无褶皱、空泡、凝块、透层等现象，与钢管表面附着紧密，色标符合规定；

检查方法：观察、用5～10倍的放大镜检查；用测厚仪量测厚度。

检查数量：涂层干膜厚度每5m测1个断面，每个断面测相互垂直的4个点；其实测厚度平均值不得低于设计要求，且小于设计要求厚度的点数不应大于10%，最小实测厚度不应低于设计要求的90%。

7.2.3.36 市政验·管-32 井室检验批质量验收记录

1. 适用范围

本表适用于给排水管道工程井室检验批的质量检查验收。

2. 表内填写提示

井室应符合下列要求：

（1）主控项目

所用的原材料、预制构件的质量应符合国家有关标准的规定和设计要求；

检查方法：检查产品质量合格证明书、各项性能检验报告、进场验收记录。

砌筑水泥砂浆强度、结构混凝土强度应符合设计要求；

检查方法：检查水泥砂浆强度、混凝土抗压强度块件试验报告。

检查数量：每50m^3砌体或混凝土每浇筑1个台班一组试块。

砌筑结构应灰浆饱满、灰缝平直，不得有通缝、瞎缝；预制装配式结构应坐浆、灌浆饱满密实，无裂缝；混凝土结构无严惩质量缺陷；井室无渗水、水珠现象；

检查方法：逐个观察。

（2）一般项目

井壁抹面应密实平整，不得有空鼓，裂缝等现象；混凝土无明显一般质量缺陷；井室无明显湿渍现象；

检查方法：逐个观察。

井内部构造符合设计要求和水力工艺要求，且部位位置及尺寸正确，无建筑垃圾杂物；检查井流槽应平顺、圆滑 、光洁；

检查方法：逐个观察。

井室内踏步位置正确、牢固；

检查方法：逐个观察、用钢尺量测。

井盖、座规格符合设计要求，安装稳固；

检查方法：逐个观察。

井室的允许偏差应符合表 8.5.1 的规定。

井室的允许偏差 **表 8.5.1**

<table>
<tr><th colspan="3" rowspan="2">检查项目</th><th rowspan="2">允许偏差
（mm）</th><th colspan="2">检查数量</th><th rowspan="2">检查方法</th></tr>
<tr><th>范围</th><th>点数</th></tr>
<tr><td colspan="3">平面轴线位置
（轴向、垂直轴向）</td><td>15</td><td rowspan="13">每座</td><td>2</td><td>用钢尺量测、
经纬仪测量</td></tr>
<tr><td colspan="3">结构断面尺寸</td><td>+10，0</td><td>2</td><td>用钢尺量测</td></tr>
<tr><td rowspan="2">井室
尺寸</td><td colspan="2">长、宽</td><td rowspan="2">±20</td><td rowspan="2">2</td><td rowspan="2">用钢尺量测</td></tr>
<tr><td colspan="2">直径</td></tr>
<tr><td rowspan="2">井口
高程</td><td colspan="2">农田或绿地</td><td>+20</td><td rowspan="2">1</td><td rowspan="6">用水准仪测量</td></tr>
<tr><td colspan="2">路面</td><td>与道路规定一致</td></tr>
<tr><td rowspan="4">井底
高程</td><td rowspan="2">开槽法管
道铺设</td><td>$D_i \leqslant 1000$</td><td>±10</td><td rowspan="4">2</td></tr>
<tr><td>$D_i > 1000$</td><td>±15</td></tr>
<tr><td rowspan="2">不开槽法
管道铺设</td><td>$D_i < 1500$</td><td>+10，−20</td></tr>
<tr><td>$D_i \geqslant 1500$</td><td>+20，−40</td></tr>
<tr><td>踏步安装</td><td colspan="2">水平及垂直间距、外露长度</td><td>±10</td><td rowspan="3">1</td><td rowspan="3">用尺量测偏差较大值</td></tr>
<tr><td>脚窝</td><td colspan="2">高、宽、深</td><td>±10</td></tr>
<tr><td colspan="3">流槽宽度</td><td>+10</td></tr>
</table>

7.2.3.37 市政验·管-33 雨水口及支、连管检验批质量验收记录

1. 适用范围

本表适用于给排水管道工程雨水口及支、连管检验批的质量检查验收。

2. 表内填写提示

雨水口及支、连管应符合下列要求：

（1）主控项目

所用的原材料、预制构件的质量应符合国家有关标准的规定和设计要求；

检查方法：检查产品质量合格证明书、各项性能检验报告、进场验收记录。

雨水口的位置正确，深度符合设计要求，安装不得歪扭；

检查方法：逐个观察，用水准仪、钢尺量测。

井框、井箅应完整、无损，安装平稳、牢固；支、连管应直顺，无倒坡、错口及破损现象；

检查数量：全数观察。

井内、连接管道内无线漏、滴漏现象；

检查数量：全数观察。

（2）一般项目

雨水口砌筑勾缝应直顺、坚实，不得漏勾、脱落；内、外壁抹面平整光洁；

检查数量：全数观察。

支、连管内清洁、流水通畅，无明显渗水现象；

检查数量：全数检查。

雨水口、支管的允许偏差应符合表 8.5.2 的规定。

雨水口、支管的允许偏差　　表 8.5.2

检查项目	允许偏差（mm）	检查数量		检查方法
		范围	点数	
井框、井箅吻合	≤10	每座	1	用钢尺量测较大值（高度、深度亦可用水准仪测量）
井口与路面高差	−5，0			
雨水口位置与道路边线平行	≤10			
井内尺寸	长、宽，+20，0			
	深：0，−20			
井内支、连管管口底高度	0，−20			

7.2.3.38　市政验·管-34　支墩检验批质量验收记录

1. 适用范围

本表适用于给排水管道工程支墩检验批的质量检查验收。

2. 表内填写提示

支墩应符合下列要求：

(1) 主控项目

所用的原材料质量应符合国家有关标准的规定和设计要求；

检查方法：检查产品质量合格证明书、各项性能检验报告、进场验收记录。

支墩地基承载力、位置符合设计要求；支墩无位移、沉降；

检查方法：全数观察；检查施工记录、施工测量记录、地基处理技术资料。

砌筑水泥砂浆强度、结构混凝土强度应符合设计要求；

检查方法：检查水泥砂浆强度、混凝土抗压强度试块试验报告。

检查数量：每 50m^3 砌体或混凝土每浇筑 1 个台班一组试块。

(2) 一般项目

混凝土支墩应表面平整、密实；砖砌支墩应灰缝饱满，无通缝现象，其表面抹灰应平整、坚实；

检查方法：逐个观察。

支墩支承面与管道外壁接触紧密，无松动、滑移现象；

检查方法：全数观察。

管道支墩的允许偏差应符合表 8.5.3 的规定。

管道支墩的允许偏差　　表 8.5.3

检查项目	允许偏差（mm）	检查数量		检查方法
		范围	点数	
平面轴线位置（轴向、垂直轴向）	15	每座	2	用钢尺量测或经纬仪测量
支撑面中心高程	±15		1	用水准仪测量
结构断面尺寸（长、宽、厚）	+10，0		3	用钢尺量测

7.2.3.39　市政验·管-35　排水管（渠）道闭水试验验收记录

1. 适用范围

本表适用于在管坑回填前，对排水管（渠）道的闭水试验情况进行验收检查。当排水管（渠）道的闭水试验不具备第三方检测条件时，监理单位须按《给水排水管道工程施工及验收规范》GB 50268 规定的试验方法、步骤及要求等组织设计、建设、施工等单位进行验收检查，并及时办理好签名确认手续。

2. 表内填写提示

（1）允许渗水量：按《给水排水管道工程施工及验收规范》GB 50268 规定取值。

允许渗水量 **表 7.2.3.39**

管材	管道内径 D_i (mm)	允许渗水量 [m^3/(24h·km)]	管道内径 D_i (mm)	允许渗水量 [m^3/(24h·km)]
钢筋混凝土管	200	17.60	1200	43.30
	300	21.62	1300	45.00
	400	25.00	1400	46.70
	500	27.95	1500	48.40
	600	30.60	1600	50.00
	700	33.00	1700	51.50
	800	35.35	1800	53.00
	900	37.50	1900	54.48
	1000	39.52	2000	55.90
	1100	41.45		

（2）验收情况：

1）当闭水试验已委托有资质的检测单位检测并出具了检测报告时，只需填写“第三方检测情况”栏，且“试验结论”、“试验日期”、“报告编号”、“试验单位”的信息应与对应的试验报告内容一致；

2）当闭水试验不具备第三方检测条件时，应由监理单位按《给水排水管道工程施工及验收规范》GB 50268 规定的试验方法、步骤及要求等组织设计、建设、施工等单位进行验收检查，并将现场试验情况填写在“自检情况”栏。

（3）闭水试验法应按设计要求和试验方案进行；试验管段应按井距分隔，抽样选取，带井试验，且应符合下列规定：

1）管道及检查井外观质量已验收合格；

2）管道未回填土且沟槽内无积水；

3）全部预留孔应封堵，不得渗水；

4）管道两端堵板承载力经核算应大于水压力的合力；除预留进出水管外，应封堵坚固，不得渗水。

5）顶管施工，其注浆孔封堵且管口按设计要求处理完毕，地下水位于管底以下。

（4）管道闭水试验应符合下列规定：

1）试验段上游设计水头不超过管顶内壁时，试验水头应以试验段上游管顶内壁加 2m 计；

2）试验段上游设计水头超过管顶内壁时，试验水头应以试验段上游设计水头加 2m 计；

3）计算出的试验水头小于 10m，但已超过上游检查井井口时，试验水头应以上游检查井井口高度为准；

4）管道闭水试验应按《给水排水管道工程施工及验收规范》GB 50268 附录 D（闭水法试验）进行。

（5）管道闭水试验时，应进行外观检查，不得有漏水现象，且符合下列规定时，管道闭水试验为合格：

1）实测渗水量小于或等于《给水排水管道工程施工及验收规范》GB 50268 规定的允许渗水量；

2）管道内径大于上表规定的管径时，实测渗水量应小于或等于按下式计算的允许渗水量；

$$q=1.25\sqrt{D_i} \tag{9.3.5-1}$$

3）异形截面管道的允许渗水量可按周长折算为圆形管道计；

4）化学建材管道的实测渗水量应小于或等于按下式计算的允许渗水量。

$$q\leqslant 0.0046D_i \tag{9.3.5-2}$$

式中　q——允许渗水量（m^3/24h・km）；

D_i——管道内径（mm）。

（6）当管道内径大于 700mm 时，可按管道井段数量抽样选取 1/3 进行试验；试验不合格时，抽样井段数量应在原抽样基础上加倍进行试验。

7.2.3.40　市政验・管-36　压力管道水压试验验收记录

1. 适用范围

为验证给水（压力）管道的强度和严密性能否达到设计或质量标准的要求，必须进行水压试验；

本表适用于在给水（压力）管道安装检查合格后，对水压试验情况进行验收检查。当给水（压力）管道的水压试验不具备第三方检测条件时，监理单位须按《给水排水管道工程施工及验收规范》GB 50268 规定的试验方法、步骤及要求等组织设计、建设、施工等单位进行验收检查，并及时办理好签名确认手续。

2. 表内填写提示

（1）管道排气阀类型、数量：按实际验收段内的排气阀类型、数量。

（2）管道试验压力：应符合设计要求及《给水排水管道工程施工及验收规范》GB 50268 的相关规定。

管道试验压力　　　　**表 7.2.3.40(1)**

管材种类	工作压力 P	试验压力
钢管	P	$P+0.5$，且不小于 0.9
球墨铸铁管	≤0.5	$2P$
	>0.5	$P+0.5$
预（自）应力混凝土管、预应力钢筒混凝土管	≤0.6	$1.5P$
	>0.6	$P+0.3$
现浇钢筋混凝土管渠	≥0.1	$1.5P$
化学建材管	≥0.1	$1.5P$，且不小于 0.8

（3）允许渗水量：按《给水排水管道工程施工及验收规范》GB 50268 相关规定取值。

允许渗水量　　　　**表 7.2.3.40(2)**

管道内径 D_i（mm）	允许渗水量（L/min・km）		
	焊接接口钢管	球墨铸铁管、玻璃钢管	预（自）应力混凝土管、预应力钢筒混凝土管
100	0.28	0.70	1.40
150	0.42	1.05	1.72
200	0.56	1.40	1.98

续表

管道内径 D_i (mm)	允许渗水量（L/min・km）		
	焊接接口钢管	球墨铸铁管、玻璃钢管	预（自）应力混凝土管、预应力钢筒混凝土管
300	0.85	1.70	2.42
400	1.00	1.95	2.80
600	1.20	2.40	3.14
800	1.35	2.70	3.96
900	1.45	2.90	4.20
1000	1.50	3.00	4.42
1200	1.65	3.30	4.70
1400	1.75		5.00

（4）验收情况

1）当水压试验已委托有资质的检测单位检测并出具了检测报告时，只需填写“第三方检测情况”栏，且“试验结论”、“试验日期”、“报告编号”、“试验单位”的信息应与对应的试验报告内容一致；

2）当水压试验不具备第三方检测条件时，应由监理单位按《给水排水管道工程施工及验收规范》GB 50268 规定的试验方法、步骤及要求等组织设计、建设、施工等单位进行验收检查，并将现场试验情况填写在“自检情况”栏。

（5）水压试验前，施工单位应编制试验方案，其内容应包括：

1）后背及堵板的设计；

2）进水管路、排气孔及排水孔的设计；

3）加压设备，压力计的选择及安装的设计；

4）排水疏导措施；

5）升压分段的划分及观测制度的规定；

6）试验管段的稳定措施和安全措施。

（6）试验管段的后背应符合下列规定：

1）后背应设在原状土或人工后背上，土质松软时应采取加措施；

2）后背墙面应平整并与管道轴线垂直。

（7）水压试验采用的设备、仪表规格及其安装应符合下列规定：

1）采用弹簧压力计时，精度不应低于 1.5 级，最大量程宜为试验压力的 1.3～1.5 倍，表壳的公称直径不宜小于 150mm，使用前经校正并具有符合规定的检定证书；

2）水泵，压力计应安装在试验段的两端部与管道轴线相垂直的支管上。

（8）水压试验前准备工作应符合下列规定：

1）试验管段所有敞口应封闭，不得有渗漏水现象；

2）试验管段不得用闸阀做堵板，不得有消火栓、水锤消除器、安全阀等附件；

3）水压试验前应清除管道内的杂物。

（9）试验管段注满水后，宜在不大于工作压力条件下充分浸泡后再进行水压试验，浸泡时间应符合《给水排水管道工程施工及验收规范》GB 50268 的相关规定。

浸泡时间　　表 7.2.3.40(2)

管材种类	管道内径 D_i（mm）	浸泡时间（h）
球墨铸铁管（有水泥砂浆衬里）	D_i	≥24
钢管（有水泥砂浆衬里）	D_i	≥24
化学建材管	D_i	≥24
现浇钢筋混凝土管渠	$D_i \leqslant 1000$	≥48
	$D_i > 1000$	≥72
预（自）应力混凝土管、预应力钢筒混凝土管	$D_i \leqslant 1000$	≥48
	$D_i > 1000$	≥72

（10）水压试验应符合下列规定：

1）预试验阶段：将管道内水压缓缓地升至试验压力并稳压 30min。期间如有压力下降可注水补压，但不得高于试验压力；检查管道接口、配件等处有无漏水、损坏现象；有漏水、损坏现象时应及时停止试压，查明原因并采取相应措施后重新试压；

2）主试验阶段：停止注水补压，稳定 15min；当 15min 后压力下降不超过表 9.2.10-2 中所列允许压力降数值时，将试验压力降至工作压力并保持恒压 30min，进行外观检查若无漏水现象，则水压试验合格；

3）管道升压时，管道的气体应排除；升压过程中，发现弹簧压力计表针摆动、不稳，且升压较慢时，应重新排气后再升压；

4）应分级升压，每升一级应检查后背、支墩、管身及接口，无异常现象时再继续升压；

5）水压试验过程中，后背顶撑、管道两端严禁站人；

6）水压试验时，严禁修补缺陷；遇有缺陷时，应做出标记，卸压后修补。

（11）压力管道采用允许渗水量进行最终合格判定依据时，实测渗水量应小于或等于上表的规定及下列公式规定的允许渗水量。

1）当管道内径大于上表规定时，实测渗水量应小于或等于按下列公式计算的允许渗水量：

① 钢管：$q=0.05\sqrt{D_i}$

② 球墨铸铁管（玻璃钢管）：$q=0.1\sqrt{D_i}$

③ 预（自）应力混凝土管、预应力钢筒混凝土管：$q=0.14\sqrt{D_i}$

2）现浇钢筋混凝土管渠实测渗水量应小于或等于按下式计算的允许渗水量：

$$q=0.014\sqrt{D_i}$$

3）硬聚氯乙烯管实测渗水量应小于或等于按下列公式计算的允许渗水量：

$$q = 3\times(D_i/25)\times[P/(0.3\alpha)]\times(1/1440)$$

式中　q——允许渗水量（L/min km）

D_i——管道内径（mm）；

P——压力管道的工作压力（MPa）；

α——温度-压力折减系数。

7.2.3.41　市政验·管-37　管道冲洗消毒验收记录

1. 适用范围

本表用于市政设施的管道安装后进行冲洗消毒时所作的现场记录。

一般适用于给水管道的冲洗消毒。

2. 执行标准

给水排水管道工程施工及验收规范，GB 50268 等。以最新颁布的规范、标准为准。

3. 表内填写提示

施工部位：施工位置所属的工程部位属性，一般不分部位的工程可以填写位置名称，如左线管坑等。

里程桩号：施工记录段所在里程、里程区间或位置记号。

设计要求：管径、消毒剂种类及数量按设计图纸要求的各项数据填写，设计图没有的，按施工验收规范的数据填写。

记录项目：按表格内提示项目如实记录冲洗消毒时的实际情况，填写在施工情况记录栏里。

备注：需要补充的说明。

7.2.4 给排水构筑物工程

7.2.4.1 市政验·构-1 围堰检验批质量验收记录

1. 适用范围

本表适用于给排水构筑物工程围堰检验批的质量检查验收。

2. 表内填写提示

围堰应符合下列规定：

（1）主控项目

围堰结构形式和围堰高度、堰底宽度、堰顶宽度以及悬臂桩式围堰板桩入土深度符合设计要求；

检查方法：观察，检查施工记录、测量记录。

堰体稳固，变位、沉降在限定值内，无开裂、塌方、滑坡现象，背水面无线流；

检查方法：观察，检查施工记录、监测记录。

（2）一般项目

所用钢板桩、木桩、填筑土石方、围堰用袋等材料符合设计要求和有关标准的规定；

检查方法：观察；检查钢板桩、编织袋、石料等的出厂合格证；检查材料进场验收记录、土质鉴定报告。

土、袋装土围堰的边坡应稳定、密实，堰内边坡平整、堰外边坡耐水流冲刷；双层桩填芯围堰的内外桩排列紧密一致，芯内填筑材料应分层压实；止水钢板桩垂直，相邻板桩锁口咬合紧密；

检查方法：观察，检查施工记录。

围堰施工允许偏差应符合表 4.7.1 的规定。

围堰施工允许偏差　　表 4.7.1

<table>
<tr><th rowspan="2">检查项目</th><th rowspan="2">允许偏差
（mm）</th><th colspan="2">检查数量</th><th rowspan="2">检查方法</th></tr>
<tr><th>范围</th><th>点数</th></tr>
<tr><td>围堰中心轴线位置</td><td>50</td><td rowspan="5">每 10m</td><td rowspan="5">1</td><td>用经纬仪、钢尺量</td></tr>
<tr><td>堰顶高程</td><td rowspan="2">不低于设计要求</td><td>水准仪测量</td></tr>
<tr><td>堰顶宽度</td><td>钢尺量</td></tr>
<tr><td>边坡</td><td>不陡于设计要求</td><td>钢尺量</td></tr>
<tr><td>钢板桩、木桩轴线位置</td><td rowspan="2">陆上：100
水上：200</td><td>用经纬仪、钢尺量</td></tr>
<tr><td>钢板桩顶标高</td><td rowspan="3">每 20 根</td><td rowspan="3">1</td><td>水准仪测量</td></tr>
<tr><td>钢板桩、木桩长度</td><td>±100</td><td>钢尺量</td></tr>
<tr><td>钢板桩垂直度</td><td>1.0%H，且不大于 100</td><td>线锤及直尺量</td></tr>
</table>

注：H 指钢板桩的总长度，mm。

7.2.4.2 市政验·构-2 给排水构筑物基坑开挖检验批质量验收记录

1. 适用范围

本表适用于给排水构筑物工程基坑开挖检验批的质量检查验收。

2. 表内填写提示

基坑开挖应符合下列规定：

（1）主控项目

基底不应受浸泡或受冻；天然地基不得扰动、超挖；

检查方法：观察，检查地基处理资料、施工记录。

地基承载力应符合设计要求：

检查方法：检查验基（槽）记录；检查地基处理或承载力检验报告、复合地基承载力检验报告、工程桩承载力检验报告。

检查数量：

同类型、同处理工艺的地基：不应少于3点；$1000m^2$以上工程，每$100m^2$至少应有1点；$3000m^2$以上工程，每$300m^2$至少应有1点；每个独立基础下不应少于1点，条形基础槽，每20延米应有1点；

同类型、同工艺的复合地基：不少于总数的1%，且不应少于3处；有单桩检验要求时，不少于总数的1%，且至少3根；

同类型、同工艺的工程基础桩承载力和桩身质量：

承载力：应采用静载荷试验时，不少于总数的1%，且不应少于3根；当总数少于50根时，不应少于2根；采用高应变动力检测时，不少于总数的2%，且不应少于5根；

桩身质量：灌注桩，不少于总数的30%，且不应少于20根；其他桩，不少于总数的20%，且不应少于10根。

基坑边坡稳定、围护结构安全可靠，无变形、沉降、位移、无线流现象；基底无隆起、沉陷、涌水（砂）等现象；

检查方法：观察，检查监测记录、施工记录。

（2）一般项目

基坑边坡护坡完整，无明显渗水现象；围护墙体排列整齐、钢板桩咬合紧密，混凝土墙体结构密实、接缝严密，围檩与支撑牢固可靠；

检查方法：观察，检查施工记录、监测记录。

基坑开挖允许偏差应符合表4.7.2的规定。

基坑开挖允许偏差 **表4.7.2**

检查项目		允许偏差（mm）	检查数量		检查方法
			范围	点数	
平面位置		≤50	每轴	4	用经纬仪测量，从横各二点
高程	土方	±20	每$25m^2$	1	5m×5m方格网挂线尺量
	石方	±20、−200			
平面尺寸		满足设计要求	每座	8	用钢尺量测，坑底、坑顶各4点
放坡开挖的边坡坡度		满足设计要求	每边	4	用钢尺或坡度尺量测
多级放坡的平台宽度		+100，−50	每级	每边2	用钢尺量测
基底表面平整度		20	每$25m^2$	1	用2m靠尺、塞尺量测

基坑围护结构与支撑系统的质量验收应符合现行国家标准《建筑地基基础工程施工质量验收规范》

GB 50202 的相关规定及 GB 50141 第 4.7.2 条的规定。

地基基础的地基处理、复合地基、工程基础桩的质量验收应符合现行国家标准《建筑地基基础工程施工质量验收规范》GB 50202 的相关规定及 GB 50141 第 4.7.2 条的规定。有抗浮、抗侧向力要求的桩基应按设计要求进行试验。

7.2.4.3　市政验·构-3　抗浮锚杆检验批质量验收记录

1. 适用范围

本表适用于给排水构筑物工程抗浮锚杆检验批的质量检查验收。

2. 表内填写提示

抗浮锚杆应符合下列规定：

(1) 主控项目

钢杆件（钢筋、钢绞线等）以及焊接材料、锚头、压浆材料等的材质、规格应符合设计要求；

检查方法：观察，检查出厂质量合格证明、性能检验报告和有关复验报告。

锚杆的结构、数量、深度等应符合设计要求；

检查方法：观察，检查施工记录。

锚杆抗拔能力、压浆强度等应符合设计要求；

检查方法：检查锚杆的抗拔试验报告、浆液试块强度试验报告。

(2) 一般项目

锚杆施工允许偏差应符合表 4.7.5 的规定。

锚杆施工允许偏差　　　　**表 4.7.5**

检查项目	允许偏差（mm）	检查数量		检查方法
		范围	点数	
锚固段长度	±30	1 根	1	用钢尺量测
锚杆式锚固体位置	±100	1 根	1	用钢尺量测
钻孔倾斜角度	±1%	10 根	1	量测钻机倾角
锚杆与构筑物锁定	按设计要求	1 根	1	观察、试拔

钢筋混凝土基础工程的模板、钢筋、混凝土及分项工程质量验收应分别符合 GB 50141 第 6.8.1、6.8.2、6.8.3、6.8.7 条的规定。

7.2.4.4　市政验·构-4　给排水构筑物基坑回填检验批质量验收记录

1. 适用范围

本表适用于给排水构筑物工程基坑回填检验批的质量检查验收。

2. 表内填写提示

基坑回填应符合下列规定：

(1) 主控项目

回填材料应符合设计要求；回填土中不应含有淤泥、腐殖土、有机物，砖、石、木块等杂物，超过本规范第 4.6.8 条规定的冻土块应清除干净；

检查方法：观察，检查施工记录。

回填高度符合设计要求；沟槽不得带水回填，回填应分层夯实；

检查方法：观察，用水准仪检查，检查施工记录。

回填时构筑物无损坏、沉降、位移；

检查方法：观察，检查沉降观测记录。

（2）一般项目

回填土压实度应符合设计要求，设计无要求时，应符合表 4.7.7 的规定。

回填土压实度 **表 4.7.7**

检查项目	压实度（%）	检查频率		检查方法
		范围	组数	
一般情况下	≥90	构筑物四周回填按 50 延米/层；大面积回填按 500m²/层	1（三点）	环刀法
地面有散水等	≥95		1（三点）	环刀法
当年回填土上修路、铺设管道	≥93[注] ≥95		1（三点）	环刀法

注：表中压实度除标注者外均为轻型击实标准。

压实后表面平整、无松散、起皮、裂纹；粗细颗粒分配均匀，不得有沙窝及梅花现象；

检查方式：观察，检查施工记录。

回填表面平整度宜为 20mm；

检查方法：观察，用靠尺和楔形塞尺量测；检查施工记录。

7.2.4.5 市政验·构-5 大口井检验批质量验收记录

1. 适用范围

本表适用于给排水构筑物工程大口井检验批的质量检查验收。

2. 表内填写提示

取水与排放构筑物结构中有关钢筋混凝土结构、砖石砌体结构工程的各分项工程质量验收应符合 GB 50141 第 6.8.1～6.8.9 条的有关规定。取水与排放泵房工程的质量验收应符合 GB 50141 第 7.4 节有关规定。

进、出水管渠中现浇钢筋混凝土、砌体结构的管渠工程质量验收应符合 GB 50141 第 6.8.11、6.8.12 条的规定；预制管铺设的管渠工程质量验收应符合现行国家标准《给水排水管道工程施工及验收规范》GB 50268 的有关规定。

大口井应符合下列规定：

（1）主控项目

预制管节、滤料的规格、性能应符合国家有关标准、设计要求和 GB 50141—2008 规范第 5.2.4 条有关规定；

检查方法：观察，检查每批的产品出厂质量合格证明、性能检验报告及有关的复验报告。

井筒位置及深度、辐射管布置应符合设计要求；

检查方法：检查施工记录、测量记录。

反滤层铺设范围、高度应符合设计要求；

检查方法：观察，检查施工记录、测量记录、滤料用量。

抽水清洗、产水量的测定应符合 GB 50141—2008 规范第 5.2.2、5.2.3 条的规定；

检查方法：检查抽水清洗、产水量的测定记录。

（2）一般项目

井筒应平整、洁净、边角整齐，无变形；混凝土表面不得出现有害裂缝，蜂窝麻面面积不得超过总面积的 1%；

检查方法：观察，量测表面缺陷。

辐射管坡向正确、线形直顺、接口平顺，管内洁净；管与预留孔（管）之间无渗漏水现象；

检查方法：观察。

反滤层层数和每层厚度应符合设计要求；
检查方法：观察，检查施工记录。
大口井外四周封填材料、厚度等应符合设计要求和本规范第 5.2.5 条第 3 款的规定，封填密实；
检查方法：观察，检查封填材料的质量保证资料。
预制井筒的制作尺寸允许偏差，应符合表 5.7.3-1 的规定。

预制井筒的允许偏差　　**表 5.7.3-1**

检查项目		允许偏差（mm）	检查数量		检查方法
			范围	点数	
筒平面尺寸	长、宽（L）	±0.5%L，且≤100	每座	长、宽各 3	用钢尺量测
	曲线部分半径（R）	±0.5%R，且≤50	每对应 30°圆心角	1	用钢尺量测
	两对角线差	不超过对角线长的 1%	每座	2	用钢尺量测
井壁厚度		±15	每座	6	用钢尺量测

大口井施工的允许偏差应符合表 5.7.3-2 的规定。

大口井施工的允许偏差　　**表 5.7.3-2**

检查项目	允许偏差（mm）	检查数量		检查方法
		范围	点数	
井筒中心位置	30	每座	1	用经纬仪测量
井筒井底高程	±30	每座	1	用水准仪测量
井筒倾斜	符合设计要求，且≤50	每座	1	垂线、钢尺量，取最大值
表面平整度	≤10	10m	1	用钢尺量测
预埋件、预埋管的中心位置	≤5	每件	1	用水准仪测量
预留洞的中心位置	≤10	每洞	1	用水准仪测量
辐射管坡度	符合设计要求，且≥4‰	每根	1	用水准仪或水平尺测量

7.2.4.6　市政验·构-6　渗渠检验批质量验收记录

1. 适用范围
本表适用于给排水构筑物工程渗渠检验批的质量检查验收。
2. 表内填写提示
渗渠应符合下列规定：
（1）主控项目
预制管材、滤料及原材料的规格、性能应符合国家有关标准、设计要求和 GB 50141 第 5.2.4 有关规定；
检查方法：观察；检查每批的产品出厂质量合格证明、性能检验报告及有关的复验报告。
集水管安装的进水孔方向正确，且无堵塞；管道坡度必须符合设计要求；
检查方法：观察；检查施工记录、测量记录。
抽水清洗、产水量的测定应符合 GB 50141 第 5.2.2、5.2.3 条的规定；
检查方法：检查抽水清洗、产水量的测定记录。
（2）一般项目
集水管道应坡向正确、线形直顺、接口平顺，管内洁净；管道应垫稳，管口间隙应均匀；
检查方法：观察；检查施工记录、测量记录。
集水管施工允许偏差应符合表 5.7.4 的规定。

集水管施工允许偏差　　表 5.7.4

<table>
<tr><th colspan="2" rowspan="2">检查项目</th><th rowspan="2">允许偏差
（mm）</th><th colspan="2">检查数量</th><th rowspan="2">检查方法</th></tr>
<tr><th>范围</th><th>点数</th></tr>
<tr><td rowspan="2">沟槽</td><td>高程</td><td>±20</td><td rowspan="7">20m</td><td rowspan="9">1</td><td>用水准仪测量</td></tr>
<tr><td>槽底中心线每侧宽</td><td>不少于设计宽度</td><td>用钢尺量测</td></tr>
<tr><td rowspan="3">基础</td><td>高程（弧型基础底面、枕基顶面、条形基础顶面）</td><td>±15</td><td>用水准仪测量</td></tr>
<tr><td>中心轴线</td><td>20</td><td>用经纬仪或挂中线钢尺量测</td></tr>
<tr><td>相邻枕基的中心距离</td><td>20</td><td>用钢尺量</td></tr>
<tr><td rowspan="4">管道</td><td>轴线位置</td><td>10</td><td>用经纬仪或挂中线钢尺量测</td></tr>
<tr><td>内底高程</td><td>±20</td><td>用水准仪测量</td></tr>
<tr><td>对口间隙</td><td>±5</td><td rowspan="2">每处</td><td>用钢尺量测</td></tr>
<tr><td>相邻两管节错口</td><td>5</td><td>用钢尺量测</td></tr>
</table>

注：对口间隙不得大于相邻滤层中的滤料最小直径。

7.2.4.7　市政验·构-7　管井检验批质量验收记录

1. 适用范围

本表适用于给排水构筑物工程管井检验批的质量检查验收。

2. 表内填写提示

管井应符合下列规定：

（1）主控项目

井管、过滤器的类型、规格、性能应符合国家有关标准规定和设计要求；

检查方法：观察；检查每批的产品出厂质量合格证明、性能检验报告。

滤料的规格应符合设计要求，其中不符合规格的数量不得超过设计数量的15%；滤料应不含土或杂物，严禁使用棱角碎石；

检查方法：观察；检查滤料的筛分报告等。

井身应圆正、竖直，其直径不得少于设计要求；

检查方法：观察；检查钻井记录、探井检查记录。

井管安装稳固，并直立于井口中心、上端口水平；井管安装的偏斜度：小于或等于100m的井段，其顶角的偏斜不得超过1°；大于100m的井段，每百米顶角偏斜的递增速度不得超过1.5°；

检查方法：检查安装记录；用经纬仪、水准仪、垂线等测量。

洗井、出水量和水质测定符合国家有关标准的规定和设计要求；

检查方法：按现行国家标准《供水管井技术规范》GB 50296 的有关规定执行，检查抽水试验资料和水质检验资料。

（2）一般项目

井身的偏斜度应符合本条第4款的相关规定；井段的顶角和方位角不得有突变；

检查方法：观察；检查钻井记录、探井检查记录。

过滤管安装深度的允许偏差为±300mm；

检查方法：检查安装记录；用水准仪、钢尺测量。

填砾的数量及深度符合设计要求；

检查方法：观察；检查施工记录、用料记录。

洗井后井内沉淀物的高度应小于井深的5‰；

检查方法：检查安装记录；用水准仪、钢尺测量。

管井封闭位置、厚度、封闭材料以及封闭效果符合设计要求；

检查方法：观察；检查施工记录、用料记录。

7.2.4.8 市政验·构-8-1 预制取水头部的制作检验批质量验收记录（一）

7.2.4.9 市政验·构-8-2 预制取水头部的制作检验批质量验收记录（二）

1. 适用范围

本表适用于给排水构筑物工程预制取水头部的制作检验批的质量检查验收。

2. 表内填写提示

预制取水头部的制作应符合下列规定：

（1）主控项目

工程原材料、预制构件等的产品质量保证资料应齐全，每批的出厂质量合格证明书及各项性能检验报告应符合国家有关标准规定和设计要求；

检查方法：检查产品出厂质量合格证明、出厂检验报告和进场复验报告。

混凝土结构的强度、抗渗、抗冻性能应符合设计要求；外观无严重质量缺陷；钢制结构的拼接、防腐性能应符合设计要求；结构无变形现象；

检查方法：观察；检查混凝土结构的抗压、抗渗、抗冻试块试验报告，钢制结构的焊接（栓接）质量检验报告、防腐层检测记录；检查技术处理资料。

预制构件试拼装经检验合格，进水孔、预留孔及预埋件位置正确；

检查方法：观察；检查试拼装记录、施工记录、隐蔽验收记录。

（2）一般项目

混凝土结构表面应光洁平整，洁净，边角整齐；外观质量不宜有一般缺陷；

检查方法：观察；检查技术处理资料。

钢制结构防腐层完整，涂装均匀；

检查方法：观察。

拼装、沉放的吊环、定位件、测量标记等满足安装要求；

检查方法：观察；检查施工记录。

取水头部制作允许偏差应分别符合表5.7.6-1和表5.7.6-2的规定。

预制箱式和筒式钢筋混凝土取水头部的允许偏差　　表5.7.6-1

<table>
<tr><th colspan="2" rowspan="2">检查项目</th><th rowspan="2">允许偏差
（mm）</th><th colspan="2">检查数量</th><th rowspan="2">检查方法</th></tr>
<tr><th>范围</th><th>点数</th></tr>
<tr><td colspan="2">长、宽（直径）、高度</td><td>±20</td><td rowspan="6">每构件</td><td>各4</td><td>用钢尺量各边</td></tr>
<tr><td rowspan="2">变形</td><td>方形的两对角线差值</td><td>对角线长0.5%</td><td>2</td><td rowspan="2">用钢尺量上下两端面</td></tr>
<tr><td>圆形的椭圆度</td><td>$Do/200$，且≤20</td><td>2</td></tr>
<tr><td colspan="2">厚度</td><td>+10，−5</td><td>8</td><td>用钢尺量测</td></tr>
<tr><td colspan="2">表面平整度</td><td>10</td><td>4</td><td>用2m直尺、塞尺量测</td></tr>
<tr><td colspan="2">端面垂直度</td><td>8</td><td>4</td><td rowspan="3">用钢尺量测</td></tr>
<tr><td rowspan="2">中心位置</td><td>预埋件、预埋管</td><td>5</td><td>每处</td><td rowspan="2">1</td></tr>
<tr><td>预埋洞</td><td>10</td><td>每洞</td></tr>
</table>

注：Do为外径（mm）。

预制箱式和筒式钢结构取水头部制作的允许偏差　　　　表 5.7.6-2

<table>
<tr><th colspan="2" rowspan="2">检查项目</th><th colspan="2">允许偏差（mm）</th><th colspan="2">检查数量</th><th rowspan="2">检查方法</th></tr>
<tr><th>箱式</th><th>管式</th><th>范围</th><th>点数</th></tr>
<tr><td colspan="2">椭圆度</td><td>$Do/200$，
且≤20</td><td>$Do/200$，
且≤10</td><td rowspan="5">每构件</td><td>1</td><td>用钢尺量测</td></tr>
<tr><td rowspan="2">周长</td><td>$Do≤1600$</td><td>±8</td><td>±8</td><td>1</td><td rowspan="2">用钢尺量测</td></tr>
<tr><td>$Do>1600$</td><td>±12</td><td>±12</td><td>1</td></tr>
<tr><td colspan="2">长、宽（多边形边长）、
直径、高度</td><td>1/200，
且≤20</td><td>$Do/200$</td><td>长、宽（多边形边长）、
直径、高度各 1</td><td>用钢尺量测</td></tr>
<tr><td colspan="2">端面垂直度</td><td>4</td><td>5</td><td>1</td><td rowspan="3">用钢尺量测</td></tr>
<tr><td rowspan="2">中心
位置</td><td>进水管</td><td>10</td><td>10</td><td>每处</td><td rowspan="2">1</td></tr>
<tr><td>进水孔</td><td>20</td><td>20</td><td>每洞</td></tr>
</table>

注：Do 为外径（mm）。

7.2.4.10　市政验・构-9　预制取水头部的沉放检验批质量验收记录

1. 适用范围

本表适用于给排水构筑物工程预制取水头部的沉放检验批的质量检查验收。

2. 表内填写提示

预制取水头部的沉放应符合下列规定：

（1）主控项目

沉放安装中所用的原材料、配件等的等级、规格、性能应符合国家有关标准规定和设计要求；

检查方法：检查产品出厂质量合格证、出厂检验报告和进场复验报告。

取水头部的沉放位置、高度以及预制构件之间的连接方式等符合设计要求，拼装位置准确、连接稳固；

检查方法：观察；检查施工记录、测量记录，检查拼接连接的施工检验记录、试验报告；用钢尺、水准仪、经纬仪测量拼接位置、

进水孔、进水管口的中心位置符合设计要求；结构无变形、裂缝、歪斜；

检查方法：观察；检查施工记录、测量记录。

（2）一般项目

底板结构层厚度、封底混凝土强度应符合设计要求；

检查方法：观察；检查封底混凝土强度报告、施工记录。

基坑回填、抛石的范围、高度应符合设计要求；

检查方法：观察；潜水员水下检查；检查施工记录。

进水工艺布置、装置安装符合设计要求；钢制结构防腐层无损伤；

检查方法：观察；检查施工记录。

警告、警示标志及安全保护设施设置齐全；

检查方法：观察；检查施工记录。

取水头部安装的允许偏差应符合表 5.7.7 的规定。

取水头部安装的允许偏差　　　　表 5.7.7

检查项目	允许偏差（mm）	检查数量		检查方法
		范围	点数	
轴线位置	150	每座	2	用经纬仪测量

续表

检查项目	允许偏差（mm）	检查数量		检查方法
		范围	点数	
顶面高程	±100	每座	4	用水准仪测量
水平扭转	1°	每座	1	用经纬仪测量
垂直度	1.5‰H，且≤30	每座	1	用经纬仪、垂球测量

注：H为底板至顶面的总高度（mm）。

7.2.4.11　市政验·构-10-1　缆车、浮船式取水构筑物工程的混凝土及砌体结构检验批质量验收记录（一）

7.2.4.12　市政验·构-10-2　缆车、浮船式取水构筑物工程的混凝土及砌体结构检验批质量验收记录（二）

7.2.4.13　市政验·构-10-3　缆车、浮船式取水构筑物工程的混凝土及砌体结构检验批质量验收记录（三）

1. 适用范围

本表适用于给排水构筑物工程缆车、浮船式取水构筑物工程的混凝土及砌体结构检验批的质量检查验收。

2. 表内填写提示

缆车、浮船式取水构筑物工程的混凝土及砌体结构应符合下列规定：

（1）主控项目

所用的原材料、砌石砌块、构件应符合国家有关标准规定和设计要求；

检查方法：检查产品出厂质量合格证、出厂检验报告和进场复验报告。

混凝土结构的强度、砌筑砂浆强度应符合设计要求；

检查方法：检查混凝土结构的抗压、抗冻试块的试验报告，检查砌筑砂浆的抗压强度试块报告。

水下基床抛石、反滤层和垫层的铺设范围、厚度应符合设计要求；构筑物结构类型、斜坡道上预制框架装配连接形式、摇臂管支墩数量与布置方式等应符合设计要求；结构稳定、位置正确，无沉降、移位变形等现象；

检查方法：观察（水下部分潜水员检查）；检查施工记录、测量记录、监测记录。

混凝土结构外光内实，外观质量无严重缺陷；砌体结构砌筑完整、灰缝饱满，无明显裂缝、通缝等现象；斜坡道的坡度、水平度满足铺轨要求；

检查方法：观察；检查施工资料。

（2）一般项目

混凝土结构外观质量不宜有一般缺陷；砌体结构砌筑齐整、缝宽均匀一致；

检查方法：观察；检查技术资料。

缆车、浮船接管车斜坡道的现浇混凝土及砌体结构施工的允许偏差应符合表5.7.8-1的规定。

缆车、浮船接管车斜坡道的现浇混凝土及砌体结构施工的允许偏差　表5.7.8-1

检查项目		允许偏差（mm）	检查数量		检查方法
			范围	点数	
轴线位置		20	每10m	2	用经纬仪测量
长度		±L/200		2	用钢尺量测
宽度		±20		1	用钢尺量测
厚度		±10		2	用钢尺量测
高程	设计枯水位以上	±10		2	用水准仪测量
	设计枯水位以下	±30		2	用水准仪测量

续表

检查项目		允许偏差（mm）	检查数量		检查方法
			范围	点数	
中心位置	预埋件	5	每处	1	用钢尺测量
	预留件	10		1	用钢尺量测
表面平整度		10	每 10m	1	用 2m 直尺、塞尺量测

注：L 为斜坡道总长度（mm）。

缆车、浮船接管车斜坡道上现浇钢筋混凝土框架施工的允许偏差应符合表 5.7.8-2 的规定。

缆车、浮船接管车斜坡道上现浇钢筋混凝土框架施工的允许偏差　　表 5.7.8-2

检查项目		允许偏差（mm）	检查数量		检查方法
			范围	点数	
轴线位置		20	每座	2	用经纬仪测量
长、宽		±10	每座	各 3	用钢尺量长、宽
高程		±10	每座	4	用水准仪测量
垂直度		$H/200$，且≤15	每座	4	铅垂配合钢尺量测
水平度		$L/200$，且≤15	每座	4	用钢尺量测
表面平整度		10	每座	4	用 2m 直尺、塞尺量测
中心位置	预埋件	5	每件	1	用钢尺测量
	预留孔	10	每洞	1	用钢尺量测

注：1. H 为柱的高度（mm）；
　　2. L 为单梁或板的长度（mm）。

缆车、浮船接管车斜坡道上预制钢筋混凝土框架施工的允许偏差应符合表 5.7.8-3 的规定。

缆车、浮船接管车斜坡道上预制钢筋混凝土框架施工的允许偏差　　表 5.7.8-3

检查项目		允许偏差（mm）			检查数量		检查方法
		板	梁	柱	范围	点数	
长度		+10，−5	+10，−5	+10，−5	每件	1	用钢尺量测
宽度、高度或厚度		±5	±5	±5	每件	各 1	用钢尺量宽度、高度或厚度
直顺度		$L/1000$，且≤20	$L/750$，且≤20	$L/750$，且≤20	每件	1	用钢尺量测
表面平整度		5	5	5	每件	1	用 2m 直尺、塞尺量测
中心位置	预埋件	5	5	5	每件	1	用钢尺测量
	预留孔	10	10	10	每洞	1	用钢尺量测

注：L 为构件长度（mm）。

缆车、浮船接管车斜坡道上预制框架安装的允许偏差应符合表 5.7.8-4 的规定。

缆车、浮船接管车斜坡道上预制钢筋混凝土轨枕、梁及轨道安装应符合表 5.7.8-5 的规定。

缆车、浮船接管车斜坡道上预制框架安装的允许偏差　　表 5.7.8-4

<table>
<tr><th rowspan="2">检查项目</th><th rowspan="2">允许偏差
(mm)</th><th colspan="2">检查数量</th><th rowspan="2">检查方法</th></tr>
<tr><th>范围</th><th>点数</th></tr>
<tr><td>轴线位置</td><td>20</td><td>每座</td><td>2</td><td>用经纬仪测量</td></tr>
<tr><td>长、宽、高</td><td>±10</td><td>每座</td><td>各 2</td><td>用钢尺量长、宽、高</td></tr>
<tr><td>高程（柱基，柱顶）</td><td>±10</td><td>每柱</td><td>2</td><td>用水准仪测量</td></tr>
<tr><td>垂直度</td><td>$H/200$，且≤10</td><td>每座</td><td>4</td><td>铅垂配合钢尺检查</td></tr>
<tr><td>水平度</td><td>$L/200$，且≤10</td><td>每座</td><td>2</td><td>用钢尺量测</td></tr>
</table>

注：1. H 为柱的高度（mm）；
2. L 为单梁或板的长度（mm）。

缆车、浮船接管车斜坡道上轨枕、梁及轨道安装尺寸要求　　表 5.7.8-5

<table>
<tr><th colspan="2" rowspan="2">检查项目</th><th rowspan="2">允许偏差
(mm)</th><th colspan="2">检查数量</th><th rowspan="2">检查方法</th></tr>
<tr><th>范围</th><th>点数</th></tr>
<tr><td rowspan="5">钢筋混凝土轨枕、轨梁</td><td>轴线位置</td><td>10</td><td rowspan="3">每 10m</td><td>2</td><td>用经纬仪测量</td></tr>
<tr><td>高程</td><td>+2，−5</td><td>2</td><td>用水准仪测量</td></tr>
<tr><td>中心线间距</td><td>±5</td><td>1</td><td>用钢尺量测</td></tr>
<tr><td>接头高差</td><td>5</td><td>每处</td><td>1</td><td>用靠尺量测</td></tr>
<tr><td>轨梁柱跨间对角线差</td><td>15</td><td>每跨</td><td>2</td><td>用钢尺量测</td></tr>
<tr><td rowspan="5">轨道</td><td>轴线位置</td><td>5</td><td rowspan="5">每根轨</td><td>2</td><td>用经纬仪测量</td></tr>
<tr><td>高程</td><td>±2</td><td>2</td><td>用水准仪测量</td></tr>
<tr><td>同一横截面上两轨高差</td><td>2</td><td>2</td><td>用水准仪测量</td></tr>
<tr><td>两轨内距</td><td>±2</td><td>2</td><td>用钢尺量测</td></tr>
<tr><td>钢轨接头左、右、上三面错位</td><td>1</td><td>2</td><td>用靠尺、钢尺量</td></tr>
</table>

摇臂管钢筋混凝土支墩施工的允许偏差应符合表 5.7.8-6 的规定。

摇臂管钢筋混凝土支墩施工的允许偏差　　表 5.7.8-6

<table>
<tr><th colspan="2" rowspan="2">检查项目</th><th rowspan="2">允许偏差
(mm)</th><th colspan="2">检查数量</th><th rowspan="2">检查方法</th></tr>
<tr><th>范围</th><th>点数</th></tr>
<tr><td colspan="2">轴线位置</td><td>20</td><td rowspan="5">每墩</td><td>1</td><td>用经纬仪测量</td></tr>
<tr><td colspan="2">长、宽或直径</td><td>±20</td><td>1</td><td>用钢尺量测</td></tr>
<tr><td colspan="2">曲线部分的半径</td><td>±10</td><td>1</td><td>用钢尺量测</td></tr>
<tr><td colspan="2">顶面高程</td><td>±10</td><td>1</td><td>用水准仪测量</td></tr>
<tr><td colspan="2">顶面平整度</td><td>10</td><td>1</td><td>用水准仪测量</td></tr>
<tr><td rowspan="2">中心位置</td><td>预埋件</td><td>5</td><td>每件</td><td>1</td><td>用钢尺测量</td></tr>
<tr><td>预留孔</td><td>10</td><td>每洞</td><td>1</td><td>用钢尺量测</td></tr>
</table>

7.2.4.14　市政验·构-11　缆车、浮船式取水构筑物的接管车与浮船检验批质量验收记录

1. 适用范围

本表适用于给排水构筑物工程缆车、浮船式取水构筑物的接管车与浮船检验批的质量检查验收。

2. 表内填写提示

缆车、浮船式取水构筑物的接管车与浮船应符合下列规定：

（1）主控项目

机电设备、仪器仪表应符合国家有关标准规定和设计要求，浮船接管车、摇臂管等构件、附件应符合 GB 50141 第 5.4.8～5.4.13 条的规定和设计要求；

检查方法：观察；检查产品出厂质量报告、进口产品的商检报告及证件等；检查摇臂管及摇臂接头的现场检验记录。

缆车、浮船接管车以及浮船上的设备布置、数量应符合设计要求，安装牢固、防腐层完整、构件无变形、各水密船的密封性能良好；且安装检测、联动调试合格；

检查方法：观察；检查安装记录、监测记录、联动调试记录及报告。

摇臂管及摇臂接头的岸、船两端组装就位符合设计要求，调试合格；

检查方法：观察；检查摇臂接头的岸上试组装调试记录，安装记录，调试记录。

浮船与摇臂管联合试运行以及缆车、浮船接管车试运转符合 GB 50141 第 5.4.16～5.4.17 的规定，各种设备运行情况正常，并符合设计要求；

检查方法：检查试运行报告。

（2）一般项目

进水口处的防漂浮物装置及清理设备安装正确；

检查方法：观察；检查安装记录。

船舷外侧防撞击设施、锚链和缆绳、安全及消防器材等设置齐全、配备正确；

检查方法：观察；检查安装记录。

浮船各部尺寸允许偏差应符合表 5.7.9-1 的规定。

浮船各部尺寸允许偏差　　　　表 5.7.9-1

检查项目		允许偏差（mm）			检查数量		检查方法
		钢船	钢筋混凝土船	木船	范围	点数	
长、宽		±15	±20	±20	每船	各 2	用钢尺量测
高度		±10	±15	±15	每船	2	用钢尺量测
板梁、横隔梁	高度	±5	±5	±5	每件	1	用钢尺量测
	间距	±5	±10	±10	每件	1	用钢尺量测
接头外边缘高差		δ/5，且不大于 2	3	2	每件	1	用钢尺测量
机组与设备位置		10	10	10	每件	1	用钢尺量测
摇臂管支座中心位置		10	10	10	每支座	1	用钢尺量测

注：δ 为板厚（mm）。

缆车、浮船接管车的尺寸允许偏差应符合表 5.7.9-2 的规定。

缆车、浮船接管车的尺寸允许偏差　　表 5.7.9-2

检查项目	允许偏差(mm)	检查数量		检查方法
		范围	点数	
轮中心距	±1	每轮	1	用钢尺量测
两对角轮距差	2	每组	1	用钢尺量测
两侧滚轮直顺偏差	±1	每侧	1	用钢尺量测
外形尺寸	±5	每车	4	用钢尺量测
倾斜角	±30′	每车	1	用经纬仪量
机组与设备位置	10	每件	1	用钢尺量测
出水管中心位置	10	每管	1	用钢尺量测

注：倾斜角为轮轨接触平面与水平面的倾角。

7.2.4.15　市政验·构-12-1　岸边排放构筑物的出水口检验批质量验收记录（一）

7.2.4.16　市政验·构-12-2　岸边排放构筑物的出水口检验批质量验收记录（二）

1. 适用范围

本表适用于给排水构筑物工程岸边排放构筑物的出水口检验批的质量检查验收。

2. 表内填写提示

岸边排放构筑物的出水口应符合下列规定：

（1）主控项目

所用的原材料、石料、防渗材料符合国家有关标准规定和设计要求；

检查方法：观察；检查每批的产品出厂质量合格证明、性能检验报告和有关的复验报告。

混凝土结构的强度、砌筑砂浆（细石混凝土）强度应符合设计要求；其试块的留置及质量评定应符合 GB 50141 第 5.5.6 条的有关规定；

检查方法：检查混凝土结构的抗压、抗渗、抗冻试块试验报告，检查灌浆砂浆（或细石混凝土）的抗压强度试块试验报告。

构筑物结构稳定、位置正确，出水口无倒坡现象；翼墙、护坡等混凝土或砌筑结构的沉降量、位移量应符合设计要求；

检查方法：观察；检查施工记录、测量记录、监测记录。

混凝土结构外光内实，外观质量无严重缺陷；砌体结构砌筑完整、灌浆密实，无裂缝、通缝、翘动等现象；

检查方法：观察；检查施工资料。

（2）一般项目

混凝土结构外观质量不宜有一般缺陷；砌体结构砌筑齐整、勾缝平整、缝宽均匀一致；抛石的范围、高度应符合设计要求；

检查方法：观察；检查技术处理资料。

翼墙反滤层铺筑断面不得少于设计要求，其后背的回填土的压实度不应少于 95%；

检查方法：观察；检查回填土的压实度试验报告，检查施工记录。

变形缝位置应准确，安设顺直，上下贯通；变形缝的宽度允许偏差为 0～5mm；

检查方法：观察；用钢尺随机量测。

所有预埋件、预留孔洞、排水孔位置正确；

检查方法：观察。

施工允许偏差应符合表 5.7.10 的规定

岸边排放构筑物的出水口的施工允许偏差　　　表 5.7.10

<table>
<tr><th colspan="4" rowspan="2">检查项目</th><th rowspan="2">允许偏差
(mm)</th><th colspan="2">检查数量</th><th rowspan="2">检查方法</th></tr>
<tr><th>范围</th><th>点数</th></tr>
<tr><td colspan="2" rowspan="3">轴线位置</td><td colspan="2">混凝土结构</td><td>±10</td><td rowspan="10">每段
或每
10m 长</td><td rowspan="5">1 点</td><td rowspan="3">用经纬仪测量</td></tr>
<tr><td rowspan="2">砌石结构</td><td>料石</td><td>±10</td></tr>
<tr><td>块石、卵石</td><td>±15</td></tr>
<tr><td rowspan="7">翼墙</td><td rowspan="2">顶面高程</td><td colspan="2">混凝土结构</td><td>±10</td><td rowspan="2">用水准仪测量</td></tr>
<tr><td colspan="2">砌石结构</td><td>±15</td></tr>
<tr><td rowspan="3">断面尺寸、
厚度</td><td colspan="2">混凝土结构</td><td>+10，−5</td><td rowspan="5">2 点</td><td rowspan="3">用钢尺测量</td></tr>
<tr><td rowspan="2">砌石结构</td><td>料石</td><td>±15</td></tr>
<tr><td>块石</td><td>+30，−20</td></tr>
<tr><td rowspan="2">墙面垂直度</td><td colspan="2">混凝土结构</td><td>1.5‰H</td><td rowspan="2">用垂线量测</td></tr>
<tr><td colspan="2">砌石结构</td><td>0.5‰H</td></tr>
<tr><td rowspan="11">护坡、
护坦</td><td rowspan="3">坡面、坡底
顶面高程</td><td rowspan="2">砌石结构</td><td>块石、卵石</td><td>±20</td><td rowspan="11">每 10m</td><td rowspan="3">1 点</td><td rowspan="3">用水准仪测量</td></tr>
<tr><td>料石</td><td>±15</td></tr>
<tr><td colspan="2">混凝土结构</td><td>±10</td></tr>
<tr><td rowspan="3">净空尺寸</td><td rowspan="2">砌石结构</td><td>块石、卵石</td><td>±20</td><td rowspan="3">2 点</td><td rowspan="3">用钢尺测量</td></tr>
<tr><td>料石</td><td>±10</td></tr>
<tr><td colspan="2">混凝土结构</td><td>±10</td></tr>
<tr><td colspan="3">护坡坡度</td><td rowspan="2">不大于
设计要求</td><td rowspan="5">2 点</td><td>用水准仪测量</td></tr>
<tr><td colspan="3">结构厚度</td><td>用钢尺测量</td></tr>
<tr><td rowspan="3">坡面、坡底
平整度</td><td rowspan="2">砌石结构</td><td>块石、卵石</td><td>20</td><td rowspan="3">用 2m 直尺、
塞尺量测</td></tr>
<tr><td>料石</td><td>15</td></tr>
<tr><td colspan="2">混凝土结构</td><td>12</td></tr>
<tr><td colspan="4">预埋件中心位置</td><td>5</td><td>每处</td><td>1</td><td>用钢尺测量</td></tr>
<tr><td colspan="4">预留孔洞中心位置</td><td>10</td><td>每处</td><td>1</td><td>用钢尺测量</td></tr>
</table>

注：*H* 系指墙全高（mm）。

7.2.4.17　市政验·构-13　水中排放构筑物的出水口检验批质量验收记录

1. 适用范围

本表适用于给排水构筑物工程水中排放构筑物的出水口检验批的质量检查验收。

2. 表内填写提示

水中排放构筑物的出水口应符合下列规定：

(1) 主控项目

所用预制构件、配件、抛石料符合国家有关标准规定和设计要求；

检查方法：观察；检查每批产品的出厂质量合格证明、性能检验报告和有关的复验报告。

出水口的位置、相邻间距及顶面高程应符合设计要求；

检查方法：检查施工记录、测量记录。

出水口顶部的出水装置安装牢固、位置正确、出水通畅；

检查方法：观察（潜水员检查）；检查施工记录。

（2）一般项目

垂直顶升立管周围采用抛石等稳管保护措施的范围、高度符合设计要求；

检查方法：观察（潜水员检查）；检查施工记录。

警告、警示标志及安全保护设施符合设计要求，设置齐全；

检查方法：观察；检查施工记录。

钢制构件的防腐措施符合设计要求；

检查方法：观察；检查施工记录、防腐检验记录。

施工允许偏差应符合表 5.7.11 的规定。

水中排放构筑物的出水口的施工允许偏差　　　　表 5.7.11

检查项目		允许偏差（mm）	检查数量		检查方法
			范围	点数	
出水口顶面高程		±20	每座	1点	用水准仪测量
出水口垂直度		0.5%H			用垂线、钢尺量测
出水口中心轴线	沿水平出水管纵向	30			用经纬仪、钢尺测量
	沿水平出水管横向	20			
相邻出水口间距		40			用测距仪测量

注：H 为垂直顶升管节的总长度（mm）

固定式岸边取水构筑物的进水口质量验收可按 GB 50141 第 5.7.10 条的规定执行。

固定式河床取水构筑物的进水口进水管道内垂直顶升法施工时，其进水口质量验收可参照 GB 50141 第 5.7.11 条的规定执行。

7.2.4.18　市政验·构-14　给排水构筑物模板检验批质量验收记录

1. 适用范围

本表适用于给排水构筑物工程模板检验批的质量检查验收。

2. 表内填写提示

模板应符合下列规定：

（1）主控项目

模板及其支架应满足浇筑混凝土时的承载能力、刚度和稳定性要求，且应安装牢固；

检查方法：观察；检查模板支架设计、验算。

各部位的模板安装位置正确、拼缝紧密不漏浆；对拉螺栓、垫块等安装稳固；模板上的预埋件、预留孔洞不得遗漏，且安装牢固；

检查方法：观察；检查模板支架设计、施工方案。

模板清洁、脱模剂涂刷均匀，钢筋和混凝土接茬处无污渍；

检查方法：观察。

（2）一般项目

浇筑混凝土前，模板内的杂物应清理干净；钢模板板面不应有明显锈渍；

检查方法：观察。

对清水混凝土工程及装饰混凝土工程，应使用能达到设计效果的模板；

检查方法：观察。

整体现浇混凝土模板安装允许偏差应符合表 6.8.1 的规定。

整体现浇混凝土水处理构筑物模板安装允许偏差　　表 6.8.1

<table>
<tr><th colspan="3" rowspan="2">检查项目</th><th rowspan="2">允许偏差（mm）</th><th colspan="2">检查数量</th><th rowspan="2">检查方法</th></tr>
<tr><th>范围</th><th>点数</th></tr>
<tr><td colspan="3">相邻板差</td><td>2</td><td>每 20m</td><td>1</td><td>用靠尺量测</td></tr>
<tr><td colspan="3">表面平整度</td><td>3</td><td>每 20m</td><td>1</td><td>用 2m 直尺配合塞尺检查</td></tr>
<tr><td colspan="3">高程</td><td>±5</td><td>每 10m</td><td>1</td><td>用水准仪测量</td></tr>
<tr><td rowspan="2">垂直度</td><td rowspan="2">池壁、柱</td><td>$H\leqslant5m$</td><td>5</td><td rowspan="2">每 10m（每柱）</td><td>1</td><td rowspan="2">用垂线或经纬仪测量</td></tr>
<tr><td>$5m<H\leqslant15m$</td><td>0.1%H，且≤6</td><td>2</td></tr>
<tr><td rowspan="3">平面尺寸</td><td colspan="2">$L\leqslant20m$</td><td>±10</td><td rowspan="3">每池（每仓）</td><td>4</td><td rowspan="3">用钢尺量测</td></tr>
<tr><td colspan="2">$20m\leqslant L\leqslant50m$</td><td>±$L$/2000</td><td>6</td></tr>
<tr><td colspan="2">$L\geqslant50m$</td><td>±25</td><td>8</td></tr>
<tr><td rowspan="4">截面尺寸</td><td colspan="2">池壁、顶板</td><td>±3</td><td>每池(每仓)</td><td>4</td><td rowspan="4">用钢尺量测</td></tr>
<tr><td colspan="2">梁、柱</td><td>±3</td><td>每梁柱</td><td>1</td></tr>
<tr><td colspan="2">洞净空</td><td>±5</td><td>每洞</td><td>1</td></tr>
<tr><td colspan="2">槽、沟净空</td><td>±5</td><td>每 10m</td><td>1</td></tr>
<tr><td rowspan="4">轴线位移</td><td colspan="2">底板</td><td>10</td><td>每侧面</td><td>1</td><td rowspan="4">用经纬仪测量</td></tr>
<tr><td colspan="2">墙</td><td rowspan="2">5</td><td>每 10m</td><td>1</td></tr>
<tr><td colspan="2">梁、柱</td><td>每柱</td><td>1</td></tr>
<tr><td colspan="2">预埋件、预埋管</td><td>3</td><td>每件</td><td>1</td></tr>
<tr><td>中心位置</td><td colspan="2">预留洞</td><td>5</td><td>每洞</td><td>1</td><td>用钢尺量测</td></tr>
<tr><td rowspan="2">止水带</td><td colspan="2">中心位移</td><td>5</td><td>每 5m</td><td>1</td><td>用钢尺量测</td></tr>
<tr><td colspan="2">垂直度</td><td>5</td><td>每 5m</td><td>1</td><td>用垂线配合钢尺量测</td></tr>
</table>

注：1. L 为混凝土底板和池体的长、宽或直径，H 为池壁、柱的高度；

2. 止水带指设计为防止变形缝渗水或漏水而设置的阻水装置，不包括施工单位为防止混凝土施工缝漏水而加的止水板；

3. 仓指构筑物中由变形缝、施工缝分隔而成的一次浇筑成型的结构单元。

7.2.4.19　市政验·构-15-1　给排水构筑物钢筋检验批质量验收记录（一）

7.2.4.20　市政验·构-15-2　给排水构筑物钢筋检验批质量验收记录（二）

1. 适用范围

本表适用于给排水构筑物工程钢筋检验批的质量检查验收。

2. 表内填写提示

钢筋应符合下列规定：

（1）主控项目

进场钢筋的质量保证资料应齐全，每批的出厂质量合格证明书及各项性能检验报告应符合国家有关标准规定和设计要求；受力钢筋的品种、级别、规格和数量必须符合设计要求；钢筋的力学性能检验、化学成分检验等应符合现行国家标准《混凝土结构工程施工质量验收规范》GB 50204 的相关规定；

检查方法：观察；检查每批的产品出厂质量合格证明、性能检验报告及有关的复验报告。

钢筋加工时，受力钢筋的弯钩和弯折、箍筋的末端弯钩形式等应符合现行国家标准《混凝土结构工程施工质量验收规范》GB 50204 的相关规定和设计要求；

检查方法：观察；检查施工记录，用钢尺量测。

纵向受力钢筋的连接方式应符合设计要求；受力钢筋采用机械连接接头或焊接接头时，其接头应按现行国家标准《混凝土结构工程施工质量验收规范》GB 50204 的相关规定进行力学性能检验；

检查方法：观察；检查施工记录，检查连接材料的产品质量合格证及接头力学性能检验报告。

同一连接区段内的受力钢筋，采用机械连续或焊接接头时，接头面积百分率应按现行国家标准《混凝土结构工程施工质量验收规范》GB 50204 的相关规定；采用绑扎接头时，接头面积百分率及最小搭接长度应符合 GB 50141—2008 第 6.2.4 条第 3 款的规定；

检查方法：观察；检查施工记录，用钢尺量测（检查数量：底板、侧墙、顶板以及柱、梁、独立基础等部位抽测均不少于 20%）。

（2）一般项目

钢筋应平直、无损伤，表面不得有裂纹、油污、颗粒状或片状老锈；

检查方法：观察；检查施工记录。

成型的网片或骨架应稳定牢固，不得有滑动、折断、位移、伸出等情况；绑扎接头应扎紧并向内折；

检查方法：观察。

钢筋安装就位后应稳固，无变形、走动、松散等现象；保护层符合要求；

检查方法：观察。

钢筋加工的形状、尺寸应符合设计要求，其偏差应符合表 6.8.2-1 的规定。

钢筋加工的允许偏差　　　　表 6.8.2-1

检查项目		允许偏差（mm）	检查数量		检查方法
			范围	点数	
受力钢筋成型长度		+5，−10	每批、每一类型抽查 1%且不少于 3 根	1	用钢尺量测
弯起钢筋	弯起点位置	±20		1	用钢尺量测
	弯起点高度	0，−10			
箍筋尺寸		±5		2	用钢尺量测，宽、高各量 1 点

钢筋安装的允许偏差应符合表 6.8.2-2 的规定。

钢筋安装的允许偏差 **表 6.8.2-2**

检查项目		允许偏差（mm）	检查数量		检查方法
			范围	点数	
受力钢筋的间距		±10	每 5m	1	用钢尺量测
受力钢筋的排距		±5	每 5m	1	
钢筋弯起点位置		20	每 5m	1	
箍筋、横向钢筋间距	绑扎骨架	±20	每 5m	1	
	焊接骨架	±10		1	
圆环钢筋同心度（直径小于 3m 管状结构）		±10	每 3m	1	
焊接预埋件	中心线位置	3	每件	1	
	水平高差	±3	每件	1	
受力钢筋的保护层	基础	0～+10	每 5m	4	
	柱、梁	0～+5	每柱、梁	4	
	板、墙、拱	0～+3	每 5m	1	

7.2.4.21 市政验·构-16 给排水构筑物现浇混凝土检验批质量验收记录

1. 适用范围

本表适用于给排水构筑物工程现浇混凝土检验批的质量检查验收。

2. 表内填写提示

现浇混凝土应符合下列规定：

（1）主控项目

现浇混凝土所用的水泥、细骨料、粗骨料、外加剂等原材料的产品质量保证资料应齐全，每批的出厂质量合格证明书及各项性能检验报告应符合 GB 50141—2008 第 6.2.6 条的规定和设计要求；

检查方法：观察；检查每批的产品出厂质量合格证明、性能检验报告及有关的复验报告。

混凝土配合比应满足施工和设计要求；

检查方法：观察；检查混凝土配合比设计，检查试配混凝土的强度、抗渗、抗冻等试验报告；对于商品混凝土还应检查出厂质量合格证明等。

结构混凝土的强度、抗渗和抗冻性能应符合设计要求；其试块的留置及质量评定应符合 GB 50141—2008 第 6.2.8 条的相关规定；

检查方法：检查施工记录；检查混凝土试块的试验报告、混凝土质量评定统计报告。

混凝土结构应外光内实；施工缝后浇带部位应表面密实，无冷缝、蜂窝、露筋现象，否则应修理补强；

检查方法：观察；检查施工缝处理方案，检查技术处理资料。

拆模时的混凝土结构强度应符合 GB 50141—2008 第 6.2.3 条的相关规定和设计要求；

检查方法：观察；检查同条件养护下的混凝土强度试块报告。

（2）一般项目

浇筑现场的混凝土坍落度或维勃稠度符合配合比设计要求；

检查方法：观察；检查混凝土坍落度或维勃稠度检验记录，检查施工配合比；检查现场搅拌混凝土原材料的称量记录。

模板在浇筑中无变位、变形、漏浆等现象，拆模后无粘模、缺棱掉角及损伤表面等现象；

检查方法：观察；检查施工记录。

施工缝后浇带位置应符合设计要求，表面平顺，无明显漏浆、错台、色差等现象；

检查方法：观察；检查施工记录。

混凝土表面无明显收缩裂缝；

检查方法：观察；检查混凝土记录。

对拉螺栓孔德填封应密实、平整，无收缩现象；

检查方法：观察；检查填封材料的配合比。

7.2.4.22 市政验·构-17-1 给排水构筑物装配式混凝土结构的构件安装检验批质量验收记录（一）

7.2.4.23 市政验·构-17-2 给排水构筑物装配式混凝土结构的构件安装检验批质量验收记录（二）

7.2.4.24 市政验·构-17-3 给排水构筑物装配式混凝土结构的构件安装检验批质量验收记录（三）

1. 适用范围

本表适用于给排水构筑物工程装配式混凝土结构的构件安装检验批的质量检查验收。

2. 表内填写提示

装配式混凝土结构的构件安装应符合下列规定：

（1）主控项目

装配式混凝土所用的原材料、预制构件等的产品质量保证资料应齐全，每批的出厂质量合格证明书及各项性能检验报告应符合国家有关标准规定和设计要求；

检查方法：观察；检查每批的原材料、构件出厂质量合格证明、性能检验报告及有关的复验报告；对于现场制作的混凝土构件应按 CJJ 2—2008 第 6.8.3 条的规定执行。

预制构件上的预埋件、插筋、预留孔洞的规格、位置和数量应符合设计要求；

检查方法：观察。

预制构件的外观质量不应有严重质量缺陷，且不应有影响构件性能和安装、使用功能的尺寸偏差；

检查方法：观察；检查技术处理方案、资料；用钢尺量测。

预制构件与结构之间、预制构件之间的连接应符合设计要求；构件安装应位置准确，垂直、稳固；相邻构件湿接缝及杯口、杯槽填充部位混凝土应密实，无露筋、孔洞、夹渣、疏松现象；钢筋机械或焊接接头连接可靠；

检查方法：观察；检查预留钢筋机械或焊接接头连接的力学性能检验报告，检查混凝土强度试块试验报告。

安装后的构筑物尺寸、表面平整度应满足设计和设备安装及运行的要求；

检查方法：观察；检查安装记录；用钢尺量测。

（2）一般项目

预制构件的混凝土表面应平整、洁净，边角整齐；外观质量不宜有一般缺陷；

检查方法：观察；检查技术处理方案、资料。

构件安装时，应将杯口、杯槽内及构件连接面的杂物、污物清理干净，界面处理满足安装要求；

检查方法：观察。

现浇混凝土杯口、杯槽内表面应平整、密实；预制构件安装不应出现扭曲损坏、明显错台等现象；

检查方法：观察。

预制构件制作的允许偏差应符合表 6.8.4-1 的规定。

预制构件制作的允许偏差　　表 6.8.4-1

<table>
<tr><th colspan="2" rowspan="2">检查项目</th><th colspan="2">允许偏差（mm）</th><th colspan="2">检查数量</th><th rowspan="2">检查方法</th></tr>
<tr><th>板</th><th>梁、柱</th><th>范围</th><th>点数</th></tr>
<tr><td colspan="2">长度</td><td>±5</td><td>−10</td><td rowspan="9">每构件</td><td rowspan="9">2</td><td rowspan="6">用钢尺量测</td></tr>
<tr><td rowspan="4">横截面尺寸</td><td>宽</td><td>−8</td><td>±5</td></tr>
<tr><td>高</td><td>±5</td><td>±5</td></tr>
<tr><td>肋宽</td><td>+4，−2</td><td>—</td></tr>
<tr><td>厚</td><td>+4，−2</td><td>—</td></tr>
<tr><td colspan="2">板对角线差</td><td>10</td><td>—</td></tr>
<tr><td colspan="2">直顺度（或曲梁的曲度）</td><td>L/1000，
且不大于 20</td><td>L/750，
且不大于 20</td><td>用小线（弧形板）、钢尺量测</td></tr>
<tr><td colspan="2">表面平整度</td><td>5</td><td>—</td><td>用 2m 直尺、塞尺量测</td></tr>
<tr><td rowspan="3">预埋件</td><td>中心线位置</td><td>5</td><td>5</td><td rowspan="3">用钢尺量测</td></tr>
<tr><td>螺栓位置</td><td>5</td><td>5</td><td rowspan="3">每处</td><td rowspan="3">1</td></tr>
<tr><td>螺栓明露长度</td><td>+10，−5</td><td>+10，−5</td></tr>
<tr><td colspan="2">预留孔洞中心线位置</td><td>5</td><td>5</td><td>用钢尺量测</td></tr>
<tr><td colspan="2">受力钢筋的保护层</td><td>+5，−3</td><td>+10，−5</td><td>每构件</td><td>4</td><td>用钢尺量测</td></tr>
</table>

注：1. L 为构件长度（mm）；

2. 受力钢筋的保护层偏差，仅在必要时进行检查；

3. 横截面尺寸栏内的高，对板系指肋高。

钢筋混凝土池底板及杯口、杯槽的允许偏差应符合表 6.8.4-2 的规定。

装配式钢筋混凝土水处理构筑物底板及杯口、杯槽的允许偏差　　表 6.8.4-2

<table>
<tr><th colspan="2" rowspan="2">检查项目</th><th rowspan="2">允许偏差（mm）</th><th colspan="2">检查数量</th><th rowspan="2">检查方法</th></tr>
<tr><th>范围</th><th>点数</th></tr>
<tr><td colspan="2">圆池半径</td><td>±20</td><td>每座池</td><td>6</td><td>用钢尺量测</td></tr>
<tr><td colspan="2">底板轴线位移</td><td>10</td><td>每座池</td><td>2</td><td>用经纬仪测量横纵各 1 点</td></tr>
<tr><td rowspan="3">预留杯口、杯槽</td><td>轴线位置</td><td>8</td><td>每 5m</td><td>1</td><td>用钢尺量测</td></tr>
<tr><td>内底面高程</td><td>0，−5</td><td>每 5m</td><td>1</td><td>用水准仪测量</td></tr>
<tr><td>底宽、顶宽</td><td>+10，−5</td><td>每 5m</td><td>1</td><td>用钢尺量测</td></tr>
<tr><td rowspan="2">中心位置偏移</td><td>预埋件、预埋管</td><td>5</td><td>每件</td><td>1</td><td>用钢尺量测</td></tr>
<tr><td>预留洞</td><td>10</td><td>每洞</td><td>1</td><td>用钢尺量测</td></tr>
</table>

预制混凝土构件安装允许偏差应符合表 6.8.4-3 的规定。

预制壁板（构件）安装允许偏差　　表 6.8.4-3

检查项目		允许偏差（mm）	检查数量		检查方法
			范围	点数	
壁板、墙板、梁、柱中心轴线		5	每块板（每梁、柱）	1	用钢尺量测
壁板、墙板、柱高程		±5	每块板（每柱）	1	用水准仪测量
壁板、墙板及柱垂直度	H≤5m	5	每块板（每梁、柱）	1	用垂球配合钢尺量测
	H>5m	8	每块板（每梁、柱）	1	
挑梁高程		－5，0	每梁	1	用水准仪测量
壁板、墙板与定位中线半径		±10	每块板	1	用钢尺量测
壁板、墙板、拱构件间隙		±10	每处	2	用钢尺量测

注：H 为壁板及柱的全高。

7.2.4.25　市政验·构-18　圆形构筑物缠丝张拉预应力混凝土检验批质量验收记录

1. 适用范围

本表适用于给排水构筑物工程圆形构筑物缠丝张拉预应力混凝土检验批的质量检查验收。

2. 表内填写提示

圆形构筑物缠丝张拉预应力混凝土应符合下列规定：

（1）主控项目

预应力筋和预应力锚具、夹具、连接器以及保护层所用水泥、砂、外加剂等的产品质量保证资料应齐全，每批的出厂质量合格证明书及各项性能检验报告应符合 GB 50141 第 6.4.2 条的规定和设计要求；

检查方法：观察；检查每批的产品出厂质量合格证明、性能检验报告及有关的复验报告。

预应力筋的品种、级别、规格、数量、下料、镦头加工以及环向预应力筋和锚具槽的布置、锚固位置必须符合设计要求；

检查方法：观察。

缠丝时，构件及拼接处的混凝土强度应符合 GB 50141 第 6.4.8 条的规定；

检查方法：观察；检查混凝土强度试块试验报告。

缠丝应力应符合设计要求；缠丝过程中预应力筋应无断裂，发生断裂时应将钢丝接好，并在断裂位置左右相邻锚固槽各增加一个锚具；

检查方法：观察；检查张拉记录、应力测量记录，技术处理资料。

保护层砂浆的配合比计量准确，其强度、厚度应符合设计要求，并应与预应力筋（钢丝）粘结紧密，无漏喷、脱离现象；

检查方法：观察；检查水泥砂浆强度试块的试验报告，检查喷浆施工记录。

（2）一般项目

预应力筋展开后应平顺，不得有弯折，表面不应有裂纹、刺、机械损坏、氧化铁皮和油污；

检查方法：观察。

预应力锚具、夹具、连接器等的表面应无污物、锈蚀、机械损伤和裂纹；

检查方法：观察。

缠丝顺序应符合设计和施工方案要求；各圈预应力筋缠绕与设计位置的偏差不得大于 15mm；

检查方法：观察；检查张拉记录、应力测量记录；每圈预应力筋的位置用钢尺量，并不少于 1 点。

保护层表面应密实、平整，无空鼓、开裂等缺陷现象；

检查方法：观察；检查技术处理方案、资料。

预应力筋保护层允许偏差应符合表 6.8.5 的规定。

预应力筋保护层允许偏差 **表 6.8.5**

检查项目	允许偏差（mm）	检查数量		检查方法
		范围	点数	
平整度	30	每 50m^2	1	用 2m 直尺配合塞尺量测
厚度	不小于设计值	每 50m^2	1	喷浆前埋厚度标记

7.2.4.26 市政验·构-19 给排水构筑物后张法预应力混凝土检验批质量验收记录

1. 适用范围

本表适用于给排水构筑物工程后张法预应力混凝土检验批的质量检查验收。

2. 表内填写提示

后张法预应力混凝土应符合下列规定：

（1）主控项目

预应力筋和预应力锚具、夹具、连接器以及有粘结预应力筋孔道灌浆所用水泥、砂、外加剂、波纹管等的产品质量保证资料应齐全，每批的出厂质量合格证明书及各项性能检验报告应符合 GB 50141 第 6.4.2 条的规定和设计要求；

检查方法：观察；检查每批原材料出厂质量合格证明、性能检验报告及有关的复验报告。

预应力筋的品种、级别、规格、数量下料加工必须符合设计要求；

检查方法：观察。

张拉时混凝土强度应符合 GB 50141 第 6.4.8 条的规定；

检查方法：观察；检查混凝土试块的试验报告。

后张法张拉应力和伸长值、断裂或滑脱数量、内缩量等应符合 GB 50141 第 6.4.13 条第 4、5、6 款的规定和设计要求；

检查方法：观察；检查张拉记录。

有粘结预应力筋孔道灌浆应饱满、密实；灌浆水量砂浆强度应符合设计要求；

检查方法：观察；检查水泥砂浆试块的实验报告。

（2）一般项目

有粘结预应力筋应平顺，不得有弯折，表面不应有裂纹、刺、机械损伤、氧化铁皮和油污；无粘结预应力筋护套应光滑，无裂缝和明显皱褶；

检查方法：观察。

预应力锚具、夹具、连接器等的表面应无污物、锈蚀、机械损坏和裂纹；波纹管外观应符合 GB50141 第 6.4.5 条第 2 款的规定；

检查方法：观察。

后张法有粘结预应力筋预留孔道的规格、数量、位置和形状应符合设计要求，并应符合下列规定：

预留孔道的位置应牢固，浇筑混凝土时不应出现位移和变形；

孔道应平顺，端部的预埋锚垫板应垂直于孔道中心线；

成孔用管道应封闭良好，接头应严密且不得漏浆；

灌浆孔的间距：预埋波纹管不宜大于 30m；抽芯成型孔道不宜大于 12m；

曲线孔道的曲线波峰部位应设排气（泌水）管，必要时可在最低点设置排水孔；

灌浆孔及泌水管的孔径应能保证浆液畅通；

检查方法：观察；用钢尺量。

无粘结预应力筋的铺设应符合下列规定：

无粘结预应力筋的定位牢固，浇筑混凝土时不应出现移位和变形；

端部的预埋锚垫板应垂直于预应力筋；

内埋式固定端垫板不应重叠，锚具与垫板应贴紧；

无粘结预应力筋成束布置时应能保证混凝土密实并能裹住预应力筋；

无粘结预应力筋的护套应完整，局部破损处应采用防水胶带缠绕紧密；

检查方法：观察。

预应力筋张拉后与设计位置的偏差不得大于 5mm，且不断大于池壁截面短边边长的 4%；

检查方法：每工作班检查 3%、且不少于 3 束预应力筋，用钢尺量。

封锚的保护层厚度、外露预应力筋的保护层厚度、封锚混凝土强度应符合 GB 50141 第 6.4.13 条第 10 款的规定；

检查方法：观察；检查封锚混凝土试块的实验报告，检查 5%、且不少于 5 处；预应力筋保护层厚度，用钢尺量。

7.2.4.27 市政验·构-20 混凝土结构水处理构筑物检验批质量验收记录

1. 适用范围

本表适用于给排水构筑物工程混凝土结构水处理构筑物检验批的质量检查验收。

2. 表内填写提示

混凝土结构水处理构筑物应符合下列规定：

（1）主控项目

水处理构筑物结构类型、结构尺寸以及预埋件、预留孔洞、止水带等规格、尺寸应符合设计要求；

检查方法：观察；检查施工记录、测量记录、隐蔽验收记录。

混凝土强度符合设计要求；混凝土抗渗、抗冻性能符合设计要求；

检查方法：观察；检查配合比报告，检查混凝土抗压、抗渗、抗冻试块试验报告。

混凝土结构外观无严重质量缺陷；

检查方法：观察；检查技术处理方案、资料。

构筑物外壁不得渗水；

检查方法：观察；检查技术处理方案、资料。

构筑物各部位以及预埋件、预留孔洞、止水带等的尺寸、位置、高程、线形等的偏差，不得影响结构性能和水处理工艺平面布置、设备安装、水力条件；

检查方法：观察；检查施工记录、测量放样记录。

（2）一般项目

混凝土结构外观不宜有一般重大质量缺陷；

检查方法：观察；检查技术处理方案、资料。

结构无明显湿渍现象；

检查方法：观察。

结构表面应光洁和顺、线形流畅；

检查方法：观察。

混凝土结构水处理构筑物允许偏差应符合表 6.8.7 的规定。

混凝土结构水处理构筑物允许偏差　　　　表 6.8.7

检查项目		允许偏差（mm）	检查数量		检查方法
			范围	点数	
轴线位移	池壁、柱、梁	8	每池壁、柱、梁	2	用经纬仪测量纵横轴线各 1 点
高程	池壁顶	±10	每 10m	1	用水准仪测量
	底板顶		每 $25m^2$	1	
	顶板		每 $25m^2$	1	
	柱、梁		每柱、梁	1	
平面尺寸（池体的长、宽或直径）	$L\leqslant$20m	±20	长、宽各 2；直径各 4		用钢尺量测
	20m$<L\leqslant$50m	±L/1000			
	$L>$50m	±50			
截面尺寸	池壁	+10，−5	每 10m	1	用钢尺量测
	底板		每 10m	1	
	柱、梁		每柱、梁	1	
	孔、洞、槽内净空	±10	每孔、洞、槽	1	用钢尺量测
表面平整度	一般平面	8	每 $25m^2$	1	用 2m 直尺配合塞尺检查
	轮轨面	5	每 10m	1	用水准仪测量
墙面垂直度	$H\leqslant$5m	8	每 10m	1	用垂线检查
	5m$<H\leqslant$20m	1.5H/1000	每 10m	1	
中心线位置偏移	预埋件、预埋管	5	每件	1	用钢尺量测
	预留洞	10	每洞	1	
	水槽	±5	每 10m	2	用经纬仪测量纵横轴线各 1 点
坡度		0.15%	每 10m	1	用水准仪测量

注：1. H 为池壁全高，L 为池体的长、宽或直径；
2. 检查轴线、中心线位置时，应沿纵、横两个方向测量，并取其中的较大值；
3. 水处理构筑物所安装的设备有严于本规定的特殊要求时，应按特殊要求执行，但在水处理构筑物施工前，设计单位必须给予明确。

7.2.4.28　市政验·构-21-1　砖石砌体结构水处理构筑物检验批质量验收记录（一）

7.2.4.29　市政验·构-21-2　砖石砌体结构水处理构筑物检验批质量验收记录（二）

1. 适用范围

本表适用于给排水构筑物工程砖石砌体结构水处理构筑物检验批的质量检查验收。

2. 表内填写提示

砖石砌体结构水处理构筑物应符合下列规定：

（1）主控项目

砖、石以及砌筑、抹面用的水泥、砂等材料的产品质量保证资料齐全，每批的出厂质量合格证明书及各项性能检验报告应符合 GB 50141 第 6.5.1 条的相关规定和设计要求；

检查方法：观察；检查产品质量合格证、出厂检验报告和及有关的进场复验报告。

砌体、抹面砂浆配合比应满足施工和 GB 50141 第 6.5.1 条的相关规定；

检查方法：观察；检查砌筑砂浆配合比单及记录；对于商品砌筑砂浆还应检查出厂质量合格证明等。

砌筑、抹面砂浆的强度应符合设计要求；其试块的留置及质量评定应符合 GB50141 第 6.5.2、6.5.3 条的相关规定；

检查方法：检查施工纪录；检查砌筑砂浆试块的试验报告。

砌体结构各部位的构造形式以及预埋件、预留孔洞、变形缝位置、构造等应符合设计要求；

检查方法：观察；检查施工记录、测量放样记录。

砌筑应垂直稳固、位置正确；灰缝必须饱满、密实、完整，无透缝、通缝、开裂等现象；砖砌抹面时，砂浆与基层及各层间应粘结紧密牢固，不得有空鼓及裂纹等现象；

检查方法：观察；检查施工记录，检查技术处理资料。

（2）一般项目

砌筑前，砖、石表面应洁净，并充分湿润；

检查方法：观察。

砌筑砂浆应灰缝均匀一致、横平竖直，灰缝宽度的允许偏差为±2mm；

检查方法：观察；每 20m 用钢尺量 10 皮砖、石砌体进行折算。

抹面时，抹面接槎应平整，阴阳角清晰顺直；

检查方法：观察。

勾缝应密实，线形平整、深度一致；

检查方法：观察。

砖砌体水处理构筑物施工允许偏差应符合表 6.8.8-1 的规定；

砖砌体水处理构筑物施工允许偏差　　　　表 6.8.8-1

<table>
<tr><th colspan="2" rowspan="2">检查项目</th><th rowspan="2">允许偏差（mm）</th><th colspan="2">检查数量</th><th rowspan="2">检查方法</th></tr>
<tr><th>范围</th><th>点数</th></tr>
<tr><td colspan="2">轴线位置（池壁、隔墙、柱）</td><td>10</td><td>各池壁、隔墙、柱</td><td>1</td><td>用经纬仪测量</td></tr>
<tr><td colspan="2">高程（池壁、隔墙、柱的顶面）</td><td>±15</td><td>每 5m</td><td>1</td><td>用水准仪测量</td></tr>
<tr><td rowspan="2">平面尺寸（池体长、宽或直径）</td><td>$L \leqslant 20$m</td><td>±20</td><td>每池</td><td>4</td><td>用钢尺量测</td></tr>
<tr><td>$20 < L \leqslant 50$m</td><td>$\pm L/1000$</td><td>每池</td><td>4</td><td>用钢尺量测</td></tr>
<tr><td rowspan="2">垂直度（池壁、隔墙、柱）</td><td>$H/\leqslant 5$m</td><td>8</td><td>每 5m</td><td>1</td><td rowspan="2">经纬仪测量或吊线配合钢尺量测</td></tr>
<tr><td>$H/>5$m</td><td>$1.5H/1000$</td><td>每 5m</td><td>1</td></tr>
<tr><td rowspan="2">表面平整度</td><td>清水</td><td>5</td><td>每 5m</td><td>1</td><td rowspan="2">用 2m 直尺配合塞尺量测</td></tr>
<tr><td>混水</td><td>8</td><td>每 5m</td><td>1</td></tr>
<tr><td rowspan="2">中心位置</td><td>预埋件、预埋管</td><td>5</td><td>每件</td><td>1</td><td>用钢尺量测</td></tr>
<tr><td>预埋洞</td><td>10</td><td>每洞</td><td>1</td><td>用钢尺量测</td></tr>
</table>

注：1. L 为池体长、宽或直径；

2. H 为池壁、隔墙或柱的高度。

石砌体水处理构筑物施工允许偏差应符合表 6.8.8-2 的规定。

石砌体水处理构筑物施工允许偏差 **表 6.8.8-2**

检查项目		允许偏差(mm)	检查数量		检查方法
			范围	点数	
轴线位置		10	各池壁	1	用经纬仪测量
高程（池壁顶面）		±15	每 5m	1	用水准仪测量
平面尺寸（池体长、宽或直径）	$L \leqslant 20$m	±20	每 5m	1	用钢尺量测
	$20 < L \leqslant 50$m	$\pm L/1000$	每 5m		
砌体厚度		+10，−5	每 5m	1	用钢尺量测
垂直度（池壁）	$H/\leqslant 5$m	10	每 5m	1	经纬仪或吊线、钢尺量
	$H/>5$m	$2H/1000$	每 5m		
表面平整度	清水	10	每 5m	1	用 2m 直尺配合塞尺量测
	混水	15	每 5m	1	
中心位置	预埋件、预埋管	5	每件	1	用钢尺量测
	预埋洞	10	每洞	1	用钢尺量测

注：1. L 为池体长、宽或直径；
2. H 为池壁高度。

7.2.4.30 市政验·构-22 构筑物变形缝检验批质量验收记录

1. 适用范围

本表适用于给排水构筑物工程构筑物变形缝检验批的质量检查验收。

2. 表内填写提示

构筑物变形缝应符合下列规定：

（1）主控项目

构筑物变形缝的止水带、柔性密封材料等的产品质量保证资料齐全，每批的出厂质量合格证明书及各项性能检验报告应符合 GB 50141 第 6.1.10 条的相关规定和设计要求；

检查方法：观察；检查产品质量合格证、出厂检验报告和及有关的进场复验报告。

止水带位置应符合设计要求；安装固定稳固，无孔洞、撕裂、扭曲、褶皱等现象；

检查方法：观察；检查施工记录。

先行施工一侧的变形缝结构端面应平整、垂直，混凝土或砌筑砂浆应密实，止水带与结构咬合紧密；端面混凝土外观严禁出现严重质量缺陷，且无明显一般质量缺陷；

检查方法：观察。

变形缝应贯通，缝宽均匀一致；柔性密封材料嵌填应完整、饱满、密实；

检查方法：观察。

（2）一般项目

变形缝结构端面部位施工完成后，止水带应完整，线形直顺，无损坏、走动、褶皱等现象；

检查方法：观察。

变形缝内的填缝板应完整，无脱离、缺损现象；

检查方法：观察。

柔性密封材料嵌填前缝内应清洁杂物、污物；嵌填应表面平整，其深度应符合设计要求，并与两侧端面粘结紧密；

检查方法：观察。

构筑物变形缝施工允许偏差应符合表 6.8.9 的规定。

构筑物变形缝施工的允许偏差　　表 6.8.9

检查项目		允许偏差（mm）	检查数量		检查方法
			范围	点数	
结构端面平整度		8	每处	1	用 2m 直尺配合塞尺量测
结构端面垂直度		$2H/1000$，且不大于 8	每处	1	用垂线量测
变形缝宽度		±3	每处每 2m		用钢尺量测
止水带长度		不小于设计要求	每根	1	用钢尺量测
止水带	结构端面	±5	每处每 2m	1	用钢尺量测
	止水带中心	±5			
相邻错缝		±5	每处	4	用钢尺量测

注：H 为结构全高（mm）。

7.2.4.31　市政验·构-23　塘体结构基槽检验批质量验收记录

1. 适用范围

本表适用于给排水构筑物工程塘体结构基槽检验批的质量检查验收。

2. 表内填写提示

塘体结构应符合下列规定：

基槽应符合 GB 50141 第 4.7.2、4.7.4 条的规定，且基槽开挖允许偏差应符合表 6.8.10 的规定；

塘体结构基槽开挖允许偏差　　表 6.8.10

检查项目	允许偏差（mm）	检查数量		检查方法
		范围	点数	
轴线位移	20	每 10m	1	用经纬仪测量
基底高程	±20	每 10m	1	用水准仪测量
平面尺寸	±20	每 10m	1	用钢尺量测
边坡	设计边坡的 0～3%范围	每 10m	1	用坡度尺测量

塘体结构质量应符合 GB 50141 第 5.7.10 条的规定；对于钢筋混凝土工程，其模板、钢筋、混凝土、混凝土结构构筑物还应分别符合 GB 50141 第 6.8.1、6.8.2、6.8.3 和 6.8.7 条的规定。

7.2.4.32　市政验·构-24　管渠检验批质量验收记录

1. 适用范围

本表适用于给排水构筑物工程管渠检验批的质量检查验收。

2. 表内填写提示

现浇钢筋混凝土、装配式钢筋混凝土管渠应符合下列规定：

模板、钢筋、混凝土、构件安装、变形缝应分别符合 GB 50141 第 6.8.1～6.8.4 条和 6.8.9 条的规定；

混凝土结构管渠应符合 GB 50141 第 6.8.9 条的规定，其允许偏差应符合表 6.8.11 的规定。

混凝土结构管渠允许偏差　　表 6.8.11

检查项目	允许偏差（mm）	检查数量		检查方法
		范围	点数	
轴线位移	15	每 5m	1	用经纬仪测量
渠底高程	±10	每 5m	1	用水准仪测量
管、拱圈断面尺寸	不小于设计要求	每 5m	1	用钢尺量测
盖板断面尺寸	不小于设计要求	每 5m	1	用钢尺量测
墙高	±10	每 5m	1	用钢尺量测
渠底中线每侧宽度	±10	每 5m	2	用钢尺量测
墙面垂直度	10	每 5m	2	经纬仪或吊线、钢尺检查
墙面平整度	10	每 5m	2	用 2m 靠尺检查
墙厚	±10，0	每 5m	2	用钢尺量测

注：渠底高程在竣工后的贯通此测量允许偏差可按±20mm 执行。

砖石砌体管渠工程的变形缝、砖石砌体结构管渠质量验收应分别符合 GB 50141 第 6.8.8、6.8.9 条的规定，且砖石砌体结构管渠的允许偏差应符合表 6.8.12 的规定。

砌体管渠施工质量允许偏差　　表 6.8.12

检查项目		允许偏差（mm）				检查数量		检查方法
		砖	料石	块石	混凝土砌块	范围	点数	
轴线位置		15	15	20	15	每 5m	1	用经纬仪测量
渠底	高程	±10	±20		±10	每 5m	1	用水准仪测量
	中心线每侧宽	±10	±10	±20	±10	每 5m	2	用钢尺量测
墙高		±20	±20		±20	每 5m	2	用钢尺量测
墙厚		不小于设计要求				每 5m	2	用钢尺量测
墙面垂直度		15	15		15	每 5m	2	经纬仪或吊线、钢尺量测
墙面平整度		10	20	30	10	每 5m	2	用 2m 靠尺量测
拱圈断面尺寸		不小于设计要求				每 5m	2	用钢尺量测

7.2.4.33　市政验·构-25　水处理工艺辅助构筑物检验批质量验收记录

1. 适用范围

本表适用于给排水构筑物工程水处理工艺辅助构筑物检验批的质量检查验收。

2. 表内填写提示

水处理工艺的辅助构筑物工程中，涉及钢筋混凝土结构的模板、钢筋、混凝土、构件安装等的质量验收应分别符合 GB 50141 第 6.8.1～6.8.4 条的规定，涉及砖石砌体结构的质量验收应符合 GB 50141 第 6.8.8 条的规定。工艺辅助物的质量验收应符合下列规定：

（1）主控项目

有关工程材料、型材等的产品质量保证资料应齐全，并符合国家有关标准的规定和设计要求；

检查方法：观察；检查产品质量合格证、出厂检验报告及有关的进场复验报告。

位置、高程、结构和工艺线形尺寸、数量等应符合设计要求，满足运行功能；

检查方法：观察；检查施工记录、测量放样记录。

混凝土、水泥砂浆抹面等光洁密实、线形和顺，无阻水、滞水现象；

检查方法：观察。

堰板、槽板、孔板等安装应平整、牢固，安装位置及高程应准确，接缝应严密；堰顶、穿孔槽、孔眼的底缘在同一水平面上；

检查方法：观察；检查安装记录；用钢尺、水准仪等量测检查。

（2）一般项目

工艺辅助构筑物施工允许偏差应符合表 6.8.13 的规定。

工艺辅助构筑物施工的允许偏差　　表 6.8.13

<table>
<tr><th colspan="3" rowspan="2">检查项目</th><th rowspan="2">允许偏差（mm）</th><th colspan="2">检查数量</th><th rowspan="2">检查方法</th></tr>
<tr><th>范围</th><th>点数</th></tr>
<tr><td rowspan="2">轴线位置</td><td colspan="2">工艺井</td><td>15</td><td>每座</td><td>1</td><td rowspan="2">用经纬仪测量</td></tr>
<tr><td colspan="2">板、堰、槽、孔、眼（混凝土结构）</td><td>5</td><td>每 3m</td><td></td></tr>
<tr><td rowspan="3">高程</td><td colspan="2">工艺井井底</td><td>±10</td><td>每座</td><td rowspan="3">1</td><td rowspan="3">用水准仪测量</td></tr>
<tr><td rowspan="2">板、堰顶、槽底、孔眼中心</td><td>混凝土结构</td><td>±5</td><td rowspan="2">每 3m</td></tr>
<tr><td>型板安装</td><td>±2</td></tr>
<tr><td rowspan="3">净尺寸</td><td colspan="2">工艺井</td><td>不小于设计要求</td><td>每座</td><td>1</td><td rowspan="3">用钢尺量测</td></tr>
<tr><td rowspan="2">槽、孔、眼</td><td>混凝土结构</td><td>±5</td><td rowspan="2">每 3m</td><td rowspan="2">1</td></tr>
<tr><td>型板安装</td><td>±3</td></tr>
<tr><td rowspan="3">墙面垂直度</td><td colspan="2">工艺井</td><td>10</td><td>每座</td><td>2</td><td rowspan="3">经纬仪或吊线、钢尺量测</td></tr>
<tr><td rowspan="2">堰、槽、孔、眼</td><td>混凝土结构</td><td>$1.5H/1000$</td><td rowspan="2">每 3m</td><td rowspan="2">1</td></tr>
<tr><td>型板安装</td><td>$1.0H/1000$</td></tr>
<tr><td rowspan="3">墙面平整度</td><td colspan="2">工艺井</td><td>10</td><td>每座</td><td>2</td><td rowspan="3">用 2m 靠尺量测；堰顶、槽底用水平仪测量</td></tr>
<tr><td rowspan="2">板、堰、槽、孔、眼</td><td>混凝土结构</td><td>5</td><td rowspan="2">每 3m</td><td rowspan="2">1</td></tr>
<tr><td>型板安装</td><td>2</td></tr>
<tr><td rowspan="2">墙厚</td><td colspan="2">工艺井</td><td>±10，0</td><td>每座</td><td>2</td><td rowspan="2">用钢尺量测</td></tr>
<tr><td colspan="2">板、堰、槽、孔、眼的结构</td><td>+5，0</td><td>每 3m</td><td>1</td></tr>
<tr><td colspan="3">孔眼间距</td><td>±5</td><td>每处</td><td>1</td><td>用钢尺量测</td></tr>
</table>

注：H 为全高（mm）。

7.2.4.34 市政验·构-26　梯道、平台、栏杆、盖板、走道板、设备行走的钢轨轨道等细部结构检验批质量检验记录

1. 适用范围

本表适用于给排水构筑物工程梯道、平台、栏杆、盖板、走道板、设备行走的钢轨轨道等细部结构检验批的质量检查验收。

2. 表内填写提示

水处理的细部结构工程中涉及模板、钢筋、混凝土、构件安装、砌筑等质量验收应分别符合 GB 50141 第 6.8.1～6.8.4 条和 6.8.8 条的规定；混凝土设备基础、闸槽等的质量应符合 GB 50141 第 7.4.3 条的规定；梯道、平台、栏杆、盖板、走道板、设备行走的钢轨轨道等细部结构应符合下列规定：

(1) 主控项目

原材料、成品构件、配件等的产品质量保证资料应齐全，并符合国家有关标准的规定和设计要求；

检查方法：观察；检查产品质量合格证、出厂验收报告及有关的进场复验报告。

位置和高程、线形尺寸、数量等应符合设计要求，安装应稳固可靠；

检查方法：观察；进场施工纪录、测量放样记录。

固定构件与结构预埋件应连接牢固；活动构件安装平稳可靠、尺寸匹配，无走动、翘动等现象；混凝土构件外观质量无严重缺陷；

检查方法：观察；检查施工记录和有关的检验记录。

安全设施应符合国家有关安全生产的规定；

检查方法：观察；检查施工安全技术方案。

(2) 一般项目

混凝土结构外观质量不宜有一般缺陷，钢制构件防腐完整，活动走道板无变形、松动等现象；

检查方法：观察。

梯道、平台、栏杆、盖板（走道板）安装的允许偏差应符合表 6.8.14-1 的规定；

梯道、平台、栏杆、盖板（走道板）安装的允许偏差　　表 6.8.14-1

<table>
<tr><th colspan="3" rowspan="2">检查项目</th><th rowspan="2">允许偏差（mm）</th><th colspan="2">检查数量</th><th rowspan="2">检查方法</th></tr>
<tr><th>范围</th><th>点数</th></tr>
<tr><td rowspan="2">楼梯</td><td colspan="2">长、宽</td><td>±5</td><td>每座</td><td>各 2</td><td>用钢尺量测</td></tr>
<tr><td colspan="2">踏步间距</td><td>±3</td><td>每处</td><td>1</td><td>用钢尺量测，取最大值</td></tr>
<tr><td rowspan="2">平台</td><td colspan="2">长、宽</td><td>±5</td><td>每处每 5m</td><td>各 1</td><td>用钢尺量测</td></tr>
<tr><td colspan="2">局部凸凹度</td><td>3</td><td>每处</td><td>1</td><td>用 1m 直尺量测</td></tr>
<tr><td rowspan="2">栏杆</td><td colspan="2">直顺度</td><td>5</td><td>每 10m</td><td>1</td><td>20m 小线量测，取最大值</td></tr>
<tr><td colspan="2">垂直度</td><td>3</td><td>每 10m</td><td>1</td><td>用垂线、钢尺量测</td></tr>
<tr><td rowspan="4">盖板（走道板）</td><td rowspan="2">混凝土盖板</td><td>直顺度</td><td>10</td><td>每 5m</td><td>1</td><td>用 20m 小线量测，取最大值</td></tr>
<tr><td>相邻高差</td><td>8</td><td>每 5m</td><td>1</td><td>用直尺量测，取最大值</td></tr>
<tr><td rowspan="2">非混凝土盖板</td><td>直顺度</td><td>5</td><td>每 5m</td><td>1</td><td>用 20m 小线量测，取最大值</td></tr>
<tr><td>相邻高差</td><td>2</td><td>每 5m</td><td>1</td><td>用直尺量测，取最大值</td></tr>
</table>

构筑物上行走的清污设备轨道铺设的允许偏差应符合表 6.8.14-2 的规定。

轨道铺设的允许偏差 **表 6.8.14-2**

检查项目	允许偏差（mm）	检查数量		检查方法
		范围	点数	
轴线位置	5	每 10m	1	用经纬仪测量
轨顶高度	±2	每 10m	1	用水准仪测量
两轨间距离或圆形轨道的半径	±2	每 10m	1	用钢尺量测
轨道接头间隙	±0.5	每处	1	用塞尺量测
轨道接头左、右、上三面错位	1	每处	1	用靠尺量测

注：1. 轴线位置：对平行两直线轨道，应为两平行轨道之间的中线；对圆形轨道，为其圆心位置；

2. 平行两直线轨道接头的位置应错开，其错开距离不应等于行走设备前后轮的轮距。

水处理构筑物的水泥砂浆防水层的质量验收应符合现行国家标准《地下防水工程质量验收规范》GB 50208 的相关规定执行。

水处理构筑物的防腐层质量验收应按现行国家标准《建筑防腐蚀工程施工规范》GB 50212 的相关规定执行。

水处理构筑物的钢结构工程，应按现行国家标准《钢结构工程施工质量验收规范》GB 50205 的相关规定执行。

7.2.4.35 市政验·构-27-1 混凝土及砌体结构泵房检验批质量验收记录（一）

7.2.4.36 市政验·构-27-2 混凝土及砌体结构泵房检验批质量验收记录（二）

1. 适用范围

本表适用于给排水构筑物工程混凝土及砌体结构泵房检验批的质量检查验收。

2. 表内填写提示

泵房结构、设备基础、沉井以及沉井封底施工中有关混凝土、砌体结构工程、附属构筑物工程的各分项工程质量验收应符合 GB 50141 第 6.8 节的相关规定。

混凝土及砌体结构泵房应符合下列规定：

（1）主控项目

泵房结构类型、结构尺寸、工艺布置平面尺寸及高程应符合设计要求；

检查方法：观察；检查施工记录、测量记录、隐蔽验收记录。

混凝土、砌筑砂浆抗压强度符合设计要求；混凝土抗渗、抗冻性能应符合设计要求；混凝土试块的留置及质量验收应符合 GB 50141 第 6.2.8 条的相关规定，砌筑砂浆试块的留置及质量验收应符合 GB 50141 第 6.5.2、6.5.3 条的相关规定；

检查方法：检查配合比报告；检查混凝土试块抗压、抗渗、抗冻试验报告，检查砌筑砂浆试块抗压试验报告。

混凝土结构外观无严重质量缺陷；砌体结构砌筑完整、灌浆密实，无裂缝、通缝等现象；

检查方法：观察；检查施工技术处理资料。

井壁、隔墙及底板均不得渗水；电缆沟内不得有湿渍现象；

检查方法：观察。

变径流道应线形和顺、表面光洁，断面尺寸不得小于设计要求；

检查方法：观察。

（2）一般项目

混凝土结构外观不宜有一般的质量缺陷；砌体结构砌筑齐整，勾缝平整，缝宽一致；

检查方法：观察。

结构无明显湿渍现象；

检查方法：观察。

导流墙、板、槽、坎及挡水墙、板、墩等表面光洁和顺、线形流畅；

检查方法：观察

现浇钢筋混凝土及砖石砌筑泵房允许偏差符合表 7.4.2 的相关规定。

现浇钢筋混凝土及砖石砌筑泵房允许偏差　　　　表 7.4.2

<table>
<tr><td colspan="2" rowspan="3">检查项目</td><td colspan="4">允许偏差（mm）</td><td colspan="2">检查数量</td><td rowspan="3">检查方法</td></tr>
<tr><td rowspan="2">混凝土</td><td rowspan="2">砖砌体</td><td colspan="2">石砌体</td><td rowspan="2">范围</td><td rowspan="2">点数</td></tr>
<tr><td>毛料石</td><td>粗、细料石</td></tr>
<tr><td rowspan="2">轴线位置</td><td>底板、墙基</td><td>15</td><td>10</td><td>20</td><td>15</td><td rowspan="2">每部位</td><td rowspan="2">横、纵向各 1 点</td><td rowspan="2">用钢尺、经纬仪测量</td></tr>
<tr><td>墙、柱、梁</td><td>8</td><td>10</td><td>15</td><td>10</td></tr>
<tr><td rowspan="2">高程</td><td>垫层、底板、墙、柱、梁</td><td>±10</td><td colspan="3">±15</td><td rowspan="4">每部位</td><td rowspan="2">不少于 1 点</td><td rowspan="2">用水准仪测量</td></tr>
<tr><td>吊装的支承面</td><td>−5</td><td>—</td><td>—</td><td>—</td></tr>
<tr><td rowspan="2">截面尺寸</td><td>墙、柱、梁、顶板</td><td>±10，−5</td><td>—</td><td>±20，−10</td><td>±10，−5</td><td rowspan="2">横、纵向各 1 点</td><td rowspan="2">用钢尺量测</td></tr>
<tr><td>洞、墙、沟净空</td><td>±10</td><td colspan="3">±20</td></tr>
<tr><td rowspan="2">中心位置</td><td>预埋件、预埋管</td><td colspan="4">5</td><td rowspan="2">每处</td><td rowspan="2">横、纵向各 1 点</td><td rowspan="2">用钢尺、水准仪测量</td></tr>
<tr><td>预留洞</td><td colspan="4">10</td></tr>
<tr><td rowspan="3">平面尺寸（长宽或直径）</td><td>$L\leqslant 20$m</td><td colspan="4">±20</td><td rowspan="8">每部位</td><td rowspan="3">横、纵向各 1 点</td><td rowspan="3">用钢尺量测</td></tr>
<tr><td>20m$\lt L\leqslant$50m</td><td colspan="4">$\pm L/1000$</td></tr>
<tr><td>50m$\lt L\leqslant$250m</td><td colspan="4">±50</td></tr>
<tr><td rowspan="3">垂直度</td><td>$H\leqslant 5$m</td><td>8</td><td colspan="3">10</td><td rowspan="3">1 点</td><td rowspan="3">用垂球、钢尺量测</td></tr>
<tr><td>5m$\lt H\leqslant$20m</td><td>$1.5H/1000$</td><td colspan="3">$2H/1000$</td></tr>
<tr><td>$H\gt 20$m</td><td>30</td><td colspan="3">—</td></tr>
<tr><td rowspan="2">表面平整度</td><td>垫层、底板、顶板</td><td>10</td><td colspan="3">—</td><td rowspan="2">1 点</td><td rowspan="2">用 2m 直尺、塞尺量测</td></tr>
<tr><td>墙、柱、梁</td><td>8</td><td>清水 5
混水 8</td><td>20</td><td>清水 10
混水 15</td></tr>
</table>

注：L 为泵房的长、宽或直径；H 为墙、柱等的高度。

7.2.4.37　市政验・构-28　泵房设备的混凝土基础及闸槽检验批质量验收记录

1. 适用范围

本表适用于给排水构筑物工程泵房设备的混凝土基础及闸槽检验批的质量检查验收。

2. 表内填写提示

泵房设备的混凝土基础及闸槽应符合下列规定：

（1）主控项目

所用工程材料的等级、规格、性能应符合国家有关标准的规定和设计要求；

检查方法：基础产品的出厂质量合格证、出厂检验报告和进场复验报告。

基础、闸槽以及预埋件、预留孔的位置、尺寸应符合设计要求；水泵和电机分装在两个层间时，各层间板的高程允许偏差应为±10mm，上下层间板安装机电和水泵的预留洞中心位置应在同一垂直线上，其相对偏差为5mm；

检查方法：观察；检查施工记录、测量记录；用水准仪、经纬仪量测允许偏差。

二次混凝土或灌浆材料的强度符合设计要求；采用植筋方式时，其抗拔试验应符合设计要求；

检查方法：检查二次混凝土或灌浆材料的试块强度报告，检查试件试验报告。

混凝土外观无严重缺陷；

检查方法：观察；检查技术处理资料。

（2）一般项目

混凝土外观不宜有一般质量缺陷；表面平整，外光内实；

检查方法：观察；检查技术处理资料。

允许偏差应符合表7.4.3的相关规定。

设备基础及闸槽的允许偏差 **表7.4.3**

<table>
<tr><th colspan="2" rowspan="2">检查项目</th><th rowspan="2">允许偏差（mm）</th><th colspan="2">检查数量</th><th rowspan="2">检查方法</th></tr>
<tr><th>范围</th><th>点数</th></tr>
<tr><td rowspan="2">轴线位置</td><td>水泵与电动机</td><td>8</td><td rowspan="2">每座</td><td rowspan="2">横、纵向各测1点</td><td rowspan="2">用经纬仪测量</td></tr>
<tr><td>闸槽</td><td>5</td></tr>
<tr><td rowspan="2">高程</td><td>设备基础</td><td>−20</td><td rowspan="2">每座</td><td rowspan="2">1点</td><td rowspan="2">用水准仪测量</td></tr>
<tr><td>闸槽底槛</td><td>±10</td></tr>
<tr><td rowspan="3">闸槽</td><td>垂直度</td><td>$H/1000$，且不大于20</td><td>每座</td><td>两槽各1点</td><td>用垂线、钢尺量测</td></tr>
<tr><td>两闸槽间净距</td><td>±5</td><td>每座</td><td>2点</td><td>用钢尺量测</td></tr>
<tr><td>闸槽扭曲（自身及两槽相对）</td><td>2</td><td>每座</td><td>2点</td><td>用垂线、钢尺量测</td></tr>
<tr><td rowspan="2">预埋地脚螺栓</td><td>顶端高程</td><td>+20</td><td>每处</td><td>1点</td><td>用水准仪测量</td></tr>
<tr><td>中心距</td><td>±2</td><td>每处</td><td>根部、顶部各1点</td><td>用钢尺量测</td></tr>
<tr><td rowspan="4">预埋活动地脚螺栓锚板</td><td>中心位置</td><td>5</td><td>每处</td><td>横、纵向各1点</td><td>用经纬仪测量</td></tr>
<tr><td>高程</td><td>+20</td><td>每处</td><td>1点</td><td>用水准仪测量</td></tr>
<tr><td>水平度（带槽的锚板）</td><td>5</td><td rowspan="2">每处</td><td rowspan="2">1点</td><td rowspan="2">用水平尺量测</td></tr>
<tr><td>水平度（带螺纹的锚板）</td><td>2</td></tr>
</table>

续表

检查项目		允许偏差（mm）	检查数量		检查方法
			范围	点数	
基础外形	平面尺寸	±10	每座	横、纵向各1点	用钢尺量测
	水平度	$L/200$，且不大于10	每处	1点	用水平尺量测
	垂直度	$H/200$，且不大于10	每处	1点	用垂线、钢尺量测
地脚螺栓预留孔	中心位置	8	每处	横、纵向各1点	用经纬仪测量
	深度	+20	每处	1点	用探尺量测
	孔壁垂直度	10	每处	1点	用垂线、钢尺量测
闸槽底槛	水平度	3	每处	1点	用水平尺量测
	平整度	2	每处	1点	挂线量测

注：1. L 为基础的长或宽（mm）；H 为基础、闸槽的高度（mm）；
2. 轴线位置允许偏差，对管井是指与管井实际中心的偏差。

7.2.4.38 市政验·构-29 给排水构筑物沉井制作检验批质量验收记录

1. 适用范围

本表适用于给排水构筑物工程沉井制作检验批的质量检查验收。

2. 表内填写提示

沉井制作应符合下列规定：

（1）主控项目

所用工程材料的等级、规格、性能应符合国家有关标准的规定和设计要求；

检查方法：检查产品的出厂质量合格证、出厂检验报告和进场复验报告。

混凝土强度以及抗渗、抗冻性能应符合设计要求；

检查方法：检查沉井结构混凝土的抗压、抗渗、抗冻试块的试验报告。

混凝土外观无严重质量缺陷；

检查方法：观察，检查技术处理资料。

制作过程中沉井无变形、开裂现象；

检查方法：观察；检查施工记录、监测记录，检查技术处理资料。

（2）一般项目

混凝土外观不宜有一般质量缺陷；

检查方法：观察。

垫层厚度、宽度，垫木的规格、数量应符合施工方案的要求；

检查方法：观察；检查施工记录，检查地基承载力检验记录、砂垫层压实度检验记录、混凝土垫层强度试验报告。

沉井制作尺寸的允偏差应符合表 7.4.4 的规定。

沉井制作尺寸的允许偏差　　表 7.4.4

<table>
<tr><th colspan="2" rowspan="2">检查项目</th><th rowspan="2">允许偏差
(mm)</th><th colspan="2">检查数量</th><th rowspan="2">检查方法</th></tr>
<tr><th>范围</th><th>点数</th></tr>
<tr><td rowspan="6">平面尺寸</td><td>长度</td><td>±0.5%L，且≤100</td><td rowspan="8">每座</td><td>每边 1 点</td><td>用钢尺量测</td></tr>
<tr><td>宽度</td><td>±0.5%B，且≤50</td><td>1</td><td>用钢尺量测</td></tr>
<tr><td rowspan="2">高度</td><td rowspan="2">±30</td><td>方形每边 1 点</td><td>用钢尺量测</td></tr>
<tr><td>圆形 4 点</td><td>用钢尺量测</td></tr>
<tr><td>直径（圆形）</td><td>±0.5%D_0，且≤100</td><td>2</td><td>用钢尺量测（相对垂直）</td></tr>
<tr><td>两对角线差</td><td>对角线长 1%，且≤100</td><td>2</td><td>用钢尺量测</td></tr>
<tr><td colspan="2">井壁厚度</td><td>±15</td><td>每 10m 延长 1 点</td><td>用钢尺量测</td></tr>
<tr><td colspan="2" rowspan="2">井壁、隔墙垂直度</td><td rowspan="2">≤1%H</td><td>方形每边 1 点</td><td rowspan="2">用经纬仪、垂线、直尺量测</td></tr>
<tr><td>圆形 4 点</td></tr>
<tr><td colspan="2">预埋件中心线位置</td><td>±10</td><td>每件</td><td>1 点</td><td>用钢尺量测</td></tr>
<tr><td colspan="2">预留孔（洞）位移</td><td>±10</td><td>每处</td><td>1 点</td><td>用钢尺量测</td></tr>
</table>

注：L 为沉井长度（mm）；B 为沉井宽度（mm）；H 为沉井高度（mm）；D_0 为沉井外径（mm）。

7.2.4.39　市政验·构-30　给排水构筑物沉井下沉及封底检验批质量验收记录

1. 适用范围

本表适用于给排水构筑物工程沉井下沉及封底检验批的质量检查验收。

2. 表内填写提示

沉井下沉及封底应符合下列规定：

（1）主控项目

封底所用工程材料应符合国家有关标准规定和设计要求；

检查方法：检查产品的出厂质量合格证、出厂检验报告和进场复验报告。

封底混凝土强度以及抗渗、抗冻性能应符合设计要求；

检查方法：检查封底混凝土的抗压、抗渗、抗冻试块的试验报告。

封底前坑底标高应符合设计要求；封底后混凝土底板厚度不得小于设计要求；

检查方法：检查沉井下沉记录、终沉后的沉降监测记录；用水准仪、钢尺或测绳量测坑底和混凝土底板顶面高程。

下沉过程及封底时沉井无变形、倾斜、开裂现象；沉井结构无线流现象，底板无渗水现象；

检查方法：观察；检查沉井下沉记录。

（2）一般项目

沉井结构无明显渗水现象；底板混凝土外观质量不宜有一般缺陷；

检查方法：观察。

沉井下沉阶段的允许偏差应符合表 7.4.5-1 规定。

沉井下沉阶段的允许偏差　　表 7.4.5-1

检查项目	允许偏差（mm）	检查数量		检查方法
		范围	点数	
沉井四角高差	不大于下沉总深度的1.5%～2.0%，且不大于500	每座	取方井四角或圆井相互垂直处	用水准仪测量（下沉阶段：不小于2次/8h；终沉阶段：1次/h）
顶面中心位移	不大于下沉总深度的1.5%，且不大于300		1点	用经纬仪测量（下沉阶段：不小于1次/8h；终沉阶段2次/8h）

注：下沉速度较快时应适当增加测量频率。

沉井的终沉允许偏差应符合表7.4.5-2的相关规定。

沉井终沉的允许偏差　　表 7.4.5-2

检查项目	允许偏差（mm）	检查数量		检查方法
		范围	点数	
下沉到位后，刃脚平面中心位置	不大于下沉总深度的1%；下沉总深度小于10m时应不大于100	每座	取方井四角或圆井相互垂直处各1点	用经纬仪测量
下沉到位后，沉井四角（圆形为相互垂直两直径与周围的交点）中任何两角的刃脚底面高差	不大于该两角间水平距离的1%；且不大于300；两角间水平距离小于10m时应不大于100			用水准仪测量
刃脚平均高程	不大于100；地层为软土层时可根据使用条件和施工条件确定		取方井四角或圆井相互垂直处，共4点，取平均值	用水准仪测量

注：下沉总高度，系指下沉前与下沉后刃脚高程之差。

7.2.4.40　市政验·构-31　钢筋混凝土圆筒、框架结构水塔塔身检验批质量验收记录

1. 适用范围

本表适用于给排水构筑物工程钢筋混凝土圆筒、框架结构水塔塔身检验批的质量检查验收。

2. 表内填写提示

调蓄构筑物中有关混凝土、砌体结构工程、附属构筑物工程的各分项工程质量验收应符合GB 50141第6.8节的相关规定。

钢筋混凝土圆筒、框架结构水塔塔身应符合下列规定：

（1）主控项目

水塔塔身的结构类型、结构尺寸以及预埋件、预留孔洞等规格应符合设计要求；

检查方法：观察；检查施工记录、测量记录、隐蔽验收记录。

混凝土的强度、抗冻性能必须符合设计要求；其试块的留置及质量评定应符合GB 50141第6.2.8条的相关规定；

检查方法：检查配合比报告；检查混凝土抗压、抗冻试块的验收报告。

塔身混凝土结构外观质量无严重缺陷；

检查方法：观察；检查处理方案、资料。

塔身各部位的构造形式以及预埋件、预留孔洞位置、构造等应符合设计要求，其尺寸偏差不得影响结构性能和相关构件、设备的安装；

检查方法：观察；检查施工记录、测量放样记录。

（2）一般项目

混凝土结构外观质量不宜有一般缺陷；

检查方法：观察；检查处理方案、资料。

混凝土表面应平整密实，边角整齐；

检查方法：观察。

装配式塔身的预制构件之间连接应符合设计要求，钢筋连接质量应符合国家相关标准的规定；

检查方法：检查施工记录、钢筋接头检验报告。

钢筋混凝土圆筒或框架塔身施工的允许偏差应符合表 8.5.2 的规定。

钢筋混凝土圆筒或框架塔身施工允许偏差　　表 8.5.2

检查项目	允许偏差（mm）		检查数量		检查方法
	圆筒塔身	框架塔身	范围	点数	
中心垂直度	1.5H/1000，且不大于 30	1.5H/1000，且不大于 30	每座	1	钢尺配合垂球量测
壁厚	−3，+10	−3，+10	每 3m 高度	4	用钢尺量测
框架塔身柱之间距和对角线	—	L/500	每柱	1	用钢尺量测
圆筒塔身直径或框架节点距塔身中心距离	±20	±5	圆筒塔身 4；框架塔身每节点 1		用钢尺量测
内外表面平整度	10	10	每 3m 高度	2	用弧长为 2m 的弧形尺量测
框架塔身每节柱顶水平高差	—	5	每柱	1	用钢尺量测
预埋管、预埋件中心位置	5	5	每件	1	用钢尺量测
预留孔洞中心位置	10	10	每洞	1	用钢尺量测

注：H 为圆筒塔身高度（mm）；L 为柱间距或对角线长（mm）。

7.2.4.41　市政验·构-32　钢架及钢圆筒结构水塔塔身检验批质量验收记录

1. 适用范围

本表适用于给排水构筑物工程钢架及钢圆筒结构水塔塔身检验批的质量检查验收。

2. 表内填写提示

钢架、钢圆筒结构水塔塔身应符合下列规定：

（1）主控项目

钢材、连接材料、钢构件、防腐材料等的产品质量保证资料齐全，每批的出厂质量合格证明书及各项性能检验报告应符合国家有关标准规定和设计要求；

检查方法：观察：检查产品质量合格证、出厂检验报告和进场复验报告。

钢构件的预拼装质量经检验合格；

检查方法：观察；检查预拼装及检验记录。

钢构件之间的连接方式、连接检验等符合设计要求，组装应紧密牢固；

检查方法：观察，检查施工记录，检查螺栓连接的力学性能检验记录或焊接质量检验报告。

塔身各部位的结构形式以及预埋件、预留孔洞位置、构造等应符合设计要求，其尺寸偏差不得影响结构性能和相关构件、设备的安装；

检查方法：观察；检查施工记录、测量放样记录。

（2）一般项目

采用螺栓连接构件时，螺头平面与构件间不得有间隙；螺栓应全部穿入，其穿入的方向符合规范要求；

检查方法：观察；检查施工记录。

采用焊接连接构件时，焊缝表面质量符合设计要求；

检查方法：观察；检查焊缝外观质量检验记录。

钢结构表面涂层厚度级附着力符合设计要求；涂层外观应均匀，无褶皱、空泡、凝块、透底等现象，与钢构件表面附着紧密；

检查方法：观察；检查厚度及附着力检测记录。

钢架及钢圆筒塔身施工的允许偏差应符合表 8.5.3 的规定。

钢架及圆筒塔身施工允许偏差 **表 8.5.3**

检查项目		允许偏差（mm）		检查数量		检查方法
		钢架塔身	钢圆筒塔身	范围	点数	
中心垂直度		1.5H/1000，且不大于 30	1.5H/1000，且不大于 30	每座	1	垂球配合钢尺测量
柱间距和对角线差		L/1000	—	两柱	1	用钢尺量测
钢架节点距塔身中心距离		5	—	每节点	1	用钢尺量测
塔身直径	$D_0 \leqslant 2$m	—	$+D_0/200$	每座	4	用钢尺量测
	$D_0 > 2$m	—	+10	每座	4	用钢尺量测
内外表面平整度		—	10	每 3m 高度	2	用弧长为 2m 的弧形尺量测
焊接附件及预留孔洞中心位置		5	5	每件（每洞）	1	用钢尺量测

注：H 为钢架或圆筒塔身高度（mm）；
L 为柱间距或对角线长（mm）；
D_0 为圆筒塔外径。

7.2.4.42 市政验·构-33 预制砌块和砖、石砌体结构水塔塔身检验批质量验收记录

1. 适用范围

本表适用于给排水构筑物工程预制砌块和砖、石砌体结构水塔塔身检验批的质量检查验收。

2. 表内填写提示

预制砌块和砖、石砌体结构水塔塔身应符合下列规定：

（1）主控项目

预制砌块、砖、石、水泥、砂等材料的产品质量保证资料应齐全，每批的出厂质量合格证明书及各项性能检验报告应符合国家有关标准规定和设计要求；

检查方法：观察：检查产品质量合格证、出厂检验报告和进场复验报告。

砌筑砂浆配比及强度符合设计要求；其试块的留置及质量评定应符合 GB 50141 第 6.5.2、6.5.3 条的相关规定；

检查方法：检查施工记录，检查砂浆配合比记录、砂浆试块试验报告。

砌块砌筑应垂直稳固、位置正确；灰缝或灌缝饱满、严密，无透缝、通缝、开裂现象；

检查方法：观察；检查施工记录，检查技术处理资料。

塔身各部位的构造形式以及预埋件、预留孔洞位置、构造等应符合设计要求，其尺寸偏差不得影响结构性能和相关构件、设备的安装；

检查方法：观察；检查施工记录、测量放样记录。

（2）一般项目

砌筑前，预制砌块、砖、石表面应洁净，并充分湿润；

检查方法：观察。

预制砌块和砖的砌筑砂浆灰缝应均匀一致、横平竖直，灰缝宽度的允许偏差为±2mm；

检查方法：观察；用钢尺随机抽测 10 皮砖、石砌体进行折算。

砌筑进行勾缝时，勾缝应密实，线形平整、深度一致；

检查方法：观察。

预制砌块和砖、石砌体塔身施工的允许偏差应符合表 8.5.4 的规定。

预制砌块和砖、石砌体塔身施工允许偏差　　表 8.5.4

检查项目		允许偏差（mm）		检查数量		检查方法
		预制砌块、砖砌塔身	石砌塔身	范围	点数	
中心垂直度		$1.5H/1000$	$2H/1000$	每座	1	垂球配合钢尺量测
壁厚		不少于设计要求	+20，−10	每 3m 高度	4	用钢尺量测
塔身直径	$D_0 \leqslant 5$m	$\pm D_0/100$	$\pm D_0/100$	每座	4	用钢尺量测
	$D_0 > 5$m	±50	±50	每座	4	用钢尺量测
内外表面平整度		20	25	每 3m 高度	2	用弧长为 2m 的弧形尺检查
预埋管、预埋件中心位置		5	5	每件	1	用钢尺量测
预留洞中心位置		10	10	每洞	1	用钢尺量测

注：H 为塔身高度（mm）；
　　D_0 为塔身截面外径（mm）。

7.2.4.43　市政验·构-34　钢丝网水泥、钢筋混凝土倒锥壳水柜和圆筒水柜制作检验批质量验收记录

1. 适用范围

本表适用于给排水构筑物工程钢丝网水泥、钢筋混凝土倒锥壳水柜和圆筒水柜制作检验批的质量检查验收。

2. 表内填写提示

钢丝网水泥、钢筋混凝土倒锥壳水柜和圆筒水柜制作应符合下列规定：

(1) 主控项目

原材料的产品质量保证资料应齐全，每批的出厂质量合格证明书及各项性能检验报告应符合国家有关标准规定和设计要求；

检查方法：检查产品质量合格证、出厂检验报告和进场复验报告。

水柜钢丝网或钢筋的规格数量、各部位结构尺寸和净尺寸以及预埋件、预留孔洞位置、构造等应符合设计要求；其尺寸偏差不得影响结构性能和相关构件、设备的安装；

检查方法：观察；检查施工记录、测量放样记录。

砂浆或混凝土强度以及混凝土抗渗、抗冻性能应符合设计要求；砂浆试块的留置应符合 GB 50141—2008 第 8.3.5 条第 6 款的规定，混凝土试块的留置应符合 GB 50141 第 6.2.8 条的相关规定；

检查方法：检查砂浆抗压度试块的试验报告，混凝土抗压、抗渗、抗冻试块试验报告。

水柜外观质量无严重缺陷；

检查方法：观察；检查加工补强技术资料。

(2) 一般项目

钢丝网或钢筋安装平整，表面无污物；

检查方法：观察。

混凝土水柜外观质量不宜有一般缺陷，钢丝网水柜壳体砂浆不得有空鼓和缺棱掉角，表面不得有露丝、露网、印网和气泡；

检查方法：观察。

水柜制作的允许偏差应符合表 8.5.5 的规定。

水柜制作的允许偏差　　表 8.5.5

检查项目	允许偏差（mm）	检查数量		检查方法
		范围	点数	
轴线位置（对塔身轴线）	10	每座	2	钢尺配合、垂球量测
结构厚度	+10，−3	每座	4	用钢尺量测
净高度	±10	每座	2	用钢尺量测
平面净尺寸	±20	每座	4	用钢尺量测
表面平整度	5	每座	2	用弧长为 2m 的弧形尺检查
预埋管、预埋件中心位置	5	每处	1	用钢尺量测
预埋孔洞中心位置	10	每块	1	用钢尺量测

7.2.4.44 市政验·构-35 钢丝网水泥、钢筋混凝土倒锥壳水柜和圆筒水柜吊装检验批质量验收记录

1. 适用范围

本表适用于给排水构筑物工程钢丝网水泥、钢筋混凝土倒锥壳水柜和圆筒水柜吊装检验批的质量检查验收。

2. 表内填写提示

钢丝网水泥、钢筋混凝土倒锥壳水柜和圆筒水柜吊装应符合下列规定：

(1) 主控项目

预制水柜、水柜预制构件等的成品质量经检验、验收符合设计要求；拼装连接所用材料的产品质量保证资料应齐全，每批的出厂质量合格证明书及各项性能检验报告应符合国家有关标准规定和设计要求；

检查方法：观察；检查预制件成品制作的质量保证资料和相关施工检验资料；检查每批原材料的出厂质量合格证明、性能检验报告及有关复验报告。

预制水柜经满水试验合格；水柜预制构件经试拼装检验合格；

检查方法：观察；检查预制水柜的满水试验记录，检查水柜构件经拼装检验记录。

钢筋、预埋件、预留孔洞的规格、位置和数量应符合设计要求；

检查方法：观察。

水柜与塔身、预制件之间的拼装方式符合设计要求；构件安装应位置准确，垂直、稳固；相邻构件的钢筋接头连接可靠，湿接缝的混凝土应密实；

检查方法：观察；检查施工记录，检查预留钢筋机械或焊接接头连接的力学性能检验报告，检查混凝土强度试块的试验报告。

安装后的水柜位置、高程等应满足设计要求；

检查方法：观察；检查安装记录；用钢尺、水准仪等测量检查。

（2）一般项目

构件安装时，应将连接面的杂物、污物清理干净，界面处理满足安装要求；

检查方法：观察。

吊装完成后，水柜无变形、裂缝现象，表面应平整、洁净，边角整齐；

检查方法：观察；检查加固补强技术资料。

各拼装部位严密、平顺，无损伤、明显错台等现象；

检查方法：观察。

防水、防腐、保温层应符合设计要求；表面应完整，无破损等现象；

检查方法：观察；检查施工记录，检查相关的施工检验资料。

水柜的吊装施工允许偏差应符合表 8.5.6 的规定

水柜吊装施工允许偏差 **表 8.5.6**

检查项目	允许偏差（mm）	检查数量		检查方法
		范围	点数	
轴线位置（对塔身轴线）	10	每座	1	垂球、钢尺量测
底部高程	±10	每座	1	用水准仪量测
装配式水柜净尺寸	±20	每座	4	用钢尺量测
装配式水柜表面平整度	10	每 2m 高度	2	用弧长为 2m 的弧形尺检查
预埋管、预埋件中心位置	5	每件	1	用钢尺量测
预留孔洞中心位置	10	每洞	1	用钢尺量测

钢水柜制作及安装的质量验收应按现行国家标准《钢结构工程施工质量验收规范》GB 50205 相关规定执行；对于球形钢水柜还应符合现行国家标准《球形储罐施工规范》GB 50094 的相关规定。

清水、调蓄（调节）水池混凝土结构的质量验收应符合 GB 50141 第 6.8.7 条的规定。

7.2.4.45 市政验·构-36 水池满水试验验收记录

1. 适用范围

市政给水厂和污水处理厂等水池必须进行满水试验，以验证池体的抗渗能力能否达到设计或质量标准的要求；

本表适用于对池体的满水试验情况进行验收检查。当池体的满水试验不具备第三方检测条件时，监理单位必须按《城镇污水处理厂工程质量验收规范》GB 50334、《给水排水构筑物施工及验收规范》GB

50141 规定的试验方法、步骤及要求等组织设计、建设、施工等单位进行验收检查，并及时办理好签名确认手续。

2. 表内填写提示

（1）允许渗水量：按《城镇污水处理厂工程质量验收规范》GB 50334、《给水排水构筑物施工及验收规范》GB 50141 相关规定取值。

（2）验收情况：

1）当满水试验已委托有资质的检测单位检测并出具了检测报告时，只需填写“第三方检测情况”栏，且“试验结论”、“试验日期”、“报告编号”、“试验单位”的信息应与对应的试验报告内容一致；

2）当满水试验不具备第三方检测条件时，应由监理单位按《给水排水管道工程施工及验收规范》GB 50268 规定的试验方法、步骤及要求等组织设计、建设、施工等单位进行验收检查，并将现场试验情况填写在“自检情况”栏。

（3）满水试验的准备应符合下列规定：

1）选定洁净、充足的水源；注水和放水系统设施及安全措施准备完毕；

2）有盖池体顶部的通气孔、人孔盖已安装完毕，必要的防护设施和照明等标志已配备齐全；

3）安装水位观测标尺，标定水位测针；

4）现场测定蒸发量的设备应选用不透水材料制成，试验时固定在水池中；

5）对池体有观测沉降要求时，应选定观测点，并测量记录池体各观测点初始高程。

（4）池内注水应符合下列规定：

1）向池内注水应分三次进行，每次注水为设计水深的 1/3；对大、中型池体，可先注水至池壁底部施工缝以上，检查底板抗渗质量，无明显渗漏时，再继续注水至第一次注水深度；

2）注水时水位上升速度不宜超过 2m/d；相邻两次注水的间隔时间不应小于 24h；

3）每次注水应读 24h 的水位下降值，计算渗水量，在注水过程中和注水以后，应对池体作外观和沉降量检测；发现渗水量或沉降量过大时，应停止注水，待作出妥善处理后方可继续注水；

4）设计有特殊要求时，应按设计要求执行。

（5）水位观测应符合下列规定：

1）利用水位标尺测针观测、记录注水时的水位值；

2）注水至设计水深进行水量测定时，应采用水位测针测定水位，水位测针的读数精确度应达 1/10mm；

3）注水至设计水深 24h 后，开始测读水位测针的初读数；

4）测读水位的初读数与末读数之间的间隔时间应不少于 24h；

5）测定时间必须连续。测定的渗水量符合标准时，须连续测定两次以上；测定的渗水量超过允许标准，而以后的渗水量逐渐减少时，可继续延长观测；延长观测的时间应在渗水量符合标准时止。

（6）蒸发量测定应符合下列规定：

1）池体有盖时蒸发量忽略不计；

2）池体无盖时，必须进行蒸发量测定；

3）每次测定水池中水位时，同时测定水箱中的水位。

（7）渗水量计算应符合下列规定：

水池渗水量按下式计算：

$$q=\frac{A_1}{A_2}[(E_1-E_2)-(e_1-e_2)]$$

式中　q——渗水量[$L/L/(m^2\cdot d)$]；

A_1——水池的水面面积（m^2）；

A_2——水池的浸湿总面积（m^2）；

E_1——水池中水位测针的初读数（mm）；

E_2——测读 E_1 后 24h 水池中水位测针的末读数（mm）；

e_1——测读 E_1 时水箱中水位测针的读数（mm）；

e_2——测读 E_2 时水箱中水位测针的读数（mm）。

（8）满水试验合格标准应符合下列规定：

1）水池渗水量计算应按池壁（不含内隔墙）和池底的浸湿面积计算；

2）钢筋混凝土结构水池渗水量不得超过 $2L/L/(m^2 \cdot d)$；砌体结构水池渗水量不得超过 $3L/L/(m^2 \cdot d)$。

7.2.5 污水处理厂工程

7.2.5.1 市政验·厂-1 基坑开挖检验批质量验收记录

7.2.5.2 市政验·厂-2 基坑回填检验批质量验收记录

1. 适用范围

本表适用于污水处理厂工程基坑开挖检验批的质量检查验收。

2. 表内填写提示

基坑开挖与回填

（1）主控项目

地基基底不得扰动、浸泡、受冻和超挖，基底土质应符合设计文件要求。

检验方法：观察检查，检查施工记录。

基坑基底应进行施工验槽，基槽验收应符合设计文件要求。

检验方法：观察检查，检查施工记录。

基坑开挖应按设计文件要求进行基坑监测。

检验方法：检查施工记录、监测记录。

基底局部地基换填后，应按设计文件要求进行压实度试验。

检验方法：检查施工记录、试验记录。

基坑回填应符合设计文件及相关标准要求。

检验方法：检查施工记录、检测报告。

（2）一般项目

基坑开挖的检验项目和允许偏差应符合设计文件及相关标准要求。

检验方法：实测实量，检查施工记录。

基坑土石方开挖、支护结构或放坡尺寸应符合相关标准要求。

检验方法：实测实量，检查施工记录。

7.2.5.3 市政验·厂-3 地基处理检验批质量验收记录

1. 适用范围

本表适用于污水处理厂工程地基处理检验批的质量检查验收。

2. 表内填写提示

地基处理

（1）主控项目

地基承载力应符合设计文件要求。

检验方法：检查检测报告。

地基处理使用材料及配合比应符合设计文件要求。

检验方法：检查材料合格证、级配试验报告、施工记录。

地基处理范围应不小于设计文件要求。

检验方法：实测实量，检查施工记录。

局部处理过的地基，承载力应符合设计文件要求。

检验方法：检查检测报告。

（2）一般项目

地基处理的主要技术指标应符合设计文件及相关标准规定。

检验方法：实测实量，检查施工记录。

地基分层碾压的虚铺厚度、碾压和夯实强度等应符合设计文件及相关标准规定。

检验方法：实测实量，检查施工记录、检测报告。

特殊地基加固应符合设计文件及相关标准规定。

观察检查，检查试验报告。

7.2.5.4　市政验・厂-4　桩基础检验批质量验收记录

1. 适用范围

本表适用于污水处理厂工程桩基础检验批的质量检查验收。

2. 表内填写提示

桩基础

（1）主控项目

桩基础使用的原材料、半成品、预制构件应符合设计文件及相关标准规定。

检验方法：检查材料合格证、试验报告，检查施工记录。

桩基完整性和承载力应符合设计文件要求。

检验方法：检查检测报告。

抗拔桩应按设计文件要求进行抗拔检验，预制抗拔桩应按设计文件要求进行桩身抗裂性能检验。

检验方法：检查施工记录、检测报告。

（2）一般项目

桩基础检验项目和允许偏差应符合设计文件及国家现行标准《建筑地基基础工程施工质量验收标准》GB 50202 的相关规定。

检验方法：检查施工记录，检查检测报告。

7.2.5.5　市政验・厂-5-1　现浇钢筋混凝土构筑物检验批质量验收记录（一）

7.2.5.6　市政验・厂-5-2　现浇钢筋混凝土构筑物检验批质量验收记录（二）

1. 适用范围

本表适用于污水处理厂工程现浇钢筋混凝构筑物土检验批的质量检查验收。

2. 表内填写提示

现浇钢筋混凝土构筑物

（1）主控项目

现浇钢筋混凝土构筑物混凝土的抗压、抗渗、抗冻、抗腐蚀等性能应符合设计文件及相关标准要求。

检验方法：检查施工记录、试验报告。

现浇钢筋混凝土构筑物钢筋的物理性能、化学成分检验应符合相关标准要求。

检验方法：检查产品合格证，检查施工记录、试验报告。

现浇结构混凝土应密实，表面平整，颜色纯正，不得渗漏，具体结构工艺部位应符合下列规定：

1）施工缝的位置应符合设计文件和施工方案要求，混凝土结合处应紧密、平顺；

2）混凝土结构预留孔、洞应规整、表面平滑；

3）预埋与穿墙管、件应与混凝土结合紧密、顺直、安装牢固；

4）变形缝（止水带）应贯通，缝宽窄均匀一致，止水带安装稳固，位置应符合设计文件要求；

5）现浇混凝土结构表面的对拉螺栓、对拉螺栓孔、变形缝、施工缝等处应修饰牢固、平顺整齐、颜色均匀。

检验方法：观察检查，检查施工记录、试验报告。

结构混凝土表面不得出现有影响使用功能的裂缝。

检验方法：观察检查，检查检测报告。

有保温和防腐要求的构筑物，使用的保温层材质和防腐材料配合比应符合设计文件要求。

检验方法：观察检查，检查材质合格证及配合比报告。

底板混凝土应连续浇筑，不应设置施工缝。

检验方法：观察检查，检查施工记录。

现浇混凝土施工模板安装与拆除应符合设计要求及国家现行标准《混凝土结构工程施工质量验收规范》GB 50204 的相关规定。

检验方法：观察检查，检查施工记录。

（2）一般项目

现浇混凝土构筑物允许偏差应符合表 6.2.8 的规定。

现浇混凝土构筑物允许偏差和检验方法　　表 6.2.8

<table>
<tr><th rowspan="2">序号</th><th colspan="2" rowspan="2">项目</th><th rowspan="2">允许偏差（mm）</th><th rowspan="2">检验方法</th><th colspan="2">检测数量</th></tr>
<tr><th>范围</th><th>点数</th></tr>
<tr><td rowspan="2">1</td><td rowspan="2">轴线位移</td><td>池壁、柱、梁</td><td>8</td><td>全站仪检查</td><td rowspan="18">每座池</td><td>横纵各 1 点</td></tr>
<tr><td>底板</td><td>10</td><td>全站仪检查</td><td>横纵各 1 点</td></tr>
<tr><td rowspan="3">2</td><td rowspan="3">高程</td><td>底板</td><td>±10</td><td rowspan="3">水准仪检查</td><td rowspan="3">5 点</td></tr>
<tr><td>池壁板</td><td>±10</td></tr>
<tr><td>柱、梁、顶板</td><td>±10</td></tr>
<tr><td rowspan="3">3</td><td rowspan="3">平面尺寸（池体的长、宽或直径）</td><td>$L \leqslant 20m$</td><td>±20</td><td rowspan="3">激光水平扫描仪、线坠与钢尺检查</td><td rowspan="3">长宽各 2 点</td></tr>
<tr><td>$20m < L \leqslant 50m$</td><td>$\pm L/1000$</td></tr>
<tr><td>$L \geqslant 50m$</td><td>±50</td></tr>
<tr><td rowspan="2">4</td><td rowspan="2">截面尺寸</td><td>池壁、柱、梁、顶板</td><td>＋10，－5</td><td rowspan="2">钢尺检查</td><td rowspan="4">5 点</td></tr>
<tr><td>孔洞、槽内净空</td><td>±10</td></tr>
<tr><td rowspan="2">5</td><td rowspan="2">表面平整度</td><td>一般平面</td><td>8</td><td>2m 直尺检查</td></tr>
<tr><td>轮轨顶面</td><td>5</td><td>水准仪检查</td></tr>
<tr><td rowspan="2">6</td><td rowspan="2">墙面垂直度</td><td>$H \leqslant 5m$</td><td>8</td><td rowspan="2">线坠与直尺检查</td><td rowspan="2">每侧面 5 点</td></tr>
<tr><td>$5m < H \leqslant 20m$</td><td>$1.5H/1000$</td></tr>
<tr><td rowspan="3">7</td><td rowspan="3">中心线位置偏移</td><td>预埋件、预埋支管</td><td>5</td><td rowspan="2">钢尺检查</td><td rowspan="3">纵、横各 1 点</td></tr>
<tr><td>预留洞</td><td>10</td></tr>
<tr><td>水槽</td><td>5</td><td>经纬仪检查</td></tr>
<tr><td>8</td><td colspan="2">坡度</td><td>0.15%，且不反坡</td><td>水准仪检查</td><td>5 点</td></tr>
</table>

注：H 为池壁高度，L 为池体平面长度。

构筑物混凝土保护层厚度应符合设计文件要求，允许偏差应为0～+8mm。

检验方法：实测实量，检查施工记录。

钢筋和预应力钢筋的规格、形状、数量、间距、锚固长度、接头设置应符合设计文件及相关标准要求。

检验方法：尺量检查，检查施工记录。

消化池等构筑物内壁防腐涂料基面应洁净、干燥，湿度应控制在85%以下，涂层不应出现脱皮、漏刷、流坠、皱皮、厚度不均、表面不光滑等现象。

检验方法：观察检查，超声波等仪器探测。

板状保温材料板块上下层接缝应错开，接缝处嵌料应密实、平整，保温层厚度的允许偏差应符合表6.2.12的规定。

保温层厚度允许偏差 **表6.2.12**

序号	项目		允许偏差（mm）	检验方法	检验数量	
					范围	点数
1	保温层厚度	板状制品	±5%δ，且≯4	钢针刺入和钢尺检查	每平方米	1点
		化学材料	+8%δ			
		加气混凝土	+5			
		蛭石	+5			

注：表中δ为设计的保温层厚度。

现浇整体保温层铺料厚度应均匀、密实、平整。

检验方法：观察检查，检查施工记录。

7.2.5.7 市政验·厂-6-1 预制装配式钢筋混凝土构筑物检验批质量验收记录（一）

7.2.5.8 市政验·厂-6-2 预制装配式钢筋混凝土构筑物检验批质量验收记录（二）

1. 适用范围

本表适用于污水处理厂工程预制装配式钢筋混凝土构筑物检验批的质量检查验收。

2. 表内填写提示

预制装配式钢筋混凝土构筑物

（1）主控项目

预制混凝土构件的强度、抗冻、抗渗、抗腐蚀等性能应符合设计文件及相关标准要求。

检验方法：检查构件出厂质量合格证，检查试验报告。

预制混凝土构件外观质量不应有严重缺陷，构件上的预埋件、插筋和预留孔洞的规格和数量应符合设计文件及国家现行标准《混凝土结构工程施工质量验收规范》GB 50204的相关规定。

检验方法：观察检查，检查施工记录。

预制构件不应有影响结构性能、安装和使用功能的尺寸偏差。

检验方法：尺量检查。

池壁板安装应垂直、稳固，相邻板湿接缝与杯口应填充密实，满足防水功能要求。

检验方法：观察检查，用垂线和钢尺测量，检查施工记录、试验记录。

池壁顶面高程和平整度应满足设备安装及运行的精度要求。

检验方法：实测实量。

（2）一般项目

预制的混凝土构件允许偏差应符合表6.3.6的规定。

预制混凝土构件制作允许偏差 表 6.3.6

序号	项目			允许偏差（mm）	检验方法	检查数量	
						范围	点数
1	平整度			5	2m 直尺、塞尺检查	每构件	2 点
2	断面尺寸	壁板（梁、柱）	长度	0，－8 （0，－10）	钢尺检查	每构件	2 点
			宽度	＋4，－2（±5）		每构件	2 点
			厚度	＋4，－2 （直顺度：$L/750$，且≯20）		每构件	2 点
			矢高	±2		每构件	2 点
3	预埋件位置	中心		5		每处	1 点
		螺栓位置		2		每处	1 点
		螺栓外露长度		＋10，－5		每处	1 点
4	预留孔中心位置			10		每处	1 点

注：L 为预制梁、柱的长度，括号内为梁、柱的允许偏差。

6.3.7 钢筋混凝土池底板允许偏差应符合表 6.3.7 的规定。

钢筋混凝土池底板允许偏差 表 6.3.7

序号	项目	允许偏差（mm）	检验方法	检查数量	
				范围	点数
1	圆池半径	±20	钢尺检查	每座池	6 点
2	底板轴线位移	10	全站仪检查	每座池	横纵各 1 点
3	中心支墩与杯口圆周的圆心位移	8	全站仪、钢尺检查	每座池	1 点
4	预留孔中心	10	钢尺检查	每件	1 点
5	预埋件、预埋管中心位置	5	钢尺检查	每件	1 点
	预埋件、预埋管顶面高程	±5	水准仪检查	每件	1 点

现浇混凝土杯口应与底板混凝土衔接密实，杯口内表面应平整。

检验方法：观察检查，检查施工记录。

现浇混凝土杯口允许偏差应符合表 6.3.9 的规定。

现浇混凝土杯口允许偏差 表 6.3.9

序号	项目	允许偏差（mm）	检验方法	检查数量	
				范围	点数
1	杯口内高程	0，－5	水准仪检查	每 5 米	1 点
2	中心位移	8	全站仪或经纬仪检查	每 5 米	1 点

预制混凝土构件安装应牢固、位置准确，不应出现扭曲、损坏、明显错台等现象。

检验方法：观察检查，实测实量，检查施工记录。

预制混凝土构件安装允许偏差应符合表 6.3.11 的规定。

预制构件安装允许偏差　　　　表 6.3.11

<table>
<tr><th rowspan="2">序号</th><th rowspan="2" colspan="2">项目</th><th rowspan="2">允许偏差
(mm)</th><th rowspan="2">检验方法</th><th colspan="2">检查数量</th></tr>
<tr><th>范围</th><th>点数</th></tr>
<tr><td>1</td><td colspan="2">壁板、梁、柱中心轴线</td><td>5</td><td>全站仪、钢尺检查</td><td>每块板、梁、柱</td><td>1点</td></tr>
<tr><td>2</td><td colspan="2">壁板、柱高程</td><td>±5</td><td>水准仪检查</td><td>每块板、柱</td><td>1点</td></tr>
<tr><td rowspan="2">3</td><td rowspan="2">壁板及
柱垂直度</td><td>$H\leqslant 5$m</td><td>5</td><td rowspan="2">线坠和钢尺检查</td><td>每块板、柱</td><td>1点</td></tr>
<tr><td>$H>5$m</td><td>8</td><td>每块板、柱</td><td>1点</td></tr>
<tr><td rowspan="2">4</td><td rowspan="2">悬臂梁</td><td>轴线偏移</td><td>8</td><td>经纬仪检查</td><td>每块梁</td><td>1点</td></tr>
<tr><td>高程</td><td>0，−5</td><td>水准仪检查</td><td>每块梁</td><td>1点</td></tr>
<tr><td>5</td><td colspan="2">壁板与定位中线半径</td><td>±7</td><td>钢尺检查</td><td>每块板</td><td>1点</td></tr>
<tr><td>6</td><td colspan="2">壁板安装的间隙</td><td>±10</td><td>钢尺检查</td><td>每块板</td><td>1点</td></tr>
</table>

注：H 为壁板及柱的全高。

预制壁板的混凝土湿接缝不应有裂缝。

检验方法：观察检查，检查施工记录。

喷涂混凝土的强度和厚度应符合设计文件要求，不得有砂浆流淌、流坠、空鼓现象。

检验方法：观察检查，检查试验报告。

7.2.5.9　市政验·厂-7　无粘结预应力混凝土构筑物检验批质量验收记录

1. 适用范围

本表适用于污水处理厂工程无粘结预应力混凝土构筑物检验批的质量检查验收。

2. 表内填写提示

无粘结预应力混凝土构筑物

(1) 主控项目

无粘结预应力混凝土构筑物预应力筋的品种、强度级别、规格、数量以及各项性能指标应符合设计文件及国家现行标准《预应力混凝土用钢绞线》GB /T 5224 的相关规定。

检验方法：观察检查，检查产品合格证、试验报告。

锚具、夹具和连接器外观、硬度和静载锚固性能应符合设计文件及国家现行标准《预应力筋用锚具、夹具和连接器》GB /T 14370 的相关规定。

检验方法：观察检查，检查试验报告。

预应力筋的数量、下料长度、布束、张拉形式、张拉顺序、封锚等应符合设计文件要求。

检验方法：检查施工记录。

预应力张拉时的混凝土强度和弹性模量应符合设计文件要求，设计文件未规定时，混凝土的强度应不小于设计强度等级值的 75%，弹性模量应不小于混凝土 28d 弹性模量的 75%。

检验方法：检查施工记录、试验报告。

无粘结预应力筋的张拉应力和伸长率应符合设计文件要求。

检验方法：检查施工记录。

预应力张拉设备和仪表应定期维护和校验、配套标定和使用。

检验方法：检查施工记录，检查标定证书。

预应力钢筋张拉时发生的滑脱、断丝数量不应超过结构同一截面预应力钢筋总量的3%，且每束钢丝不得超过一根。

检验方法：观察检查，检查施工记录。

（2）一般项目

无粘结预应力筋外包层不应有破损，预应力钢筋应用无齿锯切割，严禁采用电弧、气焊切断。

检验方法：观察检查。

预应力筋端头锚垫板和螺旋筋的埋设位置应符合设计文件要求，预应力筋与锚垫板板面应垂直。

检验方法：实测实量，检查施工记录。

7.2.5.10　市政验·厂-8　土建与设备安装连接部位检验批质量验收记录

1. 适用范围

本表适用于污水处理厂工程土建与设备安装连接部位检验批的质量检查验收。

2. 表内填写提示

土建与设备连接部位

（1）主控项目

设备基础部位混凝土的性能指标应符合设计、设备技术文件及国家现行标准《机械设备安装工程施工及验收通用规范》GB 50231的相关规定。

检验方法：检查施工记录、试验报告。

基础有预压和沉降观测要求时，设备基础预压和沉降观测应符合设计文件要求。

检验方法：检查预压试验记录、沉降观测记录。

设备安装的预埋件和预留孔的数量、规格应符合设计文件及国家现行标准《机械设备安装工程施工及验收通用规范》GB 50231的相关规定。

检验方法：观察检查，检查施工记录。

土建与设备连接部位的混凝土应密实、平整。

检验方法：观察检查，实测实量。

（2）一般项目

土建与设备连接部位的允许偏差应符合表6.5.5的规定。

土建与设备连接部位的允许偏差和检验方法　　　　表6.5.5

<table>
<tr><th rowspan="2">序号</th><th rowspan="2" colspan="2">项目</th><th rowspan="2">允许偏差（mm）</th><th rowspan="2">检验方法</th><th colspan="2">检查数量</th></tr>
<tr><th>范围</th><th>点数</th></tr>
<tr><td rowspan="2">1</td><td rowspan="2">预埋件</td><td>高程</td><td>±3</td><td>水准仪检查</td><td rowspan="2">每件、孔</td><td rowspan="2">1点</td></tr>
<tr><td>平面中心位置</td><td>5</td><td>全站仪钢尺检查</td></tr>
<tr><td>2</td><td>预留孔</td><td>中心位置</td><td>10</td><td>全站仪或钢尺检查</td><td>每孔</td><td>1点</td></tr>
<tr><td rowspan="2">3</td><td rowspan="2">预埋地脚螺栓</td><td>外露高度</td><td>+10，−5</td><td rowspan="2">钢尺检查</td><td rowspan="2">每个</td><td rowspan="2">1点</td></tr>
<tr><td>平面中心距</td><td>±2</td></tr>
<tr><td rowspan="2">4</td><td rowspan="2">预埋螺栓预留孔</td><td>平面中心位置</td><td>10</td><td rowspan="2">全站仪或钢尺检查</td><td rowspan="2">每孔</td><td rowspan="2">1点</td></tr>
<tr><td>孔深度</td><td>不小于设计值，且≯20</td></tr>
<tr><td rowspan="2">5</td><td rowspan="2">预埋活动地脚螺栓锚板</td><td>平面中心位置</td><td>5</td><td>全站仪或钢尺检查</td><td rowspan="2">每块</td><td rowspan="2">1点</td></tr>
<tr><td>高程</td><td>+20，0</td><td>水准仪检查</td></tr>
<tr><td>6</td><td>连接部位</td><td>平整度</td><td>2</td><td>2m靠尺检查</td><td>每处</td><td>1点</td></tr>
</table>

7.2.5.11 市政验·厂-9 附属结构检验批质量验收记录

1. 适用范围

本表适用于污水处理厂工程附属结构检验批的质量检查验收。

2. 表内填写提示

附属结构

（1）主控项目

计量槽、配水井、排水口、扶梯、防护栏、平台、集水槽、堰板等附属结构混凝土强度、抗渗、抗冻等性能应符合设计文件要求。

检验方法：检查施工记录、试验报告。

混凝土堰应平整、垂直，位置、高程应符合设计文件要求，堰顶全周长上的水平度允许偏差应为1mm。

检验方法：观察检查，实测实量，检查施工记录。

扶梯、防护栏、平台安装应牢固可靠、线性直顺、涂漆均匀，表面无污染。

检验方法：观察检查，检查施工记录。

（2）一般项目

计量槽允许偏差应符合表6.6.4的规定。

计量槽允许偏差和检验方法　　表6.6.4

<table>
<tr><th rowspan="2">序号</th><th rowspan="2" colspan="2">项目</th><th>允许偏差</th><th rowspan="2">检验方法</th><th colspan="2">检验频率</th></tr>
<tr><th>（mm）</th><th>范围</th><th>点数</th></tr>
<tr><td>1</td><td colspan="2">表面平整度</td><td>5</td><td>2m靠尺检查</td><td rowspan="3">每座</td><td>4点</td></tr>
<tr><td>2</td><td colspan="2">槽底高程</td><td>±5</td><td>水准仪检查</td><td>4点</td></tr>
<tr><td rowspan="3">3</td><td rowspan="3">断面尺寸</td><td>槽长</td><td>±10</td><td rowspan="4">钢尺检查</td><td>2点</td></tr>
<tr><td>槽内宽</td><td rowspan="2">±5</td><td rowspan="2">每米</td><td rowspan="2">1点</td></tr>
<tr><td>槽内高</td></tr>
<tr><td>4</td><td colspan="2">预埋件位置</td><td>5</td><td>每件</td><td>1点</td></tr>
</table>

圆形集水槽安装应与水池同心，允许偏差应为5mm。

检验方法：实测实量。

扶梯、平台、防护栏安装的允许偏差应符合表6.6.6的规定。

扶梯、平台、防护栏安装的允许偏差和检验方法　　表6.6.6

<table>
<tr><th rowspan="2">序号</th><th rowspan="2" colspan="2">项目</th><th>允许偏差</th><th rowspan="2">检验方法</th><th colspan="2">检验频率</th></tr>
<tr><th>（mm）</th><th>范围</th><th>点数</th></tr>
<tr><td rowspan="2">1</td><td rowspan="2">扶梯</td><td>长、宽</td><td>±5</td><td>钢尺检查</td><td>每座</td><td>2点</td></tr>
<tr><td>踏步间距</td><td>±3</td><td>钢尺检查</td><td>每座</td><td>2点</td></tr>
<tr><td rowspan="3">2</td><td rowspan="3">平台</td><td>长、宽</td><td>±5</td><td>钢尺检查</td><td rowspan="3">每座</td><td rowspan="3">2点</td></tr>
<tr><td>两对角线长</td><td>±5</td><td>钢尺检查</td></tr>
<tr><td>局部凸凹度</td><td>3</td><td>1m直尺检查</td></tr>
<tr><td rowspan="2">3</td><td rowspan="2">防护栏</td><td>直顺度</td><td>5</td><td>钢尺检查</td><td>每10m</td><td>1点</td></tr>
<tr><td>垂直度（全高）</td><td>3</td><td>线坠与直尺检查</td><td>每10m</td><td>1点</td></tr>
</table>

排水口质量验收应符合下列要求：

1）翼墙变形缝的位置应准确、直顺、上下贯通，宽度允许偏差为0～－5mm。

检验方法：观察检查，实测实量。

2）翼墙后背填土应分层夯实，压实度应符合设计文件要求。

检验方法：实测实量，检查施工记录、试验记录。

3）护坡、护底砌筑的表面应平整，灰缝砂浆饱满、嵌缝密实，不得有松动、裂缝、空鼓。

检验方法：观察检查，检查施工记录。

7.2.5.12　市政验·厂-10　格栅设备检验批质量验收记录

1. 适用范围

本表适用于污水处理厂工程格栅设备检验批的质量检查验收。

2. 表内填写提示

格栅设备

（1）主控项目

格栅栅条对称中心与导轨的对称中心应符合设备技术文件的要求。

检验方法：观察检查，检查施工记录。

高链格栅主动链轮与被动链轮的轮齿几何中心线应重合，其偏差不大于两链轮中心距的2‰。

检验方法：实测实量，检查施工记录。

格栅设备出渣口应与输送机进渣口衔接良好，不应漏渣。

检验方法：观察检查。

格栅设备试运转时应平稳，无卡阻、晃摆现象。

检验方法：观察检查，检查试运转记录。

（2）一般项目

格栅设备浸水部位两侧及底部与沟渠间隙应封堵严密。

检验方法：观察检查。

格栅设备与土建基础连接的非不锈钢金属表面防腐蚀应符合设计文件要求。

检验方法：观察检查，检查施工记录。

移动式格栅轨道安装应符合国家现行标准《起重设备安装工程施工及验收规范》GB 50278的有关规定。

检验方法：观察检查，检查施工记录。

格栅设备安装允许偏差应符合表7.2.8的规定。

格栅设备安装允许偏差和检验方法　　表7.2.8

序号	项目	允许偏差	检验方法
1	设备平面位置	10mm	尺量检查
2	设备标高	±10mm	水准仪与直尺检查
3	设备安装倾角	±0.5°	量角器与线坠检查
4	机架垂直度	$H/1000$	经纬仪检查
5	机架水平度	$L_1/1000$	水平仪检查
6	栅条与栅条纵向面、栅条与导轨侧面平行度	$0.5L_2/1000$	细钢丝与直尺检查
7	落料口位置	5mm	板尺与线坠检查

注：L_1为机架长度，H为机架高度，L_2为栅条纵向面长度。

7.2.5.13 市政验·厂-11 螺旋输送设备检验批质量验收记录

1. 适用范围

本表适用于污水处理厂工程螺旋输送设备检验批的质量检查验收。

2. 表内填写提示

螺旋输送设备

(1) 主控项目

螺旋输送设备进、出料口平面位置及标高应符合设计文件要求。

检验方法：实测实量，检查施工记录。

螺旋输送设备试运转应平稳，过载装置的动作应灵敏可靠。

检验方法：观察检查，检查试运转记录。

(2) 一般项目

分段组装的螺旋输送设备相邻机壳应连接紧密，并符合设备技术文件的要求。

检验方法：观察；检查。

密封盖板与设备机壳应连接可靠，不应有物料外溢。

检验方法：观察；检查。

螺旋输送设备安装允许偏差应符合表 7.3.5 的规定。

螺旋输送设备安装允许偏差和检验方法 **表 7.3.5**

序号	项目	允许偏差（mm）	检验方法
1	设备平面位置	10	尺量检查
2	设备标高	±10	水准仪与直尺检查
3	螺旋槽直线度	L/1000，且≤3	钢丝与直尺检查
4	设备纵向水平度	L/1000，且≤5	水平仪检查

注：L 为螺旋输送设备的长度。

7.2.5.14 市政验·厂-12 泵类设备检验批质量验收记录

1. 适用范围

本表适用于污水处理厂工程泵类设备检验批的质量检查验收。

2. 表内填写提示

泵类设备

(1) 主控项目

驱动机轴与泵轴采用联轴器方式连接时，联轴器组装的端面间隙、径向位移和轴向倾斜应符合设备技术文件及国家现行标准《机械设备安装工程施工及验收通用规范》GB 50231 的相关规定。

检验方法：检查施工记录。

潜水泵导杆间应相互平行，导杆与基础应垂直，导杆中间固定装置的数量不应少于设计及设备技术文件的要求；自动连接处的金属面之间应密封严密。

检验方法：观察检查，检查施工记录。

立式轴（混）流泵的主轴轴线安装应垂直，连接应牢固。

检验方法：观察检查，检查施工记录。

泵类设备试运转时，应无异常声响，振动速度有效值、轴承温升等应符合设备技术文件及国家现行标准《风机、压缩机、泵安装工程施工及验收规范》GB 50275 的规定。

检验方法：观察检查，检查试运转记录。

输送有毒、有害、易燃、易爆介质的泵应密封，泄漏量不应大于设计及设备技术文件的规定值。

检验方法：观察检查，检查试验记录。

（2）一般项目

泵类设备进、出水口配置的成对法兰安装应平直。

检验方法：观察检查，检查施工记录。

螺旋泵与导流槽间隙应符合设计文件要求，允许偏差为±2mm。

检验方法：尺量检查，检查施工记录。

泵类设备安装的允许偏差应符合表 7.4.8 的规定。

泵类设备安装允许偏差和检验方法　　表 7.4.8

序号	项目		允许偏差（mm）	检验方法
1	设备平面位置		10	尺量检查
2	设备标高		＋20，－10	水准仪与直尺检查
3	设备水平度	纵向	0.10L/1000	水平仪检验
		横向	0.20L/1000	
4	导杆垂直度		H/1000，且≤3	线坠与直尺检验

注：L 为设备长度，H 为导杆长度。

7.2.5.15　市政验·厂-13　除砂设备检验批质量验收记录

1. 适用范围

本表适用于污水处理厂工程除砂设备检验批的质量检查验收。

2. 表内填写提示

除砂设备

（1）主控项目

吸砂机吸砂管口及刮砂机刮板与池底间隙应符合设计及设备技术文件的要求。

检验方法：尺量检查，检查施工记录。

旋流式除砂机中桨叶式分离机的桨叶板倾角应一致，并保持平衡。

检验方法：观察检查，检查施工记录。

提砂装置风管及排砂管应固定牢固，连接可靠，无泄漏。

检验方法：观察检查，检查施工记录。

桥式吸砂机两侧行走应同步，限位装置应安装牢固，位置正确，动作灵敏可靠。

检验方法：观察检查，检查试运转记录。

链条式、链斗式刮砂机链轴及中间轴等转动应灵活，链轮与链条应啮合良好，运行平稳，无卡阻现象。

检验方法：观察检查，检查试运转记录。

（2）一般项目

桥式吸砂机的两条轨道标高、间距及中心线位置应符合设计文件要求。

检验方法：检查施工记录。

撇渣器刮板标高和撇渣器刮板与池壁间隙应符合设计及设备技术文件要求。

检验方法：观察检查，检查施工记录。

吸砂机、刮砂机安装允许偏差应符合表 7.5.8 的规定。

吸砂机、刮砂机安装允许偏差和检验方法 **表 7.5.8**

序号	项目	允许偏差（mm）	检验方法
1	导轨接头错位（顶面、侧面）	0.5	直尺和塞尺检查
2	吸砂管垂直度	$H/1000$	线坠和直尺检查
3	撇渣器刮板与池壁间隙	±10	直尺检查
4	链轮横向中心线与机组纵向中心线水平位置	2	钢丝、直尺检查
5	链轮轴线与机组纵向中心线垂直度	$L/1000$	钢丝、直尺检查
6	链轮轴水平度	$0.5L/1000$	水平仪检查

注：H 为吸砂管长度，L 为链轮轴线长度。

砂水分离器、旋流式除砂机等安装允许偏差应符合表 7.5.9 的规定。

砂水分离器、旋流式除砂机安装允许偏差和检验方法 **表 7.5.9**

序号	项目	允许偏差（mm）	检验方法
1	设备平面位置	10	尺量检查
2	设备标高	±10	水准仪与直尺检查
3	旋流式除砂机桨叶式立轴垂直度	$H/1000$	线坠与直尺检查

注：H 为桨叶式立轴长度。

7.2.5.16 市政验·厂-14 曝气设备检验批质量验收记录

1. 适用范围

本表适用于污水处理厂工程曝气设备检验批的质量检查验收。

2. 表内填写提示

曝气设备

（1）主控项目

表面曝气设备曝气产生的冲击力影响区域内的明敷管，其加固处理应符合设计文件要求。

检验方法：观察检查。

中、微孔曝气设备管路安装完毕后应吹扫干净，曝气孔不应堵塞。

检验方法：观察检查，检查施工记录。

中、微孔曝气设备应做清水养护及曝气试验，出气应均匀，无漏气现象。

检验方法：观察检查，检查试验记录。

曝气设备整机试运转应平稳灵活，无摩擦、卡滞、振动等现象。

检验方法：观察检查，检查试运转记录。

（2）一般项目

表面曝气设备淹没深度应符合设计及设备技术文件要求。

检验方法：尺量检查，检查施工记录。

曝气设备的连接应紧密，管路安装应牢固，无泄漏。

检验方法：观察检查。

曝气设备的升降调节装置应灵敏可靠，并有锁紧装置。

检验方法：观察检查。

曝气设备安装允许偏差应符合表 7.6.8-1 和 7.6.8-2 的规定。

表面曝气设备、水下曝气设备安装允许偏差和检验方法　　表 7.6.8-1

<table>
<tr><th>序号</th><th colspan="2">项目</th><th>允许偏差（mm）</th><th>检验方法</th></tr>
<tr><td>1</td><td colspan="2">设备平面位置</td><td>10</td><td>尺量检查</td></tr>
<tr><td>2</td><td colspan="2">水下曝气设备标高</td><td>±5</td><td>水准仪与直尺检查</td></tr>
<tr><td>3</td><td colspan="2">立轴式曝气设备轴垂直度</td><td>$H/1000$</td><td>线坠与直尺检查</td></tr>
<tr><td rowspan="2">4</td><td rowspan="2">水平轴式曝气设备</td><td>主轴水平度</td><td>$L/1000$，且≤5</td><td>水平仪检查</td></tr>
<tr><td>主驱动水平度</td><td>$0.2L/1000$</td><td>水平仪检查</td></tr>
</table>

注：L 为水平轴长度，H 为立轴长度。

中、微孔曝气设备安装允许偏差和检验方法　　表 7.6.8-2

<table>
<tr><th>序号</th><th colspan="2">项目</th><th>允许偏差（mm）</th><th>检验方法</th></tr>
<tr><td rowspan="3">1</td><td rowspan="3">池底水平
空气管</td><td>平面位置</td><td>10</td><td>尺量检查</td></tr>
<tr><td>标高</td><td>±5</td><td>水准仪与直尺检查</td></tr>
<tr><td>水平度</td><td>$2L/1000$</td><td>水平仪检查</td></tr>
<tr><td>2</td><td colspan="2">同一曝气池曝气器盘面标高差</td><td>3</td><td>水准仪与直尺检查</td></tr>
<tr><td>3</td><td colspan="2">两曝气池曝气器盘面标高差</td><td>5</td><td>水准仪与直尺检查</td></tr>
<tr><td rowspan="2">4</td><td rowspan="2">管式膜曝气器</td><td>水平度</td><td>$L/1000$，且≤5</td><td>水平仪检查</td></tr>
<tr><td>标高差</td><td>5</td><td>水准仪与直尺检查</td></tr>
<tr><td rowspan="2">5</td><td rowspan="2">穿孔管曝气器</td><td>水平度</td><td>$L/1000$，且≤5</td><td>水平仪检查</td></tr>
<tr><td>标高差</td><td>5</td><td>水准仪与直尺检查</td></tr>
</table>

注：L 为空气管或管式曝气器长度。

7.2.5.17　市政验·厂-15　搅拌设备检验批质量验收记录

1. 适用范围

本表适用于污水处理厂工程搅拌设备检验批的质量检查验收。

2. 表内填写提示

搅拌设备

（1）主控项目

搅拌、推流装置升降导轨应垂直、固定牢固、沿导轨升降自如，锁紧装置应可靠。

检验方法：观察检查，检查施工记录。

潜水搅拌推流设备试运转时应运行平稳，无卡阻、异响或异常震动等现象。

检验方法：观察检查，检查试运转记录。

（2）一般项目

搅拌机及附件的防腐应符合设计文件要求。

检验方法：观察检查，检查施工记录。

潜水搅拌机、混凝搅拌机、澄清池搅拌机等设备及搅拌、推流装置安装允许偏差应符合表 7.7.4 的规定。

搅拌、推流装置安装允许偏差和检验方法　　　表 7.7.4

序号	项目	允许偏差	检验方法
1	设备平面位置	10mm	尺量检查
2	设备标高	±10mm	水准仪与直尺检查
3	导轨垂直度	$H_1/1000$	线坠与直尺检查
4	设备安装角	1°	量角器与线坠检查
5	搅拌机外缘与池壁间隙	±5mm	尺量检查
6	垂直搅拌轴垂直度	$H_2/1000$，且≤3mm	线坠与直尺或百分表检查
7	水平搅拌轴水平度	$L/1000$，且≤3mm	水平准仪与直尺或百分表检查

注：H_1为导轨长度，H_2为垂直搅拌轴长度，L为水平搅拌轴长度。

澄清池搅拌机的叶轮和浆板角度允许偏差应符合表 7.7.5 的规定。

澄清池搅拌机的叶轮和浆板角度允许偏差和检验方法　　　表 7.7.5

序号	项目	允许偏差						检验方法
		$D<1\text{m}$	$1\text{m}<D<2\text{m}$	$D>2\text{m}$	$D<400\text{mm}$	$400\text{mm}<D<1000\text{mm}$	$D>1000\text{mm}$	
1	叶轮上下面板平面度	3mm	4.5mm	6mm				线与尺量检查
2	叶轮出水口宽度	+2mm	+3mm	+4mm				
3	叶轮径向圆跳动	4mm	6mm	8mm				尺量检查
4	浆板与叶轮下面板应垂直，其角度偏差				±1°30′	±1°15′	±1°	量角器检查

注：D为澄清池搅拌机的叶轮直径。

7.2.5.18　市政验·厂-16　排泥设备检验批质量验收记录

1. 适用范围

本表适用于污水处理厂工程排泥设备检验批的质量检查验收。

2. 表内填写提示

排泥设备

（1）主控项目

排泥设备的刮泥板、吸泥口与池底的间隙应符合设计及设备技术文件要求。

检验方法：尺量检查，检查施工记录。

排泥设备试运转时，传动装置运行应正常，行程开关动作应准确可靠，撇渣板和刮泥板不应有卡阻、突跳现象。

检验方法：观察检查，检查试运转记录。

（2）一般项目

行车式排泥设备的两条轨道标高、间距及中心线位置应符合设计文件要求。

检验方法：实测实量，检查施工记录。

周边传动及中心传动排泥设备的旋转中心与池体中心应重合，同轴度偏差不应大于设备技术文件的规定。轨道相对中心支座的半径偏差和行走面水平度应符合设备技术文件的要求。

检验方法：实测实量，检查施工记录。

排泥设备的刮渣装置，其刮渣板与排渣口的间距应符合设计文件要求。

检验方法：尺量检查，检查施工记录。

排泥设备安装允许偏差应符合表 7.8.6 的规定。

排泥设备安装允许偏差和检验方法　　表 7.8.6

序号	项目		允许偏差（mm）	检验方法
1	矩形沉淀池	驱动装置机座面水平度	$0.10L_1/1000$	水平仪检查
		链板式主链驱动、从动轴水平度	$0.10L_2/1000$	水平仪检查
		链板式同一主链前后二链轮中心线差	3	直尺检查
		链板式同轴上左右二链轮轮距	±3	直尺检查
		链板式左右二导轨中心距	±10	直尺检查
		链板式左右二导轨顶面高差	中心距离 $0.5L_3/1000$	水准仪与直尺检查
		导轨接头错位（顶面、侧面）	0.5	直尺和塞尺检查
		撇渣管水平度	$L_4/1000$	水平仪检查
2	圆形沉淀池	排渣斗水平度	$L_5/1000$，且≤3	水平仪检查
		中心传动竖架垂直度	$H/1000$，且≤5	坠线与直尺检查

注：L_1 为驱动装置长度，L_2 为链板式主链驱动、从动轴长度，L_3 为链板式导轨长度，L_4 为撇渣管长度，L_5 为排渣斗的排渣口长度，H 为中心传动竖架长度。

7.2.5.19　市政验·厂-17　斜板与斜管检验批质量验收记录

1. 适用范围

本表适用于污水处理厂工程斜板与斜管检验批的质量检查验收。

2. 表内填写提示

斜板与斜管

（1）主控项目

斜板与斜管支撑面应平整，固定应可靠。

检验方法：观察检查。

斜板与斜管应无损坏、压扁、弯折等现象。

检验方法：观察检查。

（2）一般项目

斜板与斜管的安装方向和角度、斜板间距以及斜管直径应符合设备技术文件的规定。

检验方法：实测实量，检查施工记录。

斜板与斜管安装允许偏差应符合表 7.9.4 的规定。

斜板与斜管安装允许偏差和检验方法　　表 7.9.4

序号	项目	允许偏差（mm）	检验方法
1	平面位置	10	尺量检查
2	标高	±10	水准仪与直尺检查
3	底座钢梁水平度	3	水平仪检查

7.2.5.20　市政验·厂-18　过滤设备检验批质量验收记录

1. 适用范围

本表适用于污水处理厂工程过滤设备检验批的质量检查验收。

2. 表内填写提示

过滤设备

(1) 主控项目

滤池的滤头紧固度应符合设备技术文件的要求。

检验方法：观察检查。

滤池应做布气试验，出气应均匀，无漏气现象。

检验方法：检查试验记录。

盘式过滤器试运转时链条应转动灵活，无跑偏现象，整体运行平稳。

检验方法：观察检查，检查试运转记录。

(2) 一般项目

承托层及滤料层的厚度及粒径应符合设计文件要求。

检验方法：实测实量，检查施工记录。

盘式过滤器的主轴水平度应符合设备技术文件的要求。

检验方法：水平仪检查，检查施工记录。

盘式过滤器主动链轮与被动链轮的轮齿几何中心线应重合，其偏差不应大于两链轮中心距的2‰。

检验方法：实测实量，检查施工记录。

滤池滤板、滤头、滤砖及滤料拦截板安装允许偏差应符合表7.10.7的规定。

滤池滤板、滤头、滤砖及滤料拦截板安装允许偏差和检验方法　　表7.10.7

序号	项目		允许偏差(mm)	检验方法
1	砂过滤池	单块滤板、滤头水平度	2	水平仪检查
		同格滤板、滤头水平度	5	水平仪检查
		整池滤板、滤头水平度	5	水平仪检查
2	深床砂过滤池	滤砖水平度	5	水平仪检查

一体化过滤设备应固定牢固，安装位置、标高和垂直度应符合设计文件要求，进出口方向应正确。

检验方法：观察检查，检查施工记录。

7.2.5.21　市政验·厂-19　微、超滤膜设备检验批质量验收记录

1. 适用范围

本表适用于污水处理厂工程微、超滤膜设备检验批的质量检查验收。

2. 表内填写提示

微、超滤膜设备

(1) 主控项目

微滤膜成套设备安装应符合设备技术文件的要求。

检验方法：检查施工记录。

水池闭水试验后，内部应清洁。

检验方法：观察检查，检查试验记录。

浸没式膜架导轨垂直度安装允许偏差为导轨高度的1/1000。

检验方法：仪器检查，检查施工记录。

膜系统产水、反吹、反洗管路进出口连接配件应齐全、完好，管路无渗漏。

检验方法：观察检查，检查施工记录。

微、超滤膜应进行清水试验，膜体应完整、无破损。

检验方法：检查试验记录。

（2）一般项目

同一膜架膜安装高度允许偏差为±2mm，整体膜架膜安装高度允许偏差为±5mm；成排膜间距允许偏差为±3mm。

检验方法：水平仪检查，检查施工记录。

浸没式膜架固定附件的材质和防腐性能应符合设计及设备技术文件要求。

检验方法：观察检查。

7.2.5.22　市政验·厂-20　反渗透膜设备检验批质量验收记录

1. 适用范围

本表适用于污水处理厂工程反渗透膜设备检验批的质量检查验收。

2. 表内填写提示

反渗透膜设备

（1）主控项目

反渗透膜设备应密封良好、无渗漏，膜壳及相连管道压力试验应符合设备技术文件要求。

检验方法：观察检查，检查试验记录。

反渗透膜元件安装后应进行低压冲洗，冲洗时间不少于30min。

检验方法：检查施工记录。

（2）一般项目

膜壳安装支撑点之间距离不大于1.5m，且在同一水平面上。

检验方法：尺量检查，检查施工记录。

膜壳水平度安装允许偏差为膜套长度的2/1000。

检验方法：水平仪检查，检查施工记录。

反渗透膜成套设备安装允许偏差应符合表7.12.5的规定。

反渗透膜成套设备安装允许偏差　　表7.12.5

序号	项目	允许偏差（mm）	备注
1	平面位置	5	尺量检查
2	标高	±5	水准仪和直尺检查
3	水平度	$2L/1000$	水平仪检查
4	膜与膜壳同心度	10	直尺检查

注：L为反渗透膜成套设备长度。

7.2.5.23　市政验·厂-21　加药设备检验批质量验收记录

1. 适用范围

本表适用于污水处理厂工程加药设备检验批的质量检查验收。

2. 表内填写提示

加药设备

（1）主控项目

加药间防爆设备的安装应符合设计文件及国家现行标准《电气装置安装工程爆炸和火灾危险环境电

气装置施工及验收规范》GB 50257 的相关规定。

检验方法：检查施工记录。

管路、阀的连接应牢固紧密、无渗漏。

检验方法：观察检查。

（2）一般项目

药剂制备装置安装允许偏差应符合表 7.13.3 的规定。

药剂制备装置安装允许偏差和检验方法　　表 7.13.3

序号	项目	允许偏差（mm）	检验方法
1	设备平面位置	10	尺量检查
2	设备标高	+20，−10	水准仪与直尺检查
3	设备水平度	$L/1000$	水平仪检查

注：L 为药剂制备装置的长度。

7.2.5.24　市政验·厂-22　鼓风、压缩设备检验批质量验收记录

1. 适用范围

本表适用于污水处理厂工程鼓风、压缩设备检验批的质量检查验收。

2. 表内填写提示

鼓风、压缩设备

（1）主控项目

联轴器组装的端面间隙、径向位移和轴向倾斜，应符合设备技术文件及国家现行标准《机械设备安装工程施工及验收通用规范》GB 50231 的相关规定。

检验方法：实测实量，检查施工记录。

管路中的进风阀、配管、消声器等辅助设备的连接应牢固、紧密、无泄漏。

检验方法：观察检查，检查施工记录。

消声与减振装置安装应符合设备技术文件的规定。

检验方法：观察检查，检查施工记录。

减压阀、安全阀经检验应准确可靠。

检验方法：检查试验记录。

鼓风机、压缩机试运转时应无异常声响，振动速度有效值、轴承温升等应符合设备技术文件及国家现行标准《风机、压缩机、泵安装工程施工及验收规范》GB 50275 的相关要求。

检验方法：观察检查，检查试运转记录。

（2）一般项目

进出口连接管件、阀部件等部位应设置支、吊架。

检验方法：观察检查，检查施工记录。

鼓风、压缩设备安装允许偏差应符合国家现行标准《风机、压缩机、泵安装工程施工及验收规范》GB 50275 的相关规定。

检验方法：检查施工记录。

7.2.5.25　市政验·厂-23　臭氧系统设备检验批质量验收记录

1. 适用范围

本表适用于污水处理厂工程臭氧系统设备检验批的质量检查验收。

2. 表内填写提示

臭氧系统设备

（1）主控项目

臭氧系统防爆设备的安装应符合设计文件及国家现行标准《电气装置安装工程爆炸和火灾危险环境电气装置施工及验收规范》GB 50257 的相关规定。

检验方法：检查施工记录。

臭氧、氧气系统的管道及附件在安装前必须进行脱脂。

检验方法：检查施工记录。

臭氧系统内管路、阀门的连接应牢固紧密、无渗漏。

检验方法：观察检查，检查施工记录。

臭氧系统的强度试验及严密性试验应符合设计文件及相关标准要求。

检验方法：检查试验记录。

（2）一般项目

臭氧制备、臭氧投加、尾气分解设备安装的允许偏差应符合表 7.15.5 的规定。

臭氧系统设备安装允许偏差和检验方法 **表 7.15.5**

序号	项目	允许偏差（mm）	检验方法
1	设备平面位置	10	尺量检查
2	设备标高	+20，−10	水准仪与直尺检查
3	设备水平度	$L/1000$	水平仪检查

注：L 为臭氧系统设备的长度。

7.2.5.26 市政验·厂-24 消毒设备检验批质量验收记录

1. 适用范围

本表适用于污水处理厂工程消毒设备检验批的质量检查验收。

2. 表内填写提示

消毒设备

（1）主控项目

紫外消毒装置排架与渠壁应固定牢固。

检验方法：观察检查，检查施工记录。

紫外消毒装置石英套管应严密、无渗漏；管壁应清洁、无污染。

检验方法：观察检查。

加氯系统内管路、阀门的连接应紧密、牢固。

检验方法：观察检查。

加氯系统严密性试验及加氯管道的强度试验应符合设计文件要求。

检验方法：检查试验记录。

（2）一般项目

加氯、紫外线等消毒设备安装的允许偏差、检验方法应符合表 7.16.5 的规定。

加氯、紫外线等消毒设备安装允许偏差和检验方法 **表 7.16.5**

序号	项目	允许偏差（mm）	检验方法
1	设备平面位置	10	尺量检查
2	设备标高	±10	水准仪与直尺检查
3	设备水平度	$L/1000$	水平仪检查

注：L 为加氯、紫外线等消毒设备的长度。

7.2.5.27 市政验·厂-25 浓缩脱水设备检验批质量验收记录

1. 适用范围

本表适用于污水处理厂工程浓缩脱水设备检验批的质量检查验收。

2. 表内填写提示

浓缩脱水设备

(1) 主控项目

污泥浓缩脱水设备与污泥输送设备连接应严密、无渗漏。

检验方法：观察检查。

离心式脱水设备减震措施应齐全，振动值应符合设备技术文件的要求。

检验方法：观察检查，检查试验记录。

板框脱水设备固定侧与滑动侧的安装应符合设备技术文件的要求。

检验方法：观察检查。

带式脱水设备的压榨辊水平度、平行度应符合设备技术文件的要求。

检验方法：实测实量，检查施工记录。

浓缩脱水设备试运转时传动部件运行应平稳、无异常现象，转鼓滚筒应转动灵活，滤带不得出现跑偏急停现象。

检验方法：观察检查，检查试运转记录。

(2) 一般项目

污泥浓缩脱水设备安装允许偏差应符合表7.17.6的规定。

污泥浓缩脱水设备安装允许偏差和检验方法　　表7.17.6

序号	项目	允许偏差（mm）	检验方法
1	设备平面位置	10	尺量检查
2	设备标高	±10	水准仪与直尺检查
3	设备水平度	L/1000	水平仪检查

注：L为污泥浓缩脱水设备的长度。

7.2.5.28 市政验·厂-26 除臭设备安装检验批质量验收记录

1. 适用范围

本表适用于污水处理厂工程除臭设备检验批的质量检查验收。

2. 表内填写提示

除臭设备

(1) 主控项目

管路中的进风阀、配管、消声器等的连接应牢固、紧密、无泄漏。

检验方法：观察检查，检查施工记录。

除臭设备试运转时应运行平稳，无漏水、漏气现象，无异常振动及响声。

检验方法：观察检查，检查试运转记录。

(2) 一般项目

除臭设备安装允许偏差应符合表7.18.3的规定。

除臭设备安装允许偏差 **表 7.18.3**

序号	项目	允许偏差（mm）	检验方法
1	中心线的平面位置	10	尺量检查
2	标高	+20，−10	水准仪与直尺检查
3	设备水平度	L/1000	水平仪检查

注：L 为除臭设备的长度。

7.2.5.29 市政验·厂-27 滗水器设备检验批质量验收记录

1. 适用范围

本表适用于污水处理厂工程滗水器设备检验批的质量检查验收。

2. 表内填写提示

滗水器设备

（1）主控项目

旋转式滗水器固定部件与转动部件之间的连接应严密，不渗漏。

检验方法：观察检查。

滗水器试运转时应运行平稳、无卡阻。

检验方法：观察检查，检查试运转记录。

（2）一般项目

滗水器排气管上端开口高度应符合设计文件要求。

检验方法：尺量检查，检查施工记录。

机械旋转式、虹吸式、浮筒式滗水器及伸缩管滗水器等设备安装应符合设计文件要求。

检验方法：检查施工记录。

滗水器堰口的水平度应不大于堰口长度的 1/1000，且不大于 5mm，运转时不应倾斜。

检验方法：观察检查，水平仪检查，检查施工记录。

7.2.5.30 市政验·厂-28 闸、阀门设备检验批质量验收记录

1. 适用范围

本表适用于污水处理厂工程开闸、阀门设备检验批的质量检查验收。

2. 表内填写提示

闸、阀门设备

（1）主控项目

启闭机与闸门或基础连接应牢固可靠。

检验方法：观察检查，检查施工记录。

启闭机中心与闸板中心应位于同一垂线，垂直度偏差不大于启闭机高度的 1/1000。丝杠直线度不大于丝杠长度的 1/1000，且不大于 2mm。

检验方法：实测实量，检查施工记录。

闸、阀门设备密封面应严密，其泄漏值应符合设备技术文件的规定。

检验方法：观察检查，检查试验记录。

闸、阀门安装方向应符合设计文件要求。

检验方法：观察检查。

闸、阀门设备开启应灵活，无卡阻和抖动现象。限位装置应灵敏、准确、可靠。

检验方法：观察检查，检查试运转记录。

（2）一般项目

闸门框与构筑物之间应封闭，不渗漏。

检验方法：观察检查，检查施工记录。

闸、阀门安装的允许偏差应符合表 7.20.7 的规定。

闸、阀门安装允许偏差和检验方法 **表 7.20.7**

序号	项目	允许偏差（mm）	检验方法
1	设备平面位置	10	尺量检查
2	设备标高	＋20，－10	水准仪与直尺检查
3	闸门垂直度	$H_1/1000$	线坠和直尺检查
4	闸门门框底槽水平度	$L_1/1000$	水平仪检查
5	闸门门框侧槽垂直度	$H_2/1000$	线坠和直尺检查
6	闸门升降螺杆摆幅	$L_2/1000$	线坠和直尺检查

注：H_1为闸门高度，H_2为门框侧槽高度，L_1为门框槽长度，L_2为螺杆长度。

7.2.5.31 市政验·厂-29 堰、堰板与集水槽检验批质量验收记录

1. 适用范围

本表适用于污水处理厂工程堰、堰板与集水槽检验批的质量检查验收。

2. 表内填写提示

堰、堰板与集水槽

（1）主控项目

可调堰板密封面应严密。

检验方法：观察检查，检查试验记录。

堰、堰板出水应均匀。

检验方法：观察检查。

（2）一般项目

堰板与基础的接触部位应严密、不渗漏。

检验方法：观察检查，检查施工记录。

堰的厚度应均匀一致，外形尺寸应对称、分布均匀。

检验方法：尺量检查。

堰板安装应平整、垂直、牢固。

检验方法：观察检查，检查施工记录。

堰的齿口接缝应严密。

检验方法：观察检查。

圆形集水槽安装应与水池同心，允许偏差应符合设备技术文件的要求。

检验方法：实测实量，检查施工记录。

矩形集水槽安装允许偏差应符合设备技术文件的要求。

检验方法：检查施工记录。

堰、堰板安装允许偏差应符合表 7.21.9 的规定。

堰、堰板安装允许偏差和检验方法　　　　表 7.21.9

序号	项目	允许偏差（mm）	检验方法
1	单池相对基准线标高	±5	水准仪检验
2	同组各池相对标高	±2	
3	水平度（单池全周长）	1	水平仪检验
4	可调堰板垂直度	$H_1/1000$	线坠和直尺检查
5	可调堰板门框底槽水平度	$L/1000$	水平仪检查
6	可调堰板门框侧槽垂直度	$H_2/1000$	线坠和直尺检查

注：H_1为堰板高度，H_2为门框侧槽高度，L为门框底槽长度。

7.2.5.32　市政验·厂-30　巴氏计量槽检验批质量验收记录

1. 适用范围

本表适用于污水处理厂工程巴氏计量槽检验批的质量检查验收。

2. 表内填写提示

巴氏计量槽

（1）主控项目

巴氏计量槽安装应固定牢固，与渠道侧壁、渠底连结应紧密，不应漏水。

检验方法：观察检查，检查施工记录。

（2）一般项目

巴氏计量槽的中心线与渠道中心线应重合。

检验方法：观察检查。

巴氏计量槽的内表面应平整光滑；喉道表面平整度不大于±1mm；其他竖直面、水平面倾斜面和曲面的误差不大于±5mm。

检验方法：观察检查，直尺和线坠测量。市政基础设施工程

7.2.5.33　市政验·厂-31　起重设备检验批质量验收记录

1. 适用范围

本表适用于污水处理厂工程起重设备检验批的质量检查验收。

2. 表内填写提示

起重设备

（1）主控项目

车档及限位装置应安装牢固，位置正确；同一跨端两条轨道上的车档与起重机缓冲器应同时接触。

检验方法：观察检查。

各构件之间的连接螺栓应拧紧，不得松动。

检验方法：观察检查，检查施工记录。

起升及运行机构制动器应开闭灵活，制动平稳可靠。

检验方法：检查试运转记录。

起重设备安装后应进行空载、静载、动载试运转，试运转应符合设备技术文件及相关标准要求。

检验方法：检查试运转记录。

（2）一般项目

起重机安装允许偏差应符合设备技术文件及相关标准要求。

检验方法：实测实量，检查施工记录。

7.2.5.34 市政验·厂-32 钢制消化池检验批质量验收记录

1. 适用范围

本表适用于污水处理厂工程钢制消化池检验批的质量检查验收。

2. 表内填写提示

钢制消化池

（1）主控项目

钢制消化池的安装应符合设计文件和国家现行标准《钢结构工程施工质量验收规范》GB 50205 的相关规定。

检验方法：观察检查，检查施工记录。

焊接接头型式和尺寸应符合《气焊、焊条电弧焊、气体保护焊和高能束焊的推荐坡口》GB / T985.1 的相关规定，焊缝表面及热影响区不应有裂纹、气孔、弧坑或夹渣。

检验方法：观察检查，检查施工记录。

钢制消化池应充水至溢流，静置 8 小时无渗漏。

检验方法：观察检查，检查试验记录。

钢制消化池应进行气密性试验，柜体、进出料口、搅拌及压力安全系统、自动排砂及自控系统等连接处应密封、无泄漏。

检验方法：观察检查，检查试验记录。

（2）一般项目

钢制消化池安装允许偏差应符合表 8.2.5 的规定。

钢制消化池安装允许偏差和检验方法 **表 8.2.5**

序号	项目		允许偏差（mm）	检验方法
1	柜体直径	≤10m	±20	全站仪测量
		10m～20m	±25	
		≥20m	±30	
2	柜体高度	≤5m	±10	全站仪测量
		5m～10m	±15	
		≥10m	±20	

7.2.5.35 市政验·厂-33 消化池搅拌设备检验批质量验收记录

1. 适用范围

本表适用于污水处理厂工程消化池搅拌设备检验批的质量检查验收。

2. 表内填写提示

消化池搅拌设备

（1）主控项目

机械搅拌系统的导流筒各层牵引对拉钢丝绳受力应均匀。

检验方法：拉力计测量，检查施工记录。

沼气搅拌系统的各连接管路、接头及连接处应密封、无泄漏，支撑应牢固，无晃动。

检验方法：观察检查，检查施工记录、试验记录。

消化池搅拌设备试运转时，各运动部件应转动平稳、转向正确、无卡阻、无异常声响，各紧固件无松动。

检验方法：观察检查，检查试运转记录。

(2) 一般项目

导流筒连接应牢固可靠，筒体的直线度应符合表 8.3.4 的规定。

导流筒安装直线度允许偏差和检验方法 **表 8.3.4**

项目	允许偏差（mm）			检验方法
	任意 3m 内	全长 $H \leqslant 15m$	全长 $H > 15m$	
导流筒安装直线度	3	$H/1000$	$0.5H/1000+8$	尺量、拉线检查

注：H 为导流筒高度。

消化池搅拌机安装允许偏差应符合表 8.3.5 的规定。

消化池搅拌机安装允许偏差和检验方法 **表 8.3.5**

序号	项目	允许偏差（mm）	检验方法
1	搅拌机支座纵横中心位置	5	尺量检查
2	搅拌机标高	±5	水准仪与直尺检查
3	搅拌机轴中心线与导流筒中心线	10	线坠与直尺检查
4	搅拌机叶片与导流筒间隙量	20	尺量检查

7.2.5.36　市政验·厂-34　热交换器设备检验批的质量验收记录

1. 适用范围

本表适用于污水处理厂工程热交换器设备检验批的质量检查验收。

2. 表内填写提示

热交换器设备

(1) 主控项目

热交换器的固定端和滑动端安装应符合设计文件和国家现行标准《热交换器》GB/T 151 的相关规定。

检验方法：观察检查，检查施工记录。

热交换器的水压试验应符合设计文件要求。

检验方法：检查试验报告。

(2) 一般项目

热交换器安装允许偏差应符合表 8.4.3 的规定。

热交换器安装允许偏差和检验方法 **表 8.4.3**

序号	项目		允许偏差（mm）	检验方法
1	支座纵、横中心线位置		10	尺量检查
2	标高		+20，−10	水准仪与尺量检查
3	水平度	轴向	$L/1000$	水平仪检查
		径向	$2D/1000$	水平仪检查

注：D 为设备外径，L 为设备两端部测点间距离。

7.2.5.37　市政验·厂-35　沼气脱硫设备检验批质量验收记录

1. 适用范围

本表适用于污水处理厂工程沼气脱硫设备检验批的质量检查验收。

2. 表内填写提示

沼气脱硫设备

（1）主控项目

现场组装的脱硫设备焊接质量应符合设计文件及行业现行标准《钢制焊接常压容器》NB/T 47003的相关规定。

检验方法：检查施工记录、试验记录。

脱硫设备的防腐应符合设计文件及国家现行标准《工业设备及管道防腐蚀工程施工质量验收规范》GB 50727 的相关规定。

检验方法：检查施工记录。

脱硫设备应进行气密性试验，无泄漏。

检验方法：检查试验记录。

（2）一般项目

脱硫设备安装允许偏差应符合表 8.5.4 的规定。

脱硫设备安装允许偏差和检验方法　　表 8.5.4

序号	项目	允许偏差（mm）	检验方法
1	设备平面位置	10	尺量检查
2	设备标高	＋20，－10	水准仪与直尺检查
3	设备垂直度	H/1000	线坠与直尺检查

注：H 为设备高度。

脱硫设备内部支撑构件的各层支撑梁间的垂直度允许偏差为 2mm，水平度允许偏差为 5mm。

检验方法：实测实量，检查施工记录。

7.2.5.38　市政验·厂-36　沼气柜检验批质量验收记录

1. 适用范围

本表适用于污水处理厂工程沼气柜检验批的质量检查验收。

2. 表内填写提示

沼气柜

（1）主控项目

柜体的焊缝质量应符合设计文件及行业现行标准《钢制焊接常压容器》NB/T 47003.1 的相关规定。

检验方法：观察检查，检查施工记录、试验记录。

柜体与钢构件除锈及防腐应符合设计文件和国家现行标准 GB/T 8923.1、GB/T 8923.2、GB/T 8923.3、GB/T 8923.4 的相关规定。

检验方法：检查施工记录。

调平系统导向滑轮安装应牢固、角度正确、转动灵活。

检验方法：观察检查。

沼气柜应进行气密性试验，柜体、进出口管道、阀门、法兰及人孔应无泄漏、无异常变形。

检验方法：检查试验记录。

（2）一般项目

沼气柜柜体安装允许偏差应符合表 8.6.5 的规定。

沼气柜安装允许偏差和检验方法　　表 8.6.5

序号	项目	允许偏差（mm）	检验方法
1	底板平整度	60	吊线、尺量检查
2	侧板局部凹凸	35/2000	尺量检查
3	立柱基柱相邻柱标高差	2	水准仪与尺量检查
4	立柱后续柱相邻柱间距	±5	水准仪与尺量检查
5	立柱后续柱相对两柱间距	＋30，－10	水准仪与尺量检查
6	中心环标高偏差	＋10～＋50	水准仪与尺量检查
7	中心位移	10	尺量检查
8	水平度	10	水平仪检查
9	柜顶板局部凹凸	60	尺量检查
10	活塞板局部凹凸	60	尺量检查

活塞架及波形板的安装应符合设计文件要求，表面应干净。

检验方法：观察检查，检查施工记录。

密封装置的密封胶填充应饱满。

检验方法：观察检查。

7.2.5.39　市政验·厂-37　沼气锅炉检验批质量验收记录

1. 适用范围

本表适用于污水处理厂工程沼气锅炉检验批的质量检查验收。

2. 表内填写提示

沼气锅炉

(1) 主控项目

沼气锅炉的受压元件、管道、阀门应无变形、无渗漏、无堵塞，管路系统的焊接质量应符合设计文件要求。

检验方法：观察检查，检查施工记录。

沼气锅炉应进行强度及严密性试验，其主汽阀、出水阀、排污阀和截止阀应与锅炉本体进行整体压力试验，安全阀应单独进行试验。

检验方法：检查试验记录。

现场组装的锅炉应带负荷正常连续运转 48 小时，整体出厂的锅炉应带负荷正常连续运转 24 小时。

检验方法：检查试运转记录。

锅炉高低水位报警装置和低水位连锁保护装置应灵敏可靠。

检验方法：检查试运转记录。

锅炉超压报警装置和连锁保护装置应灵敏可靠。

检验方法：检查试运转记录。

(2) 一般项目

排烟烟囱安装垂直度偏差为烟囱高度的 1/1000，且不大于 15mm。

检验方法：实测实量，检查施工记录。

燃烧器的火筒与炉膛应平行，应位于炉胆中心线。

检验方法：尺量检查。

燃烧器的管路应清洁、无污染，燃烧器应管路通畅，闸阀无渗漏、无堵塞，点火熄火装置灵敏可靠。

检验方法：观察检查，检查施工记录。

7.2.5.40　市政验·厂-38　沼气发电机、沼气拖动鼓风机、沼气压缩机检验批质量验收记录

1. 适用范围

本表适用于污水处理厂工程沼气发电机、沼气拖动鼓风机、沼气压缩机检验批的质量检查验收。

2. 表内填写提示

沼气发电机、沼气拖动鼓风机、沼气压缩机

(1) 主控项目

沼气发电机和拖动鼓风机防爆设备的安装应符合设备技术文件及相关标准规定。

检验方法：观察检查，检查施工记录。

沼气管道上安装的稳压罐、电控混合器、阻火器、电磁阀、调压阀、除尘、除湿、除油装置位置正确，严密无泄漏，装置参数符合设计文件要求。

检验方法：观察检查，检查试验记录。

沼气发电机和拖动鼓风机各轴承处的振动值应符合设备技术文件的要求。

检验方法：振动检测仪检查。

沼气压缩机的各连接管路、接头及连接处应密封、无泄漏。

检验方法：观察检查。

沼气发电机、沼气拖动鼓风机和压缩机的试运转应符合设备技术文件及国家现行标准《风机、压缩机、泵安装工程施工及验收规范》GB 50275 的相关规定。

检验方法：检查试运转记录。

(2) 一般项目

沼气发电机、沼气拖动鼓风机和沼气压缩机安装允许偏差应符合表 8.8.6 的规定。

沼气发电机、沼气拖动鼓风机和沼气压缩机安装允许偏差和检验方法　　表 8.8.6

序号	项目	允许偏差 (mm)	检验方法
1	设备平面位置	5	尺量检查
2	设备标高	±10	水准仪与直尺检查
3	设备纵、横水平度	L/1000	水平仪检查

注：L 为设备纵、横长度。

7.2.5.41　市政验·厂-39　沼气火炬检验批质量验收记录

1. 适用范围

本表适用于污水处理厂工程沼气火炬检验批的质量检查验收。

2. 表内填写提示

沼气火炬

(1) 主控项目

沼气火炬安装应符合设计文件和国家现行标准《火炬工程施工及验收规范》GB 51029 的相关规定。

检验方法：实测实量，检查施工记录。

火炬管道上的阻火器应安装牢固可靠，密封无泄漏且阻火效果应符合设计文件要求。

检验方法：观察检查，检查试运转记录。

火炬的点火装置应动作灵敏、可靠、准确。

检验方法：观察检查，检查试运转记录。

（2）一般项目

火炬安装允许偏差应符合表 8.9.4 的规定。

火炬安装允许偏差和检验方法　　表 8.9.4

序号	项目	允许偏差（mm）	检验方法
1	中心线位置	10	尺量检查
2	标高	+20，−10	水准仪与直尺检查
3	垂直度	$H/1000$	线坠与直尺检查

注：H 为火炬高度。

7.2.5.42　市政验·厂-40　混料机检验批质量验收记录

1. 适用范围

本表适用于污水处理厂工程混料机检验批的质量检查验收。

2. 表内填写提示

混料机

（1）主控项目

混料机的减速器、滚筒等主要部件的安装应符合设备技术文件的要求。

检验方法：观察检查，检查施工记录。

混料机试运转时应运转平稳、无卡阻。

检验方法：观察检查，检查试运转记录。

（2）一般项目

混料机的安装允许偏差应符合表 8.10.3 中的规定。

混料机的安装允许偏差和检验方法　　表 8.10.3

序号	项目	允许偏差（mm）	检验方法
1	平面位置	10	尺量检查
2	标高	+20，−10	水准仪与直尺检查
3	横向水平度	$L_1/1000$	水平仪检查
4	纵向水平度	$L_2/1000$	水平仪检查

注：L_1为混料机设备横向长度，L_2为设备纵向长度。

7.2.5.43　市政验·厂-41　布料机检验批质量验收记录

1. 适用范围

本表适用于污水处理厂工程布料机检验批的质量检查验收。

2. 表内填写提示

布料机

（1）主控项目

布料机的传动装置、行走装置、移动小车等主要部件的安装应符合设备技术文件要求。

检验方法：观察检查，检查施工记录。

布料机试运转时，往复运动部件在整个行程上不得有异常振动、阻滞和走偏现象。

检验方法：观察检查，检查试运转记录。

（2）一般项目

布料机的导轨安装允许偏差应符合表 8.11.3 中的规定。

布料机的导轨安装允许偏差和检验方法 表 8.11.3

序号	项目	允许偏差（mm）	检验方法
1	布料机轨道中心线与安装基准线的水平位置偏差	3	钢丝与直尺检查
2	布料机的同一截面两平行导轨标高差	5	水准仪与直尺检查

7.2.5.44 市政验·厂-42 带式输送机检验批质量验收记录

1. 适用范围

本表适用于污水处理厂工程带式输送机检验批的质量检查验收。

2. 表内填写提示

带式输送机

（1）主控项目

带式输送机的机架应安装牢固。

检验方法：观察检查，检查施工记录。

全部非加工表面和加工的非配合表面应进行防腐处理，防腐质量应符合设备技术文件的要求。

检验方法：观察检查，检查施工记录。

带式输送机应运转平稳，辊子转动灵活，拉紧装置调整方便，动作灵活，皮带不打滑，不跑偏，保护装置动作灵敏可靠。

检验方法：观察检查，检查试运转记录。

（2）一般项目

带式输送机及传动装置安装允许偏差应符合表 8.12.4 的规定。

带式输送机及传动装置安装允许偏差和检验方法 表 8.12.4

序号	项目		允许偏差（mm）	检验方法
1	头、尾部、驱动、改向及滚筒	滚筒水平、垂直方向中心线间距	±3	直尺检查
		滚筒轴向水平度	$0.5L_1/1000$	水平仪检查
		滚筒标高	±5	水准仪与直尺检查
2	传动装置	纵、横向中心线	5	钢丝与直尺检查
		标高	±5	水准仪与直尺检查
		水平度	$0.5L_2/1000$	水平仪检查
3	头架尾架中间架及其支腿	机架中心线直线度在任意 25m 内	2.5	钢丝与直尺检查
		机架支腿的垂直度	$2H/1000$	线坠与直尺检查
		机架纵梁中心线间距	±5	尺量检查
		机架接头处错位	1	尺量检查

注：L_1 为滚筒长度，L_2 为传动装置长度，H 为机架支腿高度。

7.2.5.45 市政验·厂-43 翻抛机检验批质量验收记录

1. 适用范围

本表适用于污水处理厂工程翻抛机检验批的质量检查验收。

2. 表内填写提示

翻抛机

(1) 主控项目

翻抛机的传动装置、提升装置、行走装置、翻堆装置、转移车等主要部件的安装应符合设备技术文件要求。

检验方法：观察检查，检查施工记录。

翻抛机试运转时，往复运动部件在整个行程上不得有异常振动、阻滞和走偏现象。

检验方法：观察检查，检查试运转记录。

(2) 一般项目

翻抛机的导轨安装允许偏差应符合表 8.13.3 中的规定。

翻抛机的导轨安装允许偏差和检验方法　　表 8.13.3

<table>
<tr><th>序号</th><th>项目</th><th colspan="2">允许偏差（mm）</th><th>检验方法</th></tr>
<tr><td>1</td><td>翻抛机的同一截面
两平行导轨标高差</td><td colspan="2">10</td><td>水准仪与直尺检查</td></tr>
<tr><td rowspan="2">2</td><td rowspan="2">翻抛机的导轨弯曲度</td><td>在平面上的弯曲，
每 2m 检测长度上</td><td>1</td><td>钢丝与直尺检查</td></tr>
<tr><td>在立面上的弯曲，
每 2m 检测长度上</td><td>2</td><td>钢丝与直尺检查</td></tr>
<tr><td rowspan="2">3</td><td rowspan="2">翻抛机的导轨跨度偏差</td><td>跨度≤10m</td><td>±3</td><td>尺量检查</td></tr>
<tr><td>跨度＞10m</td><td>±5</td><td>尺量检查</td></tr>
<tr><td>4</td><td>导轨接头错位</td><td colspan="2">1</td><td>直尺和塞尺检查</td></tr>
</table>

翻抛滚筒的叶片离地间隙应符合设备技术文件要求。

检验方法：尺量检查。

7.2.5.46　市政验·厂-44　筛分机检验批质量验收记录

1. 适用范围

本表适用于污水处理厂工程筛分机检验批的质量检查验收。

2. 表内填写提示

筛分机

(1) 主控项目

振动式筛分机各紧固件应连接牢固、无松动。

检验方法：观察检查。

筛分机应运转平稳，无异常振动和声响，物料在进料和出料位置无堵塞、无淤积、无泄漏。

检验方法：观察检查，检查试运转记录。

(2) 一般项目

筛分机的安装允许偏差应符合表 8.14.3 的规定。

筛分机安装的允许偏差及检验方法　　表 8.14.3

序号	项目	允许偏差（mm）	检验方法
1	机体中心与设计中心线	3	经纬仪或拉线尺量检查
2	机体标高	±5	水准仪与直尺检查
3	支承座水平度	$2L_1/1000$	水平仪检查
4	支承座安装对角线	$L_2/1000$	尺量检查
5	支承座安装相对标高	2	水准仪与直尺检查
6	传动轴水平度	$0.2L_3/1000$	在轴或皮带轮 0°和 180°的两个位置上，用水平仪检查

注：L_1为支座长度，L_2为支座对角线长度，L_3为传动轴长度。

7.2.5.47　市政验·厂-45　污泥贮仓检验批质量验收记录

1. 适用范围

本表适用于污水处理厂工程污泥贮仓检验批的质量检查验收。

2. 表内填写提示

污泥贮仓

（1）主控项目

仓体的焊缝表面不应有裂纹、焊瘤、烧穿、弧坑等，焊缝质量应符合设计文件要求。

检验方法：观察检查，检查施工记录，检查检测报告。

仓体支腿应与基础可靠连接。

检验方法：观察检查，检查施工记录。

液压系统各管路的法兰、管接头、螺堵等安装应牢固。

检验方法：观察检查。

污泥贮仓与闸板阀的连接应密封、无松动。

检验方法：观察检查，检查施工记录。

滑架和闸门应控制灵敏，无泄漏。

检验方法：观察检查，检查试运转记录。

贮仓空载试运转前，应检查电气接线和液压管路的连接，电机和搅拌轴运行应平稳、顺畅，无异常噪音。

检验方法：观察检查，检查试运转记录。

（2）一般项目

污泥贮仓安装的允许偏差应符合表 8.15.7 的规定。

污泥贮仓安装允许偏差和检验方法　　表 8.15.7

序号	项目	允许偏差（mm）	检验方法
1	污泥贮仓平面位置	10	直尺检查
2	污泥贮仓标高	±5	水准仪与直尺检查
3	污泥贮仓垂直度	$H/1000$	线坠与直尺检查

注：H 为污泥贮仓仓体高度。

7.2.5.48 市政验·厂-46 污泥干化设备检验批质量验收记录

1. 适用范围

本表适用于污水处理厂工程污泥干化设备检验批的质量检查验收。

2. 表内填写提示

污泥干化设备

(1) 主控项目

进出料口与物料输送设备应连接牢固，密封良好。

检验方法：观察检查。

石灰污泥搅拌机密封盖板与设备机壳应连接可靠。

检验方法：观察检查。

干化设备运行应平稳，无明显振动和噪声；热介质、烟气处理等各附属系统连接应符合设备技术文件的要求，无渗漏。

检验方法：观察检查，检查试运转记录。

(2) 一般项目

薄层干燥机导轨接头错位安装允许偏差应不大于1mm。

检验方法：尺量检查。

带式污泥干化机干化带的接头应牢固，干化带的张力应符合设备技术文件要求。

检验方法：观察检查，实测实量。

污泥干化设备安装允许偏差应符合表8.16.6的规定。

污泥干化设备安装允许偏差和检验方法　　表8.16.6

序号	项目	允许偏差（mm）	检验方法
1	平面位置	10	尺量检查
2	标高	+20，-10	水准仪与直尺检查
3	轴向水平度	$L/1000$	水平仪检查
4	径向水平度	$2D/1000$	水平仪检查

注：L为设备长度，D为设备直径。

7.2.5.49 市政验·厂-47 悬斗输送机检验批质量验收记录

1. 适用范围

本表适用于污水处理厂工程悬斗输送机检验批的质量检查验收。

2. 表内填写提示

悬斗输送机

(1) 主控项目

悬斗输送机应密封良好、无臭气泄漏。

检验方法：观察检查。

悬斗输送机过载装置动作应灵敏可靠，无卡阻、突跳。

检验方法：观察检查，检查试运转记录。

(2) 一般项目

悬斗输送机安装允许偏差应符合表8.17.3的规定。

悬斗输送机安装允许偏差和检验方法 表 8.17.3

序号	项目	允许偏差（mm）	检验方法
1	悬斗输送机平面位置	10	尺量检查
2	悬斗输送机安装标高	＋20，－10	水准仪与直尺检查
3	链轮横向中心线与输送机纵向中心线水平位置	2	钢丝与直尺检查
4	链轮轴线与输送机纵向中心线的垂直度偏差	$L_1/1000$	线坠与直尺检查
5	链轮轴水平度偏差	$0.5L_2/1000$	框式水平仪检查
6	进出、料口的位置误差	5	尺量检查

注：L_1为输送机长度，L_2为链轮长度。

7.2.5.50 市政验·厂-48 干泥料仓检验批质量验收记录

1. 适用范围

本表适用于污水处理厂工程干泥料仓检验批的质量检查验收。

2. 表内填写提示

干泥料仓

（1）主控项目

干泥料仓的防爆安装应符合设计文件及国家现行相关标准规定。

检验方法：检查施工记录。

干泥料仓试运转时，气动闸板阀、压力释放器动作应及时准确，无卡阻。

检验方法：观察检查，检查试运转记录。

（2）一般项目

干泥料仓振动活化器安装应符合设计文件要求。

检验方法：检查施工记录。

干泥料仓安装的允许偏差应符合表 8.18.4 的规定。

干泥料仓安装的允许偏差和检验方法 表 8.18.4

序号	项目	允许偏差（mm）	检验方法
1	设备平面位置	10	尺量检查
2	设备标高	＋20，－10	水准仪与直尺检查

7.2.5.51 市政验·厂-49 污泥焚烧设备检验批质量验收记录

1. 适用范围

本表适用于污水处理厂工程污泥焚烧设备检验批的质量检查验收。

2. 表内填写提示

污泥焚烧设备

（1）主控项目

焚烧设备各部件及管道接口安装应牢固，连接应紧密。

检验方法：观察检查，检查施工记录。

焚烧设备试运转应运行平稳，温度压力正常，自动给料及出灰系统应操作方便，运行顺畅，无停滞、无卡阻；尾气处理、余热利用系统应严密无泄漏。

检验方法：观察检查，检查试运转记录。

（2）一般项目

焚烧炉支架应稳固、垂直，垂直度允许偏差为支架全长的1/1000，全长不大于10mm。

检验方法：实测实量，检查施工记录。

7.2.5.52 市政验·厂-50 消烟、除尘设备检验批质量验收记录

1. 适用范围

本表适用于污水处理厂工程消烟、除尘设备检验批的质量检查验收。

2. 表内填写提示

消烟、除尘设备

（1）主控项目

用于消烟、除尘系统的风管的材料品种、规格、性能与厚度等应符合设计文件和国家现行标准《通风与空调工程施工质量验收规范》GB 50243的相关规定。

检验方法：观察检查，检查施工记录。

（2）一般项目

现场组装的除尘器应做漏风量检测，在设计工作压力下允许漏风率为5%，其中离心式除尘器为3%。

检验方法：检查试验记录。

消烟、除尘系统的风管，宜垂直或倾斜敷设，与水平夹角宜不小于45°。

检验方法：观察检查，尺量检查。

除尘器的安装允许偏差应符合表8.20.4的规定。

除尘器安装允许偏差和检验方法　　表8.20.4

序号	项目	允许偏差（mm）	检验方法
1	平面位置	10	尺量检查
2	标高	+20，−10	水准仪与直尺检查

7.2.5.53 市政验·厂-51 无功功率补偿装置检验批质量验收记录

1. 适用范围

本表适用于污水处理厂工程无功功率补偿装置检验批的质量检查验收。

2. 表内填写提示

无功功率补偿装置

（1）主控项目

进出线端连接应紧固可靠，紧固件、垫圈应齐全。

检验方法：观察检查。

无功功率补偿装置内部布置与接线应符合设计及设备技术文件要求。

检验方法：观察检查，检查施工记录。

熔断器熔体的额定电流应符合设计文件要求。

检验方法：观察检查，检查施工记录。

电容器试运转时放电回路应完整且操作灵活，保护回路应完整，电磁锁及五防联锁装置灵敏可靠，外表无异常。

检验方法：观察检查，检查试运转记录。

（2）一般项目

现场组装的三相电容器电容量的差值应符合设计文件及国家现行标准《电气装置安装工程电气设备

交接试验标准》GB 50150的相关规定。

检验方法：检查施工记录。

7.2.5.54　市政验·厂-52　电力变压器检验批质量验收记录

1. 适用范围

本表适用于污水处理厂工程电力变压器检验批的质量检查验收。

2. 表内填写提示

电力变压器

（1）主控项目

电力变压器安装应符合国家现行标准《电气装置安装工程电力变压器、油浸电抗器、互感器施工及验收规范》GB 50148的相关规定，与外网连接的主变压器安装应通过电力部门检查认定。

检验方法：检查施工记录、认定报告。

电力变压器绝缘件应无裂纹、缺损，瓷件无瓷釉损坏。

检验方法：观察检查，检查施工记录。

油浸电力变压器绝缘油油品、油位应符合设备技术文件要求，无渗油现象。

检验方法：观察检查，检查施工记录。

电力变压器测控保护装置安装应符合设备技术文件要求，保护系统、冷却系统应经模拟试验灵敏准确。

检验方法：观察检查，检查检定记录、施工记录。

中性点直接接地系统接地位置和型式应符合设计文件要求。

检验方法：观察检查，导通法检查。

电力变压器首次受电应在额定电压下对电力变压器进行5次冲击合闸试验，励磁涌流不应引起保护装置的误动，无异常现象；首次受电持续时间不应少于10min；有并列要求的变压器，应核相正确，进行并列试验无异常。

检验方法：观察检查，检查试运转报告。

（2）一般项目

装有气体继电器的电力变压器，顶盖沿气体继电器的气流方向应有升高坡度，坡度宜为1.0%～1.5%。

检验方法：尺量检查。

电力变压器安装允许偏差应符合表9.3.8的规定。

电力变压器安装允许偏差及检验方法　　表9.3.8

序号	项目	允许偏差（mm）	检验方法
1	基础轨道平面位置	10	尺量检查
2	基础轨道标高	+20，−10	水准仪与直尺检查
3	基础轨道水平度	L/1000	水平仪检查
4	电力变压器垂直度	H/1000	线坠与直尺检查

注：L为变压器基础轨道水平度测量长度，H为变压器测量高度。

7.2.5.55　市政验·厂-53　电动机检验批质量验收记录

1. 适用范围

本表适用于污水处理厂工程电动机检验批的质量检查验收。

2. 表内填写提示

电动机

(1) 主控项目

电动机安装应牢固，螺栓及防松零件齐全。

检验方法：观察检查。

电动机绝缘电阻应符合设备技术文件及相关标准规定。

检验方法：检查施工记录。

电动机试运转应不小于2小时，电动机电流、电动机温度、轴承温升、电动机振动应符合设备技术文件及相关标准规定。

检验方法：观察检查，检查试运转记录。

(2) 一般项目

电动机的接线入口及接线盒盖防水防潮密封处理应符合设计文件要求。

检验方法：观察检查，检查施工记录。

7.2.5.56 市政验·厂-54 开关柜、控制盘（柜、箱）检验批质量验收记录

1. 适用范围

本表适用于污水处理厂工程开关柜、控制盘（柜、箱）检验批的质量检查验收。

2. 表内填写提示

开关柜、控制盘（柜、箱）

(1) 主控项目

开关柜、控制盘（柜、箱）安装应牢固，接线应正确、连接紧密，瓷件应完整、清洁，铁件和瓷件胶合处应完整无损。

检验方法：观察检查，检查施工记录。

开关柜、控制盘（柜、箱）内部元器件整定、调整应符合设计文件要求。

检验方法：观察检查，检查施工记录、检定记录。

开关柜、控制盘（柜、箱）接地应符合设计文件及国家现行标准《电气装置安装工程盘、柜及二次回路接线施工及验收规范》GB 50171的规定，标识清晰。

检验方法：观察检查，导通法检查。

开关柜、控制盘（柜、箱）的手车或抽屉式开关柜在推入或拉出时应灵活，五防装置齐全，动作灵活可靠；二次回路连接插件应接触良好，机械闭锁、电气闭锁应动作准确、可靠。

检验方法：观察检查，检查试运转记录。

10kV及以下室内配电装置母线应在额定电压下进行3次冲击试验（带PT），无闪络、异味、杂音等现象；对双路或多路供电、变配电装置应核相正确，备自投装置应动作灵敏，变配电装置应带电试运转24小时，无异常。

检验方法：观察检查，检查试验记录、试运转记录。

(2) 一般项目

开关柜、控制盘（柜、箱）安装允许偏差应符合表9.5.6的规定。

开关柜、控制盘（柜、箱）安装允许偏差及检验方法　　　　表9.5.6

序号	项目	允许偏差（mm）	检验方法
1	基础型钢平面位置	10	尺量检查
2	基础型钢标高	±10	水准仪与直尺检查
3	相邻盘（柜、箱）顶高差	2	拉线及直尺检查
4	成列盘（柜、箱）顶高差	5	拉线及直尺检查
5	相邻盘（柜、箱）盘面不平度	1	拉线及直尺检查

续表

序号	项目	允许偏差（mm）	检验方法
6	成列盘（柜、箱）盘面不平度	5	拉线及直尺检查
7	盘间接缝	2	塞尺检查
8	盘（柜、箱）垂直度	1.5H/1000	线坠及直尺检查

注：H为盘（柜、箱）高度。

主控制盘、继电保护盘和自动装置盘等装置不应与基础型钢焊死。

检验方法：观察检查。

开关柜、控制盘（柜、箱）所有进出孔洞、电缆保护管口应密封严密，箱柜门封条应达到隔断外界潮湿或腐蚀气体的侵蚀效果，安装后不应降低盘（柜、箱）防护等级。

检验方法：观察检查，检查施工记录。

7.2.5.57　市政验·厂-55　不间断电源检验批质量验收记录

1. 适用范围

本表适用于污水处理厂工程电动机检验批的质量检查验收。

2. 表内填写提示

不间断电源

（1）主控项目

不间断电源安装应符合设计、设备技术文件及国家现行标准《建筑电气工程施工质量验收规范》GB 50303的相关规定。

检验方法：检查施工记录。

（2）一般项目

不间断电源主机柜、蓄电池屏或机架安装水平度允许偏差不应大于其长度的1.5‰，垂直度不应大于其高度的1.5‰。

检验方法：水平仪检查，线坠和直尺检查。

7.2.5.58　市政验·厂-56　电缆桥架检验批质量验收记录

1. 适用范围

本表适用于污水处理厂工程电缆桥架检验批的质量检查验收。

2. 表内填写提示

电缆桥架

（1）主控项目

金属电缆桥架及支架和引入或引出的金属电缆导管必须接地可靠，并符合下列规定：

1）金属电缆桥架及其支架全长不应少于2处与接地干线相连接；

2）金属电缆桥架（镀锌、不锈钢、铝合金电缆桥架除外）间连接板的两端应跨接镀锡铜芯接地线，接地线最小允许截面积不小于4mm^2；

3）镀锌、不锈钢、铝合金桥架间连接板的两端不跨接接地线时，连接板两端应设置不少于2个有防松螺帽或防松垫圈的连接固定螺栓。

检验方法：观察检查，导通法检查。

（2）一般项目

电缆桥架、伸缩节、补偿装置、支架与临近管道间距等应符合设计文件及国家现行标准《建筑电气工程施工质量验收规范》GB 50303的相关规定。

检验方法：观察检查，尺量检查。

电缆桥架外观应无锈蚀破损，安装应牢固、平直，无明显的扭曲或倾斜，同一直线段上的电缆桥架中心线允许偏差为10mm，标高允许偏差为±5mm。

检验方法：观察检查，实测实量。

7.2.5.59　市政验·厂-57　电缆及导管检验批质量验收记录

1. 适用范围

本表适用于污水处理厂工程电缆及导管检验批的质量检查验收。

2. 表内填写提示

电缆及导管

（1）主控项目

电缆型号、规格、绝缘性能应符合设计文件要求，电缆外表应无破损、机械损伤，电缆的首端、末端和分支处应设标志牌，回路标记应清晰、准确。

检验方法：观察检查，检查施工记录。

电缆的固定、弯曲半径、间距及电缆金属保护层的接线应符合设计文件及相关标准规定。

检验方法：观察检查，尺量检查，检查施工记录。

电力电缆终端头安装应牢固，相色正确，电缆芯线与接续端子应规格适配。

检验方法：观察检查。

金属导管焊接、连接应符合国家现行标准《建筑电气工程施工质量验收规范》GB 50303的相关规定。

检验方法：观察检查，检查施工记录。

（2）一般项目

电缆保护管不应有变形及裂缝，内部应清洁、无毛刺，管口应光滑、无锐边，保护管弯曲处不应有凹陷、裂缝和明显的弯扁。

检验方法：观察检查。

电缆支架应牢固可靠，油漆应完好无损。

检验方法：观察检查。

高压电缆和低压电缆、动力电缆和控制电缆应分层架设，不应相互交叉，必需交叉时应采用隔板隔离。

检验方法：观察检查。

电缆管线和其他管线的间距及敷设位置应符合设计文件及国家现行标准《电气装置安装工程电缆线路施工及验收规范》GB 50168的相关规定。

检验方法：观察检查，实测实量。

电缆沟及隧道内应无杂物，盖板应齐全、稳固、平整，并应符合设计文件要求。

检验方法：观察检查。

电缆出入电缆沟、竖井、建筑物、柜（盘）、台等处应作防火隔堵，管口处应作密封处理。

检验方法：观察检查。

明配的导管应排列整齐、安装牢固，固定点间距应符合国家现行标准《电气装置安装工程电缆线路施工及验收规范》GB 50168的相关规定。

检验方法：观察检查，尺量检查。

金属软管或可挠金属电线管的长度宜不大于800mm，应采用专用接头连接，密封可靠。

检验方法：观察检查，尺量检查。

潜水泵、潜水搅拌（推进）器等设备的水下电缆敷设悬挂引力适当，不应松散、滑脱，电缆与周边部件不应有碰撞和摩擦；水下电缆距潜水泵吸入口、设备转动部分应不小于350mm。

检验方法：观察检查，尺量检查。

7.2.5.60 市政验·厂-58 接地装置、防雷设施及等电位联结检验批质量验收记录

1. 适用范围

本表适用于污水处理厂工程接地装置、防雷设施及等电位联结检验批的质量检查验收。

2. 表内填写提示

接地装置、防雷设施及等电位联结

(1) 主控项目

接地装置的接地电阻值必须符合设计文件要求。

检验方法：检查试验记录。

变压器室和变、配电室内的接地干线与接地装置引出干线的连接位置和连接方式应符合设计文件要求。

检验方法：观察检查，检查施工记录。

接地装置、防雷设施安装应符合设计文件及国家现行标准《电气装置安装工程接地装置施工及验收规范》GB 50169 的相关规定。

检验方法：检查施工记录。

消化池内壁敷设的防静电接地导体应与引入的金属管道及电缆的铠装金属外壳连接，并引至罐槽的外壁与接地装置连接。

检验方法：观察检查，导通法检查。

建筑物等电位联结网络应符合设计文件及国家现行标准《建筑电气工程施工质量验收规范》GB 50303 的相关规定。

检验方法：检查施工记录。

(2) 一般项目

接地装置的焊接应采用搭接焊，搭接长度应符合国家现行标准《建筑电气工程施工质量验收规范》GB 50303 的相关规定。

检验方法：观察检查，尺量检查，检查施工记录。

变、配电室配电间隔、静止补偿装置的栅栏门及变配电室金属门铰链处的接地连接，应采用镀锡编织铜线。

检验方法：观察检查。

可接近裸露导体或其他金属部件、构件与就近敷设的等电位联结线应连接可靠。

检验方法：观察检查，导通法检查。

7.2.5.61 市政验·厂-59 中心控制系统检验批质量验收记录

1. 适用范围

本表适用于污水处理厂工程中心控制系统检验批的质量检查验收。

2. 表内填写提示

中心控制系统

(1) 主控项目

中心控制系统的线路应连接牢固正确，线路布设应符合设计要求。

检验方法：观察检查。

中心控制系统应按设计要求采用不间断电源供电。

检验方法：观察检查。

中心控制系统应反映整个厂区的工艺处理情况，显示及数据应与实际情况一致，不应有超出工艺要求的延迟。

检验方法：观察检查，检查试运转记录。

(2) 一般项目

中心控制系统的性能应符合设计要求，且应具备下列功能：

1）现场信息的采集和输入；

2）数据处理；

3）过程测量、控制和监视；

4）用户程序组态、生成；

5）过程控制输出；

6）显示、输出、打印、记录各工艺段参数的历史曲线；

7）自诊断功能；

8）报警、保护与自启动；

9）通信；

10）设计文件所规定的其他系统。

7.2.5.62　市政验·厂-60　控制（仪表）盘、柜、箱检验批质量验收记录

1. 适用范围

本表适用于污水处理厂工程控制（仪表）盘、柜、箱检验批的质量检查验收。

2. 表内填写提示

控制（仪表）盘、柜、箱

（1）主控项目

控制（仪表）盘、柜、箱的安装应牢固可靠，连接正确。

检验方法：观察检查。

在振动、多尘、潮湿、腐蚀、爆炸和火灾危险场所安装的控制（仪表）盘、柜、箱，防护措施应符合设计要求。

检验方法：观察检查，检查施工记录。

（2）一般项目

控制（仪表）盘、柜、箱安装的位置应符合设计文件的规定。

检验方法：观察检查，尺量检查。

控制（仪表）盘、柜、箱的安装允许偏差应符合本规范表 9.5.6 的规定。

7.2.5.63　市政验·厂-61　仪表设备检验批质量验收记录

1. 适用范围

本表适用于污水处理厂工程仪表设备检验批的质量检查验收。

2. 表内填写提示

仪表设备

（1）主控项目

仪表设备及部件应安装牢固，连接正确，安装位置、接地应符合设计要求。

检验方法：观察检查，检查施工记录。

仪表取源部件的安装应符合设计及国家现行标准《自动化仪表工程施工及质量验收规范》GB 50093 的相关规定。

检验方法：检查施工记录。

自动控制、仪表线路从室外进入室内时，应有防水和封堵措施。

检验方法：观察检查。

有报警装置的仪表或设备，应根据设计文件规定的设定值进行整定或标定。

检验方法：检查施工记录。

仪表设备在运行前应经过单体调校，调校方法应符合设备技术文件及国家现行标准《自动化仪表工程施工及质量验收规范》GB 50093 的相关规定。

检验方法：检查试运转记录。

（2）一般项目

仪表设备安装允许偏差应符合表 10.4.6 的规定。

仪表设备安装允许偏差及检验方法　　表 10.4.6

序号	项目	允许偏差（mm）	检验方法
1	仪表设备平面位置	10	尺量检查
2	仪表设备标高	±10	水准仪与直尺检查
3	仪表控制箱（柜）水平度	$L/1000$	水平仪检查
4	仪表控制箱（柜）垂直度	$1.5H/1000$	坠线与直尺检查

注：L 为仪表控制箱（柜）长度，H 为仪表控制箱（柜）高度。

可燃气体、有毒气体分析仪表所检测气体密度大于空气密度时，其检测器应安装在距地面 200mm～300mm 处；密度小于空气密度时，检测器应安装在泄漏区域的上方。

检验方法：观察检查，尺量检查。

直接安装在设备或管道上的仪表在安装完毕后，应随同设备或管道进行压力试验。

检验方法：检查施工记录、试验记录。

仪表接线箱（盒）电缆进出口应做密封处理，进出口不宜朝上。

检验方法：观察检查。

在线非取样分析仪表的传感器的安装高度应在最低液位以下 200mm。

检验方法：尺量检查。

浊度仪主体顶部安装应水平，其取源部件应避开气泡多的地方。

检验方法：观察检查，水平仪检查。

流量计的安装前后直管道的长度应符合设计要求，且宜安装在管路低点或上升流管道上。

检验方法：观察检查，尺量检查。

7.2.5.64　市政验·厂-62　监控设备检验批质量验收记录

1. 适用范围

本表适用于污水处理厂工程监控设备检验批的质量检查验收。

2. 表内填写提示

监控设备

（1）主控项目

监控设备安装应牢固、端正，符合设计文件要求。

检验方法：尺量检查，检查施工记录。

监控设备的接地安装应符合设计文件要求。

检验方法：观察检查，检查施工记录。

拼接屏的拼接缝应符合设备技术文件要求。

检验方法：观察检查，尺量检查。

模拟屏、拼接屏的安装应牢固可靠。

检验方法：观察检查。

（2）一般项目

拼接屏之间的亮度、色彩不应存在明显色差。

检验方法：观察检查。

摄像机及其配套装置安装应牢固稳定，云台转动应灵活。

检验方法：观察检查，检查试运转记录。

自动跟踪监视器应反应灵敏，移动及时、准确。

检验方法：观察检查，检查试运转记录。

机柜（箱）的安装允许偏差应符合本规范表 9.5.6 的规定。

7.2.5.65 市政验·厂-63 执行机构、调节阀检验批质量验收记录

1. 适用范围

本表适用于污水处理厂工程执行机构、调节阀检验批的质量检查验收。

2. 表内填写提示

执行机构、调节阀

（1）主控项目

执行机构的安装位置应便于观察、操作和维护，安装应牢固、平整，附件齐全，接管接线无误，进出口方向正确。

检验方法：观察检查。

执行机构与操作手轮的“开”和“关”的方向应一致，并有标识。

检验方法：观察检查。

执行机构应正确及时的反映中心控制系统的指令，不应有超出工艺要求的延迟。

检验方法：观察检查，检查试运转记录。

执行机构指示器的开度位置和上传的开度信号应与实际开度相符，调节机构在全开到全关的范围内动作应准确、灵活、平稳，机械传动灵活，无松动和卡涩现象。

检验方法：观察检查，检查试运转记录。

（2）一般项目

执行机构、调节阀安装工程验收时整机应清洁、无锈蚀，漆层平整光亮无脱落。

检验方法：观察检查，检查施工记录。

气动或液压执行机构的连接管道和线路应有伸缩余度，不应妨碍执行机构的动作。

检验方法：观察检查。

电磁阀安装应连接牢固、正确，动作灵活，电磁阀排气口方向应向下。

检验方法：观察检查，检查试运转记录。

气动执行器操作时，应断开手动装置，手动操作时应断开气动装置，保证执行器输出轴与阀杆安装的同轴度，并转动灵活，无爬行现象。

检验方法：观察检查，检查试运转记录。

调节器的正反作用及输出信号特性应符合设计文件要求。

检验方法：观察检查。

7.2.5.66 市政验·厂-64-1 工艺管线检验批质量验收记录（一）

7.2.5.67 市政验·厂-64-2 工艺管线检验批质量验收记录（二）

1. 适用范围

本表适用于污水处理厂工程工艺管线检验批的质量检查验收。

2. 表内填写提示

工艺管线

（1）主控项目

管道基础的承载力、强度、压实度应符合设计文件及国家现行标准《给水排水管道工程施工及验收规范》GB 50268 的相关规定。

检验方法：实测实量，检查施工记录、检测报告。

管道连接应符合下列规定：

1）各类承插口管材的承口、插口应无破损、开裂，承插完成后密封圈位置应正确，不外露，两连接管节的轴线应对正插入，插入深度应符合要求。

检验方法：观察检查，用探尺逐个检查橡胶止水密封圈位置。

2）各类法兰连接管材，两连接管节的法兰压盖的纵向轴线应对正，密封圈位置正确，不外露，连接螺栓终拧扭矩应符合设计文件。

检验方法：观察检查，检查施工记录。

3）混凝土管材采用刚性接口时，接口混凝土强度应符合设计文件要求，且不得有开裂、空鼓、脱落现象。

检验方法：观察检查，检查水泥砂浆试块、混凝土试块的抗压强度试验报告。

4）焊接连接的管道焊缝应饱满、表面平整，不得有裂纹、烧伤、结瘤等现象，进行焊缝检查前应清除焊缝的渣皮、飞溅物。

检验方法：观察检查，检查施工记录。

5）管道接口采用粘接时应牢固，连接件之间应严密、无空隙。

检验方法：观察检查，检查施工记录。

6）化学建材管采用熔焊连接时，焊缝应完整，无缺损和变形现象。

检验方法：用翻边卡尺逐个检查量测，检查施工记录、检测报告。

7）其他管道连接应符合设计文件及相关标准要求。

在管道穿越池体、墙体和楼板处应按设计文件要求设置套管，套管的安装质量应符合设计文件及相关标准规定。

检验方法：观察检查，检查施工记录。

穿墙管及与池体连接管道的安装应符合设计文件和沉降要求。

检验方法：实测实量，检查施工记录。

管道与设备连接部位应牢固、紧密、无泄漏，并符合设计、设备技术文件及相关标准规定。

检验方法：观察检查，检查施工记录。

管道安全放气阀、安全阀安装应符合设计文件要求，并应有明确标识。

检验方法：观察检查，检查施工记录。

管道安装坡度应符合设计文件要求。

检验方法：实测实量，检查施工记录。

（2）一般项目

管道垫层、基础高程及固定支架安装位置应符合设计文件及国家现行标准《给水排水管道工程施工及验收规范》GB 50268 的相关规定。

检验方法：实测实量，检查施工记录。

管道安装的线位应准确、管道线形应直顺，管道中线位置、高程的允许偏差应符合设计及相关标准规定。

检验方法：实测实量，检查施工记录。

焊接及粘接的管道允许偏差应符合设计及相关标准规定。

检验方法：实测实量，检查施工记录。

箱涵管渠的施工质量应符合设计文件及相关标准规定。

检验方法：检查施工记录。

部件安装应平直、不扭曲，表面不应有裂纹、重皮和麻面等缺陷，外圆弧应均匀。

检验方法：观察检查，检查施工记录。

管道的检查井砌筑应灰浆饱满，灰缝平整，抹面坚实，不得有空鼓、裂缝等现象，检查井安装质量应符合设计文件及国家现行标准《给水排水管道工程施工及验收规范》GB 50268 的相关规定。

检验方法：观察检查，检查施工记录。

管道保温、防腐层的结构及材质应符合设计文件及相关标准规定。

检验方法：检查施工记录。

管道阴极保护工程质量应符合设计文件和国家现行标准《埋地钢质管道阴极保护技术规范》GB/T 21448 相关规定。

检验方法：检查施工记录。

非开挖管道工程施工质量应符合设计文件及国家现行标准《给水排水管道工程施工及验收规范》GB 50268 相关规定。

检验方法：检查施工记录。

管道的吹扫与清洗应符合相关标准规定。

检验方法：检查施工记录。

7.2.5.67　市政验·厂-65　配套管线检验批质量验收记录

1. 适用范围

本表适用于污水处理厂工程配套管线检验批的质量检查验收。

2. 表内填写提示

配套管线

厂区内配套管线与外网连接接口应符合下列要求：

1）接口的位置应符合设计及相关标准规定；

2）接口的质量应符合相关标准规定。

检验方法：检查施工记录、检测报告。

内外网连接处的检查井、闸、阀等应符合设计及相关标准规定。

检验方法：观察检查，检查施工记录。

配套管线工程的质量验收除应符合本规范外，还应符合国家现行有关标准的规定。

7.2.5.68　市政验·厂-66　构筑物功能性试验检验批质量验收记录

1. 适用范围

本表适用于污水处理厂工程构筑物功能性试验检验批的质量检查验收。

2. 表内填写提示

构筑物功能性试验

构筑物满水试验应符合设计文件及国家现行标准《给水排水构筑物施工及验收规范》GB 50141 的相关规定。

检验方法：检查试验报告。

消化池等密闭池体应在满水试验合格后做气密性试验，气密性试验应符合设计文件及国家现行标准《给水排水构筑物施工及验收规范》GB 50141 的相关规定。

检验方法：检查试验报告。

7.2.5.69　市政验·厂-67　管线工程功能性试验检验批质量验收记录

1. 适用范围

本表适用于污水处理厂工程管线工程功能性试验检验批的质量检查验收。

2. 表内填写提示

管线工程功能性试验

给水、回用水、污泥以及热力等压力管线应进行水压试验，水压试验应符合设计文件和国家现行标准《给水排水管道工程施工及验收规范》GB 50268 的相关规定。

检验方法：检查试验报告。

沼气、氯气等易燃、易爆、有毒、有害物质的管道必须做强度和严密性试验。

检验方法：检查试验报告。

污水管线、管渠、倒虹吸管等无压管线应做闭水或闭气试验，试验方法应符合设计文件及国家现行标准《给水排水管道工程施工及验收规范》GB 50268 的相关规定。

检验方法：检查施工记录，检查闭水或闭气试验报告。

7.2.5.70　市政验·厂-68　联合试运转检验批质量验收记录

1. 适用范围

本表适用于污水处理厂工程联合试运转检验批的质量检查验收。

2. 表内填写提示

联合试运转

污水、污泥处理设备联合试运转应连续、稳定，工艺过程应符合设计及设备技术文件的要求，运行指标达到工艺要求。

检验方法：观察检查，检查联合试运转记录。

电气设备及系统联合试运转应连续、稳定，运行指标应满足安全要求，供电能力应满足工艺要求，运行状态及数据应显示正常，报警应及时。

检验方法：观察检查，检查联合试运转记录。

自动控制、仪表安装工程联合试运转应连续、稳定；显示数据应与现场情况一致，执行机构动作准确、到位，数据记录完整，形成图表完整；软件画面切换应迅速，报警应及时。

检验方法：观察检查，检查联合试运转记录。

联合试运转应带负荷运行，试运转持续时间应不小于 72 小时，设备应运行正常、性能指标符合设计文件要求。

检验方法：观察检查，检查联合试运转记录。

联合试运转过程中，构（建）筑物及管线工程应安全可靠，污水、污泥等池体、管线无渗漏。

检验方法：观察检查，检查联合试运转记录。

7.2.5.71　市政验·厂-69　其他试验检验批质量验收记录

1. 适用范围

本表适用于污水处理厂工程其他试验检验批的质量检查验收。

2. 表内填写提示

其他试验

沼气柜、罐等压力容器应按结构、密封形式分部位进行气密性试验，焊接和连接应无泄漏、异常变形，气密性试验应符合设计文件及国家现行标准《压力容器》GB 150 的相关规定。

检验方法：检查试验报告。

设备、管道、构（建）筑物防腐的试验检测应符合设计文件及相关标准规定。

检验方法：检查试验报告。

管道、构筑物阴极保护系统的试验检测应符合设计文件及国家现行标准《埋地钢质管道阴极保护技术规范》GB/T 21448 的相关规定。

检验方法：检查试验报告。

厂区配套工程涉及的功能性试验应符合设计文件及相关标准规定。

检验方法：检查试验报告。

7.2.6　照明工程

1. 工程质量检验表是城市道路照明工程建设、施工、监理单位在工程施工阶段工程质量的技术文件。做好这项工作，有利于规范工程建设实施过程管理，有利于保证工程施工质量监管。

2. 工程质量检查数量：

（1）每项工程质量检验不少于5个检测点，不足5个点全数检查；

（2）工程量较大时，按每项工程里程段进行各工程质量检验；

（3）变压器、箱式变、配电柜（箱）、高（中）杆灯的接地电阻检测应全部测试。

3. 保证项目应检查该工程设计是否符合本规程规定，采用的道路照明器材型号、规格是否符合设计要求。

4. 基本项目的检查验收和检验评价：

（1）观察道路照明设施外观质量是否符合本规程要求；

（2）有规定数值的项目用尺量或仪器检查；

（3）隐蔽工程项目查隐蔽工程记录，必要时可开挖、打开设备进行抽检；

（4）检测点有检测数量值的，应将检测值如实填报；

（5）表中“测点”栏内应填写所测的灯杆、变压器、箱变、配电柜（箱）、工作井编号，电缆线路所在道路的桩号；

（6）质量检验情况的评价：

1）完全符合本规程的施工质量标准为合格；

2）与本规程质量标准稍有偏差，不影响正常运行为合格；

3）与本规程质量有偏差，会影响正常运行为不合格。

5. 允许偏差项目每个测点所测数据必须如实填报。

6. 检查验收结论：

（1）基本项目综合评价意见：全部符合各项规定要求，其中合格率达80%及以上为合格工程；

（2）允许偏差项目评价意见：抽检点在相应检验评定标准的允许偏差范围内即为合格。

7.2.6.1　市政验·照-1　变压器、箱式变电站安装工程质量检验表

1. 适用范围

本表适用于道路照明工程的变压器、箱式变电站安装工程质量检验。

2. 表内填写提示

（1）一般规定

变压器、箱式变电站安装环境宜符合下列条件：

1）环境温度：最高气温+40℃（地下式变压器+50℃），最高日平均气温+30℃，最高年平均气温+20℃，最低气温−30℃；

2）当空气温度为+25℃时，相对湿度不应超过90%；

3）海拔高度1000m及以下。

道路照明专用变压器、箱式变电站的设置应考虑以下因素：

1）宜设置在道路的城市电力通道一侧，便于高、低压电缆及保护管的进出；

2）应避开具有火灾、爆炸、化学腐蚀及剧烈振动等潜在危险的环境，通风良好；

3）应设置在不易积水处。当设置在地势低洼处，应抬高基础或采取防水、排水措施；

4）设置地点四周宜有足够的维护空间，并应避让地下设施；

5）对景观要求较高、用地紧张的地段宜采用地下式变电站。

设备到达现场后，应及时进行外观检查，并应符合下列规定：

1）不得有机械损伤，附件齐全，各组合部件无松动和脱落，标识、标牌准确完整；

2）油浸式变压器，密封应良好，无渗漏现象；

3）地下式变电站箱体全密封，防水良好，防腐保护层完整，无破损现象；高、低压电缆引入、引出线无磨损、折伤痕迹，电缆终端头封头完整；

4）箱式变电站内部电器部件及连接无损坏。

变压器、箱式变电站安装前，技术文件未规定必须进行器身检查的，可不进行器身检查。当需要进行器身检查时，应符合下列环境条件：

1）周围空气温度不宜低于0℃，器身温度不应低于环境温度，当器身温度低于环境温度时，应将器身加热，宜使其温度高于环境温度10℃；

2）当空气相对湿度小于75%时，器身暴露在空气中的时间不得超过16h；

3）空气相对湿度或露空时间超过规定时，必须采取相应的可靠措施；

4）器身检查时，场地四周应保持清洁并有防尘措施；雨雪天或雾天不应在室外进行。

器身检查的主要项目和要求应符合下列规定：

1）所有螺栓应紧固，并有防松措施，绝缘螺栓应无损坏，防松绑扎完好；

2）铁芯应无变形，无多点接地；

3）绕组绝缘层应完整，无缺损、变位现象；

4）引出线绝缘包扎牢固，无破损、拧弯现象；引出线绝缘距离应合格，引出线与套管的连接应牢靠，接线正确。

干式变压器在运输途中应有防雨和防潮措施。存放时，应置于干燥的室内。

变压器到达现场后，当超出三个月未安装时应加装吸湿器，并应进行下列检测工作：

1）检查油箱密封情况；

2）测量变压器内油的绝缘强度；

3）测量绕组的绝缘电阻。

变压器投入运行前应按现行国家标准《电力变压器　第1部分：总则》GB 1094.1要求进行试验并合格，投入运行后连续运行24h无异常即可视为合格。

（2）变压器

室外变压器安装方式宜采用柱上台架式安装，并应符合下列规定：

1）柱上台架所用铁件必须热镀锌，台架横担水平倾斜不应大于5mm；

2）变压器在台架平稳就位后，应采用直径4mm镀锌铁丝在变压器油箱上法兰下面部位将变压器与两杆捆扎固定；

3）柱上变压器应在明显位置悬挂警告牌；

4）柱上变压器台架距地面宜为3m，不得小于2.5m；

5）变压器高压引下线、母线应采用多股绝缘线，宜采用铜线，中间不得有接头。其导线截面应按变压器额定电流选择，铜线不应小于$16mm^2$，铝线不应小于$25mm^2$；

6）变压器高压引下线、母线之间的距离不应小于0.3m；

7）在带电的情况下，便于检查油枕和套管中的油位、油温、继电器等。

柱上台架的混凝土杆应符合本规程中架空线路部分的相关要求，并且双杆基坑埋设深度一致，两杆中心偏差不应超过±30mm。

跌落式熔断器安装应符合下列规定：

1）熔断器转轴光滑灵活，铸件和瓷件不应有裂纹、砂眼、锈蚀，熔丝管不应有吸潮膨胀或弯曲现象，操作灵活可靠，接触紧密并留有一定的压缩行程；

2）安装位置距离地面应为5m，熔管轴线与地面的垂线夹角为15°～30°。熔断器水平相间距离不小于0.7m。在有机动车行驶的道路上，跌落式熔断器应安装在非机动车道侧；

3）熔丝的规格应符合设计要求，无弯曲、压扁或损伤，熔体与尾线应压接牢固。

柱上变压器试运行前应进行全面的检查，确认其符合运行条件时，方可投入试运行。检查项目应符合下列规定：

1）本体及所有附件应无缺陷，油浸变压器不渗油；

2）轮子的制动装置应牢固；

3）油漆应完整，相色标志正确清晰；

4）变压器顶部上应无遗留杂物；

5）消防设施齐全，事故排油设施应完好；

6）油枕管的油门应打开，且指示正确，油位正常；

7）防雷保护设备齐全，外壳接地良好，接地引下线及其与主接地网的连接应满足设计要求；

8）变压器的相位绕组的接线组别应符合并网运行要求；

9）测温装置指示应正确，整定值应符合要求；

10）保护装置整定值应符合规定，操作及联动试验正确。

吊装油浸式变压器应利用油箱体吊钩，不得用变压器顶盖上盘的吊环吊装整台变压器；吊装干式变压器，可利用变压器上部钢横梁主吊环吊装。

变压器附件安装应符合下列规定：

1）油枕应牢固安装在油箱顶盖上，安装前应用合格的变压器油冲洗干净，除去油污，防水孔和导油孔应畅通，油标玻璃管应完好；

2）干燥器安装前应检查硅胶是否变色失效，如已失效应在115～120℃温度烘烤8h，使其复原或更新。安装时必须将呼吸器盖子上橡皮垫去掉，并在下方隔离器中装适量变压器油。确保管路连接密封、管道畅通；

3）温度计安装前均应进行校验，确保信号接点动作正确，温度计座内或预留孔内应加注适量的变压器油，且密封良好，无渗漏现象。闲置的温度计座应密封，不得进水。

变压器本体就位应符合下列规定：

1）变压器基础的轨道应水平，轮距与轨距应适合；

2）当使用封闭母线连接时，应使其套管中心线与封闭母线安装中心线相符；

3）装有滚轮的变压器就位后应将滚轮用能拆卸的制动装置加以固定。

变压器绝缘油应按《电气装置安装工程电气设备交接试验标准》GB 50150的规定试验合格后，方可注入使用；不同型号的变压器油或同型号的新油与运行过的油不宜混合使用。需要混合时，必须做混油试验，其质量必须合格。

变压器应按设计要求进行高压侧、低压侧电器连接；当采用硬母线连接时，应按硬母线制作技术要求安装；当采用电缆连接时，应按电缆终端头制作技术要求制作安装。

（3）箱式变电站

箱式变电站基础应比地面高0.2m以上，尺寸应符合设计要求，结构宜采用带电缆室的的现浇混凝土或砖砌结构，混凝土标号不应小于C20；电缆室应采取防止小动物进入的措施；应视地下水位及周边排水设施采取适当防水、排水措施。

箱式变电站基础内的接地装置应随基础主体一同施工，箱体内应设置接地（PE）排和零（N）排。PE排与箱内所有元件的金属外壳连接，并有明显的接地标志，N排与变压器中性点及各输出电缆的N线连接。在TN系统中，PE排与N排的连接导体不小于16mm^{2}铜线。接地端子所用螺栓直径不应小于12mm。

箱式变电站起重吊装应利用箱式变电站专用吊装机构。吊装施工应符合《起重机械安全规程》相关规定。

箱式变电站内应在明显部位张贴本变电站的一、二次回路接线图，接线图应清晰、准确。

引出电缆每一回路标志牌应标明：电缆型号、回路编号、电缆走向等内容，并经久耐用、字体清晰、工整、不易退色。

引出电缆芯线排列整齐，固定牢固，使用的螺栓、螺母宜采用不锈钢材质，每个接线端子接线不应超过两根。

箱体引出电缆芯线与接线端子连接处宜采用专门的电缆护套保护，引出电缆孔应采取有效的封堵措施。

二次回路和控制线应配线整齐、美观，无损伤，并采用标准接线端子排，每个端子应有编号，接线不应超过两根线芯。不同型号规格的导线不得接在同一端子上。

二次回路和控制线成束绑扎时，不同电压等级、交直流线路及监控控制线路应分别绑扎，且有标识；固定后不应影响各电器设备的拆装和更换。

箱式变电站应设置围栏，围栏应牢固、美观，宜采用耐腐蚀、机械强度高的材质。箱式变电站与设置的围栏周围应设专门的检修通道，宽度不应小于 0.8m。箱式变电站四周应设置警告或警示标牌。

箱式变电站安装完毕送电投运前应进行检查，并应符合下列规定：

1）箱内及各元件表面应清洁、干燥、无异物；

2）操作机构、开关等可动元器件应灵活、可靠、准确。对装有温度显示、温度控制、风机凝露控制等装置的设备，应根据电气性能要求和安装使用说明书进行检查；

3）所有主回路、接地回路及辅助回路接点应牢固，并应符合电气原理图的要求；

4）变压器、高（低）压开关柜及所有的电器元件设备安装螺栓应紧固；

5）辅助回路的电器整定值应准确，仪表与互感器的变比及接线极性应正确，所有电器元件应无异常。

箱式变电站运行前应做下列试验：

1）变压器应按现行国家标准《电力变压器　第 1 部分：总则》GB 1094.1 要求进行试验并合格；

2）高压开关设备运行前应进行工频耐压试验，试验电压应为高压开关设备出厂试验电压的 80%，试验时间应为 1min；

3）低压开关设备运行前应采用 500V 兆欧表测量绝缘电阻，阻值不应低于 0.5MΩ；

4）低压开关设备运行前应进行通电试验。

（4）地下式变电站

地下式变电站绝缘、耐热、防护性能应符合下列规定：

1）变压器绕组绝缘材料耐热等级达 B 级及以上；

2）绝缘介质、地坑内油面温升和绕组温升应符合现行国家标准《电力变压器　第 1 部分：总则》、《地下式变压器》JB/T 10544 要求；

3）设备应为全密封防水结构，防护等级 IP68；

4）高低压电缆连接采用双层密封，可浸泡在水中运行。

地下式变电站应具备自动感应和手动控制排水系统，应具备自动散热系统及温度监测系统。

地下式变电站地坑的开挖应符合设计要求，地坑面积大于箱体占地面积的 3 倍，地坑内混凝土基础长、宽分别大于箱体底边长、宽的 1.5 倍；承重大于箱式变电站自身重量的 5 倍。

地坑施工时应对四周已有的建（构）筑物、道路、管线的安全进行监测，开挖时产生的积水，应按要求把积水抽干，确保施工质量和安全。吊装地下式变压器，应同时使用箱沿下方的四个吊拌，吊拌可以承受变压器总重量，绳与垂线的夹角不大于 30°。

地坑上盖宜采用热镀锌钢板或钢筋混凝土浇制，并留有检修门孔。

地下式变电站送电前应进行检查，并应符合下列规定：

1）顶盖上无遗留杂物，分接头盖封闭紧固；

2）箱体密封良好，防腐保护层完整无损，接地可靠，无裸露金属现象；

3）高、低压电缆与所要连接电缆及电器设备连接线相位正确，接线可靠、不受力。外层护套完整、防水性能良好；

4）监测系统和电压分接头接线正确；

5）地上设施完整，井口、井盖、通风装置等安全标识明显。

（5）工程交接验收

变压器、箱式变电站安装工程交接验收应按下列要求进行检查：

1）变压器、箱式变电站等设备、器材应符合规定，无机械损伤；

2）变压器、箱式变电站应安装正确、牢固，防雷、接地等安全保护合格、可靠；

3）变压器、箱式变电站应在明显位置设置符合规定的安全警告标志牌；

4）地下式变电站密封、防水良好；

5）变压器各项试验合格，油漆完整，无渗漏油现象，分接头接头位置符合运行要求，器身无遗留物；

6）各部接线正确、整齐，安全距离和导线截面符合设计规定；

7）熔断器的熔体及自动开关整定值符合设计要求；

8）高、低压一、二次回路和电气设备等应标注清晰、正确。

变压器、箱式变电站安装工程交接验收应提交下列资料和文件：

1）工程竣工资料；

2）变更设计的文件；

3）制造厂提供的产品说明书、试验记录、合格证件及安装图纸等技术文件；

4）安装记录、器身检查记录等；

5）具备国家检测资质的机构出具的变压器、避雷器、高（低）压开关等设备的检验试验报告；

6）备品备件移交清单。

7.2.6.2　市政验·照-2　配电装置与控制工程质量检验表

1. 适用范围

本表适用于道路照明工程的配电装置与控制安装工程质量检验。

2. 表内填写提示

（1）配电室

配电室的位置应接近负荷中心及电源侧，宜设在尘少、无腐蚀、无振动、干燥、进出线方便的地方，并符合《10kV及以下变电所设计规范》GB 50053的相关规定。

配电室的耐火等级不应小于三级，屋顶承重的构件耐火等级不应小于二级。其建筑工程质量，应符合国家现行建筑工程施工及验收规范中的有关规定。

配电室门应向外开启，门锁牢固可靠。相邻配电室之间有门时，应采用双向开启门。

配电室宜设不能开启的自然采光窗，应避免强烈日照，高压配电室窗台距室外地坪不宜低于1.8m。

配电室内有采暖时，暖气管道上不应有阀门和中间接头，管道与散热的连接应采用焊接。严禁通过与其无关的管道和线路。

配电室应设置防雨、雪和小动物进入的防护设施。

配电室内空间宜留有适当数量配电装置的备用位置。

配电室内电缆沟深度宜为0.6m，电缆沟盖板宜采用热镀锌花纹钢板盖板或钢筋混凝土盖板。电缆沟应有防水、排水措施。

配电室的架空进出线应采用绝缘导线，进户支架对地距离不应小于2.5m，导线穿越墙体时应采用绝缘套管。

配电设备安装投入运行前，建筑工程应符合下列要求：

1）建筑物、构筑物应具备设备进场安装条件，变压器、配电柜等基础、构架、预埋件、预留孔等应符合设计要求，室内所有金属构件都应热镀锌处理；

2）门窗、通风及消防设施安装完毕，屋面无渗漏现象；

3）室内外场地平整、干净，保护性网门、栏杆等安全设施齐全；

4）油浸式变压器蓄油坑清理干净，排油、水管道畅通，卵石铺设完毕；

5）投运后无法进行的装饰工作，以及影响运行安全工作的施工全部完成。

（2）配电柜（箱、屏）安装

在同一配电室内单列布置高、低压配电装置时，高压配电柜和低压配电柜的顶面封闭外壳防护等级符合 IP2X 级时，两者可靠近布置。高压配电柜顶为裸母线分段时，两段母线分段处宜装设绝缘隔板，其高度不应小于 0.3m。

高压配电装置在室内布置时四周通道最小宽度，应符合表 3.2.2 的规定。

高压配电装置在室内布置时通道最小宽度（m）　　表 3.2.2

配电柜布置方式	柜后维护通道	柜前操作通道	
		固定式	手车式
单排面对［AI］布置	0.8	1.5	单车长度+1.2
双排面对（面）布置	0.8	2.0	双车长度+0.9
双排背对（背）布置	1.0	1.5	单车长度+1.2

注：① 固定式开关为靠墙布置时，柜后与墙净距应大于 0.05m，侧面与墙净距应大于 0.2m；

② 通道宽度在建筑物的墙面遇有柱类局部凸出时，凸出部位的通道宽度可减少 0.2m；

③ 各种布置方式，其屏端通道不应小于 0.8m。

低压配电装置在室内布置时四周通道的宽度，应符合表 3.2.3 的规定：

低压配电装置在室内布置时通道最小宽度（m）　　表 3.2.3

配电柜布置方式	柜前通道	柜后通道	柜左右两侧通道
单列布置时	1.5	0.8	0.8
双列布置时	2.0	0.8	0.8

当电源从配电柜（屏）后进线，并在墙上设隔离开关及其手动操作机构时，柜（屏）后通道净宽不应小于 1.5m，当柜（屏）背后的防护等级为 IP2X，可减为 1.3m。

配电柜（屏）的基础型钢安装允许偏差应符合表 3.2.5 的规定。基础型钢安装后，其顶部宜高出抹平地面 10mm；手车式成套柜应按产品技术要求执行。基础型钢应有明显可靠的接地。

配电柜（屏）的基础型钢安装的允许偏差　　表 3.2.5

项　目	允　许　偏　差	
	mm/m	mm/全长
直线度	<1	<5
水平度	<1	<5
位置误差及不平行度	—	<5

配电柜（箱、屏）安装在振动场所，应采取防振措施。设备与各构件间连接应牢固。主控制盘、分路控制盘、自动装置盘等不宜与基础型钢焊死。

配电柜（箱、屏）单独或成列安装的允许偏差应符合表 3.2.7 的规定。

配电柜（箱、屏）安装的允许偏差　　表 3.2.7

项目		允许偏差（mm）
垂直度（m）		<1.5
水平偏差	相邻两盘顶部	<2
	成列盘顶部	<5
盘面偏差	相邻两盘边	<1
	成列盘面	<5
柜间接缝		<2

配电柜（箱、屏）的柜门应向外开启，装有电器的可开启的门应以裸铜软线与接地的金属构架可靠连接。柜体内应装有供检修用的接地连接装置。

配电柜（箱、屏）的安装应符合下列规定：

1）机械闭锁、电气闭锁动作应准确、可靠；

2）动、静触头的中心线应一致，触头接触紧密；

3）二次回路辅助切换接点应动作准确，接触可靠；

4）柜门和锁开启灵活，应急照明装置齐全。

5）柜体进出线孔洞应做好封堵。

6）控制回路应留有适当的备用回路。

配电柜（箱、屏）的漆层应完整无损伤。安装在同一室内的配电柜（箱、屏）其盘面颜色宜一致。

室外配电箱应有足够强度，箱体薄弱位置应增设加强筋，在起吊、安装中防止变形和损坏。箱顶应有一定落水斜度，通风口应按防雨型制作。

落地配电箱基础应用砖砌或混凝土预制，标号不得低于 C20，基础尺寸应符合设计要求，基础平面应高出地面 200mm。进出电缆应穿管保护，并留有备用管道。

配电箱的接地装置应与基础同步施工，并应符合本规程 6.3 的相关规定。

配电箱体宜采用喷塑、热镀锌处理，所有箱门把手、锁、铰链等均应用防锈材料，并应具有相应的防盗功能。

杆上配电箱箱底至地面高度不应低于 2.5m，横担与配电箱应保持水平，进出线孔应设在箱体侧面或底部，所有金属构件应热镀锌。

配电箱应在明显位置悬挂安全警示标志牌。

（3）配电柜（箱、屏）电器安装

电器安装应符合下列规定：

1）型号、规格应符合设计要求，外观完整，附件齐全，排列整齐，固定牢固；

2）各电器应能单独拆装更换，不影响其他电器和导线束的固定；

3）发热元件宜安装在散热良好的地方；两个发热元件之间的连线应采用耐热导线或裸铜线套瓷管；

4）信号灯、电铃、故障报警等信号装置工作可靠，各种仪器仪表显示准确，应急照明设施完好；

5）柜面装有电气仪表设备或其他有接地要求的电器其外壳应可靠接地；柜内应设置零（N）排、接地保护（PE）排，并应有明显标识符号；

6）熔断器的熔体规格、自动开关的整定值应符合设计要求。

配电柜（箱、屏）内两导体间、导电体与裸露的不带电的导体间允许最小电气间隙及爬电距离应符合表 3.3.2 的规定。裸露载流部分与未经绝缘的金属体之间，电气间隙不得小于 12mm，爬电距离不得小于 20mm。

允许最小电气间隙及爬电距离（mm）　　表 3.3.2

额定电压（V）	带电间隙		爬电距离	
	额定工作电流		额定工作电流	
	≤63A	>63A	≤63A	>63A
U≤60	3.0	5.0	3.0	5.0
60<U≤300	5.0	6.0	6.0	8.0
300<U≤500	8.0	10.0	10.0	12.0

引入柜（箱、屏）内的电缆及其芯线应符合下列规定：

1）引入柜（箱、屏）内的电缆应排列整齐、避免交叉、固定牢靠，电缆回路编号清晰；

2）铠装电缆在进入柜（箱、屏）后，应将钢带切断，切断处的端部应扎紧，并应将钢带接地；

3）橡胶绝缘芯线应采用外套绝缘管保护；

4）柜（箱、屏）内的电缆芯线应按横平竖直有规律地排列，不得任意歪斜交叉连接。备用芯线长度应有余量。

（4）二次回路结线

端子排的安装应符合下列规定：

1）端子排应完好无损，排列整齐、固定牢固、绝缘良好；

2）端子应有序号，并应便于更换且接线方便；离地高度宜大于 350mm；

3）强、弱电端子宜分开布置；当有困难时，应有明显标志并设空端子隔开或加设绝缘板；

4）潮湿环境宜采用防潮端子；

5）接线端子应与导线截面匹配，严禁使用小端子配大截面导线；

6）每个接线端子的每侧接线宜为 1 根，不得超过 2 根。对插接式端子，不同截面的两根导线不得接在同一端子上，对螺栓连接端子，当接两根导线时，中间应加平垫片。

二次回路结线应符合下列规定：

1）应按图施工，接线正确；

2）导线与电气元件均应采用铜质制品，螺栓连接、插接、焊接或压接等均应牢固可靠，绝缘件应采用阻燃材料；

3）柜（箱、屏）内的导线不应有接头，导线绝缘良好、芯线无损伤；

4）导线的端部均应标明其回路编号，编号应正确，字迹清晰且不宜退色；

5）配线应整齐、清晰、美观；

6）强、弱电回路不应使用同一根电缆，应分别成束分开排列。二次接地应设专用螺栓。

配电柜（箱、屏）内的配线电流回路应采用铜芯绝缘导线，其耐压不应低于 500V，其截面不应小于 2.5mm^2，其他回路截面不应小于 1.5mm^2；当电子元件回路、弱电回路采取锡焊连接时，在满足载流量和电压降及有足够机械强度的情况下，可采用不小于 0.5mm^{2}截面的绝缘导线。

对连接门上的电器、控制面板等可动部位的导线应符合下列规定：

1）应采取多股软导线，敷设长度应有适当裕度；

2）线束应有外套塑料管等加强绝缘层；

3）与电器连接时，端部应加终端紧固附件绞紧，不得松散、断股；

4）在可动部位两端应用卡子固定。

（5）路灯控制系统

路灯控制模式宜采用具有光控和时控相结合的智能控制器和远程监控系统等。

路灯开灯时的天然光照度水平宜为 15lx；关灯时的天然光照度水平、快速路和主干路宜为 30lx，次干路和支路宜为20lx。

路灯控制器应符合下列规定：

1）工作电压范围宜为180～250V；

2）照度调试范围应为0～50lx，在调试范围内应无死区；

3）时间精度应小于±1s/d；

4）应具有分时段控制开、关功能；

5）工作温度范围宜为－35～65℃；

6）防水防尘性能应符合国家标准《外壳防护等级（IP代码）》GB 4208的规定；

7）性能可靠，操作简单，易于维护，具有较强的抗干扰能力，存储数据不丢失。

城市道路照明监控系统应具有经济性、可靠性、兼容性和拓展性，具备系统容量大、通信质量好、数据传输速率快、精确度高、覆盖范围广等能力。宜采用无线公网通信方式。

监控系统终端采用无线专网通信方式，应具有智能路由中继能力，以扩展无线通信系统的覆盖范围，路由方案可调，可以实现灵活的通信组网方案。同时，实现数/话通信的兼容设计。

监控系统功能应具备：功能齐全、实用，可根据不同功能需求实现群控、组控，自动或手动巡测、选测各种电参数的功能。并能自动检测系统的各种故障，发出语音声光、防盗等相应的报警，系统误报率应小于1%。

智能终端应满足对电压、电流、用电量等电参数的采集需求，并有对采集的各种数据进行分析、运算、统计、处理、存储、显示的功能。

监控系统具有软、硬件相结合的防雷、抗干扰多重保护措施，确保监控设备运行的可靠性。

监控系统具有运行稳定、安装方便、调试简单、系统操作界面直观、可维护性强等特点。

城市照明监控系统无线发射塔设计应符合《钢结构设计规范》GB 50017。

发射塔应符合下列规定：

1）塔的金属构件必须全部热镀锌；

2）接地装置应符合《电气装置安装工程接地装置施工及验收规范》GB 50169要求，接地电阻不应大于10Ω；

3）避雷装置设计应符合GB/T 5006—2014要求，避雷针的设置应确保监控系统在其保护范围之内。

（6）工程交接验收

配电装置与控制工程交接验应按下列要求进行检查：

1）配电柜（箱、屏）的固定及接地应可靠，漆层完好，清洁整齐；

2）配电柜（箱、屏）内所装电器元件应齐全完好，绝缘合格，安装位置正确、牢固；

3）所有二次回路接线应准确，连接可靠，标志清晰、齐全；

4）操作及联动试验应符合设计要求；

5）路灯控制系统操作简单、运行稳定，系统操作界面直观清晰。

配电装置与控制工程交接验收应提交下列资料和文件：

1）工程竣工资料；

2）设计变更文件；

3）产品说明书、试验记录、合格证及安装图纸等技术文件；

4）备品备件清单；

5）调试试验记录。

7.2.6.3　市政验·照-3　架空线路工程质量检验表

1. 适用范围

本表适用于道路照明工程的架空线路工程质量检验。

2. 表内填写提示

（1）电杆与横担

基坑施工前的定位应符合下列规定：

1）直线杆顺线路方向位移不得超过设计档距的3%；直线杆横线路方向位移不得超过50mm；

2）转角杆、分支杆的横线路、顺线路方向的位移均不得超过50mm；

电杆基坑深度应符合设计规定，设计无规定时，应符合下列规定：

1）对一般土质，电杆埋深应符合表4.1.2的规定。对特殊土质或无法保证电杆的稳固时，应采取加卡盘、围桩、打人字拉线等加固措施；

2）电杆基坑深度的允许偏差应为+100mm、-50mm；

3）基坑回填土应分层夯实，每回填500mm夯实一次。地面上宜设不小于300mm的防沉土台。

电杆埋设深度（m） **表4.1.2**

杆长	8	9	10	11	12	13	15
埋深	1.5	1.6	1.7	1.8	1.9	2.0	2.3

电杆安装前应检查外观质量，且应符合下列规定：

1）环形钢筋混凝土电杆

A. 表面应光洁平整，壁厚均匀，无露筋、跑浆、硬伤等缺陷；

B. 电杆应无纵向裂缝，横向裂缝的宽度不得超过0.1mm，长度不得超过电杆周长的1/3（环形预应力混凝土电杆，要求不允许有纵向裂缝和横向裂缝）；杆身弯曲度不得超过杆长的1/1000。杆顶应封堵。

2）钢管电杆

A. 应焊缝均匀，无漏焊。杆身弯曲度不得超过杆长的2/1000；

B. 应热镀锌，镀锌层应均匀无漏镀，其厚度不得小于65μm。

电杆立好后应正直，倾斜程度应符合下列规定：

1）直线杆的倾斜不得大于杆梢直径的1/2；

2）转角杆宜向外角预偏，紧好线后不得向内角倾斜，其杆梢向外角倾斜不得大于杆梢直径；

3）终端杆宜向拉线侧预偏，紧好线后不得向受力侧倾斜，其杆梢向拉线侧倾斜不得大于杆梢直径。

线路横担应为热镀锌角钢，高压横担的角钢不得小于∠63×6；低压横担的角钢不得小于∠50×5。

线路单横担的安装应符合下列规定：

1）直线杆应装于受电侧；分支杆、十字型转角杆及终端杆应装于拉线侧；

2）横担安装应平整，端部上下偏差不得大于20mm，偏支担端部应上翘30mm；

3）导线为水平排列时，最上层横担距杆顶：高压担不得小于300mm；低压担不得小于200mm。

同杆架设的多回路线路，横担之间的垂直距离不得小于表4.1.7的规定。

横担之间的最小垂直距离（mm） **表4.1.7**

架设方式及电压等级	直线杆		分支杆或转角杆	
	裸导线	绝缘线	裸导线	绝缘线
高压于高压	800	500	450/600	200/300
高压于低压	1200	1000	1000	—
低压与低压	600	300	300	200

架设铝导线的直线杆，导线截面在240mm²及以下时，可采用单横担；终端杆、耐张杆/断连杆，

导线截面在 50mm²及以下时可用单横担，导线截面在 70mm²及以上时可用抱担；采用针式绝缘子的转角杆，角度在 15°～30°时，可用抱担，角度在 30°～45°时，可用抱担断连型；角度在 45°时，可用十字型双层抱担。

安装横担，各部位的螺母应拧紧。螺杆丝扣露出长度，单螺母不得少于两个螺距，双螺母可与螺母持平。螺母受力的螺栓应加弹簧垫或用双母，长孔必须加垫圈，每端加垫不得超过 2 个。

(2) 绝缘子与拉线

绝缘子及瓷横担安装前应进行质量检查，且应符合下列规定：

1) 瓷件与铁件组合紧密无歪斜，铁件镀锌良好无锈蚀、硬伤；

2) 瓷釉光滑，无裂痕、缺釉、斑点、烧痕、气泡等缺陷；

3) 弹簧销、弹簧垫完好，弹力适宜；

4) 绝缘电阻符合设计要求。

绝缘子安装应符合下列规定：

1) 安装时应清除表面污垢和各种附着物；

2) 安装应牢固，连接可靠，与电杆、横担及金具无卡压现象；

3) 悬式绝缘子裙边与带电部位的间隙不得小于 50mm，固定用弹簧销子、螺栓应由上向下穿；闭口销子和开口销子应使用专用品。开口销子的开口角度应为 30°～60°。

拉线安装的一般规定：

1) 终端杆、丁字杆及耐张杆的承力拉线应与线路方向的中心线对正；分角拉线应与线路分角线方向对正。防风拉线应与线路方向垂直。拉线应受力适宜，不得松弛，繁华地区宜加装绝缘子或采用绝缘钢绞线；

2) 拉线抱箍应安装在横担下方，靠近受力点。拉线与电杆的夹角宜为 45°，受环境限制时，可调整夹角，但不得小于 30°；

3) 拉线盘的埋深应符合设计要求，拉线坑应有斜坡，使拉线棒与拉线成一直线，并与拉线盘垂直。拉线棒与拉线盘的连接应使用双螺母并加专用垫。拉线棒露出地面宜为 500mm～700mm。回填土应每回填 500mm 夯实一次，并宜设防沉土台；

4) 同杆架设多层导线时，宜分层设置拉线，各条拉线的松紧程度应一致；

5) 在有人员、车辆通行场所的拉线，应装设具有醒目标识的防护管；

6) 制作拉线的材料可用镀锌钢绞线、聚乙烯绝缘钢绞线，以及直径不小于 4.0mm 且不少于三股绞合在一起的镀锌铁线。

拉线穿越带电线路时，距带电部位不得小于 200mm，且必须加装绝缘子或采取其他安全措施。拉线绝缘子自然悬垂时，距地面不得小于 2.5m。

跨越道路的横向拉线与拉线杆的安装应符合下列规定：

1) 拉线杆埋深不得小于杆长的 1/6；

2) 拉线杆应向受力的反方向倾斜 10°～20°；

3) 拉线杆与坠线的夹角不得小于 30°；

4) 坠线上端固定点距拉线杆顶部宜为 250mm；

5) 横向拉线距车行道路面的垂直距离不得小于 6m。

采用 UT 形线夹及楔形线夹固定安装拉线，应符合下列规定：

1) 安装前丝扣上应涂润滑剂；

2) 安装不得损伤线股，线夹凸肚应在尾线侧，线夹舌板与拉线接触应紧密，受力后无滑动现象；

3) 拉线尾线露出楔形线夹宜为 200mm，并用直径 2mm 的镀锌铁线与拉线主线绑扎 20mm；UT 形线夹尾线露出线夹宜为 300mm～500mm，并用直径 2mm 的镀锌铁线与拉线主线绑扎 40mm；

4) 当同一组拉线使用双线夹时，其尾线端的方向应一致；

5）拉线紧好后，UT 形线夹的螺杆丝扣露出长度不宜大于 20mm，双螺母应并紧。

采用绑扎固定拉线应符合下列规定：

1）拉线两端应设置心形环；

2）拉线绑扎应采用直径不小于 3.2mm 的镀锌铁线。绑扎应整齐、紧密，绑完后将绑线头拧 3～5 圈小瓣压倒。拉线最小绑扎长度应符合表 4.2.7 的规定。

拉线最小绑扎长度　　表 4.2.7

钢绞线截面（mm^2）	上段（mm）	中段（拉线绝缘子两端）（mm）	下段（mm）		
			下端	花缠	上端
25	200	200	150	250	80
35	250	250	200	250	80
50	300	300	250	250	80

（3）导线架设

导线展放应符合下列规定：

1）导线在展放过程中，应进行导线外观检查，不得有磨损、断股、扭曲、金钩等现象；

2）放、紧线过程中，应将导线放在铝制或塑料滑轮的槽内，导线不得在地面、杆塔、横担、架构、瓷瓶或其他物体上拖拉；

3）展放绝缘线宜在干燥天气进行，气温不宜低于－10℃。

导线损伤补修的处理应符合现行国家标准《电气装置安装工程 66kV 及以下架空电力线路施工及验收规范》GB 50173 的规定。对绝缘导线绝缘层的损伤处理应符合下列规定：

1）绝缘层损伤深度超过绝缘层厚度的 10%，应进行补修；

2）可用自粘胶带缠绕，将自粘胶带拉紧拽窄至带宽的 2/3，以叠压半边的方法缠绕，缠绕长度宜超出损伤部位两端各 30mm；

3）补修后绝缘自粘胶带的厚度应大于绝缘层损伤深度，且不少于两层；

4）一个档距内，每条绝缘线的绝缘损伤补修不宜超过 3 处。

导线承力连接的一般规定：

1）不同金属、不同规格、不同绞向的导线严禁在档距内连接；

2）架空线路在同一档内，同一根导线上的接头不得超过一个；

3）导线接头距导线固定点不得小于 0.5m。

导线紧线应符合下列规定：

1）导线弧垂应符合设计规定，允许误差为±5%。设计无规定时，可根据档距、导线材质、导线截面和环境温度查阅弧垂表确定弧垂值；

2）架设新导线宜对导线的塑性伸长，采用减小弧垂法进行补偿，弧垂减小的百分数为：铝绞线 20%；钢芯铝绞线为 12%；铜绞线 7%～8%；

3）导线紧好后，同档内各相导线的弧垂应一致，水平排列的导线弧垂相差不得大于 50mm。

导线固定的一般规定：

1）导线的固定应牢固；

2）绑扎应选用与导线同材质的直径不得小于 2.5mm 的单股导线做绑线。绑扎应紧密、平整；

3）裸铝导线在绝缘子或线夹上固定应紧密缠绕铝包带，缠绕长度应超出接触部位 30mm。铝包带的缠绕方向应与外层线股的绞制方向一致。

导线在针式绝缘子上固定应符合下列规定：

1）直线杆：导线应固定在绝缘子的顶槽内。低压裸导线可固定在绝缘子靠近电杆侧的颈槽内；

2）直线转角杆：导线应固定在绝缘子转角外侧的颈槽内；

3）直线跨越杆：导线应双固定，主导线固定处不得受力出角；

4）固定低压导线可绑扎单十字，固定高压导线应绑扎双十字。

导线在蝶式绝缘子上固定应符合下列规定：

1）导线套在绝缘子上的套长，以不解套即可摘掉绝缘子为宜；

2）绑扎长度应符合表 4.3.7 的规定。

导线在蝶式绝缘子上的绑扎长度 **表 4.3.7**

导线截面（mm^2）	绑扎长度（mm）
LJ-50、LGJ-50 以下	≥150
LJ-70、LGJ-70	≥200
低压绝缘线 $50mm^2$ 及以下	≥150

引流线对相邻导线及对地（电杆、拉线、横担）的净空距离不得小于表 4.3.8 的规定。

引流线对相邻导线及对地的最小距离 **表 4.3.8**

线路电压等级		引流线对相邻导线（mm）	引流线对地（mm）
高压	裸线	300	200
	绝缘线	200	200
低压	裸线	150	100
	绝缘线	100	50

线路与电力线路之间，在上方导线最大弧垂时的交叉距离和水平距离不得小于表 4.3.9 的规定。

线路与电力线路之间的最小距离（m） **表 4.3.9**

项目	线路电压（kV）	≤1		10		35～110	220	500
		裸线	绝缘线	裸线	绝缘线			
垂直距离	高压	2.0	1.0	2.0	1.0	3.0	4.0	6.0
	低压	1.0	0.5	2.0	1.0	3.0	4.0	6.0
水平距离	高压	2.5	—	2.5	—	5.0	7.0	—
	低压							

线路与弱电线路交叉跨越时，必须电力线路在上，弱电线路在下。在电力导线最大弧垂时，与弱电线路的垂直距离高压不得小于 2m，低压不得小于 1m。

导线在最大弧垂和最大风偏时，对建筑物的净空距离不得小于表 4.3.11 的规定。

导线对建筑物的最小距离（m） **表 4.3.11**

类别	裸绞线		绝缘线	
	高压	低压	高压	低压
垂直距离	3.00	2.50	2.50	2.00
水平距离	1.50	1.00	0.75	0.20

导线在最大弧垂和最大风偏时，对树木的净空距离不得小于表 4.3.12 的规定。

导线对树木的最小距离（m） **表 4.3.12**

类别		裸绞线		绝缘线	
		高压	低压	高压	低压
公园、绿化区、防护林带	垂直	3.0	3.0	3.0	3.0
	水平	3.0	3.0	1.0	1.0
果林、经济林、城市灌木林		1.5	1.5	—	
城市街道绿化树木	垂直	1.5	1.0	0.8	0.2
	水平	2.0	1.0	1.0	0.5

导线在最大弧垂时对地面、水面及跨越物的垂直距离不得小于表 4.3.13 的规定。

导线对地面、水面等跨越物的最小垂直距离（m） **表 4.3.13**

线路经过地区		电压等级	
		高压	低压
居民区		6.5	6.0
非居民区		5.5	5.0
交通困难地区		4.5	4.0
至铁路轨顶		7.5	7.5
城市道路		7.0	6.0
至电车行车线承力索或接触线		3.0	3.0
至通航河流最高水位		6.0	6.0
至不通航河流最高水位		3.0	3.0
至索道距离		2.0	1.5
人行过街桥	裸绞线	宜入地	宜入地
	绝缘线	4.0	3.0
步行可以达到的山坡、峭壁、岩石		4.5	3.0

配电线路中的路灯专用架空线安装应符合下列规定：

1）可与其他架空线同杆架设，但必须是同一个配变区段的电源，且应与同杆架设的其他导线同材质；

2）架设的位置不应高于其他相同或更高电压等级的导线；

3）可与同杆架设的相同电压等级的其他线路共用中性线。

（4）工程交接验收

架空线路工程交接验收应按下列要求进行检查：

1）电杆、线材、金具、绝缘子等器材的质量应符合技术标准的规定；

2）电杆组立的埋深、位移和倾斜等应合格；

3）金具安装的位置、方式和固定等应符合规定；

4）绝缘子的规格、型号及安装方式方法应符合规定；

5）拉线的截面、角度、制作和标志应符合规定；

6）导线的规格、截面应符合设计规定；

7）导线架设的固定、连接、档距、弧垂以及导线的相间、跨越、对地、对树的距离应符合规定。

架空线路工程交接验收应提交下列资料和文件：

1）线路路径批准文件；

2）工程竣工资料；

3）工程竣工图；

4）设计变更文件；

5）测试记录和协议文件。

7.2.6.4　市政验·照-4-1　电缆线路工程质量检验表

7.2.6.5　市政验·照-4-2　电缆线路绝缘电阻检验测试记录

1. 适用范围

本表适用于道路照明工程的电缆线路工程质量检验和电缆线路绝缘电阻检验测试。

2. 表内填写提示

（1）一般规定

电缆敷设的最小弯曲半径应符合表 5.1.1 的规定：

电缆最小弯曲半径　　　　**表 5.1.1**

电缆型式		多芯	单芯
聚氯乙烯电缆	无铠装	15D	20D
	有铠装	12D	15D

电缆直埋或在保护管中不得有接头。中间接头位置应避免设置在交叉路口、建筑物门口、与其他管线交叉处或通道狭窄处。

电缆敷设时，电缆应从盘的上端引出，不应使电缆在支架上及地面摩擦拖拉。电缆外观应无损伤，绝缘良好，不得有铠装压扁、电缆绞拧、护层折裂等机械损伤。电缆在敷设前应用 500V 兆欧表进行绝缘电阻测量，阻值不得小于 4MΩ·km。

电缆敷设和电缆接头预留量宜符合下列规定：

1）由于电缆敷设的弯曲性及其余料不可用等因素，电缆的敷设长度应为电缆路径长度的 110%；

2）电缆在灯杆内对接时，每基灯杆两侧的电缆预留量不应小于 2.0m；路灯引上线与电缆 T 接时，每基灯杆电缆的预留量不应小于 1.5m。

三相四线制应采用四芯等截面电力电缆，不应采用三芯电缆另加一根单芯电缆或以金属护套作中性线。三相五线制应采用五芯电力电缆线，PE 线截面可小一等级。

直埋电缆在直线段每隔 50m～100m 处、电缆接头处、转弯处、进入建筑物等处，应设置明显的方位标志或标桩。

电缆埋设深度应符合下列规定：

1）绿地、车行道下不应小于 0.7m；

2）人行道下不应小于 0.5m；

3）在冻土地区，应敷设在冻土层以下；

4）在不能满足上述要求的地段应按设计要求敷设。

电缆接头和终端头整个绕包过程应保持清洁和干燥；绕包绝缘前，应用汽油浸过的白布将线芯及绝缘表面擦干净，聚氯乙烯电缆宜采用自粘带、粘胶带、胶粘剂、收缩管等材料密封，塑料护套表面应打毛，粘接表面应用溶剂除去油污，粘接应良好。

电缆芯线的连接宜采用压接方式，压接面应满足电气和机械强度要求。

电缆标志牌的装设应符合下列规定：

1）在电缆终端、分支处，工作井内有两条及以上的电缆，应设标志牌；

2）标志牌上应注明电缆编号、型号规格、起止地点。标志牌字迹清晰，不易脱落；

3）标志牌规格宜统一，材质防腐、经久耐用，挂装应牢固。

电缆从地下或电缆沟引出地面时应加保护管，保护管的长度不得小于 2.5m，沿墙敷设时采用抱箍固定，固定点不得少于 2 处；电缆上杆应加固定支架，支架间距不得大于 2m。所有支架和金属部件应热镀锌处理。

电缆金属保护管和桥架、架空电缆钢绞线等金属管线应有良好的接地保护，系统接地电阻不得大于 4Ω。

（2）电缆敷设

电缆直埋敷设时，沿电缆全长上下应铺厚度不小于 100mm 的软土细沙层，并加盖保护板，其覆盖宽度应超过电缆两侧各 50mm，保护板可采用混凝土盖板或砖块。电缆沟回填土应分层夯实。

直埋电缆宜采用聚氯乙烯绝缘钢带铠装电力电缆。

直埋敷设的电缆穿越铁路、道路、道口等机动车通行的地段时应敷设在能满足承压强度的保护管中，并留有备用管道。

在含有酸、碱强腐蚀或有振动、热影响、虫鼠等危害性地段，应采取保护措施，不宜采取直埋敷设。

电缆之间、电缆与管道、道路、建筑物之间平行和交叉时的最小净距应符合表 5.2.5 的规定。

电缆之间、电缆与管道、道路、建筑物之间平行和交叉的最小净距　　表 5.2.5

项目		最小净距（m）	
		平行	交叉
电力电缆间及控制电缆间	10kV 及以下	0.10	0.50
	10kV 以上	0.25	0.50
控制电缆间		—	0.50
不同使用部门的电缆间		0.50	0.50
热管道（管沟）及电力设备		2.00	0.50
油管道（管沟）		1.00	0.50
可燃气体及易燃液体管道（沟）		1.00	0.50
其他管道（管沟）		0.50	0.50
铁路轨道		3.00	1.00
电气化铁路轨道	交流	3.00	1.00
	直流	10.0	1.00
公路		1.50	1.00
城市街道路面		1.00	0.70
杆基础（边线）		1.00	—
建筑物基础（边线）		0.60	—
排水沟		1.00	0.50

电缆保护管不应有孔洞、裂缝和明显的凹凸不平，内壁应光滑无毛刺，金属电缆管应采用热镀锌管、铸铁管或热浸塑钢管，直线段保护管内径应不宜小于电缆外径的 1.5 倍，有弯曲时不应小于 2 倍；混凝土管、陶土管、石棉水泥管其内径不宜小于 100mm。

电缆保护管的弯曲半径不应小于所穿入电缆的最小允许弯曲半径，弯制后不应有裂缝和显著的凹瘪现象，其弯扁程度不宜大于管子外径的 10%。管口应无毛刺和尖锐棱角，管口宜做成喇叭形。

硬质塑料管连接在套接或插接时，其插入深度宜为管子内径的 1.1～1.8 倍，在插接面上应涂以胶合剂粘牢密封；采用套接时套接两端应采用密封措施。

金属电缆保护管连接应牢固，密封良好；当采用套接时，套接的短套管或带螺纹的管接头长度不应小于外径的 2.2 倍，金属电缆保护管不宜直接对焊，宜采用套管焊接的方式。

敷设混凝土、陶土、石棉等电缆管时，地基应坚实、平整，不应有沉降。电缆管连接时，管孔应对准，接缝应严密，不得有地下水和泥浆渗入。

交流单芯电缆不得单独穿入钢管内。

在经常受到振动的高架路、桥梁上敷设的电缆，应采取防振措施。桥墩两端和伸缩缝处的电缆，应留有松弛部分。

电缆保护管在桥梁上明敷时应安装牢固，支持点间距不宜大于 3m。当电缆保护管的直线长度超过 30m 时，宜加装伸缩节。

当直线段钢制电缆桥架超过 30m、铝合金电缆桥架超过 15m、跨越桥墩伸缩缝处应留有伸缩缝，其连接宜采用伸缩连接板。

电缆桥架转弯处的转弯半径，不应小于该桥架上的电缆最小允许弯曲半径。

采用电缆架空敷设时应符合下列规定：

1）架空电缆承力钢绞线截面不宜小于 $35mm^2$，钢绞线两端应有良好接地和重复接地；

2）电缆在承力钢绞线上固定应自然松弛，在每一电杆处应留一定的余量，长度不应小于 0.5m；

3）承力钢绞线上电缆固定点的间距应小于 0.75m，电缆固定件应进行热镀锌处理，并应加软垫保护。

过街管道两端、直线段超过 50m 时应设工作井，灯杆处宜设置工作井，工作井应符合下列规定：

1）工作井宜采用 C10 砂浆砖砌体，内壁粉刷应用 1∶2.5 防水水泥砂浆抹面，井壁光滑、平整；

2）井盖应有防盗措施，并满足车行道和人行道相应的承重要求；

3）井深大于 1m，并应有渗水孔；

4）井内壁净宽不应小于 0.7m；

5）电缆保护管伸进工作井井壁 30mm～50mm，有多根电缆管时，管口应排列整齐，不应有上翘下坠现象。

路灯高压电缆的施工及验收参照《电气装置安装工程电缆线路施工及验收规范》GB 50168 相关标准执行。

（3）工程交接验收

电缆线路工程交接验收应按下列要求进行检查：

1）电缆型号应符合设计要求，排列整齐，无机械损伤，标志牌齐全、正确、清晰；

2）电缆的固定间距、弯曲半径应符合规定；

3）电缆接头、绕包绝缘应符合规定；

4）电缆沟应符合要求沟内无杂物；

5）保护管的连接防腐应符合规定；

6）设置工作井应符合规定要求。

隐蔽工程应在施工过程中进行中间验收，并做好记录。

电缆线路工程交接验收应提交下列资料和文件：

1）电缆路径的批准文件；

2）工程竣工资料；

3）工程竣工图；

4）设计变更文件；

5）各种试验和检查记录。

7.2.6.6　市政验·照-5-1　接地装置工程质量检验表

7.2.6.7　市政验·照-5-2　零线、保护（防雷）接地电阻的检验测试记录

1. 适用范围

本表适用于道路照明工程的接地装置工程质量检验和零线、保护（防雷）接地电阻的检验测试。

2. 表内填写提示

（1）一般规定

城市道路照明电气设备的下列金属部分均应接零或接地保护：

1）变压器、配电柜（箱、屏）等的金属底座或外壳；

2）室内外配电装置的金属构架及靠近带电部位的金属遮拦和金属门；

3）电力电缆的金属铠装、接线盒和保护管；

4）钢灯杆、金属灯座、I类照明灯具的金属外壳；

5）其他因绝缘破坏可能使其带电的外露导体。

严禁采用裸铝导体作接地极或接地线。接地线严禁兼做他用。

在同一台变压器低压配电网中，严禁将一部分电气设备或钢灯杆采用保护接地，而将另一部分采用保护接零。

在市区内由公共配变供电的路灯配电系统采用的保护方式，应符合当地供电部门的统一规定。

（2）接零和接地保护

在保护接零系统中，用熔断器作保护装置时，单相短路电流不应小于熔断片额定熔断电流的4倍，用自动开关作保护装置时，单相短路电流不应小于自动开关瞬时或延时动作电流的1.5倍。

采用接零保护时，单相开关应装在相线上，零线上严禁装设开关或熔断器。

道路照明配电系统应选用TN－S接地制式，整个系统的中性线（N）与保护线（PE）分开，在始端PE线与变压器中性点（N）连接，PE线与每根路灯钢杆接地螺栓可靠连接，在线路分支、末端及中间适当位置处作重复接地并形成联网。

TT接地制式中工作接地和保护接地分开独立设置，保护接地宜采用联网TT系统，独立的PE接地线与每根路灯钢杆接地螺栓可靠连接，但配电系统必须安装漏电保护装置。

道路照明配电系统中，采用TN或TT系统接零和接地保护，PE线与灯杆、配电箱等金属设备连接成网，在任一地点的接地电阻都应小于4Ω。

在配电线路的分支、末端及中间适当位置做重复接地并形成联网，其重复接地电阻应小于10Ω，系统接地电阻应小于4Ω。

采用TT系统接地保护，没有采用PE线连接成网的灯杆、配电箱等，其独立接地电阻应小于4Ω。

道路照明配电系统的变压器中性点（N）的接地电阻应小于4Ω。

（3）接地装置

接地装置可利用自然接地体，建筑物的金属结构（梁、柱、桩）埋设在底下的金属管道（易燃、易爆气体、液体管道除外）及金属构件等。

人工接地装置应符合下列规定：

1）垂直接地体所用的钢管，其内径不应小于40mm、壁厚3.5mm；角钢采用∠50×50×5mm以上，圆钢直径不应小于20mm，每根长度不小于2.5m，极间距离不宜小于其长度的2倍，接地体顶端距地面不应小于0.6m。

2）水平接地体所用的扁钢截面不小于 4×30mm，圆钢直径不小于 10mm，埋深不小于 0.6m，极间距离不宜小于 5m。

保护接地线必须有足够的机械强度，应满足不平衡电流及谐波电流的要求，并应符合下列规定：

1）保护接地线和相线的材质应相同，当相线截面在 $35mm^2$ 及以下时，保护接地线的最小截面不应小于相线的截面，当相线截面在 $35mm^2$ 以上时，保护接地线的最小截面不得小于相线截面的 50%；

2）采用扁钢时不应小于 4×30mm，圆钢直径不应小于 10mm。

接地装置敷设应符合下列规定：

1）敷设位置不应妨碍设备的拆卸和检修，接地体与构筑物的距离不应小于 1.5m；

2）接地线宜水平或垂直敷设，平行敷设直线段上不应起伏或弯曲；

3）跨越桥梁及构筑物的伸缩缝、沉降缝时，应将接地线弯成弧状。支架的距离：水平直线部分宜为 0.5m～1.5m，垂直部分宜为 1.5m～3.0m，转弯部分宜为 0.3m～0.5m；

4）沿配电房墙壁水平敷设时，距地面宜为 0.25m～0.3m，与墙壁间的距离宜为 0.1m～0.15m。

接地体（线）的连接应采用焊接，焊接必须牢固无虚焊。接至电气设备上的接地线，应采用热镀锌螺栓连接；对有色金属接地线不能采用焊接时，可用螺栓连接、压接、热剂焊等方式连接。

接地体的焊接应采用搭接焊，其搭接长度应符合下列规定：

1）扁钢为其宽度的 2 倍（且至少 3 个棱边焊接）；

2）圆钢为其直径的 6 倍；

3）圆钢与扁钢连接时，其长度为圆钢直径的 6 倍；

4）扁钢与角钢连接时，其长度为扁钢宽度的 2 倍，并应在其接触部位两侧进行焊接。

接地体（线）及接地卡子、螺栓等金属件必须热镀锌，焊接处应做防腐处理，在有腐蚀性的土壤中，应适当加大接地体（线）的截面积。

（4）工程交接验收

安全保护工程交接验收应按下列要求进行检查：

1）接地线规格正确，连接可靠，防腐层完好；

2）工频接地电阻值及设计的其他测试参数符合设计规定，雨后不应立即测量接地电阻。

安全保护工程交接验收应提交下列文件资料：

1）工程竣工资料；

2）设计变更文件；

3）测试记录。

7.2.6.8　市政验·照-6-1　路灯安装工程质量检验表

7.2.6.9　市政验·照-6-2　路灯安装电器工程质量检验表

7.2.6.10　市政验·照-6-3　路灯开关箱汇总表

1. 适用范围

本表适用于道路照明工程的路灯安装和路灯安装电器工程质量检验。

2. 表内填写提示

（1）一般规定

灯杆位置应合理选择，与架空线路、地下设施、以及影响路灯维护的建筑物的安全距离应符合本规程 4.3.18 的规定。应避免路灯光直接射入居民窗内。

同一街道、广场、桥梁等的路灯安装高度（从光源到地面）、仰角、装灯方向宜保持一致。灯具安装纵向中心线和灯臂纵向中心线应一致，灯具横向水平线应与地面平行，紧固后目测应无歪斜。

基础顶面标高应根据标桩确定。基础开挖后应将坑底夯实。若土质等条件无法满足上部结构承载力要求时，应采取相应的防沉降措施。

浇制基础前，应排除坑内积水，并保证基础坑内无碎土、石、砖以及其他杂物。

钢筋混凝土基础宜采用C20等级及以上的商品混凝土，电缆保护管应从基础中心穿出，并应超过混凝土基础平面30mm～50mm，保护管穿电缆之前应将管口封堵。

灯杆基础螺栓高于地面时，灯杆紧固校正后，根部法兰、螺栓宜做厚度不小于100mm的混凝土结面或其他防腐措施，表面平整光滑且不积水。

灯杆基础螺栓低于地面时，基础螺栓顶部宜低于地面150mm，灯杆紧固校正后，将法兰、螺栓用混凝土包封或其他防腐措施。

道路照明灯具的效率不应低于70％，灯具光源腔的防护等级不应低于IP55，且应符合下列规定：

1）灯具配件应齐全，无机械损伤、变形、油漆剥落、灯罩破裂等现象；

2）反光器应干净整洁、表面应无明显划痕；

3）透明罩外观应无气泡、明显的划痕和裂纹；

4）封闭灯具的灯头引线应采用耐热绝缘导线，灯具外壳与尾座连接紧密；

5）灯具的温升和光学性能应符合国家标准《灯具　第1部分：一般要求与实验》GB 7000.1的规定，并应有具备灯具检测资质的机构出具的合格报告。

LED道路照明灯具应符合本规程7.1.8条的有关规定外，且应符合下列规定：

1）灯的额定功率分类应符合《道路照明用LED灯性能要求》GB/T 24907的规定；

2）灯在额定电压和额定频率下工作时，其实际消耗的功率与额定功率之差应不大于10％，功率因数实测值不低于制造商标准值的0.05；

3）灯的安全性能应符合《普通照明用LED模块安全要求》GB 24819的要求，防护等级应达到IP65；

4）灯的无线电骚扰特性、输入电流谐波和电磁兼容要求属国家强制性标准，应符合《电气照明和类似设备的无线电骚扰特性的限值和测量方法》GB 17743、《电磁兼容限值谐波电流发射限值（设备每相输入电流≤16A）》GB 17625.1、《一般照明用设备电磁兼容抗扰度要求》GB/T 18595的规定；

5）光通维持率在燃点3000h时应不低于90％，在燃点6000h时应不低于85％；

6）灯的光度分布应符合《城市道路照明设计标准》CJJ 45规定的道路照明标准值的要求，制造商应完整提供灯的截光性能、光分布类型和光强表等照明计算资料；

7）为满足道路照明日常维护方便的原则，宜采用分体式道路照明用LED灯具，对于分体式LED灯中可替换的LED部件或模块光源，应符合《普通照明用LED模块性能要求》GB/T 24823和《普通照明用LED模块安全要求》GB 24819的规定。

灯头固定牢靠，可调灯头应调整至正确位置。绝缘外壳应无损伤、开裂；高压钠灯采用中心触点伸缩式灯头，相线应接在中心触点端子上，零线应接螺口端子。

灯具引至主线路的导线应使用额定电压不低于500V的铜芯绝缘线，最小允许线芯截面应不小于1.5mm²，功率400W及以上的最小允许线芯截面应不小于2.5mm²。

在灯臂、灯杆内穿线不得有接头，穿线孔口或管口应光滑、无毛刺，并用绝缘套管或包带包扎，包扎长度不得小于200mm。

每盏灯的相线应装设熔断器，熔断器应固定牢靠，熔断器及其他电器电源进线应上进下出或左进右出。

气体放电灯应将熔断器安装在镇流器的进电侧，熔丝应符合下列规定：

1）150W及以下为4A；

2）250W为6A；

3）400W为10A；

4）1000W为15A。

气体放电灯应设无功补偿，宜采用单灯无功补偿。气体放电灯的灯泡、镇流器、触发器等应配套使用，严禁混用。镇流器、触发器等接线端子瓷柱不得破裂，外壳应无渗水和锈蚀现象。

灯具内各种接线端子不得超过两个线头，线头弯曲方向，应按顺时针方向并压在两垫圈之间。当采用多股导线接线时，多股导线不能散股。

各种螺栓紧固，宜加垫片和防松装置。紧固后螺丝露出螺母不得少于两个螺距，最多不宜超过 5 个螺距。

路灯安装使用的灯杆、灯臂、抱箍、螺栓、压板等金属构件应进行热镀锌处理，防腐质量应符合国家现行标准的相关规定。

灯杆、灯臂等热镀锌后，外表涂层处理时，覆盖层外观应无鼓包、针孔、粗糙、裂纹或漏喷区等缺陷，覆盖层与基体应有牢固的结合强度。

玻璃钢灯杆应符合下列规定：

1）灯杆外表面应平滑美观、无裂纹、气泡、缺损、纤维露出，并有抗紫外线保护层，具有良好的耐气候特性；

2）灯杆内部应无分层、阻塞及未浸渍树脂的纤维白斑；

3）检修门尺寸允许偏差宜为±5mm，并具备防水功能，内部固定用金属配件应采用热镀锌或不锈钢；

4）灯杆壁厚根据设计要求允许偏差＋3mm、0mm，并应满足本地区最大风速的抗风强度要求。

路灯编号应符合下列规定：

1）半高杆灯、高杆灯、单挑灯、双挑灯、庭院灯、杆上路灯等道路照明灯都应统一编号；

2）杆号牌可采用粘贴或直接喷涂的方式，号牌高度、规格宜统一，材质防腐、牢固耐用；

3）杆号牌宜标注“路灯”、编号和报修电话等内容，字迹清晰、不易脱落。

（2）半高杆灯和高杆灯

基础顶面标高应高于提供的地面标桩 100mm。基础坑深度的允许偏差应为＋100mm、－50mm。当基础坑深与设计坑深偏差＋100mm 以上时，应按以下规定处理：

1）偏差在＋100mm～＋300mm 时，采用铺石灌浆处理；

2）偏差超过规定值的＋300mm 以上时，超过部分可采用填土或石料夯实处理，分层夯实厚度不宜大于 100mm，夯实后的密实度不应低于原状土，然后再采用铺石灌浆处理。

地脚螺栓埋入混凝土的长度应大于其直径的 20 倍，并应与主筋焊接牢固，螺纹部分应加以保护，基础法兰螺栓中心分布直径应与灯杆底座法兰孔中心分布直径一致，偏差应小于±1mm，螺栓紧固应加垫圈并采用双螺母，设置在震动区域应采取防震措施。

浇筑混凝土的模板宜采用钢模板，其表面应平整且接缝严密，支模时应符合基础设计尺寸的规定，混凝土浇筑前，模板表面应涂脱模剂。

基坑回填应符合下列规定：

1）对适于夯实的土质，每回填 300mm 厚度应夯实一次，夯实程度应达到原状土密实度的 80％及以上；

2）对不宜夯实的水饱和粘性土，应分层填实，其回填土的密实度应达到原状土密实度的 80％及以上。

中杆灯和高杆灯的灯杆、灯盘、配线、升降电动机构等应符合 CJ/T 457—2014 的规定。

中杆灯和高杆灯宜采用三相供电，且三相负荷应均匀分配，每一回路必须装设保护装置。

（3）单挑灯、双挑灯和庭院灯

钢灯杆应进行热镀锌处理，镀锌层厚度不应小于 65μm，表面涂层处理应在钢杆热镀锌后进行，因校直等因素涂层破坏部位不得超过 2 处，且修整面积不得超过杆身表面积的 5％。

钢灯杆长度 13m 及以下的锥形杆应无横向焊缝，纵向焊缝应匀称、无虚焊。

钢灯杆的允许偏差应符合下列规定：

1）长度允许偏差宜为杆长的±0.5%；

2）杆身直线度允许误差宜<3‰；

3）杆身横截面直径、对角线或对边距允许偏差宜为±1%；

4）检修门尺寸允许偏差宜为±5mm；

5）悬挑灯臂仰角允许偏差宜为±1°。

直线路段安装单、双挑灯、庭院灯时，在无障碍等特殊情况下，灯间距与设计间距的偏差应小于2%。

灯杆垂直度偏差应小于半个杆梢，直线路段单、双挑灯、庭院灯排列成一直线时，灯杆横向位置偏移应小于半个杆根。

钢灯杆吊装时应采取防止钢缆擦伤灯杆表面防腐装饰层的措施。

钢灯杆检修门朝向应一致，宜朝向人行道或慢车道侧，并应采取防盗措施。

灯臂应固定牢靠，灯臂纵向中心线与道路纵向成90°角，偏差不应大于2°。

庭院灯具结构应便于维护，铸件表面不得有影响结构性能与外观的裂纹、砂眼、疏松气孔和夹杂物等缺陷。镀锌外表涂层应符合本规程第7.1.18和7.1.19条的规定。

庭院灯宜采用不碎灯罩，灯罩托盘应采用压铸铝或压铸铜材质，并应有泄水孔；采用玻璃灯罩紧固时，螺栓应受力均匀，玻璃灯罩卡口应采用橡胶圈衬垫。

（4）杆上路灯

杆上路灯（含与电力杆等合杆安装路灯，下同）的高度、仰角、装灯方向应符合本规程第7.1.2条的规定。

杆上路灯灯臂固定抱箍应紧固可靠，灯臂纵向中心线与道路纵向偏差角度应符合本规程7.3.8的规定。

引下线宜使用铜芯绝缘线和引下线支架，且松紧一致。引下线截面不应小于2.5mm²；引下线搭接在主线路上时应在主线上背扣后缠绕7圈以上。当主导线为铝线时应缠上铝包带并使用铜铝过渡连接引下线。

受力引下线保险台宜安装在引下线离灯臂瓷瓶100mm处，裸露的带电部分与灯架、灯杆的距离不应少于50mm。非受力保险台应安装在离灯架瓷瓶60mm处。

引下线应对称搭接在电杆两侧，搭接处离电杆中心宜为300～400mm，引下线不应有接头。

穿管敷设引下线时，搭接应在保护管同一侧，与架空线的搭接宜在保护管弯头管口两侧。保护管用抱箍固定，固定点间隔宜为2m，上端管口应弯曲朝下。

引下线严禁从高压线间穿过。

在灯臂或架空线横担上安装镇流器应有衬垫支架，固定螺栓不得少于2只，直径不应小于6mm。

（5）其他路灯

墙灯安装高度宜为3m～4m，灯臂悬挑长度不宜大于0.8m。

安装墙灯时，从电杆上架空线引下线到墙体第一支持物间距不得大于25m，支持物间距不得大于6m，特殊情况应按设计要求施工。

墙灯架线横担应用热镀锌角钢或扁钢，角钢不应小于∠50×5；扁钢不应小于∠50×5。

道路横向或纵向悬索吊灯安装高度不宜小于6m，且应符合以下要求：

1）悬索吊线采用16mm²～25mm²的镀锌钢绞线或Φ4镀锌铁丝合股使用，其抗拉强度不应小于吊灯（包括各种配件、引下线铁板、瓷瓶等）重量的10倍。

2）道路横向吊线松紧应合适，两端高度宜一致，并应安装绝缘子。当电杆的刚度不足以承受吊线拉力时，应增设拉线。

3）道路纵向悬索钢绞线弧垂应一致，终端、转角杆应设拉线，并应符合本规程第4.2.3至4.2.5条规定。全线钢绞线应做接地保护，接地电阻应小于4Ω。

4）悬索吊灯的电源引下线不得受力。引下线如遇树枝等障碍物时，可沿吊线敷设支持物，支持物之间间距不宜大于1m。

5）墙灯、吊灯引下线和保险台的安装应符合本规程第7.4.3～7.4.7条的规定。

高架路、桥梁等防撞护栏嵌入式路灯安装高度宜在0.5m～0.6m，灯间距不宜大于6m，并应满足照度（亮度）、均匀度的要求。

防撞护栏嵌入式路灯应限制眩光，必要时应安装挡光板或采用带格栅的灯具，光源腔的防护等级不应低于IP65。灯具安装灯体突出防撞墙平面不宜大于10mm。

高架路、桥梁等易发生强烈振动和灯杆易发生碰撞的场所，灯具应采取防振措施和防坠落装置。

防撞护栏嵌入式过渡接线盒应热镀锌，门锁应有防盗装置；盒内线路排列整齐，每一回路挂有标志牌，并符合本规程第2.3.5条的规定。

（6）工程交接验收

路灯安装工程交接验收时应按下列要求进行检查：

1）试运行前应检查灯杆、灯具、光源、镇流器、触发器、熔断器等电器的型号、规格符合设计要求；

2）杆位合理，杆高、灯臂悬挑长度、仰角一致。各部位螺栓紧固牢靠，电源接线准确无误；

3）灯杆、灯臂、灯具、电器等安装固定牢靠。杆上安装路灯的引下线松紧一致；

4）灯具纵向中心线和灯臂中心线应一致，灯具横向中心线和地面应平行，投光灯具投射角度应调整适当；

5）灯杆、灯臂的热镀锌和涂层不应有损坏；

6）基础尺寸、标高与混凝土强度等级应符合设计要求，基础无视觉可辨识的沉降；

7）金属灯杆、灯座均应接地（接零）保护，接地线端子固定牢固。

路灯安装工程交接验收时应提交下列资料和文件：

1）工程竣工资料；

2）设计变更文件；

3）灯杆、灯具、光源、镇流器等生产厂家提供的产品说明书、试验记录、合格证及安装图纸等技术文件；

4）各种试验记录。

7.2.6.11　市政验·照-7　道路照明节能设备运行记录表

1.适用范围

本表适用于道路照明节能设备运行记录时使用。

2.表内填写提示

道路照明工程中的节能设备运行记录按照表格相关内容现场测量如实填写。

7.2.7　隧（地）道工程

说　明

本节为隧（地）道工程用表，是根据《沉管法隧道施工与质量验收规范》GB 51201、《盾构法隧道施工及验收规范》GB 50446、《城镇地道桥顶进施工及验收规程》CJJ 74和《盾构隧道管片质量检测技术标准》CJJ/T 164等规范、规程、标准修编而成。

各子单位、分部工程应按对应的专业规范《沉管法隧道施工与质量验收规范》GB 51201、《盾构法隧道施工及验收规范》GB 50446、《城镇地道桥顶进施工及验收规程》CJJ 74和《盾构隧道管片质量检测技术标准》CJJ/T 164等规范、规程、标准进行质量验收。专用表不能满足实际验收要求时，可使用相应的通用表表式记录质量验收情况；或使用经工程建设各方质量责任主体单位同意使用的专用表。

7.2.7.21　市政验・隧-21　工作坑工程检验批质量验收记录

1. 适用范围

本表适用于市政地道桥顶进工作坑工程检验批的质量检查验收。

2. 表内填写提示

地道桥顶进工作坑工程质量检验应符合下列规定：

(1) 主控项目

基底不得被水浸泡或结冻；天然地基不得扰动、超挖。

检查数量：全数检查。

检验方法：观察；检查施工记录。

地基承载力应符合设计要求。

检查数量：同类型、同处理工艺的地基：不应少于3点；1000m^2以上的地基，每100m^2至少应有1点；3000m^2以上的地基，每300m^2至少应有1点。

检验方法：检查验槽（基）记录；检查地基处理或承载力检验报告。

边坡稳定、围护结构安全可靠，无变形、沉降、位移，无线流现象；基底无隆起、沉陷、涌水（砂）等现象。

检查数量：全数检查。

检验方法：观察；检查监测记录、施工记录。

(2) 一般项目

工作坑开挖允许偏差应符合表9.2.4的规定。

工作坑开挖允许偏差　　表9.2.4

项目	允许偏差（mm）	检验频率		检验方法
		范围	点数	
坑底高程	+5 −30	每座	5	用水准仪测量四角和中心
轴线偏位	50		2	用经纬仪测量横纵量测各1点
基坑尺寸	不小于设计规定		4	用钢尺量每边各1点
边坡坡度	不大于设计要求	每边	2	用钢尺或坡度尺量测
表面平整度	20	每25m^2	1	用2m靠尺和楔形塞尺检查

7.2.7.22　市政验・隧-22　滑板工程检验批质量验收记录

1. 适用范围

本表适用于市政地道桥顶进滑板工程检验批的质量检查验收。

2. 表内填写提示

地道桥顶进滑板工程质量检验应符合下列规定：

(1) 主控项目

滑板混凝土强度应符合设计要求，混凝土质量检验应符合现行标准《城市桥梁工程施工与质量验收规范》CJJ 2中的相关规定。

滑板顶面坡度、锚梁、方向墩等应符合施工设计要求。

检查数量：全数检查。

检验方法：观察、检查施工记录。

(2) 一般项目

滑板允许偏差应符合表 9.3.3 的规定。

滑板允许偏差 **表 9.3.3**

项目	允许偏差（mm）	检验频率		检验方法
		范围	点数	
滑板尺寸	不得小于设计要求	每座	4	用钢尺量测每边各 1 点
厚度	不得小于设计要求		8	用钢尺量测每边各 2 点
中线偏位	30		2	用经纬仪测量横纵量测各 1 点
高程	+5 0		5	用水准仪测量四角和中心
平整度	3	每 25m^2	4	用 3m 靠尺和楔形塞尺量

滑板顶面润滑隔离层应摊铺均匀、平顺，厚度应符合设计要求或施工组织设计要求。

检查数量：全数检查；润滑隔离层厚度按铺筑面积每 100m^{2}抽查 1 处。

检验方法：观察，针测法。

7.2.7.23 市政验·隧-23 箱形节段预制模板工程检验批质量验收记录

1. 适用范围

本表适用于市政地道桥顶进箱形节段预制模板工程检验批的质量检查验收。

2. 表内填写提示

地道桥顶进箱形节段预制模板工程质量检验应符合下列规定：

（1）主控项目

箱形节段预制的钢模板应有足够的刚度、强度和稳定性，安装时，应接缝严密不得漏浆，内模应有足够的支撑体系，模板与混凝土接触面必须清理干净并涂刷隔离剂。

检查数量：全数检查。

检验方法：观察。

（2）一般项目

钢模板安装的允许误差应符合表 9.7.2 规定。

钢模板安装允许误差 **表 9.7.2**

项目	允许误差（mm）	频率	方法
长度	±2	每条边不少于 2 点	尺量
宽度	±2	每条边不少于 2 点	尺量
高度	±2	每条边不少于 2 点	尺量
壁厚	±2	每条边不少于 2 点	尺量
外对角线	±2	每条对角线不少于 1 点	尺量
内对角线	±2	每条对角线不少于 1 点	尺量
接缝错口	±2	每条接口不少于 2 点	水平尺测量

7.2.7.24 市政验·隧-24 节段预制混凝土工程检验批质量验收记录

1. 适用范围

本表适用于市政地道桥顶进节段预制混凝土工程检验批的质量检查验收。

2. 表内填写提示

地道桥顶进节段预制混凝土工程质量检验应符合下列规定：

（1）主控项目

箱形节段混凝土强度和其他指标应符合设计要求，混凝土质量检验与验收除应符合现行行业标准《城市桥梁工程施工与质量验收规范》CJJ 2 中的相关规定外，强度试件取样频率每预制节段不应少于1组；抗渗试件取样频率每节不应少于1组；抗冻试件应符合设计要求。

（2）一般项目

箱形节段混凝土外观质量应符合设计要求，检验与验收应符合现行行业标准《城市桥梁工程施工与质量验收规范》CJJ 2 中的相关规定。其尺寸还应符合表9.8.2的规定。

箱形节段预制允许偏差 **表9.8.2**

项目		允许偏差（mm）	检测频率		检验方法
			范围	点数	
管节长度		±10	每节段	不少于2点	用钢尺量测上下边各1点
断面尺寸	宽	±3	每节段	不少于2点	用钢尺量测上下边各1点
	高	±2	每节段	不少于2点	用钢尺量测左右边各1点
	壁厚	±2	每节段	不少于2点	用钢尺量测左右边各1点
管节表面平整度		±2	每节段	不少于10点	用3m靠尺和楔形塞尺量

箱形节段的钢套环接口无疵点，焊缝平整。

检查数量：全数检查。

检验方法：观察。

箱形节段的钢套环防腐处理应符合设计要求。

检查数量：全数检查。

检验方法：观察。

7.2.7.25　市政验·隧-25　箱涵顶进工程检验批质量验收记录

1. 适用范围

本表适用于市政地道桥顶进箱涵顶进工程检验批的质量检查验收。

2. 表内填写提示

地道桥顶进箱涵顶进工程质量检验应符合下列规定：

（1）主控项目

顶进设施和线路加固必须符合施工工艺设计要求。

检查数量：全数检查。

检验方法：观察，对照施工组织设计、专项施工方案，检查施工记录。

混凝土必须达到设计强度后方可顶进。

检验数量：每一顶进段进行一组同条件养护试件强度试验。

检验方法：检查混凝土试验报告。

（2）一般项目

箱涵顶进允许偏差应符合表9.9.3的规定。

桥体顶进就位允许偏差 **表 9.9.3**

项目		允许偏差（mm）	检验频率		检验方法
			范围	点数	
中线	一端顶进	200	每座或每节	2	用经纬仪测量，两端各 1 点
	两端顶进	100	每座或每节	2	用经纬仪测量，两端各 1 点
高程		1%H 顶程并 偏高≤150 偏低≤200	每座或每节	4	用水准仪测量，两端各 2 点
相邻两节高差		50	每孔	1	用尺量每个接头计 1 点

分节顶进的箱涵就位后，接缝处直顺、无明显错台，接缝处不应有渗漏。

检查数量：全数检查。

检验方法：观察。

7.2.7.26 市政验·隧-26 箱形节段顶进工程检验批质量验收记录

1. 适用范围

本表适用于市政地道桥顶进箱形节段顶进工程检验批的质量检查验收。

2. 表内填写提示

地道桥顶进箱形节段顶进工程质量检验应符合下列规定：

（1）主控项目

节段顶进施工的初始顶进和进出洞措施必须符合施工工艺设计要求。

检查数量：全数检查。

检验方法：观察，对照施工组织设计、专项施工方案，检查施工记录。

（2）一般项目

箱形节段顶进允许偏差应符合表 9.10.2 的规定。

箱形节段顶进允许偏差 **表 9.10.2**

项目	允许偏差（mm）	检验频率	检验方法
轴线偏位	50	每一管节不少于 2 点	经纬仪测量，两端各 1 点
高程	±50	每一管节不少于 3 点	水准仪测量，左中右各 1 点
倾斜	±50	每一管节不少于 2 点	水准仪测量，左右各 1 点
相邻两节高差	10	每一接口不少于 3 点	尺量，左中右各 1 点

箱形节段顶进完成后，应进行贯通检测，节段接缝应平顺、无明显错台，接缝处不应渗漏，节段与工作坑接收坑连接牢固，无渗漏水。

检查数量：全数检查。

检验方法：观察。

9.2.7.27 市政验·隧-27 防水工程检验批质量验收记录

1. 适用范围

本表适用于市政地道桥顶进防水工程检验批的质量检查验收。

2. 表内填写提示

地道桥顶进防水工程质量检验应符合下列规定：

（1）主控项目

防水材料的品种、规格、性能、质量应符合设计要求和国家现行相关标准的规定。

检查数量：全数检查。

检验方法：检查材料合格证、进场验收记录和质量检验报告。

防水层与基层之间应密贴，结合牢固。防水层粘结质量应符合设计要求；当设计无要求时应符合表9.11.2的规定。

检查数量：全数检查。

检验方法：观察、检查施工记录。

混凝土桥面防水层粘结质量允许偏差 **表9.11.2**

项目		允许偏差（MPa）			检验频率		检验方法
					范围	点数	
粘结强度（MPa）	防水涂料	防水层表面温度	10℃	≥0.40	每200m²	1	拉拔仪匀速拉拔（精度0.01kN）
			20℃	≥0.35			
			30℃	≥0.30			
			40℃	≥0.25			
			50℃	≥0.20			
	防水卷材		10℃	≥0.40			
			20℃	≥0.35			
			30℃	≥0.30			
			40℃	≥0.25			
			50℃	≥0.20			

保护层纤维混凝土指标及所用材料的规格、质量、性能等应符合设计要求。

检验数量：全数检查。

检验方法：检查产品合格证、试验报告。

接缝防水构造必须符合设计要求。

检查数量：全数检查。

检验方法：观察检查和检查隐蔽工程验收记录。

（2）一般项目

防水层施工允许偏差应符合表9.11.5的规定。

防水层施工允许偏差 **表9.11.5**

项目	允许偏差（mm）	检验频率		检验方法
		范围	点数	
卷材接茬搭接宽度	不小于100	每20延米	1	用钢尺量
防水涂膜厚度	符合设计要求；设计未规定时±0.1	每200m²	4	用针测法检测

防水材料铺装或涂刷外观质量和细部构造应符合下列要求：

1）卷材防水层表面平整，不得有空鼓、翘边、油迹和皱褶等现象；

2）涂料防水层的厚度应均匀一致，不得有漏涂处；不得有空鼓、翘边和气泡等现象。

检查数量：全数检查。

检验方法：观察。

防水层保护层厚度和顶面的流水坡应符合设计要求，表面应平整，排水应畅通。防水层保护层表面平整度应符合表 9.11.7 的规定

防水层保护层表面允许误差 **表 9.11.7**

项目	允许偏差（mm）	检验频率		检验方法
		范围	点数	
保护层平整度	5	每 $50m^2$	1	用 2m 直尺和楔形塞尺量测

7.2.8 综合管廊工程

说　明

国务院办公厅近几年陆续出台《关于加强城市基础设施建设的意见》（国办发〔2013〕36 号）、《国务院办公厅关于加强城市地下管线建设管理的指导意见》（国办发〔2014〕27 号）、《国务院办公厅关于推进城市地下综合管廊建设的指导意见》（国办发〔2015〕61）号等关于综合管廊建设的文件，国家计划到 2020 年建成 2000km 的综合管廊，城市综合管廊建设已成为国家战略与政策。近几年，国内大中城市已有大量综合管廊建成并投入使用，但是截至目前，仅发布了《城市综合管廊工程技术规范》GB 50838—2015。目前，本省只有广州市发布了地方标准《城市综合管廊工程施工及验收规范》DB 4401/T3—2018。为适应本省城市综合管廊的建设需要，规范建设过程中形成的相关施工技术文件，编制了本节用表。

本节综合管廊工程用表，是根据广州市地方标准《城市综合管廊工程施工及验收规范》DB 4401/T3—2018 里的施工技术、质量检验、验收标准修编而成。

各子单位、分部工程（尤其设备安装部分）应按对应的专业规范（DB 4401/T3 里有提及的）验收，可参考地铁分册里的对应表格填写。

建议全省各地、市、特区，在没有相应的国家标准和地方标准出台前，经建设各方质量责任主体同意后参照使用。也可采用经项目建设各方质量责任主体同意的企标等。

7.2.9 园林绿化工程

7.2.9.1 市政验·绿-1 土方分项工程检验批质量验收记录

1. 适用范围

1）本表适用于一般绿化工程和边坡绿化工程中种植土覆盖前的土方工程、地形整理各工序的土方回填工程的施工和验收。

2）在进行种植土覆盖前，应进行土方隐蔽工程验收。

2. 填表说明

（1）主控项目

1）有害土更换应注明是否有规范条款 1.6.2.1 存在的问题：种植地的土壤含有建筑废土及有害成分，或强酸性土、强碱性土、重黏土、盐土、盐碱土、沙土等，应进行客土更换。特别是覆土 50cm 以内粒级为 3cm 以上的渣砾，土层 100cm 以内的沥青、混凝土及有毒垃圾必须清除。

2）回填材料应符合 1.6.2.2 的规定：强酸性土、强碱性土、重黏土、盐土、盐碱土、沙土、沥青及有毒垃圾等含有有害成分的材料，不能用于种植区域的地形回填。

3）土方回填后的地形坡度、标高和密实度应符合设计要求，排水良好。

4）使用在边坡绿化中的土方回填检验批验收，需根据护坡的性质填写。

5）其他项目的填写根据设计要求和工程实际情况填写。

7.2.9.2 市政验·绿-2 种植土回填工程检验批质量验收记录

1. 适用范围

本表格适用于绿化工程（含立体绿化中各分部）的种植土覆盖和地形整理等工序的施工和验收。

2. 填表说明

（1）在原有绿地上种植的，应根据设计要求对部分技术指标不符合要求的土壤采取改良措施。

（2）种植土进场时，应按规定抽取试样作种植土性能检验，其质量必须符合表1的指标要求。

通用种植土的基本理化指标 **表1**

项目	指标
pH值	5.5～7.5
EC（ms/cm）（盐份值）	0.16～0.60
有机质（g/kg）	≥17.6
质地	砂质壤土、壤土、粉砂壤土、砂质粘壤土、粘壤土或粉砂质粘壤土

（3）绿地回填的种植土应无杂草、垃圾、较大的植物残枝及直径3cm以上的石砾等杂物。

（4）种植前应用钢尺对有效土层进行测量，填写测量平均值，判断是否符合要求，测量方面抽样取点进行，测量时应有监理工程师在场。

（5）绿地有效土层必须满足园林植物生长的最小种植土层，土层厚度允许偏差为种植土层厚度的10%（表2）。

园林植物所需的最低种植土层 **表2**

植物类型	草坪	草本地被	木本地被	小灌木	大灌木	棕榈植物	浅根乔木	深根乔木
土层厚度（cm）	30	30	40	45	60	80	90	150

（6）边坡绿化的有效土层（基质层厚度）应符合设计要求，并满足一般人工种植植物，采用一般液力喷播时，基质厚度＞0.5cm，非挂网客土喷播，基质厚度＞3cm，植生岛法，有效土层＞25cm

（7）土壤检测

① 取样方法应符合规范中10.2.2.1.1～10.2.2.1.4条款要求。

② 取样频率为：客土，每500m^3为一个检验批，不少于2批次；原土，每5000m^2为一个检验批，不少于2批次。

③ 土壤试验内容应符合设计要求，当设计无要求时，应满足通用种植土的标准，土壤检测各指标应符合当地相关要求。

灌溉用水检测

① 绿化工程灌溉用水不是自来水的，需进行相应检测。

② 取样方法与频率为：同一水质，同一地点，抽取两个样。装水容器先用抽样的水冲洗两遍后再装上水样约3L。

③ 灌溉用水试验内容和质量评定参照GB 5084执行。

7.2.9.3 市政验·绿-3 绿地地形整理工程检验批质量验收记录

1. 适用范围

本表适用于绿化工程中基础分项工程中回填种植土后的地形整理检验批验收

2. 填表说明

(1) 主控项目

1) 平整度应符合设计要求，大面积绿地地形目测结合淋水后观察其积水情况，不能明显的坑洼地及积水，机械整理地形后土壤无明显板结现象。

2) 坡度应符合设计要求，设计有明确坡度要求的应测量，填写测量值，排水良好，完成面没有明显积水现象。

(2) 一般项目

全面检查地形整理完成后的土壤大小，平整后绿地应无直径 3cm 以上石砾等杂物颗粒，尺寸允许偏差为±1.0cm。

7.2.9.4 市政验·绿-4 种植穴、槽的挖掘工程检验批质量验收记录

1. 适用范围

本表适用于栽植分项中种植穴（槽）的质量验收。

2. 填表说明

(1) 项目负责人应和监理工程师一起，在种植前对种植（槽）穴的挖掘直径和深度进行全面检查，用钢尺测量，总体评价后填写表格。

(2) 种植穴的直径与深度大小应符合设计要求，至少应比土球直径大 20cm，树穴上下大小基本一致，按种植技术要求回填种植土和基肥，种植后的穴口应大小应一致。

(3) 种植前应检查添加基肥的情况，并填写按规定对进场肥料抽样送检的数量和结果。

(4) 一般项目的填写应结合实际情况填写总体评价，种植穴、种植槽定点放线应符合设计要求，位置准确，标记明显。种植穴定点时应标明中心点位置，种植槽应标明边线。

(5) 如有排水不良的种植穴按实际处理情况填写，如可在穴底铺 10cm～15cm 厚的砂砾或敷设渗水管，加设排水盲沟，或按设计要求进行处理。

(6) 肥料检测

1) 取样方法：有机肥料一般应将肥料混合均匀后，选取 10 点～20 点，每个干的样品 1.5kg 左右，湿样 5kg。同一批次的有机肥不少于 2 个样品。

2) 无机肥料同一厂家，同种批号，每 500kg 抽 1 个样。少于 500kg 按 500kg 标准抽样，每点不少于 2 个样。每个样 1kg 左右。

7.2.9.5 市政验·绿-5 植物种植工程检验批质量验收记录

1. 适用范围

本表适用于一般绿化工程、大树移植、立体绿化中的栽植分项过程的各检验批验收。

2. 填表说明

(1) 填写时应根据所验收的检验批所在的分部工程选用对应的条款，根据相应条款的要求进行施工和验收。

(2) 一般绿化工程和立体绿化中根据植物材料类型选择相应的表格，填写时应注意对应条款的内容。

(3) 主控项目和一般项目应全数抽样检验，频率为：乔木、孤植的灌木应按进场批次全数检查；绿篱、地被、花卉、草坪每进场一次为一个抽查批次。

7.2.9.6 市政验·绿-6 草坪播种工程检验批质量验收记录表

1. 适用范围

本表适用于栽植分项中使用播种的方式栽植草坪的各检验批验收。

2. 填表说明

(1) 根据不同的播种方式和时间划分检验批。

(2) 城市绿地中播种用的种子，均应注明品种、品系、产地、生产单位、采收年份、纯净度及发芽率，不得有病虫害；发芽率应达到产品标称的要求。

（3）播种时应先保持土壤湿润，稍干后将表层土耙细耙平；播种后应及时喷水，水点宜细密均匀，浸透土层8cm～10cm并保持湿润。

（4）主控项目应全数抽样检验，方法为现场观察播种发芽率和长成后和草坪覆盖率。

7.2.9.7 市政验·绿-7 水生植物种植工程检验批质量验收记录表

1. 适用范围

本表适用于栽植分项中水生植物种植质量的各施工和验收。

2. 填表说明

（1）根据不同的品种或种植部位划分检验批。

（2）常用水生植物的适宜水深，应符合表3的要求。

常用水生植物的适宜水深 **表3**

植物种类	代表种类	适宜水深（cm）
沿生类	菖蒲	10以内
挺水类	荷花	100以内
浮水类	芡实、睡莲	50～300
漂浮类	浮萍、凤眼莲	不限

注：漂浮类水生植物的根不生于水底泥土中。

（3）水生植物种植可砌筑栽植槽或用缸盆架设水中，种植时缸盆应牢固埋入水底泥中，防止浮起。栽植于流动区域的可增加必要的措施固定。漂浮植物可从产地捞起移入种植水面，自然漂浮。

（4）种植后验收时植物材料应符合设计要求，根茎发育良好，植株健壮，无明显病虫害。

（5）主控项目和一般项目应全数抽样检验，方法为现场观察及进行病虫害检测。

7.2.9.8 市政验·绿-8 苗木进场检验批质量验收记录表

1. 适用范围

本表格适用于绿化植物进场的检验。

2. 填表说明

（1）绿化植物为绿化工程中的重要材料，对绿化工程的外观质量有直接影响，有别于一般的原材料，为加强对植物材料质量的管理，应对进场苗木进行验收，符合设计要求的苗木才能栽植。

（2）植物材料可按进场时间划分不同的检验批进行验收，施工人员应会同监理一起对进场苗木填写相关的技术指标。

（3）绿化工程植物材料的进场检验方法为现场观测和检查出圃合格证。

（4）绿化工程植物材料的检验频率为：乔木、孤植的灌木应按进场批次全数检查；绿篱、地被、花卉、草坪每进场一次为一个抽查批次。

7.2.9.9 市政验·绿-9 养护分项工程检验批质量验收记录

1. 适用范围

本表适用于预验收后进入养护期后的植物养护情况的验收，可以根据验收时间段分多个检验批。

2. 填表说明

（1）本规范6.4.2条主控项目和一般项目的检查检查数量与频率为树木全数抽检，绿篱、草坪、花坛、地被植物每200m^{2}抽查一点（不足200m^{2}的按200m^{2}抽查），不少于3点。

（2）植物种植后，应对整体植物材料进行病虫害检验：在普查的基础上，发现有病虫害植株的在发现病虫害的部位（根、茎、叶等）取样，样品用取样袋装好，并贴上标签，标明日期、地点、寄主名称、危害部位，统计危害率，危害程度等，做好原始记录。并按《园林植物病虫害田间调查抽样方法》

相关内容执行。

(3) 应根据植物病虫害检测报告制定病虫害防治措施进行防治。若检测出防疫性病害，应制定专项整改方案，并应上报相关部门。

7.2.9.10 市政验·绿-10 植后植物材料检验批质量验收记录

1. 适用范围：

本表适用于种植后验收时植物材料外观生长情况的验收

2. 填表说明

(1) 植后植物材料的检查为全数抽检，项目要求中有明确尺寸的检查方法为现场测量，其他项目为现场观察。

可按施工及质量控制和专业验收的段或里程为一个检验批。

(2) 评定记录填写综合结论，植物材料的质量要求应符合设计要求，并满足表4的规定。

质量指标 **表4**

序号	项目	种植后植物材料的质量指标
1	乔木	树干通直，树冠完整，树形端正，无缺冠，偏冠（除设计特殊要求外），树木生长势良好，叶色正常，无枯枝败叶及明显病虫害。
2	灌木	生长势良好，叶色正常，不脱脚叶，无枯枝败叶及明显病虫害。
3	花卉及地被植物	生长茁壮，幼芽饱满，高度整齐，根系发达，无损伤及明显病虫害，观叶植物叶色应鲜艳，疏密均匀。
4	草坪	草块尺寸一致，厚度不少于2cm，无杂草，生长势良好，无明显病虫害。
5	水生植物	根茎发育良好，植株健壮，无明显病虫害。

7.2.9.11 市政验·绿-11 苗木挖掘分项工程检验批质量验收记录

1. 适用范围

本表适用于大树移植的苗木挖掘分项工程的检验批验收，可以是一个检验批也可以按移植部位

2. 填表说明

挖掘前的准备：大树移植前应对移植的大树品种特性、生长情况、立地条件、周围环境等进行调查研究，制定移植的技术方案和安全措施。

7.2.9.12 市政验·绿-12 苗木迁移分项工程检验批质量验收记录

1. 适用范围

本表适用于大树移植分部工程中苗木迁移分项的检验批验收工作。

2. 填表说明

移植大树的主要施工人员必须持证上岗。吊装和运输大树的机具必须具备足够的承载能力，并有年审合格证，作业人员必须有上岗证。大树移植应建立技术档案。

7.2.9.13 市政验·绿-13 边坡基础分项工程检验批质量验收记录

1. 适用范围

本表格适用于各类型的边坡绿化修复工程的基础分项中检验批的验收

边坡的分类见表5。

边坡分类　　表 5

分类依据	名　称	描　述
边坡质地	弱风化岩石边坡	边坡岩体呈块状或层状结构，岩体较完整，由岩浆岩、层状沉积岩或变质岩构成
	强风化岩石边坡	边坡岩体呈碎裂状或散状结构，由强风化或强烈构造运动形成的破碎或极破碎岩体构成
	土质边坡	边坡由土壤构成
坡比	缓坡	坡比≤1∶1.5
	较缓坡	1∶1.5＜坡比≤1∶1
	中等坡	1∶1＜坡比≤1∶0.75
	陡坡	1∶0.75＜坡比≤1∶0.5
	急坡	坡比＜1∶0.5

2. 填表说明

（1）采用优质土壤配制客土或种植基质，禁止客土中混有粒径大于 1cm 的硬质物。

（2）用于喷播的基质组份必须包括肥料、粘合剂和保水剂。也可以适当加入成孔剂、pH 值调节剂、菌剂等成分。保水剂用量应根据各地气候条件及边坡特点的不同而做相应的调整，粘合剂用量应根据边坡的坡度和质地而定。

（3）基质的厚度按测量网格法抽样用尺量，厚度应符合规范 8.4.3.3 条款的要求

（4）坡面地形的整理须符合设计要求，尽量不扰松原土层；回填土壤要进行夯实，密实度符合设计要求。

7.2.9.14　市政验·绿-14　边坡栽植分项工程检验批质量验收记录

1. 适用范围

本表适用于边坡绿化中的栽植分项中的检验批验收

2. 填表说明

（1）一般人工种植和植生岛法的苗木栽植穴、槽必须垂直下挖，上口下底相等。植物材料应选择根系发达、株形低矮、耐干旱、耐贫瘠、抗病虫害、萌发力强、绿色期长和观赏性高的植物。裸根苗木种植时，应将根部舒展、铺平，不得窝根。种植带土球苗木、树木入穴后，应拆除并取出包装物。

（2）喷播施工应符合的要求：植物生长基质在喷播前必须搅拌均匀。喷播时喷枪口距坡面 1m 左右，喷枪与坡面的夹角应尽量垂直，严禁仰喷。喷播应从上到下，喷播过程中应注意找平。

（3）非喷播边坡，除按规范 8.4.4.1. 条规定填写外，尚应符合本规范 6.3 节的相关内容。

7.2.9.15　市政验·绿-15　假山叠石分项工程检验批质量验收记录

1. 适用范围

本表适用于附属于绿化工程中，工程量较少不适宜作为独立单位（子单位）工程的假山叠石工程的验收，如独立单位工程或作为综合园林工程的假山叠石应执行市地方标准例如，《园林假山工程施工验收规范》DBJ 440100/T179。

2. 填表说明

（1）主控和一般项目的填写应符合本规范 9.2.1-9.2.2 的各条款要求。

（2）原材料的控制，一般原则为设计没有特别要求的，使用数量少于常规送检最少数量的，使用部位不涉及结构安全的，以检查进场材料合格文件和检测报告为主，当对质量有怀疑时可进行材料抽检，

并填写具体检测结果。

7.2.9.16　市政验・绿-16　铺装分项工程检验批质量验收记录

1. 适用范围

本表适用于附属于绿化工程中，工程量较少不适宜作为独立单位（子单位）工程的园路铺装工程的验收，如独立单位工程或作为综合园林工程的园林铺装分部工程应执行市地方标准《园林铺装工程（园路）施工验收规范》DBJ 440100/T86。

2. 填表说明

（1）主控和一般项目的填写应符合本规范 9.3.1～9.3.2 的各条款要求。

（2）原材料的控制，一般原则为设计没有特别要求的，使用数量少于常规送检最少数量的，使用部位不涉及结构安全的，以检查进场材料合格文件和检测报告为主，当对质量有怀疑时可进行材料抽检，并填写具体检测结果。

（3）基层的厚度、平整度、中线高程应符合设计要求。

7.2.9.17　市政验・绿-17　小品分项工程检验批质量验收记录

1. 适用范围

本表格适用于园林小品安装分项工程包括园椅、小型雕塑等成品安装工程。

2. 填表说明

（1）主控和一般项目的填写应符合本规范 9.3.1～9.3.2 的各条款要求。

（2）原材料的控制，一般原则为设计没有特别要求的，使用数量少于常规送检最少数量的，使用部位不涉及结构安全的，以检查进场材料合格文件和检测报告为主，当对质量有怀疑时可进行材料抽检，并填写具体检测结果。

7.2.9.18　市政验・绿-18　路基分项工程检验批质量验收记录

1. 适用范围

本表适用于园林工程中做为独立单位工程建设的园路、停车场、广场、汀步等园林铺装工程路基开挖或换填土处理路基检验批的质量检查验收。

2. 填表说明

（1）填土方须根据设计断面水平分层填筑压实，其分层最大厚度必须与压实机具功能相适应，并符合相关技术标准，其压实有效部位每侧一般应宽出路床 20cm。对于土基含水量较大、土方压实度条件难以满足的特殊情况，应征求设计部门的意见另行处理。

（2）路基施工如遇石方或特殊基质（杂填土、房渣土、工业废渣等）时，可执行 CJJ 1 的相关技术标准

（3）土方路基的压实度标准见表 6，如受施工条件限制不能满足时应按设计要求确定。

土方路基压实度标准　　表 6

填挖类型	深度范围（cm）	压实度（%）				
		车行园路	停车场、广场铺装	宽度 2.5m 以上人行园路	宽度≤2.5m 园路	生态铺装
填方	0～30	≥90	≥90	≥90	≥87	≥87
	30～80	≥87	≥87	≥87	—	—
挖方	完成面	≥90	≥90	≥90	≥87	≥87
附录　A 本表压实度数值采用重型击实标准						

（4）园路土方路基主要检测项目的检验频率和方法见表 7。

土方路基主要检测项目检验频率和检验方法　　表 7

序号	项目	检查频率		检验方法
		范围	数量	
1	压实度	$1000m^2$	1 组，每组≥3 点	环刀法或灌沙法
2	平整度	50m	1 点，且≥2 点	3m 直尺量
3	宽度	20m	1 点，且≥2 点	用尺量
4	中线标高	20m	1 点，且≥2 点	用水准仪测量
5	路床横坡	20m	2 点，且≥4 点	用水平尺
标准击实试验应每批次、同质地材料做一次				

7.2.9.19　市政验·绿-19　基层分项工程检验批质量验收记录

1. 适用范围

本表适用于各类稳定土类、砂石及砾石（砖）类和素混凝土类垫层、结合层等基层检验批的质量检查验收。

2. 填表说明

（1）主控项目

园林中停车场、园路、广场铺装的基层压实度应满足表 7 的规定。如受施工条件限制不能满足时应按设计要求确定，基层中有素混凝土垫层的，其强度应符合设计要求。

各类基层、垫层的压实度标准　　表 7

项目	压实度（%）				
	车行园路	停车场、广场铺装	宽度 2.5m 以上人行园路	宽度≤2.5m 园路	生态铺装
碎石、砂石、水泥稳定层等基层、垫层	≥95	≥93	≥90	≥87	≥85
本表中压实度数值采用重型击实标准					

（2）一般项目

1）基层中各类垫层的标高、坡度、厚度等应符合设计要求。基层表面应平整，其允许偏差和检测项目应符合规范内表 8 的规定。

各类基层、垫层一般检测项目及允许偏差　　表 8

序号	项目	规定值或允许偏差（mm）			
		砂石、砾石（砖）等		水泥稳定土类	素混凝土垫层
1	厚度（mm）	砂石＋20～－10	砾石＋20～－10%层厚	±10	＋10，－5
2	平整度（mm）	≤10		≤10	≤5
3	宽度（mm）	不小于设计规定			
4	标高（mm）	±15		±15	符合设计规定
5	坡度	坡向符合设计要求，横坡差不大于±0.3%且不反坡			

2）各类基层、垫层主要检测项目的检验频率和方法如表 9 所示：

检验频率及方法 **表 9**

序号	项目	检验频率				检验方法
		水泥稳定层垫层 砂石、碎石、碎砖垫层		素混凝土垫层		
		范围	数量	范围	数量	
1	压实度	大型园林铺装 ≤1000m²	1 组，每组 ≥2 点	—	—	灌水法或灌砂法
		园路；汀步、 生态铺装≤200m				
2	强度	—	—	每台班	1 组	见 GB J 107 《混凝土强度检验评定标准》
3	厚度	≤1000m²	1 点，且≥2 点	≤50m	3 点	用尺量
4	整度	≤20m	1 点，且≥2 点	≤50m	3 点	用 3m 直尺每 100m 量
5	坡度	≤20m	1 点，且≥2 点	≤50m	3 点	用水准仪具或水平尺测量
6	宽度	≤40m	1 点，且≥2 点	—	—	用尺量
7	标高	≤20m	1 点，且≥2 点	—	—	用水准仪具测量

注：标准击实试验应每批次材料做一次。

7.2.9.20 市政验·绿-20 水泥混凝土面层检验批质量验收记录

1. 适用范围

本表格适用于整体面层中的水泥混凝土面层（含彩色水泥混凝土面层、斩假石面层等）面层浇筑的质量检查验收

2. 填表说明：

（1）水泥混凝土面层的厚度和抗压强度应不低于设计规定，厚度允许偏差为±5mm。

（2）水泥混凝土面层主要检查项目及允许偏差见表 10。

允许偏差 **表 10**

项目	平整度	相邻板高差	宽度	中线高程	横坡	井框与路面高差
规定值或 允许偏差（mm）	≤5	≤3	0，−20	±20	±0.3%且不反坡	≤3

（3）整体面层主要检查项目的检验频率和方法见表 11。

整体面层主要检查项目的检验频率和方法　　表 11

<table>
<tr><th rowspan="3">序号</th><th rowspan="3">项目</th><th colspan="4">检验频率</th><th rowspan="3">检验方法</th></tr>
<tr><th colspan="2">水泥混凝土、水磨石、水刷石面层</th><th colspan="2">沥青混凝土面层</th></tr>
<tr><th>范围</th><th>数量</th><th>范围</th><th>数量</th></tr>
<tr><td>1</td><td>抗折强度（行车园路）</td><td>每台班</td><td>1 组</td><td>—</td><td>—</td><td>见 GBJ 107《混凝土强度检验评定标准》</td></tr>
<tr><td>2</td><td>抗压强度</td><td>每台班</td><td>1 组</td><td>—</td><td>—</td><td>见 GBJ 107《混凝土强度检验评定标准》</td></tr>
<tr><td>3</td><td>压实度</td><td>—</td><td>—</td><td>2000m^2</td><td>1 点，且≥2 点</td><td>腊封称质量法</td></tr>
<tr><td>4</td><td>厚度</td><td>每块</td><td>2 点</td><td>2000m^2</td><td>1 点，且≥2 点</td><td>用尺量</td></tr>
<tr><td>5</td><td>平整度</td><td>每块</td><td>2 点</td><td>20m</td><td>2 点</td><td>用 3m 直尺量</td></tr>
<tr><td>6</td><td>相邻板高差</td><td>每缝</td><td>1 点</td><td>—</td><td>—</td><td>用尺量</td></tr>
<tr><td>7</td><td>宽度</td><td>40m</td><td>1 点，且≥2 点</td><td>40m</td><td>1 点，且≥2 点</td><td>用尺量</td></tr>
<tr><td>8</td><td>中线高程</td><td>20m</td><td>4 点</td><td>20m</td><td>4 点</td><td>用水准仪具测量</td></tr>
<tr><td>9</td><td>横坡</td><td>20m</td><td>2 点</td><td>20m</td><td>2 点</td><td>用水准仪具或水平尺量</td></tr>
<tr><td>10</td><td>井框与路面高差</td><td>每座</td><td>1 点</td><td>每座</td><td>1 点</td><td>用尺量取最大值</td></tr>
</table>

7.2.9.21　市政验・绿-21　沥青混凝土面层检验批质量验收记录

1. 适用范围

本表格适用于整体面层中的沥青混合料面层的质量检查验收

2. 填表说明：

（1）水泥混凝土面层的厚度和抗压强度应不低于设计规定，厚度允许偏差为±5mm。

（2）沥青混凝土面层和沥青碎（砺）石面层主要检查项目应符合规范中表 12 的要求。

沥青混凝土面层主要检测项目及允许偏差表　　表 12

项目	平整度	宽度	中线高程	横坡	井框与路面的高差
规定值及允许偏差（mm）	≤7	不小于设计值	±15	±0.3%且不反坡	≤5

（3）整体面层主要检查项目的检验频率和方法见规范中表 13。

整体面层主要检查项目的检验频率和方法 **表 13**

序号	项目	检验频率				检验方法
		水泥混凝土、水磨石、水刷石面层		沥青混凝土面层		
		范围	数量	范围	数量	
1	抗折强度（行车园路）	每台班	1组	—	—	见GBJ 107《混凝土强度检验评定标准》
2	抗压强度	每台班	1组	—	—	见GBJ 107《混凝土强度检验评定标准》
3	压实度	—	—	2000m^2	1点，且≥2点	腊封称质量法
4	厚度	每块	2点	2000m^2	1点，且≥2点	用尺量
5	平整度	每块	2点	20m	2点	用3m直尺量
6	相邻板高差	每缝	1点	—	—	用尺量
7	宽度	40m	1点，且≥2点	40m	1点，且≥2点	用尺量
8	中线高程	20m	4点	20m	4点	用水准仪具测量
9	横坡	20m	2点	20m	2点	用水准仪具或水平尺量
10	井框与路面高差	每座	1点	每座	1点	用尺量取最大值

7.2.9.22 市政验·绿-22 水磨石、水刷石面层检验批质量验收记录

1. 适用范围

本表格适用于整体面层中的水磨石、水刷石面层的质量检查验收

2. 填表说明：

（1）水刷石、水磨石面层原材料控制应符合规范中5.2.1的要求。

（2）水磨石、水刷石面层主要检查项目应符合规范中表13的要求，面层表面观感质量全面观察，进行定性评价。

水磨石、水刷石面层主要检查项目及允许偏差 **表 13**

项目	平整度	相邻板高差	宽度	中线高程	横坡	井框与路面高差
规定值或允许偏差（mm）	≤5	≤3	0，−20	±20	±0.3%且不反坡	≤3

（3）水磨石、水刷石面层主要检查项目的检验频率和方法见下表，规范中表14。

整体面层主要检查项目的检验频率和方法　　表 14

序号	项目	检验频率				检验方法
		水泥混凝土、水磨石、水刷石面层		沥青混凝土面层		
		范围	数量	范围	数量	
1	抗折强度（行车园路）	每台班	1组	—	—	见 GB J 107《混凝土强度检验评定标准》
2	抗压强度	每台班	1组	—	—	见 GBJ 107《混凝土强度检验评定标准》
3	压实度	—	—	$2000m^2$	1点，且≥2点	腊封称质量法
4	厚度	每块	2点	$2000m^2$	1点，且≥2点	用尺量
5	平整度	每块	2点	20m	2点	用 3m 直尺量
6	相邻板高差	每缝	1点	—	—	用尺量
7	宽度	40m	1点，且≥2点	40m	1点，且≥2点	用尺量
8	中线高程	20m	4点	20m	4点	用水准仪具测量
9	横坡	20m	2点	20m	2点	用水准仪具或水平尺量
10	井框与路面高差	每座	1点	每座	1点	用尺量取最大值

7.2.9.23　市政验·绿-23　块料面层检验批质量验收记录

1. 适用范围

本表格适用于大理石、花岗石、木板等天然块料及各类预制砌块料面层的施工验收。

2. 填表说明

（1）面层所用的块料的品种、质量必须符合设计要求。木块料施工前，应进行防腐处理。面层所用的块料如有力学强度和厚度要求时，其力学强度和厚度必须符合该类材料的国家、行业等标准要求。

（2）混凝土预制砌块应具有出厂合格证、生产日期和混凝土原材料、配合比、抗压强度试验结果资料。铺装前应进行外观检查与强度试验抽样检验。

（3）块料面层的主要检测项目及允许偏差（表 15）。

主要检测项目及允许偏差　　表 15

项次	项目	允许偏差 mm		
		天然块料	预制块料	木块料
1	表面平整度	按设计要求	≤3	≤3
2	缝格直顺	≤10	≤10	≤10
3	接缝高低差（相邻块高差）	≤3	≤2	≤1
4	板块间隙宽度	±1	±1	±1
5	井框与路面高差	≤5	≤5	≤5
6	横坡度	±0.3%且不反坡	±0.3%且不反坡	±0.3%且不反坡

（4）块料面层石材应表面平整、粗糙、色泽、规格、尺寸及强度应符合设计要求，块料面层石材加工外观质量和尺寸允许偏差应符合表16的要求。

外观质量和允许偏差　　表16

<table>
<tr><td rowspan="5">外观质量</td><td>缺棱</td><td>个</td><td rowspan="3">1</td><td>面积不超过5mm×10mm，每块板材</td></tr>
<tr><td>缺角</td><td>个</td><td>面积不超过2mm×2mm，每块板材</td></tr>
<tr><td>色斑</td><td>个</td><td>面积不超过15mm×15mm，每块板材</td></tr>
<tr><td>裂纹</td><td>条</td><td>1</td><td>长度不超过两端顺延至板边总长度的1/10
（长度小于20mm不计）每块板</td></tr>
<tr><td>坑窝</td><td>—</td><td>不明显</td><td>粗面板材的正面出现坑窝</td></tr>
</table>

（5）块料面层主要检查项目的检验频率和方法见表17。

检验频率和方法　　表17

<table>
<tr><td rowspan="3">序号</td><td rowspan="3">项目</td><td colspan="6">检验频率</td><td rowspan="3">检验方法</td></tr>
<tr><td colspan="2">天然块料</td><td colspan="2">预制块料</td><td colspan="2">竹、木块料</td></tr>
<tr><td>范围</td><td>数量</td><td>范围</td><td>数量</td><td>范围</td><td>数量</td></tr>
<tr><td>1</td><td>抗压/抗折强度</td><td>—</td><td>—</td><td rowspan="2" colspan="2">每批次≥1组</td><td>—</td><td>—</td><td>按相关规范要求</td></tr>
<tr><td>2</td><td>厚度</td><td>—</td><td>—</td><td>—</td><td>—</td><td>按相关规范要求</td></tr>
<tr><td>3</td><td>表面平整度</td><td>20m</td><td>1点</td><td>20m</td><td>1点</td><td>20m</td><td>1点</td><td>用3m直尺量，量取最大值</td></tr>
<tr><td>4</td><td>缝格直顺</td><td>20m</td><td>1点</td><td>20m</td><td>1点</td><td>20m</td><td>1点</td><td>拉10米小线，量取最大值</td></tr>
<tr><td>5</td><td>接缝高低差
（相邻块高差）</td><td>20m</td><td>1点</td><td>20m</td><td>1点</td><td>20m</td><td>1点</td><td>用钢尺量和契形塞尺</td></tr>
<tr><td>6</td><td>板块间隙宽度</td><td>20m</td><td>1点</td><td>20m</td><td>1点</td><td>20m</td><td>1点</td><td>用钢尺量</td></tr>
<tr><td>7</td><td>井框与路面高差</td><td>每座</td><td>1点</td><td>每座</td><td>1点</td><td>每座</td><td>1点</td><td>用尺量</td></tr>
<tr><td>8</td><td>横坡度</td><td>20m</td><td>1点</td><td>20m</td><td>1点</td><td>20m</td><td>1点</td><td>用水准仪具或水平尺量</td></tr>
</table>

注：1. 如所用块料为混凝土路面砖时，应按现行《混凝土路面砖》的规定进行抽样检测，且符合其质量指标。
2. 如检测的实际范围不足表格中范围规定的数值，检测数量均不少于2点。

7.2.9.24　市政验·绿-24　碎料面层检验批质量验收记录

1. 适用范围

本表格适用于各种石片、砖瓦片和卵石等面层材料的质量检查验收

2. 填表说明

（1）卵石外观完好，镶嵌牢固；颜色分配和顺，颗粒铺设清晰，石粒清洁。

（2）各种碎料材料色泽及规格搭配应符合设计要求。

（3）碎料面层外观质量用全面观察定性的方法，将综合情况填写表内。

7.2.9.25　市政验·绿-25　汀步面层检验批质量验收记录

1. 适用范围

本表格适用于园林绿地里汀步面层的质量检查验收

2. 填表说明

(1) 汀步基层完成面应平整密实，表面无明显积水。

(2) 混凝土独立基础汀步的施工除符合本规范的规定外，还需符合 GB 50204 的相关规定。

(3) 主控项目的检查记录

1) 各种混凝土预制件园路半成品的混凝土抗压强度应符合设计要求，并有出厂合格证明文件和相关检测

2) 各种半成品的表面不得有蜂窝、露石、脱皮、裂缝等现象，彩色道板必须表面平整，色彩均匀，线路清晰和棱角整齐。

(4) 一般项目

1) 天然材料尺寸应符合设计要求，满足使用功能，厚度不应少于 5mm。

2) 面层与基层应连接牢固。

7.2.9.26 市政验·绿-26 路缘石安装分项工程检验批质量验收记录

1. 适用范围

本表适用于园林铺装工程中附属工程路缘石安装的质量检查验收

2. 填表说明

(1) 预制路缘石其强度和厚度应符合相关标准要求。

(2) 路缘石主要检测项目及允许偏差应符合规范中表 18 所示。

路缘石主要检测项目及允许偏差 **表 18**

项目	直顺度	相邻板高差	缝宽	侧石顶面高程
规定值或允许偏差（mm）	≤10	≤3	±3	±10

(3) 路缘石主要检查项目的检验频率和方法见表 19。

路缘石主要检查项目的检验频率和方法 **表 19**

序号	项目	检验频率		检验方法
		范围	数量	
1	预制缘石强度	每批次	≥1 组	按相关规范要求
2	预制缘石厚度	每批次	≥1 组	按相关规范要求
3	直顺度	100m	1 点，且≥2 点	拉 20m 小线量取最大值
4	相邻板高差	20m	1 点，且≥2 点	用尺量
5	缝宽	20m	1 点，且≥2 点	用尺量
6	侧石顶面高程	20m	1 点，且≥2 点	用水准仪具测量

注：如所用路缘石为混凝土路缘石时，应按现行《混凝土路缘石》的规定进行抽样检测，且符合其质量指标。

7.2.9.27 市政验·绿-27 收水井分项工程检验批质量验收记录

1. 适用范围

本表适用于园路或广场的附属项目收水井的质量检查验收

2. 填表说明

(1) 收水井、支管主要检测项目及允许偏差应符合规范表 19 所示。

收水井、支管主要检测项目及允许偏差 **表 19**

项目	井框与井壁吻合	井框与路面吻合	雨水口边线与路边线间距	井内尺寸
规定值或允许偏差（mm）	≤10	0，−10	≤20	+20，0

（2）收水井、支管主要检查项目的检验频率和方法见表 20。

收水井、支管主要检查项目的检验频率和方法 **表 20**

序号	项目	检验频率		检验方法
		范围	数量	
1	支管管材质量	每批次	≥1 组	按相关规范要求
2	井框与井壁吻合	每座	1 点	用尺量
3	井框与路面吻合	每座	1 点	与井周路面比

7.2.9.28 市政验·绿-28 小型排水沟分项工程检验批质量验收记录

1. 适用范围

本表适用于园路或广场的附属项目小型排水沟的质量检查验收

2. 填表说明

（1）沟基础的处理必须满足设计强度要求

（2）小型排水沟主要检测项目及允许偏差见表 21：

检测项目及允许偏差 **表 21**

项目	沟断面尺寸		沟底标高		墙面垂直度		墙面平整度		边线直顺度		盖板压墙长度	
	砌石	砌块	砌石	砌块	砌石	砌块	砌石	砌块	砌石	砌块	砌石	砌块
规定值或允许偏差（mm）	±20	±10	±20	±10	≤10	≤5	≤15	≤5	≤20	≤10	±20	

（3）小型排水沟主要检查项目的检验频率和方法（表 22）：

检验频率和方法 **表 22**

序号	项目	检验频率		检验方法
		范围	数量	
1	沟断面尺寸	40m	1 点，且≥2 点	用钢尺量
2	沟底标高	20m	1 点，且≥2 点	用水准仪具测量
3	墙面垂直度	40m	2 点	用垂线、钢尺量
4	墙面平整度		2 点	用 2m 直尺、塞尺量
5	边线直顺度		2 点	用 20m 小线、钢尺量
6	盖板压墙长度		2 点	用钢尺量

7.2.9.29　市政验·绿-29　园凳、护栏等成品安装分项工程检验批质量验收记录

1. 适用范围

本表适用于园路广场上的园椅、护栏等成品的安装质量验收

2. 填表说明

（1）基础应埋于实土层，平稳牢固，混凝土基础强度应符合设计要求，按要求对强度抽样送检，填写结果。

（2）现场检查成品表面无裂纹、掉角等缺陷。

7.2.9.30　市政验·绿-30　穿线导管（槽）敷设分项工程检验批质量验收记录

1. 适用范围

本表适用于园林景观照明工程的穿线导管或槽的质量检查验收。

穿线导管或槽的敷设可根据施工段、部位和里程划分检验批。

2. 填表说明

金属的导管和线槽必须接地或接零可靠，根据规范 6.1～6.2 的相关条款对主控项目和一般项目进行检查，填写综合评定记录，对有具体尺寸要求的应填写测量数据。

1）金属的导管和线槽必须接地或接零可靠。

2）镀锌的钢导管、金属线槽不得熔焊跨接接地线，以专用接地卡跨接的两卡间连线为铜芯软导线，截面积不小于 $4mm^2$；采用套管紧定式钢管连接方式的应满足电阻接地要求。

3）非镀锌金属线槽间连接板的两端跨接铜芯接地线，镀锌线槽间连接板的两端不跨接接地线，但连接板两端不少于 2 个有防松螺帽或防松垫圈的连接固定螺栓。

4）当绝缘导管在砌体上剔槽埋设时，应采用强度等级不小于 M10 的水泥砂浆抹面保护，保护层厚度大于 15mm。

5）管道沟槽开挖深度应符合设计要求，沟槽壁应平顺，沟槽底平整且无积水杂物。

6）管道沟槽回填材料应符合设计要求，不应有砖、石、木块等杂物。回填前应清除沟槽内的垃圾杂物，不得带水回填。

7）金属导管严禁对口熔焊连接；镀锌和壁厚小于等于 2mm 的钢导管不得套管熔焊连接。

电缆导管的弯曲半径不应小于电缆最小允许弯曲半径。

一般项目

（1）电缆导管不应有孔洞、裂缝和明显的凹凸不平，内壁应光滑无毛刺。

（2）电缆管在弯制后不应有裂缝和明显的凹凸现象，其弯曲半径不宜大于管子外径的 10%。

（3）硬质塑料管连接应采用插接，其插入深度宜为管子内径的 1.1～1.8 倍，在插接面上应以胶合剂粘牢密封。

（4）金属电缆管连接应牢固，密封良好；当采用套接时，套接的短套管或带螺纹的管接头长度不应小于外径的 2.2 倍，金属电缆管不宜直接对焊。

（5）电缆导管铺设的规定：

1）绿地、车行道埋深不应小于 0.8m，人行道埋深不应小于 0.5m。

2）壁厚不大于 2mm 的或未做防腐处理的金属电线导管不应埋地铺设。

3）在不能满足 6.2.5.1～6.2.5.2 要求的地段应按设计要求敷设。

（6）过路管道应在两端和设计要求设置过线井。

（7）导管和线槽，若需铺设在变形缝处，应设补偿装置。

7.2.9.31　市政验·绿-31　电线、电缆敷设分项工程检验批质量验收记录

1. 适用范围

本表适用于电线、电缆敷设的质量验收

2. 填表说明

（1）电缆在敷设前应进行绝缘电阻的测量

测量绝缘用兆欧表的额定电压，量程为 0～1000MΩ 的兆欧表。

（2）电缆最小允许弯曲半径，电缆最小允许弯曲半径应符合 GB 50303 的相关规定。

（3）电缆之间、电缆与管道之间平行和交叉时的最小净距应符合下表的规定。

电缆之间、电缆与管道之间平行和交叉的最小净距　　表 23

项目	最小净距离（m）	
	平行	交叉
不同使用部门的电缆间	0.5	0.5
电缆与地下管道间	0.5	0.5
电缆与油管道、可燃气体管道间	1.0	0.5
电缆与热管道及热力设备间	2.0	0.5

（4）其他主控和一般项目应根据规范第七大点的相关条款对主控项目和一般项目进行检查，填写综合评定记录，对有具体尺寸要求的应填写测量数据。

7.2.9.32　市政验·绿-32　电缆头制作、接线和线路绝缘测试分项工程检验批质量验收记录

1. 适用范围

本表适用于电缆头制作和接线，线路绝缘测试

2. 填表说明：

（1）现场检查电线、电缆的回路标记应清晰，编号准确。

（2）电线、电缆的试验项目，包括下列内容：测量绝缘电阻、检查电缆线路两端的相位和泄漏电流测量。

1）测量绝缘用兆欧表的额定电压，量程为 0～1000MΩ 的兆欧表。

2）电气器具未安装前进行线路绝缘摇测。摇测时将灯头内导线分开，开关盒内导线连通，干线和支线分开。摇测时应进行记录。摇动速度应保持 120r/min 左右，读数应采用 1min 后的读数为宜。

3）电气器具全部安装完成后，将线路的开关、刀闸、仪表、设备等用电开关全部置于断开位置，摇测时应进行记录，摇动速度应保持 120r/min 左右，读数应采用 1min 的读数为宜。

4）泄漏电流测量，试验时，试验电压可分 4～6 阶段均匀升压，每阶段停留 1min，并读取泄漏电流值。试验电压升至规定值后维持 15min，其间读取 1min 和 15min 时泄漏电流。测量时应消除杂散电流的影响。

（3）线路施工完成后，检查导线焊、接、包是否符合设计要求及施工验收规范标准，无误后再进行绝缘测试。

（4）现场检查铠装电力电缆头的接地线应采用铜绞线或镀锡铜编织线，截面积不应小于下表的规定：

截面积　　单位为 mm^2　**表 24**

电缆芯线面积	接地线截面积
120 及以下	16
150 及以上	25

注：电缆芯线截面积在 $16mm^2$ 及以下，接地线截面积与电缆芯线截面积相等。

7.2.9.33　市政验·绿-33　配电、控制（屏台柜箱盆）的安装分项工程检验批质量验收记录

1. 适用范围

本表适用于配电、控制（屏台柜盆）的安装检验

2. 填表说明

（1）主控和一般项目应根据规范第九章节的相关条款逐一进行检查，按规范要求进行检测，填写综合评定记录，对有具体数据要求的应填写检测结果。

（2）屏、台、柜、箱、盘间线路的线间和线对地间绝缘电阻值，馈电线路必须＞0.5MΩ；二次回路必须＞1MΩ。

（3）低压成套配电柜、控制柜（屏、台）和动力、照明配电箱（盘）应有可靠的电击保护。柜（屏、台、箱、盘）内保护导体应有裸露的连接外部保护导体的端子，当设计无要求时，柜（屏、台、箱、盘）内保护导体最小截面积 S_p 不应小于表 24 的规定。

保护导体的截面积　　表 24

相线的截面积 S（mm^2）	相应保护导体的最小截面积 S_p（mm^2）
$S \leqslant 16$	S
$16 < S \leqslant 35$	16
$35 < S \leqslant 400$	$S/2$
$400 < S \leqslant 800$	200
$S > 800$	$S/4$

注：S 指柜（屏、台、箱、盘）电源进线相线截面积，且两者（S、S_p）材质相同。

（4）基础型钢安装的允许偏差应符合表 25 的规定。手轮式成套柜基础型钢的高度应符合制造厂产品技术。

基础型钢安装的允许偏差　　表 25

项目	允许偏差（mm）	
	mm/m	mm/全长
直线度	＜1	＜5
水平度	＜1	＜5
位置误差及不平行度	—	＜5

（5）盘、柜安装的允许偏差（表 26）

允许偏差　　表 26

项目		允许偏差（mm）
垂直度（每米）		＜1.5
水平偏差	相邻两盘顶部	＜2
	成列盘顶部	＜5
盘面偏差	相邻两盘边	＜1
	成列盘面	＜5
盘间接缝		＜2

7.2.9.34 市政验·绿-34 配电、控制（屏台柜箱盆）电器安装分项工程检验批质量验收记录

1. 适用范围

本表适用于配电、控制（屏台柜箱盆）中电器安装的质量检验

2. 填表说明

配电、控制（屏台柜箱盆）内两导体间、导电体与裸露的不带电的导体间允许最小电气间隙及爬电距离应符合表 27 的规定。屏顶上小母线不同相或不同极的裸露载流部分之间、裸露载流部分与未经绝缘的金属体之间电气间隙不得小于 12mm，爬电距离不得小于 20mm。

允许最小电气间隙及爬电距离（mm） **表 27**

额定电压（V）	带电间隙		爬电距离	
	额定工作电流		额定工作电流	
	≤63A	>63A	≤63A	>63A
U≤60	3.0	5.0	3.0	5.0
60<U≤300	5.0	6.0	6.0	8.0
60<U≤500	8.0	10.0	10.0	12.0

7.2.9.35 市政验·绿-35 二次回路结线分项工程检验批质量验收记录

1. 适用范围

本表适用于二次回路的结线

2. 填表说明

（1）二次回路结线的施工应符合《园林景观照明工程施工和验收规范》DBJ 440100/T119 中 11.1～11.2 的各条款内容。

（2）二次回路的测试：

1）测量绝缘电阻，小母线在断开所有其他并联支路时，不应小于 10MΩ。二次回路的每一支路和断路器、隔离开关的操动机构的电源回路等，均不应小于 1MΩ。在比较潮湿的地方，可不小于 0.5MΩ。

2）交流耐压试验，试验电压为 1000V。当回路绝缘电阻值在 10MΩ 以上时，可采用 2500V 兆欧表代替，试验持续时间为 1min 应无闪络击穿现象，或符合产品技术规定；48V 及以下电压等级回路可不作交流耐压试验；回路中有电子元器件设备的，试验时应将插件拔出或将其两端短接。

7.2.9.36 市政验·绿-36 交通空间照明灯具工安装工程检验批质量验收记录

1. 适用范围

本表适用于园林中安置于广场、园路等交通环境内的景观照明灯具的安装

2. 填表说明

使用本表时，相关条款还应符合规范中第 12.1 条款的内容

（1）主控项目

1）灯架、灯具的接线盒或熔断盒，盒盖的防水密封垫完整。

2）在灯臂、灯盘、灯杆内穿线不得有接头，穿孔口或管口应光滑、无毛刺，并采用绝缘套管或包带包扎，包扎长度不得小于 200mm。

3）各个电源控制接线头（埋地）使用环氧树脂进行绝缘处理。

4）每套灯具的导电部分对地绝缘电阻值大于 2MΩ。

5）每套灯具的相线应装有熔断器，且相线应接螺口灯头的中心端子，引下线凌空不应有接头。导线进出灯架处应套软塑管，并做防水弯。无法满足上述要求的，按 GB 50054 相关要求进行。

6）主柱式路灯、落地式路灯、特种园艺灯等灯具与基础固定可靠，地脚螺栓备帽齐全。灯具的接线盒或熔断器盒，盒盖的防水密封垫完整。

7）金属立柱及灯具可触及的裸露导体接地（PE）或接零（PEN）可靠，接地线单设干线。且不少于两处接地装置引出线连接。干线引出支线与金属灯柱及灯具的接地端子连接，且有标识。

8）安装于台阶踢面的嵌入式或隐蔽式灯具不应突出踢面，嵌入式灯具安装完成后应在灯具与墙面间封口防水。

（2）一般项目

灯具及配件齐全，无机械损伤、变形、涂层剥落和灯罩破裂等缺陷。

7.2.9.37　市政验·绿-37　水体照明灯具安装工程检验批质量验收记录

1. 适用范围

本表适用于安装于水景中的景观照明灯具的质量检验

2. 填表说明

使用本表时，相关条款还应符合规范中第12.1条款的内容

（1）主控项目

1）水底灯具应选用36V以下低电压防水型灯具，水底灯具的防水胶圈应齐全，灯具的标识型号应符合参数要求。

2）灯具应具有耐水性、冲击性，灯具及其配件齐全，无机械损伤、变形、涂层剥落和灯罩破裂等缺陷。

3）灯体应安装牢固可靠，水体灯不宜在水中进行导线连接，若必须在水中进行导线连接时必须密封并进行绝缘检测。

4）水底灯与防水灯具的等电位联结应可靠，金属外壳必须接地，具有明显标识。其专用电源的漏电保护装置必须全面检测合格。

5）灯具连接应满足防水要求，对于浸在水中才能安全工作的灯具，应采取低水位断电措施。

6）自电源引入灯具的导管必须采用绝缘导管，严禁使用金属或有金属保护层的导管。

7）单进线口灯具，通过接线盒提供每盏灯具电源，双接线口灯具，通过单体灯具一进一出互为接线。

8）所有金属灯体灯具一律随电源线敷设PE线（全塑灯具除外）外壳防护级别应与环境相适配。

（2）一般项目

灯体及手柄宜采用坚固耐热、耐湿材料。

7.2.9.38　市政验·绿-38　植物照明灯具安装工程检验批质量验收记录

1. 适用范围

本表适用于安装于绿地或缠绕在植物上灯具的质量检验

2. 填表说明

（1）主控项目

1）座地式灯具安装应符合本规范12.2条款相关内容规定。

2）灯具应采用有防雨性能的专用灯具，灯罩要拧紧。

3）灯具配线管路按明配管敷设，且有防雨功能。管路间、管路与灯头盒间螺纹连接，金属导管及灯具的构架、钢索等可接近裸露导体接地（PE）或接零（PEN）可靠。

4）垂直灯具有悬挂挑臂采用不小于10＃的槽钢。端部吊挂钢索用的吊钩螺栓直径不小于10mm，螺栓在槽钢上固定，两侧有螺帽，且加平垫及弹簧垫圈紧固；

5）灯具选用颜色、安装方式和灯具所产生温度不得损伤植物体，影响植物生长。

6）直接固定在植物上的灯具，应在植物安装位置缠绕保护胶带。

7）对古树名木的照明灯具安装应制定专项方案，经有关单位审核通过后方可实施。

8）室外投光灯应满足其防护等级，安装时电缆引入线应密封良好。

（2）一般项目

1）座地式灯具安装应符合本规范12.2条款相关内容规定。

2）彩灯灯罩完整，无碎裂。

3）彩灯电线导管防腐完好，敷设平整、顺直。

7.2.9.39　市政验·绿-39　硬质景观照明灯具安装工程检验批质量验收记录

1. 适用范围

本表适用于园林中安装于雕塑、假山等硬质景观上的照明灯具

2. 填表说明

（1）主控项目

1）座地式灯具安装应符合本规范12.2条款相关内容规定。

2）室外安装的投光灯具应选用防水型，接线盒盖要加橡胶垫圈保护，灯具出线端应采用电缆终端密封头安装。

3）投（泛）光灯的底座及支架应固定牢固，枢轴应沿需要的光轴方向拧紧固定。底座及支架要做防腐处理。

4）霓虹灯安装应相关符合规范要求。

5）对古建筑的照明灯具安装应制定专项方案，经有关单位审核通过后方可实施。

6）灯具安装不应破坏硬质景观的外观和结构。

（2）一般项目

1）座地式灯具安装应符合本规范12.2条款相关内容规定。

2）安装在室外的壁灯应有泄水孔，绝缘台与墙面之间应有防水措施。

7.2.9.40　市政验·绿-40　接地装置安装分项工程检验批质量验收记录

1. 适用范围

（1）接地装置可利用建筑物及构筑物的金属结构（梁、柱）及设计规定的混凝土结构内部的钢筋、配电装置的金属外壳和保护配电线路的金属管接地。

（2）本表适用于接地装置的安装检验。

2. 填表说明

（1）主控项目

1）接地装置的导体截面应符合热稳定和机械强度要求；当使用圆钢时，直径不得小于10mm，扁钢不得小于4×25mm，角钢厚度不得小于4mm。

2）接地体的连接应采用焊接，焊接应牢固并应进行防腐处理，接至电气设备上的接地线应采用镀锌螺栓连接，对有色金属接地线不能采用焊接时，可用螺栓连接。

3）接地体的焊接应采用搭接焊，其搭接长度应符合规定。

4）扁钢为其宽度的2倍，不少于三面施焊。

5）圆钢为其直径的6倍，双面施焊。

6）圆钢与扁钢连接时，其长度为圆钢直径的6倍，双面施焊。

7）扁钢与角钢连接时，应在其接触部位两侧进行焊接。

8）测试接地装置的接地电阻值必须符合设计要求。

（2）一般项目

1）接地体埋深应符合设计规定；当设计无规定时，埋深不宜小于0.6m。

2）垂直接地体的间距不宜小于其长度的2倍；水平接地体的间距在设计无规定时不宜小于5m。

3）园林景观金属立柱及灯具连接裸露导体接地（PE）或接零（PEN）可靠。接地线单设干线，干线沿灯具布置位置形成环网状，且不少于2处与接地装置引出线连接。由干线引出支线与金属灯柱及灯具的接地端子连接，且有标识。

7.2.9.41　市政验·绿-41　附属构筑物分项工程检验批质量验收记录

1. 适用范围

（1）本表适用于附属于园林景观照明工程的构筑物质量检验。

（2）附属构筑物包括灯座基础，室外电箱基础、电缆沟和独立配电房等附属于园林景观照明的内容。

（3）独立配电房施工应满足建筑行业相关规范的规定。

2. 填表说明

（1）主控项目

1）灯具基础坑开挖应符合设计规定，混凝土基础的混凝土强度等级不应低于C20，基础内电缆护管从基础中心穿出并应超出基础平面30～50mm。浇捣混凝土基础前必须排除坑内积水。

2）灯具与基础固定可靠，地脚螺栓帽齐全，多个灯具同一回路连接时，预制混凝土基础应按设计要求预埋电气导管。

3）电缆沟内严禁有垃圾等杂物，无积水，沟基础的处理必须满足设计强度要求。

4）电缆沟内电缆支架应牢固，并进行防腐处理及排水措施。

（2）一般项目

1）电缆沟内壁抹面应平整，不得起壳裂缝。

2）过路管道两端拉线井的要求：井盖应有防盗措施；拉线井应有渗水孔或能自然排水的措施；井的尺寸不应符合设计要求。

7.2.9.42　市政验·绿-42　塑石（山）基础分项工程检验批质量验收记录

1. 适用范围

本表适用于作为独立单位工程施工的塑石或塑成山体的假山工程的基础部分质量检验。

2. 填表说明：

1）塑基础工程所使用的原材料、成品、半成品质量应符合设计及规范要求，提供合格的材料进场文件及进场复验文件。

2）对影响结构安全、使用功能、卫生环境的主要原材料应有进场复验报告。

3）园林假山中的混凝土结构工程涉及的混凝土强度、预制构件结构性能等，应按国家现行有关标准和制定的抽样检验方案执行。

4）塑山（石）基础的地（桩）基承载力应符合设计要求，并按规定做检测，填写合格数据。

5）基础所用混凝土和砌筑砂浆强度应符合设计要求，按混凝土结构工程施工规范进行检测。

7.2.9.43　市政验·绿-43　塑石（山）主体分项工程检验批质量验收记录

1. 适用范围

本表适用于作为独立单位工程施工的塑石或塑成山体的假山工程的主体部分质量检验。

2. 填表说明

1）采用的湖石、英石、腊石、太湖石等天然石材，光泽度、外观等质量要求应符合设计要求。

2）园林假山工程中所使用的金属构件应进行防锈处理。

3）工程采用新材料、新工艺的，应符合国家相关绿色环保要求，且应对新工艺、新材料制定专项的施工组织方案并经监理和建设单位审批通过后方可实施。

4）塑山、叠石或重要的置石工程砌筑前应制作模型，并编制施工方案，模型需由项目设计负责人签名确认。

5）砌筑基础前，应校核定点位置，放线尺寸符合设计要求。

6）主体工程所使用的原材料、成品、半成品质量应符合设计及规范要求，提供合格的材料进场文件及进场复验文件。

7）混凝土结构的塑山（石）工程，其混凝土强度应符合设计要求。砌体结构的砌筑砂浆强度应符合设计要求。

8）混凝土结构的塑山（石）工程，模板及支架应根据工程结构形式、荷载大小、地基土类别、施工设备和材料供应等条件进行设计。模板及其支架应具有足够的承载能力、刚度和稳定性，能可靠地承受浇筑混凝土的自重、侧压力以及施工荷载。

7.2.9.44　市政验·绿-44　叠石（置石）基础分项工程检验批质量验收记录

1. 适用范围

本表适用于用真石材为主材料放置于绿地或庭院中做为景观时基础部分的质量检验。

2. 填表说明：

（1）园林假山工程原材料主要包括水泥、砂石、钢筋、砖等原材料和侧石、井盖等半成品，工程进场所使用的原材料和半成品，须经检验合格后方可使用。

（2）有关原材料的检验方法为按批次检查外观质量，查验材料出厂合格证明文件（出厂检测报告）和材料进场检测报告。

7.2.9.45　市政验·绿-45　叠石（置石）主体分项工程检验批质量验收记录

1. 适用范围

本表适用于用真石材为主材料放置于绿地或庭院中做为景观时石材等主体部分的质量检验。

2. 填表说明：

（1）叠石工程中主体工程所使用的原材料、成品、半成品质量应符合设计及规范要求。

（2）原材料的检验方法为按批次检查外观质量，查验材料出厂合格证明文件（出厂检测报告）和材料进场检测报告。

7.2.9.46　市政验·绿-46　绿化种植分项工程检验批质量验收记录

1. 适用范围

本表适用于种植在假山或石缝中的绿化种植工程质量检验。

2. 填表说明

（1）绿化工程植物材料的品种、规格和形态等，应符合设计要求。

（2）岩缝间种植，应在种植土中掺入苔藓、泥炭等保湿、透气材料。

（3）植物种植深度和规格符合设计要求，无明显病虫害，完成面未见明显种植土裸露现象。

（4）植物种植后应定期施肥，保持植物长势良好。

（5）按设计要求或自然树形适度修剪。

（6）假山基础周边不宜种植根系发达、生长趋势对假山结构基础可造成破坏的乔木，确有需要时必须进行防穿刺等防护处理。

（7）种植池的大小应根据植物（含土球）总重量决定其大小及配筋，并注意留排水孔。给排水管道宜在塑山时预埋于混凝土中，预埋前应该做防腐处理。

7.2.9.47　市政验·绿-47　附属园路平台分项工程检验批质量验收记录

1. 适用范围

本表适用于附属于大型假山景观周围的园路和平台质量检验。

2. 填表说明

（1）主控项目

1）开挖路床应按设计路面宽度每侧加放 20cm，素土分层夯实，不得有翻浆、弹簧现象，平整度误差≤1cm。

2）填土中不得含有淤泥、腐植土及有机物质等。

3）基层的厚度、平整度、中线高程应符合设计要求。

4）卵石、嵌草砖安装质量必须符合设计要求，面层与基层的结合（粘结）必须牢固。

5）台阶为砌体结构的，砌筑砂浆应饱满。

（2）一般项目

1）基层施工应辗压夯实，表面应坚实平整，不得有浮土、脱皮、松散现象。预制块面层铺装须平整稳定，结合层厚度恰当，灌缝应饱满，不得有翘动现象。

2）完成面标高应符合设计要求，表面平整顺直，道路曲线流畅顺滑。

3）卵石色泽及规格搭配协调，颜色分配和顺，颗粒铺设清晰，石粒清洁，嵌入砂浆深度应大于粒径的1/2。

7.2.9.48　市政验·绿-48　园林理水分项工程检验批质量验收记录

1. 适用范围

本表适用于附属于园林假山的给排水和水景工程的质量检验。

2. 填表说明

（1）主控项目

1）管道沟槽、水池基础开挖不得扰动原状地基基土。

2）给水管道必须水压试验合格后，方可允许通水网投入运行。

3）防水混凝土所用材料的质量及配合比，应符合设计要求。

4）防水混凝土的抗压强度和抗渗性能，应符合设计要求。

5）水池不得有渗漏现象。

（2）一般项目

1）回填材料应符合设计要求，不得带水回填。

2）管道埋深应符合设计要求。

3）管道铺设安装必须稳固，管道安装后应线形平直，坡度应符合设计要求。

7.3　有轨电车工程专用表

7.3.1　轨道工程

7.3.1.1　市政验·轨-1　长轨接触焊接头布氏硬度检测验收记录

7.3.1.2　市政验·轨-2　钢轨接触焊接头超声探伤记录

7.3.1.3　市政验·轨-3　钢轨铝热焊接头超声探伤记录

7.3.1.4　市政验·轨-4　钢轨焊接接头外观检查质量验收记录

7.3.1.5　市政验·轨-5　整体道床轨道状态检查质量验收记录

7.3.1.6　市政验·轨-6　整体道床工程检查质量验收记录

7.3.1.7　市政验·轨-7　钢轨焊接工程检查质量验收记录

7.3.1.8　市政验·轨-8　线路锁定工程检查质量验收记录

市政验·轨-1～8填表说明：略

7.3.1.9　市政验·轨-9　基桩测设检验批质量验收记录

1. 适用范围

本表适用于城市轨道交通轨道工程线路基桩测设检验批的质量检查验收。

2. 表内填写提示

正线应设置线路基桩。轨道工程施工前应进行线路贯通测量。应符合如下规定：

（1）主控项目

基桩所用材料进场时，应对其规格、形式、外观进行验收，其质量应符合设计要求。

检验数量：施工单位全部检查，监理单位见证检测20%。

检验方法：仪器测量，观察。

基桩的设置位置及数量应符合设计要求。

检验数量：施工单位全部检查，监理单位全部见证检测。

检验方法：仪器测量，观察。

基桩的测设精度应满足以下要求：

1）基标设置位置应符合以下标准：

控制基标：直线上每120m，曲线上每60m和曲线起止点、缓圆点、圆缓点、道岔起止点等均应各设置一个点。

加密基标：直线上每6m、曲线上每5m各设置一个点。

2）基标设置允许偏差应符合以下规定：

控制基标：方向为6″，高程为±2mm；直线段距离为1/5000，曲线段为1/10000。

加密基标：方向为±1mm；高程为±2mm；直线段距离为±5mm，曲线段为±3mm。

检验数量：施工单位全部检查，监理单位、设计单位全部见证检测。

检验方法：施工单位仪器测量，监理单位、设计单位见证检测。

基桩标志应设置牢固。

检验数量：施工单位、监理单位全部检查。

检验方法：观察检查。

（2）一般项目

基桩的标示应设置齐全，色泽鲜明、清晰完整。

检验数量：施工单位全部检查。

检验方法：观察检查。

7.3.1.10　市政验·轨-10　轨排组装架设检验批质量验收记录

1. 适用范围

本表适用于城市轨道交通轨道工程长枕埋入式整体道床轨排组装架设检验批的质量检查验收。

2. 表内填写提示

轨排组装架设检验应符合如下规定：

（1）主控项目

长枕进场时，应对型号、外观进行验收，四周边角无破损、掉块、外观无可见裂纹，质量符合设计。

检验数量：施工单位、监理单位全部检查。

检验方法：查验产品合格证和质量证明文件、观察检查。

扣件进场时，应对型号、外观进行验收，质量应符合产品标准规定。

检验数量：施工单位、监理单位全部检查。

检验方法：查验产品合格证和质量证明文件、观察检查。

（2）一般项目

轨排组装架设允许偏差应符合下表9.3.1.1规定。

轨排组装架设允许偏差　　　　表9.3.1.1

序号	检查项目	允许偏差（mm）
1	轨枕间距	±20
2	轨距	+2，−1；变化率不得大于1‰
3	水平	2
4	扭曲	2（基长6.25m）
5	轨向	直线不得大于2mm/10m弦，曲线见下表
6	高低	直线不得大于2mm/10m弦
7	中线	2
8	高程	±5

曲线正矢允许偏差（20m 弦）应符合下表 9.3.1.2 规定。

曲线正矢允许偏差　　表 9.3.1.2

曲线半径（m）	缓和曲线正矢与计算正矢差（mm）	圆曲线正矢连续差（mm）	圆曲线正矢最大最小值差（mm）
≤650	2	3	5
>650	1	2	3

检验数量：施工单位扭曲、轨向、高低每个施工段各检查 10 个测点，其余在每个基标处检查一次。

检验方法：尺量。

7.3.1.11　市政验·轨-11　轨道整理检验批质量验收记录

1. 适用范围

本表适用于城市轨道交通轨道工程轨道整理检验批的质量检查验收。

2. 表内填写提示

轨道整理检验应符合如下规定：

（1）主控项目

无渣轨道整理作业后，轨道静态几何尺寸允许偏差和检验方法应符合表 7.7.4-1～2 的规定。

无渣轨道整理允许偏差和检验方法　　表 7.7.4-1

序号	项目		允许偏差（mm）	检验方法
1	轨距		±2	万能道尺量
2	轨向	直线（10m 弦量）	≤4	尺量
		曲线	见表 7.7.4-2	尺量
3	水平		4	万能道尺量
4	高低（10m 弦量）		4	尺量
5	扭曲（基长 6.25m）		4	万能道尺量

曲线 20m 弦正矢允许偏差　　表 7.7.4-2

曲线半径（m）	缓和曲线正矢与计算正差（mm）	圆曲线正矢连续差（mm）	圆曲线正矢最大最小值差（mm）
≤650	3	6	9
>650	3	4	6

检验数量：每 2km 抽检 2 处，每处各抽检 10 个测点；监理单位见证检测数量为施工单位检测数量的 20%。

（2）一般项目

无碴轨道整理作业后，轨道静态几何尺寸允许偏差和检验方法应符合表 7.7.6 的规定。

无碴轨道整理允许偏差和检验方法　　表 7.7.6

序号	项目	允许偏差（mm）	检验方法
1	中线	10	尺量
2	线间距	+100	尺量
3	轨面高程	±10	水准仪测量

检验数量：每 2km 抽检 2 处，每处各抽检 10 个测点

7.3.1.12　市政验·轨-12　底座施工检验批质量验收记录

1. 适用范围

本表适用于城市轨道交通轨道工程底座施工检验批的质量检查验收。

2. 表内填写提示

底座施工检验应符合《轨道交通梯形轨枕轨道工程施工质量验收标准》QGD-012—2017 规定。

（1）主控项目

底座所采用的钢筋应符合设计的规定。

检验数量：按进场批次和产品抽样检验方案确定。

检验方法：检查产品合格证，出厂检验报告和进场复验报告。

底座混凝土的强度等级应符合设计规定。

检验数量：全部检查。

检验方法：查验混凝土浇筑记录及试件强度试验报告。

梯形轨枕轨道与不同道床形式间排水过渡段的设置应符合设计规定。

检验数量：全部检查。

检验方法：对照设计文件目测，尺量。

隔离间隙内及梯形轨枕端头间不应有残留混凝土。

检验数量：全部检查。

检验方法：观察检查。

底座伸缩缝的设置应符合设计规定

检验数量：全部检查。

检验方法：观察检查，尺量。

（2）一般项目

底座钢筋安装位置应符合设计规定，允许偏差应符合表 5.4.6 的规定。

底座钢筋安装位置允许偏差　　　　表 5.4.6

序号	项目	允许偏差（mm）
1	钢筋间距	20
2	钢筋保护层厚度	+5，−2

检验数量：每施工段抽检 10 处。

检验方法：尺量。

底座混凝土结构表面应密实平整，颜色均匀，不应有露筋，蜂窝，孔洞，疏松，麻面和缺棱角等缺陷。

检验数量：全部检查。

检验方法：观察检查。

底座外形尺寸应符合合计规定，允许偏差应为±10mm，凹陷深度不应大于 3mm/m，表面平整度允许偏差为 3mm/m。

检验数量：每施工段抽检 10 处。

检验方法：钢尺，1m 靠尺量。

排水沟纵向坡度应符合设计规定，排水畅通。

检验数量：每施工段抽检 5 处。

检验方法：观察检查，水平尺量。

7.3.1.13 市政验·轨-13 钢轨焊接检验批质量验收记录

1. 适用范围

本表适用于城市轨道交通轨道工程钢轨焊接检验批的质量检查验收。

2. 表内填写提示

钢轨焊接检验应符合如下规定：

(1) 主控项目

钢轨焊接接头的形式检验和周期性生产检验应符合现行《钢轨焊接接头技术条件》的有关规定。

检验数量：施工单位按《钢轨焊接接头技术条件》规定的数量检验。监理单位全部见证取样检测。

检验方法：按《钢轨焊接接头技术条件》规定的检验方法检验。

钢轨焊接接头的探伤检查。焊头不得有未焊透，过烧，裂纹，气孔夹渣等。

检验数量：施工单位全部检查，监理单位平行检验10%。

检验方法：施工单位观察检查、超声波探伤仪器检查；监理单位检查施工单位探伤检查记录，并进行平行检验。

钢轨焊缝两侧各100mm范围内不得有明显压痕，碰痕，划伤等缺陷，焊头不得有电击伤。

检验数量：施工单位全部检查，监理单位平行检验10%.

检验方法：施工单位观察检查；监理单位检查施工单位检查记录、观察记录。

钢轨胶接绝缘接头焊接前应按规定测定绝缘性能，并符合现行《钢轨胶接绝缘接头》TB/T 2975规定。

检验数量：施工单位全部检查，监理单位平行检验10%.

检验方法：施工单位仪器测量，查验产品合格证；监理单位查验产品合格证，施工单位检测记录，并进行平行检验。

焊接接头平直度应符合表7.5.5规定。

工地钢轨焊接接头平直度允许偏差 **表7.5.5**

序号	项目	允许偏差（mm）	
		v>120km/h	v≤120km/h
1	轨顶面	+0.3 0	+0.3 0
2	轨头内侧工作面	+0.3 0	±0.3
3	轨底（焊筋）	+0.5 0	+0.5 0

检验数量：施工单位全部检查，监理单位见证检测数量为施工单位检测数量的20%。

检验方法：施工单位用1m直尺测量；监理单位见证检测。

检验数量：施工单位全部检查。

检验方法：检查记录，观察检查。

工地焊接，焊头编号标记齐全，字迹清楚，记录完整。

7.3.1.14 市政验·轨-14 线路锁定检验批质量验收记录

1. 适用范围

本表适用于城市轨道交通轨道工程线路锁定检验批的质量检查验收。

2. 表内填写提示

线路锁定检验应符合如下规定：

(1) 主控项目

单元轨节锁定前应按设计要求设置好钢轨位移观测桩，位移观测桩应设置齐全，牢固，不易损坏并易于观测。

检验数量：施工单位、监理单位全部检查。

检验方法：观察检查。

线路锁定时，实际锁定轨温必须在设计锁定轨温范围内。

检验数量：施工单位、监理单位全部检。

检验方法：施工单位用轨温计测量并记录，监理单位检查施工单位记录，并旁站监理。

左右两股钢轨及相邻单元轨节的锁定轨温差均不得大于5℃。

检验数量：施工单位、监理单位全部检查。

检验方法：施工单位用轨温计测量并记录，监理单位检查施工单位记录。

同一区间内各单元轨条的最高与最低锁定轨温差不得大于10℃。

检验数量：施工单位、监理单位全部检查。

检验方法：施工单位用轨温计测量并记录，监理单位检查施工单位记录。

线路锁定后，应及时在钢轨上设置纵向位移观测得“零点”标记。定期观测钢轨位移量并做好记录。位移观测桩处计算200m范围内相应位移量不得大于10mm，任何一个位移观测桩处位移量不得超过20mm。

检验数量：施工单位、监理单位全部检查。

检验方法：施工单位用尺量并记录，监理单位检查施工单位观测记录。

（2）一般项目

位移观测桩应编号，每对位移观测桩基准点连线与线路中线应垂直。

检验数量：施工单位每单元轨节抽检2对观测位移桩。

检验方法：观察检查。

缓冲区钢轨接头螺栓扭矩应达到900N·m，接头处钢轨面高低差及轨距线错牙偏差不超过1mm。接头轨缝应按设计预留。

检验数量：施工单位全部检查。

检验方法：测力扳手检测、尺量。

7.3.1.15 市政验·轨-15 线路、信号标志检验批质量验收记录

1. 适用范围

本表适用于城市轨道交通轨道工程线路、信号标志检验批的质量检查验收。

2. 表内填写提示

线路、信号标志检验应符合《铁路轨道工程施工质量验收标准》TB 10413—2003相关规定：

（1）主控项目

线路，信号标志的材质、规格、图案字样均应符合设计要求。

检验数量：施工单位、监理单位全部检查。

检验方法：施工单位对照设计文件、观察检查、尺量，监理单位检查施工单位检查记录，并观察检查。

标志的数量、位置、高度应符合设计要求。

检验数量：施工单位、监理单位全部检查平行检验10%。

检验方法：施工单位对照设计文件、观察检查、尺量，监理单位检查施工单位检查记录，并观察检查。

标志设置牢固、标示方向正确。

检验数量：施工单位、监理单位全部检查。

检验方法：观察检查。

（2）一般项目

各种标志应设置端正，涂料均匀，色泽鲜明，图像字迹清晰完整。

检验数量：施工单位全部检查。

检验方法：观察检查。

7.3.1.16 市政验·轨-16 车挡标志检验批质量验收记录

1. 适用范围

本表适用于城市轨道交通轨道工程车挡检验批的质量检查验收。

2. 表内填写提示

车挡检验应符合如下规定：

主控项目

占用线路长度（m）正线≤3，车辆段≤2。

容许冲撞速度（km/h）正线≤15，车辆段滑动≤15，固定≤5，摩擦式≤3。

轨距容许值（m）正线0，车辆段＋4～－2。

基础坑内砼尺寸、车挡材料、车挡防腐均应符合设计规范要求。

7.3.1.17 市政验·轨-17-1 道岔铺设检验批质量验收记录（一）

7.3.1.18 市政验·轨-17-2 道岔铺设检验批质量验收记录（二）

1. 适用范围

本表适用于城市轨道交通轨道工程道岔铺设检验批的质量检查验收。

2. 表内填写提示

道岔铺设检验应符合如下规定：

（1）主控项目

道岔及岔枕的类型、规格和质量应符合设计要求和产品标准规定。

检验数量：施工单位、监理单位全部检查。

检验方法：施工单位查验产品合格证和质量证明文件，观察检查、尺量、清点；监理单位查验产品合格证、质量证明文件、观察检查。

混凝土岔枕螺旋道钉锚固抗拔力不得小于60kN。

检验数量：施工单位每组道岔抽检3个道钉；监理单位见证检测数量为施工单位检测数量的20%。

检验方法：施工单位进行抗拔试验；监理单位检查施工单位抗拔试验报告并见证试验。

查照间隔（辙叉心作用面至护轨头部外侧的距离）不得小于设计值；护背距离（翼轨作用面至护轨头部外侧的距离）不得大于设计值。

检验数量：施工单位、监理单位全部检查。

检验方法：尺量。

基本轨、尖轨轨面应无碰伤、擦伤、掉块、低陷、压溃飞边等缺陷。

检验数量：施工单位、监理单位全部检查。

检验方法：观察检查。

无缝道岔内锁定焊及与无缝线路锁定焊连时，必须在设计锁定轨温范围内进行。

检验数量：施工单位、监理单位全部检查。

检验方法：施工单位用轨温计测定并记录；监理单位旁站监理。

道岔内焊接接头平直度应符合《铁路轨道工程施工质量验收标准》TB 10413—2003第7.5.5条的规定。

无缝道岔与相邻轨条的锁定轨温相差不得超过5℃。

检验数量：施工单位、监理单位全部检查。

检验方法：施工单位用轨温计测量并记录；监理单位旁站监理。

（2）一般项目

轨道道岔竣工验收，其精度应符合下列规定：

1）里程位置：允许偏差为±20mm。

2）导曲线及附带曲线：导曲线支距允许偏差为2mm；附带曲线用10m弦量正矢为2mm。

3）轨顶水平及高程：全长范围内高低差不应大于3mm，高程允许偏差为±2mm。

4）转辙器必须扳动灵活，曲尖轨在第一连杆处的动程不应小于设计值。尖轨与基本轨密贴，其间隙不应大于1mm。尖轨尖端处轨距允许偏差为±1mm。

5）护轨头部外侧至辙岔心作用边距离允许偏差＋3～0mm，至翼轨作用边距离允许偏差为0～－2mm。

6）轨面应平顺，滑床板在同一平面内。轨撑与基本轨密贴，其间隙不应大于1mm。

7）其他精度应符合本标准第9.3.3.6条。

道岔紧固螺栓扭矩应满足设计值。

检验数量：施工单位每组道岔抽检扣件、紧固螺栓各3个，涂油全部检查。

检查方法：测力扳手检测，观察检查。

道岔各类螺栓丝扣均应涂有效期不少于2年的油脂。

检验数量：全部检查。

检查方法：观察检查。

7.3.1.19　市政验·轨-18　道岔调整检验批质量验收记录

1. 适用范围

本表适用于城市轨道交通轨道工程道岔调整检验批的质量检查验收。

2. 表内填写提示

道岔调整检验应符合如下规定：

（1）主控项目

道岔普通接头、绝缘接头应按设计图布置。

（2）一般项目

道岔调整允许偏差（mm）：

里程位置±15，全长范围内高程±1，全长范围内高低差≯2，左右胶水平1，道岔方向（10m弦）1，导曲线支距1，附带曲线正矢（10m弦量）1；轨距尖轨尖端轨距±1，轨距其他部位－2～1；尖轨与基本轨的间隙≯1，曲尖轨在第一连接杆处动程9＃、12＃≮160，5＃≮152；护轨头部外侧至辙岔心作用边距离1391（0，＋2），护轨头部外侧至翼轨作用边距离1348（0，－1），轨面平顺，滑床板在同一平面内，轨撑与基本轨密贴，其间隙≯0.5。

7.3.1.20　市政验·轨-19　轨距杆、轨撑检验批质量验收记录

1. 适用范围

本表适用于城市轨道交通轨道工程轨距杆、轨撑检验批的质量检查验收。

2. 表内填写提示

轨距杆、轨撑检验应符合如下规定：

（1）主控项目

轨距杆、轨撑的类型、规格、质量均应符合设计文件规定。

检验数量：施工单位抽检10％，监理单位平行检验数量是施工单位抽检数量的10％。

检验方法：施工单位查验产品合格证、观察检查、查数，监理单位查验产品合格证，并进行平行检验。

轨距杆、轨撑的安装位置、数量应符合设计规定，轨道电路区段的轨距杆应绝缘。

检验数量：施工单位抽检10％，监理单位平行检验数量是施工单位抽检数量的10％。

检验方法：对照设计文件观察检查、点数，监理单位检查施工单位检查记录，并进行平行检验。

（2）一般项目

轨距杆或桓撑无失效，丝杆应涂油。

检验数量：施工单位全部检查。

检验方法：观察检查。

7.3.1.21 市政验·轨-20 轨道防护检验批质量验收记录

1. 适用范围

本表适用于城市轨道交通轨道工程轨道防护检验批的质量检查验收。

2. 表内填写提示

轨道防护检验应符合如下规定：

主控项目

原材料，尺寸精度，外观、性能均应符合设计规范要求。

7.3.2 供电系统工程

7.3.2.1 市政验·供-1 设备基础预埋件检验批质量验收记录

1. 适用范围

本表适用于城市轨道交通轨道工程供电系统设备基础预埋件检验批的质量检查验收。

2. 表内填写提示

供电系统设备基础预埋件检验应符合如下规定：

(1) 主控项目

设备基础预埋件的材料、规格、尺寸应符合设计要求。

检验数量：全部检查。

检验方法：观察及用尺测量，并查阅图纸。

设备基础预埋件的测量定位、预埋位置应符合设计要求，其顶部标高在设计和产品技术条件没有要求时，宜高出最终地面 10mm～20mm；手车式成套柜按产品技术要求执行。

检验数量：全部检查。

检验方法：观察及用水准仪测量，并查阅图纸。

设备基础预埋件应按设计图纸或设备尺寸制作，其尺寸应与盘、柜相符，允许偏差应符合表 10.3.3 的规定。

设备基础预埋件的允许偏差　　表 10.3.3

项目	允许偏差	
	mm/m	mm/全长
不直度	1	5
不平度	1	5
位置偏差及不平行度	—	5

检验数量：全部检查。

检验方法：观察、测量检查。

设备基础预埋件应可靠接地，接地方式、接地数量应符合设计要求，应有明显且不少于两点的可靠接地。

检验数量：全部检查。

检验方法：观察检查，查阅隐蔽工程记录。

(2) 一般项目

设备基础预埋件所有焊接处应牢固，焊接饱满，不应有裂缝、气孔及脱焊现象。

检验数量：全部检查。

检验方法：观察检查、查阅隐蔽工程记录。

设备基础预埋件固定牢固，其防腐处理应符合设计要求，外观平整光洁，涂漆均匀，无漏涂、锈蚀现象。

检验数量：全部检查。

检验方法：观察检查、查阅隐蔽工程记录。

7.3.2.2　市政验·供-2　电缆支（桥）架安装检验批质量验收记录

1. 适用范围

本表适用于城市轨道交通轨道工程供电系统电缆支（桥）架安装检验批的质量检查验收。

2. 表内填写提示

供电系统电缆支（桥）架安装检验应符合如下规定：

（1）主控项目

电缆支架、桥架及附件到达现场应进行检查，其规格、型号、材质、外观质量应符合设计要求。

检验数量：全部检查。

检验方法：观察检查，检查产品质量证明文件。

电缆支架、桥架应安装牢固、横平竖直；支吊架的径路、支吊跨距、固定方式应符合设计要求。各支架的同层横档应在同一水平面上，其高低偏差不应大于 5mm。支吊架沿桥架走向左右的偏差不应大于 10mm。当安装路径有坡度时，其安装方式应符合设计要求和现行国家标准《电气装置安装工程电缆线路施工及验收规范》GB 50168 的相关规定。

检验数量：全部检查。

检验方法：观察、测量检查。

电缆桥架转弯处的转弯半径，不应小于该桥架上的电缆最小允许弯曲半径的最大者。

检验数量：全部检查。

检验方法：观察、测量检查。

金属电缆支架、桥架应接地可靠，电缆支架上接地扁钢的连接位置应符合设计要求，接地扁钢与托架间可靠电气连接，接地扁钢全线可靠电气贯通，全长应不少于 2 处与所内接地装置相连接。电缆桥架间连接板的两端应保证可靠接地连通，电缆桥架全长不大于 30m 时，不应少于 2 处与接地扁钢相连；电缆桥架全长大于 30m 时，应每隔 20～30m 增加与接地扁钢的连接点。

检验数量：全部检查。

检验方法：观察检查。

（2）一般项目

电缆支架、桥架的表面光滑无毛刺、切口处应无卷边、毛刺。电缆支架焊接应牢固，无显著变形，镀锌表面应光滑，无锈蚀，镀锌层厚度应符合设计要求。

检验数量：抽检 20%。

检验方法：观察、测量检查。

7.3.2.3　市政验·供-3-1　12kV GIS 开关柜检验批质量验收记录（一）

7.3.2.4　市政验·供-3-2　12kV GIS 开关柜检验批质量验收记录（二）

1. 适用范围

本表适用于城市轨道交通供电系统工程 12kV GIS 开关柜检验批的质量检查验收。在工程施工过程中，会根据实际情况采用不同电压等级的开关柜用于工程，在表格使用中，请根据依据电压等级的验收标准填制本表格。

2. 表内填写提示

供电系统工程 12kV GIS 开关柜检验检验应符合如下规定：

（1）主控项目

12kV GIS 开关柜及其附件到达现场应进行检查，其规格、型号、质量应符合设计要求。

检验数量：全部检查。

检验方法：观察检查，检查产品质量证明文件。

12kV GIS 开关柜的排列、安装应符合设计要求，其安装允许偏差应符合表 10.8.2 的规定。

开关柜安装的允许偏差 **表 10.8.2**

项目		允许偏差（mm）
垂直度（每米）		1.5
水平偏差	相邻两盘顶部	2
	成列盘顶部	2
盘间偏差	相邻两盘边	1
	成列盘面	1
盘间接缝		2

检验数量：全部检查。

检验方法：观察、测量检查。

柜与柜之间的连接方法正确，母线连接牢固、可靠，符合产品技术要求。

检验数量：全部检查。

检验方法：观察、测量检查。

12kV 开关柜二次回路接线应符合下列规定：

1）二次回路接线正确，配线整齐、清晰、美观，导线绝缘良好；

2）导线与电气元件间应采用螺栓连接、插接、焊接或压接等，且均应牢固可靠；

3）开关柜内的导线不应有接头，芯线应无损伤；

4）多股导线与端子、设备连接应压终端附件；

5）电缆芯线和所配导线的端部均应标明其回路编号，编号应正确，字迹应清晰，不易脱色；

6）每个接线端子的每侧接线宜为 1 根，不得超过 2 根；对于插接式端子，不同截面的两根导线不得接在同一端子中；螺栓连接端子接两根导线时，中间应加平垫片。

检验数量：全部检查。

检验方法：观察检查。

12kV 开关柜的接地铜排应采用铜绞线与接地干线连接可靠，接地点不少于两点，标识明显。

检验数量：全部检查。

检验方法：观察、测量检查。

12kV 开关柜的断路器、互感器、避雷器、主回路、二次回路等电气试验合格，并符合现行国家标准《电气装置安装工程电气设备交接试验标准》GB 50150 的相关规定。

检验数量：全部检查。

检验方法：查阅试验记录。

12kV 断路器、三工位隔离开关的辅助开关及闭锁装置动作灵活，准确可靠，触头接触紧密，所有传动部位无卡阻现象，位置指示器与开关的实际位置相符。

检验数量：全部检查。

检验方法：观察、操作检查。

12kV 开关柜的分合功能、闭锁功能、保护功能、监视测量功能、保护装置与变电所综合自动化

(PSCADA）系统主控单元的接口等应符合设计要求。

检验数量：全部检查。

检验方法：操作检查，查阅试验记录。

（2）一般项目

12kV 开关柜与基础的连接应固定牢固，所有紧固件应防腐处理，柜内清洁、无杂物。

检验数量：全部检查。

检验方法：观察检查。

柜内母线与母线、母线与电气接线端子用螺栓搭接时应紧密，连接螺栓应采用力矩扳手紧固，其紧固力矩应符合产品技术要求。

检验数量：全部检查。

检验方法：观察测量检查。

开关柜上的标志牌、标志框齐全、清晰、正确。

检验数量：全部检查。

检验方法：观察检查。

7.3.2.5　市政验·供-4　低压开关柜检验批质量验收记录

1. 适用范围

本表适用于城市轨道交通轨道工程供电系统工程低压开关柜检验批的质量检查验收。

2. 表内填写提示

供电系统工程低压开关柜检验检验应符合如下规定：

（1）主控项目

低压开关柜到达现场应进行检查，其规格、型号、质量应符合设计要求。

检验数量：全部检查。

检验方法：观察检查，检查产品质量证明文件。

低压开关柜的排列、安装应符合设计要求，其安装允许偏差应符合表 10.9.2 的规定。

低压开关柜安装的允许偏差　　表 10.9.2

项目		允许偏差（mm）
垂直度（每米）		1.5
水平偏差	相邻两盘顶部	2
	成列盘顶部	5
盘面偏差	相邻两盘边	1
	成列盘面	5
盘间接缝		2

检验数量：全部检查。

检验方法：观察、测量检查。

柜与柜之间的连接方法正确，母线连接牢固、可靠，符合产品技术要求。

检验数量：全部检查。

检验方法：观察、测量检查。

低压开关柜的接地铜排应采用铜绞线与接地干线连接可靠，接地点不少于两点，标识明显。

检验数量：全部检查。

检验方法：观察、测量检查。

低压开关柜二次回路接线正确，排列整齐、固定牢靠、回路编号正确、字迹清晰。

检验数量：全部检查。

检验方法：观察检查。

低压开关柜的断路器、互感器、主回路、二次回路等电气试验合格，并符合现行国家标准《电气装置安装工程电气设备交接试验标准》GB 50150 的相关规定。

检验数量：全部检查。

检验方法：查阅试验记录。

(2) 一般项目

低压开关柜与基础的连接应固定牢固，所有紧固件应防腐处理，柜内清洁、无杂物。

检验数量：全部检查。

检验方法：观察检查。

低压开关柜上的设备编号及名称，标志牌、标志框齐全、清晰、正确、不易脱色。

检验数量：全部检查。

检验方法：观察检查。

柜内母线与母线、母线与电气接线端子用螺栓搭接时应紧密，连接螺栓应采用力矩扳手紧固，其紧固力矩应符合产品技术要求。

检验数量：全部检查。

检验方法：观察、测量检查。

7.3.2.6 市政验·供-5 变压器安装检验批质量验收记录

1. 适用范围

本表适用于城市轨道交通轨道工程供电系统工程变压器检验批的质量检查验收。

2. 表内填写提示

供电系统工程变压器检验应符合如下规定：

(1) 主控项目

变压器及其附件到达现场应进行检查，其规格、型号、质量应符合设计要求。

检验数量：全部检查。

检验方法：观察检查，检查产品质量证明文件。

变压器母线相间及对地的安全净距应符合设计要求和相关产品标准的规定。

检验数量：全部检查。

检验方法：观察、测量检查。

变压器及其附件（含变压器外壳、温控器、变压器电缆固定支架等）均应有可靠的接地，动力变压器中性点的接地应符合设计要求。

检验数量：全部检查。

检验方法：观察检查。

所有母线搭接面的连接螺栓应用力矩扳手紧固，钢制螺栓紧固力矩值应符合下表 10.10.4 的规定，非钢制螺栓紧固力矩值应符合产品技术要求。

钢制螺栓的紧固力矩值　　　　表 10.10.4

螺栓规格(mm)	M8	M10	M12	M14	M16	M18	M20	M24
力矩值(N·m)	8.8~10.8	17.7~22.6	31.4~39.2	51.0~60.8	78.5~98.1	98.0~127.4	156.9~196.2	274.6~343.2

检验数量：全部检查。

检验方法：观察、测量检查。

变压器的交接试验应符合现行国家标准《电气装置安装工程电气设备交接试验标准》GB 50150 的相关规定。

检验数量：全部检查。

检验方法：查阅试验记录。

(2) 一般项目

变压器及其外壳安装时应牢固可靠、连接紧密。器身及外壳表面应干净清洁、油漆完整无锈蚀。线圈绕组绝缘应完整，无缺损、位移现象，并且各绕组应排列整齐。铁心无锈蚀，铭牌齐全，相色标志正确。

检查数量：全部检查。

检验方法：观察检查。

变压器外联接线路连接应符合以下规定：

1）变压器的温控器、热敏电阻应安装正确，布线合理，连接可靠。

2）连接螺栓的锁紧装置齐全，引入、引出端子便于接线，外连接线应准确无误，器身各附件间连接的导线应有保护管，接线固定牢固可靠。

检验数量：全部检查。

检验方法：观察检查。

7.3.2.7　市政验·供-6　交、直流电源装置检验批质量验收记录

1. 适用范围

本表适用于城市轨道交通轨道工程供电系统工程交、直流电源装置检验批的质量检查验收。

2. 表内填写提示

供电系统工程交、直流电源装置检验应符合如下规定：

(1) 主控项目

交、直流电源装置及蓄电池到达现场应进行检查，其规格、型号、质量、容量应符合设计要求。

检验数量：全部检查。

检验方法：观察检查，检查产品质量证明文件。

交、直流电源装置的排列、安装应符合设计要求，其安装的允许误差符合本规范第 10.9.2 条的规定。

检验数量：全部检查。

检验方法：观察、测量检查。

蓄电池组在屏内台架上安装应稳固、排列整齐，端子连接紧密正确可靠，无锈蚀，每只（组）蓄电池间应保持一定间距。

检验数量：全部检查。

检验方法：观察、测量检查。

交、直流电源装置的二次回路接线应符合本规范第 10.8.4 条的规定。

检验数量：全部检查。

检验方法：观察检查。

蓄电池组的充放电容量或倍率校验等应符合产品的技术规定。

检验数量：全部检查。

检验方法：观察、测量检查。

交、直流电源装置的充电功能、保护功能、自动切换功能、与电力监控系统的接口功能等应符合设计要求。

检验数量：全部检查。

检验方法：观察检查。

交、直流电源装置的交接试验应符合设计要求和现行国家标准《电气装置安装工程蓄电池施工及验收规范》GB 50172、《电气装置安装工程电气设备交接试验标准》GB 50150的相关规定。

检验数量：全部检查。

检验方法：查阅试验记录。

（2）一般项目

蓄电池连接条（线）及抽头的连接部分应涂敷电力复合脂。

检验数量：全部检查。

检验方法：观察检查。

充电后蓄电池的外壳清洁、干燥，电池编号的位置和颜色醒目，电池组的绝缘电阻不应小于0.5MΩ。

检验数量：全部检查。

检验方法：观察、测量检查。

7.3.2.8　市政验·供-7　成套充电装置检验批质量验收记录

1. 适用范围

本表适用于城市轨道交通轨道工程供电系统工程成套充电装置检验批的质量检查验收。

2. 表内填写提示

供电系统工程成套充电装置检验应符合如下规定：

（1）主控项目

成套充电装置到达现场应进行检查，其规格、型号、质量应符合设计要求。

检验数量：全部检查。

检验方法：观察检查，检查产品质量证明文件。

成套充电装置的排列、安装应符合设计要求，其安装的允许误差符合本规范第10.9.2条的规定。

检验数量：全部检查。

检验方法：观察、测量检查。

成套充电装置二次回路接线应符合本规范第10.8.4条的规定。

检验数量：全部检查。

检验方法：观察检查。

成套充电装置的接地铜排应采用铜绞线与接地干线连接可靠，接地点不少于两点，标识明显。

检验数量：全部检查。

检验方法：观察检查。

成套充电装置的交接试验应符合设计要求和现行国家标准《电气装置安装工程电力变流设备施工及验收规范》GB 50255、《电气装置安装工程电气设备交接试验标准》GB 50150的相关规定。

检验数量：全部检查。

检验方法：查阅试验记录。

（2）一般项目

成套充电装置柜柜内、外及盘面应清洁，油漆完整。

检验数量：全部检查。

检验方法：观察检查。

柜上的标志牌、标志框齐全、清晰、正确。

检验数量：全部检查。

检验方法：观察检查。

7.3.2.9　市政验·供-8　预装式变电站检验批质量验收记录

1. 适用范围

本表适用于城市轨道交通轨道工程供电系统工程预装式变电站检验批的质量检查验收。

2. 表内填写提示

供电系统工程预装式变电站检验应符合如下规定：

（1）主控项目

预装式变电站到达现场应进行检查，其规格、型号、质量应符合设计要求。

检验数量：全部检查。

检验方法：观察检查，检查产品质量证明文件。

预装式变电站的基础应高于室外地坪，周围排水通畅。用地脚螺栓固定的螺帽齐全，拧紧牢固；自由安放的应垫平放正。预装式变电站箱体应接地可靠，且有标识。

检验数量：全部检查。

检验方法：观察检查。

预装式变电站采用综合接地网时，其接地电阻不应大于 1Ω；采用独立接地网时，其接地电阻应不大于 4Ω。

检验数量：全部检查。

检验方法：观察、测量检查。

预装式变电站的交接试验，应符合下列规定：

1）由成套开关柜、低压成套开关柜和变压器三个独立单元组合成的预装式变电所高压电气设备部分，按现行国家标准《电气装置安装工程电气设备交接试验标准》GB 50150 的规定交接试验合格；

2）预装式变电站通风空调、消防、门禁、闭锁等辅助配套设施的功能试验及与电力监控系统的接口功能试验应符合设计要求。

检验数量：全部检查。

检验方法：查阅试验记录。

（2）一般项目

预装式变电站内外涂层完整、无损伤，有通风口的风口防护网完好。

检验数量：全部检查。

检验方法：观察检查。

预装式变电站的高低压柜内部接线完整、低压每个输出回路标记清晰，回路名称准确。

检验数量：全部检查。

检验方法：观察及检查安装记录。

7.3.2.10　市政验·供-9-1　低压电缆及控制电缆检验批质量验收记录（一）

7.3.2.11　市政验·供-9-2　低压电缆及控制电缆检验批质量验收记录（二）

1. 适用范围

本表适用于城市轨道交通轨道工程供电系统工程低压电缆及控制电缆检验批的质量检查验收。

2. 表内填写提示

供电系统工程低压电缆及控制电缆检验应符合如下规定：

（1）主控项目

低压电缆及控制电缆到达现场应进行检查，其规格、型号、长度及电压等级应符合设计要求。

检验数量：全部检查。

检验方法：观察检查，检查产品质量证明文件。

低压电缆及控制电缆敷设应符合下列规定：

1）电缆敷设的路径、终端位置应符合设计要求；

2）电缆的弯曲半径应符合设计要求和现行国家标准《电气装置安装工程电缆线路施工及验收规范》GB 50168 的相关规定；

3）敷设好的电缆外表无绞拧、压扁、护层断裂和表面严重划伤等缺陷；

4）电缆的固定应符合设计要求和现行国家标准《电气装置安装工程电缆线路施工及验收规范》GB 50168 的相关规定。

检验数量：全部检查。

检验方法：观察检查。

低压电缆及控制电缆的接续应符合下列规定：

1）电缆在终端处预留的长度应符合设计要求；

2）电缆宜采用干包或热塑形式制作终端头，其性能应保证终端头绝缘可靠，密封良好；

3）电缆不应有中间接头；

4）电缆与设备连接应正确可靠，绝缘良好，芯线的导线端部均应有回路编号，字迹清晰。

检验方法：全部检查。

检验方法：观察、测量检查。

电缆铠装的接地线截面宜与芯线截面相同，且不应小于 $4mm^2$，电缆屏蔽层的接地线截面面积应大于屏蔽层截面面积的 2 倍。接地线应与接地铜排可靠连接。

检验方法：全部检查。

检验方法：观察检查。

（2）一般项目

电缆在支架上、预埋管内的敷设应符合下列规定：

1）电缆在支架上、预埋管内的排列层次应符合设计要求；

2）低压电缆及控制电缆在每层支架上的排列不宜超过 1 层，在桥架上的排列不宜超过 2 层；

3）电缆应排列整齐，不宜交叉，绑扎牢固。

检验数量：全部检查。

检验方法：观察检查。

电缆在终端、拐弯处、电缆穿墙板处、夹层内、人井内的显著部位均应挂有标志牌，标志牌的字迹应清晰不易脱落。

检验数量：全部检查。

检验方法：观察检查。

7.3.2.12　市政验·供-10-1　电缆保护管检验批质量验收记录（一）

7.3.2.13　市政验·供-10-2　电缆保护管检验批质量验收记录（二）

1. 适用范围

本表适用于城市轨道交通轨道工程供电系统工程电缆保护管检验批的质量检查验收。

2. 表内填写提示

供电系统工程电缆保护管检验应符合如下规定：

（1）主控项目

电缆保护管到达现场应进行检查，其规格、型号、管口和内壁质量、防腐处理应符合设计要求和现行国家标准《电气装置安装工程电缆线路施工及验收规范》GB 50168 的相关规定。

检验数量：全部检查。

检验方法：观察检查，检查产品质量证明文件。

电缆保护管的内径不应小于电缆外径或多根电缆包络外径的 1.5 倍，弯曲半径不小于电缆的最小允许弯曲半径。

检验数量：全部检查。

检验方法：观察、测量检查。

电缆保护管明敷时应符合下列要求：

1）电缆保护管应安装牢固，电缆保护管支持点间的距离应符合设计要求，当设计无规定时，不宜超过3m。

2）当塑料管的直线长度超过30m时，宜加装伸缩节。

检验数量：全部检查。

检验方法：观察、测量检查。

电缆保护管暗埋时应符合下列要求：

1）电缆保护管的埋设深度不应小于0.7m；在人行道下面敷设时，不应小于0.5m；

2）电缆保护管应有不小于0.1%的排水坡度。

检验数量：全部检查。

检验方法：观察、测量检查。

电缆保护管的连接应符合下列要求：

1）金属电缆保护管连接应牢固，密封应良好，两管口应对准。套接的短套管或带螺纹的管接头的长度，不应小于电缆保护管外径的2.2倍。金属电缆保护管不宜直接对焊；

2）硬质塑料管在套接或插接时，其插入深度宜为管子内径的1.1～1.8倍。在插接面上应涂以胶合剂粘牢密封；采用套接时套管两端应封焊；

检验数量：全部检查。

检验方法：观察、测量检查。

（2）一般项目

电缆保护管弯曲处无明显的皱折和不平，明设部分横平竖直，成排敷设的排列整齐。

检验数量：全部检查。

检验方法：观察检查。

引至设备的电缆保护管管口位置，应便于电缆与设备的连接并不妨碍设备进出，并列敷设的电缆保护管管口高度应一致。

检验数量：全部检查。

检验方法：观察检查。

电缆保护管进入电缆夹层、电缆沟、建筑物时，出入口应封闭，管口密封。

检验数量：全部检查。

检验方法：观察检查。

7.3.2.14　市政验·供-11　变电站附属设施检验批质量验收记录

1. 适用范围

本表适用于城市轨道交通轨道工程供电系统工程变电站附属设施检验批的质量检查验收。

2. 表内填写提示

供电系统工程变电站附属设施检验应符合如下规定：

（1）主控项目

灭火器、操作手柄和钥匙、绝缘垫已配置，并能完好使用。

检验数量：全部检查。

检验方法：观察、操作检查。

（2）一般项目

防鼠板、检修孔盖板、爬梯等已安装，进出变电站管线孔洞已封堵；变电站操作记录本和进所作业登记簿、操作安全手套、绝缘鞋、安全警示已配置，并能完好使用。

检验数量：全部检查。

检验方法：观察检查。

7.3.2.15　市政验·供-12-1　变电站启动试运行及送电开通检验批质量验收记录（一）

7.3.2.16　市政验·供-12-2　变电站启动试运行及送电开通检验批质量验收记录（二）

1. 适用范围

本表适用于城市轨道交通轨道工程供电系统工程变电站启动试运行及送电开通检验批的质量检查验收。

2. 表内填写提示

供电系统工程变电站启动试运行及送电开通检验批质量验收应符合如下规定：

主控项目

变电站在受电前变压器、断路器、馈线及相关设备的绝缘电阻合格。受电时，其高低压侧母线及所用电的电压、相位、相序应均符合设计要求，变压器冲击合闸试验无异常。

检验数量：全部检查。

检验方法：随变电所启动试运行期间进行见证检查。

变电站在启动前应进行传动试验检查，检查试验的项目应保证变电所能可靠地投入运行并满足设计要求，在变电站启动前应进行下列试验：

1）确认每台电气设备均能进行可靠的操作，按设计说明书文件规定的运行条件及设备操作对象表的顺序，在控制室逐一对本所的所有电气设备进行传动检查；

2）在配备综合自动化功能的变电站，除进行上述试验项目外，尚应根据计算机操作菜单显示的功能，进行相应电气设备的顺序操作及程序操作功能的检查；

3）对于配备远动操作系统的变电站，除进行上述两项试验检查外，尚应根据设计要求，对操作对象的位置信号、故障信号、预告信号等配合在电力监控调度中心进行检查确认。

检验数量：全部检查。

检验方法：随变电站启动试运行进行见证检查。

变电站开关动作准确无误，闭锁功能符合设计规定要求。各种声光信号显示正确，测量仪表指示准确。

检验数量：全部检查。

检验方法：随变电站启动试运行进行见证检查。

各种保护装置动作准确可靠，保护范围符合设计规定。

检验数量：全部检查。

检验方法：随变电站启动试运行期间进行见证检查。

对于具有远动操作功能的变电所，其“三遥”及程序控制功能符合设计规定。

检验数量：全部检查。

检验方法：随变电站启动试运行期间进行见证检查。

送电后试运行 24h，全所功能满足设计要求且无异常。

检验数量：全部检查。

检验方法：随变电站启动试运行期间进行见证检查。

7.3.2.17　市政验·供-13　变电所综合自动化检验批质量验收记录

1. 适用范围

本表适用于城市轨道交通轨道工程供电系统工程变电所综合自动化检验批的质量检查验收。

2. 表内填写提示

供电系统工程变电所综合自动化检验应符合如下规定：

（1）主控项目

设备到达现场应进行检查，其型号、规格和质量应符合设计要求及相关产品标准的规定；各种接插件的规格应与设备接口互相一致，且符合订货合同要求。

检验数量：全部检查。

检验方法：观察检查，检查产品质量证明文件。

监控系统各个模块单元的安装应符合产品技术要求和设计文件的规定；监控主机及其外设的配置方案和位置应便于维护人员操作及监视，所有通信端口的连接应符合产品规定。

检验数量：全部检查。

检验方法：对照设计文件观察检查。

操作系统软件和监控系统应用软件应符合设计和产品技术要求。

检验数量：全部检查。

检验方法：观察、操作检查。

变电所综合自动化系统设备接地应符合设计要求，接地可靠。

检验数量：全部检查。

检验方法：观察检查、核对检查。

变电所综合自动化系统调试应符合下列规定：

1）系统的当地监控、当地维护、数据采集与传输、数据预处理及当地和远程通信功能应符合设计规定；

2）"三遥"功能应符合设计规定，监控功能完好，系统运行正常，各类数值与现场显示一致；

3）系统应能自动接受并正确执行电力调度所下达的全部指令；

4）各种保护功能应符合设计规定。

检验数量：全部检查。

检验方法：模拟试验检查。

（2）一般项目

当地监控主机功能应符合设计规定，可查询本变电所的所有按规定保存的事件记录，信号装置反映的信息应完整准确，并能正确向上级管理中心传输、再现。

检验数量：全部检查。

检验方法：模拟试验。

综合自动化系统的设备标识清晰，连接线连接正确，排列整齐，插件连接紧密可靠。

检验数量：全部检查。

检验方法：观察检查。

7.3.2.18　市政验·供-14　控制中心检验批质量验收记录

1. 适用范围

本表适用于城市轨道交通轨道工程供电系统工程控制中心检验批的质量检查验收。

2. 表内填写提示

供电系统工程控制中心检验应符合如下规定：

（1）主控项目

设备到达现场应进行检查，其型号、规格和质量应符合设计要求及相关产品标准的规定。各种接插件的规格应与设备接口互相一致，且符合订货合同要求。

检验数量：全部检查。

检验方法：观察检查，检查产品质量证明文件。

主站硬件设备的安装位置准确，接线正确，接地可靠，各插件安装牢固。

检查数量：全部检查。

检验方法：观察检查。

主站软件配置应齐全，软、硬件的接口应正确，通信数据处理正确，通信不间断，无对时误差。

检查数量：全部检查。

检验方法：模拟试验检查。

主站控制、测量、信号显示功能应符合设计规定，监控功能完好，系统运行正常，各类数值与现场显示一致。

检查数量：全部检查。

检验方法：模拟试验检查。

（2）一般项目

电缆布线排布整齐，牢固可靠，标识清晰。

检查数量：全部检查。

检验方法：观察检查。

7.3.2.19　市政验·供-15　试验调试检验批质量验收记录

1. 适用范围

本表适用于城市轨道交通轨道工程供电系统工程试验调试检验批的质量检查验收。

2. 表内填写提示

供电系统工程试验调试检验应符合如下规定：

（1）主控项目

变电站内12kV GIS开关柜、变压器、成套充电装置、低压开关柜、交直流电源装置等设备的试验调试应符合设计要求和现行国家标准《电气装置安装工程电气设备交接试验标准》GB 50150的相关规定。

检验数量：全部检查。

检验方法：查阅试验报告。

变电站的电力电缆和控制电缆试验应符合设计要求和现行国家标准《电气装置安装工程电气设备交接试验标准》GB 50150的相关规定。

检验数量：全部检查。

检验方法：查阅试验报告。

设备接地、电缆接地、支架接地和接地装置的试验应符合设计要求和现行国家标准《电气装置安装工程电气设备交接试验标准》GB 50150的相关规定。

检验数量：全部检查。

检验方法：查阅试验报告。

变电站内设备间的保护功能试验应符合设计要求。

检验数量：全部检查。

检验方法：查阅试验报告。

变电站电气传动试验，在受电前应按设计文件规定的全部功能进行检查验证。

检验数量：全部检查。

检验方法：查阅试验报告。

7.3.2.20　市政验·供-16　系统试运行检验批质量验收记录

1. 适用范围

本表适用于城市轨道交通轨道工程供电系统工程系统试运行检验批的质量检查验收。

2. 表内填写提示

供电系统工程系统试运行依据《智能建筑工程质量验收规范》GB 50339—2013中第3.1.3条系统试运行应连续进行120h。试运行中出现系统故障时，应重新开始计时，直至连续运行满120h。

7.3.3 充电网安装工程

7.3.3.1 市政验·充-1 固定式充电网检验批质量验收记录

1. 适用范围

本表适用于城市轨道交通轨道工程固定式充电网检验批的质量检查验收。

2. 表内填写提示

固定式充电网检验应复合如下规定：

（1）主控项目

悬挂装置、绝缘子及连接零配件、充电轨及附件到达现场应进行检查，其规格、型号、质量应符合设计要求。

检验数量：全部检查。

检验方法：观察检查，检查产品质量证明文件。

绝缘子的电气性能、机械性能、绝缘电阻值应符合设计规定。

检验数量：绝缘电阻抽样10％。

检验方法：观察、测量检查，查阅产品证书及绝缘电阻抽样试验记录。

充电轨安装应符合下列规定：

1）端部弯头的安装坡度应符合设计要求；

2）悬挂点至轨面的安装高度应符合设计要求，施工允许偏差为±5mm；

3）悬挂点的拉出值应符合设计要求，施工允许偏差为±5mm；

4）充电轨的受流面应与轨面平行，倾斜度不大于1％；

5）充电轨接头处受流面连接应平顺，接缝紧密，连接螺栓紧固力矩应符合产品技术要求；

6）中心锚结安装位置和安装形式应符合设计要求。

检验数量：全部检查。

检验方法：观察、测量检查。

（2）一般项目

悬挂装置安装应端正，各部件连接牢固，构件无变形，镀锌层完好，螺栓留有适当调节余量。

检验数量：单位检查。

检验方法：观察、测量检查。

绝缘子安装端正，绝缘子瓷釉表面光滑、清洁、无裂纹、缺釉、斑点、气泡等缺陷。

检验数量：全部检查。

检验方法：观察、测量检查。

7.3.3.2 市政验·充-2 移动式充电网检验批质量验收记录

1. 适用范围

本表适用于城市轨道交通轨道工程移动式充电网检验批的质量检查验收。

2. 表内填写提示

移动式充电网检验应复合如下规定：

（1）主控项目

设备、材料到达现场应进行检查，其规格、型号、质量应符合设计要求。

检验数量：全部检查。

检验方法：观察、测量检查。

锚栓的规格型号、埋设位置、深度、荷载检测应符合设计要求。

检验数量：全部检查。

检验方法：观察、测量检查。

驱动电机与主动机构法兰盘对接应密贴无缝，电机输出轴旋转无卡滞，表面无裂纹、漏油等现象。

检验数量：全部检查。

检验方法：观察检查。

自动接地装置触板与搭接板接触良好，无回弹现象，接地功能满足设计要求。

检验数量：全部检查。

检验方法：观察检查。

控制柜的安装位置、排列应符合设计要求，其安装的允许误差符合本规范第 10.9.2 条的规定。

检验数量：全部检查。

检验方法：尺量和查阅安装记录。

移动充电网的安全联锁系统、报警系统、显示系统的功能应符合设计要求。

检验数量：全部检查。

检验方法：观察检查。

充电轨的安装应符合本规范第 10.18.3 条的规定。

检验数量：全部检查。

检验方法：观察、测量检查。

(2) 一般项目

悬臂底座法兰盘、悬臂安装应水平，位置正确，安装牢固。

检验数量：全部检查。

检验方法：尺量检查。

拉线型号应符合设计要求，不得有断股、松股和接头。悬挂基座、锚结悬挂夹具各类螺栓的紧固力矩应符合产品技术要求。

检验数量：全部检查。

检验方法：观察检查。

7.3.3.3 市政验·充-3 直流电缆检验批质量验收记录

1. 适用范围

本表适用于城市轨道交通轨道工程充电网直流电缆检验批的质量检查验收。

2. 表内填写提示

充电网直流电缆检验应复合如下规定：

(1) 主控项目

直流电缆到达现场应进行检查，其型号、规格、质量应符合设计要求及相关产品标准的规定。

检验数量：全部检查。

检验方法：观察检查，检查产品质量证明文件。

直流电缆接线端子与电缆接线板连接应采取铜铝过渡措施，连接牢固可靠，连接紧固力矩应符合产品技术要求。

检验数量：全部检查。

检验方法：观察、测量检查。

电缆与钢轨连接位置及连接方式应符合设计要求，当设计无规定时，宜采用放热焊接，连接应牢固可靠。

检验数量：全部检查。

检验方法：观察检查。

直流电缆敷设路径、位置应符合设计要求，敷设规整、固定牢靠，弯曲半径不应小于电缆的最小弯曲半径。

检验数量：全部检查。

检验方法：观察、测量检查。
(2) 一般项目
直流电缆与接线端子压接应良好，握紧力不小于 6.9kN。
检验数量：全部检查。
检验方法：观察、测量检查。

7.3.3.4 市政验·充-4 充电网送电及车辆配合试验检验批质量验收记录

1. 适用范围
本表适用于城市轨道交通轨道工程充电网送电及车辆配合试验检验批的质量检查验收。
2. 表内填写提示
充电网送电及车辆配合试验检验应复合如下规定：
(1) 主控项目
待送电充电网绝缘应良好，绝缘电阻值应不小于 1MΩ。
检验数量：全部检查。
检验方法：测量检查。
车辆进出站时检测装置应能可靠检测车辆位置，充电装置根据检测信号应能正确启停。
检验数量：全部检查。
检验方法：观察、测量检查。
车辆受电弓与充电轨接触良好、运行平顺，无明显火花和拉弧现象。
检验数量：全部检查。
检验方法：车辆检验，见证试验。

7.3.4 通信系统工程

7.3.4.1 市政验·弱-1 传输设备安装检验批质量验收记录

1. 适用范围
本表适用于城市轨道交通轨道工程通信系统传输设备安装检验批的质量检查验收。
2. 表内填写提示
通信系统传输设备安装检验应符合如下规定：
(1) 主控项目
传输设备到达现场应进行检查，其型号、规格和质量应符合设计要求及相关产品标准的规定。
检验数量：全部检查。
检验方法：对照设计文件检查出厂合格证等质量证明文件，并观察检查外观及形状。
机架（柜）电路插板的规格、数量和安装位置应符合设计要求。
检验数量：全部检查。
检验方法：对照设计文件观察检查。
(2) 一般项目
设备安装位置、机架及底座的加固方式应符合设计要求。
检验数量：全部检查。
检验方法：观察检查。
设备安装牢固，排列整齐，漆饰完好，铭牌、标记清楚正确，并符合设计要求。
检验数量：全部检查。
检验方法：观察检查。
机架（柜）安装的垂直倾斜度偏差应小于架（柜）高度的 1‰。
检验数量：全部检查。

检验方法：观察、尺量检查。

7.3.4.2　市政验·弱-2-1　传输设备配线检验批质量验收记录（一）

7.3.4.3　市政验·弱-2-2　传输设备配线检验批质量验收记录（二）

1. 适用范围

本表适用于城市轨道交通轨道工程通信系统传输设备安配线检验批的质量检查验收。

2. 表内填写提示

通信系统传输设备配线检验应符合如下规定：

（1）主控项目

传输设备的配线光、电缆到达现场应进行检查，其型号、规格、质量应符合设计要求及相关产品标准的规定。配线标识齐全、清晰、不易脱落。

检验数量：全部检查。

检验方法：对照设计文件检查出厂合格证等质量证明文件，并观察检查外观及形状。

配线电缆和电线的芯线应无错线或断线、混线，中间不得有接头。配线电缆芯线间的绝缘电阻应符合下列规定：

1）音频配线电缆不应小于50MΩ。

2）高频配线电缆不应小于100MΩ。

3）同轴配线电缆不应小于1000MΩ。

检验数量：抽验10%。

检验方法：施工单位用万用表检查断线、混线，用500V兆欧表测量绝缘电阻。

音频配线电缆近端串音衰减不应小于78dB。

检验数量：抽验10%。

检验方法：用串音测试器或用振荡器、电平表测量。

光缆尾纤应按标定的纤序连接设备。光缆尾纤应单独布放并用垫衬固定，不得挤压、扭曲、捆绑。弯曲半径不应小于50mm。

检验数量：全部检查。

检验方法：对照设计文件检查光缆尾纤纤序，并观察检查。

电源端子配线应正确，配线两端的标志应齐全。

检验数量：全部检查。

检验方法：观察检查。

设备地线必须连接良好。

检验数量：全部检查。

检验方法：用万用表检查。

电缆、电线的屏蔽护套应接地可靠，并应与接地线就近连接。

检验数量：全部检查。

检验方法：观察检查。

（2）一般项目

配线电缆、电线的走向、路由应符合设计文件要求。

检验数量：全部检查。

检验方法：观察检查。

配线电缆在电缆走道上应顺序平直排列。电缆槽道内配线应顺直。配线电缆弯曲半径不得小于其外径的5倍。

检验数量：全部检查。

检验方法：观察检查。

电缆芯线的编扎应按色谱顺序分线，余留的芯线长度应符合更换编扎线最长芯线的要求。

检验数量：全部检查。

检验方法：观察检查。

设备配线采用焊接时，焊接后芯线绝缘层应无烫伤、开裂及后缩现象，绝缘层离开端子边缘露铜不宜大于1mm。

检验数量：全部检查。

检验方法：观察检查。

设备配线采用绕接时，绕线应严密、紧贴，不应有叠绕。铜线去除绝缘外皮后，在绕线柱上的最少匝数：当芯线直径为0.4～0.5mm时应为6～8匝；0.6～1mm时应为4～6匝。不接触绕线柱的芯线部分不宜露铜。

检验数量：全部检查。

检验方法：观察、尺量检查，并用对号器检查端子。

设备配线采用卡接时，卡接电缆芯线的卡接端子应接触牢固。

检验数量：全部检查。

检验方法：观察、尺量检查，并用对好器检查卡接端子。

高频线、低频线、电源线应分开绑扎，交、直流配线应分开布放。

检验数量：全部检查。

检验方法：观察、尺量检查，并用对好器检查端子。

7.3.4.4 市政验·弱-3 传输系统指标检测及功能检验检验批质量验收记录

1. 适用范围

本表适用于城市轨道交通轨道工程通信系统传输系统指标检测及功能检验检验批的质量检查验收。

2. 表内填写提示

通信系统传输设备配线传输系统指标检测及功能检验应符合如下规定：

（1）主控项目

传输系统光通道的接收光功率不应超过系统的过载光功率，并应符合下列要求：

1）$P1 \geqslant Pr + Mc + Me$

2）式中 $P1$——接收端在R点实测系统接受光功率（dBm）；

3）Pr——在R点测得的接收器的接受灵敏度（dBm）；

4）Mc——光缆富裕度（dBm）；Me——设备富裕度（dBm）。

检验数量：全部检查。

检验方法：用光功率计测接受光功率，用误码测试仪、光可变衰减器、光功率计测光接受灵敏度。

传输设备光接口的以下性能指标测试应符合设计要求：

1）平均发送光功率。

2）接受机灵敏度。

3）接收机最小过载功率。

检验数量：全部检查。

检验方法：用码型发生器、光功率计测发送光功率、过载功率，用误码测试仪、光可变衰减器、光功率计测光接受灵敏度。

传输设备电接口的输入允许比特率容差应符合设计要求或产品技术条件。

检验数量：全部检查。

检验方法：用传输综合分析仪测试。

传输系统2048kbit/s数字接口端到端误码性能测试、2048kbit/s数字接口输入抖动容限和最大输出抖动性能应符合现行国家标准《城市轨道交通通信工程质量验收规范》GB 50382的相关规定。

检验数量：全部检查。

检验方法：用传输综合分析仪测试。

传输系统以太网端到端的丢包率（*IPLR*）、延时（*IPTD*）、吞吐量（*IPPT*）指标应符合设计要求。

检验数量：全部检查。

检验方法：用 IP 网络测试仪测试。

传输系统自愈功能应正常，保护倒换时间应小于 50ms。

检验数量：全部检查。

检验方法：自愈功能检查，用传输综合测试仪进行保护倒换时间测试。

7.3.4.5 市政验·弱-4 SDH 传输指标检测及功能检验检验批质量验收记录

1. 适用范围

本表适用于城市轨道交通轨道工程通信系统 SDH 传输指标检测及功能检验检验批的质量检查验收。

2. 表内填写提示

SDH 传输指标检测及功能检验检验应符合如下规定：

主控项目

SDH 传输系统端到端误码性能指标应满足表 11.11.1 的规定。

端到端误码性能指标 **表 11.11.1**

速率（kbit/s）	139264/155520	622080	2488320
比特/块	6000～20000	15000～30000	15000～30000
误块秒比（*ESR*）	0.16	未定	未定
严重误块秒比（*SESR*）	0.002	0.002	0.002
背景误块秒比（*BBER*）	2×10^{-4}	1×10^{-4}	1×10^{-4}

检验数量：全部检查。

检验方法：用传输综合测试仪测试。

定时基准源应能正确倒换。

检验数量：全部检查。

检验方法：定时基准源倒换试验。

SDH 传输系统输出抖动测试指标、输入抖动容限应符合现行国家标准《城市轨道交通通信工程质量验收规范》GB 50382 的相关规定。

检验数量：全部检查。

检验方法：用传输综合测试仪测试抖动。

7.3.4.6 市政验·弱-5.1 传输系统网管功能检验检验批质量验收记录（一）

7.3.4.7 市政验·弱-5.2 传输系统网管功能检验检验批质量验收记录（二）

1. 适用范围

本表适用于城市轨道交通轨道工程通信系统传输系统网管功能检验批的质量检查验收。

2. 表内填写提示

传输系统网管功能检验应符合如下规定：

（1）主控项目

网管设备到达现场应进行检查，其型号、规格、质量应符合设计要求及相关产品标准的规定。

检验数量：全部检查。

检验方法：对照设计文件检查出厂合格证等质量证明文件，并观察检查外观及形状。

所有网元应能接入网管系统。网管系统显示的配置应符合网元的实际配置。网管设备应能正确显示整个网络的拓扑结构。

检验数量：全部检查。

检验方法：用网管软件进行功能试验。

通过网管应能按预定路由表自动进行路由变更。

检验数量：全部检查。

检验方法：按预定路由表进行路由变更试验。

故障管理应具有下列功能：

1）告警功能：

① 故障定位；

② 设置故障等级；

③ 告警指示；

④ 告警历史记录。

2）监视参数。

3）近端和远端环回测试。

检验数量：全部检查。

检验方法：功能试验。

性能管理功能应具有采集和分析误码性能的功能。

检验数量：全部检查。

检验方法：性能管理功能试验。

配置管理应具有下列功能：

1）各种业务时隙分配。

2）通信关系配置（点对点、点对多点、总线和以太网）。

3）通道的交叉连接和指配。

4）1＋1 或 1∶N 保护倒换、低阶/高阶通道保护倒换以及自愈环配置。

检验数量：全部检查。

检验方法：功能试验。

安全管理功能应具有下列功能：

1）未经授权的人不能进入管理系统。

2）具有有限授权的人只能进入相应的授权部分。

3）在安全受到侵扰后，应能利用备份文件恢复业务。

检验数量：全部检查。

检验方法：安全试验。

保护功能应具有下列功能：

1）业务的自动通道保护。

2）网元与相关的网元管理设备之间、网元管理设备互相之间的信息通信应有自动通道保护措施。当具有远端接入功能时，本端网管设备或终端应能远端接入对端的网管设备，以监视对端网管设备区域系统的运行情况。

3）当出现软件差错或电源失效恢复后，系统应返回初始工作状态。

检验数量：全部检查。

检验方法：功能试验。

7.3.4.8　市政验·弱-6.1　OTN 传输指标检测及功能检验检验批质量验收记录（一）

7.3.4.9　市政验·弱-6.2　OTN 传输指标检测及功能检验检验批质量验收记录（二）

1. 适用范围

本表适用于城市轨道交通轨道工程通信系统 OTN 传输指标检测及功能检验检验批的质量检查验收。

2. 表内填写提示

OTN 传输指标检测及功能检验检验应符合如下规定：

主控项目

OTN 系统光接口应测试以下指标：

1）平均发送光功率、接收机灵敏度、接收机最小过载功率应符合本规范第 11.10.2 条的要求。

2）OTN 系统误码性能测试应符合本规范第 11.11.1 条的要求。

3）OTN 系统光接口抖动性能测试测试应符合本规范第 11.11.3 条的要求。

OTN 系统 RS-322、RS-422、RS485 端口点到点或点到多点连接功能检查正常，测试误码率（BER）应符合现行国家标准《城市轨道交通通信工程质量验收规范》GB 50382 的相关规定。

检验数量：全部检查。

检验方法：用数据误码测试仪检查验证。

OTN 系统 X.21 接口点到点连接功能检查应正常，测试误码率（BER）应符合现行国家标准《城市轨道交通通信工程质量验收规范》GB 50382 的相关规定。

检验数量：全部检查。

检验方法：用数据误码测试仪检查、验证。

OTN 系统模拟电话、带信令语音通道的通话功能应正常。

检验数量：全部检查。

检验方法：电话呼叫功能验证。

OTN 系统 E1 接口端到端误码性能应符合本规范第 8.10.4 条的规定。

检验数量：全部检查。

检验方法：用误码测试仪检查验证。

OTN 系统 ISDN 接口误码测试，应符合现行国家标准《城市轨道交通通信工程质量验收规范》GB50382 的相关规定。

检验数量：全部检查。

检验方法：用误码测试仪检查验证。

OTN 系统以太网接口连接功能检查应正常。

检验数量：全部检查。

检验方法：用网络检测器检查。

OTN 系统高保真音频接口检测，试听双向语音质量应清晰可靠、流畅、无漏字、无杂音，其测试电平衰减应符合设计要求或产品技术要求。

检验数量：全部检查。

检验方法：用音频信号发生器、电平表检查，测试音频电平衰减。

OTN 系统视频接口，检查经系统传输的图像信号，应清晰无抖动，无雪花干扰、无马赛克现象等。

检验数量：全部检查。

检验方法：用音频信号发生器发送图像检查视频图像传输质量。

7.3.4.10　市政验·弱-7　ATM传输指标检测及功能检验检验批质量验收记录

1. 适用范围

本表适用于城市轨道交通轨道工程通信系统ATM传输指标检测及功能检验检验批的质量检查验收。

2. 表内填写提示

ATM传输指标检测及功能检验检验应符合如下规定：

主控项目

ATM传输系统物理层光接口应测试以下指标：

1）平均发送光功率、接收机灵敏度、接收机最小过载功率应符合本规范第8.10.2条的要求。

2）ATM系统误码性能测试应符合本规范第11.11.1条的要求。

3）ATM系统光接口抖动性能测试测试应符合本规范第11.11.3条的要求。

ATM层网络性能应测试以下指标，其指标应符合表11.12.2的规定：

1）信元丢失率（CLR）。

2）信元差错率（CER）。

3）信元传送时延（CTD）。

4）信元时延变化（CDV）。

QoS登记网络性能指标　　　　**表11.12.2**

	CTD	2-ptCDV	CLR_{0+1}	CLR_0	CER
网络性能指标的含义	平均CTD的上限值（ms）	CTD差在10^{-8}分界点的上限值（ms）	信元丢失概率的上限值	信元丢失概率的上限值	信元差错率的上限值
QoS1	400	3	3×10^{-7}	无	4×10^{-6}
QoS2	未规定	未规定	10^{-5}	无	4×10^{-6}
QoS3	未规定	未规定	未规定	10^{-5}	4×10^{-6}
QoS4	未规定	未规定	未规定	未规定	未规定
QoS5	400	6	无	3×10^{-7}	4×10^{-6}

检验数量：全部检查

检验方法：用ATM测试仪测试。

7.3.4.11　市政验·弱-8　有线电话设备安装检验批质量验收记录

1. 适用范围

本表适用于城市轨道交通轨道工程通信系统有线电话设备安装检验批的质量检查验收。

2. 表内填写提示

有线电话设备安装检验应符合如下规定：

（1）主控项目

程控交换设备到达现场应进行检查，其型号、规格、质量应符合设计要求及相关产品标准的规定。

检验数量：全部检查。

检验方法：对照设计文件检查出厂合格证等质量证明文件，并观察检查外观及形状。

程控交换设备机架（柜）电路插板的规格、数量和安装位置应符合设计要求。

检验数量：全部检查。

检验方法：对照设计文件观察检查。

（2）一般项目

程控交换设备的安装应符合相关规定。

设备安装位置、机架及底座的加固方式应符合设计要求。

检验数量：全部检查。

检验方法：观察检查。

设备安装牢固，排列整齐，漆饰完好，铭牌、标记清楚正确，并符合设计要求。

检验数量：全部检查。

检验方法：观察检查。

机架（柜）安装的垂直倾斜度偏差应小于架（柜）高度的1‰。

检验数量：全部检查。

检验方法：观察、尺量检查。

7.3.4.12　市政验·弱-9　有线电话设备配线检验批质量验收记录

1. 适用范围

本表适用于城市轨道交通轨道工程通信系统有线电话设备配线检验批的质量检查验收。

2. 表内填写提示

有线电话设备配线检验应符合如下规定：

（1）主控项目

程控交换设备的配线电缆到达现场应进行检查，其型号、规格、质量应符合设计要求及相关产品标准的规定。配线标识齐全、清晰、不易脱落。

检验数量：全部检查。

检验方法：对照设计文件检查出厂合格证等质量证明文件，并观察检查外观、形状及标识。

配线电缆和电线的芯线应无错线或断线、混线，中间不得有接头。配线电缆芯线间的绝缘电阻应符合下列规定：

1）音频配线电缆不应小于50MΩ。

2）高频配线电缆不应小于100MΩ。

3）同轴配线电缆不应小于1000MΩ。

检验数量：抽验10%。

检验方法：施工单位用万用表检查断线、混线，用500V兆欧表测量绝缘电阻。

音频配线电缆近端串音衰减不应小于78dB。

检验数量：抽验10%。

检验方法：用串音测试器或用振荡器、电平表测量。

光缆尾纤应按标定的纤序连接设备。光缆尾纤应单独布放并用垫衬固定，不得挤压、扭曲、捆绑。弯曲半径不应小于50mm。

检验数量：全部检查。

检验方法：对照设计文件检查光缆尾纤纤序，并观察检查。

电源端子配线应正确，配线两端的标志应齐全。

检验数量：全部检查。

检验方法：观察检查。

设备地线必须连接良好。

检验数量：全部检查。

检验方法：用万用表检查。

电缆、电线的屏蔽护套应接地可靠，并应与接地线就近连接。

检验数量：全部检查。

检验方法：观察检查。

(2) 一般项目

配线电缆、电线的走向、路由应符合设计文件要求。

检验数量：全部检查。

检验方法：观察检查。

配线电缆在电缆走道上应顺序平直排列。电缆槽道内配线应顺直。配线电缆弯曲半径不得小于其外径的5倍。

检验数量：全部检查。

检验方法：观察检查。

电缆芯线的编扎应按色谱顺序分线，余留的芯线长度应符合更换编扎线最长芯线的要求。

检验数量：全部检查。

检验方法：观察检查。

设备配线采用焊接时，焊接后芯线绝缘层应无烫伤、开裂及后缩现象，绝缘层离开端子边缘露铜不宜大于1mm。

检验数量：全部检查。

检验方法：观察检查。

设备配线采用绕接时，绕线应严密、紧贴，不应有叠绕。铜线去除绝缘外皮后，在绕线柱上的最少匝数：当芯线直径为0.4～0.5mm时应为6～8匝；0.6～1mm时应为4～6匝。不接触绕线柱的芯线部分不宜露铜。

检验数量：全部检查。

检验方法：观察、尺量检查，并用对号器检查端子。

设备配线采用卡接时，卡接电缆芯线的卡接端子应接触牢固。

检验数量：全部检查。

检验方法：观察、尺量检查，并用对号器检查卡接端子。

高频线、低频线、电源线应分开绑扎，交、直流配线应分开布放。

检验数量：全部检查。

检验方法：观察、尺量检查，并用对好器检查端子。

紧急电话进线孔应做防水处理。

检验数量：全部检查。

检验方法：观察检查。

7.3.4.13　市政验·弱-10　有线电话系统指标检测及功能检验批质量验收记录表

1. 适用范围

本表适用于城市轨道交通轨道工程通信系统有线电话系统指标检测及功能检验检验批的质量检查验收。

2. 表内填写提示

有线电话系统指标检测及功能检验检验应符合如下规定：

(1) 主控项目

有线电话系统的本局呼叫连续故障率性能指标不应大于4×10^{-4}。

检验数量：全部检查。

检验方法：用模拟呼叫器测试。

有线电话系统的局间呼叫连续故障率性能指标不应大于4×10^{-4}。

检验数量：全部检查。
检验方法：用模拟呼叫器测试。
有线电话系统的计费差错率性能指标不应大于 4×10^{-4}。
检验数量：全部检查。
检验方法：用模拟呼叫器测试。
忙时呼叫尝试次数（BHCA）性能指标应符合设计要求。
检验数量：全部检查。
检验方法：检查出厂测试记录或用延伸法测试。
有线电话系统的以下功能应符合设计要求：
1）系统建立功能。
2）基本业务功能。
3）新业务功能。
4）话务统计功能。
5）计费功能。
检验数量：全部检查。
检验方法：功能试验。
有线电话系统的通话保持功能应符合设计要求。
检验数量：全部检查。
检验方法：通话保持试验，用 12 对用户保持通话状态 48 小时，应有长时间通话信号输出，无断话、单向通话等现象。
紧急电话的通话及使用功能应符合设计要求。
检验数量：全部检查。
检验方法：通话和使用试验。

7.3.4.14　市政验·弱-11　有线电话系统网管功能检验批质量验收记录

1. 适用范围
本表适用于城市轨道交通轨道工程通信系统有线电话系统网管功能检验批的质量检查验收。
2. 表内填写提示
有线电话系统网管功能检验应符合如下规定：
主控项目
有线电话系统网管终端应具有图形实时显示功能。
检验数量：全部检查。
检验方法：网管终端功能试验，应能正确显示网络拓扑结构，实时反映其物理连接状态及各点设备运行条件和状态。
有线电话系统的人机命令功能应符合设计要求。
检验数量：全部检查。
检验方法：人机命令功能试验，检测功能应完善，执行命令准确，所有人机命令输入后均应能在打印机和显示器上输出显示；用人机命令对局数据和用户数据的增、删、改应准确；用人机命令执行用户线和用户电路、中继线和中继电路、公用设备、信号链路和交换网络的例行测试和指定测试时，输入应正确。
有线电话系统的故障诊断、告警功能应符合设计要求。
检验数量：全部检查。
检验方法：故障诊断、告警功能试验，对用户和中继电路进行人工/自动故障诊断应能测至每一电路；对电源系统、处理机、交换单元、连接单元和外围设备的模拟故障试验，其故障告警，主、备用设备倒换、故障信息输出及排除故障应灵敏、准确；告警系统应动作可靠，可生成告、示警信息的统计。

有线电话系统的维护管理功能应符合设计要求。

检验数量：全部检查。

检验方法：维护管理功能试验。

有线电话系统对远端模块的集中维护功能应符合设计要求。

检验数量：全部检查。

检验方法：远端交换用户模块或远端用户线单元的集中维护功能试验。

有线电话系统的计费及话务统计功能应符合设计要求。

检验数量：全部检查。

检验方法：计费及话务统计功能试验。

7.3.4.15 市政验·弱-12 视频监控设备检验批质量验收记录

1. 适用范围

本表适用于城市轨道交通轨道工程通信系统视频监控设备检验批的质量检查验收。

2. 表内填写提示

视频监控设备检验应符合如下规定：

(1) 主控项目

闭路电视监视设备到达现场应进行检查，其型号、规格、质量应符合设计要求及相关产品标准的规定。

检验数量：全部检查。

检验方法：对照设计文件检查出厂合格证等质量证明文件，并观察检查外观及形状。

闭路电视监视设备机柜（架）电路插板的规格、数量和安装位置应符合设计要求。

检验数量：全部检查。

检验方法：对照设计文件观察检查。

在室外露天处安装摄像机时，避雷针和摄像机装置的安装应牢靠、稳固。

检验数量：全部检查。

检验方法：观察检查。

(2) 一般项目

监视器的安装位置应使屏幕不受外来光直射，当有不可避免的光时，应加遮光罩遮挡。

检验数量：全部检查。

检验方法：观察检查。

监视器装设在固定的机架和柜内时，应采取通风散热措施。

检验数量：全部检查。

检验方法：观察检查。

监视器的外部可调节部分，应暴露在便于操作的位置，并可加保护盖。

检验数量：全部检查。

检验方法：观察检查。

闭路电视监视机架及机内设备的安装应符合相关规定。

设备安装位置、机架及底座的加固方式应符合设计要求。

检验数量：全部检查。

检验方法：观察检查。

设备安装牢固，排列整齐，漆饰完好，铭牌、标记清楚正确，并符合设计要求。

检验数量：全部检查。

检验方法：观察检查。

机架（柜）安装的垂直倾斜度偏差应小于架（柜）高度的1‰。

检验数量：全部检查。

检验方法：观察、尺量检查。

7.3.4.16　市政验·弱-13　视频监控配线检验批质量验收记录

1. 适用范围

本表适用于城市轨道交通轨道工程通信系统视频监控配线检验批的质量检查验收。

2. 表内填写提示

视频监控配线检验应符合如下规定：

（1）主控项目

闭路电视监视设备的配线电缆到达现场应进行检查，其型号、规格、质量应符合设计要求及相关产品标准的规定。

检验数量：全部检查。

检验方法：对照设计文件检查出厂合格证等质量证明文件，并观察检查外观及形状

闭路电视监视系统电缆的敷设应符合相关规定。

配线电缆和电线的芯线应无错线或断线、混线，中间不得有接头。配线电缆芯线间的绝缘电阻应符合下列规定：

1）音频配线电缆不应小于50MΩ。

2）高频配线电缆不应小于100MΩ。

3）同轴配线电缆不应小于1000MΩ。

检验数量：抽验10%。

检验方法：施工单位用万用表检查断线、混线，用500V兆欧表测量绝缘电阻。

音频配线电缆近端串音衰减不应小于78dB。

检验数量：抽验10%。

检验方法：用串音测试器或用振荡器、电平表测量。

光缆尾纤应按标定的纤序连接设备。光缆尾纤应单独布放并用垫衬固定，不得挤压、扭曲、捆绑。弯曲半径不应小于50mm。

检验数量：全部检查。

检验方法：对照设计文件检查光缆尾纤纤序，并观察检查。

电源端子配线应正确，配线两端的标志应齐全。

检验数量：全部检查。

检验方法：观察检查。

设备地线必须连接良好。

检验数量：全部检查。

检验方法：用万用表检查。

电缆、电线的屏蔽护套应接地可靠，并应与接地线就近连接。

检验数量：全部检查。

检验方法：观察检查。

（2）一般项目

闭路电视监视系统电缆敷设还应符合相关规定。

检验数量：全部检查。

检验方法：观察、尺量检查。

从摄像机引出的电缆宜留有1m的余量，并不得影响摄像机的转动。

检验数量：全部检查。

检验方法：观察、尺量检查。

摄像机的电缆和电源线均应固定，并不得用插头承受电缆的自重。

检验数量：全部检查。

检验方法：观察、尺量检查。

室外设备连接电缆时，宜从设备的下部进线。

检验数量：全部检查。

检验方法：观察、尺量检查。

7.3.4.17　市政验·弱-14.1　视频监视系统指标检测及功能检验检验批质量验收记录（一）

7.3.4.18　市政验·弱-14.2　视频监视系统指标检测及功能检验检验批质量验收记录（二）

1. 适用范围

本表适用于城市轨道交通轨道工程通信系统视频监视系统指标检测及功能检验检验批的质量检查验收。

2. 表内填写提示

通信系统视频监视系统指标检测及功能检验应符合如下规定：

主控项目

闭路电视监视系统的质量主观评价应采用“五级损伤制”评定，随机信噪比、单频干扰、电源干扰、脉冲干扰四项主观评价项目的得分值不应低于4分。

检验数量：抽验10%。

检验方法：采用符合国家标准的监视器，观看距离为荧光屏面高度的6倍，光纤柔和；评价人员不应少于5名，并应包括专业人员和非专业人员。评价人员独立打分，取算术平均值为评价结果。

系统图形水平清晰度应符合设计要求；若无设计要求，黑白电视系统不应低于400线，彩色电视系统不应低于270线。

检验数量：抽验10%。

检验方法：用综合测试卡抽测系统清晰度。

系统图形画面的灰度不应低于8级。

检验数量：抽验10%。

检验方法：用综合测试卡抽测系统灰度。

系统的各路视频信号送至监视器输入端时，其电平值应为1Vp－p±3dB/75Ω。

检验数量：抽验10%。

检验方法：用视频信号发生器和示波器测试。

系统的微分增益、微分相位指标，应符合设计要求及相关产品标准的规定。

检验数量：全部检查。

检验方法：用视频信号发生器和视频综合测试仪。

系统的信噪比性能指标应符合设计要求；若无设计要求时，随机信噪比不应小于37dB；低照度使用时，监视画面达到可用图形，其系统信噪比不应小于25dB。

检验数量：全部检查。

检验方法：用视频信号发生器和视频综合测试仪。

闭路电视监视系统的以下功能指标应符合设计要求：

1）自动光圈调节。

2）调焦功能。

3）变倍功能。

4）切换功能。

5）录像功能。

6）报警功能。

7）防护套功能。

8）字符叠加、时间同步功能。

9）电源开关控制功能。

检验数量：全部检查。

检验方法：闭路电视监视系统各项功能检验。

闭路电视监视系统控制中心显示系统的显示功能应符合设计要求。

检验数量：全部检查。

检验方法：通过键盘发生控制信号，所需的图像应能在相应的监视器上显示，不同的监视器可以显示相同的画面，也可显示不同的画面。

控制中心画面选择的优先级功能应符合设计要求。

检验数量：全部检查。

检验方法：优先级设定检验。

7.3.4.19　市政验·弱-15　视频监视系统网管功能检验检验批质量验收记录

1. 适用范围

本表适用于城市轨道交通轨道工程通信系统视频监视系统网管功能检验检验批的质量检查验收。

2. 表内填写提示

通信系统视频监视系统网管功能检验应符合如下规定：

主控项目

闭路电视监视系统网管的以下功能应符合设计要求：

1）对车站摄像机的数量和种类、机号的设置。

2）对摄像机顺序切换，群切等功能的设置。

3）对监视器的数量的设置。

4）对摄像机和监视器代号字符的设置。

5）对各矩阵通信口的设置。

6）对用户密码和球形机使用优先级的设置。

7）对报警功能的设置。

8）控制中心和各车站电视相关设备（含切换矩阵等）的故障诊断。

9）调度员操作命令的记录。

检验数量：全部检查。

检验方法：网管终端进行功能试验。

闭路电视监视系统各车站网管设备和控制中心网管设备的数据通信功能应符合设计要求。

检验数量：全部检查。

检验方法：模拟网管系统信息通过专用数据信道送至控制中心网关设备，进行功能试验。

闭路电视监视系统网管的人机交互功能应符合设计要求。

检验数量：全部检查。

检验方法：调度员与系统之间的简单人机交互的功能试验。调度员与系统之间应可做简单的人机交互，在屏幕上应显示相应操作的响应、操作错误的提示。在系统正常的情况下任何错误的操作不应导致图像监视器出现黑屏。

7.3.4.20　市政验·弱-16　广播设备检验批质量验收记录

1. 适用范围

本表适用于城市轨道交通轨道工程通信系统广播设备检验批的质量检查验收。

2. 表内填写提示

通信系统广播设备检验应符合如下规定：

(1) 主控项目

广播系统控制设备、扬声器及电缆到达现场应进行检查，其型号、规格、质量应符合设计要求。

检验数量：全部检查。

检验方法：对照设计文件检查出厂合格证等质量证明文件，并观察检查外观及形状。

广播系统室内设备的机柜（架）电路插板的规格、数量和安装位置应符合设计要求。

检验数量：全部检查。

检验方法：对照设计文件观察检查。

安装扬声器严禁超出设备限界，不得影响与行车有关的信号和标志。

检验数量：全部检查。

检验方法：观察检查。

露天扬声器馈线进入室内时，应装设真空保安器。

检验数量：全部检查。

检验方法：观察检查。

控制中心和车站广播的负载区数量应符合设计要求。

检验数量：全部检查。

检验方法：对照设计文件检查控制中心和车站广播的负载区数量。

控制中心录音设备规格、型号应符合设计要求，录音功能应正常。

检验数量：全部检查。

检验方法：对照设计文件检查控制中心录音设备规格型号，进行录音功能试验。

(2) 一般项目

广播系统室内设备的安装应符合以下规定。

设备安装位置、机架及底座的加固方式应符合设计要求。

检验数量：全部检查。

检验方法：观察检查。

设备安装牢固，排列整齐，漆饰完好，铭牌、标记清楚正确，并符合设计要求。

检验数量：全部检查。

检验方法：观察检查。

机架（柜）安装的垂直倾斜度偏差应小于架（柜）高度的1‰。

检验数量：全部检查。

检验方法：观察、尺量检查。

广播系统控制设备、扬声器的安装位置与安装方式应符合设计要求。

检验数量：全部检查。

检验方法：观察检查。

扬声器支撑架安装应牢固，扬声器单元或零部件应安装紧密。

检验数量：全部检查。

检验方法：观察检查。

7.3.4.21 市政验·弱-17 广播设备配线检验批质量验收记录

1. 适用范围

本表适用于城市轨道交通轨道工程通信系统广播设备配线检验批的质量检查验收。

2. 表内填写提示

通信系统广播设备配线检验应符合如下规定：

(1) 主控项目

广播设备的配线电缆到达现场应进行检查，其型号、规格、质量应符合设计要求及相关产品标准的规定。

检验数量：全部检查。

检验方法：对照设计文件检查出厂合格证等质量证明文件，并观察检查外观、形状及标识。

广播系统室内设备的缆线布放应符合以下规定。

配线电缆和电线的芯线应无错线或断线、混线，中间不得有接头。配线电缆芯线间的绝缘电阻应符合下列规定：

1）音频配线电缆不应小于 50MΩ。

2）高频配线电缆不应小于 100MΩ。

3）同轴配线电缆不应小于 1000MΩ。

检验数量：抽验 10%。

检验方法：施工单位用万用表检查断线、混线，用 500V 兆欧表测量绝缘电阻。

音频配线电缆近端串音衰减不应小于 78dB。

检验数量：抽验 10%。

检验方法：用串音测试器或用振荡器、电平表测量。

光缆尾纤应按标定的纤序连接设备。光缆尾纤应单独布放并用垫衬固定，不得挤压、扭曲、捆绑。弯曲半径不应小于 50mm。

检验数量：全部检查。

检验方法：对照设计文件检查光缆尾纤纤序，并观察检查。

电源端子配线应正确，配线两端的标志应齐全。

检验数量：全部检查。

检验方法：观察检查。

设备地线必须连接良好。

检验数量：全部检查。

检验方法：用万用表检查。

电缆、电线的屏蔽护套应接地可靠，并应与接地线就近连接。

检验数量：全部检查。

检验方法：观察检查。

(2) 一般项目

广播系统室内设备的配线还应符合以下规定。

配线电缆、电线的走向、路由应符合设计文件要求。

检验数量：全部检查。

检验方法：观察检查。

配线电缆在电缆走道上应顺序平直排列。电缆槽道内配线应顺直。配线电缆弯曲半径不得小于其外径的 5 倍。

检验数量：全部检查。

检验方法：观察检查。

电缆芯线的编扎应按色谱顺序分线，余留的芯线长度应符合更换编扎线最长芯线的要求。

检验数量：全部检查。

检验方法：观察检查。

设备配线采用焊接时，焊接后芯线绝缘层应无烫伤、开裂及后缩现象，绝缘层离开端子边缘露铜不宜大于 1mm。

检验数量：全部检查。

检验方法：观察检查。

设备配线采用绕接时，绕线应严密、紧贴，不应有叠绕。铜线去除绝缘外皮后，在绕线柱上的最少匝数：当芯线直径为0.4～0.5mm时应为6～8匝；0.6～1mm时应为4～6匝。不接触绕线柱的芯线部分不宜露铜。

检验数量：全部检查。

检验方法：观察、尺量检查，并用对号器检查端子。

设备配线采用卡接时，卡接电缆芯线的卡接端子应接触牢固。

检验数量：全部检查。

检验方法：观察、尺量检查，并用对好器检查卡接端子。

高频线、低频线、电源线应分开绑扎，交、直流配线应分开布放。

检验数量：全部检查。

检验方法：观察、尺量检查，并用对好器检查端子。

7.3.4.22 市政验·弱-18.1 广播系统指标检测及功能检验检验批质量验收记录（一）

7.3.4.23 市政验·弱-18.2 广播系统指标检测及功能检验检验批质量验收记录（二）

1. 适用范围

本表适用于城市轨道交通轨道工程通信系统广播系统指标检测及功能检验检验批的质量检查验收。

2. 表内填写提示

通信系统广播系统指标检测及功能检验检验应符合如下规定：

主控项目

广播系统功率放大器的下列性能指标应符合设计要求或产品技术条件：

1）额定输出电压。

2）输出功率。

3）频率响应。

4）谐波失真。

5）信噪比。

6）输出电调整率。

7）输入过激励。

8）输入灵敏度。

检验数量：全部检查。

检验方法：用毫伏表测额定输出电压、输出功率、频率响应、信噪比、输出电压调整率、输入过激励、输入灵敏度。用毫伏表和失真仪测谐波失真。

语音合成器的下列性能指标应符合设计要求或产品技术条件：

1）频率响应。

2）谐波失真。

3）信噪比。

4）输出电平。

5）回放时间。

6）播放通道。

检验数量：全部检查。

检验方法：用毫伏表测频率响应、信噪比、输出电平。用毫伏表和失真仪测谐波失真，并进行回放时间和播放通道功能试验。

广播系统的最大声压级指标应符合设计要求。

检验数量：全部检查。
检验方法：用声强计测试。
广播系统的声场不均匀度指标应符合设计要求。
检验数量：全部检查。
检验方法：用声强计测试声场不均匀度。
车站广播设备的以下功能应符合设计要求：
1）优先级功能。
2）分区、分路广播功能。
3）多路平行广播功能。
4）自动、手动、紧急三种不同播音方式。
5）车站接收列车运行信息并自动播音。
6）功放故障诊断与切换。
7）状态查询功能。
8）负载、功放主要技术指标测量的功能。
检验数量：全部检查。
检验方法：车站广播设备的各项功能检验。
车站播音盒应具备播音功能、监听功能、故障显示、噪音探测及控制功能。
检验数量：全部检查。
检验方法：车站播音盒的各项功能检验。
控制中心设备的以下功能应符合设计要求：
1）全选、单选、组选车站和各广播区的功能。
2）优先级功能。
3）与时钟子系统的时间同步功能。
4）多路平行广播功能。
5）监听功能。
检验数量：全部检查。
检验方法：控制中心设备的各项功能检验。
广播系统的以下功能应符合设计要求：
1）广播切换。
2）广播显示。
3）编程广播。
4）预录及语音合成广播。
5）噪声检测。
6）消防广播。
7）集中维护管理。
检验数量：全部检查。
检验方法：广播系统功能试验。

7.3.4.24　市政验·弱-19　广播系统网管功能检验检验批质量验收记录

1. 适用范围
本表适用于城市轨道交通轨道工程通信系统广播网管功能检验检验批的质量检查验收。
2. 表内填写提示
通信系统广播系统网管功能检验检验应符合如下规定：
主控项目

控制中心应能监测车站的播音控制盒、各功能模块以及各功放的状态。

检验数量：全部检查。

检验方法：控制中心检测功能试验。

各车站自动播音的内容应能在控制中心集中修改。

检验数量：全部检查。

检验方法：车站自动播音内容在控制中心集中修改功能试验。

控制中心应能自动记录中心调度员的广播时间、操作过程，并提供至少两路录音输出。

检验数量：全部检查。

检验方法：录音功能试验。

控制中心应能测试任意车站的负载区（开路或短路）和功放技术指标（功率、频率响应等）。

检验数量：全部检查。

检验方法：控制中心测试功能试验。

远程修改参数后观察车站被修改后的参数应有相应的变化。

检验数量：全部检查。

检验方法：远程修改参数功能试验。

便携式维护终端应能对各音量参数进行修改，能测试设备模块。

检验数量：全部检查。

检验方法：便携式维护终端功能试验。

7.3.4.25　市政验·弱-20　乘客信息显示系统设备安装检验批质量验收记录

1. 适用范围

本表适用于城市轨道交通轨道工程通信系统乘客信息显示系统设备安装检验批的质量检查验收。

2. 表内填写提示

通信系统乘客信息显示系统设备安装检验应符合如下规定：

（1）主控项目

乘客信息设备到达现场应进行检查，其型号、规格、质量应符合设计要求及相关产品标准的规定。

检验数量：全部检查。

检验方法：对照设计文件检查出厂合格证等质量证明文件，并观察检查外观及形状。

乘客信息设备机柜（架）电路插板的规格、数量和安装位置应符合设计要求。

检验数量：全部检查。

检验方法：对照设计文件观察检查。

电子显示设备屏幕的安装位置应不受外来光直射，周围没有遮挡物。

检验数量：全部检查。

检验方法：观察检查。

电子显示设备的保护接地端子应有明确标记并接地良好。在熔断器和开关电源处应有警告标志。

检验数量：全部检查。

检验方法：观察检查。

电子显示设备的支撑架应安装牢固。

检验数量：全部检查。

检验方法：观察检查。

（2）一般项目

乘客信息设备的安装应符合以下规定。

设备安装位置、机架及底座的加固方式应符合设计要求。

检验数量：全部检查。

检验方法：观察检查。

设备安装牢固，排列整齐，漆饰完好，铭牌、标记清楚正确，并符合设计要求。

检验数量：全部检查。

检验方法：观察检查。

机架（柜）安装的垂直倾斜度偏差应小于架（柜）高度的1‰。

检验数量：全部检查。

检验方法：观察、尺量检查。

7.3.4.26 市政验·弱-21 乘客信息显示系统设备配线检验批质量验收记录

1. 适用范围

本表适用于城市轨道交通轨道工程通信系统乘客信息显示系统设备配线检验批的质量检查验收。

2. 表内填写提示

通信系统乘客信息显示系统设备配线检验应符合如下规定：

（1）主控项目

乘客信息设备的配线电缆到达现场应进行检查，其型号、规格、质量应符合设计要求及相关产品标准的规定。

检验数量：全部检查。

检验方法：对照设计文件检查出厂合格证等质量证明文件，并观察检查外观、形状及标识。

乘客信息设备的配线应符合以下规定。

配线电缆和电线的芯线应无错线或断线、混线，中间不得有接头。配线电缆芯线间的绝缘电阻应符合下列规定：

1）音频配线电缆不应小于50MΩ。

2）高频配线电缆不应小于100MΩ。

3）同轴配线电缆不应小于1000MΩ。

检验数量：抽验10%。

检验方法：施工单位用万用表检查断线、混线，用500V兆欧表测量绝缘电阻。

音频配线电缆近端串音衰减不应小于78dB。

检验数量：抽验10%。

检验方法：用串音测试器或用振荡器、电平表测量。

光缆尾纤应按标定的纤序连接设备。光缆尾纤应单独布放并用垫衬固定，不得挤压、扭曲、捆绑。弯曲半径不应小于50mm。

检验数量：全部检查。

检验方法：对照设计文件检查光缆尾纤纤序，并观察检查。

电源端子配线应正确，配线两端的标志应齐全。

检验数量：全部检查。

检验方法：观察检查。

设备地线必须连接良好。

检验数量：全部检查。

检验方法：用万用表检查。

电缆、电线的屏蔽护套应接地可靠，并应与接地线就近连接。

检验数量：全部检查。

检验方法：观察检查。

（2）一般项目

乘客信息设备的配线应符合以下规定。

配线电缆、电线的走向、路由应符合设计文件要求。

检验数量：全部检查。

检验方法：观察检查。

配线电缆在电缆走道上应顺序平直排列。电缆槽道内配线应顺直。配线电缆弯曲半径不得小于其外径的5倍。

检验数量：全部检查。

检验方法：观察检查。

电缆芯线的编扎应按色谱顺序分线，余留的芯线长度应符合更换编扎线最长芯线的要求。

检验数量：全部检查。

检验方法：观察检查。

设备配线采用焊接时，焊接后芯线绝缘层应无烫伤、开裂及后缩现象，绝缘层离开端子边缘露铜不宜大于1mm。

检验数量：全部检查。

检验方法：观察检查。

设备配线采用绕接时，绕线应严密、紧贴，不应有叠绕。铜线去除绝缘外皮后，在绕线柱上的最少匝数：当芯线直径为0.4～0.5mm时应为6～8匝；0.6～1mm时应为4～6匝。不接触绕线柱的芯线部分不宜露铜。

检验数量：全部检查。

检验方法：观察、尺量检查，并用对号器检查端子。

设备配线采用卡接时，卡接电缆芯线的卡接端子应接触牢固。

检验数量：全部检查。

检验方法：观察、尺量检查，并用对好器检查卡接端子。

高频线、低频线、电源线应分开绑扎，交、直流配线应分开布放。

检验数量：全部检查。

检验方法：观察、尺量检查，并用对好器检查端子。

电子显示设备配线成端应有预留。

7.3.4.27　市政验·弱-22.1　乘客信息系统指标检测及功能检验检验批质量验收记录（一）

7.3.4.28　市政验·弱-22.2　乘客信息系统指标检测及功能检验检验批质量验收记录（二）

1. 适用范围

本表适用于城市轨道交通轨道工程通信系统乘客信息系统指标检测及功能检验批的质量检查验收。

2. 表内填写提示

通信系统乘客信息系统指标检测及功能检验检验应符合如下规定：

主控项目

文本显示屏和图文显示屏的移入移出方式及显示方式应符合设计要求。

检验数量：全部检查。

检验方法：显示屏系统功能试验。

计算视频显示屏的动画、文字显示和灰度功能应符合设计要求。

检验数量：全部检查。

检验方法：显示屏系统功能试验。

电视视频显示屏的动画、文字显示、灰度和电视录像功能应符合设计要求。

检验数量：全部检查。

检验方法：显示屏系统功能试验。

示系统的分区、分路文字显示功能及显示规格应符合设计要求。

检验数量：全部检查。
检验方法：显示屏系统功能试验。
显示设备的视频显示屏幕应能按照设计要求区分显示。
检验数量：全部检查。
检验方法：观察检查。
显示设备的视频显示图像分辨率不应小于704×576。
检验数量：全部检查。
检验方法：用综合测试卡检测图像分辨率。
显示设备的视频显示应可叠加彩色字幕，且色彩不小于1670万色，并具有256级半透明效果。
检验数量：全部检查。
检验方法：用综合测试卡检测。
显示设备单位显示面积的最大功耗或显示设备的总功耗应符合设计要求。
检验数量：全部检查。
检验方法：用功率表检测。车站显示系统的以下功能应符合设计要求：
1）优先级显示功能。
2）分区、分路显示功能。
3）自动、手动、紧急三种显示方式。
4）自动生成或随时变更修改显示。
自动倒换至备用显示控制设备。
与车站控制设备的时间同步。
检验数量：全部检查。
检验方法：车站显示设备系统功能试验。
控制中心系统应能全选、单选、组选车站和在各显示区进行显示，根据实际需要设置显示优先级。
检验数量：全部检查。
检验方法：控制中心系统功能试验。
控制中心系统应能向车站发送列车运行信息，并能按预设程序自动播放。
检验数量：全部检查。
检验方法：控制中心自动播放功能试验。
控制中心系统应与时钟子系统的时间同步。
检验数量：全部检查。
检验方法：控制中心系统时间同步功能试验。

7.3.4.29　市政验·弱-23　乘客信息系统网管功能检验检验批质量验收记录

1. 适用范围
本表适用于城市轨道交通轨道工程通信系统乘客信息网管功能检验批的质量检查验收。
2. 表内填写提示
通信系统乘客信息网管功能检验检验应符合如下规定：
主控项目
乘客信息系统控制中心网管上应能监测车站显示设备的工作状态。
检验数量：全部检查。
检验方法：监测车站显示设备的试验。
乘客信息系统各车站自动显示的内容应能在控制中心网管上集中修改。
检验数量：全部检查。
检验方法：控制中心集中修改车站自动显示内容的试验。

在控制中心网管上应能检测任意车站显示设备的技术性能指标。

检验数量：全部检查。

检验方法：控制中心检测车站显示设备的试验。

便携式维护终端应能对各参数进行修改和检测设备模块，远程修改参数后，各车站被修改的参数应能响应变化。

检验数量：全部检查。

检验方法：便携式维护终端功能试验。

7.3.4.30 市政验·弱-24 时钟设备检验批质量验收记录

1. 适用范围

本表适用于城市轨道交通轨道工程通信系统时钟设备检验批的质量检查验收。

2. 表内填写提示

通信系统时钟设备检验检验应符合如下规定：

(1) 主控项目

时钟设备到达现场应进行检查，其型号、规格、质量应符合设计要求及相关产品标准的规定。

检验数量：全部检查。

检验方法：对照设计文件检查出厂合格证等质量证明文件，并观察检查外观、形状及标志。

时钟设备机柜（架）电路插板的规格、数量和安装位置应符合设计要求。

检验数量：全部检查。

检验方法：对照设计文件观察检查。

标准信号接收单元的接收天线头应安装在室外，且周围无明显遮挡物；时间信号接收器应安装在室内，安装方式应符合设计要求。

检验数量：全部检查。

检验方法：观察检查。

(2) 一般项目

时钟设备的安装应符合以下相关规定。

设备安装位置、机架及底座的加固方式应符合设计要求。

检验数量：全部检查。

检验方法：观察检查。

设备安装牢固，排列整齐，漆饰完好，铭牌、标记清楚正确，并符合设计要求。

检验数量：全部检查。

检验方法：观察检查。

机架（柜）安装的垂直倾斜度偏差应小于架（柜）高度的1‰。

检验数量：全部检查。

检验方法：观察、尺量检查。

子钟安装位置和高度应符合设计要求。

检验数量：全部检查。

检验方法：观察检查。

子钟支架安装应牢固、稳定。

检验数量：全部检查。

检验方法：观察检查。

7.3.4.31 市政验·弱-25 时钟设备配线检验批质量验收记录

1. 适用范围

本表适用于城市轨道交通轨道工程通信系统时钟设备配线检验批的质量检查验收。

2. 表内填写提示

通信系统时钟设备配线检验检验应符合如下规定：

（1）主控项目

时钟设备的配线电缆到达现场应进行检查，其型号、规格、质量应符合设计要求及相关产品标准的规定。

检验数量：全部检查。

检验方法：对照设计文件检查出厂合格证等质量证明文件，并观察外观、形状及标识。

时钟设备的缆线布放应符合以下定。

配线电缆和电线的芯线应无错线或断线、混线，中间不得有接头。配线电缆芯线间的绝缘电阻应符合下列规定：

1）音频配线电缆不应小于 50MΩ。

2）高频配线电缆不应小于 100MΩ。

3）同轴配线电缆不应小于 1000MΩ。

检验数量：抽验 10%。

检验方法：施工单位用万用表检查断线、混线，用 500V 兆欧表测量绝缘电阻。

音频配线电缆近端串音衰减不应小于 78dB。

检验数量：抽验 10%。

检验方法：用串音测试器或用振荡器、电平表测量。

光缆尾纤应按标定的纤序连接设备。光缆尾纤应单独布放并用垫衬固定，不得挤压、扭曲、捆绑。弯曲半径不应小于 50mm。

检验数量：全部检查。

检验方法：对照设计文件检查光缆尾纤纤序，并观察检查。

电源端子配线应正确，配线两端的标志应齐全。

检验数量：全部检查。

检验方法：观察检查。

设备地线必须连接良好。

检验数量：全部检查。

检验方法：用万用表检查。

电缆、电线的屏蔽护套应接地可靠，并应与接地线就近连接。

检验数量：全部检查。

检验方法：观察检查。

（2）一般项目

时钟系统缆线的布放应符合以下规定。

配线电缆、电线的走向、路由应符合设计文件要求。

检验数量：全部检查。

检验方法：观察检查。

配线电缆在电缆走道上应顺序平直排列。电缆槽道内配线应顺直。配线电缆弯曲半径不得小于其外径的 5 倍。

检验数量：全部检查。

检验方法：观察检查。

电缆芯线的编扎应按色谱顺序分线，余留的芯线长度应符合更换编扎线最长芯线的要求。

检验数量：全部检查。

检验方法：观察检查。

设备配线采用焊接时，焊接后芯线绝缘层应无烫伤、开裂及后缩现象，绝缘层离开端子边缘露铜不宜大于1mm。

检验数量：全部检查。

检验方法：观察检查。

设备配线采用绕接时，绕线应严密、紧贴，不应有叠绕。铜线去除绝缘外皮后，在绕线柱上的最少匝数：当芯线直径为0.4～0.5mm时应为6～8匝；0.6～1mm时应为4～6匝。不接触绕线柱的芯线部分不宜露铜。

检验数量：全部检查。

检验方法：观察、尺量检查，并用对号器检查端子。

设备配线采用卡接时，卡接电缆芯线的卡接端子应接触牢固。

检验数量：全部检查。

检验方法：观察、尺量检查，并用对好器检查卡接端子。

高频线、低频线、电源线应分开绑扎，交、直流配线应分开布放。

检验数量：全部检查。

检验方法：观察、尺量检查，并用对好器检查端子。

7.3.4.32　市政验·弱-26　时钟系统指标检测及功能检验检验批质量验收记录

1. 适用范围

本表适用于城市轨道交通轨道工程通信系统时钟系统指标检测及功能检验检验批的质量检查验收。

2. 表内填写提示

通信系统时钟系统指标检测及功能检验检验应符合如下规定：

主控项目

数字式子钟的时、分、秒或日期的显示应符合设计要求，指针式子钟的机芯应完好无损、运行自如、没有卡滞现象。

检验数量：全部检查。

检验方法：观察检查。

子钟和母钟的自身校时精度及带有全球定位系统（GPS）的中心母钟的校时精度应符合设计要求。

检验数量：全部检查。

检验方法：用校表仪测校时精度。

GPS、母钟、子钟和电源的主备用自动切换功能应符合设计要求。

检验数量：全部检查。

检验方法：用GPS、母钟、子钟和电源的主备用自动切换功能试验。

时钟系统向其他系统提供的标准时间信号格式应符合设计要求。

检验数量：全部检查。

检验方法：提供标准时间信号格式的功能试验。

系统故障时的声光报警功能应正常。

检验数量：全部检查。

检验方法：模拟制造事故，进行报警功能试验。

母钟及子钟的自动校时功能应符合设计要求。

检验数量：全部检查。

检验方法：使母钟、子钟的时间产生误差，进行母钟及子钟的自动校时功能试验。

7.3.4.33　市政验·弱-27　时钟系统网管功能检验检验批质量验收记录

1. 适用范围

本表适用于城市轨道交通轨道工程通信系统时钟系统网管功能检验检验批的质量检查验收。

2. 表内填写提示

通信系统时钟系统网管功能检验检验应符合如下规定：

主控项目

时钟系统网管应能监控和显示时钟系统主要设备的运行状态。

检验数量：全部检查。

检验方法：时钟系统网管功能试验。

时钟系统网管应能正确显示故障点及故障类型。

检验数量：全部检查。

检验方法：时钟系统网管功能试验。

时钟系统网管应能记录故障发生时间及修复时间，并能显示和打印。

检验数量：全部检查。

检验方法：时钟系统网管功能试验。

7.3.4.34 市政验·弱-28 计算机网络设备安装检验批质量验收记录

1. 适用范围

本表适用于城市轨道交通轨道工程通信系统计算机网络设备检验批的质量检查验收。

2. 表内填写提示

通信系统计算机网络设备检验应符合如下规定：

(1) 主控项目

云计算设备到达现场应进行检查，其型号、规格和质量应符合设计要求及相关产品标准的规定。

检验数量：全部检查。

检验方法：对照设计文件检查出厂合格证等质量证明文件，并观察检查外观及形状。

机架（柜）电路插板的规格、数量和安装位置应符合设计要求。

检验数量：全部检查。

检验方法：对照设计文件观察检查。

(2) 一般项目

设备安装位置、机架及底座的加固方式应符合设计要求。

检验数量：全部检查。

检验方法：观察检查。

设备安装牢固，排列整齐，漆饰完好，铭牌、标记清楚正确，并符合设计要求。

检验数量：全部检查。

检验方法：观察检查。

机架（柜）安装的垂直倾斜度偏差应小于架（柜）高度的1‰。

检验数量：全部检查。

检验方法：观察、尺量检查。

7.3.4.35 市政验·弱-29.1 计算机网络设备配线检验批质量验收记录（一）

7.3.4.36 市政验·弱-29.2 计算机网络设备配线检验批质量验收记录（二）

1. 适用范围

本表适用于城市轨道交通轨道工程通信系统计算机网络设备配线检验批的质量检查验收。

2. 表内填写提示

通信系统计算机网络设备配线检验应符合如下规定：

(1) 主控项目

计算机网络的配线光、电缆到达现场应进行检查，其型号、规格、质量应符合设计要求及相关产品标准的规定。配线标识齐全、清晰、不易脱落。

检验数量：全部检查。

检验方法：对照设计文件检查出厂合格证等质量证明文件，并观察检查外观及形状。

配线电缆和电线的芯线应无错线或断线、混线，中间不得有接头。

检验数量：抽验 10%。

检验方法：用万用表检查断线、混线，用 500V 兆欧表测量绝缘电阻。

光缆尾纤应按标定的纤序连接设备。光缆尾纤应单独布放并用垫衬固定，不得挤压、扭曲、捆绑。弯曲半径不应小于 50mm。

检验数量：全部检查。

检验方法：对照设计文件检查光缆尾纤纤序，并观察检查。

电源端子配线应正确，配线两端的标志应齐全。

检验数量：全部检查。

检验方法：观察检查。

设备地线必须连接良好。

检验数量：全部检查。

检验方法：用万用表检查。

电缆、电线的屏蔽护套应接地可靠，并应与接地线就近连接。

检验数量：全部检查。

检验方法：观察检查。

（2）一般项目

配线电缆、电线的走向、路由应符合设计文件要求。

检验数量：全部检查。

检验方法：观察检查。

配线电缆在电缆走道上应顺序平直排列。电缆槽道内配线应顺直。配线电缆弯曲半径不得小于其外径的 5 倍。

检验数量：全部检查。

检验方法：观察检查。

电缆芯线的编扎应按色谱顺序分线，余留的芯线长度应符合更换编扎线最长芯线的要求。

检验数量：全部检查。

检验方法：观察检查。

设备配线采用焊接时，焊接后芯线绝缘层应无烫伤、开裂及后缩现象，绝缘层离开端子边缘露铜不宜大于 1mm。

检验数量：全部检查。

检验方法：观察检查。

设备配线采用绕接时，绕线应严密、紧贴，不应有叠绕。铜线去除绝缘外皮后，在绕线柱上的最少匝数：当芯线直径为 0.4～0.5mm 时应为 6～8 匝；0.6～1mm 时应为 4～6 匝。不接触绕线柱的芯线部分不宜露铜。

检验数量：全部检查。

检验方法：观察、尺量检查，并用对号器检查端子。

设备配线采用卡接时，卡接电缆芯线的卡接端子应接触牢固。

检验数量：全部检查。

检验方法：观察、尺量检查，并用对好器检查卡接端子。

7.3.4.37　市政验·弱-30　计算机网络功能检测及检验检验批质量验收记录

1. 适用范围

本表适用于城市轨道交通轨道工程通信系统计算机网络功能检测及检验检验批的质量检查验收。

2. 表内填写提示

通信系统计算机网络功能检测及检验检验应符合如下规定：

主控项目

计算机网络内网络丢包率小于3%。

检查数量：整个系统。

检查方法：用测试设备（PC机）ping服务器网关地址，同时测试丢包率。

计算机网络信号覆盖区内信号强度≥－75dBm，信噪比≥20dB。

检查数量：整个系统。

检查方法：用安装WirelessMon. exe软件的测试设备（PC机）检测在信号覆盖范围内的信号强度与信噪比。

计算机网络内终端设备访问服务器的数据下载速率≥1M/s：

检查数量：抽验30%。

检查方法：用测试设备（PC机）从服务器下载20M的文件3次，检测下载速率。

各终端设备配置的操作系统、网卡和计算机网络内设备配置的操作系统网卡兼容。

检查数量：全部检验。

检查方法：在配置Windowsxp操作系统、winows7操作系统等主流操作系统的测试设备（PC机）安装不同类型的兼容性802. 11B/G/N网卡，安装网卡驱动软件和应用软件。

7.3.4.38　市政验·弱-31　门禁系统设备安装检验批质量验收记录

1. 适用范围

本表适用于城市轨道交通轨道工程门禁系统设备安装检验批的质量检查验收。

2. 表内填写提示

门禁系统设备安装检验应符合如下规定：

（1）主控项目

门禁系统设备到达现场应进行检查，其型号、规格和质量应符合设计要求及相关产品标准的规定。

检验数量：全部检查。

检验方法：对照设计文件检查出厂合格证等质量证明文件，并观察检查外观及形状。

机架（柜）电路插板的规格、数量和安装位置应符合设计要求。

检验数量：全部检查。

检验方法：对照设计文件观察检查。

（2）一般项目

设备安装位置、机架及底座的加固方式应符合设计要求。

检验数量：全部检查。

检验方法：观察检查。

设备安装牢固，排列整齐，漆饰完好，铭牌、标记清楚正确，并符合设计要求。

检验数量：全部检查。

检验方法：观察检查。

机架（柜）安装的垂直倾斜度偏差应小于架（柜）高度的1‰。

检验数量：全部检查。

7.3.4.39　市政验·弱-32　门禁系统设备配线检验批质量验收记录

1. 适用范围

本表适用于城市轨道交通轨道工程门禁系统设备配线检验批的质量检查验收。

2. 表内填写提示

门禁系统设备配线检验应符合如下规定：

（1）主控项目

门禁系统的配线电缆到达现场应进行检查，其型号、规格、质量应符合设计要求及相关产品标准的规定。配线标识齐全、清晰、不易脱落。

检验数量：全部检查。

检验方法：对照设计文件检查出厂合格证等质量证明文件，并观察检查外观及形状。

配线电缆和电线的芯线应无错线或断线、混线，中间不得有接头。

检验数量：抽验10%。

检验方法：用万用表检查断线、混线，用500V兆欧表测量绝缘电阻。

电源端子配线应正确，配线两端的标志应齐全。

检验数量：全部检查。

检验方法：观察检查。

设备地线必须连接良好。

检验数量：全部检查。

检验方法：用万用表检查。

电缆、电线的屏蔽护套应接地可靠，并应与接地线就近连接。

检验数量：全部检查。

检验方法：观察检查。

（2）一般项目

配线电缆、电线的走向、路由应符合设计文件要求。

检验数量：全部检查。

检验方法：观察检查。

配线电缆在电缆走道上应顺序平直排列。电缆槽道内配线应顺直。配线电缆弯曲半径不得小于其外径的5倍。

检验数量：全部检查。

检验方法：观察检查。

电缆芯线的编扎应按色谱顺序分线，余留的芯线长度应符合更换编扎线最长芯线的要求。

检验数量：全部检查。

检验方法：观察检查

设备配线采用绕接时，绕线应严密、紧贴，不应有叠绕。铜线去除绝缘外皮后，在绕线柱上的最少匝数：当芯线直径为0.4mm～0.5mm时应为6匝～8匝；0.6mm～1mm时应为4匝～6匝。不接触绕线柱的芯线部分不宜露铜。

检验数量：全部检查。

检验方法：观察、尺量检查，并用对号器检查端子。

设备配线采用卡接时，卡接电缆芯线的卡接端子应接触牢固。

检验数量：全部检查。

检验方法：观察、尺量检查，并用对好器检查卡接端子。

7.3.4.40　市政验·弱-33　门禁系统指标检测及功能检验检验批质量验收记录

1. 适用范围

本表适用于城市轨道交通轨道工程门禁系统指标检测及功能检验检验批的质量检查验收。

2. 表内填写提示

门禁系统指标检测及功能检验检验应符合如下规定：

主控项目

系统主机在离线情况下，控制器具备可以准确、实时的独立工作和储存信息的功能。

检查数量：全部检查。
检查方法：功能试验。
系统主机在线状态下具有对控制器工作和储存信息的功能进行控制。
检查数量：全部检查。
检查方法：功能试验。
系统具有检测断电情况后，启用备用电源应急工作的功能和信息的存储、恢复的能力。
检查数量：全部检查。
检查方法：功能试验。
系统具有实时监控出入控制点人员状况。
检查数量：全部检查。
检查方法：功能试验。
系统具有对非法强行入侵及时报警的能力。
检查数量：全部检查。
检查方法：功能试验。
系统具有与消防系统报警时的联运功能。
检查数量：全部检查。
检查方法：功能试验。
系统的数据存储记录保存时间应满足管理要求。
检查数量：全部检查。
检查方法：功能试验。

7.3.4.41　市政验·弱-34　云平台质量验收记录

7.3.4.42　市政验·弱-35　硬件设备验收记录

市政验·弱-34～35
填表说明：略

7.3.5　信号系统工程

7.3.5.1　市政验·号-1　调度管理机柜安装检验批质量验收记录

1. 适用范围
本表适用于城市轨道交通轨道工程信号系统调度管理机柜安装检验批的质量检查验收。
2. 表内填写提示
信号系统调度管理机柜安装检验应符合如下规定：
（1）主控项目
各类机柜（架）进场时应进行检查，其型号、规格、质量应符合设计要求及相关产品标准的规定。
检验数量：全部检查。
检验方法：对照设计文件检查产品相关质量证明文件，并观察检查外观。
机房内机柜（架）的平面布置、安装位置、机面朝向、柜（架）间距应符合设计要求。
检验数量：全部检查。
检验方法：观察、尺量检查。
机柜（架）安装应符合下列要求：
1）机柜（架）固定方式应符合设计要求。机柜（架）底座与地面固定应平稳、牢固。当机房内铺设有防静电地板时，底座应与防静电地板等高。
2）机柜（架）安装应横平竖直、端正稳固。同排各种机柜（架）应正面处于同一平面、底部处于同一条直线。

3）机柜（架）间需绝缘隔离时，各种绝缘装置应安装齐全、无损伤。

4）机柜（架）有抗震设计要求时，机柜（架）的抗震加固措施应符合设计要求。

检验数量：全部检查。

检验方法：观察、尺量检查。

（2）一般项目

机柜（架）内所有设备的紧固件应安装完整、牢固，各种零配件应无脱落。

检验数量：全部检查。

检验方法：观察检查。

机柜（架）铭牌文字和符号标志应正确、清晰、齐全。

检验数量：全部检查。

检验方法：观察检查。

机柜（架）漆面色调应一致，并无脱落现象；机柜（架）金属底座应经热镀锌、涂漆等防腐处理。

检验数量：全部检查。

检验方法：观察检查。

7.3.5.2　市政验·号-2　操作显示设备安装检验批质量验收记录

1. 适用范围

本表适用于城市轨道交通轨道工程信号系统操作显示设备安装检验批的质量检查验收。

2. 表内填写提示

信号系统操作显示设备安装检验应符合如下规定：

（1）主控项目

操作显示设备进场时应进行检查，其型号、规格、质量应符合设计要求及相关产品标准的规定。

检验数量：全部检查。

检验方法：对照没计文件检查产品相关质量证明文件，并观察检查外观。

操作显示设备安装位置、整体布局应符合设计要求。

检验数量：全部检查。

检验方法：观察、尺量检查。

计算机及附属设备安装应符合下列要求：

1）各种接口连接应符合设计要求，应连接正确、牢靠。

2）防电磁干扰的屏蔽措施应符合相关技术要求，屏蔽连接应牢固可靠，中间应无断开。

3）计算机配线应采用专用电缆，电缆引入处开孔位置应适宜，并有防护措施。

4）计算机显示屏图像、字符应清晰，键盘、鼠标应操作灵便，打印机、扫描仪等应安装正确。

检验数量：全部检查。

检验方法：观察、测试检查。

（2）一般项目

计算机及附属设备应摆放稳固、整齐，方便操作。

检验数量：全部检查。

检验方法：观察检查。

7.3.5.3　市政验·号-3　计轴设备安装检验批质量验收记录

1. 适用范围

本表适用于城市轨道交通轨道工程信号系统计轴设备安装检验批的质量检查验收。

2. 表内填写提示

信号系统计轴设备安装检验应符合如下规定：

（1）主控项目

计轴装置进场时应进行检查，其型号、规格、质量应符合设计要求及相关产品标准的规定。
检验数量：全部检查。
检验方法：对照设计文件检查产品相关质量证明文件，并观察检查外观。
计轴装置的安装位置、安装方法应符合设计和产品技术要求。
检验数量：全部检查。
检验方法：观察、尺量检查。
计轴磁头的安装应符合下列要求：
1）磁头应安装在同一根钢轨上，磁头安装必须用绝缘材料与钢轨隔离。
2）磁头在钢轨上的安装孔中心距轨底高度、孔径、孔与孔的间距应符合产品技术要求。
检验数量：全部检查。
检验方法：观察、尺量检查。
计轴电子盒的安装应符合下列要求：
1）电子盒内部配线应连接正确、排列整齐。
2）电子盒密封装置应完整。
检验数量：全部检查。
检验方法：观察检查。
计轴装置采用的专用电缆，其长度应符合设计要求；电缆走线应平缓走向，严禁盘圈、弯折。
检验数量：全部检查。
检验方法：观察、尺量检查。
（2）一般项目
磁头安装应平稳、牢固，螺栓应紧固、无松动。
检验数量：全部检查。
检验方法：观察检查。
电子盒安装应与地面保持垂直，安装应平稳、牢固，螺栓应紧固、无松动。
检验数量：全部检查。
检验方法：观察检查。

7.3.5.4 市政验·号-4 AP设备安装检验批质量验收记录

1. 适用范围
本表适用于城市轨道交通轨道工程信号系统AP设备安装检验批的质量检查验收。
2. 表内填写提示
信号系统AP设备安装检验应符合如下规定：
（1）主控项目
无线AP天线、立柱、AP箱、支架进场时应进行检查，其型号、规格、质量应符合设计要求及相关产品标准的规定。
检验数量：全部检查。
检验方法：对照设计文件检查产品相关质量证明文件，并观察检查外观。
无线AP天线、AP箱的安装位置、安装方法应符合设计和产品技术要求。
检验数量：全部检查。
检验方法：观察、尺量检查。
无线AP天线顶面应与钢轨顶面平行，距钢轨顶面距离应符合设计规定。
检验数量：全部检查。
检验方法：观察、尺量检查。
无线AP天线安装的纵向，横向偏移量应符合设计和产品技术要求。

检验数量：全部检查。

检验方法：观察、尺量检查。

（2）一般项目

线 AP 天线立柱安装稳固、杆体垂直，倾斜度不得超过 5‰。

检验数量：全部检查。

检验方法：测量检查。

AP 箱安装应牢固，螺栓紧固、无松动。

检验数量：全部检查。

检验方法：观察检查。

无线 AP 组件安装应符合设计要求及相关产品标准的规定。

检验数量：全部检查。

检验方法：观察、测试检查。

无线 AP 天线安装角度应符合设计要求。

检验数量：全部检查。

检验方法：观察检查。

7.3.5.5 市政验·号-5 显示屏安装检验批质量验收记录

1. 适用范围

本表适用于城市轨道交通轨道工程信号系统电源屏安装检验批的质量检查验收。

2. 表内填写提示

信号系统电源屏安装检验应符合如下规定：

（1）主控项目

显示屏设备进场时应进行检查，其型号、规格、质量应符合设计要求及相关产品标准的规定。

检验数量：全部检查。

检验方法：对照设计文件检查产品相关质量证明文件，并观察检查外观。

显示屏设备的安装位置、屏幕配置及安装方式，应符合设计和产品技术要求。

检验数量：全部检查。

检验方法：观察、尺量检查。

显示屏安装应符合下列要求：

1）显示屏安装的安装程序、操作工艺应符合产品技术要求。

2）信号源到显示屏控制器的地面走线槽应设施完整、径路合理、安装牢固。

3）屏幕间缝隙条应连接紧密，屏幕拼接间距及大屏总体平整精度应符合产品技术要求，整墙屏幕应无凹凸不平现像。

检验数量：全部检查。

检验方法：观察、尺量检查。

（2）一般项目

显示屏显示图像、字符应清晰，显示识别区域应符合产品技术要求。

检验数量：全部检查。

检验方法：观察检查。

7.3.5.6 市政验·号-6 转辙机设备安装检验批质量验收记录

1. 适用范围

本表适用于城市轨道交通轨道工程信号系统转辙机设备安装检验批的质量检查验收。

2. 表内填写提示

信号系统转辙机设备安装安装检验应符合如下规定：

(1) 主控项目

转辙机进场时应进行检查，其型号、规格、质量应符合设计要求及相关产品标准的规定。

检验数量：全部检查。

检验方法：对照设计文件检查产品相关质量证明文件，并观察检查外观。

转辙机的安装位置、安装方式应符合设计要求及相关产品标准的规定。

检验数量：全部检查。

检验方法：观察、尺量检查。

转辙机动作杆与密贴调整杆应在一条直线上，并与表示杆、道岔第一连接杆平行。转辙机动作杆、表示杆应安装在一条直线上。

检验数量：全部检查。

检验方法：观察检查。

转辙机的内部配线应符合下列要求：

1) 配线型号及规格应符合设计和产品技术要求。

2) 配线不得有中间接头，并无损伤、老化现象。

3) 机箱内部的配线应绑扎整齐。

4) 配线在引入管进出口处应加防护。

检验数量：全部检查。

检验方法：观察检查。

(2) 一般项目

各零部件安装应正确和齐全；螺栓应紧固、无松动；开口销应齐全。

检验数量：全部检查。

检验方法：观察检查。

7.3.5.7　市政验·号-7　进路表示器安装检验批质量验收记录

1. 适用范围

本表适用于城市轨道交通轨道工程信号系统进路表示器安装检验批的质量检查验收。

2. 表内填写提示

信号系统进路表示器安装安装检验应符合如下规定：

(1) 主控项目

进路表示器、现地控制盘及其附属设施进场时应进行检查，其型号、规格、质量应符合设计要求及相关产品标准的规定。

检验数量：全部检查。

检验方法：对照设计文件检查产品相关质量证明文件，并观察检查外观。

进路表示器的安装位置、安装高度、显示方向及灯光配列应符合设计规定。

检验数量：全部检查。

检验方法：观察、尺量检查。

现地控制盘的安装位置、安装高度、显示方向应符合设计规定。

检验数量：全部检查。

检验方法：观察、尺量检查。

进路表示器金属支架有接地要求时，应保证接地良好；有绝缘要求时，支架的绝缘电阻应符合设计规定。

检验数量：全部检查。

检验方法：观察、测试检查。

进路表示器光源应符合设计要求及相关产品标准的规定。

检验数量：全部检查。

检验方法：观察、测试检查。

进路表示器、现地控制盘配线应符合设计要求及相关产品标准的规定。

检验数量：全部检查。

检验方法：观察、测试检查。

进路表示器编号书写应符合下列要求：

1）进路表示器编号书写在机柱正面，高度应一致。

2）进路表示器编号与竣工图示相符。

3）进路表示器编号应统一字体和尺寸，字迹应清晰端正。书写面底色为浅色时应书写黑色字，底色为深色时应书写白色字。

检验数量：全部检查。

检验方法：观察检查。

（2）一般项目

进路表示器采用金属基础支架安装方式。支架安装应平稳、牢固。螺栓应紧固、无松动。金属基础支架使用前应经热镀锌、涂漆等防腐处理。

检验数量：全部检查。

检验方法：观察检查。

进路表示器灯室结构应符合设计要求及相关产品标准的规定。

检验数量：全部检查。

检验方法：观察、测试检查。

进路表示器支架顶面应保持水平、安装牢固。

检验数量：全部检查。

检验方法：观察检查。

进路表示器组件安装应符合设计要求及相关产品标准的规定。

检验数量：全部检查。

检验方法：观察、测试检查。

7.3.5.8 市政验·号-8 信标安装检验批质量验收记录

1. 适用范围

本表适用于城市轨道交通轨道工程信号系统信标安装检验批的质量检查验收。

2. 表内填写提示

信号系统信标安装安装检验应符合如下规定：

主控项目

信标进场时应进行检查，其型号、规格、质量应符合设计要求及相关产品标准的规定。

检验数量：全部检查。

检验方法：对照设计文件检查产品相关质量证明文件，并观察检查外观。

信标的安装位置、安装方法应符合设计和产品技术要求。

检验数量：全部检查。

检验方法：观察、尺量检查。

信标的安装高度，纵向、横向偏移量应符合设计和产品技术要求。

检验数量：全部检查。

检验方法：观察、尺量检查。

7.3.5.9　市政验·号-9　路口控制器安装检验批质量验收记录

1. 适用范围

本表适用于城市轨道交通轨道工程信号系统路口控制器安装检验批的质量检查验收。

2. 表内填写提示

信号系统路口控制器安装检验应符合如下规定：

(1) 主控项目

路口控制器及支架进场时应进行检查，其型号、规格、质量应符合设计要求及相关产品标准的规定。

检验数量：全部检查。

检验方法：对照设计文件检查产品相关质量证明文件，并观察检查外观。

路口控制器的安装位置、安装方法应符合设计和产品技术要求。

检验数量：全部检查。

检验方法：观察、尺量检查。

(2) 一般项目

路口控制器采用金属基础支架安装方式时，支架安装应平稳、牢固，螺栓应紧固、无松动。金属基础支架使用前应经热镀锌、涂漆等防腐处理。

检验数量：全部检查。

检验方法：观察检查。

路口控制器安装应平稳、牢固，螺栓应紧固、无松动。

检验数量：全部检查。

检验方法：观察检查。

7.3.5.10　市政验·号-10　发车指示器安装检验批质量验收记录

1. 适用范围

本表适用于城市轨道交通轨道工程信号系统发车指示器安装检验批的质量检查验收。本表参考规范《城市轨道交通信号工程施工质量验收标准》GB 50578。

2. 表内填写提示

信号系统发车指示器安装检验应符合如下规定：

(1) 主控项目

发车指示器进场时应进行检查，其型号、规格、质量应符合设计要求及相关产品质量规定。

检验数量：全部检查。

检验方法：对照设计文件检查相关产品质量证明文件，并观察检查外观。

发车指示器的安装位置、安装高度及显示方式应符合设计要求。

检验数量：全部检查。

检验方法：观察、尺量检查。

发车指示器的配线的规格、型号应符合相关产品标准的规定。配线引入管进出口处应加防护，防护管路应采用卡箍固定。

检验数量：全部检查。

检验方法：观察检查。

(2) 一般项目

发车指示器的安装应符合下列要求：

1) 在站台地面上安装时，应采用金属机柱安装方式，机柱与地面应垂直安装牢固。

2) 在站台顶棚下、隧道壁或高架线路桥梁体上安装时，应采用金属支架安装方式，支架应安装牢固。

3) 金属机柱、支架应经热镀锌、涂漆等防腐处理，并应无锈蚀和裂纹现象。

检验数量：全部检查。

检验方法：观察检查。

7.3.5.11 市政验·号-11 机架（柜）安装检验批质量验收记录

1. 适用范围

本表适用于城市轨道交通轨道工程信号系统机架（柜）安装安装检验批的质量检查验收。本表参考规范《城市轨道交通信号工程施工质量验收标准》GB 50578。

2. 表内填写提示

信号系统机架（柜）安装安装检验应符合如下规定：

（1）主控项目

各类机柜（架）进场时应进行检查，其型号、规格、质量应符合设计要求及相关产品标准的规定。

检验数量：全部检查。

检验方法：对照设计文件检查相关产品质量证明文件，并观察检查外观。

机房内机柜（架）的平面布置、安装位置、机面朝向、柜（架）间距应符合设计要求。

检验数量：全部检查。

检验方法：观察、尺量检查。

机柜（架）安装应符合下列要求：

1）机柜（架）固定方式应符合设计要求。机柜（架）底座与地面固定应平稳、牢固。当机房内铺设有防静电地板时，底座应与防静电地板等高。

2）机柜（架）安装应横平竖直、端正稳固。同排各种机柜（架）应正面处于同一平面、底部处于同一条直线。

3）除有特定的绝缘隔离时，各种绝缘装置应安装齐全、无损伤。

4）机柜（架）间需绝缘隔离时，各种绝缘装置应安装齐全、无损伤。

5）机柜（架）有抗震设计要求时，机柜（架）的抗震加固措施应符合设计要求。

检验数量：全部检查。

检验方法：观察、尺量检查。

（2）一般项目

机柜（架）内所有设备的紧固件应安装完整、牢固，各种零配件应无脱落。

检验数量：全部检查。

检验方法：观察检查。

机柜（架）铭牌文字和符号标志应正确、清晰、齐全。

检验数量：全部检查。

检验方法：观察检查。

机柜（架）漆面色调应一致，并无脱落现象；机柜（架）金属底座应经热镀锌、涂漆等防腐处理。

检验数量：全部检查。

检验方法：观察检查。

7.3.5.12 市政验·号-12 计算机联锁机安装试验检验批质量验收记录

1. 适用范围

本表适用于城市轨道交通轨道工程信号系统计算机联锁机安装试验检验批的质量检查验收。本表参考规范《城市轨道交通信号工程施工质量验收标准》GB 50578。

2. 表内填写提示

信号系统计算机联锁机安装试验检验应符合如下规定：

主控项目

计算机及外部设备功能性试验应符合设计和相关技术要求。

检验数量：全部检查。

检验方法：试验、检查。监理单位见证。

车站联锁试验应符合下列要求：

1）进路联锁表所列的每条列车/调车进路的建立与取消、信号机开放与关闭、进路锁闭与解锁等项目的试验，应保证联锁关系正确并符合设计要求。

2）进路不应建立敌对进路，敌对信号不得开放；建立进路时，与该进路无关的设备不得误动作，列车防护进路应正确和完整。

3）站内联锁设备去区间、站（场）间的联锁关系应符合设计要求。

4）计算机联锁设备的采集单元与采集对象、驱动单元与执行器件的状态应一致。

检验数量：全部检查。

检验方法：对照设计联锁表，逐项进行检测、试验。监理单位旁站监理。

车站连锁设备故障报警信号应及时、准确、可靠。

检验数量：全部检查。

检验方法：试验检查。监理单位旁站监理。

7.3.5.13　市政验·号-13　车载系统检批质量验收记录

1. 适用范围

本表适用于城市轨道交通轨道工程信号系统车载系统检验批的质量检查验收。本表参考规范《城市轨道交通信号工程施工质量验收标准》GB 50578。

2. 表内填写提示

信号系统车载系统检验应符合如下规定：

主控项目

ATP 系统功能应符合设计要求。

ATS 系统功能应符合设计要求。

ATO 系统功能应符合设计要求。

ATC 系统功能应符合设计要求。

7.3.5.14　市政验·号-14　信号系统调试检验批质量验收记录

1. 适用范围

本表适用于城市轨道交通轨道工程信号系统调试检验批的质量检查验收。

2. 表内填写提示

信号系统调试检验应符合如下规定：

主控项目

联锁综合试验应符合下列要求：

1）应确保进路上转辙机、进路表示器和区段的联锁，联锁条件不符时，严禁进路开通；敌对进路必须相互照查，不得同时开通。

2）室内、外设备一致性检验应符合下列要求：

① 控制台（显示器）上复示信号显示与室外对应信号机的信号显示含义应一致，灯丝断丝报警功能符合设计要求；

② 室外轨道电路位置与控制台（显示器）上的轨道区段表示应一致；

③ 室外道岔实际定/反位位置与控制台（显示器）上的道岔位置表示相符；操作道岔时，室外道岔转换设备动作状态与室内有关设备动作状态应一致；

④ 室外其他设备状态与控制台（显示器）上的相关表示应一致。

3）正线与车辆基地间的接口测试及功能检验应符合设计要求。

检验数量：全部检查。

检验方法：试验检查。

7.3.5.15　市政验·号-15　电源调试检验批质量验收记录

1. 适用范围

本表适用于城市轨道交通轨道工程信号系统电源调试检验批的质量检查验收。本表参考规范《城市轨道交通信号工程施工质量验收标准》GB 50578。

2. 表内填写提示

信号系统电源调试检验应符合如下规定：

主控项目

电源设备试验应符合下列要求：

1）各种电源输出电压值测试应符合设计和相关技术要求，并无接地、混电现象。

2）主、副电源应切换（包括自动和手动）可靠，切换时间和电压稳定度应符合设计和相关技术要求。

3）不间断电源的输出电压、频率、满负荷放电时间及超载性能符合设计和相关技术要求。

4）电源设备对地绝缘电阻值应符合设计要求。

5）电源故障报警功能应试验正常。

检验数量：全部检查。

检验方法：观察检查。

7.3.5.16　市政验·号-16　最小时间间隔检验批质量验收记录

1. 适用范围

本表适用于城市轨道交通轨道工程信号系统最小时间间隔检验批的质量检查验收。本表参考规范《城市轨道交通工程质量验收标准》B11/T 311.2—2008。

2. 表内填写提示

信号系统最小时间间隔检验应符合如下规定：

主控项目

信号 ATC 系统施工结束后，应进行最小时间间隔试验，测试系统的运行间隔、折返间隔等指标符合设计要求。

检验数量：全部检查。

检验方法：观察检查。

7.3.5.17　市政验·号-17　144 小时系统联调检验批质量验收记录

1. 适用范围

本表适用于城市轨道交通轨道工程信号系统 144 小时系统联调检验批的质量检查验收。本表参考规范《城市轨道交通工程质量验收标准》B11/T 311.2—2008。

2. 表内填写提示

信号系统 144 小时系统联调检验应符合如下规定：

主控项目

144 小时连续系统联调试验应验证下列指标达到设计要求：

1）安全指标：在联锁、ATP 安全功能正常的基础上，系统必须提供 100％的安全运行。

2）可用性指标：各子系统的可用性都不得低于 99.999％。

3）系统 MTBF：设备的 MTBF 必须满足有关要求。

4）列车因信号系统原因产生的非期望（非正常）紧急制动发生率符合系统设计要求。

5）列车停车精度、正线列车运行间隔、折返站折返能力符合系统设计要求。

检验数量：全部检查。

检验方法：观察、试验检查。

7.3.6 自动售检票系统工程

7.3.6.1 市政验·票-1 自动售检票机安装检验批质量验收记录

1. 适用范围

本表适用于城市轨道交通轨道工程自动售检票机安装检验批的质量检查验收。本表参考规范《城市轨道交通自动售检票系统工程质量验收规范》GB 50381。

2. 表内填写提示

自动售检票机安装检验应符合如下规定：

主控项目

自动售票机与车站计算机间双向通信正常时．自动售票机应及时将交易记录上传车站计算机系统并在车站计算机系统上显示交易记录。

检验数量：全部检查。

检验方法：在自动售票机上进行售票试验。

自动售票机具有多种操作模式符合设计要求。

检验数量：全部检查。

检验方法：进行每种操作模式测试。

自动售票机的基本功能应符合下列规定：

1）发售有效车票。

2）密钥安全性检查。

3）具有向车站计算机上传车票处理交易、设备运行状态等数据，接受车站计算机或线路中央计算机下传的命令、票价表、黑名单及其他参数等数据，并应对版本控制参数执行自动生效处理。

4）具备自动接收硬币、纸币、储值票和信用卡等一种或数种支付方式，并具备硬币找零或硬币、纸币找零的功能。

5）在与线路中央计算机及车站计算机通信中断时，应能在离线模式下工作，并保存一段周期的数据。在通信恢复后，应能自动上传未传送的数据。

检验数量：全部检查。

检验方法：对照功能逐项检查。

自动售票机的找零功能应符合设计要求。

检验数量：全部检查。

检验方法：进行找零功能试验。

自动售票机开门时应进行安全识别检测，应有输入身份识别码和操作密码的时间限制，并有超时报警，同时上传至车站计算机。

检验数量：全部检查。

检验方法：进行开门及身份识别码和密码验证试验。

系统断电后应能完成最后一次的交易处理，并应保证交易记录不丢失。

检验数量：全部检查。

检验方法：进行断电试验。

自动售票系统所有金属外壳或机体应可靠接地，其保护接地导体和保护连接导体应符合现行国家标准《信息技术设备安全　第1部分：通用要求》GB 4943.1—2011 中的有关规定。

检验数量：全部检查。

检验方法：按要求进行安全检测。

7.3.6.2 市政验·票-2 中央计算机系统检验批质量验收记录表

1. 适用范围

本表适用于城市轨道交通轨道工程中央计算机系统检验批的质量检查验收。本表参考规范《城市轨道交通自动售检票系统工程质量验收规范》GB 50381。

2. 表内填写提示

中央计算机系统检验应符合如下规定：

主控项目

线路中央计算机系统应与车站计算机系统通信正常，线路中央计算机系统局域网应保证连通性。

检验数量：全部检查。

检验方法：用计算机与线路中央计算机系统局域网相连的任意网络设备上进行网络连通性检测。

网路设备的性能应符合设计要求。

检验数量：全部检查。

检验方法：用网络分析仪测试。

网路系统容量、带宽、延时、丢包率、流量控制性能应符合设计要求。

检验数量：全部检查。

检验方法：用网络分析仪测试。

局域网系统的冗余度应符合设计要求。

检验数量：全部检查。

检验方法：模拟网络设备故障，观察网络的冗余保护措施。

车票管理功能正常，并符合下列规定：

1）车票动态库存管理功能。

2）车票查询，统计功能。

3）监控车票编码分拣设备。

检验数量：全部检查。

检验方法：进行车票管理功能试验。

参数管理功能正常，并应符合下来要求：

1）查询各类参数的版本

2）编辑各类参数的草稿版本

3）向指定车站同步同类参数

4）查询参数的实时性，响应时间符合设计要求。

检验数量：全部检查。

检验方法：进行参数管理功能试验。

用户及权限管理功能应符合设计要求。

实时客流统计的实时性符合设计要求。

检验数量：全部检查。

检验方法：进行实时客流统计试验。

设备软件管理功能正常，并符合相关规定。

检验数量：全部检查。

检验方法：进行设备软件管理功能试验。

日终处理、运营报表和交易数据查询功能正常，并符合相关规定。

检验数量：全部检查。

检验方法：进行日终处理，运营报表和交易数据查询试验。

应急票发售和缴销功能正常，并符合相关规定。

检验数量：全部检查。

检验方法：实测检查。

系统后台处理功能满足要求，并符合相关规定。

检验数量：全部检查。

检验方法：进行系统后台处理试验。

线路中央计算机系统应具有与票务清分系统的时间同步功能，满足设计要求，并符合相关规定。

检验数量：全部检查。

检验方法：进行时间同步功能试验。

修管理功能正常，并应符合下列规定。1）故障监控。2）部件管。3）维护统计。

检验数量：全部检查。

检验方法：进行线路中央计算机系统维修管理功能测试。

7.3.6.3 市政验·票-3 机房设备安装检验批质量验收记录表

1. 适用范围

本表适用于城市轨道交通轨道工程机房设备安装验批的质量检查验收。本表参考规范《城市轨道交通自动售检票系统工程质量验收规范》GB 50381。

2. 表内填写提示

机房设备安装检验应符合如下规定：

（1）主控项目

服务器、工作站、交换机、打印机、编码分拣机和机柜的型号、规格、质量和数量应符合设计要求。

检验数量：抽验30％。

检验方法：对照设计文件检查，检查外观。

各种机柜插接件应插接追却、牢固。

检验数量：全部检查。

检验方法：对照设计文件检查。

（2）一般项目

服务器、工作站、交换机、打印机和编码分拣机的安装智联应符合下列规定：

1）安装应稳定、牢固，位置准确，符合设计要求。

2）通风散热应符合设计要求。

检验数量：全部检查。

检验方法：观察、检查。

机柜的安装质量应符合下列规定：

1）机柜固定牢固、垂直、水平、垂直允许偏差应为2mm。

2）同列机柜正面应位于同一平面，允许偏差应为5mm。

3）非标准件、漆色与设备漆色应一致。

检验数量：全部检查。

检验方法：观察、尺量检查。

设备的附备件全完整。

检验数量：全部检查。

检验方法：观察、检查。

设备的迹象漆饰良好、无严重脱漆和锈蚀。

检验数量：全部检查。

检验方法：观察、检查。

7.3.6.4　市政验·票-4　车站终端设备安装检验批质量验收记录

1. 适用范围

本表适用于城市轨道交通轨道工程车站终端设备安装检验批的质量检查验收。本表参考规范《城市轨道交通自动售检票系统工程质量验收规范》GB 50381。

2. 表内填写提示

车站终端设备安装检验应符合如下规定：

（1）主控项目

终端设备的进场质量应符合下列规定：

1）设备安装前对设备进行开箱检查，设备完好无缺，附件资料齐全。

2）终端设备的型号、规范。质量和数量符合设计要求。

3）终端设备外形完好，便面无划痕及破坏；设备外形尺寸、设备内的各主要部件及接线端子的型号、规格符合设计要求。

4）终端设备接地点和设备接地必须连接可靠。

5）终端设备构件连接紧密、牢固，安装用的紧固件有防锈层。

检验数量：全部检查。

检验方法：对照设计文件检查，检查外观。

（2）一般项目

终端设备安装的质量应符合下列规定：

1）设备安装位置符合设计要求。

2）设备安装的通道宽度符合设计要求。

3）各类终端设备周围留出足够的操作和维护空间。

4）设备底座安装牢固，底座与地面间做防水处理，设备安装垂直、水平偏差小于2mm。自动检票机水平间隔偏差小于5mm。

检验数量：抽验30%。

检验方法：对照设计文件检查，检查外观。

7.3.6.5　市政验·票-5　紧急按钮安装检验批质量验收记录

1. 适用范围

本表适用于城市轨道交通轨道工程紧急按钮安装检验批的质量检查验收。本表参考规范《城市轨道交通自动售检票系统工程质量验收规范》GB 50381。

2. 表内填写提示

紧急按钮安装检验应符合如下规定：

主控项目

紧急按钮安装的质量应符合下列规定：

1）紧急按钮的安装位置符合设计要求。

2）紧急按钮的安装考虑操作方便并有明显醒目的标志。

3）引入电缆或引出线应采用屏蔽保护措施。

检验数量：全部检查。

检验方法：观察检查。

7.3.6.6　市政验·票-6　线缆的敷设检验批质量验收记录表

1. 适用范围

本表适用于城市轨道交通轨道工程票务系统线缆的敷设检验批的质量检查验收。本表参考规范《城市轨道交通自动售检票系统工程质量验收规范》GB 50381。

2. 表内填写提示

票务系统线缆的敷设检验应符合如下规定：

（1）主控项目

数据电缆、电源电缆、控制电缆的型号、规格、数量和质量应符合设计要求。

检验数量：全部检查。

检验方法：对照设计文件检查，检查外观。

数据线缆和控制电缆与电源电缆应分管分槽敷设。线缆出入口处，应做密封处理并满足防火要求

检验数量：全部检查。

检验方法：观察检查。

配线用的分线设备及附备件的绝缘电阻应符合设备技术条件的规定。

检验数量：全部检查。

检验方法：观察检查并用绝缘测试器测试。

（2）一般项目

数据线缆、控制电缆、电源电缆在管槽内敷设的质量应符合下列规定：

1）管槽内线缆敷设应平直，无扭绞、打圈等现象。线缆在管槽内应无接头。

2）3 跟及以上绝缘导线敷设于同一根管时，其总截面积（含防护层）不宜超过管内截面的 40%；2 根绝缘导线敷设于同一根管时，管内经不宜小于 2 根绝缘导线外径之和的 1.35 倍。

3）线缆敷设时应有一定余量，在设备出线处根据实际情况预留。

4）敷设于水平线槽内的线缆，每隔 3～5m 宜绑扎固定；敷设于垂直线槽内的线缆每隔 2m 宜绑扎固定。5 线缆两端及经过分线盒处应有标签，标明线缆的起始和终端位置，标签应清晰、准确、牢固。

检验数量：全部检查。

检验方法：观察检查。

7.3.6.7　市政验·票-7　线缆的引入及接续检验批质量验收记录

1. 适用范围

本表适用于城市轨道交通轨道工程票务系统线缆的引入及接续检验批的质量检查验收。本表参考规范《城市轨道交通自动售检票系统工程质量验收规范》GB 50381。

2. 表内填写提示

票务系统线缆的引入及接续检验应符合如下规定：

（1）主控项目

配线设备的型号规格数量应符合设计要求。配线设备的绝缘电阻应符合设备技术条件规定。

检验数量：全部检查。

检验方法：对照设计文件检查，检查外观并用绝缘测试器测试。

光纤接续应符合下列规定：单模光纤接续平均损耗不应大于 0.1dB，多模光纤接续平均损耗不应大于 0.2dB。光纤的弯曲半径不应大于 40mm。

检验数量：全部检查。

检验方法：观察、用光时域反射仪测量接续损耗、尺量检查弯曲半径。

电源线缆接续应符合下列规定：1 电源电缆接线应正确。2 电源电缆的芯线与电气设备的连接应符合《城市轨道交通自动售检票系统工程质量验收规范》GB 50381 相关规定。3 每个设备的端子接线不多于 2 根电线。4 电源电缆的芯线连接管和端子规格应与芯线的规格适配，且不得采用开口端子。

检验数量：抽验 30%。

检验方法：观察、用万用表测量。

（2）一般项目

线缆引入、成端的质量应符合下列规定：1）线缆的引入时，引入口处应加防护。2）配线设备端子跳线排列整齐顺直，配线箱底孔引进电缆后应堵牢。

检验数量：抽验10%。

检验方法：观察测量。

线缆应有明显标志，标明线缆的型号、长度。

检验数量：全部检查。

检验方法：观察检查。

7.3.6.8　市政验·票-8　车票检测检验批质量验收记录

1. 适用范围

本表适用于城市轨道交通轨道工程票务系统车票检测检验批的质量检查验收。本表参考规范《城市轨道交通自动售检票系统工程质量验收规范》GB 50381。

2. 表内填写提示

票务系统车票检测检验应符合如下规定：

（1）主控项目

车票的一般物理特性应符合下列规定：1）车票的物理尺寸符合设计要求。2）车票封装的材料和工艺符合设计要求。

检验数量：抽验本批车票总量的1‰。

检验方法：尺量、目测，检查。

（2）一般项目

车票外观检验应符合下列规定：

1）车票平整光滑，无明显察觉的划痕，凸凹痕和摩擦痕。

2）表面印刷清晰。

3）无明显线圈和芯片等内封物的显现。

4）车票表面和边缘无任何毛刺。

检验数量：抽验本批车票总量的1‰。

检验方法：对车票的外面检验检查。

车票包装检查应符合下列规定：1）满足合同对包装防护的要求，外观良好，运输途中未受损。2）出厂编号或批号（或合同号）。3）生产日期。4）生产许可证编号。5）包装箱内文件：装箱单、产品合格证、产品检测报告。

检查数量：全部检查。

检验方法：对包装进行检查。

7.3.6.9　市政验·票-9　单体测试检验批质量验收记录

1. 适用范围

本表适用于城市轨道交通轨道工程票务系统单体测试检验批的质量检查验收。本表参考规范《城市轨道交通工程质量验收标准》B11/T 311.2—2008。

2. 表内填写提示

票务系统单体测试检验应符合如下规定：

主控项目

电源设备的试验应符合下列规定。

1）人工或自动转换时，供电不应中断；

2）故障报警应准确，可靠；

3）额定负荷时，蓄电池组备用时间应符合设计要求；

4）输出电压和电流超限时，保护电路动作应准确；

5）输入电源故障时，应自动转换蓄电池组供电。

检查数量：施工单位、监理单位全部检查。

检验方法：施工单位手动方式模拟故障试验。监理单位见证试验。

电源设备各种仪表指示应正常。

检查数量：施工单位、监理单位全部检查。

检验方法：观察检查。

系统绝缘测试应符合下列规定。

1）电源设备带电部分与金属外壳间的绝缘电阻应大于5MΩ；

2）电源配线的芯线间和芯线对地的绝缘电阻应大于1MΩ。

检查数量：施工单位、监理单位全部检查。

检验方法：施工单位对照设计文件检查及用500兆欧表测试，监理单位见证测试。

接地系统接地电阻应符合设计要求。

检查数量：施工单位全部检查。监理单位抽查不少于20%。

检验方法：施工单位用接地电阻测试仪测试，监理单位见证试验。

网络接口模块的通信协议、数据传输格式、速率应符合设计要求。

检查数量：施工单位全部检查。监理单位抽查不少于20%。

检验方法：施工单位用网络分析仪测试，监理单位见证试验。

控制中心设备和车站设备单机测试应正确，系统配置（软件版本、内存大小等）、端口配置和冗余配置应符合设计要求。

检查数量：施工单位全部检查。监理单位抽查不少于20%。

检验方法：施工单位测试，监理单位见证试验。

检测服务器、计算机等设备的主机配置，外设配置应符合设计要求。

检查数量：施工单位全部检查。监理单位抽查不少于20%。

检验方法：施工单位测试，监理单位见证试验。

UPS的过流/过压保护功能应符合设计要求。

检查数量：施工单位、监理单位全部检查。

检验方法：施工单位进行功能试验，监理单位见证试验。

输出电压允许的变动范围应符合设计要求。

检查数量：施工单位、监理单位全部检查。

检验方法：施工单位用万用表测试，监理单位见证试验。

初始编码机、自动售票机、自动检票机、进/出站闸机等的启动和单机操作测试应正常。

检查数量：施工单位全部检查。监理单位抽查不少于20%。

检验方法：施工单位测试，监理单位见证试验。

7.3.6.10　市政验·票-10　系统联调检验批质量验收记录

1. 适用范围

本表适用于城市轨道交通轨道工程票务系统系统联调检验批的质量检查验收。本表参考规范《城市轨道交通工程质量验收标准》B11/T 311.2—2008。

2. 表内填写提示

票务系统系统联调检验应符合如下规定：

（1）主控项目

AFC系统售检票作业处理，票务管理，运营管理，设备管理，财务管理，清算对账管理，统计查询管理，网络管理，数据管理，安全管理，用户权限管理以及运营模式的监控管理等总体功能在连续的144小时（或其他时间标准）内应工作正常。在此期间不允许出现系统性或可靠性故障，如出现则终止试验，由集成商负责及时解决问题，然后再重新开始 144 小时试验。如果第二次 144 小时试验为通过，允许集成商进行第三次 144 小时试验，如果第三次 144 小时试验仍不符合要求，则该系统设备不符合要求。

检查数量：施工单位、监理单位全部检查。

检验方法：施工单位进行功能试验，监理单位见证试验。

AFC 系统应具有设备故障自诊断功能，当设备自身或来自远程的应用程序所调用，应能实现下列功能。

1）显示当前故障代码等故障信息；

2）设备通信状态监测；

3）设备内部各模块及主要故障点传感器检测，动作监测及功能测试；

4）设置系统模式及其他测试参数等，以便检测和修复设备功能。

检查数量：施工单位、监理单位全部检查。

检验方法：施工单位进行功能试验，监理单位见证试验。

AFC 系统的紧急模式功能应满足设计要求。

检查数量：施工单位、监理单位全部检查。

检验方法：施工单位进行功能试验，监理单位见证试验。

轨道交通 AFC 系统中所有服务器、网络及终端设备应统一配置 IP 地址，对网络性能进行测试。

检查数量：施工单位、监理单位全部检查。

检验方法：施工单位进行功能试验，监理单位见证试验。

对系统中的所有网络设备的相关功能进行测试正常，且符合设计要求。

1）系统路由功能。

2）系统网络功能。

3）数据收集功能。

4）网络服务、管理功能。

检查数量：施工单位、监理单位全部检查。

检验方法：施工单位进行系统功能检测，监理单位见证试验。

（2）一般项目

自动售检票系统的中央计算机应实现对系统内所有设备的监控，实现系统运作，收益及设备维护集中管理功能，实现对系统数据的集中采集，统计及管理功能，并宜考虑线路扩容条件，预留和其他收费系统接口，应测试以下功能正常：

1）各种数据的管理；

2）用户权限的管理；

3）各种参数的维护；

4）与其他收费系统交换数据；

5）具有数据统计、分析、生成和打印图/报表的功能，并能图形化模拟显示各车站设备布置及状态；

6）对使用报表的用户及工作站具有权限控制的功能；

7）预留与其他收费系统的清算系统清算对账的功能；

8）具备与各车站计算机进行数据通信的功能；

9）能向维修工作站下传车站售检票设备的维修信息，接受维修工作站上传的设备维修信息；

10）具有自诊断功能，便于进行维护和故障检测；

11）具有数据备份功能，当系统出现严重故障时，可以用来恢复系统数据；

12）具有对全系统在线设备时钟同步功能；

13）能监测 UPS 电源的供电情况，发生故障是，具有视觉和听觉报警信号。

检查数量：施工单位全部检查。监理单位抽查不少于 20%。

检验方法：施工单位对照功能测试，监理单位见证试验并做试验记录。

车站计算机的下列功能试验应正常：

1）车站数据的维护管理；

2）完成车站的各种票务管理工作，具有票价查询，统计分析，财务稽核功能，在每日运营结束后，车站计算机应能自动处理当天的所有数据及文件，并生产定期的统计报告；

3）能监视车站终端设备运行状态，显示车站终端设备的运行状态，发生故障时，具有视觉和听觉报警信号；

4）能向车站设备下达运作命令及设置系统运行模式；

5）能与控制中心计算机及车站终端设备进行网络数据通信和数据交换；

6）车站计算机应具备联机模式和离线模式两种工作模式；

7）生成并打印车站各种业务报表；

8）具有自诊断功能，便于进行维护和故障检测；

9）能监测 UPS 电源的供电情况，发生故障是，具有视觉和听觉报警信号。

检查数量：施工单位全部检查。监理单位抽查不少于 20%。

检验方法：施工单位对照功能测试，监理单位见证试验。

车站售检票终端设备的下列功能试验应正常：

1）联机和独立工作；

2）存储功能；

3）通信功能；

4）自我诊断和恢复功能。

检查数量：施工单位全部检查。监理单位抽查不少于 20%。

检验方法：施工单位对照功能测试，监理单位见证试验。

初始编码机的下列功能试验应正常：

1）成批或单个所有购进的各种 IC 卡车票进行初始化，车票将被赋予唯一的车票编号，向车票写入车票的安全机制，并能统计初始化车票的数量；

2）对已初始化的定值车票进行赋值，并能统计赋值车票的数量和赋值金额；

3）具有储值票分类信息数据处理功能；

4）对已编码储值车票进行重新编码或赋值，并统计重新编码车票的数量；

5）检验车票编码，剔除编码不正确的车票；

6）可分拣不同的票种；

7）能检测传票装置，票箱/筒的状态，并提示操作人员进行处理；

8）具备用户权限管理功能，防止无操作权限人员的操作；

9）设备应生成相应的车票处理审核记录信息，审核记录信息包括对各种类型车票处理的次数及赋值金额；

10）能显示机器状态和审计数据等信息；

11）生成并打印编码业务的各种报表；

12）主电源停电时，依靠 UPS 的供电，人工操作中断连续编码工作，并按正常顺序关闭设备；UPS 电源的供电时间不小于 30 分钟；

13）具有自诊断功能，便于进行故障检测和日常维护；

14）与控制中央计算机实时进行网络数据通信和交换，向中央计算机上传设备的运行状态信息，车票的编码信息，统计审核信息，操作信息和故障信息等，接受中央计算机下达的同步时钟，操作员权限，车票的编码内容等信息。

检查数量：施工单位全部检查。监理单位抽查不少于20%。

检验方法：施工单位对照功能逐项试验，监理单位见证试验。

自动售票机的下列功能试验应正常：

1）根据乘客所选的站点或票价，自动计费、收费，输出单程票，并在单程票中写入相应信息；

2）能识别人民币硬币和纸币，将不能经过防伪验证的钱币或其他币种自动退回给乘客；

3）具有人民币硬币和纸币找零功能；

4）在对单程票赋值未正确确认时，乘客可取消购票，钱币自动退回，正式确认后，取消无效；

5）能出售不同价格的单程票；

6）钱箱的状态可以检测，钱箱空或满，机器内无钱箱时，可通知车站计算机，并自动终止设备服务，更换钱箱后，自动恢复设备服务，当钱箱近空或近满时，应对车站计算机发出报警提示信号；

7）钱箱的收入，取出及开箱具有安全保护措施，车站计算机对钱箱操作有完整的操作记录并具备录像监控功能；

8）中英文显示提示信息，并有必要的语音提示，引导乘客完成购票；

9）具备与车站计算机通信的接口，可接受车站计算机的数据和指令，实时向车站计算机发送设备及业务数据；

10）当与车站计算机数据传输信息中断时，能独立运行，必要时，可以通过拷贝方式将数据传到车站计算机进行处理，中断恢复后，能自动将保存的信息发送到车站计算机；

11）停止使用时，乘客投入的钱币能自动退回或不予接受；

12）具备自我故障诊断和测试功能，便于发现故障和设备的现场维修，故障时向车站计算机发出报警信号，并具有相应的保护措施；

13）断电时，自动完成最后一笔交易，保证数据记录的完整性；

14）对票箱状态上传，模式设置和切换功能进行测试；

15）应符合有关标准，方便残障人士使用；

16）应具备储值票自动充值功能。

检查数量：施工单位全部检查。监理单位抽查不少于20%。

检验方法：施工单位对照功能逐项测试，监理单位见证试验。

半自动售票机的下列功能试验应正常：

1）人工收钱，操作半自动售票机，出售单程票；

2）出售储值票并能为其充值，并预留使用银行信用卡充值的接口；

3）为乘客退票，补票，验票，更换车票；

4）应以中英文两种方式向乘客显示车票信息；

5）具备与车站计算机通信的接口，可接受车站计算机的数据和指令，实时向车站计算机发送设备及业务数据；

6）具备用户权限管理功能，防止非法操作；

7）当与车站计算机数据传输信息中断时，能独立运行，必要时，可以通过拷贝方式将数据传到车站计算机进行处理，中断恢复后，能自动将保存的信息发送到车站计算机；

8）具备自我故障诊断和测试功能，便于发现故障和设备的现场维修，故障时向车站计算机发出报警信号，并具有相应的保护措施；

9）断电时，自动完成最后一笔交易，保证数据记录的完整性。

检查数量：施工单位全部检查。监理单位抽查不少于20%。

检验方法：施工单位对照功能逐项测试，监理单位见证试验。

自动验票机的下列功能试验应正常：

1）验票机应可以对储值车票的有效性，余值/乘次等进行检查；

2）能显示车票上的票种，余值，有效期，规定次数的乘车历史记录等信息；

3）具备与车站计算机通信的接口，可接受车站计算机的数据和指令，实时向车站计算机发送设备及业务数据；

4）具备中英文显示功能，显示内容全面，画面清晰，美观；

5）具备自我故障诊断和测试功能，便于发现故障和设备的现场维修，故障时向车站计算机发出报警信号，并具有相应的保护措施；

6）应具备储值票网络查询功能；

7）应符合有关标准，方便残障人士使用。

检查数量：施工单位全部检查。监理单位抽查不少于20%。

检验方法：施工单位对照功能逐项测试，监理单位见证试验。

进站闸机的下列功能试验应正常：

1）检查IC卡车票的有效性，控制阻挡门动作，引导乘客进站。车票有效时，对IC卡车票进行信息写入，放行，车票无效时，则锁闭阻挡门，禁止通过，并给出相应的声光报警提示；

2）具备中英文显示功能，向乘客显示车票及闸机状态等相关信息；

3）能由车站计算机控制，置于特殊运行状态，如故障停用，测试，检修，停止服务等；

4）具备与车站计算机通信的接口，可接受车站计算机的数据和指令，实时向车站计算机发送设备及业务数据；

5）当发生紧急情况时，车站控制室值班员将专用紧急按钮按下，车站所有入站闸机的阻挡门打开，保证乘客无阻碍的离开付费区，紧急状态解除后，车站值班员复位紧急按钮，入站闸机恢复常态；

6）当与车站计算机数据传输信息中断时，能独立运行，并保存信息，必要时，可以通过拷贝方式将数据传到车站计算机进行处理，中断恢复后，能自动将保存的信息发送到车站计算机；

7）电源断电时，自动完成最后一笔交易；

8）在紧急按钮按下时，能自动完成最后一笔交易，保证数据记录的完整性；

9）具备自我故障诊断和测试功能，故障时向车站计算机发出报警信号，并具有相应的保护措施；

10）闸机断电后，闸机的阻挡门处于打开状态；

11）闸机通过率测试，感应距离测试，票箱切换测试，票箱状态上传测试等结果应符合设计要求；

12）符合1.2米儿童免费进站的功能要求；

13）具备与防灭系统联动功能且符合功能要求；

14）应具备UPS电源及UPS电源报警功能；

15）特殊闸机通道应符合国家标准。

检查数量：施工单位全部检查。监理单位抽查不少于20%。

检验方法：施工单位对照功能逐项测试，监理单位见证试验。

出站闸机的下列功能试验应正常：

1）检查IC卡车票的有效性，控制阻挡门动作，引导乘客出站；

2）对非回收车票能判断，退还给乘客，并在乘客显示器上显示相关的提示信息；

3）具备中英文显示功能，向乘客显示车票及闸机状态等相关信息；

4）具备与车站计算机通信的接口，可接受车站计算机的数据和指令，实时向车站计算机发送设备及业务数据；

5）能由车站计算机控制，置于特殊运行状态，如停机，试验状态或中央计算机通过车站计算机下达的非正常运行状态，例如车费免检，乘车时间免检等；

6）当与车站计算机数据传输信息中断时，设备能独立工作七天，并保存相应的信息，必要时，可以通过拷贝方式将数据传到车站计算机进行处理，中断恢复后，能自动将保存的信息发送到车站计算机；

7）紧急状态下，车站控制室值班员将专用紧急按钮按下，车站所有入站闸机的阻挡门打开，保证乘客无阻碍的离开付费区，紧急状态解除后，车站值班员复位紧急按钮，入站闸机恢复常态；

8）具备自我故障诊断和测试功能，故障时向车站计算机发出报警信号，并具有相应的保护措施；

9）断电时，自动完成最后一笔交易，保证数据记录的完整性；

10）在紧急按钮按下时，能自动完成最后一笔交易，保证数据记录的完整性；

11）闸机断电后，闸机的阻挡门处于打开状态；

12）闸机通过率测试，感应距离测试，票箱切换测试，票箱状态上传测试等结果应符合设计要求；

13）符合 1.2 米及以下儿童免费进站的功能要求；

14）具备与防灾系统联动功能且符合功能要求；

15）应具备 UPS 电源及 UPS 电源报警功能；

16）特殊闸机通道应符合国家标准。

检查数量：施工单位全部检查。监理单位抽查不少于 20%。

检验方法：施工单位对照功能逐项测试，监理单位见证试验。

票务中心系统的下列功能试验应正常：

1）收集，统计，分析，查询运营数据；

2）统一对车票进行初始化，进行车票调配及车票跟踪等；

3）与 LC 清分对账，与一卡通系统清算对账；

4）完成票务中心内部及接入系统间的网络管理；

5）提供与 LC 系统，一卡通系统及其他系统相连的接口；

6）提供测试平台系统；

7）系统维护；

8）设置并下载票价表，费率表，车票种类，运营模式，联乘优惠等参数；

9）提供系统标准时钟；

10）接收，生成，上传，下载黑名单；

11）数据备份及恢复，系统灾难异地备份；

12）建立安全密匙体系，生成系统密匙，进行密匙管理；

13）制作，发行系统内使用的 SAM 卡，完成交易数据 TAC 码认证；

14）入网设备注册，认证及授权；

15）票务中心系统内用户权限管理等。

检查数量：施工单位全部检查。监理单位抽查不少于 20%。

检验方法：施工单位对照功能逐项测试，监理单位见证试验。

7.3.7 交通工程

7.3.7.1 市政验·交-1 立柱安装检验批质量验收记录

1. 适用范围

本表适用于城市轨道交通交通工程立柱安装检验批质量检查。

2. 表内填写提示

交通工程立柱安装应符合如下规定：

(1) 主控项目

立柱构件的材料、规格、尺寸、安装方式及位置应符合设计要求。

检验数量：全部检查。

检验方法：观察及用尺测量，并查阅图纸。

立柱及悬臂、抱箍座、夹板等附件的防腐性能应符合设计要求和《高速公路交通工程钢构件防腐技术条件》GB/T 18226 的相关规定。

检验数量：全部检查。

检验方法：检查产品合格证、出厂检测报告。

信号灯及视频监控杆保护接地电阻应不大于 10Ω。

检验数量：全部检查。

检验方法：测量检查。

(2) 一般项目

立柱安装稳固、杆体垂直，倾斜度不得超过 5‰。

检验数量：全部检查。

检验方法：测量检查。

7.3.7.2　市政验・交-2　标志标牌检验批质量验收记录

1. 适用范围

本表适用于城市轨道交通交通工程标志标牌装检验批质量检查。

2. 表内填写提示

交通工程标志标牌应符合如下规定：

(1) 主控项目

交通标线标志标牌的材质、规格、尺寸应符合设计要求。

检验数量：全部检查

检验方法：检查产品合格证、出厂检测报告。

标志标牌的安装位置及高度应符合设计要求。

检验数量：全部检查。

检验方法：观察、测量检查。

(2) 一般项目

标志标牌安装牢固、角度要求应符合设计要求。

检验数量：全部检查。

检验方法：观察、测量检查。

7.3.7.3　市政验・交-3　交通标线检验批质量验收记录

1. 适用范围

本表适用于城市轨道交通交通工程标志标线装检验批质量检查。

2. 表内填写提示

交通工程标志标线应符合如下规定：

(1) 主控项目

路面标线的颜色、形状和设置位置应符合设计要求和现行国家标准《道路交通标志和标线》GB 5768 的相关规定。

检验数量：全部检查。

检验方法：观察、测量检查。

路面标线涂料应符合设计要求和现行国家标准《城市道路交通设施设计规范》GB 50688 及行业标准《路面标线涂料》JT/T 280 的相关规定。

检验数量：全部检查。

检验方法：检查质量证明文件及观察检查。

标线的纵向间距应符合设计要求，允许偏差应符合表 13.5.3 的规定。

标线纵向间距允许偏差值（mm）　　　　**表 13.5.3**

检查项目		允许偏差
标线纵向间距（mm）	9000	±45
	6000	±30
	4000	±20
	3000	±15

检验数量：全部检查。

检验方法：观察、测量检查。

标线的线段长度应符合设计要求，允许偏差应符合表 13.5.4 的规定。

标线线段长度允许偏差值（mm）　　　　**表 13.5.4**

检查项目		允许偏差
标线线段长度（mm）	6000	±5
	4000	±40
	3000	±30
	1000～2000	±20

检验数量：全部检查。

检验方法：观察、测量检查。

标线的宽度应符合设计要求，允许偏差应符合表 13.5.5 的规定。

标线宽度允许偏差值（mm）　　　　**表 13.5.5**

检查项目		允许偏差
标线宽度（mm）	400～450	+15，0
	150～200	+8，0
	100	+5，0

检验数量：全部检查。

检验方法：观察、测量检查。

标线的厚度应符合设计要求，允许偏差应符合表 13.5.6 规定。

标线宽度允许偏差值（mm）　　　　**表 13.5.6**

检查项目		允许偏差
标线厚度（mm）	常温型（0.12～0.2）	−0.03，+0.10
	加热型（0.20～0.4）	−0.05，+0.15
	热熔型（1.0～4.50）	−0.10，+0.50

检验数量：全部检查。

检验方法：观察、测量检查。

(2) 一般项目

标线边缘整齐、表面平整，无涂料流淌、沟槽、气泡等缺陷。

检验数量：全部检查。

检验方法：观察检查。

标线位置应符合设计要求，横向偏位允许偏差为±30mm。

检验数量：全部检查。

检验方法：观察、测量检查。

7.3.7.4 市政验·交-4 交通信号设备检验批质量验收记录

1. 适用范围

本表适用于城市轨道交通交通工程交通信号设备检验批质量检查。

2. 表内填写提示

交通信号设备检验批质量验收应符合如下规定：

主控项目

交通信号控制机、路口控制器、信号灯、车辆检测器、光端机、信标、无线地磁等信号设备的规格、型号及质量应符合设计要求。

检验数量：全部检查。

检验方法：检查产品合格证、质量证明文件和进行外观检查。

信号灯安装稳固，其安装高度、可视角度应符合设计要求和现行国家标准《道路交通信号灯设置与安装规范》GB 14886 的相关规定。

检验数量：全部检查。

检验方法：观察、测量检查。

交通信号控制机安装应符合设计要求和现行行业标准《道路交通信号控制机》GA 47 的相关规定。

检验数量：全部检查。

检验方法：观察、测量检查。

无线地磁安装位置和深度应符合设计要求。

检验数量：全部检查。

检验方法：观察、测量检查。

路口控制器安装应符合本规范第 12.6.1～12.6.4 条的规定。

信标安装应符合本规范第 12.8.1～12.8.3 条的规定。

室内设备安装应符合本规范第 12.13.1～12.13.6 条的规定。

7.3.7.5 市政验·交-5 交通信号系统调试检验批质量验收记录

1. 适用范围

本表适用于城市轨道交通交通工程交通信号系统调试检验批质量检查。

2. 表内填写提示

交通信号系统调试检验批质量验收应符合如下规定：

主控项目

交通信号设备间的连接电缆和控制电缆试验调试应符合设计要求。

检验数量：全部检查。

检验方法：观察、测量检查。

交通信号系统的显示功能应符合设计要求。

检验数量：全部检查。

检验方法：观察、测量检查。

交通信号优先级功能应符合设计要求。

检验数量：全部检查。

检验方法：优先级设定检验。

第八章　工程竣工验收文件

1. 基本要求

（1）该表格各地方根据本地的实际情况参考使用。

（2）表格允许打印，但填写意见和签名必须由本人签署。

2. 竣工验收的程序

（1）工程竣工后，施工单位应按照国家颁发的有关质量验收规范、标准全面检查所承建工程的质量，自评工程质量等级，编制《工程竣工报告》，并填写《工程外观质量检查记录》、《工程实体质量检查记录》、《单位（子单位）工程质量控制资料核查记录》、《工程安全和功能检验资料核查及主要功能抽查记录》等资料，提交给监理公司核查。

（2）监理单位对工程进行竣工前质量检查，在《工程竣工验收申请报告》、《工程外观质量检查记录》、《工程实体质量检查记录》、《单位（子单位）工程质量控制资料核查记录》、《工程安全和功能检验资料核查及主要功能抽查记录》资料上签署意见，并对工程进行质量评估，编制《工程质量评估报告》，提交建设单位。

（3）勘察、设计单位对勘察、设计文件及施工过程中由设计单位签署的设计变更通知书进行检查，并编制《勘察文件质量检查报告》、《设计文件质量检查报告》，提交建设单位。

（4）建设单位对符合工程质量竣工验收要求的工程，组织勘察、设计、施工、监理等单位和其他有关方面的专家组成验收组，制定验收方案，编制《工程质量验收计划书》提交质监机构。

（5）建设单位组织工程质量竣工验收，编制《单位（子单位）工程质量竣工验收记录》。

（6）建设单位组织工程竣工验收时，应按国家有关规定，提请规划、公安消防、环保、城建档案等部门同步进行专项验收，取得合格文件或准许使用文件。

（7）建设单位对符合工程竣工验收要求的工程，组织勘察、设计、施工、监理等单位和其他有关方面的专家组成验收组，进行工程竣工验收，编制《建设工程竣工验收报告》。

（8）建设单位应在工程竣工验收合格后15日内，填写《工程竣工验收备案表》，向备案机构申请工程竣工验收备案。

3. 竣工验收的规定

（1）单位工程质量验收合格应符合下列规定：

1）单位工程所含分部工程的质量均应验收合格。

2）质量控制资料应完整。

3）单位工程所含分部工程中有关安全和功能的控制资料应完整。

4）影响工程安全使用和周围环境的参数指标应符合设计规定。

5）外观质量验收应符合要求。

（2）单位工程验收应符合下列要求：

1）施工单位应在自检合格基础上将竣工资料与自检结果，报监理工程师申请验收。

2）监理工程师应约请相关人员审核竣工资料进行预检，并据结果写出评估报告，报建设单位组织验收。

3）建设单位项目负责人应根据监理工程师的评估报告组织建设单位项目技术质量负责人、有关专业设计人员、总监理工程师和专业监理工程师、施工单位项目负责人参加工程验收。

（3）工程竣工验收应符合下列要求：

1）工程竣工验收，应由建设单位组织验收组进行。验收组应由建设、勘察、设计、施工、监理与设施管理等单位的有关负责人组成，亦可邀请有关方面专家参加。

2）工程竣工验收应在构成工程的各分项工程、分部工程、单位工程质量验收均合格后进行。当设计规定进行结构功能、荷载试验时，必须在荷载试验完成后进行。

3）工程竣工验收时可抽检各单位工程的质量情况。

4）当参加验收各方对工程质量验收意见不一致时，应当协商提出解决的方法，待意见一致后，重新组织工程竣工验收。

5）工程竣工验收合格后，建设单位应按规定将工程竣工验收报告和有关文件，报建设行政主管部门备案。

（4）验收注意的问题：

1）分项工程质量的验收是在检验批验收的基础上进行的，是一个统计过程，没有统计时也有一些直接的验收内容。所以注意：

① 核对检验批的部位、区段是否全部覆盖分项工程的范围，有没有缺漏的部位没用验收到。

② 一些在检验批中无法检验的项目，在分项工程中直接验收。如混凝土强度的评定。

③ 检验批验收记录的内容及签字人是否正确、齐全。

2）分部工程验收也是一项统计工作，故注意：

① 检查每个分项工程验收是否正确。

② 注意查对所含分项工程，有没有漏、缺的分项工程没有归纳进来，或是没有进行验收。

③ 注意检查分项工程的资料完整否，每个验收资料的内容是否有缺漏项，以及验收人员的签字是否齐全和符合规定。

3）单位工程验收，总体上还是一个统计性的审核和综合性的评价。是通过核查分部工程验收质量控制资料、有关安全、功能检测资料、进行必要的主要功能项目的复测及抽测，以及总体工程外观质量的现场实物质量验收。注意：

① 核查每个分部工程验收是否正确。

② 核查各分部工程质量验收记录表的质量评价是否完善。

③ 核查分部工程质量验收记录表的验收人员是否是规定的有相应资质的人员，并进行了评价和签认。

4）质量控制资料核查应注意：

① 核查和归纳各检验批的验收记录资料，查对其是否完整。

② 检验批验收时，应具备的资料应准确完整才能验收。在分部工程验收时，主要核对和归纳各检验批的施工操作依据、质量检查记录，查对其是否配套完整。

③ 注意核对各种资料的内容、数据及验收人员的签字是否规范等。

5）分部工程有关安全及功能的检测和抽样检测结果的检查，应注意：

① 检查规范中规定的检测的项目是否都进行了验收，不能进行检测的项目应该说明原因。

② 检查各项检测记录（报告）的内容、数据是否符合要求，包括检测项目的内容，所遵循的检测方法标准、检测结果的数据是否达到规定的标准。

③ 核查资料的检测程序、有关取样人、检测人、审核人、试验负责人，以及公章签字是否齐全。

6）外观质量检查，是经过现场工程的检查，由检查人员共同确定评价的好、一般、差，注意：

① 在进行检查时，一定要在现场，将工程的各个部位全部检查。

② 如果外观没有较明显达不到要求的，就可以评一般；如果某部位质量较好，细部处理到位，就可评好；若有的部位达不到要求，或有明显缺陷，但不影响安全或使用功能的，则评为差。评为差的项目能进行返修的应进行返修，不能返修的只要不影响结构安全和使用功能的可通过验收。有影响安全或使用功能的项目，不能评价，应返修后再评价。

7）工程质量不符合要求，应按下列规定进行处理：

① 经返工重做或更换器具、设备的检验批，应重新进行验收。

② 经有资质的检测单位检测鉴定能够达到设计要求的检验批，应予以验收。

③ 经有资质的检测单位检测鉴定达不到设计要求、但经原设计单位核算认可能够满足结构安全和使用功能的检验批，可予以验收。

④ 经返修或加固处理的分项、分部工程，虽然改变外形尺寸但仍能满足安全使用要求，可按技术处理方案和协商文件进行验收。

⑤ 通过返修或加固处理仍不能满足安全或重要使用要求的分部工程、单位工程，严禁验收。

8.1 通 用 表

8.1.1 市政竣·通-1 单位（子单位）工程质量控制资料核查记录

市政基础设施工程

单位（子单位）工程质量控制资料核查记录

市政竣·通-1

第　　页，共　　页

<table>
<tr><td colspan="2">工程名称</td><td colspan="2"></td></tr>
<tr><td colspan="2">单位（子单位）工程</td><td colspan="2"></td></tr>
<tr><td colspan="2">施工单位</td><td colspan="2"></td></tr>
<tr><td>序号</td><td>资料名称</td><td>核查意见</td><td>核查人</td></tr>
<tr><td>1</td><td>施工组织设计、施工方案及审批记录</td><td></td><td></td></tr>
<tr><td>2</td><td>技术及安全交底文件</td><td></td><td></td></tr>
<tr><td>3</td><td>图纸会审、设计变更、洽商记录</td><td></td><td></td></tr>
<tr><td>4</td><td>工程定位测量、交桩、放线、复核记录</td><td></td><td></td></tr>
<tr><td>5</td><td>计量设备校核记录</td><td></td><td></td></tr>
<tr><td>6</td><td>原材料出厂合格证书及进场检（试）验报告</td><td></td><td></td></tr>
<tr><td>7</td><td>成品、半成品出厂合格证书及试验报告</td><td></td><td></td></tr>
<tr><td>8</td><td>施工试验报告及见证检测报告</td><td></td><td></td></tr>
<tr><td>9</td><td>施工记录</td><td></td><td></td></tr>
<tr><td>10</td><td>新材料、新工艺施工记录</td><td></td><td></td></tr>
<tr><td>11</td><td>检验批质量检验记录及隐蔽工程检查表</td><td></td><td></td></tr>
<tr><td>12</td><td>分项、分部工程质量验收记录</td><td></td><td></td></tr>
<tr><td>13</td><td>工程质量事故及事故调查处理资料</td><td></td><td></td></tr>
<tr><td>14</td><td>竣工图</td><td></td><td></td></tr>
<tr><td></td><td></td><td></td><td></td></tr>
<tr><td></td><td></td><td></td><td></td></tr>
<tr><td></td><td></td><td></td><td></td></tr>
<tr><td></td><td></td><td></td><td></td></tr>
<tr><td colspan="2">检查结论</td><td colspan="2"></td></tr>
<tr><td colspan="2">项目专业质检员：
项目技术负责人：
项目负责人：　　　　（执业资格证章）
年　　月　　日</td><td colspan="2">专业监理工程师：
总监理工程师：　　　　（执业资格证章）
年　　月　　日</td></tr>
</table>

8.1.2 市政竣·通-2 单位（子单位）工程安全和功能检验资料核查及主要功能抽查记录

市政基础设施工程

单位（子单位）工程安全和功能检验资料核查及主要功能抽查记录

市政竣·通-2

第 页，共 页

<table>
<tr><td>工程名称</td><td colspan="4"></td></tr>
<tr><td>单位（子单位）工程</td><td colspan="4"></td></tr>
<tr><td>施工单位</td><td colspan="2"></td><td>监理单位</td><td></td></tr>
<tr><td>序号</td><td colspan="2">安全和功能检查项目</td><td>核查（抽查）意见</td><td>核查（抽查）人</td></tr>
<tr><td>1</td><td colspan="2"></td><td></td><td></td></tr>
<tr><td>2</td><td colspan="2"></td><td></td><td></td></tr>
<tr><td>3</td><td colspan="2"></td><td></td><td></td></tr>
<tr><td>4</td><td colspan="2"></td><td></td><td></td></tr>
<tr><td>5</td><td colspan="2"></td><td></td><td></td></tr>
<tr><td>6</td><td colspan="2"></td><td></td><td></td></tr>
<tr><td>7</td><td colspan="2"></td><td></td><td></td></tr>
<tr><td>8</td><td colspan="2"></td><td></td><td></td></tr>
<tr><td>9</td><td colspan="2"></td><td></td><td></td></tr>
<tr><td>10</td><td colspan="2"></td><td></td><td></td></tr>
<tr><td>11</td><td colspan="2"></td><td></td><td></td></tr>
<tr><td>12</td><td colspan="2"></td><td></td><td></td></tr>
<tr><td>检查结论</td><td colspan="4"></td></tr>
<tr><td colspan="3">项目专业质检员：
项目技术负责人：
项目负责人：（执业资格证章）
年 月 日</td><td colspan="2">专业监理工程师：
总监理工程师：（执业资格证章）
年 月 日</td></tr>
</table>

8.1.3 市政竣·通-3 单位（子单位）工程外观质量检查记录

市政基础设施工程

单位（子单位）工程外观质量检查记录

市政竣·通-3

第　　页，共　　页

工程名称						
单位（子单位）工程						
施工单位			监理单位			
序号	检查项目		抽查质量状况	质量评价		
				好	一般	差
1						
2						
3						
4						
5						
6						
7						
8						
9						
10						
11						
12						
13						
14						
15						
16						
外观质量综合评价						
检查结论						
项目专业质检员： 项目技术负责人： 项目负责人：（执业资格证章） 年　月　日			专业监理工程师： 总监理工程师：（执业资格证章） 年　月　日			

注：质量评为差的项目，应进行返修。

8.1.4 市政竣·通-4 单位（子单位）工程实体质量检查记录

市政基础设施工程

单位（子单位）工程实体质量检查记录

市政竣·通-4

第　页，共　页

<table>
<tr><td colspan="3">工程名称</td><td colspan="8"></td></tr>
<tr><td colspan="3">单位（子单位）工程</td><td colspan="8"></td></tr>
<tr><td colspan="3">施工单位</td><td colspan="3"></td><td>分包单位</td><td colspan="4"></td></tr>
<tr><td colspan="3">验收规范及图号</td><td colspan="8"></td></tr>
<tr><td colspan="3" rowspan="3">施工与质量验收规范的规定</td><td colspan="2" rowspan="2">检查频率</td><td colspan="6">检查情况</td></tr>
<tr><td colspan="3" rowspan="2">不合格点的实测偏差值或实测值</td><td rowspan="2">应测点数</td><td rowspan="2">合格点数</td><td rowspan="2">合格率（%）</td></tr>
<tr><td>范围</td><td>点数</td></tr>
<tr><td rowspan="7">主控项目</td><td></td><td></td><td></td><td></td><td></td><td></td><td></td><td></td><td></td><td></td></tr>
<tr><td></td><td></td><td></td><td></td><td></td><td></td><td></td><td></td><td></td><td></td></tr>
<tr><td></td><td></td><td></td><td></td><td></td><td></td><td></td><td></td><td></td><td></td></tr>
<tr><td></td><td></td><td></td><td></td><td></td><td></td><td></td><td></td><td></td><td></td></tr>
<tr><td></td><td></td><td></td><td></td><td></td><td></td><td></td><td></td><td></td><td></td></tr>
<tr><td></td><td></td><td></td><td></td><td></td><td></td><td></td><td></td><td></td><td></td></tr>
<tr><td></td><td></td><td></td><td></td><td></td><td></td><td></td><td></td><td></td><td></td></tr>
<tr><td rowspan="13">一般项目</td><td></td><td></td><td></td><td></td><td></td><td></td><td></td><td></td><td></td><td></td></tr>
<tr><td></td><td></td><td></td><td></td><td></td><td></td><td></td><td></td><td></td><td></td></tr>
<tr><td></td><td></td><td></td><td></td><td></td><td></td><td></td><td></td><td></td><td></td></tr>
<tr><td></td><td></td><td></td><td></td><td></td><td></td><td></td><td></td><td></td><td></td></tr>
<tr><td></td><td></td><td></td><td></td><td></td><td></td><td></td><td></td><td></td><td></td></tr>
<tr><td></td><td></td><td></td><td></td><td></td><td></td><td></td><td></td><td></td><td></td></tr>
<tr><td></td><td></td><td></td><td></td><td></td><td></td><td></td><td></td><td></td><td></td></tr>
<tr><td></td><td></td><td></td><td></td><td></td><td></td><td></td><td></td><td></td><td></td></tr>
<tr><td></td><td></td><td></td><td></td><td></td><td></td><td></td><td></td><td></td><td></td></tr>
<tr><td></td><td></td><td></td><td></td><td></td><td></td><td></td><td></td><td></td><td></td></tr>
<tr><td></td><td></td><td></td><td></td><td></td><td></td><td></td><td></td><td></td><td></td></tr>
<tr><td></td><td></td><td></td><td></td><td></td><td></td><td></td><td></td><td></td><td></td></tr>
<tr><td colspan="2">平均合格率（%）</td><td colspan="8"></td></tr>
<tr><td colspan="2">检查结论：</td><td colspan="9"></td></tr>
<tr><td colspan="6">项目专业质检员：

项目技术负责人：

项目负责人：　　　　（执业资格证章）

年　月　日</td><td colspan="5">

专业监理工程师：

总监理工程师：　　　　（执业资格证章）

年　月　日</td></tr>
</table>

8.1.5 市政竣·通-5 质量评估报告

市政竣·通-5

编号：201　　年第　　　号

市政基础设施工程

质量评估报告

工程名称：________________________

监理单位（公章）：____________________

发出日期：________________________

市政基础设施工程

填　写　说　明

1. 质量评估报告由监理单位负责打印填写，提交给建设单位。

2. 填写要求内容真实，语言简练，字迹清楚。

3. 凡需签名处，需先打印姓名后再亲笔签名。

4. 质量评估报告一式五份，监理单位、建设单位、监督站、城建档案馆、备案机关各持一份。

5. “进场日期”填写监理单位进驻施工现场的时间。

6. “工程规模”是指房屋建筑的建筑面积、层数或市政基础设施的道路桥梁的长度、宽度、跨度、管道直径、结构形式、工程造价、工程用途等情况。

7. “工程监理范围”是指工程监理合同内的监理范围与实际的对比说明。

8. “施工阶段原材料、构配件及设备质量控制情况”的内容要包括以下几个方面监理控制情况和结论性意见：

① 工程所用材料、构配件、设备的进场监控情况和质量证明文件是否齐全；

② 工程所用材料、构配件、设备是否按规定进行见证取样和送检的控制情况；

③ 所采用新材料、新工艺、新技术、新设备的情况。

9. “分部分项工程质量控制情况”主要内容包括：

1）分部、分项工程和隐蔽验收情况；

2）桩基础工程质量（包括桩基检测、道路桥梁的静动载试验情况等）；

3）主体结构工程质量；

4）消除质量通病工作的开展情况；

5）对重点部位、关键工序的施工工艺和确保工程质量措施的确审查；

6）对承包单位的施工组织设计（方案）落实情况的检查；

7）对承包单位按设计图纸、国家标准、合同施工的检查；

10. “工程技术资料情况”是指核查工程技术资料是否齐全。

11. “工程质量验收综合意见”是指工程是否完成工程设计及施工合同约定内容，达到使用功能和执行国家强制性标准等情况，工程是否可以进行完工质量验收及工程质量等级。

12. “未达使用功能的部位”是指工程未达使用功能情况仍然存在的问题。

市政基础设施工程

一、工程概况

<table>
<tr><td>工程名称</td><td colspan="2"></td><td colspan="2">进场日期</td><td></td></tr>
<tr><td rowspan="2">监理单位</td><td colspan="2" rowspan="2"></td><td colspan="2">资质等级</td><td></td></tr>
<tr><td colspan="2">资质证号</td><td></td></tr>
<tr><td>工程规模
（建筑面积或道路、桥梁长度等）</td><td colspan="5"></td></tr>
<tr><td rowspan="13">项目监理机构组成
（姓名、职务、职称、执业情况等）</td><td>姓　名</td><td>专　业</td><td>职　务</td><td>职　称</td><td>执业资格证号</td></tr>
<tr><td></td><td></td><td></td><td></td><td></td></tr>
<tr><td></td><td></td><td></td><td></td><td></td></tr>
<tr><td></td><td></td><td></td><td></td><td></td></tr>
<tr><td></td><td></td><td></td><td></td><td></td></tr>
<tr><td></td><td></td><td></td><td></td><td></td></tr>
<tr><td></td><td></td><td></td><td></td><td></td></tr>
<tr><td></td><td></td><td></td><td></td><td></td></tr>
<tr><td></td><td></td><td></td><td></td><td></td></tr>
<tr><td></td><td></td><td></td><td></td><td></td></tr>
<tr><td></td><td></td><td></td><td></td><td></td></tr>
<tr><td></td><td></td><td></td><td></td><td></td></tr>
<tr><td></td><td></td><td></td><td></td><td></td></tr>
<tr><td>工程监理范围</td><td colspan="5"></td></tr>
</table>

市政基础设施工程

二、土建工程质量情况

原材料、构配件及设备	质量控制情况：
	存在问题：
工程技术资料	审查情况：
	存在问题：
分部、分项工程和实物	质量控制情况：
	存在问题：

市政基础设施工程

三、设备安装工程质量情况

原材料、构配件	质量控制情况：
	存在问题：
工程技术资料	审查情况：
	存在问题：
分部、分项工程和实体	质量控制情况：
	存在问题：

市政基础设施工程

四、工程质量验收意见

<table>
<tr><td rowspan="2">工程质量验收综合意见及存在主要问题</td><td>验收意见：</td></tr>
<tr><td>存在主要问题：</td></tr>
<tr><td>未达使用功能的部位</td><td></td></tr>
</table>

附表：一、单位工程质量控制资料核查记录；

二、工程安全和功能检验资料核查及主要功能抽查记录；

三、工程外观质量检查记录；

四、工程实体质量检查记录。

市政基础设施工程

五、有关补充说明及资料

编制人姓名（打印）：________________，签名：_______________

项目总监理工程师（执业资格证章）__________，签名：_______________

单位法定代表人（打印）：____________，签名：_______________

（公章）

签发日期：　　　　　　年　　月　　日

8.1.6　市政竣·通-6　勘察文件质量检查报告

市政竣·通-6

编号：201　　年第　　号

市政基础设施工程

勘察文件质量检查报告

工程名称：________________________

勘察单位（公章）：________________________

发出日期：________________________

市政基础设施工程

填 写 说 明

1. 勘察文件质量检查报告由勘察单位负责打印填写，提交给建设单位。

2. 填写要求内容真实，语言简练，字迹清楚。

3. 凡需签名处，需先打印姓名再亲笔签名。

4. 勘察文件质量检查报告一式五份，勘察单位、建设单位、监督站、城建档案馆、备案机关各持一份。

市政基础设施工程

<table>
<tr><td>工程项目名称</td><td></td><td>勘察报告编号</td><td></td></tr>
<tr><td rowspan="2">勘察单位全称</td><td rowspan="2"></td><td>资质等级</td><td></td></tr>
<tr><td>资质编号</td><td></td></tr>
<tr><td>工程规模（建筑面积或道路、桥梁长度等）</td><td colspan="3"></td></tr>
<tr><td>工程主要勘察范围及内容</td><td colspan="3"></td></tr>
<tr><td>实际地质情况与勘察报告的差异</td><td colspan="3"></td></tr>
<tr><td>工程施工对持力层控制是否满足要求</td><td colspan="3"></td></tr>
<tr><td>勘察文件的检查结论</td><td colspan="3"></td></tr>
</table>

项目负责人（打印）：（执业资格证章）________（签名）：________。

单位技术负责人（打印）：________（签名）：________。

勘察单位（公章）：________。

签发日期：　　　　年　　月　　日

8.1.7 市政竣·通-7 设计文件质量检查报告

市政竣·通-7

编号：20　　年第　　　号

市政基础设施工程

设计文件质量检查报告

工程名称：________________________

设计单位（公章）：________________________

发出日期：________________________

市政基础设施工程

填 写 说 明

1. 设计文件质量检查报告由设计单位负责打印填写，提交给建设单位。

2. 填写要求内容真实，语言简练，字迹清楚。

3. 凡需签名处，需先打印姓名再亲笔签名。

4. 设计文件质量检查报告一式五份，设计单位、建设单位、监督站、备案机关、城建档案馆各持一份。

市政基础设施工程

<table>
<tr><td>工程项目名称</td><td colspan="2"></td><td>工程合理
使用年限</td><td>年</td></tr>
<tr><td rowspan="2">设计单位名称</td><td colspan="2" rowspan="2"></td><td>资质等级</td><td></td></tr>
<tr><td>资质编号</td><td></td></tr>
<tr><td>工程规模（建筑面积或道路、桥梁长度等）</td><td colspan="4"></td></tr>
<tr><td>施工图
审查机构</td><td colspan="2"></td><td>施工图审查
批复文件号</td><td></td></tr>
<tr><td rowspan="13">各专业主要设计人员名单（姓名、专业、执业资格证号、职称）</td><td>姓名</td><td>专业</td><td>执业资格号</td><td>职称</td></tr>
<tr><td></td><td></td><td></td><td></td></tr>
<tr><td></td><td></td><td></td><td></td></tr>
<tr><td></td><td></td><td></td><td></td></tr>
<tr><td></td><td></td><td></td><td></td></tr>
<tr><td></td><td></td><td></td><td></td></tr>
<tr><td></td><td></td><td></td><td></td></tr>
<tr><td></td><td></td><td></td><td></td></tr>
<tr><td></td><td></td><td></td><td></td></tr>
<tr><td></td><td></td><td></td><td></td></tr>
<tr><td></td><td></td><td></td><td></td></tr>
<tr><td></td><td></td><td></td><td></td></tr>
<tr><td></td><td></td><td></td><td></td></tr>
<tr><td>结构设计
的特点</td><td colspan="4"></td></tr>
</table>

市政基础设施工程

<table>
<tr><td rowspan="2">图纸会审情况</td><td>土建</td><td></td></tr>
<tr><td>设备</td><td></td></tr>
<tr><td rowspan="2">主要设计变更
及执行情况</td><td>土建</td><td></td></tr>
<tr><td>设备</td><td></td></tr>
<tr><td rowspan="2">工程按图施工
及完成情况</td><td>地基基础及
主体工程</td><td></td></tr>
<tr><td>设备安装
工程</td><td></td></tr>
<tr><td colspan="2">设计文件的
检查结论</td><td></td></tr>
</table>

工程项目负责人（打印）：(执业资格证章)__________（签名）：__________。

单位技术负责人（打印）：__________（签名）：__________

设计单位（公章）：__________

签发日期：　　　　年　　月　　日

8.1.8　市政竣·通-8　市政基础设施工程质量保修书

市政基础设施工程

市政竣·通-8

市政基础设施工程质量保修书

建设单位（全称）：________________________

施工单位（全称）：________________________

建设单位、施工单位根据《中华人民共和国建筑法》、《建设工程质量管理条例》。经协商一致，对________________________（工程全称）签定工程质量保修书。

施工单位在质量保修期内，按照有关法律、法规、规章的管理规定和双方约定，承担本工程质量保修责任。质量保修范围包括地基基础工程、主体结构工程，以及双方约定的其他项目。具体有关保修事项，双方约定如下：

（1）按照设计文件规定的合理使用年限，本工程地基基础和主体结构的保修期限为____________；

（2）根据《建设工程质量管理条例》的规定，本工程自办理竣工验收手续后，在约定的保修范围和规定的保修期限内发生质量缺陷的，应由施工单位履行保修义务，并对造成的损失承担赔偿责任；

（3）本保修书所称的质量缺陷是指工程不符合国家或行业现行的有关强制性标准、施工验收规范、设计文件及合同中对工程质量的要求；

（4）本工程的保修期，自竣工验收通过之日计算；

（5）其他项目的保修期限由建设单位和施工单位约定；

（6）本工程在保修期限内出现质量缺陷，建设单位或管理单位应向施工单位发出保修通知。施工单位接到保修通知后，应当到现场核查情况，并在规定的时间内予以保修。施工单位不在约定期限内派人保修的，建设单位可以委托他人修理；

（7）下列情况不属于本工程规定的保修范围：

1.因使用不当或者第三方造成的质量缺陷；

2.不可抗力造成的质量缺陷。

双方约定的其他工程质量保修事项：____

____

本工程质量保修书，由施工合同建设单位、施工单位双方在竣工验收前共同签署，作为施工合同附件；其有效期限至保修期满。

建设单位（公章）： 施工单位（公章）：

建设单位负责人（签字）： 施工单位法定代表人（签字）：

年 月 日 年 月 日

8.1.9　市政竣·通-9　工程质量验收计划书

市政基础设施工程

工程质量验收计划书

市政竣·通-9

第1页共2页

________________（监督机构）

<table>
<tr><td>工程名称</td><td colspan="2"></td><td>工程地址</td><td></td></tr>
<tr><td>结构类型</td><td colspan="2"></td><td>工程规模</td><td></td></tr>
<tr><td>开工日期</td><td colspan="2">年　　月　　日</td><td>完工日期</td><td>年　　月　　日</td></tr>
<tr><td colspan="2">施工许可证号及发证单位</td><td colspan="3"></td></tr>
<tr><td colspan="5">一、质量验收具备条件情况</td></tr>
<tr><td>编号</td><td colspan="3">内　　容</td><td>完成情况</td></tr>
<tr><td rowspan="2">1</td><td rowspan="2">完成工程设计和合同约定的各项内容</td><td colspan="2">土建工程</td><td></td></tr>
<tr><td colspan="2">设备安装工程</td><td></td></tr>
<tr><td>2</td><td colspan="3">施工单位工程竣工报告</td><td></td></tr>
<tr><td>3</td><td colspan="3">监理单位工程质量评估报告</td><td></td></tr>
<tr><td>4</td><td colspan="3">工程勘察文件质量检查报告</td><td></td></tr>
<tr><td>5</td><td colspan="3">工程设计文件质量检查报告</td><td></td></tr>
<tr><td>6</td><td colspan="3">建设单位是否已按合同约定支付工程款</td><td></td></tr>
<tr><td>7</td><td colspan="3">施工单位签署的《工程质量保修书》</td><td></td></tr>
<tr><td>8</td><td colspan="3">市政基础设施的有关质量检测和功能性试验资料</td><td></td></tr>
<tr><td>9</td><td colspan="3">安全监督机构出具的《工程安全生产标准化评定告知书》</td><td></td></tr>
<tr><td>10</td><td colspan="3">建设行政主管部门及工程监督机构责令整改的问题是否已全部整改完毕</td><td></td></tr>
<tr><td>11</td><td colspan="3">法律、法规规定的其他条件</td><td></td></tr>
</table>

市政竣·通-9

二、验收组织情况

建设单位（或代建单位）组织勘察、设计、施工、监理等单位和其他有关专家组成验收组，根据工程特点，下设若干专业组。

1. 验收组

组长	
副组长	
组员	

2. 专业性组

专业组	组　长	组　员
道路工程		
桥梁工程		
排水工程		
给水工程		
隧道工程		
交通施工程		
污水处理工程		
垃圾处理工程		
防洪工程		
供电及照明工程		
绿化工程		

三、验收安排

本工程已按设计文件要求及合同约定的各项内容完工，有关参建单位分别对工程质量进行了检查和评估，并已提交相关报告或证明文件。本工程已具备质量验收有关规定的要求，经与各方商定，于　　　年　　月　　日进行工程质量验收，请派人员参加。

特此通知。

建设单位公章：

建设单位项目负责人：

年　　月　　日

此表一式二份，监督机构、建设单位各存一份。

8.1.10　市政竣·通-10　单位（子单位）工程质量竣工验收记录

市政基础设施工程

单位（子单位）工程质量竣工验收记录

市政竣·通-10

第　　页，共　　页

<table>
<tr><td colspan="2">工程名称</td><td colspan="4"></td></tr>
<tr><td colspan="2">单位工程名称</td><td colspan="4"></td></tr>
<tr><td colspan="2">施工单位</td><td colspan="2"></td><td>分包单位</td><td></td></tr>
<tr><td colspan="2">结构类型</td><td colspan="2"></td><td>工程造价</td><td></td></tr>
<tr><td colspan="2">开工日期</td><td colspan="2"></td><td>竣工日期</td><td></td></tr>
<tr><td colspan="2">项目负责人</td><td colspan="2"></td><td>项目技术负责人</td><td></td></tr>
<tr><td>序号</td><td>项目</td><td colspan="3">验收记录</td><td>验收结论</td></tr>
<tr><td>1</td><td>分部工程验收</td><td colspan="3">共　　分部，经查符合设计及标准要求　　分部</td><td></td></tr>
<tr><td>2</td><td>质量控制资料核查</td><td colspan="3">共　　项，经核查符合规定　　项</td><td></td></tr>
<tr><td>3</td><td>安全和使用功能核查及抽查结果</td><td colspan="3">共核查　　项，符合要求　　项，
共抽查　　项，符合要求　　项，
经返工处理符合要求　　项</td><td></td></tr>
<tr><td>4</td><td>外观质量检验</td><td colspan="3">共抽查　　项，符合要求　　项，
经返修符合要求　　项</td><td></td></tr>
<tr><td>5</td><td>实体质量检验</td><td colspan="3">共抽查　　项，符合要求　　项，
经返修符合要求　　项</td><td></td></tr>
<tr><td>6</td><td>综合验收结论</td><td colspan="4"></td></tr>
<tr><td rowspan="4">参加验收单位</td><td colspan="2">建设单位</td><td colspan="2">监理单位</td><td>施工单位</td></tr>
<tr><td colspan="2">（公章）
项目负责人：
年　　月　　日</td><td colspan="2">（公章）
总监理工程师：（执业资格证章）
年　　月　　日</td><td>（公章）
项目负责人：（执业资格证章）
年　　月　　日</td></tr>
<tr><td colspan="2">分包单位</td><td colspan="2">勘察单位</td><td>设计单位</td></tr>
<tr><td colspan="2">（公章）
项目负责人：（执业资格证章）
年　　月　　日</td><td colspan="2">（公章）
项目负责人：（执业资格证章）
年　　月　　日</td><td>（公章）
项目负责人：（执业资格证章）
年　　月　　日</td></tr>
</table>

8.1.11　市政竣·通-11　建设工程竣工验收报告

市政竣·通-11

市政基础设施工程

建设工程竣工验收报告

工程名称：________________________

建设单位（公章）：____________________

竣工验收日期：______________________

发出日期：________________________

市政基础设施工程

填　写　说　明

1. 工程竣工验收报告由建设单位负责填写，向备案机关提交。
2. 填写内容要求真实，语言简练，字迹清楚。
3. 工程竣工报告一式五份，建设单位、监督站、备案机关、施工单位及城建档案部门各持一份。

市政基础设施工程

<table>
<tr><td colspan="2">工程名称</td><td></td><td>工程地点</td><td></td></tr>
<tr><td colspan="2">工程规模
（建筑面积、
道路桥梁长度等）</td><td></td><td>工程造价
（万元）</td><td></td></tr>
<tr><td colspan="2">结构类型</td><td></td><td>开工日期</td><td></td></tr>
<tr><td colspan="2">施工许可证号</td><td></td><td>竣工日期</td><td></td></tr>
<tr><td colspan="2">监督单位</td><td></td><td>监督登记号</td><td></td></tr>
<tr><td colspan="2">建设单位</td><td></td><td>总施工单位</td><td></td></tr>
<tr><td colspan="2">勘察单位</td><td></td><td>施工单位（土建）</td><td></td></tr>
<tr><td colspan="2">设计单位</td><td></td><td>施工单位（设备安装）</td><td></td></tr>
<tr><td colspan="2" rowspan="2">监理单位</td><td rowspan="2"></td><td rowspan="2">工程检测单位</td><td></td></tr>
<tr><td></td></tr>
<tr><td colspan="2" rowspan="2">其他主要参建单位</td><td></td><td rowspan="2">其他主要参建单位</td><td></td></tr>
<tr><td></td><td></td></tr>
<tr><td colspan="5">专项验收情况</td></tr>
<tr><td colspan="2">专项验收名称</td><td>证明文件发出日期</td><td>文件编号</td><td>对验收的意见</td></tr>
<tr><td colspan="2" rowspan="3">单位（子单位）
工程质量竣工
验收记录</td><td></td><td></td><td></td></tr>
<tr><td></td><td></td><td></td></tr>
<tr><td></td><td></td><td></td></tr>
<tr><td rowspan="6">法律法规
规定的其
他验收
文件</td><td></td><td></td><td></td><td></td></tr>
<tr><td></td><td></td><td></td><td></td></tr>
<tr><td></td><td></td><td></td><td></td></tr>
<tr><td></td><td></td><td></td><td></td></tr>
<tr><td></td><td></td><td></td><td></td></tr>
<tr><td></td><td></td><td></td><td></td></tr>
<tr><td colspan="5">附有关证明文件</td></tr>
<tr><td colspan="2">施工许可证</td><td></td><td></td><td>—</td></tr>
<tr><td colspan="2">施工图设计文件
审查意见</td><td></td><td></td><td>—</td></tr>
<tr><td colspan="2">工程竣工报告</td><td></td><td></td><td></td></tr>
<tr><td colspan="2">工程质量评估报告</td><td></td><td></td><td></td></tr>
<tr><td colspan="2">勘察质量检查报告</td><td></td><td></td><td></td></tr>
<tr><td colspan="2">设计质量检查报告</td><td></td><td></td><td></td></tr>
<tr><td colspan="2">工程质量保修书</td><td></td><td></td><td>—</td></tr>
</table>

<table>
<tr><td>工程完成情况</td><td colspan="3"></td></tr>
<tr><td rowspan="2">工程质量情况</td><td>土建</td><td colspan="2"></td></tr>
<tr><td>设备安装</td><td colspan="2"></td></tr>
<tr><td>工程未达到使用功能的部位（范围）</td><td colspan="3"></td></tr>
<tr><td rowspan="4">参加验收单位意见</td><td>建设单位</td><td>监理单位</td><td>施工单位</td></tr>
<tr><td>（公章）
项目负责人：
年　月　日</td><td>（公章）
总监理工程师：（执业资格证章）
年　月　日</td><td>（公章）
项目负责人：（执业资格证章）
年　月　日</td></tr>
<tr><td>分包单位</td><td>设计单位</td><td>勘察单位</td></tr>
<tr><td>（公章）
项目负责人：（执业资格证章）
年　月　日</td><td>（公章）
项目负责人：（执业资格证章）
年　月　日</td><td>（公章）
项目负责人：（执业资格证章）
年　月　日</td></tr>
</table>

8.1.12　市政竣·通-12　竣工验收备案表

市政竣·通-12

编号：　　　建验备 201———

市政基础设施工程

竣工验收备案表

市政基础设施工程

竣工验收备案表

建设单位名称 （或代建单位）			
备案日期			
工程名称			
工程地点			
工程规模 ［建筑面积、层数、道路（桥梁）长度等］			
结构类型			
工程用途			
开工日期			
竣工验收日期			
施工许可证号			
施工图审查意见			
勘察单位名称		资质等级	
设计单位名称		资质等级	
施工单位名称		资质等级	
监理单位名称		资质等级	
工程质量监督 机构名称			

市政基础设施工程

<table>
<tr><td rowspan="6">竣工验收意见</td><td>勘察单位意见</td><td>项目负责人：（执业资格证章）（公章）
年 月 日</td></tr>
<tr><td>设计单位意见</td><td>项目负责人：（执业资格证章）（公章）
年 月 日</td></tr>
<tr><td>施工单位意见</td><td>项目负责人：（执业资格证章）（公章）
年 月 日</td></tr>
<tr><td>监理单位意见</td><td>总监理工程师：
（执业资格证章）（公章）
年 月 日</td></tr>
<tr><td>代建单位意见</td><td>项目负责人：（公章）
年 月 日</td></tr>
<tr><td>建设单位意见</td><td>项目负责人：（公章）
年 月 日</td></tr>
</table>

市政基础设施工程

<table>
<tr><td colspan="1">工
程
竣
工
验
收
备
案
文
件
目
录</td><td colspan="3">1. 建设工程竣工验收报告
2. 施工许可证
3. 施工图设计文件审查意见
4. 单位工程质量综合验收文件
① 工程竣工验收申请报告
② 工程质量评估报告
③ 勘察、设计文件质量检查报告
④ 单位（子单位）工程质量验收记录
5. 市政基础设施的有关质量检测和功能性试验资料
6. 施工单位签署的工程质量保修书
7. 法规、规章、规定必须提供的其他文件</td></tr>
<tr><td>备
案
意
见</td><td colspan="3">________________工程的竣工验收备案文件已于　　年　月　日收讫，文件齐全。

（公章）

年　　月　　日</td></tr>
<tr><td>备案机关负责人</td><td></td><td>备案经手人</td><td></td></tr>
</table>

市政基础设施工程

备案机关处理意见： 经核查，____市________________________工程的竣工验收备案文件齐全，对照该工程质量监督机构提出的《建设工程质量监督报告》（编号：______________），根据《建设工程质量管理条例》，予以备案。 （公章） 年　　月　　日

8.2 道 路 工 程

8.2.1 市政竣·道-1 道路工程安全和功能检验资料核查及主要功能抽查记录

市政基础设施工程

道路工程安全和功能检验资料核查及主要功能抽查记录

市政竣·道-1

第 页，共 页

工程名称			
施工单位			
序号	安全和功能检查项目	核查（抽查）意见	核查（抽查）人
1	地基土承载力试验记录		
2	桩基无损检测记录		
3	桩基钻芯取样检测记录		
4	混凝土路面抽芯芯样厚度及强度试验报告		
5	同条件养护试件试验记录		
6	沥青路面抽芯厚度及压实度、稳定度试验报告		
7	道路各层弯沉试验记录		
8	道路工程竣工测量资料		
检查结论			
项目专业质检员： 项目技术负责人： 项目负责人：（执业资格证章） 年 月 日		专业监理工程师： 总监理工程师：（执业资格证章） 年 月 日	

8.2.2 市政竣·道-2 道路工程外观质量检查记录

市政基础设施工程

道路工程外观质量检查记录

市政竣·道-2

第　　页，共　　页

<table>
<tr><td colspan="3">工程名称</td><td colspan="4"></td></tr>
<tr><td colspan="3">施工单位</td><td colspan="4"></td></tr>
<tr><td rowspan="2">序号</td><td colspan="2" rowspan="2">项目</td><td rowspan="2">抽查质量状况</td><td colspan="3">质量评价</td></tr>
<tr><td>好</td><td>一般</td><td>差</td></tr>
<tr><td>1</td><td colspan="2">基层</td><td></td><td></td><td></td><td></td></tr>
<tr><td>2</td><td colspan="2">车行道面层</td><td></td><td></td><td></td><td></td></tr>
<tr><td>3</td><td colspan="2">广场、停车场面层</td><td></td><td></td><td></td><td></td></tr>
<tr><td>4</td><td colspan="2">人行道</td><td></td><td></td><td></td><td></td></tr>
<tr><td>5</td><td colspan="2">人行地道结构</td><td></td><td></td><td></td><td></td></tr>
<tr><td>6</td><td colspan="2">挡土墙</td><td></td><td></td><td></td><td></td></tr>
<tr><td>7</td><td rowspan="10">附属构筑物</td><td>路缘石</td><td></td><td></td><td></td><td></td></tr>
<tr><td>8</td><td>雨水支管、雨水口</td><td></td><td></td><td></td><td></td></tr>
<tr><td>9</td><td>排水沟、截水沟</td><td></td><td></td><td></td><td></td></tr>
<tr><td>10</td><td>涵洞</td><td></td><td></td><td></td><td></td></tr>
<tr><td>11</td><td>护坡</td><td></td><td></td><td></td><td></td></tr>
<tr><td>12</td><td>隔离墩</td><td></td><td></td><td></td><td></td></tr>
<tr><td>13</td><td>隔离栅</td><td></td><td></td><td></td><td></td></tr>
<tr><td>14</td><td>护栏</td><td></td><td></td><td></td><td></td></tr>
<tr><td>15</td><td>声屏障</td><td></td><td></td><td></td><td></td></tr>
<tr><td>16</td><td>防眩板</td><td></td><td></td><td></td><td></td></tr>
<tr><td></td><td colspan="2"></td><td></td><td></td><td></td><td></td></tr>
<tr><td></td><td colspan="2"></td><td></td><td></td><td></td><td></td></tr>
<tr><td colspan="3">外观质量综合评价</td><td colspan="4"></td></tr>
<tr><td colspan="2">检查结论</td><td colspan="5"></td></tr>
<tr><td colspan="4">项目专业质检员：
项目技术负责人：
项目负责人：　　　　（执业资格证章）
年　　月　　日</td><td colspan="3">专业监理工程师：
总监理工程师：　　　　（执业资格证章）
年　　月　　日</td></tr>
</table>

注：质量评为差的项目，应进行返修。

8.2.3 市政竣·道-3 道路工程实体质量检查记录

市政基础设施工程

道路工程实体质量检查记录

市政竣·道-3

第　　页，共　　页

<table>
<tr><td colspan="4">工程名称</td><td colspan="8"></td></tr>
<tr><td colspan="4">单位工程名称</td><td colspan="8"></td></tr>
<tr><td colspan="4">施工单位</td><td></td><td>分包单位</td><td colspan="6"></td></tr>
<tr><td colspan="4">验收规范及图号</td><td colspan="8">CJJ 1—2008</td></tr>
<tr><td colspan="5" rowspan="2">施工与质量验收规范的规定</td><td rowspan="2">检查频率</td><td colspan="6">检查情况</td></tr>
<tr><td colspan="3">不合格点的实测偏差值或实测值</td><td>应测点数</td><td>合格点数</td><td>合格率（%）</td></tr>
<tr><td rowspan="4">主控项目</td><td colspan="3">热拌沥青混合料面层厚度符合设计规定，允许偏差＋10，－5mm</td><td>第 8.5.1-2 条</td><td rowspan="4">现场钻芯，每工程不小于3个样</td><td></td><td></td><td></td><td></td><td></td><td></td></tr>
<tr><td colspan="3">冷拌沥青混合料面层厚度符合设计规定，允许偏差＋15，－5mm</td><td>第 8.5.2-3 条</td><td></td><td></td><td></td><td></td><td></td><td></td></tr>
<tr><td colspan="3">贯入式沥青混合料面层厚度符合设计规定，允许偏差＋10，－5mm</td><td>第 9.4.1-4 条</td><td></td><td></td><td></td><td></td><td></td><td></td></tr>
<tr><td colspan="3">混凝土路面面层厚度符合设计规定，允许偏差±5mm</td><td>第 10.8.1-2 条</td><td></td><td></td><td></td><td></td><td></td><td></td></tr>
<tr><td rowspan="22">一般项目</td><td rowspan="12">车行道</td><td colspan="2">纵断高程</td><td rowspan="12">第 8.5.1-4、8.5.2-4、9.4.1-6、10.8.1-2 条</td><td rowspan="21">工程长度的1/10，且不小于200米</td><td></td><td></td><td></td><td></td><td></td><td></td></tr>
<tr><td colspan="2">中线偏位</td><td></td><td></td><td></td><td></td><td></td><td></td></tr>
<tr><td rowspan="2">平整度</td><td>标准差σ值</td><td></td><td></td><td></td><td></td><td></td><td></td></tr>
<tr><td>最大间隙</td><td></td><td></td><td></td><td></td><td></td><td></td></tr>
<tr><td colspan="2">宽度</td><td></td><td></td><td></td><td></td><td></td><td></td></tr>
<tr><td colspan="2">横坡</td><td></td><td></td><td></td><td></td><td></td><td></td></tr>
<tr><td colspan="2">井框与路面高差</td><td></td><td></td><td></td><td></td><td></td><td></td></tr>
<tr><td colspan="2">摩擦系数</td><td></td><td></td><td></td><td></td><td></td><td></td></tr>
<tr><td colspan="2">构造深度</td><td></td><td></td><td></td><td></td><td></td><td></td></tr>
<tr><td colspan="2">相邻板块高差</td><td></td><td></td><td></td><td></td><td></td><td></td></tr>
<tr><td colspan="2">纵缝直顺</td><td></td><td></td><td></td><td></td><td></td><td></td></tr>
<tr><td colspan="2">横缝直顺</td><td></td><td></td><td></td><td></td><td></td><td></td></tr>
<tr><td rowspan="9">人行道</td><td colspan="2">纵断高程</td><td rowspan="9">第 11.3.1-4、11.3.2-4、条</td><td></td><td></td><td></td><td></td><td></td><td></td></tr>
<tr><td colspan="2">中线偏位</td><td></td><td></td><td></td><td></td><td></td><td></td></tr>
<tr><td colspan="2">平整度</td><td></td><td></td><td></td><td></td><td></td><td></td></tr>
<tr><td colspan="2">横坡</td><td></td><td></td><td></td><td></td><td></td><td></td></tr>
<tr><td colspan="2">宽度</td><td></td><td></td><td></td><td></td><td></td><td></td></tr>
<tr><td colspan="2">井框与面层高差</td><td></td><td></td><td></td><td></td><td></td><td></td></tr>
<tr><td colspan="2">相邻块高差</td><td></td><td></td><td></td><td></td><td></td><td></td></tr>
<tr><td colspan="2">纵横缝直顺</td><td></td><td></td><td></td><td></td><td></td><td></td></tr>
<tr><td colspan="2">缝宽</td><td></td><td></td><td></td><td></td><td></td><td></td></tr>
<tr><td colspan="4">平均合格率（%）</td><td colspan="7"></td></tr>
<tr><td colspan="2">检查结论</td><td colspan="10"></td></tr>
<tr><td colspan="6">项目专业质检员：
项目技术负责人：
项目负责人：　　　　（执业资格证章）
年　　月　　日</td><td colspan="6">专业监理工程师：
总监理工程师：　　　　（执业资格证章）
年　　月　　日</td></tr>
</table>

8.3 桥 梁 工 程

8.3.1 市政竣·桥-1 桥梁工程安全和功能检验资料核查及主要功能抽查记录

市政基础设施工程

桥梁工程安全和功能检验资料核查及主要功能抽查记录

市政竣·桥-1

第　　页，共　　页

<table>
<tr><td colspan="2">工程名称</td><td colspan="2"></td></tr>
<tr><td colspan="2">施工单位</td><td colspan="2"></td></tr>
<tr><td>序号</td><td>安全和功能检查项目</td><td>核查（抽查）意见</td><td>核查（抽查）人</td></tr>
<tr><td>1</td><td>地基土承载力试验记录</td><td></td><td></td></tr>
<tr><td>2</td><td>桩基无损检测记录</td><td></td><td></td></tr>
<tr><td>3</td><td>桩基钻芯取样检测记录</td><td></td><td></td></tr>
<tr><td>4</td><td>同条件养护试件试验记录</td><td></td><td></td></tr>
<tr><td>5</td><td>斜拉索张拉力振动频率试验记录</td><td></td><td></td></tr>
<tr><td>6</td><td>索力调整检测记录</td><td></td><td></td></tr>
<tr><td>7</td><td>桥梁的动、静载试验记录</td><td></td><td></td></tr>
<tr><td>8</td><td>桥梁工程竣工测量资料</td><td></td><td></td></tr>
<tr><td></td><td></td><td></td><td></td></tr>
<tr><td></td><td></td><td></td><td></td></tr>
<tr><td></td><td></td><td></td><td></td></tr>
<tr><td></td><td></td><td></td><td></td></tr>
<tr><td></td><td></td><td></td><td></td></tr>
<tr><td></td><td></td><td></td><td></td></tr>
<tr><td></td><td></td><td></td><td></td></tr>
<tr><td></td><td></td><td></td><td></td></tr>
<tr><td></td><td></td><td></td><td></td></tr>
<tr><td></td><td></td><td></td><td></td></tr>
<tr><td></td><td></td><td></td><td></td></tr>
<tr><td></td><td></td><td></td><td></td></tr>
<tr><td></td><td></td><td></td><td></td></tr>
<tr><td colspan="2">检查结论</td><td colspan="2"></td></tr>
<tr><td colspan="2">项目专业质检员：
项目技术负责人：
项目负责人：　　　　（执业资格证章）
年　　月　　日</td><td colspan="2">专业监理工程师：
总监理工程师：　　　　（执业资格证章）
年　　月　　日</td></tr>
</table>

8.3.2 市政竣·桥-2 桥梁工程外观质量检查记录

市政基础设施工程

桥梁工程外观质量检查记录

市政竣·桥-2

第　　页，共　　页

<table>
<tr><td colspan="3">工程名称</td><td colspan="4"></td></tr>
<tr><td colspan="3">施工单位</td><td colspan="4"></td></tr>
<tr><td rowspan="2">序号</td><td colspan="2" rowspan="2">项目</td><td rowspan="2">抽查质量状况</td><td colspan="3">质量评价</td></tr>
<tr><td>好</td><td>一般</td><td>差</td></tr>
<tr><td>1</td><td colspan="2">墩（柱）、塔</td><td></td><td></td><td></td><td></td></tr>
<tr><td>2</td><td colspan="2">桥台</td><td></td><td></td><td></td><td></td></tr>
<tr><td>3</td><td colspan="2">盖梁</td><td></td><td></td><td></td><td></td></tr>
<tr><td>4</td><td colspan="2">混凝土梁</td><td></td><td></td><td></td><td></td></tr>
<tr><td>5</td><td colspan="2">钢梁</td><td></td><td></td><td></td><td></td></tr>
<tr><td>6</td><td colspan="2">拱部</td><td></td><td></td><td></td><td></td></tr>
<tr><td>7</td><td colspan="2">拉索、吊索</td><td></td><td></td><td></td><td></td></tr>
<tr><td>8</td><td rowspan="6">桥面系</td><td>桥面</td><td></td><td></td><td></td><td></td></tr>
<tr><td>9</td><td>人行道</td><td></td><td></td><td></td><td></td></tr>
<tr><td>10</td><td>伸缩缝</td><td></td><td></td><td></td><td></td></tr>
<tr><td>11</td><td>防撞设施</td><td></td><td></td><td></td><td></td></tr>
<tr><td>12</td><td>排水设施</td><td></td><td></td><td></td><td></td></tr>
<tr><td>13</td><td>栏杆、扶手</td><td></td><td></td><td></td><td></td></tr>
<tr><td>14</td><td rowspan="5">附属结构</td><td>桥头搭板</td><td></td><td></td><td></td><td></td></tr>
<tr><td>15</td><td>梯道</td><td></td><td></td><td></td><td></td></tr>
<tr><td>16</td><td>防冲刷结构</td><td></td><td></td><td></td><td></td></tr>
<tr><td>17</td><td>灯柱、照明</td><td></td><td></td><td></td><td></td></tr>
<tr><td>18</td><td>防眩、隔声装置</td><td></td><td></td><td></td><td></td></tr>
<tr><td>19</td><td colspan="2">涂装、饰面</td><td></td><td></td><td></td><td></td></tr>
<tr><td colspan="3">外观质量综合评价</td><td colspan="4"></td></tr>
<tr><td colspan="2">检查结论</td><td colspan="5"></td></tr>
<tr><td colspan="4">项目专业质检员：
项目技术负责人：
项目负责人：　　　　（执业资格证章）
年　　月　　日</td><td colspan="3">专业监理工程师：
总监理工程师：　　　　（执业资格证章）
年　　月　　日</td></tr>
</table>

注：质量评为差的项目，应进行返修。

8.3.3 市政竣·桥-3 桥梁工程实体质量检查记录

市政基础设施工程

桥梁工程实体质量检查记录

市政竣·桥-3

第 页，共 页

<table>
<tr><td colspan="3">工程名称</td><td colspan="8"></td></tr>
<tr><td colspan="3">单位工程名称</td><td colspan="8"></td></tr>
<tr><td colspan="3">施工单位</td><td colspan="3"></td><td colspan="2">分包单位</td><td colspan="3"></td></tr>
<tr><td colspan="3">验收规范及图号</td><td colspan="8">CJJ 2—2008</td></tr>
<tr><td colspan="4" rowspan="2">施工与质量验收规范的规定</td><td colspan="2">检查频率</td><td colspan="5">检查情况</td></tr>
<tr><td>范围</td><td>点数</td><td colspan="2">不合格点的实测偏差值或实测值</td><td>应测点数</td><td>合格点数</td><td>合格率（%）</td></tr>
<tr><td>主控项目</td><td colspan="2">桥下净空不得小于设计要求</td><td>第 23.0.11-1 条</td><td colspan="2">全数检查</td><td colspan="5"></td></tr>
<tr><td rowspan="16">一般项目</td><td colspan="2">桥梁轴线位移</td><td>10（mm）</td><td rowspan="7">每座或每跨、每孔</td><td>3</td><td></td><td></td><td></td><td></td><td></td></tr>
<tr><td rowspan="2">桥宽</td><td>车行道</td><td rowspan="2">±10（mm）</td><td rowspan="2">3</td><td></td><td></td><td></td><td></td><td></td></tr>
<tr><td>人行道</td><td></td><td></td><td></td><td></td><td></td></tr>
<tr><td colspan="2">长度（mm）</td><td>+200，−100</td><td>2</td><td></td><td></td><td></td><td></td><td></td></tr>
<tr><td colspan="2">引道中线与桥梁中线偏差</td><td>±20（mm）</td><td>2</td><td></td><td></td><td></td><td></td><td></td></tr>
<tr><td colspan="2">桥头高程衔接</td><td>±3（mm）</td><td>2</td><td></td><td></td><td></td><td></td><td></td></tr>
<tr><td colspan="2"></td><td></td><td></td><td></td><td></td><td></td><td></td><td></td></tr>
<tr><td colspan="2"></td><td></td><td></td><td></td><td></td><td></td><td></td><td></td><td></td></tr>
<tr><td colspan="2"></td><td></td><td></td><td></td><td></td><td></td><td></td><td></td><td></td></tr>
<tr><td colspan="2"></td><td></td><td></td><td></td><td></td><td></td><td></td><td></td><td></td></tr>
<tr><td colspan="2"></td><td></td><td></td><td></td><td></td><td></td><td></td><td></td><td></td></tr>
<tr><td colspan="2"></td><td></td><td></td><td></td><td></td><td></td><td></td><td></td><td></td></tr>
<tr><td colspan="2"></td><td></td><td></td><td></td><td></td><td></td><td></td><td></td><td></td></tr>
<tr><td colspan="2"></td><td></td><td></td><td></td><td></td><td></td><td></td><td></td><td></td></tr>
<tr><td colspan="3">平均合格率（%）</td><td colspan="7"></td></tr>
<tr><td colspan="2">检查结论</td><td colspan="9"></td></tr>
<tr><td colspan="5">项目专业质检员：
项目技术负责人：
项目负责人：（执业资格证章）
年 月 日</td><td colspan="6">专业监理工程师：
总监理工程师：（执业资格证章）
年 月 日</td></tr>
</table>

8.4 给排水管道工程

8.4.1 市政竣·管-1 给水排水管道工程安全和功能检验资料核查及主要功能抽查记录

市政基础设施工程

给水排水管道工程安全和功能检验
资料核查及主要功能抽查记录

市政竣·管-1

第 页，共 页

<table>
<tr><td colspan="2">工程名称</td><td colspan="2"></td></tr>
<tr><td colspan="2">施工单位</td><td>监理单位</td><td></td></tr>
<tr><td>序号</td><td>安全和功能检查项目</td><td>核查（抽查）意见</td><td>核查（抽查）人</td></tr>
<tr><td>1</td><td>地基土承载力试验记录</td><td></td><td></td></tr>
<tr><td>2</td><td>地基基础加固检测报告</td><td></td><td></td></tr>
<tr><td>3</td><td>桥管桩基础检测报告</td><td></td><td></td></tr>
<tr><td>4</td><td>回填土压实度试验记录及汇总评定记录</td><td></td><td></td></tr>
<tr><td>5</td><td>砂浆、混凝土强度试验报告及统计评定记录</td><td></td><td></td></tr>
<tr><td>6</td><td>压力管道水压试验（无压力管道严密性试验）记录</td><td></td><td></td></tr>
<tr><td>7</td><td>给水管道冲洗消毒记录及报告</td><td></td><td></td></tr>
<tr><td>8</td><td>阀门安装及运行功能调试报告及抽查检验</td><td></td><td></td></tr>
<tr><td>9</td><td>其他管道设备安装调试及功能检测</td><td></td><td></td></tr>
<tr><td>10</td><td>管道位置高程及管道变形测量</td><td></td><td></td></tr>
<tr><td>11</td><td>阴极保护安装及系统测试报告及抽查检验</td><td></td><td></td></tr>
<tr><td>12</td><td>防腐绝缘检测汇总及抽查检验</td><td></td><td></td></tr>
<tr><td>13</td><td>钢管焊接无损检测报告</td><td></td><td></td></tr>
<tr><td>14</td><td>混凝土结构管道渗漏水调查记录</td><td></td><td></td></tr>
<tr><td>15</td><td>抽升泵站的地面建筑</td><td></td><td></td></tr>
<tr><td>16</td><td>其他</td><td></td><td></td></tr>
<tr><td colspan="2">检查结论</td><td colspan="2"></td></tr>
<tr><td colspan="2">项目专业质检员：

项目技术负责人：

项目负责人：　　　（执业资格证章）

年　月　日</td><td colspan="2">

专业监理工程师：

总监理工程师：　　　（执业资格证章）

年　月　日</td></tr>
</table>

8.4.2 市政竣·管-2 给水排水管道工程外观质量检查记录

市政基础设施工程

给水排水管道工程外观质量检查记录

市政竣·管-2

第　　页，共　　页

工程名称							
施工单位			监理单位				
序号	检查项目		抽查质量状况	质量评价			
				好	一般	差	
1	管道工程	管道、管道附件、附属构筑物位置					
2		管道设备					
3		附属构筑物					
4		大口径管道（渠、廊）；管道内部、管廊内管道安装					
5		地上管道（桥管、架空管、虹吸管）及承重结构					
6		回填土					
7	顶管、盾构、浅埋暗挖、定向钻、夯管	管道结构					
8		防水、防腐					
9		管缝（变形缝）					
10		进、出洞口					
11		工作坑（井）					
12		管道线形					
13		附属构筑物					
14	抽升泵站	下部结构					
15		地面建筑					
16		水泵机电设备、管道安装及基础支架					
17		防水、防腐					
18		附属设施、工艺					
外观质量综合评价							
检查结论							
项目专业质检员： 项目技术负责人： 项目负责人：　　（执业资格证章） 年　月　日			专业监理工程师： 总监理工程师：　　（执业资格证章） 年　月　日				

注：质量评为差的项目，应进行返修。

8.4.3 市政竣·管-3 给水排水管道工程实体质量检查记录

市政基础设施工程

给水排水管道工程实体质量检查记录

市政竣·管-3

第　　页，共　　页

工程名称			
单位工程名称			
施工单位		分包单位	
验收规范及图号	GB 50268—2008		

施工与质量验收规范的规定						检查频率		检查情况			
						范围	点数	不合格点的实测偏差值或实测值	应测点数	合格点数	合格率（%）
一般项目	主管井室允许偏差	平面轴线位置（轴向、垂直轴向）（mm）			15	每座/每工程抽查1/10的井段，且不少于5个井段	2				
		结构段面尺寸（mm）			+10，0		2				
		井室尺寸	长、宽（mm）		±20		2				
			直径（mm）								
		井口高程	农田或绿地（mm）		±20		1				
			路面（mm）		与道路规定一致						
		井底高程	开槽法管道铺设（mm）	D_i≤1000	±10		2				
				D_i>1000	±15						
			不开槽法管道铺设（mm）	D_i<1500	+10，−20						
				D_i≥1500	+20，−40						
		踏步安装	水平及垂直间距、外露长度（mm）		±10		1				
		脚窝	高、宽、深（mm）		±10						
		流槽宽度（mm）			±10						
	雨水口支管井室允许偏差	井框、井箅吻合（mm）			≤10		1				
		井口与路面高差（mm）			−5，0						
		雨水口位置与道路边线平行（mm）			≤10						
		井内尺寸	长、宽（mm）		+20，0						
			深（mm）		0，−20						
		井内支、连管管口底高度（mm）			0，−20						
	平均合格率（%）										

检查结论：

项目专业质检员： 项目技术负责人： 项目负责人：　　　　（执业资格证章） 年　　月　　日	专业监理工程师： 总监理工程师：　　　　（执业资格证章） 年　　月　　日

8.5 给排水构筑物工程

8.5.1 市政竣·构-1 给水排水构筑物工程安全和功能检验资料核查及主要功能抽查记录

市政基础设施工程

给水排水构筑物工程安全和功能检验资料核查及主要功能抽查记录

市政竣·构-1

第　　页，共　　页

<table>
<tr><td colspan="3">工程名称</td><td colspan="3"></td></tr>
<tr><td colspan="3">施工单位</td><td></td><td>监理单位</td><td></td></tr>
<tr><td>序号</td><td colspan="3">安全和功能检查项目</td><td>核查（抽查）意见</td><td>核查（抽查）人</td></tr>
<tr><td>1</td><td colspan="3">地基土承载力试验记录</td><td></td><td></td></tr>
<tr><td>2</td><td colspan="3">地基基础加固检测报告</td><td></td><td></td></tr>
<tr><td>3</td><td colspan="3">桩基础检测报告</td><td></td><td></td></tr>
<tr><td>4</td><td colspan="3">回填土压实度试验记录及汇总评定记录</td><td></td><td></td></tr>
<tr><td>5</td><td colspan="3">砂浆、混凝土强度试验报告及统计评定记录</td><td></td><td></td></tr>
<tr><td>6</td><td colspan="3">压力管渠水压试验（无压力管道严密性试验）记录</td><td></td><td></td></tr>
<tr><td>7</td><td colspan="3">满水试验、气密性试验记录</td><td></td><td></td></tr>
<tr><td>8</td><td colspan="3">钢管焊接无损检测报告汇总</td><td></td><td></td></tr>
<tr><td>9</td><td colspan="3">主体结构实体混凝土强度抽查检验</td><td></td><td></td></tr>
<tr><td>10</td><td colspan="3">主体结构实体钢筋保护层厚度抽查检验</td><td></td><td></td></tr>
<tr><td>11</td><td colspan="3">防腐、防水、保温层检测汇总及抽查检验</td><td></td><td></td></tr>
<tr><td>12</td><td colspan="3">地下水取水构筑物抽水清洗，产水量测定</td><td></td><td></td></tr>
<tr><td>13</td><td colspan="3">地表水取水构筑物试运行记录及抽查检验</td><td></td><td></td></tr>
<tr><td>14</td><td colspan="3">主体构筑物位置及高程测量汇总和抽验记录</td><td></td><td></td></tr>
<tr><td>15</td><td colspan="3">工艺辅助构筑物位置及高程测量汇总和抽验记录</td><td></td><td></td></tr>
<tr><td rowspan="7">16</td><td rowspan="7">地面建筑</td><td colspan="2">屋面淋水试验记录</td><td></td><td></td></tr>
<tr><td colspan="2">有防水要求的地面蓄水试验记录</td><td></td><td></td></tr>
<tr><td colspan="2">抽气（风）道检查记录</td><td></td><td></td></tr>
<tr><td colspan="2">幕墙、外窗气密性、水密性、耐风压检测报告</td><td></td><td></td></tr>
<tr><td colspan="2">节能、保温测试记录</td><td></td><td></td></tr>
<tr><td colspan="2">建筑物垂直度、标高、全高测量记录</td><td></td><td></td></tr>
<tr><td colspan="2">建筑物沉降观测记录</td><td></td><td></td></tr>
<tr><td colspan="2">检查结论</td><td colspan="4"></td></tr>
<tr><td colspan="4">项目专业质检员：

项目技术负责人：

项目负责人：　　　　（执业资格证章）

年　月　日</td><td colspan="2">

专业监理工程师：

总监理工程师：　　　　（执业资格证章）

年　月　日</td></tr>
</table>

8.5.2 市政竣·构-2 给水排水构筑物工程外观质量检查记录

市政基础设施工程

给水排水构筑物工程外观质量检查记录

市政竣·构-2

第　　页，共　　页

<table>
<tr><td colspan="2">工程名称</td><td colspan="5"></td></tr>
<tr><td colspan="2">施工单位</td><td></td><td>监理单位</td><td colspan="3"></td></tr>
<tr><td rowspan="2">序号</td><td rowspan="2" colspan="2">检查项目</td><td rowspan="2">抽查质量状况</td><td colspan="3">质量评价</td></tr>
<tr><td>好</td><td>一般</td><td>差</td></tr>
<tr><td>1</td><td rowspan="4">主体结构</td><td>现浇混凝土结构</td><td></td><td></td><td></td><td></td></tr>
<tr><td>2</td><td>装配式混凝土结构</td><td></td><td></td><td></td><td></td></tr>
<tr><td>3</td><td>钢结构</td><td></td><td></td><td></td><td></td></tr>
<tr><td>4</td><td>砌体结构</td><td></td><td></td><td></td><td></td></tr>
<tr><td>5</td><td rowspan="3">附属构筑物</td><td>管渠、涵渠、管道</td><td></td><td></td><td></td><td></td></tr>
<tr><td>6</td><td>细部结构</td><td></td><td></td><td></td><td></td></tr>
<tr><td>7</td><td>工艺辅助结构</td><td></td><td></td><td></td><td></td></tr>
<tr><td>8</td><td colspan="2">变形缝</td><td></td><td></td><td></td><td></td></tr>
<tr><td>9</td><td colspan="2">设备基础</td><td></td><td></td><td></td><td></td></tr>
<tr><td>10</td><td colspan="2">防水、防腐、保温层</td><td></td><td></td><td></td><td></td></tr>
<tr><td>11</td><td colspan="2">预埋件、预留孔（洞）</td><td></td><td></td><td></td><td></td></tr>
<tr><td>12</td><td colspan="2">回填土</td><td></td><td></td><td></td><td></td></tr>
<tr><td>13</td><td colspan="2">装饰</td><td></td><td></td><td></td><td></td></tr>
<tr><td>14</td><td rowspan="7">地面建筑</td><td>室外墙面</td><td></td><td></td><td></td><td></td></tr>
<tr><td>15</td><td>水落管、屋面</td><td></td><td></td><td></td><td></td></tr>
<tr><td>16</td><td>室内墙面</td><td></td><td></td><td></td><td></td></tr>
<tr><td>17</td><td>室内顶棚</td><td></td><td></td><td></td><td></td></tr>
<tr><td>18</td><td>室内地面</td><td></td><td></td><td></td><td></td></tr>
<tr><td>19</td><td>楼梯、踏步、护栏</td><td></td><td></td><td></td><td></td></tr>
<tr><td>20</td><td>门窗</td><td></td><td></td><td></td><td></td></tr>
<tr><td>21</td><td colspan="2">总体布置</td><td></td><td></td><td></td><td></td></tr>
<tr><td colspan="3">外观质量综合评价</td><td colspan="4"></td></tr>
<tr><td colspan="2">检查结论</td><td colspan="5"></td></tr>
<tr><td colspan="3">项目专业质检员：
项目技术负责人：
项目负责人：　　　　（执业资格证章）
年　　月　　日</td><td colspan="4">专业监理工程师：
总监理工程师：　　　　（执业资格证章）
年　　月　　日</td></tr>
</table>

注：质量评为差的项目，应进行返修。

8.6 污水处理厂工程

8.6.1 市政竣·厂-1 污水处理厂工程安全和功能检验资料核查及主要功能抽查记录

市政基础设施工程

污水处理厂工程安全和功能检验
资料核查及主要功能抽查记录

市政竣·厂-1

第 页，共 页

<table>
<tr><td colspan="2">工程名称</td><td colspan="5"></td></tr>
<tr><td colspan="2">施工单位</td><td colspan="3"></td><td>监理单位</td><td></td></tr>
<tr><td>序号</td><td colspan="4">安全和功能检查项目</td><td>核查（抽查）意见</td><td>核查（抽查）人</td></tr>
<tr><td>1</td><td colspan="4">地基土承载力试验记录</td><td></td><td></td></tr>
<tr><td>2</td><td colspan="4">地基基础加固检测报告</td><td></td><td></td></tr>
<tr><td>3</td><td colspan="4">桩基础检测报告</td><td></td><td></td></tr>
<tr><td>4</td><td colspan="4">回填土压实度试验记录及汇总评定记录</td><td></td><td></td></tr>
<tr><td>5</td><td colspan="4">砂浆、混凝土强度试验报告及统计评定记录</td><td></td><td></td></tr>
<tr><td>6</td><td colspan="4">压力管渠水压试验（无压力管道严密性试验）记录</td><td></td><td></td></tr>
<tr><td>7</td><td colspan="4">满水试验、气密性试验记录</td><td></td><td></td></tr>
<tr><td>8</td><td colspan="4">钢管焊接无损检测报告汇总</td><td></td><td></td></tr>
<tr><td>9</td><td colspan="4">主体结构实体混凝土强度抽查检验</td><td></td><td></td></tr>
<tr><td>10</td><td colspan="4">主体结构实体钢筋保护层厚度抽查检验</td><td></td><td></td></tr>
<tr><td>11</td><td colspan="4">防腐、防水、保温层检测汇总及抽查检验</td><td></td><td></td></tr>
<tr><td>12</td><td colspan="4">主体构筑物位置及高程测量汇总和抽验记录</td><td></td><td></td></tr>
<tr><td>13</td><td colspan="4">设备安装调试及功能检测</td><td></td><td></td></tr>
<tr><td>14</td><td rowspan="4">厂区配套工程</td><td>地面建筑</td><td colspan="2" rowspan="4">参照有关规定执行</td><td></td><td></td></tr>
<tr><td>15</td><td>道路</td><td></td><td></td></tr>
<tr><td>16</td><td>绿化</td><td></td><td></td></tr>
<tr><td>17</td><td>照明</td><td></td><td></td></tr>
<tr><td>18</td><td colspan="4">单机试运转试验</td><td></td><td></td></tr>
<tr><td>19</td><td colspan="4">联合试运转试验</td><td></td><td></td></tr>
<tr><td>20</td><td colspan="4">其他</td><td></td><td></td></tr>
<tr><td colspan="2">检查结论</td><td colspan="5"></td></tr>
<tr><td colspan="4">项目专业质检员：
项目技术负责人：
项目负责人： （执业资格证章）
年 月 日</td><td colspan="3">专业监理工程师：
总监理工程师： （执业资格证章）
年 月 日</td></tr>
</table>

8.6.2 市政竣·厂-2 污水处理厂工程外观质量检查记录

市政基础设施工程

污水处理厂工程外观质量检查记录

市政竣·厂-2

第　　页，共　　页

<table>
<tr><td colspan="2">工程名称</td><td colspan="5"></td></tr>
<tr><td colspan="2">施工单位</td><td></td><td>监理单位</td><td colspan="3"></td></tr>
<tr><td rowspan="2">序号</td><td rowspan="2" colspan="2">检查项目</td><td rowspan="2">抽查质量状况</td><td colspan="3">质量评价</td></tr>
<tr><td>好</td><td>一般</td><td>差</td></tr>
<tr><td>1</td><td rowspan="6">单体构筑物</td><td>现浇混凝土</td><td></td><td></td><td></td><td></td></tr>
<tr><td>2</td><td>预制装配式混凝土</td><td></td><td></td><td></td><td></td></tr>
<tr><td>3</td><td>砌体</td><td></td><td></td><td></td><td></td></tr>
<tr><td>4</td><td>钢结构</td><td></td><td></td><td></td><td></td></tr>
<tr><td>5</td><td>土建和设备安装连接部位</td><td></td><td></td><td></td><td></td></tr>
<tr><td>6</td><td>附属结构</td><td></td><td></td><td></td><td></td></tr>
<tr><td>7</td><td rowspan="3">设备安装工程</td><td>机械设备安装工程</td><td></td><td></td><td></td><td></td></tr>
<tr><td>8</td><td>电气设备安装工程</td><td></td><td></td><td></td><td></td></tr>
<tr><td>9</td><td>自动控制、仪表安装工程</td><td></td><td></td><td></td><td></td></tr>
<tr><td>10</td><td rowspan="3">管线安装工程</td><td>土方工程</td><td></td><td></td><td></td><td></td></tr>
<tr><td>11</td><td>主体工程</td><td></td><td></td><td></td><td></td></tr>
<tr><td>12</td><td>附属工程</td><td></td><td></td><td></td><td></td></tr>
<tr><td>13</td><td rowspan="5">厂区附属道路排水</td><td>道路工程</td><td></td><td></td><td></td><td></td></tr>
<tr><td>14</td><td>排水工程</td><td></td><td></td><td></td><td></td></tr>
<tr><td>15</td><td>照明工程</td><td></td><td></td><td></td><td></td></tr>
<tr><td>16</td><td>绿化工程</td><td></td><td></td><td></td><td></td></tr>
<tr><td>17</td><td>其他工程</td><td></td><td></td><td></td><td></td></tr>
<tr><td></td><td rowspan="5"></td><td></td><td></td><td></td><td></td><td></td></tr>
<tr><td></td><td></td><td></td><td></td><td></td><td></td></tr>
<tr><td></td><td></td><td></td><td></td><td></td><td></td></tr>
<tr><td></td><td></td><td></td><td></td><td></td><td></td></tr>
<tr><td></td><td></td><td></td><td></td><td></td><td></td></tr>
<tr><td colspan="4">外观质量综合评价</td><td colspan="3"></td></tr>
<tr><td colspan="2">检查结论</td><td colspan="5"></td></tr>
<tr><td colspan="3">项目专业质检员：
项目技术负责人：
项目负责人：　　　　（执业资格证章）
年　　月　　日</td><td colspan="4">专业监理工程师：
总监理工程师：　　　　（执业资格证章）
年　　月　　日</td></tr>
</table>

注：质量评为差的项目，应进行返修。

8.7 隧 道 工 程

8.7.1 市政竣·隧-1 隧道工程安全和功能检验资料核查及主要功能抽查记录

市政基础设施工程

隧道工程安全和功能检验资料核查及主要功能抽查记录

市政竣·隧-1

第　　页，共　　页

工程名称			
施工单位			
序号	安全和功能检查项目	核查（抽查）意见	核查（抽查）人
1	地基土承载力试验记录		
2	桩基无损检测记录		
3	桩基钻芯取样检测记录		
4	同条件养护试件试验记录		
5	道路各层弯沉试验记录		
6	沥青路面抽芯厚度及压实度、稳定度试验报告		
7	混凝土路面抽芯芯样厚度及强度试验报告		
8	沉箱箱体渗漏试验		
9	隧道的动、静载试验记录（设计有要求时）		
10	隧道工程竣工测量资料		
检查结论			
项目专业质检员： 项目技术负责人： 项目负责人：（执业资格证章） 年　月　日	专业监理工程师： 总监理工程师：（执业资格证章） 年　月　日		

8.7.2 市政竣·隧-2 隧道工程外观质量检查记录

市政基础设施工程

隧道工程外观质量检查记录

市政竣·隧-2

第　　页，共　　页

<table>
<tr><td colspan="2">工程名称</td><td colspan="4"></td></tr>
<tr><td colspan="2">施工单位</td><td colspan="4"></td></tr>
<tr><td rowspan="2">序号</td><td rowspan="2">项目</td><td rowspan="2">抽查质量状况</td><td colspan="3">质量评价</td></tr>
<tr><td>好</td><td>一般</td><td>差</td></tr>
<tr><td>1</td><td>车行道面层</td><td></td><td></td><td></td><td></td></tr>
<tr><td>2</td><td>检修道</td><td></td><td></td><td></td><td></td></tr>
<tr><td>3</td><td>混凝土墙体、顶板</td><td></td><td></td><td></td><td></td></tr>
<tr><td>4</td><td>排水沟、截水沟</td><td></td><td></td><td></td><td></td></tr>
<tr><td>5</td><td>侧石、隔离墩</td><td></td><td></td><td></td><td></td></tr>
<tr><td>6</td><td>护栏、扶手</td><td></td><td></td><td></td><td></td></tr>
<tr><td>7</td><td>变形缝</td><td></td><td></td><td></td><td></td></tr>
<tr><td>8</td><td>涂装、饰面</td><td></td><td></td><td></td><td></td></tr>
<tr><td>9</td><td>泵房</td><td></td><td></td><td></td><td></td></tr>
<tr><td>10</td><td>通风设施</td><td></td><td></td><td></td><td></td></tr>
<tr><td>11</td><td>照明设施</td><td></td><td></td><td></td><td></td></tr>
<tr><td>12</td><td>电器设备</td><td></td><td></td><td></td><td></td></tr>
<tr><td></td><td></td><td></td><td></td><td></td><td></td></tr>
<tr><td></td><td></td><td></td><td></td><td></td><td></td></tr>
<tr><td></td><td></td><td></td><td></td><td></td><td></td></tr>
<tr><td></td><td></td><td></td><td></td><td></td><td></td></tr>
<tr><td></td><td></td><td></td><td></td><td></td><td></td></tr>
<tr><td></td><td></td><td></td><td></td><td></td><td></td></tr>
<tr><td></td><td></td><td></td><td></td><td></td><td></td></tr>
<tr><td colspan="2">外观质量综合评价</td><td colspan="4"></td></tr>
<tr><td colspan="2">检查结论</td><td colspan="4"></td></tr>
<tr><td colspan="3">项目专业质检员：
项目技术负责人：
项目负责人：　　　（执业资格证章）
年　月　日</td><td colspan="3">专业监理工程师：
总监理工程师：　　　（执业资格证章）
年　月　日</td></tr>
</table>

注：质量评为差的项目，应进行返修。

8.7.3 市政竣·隧-3 隧道工程实体质量检查记录

市政基础设施工程

隧道工程实体质量检查记录

市政竣·隧-3

第 页，共 页

<table>
<tr><td colspan="2">工程名称</td><td colspan="9"></td></tr>
<tr><td colspan="2">单位工程名称</td><td colspan="9"></td></tr>
<tr><td colspan="2">施工单位</td><td colspan="3"></td><td colspan="3">分包单位</td><td colspan="3"></td></tr>
<tr><td colspan="2">验收规范及图号</td><td colspan="9">参照 CJJ 1—2008，CJJ 2—2008，JTGF 80/1—2004</td></tr>
<tr><td colspan="3">施工与质量验收规范的规定</td><td colspan="2">检查频率</td><td colspan="6">检查情况</td></tr>
<tr><td colspan="2">项目</td><td>规定或允许偏差值</td><td>范围</td><td>点数</td><td colspan="3">不合格点的实测偏差值或实测值</td><td>应测点数</td><td>合格点数</td><td>合格率（%）</td></tr>
<tr><td rowspan="4">主控项目</td><td>净空高度</td><td>≥设计</td><td>50M</td><td>每孔 1</td><td></td><td></td><td></td><td></td><td></td><td></td></tr>
<tr><td>热拌沥青混合料面层厚度</td><td>+10，−5mm</td><td>每工程</td><td>不小于 3</td><td></td><td></td><td></td><td></td><td></td><td></td></tr>
<tr><td>混凝土路面面层厚度</td><td>+5，−5mm</td><td>每工程</td><td>不小于 3</td><td></td><td></td><td></td><td></td><td></td><td></td></tr>
<tr><td></td><td></td><td></td><td></td><td></td><td></td><td></td><td></td><td></td><td></td></tr>
<tr><td rowspan="15">一般项目</td><td>车行道宽度</td><td>±10mm</td><td>50m</td><td>每幅 1</td><td></td><td></td><td></td><td></td><td></td><td></td></tr>
<tr><td>净总宽</td><td>≥设计</td><td>50m</td><td>每孔 1</td><td></td><td></td><td></td><td></td><td></td><td></td></tr>
<tr><td>中线偏位</td><td>≤10mm</td><td>10m</td><td>每孔 1</td><td></td><td></td><td></td><td></td><td></td><td></td></tr>
<tr><td>路面平整度标准差 σ 值</td><td>≤1.5mm</td><td>100m</td><td>每孔 2</td><td></td><td></td><td></td><td></td><td></td><td></td></tr>
<tr><td>构造深度</td><td>符合设计要求</td><td>200m</td><td>每孔 1</td><td></td><td></td><td></td><td></td><td></td><td></td></tr>
<tr><td>摩擦系数</td><td>符合设计要求</td><td>200m</td><td>每幅 1</td><td></td><td></td><td></td><td></td><td></td><td></td></tr>
<tr><td>墙高</td><td>±10mm</td><td>10m</td><td>每侧 1</td><td></td><td></td><td></td><td></td><td></td><td></td></tr>
<tr><td>墙面垂直度</td><td>≤10mm（2mm）</td><td>10m</td><td>每侧 1</td><td></td><td></td><td></td><td></td><td></td><td></td></tr>
<tr><td>墙面平整度</td><td>≤5mm（2mm）</td><td>10m</td><td>每侧 1</td><td></td><td></td><td></td><td></td><td></td><td></td></tr>
<tr><td>检修道缘石直顺度</td><td>≤10mm</td><td>100m</td><td>每侧 1</td><td></td><td></td><td></td><td></td><td></td><td></td></tr>
<tr><td>路面平整度</td><td>≤5mm</td><td>10m</td><td>每孔 1</td><td></td><td></td><td></td><td></td><td></td><td></td></tr>
<tr><td>路面横坡</td><td>±10，≯0.3%</td><td>10m</td><td>每孔 1</td><td></td><td></td><td></td><td></td><td></td><td></td></tr>
<tr><td></td><td></td><td></td><td></td><td></td><td></td><td></td><td></td><td></td><td></td></tr>
<tr><td colspan="2">平均合格率（%）</td><td></td><td></td><td></td><td></td><td></td><td></td><td></td><td></td></tr>
<tr><td colspan="2">检查结论：</td><td colspan="9"></td></tr>
<tr><td colspan="5">质检员：
项目技术负责人：
项目经理：（执业资格证章）
年 月 日</td><td colspan="6">监理工程师：
总监理工程师：（执业资格证章）
年 月 日</td></tr>
</table>

注：() 值为有饰面的墙体允许偏差值

8.8 园林绿化工程

8.8.1 市政竣·绿-1 园林绿化工程质量控制资料核查记录

市政基础设施工程

园林绿化工程质量控制资料核查记录

市政竣·绿-1

第　　页，共　　页

工程名称			
施工单位			
序号	资料名称	核查意见	核查人
1	开工报告，有关规划文件等		
2	图纸会审、设计变更、洽商记录		
3	施工组织审批表，技术交底记录等		
4	工程定位测量、放线记录		
5	园林植物进场质量验收记录和原材料、配件出厂合格证书和进场检（试）验报告		
6	预制构件，预拌混凝土合格证		
7	隐蔽工程验收记录		
8	种植土检验报告		
9	植物病虫害检验报告		
10	园林建筑（小品）等地基、基础、主体结构检验及检测资料		
11	系统清洗、灌水、通水试验记录。水池满水试验		
12	管道、设备强度试验、严密性试验记录		
13	接地、绝缘电阻测试记录		
14	设备调试记录		
15	分项、分部工程质量验收记录		
16	工程质量事故及事故调查处理资料		
17	新材料、新才艺施工记录		
18	施工记录		
19	竣工图纸		
检查结论			
项目专业质检员： 项目技术负责人： 项目负责人：　　（执业资格证章） 年　月　日		专业监理工程师： 总监理工程师：　　（执业资格证章） 年　月　日	

注：该表格工程竣工验收前需要填写，其中9-14项目根据工程实际内容确定。

8.8.2 市政竣·绿-2 园林绿化工程安全和功能检验资料核查及主要功能抽查记录

市政基础设施工程

园林绿化工程安全和功能检验资料核查及主要功能抽查记录

市政竣·绿-2

第 页，共 页

<table>
<tr><td colspan="2">工程名称</td><td colspan="3"></td></tr>
<tr><td colspan="2">施工单位</td><td></td><td>监理单位</td><td></td></tr>
<tr><td>序号</td><td colspan="2">安全和功能检查项目</td><td>核查（抽查）意见</td><td>核查（抽查）人</td></tr>
<tr><td>1</td><td colspan="2">病虫害检测资料</td><td></td><td></td></tr>
<tr><td>2</td><td colspan="2">给水管道通水试验记录</td><td></td><td></td></tr>
<tr><td>3</td><td colspan="2">管道、设备强度试验、严密性试验记录</td><td></td><td></td></tr>
<tr><td>4</td><td colspan="2">屋面淋水及有防水要求的地面蓄水实验记录</td><td></td><td></td></tr>
<tr><td>5</td><td colspan="2">建筑物（小品）垂直度、标高、全高测量记录</td><td></td><td></td></tr>
<tr><td>6</td><td colspan="2">建筑物沉降观测测量记录</td><td></td><td></td></tr>
<tr><td>7</td><td colspan="2">照明全负荷实验记录</td><td></td><td></td></tr>
<tr><td>8</td><td colspan="2">大型灯具牢固性试验记录</td><td></td><td></td></tr>
<tr><td>9</td><td colspan="2">避雷接地电阻测试记录</td><td></td><td></td></tr>
<tr><td>10</td><td colspan="2">大型灯具牢固性试验及线路、插座、开关接地检验记录</td><td></td><td></td></tr>
<tr><td>11</td><td colspan="2">水池满水试验</td><td></td><td></td></tr>
<tr><td>12</td><td colspan="2">其他</td><td></td><td></td></tr>
<tr><td></td><td colspan="2"></td><td></td><td></td></tr>
<tr><td></td><td colspan="2"></td><td></td><td></td></tr>
<tr><td colspan="2">检查结论</td><td colspan="3"></td></tr>
<tr><td colspan="3">项目专业质检员：
项目技术负责人：
项目负责人：（执业资格证章）
年 月 日</td><td colspan="2">专业监理工程师：
总监理工程师：（执业资格证章）
年 月 日</td></tr>
</table>

8.8.3 市政竣·绿-3 园林绿化工程质量外观质量检查记录

市政基础设施工程

园林绿化工程质量外观质量检查记录

市政竣·绿-3

第　　页，共　　页

工程名称						
施工单位			监理单位			
序号	检查项目		抽查质量状况	质量评价		
				好	一般	差
1	绿化工程	绿地的平整度及造型				
2		生长势				
3		植株形态				
4		定位、朝向				
5		植物配置				
6		外观效果				
7	园林工程	园路：表面洁净				
8		色泽一致				
9		图案清晰				
10		平整度				
11		曲线圆滑				
12		假山、叠石：色泽相近				
13		纹理统一				
14		形态自然完整				
15		水景水池：颜色、纹理、质感协调统一				
16		设施安装：防锈处理、色泽鲜明、不起皱皮及疙瘩				
外观质量综合评价						
检查结论						
项目专业质检员： 项目技术负责人： 项目负责人：　　　（执业资格证章） 年　月　日			专业监理工程师： 总监理工程师：　　　（执业资格证章） 年　月　日			

注：质量评为差的项目，应进行返修。

8.9 有 轨 电 车 工 程

8.9.1 市政竣·轨-1 轨道安装工程外观质量检查记录

市政基础设施工程

轨道安装工程外观质量检查记录

市政竣．轨-1

第　　页，共　　页

<table>
<tr><td colspan="2">工程名称</td><td colspan="4"></td></tr>
<tr><td colspan="2">施工单位</td><td colspan="4"></td></tr>
<tr><td rowspan="2">序号</td><td rowspan="2">项目</td><td rowspan="2">抽查质量状况</td><td colspan="3">质量评价</td></tr>
<tr><td>好</td><td>一般</td><td>差</td></tr>
<tr><td>1</td><td>线路基桩</td><td></td><td></td><td></td><td></td></tr>
<tr><td>2</td><td>整体道床</td><td></td><td></td><td></td><td></td></tr>
<tr><td>3</td><td>钢轨</td><td></td><td></td><td></td><td></td></tr>
<tr><td>4</td><td>轨枕</td><td></td><td></td><td></td><td></td></tr>
<tr><td>5</td><td>扣件</td><td></td><td></td><td></td><td></td></tr>
<tr><td>6</td><td>道岔</td><td></td><td></td><td></td><td></td></tr>
<tr><td>7</td><td>位移观测桩</td><td></td><td></td><td></td><td></td></tr>
<tr><td>8</td><td>轨道加强设备</td><td></td><td></td><td></td><td></td></tr>
<tr><td>9</td><td>线路信号标志</td><td></td><td></td><td></td><td></td></tr>
<tr><td>10</td><td>电缆槽</td><td></td><td></td><td></td><td></td></tr>
<tr><td>11</td><td>车挡</td><td></td><td></td><td></td><td></td></tr>
<tr><td>12</td><td>钢轨保护套</td><td></td><td></td><td></td><td></td></tr>
<tr><td></td><td></td><td></td><td></td><td></td><td></td></tr>
<tr><td></td><td></td><td></td><td></td><td></td><td></td></tr>
<tr><td></td><td></td><td></td><td></td><td></td><td></td></tr>
<tr><td></td><td></td><td></td><td></td><td></td><td></td></tr>
<tr><td colspan="2">外观质量综合评价</td><td colspan="4"></td></tr>
<tr><td colspan="2">检查结论</td><td colspan="4"></td></tr>
<tr><td colspan="3">项目专业质检员：
项目技术负责人：
项目负责人：　　　　（执业资格证章）
年　　月　　日</td><td colspan="3">专业监理工程师：
总监理工程师：　　　　（执业资格证章）
年　　月　　日</td></tr>
</table>

注：质量评为差的项目，应进行返修。

8.9.2 市政竣·轨-2 轨道安装工程质量控制资料检查记录

市政基础设施工程

轨道安装工程质量控制资料检查记录

市政竣·轨-2

第　　页，共　　页

工程名称			
施工单位			
序号	资料名称	核查意见	核查人
1	施工图会审、设计变更、洽商记录		
2	施工组织设计（施工方案）及技术交底记录		
3	工程定位测量、放线记录		
4	原材料出厂合格证书及进场检验、试验报告		
5	地基干密度及其他施工试验报告和见证检测报告		
6	钢筋连接性能试验报告		
7	砂浆、混凝土配合比通知		
8	混凝土坍落度检查记录		
9	混凝土同条件养护试件日累计养护温度记录		
10	大体积混凝土专项施工方案及温度控制记录		
11	隐蔽工程验收记录		
12	施工原始记录		
13	检验批、分项、分部（子分部）工程验收记录		
14	新技术论证、备案及施工记录		
15	工程质量事故调查处理资料		
检查结论			
项目专业质检员： 项目技术负责人： 项目负责人：（执业资格证章） 年　月　日		专业监理工程师： 总监理工程师：（执业资格证章） 年　月　日	

8.9.3 市政竣·轨-3 轨道安装工程安全和功能检验资料核查及主要功能抽查记录

市政基础设施工程

轨道安装工程安全和功能检验资料核查及主要功能抽查记录

市政竣·轨-3

第　　页，共　　页

工程名称			
施工单位			
序号	安全和功能检查项目	核查（抽查）意见	核查（抽查）人
1	钢轨焊接形式检验记录		
2	钢轨焊接周期性生产检验记录		
3	钢轨探伤检查记录		
4	线路锁定施工记录		
5	钢轨位移观测记录		
6	轨道静态质量检查记录		
7	轨道动态质量检查记录		
检查结论			
项目专业质检员： 项目技术负责人： 项目负责人：　　　　（执业资格证章） 年　　月　　日		专业监理工程师： 总监理工程师：　　　　（执业资格证章） 年　　月　　日	

8.9.4 市政竣·轨-4 轨道安装工程单位（子单位）工程实体质量检查记录

市政基础设施工程

轨道安装工程单位（子单位）工程实体质量检查记录

市政竣·轨-4

第　　页，共　　页

工程名称			
单位工程名称			
施工单位		分包单位	
验收规范及图号			

施工与质量验收规范的规定				检查频率		检查情况			
				范围	点数	不合格点的实测偏差值或实测值	应测点数	合格点数	合格率（%）
主控项目	轨排组装架设	轨枕间距	±20	扭曲、轨向、高低每个施工段各检查10个测点，其余在每个基标处检查一次					
		轨距	+2，−1；变化率不得大于1‰						
		水平	2						
		扭曲	2（基长6.25m）						
		轨向	直线不得大于2mm/10m弦						
		高低	直线不得大于2mm/10m弦						
		中线	2						
		高程	±5						
一般项目	轨道道岔	里程位置	±20mm	所有道岔处					
		轨顶水平及高程	不应大于3mm						
		尖轨与基本轨密贴	不应大于1mm						
		尖轨尖端处轨距	±1mm						
		护轨头部外侧至辙岔心作用边距离岔	+3～0mm						
		轨撑与基本轨密贴	不应大于1mm						
	道岔调整	里程位置	±15	所有道岔处					
		轨距尖轨尖端轨距	±1						
		轨距其他部位	−2～1						
		护轨头部外侧至翼轨作用边距离	1348（0，−1）						
	平均合格率（%）								
检查结论：									

项目专业质检员：

项目技术负责人：　　　　　　　　　　专业监理工程师：

项目负责人：　　　　（执业资格证章）　　总监理工程师：　　　　（执业资格证章）

年　　月　　日　　　　　　　　　　　年　　月　　日

8.9.5 市政竣·轨-5 供电系统安装工程外观质量检查记录

市政基础设施工程

供电系统安装工程外观质量检查记录

市政竣·轨-5

第 页，共 页

工程名称					
施工单位					
序号	项目	抽查质量状况	质量评价		
			好	一般	差
1	支架/桥架/母线槽的安装连接				
2	导管/线槽/桥架/母线槽跨越建筑结构变形的补偿装置（措施）				
3	线槽（桥架）内敷设（排列）线缆				
4	电缆接头/回路标志				
5	配电（控制）柜、箱、盘、板和接线箱（盒）安装				
6	柜（箱）内的电器安装及其接线				
7	防雷、接地装置/等电位联结/防火措施				
8	变压器（箱式变电所）及其配套装置安装				
9	设备、线路、器具的防水				
10	涂镀（防火防腐）、表面清洁				
11	导线色标/管槽字符标志				
12	应急电源/不间断电源设备安装				
13	悬挂装置、充电轨				
外观质量综合评价					
检查结论					
项目专业质检员： 项目技术负责人： 项目负责人：（执业资格证章） 年 月 日		专业监理工程师： 总监理工程师：（执业资格证章） 年 月 日			

注：质量评为差的项目，应进行返修。

8.9.6 市政竣·轨-6 供电系统安装工程质量控制资料核查记录

市政基础设施工程

供电系统安装工程质量控制资料核查记录

市政竣·轨-6

第　　页，共　　页

工程名称			
施工单位			
序号	资料名称	核查意见	核查人
1	施工图会审记录、设计变更通知单、施工图设计文件变更（洽商）记录		
2	施工组织设计（工程方案）、分项工程施工技术交底记录		
3	子分部、分项、检验批划分方案表		
4	施工物资产品进场检查验收记录		
5	施工物资产品质量证明文件（含产品合格证、进场检验报告、其他质量证明文件等）		
6	进场产品见证检验（复验）抽检计划、现场实体（系统）抽检计划表		
7	检测抽样、送样、实检见证确认记录		
8	产品/实体（系统）第三方检测报告		
9	隐蔽工程验收记录		
10	检验批质量验收记录		
11	分项、子分部、分部工程质量验收记录		
12	绝缘电阻测试记录、接地电阻测试记录		
13	其他施工（调试、检测、运行试验）记录		
14	新技术论证、备案文件及其施工记录		
检查结论			

施工单位	监理单位
项目专业质检员：	
项目技术负责人：	专业监理工程师：
项目负责人：　　　　（执业资格证章）	总监理工程师：　　　　（执业资格证章）
年　　月　　日	年　　月　　日

8.9.7 市政竣·轨-7 供电系统安装工程安全和功能检验资料核查及主要功能抽查记录

市政基础设施工程

供电系统安装工程安全和功能检验资料核查及主要功能抽查记录

市政竣·轨-7

第 页，共 页

工程名称			
施工单位			
序号	安全和功能检查项目	核查（抽查）意见	核查（抽查）人
1	线路/设备/装置/器具绝缘电阻测试记录		
2	供配电线绝缘电阻测试记录		
3	接地电阻测试记录		
4	电气系统线路/接地故障回路阻抗测试记录		
5	线路（装置）直流电阻测试记录		
6	漏电保护装置测试记录		
7	电气装置送电检测调试记录		
8	系统运行试验记录		
9	设备（系统）运行试验记录		
10	变配电系统安装工程资料（其中涉及安全和功能部分）		
11	变电所综合自动化系统调试		
12	变电所144小时有载试验		
13	设备单体调试		
14	系统设备技术、操作和维护手册		
检查结论			
项目专业质检员： 项目技术负责人： 项目负责人：（执业资格证章） 年 月 日		专业监理工程师： 总监理工程师：（执业资格证章） 年 月 日	

8.9.8 市政竣·轨-8 弱电系统安装工程质量控制资料核查记录

市政基础设施工程

弱电系统安装工程质量控制资料核查记录

市政竣·轨-8

第 页，共 页

工程名称			
施工单位			
序号	资料名称	核查意见	核查人
1	施工图会审记录、设计变更通知单、施工图设计文件变更（洽商）记录		
2	施工组织设计（工程方案）、分项工程施工技术交底记录		
3	工程测试器具（设备）配备核查表		
4	施工物资产品进场检查验收记录		
5	施工物资产品质量证明文件（含产品合格证、进场检验报告、其他质量证明文件等）		
6	进场产品见证检验（复验）抽检计划、现场实体（系统）抽检计划表		
7	检测抽样、送样、实检见证确认记录		
8	产品/实体（系统）第三方检测报告		
9	隐蔽工程验收记录		
10	检验批质量验收记录		
11	各类系统（子系统）测试（测评）记录、子分部工程检测记录汇总表		
12	系统技术、操作和维护手册，系统管理、操作人员培训记录		
13	其他施工（调试、检测、运行试验）记录		
14	新技术论证、备案文件及其施工记录		
检查结论			
项目专业质检员： 项目技术负责人： 项目负责人： （执业资格证章） 年 月 日		专业监理工程师： 总监理工程师： （执业资格证章） 年 月 日	

8.9.9 市政竣·轨-9 弱电系统安装工程安全和功能检验资料核查及主要功能抽查记录

市政基础设施工程

弱电系统安装工程安全和功能检验资料核查及主要功能抽查记录

市政竣·轨-9

第 页，共 页

工程名称			
施工单位			
序号	安全和功能检查项目	核查（抽查）意见	核查（抽查）人
1	系统检测报告		
2	系统功能测定及设备调试记录		
3	系统技术、操作和维护手册		
4	系统管理、操作人员培训记录		
5	电源及接地装置性能检验检测记录		
6	通信时钟系统与关联系统联调		
7	通信传输系统与关联系统联调		
8	通信不间断电源系统与关联系统联调		
9	路口优先系统综合联调		
10	调度系统（除道口优先）功能综合测试联调		
11	道岔控制系统分段调试		
12	运营调度系统分段调试		
13	交叉路口控制系统分段调试		
14	车地通信系统分段调试		
15	车载系统分段调试		
检查结论			
项目专业质检员： 项目技术负责人： 项目负责人： （执业资格证章） 年 月 日	专业监理工程师： 总监理工程师： （执业资格证章） 年 月 日		

8.9.10 市政竣·轨-10 弱电系统安装工程外观质量检查记录

市政基础设施工程

弱电系统安装工程外观质量检查记录

市政竣·轨-10

第 页，共 页

<table>
<tr><td colspan="2">工程名称</td><td colspan="4"></td></tr>
<tr><td colspan="2">施工单位</td><td colspan="4"></td></tr>
<tr><td rowspan="2">序号</td><td rowspan="2">项目</td><td rowspan="2">抽查质量状况</td><td colspan="3">质量评价</td></tr>
<tr><td>好</td><td>一般</td><td>差</td></tr>
<tr><td>1</td><td>导管、线槽、桥架的安装连接</td><td></td><td></td><td></td><td></td></tr>
<tr><td>2</td><td>导管、线槽、桥架的支吊架、管卡</td><td></td><td></td><td></td><td></td></tr>
<tr><td>3</td><td>导管、线槽、桥架跨越建筑结构变形缝的补偿装置（措施）</td><td></td><td></td><td></td><td></td></tr>
<tr><td>4</td><td>管内穿线/线槽（桥架）内敷设（排列）线缆</td><td></td><td></td><td></td><td></td></tr>
<tr><td>5</td><td>光缆（光纤）敷设及连接</td><td></td><td></td><td></td><td></td></tr>
<tr><td>6</td><td>设备安装、接线</td><td></td><td></td><td></td><td></td></tr>
<tr><td>7</td><td>单元组件的安装、接线</td><td></td><td></td><td></td><td></td></tr>
<tr><td>8</td><td>信息插座安装、接线</td><td></td><td></td><td></td><td></td></tr>
<tr><td>9</td><td>探测报警装置安装、接线</td><td></td><td></td><td></td><td></td></tr>
<tr><td>10</td><td>防雷及接地装置安装、接线</td><td></td><td></td><td></td><td></td></tr>
<tr><td>11</td><td>机房环境和设施以及设备布置</td><td></td><td></td><td></td><td></td></tr>
<tr><td>12</td><td>计量、监控仪表</td><td></td><td></td><td></td><td></td></tr>
<tr><td>13</td><td>设备、线路、器具的防水</td><td></td><td></td><td></td><td></td></tr>
<tr><td>14</td><td>涂镀（防火防腐）、表面清洁</td><td></td><td></td><td></td><td></td></tr>
<tr><td>15</td><td>导线色标/管槽字符标志</td><td></td><td></td><td></td><td></td></tr>
<tr><td></td><td></td><td></td><td></td><td></td><td></td></tr>
<tr><td colspan="2">外观质量综合评价</td><td colspan="4"></td></tr>
<tr><td colspan="2">检查结论</td><td colspan="4"></td></tr>
<tr><td colspan="3">项目专业质检员：
项目技术负责人：
项目负责人：（执业资格证章）
年 月 日</td><td colspan="3">专业监理工程师：
总监理工程师：（执业资格证章）
年 月 日</td></tr>
</table>

注：质量评为差的项目，应进行返修。

8.10 综合管廊工程

8.10.1 市政竣·廊-1-1 综合管廊工程单位（子单位）工程质量控制资料核查记录（一）

市政基础设施工程

综合管廊工程单位（子单位）工程质量控制资料核查记录（一）

市政竣·廊-1-1

第　　页，共　　页

工程名称				
单位（子单位）工程				
施工单位				
序号	资料名称		核查意见	核查人
1	管廊主体	图纸会审记录、设计变更通知单、工程洽商记录、竣工图		
2		工程定位测量、放线记录		
3		原材料出厂合格证书及进场检验、试验报告		
4		施工试验报告及见证检测报告		
5		隐蔽工程验收记录		
6		施工记录		
7		地基、基础、主体结构检验及抽样检测资料		
8		分项、分部工程质量验收记录		
9		工程质量事故调查处理资料		
10		新技术论证、备案及施工记录		

8.10.2 市政竣·廊-1-2 综合管廊工程单位（子单位）工程质量控制资料核查记录（二）

市政基础设施工程

综合管廊工程单位（子单位）工程质量控制资料核查记录（二）

市政竣·廊-1-2

第　　页，共　　页

工程名称				
单位（子单位）工程				
施工单位				
序号	资料名称		核查意见	核查人
1	附属工程	图纸会审记录、设计变更通知单、工程洽商记录、竣工图		
2		原材料出厂合格证书及进场检验、试验报告		
3		功能性试验记录		
4		隐蔽工程验收记录		
5		施工记录		
6		分项、分部工程质量验收记录		
7		子单位工程质量验收记录		
8		设备运行、调试记录		
9		新技术论证、备案及施工记录		
10				
11				
12				
13				
14				
检查结论				
项目专业质检员： 项目技术负责人： 项目负责人：　　（执业资格证章） 年　月　日		专业监理工程师： 总监理工程师：　　（执业资格证章） 年　月　日		

8.10.3 市政竣·廊-2-1 综合管廊工程安全和功能检验资料核查及主要功能抽查记录（一）

市政基础设施工程

综合管廊工程安全和功能检验资料核查及主要功能抽查记录（一）

市政竣·廊-2-1

第 页，共 页

工程名称				
施工单位				
序号	安全和功能检查项目		核查(抽查)意见	核查(抽查)人
1	管廊主体	混凝土抗压试块强度试验汇总		
2		混凝土试块抗渗、抗冻试验汇总		
3		地基基础加固检测报告		
4		桥管桩基础动测或静载试验报告		
5		混凝土结构管道渗漏水调查记录		
1	供水管道	压力管道水压试验（无压力管道严密性试验）记录		
2		给水管道冲洗消毒记录及报告		
3		阀门安装及运行功能调试报告及抽查检验		
4		其他管道设备安装调试报告及功能检测		
5		管道位置高程及管道变形测量及汇总		
6		阴极保护安装及系统测试报告及抽查检验		
7		防腐绝缘检测汇总及抽查检验		
8		钢管焊接无损检测报告汇总		
1	供热管道	给热管道通水试验记录		
2		暖气管道、散热器压力试验记录		
3		卫生器具满水试验记录		
4		消防管道、燃气管压力试验记录		
5		排水干管通球试验记录		
1	燃气管道	燃气管道、散热器压力试验记录		
2		燃气管压力试验记录		
3		阀门安装及运行功能调试报告及抽查检验		
4		其他管道设备安装调试报告及功能检测		
5		阴极保护安装及系统测试报告及抽查检验		
6		绝缘检测汇总及抽查检验		
7		钢管焊接无损检测报告汇总		

注：抽查项目由验收组协商确定。

8.10.4 市政竣·廊-2-2 综合管廊工程安全和功能检验资料核查及主要功能抽查记录（二）

市政基础设施工程

综合管廊工程安全和功能检验资料核查及主要功能抽查记录（二）

市政竣·廊-2-2

第　　页，共　　页

<table>
<tr><td colspan="2">工程名称</td><td colspan="3"></td></tr>
<tr><td colspan="2">施工单位</td><td colspan="3"></td></tr>
<tr><td>序号</td><td colspan="2">安全和功能检查项目</td><td>核查（抽查）意见</td><td>核查（抽查）人</td></tr>
<tr><td>1</td><td rowspan="3">供电系统</td><td>电力线路测试记录</td><td></td><td></td></tr>
<tr><td>2</td><td>室内外配管配线检测报告</td><td></td><td></td></tr>
<tr><td>3</td><td>接地装置测试报告</td><td></td><td></td></tr>
<tr><td>1</td><td rowspan="3">排水系统</td><td>抽升泵站的地面建筑</td><td></td><td></td></tr>
<tr><td>2</td><td>其他</td><td></td><td></td></tr>
<tr><td></td><td></td><td></td><td></td></tr>
<tr><td>1</td><td rowspan="3">消防系统</td><td>消防栓管道强度和严密性水压试验</td><td></td><td></td></tr>
<tr><td>2</td><td>其他</td><td></td><td></td></tr>
<tr><td></td><td></td><td></td><td></td></tr>
<tr><td>1</td><td rowspan="7">电气工程</td><td>建筑照明通电试运行记录</td><td></td><td></td></tr>
<tr><td>2</td><td>灯具固定装置及悬吊装置的载荷强度试验记录</td><td></td><td></td></tr>
<tr><td>3</td><td>绝缘电阻测试记录</td><td></td><td></td></tr>
<tr><td>4</td><td>剩余电流动作保护器测试记录</td><td></td><td></td></tr>
<tr><td>5</td><td>应急电源装置应急持续供电记录</td><td></td><td></td></tr>
<tr><td>6</td><td>接地电阻测试记录</td><td></td><td></td></tr>
<tr><td>7</td><td>接地故障回路阻抗测试记录</td><td></td><td></td></tr>
<tr><td>1</td><td rowspan="4">智能化工程</td><td>系统试运行记录</td><td></td><td></td></tr>
<tr><td>2</td><td>系统电源及接地检测报告</td><td></td><td></td></tr>
<tr><td>3</td><td>系统接地检测报告</td><td></td><td></td></tr>
<tr><td></td><td></td><td></td><td></td></tr>
<tr><td colspan="2">检查结论</td><td colspan="3"></td></tr>
<tr><td colspan="3">项目专业质检员：
项目技术负责人：
项目负责人：　　（执业资格证章）
年　月　日</td><td colspan="2">专业监理工程师：
总监理工程师：　　（执业资格证章）
年　月　日</td></tr>
</table>

注：抽查项目由验收组协商确定。

8.10.5 市政竣·廊-3-1 综合管廊工程观感质量检查记录（一）

市政基础设施工程

综合管廊工程观感质量检查记录（一）

市政竣·廊-3-1

第　　页，共　　页

工程名称						
施工单位						
序号	项目		抽查质量状况	质量评价		
				好	一般	差
1	管廊主体	主体结构外观				
2		主体结构尺寸、位置				
3		主体结构垂直度、标高				
4		变形缝				
5		风井尺寸、位置				
1	供水管道	管道接口、坡度、支架				
2		支架、阀门				
3		检查口、压力表				
1	供热管道	管道接口、坡度、支架				
2		支架、阀门				
3		检查口				
4		散热器、压力表				
1	燃气管道	管道接口、坡度、支架				
2		支架、阀门				
3		检查口				
4		压力表				
1	供电管线	配电箱、盘、板、接线盒				
2		设备器具、开关、插座				
3		防雷、接地、防火				
1	排水系统	地面建筑				
2		水泵机电设备				
1	电气工程	配电箱、盘、板、接线盒				
2		设备器具、开关、插座				
3		防雷、接地、防火				

注：质量评为差的项目，应进行返修。

8.10.6 市政竣·廊-3-2 综合管廊工程观感质量检查记录（二）

市政基础设施工程

综合管廊工程观感质量检查记录（二）

市政竣·廊-3-2

第　　页，共　　页

<table>
<tr><td colspan="3">工程名称</td><td colspan="4"></td></tr>
<tr><td colspan="3">施工单位</td><td colspan="4"></td></tr>
<tr><td rowspan="2">序号</td><td colspan="2" rowspan="2">项目</td><td rowspan="2">抽查质量状况</td><td colspan="3">质量评价</td></tr>
<tr><td>好</td><td>一般</td><td>差</td></tr>
<tr><td>1</td><td rowspan="10">消防系统</td><td>导管、线槽（桥架）、线盒（箱）敷设</td><td></td><td></td><td></td><td></td></tr>
<tr><td>2</td><td>导管、线槽（桥架）内穿（布）线</td><td></td><td></td><td></td><td></td></tr>
<tr><td>3</td><td>控制器类设备（含各类报警控制器、区域显示器、消防联动控制器和消防控制中心的控制、显示柜、屏、台等）的安装</td><td></td><td></td><td></td><td></td></tr>
<tr><td>4</td><td>火灾探测器（含各类感烟、感温和可燃气体探测器）的安装</td><td></td><td></td><td></td><td></td></tr>
<tr><td>5</td><td>手动火灾报警按钮的安装</td><td></td><td></td><td></td><td></td></tr>
<tr><td>6</td><td>模块（含其箱体）的安装</td><td></td><td></td><td></td><td></td></tr>
<tr><td>7</td><td>火灾应急广播扬声器和声、光等报警装置的安装</td><td></td><td></td><td></td><td></td></tr>
<tr><td>8</td><td>消防电话及其他消防通信设备（装置）的安装</td><td></td><td></td><td></td><td></td></tr>
<tr><td>9</td><td>消防设备的应急（备用）电源装置（系统）的安装</td><td></td><td></td><td></td><td></td></tr>
<tr><td>10</td><td>火灾自动报警、控制的强、弱电系统接地（含保护、防雷和工作等接地）安装（连接）</td><td></td><td></td><td></td><td></td></tr>
<tr><td colspan="3">外观质量综合评价</td><td colspan="4"></td></tr>
<tr><td colspan="2">检查结论</td><td colspan="5"></td></tr>
<tr><td colspan="3">项目专业质检员：
项目技术负责人：
项目负责人：　　　　　（执业资格证章）
年　　月　　日</td><td colspan="4">专业监理工程师：
总监理工程师：　　　　　（执业资格证章）
年　　月　　日</td></tr>
</table>

注：质量评为差的项目，应进行返修。

8.11 填 表 说 明

8.1.1 市政竣·通-1 单位（子单位）工程质量控制资料核查记录

1. 适用范围

本表适用于各专业单位（子单位）工程质量控制资料完成情况的核查。

2. 表内填写提示

（具体的各专业单位工程质量控制资料详见各专业工程施工与验收规范；给排水管道工程参考 GB 50268 表 B. 0. 4-2，给排水构筑物工程参考 GB 50141 表 B. 0. 3-2）园林绿化工程质量控制资料核查用表市政竣·绿一1

质量控制资料核查应注意：

核查和归纳各检验批的验收记录资料，查对其是否完整。

检验批验收时，应具备的资料应准确完整才能验收。在分部工程验收时，主要核对和归纳各检验批的施工操作依据、质量检查记录，查对其是否配套完整。

注意核对各种资料的内容、数据及验收人员的签字是否规范等。

单位工程质量控制资料的判定

质量控制资料对一个单位工程来讲，主要是判定其是否能够反映保证结构安全和主要使用功能是否达到设计要求，如果能够反映出来，即按标准及规范要求有少量欠缺时，也可以认可。因此，在标准中规定质量控制资料应完整。但在检验批时都应具备完整的施工操作依据、质量检查资料。对单位工程质量控制资料完整的判定，通常情况下可按以下三个层次进行判定：

在单位工程质量控制资料核查记录表中，备齐该有的项目资料；

在单位工程质量控制资料核查记录表中，备齐每个项目中该有的资料；

在各项资料中，备齐每一项资料应该有的数据。

由于每个工程的具体情况不一，资料是否完整，要视工程特点和已有资料情况而定。总之，主要看其是否可以反映工程的结构安全和使用功能，是否达到设计要求。

8.1.2 市政竣·通-2 单位（子单位）工程安全和功能检验资料核查及主要功能抽查记录

1. 适用范围

本表适用于各专业单位工程安全和功能检验资料核查及主要功能的抽查。

2. 表内填写提示

（具体的各专业单位工程安全和功能检验资料详见各专业工程施工与验收规范）

在单位工程验收时，监理工程师应对各分部、子分部工程应检测项目进行核对，对检测资料的数量、数据及使用的检测方法、检测程序进行核查，以及核查有关人员的签认情况等。核查后，将核查的情况填入单位工程安全和功能检验资料核查及主要功能的抽查记录表。

在建设单位组织单位工程验收时，抽测项目的种类，可由验收组来确定。但其项目应为单位工程安全和功能检验资料核查及主要功能的抽查记录表中所含项目。通常监理单位应在施工过程中，提醒将抽测的项目在分部、子分部工程验收时抽测。多数情况是施工单位检测时，监理、建设单位均参加，不再重复检测，防止造成不必要的浪费及对工程的损害。

对分部工程有关安全及功能的检测和抽样检测结果的检查，应注意：

检查规范中规定检测的项目是否都进行了验收，不能进行检测的项目应说明原因。

检查各项检测记录（报告）的内容、数据是否符合要求，包括检测项目的内容，所遵循的检测方法标准、检测结果的数据是否达到规定的标准。

核查资料的检测程序、有关取样人、检测人、审核人、试验负责人，以及公章签字是否齐全。

8.1.3 市政竣·通-3 单位（子单位）工程质量外观质量检查记录

1. 适用范围

本表适用于其他单位（子单位）工程各分项、分部完成情况的外观质量检查。

2. 表内填写提示

略

8.1.4 市政竣·通-4 单位（子单位）工程实体质量检查记录

1. 适用范围

本表适用于单位（子单位）工程（如给水排水构筑物、污水处理厂等）各分项、分部完成情况的实体质量检查。

2. 表内填写提示

略

（具体的工程各分项、分部的实体质量详见各相关检验批的实体质量要求。）

8.1.5 市政竣·通-5 质量评估报告

《房屋建筑工程和市政基础设施工程竣工验收规定》（建质〔2013〕171号）要求：对于委托监理的工程项目，监理单位应对工程进行质量评估，具有完整的监理资料，并提出工程质量评估报告。工程质量评估报告应经总监理工程师和监理单位有关负责人审核签字。

表内填写说明：

1）质量评估报告由监理单位负责打印填写，提交给建设单位。

2）填写要求内容真实，语言简练，字迹清楚。

3）凡需签名处，需先打印姓名后再亲笔签名。

4）质量评估报告一式五份，监理单位、建设单位、监督站、城建档案馆、备案机关各持一份。

5）“进场日期”填写监理单位进驻施工现场的时间。

6）“工程规模”是指房屋建筑的建筑面积、层数或市政基础设施的道路桥梁的长度、宽度、跨度、管道直径、结构形式、工程造价、工程用途等情况。

7）“工程监理范围”是指工程监理合同内的监理范围与实际的对比说明。

8）“施工阶段原材料、构配件及设备质量控制情况”的内容要包括以下几个方面监理控制情况和结论性意见：

① 工程所用材料、构配件、设备的进场监控情况和质量证明文件是否齐全。

② 工程所用材料、构配件、设备是否按规定进行见证取样和送检的控制情况。

③ 所采用新材料、新工艺、新技术、新设备的情况。

9）“分部分项工程质量控制情况”主要内容包括：

① 分部、分项工程和隐蔽验收情况。

② 桩基础工程质量（包括桩基检测、道路桥梁的静动载试验情况等）。

③ 主体结构工程质量。

④ 消除质量通病工作的开展情况。

⑤ 对重点部位、关键工序的施工工艺和确保工程质量措施的审查。

⑥ 对施工单位的施工组织设计（方案）落实情况的检查。

⑦ 对施工单位按设计图纸、国家标准、合同施工的检查。

10）“工程技术资料情况”是核查工程技术资料是否齐全。

11）“工程质量验收综合意见”是指工程是否完成工程设计及施工合同约定内容，达到使用功能和执行国家强制性标准等情况，工程是否可以进行完工质量验收及工程质量等级。

12）“未达使用功能的部位”是指工程未达使用功能情况仍然存在的问题。

8.1.6 市政竣·通-6 勘察文件质量检查报告

《房屋建筑工程和市政基础设施工程竣工验收规定》（建质〔2013〕171号）要求：勘察、设计单位对勘察、设计文件及施工过程中由设计单位签署的设计变更通知书进行了检查，并提出质量检查报告。质量检查报告应经该项目勘察、设计负责人和勘察、设计单位有关负责人审核签字。

表内填写说明：

1）勘察文件质量检查报告由勘察单位负责打印填写，提交给建设单位。

2）填写要求内容真实，语言简练，字迹清楚。

3）凡需签名处，需先打印姓名再亲笔签名。

4）勘察文件质量检查报告一式五份，勘察单位、建设单位、监督站、城建档案馆、备案机关各持一份。

8.1.7 市政竣·通-7 设计文件质量检查报告

《房屋建筑工程和市政基础设施工程竣工验收规定》（建质〔2013〕171号）要求：勘察、设计单位应对勘察、设计文件及施工过程中由设计单位签署的设计变更通知书进行检查，并提出质量检查报告。质量检查报告应经该项目勘察、设计负责人和勘察、设计单位有关负责人审核签字。

表内填写说明。

1）设计文件质量检查报告由设计单位负责打印填写，提交给建设单位。

2）填写要求内容真实，语言简练，字迹清楚。

3）凡需签名处，需先打印姓名再亲笔签名。

4）设计文件质量检查报告一式五份，设计单位、建设单位、监督站、备案机关、城建档案馆各持一份。

8.1.8 市政竣·通-8 市政基础设施工程质量保修书

根据国务院《城市道路管理条例》（国务院令第198号）、《建设工程质量管理条例》（国务院令第279号），参照《房屋建筑工程质量保修办法》的规定，在竣工验收前，施工单位应与建设单位签署工程质量保修书。

工程质量保修是指工程的质量缺陷，予以修复。工程在保修范围和保修期限内出现质量缺陷，施工单位应当履行保修责任

在正常使用条件下，建设工程的最低保修期限为：

1）地基基础工程和主体结构工程，为设计文件规定的该工程的合理使用年限；城市道路工程为1年；

2）屋面防水工程、有防水要求的卫生间、房间和外墙面的防渗漏，为5年；

3）供热与供冷系统，为2个采暖期、供冷期；

4）电气管线、给排水管道、设备安装为2年；

5）装修工程为2年；

6）其他项目的保修期限由建设单位和施工单位约定。

竣工验收资料中应附《工程质量保修书》，建设单位应向备案机关提交《工程质量保修书》。

8.1.9 市政竣·通-9 工程质量验收计划书

《房屋建筑工程和市政基础设施工程竣工验收规定》（建质〔2013〕171 号）的第六条：工程竣工验收应当按以下程序进行。

1）工程完工后，施工单位向建设单位提交工程竣工报告，申请工程竣工验收。实行监理的工程，工程竣工报告须经总监理工程师签署意见；

2）建设单位收到工程竣工报告后，对符合竣工验收要求的工程，组织勘察、设计、施工、监理等单位组成验收组，制定验收方案。对于重大工程和技术复杂工程，根据需要可邀请有关专家参加验收组；

3）建设单位应当在工程竣工验收 7 个工作日前将验收的时间、地点及验收组名单书面通知负责监督该工程的工程质量监督机构；

4）建设单位组织工程竣工验收。

根据上述要求，建设单位结合工程竣工报告的内容进行填写。

8.1.10 市政竣·通-10 单位（子单位）工程质量竣工验收记录

1. 适用范围

本表适用于各专业单位（子单位）工程质量竣工验收。

2. 表内填写提示

单位工程验收应符合下列要求：

施工单位应在自检合格基础上将竣工资料与自检结果，报监理工程师申请验收；

监理工程师应约请相关人员审核竣工资料进行预检，并据结果写出评估报告，报建设单位组织验收；

建设单位项目负责人应根据监理工程师的评估报告组织建设单位项目技术质量负责人、有关专业设计人员、总监理工程师和专业监理工程师、施工单位项目负责人参加工程验收；

单位工程验收，总体上还是一个统计性的审核和综合性的评价。是通过核查分部工程验收质量控制资料、有关安全、功能检测资料、进行必要的主要功能项目的复测及抽测，以及总体工程外观质量的现场实物质量验收。

注意：

核查每个分部工程验收是否正确。

核查各分部工程质量验收记录表的质量评价是否完善。

核查分部工程质量验收记录表的验收人员是否是规定的有相应资质的人员，并进行评价和签认。

工程竣工验收应符合下列要求：

工程竣工验收，应由建设单位组织验收组进行。验收组应由建设、勘察、设计、施工、监理与设施管理等单位的有关负责人组成，亦可邀请有关方面专家参加。

工程竣工验收应在构成工程的各分项工程、分部工程、单位工程质量验收均合格后进行。当设计规定进行结构功能、荷载试验时，必须在荷载试验完成后进行。

工程竣工验收时可抽检各单位工程的质量情况。

当参加验收各方对工程质量验收意见不一致时，应由政府行业行政主管部门或工程质量监督机构协调解决。

工程竣工验收合格后，建设单位应按规定将工程竣工验收报告和有关文件，报政府行政主管部门备案。

表格按照分部（子分部）工程质量验收记录、单位工程质量控制资料核查记录、工程安全和功能检验资料核查及主要功能抽查记录、工程外观质量检查记录等进行填写。

8.1.11　市政竣·通-11　建设工程竣工验收报告

1）工程竣工验收报告是指建设单位组织的工程竣工验收所形成的，以证明工程项目符合竣工验收条件，可以投入使用的文件。

2）建设单位应按照《房屋建筑工程和市政基础设施工程竣工验收备案管理办法》（建设部令2号）和《房屋建筑工程和市政基础设施工程竣工验收规定》（建质〔2013〕171号）的要求组织工程竣工验收，填写工程竣工验收报告（参照表格的填写说明）。

3）建设单位应向备案机关提交《工程竣工验收报告》。

8.1.12　市政竣·通-12　竣工验收备案表

根据《房屋建筑工程和市政基础设施工程竣工验收备案管理办法》（建设部令2号）、《房屋建筑工程和市政基础设施工程竣工验收暂行规定》（建质〔2000〕142号）和《广东省房屋建筑工程和市政基础设施工程竣工验收暂行规定》（粤建管字〔2000〕68号）的规定，从2000年10月1日起，工程竣工后不再由质监站核定质量等级，由建设单位按照国家有关规定，在备案机关办理竣工验收备案手续。

工程竣工验收备案按照下列程序进行：

1）建设单位向备案机关领取《市政基础设施工程竣工验收备案表》；

2）建设单位持有建设、勘察、设计、施工、监理等单位负责人、项目负责人签名并加盖单位公章的《市政基础设施工程竣工验收备案表》一式五份及相关文件，在工程竣工验收合格之日起15日内，向备案机关申报备案。

8.2.1　市政竣·道-1　道路工程安全和功能检验资料核查及主要功能抽查记录

1. 适用范围

本表适用于各专业单位（子单位）工程安全和功能检验资料核查及主要功能的抽查。

2. 表内填写提示

（具体的各专业单位（子单位）工程安全和功能检验资料详见各专业工程施工与验收规范）

在单位工程、子单位工程验收时，监理工程师应对各分部、子分部工程应检测的项目进行核对，对检测资料的数量、数据及使用的检测方法、检测程序进行核查，以及核查有关人员的签认情况等。核查后，将核查的情况填入单位（子单位）工程安全和功能检验资料核查及主要功能的抽查记录表。

在建设单位组织单位工程验收时，所抽测项目，可由验收组来确定。但其项目应为单位（子单位）工程安全和功能检验资料核查及主要功能的抽查记录表中所含项目。通常监理单位应在施工过程中，提前将抽测的项目在分部、子分部工程验收时抽测。多数情况是施工单位检测时，监理、建设单位均参加，不再重复检测，防止造成不必要的浪费及对工程的损害。

对分部工程有关安全及功能的检测和抽样检测结果的检查，应注意：

检查规范中规定的检测项目是否都进行了验收，不能进行检测的项目应该说明原因。

检查各项检测记录（报告）的内容、数据是否符合要求，包括检测项目的内容，所遵循的检测方法标准、检测结果的数据是否达到规定的标准。

核查资料的检测程序、有关取样人、检测人、审核人、试验负责人，以及公章签字是否齐全。

8.2.2　市政竣·道-2　道路工程外观质量检查记录

1. 适用范围

本表适用于道路工程各分项、分部完成情况的外观质量检查。

2. 表内填写提示

（1）基层

石灰稳定土、石灰、粉煤灰稳定砂砾（碎石）、石灰、粉煤灰稳定钢渣基层表面应平整、坚实、无粗细骨料集中现象，无明显轮迹、推移、裂缝、接茬平顺、无内贴皮、散料。

（2）水泥稳定土类基层

表面应平整、坚实、接缝平顺、无明显粗、细骨料集中现象，无推移、裂缝、接茬平顺、贴皮、松散、浮料。

级配砂砾及级配砾石和级配碎石及级配碎砾石基层表面应平整、坚实、无推移、松散、浮石现象。

（3）沥青混合料（沥青碎石）基层

表面应平整、坚实、接缝紧密、不应有明显轮迹、粗细集料集中、推挤、裂缝、脱落等现象。

（4）沥青贯入式基层

表面应平整、坚实、石料嵌锁稳定、无明显高低差；嵌缝料、沥青撒布应均匀，无花白、积油、漏浇等现象，且不得污染其他构筑物。

（5）车行道面层

（6）沥青混合料车行道面层

表面应平整、坚实、接缝紧密、无枯焦；不应有明显轮迹、推挤裂缝、脱落、烂边、油斑、掉渣等现象，不得污染其他构筑物。面层与路缘石、平石及其他构筑物应接顺，不得有积水现象。

（7）混凝土车行道面层

水泥混凝土面层应板面平整、坚实、边角应整齐、裂缝，并还应在有石子外露和浮浆、脱皮、踏痕、积水等现象，蜂窝麻面面积不得大于总面积的0.5%。伸缩缝应垂直、直顺，缝内不应有杂物。伸缩缝在规定的深度和宽度范围内应全部贯通，传力杆应与缝面垂直。

（8）铺砌式料石、预制混凝土砌块面层

表面应平整、稳固、无翘动、缝直顺、灌缝饱满、无反坡积水现象。

（9）广场、停车场面层

（10）同车行道面层

（11）人行道

（12）料石铺砌人行道面层

铺砌应稳固、无翘动、表面平整、缝线直顺、缝宽均匀、灌缝饱满，无翘动、翘角、反坡、积水现象。

（13）沥青混合料铺筑人行道面层

表面应平整、密实、无裂缝、烂边、掉渣、推挤现象，推茬应平顺、烫边无枯焦现象，与建筑物接平顺、无反坡积水。

（14）人行地道结构

（15）现浇钢筋混凝土人行地道结构

混凝土表面应光滑、平整、无蜂窝、麻面、缺边掉角现象。

（16）预制钢筋混凝土人行地道结构墙板、顶板安装

墙板、顶板安装直顺，杯口与板缝灌注密实。预制顶板应安装平顺、灌缝饱满。

（17）砌筑墙体、钢筋混凝土顶板人行地道结构

砌筑墙体应丁顺均称，表面平整、灰缝均匀、饱满、变形缝垂直贯通。

（18）挡土墙

（19）现浇混凝土挡土墙

混凝土表面应光洁、平整、密实、无蜂窝、麻面、露筋现象。泄水孔畅通。帽石安装边缘顺畅、顶面平整、缝隙均匀密实。

（20）装配式钢筋混凝土挡土墙板安装

预制挡土墙板安装应板缝均匀、灌缝密实、泄水孔通畅，帽石安装边缘顺畅、顶面平整、缝隙均匀

密实。

(21) 砌体挡土墙、加筋挡土墙

墙面板应光洁、平顺、美观无破损，板缝均匀，线形顺畅，沉降缝上下贯通顺直，泄水孔通畅。

(22) 附属构筑物

(23) 路缘石

路缘石应砌筑稳固、砂浆饱满、勾缝密实。外露面清洁、线条顺畅、平缘石不阻水。

(24) 雨水支管、雨水口

雨水口内壁勾缝应直顺、坚实、无漏勾、脱落、井框、井箅应完整、配套、安装平稳、牢固。雨水支管安装应顺直、无错口、反坡、存水、管内清洁，接口处内壁无砂浆外露及破损现象、管端面应完整。

(25) 排水沟、截水沟

砌筑砂浆饱满度不应小于80%。砌筑水沟沟底应平整、无反坡、凹兜、边墙应平整、直顺、勾缝密实、与排水构筑物衔接顺畅。

(26) 涵洞

涵洞应符合 CJJ1 第 14.5 节的有关规定。

(27) 护坡

砌筑线型顺畅、表面平整、咬砌有序、无翘动、砌缝均匀、勾缝密实。护坡顶与坡面之间缝隙封堵密实。

(28) 隔离墩

隔离墩安装牢固、位置正确、线型美观、墩表面整洁。

(29) 隔离栅

隔离栅柱安装应牢固。

(30) 护栏

护栏安装要牢固、位置正确、线型美观。

(31) 声屏障

砌体声屏障应砌筑牢固，咬砌有序，砌缝均匀，勾缝密实，金属声屏障安装应牢固。

(32) 防眩板

防眩板安装应牢固、位置准确、遮光角符合设计要求。板面无裂纹、涂层无气泡、缺损。

外观质量检查，是经过现场工程的检查，由检查人员共同评价，确定好、一般、差。

注意：

在进行检查时，一定要在现场将工程的各个部位全部检查。如果外观没有较明显达不到要求的，可以评一般；如果某部位质量较好，细部处理到位，就可评好；若有的部位达不到要求，或有明显缺陷，但不影响安全或使用功能的，则评为差。评为差的项目能进行返修的应进行返修，不能返修的只要不影响结构安全和使用功能的可通过验收。有影响安全或使用功能的项目不能评价，应返修后再评价。

8.2.3 市政竣·道-3 道路工程实体质量检查记录

1. 适用范围

本表适用于道路工程各分项、分部完成情况的实体质量检查。

2. 表内填写提示

按照 CJJ 1 的第 8.5.1-2 条、第 8.5.2-3 条、第 9.4.1-4 条、第 10.8.1-2 条、第 8.5.1-4 条、第 8.5.2-4 条、第 9.4.1-6 条、第 10.8.1-2 条、第 11.3.1-4 条、第 11.3.2-4 条的相关规定执行。

检查频率：现场钻芯，每工程不小于 3 个样。其他项目为工程长度的 1/10，且不小于 200 米。

8.3.1 市政竣·桥-1 桥梁工程安全和功能检验资料核查及主要功能抽查记录

1. 适用范围

本表适用于各专业单位（子单位）工程安全和功能检验资料核查及主要功能的抽查。

2. 表内填写提示

（具体的各专业单位（子单位）工程安全和功能检验资料详见各专业工程施工与验收规范）

在单位工程、子单位工程验收时，监理工程师应对各分部、子分部工程应检测的项目进行核对，对检测资料的数量、数据及使用的检测方法、检测程序进行核查，以及核查有关人员的签认情况等。核查后，将核查的情况填入单位（子单位）工程安全和功能检验资料核查及主要功能的抽查记录表。

在建设单位组织单位工程验收时，所抽测项目，可由验收组来确定。但其项目应为单位（子单位）工程安全和功能检验资料核查及主要功能的抽查记录表中所含项目。通常监理单位应在施工过程中，提前将抽测的项目在分部、子分部工程验收时抽测。多数情况是施工单位检测时，监理、建设单位均参加，不再重复检测，防止造成不必要的浪费及对工程的损害。

对分部工程有关安全及功能的检测和抽样检测结果的检查，应注意：

检查规范中规定的检测项目是否都进行了验收，不能进行检测的项目应该说明原因。

检查各项检测记录（报告）的内容、数据是否符合要求，包括检测项目的内容，所遵循的检测方法标准、检测结果的数据是否达到规定的标准。

核查资料的检测程序、有关取样人、检测人、审核人、试验负责人，以及公章签字是否齐全。

8.3.2 市政竣·桥-2 桥梁工程外观质量检查记录

1. 适用范围

本表适用于桥梁工程各分项、分部完成情况的外观质量检查。

2. 表内填写提示

（1）墩台

墩台混凝土表面应平整，色泽均匀，无明显错台、蜂窝麻面，外形轮廓清晰。

砌筑墩台表面应平整，砌缝应无明显缺陷，勾缝应密实坚固、无脱落，线角应顺直。

桥台与挡墙、护坡或锥坡衔接应平顺，应无明显错台；沉降缝、泄水孔设置正确。

（2）索塔

索塔表面应平整，色泽均匀，无明显错台和蜂窝麻面，轮廓清晰，线形直顺。

（3）梁体

混凝土梁体（框架桥体）表面应平整、色泽均匀，轮廓清晰，无明显缺陷；全桥整体线形应平顺、梁缝基本均匀。

钢梁安装线形应平顺，防护涂装色泽应均匀、无漏涂、无划伤、无起皮，涂膜无裂纹。

拱桥表面平整，无明显错台；无蜂窝麻面、漏筋或砌缝脱落现象，色泽均匀；拱圈（拱肋）及拱上结构轮廓线圆顺、无折弯。

（4）索股

索股钢丝应顺直、无扭转、无鼓丝、无交叉，锚环及锚垫板应密贴并居中，锚环及外丝应完好、无变形，防护层应无损伤，斜拉索色泽应均匀、无污染。

（5）桥梁附属结构

桥梁附属结构应稳固，线形应直顺，无明显错台、无缺棱掉角。

（具体的桥梁工程各分项、分部的外观质量详见各相关检验批的外观质量要求。）

外观质量检查，是经过现场工程的检查，由检查人员共同评价，确定好、一般、差。

注意：

在进行检查时，一定要在现场，将工程的各个部位全部检查。如果外观没有较明显达不到要求的，就可以评一般；如果某部位质量较好，细部处理到位，就可评好；若有的部位达不到要求，或有明显缺陷，但不影响安全或使用功能的，则评为差。评为差的项目能进行返修的应进行返修，不能返修的只要不影响结构安全和使用功能的可通过验收。有影响安全或使用功能的项目，不能评价，应返修后再评价。

8.3.3 市政竣·桥-3 桥梁工程实体质量检查记录

1. 适用范围

本表适用于桥梁工程各分项、分部完成情况的实体质量检查。

2. 表内填写提示

（1）主控项目

桥下净空不得小于设计要求。

检查数量：全数检查。

检查方法：用水准仪测量或用钢尺量。

（2）一般项目

桥梁实体检测允许偏差应符合 CJJ 2 表 23.0.11 的规定。

桥梁实体检测允许偏差 **表 23.0.11**

	项目		允许偏差（mm）	检验频率		检验方法
				范围	点数	
1	桥梁轴线位移		10	每座或每跨、每孔	3	用经纬仪或全站仪检测
2	桥宽	车行道	±10		3	用钢尺量每孔 3 处
		人行道				
3	长度		+200，−100		2	用测距仪
4	引道中线与桥梁中线偏差		±20		2	用经纬仪或全站仪检测
5	桥头高程衔接		±3		2	用水准仪测量

注：1. 项目 3 长度为桥梁总体检测长度；受桥梁形式、环境温度、伸缩缝位置等因素的影响，实际检测中通常检测两条伸缩缝之间的长度，或多条伸缩缝之间的累加长度；

2. 连续梁、结合梁两条伸缩缝之间的长度允许偏差为±15mm。

8.4.1 市政竣·管-1 给水排水管道工程安全和功能检验资料核查及主要功能抽查记录

1. 适用范围

本表适用于各专业单位（子单位）工程安全和功能检验资料核查及主要功能的抽查。

2. 表内填写提示

（具体的各专业单位（子单位）工程安全和功能检验资料详见各专业工程施工与验收规范）在单位工程、子单位工程验收时，监理工程师应对各分部、子分部工程应检测的项目进行核对，对检测资料的数量、数据及使用的检测方法、检测程序进行核查，以及核查有关人员的签认情况等。核查后，将核查的情况填入单位（子单位）工程安全和功能检验资料核查及主要功能的抽查记录表。

在建设单位组织单位工程验收时，所抽测项目，可由验收组来确定。但其项目应为单位（子单位）工程安全和功能检验资料核查及主要功能的抽查记录表中所含项目。通常监理单位应在施工过程中，提前将抽测的项目在分部、子分部工程验收时抽测。多数情况是施工单位检测时，监理、建设单位均参加，不再重复检测，防止造成不必要的浪费及对工程的损害。

对分部工程有关安全及功能的检测和抽样检测结果的检查，应注意：

检查规范中规定的检测项目是否都进行了验收，不能进行检测的项目应该说明原因。

检查各项检测记录（报告）的内容、数据是否符合要求，包括检测项目的内容，所遵循的检测方法标准、检测结果的数据是否达到规定的标准。

核查资料的检测程序、有关取样人、检测人、审核人、试验负责人，以及公章签字是否齐全。

8.4.2 市政竣·管-2 给水排水管道工程外观质量检查记录

1. 适用范围

本表适用于给水排水管道工程各分项、分部完成情况的外观质量检查。

2. 表内填写提示

钢筋混凝土结构外观质量缺陷，应根据其对结构性能和使用功能影响的严重程度，按 GB 50268 表 G. 0. 1 的规定进行评定。

钢筋混凝土结构外观质量缺陷评定 **表 G. 0. 1**

名称	现象	严重缺陷	一般缺陷
露筋	钢筋未被混凝土包裹而外露	纵向受力钢筋部位	其他钢筋有少量
蜂窝	混凝土表面缺少了水泥砂浆而形成了石子外露	结构主要受力部位	其他部位有少量
孔洞	混凝土中孔穴深度和长度超过保护层厚度	结构主要受力部位	其他部位有少量
夹渣	混凝土中夹有杂物且深度超过保护层厚度	结构主要受力部位	其他部位有少量
疏松	混凝土中局部不密实	结构主要受力部位	其他部位有少量
裂缝	缝隙从混凝土表面延伸至混凝土内部	结构主要受力部位有影响结构性能或使用功能的裂缝	其他部位有少量不影响结构性能或使用功能的裂缝
连接部位	结构连接处混凝土缺陷及连接钢筋、连接件松动	连接部位有影响结构传力性能的缺陷	连接部位基础不影响结构传力性能的缺陷
外形	缺棱掉角、棱角不直、翘曲不平、飞边凸肋等	清水混凝土结构有影响使用功能或装饰效果的缺陷	其他混凝土不影响使用功能的缺陷
外表	结构表面麻面、掉皮、起砂、沾污等	具有重要装饰效果的清水混凝土结构缺陷	其他混凝土不影响使用功能的缺陷

（具体的给水排水管道工程各分项、分部的外观质量详见各相关检验批的外观质量要求。）

外观质量检查，是经过现场工程的检查，由检查人员共同评价，确定好、一般、差。

注意：

在进行检查时，一定要在现场将工程的各个部位全部检查。如果外观没有较明显达不到要求，就可以评一般；如果某部位质量较好，细部处理到位，就可评好；若有的部位达不到要求，或有明显缺陷，但不影响安全或使用功能的，则评为差。评为差的项目能进行返修的应进行返修，不能返修的只要不影响结构安全和使用功能可通过验收。有影响安全或使用功能的项目，不能评价，应返修后再评价。

8.4.3 市政竣·管-3 给水排水管道工程实体质量检查记录

1. 适用范围

本表适用于给水排水管道工程各分项、分部完成情况的实体质量检查。

2. 表内填写提示

井室的允许偏差应符合 GB 50268 表 8.5.1 的规定。

井室的允许偏差 **表 8.5.1**

<table>
<tr><th colspan="3" rowspan="2">检查项目</th><th rowspan="2">允许偏差
(mm)</th><th colspan="2">检查数量</th><th rowspan="2">检查方法</th></tr>
<tr><th>范围</th><th>点数</th></tr>
<tr><td colspan="3">平面轴线位置（轴向、垂直轴向）</td><td>15</td><td rowspan="13">每座</td><td>2</td><td>用钢尺量测、经纬仪测量</td></tr>
<tr><td colspan="3">结构断面尺寸</td><td>+10，0</td><td>2</td><td>用钢尺量测</td></tr>
<tr><td rowspan="2">井室尺寸</td><td colspan="2">长、宽</td><td rowspan="2">±20</td><td rowspan="2">2</td><td rowspan="2">用钢尺量测</td></tr>
<tr><td colspan="2">直径</td></tr>
<tr><td rowspan="2">井口高程</td><td colspan="2">农田或绿地</td><td>+20</td><td rowspan="2">1</td><td rowspan="6">用水准仪测量</td></tr>
<tr><td colspan="2">路面</td><td>与道路规定一致</td></tr>
<tr><td rowspan="4">井底高程</td><td rowspan="2">开槽法管道铺设</td><td>D_i≤1000</td><td>±10</td><td rowspan="4">2</td></tr>
<tr><td>D_i>1000</td><td>±15</td></tr>
<tr><td rowspan="2">不开槽法管道铺设</td><td>D_i<1500</td><td>+10，−20</td></tr>
<tr><td>D_i≥1500</td><td>+20，−40</td></tr>
<tr><td>踏步安装</td><td colspan="2">水平及垂直间距、外露长度</td><td>±10</td><td rowspan="3">1</td><td rowspan="3">用尺量测偏差较大值</td></tr>
<tr><td>脚窝</td><td colspan="2">高、宽、深</td><td>±10</td></tr>
<tr><td colspan="3">流槽宽度</td><td>+10</td></tr>
</table>

雨水口、支管井室的允许偏差应符合 GB 50268 表 8.5.2 的规定。

雨水口、支管的允许偏差 **表 8.5.2**

<table>
<tr><th rowspan="2">检查项目</th><th rowspan="2">允许偏差
(mm)</th><th colspan="2">检查数量</th><th rowspan="2">检查方法</th></tr>
<tr><th>范围</th><th>点数</th></tr>
<tr><td>井框、井箅吻合</td><td>≤10</td><td rowspan="7">每座</td><td rowspan="7">1</td><td rowspan="7">用钢尺量测较大值
（高度、深度亦可用水准仪测量）</td></tr>
<tr><td>井口与路面高差</td><td>−5，0</td></tr>
<tr><td>雨水口位置与道路边线平行</td><td>≤10</td></tr>
<tr><td rowspan="2">井内尺寸</td><td>长、宽，+20，0</td></tr>
<tr><td>深：0，−20</td></tr>
<tr><td>井内支、连管管口底高度</td><td>0，−20</td></tr>
</table>

8.5.1 市政竣·构-1 给水排水构筑物工程安全和功能检验资料核查及主要功能抽查记录

1. 适用范围

本表适用于各专业单位（子单位）工程安全和功能检验资料核查及主要功能的抽查。

2. 表内填写提示

（具体的各专业单位（子单位）工程安全和功能检验资料详见各专业工程施工与验收规范）

在单位工程、子单位工程验收时，监理工程师应对各分部、子分部工程应检测的项目进行核对，对检测资料的数量、数据及使用的检测方法、检测程序进行核查，以及核查有关人员的签认情况等。核查后，将核查的情况填入单位（子单位）工程安全和功能检验资料核查及主要功能的抽查记录表。

在建设单位组织单位工程验收时，所抽测项目，可由验收组来确定。但其项目应在单位（子单位）工程安全和功能检验资料核查及主要功能的抽查记录表中所含项目。通常监理单位应在施工过程中，提前将抽测的项目在分部、子分部工程验收时抽测。多数情况是施工单位检测时，监理、建设单位均参加，不再重复检测，防止造成不必要的浪费及对工程的损害。

对分部工程有关安全及功能的检测和抽样检测结果的检查，应注意：

检查规范中规定的检测项目是否都进行了验收，不能进行检测的项目应该说明原因。

检查各项检测记录（报告）的内容、数据是否符合要求，包括检测项目的内容，所遵循的检测方法标准、检测结果的数据是否达到规定的标准。

核查资料的检测程序、有关取样人、检测人、审核人、试验负责人，以及公章签字是否齐全。

8.5.2 市政竣·构-2 给水排水构筑物工程外观质量检查记录

1. 适用范围

本表适用于给水排水构筑物工程各分项、分部完成情况的外观质量检查。

2. 表内填写提示

钢筋混凝土结构外观质量缺陷，应根据其对结构性能和使用功能影响的严重程度，按 GB 50141 表 F. 0. 1 的规定进行评定。

钢筋混凝土结构外观质量缺陷评定 **表 F. 0. 1**

名称	现象	严重缺陷	一般缺陷
露筋	钢筋未被混凝土包裹而外露	纵向受力钢筋部位	其他钢筋有少量
蜂窝	混凝土表面缺少了水泥砂浆而形成了石子外露	结构主要受力部位	其他部位有少量
孔洞	混凝土中孔穴深度和长度超过保护层厚度	结构主要受力部位	其他部位有少量
夹渣	混凝土中夹有杂物且深度超过保护层厚度	结构主要受力部位	其他部位有少量
疏松	混凝土中局部不密实	结构主要受力部位	其他部位有少量
裂缝	缝隙从混凝土表面延伸至混凝土内部	结构主要受力部位有影响结构性能或使用功能的裂缝	其他部位有少量不影响结构性能或使用功能的裂缝
连接部位	结构连接处混凝土缺陷及连接钢筋、连接件松动	连接部位有影响结构传力性能的缺陷	连接部位基础不影响结构传力性能的缺陷

续表

名称	现象	严重缺陷	一般缺陷
外形	缺棱掉角、棱角不直、翘曲不平、飞边凸肋等	清水混凝土结构有影响使用功能或装饰效果的缺陷	其他混凝土不影响使用功能的缺陷
外表	结构表面麻面、掉皮、起砂、沾污等	具有重要装饰效果的清水混凝土结构缺陷	其他混凝土不影响使用功能的缺陷

（具体的给水排水构筑物工程各分项、分部的外观质量详见各相关检验批的外观质量要求。）

外观质量检查，是经过现场工程的检查，由检查人员共同评价，确定好、一般、差。

注意：

在进行检查时，一定要在现场，将工程的各个部位全部检查。如果外观没有较明显达不到要求的，就可以评一般；如果某部位质量较好，细部处理到位，可评好；若有的部位达不到要求，或有明显缺陷，但不影响安全或使用功能的，则评为差。评为差的项目能进行返修的应进行返修，不能返修的只要不影响结构安全和使用功能的可通过验收。有影响安全或使用功能的项目，不能评价，应返修后再评价。

8.6.1 市政竣·厂-1 污水处理厂工程安全和功能检验资料核查及主要功能抽查记录

1. 适用范围

本表适用于各专业单位（子单位）工程安全和功能检验资料核查及主要功能的抽查。

2. 表内填写提示

（具体的各专业单位（子单位）工程安全和功能检验资料详见各专业工程施工与验收规范）

在单位工程、子单位工程验收时，监理工程师应对各分部、子分部工程应检测的项目进行核对，对检测资料的数量、数据及使用的检测方法、检测程序进行核查，以及核查有关人员的签认情况等。核查后，将核查的情况填入单位（子单位）工程安全和功能检验资料核查及主要功能的抽查记录表。

在建设单位组织单位工程验收时，所抽测项目，可由验收组来确定。但其项目应在单位（子单位）工程安全和功能检验资料核查及主要功能的抽查记录表中所含项目。通常监理单位应在施工过程中，提前将抽测的项目在分部、子分部工程验收时抽测。多数情况是施工单位检测时，监理、建设单位均参加，不再重复检测，防止造成不必要的浪费及对工程的损害。

对分部工程有关安全及功能的检测和抽样检测结果的检查，应注意：

检查规范中规定的检测项目是否都进行了验收，不能进行检测的项目应该说明原因。

检查各项检测记录（报告）的内容、数据是否符合要求，包括检测项目的内容，所遵循的检测方法标准、检测结果的数据是否达到规定的标准。

核查资料的检测程序、有关取样人、检测人、审核人、试验负责人，以及公章签字是否齐全。

8.6.2 市政竣·厂-2 污水处理厂工程外观质量检查记录

1. 适用范围

本表适用于污水处理厂工程各分项、分部完成情况的外观质量检查。

2. 表内填写提示

钢筋混凝土结构外观质量缺陷，应根据其对结构性能和使用功能影响的严重程度，按 GB 50204 表 8.1.1 的规定进行评定。

钢筋混凝土结构外观质量缺陷　　表 8.1.1

名称	现象	严重缺陷	一般缺陷
露筋	钢筋未被混凝土包裹而外露	纵向受力钢筋部位	其他钢筋有少量
蜂窝	混凝土表面缺少了水泥砂浆而形成了石子外露	结构主要受力部位	其他部位有少量
孔洞	混凝土中孔穴深度和长度超过保护层厚度	结构主要受力部位	其他部位有少量
夹渣	混凝土中夹有杂物且深度超过保护层厚度	结构主要受力部位	其他部位有少量
疏松	混凝土中局部不密实	结构主要受力部位	其他部位有少量
裂缝	缝隙从混凝土表面延伸至混凝土内部	结构主要受力部位有影响结构性能或使用功能的裂缝	其他部位有少量不影响结构性能或使用功能的裂缝
连接部位	结构连接处混凝土缺陷及连接钢筋、连接件松动	连接部位有影响结构传力性能的缺陷	连接部位基础不影响结构传力性能的缺陷
外形	缺棱掉角、棱角不直、翘曲不平、飞边凸肋等	清水混凝土结构有影响使用功能或装饰效果的缺陷	其他混凝土不影响使用功能的缺陷
外表	结构表面麻面、掉皮、起砂、沾污等	具有重要装饰效果的清水混凝土结构缺陷	其他混凝土不影响使用功能的缺陷

（具体的污水处理厂工程各分项、分部的外观质量详见各相关检验批的外观质量要求。）

外观质量检查，是经过现场工程的检查，由检查人员共同评价，确定好、一般、差。

注意：

在进行检查时，一定要在现场将工程的各个部位全部检查。如果外观没有较明显达不到要求的，就可以评一般；如果某部位质量较好，细部处理到位，可评好；若有的部位达不到要求，或有明显缺陷，但不影响安全或使用功能的，则评为差。评为差的项目能进行返修的应进行返修，不能返修的只要不影响结构安全和使用功能的可通过验收。有影响安全或使用功能的项目，不能评价，应返修后再评价。

8.7.1　市政竣·隧-1　隧道工程安全和功能检验资料核查及主要功能抽查记录

1. 适用范围

本表适用于各专业单位（子单位）工程安全和功能检验资料核查及主要功能的抽查。

2. 表内填写提示

（具体的各专业单位（子单位）工程安全和功能检验资料详见各专业工程施工与验收规范）

在单位工程、子单位工程验收时，监理工程师应对各分部、子分部工程应检测的项目进行核对，对检测资料的数量、数据及使用的检测方法、检测程序进行核查，以及核查有关人员的签认情况等。核查后，将核查的情况填入单位（子单位）工程安全和功能检验资料核查及主要功能的抽查记录表。

在建设单位组织单位工程验收时，所抽测项目，可由验收组来确定。但其项目应在单位（子单位）工程安全和功能检验资料核查及主要功能的抽查记录表中所含项目。通常监理单位应在施工过程中，提前将抽测的项目在分部、子分部工程验收时抽测。多数情况是施工单位检测时，监理、建设单位均参加，不再重复检测，防止造成不必要的浪费及对工程的损害。

对分部工程有关安全及功能的检测和抽样检测结果的检查，应注意：

检查规范中规定的检测项目是否都进行了验收，不能进行检测的项目应该说明原因。

检查各项检测记录（报告）的内容、数据是否符合要求，包括检测项目的内容，所遵循的检测方法标准、检测结果的数据是否达到规定的标准。

核查资料的检测程序、有关取样人、检测人、审核人、试验负责人，以及公章签字是否齐全。

8.7.2　市政竣·隧-2　隧道工程外观质量检查记录

1. 适用范围

2. 表内填写提示

略

8.7.3　市政竣·隧-3　隧道工程实体质量检查记录

1. 适用范围

2. 表内填写提示

略

8.8.1　市政竣·绿-1　园林绿化工程质量控制资料核查记录

1. 适用范围

本表适用于各专业单位（子单位）工程质量控制资料完成情况的核查。

2. 表内填写提示

（1）质量控制资料核查应注意：

1）核查和归纳各检验批的验收记录资料，查对其是否完整。

2）检验批验收时，应具备的资料应准确完整才能验收。在分部工程验收时，主要核对和归纳各检验批的施工操作依据、质量检查记录，查对其是否配套完整。

3）注意核对各种资料的内容、数据及验收人员的签字是否规范等。

（2）单位（子单位）工程质量控制资料的判定

质量控制资料对一个单位工程来讲，主要是判定其是否能够反映保证结构安全和主要使用功能是否达到设计要求，如果能够反映出来，即按标准及规范要求有少量欠缺时，也可以认可。因此，在标准中规定质量控制资料应完整。但在检验批时都应具备完整的施工操作依据、质量检查资料。对单位工程质量控制资料完整的判定，通常情况下可按以下三个层次进行判定：

1）在单位（子单位）工程质量控制资料核查记录表中，备齐该有的项目资料；

2）在单位（子单位）工程质量控制资料核查记录表中，备齐每个项目中该有的资料；

3）在各项资料中，备齐每一项资料应该有的数据。

由于每个工程的具体情况不一，资料是否完整，要视工程特点和已有资料情况而定。总之，主要看其是否可以反映工程的结构安全和使用功能，是否达到设计要求。

8.8.2　市政竣·绿-2　园林绿化工程安全和功能检验资料核查及主要功能抽查记录

1. 适用范围

本表适用于各专业单位（子单位）工程安全和功能检验资料核查及主要功能的抽查。

2. 表内填写提示

（具体的各专业单位（子单位）工程安全和功能检验资料详见各专业工程施工与验收规范）

在单位工程、子单位工程验收时，监理工程师应对各分部、子分部工程应检测的项目进行核对，对检测资料的数量、数据及使用的检测方法、检测程序进行核查，以及核查有关人员的签认情况等。核查后，将核查的情况填入单位（子单位）工程安全和功能检验资料核查及主要功能的抽查记录表。

在建设单位组织单位工程验收时，所抽测项目，可由验收组来确定。但其项目应在单位（子单位）工程安全和功能检验资料核查及主要功能的抽查记录表中所含项目。通常监理单位应在施工过程中，提前将抽测的项目在分部、子分部工程验收时抽测。多数情况是施工单位检测时，监理、建设单位均参加，不再重复检测，防止造成不必要的浪费及对工程的损害。

对分部工程有关安全及功能的检测和抽样检测结果的检查，应注意：

检查规范中规定的检测项目是否都进行了验收，不能进行检测的项目应该说明原因。

检查各项检测记录（报告）的内容、数据是否符合要求，包括检测项目的内容，所遵循的检测方法标准、检测结果的数据是否达到规定的标准。

核查资料的检测程序、有关取样人、检测人、审核人、试验负责人，以及公章签字是否齐全。

8.8.3 市政竣·绿-3 园林绿化工程质量外观质量检查记录

1. 适用范围

本表适用于如园林绿化工程各分项、分部完成情况的外观质量检查。

2. 表内填写提示

略

8.9.1 市政竣·轨-1 轨道安装工程外观质量检查记录

8.9.2 市政竣·轨-2 轨道安装工程质量控制资料检查

8.9.3 市政竣·轨-3 轨道工程安全和功能检验资料核查及主要功能抽查记录

8.9.4 市政竣·轨-4 轨道安装工程单位（子单位）工程实体质量检查记录

8.9.5 市政竣·轨-5 供电系统安装工程外观质量检查记录

8.9.6 市政竣·轨-6 供电系统安装工程质量控制资料核查记录

8.9.7 市政竣·轨-7 供电系统安装工程安全和功能检验资料核查及主要功能抽查记录

8.9.8 市政竣·轨-8 弱电系统安装工程质量控制资料核查记录

8.9.9 市政竣·轨-9 弱电系统安装工程安全和功能检验资料核查及主要功能抽查记录

8.9.10 市政竣·轨-10 弱电系统安装工程外观质量检查记录

市政竣·轨-1～10 填表说明：略（参考《省市政统表》第八章填写说明）

1. 适用范围

2. 表内填写提示

略（参照市政竣·通-1～-3 填写说明）

广东省市政基础设施工程竣工验收技术资料系列培训教材

《广东省市政基础设施工程竣工验收技术资料统一用表》(2019 版)

(上　册)

广东省市政行业协会　组织编写

中国建筑工业出版社

图书在版编目(CIP)数据

广东省市政基础设施工程竣工验收技术资料统一用表（2019 版）（上、下）/广东省市政行业协会组织编写．—北京：中国建筑工业出版社，2019.2

广东省市政基础设施工程竣工验收技术资料系列培训教材

ISBN 978-7-112-23266-6

Ⅰ．①广…　Ⅱ．①广…　Ⅲ．①市政工程-工程验收-广东-技术培训-教材　Ⅳ．①TU99

中国版本图书馆 CIP 数据核字(2019)第 019717 号

责任编辑：李　明　李　杰
责任校对：赵　力

广东省市政基础设施工程竣工验收技术资料系列培训教材

《广东省市政基础设施工程竣工验收技术资料统一用表》(2019 版)

广东省市政行业协会　组织编写

*

中国建筑工业出版社出版、发行（北京海淀三里河路 9 号）

各地新华书店、建筑书店经销

北京红光制版公司制版

北京圣夫亚美印刷有限公司印刷

*

开本：880×1230 毫米　1/16　印张：112¾　字数：3487 千字

2019 年 4 月第一版　　2019 年 7 月第二次印刷

定价：**380** 元（上、下册）

ISBN 978-7-112-23266-6

(33519)

广东省住房和城乡建设厅

粤建质函〔2019〕723号

广东省住房和城乡建设厅关于使用《广东省市政基础设施工程竣工验收技术资料统一用表》(2019版)和《广东省市政基础设施工程竣工验收技术资料统一用表–城市轨道交通分册》(2019版)的通知

各地级以上市住房城乡建设、城管、市政、水务、园林主管部门,广州市交通运输局,佛山市交通运输局,佛山市轨道交通局,各有关单位:

为适应现行法律法规、技术标准和最新政策等方面要求,保障我省市政基础设施工程建设过程程序合法、竣工验收资料规范齐全,满足工程质量管理实际需要,我厅组织广东省市政行业协会等单位对《广东省市政基础设施工程施工质量技术资料统一用表》(2010版)进行了修订,编制了《广东省市政基础设施工程竣工验收技术资料统一用表》(2019版)和《广东省市政基础设施工程竣工验收技术资料统一用表–城市轨道交通分册》(2019版),并经审查通过。从2019年6月1日起,全省新开工的市政基础设施工程请统一使用《广东省市政基础设施工程竣工验收技术资料统一用表》（2019版），新开工的城市轨道交通工程请统一使用《广东省市政基础设施工程竣工验收技术资料统一用表-城市轨道交通分册》（2019版）。《广东省市政基础设施工程施工质量技术资料统一用表》（2010版）同时废止。

《广东省市政基础设施工程竣工验收技术资料统一用表》（2019版）和《广东省市政基础设施工程竣工验收技术资料统一用表-城市轨道交通分册》（2019版）由我厅负责使用管理，广东省市政行业协会负责具体解释工作。

附件：1.《广东省市政基础设施工程竣工验收技术资料统一用表》（2019版）目录

2.《广东省市政基础设施工程竣工验收技术资料统一用表-城市轨道交通分册》（2019版）目录

广东省住房和城乡建设厅

2019年4月16日

（联系人：沈思远，联系电话：020-83133524，邮箱：aqglc@126.com；广东省市政行业协会程勤，联系电话：020-83373351，邮箱：649522342@qq.com）

公开方式：主动公开

编写单位名单

主编单位：广东省市政行业协会

广州市市政集团有限公司

深圳市市政工程总公司

广东省建筑工程机械施工有限公司

广州建筑股份有限公司

广州市恒盛建设工程有限公司

参编单位：广东华隧建设集团股份有限公司

深圳市路桥建设集团有限公司

广州市第二市政工程有限公司

广州市第一市政工程有限公司

广州市第三市政工程有限公司

广州珠江工程建设监理有限公司

广州市自来水工程有限公司

广东光中盛集团有限公司

广东省水利水电第三工程局有限公司

达濠市政建设有限公司

广东省基础工程集团有限公司

汕头市建安（集团）公司

惠州大亚湾市政基础设施有限公司

广州市市政工程机械施工有限公司

审编人员名单

主　　　审： 蔡　瀛

副　主　审： 林兆雄

审　　　查： 罗家侠　乔军志　沈思远　饶　瑞　戴　飞　陈晓娟
温晓虎　张　荣　彭勇波　钟小铟

主要编著人员： 唐建新　麦志坚　袁　丽　张向华　梁健芳　汪　涛
阮红兵　李志农　刘铁军　李汉广　麦国文　谢　颖
何振伟　冼莉华　龙宇航　简旭华

参 编 人 员： 朱彩红　徐　萍　程　勤　赖伟文　王　媛　郭　飞
黄　琦　邱永钦　黄彦虎　徐　政　徐鹏志　莫焕求
朱文彪　罗星燕　赵崇文　黄俊林　袁秀霞　陈俊潮

前　言

《广东省市政基础设施工程竣工验收技术资料统一用表》（以下简称《市政统表》）由广东省市政行业协会（以下简称“省协会”）于20世纪九十年代初组织相关专家编制。1994年至2008年期间，由于国家对技术规范标准修订周期的要求，同时结合《市政统表》在使用过程中发现的问题和收集到的使用反馈意见，我会组织了监督、建设、监理、检测、施工等方面的专家分别对《市政统表》进行了《1995版》《2003版》《2004版》《2005版》《2010版》共五次/版的修编和换版发行工作，并由广东省住房和城乡建设厅（原广东省建设厅）发布在全省统一使用。

近几年来，随着住房和城乡建设部对建设工程施工、验收方面的法规、标准进行了较大的更新、调整、修订，以及建筑产业升级和建筑业技术进步，一批新技术和新成果日渐成熟并已广泛应用于我省市政基础设施工程施工中，《市政统表》（2010版）已经不能与现行法规、标准的要求保持一致，而且《市政统表》（2010版）修订至今已8年多了，难以满足我省市政基础设施工程建设的实际需要，有必要进行再次修订。为此，省协会再次组织监督、建设、监理、检测、施工等方面的专家，以住房和城乡建设部关于印发《房屋建筑和市政基础设施工程竣工验收规定》的通知（建质〔2013〕171号）、《广东省建设工程质量管理条例》（广东省第十二届人民代表大会常务委员会公告（第4号））、《建筑工程施工质量验收统一标准》GB 50300—2013、《建设工程监理规范》GB/T 50319—2013、《混凝土结构工程施工质量验收规范》GB 50204—2015、《建筑地基基础工程施工质量验收标准》GB 50202—2018、《地下防水工程质量验收规范》GB 50208—2011、《沉管法隧道施工与质量验收规范》GB 51201—2016、《无障碍设施施工验收及维护规范》GB 50642—2011等现行的法规、标准为依据，在《市政统表》（2010版）基础上进行了修订，同时结合目前我省市政基础设施工程专业多样性、综合性的特点，编写了《广东省市政基础设施工程竣工验收技术资料统一用表》（2019版）（以下简称“《市政统表》（2019版）”）。我会为了使施工单位使用方便，特组织专家对表格增加了填表说明。

本次修编主要体现在：（1）根据修订、补充的内容，调整了《市政统表》的题名、文件分类名称、用表编号，细化了各类文件中的类别划分；（2）增加了工程基建程序、监理工作及隧道工程、综合管廊工程、路灯照明工程、园林绿化工程、有轨电车工程等方面的用表；（3）根据国家和广东省新发布的技术规范标准进行了全面的修订；（4）调整、增加了工程进场材料、实体质量控制用表，突出了在施工过程中对材料、实体质量检测频率、结果的自控性及可追溯性；（5）增加了地基基础、混凝土结构、钢结构、无障碍设施工程的验收通用表，避免了部分专业工程验收用表不齐全的情况，加强了对涉及使用安全的重要分部工程质量的监控；（6）对在使用过程中发现的问题和有关单位反馈的意见进行了完善。

修订后的《市政统表》（2019版）由工程建设前期主要法定基建程序文件、工程质量监理用表、施工管理文件、进场施工物资质量证明文件、见证取（抽）样检验（测）报告、施工记录文件、施工过程质量验收文件、工程竣工验收文件共八章1409份表格组成，其中新增加的有轨电车部分表格含轨道、供电系统、充电网安装、通信系统、信号系统、自动售检票系统、交通工程七项专业工程表格有277份，整体较《市政统表》（2010版）增加了925份表格。

在修订《市政统表》（2019版）的过程中，得到了省住房和城乡建设厅领导和质量安全监督处领导和广东省市政行业协会编制组专家的指导，以及各有关单位的鼎力支持，经过一年多的努力，基本完成《市政统表》（2019 版）。现呈送全省施工企业，欢迎指正。

在此，省市政行业协会真诚的感谢为《市政统表》（2019 版）付出心血参与编写的专家们和对所有多年来支持、帮助协会工作的单位和个人！

广东省市政行业协会

二〇一八年八月

广东省市政基础设施工程施工技术文件管理指南

第一章　总　　则

第一条　为加强广东省市政基础设施工程施工技术文件的管理，真实反映工程实体质量和管理水平，根据《中华人民共和国建筑法》、《建设工程质量管理条例》、《城市建设档案管理规定》的法律、法规和国家现行有关工程建设标准，制定本指南。

第二条　本指南所称市政基础设施工程是指城镇范围内道路、桥梁、广场、停车场、隧道、轨道交通、排水、供水、供气、污水处理、垃圾处理处置等工程。

第三条　本指南适用于广东省范围内新建，改建，扩建的市政基础设施工程。从事参与上述工程的建设、勘察、设计、施工、监理、试验检测等单位均应按本指南执行。本指南中未涉及到的或有特殊要求需要增减内容的，应按国家现行有关规定和设计要求执行。大中修及加固工程可参照执行。

第四条　本指南所称市政基础设施工程施工技术文件（以下简称“施工技术文件”），是指在施工过程中，施工、监理、建设等单位执行国家工程建设标准和国家、地方有关规定而填写，收集整理的文字记录、图纸、表格、音像材料等必须归档保存的文件。

第五条　施工技术文件应按《广东省市政基础设施工程竣工验收技术资料统一用表》的统一表格、表式填写；未规定统一表格、表式的，各地方可根据需要做出规定。

第二章　职 责 与 管 理

第六条　施工技术文件分别由施工、监理、建设等单位负责编制。施工、监理等单位应将本单位形成的施工技术文件立卷后向建设单位移交。工程项目实行总承包的，分包单位负责其分包范围内施工技术文件的收集和整理，及时移交总承包单位；总承包单位应对施工技术文件负总责，并应及时向建设单位移交。

第七条　参加工程建设的有关单位应设专人负责施工技术文件的管理，并随工程进度收集、整理、归档。所需表格应按本规定中的要求逐项认真填写，记录准确、完整真实。

第八条　施工技术文件中明确有责任人签认的，须由本人签字（不得盖图章或由他人代签）。工程竣工，文件组卷成册后必须由单位技术负责人和法人代表或法人委托人签字并加盖单位公章。

第九条　建设单位与勘察、设计、施工、监理、试验检测等单位在签合同时，建设单位应向参建单位提供相关资料，并对施工技术文件的编制要求和移交期限做出明确规定。

第十条　建设单位应按国家现行规范《建设工程的文件归档整理规范》GB/T 50328 的要求，在组织竣工验收前应提请当地城建档案管理机构对施工技术文件进行预验收，于工程竣工验收后三个月内将档案报送当地城建档案管理机构。城建档案管理机构在收到档案 7 个工作日内提出验收意见，7 个工作日不提出验收意见，视为同意。

第十一条 任何单位和个人不得涂改、伪造、抽撤、损毁或丢弃文件，对于弄虚作假、玩忽职守，造成文件不符合真实情况的，由有关部门追究责任单位和个人的责任。

第三章 内容与要求

第十二条 施工组织设计

（一）施工单位在开工前必须编制施工组织设计，对涉及结构安全及危险性较大的分项、分部工程应编制专项施工方案，对超过一定规模的危险性较大的分项、分部工程，施工单位应当组织召开专家论证会对专项施工方案进行论证。实行施工总承包的，由施工总承包单位组织召开专家论证会。专家论证前专项施工方案应当通过施工单位审核和总监理工程师审查。

（二）施工组织设计中应包括的主要内容有：编制依据、工程概况、施工部署、施工进度计划、施工准备与资源配置计划、主要施工方法、施工现场平面布置、主要施工管理计划、施工工艺、确保质量、安全和环境保护及应急预案措施等。施工组织设计的编制，应符合现行国家相关规范的要求。

（三）施工组织设计（专项施工方案）必须经施工单位技术负责人和总监理工程师审批，填写施工组织设计审批表（合同另有规定的按合同要求办理），并加盖施工、监理单位公章和总监理工程师注册章方为有效。在施工中发生变更时，应有变更审批手续。

第十三条 图纸会审和技术交底

（一）工程开工前，建设单位应组织施工、监理、勘察、设计等单位的相关人员对施工图进行会审。

（二）设计单位应在工程实施前进行设计交底。

（三）施工单位应在开工前进行施工技术交底，施工技术交底包括施工组织设计交底、专项施工方案交底及分项工程施工技术交底。

（四）会审及各种交底应形成记录，并有交底双方签认手续。

第十四条 主要原材料、成品、半成品、构配件及设备检（试）验

（一）工程所用主要原材料、成品、半成品、构配件及设备应有出厂质量合格证书或出厂检（试）验报告，报告为复印件的必须加盖供货单位印章方为有效，并注明使用工程名称、规格、数量、进场日期、经办人签名及原件存放地点。按规范要求需做复试的项目，施工单位应在使用前抽取试样，委托具有相应资质的试验检测机构进行复试，复试结果合格方可使用，其汇总表纳入施工技术文件。

（二）凡使用新技术、新工艺、新材料、新设备的，应有法定单位鉴定证明和生产许可证。产品要有质量标准、使用说明和工艺要求。使用前应按其质量标准进行检（试）验。积极鼓励推广满足要求的低碳节能减排材料用于工程建设中。

（三）必须按有关规定实行见证取样和送检制度，其记录、汇总表纳入施工技术文件。

（四）主要原材料、成品、半成品、构配件及设备检（试）验主要项目：

1 水泥：强度、安定性和凝结时间等。

2 钢材：力学性能和工艺性能试验，必要时进行化学成份检验；预应力混凝土所用的高强钢丝、钢绞线除应做拉伸试验外，还应进行弹性模量检测和应力松弛性检验。桥梁用结构钢加试化学成份和冲击试验。

3 沥青：延度、针入度、软化点等（其它指标视不同的道路等级而定）。

4 防火涂料应具有经消防主管部门认定的证明资料。

5 焊条（焊剂）应有与母材的可焊性试验报告。

6 砌块（砖、石材、预制块等）用于承重结构时，应复试抗压、抗折强度。

7 砂：筛分分析、含泥量、泥块含量、砂的氯离子含量、人工砂的石粉含量等。

8 碎石：含泥量、泥块含量、针状和片状颗粒的总含量、压碎值等。

9 混凝土外加剂、掺合料：应按相关规定进行品质复试和功能性检验。

10 防水材料及粘接材料：拉伸性能、不透水性、粘结性能等。

11 防腐及保温材料应按相关规定分别进行厚度、粘结力、热稳定性、力学性能、导热系数及防火指标等的检验。

12 石灰：有效氧化钙加氧化镁及残渣含量等。

13 粉煤灰：化学成份、烧失量、细度、含水量和需水量比等。

14 管材（混凝土管、金属管、化学建材管、复合管）生产厂家应提供有关强度、严密性的检验报告。化学建材管应提供环刚度检验报告（燃气用PE管、热力用PPR管均不需此指标检验），金属管应提供无损探伤检测报告。施工单位应按有关标准进行检查验收。

15 厂（场）、站工程成套设备

应有产品质量合格证、设备安装使用说明等，工程竣工后整理归档。其它专业设备及电气安装的材料、设备、产品按现行国家或行业相关规范、规程、标准要求进行进场检查、验收，供应厂家应提供相关的检测报告。

16 预应力混凝土张拉材料

预应力锚具、夹片、连接器应按标准要求进行外观质量检查和硬度检测，设计或规范有要求的，生产厂家及施工单位应提供锚、夹具组装件的静载锚固性能试验报告。波纹管应复试局部横向荷载或环刚度及渗漏等。

17 混凝土预制构件

对涉及结构主体和重要使用功能的混凝土预制构件，如：梁、板、挡墙板、管片、检查井盖板、路面砖等，生产厂家应按标准检验并提供相应的质量保证资料。进场前，施工单位应按有关标准进行检查验收。

18 钢结构构件制作厂家应提供钢材的复试报告、可焊性试验报告；焊接（缝）质量检验报告；连接件的检验报告；防腐涂层厚度及粘结力检验报告等。施工单位应按有关标准进行检查验收。

19 各种地下管线的井室、井圈、井盖等应按相关规定和设计要求进行力学性能检验。

20 支座、变形装置、止水带等应按相关规定和设计要求进行力学等性能检验。

21 稳定土类道路基层材料生产单位应按规定，提供产品出厂质量检验报告和配合比试验单；连续供料时生产单位出具检验报告的有效期最长不得超过7天。

22 土工格栅材料：生产单位按同一牌号的原料、同一配方、同一规格为一批，提供产品出厂质量检验报告；进场时按规范要求需做复试。

23 沥青混合料（温拌沥青混合料、再生沥青混合料）及添加剂材料应满足现行国家规范《公路沥青路面施工技术规范》JTG F40、《公路沥青路面再生技水规范》JTG F41规定的技术指标。生产单位应按同类型、同配比、每批次至少向施工单位提供产品质量合格证书。

24　商品混配土生产单位应按同配比、同批次、同强度等级提供出厂质量合格证书，并提供混凝土氯离子检测合格证明报告。

第十五条　施工检（试）验

（一）凡有见证取样及送检要求的，应有见证记录、有见证试验汇总表。

（二）压实度、强度检（试）验

1　填土、路基压实度（密度）资料，应有按土质种类做的最大干密度与最佳含水量试验报告和分层、分段取样的填土压实度试验记录及路基弯沉检测报告。

2　道路基层压实度和强度试验资料，应有各类稳定土类基层的实际剂量的检测报告、标准击实试验报告和分层、分段取样的压实度试验记录、7天龄期的无侧限抗压强度试验报告。

3　道路沥青面层压实度试验资料，应有沥青混合料标准密度和分层取样的压实度、厚度试验记录及路面弯沉检测报告。

4　混凝土抗压（抗折）强度、抗渗耐久性能试验。

1）应有相应资质的检测单位出具的混凝土配合比设计试验报告、强度试验报告，强度未能达到设计要求而采取实物钻芯取样试压时，应同时提供钻芯试压报告和原标样试块抗压强度试检报告。如果混凝土钻芯取样试压强度仍达不到设计要求时，应由设计单位提供经设计负责人签署并加盖单位公章的处理意见资料。

2）主体结构和结构混凝土在拆模、卸支架、预应力张拉、构件吊运、施加临时荷载时，应有同条件养护试块抗压强度试验报告。

3）商品混凝土应以现场制作的标养28天的试块抗压、抗折、抗渗指标作为评定的依据，并应在相应试验报告上标明商品混凝土生产单位名称、合同编号。

4）应有按国家现行标准进行的强度统计评定资料（水泥混凝土路面有抗折强度评定资料）汇总。

5）对同一强度等级的同条件养护试件，其强度值除以0.88后按现行国家标准《混凝土强度检验评定标准》GB/T 50107的有关规定进行评定，评定结果符合要求时可判结构实体混凝土强度合格。

5　砂浆试块强度试验应有相应资质的检测单位出具的砌筑砂浆配合比设计试验报告、强度试验报告，并有按国家现行标准进行的强度统计评定资料汇总。

6　钢筋连接检（试）验

1）钢筋连接接头应进行抗拉强度、弯曲试验。

2）试验所用的钢筋连接试件，应从外观检查合格后的成品中切取，数量要满足国家现行规范规定。

7　管道防腐层施工应按国家现行规范规定对防腐材料、防腐等级、防腐层厚度、电绝缘性能、外观及粘结力进行检验，并由监理工程师签认。

8　管网工程清洗检验应记录清洗范围、清洗方法、清洗要求和检验情况及结论等，并由监理工程师签认。

9　钢构件、钢管道、金属容器等及其他设备焊接应按国家现行规范规定进行无损探伤、强度、严密性检（试）验，并将焊缝质量检验汇总纳入施工技术文件。

10　桩基应按有关规定和设计要求进行完整性和单桩承载力检测。

11　设备安装调试应记录设备名称、编号、型号、安装位置、简图、安装偏差、电器绝缘接地性能检测、设备调试情况等。特种设备的安装记录还应符合有关规范的规定。

12　电气接地装置检验应记录接地类别、接地规格、组数、防腐处理等。

第十六条　功能性检（试）验

（一）功能性检（试）验按有关标准规范或设计要求进行，并应由具有相关资质的检测单位进行检测，出具检测报告。

（二）功能性试验项目主要包括：

1　道路弯沉检测。

2　路面平整度检测。

3　路面抗滑性能检测。

4　无压力管道严密性试验。

5　桥梁工程的成桥动、静载试验。

6　水池满水试验。

7　消化池气密性试验。

8　压力管道的强度、严密性和通球试验等。

9　钢管道阴极保护防腐完整性检测。

10　压力容器强度和严密性试验。

11　设备安装、调试及试运行记录（可由参建各方参加，填写试验记录，由参建各方签字，手续完备）。

12　其他设计和规范有要求时应进行的功能性检（试）验。

第十七条　施工记录

（一）地基与基槽验收记录

1　地基与基槽验收应核对其位置、平面尺寸、基底标高及基底的土质和地下水情况是否符合勘察、设计要求的记录，并由勘察、设计单位项目负责人及监理工程师签认。

2　深基坑应检查基坑对附近建筑物、道路、管线等是否存在不利影响，并根据设计基坑等级制定的基坑监测方案，设置观测点，提供观测记录。

3　地基需处理时应对勘察、设计部门提出处理意见，处理后，重新组织验收。

（二）道路施工记录

1　路基填土的分层及碾压，以及路基验收的情况。

2　基层摊铺、碾压验收情况。

3　沥青混合料摊铺厚度、压实度及碾压温度的检测等；水泥混凝土路面铺筑厚度、强度的检测等。

（三）桥梁施工记录

1　沉入桩记录的锤击数、桩的标高、贯入度；钻孔桩（挖孔桩）钻进记录的钻进（挖孔）起止时间、钻进（挖孔）深度、孔底标高等；混凝土灌注记录的浇筑混凝土数量、坍落度、导管深度等。

2　预应力张拉记录

1）应根据设计要求，按实测预应力筋弹性模量、孔道摩系数等填写预应力张拉数据表，计算出理论张拉伸长值。施工中应有张拉原始记录，并由监理工程师签认。

2）预应力张拉所用油泵、千斤顶压力表等设备应有经法定计量检定单位对测力设备进行校验的报告和张拉机具设备配套标定的报告。

3）预应力孔道注浆记录应按每台班逐项记录，对出现的异常现象，必须做好相关处理记录，并由监理工程师签认。

4）采用智能化的操作及管理方法，实现张拉和压浆技术的自动控制。通过自动化，智能化等手段来保证预应力的有效施加和灌浆密实，实现张拉过程中的自动加载、数据自动采集和自动监测。

3 斜拉索（吊杆）张拉应记录控制应力、伸长量、索力监测值及调整等，并由监理工程师签认。

4 钢结构桥在出厂前应进行试拼装并作好标识。现场安装应按每部位做好施工记录，主要内容包括几何尺寸、构件编号、节点衔接、连接方式及防腐处理等，并由监理工程师签认。

5 支座安装应记录生产厂家、质量证明编号、支座类型及材料、安装位置、设计标高和实际标高，以及各墩台支座安装质量情况等。

6 伸缩装置安装应记录生产厂家质量证明编号几何尺寸、安装温度、预留缝宽等，并由监理工程师签认。

7 梁板安装应记录轴线位置、梁底标高、四角相对高差、预留缝宽以及梁板的连接状况等。

8 桥涵顶进应记录顶力，进尺，箱体前、中、后高程，中线偏差，土质变化情况等。

（四）管道施工记录

1 管道安装应记录高程、接口及井室施工情况等。

2 非开挖管道施工应记录管线位置、设备规格、顶进推力、接口形式、土质状况等，并逐日按班次记录日进尺、累计进尺、中线位移、高程、接口间错台、接缝处理方法等内容。

3 管道焊接应记录焊缝（焊口）编号、焊工代号，每道焊缝的外观质量、无损检测结果、焊接质量综合评价，并由监理工程师签认。

4 补偿器冷拉应记录设计冷拉值、实际冷拉值、冷拉时气温等；补偿器安装应记录材质、安装位置、设计与实际预拉值等，并由监理工程师签认。

（五）地下施工记录

1 基坑开挖与支撑安装应记录降水情况、开挖尺寸、开挖方量；支撑标高偏差、支护桩桩顶位移、牛腿焊接质量；钢支撑预应力施加等，并由监理工程师签认。

2 地下连续墙成槽施工应记录成槽设备，成槽深度及宽度，槽壁垂直度、槽位轴线偏差，泥浆指标及钢筋骨架吊装等。

3 地下连续墙混凝土浇筑应记录混凝土的强度等级、坍落度、浇筑量、浇筑起止时间等。

4 盾构掘进应记录高程和轴线控制、坡度、管片安装和注浆等。

5 盾构进出洞施工应记录土体加固、洞圈复测、盾构基座、盾构姿态等，并由监理工程师签认。

6 隧道区间联络通道施工应记录土体加固、冻结效果。洞口开挖、混凝土结构施工等，并由监理工程师签认。

7 暗挖法施工应记录注浆加固、开挖掘进长度、初期支护的钢筋格栅间距及钢筋网安装、喷射混凝土部位、厚度及数量等。

（六）混凝土浇筑记录

混凝土浇筑应记录工程名称和部位、强度等级、配合比编号、数量、温度、时间及试块留置等。

（七）混凝土测温记录

大体积混凝土和高温季节施工混凝土应进行测温。测温应记录工程和部位名称、测孔编号、实体温度、环境温度等，附简图，并由监理工程师签认。

（八）沉井下沉记录

沉井下沉应记录下沉前预制日期、设计刃脚高程、观测点标高、位置偏差及校正、土质、水位情况等。

（九）施工日志

施工日志应以单位工程为记载对象，从工程开工起至工程竣工止，按专业指定专人负责逐日记载，并确保内容真实、连续、完整。

（十）其它有特殊要求的工程，应按规定及设计要求，提供相应的施工记录。

第十八条 测量复核

（一）施工前，建设单位应组织勘察、设计等有关单位向施工单位进行现场交桩。施工单位应根据交桩记录进行测量复核并留有记录。

（二）施工设置的临时水准点、轴线桩及构筑物施工的定位桩、高程桩的测量复核记录。

（三）主要结构分项、分部的测量复核记录。

（四）应在复核记录中绘制施工测量示意图，标注测量与复核的数据及结论。

（五）监理工程师应对施工单位在施工过程中报送的施工测量放线成果进行复验和确认。

第十九条 监测记录

（一）深基坑及隧道施工应记录地表变形及位移、建筑物沉降、管道变形、坑外水位、围护结构变形、支承轴力、净空收敛、拱顶下沉、隧道内观测等。

（二）复杂结构桥梁工程应记录线型、应力、变形、拱顶沉降、斜拉、体系转换及健康监测系统设置等。

（三）其他工程按设计或规范要求，需进行的监测。

第二十条 质量验收记录

（一）凡被下道工序、部位所隐蔽的工程，在隐蔽前必须进行质量检查验收，填写检验批质量验收记录。

（二）涉及工程结构安全和使用功能的重要隐蔽部位验收，填写隐蔽工程质量验收记录，隐蔽工程质量验收记录的内容应具体，结论应明确，并经监理工程师检查签认。验收手续应及时办理，不得后补，需复验的应办理复验手续。

（三）检验批、分项、分部、单位工程质量验收记录应依据标准规范、设计文件及施工合同对工程质量是否达到合格标准进行验收，记录应及时，填写齐全，签字手续完备规范。

第二十一条 变更通知单洽商记录

（一）设计变更通知单或洽商记录应在施工前办理。内容应明确具体，注明原图号，必要时附图。

（二）设计变更通知单，必须由原设计人和设计单位项目负责人签字并加盖设计单位印章方为有效，重大设计变更需重新审定。

（三）洽商记录必须经相关单位共同签认方为有效。

（四）设计变更通知单、洽商记录应原件存档。如用复印件存档时，应由原件存放单位盖章，并注明原件存放处。

（五）分包工程的设计变更、洽商，应由施工总承包单位统一办理。

第二十二条 竣工验收

（一）工程竣工文件

工程完工，经检验合格并达到竣工验收条件后，由参建单位分别提供工程竣工相关文件。

1 工程完工报告由施工单位填写，内容主要包括工程概况；依照合同及设计图纸完成施工项目的情况；工程质量情况；其它需说明的事项；结论性意见等。

该报告应经项目经理和施工单位有关负责人审核签字加盖单位公章，并经总监理工程师签认。

2 工程质量评估报告由监理单位撰写，内容主要包括：工程概况；涉及工程基础和主体结构安全质量检查情况；工程质量综合评估信息及结论等。

该报告由项目总监理工程师及监理单位技术负责人签认，并加盖单位公章。

3 工程质量检查报告应由勘察、设计单位分别出具。内容主要包括：勘察、设计执行规范、标准情况；工程质量是否满足勘察、设计要求等。

该报告由勘察、设计项目负责人及勘察设计单位相关技术负责人签认，并加盖单位公章。

4 工程竣工验收报告由建设单位撰写。内容主要包括：工程概况；参建单位基本情况；执行基本建设程序情况；对参建各方质量行为的评价等。

该报告应分别由建设项目负责人及建设单位负责人签认，并加盖单位公章。

（二）工程竣工验收证书

工程竣工验收完成后，参建单位相关负责人共同签署工程竣工验收证书，并加盖单位公章。

（三）工程质量保修书

工程竣工验收前，由建设、施工等单位的相关负责人按相关规定，共同签署工程质量保修书，并加盖单位公章。

第二十三条 质量事故报告及处理记录

发生质量事故，施工单位应及时填写工程质量事故报告，质量事故处理完毕后关填写质量事故处理记录。工程质量事故报告及质量事故处理记录必须归入施工技术文件。

第四章 组 卷 和 竣 工 图

第二十四条 施工技术文件的编制与组卷

（一）施工技术文件应使用原件，如有特殊原因不能使用原件的，应在复印件或抄件上加盖单位公章并注明原件存放处。

（二）按单位工程进行组卷。每单位工程文件较多时可以分册组卷。

（三）卷内文件排列顺序要根据卷内的文件构成而定，一般顺序为封面、目录、文件材料和备考表。

1 文件封面应注明工程名称、开竣工日期、编制单位、卷册编号、项目负责人、单位技术负责人和法人代表或法人委托人签字，并加盖单位公章。

2 文件材料排列宜按以下顺序

1）施工组织设计

2）图纸会审审核技术交底

3）变更通知单、洽商记录

4）主要原材料、成品半成品，构配件及设备检（试）验的出厂质量合格证书、检（试）验报告和复试报告及见证汇总表

5）施工检（试）验

6）施工记录

7）测量复核

8）监测记录

9）隐蔽工程检查验收记录

10）质量验收记录

11）功能性检（试）验记录

12）质量事故报告及处理记录

13）竣工图

14）工程竣工验收文件

15）其它相关资料

（注：对于设备安装工程可参照上述顺序组卷）

（四）建设、监理等单位相关归档文件材料的内容，应依据国家现行标准规范的要求归档。

（五）案卷规格按城建档案管理部门要求办理。

第二十五条 竣工图

（一）工程完竣工后应及时进行竣工图的整理。竣工图应由施工单位或设计单位按相关规定和合同要求进行绘制，其内容应包括与施工图相对应的全部图纸及根据工程竣工情况需要补充的图纸。

（二）绘制竣工图须遵照以下原则：

1 凡在施工中，按图施工，没有变更的，在新的原施工图上加盖竣工图标识，可作为竣工图。

2 施工图无大变更的，应将修改内容按实际发生的描绘在原施工图上，并注明变更或洽商编号，加盖竣工图标志后作为竣工图。

3 凡结构形式改变，工艺改变、平面布置改变、项目改变以及其它重大改变；或虽非重大变更，但难以在原施工图上表示清楚的或变更幅面超过1/3的，应重新绘制竣工图。

（三）竣工图章现有明显的“竣工图”标识。包括编制单位名称、监理单位名称、编制人、审核人、技术负责人、现场监理、总监理工程师和编制日期等内容。编制单位的有关责任人要对竣工图负责。监理单位的有关责任人应对工程档案的监理工作负责。

（四）改绘竣工图，必须使用不褪色的黑色绘图墨水。

第五章 附 则

第二十六条 各地方可根据本指南制定实施意见。

第二十七条 本指南由广东省市政行业协会负责解释。

第二十八条 本指南自发布之日起施行。

目　　录

（上　　册）

（下　册）

第一章　工程建设前期主要法定基建程序文件

基本要求

1. 根据工程建设法律、法规、规章和有关行政管理规定，从事建设工程活动，必须严格执行基本建设程序。工程建设开工前，建设单位应当取得表中的各项法定基建程序文件，方可进行施工。

2. 除《工程建设前期法定基建程序文件检查表》外，各项法定基建程序文件无固定表式。

3. 按照国务院规定的权限和程序批准开工报告的建筑工程，不再领取施工许可证。

1.1　立项申请报告及批复

由发展改革主管部门核发。实施依据：《中华人民共和国招标投标法》、《中华人民共和国招标投标法实施条例》、《广东省实施〈中华人民共和国招标投标法〉办法》、国家计委等七部委第30号令《工程建设项目施工招标投标办法》、国家计委第9号令《工程建设项目可行性研究报告增加招标内容和核准招标事项暂行规定》、《国务院关于投资体制改革的决定》、《政府核准投资项目管理办法》、《国务院关于发布政府核准的投资项目目录（2014年本）的通知》、《广东省人民政府办公厅关于印发广东省企业投资项目管理体制分类改革目录（暂行）的通知》、《广东省人民政府办公厅关于印发广东省企业投资项目管理体制改革方案的通知》、国家发改委第12号令《外商投资项目核准和备案管理办法》。

1.2　可行性研究报告及批复

由发展改革主管部门核发。实施依据：《中华人民共和国招标投标法》、《中华人民共和国招标投标法实施条例》、《广东省实施〈中华人民共和国招标投标法〉办法》、《工程建设项目可行性研究报告增加招标内容和核准招标事项暂行规定》、《国务院办公厅关于加强和规范新开工项目管理的通知》。

1.3　环境影响报告及批复

由环境保护主管部门核发。实施依据：《中华人民共和国环境保护法》、《中华人民共和国环境影响评价法》、《中华人民共和国建设项目环境保护管理条例》、《广东省建设项目环境保护管理条例》。

1.4　建设用地批准文件

由国土主管部门批准。实施依据：《中华人民共和国土地管理办法》、《中华人民共和国土地管理办法实施条例》、国土资源部第42号令《建设项目用地预审管理办法》。

1.5　国有土地使用文件

由国土主管部门批准。实施依据：《中华人民共和国土地管理办法》、《中华人民共和国土地管理办法实施条例》、国土资源部第42号令《建设项目用地预审管理办法》。

1.6　建设用地规划许可文件

由城乡规划主管部门核发。实施依据：《中华人民共和国城乡规划法》、建设部第58号令《城市地下空间开发利用管理规定》。

1.7　建设工程规划许可文件

由城乡规划主管部门核发。实施依据：《中华人民共和国城乡规划法》、建设部第58号令《城市地下空间开发利用管理规定》。

1.8　建设工程报建审核文件

由建设行政主管部门核发。实施依据：《中华人民共和国建筑法》、《中华人民共和国城市规划法》、《工程建设项目报建管理办法》。

1.9　施工图设计文件审查意见

由施工图设计文件审查机构提供。实施依据：《中华人民共和国建筑法》、《中华人民共和国建设工程质量管理条例》、《广东省建设工程质量管理条例》、住建部第13号令《房屋建筑和市政基础设施工程施工图设计文件审查管理办法》。

1.10　勘察、设计、施工、监理中标通知书

由建设工程交易服务机构提供。实施依据：《中华人民共和国招标投标法》、《中华人民共和国招标投标法实施条例》、《广东省实施〈中华人民共和国招标投标法〉办法》。

1.11　勘察、设计、施工、监理承包合同（含施工专业、劳务分包）

由建设、勘察、设计、施工、监理单位提供。实施依据：《中华人民共和国建筑法》、《中华人民共和国合同法》、《中华人民共和国建设工程质量管理条例》、《广东省建设工程质量管理条例》。

1.12　建设工程施工许可文件

由建设主管部门核发。实施依据：《中华人民共和国建筑法》、《中华人民共和国建设工程质量管理条例》、《广东省建设工程质量管理条例》、住建部第18号令《建筑工程施工许可管理办法》。

1.13　工程质量、安全监督注册（登记）文件

由建设工程质量、安全监督机构核发。实施依据：《中华人民共和国建设工程质量管理条例》、《中华人民共和国建设工程安全生产管理条例》、《广东省建设工程质量管理条例》、住建部第5号令《房屋建筑和市政基础设施工程质量管理监督管理规定》。

1.14　法律、法规、规章规定应办理的其他建设程序文件

由有关部门核发。实施依据：有关法律、法规、规章。

1.15　工程建设前期法定基建程序文件核查表

<table>
<tr><td colspan="2">工程名称</td><td></td><td>工程地址</td><td colspan="2"></td></tr>
<tr><td colspan="2">工程规模</td><td></td><td>工程类别</td><td colspan="2"></td></tr>
<tr><td colspan="2">地面层数</td><td></td><td>地下室层数</td><td colspan="2"></td></tr>
<tr><td colspan="2">建设单位</td><td></td><td>勘察单位</td><td colspan="2"></td></tr>
<tr><td colspan="2">设计单位</td><td></td><td>施工单位</td><td colspan="2"></td></tr>
<tr><td colspan="2">监理单位</td><td></td><td>审图单位</td><td colspan="2"></td></tr>
<tr><td>序号</td><td colspan="2">文件资料名称</td><td colspan="2">检查结果</td><td>备注</td></tr>
<tr><td>1</td><td colspan="2">立项申请报告及批复</td><td colspan="2"></td><td></td></tr>
<tr><td>2</td><td colspan="2">可行性研究报告及批复</td><td colspan="2"></td><td></td></tr>
<tr><td>3</td><td colspan="2">环境影响报告及批复</td><td colspan="2"></td><td></td></tr>
<tr><td>4</td><td colspan="2">建设用地批准文件</td><td colspan="2"></td><td></td></tr>
<tr><td>5</td><td colspan="2">国有土地使用文件</td><td colspan="2"></td><td></td></tr>
<tr><td>6</td><td colspan="2">建设用地规划许可文件</td><td colspan="2"></td><td></td></tr>
<tr><td>7</td><td colspan="2">建设工程规划许可文件</td><td colspan="2"></td><td></td></tr>
<tr><td>8</td><td colspan="2">建设工程报建审核文件</td><td colspan="2"></td><td></td></tr>
<tr><td>9</td><td colspan="2">施工图设计文件审查意见</td><td colspan="2"></td><td></td></tr>
<tr><td>10</td><td colspan="2">勘察、设计、施工、监理中标通知书</td><td colspan="2"></td><td></td></tr>
<tr><td>11</td><td colspan="2">勘察、设计、施工、监理承包合同（含施工专业、劳务分包）</td><td colspan="2"></td><td></td></tr>
<tr><td>12</td><td colspan="2">建设工程施工许可文件</td><td colspan="2"></td><td></td></tr>
<tr><td>13</td><td colspan="2">工程质量、安全监督注册（登记）表</td><td colspan="2"></td><td></td></tr>
<tr><td>14</td><td colspan="2">法律、法规、规章规定应办理的其他建设程序文件</td><td colspan="2"></td><td></td></tr>
<tr><td>检查意见</td><td colspan="5">经检查，工程建设前期法定基建程序文件合法、齐全、有效。
________________文件依法不需办理。
总监理工程师（建设单位项目负责人）：
年　　月　　日</td></tr>
</table>

填表说明：依法不需要办理相应基建程序文件审批的建设项目，应在相应备注栏中注明“依法不需办理”。

第二章　工程质量监理用表

基本要求

1. “市政监表”是市政基础设施工程施工过程中监理单位填写或施工单位填写后报监理单位进行审批的用表，工程竣工后由监理单位或施工单位进行组卷，并移交给城建档案馆。

2. 表格允许打印，但审查意见和签名必须由该工程项目的监理工程师本人签署；如需专业监理工程师审查和签名的，必须由具备相应专业资格的监理工程师本人签署；项目经理也必须为该的项目经理本人签署。

3. 工程名称填写施工承包合同的工程名称。

4. 表中注明“公章”的必须盖中标单位的公章，表中注明“章”的，可以盖单位公章或工程项目部章。

2.1　工程监理单位用表

2.1.1　市政监-1　总监理工程师任命书

市政基础设施工程

总监理工程师任命书

市政监-1-□□

<table>
<tr><td>单位（子单位）工程名称</td><td></td></tr>
<tr><td colspan="2">致：____________________（建设单位）：
根据________________建设工程监理合同的要求，我单位委派__________出任该工程项目的总监理工程师，授权其履行《建设工程监理规范》GB/T 50319 中规定的总监理工程师职责，代表公司行使《建设工程委托监理合同》规定范围内约定的监理人的权利和义务，开展监理工作。若你方对该监理工程师的人选有异议，请在接到此任命书后 3 天内与我单位联系。

附件：总监理工程师注册及执业资格证书复印件。

监理单位（法人章）
法人代表：____________________
日　　期：____________________

建设单位/管理单位（单位章）意见：

抄送（仅此表）：（施工单位项目经理部）</td></tr>
</table>

2.1.2 市政监-2 项目监理机构设置通知书

市政基础设施工程

项目监理机构设置通知书

市政监-2-□□

单位（子单位）工程名称	

致：________________________________（建设单位）：

现将本项目监理机构人员名单及其专业分工通知你方，若你方对本通知书有异议，请于收到本通知书后3天内告知本项目监理机构。

附件：监理机构成员资格证明。

项目监理机构（章）

总监理工程师：__________________

日　　　期：　　年　　月　　日

抄送（仅此表）：（施工单位项目经理部）

姓　名	专业分工	职　务	注册证号/监理上岗证号	签　名

2.1.3 市政监-3 项目监理机构监理人员调整通知书

市政基础设施工程

项目监理机构监理人员调整通知书

市政监-3-□□

<table>
<tr><td colspan="2">单位（子单位）工程名称</td><td colspan="4"></td></tr>
<tr><td colspan="6">致：________________________（建设单位）：

因现场监理工作需要，现对本项目监理机构监理人员作如下调整，特此通知。
附件：调整人员资格证明。

项目监理机构（项目章）

总监理工程师：__________

日　　期：　　年　　月　　日

抄送（仅此表）：（施工单位项目经理部）</td></tr>
<tr><td rowspan="5">调整前</td><td>姓　名</td><td>专业分工</td><td colspan="3">调整原因</td></tr>
<tr><td></td><td></td><td colspan="3"></td></tr>
<tr><td></td><td></td><td colspan="3"></td></tr>
<tr><td></td><td></td><td colspan="3"></td></tr>
<tr><td></td><td></td><td colspan="3"></td></tr>
<tr><td rowspan="5">调整后</td><td>姓　名</td><td>专业分工</td><td>职　务</td><td>注册证号/监理上岗证号</td><td>签　名</td></tr>
<tr><td></td><td></td><td></td><td></td><td></td></tr>
<tr><td></td><td></td><td></td><td></td><td></td></tr>
<tr><td></td><td></td><td></td><td></td><td></td></tr>
<tr><td></td><td></td><td></td><td></td><td></td></tr>
</table>

2.1.4 市政监-4 项目监理机构印章使用授权书

市政基础设施工程

项目监理机构印章使用授权书

市政监-4-□□

单位（子单位）工程名称	

致：______________________________（建设单位）：

致：______________________________（施工单位项目经理部）：

一、现授权总监理工程师：________同志在________________________工程中使用"____________________________"印章（如下图）。

二、授权期限：从贵单位收到本授权书之日起至监理合同及监理业务完成终止之日止。

三、印章使用范围：所有应由监理审核签认的工程资料和来往文件。

1. 监理合同履行期间，授权人更换项目总监理工程师的，被授权人在本授权书上的授权行为在贵单位收到授权人更换项目总监理工程师通知之日起自行终止，由新任项目总监理工程师自动履行本授权书的权利和义务，本公司不再另行通知。

2. 在递交贵单位的需加盖本授权书印章的文件，还应有（总）监理工程师签字方可生效；仅加盖印章无（总）监理工程师签字的无效。

3. 总监理工程师代表、专业监理工程师在监理合同履行过程中使用该印章，必须有总监理工程师的授权，且不得超越授权书规定的使用范围，超越授权书的规定范围使用无效。

4. 除《开工报告》《设计图纸会审记录》《专项工程验收记录》系列表、《分部（子分部）质量验收记录》系列表、《工程验收及备案资料》系列表由企业法人出具的文件资料及现行法律法规规定要盖法人章的均盖"企业法人章"外，其他均加盖"项目章"也为有效文函。

项目印章样板	

监理单位（法人章）

法人代表：________________

日　　期：　　　年　　月　　日

抄送：

2.1.5 市政监-5 工程开工/复工令

市政基础设施工程

工程开工/复工令

市政监-5-□□

<table>
<tr><td>单位（子单位）工程名称</td><td></td></tr>
<tr><td colspan="2">致：________________（施工单位项目经理部）：
□项目监理机构认为________工程________（区段、部位）具备开工条件，可以开始施工，你部须在接到本开工令后，迅速组织施工。
本工程________（区段、部位）的开工日期定为____年___月___日。
□项目监理机构对________复工申请报告进行了审查，认为________工程________（区段、部位）可以开始复工，你部在接到复工令后，迅速组织施工。
本工程________（区段、部位）的复工日期定为____年___月___日。

项目监理机构（项目章）

总监理工程师（签字、加盖执业印章）：________
日　　期：____年___月___日
建设单位（章）：________
项目负责人：________
日　　期：____年___月___日</td></tr>
<tr><td colspan="2">开/复工说明：</td></tr>
</table>

2.1.6 市政监-6 工程暂停令

市政基础设施工程

工程暂停令

市政监-6-□□

<table>
<tr><td>单位（子单位）工程名称</td><td></td></tr>
<tr><td colspan="2">致：________________________（施工单位项目经理部）：
由于________________________________原因，现通知你方必须于____年____月____日____时起，对本工程的__________________部位（工序）实施暂停施工，并按下述要求做好各项工作：

项目监理机构（项目章）
总监理工程师（签字、加盖执业印章）：__________
日　　期：____年____月____日</td></tr>
</table>

2.1.7 市政监-7 监理工程师通知单

市政基础设施工程

监理工程师通知单

市政监-7-□□

单位（子单位）工程名称	
致________________________：(施工单位项目经理部) 事由： 内容： 项目监理机构（项目章） 总/专业监理工程师：____________ 日　　期：　　年　　月　　日	

2.1.8 市政监-8 工程质量监理报告

市政基础设施工程

工程质量监理报告（报项目质量监督机构）

市政监-8-□□

单位（子单位）工程名称		监理单位	
项目名称		施工单位	
施工进度			
建设各方责任主体质量行为			
施工现场上月质量状况			
质量缺陷或质量隐患的处理情况			
检验及抽检情况			
现场管理机构人员变更情况			
其他应说明的情况			
项目总监理工程师（签字、加盖执业印章）：	____年____月____日		

项目监理机构（项目章）：

2.1.9　市政监-9　旁站监理记录表

市政基础设施工程

旁站监理记录表

市政监-9-□□

<table>
<tr><td colspan="2">单位（子单位）工程名称</td><td colspan="3"></td></tr>
<tr><td>旁站日期</td><td colspan="2">年　　月　　日星期</td><td>旁站时气候</td><td></td></tr>
<tr><td colspan="5">旁站监理的部位或工序：</td></tr>
<tr><td colspan="5">旁站监理时间：</td></tr>
<tr><td colspan="5">施工情况：</td></tr>
<tr><td colspan="5">监理情况：</td></tr>
<tr><td colspan="5">发现问题：</td></tr>
<tr><td colspan="5">处理意见：</td></tr>
<tr><td colspan="5">备注：</td></tr>
<tr><td colspan="5">旁站监理人员（签字）：____________________　　　　____年____月____日</td></tr>
</table>

2.1.10 市政监-10 平行检查记录

市政基础设施工程

平行检查记录

市政监-10-□□

工程名称		检查地点	
检查时间		检查方法	
检查部位		检查人员	
检查依据：			
检查记录：			
检查结论：			
处理记录：			

填报说明：项目监理机构根据工程监理规划及细则，对工程关键控制点及隐蔽工程进行检查时填写此表。

2.1.11　市政监-11　巡视记录

市政基础设施工程

巡　视　记　录

市政监-11-□□

工程名称		巡视时间	
巡视部位		巡视人	
巡视内容： 1. 施工单位是否按工程设计文件、工程建设标准和批准的施工组织设计、（专项）施工方案施工 2. 使用的工程材料、构配件和设备是否合格 3. 施工现场管理人员，特别是施工质量管理人员是否到位 4. 特种作业人员是否持证上岗 5. 安全及文明施工情况 6. 其他			
巡视的存在问题情况：			
问题处理情况：			

2.1.12 市政监-12 工程款支付证书

市政基础设施工程

工程款支付证书

市政监-12-□□

单位（子单位）工程名称	

致：________________________________（建设单位）：

根据施工合同的规定，经审核施工单位的付款申请和报表，并扣除有关款项，同意本期支付工程款共（大写）_______________________（小写：________________）。请按合同规定及时付款。其中：

1. 施工单位申报款为：__________________
2. 经审核施工单位应得款为：___________________
3. 本期应扣款为：______________________
4. 本期应付款为：_________________________

索赔的金额计算：

附件：1. 施工单位的工程支付申请表及附件；

2. 项目监理机构审查记录。

项目监理机构（项目章）

总监理工程师（签字、加盖执业印章）：________

日　　期：____年　　月　　日

2.1.13　市政监-13　监理规划

市政基础设施工程

市政监-13-□□

监　理　规　划

工程名称：

建设单位：

施工单位：

监理单位：

编写：

（总监等编写人员签名）＿＿＿＿＿＿＿＿＿＿

审批：

（企业技术负责人签名）＿＿＿＿＿＿＿＿＿＿

（盖公章）

年　　月　　日

2.1.14　市政监-14　监理实施细则

市政基础设施工程

市政监-14-□□

（××专业工程）

监理实施细则

工程名称：

建设单位：

施工单位：

监理单位：

编写：

（专监等编写人员签名）____________________

审批：

（总监理工程师签名）____________________

（盖总监理工程师注册章）

年　　月　　日

2.1.15　市政监-15　监理快报

市政基础设施工程

监　理　快　报

（报项目质量监督机构）

市政监-15-□□

<table>
<tr><td>单位（子单位）
工程名称</td><td></td><td>监理单位</td><td></td></tr>
<tr><td>建设单位</td><td></td><td>施工单位</td><td></td></tr>
<tr><td>报告事项详述</td><td colspan="3"></td></tr>
<tr><td>监理机构或其他相关单位已经采取的措施</td><td colspan="3"></td></tr>
<tr><td>提出处理建议</td><td colspan="3"></td></tr>
<tr><td>其他应说明的情况</td><td colspan="3"></td></tr>
<tr><td>项目总监理工程师
（签字、加盖执业印章）：</td><td colspan="3">年　　月　　日</td></tr>
</table>

项目监理机构（项目章）

2.1.16 市政监-16 监理月报

市政基础设施工程

市政监-16-□□

（工程名称）

监 理 月 报

第____期

________年____月____日至________年____月____日

编制人（签名）：____________________

项目总监（签名）：____________________

签发日期：____________________

（项目监理机构项目章）

2.1.17 市政监-17 会议纪要

市政基础设施工程

__________会议纪要

市政监-17-□□

<table>
<tr><td>单位（子单位）工程名称</td><td colspan="3"></td></tr>
<tr><td colspan="4">各与会单位：
现将________会议纪要印发给你们，请查收。如有不同意见，请于收到本纪要后 24h 内书面向我项目监理机构提出。
附件：会议纪要正文共____页

项目监理机构（项目章）
总监理工程师：________
日　期：　年　月　日</td></tr>
<tr><td>会议地点</td><td></td><td>会议时间</td><td></td></tr>
<tr><td>组织单位</td><td></td><td>主持人</td><td></td></tr>
<tr><td>会议议题</td><td colspan="3"></td></tr>
<tr><td colspan="2">参加会议单位</td><td colspan="2">参加会议人员签名</td></tr>
<tr><td colspan="2"></td><td colspan="2"></td></tr>
<tr><td colspan="2"></td><td colspan="2"></td></tr>
<tr><td colspan="2"></td><td colspan="2"></td></tr>
<tr><td colspan="2"></td><td colspan="2"></td></tr>
<tr><td colspan="2"></td><td colspan="2"></td></tr>
<tr><td colspan="2"></td><td colspan="2"></td></tr>
<tr><td colspan="2"></td><td colspan="2"></td></tr>
<tr><td colspan="2"></td><td colspan="2"></td></tr>
<tr><td colspan="2"></td><td colspan="2"></td></tr>
</table>

2.1.18　市政监-18　监理工作总结

市政基础设施工程

市政监-18-□□

（工程名称）

监理工作总结

________年____月____日至________年____月____日

总监理工程师：____________________

日　　　期：____________________

（监理单位项目章）

2.1.19　市政监-19　监理工程师备忘录

市政基础设施工程

监理工程师备忘录

市政监-19-□□

单位（子单位）工程名称	
致：________________________： 事由： 内容： 项目监理机构（项目章） 专业监理工程师：________________ 总监理工程师：________________ 日　　期：　　年　　月　　日	

2.1.20 市政监-20 监理机构审查表

市政基础设施工程

监理机构审查表

市政监-20-□□

单位（子单位）工程名称	
致________________：（施工单位项目经理部） 监理机构对________________审查意见如下： 项目监理机构（项目章） 总/专业监理工程师：________________ 日 期：　　年　　月　　日	

2.1.21 市政监-21 工程变更指令

市政基础设施工程

工程变更指令

市政监-21-□□

单位（子单位）工程名称	

致：______________________________（承包单位项目经理部）：

根据合同规定，对编号为____________________的《工程变更单》涉及的费用及工期改变，按如下第__________________条执行：

1. 本次变更，业主不对施工单位作任何费用及工期的补偿；施工单位若对此持有异议，需在接到本变更指令后____日内以书面形式向项目监理机构提出。

2. 本次变更，业主不对承包商作任何费用补偿；承包商需在接到本变更指令后________日内将变更引起的工期及相关计算书报项目监理机构审批。

3. 对本次变更引起的费用及工期，将依据附件（工程变更估算表）进行补偿，承包商若对此持有异议，需在接到本变更指令后______日内以书面形式向项目监理机构提出。

4. 对本次变更引起的费用及工期，承包商需在接到本变更指令后____日内报项目监理机构审批。

附件：1. 工程变更单

2. 工程变更估算表

项目监理机构（项目章）

总监理工程师：________________

日　　期：　　年　　月　　日

相关文件及编号：

变更说明：

2.1.22 市政监-22 不合格工程项目通知

市政基础设施工程

不合格工程项目通知

市政监-22-□□

<table>
<tr><td>单位（子单位）工程名称</td><td></td></tr>
<tr><td colspan="2">致：________________________（施工单位项目经理部）：
经________________________（试验/检验表明），你方负责施工的__________
__________工程不符合技术规范要求，根据规范规定，这些要求为：

故要求对该工程（拆除、更换、修补、返工、检测），并请设计签字。

项目监理机构（项目章）

总监理工程师：____________

日　　期：　　年　　月　　日</td></tr>
</table>

2.1.23 市政监-23 监理业务手册

市政监-23--□□

监 理 业 务 手 册

监理企业：_______________（公章）

年 月 日

<table>
<tr><td rowspan="8">监
理
工
程</td><td>名　称</td><td colspan="3"></td></tr>
<tr><td>地　址</td><td colspan="3"></td></tr>
<tr><td>工程类别</td><td colspan="3"></td></tr>
<tr><td>造价（万元）</td><td></td><td>工程等级</td><td></td></tr>
<tr><td>建设单位</td><td colspan="3"></td></tr>
<tr><td>设计单位</td><td colspan="3"></td></tr>
<tr><td>施工单位</td><td colspan="3"></td></tr>
<tr><td>开工日期</td><td></td><td>竣工日期</td><td></td></tr>
<tr><td rowspan="11">项
目
监
理
机
构</td><td>姓　名</td><td>专　业</td><td colspan="2">监理工程师注册证书/上岗证号</td></tr>
<tr><td></td><td></td><td colspan="2"></td></tr>
<tr><td></td><td></td><td colspan="2"></td></tr>
<tr><td></td><td></td><td colspan="2"></td></tr>
<tr><td></td><td></td><td colspan="2"></td></tr>
<tr><td></td><td></td><td colspan="2"></td></tr>
<tr><td></td><td></td><td colspan="2"></td></tr>
<tr><td></td><td></td><td colspan="2"></td></tr>
<tr><td></td><td></td><td colspan="2"></td></tr>
<tr><td></td><td></td><td colspan="2"></td></tr>
<tr><td>总监理工程师</td><td></td><td>总监代表</td><td></td></tr>
<tr><td>监
理
工
作
内
容
及
奖
罚
情
况</td><td colspan="4"></td></tr>
<tr><td>竣
工
验
收
意
见</td><td colspan="4">施工单位意见（公章）：
监理单位意见（公章）：
设计/勘察单位意见（公章）：
年　　月　　日</td></tr>
<tr><td>建
设
单
位
意
见</td><td colspan="4">年　　月　　日（公章）</td></tr>
</table>

2.1.24 市政监-24 监理日志

市政基础设施工程

监 理 日 志

市政监-24-□□

工程名称： 施工单位：

<table>
<tr><td colspan="4">日期： 星期： 天气： 最高气温：℃最低气温：℃</td></tr>
<tr><td>作业面</td><td>进度情况</td><td>作业人员数量</td><td>施工机械及数量</td></tr>
<tr><td></td><td></td><td></td><td></td></tr>
<tr><td></td><td></td><td></td><td></td></tr>
<tr><td></td><td></td><td></td><td></td></tr>
<tr><td></td><td></td><td></td><td></td></tr>
<tr><td></td><td></td><td></td><td></td></tr>
<tr><td colspan="4">现场巡视发现问题及处理情况：</td></tr>
<tr><td colspan="4">工程质量情况：检查情况、存在的质量问题及处理情况、工程验收情况、对以往出现问题的复检情况：</td></tr>
<tr><td colspan="4">工程材料、大型机械进退场检查情况、材料试件见证取样送检情况：</td></tr>
<tr><td colspan="4">安全、文明施工情况：存在问题及建议和要求：</td></tr>
<tr><td colspan="4">重要人员往来、指示或通知：</td></tr>
<tr><td colspan="4">监理主要工作、活动（会议、指令、文件、检查等）、存在问题：</td></tr>
<tr><td colspan="4">设计变更、工程洽商情况：</td></tr>
<tr><td colspan="4">其他重要事项：</td></tr>
</table>

总监理工程师/总监代表： 填表人： 年 月 日

2.2　施工单位报审、报验用表

2.2.1　市政监-25　施工组织设计（方案）报审表

市政基础设施工程

施工组织设计（方案）报审表

市政监-25-□□

单位（子单位）工程名称	
致：________________________（项目监理机构）： 我方已根据本公司有关规定完成了________________________的编制，并经我公司技术负责人审查批准，请予以审查。 附件：（施工组织设计/施工方案）______份。 项目经理部（项目章） 项目经理：______________ 日　　期：　　年　　月　　日	
审查意见： 专业监理工程师：______________ 日　　期：______________	
审核意见： 项目监理机构（项目章） 总监理工程师（签字、加盖执业印章）：______________ 日　　期：　　年　　月　　日	
审批意见： 建设单位（盖章） 建设单位代表（签字）：______________ 日　　期：　　年　　月　　日	

2.2.2 市政监-26　工程开工/复工报审表

市政基础设施工程

工程开工/复工报审表

市政监-26-□□

<table>
<tr><td>单位（子单位）工程名称</td><td></td></tr>
<tr><td colspan="2">致：________________________（项目监理机构）：
□我方承担的________________________工程，已完成了以下各项工作，具备了开工条件，特此申请施工，请核查并签发开工指令。
□我方已完成了________________________工程的________________工作，具备了复工条件，特此申请复工，请核查并签发复工指令。

附件：

项目经理部（项目章）

项目经理：________________

日　　期：　　　年　　月　　日</td></tr>
<tr><td colspan="2">审查意见：

项目监理机构（项目章）

总监理工程师（签字、加盖执业印章）：________________

日　　期：　　　年　　月　　日</td></tr>
<tr><td colspan="2">审查意见：

建设单位（盖章）

建设单位代表（签字）

年　　月　　日</td></tr>
</table>

2.2.3 市政监-27 分包单位资格报审表

市政基础设施工程

分包单位资格报审表

市政监-27-□□

单位（子单位）工程名称	

致：____________________________（项目监理机构）：

经考察，我方认为拟选择的____________________（分包单位）具有承担下列工程的施工资质和施工能力，可以保证本工程项目按合同的规定进行施工。分包后，我方仍承担总包单位的全部责任。请予以审查和批准。

附件：1. 分包单位资质材料；

2. 分包单位业绩材料；

3. 总分包管理架构及资质情况（含专职管理、特种作业人员上岗证件）。

分包工程名称（部位）	工程数量	拟分包工程合同额	分包工程占全部工程
合　　计			

项目经理部（项目章）

项目经理：____________

日　　期：　　年　　月　　日

专业监理工程师审查意见：

专业监理工程师：____________

日　　期：____________

总监理工程师审核意见：

项目监理机构（项目章）

总监理工程师：____________

日　　期：　　年　　月　　日

建设单位意见：

建设单位代表：____________

日　　期：　　年　　月　　日

2.2.4 市政监-28 施工测量放线报验单

市政基础设施工程

施工测量放线报验单

市政监-28-□□

<table>
<tr><td>单位（子单位）工程名称</td><td></td></tr>
<tr><td colspan="2">致：________________________（项目监理机构）：

根据合同，有关图纸及测量放线要求，我方已完成（部位）____________________的测量放线，经自检合格，请予查验。
附件：1. 放样的依据材料______页。
2. 测量成果表______页。

项目经理部（项目章）
项目经理：____________
日　　期：　　年　　月　　日</td></tr>
<tr><td colspan="2">查验结果：

项目监理机构（项目章）
总/专业监理工程师：____________
日　　期：　　年　　月　　日</td></tr>
</table>

2.2.5 市政监-29 工程材料、构配件、设备报审表

市政基础设施工程

工程材料、构配件、设备报审表

市政监-29-□□

<table>
<tr><td>单位（子单位）工程名称</td><td></td></tr>
<tr><td colspan="2">致：________________________（项目监理机构）：

我方于________年_____月_____日进场的工程材料/构配件/设备数量如下（见附件）。现将质量证明文件及结果报上，拟用于下述部位：________________。

请予以审核。
附件：1. 数量清单（包括名称、来源和产地、用途、规格）
2. 出厂质量证明文件

项目经理部（项目章）
项目经理：____________
日 期： 年 月 日</td></tr>
<tr><td colspan="2">进场前审查意见：

项目监理机构（项目章）
专业监理工程师/总监代表：____________
日 期：____________</td></tr>
<tr><td colspan="2">使用前审查意见：

项目监理机构（项目章）
总/专业监理工程师：____________
日 期： 年 月 日
附：施工单位报送的必要复试报告</td></tr>
</table>

2.2.6 市政监-30 工程报验申请表

市政基础设施工程

工程报验申请表

市政监-30-□□

<table>
<tr><td>单位（子单位）工程名称</td><td></td></tr>
<tr><td>报验事项</td><td></td></tr>
<tr><td colspan="2">致：________________（项目监理机构）：
我单位已完成了________________工作，经自检合格，现将有关资料附上，请予以审查和验收。
附件：

项目经理部（项目章）
项目经理：________
日　　期：　　年　　月　　日</td></tr>
<tr><td colspan="2">审查意见：

项目监理机构（项目章）
总/专业监理工程师：________
日　　期：　　年　　月　　日</td></tr>
</table>

2.2.7 市政监-31 施工进度（调整）计划报审表

市政基础设施工程

施工进度（调整）计划报审表

市政监-31-□□

<table>
<tr><td>单位（子单位）工程名称</td><td></td></tr>
<tr><td colspan="2">致：________________________（项目监理机构）：

兹上报____年___月___日至____年___月___日____________工程施工总（年、季、月）进度计划，请予以审查和批准。
附件：
1. 上期进度计划完成情况（分部/分项工程工程量）及分析。
2. 本期进度计划［进度计划（分部/分项工程工程量）、劳动力计划、材料计划、资金计划、施工机械设备计划等］。

项目经理部（项目章）
项目经理：____________
日　　期：　　年　　月　　日</td></tr>
<tr><td colspan="2">审查意见：

项目监理机构（项目章）
总/专业监理工程师：____________
日　　期：　　年　　月　　日</td></tr>
</table>

2.2.8 市政监-32 主要施工机械进退场报审表

市政基础设施工程

主要施工机械进退场报审表

市政监-32-□□

<table>
<tr><td colspan="2">单位（子单位）工程名称</td><td colspan="4"></td></tr>
<tr><td colspan="6">致＿＿＿＿＿＿＿＿＿＿＿＿＿＿＿＿（项目监理机构）：
根据施工计划，下列主要施工机械拟进/出现场，请予批准。</td></tr>
<tr><td>序号</td><td>机械名称</td><td>规格型号</td><td>数量</td><td>拟进/出场日期</td><td>使用许可证情况</td></tr>
<tr><td></td><td></td><td></td><td></td><td></td><td></td></tr>
<tr><td></td><td></td><td></td><td></td><td></td><td></td></tr>
<tr><td></td><td></td><td></td><td></td><td></td><td></td></tr>
<tr><td colspan="6">附件：质量证明文件、检定证书、使用许可证书

项目经理部（项目章）
项目经理：＿＿＿＿＿＿
日　　期：　　年　　月　　日</td></tr>
<tr><td colspan="6">审查意见：

项目监理机构（项目章）
总/专业监理工程师：＿＿＿＿＿＿
日　　期：　　年　　月　　日</td></tr>
</table>

2.2.9 市政监-33 监理工程师通知回复单

市政基础设施工程

监理工程师通知回复单

市政监-33-□□

<table>
<tr><td>单位（子单位）工程名称</td><td></td></tr>
<tr><td colspan="2">致________________（项目监理机构）：
我方接到编号为________________的监理工程师通知后，已按要求完成了________________工作，现上报，请予以复查。
详细内容（附件及附图）：

项目经理部（项目章）
项目经理：________________
日　　期：　　　年　　月　　日</td></tr>
<tr><td colspan="2">复查意见：

项目监理机构（项目章）
总/专业监理工程师：________________
日　　期：　　　年　　月　　日</td></tr>
</table>

2.2.10 市政监-34 工程质量事故处理方案报审表

市政基础设施工程

工程质量事故处理方案报审表

市政监-34-□□

<table>
<tr><td>单位（子单位）工程名称</td><td colspan="2"></td></tr>
<tr><td colspan="3">致：________________（项目监理机构）：
____年____月____日____时，在________________发生________________的工程质量事故，已于____年____月____日提出《工程质量事故调查处理报告》，现报上处理方案，请予审查。
附件：1. 工程质量事故调查处理报告（盖施工单位法人章）。
2. 工程质量事故处理方案（盖施工单位法人章）。

项目经理部（项目章）
项目经理：________
日　期：　年　月　日</td></tr>
<tr><td colspan="2">设计/勘察单位意见：

设计/勘察单位（章）：________
负责人：________
日　期：________</td><td>总监理工程师批复意见：

项目监理机构（项目章）
总监理工程师：________
日　期：　年　月　日</td></tr>
</table>

2.2.11 市政监-35 工程竣工报验单

市政基础设施工程

工程竣工报验单

市政监-35-□□

<table>
<tr><td>单位（子单位）工程名称</td><td></td></tr>
<tr><td colspan="2">致：________________________（项目监理机构）：
我方已按合同要求完成了____________________工程，经自检合格，请予以检查和验收。
附件：

项目经理部（项目章）
项目经理：____________
日　　期：　　年　　月　　日</td></tr>
<tr><td colspan="2">审查意见：

经预验收，该工程
1. 符合□/不符合□我国现行法律、法规要求；
2. 符合□/不符合□我国现行工程建设标准；
3. 符合□/不符合□设计文件要求；
4. 符合□/不符合□施工合同要求；
综上所述，该工程预验收□合格/□不合格，□可以/□不可以组织正式验收。

项目监理机构（项目章）
总监理工程师（签字，加盖执业印章）：____________
日　　期：　　年　　月　　日</td></tr>
</table>

2.2.12 市政监-36 工程计量申报表

市政基础设施工程

工程计量申报表

市政监-36-□□

<table>
<tr><td>单位（子单位）工程名称</td><td></td></tr>
<tr><td colspan="2">致：________________________（项目监理机构）：
根据________________________的规定要求，申报________________________（时间、部位）完成之工程量，本次申报计量之分部、分项工程已取得监理工程师的质量合格认证，符合进度计划要求，请予审查。此次计量审查的结果，将作为我方结算及申请支付款的依据。
附件：1. 工程量清单；
2. 计算方法；
3. 其他支付证明材料。

项目经理部（项目章）
项目经理：____________
日　　期：　　年　　月　　日</td></tr>
<tr><td colspan="2">监理审查意见：

项目监理机构（项目章）
总监理工程师（签字，加盖执业印章）：____________
日　　期：　　年　　月　　日</td></tr>
</table>

2.2.13 市政监-37 工程款支付申报表

市政基础设施工程

工程款支付申报表

市政监-37-□□

<table>
<tr><td>单位（子单位）工程名称</td><td></td></tr>
<tr><td colspan="2">致：______________________________（项目监理机构）：
我方已完成了______________________________
工作，按合同的规定，建设单位应在______日前支付该项工程款共（大写）______________
（小写）：______________________________。现报上工程付款申请表，请予以审查并开具工程款支付证书。
附件：1. 工程量清单；
2. 计算方法；
3. 其他支付证明材料。

项目经理部（项目章）
项目经理：______________
日　　期：　　年　　月　　日</td></tr>
<tr><td colspan="2">监理审查意见：

项目监理机构（项目章）
总监理工程师（签字，加盖执业印章）：______________
日　　期：　　年　　月　　日</td></tr>
</table>

2.2.14　市政监-38　工程临时/最终延期报审表

市政基础设施工程

工程临时/最终延期报审表

市政监-38-□□

<table>
<tr><td>致：__________________（项目监理机构）
根据施工合同________（条款），由于________的原因，我方申请工程临时/最终延期（日历天），请予批准。
附件：1. 工程延期依据及工期计算
2. 证明材料

施工项目经理部（盖章）
项目经理（签字）
年　　月　　日</td></tr>
<tr><td>审查意见：
□同意工程临时/最终延期________（日历天）。工程竣工日期从施工合同约定的____年____月____日延迟到____年____月____日。
□不同意延期，请按约定竣工日期组织施工。

项目监理机构（盖章）
总监理工程师（签字、加盖执业印章）__________________
年　　月　　日</td></tr>
<tr><td>审批意见：

建设单位（盖章）
建设单位代表（签字）
年　　月　　日</td></tr>
</table>

2.2.15 市政监-39 费用索赔报审表

市政基础设施工程

费用索赔报审表

市政监-39-□□

<table>
<tr><td>
致：__________（项目监理机构）
根据施工合同______条款，由于_______的原因，我方申请索赔金额（大写）__________，请予批准。
索赔理由：______________________________________
____
附件：□索赔金额计算
□证明材料
施工项目经理部（盖章）
项目经理（签字）
年 月 日
</td></tr>
<tr><td>
审查意见：
□不同意此项索赔。
□同意此项索赔，索赔金额为（大写）__________________。
同意/不同意索赔的理由：______________________________
____
附件：□索赔审查报告
项目监理机构（盖章）
总监理工程师（签字、加盖执业印章）
年 月 日
</td></tr>
<tr><td>
审批意见：
建设单位（盖章）
建设单位代表（签字）
年 月 日
</td></tr>
</table>

2.3 通 用 表

2.3.1 市政监-40 工作联系单

市政基础设施工程

工 作 联 系 单

市政监-40-□□

单位（子单位）工程名称：

致：
发文单位： 负责人（签字）： 年 月 日

2.3.2 市政监-41 工程变更单

市政基础设施工程

工 程 变 更 单

市政监-41-□□

单位（子单位）工程名称：

<table>
<tr><td colspan="3">致：
由于____原因，兹提出工程变更，请予以审批。
附件：
□变更内容
□变更设计图
□相关会议纪要
□其他

变更提出单位：
负责人：
年 月 日</td></tr>
<tr><td>工程数量增/减</td><td colspan="2"></td></tr>
<tr><td>费用增/减</td><td colspan="2"></td></tr>
<tr><td>工期变化</td><td colspan="2"></td></tr>
<tr><td colspan="2">施工项目经理部（盖章）
项目经理（签字）</td><td>设计单位（盖章）
设计负责人（签字）：</td></tr>
<tr><td colspan="2">项目监理机构（盖章）
总监理工程师（签字）</td><td>建设单位（盖章）
负责人（签字）：</td></tr>
</table>

2.3.3 市政监-42 索赔意向通知书

市政基础设施工程

索赔意向通知书

市政监-42-□□

单位（子单位）工程名称： 编号：

致：

根据施工合同（条款）约定，由于发生了________________________________事件，且该事件的发生非我方原因所致。为此，我方向（单位）提出索赔要求。

附件：索赔事件资料

提出单位（盖章）

负责人（签字）：

年 月 日

2.4 填 表 说 明

2.1.1 市政监-1 总监理工程师任命书

工程监理单位在建设工程监理合同签订后，应及时将《总监理工程师的任命书》书面通知建设单位，应征得建设单位书面同意。

2.1.2 市政监-2 项目监理机构设置通知书

项目监理机构的监理人员应由总监理工程师、专业监理工程师和监理员组成，且专业配套、数量应满足建设工程监理工作需要。

2.1.3 市政监-3 项目监理机构监理人员调整通知书

工程监理单位调换总监理工程师时，应征得建设单位书面同意；调换专业监理工程师时，总监理工程师应书面通知建设单位，并征得建设单位书面同意。

2.1.4 市政监-4 项目监理机构印章使用授权书

本表必须由监理单位发出。

2.1.5 市政监-5 工程开复工令

此表用于工程项目开工或停工后恢复施工。如整个项目一次开工，只填报一次，如工程项目中涉及较多单位工程，且开工时间不同，则每个单位工程开工都应填报一次。此时将表头的“复工”两个字划掉。

因各种原因工程暂停，施工单位准备恢复施工，工程复工报审时，将表头上的“开工”划掉。

表中开/复工说明，是指说明已具备开工或复工条件的相关情况。

当工程具备以下开工条件时，由总监理工程师签发，加盖项目监理机构章后报送建设单位，以建设单位的最终意见确定项目的开工/复工时间：

（1）施工许可证已获政府主管部门批准；

（2）征地拆迁工作能满足工程进度的需要；

（3）施工组织设计已获总监理工程师批准；

（4）施工单位现场管理人员已到位，机具、施工人员已进场，主要工程材料已落实；

（5）进场道路及水、电、通信等已满足开工要求；

（6）其他复工证明材料。

2.1.6 市政监-6 工程暂停令

（1）监理人员发现施工存在重大质量隐患，可能造成质量事故或已经造成质量事故时，应通过总监理工程师及时下达工程暂停令，要求施工单位停工整改。整改完毕并经监理人员复查，符合规定要求后，总监理工程师及时签署工程复工报审表。总监理工程师下达工程暂停令和签署工程复工报审表，宜事先向建设单位报告。

（2）总监理工程师在签发工程暂停令时，应根据暂停工程的影响范围和影响程度，按照施工合同和委托监理合同的约定签发。

（3）在发生下列情况之一时，总监理工程师可签发工程暂停令：建设单位要求暂停施工且工程需要暂停施工；为了保证工程质量而需要进行停工处理；施工出现了安全隐患，总监理工程师认为有必要停工以消除隐患；发生了必须暂时停止施工的紧急事件；施工单位未经许可擅自施工，或拒绝项目监理机构管理。总监理工程师在签发工程暂停令时，应根据停工原因的影响范围和影响程度，确定工程项目停工范围。

2.1.7 市政监-7 监理工程师通知单

（1）在监理工作中，项目监理机构按委托监理合同授予的权限，对施工单位所发出的指令、提出的要求，除另有规定外，均应采用此表。

(2) 监理工程师现场发出的口头指令及要求，也应采用此表予以确认。

(3) 以现场问题为由发出的，必须附上图片。

2.1.8　市政监-8　工程质量监理报告

本表是监理单位定期向监督机构汇报工程质量情况的文本内容。

2.1.9　市政监-9　旁站监理记录表

项目监理机构应根据工程特点和施工单位报送的施工组织设计，确定旁站的关键部位；关键工序，安排监理人员进行旁站，并应及时记录旁站情况。

2.1.10　市政监-10　平行检查记录

项目监理机构应根据工程特点及编制的监理规划、细则的要求进行平行检查，并将检查记录如实填写。

2.1.11　市政监-11　巡视记录

项目监理机构应根据工程特点及编制的监理规划、细则的要求进行巡视检查，并将巡视记录如实填写。巡视发现的问题，当天未能处理的，要在后期跟踪处理的情况下及时补充填写。

2.1.12　市政监-12　工程款支付证书

项目监理机构应按下列程序进行工程量和工程款支付工作：

(1) 施工单位统计经专业监理工程师质量验收合格的工程量，按施工合同的约定填报工程量清单和工程款支付申请表；

(2) 专业监理工程师进行现场计量，按施工合同的约定审核工程量清单和工程款支付申请表，并报总监理工程师审定；

(3) 总监理工程师签署工程款支付证书，并报建设单位。

2.1.13　市政监-13　监理规划

监理规划可在签订建设工程监理合同及收到工程设计文件后由总监理工程师组织编制，并应在召开第一次工地会议前报送建设单位。

监理规划编审应遵循下列程序：总监理工程师组织专业监理工程师编制；总监理工程师签字后由工程监理单位技术负责人审批。

监理规划应包括下列主要内容：工程概况；监理工作的范围、内容、目标；监理工作依据；监理组织形式、人员配备及进退场计划、监理人员岗位职责；监理工作制度；工程质量控制；工程造价控制；工程进度控制；安全生产管理的监理工作；合同与信息管理；组织协调；监理工作设施等。

在实施建设工程监理过程中，实际情况或条件发生变化而需要调整监理规划时，应由总监理工程师组织专业监理工程师修改，并应经监理单位技术负责人审批后，再报送建设单位。

2.1.14　市政监-14　监理实施细则

(1) 监理实施细则应在相应工程施工开始前由专业监理工程师编制，并应报总监理工程师审批。

(2) 监理实施细则的编制应依据下列资料进行编制：监理规划、工程建设标准、工程设计文件、施工组织设计、(专项) 施工方案。

(3) 监理实施细则应包括下列主要内容：专业工程特点、监理工作流程、监理工作要点、监理工作方法及措施。

(4) 在实施建设工程监理过程中，监理实施细则可根据实际情况进行补充、修改，并应经总监理工程师批准后实施。

2.1.15　市政监-15　监理快报

本表是监理机构对工程项目出现安全质量问题后，及时向监督机构汇报的文本格式。

2.1.16　市政监-16　监理月报

监理月报应包括下列主要内容：本月工程实施情况；本月监理工作情况本月施工中存在的问题及处理情况下月监理工作重点。

2.1.17 市政监-17 会议纪要

项目监理部须每周组织召开监理例会，形成记录，并在规定的时间内报送参会单位。

2.1.18 市政监-18 监理工作总结

监理工作总结应包括下列主要内容：工程概况；项目监理机构；建设工程监理合同履行情况；监理工作成效；监理工作中发现的问题及其处理情况；说明和建议。

2.1.19 市政监-19 监理工程师备忘录

本表用于监理机构就有关建议未被发包人采纳或有关指令未被承包人执行的书面说明。

2.1.20 市政监-20 监理机构审查表

本表主要对施工单位提交的专项方案等方面内容，存在不符合或需要修改后报审的内容的过程记录。

2.1.21 市政监-21 工程变更指令

本表是根据《工程变更单》的内容进行明确相关变更的内容与要求。

2.1.22 市政监-22 不合格工程项目通知

本表主要针对不合格的原材料、构配件及隐蔽工程、分部、分项工程等明确提出处理的要求。

2.1.23 市政监-23 监理业务手册

本表主要的作用就汇集监理人员和监理公司所监理的监理项目，方便以后经营数据汇总的需要，工程竣工验收后应及时收集。

2.1.24 市政监-24 监理日志

监理日志应包括下列主要内容：天气和施工环境情况；当日施工进展情况；当日监理工作情况，包括旁站、巡视、见证取样、平行检验等情况；当日存在的问题及协调解决情况；其他有关事项。

2.2.1 市政监-25 施工组织设计（方案）报审表

(1) 此表用于施工单位向监理机构报审施工组织设计（方案），提出报审的施工组织设计（方案）必须报经编制单位的企业技术负责人审批签认盖章，否则，监理单位不得受理。

(2) 施工过程中，如经批准的施工组织设计（方案）发生改变，项目监理机构要求将变更的方案报送时，也采用此表。

(3) 施工单位对重点部位、关键工序的施工工艺、新工艺、新材料、新技术、新设备的专项方案报审，也采用此表。

(4) 超过一定规模的危险性较大分部分项工程专项方案，需有建设单位/管理单位的审查意见。

2.2.2 市政监-26 工程开工/复工报审表

本表只用于施工单位对开工、复工部位的申请，经监理机构受理后，仍以市政监 A5《工程开复工令》审批内容为准。

2.2.3 市政监-27 分包单位资格报审表

(1) 此表用于施工单位报审分包单位资格。

(2) 分包工程开工前，专业监理工程师应审查施工单位报送的分包单位资格报审表和分包单位有关资质资料，符合有关规定后，由总监理工程师核查；但最终审批权以建设单位的审批意见为准。

(3) 对分包单位资格应审核以下内容：

分包单位的营业执照、企业资质等级证书、特殊行业施工许可证、国外（境外）企业在国内承包工程许可证；分包单位的业绩；拟分包工程的内容和范围；分包单位的专职管理人员和特种作业人员的资格证、上岗证。

(4) 分包：经监理工程师批准，承包人将其所承担的部分工程发包给其他承包人，但承包人应对分包部分工程继续承担与业主签订的一切合同责任及义务。

(5) 指定分包：按合同规定，对某些特殊工程或专业性较强的工程的施工或材料、机械设备的供应，由业主指定的承包人完成。

(6) 肢解发包：是指建设单位将应当由一个单位完成的建设工种分解成若干部分发包给不同的施工单位的行为。

(7) 违法分包：是指施工单位不按法律、法规规定的程序和要求对所承包的建设工程进行的分包行为，具体包括以下几种：施工单位将建设工程分包给不具备相应资质条件的单位的；建设工程总承包合同中未有约定，又未经建设单位认可，施工单位将其承包的部分建设工程交由其他单位完成的；施工总施工单位将建设工程主体结构的施工分包给其他单位的；分包单位将其承包的建设工程再分包的。

(8) 转包：是指施工单位承包建设工程后不履行合同约定的责任和义务，将其承包的全部建设工程转给他人或者将其承包的全部建设工程肢解以后以分包的名义分别转给其他单位承包的行为。

2.2.4 市政监-28 施工测量放线报验单

专业监理工程师应检查、复核施工单位报送的施工控制测量成果及保护措施，签署意见。专业监理工程师应对施工单位在施工过程中报送的施工测量放线成果进行查验。

施工控制测量成果及保护措施的检查、复核，应包括下列内容：

(1) 施工单位测量人员的资格证书及测量设备检定证书；

(2) 施工平面控制网、高程控制网和临时水准点的测量成果及控制桩的保护措施。

2.2.5 市政监-29 工程材料、构配件、设备报审表

1. 专业监理工程师应对施工单位报送的拟进场工程材料、构配件、和设备的工程材料/构配件/设备报审表及其质量证明资料（出厂合格证、出厂检验报告、复验报告）进行审核，并对进场的实物按照委托监理合同约定或有关工程质量管理法规文件的规定，采用平行检验或见证取样方式进行抽样送检。

2. 对未经监理人员验收或验收不合格的工程材料、构配件、设备，监理人员应拒绝签认，并应签发监理工程师通知单，书面通知施工单位限期将不合格的工程材料、构配件、设备撤出现场。

3. 施工单位必须随本表附上拟进场工程材料、构配件和设备的出厂合格证、出厂检验报告、企业自检或送检结果等质量证明文件。

2.2.6 市政监-30 工程报验申请表

(1) 本表主要用于工程质量检查验收申报。

(2) 用于隐蔽工程检查和验收时，当施工单位完成自检，填报此表提请监理人员确认。在填报此表时应附有相应工序和部位的工程质量检查证明资料。

(3) 用于施工放样报验申请时，应附有施工单位的施工放样成果。

(4) 用于工序、分部、单位工程质量检验评定报审时，应附有相关的质量检验评定标准要求的施工原始记录、企业自检资料及相关的检（试）验资料。

2.2.7 市政监-31 施工进度（调整）计划报审表

项目监理机构应审查施工单位报审的施工总进度计划和阶段性施工进度计划，提出审查意见，并应由总监理工程师审核后报建设单位。施工进度计划审查应包括下列基本内容：

(1) 施工进度计划应符合施工合同中工期的约定。

(2) 施工进度计划中主要工程项目无遗漏，应满足分批投入试运、分批动用的需要，阶段性施工进度计划应满足总进度控制目标的要求。

(3) 施工顺序的安排应符合施工工艺要求。

(4) 施工人员、工程材料、施工机械等资源供应计划应满足施工进度计划的需要。

(5) 施工进度计划应符合建设单位提供的资金、施工图纸、施工场地、物资等施工条件。

2.2.8 市政监-32 主要施工机械进退场报审表

本表用于非用于工程实体的机械报审，主要是辅助机械。

2.2.9 市政监-33 监理工程师通知回复单

施工单位收到监理工程师通知单后，根据监理工程师通知单所发出的指令和提出的要求进行整改。

整改情况的回复采用此表。

监理工程师通知单提出要求事项应当进行复查，并由项目监理工程师签署复查意见，回复内容，必须附上照片，作为整改事实依据。

2.2.10　市政监-34　工程质量事故处理方案报审表

（1）对需要返工处理加固补强的质量缺陷，项目监理机构应要求施工单位报送经设计等相关单位认可的处理方案，并应对质量缺陷的处理过程进行跟踪检查，同时应对处理结果进行验收。

（2）对需要返工处理或加固补强的质量事故，项目监理机构应要求施工单位报送质量事故调查报告和经设计等相关单位认可的处理方案，并应对质量事故的处理过程进行跟踪检查，同时应对处理结果进行验收。

（3）项目监理机构应及时向建设单位提交质量事故书面报告，并应将完整的质量事故处理记录整理归档。

2.2.11　市政监-35　工程竣工报验单

（1）工程完工后，施工单位根据有关的法律、法规、工程建设强制性标准、设计文件及施工合同，对工程进行全面检查并自评工程质量等级。符合要求的，填写该表并附自评检查资料报送监理机构审查。

（2）表中附件是指可用于证明工程已按合同约定完成，并符合竣工验收所要求的资料。

2.2.12　市政监-36　工程计量申报表

表中附表是指和付款申请有关的资料，如已完成合格工程的工程量清单、计算方法及其他支付证明材料。

2.2.13　市政监-37　工程款支付申报表

项目监理机构应按下列程序进行工程量和工程款支付工作：

（1）施工单位统计经专业监理工程师质量验收合格的工程量，按施工合同的约定填报工程量清单和工程款支付申请表；

（2）专业监理工程师进行现场计量，按施工合同的约定审核工程量清单和工程款支付申请表，并报总监理工程师审定；

（3）总监理工程师签署工程款支付证书，并报建设单位。

2.2.14　市政监-38　工程临时/最终延期报审表

施工单位提出工程延期要求符合施工合同约定时，项目监理机构应予以受理。

当影响工期事件具有持续性时，项目监理机构应对施工单位提交的阶段性工程临时延期报审表进行审查，并应签署工程临时延期审核意见后报建设单位。

当影响工期事件结束后，项目监理机构应对施工单位提交的工程最终延期报审表进行审查，并应签署工程最终延期审核意见后报建设单位。

当发生非施工单位原因造成的持续性影响工期的事件，施工单位做出工程临时延期申请，采用此表。

工程延期的依据及工期计算：

（1）施工合同中有关工程延期的约定；

（2）工期拖延和影响工期事件的事实和程度；

（3）影响工期事件对工期影响量化程度的计算过程。

2.2.15　市政监-39　费用索赔报审表

本表是施工单位根据合同条款提出索赔，通过监理机构、建设单位申报的手续审批表。

2.3.1　市政监-40　工作联系单

项目监理机构应协调工程建设相关方的关系，项目监理机构与工程建设相关方之间的工作联系，除另有规定外宜采用工作联系单形式进行。

2.3.2　市政监-41　工程变更单

本表仅适用于依据合同和实际情况对工程进行变更时，在变更单位提出变更要求后，由建设单位、设计单位、监理单位和施工单位共同签认意见。填表注意事项：

（1）本表应由提出方填写，写明工程变更原因、工程变更内容，并附必要的附件，包括：工程变更的依据、详细内容、图纸；对工程造价、工期的影响程度分析，及对功能、安全影响的分析报告。

（2）对涉及工程设计文件修改的工程变更，应由建设单位转交原设计单位修改工程设计文件。

2.3.3　市政监-42　索赔意向通知书

（1）费用索赔：根据承包合同的约定，合同一方因另一方原因造成本方经济损失，通过监理工程师向对方索取费用的活动。

（2）施工单位在承包合同规定的期限内向监理机构提交费用索赔申请采用此表填写。

（3）费用索赔的依据：国家有关的法律、法规和工程项目所在地的地方法规；本工程的施工合同；国家、部门和地方有关的标准、规范和定额；施工合同履行过程中与索赔事件有关的凭证。

第三章　施　工　管　理　文　件

基本要求

1. 表格允许打印，但填写意见和签名必须由本人签署。

2. 凡空格处要求盖公章的，必须加盖单位公章。

3. 凡空格处要求盖执业资格证章的，必须加盖个人执业资格证章。

4. 本章表格格式和表格内容全部引用市政表格，可根据最后一列的编码进行索引，表格编码按第二列的编码进行编制。

3.1　市政管-1.1　开工报告

市政管-1.1

市政基础设施工程

开　工　报　告

工程名称：____________________

工程地点：____________________

填报单位：____________________

审批单位：____________________

批准日期：____________________

市政基础设施工程

开　工　报　告

市政管-1.1

第1页　共2页

工程名称		工程地点			
建设规模		结构类型			
建设单位		项目负责人			
勘察单位		资质证书号		项目负责人	
设计单位		资质证书号		项目负责人	
承包单位		资质证书号		项目负责人	
监理单位		资质证书号		项目总监	
质监机构		安监机构			
中标通知书号		合同编号			
施工图设计审查文件号		施工组织设计编审情况			
现场“三通一平”及临设满足施工情况		项目主要管理人员		资格证书号	
		项目负责人			
		项目技术负责人			
图纸会审情况		项目安全负责人			
		项目专业质检员			
		项目施工员			
设计交底情况		工程控制基准点、基线复核情况			
申请开工日期	年　月　日	批准开工日期	年　月　日		

<table>
<tr><td>施工单位申请意见</td><td>（公章）
项目负责人（签名）：　（执业资格证章）
年　月　日</td></tr>
<tr><td>监理单位意见</td><td>（公章）
总监理工程师（签名）：　（执业资格证章）
年　月　日</td></tr>
<tr><td>建设（审批）单位审批意见</td><td>（公章）
项目负责人（签名）：
年　月　日</td></tr>
</table>

3.2 市政管-1.2 单位工程开工报告

市政基础设施工程

__________单位工程开工报告

市政管-1.2

<table>
<tr><td>工程名称</td><td></td><td>单位工程计划开工日期</td><td></td></tr>
<tr><td>单位工程名称</td><td></td><td>单位工程计划完工日期</td><td></td></tr>
<tr><td>施工单位</td><td></td><td>单位工程计划工期（天）</td><td></td></tr>
<tr><td>分包单位</td><td></td><td>单位工程建设规模</td><td></td></tr>
<tr><td>单位工程结构类型</td><td></td><td>单位工程造价（万元）</td><td></td></tr>
<tr><td colspan="4">我公司承担的____________________工程施工任务，现已完成开工前的各项准备工作，计划于　年　月　日该单位工程的开工，请批准。
（公章）
项目负责人（签名）：　（执业资格证章）
年　月　日</td></tr>
<tr><td colspan="4">监理单位意见：
（公章）
总监理工程师（签名）：　（执业资格证章）
年　月　日</td></tr>
<tr><td colspan="4">建设单位意见：
（公章）
项目负责人（签名）：
年　月　日</td></tr>
</table>

3.3 市政管-2 停工报告

市政基础设施工程

停 工 报 告

市政管-2

编号：

<table>
<tr><td>工程名称</td><td colspan="6"></td></tr>
<tr><td>施工单位</td><td colspan="3"></td><td>分包单位</td><td colspan="2"></td></tr>
<tr><td>合同编号</td><td></td><td>工程开工日期</td><td>年 月 日</td><td>工程停工日期</td><td colspan="2">年 月 日</td></tr>
<tr><td colspan="7">事实与原因：</td></tr>
<tr><td colspan="7">施工单位（分包单位）意见</td></tr>
<tr><td colspan="7">建议及要求：
分包单位：（公章）
施工单位：（公章）
项目负责人（签名）：（执业资格证章）
年 月 日</td></tr>
<tr><td colspan="3">监理单位审查意见</td><td colspan="4">建设单位审查意见</td></tr>
<tr><td colspan="3">监理单位：（公章）
总监理工程师（签名）：（执业资格证章）
年 月 日</td><td colspan="4">建设单位：（公章）
项目负责人（签名）：
年 月 日</td></tr>
</table>

3.4 市政管-3 复工报告

市政基础设施工程

复 工 报 告

市政管-3

编号：

<table>
<tr><td>工程名称</td><td colspan="5"></td></tr>
<tr><td>施工单位</td><td colspan="2"></td><td>分包单位</td><td colspan="2"></td></tr>
<tr><td>停工报告编号</td><td colspan="2"></td><td>合同编号</td><td colspan="2"></td></tr>
<tr><td>复工条件</td><td colspan="5">本工程 年 月 日第 号停工报告之问题已经解决，故此申请复工。</td></tr>
<tr><td>主要经济损失分析（人工、材料机械费及其他费用）</td><td colspan="5">损失价值（人民币大写）： （元）。</td></tr>
<tr><td>停工日期</td><td>年 月 日</td><td>复工日期</td><td>年 月 日</td><td>计算停工天数（天）</td><td></td></tr>
<tr><td>施工单位意见</td><td colspan="5">（公章）
项目负责人（签名）： （执业资格证章）
年 月 日</td></tr>
<tr><td>监理单位审查意见</td><td colspan="5">（公章）
总监理工程师（签名）： （执业资格证章）
年 月 日</td></tr>
<tr><td>建设单位审查意见</td><td colspan="5">（公章）
项目负责人（签名）：
年 月 日</td></tr>
</table>

3.5　市政管-4　竣工验收申请报告

市政管-4

市政基础设施工程

竣工验收申请报告

工程名称：____________________

施工单位：____________________

填报日期：____________________

市政基础设施工程

竣工验收申请报告

市政管-4

<table>
<tr><td>工程名称</td><td colspan="2"></td><td>工程地点</td><td colspan="2"></td></tr>
<tr><td>建设规模</td><td colspan="2"></td><td>结构类型</td><td colspan="2"></td></tr>
<tr><td>建设单位</td><td colspan="2"></td><td>开工日期</td><td colspan="2">年　月　日</td></tr>
<tr><td>监理单位</td><td colspan="2"></td><td>完工日期</td><td colspan="2">年　月　日</td></tr>
<tr><td>施工单位</td><td colspan="2"></td><td>分包单位</td><td colspan="2"></td></tr>
<tr><td>设计单位</td><td colspan="2"></td><td rowspan="2">工期
（日历天）</td><td>合同</td><td></td></tr>
<tr><td>勘察单位</td><td colspan="2"></td><td>实际</td><td></td></tr>
<tr><td>监督机构</td><td colspan="2"></td><td>合同工程
造价（万元）</td><td colspan="2"></td></tr>
<tr><td rowspan="9">竣工验收条件具备情况</td><td colspan="2">检查项目与内容</td><td colspan="3">检查情况</td></tr>
<tr><td colspan="2">工程按设计和合同约定项目完成情况</td><td colspan="3"></td></tr>
<tr><td colspan="2">技术档案和施工管理资料编审情况</td><td colspan="3"></td></tr>
<tr><td colspan="2">主要材料、构配件和设备的进场试验报告（含监理见证、监督抽检资料）</td><td colspan="3"></td></tr>
<tr><td colspan="2">工程实体竣工质量检测和功能性试验资料</td><td colspan="3"></td></tr>
<tr><td colspan="2">工程施工安全达标评定资料</td><td colspan="3"></td></tr>
<tr><td colspan="2">工程款支付情况</td><td colspan="3"></td></tr>
<tr><td colspan="2">工程质量保修书</td><td colspan="3"></td></tr>
<tr><td colspan="2">市政工程（建设行政）主管部门及其监督机构责令整改问题的执行情况</td><td colspan="3"></td></tr>
</table>

<table>
<tr><td>施工单位意见</td><td>本工程于　　　年　　月　　日竣工，已完成设计文件和合同约定的各项内容，经我单位自行组织检查，工程质量符合设计文件、国家现行的有关建设法律法规和工程建设强制性标准的要求已具备竣工验收条件，特申请办理竣工验收手续。

施工单位：　　　　　　　　　　　　　　（公章）

项目负责人（签名）：　　　　　　　　　　（执业资格证章）
项目技术负责人（签名）：
施工单位法定代表人（签名）：
年　　月　　日</td></tr>
<tr><td>监理单位意见</td><td>监理单位：　　　　　　　　　　　　　　（公章）

总监理工程师（签名）：　　　　　　　　（执业资格证章）
年　　月　　日</td></tr>
</table>

3.6 市政管-5 施工现场质量管理检查记录

市政基础设施工程

施工现场质量管理检查记录

市政管-5

第 页，共 页

开工日期：

<table>
<tr><td>工程名称</td><td colspan="2"></td><td>施工许可证号</td><td colspan="2"></td></tr>
<tr><td>建设单位</td><td colspan="2"></td><td>项目负责人</td><td colspan="2"></td></tr>
<tr><td>设计单位</td><td colspan="2"></td><td>项目负责人</td><td colspan="2"></td></tr>
<tr><td>监理单位</td><td colspan="2"></td><td>总监理工程师</td><td colspan="2"></td></tr>
<tr><td>施工单位</td><td></td><td>项目负责人</td><td></td><td>项目技术负责人</td><td></td></tr>
</table>

序号	项目	检查情况
1	项目部质量管理体系	
2	现场质量责任制	
3	主要专业工种操作上岗证书	
4	分包单位管理制度	
5	图纸会审记录	
6	地质勘查资料	
7	施工技术标准	
8	施工组织设计、施工方案编制及审批	
9	物资采购管理制度	
10	施工设施和机械设备管理制度	
11	计量设备配备及标定	
12	检测试验管理制度	
13	工程质量检查验收制度	
14	苗木供应及苗圃情况（园林绿化工程）	

自检结果：	检查结论：
施工单位项目负责人：　　年　月　日	总监理工程师：　　年　月　日

3.7 市政管-6 交接验收记录

市政基础设施工程

交接验收记录

市政管-6

<table>
<tr><td>工程名称</td><td></td><td>工程地点</td><td></td></tr>
<tr><td>分部
（分项）名称</td><td></td><td>开工日期</td><td>年 月 日</td></tr>
<tr><td>里程桩号</td><td></td><td>交验日期</td><td>年 月 日</td></tr>
<tr><td>交验
简要
说明</td><td colspan="3"></td></tr>
<tr><td>遗留
问题</td><td colspan="3"></td></tr>
<tr><td>验收
意见</td><td colspan="3"></td></tr>
<tr><td colspan="2">交方施工单位：

（公章）

项目负责人：（执业资格证章）
年 月 日</td><td colspan="2">接方施工单位：

（公章）

项目负责人：（执业资格证章）
年 月 日</td></tr>
<tr><td colspan="2">接方建设单位：

（公章）

项目负责人：
年 月 日</td><td colspan="2">接方监理单位：

（公章）

总监理工程师：（执业资格证章）
年 月 日</td></tr>
</table>

3.8 市政管-7 施工组织设计（方案）审批表

市政基础设施工程

施工组织设计（方案）审批表

市政管-7

<table>
<tr><td>工程名称</td><td colspan="3"></td></tr>
<tr><td>施工单位</td><td></td><td>分包单位</td><td></td></tr>
<tr><td colspan="4">审批内容及说明：</td></tr>
<tr><td colspan="4">审批意见及结论：</td></tr>
<tr><td colspan="4">审批单位：

审批人（签名）：（公章）

年 月 日</td></tr>
</table>

3.9　市政管-8　单位（子单位）、分部（子分部）、分项工程划分方案（封面）

市政管-8

单位(子单位)、分部(子分部)、分项工程划分方案

编制人

审批人

编制单位（盖章）

编制日期

3.10 市政管-9 施工图会审记录

市政基础设施工程

施工图会审记录

市政管-9

编号：

<table>
<tr><td>工程名称</td><td colspan="7"></td></tr>
<tr><td>施工单位</td><td colspan="2"></td><td>分包单位</td><td colspan="4"></td></tr>
<tr><td>主持单位</td><td colspan="2"></td><td>主持人</td><td colspan="4"></td></tr>
<tr><td>图纸会审范围</td><td colspan="2"></td><td>会审日期</td><td colspan="4"></td></tr>
<tr><td>序号</td><td colspan="2">会审中发现的问题</td><td colspan="5">处理情况或意见</td></tr>
<tr><td></td><td colspan="2"></td><td colspan="5"></td></tr>
<tr><td></td><td colspan="2"></td><td colspan="5"></td></tr>
<tr><td></td><td colspan="2"></td><td colspan="5"></td></tr>
<tr><td></td><td colspan="2"></td><td colspan="5"></td></tr>
<tr><td></td><td colspan="2"></td><td colspan="5"></td></tr>
<tr><td></td><td colspan="2"></td><td colspan="5"></td></tr>
<tr><td></td><td colspan="2"></td><td colspan="5"></td></tr>
<tr><td colspan="8">参加会审单位及人员</td></tr>
<tr><td colspan="2">单位名称（公章）</td><td>姓名</td><td>职务</td><td colspan="2">单位名称（公章）</td><td>姓名</td><td>职务</td></tr>
<tr><td colspan="2" rowspan="2"></td><td></td><td></td><td colspan="2" rowspan="2"></td><td></td><td></td></tr>
<tr><td></td><td></td><td></td><td></td></tr>
<tr><td colspan="2" rowspan="2"></td><td></td><td></td><td colspan="2" rowspan="2"></td><td></td><td></td></tr>
<tr><td></td><td></td><td></td><td></td></tr>
<tr><td colspan="2" rowspan="2"></td><td></td><td></td><td colspan="2" rowspan="2"></td><td></td><td></td></tr>
<tr><td></td><td></td><td></td><td></td></tr>
</table>

3.11　市政管-10　施工图交底记录

市政基础设施工程

施工图交底记录

市政管-10

编号：

<table>
<tr><td>工程名称</td><td colspan="4"></td></tr>
<tr><td>施工单位</td><td colspan="2"></td><td>分包单位</td><td></td></tr>
<tr><td>交底单位</td><td colspan="2"></td><td>交底人</td><td></td></tr>
<tr><td>交底范围</td><td colspan="2"></td><td>交底日期</td><td></td></tr>
<tr><td colspan="5">交底内容：</td></tr>
<tr><td rowspan="5">会签栏</td><td colspan="2">参加单位（公章）</td><td colspan="2">参加人员</td></tr>
<tr><td colspan="2" rowspan="2"></td><td colspan="2"></td></tr>
<tr><td colspan="2"></td></tr>
<tr><td colspan="2" rowspan="2"></td><td colspan="2"></td></tr>
<tr><td colspan="2"></td></tr>
</table>

3.12 市政管-11 施工组织设计（方案）交底记录

市政基础设施工程

施工组织设计（方案）交底记录

市政管-11

编号：

工程名称			
施工单位		分包单位	
交底人		交底人职务	
施组（方案）名称		交底日期	
交底内容：			

会签栏	参加单位（部门）	参加人员

3.13 市政管-12 施工技术交底记录

市政基础设施工程

施工技术交底记录

市政管-12

编号：

<table>
<tr><td colspan="2">工程名称</td><td></td><td>分部名称</td><td></td></tr>
<tr><td colspan="2">分项名称</td><td></td><td>交底日期</td><td>年 月 日</td></tr>
<tr><td colspan="2">交底人</td><td></td><td>交底人职务</td><td></td></tr>
<tr><td colspan="5">交底内容：</td></tr>
<tr><td rowspan="6">会签栏</td><td colspan="2">参加单位（部门、班组）</td><td colspan="2">参加人员</td></tr>
<tr><td colspan="2"></td><td colspan="2"></td></tr>
<tr><td colspan="2"></td><td colspan="2"></td></tr>
<tr><td colspan="2"></td><td colspan="2"></td></tr>
<tr><td colspan="2"></td><td colspan="2"></td></tr>
<tr><td colspan="2"></td><td colspan="2"></td></tr>
</table>

3.14 市政管-13 分项工程质量样板验收记录

市政基础设施工程

分项工程质量样板验收记录

市政管-13

第1页 共1页

<table>
<tr><td>单位（子单位）工程名称</td><td colspan="3"></td></tr>
<tr><td>施工单位</td><td colspan="3"></td></tr>
<tr><td>实物质量样板名称</td><td colspan="3"></td></tr>
<tr><td>实物质量样板内容</td><td colspan="3"></td></tr>
<tr><td>控制要点</td><td colspan="3"></td></tr>
<tr><td>实物质量样板照片</td><td colspan="3"></td></tr>
<tr><td>监理（建设）单位</td><td colspan="3">施工单位</td></tr>
<tr><td rowspan="2">专业监理工程师
（建设单位项目技术负责人）：</td><td>项目技术负责人</td><td>专业工长</td><td>专业质检员</td></tr>
<tr><td></td><td></td><td></td></tr>
</table>

3.15　市政管-14.1　工程洽商记录汇总表

市政基础设施工程

工程洽商记录汇总表

市政管-14.1

第　　页 共　　页

序号	洽商记录编号	对应施工图号	洽商分部（分项）工程及问题扼述	洽商日期
备注				

施工单位项目技术负责人：　　　　　　　　　　　　填表：

3.16 市政管-14.2 工程洽商记录

市政基础设施工程

工程洽商记录

市政管-14.2

编号：

<table>
<tr><td>工程名称</td><td colspan="4"></td></tr>
<tr><td>施工单位</td><td colspan="2"></td><td>分包单位</td><td></td></tr>
<tr><td colspan="5">洽商事项：</td></tr>
<tr><td rowspan="2">参加单位及人员意见</td><td>建设单位（公章）</td><td>设计单位（公章）</td><td>施工单位（公章）</td><td>监理单位（公章）</td></tr>
<tr><td>年　月　日</td><td>年　月　日</td><td>年　月　日</td><td>年　月　日</td></tr>
</table>

3.17 市政管-15.1 设计变更通知单汇总表

市政基础设施工程

设计变更通知单汇总表

市政管-15.1

第　　页共　　页

序号	通知单编号/自编号	对应施工图号	图纸名称	变更分部（分项）工程及问题扼述	签发日期

施工单位项目技术负责人：　　　　　　　　　　　　　　填表：

3.18　市政管-15.2　设计变更通知单

市政基础设施工程

设计变更通知单

市政管-15.2

编号：

<table>
<tr><td>工程名称</td><td colspan="2"></td><td>原施工图图号</td><td></td></tr>
<tr><td>变更单位</td><td colspan="2"></td><td>变更设计图号</td><td></td></tr>
<tr><td colspan="1">变更原因</td><td colspan="4"></td></tr>
<tr><td colspan="1">变更设计内容</td><td colspan="4">设计单位：
（盖章）
设计单位项目负责人：（执业资格证章）
设计单位审核人：
设计单位审定人：年　月　日</td></tr>
<tr><td colspan="5">备注：</td></tr>
</table>

3.19 市政管-16 设计变更审查记录

市政基础设施工程

设计变更审查记录

市政管-16

编号：

<table>
<tr><td>工程名称</td><td colspan="2"></td><td>主持单位</td><td colspan="2"></td></tr>
<tr><td>原施工图号</td><td colspan="2"></td><td>主持人</td><td colspan="2"></td></tr>
<tr><td>设计变更
通知单编号</td><td colspan="2"></td><td>审查日期</td><td colspan="2">年　月　日</td></tr>
<tr><td>序号</td><td colspan="2">设计变更项目（内容）</td><td colspan="3">审查意见</td></tr>
<tr><td></td><td colspan="2"></td><td colspan="3"></td></tr>
<tr><td></td><td colspan="2"></td><td colspan="3"></td></tr>
<tr><td></td><td colspan="2"></td><td colspan="3"></td></tr>
<tr><td></td><td colspan="2"></td><td colspan="3"></td></tr>
<tr><td></td><td colspan="2"></td><td colspan="3"></td></tr>
<tr><td></td><td colspan="2"></td><td colspan="3"></td></tr>
<tr><td></td><td colspan="2"></td><td colspan="3"></td></tr>
<tr><td></td><td colspan="2"></td><td colspan="3"></td></tr>
<tr><td></td><td colspan="2"></td><td colspan="3"></td></tr>
<tr><td></td><td colspan="2"></td><td colspan="3"></td></tr>
<tr><td></td><td colspan="2"></td><td colspan="3"></td></tr>
<tr><td></td><td colspan="2"></td><td colspan="3"></td></tr>
<tr><td></td><td colspan="2"></td><td colspan="3"></td></tr>
<tr><td rowspan="6">参加审查单位（公章）及人员</td><td>施工单位</td><td colspan="2"></td><td>项目负责人</td><td></td></tr>
<tr><td>勘察单位</td><td colspan="2"></td><td>项目负责人</td><td></td></tr>
<tr><td>设计单位</td><td colspan="2"></td><td>项目负责人</td><td></td></tr>
<tr><td>监理单位</td><td colspan="2"></td><td>总监理工程师</td><td></td></tr>
<tr><td>建设单位</td><td colspan="2"></td><td>项目负责人</td><td></td></tr>
<tr><td>邀请单位</td><td colspan="2"></td><td>参加人员</td><td></td></tr>
</table>

3.20　市政管-17　质量事故报告

市政基础设施工程

质量事故报告

市政管-17

填报单位（盖章）　　　　　　　　　　　编号：

工程名称		工程地点	
事故发生位置		事故发生时间	
事故性质			
预计经济损失（元）			
事故对工程结构安全影响情况估计			
事故经过和初步原因分析			
事故发生后采取的措施			
监理单位意见	总监理工程师：　　（执业资格证章）　　年　月　日		

施工单位项目负责人：　　（执业资格证章）　　填报人：　　年　月　日

3.21 市政管-18 质量事故调查处理表

市政基础设施工程

质量事故调查处理表

市政管-18

编号：

<table>
<tr><td>工程名称</td><td colspan="4"></td></tr>
<tr><td>施工单位</td><td colspan="2"></td><td>分包单位</td><td></td></tr>
<tr><td>工程地点</td><td colspan="2"></td><td>事故发生位置</td><td></td></tr>
<tr><td>事故发生日期</td><td colspan="2"></td><td>事故报告编号</td><td></td></tr>
<tr><td>事故性质</td><td colspan="4"></td></tr>
<tr><td rowspan="2">事故经济损失（元）</td><td>材料费</td><td>人工费</td><td>其他费</td><td>总计金额</td></tr>
<tr><td></td><td></td><td></td><td></td></tr>
<tr><td>事故造成工程永久缺陷情况</td><td colspan="4"></td></tr>
<tr><td>事故原因分析</td><td colspan="4">直接原因：
间接原因：
主要原因：</td></tr>
<tr><td>事故调查处理过程及处理情况说明</td><td colspan="4"></td></tr>
<tr><td>事故处理结果及对事故责任单位和责任人的处理意见</td><td colspan="4">事故调查组负责人：　　　　年　月　日</td></tr>
<tr><td rowspan="8">参加事故调查人员签名</td><td colspan="3">参加单位</td><td>参加人员</td></tr>
<tr><td>建设单位</td><td colspan="2"></td><td></td></tr>
<tr><td>勘察单位</td><td colspan="2"></td><td></td></tr>
<tr><td>设计单位</td><td colspan="2"></td><td></td></tr>
<tr><td>监理单位</td><td colspan="2"></td><td></td></tr>
<tr><td>施工单位</td><td colspan="2"></td><td></td></tr>
<tr><td>分包单位</td><td colspan="2"></td><td></td></tr>
<tr><td>其他单位</td><td colspan="2"></td><td></td></tr>
</table>

3.22 市政管-19 测量交接桩记录

市政基础设施工程

测量交接桩记录

市政管-19

编号：

<table>
<tr><td colspan="2">工程名称</td><td colspan="4"></td><td colspan="2">主持单位</td><td colspan="3"></td></tr>
<tr><td colspan="2">交桩单位</td><td colspan="4"></td><td colspan="2">接桩单位</td><td colspan="3"></td></tr>
<tr><td colspan="2">主持人</td><td colspan="4"></td><td colspan="2">交接桩日期</td><td colspan="3">年 月 日</td></tr>
<tr><td colspan="2">交接桩类别</td><td colspan="4"></td><td colspan="2">交桩施工范围</td><td colspan="3"></td></tr>
<tr><td rowspan="4">交接桩内容</td><td>编号</td><td></td><td></td><td></td><td></td><td></td><td></td><td></td><td></td><td></td></tr>
<tr><td>交方测量成果</td><td></td><td></td><td></td><td></td><td></td><td></td><td></td><td></td><td></td></tr>
<tr><td>现场复测结果</td><td></td><td></td><td></td><td></td><td></td><td></td><td></td><td></td><td></td></tr>
<tr><td>结论</td><td></td><td></td><td></td><td></td><td></td><td></td><td></td><td></td><td></td></tr>
<tr><td>附图或说明</td><td colspan="10"></td></tr>
<tr><td>交接桩意见</td><td colspan="10"></td></tr>
<tr><td rowspan="2">会签栏</td><td colspan="3">主持单位（公章）</td><td colspan="2">交桩单位（公章）</td><td colspan="3">接桩单位（公章）</td><td colspan="2">监理单位（公章）</td></tr>
<tr><td colspan="3">主持人：
年 月 日</td><td colspan="2">交桩人：
年 月 日</td><td colspan="3">接桩人：
年 月 日</td><td colspan="2">见证人：
年 月 日</td></tr>
</table>

3.23　市政管-20　施工总结

市政管-20

市政基础设施工程

施　工　总　结

工　程　名　称：______________________

施　工　单　位：（公章）______________

项　目　负　责　人：（执业资格证章）______

项目技术负责人：______________________

年　　月　　日

市政基础设施工程

施　工　总　结

市政管-20

第 1 页　共　　页

<table>
<tr><td colspan="2">工程名称</td><td colspan="2"></td><td>工程地点</td><td></td></tr>
<tr><td colspan="2">建设规模</td><td colspan="2"></td><td>结构类型</td><td></td></tr>
<tr><td colspan="2">建设单位</td><td colspan="2"></td><td>勘察单位</td><td></td></tr>
<tr><td colspan="2">设计单位</td><td colspan="2"></td><td>监理单位</td><td></td></tr>
<tr><td colspan="2">质监机构</td><td colspan="2"></td><td>安监机构</td><td></td></tr>
<tr><td colspan="2">施工单位
（盖章）</td><td colspan="2"></td><td>资质等级及
证书号</td><td></td></tr>
<tr><td colspan="2">分包单位
（盖章）</td><td colspan="2"></td><td>资质等级及
证书号</td><td></td></tr>
<tr><td colspan="2">工程开工
日期</td><td colspan="2">年　　月　　日</td><td>工程竣工
日期</td><td>年　　月　　日</td></tr>
<tr><td colspan="2">合同工期</td><td colspan="2">日历天</td><td>实际工期</td><td>日历天</td></tr>
<tr><td colspan="2">合同造价</td><td colspan="4">万元</td></tr>
<tr><td colspan="2">质量目标</td><td colspan="2"></td><td>安全目标</td><td></td></tr>
<tr><td rowspan="10">项目主要管理人</td><td>职务</td><td>姓名</td><td>技术职称</td><td colspan="2">资格证书号</td></tr>
<tr><td>项目
负责人</td><td></td><td></td><td colspan="2"></td></tr>
<tr><td>项目技
术负责人</td><td></td><td></td><td colspan="2"></td></tr>
<tr><td>项目安全
负责人</td><td></td><td></td><td colspan="2"></td></tr>
<tr><td>专职
安全员</td><td></td><td></td><td colspan="2"></td></tr>
<tr><td>项目专业
质检员</td><td></td><td></td><td colspan="2"></td></tr>
<tr><td>项目
施工员</td><td></td><td></td><td colspan="2"></td></tr>
<tr><td></td><td></td><td></td><td colspan="2"></td></tr>
<tr><td></td><td></td><td></td><td colspan="2"></td></tr>
<tr><td></td><td></td><td></td><td colspan="2"></td></tr>
</table>

3.24 市政管-21 法定代表人授权书

市政基础设施工程

市政管-21

第 1 页 共 页

法定代表人授权书

兹授权我单位__________（姓名）担任____________

_______________工程项目的（建设、勘察、设计、施工、监理）项目负责人，对该工程项目的（建设、勘察、设计、施工、监理）工作实施组织管理，依据国家有关法律法规及标准规范履行职责，并依法对设计使用年限内的工程质量承担相应终身责任。

本授权书自授权之日起生效。

被授权人基本情况			
姓　名		身份证号	
注册执业资格		注册执业证号	
		被授权人签字：	

授权单位（盖章）：________________

____

法定代表人（签字）：______________

授权日期：_______年_____月_____日

3.25 市政管-22 工程质量终身责任承诺书

市政基础设施工程

市政管-22

第1页 共 页

工程质量终身责任承诺书

本人受________________________________单位（法定代表人__________）授权，担任________________________工程项目的（建设、勘察、设计、施工、监理）项目负责人，对该工程项目的（建设、勘察、设计、施工、监理）工作实施组织管理。本人承诺严格依据国家有关法律法规及标准规范履行职责，并对设计使用年限内的工程质量承担相应终身责任。

承 诺 人 签 字：_______________

身 份 证 号：_______________

注册执业资格：_______________

注册执业证号：_______________

签 字 日 期：____年____月____日

3.26　市政管-23　项目经理任命书

市政基础设施工程

项目经理任命书

市政管-23

单位（子单位）工程名称	

致：________________________________（建设单位、监理单位）

根据______________________________工程招标文件及施工合同的要求，我单位委派____________担任该工程项目的项目经理；代表我单位对本工程项目自开工准备至竣工验收，主持实施全过程和全面管理工作。若贵方对该项目经理的人选有异议，请在接此任命书后______天内与我单位联系。

备注：

附件：项目经理的建造师执业资格证书（复印件）

抄送单位：

施工单位：

（公章）________________________

法人代表：________（打印）_______（签名）

年　　月　　日

被任命人（签名）：____________

3.27 市政管-24 工程项目人员职务任命及授权签字通知书

市政基础设施工程

工程项目人员职务任命及授权签字通知书

市政管-24

<table>
<tr><td colspan="6">兹任命我单位以下人员在________________________________
工程项目中担任相应的管理（专业技术）职务并授权行驶相应的职权（其中包括签字权）。</td></tr>
<tr><td>项目职务</td><td>姓名</td><td>签名笔迹</td><td>专业技术职称/
培训上岗证</td><td>执业资格
（注册印章样式）</td><td>授权从事业务（专业）范围
（可对相关文件代表我单位签字）</td></tr>
<tr><td></td><td></td><td></td><td></td><td></td><td></td></tr>
<tr><td></td><td></td><td></td><td></td><td></td><td></td></tr>
<tr><td></td><td></td><td></td><td></td><td></td><td></td></tr>
<tr><td></td><td></td><td></td><td></td><td></td><td></td></tr>
<tr><td></td><td></td><td></td><td></td><td></td><td></td></tr>
<tr><td></td><td></td><td></td><td></td><td></td><td></td></tr>
<tr><td></td><td></td><td></td><td></td><td></td><td></td></tr>
<tr><td colspan="6">备注：</td></tr>
<tr><td colspan="6">抄送单位：</td></tr>
<tr><td>法人单位类别</td><td colspan="2">□监理/□建设/□设计/□勘察/
□分包施工/□专业承包施工/□总承包施工/
□其他：______________</td><td colspan="3">法人代表：_____（打印）_____（签名）
法人单位全称：______________
（公章）　　年　月　日</td></tr>
</table>

3.28 市政管-25 工程项目管理人员岗位设置书

市政基础设施工程

工程项目管理人员岗位设置书

市政管-25

<table>
<tr><td>单位（子单位）工程名称</td><td colspan="3"></td></tr>
<tr><td colspan="4">致：________________
现将本项目有关人员名单及其专业分工等通知贵方；若贵方对本通知书有异议，请于收到本通知书后________天内告知我单位（或本工程项目机构）。
附件：有关人员资格证明文件
抄送单位：

发文单位（或项目机构）：________________
（盖章）________________
负责人签名：________________

年 月 日</td></tr>
<tr><td>姓名</td><td>业务（专业）范围（分工）</td><td>岗位职务</td><td>本人签名</td></tr>
<tr><td></td><td></td><td></td><td></td></tr>
<tr><td></td><td></td><td></td><td></td></tr>
<tr><td></td><td></td><td></td><td></td></tr>
<tr><td></td><td></td><td></td><td></td></tr>
<tr><td></td><td></td><td></td><td></td></tr>
<tr><td></td><td></td><td></td><td></td></tr>
<tr><td></td><td></td><td></td><td></td></tr>
<tr><td></td><td></td><td></td><td></td></tr>
<tr><td></td><td></td><td></td><td></td></tr>
<tr><td></td><td></td><td></td><td></td></tr>
</table>

3.29 市政管-26 工程项目管理人员变更通知书

市政基础设施工程

工程项目管理人员变更通知书

市政管-26

单位（子单位）工程名称	

致：______________________

因工作需要，对本项目有关人员作如下变更（调整）；现通知贵方，以便今后开展工作。

附件：变更（调整）人员资格证明文件

抄送单位：

发文单位：______________（盖章）

项目负责人（签名）：______________

年 月 日

	姓名	业务（专业）范围（分工）	岗位职务	本人签名
变更（调整）前				
变更（调整）后				

3.30 市政管-27 工程项目启用印章通知书

市政基础设施工程

工程项目启用印章通知书

市政管-27

<table>
<tr><td colspan="3">一、本印章适用的单位（子单位）工程名称：

二、本印章适用的有效期：

三、本印章的使用范围具体详列如下：

印章样板</td></tr>
<tr><td colspan="3">备注：</td></tr>
<tr><td colspan="3">抄送单位：</td></tr>
<tr><td>法人单位类别</td><td>□监理/□建设/□设计/□勘察/

□分包施工/□专业承包施工/□总承包施工/

□其他：________________</td><td>法人代表：______（打印）______（签名）

法人单位全称：________________
（公章）

年 月 日</td></tr>
</table>

3.31　市政管-28　其他施工管理文件清单

市政基础设施工程

其他施工管理文件清单

市政管-28

<table>
<tr><td>工程名称</td><td colspan="3"></td></tr>
<tr><td>施工单位</td><td></td><td>分包单位</td><td></td></tr>
</table>

序号	资料（记录）名称	份数	页数

项目技术负责人：　　　　填表人：　　　　年　　月　　日

3.32 填表说明

3.1　市政管-1.1　开工报告

3.2　市政管-1.2　单位工程开工报告

单位工程开工必须具备下列条件：

1. 已发出工程中标通知书和签署工程施工合同。

2. 施工图设计文件必须经过施工图审查机构审查。（国务院令279号、293号，建设部令134号）

3. 施工组织设计（或总施工方案）已经编制和审批，且进行了交底。

4. 现场"三通一平"及工、料、机、临设等已经满足施工要求。（施工场内外交通，施工用水、用电，排水能满足施工要求；场内障碍物已基本清除；后勤工作能满足施工和生活需要；设备、材料、机械等已准备好并能满足连续施工需要；劳动力已经调集，并经必要的安全教育和上岗培训。）

5. 施工图经过会审，图纸中存在问题或错误已修正和补充完善。

6. 已进行设计交底工作，建设、监理、施工等各方已清楚设计意图及设计要点和施工中的各关键部位、环节等的注意事项。

7. 工程控制基准点、基线已办妥交接手续，且经复核符合要求。

8. 已经办理工程安全、质量监督手续（《建设工程质量管理条例》第十三条）。

9. 已办理施工许可证。（建设部令第71号《建筑工程施工许可管理办法》）

填报单位为施工单位，审批单位为建设单位。

3.3　市政管-2　停工报告

发生下列情况须填报停工报告：

1. 当工程受到不可抗御的自然灾害。

2. 发生重大的安全、质量事故需要停工进行调查处理。

3. 当政府一些重大决策需要工程停工，或建设单位资金不足需停工。

4. 其他原因需要停工的。

该报告由施工单位填报。

编号按报告发生的时间顺序自然编排。

3.4　市政管-3　复工报告

有停工报告就应有复工报告，要求一一对应。

当工程问题得到解决或需要复工时，可申请复工，复工条件除停工的原因和问题得到解决后，还应符合开工报告所要求的条件，方能批准复工。

该报告由施工单位填报。

编号按报告发生的时间顺序自然编排。

3.5　市政管-4　竣工验收申请报告

工程竣工验收申请报告是由施工单位对已完工程进行检查，确认工程质量符合有关法律、法规和工程建设强制性标准，符合设计及合同要求而提出的工程告竣文书。该报告应经项目经理和施工单位有关负责人审核签字加盖单位公章。

工程竣工验收申请报告必须经总监理工程师签署意见并加盖单位公章。

工程竣工验收申请应具备的条件：

1. 完成工程设计和合同约定的各项内容。（建质〔2013〕171号《房屋建筑工程和市政基础设施工程竣工验收规定》，以下简称《验收规定》）若因一些客观条件影响（如拆迁阻碍等因素）没能完成，可由建设单位与施工单位签署补充合同或由设计单位出设计变更解决。

2. 有完整的技术档案和施工管理资料。（《验收规定》、建城〔2002〕221号《市政基础设施工程施

工技术文件管理规定》，以下简称《文件管理规定》）

3. 有工程使用的主要建筑材料、建筑构配件和设备的进场试验报告。（《验收规定》）

工程涉及结构安全的试块、试件和有关建筑材料的质量检测实行有见证取样送检制度和监督抽检制度。（《建设工程质量管理条例》国务院279号令和《房屋建筑工程和市政基础设施工程实行见证取样和送检的规定》建建〔2000〕211号）

4. 市政基础设施工程应有质量检测和功能性试验资料。（《验收规定》）市政基础设施工程功能性试验主要项目见《文件管理规定》第二十一条及其说明，一般包括：1）道路工程的弯沉试验。2）无压力管道闭水、闭气试验。3）桥梁工程的动、静载试验。4）水池满水试验。5）消化池气密性试验。6）压力管道水压试验。7）其他施工项目，按设计要求及有关规范要求进行功能性试验。

5. 建设单位已按合同约定支付工程款。（《验收规定》）

6. 有施工单位签署的工程质量保修书。（《验收规定》）

7. 建设行政主管部门及其委托的工程质量监督机构等有关部门责令整改的问题全部整改完毕。（《验收规定》）

检查情况填写：根据上述工程竣工验收申请应具备的条件的相关规定要求，对照检查，认真填写。

3.6 市政管-5 施工现场质量管理检查记录

1. 质量管理检查记录应由施工单位在进场施工前填写，总监理工程师（或建设单位项目负责人）进行检查，并做出检查结论。

2. 工程施工应具有必要的施工技术标准，并应按照批准的设计文件和施工技术标准进行施工。开工前施工单位应提供该工程所涉及的技术标准和规范目录清单报监理单位核查。

3. 开工前，应明确本工程的单位工程、分部工程、分项工程和检验批的划分。

单位工程：（1）具备独立施工条件并能形成独立使用功能的建筑物或构筑物为一个单位工程；

（2）对于规模较大的单位工程，可将其能形成独立使用功能的部分划分为一个子单位工程。

分部工程：（1）可按专业性质、工程部位确定；

（2）当分部工程较大或较复杂时，可按材料种类、施工特点、施工程序、专业系统及类别等划分为若干子分部工程。

分项工程：应按主要工种、材料、工艺、设备类别等进行划分。

检验批：根据施工及质量控制和专业验收需要，按工程量、施工段、变形缝进行划分。

4. 工程施工前应根据现场实际情况编制施工组织设计或施工方案，获准后方可实施。

5. 工程现场项目负责人应与投标时人员一致，技术负责人等须具备相应的专业技术资格，按合同约定配备相应的管理人员。

6. 总承包的工程中非主体项目在征得招标人同意后实行专业分包的，总承包施工单位应加强对分包单位的管理，并建立相应制度。

3.7 市政管-6 交接验收记录

本表适用于不同施工单位施工的进行实物交接时填写。

1. 单位工程中不同的分部（分项）工程由不同的施工单位进行施工，不同的施工单位进行实物交接时使用该表格。

2. 分部（分项）工程名称填写进行交接验收的实物所归属的分部（分项）名称；里程桩号填写本次交接验收的具体范围。

3. 开工日期和交验日期填写组织交接验收的分部（分项）工程的开工和进行交工验收的日期。

4. 交验简要说明填写交接验收的主持人、参加者、组织形式、交验程序等主要质量检查评定的重要活动情况。

5. 遗留问题填写交接验收时存在的需要进一步跟踪处理的主要质量、技术问题。

6. 验收意见是参加验收各方共同对进行交接验收的分部（分项）工程的质量检查评定意见，该意见必须包括对该分部（分项）工程的外观质量、实体质量及质量等级的综合评价。

7. 该表格是工程竣工验收的重要文件之一，参加验收的各单位相关负责人应签名，并盖单位公章。若交接方的监理单位为两个不同的单位时，双方参加验收的负责人均要签名并盖章。

8. 本表的填表人由主持交接验收人具体指定，复核人为交接验收的主持人。

3.8 市政管-7 施工组织设计（方案）审批表

施工组织设计：又称为施工设计。是开工前拟定的、组织施工的、全局性的技术经济文件，是施工全面管理的指导文件。施工组织设计是为了科学地、合理地组织施工，从时间、空间和实力（人力、物力、财力）多方面综合规划、全面平衡，提出施工的目标、方向、措施和方法。包括拟定和绘制施工总平面图；确定工程的施工程序、条件、方法和工期；安排各个时期所需的材料、施工机械设备和劳动力，制定施工计划；拟定企业各项质量与效益指标及落实措施等。

施工单位在施工之前，必须编制施工组织设计；大中型的工程应根据施工组织总设计编制分部位、分阶段的施工组织设计（方案）。

施工组织设计（方案）的审批均需要填写施工组织设计（方案）审批表，施工组织总设计（方案）还必须经上一级技术负责人进行审批并加盖单位公章方为有效。在施工过程中发生变更时，应有变更审批手续。

此表格是施工单位上级技术负责部门和建设、监理单位进行审批时使用，不同的审批单位进行审批时，应分别填写签认盖章。

审批内容及说明：填写施工组织设计（方案）的名称及对应的施工范围。

审批意见及结论：填写对施工组织设计（方案）的意见，如发现存在的问题，如何进行完善、修改的建议、是否同意等。要求重新编写或局部重新编写施工组织设计（方案）的应有复审意见及结论。

施工组织设计（方案）的内容，具体参阅《文件管理规定》的第十三条第三款。

3.9 市政管-8 单位（子单位）、分部（子分部）、分项工程划分方案

工程项目施工前，应由施工单位制定分项工程和检验批的划分方案，由监理单位审核，作为施工质量检查、验收的基础，并应符合下列规定：

1. 建设单位招标文件确定的每一个独立合同应为一个单位工程。当合同文件包含的工程内容较多，或工程规模较大、或由若干独立设计组成时，宜按工程部位或工程量、每一独立设计将单位工程分成若干子单位工程。

为了考虑大体量工程的分期验收，充分发挥基本建设投资效益，凡具有独立施工条件并能形成独立使用功能的构筑物为一个单位工程。

2. 单位（子单位）工程应按工程的结构部位或特点、功能、工程量划分分部工程。当分部工程较大或较复杂时，可按材料种类、施工特点、施工程序、专业系统及类别将分部工程划分为若干子分部工程。

3. 分部工程（子分部工程）可由一个或若干个分项工程组成，应按主要工种、材料、施工工艺等划分分项工程。

4. 分项工程可由一个或若干检验批组成。检验批应根据施工、质量控制和专业验收需要划定。各地区应根据城市桥梁建设实际需要，划定适应的检验批。

分项工程分为若干个检验批来验收，检验批划分的数量不宜太多，工程量也不宜太大。检验批、分项工程的划分，都要有利于质量控制，能取得较完整的技术数据；而且要防止造成检验批、分项工程的大小过于悬殊，影响质量验收结果的可比性（由于抽样方法按一定的比例抽样）。

5. 分部工程、分项工程划分宜按相关专业验收规范采用，对于相关专业验收规范未涵盖的分项工程和检验批，可由建设单位组织监理、施工等单位协商确定。

3.10 市政管-9 施工图会审记录

工程开工前，施工图设计文件必须报经施工图设计文件审查机构审查，再由建设单位组织有关单位

（设计、施工、监理等单位）对施工图设计文件进行会审，并按单位工程填写施工图设计文件会审记录。

施工图设计文件未经会审不得进行施工，其会审的内容主要如下：

1. 施工图设计是否符合国家有关的技术标准、规范，是否经济合理。

2. 施工图设计是否符合施工技术装备条件；如需要采取特殊技术措施时，技术上有无困难，能否保证安全施工和工程质量。

3. 有无特殊材料（含新材料）要求的品种、规格、数量等，且是否满足需要。

4. 工程结构与安装之间有无重大矛盾。

5. 施工图设计及说明是否齐全，清楚，明确。

6. 施工图设计所示的结构尺寸、标高、坐标，管线与实际地形地貌，原有构筑物、道路等是否相阻碍等。

此表亦可用于施工单位的技术负责人组织单位内部的施工技术人员对施工图设计文件进行全面学习和审核。

当一张表格无法填写所有内容时，可增加附页。

编号按记录发生的时间顺序自然编排。

3.11 市政管-10 施工图交底记录

在工程施工前，建设单位应当按施工程序或需要组织设计单位、施工单位、监理单位等进行设计交底。设计交底应包括设计依据、设计要点、补充说明、注意事项等，并做交底记录。

此表亦可用于施工单位的技术负责人组织单位内部的各级施工技术人员进行施工图设计文件交底。

交底双方应有签认手续；交底后，接受人应组织操作人员认真学习和讨论，保证设计意图和要求的落实。

当一张表格无法填写所有内容时，可增加附页。

编号按记录发生的时间顺序自然编排。

3.12 市政管-11 施工组织设计（方案）交底记录

施工单位应在施工前进行施工组织设计（方案）交底。

施工单位的技术负责人和施工组织设计（方案）编制者应对各级施工技术人员进行施工组织设计（方案）的主要内容进行交底。

交底双方应有签认手续；交底后，接受人应组织操作人员认真学习和讨论，保证其技术措施得以落实。

当一张表格无法填写所有内容时，可增加附页。

编号按记录发生的时间顺序自然编排。

3.13 市政管-12 施工技术交底记录

施工技术交底是技术负责人把设计要求与施工技术要求逐层详细地交代、逐级贯彻的过程。技术交底的目的是为了使各级施工人员（特别是直接操作人员）对工程及技术要求做到心中有数，以便严密地组织施工，按合理的工序，科学的工艺进行作业。技术交底可适时分级进行，且应细致和齐全。

施工单位应在施工前进行施工技术交底。施工技术交底包括工程各分部、分项（特别是关键分部、重点分项）、特殊（复杂）结构、新材料、新工艺、新技术的交底。

交底双方应有签认手续；交底后，接受人应组织操作人员认真学习和讨论，保证其技术措施得以落实。

当一张表格无法填写所有内容时，可增加附页。

编号按记录发生的时间顺序自然编排。

3.14 市政管-13 分项工程质量样板验收记录

1. 编制依据

《广东省房屋建筑工程质量样板引路工作指引（试行）》粤建质函（2010）485号。

2. 适用范围

（1）检查落实是否真的做了实物质量样板；

（2）实物质量样板做好后要经过验收，看是否达到规范要求，这样对实际操作的工人才有指导意义，否则会误导工人。

3. 填写要求

（1）将现场实物样板逐个列表；

（2）注意照片拍摄的角度，要能展示它们的工艺和细部。

4. 实施要点

（1）把一些通常容易产生通病的工序、部位以实物的形式，将正确的工艺标准展示出来，给施工班组一个示范的榜样，以消除实际施工时的通病；

（2）制作实物质量样板应本着因地制宜、减少费用、直观明了的原则，尽可能结合工程实体进行制作；如需另行制作造成费用增加较多，由施工企业与建设单位协商解决。

（3）在施工现场光线充足的区域设置样板集中展示区，展示独立制作的质量样板，建筑材料和配件样板，以及文字说明材料等。

（4）要保证实物质量样板符合有关技术规范和施工图设计文件的要求，质量样板需经施工企业相关部门（或委托该工程项目技术负责人）复核确认，建设单位和监理单位同意后方可用于技术交底、岗位培训和质量验收。

（5）各级住房和城乡建设行政主管部门要加强对工程质量样板引路工作的指导和推动，工程质量监督站需结合质量监督工作计划，加强对施工现场制作实物质量样板以及按照样板进行施工的情况的抽查，及时纠正存在的问题。

（6）为贯彻绿色施工理念，实物样板提倡采用能重复利用的形式（如采用集装箱安装. 便于调运，可重复使用）。

（7）该实物样板应在所属的分项开工之前设立。

5. 子项释义

（1）实物样板名称：该实物样板所在分项工程名称，如：钢筋、砖砌体、细部等

（2）实物样板内容：指该实物样板要展示的那些工艺标准，如：

① 有关模板：支撑间距、背肋间距、模板拼缝、细部节点等。

② 有关钢筋：钢筋间距、绑扎丝头方向、钢筋接头、混凝土保护层等。

③ 有关砌体：砌筑速度、砌筑方法、拉墙筋设置和构造方法、平整度、垂直度、顶部处理、线管槽处理等。

④ 有关粉刷：砂浆配合比、黏稠度、平整度、垂直度、阴阳角处理、防水处理等要求、粉刷过厚时的处理方法等。

⑤ 有关块材的粘贴：块材的颜色、材质、规格和粘贴方法、样式、缝隙的完成面处理、缝宽要求、防水处理、预留洞口统一位置和收口处理、成品保护等。

⑥ 有关门窗安装：材料、规格、下料制作、堆放搬运、安装要求和方法、垂直度控制、水平位置控制、接缝处理、防水处理和塞缝材料、塞缝要求、完成面处理、成品保护要求等。

⑦ 有关防水工程：基层处理、防水材料、施工工艺、施工顺序、防水接头处理、泛水节点、鹰嘴大样、卫生间等的高差处理、线管穿墙穿板处理等大样或要求说明等。

⑧ 管线安装：管线材料、规格、各种管线的安装垂直度、水平度、接头口统一位置、排列方式、排列间距以及固定件的做法、方向、间距、与建筑物的空隙距离。

⑨ 仪器仪表安装：仪器仪表的统一安装位置和方向等，标示的统一字样、位置、颜色、制作方法等，管线预埋预留的统一位置、走向、间距等。

⑩ 填充墙：在砌筑填充墙之前，总包方应先向发包方提交每种户型的样板间图，标明墙的定位、

厚度、管线预埋位置走向、电器构配件的统一安装位置高度数量等，并得到书面确认后再实施。

(3) 实物样板照片：将做好的实物样板的照片打印或粘贴在这里。

3.15 市政管-14.1 工程洽商记录汇总表

由施工单位对单位工程发生的所有工程洽商记录进行汇总。

3.16 市政管-14.2 工程洽商记录

工程洽商记录是在施工过程中遇到的有关技术、经济等问题而需要由施工、设计、监理、建设等单位进行洽商的记载。

洽商记录是施工图的一些小补充和小修改，（若涉及较大图纸设计变更的还需由设计人出变更设计），且均应在施工前办理。内容应明确具体，必要时附图。

洽商记录必须有参建各方共同签认方为有效。

分包工程的工程洽商记录，由工程总包单位统一办理。

编号按记录发生的时间顺序自然编排。

3.17 市政管-15.1 设计变更通知单汇总表

由施工单位对单位工程发生的所有设计变更通知单进行汇总。

3.18 市政管-15.2 设计变更通知单

在施工过程中，发现施工图仍有差错或与实际情况不符，或因施工条件、材料规格、品种、质量不能完全符合原设计要求和承包方提出合理化建议并经工程洽商认可需要进行施工图修改的，都必须出具设计变更通知单，核定签证。

设计变更通知单是施工图的补充和修改，应在施工前办理。内容应明确具体，必要时附图。

设计变更通知单，必须由原设计人和设计单位负责人签字并加盖设计单位出图章方为有效。

分包工程的设计变更通知单，由工程总包单位统一管理。

编号一般由设计人按文件发生的时间顺序自然编排。如工程包括几个单位工程，在汇总时按单位工程文件发生的时间顺序重新建立自编号。

3.19 市政管-16 设计变更审查记录

有设计变更通知单就有设计变更审查记录，应一一对应。

涉及主体结构的重大变更和一些较大的变更应由原来的施工图审查机构进行审查。

一般变更应按施工图会审的程序要求进行设计变更审查，工程参建各方做好签认手续，并填写记录。

主持单位：一般为建设单位。

编号按记录发生的时间顺序自然编排。

3.20 市政管-17 质量事故报告

质量事故：当某项工程在施工期间（包括缺陷责任期间）出现了技术规范所不允许的断层、裂缝、倾斜、倒塌、沉降、强度不足等情况时，应视为质量事故。

编号按报告发生的时间顺序自然编排。

3.21 市政管-18 质量事故调查处理表

有工程质量事故报告就有工程质量事故调查处理表，要求一一对应。

质量事故处理完毕后，须由工程质量事故调查组填写工程质量事故调查处理表。该文件必须归入施工技术文件。

工程质量事故调查程序：

1. 组织技术鉴定；
2. 查明事故发生的原因、过程、人员伤亡及财产损失情况；
3. 查明事故的性质、责任单位和主要责任者；
4. 提出事故处理意见及防止类似事故再发生所应采取措施的建议；

5. 提出事故责任者的处理意见；

6. 写出事故调查报告。

编号按文件发生的时间顺序自然编排。

3.22 市政管-19 测量交接桩记录

施工前建设单位应组织有关单位向施工单位进行现场交桩。施工单位应对所交的桩进行测量复核，所交接的桩成果及测量复核的成果均应留有文字记录。

测量交接一般包括：基准点、控制点等（高程、坐标）。

交接的桩应编号，如需要画简图示意。

主持单位为建设单位，交桩单位为规划、勘测、设计等有关单位，接桩单位为施工单位；若为竣工移交的交接桩，交桩单位为施工单位，接桩单位为接管设施的管理单位或下一分部（分项）不同合同的施工单位。

该表还应附上交、接方相关测量记录表。

文件编号按记录发生的时间顺序自然编排。

3.23 市政管-20 施工总结

施工总结主要包括：

1. 工程概况；

2. 竣工的主要工程数量和质量情况；

3. 使用了何种新技术、新工艺、新材料、新设备；

4. 施工过程中遇到的问题及处理方法；

5. 工程中发生的主要变更和洽商；

6. 遗留的问题及建议等。

工程竣工质量和安全生产标准化达标评价为施工单位的自评结果。

3.24 市政管-21 法定代表人授权书

3.25 市政管-22 工程质量终身责任承诺书

一、对《建筑工程五方责任主体项目负责人质量终身责任追究暂行办法》（建质〔2014〕124号）施行后新开工建设的工程项目，建设、勘察、设计、施工、监理单位的法定代表人应当及时签署授权书，明确本单位在该工程的项目负责人。经授权的建设单位项目负责人、勘察单位项目负责人、设计单位项目负责人、施工单位项目经理和监理单位总监理工程师应当在办理工程质量监督手续前签署工程质量终身责任承诺书，连同法定代表人授权书，报工程质量监督机构备案。对未办理授权书、承诺书备案的，住房城乡建设主管部门不予办理工程质量监督手续、不予颁发施工许可证、不予办理工程竣工验收备案。

二、对已经开工正在建设的工程项目，建设、勘察、设计、施工、监理单位的法定代表人应当补签授权书，明确本单位在该工程的项目负责人。经授权的建设单位项目负责人、勘察单位项目负责人、设计单位项目负责人、施工单位项目经理和监理单位总监理工程师应当补签工程质量终身责任承诺书，连同法定代表人授权书，报工程质量监督机构备案。对未办理授权书、承诺书备案的，住房城乡建设主管部门不予办理工程竣工验收备案。

三、住房城乡建设主管部门或其委托的工程质量监督机构应当督促五方主体法定代表人、项目负责人及时签署或补签授权书、承诺书。

3.26 市政管-23 项目经理任命书

工程施工单位在建设工程承包合同签订后，工程开工前应及时将《项目经理任命书》并附上项目经理的建造师执业资格证书（复印件）书面通知建设单位、监理单位，应征得建设单位、监理单位书面同意。

3.27 市政管-24 工程项目人员职务任命及受权签字通知书

1. 实施要点

开工前，根据项目的人员组织架构，明确授权各人在验收文件上的签字范围；当中途人员有调整时，可按实际情况再次作出授权书。

2. 表列子项

（1）项目职务：在项目中担任的职务；

（2）签名笔迹：必须是手签字迹，便于日后核对；

（3）专业技术职称/培训上岗证：

技术职称是经专家评审、反映一个人专业技术水平并作为聘任专业技术职务依据的一种资格，由劳动与社会保障部发证。例如：技术员、助理工程师、工程师、高级工程师；

上岗证指从事某种行业或岗位所具有的资格证明。这种资格表现为能力、条件等等客观存在或具有的资质。一般是地方性的行业主管部门培训后发。建筑行业主要为“八大员”：①质检员（土建、市政、电气、水暖），②安全员，③施工员（土建、市政、电气、水暖），④材料员（土建、市政、电气、水暖），⑤资料员，⑥监理员，⑦造价员，⑧技术员。

（4）执业资格：是指建设部及人事部颁发的工程建设类执业资格证书，它是通过政府认定的考试机构，对技术人员的技术水平进行客观公正、科学规范的考核，对合格者授予相应的注册资格证书。执业资格证就是国家强制性的必须要考的汪书，建筑现场施工主要指的是注册建造师（分一、二级），在职项目经理，必须要有建造师的证书，没有就无资格胜任此职位或者是无权签字。

（5）授权从事业务（专业）范围：在本工程的验收文件中担负的签字范围。

3. 填写范例

兹任命我单位以下人员在×××××工程项目中担任相应职务并受权行使签字权。					
项目职务	姓名	签名笔迹	专业技术职称/培训上岗证	执业资格（注册印章留样）	授权从事业务（专业）范围（可对相关文件代表我单位签字）
项目经理	×××	×××	工程师	注册一级建造师	在所有验收文件中签署项目负责人
项目技术负责人	×××	×××	高级工程师	注册一级建造师	在所有验收文件中签署项目技术负责人
施工员	×××	×××	技术员/土建施工员	注册二级建造师	在主体结构分部验收文件中签署施工员
质检员	×××	×××	技术员/土建质检员	/	在分部分项验收文件中签署质检员

3.30 市政管-27 工程项目启用印章通知书

1. 适用范围

参建各方（包括监理、建设、设计、勘察、分包施工、专业施工、总承包施工等单位）以本工程项目名义而设立的印章，均要通告其余各方。

2. 实施要点

（1）注明此印章适用于那个工程项目。

（2）此印章的有效使用期。

（3）此印章的使用范围。

（4）盖上已刻制好的印章，便于大家鉴别。

3. 填写范例

一、本印章适用的单位（子单位）工程名称：×××道路排水工程

二、本印章使用的有效期：自 通知签发之日起，至 本单位工程备案之日 止

三、本印章的使用范围具体详列如下：

1. 工程联系单（与业主/监理/设计院/周边地区管理部门/分包单位）。
2. 会议纪要、备忘录、工程往来文件。
3. 向业主请款报告、与业主各类签证，与上级往来文件资料等的印章盖用。
4. 施工方案、材料/设备报验单。
5. 分部分项质量验收表、质量/安全整改单等。

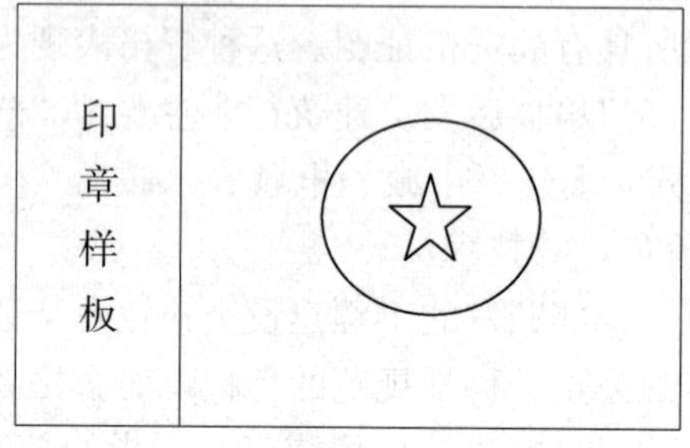

3.31 市政管-28 其他施工管理文件清单

在施工实际发生的施工组织管理用表，但《广东省市政基础设施工程施工质量技术资料统一用表》（后简称《统表》）中施工组织管理用表未包括在内，把这部分用表名称填写该表格，并将相关文件附该表表后。

第四章　进场施工物资质量证明文件

基本要求：

1. 表格允许打印，但填写意见和签名必须由本人签署。

2. 填写人一般为专职材料员。

3. 合格证为复印件的，必须加盖供货单位的印章方为有效，并注明使用工程名称、规格、数量、进场日期、经办人签名及原件存放地点。

4. 本章表格格式和表格内容全部引用市政表格，可根据最后一列的编码进行索引，表格编码按第二列的编码进行编制。

4.1 市政证-1 工程材料进场使用清单

市政基础设施工程

工程材料进场使用清单

市政证-1

共 页 第 页

<table>
<tr><td>工程名称</td><td colspan="7"></td></tr>
<tr><td>施工单位</td><td colspan="2"></td><td colspan="2">分包单位</td><td colspan="3"></td></tr>
<tr><td>单位工程名称</td><td colspan="7"></td></tr>
<tr><td>材料名称</td><td>品种/规格</td><td>设计使用数量</td><td>单位</td><td>进场批数</td><td>进场数量</td><td>单位</td><td>备注</td></tr>
<tr><td></td><td></td><td></td><td></td><td></td><td></td><td></td><td></td></tr>
<tr><td></td><td></td><td></td><td></td><td></td><td></td><td></td><td></td></tr>
<tr><td></td><td></td><td></td><td></td><td></td><td></td><td></td><td></td></tr>
<tr><td></td><td></td><td></td><td></td><td></td><td></td><td></td><td></td></tr>
<tr><td></td><td></td><td></td><td></td><td></td><td></td><td></td><td></td></tr>
<tr><td></td><td></td><td></td><td></td><td></td><td></td><td></td><td></td></tr>
<tr><td></td><td></td><td></td><td></td><td></td><td></td><td></td><td></td></tr>
<tr><td></td><td></td><td></td><td></td><td></td><td></td><td></td><td></td></tr>
<tr><td></td><td></td><td></td><td></td><td></td><td></td><td></td><td></td></tr>
<tr><td></td><td></td><td></td><td></td><td></td><td></td><td></td><td></td></tr>
<tr><td></td><td></td><td></td><td></td><td></td><td></td><td></td><td></td></tr>
<tr><td></td><td></td><td></td><td></td><td></td><td></td><td></td><td></td></tr>
<tr><td></td><td></td><td></td><td></td><td></td><td></td><td></td><td></td></tr>
<tr><td></td><td></td><td></td><td></td><td></td><td></td><td></td><td></td></tr>
<tr><td></td><td></td><td></td><td></td><td></td><td></td><td></td><td></td></tr>
<tr><td></td><td></td><td></td><td></td><td></td><td></td><td></td><td></td></tr>
<tr><td></td><td></td><td></td><td></td><td></td><td></td><td></td><td></td></tr>
<tr><td></td><td></td><td></td><td></td><td></td><td></td><td></td><td></td></tr>
<tr><td></td><td></td><td></td><td></td><td></td><td></td><td></td><td></td></tr>
<tr><td></td><td></td><td></td><td></td><td></td><td></td><td></td><td></td></tr>
<tr><td></td><td></td><td></td><td></td><td></td><td></td><td></td><td></td></tr>
</table>

项目技术负责人： 材料员： 专业监理工程师： 年 月 日

4.2 市政证-2 原材料、构配件进场使用检查记录表

市政基础设施工程

原材料、构配件进场使用检查记录表

市政证-2

共 页 第 页

<table>
<tr><td colspan="2">工程名称</td><td colspan="3"></td><td colspan="2">施工单位</td><td colspan="6"></td><td>分包单位</td><td colspan="5"></td></tr>
<tr><td colspan="2">单位工程名称</td><td colspan="5"></td><td colspan="3">材料、构配件名称</td><td colspan="9"></td></tr>
<tr><td rowspan="2">序号</td><td rowspan="2">品种
规格
（型号）</td><td rowspan="2">产品批号
（出厂编号）</td><td rowspan="2">生产
厂家</td><td rowspan="2">供货
单位</td><td rowspan="2">出厂
日期</td><td rowspan="2">进场
日期</td><td rowspan="2">进场
数量</td><td rowspan="2">单位</td><td rowspan="2">使用
部位</td><td rowspan="2">进场
抽检
数量</td><td rowspan="2">送检
日期</td><td rowspan="2">进场复
试报告
编号</td><td rowspan="2">复试
结果</td><td colspan="2">试验类别</td><td colspan="2">文件所在
卷/页号</td><td rowspan="2">备注</td></tr>
<tr><td>见证
送检</td><td>监督
抽检</td><td>出厂
文件</td><td>复试
报告</td></tr>
<tr><td rowspan="3"></td><td rowspan="3"></td><td></td><td></td><td></td><td></td><td></td><td></td><td></td><td></td><td></td><td></td><td></td><td></td><td></td><td></td><td></td><td></td><td></td></tr>
<tr><td></td><td></td><td></td><td></td><td></td><td></td><td></td><td></td><td></td><td></td><td></td><td></td><td></td><td></td><td></td><td></td><td></td></tr>
<tr><td></td><td></td><td></td><td></td><td></td><td></td><td></td><td></td><td></td><td></td><td></td><td></td><td></td><td></td><td></td><td></td><td></td></tr>
<tr><td rowspan="3"></td><td rowspan="3"></td><td></td><td></td><td></td><td></td><td></td><td></td><td></td><td></td><td></td><td></td><td></td><td></td><td></td><td></td><td></td><td></td><td></td></tr>
<tr><td></td><td></td><td></td><td></td><td></td><td></td><td></td><td></td><td></td><td></td><td></td><td></td><td></td><td></td><td></td><td></td><td></td></tr>
<tr><td></td><td></td><td></td><td></td><td></td><td></td><td></td><td></td><td></td><td></td><td></td><td></td><td></td><td></td><td></td><td></td><td></td></tr>
<tr><td rowspan="3"></td><td rowspan="3"></td><td></td><td></td><td></td><td></td><td></td><td></td><td></td><td></td><td></td><td></td><td></td><td></td><td></td><td></td><td></td><td></td><td></td></tr>
<tr><td></td><td></td><td></td><td></td><td></td><td></td><td></td><td></td><td></td><td></td><td></td><td></td><td></td><td></td><td></td><td></td><td></td></tr>
<tr><td></td><td></td><td></td><td></td><td></td><td></td><td></td><td></td><td></td><td></td><td></td><td></td><td></td><td></td><td></td><td></td><td></td></tr>
<tr><td rowspan="3"></td><td rowspan="3"></td><td></td><td></td><td></td><td></td><td></td><td></td><td></td><td></td><td></td><td></td><td></td><td></td><td></td><td></td><td></td><td></td><td></td></tr>
<tr><td></td><td></td><td></td><td></td><td></td><td></td><td></td><td></td><td></td><td></td><td></td><td></td><td></td><td></td><td></td><td></td><td></td></tr>
<tr><td></td><td></td><td></td><td></td><td></td><td></td><td></td><td></td><td></td><td></td><td></td><td></td><td></td><td></td><td></td><td></td><td></td></tr>
<tr><td rowspan="2"></td><td rowspan="2"></td><td></td><td></td><td></td><td></td><td></td><td></td><td></td><td></td><td></td><td></td><td></td><td></td><td></td><td></td><td></td><td></td><td></td></tr>
<tr><td></td><td></td><td></td><td></td><td></td><td></td><td></td><td></td><td></td><td></td><td></td><td></td><td></td><td></td><td></td><td></td><td></td></tr>
</table>

项目技术负责人： 材料员： 项目专业质量检查员： 专业监理工程师： 年 月 日

附件：1. 材料进场报验表；2. 出厂合格证及出厂检验报告；3. 进场抽检复试报告；4. 见证记录。

4.3　市政证-3　成品、半成品进场使用检查记录表

市政基础设施工程

成品、半成品进场使用检查记录表

市政证-3

共　　页　第　　页

<table>
<tr><td colspan="2">工程名称</td><td colspan="8"></td></tr>
<tr><td colspan="2">施工单位</td><td colspan="2"></td><td colspan="3">分包单位</td><td colspan="3"></td></tr>
<tr><td colspan="2">单位工程名称</td><td colspan="2"></td><td colspan="3">成品、半成品名称</td><td colspan="3"></td></tr>
<tr><td>序号</td><td>品种、规格</td><td>生产单位</td><td>出厂日期</td><td>进场数量</td><td>单位</td><td>使用部位</td><td>出厂合格证编号</td><td>文件所在卷、页号</td><td>备注</td></tr>
<tr><td rowspan="3"></td><td rowspan="3"></td><td></td><td></td><td></td><td></td><td></td><td></td><td></td><td></td></tr>
<tr><td></td><td></td><td></td><td></td><td></td><td></td><td></td><td></td></tr>
<tr><td></td><td></td><td></td><td></td><td></td><td></td><td></td><td></td></tr>
<tr><td rowspan="3"></td><td rowspan="3"></td><td></td><td></td><td></td><td></td><td></td><td></td><td></td><td></td></tr>
<tr><td></td><td></td><td></td><td></td><td></td><td></td><td></td><td></td></tr>
<tr><td></td><td></td><td></td><td></td><td></td><td></td><td></td><td></td></tr>
<tr><td rowspan="3"></td><td rowspan="3"></td><td></td><td></td><td></td><td></td><td></td><td></td><td></td><td></td></tr>
<tr><td></td><td></td><td></td><td></td><td></td><td></td><td></td><td></td></tr>
<tr><td></td><td></td><td></td><td></td><td></td><td></td><td></td><td></td></tr>
<tr><td rowspan="3"></td><td rowspan="3"></td><td></td><td></td><td></td><td></td><td></td><td></td><td></td><td></td></tr>
<tr><td></td><td></td><td></td><td></td><td></td><td></td><td></td><td></td></tr>
<tr><td></td><td></td><td></td><td></td><td></td><td></td><td></td><td></td></tr>
<tr><td rowspan="3"></td><td rowspan="3"></td><td></td><td></td><td></td><td></td><td></td><td></td><td></td><td></td></tr>
<tr><td></td><td></td><td></td><td></td><td></td><td></td><td></td><td></td></tr>
<tr><td></td><td></td><td></td><td></td><td></td><td></td><td></td><td></td></tr>
<tr><td rowspan="3"></td><td rowspan="3"></td><td></td><td></td><td></td><td></td><td></td><td></td><td></td><td></td></tr>
<tr><td></td><td></td><td></td><td></td><td></td><td></td><td></td><td></td></tr>
<tr><td></td><td></td><td></td><td></td><td></td><td></td><td></td><td></td></tr>
<tr><td rowspan="3"></td><td rowspan="3"></td><td></td><td></td><td></td><td></td><td></td><td></td><td></td><td></td></tr>
<tr><td></td><td></td><td></td><td></td><td></td><td></td><td></td><td></td></tr>
<tr><td></td><td></td><td></td><td></td><td></td><td></td><td></td><td></td></tr>
<tr><td rowspan="3"></td><td rowspan="3"></td><td></td><td></td><td></td><td></td><td></td><td></td><td></td><td></td></tr>
<tr><td></td><td></td><td></td><td></td><td></td><td></td><td></td><td></td></tr>
<tr><td></td><td></td><td></td><td></td><td></td><td></td><td></td><td></td></tr>
</table>

项目技术负责人：　　　材料员：　　　项目专业质量检查员：　　专业监理工程师：　　　年　月　日

附件：1. 材料进场报验表；2. 出厂合格证及相关原材料等的质保文件。

4.4 市政证-4 商品无机结合料稳定材料混合材料出厂合格证

市政基础设施工程

商品无机结合料稳定材料混合材料出厂合格证

市政证-4

编号：　　　　　　　　　　　　　　合同编号：

工程名称					单位工程名称			
生产单位					使用单位		使用部位	
混合料名称及品种			最大干密度(g/cm^3)		最佳含水量(%)			
出厂批号			代表数量		出厂日期			
原材料质量	水泥	检验项目	抗压强度	弯拉强度	初凝时间	终凝时间	安定性	检验结果
		实测值	MPa	MPa	h	h		
		品种等级		出厂编号		试验报告编号		
	石灰	检验项目	CaO+MgO 含量(%)					检验结果
		实测值						
		试验报告编号						
	粉煤灰	检验项目	$SiO_2+Al_2O_3+Fe_2O_3$ 含量(%)			烧失量(%)		检验结果
		实测值						
		试验报告编号						
	集料	检验项目	最大粒径(mm)	级配情况		压碎值(%)		检验结果
		实测值						
		试验报告编号						
混合料配合比		材料名称	水泥	石灰	粉煤灰	集料(土)	水	报告编号
		设计配比						
		施工配比						
混合料主要质量指标		检查项目	无侧限抗压强度(MPa)	含水量(%)	水泥、石灰剂量(%)			检查结果
		设计值						
		实测值						
		试验报告编号						
出厂质量评定意见	生产单位：　　　　（公章）							

项目技术负责人：　　　　项目专业质量检查员：　　　　材料员：　　　　年　月　日

4.5 市政证-5 商品沥青混合料出厂合格证

市政基础设施工程

商品沥青混合料出厂合格证

市政证-5

编号： 合同编号：

工程名称		单位工程名称			
生产单位		使用单位		使用部位	
混合料品种规格		混合料设计配比编号		沥青品种、标号	
出厂日期		出厂时间		出厂温度	
出厂批号		代表数量		拌和机编号	

矿料级配组成	粒径（mm）（方孔筛）	31.5	26.5	19	16	13.2	9.5	4.75	2.36	1.18	0.6	0.3	0.15	0.08
	设计													
	实际													

原材料质量								
沥青	项目	延度（cm）	针入度（mm）	软化点（℃）				检验结果
	实测值							
	报告编号							
粗集料	项目	压碎值（%）	颗粒级配	针片状颗粒含量（%）	视密度			检验结果
	实测值							
	报告编号							
细集料	项目	视密度	颗粒级配					检验结果
	实测值							
	报告编号							
矿粉或填料	项目	小于0.075mm颗粒含量						检验结果
	实测值							
	报告编号							

混合料质量								
	项目	稳定度（N）	流值（mm）	空隙率（%）	饱和度（%）	标准密度（g/cm^3）	沥青用量（%）	检验结果
	设计							
	实测							
	报告编号							

出厂质量评定意见		生产单位： （公章）

项目技术负责人： 项目专业质量检查员： 材料员： 年 月 日

4.6 市政证-6 商品混凝土出厂合格证

市政基础设施工程

商品混凝土出厂合格证

市政证-6

编号： 合同编号：

工程名称		生产单位			
单位工程名称		使用单位			
设计配合比单编号		塌落度		强度等级	

使用原材料情况	材料名称	水泥	砂	石	水	掺合料	外加剂
	生产厂家或产地						
	品种与规格						
	报告编号						
	使用数量（kg/m^3）						

混凝土标养试验结果	制件日期	试件编号	抗压强度（MPa）	抗折强度（MPa）	抗渗试验结果	供应数量	使用部位	供应日期

出厂质量评定意见：	生产单位 （公章）

项目技术负责人： 项目专业质量检查员： 材料员： 年 月 日

4.7 市政证-7 混凝土预制构件出厂合格证

市政基础设施工程

混凝土预制构件出厂合格证

市政证-7

编号：　　　　　　　　　　　　　　　　　合同编号：

工程名称					单位工程名称			
生产单位			使用单位			使用部位		
构件名称			规格、型号尺寸			出厂批号		
混凝土浇注起止日期			出厂日期			代表数量		
主要质量技术指标	混凝土设计配合比	水泥	细集料	粗集料	外加剂	水	掺合料	报告编号
	主钢筋	规格						
		试验结果						
		试验报告编号						
	混凝土强度	设计强度（MPa）	项目	出厂最小强度代表值（MPa）				标养试块评定结果
			试验结果					
			试验报告编号					
	结构性能	项目	承载能力	挠度	裂缝最大宽度（mm）			检查结果
		实测值						
		试验报告编号						
	尺寸规格	检查项目						检查结果
		设计						
		实测值范围						
外观质量								
质保资料	内容					检查结果		
	各种外购原材料、构配件出厂质量合格证和复试报告							
	混凝土配合比设计报告及强度试验报告							
	结构性能检验报告和混凝土预制构件质量检查资料							
出厂质量评定意见				生产单位：　　　　（盖章）				

项目技术负责人：　　　　项目专业质量检查员：　　　　材料员：　　　　　　年　月　日

4.8 市政证-8 预应力混凝土预制构件出厂合格证

市政基础设施工程

预应力混凝土预制构件出厂合格证

市政证-8

编号： 合同编号：

<table>
<tr><td colspan="2">工程名称</td><td colspan="4"></td><td colspan="3">单位工程名称</td><td colspan="3"></td></tr>
<tr><td colspan="2">生产单位</td><td colspan="2"></td><td colspan="2">使用单位</td><td colspan="3"></td><td>使用部位</td><td colspan="2"></td></tr>
<tr><td colspan="2">构件名称</td><td colspan="2"></td><td colspan="2">规格尺寸、型号</td><td colspan="3"></td><td>出厂批号</td><td colspan="2"></td></tr>
<tr><td colspan="2">混凝土浇筑起止日期</td><td colspan="2"></td><td colspan="2">出厂日期</td><td colspan="3"></td><td>代表数量</td><td colspan="2"></td></tr>
<tr><td colspan="2">张拉机具名称、编号</td><td colspan="2"></td><td colspan="2">标定日期</td><td colspan="3"></td><td>标定合格证号</td><td colspan="2"></td></tr>
<tr><td colspan="2" rowspan="2">混凝土设计配合比</td><td>水泥</td><td>细集料</td><td>粗集料</td><td>水</td><td colspan="2">外加剂</td><td>掺合剂</td><td colspan="3">报告编号</td></tr>
<tr><td></td><td></td><td></td><td></td><td colspan="2"></td><td></td><td colspan="3"></td></tr>
<tr><td rowspan="18">主要质量技术指标</td><td rowspan="4">主要原材料</td><td rowspan="2">名称</td><td colspan="3">主钢筋规格</td><td rowspan="2">预应力筋</td><td colspan="2" rowspan="2">锚具</td><td>夹具</td><td colspan="2">波纹管</td></tr>
<tr><td></td><td></td><td></td><td></td><td colspan="2"></td></tr>
<tr><td>试验结果</td><td></td><td></td><td></td><td></td><td colspan="2"></td><td></td><td colspan="2"></td></tr>
<tr><td>试验报告编号</td><td></td><td></td><td></td><td></td><td colspan="2"></td><td></td><td colspan="2"></td></tr>
<tr><td rowspan="3">预应力筋张拉</td><td rowspan="2">张拉数量（根）</td><td colspan="3" rowspan="2">实际张拉控制应力偏差值范围</td><td colspan="3" rowspan="2">实际张拉伸长量偏差值范围（mm）</td><td colspan="3">张拉异常情况</td></tr>
<tr><td>滑丝</td><td colspan="2">断丝</td></tr>
<tr><td></td><td colspan="3"></td><td colspan="3"></td><td></td><td colspan="2"></td></tr>
<tr><td rowspan="3">混凝土强度</td><td>设计强度（MPa）</td><td colspan="3">项目</td><td colspan="3">产品出厂最小强度值（MPa）</td><td colspan="3">标养试块评定结果</td></tr>
<tr><td rowspan="2"></td><td colspan="3">试验结果</td><td colspan="3"></td><td colspan="3" rowspan="2"></td></tr>
<tr><td colspan="3">试验报告编号</td><td colspan="3"></td></tr>
<tr><td rowspan="2">结构性能</td><td>项目</td><td colspan="2">承载能力</td><td>挠度</td><td colspan="3">裂缝最大宽度（mm）</td><td colspan="3">评定结果：</td></tr>
<tr><td>实测</td><td colspan="2"></td><td></td><td colspan="3"></td><td colspan="3" rowspan="4">评定结果：</td></tr>
<tr><td rowspan="3">尺寸规格</td><td>检查项目</td><td colspan="2"></td><td></td><td colspan="2"></td><td></td></tr>
<tr><td>设计</td><td colspan="2"></td><td></td><td colspan="2"></td><td></td></tr>
<tr><td>实测值范围</td><td colspan="2"></td><td></td><td colspan="2"></td><td></td></tr>
<tr><td colspan="2">外观质量</td><td colspan="10"></td></tr>
<tr><td colspan="2" rowspan="6">质保资料</td><td colspan="7">内容</td><td colspan="3">检查结果</td></tr>
<tr><td colspan="7">各种外购原材料、构配件出厂合格证和复试报告</td><td colspan="3"></td></tr>
<tr><td colspan="7">混凝土配合比设计报告和强度试验报告</td><td colspan="3"></td></tr>
<tr><td colspan="7">结构性能检验报告和混凝土预制构件质量检查资料</td><td colspan="3"></td></tr>
<tr><td colspan="7">计量器具标（检）定合格证明</td><td colspan="3"></td></tr>
<tr><td colspan="7">预应力张拉记录资料</td><td colspan="3"></td></tr>
<tr><td colspan="2">出厂质量评定意见</td><td colspan="5"></td><td colspan="5">生产单位： （公章）</td></tr>
</table>

项目技术负责人： 项目专业质量检查员： 材料员： 年 月 日

4.9 市政证-9 钢构件出厂合格证

市政基础设施工程

钢构件出厂合格证

市政证-9

编号：　　　　　　　　　　　　合同编号：

<table>
<tr><td>工程名称</td><td colspan="3"></td><td>单位工程名称</td><td colspan="2"></td></tr>
<tr><td>生产单位</td><td colspan="2"></td><td>使用单位</td><td></td><td>使用部位</td><td></td></tr>
<tr><td>构件名称</td><td colspan="2"></td><td>规格尺寸</td><td></td><td>出厂批号</td><td></td></tr>
<tr><td>生产起止日期</td><td colspan="2"></td><td>出厂日期</td><td></td><td>代表数量</td><td></td></tr>
<tr><td rowspan="6">主要原材料、构配件质量</td><td colspan="2">材料、构配件名称</td><td>品种、规格</td><td>出厂合格证号</td><td>试验报告编号</td><td>试验结果</td></tr>
<tr><td colspan="2">钢材</td><td></td><td></td><td></td><td></td></tr>
<tr><td colspan="2">焊接材料
（栓接材料、铆接材料）</td><td></td><td></td><td></td><td></td></tr>
<tr><td colspan="2"></td><td></td><td></td><td></td><td></td></tr>
<tr><td colspan="2"></td><td></td><td></td><td></td><td></td></tr>
<tr><td colspan="2"></td><td></td><td></td><td></td><td></td></tr>
<tr><td rowspan="7">实测实量</td><td rowspan="2">检查项目</td><td colspan="4">检查结果</td><td rowspan="2">质量评定</td></tr>
<tr><td>检查数</td><td>应检数</td><td>合格数</td><td>合格率(%)</td></tr>
<tr><td></td><td></td><td></td><td></td><td></td><td></td></tr>
<tr><td></td><td></td><td></td><td></td><td></td><td></td></tr>
<tr><td></td><td></td><td></td><td></td><td></td><td></td></tr>
<tr><td></td><td></td><td></td><td></td><td></td><td></td></tr>
<tr><td></td><td></td><td></td><td></td><td></td><td></td></tr>
<tr><td rowspan="5">外观质量</td><td>项次</td><td colspan="4">检查项目</td><td>检查结果</td></tr>
<tr><td>1</td><td colspan="4"></td><td></td></tr>
<tr><td>2</td><td colspan="4"></td><td></td></tr>
<tr><td>3</td><td colspan="4"></td><td></td></tr>
<tr><td>4</td><td colspan="4"></td><td></td></tr>
<tr><td rowspan="9">质保资料</td><td>项次</td><td colspan="4">资料名称</td><td>检查结果</td></tr>
<tr><td>1</td><td colspan="4">主要原材料、构配件出厂合格证和复试报告</td><td></td></tr>
<tr><td>2</td><td colspan="4">焊（铆、栓）接工艺评定报告</td><td></td></tr>
<tr><td>3</td><td colspan="4">预拼装记录</td><td></td></tr>
<tr><td>4</td><td colspan="4">构件无损检测报告</td><td></td></tr>
<tr><td>5</td><td colspan="4">主要构件质量检查资料</td><td></td></tr>
<tr><td>6</td><td colspan="4">涂装层质量检查资料</td><td></td></tr>
<tr><td>7</td><td colspan="4">构件发运和包装清单</td><td></td></tr>
<tr><td>8</td><td colspan="4"></td><td></td></tr>
<tr><td>出厂质量评定意见</td><td colspan="3"></td><td colspan="3">生产单位：　　　　（公章）</td></tr>
</table>

项目技术负责人：　　　项目专业质量检查员：　　　材料员：　　　年　月　日

4.10 市政证-10 仪器、设备计量检定/校准证书清单

市政基础设施工程

仪器、设备计量检定/校准证书清单

市政证-10

编号： 第 页 共 页

工程名称							
单位工程名称				使用单位			
序号	计量设备、仪器名称	制造厂	编号	型号规格	状态	有效期	备注

项目技术负责人： 项目专业质量检查员： 填表人： 年 月 日

4.11 填 表 说 明

4.1 市政证-1 工程材料进场使用清单

1. 该表适用于对工程中用到的材料种类、数量等信息进行汇总。

2. 工程材料包括了原材料、构配件、成品、半成品等。

3. 该表可于工程最后一批材料进场后填写整理，相关的信息应与市政证-2、市政证-3 表的内容相吻合。

4.2 市政证-2 原材料、构配件进场使用检查记录表

1. 该表适用于记录进入施工现场使用的原材料、构配件的有关出厂、进场及复试的信息。

2. 该表应在施工过程中及时填写，且有关的附件必须能在施工过程中随时提供检查。

3. 原材料指钢材、水泥、砂、石、外加剂、沥青、矿粉、粗集料、细集料等；构配件指、预制桩、侧平石、人行道预制块，井环盖、给排水管、支座、伸缩缝、锚夹具等。

4. 表内填写提示：

（1）每一记录表只记录同一类别材料、构配件的有关信息；（当工程规模较小，材料、构配件的类别、进场批次较小时，可将不同类别的材料、构配件有关信息记录于一表内）

（2）同一品种规格的材料、构配件如有多个批次，填写时可根据实际情况调整表内的空白行数；

（3）“产品批号”、“生产厂家”、“供货单位”、“出厂日期”、“进场数量”必须与对应的出厂质保文件的内容相符；

（4）“进场抽检数量”：必须按国家现行法规、标准要求的检测频率，对进场各原材料、构配件进行一定数量的进场检验；

（5）“试验类别”：在对应的类别上打“√”；

（6）“文件所在卷/页号”：该项应在工程施工文件组卷后填写，当文件由多页组成时，也只填写起始页码；如：第 3 卷第 15 页应表示为 3/15；

（7）在表内信息填写完善后，各岗位人员应及时签名确认；

（8）“年月日”：应填写该表首项信息的发生时间。

4.3 市政证-3 成品、半成品进场使用检查记录表

1. 该表适用于记录进入施工现场使用的成品、半成品的有关出厂、进场及复试的信息。

2. 该表应在施工过程中及时填写，且有关的附件必须能在施工过程中随时提供检查。

3. 成品指钢筋混凝土预制梁，钢箱梁等大型预制构件；半成品指商品混凝土、沥青混合料、无机结合料等。

4. 表内填写提示：

（1）每一记录表只记录同一类别成品、半成品的有关信息（当工程规模较小，成品、半成品的类别、进场批次较小时，可将不同类别的成品、半成品有关信息记录于同一表内）；

（2）同一品种规格的成品、半成品如有多个批次，填写时可根据实际情况调整表内的空白行数；

（3）“生产单位”、“出厂日期”、“进场数量”、“出厂合格证编号”必须与对应的出厂质保文件的内容相符；

（4）“文件所在卷/页号”：该项应在工程施工文件组卷后填写，当文件由多页组成时，也只填写起始页码；如：第 3 卷第 15 页应表示为 3/15；

（5）表内信息填写完善后，各岗位人员应及时签名确认；

（6）“年月日”：应填写该表首项信息的发生时间。

4.4 市政证-4 商品无机结合料稳定材料混合材料出厂合格证

1. 本表由生产无机结合料稳定材料的单位填写（施工单位现场自拌的可不用填写此表），其生产单位必须具备规定的生产资质。

2. 同配比、同强度等级、同批次原材料的混合料，连续供料时，可填一张合格证；但合格证书代表的连续供料时间不得超过7天。

3. 编号：按同品种、规格的混合料的出厂先后时间编号。

4. 原材料质量、混合料配合比、混合料质量：所反映的内容必须与相应的“试验报告”上的内容一致。

5. 技术负责人、项目专业质量检查员、材料员：由生产厂家的相关人员签名。

6. 合格证涉及的有关材料的质保文件应一并收集并纳入竣工资料，以便核查。

7. 出厂日期：可填写该合格证代表的材料的出厂起止日期，例：2010.01.03～2010.01.08。

4.5　市政证-5　商品沥青混合料出厂合格证

1. 本表由生产沥青混合料的单位填写（施工单位现场自拌的可不用填写此表）生产单位必须具备规定的生产资质。

2. 同类型、同配比、同一拌和机生产的沥青混合料（每批次），连续生产时（每2000吨），可填一张合格证，但一经停机再开机，则要求另再填证。

3. 编号：按同规格的混合料的出厂先后时间编号。

4. 矿料级配、原材料质量、混合料质量：所反映的内容必须与相应的“试验报告”上的内容一致。

5. 技术负责人、项目专业质量检查员、材料员：由生产厂家的相关人员签名。

6. 合格证涉及的有关材料的质保文件应一并收集并纳入竣工资料，以便核查。

4.6　市政证-6　商品混凝土出厂合格证

1. 本表由生产商品混凝土的单位填写，生产单位必须具备规定的生产资质。

2. 同配比、同强度等级、同批次原材料的混凝土，可填一张合格证。

3. 编号：按同规格的混合料的出厂先后时间编号。

4. 使用原材料情况：所反映的内容必须与相应的“试验报告”上的内容一致。

5. 混凝土标养试验结果：生产厂家按规定每台班留取的试件试验结果。

6. 技术负责人、项目专业质量检查员、材料员：由生产厂家的相关人员签名。

7. 合格证涉及的有关材料的质保文件应一并收集并纳入竣工资料，以便核查。

4.7　市政证-7　混凝土预制构件出厂合格证

1. 本表由生产混凝土预制构件的单位填写（施工单位现场预制的可不用填写此表）生产单位必须具备规定的生产资质。

2. 同规格、同质量技术指标的构件，可按出厂时间填一张合格证。

3. 编号：按同一规格构件的出厂先后时间编号。

4. 表内各项目的检查要求以《混凝土结构工程施工质量验收规范》GB 50204为依据，所反映的内容必须与相应的“试验报告”上的内容一致，其中：

(1)“标养试块评定结果”：指同批次出厂的混凝土预制构件的强度代表值按照《混凝土强度检验评定标准》GBJ 107的规定进行统计评定的结果；

(2)“出厂最小强度代表值”：是指同批次出厂的混凝土预制构件中的最小强度代表值；

(3)“尺寸规格”中的“检查项目”：主要是检查影响结构性能和安装、使用功能的项目，一般由监理（建设）单位、施工单位等各方共同确定；并将实测的最大值、最小值填写在相应的“实测值范围”栏里。

5. 相关项目检查频率：

(1) 结构性能：对成批生产的构件，应按同一工艺正常生产的不超过1000件且不超过3个月的同类型产品为一检验批。当连续检验10批且每批的结构性能检验结果均符合规范的要求时，对同一工艺正常生产的构件，可改为不超过2000件且不超过3个月的同类型产品为检验一批。在每检验批中应随机抽取一个构件作为试件进行检验。(同类型产品：是指同一钢种、同一混凝土强度等级、同一生产工艺和同一结构形式的构件。对同类型产品进行抽样检验时，试件宜从设计荷载最大、受力最不利或生产数量最多的构件中抽取。对同类型的其他产品，也应定期抽样检验。)

(2) 尺寸规格：当检查影响结构性能和安装、使用功能的项目时，应全数检查，且检查结果必须要符合要求。当作非影响结构性能和安装、使用功能的项目检查时，同一工作台班生产的同类型构件抽查5%且不少于3件。

(3) 外观质量：全数检查。

6. 技术负责人、项目专业质量检查员、材料员：由生产厂家的相关人员签名。

7. 合格证涉及的有关材料的质保文件应一并收集并纳入竣工资料，以便核查。

4.8 市政证-8 预应力混凝土预制构件出厂合格证

1. 本表由生产预应力混凝土预制构件的单位填写（施工单位现场预制的可不用填写此表），生产单位必须具备规定的生产资质。

2. 表内各填写要求参照混凝土预制构件出厂合格证（市政证-7），但要特别注意预应力材料、构配件及预应力施加设备计量标（检）定合格证明资料。

3. “预应力筋张拉”中各指标的填写：

(1) 张拉数量：填写该出厂批次的所有构件预应力筋的总根数；

(2) 实际张拉控制应力偏差值范围：填写该出厂批次的所有构件预应力筋实际张拉控制应力的最小偏差值及最大偏差值；

(3) 实际张拉伸长量偏差值范围：填写该出厂批次的所有构件预应力筋实际张拉伸长量的最小偏差值及最大偏差值；

(4) 滑丝、断丝：填写滑丝、断丝的根数。

4.9 市政证-9 钢构件出厂合格证

1. 本表由生产钢构件的单位填写（施工单位现场预制的可不用填写此表）生产单位必须具备规定的生产资质。

2. 同规格、同质量技术指标的构件，可按出厂时间填一张合格证。

3. 编号：同规格构件的出厂先后时间编号。

4. 实测实量、外观质量的检查项目按《钢结构工程施工质量验收规范》GB 50205 的相关内容填写；所反映的内容必须与相应的“试验报告”上的内容一致。

5. 技术负责人、项目专业质量检查员、材料员：由生产厂家的相关人员签名。

6. 合格证涉及的有关材料的质保文件应一并收集并纳入竣工资料，以便核查。

7. 主要原材料构配件质量：应根据实际情况选填，每规格填写一行，行数可增减。

4.10 市政证-10 仪器、设备计量检定/校准证书清单

1. 工程上所有使用的度、量、衡的仪器、设备必须按有关规范要求进行计量检定、校准。一般包括：水准仪、经纬仪、全站仪、水准尺、钢尺、检测尺、天平、磅秤、电子秤、千斤顶等。

2. 表格中“状态”栏，根据检定的结论填写：“合格”、“准用”、“停用”三者之一。

3. 仪器、设备计量检定/校准证书清单后应附上所列仪器、设备的检定或校准证书。

第五章　见证取（抽）样检验（测）报告

基本要求

1. “报告编号”是由出具试验报告检测（试验）机构自编，编号必须遵循“唯一性”的原则，即一个检测机构出具的每一份报告必须而且只能有一个报告编号。

2. “试验类别”分为“自检”、“普通送检（检验）”、“有见证送检（检验）”、“监督抽检”等四种类型。

“自检”：是指施工施工单位内部检测机构进行的检测；

“普通送检（检验）”：是指由施工施工单位委托有资质的检测机构进行的试验；

“有见证送检（检验）”：是指在建设单位或工程监理单位人员的见证下，由施工单位的现场试验人员对工程中涉及结构安全的试块、试件和材料在现场取样，并送至经过省级以上建设行政主管部门对其资质认可和质量技术监督部门对其计量认证的质量检测单位进行检测，其数量及具体要求必须符合建设部《房屋建筑工程和市政基础设施工程实行见证取样和送检的规定》（建建〔2000〕211号文）的相关规定；

“监督抽检”：一是指监督机构在施工现场使用便携式仪器、设备随机对工程实体及建筑材料、构配件和设备进行的抽样测试；

二是指由监督机构根据监督工作的需要委托检测机构在负责实施项目质量监督员的见证下，对进入施工现场的建筑材料、构配件或工程实体等，按照规定的比率进行取样送检或实地检测的行为。

关于有见证送检和监督抽检的基本要求：

（1）工程涉及结构安全的试块、试件以及有关建筑材料的质量检测实行有见证取样送检制度和监督抽检制度；

（2）检测机构在受理该类委托检测时，应对试样有见证取样或监督抽查送检有效性进行确认，经确认后的检测项目，其检测报告应加盖“有见证检验”或“监督抽检”印章。

（3）“有见证送检（检验）”和“监督抽检”需在报告中注明见证人或监督抽检人的姓名和证号。

3. 各类检测报告的内容和要求必须符合建设部2002年9月28日发布施行的《市政基础设施工程施工技术文件管理规定》（建城〔2002〕221号）的有关规定：

（1）进入施工现场的原材料、成品、半成品、构配件，在使用前必须按现行国家有关标准的规定抽取试样，交由具有相应资质的检测、试验机构进行复试，复试结果合格方可使用；

（2）进场材料凡复试不合格的，应按原标准规定的要求（一般在三方见证情况下加倍取样）再次进行复试，再次复试的结果全部合格方可认为该批材料合格，两次报告必须同时归入施工技术文件；

（3）凡有见证取样及送检要求的，应有见证记录、有见证试验汇总表；

（4）对按国家规定只提供技术参数的测试报告，应由使用单位的技术负责人依据有关技术标准对技术参数进行判别并签字确认；

（5）功能性试验按有关标准进行，并有有关单位参加，填写试验记录，由各方签字，手续完备；

（6）所有检（试）验报告应由具有相应资质的检测、试验机构出具。

4. 市政基础设施工程功能性检验主要项目一般包括：

（1）道路工程的弯沉试验；

（2）无压力管道（工作压力≤0.1MPa）严密性试验；

（3）桥梁工程的动、静载试验；须进行试验范围按照《广东省城市桥梁检查和检验办法》（粤建字〔1999〕105号）的规定执行（见《文件管理规定》的相关说明）；

（4）水池满水试验；

（5）消化池气密性试验；

（6）压力管道（工作压力≥0.1MPa）的强度试验、严密性试验和通球试验等；

（7）其他施工项目如设计有要求，按规定及有关规范做使用功能试验。

功能性检验项目须委托具有相应资质的检测、试验机构进行，在进行具体检测时除按说明 3.（5）规定做好各方见证记录外，还必须按照说明 3.（6）的规定，由具有相应资质的检测、试验机构出具检测（试验）报告。

5. 商品混凝土应以现场制作的标养 28d 的试块抗压、抗折、抗渗、抗冻指标作为评定的依据，并应在相应试验报告上标明商品混凝土生产单位名称、合同编号。

6. 市政试・材-23、-25、-27、-29、-30、-32、-45、市政试・施-5、-29、-31、-32、-34、-35、-36、-37、-49、-53、～-60、-62 等表是相应试验的报告封面，出具这些报告只需要做到报告封面格式统一，其内容可根据相应的检测（试验）规程的要求来确定。

7. 凡本统一用表中未单独列出专用表格的其他材料的试验表格，可以统一采用试・材-46 表进行填制。

8. 检测（试验）报告内容的基本要求，见建设部《文件管理规定》的相关说明。

9. 使用机构需要在报告列出的信息而相应试验表格没有时，可以在表格“备注”栏予以补充。

5.1 材料、构配件、设备及器具检验报告

5.1.1 市政试·材-1 水泥物理性能试验报告

市政基础设施工程

水泥物理性能试验报告

市政试·材-1

委托编号＿＿＿＿＿＿＿＿ 试验类别＿＿＿＿＿＿＿＿
报告编号＿＿＿＿＿＿＿＿ 工程名称＿＿＿＿＿＿＿＿
委托单位＿＿＿＿＿＿＿＿ 工程部位＿＿＿＿＿＿＿＿
品种及强度等级＿＿＿＿＿＿ 厂 牌 号＿＿＿＿＿＿＿＿
出厂日期＿＿＿＿＿＿＿＿ 代表数量＿＿＿＿＿＿＿＿
出厂编号＿＿＿＿＿＿＿＿ 委托日期＿＿＿＿＿＿＿＿
样品编号＿＿＿＿＿＿＿＿ 试验日期＿＿＿＿＿＿＿＿
样品描述＿＿＿＿＿＿＿＿ 样品状态＿＿＿＿＿＿＿＿

检验项目		检验结果	技术要求
标准稠度用水量			
细度	（　　）μm 筛孔筛余		
	比表面积		
凝结时间	初凝		
	终凝		
安定性	雷氏法		
	试饼法		

强度

龄期	单块抗折强度（MPa）	抗折强度（MPa）		单块抗压强度（MPa）		抗压强度（MPa）	
		实测值	标准值			实测值	标准值
3d							
28d							
结论							
备注	1. 试验规程及评定依据：＿＿＿＿＿＿＿＿。 2. 见证人及证号：＿＿＿＿＿＿＿＿。 3. 见证人单位：＿＿＿＿＿＿＿＿。						

批准：　　　审核：　　　试验：　　　年　月　日　　　试验单位

试验单位地址：　　　联系电话：　　　（盖章）

声明：当本机构接受委托送检时，其试验结果仅对来样负责；未经本机构书面批准，不得部分复制试验报告（完整复制除外）。

第　页共　页

5.1.2 市政试·材-2 钢筋试验报告

市政基础设施工程

钢筋试验报告

市政试·材-2

委托编号____________________ 试验类别____________________

报告编号____________________ 工程名称____________________

委托单位____________________ 试验日期____________________

委托日期____________________

一、力学试验

样品编号									
钢筋类别									
工程部位									
规格									
公称直径（mm）									
生产厂									
炉号（批号）									
代表数量（t）									
标准截面积（mm^2）									
样品描述									
样品状态									
屈服强度（MPa）	实测值								
	质量指标								
极限强度（MPa）	实测值								
	质量指标								
R^{o}_{m}/R^{o}_{el}	实测值								
	质量指标								
R^{o}_{el}/R_{el}	实测值								
	质量指标								
断后伸长率（%）	实测值								
	质量指标								
最大力总伸长率（%）	实测值								
	质量指标								
冷弯	弯心直径（mm）								
	角度（°）								
	表面裂纹检验								
重量偏差（%）	实测值								
	质量指标								
质量评定									

二、化学试验

样品编号	碳	硫	磷	锰	硅					
质量指标										

三、备注

备注	1. 试验规程及评定依据：____________________。 2. 见证人及证号：____________________。 3. 见证人单位：____________________。

批准： 审核： 试验： 年 月 日 试验单位

试验单位地址： 联系电话： （盖章）

声明：当本机构接受委托送检时，其试验结果仅对来样负责；未经本机构书面批准，不得部分复制试验报告（完整复制除外）。

第 页 共 页

5.1.3 市政试·材-3 钢型材试验报告

市政基础设施工程

钢型材试验报告

市政试·材-3

委托编号________________________试验类别________________________

报告编号________________________工程名称________________________

委托单位________________________委托日期________________________

钢型材类别______________________试验日期________________________

一、力学试验

样品编号									
钢材规格（mm）									
工程部位									
生产厂									
炉号（批号）									
代表数量（t）									
标准截面积（mm^2）									
样品描述									
样品状态									
屈服强度（MPa）	实测值								
	质量指标								
极限强度（MPa）	实测值								
	质量指标								
伸长率（%）	实测值								
	质量指标								
冷弯	弯心直径（mm）								
	角度（°）								
	表面裂纹检验								
质量评定									

二、化学试验

样品编号	碳	硫	磷	锰	硅					
质量指标										

三、备注

备注	1. 试验规程及评定依据：________________________。 2. 见证人及证号：________________________。 3. 见证人单位：________________________。

批准：　　审核：　　试验：　　年　月　日　　试验单位

试验单位地址：　　联系电话：　　（盖章）

声明：当本机构接受委托送检时，其试验结果仅对来样负责；未经本机构书面批准，不得部分复制试验报告（完整复制除外）。

第　页 共　页

5.1.4 市政试·材-4 钢板试验报告

市政基础设施工程

钢板试验报告

市政试·材-4

委托编号________________试验类别________________

报告编号________________工程名称________________

委托单位________________强度等级________________

委托日期________________试验日期________________

一、力学试验

样品编号					
公称厚度（mm）					
工程部位					
生产厂					
炉号（批号）					
代表数量（t）					
实测厚度（mm）					
实测面积（mm^2）					
样品描述					
样品状态					
屈服强度（MPa）	实测值				
	质量指标				
极限强度（MPa）	实测值				
	质量指标				
伸长率（%）	实测值				
	质量指标				
冷弯	弯心直径（mm）				
	角度（°）				
	表面裂纹检验				
质量评定					

二、化学试验

样品编号	碳	硫	磷	锰	硅					
质量指标										

三、备注

备注	1. 试验规程及评定依据：__________。 2. 见证人及证号：__________。 3. 见证人单位：__________。

批准： 审核： 试验： 年 月 日 试验单位

试验单位地址： 联系电话： （盖章）

声明：当本机构接受委托送检时，其试验结果仅对来样负责；未经本机构书面批准，不得部分复制试验报告（完整复制除外）。

第 页 共 页

5.1.5　市政试·材-5　预应力混凝土用钢丝试验报告

市政基础设施工程

预应力混凝土用钢丝试验报告

市政试·材-5

委托编号________________试验类别________________

报告编号________________工程名称________________

委托单位________________试验日期________________

委托日期________________

样品编号										
工程部位										
编号/厂家										
盘号/批号										
代表批量（吨）										
强度等级代号										
公称直径/厚度（mm）										
样品描述										
样品状态										
抗拉强度（MPa）	实测值									
	质量指标									
断后伸长率（$L_0=$　mm）%										
弯曲	次数									
	角度（180°半径＝　mm）									
	结果									
质量评定										
结论										
备注	1. 试验规程及评定依据：__________。 2. 见证人及证号：__________。 3. 见证人单位：__________。									

批准：　　　　审核：　　　　试验：　　　　年　　月　　日　　　　试验单位（盖章）

试验单位地址：　　　　联系电话：

声明：当本机构接受委托送检时，其试验结果仅对来样负责；未经本机构书面批准，不得部分复制试验报告（完整复制除外）。

第　　页共　　页

5.1.6 市政试·材-6 预应力混凝土用钢绞线试验报告

市政基础设施工程

预应力混凝土用钢绞线试验报告

市政试·材-6

委托编号＿＿＿＿＿＿＿＿＿＿＿＿试验类别＿＿＿＿＿＿＿＿＿＿＿＿

报告编号＿＿＿＿＿＿＿＿＿＿＿＿工程名称＿＿＿＿＿＿＿＿＿＿＿＿

委托单位＿＿＿＿＿＿＿＿＿＿＿＿试验日期＿＿＿＿＿＿＿＿＿＿＿＿

委托日期＿＿＿＿＿＿＿＿＿＿＿＿

一、力学试验

样品编号							
代表数量（t）							
生产厂家							
生产批号/日期							
工程部位							
钢绞线结构							
应力松弛级别							
样品描述							
样品状态							
试件尺寸	公称直径（mm）						
	公称面积（mm^2）						
	实测直径（mm）						
拉伸试验	规定非比例延伸力0.2%荷载（kN）	实测值					
		质量指标					
	最大力（kN）	实测值					
		质量指标					
	抗拉强度（N/mm^2）	实测值					
		质量指标					
	伸长率（%）	实测值					
		质量指标					
	断口情况						
弹性模量 E（GPa）							
质量评定							

二、化学试验

样品编号	碳	硫	磷	锰	硅					
标准值										

三、试验结论

四、备注

备注	1. 试验规程及评定依据：＿＿＿＿＿＿＿＿＿＿。 2. 见证人及证号：＿＿＿＿＿＿＿＿＿＿。 3. 见证人单位：＿＿＿＿＿＿＿＿＿＿。

批准： 审核： 试验： 年 月 日 试验单位

试验单位地址： 联系电话： （盖章）

声明：当本机构接受委托送检时，其试验结果仅对来样负责；未经本机构书面批准，不得部分复制试验报告（完整复制除外）。

第 页 共 页

5.1.7 市政试·材-7 砂子试验报告

市政基础设施工程

砂子试验报告

市政试·材-7

委托编号______________________试验类别______________________

报告编号______________________工程名称______________________

委托单位______________________工程部位______________________

产　　地______________________试验日期______________________

委托日期______________________代表数量______________________

样品描述______________________样品状态______________________

样品编号______________________

试验项目	试验结果	技术要求	试验项目	试验结果	技术要求
表观密度（kg/m^3）			轻物质含量（%）		
紧密密度（kg/m^3）			坚固性（重量损失）（%）		
堆积密度（kg/m^3）			有机物含量（%）		
含泥量（%）			云母含量（%）		
泥块含量（%）			氯离子含量（%）		
吸水率（%）			碱活性试验（%）		
含水量（%）					

筛分析

筛孔尺寸（mm）							
累计筛余百分率（%）							
__区标准值（%）							
试验结果	属____区____砂，细度模数____。						

结论	
备注	1. 试验规程及评定依据：______________________。 2. 见证人及证号：______________________。 3. 见证人单位：______________________。

批准：　　　　审核：　　　　试验：　　　　年　　月　　日　　　　试验单位

试验单位地址：　　　　　　联系电话：　　　　　　　　　　　　（盖章）

声明：当本机构接受委托送检时，其试验结果仅对来样负责；未经本机构书面批准，不得部分复制试验报告（完整复制除外）。

第　　页 共　　页

5.1.8　市政试·材-8　碎石试验报告

市政基础设施工程

碎石试验报告

市政试·材-8

委托编号________________________试验类别________________________

报告编号________________________工程名称________________________

委托单位________________________工程部位________________________

产　　地________________________试验日期________________________

委托日期________________________样品编号________________________

样品描述________________________样品状态________________________

试验项目	试验结果	技术要求	试验项目	试验结果	技术要求
针片状含量（%）			表观密度（kg/m^3）		
紧密密度（kg/m^3）			堆积密度（kg/m^3）		
含泥量（%）			泥块含量（%）		
吸水率（%）			压碎指标值（%）		
碱活性试验（%）			坚固性（重量损失）（%）		
有机物含量（%）			磨光值		

筛分析

筛孔尺寸（mm）										
累计筛余百分率(%)										
标准值（%）										

结论	
备注	1. 试验规程及评定依据：________________________。 2. 见证人及证号：________________________。 3. 见证人单位：________________________。

批准：　　　　审核：　　　　试验：　　　　年　　月　　日　　　　试验单位

试验单位地址：　　　　　　　　联系电话：　　　　　　　　　　（盖章）

声明：当本机构接受委托送检时，其试验结果仅对来样负责；未经本机构书面批准，不得部分复制试验报告（完整复制除外）。

第　　页共　　页

5.1.9 市政试·材-9 沥青试验报告

市政基础设施工程

沥青试验报告

市政试·材-9

委托编号________________试验类别________________

报告编号________________工程名称________________

委托单位________________工程部位________________

生产厂家________________委托日期________________

品　　种________________试验日期________________

样品描述________________样品状态________________

样品编号________________

<table>
<tr><td colspan="2">评价标准</td><td>单位</td><td>标准值</td><td>试验结果</td></tr>
<tr><td colspan="2">针入度 25℃，100g，5s</td><td>0.1mm</td><td></td><td></td></tr>
<tr><td colspan="2">针入度指数 PI</td><td>/</td><td></td><td></td></tr>
<tr><td colspan="2">软化点（环球法）</td><td>℃</td><td></td><td></td></tr>
<tr><td colspan="2">延度__/__℃，5cm/min</td><td>cm</td><td></td><td></td></tr>
<tr><td colspan="2">蜡含量</td><td>%</td><td></td><td></td></tr>
<tr><td colspan="2">闪点</td><td>℃</td><td></td><td></td></tr>
<tr><td colspan="2">燃点</td><td>℃</td><td></td><td></td></tr>
<tr><td colspan="2">密度____℃</td><td>g/cm³</td><td></td><td></td></tr>
<tr><td colspan="2">相对密度 25℃/25℃</td><td>/</td><td></td><td></td></tr>
<tr><td colspan="2">溶解度</td><td>%</td><td></td><td></td></tr>
<tr><td colspan="2">离析，软化点差</td><td>℃</td><td></td><td></td></tr>
<tr><td colspan="2">弹性恢复 25℃</td><td>%</td><td></td><td></td></tr>
<tr><td rowspan="3">RTFOT 后残留物</td><td>质量损失</td><td>%</td><td></td><td></td></tr>
<tr><td>针入度比 25℃</td><td>%</td><td></td><td></td></tr>
<tr><td>延度__/__℃</td><td>cm</td><td></td><td></td></tr>
<tr><td>试验结论</td><td colspan="4"></td></tr>
<tr><td>备注</td><td colspan="4">1. 试验规程及评定依据：____________。
2. 见证人及证号：____________。
3. 见证人单位：____________。</td></tr>
</table>

批准：　　　　审核：　　　　试验：　　　　年　　月　　日　　　　试验单位

试验单位地址：　　　　　　　联系电话：　　　　　　　　（盖章）

声明：当本机构接受委托送检时，其试验结果仅对来样负责；未经本机构书面批准，不得部分复制试验报告（完整复制除外）。

第　　页 共　　页

5.1.10 市政试·材-10 乳化沥青试验报告

市政基础设施工程

乳化沥青试验报告

市政试·材-10

委托编号＿＿＿＿＿＿＿＿＿＿＿＿试验类别＿＿＿＿＿＿＿＿＿＿＿＿

报告编号＿＿＿＿＿＿＿＿＿＿＿＿工程名称＿＿＿＿＿＿＿＿＿＿＿＿

委托单位＿＿＿＿＿＿＿＿＿＿＿＿代表数量或批号＿＿＿＿＿＿＿＿＿＿

厂牌号＿＿＿＿＿＿＿＿＿＿＿＿＿送样日期＿＿＿＿＿＿＿＿＿＿＿＿

样品种类＿＿＿＿＿＿＿＿＿＿＿＿试验日期＿＿＿＿＿＿＿＿＿＿＿＿

样品编号＿＿＿＿＿＿＿＿＿＿＿＿样品描述＿＿＿＿＿＿＿＿＿＿＿＿

样品状态＿＿＿＿＿＿＿＿＿＿＿＿

试验项目		单位	标准（设计）要求值	实测值	单项评定
破乳速度		—			
粒子电荷		—			
筛上残留物（1.18mm）		%			
黏度	恩格拉黏度计 E_{25}	—			
黏度	标准黏度计 $C_{25.3}$	s			
蒸发残留物	残留份含量≥	%			
蒸发残留物	溶解度≥	%			
蒸发残留物	针入度（25℃）	—			
蒸发残留物	延度（15℃）≥	0.1mm			
与粗集料的粘附性，裹附面积≥		cm			
与粗、细粒式集料搅拌试验		—			
水泥搅拌试验的筛上剩余≤		—			
常温储存稳定性	1d≤	%			
常温储存稳定性	5d≤	%			
试验结论					
备注	1. 试验规程及评定依据：＿＿＿＿＿＿＿＿。 2. 见证人及证号：＿＿＿＿＿＿＿＿。 3. 见证人单位：＿＿＿＿＿＿＿＿。				

批准：　　　　审核：　　　　试验：　　　　年　　月　　日　　　　试验单位

试验单位地址：　　　　　　联系电话：　　　　　　　　　　（盖章）

声明：当本机构接受委托送检时，其试验结果仅对来样负责；未经本机构书面批准，不得部分复制试验报告（完整复制除外）。

第　　页共　　页

5.1.11 市政试·材-11 沥青胶结材料试验报告

市政基础设施工程

沥青胶结材料试验报告

市政试·材-11

委托编号________________________试验类别________________________

报告编号________________________胶结材料配合比通知单号________________

委托单位________________________使用部位________________________

工程名称________________________施工配合比：________________________

沥青品种________________________胶结材料标号__________掺合料__________

样品描述________________________样品状态________________________

委托日期________________________试验日期________________________

<table>
<tr><td>材料名称</td><td colspan="2"></td><td></td><td colspan="2"></td></tr>
<tr><td>每次熬制用量（kg）</td><td colspan="2"></td><td></td><td colspan="2"></td></tr>
<tr><td colspan="6">试验结果：</td></tr>
<tr><td colspan="2">粘结力</td><td>柔韧性</td><td>耐热度（℃）</td><td colspan="2">备注</td></tr>
<tr><td colspan="2"></td><td></td><td></td><td colspan="2"></td></tr>
<tr><td colspan="6">试验结论：</td></tr>
<tr><td>备注</td><td colspan="5">1. 试验规程及评定依据：________________________。
2. 见证人及证号：________________________。
3. 见证人单位：________________________。</td></tr>
</table>

批准：　　　审核：　　　试验：　　　年　月　日　　　试验单位（盖章）

试验单位地址：　　　联系电话：

声明：当本机构接受委托送检时，其试验结果仅对来样负责；未经本机构书面批准，不得部分复制试验报告（完整复制除外）。

第　　页 共　　页

5.1.12 市政试·材-12 沥青混凝土用细集料试验报告

市政基础设施工程

沥青混凝土用细集料试验报告

市政试·材-12

委托编号__________试验类别__________
报告编号__________工程名称__________
委托单位__________工程部位__________
产　　地__________试验日期__________
委托日期__________样品编号__________
样品描述__________样品状态__________
种　　类__________

试验项目	试验结果	技术要求
表观相对密度		
砂当量（%）		
毛体积相对密度		
水洗法<0.075mm 颗粒含量（%）		
坚固性（>0.3mm 部分）（%）		
含水量（%）		

筛分析

筛孔尺寸（mm）	9.5	4.75	2.36	1.18	0.6	0.3	0.15	0.075
累计筛余百分率（%）								
质量通过百分率（%）								
____区标准（%）								
试验结果	S__________。							

结论	
备注	1. 试验规程及评定依据：__________。 2. 见证人及证号：__________。 3. 见证人单位：__________。

批准：　　审核：　　试验：　　年　　月　　日　　试验单位

试验单位地址：　　联系电话：　　（盖章）

声明：当本机构接受委托送检时，其试验结果仅对来样负责；未经本机构书面批准，不得部分复制试验报告（完整复制除外）。

第　　页 共　　页

5.1.13 市政试·材-13 沥青混凝土用矿粉试验报告

市政基础设施工程

沥青混凝土用矿粉试验报告

市政试·材-13

委托编号__________ 试验类别__________

报告编号__________ 工程名称__________

委托单位__________ 工程部位__________

产　　地__________ 试验日期__________

委托日期__________ 试样编号__________

样品描述__________ 样品状态__________

试验项目	试验结果		技术要求
密度（g/cm^3）			
亲水系数			
含水量（%）			
塑性指数			
加热安定性			
筛分析			
筛孔尺寸（mm）	0.6	0.15	0.075
累计筛余百分率（%）			
质量通过百分率（%）			
标准值（%）			
结论			
备注	1. 试验规程及评定依据：__________。 2. 见证人及证号：__________。 3. 见证人单位：__________。		

批准：　　　审核：　　　试验：　　　年　月　日　　　试验单位

试验单位地址：　　　　联系电话：　　　　（盖章）

声明：当本机构接受委托送检时，其试验结果仅对来样负责；未经本机构书面批准，不得部分复制试验报告（完整复制除外）。

第　　页 共　　页

5.1.14 市政试·材-14 沥青混凝土用粗集料试验报告

市政基础设施工程

沥青混凝土用粗集料试验报告

市政试·材-14

委托编号＿＿＿＿＿＿＿＿ 试验类别＿＿＿＿＿＿＿＿

报告编号＿＿＿＿＿＿＿＿ 工程名称＿＿＿＿＿＿＿＿

委托单位＿＿＿＿＿＿＿＿ 工程部位＿＿＿＿＿＿＿＿

产　　地＿＿＿＿＿＿＿＿ 试验日期＿＿＿＿＿＿＿＿

委托日期＿＿＿＿＿＿＿＿ 试样编号＿＿＿＿＿＿＿＿

样品描述＿＿＿＿＿＿＿＿ 样品状态＿＿＿＿＿＿＿＿

试验项目	试验结果	技术要求	试验项目	试验结果	技术要求
表观密度 (g/cm^3)			水洗法<0.075mm颗粒含量 (%)		
含泥量（%）			毛体积密度 (g/cm^3)		
软石含量（%）			压碎指标值（%）		
吸水率（%）			与沥青粘附性（级）		
磨光值（BPN）			坚固性（重量损失）（%）		
洛杉矶磨耗损失（%）			冲击值（%）		
针片状颗粒含量（%）			其中粒径>9.5mm		
			粒径<9.5mm		

筛分析

筛孔尺寸（mm）	53.0	37.5	31.5	26.5	19.0	16.0	13.2	9.5	4.75	2.36	0.6
累计筛余百分率（%）											
质量通过百分率（%）											
标准值（%）											

结论	
备注	1. 试验规程及评定依据：＿＿＿＿＿＿＿＿。 2. 见证人及证号：＿＿＿＿＿＿＿＿。 3. 见证人单位：＿＿＿＿＿＿＿＿。

批准：　　审核：　　试验：　　年　月　日　　试验单位

试验单位地址：　　联系电话：　　（盖章）

声明：当本机构接受委托送检时，其试验结果仅对来样负责；未经本机构书面批准，不得部分复制试验报告（完整复制除外）。

第　　页共　　页

5.1.15 市政试·材-15 木质素纤维试验报告

市政基础设施工程

木质素纤维试验报告

市政试·材-15

委托编号________ 试验类别________
报告编号________ 工程名称________
委托单位________ 工程部位________
厂 牌 号________ 代表数量或批号________
品 种________ 试验日期________
样品编号________ 样品描述________
样品状态________

试验项目	单位	标准（设计）要求值	实测值	单项评定
纤维长度	mm			
灰分含量	%			
pH 值	—			
吸油率	—			
含水率（以质量计）	%			
试验结论				
备注	1. 试验规程及评定依据：________。 2. 见证人及证号：________。 3. 见证人单位：________。			

批准： 审核： 试验： 年 月 日 试验单位
试验单位地址： 联系电话： （盖章）

声明：当本机构接受委托送检时，其试验结果仅对来样负责；未经本机构书面批准，不得部分复制试验报告（完整复制除外）。

第 页 共 页

5.1.16 市政试·材-16 混凝土用粉煤灰试验报告

市政基础设施工程

混凝土用粉煤灰试验报告

市政试·材-16

委托编号________ 试验类别________

报告编号________ 工程名称________

委托单位________ 工程部位________

产地或厂家________ 代表数量及批号________

品种规格________ 试验日期________

委托日期________ 样品编号________

样品描述________ 样品状态________

试验项目	指标	标准要求值				实测值
		类别	类别			
			Ⅰ	Ⅱ	Ⅲ	
1	细度（0.045mm方孔筛筛余）	F				
		C				
2	需水量（%）	F				
		C				
3	烧失量（%）	F				
		C				
4	含水量（%）	F				
		C				
5	三氧化硫（%）	F				
		C				
6	游离氧化钙（%）	F				
		C				
7	安定性（mm）	F				
		C				
试验结论						
备注	1. 试验规程及评定依据：________。 2. 见证人及证号：________。 3. 见证人单位：________。					

批准： 审核： 试验： 年 月 日 试验单位

试验单位地址： 联系电话： （盖章）

声明：当本机构接受委托送检时，其试验结果仅对来样负责；未经本机构书面批准，不得部分复制试验报告（完整复制除外）。

第 页 共 页

5.1.17 市政试·材-17 外加剂试验报告

市政基础设施工程

外加剂试验报告

市政试·材-17

委托编号＿＿＿＿＿＿＿＿＿＿试验类别＿＿＿＿＿＿＿＿＿＿

报告编号＿＿＿＿＿＿＿＿＿＿工程名称＿＿＿＿＿＿＿＿＿＿

委托单位＿＿＿＿＿＿＿＿＿＿使用部位＿＿＿＿＿＿＿＿＿＿

厂 牌 号＿＿＿＿＿＿＿＿＿＿代表数量、批号＿＿＿＿＿＿＿＿

品种规格＿＿＿＿＿＿＿＿＿＿试验日期＿＿＿＿＿＿＿＿＿＿

委托日期＿＿＿＿＿＿＿＿＿＿样品编号＿＿＿＿＿＿＿＿＿＿

样品描述＿＿＿＿＿＿＿＿＿＿样品状态＿＿＿＿＿＿＿＿＿＿

序号	检测项目		标准要求值	实测值	单项评定
1	减水率（%）				
2	泌水率比（%）				
3	含气量（%）				
4	凝结时间之差（min）	初凝			
		终凝			
5	抗压强度比（%）	3d			
		7d			
		28d			
6	CL^-				
7	SO_4^{2-}				
8	固体含量（%）				
9	细度（%）				
10	pH 值				
11	表观密度（kg/m^2）				
12	水泥净浆流动度（mm）				
13	密度（g/cm^3）				
14	砂浆减水率（%）				
试验结论					
备注	1. 试验规程及评定依据：＿＿＿＿＿＿＿＿。 2. 见证人及证号：＿＿＿＿＿＿＿＿。 3. 见证人单位：＿＿＿＿＿＿＿＿。				

批准： 审核： 试验： 年 月 日 试验单位

试验单位地址： 联系电话： （盖章）

声明：当本机构接受委托送检时，其试验结果仅对来样负责；未经本机构书面批准，不得部分复制试验报告（完整复制除外）。

第 页 共 页

5.1.18　市政试·材-18　混凝土拌合用水质量检验报告

市政基础设施工程

混凝土拌合用水质量检验报告

市政试·材-18

委托编号＿＿＿＿＿＿＿＿＿＿＿＿＿＿＿＿试验类别＿＿＿＿＿＿＿＿＿＿＿＿＿＿＿＿

报告编号＿＿＿＿＿＿＿＿＿＿＿＿＿＿＿＿工程名称＿＿＿＿＿＿＿＿＿＿＿＿＿＿＿＿

委托单位＿＿＿＿＿＿＿＿＿＿＿＿＿＿＿＿工程部位＿＿＿＿＿＿＿＿＿＿＿＿＿＿＿＿

取样地点＿＿＿＿＿＿＿＿＿＿＿＿＿＿＿＿试验日期＿＿＿＿＿＿＿＿＿＿＿＿＿＿＿＿

委托日期＿＿＿＿＿＿＿＿＿＿＿＿＿＿＿＿

序号								
样品编号								
样品描述								
样品状态								
取样日期								
取样地点								
取样人								
取样深度								
水样外观								
水样类型								
化学分析	不溶物（mg/L）							
	可溶物（mg/L）							
	氯离子（mg/L）							
	硫酸盐（mg/L）							
	碱含量（mg/L）							
	pH							
凝结时间（min）	水样	初凝						
		终凝						
	饮用水	初凝						
		终凝						
	凝结时间差	初凝						
		终凝						
抗压强度	水样	3d（MPa）						
		28d（MPa）						
	饮用水	3d（MPa）						
		28d（MPa）						
	抗压强度比	3d						
		28d						
适用性结论								
备注	1. 试验规程及评定依据：＿＿＿＿＿＿＿＿＿＿。 2. 见证人及证号：＿＿＿＿＿＿＿＿＿＿。 3. 见证人单位：＿＿＿＿＿＿＿＿＿＿。							

批准：　　　　审核：　　　　试验：　　　　试验单位

试验单位地址：　　　　联系电话：　　　　（盖章）

声明：当本机构接受委托送检时，其试验结果仅对来样负责；未经本机构书面批准，不得部分复制试验报告（完整复制除外）。

第　　页 共　　页

5.1.19 市政试·材-19 岩石抗压强度试验报告

市政基础设施工程

岩石抗压强度试验报告

市政试·材-19

委托编号____________ 试验类别____________

报告编号____________ 工程名称____________

委托单位____________ 工程部位____________

石料产地____________ 试验日期____________

委托日期____________ 试验状态____________

样品编号	试压日期	边长（直径）（mm）	受压面积（mm^2）	样品描述	样品状态	抗压强度（MPa）		
						单个值	测定值	设计值
结论								
备注	1. 试验规程及评定依据：________。 2. 见证人及证号：________。 3. 见证人单位：________。							

批准： 审核： 试验： 年 月 日 试验单位

试验单位地址： 联系电话： （盖章）

声明：当本机构接受委托送检时，其试验结果仅对来样负责；未经本机构书面批准，不得部分复制试验报告（完整复制除外）。

第 页 共 页

5.1.20 市政试·材-20 烧结普通砖试验报告

市政基础设施工程

烧结普通砖试验报告

市政试·材-20

委托编号________________试验类别________________

报告编号________________工程名称________________

委托单位________________工程部位________________

产地或生产厂家________________代表数量或批号________________

强度等级________________试验日期________________

委托日期________________样品编号________________

样品描述________________样品状态________________

项目		实测值
抗压强度平均值（MPa）		
抗压强度标准差（MPa）		
强度变异系数（δ）		
抗压强度标准值（MPa）（$\delta \leqslant 2.1$ 时）		
单块最小抗压强度值（MPa）（$\delta > 2.1$ 时）		
强度等级		
结论		
备注	1. 试验规程及评定依据：________________。 2. 见证人及证号：________________。 3. 见证人单位：________________。	

批准： 审核： 试验： 年 月 日 试验单位

试验单位地址： 联系电话： （盖章）

声明：当本机构接受委托送检时，其试验结果仅对来样负责；未经本机构书面批准，不得部分复制试验报告（完整复制除外）。

第 页 共 页

5.1.21 市政试·材-21 混凝土路面砖试验报告

市政基础设施工程

混凝土路面砖试验报告

市政试·材-21

委托编号____________ 试验类别____________

报告编号____________ 工程名称____________

委托单位____________ 工程部位____________

产地或生产厂家____________ 代表数量或批号____________

规格型号____________ 试验日期____________

委托日期____________ 样品编号____________

样品描述____________ 样品状态____________

一、尺寸误差（mm）						二、外观质量				
	宽度	厚度	厚度差	平整度	垂直度	最大缺棱掉角（mm）	分层	色差	裂纹（mm）	粘皮（mm）
结果值										
标准值										

三、物理力学性能

项目		检验结果	技术指标
抗折强度（MPa）	平均值		
	单块最小值		
抗压强度（MPa）	平均值		
	单块最小值		
平均磨坑长度（mm）			
平均吸水率（%）			

结论：	
备注	1. 试验规程及评定依据：____________。 2. 见证人及证号：____________。 3. 见证人单位：____________。

批准： 审核： 试验： 年 月 日 试验单位

试验单位地址： 联系电话： （盖章）

声明：当本机构接受委托送检时，其试验结果仅对来样负责；未经本机构书面批准，不得部分复制试验报告（完整复制除外）。

第 页 共 页

5.1.22 市政试·材-22 蒸压灰砂砖试验报告

市政基础设施工程

蒸压灰砂砖试验报告

市政试·材-22

委托编号＿＿＿＿＿＿＿＿＿＿＿＿试验类别＿＿＿＿＿＿＿＿＿＿＿＿

报告编号＿＿＿＿＿＿＿＿＿＿＿＿工程名称＿＿＿＿＿＿＿＿＿＿＿＿

委托单位＿＿＿＿＿＿＿＿＿＿＿＿工程部位＿＿＿＿＿＿＿＿＿＿＿＿

产地或生产厂家＿＿＿＿＿＿＿＿＿代表数量或批号＿＿＿＿＿＿＿＿＿

规格型号＿＿＿＿＿＿＿＿＿＿＿＿试验日期＿＿＿＿＿＿＿＿＿＿＿＿

委托日期＿＿＿＿＿＿＿＿＿＿＿＿样品编号＿＿＿＿＿＿＿＿＿＿＿＿

样品描述＿＿＿＿＿＿＿＿＿＿＿＿样品状态＿＿＿＿＿＿＿＿＿＿＿＿

一、尺寸偏差（mm）				二、外观						
	长度	宽度	高度	缺棱掉角			对应高度差（mm）	裂纹		
				个数	尺寸（mm）			条数（条）	长度（mm）	
					最大	最小			长度方向	宽度方向
结果值										
标准值										

三、力学性能

项目		检验结果	技术指标
抗折强度（MPa）	平均值		
	单块最小值		
抗压强度（MPa）	平均值		
	单块最小值		

结论：

备注	1. 试验规程及评定依据：＿＿＿＿＿＿＿＿。 2. 见证人及证号：＿＿＿＿＿＿＿＿。 3. 见证人单位：＿＿＿＿＿＿＿＿。

批准：　　审核：　　试验：　　年　月　日　　试验单位

试验单位地址：　　联系电话：　　（盖章）

声明：当本机构接受委托送检时，其试验结果仅对来样负责；未经本机构书面批准，不得部分复制试验报告（完整复制除外）。

第　页　共　页

5.1.23 市政试·材-23 土工合成材料试验报告（封面）

市政试·材-23

市政基础设施工程

土工合成材料试验报告

委托编号：________________ 委托日期：________________

报告编号：________________ 试验类别：________________

委托单位：________________ 工程名称：________________

工程部位：____

见证人及证号：________________ 见证人单位：________________

试验单位（章）

年 月 日

第 页 共 页

5.1.24 市政试·材-24 塑料排水板（带）试验报告

市政基础设施工程

塑料排水板（带）试验报告

市政试·材-24

委托编号＿＿＿＿＿＿＿＿ 试验类别＿＿＿＿＿＿＿＿

报告编号＿＿＿＿＿＿＿＿ 工程名称＿＿＿＿＿＿＿＿

委托单位＿＿＿＿＿＿＿＿ 工程部位＿＿＿＿＿＿＿＿

生 产 厂＿＿＿＿＿＿＿＿ 出厂编号＿＿＿＿＿＿＿＿

品种规格＿＿＿＿＿＿＿＿ 代表数量＿＿＿＿＿＿＿＿

样品编号＿＿＿＿＿＿＿＿ 试验日期＿＿＿＿＿＿＿＿

委托日期＿＿＿＿＿＿＿＿ 样品描述＿＿＿＿＿＿＿＿

样品状态＿＿＿＿＿＿＿＿

检验项目		检测结果				说明
		计量单位	标准（设计）要求值	实测值	单项评定	
尺寸	宽度	mm				
	厚度	mm				
复合体	抗拉强度（干态，延伸率10%）	kN/10cm				
	延伸率	%				
纵向通水量（侧压力360kPa）		cm^3/s				
滤膜抗拉强度	干拉强度	kN/m				
	湿拉强度	kN/m				
芯板压屈强度		kPa				
滤膜渗透系数		cm/s				
滤膜等效孔径（O_{98}）		mm				
结论						
备注		1. 试验规程及评定依据：＿＿＿＿＿＿＿＿。 2. 见证人及证号：＿＿＿＿＿＿＿＿。 3. 见证人单位：＿＿＿＿＿＿＿＿。				

批准： 审核： 试验： 年 月 日 试验单位

试验单位地址： 联系电话： （盖章）

声明：当本机构接受委托送检时，其试验结果仅对来样负责；未经本机构书面批准，不得部分复制试验报告（完整复制除外）。

第 页 共 页

5.1.25 市政试·材-25 高强螺栓力学性能试验报告（封面）

市政试·材-25

市政基础设施工程

高强螺栓力学性能试验报告

委托编号：____________________ 委托日期：____________________

报告编号：____________________ 试验类别：____________________

委托单位：____________________ 工程名称：____________________

工程部位：____

见证人及证号：____________________ 见证人单位：____________________

试验单位（章）

年　　月　　日

第　　页 共　　页

5.1.26 市政试·材-26 金属洛氏硬度试验报告

市政基础设施工程

金属洛氏硬度试验报告

市政试·材-26

委托编号＿＿＿＿＿＿＿＿试验类别＿＿＿＿＿＿＿＿
报告编号＿＿＿＿＿＿＿＿工程名称＿＿＿＿＿＿＿＿
委托单位＿＿＿＿＿＿＿＿工程部位＿＿＿＿＿＿＿＿
生产厂家＿＿＿＿＿＿＿＿代表数量或批号＿＿＿＿＿＿＿＿
品种名称＿＿＿＿＿＿＿＿设计要求＿＿＿＿＿＿＿＿
委托日期＿＿＿＿＿＿＿＿试验日期＿＿＿＿＿＿＿＿

样品编号						样品编号						
试验值（HR＿）						试验值（HR＿）						
样品编号						样品编号						
试验值（HR＿）						试验值（HR＿）						
样品编号						样品编号						
试验值（HR＿）						试验值（HR＿）						
样品编号						样品编号						
试验值（HR＿）						试验值（HR＿）						
样品编号						样品编号						
试验值（HR＿）						试验值（HR＿）						
样品编号						样品编号						
试验值（HR＿）						试验值（HR＿）						
样品编号						样品编号						
试验值（HR＿）						试验值（HR＿）						
样品编号						样品编号						
试验值（HR＿）						试验值（HR＿）						
备注	1. 试验规程及评定依据：＿＿＿＿＿＿＿＿。 2. 见证人及证号：＿＿＿＿＿＿＿＿。 3. 见证人单位：＿＿＿＿＿＿＿＿。											

批准： 审核： 试验： 年 月 日 试验单位
试验单位地址： 联系电话： （盖章）
声明：当本机构接受委托送检时，其试验结果仅对来样负责；未经本机构书面批准，不得部分复制试验报告（完整复制除外）。

第 页 共 页

5.1.27　市政试·材-27　预应力筋-连接器组装件静载试验报告（封面）

市政试·材-27

市政基础设施工程

预应力筋-连接器组装件静载试验报告

委托编号：＿＿＿＿＿＿＿＿＿＿委托日期：＿＿＿＿＿＿＿＿＿＿

报告编号：＿＿＿＿＿＿＿＿＿＿试验类别：＿＿＿＿＿＿＿＿＿＿

委托单位：＿＿＿＿＿＿＿＿＿＿工程名称：＿＿＿＿＿＿＿＿＿＿

工程部位：＿＿＿＿＿＿＿＿＿＿＿＿＿＿＿＿＿＿＿＿＿＿＿＿

见证人及证号：＿＿＿＿＿＿＿＿见证人单位：＿＿＿＿＿＿＿＿

试验单位（章）

年　　月　　日

第　　页 共　　页

5.1.28 市政试·材-28 预应力波纹管检验报告

市政基础设施工程

预应力波纹管检验报告

市政试·材-28

委托单位：________________ 检验单位：（检测报告专用章）

工程名称：________________

工程部位：________________ 报告编号：________________

检评依据：________________ 样品编号：________________

见证单位：________________ 检验类别：________________

见证人员：________________ 监督登记号：________________

送检日期：________ 检验日期：________ 报告日期：________

产品名称	生产单位	类别型号	批号/批量

序号	检验项目	技术要求	检验结果	单项判定
1	外观质量			
2	平均内径 d（mm）			
3	壁厚 s（mm）			
4	不圆度（%）			
5	环刚度（kN/m^2）			
6	局部横向荷载			
7	柔韧性			
8	抗冲击性			
结论				
备注	委托单位地址：			

声明：1. 本检验报告涂改、换页无效。未经本单位书面批准，不得部分复制本检验报告。（完全复制除外）

2. 对本报告如有异议，应在收到报告15日内以书面形式向本单位提出，过期不予受理。

检验单位地址： 电话：

批准： 审核： 主验：

5.1.29　市政试·材-29　桥梁橡胶支座力学性能试验报告（封面）

市政试·材-29

市政基础设施工程

桥梁橡胶支座力学性能试验报告

委托编号：________________委托日期：________________

报告编号：________________试验类别：________________

委托单位：________________工程名称：________________

工程部位：____

见证人及证号：______________见证人单位：______________

试验单位（章）

年　　月　　日

第　　页共　　页

5.1.30　市政试·材-30　小型预制混凝土构件质量试验报告（封面）

市政试·材-30

市政基础设施工程

小型预制混凝土构件质量试验报告

委托编号：________________委托日期：________________

报告编号：________________试验类别：________________

委托单位：________________工程名称：________________

工程部位：____

见证人及证号：______________见证人单位：______________

试验单位（章）

年　　月　　日

第　　页 共　　页

5.1.31 市政试·材-31 预制混凝土排水管结构性能试验报告

市政基础设施工程

预制混凝土排水管结构性能试验报告

市政试·材-31

委托编号____________________ 报告编号____________________

委托单位____________________ 试验类别____________________

工程名称____________________ 管子类别____________________

工程部位____________________ 生产厂家____________________

代表数量（或批号）____________________ 生产日期____________________

试验日期____________________

样品编号															单项评定
材料及规格															
结构类型															
检测项目			类别	标准值	实测值										
外压荷载（kN/m）	裂缝														
	破坏														
内压（MPa）															
保护层厚度（mm）	外保护层厚				测点A			测点B			测点C				
	内保护层厚				测点A			测点B			测点C				
样品编号															
管内径 D_0 允许偏差值（mm）															
管壁厚度 t 允许偏差值（mm）															
管长度 L 允许偏差值（mm）															
承插口	承口	直径 D_3 允许偏差值（mm）													
		长度 L_2 允许偏差值（mm）													
	插口	直径 D_1 允许偏差值（mm）													
		长度 L_1 允许偏差值（mm）													
结论															
备注	1. 试验规程及评定依据：__________。 2. 见证人及证号：__________。 3. 见证人单位：__________。														

批准： 审核： 试验： 年 月 日 试验单位

试验单位地址： 联系电话： （盖章）

声明：当本机构接受委托送检时，其试验结果仅对来样负责；未经本机构书面批准，不得部分复制试验报告（完整复制除外）。

第 页 共 页

5.1.32 市政试·材-32 化学建材管试验报告（封面）

市政基础设施工程

市政试·材-32

市政基础设施工程

化学建材管试验报告

委托编号：______________________委托日期：______________________

报告编号：______________________试验类别：______________________

委托单位：______________________工程名称：______________________

工程部位：____

见证人及证号：__________________见证人单位：____________________

试验单位（章）

年　　月　　日

第　　页共　　页

5.1.33 市政试·材-33 钢纤维混凝土检查井盖试验报告

市政基础设施工程

钢纤维混凝土检查井盖试验报告

市政试·材-33

委托编号＿＿＿＿＿＿＿＿＿＿ 试验类别＿＿＿＿＿＿＿＿＿＿

报告编号＿＿＿＿＿＿＿＿＿＿ 工程名称＿＿＿＿＿＿＿＿＿＿

委托单位＿＿＿＿＿＿＿＿＿＿ 工程部位＿＿＿＿＿＿＿＿＿＿

生产厂家＿＿＿＿＿＿＿＿＿＿ 委托日期＿＿＿＿＿＿＿＿＿＿

设计等级＿＿＿＿＿＿＿＿＿＿ 试验日期＿＿＿＿＿＿＿＿＿＿

井盖规格＿＿＿＿＿＿＿＿＿＿ 井盖搁置宽度＿＿＿＿＿＿mm

井盖搁置高度＿＿＿＿＿＿mm 代表数量（或批号）＿＿＿＿＿＿

样品描述＿＿＿＿＿＿＿＿＿＿ 样品状态＿＿＿＿＿＿＿＿＿＿

一、承载能力试验

试样编号	检测项目				试验结果
	裂缝荷载（kN）		破坏荷载（kN）		
	标准值（kN）	实测值（kN）	标准值（kN）	实测值（kN）	

二、外观试验及尺寸偏差

检测项目	标准值	试验结果
表面破损	无	
裂纹损伤	无	
表面光洁	光洁	
表面平整	平整	
防滑花纹	真	
表面标记	清晰	
边长或外径（mm）	±3	
搁置高度（mm）	+2，−3	
搁置面宽度（mm）	±3	
结论		
备注	1. 试验规程及评定依据：＿＿＿＿＿＿。 2. 见证人及证号：＿＿＿＿＿＿。 3. 见证人单位：＿＿＿＿＿＿。	

批准： 审核： 试验： 年 月 日 试验单位

试验单位地址： 联系电话： （盖章）

声明：当本机构接受委托送检时，其试验结果仅对来样负责；未经本机构书面批准，不得部分复制试验报告（完整复制除外）。

第 页 共 页

5.1.34 市政试·材-34 铸铁检查井盖试验报告

市政基础设施工程

铸铁检查井盖试验报告

市政试·材-34

委托编号________________ 试验类别________________

报告编号________________ 工程名称________________

委托单位________________ 工程部位________________

生产厂家________________ 委托日期________________

设计等级________________ 试验日期________________

井盖规格________________ 代表数量（或批号）________________

样品描述________________ 样品状态________________

一、井盖承载力试验

试样编号	2/3 载荷残留变形（mm）		加载至100%荷载时井盖、支座裂纹情况
	标准值（mm）	实测值（mm）	
结论			

二、外观检验及尺寸测量

试验项目	尺寸测量（mm）		外观质量			
	井盖与支座间的缝宽（mm）	支座支承面的宽度（mm）	井盖			
			嵌入深度	裂缝损伤	表面平整	防滑花纹
标准值						
试验结果						
结论						
备注	1. 试验规程及评定依据：________________。 2. 见证人及证号：________________。 3. 见证人单位：________________。					

批准： 审核： 试验： 年 月 日 试验单位

试验单位地址： 联系电话： （盖章）

声明：当本机构接受委托送检时，其试验结果仅对来样负责；未经本机构书面批准，不得部分复制试验报告（完整复制除外）。

第 页 共 页

5.1.35 市政试·材-35 再生树脂复合材料检查井盖试验报告

市政基础设施工程

再生树脂复合材料检查井盖试验报告

市政试·材-35

委托编号______________________试验类别______________________

报告编号______________________工程名称______________________

委托单位______________________工程部位______________________

生产厂家______________________委托日期______________________

设计等级______________________试验日期______________________

井盖规格__________________mm 样品编号______________________

井盖类型______________________代表数量（或批号）______________

样品描述______________________样品状态______________________

一、井盖承载力试验

试样编号	残留变形（mm）		加载至100%荷载时井盖、支座裂纹情况
	标准值（mm）	实测值（mm）	
结论			

二、外观检验及尺寸测量

试验项目	尺寸测量（mm）		外观质量			
			井盖			
	井盖与支座间的缝宽（mm）	支座支承面的宽度（mm）	嵌入深度	裂缝损伤	表面平整	防滑花纹
设计值						
试验结果						
结论						
备注	1. 试验规程及评定依据：______________________。 2. 见证人及证号：______________________。 3. 见证人单位：______________________。					

批准： 审核： 试验： 年 月 日 试验单位（盖章）

试验单位地址： 联系电话：

声明：当本机构接受委托送检时，其试验结果仅对来样负责；未经本机构书面批准，不得部分复制试验报告（完整复制除外）。

第 页 共 页

5.1.36 市政试·材-36 环氧煤沥青涂料性能试验报告

市政基础设施工程

环氧煤沥青涂料性能试验报告

市政试·材-36

委托编号＿＿＿＿＿＿＿＿ 试验类别＿＿＿＿＿＿＿＿

报告编号＿＿＿＿＿＿＿＿ 工程名称＿＿＿＿＿＿＿＿

委托单位＿＿＿＿＿＿＿＿ 使用部位＿＿＿＿＿＿＿＿

厂 牌 号＿＿＿＿＿＿＿＿ 试验日期＿＿＿＿＿＿＿＿

委托日期＿＿＿＿＿＿＿＿ 样品编号＿＿＿＿＿＿＿＿

样品描述＿＿＿＿＿＿＿＿ 样品状态＿＿＿＿＿＿＿＿

生产时间				
面漆与固化剂配比	表干时间	实干时间	固化时间	天气情况
底漆与固化剂配比	表干时间	实干时间	固化时间	天气情况
防腐层等级及结构		厚度（mm）	电火花检查（kV）	粘结力检查
试验结构				
结论				
备注	1. 试验规程及评定依据：＿＿＿＿＿＿＿＿。 2. 见证人及证号：＿＿＿＿＿＿＿＿。 3. 见证人单位：＿＿＿＿＿＿＿＿。			

批准： 审核： 试验： 年 月 日 试验单位

试验单位地址： 联系电话： （盖章）

声明：当本机构接受委托送检时，其试验结果仅对来样负责；未经本机构书面批准，不得部分复制试验报告（完整复制除外）。

第 页 共 页

5.1.37 市政试·材-37 防水卷材试验报告

市政基础设施工程

防水卷材试验报告

市政试·材-37

委托编号________________________试验类别________________________

报告编号________________________工程名称________________________

委托单位________________________工程部位________________________

厂 牌 号________________________代表数量或批号____________________

种类、标号______________________试验日期________________________

委托日期________________________样品编号________________________

样品描述________________________样品状态________________________

序号	检验项目	技术指标	检验结果	单项评定
1	外观			
2	厚度			
3	长度、宽度、平直度和平整度			
4	拉伸性能			
5	不透水性			
6	耐热性			
7	低温柔度			
8	低温弯折性			
9	可溶物含量（g/m^2）			
10	撕裂性能（N）			
11	其他			
结论				
备注	1. 试验规程及评定依据：________________。 2. 见证人及证号：________________。 3. 见证人单位：________________。			

批准： 审核： 试验： 年 月 日 试验单位

试验单位地址： 联系电话： （盖章）

声明：当本机构接受委托送检时，其试验结果仅对来样负责；未经本机构书面批准，不得部分复制试验报告（完整复制除外）。

第 页 共 页

5.1.38 市政试·材-38 防水涂料试验报告

市政基础设施工程

防水涂料试验报告

市政试·材-38

委托编号____________试验类别____________
报告编号____________工程名称____________
委托单位____________工程部位____________
厂 牌 号____________代表数量或批号____________
生产日期____________试验日期____________
委托日期____________样品编号____________
样品描述____________样品状态____________

序号	检验项目	技术指标	检验结果	单项评定	检测标准
1	不透水性				
2	固体含量（%）				
3	低温弯折性				
4	粘结强度				
5	加热伸缩率（%）				
6	拉伸强度				
7	干燥时间				
8	撕裂强度（kN/m）				
结论					
备注	1. 试验规程及评定依据：________。 2. 见证人及证号：________。 3. 见证人单位：________。				

批准： 审核： 试验： 年 月 日 试验单位

试验单位地址： 联系电话： （盖章）

声明：当本机构接受委托送检时，其试验结果仅对来样负责；未经本机构书面批准，不得部分复制试验报告（完整复制除外）。

第 页 共 页

5.1.39 市政试·材-39 阀门压力试验报告

市政基础设施工程

阀门压力试验报告

市政试-材-39

委托编号__________ 试验类别__________
报告编号__________ 工程名称__________
委托单位__________ 阀门种类__________
委托日期__________ 试验日期__________

阀门编号（位置）	试验项目	规格型号		试验介质	试验压力（MPa）	恒压时间（min）	泄漏率	试验观测异常情况描述	结果
		公称通径 DN（mm）	公称压力 CWP（MPa）						
结论									
备注	1. 试验规程及评定依据：________。 2. 见证人（监督员）及证号：________。 3. 见证（监督）单位：________。								

批准： 审核： 试验： 年 月 日 试验单位（盖章）

试验单位地址： 联系电话：

声明：当本机构接受委托送检时，其试验结果仅对来样负责；未经本机构书面批准，不得部分复制试验报告（完整复制除外）。

第 页 共 页

5.1.40 市政试·材-40 复合肥料检验报告

市政基础设施工程

复合肥料检验报告

市政试-材-40

委托编号＿＿＿＿＿＿＿＿＿＿试验类别＿＿＿＿＿＿＿＿＿＿

报告编号＿＿＿＿＿＿＿＿＿＿工程名称＿＿＿＿＿＿＿＿＿＿

委托单位＿＿＿＿＿＿＿＿＿＿工程部位＿＿＿＿＿＿＿＿＿＿

产地或厂家＿＿＿＿＿＿＿＿＿代表数量及批号＿＿＿＿＿＿＿

出厂日期＿＿＿＿＿＿＿＿＿＿委托日期＿＿＿＿＿＿＿＿＿＿

样品编号＿＿＿＿＿＿＿＿＿＿试验日期＿＿＿＿＿＿＿＿＿＿

样品描述＿＿＿＿＿＿＿＿＿＿样品状态＿＿＿＿＿＿＿＿＿＿

<table>
<tr><th>序号</th><th>检验项目</th><th>实测值</th><th>试验规程</th><th>技术指标</th></tr>
<tr><td>1</td><td>总氮（%）</td><td></td><td></td><td></td></tr>
<tr><td>2</td><td>有效磷（%）</td><td></td><td></td><td></td></tr>
<tr><td>3</td><td>钾（%）</td><td></td><td></td><td></td></tr>
<tr><td></td><td></td><td></td><td></td><td></td></tr>
<tr><td></td><td></td><td></td><td></td><td></td></tr>
<tr><td></td><td></td><td></td><td></td><td></td></tr>
<tr><td colspan="2">试验结论</td><td colspan="3"></td></tr>
<tr><td colspan="2">备注</td><td colspan="3">1. 试验规程及评定依据：＿＿＿＿＿＿＿＿。
2. 见证人及证号：＿＿＿＿＿＿＿＿。
3. 见证人单位：＿＿＿＿＿＿＿＿。</td></tr>
</table>

批准：　　审核：　　试验：　　年　月　日　　试验单位

试验单位地址：　　联系电话：　　（盖章）

声明：当本机构接受委托送检时，其试验结果仅对来样负责；未经本机构书面批准，不得部分复制试验报告（完整复制除外）。

第　页共　页

5.1.41 市政试·材-41 灌溉用水检验报告

市政基础设施工程

灌溉用水检验报告

市政试·材-41

委托编号____________________ 试验类别____________________

报告编号____________________ 工程名称____________________

委托单位____________________ 工程部位____________________

样品编号____________________ 委托日期____________________

样品描述____________________ 试验日期____________________

样品状态____________________ 样品种类____________________

<table>
<tr><th>序号</th><th colspan="2">检验项目</th><th>实测值</th><th>试验规程</th><th>技术指标</th></tr>
<tr><td>1</td><td colspan="2">pH 值</td><td></td><td></td><td></td></tr>
<tr><td>2</td><td colspan="2">总盐量（mg/L）</td><td></td><td></td><td></td></tr>
<tr><td>3</td><td colspan="2">Cl^-（mg/L）</td><td></td><td></td><td></td></tr>
<tr><td>4</td><td colspan="2">SO_4^{2-}（mg/L）</td><td></td><td></td><td></td></tr>
<tr><td>5</td><td colspan="2">总酸度（mg/L）</td><td></td><td></td><td></td></tr>
<tr><td>6</td><td colspan="2">总硬度（mg/L）</td><td></td><td></td><td></td></tr>
<tr><td>7</td><td colspan="2">Ca^{2+}（mg/L）</td><td></td><td></td><td></td></tr>
<tr><td>8</td><td colspan="2">Mg^{2+}（mg/L）</td><td></td><td></td><td></td></tr>
<tr><td>9</td><td rowspan="2">总碱度</td><td>CO_3^{2-}（mg/L）</td><td colspan="3"></td></tr>
<tr><td>10</td><td>HCO_3^-（mg/L）</td><td colspan="3"></td></tr>
<tr><td colspan="2">试验结论</td><td colspan="4"></td></tr>
<tr><td colspan="2">备注</td><td colspan="4">1. 试验规程及评定依据：____________________。
2. 见证人及证号：____________________。
3. 见证人单位：____________________。</td></tr>
</table>

批准：　　　　审核：　　　　试验：　　　　年　　月　　日　　　　试验单位

试验单位地址：　　　　　　　　联系电话：　　　　　　　　（盖章）

声明：当本机构接受委托送检时，其试验结果仅对来样负责；未经本机构书面批准，不得部分复制试验报告（完整复制除外）。

第　　页 共　　页

5.1.42 市政试·材-42 土壤检验报告

市政基础设施工程

土壤检验报告

市政试·材-42

委托编号__________试验类别__________
报告编号__________工程名称__________
委托单位__________工程部位__________
样品编号__________委托日期__________
样品描述__________试验日期__________
样品状态__________样品种类__________

序号	检验项目	实测值	试验规程	技术指标
1	pH 值			
2	电导率（mS/cm）			
3	有机质（g/kg）			
4	质地类型			
5	质量含水量（g/kg）			
6	全氮（g/kg）			
7	全磷（g/kg）			
8	全钾（g/kg）			
9	水解性氮（mg/kg）			
10	有效磷（mg/kg）			
11	速效钾（mg/kg）			
试验结论				
备注		1. 试验规程及评定依据：__________。 2. 见证人及证号：__________。 3. 见证人单位：__________。		

批准：　　审核：　　试验：　　年　月　日　　试验单位

试验单位地址：　　联系电话：　　（盖章）

声明：当本机构接受委托送检时，其试验结果仅对来样负责；未经本机构书面批准，不得部分复制试验报告（完整复制除外）。

第　页 共　页

5.1.43　市政试·材-43　有机肥料检验报告

市政基础设施工程

有机肥料检验报告

市政试·材-43

委托编号＿＿＿＿＿＿＿＿＿＿＿＿＿＿＿试验类别＿＿＿＿＿＿＿＿＿＿＿＿＿＿

报告编号＿＿＿＿＿＿＿＿＿＿＿＿＿＿＿工程名称＿＿＿＿＿＿＿＿＿＿＿＿＿＿

委托单位＿＿＿＿＿＿＿＿＿＿＿＿＿＿＿工程部位＿＿＿＿＿＿＿＿＿＿＿＿＿＿

样品编号＿＿＿＿＿＿＿＿＿＿＿＿＿＿＿委托日期＿＿＿＿＿＿＿＿＿＿＿＿＿＿

样品描述＿＿＿＿＿＿＿＿＿＿＿＿＿＿＿试验日期＿＿＿＿＿＿＿＿＿＿＿＿＿＿

样品状态＿＿＿＿＿＿＿＿＿＿＿＿＿＿＿样品种类＿＿＿＿＿＿＿＿＿＿＿＿＿＿

序号	检验项目	实测值	试验规程	技术指标
1	全氮（%）			
2	全磷（%）			
3	全钾（%）			
4	有机物（%）			
5	风干样含水量（%）			
6	pH 值			
7	有机质（%）			
8	速效磷（mg/kg）			
9	速效钾（mg/kg）			
10	总养分（%）			
试验结论				
备注		1. 试验规程及评定依据：＿＿＿＿＿＿＿＿＿。 2. 见证人及证号：＿＿＿＿＿＿＿＿＿＿＿。 3. 见证人单位：＿＿＿＿＿＿＿＿＿＿＿＿。		

批准：　　　　　审核：　　　　　　试验：　　　　　年　　月　　日　　　　试验单位

试验单位地址：　　　　　　　　　　　联系电话：　　　　　　　　　　　　　（盖章）

声明：当本机构接受委托送检时，其试验结果仅对来样负责；未经本机构书面批准，不得部分复制试验报告（完整复制除外）。

第　　页 共　　页

5.1.44 市政试·材-44 植物营养成分检验报告

市政基础设施工程

植物营养成分检验报告

市政试·材-44

委托编号________________ 试验类别________________

报告编号________________ 工程名称________________

委托单位________________ 工程部位________________

植物名称________________ 委托日期________________

样品编号________________ 试验日期________________

样品描述________________ 样品状态________________

序号	检验项目	实测值	试验规程	技术指标
1	全氮（g/kg）			
2	全磷（g/kg）			
3	全钾（g/kg）			
4	粗灰分（g/kg）			
试验结论				
备注	1. 试验规程及评定依据：________________。 2. 见证人及证号：________________。 3. 见证人单位：________________。			

批准： 审核： 试验： 年 月 日 试验单位

试验单位地址： 联系电话： （盖章）

声明：当本机构接受委托送检时，其试验结果仅对来样负责；未经本机构书面批准，不得部分复制试验报告（完整复制除外）。

第 页 共 页

5.1.45 市政试·材-45 绿化工程苗木规格调查检测报告（封面）

市政试·材-45

市政基础设施工程

绿化工程苗木规格调查检测报告

委托编号：________________委托日期：________________

报告编号：________________试验类别：________________

委托单位：________________工程名称：________________

工程部位：________________________________

见证人及证号：______________见证人单位：______________

试验单位（章）

年 月 日

第 页共 页

5.1.46　市政试·材-46　材料试验报告

市政基础设施工程

材料试验报告

市政试·材-46

委托编号＿＿＿＿＿＿＿＿＿＿＿＿＿＿＿＿试验类别＿＿＿＿＿＿＿＿＿＿＿＿＿＿＿＿

报告编号＿＿＿＿＿＿＿＿＿＿＿＿＿＿＿＿工程名称＿＿＿＿＿＿＿＿＿＿＿＿＿＿＿＿

委托单位＿＿＿＿＿＿＿＿＿＿＿＿＿＿＿＿工程部位＿＿＿＿＿＿＿＿＿＿＿＿＿＿＿＿

材料名称＿＿＿＿＿＿＿＿＿＿＿＿＿＿＿＿代表数量＿＿＿＿＿＿＿＿＿＿＿＿＿＿＿＿

产地或厂牌号＿＿＿＿＿＿＿＿＿＿＿＿＿＿试验日期＿＿＿＿＿＿＿＿＿＿＿＿＿＿＿＿

委托日期＿＿＿＿＿＿＿＿＿＿＿＿＿＿＿＿样品编号＿＿＿＿＿＿＿＿＿＿＿＿＿＿＿＿

样品描述＿＿＿＿＿＿＿＿＿＿＿＿＿＿＿＿样品状态＿＿＿＿＿＿＿＿＿＿＿＿＿＿＿＿

要求试验项目	
试验结果	
结论	
备注	1. 试验规程及评定依据：＿＿＿＿＿＿＿＿＿＿＿＿＿＿＿＿。 2. 见证人及证号：＿＿＿＿＿＿＿＿＿＿＿＿＿＿＿＿。 3. 见证人单位：＿＿＿＿＿＿＿＿＿＿＿＿＿＿＿＿。

批准：　　　　审核：　　　　试验：　　　　年　　月　　日　　　　试验单位

试验单位地址：　　　　　　　　联系电话：　　　　　　　　（盖章）

声明：当本机构接受委托送检时，其试验结果仅对来样负责；未经本机构书面批准，不得部分复制试验报告（完整复制除外）。

第　　页 共　　页

5.2 施工试验及功能性检测报告

5.2.1 市政试·施-1 钢材焊接工艺评定检验报告

市政基础设施工程

钢材焊接工艺评定检验报告

市政试·施-1

报告编号：________________ 试验类别：________________

委托单位：________________ 工程名称：________________

送样日期：________________ 试验日期：________________

<table>
<tr><td colspan="2">样品编号</td><td colspan="6"></td><td colspan="6"></td></tr>
<tr><td colspan="2">工程部位</td><td colspan="6"></td><td colspan="6"></td></tr>
<tr><td colspan="2">生产厂家</td><td colspan="6"></td><td colspan="6"></td></tr>
<tr><td colspan="2">母材炉号/批号</td><td colspan="6">/</td><td colspan="6">/</td></tr>
<tr><td colspan="2">类别/牌号/强度等级</td><td colspan="6">/ /</td><td colspan="6">/ /</td></tr>
<tr><td colspan="2">公称直径/厚度</td><td colspan="6">/ mm</td><td colspan="6">/ mm</td></tr>
<tr><td colspan="2">代表数量</td><td colspan="6">/ 个</td><td colspan="6">/ 个</td></tr>
<tr><td colspan="2">焊接人/证号/焊接类别</td><td colspan="6">/ /</td><td colspan="6">/ /</td></tr>
<tr><td colspan="2">焊接条件/焊接日期</td><td colspan="3"></td><td colspan="3">年 月 日</td><td colspan="3"></td><td colspan="3">年 月 日</td></tr>
<tr><td colspan="2">焊缝外观/无损检测</td><td colspan="3">报告编号：</td><td colspan="3">结论：</td><td colspan="3">报告编号：</td><td colspan="3">结论：</td></tr>
<tr><td colspan="2">母材化学成分</td><td colspan="3">报告编号：</td><td colspan="3">结论：</td><td colspan="3">报告编号：</td><td colspan="3">结论：</td></tr>
<tr><td colspan="2">力学性能</td><td colspan="3">母材</td><td colspan="3">焊接</td><td colspan="3">母材</td><td colspan="3">焊接</td></tr>
<tr><td colspan="2">面积（mm²）</td><td colspan="3"></td><td colspan="3"></td><td colspan="3"></td><td colspan="3"></td></tr>
<tr><td rowspan="2">极限强度</td><td>实测值</td><td></td><td></td><td></td><td></td><td></td><td></td><td></td><td></td><td></td><td></td><td></td><td></td></tr>
<tr><td>质量指标</td><td colspan="6"></td><td colspan="6"></td></tr>
<tr><td colspan="2">断口位置及判定</td><td></td><td></td><td></td><td></td><td></td><td></td><td></td><td></td><td></td><td></td><td></td><td></td></tr>
<tr><td rowspan="3">冷弯</td><td>弯心直径（mm）</td><td></td><td></td><td></td><td></td><td></td><td></td><td></td><td></td><td></td><td></td><td></td><td></td></tr>
<tr><td>角度（°）</td><td></td><td></td><td></td><td></td><td></td><td></td><td></td><td></td><td></td><td></td><td></td><td></td></tr>
<tr><td>结果</td><td></td><td></td><td></td><td></td><td></td><td></td><td></td><td></td><td></td><td></td><td></td><td></td></tr>
<tr><td colspan="2">接头硬度</td><td colspan="3">报告编号：</td><td colspan="3">结论：</td><td colspan="3">报告编号：</td><td colspan="3">结论：</td></tr>
<tr><td colspan="2">焊缝低温冲击</td><td colspan="3">报告编号：</td><td colspan="3">结论：</td><td colspan="3">报告编号：</td><td colspan="3">结论：</td></tr>
<tr><td colspan="2">宏观断面酸蚀</td><td colspan="3">报告编号：</td><td colspan="3">结论：</td><td colspan="3">报告编号：</td><td colspan="3">结论：</td></tr>
<tr><td colspan="2">结论</td><td colspan="6"></td><td colspan="6"></td></tr>
<tr><td colspan="2">备注</td><td colspan="12">1. 试验规程：
2. 见证单位/监督单位：
3. 见证人/证号/监督编号：
4. 附试块图：</td></tr>
</table>

批准： 审核： 试验： 年 月 日（盖章）

试验单位地址：

声明：未经本公司书面批准，不得部分复制试验报告（完整复制除外）。

第1页 共1页

5.2.2 市政试·施-2 钢筋焊接试验报告

市政基础设施工程

钢筋焊接试验报告

市政试·施-2

委托编号＿＿＿＿＿＿＿＿＿＿＿＿＿＿＿＿试验类别＿＿＿＿＿＿＿＿＿＿＿＿＿＿＿＿

报告编号＿＿＿＿＿＿＿＿＿＿＿＿＿＿＿＿工程名称＿＿＿＿＿＿＿＿＿＿＿＿＿＿＿＿

委托单位＿＿＿＿＿＿＿＿＿＿＿＿＿＿＿＿试验日期＿＿＿＿＿＿＿＿＿＿＿＿＿＿＿＿

委托日期＿＿＿＿＿＿＿＿＿＿＿＿＿＿＿＿

样品编号										
工程部位										
编号/厂家										
炉号/批号										
代表批量（个）										
焊接类别										
焊接人/证号										
牌号/强度等级代号										
钢筋类别										
样品描述										
样品状态										
公称直径/厚度（mm）										
极限强度（MPa）	实测值									
	质量指标									
断裂情况										
冷弯	弯心直径（mm）									
	角度（°）									
	结果									
质量评定										
结论										
备注	1. 试验规程及评定依据：＿＿＿＿＿＿＿＿。 2. 见证人及证号：＿＿＿＿＿＿＿＿。 3. 见证人单位：＿＿＿＿＿＿＿＿。									

批准：　　　　审核：　　　　试验：　　　　年　月　日　　　　试验单位

试验单位地址：　　　　联系电话：　　　　（盖章）

声明：当本机构接受委托送检时，其试验结果仅对来样负责；未经本机构书面批准，不得部分复制试验报告（完整复制除外）。

第　页共　页

5.2.3 市政试·施-3 钢筋机械连接试验报告

市政基础设施工程

钢筋机械连接试验报告

市政试·施-3

委托编号____________ 试验类别____________

报告编号____________ 工程名称____________

委托单位____________ 工程部位____________

钢材及连接材种类____________ 代表数量或批号____________

厂 牌 号____________ 接头等级____________

接头型式____________ 试验日期____________

委托日期____________

样品编号	钢筋公称直径 D (mm)	样品描述	样品状态	实测钢筋横截面积 As° (mm²)	钢筋母材屈服强度标准值 f_{yK} (N/mm²)	钢筋母材抗拉强度标准值 f_{stk} (N/mm²)	钢筋母材抗拉强度实测值 f_{st}° (N/mm²)	接头试件抗拉强度实测值 $f^{\circ}_{mst}=P/A^{\circ}s$ (N/mm²)	接头破坏形态
结论：									
备注	1. Ⅰ级接头：$f^{\circ}_{mst}\geqslant f_{stk}$（断于钢筋）或$\geqslant 1.10f_{stk}$（断于接头） Ⅱ级接头：$f^{\circ}_{mst}\geqslant f_{stk}$； Ⅲ级接头：$f^{\circ}_{mst}\geqslant 1.25f_{yk}$； 2. 试验规程及评定依据：________。 3. 见证人及证号：________。 4. 见证人单位：________。								

批准： 审核： 试验： 年 月 日 试验单位

试验单位地址： 联系电话： （盖章）

声明：当本机构接受委托送检时，其试验结果仅对来样负责；未经本机构书面批准，不得部分复制试验报告（完整复制除外）。

第 页 共 页

5.2.4 市政试·施-4 混凝土配合比试验报告

市政基础设施工程

混凝土配合比试验报告

市政试·施-4

委托编号＿＿＿＿＿＿＿＿ 试验类别＿＿＿＿＿＿＿＿

报告编号＿＿＿＿＿＿＿＿ 工程名称＿＿＿＿＿＿＿＿

委托单位＿＿＿＿＿＿＿＿ 工程部位＿＿＿＿＿＿＿＿

设计强度等级＿＿＿＿＿＿ 委托日期＿＿＿＿＿＿＿＿

其他技术要求＿＿＿＿＿＿ 设计稠度＿＿＿＿＿＿＿＿

样品描述＿＿＿＿＿＿＿＿ 样品状态＿＿＿＿＿＿＿＿

<table>
<tr><td rowspan="13">原材料</td><td rowspan="2">水泥</td><td>品种</td><td>强度等级</td><td colspan="2">生产厂名</td><td>牌号</td><td>出厂日期</td><td>报告编号</td></tr>
<tr><td></td><td></td><td colspan="2"></td><td></td><td></td><td></td></tr>
<tr><td rowspan="2">砂</td><td>产地</td><td>颗粒级配</td><td colspan="2">细度模数</td><td>含泥量（%）</td><td>泥块含量（%）</td><td>报告编号</td></tr>
<tr><td></td><td></td><td colspan="2"></td><td></td><td></td><td></td></tr>
<tr><td rowspan="4">石</td><td>产地</td><td>品种</td><td colspan="2">筛分析</td><td>含泥量（%）</td><td>泥块含量（%）</td><td>报告编号</td></tr>
<tr><td></td><td></td><td colspan="2"></td><td></td><td></td><td></td></tr>
<tr><td></td><td></td><td colspan="2"></td><td></td><td></td><td></td></tr>
<tr><td></td><td></td><td colspan="2"></td><td></td><td></td><td></td></tr>
<tr><td rowspan="3">掺合料</td><td>品种</td><td>等级</td><td>报告编号</td><td rowspan="3">外加剂</td><td>名称</td><td>掺量（%）</td><td>报告编号</td></tr>
<tr><td></td><td></td><td></td><td></td><td></td><td></td></tr>
<tr><td></td><td></td><td></td><td></td><td></td><td></td></tr>
<tr><td colspan="2">其他材料</td><td colspan="7"></td></tr>
</table>

<table>
<tr><td rowspan="3">配合比</td><td rowspan="2">水灰比（水胶比）</td><td rowspan="2">砂率（%）</td><td colspan="8" rowspan="2">材料用量（kg）</td><td colspan="4">实测强度</td></tr>
<tr><td>__d</td><td>28d</td><td>快测</td><td>抗渗等级</td></tr>
<tr><td></td><td></td><td></td><td></td><td></td><td></td><td></td><td></td><td></td><td></td><td></td><td></td><td></td><td></td></tr>
<tr><td>备注</td><td colspan="14">1. 试验规程及评定依据：＿＿＿＿＿＿＿＿。
2. 见证人及证号：＿＿＿＿＿＿＿＿。
3. 见证人单位：＿＿＿＿＿＿＿＿。</td></tr>
</table>

批准： 审核： 试验： 年 月 日 试验单位

试验单位地址： 联系电话： （盖章）

声明：当本机构接受委托送检时，其试验结果仅对来样负责；未经本机构书面批准，不得部分复制试验报告（完整复制除外）。

第 页 共 页

5.2.5 市政试·施-5 沥青混凝土配合比设计试验报告（封面）

市政试·施-5

市政基础设施工程

沥青混凝土配合比设计试验报告

委托编号：________________ 委托日期：________________

报告编号：________________ 试验类别：________________

委托单位：________________ 工程名称：________________

工程部位：____

见证人及证号：______________ 见证人单位：______________

试验单位（章）

年 月 日

第 页 共 页

5.2.6 市政试·施-6 砌筑砂浆配合比设计试验报告

市政基础设施工程

砌筑砂浆配合比设计试验报告

市政试·施-6

委托编号________________ 试验类别________________

报告编号________________ 工程名称________________

委托单位________________ 使用部位________________

设计强度等级________________ 委托日期________________

要求稠度________________mm 要求保水率________________%

样品描述________________ 样品状态________________

原材料							
原材料	水泥	品种	强度等级	生产厂名	牌号	出厂日期	报告编号
	砂	产地	颗粒级配	细度模数	含泥量（%）		报告编号
	其他材料						

掺合料			外加剂		
品种	等级	掺量%	名称	掺量（%）	报告编号

配合比	材料用量（kg/m³）					试验结果				
						稠度（mm）	保水率（%）	强度（MPa）		
	水泥	砂	水	掺合料	外加剂			__d	__d	28d

备注	
备注	1. 试验规程及评定依据：________________。 2. 见证人及证号：________________。 3. 见证人单位：________________。

批准： 审核： 试验： 年 月 日 试验单位

试验单位地址： 联系电话： （盖章）

声明：当本机构接受委托送检时，其试验结果仅对来样负责；未经本机构书面批准，不得部分复制试验报告（完整复制除外）。

第 页 共 页

5.2.7 市政试·施-7 混凝土试块抗压强度试验报告

市政基础设施工程

混凝土试块抗压强度试验报告

市政试·施-7

委托编号________________试验类别________________

报告编号________________工程名称________________

委托单位________________委托日期________________

养护方式 □标准养护 □同条件养护 □蒸汽养护 □其他

试块编号	浇注部位	设计强度等级	制件日期	试验日期	龄期（d）	试件尺寸（mm）	受压面积（mm^2）	样品描述	样品状态	个别强度（MPa）	强度代表值（MPa）
备注	1. 试验规程及评定依据：________。 2. 见证人及证号：________。 3. 见证人单位：________。										

批准： 审核： 试验： 年 月 日 试验单位

试验单位地址： 联系电话： （盖章）

声明：当本机构接受委托送检时，其试验结果仅对来样负责；未经本机构书面批准，不得部分复制试验报告（完整复制除外）。

第 页 共 页

5.2.8 市政试·施-8 混凝土小梁试件抗折（弯拉）强度试验报告

市政基础设施工程

混凝土小梁试件抗折（弯拉）强度试验报告

市政试·施-8

报告编号________________________ 试验类别________________________

委托单位________________________ 工程名称________________________

委托日期________________________

试块编号	浇注部位	设计强度等级	制件日期	试验日期	龄期（d）	试件尺寸（mm）			样品描述	样品状态	计算跨距（mm）	个别强度（MPa）	强度代表值（MPa）
						长	宽	高					
备注	1. 试验规程及评定依据：________________。 2. 见证人及证号：________________。 3. 见证人单位：________________。												

批准： 审核： 试验： 年 月 日 试验单位

试验单位地址： 联系电话： （盖章）

声明：当本机构接受委托送检时，其试验结果仅对来样负责；未经本机构书面批准，不得部分复制试验报告（完整复制除外）。

第 页 共 页

5.2.9 市政试·施-9 混凝土抗渗性能试验报告

市政基础设施工程

混凝土抗渗性能试验报告

市政试·施-9

委托编号________________ 试验类别________________
报告编号________________ 工程名称________________
委托试验单位________________ 工程部位________________
配合比报告编号________________ 设计抗渗等级________________
设计强度等级________________ 试验日期________________
委托日期________________ 龄期________________
样品描述________________ 样品状态________________

试块解剖渗水高度：

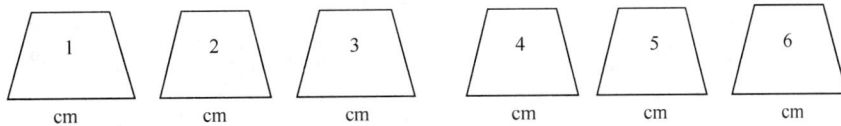

1	2	3	4	5	6
cm	cm	cm	cm	cm	cm

测试结果	6个试件中有____个试件端面呈有渗水现象时的水压力为________ MPa
结论	
备注	1. 试验规程及评定依据：________________。 2. 见证人及证号：________________。 3. 见证人单位：________________。

批准： 审核： 试验： 年 月 日 试验单位

试验单位地址： 联系电话： （盖章）

声明：当本机构接受委托送检时，其试验结果仅对来样负责；未经本机构书面批准，不得部分复制试验报告（完整复制除外）。

第 页 共 页

5.2.10 市政试·施-10 混凝土路面芯样劈裂抗拉强度试验报告

市政基础设施工程

混凝土路面芯样劈裂抗拉强度试验报告

市政试·施-10

委托编号________________ 试验类别________________

报告编号________________ 工程名称________________

委托单位________________ 工程部位________________

设计强度________________ 粗骨料品种________________

厚　　度________________ 取样日期________________

委托日期________________

芯样编号	位置及桩号	厚度(mm)	混凝土成型日期	试压日期	龄期(d)	芯样尺寸(mm)		劈裂面积(mm^2)	样品描述	样品状态	破坏荷载(kN)	劈裂抗拉强度(MPa)	折合抗折强度(MPa)
						直径	高度						
试验结论													
备注	1. 试验规程及评定依据：________________。 2. 见证人及证号：________________。 3. 见证人单位：________________。												

批准：　　审核：　　试验：　　年　月　日　　试验单位

试验单位地址：　　联系电话：　　（盖章）

声明：当本机构接受委托送检时，其试验结果仅对来样负责；未经本机构书面批准，不得部分复制试验报告（完整复制除外）。

第　　页 共　　页

5.2.11 市政试·施-11 混凝土芯样抗压强度试验报告

市政基础设施工程

混凝土芯样抗压强度试验报告

市政试·施-11

委托编号＿＿＿＿＿＿＿＿＿＿ 试验类别＿＿＿＿＿＿＿＿＿＿

报告编号＿＿＿＿＿＿＿＿＿＿ 工程名称＿＿＿＿＿＿＿＿＿＿

委托单位＿＿＿＿＿＿＿＿＿＿ 工程部位＿＿＿＿＿＿＿＿＿＿

设计强度＿＿＿＿＿＿＿＿＿＿ 委托日期＿＿＿＿＿＿＿＿＿＿

厚　　度＿＿＿＿＿＿＿＿＿＿ 试验日期＿＿＿＿＿＿＿＿＿＿

取样日期＿＿＿＿＿＿＿＿＿＿

芯样编号	位置及桩号	厚度（mm）	混凝土成型日期	试压日期	龄期（d）	芯样尺寸（mm）		高径比	样品描述	样品状态	破坏荷载（kN）	抗压强度（MPa）
						直径	高度					
试验结论												
备注	1. 试验规程及评定依据：＿＿＿＿＿＿＿＿。 2. 见证人及证号：＿＿＿＿＿＿＿＿。 3. 见证人单位：＿＿＿＿＿＿＿＿。											

批准：　　审核：　　试验：　　年　　月　　日　　试验单位

试验单位地址：　　联系电话：　　（盖章）

声明：当本机构接受委托送检时，其试验结果仅对来样负责；未经本机构书面批准，不得部分复制试验报告（完整复制除外）。

第　　页 共　　页

5.2.12 市政试·施-12 砂浆试块抗压强度试验报告

市政基础设施工程

砂浆试块抗压强度试验报告

市政试·施-12

委托编号________________试验类别________________

报告编号________________工程名称________________

委托单位________________砂浆种类________________

砂浆强度等级________________委托日期________________

试块编号	工程部位	强度等级	制件日期	试验日期	龄期(d)	试件尺寸(mm)	受压面积(mm^2)	样品描述	样品状态	个别强度(MPa)	强度代表值(MPa)
备注	1. 试验规程及评定依据：________________。 2. 见证人及证号：________________。 3. 见证人单位：________________。										

批准： 审核： 试验： 年 月 日 试验单位

试验单位地址： 联系电话： （盖章）

声明：当本机构接受委托送检时，其试验结果仅对来样负责；未经本机构书面批准，不得部分复制试验报告（完整复制除外）。

第 页 共 页

5.2.13 市政试·施-13 压浆材料检验报告

市政基础设施工程

压浆材料检验报告

市政试·施-13

委托单位：________________ 检验单位：（检测报告专用章）

工程名称：________________

工程部位：________________ 报告编号：________________

检评依据：________________ 样品编号：________________

见证单位：________________ 检验类别：________________

见证人员：________________ 监督登记号：________________

送检日期：________________ 检验日期：________________ 报告日期：________________

产品名称	生产单位	规格型号	配比

序号	检验项目		技术要求	检验结果	单项判定
1	凝结时间（h）	初凝			
		终凝			
2	流动度（s）	出机流动度			
		30min流动度			
3	7天强度（MPa）	抗折			
		抗压			
4	28天强度（MPa）	抗折			
		抗压			
5	24h自由泌水率（%）				
6	24h自由膨胀率（%）				
7	对钢筋锈蚀作用				
结论					
备注	委托单位地址：				

声明：1. 本检验报告涂改、换页无效。未经本单位书面批准，不得部分复制本检验报告。（完全复制除外）

2. 对本报告如有异议，应在收到报告15日内以书面形式向本单位提出，过期不予受理。

检验单位地址： 电话：

批准： 审核： 主验：

5.2.14 市政试·施-14 预应力孔道压浆剂检验报告

市政基础设施工程

预应力孔道压浆剂检验报告

市政试·施-14

委托单位：________ 检验单位：（检测报告专用章）

工程名称：________

工程部位：________ 报告编号：________

检评依据：________ 样品编号：________

见证单位：________ 检验类别：________

见证人员：________ 监督登记号：________

送检日期：________ 检验日期：________ 报告日期：________

产品名称	生产单位	规格型号	掺量

序号	检验项目		技术要求	检验结果	单项判定
1	凝结时间（h）	初凝			
		终凝			
2	水泥净浆稠度（s）	初始			
		30min			
3	常压泌水率（%）	3h			
		24h			
4	压力泌水率（%）				
5	24h 自由膨胀率（%）				
6	7d 限制膨胀率（%）				
7	抗压强度（MPa）	7d			
		28d			
8	抗折强度（MPa）	7d			
		28d			
结论					
备注	委托单位地址：				

声明：1. 本检验报告涂改、换页无效。未经本单位书面批准，不得部分复制本检验报告。（完全复制除外）

2. 对本报告如有异议，应在收到报告 15 日内以书面形式向本单位提出，过期不予受理。

检验单位地址： 电话：

批准： 审核： 主验：

5.2.15 市政试·施-15 水泥净（压）浆试块抗压强度试验报告

市政基础设施工程

HDJL-B-LX-012

水泥净（压）浆试块抗压强度试验报告

市政试·施-15

报告编号：________________ 试验类别：________________

委托单位：________________ 检验依据：GB/T 17671—1999、JTG/T F50—2011

工程名称：________________ 见 证 人：________________

强度等级：________________ 委托日期：________________

样品编号	试件				龄期（d）	抗折强度			抗压强度			
	尺寸（mm）（宽×高×长）	工程部位	制件日期（年.月.日）	检验日期（年.月.日）		个别强度（MPa）	强度代表值（MPa）	标准值	个别强度（MPa）	强度代表值（MPa）	标准值	综合评定
备注	见证单位：											

批准： 审核： 试验： 2018年6月25日 试验单位（盖章）

试验单位地址：

声明：未经本公司书面批准，不得部分复制试验报告（完整复制除外）。

第1页，共1页

5.2.16 市政试·施-16 无机结合料稳定类基层无侧限抗压强度试验报告

市政基础设施工程

无机结合料稳定类基层
无侧限抗压强度试验报告

市政试·施-16

委托编号________________ 试验类别________________

报告编号________________ 工程名称________________

委托单位________________ 工程部位________________

设计强度等级________________ 混合料种类规格________________

取样位置________________ 最佳含水量________________

最大干密度________________ 试件压实度________________

养生龄期及方法________________ 委托日期________________

<table>
<tr><td colspan="3">制件日期</td><td colspan="13">年 月 日</td></tr>
<tr><td colspan="3">试压日期</td><td colspan="13">年 月 日</td></tr>
<tr><td colspan="3">龄期</td><td colspan="13"></td></tr>
<tr><td colspan="3">试件编号</td><td></td><td></td><td></td><td></td><td></td><td></td><td></td><td></td><td></td><td></td><td></td><td></td><td></td></tr>
<tr><td rowspan="2">试件尺寸</td><td>直径</td><td>mm</td><td></td><td></td><td></td><td></td><td></td><td></td><td></td><td></td><td></td><td></td><td></td><td></td><td></td></tr>
<tr><td>高度</td><td>mm</td><td></td><td></td><td></td><td></td><td></td><td></td><td></td><td></td><td></td><td></td><td></td><td></td><td></td></tr>
<tr><td colspan="2">受压面积</td><td>mm^2</td><td></td><td></td><td></td><td></td><td></td><td></td><td></td><td></td><td></td><td></td><td></td><td></td><td></td></tr>
<tr><td colspan="3">样品描述</td><td></td><td></td><td></td><td></td><td></td><td></td><td></td><td></td><td></td><td></td><td></td><td></td><td></td></tr>
<tr><td colspan="3">样品状态</td><td></td><td></td><td></td><td></td><td></td><td></td><td></td><td></td><td></td><td></td><td></td><td></td><td></td></tr>
<tr><td colspan="2">试验最大压力（P）</td><td>kN</td><td></td><td></td><td></td><td></td><td></td><td></td><td></td><td></td><td></td><td></td><td></td><td></td><td></td></tr>
<tr><td colspan="2">无侧限抗压强度（R_c）</td><td>MPa</td><td></td><td></td><td></td><td></td><td></td><td></td><td></td><td></td><td></td><td></td><td></td><td></td><td></td></tr>
<tr><td colspan="2">无侧限抗压强度平均值</td><td>MPa</td><td colspan="2"></td><td colspan="4">无侧限抗压强度标准差</td><td>MPa</td><td colspan="6"></td></tr>
<tr><td colspan="2">偏差系数（C_v）</td><td>%</td><td colspan="2"></td><td colspan="4">$R_{c0.95}$</td><td>MPa</td><td colspan="6"></td></tr>
<tr><td>试验结论</td><td colspan="15"></td></tr>
<tr><td>备注</td><td colspan="15">1. 试验规程及评定依据：________________。
2. 见证人及证号：________________。
3. 见证人单位：________________。</td></tr>
</table>

批准： 审核： 试验： 年 月 日 试验单位

试验单位地址： 联系电话： （盖章）

声明：当本机构接受委托送检时，其试验结果仅对来样负责；未经本机构书面批准，不得部分复制试验报告（完整复制除外）。

第 页 共 页

5.2.17 市政试·施-17 无机结合料稳定类基层混合料水泥（石灰）剂量试验报告

市政基础设施工程

无机结合料稳定类基层混合料
水泥（石灰）剂量试验报告

市政试·施-17

委托编号________________________试验类别________________________

报告编号________________________工程名称________________________

委托单位________________________工程部位________________________

混合料名称________________________委托日期________________________

稳定剂种类及剂量________________________试验日期________________________

样品描述________________________样品状态________________________

一、标准曲线标定

干灰含量（%）	EDTA 耗量（ml）		
	1	2	平均

稳定剂量（%）

EDTA 耗量（ml）

二、稳定剂量试验

样品编号	取样位置	EDTA 耗量（ml）	结合料剂量（%）	统计结果
				试验数量 $n=$ 平均值 $x=$ 标准差 $S=$ 偏差系数 $C_v=$
结论				
备注	1. 试验规程及评定依据：________________________。 2. 见证人及证号：________________________。 3. 见证人单位：________________________。			

批准： 审核： 试验： 年 月 日 试验单位

试验单位地址： 联系电话： （盖章）

声明：当本机构接受委托送检时，其试验结果仅对来样负责；未经本机构书面批准，不得部分复制试验报告（完整复制除外）。

第 页 共 页

5.2.18 市政试·施-18 沥青混合料成品质量试验报告

市政基础设施工程

沥青混合料成品质量试验报告

市政试·施-18

委托编号________

报告编号________ 委托单位________ 试验类别________

工程名称________ 混合料种类________ 取样位置（部位）________

委托日期________ 试验日期________ 样品编号________

（一）稳定度	（二）密度	（三）沥青含量	（四）动稳定度
试验方法____	试验方法____	试验方法____	试验方法____
稳定度____kN	毛体积相对密度____	油石比____%	动稳定度____（次/mm）
流值____0.1mm	理论最大相对密度____	含油量____%	动稳定度标准值____（次/mm）
饱和度____%	空隙率____%	含油量标准值____%	（五）渗水系数____（ml/min）
饱和度标准值____%	空隙率标准值____%		渗水系数标准值____（ml/min）

（六）集料筛分析

筛孔尺寸（mm）	37.5	31.5	26.5	19	13.2	9.5	4.75	2.36	1.18	0.6	0.3	0.15	0.075
累计筛余（%）													
通过百分率（%）													
指标（%）													
试验结论													
备注	1. 试验规程及评定依据：________。 2. 见证人及证号：________。 3. 见证人单位：________。												

批准： 审核： 试验： 年 月 日 试验单位

试验单位地址： 联系电话： （盖章）

声明：当本机构接受委托送检时，其试验结果仅对来样负责；未经本机构书面批准，不得部分复制试验报告（完整复制除外）。

第 页 共 页

5.2.19 市政试·施-19 沥青混合料稳定度试验报告

市政基础设施工程

沥青混合料稳定度试验报告

市政试·施-19

委托编号________________________试验类别________________________

报告编号________________________工程名称________________________

委托单位________________________代表范围或数量________________________

混合料规格、品种________________________委托日期________________________

委托日期________________________试验日期________________________

一、试验结果

指标 试件编号	沥青含量(%)	试件尺寸(mm)		样品描述	样品状态	密度(g/cm³)		空隙率(%)	沥青体积百分率(%)	矿料间隙率(%)	饱和度(%)	稳定度(kN)	流值(0.1mm)
		直径	高度			毛体积	理论						
代表值													
设计值													
试验结论													
备注	1. 试验规程及评定依据：________________________。 2. 见证人（监督员）及证号：________________________。 3. 见证（监督）单位：________________________。												

批准： 审核： 试验： 年 月 日 试验单位

试验单位地址： 联系电话： （盖章）

声明：当本机构接受委托送检时，其试验结果仅对来样负责；未经本机构书面批准，不得部分复制试验报告（完整复制除外）。

第 页 共 页

5.2.20 市政试·施-20 压实沥青路面芯样稳定度试验报告

市政基础设施工程

压实沥青路面芯样稳定度试验报告

市政试·施-20

委托编号________________ 试验类别________________

报告编号________________ 工程名称________________

委托单位________________ 取芯部位________________

混合料种类________________ 试验日期________________

委托日期________________

一、试验结果

指标	试件尺寸（mm）		样品描述	样品状态	毛体积密度（g/cm³）	理论最大密度（g/cm³）	空隙率（%）	沥青体积百分率（%）	实测稳定度（kN）	高度修正系数	稳定度（kN）	流值（0.1mm）
试件编号、桩号	直径	高度										
设计指标												
二、试验结论												
备注	1. 试验规程及评定依据：________。 2. 见证人及证号：________。 3. 见证人单位：________。											

批准： 审核： 试验： 年 月 日 试验单位

试验单位地址： 联系电话： （盖章）

声明：当本机构接受委托送检时，其试验结果仅对来样负责；未经本机构书面批准，不得部分复制试验报告（完整复制除外）。

第 页 共 页

5.2.21 市政试·施-21 沥青混合料动稳定度（车辙）试验报告

市政基础设施工程

沥青混合料动稳定度（车辙）试验报告

市政试·施-21

委托编号________________________试验类别________________________

报告编号________________________工程名称________________________

委托单位________________________工程部位________________________

设计指标________________________试验日期________________________

委托日期________________________

沥青混合料种类				试件制作方法					
试件密度（g/cm^3）				空隙率（%）					
试验轮接地压强（MPa）				试验温度（℃）					
试件编号	取样部位	t_1（min）	t_2（min）	D_1（mm）	D_2（mm）	样品描述	样品状态	动稳定度（次/mm） 单个值	动稳定度（次/mm） 试验结果
试验结论									
备注	1. 试验规程及评定依据：________________________。 2. 见证人及证号：________________________。 3. 见证人单位：________________________。								

批准： 审核： 试验： 年 月 日 试验单位（盖章）

试验单位地址： 联系电话：

声明：当本机构接受委托送检时，其试验结果仅对来样负责；未经本机构书面批准，不得部分复制试验报告（完整复制除外）。

第 页 共 页

5.2.22 市政试·施-22 沥青混合料标准密度试验报告

市政基础设施工程

沥青混合料标准密度试验报告

市政试·施-22

委托编号________________ 试验类别________________

报告编号________________ 工程名称________________

委托单位________________ 试验日期________________

样品描述________________ 样品状态________________

委托日期________________

结构层名称	
结构层厚度（mm）	
混合料种类、规格	
标准密度来源	
标准密度（g/cm^3）	
试验结论	
备注	1. 试验规程及评定依据：________________。 2. 见证人及证号：________________。 3. 见证人单位：________________。

批准： 审核： 试验： 年 月 日 试验单位

试验单位地址： 联系电话： （盖章）

声明：当本机构接受委托送检时，其试验结果仅对来样负责；未经本机构书面批准，不得部分复制试验报告（完整复制除外）。

第 页共 页

5.2.23 市政试·施-23 沥青混合料密度（压实度）试验报告

市政基础设施工程

沥青混合料密度（压实度）试验报告

市政试·施-23

委托编号＿＿＿＿＿＿＿＿＿＿ 试验类别＿＿＿＿＿＿＿＿＿＿

报告编号＿＿＿＿＿＿＿＿＿＿ 工程名称＿＿＿＿＿＿＿＿＿＿

委托单位＿＿＿＿＿＿＿＿＿＿ 检验方法＿＿＿＿＿＿＿＿＿＿

检测里程＿＿＿＿＿＿＿＿＿＿＿＿＿＿＿＿＿＿＿＿

结构层名称及厚度＿＿＿＿＿＿＿＿ 标准密度＿＿＿＿＿＿＿＿ g/cm^3

混合料规格品种＿＿＿＿＿＿＿＿ 委托日期＿＿＿＿＿＿＿＿＿＿

试验或标准要求值＿＿＿＿＿＿％ 试验日期＿＿＿＿＿＿＿＿＿＿

编号	里程桩号及位置	样品描述	样品状态	厚度（mm）	试样密度（g/cm^3）	压实度（%）	编号	里程桩号及位置	样品描述	样品状态	厚度（mm）	试样密度（g/cm^3）	压实度（%）
试验结论													
备注	1. 试验规程及评定依据：＿＿＿＿＿＿＿＿。 2. 见证人及证号：＿＿＿＿＿＿＿＿。 3. 见证人单位：＿＿＿＿＿＿＿＿。												

批准： 审核： 试验： 年 月 日 试验单位

试验单位地址： 联系电话： （盖章）

声明：当本机构接受委托送检时，其试验结果仅对来样负责；未经本机构书面批准，不得部分复制试验报告（完整复制除外）。

第 页 共 页

5.2.24 市政试·施-24 土工标准击实试验报告

市政基础设施工程

土工标准击实试验报告

市政试·施-24

委托编号＿＿＿＿＿＿＿＿＿＿＿＿＿＿＿＿试验类别＿＿＿＿＿＿＿＿＿＿＿＿＿＿＿＿

报告编号＿＿＿＿＿＿＿＿＿＿＿＿＿＿＿＿工程名称＿＿＿＿＿＿＿＿＿＿＿＿＿＿＿＿

委托单位＿＿＿＿＿＿＿＿＿＿＿＿＿＿＿＿试样种类＿＿＿＿＿＿＿＿＿＿＿＿＿＿＿＿

取样地点＿＿＿＿＿＿＿＿＿＿＿＿＿＿＿＿试验日期＿＿＿＿＿＿＿＿＿＿＿＿＿＿＿＿

委托日期＿＿＿＿＿＿＿＿＿＿＿＿＿＿＿＿样品编号＿＿＿＿＿＿＿＿＿＿＿＿＿＿＿＿

样品描述＿＿＿＿＿＿＿＿＿＿＿＿＿＿＿＿样品状态＿＿＿＿＿＿＿＿＿＿＿＿＿＿＿＿

模筒体积（cm^3）											
试验次数											
模筒＋湿试样质量（g）											
模筒质量（g）											
湿试样质量（g）											
试样湿密度（g/cm^3）											
含水量的测定	铝盒号码	1	2	3	4	5	6	7	8	9	10
	盒＋湿试样质量（g）										
	盒＋干试样质量（g）										
	铝盒质量（g）										
	水分质量（g）										
	干试样质量（g）										
	含水量（%）										
	平均含水量（%）										
试样干密度（g/cm^3）											

试样干密度（g/cm^3）

含水量（%）

试验结论	最大干密度＿＿＿＿＿（g/cm^3）　　最佳含水量＿＿＿＿＿%
备注	1. 本试验方法＿＿＿＿＿＿＿＿＿＿按规定采用＿＿＿＿＿＿＿＿＿＿法。 2. 见证人及证号：＿＿＿＿＿＿＿＿＿＿＿＿＿＿＿＿＿＿＿＿。 3. 见证人单位：＿＿＿＿＿＿＿＿＿＿＿＿＿＿＿＿＿＿＿＿。

批准：　　　　审核：　　　　试验：　　　　年　　月　　日　　　　试验单位

试验单位地址：　　　　　　　　联系电话：　　　　　　　　（盖章）

声明：当本机构接受委托送检时，其试验结果仅对来样负责；未经本机构书面批准，不得部分复制试验报告（完整复制除外）。

第　　页 共　　页

5.2.25 市政试·施-25 无机结合料标准击实试验报告

市政基础设施工程

无机结合料标准击实试验报告

市政试·施-25

委托编号__________ 试验类别__________

报告编号__________ 工程名称__________

委托单位__________ 试样种类__________

工程部位__________ 样品编号__________

取样地点__________ 样品编号__________

委托日期__________ 试验日期__________

样品描述__________ 样品状态__________

<table>
<tr><td colspan="3">试样通过最大筛孔尺寸（mm）</td><td colspan="2"></td><td>超尺寸颗粒百分率（%）</td><td colspan="2"></td></tr>
<tr><td colspan="3">无机结合料类型及剂量</td><td colspan="2"></td><td>试验方法类别</td><td colspan="2"></td></tr>
<tr><td colspan="3">试验次数</td><td>1</td><td>2</td><td>3</td><td>4</td><td>5</td></tr>
<tr><td rowspan="6">试验次数</td><td rowspan="3">1</td><td>干密度</td><td></td><td></td><td></td><td></td><td></td></tr>
<tr><td>含水率</td><td></td><td></td><td></td><td></td><td></td></tr>
<tr><td colspan="2">最大干密度（g/cm³）</td><td></td><td colspan="2">最佳含水率（%）</td><td></td></tr>
<tr><td rowspan="3">2</td><td>干密度</td><td></td><td></td><td></td><td></td><td></td></tr>
<tr><td>含水率</td><td></td><td></td><td></td><td></td><td></td></tr>
<tr><td colspan="2">最大干密度（g/cm³）</td><td></td><td colspan="2">最佳含水率（%）</td><td></td></tr>
<tr><td colspan="3">最大干密度（g/cm³）</td><td colspan="2"></td><td>校正后最大干密度（g/cm³）</td><td colspan="2"></td></tr>
<tr><td colspan="3">最佳含水率（%）</td><td colspan="2"></td><td>校正后最佳含水率（%）</td><td colspan="2"></td></tr>
<tr><td colspan="8">干密度（g/cm³）：2.30、2.28、2.26、2.24、2.22、2.20
2.5、3.5、4.5、5.5、6.5、7.5、8.5
含水量（%）</td></tr>
<tr><td>结论</td><td colspan="7">该样品的最大干密度为 g/cm³；最佳含水量为 %。</td></tr>
<tr><td>备注</td><td colspan="7">1. 本试验方法按________规定采用________法。
2. 见证人及证号：________。
3. 见证人单位：________。</td></tr>
</table>

批准： 审核： 试验： 年 月 日 试验单位

试验单位地址： 联系电话： （盖章）

声明：当本机构接受委托送检时，其试验结果仅对来样负责；未经本机构书面批准，不得部分复制试验报告（完整复制除外）。

第 页 共 页

5.2.26 市政试·施-26 密度（压实度）试验报告

市政基础设施工程

密度（压实度）试验报告

市政试·施-26

报告编号________________________试验类别________________________

委托单位________________________工程名称________________________

检测里程____

结构层名称______________________检验方法________________________

使用材料________________________最大干密度__________________g/cm³

标准或设计要求值________________试验日期________________________

编号	里程桩号及位置	湿密度（g/cm³）	含水量（%）	干密度（g/cm³）		压实度（%）	编号	里程桩号及位置	湿密度（g/cm³）	含水量（%）	干密度（g/cm³）		压实度（%）
				单个	平均						单个	平均	
试验结论													
备注	1. 试验规程及评定依据________________。 2. 见证人（监督员）________________。												

批准： 审核： 试验： 年 月 日 试验单位

试验单位地址： 联系电话： （盖章）

声明：未经本____书面批准，不得部分复制试验报告（完整复制除外）。

第 页共 页

5.2.27 市政试·施-27 路面抗滑性能（构造深度）试验报告

市政基础设施工程

路面抗滑性能（构造深度）试验报告

市政试·施-27

委托编号____________ 试验类别____________

报告编号____________ 工程名称____________

委托单位____________ 评定路段____________

试验方法____________ 设计或标准要求值____________（mm）

面层类型____________ 天气状况____________

试验日期____________ 委托日期____________

测点位置	构造深度 TD（mm）		测点位置	构造深度 TD（mm）	
	单个值	平均值		单个值	平均值
结论					
备注	1. 试验规程及评定依据：____________。 2. 见证人及证号：____________。 3. 见证人单位：____________。				

批准： 审核： 试验： 年 月 日 试验单位（盖章）

试验单位地址： 联系电话：

声明：当本机构接受委托送检时，其试验结果仅对来样负责；未经本机构书面批准，不得部分复制试验报告（完整复制除外）。

第 页 共 页

5.2.28 市政试·施-28 路面抗滑性能（摩擦系数）试验报告

市政基础设施工程

路面抗滑性能（摩擦系数）试验报告

市政试·施-28

委托编号________________ 试验类别________________

报告编号________________ 工程名称________________

委托单位________________ 评定路段________________

试验方法________________ 设计或标准要求值________________

面层类型________________ 天气状况________________

试验日期________________ 委托日期________________

<table>
<tr><th>测点位置</th><th>路面温度（℃）</th><th>测点摆值 FBT</th><th>标准温度摆值 F_{B20}</th><th>平均摆值 BPN</th><th>横向力系数</th></tr>
<tr><td rowspan="3"></td><td rowspan="3"></td><td></td><td></td><td rowspan="3"></td><td rowspan="3"></td></tr>
<tr><td></td><td></td></tr>
<tr><td></td><td></td></tr>
<tr><td rowspan="3"></td><td rowspan="3"></td><td></td><td></td><td rowspan="3"></td><td rowspan="3"></td></tr>
<tr><td></td><td></td></tr>
<tr><td></td><td></td></tr>
<tr><td rowspan="3"></td><td rowspan="3"></td><td></td><td></td><td rowspan="3"></td><td rowspan="3"></td></tr>
<tr><td></td><td></td></tr>
<tr><td></td><td></td></tr>
<tr><td rowspan="3"></td><td rowspan="3"></td><td></td><td></td><td rowspan="3"></td><td rowspan="3"></td></tr>
<tr><td></td><td></td></tr>
<tr><td></td><td></td></tr>
<tr><td rowspan="3"></td><td rowspan="3"></td><td></td><td></td><td rowspan="3"></td><td rowspan="3"></td></tr>
<tr><td></td><td></td></tr>
<tr><td></td><td></td></tr>
<tr><td rowspan="3"></td><td rowspan="3"></td><td></td><td></td><td rowspan="3"></td><td rowspan="3"></td></tr>
<tr><td></td><td></td></tr>
<tr><td></td><td></td></tr>
<tr><td>结论</td><td colspan="5"></td></tr>
<tr><td>备注</td><td colspan="5">1. 试验规程及评定依据：________________。
2. 见证人及证号：________________。
3. 见证人单位：________________。</td></tr>
</table>

批准： 审核： 试验： 年 月 日 试验单位

试验单位地址： 联系电话： （盖章）

声明：当本机构接受委托送检时，其试验结果仅对来样负责；未经本机构书面批准，不得部分复制试验报告（完整复制除外）。

第 页 共 页

5.2.29 市政试·施-29 构件无损检测试验报告（封面）

市政试·施-29

市政基础设施工程

构件无损检测试验报告

委托编号：________________委托日期：________________

报告编号：________________试验类别：________________

委托单位：________________工程名称：________________

工程部位：________________________________

见证人及证号：________________见证人单位：________________

试验单位（章）

年　　月　　日

第　　页　共　　页

5.2.30 市政试·施-30 预制安装水池壁板缠丝应力测定报告

市政基础设施工程

预制安装水池壁板缠丝应力测定报告

市政试·施-30

委托编号________________ 试验类别________________

报告编号________________ 工程名称________________

委托单位________________ 工程部位________________

委托日期________________

构筑物名称			构筑物外径（m）		
锚固肋数			钢筋环数		
钢筋直径（mm）			每段钢筋长度（m）		
日期	环号	肋号	平均应力（MPa）	应力损失（MPa）	应力损失（%）
设计或标准值					
结论：					
备注：	1. 试验规程及评定依据：________________。 2. 见证人及证号：________________。 3. 见证人单位：________________。				

批准： 审核： 试验： 年 月 日 试验单位

试验单位地址： 联系电话： （盖章）

声明：当本机构接受委托送检时，其试验结果仅对来样负责；未经本机构书面批准，不得部分复制试验报告（完整复制除外）。

第 页 共 页

5.2.31　市政试·施-31　桩基础无损检测试验报告（封面）

市政试·施-31

市政基础设施工程

桩基础无损检测试验报告

委托编号：____________________委托日期：____________________

报告编号：____________________试验类别：____________________

委托单位：____________________工程名称：____________________

工程部位：____

见证人及证号：__________________见证人单位：__________________

试验单位（章）

年　　月　　日

第　　页 共　　页

5.2.32　市政试·施-32　基础（桩、地基）承载力试验报告（封面）

市政试·施-32

市政基础设施工程

基础(桩、地基)承载力试验报告

委托编号：________________委托日期：________________

报告编号：________________试验类别：________________

委托单位：________________工程名称：________________

工程部位：____

见证人及证号：______________见证人单位：______________

试验单位（章）

年　　月　　日

第　　页 共　　页

5.2.33 市政试·施-33 道路弯沉试验报告

市政基础设施工程

道路弯沉试验报告

市政试·施-33

委托编号__________报告编号__________工程名称________________试验类别__________

委托单位________________工程部位____________________结构层名称______________

试验车参数________________试验温度____________________℃ 试验日期______________

里程桩号及位置	加载读数（1/100mm）		卸载读数（1/100mm）		弯沉值（1/100mm）		里程桩号及位置	加载读数（1/100mm）		卸载读数（1/100mm）		弯沉值（1/100mm）	
	左轮	右轮	左轮	右轮	左轮	右轮		左轮	右轮	左轮	右轮	左轮	右轮
试验结论	（一）统计页码：页，统计点数 n=____，平均值 ī=____（1/100mm），标准差 S=____（1/100mm），保证系数 Z_{α}=____，温度修正系数 K=________，代表弯沉值 1r=ī+Zα×S=________（1/100mm）； （二）设计弯沉值______（1/100mm），试验结论为__________。												
备注	1. 试验规程及评定依据：________________。 2. 见证人及证号：________________。 3. 见证人单位：________________。												

批准： 审核： 试验： 年 月 日 试验单位

试验单位地址： 联系电话： （盖章）

声明：当本机构接受委托送检时，其试验结果仅对来样负责；未经本机构书面批准，不得部分复制试验报告（完整复制除外）。

第 页 共 页

5.2.34　市政试·施-34　大型预制混凝土构件结构性能试验报告（封面）

市政试·施-34

市政基础设施工程

大型预制混凝土构件结构性能试验报告

委托编号：＿＿＿＿＿＿＿＿＿＿＿＿委托日期：＿＿＿＿＿＿＿＿＿＿＿＿

报告编号：＿＿＿＿＿＿＿＿＿＿＿＿试验类别：＿＿＿＿＿＿＿＿＿＿＿＿

委托单位：＿＿＿＿＿＿＿＿＿＿＿＿工程名称：＿＿＿＿＿＿＿＿＿＿＿＿

工程部位：＿＿＿＿＿＿＿＿＿＿＿＿＿＿＿＿＿＿＿＿＿＿＿＿＿＿＿＿

见证人及证号：＿＿＿＿＿＿＿＿＿＿见证人单位：＿＿＿＿＿＿＿＿＿＿

试验单位（章）

年　　月　　日

第　　页 共　　页

5.2.35 市政试·施-35 预应力孔道摩阻力试验报告（封面）

市政试·施-35

市政基础设施工程

预应力孔道摩阻力试验报告

委托编号：________________ 委托日期：________________

报告编号：________________ 试验类别：________________

委托单位：________________ 工程名称：________________

工程部位：________________________________

见证人及证号：________________ 见证人单位：________________

试验单位（章）

年 月 日

第 页 共 页

5.2.36　市政试·施-36　预应力孔道有效预应力检测报告（封面）

市政试·施-36

市政基础设施工程

预应力孔道有效预应力检测报告

委托编号：____________________委托日期：____________________

报告编号：____________________试验类别：____________________

委托单位：____________________工程名称：____________________

工程部位：____

见证人及证号：________________见证人单位：________________

试验单位（章）

年　　月　　日

第　　页 共　　页

5.2.37　市政试·施-37　桥梁使用功能（动、静载）试验报告（封面）

市政试·施-37

市政基础设施工程

桥梁使用功能(动、静载)试验报告

委托编号：______________________委托日期：______________________

报告编号：______________________试验类别：______________________

委托单位：______________________工程名称：______________________

工程部位：____

见证人及证号：__________________见证人单位：____________________

试验单位（章）

年　　月　　日

第　　页　共　　页

5.2.38 市政试·施-38 排水管（渠）道闭水试验报告

市政基础设施工程

排水管（渠）道闭水试验报告

市政试·施-38

委托编号________________ 试验类别________________

报告编号________________ 工程名称________________

委托单位________________ 试验日期________________

管（渠）结构________________

起止井号	号井段至 号井段，带 号井		
管径或断面尺寸		接口作法	
试验次数	第 次 共试 次		
试验水头	高于上游管内顶 米		
允许渗水量	立方米/（24小时×公里）		
试验结果	1. 全长 米，经 小时共渗水 立方米		
	2. 折合 立方米/（24小时×公里）		
目测渗漏情况			
试验结论			
备注	1. 试验规程及评定依据：________________。 2. 见证人及证号：________________。 3. 见证人单位：________________。		

批准： 审核： 试验： 年 月 日 试验单位

试验单位地址： 联系电话： （盖章）

声明：当本机构接受委托送检时，其试验结果仅对来样负责；未经本机构书面批准，不得部分复制试验报告（完整复制除外）。

第 页 共 页

5.2.39 市政试·施-39 水池满水试验报告

市政基础设施工程

水池满水试验报告

市政试·施-39

报告编号________________试验类别________________

委托单位________________试验日期________________

工程名称________________

<table>
<tr><td colspan="2">水池名称</td><td></td><td>水池结构</td><td></td></tr>
<tr><td colspan="2">水池平面尺寸（m×m）</td><td></td><td>水面面积 A_1（m^2）</td><td></td></tr>
<tr><td colspan="2">水深（m）</td><td></td><td>湿润面积 A_2（m^2）</td><td></td></tr>
<tr><td colspan="2">测试</td><td>（　　）次</td><td>（　　）次</td><td>（　　）次</td></tr>
<tr><td colspan="2">测读时间（h）</td><td></td><td></td><td></td></tr>
<tr><td colspan="2">水池水位 E（mm）</td><td></td><td></td><td></td></tr>
<tr><td colspan="2">蒸发水箱水位 e（mm）</td><td></td><td></td><td></td></tr>
<tr><td rowspan="2">实测渗水量</td><td>m^3/d</td><td></td><td></td><td></td></tr>
<tr><td>$L/(m^2 \cdot d)$</td><td></td><td></td><td></td></tr>
<tr><td>允许渗水量</td><td>$L/(m^2 \cdot d)$</td><td colspan="3"></td></tr>
<tr><td>试验结论</td><td colspan="4"></td></tr>
<tr><td>备注</td><td colspan="4">1. 试验规程及评定依据：____________。
2. 见证人：______/______。
3. 见证单位：______/______。</td></tr>
</table>

批准：______审核：______试验：________年___月___日　试验单位（盖章）

试验单位地址：　　　　，联系电话：　　　　，传真：

声明：未经本______书面批准，不得部分复制试验报告（完整复制除外）。

5.2.40　市政试·施-40　污泥消化池气密性试验报告

市政基础设施工程

污泥消化池气密性试验报告

市政试·施-40

委托编号＿＿＿＿＿＿＿＿＿＿＿＿试验类别＿＿＿＿＿＿＿＿＿＿＿＿

报告编号＿＿＿＿＿＿＿＿＿＿＿＿工程名称＿＿＿＿＿＿＿＿＿＿＿＿

委托单位＿＿＿＿＿＿＿＿＿＿＿＿试验日期＿＿＿＿＿＿＿＿＿＿＿＿

池名			
池体结构		标准（设计）允许值	
气室顶面直径（m）		顶面面积（m^2）	
气室底面直径（m）		底面面积（m^2）	
气室高度（m）		气室体积（m^3）	
测读记录	初读数	末读数	两次读数差
测读时间	年　月　日 时　分	年　月　日 时　分	
池内气压　Pa			
大气气压　Pa			
池内气温 t（℃）			
池内水位 E（mm）			
压力降△P			
压力降占试验压力（%）			
结论：			
备注：	1. 试验规程及评定依据：＿＿＿＿＿＿＿＿＿＿。 2. 见证人及证号：＿＿＿＿＿＿＿＿＿＿。 3. 见证人单位：＿＿＿＿＿＿＿＿＿＿。		

批准：　　　　审核：　　　　试验：　　　　年　月　日　　　　试验单位

试验单位地址：　　　　　　联系电话：　　　　　　（盖章）

声明：当本机构接受委托送检时，其试验结果仅对来样负责；未经本机构书面批准，不得部分复制试验报告（完整复制除外）。

第　页共　页

5.2.41 市政试·施-41 压力管道水压试验报告

市政基础设施工程

压力管道水压试验报告

市政试·施-41

委托编号____________________ 试验类别____________________

报告编号____________________ 工程名称____________________

委托单位____________________ 工程部位____________________

试验日期____________________

<table>
<tr><td colspan="2">桩号及管段</td><td colspan="5"></td></tr>
<tr><td colspan="2">管径（mm）</td><td colspan="2">管材</td><td colspan="2">接口种类</td><td>试验段长度（m）</td></tr>
<tr><td colspan="2"></td><td colspan="2"></td><td colspan="2"></td><td></td></tr>
<tr><td colspan="2">工作压力（MPa）</td><td colspan="2">试验压力（MPa）</td><td colspan="2">15 分钟降压值（MPa）</td><td>允许渗水量（L/min）</td></tr>
<tr><td colspan="2"></td><td colspan="2"></td><td colspan="2"></td><td></td></tr>
<tr><td rowspan="5">试验方法</td><td rowspan="5">注水法</td><td>次数</td><td>达到试验压力的时间 t_1</td><td>恒压结束时间 t_2</td><td>恒压时间内注入的水量 W（L）</td><td>渗水量 q（L/min）</td></tr>
<tr><td>1</td><td></td><td></td><td></td><td></td></tr>
<tr><td>2</td><td></td><td></td><td></td><td></td></tr>
<tr><td>3</td><td></td><td></td><td></td><td></td></tr>
<tr><td colspan="5">折合平均渗水量__________ L/（min）·（km）</td></tr>
<tr><td colspan="2">外观</td><td colspan="5"></td></tr>
<tr><td colspan="2">结论</td><td>强度试验</td><td></td><td>严密性试验</td><td colspan="2"></td></tr>
<tr><td colspan="2">备注</td><td colspan="5">1. 试验规程及评定依据：____________________。
2. 见证人及证号：____________________。
3. 见证人单位：____________________。</td></tr>
</table>

批准： 审核： 试验： 年 月 日 试验单位（盖章）

试验单位地址： 联系电话：

声明：当本机构接受委托送检时，其试验结果仅对来样负责；未经本机构书面批准，不得部分复制试验报告（完整复制除外）。

第 页 共 页

5.2.42 市政试·施-42 热力管道水压试验报告

市政基础设施工程

热力管道水压试验报告

市政试·施-42

委托编号＿＿＿＿＿＿＿＿ 试验类别＿＿＿＿＿＿＿＿

报告编号＿＿＿＿＿＿＿＿ 工程名称＿＿＿＿＿＿＿＿

委托单位＿＿＿＿＿＿＿＿ 试验日期＿＿＿＿＿＿＿＿

试压范围（起止桩号）		管材及管径	
试压总长度（m）			
试验压力（MPa）		稳压时间（min）	
允许压力降（MPa）			
实际压力降（MPa）			
试验情况			
结论			
备注	1. 试验规程及评定依据：＿＿＿＿＿＿。 2. 见证人及证号：＿＿＿＿＿＿。 3. 见证人单位：＿＿＿＿＿＿。		

批准： 审核： 试验： 年 月 日 试验单位

试验单位地址： 联系电话： （盖章）

声明：当本机构接受委托送检时，其试验结果仅对来样负责；未经本机构书面批准，不得部分复制试验报告（完整复制除外）。

第 页 共 页

5.2.43 市政试·施-43 动力触探试验报告（封面）

市政试·施-43

市政基础设施工程

动力触探试验报告

委托编号：________________委托日期：________________

报告编号：________________试验类别：________________

委托单位：________________工程名称：________________

工程部位：________________________________

见证人及证号：________________见证人单位：________________

试验单位（章）

年 月 日

第 页 共 页

5.2.44 市政试·施-44 燃气管道严密性试验报告

市政基础设施工程

燃气管道严密性试验报告

市政试·施-44

委托编号______________________试验类别______________________

报告编号______________________工程名称______________________

委托单位______________________试验日期______________________

<table>
<tr><td colspan="2">试验压力</td><td colspan="2"></td><td colspan="2">允许压力降</td><td colspan="2"></td></tr>
<tr><td colspan="2">压力级别及管径</td><td colspan="2"></td><td colspan="2">起止桩号</td><td colspan="2"></td></tr>
<tr><td colspan="2">打气时间</td><td colspan="2">年　月　日　时</td><td colspan="2">稳压时间</td><td colspan="2">小时</td></tr>
<tr><td colspan="2">记录开始时间</td><td colspan="2">年　月　日　时</td><td colspan="2">管道材质</td><td colspan="2"></td></tr>
<tr><td colspan="2">试验介质</td><td colspan="2"></td><td colspan="2">长度</td><td colspan="2"></td></tr>
<tr><td>时间</td><td>上读数</td><td>下读数</td><td>土壤温度℃</td><td>时间</td><td>上读数</td><td>下读数</td><td>土壤温度℃</td></tr>
<tr><td></td><td></td><td></td><td></td><td></td><td></td><td></td><td></td></tr>
<tr><td></td><td></td><td></td><td></td><td></td><td></td><td></td><td></td></tr>
<tr><td></td><td></td><td></td><td></td><td></td><td></td><td></td><td></td></tr>
<tr><td></td><td></td><td></td><td></td><td></td><td></td><td></td><td></td></tr>
<tr><td></td><td></td><td></td><td></td><td></td><td></td><td></td><td></td></tr>
<tr><td></td><td></td><td></td><td></td><td></td><td></td><td></td><td></td></tr>
<tr><td></td><td></td><td></td><td></td><td></td><td></td><td></td><td></td></tr>
<tr><td>结论</td><td colspan="7"></td></tr>
<tr><td>备注</td><td colspan="7">1. 试验规程及评定依据：______________________。
2. 见证人及证号：______________________。
3. 见证人单位：______________________。</td></tr>
</table>

批准：　　　　审核：　　　　试验：　　　　年　　月　　日　　试验单位

试验单位地址：　　　　联系电话：　　　　（盖章）

声明：当本机构接受委托送检时，其试验结果仅对来样负责；未经本机构书面批准，不得部分复制试验报告（完整复制除外）。

第　　页 共　　页

5.2.45 市政试·施-45 燃气管道强度试验报告

市政基础设施工程

燃气管道强度试验报告

市政试·施-45

委托编号________________ 试验类别________________

报告编号________________ 工程名称________________

委托单位________________ 试验日期________________

起止桩号		管径	φ
接口作法		管道材质	
试验压力	MPa		
试验介质			
试验结果：			
结论：			
备注：	1. 试验规程及评定依据：________________。 2. 见证人及证号：________________。 3. 见证人单位：________________。		

批准： 审核： 试验： 年 月 日 试验单位

试验单位地址： 联系电话： （盖章）

声明：当本机构接受委托送检时，其试验结果仅对来样负责；未经本机构书面批准，不得部分复制试验报告（完整复制除外）。

第 页 共 页

5.2.46 市政试·施-46 土的承载比（CBR）试验报告

市政基础设施工程

土的承载比（CBR）试验报告

市政试·施-46

委托编号________ 试验类别________
报告编号________ 工程名称________
委托单位________ 工程部位________
委托日期________ 最佳含水率________
最大干密度________ 标准（设计）要求值________
样品编号________ 压 实 度________
样品种类________ 试验日期________
击实方法________ 击实次数________
样品描述________ 样品状态________

<table>
<tr><td colspan="5">1. 膨胀量试验</td></tr>
<tr><td colspan="2">编号</td><td>1</td><td>2</td><td>3</td></tr>
<tr><td rowspan="2">膨胀量
（%）</td><td>单个值</td><td></td><td></td><td></td></tr>
<tr><td>平均值</td><td></td><td></td><td></td></tr>
<tr><td rowspan="2">干密度
（g/cm³）</td><td>单个值</td><td></td><td></td><td></td></tr>
<tr><td>平均值</td><td></td><td></td><td></td></tr>
<tr><td rowspan="2">吸水量
（g）</td><td>单个值</td><td></td><td></td><td></td></tr>
<tr><td>平均值</td><td></td><td></td><td></td></tr>
<tr><td colspan="5">2. 贯入试验</td></tr>
<tr><td colspan="2">编号</td><td>1</td><td>2</td><td>3</td></tr>
<tr><td colspan="2">l=2.5mm 的压力（kPa）</td><td></td><td></td><td></td></tr>
<tr><td rowspan="2">$CBR_{2.5}$（%）</td><td>单个值</td><td></td><td></td><td></td></tr>
<tr><td>平均值</td><td></td><td></td><td></td></tr>
<tr><td colspan="2">l=5.0mm 的压力（kPa）</td><td></td><td></td><td></td></tr>
<tr><td rowspan="2">$CBR_{5.0}$（%）</td><td>单个值</td><td></td><td></td><td></td></tr>
<tr><td>平均值</td><td></td><td></td><td></td></tr>
<tr><td colspan="2">CBR（%）</td><td colspan="3"></td></tr>
<tr><td colspan="5">3. 试验结论</td></tr>
<tr><td colspan="5"></td></tr>
<tr><td colspan="5">4. 备注</td></tr>
<tr><td colspan="5">1. 试验规程及评定依据：________。
2. 见证人及证号：________。
3. 见证人单位：________。</td></tr>
</table>

批准： 审核： 试验： 年 月 日 试验单位
试验单位地址： 联系电话： （盖章）

声明：当本机构接受委托送检时，其试验结果仅对来样负责；未经本机构书面批准，不得部分复制试验报告（完整复制除外）。

第 页 共 页

5.2.47 市政试·施-47 界限含水率试验报告（液、塑限联合测定法）

市政基础设施工程

界限含水率试验报告
（液、塑限联合测定法）

市政试·施-47

委托编号____________________试验类别____________________

报告编号____________________工程名称____________________

委托单位____________________工程部位____________________

样品种类____________________委托日期、____________________

产　　地____________________试验日期____________________

样品编号____________________样品描述____________________

样品状态____________________

试验项目 \ 试验次数		1		2		3		锥入深度与含水率关系图
圆锥下沉深度（mm）								
含水率（%）	盒号							
	盒质量（g）							
	盒+湿土质量（g）							
	盒+干土质量（g）							
	水质量（g）							
	干土质量（g）							
	含水率（%）							
	平均含水率（%）							
液限（%）								
塑限（%）								
塑性指数（%）								
结论								
备注	1. 试验规程及评定依据：____________________。 2. 见证人及证号：____________________。 3. 见证人单位：____________________。							

锥入深度与含水率关系图：纵轴 锥入深度（mm）1、10、100；横轴 含水率（%）1、10、100

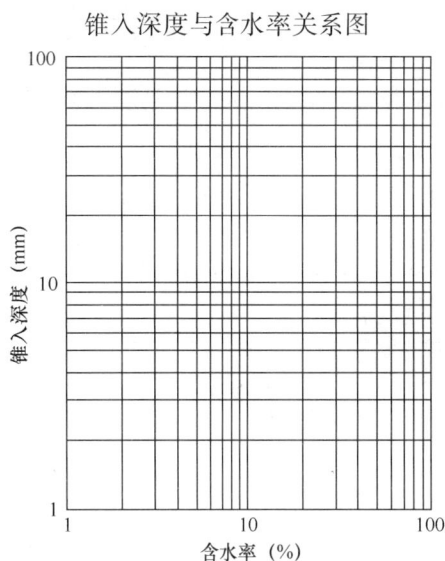

批准：　　　审核：　　　试验：　　　年　　月　　日　　　试验单位

试验单位地址：　　　　联系电话：　　　　（盖章）

声明：当本机构接受委托送检时，其试验结果仅对来样负责；未经本机构书面批准，不得部分复制试验报告（完整复制除外）。

第　　页 共　　页

5.2.48 市政试·施-48 无机结合料稳定材料配合比设计报告

市政基础设施工程

无机结合料稳定材料
配合比设计报告

市政试·施-48

委托编号________________试验类别________________
报告编号________________工程名称________________
委托单位________________工程部位________________
稳定剂种类________________压 实 度________________
土 种 类________________委托日期________________
样品编号________________试验日期________________
样品描述________________样品状态________________

<table>
<tr><td rowspan="2">序号</td><td rowspan="2">无机结合料剂量（%）</td><td rowspan="2">最佳含水量（%）</td><td rowspan="2">最大干密度（%）</td><td colspan="3">无侧限抗压强度试验</td></tr>
<tr><td>平均抗压强度（MPa）</td><td>偏差系数</td><td>$R_d/(1-Z_aC_v)$（MPa）</td></tr>
<tr><td>1</td><td></td><td></td><td></td><td></td><td></td><td></td></tr>
<tr><td>2</td><td></td><td></td><td></td><td></td><td></td><td></td></tr>
<tr><td>3</td><td></td><td></td><td></td><td></td><td></td><td></td></tr>
<tr><td>4</td><td></td><td></td><td></td><td></td><td></td><td></td></tr>
<tr><td>5</td><td></td><td></td><td></td><td></td><td></td><td></td></tr>
<tr><td>剂量</td><td colspan="6">根据以上配合比设计结果，无机结合料剂量为 %的平均无侧限抗压强度≥$R_d/(1-Z_aC_v)$且掺量最少，据此确定其无机结合料的剂量为________%。</td></tr>
<tr><td rowspan="3">配合比</td><td colspan="2">材料名称</td><td></td><td></td><td></td><td></td></tr>
<tr><td colspan="2">质量百分比（%）</td><td></td><td></td><td></td><td></td></tr>
<tr><td colspan="2">单位体积用量（kg/m^3）</td><td></td><td></td><td></td><td></td></tr>
<tr><td>备注</td><td colspan="6">1. 试验规程及评定依据：________________。
2. 见证人及证号：________________。
3. 见证人单位：________________。</td></tr>
</table>

批准： 审核： 试验： 年 月 日 试验单位

试验单位地址： 联系电话： （盖章）

声明：当本机构接受委托送检时，其试验结果仅对来样负责；未经本机构书面批准，不得部分复制试验报告（完整复制除外）。

第 页 共 页

5.2.49 市政试·施-49 土层（岩石）锚杆轴向抗拔试验报告（封面）

市政试·施-49

市政基础设施工程

土层(岩石)锚杆轴向抗拔试验报告

委托编号：____________________ 委托日期：____________________

报告编号：____________________ 试验类别：____________________

委托单位：____________________ 工程名称：____________________

工程部位：____

见证人及证号：________________ 见证人单位：________________

试验单位（章）

年 月 日

第 页 共 页

5.2.50　市政试·施-50　钢结构无损检测试验报告（封面）

市政试·施-50

市政基础设施工程

钢结构无损检测试验报告

委托编号：________________ 委托日期：________________

报告编号：________________ 试验类别：________________

委托单位：________________ 工程名称：________________

工程部位：____

见证人及证号：______________ 见证人单位：______________

试验单位（章）

年　　月　　日

第　　页共　　页

5.2.51　市政试·施-51　外墙饰面砖粘结强度检验报告

市政基础设施工程

外墙饰面砖粘结强度检验报告

市政试·施-51

委托编号：________________________　报告编号：____________

委托单位：________________________　试验类别：____________

工程名称：________________________　基体材料：____________

工程部位：________________________　饰面砖类别：____________

粘结材料：__________　粘 结 剂：__________　环境温度：____________

检测面类型：__________　施工日期：__________　委托日期：____________

检验日期：__________

样品编号	检测部位	龄期（天）	试件尺寸（mm）	强度实测值（MPa）			强度标准值（MPa）		破坏状态	结论
				单块值	单块最小值	平均值	单块最小值	平均值		
备注	1. 试验规程及评定依据：________________。 2. 见证人及证号：________________。 3. 见证人单位：________________。									

批准：　　　　审核：　　　　试验：　　　　年　　月　　日　　　　试验单位

试验单位地址：　　　　　　　　联系电话：　　　　　　　　　　　　（盖章）

声明：当本机构接受委托送检时，其试验结果仅对来样负责；未经本机构书面批准，不得部分复制试验报告（完整复制除外）。

第1页　共1页

5.2.52 市政试·施-52 混凝土拌合物氯离子检验报告

市政基础设施工程

混凝土拌合物氯离子检验报告

市政试·施-52

报告编号______________________________试验类别 普通送检______________________

委托单位______________________________工程名称______________________________

设计强度等级__________________________使用部位______________________________

设计坍落度____________________________搅拌方式______________________________

检测环境 温度： ℃ 湿度： % 检测日期______________________________

其他技术要求____

原材料	水泥	品种	强度等级	生产厂名		牌号	出厂日期	试样编号
	砂	产地	颗粒级配	细度模数		含泥量（%）	泥块含量（%）	试样编号
	石	产地	品种	筛分析		含泥量（%）	泥块含量（%）	试样编号
	掺合料	品种	等级	试样编号	外加剂	名称	掺量（%）	试样编号
	其他材料							
配合比		水泥：水：砂：石						
检验结果								
混凝土拌合物		180 160 140 120 100 80 60 40 20 0 0 0.00055 0.0011 0.00165 0.0022 0.00275 0.0033 0.00385 0.0044 0.00495 0.0055 X轴为C浓度 Y轴为E电位						
氯离子含量%								
备注		1. 试验规程：JTJ 270—1998。 2. 见证单位/监督单位： 3. 见证人/证号/监督编号：						

批准： 审核： 试验： 2018年6月16日 （盖章）

试验单位地址：

声明：未经本公司书面批准，不得部分复制试验报告（完整复制除外）。

第1页共1页

5.2.53　市政试·施-53　园林铺装工程（园路）外观与形体质量检测报告（封面）

市政试·施-53

市政基础设施工程

园林铺装工程（园路）
外观与形体质量检测报告

委托编号：________________委托日期：________________

报告编号：________________试验类别：________________

委托单位：________________工程名称：________________

工程部位：____

见证人及证号：______________见证人单位：______________

试验单位（章）

年　　月　　日

第　　页 共　　页

5.2.54 市政试·施-54 园林植物病虫害调查检验报告（封面）

市政试·施-54

市政基础设施工程

园林植物病虫害调查检验报告

委托编号：________________ 委托日期：________________

报告编号：________________ 试验类别：________________

委托单位：________________ 工程名称：________________

工程部位：____

见证人及证号：______________ 见证人单位：______________

试验单位（章）

年 月 日

第 页 共 页

5.2.55 市政试·施-55 钢轨移动式闪光焊接头检验报告（封面）

市政试·施-55

市政基础设施工程

钢轨移动式闪光焊接头检验报告

工程名称：________________

工程地点：________________

报告编号：________________

试验类别：________________

委托单位：________________

委托编号：________________

检测单位（名称、盖章）

年 月 日

5.2.56　市政试·施-56　钢轨铝热焊接头检验报告（封面）

市政试·施-56

市政基础设施工程

钢轨铝热焊接头检验报告

工程名称：＿＿＿＿＿＿＿＿＿＿＿＿＿＿＿＿

工程地点：＿＿＿＿＿＿＿＿＿＿＿＿＿＿＿＿

报告编号：＿＿＿＿＿＿＿＿＿＿＿＿＿＿＿＿

试验类别：＿＿＿＿＿＿＿＿＿＿＿＿＿＿＿＿

委托单位：＿＿＿＿＿＿＿＿＿＿＿＿＿＿＿＿

委托编号：＿＿＿＿＿＿＿＿＿＿＿＿＿＿＿＿

检测单位（名称、盖章）

年　　月　　日

5.2.57 市政试·施-57 槽型钢轨移动式闪光焊接头检验报告（封面）

市政试·施-57

市政基础设施工程

槽型钢轨移动式闪光焊接头检验报告

工程名称：________________________________

工程地点：________________________________

报告编号：________________________________

试验类别：________________________________

委托单位：________________________________

委托编号：________________________________

检测单位（名称、盖章）

年 月 日

5.2.58　市政试·施-58　钢轨超声波检测报告（封面）

市政试·施-58

市政基础设施工程

钢轨超声波检测报告

工程名称：____________________

工程地点：____________________

报告编号：____________________

试验类别：____________________

委托单位：____________________

委托编号：____________________

检测单位（名称、盖章）

年　　月　　日

5.2.59　市政试·施-59　钢轨焊接型式试验报告（封面）

市政试·施-59

市政基础设施工程

钢轨焊接型式试验报告

工程名称：________________________________

工程地点：________________________________

报告编号：________________________________

试验类别：________________________________

委托单位：________________________________

委托编号：________________________________

检测单位（名称、盖章）

年　　月　　日

5.2.60　市政试·施-60　钢轨焊接周期性生产检验报告（封面）

市政试·施-60

市政基础设施工程

钢轨焊接周期性生产检验报告

工程名称：________________________________

工程地点：________________________________

报告编号：________________________________

试验类别：________________________________

委托单位：________________________________

委托编号：________________________________

检测单位（名称、盖章）

年　　月　　日

5.2.61　市政试·施-61　供电系统交接试验检验报告

市政试·施-61

市政基础设施工程

供电系统交接试验
检验报告

编　　号：

工程名称：

委托单位：

检验类别：

检测单位（盖章）

日期：

声　明

1. 本报告无本中心“试验专用章”（包括骑缝章）无效；

2. 本报告无审核人、批准人签名无效；

3. 本报告涂改、部分复印无效；

4. 对检验报告若有异议，自收到报告之日起，限三十日内向本中心提出；

5. 委托检验样品和送检单位（客户）等委托信息由委托人提供，本机构不对其真实性负责，本报告仅对所检样品有效。

通 讯 资 料

地　　址：

邮政编码：

电　　话：

传　　真：

电子信箱：

检 验 报 告（首页）

<table>
<tr><td>工程名称</td><td colspan="2"></td><td>检验类别</td><td colspan="2"></td></tr>
<tr><td>施工单位</td><td colspan="2"></td><td>检验地点</td><td colspan="2"></td></tr>
<tr><td>委托单位</td><td colspan="2"></td><td>检验完成日期</td><td colspan="2"></td></tr>
<tr><td>检验依据</td><td colspan="5"></td></tr>
<tr><td>评审依据</td><td colspan="5"></td></tr>
<tr><td rowspan="20">检验用主要仪器设备</td><td>仪器设备名称</td><td>型号</td><td colspan="2">编号</td><td>有效期</td></tr>
<tr><td></td><td></td><td colspan="2"></td><td></td></tr>
<tr><td></td><td></td><td colspan="2"></td><td></td></tr>
<tr><td></td><td></td><td colspan="2"></td><td></td></tr>
<tr><td></td><td></td><td colspan="2"></td><td></td></tr>
<tr><td></td><td></td><td colspan="2"></td><td></td></tr>
<tr><td></td><td></td><td colspan="2"></td><td></td></tr>
<tr><td></td><td></td><td colspan="2"></td><td></td></tr>
<tr><td></td><td></td><td colspan="2"></td><td></td></tr>
<tr><td></td><td></td><td colspan="2"></td><td></td></tr>
<tr><td></td><td></td><td colspan="2"></td><td></td></tr>
<tr><td></td><td></td><td colspan="2"></td><td></td></tr>
<tr><td></td><td></td><td colspan="2"></td><td></td></tr>
<tr><td></td><td></td><td colspan="2"></td><td></td></tr>
<tr><td></td><td></td><td colspan="2"></td><td></td></tr>
<tr><td></td><td></td><td colspan="2"></td><td></td></tr>
<tr><td></td><td></td><td colspan="2"></td><td></td></tr>
<tr><td></td><td></td><td colspan="2"></td><td></td></tr>
<tr><td></td><td></td><td colspan="2"></td><td></td></tr>
<tr><td></td><td></td><td colspan="2"></td><td></td></tr>
<tr><td>检验结论</td><td colspan="5"></td></tr>
<tr><td>审核人及
审核日期</td><td colspan="2"></td><td>批准人及
签发日期</td><td colspan="2"></td></tr>
</table>

5.2.61.1 市政试·施-61-1 12kV GIS 开关柜检验报告

市政基础设施工程

12kV GIS 开关柜检验报告

市政试·施-61-1

共　　页，第　　页

<table>
<tr><td rowspan="4">铭牌</td><td>试验地点</td><td></td><td>频率</td><td></td></tr>
<tr><td>型号</td><td></td><td>生产厂家</td><td></td></tr>
<tr><td>出厂编号</td><td></td><td>额定电流</td><td></td></tr>
<tr><td>额定电压</td><td></td><td>出厂日期</td><td></td></tr>
<tr><td colspan="2">安装处所</td><td colspan="3">H01</td></tr>
<tr><td colspan="5">检验项目</td></tr>
<tr><td colspan="5">1. 密封性检验　　检验日期：　　环境条件：</td></tr>
<tr><td colspan="2">结果</td><td colspan="3">符合标准</td></tr>
<tr><td colspan="5">2. 测量六氟化硫气体含水量（ppm）　　检验日期：　　环境条件：</td></tr>
<tr><td colspan="2">气室名称</td><td colspan="3">露点测量值</td></tr>
<tr><td colspan="2"></td><td colspan="3"></td></tr>
<tr><td colspan="5">3. 组合电器的操动检验　　检验日期：　　环境条件：</td></tr>
<tr><td colspan="2">结果</td><td colspan="3">符合标准</td></tr>
<tr><td colspan="5">4. 主回路交流耐压检验　　检验日期：　　环境条件：</td></tr>
<tr><td colspan="2">主回路对地</td><td></td><td>结果</td><td></td></tr>
<tr><td colspan="2">断路器断口</td><td></td><td>结果</td><td></td></tr>
<tr><td colspan="2">隔离开关断口</td><td></td><td>结果</td><td></td></tr>
<tr><td colspan="2">结　　论</td><td colspan="3">符合标准</td></tr>
<tr><td colspan="5">备注：</td></tr>
</table>

检测：　　　　　　　　　　　　校核：

5.2.61.2 市政试·施-61-2 12kV 开关柜传动报告

市政基础设施工程

12kV 开关柜传动报告

市政试·施-61-2

共　　页，第　　页

<table>
<tr><td colspan="2">检验地点</td><td></td><td>检验日期</td><td></td></tr>
<tr><td colspan="3">开关柜名称</td><td colspan="2"></td></tr>
<tr><td colspan="5">检验项目</td></tr>
<tr><td>序号</td><td>检验内容</td><td colspan="2">动作现象（或条件）</td><td>检查结果</td></tr>
<tr><td rowspan="5">1</td><td rowspan="5">断路器合闸回路闭锁</td><td colspan="2">对侧有压/三工位接地开关接地位</td><td></td></tr>
<tr><td colspan="2">本侧有压/对侧有压</td><td></td></tr>
<tr><td colspan="2">本测有压/对侧维护接地</td><td></td></tr>
<tr><td colspan="2">三工位隔离开关操作中</td><td></td></tr>
<tr><td colspan="2">保护跳闸/信号为复归</td><td></td></tr>
<tr><td rowspan="11">2</td><td rowspan="11">保护跳闸</td><td colspan="2">母线数字电流保护动作/母线侧 GOOSE 无断链</td><td></td></tr>
<tr><td colspan="2">母线数字零序保护动作/母线侧 GOOSE 无断链</td><td></td></tr>
<tr><td colspan="2">环网数字电流保护动作/环网侧 GOOSE 无断链</td><td></td></tr>
<tr><td colspan="2">环网数字零序保护动作/环网侧 GOOSE 无断链</td><td></td></tr>
<tr><td colspan="2">线路对侧环网数字电流保护联跳</td><td></td></tr>
<tr><td colspan="2">本站进出线母线数字电流保护联跳 1</td><td></td></tr>
<tr><td colspan="2">本站进出线母线数字电流保护联跳 2</td><td></td></tr>
<tr><td colspan="2">馈线断路器失灵联跳</td><td></td></tr>
<tr><td colspan="2">过流保护动作</td><td></td></tr>
<tr><td colspan="2">零序保护动作</td><td></td></tr>
<tr><td colspan="2">差动保护动作</td><td></td></tr>
<tr><td colspan="2">结论</td><td colspan="3">符合标准</td></tr>
<tr><td colspan="5">备注：</td></tr>
</table>

检测：　　　　　　　　　　　　　　　　校核：

5.2.61.3 市政试·施-61-3 12kV GIS 开关柜检验报告（导电电阻）

市政基础设施工程

12kV GIS 开关柜检验报告（导电电阻）

市政试·施-61-3

共　页，第　页

<table>
<tr><td rowspan="2">铭牌</td><td>试验地点</td><td></td><td>额定电压</td><td></td></tr>
<tr><td>型号</td><td></td><td>生产厂家</td><td></td></tr>
<tr><td colspan="5">检验项目</td></tr>
<tr><td colspan="5">1. 测量主回路的导电电阻　　检验日期：　　环境条件：</td></tr>
</table>

测量回路	A	B	C

结论	符合标准

备注：

检测：　　　　校核：

5.2.61.4　市政试·施-61-4　电流互感器检验报告

市政基础设施工程

电流互感器检验报告

市政试·施-61-4

共　　页，第　　页

铭牌	型号		额定电压	
	额定变比		频率	
	制造厂家		生产日期	
	出厂序号			

检验项目			
相序	A	B	C
1. 绝缘电阻测试（GΩ）		检验日期：	环境条件：
二次对高及地			
2. 测量绕组直流电阻（Ω）		检验日期：	环境条件：
1S1-1S2			
3. 检查接线组合和极性		检验日期：	环境条件：
1S1-1S2			
4. 误差测量		检验日期：	环境条件：
1S1-1S2			
5. 测量励磁特性		检验日期：	环境条件：
结论	符合标准		
备注：			

检测：　　　　　　　　　　　　校核：

5.2.61.5 市政试·施-61-5 真空断路器检验报告

市政基础设施工程

真空断路器检验报告

市政试·施-61-5

共 页，第 页

<table>
<tr><td rowspan="2">铭牌</td><td>型号</td><td colspan="2"></td><td colspan="2">出厂编号</td><td></td></tr>
<tr><td>操作电压</td><td colspan="2"></td><td colspan="2">储能电压</td><td></td></tr>
<tr><td colspan="7">检验项目</td></tr>
<tr><td colspan="7">1. 测量主触头分合闸时间、同期性及合闸弹跳时间（ms）检验日期： 环境条件：</td></tr>
<tr><td colspan="2"></td><td colspan="2">A</td><td colspan="2">B</td><td>C</td></tr>
<tr><td colspan="2">分闸时间</td><td colspan="5"></td></tr>
<tr><td colspan="2">分闸同期</td><td colspan="5"></td></tr>
<tr><td colspan="2">合闸时间</td><td colspan="2"></td><td colspan="2"></td><td></td></tr>
<tr><td colspan="2">合闸同期</td><td colspan="5"></td></tr>
<tr><td colspan="2">合闸弹跳</td><td colspan="2"></td><td colspan="2"></td><td></td></tr>
<tr><td colspan="7">2. 断路器操作机构检验 检验日期： 环境条件：</td></tr>
<tr><td colspan="6">110%额定操作电压下分合闸</td><td></td></tr>
<tr><td colspan="6">额定操作电压下合、分闸</td><td></td></tr>
<tr><td colspan="6">85%额定操作电压下合闸</td><td></td></tr>
<tr><td colspan="6">65%额定操作电压下分闸</td><td></td></tr>
<tr><td colspan="6">30%额定操作电压下分闸</td><td></td></tr>
<tr><td colspan="7">3. 分合闸线圈检验 检验日期： 环境条件：</td></tr>
<tr><td colspan="3"></td><td colspan="2">分闸线圈</td><td colspan="2">合闸线圈</td></tr>
<tr><td colspan="3">绝缘电阻（GΩ）</td><td colspan="2"></td><td colspan="2"></td></tr>
<tr><td colspan="3">直流电阻（Ω）</td><td colspan="2"></td><td colspan="2"></td></tr>
<tr><td colspan="2">结论</td><td colspan="5">符合标准</td></tr>
<tr><td colspan="7">备注：</td></tr>
</table>

检测： 校核：

5.2.61.6　市政试·施-61-6　电压互感器检验报告

市政基础设施工程

电压互感器检验报告

市政试·施-61-6

共　　页，第　　页

<table>
<tr><td rowspan="4">铭牌</td><td>型号</td><td></td><td>额定电压</td><td></td></tr>
<tr><td>额定变比</td><td></td><td>频率</td><td></td></tr>
<tr><td>制造厂家</td><td></td><td>生产日期</td><td></td></tr>
<tr><td>出厂序号</td><td></td><td></td><td></td></tr>
</table>

<table>
<tr><td colspan="7">检验项目</td></tr>
<tr><td>相序</td><td colspan="2">A</td><td colspan="2">B</td><td colspan="2">C</td></tr>
<tr><td colspan="7">1. 绝缘电阻测试（GΩ）　检验日期：　环境条件：</td></tr>
<tr><td>高对二次及地</td><td colspan="2"></td><td colspan="2"></td><td colspan="2"></td></tr>
<tr><td>二次对高及地</td><td colspan="2"></td><td colspan="2"></td><td colspan="2"></td></tr>
<tr><td>二次之间</td><td colspan="2"></td><td colspan="2"></td><td colspan="2"></td></tr>
<tr><td colspan="7">2. 测量绕组直流电阻（Ω）　检验日期：　环境条件：</td></tr>
<tr><td>A-N</td><td colspan="2"></td><td colspan="2"></td><td colspan="2"></td></tr>
<tr><td>a-n</td><td colspan="2"></td><td colspan="2"></td><td colspan="2"></td></tr>
<tr><td>da-dn</td><td colspan="2"></td><td colspan="2"></td><td colspan="2"></td></tr>
<tr><td colspan="7">3. 检查接线组合和极性　检验日期：　环境条件：</td></tr>
<tr><td>a-n</td><td colspan="2"></td><td colspan="2"></td><td colspan="2"></td></tr>
<tr><td>da-dn</td><td colspan="2"></td><td colspan="2"></td><td colspan="2"></td></tr>
<tr><td colspan="7">4. 误差测量　检验日期：　环境条件：</td></tr>
<tr><td>a-n</td><td colspan="2"></td><td colspan="2"></td><td colspan="2"></td></tr>
<tr><td>da-dn</td><td colspan="2"></td><td colspan="2"></td><td colspan="2"></td></tr>
<tr><td colspan="7">5. 测量励磁特性　检验日期：　环境条件：</td></tr>
<tr><td></td><td></td><td></td><td></td><td></td><td></td><td></td></tr>
<tr><td></td><td></td><td></td><td></td><td></td><td></td><td></td></tr>
<tr><td></td><td></td><td></td><td></td><td></td><td></td><td></td></tr>
<tr><td></td><td></td><td></td><td></td><td></td><td></td><td></td></tr>
<tr><td></td><td></td><td></td><td></td><td></td><td></td><td></td></tr>
<tr><td></td><td></td><td></td><td></td><td></td><td></td><td></td></tr>
<tr><td>结论</td><td colspan="6">符合标准</td></tr>
<tr><td colspan="7">备注：</td></tr>
</table>

检测：　　　　　　　　　　　　　　　　校核：

5.2.61.7　市政试・施-61-7　继电保护装置检验报告

市政基础设施工程

继电保护装置检验报告

市政试・施-61-7
共　　页，第　　页

<table>
<tr><td rowspan="3">铭牌</td><td>型号</td><td></td><td>制造厂家</td><td colspan="3"></td></tr>
<tr><td>出厂序号</td><td></td><td>电源电压</td><td colspan="3"></td></tr>
<tr><td>交流回路电压</td><td></td><td>交流回路电流</td><td colspan="3"></td></tr>
<tr><td colspan="7">检验项目</td></tr>
<tr><td colspan="3">1. 结构及外观检查</td><td>检验日期：</td><td colspan="3">环境条件：</td></tr>
<tr><td colspan="2">检查结果</td><td colspan="5"></td></tr>
<tr><td colspan="3">2. 基本性能检验</td><td>检验日期：</td><td colspan="3">环境条件：</td></tr>
<tr><td colspan="2">检验结果</td><td colspan="5"></td></tr>
<tr><td colspan="3">3. 电源影响检验</td><td>检验日期：</td><td colspan="3">环境条件：</td></tr>
<tr><td colspan="2">检验结果</td><td colspan="5"></td></tr>
<tr><td colspan="3">4. 测量元件准确度检验</td><td>检验日期：</td><td colspan="3">环境条件：</td></tr>
<tr><td colspan="2">检验结果</td><td colspan="5"></td></tr>
<tr><td colspan="3">5. 触点性能试验</td><td>检验日期：</td><td colspan="3">环境条件：</td></tr>
<tr><td colspan="2">检验结果</td><td colspan="5"></td></tr>
<tr><td colspan="3">6. 保护定值校验</td><td>检验日期：</td><td colspan="3">环境条件：</td></tr>
<tr><td>保护名称</td><td colspan="2">整定值</td><td colspan="4">实测值（A/B/C）</td></tr>
<tr><td rowspan="3">过流</td><td>启动值（A）</td><td></td><td></td><td></td><td colspan="2"></td></tr>
<tr><td>定值（A）</td><td></td><td></td><td></td><td colspan="2"></td></tr>
<tr><td>延时（s）</td><td></td><td></td><td></td><td colspan="2"></td></tr>
<tr><td rowspan="2">零序</td><td>定值（A）</td><td></td><td colspan="4"></td></tr>
<tr><td>延时（s）</td><td></td><td colspan="4"></td></tr>
<tr><td rowspan="12">纵差保护</td><td>拐点</td><td></td><td>启动值</td><td></td><td>动作时间</td><td></td></tr>
<tr><td>斜率 1</td><td></td><td>斜率 2</td><td></td><td></td><td></td></tr>
<tr><td colspan="2">第一点动作电流（A）</td><td></td><td></td><td colspan="2"></td></tr>
<tr><td colspan="2">动作时间（s）</td><td></td><td></td><td colspan="2"></td></tr>
<tr><td colspan="2">第二点动作电流（A）</td><td></td><td></td><td colspan="2"></td></tr>
<tr><td colspan="2">动作时间（s）</td><td></td><td></td><td colspan="2"></td></tr>
<tr><td colspan="2">第三点动作电流（A）</td><td></td><td></td><td colspan="2"></td></tr>
<tr><td colspan="2">动作时间（s）</td><td></td><td></td><td colspan="2"></td></tr>
<tr><td colspan="2">第四点动作电流（A）</td><td></td><td></td><td colspan="2"></td></tr>
<tr><td colspan="2">动作时间（s）</td><td></td><td></td><td colspan="2"></td></tr>
<tr><td colspan="2">第五点动作电流（A）</td><td></td><td></td><td colspan="2"></td></tr>
<tr><td colspan="2">动作时间（s）</td><td></td><td></td><td colspan="2"></td></tr>
<tr><td>结论</td><td colspan="6">符合标准</td></tr>
<tr><td colspan="7">备注：</td></tr>
</table>

检测：　　　　　　　　　　　　　　　　　　校核：

5.2.61.8　市政试・施-61-8　避雷器检验报告

市政基础设施工程

避雷器检验报告

市政试・施-61-8

共　　页，第　　页

<table>
<tr><td rowspan="3">铭牌</td><td>型号</td><td></td><td>额定电压</td><td></td></tr>
<tr><td>出厂日期</td><td></td><td>生产厂家</td><td></td></tr>
<tr><td>出厂编号</td><td></td><td>421083</td><td></td></tr>
<tr><td colspan="5">检验项目</td></tr>
<tr><td colspan="2">相序</td><td>A</td><td>B</td><td>C</td></tr>
<tr><td colspan="5">1. 绝缘电阻测量（GΩ）　　检验日期：　　环境条件：</td></tr>
<tr><td colspan="2">测试结果</td><td></td><td></td><td></td></tr>
<tr><td colspan="5">2. 直流参考电压（kV）　　检验日期：　　环境条件：</td></tr>
<tr><td colspan="2">测试结果</td><td></td><td></td><td></td></tr>
<tr><td colspan="5">3. 75%U1mA 时直流泄漏电流（μA）　　检验日期：　　环境条件：</td></tr>
<tr><td colspan="2">测试结果</td><td></td><td></td><td></td></tr>
<tr><td colspan="2">结论</td><td colspan="3">符合标准</td></tr>
<tr><td colspan="5">备注：</td></tr>
</table>

检测：　　　　校核：

5.2.61.9 市政试·施-61-9 配电变压器检验报告

市政基础设施工程

配电变压器检验报告

市政试·施-61-9

共　　页，第　　页

<table>
<tr><td rowspan="8">铭牌</td><td>型号</td><td colspan="3"></td><td>额定容量</td><td colspan="2"></td></tr>
<tr><td>接线组别</td><td colspan="2"></td><td>冷却方式</td><td></td><td>短路阻抗</td><td></td></tr>
<tr><td>制造厂</td><td colspan="3"></td><td></td><td colspan="2"></td></tr>
<tr><td>出厂序号</td><td colspan="3"></td><td>出厂日期</td><td colspan="2"></td></tr>
<tr><td colspan="6">高压侧</td><td>低压侧</td></tr>
<tr><td>分接位</td><td></td><td></td><td></td><td></td><td></td><td></td></tr>
<tr><td>电压（V）</td><td></td><td></td><td></td><td></td><td></td><td></td></tr>
<tr><td>电流（A）</td><td></td><td></td><td></td><td></td><td></td><td></td></tr>
</table>

<table>
<tr><td colspan="8">检验项目</td></tr>
<tr><td colspan="8">1. 测量绕组连同套管的直流电阻　　检验日期：　　环境条件：</td></tr>
<tr><td>高压线圈（Ω）</td><td>Ⅰ</td><td>Ⅱ</td><td>Ⅲ</td><td>Ⅳ</td><td>Ⅴ</td><td colspan="2">低压线圈（mΩ）</td></tr>
<tr><td></td><td></td><td></td><td></td><td></td><td></td><td></td><td></td></tr>
<tr><td></td><td></td><td></td><td></td><td></td><td></td><td></td><td></td></tr>
<tr><td></td><td></td><td></td><td></td><td></td><td></td><td></td><td></td></tr>
</table>

<table>
<tr><td colspan="6">2. 检查所有分接头的电压比（%）　　检验日期：　　环境条件：</td></tr>
<tr><td>分接位</td><td>Ⅰ</td><td>Ⅱ</td><td>Ⅲ</td><td>Ⅳ</td><td>Ⅴ</td></tr>
<tr><td></td><td></td><td></td><td></td><td></td><td></td></tr>
<tr><td></td><td></td><td></td><td></td><td></td><td></td></tr>
<tr><td></td><td></td><td></td><td></td><td></td><td></td></tr>
</table>

<table>
<tr><td colspan="4">3. 检查变压器的三相接线组别　　检验日期：　　环境条件：</td></tr>
<tr><td>组别检查</td><td colspan="3"></td></tr>
<tr><td colspan="4">4. 铁心绝缘电阻（GΩ）　　检验日期：　　环境条件：</td></tr>
<tr><td>铁心绝缘电阻</td><td colspan="3"></td></tr>
<tr><td colspan="4">5. 测量绕组连同套管的绝缘电阻（GΩ）　　检验日期：　　环境条件：</td></tr>
<tr><td>高对低及地</td><td></td><td>低对高及地</td><td></td></tr>
<tr><td colspan="4">6. 绕组连同套管的交流耐压试验　　检验日期：　　环境条件：</td></tr>
<tr><td>高对低及地</td><td></td><td colspan="2"></td></tr>
<tr><td>低对高及地</td><td></td><td colspan="2"></td></tr>
<tr><td>结论</td><td colspan="3">符合标准</td></tr>
<tr><td colspan="4">备注：</td></tr>
</table>

检测：　　　　　　　　　　　　　　　　校核：

5.2.61.10 市政试·施-61-10 整流变压器检验报告

市政基础设施工程

整流变压器检验报告

市政试·施-61-10

共　　页，第　　页

铭牌	型号			额定容量		
铭牌	接线组别		冷却方式		短路阻抗	
铭牌	制造厂					
铭牌	出厂序号			出厂日期		

铭牌	高压侧						低压侧
铭牌	分接位	Ⅰ	Ⅱ	Ⅲ	Ⅳ	Ⅴ	—
铭牌	电压（V）						
铭牌	电流（A）						

检验项目

1. 测量绕组连同套管的直流电阻　　检验日期：　　环境条件：

高压线圈（Ω）	Ⅰ	Ⅱ	Ⅲ	Ⅳ	Ⅴ	低压线圈（mΩ）			

2. 检查所有分接头的电压比（%）　　检验日期：　　环境条件：

分接位	Ⅰ	Ⅱ	Ⅲ	Ⅳ	Ⅴ

3. 检查变压器的三相接线组别　　检验日期：　　环境条件：

组别检查	正确

4. 铁心绝缘电阻（GΩ）　　检验日期：　　环境条件：

铁心绝缘电阻	

5. 测量绕组连同套管的绝缘电阻（GΩ）　　检验日期：　　环境条件：

高对低及地		低 2 对其他及地		低 3 对其他及地	

6. 绕组连同套管的交流耐压试验　　检验日期：　　环境条件：34℃

高对低及地		
低对高及地		
低对低及地		

结论	符合标准

备注：

检测：　　　　校核：

5.2.61.11　市政试·施-61-11　12kV 电缆检验报告

市政基础设施工程

12kV 电缆检验报告

市政试·施-61-11

共　　页，第　　页

<table>
<tr><td rowspan="2">铭牌</td><td>型号</td><td></td><td>长度</td><td colspan="2"></td></tr>
<tr><td>路径</td><td></td><td>厂家</td><td colspan="2"></td></tr>
<tr><td colspan="6">检验项目</td></tr>
<tr><td colspan="6">1. 绝缘电阻测试（GΩ）　　　　检验日期：　　　环境条件：</td></tr>
<tr><td colspan="2">相序</td><td>A</td><td colspan="2">B</td><td>C</td></tr>
<tr><td colspan="2">耐压试验前</td><td></td><td colspan="2"></td><td></td></tr>
<tr><td colspan="2">耐压试验后</td><td></td><td colspan="2"></td><td></td></tr>
<tr><td colspan="6">2. 直流耐压及泄露电流（uA）　　　　检验日期：　　　环境条件：</td></tr>
<tr><td colspan="2">相序</td><td>A</td><td colspan="2">B</td><td>C</td></tr>
<tr><td colspan="2"></td><td></td><td colspan="2"></td><td></td></tr>
<tr><td colspan="2"></td><td></td><td colspan="2"></td><td></td></tr>
<tr><td colspan="2"></td><td></td><td colspan="2"></td><td></td></tr>
<tr><td colspan="2">结论</td><td colspan="4">符合标准</td></tr>
<tr><td colspan="6">备注：</td></tr>
</table>

检测：　　　　　　　　　　　　　　　　校核：

5.2.61.12　市政试·施-61-12　成套充电装置充电柜检验报告

市政基础设施工程

成套充电装置充电柜检验报告

市政试·施-61-12

共　　页，第　　页

<table>
<tr><td rowspan="6">铭牌</td><td>型号</td><td></td><td>输入电压</td><td></td></tr>
<tr><td>输入电流</td><td></td><td>输入频率</td><td></td></tr>
<tr><td>输出电压</td><td></td><td>输出电流</td><td></td></tr>
<tr><td>输出功率</td><td></td><td>负载性质</td><td></td></tr>
<tr><td>防护等级</td><td></td><td>出厂日期</td><td></td></tr>
<tr><td>制造厂家</td><td colspan="3"></td></tr>
<tr><td colspan="5">检验项目</td></tr>
<tr><td colspan="5">1. 测量绝缘电阻（MΩ）　　检验日期：　　环境条件：</td></tr>
<tr><td colspan="2"></td><td colspan="3"></td></tr>
<tr><td colspan="2"></td><td colspan="3"></td></tr>
<tr><td colspan="5">2. 交流耐压试验　　检验日期：　　环境条件：</td></tr>
<tr><td colspan="2">1 号充电柜输入输出回路对地耐压</td><td colspan="2"></td><td></td></tr>
<tr><td colspan="2">2 号充电柜输入输出回路对地耐压</td><td colspan="2"></td><td></td></tr>
<tr><td colspan="2">结论</td><td colspan="3">符合标准</td></tr>
<tr><td colspan="5">备注：</td></tr>
</table>

检测：　　　　　　校核：

5.2.61.13 市政试·施-61-13 成套充电装置隔离开关柜检验报告

市政基础设施工程

成套充电装置隔离开关柜检验报告

市政试·施-61-13

共　页，第　页

<table>
<tr><td rowspan="5">铭牌</td><td>型号</td><td></td><td>输入电压</td><td></td></tr>
<tr><td>额定输出功率</td><td></td><td>输入电流</td><td></td></tr>
<tr><td>输出电压</td><td></td><td>防护等级</td><td></td></tr>
<tr><td>输出电流</td><td></td><td>出厂日期</td><td></td></tr>
<tr><td>制造厂家</td><td colspan="3"></td></tr>
<tr><td colspan="5">检验项目</td></tr>
<tr><td colspan="5">1. 测量绝缘电阻（MΩ）　　检验日期：　　环境条件：</td></tr>
<tr><td colspan="2">1 号隔离开关柜输入输出回路对地</td><td colspan="3"></td></tr>
<tr><td colspan="2">2 号隔离开关柜输入输出回路对地</td><td colspan="3"></td></tr>
<tr><td colspan="5">2. 交流耐压试验　　检验日期：　　环境条件：</td></tr>
<tr><td colspan="2">1 号隔离开关柜输入输出回路对地</td><td colspan="2"></td><td></td></tr>
<tr><td colspan="2">2 号隔离开关柜输入输出回路对地</td><td colspan="2"></td><td></td></tr>
<tr><td colspan="2">结论</td><td colspan="3">符合标准</td></tr>
<tr><td colspan="5">备注：</td></tr>
</table>

检测：　　　　　　　　　　校核：

5.2.61.14 市政试·施-61-14 充电装置隔离开关柜传动报告

市政基础设施工程

充电装置隔离开关柜传动报告

市政试·施-61-14

共 页，第 页

<table>
<tr><td colspan="2">检验地点</td><td></td><td>检验日期</td><td></td></tr>
<tr><td colspan="3">开关柜名称</td><td colspan="2"></td></tr>
<tr><td colspan="5">检验项目</td></tr>
<tr><td>序号</td><td>检验内容</td><td colspan="2">动作现象（或条件）</td><td>检查结果</td></tr>
<tr><td>1</td><td>隔离开关操作允许</td><td colspan="2">主接触器 KM1 分位/隔离开关电机电源正常/隔离开关 QS 限位开关闭合</td><td></td></tr>
<tr><td rowspan="2">2</td><td rowspan="2">隔离开关电动分闸</td><td colspan="2">隔离开关分闸到位/隔离开关操作允许/本地操作/手动分闸</td><td></td></tr>
<tr><td colspan="2">隔离开关分闸到位/隔离开关操作允许/远程操作/远程分闸</td><td></td></tr>
<tr><td rowspan="2">3</td><td rowspan="2">隔离开关电动合闸</td><td colspan="2">隔离开关分闸到位/手动操作/手动合闸</td><td></td></tr>
<tr><td colspan="2">隔离开关分闸到位/远程操作/远程合闸</td><td></td></tr>
<tr><td>4</td><td>主接触器 KM1 别和</td><td colspan="2">闭合主接触器 KM1 信号/主接触器 KM2 分位</td><td></td></tr>
<tr><td colspan="2">结论</td><td colspan="3">符合标准</td></tr>
<tr><td colspan="5">备注：</td></tr>
</table>

检测： 校核：

5.2.61.15　市政试·施-61-15　充电装置避雷器检验报告

市政基础设施工程

充电装置避雷器检验报告

市政试·施-61-15

共　　页，第　　页

<table>
<tr><td rowspan="3">铭牌</td><td>型号</td><td></td><td>额定电压</td><td></td></tr>
<tr><td>持续运行电压</td><td></td><td>生产厂家</td><td></td></tr>
<tr><td>出厂编号</td><td></td><td>出厂日期</td><td></td></tr>
<tr><td colspan="5">检验项目</td></tr>
<tr><td colspan="5">1. 绝缘电阻测量（GΩ）　　检验日期：　　环境条件：</td></tr>
<tr><td colspan="2">测试结果</td><td colspan="3"></td></tr>
<tr><td colspan="5">2. 直流参考电压（kV）　　检验日期：　　环境条件：</td></tr>
<tr><td colspan="2">测试结果</td><td colspan="3"></td></tr>
<tr><td colspan="5">3. 75%U1mA 时直流泄漏电流（μA）　　检验日期：　　环境条件：</td></tr>
<tr><td colspan="2">测试结果</td><td colspan="3"></td></tr>
<tr><td colspan="2">结论</td><td colspan="3">符合标准</td></tr>
<tr><td colspan="5">备注：会展东出线</td></tr>
</table>

检测：　　　　　　　　　　校核：

5.2.61.16 市政试·施-61-16 400V 开关柜检验报告

市政基础设施工程

400V 开关柜检验报告

市政试·施-61-16

共　　页，第　　页

<table>
<tr><td rowspan="4">铭牌</td><td>型号</td><td></td><td>出厂编号</td><td></td></tr>
<tr><td>制造厂家</td><td></td><td>出厂日期</td><td></td></tr>
<tr><td>额定频率</td><td></td><td>防护等级</td><td></td></tr>
<tr><td>额定电压</td><td></td><td>主母线额定电流</td><td></td></tr>
<tr><td colspan="5">检验项目</td></tr>
<tr><td colspan="5">1. 测量绝缘电阻（MΩ）　　检验日期：　　环境条件：</td></tr>
<tr><td colspan="2">A 相对其他相及地</td><td colspan="3"></td></tr>
<tr><td colspan="2">B 相对其他相及地</td><td colspan="3"></td></tr>
<tr><td colspan="2">C 相对其他相及地</td><td colspan="3"></td></tr>
<tr><td colspan="2">零相对其他相及地</td><td colspan="3"></td></tr>
<tr><td colspan="5">2. 交流耐压试验　　检验日期：　　环境条件：</td></tr>
<tr><td colspan="2">结果</td><td colspan="3"></td></tr>
<tr><td colspan="5">3. 相位检查　　检验日期：　　环境条件：</td></tr>
<tr><td colspan="2">检查结果</td><td colspan="3"></td></tr>
<tr><td colspan="2">结论</td><td colspan="3"></td></tr>
<tr><td colspan="5">备注：</td></tr>
</table>

检测：　　　　　　　　校核：

5.2.61.17　市政试·施-61-17　交直流屏检验报告

市政基础设施工程

交直流屏检验报告

市政试·施-61-17

共　　页，第　　页

<table>
<tr><td rowspan="2">铭牌</td><td>型号</td><td></td><td>出厂编号</td><td></td></tr>
<tr><td>制造厂家</td><td></td><td>出厂日期</td><td></td></tr>
<tr><td colspan="5">检验项目</td></tr>
<tr><td colspan="5">1. 测量绝缘电阻（MΩ）　　检验日期：　　环境条件：</td></tr>
<tr><td colspan="2"></td><td colspan="3"></td></tr>
<tr><td colspan="2"></td><td colspan="3"></td></tr>
<tr><td colspan="2"></td><td colspan="3"></td></tr>
<tr><td colspan="2"></td><td colspan="3"></td></tr>
<tr><td colspan="2"></td><td colspan="3"></td></tr>
<tr><td colspan="2"></td><td colspan="3"></td></tr>
<tr><td colspan="5">2. 交流耐压试验　　检验日期：　　环境条件：</td></tr>
<tr><td colspan="2">结果</td><td colspan="3"></td></tr>
<tr><td colspan="5">3. 相位检查　　检验日期：　　环境条件：</td></tr>
<tr><td colspan="2">检查结果</td><td colspan="3"></td></tr>
<tr><td colspan="2">结论</td><td colspan="3"></td></tr>
<tr><td colspan="5">备注：</td></tr>
</table>

检测：　　　　　　　　校核：

5.2.62　市政试·施-62　弱电智能建筑系统检测报告（封）

市政试·施-62

市政基础设施工程

弱电智能建筑系统检测报告

工程名称：____________________________

工程地点：____________________________

报告编号：____________________________

试验类别：____________________________

委托单位：____________________________

委托编号：____________________________

检测单位（名称、盖章）

年　　月　　日

5.3 通 用 表 格

5.3.1 市政试·通-1 见证记录

市政试·通-1

市政基础设施工程

见 证 记 录

编　　号：______________________________

工程名称：______________________________

取样部位：______________________________

样品名称：______________ 取样数量：______________

取样地点：______________ 取样日期：______________

见证记录：______________

有见证取样和送检印章：______________

取样人签字：______________

见证人签字：______________

填制本记录日期：　　年　　月　　日

5.4 填 表 说 明

5.1.1 市政试·材-1 水泥物理性能试验报告

1. 水泥使用前复试的主要项目为：胶砂强度、凝结时间、安定性、细度、标准稠度用水量等；

标准稠度用水量、凝结时间、安定性的试验方法详见《水泥标准稠度用水量、凝结时间、安定性检验方法》GB/T 1346；

2. 对于硅酸盐水泥、普通硅酸盐水泥，细度由“比表面积”控制，试验方法详见《水泥比表面积测定方法（勃氏法）》GB 8074；其他水泥的细度一般由“0.08mm（或 0.045mm）方孔筛筛余”控制，试验方法详见《水泥细度检验方法》GB 1345；

3. 水泥胶砂强度的试验方法见《水泥胶砂强度试验方法》GB/T 17671；

4. 试验报告要根据试验结果和相应的产品标准给出一个明确的结论。

5.1.2 市政试·材-2 钢筋试验报告

1. 钢筋一般复试只需做力学性能试验，当发现脆断、焊接性能不良或力学性能显著不正常等现象时，应对该钢筋进行化学成分分析或其他专项检验；如需焊接时，还应做可焊接性试验，并分别提供相应的试验报告。

2. 普通钢筋检验一般以同批次、同炉号、同类型 60t 为一检验批；允许由同一牌号、同一冶炼方法、同一浇注方法的不同炉罐号组成混合批，混合批的重量不大于 60t；

3. 钢筋拉伸试验方法详见《金属材料室温拉伸试验方法》GB/T 228，钢筋弯曲试验方法详见《金属材料弯曲试验方法》GB/T 232，钢筋化学分析方法详见《钢材及合金化学分析方法》GB/T 223；

4. 试验报告应根据试验结果和相应的产品标准给出试验结论。

5.1.3 市政试·材-3 钢型材试验报告

钢型材试验报告的填制要求同市政试·材-3-1 的说明。

5.1.4 市政试·材-4 钢板试验报告

钢板试验报告的填制要求同市政试·材-3-1 的说明。

5.1.5 市政试·材-5 预应力混凝土用钢丝试验报告

1. 预应力钢丝进场时，应按现行国家标准《预应力混凝土用钢丝》GB/T 5223 等的规定抽取试件作力学性能检验，其质量必须符合有关标准的规定；

2. 预应力混凝土用钢丝检验一般以同一牌号、同一规格、同一加工状态的不大于 60t 为一检验批；

3. 预应力混凝土用钢丝试验方法详见《预应力混凝土用钢丝试验方法》GB/T 21839；

4. 试验报告应根据试验结果和相应的产品标准给出明确的试验结论。

5.1.6 市政试·材-6 预应力混凝土用钢绞线试验报告

1. 预应力混凝土用钢绞线进场时，应按现行国家标准《预应力混凝土用钢绞线》GB/T 5224 等的规定抽取试件作力学性能检验，其质量必须符合有关标准的规定；

2. 预应力混凝土用钢绞线检验一般以同一牌号、同一规格、同一生产工艺捻制的不大于 60t 为一检验批；

3. 预应力混凝土用钢绞线试验方法详见《预应力混凝土用钢丝试验方法》GB/T 21839；

4. 试验报告应根据试验结果和相应的产品标准给出明确的试验结论。

5.1.7 市政试·材-7 砂子试验报告

1. 市政工程用砂应按规定批量进行试验，试验项目一般有：筛分析、表观密度、堆积密度和紧密密度、含泥量、泥块含量等。

2. 试验规程可根据砂的具体用途或客户的要求分别选用《建设用砂》GB/T 14684、《普通混凝土用砂、石质量及检验方法标准》JGJ 52，并按照相应的标准、规程给出明确的结论。

5.1.8　市政试·材-8　碎石试验报告

1. 市政工程用石子应按规定批量进行试验，试验项目一般有：筛分析、表观密度、堆积密度和紧密密度、含泥量、泥块含量、针状和片状颗粒总含量等，结构或设计有特殊要求时，还应按要求加做压碎指标值等相应试验项目；

2. 试验规程可根据石的具体用途或客户的要求分别选用《建设用卵石、碎石》GB/T 14685、《普通混凝土用砂、石质量及检验方法标准》JGJ 52，并按照相应的标准、规范给出明确的结论。

5.1.9　市政试·材-9　沥青试验报告

1. 道路石油沥青使用前的复试项目：一般需要做延度、针入度（液体沥青为黏度）、软化点，对于城市快速路还需要沥青老化试验和沥青与粗集料的粘附性试验等；乳化沥青、改性沥青以及其他沥青的试验项目，应根据道路等级、结构层类别、沥青的品种以及相应施工及验收规范的规定来确定；

2. 沥青各项试验的方法详见《公路工程沥青和沥青混合料试验规程》JTG E20 的相关章节；

3. 试验报告要根据试验结果和相应的设计要求或验评标准给出一个明确的结论。

5.1.10　市政试·材-10　乳化沥青试验报告

1. 乳化沥青应根据道路等级、结构层类别、品种以及相应施工及验收规范的规定来确定；

2. 乳化沥青各项试验的方法详见《公路工程沥青和沥青混合料试验规程》JTG E20 的相关章节；

3. 试验报告要根据试验结果和相应的设计要求或验评标准给出一个明确的结论。

5.1.11　市政试·材-11　沥青胶结材料试验报告

1. 根据“胶结材料配合比通知单”配制沥青胶结材料；

2. 沥青胶结材料的粘结力、柔韧性、耐热度试验方法依据《建筑密封材料试验方法》GB/T 13477；

3. 结论按照行标《城市供热管网工程质量检验评定标准》CJJ 38 或其他相关的质量标准。

5.1.12　市政试·材-12　沥青混凝土用细集料试验报告

1. 市政沥青混凝土（粒径≤2.36mm）工程用的细集料应按规定批量进行试验，试验项目一般有：筛分析、视密度、砂当量和水洗法<0.075mm 颗粒含量等；

2. 试验规程可根据细集料的具体用途或客户的要求分别选用《公路工程集料试验规程》JTG E42 或其他相应的试验标准、规程。试验报告必须给出明确的结论。

5.1.13　市政试·材-13　沥青混凝土用矿粉试验报告

1. 沥青混凝土用矿粉试验报告应按规定批量进行试验，试验项目一般有：筛分、密度、亲水系数、含水量、塑性指数等；

2. 试验规程可根据细集料的具体用途或客户的要求分别选用《公路工程集料试验规程》JTG E42 或其他相应的试验标准、规程。试验报告必须给出明确的结论。

5.1.14　市政试·材-14　沥青混凝土用粗集料试验报告

1. 沥青混凝土（粒径>2.36mm）工程用粗集料应按规定批量进行试验，试验项目一般有：筛分析、密度、吸水率、洛杉矶磨耗损失、对沥青的粘附性、压碎值等；

2. 试验规程可根据粗集料的具体用途或客户的要求分别选用《公路工程集料试验规程》（JTG E42）或其他相应的标准、规范。试验报告必须给出明确的结论。

5.1.15　市政试·材-15　木质素纤维试验报告

1. 木质素纤维使用前的试验项目有纤维长度、灰分含量、pH 值、吸油率、含水率等；

2. 相应的试验方法依照《沥青路面用木质素纤维》（JT/T 533）相应规定进行；

3. 试验报告要根据试验结果和相应的设计要求或验评标准给出一个明确的结论。

5.1.16　市政试·材-16　混凝土用粉煤灰试验报告

1. 混凝土用粉煤灰一般以同批次 200t 为一检验批；用于道路结构层或路基填料的粉煤灰，可以参照本报告格式调整试验项目后使用，其分批按照相应标准、规范的规定；

2. 混凝土用粉煤灰按其质量指标分为Ⅰ级、Ⅱ级、Ⅲ级；

3. 试验方法详见《用于水泥和混凝土中的粉煤灰》GB 1596。

5.1.17 市政试·材-17 外加剂试验报告

1. 外加剂一般以同品种、同批次 50t 为一检验批；不足 50t 的也作为一个检验批抽检；

2. 外加剂的减水率、泌水率比、含水量、凝结时间差和抗压强度比试验依据《混凝土外加剂》GB 8076；外加剂的氯离子含量、硫酸盐含量试验依据《混凝土外加剂匀质性试验方法》GB 8077；

3. 根据试验结果和相应的外加剂产品标准给出试验结论。

5.1.18 市政试·材-18 混凝土拌和用水质量检验报告

1. 工程中混凝土拌合用水试验一般针对地表水、地下水或海水等，对自来水或经检验合格可供人畜饮用的水不需要再做质量检验；

2. 试验规程可根据水的具体用途或客户的要求，选用《混凝土拌和用水标准》JGJ 63 或其他混凝土拌和用水质量试验方法标准。

5.1.19 市政试·材-19 岩石抗压强度试验报告

1. 岩石抗压强度试验试件可以是直径为 50mm，高为 50mm 的圆柱体，也可以是边长为 50mm 的立方体，试件与压力机接触的两个面要磨光并保持平行，6 个试件为一组；对有明显层理的岩石应制作二组，一组保持层理与受力方向平行，另一组保持层理与受力方向垂直，分别测试，并以 2 组抗压强度的平均值作为抗压强度值；

2. 试验步骤详见《普通混凝土用砂、石质量及检验方法标准》JGJ 52 中 7.12。

5.1.20 市政试·材-20 烧结普通砖试验报告

1. 根据生产厂家的生产能力以 3.5～15 万块为一验收批，具体按《砌体工程施工质量验收规范》GB 50203 的相关规定；

2. 试验依照《砌墙砖试验方法》GB/T 2542 进行，试验完成后根据产品标准《烧结普通砖》GB/T 5101 进行评定（根据砖的抗压强度变异系数小于等于或大于 2.1 分别采用抗压强度标准值法或单块最小抗压强度法进行评定）。

5.1.21 市政试·材-21 混凝土路面砖试验报告

1. 此表作为路面砖试验的报告格式；

2. 路面砖用于使用前复试项目为尺寸误差、外观质量和物理力学性能；

3. 路面砖一般 2 万块为一验收批；

4. 路面砖试验方法应按照相应的产品标准。

5.1.22 市政试·材-22 蒸压灰砂砖试验报告

1. 此表作为蒸压灰砂砖试验报告的格式；

2. 蒸压灰砂砖用于承重结构时，使用前复试项目为尺寸偏差、外观和力学性能（抗压、抗折强度）；

3. 蒸压灰砂砖根据生产厂家的生产能力以 3.5～15 万块为一验收批；

4. 蒸压灰砂砖试验方法依据《砌墙砖试验方法》GB/T 2542。

5.1.23 市政试·材-23 土工合成材料试验报告

1. 土工合成材料是指岩土工程和土工工程中应用的土工织物、土工膜、土工复合材料、土工特种材料的总称，常用的有土工格栅、土工网、土工膜、土工布等；

2. 本表仅提供报告的封面，其内容、格式等参照相应的质量标准、规范的有关规定；

3. 相应的试验方法依照《公路工程土工合成材料试验规程》JTGE 50 或相应国家试验标准规定进行；

4. 试验报告要根据试验结果和相应的设计要求或验评标准给出一个明确的结论。

5.1.24 市政试·材-24 塑料排水板（带）试验报告

1. 塑料排水板（带）性能指标包括：纵向通水量、复合体抗拉强度与延伸率、滤膜抗拉强度与延伸率、滤膜渗透系数、滤膜等效孔径等，其各项技术要求可参考《公路工程土工合成材料排水材料》JT/T 665；

2. 相应的试验方法依照《公路工程土工合成材料排水材料》JT/T 665 或相应国家试验标准规定进行；

3. 试验报告要根据试验结果和相应的设计要求或验评标准给出一个明确的结论。

5.1.25 市政试·材-25 高强螺栓力学性能试验报告

1. 本表仅提供报告的封面，其内容、格式等参照相应的质量标准、规范的有关规定；

2. 高强螺栓力学性能主要预拉力、扭矩系数、螺栓连接抗滑移系数等；具体的试验方法依照《钢结构工程施工质量验收规范》GB 50205 等标准规定进行；

3. 试验报告要根据试验结果和相应的设计要求或验评标准给出一个明确的结论。

5.1.26 市政试·材-26 金属洛氏硬度试验报告

1. 本表主要用于预应力锚（夹）具及其他需要进行金属洛氏硬度试验的金属材料的硬度试验；

2. 硬度试验方法依据《金属材料 洛氏硬度试验 第一部分：试验方法（A、B、C、D、E、F、G、H、K、N、T）》GB/T 230.1。进场验收应从每批中抽取 5%的样品且不少于 5 套，按产品设计规定的标明位置和硬度范围做硬度检验。

5.1.27 市政试·材-27 预应力筋-连接器组装件静载试验报告

1. 本表仅提供报告的封面，其内容、格式等参照相应的质量标准、规范的有关规定；

2. 用来进行预应力筋-连接器组装件静载试验的预应力锚、夹具必须经过外观、硬度等进场检验且其质量符合要求；

3. 设计或规范有要求的桥梁预应力锚（夹）具，生产厂家及施工单位应提供锚具组装件的静载试验报告；

4. 检测单位应提供完整的检验报告，其中包括破坏部位及形式的图像记录，并有准确的文字述评；

5. 静载试验依据《预应力筋用锚具、夹具和连接器》GB/T 14370。

5.1.28 市政试·材-28 预应力波纹管检验报告

1. 产品分类、结构和型号

（1）塑料波纹管按截面形状可分为圆形和扁形两大类。

（2）管材类别代号：扁形管代号为 B，圆形管代号为 Y。

（3）管材内径：对于扁形管以长轴 U1 表示。

（4）管材类别代号：

管材内径：mm；

产品代号：SBG。

示例 1：内径为 50mm 的圆形塑料波纹管型号：SBG-50Y。

示例 2：长轴方向内径为 41mm 的扁形塑料波纹管型号：SBG-41B。

2. 技术要求

（1）原材料

塑料波纹管原材料应使用原始粒状原料，严禁使用粒状和再造粒状颗粒原料，并且高密度聚乙烯应满足《聚乙烯（PE）树脂》GB/T 11115 的要求，聚丙烯应满足《塑料打包带》GB/T 3811 的要求。

（2）外观

塑料波纹管的外观应光滑，色泽均匀，内外壁不允许有隔体破裂、气泡、裂口、硬块及影响使用的划伤。

（3）产品规格系列与尺寸偏差

① 圆形塑料波纹管

圆形塑料波纹管规格见表1。

圆形塑料波纹管的长度规格一般为6、8、10m，偏差0～+10mm。

圆形塑料波纹管的规格 **表1**

型号	内径 d，mm		外径 D，mm		壁厚 S，mm		不圆度
	标称值	偏差	标称值	偏差	标称值	偏差	
SBG-50Y	50	±1.0	63	±1.0	2.5	+0.5	6%
SBG-60Y	60		73		2.5		
SBG-75Y	75		88		2.5		
SBG-90Y	90		103		2.5		
SBG-100Y	100	±2.0	116	±2.0	3.0		
SBG-115Y	115		131		3.0		
SBG-130Y	130		146		3.0		

② 扁形塑料波纹管

扁形塑料波纹管规格见表2。

扁形塑料波纹管规格 **表2**

型号	长轴 $U1$（mm）		短轴 $U2$（mm）		壁厚 S（mm）	
	标称值	偏差	标称值	偏差	标称值	偏差
SBG-41B	41	±1.0	22	±0.5	2.5	±0.5
SBG-55B	55		22		2.5	
SBG-72B	72		22		3.0	
SBG-90B	90		22		3.0	

（4）环刚度

塑料波纹管环刚度应不小于6kN/m^2。

（5）局部横向荷载

塑料波纹管承受横向局部荷载时，管材表面不应破裂；卸荷5min后管材变形量不得超过管材外径的10%。

（6）柔韧性

塑料波纹管按规定的弯曲方法反复弯曲五次后，专用塞规能顺利地从塑料波纹管中通过，则塑料波纹管的柔韧性合格。

（7）抗冲击性

塑料波纹管低温落锤冲击试验的真实冲击率TIR最大允许值为10%。

5.1.29　市政试·材-29　桥梁橡胶支座力学性能试验报告

1. 本表仅提供报告的封面，其内容、格式等参照相应的质量标准、规范的有关规定

2. 常用的公路桥梁橡胶支座有板式橡胶支座、盆式支座等；

3. 板式橡胶支座力学性能一般检验的项目有抗压、抗剪弹性模量，极限抗压强度，抗剪粘结性与抗剪老化交叉检验等，试验方法详见《公路桥梁板式橡胶支座》JT/T 4；

4. 盆式支座力学性能一般检验的项目有竖向承载力、活动支座摩擦系数、支座转动性能等，试验方法详见《公路桥梁盆式支座》JT/T 391；

5. 试验报告要根据试验结果、相应产品标准和设计要求给出一个明确的结论。

5.1.30　市政试·材-30　小型预制混凝土构件质量试验报告

1. 本表仅提供报告的封面，其内容、格式等参照相应的质量标准、规范的有关规定；

2. 小型预制混凝土构件一般指单件长度小于4m或单件质量小于5t的各类构件；

3. 各种小型预制混凝土构件应按照国标《结构混凝土工程施工及验收规范》GB 50204或其他相应的质量标准、规范的要求逐批取样进行质量试验。

5.1.31　市政试·材-31　预制混凝土排水管结构性能试验报告

1. 各种规格的预制混凝土排水管应按照国标《混凝土和钢筋混凝土排水管》GB/T 11836或《结构混凝土工程施工质量验收规范》GB 50204 9.3节规定逐批取样进行结构性能试验；

2. 试验方法按《混凝土和钢筋混凝土排水管试验方法》GB/T 16752相应章节的规定进行；

3. 根据试验结果，对照产品标准《混凝土和钢筋混凝土排水管》GB/T 11836进行评定。(分为优等品、一等品、合格品、不合格品)。

5.1.32　市政试·材-32　化学建材管试验报告

1. 本表仅提供报告的封面，其内容、格式等参照相应的质量标准、规范的有关规定；

2. 化学建材管包含玻璃纤维管、玻璃纤维增强热固性塑料管（简称玻璃钢管）、硬聚氯乙烯管（UPVC）、聚乙烯管（PE）、聚丙烯管（PP）等；

3. 根据不同的产品可根据相应的产品或设计标准要求的检验项目依据相应的国家试验标准进行检验；

4. 试验报告要根据试验结果和相应的设计要求或验评标准给出一个明确的结论。

5.1.33　市政试·材-33　钢纤维混凝土检查井盖试验报告

1. 钢纤维混凝土检查井盖以同种类、同规格、同材料与配合比生产的500只（套）为一检验批；

2. 试验项目主要有外观、尺寸偏差、承载能力等，试验方法详见《钢纤维混凝土检查井盖》JC/899；

3. 试验报告要根据试验结果和标准《钢纤维混凝土检查井盖》JC/899或相应的设计要求给出一个明确的结论。

5.1.34　市政试·材-34　铸铁检查井盖试验报告

1. 铸铁检查井盖以同一种类、同一规格、同一材料在相似条件下生产的100套为一检验批，不足100套也作为一批；

2. 试验项目主要有外观、尺寸偏差、承载能力等，试验方法详见《铸铁检查井盖》CJ/T 3012；

3. 试验报告要根据试验结果和标准《铸铁检查井盖》CJ/T 3012或相应的设计要求给出一个明确的结论。

5.1.35　市政试·材-35　再生树脂复合材料检查井盖试验报告

1. 再生树脂复合材料检查井盖以同一种类、同一规格、同一材料在相似条件下生产的100套为一检验批，不足100套也作为一批；

2. 试验项目主要有外观、尺寸偏差、承载能力等，试验方法详见《再生树脂复合材料检查井盖》CJT 121；

3. 试验报告要根据试验结果和标准《再生树脂复合材料检查井盖》CJT 121或相应的设计要求给出一个明确的结论。

5.1.36　市政试·材-36　环氧煤沥青涂料性能试验报告

1. 表干：手指轻触防腐层不粘手或漆没有粘到手上；

实干：手指推防腐层不移动（可以有指印）；

固化：手指甲刻没有刻纹；

2. 电火花检查：用电火花检漏仪检查有无打火花现象；

3. 粘结力检查：是以小刀割开一舌形切口，用力撕开切口处的防腐层，观察管道表面是否仍为漆皮所覆盖，有没有露出金属表面；

4. 根据试验结果，依照设计或《给水排水管道工程施工及验收规范》GB 50268《埋地钢质管道环氧煤沥青涂料防腐层技术标准》SY/T 0447 等对试样进行评定。

5.1.37 市政试·材-37 防水卷材试验报告

1. 大于 1000 卷抽 5 卷，每 500～1000 卷抽 4 卷，100～499 卷抽 3 卷，100 卷以下抽 2 卷，进行规格尺寸和外观质量检验。在外观质量检验合格的卷材中，任取 1 卷做物理性能检验；

2. 试验方法按《沥青防水卷材试验方法》GB 328 等标准进行；

3. 按照国标《地下防水工程质量验收规范》GB 50208 第 3.0.6 条规定选用，抽样方法按照附录 A 和附录 B 规定执行，根据试验结果和相应的产品标准或或参照国标《屋面工程质量验收规范》GB 50207 对产品进行评定。

5.1.38 市政试·材-38 防水涂料试验报告

1. 防水涂料每 10t 为一检验批，不足 10t 按一批抽样；

2. 试验方法按《建筑防水涂料试验方法》GB/T 16777 等标准进行；

3. 根据试验结果和相应的产品标准或《屋面工程质量验收规范》GB 50207 对产品进行评定。

5.1.39 市政试·材-39 阀门压力试验报告

1. 阀门压力试验按《工业阀门压力试验》GB/T 13927 进行；

2. 强度试验的试验压力一般为阀门公称压力的 1.5 倍；

3. 严密性试验的试验压力一般为阀门公称压力，用于锅炉的阀门的试验压力要求为公称压力的 1.25 倍；

4. 壳体试验的渗漏检查：观测有无气泡漏出进行评定；

5. 密封试验漏泄率的评定依照最大允许值进行评定。

5.1.40 市政试·材-40 复合肥料检验报告

1. 无机肥料同一厂家，同种批号，每 500kg 抽 1 个样。少于 500kg 按 500kg 标准抽样，每点不少于 2 个样，每个样 1kg 左右；

2. 检验项目试验方法相应的国家试验标准、规程进行检验；

3. 根据试验结果和相应的复混肥产品标准给出试验结论。

5.1.41 市政试·材-41 灌溉用水检验报告

1. 绿化工程灌溉用水如果是自来水的，则不需进行检测

2. 灌溉用水取样方法与频率为：同一水质，同一地点，抽取两个样。装水容器先用抽样的水冲洗两遍后再装上水样约 3L。

3. 检验项目试验方法依据《森林土壤水化学分析》LY/T 1275 或其他相应的国家试验标准、规程进行检验。

4. 灌溉水试验内容和质量评定评定参照《农田灌溉水质标准》GB 5084 或设计要求。

5.1.42 市政试·材-42 土壤检验报告

1. 土壤取样方法和抽检频率应符合《广东城市绿化工程施工和验收规范》DB44/T 581 中 10.2.2.1.1～10.2.2.1.4 条款要求规定；

2. 检验项目试验方法依据相应的国家试验标准、规程进行检验；

3. 土壤试验内容应符合设计要求，当设计无要求时，应满足通用种植土的标准，土壤检测各指标应符合当地相关要求。

5.1.43　市政试·材-43　有机肥料检验报告

1. 有机肥料取样方法和抽检频率应符合《广东城市绿化工程施工和验收规范》DB44/T 581—2009中10.2.3.1条款要求规定；

2. 检验项目试验方法依据《有机肥料》NY 525或其他相应的试验标准、规程进行检验；

3. 肥料试验内容和质量评定依据《有机肥料》NY 525或设计要求执行。

5.1.44　市政试·材-44　植物营养成分检验报告

1. 检验项目试验方法依据相应的试验标准、规程进行检验；

2. 试验内容和结果评定符合设计要求。

5.1.45　市政试·材-45　绿化工程苗木规格调查检测报告

1. 本表仅提供报告的封面，其试验内容、格式等参照相应的质量标准、规范的有关规定。

2. 关于乔木的定义参照《城市绿化和园林绿地用植物材料木本苗》CJ/T 24或其他相应标准要求。

5.1.46　市政试·材-46　材料试验报告

1. 本表为《省表》中未涵盖的其他材料需要进行试验时使用的通用表格；

2. 试验规程可根据材料的具体用途或客户的要求分别选用，并按照相应的标准、规范给出明确的结论。

5.2.1　市政试·施-1　钢材焊接工艺评定检验报告

1. 施工单位首次采用的钢材、焊接材料、焊接方法、接头形式、焊接位置、焊后热处理等各种参数及参数的组合，应在钢结构制作及安装前进行焊接工艺评定试验。焊接工艺评定试验方法和要求，以及免予工艺评定的限制条件，应符合现行国家标准《钢结构焊接规范》GB 50661的有关规定；

2. 焊接施工前，施工单位应以合格的焊接工艺评定结果或采用符合免除工艺评定条件为依据，编制焊接工艺文件；

3. 焊工必须持有有效的焊工证，试验室应当在收样时要求委托单位提供焊工姓名及其有效的焊工证号等等信息，以便在报告的备注栏中注明焊工姓名和其有效的焊工证号；

4. 报告必须符合：《公路桥涵施工技术规范》JTG/T F50附录F1《焊接工艺评定》中的各项要求；

5. 检验依据：《钢结构工程施工质量验收规范》GB 50205、《焊缝无损检测　超声检测　技术、检测等级和评定》GB 11345、《金属材料　拉伸试验　第1部分：室温试验方法》GB/T 228.1、《钢筋焊接接头试验方法标准》JGJ/T 27、《焊接接头拉伸试验方法》GB/T 2651、《金属材料　洛氏硬度试验　第1部分：试验方法》GB/T 230.1、《金属材料夏比摆锤冲击试验方法》GB/T 229。

6. 本表格采用多表格、多参数的组合方式。

5.2.2　市政试·施-2　钢筋焊接试验报告

1. 钢筋焊接力学性能试验一般做拉伸强度试验，闪光对焊和压力焊还需要做冷弯试验；

2. 试验所用的焊（连）接试件，应从外观检查合格后的成品中切取，数量要满足现行国家规范规定（钢筋焊接力学性能试验一般以同类型300个接头为一验收批）；

3. 拉伸试验详见《钢筋焊接接头试验方法标准》JGJ/T 27；弯曲试验详见《钢筋焊接接头试验方法标准》JGJ/T 27；

4. 焊接接头试验合格判定方法见《钢筋焊接及验收规程》JGJ 18；

5. 焊工必须持有有效的焊工证，试验室应当在收样时要求委托单位提供焊工姓名及其有效的焊工证号等等信息，以便在报告的备注栏中注明焊工姓名和其有效的焊工证号；

6. 钢筋连接接头采用焊接方式应按有关规定进行现场条件下连接性能试验，留取试验报告。报告必须对抗弯、抗拉试验结果有明确结论。

5.2.3　市政试·施-3　钢筋机械连接试验报告

1. 钢筋机械接头分为挤压套筒挤压连接、锥螺纹接头连接、直螺纹套筒接头、熔融金属充填套筒接头连接等，钢筋机械接头应按现行标准的规定进行现场条件下连接性能试验，留取试验报告。报告必须对试验结果有明确结论；

2. 试验所用的各种机械连接头试件，应从外观检查合格后的成品中切取，数量要满足现行国家规范规定（钢筋机械接头一般以500个为一批）；

3. 钢筋机械接头根据其性能分为Ⅰ级、Ⅱ级、Ⅲ级等等级；

4. 试验方法详见《钢筋机械连接技术规程》JGJ 107；

5. 试验报告应根据试验结果和《钢筋机械连接技术规程》JGJ 107给出试验结论。

5.2.4 市政试·施-4 混凝土配合比试验报告

1. 做配合比设计之前首先要对原材料进行试验，如果不是使用生活饮用水也要先试验；

2. 具体的设计过程参照《普通混凝土配合比设计规程》JGJ 55或《公路水泥混凝土路面施工技术规范技术细则》JTG/T F30进行。

5.2.5 市政试·施-5 沥青混凝土配合比设计试验报告

1. 配合比设计之前首先要对原材料进行试验；

2. 具体的设计过程依照《沥青路面施工验收规范》GB 50092或《公路沥青路面施工技术规范》JTG F40进行；

3. 本报告应附马歇尔试验资料及相应的原材料试验报告。

5.2.6 市政试·施-6 砌筑砂浆配合比设计试验报告

1. 配合比设计之前首先要对原材料进行试验，如果不是使用生活饮用水也要先试验；

2. 具体的设计过程依照《砌筑砂浆配合比设计规程》JGJ 98进行；其他特种砂浆按照相应的施工验收规范进行。

5.2.7 市政试·施-7 混凝土试块抗压强度试验报告

1. 拌制混凝土前需要先进行混凝土配合比设计；

2. 混凝土试块极限抗压强度试验过程详见《普通混凝土力学性能试验方法》GB/T 50081。

5.2.8 市政试·施-8 混凝土小梁试件抗折（弯拉）强度试验报告

1. 拌制混凝土前需要先进行混凝土配合比设计；

2. 混凝土小梁试件抗折（弯拉）强度试验过程详见《普通混凝土力学性能试验方法》GB/T 50081。

5.2.9 市政试·施-9 混凝土抗渗性能试验报告

1. 拌制抗渗混凝土前需要先进行混凝土配合比设计；

2. 试验过程依照"《普通混凝土长期性能和耐久性能试验方法标准》GB/T 50082"的规定进行；

3. 该试验测得的6个试件中有3个试件端面呈有渗水现象时的水压力为F（MPa)，则其抗渗等级为F×10−1，以P表示。

5.2.10 市政试·施-10 混凝土路面芯样劈裂抗拉强度试验报告

1. 此试验项目适用于水泥混凝土路面现场钻取芯样的强度检验（设计路面强度以抗折强度表示时）；

2. 试验方法详见《普通混凝土力学性能试验方法》GB/T 50081，试验得到的劈裂抗拉强度可参考《水泥混凝土路面施工及验收规范》GBJ 97换算为路面抗折强度。

5.2.11 市政试·施-11 混凝土芯样抗压强度试验报告

1. 此试验项目适用于在混凝土构筑物（或构件）或水泥混凝土路面现场钻取芯样的抗压强度检验；

2. 用来做混凝土芯样抗压强度试验的芯样直径一般为100mm，当采用其他规格的芯样时，必须满足相关标准、规范的要求；

3. 试验方法详见《钻芯法检测混凝土强度技术规程》CECS 03和《普通混凝土力学性能试验方法》GB/T 50081。

5.2.12　市政试·施-12　砂浆试块抗压强度试验报告

1. 拌制砂浆前需要先进行砂浆配合比设计；

2. 砂浆抗压强度试验过程详见《建筑砂浆基本性能试验方法》JGJ/T 70；

3. 砌筑砂浆单组强度的数值取舍原则及合格判断按照《砌筑工程施工及验收规范》GB 50203 的相关规定执行。

5.2.13　市政试·施-13　压浆材料检验报告

1. 执行公路标准压浆料标准 JTG/T F50

2. 压浆剂产品用途：

广泛适用于各种梁体预应力管道压浆及设备基础、锚杆等构建灌浆，同时也可用于核电站壳体灌浆、混凝土疏松、裂缝和孔洞等缺陷修补。

3. 压浆剂产品特点：

（1）低水胶比：水胶比仅为 0.27±0.01；

（2）高流动性：浆体的出机流动度可达 10～12s，60min 后流动度仍保持在 25s 以内；

（3）适宜的凝结时间：初凝≥5h，终凝≤24h；

（4）高稳定性：浆体 3h 自由泌水率和 4h 钢丝间泌水率为 0；

（5）微膨胀性；3h 产生 0～2%的膨胀，28d 膨胀率控制 0～2%之间；

（6）早强高强：1d 抗压强度≥15MPa，28d 抗压强度≥50MPa；

（7）高耐久性：28d 的抗冻等级大于 F500，28d 的氯离子扩散系数为 1.25×10－12m^2/s。

三压浆剂主要技术参数：

检测项目		HY-200 指标
氯离子含量,%		≤0.04
凝结时间，h	初凝	≥5
	终凝	≤24
流动度，s	出机流动度	10～17
	30min 流动度	10～20
泌水率,%	3h 毛细泌水率	0
	24h 自由泌水率	0
	0.36MPa	≤1
抗压强度，MPa	7d	≥40
	28d	≥50
抗折强度，MPa	7d	≥6.5
	28d	≥10
自由膨胀率	3h	0～2
	24h	0～3
对钢筋锈蚀作用		无锈蚀

5.2.14　市政试·施-14　预应力孔道灌浆剂检验报告

1. 各个指标的试验方法参照《预应力孔道灌浆剂》GB/T 25182

序号	检验项目		技术要求
1	凝结时间，h	初凝	≥4
		终凝	≤24
2	水泥净浆稠度，s	初始	18±4
		30min	≤28
3	常压泌水率,%	3h	≤2
		24h	0
4	压力泌水率,%		≤3.5
5	24h 自由膨胀率,%		0～1
6	7d 限制膨胀率,%		0～0.1
7	抗压强度，MPa	7d	≥28
		28d	≥40
8	抗折强度，MPa	7d	≥6
		28d	≥8

2. 批量、取样及留样

（1）组批

日产量超过 50t 时，以不超过 50t 为一批；不足 50t 时，以日产量作为一批。

（2）取样及留样

按下列要求取样及留样：

1）取样应具有代表性；

2）每一批取样量不少于 0.1t 水泥所需的预应力孔道灌浆剂量；

3）取得的试样应充分混合均匀，分为两等份，一份按本标准规定方法和项目进行试验，另一份密封保存 6 个月。

5.2.15　市政试·施-15　水泥净（压）浆试件抗折抗压强度报告

1. 市政工程用水泥净（压）浆的力学性能检验，参照公路工程检验依据，必须符合《公路桥涵施工技术规范》JTG/T F50 中涉及桥梁管道压浆的技术要求；

2. 检验依据：《水泥胶砂强度检验方法（ISO 法）》GB/T 17671。

5.2.16　市政试·施-16　无机结合料稳定类基层无侧限抗压强度试验报告

无机结合材料稳定材料的无侧限抗压强度试验每组的试件数量：

对于细粒土：（颗粒最大粒径不大于 4.75mm，公称最大粒径不大于 2.36mm 的土）至少制备 6 个试件。

对于中粒土：（颗粒最大粒径不大于 26.5mm，公称最大粒径大于 2.36mm 且不大于 19mm 的土或集料）至少制备 9 个试件。

对于粗粒土：（颗粒最大粒径不大于 53mm，公称最大粒径大于 19mm 且不大于 37.5mm 的土或集料）至少制备 13 个试件。

5.2.17　市政试·施-17　无机结合料稳定类基层混合料水泥（石灰）剂量试验报告

1. 建设部《管理文件规定》规定："石灰类、水泥类、二灰类无机结合料稳定类基层应有石灰、水泥实际剂量的检测报告。"

2. 无机结合料稳定材料水泥（石灰）剂量试验的检测频率、数量参照《公路路面基层施工技术细则》JTG/T F20 的相关规定；

3. 无机结合料稳定材料水泥（石灰）剂量试验首先要用 EDTA 滴定法标定标准曲线；

4. 每次施工时使用的无机结合料稳定材料取样对照曲线确定水泥（石灰）剂量；

5. 试验过程详见《公路工程无机结合料稳定材料试验规程》JTG E51。

5.2.18 市政试·施-18 沥青混合料成品质量试验报告

1. 此表适用于在沥青混合料拌和厂随机抽取沥青混合料成品或在碾压成型的路面抽取有代表性的试样对其质量的进行检验；

2. 各个指标的试验方法详见《公路工程沥青及沥青混合料试验规程》JTG E20；

3. 成品质量试验主要包括稳定度、密度、沥青含量（油石比）、集料的级配等，对于高速公路或城市快速路一般需要加做动稳定度。

5.2.19 市政试·施-19 沥青混合料稳定度试验报告

1. 此表适用于在沥青混合料拌和厂逐批随机抽取沥青混合料成品或在摊铺现场抽取有代表性的试样制成马歇尔稳定度试件对其质量的进行检验；也适用于沥青混凝土配合比设计时，对试拌的沥青混合料制成马歇尔稳定度试件进行主要质量指标检验；

2. 马歇尔稳定度试件成型方法有轮碾法、击实法、静压法；没有轮碾法和击实法试件成型设备时才使用静压法；

3. 各个指标的试验方法详见《公路工程沥青及沥青混合料试验规程》JTG E20。

5.2.20 市政试·施-20 压实沥青路面芯样稳定度试验报告

1. 此表适用于在摊铺现场已经碾压成型的路面结构层逐层钻取有代表性的芯样进行马歇尔稳定度等主要质量指标的检验；也适用于沥青混凝土配合比设计时，在轮碾成型的板状试块上钻取的芯样进行马歇尔稳定度主要质量指标检验；

2. 对已经投入使用的沥青混凝土路面的稳定度进行普查时，也适用此表；

3. 各个指标的试验方法详见《公路工程沥青及沥青混合料试验规程》JTG E20。

5.2.21 市政试·施-21 沥青混合料动稳定度（车辙）试验报告

1. 此表适用于在沥青混合料拌和厂逐批随机抽取沥青混合料成品或在摊铺现场抽取有代表性的试样制成试件进行动稳定度质量指标的检验；也适用于沥青混凝土配合比设计时，对试拌的沥青混合料制成试件进行动稳定度质量（用于评价混合料抗车辙即耐磨耗能力）指标的检验；

2. 动稳定度试件成型方法一般采用轮碾法；

3. 各个指标的试验方法详见《公路工程沥青及沥青混合料试验规程》JTG E20；

4. 一般的城市道路可以不做此试验（设计有要求的除外），高速公路和城市快速路应做此试验。

5.2.22 市政试·施-22 沥青混合料标准密度试验报告

1. 沥青混合料标准密度试件的来源：试验段路面钻取的芯样或室内试验的马歇尔试验试件；

2. 按照沥青混合料的种类选择密度的试验方法：体积法、水中重法、蜡封法、表干法，具体试验方法、步骤、内容等参照《公路工程沥青及沥青混合料试验规程》JTG E20。

5.2.23 市政试·施-23 沥青混合料密度（压实度）试验报告

1. 沥青混合料压实度＝（压实沥青混合料密度÷沥青混合料标准密度）×100%；

2. 压实沥青混合料密度试验方法依照《公路工程沥青及沥青混合料试验规程》（JTG E20），对钻取的路面芯样要按照沥青混合料的种类选择体积法、水中重法、蜡封法、表干法等密度试验方法；

3. 现场密度试验可以采用钻芯法、灌砂法、灌水法、核子密度仪法等，各种试验方法得出的结论有争议时，以钻芯法结果为准；

4. 钻芯取样的频率按照相应的验评标准确定；

5. 一个验收段的试验结果要计算出相应的压实度代表值，再根据设计或相应的验评标准作出评定；

6. 标准密度来源于市政试·施-40 的试验结论。

5.2.24 市政试·施-24 土工标准击实试验报告

5.2.25 市政试·施-25 无机结合料标准击实试验报告

1. 标准击实按其单位体积的击实功不同而分为轻型击实和重型击实两种方法；非经特别注明，市政工程一般采用重型击实法。

2. 路基土的击实试验方法详见《土工试验方法标准》GB/T 50123；无机结合料稳定材料击实试验方法见《公路工程无机结合料稳定材料试验规程》JTG E51。

3. 标准击实的试验结论就是根据击实曲线得到试样在其最佳含水量状态下的最大干密度。

4. 路基填土的标准击实试验应按照不同的土质、取土点分别取样进行；施工过程中发现最大干密度发生变化而失去代表性时，必须加做试验。

5. 对于基层、垫层等路面结构层的标准击实试验应按照不同的集料、级配、胶结材料及其不同的剂量等分别取样进行本试验；施工过程中因为材料的变化而使最大干密度失去代表性时，必须加做本试验。

6. 无机结合料稳定土的击实试验，加有水泥的试样拌和后，应在1h内完成击实试验，拌和后超过1h的试样应予作废（石灰稳定土和石灰粉煤灰除外）。

5.2.26 市政试·施-26 密度（压实度）试验报告

1. 压实度＝（密度÷标准密度）×100%；

2. 密度的试验方法包括灌砂法、环刀法、蜡封法、灌水法、核子密度仪法等；

3. 试验方法详见《市政道路工程质量检验评定标准》"CJJ 1"或其他相关的质量标准；

4. 根据试验结果和相应的标准或设计要求值对一验收段作出相应的试验结论。

5.2.27 市政试·施-27 路面抗滑性能（构造深度）试验报告

1. 路面抗滑性能（构造深度）的试验方法有手动铺砂法、电动铺砂法和车载式激光构造深度仪法等；

2. 试验方法详见《公路路基路面现场测试规程》JTG E60。

5.2.28 市政试·施-28 路面抗滑性能（摩擦系数）试验报告

1. 路面抗滑性能（摩擦系数）的主要通过摆式仪或摩擦系数测定车来进行试验；

2. 报告需在结论栏提供评定路段抗滑值的平均值、标准差、变异系数；

3. 试验方法详见《公路路基路面现场测试规程》JTG E60。

5.2.29 市政试·施-29 构件无损检测试验报告

1. 本表用作需要对其进行无损检测钢构件、预制混凝土构件、管材等市政构件进行无损检测试验报告的封面；

2. 混凝土类构件常用的无损检测方法有超声波法、回弹法、钻芯法等；钢材类构件常用的无损检测方法有超声波法、磁粉探伤、射线法等；具体的检测方法参照相应的质量标准或设计要求确定；

3. 各种检测方法的适用范围和具体操作方法、步骤、报告的内容及格式等，参照相应的方法标准。

5.2.30 市政试·施-30 预制安装水池壁板缠丝应力测定报告

1. 本表适用于预制安装水池壁板缠丝的应力测定；

2. 设计文件或相应的质量标准、规范规定需要进行本试验时才进行，具体的试验方法、步骤及评定依据参照相应的质量标准。

5.2.31 市政试·施-31 桩基础无损检测试验报告

1. 本表仅提供报告封面，桩基础无损检测报告的内容、格式参照行业标准《建筑基桩检测技术规范》JGJ 106第3.5.5条的规定；

2. 桩基础无损检测方法主要包括低应变法、高应变法、声波透射法、钻芯法等，各种试验方法的适用范围、试验步骤和要求等，参照行业标准《建筑基桩检测技术规范》JGJ 106的有关规定；

3. 从事桩基无损检测的试验单位，应当符合国标《建筑地基基础工程施工质量验收规范》

GB50202 第 3.0.5 条的规定："从事地基基础工程检测及见证试验的单位，必须具备省级以上（含省级）建设行政主管部门颁发的资质证书和计量行政主管部门颁发的计量认证合格证书"；同时还必须满足住房和城乡建设部《文件管理规定》的相关说明。

5.2.32　市政试·施-32　基础（桩、地基）承载力试验报告

1. 本表仅提供报告封面，基础（桩、地基）承载力试验报告的内容、格式，参照行业标准《建筑基桩检测技术规范》JGJ 106 或《公路桥涵施工技术规范》JTG/T F50 附录 B 的有关规定；

2. 桩基础承载力检测方法主要包括单桩竖向抗压、竖向抗拔、水平静载试验等，各种方法的适用范围、试验方法、步骤和要求等，参照行业标准《建筑基桩检测技术规范》JGJ 106 或《公路桥涵施工技术规范》JTJ 041 的有关规定；

3. 地基承载力试验方法主要包括压板（承载板）试验、静力触探、动力触探试验等，各种方法的适用范围、试验方法、步骤和要求等，参照相应的试验方法标准的相关规定；

4. 从事基础（桩、地基）承载力检测的试验单位，应当符合国标《建筑地基基础工程施工质量验收规范》GB 50202 第 3.0.5 条的规定："从事地基基础工程检测及见证试验的单位，必须具备省级以上（含省级）建设行政主管部门颁发的资质证书和计量行政主管部门颁发的计量认证合格证书"；同时还必须满足住房和城乡建设部《文件管理规定》的相关说明。

5.2.33　市政试·施-33　道路弯沉试验报告

1. 本表适用于需要进行弯沉试验的路床、垫层、基层、面层等各种市政道路；

2. 弯沉试验参照《公路路基路面现场测试规程》JTG E60 的相关规定执行；

3. 路面弯沉试验的检测方法和试验标准车：

检测方法可采用贝克曼梁弯沉仪或自动弯沉仪进行检测；弯沉试验标准车：BZZ-100（后轴重 100kN）；

4. 评定方法：路面弯沉试验数据按评定段进行统计评定，一般市政道路以 100～500m 为一评定段，每一评定段统计点数不超过 50 个点，统计评定方法参照《公路工程质量检验评定标准第一册土建工程》JTG F80 的附录 I 进行；

5. 路面弯沉试验仪器规格及支点修正：贝克曼梁弯沉仪有长度分别为 3.6m 和 5.4m 两种规格。在半刚性基层沥青路面或水泥混凝土路面上测定时，宜用长度为 5.4m 的弯沉仪且用 BZZ-100 标准车，当采用长度为 3.6m 的弯沉仪测定时，应进行支点变形修正；

6. 路面弯沉试验温度修正：当沥青路面总厚度＞5cm 时，应进行温度修正；

7. 保证系数按照道路等级由设计提供或参照相关的质量标准、规范进行选用；

8. 季节修正系数是在非不利季节进行弯沉试验时，进行分段评定需要进行修正；

上述各种修正系数的具体数值，按照设计文件或参照相关的技术标准选用；

9. 试验时应当通知相关单位派员到场进行见证检验。

5.2.34　市政试·施-34　大型预制混凝土构件结构性能试验报告

1. 本表仅提供报告的封面，其内容、格式等参照相应的质量标准、规范的有关规定；

2. 大型预制混凝土构件相应检测项目应按照国标《结构混凝土工程施工及验收规范》GB 50204 或其他相应的质量标准、规范的要求逐批取样进行质量试验。

5.2.35　市政试·施-35　预应力孔道摩阻力试验报告

桥梁预应力孔道摩阻力试验主要目的是测试预应力钢束与管道壁的摩擦系数 μ 和管道每米局部偏差对摩擦的影响系数 k，为设计及施工提供依据。本试验依据《铁路桥涵钢筋混凝土和预应力混凝土结构设计规范》TB 10002.3 和《预应力筋用锚具、夹具和连接器应用技术规程》JGJ 85。

检测报告的主要包括以下几大方面内容：

1. 工程概况或工程背景

2. 检测目的和依据

（1）检测目的

（2）检测依据

3. 检测设备

（1）检测仪器设备

（2）操作方法

4. 检测方案

应包含测点布置、测点数等信息。

5. 检测结果

6. 附图表

5.2.36　市政试·施-36　预应力孔道有效预应力检测报告

桥梁预应力孔道有效预应力检测目的是通过实测有效预应力与设计值进行比较，若不满足设计要求，则提出合理的提高有效预应力的措施，并根据测试结果桥梁预应力初始张拉力参考值及张拉持荷时间提出合理的建议。本试验依据为《桥梁预应力及锁力张拉施工质量检测验收规程》CQJTG/T F81。

检测报告的主要包括以下几大方面内容：

1. 工程概况或工程背景

2. 检测目的和依据

（1）检测目的

（2）检测依据

3. 检测设备

（1）检测仪器设备

（2）操作方法

4. 检测方案

应包含测点布置、测点数等信息。

5. 检测结果

6. 附图表

5.2.37　市政试·施-37　桥梁使用功能（动、静载）试验报告

1. 本表仅提供报告封面，桥梁使用功能（动、静载）试验报告的内容、格式，参照交通部《大跨径桥梁荷载试验方法》的有关规定；

2. 桥梁使用功能试验方法主要包括动载试验、静载试验等，各种方法的适用范围、试验方法、步骤和要求等，按照广东省《城市桥梁检查与检验办法（试行）》（粤建建字〔1999〕105号文）规定或参照交通部《大跨径桥梁荷载试验方法》；

3. 按照广东省《城市桥梁检查与检验办法（试行）》（粤建建字〔1999〕105号文）规定，除设计规定要求进行试验的桥梁外，下列桥梁在竣工验收前必须进行动静载试验：

（1）单孔跨径达30m或总桥长达100m的梁式桥；

（2）单孔跨径达45m或总桥长达100m的拱式桥；

（3）单孔跨径达20m或主跨结构总长达40m的人行天桥（静荷）；

（4）小半径、大夹角（≥30°）的连续弯桥

（5）其他有特殊需要作承载力检验的各种规格的桥梁。

4. 桥梁使用功能（动、静载）试验的具体操作方法等，必须满足建设部《文件管理规定》关于功能性试验的有关规定及说明；

5. 进行本试验时应当通知相关单位派员到场进行见证检验，并在试验现场签署试验记录。

5.2.38　市政试·施-38　排水管（渠）道闭水试验报告

1. 排水管（渠）道闭水试验一般在管坑回填前进行，试验时应当通知相关单位派员到场进行见证

检验；

2. 排水管（渠）道闭水试验的具体试验方法、步骤及要求等，按照国标《给水排水管道工程施工及验收规范》GB 50268 的相关规定进行。

5.2.39　市政试·施-39　水池满水试验报告

1. 市政给水厂和污水处理厂等水池必须进行满水试验，以验证池体的抗渗能力能否达到设计或质量标准的要求；

2. 进行本试验时应当通知相关单位派员到场进行见证检验；

3. 满水试验的方法、步骤及要求等按照国标《城镇污水处理厂工程质量验收规范》GB 50334 和国标《给水排水构筑物施工及验收规范》GB 50141 的相关规定进行。

5.2.40　市政试·施-40　污泥消化池气密性试验报告

1. 污水处理厂、城市垃圾处理厂等污泥池必须进行气密性试验，以验证池体的密封性能否达到设计或质量标准的要求；

2. 进行本试验时应当通知相关单位派员到场进行见证检验；

3. 气密性试验的方法、步骤及要求等按国标《城镇污水处理厂工程质量验收规范》GB 50334 和《给水排水构筑物施工及验收规范》GB 50141 的相关规定进行。

5.2.41　市政试·施-41　压力管道水压试验报告

1. 按照国标《建筑给水排水及采暖工程施工质量验收规范》GB 50242 第 3.3.16 条规定："各种承压管道系统和设备应做水压试验"。所以，给水管道在管坑回填前，必须进行水压试验，以验证给水管道的强度和严密性能否达到设计或质量标准的要求；

2. 进行本试验时应当通知相关单位派员到场进行见证检验；

3. 本试验方可采用注水法，试验压力一般由设计提供；设计没有提供时，一般可选 1.5 倍工作压力。

4. 给水管道水压试验采用放水法或注水法进行，试验方法按照国标《给水排水管道工程施工及验收规范》GB 50268 的相关规定进行。

5.2.42　市政试·施-42　热力管道水压试验报告

1. 按照国标《建筑给水排水及采暖工程施工质量验收规范》GB 50242 第 3.3.16 条规定："各种承压管道系统和设备应做水压试验"。所以，热力管道在管坑回填前，必须进行水压试验，以验证热力管道的强度和严密性能否达到设计或质量标准的要求；

2. 进行本试验时应当通知相关单位派员到场进行见证检验；

3. 热力管道水压试验方法按照国标《给水排水管道工程施工及验收规范》GB 50268 或行标《市政供热管网工程质量检验评定标准》CJJ 38 的相关规定进行；

4. 试验压力一般由设计提供；设计没有提供时，一般可选 1.5 倍工作压力。

5.2.43　市政试·施-43　动力触探试验报告

1. 本试验适用于使用标准贯入仪对天然地基、深层搅拌桩、碎石桩、喷粉桩等软土地基进行处理后的强度进行的检测；

2. 本试验的方法参照国标《建筑地基基础工程施工质量验收规范》GB 50202 或其他质量标准、规范的相关规定；

3. 仅提供试验报告封面，其内容应符合相应的试验及质量验收规范的要求。

5.2.44　市政试·施-44　燃气管道严密性试验报告

1. 燃气管道在管坑回填或正式通气前，必须进行严密性试验，以验证燃气管道的严密性能否达到设计或质量标准的要求；

2. 进行本试验时应当通知相关单位派员到场进行见证检验；

3. 试验压力一般由设计提供；设计没有提供时，一般可选 1.5 倍工作压力；

4. 燃气管道严密性试验方法参照现行的国标或行标的相关规定进行（《城镇燃气输配工程施工及验收规范》CJJ 33）。

5.2.45 市政试·施-45 燃气管道强度试验报告

1. 燃气管道在管坑回填或正式通气前，必须进行强度试验，以验证燃气管道的强度能否达到设计或质量标准的要求；

2. 进行本试验时应当通知相关单位派员到场进行见证检验；

3. 试验压力一般由设计提供；设计没有提供时，一般可选1.5倍工作压力；

4. 燃气管道强度试验方法参照现行的国标或行标的相关规定进行（《城镇燃气输配工程施工及验收规范》CJJ 33）。

5.2.46 市政试·施-46 土的承载比（CBR）试验报告

1. 土的承载比（CBR）试验主要有膨胀量试验和贯入试验等2个步骤；

2. 报告需在结论栏根据贯入量为2.5mm、5.0mm时的承载比及相应的设计要求或标准要求值给出明确的结论；

3. 试验方法详见《土工试验方法标准》GB/T 50123或《公路土工试验规程》JTG E40。

5.2.47 市政试·施-47 界限含水率试验报告（液、塑限联合测定法）

1. 试验方法详见《土工试验方法标准》GB/T 50123或《公路土工试验规程》JTG E40；

2. 报告需在结论栏根据试验结果及相应的设计或标准要求值给出明确的结论。

5.2.48 市政试·施-48 无机结合料稳定材料配合比设计报告

1. 配合比设计之前首先要对原材料进行试验；满足相应标准规范要求后方可进行设计；

2. 具体的设计过程依照《城镇道路工程施工与质量验收规范》CJJ 1中“7. 基层”的规定进行；

3. 配合比设计时进行的无侧限抗压强度试验应符合国家现行标准《公路工程无机结合料稳定材料试验规程》JTG E51有关要求。

5.2.49 市政试·施-49 土层（岩石）锚杆轴向抗拔试验报告

1. 本表仅提供报告的封面，其内容、格式等参照相应的质量标准、规范的有关规定；

2. 具体的试验方法可依照广东省标准《建筑地基基础检测规范》DBJ 15-60或其他检测标准规定进行。

5.2.50 市政试·施-50 钢结构无损检测试验报告

1. 本表仅提供报告的封面，其内容、格式等参照相应的质量标准、规范的有关规定；

2. 钢结构无损检测常见的有超声波探伤、磁粉探伤、射线探伤、渗透探伤、涡流探伤等，具体的试验方法依据相应的国家或行业试验标准进行。

5.2.51 市政试·施-51 外墙饰面砖粘结强度检验报告

1. 饰面砖粘结强度检验依照《建筑工程饰面砖粘结强度检验标准》JGJ 110进行；

2. 现场粘贴饰面砖粘结强度检验依据《城市桥梁工程施工与质量验收规范》CJJ 2应以每300m^{2}同类墙体饰面砖为一个检验批，不足300m^{2}应按300m^{2}计，每批应取一组3个试样。

5.2.52 市政试·施-52 混凝土拌合物氯离子检验报告

1. 市政工程用混凝土拌合物中的氯离子含量，必须符合《普通混凝土配合比设计规程》JGJ 55中的规定；

2. 检验依据：《水运工程混凝土试验规程》JTJ 270。

5.2.53 市政试·施-53 园林铺装工程（园路）外观与形体质量检测报告

本表仅提供报告的封面，其试验内容、格式等参照相应的质量标准、规范的有关规定执行。

5.2.54 市政试·施-54 园林植物病虫害调查检验报告

1. 本表仅提供报告的封面，其内容、格式等参照相应的质量标准、规范的有关规定；

2. 应根据植物病虫害检测结果和《广东城市绿化工程施工和验收规范》DB44/T 581—2009的防治

要求，给出一个明确的结论。

5.2.55 市政试·施-55～5.2.62 市政试·施-62

填表说明：略

5.3.1 市政试·通-1 见证记录

根据住房和城乡建设部《房屋建筑工程和市政基础设施工程实行见证取样和送检的规定》制定。

一、本记录是建设单位或工程监理单位人员对涉及结构安全的试块、试件和材料的见证取样和送检而签署的证明文件。凡填写本记录的试块、试件和材料必须送至经过省级以上建设行政主管部门对其资质认可和质量技术监督部门对其计量认证的质量检测单位（以下简称“检测单位”）进行检测；

二、下列试块试件和材料必须实施见证取样和送检

（一）用于承重结构的混凝土试块

（二）用于承重墙体的砌筑砂浆试块

（三）用于承重结构的钢筋及连接接头试件

（四）用于承重墙的砖和混凝土小型砌块

（五）用于拌制混凝土和砌筑砂浆的水泥

（六）用于承重结构的混凝土中使用的掺加剂

（七）地下屋面厕浴间使用的防水材料

（八）国家规定必须实行见证取样和送检的其他试块试件和材料

三、见证取样的工作程序

1. 工程项目施工开始前，项目监理机构要督促施工单位尽快落实见证取样的送检试验室。对于施工单位提出的试验室，试验室一般是和施工单位没有行政隶属关系的第三方。监理工程师应从以下5个方面对施工单位委托的试验室进行考核：

（1）试验室的资质等级及其试验范围；

（2）法定计量部门对试验设备出具的计量鉴定证明；

（3）试验室的管理制度；

（4）试验人员的资格证书；

（5）本工程的试验项目及其要求。

2. 在施工过程中，见证人员应按照见证取样和送检计划，对施工现场的取样和送检进行见证，取样人员应在试样或其包装上作出标识、封志。标识和封志应标明工程名称、取样部位、取样日期、样品名称和样品数量，并由见证人员应制作见证记录，并将见证记录归入施工技术档案。

3. 见证取样的试块、试件和材料送检时，应由送检单位填写委托单，委托单应有见证人员和送检人员签字。检测单位应检查委托单及试样上的标识和封志，确认无误后方可进行检测。

四、实施见证取样的要求

1. 凡涉及结构安全的试块和材料见证取样和送检的比例不得低于有关技术标准中规定应取样数量的30％。

2. 见证人员应由建设单位或监理单位具备见证员资质的专业技术人员担任，并应由建设单位或监理单位书面通知施工单位、检测单位和负责该项工程的质量监理机构。

3. 施工单位从事取样的人员一般应由专职质检人员担任。

4. 送往试验室的样品，要填写“送验单”，送验单要盖有“见证取样”专用章，并有见证员的签字。

5. 检测单位应严格按照有关管理规定和技术标准进行检测，出具公正、真实、准确的检测报告。见证取样和送检的检测报告必须加盖见证取样检测的专用章。

6. 当施工单位采用新材料、新工艺新技术、新设备时，专业监理工程师应要求施工单位报送相应的施工工艺措施和证明材料，组织专题论证，经审定后予以签认。

7. 专业监理工程师应对施工单位报关的拟进场工程材料、构配件和设备的工程材料/构配件/设备报审表及其质量证明资料进行审核，并对进场的实物按照委托监理合同约定或有关工程质量管理文件规定的比例采用平行检验或见证取样方式进行抽检。

（1）材料、半成品及构件，必须有供应部门或厂方提出的证明合格的文件，或在产品上盖有“合格”印章，由施工单位提交监理工程师审查。对于没有此类证明或虽有证明合格的文件，但经监理工程师检查可在使用中发现有怀疑时，监理工程师应书面指令施工单位，进行抽样检查或复验，证明合格后，方可使用在工程上。

（2）监理工程师应审查水泥、钢筋、焊条、钢结构制品、混凝土构件等用在结构部位的材料、半成品以及防水、防腐蚀材料的合格证、试验报告等文件及按材料试验检验制度的有关要求，抽取试样的复试单据。

（3）对用于工程上的各种设备，监理工程师要审查施工单位或供货单位提供厂家资质、产品批号、出厂合格证和符合认证资格文件等，对进口设备必须审查海关商检书。

（4）监理工程师可视情况做试样抽检。

（5）监理工程师对检验证明有疑问时，应要求施工单位及时补做检验报监理工程师，监理工程师应重新签认。

对未经监理人员验收或验收不合格的工程材料、构配件、设备，监理人员应拒绝签认，并应签发监理工程师通知单，书面通知施工单位限期将不合格的工程材料、构配件、设备撤出现场。

第六章 施 工 记 录 文 件

基本要求

1. 表格允许打印，但填写意见和签名必须由本人签署。

2. 除测量类记录表外，施工记录应该由该项目的施工员在实际施工过程中填写。

3. 通用部分提示：

工程名称：填写合同上标准的工程名称。

施工单位：统一按施工承包合同的单位名称填写。

项目技术负责人：实行项目法施工的承包商派驻项目部的项目总工程师亲笔签名；没有实行项目法施工的承包商由单位的技术负责人亲笔签名。

质检员：有资格证的质检员亲笔签名。

施工员：有资格证的施工员亲笔签名。

日期：填写表格的日期。

4. 施工记录按不同的施工内容编排，归档可按桩号顺序或时间顺序收编。

6.1 通 用 表 格

6.1.1 市政施·通-1 水准测量（复核）记录

市政基础设施工程

水准测量（复核）记录

市政施·通-1

第　　页 共　　页

<table>
<tr><td>工程名称</td><td colspan="10"></td></tr>
<tr><td colspan="2">单位工程名称</td><td colspan="3"></td><td colspan="2">施工单位</td><td colspan="4"></td></tr>
<tr><td colspan="2">分包单位</td><td colspan="3"></td><td colspan="2">控制点高程</td><td colspan="4"></td></tr>
<tr><td colspan="2">允许误差</td><td colspan="3"></td><td colspan="2">仪器型号</td><td colspan="4"></td></tr>
<tr><td colspan="2">闭合差</td><td colspan="3"></td><td colspan="2">标定编号</td><td colspan="4"></td></tr>
<tr><td rowspan="2">测站</td><td rowspan="2">点号</td><td colspan="2">水准尺读数</td><td rowspan="2">仪器高</td><td rowspan="2">高差</td><td rowspan="2">实测高程</td><td rowspan="2">设计高程</td><td rowspan="2">实测偏差</td><td rowspan="2" colspan="2">备注</td></tr>
<tr><td>后视</td><td>前视</td></tr>
<tr><td rowspan="2"></td><td></td><td></td><td></td><td></td><td rowspan="2"></td><td rowspan="2"></td><td rowspan="2"></td><td rowspan="2"></td><td rowspan="2" colspan="2"></td></tr>
<tr><td></td><td></td><td></td><td></td></tr>
<tr><td rowspan="2"></td><td></td><td></td><td></td><td></td><td rowspan="2"></td><td rowspan="2"></td><td rowspan="2"></td><td rowspan="2"></td><td rowspan="2" colspan="2"></td></tr>
<tr><td></td><td></td><td></td><td></td></tr>
<tr><td rowspan="2"></td><td></td><td></td><td></td><td></td><td rowspan="2"></td><td rowspan="2"></td><td rowspan="2"></td><td rowspan="2"></td><td rowspan="2" colspan="2"></td></tr>
<tr><td></td><td></td><td></td><td></td></tr>
<tr><td rowspan="2"></td><td></td><td></td><td></td><td></td><td rowspan="2"></td><td rowspan="2"></td><td rowspan="2"></td><td rowspan="2"></td><td rowspan="2" colspan="2"></td></tr>
<tr><td></td><td></td><td></td><td></td></tr>
<tr><td rowspan="2"></td><td></td><td></td><td></td><td></td><td rowspan="2"></td><td rowspan="2"></td><td rowspan="2"></td><td rowspan="2"></td><td rowspan="2" colspan="2"></td></tr>
<tr><td></td><td></td><td></td><td></td></tr>
<tr><td rowspan="2"></td><td></td><td></td><td></td><td></td><td rowspan="2"></td><td rowspan="2"></td><td rowspan="2"></td><td rowspan="2"></td><td rowspan="2" colspan="2"></td></tr>
<tr><td></td><td></td><td></td><td></td></tr>
<tr><td rowspan="2"></td><td></td><td></td><td></td><td></td><td rowspan="2"></td><td rowspan="2"></td><td rowspan="2"></td><td rowspan="2"></td><td rowspan="2" colspan="2"></td></tr>
<tr><td></td><td></td><td></td><td></td></tr>
<tr><td rowspan="2"></td><td></td><td></td><td></td><td></td><td rowspan="2"></td><td rowspan="2"></td><td rowspan="2"></td><td rowspan="2"></td><td rowspan="2" colspan="2"></td></tr>
<tr><td></td><td></td><td></td><td></td></tr>
<tr><td colspan="2">计算检核</td><td></td><td></td><td></td><td></td><td></td><td></td><td></td><td colspan="2"></td></tr>
<tr><td colspan="2">示意图（简图）</td><td colspan="9"></td></tr>
<tr><td colspan="2">测量</td><td></td><td>计算</td><td></td><td colspan="3">复核</td><td colspan="3"></td></tr>
<tr><td colspan="2">项目技术负责人</td><td colspan="3"></td><td colspan="3">测量日期</td><td colspan="3"></td></tr>
</table>

6.1.2　市政施·通-2　测量复核记录

市政基础设施工程

测量复核记录

市政施·通-2

第　　页 共　　页

工程名称				施工单位						仪器型号
单位工程名称				分包单位				测量部位		标定编号
桩号	设计坐标		实测坐标		差值（m）		高程			备注
	X	Y	X	Y	ΔX	ΔY	设计	实测	差值	

测量：　　　　复核：　　　　项目技术负责人：　　　　测量日期：

6.1.3 市政施·通-3 沉降观测记录

市政基础设施工程

沉降观测记录

市政施·通-3

第　　页 共　　页

工程名称				施工单位							仪器型号				
单位工程名称				分包单位				水准点编号			水准点高程				
标定编号	测点：			测点：			测点：			测点：			测点：		
	初始高程：			初始高程：			初始高程：			初始高程：			初始高程：		
观测时间	观测值	本期沉降	累计沉降	观测值	本期沉降	累计沉降	观测值	本期沉降	累计沉降	观测值	本期沉降	累计沉降	观测值	本期沉降	累计沉降
测量		计算		复核			项目技术负责人				测量日期				

6.1.4 市政施·通-4 水平位移观测记录

市政基础设施工程

水平位移观测记录

市政施·通-4

第　　页 共　　页

<table>
<tr><td>工程名称</td><td colspan="6"></td><td>仪器型号</td><td colspan="2"></td></tr>
<tr><td>单位工程名称</td><td colspan="6"></td><td>标定编号</td><td colspan="2"></td></tr>
<tr><td>施工单位</td><td colspan="4"></td><td>分包单位</td><td colspan="4"></td></tr>
<tr><td>观测范围</td><td colspan="3"></td><td>天气</td><td colspan="2"></td><td colspan="2">累计观测时间</td><td></td></tr>
<tr><td>监测点号</td><td>初始值</td><td colspan="2">本次水平位移量（mm）</td><td colspan="2">前次累计水平位移量（mm）</td><td>水平位移速率（mm/d）</td><td>报警值（mm）</td><td>允许值</td><td>备注</td></tr>
<tr><td></td><td></td><td></td><td></td><td></td><td></td><td></td><td></td><td></td><td></td></tr>
<tr><td></td><td></td><td></td><td></td><td></td><td></td><td></td><td></td><td></td><td></td></tr>
<tr><td></td><td></td><td></td><td></td><td></td><td></td><td></td><td></td><td></td><td></td></tr>
<tr><td></td><td></td><td></td><td></td><td></td><td></td><td></td><td></td><td></td><td></td></tr>
<tr><td></td><td></td><td></td><td></td><td></td><td></td><td></td><td></td><td></td><td></td></tr>
<tr><td></td><td></td><td></td><td></td><td></td><td></td><td></td><td></td><td></td><td></td></tr>
<tr><td></td><td></td><td></td><td></td><td></td><td></td><td></td><td></td><td></td><td></td></tr>
<tr><td></td><td></td><td></td><td></td><td></td><td></td><td></td><td></td><td></td><td></td></tr>
<tr><td></td><td></td><td></td><td></td><td></td><td></td><td></td><td></td><td></td><td></td></tr>
<tr><td></td><td></td><td></td><td></td><td></td><td></td><td></td><td></td><td></td><td></td></tr>
<tr><td></td><td></td><td></td><td></td><td></td><td></td><td></td><td></td><td></td><td></td></tr>
<tr><td></td><td></td><td></td><td></td><td></td><td></td><td></td><td></td><td></td><td></td></tr>
<tr><td></td><td></td><td></td><td></td><td></td><td></td><td></td><td></td><td></td><td></td></tr>
<tr><td></td><td></td><td></td><td></td><td></td><td></td><td></td><td></td><td></td><td></td></tr>
<tr><td>监测说明</td><td colspan="9"></td></tr>
<tr><td>略图</td><td colspan="9"></td></tr>
</table>

测量　　　　　　计算　　　　　　复核　　　　　　　　　　项目技术负责人

6.1.5 市政施·通-5 施工记录

________施工记录

市政施·通-5

第　　页 共　　页

工程名称				
单位工程名称				
施工单位			施工范围	
设计要求				

记录项目	施工情况记录

备注	

施工员		质检员		项目技术负责人		日期	

6.1.6 市政施·通-6 施工日记

施工日记

市政施·通-6

第　　页 共　　页

工程名称							
单位工程名称							
施工单位				风力		最高气温	℃
管理人员数量		作业人员数量		风向		最低气温	℃

记录人		技术负责人		日期	

6.2 土建表格

6.2.1 市政施·土-1 软基分层沉降观测记录

市政基础设施工程

软基分层沉降观测记录

市政施·土-1

第　　页 共　　页

<table>
<tr><td>工程名称</td><td colspan="7"></td><td colspan="2">仪器型号</td><td colspan="2"></td></tr>
<tr><td>单位工程名称</td><td colspan="7"></td><td colspan="2">标定编号</td><td colspan="2"></td></tr>
<tr><td>施工单位</td><td colspan="7"></td><td colspan="2">观测范围</td><td colspan="2"></td></tr>
<tr><td>分包单位</td><td colspan="7"></td><td colspan="2">基点高程</td><td colspan="2"></td></tr>
<tr><td rowspan="2">测点编号</td><td colspan="3">标尺读数（mm）</td><td rowspan="2">测点至孔口距离（mm）</td><td rowspan="2">测点高程（mm）</td><td rowspan="2">前次测点高程（mm）</td><td rowspan="2">测点沉降（mm）</td><td rowspan="2">测点间距（mm）</td><td rowspan="2">测点间压缩量（mm）</td><td rowspan="2" colspan="2">备注</td></tr>
<tr><td>1</td><td>2</td><td>平均</td></tr>
<tr><td>孔口</td><td></td><td></td><td></td><td></td><td></td><td></td><td></td><td></td><td></td><td colspan="2"></td></tr>
<tr><td>测点1</td><td></td><td></td><td></td><td></td><td></td><td></td><td></td><td></td><td></td><td colspan="2"></td></tr>
<tr><td>测点2</td><td></td><td></td><td></td><td></td><td></td><td></td><td></td><td></td><td></td><td colspan="2"></td></tr>
<tr><td>测点3</td><td></td><td></td><td></td><td></td><td></td><td></td><td></td><td></td><td></td><td colspan="2"></td></tr>
<tr><td>测点4</td><td></td><td></td><td></td><td></td><td></td><td></td><td></td><td></td><td></td><td colspan="2"></td></tr>
<tr><td>测点5</td><td></td><td></td><td></td><td></td><td></td><td></td><td></td><td></td><td></td><td colspan="2"></td></tr>
<tr><td>测点6</td><td></td><td></td><td></td><td></td><td></td><td></td><td></td><td></td><td></td><td colspan="2"></td></tr>
<tr><td>测点7</td><td></td><td></td><td></td><td></td><td></td><td></td><td></td><td></td><td></td><td colspan="2"></td></tr>
<tr><td>测点8</td><td></td><td></td><td></td><td></td><td></td><td></td><td></td><td></td><td></td><td colspan="2"></td></tr>
<tr><td>测点9</td><td></td><td></td><td></td><td></td><td></td><td></td><td></td><td></td><td></td><td colspan="2"></td></tr>
<tr><td>测点10</td><td></td><td></td><td></td><td></td><td></td><td></td><td></td><td></td><td></td><td colspan="2"></td></tr>
<tr><td>测点11</td><td></td><td></td><td></td><td></td><td></td><td></td><td></td><td></td><td></td><td colspan="2"></td></tr>
<tr><td>测点12</td><td></td><td></td><td></td><td></td><td></td><td></td><td></td><td></td><td></td><td colspan="2"></td></tr>
<tr><td>测点13</td><td></td><td></td><td></td><td></td><td></td><td></td><td></td><td></td><td></td><td colspan="2"></td></tr>
<tr><td>测点14</td><td></td><td></td><td></td><td></td><td></td><td></td><td></td><td></td><td></td><td colspan="2"></td></tr>
<tr><td>测点15</td><td></td><td></td><td></td><td></td><td></td><td></td><td></td><td></td><td></td><td colspan="2"></td></tr>
<tr><td>略图</td><td colspan="11"></td></tr>
<tr><td>测量</td><td colspan="2"></td><td>计算</td><td colspan="3"></td><td colspan="2">复核</td><td colspan="3"></td></tr>
<tr><td>项目技术负责人</td><td colspan="6"></td><td colspan="2">观测日期</td><td colspan="3"></td></tr>
</table>

6.2.2 市政施·土-2 孔隙水压力观测记录

市政基础设施工程

孔隙水压力观测记录

市政施·土-2

第　　页 共　　页

<table>
<tr><td>工程名称</td><td colspan="6"></td></tr>
<tr><td>单位工程名称</td><td colspan="3"></td><td>施工单位</td><td colspan="2"></td></tr>
<tr><td>观测范围</td><td colspan="3"></td><td>分包单位</td><td colspan="2"></td></tr>
<tr><td>压力盒号</td><td colspan="2"></td><td>断面号</td><td></td><td>仪器编号</td><td></td></tr>
<tr><td>高程</td><td colspan="2"></td><td>填土高程</td><td></td><td>标定编号</td><td></td></tr>
<tr><td>观测日期
年、月、日</td><td>仪器读数
（H_2）</td><td>换算压力
（kPa）</td><td>水位（m）</td><td>修正换算压力
（kPa）</td><td>孔隙压力
（kPa）</td><td>备注</td></tr>
<tr><td></td><td></td><td></td><td></td><td></td><td></td><td></td></tr>
<tr><td></td><td></td><td></td><td></td><td></td><td></td><td></td></tr>
<tr><td></td><td></td><td></td><td></td><td></td><td></td><td></td></tr>
<tr><td></td><td></td><td></td><td></td><td></td><td></td><td></td></tr>
<tr><td></td><td></td><td></td><td></td><td></td><td></td><td></td></tr>
<tr><td></td><td></td><td></td><td></td><td></td><td></td><td></td></tr>
<tr><td></td><td></td><td></td><td></td><td></td><td></td><td></td></tr>
<tr><td></td><td></td><td></td><td></td><td></td><td></td><td></td></tr>
<tr><td></td><td></td><td></td><td></td><td></td><td></td><td></td></tr>
<tr><td></td><td></td><td></td><td></td><td></td><td></td><td></td></tr>
<tr><td></td><td></td><td></td><td></td><td></td><td></td><td></td></tr>
<tr><td></td><td></td><td></td><td></td><td></td><td></td><td></td></tr>
<tr><td></td><td></td><td></td><td></td><td></td><td></td><td></td></tr>
<tr><td></td><td></td><td></td><td></td><td></td><td></td><td></td></tr>
<tr><td></td><td></td><td></td><td></td><td></td><td></td><td></td></tr>
<tr><td></td><td></td><td></td><td></td><td></td><td></td><td></td></tr>
<tr><td></td><td></td><td></td><td></td><td></td><td></td><td></td></tr>
<tr><td></td><td></td><td></td><td></td><td></td><td></td><td></td></tr>
<tr><td>略图</td><td colspan="6"></td></tr>
<tr><td>测量</td><td></td><td>计算</td><td></td><td>复核</td><td colspan="2"></td></tr>
<tr><td>项目技术负责人</td><td colspan="3"></td><td>观测日期</td><td colspan="2"></td></tr>
</table>

6.2.3 市政施·土-3 钻孔桩钻进记录

市政基础设施工程

钻孔桩钻进记录

市政施·土-3

第　　页 共　　页

<table>
<tr><td colspan="2">工程名称</td><td colspan="4"></td><td>施工单位</td><td colspan="5"></td></tr>
<tr><td colspan="2">单位工程名称</td><td colspan="4"></td><td>分包单位</td><td colspan="5"></td></tr>
<tr><td>桩号</td><td>地面标高（m）</td><td>设计桩径（m）</td><td>设计桩顶标高（m）</td><td>设计桩底标高（m）</td><td>孔深（m）</td><td>设计桩端持力层岩（土）性</td><td>设计嵌岩深度（m）</td><td>护筒顶标高（m）</td><td>护筒底标高（m）</td><td>钻机型号及编号</td><td>钻头类型及直径（m）</td></tr>
<tr><td></td><td></td><td></td><td></td><td></td><td></td><td></td><td></td><td></td><td></td><td></td><td></td></tr>
</table>

<table>
<tr><td colspan="6">时间</td><td rowspan="3">工作内容</td><td rowspan="3">钻杆长度（m）</td><td colspan="4">钻进深度（m）</td><td rowspan="3">孔底标高（m）</td><td rowspan="3">垂直度（%）</td><td colspan="2" rowspan="2">孔中心偏差（mm）</td><td rowspan="3">地质情况及取样编号</td><td colspan="2">泥浆</td><td rowspan="3">备注</td></tr>
<tr><td rowspan="2">月日</td><td colspan="2">起</td><td colspan="2">止</td><td rowspan="2">共计（h:min）</td><td rowspan="2">钻杆起钻读数</td><td rowspan="2">钻杆止钻读数</td><td rowspan="2">本次进尺</td><td rowspan="2">累计进尺</td><td rowspan="2">相对密度</td><td rowspan="2">黏度（Pa·s）</td></tr>
<tr><td>时</td><td>分</td><td>时</td><td>分</td><td>纵</td><td>横</td></tr>
<tr><td></td><td></td><td></td><td></td><td></td><td></td><td></td><td></td><td></td><td></td><td></td><td></td><td></td><td></td><td></td><td></td><td></td><td></td><td></td><td></td></tr>
<tr><td></td><td></td><td></td><td></td><td></td><td></td><td></td><td></td><td></td><td></td><td></td><td></td><td></td><td></td><td></td><td></td><td></td><td></td><td></td><td></td></tr>
<tr><td></td><td></td><td></td><td></td><td></td><td></td><td></td><td></td><td></td><td></td><td></td><td></td><td></td><td></td><td></td><td></td><td></td><td></td><td></td><td></td></tr>
<tr><td></td><td></td><td></td><td></td><td></td><td></td><td></td><td></td><td></td><td></td><td></td><td></td><td></td><td></td><td></td><td></td><td></td><td></td><td></td><td></td></tr>
<tr><td></td><td></td><td></td><td></td><td></td><td></td><td></td><td></td><td></td><td></td><td></td><td></td><td></td><td></td><td></td><td></td><td></td><td></td><td></td><td></td></tr>
<tr><td></td><td></td><td></td><td></td><td></td><td></td><td></td><td></td><td></td><td></td><td></td><td></td><td></td><td></td><td></td><td></td><td></td><td></td><td></td><td></td></tr>
<tr><td></td><td></td><td></td><td></td><td></td><td></td><td></td><td></td><td></td><td></td><td></td><td></td><td></td><td></td><td></td><td></td><td></td><td></td><td></td><td></td></tr>
<tr><td></td><td></td><td></td><td></td><td></td><td></td><td></td><td></td><td></td><td></td><td></td><td></td><td></td><td></td><td></td><td></td><td></td><td></td><td></td><td></td></tr>
<tr><td></td><td></td><td></td><td></td><td></td><td></td><td></td><td></td><td></td><td></td><td></td><td></td><td></td><td></td><td></td><td></td><td></td><td></td><td></td><td></td></tr>
<tr><td></td><td></td><td></td><td></td><td></td><td></td><td></td><td></td><td></td><td></td><td></td><td></td><td></td><td></td><td></td><td></td><td></td><td></td><td></td><td></td></tr>
<tr><td></td><td></td><td></td><td></td><td></td><td></td><td></td><td></td><td></td><td></td><td></td><td></td><td></td><td></td><td></td><td></td><td></td><td></td><td></td><td></td></tr>
<tr><td></td><td></td><td></td><td></td><td></td><td></td><td></td><td></td><td></td><td></td><td></td><td></td><td></td><td></td><td></td><td></td><td></td><td></td><td></td><td></td></tr>
<tr><td></td><td></td><td></td><td></td><td></td><td></td><td></td><td></td><td></td><td></td><td></td><td></td><td></td><td></td><td></td><td></td><td></td><td></td><td></td><td></td></tr>
</table>

项目技术负责人：　　　　　质检员：　　　　　施工员：　　　　　年　　月　　日

6.2.4 市政施·土-4 冲孔桩冲进记录

市政基础设施工程

冲孔桩冲进记录

市政施·土-4

第 页 共 页

工程名称		施工单位	
单位工程名称		分包单位	

桩号	地面标高(m)	设计桩径(m)	设计桩顶标高(m)	设计桩底标高(m)	设计孔深(m)	设计桩端持力层岩(土)性	设计嵌岩深度(m)	护筒顶标高(m)	护筒底标高(m)	冲机型号及编号	锤头形式直径(cm)

记录时间					共计(h:min)	工作内容	冲程(m)	冲击次数(次/分)	冲进深度(m)		孔底标高(m)	孔中心偏差(mm)		取样编号及地质情况	相对密度	泥浆黏度(Pa·s)	备注
月日	起		止						本次	累计		纵	横				
	时	分	时	分													

项目技术负责人： 质检员： 施工员： 年 月 日

6.2.5 市政施·土-5 地下连续墙成槽施工记录

市政基础设施工程

地下连续墙成槽施工记录

市政施·土-5

第　　页 共　　页

工程名称				施工单位		
单位工程名称				分包单位		
槽段编号（里程）	设计槽底标高（m）	设计槽底地质	设计槽厚度（cm）	导墙顶标高（m）	地面标高（m）	成槽机类型

时间					工作内容	成槽深度（m）		槽底标高（m）	槽平均宽度（m）	槽底地质	槽壁垂直度（%）	槽轴线位偏位情况（m）		泥浆		备注
月日	起	止				本次深度	累计深度					纵	横	相对密度	黏度（Pa·s）	
	时	分	时	分												

项目技术负责人：　　　　质检员：　　　　施工员：　　　　年　　月　　日

6.2.6 市政施·土-6 挖孔桩施工记录

市政基础设施工程

挖孔桩施工记录

市政施·土-6

第　页共　页

<table>
<tr><td colspan="2">工程名称</td><td colspan="3"></td><td>施工单位</td><td colspan="3"></td></tr>
<tr><td colspan="2">单位工程名称</td><td colspan="3"></td><td>分包单位</td><td colspan="3"></td></tr>
<tr><td>桩号</td><td>地面标高（m）</td><td>护筒/壁材料厚度（cm）</td><td>护筒/壁顶标高（m）</td><td>护筒/壁底标高（m）</td><td>护壁长度（m）</td><td>混凝土护壁强度（MPa）</td><td>混凝土护壁设计配合比编号</td></tr>
<tr><td></td><td></td><td></td><td></td><td></td><td></td><td></td><td></td></tr>
<tr><td>设计桩径（m）</td><td>设计桩顶标高（m）</td><td>设计桩底标高（m）</td><td>设计孔深（m）</td><td>设计桩端持力层岩（土）性</td><td>设计扩大头桩径（m）</td><td>设计直扩大头高度（m）</td><td>设计全扩大头高度（m）</td></tr>
<tr><td></td><td></td><td></td><td></td><td></td><td></td><td></td><td></td></tr>
<tr><td colspan="2">开工时间</td><td colspan="2">年　月　日</td><td colspan="2">完工时间</td><td colspan="2">年　月　日</td></tr>
</table>

<table>
<tr><td colspan="5">施工时间</td><td rowspan="3">开挖方式</td><td rowspan="3">工作内容</td><td colspan="2" rowspan="2">挖孔深度（m）</td><td colspan="2" rowspan="2">挖孔实际桩径（m）</td><td rowspan="3">地质情况</td><td rowspan="3">备注</td></tr>
<tr><td rowspan="2">日期</td><td colspan="2">起</td><td colspan="2">止</td></tr>
<tr><td>时</td><td>分</td><td>时</td><td>分</td><td>本次</td><td>累计</td><td>纵(长)</td><td>横(宽)</td></tr>
<tr><td></td><td></td><td></td><td></td><td></td><td></td><td></td><td></td><td></td><td></td><td></td><td></td><td></td></tr>
<tr><td></td><td></td><td></td><td></td><td></td><td></td><td></td><td></td><td></td><td></td><td></td><td></td><td></td></tr>
<tr><td></td><td></td><td></td><td></td><td></td><td></td><td></td><td></td><td></td><td></td><td></td><td></td><td></td></tr>
</table>

项目技术负责人：　　质检员：　　施工员：　　年　月　日

6.2.7 市政施·土-7 静压桩施工记录

市政基础设施工程

静压桩(试桩)施工记录

市政施·土-7.1

第　　页　共　　页

<table>
<tr><td>工程名称</td><td colspan="10"></td><td>单位工程名称</td><td colspan="3"></td></tr>
<tr><td>施工单位</td><td colspan="10"></td><td>分包单位</td><td colspan="3"></td></tr>
<tr><td colspan="2">里程(区号)</td><td>设计桩顶标高(m)</td><td colspan="3">设计桩底标高(m)</td><td colspan="2">设计终压荷载</td><td colspan="3">设计桩型式、规格</td><td>设计桩断面尺寸</td><td>设计桩端持力层</td><td>桩机型号</td><td>设计单桩承载力</td></tr>
<tr><td colspan="2"></td><td></td><td colspan="3"></td><td colspan="2">(kN)</td><td colspan="3"></td><td></td><td></td><td></td><td>(kN)</td></tr>
<tr><td colspan="3">序号</td><td>1</td><td>2</td><td>3</td><td>4</td><td>5</td><td>6</td><td>7</td><td>8</td><td>试桩参数确定</td><td colspan="2">结论</td><td>备注</td></tr>
<tr><td colspan="3">桩位编号</td><td></td><td></td><td></td><td></td><td></td><td></td><td></td><td></td><td></td><td colspan="2" rowspan="27"></td><td rowspan="27"></td></tr>
<tr><td colspan="3">桩端持力层</td><td></td><td></td><td></td><td></td><td></td><td></td><td></td><td></td><td></td></tr>
<tr><td rowspan="2">静压起止时间</td><td colspan="2">开始</td><td></td><td></td><td></td><td></td><td></td><td></td><td></td><td></td><td></td></tr>
<tr><td colspan="2">结束</td><td></td><td></td><td></td><td></td><td></td><td></td><td></td><td></td><td></td></tr>
<tr><td rowspan="6">桩节长(m)及压力表读数(MPa)记录</td><td rowspan="2">一节</td><td>节长</td><td></td><td></td><td></td><td></td><td></td><td></td><td></td><td></td><td></td></tr>
<tr><td>读数</td><td></td><td></td><td></td><td></td><td></td><td></td><td></td><td></td><td></td></tr>
<tr><td rowspan="2">二节</td><td>节长</td><td></td><td></td><td></td><td></td><td></td><td></td><td></td><td></td><td></td></tr>
<tr><td>读数</td><td></td><td></td><td></td><td></td><td></td><td></td><td></td><td></td><td></td></tr>
<tr><td rowspan="2">三节</td><td>节长</td><td></td><td></td><td></td><td></td><td></td><td></td><td></td><td></td><td></td></tr>
<tr><td>读数</td><td></td><td></td><td></td><td></td><td></td><td></td><td></td><td></td><td></td></tr>
<tr><td colspan="3">桩节总长度（m）</td><td></td><td></td><td></td><td></td><td></td><td></td><td></td><td></td><td></td></tr>
<tr><td colspan="3">桩垂直度（%）</td><td></td><td></td><td></td><td></td><td></td><td></td><td></td><td></td><td></td></tr>
<tr><td colspan="3">终压荷载值（kN）</td><td></td><td></td><td></td><td></td><td></td><td></td><td></td><td></td><td></td></tr>
<tr><td colspan="3">终压次数</td><td></td><td></td><td></td><td></td><td></td><td></td><td></td><td></td><td></td></tr>
<tr><td rowspan="6">接桩施工检查记录</td><td rowspan="3">焊接接桩</td><td>上下节端部错口（m）</td><td></td><td></td><td></td><td></td><td></td><td></td><td></td><td></td><td></td></tr>
<tr><td>焊缝质量</td><td></td><td></td><td></td><td></td><td></td><td></td><td></td><td></td><td></td></tr>
<tr><td>电焊后停歇时间</td><td></td><td></td><td></td><td></td><td></td><td></td><td></td><td></td><td></td></tr>
<tr><td rowspan="3">硫磺胶泥接桩</td><td>胶泥灌注时间（min）</td><td></td><td></td><td></td><td></td><td></td><td></td><td></td><td></td><td></td></tr>
<tr><td>灌缝质量</td><td></td><td></td><td></td><td></td><td></td><td></td><td></td><td></td><td></td></tr>
<tr><td>浇筑后停歇时间</td><td></td><td></td><td></td><td></td><td></td><td></td><td></td><td></td><td></td></tr>
<tr><td colspan="3">地面标高（m）</td><td></td><td></td><td></td><td></td><td></td><td></td><td></td><td></td><td></td></tr>
<tr><td colspan="3">桩入土深度（m）</td><td></td><td></td><td></td><td></td><td></td><td></td><td></td><td></td><td></td></tr>
<tr><td colspan="3">静压完成时桩顶实际标高（m）</td><td></td><td></td><td></td><td></td><td></td><td></td><td></td><td></td><td></td></tr>
<tr><td colspan="3">送桩深度（m）</td><td></td><td></td><td></td><td></td><td></td><td></td><td></td><td></td><td></td></tr>
<tr><td colspan="3">桩截取长度（m）</td><td></td><td></td><td></td><td></td><td></td><td></td><td></td><td></td><td></td></tr>
<tr><td colspan="3">有效长度（m）</td><td></td><td></td><td></td><td></td><td></td><td></td><td></td><td></td><td></td></tr>
<tr><td colspan="3">桩顶质量状况</td><td></td><td></td><td></td><td></td><td></td><td></td><td></td><td></td><td></td></tr>
</table>

项目技术负责人：　质检员：　施工员：　监理工程师：　设计负责人：　勘察负责人：　建设负责人：　年　月　日

市政基础设施工程

静压桩施工记录

市政施·土-7.2

第　　页 共　　页

工程名称			单位工程名称	
施工单位		分包单位	里程(区号)	

试桩确定的参数及实际值	桩顶标高(m)	桩底标高(m)	桩型式、规格	桩断面尺寸	终压荷载(kN)	终压次数	桩机型号	桩端持力层

序号			1	2	3	4	5	6	7	8	9	10	11	12	13	14	15	16	17	18	备注
桩位编号																					
桩端持力层																					
静压起止时间	开始																				
	结束																				
桩节长(m)及压力表读数(MPa)记录	一节	节长																			
		读数																			
	二节	节长																			
		读数																			
	三节	节长																			
		读数																			
桩节总长度(m)																					
桩垂直度(%)																					
终压荷载值(kN)																					
终压次数																					
接桩施工检查记录	焊接接桩	上下节端部错口(m)																			
		焊缝质量																			
		电焊后停歇时间																			
	硫磺胶泥接桩	胶泥灌注时间(min)																			
		灌缝质量																			
		浇筑后停歇时间																			
地面标高(m)																					
桩尖入土深度(m)																					
静压完成时桩顶实际标高(m)																					
送桩深度(m)																					
桩截取长度(m)																					
有效长度(m)																					
桩顶质量状况																					

项目技术负责人：　　质检员：　　施工员：　　监理员：　　　　年　　月　　日

6.2.8 市政施·土-8 CFG 桩施工记录

市政基础设施工程

CFG 桩（试桩）施工记录

市政施·土-8.1

第　　页　共　　页

<table>
<tr><td>工程名称</td><td colspan="5"></td><td>施工单位</td><td colspan="3"></td></tr>
<tr><td>单位工程名称</td><td colspan="5"></td><td>分包单位</td><td colspan="3"></td></tr>
<tr><td>工程部位
/里程</td><td>设计桩径
(mm)</td><td>设计桩长
(m)</td><td>设计桩底
标高
(m)</td><td>设计桩顶
标高
(m)</td><td>设计入强风
化岩深度(m)</td><td>设计桩
身强度</td><td>混凝土
配合比
设计编号</td><td>混凝土设计
坍落度
(mm)</td><td>设备型号
及编号</td></tr>
<tr><td></td><td></td><td></td><td></td><td></td><td></td><td></td><td></td><td></td><td></td></tr>
</table>

<table>
<tr><td rowspan="3">序号</td><td rowspan="3">桩号</td><td colspan="6">钻　　孔</td><td colspan="8">灌　　注</td><td rowspan="3">备　注</td></tr>
<tr><td colspan="2">时间</td><td rowspan="2">地面
标高
(m)</td><td rowspan="2">钻孔
深度
(m)</td><td rowspan="2">孔底
标高
(m)</td><td rowspan="2">垂直
度
(m)</td><td rowspan="2">入强
风化
岩厚
度
(m)</td><td colspan="2">时间</td><td rowspan="2">桩顶
标高
(m)</td><td rowspan="2">空孔
长度
(m)</td><td rowspan="2">桩长
(m)</td><td rowspan="2">混凝
土灌
入量
(m^3)</td><td rowspan="2">平均
桩径
(m)</td></tr>
<tr><td>起</td><td>止</td><td>起</td><td>止</td></tr>
<tr><td></td><td></td><td></td><td></td><td></td><td></td><td></td><td></td><td></td><td></td><td></td><td></td><td></td><td></td><td></td><td></td><td></td></tr>
<tr><td></td><td></td><td></td><td></td><td></td><td></td><td></td><td></td><td></td><td></td><td></td><td></td><td></td><td></td><td></td><td></td><td></td></tr>
<tr><td></td><td></td><td></td><td></td><td></td><td></td><td></td><td></td><td></td><td></td><td></td><td></td><td></td><td></td><td></td><td></td><td></td></tr>
<tr><td></td><td></td><td></td><td></td><td></td><td></td><td></td><td></td><td></td><td></td><td></td><td></td><td></td><td></td><td></td><td></td><td></td></tr>
<tr><td></td><td></td><td></td><td></td><td></td><td></td><td></td><td></td><td></td><td></td><td></td><td></td><td></td><td></td><td></td><td></td><td></td></tr>
<tr><td colspan="2">确定试桩参数</td><td></td><td></td><td></td><td></td><td></td><td></td><td></td><td></td><td></td><td></td><td></td><td></td><td></td><td></td><td></td></tr>
<tr><td colspan="2">结论</td><td colspan="15"></td></tr>
</table>

项目技术负责人：　　质检员：　　施工员：　　监理工程师：　　设计负责人：　　勘察负责人：　　建设负责人：　　　　年　　月　　日

市政基础设施工程

CFG 桩施工记录

市政施 · 土-8. 2

第　　页 共　　页

<table>
<tr><td colspan="2">工程名称</td><td colspan="7"></td><td colspan="3">施工单位</td><td colspan="5"></td></tr>
<tr><td colspan="2">单位工程名称</td><td colspan="7"></td><td colspan="3">分包单位</td><td colspan="5"></td></tr>
<tr><td colspan="2">分项工程名称</td><td colspan="7"></td><td colspan="3">工程部位/里程</td><td colspan="5"></td></tr>
<tr><td colspan="2" rowspan="2">试桩确定的参数及实际值</td><td colspan="2">桩径（mm）</td><td>桩长（m）</td><td colspan="2">桩底标高（m）</td><td>桩顶标高（m）</td><td>入强风化岩深度（m）</td><td colspan="3">设计桩身强度</td><td>混凝土配合比设计编号</td><td colspan="3">混凝土设计塌落度值：（mm）</td><td>设备型号及编号</td></tr>
<tr><td colspan="2"></td><td></td><td colspan="2"></td><td></td><td></td><td colspan="3"></td><td></td><td></td><td></td><td></td><td></td></tr>
<tr><td rowspan="3">序号</td><td rowspan="3">桩号</td><td colspan="7">钻　　孔</td><td colspan="7">灌　　注</td><td rowspan="3">备　注</td></tr>
<tr><td colspan="2">时间</td><td rowspan="2">地面标高（m）</td><td rowspan="2">钻孔深度（m）</td><td rowspan="2">孔底标高（m）</td><td rowspan="2">垂直度</td><td rowspan="2">入强风化岩厚度（m）</td><td colspan="2">时间</td><td rowspan="2">混凝土顶标高（m）</td><td rowspan="2">空孔长度（m）</td><td rowspan="2">桩长（m）</td><td rowspan="2">混凝土灌入量（m^3）</td><td rowspan="2">平均桩径（mm）</td></tr>
<tr><td>起</td><td>止</td><td>起</td><td>止</td></tr>
<tr><td></td><td></td><td></td><td></td><td></td><td></td><td></td><td></td><td></td><td></td><td></td><td></td><td></td><td></td><td></td><td></td><td></td></tr>
<tr><td></td><td></td><td></td><td></td><td></td><td></td><td></td><td></td><td></td><td></td><td></td><td></td><td></td><td></td><td></td><td></td><td></td></tr>
<tr><td></td><td></td><td></td><td></td><td></td><td></td><td></td><td></td><td></td><td></td><td></td><td></td><td></td><td></td><td></td><td></td><td></td></tr>
<tr><td></td><td></td><td></td><td></td><td></td><td></td><td></td><td></td><td></td><td></td><td></td><td></td><td></td><td></td><td></td><td></td><td></td></tr>
<tr><td></td><td></td><td></td><td></td><td></td><td></td><td></td><td></td><td></td><td></td><td></td><td></td><td></td><td></td><td></td><td></td><td></td></tr>
<tr><td colspan="3" rowspan="2">试块留置</td><td colspan="8" rowspan="2">组</td><td colspan="6">试件自编号/试验报告试块编号</td></tr>
<tr><td colspan="6"></td></tr>
</table>

项目技术负责人：　　　　质检员：　　　　施工员：　　　　监理员：　　　　年　　月　　日

6.2.9 市政施·土-9 长螺旋钻桩施工记录

市政基础设施工程

长螺旋钻桩(试桩)施工记录

市政施·土-9.1

第　　页　共　　页

工程名称					施工单位			
单位工程名称					分包单位			
工程部位/里程	设计桩径(mm)	设计桩长(m)	设计桩底标高(m)	设计桩顶标高(m)	设计入强风化岩深度(m)	设计桩身强度	混凝土配合比设计编号	混凝土设计塌落度(mm)	设备型号及编号

序号	桩号	钻孔								灌注								充盈系数
		时间		地面标高(m)	钻孔深度(m)	孔底标高(m)	垂直度(%)	入强风化岩厚度(m)	虚土厚度(m)	时间		桩顶标高(m)	钢筋笼顶标高(m)	空孔长度(m)	桩长(m)	混凝土灌入量(m^3)	平均桩径(mm)	
		起	止							起	止							
确定试桩参数																		
结论												备注						

项目技术负责人：　质检员：　施工员：　监理工程师：　设计负责人：　勘察负责人：　建设负责人：　年　月　日

市政基础设施工程

长螺旋钻桩施工记录

市政施·土-9.2

第　　页　共　　页

<table>
<tr><td colspan="2">工程名称</td><td colspan="8"></td><td colspan="2">施工单位</td><td colspan="7"></td></tr>
<tr><td colspan="2">单位工程名称</td><td colspan="8"></td><td colspan="2">分包单位</td><td colspan="7"></td></tr>
<tr><td colspan="2">分项工程名称</td><td colspan="8"></td><td colspan="2">工程部位/里程</td><td colspan="7"></td></tr>
<tr><td colspan="2" rowspan="2">试桩确定的参数及实际值</td><td colspan="2">桩径
(mm)</td><td>桩长
(m)</td><td>桩底
标高
(m)</td><td colspan="2">桩顶标高
(m)</td><td colspan="2">入强风化岩深度
(m)</td><td colspan="2">设计桩身
强度</td><td colspan="2">混凝土配合比
设计编号</td><td colspan="3">混凝土设计塌落度值：
(mm)</td><td colspan="2">设备型号及编号</td></tr>
<tr><td colspan="2"></td><td></td><td></td><td colspan="2"></td><td colspan="2"></td><td colspan="2"></td><td colspan="2"></td><td colspan="3"></td><td colspan="2"></td></tr>
<tr><td rowspan="3">序号</td><td rowspan="3">桩号</td><td colspan="8">钻　　孔</td><td colspan="8">灌　　注</td><td rowspan="3">充盈
系数</td></tr>
<tr><td colspan="2">时间</td><td rowspan="2">地面
标高
(m)</td><td rowspan="2">钻孔
深度
(m)</td><td rowspan="2">孔底
标高
(m)</td><td rowspan="2">垂直
度</td><td rowspan="2">入强风化
岩厚度
(m)</td><td rowspan="2">虚土
厚度
(m)</td><td colspan="2">时间</td><td rowspan="2">混凝土
顶标高
(m)</td><td rowspan="2">钢筋笼
顶标高
(m)</td><td rowspan="2">空孔
长度
(m)</td><td rowspan="2">桩长
(m)</td><td rowspan="2">混凝土
灌入量
(m^3)</td><td rowspan="2">平均
桩径
(mm)</td></tr>
<tr><td>起</td><td>止</td><td>起</td><td>止</td></tr>
<tr><td></td><td></td><td></td><td></td><td></td><td></td><td></td><td></td><td></td><td></td><td></td><td></td><td></td><td></td><td></td><td></td><td></td><td></td><td></td></tr>
<tr><td></td><td></td><td></td><td></td><td></td><td></td><td></td><td></td><td></td><td></td><td></td><td></td><td></td><td></td><td></td><td></td><td></td><td></td><td></td></tr>
<tr><td></td><td></td><td></td><td></td><td></td><td></td><td></td><td></td><td></td><td></td><td></td><td></td><td></td><td></td><td></td><td></td><td></td><td></td><td></td></tr>
<tr><td></td><td></td><td></td><td></td><td></td><td></td><td></td><td></td><td></td><td></td><td></td><td></td><td></td><td></td><td></td><td></td><td></td><td></td><td></td></tr>
<tr><td colspan="3" rowspan="2">试块留置</td><td colspan="4" rowspan="2">组</td><td colspan="6">试件自编号/试验报告试块编号</td><td rowspan="2">备注</td><td colspan="5" rowspan="2"></td></tr>
<tr><td colspan="6"></td></tr>
</table>

项目技术负责人：　　　　质检员：　　　　施工员：　　　　监理员：　　　　年　　月　　日

6.2.10 市政施・土-10 深层搅拌桩施工记录

市政基础设施工程

深层搅拌桩(试桩)施工记录

市政施・土-10.1

共　　页　第　　页

工程名称				承包单位			
单位工程名称				分包单位			
里程(区号)	设计桩底标高(m)	设计桩顶标高(m)	设计桩长(m)	设计(实验)水胶比	设计水泥掺入量(kg/m)	机具型号/机号	
						仪表标定号	
试桩成果						外掺剂	

设计参数	钻进速度(cm/min)	提升速度(cm/min)	喷浆搅拌速度(cm/min)	喷浆压力(MPa)	浆喷入量(kg/min)
试桩成果	钻进速度(cm/min)	提升速度(cm/min)	喷浆搅拌速度(cm/min)	喷浆压力(MPa)	浆喷入量(kg/min)

桩号	地面标高(m)	钻孔长度(m)	桩底标高(m)	喷浆长度(m)	桩顶标高(m)	工作时间				累计喷浆量(kg)	累计水泥用量(kg)	实际水泥掺量(kg/m)	实际水胶比	桩位偏差(cm)	垂直度(%)	备注
						钻孔用时(min)	喷浆搅拌用时(min)	重复搅拌用时(min)	合计(min)							
结论																

项目技术负责人：　质检员：　施工员：　监理工程师：　设计负责人：　勘察负责人：　建设负责人：　年　月　日

市政基础设施工程

深层搅拌桩施工记录

市政施·土-10.2

共　页　第　页

工程名称				承包单位				
单位工程名称				分包单位				
里程(区号)	桩底标高(m)	桩顶标高(m)	桩长(m)	施工水胶比	水泥掺入量(kg/m)	仪表标定号	机具型号/机号	外掺剂
设计参数（试桩成果）								
	钻进速度(cm/min)	提升速度(cm/min)	喷浆搅拌速度(cm/min)	喷浆压力(MPa)	浆喷入量(kg/min)			

桩号	地面标高(m)	钻孔长度(m)	桩底标高(m)	喷浆长度(m)	桩顶标高(m)	工作时间				累计喷浆量(kg)	累计水泥用量(kg)	实际水泥掺量(kg/m)	实际水胶比	桩位偏差(cm)	垂直度(%)	备注
						钻孔用时(min)	喷浆搅拌用时(min)	重复搅拌用时(min)	合计(min)							

项目技术负责人：　　质检员：　　施工员：　　监理员：　　年　月　日

6.2.11 市政施·土-11 粉喷桩施工记录

<table>
<tr><td colspan="12" align="center">市政基础设施工程
粉喷桩(试桩)施工记录</td></tr>
<tr><td colspan="12" align="right">市政施·土-11.1
共　　页　第　　页</td></tr>
<tr><td colspan="2">工程名称</td><td colspan="5"></td><td colspan="2">施工单位</td><td colspan="3"></td></tr>
<tr><td colspan="2">单位工程名称</td><td colspan="5"></td><td colspan="2">分包单位</td><td colspan="3"></td></tr>
<tr><td colspan="2">里程(区号)</td><td colspan="2">实测井距(cm)</td><td colspan="2">实测行距(cm)</td><td colspan="2">直径(cm)</td><td colspan="2">机号</td><td colspan="2">固化料名称、规格</td></tr>
<tr><td colspan="2"></td><td colspan="2"></td><td colspan="2"></td><td colspan="2"></td><td colspan="2"></td><td colspan="2"></td></tr>
<tr><td colspan="2" rowspan="2">设计参数</td><td colspan="3">钻进速度(cm/min)</td><td colspan="2">提升速度(cm/min)</td><td colspan="2">喷气压力(MPa)</td><td colspan="3">固化料喷入量(kg/min)</td></tr>
<tr><td colspan="3"></td><td colspan="2"></td><td colspan="2"></td><td colspan="3"></td></tr>
<tr><td colspan="2" rowspan="2">试桩成果</td><td colspan="3">钻进速度(cm/min)</td><td colspan="2">提升速度(cm/min)</td><td colspan="2">喷气压力(MPa)</td><td colspan="3">固化料喷入量(kg/min)</td></tr>
<tr><td colspan="3"></td><td colspan="2"></td><td colspan="2"></td><td colspan="3"></td></tr>
<tr><td>序号</td><td>桩号</td><td>地面标高(m)</td><td>钻深(m)</td><td>空孔(m)</td><td>桩长(m)</td><td>桩径(m)</td><td>复拌长度(m)</td><td>总喷粉量(kg)</td><td>施工起止时间(h min)</td><td>桩距(m)</td><td>备注</td></tr>
<tr><td></td><td></td><td></td><td></td><td></td><td></td><td></td><td></td><td></td><td></td><td></td><td></td></tr>
<tr><td></td><td></td><td></td><td></td><td></td><td></td><td></td><td></td><td></td><td></td><td></td><td></td></tr>
<tr><td></td><td></td><td></td><td></td><td></td><td></td><td></td><td></td><td></td><td></td><td></td><td></td></tr>
<tr><td></td><td></td><td></td><td></td><td></td><td></td><td></td><td></td><td></td><td></td><td></td><td></td></tr>
<tr><td></td><td></td><td></td><td></td><td></td><td></td><td></td><td></td><td></td><td></td><td></td><td></td></tr>
<tr><td></td><td></td><td></td><td></td><td></td><td></td><td></td><td></td><td></td><td></td><td></td><td></td></tr>
<tr><td></td><td></td><td></td><td></td><td></td><td></td><td></td><td></td><td></td><td></td><td></td><td></td></tr>
<tr><td>结论</td><td colspan="11"></td></tr>
</table>

项目技术负责人：　质检员：　施工员：　监理工程师：　设计负责人：　勘察负责人：　建设负责人：　　年　月　日

市政基础设施工程

粉喷桩施工记录

市政施·土-11.2

共　页　第　页

工程名称							施工单位				
单位工程名称							分包单位				
里程(区号)		实测井距(cm)			实测行距(cm)			直径(cm)	机号		固化料名称、规格
设计参数 (试桩成果)		钻进速度(cm/min)			提升速度(cm/min)			喷气压力(MPa)	固化料喷入量(kg/min)		
序号	桩号	地面标高(m)	钻深(m)	空孔(m)	桩长(m)	桩径(m)	复拌长度(m)	总喷粉量(kg)	施工起止时间(h min)	桩距(m)	备注

项目技术负责人：　　质检员：　　施工员：　　监理员：　　年　月　日

6.2.12 市政施·土-12 高压旋喷桩施工记录

市政基础设施工程

高压旋喷桩(试桩)施工记录

市政施·土-12.1

第　　页 共　　页

<table>
<tr><td colspan="2">工程名称</td><td colspan="9"></td><td colspan="3">施工单位</td><td colspan="4"></td></tr>
<tr><td colspan="2">单位工程名称</td><td colspan="9"></td><td colspan="3">分包单位</td><td colspan="4"></td></tr>
<tr><td colspan="2">里程(区号)部位</td><td colspan="2">设计桩长(m)</td><td colspan="2">设计桩径(m)</td><td colspan="2">设计桩底标高(m)</td><td colspan="2">设计桩顶标高(m)</td><td colspan="2">浆液配比</td><td colspan="3">设计水泥掺量(%)</td><td colspan="3">外加剂</td></tr>
<tr><td colspan="2"></td><td colspan="2"></td><td colspan="2"></td><td colspan="2"></td><td colspan="2"></td><td colspan="2"></td><td colspan="3"></td><td colspan="3"></td></tr>
<tr><td colspan="2">机具型号/机号</td><td colspan="2">喷嘴数量</td><td colspan="3">喷嘴孔径
(mm)</td><td colspan="3">仪表标定号</td><td colspan="2">工艺形式</td><td colspan="3">应灌水泥浆量
(L)</td><td colspan="3">设计水泥用量
(kg)</td></tr>
<tr><td colspan="2"></td><td colspan="2"></td><td colspan="3"></td><td colspan="3"></td><td colspan="2"></td><td colspan="3"></td><td colspan="3"></td></tr>
<tr><td rowspan="2">桩号</td><td rowspan="2">地面
标高
(m)</td><td colspan="2">喷射起止标高
(m)</td><td colspan="2">重复喷射起止
标高(m)</td><td rowspan="2">喷射
桩径
(m)</td><td rowspan="2">重复喷
射次数</td><td rowspan="2">提升速度
(mm/min)</td><td rowspan="2">旋转
速度
(r/min)</td><td colspan="2">施工时间
(h min)</td><td colspan="3">喷射压力(MPa)/
流量(L/min)</td><td rowspan="2">空孔
(m)</td><td rowspan="2">实际水
泥用量
(kg)</td><td rowspan="2">垂直度
(%)</td></tr>
<tr><td>起</td><td>止</td><td>起</td><td>止</td><td>起</td><td>止</td><td>高压泵</td><td>空压机</td><td>泥浆泵</td></tr>
<tr><td></td><td></td><td></td><td></td><td></td><td></td><td></td><td></td><td></td><td></td><td></td><td></td><td></td><td></td><td></td><td></td><td></td><td></td></tr>
<tr><td></td><td></td><td></td><td></td><td></td><td></td><td></td><td></td><td></td><td></td><td></td><td></td><td></td><td></td><td></td><td></td><td></td><td></td></tr>
<tr><td></td><td></td><td></td><td></td><td></td><td></td><td></td><td></td><td></td><td></td><td></td><td></td><td></td><td></td><td></td><td></td><td></td><td></td></tr>
<tr><td></td><td></td><td></td><td></td><td></td><td></td><td></td><td></td><td></td><td></td><td></td><td></td><td></td><td></td><td></td><td></td><td></td><td></td></tr>
<tr><td></td><td></td><td></td><td></td><td></td><td></td><td></td><td></td><td></td><td></td><td></td><td></td><td></td><td></td><td></td><td></td><td></td><td></td></tr>
<tr><td></td><td></td><td></td><td></td><td></td><td></td><td></td><td></td><td></td><td></td><td></td><td></td><td></td><td></td><td></td><td></td><td></td><td></td></tr>
<tr><td colspan="2">试桩参数确定</td><td></td><td></td><td></td><td></td><td></td><td></td><td></td><td></td><td></td><td></td><td></td><td></td><td></td><td></td><td></td><td></td></tr>
<tr><td colspan="2">结论</td><td colspan="16"></td></tr>
<tr><td colspan="2">项目技术负责人</td><td colspan="4"></td><td colspan="3">监理工程师</td><td colspan="3"></td><td colspan="3">建设负责人</td><td colspan="3"></td></tr>
<tr><td colspan="2">设计负责人</td><td colspan="4"></td><td colspan="3">勘察负责人</td><td colspan="3"></td><td colspan="3">备注</td><td colspan="3"></td></tr>
</table>

市政基础设施工程

高压旋喷桩施工记录

市政施·土-12.2

第　　页 共　　页

工程名称		施工单位	
单位工程名称		分包单位	

里程(区号)部位	设计桩长(m)	设计桩径(m)	设计桩底标高(m)	设计桩顶标高(m)	施工浆液配比	水泥掺量(%)	外加剂
机具型号/机号	喷嘴数量	喷嘴孔径(mm)	仪表标定号	工艺形式	应灌水泥浆量(L)	施工水泥用量(kg)	

桩号	地面标高(m)	喷射起止标高(m)		重复喷射起止标高(m)		喷射桩径(m)	重复喷射次数	提升速度(mm/min)	旋转速度(r/min)	施工时间(h min)		喷射压力(MPa)/流量(L/min)			空孔(m)	实际水泥用量(kg)	垂直度(%)
		起	止	起	止					起	止	高压泵	空压机	泥浆泵			
备注																	

项目技术负责人：　　质检员：　　施工员：　　监理员：　　年　月　日

6.2.13 市政施·土-13 袋装砂井施工记录

市政基础设施工程

袋装砂井(试插)施工记录

市政施·土-13.1

第　　页 共　　页

工程名称		施工单位	
单位工程名称		分包单位	

里程（区号）	设计砂井直径(cm)	设计井距（cm）	设计行距（cm）	设计插入深度(m)	设计允许垂直度偏差（%）	设计灌砂量（kg/m）	机号

井孔编号	地面标高（m）	实插深度（m）	实测井距（cm）	实测行距（cm）	直径（cm）	外露长度（cm）	灌砂量（kg/m）	垂直度（%）	备注
			左/右	前/后					
试桩参数确定									

结论					
项目技术负责人		监理工程师		建设负责人	
设计负责人		勘察负责人			

质检员：　　　　施工员：　　　　年　　月　　日

市政基础设施工程

袋装砂井施工记录

市政施·土-13.2

第　　页共　　页

<table>
<tr><td colspan="2">工程名称</td><td colspan="3"></td><td colspan="2">施工单位</td><td colspan="4"></td></tr>
<tr><td colspan="2">单位工程名称</td><td colspan="3"></td><td colspan="2">分包单位</td><td colspan="4"></td></tr>
<tr><td colspan="4">里程(区号)</td><td colspan="2">砂井直径(cm)</td><td colspan="2">井距(cm)</td><td colspan="2">行距(cm)</td><td>机号</td></tr>
<tr><td colspan="4"></td><td colspan="2"></td><td colspan="2"></td><td colspan="2"></td><td></td></tr>
<tr><td colspan="3">插入深度(m)</td><td colspan="3">外露长度(cm)</td><td colspan="3">允许垂直度偏差(%)</td><td colspan="2">灌砂量(kg/m)</td></tr>
<tr><td colspan="3"></td><td colspan="3"></td><td colspan="3"></td><td colspan="2"></td></tr>
<tr><td rowspan="2">井孔编号</td><td rowspan="2">地面标高(m)</td><td rowspan="2">实插深度(m)</td><td>实测井距(cm)</td><td>实测行距(cm)</td><td rowspan="2">直径(cm)</td><td rowspan="2">外露长度(cm)</td><td rowspan="2">灌砂量(kg/m)</td><td rowspan="2">垂直度(%)</td><td rowspan="2" colspan="2">备注</td></tr>
<tr><td>左/右</td><td>前/后</td></tr>
<tr><td></td><td></td><td></td><td></td><td></td><td></td><td></td><td></td><td></td><td colspan="2"></td></tr>
<tr><td></td><td></td><td></td><td></td><td></td><td></td><td></td><td></td><td></td><td colspan="2"></td></tr>
<tr><td></td><td></td><td></td><td></td><td></td><td></td><td></td><td></td><td></td><td colspan="2"></td></tr>
<tr><td></td><td></td><td></td><td></td><td></td><td></td><td></td><td></td><td></td><td colspan="2"></td></tr>
<tr><td></td><td></td><td></td><td></td><td></td><td></td><td></td><td></td><td></td><td colspan="2"></td></tr>
<tr><td></td><td></td><td></td><td></td><td></td><td></td><td></td><td></td><td></td><td colspan="2"></td></tr>
<tr><td></td><td></td><td></td><td></td><td></td><td></td><td></td><td></td><td></td><td colspan="2"></td></tr>
<tr><td></td><td></td><td></td><td></td><td></td><td></td><td></td><td></td><td></td><td colspan="2"></td></tr>
<tr><td></td><td></td><td></td><td></td><td></td><td></td><td></td><td></td><td></td><td colspan="2"></td></tr>
<tr><td></td><td></td><td></td><td></td><td></td><td></td><td></td><td></td><td></td><td colspan="2"></td></tr>
<tr><td></td><td></td><td></td><td></td><td></td><td></td><td></td><td></td><td></td><td colspan="2"></td></tr>
<tr><td></td><td></td><td></td><td></td><td></td><td></td><td></td><td></td><td></td><td colspan="2"></td></tr>
<tr><td></td><td></td><td></td><td></td><td></td><td></td><td></td><td></td><td></td><td colspan="2"></td></tr>
<tr><td></td><td></td><td></td><td></td><td></td><td></td><td></td><td></td><td></td><td colspan="2"></td></tr>
<tr><td></td><td></td><td></td><td></td><td></td><td></td><td></td><td></td><td></td><td colspan="2"></td></tr>
<tr><td></td><td></td><td></td><td></td><td></td><td></td><td></td><td></td><td></td><td colspan="2"></td></tr>
<tr><td></td><td></td><td></td><td></td><td></td><td></td><td></td><td></td><td></td><td colspan="2"></td></tr>
<tr><td></td><td></td><td></td><td></td><td></td><td></td><td></td><td></td><td></td><td colspan="2"></td></tr>
<tr><td></td><td></td><td></td><td></td><td></td><td></td><td></td><td></td><td></td><td colspan="2"></td></tr>
<tr><td colspan="2">项目技术负责人</td><td colspan="4"></td><td colspan="2">质检员</td><td colspan="3"></td></tr>
<tr><td colspan="2">施工员</td><td colspan="4"></td><td colspan="2">监理员</td><td colspan="3"></td></tr>
</table>

年　　月　　日

6.2.14 市政施·土-14 碎石(砂)桩施工记录

市政基础设施工程

碎石(砂)桩(试桩)施工记录

市政施·土-14.1

第　　页 共　　页

工程名称						施工单位				
单位工程名称						分包单位				
里程（区号）		机具型号		机号		含泥砂量（%）		含水量（%）		填料检验报告编号
设计桩径（cm）			设计桩长（m）			设计桩距（cm）		设计灌石砂（m^3）		设计填料规格（cm）
试桩成果参数	水压（kPa）			电流（A）		振冲时间（min）			振冲器振留时间（min）	
序号	桩号	地面标高（m）	孔长（m）	桩长（m）	空桩长（m）	桩径（cm）	桩距（cm）	灌石砂量（m^3）	振冲及停留时间（min）	备注
结论										

项目技术负责人：　质检员：　施工员：　监理工程师：　设计负责人：　勘察负责人：　建设负责人：　　年　月　日

市政基础设施工程

碎石(砂)桩施工记录

市政施·土-14.2

第　　页 共　　页

工程名称						施工单位			
单位工程名称						分包单位			
里程(区号)		机具型号		机号		填料检验报告编号			
施工参数	桩径(cm)		桩长(m)		桩距(cm)		灌石砂(m^3)		设计填料规格(cm)	
	水压(kPa)		电流(A)		振冲时间(min)			振冲器振留时间(min)	

序号	桩号	地面标高(m)	孔长(m)	桩长(m)	空桩长(m)	桩径(cm)	桩距(cm)	灌石砂量(m^3)	振冲及停留时间(min)	备注

项目技术负责人：　　质检员：　　施工员：　　监理员：　　年　月　日

6.2.15 市政施·土-15 塑料排水板施工记录

市政基础设施工程

塑料排水板(试插)施工记录

市政施·土-15.1

第　　页 共　　页

<table>
<tr><td colspan="2">工程名称</td><td colspan="3"></td><td colspan="2">施工单位</td><td colspan="4"></td></tr>
<tr><td colspan="2">单位工程名称</td><td colspan="3"></td><td colspan="2">分包单位</td><td colspan="4"></td></tr>
<tr><td colspan="2">里程
(区号)</td><td>设计板
底标高
(m)</td><td>排水板
规格</td><td>设计
板类型</td><td>设计板
间距
(cm)</td><td>设计板
行距
(cm)</td><td colspan="3">设计允许
垂直度
偏差(%)</td><td>机号</td></tr>
<tr><td colspan="2"></td><td></td><td></td><td></td><td></td><td></td><td colspan="3"></td><td></td></tr>
<tr><td rowspan="2">序号</td><td rowspan="2">板孔
编号</td><td rowspan="2">地面标高
(m)</td><td rowspan="2">实插深度
(m)</td><td>实测板
间距
(cm)</td><td>实测板
行距
(cm)</td><td rowspan="2">外露长度
(cm)</td><td rowspan="2">回带长度
(cm)</td><td rowspan="2">实测垂
直度
(%)</td><td rowspan="2" colspan="2">备注</td></tr>
<tr><td>左/右</td><td>前/后</td></tr>
<tr><td></td><td></td><td></td><td></td><td></td><td></td><td></td><td></td><td></td><td colspan="2"></td></tr>
<tr><td></td><td></td><td></td><td></td><td></td><td></td><td></td><td></td><td></td><td colspan="2"></td></tr>
<tr><td></td><td></td><td></td><td></td><td></td><td></td><td></td><td></td><td></td><td colspan="2"></td></tr>
<tr><td></td><td></td><td></td><td></td><td></td><td></td><td></td><td></td><td></td><td colspan="2"></td></tr>
<tr><td></td><td></td><td></td><td></td><td></td><td></td><td></td><td></td><td></td><td colspan="2"></td></tr>
<tr><td></td><td></td><td></td><td></td><td></td><td></td><td></td><td></td><td></td><td colspan="2"></td></tr>
<tr><td></td><td></td><td></td><td></td><td></td><td></td><td></td><td></td><td></td><td colspan="2"></td></tr>
<tr><td></td><td></td><td></td><td></td><td></td><td></td><td></td><td></td><td></td><td colspan="2"></td></tr>
<tr><td>试桩参
数确定</td><td colspan="2"></td><td></td><td></td><td></td><td colspan="3"></td><td colspan="2"></td></tr>
<tr><td>结论</td><td colspan="2"></td><td></td><td></td><td></td><td></td><td></td><td></td><td colspan="2"></td></tr>
<tr><td>项目技术
负责人</td><td colspan="2"></td><td>监理
工程师</td><td colspan="3"></td><td>建设
负责人</td><td colspan="3"></td></tr>
<tr><td>设计
负责人</td><td colspan="2"></td><td>勘察
负责人</td><td colspan="3"></td><td></td><td colspan="3"></td></tr>
</table>

质检员：　　　　施工员：　　　　年　　月　　日

市政基础设施工程

塑料排水板施工记录

市政施·土-15.2

第　　页 共　　页

工程名称		施工单位			
单位工程名称		分包单位			
里程(区号)				机号	
施工参数	板间距(cm)		排水板规格		允许垂直度偏差(%)
	板行距(cm)		板类型		板底标高(m)

序号	板孔编号	地面标高(m)	实插深度(m)	实测板间距(cm)	实测板行距(cm)	外露长度(cm)	回带长度(cm)	实测垂直度(%)	备注
				左/右	前/后				

项目技术负责人		质检员	
施工员		监理员	

年　　月　　日

6.2.16 市政施·土-16 土工合成材料铺设施工记录

市政基础设施工程

土工合成材料铺设施工记录

市政施·土-16

第　　页 共　　页

工程名称				施工单位				
单位工程名称				分包单位				
土工材料	型号规格	抗拉强度（MPa）	顶破强度（MPa）	负荷延伸率/断裂伸长率（%）	搭接方式		搭接宽度（mm）	铺设层数
设计要求								
施工用材								
工程部位/里程			土工材料合格证编号		试验报告编号			
施工位置桩号	时间	长度（m）	宽度（m）	面积（m^2）	搭接最少宽度（mm）		层次	备注
					纵向	横向		

项目技术负责人：　　　　质检员：　　　　施工员：　　　　年　　月　　日

6.2.17 市政施·土-17 水下混凝土灌注记录

市政基础设施工程

水下混凝土灌注记录

市政施·土-17

第　　页 共　　页

工程名称			施工单位	
单位工程名称			分包单位	

桩(槽)编号		理论混凝土量（m^3）		设计混凝土等级	
设计桩/墙顶标高(m)		设计桩/墙底标高(m)		设计桩直径/槽长、宽尺寸(m)	
护筒（导墙）顶标高（m）		验收时孔/槽底标（m）		混凝土供应单位	
钢筋笼顶/底标高（m）		灌注前孔/槽底标高（m）		设计配合比编号	

浇筑起止时间	导管长度（m）	护筒（导墙）顶到导管顶面高度（m）	混凝土实灌量（m^3）	合计混凝土实灌（m^3）	护筒（导墙）顶到混凝土面高度（m）	混凝土面标高（m）	导管埋深（m）	拆管长度（m）	平均断面尺寸（m）	实测坍落度（mm）	浇筑过程中出现问题及处理情况

试块留置	有见证标养	试件自编号/试验报告编号

项目技术负责人：　　　质检员：　　　施工员：　　　年　　月　　日

6.2.18 市政施·土-18 混凝土浇筑记录

市政基础设施工程

混凝土浇筑记录

市政施·土-18

第　页 共　页

工程名称				施工单位				
单位工程名称				分包单位				
浇筑部位			里程（桩号）		天气情况		气温	℃
设计坍落度（cm）			设计强度等级		设计混凝土浇筑量（m^3）			
混凝土来源	商混	供应商			设计配合比试验单编号			
	自拌	施工配合比（水泥：砂：石：水：外加剂）						
		设计配合比试验单编号						
		混凝土施工配合比	材料名称	规格产地	设计每立方用量（kg）	材料含水量（kg）	复试报告编号	实际每立方混凝土用量（kg）
			水泥					
			砂子					
			石子					
			水					
			外掺剂					
混凝土浇筑量（m^3）		开始浇筑时间 h，min			完成浇筑时间 h，min			
混凝土入模温度	℃	实测坍落度（cm）						
浇筑过程中出现的问题及处理情况								
试块留置	试块种类	数量（组）	试件自编号/试验报告编号					
有见证标养	抗压							
	抗折							
	抗渗							
有见证同条件养护	抗压							
	抗折							
	抗渗							

项目技术负责人：　　　质检员：　　　施工员：　　　年　月　日

6.2.19 市政施·土-19 钢管混凝土灌注记录

市政基础设施工程

钢管混凝土灌注记录

市政施·土-19

第　　页 共　　页

工程名称		施工单位		
单位工程名称		分包单位		
构件名称		设计配合比编号		
混凝土 设计强度等级		混凝土用量 (m^3)	设计值	
			实际值	

实测坍落度(cm)						
气温(℃)		入模温度(℃)				

序号	第一次			第二次		
	灌注方向	起止时间	压力(MPa)	灌注方向	起止时间	压力(MPa)
备注						

试样留置	数量(组)	试件自编号/试验报告编号
有见证标养		

项目技术负责人:　　　　质检员:　　　　施工员:　　　　年　　月　　日

6.2.20 市政施·土-20 混凝土同条件养护试件日累计养护温度记录

市政基础设施工程

混凝土同条件养护试件日累计养护温度记录

市政施·土-20

第　　页 共　　页

工程名称				施工单位			
单位工程名称				分包单位			
试件取样部位				里程（桩号）			
试块自编号				试验报告编号			
日　期	当天气温（℃）			有效温度判定	有效天数累计（d）	累计 F（℃·d）	记录人签名
	最高	最低	平均				

项目技术负责人：　　　　　　　　施工员：　　　　　　　　年　月　日

6.2.21 市政施·土-21 混凝土测温记录

市政基础设施工程

混凝土测温记录

市政施·土-21

第 页 共 页

工程名称									施工单位					
单位工程名称									分包单位					
施工部位									混凝土浇筑日期					
混凝土入模温度		(℃)							混凝土浇筑时大气温度			(℃)		
混凝土养护方法														
测温记录														
测温日期	测温时间	测温孔温度(℃)												大气温度(℃)
		1	2	3	4	5	6	7	8	9	10	11	12	
测温孔布置图														

项目技术负责人： 质检员： 施工员： 年 月 日

6.2.22 市政施·土-22 沥青混合料摊铺记录

市政基础设施工程

沥青混合料摊铺记录

市政施·土-22

第　　页 共　　页

<table>
<tr><td>工程名称</td><td colspan="4"></td><td>施工单位</td><td colspan="2"></td></tr>
<tr><td>单位工程名称</td><td colspan="4"></td><td>分包单位</td><td colspan="2"></td></tr>
<tr><td>起讫里程桩号</td><td colspan="4"></td><td>摊铺时间</td><td colspan="2">日　时　分至　时　分</td></tr>
<tr><td>结构层名称</td><td colspan="4"></td><td>混合料品种规格</td><td colspan="2"></td></tr>
<tr><td>混合料供应单位</td><td colspan="4"></td><td>配合比设计报告编号</td><td colspan="2"></td></tr>
<tr><td>摊铺机
型号及编号</td><td colspan="4"></td><td>操作员</td><td colspan="2"></td></tr>
<tr><td>混合料
出厂温度</td><td></td><td></td><td></td><td></td><td>摊铺
温度</td><td></td><td></td></tr>
<tr><td>天气情况</td><td></td><td colspan="2">气温（℃）</td><td></td><td>碾压温度</td><td>开始：</td><td>终止：</td></tr>
<tr><td rowspan="3">摊铺数量</td><td></td><td colspan="2">长度（m）</td><td>宽度（m）</td><td>厚度（cm）</td><td colspan="2">折合混合料数量（m³）</td></tr>
<tr><td>设计</td><td colspan="2"></td><td></td><td></td><td colspan="2"></td></tr>
<tr><td>实际</td><td colspan="2"></td><td></td><td></td><td colspan="2"></td></tr>
<tr><td>碾压机具
型号及重量</td><td colspan="3"></td><td>碾压遍数及
碾压后质量</td><td colspan="3"></td></tr>
<tr><td>摊铺质量</td><td colspan="7"></td></tr>
<tr><td>备注</td><td colspan="7"></td></tr>
<tr><td>混合料取样组数</td><td colspan="4"></td><td>试件自编号/试验
报告编号</td><td colspan="2"></td></tr>
</table>

项目技术负责人：　　质检员：　　施工员：　　　　年　　月　　日

6.2.23 市政施·土-23 土层锚杆钻孔施工记录

市政基础设施工程

土层锚杆钻孔施工记录

市政施·土-23

第　　页 共　　页

工程名称							施工单位				
单位工程名称							分包单位				
部位里程				设计钻孔直径（cm）				设计扩大头钻孔直径（cm）			
钻机型号				设计钻孔长度（m）				设计扩大头钻孔长度（m）			
序号	锚杆编号	地质类别	钻孔直径（cm）	扩大头钻孔直径（cm）	套管外径（cm）	钻孔时间	钻孔长度（m）	扩大头钻孔长度（m）	套管长度（m）	钻孔倾角（α°）	备注

项目技术负责人：　　　　质检员：　　　　施工员：　　　　年　　月　　日

6.2.24 市政施·土-24 土层锚杆张拉与锁定记录

市政基础设施工程

土层锚杆张拉和锁定记录

市政施·土-24

第　　页 共　　页

工程名称				施工单位				
单位工程名称				分包单位				
部位里程	张拉设备编号	张拉设备型号	油压表编号	张拉设备标定报告编号	设计锚具型号	设计锚杆规格	设计张拉力（kN）	设计锁定力（kN）
序号	锚杆编号	张拉力(kN)	油压表读数（MPa）	测定时间	锚头位移量（mm）	锁定力(kN)	锚头回缩量（mm）	备注

项目技术负责人：　　质检员：　　施工员：　　监理员：　　年　月　日

6.2.25 市政施·土-25 土层锚杆注浆施工记录

市政基础设施工程

土层锚杆注浆施工记录

市政施·土-25

第　　页 共　　页

工程名称						施工单位			
单位工程名称						分包单位			
部位里程			注浆设备			注浆材料及强度要求		配合比编号	
序号	锚杆编号	地质类别	钻孔长度（m）	停浆面深度（m）	注浆长度（m）	注浆起止时间	注浆压力（MPa）	注浆量（L）	备注
备注									
试块留置			组数			试件自编号/试验报告编号			

项目技术负责人：　　　　质检员：　　　　施工员：　　　　年　　月　　日

6.2.26 市政施·土-26 预应力张拉控制数据表

市政基础设施工程

预应力张拉控制数据表

编号：

市政施·土-26

第　　页 共　　页

工程名称									施工单位						
单位工程名称									分包单位						
轴号(里程) 部位				预应力 筋种类			预应力 筋规格				孔道成 型方式		预应力筋 设计图号		
预应力筋 试验报告编号				预应力筋 抗拉强度 (MPa)		设计值			预应力筋 弹性模量 (MPa)		设计值		设计预 应力筋 伸长计 算参数		$\%\sigma_K$ → $100\%\sigma_K$
						试验结果 平均值					试验结果 平均值				
钢筋 (束) 编号	预应力筋/每束			张拉 方式	控制 应力 σ_K (MPa)	控制 张拉 力 (kN)	初始 应力 ($\%\sigma_K$) (MPa)	初始 张拉 力 (kN)	超张 拉控制 应力 ($\%\sigma_K$) (MPa)	超张 拉力 (kN)	孔道累 计转角 θ (rad)	孔道/ 筋长度 X (m)	孔道 磨擦 系数 μ	孔道 偏差 系数 κ	计算 总伸长量 ΔL(cm)
	根数	规格	截面积 (mm^2)												
备注：															

项目技术负责人：　　　　设计负责人：　　　　计算：　　　　年　　月　　日

6.2.27 市政施·土-27 预应力张拉施工记录(先张)

市政基础设施工程

预应力张拉施工记录(先张)

市政施·土-27

第　　页　共　　页

工程名称						施工单位			
单位工程名称						分包单位			
轴号(里程)部位		预应力筋种类		预应力筋规格		预应力筋条数		预应力筋施工长度(cm)	
对应数据表编号		初始应力		控制应力 σ_K(MPa)		超张拉控制应力		计算总伸长量(mm)	
左端	千斤顶编号		油泵编号	压力表编号		张拉机具标定合格证书编号	张拉机具标定日期	P−T 插值公式	
右端									
左端	压力表读数	初始应力		控制应力阶段(σ_K)		超张拉控制应力(　%σ_K)(MPa)		锚固时控制应力(　%σ_K)(MPa)	
右端									

实　测　数　据

	阶　段	左端 活塞伸长量(mm)	左端 夹片外露(mm)	左端 油表读数(MPa)	右端 活塞伸长量(mm)	右端 夹片外露(mm)	右端 油表读数(MPa)
1	初应力(　%σ_K)						
2	二倍初应力(　%σ_K)						
3	到顶(　%σ_K)						
4	二次张拉起行						
5	二次张拉到顶(　%σ_K)/控制应力						
6	三次张拉起行						
7	三次张拉到顶(　%σ_K)/控制应力						
8	超张拉应力(　%σ_K)						

左端	预应力筋总伸长量(mm)		锚固时控制应力值(MPa)		预应力筋平均伸长值(mm)		伸长量偏差(%)	
右端								
预应力筋伸长量差值(mm)			张拉控制应力差值(MPa)		张拉应力平均值(MPa)		应力偏差(%)	
滑丝断丝情况								

备注

①当设计预应力筋伸长计算 0→100%σ_K 时：预应力筋总伸长量=(3−1)+(5−4)+(7−6)+(2−1)

②当设计预应力筋伸长计算 初应力→100%σ_K 时：预应力筋总伸长量=(3−1)+(5−4)+(7−6)

③预应力筋平均伸长值=(左端预应力筋伸长值+右端预应力筋伸长值)/2

④伸长量偏差=(预应力筋平均伸长值−计算总伸长量)/计算总伸长量×100%

⑤张拉应力平均值=(左端锚固时应力值+右端锚固时应力值)/2

⑥应力偏差=(张拉应力平均值−控制应力)/控制应力×100%

项目技术负责人：　　质检员：　　施工员：　　监理员：　　年　　月　　日

6.2.28 市政施·土-28 预应力张拉施工记录（后张）

市政基础设施工程

预应力张拉施工记录(后张)

市政施·土-28

第　　页 共　　页

工程名称							施工单位							
单位工程名称							分包单位							
轴号(里程)部位		预应力筋种类		预应力筋规格		张拉时构件强度(MPa)		A端	张拉机具编号		张拉机具标定合格证书编号		压力表编号	张拉机具标定日期
对应数据表编号		初始应力(%σK)(MPa)		控制应力σK(MPa)		超张拉控制应力(%σK(MPa))		B端						
压力表读数(MPa) A端 / B端		初始应力阶段		控制应力阶段		超张拉控制应力阶段		计算总伸长量(mm)			P—T插值公式			

钢(筋)束编号	张拉阶段 / 记录项目	一次张拉：初应力阶段(%σK)		一次张拉：二倍初应力阶段(%σK)		一次张拉：到顶(%σK)/控制应力阶段(100 %σK)		二次张拉：回油后起行		二次张拉：到顶(%σK)/控制应力阶段(100%σK)		三次张拉：回油后起行		三次张拉：控制应力阶段(100%σK)		超张拉应力阶段		持荷时间(min)		锚固阶段		总伸长量(mm)			应力偏差(%)	伸长量偏差(%)	滑丝断丝情况
		A端	B端	A端	B端	A端	B端	A端	B端	A端	B端	A端	B端	A端	B端	A端	B端	A端	B端	A端	B端	A端	B端	合计			
		1		2		3		4		5		6		7		8		9		10		11	12	13=11+12	14	15	16
	油表读数(MPa)																										
	活塞伸长量(mm)																										
	油表读数(MPa)																										
	活塞伸长量(mm)																										
	油表读数(MPa)																										
	活塞伸长量(mm)																										
	油表读数(MPa)																										
	活塞伸长量(mm)																										
	油表读数(MPa)																										
	活塞伸长量(mm)																										
	油表读数(MPa)																										
	活塞伸长量(mm)																										
备注	①当采用单边张拉时只填A端值。 ②当设计预应力筋伸长计算 0→100%σK时 11(12)=(3−1)+(5−4)+(7−6)+(2−1) ③当设计预应力筋伸长计算 初应力→100%σK时 11(12)=(3−1)+(5−4)+(7−6) ④15=(13−计算总伸长量)/计算总伸长量×100%																										

项目技术负责人：　　　　质检员：　　　　施工员：　　　　监理员：　　　　年　　月　　日

6.2.29 市政施·土-29 预应力张拉孔道灌浆记录

市政基础设施工程

预应力张拉孔道灌浆记录

市政施·土-29

第　　页 共　　页

工程名称						施工单位				
单位工程名称						分包单位				
轴号(里程)部位			设计水泥浆强度等级				设计水泥总用量(kg)			
水灰比			水泥浆设计配比编号				气温(℃)			
孔道编号	第一次压浆				第二次压浆				水泥用量(kg)	备注
	压浆方向	起止时间	压力(MPa)	冒浆情况	压浆方向	起止时间	压力(MPa)	冒浆情况		
试样留置		有见证标养数量			试件自编号/试验报告编号					

项目技术负责人：　　　　质检员：　　　　施工员：　　　　年　　月　　日

6.2.30 市政施·土-30 钢构件涂装施工记录

市政基础设施工程

钢构件涂装施工记录

市政施·土-30

第　　页 共　　页

工程名称			施工单位		
单位工程名称			分包单位		
构件名称	施工起止时间	涂装部位	涂料品种名称	干模平均厚度（μm）	备注

项目技术负责人：　　　　质检员：　　　　施工员：　　　　年　　月　　日

6.2.31 市政施·土-31 支座安装记录

市政基础设施工程

支座安装记录

市政施·土-31

第　　页 共　　页

<table>
<tr><td colspan="2">工程名称</td><td colspan="16"></td></tr>
<tr><td colspan="2">单位工程名称</td><td colspan="6"></td><td colspan="4">施工单位</td><td colspan="6"></td></tr>
<tr><td colspan="2">安装日期</td><td colspan="6"></td><td colspan="4">分包单位</td><td colspan="6"></td></tr>
<tr><td colspan="2">墩（台）编号</td><td colspan="6"></td><td colspan="4">支座垫石强度值</td><td colspan="6"></td></tr>
<tr><td colspan="2">支 座 编 号</td><td colspan="2"></td><td colspan="2"></td><td colspan="2"></td><td colspan="2"></td><td colspan="2"></td><td colspan="2"></td><td colspan="2"></td><td colspan="2"></td></tr>
<tr><td rowspan="2">中心偏位（mm）</td><td>纵向</td><td colspan="2"></td><td colspan="2"></td><td colspan="2"></td><td colspan="2"></td><td colspan="2"></td><td colspan="2"></td><td colspan="2"></td><td colspan="2"></td></tr>
<tr><td>横向</td><td colspan="2"></td><td colspan="2"></td><td colspan="2"></td><td colspan="2"></td><td colspan="2"></td><td colspan="2"></td><td colspan="2"></td><td colspan="2"></td></tr>
<tr><td rowspan="3">中心标高偏差值（mm）</td><td>设计</td><td colspan="2"></td><td colspan="2"></td><td colspan="2"></td><td colspan="2"></td><td colspan="2"></td><td colspan="2"></td><td colspan="2"></td><td colspan="2"></td></tr>
<tr><td>实测</td><td colspan="2"></td><td colspan="2"></td><td colspan="2"></td><td colspan="2"></td><td colspan="2"></td><td colspan="2"></td><td colspan="2"></td><td colspan="2"></td></tr>
<tr><td>误差</td><td colspan="2"></td><td colspan="2"></td><td colspan="2"></td><td colspan="2"></td><td colspan="2"></td><td colspan="2"></td><td colspan="2"></td><td colspan="2"></td></tr>
<tr><td colspan="2" rowspan="2">与标准横坡的误差（mm）</td><td>左</td><td>右</td><td>左</td><td>右</td><td>左</td><td>右</td><td>左</td><td>右</td><td>左</td><td>右</td><td>左</td><td>右</td><td>左</td><td>右</td><td>左</td><td>右</td></tr>
<tr><td></td><td></td><td></td><td></td><td></td><td></td><td></td><td></td><td></td><td></td><td></td><td></td><td></td><td></td><td></td><td></td></tr>
<tr><td colspan="2">支座规格及品质情况</td><td colspan="16"></td></tr>
<tr><td colspan="2">座浆及安装情况</td><td colspan="16"></td></tr>
<tr><td colspan="2">图 示</td><td colspan="16">支座编号示意：</td></tr>
<tr><td>施工员</td><td></td><td colspan="2">质检员</td><td colspan="4"></td><td colspan="5">项目技术负责人</td><td colspan="5"></td></tr>
</table>

6.2.32 市政施·土-32 桥梁伸缩缝安装记录

市政基础设施工程

桥梁伸缩缝安装记录

市政施·土-32

第 页 共 页

<table>
<tr><td>工程名称</td><td colspan="3"></td><td>施工单位</td><td colspan="3"></td></tr>
<tr><td>单位工程名称</td><td colspan="3"></td><td>分包单位</td><td colspan="3"></td></tr>
<tr><td>施工里程</td><td colspan="3"></td><td>伸缩缝型号</td><td colspan="3"></td></tr>
<tr><td rowspan="2">施工起止日期</td><td rowspan="2" colspan="3"></td><td rowspan="2">安装温度
℃</td><td>设计值</td><td colspan="2">安装时实测值</td></tr>
<tr><td></td><td colspan="2"></td></tr>
<tr><td>缝槽的清理情况</td><td colspan="7"></td></tr>
<tr><td rowspan="2">锚固螺栓间距、数量</td><td>设计</td><td colspan="6"></td></tr>
<tr><td>实际</td><td colspan="6"></td></tr>
<tr><td>锚固螺栓、螺帽的牢固情况</td><td colspan="7"></td></tr>
<tr><td>加强钢筋与螺栓焊接情况</td><td colspan="7"></td></tr>
<tr><td rowspan="2">伸缩缝宽
(cm)</td><td>设计</td><td></td><td rowspan="2">伸缩缝中线在桥纵向偏移量
(mm)</td><td>左</td><td>中</td><td>右</td></tr>
<tr><td>实际</td><td></td><td></td><td></td><td></td></tr>
<tr><td rowspan="2">伸缩缝标高
(m)</td><td>设计</td><td></td><td>伸缩缝顺直度(mm)</td><td></td><td></td><td></td></tr>
<tr><td>实际</td><td></td><td>伸缩缝平整度(mm)</td><td></td><td></td><td></td></tr>
<tr><td>其他</td><td colspan="6"></td></tr>
<tr><td>备注</td><td colspan="6"></td></tr>
</table>

项目技术负责人： 质检员： 施工员： 年 月 日

6.2.33　市政施・土-33　沉井（箱）下沉施工记录

市政基础设施工程

沉井（箱）下沉施工记录

市政施・土-33

第　　页　共　　页

<table>
<tr><td colspan="2">工程名称</td><td colspan="3"></td><td colspan="2">施工单位</td><td colspan="4"></td></tr>
<tr><td colspan="2">单位工程名称</td><td colspan="3"></td><td colspan="2">分包单位</td><td colspan="4"></td></tr>
<tr><td colspan="2">构件安装位置</td><td colspan="2">构件材料</td><td colspan="2">构件制作日期</td><td colspan="2">构件平面尺寸</td><td colspan="3">节段段数及高度（m）</td></tr>
<tr><td colspan="2"></td><td colspan="2"></td><td colspan="2"></td><td colspan="2"></td><td colspan="3"></td></tr>
<tr><td colspan="2">设计地质情况</td><td colspan="2">设计刃脚标高（m）</td><td colspan="2">下沉方式</td><td colspan="2">构件下沉前强度（MPa）</td><td colspan="3">分段接缝处理方法</td></tr>
<tr><td colspan="2"></td><td colspan="2"></td><td colspan="2"></td><td colspan="2"></td><td colspan="3"></td></tr>
<tr><td rowspan="2">日期及起止时间</td><td rowspan="2">测点编号</td><td rowspan="2">测点标高（m）</td><td rowspan="2">刃脚标高（m）</td><td colspan="2">倾斜</td><td colspan="2">位移</td><td rowspan="2">地质情况</td><td rowspan="2">水位标高（m）</td><td rowspan="2">备注</td></tr>
<tr><td>横向（%）</td><td>纵向（%）</td><td>横向（cm）</td><td>纵向（cm）</td></tr>
<tr><td rowspan="4"></td><td></td><td></td><td></td><td rowspan="4"></td><td rowspan="4"></td><td rowspan="4"></td><td rowspan="4"></td><td rowspan="4"></td><td rowspan="4"></td><td rowspan="4"></td></tr>
<tr><td></td><td></td><td></td></tr>
<tr><td></td><td></td><td></td></tr>
<tr><td></td><td></td><td></td></tr>
<tr><td rowspan="4"></td><td></td><td></td><td></td><td rowspan="4"></td><td rowspan="4"></td><td rowspan="4"></td><td rowspan="4"></td><td rowspan="4"></td><td rowspan="4"></td><td rowspan="4"></td></tr>
<tr><td></td><td></td><td></td></tr>
<tr><td></td><td></td><td></td></tr>
<tr><td></td><td></td><td></td></tr>
<tr><td rowspan="4"></td><td></td><td></td><td></td><td rowspan="4"></td><td rowspan="4"></td><td rowspan="4"></td><td rowspan="4"></td><td rowspan="4"></td><td rowspan="4"></td><td rowspan="4"></td></tr>
<tr><td></td><td></td><td></td></tr>
<tr><td></td><td></td><td></td></tr>
<tr><td></td><td></td><td></td></tr>
<tr><td rowspan="4"></td><td></td><td></td><td></td><td rowspan="4"></td><td rowspan="4"></td><td rowspan="4"></td><td rowspan="4"></td><td rowspan="4"></td><td rowspan="4"></td><td rowspan="4"></td></tr>
<tr><td></td><td></td><td></td></tr>
<tr><td></td><td></td><td></td></tr>
<tr><td></td><td></td><td></td></tr>
<tr><td rowspan="4"></td><td></td><td></td><td></td><td rowspan="4"></td><td rowspan="4"></td><td rowspan="4"></td><td rowspan="4"></td><td rowspan="4"></td><td rowspan="4"></td><td rowspan="4"></td></tr>
<tr><td></td><td></td><td></td></tr>
<tr><td></td><td></td><td></td></tr>
<tr><td></td><td></td><td></td></tr>
<tr><td rowspan="4"></td><td></td><td></td><td></td><td rowspan="4"></td><td rowspan="4"></td><td rowspan="4"></td><td rowspan="4"></td><td rowspan="4"></td><td rowspan="4"></td><td rowspan="4"></td></tr>
<tr><td></td><td></td><td></td></tr>
<tr><td></td><td></td><td></td></tr>
<tr><td></td><td></td><td></td></tr>
</table>

项目技术负责人：　　　　质检员：　　　　施工员：　　　　年　　月　　日

6.2.34 市政施·土-34 箱涵顶进记录

市政基础设施工程

箱涵顶进记录

市政施·土-34

第 页共 页

<table>
<tr><td colspan="3">工程名称</td><td colspan="12"></td></tr>
<tr><td colspan="3">单位工程名称</td><td colspan="4"></td><td colspan="2">施工单位</td><td colspan="6"></td></tr>
<tr><td colspan="3">施工里程</td><td colspan="4"></td><td colspan="2">分包单位</td><td colspan="6"></td></tr>
<tr><td colspan="3">断面尺寸（cm）</td><td colspan="4"></td><td colspan="2">顶进方式</td><td colspan="6"></td></tr>
<tr><td colspan="3">箱涵质量</td><td colspan="4">（t）</td><td colspan="2">千斤顶型号</td><td colspan="6"></td></tr>
<tr><td colspan="3">设计最大顶力</td><td colspan="4">（kN）</td><td colspan="2">箱涵材料</td><td colspan="6"></td></tr>
<tr><td colspan="2" rowspan="3">日期
（班次）</td><td rowspan="3">进尺
（cm）</td><td colspan="6">高程（m）</td><td colspan="2" rowspan="2">中线偏差
（mm）</td><td rowspan="3">顶力
（kN）</td><td rowspan="3">地质
情况</td><td rowspan="3">备
注</td></tr>
<tr><td colspan="2">前</td><td colspan="2">中</td><td colspan="2">后</td></tr>
<tr><td>设计</td><td>实际</td><td>设计</td><td>实际</td><td>设计</td><td>实际</td><td>左</td><td>右</td></tr>
<tr><td rowspan="3">日</td><td>早</td><td></td><td></td><td></td><td></td><td></td><td></td><td></td><td></td><td></td><td></td><td></td><td></td></tr>
<tr><td>午</td><td></td><td></td><td></td><td></td><td></td><td></td><td></td><td></td><td></td><td></td><td></td><td></td></tr>
<tr><td>晚</td><td></td><td></td><td></td><td></td><td></td><td></td><td></td><td></td><td></td><td></td><td></td><td></td></tr>
<tr><td rowspan="3">日</td><td>早</td><td></td><td></td><td></td><td></td><td></td><td></td><td></td><td></td><td></td><td></td><td></td><td></td></tr>
<tr><td>午</td><td></td><td></td><td></td><td></td><td></td><td></td><td></td><td></td><td></td><td></td><td></td><td></td></tr>
<tr><td>晚</td><td></td><td></td><td></td><td></td><td></td><td></td><td></td><td></td><td></td><td></td><td></td><td></td></tr>
<tr><td rowspan="3">日</td><td>早</td><td></td><td></td><td></td><td></td><td></td><td></td><td></td><td></td><td></td><td></td><td></td><td></td></tr>
<tr><td>午</td><td></td><td></td><td></td><td></td><td></td><td></td><td></td><td></td><td></td><td></td><td></td><td></td></tr>
<tr><td>晚</td><td></td><td></td><td></td><td></td><td></td><td></td><td></td><td></td><td></td><td></td><td></td><td></td></tr>
<tr><td rowspan="3">日</td><td>早</td><td></td><td></td><td></td><td></td><td></td><td></td><td></td><td></td><td></td><td></td><td></td><td></td></tr>
<tr><td>午</td><td></td><td></td><td></td><td></td><td></td><td></td><td></td><td></td><td></td><td></td><td></td><td></td></tr>
<tr><td>晚</td><td></td><td></td><td></td><td></td><td></td><td></td><td></td><td></td><td></td><td></td><td></td><td></td></tr>
<tr><td rowspan="3">日</td><td>早</td><td></td><td></td><td></td><td></td><td></td><td></td><td></td><td></td><td></td><td></td><td></td><td></td></tr>
<tr><td>午</td><td></td><td></td><td></td><td></td><td></td><td></td><td></td><td></td><td></td><td></td><td></td><td></td></tr>
<tr><td>晚</td><td></td><td></td><td></td><td></td><td></td><td></td><td></td><td></td><td></td><td></td><td></td><td></td></tr>
<tr><td rowspan="3">日</td><td>早</td><td></td><td></td><td></td><td></td><td></td><td></td><td></td><td></td><td></td><td></td><td></td><td></td></tr>
<tr><td>午</td><td></td><td></td><td></td><td></td><td></td><td></td><td></td><td></td><td></td><td></td><td></td><td></td></tr>
<tr><td>晚</td><td></td><td></td><td></td><td></td><td></td><td></td><td></td><td></td><td></td><td></td><td></td><td></td></tr>
<tr><td rowspan="3">日</td><td>早</td><td></td><td></td><td></td><td></td><td></td><td></td><td></td><td></td><td></td><td></td><td></td><td></td></tr>
<tr><td>午</td><td></td><td></td><td></td><td></td><td></td><td></td><td></td><td></td><td></td><td></td><td></td><td></td></tr>
<tr><td>晚</td><td></td><td></td><td></td><td></td><td></td><td></td><td></td><td></td><td></td><td></td><td></td><td></td></tr>
<tr><td rowspan="3">日</td><td>早</td><td></td><td></td><td></td><td></td><td></td><td></td><td></td><td></td><td></td><td></td><td></td><td></td></tr>
<tr><td>午</td><td></td><td></td><td></td><td></td><td></td><td></td><td></td><td></td><td></td><td></td><td></td><td></td></tr>
<tr><td>晚</td><td></td><td></td><td></td><td></td><td></td><td></td><td></td><td></td><td></td><td></td><td></td><td></td></tr>
</table>

项目技术负责人： 质检员： 施工员： 年 月 日

6.2.35 市政施·土-35 顶管工程顶进记录（机械）

市政基础设施工程

顶管工程顶进记录（机械）

市政施·土-35

第　　页 共　　页

<table>
<tr><td>工程名称</td><td colspan="3"></td><td colspan="2">施工单位</td><td colspan="4"></td></tr>
<tr><td>单位工程名称</td><td colspan="3"></td><td colspan="2">分包单位</td><td colspan="4"></td></tr>
<tr><td>施工范围</td><td colspan="3"></td><td colspan="2">设备型号</td><td colspan="4"></td></tr>
<tr><td colspan="10">施工情况记录</td></tr>
<tr><td>作业班次时段</td><td colspan="2"></td><td>天气</td><td colspan="3"></td><td colspan="2">气温</td><td></td></tr>
<tr><td rowspan="3">设备
启动前检查</td><td colspan="2">主油箱油位</td><td colspan="2"></td><td colspan="3">紧急制动开关</td><td colspan="2"></td></tr>
<tr><td colspan="2">供电电压</td><td colspan="2"></td><td colspan="3">激光发射器</td><td colspan="2"></td></tr>
<tr><td colspan="2">泥水分离器</td><td colspan="2"></td><td colspan="3">止水圈</td><td colspan="2"></td></tr>
<tr><td>设备启动时间</td><td colspan="9">时　　　分</td></tr>
<tr><td rowspan="6">设备运作记录</td><td colspan="2">激光坡度</td><td colspan="2"></td><td colspan="3">旁通流量</td><td colspan="2"></td></tr>
<tr><td colspan="2">注浆压力</td><td colspan="2"></td><td colspan="3">进水流量</td><td colspan="2"></td></tr>
<tr><td colspan="2">刀盘压力</td><td colspan="2"></td><td colspan="3">排泥流量</td><td colspan="2"></td></tr>
<tr><td colspan="2">主顶顶力</td><td colspan="2"></td><td colspan="3">机头偏转角</td><td colspan="2"></td></tr>
<tr><td colspan="2">顶进长度（m/节）</td><td colspan="2"></td><td rowspan="2">偏移</td><td>上</td><td></td><td>左</td><td></td></tr>
<tr><td colspan="2">机头倾斜角</td><td colspan="2"></td><td>下</td><td></td><td>右</td><td></td></tr>
<tr><td></td><td colspan="2">机头不平角</td><td colspan="2"></td><td colspan="2">轴线</td><td></td><td>高程</td><td></td></tr>
<tr><td>设备停转时间</td><td colspan="9">时　　　　　　　分</td></tr>
<tr><td rowspan="5">设备停转
前情况记录</td><td colspan="2">激光坡度</td><td colspan="2"></td><td colspan="3">最大电流</td><td colspan="2"></td></tr>
<tr><td colspan="2">机头偏转角</td><td colspan="2"></td><td colspan="3">主顶最大顶力</td><td colspan="2"></td></tr>
<tr><td colspan="2">机头倾斜角</td><td colspan="2"></td><td rowspan="2">偏移</td><td>上</td><td></td><td>左</td><td></td></tr>
<tr><td colspan="2">机头水平角</td><td colspan="2"></td><td>下</td><td></td><td>右</td><td></td></tr>
<tr><td colspan="2">刀盘最大压力</td><td colspan="2"></td><td colspan="2">轴线</td><td></td><td>高程</td><td></td></tr>
<tr><td>备注</td><td colspan="9"></td></tr>
<tr><td>施工员</td><td></td><td>质检员</td><td></td><td colspan="2">项目技术负责人</td><td></td><td>日期</td><td colspan="2"></td></tr>
</table>

6.2.36 市政施·土-36 顶管工程顶进记录（人工）

市政基础设施工程

顶管工程顶进记录（人工）

市政施·土-36

第　　页 共　　页

工程名称			施工单位					
单位工程名称			分包单位					
顶进方向	自　井至　井	管径（mm）		管材种类		接口形式		顶管工作坑位置	

月日	班次时间	土质情况	顶进长度（m）		测量记录					高程偏差		中心偏差		管前掏土长度（m）	表压（MPa）	使用千斤顶台数（t/台）	备注
			本次	累次	坡度	坡度增减（±）	后视读数（m）	前视读数（m）	前视管端实读数（m）	高（＋）	低（＋）	左（mm）	右（mm）				
1	2	3	4	5	6	7	8	9＝7＋8	10	11	12	13	14	15	16	17	18

项目技术负责人：　　　　质检员：　　　　施工员：　　　　年　　月　　日

6.2.37 市政施·土-37 导向钻孔施工记录

市政基础设施工程

导向钻孔施工记录

市政施·土-37

第　　页 共　　页

工程名称			施工单位			
单位工程名称			分包单位			
路段（里程）	设计管径（cm）	设计管顶埋深（m）	设计管长度（m）	穿越障碍物尺寸	出入土点距离	
施工起止时间	加杆长度（m）	钻杆总长度（m）	未入土段杆长度（m）	累计钻进深度（m）	倾角（度）	备注

项目技术负责人：　　　　质检员：　　　　施工员：　　　　年　　月　　日

6.2.38 市政施·土-38 补偿器安装记录

市政基础设施工程

补偿器安装记录

市政施·土-38

第　　页 共　　页

工程名称		施工单位	
单位工程名称		分包单位	
设计压力 （MPa）		补偿器安装位置	
补偿器规格型号		补偿器材质	
固定支架间距 （m）		管内介质温度 （℃）	
设计预拉值 （mm）		实际预拉值 （mm）	
补偿器安装及预拉示意图与说明：			
备注：			

项目技术负责人：　　　　质检员：　　　　施工员：　　　　年　　月　　日

6.2.39 市政施·土-39 补偿器冷拉记录

市政基础设施工程

补偿器冷拉记录

市政施·土-39

第　　页 共　　页

工程名称		施工单位	
单位工程名称		分包单位	
补偿器编号		补偿器所在图号	
管段长度 （m）		直径	
设计冷拉值 （mm）		实际冷拉值 （mm）	
冷拉时间		冷拉时温度 （℃）	
冷拉示意图：			
备注：			

项目技术负责人：　　　质检员：　　　施工员：　　　年　　月　　日

6.2.40 市政施·土-40 管道附件安装施工记录

市政基础设施工程

管道附件安装施工记录

市政施·土-40

第　　页 共　　页

<table>
<tr><td colspan="2">工程名称</td><td colspan="2"></td><td>施工单位</td><td></td></tr>
<tr><td colspan="2">单位工程名称</td><td colspan="2"></td><td>分包单位</td><td></td></tr>
<tr><td colspan="2">施工部位</td><td colspan="2"></td><td>里程桩号</td><td></td></tr>
<tr><td colspan="2" rowspan="2">设计要求</td><td colspan="2">附件名称及规格</td><td colspan="2">主要技术指标</td></tr>
<tr><td colspan="2"></td><td colspan="2"></td></tr>
<tr><td colspan="6">施工情况记录</td></tr>
<tr><td colspan="2">记录项目</td><td>里程</td><td></td><td>里程</td><td></td></tr>
<tr><td>1</td><td>附件名称</td><td colspan="2"></td><td colspan="2"></td></tr>
<tr><td>2</td><td>型号、规格</td><td colspan="2"></td><td colspan="2"></td></tr>
<tr><td>3</td><td>生产厂家</td><td colspan="2"></td><td colspan="2"></td></tr>
<tr><td>4</td><td>合格证编号</td><td colspan="2"></td><td colspan="2"></td></tr>
<tr><td>5</td><td>出厂日期</td><td colspan="2"></td><td colspan="2"></td></tr>
<tr><td>6</td><td>安装前检查</td><td colspan="2"></td><td colspan="2"></td></tr>
<tr><td>7</td><td>阀门底基础</td><td colspan="2"></td><td colspan="2"></td></tr>
<tr><td>8</td><td>阀门底与井底距离</td><td colspan="2"></td><td colspan="2"></td></tr>
<tr><td></td><td></td><td colspan="2"></td><td colspan="2"></td></tr>
<tr><td></td><td></td><td colspan="2"></td><td colspan="2"></td></tr>
<tr><td></td><td></td><td colspan="2"></td><td colspan="2"></td></tr>
<tr><td></td><td></td><td colspan="2"></td><td colspan="2"></td></tr>
<tr><td></td><td></td><td colspan="2"></td><td colspan="2"></td></tr>
<tr><td></td><td></td><td colspan="2"></td><td colspan="2"></td></tr>
<tr><td>备注</td><td colspan="5"></td></tr>
</table>

项目技术负责人：　　质检员：　　施工员：　　年　月　日

6.2.41 市政施·土-41 回填施工记录表

回填施工记录表

市政施·土-41

第　　页 共　　页

<table>
<tr><td>工程名称</td><td colspan="6"></td></tr>
<tr><td>单位工程名称</td><td colspan="6"></td></tr>
<tr><td>施工单位</td><td colspan="6"></td></tr>
<tr><td>施 工 日 期</td><td>开 始</td><td colspan="2"></td><td colspan="2">结 束</td><td></td></tr>
<tr><td>结构物砂浆
或混凝土强度</td><td colspan="3"></td><td colspan="2">回填面清理情况</td><td></td></tr>
<tr><td>回 填 范 围</td><td colspan="3"></td><td rowspan="2">回填
材料</td><td>设计</td><td></td></tr>
<tr><td>摊 铺 方 式</td><td colspan="3"></td><td>实际</td><td></td></tr>
<tr><td>压 实 方 式</td><td colspan="3"></td><td colspan="2">选用机械</td><td></td></tr>
<tr><td>回 填 层 次</td><td colspan="3">压实前含水量</td><td colspan="2">松铺厚度（m）</td><td>压实后外观检查</td></tr>
<tr><td></td><td></td><td></td><td></td><td colspan="2"></td><td></td></tr>
<tr><td></td><td></td><td></td><td></td><td colspan="2"></td><td></td></tr>
<tr><td></td><td></td><td></td><td></td><td colspan="2"></td><td></td></tr>
<tr><td></td><td></td><td></td><td></td><td colspan="2"></td><td></td></tr>
<tr><td></td><td></td><td></td><td></td><td colspan="2"></td><td></td></tr>
<tr><td></td><td></td><td></td><td></td><td colspan="2"></td><td></td></tr>
<tr><td></td><td></td><td></td><td></td><td colspan="2"></td><td></td></tr>
<tr><td></td><td></td><td></td><td></td><td colspan="2"></td><td></td></tr>
<tr><td></td><td></td><td></td><td></td><td colspan="2"></td><td></td></tr>
<tr><td>回填后结构物有
无位移、裂缝等
破坏情况</td><td colspan="6"></td></tr>
<tr><td>备　注</td><td colspan="6"></td></tr>
</table>

施工员		施工主管		质检员		技术负责人	

6.2.42 市政施·土-42 盾构管片拼装施工记录

市政基础设施工程

盾构管片拼装施工记录

市政施·土-42

第　　页 共　　页

工程名称								施工单位						
单位工程名称								分包单位						
施工里程			管片环宽（m）			一环管片块数					管片生产单位			
环号	管片合格证号	起止里程	管片型号	拼装时间		螺栓连接数量				管环轴线高程	管环轴线平面位置	相邻管片平整度最大偏差（mm）		备注
				起	止	设计		实际		偏差（mm）	偏差（mm）	纵缝	横缝	
						纵	环	纵	环					

项目技术负责人：　　　　质检员：　　　　施工员：　　　　年　　月　　日

6.2.43 市政施·土-43 防渗膜挤压焊接施工记录

市政基础设施工程

防渗膜挤压焊接施工记录

市政施·土-43

第　　页 共　　页

工程名称				施工单位			
单位工程名称				分包单位			
设计要求	防渗膜型号规格	焊接温度（℃）	焊接速度（m/min）	电火花检测电压（V）			
工程部位/里程		设备编号		技工姓名		防渗膜复试报告编号	
焊接施工					电火花检测		
焊缝编号	时间	长度（m）	焊接温度（℃）	焊接速度（m/min）	时间	电压（V）	补漏点数

项目技术负责人：　　　　质检员：　　　　施工员：　　　　年　　月　　日

6.2.44 市政施·土-44 防渗膜热熔焊接施工记录

市政基础设施工程

防渗膜热熔焊接施工记录

市政施·土-44

第　　页 共　　页

<table>
<tr><td>工程名称</td><td colspan="3"></td><td>施工单位</td><td colspan="4"></td></tr>
<tr><td>单位工程名称</td><td colspan="3"></td><td>分包单位</td><td colspan="4"></td></tr>
<tr><td>防渗膜型号规格</td><td>设计焊接温度(℃)</td><td>设计焊接速度(m/min)</td><td>设计检测压力(kPa)</td><td>防渗膜复试报告编号</td><td colspan="2">压力表标定证书编号</td><td></td><td></td></tr>
<tr><td></td><td></td><td></td><td></td><td></td><td colspan="2"></td><td></td><td></td></tr>
<tr><td>工程部位/里程</td><td colspan="2"></td><td>设备编号</td><td></td><td>技工姓名</td><td></td><td></td><td></td></tr>
<tr><td colspan="5">焊接施工</td><td colspan="4">气压检测</td></tr>
<tr><td>焊缝编号</td><td>时间</td><td>长度(m)</td><td>焊接温度(℃)</td><td>焊接速度(m/min)</td><td>时间</td><td>开始压力(kPa)</td><td>结束压力(kPa)</td><td>检测结果</td></tr>
<tr><td></td><td></td><td></td><td></td><td></td><td></td><td></td><td></td><td></td></tr>
<tr><td></td><td></td><td></td><td></td><td></td><td></td><td></td><td></td><td></td></tr>
<tr><td></td><td></td><td></td><td></td><td></td><td></td><td></td><td></td><td></td></tr>
<tr><td></td><td></td><td></td><td></td><td></td><td></td><td></td><td></td><td></td></tr>
<tr><td></td><td></td><td></td><td></td><td></td><td></td><td></td><td></td><td></td></tr>
<tr><td></td><td></td><td></td><td></td><td></td><td></td><td></td><td></td><td></td></tr>
</table>

项目技术负责人：　　　　质检员：　　　　施工员：　　　　年　　月　　日

6.3 有轨电车工程

6.3.1 轨道工程

6.3.1.1 市政施·轨-1 标高测量记录

市政基础设施工程

标高测量记录

市政施·轨-1

共　　页，第　　页

序号	里程	坡度	标高（m）	竖曲线（m）	竖曲线高度（m）	轨顶标高（中线）（m）	超高（m）	曲线外轨标高（m）	桩顶标高（m）	起道量（mm）	位置	轨枕类型

填表人：　　　　复核人：　　　　日期：　　　　计算：　　　　复核：

6.3.1.2 市政施·轨-2 加密基标检测成果记录

市政基础设施工程

______加密基标检测成果记录

市政施·轨-2

共 页,第 页

基标对应中线里程	测站	后视	基标的理论坐标(m)		基标间理论角值	基标间实测角值	较差(″)	轨顶标高(m)	基标设计高程(m)	基标实测高程(m)	较差(mm)	基标间边长		
			X	Y								理论边长	实测边长	较差

制表人： 复核人： 监理员： 日期： 计算： 复核：

6.3.1.3 市政施·轨-3 左右轨铺设竣工测量综合成果记录

市政基础设施工程

左右轨铺设竣工测量综合成果记录

市政施．轨-3

共　　页，第　　页

基标名称和里程	设计线路高程（m）	基标实测高程加常数（mm）	基标改正量（mm）	左轨改正量（mm）	实测轨顶高程（m）			右轨改正量（mm）	实测轨距、间距（mm）				基标自身的横向偏值（mm）		左右钢轨拨正值（mm）				备注
															左轨至		右轨至		
					左轨	左右超高	右轨		轨距	基标至左轨	左（右）轨曲线加宽量	基标至右轨	至边墙	至中墙	边墙	中墙	边墙	中墙	
1	2	3	4	5	6	7	8	9	10	11	12	13	14		15		16		17

制表人：　　　　复核人：　　　　监理员：　　　　日期：

6.3.1.4 市政施·轨-4 控制基标值记录

市政基础设施工程

控制基标值记录

市政施·轨-4

共　　页，第　　页

编号	点号	里程	外侧轨顶标高（m）	桩顶标高（m）	实测桩顶标高（m）	差值（mm）	中线坐标（m）		法线桩坐标（m）		备注
							X	Y	X	Y	

制表人：　　复核人：　　监理员：　　日期：　　计算：　　复核：

6.3.1.5 市政施·轨-5 轨排组装记录

市政基础设施工程
轨排组装记录

市政施·轨-5

共 页，第 页

工程名称		合同号	
施工单位		里程	
报检时间		检查部位	

日期	左右线	编号	钢轨长度		质检情况								
					轨枕			扣件					轨底坡度
			左(m)	右(m)	有无失效	装配根数	偏斜<10 mm	是否齐全	螺母力矩	轨距错位垫板	胶垫有无损坏	胶垫偏移	是否符合设计要求

自检结果：	监理意见：
质检员：	
施工员：	监理员：
项目技术负责人：	
日期：	日期：

6.3.1.6　市政施·轨-6　无缝线路锁定轨温、锁定日期记录

市政基础设施工程

无缝线路锁定轨温、锁定日期记录

市政施．轨-6

共　　页，第　　页

工程名称		合 同 号	
施工单位		监理单位	
锁定时间	年　　月　　日　　　　时～　　时		
锁定里程			
锁定轨温			
锁定时间	年　　月　　日　　　　时～　　时		
锁定里程			
锁定轨温			
锁定时间	年　　月　　日　　　　时～　　时		
锁定里程			
锁定轨温			
锁定时间	年　　月　　日　　　　时～　　时		
锁定里程			
锁定轨温			
锁定时间	年　　月　　日　　　　时～　　时		
锁定里程			
锁定轨温			
锁定时间	年　　月　　日　　　　时～　　时		
锁定里程			
锁定轨温			
记录人： 施工员： 项目技术负责人：		监理员： 日期：	

6.3.1.7　市政施·轨-7　接触焊正火参数记录

市政基础设施工程

接触焊正火参数记录

市政施·轨-7

共　　页，第　　页

工程名称						合 同 号				
里 程						工程部位				
施工单位						监理单位				
参数 编号		氧气压力（MPa）	乙炔压力（MPa）	氧气流量格	乙炔流量格	正火时间（s）	正火温度（℃）	加热器摆动距离（mm）	加热器摆动频率次/分（mm）	备注
焊接号	机号									
操作人： 施工员： 项目技术负责人：　　　　日期：						监理意见： 监理员：　　　　日期：				

6.3.1.8 市政施·轨-8 铝热焊焊接记录

市政基础设施工程

铝热焊焊接记录

市政施·轨-8

共 页，第 页

<table>
<tr><td colspan="2">工程名称</td><td colspan="2"></td><td>合同号</td><td colspan="3"></td></tr>
<tr><td colspan="2">里　程</td><td colspan="2"></td><td>工程部位</td><td colspan="3"></td></tr>
<tr><td colspan="2">施工单位</td><td colspan="2"></td><td>监理单位</td><td colspan="3"></td></tr>
<tr><td colspan="2">焊头编号
参数</td><td>焊头号</td><td>焊头位置</td><td>焊头号</td><td>焊头位置</td><td>焊头号</td><td>焊头位置</td></tr>
<tr><td rowspan="2">轨缝</td><td>轨头（mm）</td><td></td><td></td><td></td><td></td><td></td><td></td></tr>
<tr><td>轨底（mm）</td><td></td><td></td><td></td><td></td><td></td><td></td></tr>
<tr><td colspan="2">轨端误差（mm）</td><td></td><td></td><td></td><td></td><td></td><td></td></tr>
<tr><td rowspan="4">焊剂</td><td>批号</td><td></td><td></td><td></td><td></td><td></td><td></td></tr>
<tr><td>剂号</td><td></td><td></td><td></td><td></td><td></td><td></td></tr>
<tr><td>反注反映时间</td><td></td><td></td><td></td><td></td><td></td><td></td></tr>
<tr><td>浇间平静</td><td></td><td></td><td></td><td></td><td></td><td></td></tr>
<tr><td colspan="2">预热时间</td><td></td><td></td><td></td><td></td><td></td><td></td></tr>
<tr><td rowspan="3">氧气（MPa）</td><td>高压</td><td></td><td></td><td></td><td></td><td></td><td></td></tr>
<tr><td>低压</td><td></td><td></td><td></td><td></td><td></td><td></td></tr>
<tr><td>预热器尾表（BAR）</td><td></td><td></td><td></td><td></td><td></td><td></td></tr>
<tr><td colspan="2">推流时间（s）</td><td></td><td></td><td></td><td></td><td></td><td></td></tr>
<tr><td colspan="2">备　注</td><td></td><td></td><td></td><td></td><td></td><td></td></tr>
<tr><td colspan="4">对轨人：　　操作人：

施工员：

项目技术负责人：　　日期：</td><td colspan="4">监理意见：

监理员：　　日期：</td></tr>
</table>

6.3.1.9 市政施·轨-9 整体道床、浮置板道床杂散电流防护施工记录

市政基础设施工程

整体道床、浮置板道床杂散电流防护施工记录

市政施·轨-9

共 页，第 页

<table>
<tr><td>工程名称</td><td></td><td>合 同 号</td><td></td></tr>
<tr><td>施工单位</td><td></td><td>里　　程</td><td></td></tr>
<tr><td>报检时间</td><td></td><td>检查部位</td><td></td></tr>
<tr><td colspan="4">1. 钢筋网焊接：
（1）焊接长度　　mm，焊缝高度　　mm
（2）采用单面焊或双面焊
2. 测防端子（排流端子）的安装里程：
3. 测防端子（排流端子）之连接材料铜板、铜排、铜电缆规格：
4. 铜排与防迷流钢筋焊接方法、焊接长度：
5. 铜板与铜电缆芯是否卷紧？压紧长度为　　mm
6. 铜排连接端子在道床外面的部分是否涂抹防锈材料？
7. 万能表测试情况：</td></tr>
<tr><td colspan="2">自检结果：

质检员：

施工员：

项目技术负责人：

日期：</td><td colspan="2">监理意见：

监理员：　　　　　　日期：</td></tr>
</table>

6.3.1.10 市政施·轨-10 单元轨节应力放散及锁定记录

市政基础设施工程

单元轨节应力放散及锁定记录

市政施·轨-10

共　　页，第　　页

<table>
<tr><td colspan="2">单位（子单位）工程名称</td><td colspan="9"></td></tr>
<tr><td colspan="2">总承包施工单位</td><td colspan="9"></td></tr>
<tr><td colspan="2">单元轨节编号</td><td colspan="9"></td></tr>
<tr><td colspan="2">单元轨节长度</td><td colspan="9"></td></tr>
<tr><td colspan="2">观测点间距</td><td colspan="9"></td></tr>
<tr><td colspan="2">计划锁定轨温</td><td colspan="9"></td></tr>
<tr><td></td><td>观测点</td><td>1</td><td>2</td><td>3</td><td>5</td><td>6</td><td>7</td><td>8</td><td>9</td><td>10</td></tr>
<tr><td rowspan="2">放散位移量（mm）</td><td>左股</td><td></td><td></td><td></td><td></td><td></td><td></td><td></td><td></td><td></td></tr>
<tr><td>右股</td><td></td><td></td><td></td><td></td><td></td><td></td><td></td><td></td><td></td></tr>
<tr><td rowspan="2">拉伸位移量（mm）</td><td>左股</td><td></td><td></td><td></td><td></td><td></td><td></td><td></td><td></td><td></td></tr>
<tr><td>右股</td><td></td><td></td><td></td><td></td><td></td><td></td><td></td><td></td><td></td></tr>
<tr><td colspan="2">作业前轨缝</td><td colspan="2">作业后轨缝</td><td>拉伸量</td><td colspan="2">锯轨量</td><td colspan="2">实测轨温</td><td colspan="2">实际锁定轨温</td></tr>
<tr><td colspan="2">左股</td><td colspan="2"></td><td></td><td colspan="2"></td><td colspan="2"></td><td colspan="2"></td></tr>
<tr><td colspan="2">右股</td><td colspan="2"></td><td></td><td colspan="2"></td><td colspan="2"></td><td colspan="2"></td></tr>
<tr><td>接头相错量</td><td colspan="3"></td><td colspan="3">作业起止时间</td><td colspan="4"></td></tr>
<tr><td>位移观测桩双线地段</td><td colspan="10">左线
右线</td></tr>
<tr><td>位移观测桩单线地段</td><td colspan="10">左股
右股</td></tr>
</table>

施工员：　　　　　　　　　　质检员：　　　　　　　　　　日期：

6.3.2 供电系统工程

6.3.2.1 市政施·供-1 设备基础预埋件施工记录

市政基础设施工程

设备基础预埋件施工记录

市政施·供-1

共　　页，第　　页

<table>
<tr><td>工程名称</td><td colspan="2"></td><td>分部工程名称</td><td></td></tr>
<tr><td>安装地点</td><td colspan="4"></td></tr>
<tr><td>施工日期</td><td colspan="4">年　　月　　日　　至　　　年　　月　　日</td></tr>
<tr><td>安装前检查</td><td colspan="4">1. 预埋件规格是否与加工图相符＿＿＿＿＿＿
2. 平直度是否满足设计精度要求＿＿＿＿＿＿
3. 焊接质量是否达到设计和使用要求＿＿＿＿＿＿</td></tr>
<tr><td>安装情况</td><td colspan="4">1. 安装位置是否与施工图一致＿＿＿＿＿＿
2. 安装方法是否符合设计要求：＿＿＿＿　①固定件间隔＿＿＿＿　②螺栓规格及紧度＿＿＿＿　③焊接质量＿＿＿＿　④防腐处理＿＿＿＿
3. 采取何种措施调整其高度＿＿＿＿最大加垫厚度＿＿＿＿mm
4. 接地线安装是否符合设计和规范要求：①材质＿＿＿＿②焊接质量＿＿＿＿
③引出点数量＿＿＿＿④引出点位置＿＿＿＿</td></tr>
<tr><td>测量结果</td><td colspan="4">水平仪型号＿＿＿＿＿＿水平仪镜高＿＿＿＿＿＿
<table>
<tr><td>点号</td><td>读数</td><td>点号</td><td>读数</td><td>点号</td><td>读数</td><td>点号</td><td>读数</td><td>点号</td><td>读数</td><td>点号</td><td>读数</td><td>点号</td><td>读数</td></tr>
<tr><td>前 1</td><td></td><td>前 2</td><td></td><td>前 3</td><td></td><td>前 4</td><td></td><td>前 5</td><td></td><td>前 6</td><td></td><td>前 7</td><td></td></tr>
<tr><td></td><td></td><td></td><td></td><td></td><td></td><td></td><td></td><td></td><td></td><td></td><td></td><td></td><td></td></tr>
<tr><td>后 1</td><td></td><td>后 2</td><td></td><td>后 3</td><td></td><td>后 4</td><td></td><td>后 5</td><td></td><td>后 6</td><td></td><td>后 7</td><td></td></tr>
</table></td></tr>
<tr><td>备注</td><td colspan="4"></td></tr>
<tr><td colspan="2">施工员：

年　　月　　日</td><td colspan="2">质检员：

年　　月　　日</td><td>项目技术负责人：

年　　月　　日</td></tr>
</table>

6.3.2.2 市政施·供-2 电缆桥支架安装施工记录

市政基础设施工程

电缆桥支架安装施工记录

市政施·供-2

共　　页，第　　页

<table>
<tr><td colspan="2">工程名称</td><td></td><td>分部工程名称</td><td></td></tr>
<tr><td colspan="2">安装地点</td><td></td><td></td><td></td></tr>
<tr><td colspan="2">安装日期</td><td colspan="3">年　　月　日　至　　　　年　　月　　日</td></tr>
<tr><td>设备情况</td><td colspan="4">支架型号规格＿＿＿＿＿＿＿＿＿＿
出厂编号＿＿＿＿＿＿＿＿＿＿
使用数量＿＿＿＿＿＿＿＿＿＿</td></tr>
<tr><td>外观检查</td><td colspan="4">1. 电缆支架的类型、规格、质量是否符合设计要求：＿＿＿＿＿＿＿＿
2. ①支架是否油漆脱落＿＿＿＿＿＿ ②整体或局部是否变形＿＿＿＿＿ ③是否锈蚀＿＿＿＿＿＿ ④是否破裂＿＿＿＿＿＿ ⑤其他＿＿＿＿＿＿</td></tr>
<tr><td>安装情况</td><td colspan="4">1. 电缆支架安装是否符合要求；①电缆支架的固定方式是否符合设计要求＿＿＿＿＿＿ ②安装位置是否正确＿＿＿＿ ③连接是否可靠＿＿＿＿＿＿ ④固定是否牢固＿＿＿＿＿＿ ⑤各支架的层间横撑是否在同一水平面上＿＿＿＿＿
2. 如遇结构钢筋时须加装绝缘垫片，是否进行绝缘测试＿＿＿＿＿＿＿＿</td></tr>
<tr><td>备注</td><td colspan="4"></td></tr>
<tr><td colspan="2">施工员：

年　　月　　日</td><td>质检员：

年　　月　　日</td><td colspan="2">项目技术负责人：

年　　月　　日</td></tr>
</table>

6.3.2.3 市政施·供-3 12kV 高压开关柜安装技术记录

市政基础设施工程

12kV 高压开关柜安装技术记录

市政施·供-3

共　　页，第　　页

<table>
<tr><td>工程名称</td><td colspan="2"></td><td>安装地点</td><td></td></tr>
<tr><td>设备厂家</td><td colspan="2"></td><td>安装数量</td><td></td></tr>
<tr><td>型号规格</td><td colspan="2"></td><td>施工日期</td><td></td></tr>
<tr><td>外观检查</td><td colspan="4">1. 有无机械损伤及缺陷：①柜面油漆脱落________②整体或局部变形________③锈蚀________④破裂________⑤其他________
2. 专用工具、柜门及钥匙是否齐全________</td></tr>
<tr><td>安装情况</td><td colspan="4">1. 开关柜排列顺序________
2. 母线连接情况：________
3. 柜间连接：①连接螺栓是否齐全并拧紧________ ②接地铜排是否连通________ ③整列柜纵向是否平直________ ④垂直度是否合格________
4. 柜体固定：①地脚螺栓规格、质量是否符合设计要求________ ②是否紧固________
5. SF_6 气体压力测量（压力单位：bar）</td></tr>
<tr><td>测量结果</td><td colspan="4">

日期												
温度												
盘柜序号												
母线室												
断路器室												

</td></tr>
<tr><td>备注</td><td colspan="4"></td></tr>
<tr><td colspan="2">施工员：

年　　月　　日</td><td colspan="2">质检员：

年　　月　　日</td><td>项目技术负责人：

年　　月　　日</td></tr>
</table>

6.3.2.4 市政施·供-4 接地装置安装施工记录

市政基础设施工程

接地装置安装施工记录

市政施·供-4

共 页，第 页

<table>
<tr><td colspan="2">工程名称</td><td></td><td>安装部位</td><td></td></tr>
<tr><td colspan="2">分部工程名称</td><td colspan="3"></td></tr>
<tr><td colspan="2">施工日期</td><td colspan="3"></td></tr>
<tr><td>接地干线</td><td colspan="4">1. 接地干线材质为______
2. 接地干线材质规格型号、是否满足设计要求______
3. 接地干线焊接质量、搭接长度是否达到设计和规范要求______
4. 接地干线附件安装是否符合规范要求______
5. 接地干线标识是否符合规范要求______
6. 接地母排安装是否符合设计图及规范要求______</td></tr>
<tr><td>设备接地</td><td colspan="4">1. 设备保护接地是否符合设计和或规范要求______
2. 设备工作接地是否符合设计和或规范要求______
3. 接地电阻是否符合设计和或规范要求______</td></tr>
<tr><td>备注</td><td colspan="4"></td></tr>
<tr><td colspan="2">施工员：

年 月 日</td><td>质检员：

年 月 日</td><td colspan="2">项目技术负责人：

年 月 日</td></tr>
</table>

6.3.2.5 市政施·供-5 变压器安装施工记录

市政基础设施工程

变压器安装施工记录

市政施·供-5

共 页，第 页

<table>
<tr><td colspan="2">工程名称</td><td></td><td>分部工程名称</td><td></td></tr>
<tr><td colspan="2">施工地点</td><td colspan="3"></td></tr>
<tr><td colspan="2">施工日期</td><td colspan="3">年 月 日 至 年 月 日</td></tr>
<tr><td>设备情况</td><td colspan="4">设备型号________ 设备厂家________
设备数量________ 出厂编号________
额定容量________ 额定电压________
额定电流________ 连接组号________</td></tr>
<tr><td>外观检查</td><td colspan="4">1. 标志是否清晰齐全：①铭牌____②相序____③线圈抽头____
2. 有无机械损伤或缺陷：①轭铁及框架____ ②铁芯____③线圈____ 壳体____ ④线圈端（抽）头连接线（板）____⑤端子排____⑥温控器____⑦保护外壳____⑧其他____</td></tr>
<tr><td>安装情况</td><td colspan="4">1. 地脚螺栓的规格质量是否符合设计要求________
2. 地脚螺栓是否紧固________
3. 对周围物体的安全距离是否满足规格要求________
4. 保护外壳组装及固定是否正确________
5. 温控器安装是否正确________</td></tr>
<tr><td>备注</td><td colspan="4"></td></tr>
<tr><td colspan="2">施工员：

年 月 日</td><td>质检员：

年 月 日</td><td colspan="2">项目技术负责人：

年 月 日</td></tr>
</table>

6.3.2.6 市政施·供-6 成套充电装置安装施工记录

市政基础设施工程

成套充电装置安装施工记录

市政施·供-6

共 页，第 页

<table>
<tr><td>工程名称</td><td></td><td>分部工程名称</td><td></td></tr>
<tr><td>施工地点</td><td colspan="3"></td></tr>
<tr><td>施工日期</td><td colspan="3">年 月 日 至 年 月 日</td></tr>
<tr><td>设备情况</td><td colspan="3">设备型号________设备厂家________
设备数量________
出厂编号________</td></tr>
<tr><td>外观检查</td><td colspan="3">1. 柜体有无机械损伤及缺陷：①柜面油漆脱落________②整体或局部变形________③锈蚀________④破裂________⑤元器件脱落________⑥其他________
2. 接触器有无损伤或缺陷________
3. 接触器分合时有无异常情况________</td></tr>
<tr><td>安装情况</td><td colspan="3">1. 成套充电装置柜对接位置________
2. 柜体连接：①连接螺栓是否齐全并拧紧________②柜列纵向是否平直________③垂直度是否合格________
3. 母线连接：①连接螺栓的规格、质量是否符合设计要求________②是否齐全________③是否按要求力度紧固________</td></tr>
<tr><td>备注</td><td colspan="3"></td></tr>
<tr><td colspan="2">施工员：

年 月 日</td><td>质检员：

年 月 日</td><td>项目技术负责人：

年 月 日</td></tr>
</table>

6.3.2.7 市政施·供-7 低压开关柜安装施工记录

市政基础设施工程

低压开关柜安装施工记录

市政施·供-7

共　　页，第　　页

<table>
<tr><td colspan="2">工程名称</td><td></td><td>分部工程名称</td><td colspan="2"></td></tr>
<tr><td colspan="2">施工地点</td><td colspan="4"></td></tr>
<tr><td colspan="2">施工日期</td><td colspan="4">年　　月　　日　　至　　年　　月　　日</td></tr>
<tr><td>设备情况</td><td colspan="5">设备型号__________设备厂家__________
设备数量__________出厂编号__________</td></tr>
<tr><td>外观检查</td><td colspan="5">1. 柜体有无机械损伤及缺陷：①柜面油漆脱落__________②整体或局部变形__________③锈蚀__________④破裂__________⑤元器件脱落__________⑥其他__________
2. 柜门及钥匙是否齐全 __________</td></tr>
<tr><td>安装情况</td><td colspan="5">1. 地脚螺栓的规格质量是否符合设计要求__________
2. 地脚螺栓是否紧固__________
3. 整列盘纵向是否平直，垂直度是否合格__________</td></tr>
<tr><td>备注</td><td colspan="5"></td></tr>
<tr><td colspan="2">施工员：

年　　月　　日</td><td colspan="2">质检员：

年　　月　　日</td><td colspan="2">项目技术负责人：

年　　月　　日</td></tr>
</table>

6.3.2.8 市政施·供-8 配电盘安装施工记录

市政基础设施工程

配电盘安装施工记录

市政施·供-8

共　　页，第　　页

<table>
<tr><td>工程名称</td><td colspan="3"></td><td colspan="2">分部工程名称</td><td colspan="2"></td></tr>
<tr><td>施工地点</td><td colspan="7"></td></tr>
<tr><td>施工日期</td><td colspan="7">年　月　日　至　年　月　日</td></tr>
<tr><td rowspan="4">设备情况</td><td>盘柜名称</td><td></td><td></td><td></td><td></td><td></td><td></td></tr>
<tr><td>数量（台）</td><td></td><td></td><td></td><td></td><td></td><td></td></tr>
<tr><td>型号规格</td><td></td><td></td><td></td><td></td><td></td><td></td></tr>
<tr><td>制造厂商</td><td></td><td></td><td></td><td></td><td></td><td></td></tr>
<tr><td>外观检查</td><td colspan="7">1. 柜体有无机械损伤及缺陷：①柜面油漆脱落＿＿＿＿②整体或局部变形＿＿＿＿
③锈蚀＿＿＿＿④破裂＿＿＿＿⑤元器件脱落＿＿＿＿⑥其他＿＿＿＿
2. 柜门及钥匙是否齐全＿＿＿＿＿＿</td></tr>
<tr><td>安装情况</td><td colspan="7">1. 地脚螺栓的规格质量是否符合设计要求＿＿＿＿＿＿＿＿
2. 地脚螺栓是否紧固＿＿＿＿＿＿＿＿
3. 整列盘纵向是否平直，垂直度是否合格＿＿＿＿＿＿＿＿</td></tr>
<tr><td>备注</td><td colspan="7"></td></tr>
<tr><td colspan="3">施工员：

年　月　日</td><td colspan="2">质检员：

年　月　日</td><td colspan="3">项目技术负责人：

年　月　日</td></tr>
</table>

6.3.2.9 市政施·供-9 蓄电池安装施工记录

市政基础设施工程

蓄电池安装施工记录

市政施·供-9

共　页，第　页

<table>
<tr><td>工程名称</td><td></td><td>分部工程名称</td><td></td></tr>
<tr><td>施工地点</td><td colspan="3"></td></tr>
<tr><td>施工日期</td><td colspan="3">年　月　日　至　年　月　日</td></tr>
<tr><td>设备情况</td><td colspan="3">设备型号________设备厂家________
设备数量________出厂编号________
本变电所共安装____蓄电池____组，每组数量____个，每组额定 容量________
________</td></tr>
<tr><td>外观检查</td><td colspan="3">1. 有无机械损伤及缺陷：________
2. 瓶体破裂________
3. 接线柱螺母、垫片缺失________
4. 锈蚀________
5. 其他________</td></tr>
<tr><td>安装情况</td><td colspan="3">1. 电池摆放共________列
2. 单体与列间是否摆放均匀________
3. 单个电池间用何物连接________
4. 列间用何物连接________
5. 极性是否正确________
6. 螺栓是否都拧紧________
7. 金属连接件采取何种防腐及防污措施________</td></tr>
<tr><td>备注</td><td colspan="3"></td></tr>
</table>

施工员： 年　月　日	质检员： 年　月　日	项目技术负责人： 年　月　日

6.3.2.10 市政施·供-10.1 蓄电池充放电技术记录（一）

市政基础设施工程

蓄电池充放电技术记录（一）

市政施·供-10.1

共　　页，第　　页

<table>
<tr><td colspan="2">工程名称</td><td></td><td>分部工程名称</td><td></td></tr>
<tr><td colspan="2">施工地点</td><td></td><td>记录人员</td><td></td></tr>
<tr><td colspan="2">额定容量</td><td colspan="3"></td></tr>
<tr><td>初充电情况</td><td colspan="4">开始充电日期________ 结束充电日期________
开始充电时间________ 结束充电时间________
充电初始电压________V 充电终止电压________V
充电初始电流________A 充电终止电流________A</td></tr>
<tr><td>初放电情况</td><td colspan="4">开始放电日期________ 结束放电日期________
开始放电时间________ 结束放电时间________
放电初始电压________V 放电终止电压________V
放电初始电流________A 放电终止电流________A</td></tr>
<tr><td>再充电情况</td><td colspan="4">开始充电日期________ 结束充电日期________
开始充电时间________ 结束充电时间________
充电初始电压________V 充电终止电压________V
充电初始电流________A 充电终止电流________A</td></tr>
<tr><td>备注</td><td colspan="4"></td></tr>
<tr><td colspan="2">施工员：

年　　月　　日</td><td colspan="2">质检员：

年　　月　　日</td><td>项目技术负责人：

年　　月　　日</td></tr>
</table>

6.3.2.11 市政施·供-10.2 蓄电池充放电技术记录（二）

市政基础设施工程

蓄电池充放电技术记录（二）

市政施·供-10.2

第　　页，共　　页

地点________额定容量________AH 充电________放电________

日期______________________________室温________℃

单电池测量（电压单位：V；电流单位：A）

电池编号	1.	2.	3.	4.	5.	6.	7.	8.	9.
测量时间			电池组电压				电池电流		
电池电压									
测量时间			电池组电压				电池电流		
电池电压									
测量时间			电池组电压				电池电流		
电池电压									
测量时间			电池组电压				电池电流		
电池电压									
测量时间			电池组电压				电池电流		
电池电压									
测量时间			电池组电压				电池电流		
电池电压									
测量时间			电池组电压				电池电流		
电池电压									
测量时间			电池组电压				电池电流		
电池电压									

6.3.2.12　市政施·供-11　预装式变电站安装施工记录

市政基础设施工程

预装式变电站安装施工记录

市政施·供-11

共　　页，第　　页

<table>
<tr><td>工程名称</td><td></td><td>分部工程名称</td><td></td></tr>
<tr><td>施工地点</td><td colspan="3"></td></tr>
<tr><td>施工日期</td><td colspan="3">年　　月　　日　　　至　　年　　月　　日</td></tr>
<tr><td>设备情况</td><td colspan="3">设备型号＿＿＿＿＿＿设备厂家＿＿＿＿＿＿
设备数量＿＿＿＿＿＿出厂编号＿＿＿＿＿＿</td></tr>
<tr><td>外观检查</td><td colspan="3">1. 柜体有无机械损伤及缺陷：①柜面油漆脱落＿＿＿＿②整体或局部变形＿＿＿＿③锈蚀＿＿＿＿④破裂＿＿＿＿⑤元器件脱落＿＿＿＿⑥其他＿＿＿＿
2. 柜门及钥匙是否齐全＿＿＿＿</td></tr>
<tr><td>安装情况</td><td colspan="3">1. 焊接点的规格质量是否符合设计要求＿＿＿＿
2. 焊接是否紧固＿＿＿＿
3. 整个模块纵向是否平直，垂直度是否合格＿＿＿＿</td></tr>
<tr><td>备注</td><td colspan="3"></td></tr>
<tr><td colspan="2">施工员：

年　　月　　日</td><td>质检员：

年　　月　　日</td><td>项目技术负责人：

年　　月　　日</td></tr>
</table>

6.3.2.13 市政施·供-12 机柜安装施工记录

市政基础设施工程

机柜安装施工记录

市政施·供-12

共 页，第 页

<table>
<tr><td>工程名称</td><td></td><td>分部工程名称</td><td></td></tr>
<tr><td>施工地点</td><td colspan="3"></td></tr>
<tr><td>施工日期</td><td colspan="3">年 月 日 至 年 月 日</td></tr>
<tr><td>机柜情况</td><td colspan="3">设备型号____________设备厂家____________
设备数量____________出厂编号____________</td></tr>
<tr><td>外观检查</td><td colspan="3">1. 柜体有无机械损伤及缺陷：①柜面油漆脱落________②整体或局部变形________③锈蚀________④破裂________⑤元器件脱落________⑥其他________
2. 柜门及钥匙是否齐全____________</td></tr>
<tr><td>安装情况</td><td colspan="3">1. 焊接点的规格质量是否符合设计要求____________
2. 焊接是否紧固____________
3. 整个模块纵向是否平直，垂直度是否合格____________</td></tr>
<tr><td>备注</td><td colspan="3"></td></tr>
<tr><td colspan="2">施工员：

年 月 日</td><td>质检员：

年 月 日</td><td>项目技术负责人：

年 月 日</td></tr>
</table>

6.3.2.14 市政施·供-13 控制信号盘安装施工记录

市政基础设施工程

控制信号盘安装施工记录

市政施·供-13

共　　页，第　　页

<table>
<tr><td>工程名称</td><td></td><td>分部工程名称</td><td></td></tr>
<tr><td>施工地点</td><td colspan="3"></td></tr>
<tr><td>施工日期</td><td colspan="3">年　　月　　日　　　至　　年　　月　　日</td></tr>
<tr><td>盘柜情况</td><td colspan="3">设备型号＿＿＿＿＿＿设备厂家＿＿＿＿＿＿
设备数量＿＿＿＿＿＿出厂编号＿＿＿＿＿＿</td></tr>
<tr><td>外观检查</td><td colspan="3">1. 柜体有无机械损伤及缺陷：①柜面油漆脱落＿＿＿＿②整体或局部变形＿＿＿＿③锈蚀＿＿＿＿④破裂＿＿＿＿⑤元器件脱落＿＿＿＿⑥其他＿＿＿＿
2. 柜门及钥匙是否齐全＿＿＿＿＿＿</td></tr>
<tr><td>安装情况</td><td colspan="3">1. 焊接点的规格质量是否符合设计要求＿＿＿＿＿＿
2. 焊接是否紧固＿＿＿＿＿＿
3. 整个模块纵向是否平直，垂直度是否合格＿＿＿＿＿＿</td></tr>
<tr><td>备注</td><td colspan="3"></td></tr>
</table>

施工员： 年　　月　　日	质检员： 年　　月　　日	项目技术负责人： 年　　月　　日

6.3.2.15 市政施·供-14 计算机设备、打印机安装施工记录

市政基础设施工程

计算机设备、打印机安装施工记录

市政施·供-14

共　　页，第　　页

工程名称		分部工程名称	
施工地点			
施工日期	年　月　日　至　年　月　日		
设备情况	设备型号＿＿＿＿＿ 设备厂家＿＿＿＿＿ 安装数量＿＿＿＿＿		
外观检查	1. 设备的类型、规格、质量是否符合设计要求：＿＿＿＿＿ 2. ①包装是否完好＿＿＿＿＿ ②整体或局部是否变形＿＿＿＿＿ ③是否破裂＿＿＿＿＿ ④其他＿＿＿＿＿		
安装情况	1. 技术指标：设备安装是否整齐＿＿＿＿＿是否固定牢靠＿＿＿＿＿是否便于维修和管理＿＿＿＿＿高端设备的信息模块和相关部件是否正确安装＿＿＿＿＿设备上的标签是否标明设备的名称＿＿＿＿＿ 2. 质量检查：工作台组装是否横平竖直＿＿＿＿＿ 水平度、垂直度是否在允许偏差范围之内＿＿＿＿＿是否固定牢靠且焊接连接无脱落现象＿＿＿＿＿		
备注			

施工员：	质检员：	项目技术负责人：
年　月　日	年　月　日	年　月　日

6.3.2.16 市政施·供-15 电缆施工技术记录

市政基础设施工程

电缆施工技术记录

市政施·供-15

共　　页，第　　页

<table>
<tr><td colspan="3">工程名称</td><td colspan="3"></td><td colspan="2">分部工程名称</td><td colspan="3"></td></tr>
<tr><td colspan="3">施工地点</td><td colspan="8"></td></tr>
<tr><td rowspan="2">电缆序号</td><td rowspan="2">起迄点</td><td rowspan="2" colspan="2">型号规格</td><td rowspan="2">长度（m）</td><td colspan="2">绝缘电阻（MΩ）</td><td rowspan="2">中间接头数量</td><td rowspan="2">中间接头位置</td><td rowspan="2">施工日期</td><td rowspan="2">备注</td></tr>
<tr><td>相间</td><td>相地</td></tr>
<tr><td></td><td></td><td colspan="2"></td><td></td><td></td><td></td><td></td><td></td><td></td><td></td></tr>
<tr><td></td><td></td><td colspan="2"></td><td></td><td></td><td></td><td></td><td></td><td></td><td></td></tr>
<tr><td></td><td></td><td colspan="2"></td><td></td><td></td><td></td><td></td><td></td><td></td><td></td></tr>
<tr><td></td><td></td><td colspan="2"></td><td></td><td></td><td></td><td></td><td></td><td></td><td></td></tr>
<tr><td></td><td></td><td colspan="2"></td><td></td><td></td><td></td><td></td><td></td><td></td><td></td></tr>
<tr><td></td><td></td><td colspan="2"></td><td></td><td></td><td></td><td></td><td></td><td></td><td></td></tr>
<tr><td></td><td></td><td colspan="2"></td><td></td><td></td><td></td><td></td><td></td><td></td><td></td></tr>
<tr><td colspan="3">施工员：

年　月　日</td><td colspan="4">质检员：

年　月　日</td><td colspan="4">项目技术负责人：

年　月　日</td></tr>
</table>

6.3.2.17 市政施·供-16 电缆中间(终端头)施工记录

市政基础设施工程

电缆中间(终端头)施工记录

市政施·供-16

共　　页,第　　页

<table>
<tr><td>工程名称</td><td colspan="4"></td><td>分部工程名称</td><td colspan="3"></td></tr>
<tr><td>施工地点</td><td colspan="8"></td></tr>
<tr><td>电缆编号</td><td>安装位置</td><td>电缆头型号规格</td><td>电压等级</td><td>终端数量</td><td>终端
(规格型号)</td><td>自检项目</td><td>自检结论</td><td>备注</td></tr>
<tr><td></td><td></td><td></td><td></td><td></td><td></td><td rowspan="7">1. 电缆开剥无缺陷；
2. 终端附件安装顺序正确；
3. 终端附件安装紧密；
4. 电缆成端无绞拧现象；
5. 电缆单边接地线连接可靠；
6. 电缆连接端子压接符合规范要求；
7. 电缆相色标志正确</td><td></td><td></td></tr>
<tr><td></td><td></td><td></td><td></td><td></td><td></td><td></td><td></td></tr>
<tr><td></td><td></td><td></td><td></td><td></td><td></td><td></td><td></td></tr>
<tr><td></td><td></td><td></td><td></td><td></td><td></td><td></td><td></td></tr>
<tr><td></td><td></td><td></td><td></td><td></td><td></td><td></td><td></td></tr>
<tr><td></td><td></td><td></td><td></td><td></td><td></td><td></td><td></td></tr>
<tr><td></td><td></td><td></td><td></td><td></td><td></td><td></td><td></td></tr>
<tr><td colspan="3">施工员：

年　月　日</td><td colspan="3">质检员：

年　月　日</td><td colspan="3">项目技术负责人：

年　月　日</td></tr>
</table>

6.3.2.18 市政施·供-17 电缆保护管施工记录

市政基础设施工程

电缆保护管施工记录

市政施·供-17

共 页,第 页

工 程 名 称				分部工程名称		
施 工 地 点						
用 途	起迄点	型号规格	材质	长度(m)	施工日期	备注

施工员： 年 月 日	质检员： 年 月 日	项目技术负责人： 年 月 日

6.3.2.19 市政施·供-18 光缆(含屏蔽双绞线)施工记录

市政基础设施工程

光缆(含屏蔽双绞线)施工记录

市政施·供-18

共　　页,第　　页

工程名称				分部工程名称			
施工地点							
光缆编号	起讫点	型号规格	长度(m)	中间接头数量	中间接头位置	施工日期	备注
施工员: 年　月　日			质检员: 年　月　日			项目技术负责人: 年　月　日	

6.3.3 充电网工程

6.3.3.1 市政施・充-1 导高拉出值测量记录

市政基础设施工程

导高拉出值测量记录

市政施・充-1

共　页，第　页

工程名称			测量位置	
分部工程名称			测量时间	
序号	定位号	充电轨高度	拉出值	备注

施工员： 年　月　日	质检员： 年　月　日	项目技术负责人： 年　月　日

6.3.3.2 市政施・充-2 充电轨安装检查记录

市政基础设施工程

充电轨安装检查记录

市政施・充-2

共 页，第 页

<table>
<tr><td colspan="3">工程名称</td><td colspan="3"></td><td colspan="2">安装位置</td><td colspan="2"></td></tr>
<tr><td colspan="3">分部工程名称</td><td colspan="3"></td><td colspan="2">安装时间</td><td colspan="2"></td></tr>
<tr><td>序号</td><td>充电轨长度（m）</td><td>有无明显转角</td><td>中轴线与轨面的垂直状态</td><td>连接端缝是否符合要求</td><td>紧固件是否齐全</td><td>接头螺栓紧固力矩（N・m）</td><td>平顺度是否符合要求</td><td>接头接触面是否清洁、外观、状况</td><td>安装日期（年、月、日）</td></tr>
<tr><td></td><td></td><td></td><td></td><td></td><td></td><td></td><td></td><td></td><td></td></tr>
<tr><td></td><td></td><td></td><td></td><td></td><td></td><td></td><td></td><td></td><td></td></tr>
<tr><td></td><td></td><td></td><td></td><td></td><td></td><td></td><td></td><td></td><td></td></tr>
<tr><td></td><td></td><td></td><td></td><td></td><td></td><td></td><td></td><td></td><td></td></tr>
<tr><td></td><td></td><td></td><td></td><td></td><td></td><td></td><td></td><td></td><td></td></tr>
<tr><td></td><td></td><td></td><td></td><td></td><td></td><td></td><td></td><td></td><td></td></tr>
<tr><td colspan="4">施工员：

年 月 日</td><td colspan="3">质检员：

年 月 日</td><td colspan="3">项目技术负责人：

年 月 日</td></tr>
</table>

6.3.3.3 市政施·充-3 移动充电轨安装记录

市政基础设施工程

移动充电轨安装记录

市政施·充-3

共　　页，第　　页

<table>
<tr><td colspan="2">工程名称</td><td colspan="3"></td><td colspan="2">安装位置</td><td colspan="3"></td></tr>
<tr><td colspan="2">分部工程名称</td><td colspan="3"></td><td colspan="2">安装时间</td><td colspan="3"></td></tr>
<tr><td>序号</td><td>充电轨长度
（m）</td><td>有无明
显转角</td><td>中轴线与轨面
的垂直状态</td><td>连接端缝是否
符合要求</td><td>紧固件是
否齐全</td><td>接头螺栓紧
固力矩
（N·m）</td><td>平顺度是否符
合要求</td><td>接头接触面是
否清洁、外观、
状况</td><td>备注</td></tr>
<tr><td></td><td></td><td></td><td></td><td></td><td></td><td></td><td></td><td></td><td></td></tr>
<tr><td></td><td></td><td></td><td></td><td></td><td></td><td></td><td></td><td></td><td></td></tr>
<tr><td></td><td></td><td></td><td></td><td></td><td></td><td></td><td></td><td></td><td></td></tr>
<tr><td></td><td></td><td></td><td></td><td></td><td></td><td></td><td></td><td></td><td></td></tr>
<tr><td></td><td></td><td></td><td></td><td></td><td></td><td></td><td></td><td></td><td></td></tr>
<tr><td colspan="3">施工员：

年　月　日</td><td colspan="4">质检员：

年　月　日</td><td colspan="3">项目技术负责人：

年　月　日</td></tr>
</table>

6.3.3.4 市政施·充-4 中心锚结安装记录

市政基础设施工程

中心锚结安装记录

市政施·充-4

共 页，第 页

<table>
<tr><td>工程名称</td><td></td><td>合同编号</td><td></td></tr>
<tr><td>安装锚段</td><td></td><td>安装位置</td><td></td></tr>
<tr><td>安装型式</td><td></td><td>安装日期</td><td></td></tr>
<tr><td colspan="4">□普通型中心锚结 □特殊型中心锚结</td></tr>
<tr><td colspan="3">中心锚结安装型式符合设计要求</td><td>是□ 否□</td></tr>
<tr><td colspan="3">中心锚结安装位置符合设计要求</td><td>是□ 否□</td></tr>
<tr><td colspan="3">接触面清洁，涂电力复合脂</td><td>是□ 否□</td></tr>
<tr><td colspan="3">螺栓紧固力矩为 N·m，符合设计要求</td><td>是□ 否□</td></tr>
<tr><td colspan="3">中心锚结与悬吊线夹的间隙符合设计要求</td><td>是□ 否□</td></tr>
<tr><td colspan="4">施工员：
年 月 日</td></tr>
<tr><td colspan="4">质检员：
年 月 日</td></tr>
<tr><td colspan="4">项目技术负责人：
年 月 日</td></tr>
</table>

6.3.3.5 市政施·充-5 上网电缆安装记录

市政基础设施工程

上网电缆安装记录

市政施·充-5

共　　页，第　　页

工程名称		合同编号	
安装位置		安装日期	
上网电缆装配符合设计要求			是□　否□
上网电缆安装位置符合设计要求			是□　否□
上网电缆与接线端子压接良好、连接符合设计要求			是□　否□
上网电缆接线端子安装端正牢固，与电缆接线板接触良好，接触面均匀涂 抹电力复合脂			是□　否□
上网电缆安装齐全、紧固			是□　否□
上网电缆安装满足 150mm 绝缘距离要求			是□　否□
上网电缆布线规整、弯曲自然			是□　否□
电缆固定线夹安装稳固，固定间距符合设计要求			是□　否□
上网电缆安装长度			米
施工员： 年　　月　　日			
质检员： 年　　月　　日			
项目技术负责人： 年　　月　　日			

6.3.3.6 市政施·充-6 回流电缆安装记录

市政基础设施工程

回流电缆安装记录

市政施·充-6

共 页，第 页

<table>
<tr><td>工程名称</td><td></td><td>合同编号</td><td></td></tr>
<tr><td>安装位置</td><td></td><td>安装里程</td><td></td></tr>
<tr><td>安装型式</td><td></td><td>安装日期</td><td></td></tr>
<tr><td>电缆安装长度</td><td colspan="3"></td></tr>
<tr><td colspan="3">电缆安装位置符合设计要求</td><td>是□ 否□</td></tr>
<tr><td colspan="3">电缆无损伤，端头制作规范</td><td>是□ 否□</td></tr>
<tr><td colspan="3">电缆敷设美观、弯曲自然，固定牢固、可靠</td><td>是□ 否□</td></tr>
<tr><td colspan="3">电缆与钢轨的焊接位置符合设计要求、焊接牢固可靠</td><td>是□ 否□</td></tr>
<tr><td colspan="4">施工员：

年 月 日</td></tr>
<tr><td colspan="4">质检员：

年 月 日</td></tr>
<tr><td colspan="4">项目技术负责人：

年 月 日</td></tr>
</table>

6.3.4 通信系统工程

6.3.4.1 市政施·弱-1 系统设备安装记录

市政基础设施工程

系统设备安装记录

市政施·弱-1

共　　页，第　　页

<table>
<tr><td colspan="2">工程名称</td><td colspan="3"></td><td>施工单位</td><td colspan="2"></td></tr>
<tr><td colspan="2">安装地点</td><td colspan="6"></td></tr>
<tr><td colspan="2">施工日期</td><td colspan="6">年　月　日　至　年　月　日</td></tr>
<tr><td rowspan="5">设备情况</td><td>设备名称</td><td>制造厂家</td><td>数量</td><td></td><td>制造厂家</td><td>数量</td><td>设备名称</td></tr>
<tr><td></td><td></td><td></td><td></td><td></td><td></td><td></td></tr>
<tr><td></td><td></td><td></td><td></td><td></td><td></td><td></td></tr>
<tr><td></td><td></td><td></td><td></td><td></td><td></td><td></td></tr>
<tr><td></td><td></td><td></td><td></td><td></td><td></td><td></td></tr>
<tr><td>外观检查</td><td colspan="7">1. 机柜外观检查：
①柜面油漆是否无脱落________②整体或局部是否无变形________③是否无锈蚀________________
④是否无破裂________⑤元器件是否无脱落________ ⑥其他是否符合要求________
2. 机柜钥匙是否齐全________
3. 柜门开闭是否良好________
4. 设备底座是否符合要求________</td></tr>
<tr><td>安装情况</td><td colspan="7">1. 设备底座安装位置是否符合要求________
2. 机柜排列位置是否符合设计要求________
3. 机柜安装：①连接螺栓是否齐全并拧紧________②柜列纵向是否平直________③垂直度是否合格________
4. 设备安装：①设备安装是否牢固、排列整齐________②设备漆饰是否完好________③设备铭牌、标记 是否清楚正确________④设备符合设计要求________⑤机架（柜）电路插板的规格、数量和安装位置是否符合设计要求____________
5. 地线连接是否符合设计要求____________</td></tr>
<tr><td>备注</td><td colspan="7"></td></tr>
<tr><td colspan="3">施工员：

年　月　日</td><td colspan="3">质检员：

年　月　日</td><td colspan="2">项目技术负责人：

年　月　日</td></tr>
</table>

6.3.4.2 市政施·弱-2 系统配线安装记录

市政基础设施工程

系统配线安装记录

市政施·弱-2

共 页，第 页

<table>
<tr><td>工程名称</td><td colspan="2"></td><td colspan="2">安装位置</td><td></td></tr>
<tr><td>分部（子分部）工程</td><td colspan="2"></td><td colspan="2">分项工程名称</td><td></td></tr>
<tr><td>安装项目</td><td colspan="2"></td><td colspan="2">安装数量</td><td></td></tr>
<tr><td>光缆编号</td><td>起讫点</td><td>型号规格</td><td>长度
（m）</td><td>施工日期</td><td>备注</td></tr>
<tr><td></td><td></td><td></td><td></td><td></td><td></td></tr>
<tr><td></td><td></td><td></td><td></td><td></td><td></td></tr>
<tr><td></td><td></td><td></td><td></td><td></td><td></td></tr>
<tr><td></td><td></td><td></td><td></td><td></td><td></td></tr>
<tr><td></td><td></td><td></td><td></td><td></td><td></td></tr>
<tr><td colspan="2">施工员：

年 月 日</td><td colspan="2">质检员：

年 月 日</td><td colspan="2">项目技术负责人：

年 月 日</td></tr>
</table>

6.3.4.3 市政施·弱-3 管线安装记录

市政基础设施工程

管线安装记录

市政施·弱-3

共 页，第 页

工程名称					
分部分项（子分部分项）工程名称					
安装部位					
施工日期					
安装项目	材质类型	型号规格	单位	数量	备注
施工员		年 月 日			
质检员		年 月 日			
项目技术负责人		年 月 日			

6.3.4.4 市政施·弱-4 支架、吊架安装记录

市政基础设施工程

支架、吊架安装记录

市政施·弱-4

共　　页，第　　页

工程名称				安装位置		
分部（子分部）工程名称				分项工程名称		
安装项目				安装数量		
序号	支架、吊架型号	安装数量	电缆槽是否平整无形变	表面是否整洁、无毛刺	安装是否牢固、水平	备注
施工员： 年　月　日		质检员： 年　月　日			项目技术负责人： 年　月　日	

6.3.4.5 市政施·弱-5 保护管安装记录

市政基础设施工程

保护管安装记录

市政施·弱-5

共　　页，第　　页

工程名称		安装位置	
分部（子分部）工程名称		分项工程名称	
安装项目		安装数量	

序号	保护管型号	是否平整、无形变	管口是否整洁、无毛刺	是否固定牢固	备注

施工员：	质检员：	项目技术负责人：
年　月　日	年　月　日	年　月　日

6.3.4.6 市政施·弱-6 线槽安装记录

市政基础设施工程

线槽安装记录

市政施·弱-6

共　　页，第　　页

工程名称			安装位置			
分部（子分部）工程名称			分项工程名称			
安装项目			安装长度			
序号	安装区域	规格是否符合要求	线槽是否水平	表面是否平整	安装是否牢固	备注

施工员： 年　月　日	质检员： 年　月　日	项目技术负责人： 年　月　日

6.3.5 信号系统工程

6.3.5.1 市政施·号-1 转辙机安装记录

市政基础设施工程

转辙机安装记录

市政施·号-1

共 页，第 页

<table>
<tr><td colspan="3">工程名称</td><td colspan="2"></td><td colspan="2">安装位置</td><td></td></tr>
<tr><td colspan="3">分部（子分部）工程名称</td><td colspan="2"></td><td colspan="2">分项工程名称</td><td></td></tr>
<tr><td colspan="3">安装项目</td><td colspan="2"></td><td colspan="2">安装数量</td><td></td></tr>
<tr><td>序号</td><td>编号</td><td>里程</td><td>尖轨基本轨密贴检查</td><td>锁辊与阻力衬套最小距离检查</td><td>电缆接线盒密封性检查</td><td>安装是否牢固和方正</td><td>备注</td></tr>
<tr><td></td><td></td><td></td><td></td><td></td><td></td><td></td><td></td></tr>
<tr><td></td><td></td><td></td><td></td><td></td><td></td><td></td><td></td></tr>
<tr><td></td><td></td><td></td><td></td><td></td><td></td><td></td><td></td></tr>
<tr><td></td><td></td><td></td><td></td><td></td><td></td><td></td><td></td></tr>
<tr><td></td><td></td><td></td><td></td><td></td><td></td><td></td><td></td></tr>
<tr><td colspan="3">施工员：

年 月 日</td><td colspan="2">质检员：

年 月 日</td><td colspan="3">项目技术负责人：

年 月 日</td></tr>
</table>

6.3.5.2 市政施·号-2 进路表示器安装记录

市政基础设施工程

进路表示器安装记录

市政施·号-2

共　页，第　页

工程名称				安装位置				
分部（子分部）				分项工程名称				
安装项目				安装数量				
序号	编号	里程	螺母垫片 是否齐全	进路表示器 灯位配置	引入电缆 规格型号	标牌是否 清晰	安装是否 牢固和方正	备注
施工员： 年　月　日			质检员： 年　月　日			项目技术负责人： 年　月　日		

6.3.5.3 市政施·号-3 路口控制器安装记录

市政基础设施工程

路口控制器安装记录

市政施·号-3

共　　页，第　　页

工程名称				安装位置			
分部（子分部）工程名称				分项工程名称			
安装项目				安装数量			
序号	编号	里程	螺帽垫片是否齐全	引入电缆规格型号	表面是否平整	安装是否牢固和方正	备注
施工员： 年　月　日			质检员： 年　月　日			项目技术负责人： 年　月　日	

6.3.5.4 市政施·号-4 现地控制盘安装记录

市政基础设施工程

现地控制盘安装记录

市政施·号-4

共　　页，第　　页

工程名称			安装位置			
分部（子分部）工程名称			分项工程名称			
安装项目			安装数量			
序号	编号	里程	螺母垫片是否齐全	引入电缆规格型号	安装是否牢固和方正	备注
施工员： 年　月　日		质检员： 年　月　日		项目技术负责人： 年　月　日		

6.3.5.5 市政施·号-5 AP 天线安装记录

市政基础设施工程

AP 天线安装记录

市政施·号-5

共　　页，第　　页

<table>
<tr><td colspan="4">工程名称</td><td colspan="3"></td><td colspan="2">安装位置</td><td colspan="3"></td></tr>
<tr><td colspan="4">分部（子分部）工程名称</td><td colspan="3"></td><td colspan="2">分项工程名称</td><td colspan="3"></td></tr>
<tr><td colspan="4">安装项目</td><td colspan="3"></td><td colspan="2">安装数量</td><td colspan="3"></td></tr>
<tr><td>序号</td><td>编号</td><td>里程</td><td>箱体是否平整无变形</td><td>馈线弯曲半径是否满足要求</td><td>安装方向是否满足要求</td><td>安装高度、限界是否满足要求</td><td>立柱是否垂直</td><td>天线角度是否合适</td><td>安装是否牢固和方正</td><td colspan="2">备注</td></tr>
<tr><td></td><td></td><td></td><td></td><td></td><td></td><td></td><td></td><td></td><td></td><td colspan="2"></td></tr>
<tr><td></td><td></td><td></td><td></td><td></td><td></td><td></td><td></td><td></td><td></td><td colspan="2"></td></tr>
<tr><td></td><td></td><td></td><td></td><td></td><td></td><td></td><td></td><td></td><td></td><td colspan="2"></td></tr>
<tr><td></td><td></td><td></td><td></td><td></td><td></td><td></td><td></td><td></td><td></td><td colspan="2"></td></tr>
<tr><td></td><td></td><td></td><td></td><td></td><td></td><td></td><td></td><td></td><td></td><td colspan="2"></td></tr>
<tr><td></td><td></td><td></td><td></td><td></td><td></td><td></td><td></td><td></td><td></td><td colspan="2"></td></tr>
<tr><td></td><td></td><td></td><td></td><td></td><td></td><td></td><td></td><td></td><td></td><td colspan="2"></td></tr>
<tr><td></td><td></td><td></td><td></td><td></td><td></td><td></td><td></td><td></td><td></td><td colspan="2"></td></tr>
<tr><td colspan="4">施工员：
年　　月　　日</td><td colspan="4">质检员：
年　　月　　日</td><td colspan="4">项目技术负责人：
年　　月　　日</td></tr>
</table>

6.3.5.6 市政施·号-6 计轴安装记录

市政基础设施工程

计轴安装记录

市政施·号-6

共 页，第 页

工程名称					安装位置		
分部（子分部）工程名称					分项工程名称		
安装项目					安装数量		
序号	编号	里程	计轴磁头距轨面尺寸	计轴磁头是否水平	电缆规格型号是否满足设计要求	电子盒安装是否牢固和方正	备注

施工员：	质检员：	项目技术负责人：
年 月 日	年 月 日	年 月 日

6.3.5.7 市政施·号-7 信标安装记录

市政基础设施工程

信标安装记录

市政施·号-7

共　　页，第　页

工程名称				安装位置		
分部（子分部）工程名称				分项工程名称		
安装部位				安装数量		
序号	编号	里程	信标距轨面尺寸	信标是否水平	安装是否牢固和方正	备注

施工员： 年　月　日	质检员： 年　月　日	项目技术负责人： 年　月　日

6.3.5.8 市政施·号-8 大屏显示设备安装记录

市政基础设施工程

大屏显示设备安装记录

市政施·号-8

共　　页，第　　页

工程名称				安装位置		
分部（子分部）工程名称				分项工程名称		
安装项目	显示设备安装			安装数量		
序号	名称	设备尺寸是否满足要求	安装高度是否满足要求	安装是否牢固和方正	功能是否满足要求	备注
施工员： 年　月　日		质检员： 年　月　日		项目技术负责人： 年　月　日		

6.3.5.9 市政施·号-9 机柜安装记录

市政基础设施工程

机柜安装记录

市政施·号-9

共　　页，第　　页

工程名称				安装位置				
分部（子分部）工程名称				分项工程名称				
安装项目				安装数量				
序号	名称	安装数量	型号规格是否符合要求	安装位置是否符合要求	标识是否齐全	安装是否牢固和方正	功能是否满足要求	备注
施工员： 年　月　日			质检员： 年　月　日			项目技术负责人： 年　月　日		

6.3.5.10 市政施·号-10 工作站安装记录

市政基础设施工程

工作站安装记录

市政施·号-10

共 页，第 页

工程名称			安装位置			
分部（子分部）工程名称			分项工程名称			
安装项目			安装数量			
序号	名称	安装位置是否符合要求	规格型号否符合设计要求	零部件是否齐全	功能是否满足要求	备注
施工员： 年 月 日		质检员： 年 月 日			项目技术负责人： 年 月 日	

6.3.5.11 市政施·号-11 桌椅安装记录

市政基础设施工程

桌椅安装记录

市政施·号-11

共　　页，第　　页

工程名称		安装位置	
分部（子分部） 工程名称		分项工程名称	
安装项目		安装数量	

序号	名称	桌椅是否齐全	安装是否稳固	表面是否平整无毛刺	备注

施工员： 年　月　日	质检员： 年　月　日	项目技术负责人： 年　月　日

6.3.5.12 市政施·号-12 光/电缆线路敷设安装记录

市政基础设施工程

光/电缆线路敷设安装记录

市政施·号-12

共　　页，第　　页

工程名称				安装位置			
分部（子分部）工程名称				分项工程名称			
安装项目				安装数量			
序号	光、电缆型号	光、电缆长度	光、电缆敷设径路、位置是否符合设计要求	光、电缆弯曲半径是否满足设计要求	光、电缆敷设预留量是否符合设计要求	光、电缆敷设是否排列是否符合设计要求	备注
施工员： 年　月　日			质检员： 年　月　日		项目技术负责人： 年　月　日		

6.3.5.13 市政施·号-13 光纤接续安装记录

市政基础设施工程

光纤接续安装记录

市政施·号-13

共　　页，第　　页

工程名称			安装位置			
分部（子分部）工程名称	信号系统		分项工程名称			
安装项目	光纤接续记录		安装数量			
序号	编号	接续顺序	光缆损耗是否<0.8dB	背向散射曲线	S点最小回波损耗<20dB	备注
施工员： 年　月　日		质检员： 年　月　日			项目技术负责人： 年　月　日	

6.3.5.14 市政施·号-14 封堵材料安装记录

市政基础设施工程

封堵材料安装记录

市政施·号-14

共　　页，第　　页

工程名称				安装位置		
分部（子分部）工程名称				分项工程名称		
安装项目				安装数量		
序号	名称	封堵是否牢固严实、无漏光、漏风、龟裂、无脱落现象	表面是否平整光洁	堵料封堵厚度应满足设计要求	与电缆接触部分是否无缝隙	备注
施工员： 年　月　日		质检员： 年　月　日		项目技术负责人： 年　月　日		

6.3.6 交通工程

6.3.6.1 市政施·交-1 警示柱安装记录

市政基础设施工程

警示柱安装记录

市政施·交-1

共　　页，第　　页

工程名称					
分部分项（子分部分项）工程名称					
安装部位					
施工日期					
安装项目	材质类型	型号规格	单位	数量	备注
施工员		年　月　日			
质检员		年　月　日			
项目技术负责人		年　月　日			

6.3.6.2　市政施·交-2　标志标牌安装记录

市政基础设施工程

标志标牌安装记录

市政施·交-2

共　　页，第　　页

工程名称					
分部分项（子分部分项）工程名称					
安装部位					
施工日期					
安装项目	材质类型	型号规格	单位	数量	备注
施工员			年　月　日		
质检员			年　月　日		
项目技术负责人			年　月　日		

6.3.6.3 市政施·交-3 标线施工记录

市政基础设施工程

标线施工记录

市政施·交-3

共　　页，第　　页

工程名称					
分部分项（子分部分项）工程名称					
安装部位					
施工日期					
安装项目	材质类型	型号规格	单位	数量	备注
施工员			年　　月　　日		
质检员			年　　月　　日		
项目技术负责人			年　　月　　日		

6.3.6.4 市政施·交-4 信号灯安装记录

市政基础设施工程

信号灯安装记录

市政施·交-4

共 页，第 页

工程名称					
分部分项（子分部分项）工程名称					
安装部位					
施工日期					
安装项目	材质类型	型号规格	单位	数量	备注
施工员			年 月 日		
质检员			年 月 日		
项目技术负责人			年 月 日		

6.3.6.5 市政施·交-5 信号控制机柜安装记录

市政基础设施工程

信号控制机柜安装记录

市政施·交-5

共 页，第 页

工程名称					
分部分项（子分部分项）工程名称					
安装部位					
施工日期					
安装项目	材质类型	型号规格	单位	数量	备注
施工员		年 月 日			
质检员		年 月 日			
项目技术负责人		年 月 日			

6.3.6.6　市政施·交-6　路口控制器安装记录

市政基础设施工程

路口控制器安装记录

市政施·交-6

共　　页，第　　页

工程名称					
分部分项（子分部分项）工程名称					
安装部位					
施工日期					
安装项目	材质类型	型号规格	单位	数量	备注
施工员			年　月　日		
质检员			年　月　日		
项目技术负责人			年　月　日		

6.3.6.7 市政施·交-7 无线地磁安装记录

市政基础设施工程

无线地磁安装记录

市政施·交-7

共 页，第 页

工程名称					
分部分项（子分部分项）工程名称					
安装部位					
施工日期					
安装项目	材质类型	型号规格	单位	数量	备注
施工员		年 月 日			
质检员		年 月 日			
项目技术负责人		年 月 日			

6.3.6.8 市政施·交-8 无源信标安装记录

市政基础设施工程

无源信标安装记录

市政施·交-8

共　　页，第　　页

工程名称					
分部分项（子分部分项）工程名称					
安装部位					
施工日期					
安装项目	材质类型	型号规格	单位	数量	备注
施工员			年　月　日		
质检员			年　月　日		
项目技术负责人			年　月　日		

6.3.6.9 市政施·交-9 室内设备安装检查记录

市政基础设施工程

室内设备安装检查记录

市政施·交-9

共 页，第 页

工程名称					
分部分项（子分部分项）工程名称					
安装部位					
施工日期					
安装项目	材质类型	型号规格	单位	数量	备注
施工员			年 月 日		
质检员			年 月 日		
项目技术负责人			年 月 日		

6.3.6.10 市政施·交-10 车辆检测器安装记录

市政基础设施工程

车辆检测器安装记录

市政施·交-10

共　　页，第　　页

<table>
<tr><td>工程名称</td><td colspan="5"></td></tr>
<tr><td>分部分项（子分部分项）
工程名称</td><td colspan="5"></td></tr>
<tr><td>安装部位</td><td colspan="5"></td></tr>
<tr><td>施工日期</td><td colspan="5"></td></tr>
<tr><td>安装项目</td><td>材质类型</td><td>型号规格</td><td>单位</td><td>数量</td><td>备注</td></tr>
<tr><td></td><td></td><td></td><td></td><td></td><td></td></tr>
<tr><td></td><td></td><td></td><td></td><td></td><td></td></tr>
<tr><td></td><td></td><td></td><td></td><td></td><td></td></tr>
<tr><td></td><td></td><td></td><td></td><td></td><td></td></tr>
<tr><td></td><td></td><td></td><td></td><td></td><td></td></tr>
<tr><td></td><td></td><td></td><td></td><td></td><td></td></tr>
<tr><td></td><td></td><td></td><td></td><td></td><td></td></tr>
<tr><td></td><td></td><td></td><td></td><td></td><td></td></tr>
<tr><td></td><td></td><td></td><td></td><td></td><td></td></tr>
<tr><td>施工员</td><td colspan="2"></td><td colspan="3">年　　月　　日</td></tr>
<tr><td>质检员</td><td colspan="2"></td><td colspan="3">年　　月　　日</td></tr>
<tr><td>项目技术负责人</td><td colspan="2"></td><td colspan="3">年　　月　　日</td></tr>
</table>

6.3.6.11 市政施·交-11 活动护栏安装记录

市政基础设施工程

活动护栏安装记录

市政施·交-11

共　页，第　页

工程名称					
分部分项（子分部分项）工程名称					
安装部位					
施工日期					
安装项目	材质类型	型号规格	单位	数量	备注
施工员			年　月　日		
质检员			年　月　日		
项目技术负责人			年　月　日		

6.3.6.12 市政施·交-12 视频监控安装记录

市政基础设施工程

视频监控安装记录

市政施·交-12

共　　页，第　　页

工程名称					
分部分项（子分部分项）工程名称					
安装部位					
施工日期					
安装项目	材质类型	型号规格	单位	数量	备注
施工员		年　月　日			
质检员		年　月　日			
项目技术负责人		年　月　日			

6.3.6.13 市政施·交-13 防雷及接地装置安装记录

市政基础设施工程

防雷及接地装置安装记录

市政施·交-13

共　　页，第　　页

工程名称					
分部分项（子分部分项）工程名称					
安装部位					
施工日期					
安装项目	防雷单元使用部位	型号规格	单位	数量	备注
施工员			年　月　日		
质检员			年　月　日		
项目技术负责人			年　月　日		

6.4 填 表 说 明

6.1.1 市政施·通-1 水准测量（复核）记录

1. 适用范围

此表为高程放样及中间转点等测量工作使用的复核记录表格，是在施工测量工作中对施工质量检查验收记录的一个凭证，以确保测量工作有数可依。

一般包括施工放样点、原地面观测点及中间转点的复核等。

凡进行水准测量的工作，必须进行记录。

2. 执行标准

《工程测量规范》GB 50026；《工程测量基本术语标准》GB/T 50228；《城市测量规范》CJJ/T 8；《工程测量成果检查验收和质量评定标准》YB/T 9008 等。以最新颁布的规范、标准为准。

3. 表内填写提示

表内数据的填写必须按照档案填写要求，书写工整，字迹清楚，不得涂改，使用不易退色水笔填写，文字表述应用专业术语，简图线条清楚，不得随意勾画，有效数据必须符合国家现行规范规程和相关规定要求，原始数据必须采取手写形式记录。

6.1.2 市政施·通-2 测量复核记录

1. 适用范围

此表格为对工程中某一工作部位平面位置和高程放样的一个检测依据，是测量工作中对施工质量检查验收记录的一个凭证，可用于施工放线、复核及竣工测量，以确保测量在验收规范要求内，是质量验收的一个凭证。

一般包括平面放样、高程放样及复核等。

进行施工测量复核的工作，必须进行记录。

2. 执行标准

《工程测量规范》GB 50026；《工程测量基本术语标准》GB/T 50228；《城市测量规范》CJJ/T 8；《工程测量成果检查验收和质量评定标准》YB/T 9008 等。以最新颁布的规范、标准为准。

3. 表内填写提示

表内数据的填写必须按照档案填写要求，书写工整，字迹清楚，不得涂改，使用不易褪色水笔填写，文字表述应用专业术语，简图线条清楚，不得随意勾画，有效数据必须符合国家现行规范规程和相关规定要求，原始数据必须采取手写形式记录。

6.1.3 市政施·通-3 沉降观测记录

1. 适用范围

表格为建筑物变形沉降观测记录表格，根据设计要求和规范规定，凡需进行沉降观测的工程，均设置沉降观测点，绘制沉降观测点布置图，定期进行沉降观测记录，并应附沉降观测点的沉降量与时间、荷载关系曲线图和沉降观测技术报告。以确保其偏差值在报警值允许范围内，及时反馈以制定相应控制措施。

一般包括一些地面沉降观测点、基础沉降观测点、管线沉降观测点等。

凡进行变形沉降测量的工作，必须进行记录。

2. 执行标准

《工程测量规范》GB 50026；《工程测量基本术语标准》GB/T 50228；《城市测量规范》CJJ/T 8；

《工程测量成果检查验收和质量评定标准》YB/T 9008；《建筑变形测量规范》JGJ 8 等。以最新颁布的规范、标准为准。

3. 表内填写提示

表内数据的填写必须按照档案填写要求，书写工整，字迹清楚，不得涂改，使用不易退色水笔填写，文字表述应用专业术语，简图线条清楚，不得随意勾画，有效数据必须符合国家现行规范规程和相关规定要求，原始数据必须采取手写形式记录。

6.1.4 市政施·通-4 水平位移观测记录

1. 适用范围

表格为建筑物变形位移观测记录表格，根据设计要求和规范规定，凡需进行位移观测的工程，均设置位移观测点，绘制位移观测点布置图，定期进行位移观测记录，并应附位移观测点的位移量与时间、荷载关系曲线图和位移观测技术报告。确保其偏差值在报警值允许范围内，及时反馈以制定相应控制措施。

一般包括一些地面位移观测点、基坑位移观测点、建筑物变形位移观测点等。

凡进行平面变形位移测量的工作，必须进行记录。

2. 执行标准

《工程测量规范》GB 50026；《工程测量基本术语标准》GB/T 50228；《城市测量规范》CJJ/T 8；《工程测量成果检查验收和质量评定标准》YB/T 9008；《建筑变形测量规范》JGJ 8 等。以最新颁布的规范、标准为准。

3. 表内填写提示

表内数据的填写必须按照档案填写要求，书写工整，字迹清楚，不得涂改，使用不易褪色水笔填写，文字表述应用专业术语，简图线条清楚，不得随意勾画，有效数据必须符合国家现行规范规程和相关规定要求，原始数据必须采取手写形式记录。

6.1.5 市政施·通-5 施工记录

1. 适用范围

本表是施工表格的通用表，适用于市政设施（含园林绿化工程）的现场记录。当施工单位在施工时，《省表》中没有提供定制的表格时，可以用此表格。要记录的项目，按设计或规范要求填写。

2. 表内填写提示

施工部位：施工位置所属的工程部位属性，一般不分部位的工程可以填写位置名称，如左线管坑等。

里程桩号：施工记录段所在里程、里程区间或位置记号。

设计要求：按设计图纸要求的各项数据填写，设计图没有的，按施工验收规范或施工组织设计的数据填写。

记录项目：按设计或规范要求的项目如实记录施工时的实际情况，填写在施工情况记录栏里。

备注：需要补充的说明。

6.1.6 市政施·通-6 施工日记

1. 适用范围

施工日记是以单位工程为对象，由现场施工负责人或施工员负责自施工准备工作开始至竣工验收止，对整个施工工程中的重要生产和技术活动进行连续不断的详实记录，是研究、分析、总结工程施工的宝贵原始资料。

2. 表内填写提示

施工日记应包括施工每日进度，工程质量情况，劳动力、机具、材料使用情况，设计变更或图纸修改，质量、安全、机械事故的分析处理情况，每日天气情况，施工中存在和出现的问题，及处理意见，上级单位或人员的意见和要求上级单位解决的问题等。

施工日记中，还要重点记录施工现场对于涉及公众安全、利益以及文明施工方面的有关信息和工作安排相关信息。

6.2.1 市政施·土-1 软基分层沉降观测记录

1. 适用范围

本表用于软土路基处理过程中进行各回填层的沉降观测，过程中需要连续不断地进行记录。

2. 执行标准

《城镇道路工程施工与质量验收规范》CJJ 1 等。以最新颁布的规范、标准为准。

3. 表内填写提示

按表格内提示项目如实记录观测数据，测量人亲笔签名。

6.2.2 市政施·土-2 孔隙水压力观察记录

1. 适用范围

本表用于排水固结法处理软土路基过程中对孔隙水进行观测，过程中需要按设计要求进行记录。

2. 执行标准

《城镇道路工程施工与质量验收规范》CJJ 1 等。以最新颁布的规范、标准为准。

3. 表内填写提示

按表格内提示项目如实记录观测数据，测量人亲笔签名。

6.2.3 市政施·土-3 钻孔桩钻进记录

1. 适用范围

钻孔桩施工过程中必须作此记录。

2. 执行标准

《城市桥梁工程施工与质量验收规范》CJJ 2；《公路桥涵施工技术规范》JTG/T F50；《建筑地基基础工程施工质量验收标准》GB 50202 等。以最新颁布的规范、标准为准。

3. 表内填写提示

桩号：与设计图或自编桩位平面图桩号一致。

地面标高：桩开钻前实测标高。

设计桩径、设计桩顶标高、设计桩底标高：按设计图纸要求填写。

孔深：地面标高一设计桩底标高。

设计桩端持力层岩（土）性、设计嵌岩深度：按设计图纸要求填写。如摩擦桩设深度（m）栏打“/”。

护筒顶标高、护筒底标高：按实测结果填写。

钻机型号：按桩机的铭牌填写。

钻机编号：按自编的桩机号填写。

钻头类型及直径：按桩机实际选用的钻头填写。

记录时间：一般两小时记录一次（工作内容发生变化时或地质发生变化时需加密记录次数）。

工作内容：按实际发生的探孔、埋设护筒、钻进、停钻、修机、加杆等情况填写，加杆时应写明杆长。

钻杆长度：为每次加杆总长度。

钻杆起钻读数：除第一栏填开钻前钻盘至杆顶读数外，其余为上栏钻杆停钻读数+加杆长度。

钻杆止钻读数：实测时钻盘至杆顶读数。

本次进尺：钻杆起钻读数一钻杆止钻读数。

累计进尺：每次进尺累加。

孔底标高：地面标高一累计进尺。

垂直度：终孔及施工过程有检测时按实测值填写。

孔中心偏差：桥轴线或路线前进或构筑物长边方向的偏差为纵向偏差，其垂直方向的偏差为横向偏差，终孔及施工过程有检测时按实测值填写。

取样编号及地质情况：按钻孔过程实际取出的岩样性状如实填写，取样编号为流水号。

泥浆相对密度及黏度：正常钻进时每台班不少于两次，凡有停钻的应分别记录停、复钻时的实测结果。

备注：填写施工中出现的异常情况（如遇流沙、溶洞、塌孔等）时的标高范围及处理方法，监理工程师应在本栏目内签名确认。当有监理工程师在钻进过程中对所取岩样进行样分析时，也应在本栏目内签名确认。

6.2.4 市政施·土-4 冲孔桩冲进记录

1. 适用范围

冲孔桩施工过程中必须作此记录。

2. 执行标准

《城市桥梁工程施工与质量验收规范》CJJ 2；《公路桥涵施工技术规范》JTG/T F50；《建筑地基基础工程施工质量验收标准》GB 50202 等。以最新颁布的规范、标准为准。

3. 表内填写提示

桩号：与设计图或自编桩位平面图桩号一致。

地面标高：桩开钻前实测标高。

设计桩径、设计桩顶标高、设计桩底标高：按设计图纸要求填写。

设计孔深：地面标高一设计桩底标高。

设计桩端持力层岩（土）性、设计嵌岩深度：按设计图纸要求填写。如摩擦桩设深度（m）栏打“/”。

冲机型号：按桩机的铭牌填写。

冲机编号：按自编的桩机号填写。

锤头形式直径：按桩机实际选用的锤头填写。

记录时间：一般每小时记录一次。

工作内容：按实际发生的探孔、埋设护筒、冲进、停冲、修机等情况填写。

冲程：锤底至桩底距离。

冲击次数：记录时段冲锤平均每分钟按冲程的起落次数。

冲进深度：记录进尺，工作内容发生变化时或地质发生变化时需加密记录次数。

累计冲进深度：每时段进尺深度累加。

孔底标高：地面标高一累计冲进深度。

孔中心偏差：桥轴线或路线前进或构筑物长边方向的偏差为纵向偏差，其垂直方向的偏差为横向偏差，终孔及施工过程有检测时按实测值填写。

取样编号及地质情况：按冲孔过程实际取出的岩样性状如实填写，取样编号为流水号。

泥浆相对密度及黏度：正常钻进时每台班不少于两次，凡有停冲的应分别记录停、复钻时的实测结果。

备注：填写施工中出现的异常情况（如遇流沙、溶洞、塌孔等）时的标高范围及处理方法，监理工程师应在本栏目内签名确认。当有监理工程师在冲进过程中对所取岩样进行样分析时，也应在本栏目内签名确认。

6.2.5 市政施·土-5 地下连续墙成槽施工记录

1. 适用范围

地下连续墙成槽施工过程中必须作此记录。

2. 执行标准

《城市桥梁工程施工与质量验收规范》CJJ 2；《建筑地基基础工程施工质量验收标准》GB 50202等。以最新颁布的规范、标准为准。

3. 表内填写提示

槽段编号（里程）槽段：与设计图或自编槽段平面图的槽段号（里程）一致。

设计槽底标高、设计槽底地质、设计槽厚度：按设计图纸要求填写。

导墙顶标高、地面标高：按该施工段实测的平均值填写。

成槽机类型：按施工机械的铭牌填写。

时间：每台板记录一次。

工作内容：一般有挖进、循环、停机等实际发生的情况。

挖槽深度：按不同时间实测的结果分别填写本次值和累计值。

槽底标高：地面标高一累计挖槽深度。

槽平均宽度：实测槽宽及中间边宽度三点的平均值。

槽底地质：按实际取出的岩样性状如实填写。

槽壁垂直度，槽轴线位偏位情况：填写实测值。

泥浆相对密度、黏度：填写交班时的实测数。

备注：填写施工过程中出现的问题、处理情况及需要补充说明的其他内容。

6.2.6 市政施·土-6 挖孔桩施工记录

1. 适用范围

挖孔桩主要是指人工挖孔桩，在施工过程中用该表作施工记录。

2. 执行标准

《城市桥梁工程施工与质量验收规范》CJJ 2；《公路桥涵施工技术规范》JTG/T F50；《建筑地基基础工程施工质量验收标准》GB 50202等。以最新颁布的规范、标准为准。

3. 表内填写提示

桩号：与设计图或自编桩位平面图桩号一致。

地面标高：桩开挖前实测标高。

护筒/壁材料厚度：按实际测量结果填写。

护筒/壁顶、底标高（m）：按实测标高填写 。

混凝土护壁强度：按设计或施工方案填写，如其他材料做护壁，此项打“/”。

混凝土护壁设计配合比编号：按试验室出的配合比报告编号填写。

设计桩径、设计桩顶标高、设计桩底标高：按设计图纸要求填写。

设计孔深：地面标高一设计桩底标高。

设计桩端持力层岩（土）性、设计大头桩径、设计直扩大头高度、设计全扩大头高度：按设计图纸要求填写。

开工时间：指本桩开始挖掘时间。

完工时间：指本桩终孔时间。

记录时间：一般每台班记录一次。

开挖方式：根据实际采用的铲、锄、镐、风镐、爆破等方法填写。

工作内容：按实际发生的探孔、挖掘、清渣、浇筑护壁等情况填写。

挖孔深度：按每台班实际掘进深度填写。

挖孔累计深度：每台班实际掘进深度的累加。

挖孔实际桩径：指未下护壁时实测的成孔桩径，园桩桩径可以采用量取两个互相垂直的测直径，其他型桩可量取长、宽的尺寸。

地质情况：按挖孔过程实际挖出的（土）岩样性状如实填写。

备注：填写施工中出现的异常情况（如遇流沙、溶洞、塌孔等）时的标高范围及处理方法，监理工程师应在本栏目内签名确认。当有监理工程师在冲进过程中对所取岩样进行样分析时，也应在本栏目内签名确认。

6.2.7　市政施·土-7　静压桩施工记录

1. 适用范围

本表适用于混凝土预制桩、钢桩采用静压施工过程中所作的施工记录。静压桩规模施工前，应会同相关方按设计参数进行试桩，确定相关施工参数后指导施工。

2. 执行标准

《城市桥梁工程施工与质量验收标范》CJJ 2；《公路桥涵施工技术规范》JTG/T F50；《建筑地基基础工程施工质量验收标准》GB 50202 等。以最新颁布的规范、标准为准。

3. 表内填写提示

里程（区号）：本机本天施工的桩所在的里程或区域。

试桩施工记录表中设计桩顶标高、设计桩底标高、设计桩长、设计桩型式、设计桩断面尺寸、设计终压荷载：按设计图纸要求填写。工艺试验（一般不小于 5 条）。

施工记录表中试桩确定的参数及实际值，按工艺试验后各验收方商定的数据填写。

桩机型号：按桩机的铭牌填写。

序号：为本机当天施工的流水号。

桩位编号：与设计图或自编桩位平面图桩号一致。

静压起时间：为每桩施工时压力表起表时的时间。

静压止时间：为每桩施工时压力表泄压归零时的时间。

桩节长：按每节桩实量长度填写。(如桩节数超三段，可加行)。

压力表读数：填每节桩终压时的压力表读数。

桩节总长度：每节桩长累加值。

桩垂直度：每桩实地开挖桩头后，用垂线或测斜仪器量测。

终压荷载值：每桩终压力表读数×桩断面面积

电焊接桩、硫磺胶泥接桩：根据实际接桩方法选其一项填写。

上下节端部错口：填写每节实量结果的平均值。

停歇、灌注时间：填写每节实量时间累加值。

焊缝质量：如有探伤，加写级数。

地面标高：桩开压前实测标高。

桩入土深度：（不包括桩尖锥形部分）当终压时桩顶高出地面时，等于桩节总长度－（桩顶实际标高－地面标高）；当终压时桩低于出地面时，等于（地面标高－桩顶实际标高）＋长桩节总长度。

桩顶实际标高：终压时实测桩顶标高。

送桩深度：地面标高一终压时实测桩顶标高（如终压时桩高于地面此项打“/”）。

桩截取长度：终压时实测桩顶标高一设计桩顶标高。

有效长度：桩节总长度一桩截取长度（不包括桩尖锥形部分）。

桩顶质量状况：根据截桩后桩顶情况填写。

备注：填写施工过程中出现的问题，处理情况。

（如此表用于工艺试桩记录时，需增加设计、勘察、监理、业主签名）

6.2.8 市政施·土-8 CFG桩施工记录

1. 适用范围

CFG桩成孔施工时过程中必须作此记录。每台机每天施工应分别填写。CFG桩规模施工前，应会同相关方按设计参数进行试桩，确定相关施工参数后指导施工。

2. 执行标准

《建筑地基基础工程施工质量验收标准》GB 50202等。以最新颁布的规范、标准为准。

3. 表内填写提示

工程部位及里程：实施施工的位置，应与设计图表述一致。

试桩施工记录中设计（桩径、桩长、桩底标高、桩顶标高、入强风化岩深度、桩身强度）：按设计图纸要求填写。

施工记录表中试桩确定的参数及实际值，按工艺试验后各验收方商定的数据填写。

混凝土配合比设计编号：按混凝土供货商提交的信息填写（现场搅拌的按由有资质的检测单位出具的配合比报告编号填写）。

混凝土设计坍落度：按设计图或配合比报告填写。

设备型号及编号：按施工机械的铭牌填写及自编机台号填写。

序号：同一台设备施工流水号。

桩号：应与施工图纸或自编桩位图一致。

起止时间：钻孔或灌注时的时分。

地面标高：每条桩桩位实测地面标高。

钻孔深度：地面到终孔时的长度。

孔底标高：地面标高一钻孔深度。

垂直度：根据终孔后实测值填写。

入强风化岩厚度：根据施工桩实际出土情况填写。

混凝土顶标高：按灌注混凝土后实测的标高填写。

灌注桩长：混凝土顶标高一终孔标高。

混凝土灌入量：按混凝土实灌量填写。

平均桩径：通过混凝土实灌量及灌注桩长换算。

备注：填写施工过程中出现的问题、处理情况及需要补充说明的其他内容。

试块留置：每台机每台班/每天施工，应留置一组试块。先填写自编号，试验报告回来后补上试块编号。

6.2.9 市政施·土-9 长螺旋钻桩施工记录

1. 适用范围

长螺旋钻桩成孔施工时过程中必须作此记录。每台机每天施工应分别填写。长螺旋钻桩规模施工前，应会同相关方按设计参数进行试桩，确定相关施工参数后指导施工。

2. 执行标准

《建筑地基基础工程施工质量验收标准》GB 50202 等。以最新颁布的规范、标准为准。

3. 表内填写提示

工程部位及里程：实施施工的位置，应与设计图表述一致。

试桩施工记录中设计（桩径、桩长、桩底标高、桩顶标高、入强风化岩深度、桩身强度）：按设计图纸要求填写。

施工记录表中试桩确定的参数及实际值，按工艺试验后各验收方商定的数据填写。

混凝土配合比设计编号：按混凝土供货商提交的信息填写（现场搅拌的按由有资质的检测单位出具的配合比报告编号填写）。

混凝土设计坍落度：按设计图或配合比报告填写。

设备型号及编号：按施工机械的铭牌填写及自编机台号填写。

序号：同一台设备施工流水号。

桩号：应与施工图纸或自编桩位图一致。

起止时间：钻孔或灌注时的时分。

地面标高：每条桩桩位实测地面标高。

钻孔深度：地面到终孔时的长度。

孔底标高：地面标高一钻孔深度。

垂直度：根据终孔后实测值填写。

入强风化岩厚度：根据施工桩实际出土情况填写。

虚土厚度：钻深与孔深之差值。

混凝土顶标高：按灌注混凝土后实测的标高填写。

灌注桩长：混凝土顶标高一终孔标高。

混凝土灌入量：按混凝土实灌量填写。

平均桩径：通过混凝土实灌量及灌注桩长换算。

充盈系数：实灌混凝土体积与理论体积之比。

备注：填写施工过程中出现的问题、处理情况及需要补充说明的其他内容。

试块留置：每台机每台班/每天施工，应留置一组试块。先填写自编号，试验报告回来后补上试块编号。

6.2.10 市政施·土-10 深层搅拌桩施工记录

1. 适用范围

本表用于对市政设施的深层搅拌桩施工过程进行记录。深层搅拌桩规模施工前，应会同相关方按设计参数进行试桩，确定相关施工参数后指导施工。

深层搅拌桩一般在进行软土路基、地基加固、维护结构、深基坑止水以及改善土体承载力等场合使用。

2. 执行标准

《城镇道路工程施工与质量验收规范》CJJ 1；《公路软土地基路堤设计与施工技术规范》JTJ 017；《建筑地基基础工程施工质量验收标准》GB 50202 等。以最新颁布的规范、标准为准。

3. 表内填写提示

里程（区号）：本机本天施工的桩所在的里程区域。

设计桩顶标高、设计桩底标高、设计桩长：按设计图纸要求填写。

设计水灰比：按实验室提供的水灰比报告填写。

设计水泥掺入量：按实验室提供的水灰比报告填写。

机具型号/机号：按桩机的铭牌填写/施工桩机的编号。

仪表标定号：压力表标定证书号。

试桩施工记录设计参数，按设计图给的参考数填写，工艺试验一般不小于5条。

试桩成果按工艺试验后各验收方商定的数据填写。

桩号：与设计图或自编桩位平面图桩号一致。

地面标高：桩位置的实测标高。

钻孔长度：指终钻时地面到钻头的长度。

桩底标高：地面标高－钻孔长度。

喷浆长度：桩体有水泥浆压入段的长度。

桩顶标高：桩底标高＋喷浆长度。

钻孔用时：钻机从地面钻至设计桩底标高所用的时间。

喷浆搅拌用时：开始喷浆到喷浆结束所用的时间。

重复喷浆搅拌用时：根据需要从开始重复喷浆到喷浆结束所用的时间。

累计用时：用时＋喷浆搅拌用时＋重复喷浆搅拌用时。

累计喷浆量：指桩机在本桩喷浆流量计显示的累计喷浆量。

累计水泥用量：指本桩实际使用水泥的总量。

实际水灰比：（累计喷浆量－累计水泥用量）/累计水泥用量。

实际水泥掺量：累计水泥用量/喷浆长度

桩位偏差：桩实际心位置与设计桩心位置的距离。

垂直度：按实测桩杆的倾斜度填写。

备注：填写施工过程中出现的问题、处理情况及需要补充说明的其他内容。

6.2.11 市政施·土-11 粉喷桩施工记录

1. 适用范围

本表用于对市政设施的粉喷桩施工过程进行记录粉喷桩规模施工前，应会同相关方按设计参数进行试桩，确定相关施工参数后指导施工。

粉喷桩一般在进行软土路基、地基加固、维护结构、深基坑阻水以及改善土体承载力等场合使用。

2. 执行标准

《城镇道路工程施工与质量验收规范》CJJ 1；《公路软土地基路堤设计与施工技术细则》JTG/T D31-02；《建筑地基基础工程施工质量验收标准》GB 50202等。以最新颁布的规范、标准为准。

3. 表内填写提示

里程（区号）：本机本天施工的桩所在的里程区域。

设计桩长、设计桩径、设计桩距：按设计图纸要求填写。

机号：施工桩机的编号。

固化料名称、规格：根据选用的水泥、生石灰等填写。

试桩施工记录设计参数，按设计图给的参考数填写，工艺试验一般不小于5条。

试桩成果按工艺试验后各验收方商定的数据填写。

序号：为本机当天施工的流水号。

桩号：与设计图或自编桩位平面图桩号一致。

地面标高：桩位置的实测标高。

钻深：指终钻时地面到钻头的长度。

空孔：为地面至粉喷桩桩顶的深度（空孔＝钻深－桩长）。

桩长：桩体进行喷粉处理的长（深）度。

桩径：按实数填写。

复拌长度：按需要按实际施工长度填写。

总喷粉量：指本桩从开始至结束时所喷固化料的总质量（包括复拌段）。

施工起止时间：指本桩从开始钻进至钻头被提离地面时的时间。

桩距：指与邻近桩最大至最小距离。

备注：填写施工过程中出现的问题、处理情况及需要补充说明的其他内容。

（如此表用于工艺试桩记录时，需增加设计、勘察、监理、业主签名）。

6.2.12　市政施·土-12　高压旋喷桩施工记录

1. 适用范围

本表用于对市政设施的高压旋喷桩施工过程进行记录。高压旋喷桩规模施工前，应会同相关方按设计参数进行试验，确定相关施工参数后指导施工。

2. 执行标准

《城镇道路工程施工与质量验收规范，CJJ 1；《建筑地基基础工程施工质量验收标准》GB 50202等。以最新颁布的规范、标准为准。

3. 表内填写提示

里程（区号）部位：本机本天施工的桩所在的部位范围。

试桩施工记录设计桩长、设计桩径、设计桩底标高、设计桩顶标高：按设计图纸要求填写。

施工记录试桩确定的参数或实际值：按工艺试验后各验收方商定的数据填写。

喷嘴数量、喷嘴直径：根据施工桩机使用的具体情况填写。

工艺形式：按设计图纸要求填写。

机具型号/机号：按桩机的铭牌填写/施工桩机的编号。

桩号：与设计图或自编桩位平面图桩号一致。

地面标高：桩位置的实测标高。

喷射起止标高、重复喷射起止标高：按喷浆的实测值填写。

喷射桩径、重复喷射次数、旋喷提升速度、喷射压力：试桩施工记录时（一般不小于5条），按设计图给的参考数填；施工记录时，按工艺试验后各验收方商定的数据填写。

施工时间：指本桩从开始钻进至钻头被提离地面时的时间。

垂直度：按实测桩杆的倾斜度填写。

仪表标定号：高压泵、空压机、泥浆泵的压力表、流量表标定证书号。

浆液配比：设计要求的浆液配比/施工浆液配比：经过试桩确定施工时实施的浆液配比；浆液配比：（累计喷浆量－累计胶结材料用量）计胶结材料用量。

设计水泥掺量（%）：/水泥掺量（%）：设计要求/试桩参数确定后的水泥参量。

外加剂：填写外加剂的名称。

应灌水泥浆量（L）：试桩、施工按浆液配比应用量。

设计水泥用量（kg）/施工水泥用量（kg）：设计要求/试桩参数确定后的水泥用量。

备注：填写试桩/施工过程中出现的问题、处理情况及需要补充说明的其他内容。

6.2.13　市政施·土-13　袋装砂井施工记录

1. 适用范围

本表用于对市政设施的袋装砂井施工过程进行记录袋装砂井规模施工前，应会同相关方按设计参数进行试桩，确定相关施工参数后指导施工。

袋装砂井一般在进行软土路基、地基加固以及改善土体承载力等场合使用。

2. 执行标准

《城镇道路工程施工与质量验收规范》CJJ 1；《公路软土地基路堤设计与施工技术细则》JTG/T D31-02；《建筑地基基础工程施工质量验收标准》GB 50202 等。以最新颁布的规范、标准为准。

3. 表内填写提示

里程（区号）：本机本天施工的桩所在的里程区域。

试插施工记录设计砂井直径、设计井距、设计行距、设计插入深度、设计竖直度、设计灌砂量：按设计图纸要求填写。

施工记录各指标参数，按工艺试验后各验收方商定的数据填写。

机号：施工桩机的编号。

序号：为本机当天施工的流水号。

井孔编号：与设计图或自编井孔位平面图井孔一致。

地面标高：桩位置的实测标高。

实插深度：指地面到桩尖的长度。

实测井距：路线前进方向定左右（一般只需要填一个方向）。

实测行距：路线前进方向定前后（一般只需要填一个方向）。

直径、灌砂量、倾斜度：按实际情况用尺和测量仪器量度后填写。

备注：填写施工过程中出现的问题、处理情况及需要补充说明的其他内容。

6.2.14 市政施·土-14 碎石（砂）桩施工记录

1. 适用范围

本表用于对市政设施的碎石（砂）桩施工过程进行记录碎石（砂）桩规模施工前，应会同相关方按设计参数进行试桩，确定相关施工参数后指导施工。

碎石（砂）桩一般在进行软土路基、地基加固以及改善土体承载力等场合使用。

2. 执行标准

《城镇道路工程施工与质量验收规范》CJJ 1；《公路软土地基路堤设计与施工技术细则》JTG/T D31-02；《建筑地基基础工程施工质量验收标准》GB 50202 等。以最新颁布的规范、标准为准。

3. 表内填写提示

里程（区号）：本机本天施工的桩所在的里程区域。

机具型号：按桩机的铭牌填写。

机号：施工桩机的编号。

含砂泥量：该批次石（砂）检验时测出的含量。

含水量：当天施工前现场实测石（砂）的含水量。

填料检验报告编号：试验室试验报告编号。

试桩施工记录设计桩径、设计桩长、设计桩距、设计灌石（砂）量、设计填料规格：按设计图纸要求填写。工艺试验一般不小于 5 条。

施工记录各参数，按工艺试验后各验收方商定的数据填写。

序号：为本机当天施工的流水号。

桩号：与设计图或自编桩位平面图桩号一致。

地面标高：桩位置的实测标高。

孔长：指地面到桩尖的深度。

桩长：实际填充碎石（砂）的长度。

直径：按实际用尺量度后填写。

桩距：指与邻近桩最大至最小距离。

灌石（砂）量：本桩实际填充碎石（砂）的料的量。

振冲及停留时间：指振冲机从地面起钻至填料后振冲器留结束的合计时间。

备注：填写施工过程中出现的问题、处理情况及需要补充说明的其他内容。

（如此表用于工艺试桩记录时，需增加设计、勘察、监理、业主签名）

6.2.15 市政施·土-15 塑料排水板施工记录

1. 适用范围

本表用于对市政设施的塑料排水板施工过程进行记录塑料排水板规模施工前，应会同相关方按设计参数进行试桩，确定相关施工参数后指导施工。

塑料排水板一般在进行软土路基、地基加固以及改善土体承载力等场合使用。

2. 执行标准

《城镇道路工程施工与质量验收规范》CJJ 1；《公路软土地基路堤设计与施工技术细则》JTG/T D31-02；《建筑地基基础工程施工质量验收标准》GB 50202 等。以最新颁布的规范、标准为准。

3. 表内填写提示

里程（区号）：本机本天施工的桩所在的里程区域。

试插施工记录设计板底标高、设计板类型、设计板间距、设计板行距，设计允许竖直度：按设计图纸要求填写。

施工记录各参数，按工艺试验后各验收方商定的数据填写。

机号：施工桩机的编号。

序号：为本机当天施工的流水号。

板孔编号：板与设计图或自编板孔平面图的孔号一致。

地面标高：板所在位置的实测标高。

实插深度：指插头（桩靴）到地面的长度。

实测板距：路线前进方向定左右（一般只需要填一个方向）。

实测行距：路线前进方向定前后（一般只需要填一个方向）。

实测竖直度：用量测插板导杆方法量度的结果。

备注：填写施工过程中出现的问题、处理情况及需要补充说明的其他内容。

6.2.16 市政施·土-16 土工合成材料铺设施工记录

1. 适用范围

路基及垃圾填埋场土工材料铺设施工时每天的记录。

2. 执行标准

《城镇道路工程施工与质量验收规范》CJJ 1；《生活垃圾卫生填埋场防渗系统工程技术规范》CJJ 113。

3. 表内填写提示

土工材料设计要求（型号规格、抗拉强度、顶破强度、负荷延伸率、断裂伸长率、搭接方式、搭接宽度、铺设层数）：按施工图填写。

土工材料施工用材（型号规格、搭接方式、铺设层数）：按施工实际情况填写，搭接宽度应为本表记录的最小至最大值；

（抗拉强度、顶破强度、负荷延伸率）：按土工布进场复试报告结果填写。

工程部位/里程：按本天施工的里程位置填写。

土工材料合格证编号：按本天施工所用批次的土工布合格证填写。

试验报告编号：按本天施工所用批次的土工材料复试报告编号填写。

施工位置桩号：按图纸或自编的桩位图填写。

时间：铺设土工材料具体的时，分。

长度、宽度：每施工段填一行。

面积：应减去搭接部分。

搭接最少宽度：按施工各边的实测值。

层次：按实际施工填写。

备注：施工中需要加以说明的问题，如上下层接缝的错缝距离，破损修补更换情况等。

6.2.17 市政施·土-17 水下混凝土灌注记录

1. 适用范围

凡灌注水下混凝土必须用本表作施工记录。一般情况下，适用于灌注桩、地下连续墙、基础、地下构筑物等水下混凝土的施工。

2. 执行标准

《城市桥梁工程施工与质量验收规范》CJJ 2；《建筑地基基础工程施工质量验收标准》GB 50202；《混凝土结构工程施工质量验收规范》GB 50204 等。以最新颁布的规范、标准为准。

3. 表内填写提示

桩（槽）编号：与设计图或自编平面图的桩（槽）号一致。

理论混凝土量：按实测的桩径（槽平面尺寸）和桩（槽）长计算的混凝土数量填写。

设计混凝土等级、设计桩/墙顶标高、设计桩/墙底标高、设计桩直径/槽长、宽尺寸：按设计图或施工方案要求填写。

护筒（导墙）顶标高：按实测值填写，应于桩（槽）施工记录及验收记录一致。

验收时孔/槽底标：按桩（槽）验收记录一致。

钢筋笼顶/底标高，灌注前孔/槽底标高：按钢筋笼就位后，开始灌注前实测值填写。

混凝土供应单位：填写供料的搅拌站全名，如为现场搅拌则填写自拌。

混凝土设计配合比编号：按搅拌站试验室提供的水下混凝土配合比设计报告编号填写，如为现场搅拌则填写由具有相应资质试验室提供的水下混凝土配合比设计报告编号。

浇筑起止时间：一般按每车或连续浇筑 5 立方混凝土记录一次。

导管长度：等于导管总长减去拆除了的导管长度。

护筒（导墙）顶到导管顶面高度：每记录段浇筑混凝土前实量的数据。

混凝土实灌量：记录段实灌的混凝土量填写。（一般按一车或 5 立方混凝土量）

合计混凝土实灌：记录段实灌的混凝土量的累加。

护筒（导墙）顶到混凝土面高度：每记录段浇筑混凝土后实测数。

混凝土面标高：等于护筒（导墙）顶标高－护筒（导墙）顶到混凝土面高度

导管埋深：等于导管长度－拆管长度－基准面到导管顶面高度－基准面到混凝土面高度。

拆管长度：为桩确保质量拆除的导管长度（导管插入混凝土的深度，应保持在 2～6m）。

平均断面尺寸：根据记录段实灌的混凝土量与混凝土厚度来计算。

实测坍落度：每记录段（车）浇筑前实测的混凝土坍落度值。

浇筑过程中出现问题及处理情况：有发生时才填写。

试块留置有见证标养数量（组）：根据现场实际留置数量填写。（包括有见证检验及监督抽检）

试验报告试块编号：试验室出的试验报告中对应的试块编号。

6.2.18 市政施·土-18 混凝土浇筑记录

1. 适用范围

混凝土浇筑施工过程中用该表作为施工记录。凡现场浇筑 C20 强度等级以上（含 C20）的结构混凝土均应填写本记录。

2. 执行标准

《混凝土强度检验评定标准》GB/T 50107；《混凝土质量控制标准》GB 50164；《混凝土结构工程施工质量验收规范》GB 50204 等。以最新颁布的规范、标准为准。

3. 表内填写提示

浇筑部位：填写浇筑混凝土构筑物所归属的部位，例：柱、梁、防撞栏等。

里程（桩号）：填写本次浇筑部位所包含的里程（桩号）范围。

天气情况及气温：根据浇筑时的实际情况及测值填写。

设计坍落度：填写混凝土设计配合比报告中坍落度值。

设计强度等级：按照设计图要求填写。

设计混凝土浇筑量：按照施工图纸计算的本次浇筑部位的混凝土体积。

混凝土来源：根据实际选其一项填写。

商品混凝土供应商：填写提供混凝土的搅拌站全名。

商品混凝土设计配合比试验单编号：按搅拌站试验室提供的混凝土配合比设计报告编号填写。

施工配合比：按本次混凝土出厂时随货提供的施工配合比单数据填写。

自拌设计配合比试验单编号：填写由具有相应资质试验室提供的混凝土配合比设计报告编号。

自拌混凝土施工配合比：材料名称、规格产地按实际使用的材料填写。

设计每立方用量：按照设计配合比试验单中数据填写。

材料含水量：按照实测各种材料的含水量填写。

实际每立方混凝土用量：按各种材料的实测含水量进行修正后的施工配合比填写。

复试报告编号：按本次拌合混凝土用的材料复检报告编号填写。

混凝土浇筑量：本次实际用量。

开始浇筑时间和完成浇筑时间：按实际填写。

混凝土入模温度：是指混凝土拌合物入模前的实测温度。

实测平均坍落度：填写随机检测的个实测值的平均数.（一般按一车或 5 立方抽查 1 次）浇筑过程中出现的问题及处理情况：记录施工过程中发生的问题、处理情况及需要补充的说明的其他情况。

混凝土试块的种类及其留置数量：按实际选项，可选多项（包括有见证检验及监督抽检）。

试验报告试块编号：试验室出的试验报告中对应的试块编号。

6.2.19 市政施·土-19 钢管混凝土灌注记录

1. 适用范围

钢管混凝土浇筑施工过程中用该表作为施工记录。

2. 执行标准

《城市桥梁工程施工与质量验收规范》CJJ 2；《混凝土强度检验评定标准》GB/T 50107；《混凝土质量控制标准》GB 50164；《混凝土结构工程施工质量验收规范》GB 50204 等。以最新颁布的规范、标准为准。

3. 表内填写提示

构件名称：被灌注混凝土的构件名称，按设计文件的名称填写。

设计配合比编号：填写由具有资质的试验室提供的配合比试验报告单编号。

混凝土设计强度等级：按照设计文件提供的数据填写。

构件混凝土用量：分别填写按设计图纸计算的设计数值和实际灌注的数量。

实测坍落度：填写随机检测的实测值，每台班至少要抽查并记录 4 次、每车次至少要抽查并记录

1次；

气温和入模温度：如实填写实测的大气温度和混凝土拌合物的温度。

编号：分段灌注时的节、段编号。

灌注方向：管内混凝土可采用泵送顶升浇灌法、立式手工浇捣法或高位抛落无振捣法，各种方法均有不同的适用范围；灌注方向应根据不同浇灌方法的要求填写。

起止时间：填写各灌注段、节的混凝土灌注的开始和结束时间。

压力：填写混凝土灌注泵的压力表读数。

备注：填写需要补充说明的其他情况。

混凝土试块留置：应按照国家有关的管理法规、规范的要求进行，按照是否有见证检验填写混凝土试块的数量及编号；取样人及见证人（属有见证检验时）签名。

6.2.20 市政施·土-20 混凝土同条件养护试件日累计养护温度记录

1. 适用范围

本表用于浇筑构筑物混凝土后现场每天温度的记录，用以准确地保证混凝土同条件养护试块送检的时间。

2. 执行标准

《混凝土结构工程施工质量验收规范》GB 50204 等。以最新颁布的规范、标准为准。

3. 表内填写提示

（1）同一天浇筑不同部位，可共填一张本记录表。

（2）试验报告编号可在试验报告取回后补填上。

（3）取样部位：填写天浇筑混凝土构筑物所归属的部位，例：柱、梁等。

（4）里程（桩号）：填写同天浇筑部位所包含的里程（桩号）范围。例 2～5 轴梁底板，1～3 号柱等。

（5）混凝土同条件养护试件留置抽检频率：

同一强度等级的主体结构、受力结构混凝土同条件养护试件留置数量应根据混凝土工程量和重要性确定，不宜少于 10 组，且不应少于 3 组。

（6）同条件养护试块破件试验时间：与结构物相同的温度、湿度等环境下养护逐月累计至 600℃天时进行。

6.2.21 市政施·土-21 混凝土测温记录

1. 适用范围

本表用于冬期施工或大体积混凝土在浇筑过程进行温度的测量记录。一般情况下，大体积混凝土浇筑前，为了避免或减少水化热对混凝土的影响，需要做专门的大体积混凝土降温设计。本表就是为了对大体积混凝土在施工过程中的温度变化情况作记录，用于收集资料和指导施工的进行。

2. 执行标准

《混凝土强度检验评定标准》GB/T 50107；《混凝土质量控制标准》GB 50164；《混凝土结构工程施工质量验收规范》GB 50204 等。以最新颁布的规范、标准为准。

3. 表内填写提示

工程部位：所施工的大体积混凝土的工程结构所属。

混凝土入模温度、混凝土浇筑时大气温度、混凝土养护方法：按实际情况填写。

测温孔的布置图：画出各测温孔的平面或立面位置，把测温孔的编号标示清楚并与表内测温孔的编号一一对应。

6.2.22 市政施·土-22 沥青混合料摊铺记录

1. 适用范围

本表用于对市政设施的沥青混合料摊铺施工过程进行记录，适用于各结构层的使用。一般情况下本表是以机械摊铺作为记录依据的，如采用人工摊铺时可参照本表的部分内容使用。

2. 执行标准

《城镇道路工程施工与质量验收规范》CJJ 1；《沥青路面施工及验收规范》GB 50092；《公路沥青路面施工技术规范》JTG F40 等。以最新颁布的规范、标准为准。

3. 表内填写提示

起讫里程桩号：施工记录段的起止里程桩号。

摊铺时间：摊铺机从开始摊铺工作到摊铺结束的时间。

结构层名称：填写摊铺作业的沥青混合料层的名称（按设计文件规定）。

混合料品种规格：按照设计文件或设计配合比提供的品种规格填写。

摊铺机型号及编号：按摊铺机的铭牌或施工企业的设备编号填写；操作员是指摊铺机驾驶员。

混合料出厂温度和摊铺温度：每台班或每摊铺段应测量并如实记录四次；出厂温度是指在沥青混合料搅拌机出料口处混合料的温度；摊铺温度是指在沥青混凝土摊铺机处实测的沥青混合料温度。

碾压开始和碾压终了温度：分别填写摊铺完成后开始进行碾压时和碾压工作结束时沥青混合料的温度，每摊铺段至少要填写一次，选取在三个不同时间随机实测值算术平均值。

以上各温度可用红外线测温仪或普通温度计量测。

天气情况和气温：根据实测结果填写。

摊铺数量：分别填写按设计图纸计算的数量和现场实测结果。

碾压机具型号及重量：按照机具的铭牌或使用说明（手册）提供的数据填写。

摊铺质量：主要填写摊铺速度、摊铺机行走情况和沥青混合料摊铺的均匀性。

碾压遍数及碾压后质量：据实填写碾压遍数，轮迹、密实、回弹、拥堆等情况。

备注：填写需要补充的说明其他情况。

取样人、见证签名栏：由负责现场取样的试验人员和该项目的取样送样见证人亲笔签名。

6.2.23 市政施·土-23 土层锚杆钻孔施工记录

1. 适用范围

土层锚杆钻孔施工必须用本表作施工记录。

2. 执行标准

《城市桥梁工程施工与质量验收规范》CJJ 2；《公路桥涵施工技术规范》JTG/T F50；《建筑地基基础工程施工质量验收标准》GB 50202；《混凝土结构工程施工质量验收规范》GB 50204 等。以最新颁布的规范、标准为准。

3. 表内填写提示

部位里程：本机本天施工的锚杆所在的部位及里程范围。

设计钻孔直径、设计扩大头钻孔直径、设计钻孔长度、设计扩大头钻孔长度：按设计图要求填写，如设计没有扩大头项，则扩大头项打“/”。

钻机型号：按施工机械的铭牌填写。

序号：为本机当天施工的流水号。

锚杆编号：杆号与设计图或自编锚杆杆位图一致。

地质类别：根据锚杆施工段的实际土质填写。

钻孔直径、套管外径：按施工实测值来写。（无发生此项打“/”。）

扩大头钻孔直径：有发生时按实测值填，无发生此项打“/”。

钻孔时间：由土层面钻至终孔所用的时间。

钻孔长度：土层面钻至终孔的长度（包括扩大头长度）。

扩大头长度：有发生时按实测值来填（无发生此项打“/”）。

套管长度：套管入土的长度。

钻孔倾角：指实测锚杆入土与水平的夹角，当为地基平面施锚时，此项打“/”。

备注：填写施工过程中出现的问题、处理情况及需要补充说明的其他内容。

6.2.24 市政施·土-24 土层锚杆张拉与锁定记录

1. 适用范围

土层锚杆张拉与锁定施工必须用本表作施工记录。

2. 执行标准

《城市桥梁工程施工与质量验收规范》CJJ 2；《公路桥涵施工技术规范》JTG/T F50；《建筑地基基础工程施工质量验收标准》GB 50202；《混凝土结构工程施工质量验收规范》GB 50204 等。以最新颁布的规范、标准为准。

3. 表内填写提示

部位里程：本机本天施工的锚杆所在的部位及里程范围。

张拉设备编号：按自编的设备编号或标识铭牌填写。

张拉设备型号：按设备的铭牌填写。

油压表编号：按表的铭牌填写。

张拉设备标定报告编号：法定计量检测单位对张拉设备标定的报告编号。

设计锚具型号、设计锚杆规格、设计张拉力、设计锁定力：按设计图纸要求填写。

序号：为本机当天施工的流水号。

锚杆编号：杆号与设计图或自编锚杆杆位图一致。

张拉力：施加于锚杆实际拉力。

油压表读数：锁锚前的压力表读数。

锚头位移量：锚杆张拉前的实测长度一锚杆张拉后的实测长度。

锁定力：施加于锚杆实际锁定力。

锚头回缩量：锚杆锁定前实测的锚杆长度一锚杆锁定后实测的锚杆长。

备注：填写施工过程中出现的问题、处理情况及需要补充说明的其他内容。

6.2.25 市政施·土-25 土层锚杆注浆施工记录

1. 适用范围

土层锚杆注浆施工必须用本表作施工记录。

2. 执行标准

《城市桥梁工程施工与质量验收规范》CJJ 2；《公路桥涵施工技术规范》JTG/T F50；《建筑地基基础工程施工质量验收标准》GB 50202；《混凝土结构工程施工质量验收规范》GB 50204 等。以最新颁布的规范、标准为准。

3. 表内填写提示

部位里程：本机本天施工的锚杆所在的部位及里程范围。

注浆设备：根据所用设备名称填写。

注浆材料及强度要求：按设计图要求填写。

配合比编号：填写由具有相应资质试验室提供的注浆材料配合比设计报告编号。

序号：为当天施工的流水号。

锚杆编号：杆号与设计图或自编锚杆杆位图一致。

地质类别：根据锚杆施工段的实际土质填写。

钻孔长度：土层面钻至终孔的长度（跟土层锚杆钻孔施工记录表一致）。

停浆面深度：实测土层面至压浆面的长度。

注浆长度：钻孔长度－停浆面深度。

注浆起止时间：指开始注浆至停止注浆的时间。

注浆压力：按压力表停止注浆时数据填写。

注浆量：流量计显示的累计注浆量。

备注：填写施工过程中出现的问题、处理情况及需要补充说明的其他内容。

6.2.26 市政施·土-26 预应力张拉控制数据表

1. 适用范围

本表适用于市政设施的预应力构件张拉前，由项目技术负责人根据施工图设计文件、设计规范、施工技术规范选定（或根据对原材料或现场试验结果进行计算而得）的预应力筋、预应力孔道的各种数据和参数，是用于指导预应力张拉施工的重要基础数据。表内各项数据的计算工作若由施工或监理单位的人员进行，则必须经由项目设计负责人审定并办理签名确认手续。

2. 执行标准

《预应力筋用锚具、夹具和连接器应用技术规程》JGJ 85；《城市桥梁工程施工与质量验收规范》CJJ 2；《公路桥涵施工技术规范》JTG/T F50；《混凝土结构工程施工质量验收规范》GB 50204 等。以最新颁布的规范、标准为准。

3. 表内填写提示

编号：为数据表的流水编号。

轴号（里程）部位：数据表的数据将用于张拉施工的位置。

预应力筋种类、规格、孔道成型方式：按设计图要求填写。

预应力筋设计图号：本数据表所对应参考的设计图图号。

预应力筋试验报告编号：张拉施工的轴号（里程）部位将用到的预应力筋进场复试的试验报告编号。

预应力筋抗拉强度、预应力筋弹性模量：设计值按设计图要求填写，试验结果平均值按预应力筋进场复试报告结果填写。

设计预应力筋伸长计算参数：按设计图要求填写。

钢筋（束）编号：应与对应的设计图编号一致。

预应力筋/每束的根数、规格：按设计图要求填写。

预应力筋/每束截面积：为单根截面积×根数。

张拉方式：根据实施采用单端或双端。

控制应力（σ_K）：按设计图要求填写。

控制张拉力：等于控制应力×预应力筋/每束截面积。

初始应力（ $\%\sigma_K$）：填写按设计图要求（例：$10\%\sigma_K$）的计算结果。

初始张拉力：等于初始应力×预应力筋/每束截面积。

超张拉控制应力（ $\%\sigma_K$）：填写按设计图要求（例：$105\%\sigma_K$）的计算结果（设计没要求此项打“/”）。

超张拉力：等于超张拉控制应力×预应力筋/每束截面积（设计没要求此项打“/”）。

孔道累计转角：按设计提供的数据填写（如设计没提供应，可把设计图预应力钢筋在其沿垂面上的曲线孔道每段转角进行累加）。

孔道磨擦系数：根据孔道成型方式按规范经验数据或试验实测数据填写。

孔道偏差系数：按规范经验数据或试验实测数据填写。

计算总伸长量：等于每束预应力筋的（控制张拉力×设计预应力筋有效长度）/（预应力筋截面积×预应力钢筋弹性模量）

备注：可填写各数据的计算过程式，如是先张法也应在备注上说明。

每束预应力筋的计算总伸长量：$\Delta L=\dfrac{P_{\mathrm{P}}L}{A_{\mathrm{P}}E_{\mathrm{P}}}$

式中 L——预应力筋的长度（mm）；

A_{P}——预应力筋的截面面积（mm^2）；

E_{P}——预应力筋的弹性模量（N/mm^2）；

P_{P}——预应力筋的平均张拉力（N）。

$$P_{\mathrm{P}}=\frac{P(1-e^{-(kx+\mu\theta)})}{kx+\mu\theta}$$

式中 P_{P}——预应力平均张拉力（N）；

P——预应力筋张拉端的张拉力（N）；

x——从张拉力至计算截面的孔道长度（m）；

θ——从张拉端至计算截面曲线孔道部分切线的夹角之和（rad）；

k——孔道每米局部偏差对摩擦影响系数，参见 k 系数及 μ 值表；

μ——预应力筋骨与孔道壁的摩擦系数，参见 k 系数及 μ 值表。

注：当预应力筋骨为直线时 $P_{\mathrm{P}}=P$。

系数 k 及 μ 值表

管道成型方式	k	μ 值		
		钢丝束，钢绞线，光面钢筋	带肋钢筋	精轧螺纹钢筋
预埋铁皮管道	0.0030	0.35	0.40	—
抽蕊成型孔道	0.0015	0.55	0.60	—
预埋金属螺旋管道	0.0015	0.20～0.25	—	0.50

（计算公式适用于曲线是圆弧和直线的钢绞线。当一束钢绞线中有多个曲线及直线时，要分段计算每段的平均张拉力及伸长值）

备注：可填写各数据的计算过程式，如是先张法也应在备注上说明。

6.2.27 市政施·土-27 预应力张拉施工记录（先张）

1. 适用范围

本表用于对市政设施的预应力构件在进行预应力张拉（先张）作业过程中填写此记录表。

2. 执行标准

《预应力筋用锚具、夹具和连接器应用技术规程》JGJ 85；《城市桥梁工程施工与质量验收规范》CJJ 2；《公路桥涵施工技术规范》JTG/T F50《混凝土结构工程施工质量验收规范》GB 50204 等。以最新颁布的规范、标准为准。

3. 表内填写提示

轴号（里程）部位：张拉施工构件所在的位置。

预应力筋（束）种类、规格、条数、初始应力、控制应力、超张拉控制应力、计算总伸长量：按相应的数值表中的数据填写。（各阶段为控制应力的百分比都要写明确，例：初应力阶段（10%σ_k）。

预应力筋施工长度：按张拉前后台座实量的距离填写。

张拉数据表编号：填写本次张拉对应所用数据表自编流水号。

千斤顶编号：按照实际使用的机具设备的铭牌填写（且与标定合格证书对应的编号相一致）。

油泵编号：按照实际使用的油泵编号填写（且与标定合格证书对应的编号相一致）。

压力表编号：按照实际使用的压力表编号填写（且与标定合格证书对应的编号相一致）。

张拉机具标定合格证书编号：填写实际使用的机具张拉前送经主管部门授权的法定计量技术机构进行标定的合格证书编号。

张拉机具标定日期：填写实际使用的机具张拉前送经主管部门授权的法定计量技术机构进行标定的时间。

$P-T$ 插值公式：填写根据实际使用的机具张标定合格证上对应的 $P-T$ 插值公式。

压力表读数：填写根据实际使用的机具张标定合格证上对应的 $P-T$ 插值公式，计算的初始应力值、控制应力值、超张拉控制应力、顶楔拉控制应力值时压力表的读数（各阶段为控制应力的百分比都要写明确，例：初应力阶段 10%σ_k）。

实测伸长值：根据实际张拉实际测量值填写。（根据千斤顶行程需要，填写并增加实际张拉各次的读数数据）

预应力筋总伸长量、预应力筋平均伸长值、伸长量偏差、张拉应力平均值 ：根据备注公式计得值填写。

预楔时应力值：根据实际测量压力表值换算填写。

预应力筋伸长量差值：为控制应力值时左端与右端，伸长量之差。

张拉控制应力差值：为顶楔时左端与右端实测记录数的差值。

应力偏差：等于（张拉应力平均值－控制应力）÷控制应力×100%。

滑丝断丝情况：根据实际观测结果填写。

6.2.28 市政施·土-28 预应力张拉施工记录（后张）

1. 适用范围

本表用于对市政设施的预应力构件在进行预应力张拉（后张）作业过程中填写此记录表。

2. 执行标准

《预应力筋用锚具、夹具和连接器应用技术规范》JGJ 85、《城市桥梁工程施工与质量验收规范》CJJ 2；《公路桥涵施工技术规范》JTG/T F50、《混凝土结构工程施工质量验收规范》GB 50204 等，以最新颁布的规范、标准为准。

3. 表内填写提示

轴号（里程）部位：张拉施工构件所在的位置。

预应力筋种类、规格、初始应力、控制应力、超张拉控制应力、计算总伸长量：按相应的数值表中的数据填写。

张拉时构件强度：填写张拉时构件混凝土同条件试块实测强度值。

张拉机具编号：按照实际使用的机具设备的铭牌填写。（且与标定合格证书对应的编号相一致）。

张拉机具标定合格证书编号：填写实际使用的机具张拉前送经主管部门授权的法定计量技术机构进行标定的合格证书编号。

压力表编号：按照实际使用的压力表编号填写（且与标定合格证书对应的编号相一致）。

张拉机具标定日期：填写实际使用的机具张拉前送经主管部门授权的法定计量技术机构进行标定的时间。

张拉数据表编号：填写本次张拉对应所用数据表自编流水号。

压力表读数：填写根据实际使用的机具张标定合格证书上对应的 $P-T$ 插值公式，计算的初始应力值、控制应力值、超张拉控制应力值时压力表的读数。各阶段为控制应力的百分比都要写明确，例：初应力阶段（10%σ_K）。如设计没有要求超张拉，超张拉控制应力值项打“/”。

$P-T$ 插值公式：填写根据实际使用的机具张标定合格证上对应的 $P-T$ 插值公式。

钢筋（束）编号：按实际张拉先后顺序填写与设计图一致的编号。

张拉阶段记录项目：分别填入每一钢束各应力阶段实际测的数据，各阶段为控制应力的百分比都要写明确，例：初应力阶段（10%σ_K）。根据千斤顶行程需要，填写并增加实际张拉各次的读数数据，如设计没有要求超张拉，则超张拉控制应力阶段不填。

持荷时间：指达到超张拉应力后保持其荷载的时间。

伸长量偏差：根据备注公式计得值填写。

应力偏差：等于（实际应力－控制应力）÷控制应力×100%。

滑丝断丝情况：根据实际观测结果填写。

6.2.29　市政施·土-29　预应力张拉孔道灌浆记录

1. 适用范围

本表适用于后张法施工的预应力构件的孔道灌浆时填写。预应力孔道宜在预应力构件张拉后 1～2 天内进行灌浆。

2. 执行标准

《预应力筋用锚具、夹具和连接器应用技术规范》JGJ 85；《城市桥梁工程施工与质量验收规范》CJJ 2；《公路桥涵施工技术规范》JTG/T F50；《混凝土结构工程施工质量验收规范》GB 50204 等。以最新颁布的规范、标准为准。

3. 表内填写提示

轴号（里程）部位：灌浆施工构件所在的位置。

设计水泥浆强度等级：按设计图要求填写。

水灰比：根据水泥浆设计配合比要求填写。

水泥浆设计配比编号：填写由具有相应资质试验室提供的水泥浆配合比设计报告编。

气温：压浆时天气实测温度。

孔道编号：按实际灌浆先后顺序填写与设计图一致的编号。

压浆方向：根据里程前进方向填写前→后或后→前或左→右或右→左或上→下或下→上。

起止时间：为开始灌浆及完成时具体时间。

压力：填写压力表读数。

压力冒浆情况：填写在排气（出浆）孔排出浓浆的情况。

水泥用量：管道根据设计配合比要求实际配制水泥浆所用的水泥总量。

备注：填写施工过程中出现的问题、处理情况及需要补充说明的其他内容。

试块留置有见证标养数量（组）：根据现场实际留置数量填写。（包括有见证检验及监督抽检。）

试验报告试块编号：试验室出的试验报告中对应的试块编号。

6.2.30　市政施·土-30　钢构件涂装施工记录

1. 适用范围

本表用于钢构件涂装施工过程进行记录，适用于钢结构构件，如钢管、钢柱、钢管拱架、钢桁架、钢花架等。

2. 执行标准

《城市桥梁工程施工与质量验收规范》CJJ 2、《钢结构工程施工及验收规范》GB 50205、《公路桥涵施工技术规范》JTG/T F50 等，以最新颁布的规范、标准为准。

3. 表内填写提示

构件名称：被进行涂装施工的构件名称。

涂装部位：正在进行涂装施工的结构所在。

施工起止时间：指涂装全过程所需的时间。

用测厚仪器直接测量，如实记录读数。

备注：需要补充的说明。

6.2.31　市政施・土-31　支座安装记录

1. 适用范围

本表用于桥梁支座安装施工过程进行记录。

2. 执行标准

《城市桥梁工程施工与质量验收规范》CJJ 2、《公路桥涵施工技术规范》JTG/T F50 等，以最新颁布的规范、标准为准。

3. 表内填写提示

按照《城市桥梁工程施工与质量验收规范》CJJ 2 的要求填写。

6.2.32　市政施・土-32　桥梁伸缩缝安装记录

1. 适用范围

本表用于桥梁伸缩缝安装施工过程进行记录。

2. 执行标准

《城市桥梁工程施工与质量验收规范》CJJ 2、《公路桥涵施工技术规范》JTG/T F50 等，以最新颁布的规范、标准为准。

3. 表内填写提示

施工里程：伸缩缝所在里程区间或位置记号。

伸缩缝型号：按产品说明书上的型号填写。

施工起止时间：指安装伸缩缝全过程所需的时间。

在施工和安装伸缩缝前必须先检查缝槽的清理情况，加强钢筋与螺栓焊接情况、锚固螺栓的间距、数量以及锚固螺栓、螺帽的牢固情况。

用尺和仪器直接测量伸缩缝的缝宽、标高，如实记录伸缩缝中心与梁端缝的偏位，还要测量伸缩缝的顺直度、平整度，把安装时的实测温度读数记录下来。

其他：如果设计或有关技术文件有其他的检查和检测要求，可以在这一栏目填写。

备注：需要补充的说明。

6.2.33　政施・土-33　沉井（箱）下沉施工记录市

1. 适用范围

沉井、沉箱在下沉施工过程中必须用此表进行施工记录。

2. 执行标准

《城市桥梁工程施工与质量验收规范》CJJ 2、《公路桥涵施工技术规范》JTG/T F50 等，以最新颁布的规范、标准为准。

3. 表内填写提示

构件安装位置：与设计图或自编平面图的沉井（箱）号一致。

构件材料：按设计图或施工方案要求填写。

制作日期：构件完工日期。

构件平面尺寸：根据实际加工尺寸填写（如为不规则尺寸构件，可补充附图表述）。

节段段数及高度：根据实际加工尺寸及段数填写。

设计地质情况、设计刃脚标高：按设计图要求填写。

下沉方式：根据实际采用的压缩空气吹砂法、机械抓挖下沉、爆破振动等下沉法填写。

构件下沉前强度 ：如为混凝土沉井，填写准备下沉井（箱）节段的同条件试块强度，其他材料的沉井（箱）本栏打“/”。

分段接缝处理方法：按设计图或施工方案要求填写。

日期及起止时间：没特殊情况每台班记录一次。

测点编号：自编号，可用数字或者东、南、西、北或者前、后、左、右等。

测量点标高及刃脚标高：填写各测点及测点处对应的刃脚标高值。

倾斜：填写沉井（箱）的横（垂直于路线前进方向）向或纵（路线前进方向）向的倾斜度。

位移：填写沉井（箱）测点所在平面形心的横（垂直于路线前进方向）向或纵（路线前进方向）向偏移值。

地质情况：根据下沉过程取出的岩样如实填写。

水位标高：填写实测值井内水位标高。

备注：填写施工过程中出现的问题、处理情况及需要补充说明的其他内容。

6.2.34 市政施·土-34 箱涵顶进记录

1. 适用范围

本表用于对市政设施的箱涵顶进作业过程进行记录。

2. 执行标准

《给水排水管道工程施工及验收规范》GB 50268、《给水排水构筑物工程施工及验收规范》GB 50141 等，以最新颁布的规范、标准为准。

3. 表内填写提示

里程桩号：施工记录段所在里程区间或位置记号。

顶进作业每班均应填写顶进记录，内容包括：顶进长度，顶力数值，位置偏差（高程，中线），地质情况，而位置的校正，水位情况以及出现的问题可在备注栏填写。

箱涵断面、箱体重量：应按实际填写。

顶进方式：一般可分为正顶、反顶、对顶等。

设计最大顶力应根据设计数值填写，而千斤顶的配备应大于最大设计顶力，并填上千斤顶台数和型号。

6.2.35 市政施·土-35 顶管工程顶进记录（机械）

1. 适用范围

本表用于对市政设施的管道采用机械顶进作业过程进行记录。

2. 执行标准

《给水排水管道工程施工及验收规范》GB 50268、《给水排水构筑物工程施工及验收规范》GB 50141 等，以最新颁布的规范、标准为准。

3. 表内填写提示

顶进方向：施工记录段的顶管前进方向。

顶进作业每班均应填写顶进记录，内容包括：顶进长度，位置偏差（高程，中线），土质情况，表压、千斤顶数量等。而位置的校正，水位情况以及出现的问题可在备注栏填写。

管径、管材种类、接口形式、顶管工作坑位置应按实际填写。

千斤顶的配备应大于最大设计顶力。

6.2.36 市政施·土-36 顶管工程顶进记录（人工）

1. 适用范围

本表用于对市政设施的管道采用人工顶进作业过程进行记录。

2. 执行标准

《给水排水管道工程施工及验收规范》GB 50268、《给水排水构筑物工程施工及验收规范》GB 50141 等，以最新颁布的规范、标准为准。

3. 表内填写提示

顶进方向：施工记录段的顶管前进方向。

顶进作业每班均应填写顶进记录，内容包括：顶进长度，位置偏差（高程、中线），土质情况，表压、千斤顶数量等。而位置的校正，水位情况以及出现的问题可在备注栏填写。

管径、管材种类、接口形式、顶管工作坑位置应按实际填写。

千斤顶的配备应大于最大设计顶力。

6.2.37 市政施·土-37 导向钻孔施工记录

1. 适用范围

本表用于对市政设施的管道采用导向钻孔作业过程进行记录。

2. 执行标准

《给水排水管道工程施工及验收规范》GB 50268、《给水排水构筑物工程施工及验收规范》GB 50141 等，以最新颁布的规范、标准为准。

3. 表内填写提示

路段（里程）：本次钻孔的具体路段及起止里程。

设计管径、设计管顶埋深、设计管长度按设计图要求填写。

穿越障碍物尺寸：按设计图提供的数据或现场实测数据填写。

出入土点距离：按现场实测数据填写。

施工起止时间：每杆钻入土至加杆前出土的记录的时间（每杆记录一次）。

加杆长度：按每次加杆实际长度填写。

钻杆总长度：按每次加杆长度的累加值。

未入土杆长度：加杆前实测未入土杆长。

累记钻长深度：钻杆总长度一实测未入土杆长。

倾角：实测钻杆与水平的角度。

备注：填写施工过程中出现的问题、处理情况及需要补充说明的其他内容。

6.2.38 市政施·土-38 补偿器安装记录

1. 适用范围

本表用于压力管道补偿器安装过程进行记录。补偿器用于调整管道的偏差以及同轴情况，补偿器一般有波形、套筒、π形三种，补偿器在安装和运输过程中，把固定装置松开。

2. 执行标准

《给水排水管道工程施工及验收规范》GB 50268 等，以最新颁布的规范、标准为准。

3. 表内填写提示

设计压力：指管道压力。

补偿器规格型号按铭牌填写，补偿器部位是指安装位置，补偿器材质如实记录，固定支架间距用尺量测，管内介质温度和设计预拉值按设计要求填写，实际预拉值按补偿器冷拉记录的数据填写。

补偿器安装及预拉示意图与说明：用简图的形式作示意并附简要说明。

备注：需要补充的说明。

6.2.39 市政施·土-39 补偿器冷拉记录

1. 适用范围

本表用于压力管道补偿器冷拉过程进行记录。补偿器用于调整管道的偏差以及同轴情况，补偿器一般有波形、套筒、π 形三种，补偿器在安装和运输过程中，把固定装置松开。

2. 执行标准

《给水排水管道工程施工及验收规范》GB 50268 等以最新颁布的规范、标准为准。

3. 表内填写提示

补偿器编号按图纸填写，管段长度是指补偿器所担负调整形变的那段管长。直径、设计冷拉值按设计要求填写，冷拉时间、冷拉时温度和实际冷拉值按数据记录填写。

补偿器冷拉示意图：用简图的形式作简要示意。

备注：需要补充的说明。

6.2.40 市政施·土-40 管道附件安装施工记录

1. 适用范围

本表用于市政设施的管坑开挖后进行管道附件安装时所作的施工记录。

一般包括给水、排水、燃气管道的附件安装等，主要是指阀门。

2. 执行标准

《给水排水管道工程施工及验收规范》GB 50268 等以最新颁布的规范、标准为准。

3. 表内填写提示

施工部位：施工位置所属的工程部位属性，一般不分部位的工程可以填写位置名称，如左线管坑等。

里程桩号：施工记录段所在里程、里程区间或位置记号。

设计要求：管道附件的名称及规格、主要的技术指标按设计图纸要求的各项数据填写，设计图没有的，按施工验收规范的数据填写。

记录项目：按表格内提示项目如实记录施工实际情况。

一张记录表可记录同一天的两个回填面，多于两个工作面的可多用记录表。

备注：需要补充的说明。

6.2.41 市政施·土-41 回填施工记录

1. 适用范围

本表用于市政设施的各种管坑、基坑、路基或其他开挖后需要进行回填作业时所作的记录。

2. 表内填写提示

施工部位：施工位置所属的工程部位属性，一般不分部位的工程可以填写位置名称，如左线管坑等。

里程桩号：施工记录段所在里程、里程区间或位置记号。

设计要求：回填材料种类、压实要求按设计图纸要求的各项数据填写，设计图没有的按施工验收规范或施工组织设计的数据填写。

施工情况记录

记录项目：按表格内提示项目如实记录施工实际情况。

一张记录表可记录同一天的两个回填面，多于两个工作面的可多用记录表。

备注：需要补充的说明。

6.2.42　市政施·土-42　盾构管片拼装施工记录

1. 适用范围

适合采用盾构法施工的管道工程，安装管片时每天的记录。

2. 执行标准

《给水排水管道工程施工与验收规范》GB 50268，《地下铁路工程施工质量验收标准》GB/T 50299。

3. 表内填写提示

施工里程：每天记录表总的施工的施工里程。

土工布施工（型号规格、搭接方式、铺设层数）：按施工实际情况填写，搭接宽度应为本表记录的最小至最大值。

管片环宽、一环管片块数：按设计要求填写。

管片生产单位：预制生产管片的施工单位。

环号：按设计图或自编号填写。

管片合格证号：所用的管片对应的出厂合格证号。

起止里程：本环安装的具体位置。

管片型号：按设计图或出厂合格证填写。

拼装时间：具体的时、分。

螺栓连接数量：按设计图及实际施工填写。

管环轴线高程偏差：管片安装后的实测值，偏上为“+”，偏下为“−”。

管环轴线平面位置偏差：管片安装后的实测值，沿前进方向确定左（右）。

相邻管片平整度最大偏差：填写实测的最大值。

备注：管片拼装后发现的质量问题及处理等可在此说明。

6.2.43　市政施·土-43　防渗膜挤压焊接施工记录

1. 适用范围

垃圾填埋场防渗膜施工时每天的记录。

2. 执行标准

《生活垃圾卫生填埋场防渗系统工程技术规范》CJJ 113、《生活垃圾卫生填埋处理技术规范》GB 50869。

3. 表内填写提示

设计要求：防渗膜型号规格、焊接温度、焊接速度、电火花检测电压按设计图或施工方案填写。

工程部位/里程：按本天施工的里程位置填写。

设备编号：焊机的自编号。

技工姓名：指焊工或焊机的操作工。

防渗膜复试报告编号：按本天施工所用批次的材料复试报告编号填写。

焊接施工焊缝：编号按施工图或自编的防渗膜布设图填写；时间填写焊接施工的起止时、分；长度为本条焊缝的长度；焊接温度是焊机施工时的控制温度；焊接速度指焊接时的平均速度。

电火花检测：时间为检测时的时分；电压指检测时用的电压；补漏点数指经检测发现焊缝漏焊的点数。

6.2.44　市政施·土-44　防渗膜热熔焊接施工记录

1. 适用范围

垃圾填埋场防渗膜施工时每天的记录。

2. 执行标准

《生活垃圾卫生填埋场防渗系统工程技术规范》CJJ 113、《生活垃圾卫生填埋处理技术规范》GB 50869。

3. 表内填写提示

设计要求：防渗膜型号规格、焊接温度、焊接速度、检测电压按设计图或施工方案填写。

防渗膜复试报告编号：按本天施工所用批次的材料复试报告编号填写。

压力表标定证书编号：填写计量检测单位对压力表进行标定的证书号。

工程部位/里程：按本天施工的里程位置填写。

设备编号：焊机的自编号。

技工姓名：指焊工或焊机的操作工。

焊接施工焊缝：编号按施工图或自编的防渗膜布设图填写；时间填写焊接施工的起止时、分；长度为本条焊缝的长度；焊接温度是焊机施工时的控制温度；焊接速度指焊接时的平均速度。

气压检测：时间为检测的起止时、分；电压指检测时用的电压；

开始压力，结束压力：填写灌气后试验用的压力表的观测读数。

检测结果：填写合格或要处理段情况。

6.3.1　市政施·轨-1～10　轨道工程

1. 适用范围

本表格用于新型有轨电车及地铁轨道工程施工过程的记录。

2. 执行标准

本表参考《铁路轨道工程施工质量验收标准》TB 10413、《地下铁路工程施工质量验收标准》GB/T 50299、《储能式有轨电车供电及弱电系统施工质量验收标准》等，以最新颁布的规范、标准为准。

3. 表内填写提示

表内数据的填写必须按照档案填写要求，书写工整，字迹清楚，不得涂改，使用不易褪色水笔填写，文字表述应用专业术语，简图线条清楚，不得随意勾画，有效数据必须符合规范规程和相关规定要求，原始数据必须采取手写形式记录。

6.3.2　市政施·供-1～18　供电系统工程

1. 适用范围

本表格用于新型有轨电车及地铁轨道工程施工过程的记录。

2. 执行标准

本表参考《铁路轨道工程施工质量验收标准》TB 10413、《地下铁道工程施工及质量验收标准》GB/T 50299、《铁路电力牵引供电工程施工质量验收标准》TB 10421、《电气装置安装工程电缆线路施工及验收标准》GB 50168、《电气装置安装工程盘、柜及二次回路接线施工及验收规范》GB 50171、《电气装置安装工程蓄电池施工及验收规范》GB 50172、《电气装置安装工程电力变流设备施工及验收规范》GB 50255、《电气装置安装工程高压电器施工及验收规范》GB 50147、《电气装置安装工程电力变压器、油浸电抗器、互感器施工及验收规范》GB 50148、《电气装置安装工程母线装置施工及验收规范》GB 50149、《电气装置安装工程电气设备交接试验标准》GB 50150、《电气装置安装工程接地装置施工及验收规范》GB 50169 等，以最新颁布的规范、标准为准。

3. 表内填写提示

表内数据的填写必须按照档案填写要求，书写工整，字迹清楚，不得涂改，使用不易褪色水笔填写，文字表述应用专业术语，简图线条清楚，不得随意勾画，有效数据必须符合规范规程和相关规定要求，原始数据必须采取手写形式记录。

6.3.2.1 市政施·供-1 设备基础预埋件施工记录

1. 适用范围

本表格用于供电系统设备基础预埋的过程记录。

2. 执行标准

本表参考《铁路轨道工程施工质量验收标准》TB 10413，《地下铁道工程施工质量验收标准》GB/T 50299，《建筑电气工程施工质量验收规范》GB 50303 等。以最新颁布的规范、标准为准。

3. 表内填写提示

表内数据的填写必须按照档案填写要求，书写工整，字迹清楚，不得涂改，使用不易褪色水笔填写，文字表述应用专业术语，简图线条清楚，不得随意勾画，有效数据必须符合规范规程和相关规定要求，原始数据必须采取手写形式记录。

（1）接地装置水平及垂直接地体所用的材料规格、型号、质量应符合设计要求。当设计无要求时，接地体装置的导体截面积应符合表 6.3.2.1-1 和表 6.3.2.1-2 的规定。

钢接地体和接地线的最小规格 **表 6.3.2.1-1**

种类、规格及单位		地上		地下
		室内	室外	交流回路
圆钢直径（mm）		6	8	10
扁钢	截面（mm^2）	60	100	100
	厚度（mm）	3	4	4
角钢厚度（mm）		2	2.5	4
钢管管壁厚度（mm）		2.5	2.5	3.5

注：电力线路杆塔接地体引出线的截面积不应小于 $50mm^2$，引出线应热镀锌。

低压电气设备地面上外漏的铜和铝接地线的最小截面（mm^2） **表 6.3.2.1-2**

名称	铜	铝
明敷的裸导体	4.0	6.0
绝缘导体	1.5	2.5
电缆的接地芯或与相线在同一保护外壳内的多芯导线的接地芯	1.0	1.5
携带式设备用多股软绞线	1.5	—

（2）基础型钢安装应符合表 6.3.2.1-3 的规定。

基础型钢安装允许偏差 **表 6.3.2.1-3**

项目	允许偏差	
	mm/m	mm/全长
不直度	1	5
水平度	1	5
不平行度	/	5

3. 预埋件的安装精度：预埋件加工尺寸（平面度、直线度、圆度、凹槽尺寸、平整度等），安装位置（中心线位置、深度、高出砼表面值、坐标位置、不同平面标高、垂直度等）。

4. 焊接质量：焊件表面不得有裂纹、未熔合、未焊透、气孔、夹渣、飞溅存在。焊缝余高 $\Delta h \leqslant 1 + 0.2b_1$，且不大于 3mm。焊接物无变形或者翘曲。

5. 调整高度的措施：垫铁、灌浆层、减振器、支脚、液压千斤顶等。

6. 螺栓紧度参考国家现行的关于螺栓拧紧力矩的标准。

6.3.2.2 市政施·供-2 电缆桥支架安装施工记录

1. 适用范围

本表格用于新型有轨电车及地铁轨道工程施工过程的记录。

2. 执行标准

本表参考《铁路电力牵引供电工程施工质量验收标准》TB 10421、《电气装置安装工程盘、柜及二次回路接线施工及验收规范》GB 50171 等，以最新颁布的规范、标准为准。

3. 表内填写提示

表内数据的填写必须按照档案填写要求，书写工整，字迹清楚，不得涂改，使用不易褪色水笔填写，文字表述应用专业术语，简图线条清楚，不得随意勾画，有效数据必须符合规范规程和相关规定要求，原始数据必须采取手写形式记录。

1. 电缆支架的类型、规格写明支架材质、支吊方式、MR 或 CT 等。

2. 电缆支桥架需固定牢固、安装平直、连接可靠，务必保证桥架外壳接地形成电气通路。

6.3.3 市政施·充-1～6 充电网工程

1. 适用范围

本表格用于新型有轨电车充电网工程施工过程的记录。

2. 执行标准

本表参考《储能式有轨电车供电及弱电系统施工质量验收标准》、《建筑电气工程施工质量验收规范》GB 50303 等，以最新颁布的规范、标准为准。

3. 表内填写提示

（1）表内数据的填写必须按照档案填写要求，书写工整，字迹清楚，不得涂改，使用不易褪色水笔填写，文字表述应用专业术语，简图线条清楚，不得随意勾画，有效数据必须符合国家现行规范规程和相关规定要求，原始数据必须采取手写形式记录。

（2）充电轨高度精确到 mm。

（3）在直线区段，拉出值也称为“之”值，其标准为±300mm。曲线区段上随曲线半径不同拉出值有所差异，一般在 150～400mm 之间，其允许误差为±30mm，在恶劣环境或特殊设备条件下，拉出值可适当的增大，但最大不超过 475mm。

（4）充电轨长度单位为米，数据保留小数点后两位。

（5）连接端缝是指两轨端间留作钢轨热胀冷缩的缝隙。铺轨时，钢轨接头应预留的轨缝值，必须满足钢轨处于地区最高轨温时不致形成连续瞎缝的现象；处于地区最低轨温时的轨缝不超过接头构造轨缝值的条件。

（6）平顺度参考轨道不平顺质量指数（Track Quality Index）填写，轨道不平顺质量指数（Track Quality Index）简称 TQI，是采用数学统计方法描述区段轨道整体质量状态的综合指标和评价方法。

（7）拧紧力矩是少于破坏扭矩，参考国家现行的关于螺栓拧紧力矩的标准，一般按性能等级 10.9，对所检查位置作全数检查。

200m 区段轨道不平顺质量指数 TQI 管理标准（mm）　　　表 6.3.3-1

速度等级	高低	轨向	轨距	水平	三角坑	TQI
V≤100	2.5×2	2.2×2	1.6	1.9	2.1	15
100<T≤120	2.5×2	1.8×2	1.5	1.9	2.0	14
120<T≤160	1.8×2	1.4×2	1.3	1.6	1.7	11
160<T≤200	1.5×2	1.1×2	1.1	1.3	1.4	9
200≤T≤250	1.4×2	1.0×2	0.9	1.1	1.2	8
300<T≤350	0.8×2	0.7×2	0.6	0.7	0.7	5
300<T≤350	2.0×2	1.5×2	波长 42～120，区段长 500m			

注：除注明外，适用于轨道不平顺波长为 42m 以下。

螺栓拧紧力矩标准

未注明拧紧力矩要求时，参考表 6.3.3-2（普通螺栓拧紧力矩）

螺栓强度级	屈服强度（N/mm²）	螺栓公称直径（mm）							
		6	8	10	12	14	16	18	20
		拧紧力矩（N·m）							
4.6	240	4～5	10～12	20～25	36～45	55～70	90～110	120～150	170～210
5.6	300	5～7	12～15	25～32	45～55	70～90	110～140	150～190	210～270
6.8	480	7～9	17～23	33～45	58～78	93～124	145～193	199～264	282～376
8.8	640	9～12	22～30	45～59	78～104	124～165	193～257	264～354	376～502
10.9	900	13～16	30～36	65～78	110～130	180～201	280～330	380～450	540～650
12.9	1080	16～21	38～51	75～100	131～175	209～278	326～434	448～597	635～847

未注明拧紧力矩要求时，参考表 6.3.3-3（普通螺栓拧紧力矩）

螺栓强度级	屈服强度（N/mm²）	螺栓公称直径（mm）						
		22	24	27	30	33	36	39
		拧紧力矩（N·m）						
4.6	240	230～290	300～377	450～530	540～680	670～880	900～1100	928～1237
5.6	300	290～350	370～450	550～700	680～850	825～1100	1120～1400	1160～1546
6.8	480	384～512	488～650	714～952	969～1293	1319～1759	1694～2259	1559～2079
8.8	640	512～683	651～868	952～1269	1293～1723	1759～2345	2259～3012	2923～3898
10.9	900	740～880	940～1120	1400～1650	1700～2000	2473～3298	2800～3350	4111～5481
12.9	1080	864～1152	1098～1464	1606～2142	2181～2908	2968～3958	3812～5082	4933～6577

（8）中轴线与轨面的垂直状态有设计要求时按设计要求，无则按国标规定分为 20 个等级，合格标准 IT5 公差等级以内。

（9）中心锚结与悬吊线夹的间隙按设计要求及施工实际测量填写。

(10）电缆安装长度及安装里程精确到米，安装型式有电缆沟、排管内、槽架内等。

（11）上网电缆、回流电缆安装位置符合要求、满足150mm绝缘距离、大于电缆最小允许弯曲半径、与轨接触面清洁、保证电缆的绝缘和导电能力，固定牢固、端头制作规范、连接可靠、回路标记准确清晰。

6.3.4 市政施·弱-1～6 通信系统工程

1. 适用范围

本表格用于新型有轨电车通信系统工程施工过程的记录。

2. 执行标准

第1条 本表参考《城市轨道交通通信工程质量验收规范》GB 50382、《储能式有轨电车供电及弱电系统施工质量验收标准》、《智能建筑工程质量验收规范》GB 50339等，以最新颁布的规范、标准为准。

3. 表内填写提示

表内数据的填写必须按照档案填写要求，书写工整，字迹清楚，不得涂改，使用不易褪色水笔填写，文字表述应用专业术语，简图线条清楚，不得随意勾画，有效数据必须符合规范规程和相关规定要求，原始数据必须采取手写形式记录。

（1）机柜无变形、无腐蚀、外观良好，按送货清单检查元器件、钥匙等配件齐全。

（2）机柜安装排列整齐，柜内元器件布置合理，进出柜的电线电缆整齐有序，推荐使用配线架或理线器。

（3）电线电缆标识清晰，标明编号、起点和终点、回路功能等。

（4）长度精确到厘米。

（5）电缆管槽规格型号符合设计要求，布置平直，支吊架间距合理，管口无无毛刺，并使用护套嘴穿线。

（6）管槽跨过变形缝、沉降缝和设置伸缩节部位注意使用软接头并跨接，务必保证金属外壳接地形成电气通路。

6.3.5 市政施·号-1～14 信号系统工程

1. 适用范围

本表格用于新型有轨电车信号系统工程施工过程的记录。

2. 执行标准

本表参考《城市轨道交通信号工程施工质量验收规范》GB 50578、《储能式有轨电车供电及弱电系统施工质量验收标准》、《综合布线系统工程验收规范》GB 50312等，以最新颁布的规范、标准为准。

3. 表内填写提示

表内数据的填写必须按照档案填写要求，书写工整，字迹清楚，不得涂改，使用不易褪色水笔填写，文字表述应用专业术语，简图线条清楚，不得随意勾画，有效数据必须符合规范规程和相关规定要求，原始数据必须采取手写形式记录。

（1）道岔尖轨与基本轨之间达到规定的密贴程度。

（2）找锁辊与阻力衬套最小距离测量，精确到毫米。

（3）接线盒应密封不漏磁。

（4）进路表示器、路口控制器、现地控制盘安装螺母垫片齐全、标牌清晰、牢固和方正。

（5）AP外观无损，馈线弯曲半径、方向、高度、限界、天线角度符合要求。

（6）计轴磁头距轨面尺寸、信标距轨面尺寸精确到毫米。

（7）计轴磁头和信标水平度检测符合1.0级。

（8）大屏显示设备安装在设计指定位置，显示功能采用白盒测试方法。

（9）机柜无变形、无腐蚀、外观良好，按送货清单检查元器件、钥匙等配件齐全，规格型号与设计相符，标识齐全，输入测试信号测试机柜功能，输出端能得到符合要求的信号。

（10）工作站规格和位置需符合设计要求，功能采用白盒、黑盒测试方法，附件齐全。

（11）桌椅安装符合《数据中心设计规范》GB 50174 要求。

（12）光、电缆长度精确到厘米，敷设路径和预留量符合设计要求。

（13）光缆的弯曲半径应不小于光缆外径的 15 倍，施工过程中不应小于 20 倍。

（14）光纤接续参照《综合布线系统工程验收规范》GB/T 50312，光缆损耗、回波损耗符合《综合布线系统工程验收规范》GB/T 50312 中表 7.0.1-1 综合布线系统工程光纤（链路/信道）性能指标测试记录。

（15）封堵表面平整、牢固严实、无漏光、漏风、龟裂、无脱落现象。

6.3.6 市政施·交-1～13 交通工程

1. 适用范围

本表格用于路面交通及轨道交通施工工程设备安装过程的记录。

2. 执行标准

本表参考《城市道路掘路修复技术规范》DBJ 440100/T 15、《高速公路交通工程钢构件防腐技术条件》GB/T 18226、《道路交通标志和标线》GB 5768、《城市道路交通设施设计规范》GB 50688、《路面标线涂料》JT/T 280、《道路交通信号灯设置与安装规范》GB 14886、《道路交通信号控制机》GB 25280 等，以最新颁布的规范、标准为准。

3. 表内填写提示

表内数据的填写必须按照档案填写要求，书写工整，字迹清楚，不得涂改，使用不易褪色水笔填写，文字表述应用专业术语，简图线条清楚，不得随意勾画，有效数据必须符合规范规程和相关规定要求，原始数据必须采取手写形式记录。

第七章　施工过程质量验收文件

基本要求

施工过程质量验收文件是施工过程中对每道工序/检验批、分项、分部（子分部）工程质量控制情况的现场验收确认文件，是组织单位（子单位）工程质量验收的基础，所有的质量验收文件必须有符合相应资格要求的监理工程师签名确认的印迹。施工单位在自检合格的基础上向监理单位申报工序/检验批、分项工程或分部工程的质量检查验收时，必须提供相应的材料质量检验、进场（见证）检（复）验、施工检测、安全及功能性检验资料和施工记录等质量控制资料。

本章主要编制了材料/施工检测质量、地基基础工程、钢筋混凝土工程、钢结构工程的质量（检查）验收通用表，城市道路、桥梁、给排水管道、给排水构筑物、污水处理厂、照明、隧道、园林绿化等土建工程质量验收专用表以及有轨电车工程机电设备安装方面的质量验收专用表；各专业工程用表主要以国家及广东省现行的质量验收规范、标准为编制依据，其中综合管廊工程、有轨电车的充电网安装、通信系统、信号系统等工程因目前没有适用的国家及省发布的现行验收规范、标准，该类工程的表格是参考广州市的地方标准、企业标准进行编制，用表单位可结合当地的情况，经工程建设各方质量责任主体单位同意后参考使用。

1. 质量验收用表的使用要求

质量验收用表包括通用表和专用表两大类，当专业工程中的专用表不能满足实际验收要求时，均可使用相应的通用表表式记录质量验收情况；专用表是结合专业工程质量验收规范、标准编制的，原则上只适用于对应的专业工程验收时使用。

（1）当某些专业工程质量验收没有专用表或专用表不齐全时，应采用通用表或经工程建设各方质量责任主体单位同意使用的专用表。

（2）当某些专业工程没有适用的国家及省发布的现行质量验收规范、标准时，用表单位应用对应的通用表表式按工程建设各方质量责任主体单位同意使用的质量验收标准填写。

（3）当专业工程在设计、合同等文件中明确采用的质量验收规范、标准与本章专业工程用表编制引用的质量验收规范、标准不一致时，用表单位应结合实际采用的质量验收规范、标准来填写对应的通用表表式。

（4）当编制用表引用的质量验收规范、标准有更新时，用表单位应以新发布的规范、标准为质量验收依据，并同步更新对应用表内的验收项目、规定等内容。

（5）表格允许打印，但现场检查情况、验收记录、验收结论和签名必须由参加质量检查人员和符合相应资格要求的总/专业监理工程师本人签署。

（6）表格内不发生的项目，要用“/ ”划掉，不留空白。

2. 工程采用的主要材料、半成品、成品、建筑构配件、器具和设备应进行进场检验。凡涉及安全、节能、环境保护和主要使用功能的重要材料、产品，应按各专业工程施工规范、验收规范和设计文件等规定进行复验，并应经专业监理工程师检查认可。

3. 工程应划分为单位工程、分部工程、分项工程和检验批，作为工程施工质量检查和验收的基础。

（1）单位工程划分原则

1）具备独立施工条件并能形成独立使用功能的建筑物或构筑物为一个单位工程。

2）对于规模较大的单位工程，可将其能形成独立使用功能的部分划分为一个子单位工程。

（2）分部工程划分原则

1）可按专业性质、工程部位确定。

2）当分部工程较大或较复杂时，可按材料种类、施工特点、施工程序、专业系统及类别等将分部工程划分为若干子分部工程。

（3）分项工程可按主要工种、材料、施工工艺、设备类别等进行划分，分项工程可有一个或若干检验批组成。

（4）检验批可根据施工、质量控制和专业验收的需要，按工程量、施工段、变形缝等进行划分，它是按相同生产条件或规定的方式汇总起来供抽样检验用的，有一定数量样本组成的检验体。

4. 施工前，应由施工单位制定分项工程和检验批的划分方案，并由监理单位审核。对于相关专业验收规范未涵盖的分项工程和检验批，可由建设单位组织监理、施工等单位协商确定。

各专业工程的分部（子分部）工程、分项工程、检验批的划分应按对应专业工程规范的有关规定执行；没有规定的可参考《建筑工程施工质量验收统一标准》GB 50300 的规定执行。

结合市政工程的特点，检验批的划分应考虑每道工序交接检验的要求，为保证工程质量，同时避免同一工序的重复验收，一般应在该工序被下一工序覆盖前（即被隐蔽前）组织验收，并作为一个或多个检验批填写对应的检验批质量验收记录；当该工序没有对应的检验批质量验收专用表或专用表中的验收内容不齐全时，应填写隐蔽工程质量验收记录。

5. 工程施工质量验收要求

（1）工程质量的验收均应在施工单位自行检查评定合格的基础上进行。

（2）参加工程施工质量验收的各方人员应具备规定的资格。

（3）检验批的质量应按主控项目和一般项目进行验收。

（4）对涉及结构安全、节能、环境保护和主要使用功能的试块、试件及材料，应在进场时或施工中按规定进行见证检验。

（5）隐蔽工程在隐蔽前应由施工单位通知监理单位进行验收，并应形成验收文件，验收合格后方可继续施工。

（6）对涉及结构安全、节能、环境保护和使用功能的重要分部工程，应在验收前按规定进行见证抽样检验。

（7）工程的外观质量应由验收人员现场检查，并应共同确认。

（8）各专业工程的混凝土结构质量验收按照各专业工程的相关验收规范的规定执行。若相关验收规范没有明确的，应按照设计文件要求执行，并可参照《混凝土结构工程施工质量验收规范》GB 50204、《城市桥梁工程施工与质量验收规范》CJJ 2 的相关规定执行。

6. 检验批、分项工程、分部工程、单位工程质量验收合格的要求

（1）检验批质量验收合格应符合下列规定：

1）主控项目的质量经抽样检验均应合格。

2）一般项目的质量经抽样检验合格。当采用计数抽样时，合格点率应符合有关专业验收规范的规定，且不得存在严重缺陷。对于计数抽样的一般项目，正常检验的一次、二次抽样可按 GB 50300—2013 附录 D 判定。

3）具有完整的施工操作依据、质量验收记录。

附录 D　表 D. 0. 1-1　一般项目正常检验一次抽样判定

样本容量	合格判定数	不合格判定数	样本容量	合格判定数	不合格判定数
5	1	2	32	7	8
8	2	3	50	10	11
13	3	4	80	14	15
20	5	6	125	21	22

表 D.0.1-2 一般项目正常检验二次抽样判定

抽样次数	样本容量	合格 判定数	不合格 判定数	抽样次数	样本容量	合格 判定数	不合格 判定数
(1) (2)	3 6	0 1	2 2	(1) (2)	20 40	3 9	6 10
(1) (2)	5 10	0 3	3 4	(1) (2)	32 64	5 12	9 13
(1) (2)	8 16	1 4	3 5	(1) (2)	50 100	7 18	11 19
(1) (2)	13 26	2 6	5 7	(1) (2)	80 160	11 26	16 27

注：(1) 和 (2) 表示抽样次数，(2) 对应的样本容量为二次抽样的累计数量。

(2) 分项工程质量验收合格应符合下列规定：

1) 所含检验批的质量均应验收合格。

2) 所含检验批的质量验收记录应完整。

(3) 分部工程质量验收合格应符合下列规定：

1) 所含分项工程的质量均应验收合格。

2) 质量控制资料应完整。

3) 有关安全、节能、环境保护和主要使用功能的抽样检验结果应符合相应规定。

4) 观感质量应符合要求。

(4) 单位工程质量验收合格应符合下列规定：

1) 所含分部工程的质量均应验收合格。

2) 质量控制资料应完整。

3) 所含分部工程中有关安全、节能、环境保护和主要使用功能的检验资料应完整。

4) 主要使用功能的抽查结果应符合相关专业验收规范的规定。

5) 观感质量应符合要求。

7. 工程施工质量不符合规定时，应按下列规定进行处理：

(1) 经返工或返修的检验批，应重新进行验收。

(2) 经有资质的检测机构检测鉴定能够达到设计要求的检验批，应予以验收。

(3) 经有资质的检测机构检测鉴定达不到设计要求、但经原设计单位核算认可能够满足安全和使用功能的检验批，可予以验收。

(4) 经返修或加固处理的分部工程及单位工程，满足安全及使用功能要求时，可按技术处理方案和协商文件的要求予以验收。

(5) 经返修或加固处理仍不能满足安全或使用要求的分部工程及单位工程，严禁验收。

8. 工程质量验收的程序和组织

(1) 检验批应由专业监理工程师组织施工单位项目专业质量检查员、专业工长等进行验收。

(2) 分项工程应由专业监理工程师组织施工单位项目专业技术负责人等进行验收。

(3) 分部工程应由总专业监理工程师组织施工单位项目负责人和项目技术、质量负责人等进行验收。勘察、设计单位项目负责人和施工单位技术、质量部门负责人应参加地基与基础分部工程的验收。设计单位项目负责人和施工单位技术、质量部门负责人应参加主体结构、节能分部工程的验收。

9. 表格通用信息的填写要求

(1) 工程名称：填写施工承包合同上的工程名称。

(2) 单位工程名称：可按各专业施工与质量验收规范划分单位工程的要求填写（如：____道路工程、____桥梁工程、____排水工程等）。

(3) 分部（子分部）工程名称：按各专业施工与质量验收规范中划定的分部（子分部）名称填写。

(4) 分项工程名称：按各专业施工与质量验收规范中划定的分项工程名称填写。

(5) 施工单位：填写总包单位名称，或与建设单位签订合同专业承包单位名称，宜写全称，并与合同上公章名称一致，并应注意各表格填写的名称应相互一致。

(6) 分包单位：一些特殊专业，如承包方分包给有相应专业施工资质的单位施工时，该分包单位与施工单位应有合法有效的分包合同，并得到建设方和监理方的确认。即填写与施工单位签订合同的专业分包单位名称，宜写全称，并与合同上公章名称一致，并应注意各表格填写的名称应相互一致。

(7) 项目负责人：凡表格中无专门注明单位的，该称谓均对施工单位而言亦即项目经理，填写合同中指定的项目负责人名称，如有变更，应完善相关的变更审批手续。表头中人名由填表人填写即可，只是标明具体的负责人，不用签字。

(8) 项目技术负责人：指由施工单位派驻项目部负责项目技术管理等工作的技术人员，表头中人名由填表人填写即可，只是标明具体的负责人，不用签字。

(9) 专业工长：指检验批的具体施工负责人（如施工员、施工主管、施工班组长等），且具有对应的上岗资格证。

(10) 项目专业质量检查员：由施工单位派驻项目部负责施工质量检查监控的人员，且具有对应的上岗资格证。

(11) 专业监理工程师：由总监理工程师授权，负责实施某一专业或某一岗位的监理工作，有相应监理文件签发权，具有工程类注册执业资格或具有中级及以上专业技术职称、2 年及以上工程实践经验的监理人员。凡不具备专业监理工程师资格的人员一律不得在专业监理工程师签名栏签名。

(12) 总监理工程师：由工程监理单位法定代表人书面任命，负责履行建设工程监理合同、主持项目监理机构工作的注册监理工程师。如有变更，应完善相关的变更审批手续。

(13) 验收记录中涉及检测报告数据的验收项目，必须在取得相应的正式检测报告后方可确认，监理单位可对其他验收项目先行验收确认。

(14) 部分验收记录中同时包含多个工序、结构部位等的验收内容时，用表单位可按实际的施工先后顺序分开选填并验收，形成多份记录；或者填写在同一份记录内，但验收意见、时间应按实际的施工先后顺序分别在签认。

7.1 通 用 表 格

7.1.1 检查（测）验收及汇总

7.1.1.1 市政验·通-1 工程材料/施工检测质量情况检查汇总表

市政基础设施工程

工程材料/施工检测质量情况检查汇总表

市政验·通-1

共　页第　页

<table>
<tr><td>工程名称</td><td colspan="5"></td><td colspan="3">单位工程名称</td><td colspan="4"></td></tr>
<tr><td>施工单位</td><td colspan="5"></td><td colspan="3">分包单位</td><td colspan="4"></td></tr>
<tr><td>检测类别</td><td colspan="12">□工程材料检测　　□施工检测</td></tr>
<tr><td rowspan="2">试验项目</td><td rowspan="2">规格/品种等</td><td rowspan="2">代表数量</td><td rowspan="2">单位</td><td rowspan="2">应试总数</td><td colspan="2">有见证检验</td><td colspan="2">监督抽检</td><td rowspan="2">组数</td><td rowspan="2">合格组数</td><td rowspan="2" colspan="2">备注</td></tr>
<tr><td>组数</td><td>合格组数</td><td>组数</td><td>合格组数</td></tr>
<tr><td></td><td></td><td></td><td></td><td></td><td></td><td></td><td></td><td></td><td></td><td></td><td colspan="2"></td></tr>
<tr><td></td><td></td><td></td><td></td><td></td><td></td><td></td><td></td><td></td><td></td><td></td><td colspan="2"></td></tr>
<tr><td></td><td></td><td></td><td></td><td></td><td></td><td></td><td></td><td></td><td></td><td></td><td colspan="2"></td></tr>
<tr><td></td><td></td><td></td><td></td><td></td><td></td><td></td><td></td><td></td><td></td><td></td><td colspan="2"></td></tr>
<tr><td></td><td></td><td></td><td></td><td></td><td></td><td></td><td></td><td></td><td></td><td></td><td colspan="2"></td></tr>
<tr><td></td><td></td><td></td><td></td><td></td><td></td><td></td><td></td><td></td><td></td><td></td><td colspan="2"></td></tr>
<tr><td colspan="13">监理单位检查意见：
总/专监理工程师（签字、加盖执业印章）：
年　月　日</td></tr>
</table>

项目技术负责人：　　　　项目专业质量检查员：　　　　年　月　日

7.1.1.2　市政验·通-2　压实度检查汇总表

市政基础设施工程

压实度检查汇总表

市政验·通-2

工程名称							单位工程名称							
施工单位							分包单位							
工程部位	代表里程/井号		代表工程数量	单位	材料种类	标准密度报告编号	标准密度（g/cm^3）	设计或标准值（%）	击实类型	应检点数	已检点数	合格点数	检验结果	备注
	起点	止点												
检查依据	《城镇道路工程施工与质量验收规范》CJJ 1、《城市桥梁工程施工与质量验收规范》CJJ 2 和《给水排水管道工程施工及验收规范》GB 50268、《给水排水构筑物工程施工及验收规范》GB 50141、《城市污水处理厂工程质量验收规范》GB 50334						监理单位检查意见： 总/专监理工程师（签字、加盖执业印章）： 年　月　日							

项目技术负责人：　　　　项目专业质量检查员：　　　　年　月　日

7.1.1.3 市政验·通-3 弯沉检查汇总表

市政基础设施工程

弯沉检查汇总表

市政验·通-3

工程名称						单位工程名称						
施工单位						分包单位						
工程部位	结构层名称	代表里程桩号	代表位置	试验类别	应检点数	已检点数	统计点数	设计弯沉值 l_{sz} （1/100mm）	代表弯沉值 l_r （1/100mm）	试验结论	报告编号	备注
检查依据	参照《公路工程质量检验评定标准》JTG F80/1					监理单位检查意见： 总/专监理工程师（签字、加盖执业印章）： 年 月 日						

项目技术负责人： 项目专业质量检查员： 年 月 日

7.1.1.4 市政验·通-4 无侧限抗压强度检查汇总表

市政基础设施工程

无侧限抗压强度检查汇总表

市政验·通-4

共 页 第 页

<table>
<tr><td>工程名称</td><td colspan="3"></td><td>单位工程名称</td><td colspan="5"></td></tr>
<tr><td>施工单位</td><td colspan="3"></td><td>分包单位</td><td colspan="5"></td></tr>
<tr><td>序号</td><td>工程部位</td><td>代表里程/桩号</td><td>代表工程数量（m²）</td><td>混合料种类/规格</td><td>设计强度等级（MPa）</td><td>应检点数</td><td>已检点数</td><td>试验结论</td><td>备注</td></tr>
<tr><td></td><td></td><td></td><td></td><td></td><td></td><td></td><td></td><td></td><td></td></tr>
<tr><td></td><td></td><td></td><td></td><td></td><td></td><td></td><td></td><td></td><td></td></tr>
<tr><td></td><td></td><td></td><td></td><td></td><td></td><td></td><td></td><td></td><td></td></tr>
<tr><td></td><td></td><td></td><td></td><td></td><td></td><td></td><td></td><td></td><td></td></tr>
<tr><td></td><td></td><td></td><td></td><td></td><td></td><td></td><td></td><td></td><td></td></tr>
<tr><td></td><td></td><td></td><td></td><td></td><td></td><td></td><td></td><td></td><td></td></tr>
<tr><td></td><td></td><td></td><td></td><td></td><td></td><td></td><td></td><td></td><td></td></tr>
<tr><td></td><td></td><td></td><td></td><td></td><td></td><td></td><td></td><td></td><td></td></tr>
<tr><td></td><td></td><td></td><td></td><td></td><td></td><td></td><td></td><td></td><td></td></tr>
<tr><td></td><td></td><td></td><td></td><td></td><td></td><td></td><td></td><td></td><td></td></tr>
<tr><td></td><td></td><td></td><td></td><td></td><td></td><td></td><td></td><td></td><td></td></tr>
<tr><td></td><td></td><td></td><td></td><td></td><td></td><td></td><td></td><td></td><td></td></tr>
<tr><td></td><td></td><td></td><td></td><td></td><td></td><td></td><td></td><td></td><td></td></tr>
<tr><td></td><td></td><td></td><td></td><td></td><td></td><td></td><td></td><td></td><td></td></tr>
<tr><td></td><td></td><td></td><td></td><td></td><td></td><td></td><td></td><td></td><td></td></tr>
<tr><td></td><td></td><td></td><td></td><td></td><td></td><td></td><td></td><td></td><td></td></tr>
<tr><td>检查依据</td><td colspan="3">《城镇道路工程施工与质量验收规范》CJJ1、《公路工程质量检验评定标准》JTG F80/1</td><td colspan="6">监理单位检查意见：

总/专监理工程师（签字、加盖执业印章）：

年 月 日</td></tr>
</table>

项目技术负责人： 项目专业质量检查员： 年 月 日

7.1.1.5 市政验·通-5 钢管（钢构件）焊缝质量检验汇总表

市政基础设施工程

钢管（钢构件）焊缝质量检验汇总表

市政验·通-5

工程名称						单位工程名称						
施工单位						分包单位						
工程部位/区段	焊缝种类	代表数量（条/米）	内部质量等级	外观质量检查情况（等级）	内部质量检验情况							
					应检数量（条/米）	已检数量（条/米）	检验方法	检验等级	评定等级	检测结论	检测报告编号	返修情况
检查依据	《城市桥梁工程施工与质量验收规范》CJJ 2、《工业金属管道工程施工及验收规范》GB 50235，《现场设备、工业管道焊接工程施工及验收规范》GB 50236、《钢结构工程施工及验收规范》GB 50205							监理单位检查意见： 总/专监理工程师（签字、加盖执业印章）： 年 月 日				

项目技术负责人： 项目专业质量检查员： 年 月 日

7.1.1.6 市政验·通-6 长钢轨焊接试验资料汇总表

市政基础设施工程

长钢轨焊接试验资料汇总表

（TB 1632—91）

市政验·通-6

共　页，第　页

<table>
<tr><td colspan="2">工程名称</td><td colspan="5"></td><td colspan="3">合同编号</td><td colspan="5"></td></tr>
<tr><td colspan="2">施工单位</td><td colspan="5"></td><td colspan="3">监理单位</td><td colspan="5"></td></tr>
<tr><td colspan="2" rowspan="3">内容
种类</td><td colspan="10">试验项目</td><td rowspan="3">申请日期</td><td rowspan="3">试验日期</td><td rowspan="3">说明（附件）</td></tr>
<tr><td colspan="2">落锤</td><td colspan="2">静弯</td><td colspan="2">疲劳</td><td colspan="2">硬度</td><td colspan="2">拉伸</td></tr>
<tr><td>数量</td><td>结果</td><td>数量</td><td>结果</td><td>数量</td><td>结果</td><td>数量</td><td>结果</td><td>数量</td><td>结果</td></tr>
<tr><td rowspan="3">型式试验</td><td>第一次</td><td></td><td></td><td></td><td></td><td></td><td></td><td></td><td></td><td></td><td></td><td></td><td></td><td></td></tr>
<tr><td>第二次</td><td></td><td></td><td></td><td></td><td></td><td></td><td></td><td></td><td></td><td></td><td></td><td></td><td></td></tr>
<tr><td>第三次</td><td></td><td></td><td></td><td></td><td></td><td></td><td></td><td></td><td></td><td></td><td></td><td></td><td></td></tr>
<tr><td rowspan="3">工艺调试</td><td>第一次</td><td></td><td></td><td></td><td></td><td></td><td></td><td></td><td></td><td></td><td></td><td></td><td></td><td></td></tr>
<tr><td>第二次</td><td></td><td></td><td></td><td></td><td></td><td></td><td></td><td></td><td></td><td></td><td></td><td></td><td></td></tr>
<tr><td>第三次</td><td></td><td></td><td></td><td></td><td></td><td></td><td></td><td></td><td></td><td></td><td></td><td></td><td></td></tr>
<tr><td rowspan="9">生产周期试验</td><td>第一次</td><td></td><td></td><td></td><td></td><td></td><td></td><td></td><td></td><td></td><td></td><td></td><td></td><td></td></tr>
<tr><td>第二次</td><td></td><td></td><td></td><td></td><td></td><td></td><td></td><td></td><td></td><td></td><td></td><td></td><td></td></tr>
<tr><td>第三次</td><td></td><td></td><td></td><td></td><td></td><td></td><td></td><td></td><td></td><td></td><td></td><td></td><td></td></tr>
<tr><td>第四次</td><td></td><td></td><td></td><td></td><td></td><td></td><td></td><td></td><td></td><td></td><td></td><td></td><td></td></tr>
<tr><td>第五次</td><td></td><td></td><td></td><td></td><td></td><td></td><td></td><td></td><td></td><td></td><td></td><td></td><td></td></tr>
<tr><td>第六次</td><td></td><td></td><td></td><td></td><td></td><td></td><td></td><td></td><td></td><td></td><td></td><td></td><td></td></tr>
<tr><td>第七次</td><td></td><td></td><td></td><td></td><td></td><td></td><td></td><td></td><td></td><td></td><td></td><td></td><td></td></tr>
<tr><td>第八次</td><td></td><td></td><td></td><td></td><td></td><td></td><td></td><td></td><td></td><td></td><td></td><td></td><td></td></tr>
<tr><td>第九次</td><td></td><td></td><td></td><td></td><td></td><td></td><td></td><td></td><td></td><td></td><td></td><td></td><td></td></tr>
<tr><td colspan="3">施工单位
检查结果</td><td colspan="12">专业工长：（签名）　项目专业质量检查员：（签名）　年　月　日</td></tr>
<tr><td colspan="3">监理单位
验收结论</td><td colspan="12">专业监理工程师：（签名）　年　月　日</td></tr>
</table>

7.1.1.7　市政验·通-7　混凝土/砂浆试块留置情况及强度检查汇总表

市政基础设施工程

混凝土/砂浆试块留置情况及强度检查汇总表

市政验·通-7

共　　页第　　页

工程名称						单位工程名称							
施工单位						分包单位							
工程部位				混凝土/砂浆设计用总量（m^3）			设计强度等级		试块类型	□抗压□抗折□抗渗			
序号	浇筑里程、桩号	浇筑数量（m^3）	制件时间	留置数量（组）	养护方式	龄期（天）	配合比设计报告编号	试验结果（MPa）	报告编号	试验类别		文件所在卷、页号	备注
										见证送检	监督抽检		

项目技术负责人：　　项目专业质量检查员：　　专业监理工程师：　　　　年　　月　　日

7.1.1.8 市政验·通-8 混凝土试块抗压强度检验评定表

市政基础设施工程

混凝土试块抗压强度检验评定表

市政验·通-8

工程名称										单位工程名称					
施工单位						分包单位						养护方式		□标养 □同条件	
工程部位	配合比编号	设计强度 $f_{cu,k}$	统计组数 n	平均值 mf_{cu}	标准差 Sf_{cu}	合格判断系数				最小值 $f_{cu,min}$	评定数据				评定结果
						λ_1	λ_2	λ_3	λ_4		$f_{cu,k}+\lambda_1 \cdot S_{fcu}$	$\lambda_2 \cdot f_{cu,k}$	$\lambda_3 \cdot f_{cu,k}$	$\lambda_4 \cdot f_{cu,k}$	
评定依据及评定公式	依据国家标准《混凝土强度检验评定标准》GB/T 50107 当试件≥10 组时，$mf_{cu} \geq f_{cu,k}+\lambda_1 \cdot S_{fcu}$ $f_{cu,min} \geq \lambda_2$ $f_{cu,k}$评定为合格当试件<10 组时，$mf_{cu} \geq \lambda_3 \cdot f_{cu,k}$ $f_{cu,min} \geq \lambda_4 \cdot f_{cu,k}$评定为合格									评定结论	总/专监理工程师(签字、加盖执业印章)： 年 月 日				

项目技术负责人： 项目专业质量检查员： 年 月 日

7.1.1.9　市政验·通-9　混凝土试块抗折(弯拉)强度检验评定表

市政基础设施工程

混凝土试块抗折(弯拉)强度检验评定表

市政验·通-9

<table>
<tr><td colspan="2">工程名称</td><td colspan="4"></td><td colspan="2">单位工程名称</td><td colspan="8"></td></tr>
<tr><td colspan="2">施工单位</td><td colspan="4"></td><td colspan="2">分包单位</td><td colspan="8"></td></tr>
<tr><td>工程部位</td><td>配合比编号</td><td>养护方式</td><td>设计强度 f_r(MPa)</td><td>统计组数 n</td><td>强度平均值 f_{cs}(MPa)</td><td>最小值(MPa)</td><td>合格判断系数 K</td><td>强度标准差 σ</td><td>$0.75f_r$(MPa)</td><td>$0.80f_r$(MPa)</td><td>$0.85f_r$(MPa)</td><td>$1.10f_r$(MPa)</td><td>平均强度下限值 f_r+K_σ(MPa)</td><td>评定结果</td><td>备注</td></tr>
<tr><td></td><td></td><td></td><td></td><td></td><td></td><td></td><td></td><td></td><td></td><td></td><td></td><td></td><td></td><td></td><td></td></tr>
<tr><td></td><td></td><td></td><td></td><td></td><td></td><td></td><td></td><td></td><td></td><td></td><td></td><td></td><td></td><td></td><td></td></tr>
<tr><td></td><td></td><td></td><td></td><td></td><td></td><td></td><td></td><td></td><td></td><td></td><td></td><td></td><td></td><td></td><td></td></tr>
<tr><td></td><td></td><td></td><td></td><td></td><td></td><td></td><td></td><td></td><td></td><td></td><td></td><td></td><td></td><td></td><td></td></tr>
<tr><td></td><td></td><td></td><td></td><td></td><td></td><td></td><td></td><td></td><td></td><td></td><td></td><td></td><td></td><td></td><td></td></tr>
<tr><td colspan="2">评定依据及评定公式</td><td colspan="6">依据行业标准《公路工程质量检验评定标准》JTG F80/1。
1. 当试件>10 组时，$f_{cs}\geq f_r+K_\sigma$，评定为合格；(试件组数为 11－19 组时，允许有一组强度小于 $0.85f_r$，但不得小于 $0.8f_r$；试件组数>20 组时，其他公路允许一组强度小于 $0.85f_r$，但不得小于 $0.75f_r$；高速公路、一级公路均不得少于 $0.85f_r$)。
2. 当试件≤10 组时，$f_{cs}\geq 1.10f_r$，且任一组强度均小于 $0.85f_r$，可评定为合格</td><td>评定结论</td><td colspan="7">总/专监理工程师(签字、加盖执业印章)：
年　月　日</td></tr>
</table>

项目技术负责人：　　　　项目专业质量检查员：　　　　年　月　日

7.1.1.10 市政验·通-10 砂浆(水泥净浆)试块抗压强度检验评定表

市政基础设施工程

砂浆(水泥净浆)试块抗压强度检验评定表

市政验·通-10

工程名称				单位工程名称			
施工单位				分包单位			
工程部位	设计强度等级 $f_{cu,k}$(MPa)	统计试块组数 (n)	各组强度平均值 mf_{cu}(MPa)	最小一组平均值 $f_{cu,min}$(MPa)	强度合格判断下限值 $0.85f_{cu,k}$	评定结果	备注
评定依据及评定公式	《砌体工程施工与验收规范》GB 50203 当 $n>2$，$mf_{cu}\geq 1.10\ f_{cu,k}$ $f_{cu,min}\geq 0.85\ f_{cu,k}$ 当 $n\leq 2$，$f_{cu,i}\geq 1.10f_{cu,k}$			评定结论	总/专监理工程师(签字、加盖执业印章)： 年 月 日		

项目技术负责人： 项目专业质量检查员： 年 月 日

市政基础设施工程

地基施工质量检查汇总表

市政验·通-11

共　　页第　　页

工程名称				单位工程名称												
施工单位				分包单位												
地基类型		地基处理方法		设计总工程量（桩数/面积）												
检测方法及数量	□平板载荷试验 数量＿＿＿；□单桩载荷试验 数量＿＿＿；□钻芯法 数量＿＿＿；□动力（静力）触探 数量＿＿＿；□标准贯入 数量＿＿＿；□压实系数检测 数量＿＿＿＿；□其他＿＿＿ 数量＿＿＿															
序号	施工里程（区号）	施工日期	实际工程量（桩数/面积）	检测情况												备注
				平板载荷试验		单桩载荷试验		钻芯法		动力（静力）触探试验		标准贯入试验				
				数量	结论	数量	结论	数量	结论	数量	结论	数量	结论	数量	结论	

项目技术负责人：　　　　　　项目专业质量检查员：　　　　　　总/专监理工程师（签字、加盖执业印章）：　年　　月　　日

附件：1. 相关施工记录；2. 相关检验批质量验收记录/隐蔽验收资料；3. 地基检测方案；4. 相关的检测报告。

7.1.1.12 市政验·通-12 混凝土灌注桩/地下连续墙施工质量检查汇总表

市政基础设施工程

混凝土灌注桩/地下连续墙施工质量检查汇总表

市政验·通-12

共　　页,第　　页

工程名称		单位工程名称	
施工单位		分包单位	
桩(墙)数/桩径(墙尺寸)		检测方法及数量	□低应变法 数量_____;□声波透射法 数量_____;□钻芯法 数量_____;□静载 数量_____;□高应变法 数量_____;□其他______ 数量_____

序号	桩(墙)号	设计桩径(墙尺寸)(m)	桩(墙)顶标高(m)			桩(墙)底标高(m)		桩(墙)长(m)			嵌岩深度(m)		持力层地质情况				检测情况				桩(墙)身混凝土强度(MPa)		备注
			设计	浇筑混凝土顶	检测	设计	终孔	设计	施工	检测	设计	实际	设计	终孔	检测	取样厚度	低应变	声波透射	钻芯	静载	设计	芯样	

项目技术负责人：　　　　项目专业质量检查员：　　　　总/专监理工程师(签字、加盖执业印章)：　　　　年　　月　　日

附件:1. 相关检验批质量验收记录;2. 混凝土浇筑记录;3. 灌注桩/墙隐蔽验收资料;4. 桩墙检测报告;5. 桩/墙检测方案。

7.1.1.13　市政验·通-13　设备、配件进场验收记录

市政基础设施工程

设备、配件进场验收记录

市政验·通-13

共　　页第　　页

<table>
<tr><td colspan="2">工程名称</td><td colspan="8"></td></tr>
<tr><td colspan="2">单位工程名称</td><td colspan="3"></td><td colspan="2">施工单位</td><td colspan="3"></td></tr>
<tr><td colspan="2">设备（配件）名称</td><td colspan="3"></td><td colspan="2">分包单位</td><td colspan="3"></td></tr>
<tr><td colspan="2">规格型号</td><td colspan="3"></td><td colspan="2">总数量</td><td colspan="3"></td></tr>
<tr><td colspan="2">设备（配件）编号</td><td colspan="3"></td><td colspan="2">检查数量</td><td colspan="3"></td></tr>
<tr><td rowspan="14">检查记录</td><td colspan="2">技术证件</td><td colspan="7"></td></tr>
<tr><td colspan="2">备件与附件</td><td colspan="7"></td></tr>
<tr><td colspan="2">外观情况</td><td colspan="7"></td></tr>
<tr><td colspan="2">测试情况</td><td colspan="7"></td></tr>
<tr><td colspan="9">缺损附备件明细表</td></tr>
<tr><td>序号</td><td colspan="2">名　称</td><td>规格</td><td colspan="2">单位</td><td>数量</td><td colspan="2">备注</td></tr>
<tr><td></td><td colspan="2"></td><td></td><td colspan="2"></td><td></td><td colspan="2"></td></tr>
<tr><td></td><td colspan="2"></td><td></td><td colspan="2"></td><td></td><td colspan="2"></td></tr>
<tr><td></td><td colspan="2"></td><td></td><td colspan="2"></td><td></td><td colspan="2"></td></tr>
<tr><td></td><td colspan="2"></td><td></td><td colspan="2"></td><td></td><td colspan="2"></td></tr>
<tr><td></td><td colspan="2"></td><td></td><td colspan="2"></td><td></td><td colspan="2"></td></tr>
<tr><td></td><td colspan="2"></td><td></td><td colspan="2"></td><td></td><td colspan="2"></td></tr>
<tr><td></td><td colspan="2"></td><td></td><td colspan="2"></td><td></td><td colspan="2"></td></tr>
<tr><td></td><td colspan="2"></td><td></td><td colspan="2"></td><td></td><td colspan="2"></td></tr>
<tr><td colspan="10">结　　论</td></tr>
<tr><td>施工单位自检意见</td><td colspan="9">项目专业质量检查员：　　项目技术负责人：　　年　月　日</td></tr>
<tr><td>监理单位意见</td><td colspan="9">专业监理工程师：
年　月　日</td></tr>
</table>

7.1.1.14　市政验·通-14　隐蔽工程质量验收记录

市政基础设施工程

________隐蔽工程质量验收记录

市政验·通-14

<table>
<tr><td>工程名称</td><td></td><td>施工单位</td><td></td></tr>
<tr><td>单位工程名称</td><td></td><td>分包单位</td><td></td></tr>
<tr><td>分部（子分部）
工程名称</td><td></td><td>验收部
位/区段</td><td></td></tr>
<tr><td>施工及验收依据</td><td></td><td></td><td></td></tr>
<tr><td>检查
内容
及检
查情
况</td><td colspan="3"></td></tr>
<tr><td>施工
单位
检查
结果</td><td colspan="3">专业工长：　　项目专业质量检查员：　　年　月　日</td></tr>
<tr><td>监理
单位
验收
结论</td><td colspan="3">专业监理工程师：
年　月　日</td></tr>
</table>

7.1.1.15 市政验·通-15 附图

市政基础设施工程

____________附图

市政验·通-15

<table>
<tr><td>工程名称</td><td></td><td>施工单位</td><td></td></tr>
<tr><td>单位工程名称</td><td></td><td>分包单位</td><td></td></tr>
<tr><td>分部（子分部）
工程名称</td><td></td><td>验收部
位/区段</td><td></td></tr>
<tr><td colspan="4"></td></tr>
<tr><td>施工
单位
检查
结果</td><td colspan="3">专业工长： 项目专业质量检查员： 年 月 日</td></tr>
<tr><td>监理
单位
验收
结论</td><td colspan="3">专业监理工程师： 年 月 日</td></tr>
</table>

7.1.1.16　市政验·通-16　检验批质量验收记录

市政基础设施工程

________检验批质量验收记录

市政验·通-16

第　　页，共　　页

工程名称			
单位工程名称			
施工单位		分包单位	
项目负责人		项目技术负责人	
分部（子分部）工程名称		分项工程名称	
验收部位/区段		检验批容量	
施工及验收依据			

验收项目			设计要求或规范规定	最小/实际抽样数量	检查记录	检查结果
主控项目				/		
				/		
				/		
				/		
				/		
一般项目				/		
				/		
				/		
				/		
				/		
				/		
				/		
				/		
				/		
				/		

施工单位检查结果	专业工长：　　　项目专业质量检查员：　　　年　　月　　日
监理单位验收结论	专业监理工程师：　　　年　　月　　日

7.1.1.17　市政验·通-17　分项工程质量验收记录

市政基础设施工程

______分项工程质量验收记录

市政验·通-17

第　　页，共　　页

<table>
<tr><td colspan="2">工程名称</td><td colspan="5"></td></tr>
<tr><td colspan="2">单位工程名称</td><td colspan="5"></td></tr>
<tr><td colspan="2">施工单位</td><td colspan="2"></td><td>分包单位</td><td colspan="2"></td></tr>
<tr><td colspan="2">分部（子分部）
工程名称</td><td></td><td>验收区段</td><td></td><td>检验批数</td><td></td></tr>
<tr><td colspan="2">项目负责人</td><td></td><td>项目技术负责人</td><td></td><td>质检负责人</td><td></td></tr>
<tr><td colspan="2">分包项目负责人</td><td></td><td>分包
项目技术负责人</td><td></td><td>分包
质检负责人</td><td></td></tr>
<tr><td>序号</td><td>检验批名称</td><td>验收部位区段</td><td>检验批容量</td><td>施工单位检
查结果</td><td colspan="2">监理（建设）
单位验收结论</td></tr>
<tr><td>1</td><td></td><td></td><td></td><td></td><td colspan="2"></td></tr>
<tr><td>2</td><td></td><td></td><td></td><td></td><td colspan="2"></td></tr>
<tr><td>3</td><td></td><td></td><td></td><td></td><td colspan="2"></td></tr>
<tr><td>4</td><td></td><td></td><td></td><td></td><td colspan="2"></td></tr>
<tr><td>5</td><td></td><td></td><td></td><td></td><td colspan="2"></td></tr>
<tr><td>6</td><td></td><td></td><td></td><td></td><td colspan="2"></td></tr>
<tr><td>7</td><td></td><td></td><td></td><td></td><td colspan="2"></td></tr>
<tr><td>8</td><td></td><td></td><td></td><td></td><td colspan="2"></td></tr>
<tr><td>9</td><td></td><td></td><td></td><td></td><td colspan="2"></td></tr>
<tr><td>10</td><td></td><td></td><td></td><td></td><td colspan="2"></td></tr>
<tr><td colspan="4">质量控制资料</td><td></td><td colspan="2"></td></tr>
<tr><td colspan="2">施工单位
检查结果</td><td colspan="5">专业工长：

项目专业质量检查员：　　　年　　月　　日</td></tr>
<tr><td colspan="2">监理（建设）单位
验收结论</td><td colspan="5">专业监理工程师（建设单位项目专业负责人）：　　　年　　月　　日</td></tr>
</table>

7.1.1.18 市政验·通-18 分部（子分部）工程质量验收记录

市政基础设施工程

____分部（子分部）工程质量验收记录

市政验·通-18

第　　页，共　　页

<table>
<tr><td colspan="2">工程名称</td><td colspan="6"></td></tr>
<tr><td colspan="2">单位工程名称</td><td colspan="6"></td></tr>
<tr><td colspan="2">施工单位</td><td colspan="2"></td><td colspan="2">分包单位</td><td colspan="2"></td></tr>
<tr><td colspan="2">子分部工程名称</td><td colspan="2"></td><td colspan="2">验收区段</td><td colspan="2"></td></tr>
<tr><td colspan="2">项目负责人</td><td></td><td>项目技术负责人</td><td></td><td>质检负责人</td><td colspan="2"></td></tr>
<tr><td colspan="2">分包项目负责人</td><td></td><td>分包项目技术负责人</td><td></td><td>分包质检负责人</td><td colspan="2"></td></tr>
<tr><td>序号</td><td colspan="2">分项工程名称</td><td>检验批数</td><td colspan="2">施工单位检查结果</td><td colspan="2">监理（建设）单位验收结论</td></tr>
<tr><td>1</td><td colspan="2"></td><td></td><td colspan="2"></td><td colspan="2"></td></tr>
<tr><td>2</td><td colspan="2"></td><td></td><td colspan="2"></td><td colspan="2"></td></tr>
<tr><td>3</td><td colspan="2"></td><td></td><td colspan="2"></td><td colspan="2"></td></tr>
<tr><td>4</td><td colspan="2"></td><td></td><td colspan="2"></td><td colspan="2"></td></tr>
<tr><td>5</td><td colspan="2"></td><td></td><td colspan="2"></td><td colspan="2"></td></tr>
<tr><td>6</td><td colspan="2"></td><td></td><td colspan="2"></td><td colspan="2"></td></tr>
<tr><td>7</td><td colspan="2"></td><td></td><td colspan="2"></td><td colspan="2"></td></tr>
<tr><td>8</td><td colspan="2"></td><td></td><td colspan="2"></td><td colspan="2"></td></tr>
<tr><td>9</td><td colspan="2"></td><td></td><td colspan="2"></td><td colspan="2"></td></tr>
<tr><td>10</td><td colspan="2"></td><td></td><td colspan="2"></td><td colspan="2"></td></tr>
<tr><td>11</td><td colspan="2"></td><td></td><td colspan="2"></td><td colspan="2"></td></tr>
<tr><td>汇总</td><td colspan="3">本分部的分项合计数____，检验批合计数____</td><td colspan="2"></td><td colspan="2"></td></tr>
<tr><td colspan="4">质量控制资料</td><td colspan="2"></td><td colspan="2"></td></tr>
<tr><td colspan="4">安全和功能检验（检测）报告</td><td colspan="2"></td><td colspan="2"></td></tr>
<tr><td colspan="4">观感质量</td><td colspan="2"></td><td colspan="2"></td></tr>
<tr><td colspan="3">综合验收结论</td><td colspan="5"></td></tr>
<tr><td rowspan="5">参加验收单位</td><td>施工单位（公章）</td><td colspan="5">项目负责人（签字、加盖执业印章）：</td><td>年　月　日</td></tr>
<tr><td>监理单位（公章）</td><td colspan="5">总监理工程师（签字、加盖执业印章）：</td><td>年　月　日</td></tr>
<tr><td>勘察单位（公章）</td><td colspan="5">项目负责人：</td><td>年　月　日</td></tr>
<tr><td>设计单位（公章）</td><td colspan="5">项目负责人：</td><td>年　月　日</td></tr>
<tr><td>建设单位（公章）</td><td colspan="5">项目负责人：</td><td>年　月　日</td></tr>
</table>

7.1.1.19　市政验·通-19　分部工程质量验收汇总表

市政基础设施工程

分部工程质量验收汇总表

市政验·通-19

第　　页，共　　页

工程名称							
单位工程名称							
施工单位				分包单位			
项目负责人			技术负责人		质检负责人		
分包项目负责人			分包项目技术负责人		分包质检负责人		
序号	分部（子分部）工程名称	验收次数	验收区段	分项合计数	检验批合计数	验收结论	备注
1							
2							
3							
4							
5							
6							

项目技术负责人：　　　　　　　　　　　　　　　　项目专业质量检查员：

总/专监理工程师（签字、加盖执业印章）：　　　　　　　　年　　月　　日

7.1.2 地基基础

7.1.2.1 市政验·通-20 素土、灰土地基检验批质量验收记录

市政基础设施工程

素土、灰土地基检验批质量验收记录

市政验·通-20

第　　页，共　　页

<table>
<tr><td colspan="3">工程名称</td><td colspan="5"></td></tr>
<tr><td colspan="3">单位工程名称</td><td colspan="5"></td></tr>
<tr><td colspan="3">施工单位</td><td></td><td colspan="2">分包单位</td><td colspan="2"></td></tr>
<tr><td colspan="3">项目负责人</td><td></td><td colspan="2">项目技术负责人</td><td colspan="2"></td></tr>
<tr><td colspan="3">分部（子分部）工程名称</td><td></td><td colspan="2">分项工程名称</td><td colspan="2"></td></tr>
<tr><td colspan="3">验收部位/区段</td><td></td><td colspan="2">检验批容量</td><td colspan="2"></td></tr>
<tr><td colspan="3">施工及验收依据</td><td colspan="5">《建筑地基基础工程施工质量验收标准》GB 50202</td></tr>
<tr><td colspan="4">验收项目</td><td>设计要求或规范规定</td><td>最小/实际抽样数量</td><td>检查记录</td><td>检查结果</td></tr>
<tr><td rowspan="5">主控项目</td><td>1</td><td colspan="2">地基承载力</td><td>不少于设计值</td><td>/</td><td></td><td></td></tr>
<tr><td>2</td><td colspan="2">配合比</td><td>设计值</td><td>/</td><td></td><td></td></tr>
<tr><td>3</td><td colspan="2">压实系数</td><td>不小于设计值</td><td>/</td><td></td><td></td></tr>
<tr><td></td><td colspan="2"></td><td></td><td></td><td></td><td></td></tr>
<tr><td></td><td colspan="2"></td><td></td><td></td><td></td><td></td></tr>
<tr><td rowspan="6">一般项目</td><td>1</td><td rowspan="5">允许偏差</td><td>石灰粒径（mm）</td><td>≤5</td><td>/</td><td></td><td></td></tr>
<tr><td>2</td><td>土料有机质含量（%）</td><td>≤5</td><td>/</td><td></td><td></td></tr>
<tr><td>3</td><td>土颗粒粒径（mm）</td><td>≤15</td><td>/</td><td></td><td></td></tr>
<tr><td>4</td><td>含水量</td><td>最优含水量±2%</td><td>/</td><td></td><td></td></tr>
<tr><td>5</td><td>分层厚度</td><td>±50</td><td>/</td><td></td><td></td></tr>
<tr><td></td><td colspan="2"></td><td></td><td></td><td></td><td></td></tr>
<tr><td colspan="2">施工单位检查结果</td><td colspan="6">专业工长：　　　　项目专业质量检查员：　　　　年　　月　　日</td></tr>
<tr><td colspan="2">监理单位验收结论</td><td colspan="6">专业监理工程师：　　　　年　　月　　日</td></tr>
</table>

7.1.2.2 市政验·通-21 砂和砂石地基检验批质量验收记录

市政基础设施工程

砂和砂石地基检验批质量验收记录

市政验·通-21

第 页，共 页

<table>
<tr><td colspan="4">工程名称</td><td colspan="4"></td></tr>
<tr><td colspan="4">单位工程名称</td><td colspan="4"></td></tr>
<tr><td colspan="4">施工单位</td><td></td><td colspan="2">分包单位</td><td></td></tr>
<tr><td colspan="4">项目负责人</td><td></td><td colspan="2">项目技术负责人</td><td></td></tr>
<tr><td colspan="4">分部（子分部）工程名称</td><td></td><td colspan="2">分项工程名称</td><td></td></tr>
<tr><td colspan="4">验收部位/区段</td><td></td><td colspan="2">检验批容量</td><td></td></tr>
<tr><td colspan="4">施工及验收依据</td><td colspan="4">《建筑地基基础工程施工质量验收标准》GB 50202</td></tr>
<tr><td colspan="4">验收项目</td><td>设计要求或规范规定</td><td>最小/实际抽样数量</td><td>检查记录</td><td>检查结果</td></tr>
<tr><td rowspan="5">主控项目</td><td>1</td><td colspan="2">地基承载力</td><td>不小于设计值</td><td>/</td><td></td><td></td></tr>
<tr><td>2</td><td colspan="2">配合比</td><td>设计值</td><td>/</td><td></td><td></td></tr>
<tr><td>3</td><td colspan="2">压实系数</td><td>不小于设计值</td><td>/</td><td></td><td></td></tr>
<tr><td></td><td colspan="2"></td><td></td><td></td><td></td><td></td></tr>
<tr><td></td><td colspan="2"></td><td></td><td></td><td></td><td></td></tr>
<tr><td rowspan="6">一般项目</td><td>1</td><td rowspan="5">允许偏差</td><td>砂石料有机质含量（%）</td><td>≤5</td><td>/</td><td></td><td></td></tr>
<tr><td>2</td><td>砂石料含泥量（%）</td><td>≤5</td><td>/</td><td></td><td></td></tr>
<tr><td>3</td><td>砂石料粒径（mm）</td><td>≤50</td><td>/</td><td></td><td></td></tr>
<tr><td>4</td><td>分层厚度（mm）</td><td>±50</td><td>/</td><td></td><td></td></tr>
<tr><td></td><td></td><td></td><td></td><td></td><td></td></tr>
<tr><td></td><td colspan="2"></td><td></td><td></td><td></td><td></td></tr>
<tr><td colspan="3">施工单位检查结果</td><td colspan="5">专业工长： 项目专业质量检查员： 年 月 日</td></tr>
<tr><td colspan="3">监理单位验收结论</td><td colspan="5">专业监理工程师： 年 月 日</td></tr>
</table>

7.1.2.3 市政验·通-22 土工合成材料地基检验批质量验收记录

市政基础设施工程

土工合成材料地基检验批质量验收记录

市政验·通-22

第 页，共 页

<table>
<tr><td colspan="4">工程名称</td><td colspan="4"></td></tr>
<tr><td colspan="4">单位工程名称</td><td colspan="4"></td></tr>
<tr><td colspan="4">施工单位</td><td></td><td colspan="2">分包单位</td><td></td></tr>
<tr><td colspan="4">项目负责人</td><td></td><td colspan="2">项目技术负责人</td><td></td></tr>
<tr><td colspan="4">分部（子分部）工程名称</td><td></td><td colspan="2">分项工程名称</td><td></td></tr>
<tr><td colspan="4">验收部位/区段</td><td></td><td colspan="2">检验批容量</td><td></td></tr>
<tr><td colspan="4">施工及验收依据</td><td colspan="4">《建筑地基基础工程施工质量验收标准》GB 50202</td></tr>
<tr><td colspan="4">验收项目</td><td>设计要求或规范规定</td><td>最小/实际抽样数量</td><td>检查记录</td><td>检查结果</td></tr>
<tr><td rowspan="5">主控项目</td><td>1</td><td colspan="2">地基承载力</td><td>不小于设计值</td><td>/</td><td></td><td></td></tr>
<tr><td>2</td><td rowspan="2">允许偏差</td><td>土工合成材料强度（%）</td><td>≥−5</td><td>/</td><td></td><td></td></tr>
<tr><td>3</td><td>土工合成材料强度延伸率（%）</td><td>≥−3</td><td>/</td><td></td><td></td></tr>
<tr><td></td><td colspan="2"></td><td></td><td></td><td></td><td></td></tr>
<tr><td></td><td colspan="2"></td><td></td><td></td><td></td><td></td></tr>
<tr><td rowspan="6">一般项目</td><td>1</td><td rowspan="5">允许偏差</td><td>土工合成材料搭接长度（mm）</td><td>≥300</td><td>/</td><td></td><td></td></tr>
<tr><td>2</td><td>土石料有机质含量（%）</td><td>≤5</td><td>/</td><td></td><td></td></tr>
<tr><td>3</td><td>层面平整度（mm）</td><td>±20</td><td>/</td><td></td><td></td></tr>
<tr><td>4</td><td>分层厚度</td><td>±25</td><td>/</td><td></td><td></td></tr>
<tr><td></td><td></td><td></td><td></td><td></td><td></td></tr>
<tr><td></td><td colspan="2"></td><td></td><td></td><td></td><td></td></tr>
<tr><td colspan="2">施工单位检查结果</td><td colspan="6">专业工长： 项目专业质量检查员： 年 月 日</td></tr>
<tr><td colspan="2">监理单位验收结论</td><td colspan="6">专业监理工程师： 年 月 日</td></tr>
</table>

7.1.2.4 市政验·通-23 粉煤灰地基检验批质量验收记录

市政基础设施工程

粉煤灰地基检验批质量验收记录

市政验·通-23

第　　页，共　　页

<table>
<tr><td colspan="3">工程名称</td><td colspan="5"></td></tr>
<tr><td colspan="3">单位工程名称</td><td colspan="5"></td></tr>
<tr><td colspan="3">施工单位</td><td colspan="2"></td><td colspan="2">分包单位</td><td></td></tr>
<tr><td colspan="3">项目负责人</td><td colspan="2"></td><td colspan="2">项目技术负责人</td><td></td></tr>
<tr><td colspan="3">分部（子分部）工程名称</td><td colspan="2"></td><td colspan="2">分项工程名称</td><td></td></tr>
<tr><td colspan="3">验收部位/区段</td><td colspan="2"></td><td colspan="2">检验批容量</td><td></td></tr>
<tr><td colspan="3">施工及验收依据</td><td colspan="5">《建筑地基基础工程施工质量验收标准》GB 50202</td></tr>
<tr><td colspan="4">验收项目</td><td>设计要求或规范规定</td><td>最小/实际抽样数量</td><td>检查记录</td><td>检查结果</td></tr>
<tr><td rowspan="5">主控项目</td><td>1</td><td colspan="2">地基承载力</td><td>不小于设计值</td><td>/</td><td></td><td></td></tr>
<tr><td>2</td><td colspan="2">压实系数</td><td>不小于设计值</td><td>/</td><td></td><td></td></tr>
<tr><td></td><td colspan="2"></td><td></td><td></td><td></td><td></td></tr>
<tr><td></td><td colspan="2"></td><td></td><td></td><td></td><td></td></tr>
<tr><td></td><td colspan="2"></td><td></td><td></td><td></td><td></td></tr>
<tr><td rowspan="6">一般项目</td><td>1</td><td rowspan="5">允许偏差</td><td>粉煤灰粒径（mm）</td><td>0.001～2.000</td><td>/</td><td></td><td></td></tr>
<tr><td>2</td><td>氧化铝及二氧化硅含量（%）</td><td>≥70</td><td>/</td><td></td><td></td></tr>
<tr><td>3</td><td>烧失量（%）</td><td>≤12</td><td>/</td><td></td><td></td></tr>
<tr><td>4</td><td>分层厚度（mm）</td><td>±50</td><td>/</td><td></td><td></td></tr>
<tr><td>5</td><td>含水量</td><td>最优含水量±4%</td><td>/</td><td></td><td></td></tr>
<tr><td></td><td colspan="2"></td><td></td><td></td><td></td><td></td></tr>
<tr><td colspan="2">施工单位检查结果</td><td colspan="6">专业工长：　　　　项目专业质量检查员：　　　　年　　月　　日</td></tr>
<tr><td colspan="2">监理单位验收结论</td><td colspan="6">专业监理工程师：　　　　年　　月　　日</td></tr>
</table>

7.1.2.5 市政验·通-24 强夯地基检验批质量验收记录

市政基础设施工程

强夯地基检验批质量验收记录

市政验·通-24

第 页，共 页

<table>
<tr><td colspan="4">工程名称</td><td colspan="5"></td></tr>
<tr><td colspan="4">单位工程名称</td><td colspan="5"></td></tr>
<tr><td colspan="4">施工单位</td><td colspan="2"></td><td colspan="2">分包单位</td><td></td></tr>
<tr><td colspan="4">项目负责人</td><td colspan="2"></td><td colspan="2">项目技术负责人</td><td></td></tr>
<tr><td colspan="4">分部（子分部）工程名称</td><td colspan="2"></td><td colspan="2">分项工程名称</td><td></td></tr>
<tr><td colspan="4">验收部位/区段</td><td colspan="2"></td><td colspan="2">检验批容量</td><td></td></tr>
<tr><td colspan="4">施工及验收依据</td><td colspan="5">《建筑地基基础工程施工质量验收标准》GB 50202</td></tr>
<tr><td colspan="4">验收项目</td><td>设计要求或规范规定</td><td>最小/实际抽样数量</td><td colspan="2">检查记录</td><td>检查结果</td></tr>
<tr><td rowspan="3">主控项目</td><td>1</td><td colspan="2">地基承载力</td><td>不小于设计值</td><td>/</td><td colspan="2"></td><td></td></tr>
<tr><td>2</td><td colspan="2">处理后地基土的强度</td><td>不小于设计值</td><td>/</td><td colspan="2"></td><td></td></tr>
<tr><td>3</td><td colspan="2">变形指标</td><td>设计值</td><td>/</td><td colspan="2"></td><td></td></tr>
<tr><td rowspan="10">一般项目</td><td>1</td><td rowspan="4">允许偏差</td><td>夯锤落距（mm）</td><td>±300</td><td>/</td><td colspan="2"></td><td></td></tr>
<tr><td>2</td><td>夯锤质量（kg）</td><td>±100</td><td>/</td><td colspan="2"></td><td></td></tr>
<tr><td>3</td><td>夯点位置（mm）</td><td>±500</td><td>/</td><td colspan="2"></td><td></td></tr>
<tr><td>4</td><td>场地平整度（mm）</td><td>±100</td><td>/</td><td colspan="2"></td><td></td></tr>
<tr><td>5</td><td colspan="2">夯击击数</td><td>不小于设计值</td><td>/</td><td colspan="2"></td><td></td></tr>
<tr><td>6</td><td colspan="2">夯击遍数</td><td>不小于设计值</td><td>/</td><td colspan="2"></td><td></td></tr>
<tr><td>7</td><td colspan="2">夯点范围（超出基础范围距离）</td><td>设计要求</td><td>/</td><td colspan="2"></td><td></td></tr>
<tr><td>8</td><td colspan="2">前后两遍间歇时间</td><td>设计值</td><td>/</td><td colspan="2"></td><td></td></tr>
<tr><td>9</td><td colspan="2">最后两击平均夯沉量</td><td>设计值</td><td>/</td><td colspan="2"></td><td></td></tr>
<tr><td>10</td><td colspan="2">夯击顺序</td><td>设计要求</td><td>/</td><td colspan="2"></td><td></td></tr>
<tr><td colspan="3">施工单位检查结果</td><td colspan="6">专业工长： 项目专业质量检查员： 年 月 日</td></tr>
<tr><td colspan="3">监理单位验收结论</td><td colspan="6">专业监理工程师： 年 月 日</td></tr>
</table>

7.1.2.6 市政验·通-25 注浆地基检验批质量验收记录

市政基础设施工程

注浆地基检验批质量验收记录

市政验·通-25

第 页，共 页

<table>
<tr><td colspan="6">工程名称</td><td colspan="4"></td></tr>
<tr><td colspan="6">单位工程名称</td><td colspan="4"></td></tr>
<tr><td colspan="6">施工单位</td><td></td><td colspan="2">分包单位</td><td></td></tr>
<tr><td colspan="6">项目负责人</td><td></td><td colspan="2">项目技术负责人</td><td></td></tr>
<tr><td colspan="6">分部（子分部）工程名称</td><td></td><td colspan="2">分项工程名称</td><td></td></tr>
<tr><td colspan="6">验收部位/区段</td><td></td><td colspan="2">检验批容量</td><td></td></tr>
<tr><td colspan="6">施工及验收依据</td><td colspan="4">《建筑地基基础工程施工质量验收标准》GB 50202</td></tr>
<tr><td colspan="6">验收项目</td><td>设计要求或规范规定</td><td>最小/实际抽样数量</td><td>检查记录</td><td>检查结果</td></tr>
<tr><td rowspan="3">主控项目</td><td>1</td><td colspan="4">地基承载力</td><td>不小于设计值</td><td>/</td><td></td><td></td></tr>
<tr><td>2</td><td colspan="4">处理后地基土的强度</td><td>不小于设计值</td><td>/</td><td></td><td></td></tr>
<tr><td>3</td><td colspan="4">变形指标</td><td>设计值</td><td>/</td><td></td><td></td></tr>
<tr><td rowspan="16">一般项目</td><td>1</td><td rowspan="16">允许偏差</td><td colspan="3">注浆材料称量（%）</td><td>±3</td><td>/</td><td></td><td></td></tr>
<tr><td>2</td><td colspan="3">注浆孔位（mm）</td><td>±50</td><td>/</td><td></td><td></td></tr>
<tr><td>3</td><td colspan="3">注浆孔深（mm）</td><td>±100</td><td>/</td><td></td><td></td></tr>
<tr><td>4</td><td colspan="3">注浆压力（%）</td><td>±10</td><td>/</td><td></td><td></td></tr>
<tr><td rowspan="12">5</td><td rowspan="12">原材料检测</td><td rowspan="4">注浆用砂</td><td>粒径（mm）</td><td><2.5</td><td>/</td><td></td><td></td></tr>
<tr><td>细度模数（%）</td><td><2.0</td><td>/</td><td></td><td></td></tr>
<tr><td>含泥量（%）</td><td><3</td><td>/</td><td></td><td></td></tr>
<tr><td>有机质含量（%）</td><td><3</td><td>/</td><td></td><td></td></tr>
<tr><td rowspan="4">注浆用黏土</td><td>塑性指数</td><td>>14</td><td>/</td><td></td><td></td></tr>
<tr><td>黏粒含量（%）</td><td>>25</td><td>/</td><td></td><td></td></tr>
<tr><td>含砂率（%）</td><td><5</td><td>/</td><td></td><td></td></tr>
<tr><td>有机质含量（%）</td><td><3</td><td>/</td><td></td><td></td></tr>
<tr><td colspan="2">水玻璃：模数</td><td>3.0～3.3</td><td>/</td><td></td><td></td></tr>
<tr><td rowspan="2">粉煤灰</td><td>烧失量（%）</td><td><3</td><td>/</td><td></td><td></td></tr>
<tr><td>细度模数</td><td>不粗于同时使用的水泥</td><td>/</td><td></td><td></td></tr>
<tr><td colspan="2">其他化学浆液</td><td>设计值</td><td>/</td><td></td><td></td></tr>
<tr><td colspan="3">施工单位检查结果</td><td colspan="7">专业工长：　　　　项目专业质量检查员：　　　　年　月　日</td></tr>
<tr><td colspan="3">监理单位验收结论</td><td colspan="7">专业监理工程师：　　　　年　月　日</td></tr>
</table>

7.1.2.7 市政验·通-26 预压地基检验批质量验收记录

市政基础设施工程

预压地基检验批质量验收记录

市政验·通-26

第　　页，共　　页

工程名称			
单位工程名称			
施工单位		分包单位	
项目负责人		项目技术负责人	
分部（子分部）工程名称		分项工程名称	
验收部位/区段		检验批容量	
施工及验收依据	《建筑地基基础工程施工质量验收标准》GB 50202		

验收项目				设计要求或规范规定	最小/实际抽样数量	检查记录	检查结果
主控项目	1	地基承载力		不小于设计值	/		
	2	处理后地基土的强度		不小于设计值	/		
	3	变形指标		设计值	/		
一般项目	1	允许偏差	预压荷载(真空度)(%)	≥−2	/		
	2		固结度(%)	≥−2	/		
	3		沉降速率(%)	±10	/		
	4		水平位移(%)	±10	/		
	5		竖向排水体位置(mm)	≤100	/		
	6		竖向排水体插入深度(mm)	+200 0	/		
	7		插入塑料排水带时的回带长度(mm)	≤500	/		
	8		竖向排水体高出砂垫层距离(mm)	≥100	/		
	9		插入塑料排水带的回带根数(%)	<5	/		
	10		砂垫层材料的含泥量(%)	≤5	/		
施工单位检查结果	专业工长：　　项目专业质量检查员：　　年　月　日						
监理单位验收结论	专业监理工程师：　　年　月　日						

7.1.2.8 市政验·通-27 砂石桩复合地基检验批质量验收记录

市政基础设施工程

砂石桩复合地基检验批质量验收记录

市政验·通-27

第　　页，共　　页

<table>
<tr><td colspan="4">工程名称</td><td colspan="5"></td></tr>
<tr><td colspan="4">单位工程名称</td><td colspan="5"></td></tr>
<tr><td colspan="4">施工单位</td><td></td><td colspan="2">分包单位</td><td colspan="2"></td></tr>
<tr><td colspan="4">项目负责人</td><td></td><td colspan="2">项目技术负责人</td><td colspan="2"></td></tr>
<tr><td colspan="4">分部（子分部）工程名称</td><td></td><td colspan="2">分项工程名称</td><td colspan="2"></td></tr>
<tr><td colspan="4">验收部位/区段</td><td></td><td colspan="2">检验批容量</td><td colspan="2"></td></tr>
<tr><td colspan="4">施工及验收依据</td><td colspan="5">《建筑地基基础工程施工质量验收标准》GB 50202</td></tr>
<tr><td colspan="4">验收项目</td><td>设计要求或规范规定</td><td>最小/实际抽样数量</td><td colspan="2">检查记录</td><td>检查结果</td></tr>
<tr><td rowspan="4">主控项目</td><td>1</td><td colspan="2">复合地基承载力</td><td>不小于设计值</td><td>/</td><td colspan="2"></td><td></td></tr>
<tr><td>2</td><td colspan="2">桩体密实度</td><td>不小于设计值</td><td>/</td><td colspan="2"></td><td></td></tr>
<tr><td>3</td><td colspan="2">孔深</td><td>不小于设计值</td><td>/</td><td colspan="2"></td><td></td></tr>
<tr><td>4</td><td colspan="2">填料量（%）</td><td>≥−5</td><td>/</td><td colspan="2"></td><td></td></tr>
<tr><td rowspan="9">一般项目</td><td>1</td><td rowspan="4">允许偏差</td><td>填料的含泥量（%）</td><td><5</td><td>/</td><td colspan="2"></td><td></td></tr>
<tr><td>2</td><td>填料的有机质含量（%）</td><td>≤5</td><td>/</td><td colspan="2"></td><td></td></tr>
<tr><td>3</td><td>褥垫层夯填度</td><td>≤0.9</td><td>/</td><td colspan="2"></td><td></td></tr>
<tr><td>4</td><td>桩位（mm）</td><td>≤0.3D</td><td>/</td><td colspan="2"></td><td></td></tr>
<tr><td>5</td><td colspan="2">桩间土强度</td><td>不小于设计值</td><td>/</td><td colspan="2"></td><td></td></tr>
<tr><td>6</td><td colspan="2">桩顶标高</td><td>不小于设计值</td><td>/</td><td colspan="2"></td><td></td></tr>
<tr><td>7</td><td colspan="2">密实电流</td><td>设计值</td><td>/</td><td colspan="2"></td><td></td></tr>
<tr><td>8</td><td colspan="2">留振时间</td><td>设计值</td><td>/</td><td colspan="2"></td><td></td></tr>
<tr><td>9</td><td colspan="2">填料粒径</td><td>设计要求</td><td>/</td><td colspan="2"></td><td></td></tr>
<tr><td colspan="3">施工单位检查结果</td><td colspan="6">专业工长：　　　　项目专业质量检查员：　　　　年　月　日</td></tr>
<tr><td colspan="3">监理单位验收结论</td><td colspan="6">专业监理工程师：　　　　年　月　日</td></tr>
</table>

注：1. 夯填度指夯实后的褥垫层厚度与虚铺厚度的比值；2. D 为设计桩径（mm）

7.1.2.9 市政验·通-28 高压喷射注浆复合地基检验批质量验收记录

市政基础设施工程

高压喷射注浆复合地基检验批质量验收记录

市政验·通-28

第　　页，共　　页

<table>
<tr><td colspan="3">工程名称</td><td colspan="5"></td></tr>
<tr><td colspan="3">单位工程名称</td><td colspan="5"></td></tr>
<tr><td colspan="3">施工单位</td><td></td><td colspan="2">分包单位</td><td colspan="2"></td></tr>
<tr><td colspan="3">项目负责人</td><td></td><td colspan="2">项目技术负责人</td><td colspan="2"></td></tr>
<tr><td colspan="3">分部（子分部）工程名称</td><td></td><td colspan="2">分项工程名称</td><td colspan="2"></td></tr>
<tr><td colspan="3">验收部位/区段</td><td></td><td colspan="2">检验批容量</td><td colspan="2"></td></tr>
<tr><td colspan="3">施工及验收依据</td><td colspan="5">《建筑地基基础工程施工质量验收标准》GB 50202</td></tr>
<tr><td colspan="4">验收项目</td><td>设计要求或规范规定</td><td>最小/实际抽样数量</td><td>检查记录</td><td>检查结果</td></tr>
<tr><td rowspan="5">主控项目</td><td>1</td><td colspan="2">复合地基承载力</td><td>不小于设计值</td><td>/</td><td></td><td></td></tr>
<tr><td>2</td><td colspan="2">单桩承载力</td><td>不小于设计值</td><td>/</td><td></td><td></td></tr>
<tr><td>3</td><td colspan="2">水泥用量</td><td>不小于设计值</td><td>/</td><td></td><td></td></tr>
<tr><td>4</td><td colspan="2">桩长</td><td>不小于设计值</td><td>/</td><td></td><td></td></tr>
<tr><td>5</td><td colspan="2">桩身强度</td><td>不小于设计值</td><td>/</td><td></td><td></td></tr>
<tr><td rowspan="10">一般项目</td><td>1</td><td rowspan="5">允许偏差</td><td>褥垫层夯填度</td><td>≤0.9</td><td>/</td><td></td><td></td></tr>
<tr><td>2</td><td>钻孔位置（mm）</td><td>≤50</td><td>/</td><td></td><td></td></tr>
<tr><td>3</td><td>钻孔垂直度（mm）</td><td>≤1/100</td><td>/</td><td></td><td></td></tr>
<tr><td>4</td><td>桩位（mm）</td><td>≤0.2D</td><td>/</td><td></td><td></td></tr>
<tr><td>5</td><td>桩径（mm）</td><td>≥−50</td><td>/</td><td></td><td></td></tr>
<tr><td>6</td><td colspan="2">桩顶标高</td><td>不少于设计值</td><td>/</td><td></td><td></td></tr>
<tr><td>7</td><td colspan="2">喷射压力</td><td>设计值</td><td>/</td><td></td><td></td></tr>
<tr><td>8</td><td colspan="2">提升速度</td><td>设计值</td><td>/</td><td></td><td></td></tr>
<tr><td>9</td><td colspan="2">旋转速度</td><td>设计值</td><td>/</td><td></td><td></td></tr>
<tr><td>10</td><td colspan="2">水胶比</td><td>设计值</td><td>/</td><td></td><td></td></tr>
<tr><td colspan="2">施工单位检查结果</td><td colspan="6">专业工长：　　　　项目专业质量检查员：　　　　年　月　日</td></tr>
<tr><td colspan="2">监理单位验收结论</td><td colspan="6">专业监理工程师：　　　　年　月　日</td></tr>
</table>

注：D 为设计桩径（mm）

7.1.2.10 市政验·通-29 水泥土搅拌桩复合地基检验批质量验收记录

市政基础设施工程

水泥土搅拌桩复合地基检验批质量验收记录

市政验·通-29

第　　页，共　　页

<table>
<tr><td colspan="5">工程名称</td><td colspan="4"></td></tr>
<tr><td colspan="5">单位工程名称</td><td colspan="4"></td></tr>
<tr><td colspan="5">施工单位</td><td></td><td colspan="2">分包单位</td><td></td></tr>
<tr><td colspan="5">项目负责人</td><td></td><td colspan="2">项目技术负责人</td><td></td></tr>
<tr><td colspan="5">分部（子分部）工程名称</td><td></td><td colspan="2">分项工程名称</td><td></td></tr>
<tr><td colspan="5">验收部位/区段</td><td></td><td colspan="2">检验批容量</td><td></td></tr>
<tr><td colspan="5">施工及验收依据</td><td colspan="4">《建筑地基基础工程施工质量验收标准》GB 50202</td></tr>
<tr><td colspan="5">验收项目</td><td>设计要求或规范规定</td><td>最小/实际抽样数量</td><td>检查记录</td><td>检查结果</td></tr>
<tr><td rowspan="6">主控项目</td><td>1</td><td colspan="3">复合地基承载力</td><td>不小于设计值</td><td>/</td><td></td><td></td></tr>
<tr><td>2</td><td colspan="3">单桩承载力</td><td>不小于设计值</td><td>/</td><td></td><td></td></tr>
<tr><td>3</td><td colspan="3">水泥用量</td><td>不小于设计值</td><td>/</td><td></td><td></td></tr>
<tr><td>4</td><td colspan="3">桩身强度</td><td>不小于设计值</td><td>/</td><td></td><td></td></tr>
<tr><td>5</td><td colspan="3">桩长</td><td>不小于设计值</td><td>/</td><td></td><td></td></tr>
<tr><td>6</td><td colspan="3">搅拌叶回转直径（mm）</td><td>±20</td><td>/</td><td></td><td></td></tr>
<tr><td rowspan="9">一般项目</td><td>1</td><td rowspan="6">允许偏差</td><td colspan="2">桩顶标高</td><td>±200</td><td>/</td><td></td><td></td></tr>
<tr><td>2</td><td colspan="2">导向架垂直度</td><td>≤1/150</td><td>/</td><td></td><td></td></tr>
<tr><td>3</td><td colspan="2">褥垫层夯填度</td><td>≤0.9</td><td>/</td><td></td><td></td></tr>
<tr><td rowspan="3">4</td><td rowspan="3">桩位</td><td>条基边桩沿轴线</td><td>≤1/4D</td><td>/</td><td></td><td></td></tr>
<tr><td>垂直轴线</td><td>≤1/6D</td><td>/</td><td></td><td></td></tr>
<tr><td>其他情况</td><td>≤2/5D</td><td>/</td><td></td><td></td></tr>
<tr><td>5</td><td colspan="3">水胶比</td><td>设计值</td><td>/</td><td></td><td></td></tr>
<tr><td>6</td><td colspan="3">提升速度</td><td>设计值</td><td>/</td><td></td><td></td></tr>
<tr><td>7</td><td colspan="3">下沉速度</td><td>设计值</td><td>/</td><td></td><td></td></tr>
<tr><td colspan="2">施工单位检查结果</td><td colspan="7">专业工长：　　　　项目专业质量检查员：　　　　年　　月　　日</td></tr>
<tr><td colspan="2">监理单位验收结论</td><td colspan="7">专业监理工程师：　　　　年　　月　　日</td></tr>
</table>

注：D 为设计桩径（mm）

7.1.2.11 市政验·通-30 土和灰土挤密桩复合地基检验批质量验收记录

市政基础设施工程

土和灰土挤密桩复合地基检验批质量验收记录

市政验·通-30

第 页，共 页

<table>
<tr><td colspan="4">工程名称</td><td colspan="5"></td></tr>
<tr><td colspan="4">单位工程名称</td><td colspan="5"></td></tr>
<tr><td colspan="4">施工单位</td><td></td><td colspan="2">分包单位</td><td colspan="2"></td></tr>
<tr><td colspan="4">项目负责人</td><td></td><td colspan="2">项目技术负责人</td><td colspan="2"></td></tr>
<tr><td colspan="4">分部（子分部）工程名称</td><td></td><td colspan="2">分项工程名称</td><td colspan="2"></td></tr>
<tr><td colspan="4">验收部位/区段</td><td></td><td colspan="2">检验批容量</td><td colspan="2"></td></tr>
<tr><td colspan="4">施工及验收依据</td><td colspan="5">《建筑地基基础工程施工质量验收标准》GB 50202</td></tr>
<tr><td colspan="5">验收项目</td><td>设计要求或规范规定</td><td>最小/实际抽样数量</td><td>检查记录</td><td>检查结果</td></tr>
<tr><td rowspan="3">主控项目</td><td>1</td><td colspan="3">复合地基承载力</td><td>不小于设计值</td><td>/</td><td></td><td></td></tr>
<tr><td>2</td><td colspan="3">桩长</td><td>不小于设计值</td><td>/</td><td></td><td></td></tr>
<tr><td>3</td><td colspan="3">桩体填料平均压实系数</td><td>≥0.97</td><td>/</td><td></td><td></td></tr>
<tr><td rowspan="11">一般项目</td><td>1</td><td rowspan="11">允许偏差</td><td colspan="2">土料有机质含量（%）</td><td>≤5</td><td>/</td><td></td><td></td></tr>
<tr><td>2</td><td colspan="2">含水量</td><td>最优含水量±2%</td><td>/</td><td></td><td></td></tr>
<tr><td>3</td><td colspan="2">石灰粒径（mm）</td><td>≤5</td><td>/</td><td></td><td></td></tr>
<tr><td rowspan="3">4</td><td rowspan="3">桩位</td><td>条基边桩沿轴线</td><td>≤1/4D</td><td>/</td><td></td><td></td></tr>
<tr><td>垂直轴线</td><td>≤1/6D</td><td>/</td><td></td><td></td></tr>
<tr><td>其他情况</td><td>≤2/5D</td><td>/</td><td></td><td></td></tr>
<tr><td>5</td><td colspan="2">桩径（mm）</td><td>+500</td><td>/</td><td></td><td></td></tr>
<tr><td>6</td><td colspan="2">桩顶标高（mm）</td><td>±200</td><td>/</td><td></td><td></td></tr>
<tr><td>7</td><td colspan="2">垂直度</td><td>≤1/100</td><td>/</td><td></td><td></td></tr>
<tr><td>8</td><td colspan="2">砂、碎石褥垫层夯填度</td><td>≤0.9</td><td>/</td><td></td><td></td></tr>
<tr><td>9</td><td colspan="2">灰土垫层压实系数</td><td>≥0.95</td><td>/</td><td></td><td></td></tr>
<tr><td colspan="2">施工单位检查结果</td><td colspan="7">专业工长： 项目专业质量检查员： 年 月 日</td></tr>
<tr><td colspan="2">监理单位验收结论</td><td colspan="7">专业监理工程师： 年 月 日</td></tr>
</table>

注：D 为设计桩径（mm）

7.1.2.12 市政验·通-31 水泥粉煤灰碎石桩复合地基检验批质量验收记录

市政基础设施工程

水泥粉煤灰碎石桩复合地基检验批质量验收记录

市政验·通-31

第　　页，共　　页

<table>
<tr><td colspan="4">工程名称</td><td colspan="5"></td></tr>
<tr><td colspan="4">单位工程名称</td><td colspan="5"></td></tr>
<tr><td colspan="4">施工单位</td><td></td><td colspan="2">分包单位</td><td colspan="2"></td></tr>
<tr><td colspan="4">项目负责人</td><td></td><td colspan="2">项目技术负责人</td><td colspan="2"></td></tr>
<tr><td colspan="4">分部（子分部）工程名称</td><td></td><td colspan="2">分项工程名称</td><td colspan="2"></td></tr>
<tr><td colspan="4">验收部位/区段</td><td></td><td colspan="2">检验批容量</td><td colspan="2"></td></tr>
<tr><td colspan="4">施工及验收依据</td><td colspan="5">《建筑地基基础工程施工质量验收标准》GB 50202</td></tr>
<tr><td colspan="5">验收项目</td><td>设计要求或规范规定</td><td>最小/实际抽样数量</td><td>检查记录</td><td>检查结果</td></tr>
<tr><td rowspan="6">主控项目</td><td>1</td><td colspan="3">复合地基承载力</td><td>不小于设计值</td><td>/</td><td></td><td></td></tr>
<tr><td>2</td><td colspan="3">单桩承载力</td><td>设计值</td><td>/</td><td></td><td></td></tr>
<tr><td>3</td><td colspan="3">桩长</td><td>不小于设计值</td><td>/</td><td></td><td></td></tr>
<tr><td>4</td><td colspan="3">桩身强度</td><td>不小于设计要求</td><td>/</td><td></td><td></td></tr>
<tr><td>5</td><td colspan="3">桩身完整性</td><td>—</td><td>/</td><td></td><td></td></tr>
<tr><td>6</td><td rowspan="9">允许偏差</td><td colspan="2">桩径（mm）</td><td>+50
0</td><td>/</td><td></td><td></td></tr>
<tr><td rowspan="8">一般项目</td><td rowspan="3">1</td><td rowspan="3">桩位</td><td>条基边桩沿轴线</td><td>≤1/4D</td><td>/</td><td></td><td></td></tr>
<tr><td>垂直轴线</td><td>≤1/6D</td><td>/</td><td></td><td></td></tr>
<tr><td>其他情况</td><td>≤2/5D</td><td>/</td><td></td><td></td></tr>
<tr><td>2</td><td colspan="2">桩顶标高（mm）</td><td>±200</td><td>/</td><td></td><td></td></tr>
<tr><td>3</td><td colspan="2">桩垂直度</td><td>≤1/100</td><td>/</td><td></td><td></td></tr>
<tr><td>4</td><td colspan="2">混合料坍落度（mm）</td><td>160～220</td><td>/</td><td></td><td></td></tr>
<tr><td>5</td><td colspan="2">混合料充盈系数</td><td>≥1.0</td><td>/</td><td></td><td></td></tr>
<tr><td>6</td><td colspan="2">褥垫层夯填度</td><td>≤0.9</td><td>/</td><td></td><td></td></tr>
<tr><td colspan="2">施工单位检查结果</td><td colspan="7">专业工长：　　　　项目专业质量检查员：　　　　年　　月　　日</td></tr>
<tr><td colspan="2">监理单位验收结论</td><td colspan="7">专业监理工程师：　　　　年　　月　　日</td></tr>
</table>

注：D 为设计桩径（mm）

7.1.2.13　市政验·通-32　夯实水泥土复合地基检验批质量验收记录

市政基础设施工程

夯实水泥土复合地基检验批质量验收记录

市政验·通-32

第　　页，共　　页

<table>
<tr><td colspan="5">工程名称</td><td colspan="4"></td></tr>
<tr><td colspan="5">单位工程名称</td><td colspan="4"></td></tr>
<tr><td colspan="5">施工单位</td><td></td><td colspan="2">分包单位</td><td></td></tr>
<tr><td colspan="5">项目负责人</td><td></td><td colspan="2">项目技术负责人</td><td></td></tr>
<tr><td colspan="5">分部（子分部）工程名称</td><td></td><td colspan="2">分项工程名称</td><td></td></tr>
<tr><td colspan="5">验收部位/区段</td><td></td><td colspan="2">检验批容量</td><td></td></tr>
<tr><td colspan="5">施工及验收依据</td><td colspan="4">《建筑地基基础工程施工质量验收标准》GB 50202</td></tr>
<tr><td colspan="5">验收项目</td><td>设计要求或规范规定</td><td>最小/实际抽样数量</td><td>检查记录</td><td>检查结果</td></tr>
<tr><td rowspan="4">主控项目</td><td>1</td><td colspan="3">复合地基承载力</td><td>不小于设计值</td><td>/</td><td></td><td></td></tr>
<tr><td>2</td><td colspan="3">桩身强度</td><td>不小于设计要求</td><td>/</td><td></td><td></td></tr>
<tr><td>3</td><td colspan="3">桩长</td><td>不小于设计值</td><td>/</td><td></td><td></td></tr>
<tr><td>4</td><td colspan="3">桩体填料平均压实系数</td><td>≥0.97</td><td>/</td><td></td><td></td></tr>
<tr><td rowspan="10">一般项目</td><td>1</td><td rowspan="10">允许偏差</td><td colspan="2">土料有机质含量</td><td>≤5%</td><td>/</td><td></td><td></td></tr>
<tr><td>2</td><td colspan="2">含水量</td><td>最优含水量±2%</td><td>/</td><td></td><td></td></tr>
<tr><td>3</td><td colspan="2">土料粒径（mm）</td><td>≤20</td><td>/</td><td></td><td></td></tr>
<tr><td rowspan="3">4</td><td rowspan="3">桩位</td><td>条基边桩沿轴线</td><td>≤1/4D</td><td>/</td><td></td><td></td></tr>
<tr><td>垂直轴线</td><td>≤1/6D</td><td>/</td><td></td><td></td></tr>
<tr><td>其他情况</td><td>≤2/5D</td><td>/</td><td></td><td></td></tr>
<tr><td>5</td><td colspan="2">桩径（mm）</td><td>+500</td><td>/</td><td></td><td></td></tr>
<tr><td>6</td><td colspan="2">桩顶标高（mm）</td><td>±200</td><td>/</td><td></td><td></td></tr>
<tr><td>7</td><td colspan="2">桩孔垂直度</td><td>≤1/100</td><td>/</td><td></td><td></td></tr>
<tr><td>8</td><td colspan="2">褥垫层夯填度</td><td>≤0.9</td><td>/</td><td></td><td></td></tr>
<tr><td colspan="2">施工单位检查结果</td><td colspan="7">专业工长：　　　　项目专业质量检查员：　　　　年　　月　　日</td></tr>
<tr><td colspan="2">监理单位验收结论</td><td colspan="7">专业监理工程师：　　　　年　　月　　日</td></tr>
</table>

7.1.2.14 市政验·通-33 地基与基槽隐蔽验收记录

市政基础设施工程

地基与基槽隐蔽验收记录

市政验·通-33

<table>
<tr><td colspan="2">工程名称</td><td colspan="7"></td></tr>
<tr><td colspan="2">单位工程名称</td><td colspan="3"></td><td colspan="2">验收里程（区号）</td><td colspan="2"></td></tr>
<tr><td colspan="2">施工单位</td><td colspan="3"></td><td colspan="2">分包单位</td><td colspan="2"></td></tr>
<tr><td colspan="2">地基类型</td><td colspan="3"></td><td colspan="2">地基处理方法</td><td colspan="2"></td></tr>
<tr><td colspan="3">隐蔽验收项目</td><td colspan="2">设计（或规范）要求</td><td colspan="2">实际验收情况</td><td colspan="2">基坑平面（立面）示意图</td></tr>
<tr><td>1</td><td colspan="2">基槽尺寸（长（m）×宽（m））</td><td colspan="2"></td><td colspan="2"></td><td colspan="2" rowspan="9"></td></tr>
<tr><td>2</td><td colspan="2">轴线偏位</td><td colspan="2"></td><td colspan="2"></td></tr>
<tr><td>3</td><td colspan="2">槽底标高（m）</td><td colspan="2"></td><td colspan="2"></td></tr>
<tr><td>4</td><td colspan="2">槽底岩（土）层性状</td><td colspan="2"></td><td colspan="2"></td></tr>
<tr><td>5</td><td colspan="2">地下水位情况</td><td colspan="2"></td><td colspan="2"></td></tr>
<tr><td>6</td><td colspan="2">基底浸泡情况</td><td colspan="2"></td><td colspan="2"></td></tr>
<tr><td>7</td><td colspan="2">地基处理情况</td><td colspan="2"></td><td colspan="2"></td></tr>
<tr><td>8</td><td colspan="2">承载力</td><td colspan="2"></td><td colspan="2"></td></tr>
<tr><td></td><td colspan="2"></td><td colspan="2"></td><td colspan="2"></td></tr>
<tr><td colspan="2">检验方法</td><td>检测点数</td><td colspan="2">检验报告编号</td><td colspan="2">结论</td><td colspan="2">施工单位自检意见</td></tr>
<tr><td colspan="2"></td><td></td><td colspan="2"></td><td colspan="2"></td><td colspan="2" rowspan="6">项目专业质量检查员：
年 月 日</td></tr>
<tr><td colspan="2"></td><td></td><td colspan="2"></td><td colspan="2"></td></tr>
<tr><td colspan="2"></td><td></td><td colspan="2"></td><td colspan="2"></td></tr>
<tr><td colspan="2"></td><td></td><td colspan="2"></td><td colspan="2"></td></tr>
<tr><td colspan="2"></td><td></td><td colspan="2"></td><td colspan="2"></td></tr>
<tr><td colspan="2"></td><td></td><td colspan="2"></td><td colspan="2"></td></tr>
<tr><td colspan="2" rowspan="5">槽底岩（土）层性状鉴定及验收结论</td><td colspan="3" rowspan="5">专业监理工程师：

年 月 日</td><td colspan="4">会签栏</td></tr>
<tr><td colspan="2">项目技术负责人</td><td colspan="2"></td></tr>
<tr><td colspan="2">项目建设负责人</td><td colspan="2"></td></tr>
<tr><td colspan="2">项目设计负责人</td><td colspan="2"></td></tr>
<tr><td colspan="2">项目勘察负责人</td><td colspan="2"></td></tr>
</table>

* 当验收段作为首次/样板验收或实际验收情况与设计，勘察文件要求不相符时，相关单位项目负责人应会签确认验收情况。

7.1.2.15 市政验·通-34 无筋扩展基础检验批质量验收记录

市政基础设施工程

无筋扩展基础检验批质量验收记录

市政验·通-34

第　　页，共　　页

工程名称			
单位工程名称			
施工单位		分包单位	
项目负责人		项目技术负责人	
分部（子分部）工程名称		分项工程名称	
验收部位/区段		检验批容量	
施工及验收依据	《建筑地基基础工程施工质量验收标准》GB 50202		

验收项目			设计要求或规范规定	最小/实际抽样数量	检查记录	检查结果
主控项目	1	允许偏差 轴线位置 砖基础（mm）	≤10	/		
		允许偏差 轴线位置 毛石基础（mm） 毛石砌体	≤20	/		
		允许偏差 轴线位置 毛石基础（mm） 料石砌体 毛料石	≤20			
		允许偏差 轴线位置 毛石基础（mm） 料石砌体 粗料石	≤15			
		允许偏差 轴线位置 混凝土基础（mm）	≤15			
	2	混凝土强度	不小于设计值			
	3	砂浆强度	不小于设计值			
一般项目	1	允许偏差 L（或B）≤30（mm）	±5			
		允许偏差 30<L（或B）≤60（mm）	±10			
		允许偏差 60<L（或B）≤90（mm）	±15			
		允许偏差 L（或B）>90（mm）	±20			
	2	允许偏差 毛石砌体厚度（mm） 毛石砌体	+30 0	/		
		允许偏差 毛石砌体厚度（mm） 料石砌体 毛料石	+30 0			
		允许偏差 毛石砌体厚度（mm） 料石砌体 粗料石	+15 0			
	3	允许偏差 基础顶面标高 砖基础（mm）	±15	/		
		允许偏差 基础顶面标高 毛石基础（mm） 毛石砌体	±25	/		
		允许偏差 基础顶面标高 毛石基础（mm） 料石砌体 毛料石	±25	/		
		允许偏差 基础顶面标高 毛石基础（mm） 料石砌体 粗料石	±15	/		
		允许偏差 基础顶面标高 混凝土基础（mm）	±15	/		
施工单位检查结果	专业工长：　　项目专业质量检查员：　　年　月　日					
监理单位验收结论	专业监理工程师：　　年　月　日					

注：L 为长度（m）；B 为宽度（m）。

7.1.2.16　市政验·通-35　钢筋混凝土扩展基础检验批质量验收记录

市政基础设施工程

钢筋混凝土扩展基础检验批质量验收记录

市政验·通-35

第　　页，共　　页

<table>
<tr><td colspan="3">工程名称</td><td colspan="5"></td></tr>
<tr><td colspan="3">单位工程名称</td><td colspan="5"></td></tr>
<tr><td colspan="3">施工单位</td><td></td><td colspan="2">分包单位</td><td colspan="2"></td></tr>
<tr><td colspan="3">项目负责人</td><td></td><td colspan="2">项目技术负责人</td><td colspan="2"></td></tr>
<tr><td colspan="3">分部（子分部）工程名称</td><td></td><td colspan="2">分项工程名称</td><td colspan="2"></td></tr>
<tr><td colspan="3">验收部位/区段</td><td></td><td colspan="2">检验批容量</td><td colspan="2"></td></tr>
<tr><td colspan="3">施工及验收依据</td><td colspan="5">《建筑地基基础工程施工质量验收标准》GB 50202</td></tr>
<tr><td colspan="4">验收项目</td><td>设计要求或规范规定</td><td>最小/实际抽样数量</td><td>检查记录</td><td>检查结果</td></tr>
<tr><td rowspan="3">主控项目</td><td>1</td><td colspan="2">混凝土强度</td><td>不小于设计值</td><td>/</td><td></td><td></td></tr>
<tr><td>2</td><td colspan="2">轴线位置（mm）</td><td>≤15</td><td>/</td><td></td><td></td></tr>
<tr><td></td><td colspan="2"></td><td></td><td></td><td></td><td></td></tr>
<tr><td rowspan="6">一般项目</td><td rowspan="2">1</td><td rowspan="5">允许偏差</td><td>L（或B）≤30（mm）</td><td>±5</td><td>/</td><td></td><td></td></tr>
<tr><td>30<L（或B）≤60（mm）</td><td>±10</td><td>/</td><td></td><td></td></tr>
<tr><td rowspan="3">2</td><td>60<L（或B）≤90（mm）</td><td>±15</td><td>/</td><td></td><td></td></tr>
<tr><td>L（或B）>90（mm）</td><td>±20</td><td>/</td><td></td><td></td></tr>
<tr><td>基础顶面标高（mm）</td><td>±15</td><td>/</td><td></td><td></td></tr>
<tr><td></td><td colspan="2"></td><td></td><td></td><td></td><td></td></tr>
<tr><td colspan="2">施工单位检查结果</td><td colspan="6">专业工长：　　　　项目专业质量检查员：　　　　年　月　日</td></tr>
<tr><td colspan="2">监理单位验收结论</td><td colspan="6">专业监理工程师：　　　　年　月　日</td></tr>
</table>

注：L 为长度（m）；B 为宽度（m）。

7.1.2.17　市政验·通-36　筏形与箱形基础检验批质量验收记录

市政基础设施工程

筏形与箱形基础检验批质量验收记录

市政验·通-36

第　　页，共　　页

<table>
<tr><td colspan="3">工程名称</td><td colspan="5"></td></tr>
<tr><td colspan="3">单位工程名称</td><td colspan="5"></td></tr>
<tr><td colspan="3">施工单位</td><td colspan="2"></td><td>分包单位</td><td colspan="2"></td></tr>
<tr><td colspan="3">项目负责人</td><td colspan="2"></td><td>项目技术负责人</td><td colspan="2"></td></tr>
<tr><td colspan="3">分部（子分部）工程名称</td><td colspan="2"></td><td>分项工程名称</td><td colspan="2"></td></tr>
<tr><td colspan="3">验收部位/区段</td><td colspan="2"></td><td>检验批容量</td><td colspan="2"></td></tr>
<tr><td colspan="3">施工及验收依据</td><td colspan="5">《建筑地基基础工程施工质量验收标准》GB 50202</td></tr>
<tr><td colspan="4">验收项目</td><td>设计要求或规范规定</td><td>最小/实际抽样数量</td><td>检查记录</td><td>检查结果</td></tr>
<tr><td rowspan="4">主控项目</td><td>1</td><td colspan="2">混凝土强度</td><td>不小于设计值</td><td></td><td></td><td></td></tr>
<tr><td rowspan="2">2</td><td colspan="2" rowspan="2">轴线位置（mm）</td><td rowspan="2">≤15</td><td>/</td><td></td><td></td></tr>
<tr><td>/</td><td></td><td></td></tr>
<tr><td></td><td colspan="2"></td><td></td><td></td><td></td><td></td></tr>
<tr><td rowspan="6">一般项目</td><td>1</td><td rowspan="5">允许偏差</td><td>基础顶面标高（mm）</td><td>±15</td><td>/</td><td></td><td></td></tr>
<tr><td>2</td><td>平整度（mm）</td><td>±10</td><td>/</td><td></td><td></td></tr>
<tr><td>3</td><td>尺寸（mm）</td><td>+15
−10</td><td>/</td><td></td><td></td></tr>
<tr><td>4</td><td>预埋中心位置（mm）</td><td>≤10</td><td>/</td><td></td><td></td></tr>
<tr><td>5</td><td>预留洞中心线位置（mm）</td><td>≤15</td><td>/</td><td></td><td></td></tr>
<tr><td></td><td colspan="2"></td><td></td><td></td><td></td><td></td></tr>
<tr><td colspan="2">施工单位检查结果</td><td colspan="6">专业工长：　　　　项目专业质量检查员：　　　　年　月　日</td></tr>
<tr><td colspan="2">监理单位验收结论</td><td colspan="6">专业监理工程师：　　　　年　月　日</td></tr>
</table>

7.1.2.18　市政验·通-37　锤击预制桩检验批质量验收记录

市政基础设施工程

锤击预制桩检验批质量验收记录

市政验·通-37

第　　页，共　　页

<table>
<tr><td colspan="3">工程名称</td><td colspan="4"></td></tr>
<tr><td colspan="3">单位工程名称</td><td colspan="4"></td></tr>
<tr><td colspan="3">施工单位</td><td></td><td colspan="2">分包单位</td><td></td></tr>
<tr><td colspan="3">项目负责人</td><td></td><td colspan="2">项目技术负责人</td><td></td></tr>
<tr><td colspan="3">分部（子分部）工程名称</td><td></td><td colspan="2">分项工程名称</td><td></td></tr>
<tr><td colspan="3">验收部位/区段</td><td></td><td colspan="2">检验批容量</td><td></td></tr>
<tr><td colspan="3">施工及验收依据</td><td colspan="4">《建筑地基基础工程施工质量验收标准》GB 50202</td></tr>
<tr><td colspan="4">验收项目</td><td>设计要求或规范规定</td><td>最小/实际抽样数量</td><td>检查记录</td><td>检查结果</td></tr>
<tr><td rowspan="3">主控项目</td><td>1</td><td colspan="2">承载力</td><td>不小于设计值</td><td>/</td><td></td><td></td></tr>
<tr><td>2</td><td colspan="2">桩身完整性</td><td>—</td><td>/</td><td></td><td></td></tr>
<tr><td></td><td colspan="2"></td><td></td><td></td><td></td><td></td></tr>
<tr><td rowspan="10">一般项目</td><td rowspan="4">1</td><td rowspan="4">允许偏差</td><td>桩顶标高（mm）</td><td>±50</td><td>/</td><td></td><td></td></tr>
<tr><td>垂直度</td><td>≤1/100</td><td>/</td><td></td><td></td></tr>
<tr><td>电焊结束后停歇时间（min）</td><td>≥8（3）</td><td>/</td><td></td><td></td></tr>
<tr><td>上下节平面偏差（mm）</td><td>≤10</td><td>/</td><td></td><td></td></tr>
<tr><td>2</td><td colspan="2">接桩：焊缝质量</td><td>本表5.10.4</td><td>/</td><td></td><td></td></tr>
<tr><td>3</td><td colspan="2">节点弯曲矢高</td><td>同桩体弯曲要求</td><td>/</td><td></td><td></td></tr>
<tr><td>4</td><td colspan="2">成品桩质量</td><td>表面平整，颜色均匀，掉角深度小于10mm，蜂窝面积小于总面积的0.5%</td><td>/</td><td></td><td></td></tr>
<tr><td>5</td><td colspan="2">桩位</td><td>本表5.1.2</td><td>/</td><td></td><td></td></tr>
<tr><td>6</td><td colspan="2">电焊条质量</td><td>设计要求</td><td>/</td><td></td><td></td></tr>
<tr><td>7</td><td colspan="2">收锤标准</td><td>设计要求</td><td>/</td><td></td><td></td></tr>
<tr><td colspan="2">施工单位检查结果</td><td colspan="6">专业工长：　　　　项目专业质量检查员：　　　　年　月　日</td></tr>
<tr><td colspan="2">监理单位验收结论</td><td colspan="6">专业监理工程师：　　　　年　月　日</td></tr>
</table>

注：括号中为采用二氧化碳气体保护焊时的数值。

7.1.2.19 市政验·通-38 静压预制桩检验批质量验收记录

市政基础设施工程

静压预制桩检验批质量验收记录

市政验·通-38

第　　页，共　　页

<table>
<tr><td colspan="4">工程名称</td><td colspan="4"></td></tr>
<tr><td colspan="4">单位工程名称</td><td colspan="4"></td></tr>
<tr><td colspan="4">施工单位</td><td></td><td colspan="2">分包单位</td><td></td></tr>
<tr><td colspan="4">项目负责人</td><td></td><td colspan="2">项目技术负责人</td><td></td></tr>
<tr><td colspan="4">分部（子分部）工程名称</td><td></td><td colspan="2">分项工程名称</td><td></td></tr>
<tr><td colspan="4">验收部位/区段</td><td></td><td colspan="2">检验批容量</td><td></td></tr>
<tr><td colspan="4">施工及验收依据</td><td colspan="4">《建筑地基基础工程施工质量验收标准》GB 50202</td></tr>
<tr><td colspan="4">验收项目</td><td>设计要求或规范规定</td><td>最小/实际抽样数量</td><td>检查记录</td><td>检查结果</td></tr>
<tr><td rowspan="3">主控项目</td><td>1</td><td colspan="2">承载力</td><td>不小于设计值</td><td>/</td><td></td><td></td></tr>
<tr><td>2</td><td colspan="2">桩身完整性</td><td>—</td><td>/</td><td></td><td></td></tr>
<tr><td></td><td colspan="2"></td><td></td><td></td><td></td><td></td></tr>
<tr><td rowspan="11">一般项目</td><td rowspan="4">1</td><td rowspan="4">允许偏差</td><td>桩顶标高（mm）</td><td>±50</td><td>/</td><td></td><td></td></tr>
<tr><td>垂直度</td><td>≤1/100</td><td>/</td><td></td><td></td></tr>
<tr><td>电焊结束后停歇时间（min）</td><td>≥6（3）</td><td>/</td><td></td><td></td></tr>
<tr><td>上下节平面偏差（mm）</td><td>≤10</td><td>/</td><td></td><td></td></tr>
<tr><td>2</td><td colspan="2">接桩：焊缝质量</td><td>本表 5.10.4</td><td>/</td><td></td><td></td></tr>
<tr><td>3</td><td colspan="2">节点弯曲矢高</td><td>同桩体弯曲要求</td><td>/</td><td></td><td></td></tr>
<tr><td>4</td><td colspan="2">成品桩质量</td><td>本表 5.5.4-1</td><td>/</td><td></td><td></td></tr>
<tr><td>5</td><td colspan="2">桩位</td><td>本表 5.1.2</td><td>/</td><td></td><td></td></tr>
<tr><td>6</td><td colspan="2">电焊条质量</td><td>设计要求</td><td>/</td><td></td><td></td></tr>
<tr><td>7</td><td colspan="2">终压标准</td><td>设计要求</td><td>/</td><td></td><td></td></tr>
<tr><td>8</td><td colspan="2">混凝土灌芯</td><td>设计要求</td><td>/</td><td></td><td></td></tr>
<tr><td colspan="2">施工单位检查结果</td><td colspan="6">专业工长：　　　　项目专业质量检查员：　　　　年　月　日</td></tr>
<tr><td colspan="2">监理单位验收结论</td><td colspan="6">专业监理工程师：　　　　年　月　日</td></tr>
</table>

注：括号中为采用二氧化碳气体保护焊时的数值。

7.1.2.20 市政验·通-39 灌注桩隐蔽验收记录

市政基础设施工程

灌注桩隐蔽验收记录

市政验·通-39

<table>
<tr><td>工程名称</td><td></td><td>单位工程名称</td><td colspan="2"></td><td colspan="2">施工单位</td><td></td></tr>
<tr><td>桩号、位置</td><td></td><td>检查日期</td><td colspan="2">年 月 日</td><td colspan="2">分包单位</td><td></td></tr>
<tr><td>检查部位</td><td>隐蔽验收项目</td><td>设计或规范要求</td><td colspan="2">实际验收情况</td><td colspan="2">验收结论</td><td>成孔断面示意图</td></tr>
<tr><td rowspan="8">桩孔部位</td><td>1. 桩径(cm)</td><td></td><td colspan="2"></td><td colspan="2" rowspan="5">施工单位自检意见：
项目专业质量检查员：
年 月 日</td><td rowspan="16"></td></tr>
<tr><td rowspan="2">2. 孔底标高(m)</td><td rowspan="2"></td><td>终孔标高(m)</td><td></td></tr>
<tr><td>清孔后孔底标高(m)</td><td></td></tr>
<tr><td>3. 沉淀物厚度(cm)</td><td></td><td></td><td></td></tr>
<tr><td>4. 孔底下卧层地质</td><td></td><td></td><td></td></tr>
<tr><td>5. 桩埋入岩层深度(m)</td><td></td><td></td><td></td><td colspan="2" rowspan="6">监理意见：
专业监理工程师：
年 月 日</td></tr>
<tr><td>6. 桩长(m)</td><td></td><td></td><td></td></tr>
<tr><td>7. 桩垂直度</td><td></td><td></td><td></td></tr>
<tr><td rowspan="8">钢筋笼</td><td>1. 钢筋笼长度、直径、分段</td><td></td><td></td><td></td></tr>
<tr><td>2. 主筋规格、根数</td><td></td><td></td><td></td></tr>
<tr><td>3. 箍筋规格、间距</td><td></td><td></td><td></td></tr>
<tr><td>4. 加强筋规格、数量</td><td></td><td></td><td></td><td colspan="2">会签栏</td></tr>
<tr><td>5. 钢筋笼分段连接方法</td><td></td><td></td><td></td><td>项目技术负责人</td><td></td></tr>
<tr><td>6. 钢筋笼顶标高</td><td></td><td></td><td></td><td>项目建设负责人</td><td></td></tr>
<tr><td>7. 钢筋连接情况</td><td></td><td></td><td></td><td>项目设计负责人</td><td></td></tr>
<tr><td>8. 保护层控制</td><td></td><td></td><td></td><td>项目勘察负责人</td><td></td></tr>
</table>

*：当验收段作为首次/样板验收或实际验收情况与设计、勘察文件要求不相符时，相关单位项目负责人应会签确认验收情况。

7.1.2.21 市政验·通-40 挖孔灌注桩隐蔽验收记录

市政基础设施工程

挖孔灌注桩隐蔽验收记录

市政验·通-40

<table>
<tr><td colspan="2">工程名称</td><td colspan="3"></td><td colspan="2">单位工程名称</td><td colspan="2"></td><td>施工单位</td><td colspan="2"></td></tr>
<tr><td colspan="2">桩号、位置</td><td colspan="3"></td><td colspan="2">检查日期</td><td colspan="2">年　月　日</td><td>分包单位</td><td colspan="2"></td></tr>
<tr><td>检查部位</td><td colspan="4">设计或规范值</td><td colspan="4">实际验收情况</td><td colspan="2">验收结论</td><td>成孔断面示意图</td></tr>
<tr><td rowspan="9">几何尺寸</td><td colspan="2">桩径(cm)</td><td></td><td></td><td colspan="4">偏位情况</td><td colspan="2" rowspan="6">施工单位自检意见：

项目专业质量检查员：

年　月　日</td><td rowspan="18"></td></tr>
<tr><td colspan="2">桩长(m)</td><td></td><td></td><td colspan="2">孔口</td><td colspan="2">孔底</td></tr>
<tr><td colspan="2">桩顶标高(m)</td><td></td><td></td><td>前</td><td></td><td>前</td><td></td></tr>
<tr><td colspan="2">桩底标高(m)</td><td></td><td></td><td>后</td><td></td><td>后</td><td></td></tr>
<tr><td colspan="2">开孔直径(cm)</td><td></td><td></td><td>左</td><td></td><td>左</td><td></td></tr>
<tr><td colspan="2">桩埋入岩层深度(m)</td><td></td><td></td><td>右</td><td></td><td>右</td><td></td></tr>
<tr><td rowspan="3">扩大头尺寸</td><td>直径 D_1</td><td></td><td></td><td colspan="2">桩身垂直度</td><td colspan="2">%</td><td colspan="2" rowspan="7">监理单位意见：

专业监理工程师：

年　月　日</td></tr>
<tr><td>高度 h</td><td></td><td></td><td colspan="2">桩顶偏位</td><td colspan="2">cm</td></tr>
<tr><td>高度 h_1</td><td></td><td></td><td colspan="2">开挖时间</td><td colspan="2"></td></tr>
<tr><td rowspan="9">钢筋笼检查</td><td colspan="2">钢筋笼长度、直径、分段</td><td></td><td></td><td colspan="2">终孔时间</td><td colspan="2"></td></tr>
<tr><td colspan="2">主筋规格、根数</td><td></td><td></td><td colspan="2">孔口标高</td><td colspan="2">(m)</td></tr>
<tr><td colspan="2">箍筋规格、间距</td><td></td><td></td><td colspan="2">护壁标高</td><td colspan="2">(m)</td></tr>
<tr><td colspan="2">加强筋规格、数量</td><td></td><td></td><td colspan="2">护壁厚度</td><td colspan="2">(m)</td></tr>
<tr><td colspan="2">钢筋笼分段连接方法</td><td></td><td></td><td colspan="2">护壁深度</td><td colspan="2">(m)</td><td colspan="2">会签栏</td></tr>
<tr><td colspan="2">钢筋笼顶标高</td><td></td><td></td><td colspan="2">孔底下卧层地质情况</td><td colspan="2"></td><td>项目技术负责人</td><td></td></tr>
<tr><td colspan="2">钢筋连接情况</td><td></td><td></td><td colspan="2" rowspan="3">桩护壁及基底渗水情况</td><td colspan="2" rowspan="3"></td><td>项目建设负责人</td><td></td></tr>
<tr><td colspan="2" rowspan="2">保护层控制</td><td rowspan="2"></td><td rowspan="2"></td><td>项目设计负责人</td><td></td></tr>
<tr><td>项目勘察负责人</td><td></td></tr>
</table>

*：当验收段作为首次/样板验收或实际验收情况与设计，勘察文件要求不相符时，相关单位项目负责人应会签确认验收情况。

7.1.2.22 市政验·通-41 灌注桩（钢筋笼）检验批质量验收记录

市政基础设施工程

灌注桩（钢筋笼）检验批质量验收记录

市政验·通-41

第　　页，共　　页

<table>
<tr><td colspan="3">工程名称</td><td colspan="5"></td></tr>
<tr><td colspan="3">单位工程名称</td><td colspan="5"></td></tr>
<tr><td colspan="3">施工单位</td><td></td><td colspan="2">分包单位</td><td colspan="2"></td></tr>
<tr><td colspan="3">项目负责人</td><td></td><td colspan="2">项目技术负责人</td><td colspan="2"></td></tr>
<tr><td colspan="3">分部（子分部）工程名称</td><td></td><td colspan="2">分项工程名称</td><td colspan="2"></td></tr>
<tr><td colspan="3">验收部位/区段</td><td></td><td colspan="2">检验批容量</td><td colspan="2"></td></tr>
<tr><td colspan="3">施工及验收依据</td><td colspan="5">《建筑地基基础工程施工质量验收标准》GB 50202</td></tr>
<tr><td colspan="4">验收项目</td><td>设计要求或规范规定</td><td>最小/实际抽样数量</td><td>检查记录</td><td>检查结果</td></tr>
<tr><td rowspan="5">主控项目</td><td>1</td><td colspan="2">主筋间距（mm）</td><td>±10</td><td>/</td><td></td><td></td></tr>
<tr><td>2</td><td colspan="2">长度（mm）</td><td>±100</td><td>/</td><td></td><td></td></tr>
<tr><td></td><td colspan="2"></td><td></td><td></td><td></td><td></td></tr>
<tr><td></td><td colspan="2"></td><td></td><td></td><td></td><td></td></tr>
<tr><td></td><td colspan="2"></td><td></td><td></td><td></td><td></td></tr>
<tr><td rowspan="8">一般项目</td><td>1</td><td colspan="2">钢筋材质检验</td><td>设计要求</td><td>/</td><td></td><td></td></tr>
<tr><td>2</td><td colspan="2">箍筋间距（mm）</td><td>±20</td><td>/</td><td></td><td></td></tr>
<tr><td>3</td><td colspan="2">直径（mm）</td><td>±10</td><td>/</td><td></td><td></td></tr>
<tr><td></td><td colspan="2"></td><td></td><td></td><td></td><td></td></tr>
<tr><td></td><td colspan="2"></td><td></td><td></td><td></td><td></td></tr>
<tr><td></td><td colspan="2"></td><td></td><td></td><td></td><td></td></tr>
<tr><td></td><td colspan="2"></td><td></td><td></td><td></td><td></td></tr>
<tr><td></td><td colspan="2"></td><td></td><td></td><td></td><td></td></tr>
<tr><td colspan="2">施工单位
检查结果</td><td colspan="6">专业工长：　　　　项目专业质量检查员：　　　　年　　月　　日</td></tr>
<tr><td colspan="2">监理单位
验收结论</td><td colspan="6">专业监理工程师：　　　　年　　月　　日</td></tr>
</table>

7.1.2.23　市政验·通-42　泥浆护壁成孔灌注桩检验批质量验收记录

市政基础设施工程

泥浆护壁成孔灌注桩检验批质量验收记录

市政验·通-42

第　　页，共　　页

<table>
<tr><td>工程名称</td><td colspan="3"></td></tr>
<tr><td>单位工程名称</td><td colspan="3"></td></tr>
<tr><td>施工单位</td><td></td><td>分包单位</td><td></td></tr>
<tr><td>项目负责人</td><td></td><td>项目技术负责人</td><td></td></tr>
<tr><td>分部（子分部）工程名称</td><td></td><td>分项工程名称</td><td></td></tr>
<tr><td>验收部位/区段</td><td></td><td>检验批容量</td><td></td></tr>
<tr><td>施工及验收依据</td><td colspan="3">《建筑地基基础工程施工质量验收标准》GB 50202</td></tr>
</table>

<table>
<tr><td colspan="4">验收项目</td><td>设计要求或规范规定</td><td>最小/实际抽样数量</td><td>检查记录</td><td>检查结果</td></tr>
<tr><td rowspan="5">主控项目</td><td>1</td><td colspan="2">勘岩深度</td><td>不小于设计值</td><td>/</td><td></td><td></td></tr>
<tr><td>2</td><td colspan="2">孔深（mm）</td><td>不小于设计值</td><td>/</td><td></td><td></td></tr>
<tr><td>3</td><td colspan="2">桩体质量检验</td><td>设计要求</td><td>/</td><td></td><td></td></tr>
<tr><td>4</td><td colspan="2">混凝土强度</td><td>不小于设计值</td><td>/</td><td></td><td></td></tr>
<tr><td>5</td><td colspan="2">承载力</td><td>不小于设计值</td><td>/</td><td></td><td></td></tr>
<tr><td rowspan="20">一般项目</td><td>1</td><td colspan="2">垂直度</td><td>见本标准表 5.1.4</td><td>/</td><td></td><td></td></tr>
<tr><td>2</td><td colspan="2">孔径</td><td>本标准表 5.1.4</td><td>/</td><td></td><td></td></tr>
<tr><td>3</td><td colspan="2">桩位</td><td>见本规范表 5.1.4</td><td>/</td><td></td><td></td></tr>
<tr><td rowspan="3">4</td><td rowspan="3">泥浆指标</td><td>比重（黏土或砂性土中）</td><td>1.10～1.25</td><td>/</td><td></td><td></td></tr>
<tr><td>含砂率（%）</td><td>≤8</td><td>/</td><td></td><td></td></tr>
<tr><td>黏度（s）</td><td>18～28</td><td>/</td><td></td><td></td></tr>
<tr><td>5</td><td colspan="2">泥浆面标高（高于地下水位）（m）</td><td>0.5～1.0</td><td>/</td><td></td><td></td></tr>
<tr><td rowspan="2">6</td><td rowspan="2">沉渣厚度：</td><td>端承桩（mm）</td><td>≤50</td><td>/</td><td></td><td></td></tr>
<tr><td>摩擦桩（mm）</td><td>≤150</td><td>/</td><td></td><td></td></tr>
<tr><td>7</td><td>混凝土坍落度：</td><td>水下灌注（mm）</td><td>180～220</td><td>/</td><td></td><td></td></tr>
<tr><td>8</td><td colspan="2">钢筋笼安装深度（mm）</td><td>±100</td><td>/</td><td></td><td></td></tr>
<tr><td>9</td><td colspan="2">混凝土充盈系数</td><td>≥1</td><td>/</td><td></td><td></td></tr>
<tr><td>10</td><td colspan="2">桩顶标高（mm）</td><td>+30，−50</td><td>/</td><td></td><td></td></tr>
<tr><td rowspan="2">11</td><td rowspan="2">后注浆</td><td>注浆终止条件</td><td>注浆量不小于设计要求</td><td>/</td><td></td><td></td></tr>
<tr><td>水胶比</td><td>注浆量不小于设计要求 80%，且注浆压力达到设计值</td><td>/</td><td></td><td></td></tr>
<tr><td rowspan="3">12</td><td rowspan="3">扩底桩</td><td>扩底直径</td><td>设计值</td><td>/</td><td></td><td></td></tr>
<tr><td rowspan="2">扩底高度</td><td>不小于设计值</td><td>/</td><td></td><td></td></tr>
<tr><td>不小于设计值</td><td>/</td><td></td><td></td></tr>
<tr><td colspan="2">施工单位检查结果</td><td colspan="6">专业工长：　　　项目专业质量检查员：　　　年　月　日</td></tr>
<tr><td colspan="2">监理单位验收结论</td><td colspan="6">专业监理工程师：　　　年　月　日</td></tr>
</table>

7.1.2.24　市政验·通-43　干作业成孔灌注桩检验批质量验收记录

市政基础设施工程

干作业成孔灌注桩检验批质量验收记录

市政验·通-43

第　　页，共　　页

<table>
<tr><td colspan="3">工程名称</td><td colspan="5"></td></tr>
<tr><td colspan="3">单位工程名称</td><td colspan="5"></td></tr>
<tr><td colspan="3">施工单位</td><td></td><td colspan="2">分包单位</td><td colspan="2"></td></tr>
<tr><td colspan="3">项目负责人</td><td></td><td colspan="2">项目技术负责人</td><td colspan="2"></td></tr>
<tr><td colspan="3">分部（子分部）工程名称</td><td></td><td colspan="2">分项工程名称</td><td colspan="2"></td></tr>
<tr><td colspan="3">验收部位/区段</td><td></td><td colspan="2">检验批容量</td><td colspan="2"></td></tr>
<tr><td colspan="3">施工及验收依据</td><td colspan="5">《建筑地基基础工程施工质量验收标准》GB 50202</td></tr>
<tr><td colspan="3">验收项目</td><td>设计要求或规范规定</td><td>最小/实际抽样数量</td><td>检查记录</td><td colspan="2">检查结果</td></tr>
<tr><td rowspan="5">主控项目</td><td>1</td><td>承载力</td><td>不小于设计值</td><td>/</td><td></td><td colspan="2"></td></tr>
<tr><td>2</td><td>孔深及孔底岩性</td><td>不小于设计值</td><td>/</td><td></td><td colspan="2"></td></tr>
<tr><td>3</td><td>桩体质量检验</td><td>设计要求</td><td>/</td><td></td><td colspan="2"></td></tr>
<tr><td>4</td><td>混凝土强度</td><td>不小于设计值</td><td>/</td><td></td><td colspan="2"></td></tr>
<tr><td>5</td><td>桩径</td><td>见本标准表 5.1.4</td><td>/</td><td></td><td colspan="2"></td></tr>
<tr><td rowspan="5">一般项目</td><td>1</td><td>桩位</td><td>见本标准表 5.1.4</td><td>/</td><td></td><td colspan="2"></td></tr>
<tr><td>2</td><td>垂直度</td><td>见本规范表 5.1.4</td><td>/</td><td></td><td colspan="2"></td></tr>
<tr><td>3</td><td>桩顶标高（mm）</td><td>+30，−50</td><td>/</td><td></td><td colspan="2"></td></tr>
<tr><td>4</td><td>混凝土坍落度（mm）</td><td>90～150</td><td>/</td><td></td><td colspan="2"></td></tr>
<tr><td></td><td></td><td></td><td></td><td></td><td colspan="2"></td></tr>
<tr><td colspan="2">施工单位检查结果</td><td colspan="6">专业工长：　　　　项目专业质量检查员：　　　　年　　月　　日</td></tr>
<tr><td colspan="2">监理单位验收结论</td><td colspan="6">专业监理工程师：　　　　年　　月　　日</td></tr>
</table>

7.1.2.25　市政验·通-44　长螺旋钻孔压灌桩检验批质量验收记录

市政基础设施工程

长螺旋钻孔压灌桩检验批质量验收记录

市政验·通-44

第　　页，共　　页

<table>
<tr><td colspan="4">工程名称</td><td colspan="4"></td></tr>
<tr><td colspan="4">单位工程名称</td><td colspan="4"></td></tr>
<tr><td colspan="4">施工单位</td><td></td><td>分包单位</td><td colspan="2"></td></tr>
<tr><td colspan="4">项目负责人</td><td></td><td>项目技术负责人</td><td colspan="2"></td></tr>
<tr><td colspan="4">分部（子分部）工程名称</td><td></td><td>分项工程名称</td><td colspan="2"></td></tr>
<tr><td colspan="4">验收部位/区段</td><td></td><td>检验批容量</td><td colspan="2"></td></tr>
<tr><td colspan="4">施工及验收依据</td><td colspan="4">《建筑地基基础工程施工质量验收标准》GB 50202</td></tr>
<tr><td colspan="4">验收项目</td><td>设计要求或
规范规定</td><td>最小/实际
抽样数量</td><td>检查记录</td><td>检查
结果</td></tr>
<tr><td rowspan="5">主控项目</td><td>1</td><td colspan="2">承载力</td><td>不小于设计值</td><td>/</td><td></td><td></td></tr>
<tr><td>2</td><td colspan="2">混凝土强度</td><td>不小于设计值</td><td>/</td><td></td><td></td></tr>
<tr><td>3</td><td colspan="2">桩长</td><td>不小于设计值</td><td>/</td><td></td><td></td></tr>
<tr><td>4</td><td colspan="2">桩径</td><td>不小于设计值</td><td>/</td><td></td><td></td></tr>
<tr><td>5</td><td colspan="2">桩身完整性</td><td>设计要求</td><td>/</td><td></td><td></td></tr>
<tr><td rowspan="6">一般项目</td><td>1</td><td rowspan="5">允许偏差</td><td>混凝土坍塌度（mm）</td><td>160～220</td><td>/</td><td></td><td></td></tr>
<tr><td>2</td><td>混凝土充盈系数（%）</td><td>≥1.0</td><td>/</td><td></td><td></td></tr>
<tr><td>3</td><td>垂直度</td><td>≤1/100</td><td>/</td><td></td><td></td></tr>
<tr><td>4</td><td>钢筋笼笼顶标高（mm）</td><td>±100</td><td>/</td><td></td><td></td></tr>
<tr><td>5</td><td>桩顶标高（mm）</td><td>+30
−50</td><td>/</td><td></td><td></td></tr>
<tr><td>6</td><td colspan="2">桩位</td><td>本标准表5.1.4</td><td>/</td><td></td><td></td></tr>
<tr><td colspan="2">施工单位
检查结果</td><td colspan="6">专业工长：　　　　项目专业质量检查员：　　　　年　　月　　日</td></tr>
<tr><td colspan="2">监理单位
验收结论</td><td colspan="6">专业监理工程师：　　　　年　　月　　日</td></tr>
</table>

7.1.2.26 市政验·通-45 沉管灌注桩检验批质量验收记录

市政基础设施工程

沉管灌注桩检验批质量验收记录

市政验·通-45

第　　页，共　　页

<table>
<tr><td colspan="3">工程名称</td><td colspan="5"></td></tr>
<tr><td colspan="3">单位工程名称</td><td colspan="5"></td></tr>
<tr><td colspan="3">施工单位</td><td></td><td colspan="2">分包单位</td><td colspan="2"></td></tr>
<tr><td colspan="3">项目负责人</td><td></td><td colspan="2">项目技术负责人</td><td colspan="2"></td></tr>
<tr><td colspan="3">分部（子分部）工程名称</td><td></td><td colspan="2">分项工程名称</td><td colspan="2"></td></tr>
<tr><td colspan="3">验收部位/区段</td><td></td><td colspan="2">检验批容量</td><td colspan="2"></td></tr>
<tr><td colspan="3">施工及验收依据</td><td colspan="5">《建筑地基基础工程施工质量验收标准》GB 50202</td></tr>
<tr><td colspan="4">验收项目</td><td>设计要求或规范规定</td><td>最小/实际抽样数量</td><td>检查记录</td><td>检查结果</td></tr>
<tr><td rowspan="5">主控项目</td><td>1</td><td colspan="2">承载力</td><td>不小于设计值</td><td>/</td><td></td><td></td></tr>
<tr><td>2</td><td colspan="2">混凝土强度</td><td>不小于设计要求</td><td>/</td><td></td><td></td></tr>
<tr><td>3</td><td colspan="2">桩身完整性</td><td>符合设计要求</td><td>/</td><td></td><td></td></tr>
<tr><td>4</td><td colspan="2">桩长</td><td>不小于设计值</td><td>/</td><td></td><td></td></tr>
<tr><td></td><td colspan="2"></td><td></td><td></td><td></td><td></td></tr>
<tr><td rowspan="7">一般项目</td><td>1</td><td rowspan="5">允许偏差</td><td>混凝土坍塌度（mm）</td><td>80～100</td><td>/</td><td></td><td></td></tr>
<tr><td>2</td><td>拔管速度（m/min）</td><td>1.2～1.5</td><td>/</td><td></td><td></td></tr>
<tr><td>3</td><td>桩顶标高（mm）</td><td>+30
−50</td><td>/</td><td></td><td></td></tr>
<tr><td>4</td><td>钢筋笼笼顶标高（mm）</td><td>±100</td><td>/</td><td></td><td></td></tr>
<tr><td>5</td><td>垂直度</td><td>≤1/100</td><td>/</td><td></td><td></td></tr>
<tr><td>6</td><td colspan="2">桩位</td><td>本表5.1.4</td><td>/</td><td></td><td></td></tr>
<tr><td>7</td><td colspan="2">桩径</td><td>本表5.1.4</td><td>/</td><td></td><td></td></tr>
<tr><td colspan="2">施工单位检查结果</td><td colspan="6">专业工长：　　　　项目专业质量检查员：　　　　年　　月　　日</td></tr>
<tr><td colspan="2">监理单位验收结论</td><td colspan="6">专业监理工程师：　　　　年　　月　　日</td></tr>
</table>

7.1.2.27 市政验·通-46 钢桩施工检验批质量验收记录

市政基础设施工程

钢桩施工检验批质量验收记录

市政验·通-46

第　页，共　页

<table>
<tr><td colspan="5">工程名称</td><td colspan="5"></td></tr>
<tr><td colspan="5">单位工程名称</td><td colspan="5"></td></tr>
<tr><td colspan="5">施工单位</td><td></td><td colspan="2">分包单位</td><td colspan="2"></td></tr>
<tr><td colspan="5">项目负责人</td><td></td><td colspan="2">项目技术负责人</td><td colspan="2"></td></tr>
<tr><td colspan="5">分部（子分部）工程名称</td><td></td><td colspan="2">分项工程名称</td><td colspan="2"></td></tr>
<tr><td colspan="5">验收部位/区段</td><td></td><td colspan="2">检验批容量</td><td colspan="2"></td></tr>
<tr><td colspan="5">施工及验收依据</td><td colspan="5">《建筑地基基础工程施工质量验收标准》GB 50202</td></tr>
<tr><td colspan="6">验收项目</td><td>设计要求或规范规定</td><td>最小/实际抽样数量</td><td>检查记录</td><td>检查结果</td></tr>
<tr><td rowspan="5">主控项目</td><td>1</td><td colspan="4">承载力</td><td>不小于设计值</td><td>/</td><td></td><td></td></tr>
<tr><td>2</td><td colspan="4">桩长</td><td>不小于设计值</td><td>/</td><td></td><td></td></tr>
<tr><td rowspan="2">3</td><td rowspan="3">允许偏差</td><td rowspan="2">钢桩外径或断面尺寸</td><td colspan="2">桩端（mm）</td><td>≤0.5%D</td><td>/</td><td></td><td></td></tr>
<tr><td colspan="2">桩身（mm）</td><td>≤0.1%D</td><td>/</td><td></td><td></td></tr>
<tr><td>4</td><td colspan="3">矢高（mm）</td><td>≤1‰L</td><td>/</td><td></td><td></td></tr>
<tr><td rowspan="20">一般项目</td><td>1</td><td rowspan="15">允许偏差</td><td colspan="3">垂直度</td><td>≤1/100</td><td>/</td><td></td><td></td></tr>
<tr><td>2</td><td colspan="3">端部平整度（mm）</td><td>≤2（H型桩≤1）</td><td>/</td><td></td><td></td></tr>
<tr><td>3</td><td colspan="3">端部平面与桩身中心线的倾斜值（mm）</td><td>≤2</td><td>/</td><td></td><td></td></tr>
<tr><td>4</td><td colspan="3">焊接结束后停歇时间（min）</td><td>≥1</td><td>/</td><td></td><td></td></tr>
<tr><td rowspan="2">5</td><td rowspan="2">H钢桩的方正度（mm）</td><td colspan="2">h>300</td><td>T+T≤8</td><td>/</td><td></td><td></td></tr>
<tr><td colspan="2">h<300</td><td>T+T≤6</td><td>/</td><td></td><td></td></tr>
<tr><td>6</td><td colspan="3">节点弯曲矢高（mm）</td><td>≤1‰L</td><td>/</td><td></td><td></td></tr>
<tr><td>7</td><td colspan="3">桩顶标高（mm）</td><td>±50</td><td>/</td><td></td><td></td></tr>
<tr><td rowspan="3">8</td><td rowspan="3">上下节桩错口</td><td rowspan="2">钢管桩外径</td><td>≥700（mm）</td><td>≤3</td><td>/</td><td></td><td></td></tr>
<tr><td><700（mm）</td><td>≤2</td><td>/</td><td></td><td></td></tr>
<tr><td colspan="2">H型钢桩（mm）</td><td>≤1</td><td>/</td><td></td><td></td></tr>
<tr><td rowspan="3">9</td><td rowspan="3">焊缝</td><td colspan="2">咬边深度（mm）</td><td>≤0.5</td><td>/</td><td></td><td></td></tr>
<tr><td colspan="2">加强层高度（mm）</td><td>≤2</td><td>/</td><td></td><td></td></tr>
<tr><td colspan="2">加强层宽度（mm）</td><td>≤3</td><td>/</td><td></td><td></td></tr>
<tr><td>10</td><td colspan="4">桩位</td><td>本表5.1.2</td><td>/</td><td></td><td></td></tr>
<tr><td>11</td><td colspan="4">焊缝电焊质量外观</td><td>无气孔，无焊瘤，无裂缝</td><td>/</td><td></td><td></td></tr>
<tr><td>12</td><td colspan="4">焊缝探伤检验</td><td>设计要求</td><td>/</td><td></td><td></td></tr>
<tr><td>13</td><td colspan="4">收锤标准</td><td>设计要求</td><td>/</td><td></td><td></td></tr>
<tr><td colspan="2">施工单位检查结果</td><td colspan="8">专业工长：　　项目专业质量检查员：　　年　月　日</td></tr>
<tr><td colspan="2">监理单位验收结论</td><td colspan="8">专业监理工程师：　　年　月　日</td></tr>
</table>

7.1.2.28 市政验·通-47 锚杆静压桩检验批质量验收记录

市政基础设施工程

锚杆静压桩检验批质量验收记录

市政验·通-47

第　　页，共　　页

<table>
<tr><td>工程名称</td><td colspan="3"></td></tr>
<tr><td>单位工程名称</td><td colspan="3"></td></tr>
<tr><td>施工单位</td><td></td><td>分包单位</td><td></td></tr>
<tr><td>项目负责人</td><td></td><td>项目技术负责人</td><td></td></tr>
<tr><td>分部（子分部）工程名称</td><td></td><td>分项工程名称</td><td></td></tr>
<tr><td>验收部位/区段</td><td></td><td>检验批容量</td><td></td></tr>
<tr><td>施工及验收依据</td><td colspan="3">《建筑地基基础工程施工质量验收标准》GB 50202</td></tr>
</table>

<table>
<tr><td colspan="6">验收项目</td><td>设计要求或规范规定</td><td>最小/实际抽样数量</td><td>检查记录</td><td>检查结果</td></tr>
<tr><td rowspan="3">主控项目</td><td>1</td><td colspan="4">承载力</td><td>不小于设计值</td><td>/</td><td></td><td></td></tr>
<tr><td>2</td><td colspan="4">桩长</td><td>不小于设计值</td><td>/</td><td></td><td></td></tr>
<tr><td></td><td colspan="4"></td><td></td><td>/</td><td></td><td></td></tr>
<tr><td rowspan="13">一般项目</td><td>1</td><td colspan="4">桩位</td><td>本表 5.1.4</td><td>/</td><td></td><td></td></tr>
<tr><td rowspan="3">2</td><td rowspan="3">成品桩质量</td><td rowspan="2">外观、外形尺寸</td><td colspan="2">钢桩</td><td>本表 5.10.4</td><td>/</td><td></td><td></td></tr>
<tr><td colspan="2">钢筋混凝土预制桩</td><td>本表 5.5.4-1</td><td>/</td><td></td><td></td></tr>
<tr><td colspan="3">强度</td><td>不小于设计要求</td><td>/</td><td></td><td></td></tr>
<tr><td>3</td><td colspan="4">电焊条质量</td><td>设计要求</td><td>/</td><td></td><td></td></tr>
<tr><td rowspan="3">4</td><td rowspan="8">允许偏差</td><td rowspan="3">接桩</td><td colspan="2">电焊接桩焊缝质量</td><td>本表 5.10.4</td><td>/</td><td></td><td></td></tr>
<tr><td rowspan="2">焊接结束后停歇时间（min）</td><td>钢桩</td><td>≥1</td><td>/</td><td></td><td></td></tr>
<tr><td>钢筋混凝土预制桩</td><td>≥6（3）</td><td>/</td><td></td><td></td></tr>
<tr><td>5</td><td colspan="3">垂直度</td><td>≤1/100</td><td>/</td><td></td><td></td></tr>
<tr><td>6</td><td colspan="3">压桩压力设计有要求时（%）</td><td>±5</td><td>/</td><td></td><td></td></tr>
<tr><td>7</td><td colspan="3">接桩时上下节平面偏差（mm）</td><td>≤10</td><td>/</td><td></td><td></td></tr>
<tr><td>8</td><td colspan="3">接桩时节点弯曲矢高（mm）</td><td>≤1‰L</td><td>/</td><td></td><td></td></tr>
<tr><td></td><td colspan="3">桩顶标高（mm）</td><td>±50</td><td>/</td><td></td><td></td></tr>
<tr><td colspan="3">施工单位检查结果</td><td colspan="7">专业工长：　　　　项目专业质量检查员：　　　　年　　月　　日</td></tr>
<tr><td colspan="3">监理单位验收结论</td><td colspan="7">专业监理工程师：　　　　年　　月　　日</td></tr>
</table>

注：1. 接桩项括号中为采用二氧化碳气体保护焊时的数值；2. L 为两节桩长（mm）。

7.1.2.29 市政验·通-48 岩石锚杆基础检验批质量验收记录

市政基础设施工程

岩石锚杆基础检验批质量验收记录

市政验·通-48

第　　页，共　　页

<table>
<tr><td colspan="4">工程名称</td><td colspan="5"></td></tr>
<tr><td colspan="4">单位工程名称</td><td colspan="5"></td></tr>
<tr><td colspan="4">施工单位</td><td></td><td colspan="2">分包单位</td><td colspan="2"></td></tr>
<tr><td colspan="4">项目负责人</td><td></td><td colspan="2">项目技术负责人</td><td colspan="2"></td></tr>
<tr><td colspan="4">分部（子分部）工程名称</td><td></td><td colspan="2">分项工程名称</td><td colspan="2"></td></tr>
<tr><td colspan="4">验收部位/区段</td><td></td><td colspan="2">检验批容量</td><td colspan="2"></td></tr>
<tr><td colspan="4">施工及验收依据</td><td colspan="5">《建筑地基基础工程施工质量验收标准》GB 50202</td></tr>
<tr><td colspan="5">验收项目</td><td>设计要求或规范规定</td><td>最小/实际抽样数量</td><td>检查记录</td><td>检查结果</td></tr>
<tr><td rowspan="5">主控项目</td><td>1</td><td colspan="3">抗拔承载力</td><td>不小于设计值</td><td>/</td><td></td><td></td></tr>
<tr><td>2</td><td colspan="3">孔深</td><td>不小于设计值</td><td>/</td><td></td><td></td></tr>
<tr><td>3</td><td colspan="3">锚固体强度</td><td>不小于设计值</td><td>/</td><td></td><td></td></tr>
<tr><td></td><td colspan="3"></td><td></td><td></td><td></td><td></td></tr>
<tr><td></td><td colspan="3"></td><td></td><td></td><td></td><td></td></tr>
<tr><td rowspan="6">一般项目</td><td>1</td><td rowspan="3">允许偏差</td><td colspan="2">孔径（mm）</td><td>±10</td><td>/</td><td></td><td></td></tr>
<tr><td>2</td><td colspan="2">杆体标高（mm）</td><td>+30
−50</td><td>/</td><td></td><td></td></tr>
<tr><td>3</td><td colspan="2">锚固长度（mm）</td><td>+100
0</td><td>/</td><td></td><td></td></tr>
<tr><td>4</td><td colspan="3">垂直度</td><td>本表5.1.4</td><td>/</td><td></td><td></td></tr>
<tr><td>5</td><td colspan="3">孔位</td><td>本表5.1.4</td><td>/</td><td></td><td></td></tr>
<tr><td>6</td><td colspan="3">注浆压力</td><td>设计要求</td><td>/</td><td></td><td></td></tr>
<tr><td colspan="2">施工单位检查结果</td><td colspan="7">专业工长：　　　　项目专业质量检查员：　　　　年　　月　　日</td></tr>
<tr><td colspan="2">监理单位验收结论</td><td colspan="7">专业监理工程师：　　　　年　　月　　日</td></tr>
</table>

7.1.2.30 市政验·通-49 沉井隐蔽验收记录

市政基础设施工程

沉井隐蔽验收记录

市政验·通-49

<table>
<tr><td colspan="2">工程名称</td><td colspan="3"></td><td>施工单位</td><td colspan="3"></td></tr>
<tr><td colspan="2">单位工程名称</td><td colspan="3"></td><td>分包单位</td><td colspan="3"></td></tr>
<tr><td colspan="2">验收井号</td><td colspan="2"></td><td>沉井面积</td><td>m^2</td><td>井壁高度</td><td colspan="2">m</td></tr>
<tr><td colspan="2">沉井开始下沉</td><td colspan="2">月　日</td><td colspan="2">刃脚平均标高（m）</td><td colspan="3">基底整平后标高及土质</td></tr>
<tr><td colspan="2">沉井下沉完毕</td><td colspan="2">月　日</td><td>开始下沉</td><td></td><td>设计要求</td><td colspan="2">实际</td></tr>
<tr><td colspan="2" rowspan="2">开挖方法</td><td colspan="2" rowspan="2"></td><td>下沉完毕</td><td></td><td rowspan="2"></td><td colspan="2" rowspan="2"></td></tr>
<tr><td>设计</td><td></td></tr>
<tr><td colspan="6">刃脚高差情况</td><td colspan="3">水平位移情况</td></tr>
<tr><td rowspan="4">四角标高（m）</td><td></td><td rowspan="4">高差数值</td><td>设计允许偏差（mm）</td><td colspan="2"></td><td>水平横轴</td><td>轴偏（mm）</td><td></td></tr>
<tr><td></td><td>实际高差（mm）</td><td colspan="2"></td><td>水平纵轴</td><td>轴偏（mm）</td><td></td></tr>
<tr><td></td><td>高差方位</td><td colspan="2">自　　向
倾斜</td><td>移位绝对值</td><td>偏移方位（mm）</td><td></td></tr>
<tr><td></td><td>与两角水平距之百分比</td><td colspan="2">%</td><td>与下沉总深度之百分比</td><td colspan="2">%</td></tr>
<tr><td>施工单位自检意见</td><td colspan="3">项目专业质量检查员：

年　月　日</td><td colspan="5">沉井平面示意图</td></tr>
<tr><td rowspan="5">基底土性鉴定及验收结论</td><td colspan="3" rowspan="5">专业监理工程师：

年　月　日</td><td colspan="5">会签栏</td></tr>
<tr><td colspan="3">项目技术负责人</td><td colspan="2"></td></tr>
<tr><td colspan="3">项目建设负责人</td><td colspan="2"></td></tr>
<tr><td colspan="3">项目设计负责人</td><td colspan="2"></td></tr>
<tr><td colspan="3">项目勘察负责人</td><td colspan="2"></td></tr>
</table>

* 当验收段作为首次/样板验收或实际验收情况与设计，勘察文件要求不相符时，相关单位项目负责人应会签确认验收情况。

7.1.2.31 市政验·通-50-1 沉井与沉箱检验批质量验收记录（一）

市政基础设施工程

沉井与沉箱检验批质量验收记录（一）

市政验·通-50-1

第　　页，共　　页

<table>
<tr><td>工程名称</td><td colspan="3"></td></tr>
<tr><td>单位工程名称</td><td colspan="3"></td></tr>
<tr><td>施工单位</td><td></td><td>分包单位</td><td></td></tr>
<tr><td>项目负责人</td><td></td><td>项目技术负责人</td><td></td></tr>
<tr><td>分部（子分部）工程名称</td><td></td><td>分项工程名称</td><td></td></tr>
<tr><td>验收部位/区段</td><td></td><td>检验批容量</td><td></td></tr>
<tr><td>施工及验收依据</td><td colspan="3">《建筑地基基础工程施工质量验收标准》GB 50202</td></tr>
</table>

<table>
<tr><td colspan="7">验收项目</td><td>设计要求或规范规定</td><td>最小/实际抽样数量</td><td>检查记录</td><td>检查结果</td></tr>
<tr><td rowspan="13">主控项目</td><td>1</td><td colspan="5">混凝土强度</td><td>不小于设计值</td><td>/</td><td></td><td></td></tr>
<tr><td>2</td><td rowspan="12">允许偏差</td><td colspan="4">井（箱）壁厚度（mm）</td><td>±15</td><td>/</td><td></td><td></td></tr>
<tr><td>3</td><td colspan="4">封底前下沉速率（mm/8h）</td><td>≤10</td><td>/</td><td></td><td></td></tr>
<tr><td rowspan="2">4</td><td rowspan="10">终沉后</td><td colspan="2" rowspan="2">刃脚平均标高</td><td>沉井（mm）</td><td>±100</td><td>/</td><td></td><td></td></tr>
<tr><td>沉箱（mm）</td><td>±50</td><td>/</td><td></td><td></td></tr>
<tr><td rowspan="4">5</td><td rowspan="4">刃脚平面中心线位移</td><td rowspan="2">沉井（mm）</td><td>$H_3 \geqslant 10m$</td><td>$\leqslant 1\% H_3$</td><td>/</td><td></td><td></td></tr>
<tr><td>$H_3 < 10m$</td><td>≤100</td><td>/</td><td></td><td></td></tr>
<tr><td rowspan="2">沉箱（mm）</td><td>$H_3 \geqslant 10m$</td><td>$\leqslant 0.5\% H_2$</td><td>/</td><td></td><td></td></tr>
<tr><td>$H_2 < 10m$</td><td>≤50</td><td>/</td><td></td><td></td></tr>
<tr><td rowspan="4">6</td><td rowspan="4">四角中任何两角高差</td><td rowspan="2">沉井（mm）</td><td>$L_2 \geqslant 10m$</td><td>$\leqslant 1\% L_2$ 且≤300</td><td>/</td><td></td><td></td></tr>
<tr><td>$L_2 < 10m$</td><td>≤100</td><td>/</td><td></td><td></td></tr>
<tr><td rowspan="2">沉箱（mm）</td><td>$L_2 \geqslant 10m$</td><td>$\leqslant 0.5\% L_2$ 且≤150</td><td>/</td><td></td><td></td></tr>
<tr><td>$L_2 < 10m$</td><td>≤50</td><td>/</td><td></td><td></td></tr>
<tr><td colspan="2">施工单位检查结果</td><td colspan="9">专业工长：　　　　项目专业质量检查员：　　　　年　　月　　日</td></tr>
<tr><td colspan="2">监理单位验收结论</td><td colspan="9">专业监理工程师：　　　　年　　月　　日</td></tr>
</table>

7.1.2.32 市政验·通-50-2 沉井与沉箱检验批质量验收记录（二）

市政基础设施工程

沉井与沉箱检验批质量验收记录（二）

市政验·通-50-2

第　　页，共　　页

<table>
<tr><td colspan="5">工程名称</td><td colspan="5"></td></tr>
<tr><td colspan="5">单位工程名称</td><td colspan="5"></td></tr>
<tr><td colspan="5">施工单位</td><td colspan="2"></td><td>分包单位</td><td colspan="2"></td></tr>
<tr><td colspan="5">项目负责人</td><td colspan="2"></td><td>项目技术负责人</td><td colspan="2"></td></tr>
<tr><td colspan="5">分部（子分部）工程名称</td><td colspan="2"></td><td>分项工程名称</td><td colspan="2"></td></tr>
<tr><td colspan="5">验收部位/区段</td><td colspan="2"></td><td>检验批容量</td><td colspan="2"></td></tr>
<tr><td colspan="5">施工及验收依据</td><td colspan="5">《建筑地基基础工程施工质量验收标准》GB 50202</td></tr>
<tr><td colspan="6">验收项目</td><td>设计要求或规范规定</td><td>最小/实际抽样数量</td><td>检查记录</td><td>检查结果</td></tr>
<tr><td rowspan="13">一般项目</td><td rowspan="5">1</td><td rowspan="13">允许偏差</td><td rowspan="5">平面尺寸</td><td colspan="2">长度（mm）</td><td>±0.5%L_1 且≤50</td><td>/</td><td></td><td></td></tr>
<tr><td colspan="2">宽度（mm）</td><td>±0.5%B 且≤50</td><td>/</td><td></td><td></td></tr>
<tr><td colspan="2">高度（mm）</td><td>±30</td><td>/</td><td></td><td></td></tr>
<tr><td colspan="2">直径（圆形沉箱）（mm）</td><td>±0.5%D_1 且≤100</td><td>/</td><td></td><td></td></tr>
<tr><td colspan="2">对角线（mm）</td><td>≤0.5%线长且≤100</td><td>/</td><td></td><td></td></tr>
<tr><td>2</td><td colspan="3">垂直度</td><td>≤1/100</td><td>/</td><td></td><td></td></tr>
<tr><td>3</td><td colspan="3">预埋件中心线位置（mm）</td><td>≤20</td><td>/</td><td></td><td></td></tr>
<tr><td>4</td><td colspan="3">预留孔（洞）位移</td><td>≤20</td><td>/</td><td></td><td></td></tr>
<tr><td rowspan="2">5</td><td rowspan="4">下沉过程中</td><td rowspan="2">四角高差</td><td>沉井</td><td>≤1.5%L_1～2.0%L_1 且≤500mm</td><td>/</td><td></td><td></td></tr>
<tr><td>沉箱</td><td>≤1.0%L_1～1.5%L_1 且≤450mm</td><td>/</td><td></td><td></td></tr>
<tr><td rowspan="2">6</td><td rowspan="2">中心位移</td><td>沉井</td><td>≤1.5%H_2 且≤450mm</td><td>/</td><td></td><td></td></tr>
<tr><td>沉箱</td><td>≤1%H_2 且≤150mm</td><td>/</td><td></td><td></td></tr>
<tr><td colspan="3">施工单位检查结果</td><td colspan="7">专业工长：　　　　项目专业质量检查员：　　　　年　　月　　日</td></tr>
<tr><td colspan="3">监理单位验收结论</td><td colspan="7">专业监理工程师：　　　　年　　月　　日</td></tr>
</table>

7.1.2.33 市政验·通-51 灌注桩排桩检验批质量验收记录

市政基础设施工程

灌注桩排桩检验批质量验收记录

市政验·通-51

第　　页，共　　页

<table>
<tr><td colspan="4">工程名称</td><td colspan="5"></td></tr>
<tr><td colspan="4">单位工程名称</td><td colspan="5"></td></tr>
<tr><td colspan="4">施工单位</td><td></td><td colspan="2">分包单位</td><td colspan="2"></td></tr>
<tr><td colspan="4">项目负责人</td><td></td><td colspan="2">项目技术负责人</td><td colspan="2"></td></tr>
<tr><td colspan="4">分部（子分部）工程名称</td><td></td><td colspan="2">分项工程名称</td><td colspan="2"></td></tr>
<tr><td colspan="4">验收部位/区段</td><td></td><td colspan="2">检验批容量</td><td colspan="2"></td></tr>
<tr><td colspan="4">施工及验收依据</td><td colspan="5">《建筑地基基础工程施工质量验收标准》GB 50202</td></tr>
<tr><td colspan="4">验收项目</td><td>设计要求或规范规定</td><td>最小/实际抽样数量</td><td>检查记录</td><td colspan="2">检查结果</td></tr>
<tr><td rowspan="5">主控项目</td><td>1</td><td colspan="2">孔深</td><td>不小于设计值</td><td>/</td><td></td><td colspan="2"></td></tr>
<tr><td>2</td><td colspan="2">桩身完整度</td><td>设计要求</td><td>/</td><td></td><td colspan="2"></td></tr>
<tr><td>3</td><td colspan="2">混凝土强度</td><td>不小于设计值</td><td>/</td><td></td><td colspan="2"></td></tr>
<tr><td>4</td><td colspan="2">嵌岩深度</td><td>不小于设计值</td><td>/</td><td></td><td colspan="2"></td></tr>
<tr><td></td><td colspan="2"></td><td></td><td>/</td><td></td><td colspan="2"></td></tr>
<tr><td rowspan="11">一般项目</td><td>1</td><td colspan="2">孔径</td><td>不小于设计值</td><td>/</td><td></td><td colspan="2"></td></tr>
<tr><td>2</td><td rowspan="8">允许偏差</td><td>垂直度</td><td>≤1/100（≤1/200）</td><td>/</td><td></td><td colspan="2"></td></tr>
<tr><td>3</td><td>泥浆指标</td><td>第 5.6 节</td><td>/</td><td></td><td colspan="2"></td></tr>
<tr><td>4</td><td>沉渣厚度（mm）</td><td>≤200</td><td>/</td><td></td><td colspan="2"></td></tr>
<tr><td>5</td><td>混凝土坍落度（mm）</td><td>180～220</td><td>/</td><td></td><td colspan="2"></td></tr>
<tr><td>6</td><td>钢筋笼安装深度（mm）</td><td>±100</td><td>/</td><td></td><td colspan="2"></td></tr>
<tr><td>7</td><td>混凝土充盈系数</td><td>≥1.0</td><td>/</td><td></td><td colspan="2"></td></tr>
<tr><td>8</td><td>桩顶标高（mm）</td><td>±50</td><td>/</td><td></td><td colspan="2"></td></tr>
<tr><td>9</td><td>桩位（mm）</td><td>≤50</td><td>/</td><td></td><td colspan="2"></td></tr>
<tr><td></td><td colspan="2"></td><td></td><td></td><td></td><td colspan="2"></td></tr>
<tr><td colspan="2">施工单位检查结果</td><td colspan="7">专业工长：　　　　项目专业质量检查员：　　　　年　　月　　日</td></tr>
<tr><td colspan="2">监理单位验收结论</td><td colspan="7">专业监理工程师：　　　　年　　月　　日</td></tr>
</table>

7.1.2.34 市政验·通-52 截水帷幕/搅拌墙（水泥搅拌桩）检验批质量验收记录

市政基础设施工程

截水帷幕/搅拌墙（水泥搅拌桩）检验批质量验收记录

市政验·通-52

第　　页，共　　页

<table>
<tr><td colspan="3">工程名称</td><td colspan="5"></td></tr>
<tr><td colspan="3">单位工程名称</td><td colspan="5"></td></tr>
<tr><td colspan="3">施工单位</td><td colspan="2"></td><td colspan="2">分包单位</td><td></td></tr>
<tr><td colspan="3">项目负责人</td><td colspan="2"></td><td colspan="2">项目技术负责人</td><td></td></tr>
<tr><td colspan="3">分部（子分部）工程名称</td><td colspan="2"></td><td colspan="2">分项工程名称</td><td></td></tr>
<tr><td colspan="3">验收部位/区段</td><td colspan="2"></td><td colspan="2">检验批容量</td><td></td></tr>
<tr><td colspan="3">施工及验收依据</td><td colspan="5">《建筑地基基础工程施工质量验收标准》GB 50202</td></tr>
<tr><td colspan="4">验收项目</td><td>设计要求或规范规定</td><td>最小/实际抽样数量</td><td>检查记录</td><td>检查结果</td></tr>
<tr><td rowspan="6">主控项目</td><td>1</td><td colspan="2">水泥用量</td><td>不小于设计值</td><td>/</td><td></td><td></td></tr>
<tr><td>2</td><td colspan="2">桩长</td><td>不小于设计值</td><td>/</td><td></td><td></td></tr>
<tr><td rowspan="2">3</td><td rowspan="2">导向架垂直度</td><td>单、双轴</td><td>≤1/150</td><td>/</td><td></td><td></td></tr>
<tr><td>三轴</td><td>≤1/250</td><td>/</td><td></td><td></td></tr>
<tr><td>4</td><td colspan="2">桩径（mm）</td><td>±20</td><td>/</td><td></td><td></td></tr>
<tr><td>5</td><td colspan="2">桩身强度</td><td>不小于设计值</td><td>/</td><td></td><td></td></tr>
<tr><td rowspan="10">一般项目</td><td>1</td><td colspan="2">水胶比</td><td>设计值</td><td>/</td><td></td><td></td></tr>
<tr><td>2</td><td colspan="2">提升速度</td><td>设计值</td><td>/</td><td></td><td></td></tr>
<tr><td>3</td><td colspan="2">下沉速度</td><td>设计值</td><td>/</td><td></td><td></td></tr>
<tr><td rowspan="2">4</td><td rowspan="2">桩位（mm）</td><td>单、双轴</td><td>≤20</td><td>/</td><td></td><td></td></tr>
<tr><td>三轴</td><td>≤50</td><td>/</td><td></td><td></td></tr>
<tr><td>5</td><td colspan="2">桩顶标高（mm）</td><td>±200</td><td>/</td><td></td><td></td></tr>
<tr><td>6</td><td colspan="2">施工间歇（h）</td><td>≤24</td><td>/</td><td></td><td></td></tr>
<tr><td></td><td colspan="2"></td><td></td><td></td><td></td><td></td></tr>
<tr><td></td><td colspan="2"></td><td></td><td></td><td></td><td></td></tr>
<tr><td></td><td colspan="2"></td><td></td><td></td><td></td><td></td></tr>
<tr><td colspan="2">施工单位检查结果</td><td colspan="6">专业工长：　　　　项目专业质量检查员：　　　　年　月　日</td></tr>
<tr><td colspan="2">监理单位验收结论</td><td colspan="6">专业监理工程师：　　　　年　月　日</td></tr>
</table>

7.1.2.35 市政验·通-53 截水帷幕/搅拌墙（渠式切割水泥土连续墙）检验批质量验收记录

市政基础设施工程

截水帷幕/搅拌墙（渠式切割水泥土连续墙）检验批质量验收记录

市政验·通-53

第　页，共　页

工程名称							
单位工程名称							
施工单位				分包单位			
项目负责人				项目技术负责人			
分部（子分部）工程名称				分项工程名称			
验收部位/区段				检验批容量			
施工及验收依据	《建筑地基基础工程施工质量验收标准》GB 50202						
验收项目				设计要求或规范规定	最小/实际抽样数量	检查记录	检查结果
主控项目	1	墙体强度		不小于设计值	/		
	2	水泥用量		不小于设计值	/		
	3	墙体长度		不小于设计值	/		
	4	允许偏差	垂直度	≤1/250	/		
	5		墙厚（mm）	±30	/		
一般项目	1	允许偏差	中心线定位（mm）	±25	/		
	2		墙顶标高（mm）	≥−10	/		
	3	水胶比		设计值	/		
施工单位检查结果	专业工长：　　项目专业质量检查员：　　年　月　日						
监理单位验收结论	专业监理工程师：　　年　月　日						

7.1.2.36 市政验·通-54 截水帷幕（高压喷射注浆）检验批质量验收记录

市政基础设施工程

截水帷幕（高压喷射注浆）检验批质量验收记录

市政验·通-54

第　　页，共　　页

工程名称			
单位工程名称			
施工单位		分包单位	
项目负责人		项目技术负责人	
分部（子分部）工程名称		分项工程名称	
验收部位/区段		检验批容量	
施工及验收依据	《建筑地基基础工程施工质量验收标准》GB 50202		

验收项目				设计要求或规范规定	最小/实际抽样数量	检查记录	检查结果
主控项目	1	水泥用量		不小于设计值	/		
	2	桩长		不小于设计值	/		
	3	钻孔垂直度		≤1/100	/		
	4	桩身强度		不小于设计值	/		
一般项目	1	允许偏差	桩位（mm）	±20	/		
	2		桩顶标高（mm）	±200	/		
	3		施工间歇（h）	≤24	/		
	4	水胶比		设计值	/		
	5	提升速度		设计值	/		
	6	旋转速度		设计值	/		
	7	注浆压力		设计值	/		

施工单位检查结果	专业工长：　　项目专业质量检查员：　　年　月　日
监理单位验收结论	专业监理工程师：　　年　月　日

7.1.2.37　市政验·通-55　板桩围护墙（钢板桩）检验批质量验收记录

市政基础设施工程

板桩围护墙（钢板桩）检验批质量验收记录

市政验·通-55

第　　页，共　　页

<table>
<tr><td colspan="4">工程名称</td><td colspan="4"></td></tr>
<tr><td colspan="4">单位工程名称</td><td colspan="4"></td></tr>
<tr><td colspan="4">施工单位</td><td colspan="2"></td><td colspan="2">分包单位</td></tr>
<tr><td colspan="4">项目负责人</td><td colspan="2"></td><td colspan="2">项目技术负责人</td></tr>
<tr><td colspan="4">分部（子分部）工程名称</td><td colspan="2"></td><td colspan="2">分项工程名称</td></tr>
<tr><td colspan="4">验收部位/区段</td><td colspan="2"></td><td colspan="2">检验批容量</td></tr>
<tr><td colspan="4">施工及验收依据</td><td colspan="4">《建筑地基基础工程施工质量验收标准》GB 50202</td></tr>
<tr><td colspan="4">验收项目</td><td>设计要求或规范规定</td><td>最小/实际抽样数量</td><td>检查记录</td><td>检查结果</td></tr>
<tr><td rowspan="5">主控项目</td><td>1</td><td colspan="2">桩长</td><td>不小于设计值</td><td>/</td><td></td><td></td></tr>
<tr><td>2</td><td rowspan="3">允许偏差</td><td>桩身弯曲度（mm）</td><td>≤2%L</td><td>/</td><td></td><td></td></tr>
<tr><td>3</td><td>桩顶标高（mm）</td><td>±100</td><td>/</td><td></td><td></td></tr>
<tr><td></td><td></td><td></td><td></td><td></td><td></td></tr>
<tr><td></td><td colspan="2"></td><td></td><td></td><td></td><td></td></tr>
<tr><td rowspan="5">一般项目</td><td>1</td><td rowspan="2">允许偏差</td><td>沉桩垂直度</td><td>≤1/100</td><td>/</td><td></td><td></td></tr>
<tr><td>2</td><td>轴线位置（mm）</td><td>±100</td><td>/</td><td></td><td></td></tr>
<tr><td>3</td><td colspan="2">齿槽平直度及光滑度</td><td>无电焊渣或毛刷</td><td>/</td><td></td><td></td></tr>
<tr><td>4</td><td colspan="2">齿槽咬合程度</td><td>紧密</td><td>/</td><td></td><td></td></tr>
<tr><td></td><td colspan="6"></td></tr>
<tr><td colspan="2">施工单位检查结果</td><td colspan="6">专业工长：　　　　项目专业质量检查员：　　　　年　　月　　日</td></tr>
<tr><td colspan="2">监理单位验收结论</td><td colspan="6">专业监理工程师：　　　　年　　月　　日</td></tr>
</table>

注：L 为钢板桩设计桩长（mm）。

7.1.2.38　市政验·通-56　板桩围护墙（预制混凝土板桩）检验批质量验收记录

市政基础设施工程

板桩围护墙（预制混凝土板桩）检验批质量验收记录

市政验·通-56

第　　页，共　　页

<table>
<tr><td colspan="4">工程名称</td><td colspan="5"></td></tr>
<tr><td colspan="4">单位工程名称</td><td colspan="5"></td></tr>
<tr><td colspan="4">施工单位</td><td></td><td colspan="2">分包单位</td><td colspan="2"></td></tr>
<tr><td colspan="4">项目负责人</td><td></td><td colspan="2">项目技术负责人</td><td colspan="2"></td></tr>
<tr><td colspan="4">分部（子分部）工程名称</td><td></td><td colspan="2">分项工程名称</td><td colspan="2"></td></tr>
<tr><td colspan="4">验收部位/区段</td><td></td><td colspan="2">检验批容量</td><td colspan="2"></td></tr>
<tr><td colspan="4">施工及验收依据</td><td colspan="5">《建筑地基基础工程施工质量验收标准》GB 50202</td></tr>
<tr><td colspan="4">验收项目</td><td>设计要求或规范规定</td><td>最小/实际抽样数量</td><td colspan="2">检查记录</td><td>检查结果</td></tr>
<tr><td rowspan="5">主控项目</td><td>1</td><td colspan="2">桩长</td><td>不小于设计值</td><td>/</td><td colspan="2"></td><td></td></tr>
<tr><td>2</td><td rowspan="4">允许偏差</td><td>桩身弯曲度（mm）</td><td>≤0.1%L</td><td>/</td><td colspan="2"></td><td></td></tr>
<tr><td>3</td><td>桩身厚度（mm）</td><td>+10
0</td><td>/</td><td colspan="2"></td><td></td></tr>
<tr><td>4</td><td>凹凸槽尺寸（mm）</td><td>±3</td><td>/</td><td colspan="2"></td><td></td></tr>
<tr><td>5</td><td>桩顶标高（mm）</td><td>±100</td><td>/</td><td colspan="2"></td><td></td></tr>
<tr><td rowspan="6">一般项目</td><td>1</td><td rowspan="6">允许偏差</td><td>沉桩垂直度</td><td>≤1/100</td><td>/</td><td colspan="2"></td><td></td></tr>
<tr><td>2</td><td>轴线位置（mm）</td><td>≤100</td><td>/</td><td colspan="2"></td><td></td></tr>
<tr><td>3</td><td>保护层厚度（mm）</td><td>±5</td><td>/</td><td colspan="2"></td><td></td></tr>
<tr><td>4</td><td>模截面相对两面之差（mm）</td><td>≤5</td><td>/</td><td colspan="2"></td><td></td></tr>
<tr><td>5</td><td>桩尖对桩轴线的位移（mm）</td><td>≤10</td><td>/</td><td colspan="2"></td><td></td></tr>
<tr><td>6</td><td>板缝间隙（mm）</td><td>≤20</td><td>/</td><td colspan="2"></td><td></td></tr>
<tr><td colspan="2">施工单位检查结果</td><td colspan="7">专业工长：　　　　项目专业质量检查员：　　　　年　　月　　日</td></tr>
<tr><td colspan="2">监理单位验收结论</td><td colspan="7">专业监理工程师：　　　　年　　月　　日</td></tr>
</table>

注：L 为钢板桩设计桩长（mm）。

7.1.2.39 市政验·通-57 咬合桩围护墙检验批质量验收记录

市政基础设施工程

咬合桩围护墙检验批质量验收记录

市政验·通-57

第　　页，共　　页

<table>
<tr><td colspan="4">工程名称</td><td colspan="4"></td></tr>
<tr><td colspan="4">单位工程名称</td><td colspan="4"></td></tr>
<tr><td colspan="4">施工单位</td><td></td><td colspan="2">分包单位</td><td></td></tr>
<tr><td colspan="4">项目负责人</td><td></td><td colspan="2">项目技术负责人</td><td></td></tr>
<tr><td colspan="4">分部（子分部）工程名称</td><td></td><td colspan="2">分项工程名称</td><td></td></tr>
<tr><td colspan="4">验收部位/区段</td><td></td><td colspan="2">检验批容量</td><td></td></tr>
<tr><td colspan="4">施工及验收依据</td><td colspan="4">《建筑地基基础工程施工质量验收标准》GB 50202</td></tr>
<tr><td colspan="4">验收项目</td><td>设计要求或规范规定</td><td>最小/实际抽样数量</td><td>检查记录</td><td>检查结果</td></tr>
<tr><td rowspan="6">主控项目</td><td>1</td><td rowspan="5">允许偏差</td><td>导墙定位孔孔径（mm）</td><td>±10</td><td>/</td><td></td><td></td></tr>
<tr><td>2</td><td>导墙定位孔孔口定位（mm）</td><td>≤10</td><td>/</td><td></td><td></td></tr>
<tr><td>3</td><td>钢套管顺直度</td><td>≤1/500</td><td>/</td><td></td><td></td></tr>
<tr><td>4</td><td>成孔孔径（mm）</td><td>+30
0</td><td>/</td><td></td><td></td></tr>
<tr><td>5</td><td>成孔垂直度</td><td>≤1/300</td><td>/</td><td></td><td></td></tr>
<tr><td>6</td><td colspan="2">成孔孔深</td><td>不小于设计值</td><td>/</td><td></td><td></td></tr>
<tr><td rowspan="10">一般项目</td><td>1</td><td rowspan="10">允许偏差</td><td>导墙面平整度（mm）</td><td>±5</td><td>/</td><td></td><td></td></tr>
<tr><td>2</td><td>导墙平面位置（mm）</td><td>≤20</td><td>/</td><td></td><td></td></tr>
<tr><td>3</td><td>导墙顶面标高（mm）</td><td>±20</td><td>/</td><td></td><td></td></tr>
<tr><td>4</td><td>桩位（mm）</td><td>≤20</td><td>/</td><td></td><td></td></tr>
<tr><td>5</td><td>矩形钢筋笼长边（mm）</td><td>±10</td><td>/</td><td></td><td></td></tr>
<tr><td>6</td><td>矩形钢筋笼短边（mm）</td><td>0，−10</td><td>/</td><td></td><td></td></tr>
<tr><td>7</td><td>矩形钢筋笼转角（°）</td><td>≤5</td><td>/</td><td></td><td></td></tr>
<tr><td>8</td><td>钢筋笼安放位置（mm）</td><td>≤10</td><td>/</td><td></td><td></td></tr>
<tr><td rowspan="2">9</td><td>单桩混凝土量（m^3）≤30</td><td>2 次</td><td>/</td><td></td><td></td></tr>
<tr><td>单桩混凝土量（m^3）>30</td><td>3 次</td><td>/</td><td></td><td></td></tr>
<tr><td colspan="2">施工单位检查结果</td><td colspan="6">专业工长：　　　项目专业质量检查员：　　　年　月　日</td></tr>
<tr><td colspan="2">监理单位验收结论</td><td colspan="6">专业监理工程师：　　　年　月　日</td></tr>
</table>

市政基础设施工程

内插型钢检验批质量验收记录

市政验·通-58

第　　页，共　　页

<table>
<tr><td colspan="4">工程名称</td><td colspan="5"></td></tr>
<tr><td colspan="4">单位工程名称</td><td colspan="5"></td></tr>
<tr><td colspan="4">施工单位</td><td colspan="2"></td><td colspan="2">分包单位</td><td></td></tr>
<tr><td colspan="4">项目负责人</td><td colspan="2"></td><td colspan="2">项目技术负责人</td><td></td></tr>
<tr><td colspan="4">分部（子分部）工程名称</td><td colspan="2"></td><td colspan="2">分项工程名称</td><td></td></tr>
<tr><td colspan="4">验收部位/区段</td><td colspan="2"></td><td colspan="2">检验批容量</td><td></td></tr>
<tr><td colspan="4">施工及验收依据</td><td colspan="5">《建筑地基基础工程施工质量验收标准》GB 50202</td></tr>
<tr><td colspan="5">验收项目</td><td>设计要求或规范规定</td><td>最小/实际抽样数量</td><td>检查记录</td><td>检查结果</td></tr>
<tr><td rowspan="4">主控项目</td><td>1</td><td rowspan="3">允许偏差</td><td colspan="2">型钢截面高度（mm）</td><td>±5</td><td>/</td><td></td><td></td></tr>
<tr><td>2</td><td colspan="2">型钢截面宽度（mm）</td><td>±3</td><td>/</td><td></td><td></td></tr>
<tr><td>3</td><td colspan="2">型钢长度（mm）</td><td>±10</td><td>/</td><td></td><td></td></tr>
<tr><td></td><td colspan="3"></td><td></td><td></td><td></td><td></td></tr>
<tr><td rowspan="7">一般项目</td><td>1</td><td rowspan="7">允许偏差</td><td colspan="2">型钢挠度（mm）</td><td>≤L/500</td><td>/</td><td></td><td></td></tr>
<tr><td>2</td><td colspan="2">型钢腹板厚度（mm）</td><td>≥−1</td><td>/</td><td></td><td></td></tr>
<tr><td>3</td><td colspan="2">型钢翼缘板厚度（mm）</td><td>≥−1</td><td>/</td><td></td><td></td></tr>
<tr><td>4</td><td colspan="2">型钢顶标高（mm）</td><td>±50</td><td>/</td><td></td><td></td></tr>
<tr><td rowspan="2">5</td><td rowspan="2">型钢平面位置</td><td>平行于基坑边线（mm）</td><td>≤50</td><td>/</td><td></td><td></td></tr>
<tr><td>垂直于基坑边线（mm）</td><td>≤10</td><td>/</td><td></td><td></td></tr>
<tr><td>6</td><td colspan="2">型钢形心转角（°）</td><td>≤3</td><td>/</td><td></td><td></td></tr>
<tr><td colspan="2">施工单位检查结果</td><td colspan="7">专业工长：　　　　　项目专业质量检查员：　　　　　年　　月　　日</td></tr>
<tr><td colspan="2">监理单位验收结论</td><td colspan="7">专业监理工程师：　　　　　年　　月　　日</td></tr>
</table>

注：L为钢板桩设计桩长（mm）。

7.1.2.41 市政验·通-59 土钉墙检验批质量验收记录

市政基础设施工程

土钉墙检验批质量验收记录

市政验·通-59

第 页，共 页

<table>
<tr><td colspan="4">工程名称</td><td colspan="4"></td></tr>
<tr><td colspan="4">单位工程名称</td><td colspan="4"></td></tr>
<tr><td colspan="4">施工单位</td><td></td><td colspan="2">分包单位</td><td></td></tr>
<tr><td colspan="4">项目负责人</td><td></td><td colspan="2">项目技术负责人</td><td></td></tr>
<tr><td colspan="4">分部（子分部）工程名称</td><td></td><td colspan="2">分项工程名称</td><td></td></tr>
<tr><td colspan="4">验收部位/区段</td><td></td><td colspan="2">检验批容量</td><td></td></tr>
<tr><td colspan="4">施工及验收依据</td><td colspan="4">《建筑地基基础工程施工质量验收标准》GB 50202</td></tr>
<tr><td colspan="4">验收项目</td><td>设计要求或规范规定</td><td>最小/实际抽样数量</td><td>检查记录</td><td>检查结果</td></tr>
<tr><td rowspan="3">主控项目</td><td>1</td><td colspan="2">抗拔承载力</td><td>不小于设计值</td><td>/</td><td></td><td></td></tr>
<tr><td>2</td><td colspan="2">土钉长度</td><td>不小于设计值</td><td>/</td><td></td><td></td></tr>
<tr><td>3</td><td colspan="2">分层开挖厚度（mm）</td><td>±200</td><td>/</td><td></td><td></td></tr>
<tr><td rowspan="13">一般项目</td><td>1</td><td rowspan="7">允许偏差</td><td>土钉位置（mm）</td><td>±100</td><td>/</td><td></td><td></td></tr>
<tr><td>2</td><td>土钉孔倾斜度（°）</td><td>≤3</td><td>/</td><td></td><td></td></tr>
<tr><td>3</td><td>钢筋网间距（mm）</td><td>±30</td><td>/</td><td></td><td></td></tr>
<tr><td>4</td><td>土钉面厚度（mm）</td><td>±10</td><td>/</td><td></td><td></td></tr>
<tr><td>5</td><td>预留土墩尺寸及间距（mm）</td><td>±500</td><td>/</td><td></td><td></td></tr>
<tr><td>6</td><td>微型桩桩位（mm）</td><td>≤50</td><td>/</td><td></td><td></td></tr>
<tr><td>7</td><td>微型桩垂直度</td><td>≤1/200</td><td>/</td><td></td><td></td></tr>
<tr><td>8</td><td colspan="2">土钉直径</td><td>不小于设计值</td><td>/</td><td></td><td></td></tr>
<tr><td>9</td><td colspan="2">水胶比</td><td>设计值</td><td>/</td><td></td><td></td></tr>
<tr><td>10</td><td colspan="2">注浆量</td><td>不小于设计值</td><td>/</td><td></td><td></td></tr>
<tr><td>11</td><td colspan="2">注浆压力</td><td>设计值</td><td>/</td><td></td><td></td></tr>
<tr><td>12</td><td colspan="2">浆体强度</td><td>不小于设计值</td><td>/</td><td></td><td></td></tr>
<tr><td>13</td><td colspan="2">面层混凝土强度</td><td>不小于设计值</td><td>/</td><td></td><td></td></tr>
<tr><td colspan="2">施工单位检查结果</td><td colspan="6">专业工长：　　项目专业质量检查员：　　年　月　日</td></tr>
<tr><td colspan="2">监理单位验收结论</td><td colspan="6">专业监理工程师：　　年　月　日</td></tr>
</table>

注：第 12 项和第 13 项的检测仅适用于微型桩结合土钉的复合土钉墙。

7.1.2.42　市政验·通-60　地下连续墙隐蔽验收记录

市政基础设施工程

地下连续墙隐蔽验收记录

市政验·通-60

<table>
<tr><td colspan="3">工程名称</td><td colspan="5"></td></tr>
<tr><td colspan="3">单位工程名称</td><td colspan="2"></td><td>验收槽段号</td><td colspan="2"></td></tr>
<tr><td colspan="3">施工单位</td><td colspan="2"></td><td>分包单位</td><td colspan="2"></td></tr>
<tr><td colspan="3">隐蔽验收项目</td><td>设计要求及
允许偏差</td><td colspan="3">实际验收情况</td><td>成槽断
面示意图</td></tr>
<tr><td>1</td><td colspan="2">槽段尺寸长（m）×宽（m）</td><td></td><td colspan="3"></td><td rowspan="8"></td></tr>
<tr><td>2</td><td colspan="2">轴线偏位</td><td></td><td colspan="3"></td></tr>
<tr><td rowspan="2">3</td><td colspan="2" rowspan="2">槽底标高（m）</td><td rowspan="2"></td><td colspan="2">终槽标高（m）</td><td></td></tr>
<tr><td colspan="2">清槽后槽底标高（m）</td><td></td></tr>
<tr><td>4</td><td colspan="2">沉淀物厚度（cm）</td><td></td><td colspan="3"></td></tr>
<tr><td>5</td><td colspan="2">成槽的垂直度（%）</td><td></td><td colspan="3"></td></tr>
<tr><td>6</td><td colspan="2">槽底岩（土）层性状</td><td></td><td colspan="3"></td></tr>
<tr><td>7</td><td colspan="2">入岩深度（m）</td><td></td><td colspan="3"></td></tr>
<tr><td>8</td><td colspan="2">泥浆比重（g/cm³）</td><td></td><td colspan="3"></td></tr>
<tr><td>9</td><td rowspan="6">钢筋
骨架</td><td>钢筋骨架尺寸、分段</td><td></td><td colspan="3"></td><td rowspan="2">施工单位
自检意见</td></tr>
<tr><td>10</td><td>钢筋数量、规格、间距</td><td></td><td colspan="3"></td></tr>
<tr><td>11</td><td>钢筋骨架分段连接方法</td><td></td><td colspan="3"></td><td rowspan="7">项目专业质量
检查员：

年　月　日</td></tr>
<tr><td>12</td><td>钢筋骨架顶标高（m）</td><td></td><td colspan="3"></td></tr>
<tr><td>13</td><td>钢筋连接情况</td><td></td><td colspan="3"></td></tr>
<tr><td>14</td><td>保护层厚度（mm）</td><td></td><td colspan="3"></td></tr>
<tr><td>15</td><td colspan="2">墙顶标高（m）</td><td></td><td colspan="3"></td></tr>
<tr><td>16</td><td colspan="2">墙体接头处理</td><td></td><td colspan="3"></td></tr>
<tr><td>17</td><td colspan="2">预埋件位置偏差（mm）</td><td></td><td colspan="3"></td></tr>
<tr><td colspan="2" rowspan="5">槽底岩（土）
层性状鉴定及
验收结论</td><td colspan="2" rowspan="5">专业监理工程师：

年　月　日</td><td colspan="4">会签栏</td></tr>
<tr><td colspan="3">项目技术负责人</td><td></td></tr>
<tr><td colspan="3">项目建设负责人</td><td></td></tr>
<tr><td colspan="3">项目设计负责人</td><td></td></tr>
<tr><td colspan="3">项目勘察负责人</td><td></td></tr>
</table>

* 当验收段作为首次/样板验收或实际验收情况与设计，勘察文件要求不相符时，相关单位项目负责人应会签确认验收情况。

7.1.2.43　市政验·通-61　地下连续墙泥浆性能检验批质量验收记录

市政基础设施工程

地下连续墙泥浆性能检验批质量验收记录

市政验·通-61

第　　页，共　　页

工程名称			
单位工程名称			
施工单位		分包单位	
项目负责人		项目技术负责人	
分部（子分部）工程名称		分项工程名称	
验收部位/区段		检验批容量	
施工及验收依据	《建筑地基基础工程施工质量验收标准》GB 50202		

验收项目					设计要求或规范规定	最小/实际抽样数量	检查记录	检查结果
一般项目	1	新拌制泥浆	比重		1.03～1.10	/		
			黏度	黏性土	20～25s	/		
				砂土	25～35s	/		
	2	循环泥浆	比重		1.05～1.25	/		
			黏度	黏性土	20～25s	/		
				砂土	30～40s	/		
	3	清基（槽）后的泥浆	现浇地下连续墙	比重 黏性土	1.10～1.15	/		
				比重 砂土	1.10～1.20	/		
				黏度	20～30s	/		
				含砂率	≤7%	/		
			预制地下连续墙	比重	1.10～1.20	/		
				黏度	20～30s	/		
				pH值	7～9	/		

施工单位检查结果	专业工长：　　　　项目专业质量检查员：　　　　年　月　日
监理单位验收结论	专业监理工程师：　　　　年　月　日

7.1.2.44　市政验·通-62　地下连续墙钢筋笼制作与安装检验批质量验收记录

市政基础设施工程

地下连续墙钢筋笼制作与安装检验批质量验收记录

市政验·通-62

第　　页，共　　页

<table>
<tr><td>工程名称</td><td colspan="3"></td></tr>
<tr><td>单位工程名称</td><td colspan="3"></td></tr>
<tr><td>施工单位</td><td></td><td>分包单位</td><td></td></tr>
<tr><td>项目负责人</td><td></td><td>项目技术负责人</td><td></td></tr>
<tr><td>分部（子分部）工程名称</td><td></td><td>分项工程名称</td><td></td></tr>
<tr><td>验收部位/区段</td><td></td><td>检验批容量</td><td></td></tr>
<tr><td>施工及验收依据</td><td colspan="3">《建筑地基基础工程施工质量验收标准》GB 50202</td></tr>
</table>

<table>
<tr><td colspan="5">验收项目</td><td>设计要求或规范规定</td><td>最小/实际抽样数量</td><td>检查记录</td><td>检查结果</td></tr>
<tr><td rowspan="5">主控项目</td><td>1</td><td rowspan="5">允许偏差</td><td colspan="2">钢筋笼长度（mm）</td><td>±100</td><td>/</td><td></td><td></td></tr>
<tr><td>2</td><td colspan="2">钢筋笼宽度（mm）</td><td>0
−20</td><td>/</td><td></td><td></td></tr>
<tr><td rowspan="2">3</td><td rowspan="2">钢筋笼安装标高（mm）</td><td>临时结构</td><td>±20</td><td>/</td><td></td><td></td></tr>
<tr><td>永久结构</td><td>±15</td><td>/</td><td></td><td></td></tr>
<tr><td>4</td><td colspan="2">主筋间距（mm）</td><td>±10</td><td>/</td><td></td><td></td></tr>
<tr><td rowspan="6">一般项目</td><td>1</td><td rowspan="6">允许偏差</td><td colspan="2">分布筋间距（mm）</td><td>±20</td><td>/</td><td></td><td></td></tr>
<tr><td rowspan="2">2</td><td rowspan="2">预埋件及槽底注浆管中心位置（mm）</td><td>临时结构</td><td>≤10</td><td>/</td><td></td><td></td></tr>
<tr><td>永久结构</td><td>≤5</td><td>/</td><td></td><td></td></tr>
<tr><td rowspan="2">3</td><td rowspan="2">预埋钢筋和接驳器中心位置（mm）</td><td>临时结构</td><td>≤10</td><td>/</td><td></td><td></td></tr>
<tr><td>永久结构</td><td>≤5</td><td>/</td><td></td><td></td></tr>
<tr><td>4</td><td colspan="2">钢筋笼制作平台平整度（mm）</td><td>±20</td><td>/</td><td></td><td></td></tr>
<tr><td colspan="2">施工单位检查结果</td><td colspan="7">专业工长：　　　　项目专业质量检查员：　　　　年　　月　　日</td></tr>
<tr><td colspan="2">监理单位验收结论</td><td colspan="7">专业监理工程师：　　　　年　　月　　日</td></tr>
</table>

7.1.2.45 市政验·通-63-1 地下连续墙成槽与墙体检验批质量验收记录（一）

市政基础设施工程

地下连续墙成槽与墙体检验批质量验收记录（一）

市政验·通-63-1

第　　页，共　　页

<table>
<tr><td>工程名称</td><td colspan="3"></td></tr>
<tr><td>单位工程名称</td><td colspan="3"></td></tr>
<tr><td>施工单位</td><td></td><td>分包单位</td><td></td></tr>
<tr><td>项目负责人</td><td></td><td>项目技术负责人</td><td></td></tr>
<tr><td>分部（子分部）工程名称</td><td></td><td>分项工程名称</td><td></td></tr>
<tr><td>验收部位/区段</td><td></td><td>检验批容量</td><td></td></tr>
<tr><td>施工及验收依据</td><td colspan="3">《建筑地基基础工程施工质量验收标准》GB 50202</td></tr>
</table>

<table>
<tr><td colspan="5">验收项目</td><td>设计要求或规范规定</td><td>最小/实际抽样数量</td><td>检查记录</td><td>检查结果</td></tr>
<tr><td rowspan="4">主控项目</td><td>1</td><td colspan="3">墙体强度</td><td>不少于设计值</td><td>/</td><td></td><td></td></tr>
<tr><td>2</td><td colspan="3">槽段深度</td><td>不小于设计值</td><td>/</td><td></td><td></td></tr>
<tr><td rowspan="2">3</td><td rowspan="2">允许偏差</td><td rowspan="2">槽壁垂直度</td><td>临时结构</td><td>≤1/200</td><td>/</td><td></td><td></td></tr>
<tr><td>永久结构</td><td>≤1/300</td><td>/</td><td></td><td></td></tr>
<tr><td rowspan="9">一般项目</td><td rowspan="2">1</td><td colspan="2" rowspan="2">槽段宽度</td><td>临时结构</td><td>不少于设计值</td><td>/</td><td></td><td></td></tr>
<tr><td>永久结构</td><td>不少于设计值</td><td>/</td><td></td><td></td></tr>
<tr><td rowspan="5">2</td><td rowspan="7">允许偏差</td><td rowspan="5">导墙尺寸</td><td>宽度（设计墙厚+40mm）</td><td>±10</td><td>/</td><td></td><td></td></tr>
<tr><td>垂直度</td><td>≤1/500</td><td>/</td><td></td><td></td></tr>
<tr><td>导墙顶面平整度（mm）</td><td>±5</td><td>/</td><td></td><td></td></tr>
<tr><td>导墙平面定位（mm）</td><td>≤10</td><td>/</td><td></td><td></td></tr>
<tr><td>导墙顶标高（mm）</td><td>±20</td><td>/</td><td></td><td></td></tr>
<tr><td rowspan="2">3</td><td rowspan="2">槽段位（mm）</td><td>临时结构</td><td>≤50</td><td>/</td><td></td><td></td></tr>
<tr><td>永久结构</td><td>≤30</td><td>/</td><td></td><td></td></tr>
<tr><td colspan="3">施工单位检查结果</td><td colspan="6">专业工长：　　　　项目专业质量检查员：　　　　年　　月　　日</td></tr>
<tr><td colspan="3">监理单位验收结论</td><td colspan="6">专业监理工程师：　　　　年　　月　　日</td></tr>
</table>

7.1.2.46 市政验·通-63-2 地下连续墙成槽与墙体检验批质量验收记录（二）

市政基础设施工程

地下连续墙成槽与墙体检验批质量验收记录（二）

市政验·通-63-2

第　　页，共　　页

工程名称			
单位工程名称			
施工单位		分包单位	
项目负责人		项目技术负责人	
分部（子分部）工程名称		分项工程名称	
验收部位/区段		检验批容量	
施工及验收依据	《建筑地基基础工程施工质量验收标准》GB 50202		

验收项目					设计要求或规范规定	最小/实际抽样数量	检查记录	检查结果
一般项目	4	允许偏差	沉渣厚度（mm）	临时结构	≤150	/		
				永久结构	≤100	/		
	5		混凝土坍落度（mm）		180～220	/		
	6		地下连续墙表面平整度（mm）	临时结构	±150	/		
				永久结构	±100	/		
				预制地下连续墙	±20	/		
	7		预制墙顶标高（mm）		±10	/		
	8		预制墙中心位移（mm）		≤10	/		
	9		永久结构的渗漏水 L/（m^2·d）		无渗漏、线流，且≤0.1	/		
施工单位检查结果	专业工长：　　　项目专业质量检查员：　　　年　月　日							
监理单位验收结论	专业监理工程师：　　　年　月　日							

7.1.2.47 市政验·通-64 内重力式水泥土墙（水泥搅拌桩）检验批质量验收记录

市政基础设施工程

内重力式水泥土墙（水泥搅拌桩）检验批质量验收记录

市政验·通-64

第 页，共 页

<table>
<tr><td colspan="3">工程名称</td><td colspan="5"></td></tr>
<tr><td colspan="3">单位工程名称</td><td colspan="5"></td></tr>
<tr><td colspan="3">施工单位</td><td></td><td colspan="2">分包单位</td><td colspan="2"></td></tr>
<tr><td colspan="3">项目负责人</td><td></td><td colspan="2">项目技术负责人</td><td colspan="2"></td></tr>
<tr><td colspan="3">分部（子分部）工程名称</td><td></td><td colspan="2">分项工程名称</td><td colspan="2"></td></tr>
<tr><td colspan="3">验收部位/区段</td><td></td><td colspan="2">检验批容量</td><td colspan="2"></td></tr>
<tr><td colspan="3">施工及验收依据</td><td colspan="5">《建筑地基基础工程施工质量验收标准》GB 50202</td></tr>
<tr><td colspan="4">验收项目</td><td>设计要求或规范规定</td><td>最小/实际抽样数量</td><td>检查记录</td><td>检查结果</td></tr>
<tr><td rowspan="3">主控项目</td><td>1</td><td colspan="2">桩身强度</td><td>不少于设计值</td><td>/</td><td></td><td></td></tr>
<tr><td>2</td><td colspan="2">水泥用量</td><td>不小于设计值</td><td>/</td><td></td><td></td></tr>
<tr><td>3</td><td colspan="2">桩长</td><td>不小于设计值</td><td>/</td><td></td><td></td></tr>
<tr><td rowspan="8">一般项目</td><td>1</td><td colspan="2">水胶比</td><td>设计值</td><td>/</td><td></td><td></td></tr>
<tr><td>2</td><td colspan="2">提升速度</td><td>设计值</td><td>/</td><td></td><td></td></tr>
<tr><td>3</td><td colspan="2">下沉速度</td><td>设计值</td><td>/</td><td></td><td></td></tr>
<tr><td>4</td><td rowspan="5">允许偏差</td><td>桩径（mm）</td><td>±10</td><td>/</td><td></td><td></td></tr>
<tr><td>5</td><td>桩位（mm）</td><td>≤50</td><td>/</td><td></td><td></td></tr>
<tr><td>6</td><td>桩顶标高（mm）</td><td>±200</td><td>/</td><td></td><td></td></tr>
<tr><td>7</td><td>导向架垂直度</td><td>≤1/100</td><td>/</td><td></td><td></td></tr>
<tr><td>8</td><td>施工间歇（h）</td><td>≤24</td><td>/</td><td></td><td></td></tr>
<tr><td colspan="3">施工单位
检查结果</td><td colspan="5">专业工长：　　　　项目专业质量检查员：　　　　年　月　日</td></tr>
<tr><td colspan="3">监理单位
验收结论</td><td colspan="5">专业监理工程师：　　　　年　月　日</td></tr>
</table>

7.1.2.48 市政验·通-65 钢筋混凝土支撑检验批质量验收记录

市政基础设施工程

钢筋混凝土支撑检验批质量验收记录

市政验·通-65

第　　页，共　　页

<table>
<tr><td colspan="3">工程名称</td><td colspan="5"></td></tr>
<tr><td colspan="3">单位工程名称</td><td colspan="5"></td></tr>
<tr><td colspan="3">施工单位</td><td></td><td colspan="2">分包单位</td><td colspan="2"></td></tr>
<tr><td colspan="3">项目负责人</td><td></td><td colspan="2">项目技术负责人</td><td colspan="2"></td></tr>
<tr><td colspan="3">分部（子分部）工程名称</td><td></td><td colspan="2">分项工程名称</td><td colspan="2"></td></tr>
<tr><td colspan="3">验收部位/区段</td><td></td><td colspan="2">检验批容量</td><td colspan="2"></td></tr>
<tr><td colspan="3">施工及验收依据</td><td colspan="5">《建筑地基基础工程施工质量验收标准》GB 50202</td></tr>
<tr><td colspan="4">验收项目</td><td>设计要求或规范规定</td><td>最小/实际抽样数量</td><td>检查记录</td><td>检查结果</td></tr>
<tr><td rowspan="3">主控项目</td><td>1</td><td colspan="2">混凝土强度</td><td>不少于设计值</td><td>/</td><td></td><td></td></tr>
<tr><td>2</td><td rowspan="2">允许偏差</td><td>截面宽度（mm）</td><td>+20
0</td><td>/</td><td></td><td></td></tr>
<tr><td>3</td><td>截面高度（mm）</td><td>+20
0</td><td>/</td><td></td><td></td></tr>
<tr><td rowspan="3">一般项目</td><td>1</td><td colspan="2">支撑与垫层或模板的隔离措施</td><td>设计要求</td><td>/</td><td></td><td></td></tr>
<tr><td>2</td><td rowspan="2">允许偏差</td><td>标高（mm）</td><td>±20</td><td>/</td><td></td><td></td></tr>
<tr><td>3</td><td>轴线平面位置（mm）</td><td>≤20</td><td>/</td><td></td><td></td></tr>
<tr><td colspan="2">施工单位检查结果</td><td colspan="6">专业工长：　　项目专业质量检查员：　　年　月　日</td></tr>
<tr><td colspan="2">监理单位验收结论</td><td colspan="6">专业监理工程师：　　年　月　日</td></tr>
</table>

7.1.2.49 市政验·通-66 钢支撑检验批质量验收记录

市政基础设施工程

钢支撑检验批质量验收记录

市政验·通-66

第 页，共 页

<table>
<tr><td colspan="4">工程名称</td><td colspan="5"></td></tr>
<tr><td colspan="4">单位工程名称</td><td colspan="5"></td></tr>
<tr><td colspan="4">施工单位</td><td></td><td colspan="2">分包单位</td><td colspan="2"></td></tr>
<tr><td colspan="4">项目负责人</td><td></td><td colspan="2">项目技术负责人</td><td colspan="2"></td></tr>
<tr><td colspan="4">分部（子分部）工程名称</td><td></td><td colspan="2">分项工程名称</td><td colspan="2"></td></tr>
<tr><td colspan="4">验收部位/区段</td><td></td><td colspan="2">检验批容量</td><td colspan="2"></td></tr>
<tr><td colspan="4">施工及验收依据</td><td colspan="5">《建筑地基基础工程施工质量验收标准》GB 50202</td></tr>
<tr><td colspan="4">验收项目</td><td>设计要求或规范规定</td><td>最小/实际抽样数量</td><td>检查记录</td><td colspan="2">检查结果</td></tr>
<tr><td rowspan="2">主控项目</td><td>1</td><td rowspan="2">允许偏差</td><td>外轮廓尺寸（mm）</td><td>±5</td><td>/</td><td></td><td colspan="2"></td></tr>
<tr><td>2</td><td>预加顶力（kN）</td><td>±10%</td><td>/</td><td></td><td colspan="2"></td></tr>
<tr><td rowspan="2">一般项目</td><td>1</td><td colspan="2">连接质量</td><td>设计要求</td><td>/</td><td></td><td colspan="2"></td></tr>
<tr><td>2</td><td>允许偏差</td><td>轴线平面位置（mm）</td><td>≤30</td><td>/</td><td></td><td colspan="2"></td></tr>
<tr><td>施工单位检查结果</td><td colspan="8">专业工长： 项目专业质量检查员： 年 月 日</td></tr>
<tr><td>监理单位验收结论</td><td colspan="8">专业监理工程师： 年 月 日</td></tr>
</table>

7.1.2.50 市政验·通-67 钢立柱检验批质量验收记录

市政基础设施工程

钢立柱检验批质量验收记录

市政验·通-67

第　　页，共　　页

工程名称							
单位工程名称							
施工单位				分包单位			
项目负责人				项目技术负责人			
分部（子分部）工程名称				分项工程名称			
验收部位/区段				检验批容量			
施工及验收依据			《建筑地基基础工程施工质量验收标准》GB 50202				
验收项目				设计要求或规范规定	最小/实际抽样数量	检查记录	检查结果
主控项目	1	允许偏差	截面尺寸（立柱）（mm）	≤5	/		
	2		立柱长度（mm）	±50	/		
	3		垂直度	≤1/200	/		
一般项目	1	允许偏差	立柱挠度（mm）	≤l/500	/		
	2		截面尺寸（缀板或缀条）（mm）	≥−1	/		
	3		缀板间距（mm）	±20	/		
	4		钢板厚度（mm）	≥−1	/		
	5		立柱顶标高（mm）	±20	/		
	6		平面位置（mm）	≤20	/		
	7		平面转角（°）	≤5	/		
施工单位检查结果	专业工长：　　项目专业质量检查员：　　年　月　日						
监理单位验收结论	专业监理工程师：　　年　月　日						

注：l 为型钢长度（mm）。

7.1.2.51　市政验·通-68　锚杆检验批质量验收记录

市政基础设施工程

锚杆检验批质量验收记录

市政验·通-68

第　　页，共　　页

工程名称							
单位工程名称							
施工单位				分包单位			
项目负责人				项目技术负责人			
分部（子分部）工程名称				分项工程名称			
验收部位/区段				检验批容量			
施工及验收依据	《建筑地基基础工程施工质量验收标准》GB 50202						
验收项目				设计要求或规范规定	最小/实际抽样数量	检查记录	检查结果
主控项目	1	抗拔承载力		不小于设计值	/		
	2	锚固体强度		不小于设计值	/		
	3	预加力		不小于设计值	/		
	4	锚杆长度		不小于设计值	/		
一般项目	1	锚杆直径		不小于设计值	/		
	2	水胶比（或水泥砂浆配比）		设计值	/		
	3	注浆量		不小于设计值	/		
	4	注浆压力		设计值	/		
	5	允许偏差	钻孔孔位（mm）	≤100	/		
	6		钻孔倾斜度（°）	≤3	/		
	7		自由段套管长度（mm）	±50	/		
施工单位检查结果	专业工长：　　项目专业质量检查员：　　年　月　日						
监理单位验收结论	专业监理工程师：　　年　月　日						

7.1.2.52 市政验·通-69 竖向支承桩柱检验批质量验收记录

市政基础设施工程

竖向支承桩柱检验批质量验收记录

市政验·通-69

第 页，共 页

<table>
<tr><td colspan="4">工程名称</td><td colspan="5"></td></tr>
<tr><td colspan="4">单位工程名称</td><td colspan="5"></td></tr>
<tr><td colspan="4">施工单位</td><td></td><td colspan="2">分包单位</td><td colspan="2"></td></tr>
<tr><td colspan="4">项目负责人</td><td></td><td colspan="2">项目技术负责人</td><td colspan="2"></td></tr>
<tr><td colspan="4">分部（子分部）工程名称</td><td></td><td colspan="2">分项工程名称</td><td colspan="2"></td></tr>
<tr><td colspan="4">验收部位/区段</td><td></td><td colspan="2">检验批容量</td><td colspan="2"></td></tr>
<tr><td colspan="4">施工及验收依据</td><td colspan="5">《建筑地基基础工程施工质量验收标准》GB 50202</td></tr>
<tr><td colspan="4">验收项目</td><td>设计要求或规范规定</td><td>最小/实际抽样数量</td><td colspan="2">检查记录</td><td>检查结果</td></tr>
<tr><td rowspan="2">主控项目</td><td>1</td><td rowspan="2">允许偏差</td><td>支承桩柱定位（mm）</td><td>≤10</td><td>/</td><td colspan="2"></td><td></td></tr>
<tr><td>2</td><td>支承柱的垂直度</td><td>≤1/300</td><td>/</td><td colspan="2"></td><td></td></tr>
<tr><td rowspan="2">一般项目</td><td>1</td><td rowspan="2">允许偏差</td><td>支承桩成孔垂直度</td><td>≤1/200</td><td>/</td><td colspan="2"></td><td></td></tr>
<tr><td>2</td><td>支承柱插入支承桩的长度（mm）</td><td>±50</td><td>/</td><td colspan="2"></td><td></td></tr>
<tr><td colspan="3">施工单位检查结果</td><td colspan="6">专业工长：　　项目专业质量检查员：　　年　月　日</td></tr>
<tr><td colspan="3">监理单位验收结论</td><td colspan="6">专业监理工程师：　　年　月　日</td></tr>
</table>

7.1.2.53　市政验·通-70　降水施工材料检验批质量验收记录

市政基础设施工程

降水施工材料检验批质量验收记录

市政验·通-70

第　　页，共　　页

工程名称			
单位工程名称			
施工单位		分包单位	
项目负责人		项目技术负责人	
分部（子分部）工程名称		分项工程名称	
验收部位/区段		检验批容量	
施工及验收依据	《建筑地基基础工程施工质量验收标准》GB 50202		

验收项目			设计要求或规范规定	最小/实际抽样数量	检查记录	检查结果
主控项目	1	井、滤管材质	设计要求	/		
	2	滤管孔隙率	设计值	/		
	3	滤料粒径	（6～12）d_{50}	/		
	4	滤料不均匀系数	≤3	/		
一般项目	1	封孔回填土质量	设计要求	/		
	2	挡砂网	设计要求	/		
	3	允许偏差　沉淀管长度（mm）	+50 0	/		

施工单位检查结果	专业工长：　　　项目专业质量检查员：　　　年　月　日
监理单位验收结论	专业监理工程师：　　　年　月　日

注：d_{50}为土颗粒的平均粒径。

7.1.2.54　市政验·通-71　轻型井点施工检验批质量验收记录

市政基础设施工程

轻型井点施工检验批质量验收记录

市政验·通-71

第　　页，共　　页

<table>
<tr><td colspan="3">工程名称</td><td colspan="5"></td></tr>
<tr><td colspan="3">单位工程名称</td><td colspan="5"></td></tr>
<tr><td colspan="3">施工单位</td><td></td><td colspan="2">分包单位</td><td colspan="2"></td></tr>
<tr><td colspan="3">项目负责人</td><td></td><td colspan="2">项目技术负责人</td><td colspan="2"></td></tr>
<tr><td colspan="3">分部（子分部）工程名称</td><td></td><td colspan="2">分项工程名称</td><td colspan="2"></td></tr>
<tr><td colspan="3">验收部位/区段</td><td></td><td colspan="2">检验批容量</td><td colspan="2"></td></tr>
<tr><td colspan="3">施工及验收依据</td><td colspan="5">《建筑地基基础工程施工质量验收标准》GB 50202</td></tr>
<tr><td colspan="4">验收项目</td><td>设计要求或规范规定</td><td>最小/实际抽样数量</td><td>检查记录</td><td>检查结果</td></tr>
<tr><td>主控项目</td><td>1</td><td colspan="2">出水量</td><td>不小于设计值</td><td>/</td><td></td><td></td></tr>
<tr><td rowspan="5">一般项目</td><td>1</td><td colspan="2">滤料回填量</td><td>不小于设计计算体积的95%</td><td>/</td><td></td><td></td></tr>
<tr><td>2</td><td colspan="2">井点管间距（m）</td><td>0.8～1.6</td><td>/</td><td></td><td></td></tr>
<tr><td>3</td><td rowspan="3">允许偏差</td><td>成孔孔径（mm）</td><td>±20</td><td>/</td><td></td><td></td></tr>
<tr><td>4</td><td>成孔深度（mm）</td><td>+1000
−200</td><td>/</td><td></td><td></td></tr>
<tr><td>5</td><td>黏土封孔高度（mm）</td><td>≥1000</td><td>/</td><td></td><td></td></tr>
<tr><td colspan="2">施工单位检查结果</td><td colspan="6">专业工长：　　　　项目专业质量检查员：　　　　年　月　日</td></tr>
<tr><td colspan="2">监理单位验收结论</td><td colspan="6">专业监理工程师：　　　　年　月　日</td></tr>
</table>

7.1.2.55 市政验·通-72 喷射井点施工检验批质量验收记录

市政基础设施工程

喷射井点施工检验批质量验收记录

市政验·通-72

第　　页，共　　页

<table>
<tr><td colspan="4">工程名称</td><td colspan="4"></td></tr>
<tr><td colspan="4">单位工程名称</td><td colspan="4"></td></tr>
<tr><td colspan="4">施工单位</td><td></td><td colspan="2">分包单位</td><td></td></tr>
<tr><td colspan="4">项目负责人</td><td></td><td colspan="2">项目技术负责人</td><td></td></tr>
<tr><td colspan="4">分部（子分部）工程名称</td><td></td><td colspan="2">分项工程名称</td><td></td></tr>
<tr><td colspan="4">验收部位/区段</td><td></td><td colspan="2">检验批容量</td><td></td></tr>
<tr><td colspan="4">施工及验收依据</td><td colspan="4">《建筑地基基础工程施工质量验收标准》GB 50202</td></tr>
<tr><td colspan="4">验收项目</td><td>设计要求或规范规定</td><td>最小/实际抽样数量</td><td>检查记录</td><td>检查结果</td></tr>
<tr><td>主控项目</td><td>1</td><td colspan="2">出水量</td><td>不小于设计值</td><td>/</td><td></td><td></td></tr>
<tr><td rowspan="4">一般项目</td><td>1</td><td colspan="2">滤料回填量</td><td>不小于设计计算体积的95%</td><td>/</td><td></td><td></td></tr>
<tr><td>2</td><td colspan="2">井点管间距（m）</td><td>2～3</td><td>/</td><td></td><td></td></tr>
<tr><td>3</td><td rowspan="2">允许偏差</td><td>成孔孔径（mm）</td><td>+50
0</td><td>/</td><td></td><td></td></tr>
<tr><td>4</td><td>成孔深度（mm）</td><td>+1000
−200</td><td>/</td><td></td><td></td></tr>
<tr><td colspan="3">施工单位检查结果</td><td colspan="5">专业工长：　　　　项目专业质量检查员：　　　　年　　月　　日</td></tr>
<tr><td colspan="3">监理单位验收结论</td><td colspan="5">专业监理工程师：　　　　年　　月　　日</td></tr>
</table>

7.1.2.56 市政验·通-73 管井施工检验批质量验收记录

市政基础设施工程

管井施工检验批质量验收记录

市政验·通-73

第　　页，共　　页

<table>
<tr><td colspan="4">工程名称</td><td colspan="5"></td></tr>
<tr><td colspan="4">单位工程名称</td><td colspan="5"></td></tr>
<tr><td colspan="4">施工单位</td><td colspan="2"></td><td colspan="2">分包单位</td><td></td></tr>
<tr><td colspan="4">项目负责人</td><td colspan="2"></td><td colspan="2">项目技术负责人</td><td></td></tr>
<tr><td colspan="4">分部（子分部）工程名称</td><td colspan="2"></td><td colspan="2">分项工程名称</td><td></td></tr>
<tr><td colspan="4">验收部位/区段</td><td colspan="2"></td><td colspan="2">检验批容量</td><td></td></tr>
<tr><td colspan="4">施工及验收依据</td><td colspan="5">《建筑地基基础工程施工质量验收标准》GB 50202</td></tr>
<tr><td colspan="5">验收项目</td><td>设计要求或规范规定</td><td>最小/实际抽样数量</td><td>检查记录</td><td>检查结果</td></tr>
<tr><td rowspan="4">主控项目</td><td>1</td><td colspan="3">泥浆比重</td><td>1.05～1.10</td><td>/</td><td></td><td></td></tr>
<tr><td>2</td><td colspan="3">滤料回填高度</td><td>+10%
0</td><td>/</td><td></td><td></td></tr>
<tr><td>3</td><td colspan="3">封孔</td><td>设计要求</td><td>/</td><td></td><td></td></tr>
<tr><td>4</td><td colspan="3">出水量</td><td>不小于设计值</td><td>/</td><td></td><td></td></tr>
<tr><td rowspan="7">一般项目</td><td>1</td><td colspan="3">扶中器</td><td>设计要求</td><td>/</td><td></td><td></td></tr>
<tr><td>2</td><td rowspan="6">允许偏差</td><td colspan="2">成孔孔径（mm）</td><td>±50</td><td>/</td><td></td><td></td></tr>
<tr><td>3</td><td colspan="2">成孔深度（mm）</td><td>±20</td><td>/</td><td></td><td></td></tr>
<tr><td rowspan="2">4</td><td rowspan="2">活塞洗井</td><td>次数</td><td>≥20</td><td>/</td><td></td><td></td></tr>
<tr><td>时间（h）</td><td>≥2</td><td>/</td><td></td><td></td></tr>
<tr><td>5</td><td colspan="2">沉淀物高度</td><td>≤5%井深</td><td>/</td><td></td><td></td></tr>
<tr><td>6</td><td colspan="2">含砂量（体积比）</td><td>≤1/20000</td><td>/</td><td></td><td></td></tr>
<tr><td colspan="3">施工单位检查结果</td><td colspan="6">专业工长：　　　　项目专业质量检查员：　　　　年　　月　　日</td></tr>
<tr><td colspan="3">监理单位验收结论</td><td colspan="6">专业监理工程师：　　　　年　　月　　日</td></tr>
</table>

7.1.2.57 市政验·通-74 降水运行检验批质量验收记录

市政基础设施工程

降水运行检验批质量验收记录

市政验·通-74

第　　页，共　　页

<table>
<tr><td colspan="4">工程名称</td><td colspan="5"></td></tr>
<tr><td colspan="4">单位工程名称</td><td colspan="5"></td></tr>
<tr><td colspan="4">施工单位</td><td></td><td colspan="2">分包单位</td><td colspan="2"></td></tr>
<tr><td colspan="4">项目负责人</td><td></td><td colspan="2">项目技术负责人</td><td colspan="2"></td></tr>
<tr><td colspan="4">分部（子分部）工程名称</td><td></td><td colspan="2">分项工程名称</td><td colspan="2"></td></tr>
<tr><td colspan="4">验收部位/区段</td><td></td><td colspan="2">检验批容量</td><td colspan="2"></td></tr>
<tr><td colspan="4">施工及验收依据</td><td colspan="5">《建筑地基基础工程施工质量验收标准》GB 50202</td></tr>
<tr><td colspan="5">验收项目</td><td>设计要求或规范规定</td><td>最小/实际抽样数量</td><td>检查记录</td><td>检查结果</td></tr>
<tr><td rowspan="3">主控项目</td><td>1</td><td colspan="3">降水效果（轻型、喷射、真空管井）</td><td>设计要求</td><td>/</td><td></td><td></td></tr>
<tr><td>2</td><td colspan="3">观测井水位（减压降水管井）</td><td>+10%
0</td><td>/</td><td></td><td></td></tr>
<tr><td></td><td colspan="3"></td><td></td><td></td><td></td><td></td></tr>
<tr><td rowspan="9">一般项目</td><td>1</td><td rowspan="2">允许偏差</td><td rowspan="2">轻型、喷射、真空管井</td><td>真空负压（MPa）</td><td>≥0.065</td><td>/</td><td></td><td></td></tr>
<tr><td>2</td><td>有效井点数</td><td>≥90%</td><td>/</td><td></td><td></td></tr>
<tr><td>3</td><td colspan="2">减压降水管井</td><td>安全操作平台</td><td>设计及安全要求</td><td>/</td><td></td><td></td></tr>
<tr><td></td><td colspan="3"></td><td></td><td></td><td></td><td></td></tr>
<tr><td></td><td colspan="3"></td><td></td><td></td><td></td><td></td></tr>
<tr><td></td><td colspan="3"></td><td></td><td></td><td></td><td></td></tr>
<tr><td></td><td colspan="3"></td><td></td><td></td><td></td><td></td></tr>
<tr><td></td><td colspan="3"></td><td></td><td></td><td></td><td></td></tr>
<tr><td></td><td colspan="3"></td><td></td><td></td><td></td><td></td></tr>
<tr><td colspan="2">施工单位检查结果</td><td colspan="7">专业工长：　　　　项目专业质量检查员：　　　　年　月　日</td></tr>
<tr><td colspan="2">监理单位验收结论</td><td colspan="7">专业监理工程师：　　　　年　月　日</td></tr>
</table>

7.1.2.58 市政验·通-75 管井封井检验批质量验收记录

市政基础设施工程

管井封井检验批质量验收记录

市政验·通-75

第 页，共 页

工程名称							
单位工程名称							
施工单位				分包单位			
项目负责人				项目技术负责人			
分部（子分部）工程名称				分项工程名称			
验收部位/区段				检验批容量			
施工及验收依据	《建筑地基基础工程施工质量验收标准》GB 50202						
验收项目				设计要求或规范规定	最小/实际抽样数量	检查记录	检查结果
主控项目	1	注浆量		+10% 0	/		
	2	混凝土强度		不小于设计值	/		
	3	内止水钢板焊接质量		满焊，无缝隙	/		
一般项目	1	外止水钢板宽度、厚度、位置		设计要求	/		
	2	砂浆封孔		设计要求	/		
	3	允许偏差	细石子粒径（mm）	5～10	/		
	4		细石子回填量	+10% 0	/		
	5		混凝土灌注量	+10% 0	/		
	6		24h残存水高度（mm）	≤500	/		
施工单位检查结果	专业工长： 项目专业质量检查员： 年 月 日						
监理单位验收结论	专业监理工程师： 年 月 日						

7.1.2.59 市政验·通-76 回灌管井运行检验批质量验收记录

市政基础设施工程

回灌管井运行检验批质量验收记录

市政验·通-76

第　　页，共　　页

<table>
<tr><td colspan="4">工程名称</td><td colspan="5"></td></tr>
<tr><td colspan="4">单位工程名称</td><td colspan="5"></td></tr>
<tr><td colspan="4">施工单位</td><td></td><td colspan="2">分包单位</td><td colspan="2"></td></tr>
<tr><td colspan="4">项目负责人</td><td></td><td colspan="2">项目技术负责人</td><td colspan="2"></td></tr>
<tr><td colspan="4">分部（子分部）工程名称</td><td></td><td colspan="2">分项工程名称</td><td colspan="2"></td></tr>
<tr><td colspan="4">验收部位/区段</td><td></td><td colspan="2">检验批容量</td><td colspan="2"></td></tr>
<tr><td colspan="4">施工及验收依据</td><td colspan="5">《建筑地基基础工程施工质量验收标准》GB 50202</td></tr>
<tr><td colspan="4">验收项目</td><td>设计要求或规范规定</td><td>最小/实际抽样数量</td><td colspan="2">检查记录</td><td>检查结果</td></tr>
<tr><td rowspan="2">主控项目</td><td>1</td><td colspan="2">观测井水位</td><td>设计值</td><td>/</td><td colspan="2"></td><td></td></tr>
<tr><td>2</td><td colspan="2">回灌水质</td><td>不低于回灌目的层水质</td><td>/</td><td colspan="2"></td><td></td></tr>
<tr><td rowspan="3">一般项目</td><td>1</td><td colspan="2">回扬</td><td>设计要求</td><td>/</td><td colspan="2"></td><td></td></tr>
<tr><td>2</td><td rowspan="2">允许偏差</td><td>回灌量</td><td>+10%
0</td><td>/</td><td colspan="2"></td><td></td></tr>
<tr><td>3</td><td>回灌压力</td><td>+5%
0</td><td>/</td><td colspan="2"></td><td></td></tr>
<tr><td colspan="3">施工单位检查结果</td><td colspan="6">专业工长：　　项目专业质量检查员：　　年　月　日</td></tr>
<tr><td colspan="3">监理单位验收结论</td><td colspan="6">专业监理工程师：　　年　月　日</td></tr>
</table>

7.1.2.60 市政验·通-77 土方开挖工程（柱基、基坑、基槽）检验批质量验收记录

市政基础设施工程

土方开挖工程（柱基、基坑、基槽）检验批质量验收记录

市政验·通-77

第　　页，共　　页

<table>
<tr><td colspan="4">工程名称</td><td colspan="5"></td></tr>
<tr><td colspan="4">单位工程名称</td><td colspan="5"></td></tr>
<tr><td colspan="4">施工单位</td><td colspan="2"></td><td colspan="2">分包单位</td><td></td></tr>
<tr><td colspan="4">项目负责人</td><td colspan="2"></td><td colspan="2">项目技术负责人</td><td></td></tr>
<tr><td colspan="4">分部（子分部）工程名称</td><td colspan="2"></td><td colspan="2">分项工程名称</td><td></td></tr>
<tr><td colspan="4">验收部位/区段</td><td colspan="2"></td><td colspan="2">检验批容量</td><td></td></tr>
<tr><td colspan="4">施工及验收依据</td><td colspan="5">《建筑地基基础工程施工质量验收标准》GB 50202</td></tr>
<tr><td colspan="4">验收项目</td><td>设计要求或规范规定</td><td>最小/实际抽样数量</td><td>检查记录</td><td colspan="2">检查结果</td></tr>
<tr><td rowspan="3">主控项目</td><td>1</td><td colspan="2">标高（mm）</td><td>0
−50</td><td>/</td><td></td><td colspan="2"></td></tr>
<tr><td>2</td><td colspan="2">长度、宽度（由设计中心线向两边量）（mm）</td><td>+200
−50</td><td>/</td><td></td><td colspan="2"></td></tr>
<tr><td>3</td><td colspan="2">坡率</td><td>设计值</td><td>/</td><td></td><td colspan="2"></td></tr>
<tr><td rowspan="2">一般项目</td><td>1</td><td colspan="2">基底土性</td><td>设计要求</td><td>/</td><td></td><td colspan="2"></td></tr>
<tr><td>2</td><td>允许偏差</td><td>表面平整（mm）</td><td>±20</td><td>/</td><td></td><td colspan="2"></td></tr>
<tr><td colspan="2">施工单位检查结果</td><td colspan="7">专业工长：　　　　项目专业质量检查员：　　　　年　月　日</td></tr>
<tr><td colspan="2">监理单位验收结论</td><td colspan="7">专业监理工程师：　　　　年　月　日</td></tr>
</table>

7.1.2.61 市政验·通-78 土方开挖工程（挖方场地平整）检验批质量验收记录

市政基础设施工程

土方开挖工程（挖方场地平整）检验批质量验收记录

市政验·通-78

第 页，共 页

<table>
<tr><td colspan="4">工程名称</td><td colspan="6"></td></tr>
<tr><td colspan="4">单位工程名称</td><td colspan="6"></td></tr>
<tr><td colspan="4">施工单位</td><td colspan="3"></td><td colspan="2">分包单位</td><td></td></tr>
<tr><td colspan="4">项目负责人</td><td colspan="3"></td><td colspan="2">项目技术负责人</td><td></td></tr>
<tr><td colspan="4">分部（子分部）工程名称</td><td colspan="3"></td><td colspan="2">分项工程名称</td><td></td></tr>
<tr><td colspan="4">验收部位/区段</td><td colspan="3"></td><td colspan="2">检验批容量</td><td></td></tr>
<tr><td colspan="4">施工及验收依据</td><td colspan="6">《建筑地基基础工程施工质量验收标准》GB 50202</td></tr>
<tr><td colspan="4">验收项目</td><td colspan="2">设计要求或规范规定</td><td>最小/实际抽样数量</td><td colspan="2">检查记录</td><td>检查结果</td></tr>
<tr><td rowspan="5">主控项目</td><td rowspan="2">1</td><td colspan="2" rowspan="2">标高（mm）</td><td>人工</td><td>±30</td><td>/</td><td colspan="2"></td><td></td></tr>
<tr><td>机械</td><td>±50</td><td>/</td><td colspan="2"></td><td></td></tr>
<tr><td rowspan="2">2</td><td colspan="2" rowspan="2">长度、宽度（由设计中心线向两边量）（mm）</td><td>人工</td><td>+300
−100</td><td>/</td><td colspan="2"></td><td></td></tr>
<tr><td>机械</td><td>+500
−150</td><td>/</td><td colspan="2"></td><td></td></tr>
<tr><td>3</td><td colspan="2">坡率</td><td colspan="2">设计值</td><td>/</td><td colspan="2"></td><td></td></tr>
<tr><td rowspan="3">一般项目</td><td>1</td><td colspan="2">基地土性</td><td colspan="2">设计要求</td><td>/</td><td colspan="2"></td><td></td></tr>
<tr><td rowspan="2">2</td><td rowspan="2">允许偏差</td><td rowspan="2">表面平整度（mm）</td><td>人工</td><td>±20</td><td>/</td><td colspan="2"></td><td></td></tr>
<tr><td>机械</td><td>±50</td><td>/</td><td colspan="2"></td><td></td></tr>
<tr><td colspan="2">施工单位检查结果</td><td colspan="8">专业工长：　　项目专业质量检查员：　　年　月　日</td></tr>
<tr><td colspan="2">监理单位验收结论</td><td colspan="8">专业监理工程师：　　年　月　日</td></tr>
</table>

7.1.2.62 市政验·通-79 土方开挖工程（管沟）检验批质量验收记录

市政基础设施工程

土方开挖工程（管沟）检验批质量验收记录

市政验·通-79

第　　页，共　　页

<table>
<tr><td colspan="3">工程名称</td><td colspan="4"></td></tr>
<tr><td colspan="3">单位工程名称</td><td colspan="4"></td></tr>
<tr><td colspan="3">施工单位</td><td></td><td colspan="2">分包单位</td><td></td></tr>
<tr><td colspan="3">项目负责人</td><td></td><td colspan="2">项目技术负责人</td><td></td></tr>
<tr><td colspan="3">分部（子分部）工程名称</td><td></td><td colspan="2">分项工程名称</td><td></td></tr>
<tr><td colspan="3">验收部位/区段</td><td></td><td colspan="2">检验批容量</td><td></td></tr>
<tr><td colspan="3">施工及验收依据</td><td colspan="4">《建筑地基基础工程施工质量验收标准》GB 50202</td></tr>
<tr><td colspan="3">验收项目</td><td>设计要求或规范规定</td><td>最小/实际抽样数量</td><td>检查记录</td><td>检查结果</td></tr>
<tr><td rowspan="3">主控项目</td><td>1</td><td>标高（mm）</td><td>0
−50</td><td>/</td><td></td><td></td></tr>
<tr><td>2</td><td>长度、宽度（由设计中心线向两边量）（mm）</td><td>+100
0</td><td>/</td><td></td><td></td></tr>
<tr><td>3</td><td>坡率</td><td>设计值</td><td>/</td><td></td><td></td></tr>
<tr><td rowspan="2">一般项目</td><td>1</td><td>基底土性</td><td>设计要求</td><td>/</td><td></td><td></td></tr>
<tr><td>2</td><td>允许偏差　表面平整度（mm）</td><td>±20</td><td>/</td><td></td><td></td></tr>
<tr><td colspan="2">施工单位检查结果</td><td colspan="5">专业工长：　　　　项目专业质量检查员：　　　　年　　月　　日</td></tr>
<tr><td colspan="2">监理单位验收结论</td><td colspan="5">专业监理工程师：　　　　年　　月　　日</td></tr>
</table>

7.1.2.63 市政验·通-80 土方开挖工程（地/路面基层）检验批质量验收记录

市政基础设施工程

土方开挖工程（地/路面基层）检验批质量验收记录

市政验·通-80

第 页，共 页

<table>
<tr><td colspan="4">工程名称</td><td colspan="4"></td></tr>
<tr><td colspan="4">单位工程名称</td><td colspan="4"></td></tr>
<tr><td colspan="4">施工单位</td><td></td><td colspan="2">分包单位</td><td></td></tr>
<tr><td colspan="4">项目负责人</td><td></td><td colspan="2">项目技术负责人</td><td></td></tr>
<tr><td colspan="4">分部（子分部）工程名称</td><td></td><td colspan="2">分项工程名称</td><td></td></tr>
<tr><td colspan="4">验收部位/区段</td><td></td><td colspan="2">检验批容量</td><td></td></tr>
<tr><td colspan="4">施工及验收依据</td><td colspan="4">《建筑地基基础工程施工质量验收标准》GB 50202</td></tr>
<tr><td colspan="4">验收项目</td><td>设计要求或规范规定</td><td>最小/实际抽样数量</td><td>检查记录</td><td>检查结果</td></tr>
<tr><td rowspan="3">主控项目</td><td>1</td><td colspan="2">标高（mm）</td><td>0
−50</td><td>/</td><td></td><td></td></tr>
<tr><td>2</td><td colspan="2">长度、宽度（由设计中心线向两边量）</td><td>设计值</td><td>/</td><td></td><td></td></tr>
<tr><td>3</td><td colspan="2">坡率</td><td>设计值</td><td>/</td><td></td><td></td></tr>
<tr><td rowspan="2">一般项目</td><td>1</td><td colspan="2">基底土性</td><td>设计要求</td><td>/</td><td></td><td></td></tr>
<tr><td>2</td><td>允许偏差</td><td>表面平整度（mm）</td><td>±20</td><td>/</td><td></td><td></td></tr>
<tr><td colspan="2">施工单位检查结果</td><td colspan="6">专业工长： 项目专业质量检查员： 年 月 日</td></tr>
<tr><td colspan="2">监理单位验收结论</td><td colspan="6">专业监理工程师： 年 月 日</td></tr>
</table>

注：地（路）面基层的偏差只适用于直接在挖、填方上做地（路）面的基层。

7.1.2.64　市政验·通-81　土石方回填工程检验批质量验收记录

市政基础设施工程

土石方回填工程检验批质量验收记录

市政验·通-81

第　　页，共　　页

<table>
<tr><td colspan="3">工程名称</td><td colspan="5"></td></tr>
<tr><td colspan="3">单位工程名称</td><td colspan="5"></td></tr>
<tr><td colspan="3">施工单位</td><td></td><td colspan="2">分包单位</td><td colspan="2"></td></tr>
<tr><td colspan="3">项目负责人</td><td></td><td colspan="2">项目技术负责人</td><td colspan="2"></td></tr>
<tr><td colspan="3">分部（子分部）工程名称</td><td></td><td colspan="2">分项工程名称</td><td colspan="2"></td></tr>
<tr><td colspan="3">验收部位/区段</td><td></td><td colspan="2">检验批容量</td><td colspan="2"></td></tr>
<tr><td colspan="3">施工及验收依据</td><td colspan="5">《建筑地基基础工程施工质量验收标准》GB 50202</td></tr>
<tr><td colspan="3">验收项目</td><td>设计要求或规范规定</td><td>最小/实际抽样数量</td><td colspan="2">检查记录</td><td>检查结果</td></tr>
<tr><td rowspan="6">主控项目</td><td>1</td><td>总高度</td><td>不大于设计值</td><td>/</td><td colspan="2"></td><td></td></tr>
<tr><td>2</td><td>长度、宽度</td><td>设计值</td><td>/</td><td colspan="2"></td><td></td></tr>
<tr><td>3</td><td>堆放安全距离</td><td>设计值</td><td>/</td><td colspan="2"></td><td></td></tr>
<tr><td>4</td><td>坡率</td><td>设计值</td><td>/</td><td colspan="2"></td><td></td></tr>
<tr><td></td><td></td><td></td><td></td><td colspan="2"></td><td></td></tr>
<tr><td></td><td></td><td></td><td></td><td colspan="2"></td><td></td></tr>
<tr><td rowspan="4">一般项目</td><td>1</td><td>防扬尘</td><td>满足环境保护要求或施工组织设计要求</td><td>/</td><td colspan="2"></td><td></td></tr>
<tr><td></td><td></td><td></td><td></td><td colspan="2"></td><td></td></tr>
<tr><td></td><td></td><td></td><td></td><td colspan="2"></td><td></td></tr>
<tr><td></td><td></td><td></td><td></td><td colspan="2"></td><td></td></tr>
<tr><td colspan="2">施工单位检查结果</td><td colspan="6">专业工长：　　　　项目专业质量检查员：　　　　年　月　日</td></tr>
<tr><td colspan="2">监理单位验收结论</td><td colspan="6">专业监理工程师：　　　　年　月　日</td></tr>
</table>

7.1.2.65 市政验·通-82 岩质基坑开挖工程（柱基、基坑、基槽、管沟）检验批质量验收记录

市政基础设施工程

岩质基坑开挖工程（柱基、基坑、基槽、管沟）检验批质量验收记录

市政验·通-82

第　　页，共　　页

<table>
<tr><td colspan="4">工程名称</td><td colspan="5"></td></tr>
<tr><td colspan="4">单位工程名称</td><td colspan="5"></td></tr>
<tr><td colspan="4">施工单位</td><td colspan="2"></td><td colspan="2">分包单位</td><td></td></tr>
<tr><td colspan="4">项目负责人</td><td colspan="2"></td><td colspan="2">项目技术负责人</td><td></td></tr>
<tr><td colspan="4">分部（子分部）工程名称</td><td colspan="2"></td><td colspan="2">分项工程名称</td><td></td></tr>
<tr><td colspan="4">验收部位/区段</td><td colspan="2"></td><td colspan="2">检验批容量</td><td></td></tr>
<tr><td colspan="4">施工及验收依据</td><td colspan="5">《建筑地基基础工程施工质量验收标准》GB 50202</td></tr>
<tr><td colspan="4">验收项目</td><td>设计要求或规范规定</td><td>最小/实际抽样数量</td><td colspan="2">检查记录</td><td>检查结果</td></tr>
<tr><td rowspan="3">主控项目</td><td>1</td><td colspan="2">标高（mm）</td><td>0
−200</td><td>/</td><td colspan="2"></td><td></td></tr>
<tr><td>2</td><td colspan="2">长度、宽度（由设计中心线向两边量）（mm）</td><td>+200
0</td><td>/</td><td colspan="2"></td><td></td></tr>
<tr><td>3</td><td colspan="2">坡率</td><td>设计值</td><td>/</td><td colspan="2"></td><td></td></tr>
<tr><td rowspan="2">一般项目</td><td>1</td><td colspan="2">基底岩（土）质</td><td>设计要求</td><td>/</td><td colspan="2"></td><td></td></tr>
<tr><td>2</td><td>允许偏差</td><td>表面平整度（mm）</td><td>±100</td><td>/</td><td colspan="2"></td><td></td></tr>
<tr><td colspan="2">施工单位检查结果</td><td colspan="7">专业工长：　　　　项目专业质量检查员：　　　　年　　月　　日</td></tr>
<tr><td colspan="2">监理单位验收结论</td><td colspan="7">专业监理工程师：　　　　年　　月　　日</td></tr>
</table>

7.1.2.66 市政验·通-83 岩质基坑开挖工程（挖方场地平整）检验批质量验收记录

市政基础设施工程

岩质基坑开挖工程（挖方场地平整）检验批质量验收记录

市政验·通-83

第　页，共　页

<table>
<tr><td colspan="4">工程名称</td><td colspan="5"></td></tr>
<tr><td colspan="4">单位工程名称</td><td colspan="5"></td></tr>
<tr><td colspan="4">施工单位</td><td></td><td colspan="2">分包单位</td><td colspan="2"></td></tr>
<tr><td colspan="4">项目负责人</td><td></td><td colspan="2">项目技术负责人</td><td colspan="2"></td></tr>
<tr><td colspan="4">分部（子分部）工程名称</td><td></td><td colspan="2">分项工程名称</td><td colspan="2"></td></tr>
<tr><td colspan="4">验收部位/区段</td><td></td><td colspan="2">检验批容量</td><td colspan="2"></td></tr>
<tr><td colspan="4">施工及验收依据</td><td colspan="5">《建筑地基基础工程施工质量验收标准》GB 50202</td></tr>
<tr><td colspan="4">验收项目</td><td>设计要求或规范规定</td><td>最小/实际抽样数量</td><td>检查记录</td><td colspan="2">检查结果</td></tr>
<tr><td rowspan="3">主控项目</td><td>1</td><td colspan="2">标高（mm）</td><td>+100
−300</td><td>/</td><td></td><td colspan="2"></td></tr>
<tr><td>2</td><td colspan="2">长度、宽度（由设计中心线向两边量）（mm）</td><td>+400
−100</td><td>/</td><td></td><td colspan="2"></td></tr>
<tr><td>3</td><td colspan="2">坡率</td><td>设计值</td><td>/</td><td></td><td colspan="2"></td></tr>
<tr><td rowspan="2">一般项目</td><td>1</td><td colspan="2">基底岩（土）质</td><td>设计要求</td><td>/</td><td></td><td colspan="2"></td></tr>
<tr><td>2</td><td>允许偏差</td><td>表面平整度（mm）</td><td>±100</td><td>/</td><td></td><td colspan="2"></td></tr>
<tr><td colspan="2">施工单位检查结果</td><td colspan="7">专业工长：　　项目专业质量检查员：　　年　月　日</td></tr>
<tr><td colspan="2">监理单位验收结论</td><td colspan="7">专业监理工程师：　　年　月　日</td></tr>
</table>

注：场地平整应在整平完后检查。

7.1.2.67 市政验·通-84 填方工程（柱基、基坑、基槽、管沟、地/路面基层）检验批质量验收记录

市政基础设施工程

填方工程（柱基、基坑、基槽、管沟、地/路面基层）检验批质量验收记录

市政验·通-84

第　　页，共　　页

<table>
<tr><td colspan="4">工程名称</td><td colspan="4"></td></tr>
<tr><td colspan="4">单位工程名称</td><td colspan="4"></td></tr>
<tr><td colspan="4">施工单位</td><td></td><td colspan="2">分包单位</td><td></td></tr>
<tr><td colspan="4">项目负责人</td><td></td><td colspan="2">项目技术负责人</td><td></td></tr>
<tr><td colspan="4">分部（子分部）工程名称</td><td></td><td colspan="2">分项工程名称</td><td></td></tr>
<tr><td colspan="4">验收部位/区段</td><td></td><td colspan="2">检验批容量</td><td></td></tr>
<tr><td colspan="4">施工及验收依据</td><td colspan="4">《建筑地基基础工程施工质量验收标准》GB 50202</td></tr>
<tr><td colspan="4">验收项目</td><td>设计要求或规范规定</td><td>最小/实际抽样数量</td><td>检查记录</td><td>检查结果</td></tr>
<tr><td rowspan="2">主控项目</td><td>1</td><td colspan="2">标高（mm）</td><td>0
−50</td><td>/</td><td></td><td></td></tr>
<tr><td>2</td><td colspan="2">分层压实系数</td><td>不小于设计值</td><td>/</td><td></td><td></td></tr>
<tr><td rowspan="6">一般项目</td><td>1</td><td colspan="2">回填土料</td><td>设计要求</td><td>/</td><td></td><td></td></tr>
<tr><td>2</td><td colspan="2">分层厚度</td><td>设计值</td><td>/</td><td></td><td></td></tr>
<tr><td>3</td><td rowspan="4">允许偏差</td><td>含水量</td><td>最优含水量±2%</td><td>/</td><td></td><td></td></tr>
<tr><td>4</td><td>表面平整度（mm）</td><td>±20</td><td>/</td><td></td><td></td></tr>
<tr><td>5</td><td>有机质含量</td><td>≤5%</td><td>/</td><td></td><td></td></tr>
<tr><td>6</td><td>辗迹重叠长度（mm）</td><td>500～1000</td><td>/</td><td></td><td></td></tr>
<tr><td colspan="3">施工单位检查结果</td><td colspan="5">专业工长：　　　　项目专业质量检查员：　　　　年　　月　　日</td></tr>
<tr><td colspan="3">监理单位验收结论</td><td colspan="5">专业监理工程师：　　　　年　　月　　日</td></tr>
</table>

7.1.2.68 市政验·通-85 填方工程（场地平整）检验批质量验收记录

市政基础设施工程

填方工程（场地平整）检验批质量验收记录

市政验·通-85

第　　页，共　　页

<table>
<tr><td colspan="4">工程名称</td><td colspan="6"></td></tr>
<tr><td colspan="4">单位工程名称</td><td colspan="6"></td></tr>
<tr><td colspan="4">施工单位</td><td colspan="2"></td><td colspan="2">分包单位</td><td colspan="2"></td></tr>
<tr><td colspan="4">项目负责人</td><td colspan="2"></td><td colspan="2">项目技术负责人</td><td colspan="2"></td></tr>
<tr><td colspan="4">分部（子分部）工程名称</td><td colspan="2"></td><td colspan="2">分项工程名称</td><td colspan="2"></td></tr>
<tr><td colspan="4">验收部位/区段</td><td colspan="2"></td><td colspan="2">检验批容量</td><td colspan="2"></td></tr>
<tr><td colspan="4">施工及验收依据</td><td colspan="6">《建筑地基基础工程施工质量验收标准》GB 50202</td></tr>
<tr><td colspan="4">验收项目</td><td colspan="2">设计要求或规范规定</td><td>最小/实际抽样数量</td><td colspan="2">检查记录</td><td>检查结果</td></tr>
<tr><td rowspan="3">主控项目</td><td rowspan="2">1</td><td colspan="2" rowspan="2">标高（mm）</td><td>人工</td><td>±30</td><td>/</td><td colspan="2"></td><td></td></tr>
<tr><td>机械</td><td>±50</td><td>/</td><td colspan="2"></td><td></td></tr>
<tr><td>2</td><td colspan="2">分层压实系数</td><td colspan="2">不小于设计值</td><td>/</td><td colspan="2"></td><td></td></tr>
<tr><td rowspan="7">一般项目</td><td>1</td><td colspan="2">回填土料</td><td colspan="2">设计要求</td><td>/</td><td colspan="2"></td><td></td></tr>
<tr><td>2</td><td colspan="2">分层厚度</td><td colspan="2">设计值</td><td>/</td><td colspan="2"></td><td></td></tr>
<tr><td>3</td><td rowspan="5">允许偏差</td><td>含水量</td><td colspan="2">最优含水量±4%</td><td>/</td><td colspan="2"></td><td></td></tr>
<tr><td rowspan="2">4</td><td rowspan="2">表面平整度（mm）</td><td>人工</td><td>±20</td><td>/</td><td colspan="2"></td><td></td></tr>
<tr><td>机械</td><td>±30</td><td>/</td><td colspan="2"></td><td></td></tr>
<tr><td>5</td><td>有机质含量</td><td colspan="2">≤5%</td><td>/</td><td colspan="2"></td><td></td></tr>
<tr><td>6</td><td>辗迹重叠长度（mm）</td><td colspan="2">500～1000</td><td>/</td><td colspan="2"></td><td></td></tr>
<tr><td colspan="2">施工单位检查结果</td><td colspan="8">
专业工长：　　　　项目专业质量检查员：　　　　年　月　日</td></tr>
<tr><td colspan="2">监理单位验收结论</td><td colspan="8">
专业监理工程师：　　　　年　月　日</td></tr>
</table>

7.1.2.69　市政验·通-86　边坡喷锚检验批质量验收记录

市政基础设施工程

边坡喷锚检验批质量验收记录

市政验·通-86

第　　页，共　　页

<table>
<tr><td colspan="3">工程名称</td><td colspan="5"></td></tr>
<tr><td colspan="3">单位工程名称</td><td colspan="5"></td></tr>
<tr><td colspan="3">施工单位</td><td></td><td colspan="2">分包单位</td><td colspan="2"></td></tr>
<tr><td colspan="3">项目负责人</td><td></td><td colspan="2">项目技术负责人</td><td colspan="2"></td></tr>
<tr><td colspan="3">分部（子分部）工程名称</td><td></td><td colspan="2">分项工程名称</td><td colspan="2"></td></tr>
<tr><td colspan="3">验收部位/区段</td><td></td><td colspan="2">检验批容量</td><td colspan="2"></td></tr>
<tr><td colspan="3">施工及验收依据</td><td colspan="5">《建筑地基基础工程施工质量验收标准》GB 50202</td></tr>
<tr><td colspan="4">验收项目</td><td>设计要求或规范规定</td><td>最小/实际抽样数量</td><td>检查记录</td><td>检查结果</td></tr>
<tr><td rowspan="4">主控项目</td><td>1</td><td colspan="2">锚杆承载力</td><td>不小于设计值</td><td>/</td><td></td><td></td></tr>
<tr><td>2</td><td colspan="2">锚杆（索）锚固长度（mm）</td><td>±50</td><td>/</td><td></td><td></td></tr>
<tr><td>3</td><td colspan="2">喷锚混凝土强度</td><td>不小于设计值</td><td>/</td><td></td><td></td></tr>
<tr><td>4</td><td colspan="2">预应力锚杆（索）的张拉力、锚固力</td><td>不小于设计值</td><td>/</td><td></td><td></td></tr>
<tr><td rowspan="10">一般项目</td><td>1</td><td colspan="2">锚孔深度</td><td>不小于设计值</td><td>/</td><td></td><td></td></tr>
<tr><td>2</td><td colspan="2">锚固段注浆体强度</td><td>不小于设计值</td><td>/</td><td></td><td></td></tr>
<tr><td>3</td><td rowspan="8">允许偏差</td><td>锚孔位置（mm）</td><td>≤50</td><td>/</td><td></td><td></td></tr>
<tr><td>4</td><td>锚孔孔径（mm）</td><td>±20</td><td>/</td><td></td><td></td></tr>
<tr><td>5</td><td>锚孔倾角（°）</td><td>≤1</td><td>/</td><td></td><td></td></tr>
<tr><td>6</td><td>锚杆（索）长度（mm）</td><td>±50</td><td>/</td><td></td><td></td></tr>
<tr><td>7</td><td>预应力锚杆（索）张拉伸长量</td><td>±6%</td><td>/</td><td></td><td></td></tr>
<tr><td>8</td><td>泄水孔直径、孔深（mm）</td><td>±3</td><td>/</td><td></td><td></td></tr>
<tr><td>9</td><td>预应力锚杆(索)锚固后的外露长度(mm)</td><td>≥30</td><td>/</td><td></td><td></td></tr>
<tr><td>10</td><td>钢束断丝滑丝数</td><td>≤1%</td><td>/</td><td></td><td></td></tr>
<tr><td colspan="2">施工单位检查结果</td><td colspan="6">专业工长：　　项目专业质量检查员：　　年　月　日</td></tr>
<tr><td colspan="2">监理单位验收结论</td><td colspan="6">专业监理工程师：　　年　月　日</td></tr>
</table>

7.1.2.70 市政验·通-87 挡土墙检验批质量验收记录

市政基础设施工程

挡土墙检验批质量验收记录

市政验·通-87

第　　页，共　　页

<table>
<tr><td colspan="4">工程名称</td><td colspan="4"></td></tr>
<tr><td colspan="4">单位工程名称</td><td colspan="4"></td></tr>
<tr><td colspan="4">施工单位</td><td></td><td colspan="2">分包单位</td><td></td></tr>
<tr><td colspan="4">项目负责人</td><td></td><td colspan="2">项目技术负责人</td><td></td></tr>
<tr><td colspan="4">分部（子分部）工程名称</td><td></td><td colspan="2">分项工程名称</td><td></td></tr>
<tr><td colspan="4">验收部位/区段</td><td></td><td colspan="2">检验批容量</td><td></td></tr>
<tr><td colspan="4">施工及验收依据</td><td colspan="4">《建筑地基基础工程施工质量验收标准》GB 50202</td></tr>
<tr><td colspan="4">验收项目</td><td>设计要求或规范规定</td><td>最小/实际抽样数量</td><td>检查记录</td><td>检查结果</td></tr>
<tr><td rowspan="4">主控项目</td><td>1</td><td colspan="2">挡土墙埋置深度（mm）</td><td>±10</td><td>/</td><td></td><td></td></tr>
<tr><td rowspan="2">2</td><td rowspan="2">墙身材料强度</td><td>石材（MPa）</td><td>≥30</td><td>/</td><td></td><td></td></tr>
<tr><td>混凝土</td><td>不小于设计值</td><td>/</td><td></td><td></td></tr>
<tr><td>3</td><td colspan="2">分层压实系数</td><td>不小于设计值</td><td>/</td><td></td><td></td></tr>
<tr><td rowspan="10">一般项目</td><td>1</td><td colspan="2">墙身、压顶断面尺寸</td><td>不小于设计值</td><td>/</td><td></td><td></td></tr>
<tr><td>2</td><td colspan="2">墙背加筋材料强度、延伸率</td><td>不小于设计值</td><td>/</td><td></td><td></td></tr>
<tr><td>3</td><td colspan="2">泄水孔的坡度</td><td>设计值</td><td>/</td><td></td><td></td></tr>
<tr><td>4</td><td rowspan="7">允许偏差</td><td>平面位置（mm）</td><td>≤50</td><td>/</td><td></td><td></td></tr>
<tr><td>5</td><td>压顶顶面高程（mm）</td><td>±10</td><td>/</td><td></td><td></td></tr>
<tr><td>6</td><td>泄水孔尺寸（mm）</td><td>±3</td><td>/</td><td></td><td></td></tr>
<tr><td>7</td><td>伸缩缝、沉降缝宽度（mm）</td><td>+20
0</td><td>/</td><td></td><td></td></tr>
<tr><td>8</td><td>轴线位置（mm）</td><td>≤30</td><td>/</td><td></td><td></td></tr>
<tr><td>9</td><td>墙面倾斜率</td><td>≤0.5%</td><td>/</td><td></td><td></td></tr>
<tr><td>10</td><td>墙表面平整度（混凝土）（mm）</td><td>±10</td><td>/</td><td></td><td></td></tr>
<tr><td colspan="2">施工单位检查结果</td><td colspan="6">专业工长：　　　　项目专业质量检查员：　　　　年　　月　　日</td></tr>
<tr><td colspan="2">监理单位验收结论</td><td colspan="6">专业监理工程师：　　　　年　　月　　日</td></tr>
</table>

7.1.2.71 市政验·通-88 边坡开挖检验批质量验收记录

市政基础设施工程

边坡开挖检验批质量验收记录

市政验·通-88

第　　页，共　　页

<table>
<tr><td colspan="4">工程名称</td><td colspan="5"></td></tr>
<tr><td colspan="4">单位工程名称</td><td colspan="5"></td></tr>
<tr><td colspan="4">施工单位</td><td></td><td colspan="2">分包单位</td><td colspan="2"></td></tr>
<tr><td colspan="4">项目负责人</td><td></td><td colspan="2">项目技术负责人</td><td colspan="2"></td></tr>
<tr><td colspan="4">分部（子分部）工程名称</td><td></td><td colspan="2">分项工程名称</td><td colspan="2"></td></tr>
<tr><td colspan="4">验收部位/区段</td><td></td><td colspan="2">检验批容量</td><td colspan="2"></td></tr>
<tr><td colspan="4">施工及验收依据</td><td colspan="5">《建筑地基基础工程施工质量验收标准》GB 50202</td></tr>
<tr><td colspan="5">验收项目</td><td>设计要求或规范规定</td><td>最小/实际抽样数量</td><td>检查记录</td><td>检查结果</td></tr>
<tr><td rowspan="2">主控项目</td><td>1</td><td colspan="3">坡率</td><td>设计值</td><td>/</td><td></td><td></td></tr>
<tr><td>2</td><td colspan="3">坡底标高（mm）</td><td>±100</td><td>/</td><td></td><td></td></tr>
<tr><td rowspan="7">一般项目</td><td rowspan="2">1</td><td rowspan="7">允许偏差</td><td rowspan="2">坡面平整度（mm）</td><td>土坡</td><td>±100</td><td>/</td><td></td><td></td></tr>
<tr><td>岩坡</td><td>软岩±200
硬岩±350</td><td>/</td><td></td><td></td></tr>
<tr><td rowspan="2">2</td><td rowspan="2">平台宽度（mm）</td><td>土坡</td><td>+200
0</td><td>/</td><td></td><td></td></tr>
<tr><td>岩坡</td><td>软岩+300
硬岩+500</td><td>/</td><td></td><td></td></tr>
<tr><td rowspan="3">3</td><td rowspan="3">坡脚线偏位（mm）</td><td>土坡</td><td>+500
−100</td><td>/</td><td></td><td></td></tr>
<tr><td rowspan="2">岩坡</td><td>软岩+500
−200</td><td>/</td><td></td><td></td></tr>
<tr><td>硬岩+800
−250</td><td>/</td><td></td><td></td></tr>
<tr><td colspan="2">施工单位检查结果</td><td colspan="7">专业工长：　　　　项目专业质量检查员：　　　　年　月　日</td></tr>
<tr><td colspan="2">监理单位验收结论</td><td colspan="7">专业监理工程师：　　　　年　月　日</td></tr>
</table>

7.1.2.72 市政验·通-89 防水混凝土检验批质量验收记录

市政基础设施工程

防水混凝土检验批质量验收记录

市政验·通-89

第　　页，共　　页

工程名称			
单位工程名称			
施工单位		分包单位	
项目负责人		项目技术负责人	
分部（子分部）工程名称		分项工程名称	
验收部位/区段		检验批容量	
施工及验收依据	《地下防水工程质量验收规范》GB 50208		

验收项目				设计要求或规范规定	最小/实际抽样数量	检查记录	检查结果
主控项目	1	防水混凝土的原材料、配合比及坍落度必须符合设计要求		第4.1.14条	/		
	2	防水混凝土的抗压强度和抗渗性能必须符合设计要求		第4.1.15条	/		
	3	防水混凝土结构的变形缝、施工缝、后浇带、穿墙管、埋设件等设置和构造必须符合设计要求		第4.1.16条	/		
一般项目	1	防水混凝土结构表面应坚实、平整，不得有露筋、蜂窝等缺陷；埋设件位置应准确		第4.1.17条	/		
	2	允许偏差	结构表面的裂缝宽度（mm）	不应大于0.2，且不得贯通。	/		
	3		厚度（mm）	+8、−5，且不应小于250	/		
	4		主体结构迎水面钢筋保护层厚度（mm）	±5。且不应小于250	/		

施工单位检查结果	专业工长：　　　　项目专业质量检查员：　　　　年　月　日
监理单位验收结论	专业监理工程师：　　　　年　月　日

7.1.2.73　市政验·通-90　水泥砂浆防水层检验批质量验收记录

市政基础设施工程

水泥砂浆防水层检验批质量验收记录

市政验·通-90

第　　页，共　　页

<table>
<tr><td colspan="3">工程名称</td><td colspan="5"></td></tr>
<tr><td colspan="3">单位工程名称</td><td colspan="5"></td></tr>
<tr><td colspan="3">施工单位</td><td colspan="2"></td><td colspan="2">分包单位</td><td></td></tr>
<tr><td colspan="3">项目负责人</td><td colspan="2"></td><td colspan="2">项目技术负责人</td><td></td></tr>
<tr><td colspan="3">分部（子分部）工程名称</td><td colspan="2"></td><td colspan="2">分项工程名称</td><td></td></tr>
<tr><td colspan="3">验收部位/区段</td><td colspan="2"></td><td colspan="2">检验批容量</td><td></td></tr>
<tr><td colspan="3">施工及验收依据</td><td colspan="5">《地下防水工程质量验收规范》GB 50208</td></tr>
<tr><td colspan="4">验收项目</td><td>设计要求或规范规定</td><td>最小/实际抽样数量</td><td>检查记录</td><td>检查结果</td></tr>
<tr><td rowspan="3">主控项目</td><td>1</td><td colspan="2">防水砂浆的原材料及配合比必须符合设计规定</td><td>第 4.2.7 条</td><td>/</td><td></td><td></td></tr>
<tr><td>2</td><td colspan="2">防水砂浆的黏结强度和抗渗性能必须符合设计规定</td><td>第 4.2.8 条</td><td>/</td><td></td><td></td></tr>
<tr><td>3</td><td colspan="2">水泥砂浆防水层与基层之间应结合牢固，无空鼓现象</td><td>第 4.2.9 条</td><td>/</td><td></td><td></td></tr>
<tr><td rowspan="4">一般项目</td><td>1</td><td colspan="2">水泥砂浆防水层表面应密实、平整，不得有裂纹、起砂、麻面等缺陷</td><td>第 4.2.10 条</td><td>/</td><td></td><td></td></tr>
<tr><td>2</td><td colspan="2">水泥砂浆防水层施工缝留槎位置应正确，接槎应按层次顺序操作，层层搭接紧密</td><td>第 4.2.11 条</td><td>/</td><td></td><td></td></tr>
<tr><td>3</td><td colspan="2">水泥砂浆防水层的平均厚度应符合设计要求，最小厚度不得小于设计值的 85%</td><td>第 4.2.12 条</td><td>/</td><td></td><td></td></tr>
<tr><td>4</td><td>允许偏差</td><td>水泥砂浆防水层表面平整度（mm）</td><td>5</td><td>/</td><td></td><td></td></tr>
<tr><td colspan="2">施工单位检查结果</td><td colspan="6">专业工长：　　　　项目专业质量检查员：　　　　年　月　日</td></tr>
<tr><td colspan="2">监理单位验收结论</td><td colspan="6">专业监理工程师：　　　　年　月　日</td></tr>
</table>

7.1.2.74 市政验·通-91 卷材防水层检验批质量验收记录

市政基础设施工程

卷材防水层检验批质量验收记录

市政验·通-91

第　　页，共　　页

工程名称			
单位工程名称			
施工单位		分包单位	
项目负责人		项目技术负责人	
分部（子分部）工程名称		分项工程名称	
验收部位/区段		检验批容量	
施工及验收依据	《地下防水工程质量验收规范》GB 50208		

验收项目				设计要求或规范规定	最小/实际抽样数量	检查记录	检查结果
主控项目	1	卷材防水层所用卷材及其配套材料必须符合设计要求		第4.3.15条	/		
	2	卷材防水层在转角处、变形缝、施工缝、穿墙管等部位做法必须符合设计要求		第4.3.16条	/		
一般项目	1	卷材防水层的搭接缝应粘贴或焊接牢固，密封严密，不得有扭曲、皱折、翘边和起泡等缺陷		第4.3.17条			
	2	外防外贴法铺贴，立面卷材接槎的搭接宽度，且上层卷材应盖过下层卷材	高聚物改性沥青类卷材（mm）	150	/		
			合成高分子类卷材（mm）	100			
	3	侧墙卷材防水层的保护层与防水层应结合紧密、保护层厚度应符合设计要求		第4.3.19条	/		
	4	允许偏差	卷材搭接宽度（mm）	−10	/		

施工单位检查结果	专业工长：　　项目专业质量检查员：　　年　月　日
监理单位验收结论	专业监理工程师：　　年　月　日

7.1.2.75 市政验·通-92 涂料防水层检验批质量验收记录

市政基础设施工程

涂料防水层检验批质量验收记录

市政验·通-92

第 页，共 页

<table>
<tr><td colspan="3">工程名称</td><td colspan="4"></td></tr>
<tr><td colspan="3">单位工程名称</td><td colspan="4"></td></tr>
<tr><td colspan="3">施工单位</td><td></td><td colspan="2">分包单位</td><td></td></tr>
<tr><td colspan="3">项目负责人</td><td></td><td colspan="2">项目技术负责人</td><td></td></tr>
<tr><td colspan="3">分部（子分部）工程名称</td><td></td><td colspan="2">分项工程名称</td><td></td></tr>
<tr><td colspan="3">验收部位/区段</td><td></td><td colspan="2">检验批容量</td><td></td></tr>
<tr><td colspan="3">施工及验收依据</td><td colspan="4">《地下防水工程质量验收规范》GB 50208</td></tr>
<tr><td colspan="3">验收项目</td><td>设计要求或规范规定</td><td>最小/实际抽样数量</td><td>检查记录</td><td>检查结果</td></tr>
<tr><td rowspan="3">主控项目</td><td>1</td><td>涂料防水层所用的材料及配合比必须符合设计要求</td><td>第 4.4.7 条</td><td>/</td><td></td><td></td></tr>
<tr><td>2</td><td>涂料防水层的平均厚度应符合设计要求，最小厚度不得低于设计厚度的 90%</td><td>第 4.4.8 条</td><td>/</td><td></td><td></td></tr>
<tr><td>3</td><td>涂料防水层在转角处、变形缝、施工缝、穿墙管等部位做法必须符合设计要求</td><td>第 4.4.9 条</td><td>/</td><td></td><td></td></tr>
<tr><td rowspan="3">一般项目</td><td>1</td><td>涂料防水层应与基层黏结牢固、涂刷均匀，不得流淌、鼓泡、露槎</td><td>第 4.4.10 条</td><td>/</td><td></td><td></td></tr>
<tr><td>2</td><td>涂层间夹铺胎体增强材料时，应使防水涂料浸透胎体覆盖完全，不得有胎体外露现象</td><td>第 4.4.11 条</td><td>/</td><td></td><td></td></tr>
<tr><td>3</td><td>侧墙涂料防水层的保护层与防水层应结合紧密，保护层厚度应符合设计要求</td><td>第 4.4.12 条</td><td>/</td><td></td><td></td></tr>
<tr><td colspan="2">施工单位检查结果</td><td colspan="5">专业工长： 项目专业质量检查员： 年 月 日</td></tr>
<tr><td colspan="2">监理单位验收结论</td><td colspan="5">专业监理工程师： 年 月 日</td></tr>
</table>

7.1.2.76 市政验·通-93 塑料板防水层检验批质量验收记录

市政基础设施工程

塑料板防水层检验批质量验收记录

市政验·通-93

第　　页，共　　页

<table>
<tr><td colspan="3">工程名称</td><td colspan="5"></td></tr>
<tr><td colspan="3">单位工程名称</td><td colspan="5"></td></tr>
<tr><td colspan="3">施工单位</td><td></td><td colspan="2">分包单位</td><td colspan="2"></td></tr>
<tr><td colspan="3">项目负责人</td><td></td><td colspan="2">项目技术负责人</td><td colspan="2"></td></tr>
<tr><td colspan="3">分部（子分部）工程名称</td><td></td><td colspan="2">分项工程名称</td><td colspan="2"></td></tr>
<tr><td colspan="3">验收部位/区段</td><td></td><td colspan="2">检验批容量</td><td colspan="2"></td></tr>
<tr><td colspan="3">施工及验收依据</td><td colspan="5">《地下防水工程质量验收规范》GB 50208</td></tr>
<tr><td colspan="4">验收项目</td><td>设计要求或规范规定</td><td>最小/实际抽样数量</td><td>检查记录</td><td>检查结果</td></tr>
<tr><td rowspan="2">主控项目</td><td>1</td><td colspan="2">塑料防水板及其配套材料必须符合设计要求</td><td>第4.5.8条</td><td>/</td><td></td><td></td></tr>
<tr><td>2</td><td colspan="2">塑料防水板的搭接缝必须采用双缝热熔焊接，每条焊缝的有效宽度不应小于10mm</td><td>第4.5.9条</td><td>/</td><td></td><td></td></tr>
<tr><td rowspan="4">一般项目</td><td>1</td><td colspan="2">塑料防水板应采用无钉孔铺设，其固定点的间距应符合本规范第4.5.6条的规定</td><td>第4.5.10条</td><td>/</td><td></td><td></td></tr>
<tr><td>2</td><td colspan="2">塑料防水板与暗钉圈应焊接牢靠，不得漏焊、假焊和焊穿</td><td>第4.5.11条</td><td>/</td><td></td><td></td></tr>
<tr><td>3</td><td colspan="2">塑料防水板的铺设应平顺，不得有下垂、绷紧和破损现象</td><td>第4.5.12条</td><td>/</td><td></td><td></td></tr>
<tr><td>4</td><td>允许偏差</td><td>塑料防水板搭接宽度（mm）</td><td>－10</td><td>/</td><td></td><td></td></tr>
<tr><td colspan="2">施工单位检查结果</td><td colspan="6">专业工长：　　　　项目专业质量检查员：　　　　年　月　日</td></tr>
<tr><td colspan="2">监理单位验收结论</td><td colspan="6">专业监理工程师：　　　　年　月　日</td></tr>
</table>

7.1.2.77 市政验·通-94 金属板防水层检验批质量验收记录

市政基础设施工程

金属板防水层检验批质量验收记录

市政验·通-94

第 页，共 页

工程名称			
单位工程名称			
施工单位		分包单位	
项目负责人		项目技术负责人	
分部（子分部）工程名称		分项工程名称	
验收部位/区段		检验批容量	
施工及验收依据	《地下防水工程质量验收规范》GB 50208		

验收项目			设计要求或规范规定	最小/实际抽样数量	检查记录	检查结果
主控项目	1	金属板和焊接材料必须符合设计要求	第 4.6.6 条	/		
	2	焊工应持有有效的执业资格证书	第 4.6.7 条	/		
一般项目	1	金属板表面不得有明显凹面和损伤	第 4.6.8 条	/		
	2	焊缝不得有裂纹、未熔合、夹渣、焊瘤、咬边、烧穿、弧坑、针状气孔等缺陷	第 4.6.9 条	/		
	3	焊缝的焊波应均匀，焊渣和飞溅物应清除干净；保护涂层不得有漏涂、脱皮和反锈现象	第 4.6.10 条	/		
施工单位检查结果	专业工长： 项目专业质量检查员： 年 月 日					
监理单位验收结论	专业监理工程师： 年 月 日					

7.1.2.78 市政验·通-95 膨润土防水材料防水层检验批质量验收记录

市政基础设施工程

膨润土防水材料防水层检验批质量验收记录

市政验·通-95

第 页，共 页

<table>
<tr><td colspan="3">工程名称</td><td colspan="5"></td></tr>
<tr><td colspan="3">单位工程名称</td><td colspan="5"></td></tr>
<tr><td colspan="3">施工单位</td><td colspan="2"></td><td colspan="2">分包单位</td><td></td></tr>
<tr><td colspan="3">项目负责人</td><td colspan="2"></td><td colspan="2">项目技术负责人</td><td></td></tr>
<tr><td colspan="3">分部（子分部）工程名称</td><td colspan="2"></td><td colspan="2">分项工程名称</td><td></td></tr>
<tr><td colspan="3">验收部位/区段</td><td colspan="2"></td><td colspan="2">检验批容量</td><td></td></tr>
<tr><td colspan="3">施工及验收依据</td><td colspan="5">《地下防水工程质量验收规范》GB 50208</td></tr>
<tr><td colspan="4">验收项目</td><td>设计要求或规范规定</td><td>最小/实际抽样数量</td><td>检查记录</td><td>检查结果</td></tr>
<tr><td rowspan="2">主控项目</td><td>1</td><td colspan="2">膨润土防水材料必须符合设计要求</td><td>第4.7.11条</td><td>/</td><td></td><td></td></tr>
<tr><td>2</td><td colspan="2">膨润土防水材料防水层在转角处和变形缝、施工缝、后浇带、穿墙管等部位做法必须符合设计要求</td><td>第4.7.12条</td><td>/</td><td></td><td></td></tr>
<tr><td rowspan="4">一般项目</td><td>1</td><td colspan="2">膨润土防水毯的织布面或防水板的膨润土面，应朝向工程主体结构的迎水面</td><td>第4.7.13条</td><td>/</td><td></td><td></td></tr>
<tr><td>2</td><td colspan="2">立面或斜面铺设的膨润土防水材料应上层压住下层，防水层与基层、防水层与防水层之间应密贴，并应平整无折皱</td><td>第4.7.14条</td><td>/</td><td></td><td></td></tr>
<tr><td>3</td><td colspan="2">膨润土防水材料的搭接和收口部位应符合本规范第4.7.5条、第4.7.6条、第4.7.7条的规定</td><td>第4.7.15条</td><td>/</td><td></td><td></td></tr>
<tr><td>4</td><td>允许偏差</td><td>膨润土防水材料搭接宽度（mm）</td><td>－10</td><td>/</td><td></td><td></td></tr>
<tr><td colspan="2">施工单位检查结果</td><td colspan="6">专业工长： 项目专业质量检查员： 年 月 日</td></tr>
<tr><td colspan="2">监理单位验收结论</td><td colspan="6">专业监理工程师： 年 月 日</td></tr>
</table>

7.1.2.79　市政验·通-96　施工缝检验批质量验收记录

市政基础设施工程

施工缝检验批质量验收记录

市政验·通-96

第　　页，共　　页

工程名称						
单位工程名称						
施工单位			分包单位			
项目负责人			项目技术负责人			
分部（子分部）工程名称			分项工程名称			
验收部位/区段			检验批容量			
施工及验收依据	《地下防水工程质量验收规范》GB 50208					
验收项目			设计要求或规范规定	最小/实际抽样数量	检查记录	检查结果
主控项目	1	施工缝用止水带、遇水膨胀止水条或止水胶、水泥基渗透结晶型防水涂料和预埋注浆管必须符合设计要求	第5.1.1条	/		
	2	施工缝防水构造必须符合设计要求	第5.1.2条	/		
一般项目	1	墙体水平施工缝检查	第5.1.3条	/		
	2	在施工缝处继续浇筑混凝土时，已浇筑的混凝土抗压强度不应小于1.2MPa	第5.1.4条	/		
	3	水平施工缝浇筑混凝土前检查	第5.1.5条	/		
	4	垂直施工缝浇筑混凝土前检查	第5.1.6条	/		
	5	中埋式止水带及外贴式止水带埋设位置应准确，固定应牢靠	第5.1.7条	/		
	6	遇水膨胀止水带检查	第5.1.8条	/		
	7	遇水膨胀止水胶检查	第5.1.9条	/		
	8	预埋式注浆管检查	第5.1.10条	/		
施工单位检查结果	专业工长：　　　项目专业质量检查员：　　　年　月　日					
监理单位验收结论	专业监理工程师：　　　年　月　日					

7.1.2.80　市政验·通-97　变形缝检验批质量验收记录

市政基础设施工程

变形缝检验批质量验收记录

市政验·通-97

第　　页，共　　页

<table>
<tr><td colspan="3">工程名称</td><td colspan="4"></td></tr>
<tr><td colspan="3">单位工程名称</td><td colspan="4"></td></tr>
<tr><td colspan="3">施工单位</td><td></td><td colspan="2">分包单位</td><td></td></tr>
<tr><td colspan="3">项目负责人</td><td></td><td colspan="2">项目技术负责人</td><td></td></tr>
<tr><td colspan="3">分部（子分部）工程名称</td><td></td><td colspan="2">分项工程名称</td><td></td></tr>
<tr><td colspan="3">验收部位/区段</td><td></td><td colspan="2">检验批容量</td><td></td></tr>
<tr><td colspan="3">施工及验收依据</td><td colspan="4">《地下防水工程质量验收规范》GB 50208</td></tr>
<tr><td colspan="3">验收项目</td><td>设计要求或规范规定</td><td>最小/实际抽样数量</td><td>检查记录</td><td>检查结果</td></tr>
<tr><td rowspan="3">主控项目</td><td>1</td><td>变形缝用止水带、填缝材料和密封材料必须符合设计要求</td><td>第5.2.1条</td><td>/</td><td></td><td></td></tr>
<tr><td>2</td><td>变形缝防水构造必须符合设计要求</td><td>第5.2.2条</td><td>/</td><td></td><td></td></tr>
<tr><td>3</td><td>中埋式止水带埋设位置应准确，其中间空心圆环与变形缝的中心线应重合</td><td>第5.2.3条</td><td>/</td><td></td><td></td></tr>
<tr><td rowspan="6">一般项目</td><td>1</td><td>中埋式止水带的接缝检查</td><td>第5.2.4条</td><td>/</td><td></td><td></td></tr>
<tr><td>2</td><td>中埋式止水带在转角处应做成圆弧形；顶板、底板内止水带应安装成盆状，并宜采用专用钢筋套或扁钢固定</td><td>第5.2.5条</td><td>/</td><td></td><td></td></tr>
<tr><td>3</td><td>外贴式止水带检查</td><td>第5.2.6条</td><td>/</td><td></td><td></td></tr>
<tr><td>4</td><td>安设于结构内侧的可卸式止水带所需配件应一次配齐，转角处应做成45°坡角，并增加紧固件的数量</td><td>第5.2.7条</td><td>/</td><td></td><td></td></tr>
<tr><td>5</td><td>嵌填密封材料的缝内两侧基面应平整、洁净、干燥，并应涂刷基层处理剂；嵌缝底部应设置背衬材料；密封材料嵌填应严密、连续、饱满，黏结牢固</td><td>第5.2.8条</td><td>/</td><td></td><td></td></tr>
<tr><td>6</td><td>变形缝处表面粘贴卷材加涂刷涂料前，应在缝上设置隔离层和加强层</td><td>第5.2.9条</td><td>/</td><td></td><td></td></tr>
<tr><td colspan="2">施工单位检查结果</td><td colspan="5">专业工长：　　　　项目专业质量检查员：　　　　年　　月　　日</td></tr>
<tr><td colspan="2">监理单位验收结论</td><td colspan="5">专业监理工程师：　　　　年　　月　　日</td></tr>
</table>

7.1.2.81 市政验·通-98 后浇带检验批质量验收记录

市政基础设施工程

后浇带检验批质量验收记录

市政验·通-98

第　　页，共　　页

<table>
<tr><td colspan="3">工程名称</td><td colspan="5"></td></tr>
<tr><td colspan="3">单位工程名称</td><td colspan="5"></td></tr>
<tr><td colspan="3">施工单位</td><td colspan="2"></td><td colspan="2">分包单位</td><td></td></tr>
<tr><td colspan="3">项目负责人</td><td colspan="2"></td><td colspan="2">项目技术负责人</td><td></td></tr>
<tr><td colspan="3">分部（子分部）工程名称</td><td colspan="2"></td><td colspan="2">分项工程名称</td><td></td></tr>
<tr><td colspan="3">验收部位/区段</td><td colspan="2"></td><td colspan="2">检验批容量</td><td></td></tr>
<tr><td colspan="3">施工及验收依据</td><td colspan="5">《地下防水工程质量验收规范》GB 50208</td></tr>
<tr><td colspan="3">验收项目</td><td>设计要求或规范规定</td><td>最小/实际抽样数量</td><td>检查记录</td><td colspan="2">检查结果</td></tr>
<tr><td rowspan="4">主控项目</td><td>1</td><td>后浇带用遇水膨胀止水条或止水胶、预埋注浆管、外贴式止水带必须符合设计要求</td><td>第 5.3.1 条</td><td>/</td><td></td><td colspan="2"></td></tr>
<tr><td>2</td><td>补偿收缩混凝土的原材料及配合比必须符合设计要求</td><td>第 5.3.2 条</td><td>/</td><td></td><td colspan="2"></td></tr>
<tr><td>3</td><td>后浇带防水构造必须符合设计要求</td><td>第 5.3.3 条</td><td>/</td><td></td><td colspan="2"></td></tr>
<tr><td>4</td><td>采用掺膨胀剂的补偿收缩混凝土，其抗压强度、抗渗性能和限制膨胀率必须符合设计要求</td><td>第 5.3.4 条</td><td>/</td><td></td><td colspan="2"></td></tr>
<tr><td rowspan="4">一般项目</td><td>1</td><td>补偿收缩混凝土浇筑前，后浇带部位和外贴式止水带应采取保护措施</td><td>第 5.3.5 条</td><td>/</td><td></td><td colspan="2"></td></tr>
<tr><td>2</td><td>后浇带两侧的接缝表面应先清理干净，再涂刷混凝土界面处理剂或水泥基渗透结晶型防水涂料；后浇混凝土的浇筑时间应符合设计要求</td><td>第 5.3.6 条</td><td>/</td><td></td><td colspan="2"></td></tr>
<tr><td>3</td><td>遇水膨胀止水条、遇水膨胀止水胶、预埋注浆管、外贴式止水带的施工应符合规范规定</td><td>第 5.3.7 条</td><td>/</td><td></td><td colspan="2"></td></tr>
<tr><td>4</td><td>后浇带混凝土应一次浇筑，不得留施工缝；混凝土浇筑后应及时养护，养护时间不得少于 28D</td><td>第 5.3.8 条</td><td>/</td><td></td><td colspan="2"></td></tr>
<tr><td colspan="2">施工单位检查结果</td><td colspan="6">专业工长：　　　　　　项目专业质量检查员：　　　　　　年　　月　　日</td></tr>
<tr><td colspan="2">监理单位验收结论</td><td colspan="6">专业监理工程师：　　　　　　　　　　　　　　　　　　年　　月　　日</td></tr>
</table>

7.1.2.82 市政验·通-99 穿墙管检验批质量验收记录

市政基础设施工程

穿墙管检验批质量验收记录

市政验·通-99

第 页，共 页

<table>
<tr><td colspan="3">工程名称</td><td colspan="5"></td></tr>
<tr><td colspan="3">单位工程名称</td><td colspan="5"></td></tr>
<tr><td colspan="3">施工单位</td><td></td><td colspan="2">分包单位</td><td colspan="2"></td></tr>
<tr><td colspan="3">项目负责人</td><td></td><td colspan="2">项目技术负责人</td><td colspan="2"></td></tr>
<tr><td colspan="3">分部（子分部）工程名称</td><td></td><td colspan="2">分项工程名称</td><td colspan="2"></td></tr>
<tr><td colspan="3">验收部位/区段</td><td></td><td colspan="2">检验批容量</td><td colspan="2"></td></tr>
<tr><td colspan="3">施工及验收依据</td><td colspan="5">《地下防水工程质量验收规范》GB 50208</td></tr>
<tr><td colspan="3">验收项目</td><td>设计要求或规范规定</td><td>最小/实际抽样数量</td><td>检查记录</td><td colspan="2">检查结果</td></tr>
<tr><td rowspan="2">主控项目</td><td>1</td><td>穿墙管用遇水膨胀止水条和密封材料必须符合设计要求</td><td>第 5.4.1 条</td><td>/</td><td></td><td colspan="2"></td></tr>
<tr><td>2</td><td>穿墙管防水构造必须符合设计要求</td><td>第 5.4.2 条</td><td>/</td><td></td><td colspan="2"></td></tr>
<tr><td rowspan="5">一般项目</td><td>1</td><td>固定式穿墙管应加焊止水环或环绕遇水膨胀止水圈，并作好防腐处理；穿墙管应在主体结构迎水面预留凹槽，槽内应用密封材料嵌填密实</td><td>第 5.4.3 条</td><td>/</td><td></td><td colspan="2"></td></tr>
<tr><td>2</td><td>套管式穿墙管的套管与止水环及翼环应连续满焊，并作好防腐处理；套管内表面应清理干净，穿墙管与套管之间应用密封材料和橡胶密封圈进行密封处理，并采用法兰盘及螺栓进行固定</td><td>第 5.4.4 条</td><td>/</td><td></td><td colspan="2"></td></tr>
<tr><td>3</td><td>穿墙盒的封口钢板与混凝土结构墙上预埋的角钢应焊平，并从钢板上的预留浇筑孔注入改性沥青密封材料或细石混凝土，封填后将浇筑孔口用钢板焊接封闭</td><td>第 5.4.5 条</td><td>/</td><td></td><td colspan="2"></td></tr>
<tr><td>4</td><td>当主体结构迎水面有柔性防水层时，防水层与穿墙管连接处应增设加强层</td><td>第 5.4.6 条</td><td>/</td><td></td><td colspan="2"></td></tr>
<tr><td>5</td><td>密封材料嵌填应密实、连续、饱满，黏结牢固</td><td>第 5.4.7 条</td><td>/</td><td></td><td colspan="2"></td></tr>
<tr><td colspan="2">施工单位检查结果</td><td colspan="6">专业工长： 项目专业质量检查员： 年 月 日</td></tr>
<tr><td colspan="2">监理单位验收结论</td><td colspan="6">专业监理工程师： 年 月 日</td></tr>
</table>

7.1.2.83 市政验·通-100 埋设件检验批质量验收记录

市政基础设施工程

埋设件检验批质量验收记录

市政验·通-100

第　　页，共　　页

<table>
<tr><td colspan="3">工程名称</td><td colspan="5"></td></tr>
<tr><td colspan="3">单位工程名称</td><td colspan="5"></td></tr>
<tr><td colspan="3">施工单位</td><td colspan="2"></td><td colspan="2">分包单位</td><td></td></tr>
<tr><td colspan="3">项目负责人</td><td colspan="2"></td><td colspan="2">项目技术负责人</td><td></td></tr>
<tr><td colspan="3">分部（子分部）工程名称</td><td colspan="2"></td><td colspan="2">分项工程名称</td><td></td></tr>
<tr><td colspan="3">验收部位/区段</td><td colspan="2"></td><td colspan="2">检验批容量</td><td></td></tr>
<tr><td colspan="3">施工及验收依据</td><td colspan="5">《地下防水工程质量验收规范》GB 50208</td></tr>
<tr><td colspan="3">验收项目</td><td>设计要求或规范规定</td><td>最小/实际抽样数量</td><td colspan="2">检查记录</td><td>检查结果</td></tr>
<tr><td rowspan="2">主控项目</td><td>1</td><td>埋设件用密封材料必须符合设计要求</td><td>第 5.5.1 条</td><td>/</td><td colspan="2"></td><td></td></tr>
<tr><td>2</td><td>埋设件防水构造必须符合设计要求</td><td>第 5.5.2 条</td><td>/</td><td colspan="2"></td><td></td></tr>
<tr><td rowspan="6">一般项目</td><td>1</td><td>埋设件应位置准确，固定牢靠；埋设件应进行防腐处理</td><td>第 5.5.3 条</td><td>/</td><td colspan="2"></td><td></td></tr>
<tr><td>2</td><td>埋设件端部或预留孔、槽底部的混凝土厚度不得少于 250mm；当混凝土厚度小于 250mm 时，应局部加厚或采取其他防水措施</td><td>第 5.5.4 条</td><td>/</td><td colspan="2"></td><td></td></tr>
<tr><td>3</td><td>结构迎水面的埋设件周围应预留凹槽，凹槽内应用密封材料嵌填密实</td><td>第 5.5.5 条</td><td>/</td><td colspan="2"></td><td></td></tr>
<tr><td>4</td><td>用于固定模板的螺栓必须穿过混凝土结构时，可采用工具式螺栓或螺栓加堵头，螺栓上应加焊止水环。拆模后留下的凹槽应用密封材料封堵密实，并用聚合物水泥砂浆抹平</td><td>第 5.5.6 条</td><td>/</td><td colspan="2"></td><td></td></tr>
<tr><td>5</td><td>预留孔、槽内的防水层应与主体防水层保持连续</td><td>第 5.5.7 条</td><td>/</td><td colspan="2"></td><td></td></tr>
<tr><td>6</td><td>密封材料嵌填应密实、连续、饱满，黏结牢固</td><td>第 5.5.8 条</td><td>/</td><td colspan="2"></td><td></td></tr>
<tr><td colspan="2">施工单位检查结果</td><td colspan="6">专业工长：　　　　项目专业质量检查员：　　　　年　月　日</td></tr>
<tr><td colspan="2">监理单位验收结论</td><td colspan="6">专业监理工程师：　　　　年　月　日</td></tr>
</table>

7.1.2.84 市政验·通-101 预留通道接头检验批质量验收记录

市政基础设施工程

预留通道接头检验批质量验收记录

市政验·通-101

第　　页，共　　页

<table>
<tr><td colspan="3">工程名称</td><td colspan="5"></td></tr>
<tr><td colspan="3">单位工程名称</td><td colspan="5"></td></tr>
<tr><td colspan="3">施工单位</td><td></td><td colspan="2">分包单位</td><td colspan="2"></td></tr>
<tr><td colspan="3">项目负责人</td><td></td><td colspan="2">项目技术负责人</td><td colspan="2"></td></tr>
<tr><td colspan="3">分部（子分部）工程名称</td><td></td><td colspan="2">分项工程名称</td><td colspan="2"></td></tr>
<tr><td colspan="3">验收部位/区段</td><td></td><td colspan="2">检验批容量</td><td colspan="2"></td></tr>
<tr><td colspan="3">施工及验收依据</td><td colspan="5">《地下防水工程质量验收规范》GB 50208</td></tr>
<tr><td colspan="3">验收项目</td><td>设计要求或规范规定</td><td>最小/实际抽样数量</td><td>检查记录</td><td colspan="2">检查结果</td></tr>
<tr><td rowspan="3">主控项目</td><td>1</td><td>预留通道接头用中埋式止水带、遇水膨胀止水条或止水胶、预埋注浆管、密封材料和可卸式止水带必须符合设计要求</td><td>第5.6.1条</td><td>/</td><td></td><td colspan="2"></td></tr>
<tr><td>2</td><td>预留通道接头防水构造必须符合设计要求</td><td>第5.6.2条</td><td>/</td><td></td><td colspan="2"></td></tr>
<tr><td>3</td><td>中埋式止水带埋设位置应准确，其中间空心圆环与变形缝的中心线应重合</td><td>第5.6.3条</td><td>/</td><td></td><td colspan="2"></td></tr>
<tr><td rowspan="5">一般项目</td><td>1</td><td>预留通道先浇筑混凝土结构、中埋式止水带和预埋件应及时保护，预埋件应进行防锈处理</td><td>第5.6.4条</td><td>/</td><td></td><td colspan="2"></td></tr>
<tr><td>2</td><td>遇水膨胀止水条、遇水膨胀止水胶、预埋注浆管的施工应符合规范规定</td><td>第5.6.5条</td><td>/</td><td></td><td colspan="2"></td></tr>
<tr><td>3</td><td>密封材料嵌填应密实、连续、饱满，黏结牢固</td><td>第5.6.6条</td><td>/</td><td></td><td colspan="2"></td></tr>
<tr><td>4</td><td>用膨胀螺栓固定可卸式止水带时，止水带与紧固件压块以及止水带与基面之间应结合紧密。采用金属膨胀螺栓时，应选用不锈钢材料或进行防腐剂锈处理</td><td>第5.6.7条</td><td>/</td><td></td><td colspan="2"></td></tr>
<tr><td>5</td><td>预留通道接头外部应设保护墙</td><td>第5.6.8条</td><td>/</td><td></td><td colspan="2"></td></tr>
<tr><td colspan="2">施工单位检查结果</td><td colspan="6">专业工长：　　　　项目专业质量检查员：　　　　年　　月　　日</td></tr>
<tr><td colspan="2">监理单位验收结论</td><td colspan="6">专业监理工程师：　　　　年　　月　　日</td></tr>
</table>

7.1.2.85 市政验·通-102 桩头检验批质量验收记录

市政基础设施工程

桩头检验批质量验收记录

市政验·通-102

第　　页，共　　页

<table>
<tr><td colspan="3">工程名称</td><td colspan="5"></td></tr>
<tr><td colspan="3">单位工程名称</td><td colspan="5"></td></tr>
<tr><td colspan="3">施工单位</td><td></td><td colspan="2">分包单位</td><td colspan="2"></td></tr>
<tr><td colspan="3">项目负责人</td><td></td><td colspan="2">项目技术负责人</td><td colspan="2"></td></tr>
<tr><td colspan="3">分部（子分部）工程名称</td><td></td><td colspan="2">分项工程名称</td><td colspan="2"></td></tr>
<tr><td colspan="3">验收部位/区段</td><td></td><td colspan="2">检验批容量</td><td colspan="2"></td></tr>
<tr><td colspan="3">施工及验收依据</td><td colspan="5">《地下防水工程质量验收规范》GB 50208</td></tr>
<tr><td colspan="3">验收项目</td><td>设计要求或规范规定</td><td>最小/实际抽样数量</td><td colspan="2">检查记录</td><td>检查结果</td></tr>
<tr><td rowspan="3">主控项目</td><td>1</td><td>桩头用聚合物水泥防水砂浆、水泥基渗透结晶型防水涂料、遇水膨胀止水条或止水胶和密封材料必须符合设计要求</td><td>第 5.7.1 条</td><td>/</td><td colspan="2"></td><td></td></tr>
<tr><td>2</td><td>桩头防水构造必须符合设计要求</td><td>第 5.7.2 条</td><td>/</td><td colspan="2"></td><td></td></tr>
<tr><td>3</td><td>桩头混凝土应密实，如发现渗漏水应及时采取封堵措施</td><td>第 5.7.3 条</td><td>/</td><td colspan="2"></td><td></td></tr>
<tr><td rowspan="5">一般项目</td><td>1</td><td>桩头顶面和侧面裸露处应涂刷水泥基渗透结晶型防水涂料，并延伸至结构底板垫层 150mm 处；桩头周围 300mm 范围内应抹聚合物水泥防水砂浆过渡层</td><td>第 5.7.4 条</td><td>/</td><td colspan="2"></td><td></td></tr>
<tr><td>2</td><td>结构底板防水层应做在聚合物水泥防水砂浆过渡层上并延伸至桩头侧壁，其与桩头侧壁接缝处应采用密封材料嵌填</td><td>第 5.7.5 条</td><td>/</td><td colspan="2"></td><td></td></tr>
<tr><td>3</td><td>桩头的受力钢筋根部应采用遇水膨胀止水条或止水胶，并应采取保护措施</td><td>第 5.7.6 条</td><td>/</td><td colspan="2"></td><td></td></tr>
<tr><td>4</td><td>遇水膨胀止水条、遇水膨胀止水胶的施工应符合规范规定</td><td>第 5.7.7 条</td><td>/</td><td colspan="2"></td><td></td></tr>
<tr><td>5</td><td>密封材料嵌填应密实、连续、饱满，黏结牢固</td><td>第 5.7.8 条</td><td>/</td><td colspan="2"></td><td></td></tr>
<tr><td colspan="2">施工单位检查结果</td><td colspan="6">专业工长：　　　　项目专业质量检查员：　　　　年　月　日</td></tr>
<tr><td colspan="2">监理单位验收结论</td><td colspan="6">专业监理工程师：　　　　年　月　日</td></tr>
</table>

7.1.2.86 市政验·通-103 孔口检验批质量验收记录

市政基础设施工程

孔口检验批质量验收记录

市政验·通-103

第　　页，共　　页

<table>
<tr><td colspan="3">工程名称</td><td colspan="5"></td></tr>
<tr><td colspan="3">单位工程名称</td><td colspan="5"></td></tr>
<tr><td colspan="3">施工单位</td><td></td><td colspan="2">分包单位</td><td colspan="2"></td></tr>
<tr><td colspan="3">项目负责人</td><td></td><td colspan="2">项目技术负责人</td><td colspan="2"></td></tr>
<tr><td colspan="3">分部（子分部）工程名称</td><td></td><td colspan="2">分项工程名称</td><td colspan="2"></td></tr>
<tr><td colspan="3">验收部位/区段</td><td></td><td colspan="2">检验批容量</td><td colspan="2"></td></tr>
<tr><td colspan="3">施工及验收依据</td><td colspan="5">《地下防水工程质量验收规范》GB 50208</td></tr>
<tr><td colspan="3">验收项目</td><td>设计要求或规范规定</td><td>最小/实际抽样数量</td><td>检查记录</td><td colspan="2">检查结果</td></tr>
<tr><td rowspan="2">主控项目</td><td>1</td><td>孔口用防水卷材、防水涂料和密封材料必须符合设计要求</td><td>第5.8.1条</td><td>/</td><td></td><td colspan="2"></td></tr>
<tr><td>2</td><td>孔口防水构造必须符合设计要求</td><td>第5.8.2条</td><td>/</td><td></td><td colspan="2"></td></tr>
<tr><td rowspan="5">一般项目</td><td>1</td><td>人员出入口应高出地面不应小于500mm；汽车出入口设置明沟排水时，其高出地面宜为150mm，并应采取防雨措施</td><td>第5.8.3条</td><td>/</td><td></td><td colspan="2"></td></tr>
<tr><td>2</td><td>窗井的底部在最高地下水位以上时，窗井的墙体和底板应作防水处理，并宜与主体结构断开。窗井下部的墙体和底板应做防水处理</td><td>第5.8.4条</td><td>/</td><td></td><td colspan="2"></td></tr>
<tr><td>3</td><td>窗井或窗井的一部分地最高地下水位以下时，窗井应与主体结构连成整体，其防水层也应连成整体，并应在窗井内设置集水井。窗台下部的墙体和底板应做防水层</td><td>第5.8.5条</td><td>/</td><td></td><td colspan="2"></td></tr>
<tr><td>4</td><td>窗井内的底板应低于窗下缘300mm。窗井墙高出室外地面不得小于500mm；窗井外地面应做散水，散水与墙面间应采用密封材料嵌填</td><td>第5.8.6条</td><td>/</td><td></td><td colspan="2"></td></tr>
<tr><td>5</td><td>密封材料嵌填应密实、连续、饱满，黏结牢固</td><td>第5.8.7条</td><td>/</td><td></td><td colspan="2"></td></tr>
<tr><td>施工单位检查结果</td><td colspan="7">专业工长：　　　　项目专业质量检查员：　　　　年　月　日</td></tr>
<tr><td>监理单位验收结论</td><td colspan="7">专业监理工程师：　　　　年　月　日</td></tr>
</table>

7.1.2.87 市政验·通-104 坑、池检验批质量验收记录

市政基础设施工程

坑、池检验批质量验收记录

市政验·通-104

第　　页，共　　页

<table>
<tr><td colspan="3">工程名称</td><td colspan="5"></td></tr>
<tr><td colspan="3">单位工程名称</td><td colspan="5"></td></tr>
<tr><td colspan="3">施工单位</td><td></td><td colspan="2">分包单位</td><td colspan="2"></td></tr>
<tr><td colspan="3">项目负责人</td><td></td><td colspan="2">项目技术负责人</td><td colspan="2"></td></tr>
<tr><td colspan="3">分部（子分部）工程名称</td><td></td><td colspan="2">分项工程名称</td><td colspan="2"></td></tr>
<tr><td colspan="3">验收部位/区段</td><td></td><td colspan="2">检验批容量</td><td colspan="2"></td></tr>
<tr><td colspan="3">施工及验收依据</td><td colspan="5">《地下防水工程质量验收规范》GB 50208</td></tr>
<tr><td colspan="3">验收项目</td><td colspan="2">设计要求或规范规定</td><td>最小/实际抽样数量</td><td>检查记录</td><td>检查结果</td></tr>
<tr><td rowspan="3">主控项目</td><td>1</td><td>坑、池防水混凝土的原材料、配合比及坍落度必须符合设计要求</td><td colspan="2">第5.9.1条</td><td>/</td><td></td><td></td></tr>
<tr><td>2</td><td>坑、池防水构造必须符合设计要求</td><td colspan="2">第5.9.2条</td><td>/</td><td></td><td></td></tr>
<tr><td>3</td><td>坑、池、储水库内部防水层完成后，应进行蓄水试验</td><td colspan="2">第5.9.3条</td><td>/</td><td></td><td></td></tr>
<tr><td rowspan="3">一般项目</td><td>1</td><td>坑、池、储水库宜采用防水混凝土整体浇筑，混凝土表面应坚实、平整，不得有露筋、蜂窝和裂缝等缺陷</td><td colspan="2">第5.9.4条</td><td>/</td><td></td><td></td></tr>
<tr><td>2</td><td>坑、池底板的混凝土厚度不应少于250mm；当底板的厚度小于250mm时，应采取局部加厚措施，并应使防水层保持连续</td><td colspan="2">第5.9.5条</td><td>/</td><td></td><td></td></tr>
<tr><td>3</td><td>坑、池施工完后，应及时遮盖和防止杂物堵塞</td><td colspan="2">第5.9.6条</td><td>/</td><td></td><td></td></tr>
<tr><td colspan="2">施工单位检查结果</td><td colspan="6">专业工长：　　　　项目专业质量检查员：　　　　年　　月　　日</td></tr>
<tr><td colspan="2">监理单位验收结论</td><td colspan="6">专业监理工程师：　　　　年　　月　　日</td></tr>
</table>

7.1.2.88 市政验·通-105 喷锚支护（结构防水）检验批质量验收记录

市政基础设施工程

喷锚支护（结构防水）检验批质量验收记录

市政验·通-105

第　　页，共　　页

<table>
<tr><td colspan="3">工程名称</td><td colspan="5"></td></tr>
<tr><td colspan="3">单位工程名称</td><td colspan="5"></td></tr>
<tr><td colspan="3">施工单位</td><td></td><td colspan="2">分包单位</td><td colspan="2"></td></tr>
<tr><td colspan="3">项目负责人</td><td></td><td colspan="2">项目技术负责人</td><td colspan="2"></td></tr>
<tr><td colspan="3">分部（子分部）工程名称</td><td></td><td colspan="2">分项工程名称</td><td colspan="2"></td></tr>
<tr><td colspan="3">验收部位/区段</td><td></td><td colspan="2">检验批容量</td><td colspan="2"></td></tr>
<tr><td colspan="3">施工及验收依据</td><td colspan="5">《地下防水工程质量验收规范》GB 50208</td></tr>
<tr><td colspan="3">验收项目</td><td colspan="2">设计要求或规范规定</td><td>最小/实际抽样数量</td><td>检查记录</td><td>检查结果</td></tr>
<tr><td rowspan="3">主控项目</td><td>1</td><td>喷射混凝土所用原材料、混合料配合比以及钢筋网、锚杆、钢拱架等必须符合设计要求</td><td colspan="2">第6.1.9条</td><td>/</td><td></td><td></td></tr>
<tr><td>2</td><td>喷射混凝土抗压强度、抗渗性能和锚杆抗拔力必须符合设计要求</td><td colspan="2">第6.1.10条</td><td>/</td><td></td><td></td></tr>
<tr><td>3</td><td>锚杆支护的渗漏水量必须符合设计要求</td><td colspan="2">第6.1.11条</td><td>/</td><td></td><td></td></tr>
<tr><td rowspan="4">一般项目</td><td>1</td><td>喷层与围岩以及喷层之间应黏结紧密，不得有空鼓现象</td><td colspan="2">第6.1.12条</td><td>/</td><td></td><td></td></tr>
<tr><td>2</td><td>喷层厚度有60%以上检查点不应小于设计厚度，最小厚度不得小于设计厚度的50%，且平均厚度不得小于设计厚度</td><td colspan="2">第6.1.13条</td><td>/</td><td></td><td></td></tr>
<tr><td>3</td><td>喷射混凝土应密实、平整，无裂缝、脱落、漏喷、露筋</td><td colspan="2">第6.1.14条</td><td>/</td><td></td><td></td></tr>
<tr><td>4</td><td>喷射混凝土表面平整度 D/L 不得大于1/6</td><td colspan="2">第6.1.15条</td><td>/</td><td></td><td></td></tr>
<tr><td colspan="2">施工单位检查结果</td><td colspan="6">专业工长：　　　　项目专业质量检查员：　　　　年　月　日</td></tr>
<tr><td colspan="2">监理单位验收结论</td><td colspan="6">专业监理工程师：　　　　年　月　日</td></tr>
</table>

7.1.2.89 市政验·通-106 地下连续墙（结构防水）检验批质量验收记录

市政基础设施工程

地下连续墙（结构防水）检验批质量验收记录

市政验·通-106

第　页，共　页

<table>
<tr><td colspan="5">工程名称</td><td colspan="5"></td></tr>
<tr><td colspan="5">单位工程名称</td><td colspan="5"></td></tr>
<tr><td colspan="5">施工单位</td><td></td><td colspan="2">分包单位</td><td colspan="2"></td></tr>
<tr><td colspan="5">项目负责人</td><td></td><td colspan="2">项目技术负责人</td><td colspan="2"></td></tr>
<tr><td colspan="5">分部（子分部）工程名称</td><td></td><td colspan="2">分项工程名称</td><td colspan="2"></td></tr>
<tr><td colspan="5">验收部位/区段</td><td></td><td colspan="2">检验批容量</td><td colspan="2"></td></tr>
<tr><td colspan="5">施工及验收依据</td><td colspan="5">《地下防水工程质量验收规范》GB 50208</td></tr>
<tr><td colspan="6">验收项目</td><td>设计要求或规范规定</td><td>最小/实际抽样数量</td><td>检查记录</td><td>检查结果</td></tr>
<tr><td rowspan="3">主控项目</td><td>1</td><td colspan="4">防水混凝土的原材料、配合比以及坍落度必须符合设计要求</td><td>第6.2.8条</td><td>/</td><td></td><td></td></tr>
<tr><td>2</td><td colspan="4">防水混凝土的抗压强度和抗渗性能必须符合设计要求</td><td>第6.2.9条</td><td>/</td><td></td><td></td></tr>
<tr><td>3</td><td colspan="4">地下连续墙的渗漏水量必须符合设计要求</td><td>第6.2.10条</td><td>/</td><td></td><td></td></tr>
<tr><td rowspan="4">一般项目</td><td>1</td><td colspan="4">地下连续墙的槽段接缝构造应符合设计要求</td><td>第6.2.11条</td><td>/</td><td></td><td></td></tr>
<tr><td>2</td><td colspan="4">地下连续墙墙面不得有露筋、露石和夹泥现象</td><td>第6.2.12条</td><td>/</td><td></td><td></td></tr>
<tr><td rowspan="2">3</td><td rowspan="2">允许偏差</td><td rowspan="2">地下连续墙墙体表面平整度（mm）</td><td colspan="2">临时支护墙体</td><td>50</td><td>/</td><td></td><td></td></tr>
<tr><td colspan="2">单一或复合墙体</td><td>30</td><td>/</td><td></td><td></td></tr>
<tr><td colspan="2">施工单位检查结果</td><td colspan="8">
专业工长：　　　　项目专业质量检查员：　　　　年　月　日</td></tr>
<tr><td colspan="2">监理单位验收结论</td><td colspan="8">
专业监理工程师：　　　　年　月　日</td></tr>
</table>

7.1.2.90 市政验·通-107 盾构隧道（结构防水）检验批质量验收记录

市政基础设施工程

盾构隧道（结构防水）检验批质量验收记录

市政验·通-107

第　　页，共　　页

<table>
<tr><td colspan="3">工程名称</td><td colspan="5"></td></tr>
<tr><td colspan="3">单位工程名称</td><td colspan="5"></td></tr>
<tr><td colspan="3">施工单位</td><td></td><td colspan="2">分包单位</td><td colspan="2"></td></tr>
<tr><td colspan="3">项目负责人</td><td></td><td colspan="2">项目技术负责人</td><td colspan="2"></td></tr>
<tr><td colspan="3">分部（子分部）工程名称</td><td></td><td colspan="2">分项工程名称</td><td colspan="2"></td></tr>
<tr><td colspan="3">验收部位/区段</td><td></td><td colspan="2">检验批容量</td><td colspan="2"></td></tr>
<tr><td colspan="3">施工及验收依据</td><td colspan="5">《地下防水工程质量验收规范》GB 50208</td></tr>
<tr><td colspan="4">验收项目</td><td>设计要求或规范规定</td><td>最小/实际抽样数量</td><td>检查记录</td><td>检查结果</td></tr>
<tr><td rowspan="3">主控项目</td><td>1</td><td colspan="2">盾构隧道衬砌所用防水材料必须符合设计要求</td><td>第6.3.11条</td><td>/</td><td></td><td></td></tr>
<tr><td>2</td><td colspan="2">钢筋混凝土管片的抗压强度和抗渗性能必须符合设计要求</td><td>第6.3.12条</td><td>/</td><td></td><td></td></tr>
<tr><td>3</td><td colspan="2">盾构隧道衬砌的渗漏水量必须符合设计要求</td><td>第6.3.13条</td><td>/</td><td></td><td></td></tr>
<tr><td rowspan="5">一般项目</td><td>1</td><td colspan="2">管片接缝密封垫及其沟槽的断面尺寸应符合设计要求</td><td>第6.3.14条</td><td>/</td><td></td><td></td></tr>
<tr><td>2</td><td colspan="2">密封垫在沟槽内应套箍和黏结牢固，不得歪斜、扭曲</td><td>第6.3.15条</td><td>/</td><td></td><td></td></tr>
<tr><td>3</td><td colspan="2">管片嵌缝槽的深度比及断面构造形式、尺寸应符合设计要求</td><td>第6.3.16条</td><td>/</td><td></td><td></td></tr>
<tr><td>4</td><td colspan="2">嵌缝材料嵌填应密实、连续、饱满、表面平整、密贴牢固</td><td>第6.3.17条</td><td>/</td><td></td><td></td></tr>
<tr><td>5</td><td colspan="2">管片的环向及纵向螺栓应全部穿进并拧紧；衬砌内表面的外露铁件防腐处理应符合设计要求</td><td>第6.3.18条</td><td>/</td><td></td><td></td></tr>
<tr><td colspan="2">施工单位检查结果</td><td colspan="6">专业工长：　　　　项目专业质量检查员：　　　　年　月　日</td></tr>
<tr><td colspan="2">监理单位验收结论</td><td colspan="6">专业监理工程师：　　　　年　月　日</td></tr>
</table>

7.1.2.91 市政验·通-108 沉井（结构防水）检验批质量验收记录

市政基础设施工程

沉井（结构防水）检验批质量验收记录

市政验·通-108

第　　页，共　　页

工程名称						
单位工程名称						
施工单位			分包单位			
项目负责人			项目技术负责人			
分部（子分部）工程名称			分项工程名称			
验收部位/区段			检验批容量			
施工及验收依据	《地下防水工程质量验收规范》GB 50208					
验收项目			设计要求或规范规定	最小/实际抽样数量	检查记录	检查结果
主控项目	1	沉井混凝土的原材料、配合比以及坍落度必须符合设计要求	第6.4.7条	/		
	2	沉井混凝土的抗压强度和抗渗性能必须符合设计要求	第6.4.8条	/		
	3	沉井的渗漏水量必须符合设计要求	第6.4.9条	/		
一般项目	1	沉井干封底和水下封底的施工应符合本规范第6.4.3条和第6.4.4条的规定	第6.4.10条	/		
	2	沉井底板与井壁接缝处的防水处理应符合设计要求	第6.4.11条	/		
施工单位检查结果	专业工长：　　项目专业质量检查员：　　年　月　日					
监理单位验收结论	专业监理工程师：　　年　月　日					

7.1.2.92 市政验·通-109 逆筑结构（结构防水）检验批质量验收记录

市政基础设施工程

逆筑结构（结构防水）检验批质量验收记录

市政验·通-109

第　　页，共　　页

<table>
<tr><td colspan="3">工程名称</td><td colspan="5"></td></tr>
<tr><td colspan="3">单位工程名称</td><td colspan="5"></td></tr>
<tr><td colspan="3">施工单位</td><td></td><td colspan="2">分包单位</td><td colspan="2"></td></tr>
<tr><td colspan="3">项目负责人</td><td></td><td colspan="2">项目技术负责人</td><td colspan="2"></td></tr>
<tr><td colspan="3">分部（子分部）工程名称</td><td></td><td colspan="2">分项工程名称</td><td colspan="2"></td></tr>
<tr><td colspan="3">验收部位/区段</td><td></td><td colspan="2">检验批容量</td><td colspan="2"></td></tr>
<tr><td colspan="3">施工及验收依据</td><td colspan="5">《地下防水工程质量验收规范》GB 50208</td></tr>
<tr><td colspan="3">验收项目</td><td>设计要求或规范规定</td><td>最小/实际抽样数量</td><td colspan="2">检查记录</td><td>检查结果</td></tr>
<tr><td rowspan="3">主控项目</td><td>1</td><td>补偿收缩混凝土的原材料、配合比以及坍落度必须符合设计要求</td><td>第6.5.8条</td><td>/</td><td colspan="2"></td><td></td></tr>
<tr><td>2</td><td>内衬墙接缝用遇水膨胀止水条或止水胶和预埋注浆管必须符合设计要求</td><td>第6.5.9条</td><td>/</td><td colspan="2"></td><td></td></tr>
<tr><td>3</td><td>逆筑结构的渗漏水量必须符合设计要求</td><td>第6.5.10条</td><td>/</td><td colspan="2"></td><td></td></tr>
<tr><td rowspan="2">一般项目</td><td>1</td><td>逆筑结构的施工应符合本规范第6.5.2条和第6.5.3条的规定</td><td>第6.5.11条</td><td>/</td><td colspan="2"></td><td></td></tr>
<tr><td>2</td><td>遇水膨胀止水条的施工应符合本规范第5.1.8条的规定；遇水膨胀止水胶的施工应符合本规范第5.1.9条的规定；预埋注浆管的施工应符合本规范第5.1.10条的规定</td><td>第6.5.12条</td><td>/</td><td colspan="2"></td><td></td></tr>
<tr><td colspan="2">施工单位检查结果</td><td colspan="6">
专业工长：　　　　　　项目专业质量检查员：　　　　　　年　　月　　日</td></tr>
<tr><td colspan="2">监理单位验收结论</td><td colspan="6">
专业监理工程师：　　　　　　年　　月　　日</td></tr>
</table>

7.1.2.93 市政验·通-110 渗排水、盲沟排水检验批质量验收记录

市政基础设施工程

渗排水、盲沟排水检验批质量验收记录

市政验·通-110

第 页，共 页

<table>
<tr><td colspan="3">工程名称</td><td colspan="5"></td></tr>
<tr><td colspan="3">单位工程名称</td><td colspan="5"></td></tr>
<tr><td colspan="3">施工单位</td><td></td><td colspan="2">分包单位</td><td colspan="2"></td></tr>
<tr><td colspan="3">项目负责人</td><td></td><td colspan="2">项目技术负责人</td><td colspan="2"></td></tr>
<tr><td colspan="3">分部（子分部）工程名称</td><td></td><td colspan="2">分项工程名称</td><td colspan="2"></td></tr>
<tr><td colspan="3">验收部位/区段</td><td></td><td colspan="2">检验批容量</td><td colspan="2"></td></tr>
<tr><td colspan="3">施工及验收依据</td><td colspan="5">《地下防水工程质量验收规范》GB 50208</td></tr>
<tr><td colspan="3">验收项目</td><td>设计要求或规范规定</td><td>最小/实际抽样数量</td><td>检查记录</td><td colspan="2">检查结果</td></tr>
<tr><td rowspan="2">主控项目</td><td>1</td><td>盲沟反滤层的层次和粒径组成必须符合设计要求</td><td>第7.1.7条</td><td>/</td><td></td><td colspan="2"></td></tr>
<tr><td>2</td><td>集水管的埋置深度及坡度必须符合设计要求</td><td>第7.1.8条</td><td>/</td><td></td><td colspan="2"></td></tr>
<tr><td rowspan="4">一般项目</td><td>1</td><td>渗排水构造应符合设计要求</td><td>第7.1.9条</td><td>/</td><td></td><td colspan="2"></td></tr>
<tr><td>2</td><td>渗排水层的铺设应分层、铺平、拍实</td><td>第7.1.10条</td><td>/</td><td></td><td colspan="2"></td></tr>
<tr><td>3</td><td>盲沟排水构造应符合设计要求</td><td>第7.1.11条</td><td>/</td><td></td><td colspan="2"></td></tr>
<tr><td>4</td><td>集水管采用平接式或承插式接口应连接牢固，不得扭曲变形和错位</td><td>第7.1.12条</td><td>/</td><td></td><td colspan="2"></td></tr>
<tr><td colspan="2">施工单位检查结果</td><td colspan="6">专业工长： 项目专业质量检查员： 年 月 日</td></tr>
<tr><td colspan="2">监理单位验收结论</td><td colspan="6">专业监理工程师： 年 月 日</td></tr>
</table>

7.1.2.94 市政验·通-111 隧道排水、坑道排水检验批质量验收记录

市政基础设施工程

隧道排水、坑道排水检验批质量验收记录

市政验·通-111

第　　页，共　　页

工程名称			
单位工程名称			
施工单位		分包单位	
项目负责人		项目技术负责人	
分部（子分部）工程名称		分项工程名称	
验收部位/区段		检验批容量	
施工及验收依据	《地下防水工程质量验收规范》GB 50208		

验收项目			设计要求或规范规定	最小/实际抽样数量	检查记录	检查结果
主控项目	1	盲沟反滤层的层次和粒径必须符合设计要求	第7.2.10条	/		
	2	无砂混凝土管、硬质塑料管或软式透水管必须符合设计要求	第7.2.11条	/		
	3	隧道、坑道排水系统必须畅通	第7.2.12条	/		
一般项目	1	盲沟、盲管及横向导水管的管径、间距、坡度均应符合设计要求	第7.2.13条	/		
	2	隧道或坑道内排水明沟及离壁式衬砌外排水沟，其断面尺寸及坡度应符合设计要求	第7.2.14条	/		
	3	盲管应与岩壁或初期支护密贴，并应固定牢固；环向、纵向盲管接头宜与盲管相配套	第7.2.15条	/		
	4	贴壁式、复合式衬壁的盲沟与混凝土衬砌接触部位应做隔浆层	第7.2.16条	/		

施工单位检查结果	专业工长：　　　　项目专业质量检查员：　　　　年　　月　　日
监理单位验收结论	专业监理工程师：　　　　年　　月　　日

7.1.2.95 市政验·通-112 塑料排水板排水检验批质量验收记录

市政基础设施工程

塑料排水板排水检验批质量验收记录

市政验·通-112

第　　页，共　　页

<table>
<tr><td colspan="3">工程名称</td><td colspan="5"></td></tr>
<tr><td colspan="3">单位工程名称</td><td colspan="5"></td></tr>
<tr><td colspan="3">施工单位</td><td></td><td colspan="2">分包单位</td><td colspan="2"></td></tr>
<tr><td colspan="3">项目负责人</td><td></td><td colspan="2">项目技术负责人</td><td colspan="2"></td></tr>
<tr><td colspan="3">分部（子分部）工程名称</td><td></td><td colspan="2">分项工程名称</td><td colspan="2"></td></tr>
<tr><td colspan="3">验收部位/区段</td><td></td><td colspan="2">检验批容量</td><td colspan="2"></td></tr>
<tr><td colspan="3">施工及验收依据</td><td colspan="5">《地下防水工程质量验收规范》GB 50208</td></tr>
<tr><td colspan="3">验收项目</td><td>设计要求或规范规定</td><td>最小/实际抽样数量</td><td>检查记录</td><td colspan="2">检查结果</td></tr>
<tr><td rowspan="2">主控项目</td><td>1</td><td>塑料排水板和土工布必须符合设计要求</td><td>第7.3.8条</td><td>/</td><td></td><td colspan="2"></td></tr>
<tr><td>2</td><td>塑料排水板排水层必须与排水系统连通，不得有堵塞现象</td><td>第7.3.9条</td><td>/</td><td></td><td colspan="2"></td></tr>
<tr><td rowspan="3">一般项目</td><td>1</td><td>塑料排水板排水层构造做法应符合本规范第7.3.3条的规定</td><td>第7.3.10条</td><td>/</td><td></td><td colspan="2"></td></tr>
<tr><td>2</td><td>塑料排水板的搭接宽度和搭接方法应符合本规范第7.3.4条的规定</td><td>第7.3.11条</td><td>/</td><td></td><td colspan="2"></td></tr>
<tr><td>3</td><td>土工布铺设应平整、无折皱；土工布的搭接宽度和搭接方法应符合本规范第7.3.6条的规定</td><td>第7.3.12条</td><td>/</td><td></td><td colspan="2"></td></tr>
<tr><td colspan="2">施工单位检查结果</td><td colspan="6">专业工长：　　　　项目专业质量检查员：　　　　年　　月　　日</td></tr>
<tr><td colspan="2">监理单位验收结论</td><td colspan="6">专业监理工程师：　　　　年　　月　　日</td></tr>
</table>

7.1.2.96　市政验·通-113　预注浆、后注浆检验批质量验收记录

市政基础设施工程

预注浆、后注浆检验批质量验收记录

市政验·通-113

第　　页，共　　页

<table>
<tr><td colspan="3">工程名称</td><td colspan="5"></td></tr>
<tr><td colspan="3">单位工程名称</td><td colspan="5"></td></tr>
<tr><td colspan="3">施工单位</td><td colspan="2"></td><td colspan="2">分包单位</td><td></td></tr>
<tr><td colspan="3">项目负责人</td><td colspan="2"></td><td colspan="2">项目技术负责人</td><td></td></tr>
<tr><td colspan="3">分部（子分部）工程名称</td><td colspan="2"></td><td colspan="2">分项工程名称</td><td></td></tr>
<tr><td colspan="3">验收部位/区段</td><td colspan="2"></td><td colspan="2">检验批容量</td><td></td></tr>
<tr><td colspan="3">施工及验收依据</td><td colspan="5">《地下防水工程质量验收规范》GB 50208</td></tr>
<tr><td colspan="4">验收项目</td><td>设计要求或规范规定</td><td>最小/实际抽样数量</td><td>检查记录</td><td>检查结果</td></tr>
<tr><td rowspan="2">主控项目</td><td>1</td><td colspan="2">配制浆液的原材料及配合比必须符合设计要求</td><td>第8.1.7条</td><td>/</td><td></td><td></td></tr>
<tr><td>2</td><td colspan="2">预注浆和后注浆的注浆效果必须符合设计要求</td><td>第8.1.8条</td><td>/</td><td></td><td></td></tr>
<tr><td rowspan="5">一般项目</td><td>1</td><td colspan="2">注浆孔的数量、布置间距、钻孔深度及角度应符合设计要求</td><td>第8.1.9条</td><td>/</td><td></td><td></td></tr>
<tr><td>2</td><td colspan="2">注浆各阶段的控制压力和注浆量应符合设计要求</td><td>第8.1.10条</td><td>/</td><td></td><td></td></tr>
<tr><td>3</td><td colspan="2">注浆时浆液不得溢出地面和超出有效注浆范围</td><td>第8.1.11条</td><td>/</td><td></td><td></td></tr>
<tr><td>4</td><td rowspan="2">允许偏差</td><td>注浆对地面产生的沉降量（mm）</td><td>不得超过30</td><td>/</td><td></td><td></td></tr>
<tr><td>5</td><td>地面的隆起（mm）</td><td>不得超过20</td><td>/</td><td></td><td></td></tr>
<tr><td colspan="2">施工单位检查结果</td><td colspan="6">专业工长：　　　　项目专业质量检查员：　　　　年　　月　　日</td></tr>
<tr><td colspan="2">监理单位验收结论</td><td colspan="6">专业监理工程师：　　　　年　　月　　日</td></tr>
</table>

7.1.2.97 市政验·通-114 结构裂缝注浆检验批质量验收记录

市政基础设施工程

结构裂缝注浆检验批质量验收记录

市政验·通-114

第 页，共 页

<table>
<tr><td colspan="3">工程名称</td><td colspan="5"></td></tr>
<tr><td colspan="3">单位工程名称</td><td colspan="5"></td></tr>
<tr><td colspan="3">施工单位</td><td></td><td colspan="2">分包单位</td><td colspan="2"></td></tr>
<tr><td colspan="3">项目负责人</td><td></td><td colspan="2">项目技术负责人</td><td colspan="2"></td></tr>
<tr><td colspan="3">分部（子分部）工程名称</td><td></td><td colspan="2">分项工程名称</td><td colspan="2"></td></tr>
<tr><td colspan="3">验收部位/区段</td><td></td><td colspan="2">检验批容量</td><td colspan="2"></td></tr>
<tr><td colspan="3">施工及验收依据</td><td colspan="5">《地下防水工程质量验收规范》GB 50208</td></tr>
<tr><td colspan="3">验收项目</td><td colspan="2">设计要求或规范规定</td><td>最小/实际抽样数量</td><td>检查记录</td><td>检查结果</td></tr>
<tr><td rowspan="2">主控项目</td><td>1</td><td>注浆材料及配合比必须符合设计要求</td><td colspan="2">第8.2.6条</td><td>/</td><td></td><td></td></tr>
<tr><td>2</td><td>结构裂缝注浆的注浆效果必须符合设计要求</td><td colspan="2">第8.2.7条</td><td>/</td><td></td><td></td></tr>
<tr><td rowspan="2">一般项目</td><td>1</td><td>注浆孔的数量、布置间距、钻孔深度及角度应符合设计要求</td><td colspan="2">第8.2.8条</td><td>/</td><td></td><td></td></tr>
<tr><td>2</td><td>注浆各阶段的控制压力和注浆量应符合设计要求</td><td colspan="2">第8.2.9条</td><td>/</td><td></td><td></td></tr>
<tr><td colspan="2">施工单位检查结果</td><td colspan="6">专业工长： 项目专业质量检查员： 年 月 日</td></tr>
<tr><td colspan="2">监理单位验收结论</td><td colspan="6">专业监理工程师： 年 月 日</td></tr>
</table>

7.1.3 混凝土结构

7.1.3.1 市政验·通-115-1 模板安装检验批质量验收记录（一）

市政基础设施工程

模板安装检验批质量验收记录（一）

市政验·通-115-1

第　　页，共　　页

<table>
<tr><td colspan="2">工程名称</td><td colspan="3"></td></tr>
<tr><td colspan="2">单位工程名称</td><td colspan="3"></td></tr>
<tr><td colspan="2">施工单位</td><td></td><td>分包单位</td><td></td></tr>
<tr><td colspan="2">项目负责人</td><td></td><td>项目技术负责人</td><td></td></tr>
<tr><td colspan="2">分部（子分部）工程名称</td><td></td><td>分项工程名称</td><td></td></tr>
<tr><td colspan="2">验收部位/区段</td><td></td><td>检验批容量</td><td></td></tr>
<tr><td colspan="2">施工及验收依据</td><td colspan="3">《混凝土结构工程施工质量验收规范》GB 50204</td></tr>
</table>

<table>
<tr><td colspan="5">验收项目</td><td>设计要求或规范规定</td><td>最小/实际抽样数量</td><td>检查记录</td><td>检查结果</td></tr>
<tr><td rowspan="4">主控项目</td><td>1</td><td colspan="3">模板及支架用材料的技术指标</td><td>第 4.1.2 条
第 4.2.1 条</td><td>/</td><td></td><td></td></tr>
<tr><td>2</td><td colspan="3">模板及支架的安装质量</td><td>第 4.2.2 条</td><td>/</td><td></td><td></td></tr>
<tr><td>3</td><td colspan="3">后浇带模板安装</td><td>第 4.2.3 条</td><td>/</td><td></td><td></td></tr>
<tr><td>4</td><td colspan="3">土层地基要求</td><td>第 4.2.4 条</td><td>/</td><td></td><td></td></tr>
<tr><td rowspan="22">一般项目</td><td>1</td><td colspan="3">模板安装的一般要求</td><td>第 4.2.5 条</td><td>/</td><td></td><td></td></tr>
<tr><td>2</td><td colspan="3">隔离剂的品种和涂刷方法</td><td>第 4.2.6 条</td><td>/</td><td></td><td></td></tr>
<tr><td>3</td><td colspan="3">模板起拱高度</td><td>第 4.2.7 条</td><td>/</td><td></td><td></td></tr>
<tr><td>4</td><td colspan="3">现浇结构多层连续支模规定</td><td>第 4.2.8 条</td><td>/</td><td></td><td></td></tr>
<tr><td rowspan="8">5</td><td rowspan="8">预埋件、预留孔洞的安装允许偏差</td><td colspan="2">预埋板中心线位置 mm</td><td>3</td><td>/</td><td></td><td></td></tr>
<tr><td colspan="2">预埋管、预留孔中心线位置 mm</td><td>3</td><td>/</td><td></td><td></td></tr>
<tr><td rowspan="2">插筋</td><td>中心线位置 mm</td><td>5</td><td>/</td><td></td><td></td></tr>
<tr><td>外露长度 m</td><td>+10，0</td><td>/</td><td></td><td></td></tr>
<tr><td rowspan="2">预埋螺栓</td><td>中心线位置 mm</td><td>2</td><td>/</td><td></td><td></td></tr>
<tr><td>外露长度 mm</td><td>+10，0</td><td>/</td><td></td><td></td></tr>
<tr><td rowspan="2">预留洞</td><td>中心线位置 mm</td><td>10</td><td>/</td><td></td><td></td></tr>
<tr><td>尺寸 mm</td><td>+10，0</td><td>/</td><td></td><td></td></tr>
<tr><td rowspan="10">6</td><td rowspan="10">现浇结构模板安装允许偏差</td><td colspan="2">轴线位置</td><td>5</td><td>/</td><td></td><td></td></tr>
<tr><td colspan="2">底模上表面标高 mm</td><td>±5</td><td>/</td><td></td><td></td></tr>
<tr><td rowspan="3">内部尺寸（mm）</td><td>基础</td><td>±10</td><td>/</td><td></td><td></td></tr>
<tr><td>柱、墙、梁</td><td>±5</td><td>/</td><td></td><td></td></tr>
<tr><td>楼梯相邻踏步高差</td><td>5</td><td>/</td><td></td><td></td></tr>
<tr><td rowspan="2">层高垂直（mm）</td><td>≤6</td><td>8</td><td>/</td><td></td><td></td></tr>
<tr><td>>6</td><td>10</td><td>/</td><td></td><td></td></tr>
<tr><td colspan="2">相邻两板表面高低差 mm</td><td>2</td><td>/</td><td></td><td></td></tr>
<tr><td colspan="2">表面平整度 mm</td><td>5</td><td>/</td><td></td><td></td></tr>
<tr><td colspan="2"></td><td></td><td></td><td></td><td></td></tr>
<tr><td colspan="2">施工单位检查结果</td><td colspan="7">专业工长：　　　　项目专业质量检查员：　　　　年　月　日</td></tr>
<tr><td colspan="2">监理单位验收结论</td><td colspan="7">专业监理工程师：　　　　年　月　日</td></tr>
</table>

7.1.3.2 市政验·通-115-2 模板安装检验批质量验收记录（二）

市政基础设施工程

模板安装检验批质量验收记录（二）

市政验·通-115-2

第　　页，共　　页

<table>
<tr><td colspan="5">工程名称</td><td colspan="4"></td></tr>
<tr><td colspan="5">单位工程名称</td><td colspan="4"></td></tr>
<tr><td colspan="5">施工单位</td><td></td><td>分包单位</td><td colspan="2"></td></tr>
<tr><td colspan="5">项目负责人</td><td></td><td>项目技术负责人</td><td colspan="2"></td></tr>
<tr><td colspan="5">分部（子分部）工程名称</td><td></td><td>分项工程名称</td><td colspan="2"></td></tr>
<tr><td colspan="5">验收部位/区段</td><td></td><td>检验批容量</td><td colspan="2"></td></tr>
<tr><td colspan="5">施工及验收依据</td><td colspan="4">《混凝土结构工程施工质量验收规范》GB 50204</td></tr>
<tr><td colspan="5">验收项目</td><td>设计要求或规范规定</td><td>最小/实际抽样数量</td><td>检查记录</td><td>检查结果</td></tr>
<tr><td rowspan="17">一般项目</td><td rowspan="17">7</td><td rowspan="17">预制构件模板安装允许偏差</td><td rowspan="4">长度（mm）</td><td>梁、板</td><td>±4</td><td>/</td><td></td><td></td></tr>
<tr><td>薄腹梁、桁架</td><td>±8</td><td>/</td><td></td><td></td></tr>
<tr><td>柱</td><td>0，−10</td><td>/</td><td></td><td></td></tr>
<tr><td>墙板</td><td>0，−5</td><td>/</td><td></td><td></td></tr>
<tr><td rowspan="2">宽度（mm）</td><td>板、墙板</td><td>0，−5</td><td>/</td><td></td><td></td></tr>
<tr><td>梁、薄腹梁、桁架</td><td>+2，−5</td><td>/</td><td></td><td></td></tr>
<tr><td rowspan="3">高(厚)度(mm)</td><td>板</td><td>+2，−3</td><td>/</td><td></td><td></td></tr>
<tr><td>墙板</td><td>0，−5</td><td>/</td><td></td><td></td></tr>
<tr><td>梁、薄腹梁、桁架、柱</td><td>+2，−5</td><td>/</td><td></td><td></td></tr>
<tr><td rowspan="2">侧向弯曲</td><td>梁、板、柱</td><td>$L/1000$ 且≤15</td><td>/</td><td></td><td></td></tr>
<tr><td>墙板、薄腹梁、桁架</td><td>$L/1500$ 且≤15</td><td>/</td><td></td><td></td></tr>
<tr><td colspan="2">板的表面平整度（mm）</td><td>3</td><td>/</td><td></td><td></td></tr>
<tr><td colspan="2">相邻两板表面高低差（mm）</td><td>1</td><td>/</td><td></td><td></td></tr>
<tr><td rowspan="2">对角线差</td><td>板</td><td>7</td><td>/</td><td></td><td></td></tr>
<tr><td>墙板</td><td>5</td><td>/</td><td></td><td></td></tr>
<tr><td>翘曲</td><td>板、墙板</td><td>L/1500</td><td>/</td><td></td><td></td></tr>
<tr><td>设计起拱</td><td>薄腹梁、桁架、梁</td><td>±3</td><td>/</td><td></td><td></td></tr>
<tr><td colspan="2">施工单位检查结果</td><td colspan="7">专业工长：　　　　项目专业质量检查员：　　　　年　　月　　日</td></tr>
<tr><td colspan="2">监理单位验收结论</td><td colspan="7">专业监理工程师：　　　　年　　月　　日</td></tr>
</table>

注：L 为构件长度（mm）。

7.1.3.3 市政验·通-116 钢筋原材料检验批质量验收记录

市政基础设施工程

钢筋原材料检验批质量验收记录

市政验·通-116

第　　页，共　　页

<table>
<tr><td colspan="3">工程名称</td><td colspan="5"></td></tr>
<tr><td colspan="3">单位工程名称</td><td colspan="5"></td></tr>
<tr><td colspan="3">施工单位</td><td colspan="2"></td><td colspan="2">分包单位</td><td></td></tr>
<tr><td colspan="3">项目负责人</td><td colspan="2"></td><td colspan="2">项目技术负责人</td><td></td></tr>
<tr><td colspan="3">分部（子分部）工程名称</td><td colspan="2"></td><td colspan="2">分项工程名称</td><td></td></tr>
<tr><td colspan="3">验收部位/区段</td><td colspan="2"></td><td colspan="2">检验批容量</td><td></td></tr>
<tr><td colspan="3">施工及验收依据</td><td colspan="5">《混凝土结构工程施工质量验收规范》GB 50204</td></tr>
<tr><td colspan="3">验收项目</td><td>设计要求或规范规定</td><td>最小/实际抽样数量</td><td>检查记录</td><td colspan="2">检查结果</td></tr>
<tr><td rowspan="3">主控项目</td><td>1</td><td>屈服强度、抗拉强度、伸长率、弯曲性能和重量偏差检验</td><td>第5.2.1条</td><td>/</td><td></td><td colspan="2"></td></tr>
<tr><td>2</td><td>屈服强度、抗拉强度 、伸长率和重量偏差检验</td><td>第5.2.2条</td><td>/</td><td></td><td colspan="2"></td></tr>
<tr><td>3</td><td>化学成分等专项检验</td><td>第5.2.3条</td><td>/</td><td></td><td colspan="2"></td></tr>
<tr><td rowspan="5">一般项目</td><td>1</td><td>外观质量</td><td>平直、无损伤，表面不得有裂纹、油污 、颗粒状或片状老锈。
第5.2.4条
第5.2.5条
第5.2.6条</td><td>/</td><td></td><td colspan="2"></td></tr>
<tr><td></td><td></td><td></td><td></td><td></td><td colspan="2"></td></tr>
<tr><td></td><td></td><td></td><td></td><td></td><td colspan="2"></td></tr>
<tr><td></td><td></td><td></td><td></td><td></td><td colspan="2"></td></tr>
<tr><td></td><td></td><td></td><td></td><td></td><td colspan="2"></td></tr>
<tr><td colspan="2">施工单位检查结果</td><td colspan="6">专业工长：　　　　项目专业质量检查员：　　　　年　　月　　日</td></tr>
<tr><td colspan="2">监理单位验收结论</td><td colspan="6">专业监理工程师：　　　　年　　月　　日</td></tr>
</table>

7.1.3.4 市政验·通-117 钢筋加工工程检验批质量验收记录

市政基础设施工程

钢筋加工工程检验批质量验收记录

市政验·通-117

第　　页，共　　页

<table>
<tr><td colspan="5">工程名称</td><td colspan="4"></td></tr>
<tr><td colspan="5">单位工程名称</td><td colspan="4"></td></tr>
<tr><td colspan="5">施工单位</td><td></td><td colspan="2">分包单位</td><td></td></tr>
<tr><td colspan="5">项目负责人</td><td></td><td colspan="2">项目技术负责人</td><td></td></tr>
<tr><td colspan="5">分部（子分部）工程名称</td><td></td><td colspan="2">分项工程名称</td><td></td></tr>
<tr><td colspan="5">验收部位/区段</td><td></td><td colspan="2">检验批容量</td><td></td></tr>
<tr><td colspan="5">施工及验收依据</td><td colspan="4">《混凝土结构工程施工质量验收规范》GB 50204</td></tr>
<tr><td colspan="5">验收项目</td><td>设计要求或规范规定</td><td>最小/实际抽样数量</td><td>检查记录</td><td>检查结果</td></tr>
<tr><td rowspan="6">主控项目</td><td>1</td><td colspan="3">受力钢筋的弯钩和弯折</td><td>第5.3.1条</td><td>/</td><td></td><td></td></tr>
<tr><td>2</td><td colspan="3">纵向受力钢筋的弯钩形式</td><td>第5.3.2条</td><td>/</td><td></td><td></td></tr>
<tr><td>3</td><td colspan="3">箍筋、拉筋弯钩形式</td><td>第5.3.3条</td><td>/</td><td></td><td></td></tr>
<tr><td>4</td><td colspan="3">钢筋调直后应进行力学性能和重量偏差检验</td><td>第5.3.4条</td><td>/</td><td></td><td></td></tr>
<tr><td></td><td colspan="3"></td><td></td><td></td><td></td><td></td></tr>
<tr><td></td><td colspan="3"></td><td></td><td></td><td></td><td></td></tr>
<tr><td rowspan="3">一般项目</td><td rowspan="3">1</td><td rowspan="3">允许偏差</td><td rowspan="3">钢筋加工的形状、尺寸（mm）</td><td>受力钢筋沿长度方向的净尺寸</td><td>±10</td><td>/</td><td></td><td></td></tr>
<tr><td>弯起钢筋的弯折位置</td><td>±20</td><td>/</td><td></td><td></td></tr>
<tr><td>箍筋外廓尺寸</td><td>±5</td><td>/</td><td></td><td></td></tr>
<tr><td></td><td></td><td></td><td></td><td></td><td></td><td></td><td></td><td></td></tr>
<tr><td></td><td></td><td></td><td></td><td></td><td></td><td></td><td></td><td></td></tr>
<tr><td colspan="2">施工单位检查结果</td><td colspan="7">专业工长：　　　　项目专业质量检查员：　　　　年　　月　　日</td></tr>
<tr><td colspan="2">监理单位验收结论</td><td colspan="7">专业监理工程师：　　　　年　　月　　日</td></tr>
</table>

7.1.3.5 市政验·通-118 钢筋连接检验批质量验收记录

市政基础设施工程

钢筋连接检验批质量验收记录

市政验·通-118

第　　页，共　　页

<table>
<tr><td colspan="3">工程名称</td><td colspan="4"></td></tr>
<tr><td colspan="3">单位工程名称</td><td colspan="4"></td></tr>
<tr><td colspan="3">施工单位</td><td></td><td colspan="2">分包单位</td><td></td></tr>
<tr><td colspan="3">项目负责人</td><td></td><td colspan="2">项目技术负责人</td><td></td></tr>
<tr><td colspan="3">分部（子分部）工程名称</td><td></td><td colspan="2">分项工程名称</td><td></td></tr>
<tr><td colspan="3">验收部位/区段</td><td></td><td colspan="2">检验批容量</td><td></td></tr>
<tr><td colspan="3">施工及验收依据</td><td colspan="4">《混凝土结构工程施工质量验收规范》GB 50204</td></tr>
<tr><td colspan="3">验收项目</td><td>设计要求或规范规定</td><td>最小/实际抽样数量</td><td>检查记录</td><td>检查结果</td></tr>
<tr><td rowspan="5">主控项目</td><td>1</td><td>钢筋的连接方式</td><td>第5.4.1条</td><td>/</td><td></td><td></td></tr>
<tr><td>2</td><td>机械连接和焊接接头的力学性能</td><td>第5.4.2条</td><td>/</td><td></td><td></td></tr>
<tr><td>3</td><td>机械连接螺纹接头扭矩值</td><td>第5.4.3条</td><td>/</td><td></td><td></td></tr>
<tr><td></td><td></td><td></td><td></td><td></td><td></td></tr>
<tr><td></td><td></td><td></td><td></td><td></td><td></td></tr>
<tr><td rowspan="6">一般项目</td><td>1</td><td>接头位置和数量</td><td>第5.4.4条</td><td>/</td><td></td><td></td></tr>
<tr><td>2</td><td>机械连接和焊接的外观质量</td><td>第5.4.5条</td><td>/</td><td></td><td></td></tr>
<tr><td>3</td><td>机械连接和焊接的接头面积百分率</td><td>第5.4.6条</td><td>/</td><td></td><td></td></tr>
<tr><td>4</td><td>绑扎搭接接头面积百分率和搭接长度</td><td>第5.4.7条</td><td>/</td><td></td><td></td></tr>
<tr><td>5</td><td>搭接长度范围内的箍筋</td><td>第5.4.8条</td><td>/</td><td></td><td></td></tr>
<tr><td></td><td></td><td></td><td></td><td></td><td></td></tr>
<tr><td colspan="2">施工单位检查结果</td><td colspan="5">专业工长：　　　　项目专业质量检查员：　　　　年　月　日</td></tr>
<tr><td colspan="2">监理单位验收结论</td><td colspan="5">专业监理工程师：　　　　年　月　日</td></tr>
</table>

7.1.3.6 市政验·通-119 钢筋安装检验批质量验收记录

市政基础设施工程

钢筋安装检验批质量验收记录

市政验·通-119

第　　页，共　　页

<table>
<tr><td colspan="6">工程名称</td><td colspan="4"></td></tr>
<tr><td colspan="6">单位工程名称</td><td colspan="4"></td></tr>
<tr><td colspan="6">施工单位</td><td></td><td colspan="2">分包单位</td><td></td></tr>
<tr><td colspan="6">项目负责人</td><td></td><td colspan="2">项目技术负责人</td><td></td></tr>
<tr><td colspan="6">分部（子分部）工程名称</td><td></td><td colspan="2">分项工程名称</td><td></td></tr>
<tr><td colspan="6">验收部位/区段</td><td></td><td colspan="2">检验批容量</td><td></td></tr>
<tr><td colspan="6">施工及验收依据</td><td colspan="4">《混凝土结构工程施工质量验收规范》GB 50204</td></tr>
<tr><td colspan="6">验收项目</td><td>设计要求或规范规定</td><td>最小/实际抽样数量</td><td>检查记录</td><td>检查结果</td></tr>
<tr><td rowspan="3">主控项目</td><td>1</td><td colspan="4">受力钢筋和品种、级别、规格和数量</td><td>第5.5.1条</td><td>/</td><td></td><td></td></tr>
<tr><td>2</td><td colspan="4">受力钢筋的安装位置、锚固方式</td><td>第5.5.2条</td><td>/</td><td></td><td></td></tr>
<tr><td></td><td colspan="4"></td><td></td><td></td><td></td><td></td></tr>
<tr><td rowspan="15">一般项目</td><td rowspan="2">1</td><td rowspan="15">允许偏差</td><td rowspan="2">绑扎钢筋网</td><td colspan="2">长、宽（mm）</td><td>±10</td><td>/</td><td></td><td></td></tr>
<tr><td colspan="2">网眼尺寸（mm）</td><td>±20</td><td>/</td><td></td><td></td></tr>
<tr><td rowspan="2">2</td><td rowspan="2">绑扎钢筋骨架</td><td colspan="2">长（mm）</td><td>±10</td><td>/</td><td></td><td></td></tr>
<tr><td colspan="2">宽、高（mm）</td><td>±5</td><td>/</td><td></td><td></td></tr>
<tr><td rowspan="6">3</td><td rowspan="6">受力钢筋</td><td colspan="2">锚固长度（mm）</td><td>−20</td><td>/</td><td></td><td></td></tr>
<tr><td colspan="2">间距（mm）</td><td>±10</td><td>/</td><td></td><td></td></tr>
<tr><td colspan="2">排距（mm）</td><td>±5</td><td>/</td><td></td><td></td></tr>
<tr><td rowspan="3">保护层厚度（mm）</td><td>基础</td><td>±10</td><td>/</td><td></td><td></td></tr>
<tr><td>柱、梁</td><td>±5</td><td>/</td><td></td><td></td></tr>
<tr><td>板、墙、壳</td><td>±3</td><td>/</td><td></td><td></td></tr>
<tr><td>4</td><td colspan="3">绑扎箍筋、横向钢筋间距（mm）</td><td>±20</td><td>/</td><td></td><td></td></tr>
<tr><td>5</td><td colspan="3">钢筋弯起点位置（mm）</td><td>20</td><td>/</td><td></td><td></td></tr>
<tr><td rowspan="2">6</td><td rowspan="2">预埋件</td><td colspan="2">中心线位置（mm）</td><td>5</td><td>/</td><td></td><td></td></tr>
<tr><td colspan="2">水平高差（mm）</td><td>+3，0</td><td>/</td><td></td><td></td></tr>
<tr><td colspan="2">施工单位检查结果</td><td colspan="8">专业工长：　　　　项目专业质量检查员：　　　　年　月　日</td></tr>
<tr><td colspan="2">监理单位验收结论</td><td colspan="8">专业监理工程师：　　　　年　月　日</td></tr>
</table>

注：检查中心线位置时，沿纵、横两个方向量测，并取其中偏差的较大值。

7.1.3.7　市政验·通-120　预应力原材料检验批质量验收记录

市政基础设施工程

预应力原材料检验批质量验收记录

市政验·通-120

第　　页，共　　页

工程名称						
单位工程名称						
施工单位			分包单位			
项目负责人			项目技术负责人			
分部（子分部）工程名称			分项工程名称			
验收部位/区段			检验批容量			
施工及验收依据	《混凝土结构工程施工质量验收规范》GB 50204					
验收项目			设计要求或规范规定	最小/实际抽样数量	检查记录	检查结果
主控项目	1	预应力筋力学性能检验	第6.2.1条	/		
	2	无黏结预应力筋的涂包质量	第6.2.2条	/		
	3	锚具、夹具和连接器的性能	第6.2.3条	/		
	4	特定环境下锚具防水要求	第6.2.4条	/		
	5	孔道灌浆用水泥和外加剂	第6.2.5条	/		
一般项目	1	预应力筋外观质量	第6.2.6条	/		
	2	锚具、夹具和连接器和外观质量	第6.2.7条	/		
	3	成孔管道质量	第6.2.8条	/		
施工单位检查结果	专业工长：　　　　项目专业质量检查员：　　　　年　月　日					
监理单位验收结论	专业监理工程师：　　　　年　月　日					

7.1.3.8 市政验·通-121 预应力筋制作与安装检验批质量验收记录

市政基础设施工程

预应力筋制作与安装检验批质量验收记录

市政验·通-121

第 页，共 页

<table>
<tr><td colspan="4">工程名称</td><td colspan="5"></td></tr>
<tr><td colspan="4">单位工程名称</td><td colspan="5"></td></tr>
<tr><td colspan="4">施工单位</td><td></td><td colspan="2">分包单位</td><td colspan="2"></td></tr>
<tr><td colspan="4">项目负责人</td><td></td><td colspan="2">项目技术负责人</td><td colspan="2"></td></tr>
<tr><td colspan="4">分部（子分部）工程名称</td><td></td><td colspan="2">分项工程名称</td><td colspan="2"></td></tr>
<tr><td colspan="4">验收部位/区段</td><td></td><td colspan="2">检验批容量</td><td colspan="2"></td></tr>
<tr><td colspan="4">施工及验收依据</td><td colspan="5">《混凝土结构工程施工质量验收规范》GB 50204</td></tr>
<tr><td colspan="5">验收项目</td><td>设计要求或规范规定</td><td>最小/实际抽样数量</td><td>检查记录</td><td>检查结果</td></tr>
<tr><td rowspan="3">主控项目</td><td>1</td><td colspan="3">预应力筋品种、级别、规格和数量</td><td>第6.3.1条</td><td>/</td><td></td><td></td></tr>
<tr><td>2</td><td colspan="3">预应力筋安装位置</td><td>第6.3.2条</td><td>/</td><td></td><td></td></tr>
<tr><td></td><td colspan="3"></td><td></td><td>/</td><td></td><td></td></tr>
<tr><td rowspan="8">一般项目</td><td>1</td><td colspan="3">锚具制作质量</td><td>第6.3.3条</td><td>/</td><td></td><td></td></tr>
<tr><td>2</td><td colspan="3">预留孔管质量</td><td>第6.3.4条</td><td>/</td><td></td><td></td></tr>
<tr><td rowspan="3">3</td><td rowspan="6">允许偏差</td><td rowspan="3">预应力筋张拉控制力 N（kN）的直线段最小长度（mm）</td><td>$N \leqslant 1500$</td><td>400</td><td>/</td><td></td><td></td></tr>
<tr><td>$1500 < N \leqslant 6000$</td><td>500</td><td>/</td><td></td><td></td></tr>
<tr><td>$N > 6000$</td><td>600</td><td>/</td><td></td><td></td></tr>
<tr><td rowspan="3">4</td><td rowspan="3">构件截面高（厚）度允许偏差（mm）</td><td>$h \leqslant 300$</td><td>±5</td><td>/</td><td></td><td></td></tr>
<tr><td>$300 < h \leqslant 1500$</td><td>±10</td><td>/</td><td></td><td></td></tr>
<tr><td>$h > 1500$</td><td>±15</td><td>/</td><td></td><td></td></tr>
<tr><td colspan="3">施工单位检查结果</td><td colspan="6">专业工长： 项目专业质量检查员： 年 月 日</td></tr>
<tr><td colspan="3">监理单位验收结论</td><td colspan="6">专业监理工程师： 年 月 日</td></tr>
</table>

7.1.3.9 市政验·通-122 预应力张拉与放张检验批质量验收记录

市政基础设施工程

预应力张拉与放张检验批质量验收记录

市政验·通-122

第　　页，共　　页

<table>
<tr><td colspan="4">工程名称</td><td colspan="5"></td></tr>
<tr><td colspan="4">单位工程名称</td><td colspan="5"></td></tr>
<tr><td colspan="4">施工单位</td><td colspan="2"></td><td colspan="2">分包单位</td><td></td></tr>
<tr><td colspan="4">项目负责人</td><td colspan="2"></td><td colspan="2">项目技术负责人</td><td></td></tr>
<tr><td colspan="4">分部（子分部）工程名称</td><td colspan="2"></td><td colspan="2">分项工程名称</td><td></td></tr>
<tr><td colspan="4">验收部位/区段</td><td colspan="2"></td><td colspan="2">检验批容量</td><td></td></tr>
<tr><td colspan="4">施工及验收依据</td><td colspan="5">《混凝土结构工程施工质量验收规范》GB 50204</td></tr>
<tr><td colspan="5">验收项目</td><td>设计要求或规范规定</td><td>最小/实际抽样数量</td><td>检查记录</td><td>检查结果</td></tr>
<tr><td rowspan="5">主控项目</td><td>1</td><td colspan="3">张拉或放张时的混凝土强度</td><td>第 6.4.1 条</td><td>/</td><td></td><td></td></tr>
<tr><td>2</td><td colspan="3">张拉力、张拉或放张顺序及张拉工艺</td><td>第 6.4.2 条</td><td>/</td><td></td><td></td></tr>
<tr><td>3</td><td colspan="3">实际预应力值控制</td><td>第 6.4.3 条</td><td>/</td><td></td><td></td></tr>
<tr><td></td><td colspan="3"></td><td></td><td></td><td></td><td></td></tr>
<tr><td></td><td colspan="3"></td><td></td><td></td><td></td><td></td></tr>
<tr><td rowspan="7">一般项目</td><td>1</td><td colspan="3">预应力筋张拉质量</td><td>第 6.4.4 条</td><td>/</td><td></td><td></td></tr>
<tr><td>2</td><td colspan="3">先张法预应力构件位置偏差</td><td>第 6.4.5 条</td><td>/</td><td></td><td></td></tr>
<tr><td rowspan="2">3</td><td rowspan="5">允许偏差</td><td rowspan="2">支承式锚具（墩头锚具等）内缩量限值（mm）</td><td>螺帽缝隙</td><td>1</td><td>/</td><td></td><td></td></tr>
<tr><td>每块后加垫板的缝隙</td><td>1</td><td>/</td><td></td><td></td></tr>
<tr><td>4</td><td colspan="2">锥塞式锚具内缩量限值（mm）</td><td>5</td><td>/</td><td></td><td></td></tr>
<tr><td rowspan="2">5</td><td rowspan="2">夹片式锚具内缩量限值（mm）</td><td>有顶压</td><td>5</td><td>/</td><td></td><td></td></tr>
<tr><td>无顶压</td><td>6～8</td><td>/</td><td></td><td></td></tr>
<tr><td colspan="3">施工单位检查结果</td><td colspan="6">专业工长：　　　　项目专业质量检查员：　　　　年　　月　　日</td></tr>
<tr><td colspan="3">监理单位验收结论</td><td colspan="6">专业监理工程师：　　　　年　　月　　日</td></tr>
</table>

7.1.3.10 市政验·通-123 预应力灌浆与封锚检验批质量验收记录

市政基础设施工程

预应力灌浆与封锚检验批质量验收记录

市政验·通-123

第　　页，共　　页

工程名称			
单位工程名称			
施工单位		分包单位	
项目负责人		项目技术负责人	
分部（子分部）工程名称		分项工程名称	
验收部位/区段		检验批容量	
施工及验收依据	《混凝土结构工程施工质量验收规范》GB 50204		

验收项目			设计要求或规范规定	最小/实际抽样数量	检查记录	检查结果
主控项目	1	孔道灌浆的一般要求	第 6.5.1 条	/		
	2	灌浆用水泥浆的水灰比和泌水率	第 6.5.2 条	/		
	3	灌浆用水泥浆的抗压强度及试件留置	第 6.5.3 条	/		
	4	锚具封存保护	第 6.5.4 条	/		
一般项目	1	外露预应力筋的切断方法和外露长度	第 6.5.5 条	/		
施工单位检查结果	专业工长：　　项目专业质量检查员：　　年　月　日					
监理单位验收结论	专业监理工程师：　　年　月　日					

7.1.3.11 市政验·通-124 混凝土原材料检验批质量验收记录

市政基础设施工程

混凝土原材料检验批质量验收记录

市政验·通-124

第　　页，共　　页

工程名称						
单位工程名称						
施工单位			分包单位			
项目负责人			项目技术负责人			
分部（子分部）工程名称			分项工程名称			
验收部位/区段			检验批容量			
施工及验收依据	《混凝土结构工程施工质量验收规范》GB 50204					
验收项目			设计要求或规范规定	最小/实际抽样数量	检查记录	检查结果
主控项目	1	水泥进场检验	第7.2.1条	/		
	2	外加剂质量及应用	第7.2.2条	/		
一般项目	1	矿物掺合料质量及掺量	第7.2.3条	/		
	2	粗细骨料的质量	第7.2.4条	/		
	3	拌制混凝土用水	第7.2.5条	/		
施工单位检查结果	专业工长：　　　　项目专业质量检查员：　　　　年　月　日					
监理单位验收结论	专业监理工程师：　　　　年　月　日					

7.1.3.12 市政验·通-125 混凝土拌合物检验批质量验收记录

市政基础设施工程

混凝土拌合物检验批质量验收记录

市政验·通-125

第　　页，共　　页

<table>
<tr><td colspan="3">工程名称</td><td colspan="5"></td></tr>
<tr><td colspan="3">单位工程名称</td><td colspan="5"></td></tr>
<tr><td colspan="3">施工单位</td><td></td><td colspan="2">分包单位</td><td colspan="2"></td></tr>
<tr><td colspan="3">项目负责人</td><td></td><td colspan="2">项目技术负责人</td><td colspan="2"></td></tr>
<tr><td colspan="3">分部（子分部）工程名称</td><td></td><td colspan="2">分项工程名称</td><td colspan="2"></td></tr>
<tr><td colspan="3">验收部位/区段</td><td></td><td colspan="2">检验批容量</td><td colspan="2"></td></tr>
<tr><td colspan="3">施工及验收依据</td><td colspan="5">《混凝土结构工程施工质量验收规范》GB 50204</td></tr>
<tr><td colspan="3">验收项目</td><td>设计要求或规范规定</td><td>最小/实际抽样数量</td><td>检查记录</td><td colspan="2">检查结果</td></tr>
<tr><td rowspan="7">主控项目</td><td>1</td><td>预拌混凝土进场检验</td><td>第7.3.1条</td><td>/</td><td></td><td colspan="2"></td></tr>
<tr><td>2</td><td>混凝土拌合物离析检验</td><td>第7.3.2条</td><td>/</td><td></td><td colspan="2"></td></tr>
<tr><td>3</td><td>氯离子含量和碱总含量检验</td><td>第7.3.3条</td><td>/</td><td></td><td colspan="2"></td></tr>
<tr><td>4</td><td>配合比其原材料、强度、凝结时间、稠度检验</td><td>第7.3.4条</td><td>/</td><td></td><td colspan="2"></td></tr>
<tr><td></td><td></td><td></td><td></td><td></td><td colspan="2"></td></tr>
<tr><td></td><td></td><td></td><td></td><td></td><td colspan="2"></td></tr>
<tr><td></td><td></td><td></td><td></td><td></td><td colspan="2"></td></tr>
<tr><td rowspan="5">一般项目</td><td>1</td><td>拌合物稠度</td><td>第7.3.5条</td><td>/</td><td></td><td colspan="2"></td></tr>
<tr><td>2</td><td>耐久性指标</td><td>第7.3.6条</td><td>/</td><td></td><td colspan="2"></td></tr>
<tr><td>3</td><td>含气量检验（有抗冻要求时）</td><td>第7.3.7条</td><td>/</td><td></td><td colspan="2"></td></tr>
<tr><td></td><td></td><td></td><td></td><td></td><td colspan="2"></td></tr>
<tr><td></td><td></td><td></td><td></td><td></td><td colspan="2"></td></tr>
<tr><td colspan="2">施工单位检查结果</td><td colspan="6">专业工长：　　　　项目专业质量检查员：　　　　年　　月　　日</td></tr>
<tr><td colspan="2">监理单位验收结论</td><td colspan="6">专业监理工程师：　　　　年　　月　　日</td></tr>
</table>

7.1.3.13 市政验·通-126 混凝土施工检验批质量验收记录

市政基础设施工程

混凝土施工检验批质量验收记录

市政验·通-126

第　　页，共　　页

<table>
<tr><td colspan="3">工程名称</td><td colspan="5"></td></tr>
<tr><td colspan="3">单位工程名称</td><td colspan="5"></td></tr>
<tr><td colspan="3">施工单位</td><td></td><td colspan="2">分包单位</td><td colspan="2"></td></tr>
<tr><td colspan="3">项目负责人</td><td></td><td colspan="2">项目技术负责人</td><td colspan="2"></td></tr>
<tr><td colspan="3">分部（子分部）工程名称</td><td></td><td colspan="2">分项工程名称</td><td colspan="2"></td></tr>
<tr><td colspan="3">验收部位/区段</td><td></td><td colspan="2">检验批容量</td><td colspan="2"></td></tr>
<tr><td colspan="3">施工及验收依据</td><td colspan="5">《混凝土结构工程施工质量验收规范》GB 50204</td></tr>
<tr><td colspan="3">验收项目</td><td colspan="2">设计要求或规范规定</td><td>最小/实际抽样数量</td><td>检查记录</td><td>检查结果</td></tr>
<tr><td rowspan="7">主控项目</td><td>1</td><td>混凝土强度等级及试件的取样和留置</td><td colspan="2">第7.4.1条</td><td>/</td><td></td><td></td></tr>
<tr><td></td><td></td><td colspan="2"></td><td></td><td></td><td></td></tr>
<tr><td></td><td></td><td colspan="2"></td><td></td><td></td><td></td></tr>
<tr><td></td><td></td><td colspan="2"></td><td></td><td></td><td></td></tr>
<tr><td></td><td></td><td colspan="2"></td><td></td><td></td><td></td></tr>
<tr><td></td><td></td><td colspan="2"></td><td></td><td></td><td></td></tr>
<tr><td></td><td></td><td colspan="2"></td><td></td><td></td><td></td></tr>
<tr><td rowspan="5">一般项目</td><td>1</td><td>施工缝的位置和处理</td><td colspan="2">第7.4.2条</td><td>/</td><td></td><td></td></tr>
<tr><td>2</td><td>养护时间及方法</td><td colspan="2">第7.4.3条</td><td>/</td><td></td><td></td></tr>
<tr><td></td><td></td><td colspan="2"></td><td></td><td></td><td></td></tr>
<tr><td></td><td></td><td colspan="2"></td><td></td><td></td><td></td></tr>
<tr><td></td><td></td><td colspan="2"></td><td></td><td></td><td></td></tr>
<tr><td colspan="2">施工单位检查结果</td><td colspan="6">专业工长：　　　　项目专业质量检查员：　　　　年　月　日</td></tr>
<tr><td colspan="2">监理单位验收结论</td><td colspan="6">专业监理工程师：　　　　年　月　日</td></tr>
</table>

7.1.3.14 市政验·通-127 现浇混凝土结构外观质量检验批质量验收记录

市政基础设施工程

现浇混凝土结构外观质量检验批质量验收记录

市政验·通-127

第 页，共 页

<table>
<tr><td colspan="3">工程名称</td><td colspan="5"></td></tr>
<tr><td colspan="3">单位工程名称</td><td colspan="5"></td></tr>
<tr><td colspan="3">施工单位</td><td colspan="2"></td><td colspan="2">分包单位</td><td></td></tr>
<tr><td colspan="3">项目负责人</td><td colspan="2"></td><td colspan="2">项目技术负责人</td><td></td></tr>
<tr><td colspan="3">分部（子分部）工程名称</td><td colspan="2"></td><td colspan="2">分项工程名称</td><td></td></tr>
<tr><td colspan="3">验收部位/区段</td><td colspan="2"></td><td colspan="2">检验批容量</td><td></td></tr>
<tr><td colspan="3">施工及验收依据</td><td colspan="5">《混凝土结构工程施工质量验收规范》GB 50204</td></tr>
<tr><td colspan="3">验收项目</td><td>设计要求或规范规定</td><td>最小/实际抽样数量</td><td colspan="2">检查记录</td><td>检查结果</td></tr>
<tr><td rowspan="4">主控项目</td><td>1</td><td>外观质量严重缺陷检验</td><td>第 8.2.1 条</td><td>/</td><td colspan="2"></td><td></td></tr>
<tr><td></td><td></td><td></td><td></td><td colspan="2"></td><td></td></tr>
<tr><td></td><td></td><td></td><td></td><td colspan="2"></td><td></td></tr>
<tr><td></td><td></td><td></td><td></td><td colspan="2"></td><td></td></tr>
<tr><td rowspan="3">一般项目</td><td>1</td><td>外观质量一般缺陷</td><td>第 8.2.2 条</td><td>/</td><td colspan="2"></td><td></td></tr>
<tr><td></td><td></td><td></td><td></td><td colspan="2"></td><td></td></tr>
<tr><td></td><td></td><td></td><td></td><td colspan="2"></td><td></td></tr>
<tr><td colspan="2">施工单位检查结果</td><td colspan="6">专业工长：　　　项目专业质量检查员：　　　年　月　日</td></tr>
<tr><td colspan="2">监理单位验收结论</td><td colspan="6">专业监理工程师：　　　年　月　日</td></tr>
</table>

7.1.3.15 市政验·通-128 现浇混凝土结构位置及尺寸偏差检验批质量验收记录

市政基础设施工程

现浇混凝土结构位置及尺寸偏差检验批质量验收记录

市政验·通-128

第　　页，共　　页

<table>
<tr><td colspan="5">工程名称</td><td colspan="5"></td></tr>
<tr><td colspan="5">单位工程名称</td><td colspan="5"></td></tr>
<tr><td colspan="5">施工单位</td><td></td><td colspan="2">分包单位</td><td colspan="2"></td></tr>
<tr><td colspan="5">项目负责人</td><td></td><td colspan="2">项目技术负责人</td><td colspan="2"></td></tr>
<tr><td colspan="5">分部（子分部）工程名称</td><td></td><td colspan="2">分项工程名称</td><td colspan="2"></td></tr>
<tr><td colspan="5">验收部位/区段</td><td></td><td colspan="2">检验批容量</td><td colspan="2"></td></tr>
<tr><td colspan="5">施工及验收依据</td><td colspan="5">《混凝土结构工程施工质量验收规范》GB 50204</td></tr>
<tr><td colspan="6">验收项目</td><td>设计要求或规范规定</td><td>最小/实际抽样数量</td><td>检查记录</td><td>检查结果</td></tr>
<tr><td>主控项目</td><td>1</td><td colspan="4">结构性能或使用功能尺寸检验</td><td>第 8.3.1 条</td><td>/</td><td></td><td></td></tr>
<tr><td rowspan="22">一般项目</td><td rowspan="3">1</td><td rowspan="22">允许偏差</td><td rowspan="3">轴线位置（mm）</td><td colspan="2">整体基础</td><td>15</td><td>/</td><td></td><td></td></tr>
<tr><td colspan="2">独立基础</td><td>10</td><td>/</td><td></td><td></td></tr>
<tr><td colspan="2">墙、柱、梁</td><td>8</td><td>/</td><td></td><td></td></tr>
<tr><td rowspan="4">2</td><td rowspan="4">垂直度（mm）</td><td rowspan="2">层高</td><td>≤6m</td><td>10</td><td>/</td><td></td><td></td></tr>
<tr><td>>6m</td><td>12</td><td>/</td><td></td><td></td></tr>
<tr><td colspan="2">全高（H）≤300m</td><td>H/3000+20</td><td>/</td><td></td><td></td></tr>
<tr><td colspan="2">全高（H）>300m</td><td>H/10000 且≤80</td><td>/</td><td></td><td></td></tr>
<tr><td rowspan="2">3</td><td rowspan="2">标高（mm）</td><td colspan="2">层高</td><td>±10</td><td>/</td><td></td><td></td></tr>
<tr><td colspan="2">全高</td><td>±30</td><td>/</td><td></td><td></td></tr>
<tr><td rowspan="3">4</td><td rowspan="3">截面尺寸（mm）</td><td colspan="2">基础</td><td>+15，−10</td><td>/</td><td></td><td></td></tr>
<tr><td colspan="2">柱、梁、板、墙</td><td>+10，−5</td><td>/</td><td></td><td></td></tr>
<tr><td colspan="2">楼梯相邻踏步高差</td><td>6</td><td>/</td><td></td><td></td></tr>
<tr><td rowspan="2">5</td><td rowspan="2">电梯井（mm）</td><td colspan="2">中心位置</td><td>10</td><td>/</td><td></td><td></td></tr>
<tr><td colspan="2">长、宽尺寸</td><td>+25，0</td><td>/</td><td></td><td></td></tr>
<tr><td>6</td><td colspan="3">表面平整度（mm）</td><td>8</td><td>/</td><td></td><td></td></tr>
<tr><td rowspan="3">7</td><td rowspan="4">预埋设施中心线位置（mm）</td><td colspan="2">预埋件</td><td>10</td><td>/</td><td></td><td></td></tr>
<tr><td colspan="2">预埋螺栓</td><td>5</td><td>/</td><td></td><td></td></tr>
<tr><td colspan="2">预埋管</td><td>5</td><td>/</td><td></td><td></td></tr>
<tr><td rowspan="2">8</td><td colspan="2">其他</td><td>10</td><td>/</td><td></td><td></td></tr>
<tr><td colspan="3">预留洞、孔中心线位置（mm）</td><td>15</td><td>/</td><td></td><td></td></tr>
<tr><td colspan="2">施工单位检查结果</td><td colspan="8">专业工长：　　　　项目专业质量检查员：　　　　年　月　日</td></tr>
<tr><td colspan="2">监理单位验收结论</td><td colspan="8">专业监理工程师：　　　　年　月　日</td></tr>
</table>

注：1. 检查柱轴线、中心线位置时，沿纵、横两个方向测量，并取其中偏差的较大值；
2. H 为全高，单位为 mm。

7.1.3.16 市政验·通-129 现浇设备基础位置及尺寸偏差检验批质量验收记录

市政基础设施工程

现浇设备基础位置及尺寸偏差检验批质量验收记录

市政验·通-129

第 页，共 页

<table>
<tr><td colspan="5">工程名称</td><td colspan="5"></td></tr>
<tr><td colspan="5">单位工程名称</td><td colspan="5"></td></tr>
<tr><td colspan="5">施工单位</td><td></td><td colspan="2">分包单位</td><td colspan="2"></td></tr>
<tr><td colspan="5">项目负责人</td><td></td><td colspan="2">项目技术负责人</td><td colspan="2"></td></tr>
<tr><td colspan="5">分部（子分部）工程名称</td><td></td><td colspan="2">分项工程名称</td><td colspan="2"></td></tr>
<tr><td colspan="5">验收部位/区段</td><td></td><td colspan="2">检验批容量</td><td colspan="2"></td></tr>
<tr><td colspan="5">施工及验收依据</td><td colspan="5">《混凝土结构工程施工质量验收规范》GB 50204</td></tr>
<tr><td colspan="5">验收项目</td><td>设计要求或规范规定</td><td>最小/实际抽样数量</td><td>检查记录</td><td colspan="2">检查结果</td></tr>
<tr><td>主控项目</td><td>1</td><td colspan="3">现浇结构和混凝土设备基础尺寸偏差</td><td>第 8.3.1 条</td><td>/</td><td></td><td colspan="2"></td></tr>
<tr><td rowspan="25">一般项目</td><td>1</td><td colspan="3">外观质量一般缺陷</td><td>第 8.2.2 条</td><td>/</td><td></td><td colspan="2"></td></tr>
<tr><td>2</td><td rowspan="24">允许偏差</td><td colspan="2">坐标位置（mm）</td><td>20</td><td>/</td><td></td><td colspan="2"></td></tr>
<tr><td>3</td><td colspan="2">不同平面的标高（mm）</td><td>0，−20</td><td>/</td><td></td><td colspan="2"></td></tr>
<tr><td>4</td><td colspan="2">平面外形尺寸（mm）</td><td>±20</td><td>/</td><td></td><td colspan="2"></td></tr>
<tr><td>5</td><td colspan="2">凸台上平面外形尺寸（mm）</td><td>0，−20</td><td>/</td><td></td><td colspan="2"></td></tr>
<tr><td>6</td><td colspan="2">凹穴尺寸（mm）</td><td>+20，0</td><td>/</td><td></td><td colspan="2"></td></tr>
<tr><td rowspan="2">7</td><td rowspan="2">平面水平度（mm）</td><td>每米</td><td>5</td><td>/</td><td></td><td colspan="2"></td></tr>
<tr><td>全长</td><td>10</td><td>/</td><td></td><td colspan="2"></td></tr>
<tr><td rowspan="2">8</td><td rowspan="2">垂直度（mm）</td><td>每米</td><td>5</td><td>/</td><td></td><td colspan="2"></td></tr>
<tr><td>全高</td><td>10</td><td>/</td><td></td><td colspan="2"></td></tr>
<tr><td rowspan="4">9</td><td rowspan="4">预埋地脚螺栓（mm）</td><td>中心位置</td><td>2</td><td>/</td><td></td><td colspan="2"></td></tr>
<tr><td>顶标高</td><td>+20，0</td><td>/</td><td></td><td colspan="2"></td></tr>
<tr><td>中心距</td><td>±2</td><td>/</td><td></td><td colspan="2"></td></tr>
<tr><td>垂直度</td><td>5</td><td>/</td><td></td><td colspan="2"></td></tr>
<tr><td rowspan="4">10</td><td rowspan="4">预埋地脚螺栓孔（mm）</td><td>中心线位置</td><td>10</td><td>/</td><td></td><td colspan="2"></td></tr>
<tr><td>截面尺寸</td><td>+20，0</td><td>/</td><td></td><td colspan="2"></td></tr>
<tr><td>深度</td><td>+20，0</td><td>/</td><td></td><td colspan="2"></td></tr>
<tr><td>垂直度</td><td>h/100 且≤10</td><td>/</td><td></td><td colspan="2"></td></tr>
<tr><td rowspan="4">11</td><td rowspan="4">预埋活动地脚螺栓锚板（mm）</td><td>中心线位置</td><td>5</td><td>/</td><td></td><td colspan="2"></td></tr>
<tr><td>标高</td><td>+20，0</td><td>/</td><td></td><td colspan="2"></td></tr>
<tr><td>带槽锚板平整度</td><td>5</td><td>/</td><td></td><td colspan="2"></td></tr>
<tr><td>带螺纹孔锚板平整度</td><td>2</td><td>/</td><td></td><td colspan="2"></td></tr>
<tr><td colspan="2">施工单位检查结果</td><td colspan="8">专业工长：　　　　项目专业质量检查员：　　　　年　月　日</td></tr>
<tr><td colspan="2">监理单位验收结论</td><td colspan="8">专业监理工程师：　　　　年　月　日</td></tr>
</table>

注：1. 检查坐标、中心线位置时，应沿纵、横两个方向测量，并取其中偏差的较大值；

2. h 为预埋地脚螺栓孔孔深，单位为 mm。

7.1.3.17 市政验·通-130-1 装配式结构预制构件检验批质量验收记录（一）

市政基础设施工程

装配式结构预制构件检验批质量验收记录（一）

市政验·通-130-1

第　　页，共　　页

工程名称			
单位工程名称			
施工单位		分包单位	
项目负责人		项目技术负责人	
分部（子分部）工程名称		分项工程名称	
验收部位/区段		检验批容量	
施工及验收依据	《混凝土结构工程施工质量验收规范》GB 50204		

验收项目						设计要求或规范规定	最小/实际抽样数量	检查记录	检查结果
主控项目	1	预制构件的质量检验				第9.2.1条	/		
	2	预制构件进场检验				第9.2.2条	/		
	3	预制构件外观质量				第9.2.3条	/		
	4	预制构件的埋件等				第9.2.4条	/		
一般项目	1	外观质量一般缺陷				第9.2.6条	/		
	2	允许偏差	长度（mm）	楼板、梁、柱、桁架	<12m	±5	/		
					≥12m且小于18m	±10	/		
					≥18m	±20	/		
				墙板		±4	/		
	3		宽度、高（厚）度（mm）	楼板、梁、柱、桁架		±5	/		
	4			墙板		±4	/		
	5		表面平整度（mm）	楼板、梁、柱、墙板内表面		5	/		
				墙板外表面		3	/		
	6		侧向弯曲（mm）	梁、柱、板		$L/750$且≤20	/		
				墙板、桁架		$L/1000$且≤20	/		
	7		翘曲（mm）	楼板		$L/750$	/		
				墙板		$L/1000$	/		
	8		对角线（mm）	楼板		10	/		
				墙板		5	/		
施工单位检查结果	专业工长：　　项目专业质量检查员：　　年　月　日								
监理单位验收结论	专业监理工程师：　　年　月　日								

7.1.3.18 市政验·通-130-2 装配式结构预制构件检验批质量验收记录（二）

市政基础设施工程

装配式结构预制构件检验批质量验收记录（二）

市政验·通-130-2

第　　页，共　　页

<table>
<tr><td colspan="4">工程名称</td><td colspan="5"></td></tr>
<tr><td colspan="4">单位工程名称</td><td colspan="5"></td></tr>
<tr><td colspan="4">施工单位</td><td></td><td colspan="2">分包单位</td><td colspan="2"></td></tr>
<tr><td colspan="4">项目负责人</td><td></td><td colspan="2">项目技术负责人</td><td colspan="2"></td></tr>
<tr><td colspan="4">分部（子分部）工程名称</td><td></td><td colspan="2">分项工程名称</td><td colspan="2"></td></tr>
<tr><td colspan="4">验收部位/区段</td><td></td><td colspan="2">检验批容量</td><td colspan="2"></td></tr>
<tr><td colspan="4">施工及验收依据</td><td colspan="5">《混凝土结构工程施工质量验收规范》GB 50204</td></tr>
<tr><td colspan="5">验收项目</td><td>设计要求或规范规定</td><td>最小/实际抽样数量</td><td>检查记录</td><td>检查结果</td></tr>
<tr><td rowspan="16">一般项目</td><td rowspan="2">9</td><td rowspan="16">允许偏差</td><td rowspan="2">预留孔（mm）</td><td>中心线位置</td><td>5</td><td>/</td><td></td><td></td></tr>
<tr><td>孔尺寸</td><td>±5</td><td>/</td><td></td><td></td></tr>
<tr><td rowspan="2">10</td><td rowspan="2">预留洞（mm）</td><td>中心线位置</td><td>10</td><td>/</td><td></td><td></td></tr>
<tr><td>洞口尺寸、深度</td><td>±10</td><td>/</td><td></td><td></td></tr>
<tr><td rowspan="6">11</td><td rowspan="6">预埋件（mm）</td><td>预埋板中心线位置</td><td>5</td><td>/</td><td></td><td></td></tr>
<tr><td>预埋板与混凝土面平面高差</td><td>0，−5</td><td>/</td><td></td><td></td></tr>
<tr><td>预埋螺栓</td><td>2</td><td>/</td><td></td><td></td></tr>
<tr><td>预埋螺栓外露长度</td><td>+10，−5</td><td>/</td><td></td><td></td></tr>
<tr><td>预埋套筒、螺母中心线位置</td><td>2</td><td>/</td><td></td><td></td></tr>
<tr><td>预埋套筒、螺母与混凝土面平面高差</td><td>±5</td><td>/</td><td></td><td></td></tr>
<tr><td rowspan="2">12</td><td rowspan="2">预留插筋（mm）</td><td>中心线位置</td><td>5</td><td>/</td><td></td><td></td></tr>
<tr><td>外露长度</td><td>+10，−5</td><td>/</td><td></td><td></td></tr>
<tr><td rowspan="3">13</td><td rowspan="3">键槽（mm）</td><td>中心线位置</td><td>5</td><td>/</td><td></td><td></td></tr>
<tr><td>长度、宽度</td><td>±5</td><td>/</td><td></td><td></td></tr>
<tr><td>深度</td><td>±10</td><td>/</td><td></td><td></td></tr>
<tr><td colspan="3">施工单位检查结果</td><td colspan="6">专业工长：　　　　项目专业质量检查员：　　　　年　　月　　日</td></tr>
<tr><td colspan="3">监理单位验收结论</td><td colspan="6">专业监理工程师：　　　　年　　月　　日</td></tr>
</table>

注：1. L 为构件长度，单位为（mm）；2. 检查中心线、螺栓和孔道位置偏差时，沿纵、横两个方向量测，并取其中偏差较大值。

7.1.3.19 市政验·通-131 装配式结构预制构件安装与连接检验批质量验收记录

市政基础设施工程

装配式结构预制构件安装与连接检验批质量验收记录

市政验·通-131

第 页，共 页

工程名称			
单位工程名称			
施工单位		分包单位	
项目负责人		项目技术负责人	
分部（子分部）工程名称		分项工程名称	
验收部位/区段		检验批容量	
施工及验收依据	《混凝土结构工程施工质量验收规范》GB 50204		

验收项目						设计要求或规范规定	最小/实际抽样数量	检查记录	检查结果
主控项目	1	预制构件临时固定				第9.3.1条	/		
主控项目	2	套筒灌浆连接				第9.3.2条	/		
主控项目	3	焊接连接				第9.3.3条	/		
主控项目	4	机械连接				第9.3.4条	/		
主控项目	5	焊接、螺栓连接				第9.3.5条	/		
主控项目	6	现浇混凝土连接				第9.3.6条	/		
主控项目	7	安装后严重缺陷外观质量检查				第9.3.7条	/		
一般项目	1	一般缺陷外观检查				第9.3.8条	/		
一般项目	2	允许偏差	构件轴线位置	竖向构件（柱、墙板、桁架）(mm)		8	/		
一般项目	2	允许偏差	构件轴线位置	水平构件（梁、楼板）(mm)		5	/		
一般项目	3	允许偏差	标高梁、柱、墙板、楼板底面或顶面（mm）			±5	/		
一般项目	4	允许偏差	垂直度	柱、墙安装后的高度	≤6m	5	/		
一般项目	4	允许偏差	垂直度	柱、墙安装后的高度	>6m	10	/		
一般项目	5	允许偏差	梁、桁架构件倾斜度（mm）			5	/		
一般项目	6	允许偏差	相邻构件平整度	梁、楼板底面（mm）	外露	3	/		
一般项目	6	允许偏差	相邻构件平整度	梁、楼板底面（mm）	不外露	5	/		
一般项目	6	允许偏差	相邻构件平整度	柱、墙板（mm）	外露	5	/		
一般项目	6	允许偏差	相邻构件平整度	柱、墙板（mm）	不外露	8	/		
一般项目	7	允许偏差	梁、板构件搁置长度（mm）			±10	/		
一般项目	8	允许偏差	板、梁、柱、墙板、桁架的支座支垫中心位置（mm）			10	/		
一般项目	9	允许偏差	墙板接缝宽度（mm）			±5	/		

施工单位检查结果	专业工长： 项目专业质量检查员： 年 月 日
监理单位验收结论	专业监理工程师： 年 月 日

7.1.4 钢结构

7.1.4.1 市政验·通-132 钢材检验批质量验收记录

市政基础设施工程

钢材检验批质量验收记录

市政验·通-132

第　　页，共　　页

<table>
<tr><td>工程名称</td><td colspan="3"></td></tr>
<tr><td>单位工程名称</td><td colspan="3"></td></tr>
<tr><td>施工单位</td><td></td><td>分包单位</td><td></td></tr>
<tr><td>项目负责人</td><td></td><td>项目技术负责人</td><td></td></tr>
<tr><td>分部（子分部）工程名称</td><td></td><td>分项工程名称</td><td></td></tr>
<tr><td>验收部位/区段</td><td></td><td>检验批容量</td><td></td></tr>
<tr><td>施工及验收依据</td><td colspan="3">《钢结构工程施工质量验收规范》GB 50205</td></tr>
</table>

<table>
<tr><td colspan="4">验收项目</td><td>设计要求或规范规定</td><td>最小/实际抽样数量</td><td>检查记录</td><td>检查结果</td></tr>
<tr><td rowspan="7">主控项目</td><td>1</td><td colspan="2">钢材、钢铸件的品种、规格、性能；进口钢材产品的质量</td><td>第4.2.1条</td><td>/</td><td></td><td></td></tr>
<tr><td rowspan="6">2</td><td rowspan="6">应进行抽样复验</td><td>国外进口钢材</td><td rowspan="6">第4.2.2条</td><td>/</td><td></td><td></td></tr>
<tr><td>钢材混批</td><td>/</td><td></td><td></td></tr>
<tr><td>板厚等于或大于40mm，且设计有Z向性能要求的厚板</td><td>/</td><td></td><td></td></tr>
<tr><td>建筑结构安全等级为一级，大跨度钢结构中主要受力构件所采用的钢材</td><td>/</td><td></td><td></td></tr>
<tr><td>设计有复验要求的钢材</td><td>/</td><td></td><td></td></tr>
<tr><td>对质量有疑义的钢材</td><td>/</td><td></td><td></td></tr>
<tr><td rowspan="5">一般项目</td><td>1</td><td colspan="2">厚度</td><td>第4.2.3条</td><td>/</td><td></td><td></td></tr>
<tr><td>2</td><td colspan="2">型钢规格尺寸</td><td>第4.2.4条</td><td>/</td><td></td><td></td></tr>
<tr><td rowspan="3">3</td><td rowspan="3">表面外观质量</td><td>有锈蚀、麻点或划痕等缺陷时</td><td>深度不得大于该钢材厚度负允许偏差值的1/2</td><td>/</td><td></td><td></td></tr>
<tr><td>锈蚀等级</td><td>符合GB 8923规定的C级及以上</td><td>/</td><td></td><td></td></tr>
<tr><td>端边或断口处</td><td>不应有分层、夹渣等缺陷</td><td>/</td><td></td><td></td></tr>
<tr><td colspan="3">施工单位检查结果</td><td colspan="5">专业工长：　　　　项目专业质量检查员：　　　　年　　月　　日</td></tr>
<tr><td colspan="3">监理单位验收结论</td><td colspan="5">专业监理工程师：　　　　年　　月　　日</td></tr>
</table>

7.1.4.2 市政验·通-133 焊接材料检验批质量验收记录

市政基础设施工程

焊接材料检验批质量验收记录

市政验·通-133

第　　页，共　　页

<table>
<tr><td colspan="3">工程名称</td><td colspan="5"></td></tr>
<tr><td colspan="3">单位工程名称</td><td colspan="5"></td></tr>
<tr><td colspan="3">施工单位</td><td></td><td colspan="2">分包单位</td><td colspan="2"></td></tr>
<tr><td colspan="3">项目负责人</td><td></td><td colspan="2">项目技术负责人</td><td colspan="2"></td></tr>
<tr><td colspan="3">分部（子分部）工程名称</td><td></td><td colspan="2">分项工程名称</td><td colspan="2"></td></tr>
<tr><td colspan="3">验收部位/区段</td><td></td><td colspan="2">检验批容量</td><td colspan="2"></td></tr>
<tr><td colspan="3">施工及验收依据</td><td colspan="5">《钢结构工程施工质量验收规范》GB 50205</td></tr>
<tr><td colspan="3">验收项目</td><td>设计要求或规范规定</td><td>最小/实际抽样数量</td><td colspan="2">检查记录</td><td>检查结果</td></tr>
<tr><td rowspan="4">主控项目</td><td>1</td><td>钢材、钢铸件的品种、规格、性能</td><td>第4.3.1条</td><td>/</td><td colspan="2"></td><td></td></tr>
<tr><td>2</td><td>重要钢结构采用的焊接材料抽样复验</td><td>第4.3.2条</td><td>/</td><td colspan="2"></td><td></td></tr>
<tr><td></td><td></td><td></td><td></td><td colspan="2"></td><td></td></tr>
<tr><td></td><td></td><td></td><td></td><td colspan="2"></td><td></td></tr>
<tr><td rowspan="5">一般项目</td><td>1</td><td>焊钉及焊接瓷环的规格、尺寸及偏差</td><td>符合GB 10433</td><td>/</td><td colspan="2"></td><td></td></tr>
<tr><td>2</td><td>焊条外观</td><td>不应有药皮脱落、焊芯生锈等缺陷</td><td>/</td><td colspan="2"></td><td></td></tr>
<tr><td>3</td><td>焊剂</td><td>不应受潮结块</td><td>/</td><td colspan="2"></td><td></td></tr>
<tr><td></td><td></td><td></td><td></td><td colspan="2"></td><td></td></tr>
<tr><td></td><td></td><td></td><td></td><td colspan="2"></td><td></td></tr>
<tr><td colspan="2">施工单位检查结果</td><td colspan="6">专业工长：　　　　项目专业质量检查员：　　　　年　月　日</td></tr>
<tr><td colspan="2">监理单位验收结论</td><td colspan="6">专业监理工程师：　　　　年　月　日</td></tr>
</table>

7.1.4.3 市政验·通-134 连接用紧固标准件检验批质量验收记录

市政基础设施工程

连接用紧固标准件检验批质量验收记录

市政验·通-134

第　　页，共　　页

<table>
<tr><td colspan="3">工程名称</td><td colspan="5"></td></tr>
<tr><td colspan="3">单位工程名称</td><td colspan="5"></td></tr>
<tr><td colspan="3">施工单位</td><td></td><td colspan="2">分包单位</td><td colspan="2"></td></tr>
<tr><td colspan="3">项目负责人</td><td></td><td colspan="2">项目技术负责人</td><td colspan="2"></td></tr>
<tr><td colspan="3">分部（子分部）工程名称</td><td></td><td colspan="2">分项工程名称</td><td colspan="2"></td></tr>
<tr><td colspan="3">验收部位/区段</td><td></td><td colspan="2">检验批容量</td><td colspan="2"></td></tr>
<tr><td colspan="3">施工及验收依据</td><td colspan="5">《钢结构工程施工质量验收规范》GB 50205</td></tr>
<tr><td colspan="4">验收项目</td><td>设计要求或规范规定</td><td>最小/实际抽样数量</td><td>检查记录</td><td>检查结果</td></tr>
<tr><td rowspan="5">主控项目</td><td>1</td><td colspan="2">钢结构连击标准配件，其品种、规格、性能</td><td>第4.4.1条</td><td>/</td><td></td><td></td></tr>
<tr><td>2</td><td colspan="2">高强度大六角头螺栓连接副的扭矩系数</td><td>第4.4.2条</td><td>/</td><td></td><td></td></tr>
<tr><td>3</td><td colspan="2">扭剪型高强度螺栓连接副检验预拉力</td><td>第4.4.3条</td><td>/</td><td></td><td></td></tr>
<tr><td></td><td colspan="2"></td><td></td><td></td><td></td><td></td></tr>
<tr><td></td><td colspan="2"></td><td></td><td></td><td></td><td></td></tr>
<tr><td rowspan="5">一般项目</td><td>1</td><td colspan="2">高强度螺栓连接副及包装箱</td><td>第4.4.4条</td><td>/</td><td></td><td></td></tr>
<tr><td>2</td><td colspan="2">高强度螺栓表面硬度试验</td><td>第4.4.5条</td><td>/</td><td></td><td></td></tr>
<tr><td></td><td colspan="2"></td><td></td><td></td><td></td><td></td></tr>
<tr><td></td><td colspan="2"></td><td></td><td></td><td></td><td></td></tr>
<tr><td></td><td colspan="2"></td><td></td><td></td><td></td><td></td></tr>
<tr><td colspan="2">施工单位检查结果</td><td colspan="6">专业工长：　　　　项目专业质量检查员：　　　　年　　月　　日</td></tr>
<tr><td colspan="2">监理单位验收结论</td><td colspan="6">专业监理工程师：　　　　年　　月　　日</td></tr>
</table>

7.1.4.4 市政验·通-135 焊接球检验批质量验收记录

市政基础设施工程

焊接球检验批质量验收记录

市政验·通-135

第　页，共　页

<table>
<tr><td colspan="3">工程名称</td><td colspan="5"></td></tr>
<tr><td colspan="3">单位工程名称</td><td colspan="5"></td></tr>
<tr><td colspan="3">施工单位</td><td></td><td colspan="2">分包单位</td><td colspan="2"></td></tr>
<tr><td colspan="3">项目负责人</td><td></td><td colspan="2">项目技术负责人</td><td colspan="2"></td></tr>
<tr><td colspan="3">分部（子分部）工程名称</td><td></td><td colspan="2">分项工程名称</td><td colspan="2"></td></tr>
<tr><td colspan="3">验收部位/区段</td><td></td><td colspan="2">检验批容量</td><td colspan="2"></td></tr>
<tr><td colspan="3">施工及验收依据</td><td colspan="5">《钢结构工程施工质量验收规范》GB 50205</td></tr>
<tr><td colspan="3">验收项目</td><td>设计要求或规范规定</td><td>最小/实际抽样数量</td><td>检查记录</td><td colspan="2">检查结果</td></tr>
<tr><td rowspan="5">主控项目</td><td>1</td><td>焊接球及制造焊接球所采用的原材料，其品种、规格、性能等</td><td>第 4.5.1 条</td><td>/</td><td></td><td colspan="2"></td></tr>
<tr><td>2</td><td>焊接球焊缝无损检验</td><td>第 4.5.2 条</td><td>/</td><td></td><td colspan="2"></td></tr>
<tr><td></td><td></td><td></td><td></td><td></td><td colspan="2"></td></tr>
<tr><td></td><td></td><td></td><td></td><td></td><td colspan="2"></td></tr>
<tr><td></td><td></td><td></td><td></td><td></td><td colspan="2"></td></tr>
<tr><td rowspan="5">一般项目</td><td>1</td><td>焊接球直径、圆度、壁厚减薄量等尺寸及允许偏差</td><td>第 4.5.3 条</td><td>/</td><td></td><td colspan="2"></td></tr>
<tr><td>2</td><td>焊接球表面</td><td>第 4.5.4 条</td><td>/</td><td></td><td colspan="2"></td></tr>
<tr><td></td><td></td><td></td><td></td><td></td><td colspan="2"></td></tr>
<tr><td></td><td></td><td></td><td></td><td></td><td colspan="2"></td></tr>
<tr><td></td><td></td><td></td><td></td><td></td><td colspan="2"></td></tr>
<tr><td colspan="2">施工单位检查结果</td><td colspan="6">专业工长：　　　　项目专业质量检查员：　　　　年　月　日</td></tr>
<tr><td colspan="2">监理单位验收结论</td><td colspan="6">专业监理工程师：　　　　年　月　日</td></tr>
</table>

7.1.4.5 市政验·通-136 螺栓球检验批质量验收记录

市政基础设施工程

螺栓球检验批质量验收记录

市政验·通-136

第　　页，共　　页

<table>
<tr><td colspan="3">工程名称</td><td colspan="5"></td></tr>
<tr><td colspan="3">单位工程名称</td><td colspan="5"></td></tr>
<tr><td colspan="3">施工单位</td><td></td><td colspan="2">分包单位</td><td colspan="2"></td></tr>
<tr><td colspan="3">项目负责人</td><td></td><td colspan="2">项目技术负责人</td><td colspan="2"></td></tr>
<tr><td colspan="3">分部（子分部）工程名称</td><td></td><td colspan="2">分项工程名称</td><td colspan="2"></td></tr>
<tr><td colspan="3">验收部位/区段</td><td></td><td colspan="2">检验批容量</td><td colspan="2"></td></tr>
<tr><td colspan="3">施工及验收依据</td><td colspan="5">《钢结构工程施工质量验收规范》GB 50205</td></tr>
<tr><td colspan="4">验收项目</td><td>设计要求或规范规定</td><td>最小/实际抽样数量</td><td>检查记录</td><td>检查结果</td></tr>
<tr><td rowspan="5">主控项目</td><td>1</td><td colspan="2">螺栓球及制造螺栓球所采用的原材料，其品种、规格、性能等</td><td>第 4.6.1 条</td><td>/</td><td></td><td></td></tr>
<tr><td>2</td><td colspan="2">焊接球不得有过烧、裂纹及皱褶</td><td>第 4.6.2 条</td><td>/</td><td></td><td></td></tr>
<tr><td>3</td><td colspan="2">螺栓球螺纹尺寸和螺纹公差</td><td>第 4.6.3 条</td><td>/</td><td></td><td></td></tr>
<tr><td>4</td><td colspan="2">螺栓球直径、圆度、相邻两螺栓孔中心线夹角等尺寸及允许偏差</td><td>第 4.6.4 条</td><td>/</td><td></td><td></td></tr>
<tr><td></td><td colspan="2"></td><td></td><td></td><td></td><td></td></tr>
<tr><td rowspan="5">一般项目</td><td></td><td colspan="2"></td><td></td><td></td><td></td><td></td></tr>
<tr><td></td><td colspan="2"></td><td></td><td></td><td></td><td></td></tr>
<tr><td></td><td colspan="2"></td><td></td><td></td><td></td><td></td></tr>
<tr><td></td><td colspan="2"></td><td></td><td></td><td></td><td></td></tr>
<tr><td></td><td colspan="2"></td><td></td><td></td><td></td><td></td></tr>
<tr><td colspan="2">施工单位
检查结果</td><td colspan="6">专业工长：　　　　项目专业质量检查员：　　　　年　　月　　日</td></tr>
<tr><td colspan="2">监理单位
验收结论</td><td colspan="6">专业监理工程师：　　　　年　　月　　日</td></tr>
</table>

7.1.4.6 市政验·通-137 封板、锥头和套筒检验批质量验收记录

市政基础设施工程

封板、锥头和套筒检验批质量验收记录

市政验·通-137

第　　页，共　　页

<table>
<tr><td colspan="3">工程名称</td><td colspan="5"></td></tr>
<tr><td colspan="3">单位工程名称</td><td colspan="5"></td></tr>
<tr><td colspan="3">施工单位</td><td></td><td colspan="2">分包单位</td><td colspan="2"></td></tr>
<tr><td colspan="3">项目负责人</td><td></td><td colspan="2">项目技术负责人</td><td colspan="2"></td></tr>
<tr><td colspan="3">分部（子分部）工程名称</td><td></td><td colspan="2">分项工程名称</td><td colspan="2"></td></tr>
<tr><td colspan="3">验收部位/区段</td><td></td><td colspan="2">检验批容量</td><td colspan="2"></td></tr>
<tr><td colspan="3">施工及验收依据</td><td colspan="5">《钢结构工程施工质量验收规范》GB 50205</td></tr>
<tr><td colspan="4">验收项目</td><td>设计要求或规范规定</td><td>最小/实际抽样数量</td><td>检查记录</td><td>检查结果</td></tr>
<tr><td rowspan="5">主控项目</td><td>1</td><td colspan="2">封板、锥头和套筒及制造封板、锥头和套筒所采用的原材料，其品种、规格、性能等</td><td>第 4.7.1 条</td><td>/</td><td></td><td></td></tr>
<tr><td>2</td><td colspan="2">封板、锥头和套筒外观</td><td>不得有裂纹、过烧及氧化皮
第 4.7.2 条</td><td>/</td><td></td><td></td></tr>
<tr><td></td><td colspan="2"></td><td></td><td></td><td></td><td></td></tr>
<tr><td></td><td colspan="2"></td><td></td><td></td><td></td><td></td></tr>
<tr><td></td><td colspan="2"></td><td></td><td></td><td></td><td></td></tr>
<tr><td rowspan="4">一般项目</td><td></td><td colspan="2"></td><td></td><td></td><td></td><td></td></tr>
<tr><td></td><td colspan="2"></td><td></td><td></td><td></td><td></td></tr>
<tr><td></td><td colspan="2"></td><td></td><td></td><td></td><td></td></tr>
<tr><td></td><td colspan="2"></td><td></td><td></td><td></td><td></td></tr>
<tr><td colspan="2">施工单位检查结果</td><td colspan="6">专业工长：　　　　项目专业质量检查员：　　　　年　　月　　日</td></tr>
<tr><td colspan="2">监理单位验收结论</td><td colspan="6">专业监理工程师：　　　　年　　月　　日</td></tr>
</table>

7.1.4.7 市政验·通-138 金属压型板检验批质量验收记录

市政基础设施工程

金属压型板检验批质量验收记录

市政验·通-138

第 页，共 页

<table>
<tr><td colspan="3">工程名称</td><td colspan="5"></td></tr>
<tr><td colspan="3">单位工程名称</td><td colspan="5"></td></tr>
<tr><td colspan="3">施工单位</td><td></td><td colspan="2">分包单位</td><td colspan="2"></td></tr>
<tr><td colspan="3">项目负责人</td><td></td><td colspan="2">项目技术负责人</td><td colspan="2"></td></tr>
<tr><td colspan="3">分部（子分部）工程名称</td><td></td><td colspan="2">分项工程名称</td><td colspan="2"></td></tr>
<tr><td colspan="3">验收部位/区段</td><td></td><td colspan="2">检验批容量</td><td colspan="2"></td></tr>
<tr><td colspan="3">施工及验收依据</td><td colspan="5">《钢结构工程施工质量验收规范》GB 50205</td></tr>
<tr><td colspan="4">验收项目</td><td>设计要求或规范规定</td><td>最小/实际抽样数量</td><td>检查记录</td><td>检查结果</td></tr>
<tr><td rowspan="4">主控项目</td><td>1</td><td colspan="2">原材料，其品种、规格、性能等</td><td>第4.8.1条</td><td>/</td><td></td><td></td></tr>
<tr><td>2</td><td colspan="2">压型金属泛水板、包角板和零配件的品种、规格以及防水密封材料的性能</td><td>第4.8.2条</td><td>/</td><td></td><td></td></tr>
<tr><td></td><td colspan="2"></td><td></td><td></td><td></td><td></td></tr>
<tr><td></td><td colspan="2"></td><td></td><td></td><td></td><td></td></tr>
<tr><td rowspan="5">一般项目</td><td>1</td><td colspan="2">规格尺寸及允许偏差、表面质量、涂层质量</td><td>第4.8.3条</td><td>/</td><td></td><td></td></tr>
<tr><td></td><td colspan="2"></td><td></td><td></td><td></td><td></td></tr>
<tr><td></td><td colspan="2"></td><td></td><td></td><td></td><td></td></tr>
<tr><td></td><td colspan="2"></td><td></td><td></td><td></td><td></td></tr>
<tr><td></td><td colspan="2"></td><td></td><td></td><td></td><td></td></tr>
<tr><td colspan="2">施工单位检查结果</td><td colspan="6">专业工长： 项目专业质量检查员： 年 月 日</td></tr>
<tr><td colspan="2">监理单位验收结论</td><td colspan="6">专业监理工程师： 年 月 日</td></tr>
</table>

7.1.4.8 市政验·通-139 涂装材料检验批质量验收记录

市政基础设施工程

涂装材料检验批质量验收记录

市政验·通-139

第　　页，共　　页

<table>
<tr><td colspan="3">工程名称</td><td colspan="5"></td></tr>
<tr><td colspan="3">单位工程名称</td><td colspan="5"></td></tr>
<tr><td colspan="3">施工单位</td><td></td><td colspan="2">分包单位</td><td colspan="2"></td></tr>
<tr><td colspan="3">项目负责人</td><td></td><td colspan="2">项目技术负责人</td><td colspan="2"></td></tr>
<tr><td colspan="3">分部（子分部）工程名称</td><td></td><td colspan="2">分项工程名称</td><td colspan="2"></td></tr>
<tr><td colspan="3">验收部位/区段</td><td></td><td colspan="2">检验批容量</td><td colspan="2"></td></tr>
<tr><td colspan="3">施工及验收依据</td><td colspan="5">《钢结构工程施工质量验收规范》GB 50205</td></tr>
<tr><td colspan="3">验收项目</td><td>设计要求或规范规定</td><td>最小/实际抽样数量</td><td>检查记录</td><td colspan="2">检查结果</td></tr>
<tr><td rowspan="5">主控项目</td><td>1</td><td>钢结构防腐涂料、稀释剂和固化剂等材料的品种、规格、性能等</td><td>第4.9.1条</td><td>/</td><td></td><td colspan="2"></td></tr>
<tr><td>2</td><td>钢结构防火涂料的品种和技术性能</td><td>第4.9.2条</td><td>/</td><td></td><td colspan="2"></td></tr>
<tr><td></td><td></td><td></td><td></td><td></td><td colspan="2"></td></tr>
<tr><td></td><td></td><td></td><td></td><td></td><td colspan="2"></td></tr>
<tr><td></td><td></td><td></td><td></td><td></td><td colspan="2"></td></tr>
<tr><td rowspan="5">一般项目</td><td>1</td><td>防腐涂料和防火涂料的型号、名称、颜色及有效期</td><td>第4.9.3条</td><td></td><td></td><td colspan="2"></td></tr>
<tr><td></td><td></td><td></td><td></td><td></td><td colspan="2"></td></tr>
<tr><td></td><td></td><td></td><td></td><td></td><td colspan="2"></td></tr>
<tr><td></td><td></td><td></td><td></td><td></td><td colspan="2"></td></tr>
<tr><td></td><td></td><td></td><td></td><td></td><td colspan="2"></td></tr>
<tr><td colspan="2">施工单位检查结果</td><td colspan="6">专业工长：　　　　项目专业质量检查员：　　　　年　　月　　日</td></tr>
<tr><td colspan="2">监理单位验收结论</td><td colspan="6">专业监理工程师：　　　　年　　月　　日</td></tr>
</table>

7.1.4.9 市政验·通-140 钢构件焊接工程检验批质量验收记录

市政基础设施工程

钢构件焊接工程检验批质量验收记录

市政验·通-140

第　　页，共　　页

<table>
<tr><td colspan="3">工程名称</td><td colspan="5"></td></tr>
<tr><td colspan="3">单位工程名称</td><td colspan="5"></td></tr>
<tr><td colspan="3">施工单位</td><td></td><td>分包单位</td><td colspan="3"></td></tr>
<tr><td colspan="3">项目负责人</td><td></td><td>项目技术负责人</td><td colspan="3"></td></tr>
<tr><td colspan="3">分部（子分部）工程名称</td><td></td><td>分项工程名称</td><td colspan="3"></td></tr>
<tr><td colspan="3">验收部位/区段</td><td></td><td>检验批容量</td><td colspan="3"></td></tr>
<tr><td colspan="3">施工及验收依据</td><td colspan="5">《钢结构工程施工质量验收规范》GB 50205</td></tr>
<tr><td colspan="4">验收项目</td><td>设计要求或规范规定</td><td>最小/实际抽样数量</td><td>检查记录</td><td>检查结果</td></tr>
<tr><td rowspan="6">主控项目</td><td>1</td><td colspan="2">材料匹配</td><td>第5.2.1条</td><td>/</td><td></td><td></td></tr>
<tr><td>2</td><td colspan="2">焊工证书</td><td>第5.2.2条</td><td>/</td><td></td><td></td></tr>
<tr><td>3</td><td colspan="2">焊接工艺评定</td><td>第5.2.3条</td><td>/</td><td></td><td></td></tr>
<tr><td>4</td><td colspan="2">内部缺陷</td><td>第5.2.4条</td><td>/</td><td></td><td></td></tr>
<tr><td>5</td><td colspan="2">组合焊缝尺寸</td><td>第5.2.5条</td><td>/</td><td></td><td></td></tr>
<tr><td>6</td><td colspan="2">焊缝表面缺陷</td><td>第5.2.6条</td><td>/</td><td></td><td></td></tr>
<tr><td rowspan="5">一般项目</td><td>1</td><td colspan="2">预热后和后热处理</td><td>第5.2.7条</td><td>/</td><td></td><td></td></tr>
<tr><td>2</td><td colspan="2">焊缝外观质量</td><td>第5.2.8条</td><td>/</td><td></td><td></td></tr>
<tr><td>3</td><td colspan="2">焊缝尺寸偏差</td><td>第5.2.9条</td><td>/</td><td></td><td></td></tr>
<tr><td>4</td><td colspan="2">凹形角焊缝</td><td>第5.2.10条</td><td>/</td><td></td><td></td></tr>
<tr><td>5</td><td colspan="2">焊缝观感</td><td>第5.2.11条</td><td>/</td><td></td><td></td></tr>
<tr><td colspan="2">施工单位检查结果</td><td colspan="6">专业工长：　　　　项目专业质量检查员：　　　　年　月　日</td></tr>
<tr><td colspan="2">监理单位验收结论</td><td colspan="6">专业监理工程师：　　　　年　月　日</td></tr>
</table>

7.1.4.10 市政验·通-141 焊钉（栓钉）焊接工程检验批质量验收记录

市政基础设施工程

焊钉（栓钉）焊接工程检验批质量验收记录

市政验·通-141

第　　页，共　　页

<table>
<tr><td colspan="3">工程名称</td><td colspan="5"></td></tr>
<tr><td colspan="3">单位工程名称</td><td colspan="5"></td></tr>
<tr><td colspan="3">施工单位</td><td colspan="2"></td><td colspan="2">分包单位</td><td></td></tr>
<tr><td colspan="3">项目负责人</td><td colspan="2"></td><td colspan="2">项目技术负责人</td><td></td></tr>
<tr><td colspan="3">分部（子分部）工程名称</td><td colspan="2"></td><td colspan="2">分项工程名称</td><td></td></tr>
<tr><td colspan="3">验收部位/区段</td><td colspan="2"></td><td colspan="2">检验批容量</td><td></td></tr>
<tr><td colspan="3">施工及验收依据</td><td colspan="5">《钢结构工程施工质量验收规范》GB 50205</td></tr>
<tr><td colspan="4">验收项目</td><td>设计要求或规范规定</td><td>最小/实际抽样数量</td><td>检查记录</td><td>检查结果</td></tr>
<tr><td rowspan="3">主控项目</td><td>1</td><td colspan="2">焊接工艺评定</td><td>第5.3.1条</td><td>/</td><td></td><td></td></tr>
<tr><td>2</td><td colspan="2">焊后弯曲试验</td><td>第5.3.2条</td><td>/</td><td></td><td></td></tr>
<tr><td></td><td colspan="2"></td><td></td><td></td><td></td><td></td></tr>
<tr><td rowspan="5">一般项目</td><td>1</td><td colspan="2">焊缝外观质量</td><td>第5.3.3条</td><td>/</td><td></td><td></td></tr>
<tr><td></td><td colspan="2"></td><td></td><td></td><td></td><td></td></tr>
<tr><td></td><td colspan="2"></td><td></td><td></td><td></td><td></td></tr>
<tr><td></td><td colspan="2"></td><td></td><td></td><td></td><td></td></tr>
<tr><td></td><td colspan="2"></td><td></td><td></td><td></td><td></td></tr>
<tr><td colspan="2">施工单位检查结果</td><td colspan="6">专业工长：　　　　项目专业质量检查员：　　　　年　　月　　日</td></tr>
<tr><td colspan="2">监理单位验收结论</td><td colspan="6">专业监理工程师：　　　　年　　月　　日</td></tr>
</table>

7.1.4.11 市政验·通-142 普通紧固件连接检验批质量验收记录

市政基础设施工程

普通紧固件连接检验批质量验收记录

市政验·通-142

第 页，共 页

<table>
<tr><td colspan="3">工程名称</td><td colspan="5"></td></tr>
<tr><td colspan="3">单位工程名称</td><td colspan="5"></td></tr>
<tr><td colspan="3">施工单位</td><td></td><td colspan="2">分包单位</td><td colspan="2"></td></tr>
<tr><td colspan="3">项目负责人</td><td></td><td colspan="2">项目技术负责人</td><td colspan="2"></td></tr>
<tr><td colspan="3">分部（子分部）工程名称</td><td></td><td colspan="2">分项工程名称</td><td colspan="2"></td></tr>
<tr><td colspan="3">验收部位/区段</td><td></td><td colspan="2">检验批容量</td><td colspan="2"></td></tr>
<tr><td colspan="3">施工及验收依据</td><td colspan="5">《钢结构工程施工质量验收规范》GB 50205</td></tr>
<tr><td colspan="4">验收项目</td><td>设计要求或规范规定</td><td>最小/实际抽样数量</td><td>检查记录</td><td>检查结果</td></tr>
<tr><td rowspan="4">主控项目</td><td>1</td><td colspan="2">连螺栓实物复验</td><td>第 6.2.1 条</td><td>/</td><td></td><td></td></tr>
<tr><td>2</td><td colspan="2">匹配及间距</td><td>第 6.2.2 条</td><td>/</td><td></td><td></td></tr>
<tr><td></td><td colspan="2"></td><td></td><td></td><td></td><td></td></tr>
<tr><td></td><td colspan="2"></td><td></td><td></td><td></td><td></td></tr>
<tr><td rowspan="5">一般项目</td><td>1</td><td colspan="2">螺栓紧固</td><td>第 6.2.3 条</td><td>/</td><td></td><td></td></tr>
<tr><td>2</td><td colspan="2">外观质量</td><td>第 6.2.4 条</td><td>/</td><td></td><td></td></tr>
<tr><td></td><td colspan="2"></td><td></td><td></td><td></td><td></td></tr>
<tr><td></td><td colspan="2"></td><td></td><td></td><td></td><td></td></tr>
<tr><td></td><td colspan="2"></td><td></td><td></td><td></td><td></td></tr>
<tr><td colspan="2">施工单位
检查结果</td><td colspan="6">专业工长： 项目专业质量检查员： 年 月 日</td></tr>
<tr><td colspan="2">监理单位
验收结论</td><td colspan="6">专业监理工程师： 年 月 日</td></tr>
</table>

7.1.4.12　市政验·通-143　高强度螺栓连接检验批质量验收记录

市政基础设施工程

高强度螺栓连接检验批质量验收记录

市政验·通-143

第　　页，共　　页

<table>
<tr><td colspan="3">工程名称</td><td colspan="5"></td></tr>
<tr><td colspan="3">单位工程名称</td><td colspan="5"></td></tr>
<tr><td colspan="3">施工单位</td><td></td><td colspan="2">分包单位</td><td colspan="2"></td></tr>
<tr><td colspan="3">项目负责人</td><td></td><td colspan="2">项目技术负责人</td><td colspan="2"></td></tr>
<tr><td colspan="3">分部（子分部）工程名称</td><td></td><td colspan="2">分项工程名称</td><td colspan="2"></td></tr>
<tr><td colspan="3">验收部位/区段</td><td></td><td colspan="2">检验批容量</td><td colspan="2"></td></tr>
<tr><td colspan="3">施工及验收依据</td><td colspan="5">《钢结构工程施工质量验收规范》GB 50205</td></tr>
<tr><td colspan="3">验收项目</td><td>设计要求或规范规定</td><td>最小/实际抽样数量</td><td>检查记录</td><td colspan="2">检查结果</td></tr>
<tr><td rowspan="2">主控项目</td><td>1</td><td>抗滑移系数试验</td><td>第6.3.2条或第6.3.3条</td><td>/</td><td></td><td colspan="2"></td></tr>
<tr><td>2</td><td>终拧扭矩</td><td>第6.3.4条</td><td>/</td><td></td><td colspan="2"></td></tr>
<tr><td rowspan="5">一般项目</td><td>1</td><td>初拧、复拧扭矩</td><td>第6.3.4条</td><td>/</td><td></td><td colspan="2"></td></tr>
<tr><td>2</td><td>连接外观质量</td><td>第6.3.5条</td><td>/</td><td></td><td colspan="2"></td></tr>
<tr><td>3</td><td>摩擦面外观</td><td>第6.3.6条</td><td>/</td><td></td><td colspan="2"></td></tr>
<tr><td>4</td><td>扩孔</td><td>第6.3.7条</td><td>/</td><td></td><td colspan="2"></td></tr>
<tr><td>5</td><td>网架螺栓紧固</td><td>第6.3.8条</td><td>/</td><td></td><td colspan="2"></td></tr>
<tr><td colspan="2">施工单位检查结果</td><td colspan="6">专业工长：　　　　项目专业质量检查员：　　　　年　月　日</td></tr>
<tr><td colspan="2">监理单位验收结论</td><td colspan="6">专业监理工程师：　　　　年　月　日</td></tr>
</table>

7.1.4.13 市政验·通-144 钢零部件加工检验批质量验收记录

市政基础设施工程

钢零部件加工检验批质量验收记录

市政验·通-144

第 页，共 页

<table>
<tr><td colspan="3">工程名称</td><td colspan="5"></td></tr>
<tr><td colspan="3">单位工程名称</td><td colspan="5"></td></tr>
<tr><td colspan="3">施工单位</td><td></td><td colspan="2">分包单位</td><td colspan="2"></td></tr>
<tr><td colspan="3">项目负责人</td><td></td><td colspan="2">项目技术负责人</td><td colspan="2"></td></tr>
<tr><td colspan="3">分部（子分部）工程名称</td><td></td><td colspan="2">分项工程名称</td><td colspan="2"></td></tr>
<tr><td colspan="3">验收部位/区段</td><td></td><td colspan="2">检验批容量</td><td colspan="2"></td></tr>
<tr><td colspan="3">施工及验收依据</td><td colspan="5">《钢结构工程施工质量验收规范》GB 50205</td></tr>
<tr><td colspan="3">验收项目</td><td>设计要求或规范规定</td><td>最小/实际抽样数量</td><td>检查记录</td><td colspan="2">检查结果</td></tr>
<tr><td rowspan="7">主控项目</td><td>1</td><td>切面质量</td><td>第7.2.1条</td><td>/</td><td></td><td colspan="2"></td></tr>
<tr><td>2</td><td>矫正和成型</td><td>第7.2.1条和第7.3.2条、第7.3.1条</td><td>/</td><td></td><td colspan="2"></td></tr>
<tr><td>3</td><td>边缘加工</td><td>第7.4.1条</td><td>/</td><td></td><td colspan="2"></td></tr>
<tr><td>4</td><td>螺栓球、焊接球加工</td><td>第7.5.1条和第7.5.2条</td><td>/</td><td></td><td colspan="2"></td></tr>
<tr><td>5</td><td>制孔</td><td>第7.6.1条</td><td>/</td><td></td><td colspan="2"></td></tr>
<tr><td></td><td></td><td></td><td></td><td></td><td colspan="2"></td></tr>
<tr><td></td><td></td><td></td><td></td><td></td><td colspan="2"></td></tr>
<tr><td rowspan="8">一般项目</td><td>1</td><td>切割精度</td><td>第7.2.2条或第7.2.3条</td><td>/</td><td></td><td colspan="2"></td></tr>
<tr><td>2</td><td>矫正质量</td><td>第7.3.3条、第7.3.4条和第7.3.5条</td><td>/</td><td></td><td colspan="2"></td></tr>
<tr><td>3</td><td>边缘加工精度</td><td>第7.4.2条</td><td>/</td><td></td><td colspan="2"></td></tr>
<tr><td>4</td><td>螺栓球、焊接球加工精度</td><td>第7.5.3条和第7.5.4条</td><td>/</td><td></td><td colspan="2"></td></tr>
<tr><td>5</td><td>管件加工精度</td><td>第7.5.5条</td><td>/</td><td></td><td colspan="2"></td></tr>
<tr><td>6</td><td>制孔精度</td><td>第7.6.2条和第7.6.3条</td><td>/</td><td></td><td colspan="2"></td></tr>
<tr><td></td><td></td><td></td><td></td><td></td><td colspan="2"></td></tr>
<tr><td></td><td></td><td></td><td></td><td></td><td colspan="2"></td></tr>
<tr><td colspan="2">施工单位检查结果</td><td colspan="6">专业工长： 项目专业质量检查员： 年 月 日</td></tr>
<tr><td colspan="2">监理单位验收结论</td><td colspan="6">专业监理工程师： 年 月 日</td></tr>
</table>

7.1.4.14　市政验·通-145　焊接H型钢检验批质量验收记录

市政基础设施工程

焊接H型钢检验批质量验收记录

市政验·通-145

第　　页，共　　页

工程名称			
单位工程名称			
施工单位		分包单位	
项目负责人		项目技术负责人	
分部（子分部）工程名称		分项工程名称	
验收部位/区段		检验批容量	
施工及验收依据	《钢结构工程施工质量验收规范》GB 50205		

验收项目					设计要求或规范规定	最小/实际抽样数量	检查记录	检查结果
主控项目								
一般项目	1	焊接H型钢接缝			第8.2.1条	/		
	2	焊接H型钢精度			第8.2.2条	/		
	3	焊接H型钢允许偏差	翼缘板拼接缝和腹板拼接缝	间距（mm）	＞200	/		
	4		翼缘板拼接	长度（mm）	＞2倍板宽	/		
	5		腹板拼接（mm）	宽度（mm）	＞300	/		
	6			长度（mm）	＞600	/		
	7		截面高度 h（mm）	$h<500$	±2.0	/		
	8			$500<h<1000$	±3.0	/		
	9			$H>1000$	±4.0	/		
	10		截面宽度 b（mm）		±3.0	/		
	11		腹板中心偏移（mm）		2.0	/		
	12		翼缘板垂直度 Δ（mm）		$b/100$ 且不应大于3.0	/		
	13		弯曲矢高（受压构件除外）（mm）		$L/1000$，且不应大于10.0	/		
	14		扭曲（mm）		$H/250$，且不应大于5.0	/		
	15		腹板局部平面度 f（mm）	$t<14$	3.0	/		
				$t\geqslant14$	2.0	/		
施工单位检查结果	专业工长：　　项目专业质量检查员：　　年　月　日							
监理单位验收结论	专业监理工程师：　　年　月　日							

7.1.4.15 市政验·通-146 钢构件组装检验批质量验收记录

市政基础设施工程

钢构件组装检验批质量验收记录

市政验·通-146

第 页，共 页

<table>
<tr><td colspan="3">工程名称</td><td colspan="4"></td></tr>
<tr><td colspan="3">单位工程名称</td><td colspan="4"></td></tr>
<tr><td colspan="3">施工单位</td><td></td><td colspan="2">分包单位</td><td></td></tr>
<tr><td colspan="3">项目负责人</td><td></td><td colspan="2">项目技术负责人</td><td></td></tr>
<tr><td colspan="3">分部（子分部）工程名称</td><td></td><td colspan="2">分项工程名称</td><td></td></tr>
<tr><td colspan="3">验收部位/区段</td><td></td><td colspan="2">检验批容量</td><td></td></tr>
<tr><td colspan="3">施工及验收依据</td><td colspan="4">《钢结构工程施工质量验收规范》GB 50205</td></tr>
<tr><td colspan="3">验收项目</td><td>设计要求或规范规定</td><td>最小/实际抽样数量</td><td>检查记录</td><td>检查结果</td></tr>
<tr><td rowspan="5">主控项目</td><td>1</td><td>吊车梁和（桁架）</td><td>第 8.3.1 条</td><td>/</td><td></td><td></td></tr>
<tr><td>2</td><td>端部铣平精度</td><td>第 8.4.1 条</td><td>/</td><td></td><td></td></tr>
<tr><td>3</td><td>外形尺寸</td><td>第 8.5.1 条</td><td>/</td><td></td><td></td></tr>
<tr><td></td><td></td><td></td><td></td><td></td><td></td></tr>
<tr><td></td><td></td><td></td><td></td><td></td><td></td></tr>
<tr><td rowspan="8">一般项目</td><td>1</td><td>焊接 H 型钢接缝</td><td>第 8.2.1 条</td><td>/</td><td></td><td></td></tr>
<tr><td>2</td><td>焊接 H 型钢精度</td><td>第 8.2.2 条</td><td>/</td><td></td><td></td></tr>
<tr><td>3</td><td>焊接组装精度</td><td>第 8.3.2 条</td><td>/</td><td></td><td></td></tr>
<tr><td>4</td><td>顶紧接触面</td><td>第 8.3.3 条</td><td>/</td><td></td><td></td></tr>
<tr><td>5</td><td>轴线交点错位</td><td>第 8.3.4 条</td><td>/</td><td></td><td></td></tr>
<tr><td>6</td><td>焊缝坡口精度</td><td>第 8.4.2 条</td><td>/</td><td></td><td></td></tr>
<tr><td>7</td><td>铣平面保护</td><td>第 8.4.3 条</td><td>/</td><td></td><td></td></tr>
<tr><td>8</td><td>外形尺寸</td><td>第 8.5.2 条</td><td>/</td><td></td><td></td></tr>
<tr><td colspan="2">施工单位检查结果</td><td colspan="5">专业工长： 项目专业质量检查员： 年 月 日</td></tr>
<tr><td colspan="2">监理单位验收结论</td><td colspan="5">专业监理工程师： 年 月 日</td></tr>
</table>

7.1.4.16　市政验·通-147　钢构件预拼装检验批质量验收记录

市政基础设施工程

钢构件预拼装检验批质量验收记录

市政验·通-147

第　　页，共　　页

<table>
<tr><td colspan="3">工程名称</td><td colspan="5"></td></tr>
<tr><td colspan="3">单位工程名称</td><td colspan="5"></td></tr>
<tr><td colspan="3">施工单位</td><td></td><td colspan="2">分包单位</td><td colspan="2"></td></tr>
<tr><td colspan="3">项目负责人</td><td></td><td colspan="2">项目技术负责人</td><td colspan="2"></td></tr>
<tr><td colspan="3">分部（子分部）工程名称</td><td></td><td colspan="2">分项工程名称</td><td colspan="2"></td></tr>
<tr><td colspan="3">验收部位/区段</td><td></td><td colspan="2">检验批容量</td><td colspan="2"></td></tr>
<tr><td colspan="3">施工及验收依据</td><td colspan="5">《钢结构工程施工质量验收规范》GB 50205</td></tr>
<tr><td colspan="4">验收项目</td><td>设计要求或规范规定</td><td>最小/实际抽样数量</td><td>检查记录</td><td>检查结果</td></tr>
<tr><td rowspan="5">主控项目</td><td>1</td><td colspan="2">多层板叠螺栓孔</td><td>第9.2.1条</td><td>/</td><td></td><td></td></tr>
<tr><td></td><td colspan="2"></td><td></td><td></td><td></td><td></td></tr>
<tr><td></td><td colspan="2"></td><td></td><td></td><td></td><td></td></tr>
<tr><td></td><td colspan="2"></td><td></td><td></td><td></td><td></td></tr>
<tr><td></td><td colspan="2"></td><td></td><td></td><td></td><td></td></tr>
<tr><td rowspan="5">一般项目</td><td>1</td><td colspan="2">预拼装精度</td><td>第9.2.2条</td><td>/</td><td></td><td></td></tr>
<tr><td></td><td colspan="2"></td><td></td><td></td><td></td><td></td></tr>
<tr><td></td><td colspan="2"></td><td></td><td></td><td></td><td></td></tr>
<tr><td></td><td colspan="2"></td><td></td><td></td><td></td><td></td></tr>
<tr><td></td><td colspan="2"></td><td></td><td></td><td></td><td></td></tr>
<tr><td colspan="2">施工单位检查结果</td><td colspan="6">专业工长：　　　　项目专业质量检查员：　　　　年　月　日</td></tr>
<tr><td colspan="2">监理单位验收结论</td><td colspan="6">专业监理工程师：　　　　年　月　日</td></tr>
</table>

7.1.4.17 市政验·通-148 单层钢结构基础和支承面检验批质量验收记录

市政基础设施工程

单层钢结构基础和支承面检验批质量验收记录

市政验·通-148

第 页，共 页

<table>
<tr><td colspan="5">工程名称</td><td colspan="4"></td></tr>
<tr><td colspan="5">单位工程名称</td><td colspan="4"></td></tr>
<tr><td colspan="5">施工单位</td><td></td><td colspan="2">分包单位</td><td></td></tr>
<tr><td colspan="5">项目负责人</td><td></td><td colspan="2">项目技术负责人</td><td></td></tr>
<tr><td colspan="5">分部（子分部）工程名称</td><td></td><td colspan="2">分项工程名称</td><td></td></tr>
<tr><td colspan="5">验收部位/区段</td><td></td><td colspan="2">检验批容量</td><td></td></tr>
<tr><td colspan="5">施工及验收依据</td><td colspan="4">《钢结构工程施工质量验收规范》GB 50205</td></tr>
<tr><td colspan="5">验收项目</td><td>设计要求或规范规定</td><td>最小/实际抽样数量</td><td>检查记录</td><td>检查结果</td></tr>
<tr><td rowspan="14">主控项目</td><td>1</td><td colspan="3">建筑物的定位轴线、基础轴线和标高、地脚螺栓的规格及其紧固</td><td>第 10.2.1 条</td><td>/</td><td></td><td></td></tr>
<tr><td rowspan="4">2</td><td rowspan="4">基础顶面</td><td rowspan="2">支承面</td><td>标高（mm）</td><td>±3.0</td><td>/</td><td></td><td></td></tr>
<tr><td>水平度（mm）</td><td>l/1000</td><td>/</td><td></td><td></td></tr>
<tr><td colspan="2">地脚螺栓（锚栓）中心偏移（mm）</td><td>5.0</td><td>/</td><td></td><td></td></tr>
<tr><td colspan="2">预留孔中心偏移（mm）</td><td>10.0</td><td>/</td><td></td><td></td></tr>
<tr><td rowspan="3">3</td><td colspan="2" rowspan="3">座浆垫板的允许偏差（mm）</td><td>顶面标高</td><td>0.0
−3.0</td><td>/</td><td></td><td></td></tr>
<tr><td>水平度</td><td>l/1000</td><td>/</td><td></td><td></td></tr>
<tr><td>位置</td><td>20.0</td><td>/</td><td></td><td></td></tr>
<tr><td rowspan="4">4</td><td colspan="2" rowspan="4">杯口尺寸的允许偏差（mm）</td><td>底面标高</td><td>0.0
−5.0</td><td>/</td><td></td><td></td></tr>
<tr><td>杯口深度 H</td><td>±5.0</td><td>/</td><td></td><td></td></tr>
<tr><td>杯口垂直度</td><td>H/100，且不应大于 10</td><td>/</td><td></td><td></td></tr>
<tr><td>位置</td><td>10.0</td><td>/</td><td></td><td></td></tr>
<tr><td rowspan="2">一般项目</td><td rowspan="2">1</td><td colspan="2" rowspan="2">地脚螺栓（锚栓）尺寸的偏差（mm）</td><td>螺栓（锚栓）露出长度</td><td>+30.0
0.0</td><td>/</td><td></td><td></td></tr>
<tr><td>螺纹长度</td><td>+30.0
0.0</td><td>/</td><td></td><td></td></tr>
<tr><td colspan="2">施工单位检查结果</td><td colspan="7">专业工长： 项目专业质量检查员： 年 月 日</td></tr>
<tr><td colspan="2">监理单位验收结论</td><td colspan="7">专业监理工程师： 年 月 日</td></tr>
</table>

7.1.4.18 市政验·通-149-1 单层钢结构安装和校正检验批质量验收记录（一）

市政基础设施工程

单层钢结构安装和校正检验批质量验收记录（一）

市政验·通-149-1

第　　页，共　　页

<table>
<tr><td colspan="4">工程名称</td><td colspan="5"></td></tr>
<tr><td colspan="4">单位工程名称</td><td colspan="5"></td></tr>
<tr><td colspan="4">施工单位</td><td colspan="2"></td><td colspan="2">分包单位</td><td></td></tr>
<tr><td colspan="4">项目负责人</td><td colspan="2"></td><td colspan="2">项目技术负责人</td><td></td></tr>
<tr><td colspan="4">分部（子分部）工程名称</td><td colspan="2"></td><td colspan="2">分项工程名称</td><td></td></tr>
<tr><td colspan="4">验收部位/区段</td><td colspan="2"></td><td colspan="2">检验批容量</td><td></td></tr>
<tr><td colspan="4">施工及验收依据</td><td colspan="5">《钢结构工程施工质量验收规范》GB 50205</td></tr>
<tr><td colspan="4">验收项目</td><td colspan="2">设计要求或规范规定</td><td>最小/实际抽样数量</td><td>检查记录</td><td>检查结果</td></tr>
<tr><td rowspan="8">主控项目</td><td>1</td><td colspan="2">钢构件验收</td><td colspan="2">第10.3.1条</td><td>/</td><td></td><td></td></tr>
<tr><td>2</td><td colspan="2">顶紧接触面</td><td colspan="2">第10.3.2条</td><td>/</td><td></td><td></td></tr>
<tr><td rowspan="4">3</td><td rowspan="4">钢屋（托）架、桁架、梁及受压杆件</td><td>跨中的垂直度（mm）</td><td colspan="2">$h/250$，且不应大约15.0</td><td>/</td><td></td><td></td></tr>
<tr><td rowspan="3">侧向弯曲矢高 f（mm）</td><td>$l\leqslant 30\text{m}$</td><td>$l/1000$，且不应大于10.0</td><td>/</td><td></td><td></td></tr>
<tr><td>$30\text{m}<l\leqslant 60\text{m}$</td><td>$l/1000$，且不应大于30.0</td><td>/</td><td></td><td></td></tr>
<tr><td>$L>60\text{m}$</td><td>$l/1000$，且不应大于50.0</td><td>/</td><td></td><td></td></tr>
<tr><td rowspan="2">4</td><td rowspan="2">单层钢结构</td><td>主体结构的整体垂直度（mm）</td><td colspan="2">$H/1000$，且不应大于25.0</td><td>/</td><td></td><td></td></tr>
<tr><td>主体结构的整体平面弯曲（mm）</td><td colspan="2">$L/1000$，且不应大于25.0</td><td>/</td><td></td><td></td></tr>
<tr><td colspan="2">施工单位检查结果</td><td colspan="7">专业工长：　　　项目专业质量检查员：　　　年　月　日</td></tr>
<tr><td colspan="2">监理单位验收结论</td><td colspan="7">专业监理工程师：　　　年　月　日</td></tr>
</table>

7.1.4.19 市政验·通-149-2 单层钢结构安装和校正检验批质量验收记录（二）

市政基础设施工程

单层钢结构安装和校正检验批质量验收记录（二）

市政验·通-149-2

第　　页，共　　页

<table>
<tr><td colspan="3">工程名称</td><td colspan="5"></td></tr>
<tr><td colspan="3">单位工程名称</td><td colspan="5"></td></tr>
<tr><td colspan="3">施工单位</td><td colspan="2"></td><td colspan="2">分包单位</td><td></td></tr>
<tr><td colspan="3">项目负责人</td><td colspan="2"></td><td colspan="2">项目技术负责人</td><td></td></tr>
<tr><td colspan="3">分部（子分部）工程名称</td><td colspan="2"></td><td colspan="2">分项工程名称</td><td></td></tr>
<tr><td colspan="3">验收部位/区段</td><td colspan="2"></td><td colspan="2">检验批容量</td><td></td></tr>
<tr><td colspan="3">施工及验收依据</td><td colspan="5">《钢结构工程施工质量验收规范》GB 50205</td></tr>
<tr><td colspan="4">验收项目</td><td>设计要求或规范规定</td><td>最小/实际抽样数量</td><td>检查记录</td><td>检查结果</td></tr>
<tr><td rowspan="9">一般项目</td><td>1</td><td colspan="2">标记</td><td>第10.3.5条</td><td>/</td><td></td><td></td></tr>
<tr><td>2</td><td colspan="2">桁架、梁安装精度</td><td>第10.3.6条</td><td>/</td><td></td><td></td></tr>
<tr><td>3</td><td colspan="2">钢柱安装精度</td><td>第10.3.7条</td><td>/</td><td></td><td></td></tr>
<tr><td>4</td><td colspan="2">吊车梁安装精度</td><td>第10.3.8条</td><td>/</td><td></td><td></td></tr>
<tr><td>5</td><td colspan="2">檩条等安装精度</td><td>第10.3.9条</td><td>/</td><td></td><td></td></tr>
<tr><td>6</td><td colspan="2">钢平台、钢梯、栏杆安装精度</td><td>第10.3.10条</td><td>/</td><td></td><td></td></tr>
<tr><td rowspan="2">7</td><td rowspan="2">现场焊缝组对间隙的允许偏差（mm）</td><td>无垫板间隙</td><td>+3.0
0.0</td><td>/</td><td></td><td></td></tr>
<tr><td>有垫板间隙</td><td>+3.0
−2.0</td><td>/</td><td></td><td></td></tr>
<tr><td>8</td><td colspan="2">结构表面</td><td>第10.3.12条</td><td>/</td><td></td><td></td></tr>
<tr><td colspan="2">施工单位检查结果</td><td colspan="6">专业工长：　　　　项目专业质量检查员：　　　　年　月　日</td></tr>
<tr><td colspan="2">监理单位验收结论</td><td colspan="6">专业监理工程师：　　　　年　月　日</td></tr>
</table>

7.1.4.20 市政验·通-150 多层及高层钢结构基础和支承面检验批质量验收记录

市政基础设施工程

多层及高层钢结构基础和支承面检验批质量验收记录

市政验·通-150

第 页，共 页

<table>
<tr><td colspan="4">工程名称</td><td colspan="5"></td></tr>
<tr><td colspan="4">单位工程名称</td><td colspan="5"></td></tr>
<tr><td colspan="4">施工单位</td><td></td><td colspan="2">分包单位</td><td colspan="2"></td></tr>
<tr><td colspan="4">项目负责人</td><td></td><td colspan="2">项目技术负责人</td><td colspan="2"></td></tr>
<tr><td colspan="4">分部（子分部）工程名称</td><td></td><td colspan="2">分项工程名称</td><td colspan="2"></td></tr>
<tr><td colspan="4">验收部位/区段</td><td></td><td colspan="2">检验批容量</td><td colspan="2"></td></tr>
<tr><td colspan="4">施工及验收依据</td><td colspan="5">《钢结构工程施工质量验收规范》GB 50205</td></tr>
<tr><td colspan="4">验收项目</td><td>设计要求或规范规定</td><td>最小/实际抽样数量</td><td>检查记录</td><td colspan="2">检查结果</td></tr>
<tr><td rowspan="7">主控项目</td><td rowspan="4">1</td><td rowspan="4">允许偏差</td><td>建筑物定位轴线（mm）</td><td>L/1000，且不应大于3.0</td><td>/</td><td></td><td colspan="2"></td></tr>
<tr><td>基础上柱的定位轴线（mm）</td><td>1.0</td><td>/</td><td></td><td colspan="2"></td></tr>
<tr><td>基础上柱底标高（mm）</td><td>±2.0</td><td>/</td><td></td><td colspan="2"></td></tr>
<tr><td>地脚螺栓（锚栓）位移（mm）</td><td>2.0</td><td>/</td><td></td><td colspan="2"></td></tr>
<tr><td>2</td><td colspan="2">多层建筑支承面、地脚螺栓（锚栓）位置验收</td><td>第11.2.2条</td><td>/</td><td></td><td colspan="2"></td></tr>
<tr><td>3</td><td colspan="2">多层建筑的座浆垫板验收</td><td>第11.2.3条</td><td>/</td><td></td><td colspan="2"></td></tr>
<tr><td>4</td><td colspan="2">杯口基础验收</td><td>第11.2.4条</td><td>/</td><td></td><td colspan="2"></td></tr>
<tr><td rowspan="3">一般项目</td><td>1</td><td colspan="2">地脚螺栓精度</td><td>第11.2.5条</td><td>/</td><td></td><td colspan="2"></td></tr>
<tr><td></td><td colspan="2"></td><td></td><td></td><td></td><td colspan="2"></td></tr>
<tr><td></td><td colspan="2"></td><td></td><td></td><td></td><td colspan="2"></td></tr>
<tr><td colspan="2">施工单位检查结果</td><td colspan="7">专业工长： 项目专业质量检查员： 年 月 日</td></tr>
<tr><td colspan="2">监理单位验收结论</td><td colspan="7">专业监理工程师： 年 月 日</td></tr>
</table>

7.1.4.21 市政验·通-151-1 多层及高层钢结构安装和校正检验批质量验收记录（一）

市政基础设施工程

多层及高层钢结构安装和校正检验批质量验收记录（一）

市政验·通-151-1

第　　页，共　　页

<table>
<tr><td colspan="4">工程名称</td><td colspan="5"></td></tr>
<tr><td colspan="4">单位工程名称</td><td colspan="5"></td></tr>
<tr><td colspan="4">施工单位</td><td></td><td colspan="2">分包单位</td><td colspan="2"></td></tr>
<tr><td colspan="4">项目负责人</td><td></td><td colspan="2">项目技术负责人</td><td colspan="2"></td></tr>
<tr><td colspan="4">分部（子分部）工程名称</td><td></td><td colspan="2">分项工程名称</td><td colspan="2"></td></tr>
<tr><td colspan="4">验收部位/区段</td><td></td><td colspan="2">检验批容量</td><td colspan="2"></td></tr>
<tr><td colspan="4">施工及验收依据</td><td colspan="5">《钢结构工程施工质量验收规范》GB 50205</td></tr>
<tr><td colspan="5">验收项目</td><td>设计要求或规范规定</td><td>最小/实际抽样数量</td><td>检查记录</td><td>检查结果</td></tr>
<tr><td rowspan="8">主控项目</td><td>1</td><td colspan="3">构件验收</td><td>第 11.3.1 条</td><td>/</td><td></td><td></td></tr>
<tr><td rowspan="3">2</td><td rowspan="3">允许偏差</td><td rowspan="3">钢柱安装（mm）</td><td>底层柱柱底轴线对定位轴线偏移</td><td>3.0</td><td>/</td><td></td><td></td></tr>
<tr><td>柱子定位轴线</td><td>1.0</td><td>/</td><td></td><td></td></tr>
<tr><td>单节柱的垂直度</td><td>h/1000，且不应大于 10.0</td><td>/</td><td></td><td></td></tr>
<tr><td>3</td><td colspan="3">顶紧接触面</td><td>第 11.3.3 条</td><td>/</td><td></td><td></td></tr>
<tr><td>4</td><td colspan="3">垂直度和侧弯曲</td><td>第 11.3.4 条</td><td>/</td><td></td><td></td></tr>
<tr><td rowspan="2">5</td><td rowspan="2">允许偏差</td><td rowspan="2">主体结构尺寸（mm）</td><td>整体垂直度</td><td>（H/2500+10.0）且不应大于 50.0</td><td>/</td><td></td><td></td></tr>
<tr><td>整体平面弯曲</td><td>L/1000，且不应大于 25.0</td><td>/</td><td></td><td></td></tr>
<tr><td colspan="2">施工单位检查结果</td><td colspan="7">专业工长：　　项目专业质量检查员：　　年　月　日</td></tr>
<tr><td colspan="2">监理单位验收结论</td><td colspan="7">专业监理工程师：　　年　月　日</td></tr>
</table>

7.1.4.22 市政验·通-151-2 多层及高层钢结构安装和校正检验批质量验收记录（二）

市政基础设施工程

多层及高层钢结构安装和校正检验批质量验收记录（二）

市政验·通-151-2

第 页，共 页

<table>
<tr><td colspan="3">工程名称</td><td colspan="5"></td></tr>
<tr><td colspan="3">单位工程名称</td><td colspan="5"></td></tr>
<tr><td colspan="3">施工单位</td><td></td><td colspan="2">分包单位</td><td colspan="2"></td></tr>
<tr><td colspan="3">项目负责人</td><td></td><td colspan="2">项目技术负责人</td><td colspan="2"></td></tr>
<tr><td colspan="3">分部（子分部）工程名称</td><td></td><td colspan="2">分项工程名称</td><td colspan="2"></td></tr>
<tr><td colspan="3">验收部位/区段</td><td></td><td colspan="2">检验批容量</td><td colspan="2"></td></tr>
<tr><td colspan="3">施工及验收依据</td><td colspan="5">《钢结构工程施工质量验收规范》GB 50205</td></tr>
<tr><td colspan="3">验收项目</td><td>设计要求或规范规定</td><td>最小/实际抽样数量</td><td>检查记录</td><td colspan="2">检查结果</td></tr>
<tr><td rowspan="8">一般项目</td><td>1</td><td>结构表面</td><td>第11.3.6条</td><td>/</td><td></td><td colspan="2"></td></tr>
<tr><td>2</td><td>标记</td><td>第11.3.7条</td><td>/</td><td></td><td colspan="2"></td></tr>
<tr><td>3</td><td>钢构件安装精度</td><td>第11.3.8条
第11.3.10条</td><td>/</td><td></td><td colspan="2"></td></tr>
<tr><td>4</td><td>主体结构高度</td><td>第11.3.9条</td><td>/</td><td></td><td colspan="2"></td></tr>
<tr><td>5</td><td>吊车梁安装精度</td><td>第11.3.11条</td><td>/</td><td></td><td colspan="2"></td></tr>
<tr><td>6</td><td>檩条等安装精度</td><td>第11.3.12条</td><td>/</td><td></td><td colspan="2"></td></tr>
<tr><td>7</td><td>平台、钢梯和防护栏杆安装精度</td><td>第11.3.13条</td><td>/</td><td></td><td colspan="2"></td></tr>
<tr><td>8</td><td>现场组对精度</td><td>第11.3.14条</td><td>/</td><td></td><td colspan="2"></td></tr>
<tr><td colspan="2">施工单位检查结果</td><td colspan="6">专业工长： 项目专业质量检查员： 年 月 日</td></tr>
<tr><td colspan="2">监理单位验收结论</td><td colspan="6">专业监理工程师： 年 月 日</td></tr>
</table>

7.1.4.23 市政验·通-152 钢网架结构支承面顶板和垫块检验批质量验收记录

市政基础设施工程

钢网架结构支承面顶板和垫块检验批质量验收记录

市政验·通-152

第　　页，共　　页

<table>
<tr><td>工程名称</td><td colspan="3"></td></tr>
<tr><td>单位工程名称</td><td colspan="3"></td></tr>
<tr><td>施工单位</td><td></td><td>分包单位</td><td></td></tr>
<tr><td>项目负责人</td><td></td><td>项目技术负责人</td><td></td></tr>
<tr><td>分部（子分部）工程名称</td><td></td><td>分项工程名称</td><td></td></tr>
<tr><td>验收部位/区段</td><td></td><td>检验批容量</td><td></td></tr>
<tr><td>施工及验收依据</td><td colspan="3">《钢结构工程施工质量验收规范》GB 50205</td></tr>
</table>

<table>
<tr><td colspan="5">验收项目</td><td>设计要求或规范规定</td><td>最小/实际抽样数量</td><td>检查记录</td><td>检查结果</td></tr>
<tr><td rowspan="7">主控项目</td><td>1</td><td colspan="3">支座定位轴线的位置、支座锚栓的规格</td><td>第 12.2.1 条</td><td>/</td><td></td><td></td></tr>
<tr><td rowspan="5">2</td><td rowspan="3">允许偏差</td><td rowspan="3">支承面顶板（mm）</td><td>位置</td><td>15.0</td><td>/</td><td></td><td></td></tr>
<tr><td>顶面标高</td><td>0
−3.0</td><td>/</td><td></td><td></td></tr>
<tr><td>顶面水平度</td><td>$L/1000$</td><td>/</td><td></td><td></td></tr>
<tr><td colspan="3">支座锚栓中心偏移（mm）</td><td>±5.0</td><td>/</td><td></td><td></td></tr>
<tr><td colspan="3"></td><td></td><td></td><td></td><td></td></tr>
<tr><td>3</td><td colspan="3">支座</td><td>第 12.2.3 条
第 12.2.4 条</td><td>/</td><td></td><td></td></tr>
<tr><td rowspan="3">一般项目</td><td>1</td><td colspan="3">锚栓精度</td><td>第 12.2.5 条</td><td>/</td><td></td><td></td></tr>
<tr><td></td><td colspan="3"></td><td></td><td></td><td></td><td></td></tr>
<tr><td></td><td colspan="3"></td><td></td><td></td><td></td><td></td></tr>
<tr><td colspan="2">施工单位检查结果</td><td colspan="7">专业工长：　　　项目专业质量检查员：　　　年　月　日</td></tr>
<tr><td colspan="2">监理单位验收结论</td><td colspan="7">专业监理工程师：　　　年　月　日</td></tr>
</table>

7.1.4.24 市政验·通-153-1 钢网架结构总拼与安装检验批质量验收记录（一）

市政基础设施工程

钢网架结构总拼与安装检验批质量验收记录（一）

市政验·通-153-1

第　　页，共　　页

<table>
<tr><td colspan="4">工程名称</td><td colspan="6"></td></tr>
<tr><td colspan="4">单位工程名称</td><td colspan="6"></td></tr>
<tr><td colspan="4">施工单位</td><td colspan="2"></td><td colspan="2">分包单位</td><td colspan="2"></td></tr>
<tr><td colspan="4">项目负责人</td><td colspan="2"></td><td colspan="2">项目技术负责人</td><td colspan="2"></td></tr>
<tr><td colspan="4">分部（子分部）工程名称</td><td colspan="2"></td><td colspan="2">分项工程名称</td><td colspan="2"></td></tr>
<tr><td colspan="4">验收部位/区段</td><td colspan="2"></td><td colspan="2">检验批容量</td><td colspan="2"></td></tr>
<tr><td colspan="4">施工及验收依据</td><td colspan="6">《钢结构工程施工质量验收规范》GB 50205</td></tr>
<tr><td colspan="6">验收项目</td><td>设计要求或规范规定</td><td>最小/实际抽样数量</td><td>检查记录</td><td>检查结果</td></tr>
<tr><td rowspan="11">主控项目</td><td rowspan="11">1</td><td rowspan="11">小拼单元的允许偏差</td><td colspan="3">节点中心偏移（mm）</td><td>2.0</td><td>/</td><td></td><td></td></tr>
<tr><td colspan="3">焊接球节点与钢管中心的偏移（mm）</td><td>1.0</td><td>/</td><td></td><td></td></tr>
<tr><td colspan="3">杆件轴线的弯曲矢高（mm）</td><td>L_1/1000，且
不应大于5.0</td><td>/</td><td></td><td></td></tr>
<tr><td rowspan="3">椎体型小拼单元（mm）</td><td colspan="2">弦杆长度</td><td>±2.0</td><td>/</td><td></td><td></td></tr>
<tr><td colspan="2">椎体高度</td><td>±2.0</td><td>/</td><td></td><td></td></tr>
<tr><td colspan="2">上弦杆对角线长度</td><td>±3.0</td><td>/</td><td></td><td></td></tr>
<tr><td rowspan="5">平面桁架型小拼单元（mm）</td><td rowspan="2">跨长</td><td>≤24m</td><td>+3.0
−7.0</td><td>/</td><td></td><td></td></tr>
<tr><td>＞24m</td><td>+5.0
−10.0</td><td>/</td><td></td><td></td></tr>
<tr><td colspan="2">跨中高度</td><td>±3.0</td><td>/</td><td></td><td></td></tr>
<tr><td rowspan="2">跨中拱度</td><td>设计要求起拱</td><td>±L/5000</td><td>/</td><td></td><td></td></tr>
<tr><td>设计未要求起拱</td><td>+10.0</td><td>/</td><td></td><td></td></tr>
<tr><td colspan="3">施工单位检查结果</td><td colspan="7">专业工长：　　　　项目专业质量检查员：　　　　年　月　日</td></tr>
<tr><td colspan="3">监理单位验收结论</td><td colspan="7">专业监理工程师：　　　　年　月　日</td></tr>
</table>

注：1. L_1 为杆件长度；2. L 为跨长。

7.1.4.25　市政验・通-153-2　钢网架结构总拼与安装检验批质量验收记录（二）

市政基础设施工程

钢网架结构总拼与安装检验批质量验收记录（二）

市政验・通-153-2

第　　页，共　　页

<table>
<tr><td colspan="5">工程名称</td><td colspan="4"></td></tr>
<tr><td colspan="5">单位工程名称</td><td colspan="4"></td></tr>
<tr><td colspan="5">施工单位</td><td></td><td colspan="2">分包单位</td><td></td></tr>
<tr><td colspan="5">项目负责人</td><td></td><td colspan="2">项目技术负责人</td><td></td></tr>
<tr><td colspan="5">分部（子分部）工程名称</td><td></td><td colspan="2">分项工程名称</td><td></td></tr>
<tr><td colspan="5">验收部位/区段</td><td></td><td colspan="2">检验批容量</td><td></td></tr>
<tr><td colspan="5">施工及验收依据</td><td colspan="4">《钢结构工程施工质量验收规范》GB 50205</td></tr>
<tr><td colspan="5">验收项目</td><td>设计要求或规范规定</td><td>最小/实际抽样数量</td><td>检查记录</td><td>检查结果</td></tr>
<tr><td rowspan="6">主控项目</td><td rowspan="4">2</td><td rowspan="4">中拼单元的允许偏差</td><td rowspan="2">单元长度≤20m，拼接长度（mm）</td><td>单跨</td><td>±10.0</td><td>/</td><td></td><td></td></tr>
<tr><td>多跨连续</td><td>±5.0</td><td>/</td><td></td><td></td></tr>
<tr><td rowspan="2">单元长度>20m，拼接长度（mm）</td><td>单跨</td><td>±20.0</td><td>/</td><td></td><td></td></tr>
<tr><td>多跨连续</td><td>±10.0</td><td>/</td><td></td><td></td></tr>
<tr><td>3</td><td colspan="3">节点承载力试验</td><td>第 12.3.3 条</td><td>/</td><td></td><td></td></tr>
<tr><td>4</td><td colspan="3">结构挠度</td><td>第 12.3.4 条</td><td>/</td><td></td><td></td></tr>
<tr><td rowspan="6">一般项目</td><td>1</td><td colspan="3">锚栓精度</td><td>第 12.3.5 条</td><td>/</td><td></td><td></td></tr>
<tr><td rowspan="5">2</td><td rowspan="5">允许偏差</td><td colspan="2">纵向、横向长度（mm）</td><td>L/2000，且不应大于 30.0
−L/2000，且不应小于−30.0</td><td>/</td><td></td><td></td></tr>
<tr><td colspan="2">支座中心偏移（mm）</td><td>L/3000，且不应大于 30.0</td><td>/</td><td></td><td></td></tr>
<tr><td colspan="2">周边支承网架相邻支座高差（mm）</td><td>L/400，且不应大于 15.0</td><td>/</td><td></td><td></td></tr>
<tr><td colspan="2">支座最大高差（mm）</td><td>30</td><td>/</td><td></td><td></td></tr>
<tr><td colspan="2">多点支承网架相邻支座高差（mm）</td><td>L_1/800，且不应大于 3.0</td><td>/</td><td></td><td></td></tr>
<tr><td colspan="3">施工单位检查结果</td><td colspan="6">专业工长：　　项目专业质量检查员：　　年　月　日</td></tr>
<tr><td colspan="3">监理单位验收结论</td><td colspan="6">专业监理工程师：　　年　月　日</td></tr>
</table>

7.1.4.26　市政验·通-154　压型金属板制作检验批质量验收记录

市政基础设施工程

压型金属板制作检验批质量验收记录

市政验·通-154

第　　页，共　　页

<table>
<tr><td>工程名称</td><td colspan="3"></td></tr>
<tr><td>单位工程名称</td><td colspan="3"></td></tr>
<tr><td>施工单位</td><td></td><td>分包单位</td><td></td></tr>
<tr><td>项目负责人</td><td></td><td>项目技术负责人</td><td></td></tr>
<tr><td>分部（子分部）工程名称</td><td></td><td>分项工程名称</td><td></td></tr>
<tr><td>验收部位/区段</td><td></td><td>检验批容量</td><td></td></tr>
<tr><td>施工及验收依据</td><td colspan="3">《地下防水工程质量验收规范》GB 50208</td></tr>
</table>

<table>
<tr><td colspan="6">验收项目</td><td>设计要求或
规范规定</td><td>最小/实际
抽样数量</td><td>检查记录</td><td>检查
结果</td></tr>
<tr><td rowspan="2">主控项目</td><td>1</td><td colspan="4">基板裂纹。</td><td>第 13.2.1 条</td><td>/</td><td></td><td></td></tr>
<tr><td>2</td><td colspan="4">涂层缺陷。</td><td>第 13.2.2 条</td><td>/</td><td></td><td></td></tr>
<tr><td rowspan="12">一般项目</td><td>1</td><td colspan="4">表面质量</td><td>第 13.2.4 条</td><td>/</td><td></td><td></td></tr>
<tr><td>2</td><td rowspan="11">允许偏差</td><td colspan="3">波距（mm）</td><td>±2.0</td><td>/</td><td></td><td></td></tr>
<tr><td rowspan="2">3</td><td rowspan="2">波高（mm）</td><td rowspan="2">压型钢板</td><td>截面高度≤70</td><td>±1.5</td><td>/</td><td></td><td></td></tr>
<tr><td>截面高度>70</td><td>±2.0</td><td>/</td><td></td><td></td></tr>
<tr><td>4</td><td>侧向弯曲（mm）</td><td colspan="2">在测量长度 l_1 的范围内</td><td>20.0</td><td>/</td><td></td><td></td></tr>
<tr><td rowspan="2">5</td><td rowspan="2">压型金属板的覆盖宽度(mm)</td><td colspan="2">截面高度≤70</td><td>+10.0，−2.0</td><td>/</td><td></td><td></td></tr>
<tr><td colspan="2">截面高度>70</td><td>+6.0，−2.0</td><td>/</td><td></td><td></td></tr>
<tr><td>6</td><td colspan="3">板长（mm）</td><td>±9.0</td><td>/</td><td></td><td></td></tr>
<tr><td>7</td><td colspan="3">横向剪切偏差（mm）</td><td>6.0</td><td>/</td><td></td><td></td></tr>
<tr><td rowspan="3">8</td><td rowspan="3">泛水板、包角板尺寸</td><td colspan="2">板长（mm）</td><td>±6.0</td><td>/</td><td></td><td></td></tr>
<tr><td colspan="2">折弯面宽度（mm）</td><td>±3.0</td><td>/</td><td></td><td></td></tr>
<tr><td colspan="2">折弯面夹角（°）</td><td>2°</td><td>/</td><td></td><td></td></tr>
<tr><td colspan="3">施工单位
检查结果</td><td colspan="7">专业工长：　　　　项目专业质量检查员：　　　　年　　月　　日</td></tr>
<tr><td colspan="3">监理单位
验收结论</td><td colspan="7">专业监理工程师：　　　　年　　月　　日</td></tr>
</table>

注：l_1 为测量长度，指板长扣除两端各 0.5m 后的实际长度（小于 10m）或扣除后任选的 10m 长度。

7.1.4.27　市政验·通-155　压型金属板安装检验批质量验收记录

市政基础设施工程

压型金属板安装检验批质量验收记录

市政验·通-155

第　　页，共　　页

<table>
<tr><td colspan="5">工程名称</td><td colspan="5"></td></tr>
<tr><td colspan="5">单位工程名称</td><td colspan="5"></td></tr>
<tr><td colspan="5">施工单位</td><td colspan="1"></td><td colspan="2">分包单位</td><td colspan="2"></td></tr>
<tr><td colspan="5">项目负责人</td><td colspan="1"></td><td colspan="2">项目技术负责人</td><td colspan="2"></td></tr>
<tr><td colspan="5">分部（子分部）工程名称</td><td colspan="1"></td><td colspan="2">分项工程名称</td><td colspan="2"></td></tr>
<tr><td colspan="5">验收部位/区段</td><td colspan="1"></td><td colspan="2">检验批容量</td><td colspan="2"></td></tr>
<tr><td colspan="5">施工及验收依据</td><td colspan="5">《地下防水工程质量验收规范》GB 50208</td></tr>
<tr><td colspan="6">验收项目</td><td>设计要求或规范规定</td><td>最小/实际抽样数量</td><td>检查记录</td><td>检查结果</td></tr>
<tr><td rowspan="6">主控项目</td><td>1</td><td colspan="4">现场安装</td><td>第 13.3.1 条</td><td>/</td><td></td><td></td></tr>
<tr><td rowspan="4">2</td><td rowspan="4">允许偏差</td><td rowspan="4">搭接长度（mm）</td><td colspan="2">截面高度＞70</td><td>375</td><td>/</td><td></td><td></td></tr>
<tr><td rowspan="2">截面高度≤70</td><td>屋面坡度＜1/10</td><td>250</td><td>/</td><td></td><td></td></tr>
<tr><td>屋面坡度≥1/10</td><td>200</td><td>/</td><td></td><td></td></tr>
<tr><td colspan="2">墙面</td><td>120</td><td>/</td><td></td><td></td></tr>
<tr><td>3</td><td colspan="4">端部锚固</td><td>第 13.3.3 条</td><td>/</td><td></td><td></td></tr>
<tr><td rowspan="8">一般项目</td><td>1</td><td colspan="4">安装质量</td><td>第 13.3.4 条</td><td>/</td><td></td><td></td></tr>
<tr><td rowspan="7">2</td><td rowspan="7">允许偏差</td><td rowspan="4">屋面</td><td colspan="2">檐口与屋脊的平行度（mm）</td><td>12.0</td><td>/</td><td></td><td></td></tr>
<tr><td colspan="2">压型金属板波纹线对屋脊的垂直度（mm）</td><td>L/800，且不应大于 25.0</td><td>/</td><td></td><td></td></tr>
<tr><td colspan="2">檐口相邻两块压型金属板端部错位（mm）</td><td>6.0</td><td>/</td><td></td><td></td></tr>
<tr><td colspan="2">压型金属板卷边板件最大波浪高（mm）</td><td>4.0</td><td>/</td><td></td><td></td></tr>
<tr><td rowspan="3">墙面</td><td colspan="2">墙板波纹线的垂直度（mm）</td><td>H/800，且不应大于 25.0</td><td>/</td><td></td><td></td></tr>
<tr><td colspan="2">墙板包角板的垂直度（mm）</td><td>H/800，且不应大于 25.0</td><td>/</td><td></td><td></td></tr>
<tr><td colspan="2">相邻两块压型金属板的下端错位（mm）</td><td>6.0</td><td>/</td><td></td><td></td></tr>
<tr><td colspan="2">施工单位检查结果</td><td colspan="8">专业工长：　　　　项目专业质量检查员：　　　　年　　月　　日</td></tr>
<tr><td colspan="2">监理单位验收结论</td><td colspan="8">专业监理工程师：　　　　年　　月　　日</td></tr>
</table>

注：1. L 为屋面半坡或单坡长度；2. H 为墙面高度。

7.1.4.28 市政验·通-156 钢结构防腐涂料涂装检验批质量验收记录

市政基础设施工程

钢结构防腐涂料涂装检验批质量验收记录

市政验·通-156

第 页，共 页

<table>
<tr><td colspan="3">工程名称</td><td colspan="5"></td></tr>
<tr><td colspan="3">单位工程名称</td><td colspan="5"></td></tr>
<tr><td colspan="3">施工单位</td><td colspan="2"></td><td colspan="2">分包单位</td><td></td></tr>
<tr><td colspan="3">项目负责人</td><td colspan="2"></td><td colspan="2">项目技术负责人</td><td></td></tr>
<tr><td colspan="3">分部（子分部）工程名称</td><td colspan="2"></td><td colspan="2">分项工程名称</td><td></td></tr>
<tr><td colspan="3">验收部位/区段</td><td colspan="2"></td><td colspan="2">检验批容量</td><td></td></tr>
<tr><td colspan="3">施工及验收依据</td><td colspan="5">《钢结构工程施工质量验收规范》GB 50205</td></tr>
<tr><td colspan="3">验收项目</td><td>设计要求或规范规定</td><td>最小/实际抽样数量</td><td>检查记录</td><td colspan="2">检查结果</td></tr>
<tr><td rowspan="2">主控项目</td><td>1</td><td>表面处理</td><td>第 14.2.1 条</td><td>/</td><td></td><td colspan="2"></td></tr>
<tr><td>2</td><td>涂层厚度</td><td>第 14.2.2 条</td><td>/</td><td></td><td colspan="2"></td></tr>
<tr><td rowspan="3">一般项目</td><td>1</td><td>表面质量</td><td>第 14.2.3 条</td><td>/</td><td></td><td colspan="2"></td></tr>
<tr><td>2</td><td>附着力测试</td><td>第 14.2.4 条</td><td>/</td><td></td><td colspan="2"></td></tr>
<tr><td>3</td><td>标志</td><td>第 14.2.5 条</td><td>/</td><td></td><td colspan="2"></td></tr>
<tr><td colspan="2">施工单位检查结果</td><td colspan="6">
专业工长：　　项目专业质量检查员：　　年　月　日</td></tr>
<tr><td colspan="2">监理单位验收结论</td><td colspan="6">
专业监理工程师：　　年　月　日</td></tr>
</table>

7.1.4.29 市政验·通-157 钢结构防火涂料涂装检验批质量验收记录

市政基础设施工程

钢结构防火涂料涂装检验批质量验收记录

市政验·通-157

第　　页，共　　页

<table>
<tr><td colspan="3">工程名称</td><td colspan="5"></td></tr>
<tr><td colspan="3">单位工程名称</td><td colspan="5"></td></tr>
<tr><td colspan="3">施工单位</td><td></td><td colspan="2">分包单位</td><td colspan="2"></td></tr>
<tr><td colspan="3">项目负责人</td><td></td><td colspan="2">项目技术负责人</td><td colspan="2"></td></tr>
<tr><td colspan="3">分部（子分部）工程名称</td><td></td><td colspan="2">分项工程名称</td><td colspan="2"></td></tr>
<tr><td colspan="3">验收部位/区段</td><td></td><td colspan="2">检验批容量</td><td colspan="2"></td></tr>
<tr><td colspan="3">施工及验收依据</td><td colspan="5">《钢结构工程施工质量验收规范》GB 50205</td></tr>
<tr><td colspan="4">验收项目</td><td>设计要求或规范规定</td><td>最小/实际抽样数量</td><td>检查记录</td><td>检查结果</td></tr>
<tr><td rowspan="5">主控项目</td><td>1</td><td colspan="2">涂装基层验收</td><td>第14.3.1条</td><td>/</td><td></td><td></td></tr>
<tr><td>2</td><td colspan="2">强度试验</td><td>第14.3.2条</td><td>/</td><td></td><td></td></tr>
<tr><td>3</td><td colspan="2">涂层厚度</td><td>第14.3.3条</td><td>/</td><td></td><td></td></tr>
<tr><td>4</td><td colspan="2">表面裂纹</td><td>第14.3.4条</td><td>/</td><td></td><td></td></tr>
<tr><td></td><td colspan="2"></td><td></td><td></td><td></td><td></td></tr>
<tr><td rowspan="3">一般项目</td><td>1</td><td colspan="2">基层表面</td><td>第14.3.5条</td><td>/</td><td></td><td></td></tr>
<tr><td>2</td><td colspan="2">涂层表面质量</td><td>第14.3.6条</td><td>/</td><td></td><td></td></tr>
<tr><td></td><td colspan="2"></td><td></td><td></td><td></td><td></td></tr>
<tr><td colspan="2">施工单位
检查结果</td><td colspan="6">

专业工长：　　　　项目专业质量检查员：　　　　年　　月　　日</td></tr>
<tr><td colspan="2">监理单位
验收结论</td><td colspan="6">

专业监理工程师：　　　　年　　月　　日</td></tr>
</table>

7.1.5 无障碍设施

7.1.5.1 市政验·通-158 缘石坡道（整体面层）检验批质量验收记录

市政基础设施工程

缘石坡道（整体面层）检验批质量验收记录

市政验·通-158

第　　页，共　　页

工程名称			
单位工程名称			
施工单位		分包单位	
项目负责人		项目技术负责人	
分部（子分部）工程名称		分项工程名称	
验收部位/区段		检验批容量	
施工及验收依据	《无障碍设施施工验收及维护规范》GB 50642		

验收项目					设计要求或规范规定	最小/实际抽样数量	检查记录	检查结果
主控项目	1	面层材质品种、质量、抗压强度			第3.2.2条	/		
主控项目	2	坡度			第3.2.3条	/		
主控项目	3	宽度			第3.2.4条	/		
主控项目	4	高差			第3.2.5条	/		
一般项目	1	外观质量			第3.2.6条 第3.2.8条	/		
一般项目	2	面层压实度			第3.2.7条	/		
一般项目	3	允许偏差（mm）	平整度	水泥混凝土	3	/		
一般项目	3	允许偏差（mm）	平整度	沥青混凝土	3	/		
一般项目	3	允许偏差（mm）	平整度	其他沥青混合料	4	/		
一般项目	3	允许偏差（mm）	厚度		±5	/		
一般项目	3	允许偏差（mm）	井框与路面高差	水泥混凝土	2	/		
一般项目	3	允许偏差（mm）	井框与路面高差	沥青混凝土	1	/		

施工单位检查结果	专业工长：　　　　项目专业质量检查员：　　　　年　月　日
监理单位验收结论	专业监理工程师：　　　　年　月　日

7.1.5.2 市政验·通-159 缘石坡道（板块面层）检验批质量验收记录

市政基础设施工程

缘石坡道（板块面层）检验批质量验收记录

市政验·通-159

第　　页，共　　页

<table>
<tr><td colspan="4">工程名称</td><td colspan="5"></td></tr>
<tr><td colspan="4">单位工程名称</td><td colspan="5"></td></tr>
<tr><td colspan="4">施工单位</td><td></td><td colspan="2">分包单位</td><td colspan="2"></td></tr>
<tr><td colspan="4">项目负责人</td><td></td><td colspan="2">项目技术负责人</td><td colspan="2"></td></tr>
<tr><td colspan="4">分部（子分部）工程名称</td><td></td><td colspan="2">分项工程名称</td><td colspan="2"></td></tr>
<tr><td colspan="4">验收部位/区段</td><td></td><td colspan="2">检验批容量</td><td colspan="2"></td></tr>
<tr><td colspan="4">施工及验收依据</td><td colspan="5">《无障碍设施施工验收及维护规范》GB 50642</td></tr>
<tr><td colspan="5">验收项目</td><td>设计要求或规范规定</td><td>最小/实际抽样数量</td><td>检查记录</td><td>检查结果</td></tr>
<tr><td rowspan="6">主控项目</td><td>1</td><td colspan="3">面层材质品种、质量、抗压强度</td><td>第 3.2.10 条</td><td>/</td><td></td><td></td></tr>
<tr><td>2</td><td colspan="3">结合层的施工</td><td>第 3.2.11 条</td><td>/</td><td></td><td></td></tr>
<tr><td>3</td><td colspan="3">坡度</td><td>第 3.2.12 条</td><td>/</td><td></td><td></td></tr>
<tr><td>4</td><td colspan="3">宽度</td><td>第 3.2.13 条</td><td>/</td><td></td><td></td></tr>
<tr><td>5</td><td colspan="3">高差</td><td>第 3.2.14 条</td><td>/</td><td></td><td></td></tr>
<tr><td>6</td><td colspan="3">板块空鼓</td><td>第 3.2.15 条</td><td>/</td><td></td><td></td></tr>
<tr><td rowspan="13">一般项目</td><td>1</td><td colspan="3">外观质量</td><td>第 3.2.16 条
第 3.2.17 条</td><td>/</td><td></td><td></td></tr>
<tr><td rowspan="4">2</td><td rowspan="12">允许偏差（mm）</td><td rowspan="4">平整度</td><td>预制砌块</td><td>5</td><td>/</td><td></td><td></td></tr>
<tr><td>陶瓷类地砖</td><td>2</td><td>/</td><td></td><td></td></tr>
<tr><td>石板材</td><td>1</td><td>/</td><td></td><td></td></tr>
<tr><td>块石</td><td>3</td><td>/</td><td></td><td></td></tr>
<tr><td rowspan="4">3</td><td rowspan="4">相邻块高差</td><td>预制砌块</td><td>3</td><td>/</td><td></td><td></td></tr>
<tr><td>陶瓷类地砖</td><td>0.5</td><td>/</td><td></td><td></td></tr>
<tr><td>石板材</td><td>0.5</td><td>/</td><td></td><td></td></tr>
<tr><td>块石</td><td>2</td><td>/</td><td></td><td></td></tr>
<tr><td rowspan="4">4</td><td rowspan="4">井框与路面高差</td><td>预制砌块</td><td rowspan="4">3</td><td>/</td><td></td><td></td></tr>
<tr><td>陶瓷类地砖</td><td>/</td><td></td><td></td></tr>
<tr><td>石板材</td><td>/</td><td></td><td></td></tr>
<tr><td>块石</td><td>/</td><td></td><td></td></tr>
<tr><td colspan="2">施工单位检查结果</td><td colspan="7">专业工长：　　　　项目专业质量检查员：　　　　年　　月　　日</td></tr>
<tr><td colspan="2">监理单位验收结论</td><td colspan="7">专业监理工程师：　　　　年　　月　　日</td></tr>
</table>

7.1.5.3 市政验·通-160-1 盲道（预制砖、板）检验批质量验收记录（一）

市政基础设施工程

盲道（预制砖、板）检验批质量验收记录（一）

市政验·通-160-1

第　　页，共　　页

<table>
<tr><td colspan="4">工程名称</td><td colspan="5"></td></tr>
<tr><td colspan="4">单位工程名称</td><td colspan="5"></td></tr>
<tr><td colspan="4">施工单位</td><td></td><td colspan="2">分包单位</td><td colspan="2"></td></tr>
<tr><td colspan="4">项目负责人</td><td></td><td colspan="2">项目技术负责人</td><td colspan="2"></td></tr>
<tr><td colspan="4">分部（子分部）工程名称</td><td></td><td colspan="2">分项工程名称</td><td colspan="2"></td></tr>
<tr><td colspan="4">验收部位/区段</td><td></td><td colspan="2">检验批容量</td><td colspan="2"></td></tr>
<tr><td colspan="4">施工及验收依据</td><td colspan="5">《无障碍设施施工验收及维护规范》GB 50642</td></tr>
<tr><td colspan="5">验收项目</td><td>设计要求或规范规定</td><td>最小/实际抽样数量</td><td>检查记录</td><td>检查结果</td></tr>
<tr><td rowspan="14">主控项目</td><td>1</td><td colspan="3">盲道材质、规格、颜色、强度</td><td>第 3.3.5 条</td><td>/</td><td></td><td></td></tr>
<tr><td rowspan="10">2</td><td colspan="3">触感条凸面高度、形状和中心距（规定值）</td><td rowspan="2">±1</td><td rowspan="2">/</td><td rowspan="2"></td><td rowspan="2"></td></tr>
<tr><td rowspan="9">允许偏差（mm）</td><td rowspan="5">行进盲道</td><td>面宽：25</td></tr>
<tr><td>底宽：35</td><td>±1</td><td>/</td><td></td><td></td></tr>
<tr><td>凸面高端的：4</td><td>±1</td><td>/</td><td></td><td></td></tr>
<tr><td>中心距：62～75</td><td>±1</td><td>/</td><td></td><td></td></tr>
<tr><td>表面直径：25</td><td>±1</td><td>/</td><td></td><td></td></tr>
<tr><td rowspan="3">提示盲道</td><td>底面直径：35</td><td>±1</td><td>/</td><td></td><td></td></tr>
<tr><td>凸面高度：4</td><td>±1</td><td>/</td><td></td><td></td></tr>
<tr><td>圆点中心距：50</td><td>±1</td><td>/</td><td></td><td></td></tr>
<tr><td>3</td><td colspan="3">结合层质量</td><td>第 3.3.6 条</td><td>/</td><td></td><td></td></tr>
<tr><td>4</td><td colspan="3">宽度、设置部位和走向</td><td>第 3.3.7 条</td><td>/</td><td></td><td></td></tr>
<tr><td>5</td><td colspan="3">盲道与障碍物距离</td><td>第 3.3.8 条</td><td>/</td><td></td><td></td></tr>
<tr><td rowspan="2">一般项目</td><td>1</td><td colspan="3">人行道施工前其范围内的构筑物完成情况</td><td>第 3.3.9 条</td><td>/</td><td></td><td></td></tr>
<tr><td>2</td><td colspan="3">铺砌、镶贴质量</td><td>第 3.3.10 条</td><td>/</td><td></td><td></td></tr>
<tr><td colspan="2">施工单位检查结果</td><td colspan="7">专业工长：　　　　项目专业质量检查员：　　　　年　　月　　日</td></tr>
<tr><td colspan="2">监理单位验收结论</td><td colspan="7">专业监理工程师：　　　　年　　月　　日</td></tr>
</table>

7.1.5.4 市政验·通-160-2 盲道（预制砖、板）检验批质量验收记录（二）

市政基础设施工程

盲道（预制砖、板）检验批质量验收记录（二）

市政验·通-160-2

第　　页，共　　页

<table>
<tr><td colspan="5">工程名称</td><td colspan="4"></td></tr>
<tr><td colspan="5">单位工程名称</td><td colspan="4"></td></tr>
<tr><td colspan="5">施工单位</td><td></td><td colspan="2">分包单位</td><td></td></tr>
<tr><td colspan="5">项目负责人</td><td></td><td colspan="2">项目技术负责人</td><td></td></tr>
<tr><td colspan="5">分部（子分部）工程名称</td><td></td><td colspan="2">分项工程名称</td><td></td></tr>
<tr><td colspan="5">验收部位/区段</td><td></td><td colspan="2">检验批容量</td><td></td></tr>
<tr><td colspan="5">施工及验收依据</td><td colspan="4">《无障碍设施施工验收及维护规范》GB 50642</td></tr>
<tr><td colspan="5">验收项目</td><td>设计要求或规范规定</td><td>最小/实际抽样数量</td><td>检查记录</td><td>检查结果</td></tr>
<tr><td rowspan="18">一般项目</td><td rowspan="3">3</td><td rowspan="18">允许偏差（mm）</td><td rowspan="3">外观</td><td>边长</td><td>2</td><td>/</td><td></td><td></td></tr>
<tr><td>对角线长度</td><td>3</td><td>/</td><td></td><td></td></tr>
<tr><td>裂缝、表面起皮</td><td>不允许出现</td><td>/</td><td></td><td></td></tr>
<tr><td rowspan="15">4</td><td rowspan="3">平整度</td><td>预制盲道块</td><td>3</td><td>/</td><td></td><td></td></tr>
<tr><td>石材类盲道板</td><td>1</td><td>/</td><td></td><td></td></tr>
<tr><td>陶瓷类盲道板</td><td>2</td><td>/</td><td></td><td></td></tr>
<tr><td rowspan="3">相邻块高差</td><td>预制盲道块</td><td>3</td><td>/</td><td></td><td></td></tr>
<tr><td>石材类盲道板</td><td>0.5</td><td>/</td><td></td><td></td></tr>
<tr><td>陶瓷类盲道板</td><td>0.5</td><td>/</td><td></td><td></td></tr>
<tr><td rowspan="3">接缝宽度</td><td>预制盲道块</td><td>+3；−2</td><td>/</td><td></td><td></td></tr>
<tr><td>石材类盲道板</td><td>1</td><td>/</td><td></td><td></td></tr>
<tr><td>陶瓷类盲道板</td><td>2</td><td>/</td><td></td><td></td></tr>
<tr><td rowspan="3">纵缝顺直</td><td>预制盲道块</td><td>5</td><td>/</td><td></td><td></td></tr>
<tr><td>石材类盲道板</td><td>2</td><td>/</td><td></td><td></td></tr>
<tr><td>陶瓷类盲道板</td><td>3</td><td>/</td><td></td><td></td></tr>
<tr><td rowspan="3">横缝顺直</td><td>预制盲道块</td><td>2</td><td>/</td><td></td><td></td></tr>
<tr><td>石材类盲道板</td><td>1</td><td>/</td><td></td><td></td></tr>
<tr><td>陶瓷类盲道板</td><td>1</td><td>/</td><td></td><td></td></tr>
<tr><td colspan="2">施工单位检查结果</td><td colspan="7">专业工长：　　　　项目专业质量检查员：　　　　年　　月　　日</td></tr>
<tr><td colspan="2">监理单位验收结论</td><td colspan="7">专业监理工程师：　　　　年　　月　　日</td></tr>
</table>

7.1.5.5 市政验·通-161-1 盲道（橡胶类）检验批质量验收记录（一）

市政基础设施工程

盲道（橡胶类）检验批质量验收记录（一）

市政验·通-161-1

第　　页，共　　页

<table>
<tr><td colspan="5">工程名称</td><td colspan="4"></td></tr>
<tr><td colspan="5">单位工程名称</td><td colspan="4"></td></tr>
<tr><td colspan="5">施工单位</td><td></td><td colspan="2">分包单位</td><td></td></tr>
<tr><td colspan="5">项目负责人</td><td></td><td colspan="2">项目技术负责人</td><td></td></tr>
<tr><td colspan="5">分部（子分部）工程名称</td><td></td><td colspan="2">分项工程名称</td><td></td></tr>
<tr><td colspan="5">验收部位/区段</td><td></td><td colspan="2">检验批容量</td><td></td></tr>
<tr><td colspan="5">施工及验收依据</td><td colspan="4">《无障碍设施施工验收及维护规范》GB 50642</td></tr>
<tr><td colspan="5">验收项目</td><td>设计要求或规范规定</td><td>最小/实际抽样数量</td><td>检查记录</td><td>检查结果</td></tr>
<tr><td rowspan="16">主控项目</td><td>1</td><td colspan="3">盲道材质组成</td><td>第3.3.13条</td><td>/</td><td></td><td></td></tr>
<tr><td>2</td><td colspan="3">盲道板的性能指标</td><td>第3.3.14～16条</td><td>/</td><td></td><td></td></tr>
<tr><td rowspan="2">3</td><td rowspan="11">允许偏差（mm）</td><td rowspan="2">厚度</td><td>最小>30</td><td rowspan="2">±0.2</td><td>/</td><td></td><td></td></tr>
<tr><td>最大<50</td><td>/</td><td></td><td></td></tr>
<tr><td rowspan="9">4</td><td colspan="2">触感条凸面高度、形状和中心距（规定值）</td><td rowspan="2">±1</td><td rowspan="2">/</td><td rowspan="2"></td><td rowspan="2"></td></tr>
<tr><td rowspan="4">行进盲道</td><td>面宽：25</td></tr>
<tr><td>底宽：35</td><td>±1</td><td>/</td><td></td><td></td></tr>
<tr><td>凸面高端的：4</td><td>±1</td><td>/</td><td></td><td></td></tr>
<tr><td>中心距：62～75</td><td>±1</td><td>/</td><td></td><td></td></tr>
<tr><td rowspan="4">提示盲道</td><td>表面直径：25</td><td>±1</td><td>/</td><td></td><td></td></tr>
<tr><td>底面直径：35</td><td>±1</td><td>/</td><td></td><td></td></tr>
<tr><td>凸面高度：4</td><td>±1</td><td>/</td><td></td><td></td></tr>
<tr><td>圆点中心距：50</td><td>±1</td><td>/</td><td></td><td></td></tr>
<tr><td>5</td><td colspan="3">黏合剂的品种、强度、厚度</td><td>第3.3.18条</td><td>/</td><td></td><td></td></tr>
<tr><td>6</td><td colspan="3">宽度、设置部位和走向</td><td>第3.3.19条</td><td>/</td><td></td><td></td></tr>
<tr><td>7</td><td colspan="3">盲道与障碍物距离</td><td>第3.3.20条</td><td>/</td><td></td><td></td></tr>
<tr><td colspan="2">施工单位检查结果</td><td colspan="7">专业工长：　　　　项目专业质量检查员：　　　　年　　月　　日</td></tr>
<tr><td colspan="2">监理单位验收结论</td><td colspan="7">专业监理工程师：　　　　年　　月　　日</td></tr>
</table>

7.1.5.6 市政验·通-161-2 盲道（橡胶类）检验批质量验收记录（二）

市政基础设施工程

盲道（橡胶类）检验批质量验收记录（二）

市政验·通-161-2

第　　页，共　　页

<table>
<tr><td colspan="5">工程名称</td><td colspan="5"></td></tr>
<tr><td colspan="5">单位工程名称</td><td colspan="5"></td></tr>
<tr><td colspan="5">施工单位</td><td colspan="2"></td><td colspan="2">分包单位</td><td></td></tr>
<tr><td colspan="5">项目负责人</td><td colspan="2"></td><td colspan="2">项目技术负责人</td><td></td></tr>
<tr><td colspan="5">分部（子分部）工程名称</td><td colspan="2"></td><td colspan="2">分项工程名称</td><td></td></tr>
<tr><td colspan="5">验收部位/区段</td><td colspan="2"></td><td colspan="2">检验批容量</td><td></td></tr>
<tr><td colspan="5">施工及验收依据</td><td colspan="5">《无障碍设施施工验收及维护规范》GB 50642</td></tr>
<tr><td colspan="5">验收项目</td><td>设计要求或规范规定</td><td>最小/实际抽样数量</td><td colspan="2">检查记录</td><td>检查结果</td></tr>
<tr><td rowspan="11">一般项目</td><td rowspan="8">1</td><td rowspan="8">允许偏差（mm）</td><td rowspan="4">块材</td><td>长度</td><td>±0.15%</td><td>/</td><td colspan="2"></td><td></td></tr>
<tr><td>宽度</td><td>±0.15%</td><td>/</td><td colspan="2"></td><td></td></tr>
<tr><td>厚度</td><td>±0.2</td><td>/</td><td colspan="2"></td><td></td></tr>
<tr><td>耐磨层厚度</td><td>±0.15</td><td>/</td><td colspan="2"></td><td></td></tr>
<tr><td rowspan="4">卷材</td><td>长度</td><td>不低于名义值</td><td>/</td><td colspan="2"></td><td></td></tr>
<tr><td>宽度</td><td>不低于名义值</td><td>/</td><td colspan="2"></td><td></td></tr>
<tr><td>厚度</td><td>±0.2</td><td>/</td><td colspan="2"></td><td></td></tr>
<tr><td>耐磨层厚度</td><td>±0.15</td><td>/</td><td colspan="2"></td><td></td></tr>
<tr><td>2</td><td colspan="3">橡塑类盲道板外观质量</td><td>第3.3.22条</td><td>/</td><td colspan="2"></td><td></td></tr>
<tr><td>3</td><td colspan="3">橡胶地板和地砖外观质量</td><td>第3.3.23条</td><td>/</td><td colspan="2"></td><td></td></tr>
<tr><td>4</td><td colspan="3">聚氯乙烯型材盲道外观质量</td><td>第3.3.24条</td><td>/</td><td colspan="2"></td><td></td></tr>
<tr><td colspan="2">施工单位检查结果</td><td colspan="8">专业工长：　　　　项目专业质量检查员：　　　　年　　月　　日</td></tr>
<tr><td colspan="2">监理单位验收结论</td><td colspan="8">专业监理工程师：　　　　年　　月　　日</td></tr>
</table>

7.1.5.7 市政验·通-162 盲道（不锈钢）检验批质量验收记录

市政基础设施工程

盲道（不锈钢）检验批质量验收记录

市政验·通-162

第　　页，共　　页

工程名称			
单位工程名称			
施工单位		分包单位	
项目负责人		项目技术负责人	
分部（子分部）工程名称		分项工程名称	
验收部位/区段		检验批容量	
施工及验收依据	《无障碍设施施工验收及维护规范》GB 50642		

验收项目					设计要求或规范规定	最小/实际抽样数量	检查记录	检查结果
主控项目	1	盲道材质组成			第 3.3.25 条	/		
	2	盲道板的性能指标			第 3.3.26 条	/		
	3	允许偏差（mm）	厚度		±0.2	/		
	4		触感条凸面高度、形状和中心距（规定值）		±1	/		
			行进盲道	面宽：25				
				底宽：35	±1	/		
				凸面高端的：4	±1	/		
				中心距：62～75	±1	/		
			提示盲道	表面直径：25	±1	/		
				底面直径：35	±1	/		
				凸面高度：4	±1	/		
				圆点中心距：50	±1	/		
	5	黏合剂的品种、强度、厚度			第 3.3.28 条	/		
	6	宽度、设置部位和走向			第 3.3.29 条	/		
	7	盲道与障碍物距离			第 3.3.30 条	/		
一般项目	1	型材尺寸			第 3.3.31 条	/		
	2	面层外观质量			第 3.3.32 条	/		
	3	型材外观质量			第 3.3.33 条	/		

施工单位检查结果	专业工长：　　　　项目专业质量检查员：　　　　年　　月　　日
监理单位验收结论	专业监理工程师：　　　　年　　月　　日

7.1.5.8　市政验·通-163　轮椅坡道检验批质量验收记录

市政基础设施工程

轮椅坡道检验批质量验收记录

市政验·通-163

第　　页，共　　页

<table>
<tr><td colspan="4">工程名称</td><td colspan="5"></td></tr>
<tr><td colspan="4">单位工程名称</td><td colspan="5"></td></tr>
<tr><td colspan="4">施工单位</td><td></td><td colspan="2">分包单位</td><td colspan="2"></td></tr>
<tr><td colspan="4">项目负责人</td><td></td><td colspan="2">项目技术负责人</td><td colspan="2"></td></tr>
<tr><td colspan="4">分部（子分部）工程名称</td><td></td><td colspan="2">分项工程名称</td><td colspan="2"></td></tr>
<tr><td colspan="4">验收部位/区段</td><td></td><td colspan="2">检验批容量</td><td colspan="2"></td></tr>
<tr><td colspan="4">施工及验收依据</td><td colspan="5">《无障碍设施施工验收及维护规范》GB 50642</td></tr>
<tr><td colspan="5">验收项目</td><td>设计要求或规范规定</td><td>最小/实际抽样数量</td><td>检查记录</td><td>检查结果</td></tr>
<tr><td rowspan="8">主控项目</td><td>1</td><td colspan="3">面层材质</td><td>第 3.4.7 条</td><td>/</td><td></td><td></td></tr>
<tr><td>2</td><td colspan="3">结合层质量</td><td>第 3.4.8 条</td><td>/</td><td></td><td></td></tr>
<tr><td>3</td><td colspan="3">坡度</td><td>第 3.4.9 条</td><td>/</td><td></td><td></td></tr>
<tr><td>4</td><td colspan="3">宽度</td><td>第 3.4.10 条</td><td>/</td><td></td><td></td></tr>
<tr><td>5</td><td colspan="3">高差</td><td>第 3.4.11 条</td><td>/</td><td></td><td></td></tr>
<tr><td>6</td><td colspan="3">安全挡台高度</td><td>第 3.4.12 条</td><td>/</td><td></td><td></td></tr>
<tr><td>7</td><td colspan="3">缓冲地带和休息平台长度</td><td>第 3.4.13 条</td><td>/</td><td></td><td></td></tr>
<tr><td>8</td><td colspan="3">雨水箅网眼尺寸</td><td>第 3.4.14 条</td><td>/</td><td></td><td></td></tr>
<tr><td rowspan="9">一般项目</td><td>1</td><td colspan="3">外观质量</td><td>第 3.4.15 条</td><td>/</td><td></td><td></td></tr>
<tr><td rowspan="6">2</td><td rowspan="8">允许偏差（mm）</td><td rowspan="6">平整度</td><td>水泥砂浆</td><td>2</td><td>/</td><td></td><td></td></tr>
<tr><td>细石混凝土</td><td>3</td><td>/</td><td></td><td></td></tr>
<tr><td>沥青混合料</td><td>4</td><td>/</td><td></td><td></td></tr>
<tr><td>水泥花砖</td><td>2</td><td>/</td><td></td><td></td></tr>
<tr><td>陶瓷类地砖</td><td>2</td><td>/</td><td></td><td></td></tr>
<tr><td>石板材</td><td>1</td><td>/</td><td></td><td></td></tr>
<tr><td>3</td><td colspan="2">整体面层厚度</td><td>±5</td><td>/</td><td></td><td></td></tr>
<tr><td>4</td><td colspan="2">相邻块高度</td><td>0.5</td><td>/</td><td></td><td></td></tr>
<tr><td colspan="2">施工单位检查结果</td><td colspan="7">专业工长：　　　　项目专业质量检查员：　　　　年　　月　　日</td></tr>
<tr><td colspan="2">监理单位验收结论</td><td colspan="7">专业监理工程师：　　　　年　　月　　日</td></tr>
</table>

7.1.5.9 市政验·通-164-1 无障碍通道检验批质量验收记录（一）

市政基础设施工程

无障碍通道检验批质量验收记录（一）

市政验·通-164-1

第　　页，共　　页

<table>
<tr><td colspan="5">工程名称</td><td colspan="5"></td></tr>
<tr><td colspan="5">单位工程名称</td><td colspan="5"></td></tr>
<tr><td colspan="5">施工单位</td><td></td><td colspan="2">分包单位</td><td colspan="2"></td></tr>
<tr><td colspan="5">项目负责人</td><td></td><td colspan="2">项目技术负责人</td><td colspan="2"></td></tr>
<tr><td colspan="5">分部（子分部）工程名称</td><td></td><td colspan="2">分项工程名称</td><td colspan="2"></td></tr>
<tr><td colspan="5">验收部位/区段</td><td></td><td colspan="2">检验批容量</td><td colspan="2"></td></tr>
<tr><td colspan="5">施工及验收依据</td><td colspan="5">《无障碍设施施工验收及维护规范》GB 50642</td></tr>
<tr><td colspan="6">验收项目</td><td>设计要求或规范规定</td><td>最小/实际抽样数量</td><td>检查记录</td><td>检查结果</td></tr>
<tr><td rowspan="8">主控项目</td><td>1</td><td colspan="4">面层材质</td><td>第3.5.4条</td><td>/</td><td></td><td></td></tr>
<tr><td>2</td><td colspan="4">结合层质量</td><td>第3.5.5条</td><td>/</td><td></td><td></td></tr>
<tr><td>3</td><td colspan="4">宽度</td><td>第3.5.6条</td><td>/</td><td></td><td></td></tr>
<tr><td>4</td><td colspan="4">突出物尺寸和高度</td><td>第3.5.7条</td><td>/</td><td></td><td></td></tr>
<tr><td>5</td><td colspan="4">雨水箅网眼尺寸</td><td>第3.5.8条</td><td>/</td><td></td><td></td></tr>
<tr><td>6</td><td colspan="4">凹室尺寸</td><td>第3.5.9条</td><td>/</td><td></td><td></td></tr>
<tr><td>7</td><td colspan="4">安全设施设置</td><td>第3.5.10条</td><td>/</td><td></td><td></td></tr>
<tr><td>8</td><td colspan="4">通道内光照度</td><td>第3.5.11条</td><td>/</td><td></td><td></td></tr>
<tr><td rowspan="6">一般项目</td><td>1</td><td colspan="4">雨水箅</td><td>第3.5.12条</td><td>/</td><td></td><td></td></tr>
<tr><td>2</td><td colspan="4">护壁（门）板高度</td><td>第3.5.13条</td><td>/</td><td></td><td></td></tr>
<tr><td>3</td><td colspan="4">通道转角处墙体的倒角或圆弧尺寸</td><td>第3.5.14条</td><td>/</td><td></td><td></td></tr>
<tr><td rowspan="3">4</td><td rowspan="3">允许偏差（mm）</td><td rowspan="3">平整度</td><td rowspan="3">整体面层</td><td>水泥混凝土</td><td>3</td><td>/</td><td></td><td></td></tr>
<tr><td>沥青混凝土</td><td>3</td><td>/</td><td></td><td></td></tr>
<tr><td>其他沥青混合料</td><td>4</td><td>/</td><td></td><td></td></tr>
<tr><td colspan="2">施工单位检查结果</td><td colspan="8">专业工长：　　　　项目专业质量检查员：　　　　年　　月　　日</td></tr>
<tr><td colspan="2">监理单位验收结论</td><td colspan="8">专业监理工程师：　　　　年　　月　　日</td></tr>
</table>

7.1.5.10 市政验·通-164-2 无障碍通道检验批质量验收记录（二）

市政基础设施工程

无障碍通道检验批质量验收记录（二）

市政验·通-164-2

第　　页，共　　页

<table>
<tr><td colspan="6">工程名称</td><td colspan="4"></td></tr>
<tr><td colspan="6">单位工程名称</td><td colspan="4"></td></tr>
<tr><td colspan="6">施工单位</td><td></td><td colspan="2">分包单位</td><td></td></tr>
<tr><td colspan="6">项目负责人</td><td></td><td colspan="2">项目技术负责人</td><td></td></tr>
<tr><td colspan="6">分部（子分部）工程名称</td><td></td><td colspan="2">分项工程名称</td><td></td></tr>
<tr><td colspan="6">验收部位/区段</td><td></td><td colspan="2">检验批容量</td><td></td></tr>
<tr><td colspan="6">施工及验收依据</td><td colspan="4">《无障碍设施施工验收及维护规范》GB 50642</td></tr>
<tr><td colspan="6">验收项目</td><td>设计要求或规范规定</td><td>最小/实际抽样数量</td><td>检查记录</td><td>检查结果</td></tr>
<tr><td rowspan="12">一般项目</td><td rowspan="10">4</td><td rowspan="12">允许偏差（mm）</td><td rowspan="10">平整度</td><td rowspan="4">板块面层</td><td>预制砌块</td><td>5</td><td>/</td><td></td><td></td></tr>
<tr><td>陶瓷类地砖</td><td>2</td><td>/</td><td></td><td></td></tr>
<tr><td>石板材</td><td>1</td><td>/</td><td></td><td></td></tr>
<tr><td>块石</td><td>3</td><td>/</td><td></td><td></td></tr>
<tr><td rowspan="6">坡道面层</td><td>水泥砂浆</td><td>2</td><td>/</td><td></td><td></td></tr>
<tr><td>细石混凝土、橡胶弹性面层</td><td>3</td><td>/</td><td></td><td></td></tr>
<tr><td>沥青混合料</td><td>4</td><td>/</td><td></td><td></td></tr>
<tr><td>水泥花砖</td><td>2</td><td>/</td><td></td><td></td></tr>
<tr><td>陶瓷类地砖</td><td>2</td><td>/</td><td></td><td></td></tr>
<tr><td>石板材</td><td>1</td><td>/</td><td></td><td></td></tr>
<tr><td>5</td><td colspan="3">地面与雨水箅高差</td><td>−3；0</td><td>/</td><td></td><td></td></tr>
<tr><td>6</td><td colspan="3">护墙板高度</td><td>+3；0</td><td>/</td><td></td><td></td></tr>
<tr><td colspan="2">施工单位检查结果</td><td colspan="8">专业工长：　　　　项目专业质量检查员：　　　　年　　月　　日</td></tr>
<tr><td colspan="2">监理单位验收结论</td><td colspan="8">专业监理工程师：　　　　年　　月　　日</td></tr>
</table>

7.1.5.11 市政验·通-165 无障碍停车位检验批质量验收记录

市政基础设施工程

无障碍停车位检验批质量验收记录

市政验·通-165

第　　页，共　　页

<table>
<tr><td colspan="2">工程名称</td><td colspan="5"></td></tr>
<tr><td colspan="2">单位工程名称</td><td colspan="5"></td></tr>
<tr><td colspan="2">施工单位</td><td></td><td colspan="2">分包单位</td><td colspan="2"></td></tr>
<tr><td colspan="2">项目负责人</td><td></td><td colspan="2">项目技术负责人</td><td colspan="2"></td></tr>
<tr><td colspan="2">分部（子分部）工程名称</td><td></td><td colspan="2">分项工程名称</td><td colspan="2"></td></tr>
<tr><td colspan="2">验收部位/区段</td><td></td><td colspan="2">检验批容量</td><td colspan="2"></td></tr>
<tr><td colspan="2">施工及验收依据</td><td colspan="5">《无障碍设施施工验收及维护规范》GB 50642</td></tr>
</table>

<table>
<tr><td colspan="7">验收项目</td><td>设计要求或规范规定</td><td>最小/实际抽样数量</td><td>检查记录</td><td>检查结果</td></tr>
<tr><td rowspan="3">主控项目</td><td>1</td><td colspan="5">位置和数量</td><td>第3.6.4条</td><td>/</td><td></td><td></td></tr>
<tr><td>2</td><td colspan="5">一侧通道宽度</td><td>第3.6.5条</td><td>/</td><td></td><td></td></tr>
<tr><td>3</td><td colspan="5">涂画和标志</td><td>第3.6.6条</td><td>/</td><td></td><td></td></tr>
<tr><td rowspan="10">一般项目</td><td>1</td><td colspan="5">地面坡度</td><td>第3.6.8条</td><td>/</td><td></td><td></td></tr>
<tr><td rowspan="7">2</td><td rowspan="9">允许偏差（mm）</td><td rowspan="7">平整度</td><td rowspan="3">整体面层</td><td colspan="2">水泥混凝土</td><td>3</td><td>/</td><td></td><td></td></tr>
<tr><td colspan="2">沥青混凝土</td><td>3</td><td>/</td><td></td><td></td></tr>
<tr><td colspan="2">其他沥青混合料</td><td>4</td><td>/</td><td></td><td></td></tr>
<tr><td rowspan="4">板块面层</td><td colspan="2">预制砌块</td><td>5</td><td>/</td><td></td><td></td></tr>
<tr><td colspan="2">陶瓷类地砖</td><td>2</td><td>/</td><td></td><td></td></tr>
<tr><td colspan="2">石板材</td><td>1</td><td>/</td><td></td><td></td></tr>
<tr><td colspan="2">块石</td><td>3</td><td>/</td><td></td><td></td></tr>
<tr><td>3</td><td colspan="4">相邻块高差</td><td>0.5</td><td>/</td><td></td><td></td></tr>
<tr><td>4</td><td colspan="4">地面坡度</td><td>±0.3%</td><td>/</td><td></td><td></td></tr>
<tr><td colspan="3">施工单位
检查结果</td><td colspan="8">专业工长：　　　　项目专业质量检查员：　　　　年　　月　　日</td></tr>
<tr><td colspan="3">监理单位
验收结论</td><td colspan="8">专业监理工程师：　　　　年　　月　　日</td></tr>
</table>

7.1.5.12 市政验·通-166 无障碍出入口检验批质量验收记录

市政基础设施工程

无障碍出入口检验批质量验收记录

市政验·通-166

第 页，共 页

<table>
<tr><td colspan="5">工程名称</td><td colspan="5"></td></tr>
<tr><td colspan="5">单位工程名称</td><td colspan="5"></td></tr>
<tr><td colspan="5">施工单位</td><td colspan="2"></td><td>分包单位</td><td colspan="2"></td></tr>
<tr><td colspan="5">项目负责人</td><td colspan="2"></td><td>项目技术负责人</td><td colspan="2"></td></tr>
<tr><td colspan="5">分部（子分部）工程名称</td><td colspan="2"></td><td>分项工程名称</td><td colspan="2"></td></tr>
<tr><td colspan="5">验收部位/区段</td><td colspan="2"></td><td>检验批容量</td><td colspan="2"></td></tr>
<tr><td colspan="5">施工及验收依据</td><td colspan="5">《无障碍设施施工验收及维护规范》GB 50642</td></tr>
<tr><td colspan="6">验收项目</td><td>设计要求或规范规定</td><td>最小/实际抽样数量</td><td>检查记录</td><td>检查结果</td></tr>
<tr><td rowspan="4">主控项目</td><td>1</td><td colspan="4">出入口外地面坡度</td><td>第3.7.6条</td><td>/</td><td></td><td></td></tr>
<tr><td>2</td><td colspan="4">平台宽度、雨篷尺寸</td><td>第3.7.7条</td><td>/</td><td></td><td></td></tr>
<tr><td>3</td><td colspan="4">门扇开启距离</td><td>第3.7.8条</td><td>/</td><td></td><td></td></tr>
<tr><td>4</td><td colspan="4">雨水箅网眼尺寸</td><td>第3.7.9条</td><td>/</td><td></td><td></td></tr>
<tr><td rowspan="15">一般项目</td><td>1</td><td colspan="4">出入口处地面外观质量</td><td>第3.7.10条</td><td>/</td><td></td><td></td></tr>
<tr><td rowspan="14">2</td><td rowspan="14">允许偏差（mm）</td><td rowspan="14">平整度</td><td rowspan="3">整体面层</td><td>水泥混凝土</td><td>3</td><td>/</td><td></td><td></td></tr>
<tr><td>沥青混凝土</td><td>3</td><td>/</td><td></td><td></td></tr>
<tr><td>其他沥青混合料</td><td>4</td><td>/</td><td></td><td></td></tr>
<tr><td rowspan="4">板块面层</td><td>预制砌块</td><td>5</td><td>/</td><td></td><td></td></tr>
<tr><td>陶瓷类地砖</td><td>2</td><td>/</td><td></td><td></td></tr>
<tr><td>石板材</td><td>1</td><td>/</td><td></td><td></td></tr>
<tr><td>块石</td><td>3</td><td>/</td><td></td><td></td></tr>
<tr><td rowspan="7">坡道面层</td><td>水泥砂浆</td><td>2</td><td>/</td><td></td><td></td></tr>
<tr><td>细石混凝土、橡胶弹性面层</td><td>3</td><td>/</td><td></td><td></td></tr>
<tr><td>沥青混合料</td><td>4</td><td>/</td><td></td><td></td></tr>
<tr><td>水泥花砖</td><td>2</td><td>/</td><td></td><td></td></tr>
<tr><td>陶瓷类地砖</td><td>2</td><td>/</td><td></td><td></td></tr>
<tr><td>石板材</td><td>1</td><td>/</td><td></td><td></td></tr>
<tr><td colspan="2">施工单位检查结果</td><td colspan="8">专业工长： 项目专业质量检查员： 年 月 日</td></tr>
<tr><td colspan="2">监理单位验收结论</td><td colspan="8">专业监理工程师： 年 月 日</td></tr>
</table>

7.1.5.13 市政验·通-167 低位服务设施检验批质量验收记录

市政基础设施工程

低位服务设施检验批质量验收记录

市政验·通-167

第 页，共 页

<table>
<tr><td colspan="5">工程名称</td><td colspan="5"></td></tr>
<tr><td colspan="5">单位工程名称</td><td colspan="5"></td></tr>
<tr><td colspan="5">施工单位</td><td></td><td colspan="2">分包单位</td><td colspan="2"></td></tr>
<tr><td colspan="5">项目负责人</td><td></td><td colspan="2">项目技术负责人</td><td colspan="2"></td></tr>
<tr><td colspan="5">分部（子分部）工程名称</td><td></td><td colspan="2">分项工程名称</td><td colspan="2"></td></tr>
<tr><td colspan="5">验收部位/区段</td><td></td><td colspan="2">检验批容量</td><td colspan="2"></td></tr>
<tr><td colspan="5">施工及验收依据</td><td colspan="5">《无障碍设施施工验收及维护规范》GB 50642</td></tr>
<tr><td colspan="5">验收项目</td><td>设计要求或规范规定</td><td>最小/实际抽样数量</td><td>检查记录</td><td colspan="2">检查结果</td></tr>
<tr><td rowspan="5">主控项目</td><td>1</td><td colspan="3">位置和数量</td><td>第3.8.3条</td><td>/</td><td></td><td colspan="2"></td></tr>
<tr><td>2</td><td colspan="3">设施高度、宽度和进深</td><td>第3.8.4条</td><td>/</td><td></td><td colspan="2"></td></tr>
<tr><td>3</td><td colspan="3">下方净空尺寸</td><td>第3.8.5条</td><td>/</td><td></td><td colspan="2"></td></tr>
<tr><td>4</td><td colspan="3">轮椅回转空间</td><td>第3.7.6条</td><td>/</td><td></td><td colspan="2"></td></tr>
<tr><td>5</td><td colspan="3">灯具和开关</td><td>第3.8.7条</td><td>/</td><td></td><td colspan="2"></td></tr>
<tr><td rowspan="6">一般项目</td><td rowspan="5">1</td><td rowspan="6">允许偏差（mm）</td><td rowspan="5">平整度</td><td>水泥砂浆、水磨石</td><td>2</td><td>/</td><td></td><td colspan="2"></td></tr>
<tr><td>细石混凝土、橡胶弹性面层</td><td>3</td><td>/</td><td></td><td colspan="2"></td></tr>
<tr><td>水泥花砖</td><td>3</td><td>/</td><td></td><td colspan="2"></td></tr>
<tr><td>陶瓷类地砖</td><td>2</td><td>/</td><td></td><td colspan="2"></td></tr>
<tr><td>石板材</td><td>1</td><td>/</td><td></td><td colspan="2"></td></tr>
<tr><td>2</td><td colspan="2">相邻块高差</td><td>0.5</td><td>/</td><td></td><td colspan="2"></td></tr>
<tr><td colspan="2">施工单位检查结果</td><td colspan="8">专业工长： 项目专业质量检查员： 年 月 日</td></tr>
<tr><td colspan="2">监理单位验收结论</td><td colspan="8">专业监理工程师： 年 月 日</td></tr>
</table>

7.1.5.14　市政验·通-168　扶手检验批质量验收记录

市政基础设施工程

扶手检验批质量验收记录

市政验·通-168

第　　页，共　　页

<table>
<tr><td colspan="3">工程名称</td><td colspan="5"></td></tr>
<tr><td colspan="3">单位工程名称</td><td colspan="5"></td></tr>
<tr><td colspan="3">施工单位</td><td></td><td colspan="2">分包单位</td><td colspan="2"></td></tr>
<tr><td colspan="3">项目负责人</td><td></td><td colspan="2">项目技术负责人</td><td colspan="2"></td></tr>
<tr><td colspan="3">分部（子分部）工程名称</td><td></td><td colspan="2">分项工程名称</td><td colspan="2"></td></tr>
<tr><td colspan="3">验收部位/区段</td><td></td><td colspan="2">检验批容量</td><td colspan="2"></td></tr>
<tr><td colspan="3">施工及验收依据</td><td colspan="5">《无障碍设施施工验收及维护规范》GB 50642</td></tr>
<tr><td colspan="4">验收项目</td><td>设计要求或规范规定</td><td>最小/实际抽样数量</td><td>检查记录</td><td>检查结果</td></tr>
<tr><td rowspan="5">主控项目</td><td>1</td><td colspan="2">材质</td><td>第3.9.2条</td><td>/</td><td></td><td></td></tr>
<tr><td>2</td><td colspan="2">连接质量</td><td>第3.9.3条</td><td>/</td><td></td><td></td></tr>
<tr><td>3</td><td colspan="2">扶手截面及安装质量</td><td>第3.9.4条</td><td>/</td><td></td><td></td></tr>
<tr><td>4</td><td colspan="2">栏杆质量</td><td>第3.9.5条</td><td>/</td><td></td><td></td></tr>
<tr><td>5</td><td colspan="2">扶手盲文标志</td><td>第3.9.6条</td><td>/</td><td></td><td></td></tr>
<tr><td rowspan="5">一般项目</td><td>1</td><td colspan="2">外观质量</td><td>第3.9.7条</td><td>/</td><td></td><td></td></tr>
<tr><td>2</td><td colspan="2">钢构件扶手</td><td>第3.9.8条</td><td>/</td><td></td><td></td></tr>
<tr><td>3</td><td rowspan="3">允许偏差（mm）</td><td>立柱和托架间距</td><td>3</td><td>/</td><td></td><td></td></tr>
<tr><td>4</td><td>立柱垂直度</td><td>3</td><td>/</td><td></td><td></td></tr>
<tr><td>5</td><td>扶手直线度</td><td>4</td><td>/</td><td></td><td></td></tr>
<tr><td colspan="2">施工单位检查结果</td><td colspan="6">专业工长：　　　　项目专业质量检查员：　　　　年　　月　　日</td></tr>
<tr><td colspan="2">监理单位验收结论</td><td colspan="6">专业监理工程师：　　　　年　　月　　日</td></tr>
</table>

7.1.5.15 市政验·通-169 门检验批质量验收记录

市政基础设施工程

门检验批质量验收记录

市政验·通-169

第　　页，共　　页

<table>
<tr><td>工程名称</td><td colspan="3"></td></tr>
<tr><td>单位工程名称</td><td colspan="3"></td></tr>
<tr><td>施工单位</td><td></td><td>分包单位</td><td></td></tr>
<tr><td>项目负责人</td><td></td><td>项目技术负责人</td><td></td></tr>
<tr><td>分部（子分部）工程名称</td><td></td><td>分项工程名称</td><td></td></tr>
<tr><td>验收部位/区段</td><td></td><td>检验批容量</td><td></td></tr>
<tr><td>施工及验收依据</td><td colspan="3">《无障碍设施施工验收及维护规范》GB 50642</td></tr>
</table>

<table>
<tr><td colspan="6">验收项目</td><td>设计要求或规范规定</td><td>最小/实际抽样数量</td><td>检查记录</td><td>检查结果</td></tr>
<tr><td rowspan="6">主控项目</td><td>1</td><td colspan="4">选型、材质、开启方向</td><td>第3.10.4条</td><td>/</td><td></td><td></td></tr>
<tr><td>2</td><td colspan="4">开启后净宽</td><td>第3.10.5条</td><td>/</td><td></td><td></td></tr>
<tr><td>3</td><td colspan="4">把手一侧墙面宽度</td><td>第3.10.6条</td><td>/</td><td></td><td></td></tr>
<tr><td>4</td><td colspan="4">把手、关门拉手和闭合器</td><td>第3.10.7条</td><td>/</td><td></td><td></td></tr>
<tr><td>5</td><td colspan="4">观察窗</td><td>第3.10.8条</td><td>/</td><td></td><td></td></tr>
<tr><td>6</td><td colspan="4">门内外高差</td><td>第3.10.9条</td><td>/</td><td></td><td></td></tr>
<tr><td rowspan="7">一般项目</td><td>1</td><td colspan="4">外观质量</td><td>第3.10.10条</td><td>/</td><td></td><td></td></tr>
<tr><td rowspan="4">2</td><td rowspan="6">允许偏差（mm）</td><td rowspan="4">门框正、侧面垂直度</td><td rowspan="2">木门</td><td>普通</td><td>2</td><td>/</td><td></td><td></td></tr>
<tr><td>高级</td><td>1</td><td>/</td><td></td><td></td></tr>
<tr><td colspan="2">钢门</td><td>3</td><td>/</td><td></td><td></td></tr>
<tr><td colspan="2">铝合金门</td><td>2.5</td><td>/</td><td></td><td></td></tr>
<tr><td>3</td><td colspan="3">门横框水平度</td><td>3</td><td>/</td><td></td><td></td></tr>
<tr><td>4</td><td colspan="3">护门板高度</td><td>+3；0</td><td>/</td><td></td><td></td></tr>
</table>

施工单位检查结果	专业工长：　　　　项目专业质量检查员：　　　　年　　月　　日
监理单位验收结论	专业监理工程师：　　　　年　　月　　日

7.1.5.16 市政验・通-170 无障碍电梯和升降平台检验批质量验收记录

市政基础设施工程

无障碍电梯和升降平台检验批质量验收记录

市政验・通-170

第　　页，共　　页

<table>
<tr><td colspan="3">工程名称</td><td colspan="5"></td></tr>
<tr><td colspan="3">单位工程名称</td><td colspan="5"></td></tr>
<tr><td colspan="3">施工单位</td><td colspan="2"></td><td colspan="2">分包单位</td><td></td></tr>
<tr><td colspan="3">项目负责人</td><td colspan="2"></td><td colspan="2">项目技术负责人</td><td></td></tr>
<tr><td colspan="3">分部（子分部）工程名称</td><td colspan="2"></td><td colspan="2">分项工程名称</td><td></td></tr>
<tr><td colspan="3">验收部位/区段</td><td colspan="2"></td><td colspan="2">检验批容量</td><td></td></tr>
<tr><td colspan="3">施工及验收依据</td><td colspan="5">《无障碍设施施工验收及维护规范》GB 50642</td></tr>
<tr><td colspan="4">验收项目</td><td>设计要求或规范规定</td><td>最小/实际抽样数量</td><td>检查记录</td><td>检查结果</td></tr>
<tr><td rowspan="10">主控项目</td><td>1</td><td colspan="2">设备类型，设置位置和数量</td><td>第3.11.4条</td><td>/</td><td></td><td></td></tr>
<tr><td>2</td><td colspan="2">电梯厅宽度</td><td>第3.11.5条</td><td>/</td><td></td><td></td></tr>
<tr><td>3</td><td colspan="2">专用选层按钮</td><td>第3.11.6条</td><td>/</td><td></td><td></td></tr>
<tr><td>4</td><td colspan="2">电梯门洞外口宽度</td><td>第3.11.7条</td><td>/</td><td></td><td></td></tr>
<tr><td>5</td><td colspan="2">运行显示和提示音响信号装置</td><td>第3.11.8条</td><td>/</td><td></td><td></td></tr>
<tr><td>6</td><td colspan="2">轿厢规格和门净宽度</td><td>第3.11.9条</td><td>/</td><td></td><td></td></tr>
<tr><td>7</td><td colspan="2">门光幕感应和门全开闭间隔时间</td><td>第3.11.10条</td><td>/</td><td></td><td></td></tr>
<tr><td>8</td><td colspan="2">镜子设置</td><td>第3.11.11条</td><td>/</td><td></td><td></td></tr>
<tr><td>9</td><td colspan="2">平台尺寸和栏杆</td><td>第3.11.12条</td><td>/</td><td></td><td></td></tr>
<tr><td>10</td><td colspan="2">平台按钮高度</td><td>第3.11.13条</td><td>/</td><td></td><td></td></tr>
<tr><td>一般项目</td><td>1</td><td>允许偏差</td><td>护壁板高度</td><td>+3；0</td><td>/</td><td></td><td></td></tr>
<tr><td colspan="2">施工单位检查结果</td><td colspan="6">专业工长：　　　　项目专业质量检查员：　　　　年　　月　　日</td></tr>
<tr><td colspan="2">监理单位验收结论</td><td colspan="6">专业监理工程师：　　　　年　　月　　日</td></tr>
</table>

7.1.5.17　市政验·通-171　楼梯和台阶检验批质量验收记录

市政基础设施工程

楼梯和台阶检验批质量验收记录

市政验·通-171

第　　页，共　　页

<table>
<tr><td colspan="5">工程名称</td><td colspan="4"></td></tr>
<tr><td colspan="5">单位工程名称</td><td colspan="4"></td></tr>
<tr><td colspan="5">施工单位</td><td></td><td>分包单位</td><td colspan="2"></td></tr>
<tr><td colspan="5">项目负责人</td><td></td><td>项目技术负责人</td><td colspan="2"></td></tr>
<tr><td colspan="5">分部（子分部）工程名称</td><td></td><td>分项工程名称</td><td colspan="2"></td></tr>
<tr><td colspan="5">验收部位/区段</td><td></td><td>检验批容量</td><td colspan="2"></td></tr>
<tr><td colspan="5">施工及验收依据</td><td colspan="4">《无障碍设施施工验收及维护规范》GB 50642</td></tr>
<tr><td colspan="5">验收项目</td><td>设计要求或规范规定</td><td>最小/实际抽样数量</td><td>检查记录</td><td>检查结果</td></tr>
<tr><td rowspan="6">主控项目</td><td>1</td><td colspan="3">面层材质</td><td>第 3.12.6 条</td><td>/</td><td></td><td></td></tr>
<tr><td>2</td><td colspan="3">结合层质量</td><td>第 3.12.7 条</td><td>/</td><td></td><td></td></tr>
<tr><td>3</td><td colspan="3">楼梯的净空高度、楼梯和台阶的宽度</td><td>第 3.12.8 条</td><td>/</td><td></td><td></td></tr>
<tr><td>4</td><td colspan="3">安全挡台高度</td><td>第 3.12.10 条</td><td>/</td><td></td><td></td></tr>
<tr><td>5</td><td colspan="3">踏面凸缘的形状和尺寸</td><td>第 3.12.11 条</td><td>/</td><td></td><td></td></tr>
<tr><td>6</td><td colspan="3">雨水箅网眼尺寸</td><td>第 3.12.12 条</td><td>/</td><td></td><td></td></tr>
<tr><td rowspan="10">一般项目</td><td>1</td><td colspan="3">外观质量</td><td>第 3.12.13 条</td><td>/</td><td></td><td></td></tr>
<tr><td>2</td><td rowspan="9">允许偏差（mm）</td><td colspan="2">踏步高度</td><td>-3；0</td><td>/</td><td></td><td></td></tr>
<tr><td>3</td><td colspan="2">踏步宽度</td><td>+2；0</td><td>/</td><td></td><td></td></tr>
<tr><td rowspan="5">4</td><td rowspan="5">平整度</td><td>水泥砂浆、水磨石</td><td>2</td><td>/</td><td></td><td></td></tr>
<tr><td>细石混凝土、橡胶弹性面层</td><td>3</td><td>/</td><td></td><td></td></tr>
<tr><td>水泥花砖</td><td>3</td><td>/</td><td></td><td></td></tr>
<tr><td>陶瓷类地砖</td><td>2</td><td>/</td><td></td><td></td></tr>
<tr><td>石板材</td><td>1</td><td>/</td><td></td><td></td></tr>
<tr><td>5</td><td colspan="2">相邻块高差</td><td>0.5</td><td>/</td><td></td><td></td></tr>
<tr><td colspan="2">施工单位检查结果</td><td colspan="7">专业工长：　　　　项目专业质量检查员：　　　　年　　月　　日</td></tr>
<tr><td colspan="2">监理单位验收结论</td><td colspan="7">专业监理工程师：　　　　年　　月　　日</td></tr>
</table>

7.1.5.18 市政验·通-172 轮椅席位检验批质量验收记录

市政基础设施工程

轮椅席位检验批质量验收记录

市政验·通-172

第　　页，共　　页

<table>
<tr><td colspan="4">工程名称</td><td colspan="5"></td></tr>
<tr><td colspan="4">单位工程名称</td><td colspan="5"></td></tr>
<tr><td colspan="4">施工单位</td><td></td><td colspan="2">分包单位</td><td colspan="2"></td></tr>
<tr><td colspan="4">项目负责人</td><td></td><td colspan="2">项目技术负责人</td><td colspan="2"></td></tr>
<tr><td colspan="4">分部（子分部）工程名称</td><td></td><td colspan="2">分项工程名称</td><td colspan="2"></td></tr>
<tr><td colspan="4">验收部位/区段</td><td></td><td colspan="2">检验批容量</td><td colspan="2"></td></tr>
<tr><td colspan="4">施工及验收依据</td><td colspan="5">《无障碍设施施工验收及维护规范》GB 50642</td></tr>
<tr><td colspan="5">验收项目</td><td>设计要求或规范规定</td><td>最小/实际抽样数量</td><td>检查记录</td><td>检查结果</td></tr>
<tr><td rowspan="4">主控项目</td><td>1</td><td colspan="3">位置和数量</td><td>第 3.13.3 条</td><td>/</td><td></td><td></td></tr>
<tr><td>2</td><td colspan="3">面积</td><td>第 3.13.4 条</td><td>/</td><td></td><td></td></tr>
<tr><td>3</td><td colspan="3">栏杆或栏板</td><td>第 3.13.5 条</td><td>/</td><td></td><td></td></tr>
<tr><td>4</td><td colspan="3">涂画和标志</td><td>第 3.13.6 条</td><td>/</td><td></td><td></td></tr>
<tr><td rowspan="7">一般项目</td><td>1</td><td colspan="3">陪同者席位</td><td>第 3.13.7 条</td><td>/</td><td></td><td></td></tr>
<tr><td rowspan="5">2</td><td rowspan="6">允许偏差（mm）</td><td rowspan="5">平整度</td><td>水泥砂浆、水磨石</td><td>2</td><td>/</td><td></td><td></td></tr>
<tr><td>细石混凝土、橡胶弹性面层</td><td>3</td><td>/</td><td></td><td></td></tr>
<tr><td>水泥花砖</td><td>3</td><td>/</td><td></td><td></td></tr>
<tr><td>陶瓷类地砖</td><td>2</td><td>/</td><td></td><td></td></tr>
<tr><td>石板材</td><td>1</td><td>/</td><td></td><td></td></tr>
<tr><td>3</td><td colspan="2">相邻块高差</td><td>0.5</td><td>/</td><td></td><td></td></tr>
<tr><td colspan="2">施工单位检查结果</td><td colspan="7">专业工长：　　　项目专业质量检查员：　　　年　月　日</td></tr>
<tr><td colspan="2">监理单位验收结论</td><td colspan="7">专业监理工程师：　　　年　月　日</td></tr>
</table>

7.1.5.19 市政验·通-173 无障碍厕所和无障碍厕位检验批质量验收记录

市政基础设施工程

无障碍厕所和无障碍厕位检验批质量验收记录

市政验·通-173

第　　页，共　　页

<table>
<tr><td colspan="4">工程名称</td><td colspan="5"></td></tr>
<tr><td colspan="4">单位工程名称</td><td colspan="5"></td></tr>
<tr><td colspan="4">施工单位</td><td></td><td colspan="2">分包单位</td><td colspan="2"></td></tr>
<tr><td colspan="4">项目负责人</td><td></td><td colspan="2">项目技术负责人</td><td colspan="2"></td></tr>
<tr><td colspan="4">分部（子分部）工程名称</td><td></td><td colspan="2">分项工程名称</td><td colspan="2"></td></tr>
<tr><td colspan="4">验收部位/区段</td><td></td><td colspan="2">检验批容量</td><td colspan="2"></td></tr>
<tr><td colspan="4">施工及验收依据</td><td colspan="5">《无障碍设施施工验收及维护规范》GB 50642</td></tr>
<tr><td colspan="5">验收项目</td><td>设计要求或规范规定</td><td>最小/实际抽样数量</td><td>检查记录</td><td>检查结果</td></tr>
<tr><td rowspan="8">主控项目</td><td>1</td><td colspan="3">面积和平面尺寸</td><td>第3.14.4条</td><td>/</td><td></td><td></td></tr>
<tr><td>2</td><td colspan="3">位置和数量</td><td>第3.14.5条</td><td>/</td><td></td><td></td></tr>
<tr><td>3</td><td colspan="3">洁具</td><td>第3.14.6条</td><td>/</td><td></td><td></td></tr>
<tr><td>4</td><td colspan="3">安全抓杆支撑力</td><td>第3.14.7条</td><td>/</td><td></td><td></td></tr>
<tr><td>5</td><td colspan="3">安全抓杆选型、安装位置</td><td>第3.14.8条</td><td>/</td><td></td><td></td></tr>
<tr><td>6</td><td colspan="3">轮椅回转空间</td><td>第3.14.9条</td><td>/</td><td></td><td></td></tr>
<tr><td>7</td><td colspan="3">求助呼叫系统</td><td>第3.14.10条</td><td>/</td><td></td><td></td></tr>
<tr><td>8</td><td colspan="3">洗手盆高度及净空尺寸</td><td>第3.14.11条</td><td>/</td><td></td><td></td></tr>
<tr><td rowspan="10">一般项目</td><td>1</td><td colspan="3">放物台材质、尺寸及高度</td><td>第3.14.12条</td><td>/</td><td></td><td></td></tr>
<tr><td>2</td><td colspan="3">挂衣钩安装部位及高度</td><td>第3.14.13条</td><td>/</td><td></td><td></td></tr>
<tr><td>3</td><td colspan="3">安全抓杆</td><td>第3.14.14条</td><td>/</td><td></td><td></td></tr>
<tr><td>4</td><td colspan="3">照明开关选型及安装高度</td><td>第3.14.15条</td><td>/</td><td></td><td></td></tr>
<tr><td>5</td><td colspan="3">灯具型号及照度</td><td>第3.14.16条</td><td>/</td><td></td><td></td></tr>
<tr><td rowspan="2">6</td><td rowspan="5">允许偏差(mm)</td><td rowspan="2">放物台</td><td>平面尺寸</td><td>+10</td><td>/</td><td></td><td></td></tr>
<tr><td>高度</td><td>−10；0</td><td>/</td><td></td><td></td></tr>
<tr><td>7</td><td colspan="2">挂衣钩高度</td><td>−10；0</td><td>/</td><td></td><td></td></tr>
<tr><td>8</td><td colspan="2">安全抓杆垂直度</td><td>2</td><td>/</td><td></td><td></td></tr>
<tr><td>9</td><td colspan="2">安全抓杆水平度</td><td>3</td><td>/</td><td></td><td></td></tr>
<tr><td colspan="3">施工单位检查结果</td><td colspan="6">专业工长：　　　　项目专业质量检查员：　　　　年　　月　　日</td></tr>
<tr><td colspan="3">监理单位验收结论</td><td colspan="6">专业监理工程师：　　　　年　　月　　日</td></tr>
</table>

7.1.5.20 市政验·通-174 过街音响信号装置检验批质量验收记录

市政基础设施工程

过街音响信号装置检验批质量验收记录

市政验·通-174

第　　页，共　　页

工程名称			
单位工程名称			
施工单位		分包单位	
项目负责人		项目技术负责人	
分部（子分部）工程名称		分项工程名称	
验收部位/区段		检验批容量	
施工及验收依据	《无障碍设施施工验收及维护规范》GB 50642		

验收项目			设计要求或规范规定	最小/实际抽样数量	检查记录	检查结果
主控项目	1	装置安装	第3.17.3条	/		
	2	位置和高度	第3.17.4条	/		
	3	音响间隔时间和声压级	第3.17.5条	/		
一般项目	1	立杆垂直度	不大于柱高的1/1000	/		
	2	信号灯轴线	轴线与过街人行横道的方向应一致，夹角≤5°	/		

施工单位检查结果	专业工长：　　项目专业质量检查员：　　年　月　日
监理单位验收结论	专业监理工程师：　　年　月　日

7.1.5.21 市政验·通-175 无障碍标志和盲文标志检验批质量验收记录

市政基础设施工程

无障碍标志和盲文标志检验批质量验收记录

市政验·通-175

第　　页，共　　页

<table>
<tr><td colspan="3">工程名称</td><td colspan="5"></td></tr>
<tr><td colspan="3">单位工程名称</td><td colspan="5"></td></tr>
<tr><td colspan="3">施工单位</td><td></td><td colspan="2">分包单位</td><td colspan="2"></td></tr>
<tr><td colspan="3">项目负责人</td><td></td><td colspan="2">项目技术负责人</td><td colspan="2"></td></tr>
<tr><td colspan="3">分部（子分部）工程名称</td><td></td><td colspan="2">分项工程名称</td><td colspan="2"></td></tr>
<tr><td colspan="3">验收部位/区段</td><td></td><td colspan="2">检验批容量</td><td colspan="2"></td></tr>
<tr><td colspan="3">施工及验收依据</td><td colspan="5">《无障碍设施施工验收及维护规范》GB 50642</td></tr>
<tr><td colspan="3">验收项目</td><td>设计要求或规范规定</td><td>最小/实际抽样数量</td><td>检查记录</td><td colspan="2">检查结果</td></tr>
<tr><td rowspan="6">主控项目</td><td>1</td><td>材质</td><td>第3.18.2条</td><td>/</td><td></td><td colspan="2"></td></tr>
<tr><td>2</td><td>标志牌位置、规格和高度</td><td>第3.18.3条</td><td>/</td><td></td><td colspan="2"></td></tr>
<tr><td>3</td><td>图形尺寸和颜色</td><td>第3.18.4条</td><td>/</td><td></td><td colspan="2"></td></tr>
<tr><td>4</td><td>盲文铭牌位置、规格和高度</td><td>第3.18.5条</td><td>/</td><td></td><td colspan="2"></td></tr>
<tr><td>5</td><td>盲文铭牌制作</td><td>第3.18.6条</td><td>/</td><td></td><td colspan="2"></td></tr>
<tr><td>6</td><td>盲文地图位置、规格和高度</td><td>第3.18.7条</td><td>/</td><td></td><td colspan="2"></td></tr>
<tr><td rowspan="3">一般项目</td><td>1</td><td>标志牌安装</td><td>第3.18.8条</td><td>/</td><td></td><td colspan="2"></td></tr>
<tr><td>2</td><td>盲文铭牌和地图</td><td>第3.18.9条</td><td>/</td><td></td><td colspan="2"></td></tr>
<tr><td>3</td><td>发光标志</td><td>第3.18.10条</td><td>/</td><td></td><td colspan="2"></td></tr>
<tr><td colspan="2">施工单位检查结果</td><td colspan="6">专业工长：　　　　项目专业质量检查员：　　　　年　　月　　日</td></tr>
<tr><td colspan="2">监理单位验收结论</td><td colspan="6">专业监理工程师：　　　　年　　月　　日</td></tr>
</table>

7.2 土建工程专用表格

7.2.1 道路工程

7.2.1.1 市政验·道-1 土方路基检验批质量验收记录

市政基础设施工程

土方路基检验批质量验收记录

市政验·道-1

第　　页，共　　页

<table>
<tr><td colspan="4">工程名称</td><td colspan="4"></td></tr>
<tr><td colspan="4">单位工程名称</td><td colspan="4"></td></tr>
<tr><td colspan="4">施工单位</td><td></td><td colspan="2">分包单位</td><td></td></tr>
<tr><td colspan="4">项目负责人</td><td></td><td colspan="2">项目技术负责人</td><td></td></tr>
<tr><td colspan="4">分部（子分部）工程名称</td><td></td><td colspan="2">分项工程名称</td><td></td></tr>
<tr><td colspan="4">验收部位/区段</td><td></td><td colspan="2">检验批容量</td><td></td></tr>
<tr><td colspan="4">施工及验收依据</td><td colspan="4">《城镇道路工程施工与质量验收规范》CJJ 1</td></tr>
<tr><td colspan="4">验收项目</td><td>设计要求或规范规定</td><td>最小/实际抽样数量</td><td>检查记录</td><td>检查结果</td></tr>
<tr><td rowspan="2">主控项目</td><td>1</td><td colspan="2">压实度应符合规范规定</td><td>第6.8.1-1条</td><td>/</td><td></td><td></td></tr>
<tr><td>2</td><td colspan="2">弯沉值不应大于设计规定</td><td>第6.8.1-2条</td><td>/</td><td></td><td></td></tr>
<tr><td rowspan="7">一般项目</td><td>1</td><td colspan="2">路床应平整、坚实，无显著轮迹、翻浆、波浪、起皮等现象，路堤边坡应密实、稳定、平顺</td><td>第6.8.1-4条</td><td>/</td><td></td><td></td></tr>
<tr><td>2</td><td rowspan="6">允许偏差</td><td>路床纵断高程（mm）</td><td>−20，+10</td><td>/</td><td></td><td></td></tr>
<tr><td>3</td><td>路床中线偏位（mm）</td><td>≤30</td><td>/</td><td></td><td></td></tr>
<tr><td>4</td><td>路床平整度（mm）</td><td>≤15</td><td>/</td><td></td><td></td></tr>
<tr><td>5</td><td>路床宽度（mm）</td><td>不小于设计值+B</td><td>/</td><td></td><td></td></tr>
<tr><td>6</td><td>路床横坡</td><td>±0.3%且不反坡</td><td>/</td><td></td><td></td></tr>
<tr><td>7</td><td>边坡（mm）</td><td>不陡于设计值</td><td>/</td><td></td><td></td></tr>
<tr><td colspan="2">施工单位检查结果</td><td colspan="6">专业工长：（签名）　　项目专业质量检查员：（签名）　　年　月　日</td></tr>
<tr><td colspan="2">监理单位验收结论</td><td colspan="6">专业监理工程师：（签名）　　年　月　日</td></tr>
</table>

注：B 为施工时必要的附加宽度。

7.2.1.2 市政验·道-2 挖石方路基（路堑）检验批质量验收记录

市政基础设施工程

挖石方路基（路堑）检验批质量验收记录

市政验·道-2

第　　页，共　　页

<table>
<tr><td colspan="3">工程名称</td><td colspan="5"></td></tr>
<tr><td colspan="3">单位工程名称</td><td colspan="5"></td></tr>
<tr><td colspan="3">施工单位</td><td></td><td colspan="2">分包单位</td><td colspan="2"></td></tr>
<tr><td colspan="3">项目负责人</td><td></td><td colspan="2">项目技术负责人</td><td colspan="2"></td></tr>
<tr><td colspan="3">分部（子分部）工程名称</td><td></td><td colspan="2">分项工程名称</td><td colspan="2"></td></tr>
<tr><td colspan="3">验收部位/区段</td><td></td><td colspan="2">检验批容量</td><td colspan="2"></td></tr>
<tr><td colspan="3">施工及验收依据</td><td colspan="5">《城镇道路工程施工与质量验收规范》CJJ 1</td></tr>
<tr><td colspan="4">验收项目</td><td>设计要求或规范规定</td><td>最小/实际抽样数量</td><td>检查记录</td><td>检查结果</td></tr>
<tr><td rowspan="3">主控项目</td><td colspan="2">1</td><td>上边坡必须稳定，严禁有松石、险石</td><td>第6.8.2-1条</td><td>/</td><td></td><td></td></tr>
<tr><td colspan="2"></td><td></td><td></td><td></td><td></td><td></td></tr>
<tr><td colspan="2"></td><td></td><td></td><td></td><td></td><td></td></tr>
<tr><td rowspan="5">一般项目</td><td>1</td><td rowspan="5">允许偏差</td><td>路床纵断高程（mm）</td><td>+50，−100</td><td>/</td><td></td><td></td></tr>
<tr><td>2</td><td>路床中线偏位（mm）</td><td>≤30</td><td>/</td><td></td><td></td></tr>
<tr><td>3</td><td>路床宽（mm）</td><td>不小于设计规定+B</td><td>/</td><td></td><td></td></tr>
<tr><td>4</td><td>边坡（mm）</td><td>不陡于设计规定</td><td>/</td><td></td><td></td></tr>
<tr><td></td><td></td><td></td><td></td><td></td><td></td></tr>
<tr><td colspan="3">施工单位检查结果</td><td colspan="5">专业工长：（签名）　　项目专业质量检查员：（签名）　　年　月　日</td></tr>
<tr><td colspan="3">监理单位验收结论</td><td colspan="5">专业监理工程师：（签名）　　年　月　日</td></tr>
</table>

注：B 为施工时必要的附加宽度。

7.2.1.3 市政验·道-3 填石方路基检验批质量验收记录

市政基础设施工程

填石方路基检验批质量验收记录

市政验·道-3

第　　页，共　　页

<table>
<tr><td colspan="3">工程名称</td><td colspan="5"></td></tr>
<tr><td colspan="3">单位工程名称</td><td colspan="5"></td></tr>
<tr><td colspan="3">施工单位</td><td></td><td colspan="2">分包单位</td><td colspan="2"></td></tr>
<tr><td colspan="3">项目负责人</td><td></td><td colspan="2">项目技术负责人</td><td colspan="2"></td></tr>
<tr><td colspan="3">分部（子分部）工程名称</td><td></td><td colspan="2">分项工程名称</td><td colspan="2"></td></tr>
<tr><td colspan="3">验收部位/区段</td><td></td><td colspan="2">检验批容量</td><td colspan="2"></td></tr>
<tr><td colspan="3">施工及验收依据</td><td colspan="5">《城镇道路工程施工与质量验收规范》CJJ 1</td></tr>
<tr><td colspan="4">验收项目</td><td>设计要求或规范规定</td><td>最小/实际抽样数量</td><td>检查记录</td><td>检查结果</td></tr>
<tr><td>主控项目</td><td>1</td><td colspan="2">压实密度应符合试验路段确定的施工工艺，沉降差不应大于试验路段确定的沉降差</td><td>第6.8.2-2条</td><td>/</td><td></td><td></td></tr>
<tr><td rowspan="9">一般项目</td><td>1</td><td colspan="2">路床顶面应嵌缝牢固，表面均匀、平整、稳定，无推移、浮石</td><td>第6.8.2-2条</td><td>/</td><td></td><td></td></tr>
<tr><td>2</td><td colspan="2">边坡应稳定、平顺，无松石</td><td>第6.8.2-2条</td><td>/</td><td></td><td></td></tr>
<tr><td>3</td><td rowspan="7">允许偏差</td><td>路床纵断高程（mm）</td><td>−20，+10</td><td>/</td><td></td><td></td></tr>
<tr><td>4</td><td>路床中线偏位（mm）</td><td>≤30</td><td>/</td><td></td><td></td></tr>
<tr><td>5</td><td>路床平整度（mm）</td><td>≤20</td><td>/</td><td></td><td></td></tr>
<tr><td>6</td><td>路床宽度（mm）</td><td>不小于设计值+B</td><td>/</td><td></td><td></td></tr>
<tr><td>7</td><td>路床横坡</td><td>±0.3%且不反坡</td><td>/</td><td></td><td></td></tr>
<tr><td>8</td><td>边坡</td><td>不陡于设计值</td><td>/</td><td></td><td></td></tr>
<tr><td></td><td></td><td></td><td></td><td></td><td></td></tr>
<tr><td colspan="2">施工单位检查结果</td><td colspan="6">专业工长：（签名）　　项目专业质量检查员：（签名）　　年　月　日</td></tr>
<tr><td colspan="2">监理单位验收结论</td><td colspan="6">专业监理工程师：（签名）　　年　月　日</td></tr>
</table>

注：B为施工时必要的附加宽度。

7.2.1.4 市政验·道-4 路肩检验批质量验收记录

市政基础设施工程

路肩检验批质量验收记录

市政验·道-4

第　　页，共　　页

<table>
<tr><td colspan="3">工程名称</td><td colspan="5"></td></tr>
<tr><td colspan="3">单位工程名称</td><td colspan="5"></td></tr>
<tr><td colspan="3">施工单位</td><td></td><td colspan="2">分包单位</td><td colspan="2"></td></tr>
<tr><td colspan="3">项目负责人</td><td></td><td colspan="2">项目技术负责人</td><td colspan="2"></td></tr>
<tr><td colspan="3">分部（子分部）工程名称</td><td></td><td colspan="2">分项工程名称</td><td colspan="2"></td></tr>
<tr><td colspan="3">验收部位/区段</td><td></td><td colspan="2">检验批容量</td><td colspan="2"></td></tr>
<tr><td colspan="3">施工及验收依据</td><td colspan="5">《城镇道路工程施工与质量验收规范》CJJ 1</td></tr>
<tr><td colspan="4">验收项目</td><td>设计要求或规范规定</td><td>最小/实际抽样数量</td><td>检查记录</td><td>检查结果</td></tr>
<tr><td rowspan="6">一般项目</td><td>1</td><td colspan="2">肩线应顺畅、表面平整，不积水、不阻水</td><td>第 6.8.3-1 条</td><td>/</td><td></td><td></td></tr>
<tr><td>2</td><td colspan="2">路肩，压实度应大于或等于 90%</td><td>第 6.8.3-2 条</td><td>/</td><td></td><td></td></tr>
<tr><td>3</td><td rowspan="4">允许偏差</td><td>宽度（mm）</td><td>不小于设计规定</td><td>/</td><td></td><td></td></tr>
<tr><td>4</td><td>横坡</td><td>±1%且不反坡</td><td>/</td><td></td><td></td></tr>
<tr><td></td><td></td><td></td><td></td><td></td><td></td></tr>
<tr><td></td><td></td><td></td><td></td><td></td><td></td></tr>
<tr><td colspan="2">施工单位检查结果</td><td colspan="6">专业工长：（签名）　　项目专业质量检查员：（签名）　　年　月　日</td></tr>
<tr><td colspan="2">监理单位验收结论</td><td colspan="6">专业监理工程师：（签名）　　年　月　日</td></tr>
</table>

7.2.1.5　市政验·道-5　砂垫层处理软土路基检验批质量验收记录

市政基础设施工程

砂垫层处理软土路基检验批质量验收记录

市政验·道-5

第　　页，共　　页

<table>
<tr><td colspan="3">工程名称</td><td colspan="5"></td></tr>
<tr><td colspan="3">单位工程名称</td><td colspan="5"></td></tr>
<tr><td colspan="3">施工单位</td><td colspan="2"></td><td colspan="2">分包单位</td><td></td></tr>
<tr><td colspan="3">项目负责人</td><td colspan="2"></td><td colspan="2">项目技术负责人</td><td></td></tr>
<tr><td colspan="3">分部（子分部）工程名称</td><td colspan="2"></td><td colspan="2">分项工程名称</td><td></td></tr>
<tr><td colspan="3">验收部位/区段</td><td colspan="2"></td><td colspan="2">检验批容量</td><td></td></tr>
<tr><td colspan="3">施工及验收依据</td><td colspan="5">《城镇道路工程施工与质量验收规范》CJJ 1</td></tr>
<tr><td colspan="4">验收项目</td><td>设计要求或规范规定</td><td>最小/实际抽样数量</td><td>检查记录</td><td>检查结果</td></tr>
<tr><td rowspan="3">主控项目</td><td>1</td><td colspan="2">砂垫层的材料质量应符合设计要求</td><td>第6.8.4-2条</td><td>/</td><td></td><td></td></tr>
<tr><td>2</td><td colspan="2">砂垫层的压实度应大于等于90%</td><td>第6.8.4-2条</td><td>/</td><td></td><td></td></tr>
<tr><td></td><td colspan="2"></td><td></td><td></td><td></td><td></td></tr>
<tr><td rowspan="4">一般项目</td><td>1</td><td rowspan="4">允许偏差</td><td>宽度（mm）</td><td>不小于
设计规定+B</td><td>/</td><td></td><td></td></tr>
<tr><td>2</td><td>厚度（mm）</td><td>不少于
设计规定</td><td>/</td><td></td><td></td></tr>
<tr><td></td><td></td><td></td><td></td><td></td><td></td></tr>
<tr><td></td><td></td><td></td><td></td><td></td><td></td></tr>
<tr><td colspan="2">施工单位
检查结果</td><td colspan="6">专业工长：（签名）　　　项目专业质量检查员：（签名）　　　年　　月　　日</td></tr>
<tr><td colspan="2">监理单位
验收结论</td><td colspan="6">专业监理工程师：（签名）　　　年　　月　　日</td></tr>
</table>

注：*B* 为施工时必要的附加宽度。

7.2.1.6 市政验·道-6 反压护道检验批质量验收记录

市政基础设施工程

反压护道检验批质量验收记录

市政验·道-6

第　　页，共　　页

<table>
<tr><td colspan="3">工程名称</td><td colspan="5"></td></tr>
<tr><td colspan="3">单位工程名称</td><td colspan="5"></td></tr>
<tr><td colspan="3">施工单位</td><td></td><td colspan="2">分包单位</td><td colspan="2"></td></tr>
<tr><td colspan="3">项目负责人</td><td></td><td colspan="2">项目技术负责人</td><td colspan="2"></td></tr>
<tr><td colspan="3">分部（子分部）工程名称</td><td></td><td colspan="2">分项工程名称</td><td colspan="2"></td></tr>
<tr><td colspan="3">验收部位/区段</td><td></td><td colspan="2">检验批容量</td><td colspan="2"></td></tr>
<tr><td colspan="3">施工及验收依据</td><td colspan="5">《城镇道路工程施工与质量验收规范》CJJ 1</td></tr>
<tr><td colspan="3">验收项目</td><td>设计要求或规范规定</td><td>最小/实际抽样数量</td><td>检查记录</td><td colspan="2">检查结果</td></tr>
<tr><td rowspan="4">主控项目</td><td>1</td><td>压实度不应小于90%</td><td>第6.8.4-3-1条</td><td>/</td><td></td><td colspan="2"></td></tr>
<tr><td></td><td></td><td></td><td></td><td></td><td colspan="2"></td></tr>
<tr><td></td><td></td><td></td><td></td><td></td><td colspan="2"></td></tr>
<tr><td></td><td></td><td></td><td></td><td></td><td colspan="2"></td></tr>
<tr><td rowspan="4">一般项目</td><td>1</td><td>宽度、高度应符合设计要求</td><td>第6.8.4-3-2条</td><td>/</td><td></td><td colspan="2"></td></tr>
<tr><td></td><td></td><td></td><td></td><td></td><td colspan="2"></td></tr>
<tr><td></td><td></td><td></td><td></td><td></td><td colspan="2"></td></tr>
<tr><td></td><td></td><td></td><td></td><td></td><td colspan="2"></td></tr>
<tr><td colspan="2">施工单位检查结果</td><td colspan="6">专业工长：（签名）　　项目专业质量检查员：（签名）　　年　月　日</td></tr>
<tr><td colspan="2">监理单位验收结论</td><td colspan="6">专业监理工程师：（签名）　　年　月　日</td></tr>
</table>

7.2.1.7 市政验·道-7 土工材料处理软土路基检验批质量验收记录

市政基础设施工程

土工材料处理软土路基检验批质量验收记录

市政验·道-7

第　　页，共　　页

<table>
<tr><td colspan="3">工程名称</td><td colspan="5"></td></tr>
<tr><td colspan="3">单位工程名称</td><td colspan="5"></td></tr>
<tr><td colspan="3">施工单位</td><td>分包单位</td><td colspan="4"></td></tr>
<tr><td colspan="3">项目负责人</td><td>项目技术负责人</td><td colspan="4"></td></tr>
<tr><td colspan="3">分部（子分部）工程名称</td><td>分项工程名称</td><td colspan="4"></td></tr>
<tr><td colspan="3">验收部位/区段</td><td>检验批容量</td><td colspan="4"></td></tr>
<tr><td colspan="3">施工及验收依据</td><td colspan="5">《城镇道路工程施工与质量验收规范》CJJ 1</td></tr>
<tr><td colspan="4">验收项目</td><td>设计要求或规范规定</td><td>最小/实际抽样数量</td><td>检查记录</td><td>检查结果</td></tr>
<tr><td rowspan="3">主控项目</td><td>1</td><td colspan="2">土工材料的技术质量指标应符合设计要求</td><td>第6.8.4-4-1条</td><td>/</td><td></td><td></td></tr>
<tr><td>2</td><td colspan="2">土工合成材料敷设、胶接、锚固和回卷长度应符合设计要求</td><td>第6.8.4-4-2条</td><td>/</td><td></td><td></td></tr>
<tr><td></td><td colspan="2"></td><td></td><td></td><td></td><td></td></tr>
<tr><td rowspan="4">一般项目</td><td>1</td><td colspan="2">下承层面不得有突刺、尖角</td><td>第6.8.4-4-3条</td><td>/</td><td></td><td></td></tr>
<tr><td>2</td><td rowspan="3">允许偏差</td><td>下承面平整度（mm）</td><td>≤15</td><td>/</td><td></td><td></td></tr>
<tr><td>3</td><td>下承面拱度</td><td>±1%</td><td>/</td><td></td><td></td></tr>
<tr><td></td><td></td><td></td><td></td><td></td><td></td></tr>
<tr><td colspan="2">施工单位检查结果</td><td colspan="6">专业工长：（签名）　　项目专业质量检查员：（签名）　　年　月　日</td></tr>
<tr><td colspan="2">监理单位验收结论</td><td colspan="6">专业监理工程师：（签名）　　年　月　日</td></tr>
</table>

7.2.1.8 市政验·道-8 袋装砂井检验批质量验收记录

市政基础设施工程

袋装砂井检验批质量验收记录

市政验·道-8

第 页，共 页

<table>
<tr><td colspan="3">工程名称</td><td colspan="5"></td></tr>
<tr><td colspan="3">单位工程名称</td><td colspan="5"></td></tr>
<tr><td colspan="3">施工单位</td><td></td><td colspan="2">分包单位</td><td colspan="2"></td></tr>
<tr><td colspan="3">项目负责人</td><td></td><td colspan="2">项目技术负责人</td><td colspan="2"></td></tr>
<tr><td colspan="3">分部（子分部）工程名称</td><td></td><td colspan="2">分项工程名称</td><td colspan="2"></td></tr>
<tr><td colspan="3">验收部位/区段</td><td></td><td colspan="2">检验批容量</td><td colspan="2"></td></tr>
<tr><td colspan="3">施工及验收依据</td><td colspan="5">《城镇道路工程施工与质量验收规范》CJJ 1</td></tr>
<tr><td colspan="4">验收项目</td><td>设计要求或规范规定</td><td>最小/实际抽样数量</td><td>检查记录</td><td>检查结果</td></tr>
<tr><td rowspan="3">主控项目</td><td>1</td><td colspan="2">砂的规格和质量、砂袋织物质量必须符合设计要求</td><td>第 6.8.4-5-1 条</td><td>/</td><td></td><td></td></tr>
<tr><td>2</td><td colspan="2">砂袋下沉时不得出现扭结、断裂等现象</td><td>第 6.8.4-5-2 条</td><td>/</td><td></td><td></td></tr>
<tr><td>3</td><td colspan="2">井深不小于设计要求，砂袋在井口外应伸入砂垫层 30cm 以上</td><td>第 6.8.4-5-3 条</td><td>/</td><td></td><td></td></tr>
<tr><td rowspan="4">一般项目</td><td>1</td><td rowspan="4">允许偏差</td><td>井间距（mm）</td><td>±150</td><td>/</td><td></td><td></td></tr>
<tr><td>2</td><td>砂井直径（mm）</td><td>+10，0</td><td>/</td><td></td><td></td></tr>
<tr><td>3</td><td>井竖直度</td><td>≤1.5%H</td><td>/</td><td></td><td></td></tr>
<tr><td>4</td><td>砂井灌砂量</td><td>−5%G</td><td>/</td><td></td><td></td></tr>
<tr><td colspan="3">施工单位检查结果</td><td colspan="5">专业工长：（签名） 项目专业质量检查员：（签名） 年 月 日</td></tr>
<tr><td colspan="3">监理单位验收结论</td><td colspan="5">专业监理工程师：（签名） 年 月 日</td></tr>
</table>

注：H 为桩长或孔深，G 为灌砂量。

7.2.1.9 市政验·道-9 塑料排水板检验批质量验收记录

市政基础设施工程

塑料排水板检验批质量验收记录

市政验·道-9

第 页，共 页

<table>
<tr><td colspan="4">工程名称</td><td colspan="5"></td></tr>
<tr><td colspan="4">单位工程名称</td><td colspan="5"></td></tr>
<tr><td colspan="4">施工单位</td><td></td><td colspan="2">分包单位</td><td colspan="2"></td></tr>
<tr><td colspan="4">项目负责人</td><td></td><td colspan="2">项目技术负责人</td><td colspan="2"></td></tr>
<tr><td colspan="4">分部（子分部）工程名称</td><td></td><td colspan="2">分项工程名称</td><td colspan="2"></td></tr>
<tr><td colspan="4">验收部位/区段</td><td></td><td colspan="2">检验批容量</td><td colspan="2"></td></tr>
<tr><td colspan="4">施工及验收依据</td><td colspan="5">《城镇道路工程施工与质量验收规范》CJJ 1</td></tr>
<tr><td colspan="4">验收项目</td><td>设计要求或规范规定</td><td>最小/实际抽样数量</td><td colspan="2">检查记录</td><td>检查结果</td></tr>
<tr><td rowspan="3">主控项目</td><td>1</td><td colspan="2">塑料排水板质量必须符合设计要求</td><td>第 6.8.4-6-1 条</td><td>/</td><td colspan="2"></td><td></td></tr>
<tr><td>2</td><td colspan="2">塑料排水板下沉时不得出现扭结、断裂等现象</td><td>第 6.8.4-6-2 条</td><td>/</td><td colspan="2"></td><td></td></tr>
<tr><td>3</td><td colspan="2">板深不小于设计要求，排水板在井口外应伸入砂垫层 50cm 以上</td><td>第 6.8.4-6-3 条</td><td>/</td><td colspan="2"></td><td></td></tr>
<tr><td rowspan="3">一般项目</td><td>1</td><td rowspan="3">允许偏差</td><td>板间距（mm）</td><td>±150</td><td>/</td><td colspan="2"></td><td></td></tr>
<tr><td>2</td><td>板竖直度</td><td>≤1.5%H</td><td>/</td><td colspan="2"></td><td></td></tr>
<tr><td></td><td></td><td></td><td></td><td colspan="2"></td><td></td></tr>
<tr><td colspan="2">施工单位检查结果</td><td colspan="7">专业工长：（签名） 项目专业质量检查员：（签名） 年 月 日</td></tr>
<tr><td colspan="2">监理单位验收结论</td><td colspan="7">专业监理工程师：（签名） 年 月 日</td></tr>
</table>

注：H 为桩长或孔深。

7.2.1.10 市政验·道-10 砂桩处理软土路基检验批质量验收记录

市政基础设施工程

砂桩处理软土路基检验批质量验收记录

市政验·道-10

第　　页，共　　页

<table>
<tr><td colspan="3">工程名称</td><td colspan="4"></td></tr>
<tr><td colspan="3">单位工程名称</td><td colspan="4"></td></tr>
<tr><td colspan="3">施工单位</td><td></td><td colspan="2">分包单位</td><td></td></tr>
<tr><td colspan="3">项目负责人</td><td></td><td colspan="2">项目技术负责人</td><td></td></tr>
<tr><td colspan="3">分部（子分部）工程名称</td><td></td><td colspan="2">分项工程名称</td><td></td></tr>
<tr><td colspan="3">验收部位/区段</td><td></td><td colspan="2">检验批容量</td><td></td></tr>
<tr><td colspan="3">施工及验收依据</td><td colspan="4">《城镇道路工程施工与质量验收规范》CJJ 1</td></tr>
<tr><td colspan="3">验收项目</td><td>设计要求或规范规定</td><td>最小/实际抽样数量</td><td>检查记录</td><td>检查结果</td></tr>
<tr><td rowspan="4">主控项目</td><td>1</td><td>砂桩材料应符合设计规定</td><td>第 6.8.4-7-1 条</td><td>/</td><td></td><td></td></tr>
<tr><td>2</td><td>复合地基承载力不应小于设计规定值</td><td>第 6.8.4-7-2 条</td><td>/</td><td></td><td></td></tr>
<tr><td>3</td><td>桩长不小于设计规定</td><td>第 6.8.4-7-3 条</td><td>/</td><td></td><td></td></tr>
<tr><td></td><td></td><td></td><td></td><td></td><td></td></tr>
<tr><td rowspan="4">一般项目</td><td>1</td><td>允许偏差　桩距（mm）</td><td>±150</td><td>/</td><td></td><td></td></tr>
<tr><td>2</td><td>允许偏差　桩径（mm）</td><td>≥设计值</td><td>/</td><td></td><td></td></tr>
<tr><td>3</td><td>允许偏差　竖直度</td><td>≤1.5%H</td><td>/</td><td></td><td></td></tr>
<tr><td></td><td></td><td></td><td></td><td></td><td></td></tr>
<tr><td>施工单位检查结果</td><td colspan="6">专业工长：（签名）　　项目专业质量检查员：（签名）　　年　月　日</td></tr>
<tr><td>监理单位验收结论</td><td colspan="6">专业监理工程师：（签名）　　年　月　日</td></tr>
</table>

注：H 为桩长或孔深。

7.2.1.11 市政验·道-11 碎石桩处理软土路基检验批质量验收记录

市政基础设施工程

碎石桩处理软土路基检验批质量验收记录

市政验·道-11

第　　页，共　　页

<table>
<tr><td colspan="4">工程名称</td><td colspan="4"></td></tr>
<tr><td colspan="4">单位工程名称</td><td colspan="4"></td></tr>
<tr><td colspan="4">施工单位</td><td></td><td colspan="2">分包单位</td><td></td></tr>
<tr><td colspan="4">项目负责人</td><td></td><td colspan="2">项目技术负责人</td><td></td></tr>
<tr><td colspan="4">分部（子分部）工程名称</td><td></td><td colspan="2">分项工程名称</td><td></td></tr>
<tr><td colspan="4">验收部位/区段</td><td></td><td colspan="2">检验批容量</td><td></td></tr>
<tr><td colspan="4">施工及验收依据</td><td colspan="4">《城镇道路工程施工与质量验收规范》CJJ 1</td></tr>
<tr><td colspan="4">验收项目</td><td>设计要求或规范规定</td><td>最小/实际抽样数量</td><td>检查记录</td><td>检查结果</td></tr>
<tr><td rowspan="3">主控项目</td><td>1</td><td colspan="2">碎石桩材料应符合设计要求</td><td>第 6.8.4-8-1 条</td><td>/</td><td></td><td></td></tr>
<tr><td>2</td><td colspan="2">复合地基承载力不应小于设计规定值</td><td>第 6.8.4-8-2 条</td><td>/</td><td></td><td></td></tr>
<tr><td>3</td><td colspan="2">桩长不小于设计规定</td><td>第 6.8.4-8-3 条</td><td>/</td><td></td><td></td></tr>
<tr><td rowspan="5">一般项目</td><td>1</td><td rowspan="5">允许偏差</td><td>桩距（mm）</td><td>±150</td><td>/</td><td></td><td></td></tr>
<tr><td>2</td><td>桩径（mm）</td><td>≥设计值</td><td>/</td><td></td><td></td></tr>
<tr><td>3</td><td>竖直度</td><td>≤1.5%H</td><td>/</td><td></td><td></td></tr>
<tr><td></td><td></td><td></td><td></td><td></td><td></td></tr>
<tr><td></td><td></td><td></td><td></td><td></td><td></td></tr>
<tr><td colspan="2">施工单位检查结果</td><td colspan="6">专业工长：（签名）　　项目专业质量检查员：（签名）　　年　　月　　日</td></tr>
<tr><td colspan="2">监理单位验收结论</td><td colspan="6">专业监理工程师：（签名）　　年　　月　　日</td></tr>
</table>

注：H 为桩长或孔深。

7.2.1.12 市政验·道-12 粉喷桩处理软土路基检验批质量验收记录

市政基础设施工程

粉喷桩处理软土路基检验批质量验收记录

市政验·道-12

第　　页，共　　页

<table>
<tr><td colspan="4">工程名称</td><td colspan="5"></td></tr>
<tr><td colspan="4">单位工程名称</td><td colspan="5"></td></tr>
<tr><td colspan="4">施工单位</td><td colspan="2"></td><td colspan="2">分包单位</td><td></td></tr>
<tr><td colspan="4">项目负责人</td><td colspan="2"></td><td colspan="2">项目技术负责人</td><td></td></tr>
<tr><td colspan="4">分部（子分部）工程名称</td><td colspan="2"></td><td colspan="2">分项工程名称</td><td></td></tr>
<tr><td colspan="4">验收部位/区段</td><td colspan="2"></td><td colspan="2">检验批容量</td><td></td></tr>
<tr><td colspan="4">施工及验收依据</td><td colspan="5">《城镇道路工程施工与质量验收规范》CJJ 1</td></tr>
<tr><td colspan="4">验收项目</td><td>设计要求或规范规定</td><td>最小/实际抽样数量</td><td>检查记录</td><td colspan="2">检查结果</td></tr>
<tr><td rowspan="4">主控项目</td><td>1</td><td colspan="2">水泥的品种、级别及石灰、粉煤灰的性能指标应符合设计要求</td><td>第 6.8.4-9-1 条</td><td>/</td><td></td><td colspan="2"></td></tr>
<tr><td>2</td><td colspan="2">桩长不小于设计规定</td><td>第 6.8.4-9-2 条</td><td>/</td><td></td><td colspan="2"></td></tr>
<tr><td>3</td><td colspan="2">复合地基承载力应不小于设计规定值</td><td>第 6.8.4-9-3 条</td><td>/</td><td></td><td colspan="2"></td></tr>
<tr><td></td><td colspan="2"></td><td></td><td></td><td></td><td colspan="2"></td></tr>
<tr><td rowspan="5">一般项目</td><td>1</td><td rowspan="5">允许偏差</td><td>强度（kPa）</td><td>不少于设计值</td><td>/</td><td></td><td colspan="2"></td></tr>
<tr><td>2</td><td>桩距（mm）</td><td>±100</td><td>/</td><td></td><td colspan="2"></td></tr>
<tr><td>3</td><td>桩径（mm）</td><td>不小于设计值</td><td>/</td><td></td><td colspan="2"></td></tr>
<tr><td>4</td><td>竖直度</td><td>≤1.5%H</td><td>/</td><td></td><td colspan="2"></td></tr>
<tr><td></td><td></td><td></td><td></td><td></td><td colspan="2"></td></tr>
<tr><td colspan="2">施工单位检查结果</td><td colspan="7">专业工长：（签名）　　项目专业质量检查员：（签名）　　年　月　日</td></tr>
<tr><td colspan="2">监理单位验收结论</td><td colspan="7">专业监理工程师：（签名）　　年　月　日</td></tr>
</table>

注：H 为桩长或孔深。

7.2.1.13　市政验·道-13　湿陷性黄土强夯处理路基检验批质量验收记录

市政基础设施工程

湿陷性黄土强夯处理路基检验批质量验收记录

市政验·道-13

第　　页，共　　页

<table>
<tr><td colspan="3">工程名称</td><td colspan="5"></td></tr>
<tr><td colspan="3">单位工程名称</td><td colspan="5"></td></tr>
<tr><td colspan="3">施工单位</td><td></td><td colspan="2">分包单位</td><td colspan="2"></td></tr>
<tr><td colspan="3">项目负责人</td><td></td><td colspan="2">项目技术负责人</td><td colspan="2"></td></tr>
<tr><td colspan="3">分部（子分部）工程名称</td><td></td><td colspan="2">分项工程名称</td><td colspan="2"></td></tr>
<tr><td colspan="3">验收部位/区段</td><td></td><td colspan="2">检验批容量</td><td colspan="2"></td></tr>
<tr><td colspan="3">施工及验收依据</td><td colspan="5">《城镇道路工程施工与质量验收规范》CJJ 1</td></tr>
<tr><td colspan="4">验收项目</td><td>设计要求或规范规定</td><td>最小/实际抽样数量</td><td>检查记录</td><td>检查结果</td></tr>
<tr><td rowspan="3">主控项目</td><td>1</td><td colspan="2">路基土的压实度应符合设计规定和规范表6.3.2-2规定</td><td>第6.8.5-1条</td><td>/</td><td></td><td></td></tr>
<tr><td></td><td colspan="2"></td><td></td><td></td><td></td><td></td></tr>
<tr><td></td><td colspan="2"></td><td></td><td></td><td></td><td></td></tr>
<tr><td rowspan="4">一般项目</td><td>1</td><td rowspan="4">允许偏差</td><td>夯点累计夯沉量</td><td>不小于试夯时确定夯沉量的95%</td><td>/</td><td></td><td></td></tr>
<tr><td>2</td><td>湿陷系数</td><td>符合设计要求</td><td>/</td><td></td><td></td></tr>
<tr><td></td><td></td><td></td><td></td><td></td><td></td></tr>
<tr><td></td><td></td><td></td><td></td><td></td><td></td></tr>
<tr><td colspan="2">施工单位检查结果</td><td colspan="6">专业工长：（签名）　　项目专业质量检查员：（签名）　　年　月　日</td></tr>
<tr><td colspan="2">监理单位验收结论</td><td colspan="6">专业监理工程师：（签名）　　年　月　日</td></tr>
</table>

注：隔7～10d，在设计有效加固深度内，每隔50～100cm取土样测定土的压实度、湿陷系数等指标。

7.2.1.14 市政验·道-14 石灰稳定土，石灰、粉煤灰稳定砂砾（碎石），粉煤灰稳定钢渣基层及底基层检验批质量验收记录

市政基础设施工程

石灰稳定土，石灰、粉煤灰稳定砂砾（碎石），粉煤灰稳定钢渣基层及底基层检验批质量验收记录

市政验·道-14

第　　页，共　　页

<table>
<tr><td colspan="5">工程名称</td><td colspan="4"></td></tr>
<tr><td colspan="5">单位工程名称</td><td colspan="4"></td></tr>
<tr><td colspan="5">施工单位</td><td></td><td colspan="2">分包单位</td><td></td></tr>
<tr><td colspan="5">项目负责人</td><td></td><td colspan="2">项目技术负责人</td><td></td></tr>
<tr><td colspan="5">分部（子分部）工程名称</td><td></td><td colspan="2">分项工程名称</td><td></td></tr>
<tr><td colspan="5">验收部位/区段</td><td></td><td colspan="2">检验批容量</td><td></td></tr>
<tr><td colspan="5">施工及验收依据</td><td colspan="4">《城镇道路工程施工与质量验收规范》CJJ 1</td></tr>
<tr><td colspan="5">验收项目</td><td>设计要求或规范规定</td><td>最小/实际抽样数量</td><td>检查记录</td><td>检查结果</td></tr>
<tr><td rowspan="3">主控项目</td><td>1</td><td colspan="3">土、石灰、粉煤灰、沙砾、钢渣、水应符合规范的规定</td><td>第7.8.1-1条</td><td>/</td><td></td><td></td></tr>
<tr><td>2</td><td colspan="3">基层及底基层的压实度大于或等于规范的规定</td><td>第7.8.1-2条</td><td>/</td><td></td><td></td></tr>
<tr><td>3</td><td colspan="3">基层及底基层试件作7d无侧限抗压强度，应符合设计要求</td><td>第7.8.1-3条</td><td>/</td><td></td><td></td></tr>
<tr><td rowspan="10">一般项目</td><td>1</td><td colspan="3">表面应平整、坚实、无粗细骨料集中现象，无明显轮迹、推移、裂缝，接茬平顺，无贴皮、散料</td><td>第7.8.1-4条</td><td>/</td><td></td><td></td></tr>
<tr><td>2</td><td rowspan="9">允许偏差</td><td colspan="2">中线偏位（mm）</td><td>≤20</td><td>/</td><td></td><td></td></tr>
<tr><td rowspan="2">3</td><td rowspan="2">纵断高程（mm）</td><td>基层</td><td>±15</td><td>/</td><td></td><td></td></tr>
<tr><td>底基层</td><td>±20</td><td>/</td><td></td><td></td></tr>
<tr><td rowspan="2">4</td><td rowspan="2">平整度（mm）</td><td>基层</td><td>≤10</td><td>/</td><td></td><td></td></tr>
<tr><td>底基层</td><td>≤15</td><td>/</td><td></td><td></td></tr>
<tr><td>5</td><td colspan="2">宽度（mm）</td><td>不少于设计规定+B</td><td>/</td><td></td><td></td></tr>
<tr><td>6</td><td colspan="2">横坡</td><td>±0.3%且不反坡</td><td>/</td><td></td><td></td></tr>
<tr><td>7</td><td colspan="2">厚度（mm）</td><td>±10</td><td>/</td><td></td><td></td></tr>
<tr><td colspan="3">施工单位检查结果</td><td colspan="6">专业工长：（签名）　　项目专业质量检查员：（签名）　　年　月　日</td></tr>
<tr><td colspan="3">监理单位验收结论</td><td colspan="6">专业监理工程师：（签名）　　年　月　日</td></tr>
</table>

注：B为施工时必要的附加宽度。

7.2.1.15 市政验·道-15 水泥稳定土类基层及底基层检验批质量验收记录

市政基础设施工程

水泥稳定土类基层及底基层检验批质量验收记录

市政验·道-15

第　　页，共　　页

<table>
<tr><td colspan="4">工程名称</td><td colspan="5"></td></tr>
<tr><td colspan="4">单位工程名称</td><td colspan="5"></td></tr>
<tr><td colspan="4">施工单位</td><td colspan="2"></td><td colspan="2">分包单位</td><td></td></tr>
<tr><td colspan="4">项目负责人</td><td colspan="2"></td><td colspan="2">项目技术负责人</td><td></td></tr>
<tr><td colspan="4">分部（子分部）工程名称</td><td colspan="2"></td><td colspan="2">分项工程名称</td><td></td></tr>
<tr><td colspan="4">验收部位/区段</td><td colspan="2"></td><td colspan="2">检验批容量</td><td></td></tr>
<tr><td colspan="4">施工及验收依据</td><td colspan="5">《城镇道路工程施工与质量验收规范》CJJ 1</td></tr>
<tr><td colspan="5">验收项目</td><td>设计要求或规范规定</td><td>最小/实际抽样数量</td><td>检查记录</td><td>检查结果</td></tr>
<tr><td rowspan="3">主控项目</td><td>1</td><td colspan="3">水泥、土类材料、粒料、水应符合规范的规定</td><td>第7.8.2-1条</td><td>/</td><td></td><td></td></tr>
<tr><td>2</td><td colspan="3">基层及底基层的压实度大于等于规范的规定</td><td>第7.8.2-2条</td><td>/</td><td></td><td></td></tr>
<tr><td>3</td><td colspan="3">基层及底基层试件7d无侧限抗压强度，应符合设计要求</td><td>第7.8.2-3条</td><td>/</td><td></td><td></td></tr>
<tr><td rowspan="10">一般项目</td><td>1</td><td colspan="3">表面应平整、坚实、接缝平顺，无明显粗、细骨料集中现象，无推移、裂缝、贴皮、松散、浮料</td><td>第7.8.2-4条</td><td>/</td><td></td><td></td></tr>
<tr><td>2</td><td rowspan="9">允许偏差</td><td colspan="2">中线偏位（mm）</td><td>≤20</td><td>/</td><td></td><td></td></tr>
<tr><td rowspan="2">3</td><td rowspan="2">纵断高程（mm）</td><td>基层</td><td>±15</td><td>/</td><td></td><td></td></tr>
<tr><td>底基层</td><td>±20</td><td>/</td><td></td><td></td></tr>
<tr><td rowspan="2">4</td><td rowspan="2">平整度（mm）</td><td>基层</td><td>≤10</td><td>/</td><td></td><td></td></tr>
<tr><td>底基层</td><td>≤15</td><td>/</td><td></td><td></td></tr>
<tr><td>5</td><td colspan="2">宽度（mm）</td><td>不少于设计规定+B</td><td>/</td><td></td><td></td></tr>
<tr><td>6</td><td colspan="2">横坡</td><td>±0.3%且不反坡</td><td>/</td><td></td><td></td></tr>
<tr><td>7</td><td colspan="2">厚度（mm）</td><td>±10</td><td>/</td><td></td><td></td></tr>
<tr><td colspan="2">施工单位检查结果</td><td colspan="7">专业工长：（签名）　　项目专业质量检查员：（签名）　　年　月　日</td></tr>
<tr><td colspan="2">监理单位验收结论</td><td colspan="7">专业监理工程师：（签名）　　年　月　日</td></tr>
</table>

注：B为施工时必要的附加宽度。

7.2.1.16 市政验·道-16 级配砂砾（级配砾石）基层及底基层检验批质量验收记录

市政基础设施工程

级配砂砾（级配砂石）基层及底基层检验批质量验收记录

市政验·道-16

第　　页，共　　页

<table>
<tr><td colspan="5">工程名称</td><td colspan="4"></td></tr>
<tr><td colspan="5">单位工程名称</td><td colspan="4"></td></tr>
<tr><td colspan="5">施工单位</td><td></td><td colspan="2">分包单位</td><td></td></tr>
<tr><td colspan="5">项目负责人</td><td></td><td colspan="2">项目技术负责人</td><td></td></tr>
<tr><td colspan="5">分部（子分部）工程名称</td><td></td><td colspan="2">分项工程名称</td><td></td></tr>
<tr><td colspan="5">验收部位/区段</td><td></td><td colspan="2">检验批容量</td><td></td></tr>
<tr><td colspan="5">施工及验收依据</td><td colspan="4">《城镇道路工程施工与质量验收规范》CJJ 1</td></tr>
<tr><td colspan="5">验收项目</td><td>设计要求或规范规定</td><td>最小/实际抽样数量</td><td>检查记录</td><td>检查结果</td></tr>
<tr><td rowspan="3">主控项目</td><td>1</td><td colspan="3">集料质量及级配应符合规范第 7.6.2 条的有关规定</td><td>第 7.8.3-1 条</td><td>/</td><td></td><td></td></tr>
<tr><td>2</td><td colspan="3">基层（底基层）压实度大于等于 97%（95%）</td><td>第 7.8.3-2 条</td><td>/</td><td></td><td></td></tr>
<tr><td>3</td><td colspan="3">弯沉值，不应大于设计规定</td><td>第 7.8.3-3 条</td><td>/</td><td></td><td></td></tr>
<tr><td rowspan="10">一般项目</td><td>1</td><td colspan="3">表面应平整、坚实，无松散和粗、细集料集中现象</td><td>第 7.8.3-4 条</td><td>/</td><td></td><td></td></tr>
<tr><td>2</td><td rowspan="9">允许偏差</td><td colspan="2">中线偏位（mm）</td><td>≤20</td><td>/</td><td></td><td></td></tr>
<tr><td rowspan="2">3</td><td rowspan="2">纵断高程（mm）</td><td>基层</td><td>±15</td><td>/</td><td></td><td></td></tr>
<tr><td>底基层</td><td>±20</td><td>/</td><td></td><td></td></tr>
<tr><td rowspan="2">4</td><td rowspan="2">平整度（mm）</td><td>基层</td><td>≤10</td><td>/</td><td></td><td></td></tr>
<tr><td>底基层</td><td>≤15</td><td>/</td><td></td><td></td></tr>
<tr><td>5</td><td colspan="2">宽度（mm）</td><td>不小于设计规定+B</td><td>/</td><td></td><td></td></tr>
<tr><td>6</td><td colspan="2">横坡</td><td>±0.3%且不反坡</td><td>/</td><td></td><td></td></tr>
<tr><td rowspan="2">7</td><td rowspan="2">厚度（mm）</td><td>砂石</td><td>+20，−10</td><td>/</td><td></td><td></td></tr>
<tr><td>砾石</td><td>+20，−10%</td><td>/</td><td></td><td></td></tr>
<tr><td colspan="2">施工单位检查结果</td><td colspan="7">专业工长：（签名）　　项目专业质量检查员：（签名）　　年　月　日</td></tr>
<tr><td colspan="2">监理单位验收结论</td><td colspan="7">专业监理工程师：（签名）　　年　月　日</td></tr>
</table>

注：B 为施工时必要的附加宽度。

7.2.1.17 市政验·道-17 级配碎石及级配碎砾石基层和底基层检验批质量验收记录

市政基础设施工程

级配碎石及级配碎砾石基层和底基层检验批质量验收记录

市政验·道-17

第　　页，共　　页

<table>
<tr><td colspan="4">工程名称</td><td colspan="5"></td></tr>
<tr><td colspan="4">单位工程名称</td><td colspan="5"></td></tr>
<tr><td colspan="4">施工单位</td><td></td><td colspan="2">分包单位</td><td colspan="2"></td></tr>
<tr><td colspan="4">项目负责人</td><td></td><td colspan="2">项目技术负责人</td><td colspan="2"></td></tr>
<tr><td colspan="4">分部（子分部）工程名称</td><td></td><td colspan="2">分项工程名称</td><td colspan="2"></td></tr>
<tr><td colspan="4">验收部位/区段</td><td></td><td colspan="2">检验批容量</td><td colspan="2"></td></tr>
<tr><td colspan="4">施工及验收依据</td><td colspan="5">《城镇道路工程施工与质量验收规范》CJJ 1</td></tr>
<tr><td colspan="5">验收项目</td><td>设计要求或规范规定</td><td>最小/实际抽样数量</td><td>检查记录</td><td>检查结果</td></tr>
<tr><td rowspan="3">主控项目</td><td>1</td><td colspan="3">碎石与嵌缝料质量及级配应符合规范第7.7.1条的有关规定</td><td>第7.8.4-1条</td><td>/</td><td></td><td></td></tr>
<tr><td>2</td><td colspan="3">基层（底基层）压实度大于等于97%（95%）</td><td>第7.8.4-2条</td><td>/</td><td></td><td></td></tr>
<tr><td>3</td><td colspan="3">弯沉值不应大于设计规定</td><td>第7.8.4-3条</td><td>/</td><td></td><td></td></tr>
<tr><td rowspan="11">一般项目</td><td>1</td><td colspan="3">表面应平整、坚实，无推移、松散、浮石现象</td><td>第7.8.4-4条</td><td>/</td><td></td><td></td></tr>
<tr><td>2</td><td rowspan="10">允许偏差</td><td colspan="2">中线偏位（mm）</td><td>≤20</td><td>/</td><td></td><td></td></tr>
<tr><td rowspan="2">3</td><td rowspan="2">纵断高程（mm）</td><td>基层</td><td>±15</td><td>/</td><td></td><td></td></tr>
<tr><td>底基层</td><td>±20</td><td>/</td><td></td><td></td></tr>
<tr><td rowspan="2">4</td><td rowspan="2">平整度（mm）</td><td>基层</td><td>≤10</td><td>/</td><td></td><td></td></tr>
<tr><td>底基层</td><td>≤15</td><td>/</td><td></td><td></td></tr>
<tr><td>5</td><td colspan="2">宽度（mm）</td><td>不小于设计规定+B</td><td>/</td><td></td><td></td></tr>
<tr><td>6</td><td colspan="2">横坡</td><td>±0.3%且不反坡</td><td>/</td><td></td><td></td></tr>
<tr><td rowspan="2">7</td><td rowspan="2">厚度（mm）</td><td>砂石</td><td>+20，−10</td><td>/</td><td></td><td></td></tr>
<tr><td>砾石</td><td>+20，−10%</td><td>/</td><td></td><td></td></tr>
<tr><td colspan="2">施工单位检查结果</td><td colspan="7">专业工长：（签名）　　项目专业质量检查员：（签名）　　年　月　日</td></tr>
<tr><td colspan="2">监理单位验收结论</td><td colspan="7">专业监理工程师：（签名）　　年　月　日</td></tr>
</table>

注：B 为施工时必要的附加宽度。

7.2.1.18 市政验·道-18 沥青混合料（沥青碎石）基层检验批质量验收记录

市政基础设施工程

沥青混合料（沥青碎石）基层检验批质量验收记录

市政验·道-18

第　　页，共　　页

<table>
<tr><td colspan="3">工程名称</td><td colspan="5"></td></tr>
<tr><td colspan="3">单位工程名称</td><td colspan="5"></td></tr>
<tr><td colspan="3">施工单位</td><td></td><td colspan="2">分包单位</td><td colspan="2"></td></tr>
<tr><td colspan="3">项目负责人</td><td></td><td colspan="2">项目技术负责人</td><td colspan="2"></td></tr>
<tr><td colspan="3">分部（子分部）工程名称</td><td></td><td colspan="2">分项工程名称</td><td colspan="2"></td></tr>
<tr><td colspan="3">验收部位/区段</td><td></td><td colspan="2">检验批容量</td><td colspan="2"></td></tr>
<tr><td colspan="3">施工及验收依据</td><td colspan="5">《城镇道路工程施工与质量验收规范》CJJ 1</td></tr>
<tr><td colspan="4">验收项目</td><td>设计要求或规范规定</td><td>最小/实际抽样数量</td><td>检查记录</td><td>检查结果</td></tr>
<tr><td rowspan="3">主控项目</td><td>1</td><td colspan="2">用于沥青碎石各种原材料质量应符合规范第8.5.1条第1款的有关规定</td><td>第8.5.1-1条</td><td>/</td><td></td><td></td></tr>
<tr><td>2</td><td colspan="2">压实度不得低于95%（马歇尔击实试件密度）</td><td>第7.8.5-2条</td><td>/</td><td></td><td></td></tr>
<tr><td>3</td><td colspan="2">弯沉值，不应大于设计规定</td><td>第7.8.5-3条</td><td>/</td><td></td><td></td></tr>
<tr><td rowspan="7">一般项目</td><td>1</td><td colspan="2">表面应平整、坚实、接缝紧密，不应有明显轮迹、粗细集料集中、推挤、裂缝、脱落等现象</td><td>第7.8.5-4条</td><td>/</td><td></td><td></td></tr>
<tr><td>2</td><td rowspan="6">允许偏差</td><td>中线偏位（mm）</td><td>≤20</td><td>/</td><td></td><td></td></tr>
<tr><td>3</td><td>纵断高程（mm）</td><td>±15</td><td>/</td><td></td><td></td></tr>
<tr><td>4</td><td>平整度（mm）</td><td>≤10</td><td>/</td><td></td><td></td></tr>
<tr><td>5</td><td>宽度（mm）</td><td>不小于
设计规定+B</td><td>/</td><td></td><td></td></tr>
<tr><td>6</td><td>横坡</td><td>±0.3%
且不反坡</td><td>/</td><td></td><td></td></tr>
<tr><td>7</td><td>厚度（mm）</td><td>±10</td><td>/</td><td></td><td></td></tr>
<tr><td colspan="2">施工单位检查结果</td><td colspan="6">专业工长：（签名）　　项目专业质量检查员：（签名）　　年　月　日</td></tr>
<tr><td colspan="2">监理单位验收结论</td><td colspan="6">专业监理工程师：（签名）　　年　月　日</td></tr>
</table>

注：B为施工时必要的附加宽度。

7.2.1.19 市政验·道-19 沥青贯入式基层检验批质量验收记录

市政基础设施工程

沥青贯入式基层检验批质量验收记录

市政验·道-19

第　　页，共　　页

<table>
<tr><td colspan="4">工程名称</td><td colspan="5"></td></tr>
<tr><td colspan="4">单位工程名称</td><td colspan="5"></td></tr>
<tr><td colspan="4">施工单位</td><td></td><td colspan="2">分包单位</td><td colspan="2"></td></tr>
<tr><td colspan="4">项目负责人</td><td></td><td colspan="2">项目技术负责人</td><td colspan="2"></td></tr>
<tr><td colspan="4">分部（子分部）工程名称</td><td></td><td colspan="2">分项工程名称</td><td colspan="2"></td></tr>
<tr><td colspan="4">验收部位/区段</td><td></td><td colspan="2">检验批容量</td><td colspan="2"></td></tr>
<tr><td colspan="4">施工及验收依据</td><td colspan="5">《城镇道路工程施工与质量验收规范》CJJ 1</td></tr>
<tr><td colspan="5">验收项目</td><td>设计要求或规范规定</td><td>最小/实际抽样数量</td><td>检查记录</td><td>检查结果</td></tr>
<tr><td rowspan="3">主控项目</td><td>1</td><td colspan="3">沥青、集料、嵌缝料的质量应符合规范第9.4.1条第1款的规定</td><td>第7.8.6-1条</td><td>/</td><td></td><td></td></tr>
<tr><td>2</td><td colspan="3">压实度不应小于95%</td><td>第7.8.6-2条</td><td>/</td><td></td><td></td></tr>
<tr><td>3</td><td colspan="3">弯沉值，不应大于设计规定</td><td>第7.8.6-3条</td><td>/</td><td></td><td></td></tr>
<tr><td rowspan="10">一般项目</td><td>1</td><td colspan="3">表面应平整、坚实、石料嵌锁稳定、无明显高低差；嵌缝料，沥青撒布应均匀，无花白、积油，漏浇等现象，且不得污染其他构筑物</td><td>第7.8.6-4条</td><td>/</td><td></td><td></td></tr>
<tr><td>2</td><td rowspan="9">允许偏差</td><td colspan="2">中线偏位（mm）</td><td>≤20</td><td>/</td><td></td><td></td></tr>
<tr><td rowspan="2">3</td><td rowspan="2">纵断高程（mm）</td><td>基层</td><td>±15</td><td>/</td><td></td><td></td></tr>
<tr><td>底基层</td><td>±20</td><td>/</td><td></td><td></td></tr>
<tr><td rowspan="2">4</td><td rowspan="2">平整度（mm）</td><td>基层</td><td>≤10</td><td>/</td><td></td><td></td></tr>
<tr><td>底基层</td><td>≤15</td><td>/</td><td></td><td></td></tr>
<tr><td>5</td><td colspan="2">宽度（mm）</td><td>不小于设计规定+B</td><td>/</td><td></td><td></td></tr>
<tr><td>6</td><td colspan="2">横坡</td><td>±0.3%且不反坡</td><td>/</td><td></td><td></td></tr>
<tr><td>7</td><td colspan="2">厚度（mm）</td><td>+20，−10%</td><td>/</td><td></td><td></td></tr>
<tr><td>8</td><td colspan="2">沥青总用量</td><td>±0.5%</td><td>/</td><td></td><td></td></tr>
<tr><td colspan="3">施工单位检查结果</td><td colspan="6">专业工长：（签名）　　项目专业质量检查员：（签名）　　年　月　日</td></tr>
<tr><td colspan="3">监理单位验收结论</td><td colspan="6">专业监理工程师：（签名）　　年　月　日</td></tr>
</table>

注：B为施工时必要的附加宽度。

7.2.1.20 市政验·道-20 热拌沥青混合料检验批质量验收记录

市政基础设施工程

热拌沥青混合料检验批质量验收记录

市政验·道-20

第　　页，共　　页

<table>
<tr><td colspan="3">工程名称</td><td colspan="4"></td></tr>
<tr><td colspan="3">单位工程名称</td><td colspan="4"></td></tr>
<tr><td colspan="3">施工单位</td><td></td><td colspan="2">分包单位</td><td></td></tr>
<tr><td colspan="3">项目负责人</td><td></td><td colspan="2">项目技术负责人</td><td></td></tr>
<tr><td colspan="3">分部（子分部）工程名称</td><td></td><td colspan="2">分项工程名称</td><td></td></tr>
<tr><td colspan="3">验收部位/区段</td><td></td><td colspan="2">检验批容量</td><td></td></tr>
<tr><td colspan="3">施工及验收依据</td><td colspan="4">《城镇道路工程施工与质量验收规范》CJJ 1</td></tr>
<tr><td colspan="3">验收项目</td><td>设计要求或规范规定</td><td>最小/实际抽样数量</td><td>检查记录</td><td>检查结果</td></tr>
<tr><td rowspan="6">主控项目</td><td>1</td><td>道路用沥青的品种、标号应符合国家现行有关标准和规范第8.1节的规定</td><td>第8.5.1-1条</td><td>/</td><td></td><td></td></tr>
<tr><td>2</td><td>沥青混合料所用的粗集料、细集料、矿粉、纤维稳定剂等的质量及规格应符合规范第8.1节的有关规定</td><td>第8.5.1-1条</td><td>/</td><td></td><td></td></tr>
<tr><td>3</td><td>热拌沥青混合料、热拌改性沥青混合料、SMA混合料，查出厂合格证、检验报告并进场复验，拌合温度、出厂温度应符合规范第8.2.5条的有关规定</td><td>第8.5.1-1条</td><td>/</td><td></td><td></td></tr>
<tr><td>4</td><td>沥青混合料品质应符合马歇尔试验配合比技术要求</td><td>第8.5.1-1条</td><td>/</td><td></td><td></td></tr>
<tr><td></td><td></td><td></td><td></td><td></td><td></td></tr>
<tr><td></td><td></td><td></td><td></td><td></td><td></td></tr>
<tr><td colspan="2">施工单位检查结果</td><td colspan="5">专业工长：（签名）　　项目专业质量检查员：（签名）　　年　月　日</td></tr>
<tr><td colspan="2">监理单位验收结论</td><td colspan="5">专业监理工程师：（签名）　　年　月　日</td></tr>
</table>

7.2.1.21 市政验·道-21 热拌沥青混合料面层检验批质量验收记录

市政基础设施工程

热拌沥青混合料面层检验批质量验收记录

市政验·道-21

第　　页，共　　页

<table>
<tr><td colspan="5">工程名称</td><td colspan="5"></td></tr>
<tr><td colspan="5">单位工程名称</td><td colspan="5"></td></tr>
<tr><td colspan="5">施工单位</td><td></td><td colspan="2">分包单位</td><td colspan="2"></td></tr>
<tr><td colspan="5">项目负责人</td><td></td><td colspan="2">项目技术负责人</td><td colspan="2"></td></tr>
<tr><td colspan="5">分部（子分部）工程名称</td><td></td><td colspan="2">分项工程名称</td><td colspan="2"></td></tr>
<tr><td colspan="5">验收部位/区段</td><td></td><td colspan="2">检验批容量</td><td colspan="2"></td></tr>
<tr><td colspan="5">施工及验收依据</td><td colspan="5">《城镇道路工程施工与质量验收规范》CJJ 1</td></tr>
<tr><td colspan="6">验收项目</td><td>设计要求或规范规定</td><td>最小/实际抽样数量</td><td>检查记录</td><td>检查结果</td></tr>
<tr><td rowspan="3">主控项目</td><td>1</td><td colspan="4">沥青混合料面层压实度，对城市快速路、主干路不应小于96%；对次干路及以下道路不应小于95%</td><td>第8.5.1-2条</td><td>/</td><td></td><td></td></tr>
<tr><td>2</td><td colspan="4">面层厚度应符合设计规定，允许偏差为−5～+10mm</td><td>第8.5.1-2条</td><td>/</td><td></td><td></td></tr>
<tr><td>3</td><td colspan="4">弯沉值，不应大于设计规定</td><td>第8.5.1-2条</td><td>/</td><td></td><td></td></tr>
<tr><td rowspan="12">一般项目</td><td>1</td><td colspan="4">表面应平整、坚实，接缝紧密，无枯焦；不应有明显轮迹、推挤裂缝、脱落、烂边、油斑、掉渣等现象，不得污染其他构筑物。面层与路缘石、平石及其他构筑物应接顺，不得有积水现象</td><td>第8.5.1-3条</td><td>/</td><td></td><td></td></tr>
<tr><td>2</td><td rowspan="11">允许偏差</td><td colspan="3">纵断高程（mm）</td><td>±15</td><td>/</td><td></td><td></td></tr>
<tr><td>3</td><td colspan="3">中线偏位（mm）</td><td>≤20</td><td>/</td><td></td><td></td></tr>
<tr><td rowspan="3">4</td><td rowspan="3">平整度（mm）</td><td rowspan="2">标准差σ值</td><td>快速路、主干路</td><td>≤1.5</td><td>/</td><td></td><td></td></tr>
<tr><td>次干路、支路</td><td>≤2.4</td><td>/</td><td></td><td></td></tr>
<tr><td>最大间隙</td><td>次干路、支路</td><td>≤5</td><td>/</td><td></td><td></td></tr>
<tr><td>5</td><td colspan="3">宽度（mm）</td><td>不小于设计值</td><td>/</td><td></td><td></td></tr>
<tr><td>6</td><td colspan="3">横坡</td><td>±0.3%
且不反坡</td><td>/</td><td></td><td></td></tr>
<tr><td>7</td><td colspan="3">井框与路面高差（mm）</td><td>≤5</td><td>/</td><td></td><td></td></tr>
<tr><td rowspan="2">8</td><td rowspan="2">抗滑</td><td colspan="2">摩擦系数</td><td>符合设计要求</td><td>/</td><td></td><td></td></tr>
<tr><td colspan="2">构造深度</td><td>符合设计要求</td><td>/</td><td></td><td></td></tr>
<tr><td colspan="2">施工单位检查结果</td><td colspan="8">专业工长：（签名）　　项目专业质量检查员：（签名）　　年　月　日</td></tr>
<tr><td colspan="2">监理单位验收结论</td><td colspan="8">专业监理工程师：（签名）　　年　月　日</td></tr>
</table>

7.2.1.22 市政验·道-22 冷拌沥青混合料面层检验批质量验收记录

市政基础设施工程

冷拌沥青混合料面层检验批质量验收记录

市政验·道-22

第　　页，共　　页

<table>
<tr><td>工程名称</td><td colspan="3"></td></tr>
<tr><td>单位工程名称</td><td colspan="3"></td></tr>
<tr><td>施工单位</td><td></td><td>分包单位</td><td></td></tr>
<tr><td>项目负责人</td><td></td><td>项目技术负责人</td><td></td></tr>
<tr><td>分部（子分部）工程名称</td><td></td><td>分项工程名称</td><td></td></tr>
<tr><td>验收部位/区段</td><td></td><td>检验批容量</td><td></td></tr>
<tr><td>施工及验收依据</td><td colspan="3">《城镇道路工程施工与质量验收规范》CJJ 1</td></tr>
</table>

<table>
<tr><td colspan="5">验收项目</td><td>设计要求或规范规定</td><td>最小/实际抽样数量</td><td>检查记录</td><td>检查结果</td></tr>
<tr><td rowspan="3">主控项目</td><td>1</td><td colspan="3">面层所用乳化沥青的品种、性能和集料的规格、质量应符合规范第8.1节的有关规定</td><td>第8.5.2-1条</td><td>/</td><td></td><td></td></tr>
<tr><td>2</td><td colspan="3">冷拌沥青混合料的压实度不应小于95%</td><td>第8.5.2-2条</td><td>/</td><td></td><td></td></tr>
<tr><td>3</td><td colspan="3">面层厚度应符合设计规定，允许偏差为−5～+15mm</td><td>第8.5.2-3条</td><td>/</td><td></td><td></td></tr>
<tr><td rowspan="9">一般项目</td><td>1</td><td colspan="3">表面应平整、坚实，接缝紧密，不应有明显轮迹、粗细骨料集中、推挤、裂缝、脱落等现象</td><td>第8.5.2-4条</td><td>/</td><td></td><td></td></tr>
<tr><td>2</td><td rowspan="8">允许偏差</td><td colspan="2">纵断高程（mm）</td><td>±20</td><td>/</td><td></td><td></td></tr>
<tr><td>3</td><td colspan="2">中线偏位（mm）</td><td>≤20</td><td>/</td><td></td><td></td></tr>
<tr><td>4</td><td colspan="2">平整度（mm）</td><td>≤10</td><td>/</td><td></td><td></td></tr>
<tr><td>5</td><td colspan="2">宽度（mm）</td><td>不小于设计值</td><td>/</td><td></td><td></td></tr>
<tr><td>6</td><td colspan="2">横坡</td><td>±0.3%
且不反坡</td><td>/</td><td></td><td></td></tr>
<tr><td>7</td><td colspan="2">井框与路面高差（mm）</td><td>≤5</td><td>/</td><td></td><td></td></tr>
<tr><td rowspan="2">8</td><td rowspan="2">抗滑</td><td>摩擦系数</td><td>符合设计要求</td><td>/</td><td></td><td></td></tr>
<tr><td>构造深度</td><td>符合设计要求</td><td>/</td><td></td><td></td></tr>
<tr><td colspan="2">施工单位检查结果</td><td colspan="7">专业工长：（签名）　　项目专业质量检查员：（签名）　　年　月　日</td></tr>
<tr><td colspan="2">监理单位验收结论</td><td colspan="7">专业监理工程师：（签名）　　年　月　日</td></tr>
</table>

7.2.1.23　市政验·道-23　沥青混合料面层透层检验批质量验收记录

市政基础设施工程

沥青混合料面层透层检验批质量验收记录

市政验·道-23

第　　页，共　　页

<table>
<tr><td colspan="3">工程名称</td><td colspan="5"></td></tr>
<tr><td colspan="3">单位工程名称</td><td colspan="5"></td></tr>
<tr><td colspan="3">施工单位</td><td></td><td colspan="2">分包单位</td><td colspan="2"></td></tr>
<tr><td colspan="3">项目负责人</td><td></td><td colspan="2">项目技术负责人</td><td colspan="2"></td></tr>
<tr><td colspan="3">分部（子分部）工程名称</td><td></td><td colspan="2">分项工程名称</td><td colspan="2"></td></tr>
<tr><td colspan="3">验收部位/区段</td><td></td><td colspan="2">检验批容量</td><td colspan="2"></td></tr>
<tr><td colspan="3">施工及验收依据</td><td colspan="5">《城镇道路工程施工与质量验收规范》CJJ 1</td></tr>
<tr><td colspan="4">验收项目</td><td>设计要求或规范规定</td><td>最小/实际抽样数量</td><td>检查记录</td><td>检查结果</td></tr>
<tr><td rowspan="3">主控项目</td><td>1</td><td colspan="2">透层所采用沥青的品种、标号应符合本规范规定</td><td>第8.5.3-1条</td><td>/</td><td></td><td></td></tr>
<tr><td></td><td colspan="2"></td><td></td><td></td><td></td><td></td></tr>
<tr><td></td><td colspan="2"></td><td></td><td></td><td></td><td></td></tr>
<tr><td rowspan="3">一般项目</td><td>1</td><td colspan="2">透层的宽度不应小于设计规定值</td><td>第8.5.3-2条</td><td>/</td><td></td><td></td></tr>
<tr><td></td><td colspan="2"></td><td></td><td></td><td></td><td></td></tr>
<tr><td></td><td colspan="2"></td><td></td><td></td><td></td><td></td></tr>
<tr><td colspan="2">施工单位检查结果</td><td colspan="6">专业工长：（签名）　　项目专业质量检查员：（签名）　　年　月　日</td></tr>
<tr><td colspan="2">监理单位验收结论</td><td colspan="6">专业监理工程师：（签名）　　年　月　日</td></tr>
</table>

7.2.1.24　市政验·道-24　沥青混合料面层粘层检验批质量验收记录

市政基础设施工程

沥青混合料面层粘层检验批质量验收记录

市政验·道-24

第　　页，共　　页

<table>
<tr><td colspan="3">工程名称</td><td colspan="5"></td></tr>
<tr><td colspan="3">单位工程名称</td><td colspan="5"></td></tr>
<tr><td colspan="3">施工单位</td><td></td><td colspan="2">分包单位</td><td colspan="2"></td></tr>
<tr><td colspan="3">项目负责人</td><td></td><td colspan="2">项目技术负责人</td><td colspan="2"></td></tr>
<tr><td colspan="3">分部（子分部）工程名称</td><td></td><td colspan="2">分项工程名称</td><td colspan="2"></td></tr>
<tr><td colspan="3">验收部位/区段</td><td></td><td colspan="2">检验批容量</td><td colspan="2"></td></tr>
<tr><td colspan="3">施工及验收依据</td><td colspan="5">《城镇道路工程施工与质量验收规范》CJJ 1</td></tr>
<tr><td colspan="4">验收项目</td><td>设计要求或规范规定</td><td>最小/实际抽样数量</td><td>检查记录</td><td>检查结果</td></tr>
<tr><td rowspan="3">主控项目</td><td>1</td><td colspan="2">粘层所采用沥青的品种、标号符合本规范规定</td><td>第8.5.3-1条</td><td>/</td><td></td><td></td></tr>
<tr><td></td><td colspan="2"></td><td></td><td></td><td></td><td></td></tr>
<tr><td></td><td colspan="2"></td><td></td><td></td><td></td><td></td></tr>
<tr><td rowspan="3">一般项目</td><td>1</td><td colspan="2">粘层的宽度不应小于设计规定值</td><td>第8.5.3-2条</td><td>/</td><td></td><td></td></tr>
<tr><td></td><td colspan="2"></td><td></td><td></td><td></td><td></td></tr>
<tr><td></td><td colspan="2"></td><td></td><td></td><td></td><td></td></tr>
<tr><td colspan="3">施工单位检查结果</td><td colspan="5">专业工长：（签名）　　项目专业质量检查员：（签名）　　年　月　日</td></tr>
<tr><td colspan="3">监理单位验收结论</td><td colspan="5">专业监理工程师：（签名）　　年　月　日</td></tr>
</table>

7.2.1.25　市政验·道-25　沥青混合料面层封层检验批质量验收记录

市政基础设施工程

沥青混合料面层封层检验批质量验收记录

市政验·道-25

第　　页，共　　页

<table>
<tr><td colspan="3">工程名称</td><td colspan="5"></td></tr>
<tr><td colspan="3">单位工程名称</td><td colspan="5"></td></tr>
<tr><td colspan="3">施工单位</td><td colspan="2"></td><td colspan="2">分包单位</td><td></td></tr>
<tr><td colspan="3">项目负责人</td><td colspan="2"></td><td colspan="2">项目技术负责人</td><td></td></tr>
<tr><td colspan="3">分部（子分部）工程名称</td><td colspan="2"></td><td colspan="2">分项工程名称</td><td></td></tr>
<tr><td colspan="3">验收部位/区段</td><td colspan="2"></td><td colspan="2">检验批容量</td><td></td></tr>
<tr><td colspan="3">施工及验收依据</td><td colspan="5">《城镇道路工程施工与质量验收规范》CJJ 1</td></tr>
<tr><td colspan="3">验收项目</td><td>设计要求或规范规定</td><td>最小/实际抽样数量</td><td colspan="2">检查记录</td><td>检查结果</td></tr>
<tr><td rowspan="2">主控项目</td><td>1</td><td>封层所采用沥青的品种、标号和封层粒料质量、规格应符合本规范规定</td><td>第8.5.3-1条</td><td>/</td><td colspan="2"></td><td></td></tr>
<tr><td></td><td></td><td></td><td></td><td colspan="2"></td><td></td></tr>
<tr><td rowspan="3">一般项目</td><td>1</td><td>封层的宽度不应小于设计规定值</td><td>第8.5.3-2条</td><td>/</td><td colspan="2"></td><td></td></tr>
<tr><td>2</td><td>封层油层与粒料洒布应均匀，不应有松散、裂缝、油丁、泛油、波浪、花白、漏洒、堆积、污染其他构筑物等现象</td><td>第8.5.3-3条</td><td>/</td><td colspan="2"></td><td></td></tr>
<tr><td></td><td></td><td></td><td></td><td colspan="2"></td><td></td></tr>
<tr><td colspan="2">施工单位检查结果</td><td colspan="6">专业工长：（签名）　　项目专业质量检查员：（签名）　　年　月　日</td></tr>
<tr><td colspan="2">监理单位验收结论</td><td colspan="6">专业监理工程师：（签名）　　年　月　日</td></tr>
</table>

7.2.1.26 市政验·道-26 沥青贯入式面层检验批质量验收记录

市政基础设施工程

沥青贯入式面层检验批质量验收记录

市政验·道-26

第　　页，共　　页

<table>
<tr><td colspan="3">工程名称</td><td colspan="4"></td></tr>
<tr><td colspan="3">单位工程名称</td><td colspan="4"></td></tr>
<tr><td colspan="3">施工单位</td><td></td><td colspan="2">分包单位</td><td></td></tr>
<tr><td colspan="3">项目负责人</td><td></td><td colspan="2">项目技术负责人</td><td></td></tr>
<tr><td colspan="3">分部（子分部）工程名称</td><td></td><td colspan="2">分项工程名称</td><td></td></tr>
<tr><td colspan="3">验收部位/区段</td><td></td><td colspan="2">检验批容量</td><td></td></tr>
<tr><td colspan="3">施工及验收依据</td><td colspan="4">《城镇道路工程施工与质量验收规范》CJJ 1</td></tr>
<tr><td colspan="3">验收项目</td><td>设计要求或规范规定</td><td>最小/实际抽样数量</td><td>检查记录</td><td>检查结果</td></tr>
<tr><td rowspan="4">主控项目</td><td>1</td><td>沥青、乳化沥青、集料、嵌缝料的质量应符合设计及本规范的规定</td><td>第 9.4.1-1 条</td><td>/</td><td></td><td></td></tr>
<tr><td>2</td><td>压实度不应小于 95%</td><td>第 9.4.1-2 条</td><td>/</td><td></td><td></td></tr>
<tr><td>3</td><td>弯沉值，不得大于设计规定</td><td>第 9.4.1-3 条</td><td>/</td><td></td><td></td></tr>
<tr><td>4</td><td>面层厚度应符合设计规定，允许偏差为－5～＋15mm</td><td>第 9.4.1-4 条</td><td>/</td><td></td><td></td></tr>
<tr><td rowspan="8">一般项目</td><td>1</td><td>表面应平整、坚实、石料嵌锁稳定、无明显高低差；嵌缝料、沥青应洒布均匀，无花白、积油、漏浇、浮料等现象，且不应污染其他构筑物</td><td>第 9.4.1-5 条</td><td>/</td><td></td><td></td></tr>
<tr><td>2</td><td>允许偏差　纵断高程（mm）</td><td>±15</td><td>/</td><td></td><td></td></tr>
<tr><td>3</td><td>允许偏差　中线偏位（mm）</td><td>≤20</td><td>/</td><td></td><td></td></tr>
<tr><td>4</td><td>允许偏差　平整度（mm）</td><td>≤7</td><td>/</td><td></td><td></td></tr>
<tr><td>5</td><td>允许偏差　宽度（mm）</td><td>不小于设计值</td><td>/</td><td></td><td></td></tr>
<tr><td>6</td><td>允许偏差　横坡</td><td>±0.3%
且不反坡</td><td>/</td><td></td><td></td></tr>
<tr><td>7</td><td>允许偏差　井框与路面高差（mm）</td><td>≤5</td><td>/</td><td></td><td></td></tr>
<tr><td>8</td><td>允许偏差　沥青总用量（kg/m²）</td><td>±0.5%</td><td>/</td><td></td><td></td></tr>
<tr><td colspan="2">施工单位检查结果</td><td colspan="5">专业工长：（签名）　　项目专业质量检查员：（签名）　　年　月　日</td></tr>
<tr><td colspan="2">监理单位验收结论</td><td colspan="5">专业监理工程师：（签名）　　年　月　日</td></tr>
</table>

7.2.1.27 市政验·道-27 沥青表面处治施工检验批质量验收记录

市政基础设施工程

沥青表面处治施工检验批质量验收记录

市政验·道-27

第　　页，共　　页

<table>
<tr><td colspan="4">工程名称</td><td colspan="5"></td></tr>
<tr><td colspan="4">单位工程名称</td><td colspan="5"></td></tr>
<tr><td colspan="4">施工单位</td><td></td><td colspan="2">分包单位</td><td colspan="2"></td></tr>
<tr><td colspan="4">项目负责人</td><td></td><td colspan="2">项目技术负责人</td><td colspan="2"></td></tr>
<tr><td colspan="4">分部（子分部）工程名称</td><td></td><td colspan="2">分项工程名称</td><td colspan="2"></td></tr>
<tr><td colspan="4">验收部位/区段</td><td></td><td colspan="2">检验批容量</td><td colspan="2"></td></tr>
<tr><td colspan="4">施工及验收依据</td><td colspan="5">《城镇道路工程施工与质量验收规范》CJJ 1</td></tr>
<tr><td colspan="4">验收项目</td><td>设计要求或规范规定</td><td>最小/实际抽样数量</td><td>检查记录</td><td colspan="2">检查结果</td></tr>
<tr><td rowspan="2">主控项目</td><td>1</td><td colspan="2">沥青、乳化沥青的品种、指标、规格应符合设计和本规范的规定</td><td>第 9.4.2-1 条</td><td>/</td><td></td><td colspan="2"></td></tr>
<tr><td></td><td colspan="2"></td><td></td><td></td><td></td><td colspan="2"></td></tr>
<tr><td rowspan="10">一般项目</td><td>1</td><td colspan="2">集料应压实平整、沥青应洒布均匀，无露白，嵌缝料应撒铺、扫墁均匀，不应有重叠现象</td><td>第 9.4.2-2 条</td><td>/</td><td></td><td colspan="2"></td></tr>
<tr><td>2</td><td rowspan="9">允许偏差</td><td>纵断高程（mm）</td><td>±15</td><td>/</td><td></td><td colspan="2"></td></tr>
<tr><td>3</td><td>中线偏位（mm）</td><td>≤20</td><td>/</td><td></td><td colspan="2"></td></tr>
<tr><td>4</td><td>平整度（mm）</td><td>≤7</td><td>/</td><td></td><td colspan="2"></td></tr>
<tr><td>5</td><td>宽度（mm）</td><td>不小于设计规定</td><td>/</td><td></td><td colspan="2"></td></tr>
<tr><td>6</td><td>横坡</td><td>±0.3%且不反坡</td><td>/</td><td></td><td colspan="2"></td></tr>
<tr><td>7</td><td>厚度（mm）</td><td>+10，−5</td><td>/</td><td></td><td colspan="2"></td></tr>
<tr><td>8</td><td>弯沉值</td><td>符合设计要求</td><td>/</td><td></td><td colspan="2"></td></tr>
<tr><td>9</td><td>沥青总用量（kg/m²）</td><td>±0.5%总用量</td><td>/</td><td></td><td colspan="2"></td></tr>
<tr><td></td><td></td><td></td><td></td><td></td><td colspan="2"></td></tr>
<tr><td colspan="2">施工单位检查结果</td><td colspan="7">专业工长：（签名）　　项目专业质量检查员：（签名）　　年　月　日</td></tr>
<tr><td colspan="2">监理单位验收结论</td><td colspan="7">专业监理工程师：（签名）　　年　月　日</td></tr>
</table>

7.2.1.28 市政验·道-28 水泥混凝土面层模板制作检验批质量验收记录

市政基础设施工程

水泥混凝土面层模板制作检验批质量验收记录

市政验·道-28

第　　页，共　　页

<table>
<tr><td colspan="4">工程名称</td><td colspan="6"></td></tr>
<tr><td colspan="4">单位工程名称</td><td colspan="6"></td></tr>
<tr><td colspan="4">施工单位</td><td colspan="2"></td><td colspan="2">分包单位</td><td colspan="2"></td></tr>
<tr><td colspan="4">项目负责人</td><td colspan="2"></td><td colspan="2">项目技术负责人</td><td colspan="2"></td></tr>
<tr><td colspan="4">分部（子分部）工程名称</td><td colspan="2"></td><td colspan="2">分项工程名称</td><td colspan="2"></td></tr>
<tr><td colspan="4">验收部位/区段</td><td colspan="2"></td><td colspan="2">检验批容量</td><td colspan="2"></td></tr>
<tr><td colspan="4">施工及验收依据</td><td colspan="6">《城镇道路工程施工与质量验收规范》CJJ 1</td></tr>
<tr><td colspan="4">验收项目</td><td colspan="3">设计要求或
规范规定</td><td>最小/实际
抽样数量</td><td>检查记录</td><td>检查
结果</td></tr>
<tr><td rowspan="8">一般项目</td><td></td><td rowspan="8">允许偏差</td><td>(mm)</td><td>三辊轴机组</td><td>轨道摊铺机</td><td>小型机具</td><td></td><td></td><td></td></tr>
<tr><td>1</td><td>高度</td><td>±1</td><td>±1</td><td>±2</td><td>/</td><td></td><td></td></tr>
<tr><td>2</td><td>局部变形</td><td>±2</td><td>±2</td><td>±3</td><td>/</td><td></td><td></td></tr>
<tr><td>3</td><td>两垂直边夹角（°）</td><td>90±2</td><td>90±1</td><td>90±3</td><td>/</td><td></td><td></td></tr>
<tr><td>4</td><td>顶面平整度</td><td>±1</td><td>±1</td><td>±2</td><td>/</td><td></td><td></td></tr>
<tr><td>5</td><td>侧面平整度</td><td>±2</td><td>±2</td><td>±3</td><td>/</td><td></td><td></td></tr>
<tr><td>6</td><td>纵向直顺度</td><td>±2</td><td>±1</td><td>±3</td><td>/</td><td></td><td></td></tr>
<tr><td></td><td></td><td></td><td></td><td></td><td></td><td></td><td></td></tr>
<tr><td colspan="3">施工单位
检查结果</td><td colspan="7">专业工长：（签名）　　项目专业质量检查员：（签名）　　年　月　日</td></tr>
<tr><td colspan="3">监理单位
验收结论</td><td colspan="7">专业监理工程师：（签名）　　年　月　日</td></tr>
</table>

7.2.1.29 市政验·道-29 水泥混凝土面层模板安装检验批质量验收记录

市政基础设施工程

水泥混凝土面层模板安装检验批质量验收记录

市政验·道-29

第 页，共 页

<table>
<tr><td colspan="4">工程名称</td><td colspan="6"></td></tr>
<tr><td colspan="4">单位工程名称</td><td colspan="6"></td></tr>
<tr><td colspan="4">施工单位</td><td colspan="2"></td><td colspan="2">分包单位</td><td colspan="2"></td></tr>
<tr><td colspan="4">项目负责人</td><td colspan="2"></td><td colspan="2">项目技术负责人</td><td colspan="2"></td></tr>
<tr><td colspan="4">分部（子分部）工程名称</td><td colspan="2"></td><td colspan="2">分项工程名称</td><td colspan="2"></td></tr>
<tr><td colspan="4">验收部位/区段</td><td colspan="2"></td><td colspan="2">检验批容量</td><td colspan="2"></td></tr>
<tr><td colspan="4">施工及验收依据</td><td colspan="6">《城镇道路工程施工与质量验收规范》CJJ 1</td></tr>
<tr><td colspan="4">验收项目</td><td colspan="3">设计要求或规范规定</td><td>最小/实际抽样数量</td><td>检查记录</td><td>检查结果</td></tr>
<tr><td rowspan="14">一般项目</td><td>1</td><td colspan="2">支模前应核对路面标高、面板分快、胀缝和构造物位置</td><td colspan="3">第 10.4.2-1 条</td><td>/</td><td></td><td></td></tr>
<tr><td>2</td><td colspan="2">模板应安装稳固、顺直、平整，无扭曲，相邻模板连接紧密平顺，不应错位</td><td colspan="3">第 10.4.2-2 条</td><td>/</td><td></td><td></td></tr>
<tr><td>3</td><td colspan="2">严禁在基层上挖槽嵌入模板</td><td colspan="3">第 10.4.2-3 条</td><td>/</td><td></td><td></td></tr>
<tr><td>4</td><td colspan="2">使用轨道摊铺机应采用专用钢制轨模</td><td colspan="3">第 10.4.2-4 条</td><td>/</td><td></td><td></td></tr>
<tr><td>5</td><td colspan="2">模板安装完毕，应进行检验，合格后方可使用</td><td colspan="3">第 10.4.2-5 条</td><td>/</td><td></td><td></td></tr>
<tr><td>6</td><td rowspan="9">允许偏差</td><td>（mm）</td><td>三辊轴机组</td><td>轨道摊铺机</td><td>小型机具</td><td></td><td></td><td></td></tr>
<tr><td>7</td><td>中线偏位</td><td>≤10</td><td>≤5</td><td>≤15</td><td>/</td><td></td><td></td></tr>
<tr><td>8</td><td>宽度</td><td>≤10</td><td>≤5</td><td>≤15</td><td>/</td><td></td><td></td></tr>
<tr><td>9</td><td>顶面高程</td><td>±5</td><td>±5</td><td>±10</td><td>/</td><td></td><td></td></tr>
<tr><td>10</td><td>横坡</td><td>±0.10</td><td>±0.10</td><td>±0.20</td><td>/</td><td></td><td></td></tr>
<tr><td>11</td><td>相邻板高差</td><td>≤1</td><td>≤1</td><td>≤2</td><td>/</td><td></td><td></td></tr>
<tr><td>12</td><td>模板接缝宽度</td><td>≤3</td><td>≤2</td><td>≤3</td><td>/</td><td></td><td></td></tr>
<tr><td>13</td><td>侧面垂直度</td><td>≤3</td><td>≤2</td><td>≤4</td><td>/</td><td></td><td></td></tr>
<tr><td>14</td><td>纵向顺直度</td><td>≤3</td><td>≤2</td><td>≤4</td><td>/</td><td></td><td></td></tr>
<tr><td colspan="2">施工单位检查结果</td><td colspan="8">专业工长：（签名） 项目专业质量检查员：（签名） 年 月 日</td></tr>
<tr><td colspan="2">监理单位验收结论</td><td colspan="8">专业监理工程师：（签名） 年 月 日</td></tr>
</table>

7.2.1.30 市政验·道-30 水泥混凝土面层原材料检验批质量验收记录

市政基础设施工程

水泥混凝土面层原材料检验批质量验收记录

市政验·道-30

第 页，共 页

<table>
<tr><td colspan="3">工程名称</td><td colspan="5"></td></tr>
<tr><td colspan="3">单位工程名称</td><td colspan="5"></td></tr>
<tr><td colspan="3">施工单位</td><td></td><td colspan="2">分包单位</td><td colspan="2"></td></tr>
<tr><td colspan="3">项目负责人</td><td></td><td colspan="2">项目技术负责人</td><td colspan="2"></td></tr>
<tr><td colspan="3">分部（子分部）工程名称</td><td></td><td colspan="2">分项工程名称</td><td colspan="2"></td></tr>
<tr><td colspan="3">验收部位/区段</td><td></td><td colspan="2">检验批容量</td><td colspan="2"></td></tr>
<tr><td colspan="3">施工及验收依据</td><td colspan="5">《城镇道路工程施工与质量验收规范》CJJ 1</td></tr>
<tr><td colspan="4">验收项目</td><td>设计要求或规范规定</td><td>最小/实际抽样数量</td><td>检查记录</td><td>检查结果</td></tr>
<tr><td rowspan="7">主控项目</td><td>1</td><td colspan="2">水泥品种、级别、质量、包装、贮存，应符合国家现行有关标准的规定</td><td>第 10.8.1-1 条</td><td>/</td><td></td><td></td></tr>
<tr><td>2</td><td colspan="2">混凝土中掺加外加剂的质量应符合现行国家标准《混凝土外加剂》GB 8076 和《混凝土外加剂应用技术规范》GB 50119 的规定</td><td>第 10.8.1-2 条</td><td>/</td><td></td><td></td></tr>
<tr><td>3</td><td colspan="2">钢筋品种、规格、数量、下料尺寸及质量应符合设计要求及国家现行有关标准的规定</td><td>第 10.8.1-3 条</td><td>/</td><td></td><td></td></tr>
<tr><td>4</td><td colspan="2">钢纤维的规格质量应符合设计要求及规范第 10.1.7 条的有关规定</td><td>第 10.8.1-4 条</td><td>/</td><td></td><td></td></tr>
<tr><td>5</td><td colspan="2">粗集料、细集料应符合规范第 10.1.2、第 10.1.3 条的有关规定</td><td>第 10.8.1-5 条</td><td>/</td><td></td><td></td></tr>
<tr><td>6</td><td colspan="2">水应符合规范第 7.2.1 条第 3 款的规定</td><td>第 10.8.1-6 条</td><td>/</td><td></td><td></td></tr>
<tr><td></td><td colspan="2"></td><td></td><td></td><td></td><td></td></tr>
<tr><td colspan="2">施工单位检查结果</td><td colspan="6">专业工长：（签名） 项目专业质量检查员：（签名） 年 月 日</td></tr>
<tr><td colspan="2">监理单位验收结论</td><td colspan="6">专业监理工程师：（签名） 年 月 日</td></tr>
</table>

7.2.1.31 市政验·道-31 水泥混凝土面层钢筋加工及安装检验批质量验收记录

市政基础设施工程

水泥混凝土面层钢筋加工及安装检验批质量验收记录

市政验·道-31

第　　页，共　　页

工程名称			
单位工程名称			
施工单位		分包单位	
项目负责人		项目技术负责人	
分部（子分部）工程名称		分项工程名称	
验收部位/区段		检验批容量	
施工及验收依据	《城镇道路工程施工与质量验收规范》CJJ 1		

验收项目						设计要求或规范规定		最小/实际抽样数量	检查记录	检查结果
一般项目	1	钢筋安装前应检查其原材料品种、规格与加工质量，确认符合设计规定				第 10.4.3-1 条		/		
	2	钢筋网、角隅钢筋等安装应牢固、位置准确。钢筋安装后应进行检查，合格后方可使用				第 10.4.3-2 条		/		
	3	传力杆安装应牢固、位置准确。胀缝传力杆应与胀缝板、提缝板一起安装				第 10.4.3-3 条		/		
		允许偏差		项目		焊接钢筋网及骨架(mm)	绑扎钢筋网及骨架(mm)			
	4		加工	钢筋网的长度与宽度		±10	±10	/		
	5			钢筋网网眼尺寸		±10	±20	/		
	6			钢筋骨架宽度及高度		±5	±5	/		
	7			钢筋骨架的长度		±10	±10	/		
	8		安装	受力钢筋	排距	±5		/		
					间距	±10		/		
	9			钢筋弯起点位置		20		/		
	10			箍筋、横向钢筋间距	绑扎钢筋网及钢筋骨架	±20		/		
					焊接钢筋网及钢筋骨架	±10		/		
	11			钢筋预埋位置	中心线位置	±5		/		
					水平高差	±3		/		
	12			钢筋保护层	距表面	±3		/		
					距底面	±5		/		

施工单位检查结果	专业工长：（签名）　　项目专业质量检查员：（签名）　　年　月　日
监理单位验收结论	专业监理工程师：（签名）　　年　月　日

7.2.1.32 市政验·道-32 混凝土面层检验批质量检验记录

市政基础设施工程

混凝土面层检验批质量验收记录

市政验·道-32

第　　页，共　　页

<table>
<tr><td colspan="5">工程名称</td><td colspan="6"></td></tr>
<tr><td colspan="5">单位工程名称</td><td colspan="6"></td></tr>
<tr><td colspan="5">施工单位</td><td></td><td colspan="2">分包单位</td><td colspan="3"></td></tr>
<tr><td colspan="5">项目负责人</td><td></td><td colspan="2">项目技术负责人</td><td colspan="3"></td></tr>
<tr><td colspan="5">分部（子分部）工程名称</td><td></td><td colspan="2">分项工程名称</td><td colspan="3"></td></tr>
<tr><td colspan="5">验收部位/区段</td><td></td><td colspan="2">检验批容量</td><td colspan="3"></td></tr>
<tr><td colspan="5">施工及验收依据</td><td colspan="6">《城镇道路工程施工与质量验收规范》CJJ 1</td></tr>
<tr><td colspan="7">验收项目</td><td>设计要求或规范规定</td><td>最小/实际抽样数量</td><td>检查记录</td><td>检查结果</td></tr>
<tr><td rowspan="3">主控项目</td><td>1</td><td colspan="5">混凝土弯拉强度应符合设计要求</td><td>第 10.8.1-2-1 条</td><td>/</td><td></td><td></td></tr>
<tr><td>2</td><td colspan="5">混凝土面层厚度应符合设计规定，允许偏差为±5mm</td><td>第 10.8.1-2-2 条</td><td>/</td><td></td><td></td></tr>
<tr><td>3</td><td colspan="5">抗滑构造深度应符合设计要求</td><td>第 10.8.1-2-3 条</td><td>/</td><td></td><td></td></tr>
<tr><td rowspan="15">一般项目</td><td>1</td><td colspan="5">水泥混凝土面层应板面平整、密实，边角应整齐、无裂缝、并不应有石子外露和浮浆、脱皮、踏痕、积水等现象，蜂窝麻面面积不得大于总面积的 0.5%</td><td>第 10.8.1-2-4 条</td><td>/</td><td></td><td></td></tr>
<tr><td>2</td><td colspan="5">伸缩缝应垂直、直顺，缝内不应有杂物。伸缩缝在规定的深度和宽度范围内应全部贯通，传力杆应与缝面垂直</td><td>第 10.8.1-2-5 条</td><td>/</td><td></td><td></td></tr>
<tr><td>3</td><td rowspan="13">允许偏差</td><td colspan="4">纵断高程（mm）</td><td>±15</td><td>/</td><td></td><td></td></tr>
<tr><td>4</td><td colspan="4">中线偏位（mm）</td><td>≤20</td><td>/</td><td></td><td></td></tr>
<tr><td rowspan="4">5</td><td rowspan="4">平整度</td><td rowspan="2">标准差σ值（mm）</td><td colspan="2">快速路、主干路</td><td>≤1.2</td><td>/</td><td></td><td></td></tr>
<tr><td colspan="2">次干路、支路</td><td>≤2</td><td>/</td><td></td><td></td></tr>
<tr><td rowspan="2">最大间隙（mm）</td><td colspan="2">快速路、主干路</td><td>≤3</td><td>/</td><td></td><td></td></tr>
<tr><td colspan="2">次干路、支路</td><td>≤5</td><td>/</td><td></td><td></td></tr>
<tr><td>6</td><td colspan="4">宽度（mm）</td><td>0，−20</td><td>/</td><td></td><td></td></tr>
<tr><td>7</td><td colspan="4">横坡（%）</td><td>±0.3%且不反坡</td><td>/</td><td></td><td></td></tr>
<tr><td>8</td><td colspan="4">井框与路面高差（mm）</td><td>≤3</td><td>/</td><td></td><td></td></tr>
<tr><td>9</td><td colspan="4">相邻板高差（mm）</td><td>≤3</td><td>/</td><td></td><td></td></tr>
<tr><td>10</td><td colspan="4">纵缝直顺度（mm）</td><td>≤10</td><td>/</td><td></td><td></td></tr>
<tr><td>11</td><td colspan="4">横缝直顺度（mm）</td><td>≤10</td><td>/</td><td></td><td></td></tr>
<tr><td>12</td><td colspan="4">蜂窝麻面面积[①]（mm）</td><td>≤2</td><td>/</td><td></td><td></td></tr>
<tr><td colspan="2">施工单位检查结果</td><td colspan="9">专业工长：（签名）　　项目专业质量检查员：（签名）　　年　月　日</td></tr>
<tr><td colspan="2">监理单位验收结论</td><td colspan="9">专业监理工程师：（签名）　　年　月　日</td></tr>
</table>

7.2.1.33 市政验·道-33 铺砌式料石面层检验批质量验收记录

市政基础设施工程

铺砌式料石面层检验批质量验收记录

市政验·道-33

第　　页，共　　页

<table>
<tr><td colspan="3">工程名称</td><td colspan="5"></td></tr>
<tr><td colspan="3">单位工程名称</td><td colspan="5"></td></tr>
<tr><td colspan="3">施工单位</td><td></td><td colspan="2">分包单位</td><td colspan="2"></td></tr>
<tr><td colspan="3">项目负责人</td><td></td><td colspan="2">项目技术负责人</td><td colspan="2"></td></tr>
<tr><td colspan="3">分部（子分部）工程名称</td><td></td><td colspan="2">分项工程名称</td><td colspan="2"></td></tr>
<tr><td colspan="3">验收部位/区段</td><td></td><td colspan="2">检验批容量</td><td colspan="2"></td></tr>
<tr><td colspan="3">施工及验收依据</td><td colspan="5">《城镇道路工程施工与质量验收规范》CJJ 1</td></tr>
<tr><td colspan="4">验收项目</td><td>设计要求或规范规定</td><td>最小/实际抽样数量</td><td>检查记录</td><td>检查结果</td></tr>
<tr><td rowspan="2">主控项目</td><td>1</td><td colspan="2">石材质量、外形尺寸应符合设计及规范要求</td><td>第11.3.1-1条</td><td>/</td><td></td><td></td></tr>
<tr><td>2</td><td colspan="2">砂浆平均抗压强度等级应符合设计规定，任一组试件抗压强度最低值不应低于设计强度85%</td><td>第11.3.1-2条</td><td>/</td><td></td><td></td></tr>
<tr><td rowspan="10">一般项目</td><td>1</td><td colspan="2">表面平整、稳固、无翘动，缝线直顺、灌浆饱满、无反坡积水现象</td><td>第11.3.1-3条</td><td>/</td><td></td><td></td></tr>
<tr><td>2</td><td rowspan="9">允许偏差</td><td>纵断高程（mm）</td><td>±10</td><td>/</td><td></td><td></td></tr>
<tr><td>3</td><td>中线偏位（mm）</td><td>≤20</td><td>/</td><td></td><td></td></tr>
<tr><td>4</td><td>平整度（mm）</td><td>≤3</td><td>/</td><td></td><td></td></tr>
<tr><td>5</td><td>宽度（mm）</td><td>不少于设计规定</td><td>/</td><td></td><td></td></tr>
<tr><td>6</td><td>横坡（%）</td><td>±0.3且不反坡</td><td>/</td><td></td><td></td></tr>
<tr><td>7</td><td>井框与路面高差（mm）</td><td>≤3</td><td>/</td><td></td><td></td></tr>
<tr><td>8</td><td>相邻块高差（mm）</td><td>≤2</td><td>/</td><td></td><td></td></tr>
<tr><td>9</td><td>纵横缝直顺度（mm）</td><td>≤5</td><td>/</td><td></td><td></td></tr>
<tr><td>10</td><td>缝宽（mm）</td><td>+3，−2</td><td>/</td><td></td><td></td></tr>
<tr><td colspan="2">施工单位检查结果</td><td colspan="6">专业工长：（签名）　　项目专业质量检查员：（签名）　　年　月　日</td></tr>
<tr><td colspan="2">监理单位验收结论</td><td colspan="6">专业监理工程师：（签名）　　年　月　日</td></tr>
</table>

7.2.1.34 市政验·道-34 铺砌式预制混凝土砌块面层检验批质量验收记录

市政基础设施工程

铺砌式预制混凝土砌块面层检验批质量验收记录

市政验·道-34

第　　页，共　　页

<table>
<tr><td>工程名称</td><td colspan="3"></td></tr>
<tr><td>单位工程名称</td><td colspan="3"></td></tr>
<tr><td>施工单位</td><td></td><td>分包单位</td><td></td></tr>
<tr><td>项目负责人</td><td></td><td>项目技术负责人</td><td></td></tr>
<tr><td>分部（子分部）工程名称</td><td></td><td>分项工程名称</td><td></td></tr>
<tr><td>验收部位/区段</td><td></td><td>检验批容量</td><td></td></tr>
<tr><td>施工及验收依据</td><td colspan="3">《城镇道路工程施工与质量验收规范》CJJ 1</td></tr>
</table>

<table>
<tr><td colspan="4">验收项目</td><td>设计要求或规范规定</td><td>最小/实际抽样数量</td><td>检查记录</td><td>检查结果</td></tr>
<tr><td rowspan="2">主控项目</td><td>1</td><td colspan="2">砌块的强度应符合设计要求</td><td>第 11.3.2-1 条</td><td>/</td><td></td><td></td></tr>
<tr><td>2</td><td colspan="2">砂浆平均抗压强度等级应符合设计规定，任一组试件抗压强度最低值不应低于设计强度 85％</td><td>第 11.3.2-2 条</td><td>/</td><td></td><td></td></tr>
<tr><td rowspan="10">一般项目</td><td>1</td><td colspan="2">表面平整、稳固、无翘动，缝线直顺、灌浆饱满、无反坡积水现象</td><td>第 11.3.2-3 条</td><td>/</td><td></td><td></td></tr>
<tr><td>2</td><td rowspan="9">允许偏差</td><td>纵断高程（mm）</td><td>±15</td><td>/</td><td></td><td></td></tr>
<tr><td>3</td><td>中线偏位（mm）</td><td>≤20</td><td>/</td><td></td><td></td></tr>
<tr><td>4</td><td>平整度（mm）</td><td>≤5</td><td>/</td><td></td><td></td></tr>
<tr><td>5</td><td>宽度（mm）</td><td>不小于设计规定</td><td>/</td><td></td><td></td></tr>
<tr><td>6</td><td>横坡（％）</td><td>±0.3％且不反坡</td><td>/</td><td></td><td></td></tr>
<tr><td>7</td><td>井框与路面高差（mm）</td><td>≤4</td><td>/</td><td></td><td></td></tr>
<tr><td>8</td><td>相邻快高差（mm）</td><td>≤3</td><td>/</td><td></td><td></td></tr>
<tr><td>9</td><td>纵横缝直顺度（mm）</td><td>≤5</td><td>/</td><td></td><td></td></tr>
<tr><td>10</td><td>缝宽（mm）</td><td>+3，2</td><td>/</td><td></td><td></td></tr>
<tr><td colspan="2">施工单位检查结果</td><td colspan="6">专业工长：（签名）　　项目专业质量检查员：（签名）　　年　　月　　日</td></tr>
<tr><td colspan="2">监理单位验收结论</td><td colspan="6">专业监理工程师：（签名）　　年　　月　　日</td></tr>
</table>

7.2.1.35 市政验·道-35 广场与停车场料石面层检验批质量验收记录

市政基础设施工程

广场与停车场料石面层检验批质量验收记录

市政验·道-35

第　　页，共　　页

<table>
<tr><td colspan="3">工程名称</td><td colspan="5"></td></tr>
<tr><td colspan="3">单位工程名称</td><td colspan="5"></td></tr>
<tr><td colspan="3">施工单位</td><td></td><td colspan="2">分包单位</td><td colspan="2"></td></tr>
<tr><td colspan="3">项目负责人</td><td></td><td colspan="2">项目技术负责人</td><td colspan="2"></td></tr>
<tr><td colspan="3">分部（子分部）工程名称</td><td></td><td colspan="2">分项工程名称</td><td colspan="2"></td></tr>
<tr><td colspan="3">验收部位/区段</td><td></td><td colspan="2">检验批容量</td><td colspan="2"></td></tr>
<tr><td colspan="3">施工及验收依据</td><td colspan="5">《城镇道路工程施工与质量验收规范》CJJ 1</td></tr>
<tr><td colspan="4">验收项目</td><td>设计要求或规范规定</td><td>最小/实际抽样数量</td><td>检查记录</td><td>检查结果</td></tr>
<tr><td rowspan="2">主控项目</td><td>1</td><td colspan="2">石材质量、外形尺寸及砂浆平均抗压强度应符合规范第11.3.1条的有关规定</td><td>第12.2.1-1条</td><td>/</td><td></td><td></td></tr>
<tr><td></td><td colspan="2"></td><td></td><td></td><td></td><td></td></tr>
<tr><td rowspan="9">一般项目</td><td>1</td><td colspan="2">表面应平整、稳固、无翘动，缝线直顺、灌浆饱满，无反坡积水现象</td><td>第11.3.1-3条</td><td>/</td><td></td><td></td></tr>
<tr><td>2</td><td rowspan="8">允许偏差</td><td>高程（mm）</td><td>±6</td><td>/</td><td></td><td></td></tr>
<tr><td>3</td><td>平整度（mm）</td><td>≤3</td><td>/</td><td></td><td></td></tr>
<tr><td>4</td><td>宽度（mm）</td><td>不少于设计规定</td><td>/</td><td></td><td></td></tr>
<tr><td>5</td><td>坡度（%）</td><td>±0.3%且不反坡</td><td>/</td><td></td><td></td></tr>
<tr><td>6</td><td>井框与面层高差（mm）</td><td>≤3</td><td>/</td><td></td><td></td></tr>
<tr><td>7</td><td>相邻块高差（mm）</td><td>≤2</td><td>/</td><td></td><td></td></tr>
<tr><td>8</td><td>纵、横缝直顺度（mm）</td><td>≤5</td><td>/</td><td></td><td></td></tr>
<tr><td>9</td><td>缝宽（mm）</td><td>+3，−2</td><td>/</td><td></td><td></td></tr>
<tr><td colspan="2">施工单位检查结果</td><td colspan="6">专业工长：（签名）　　项目专业质量检查员：（签名）　　年　月　日</td></tr>
<tr><td colspan="2">监理单位验收结论</td><td colspan="6">专业监理工程师：（签名）　　年　月　日</td></tr>
</table>

7.2.1.36 市政验·道-36 广场与停车场预制混凝土砌块面层检验批质量验收记录

市政基础设施工程

广场与停车场预制混凝土砌块面层检验批质量验收记录

市政验·道-36

第　　页，共　　页

<table>
<tr><td colspan="3">工程名称</td><td colspan="5"></td></tr>
<tr><td colspan="3">单位工程名称</td><td colspan="5"></td></tr>
<tr><td colspan="3">施工单位</td><td colspan="2"></td><td>分包单位</td><td colspan="2"></td></tr>
<tr><td colspan="3">项目负责人</td><td colspan="2"></td><td>项目技术负责人</td><td colspan="2"></td></tr>
<tr><td colspan="3">分部（子分部）工程名称</td><td colspan="2"></td><td>分项工程名称</td><td colspan="2"></td></tr>
<tr><td colspan="3">验收部位/区段</td><td colspan="2"></td><td>检验批容量</td><td colspan="2"></td></tr>
<tr><td colspan="3">施工及验收依据</td><td colspan="5">《城镇道路工程施工与质量验收规范》CJJ 1</td></tr>
<tr><td colspan="4">验收项目</td><td>设计要求或规范规定</td><td>最小/实际抽样数量</td><td>检查记录</td><td>检查结果</td></tr>
<tr><td rowspan="2">主控项目</td><td>1</td><td colspan="2">预制块强度、外形尺寸及砂浆平均抗压强度等级应符合规范第 11.3.2 条的有关规定</td><td>第 12.2.2-1 条</td><td>/</td><td></td><td></td></tr>
<tr><td></td><td colspan="2"></td><td></td><td></td><td></td><td></td></tr>
<tr><td rowspan="9">一般项目</td><td>1</td><td colspan="2">表面应平整、稳固、无翘动，缝线直顺、灌浆饱满，无反坡积水现象</td><td>第 11.3.1-3 条</td><td>/</td><td></td><td></td></tr>
<tr><td>2</td><td rowspan="8">允许偏差</td><td>高程（mm）</td><td>±10</td><td>/</td><td></td><td></td></tr>
<tr><td>3</td><td>平整度（mm）</td><td>≤5</td><td>/</td><td></td><td></td></tr>
<tr><td>4</td><td>宽度（mm）</td><td>不少于设计规定</td><td>/</td><td></td><td></td></tr>
<tr><td>5</td><td>坡度（%）</td><td>±0.3%且不反坡</td><td>/</td><td></td><td></td></tr>
<tr><td>6</td><td>井框与面层高差（mm）</td><td>≤4</td><td>/</td><td></td><td></td></tr>
<tr><td>7</td><td>相邻块高差（mm）</td><td>≤2</td><td>/</td><td></td><td></td></tr>
<tr><td>8</td><td>纵、横缝直顺度（mm）</td><td>≤10</td><td>/</td><td></td><td></td></tr>
<tr><td>9</td><td>缝宽（mm）</td><td>+3，−2</td><td>/</td><td></td><td></td></tr>
<tr><td colspan="3">施工单位检查结果</td><td colspan="5">专业工长：（签名）　　项目专业质量检查员：（签名）　　年　月　日</td></tr>
<tr><td colspan="3">监理单位验收结论</td><td colspan="5">专业监理工程师：（签名）　　年　月　日</td></tr>
</table>

7.2.1.37 市政验·道-37 广场与停车场沥青混合料面层检验批质量验收记录

市政基础设施工程

广场与停车场沥青混合料面层检验批质量验收记录

市政验·道-37

第 页，共 页

<table>
<tr><td colspan="3">工程名称</td><td colspan="5"></td></tr>
<tr><td colspan="3">单位工程名称</td><td colspan="5"></td></tr>
<tr><td colspan="3">施工单位</td><td></td><td colspan="2">分包单位</td><td colspan="2"></td></tr>
<tr><td colspan="3">项目负责人</td><td></td><td colspan="2">项目技术负责人</td><td colspan="2"></td></tr>
<tr><td colspan="3">分部（子分部）工程名称</td><td></td><td colspan="2">分项工程名称</td><td colspan="2"></td></tr>
<tr><td colspan="3">验收部位/区段</td><td></td><td colspan="2">检验批容量</td><td colspan="2"></td></tr>
<tr><td colspan="3">施工及验收依据</td><td colspan="5">《城镇道路工程施工与质量验收规范》CJJ 1</td></tr>
<tr><td colspan="4">验收项目</td><td>设计要求或规范规定</td><td>最小/实际抽样数量</td><td>检查记录</td><td>检查结果</td></tr>
<tr><td rowspan="3">主控项目</td><td>1</td><td colspan="2">面层厚度应符合设计规定，允许偏差为±5mm</td><td>第12.2.3-1条</td><td>/</td><td></td><td></td></tr>
<tr><td></td><td colspan="2"></td><td></td><td></td><td></td><td></td></tr>
<tr><td></td><td colspan="2"></td><td></td><td></td><td></td><td></td></tr>
<tr><td rowspan="7">一般项目</td><td>1</td><td rowspan="7">允许偏差</td><td>高程（mm）</td><td>±10</td><td>/</td><td></td><td></td></tr>
<tr><td>2</td><td>平整度（mm）</td><td>≤5</td><td>/</td><td></td><td></td></tr>
<tr><td>3</td><td>宽度（mm）</td><td>不少于设计规定</td><td>/</td><td></td><td></td></tr>
<tr><td>4</td><td>坡度（%）</td><td>±0.3%且不反坡</td><td>/</td><td></td><td></td></tr>
<tr><td>5</td><td>井框与面层高差（mm）</td><td>≤5</td><td>/</td><td></td><td></td></tr>
<tr><td></td><td></td><td></td><td></td><td></td><td></td></tr>
<tr><td></td><td></td><td></td><td></td><td></td><td></td></tr>
<tr><td colspan="2">施工单位检查结果</td><td colspan="6">专业工长：（签名） 项目专业质量检查员：（签名） 年 月 日</td></tr>
<tr><td colspan="2">监理单位验收结论</td><td colspan="6">专业监理工程师：（签名） 年 月 日</td></tr>
</table>

7.2.1.38 市政验·道-38 广场与停车场水泥混凝土面层检验批质量验收记录

市政基础设施工程

广场与停车场水泥混凝土面层检验批质量验收记录

市政验·道-38

第　　页，共　　页

<table>
<tr><td colspan="4">工程名称</td><td colspan="4"></td></tr>
<tr><td colspan="4">单位工程名称</td><td colspan="4"></td></tr>
<tr><td colspan="4">施工单位</td><td></td><td colspan="2">分包单位</td><td></td></tr>
<tr><td colspan="4">项目负责人</td><td></td><td colspan="2">项目技术负责人</td><td></td></tr>
<tr><td colspan="4">分部（子分部）工程名称</td><td></td><td colspan="2">分项工程名称</td><td></td></tr>
<tr><td colspan="4">验收部位/区段</td><td></td><td colspan="2">检验批容量</td><td></td></tr>
<tr><td colspan="4">施工及验收依据</td><td colspan="4">《城镇道路工程施工与质量验收规范》CJJ 1</td></tr>
<tr><td colspan="4">验收项目</td><td>设计要求或规范规定</td><td>最小/实际抽样数量</td><td>检查记录</td><td>检查结果</td></tr>
<tr><td rowspan="2">主控项目</td><td>1</td><td colspan="2">混凝土原材料与混凝土面层质量应符合规范第10.8.1条关于主控项目的有关规定</td><td>第12.2.4-1条</td><td>/</td><td></td><td></td></tr>
<tr><td></td><td colspan="2"></td><td></td><td></td><td></td><td></td></tr>
<tr><td rowspan="10">一般项目</td><td>1</td><td colspan="2">水泥混凝土面层外观质量应符合规范第10.8.1条一般项目的有关规定</td><td>第12.2.4-2条</td><td>/</td><td></td><td></td></tr>
<tr><td>2</td><td rowspan="9">允许偏差</td><td>高程（mm）</td><td>±10</td><td>/</td><td></td><td></td></tr>
<tr><td>3</td><td>平整度（mm）</td><td>≤5</td><td>/</td><td></td><td></td></tr>
<tr><td>4</td><td>宽度（mm）</td><td>不少于设计规定</td><td>/</td><td></td><td></td></tr>
<tr><td>5</td><td>坡度</td><td>±0.3%且不反坡</td><td>/</td><td></td><td></td></tr>
<tr><td>6</td><td>井框与面层高差（mm）</td><td>≤5</td><td>/</td><td></td><td></td></tr>
<tr><td>7</td><td>相邻板高差（mm）</td><td>≤3</td><td>/</td><td></td><td></td></tr>
<tr><td>8</td><td>纵缝直顺度（mm）</td><td>≤10</td><td>/</td><td></td><td></td></tr>
<tr><td>9</td><td>横缝直顺度（mm）</td><td>≤10</td><td>/</td><td></td><td></td></tr>
<tr><td>10</td><td>蜂窝麻面面积（%）</td><td>≤2</td><td>/</td><td></td><td></td></tr>
<tr><td colspan="2">施工单位检查结果</td><td colspan="6">专业工长：（签名）　　项目专业质量检查员：（签名）　　年　月　日</td></tr>
<tr><td colspan="2">监理单位验收结论</td><td colspan="6">专业监理工程师：（签名）　　年　月　日</td></tr>
</table>

7.2.1.39 市政验·道-39 料石铺砌人行道面层检验批质量验收记录

市政基础设施工程

料石铺砌人行道面层检验批质量验收记录

市政验·道-39

第　　页，共　　页

<table>
<tr><td colspan="3">工程名称</td><td colspan="5"></td></tr>
<tr><td colspan="3">单位工程名称</td><td colspan="5"></td></tr>
<tr><td colspan="3">施工单位</td><td></td><td colspan="2">分包单位</td><td colspan="2"></td></tr>
<tr><td colspan="3">项目负责人</td><td></td><td colspan="2">项目技术负责人</td><td colspan="2"></td></tr>
<tr><td colspan="3">分部（子分部）工程名称</td><td></td><td colspan="2">分项工程名称</td><td colspan="2"></td></tr>
<tr><td colspan="3">验收部位/区段</td><td></td><td colspan="2">检验批容量</td><td colspan="2"></td></tr>
<tr><td colspan="3">施工及验收依据</td><td colspan="5">《城镇道路工程施工与质量验收规范》CJJ 1</td></tr>
<tr><td colspan="4">验收项目</td><td>设计要求或规范规定</td><td>最小/实际抽样数量</td><td>检查记录</td><td>检查结果</td></tr>
<tr><td rowspan="4">主控项目</td><td>1</td><td colspan="2">路床与基层压实度应大于或等于90%</td><td>第13.4.1-1条</td><td>/</td><td></td><td></td></tr>
<tr><td>2</td><td colspan="2">砂浆强度应符合设计要求</td><td>第13.4.1-2条</td><td>/</td><td></td><td></td></tr>
<tr><td>3</td><td colspan="2">石材强度、外观尺寸应符合设计及本规范要求</td><td>第13.4.1-3条</td><td>/</td><td></td><td></td></tr>
<tr><td>4</td><td colspan="2">盲道铺砌应正确</td><td>第13.4.1-4条</td><td>/</td><td></td><td></td></tr>
<tr><td rowspan="8">一般项目</td><td>1</td><td colspan="2">铺砌应稳固、无翘动，表面平整、缝线直顺、缝宽均匀、灌缝饱满，无翘边、翘角、反坡、积水现象</td><td>第13.4.1-5条</td><td>/</td><td></td><td></td></tr>
<tr><td>2</td><td rowspan="7">允许偏差</td><td>平整度（mm）</td><td>≤3</td><td>/</td><td></td><td></td></tr>
<tr><td>3</td><td>横坡</td><td>±0.3%且不反坡</td><td>/</td><td></td><td></td></tr>
<tr><td>4</td><td>井框与面层高差（mm）</td><td>≤3</td><td>/</td><td></td><td></td></tr>
<tr><td>5</td><td>相邻块高差（mm）</td><td>≤2</td><td>/</td><td></td><td></td></tr>
<tr><td>6</td><td>纵缝直顺（mm）</td><td>≤10</td><td>/</td><td></td><td></td></tr>
<tr><td>7</td><td>横缝直顺（mm）</td><td>≤10</td><td>/</td><td></td><td></td></tr>
<tr><td>8</td><td>缝宽（mm）</td><td>+3，−2</td><td>/</td><td></td><td></td></tr>
<tr><td colspan="2">施工单位检查结果</td><td colspan="6">专业工长：（签名）　　项目专业质量检查员：（签名）　　年　月　日</td></tr>
<tr><td colspan="2">监理单位验收结论</td><td colspan="6">专业监理工程师：（签名）　　年　月　日</td></tr>
</table>

7.2.1.40 市政验·道-40 混凝土预制铺砌人行道（含盲道）面层检验批质量验收记录

市政基础设施工程

混凝土预制铺砌人行道（含盲道）面层检验批质量验收记录

市政验·道-40

第 页，共 页

工程名称							
单位工程名称							
施工单位				分包单位			
项目负责人				项目技术负责人			
分部（子分部）工程名称				分项工程名称			
验收部位/区段				检验批容量			
施工及验收依据	《城镇道路工程施工与质量验收规范》CJJ 1						
验收项目				设计要求或规范规定	最小/实际抽样数量	检查记录	检查结果
主控项目	1	路床与基层压实度应大于或等于90%		第13.4.2-1条	/		
	2	混凝土预制砌块（含盲道砌块）强度应符合设计规定		第13.4.2-2条	/		
	3	砂浆平均抗压强度等级应符合设计规定，任一组试件抗压强度最低值不应低于设计强度的85%		第13.4.2-3条	/		
	4	盲道铺砌应正确		第13.4.2-4条	/		
一般项目	1	铺砌应稳固、无翘动，表面平整、缝线直顺、缝宽均匀、灌缝饱满，无翘边、翘角、反坡、积水现象		第13.4.2-5条	/		
	2	允许偏差	平整度（mm）	≤5	/		
	3		横坡（%）	±0.3%且不反坡	/		
	4		井框与面层高差（mm）	≤4	/		
	5		相邻块高差（mm）	≤3	/		
	6		纵缝直顺（mm）	≤10	/		
	7		横缝直顺（mm）	≤10	/		
	8		缝宽（mm）	+3，−2	/		
施工单位检查结果	专业工长：（签名） 项目专业质量检查员：（签名） 年 月 日						
监理单位验收结论	专业监理工程师：（签名） 年 月 日						

7.2.1.41 市政验·道-41 沥青混凝土铺筑人行道面层检验批质量验收记录

市政基础设施工程

沥青混凝土铺筑人行道面层检验批质量验收记录

市政验·道-41

第 页，共 页

<table>
<tr><td colspan="4">工程名称</td><td colspan="5"></td></tr>
<tr><td colspan="4">单位工程名称</td><td colspan="5"></td></tr>
<tr><td colspan="4">施工单位</td><td colspan="2"></td><td>分包单位</td><td colspan="2"></td></tr>
<tr><td colspan="4">项目负责人</td><td colspan="2"></td><td>项目技术负责人</td><td colspan="2"></td></tr>
<tr><td colspan="4">分部（子分部）工程名称</td><td colspan="2"></td><td>分项工程名称</td><td colspan="2"></td></tr>
<tr><td colspan="4">验收部位/区段</td><td colspan="2"></td><td>检验批容量</td><td colspan="2"></td></tr>
<tr><td colspan="4">施工及验收依据</td><td colspan="5">《城镇道路工程施工与质量验收规范》CJJ 1</td></tr>
<tr><td colspan="5">验收项目</td><td>设计要求或规范规定</td><td>最小/实际抽样数量</td><td>检查记录</td><td>检查结果</td></tr>
<tr><td rowspan="3">主控项目</td><td>1</td><td colspan="3">路床与基层压实度应大于或等于90%</td><td>第13.4.1-1条</td><td>/</td><td></td><td></td></tr>
<tr><td>2</td><td colspan="3">沥青混合料品质应符合马歇尔试验配合比技术要求</td><td>第13.4.3-2条</td><td>/</td><td></td><td></td></tr>
<tr><td></td><td colspan="3"></td><td></td><td>/</td><td></td><td></td></tr>
<tr><td rowspan="8">一般项目</td><td>1</td><td colspan="3">沥青混合料压实度不应小于95%</td><td>第13.4.3-3条</td><td>/</td><td></td><td></td></tr>
<tr><td>2</td><td colspan="3">表面应平整、密实，无裂缝、烂边、掉渣、推挤现象，接茬应平顺、烫边无枯焦现象，与构筑物衔接平顺、无反坡积水</td><td>第13.4.3-4条</td><td>/</td><td></td><td></td></tr>
<tr><td rowspan="2">3</td><td rowspan="6">允许偏差</td><td rowspan="2">平整度（mm）</td><td>沥青混凝土</td><td>≤5</td><td>/</td><td></td><td></td></tr>
<tr><td>其他</td><td>≤7</td><td>/</td><td></td><td></td></tr>
<tr><td>4</td><td colspan="2">横坡（%）</td><td>±0.3%且不反坡</td><td>/</td><td></td><td></td></tr>
<tr><td>5</td><td colspan="2">井框与面层高差（mm）</td><td>≤5</td><td>/</td><td></td><td></td></tr>
<tr><td>6</td><td colspan="2">厚度（mm）</td><td>±5</td><td>/</td><td></td><td></td></tr>
<tr><td></td><td colspan="2"></td><td></td><td></td><td></td><td></td></tr>
<tr><td colspan="2">施工单位检查结果</td><td colspan="7">专业工长：（签名） 项目专业质量检查员：（签名） 年 月 日</td></tr>
<tr><td colspan="2">监理单位验收结论</td><td colspan="7">专业监理工程师：（签名） 年 月 日</td></tr>
</table>

7.2.1.42 市政验·道-42 人行地道、挡土墙地基检验批质量验收记录

市政基础设施工程

人行地道、挡土墙地基检验批质量验收记录

市政验·道-42

第 页，共 页

<table>
<tr><td colspan="4">工程名称</td><td colspan="5"></td></tr>
<tr><td colspan="4">单位工程名称</td><td colspan="5"></td></tr>
<tr><td colspan="4">施工单位</td><td></td><td colspan="2">分包单位</td><td colspan="2"></td></tr>
<tr><td colspan="4">项目负责人</td><td></td><td colspan="2">项目技术负责人</td><td colspan="2"></td></tr>
<tr><td colspan="4">分部（子分部）工程名称</td><td></td><td colspan="2">分项工程名称</td><td colspan="2"></td></tr>
<tr><td colspan="4">验收部位/区段</td><td></td><td colspan="2">检验批容量</td><td colspan="2"></td></tr>
<tr><td colspan="4">施工及验收依据</td><td colspan="5">《城镇道路工程施工与质量验收规范》CJJ 1</td></tr>
<tr><td colspan="5">验收项目</td><td>设计要求或规范规定</td><td>最小/实际抽样数量</td><td>检查记录</td><td>检查结果</td></tr>
<tr><td rowspan="3">主控项目</td><td>1</td><td colspan="3">地基承载力应符合设计要求。填方地基压实度不应小于95%，挖方地段钎探合格</td><td>第14.5.1-1条</td><td>/</td><td></td><td></td></tr>
<tr><td></td><td colspan="3"></td><td></td><td></td><td></td><td></td></tr>
<tr><td></td><td colspan="3"></td><td></td><td></td><td></td><td></td></tr>
<tr><td rowspan="4">一般项目</td><td rowspan="2">1</td><td rowspan="4">允许偏差</td><td rowspan="2">基底高程（mm）</td><td>土方</td><td>±20</td><td>/</td><td></td><td></td></tr>
<tr><td>石方</td><td>±100</td><td>/</td><td></td><td></td></tr>
<tr><td></td><td></td><td></td><td></td><td></td><td></td><td></td></tr>
<tr><td></td><td></td><td></td><td></td><td></td><td></td><td></td></tr>
<tr><td colspan="3">施工单位检查结果</td><td colspan="6">专业工长：（签名） 项目专业质量检查员：（签名） 年 月 日</td></tr>
<tr><td colspan="3">监理单位验收结论</td><td colspan="6">专业监理工程师：（签名） 年 月 日</td></tr>
</table>

7.2.1.43 市政验·道-43 人行地道结构防水层检验批质量验收记录

市政基础设施工程

人行地道结构防水层检验批质量验收记录

市政验·道-43

第 页，共 页

<table>
<tr><td colspan="3">工程名称</td><td colspan="5"></td></tr>
<tr><td colspan="3">单位工程名称</td><td colspan="5"></td></tr>
<tr><td colspan="3">施工单位</td><td colspan="2"></td><td colspan="2">分包单位</td><td></td></tr>
<tr><td colspan="3">项目负责人</td><td colspan="2"></td><td colspan="2">项目技术负责人</td><td></td></tr>
<tr><td colspan="3">分部（子分部）工程名称</td><td colspan="2"></td><td colspan="2">分项工程名称</td><td></td></tr>
<tr><td colspan="3">验收部位/区段</td><td colspan="2"></td><td colspan="2">检验批容量</td><td></td></tr>
<tr><td colspan="3">施工及验收依据</td><td colspan="5">《城镇道路工程施工与质量验收规范》CJJ 1</td></tr>
<tr><td colspan="3">验收项目</td><td>设计要求或规范规定</td><td>最小/实际抽样数量</td><td colspan="2">检查记录</td><td>检查结果</td></tr>
<tr><td rowspan="5">主控项目</td><td>1</td><td>防水层材料应符合设计要求</td><td>第 14.5.1-2 条</td><td>/</td><td colspan="2"></td><td></td></tr>
<tr><td>2</td><td>防水层应粘贴密实、牢固，无破损；搭接长度大于或等于 10cm</td><td>第 14.5.1-3 条</td><td>/</td><td colspan="2"></td><td></td></tr>
<tr><td></td><td></td><td></td><td></td><td colspan="2"></td><td></td></tr>
<tr><td></td><td></td><td></td><td></td><td colspan="2"></td><td></td></tr>
<tr><td></td><td></td><td></td><td></td><td colspan="2"></td><td></td></tr>
<tr><td colspan="2">施工单位检查结果</td><td colspan="6">专业工长：（签名） 项目专业质量检查员：（签名） 年 月 日</td></tr>
<tr><td colspan="2">监理单位验收结论</td><td colspan="6">专业监理工程师：（签名） 年 月 日</td></tr>
</table>

7.2.1.44 市政验·道-44 人行地道、挡土墙结构基础模板制作及安装检验批质量验收记录

市政基础设施工程

人行地道、挡土墙结构基础模板制作及安装检验批质量验收记录

市政验·道-44

第　　页，共　　页

<table>
<tr><td colspan="4">工程名称</td><td colspan="5"></td></tr>
<tr><td colspan="4">单位工程名称</td><td colspan="5"></td></tr>
<tr><td colspan="4">施工单位</td><td></td><td colspan="2">分包单位</td><td colspan="2"></td></tr>
<tr><td colspan="4">项目负责人</td><td></td><td colspan="2">项目技术负责人</td><td colspan="2"></td></tr>
<tr><td colspan="4">分部（子分部）工程名称</td><td></td><td colspan="2">分项工程名称</td><td colspan="2"></td></tr>
<tr><td colspan="4">验收部位/区段</td><td></td><td colspan="2">检验批容量</td><td colspan="2"></td></tr>
<tr><td colspan="4">施工及验收依据</td><td colspan="5">《城镇道路工程施工与质量验收规范》CJJ 1
《城市桥梁工程施工与质量验收规范》CJJ 2</td></tr>
<tr><td colspan="5">验收项目</td><td>设计要求或规范规定</td><td>最小/实际抽样数量</td><td>检查记录</td><td>检查结果</td></tr>
<tr><td>主控项目</td><td>1</td><td colspan="3">模板制作及安装应符合施工设计图（施工方案）的规定且稳固牢靠，接缝严密，立柱基础有足够的支撑面和排水、防冻融措施</td><td>CJJ 2 第 5.4.1 条</td><td>/</td><td></td><td></td></tr>
<tr><td rowspan="14">一般项目</td><td rowspan="3">1</td><td rowspan="14">允许偏差</td><td rowspan="3">相邻两板表面高差（mm）</td><td>刨光模板</td><td rowspan="2">≤2</td><td>/</td><td></td><td></td></tr>
<tr><td>钢模板</td><td>/</td><td></td><td></td></tr>
<tr><td>不刨光模板</td><td>≤4</td><td>/</td><td></td><td></td></tr>
<tr><td rowspan="3">2</td><td rowspan="3">表面平整度（mm）</td><td>刨光模板</td><td rowspan="2">≤3</td><td>/</td><td></td><td></td></tr>
<tr><td>钢模板</td><td>/</td><td></td><td></td></tr>
<tr><td>不刨光模板</td><td>≤5</td><td>/</td><td></td><td></td></tr>
<tr><td rowspan="3">3</td><td rowspan="3">断面尺寸（mm）</td><td>宽度</td><td>±10</td><td>/</td><td></td><td></td></tr>
<tr><td>高度</td><td>±10</td><td>/</td><td></td><td></td></tr>
<tr><td>杯槽宽度①</td><td>+20，　0</td><td>/</td><td></td><td></td></tr>
<tr><td>4</td><td>轴线偏位（mm）</td><td>杯槽中心线①</td><td>≤10</td><td>/</td><td></td><td></td></tr>
<tr><td>5</td><td colspan="2">杯槽底面高程（支撑面）①（mm）</td><td>+5，−10</td><td>/</td><td></td><td></td></tr>
<tr><td rowspan="2">6</td><td rowspan="2">预埋件①（mm）</td><td>高程</td><td>±5</td><td>/</td><td></td><td></td></tr>
<tr><td>偏位</td><td>≤15</td><td>/</td><td></td><td></td></tr>
<tr><td colspan="2">施工单位检查结果</td><td colspan="7">专业工长：（签名）　　项目专业质量检查员：（签名）　　年　月　日</td></tr>
<tr><td colspan="2">监理单位验收结论</td><td colspan="7">专业监理工程师：（签名）　　年　月　日</td></tr>
</table>

注：①发生此项时使用。

7.2.1.45 市政验·道-45 人行地道、挡土墙结构钢筋加工检验批质量验收记录

市政基础设施工程

人行地道、挡土墙结构钢筋加工检验批质量验收记录

市政验·道-45

第 页，共 页

<table>
<tr><td colspan="3">工程名称</td><td colspan="5"></td></tr>
<tr><td colspan="3">单位工程名称</td><td colspan="5"></td></tr>
<tr><td colspan="3">施工单位</td><td></td><td colspan="2">分包单位</td><td colspan="2"></td></tr>
<tr><td colspan="3">项目负责人</td><td></td><td colspan="2">项目技术负责人</td><td colspan="2"></td></tr>
<tr><td colspan="3">分部（子分部）工程名称</td><td></td><td colspan="2">分项工程名称</td><td colspan="2"></td></tr>
<tr><td colspan="3">验收部位/区段</td><td></td><td colspan="2">检验批容量</td><td colspan="2"></td></tr>
<tr><td colspan="3">施工及验收依据</td><td colspan="5">《城镇道路工程施工与质量验收规范》CJJ 1
《城市桥梁工程施工与质量验收规范》CJJ 2</td></tr>
<tr><td colspan="4">验收项目</td><td>设计要求或规范规定</td><td>最小/实际抽样数量</td><td>检查记录</td><td>检查结果</td></tr>
<tr><td rowspan="5">主控项目</td><td>1</td><td colspan="2">钢筋、焊条的品种、牌号、规格和技术性能必须符合国家现行标准规定和设计要求</td><td>CJJ 2 第 6.5.1-1 条</td><td>/</td><td></td><td></td></tr>
<tr><td>2</td><td colspan="2">钢筋进场时，必须按批抽取试件做力学性能检验和工艺性能试验。其质量必须符合国家现行标准的规定</td><td>CJJ 2 第 6.5.1-2 条</td><td>/</td><td></td><td></td></tr>
<tr><td>3</td><td colspan="2">当钢筋出现脆断、焊接性能不良或力学性能显著不正常等现象时，应对该批钢筋进行化学成分检验或其他专项检验</td><td>CJJ 2 第 6.5.1-3 条</td><td>/</td><td></td><td></td></tr>
<tr><td>4</td><td colspan="2">钢筋弯制和末端弯钩均应符合设计要求和规范第 6.2.3、6.2.4 条的规定</td><td>CJJ 2 第 6.5.2 条</td><td>/</td><td></td><td></td></tr>
<tr><td></td><td colspan="2"></td><td></td><td></td><td></td><td></td></tr>
<tr><td rowspan="4">一般项目</td><td>1</td><td colspan="2">钢筋表面不得有裂纹、结疤、折叠、锈蚀和油污</td><td>CJJ 2 第 6.5.6 条</td><td>/</td><td></td><td></td></tr>
<tr><td>2</td><td rowspan="3">允许偏差</td><td>受力钢筋成型长度（mm）</td><td>+5，−10</td><td>/</td><td></td><td></td></tr>
<tr><td>3</td><td>箍筋尺寸（mm）</td><td>0，−3</td><td>/</td><td></td><td></td></tr>
<tr><td></td><td></td><td></td><td></td><td></td><td></td></tr>
<tr><td colspan="2">施工单位检查结果</td><td colspan="6">专业工长：（签名） 项目专业质量检查员：（签名） 年 月 日</td></tr>
<tr><td colspan="2">监理单位验收结论</td><td colspan="6">专业监理工程师：（签名） 年 月 日</td></tr>
</table>

7.2.1.46　市政验·道-46　人行地道、挡土墙结构钢筋成型与安装检验批质量验收记录

市政基础设施工程

人行地道、挡土墙结构钢筋成型与安装检验批质量验收记录

市政验·道-46

第　　页，共　　页

<table>
<tr><td colspan="4">工程名称</td><td colspan="4"></td></tr>
<tr><td colspan="4">单位工程名称</td><td colspan="4"></td></tr>
<tr><td colspan="4">施工单位</td><td></td><td colspan="2">分包单位</td><td></td></tr>
<tr><td colspan="4">项目负责人</td><td></td><td colspan="2">项目技术负责人</td><td></td></tr>
<tr><td colspan="4">分部（子分部）工程名称</td><td></td><td colspan="2">分项工程名称</td><td></td></tr>
<tr><td colspan="4">验收部位/区段</td><td></td><td colspan="2">检验批容量</td><td></td></tr>
<tr><td colspan="4">施工及验收依据</td><td colspan="4">《城镇道路工程施工与质量验收规范》CJJ 1
《城市桥梁工程施工与质量验收规范》CJJ 2</td></tr>
<tr><td colspan="4">验收项目</td><td>设计要求或规范规定</td><td>最小/实际抽样数量</td><td>检查记录</td><td>检查结果</td></tr>
<tr><td rowspan="5">主控项目</td><td>1</td><td colspan="2">钢筋连接的形式必须符合设计要求</td><td>CJJ 2 第 6.5.3-1 条</td><td>/</td><td></td><td></td></tr>
<tr><td>2</td><td colspan="2">钢筋接头位置、同一截面的接头数量、搭接长度应符合设计要求和规范第 6.3.2、6.3.5 条的规定</td><td>CJJ 2 第 6.5.3-2 条</td><td>/</td><td></td><td></td></tr>
<tr><td>3</td><td colspan="2">钢筋焊接接头质量应符合国家现行标准《钢筋焊接及验收规程》JGJ 18 的规定和设计要求</td><td>CJJ 2 第 6.5.3-3 条</td><td>/</td><td></td><td></td></tr>
<tr><td>4</td><td colspan="2">HRB335 和 HRB400 带肋钢筋机械连接接头质量应符合国家现行标准《钢筋机械连接通用技术规程》JGJ 107、《带肋钢筋套筒挤压连接技术规程》JGJ 108 的规定和设计要求</td><td>CJJ 2 第 6.5.3-4 条</td><td>/</td><td></td><td></td></tr>
<tr><td>5</td><td colspan="2">钢筋安装时，其品种、规格、数量、形状，必须符合设计要求</td><td>CJJ 2 第 6.5.4 条</td><td>/</td><td></td><td></td></tr>
<tr><td rowspan="6">一般项目</td><td>1</td><td colspan="2">预埋件的规格、数量、位置等必须符合设计要求</td><td>CJJ 2 第 6.5.5 条</td><td>/</td><td></td><td></td></tr>
<tr><td>2</td><td colspan="2">钢筋表面不得有裂纹、结疤、折叠、锈蚀和油污，钢筋焊接接头表面现象不得有夹渣、焊瘤</td><td>CJJ 2 第 6.5.6 条</td><td>/</td><td></td><td></td></tr>
<tr><td>3</td><td rowspan="4">允许偏差</td><td>配置两排以上受力筋时钢筋的排距（mm）</td><td>±5</td><td>/</td><td></td><td></td></tr>
<tr><td>4</td><td>受力筋间距（mm）</td><td>±10</td><td>/</td><td></td><td></td></tr>
<tr><td>5</td><td>箍筋间距（mm）</td><td>±20</td><td>/</td><td></td><td></td></tr>
<tr><td>6</td><td>保护层厚度（mm）</td><td>±5</td><td>/</td><td></td><td></td></tr>
<tr><td colspan="2">施工单位检查结果</td><td colspan="6">专业工长：（签名）　　项目专业质量检查员：（签名）　　年　月　日</td></tr>
<tr><td colspan="2">监理单位验收结论</td><td colspan="6">专业监理工程师：（签名）　　年　月　日</td></tr>
</table>

7.2.1.47　市政验·道-47　预制安装钢筋混凝土人行地道结构、装配式挡土墙混凝土基础检验批质量验收记录

市政基础设施工程

预制安装钢筋混凝土人行地道结构、装配式挡土墙混凝土基础检验批质量验收记录

市政验·道-47

第　　页，共　　页

<table>
<tr><td colspan="3">工程名称</td><td colspan="5"></td></tr>
<tr><td colspan="3">单位工程名称</td><td colspan="5"></td></tr>
<tr><td colspan="3">施工单位</td><td colspan="2"></td><td colspan="2">分包单位</td><td></td></tr>
<tr><td colspan="3">项目负责人</td><td colspan="2"></td><td colspan="2">项目技术负责人</td><td></td></tr>
<tr><td colspan="3">分部（子分部）工程名称</td><td colspan="2"></td><td colspan="2">分项工程名称</td><td></td></tr>
<tr><td colspan="3">验收部位/区段</td><td colspan="2"></td><td colspan="2">检验批容量</td><td></td></tr>
<tr><td colspan="3">施工及验收依据</td><td colspan="5">《城镇道路工程施工与质量验收规范》CJJ 1</td></tr>
<tr><td colspan="4">验收项目</td><td>设计要求或规范规定</td><td>最小/实际抽样数量</td><td>检查记录</td><td>检查结果</td></tr>
<tr><td rowspan="3">主控项目</td><td>1</td><td colspan="2">混凝土的强度应符合设计规定</td><td>第14.5.1-5条</td><td>/</td><td></td><td></td></tr>
<tr><td></td><td colspan="2"></td><td></td><td></td><td></td><td></td></tr>
<tr><td></td><td colspan="2"></td><td></td><td></td><td></td><td></td></tr>
<tr><td rowspan="9">一般项目</td><td>1</td><td rowspan="9">允许偏差</td><td>中线偏位（mm）</td><td>≤10</td><td>/</td><td></td><td></td></tr>
<tr><td>2</td><td>顶面高程（mm）</td><td>±10</td><td>/</td><td></td><td></td></tr>
<tr><td>3</td><td>长度（mm）</td><td>±10</td><td>/</td><td></td><td></td></tr>
<tr><td>4</td><td>宽度（mm）</td><td>±10</td><td>/</td><td></td><td></td></tr>
<tr><td>5</td><td>厚度（mm）</td><td>±10</td><td>/</td><td></td><td></td></tr>
<tr><td>6</td><td>杯口轴线偏位（mm）</td><td>≤10</td><td>/</td><td></td><td></td></tr>
<tr><td>7</td><td>杯口底面高程（mm）</td><td>±10</td><td>/</td><td></td><td></td></tr>
<tr><td>8</td><td>杯口底、顶宽度（mm）</td><td>10～5</td><td>/</td><td></td><td></td></tr>
<tr><td>9</td><td>预埋件（mm）</td><td>≤10</td><td>/</td><td></td><td></td></tr>
<tr><td colspan="2">施工单位检查结果</td><td colspan="6">专业工长：（签名）　　项目专业质量检查员：（签名）　　年　月　日</td></tr>
<tr><td colspan="2">监理单位验收结论</td><td colspan="6">专业监理工程师：（签名）　　年　月　日</td></tr>
</table>

7.2.1.48 市政验·道-48 现浇钢筋混凝土人行地道结构侧墙与顶板模板安装检验批质量验收记录

市政基础设施工程

现浇钢筋混凝土人行地道结构侧墙与顶板模板安装检验批质量验收记录

市政验·道-48

第 页，共 页

<table>
<tr><td>工程名称</td><td colspan="3"></td></tr>
<tr><td>单位工程名称</td><td colspan="3"></td></tr>
<tr><td>施工单位</td><td></td><td>分包单位</td><td></td></tr>
<tr><td>项目负责人</td><td></td><td>项目技术负责人</td><td></td></tr>
<tr><td>分部（子分部）工程名称</td><td></td><td>分项工程名称</td><td></td></tr>
<tr><td>验收部位/区段</td><td></td><td>检验批容量</td><td></td></tr>
<tr><td>施工及验收依据</td><td colspan="3">《城镇道路工程施工与质量验收规范》CJJ 1
《城市桥梁工程施工与质量验收规范》CJJ 2</td></tr>
</table>

<table>
<tr><td colspan="5">验收项目</td><td>设计要求或规范规定</td><td>最小/实际抽样数量</td><td>检查记录</td><td>检查结果</td></tr>
<tr><td>主控项目</td><td>1</td><td colspan="3">模板制作及安装应符合施工设计图（施工方案）的规定，且稳固牢靠，接缝严密，立柱基础有足够的支撑面和排水、防冻融措施</td><td>CJJ 2 第 5.4.1 条</td><td>/</td><td></td><td></td></tr>
<tr><td rowspan="10">一般项目</td><td rowspan="3">1</td><td rowspan="10">允许偏差</td><td rowspan="3">相邻两板表面高差（mm）</td><td>刨光模板</td><td rowspan="2">≤2</td><td>/</td><td></td><td></td></tr>
<tr><td>钢模板</td><td>/</td><td></td><td></td></tr>
<tr><td>不刨光模板</td><td>≤4</td><td>/</td><td></td><td></td></tr>
<tr><td rowspan="3">2</td><td rowspan="3">表面平整度（mm）</td><td>刨光模板</td><td rowspan="2">≤3</td><td>/</td><td></td><td></td></tr>
<tr><td>钢模板</td><td>/</td><td></td><td></td></tr>
<tr><td>不刨光模板</td><td>≤5</td><td>/</td><td></td><td></td></tr>
<tr><td>3</td><td colspan="2">垂直度（mm）</td><td>≤0.15%H且≤6</td><td>/</td><td></td><td></td></tr>
<tr><td>4</td><td colspan="2">杯槽内尺寸[①]（mm）</td><td>+3，−5</td><td>/</td><td></td><td></td></tr>
<tr><td>5</td><td colspan="2">轴线偏位（mm）</td><td>10</td><td>/</td><td></td><td></td></tr>
<tr><td>6</td><td colspan="2">顶面高程（mm）</td><td>+2，−5</td><td>/</td><td></td><td></td></tr>
<tr><td colspan="2">施工单位检查结果</td><td colspan="7">专业工长：（签名） 项目专业质量检查员：（签名） 年 月 日</td></tr>
<tr><td colspan="2">监理单位验收结论</td><td colspan="7">专业监理工程师：（签名） 年 月 日</td></tr>
</table>

注：①发生此项时使用。

7.2.1.49 市政验·道-49 现浇钢筋混凝土人行地道结构检验批质量验收记录

市政基础设施工程

现浇钢筋混凝土人行地道结构检验批质量验收记录

市政验·道-49

第 页，共 页

<table>
<tr><td colspan="3">工程名称</td><td colspan="5"></td></tr>
<tr><td colspan="3">单位工程名称</td><td colspan="5"></td></tr>
<tr><td colspan="3">施工单位</td><td>分包单位</td><td colspan="4"></td></tr>
<tr><td colspan="3">项目负责人</td><td>项目技术负责人</td><td colspan="4"></td></tr>
<tr><td colspan="3">分部（子分部）工程名称</td><td>分项工程名称</td><td colspan="4"></td></tr>
<tr><td colspan="3">验收部位/区段</td><td>检验批容量</td><td colspan="4"></td></tr>
<tr><td colspan="3">施工及验收依据</td><td colspan="5">《城镇道路工程施工与质量验收规范》CJJ 1</td></tr>
<tr><td colspan="4">验收项目</td><td>设计要求或规范规定</td><td>最小/实际抽样数量</td><td>检查记录</td><td>检查结果</td></tr>
<tr><td rowspan="3">主控项目</td><td>1</td><td colspan="2">混凝土的强度应符合设计规定</td><td>第14.5.1-5条</td><td>/</td><td></td><td></td></tr>
<tr><td></td><td colspan="2"></td><td></td><td></td><td></td><td></td></tr>
<tr><td></td><td colspan="2"></td><td></td><td></td><td></td><td></td></tr>
<tr><td rowspan="9">一般项目</td><td>1</td><td colspan="2">混凝土表面应光滑、平整，无蜂窝、麻面、缺边掉角现象</td><td>第14.5.1-6条</td><td>/</td><td></td><td></td></tr>
<tr><td>2</td><td rowspan="8">允许偏差</td><td>地道底板顶面高程（mm）</td><td>±10</td><td>/</td><td></td><td></td></tr>
<tr><td>3</td><td>地道净宽（mm）</td><td>±20</td><td>/</td><td></td><td></td></tr>
<tr><td>4</td><td>墙高（mm）</td><td>±10</td><td>/</td><td></td><td></td></tr>
<tr><td>5</td><td>中线偏位（mm）</td><td>≤10</td><td>/</td><td></td><td></td></tr>
<tr><td>6</td><td>墙面垂直度（mm）</td><td>≤10</td><td>/</td><td></td><td></td></tr>
<tr><td>7</td><td>墙面平整度（mm）</td><td>≤5</td><td>/</td><td></td><td></td></tr>
<tr><td>8</td><td>顶板挠度（mm）</td><td>≤L/1000且<10</td><td>/</td><td></td><td></td></tr>
<tr><td>9</td><td>现浇顶板底面平整度（mm）</td><td>≤5</td><td>/</td><td></td><td></td></tr>
<tr><td colspan="2">施工单位检查结果</td><td colspan="6">专业工长：（签名） 项目专业质量检查员：（签名） 年 月 日</td></tr>
<tr><td colspan="2">监理单位验收结论</td><td colspan="6">专业监理工程师：（签名） 年 月 日</td></tr>
</table>

注：L为人行地道净跨径。

7.2.1.50 市政验·道-50 预制钢筋混凝土人行地道结构预制墙板、顶板检验批质量验收记录

市政基础设施工程

预制钢筋混凝土人行地道结构
预制墙板、顶板检验批质量验收记录

市政验·道-50

第 页，共 页

<table>
<tr><td colspan="4">工程名称</td><td colspan="5"></td></tr>
<tr><td colspan="4">单位工程名称</td><td colspan="5"></td></tr>
<tr><td colspan="4">施工单位</td><td></td><td colspan="2">分包单位</td><td colspan="2"></td></tr>
<tr><td colspan="4">项目负责人</td><td></td><td colspan="2">项目技术负责人</td><td colspan="2"></td></tr>
<tr><td colspan="4">分部（子分部）工程名称</td><td></td><td colspan="2">分项工程名称</td><td colspan="2"></td></tr>
<tr><td colspan="4">验收部位/区段</td><td></td><td colspan="2">检验批容量</td><td colspan="2"></td></tr>
<tr><td colspan="4">施工及验收依据</td><td colspan="5">《城镇道路工程施工与质量验收规范》CJJ 1</td></tr>
<tr><td colspan="5">验收项目</td><td>设计要求或规范规定</td><td>最小/实际抽样数量</td><td>检查记录</td><td>检查结果</td></tr>
<tr><td rowspan="3">主控项目</td><td>1</td><td colspan="3">预制钢筋混凝土墙板、顶板强度应符合设计要求</td><td>第 14.5.2-5 条</td><td>/</td><td></td><td></td></tr>
<tr><td></td><td colspan="3"></td><td></td><td></td><td></td><td></td></tr>
<tr><td></td><td colspan="3"></td><td></td><td></td><td></td><td></td></tr>
<tr><td rowspan="12">一般项目</td><td>1</td><td rowspan="12">允许偏差</td><td rowspan="6">墙板</td><td>厚、高（mm）</td><td>±5</td><td>/</td><td></td><td></td></tr>
<tr><td>2</td><td>宽度（mm）</td><td>0，−10</td><td>/</td><td></td><td></td></tr>
<tr><td>3</td><td>侧弯（mm）</td><td>≤L/1000</td><td>/</td><td></td><td></td></tr>
<tr><td>4</td><td>板面对角线（mm）</td><td>≤10</td><td>/</td><td></td><td></td></tr>
<tr><td>5</td><td>外露面平整度（mm）</td><td>≤5</td><td>/</td><td></td><td></td></tr>
<tr><td>6</td><td>麻面</td><td>≤1%</td><td>/</td><td></td><td></td></tr>
<tr><td>7</td><td rowspan="6">顶板</td><td>厚度（mm）</td><td>±5</td><td>/</td><td></td><td></td></tr>
<tr><td>8</td><td>宽度（mm）</td><td>0，−10</td><td>/</td><td></td><td></td></tr>
<tr><td>9</td><td>长度（mm）</td><td>±10</td><td>/</td><td></td><td></td></tr>
<tr><td>10</td><td>对角线长度（mm）</td><td>≤10</td><td>/</td><td></td><td></td></tr>
<tr><td>11</td><td>外露面平整度（mm）</td><td>≤5</td><td>/</td><td></td><td></td></tr>
<tr><td>12</td><td>麻面</td><td>≤1%</td><td>/</td><td></td><td></td></tr>
<tr><td colspan="3">施工单位检查结果</td><td colspan="6">专业工长：（签名） 项目专业质量检查员：（签名） 年 月 日</td></tr>
<tr><td colspan="3">监理单位验收结论</td><td colspan="6">专业监理工程师：（签名） 年 月 日</td></tr>
</table>

注：表中 L 为墙板长度（mm）。

7.2.1.51 市政验·道-51 预制钢筋混凝土人行地道结构墙板、顶板安装检验批质量验收记录

市政基础设施工程

预制钢筋混凝土人行地道结构
墙板、顶板安装检验批质量验收记录

市政验·道-51

第 页，共 页

<table>
<tr><td colspan="3">工程名称</td><td colspan="5"></td></tr>
<tr><td colspan="3">单位工程名称</td><td colspan="5"></td></tr>
<tr><td colspan="3">施工单位</td><td></td><td colspan="2">分包单位</td><td colspan="2"></td></tr>
<tr><td colspan="3">项目负责人</td><td></td><td colspan="2">项目技术负责人</td><td colspan="2"></td></tr>
<tr><td colspan="3">分部（子分部）工程名称</td><td></td><td colspan="2">分项工程名称</td><td colspan="2"></td></tr>
<tr><td colspan="3">验收部位/区段</td><td></td><td colspan="2">检验批容量</td><td colspan="2"></td></tr>
<tr><td colspan="3">施工及验收依据</td><td colspan="5">《城镇道路工程施工与质量验收规范》CJJ 1</td></tr>
<tr><td colspan="4">验收项目</td><td>设计要求或规范规定</td><td>最小/实际抽样数量</td><td>检查记录</td><td>检查结果</td></tr>
<tr><td rowspan="3">主控项目</td><td>1</td><td colspan="2">杯口、板缝混凝土强度应符合设计要求</td><td>第 14.5.2-6 条</td><td>/</td><td></td><td></td></tr>
<tr><td></td><td colspan="2"></td><td></td><td></td><td></td><td></td></tr>
<tr><td></td><td colspan="2"></td><td></td><td></td><td></td><td></td></tr>
<tr><td rowspan="8">一般项目</td><td>1</td><td colspan="2">墙板、顶板安装直顺，杯口与板缝灌注密实</td><td>第 14.5.2-8 条</td><td>/</td><td></td><td></td></tr>
<tr><td>2</td><td colspan="2">预制顶板应安装平顺、灌缝饱满</td><td>第 14.5.3-10 条</td><td>/</td><td></td><td></td></tr>
<tr><td>3</td><td rowspan="6">允许偏差</td><td>中线偏位（mm）</td><td>≤10</td><td>/</td><td></td><td></td></tr>
<tr><td>4</td><td>墙板内顶面、高程（mm）</td><td>±5</td><td>/</td><td></td><td></td></tr>
<tr><td>5</td><td>墙板垂直度（mm）</td><td>≤0.15%H且≤5</td><td>/</td><td></td><td></td></tr>
<tr><td>6</td><td>板间高差（mm）</td><td>≤5</td><td>/</td><td></td><td></td></tr>
<tr><td>7</td><td>相邻板顶面错台（mm）</td><td>≤10</td><td>/</td><td></td><td></td></tr>
<tr><td>8</td><td>板端压墙长度（mm）</td><td>±10</td><td>/</td><td></td><td></td></tr>
<tr><td colspan="2">施工单位检查结果</td><td colspan="6">专业工长：（签名） 项目专业质量检查员：（签名） 年 月 日</td></tr>
<tr><td colspan="2">监理单位验收结论</td><td colspan="6">专业监理工程师：（签名） 年 月 日</td></tr>
</table>

注：表中 H 为板墙全高（mm）。

7.2.1.52　市政验·道-52　砌筑墙体、钢筋混凝土顶板人行地道结构检验批质量验收记录

市政基础设施工程

砌筑墙体、钢筋混凝土顶板人行地道结构检验批质量验收记录

市政验·道-52

第　　页，共　　页

<table>
<tr><td colspan="3">工程名称</td><td colspan="5"></td></tr>
<tr><td colspan="3">单位工程名称</td><td colspan="5"></td></tr>
<tr><td colspan="3">施工单位</td><td></td><td colspan="2">分包单位</td><td colspan="2"></td></tr>
<tr><td colspan="3">项目负责人</td><td></td><td colspan="2">项目技术负责人</td><td colspan="2"></td></tr>
<tr><td colspan="3">分部（子分部）工程名称</td><td></td><td colspan="2">分项工程名称</td><td colspan="2"></td></tr>
<tr><td colspan="3">验收部位/区段</td><td></td><td colspan="2">检验批容量</td><td colspan="2"></td></tr>
<tr><td colspan="3">施工及验收依据</td><td colspan="5">《城镇道路工程施工与质量验收规范》CJJ 1</td></tr>
<tr><td colspan="4">验收项目</td><td>设计要求或规范规定</td><td>最小/实际抽样数量</td><td>检查记录</td><td>检查结果</td></tr>
<tr><td rowspan="2">主控项目</td><td>1</td><td colspan="2">结构厚度不应小于设计值</td><td>第14.5.3-6条</td><td>/</td><td></td><td></td></tr>
<tr><td>2</td><td colspan="2">砂浆平均抗压强度等级应符合设计规定，任一组试件抗压强度最低值不应低于设计强度的85%</td><td>第14.5.3-7条</td><td>/</td><td></td><td></td></tr>
<tr><td rowspan="10">一般项目</td><td>1</td><td colspan="2">砌筑墙体应丁顺匀称，表面平整，灰缝均匀、饱满、变形缝垂直贯通</td><td>第14.5.3-11条</td><td>/</td><td></td><td></td></tr>
<tr><td>2</td><td rowspan="9">允许偏差</td><td>地道底部高程（mm）</td><td>±10</td><td>/</td><td></td><td></td></tr>
<tr><td>3</td><td>地道结构净高（mm）</td><td>±10</td><td>/</td><td></td><td></td></tr>
<tr><td>4</td><td>地道净宽（mm）</td><td>±20</td><td>/</td><td></td><td></td></tr>
<tr><td>5</td><td>中线偏位（mm）</td><td>≤10</td><td>/</td><td></td><td></td></tr>
<tr><td>6</td><td>墙面垂直度（mm）</td><td>≤15</td><td>/</td><td></td><td></td></tr>
<tr><td>7</td><td>墙面平整度（mm）</td><td>≤5</td><td>/</td><td></td><td></td></tr>
<tr><td>8</td><td>现浇顶板平整度（mm）</td><td>≤5</td><td>/</td><td></td><td></td></tr>
<tr><td>9</td><td>预制顶板两板底面错台（mm）</td><td>≤10</td><td>/</td><td></td><td></td></tr>
<tr><td>10</td><td>顶板压墙长度（mm）</td><td>±10</td><td>/</td><td></td><td></td></tr>
<tr><td colspan="2">施工单位检查结果</td><td colspan="6">专业工长：（签名）　　项目专业质量检查员：（签名）　　年　月　日</td></tr>
<tr><td colspan="2">监理单位验收结论</td><td colspan="6">专业监理工程师：（签名）　　年　月　日</td></tr>
</table>

7.2.1.53 市政验·道-53 现浇混凝土挡土墙检验批质量验收记录

市政基础设施工程

现浇混凝土挡土墙检验批质量验收记录

市政验·道-53

第 页，共 页

<table>
<tr><td colspan="4">工程名称</td><td colspan="4"></td></tr>
<tr><td colspan="4">单位工程名称</td><td colspan="4"></td></tr>
<tr><td colspan="4">施工单位</td><td></td><td>分包单位</td><td colspan="2"></td></tr>
<tr><td colspan="4">项目负责人</td><td></td><td>项目技术负责人</td><td colspan="2"></td></tr>
<tr><td colspan="4">分部（子分部）工程名称</td><td></td><td>分项工程名称</td><td colspan="2"></td></tr>
<tr><td colspan="4">验收部位/区段</td><td></td><td>检验批容量</td><td colspan="2"></td></tr>
<tr><td colspan="4">施工及验收依据</td><td colspan="4">《城镇道路工程施工与质量验收规范》CJJ 1</td></tr>
<tr><td colspan="4">验收项目</td><td>设计要求或规范规定</td><td>最小/实际抽样数量</td><td>检查记录</td><td>检查结果</td></tr>
<tr><td rowspan="2">主控项目</td><td>1</td><td colspan="2">钢筋品种和规格、加工、成型安装与混凝土强度应符合本规范第14.5.1条的有关规定</td><td>第15.6.1-2条</td><td>/</td><td></td><td></td></tr>
<tr><td></td><td colspan="2"></td><td></td><td></td><td></td><td></td></tr>
<tr><td rowspan="7">一般项目</td><td>1</td><td colspan="2">混凝土表面应光滑、平整，无蜂窝、麻面、露筋现象，泄水孔通畅</td><td>第15.6.1-3条</td><td>/</td><td></td><td></td></tr>
<tr><td>2</td><td rowspan="6">允许偏差</td><td>长度（mm）</td><td>±20</td><td>/</td><td></td><td></td></tr>
<tr><td rowspan="2">3</td><td>断面尺寸（mm） 厚度</td><td>±5</td><td>/</td><td></td><td></td></tr>
<tr><td>断面尺寸（mm） 高度</td><td>±5</td><td>/</td><td></td><td></td></tr>
<tr><td>4</td><td>垂直度（mm）</td><td>≤0.15%H且≤10</td><td>/</td><td></td><td></td></tr>
<tr><td>5</td><td>外露面平整度（mm）</td><td>≤5</td><td>/</td><td></td><td></td></tr>
<tr><td>6</td><td>顶面高程（mm）</td><td>±5</td><td>/</td><td></td><td></td></tr>
<tr><td colspan="2">施工单位检查结果</td><td colspan="6">专业工长：（签名） 项目专业质量检查员：（签名） 年 月 日</td></tr>
<tr><td colspan="2">监理单位验收结论</td><td colspan="6">专业监理工程师：（签名） 年 月 日</td></tr>
</table>

注：H 为挡土墙板高度。

7.2.1.54 市政验·道-54 挡土墙滤层、泄水孔检验批质量验收记录

市政基础设施工程

挡土墙滤层、泄水孔检验批质量验收记录

市政验·道-54
第　　页，共　　页

<table>
<tr><td colspan="4">工程名称</td><td colspan="5"></td></tr>
<tr><td colspan="4">单位工程名称</td><td colspan="5"></td></tr>
<tr><td colspan="4">施工单位</td><td colspan="2"></td><td colspan="2">分包单位</td><td></td></tr>
<tr><td colspan="4">项目负责人</td><td colspan="2"></td><td colspan="2">项目技术负责人</td><td></td></tr>
<tr><td colspan="4">分部（子分部）工程名称</td><td colspan="2"></td><td colspan="2">分项工程名称</td><td></td></tr>
<tr><td colspan="4">验收部位/区段</td><td colspan="2"></td><td colspan="2">检验批容量</td><td></td></tr>
<tr><td colspan="4">施工及验收依据</td><td colspan="5">参考《城市桥梁工程施工与质量验收规范》CJJ 2</td></tr>
<tr><td colspan="5">验收项目</td><td>设计要求或规范规定</td><td>最小/实际抽样数量</td><td>检查记录</td><td>检查结果</td></tr>
<tr><td rowspan="4">主控项目</td><td>1</td><td colspan="3">泄水断面及坡度不得小于设计规定</td><td>（CJJ 2—90）第 12.4.2 条</td><td>/</td><td></td><td></td></tr>
<tr><td>2</td><td colspan="3">反滤层的各种材料规格必须符合设计规定，不得混杂</td><td>（CJJ 2—90）第 12.4.3 条</td><td>/</td><td></td><td></td></tr>
<tr><td></td><td colspan="3"></td><td></td><td></td><td></td><td></td></tr>
<tr><td></td><td colspan="3"></td><td></td><td></td><td></td><td></td></tr>
<tr><td rowspan="5">一般项目</td><td>1</td><td colspan="3">泄水孔设置符合设计规定，泄水孔通畅</td><td>（CJJ 2—90）第 12.4.1 条</td><td>/</td><td></td><td></td></tr>
<tr><td rowspan="2">2</td><td rowspan="4">允许偏差</td><td rowspan="2">孔口进口允许偏差（mm）</td><td>高程</td><td>±50</td><td>/</td><td></td><td></td></tr>
<tr><td>间距</td><td>±200</td><td>/</td><td></td><td></td></tr>
<tr><td></td><td></td><td></td><td></td><td></td><td></td><td></td></tr>
<tr><td></td><td></td><td></td><td></td><td></td><td></td><td></td></tr>
<tr><td colspan="3">施工单位检查结果</td><td colspan="6">专业工长：（签名）　　项目专业质量检查员：（签名）　　年　月　日</td></tr>
<tr><td colspan="3">监理单位验收结论</td><td colspan="6">专业监理工程师：（签名）　　年　月　日</td></tr>
</table>

7.2.1.55 市政验·道-55 挡土墙回填土检验批质量验收记录

市政基础设施工程

挡土墙回填土检验批质量验收记录

市政验·道-55

第　　页，共　　页

工程名称					
单位工程名称					
施工单位			分包单位		
项目负责人			项目技术负责人		
分部（子分部）工程名称			分项工程名称		
验收部位/区段			检验批容量		
施工及验收依据	《城镇道路工程施工与质量验收规范》CJJ 1				

验收项目			设计要求或规范规定	最小/实际抽样数量	检查记录	检查结果
主控项目	1	填土土质符合设计要求。（适用于加筋土挡土墙）	第 15.6.4-6 条	/		
	2	压实度应符合设计要求。（适用于加筋土挡土墙）	第 15.6.4-7 条	/		
一般项目	1	路外回填土压实度应符合设计规定。（适用于其他类型挡土墙）	第 15.6.1-6 条	/		
施工单位检查结果	专业工长：（签名）　　项目专业质量检查员：（签名）　　年　月　日					
监理单位验收结论	专业监理工程师：（签名）　　年　月　日					

7.2.1.56 市政验·道-56 挡土墙帽石检验批质量验收记录

市政基础设施工程

挡土墙帽石检验批质量验收记录

市政验·道-56

第　　页，共　　页

工程名称					
单位工程名称					
施工单位			分包单位		
项目负责人			项目技术负责人		
分部（子分部）工程名称			分项工程名称		
验收部位/区段			检验批容量		
施工及验收依据	《城镇道路工程施工与质量验收规范》CJJ 1				

验收项目			设计要求或规范规定	最小/实际抽样数量	检查记录	检查结果
主控项目	1	混凝土的强度应符合设计要求	第14.5.1条	/		
一般项目	1	帽石安装边缘顺畅、顶面平整、缝隙均匀密实	第15.6.2-6条	/		

施工单位检查结果	专业工长：（签名）　　项目专业质量检查员：（签名）　　年　月　日
监理单位验收结论	专业监理工程师：（签名）　　年　月　日

7.2.1.57 市政验·道-57 挡土墙混凝土栏杆预制检验批质量验收记录

市政基础设施工程

挡土墙混凝土栏杆预制检验批质量验收记录

市政验·道-57

第　　页，共　　页

<table>
<tr><td colspan="4">工程名称</td><td colspan="5"></td></tr>
<tr><td colspan="4">单位工程名称</td><td colspan="5"></td></tr>
<tr><td colspan="4">施工单位</td><td colspan="2"></td><td colspan="2">分包单位</td><td></td></tr>
<tr><td colspan="4">项目负责人</td><td colspan="2"></td><td colspan="2">项目技术负责人</td><td></td></tr>
<tr><td colspan="4">分部（子分部）工程名称</td><td colspan="2"></td><td colspan="2">分项工程名称</td><td></td></tr>
<tr><td colspan="4">验收部位/区段</td><td colspan="2"></td><td colspan="2">检验批容量</td><td></td></tr>
<tr><td colspan="4">施工及验收依据</td><td colspan="5">《城镇道路工程施工与质量验收规范》CJJ 1</td></tr>
<tr><td colspan="4">验收项目</td><td>设计要求或规范规定</td><td>最小/实际抽样数量</td><td colspan="2">检查记录</td><td>检查结果</td></tr>
<tr><td rowspan="8">一般项目</td><td>1</td><td colspan="2">混凝土强度应符合设计规定</td><td>第15.6.1-2条</td><td>/</td><td colspan="2"></td><td></td></tr>
<tr><td>2</td><td rowspan="7">允许偏差</td><td>断面尺寸（mm）</td><td>符合设计规定</td><td>/</td><td colspan="2"></td><td></td></tr>
<tr><td>3</td><td>柱高（mm）</td><td>0，+5</td><td>/</td><td colspan="2"></td><td></td></tr>
<tr><td>4</td><td>侧向弯曲（mm）</td><td>≤L/750</td><td>/</td><td colspan="2"></td><td></td></tr>
<tr><td>5</td><td>麻面</td><td>≤1%</td><td>/</td><td colspan="2"></td><td></td></tr>
<tr><td></td><td></td><td></td><td></td><td colspan="2"></td><td></td></tr>
<tr><td></td><td></td><td></td><td></td><td colspan="2"></td><td></td></tr>
<tr><td></td><td></td><td></td><td></td><td colspan="2"></td><td></td></tr>
<tr><td colspan="3">施工单位检查结果</td><td colspan="6">专业工长：（签名）　　项目专业质量检查员：（签名）　　年　月　日</td></tr>
<tr><td colspan="3">监理单位验收结论</td><td colspan="6">专业监理工程师：（签名）　　年　月　日</td></tr>
</table>

注：L为构件长度。

7.2.1.58　市政验·道-58　挡土墙混凝土栏杆安装检验批质量验收记录

市政基础设施工程

挡土墙混凝土栏杆安装检验批质量验收记录

市政验·道-58

第　　页，共　　页

<table>
<tr><td colspan="2">工程名称</td><td colspan="3"></td></tr>
<tr><td colspan="2">单位工程名称</td><td colspan="3"></td></tr>
<tr><td colspan="2">施工单位</td><td></td><td>分包单位</td><td></td></tr>
<tr><td colspan="2">项目负责人</td><td></td><td>项目技术负责人</td><td></td></tr>
<tr><td colspan="2">分部（子分部）工程名称</td><td></td><td>分项工程名称</td><td></td></tr>
<tr><td colspan="2">验收部位/区段</td><td></td><td>检验批容量</td><td></td></tr>
<tr><td colspan="2">施工及验收依据</td><td colspan="3">《城镇道路工程施工与质量验收规范》CJJ 1</td></tr>
</table>

<table>
<tr><td colspan="5">验收项目</td><td>设计要求或规范规定</td><td>最小/实际抽样数量</td><td>检查记录</td><td>检查结果</td></tr>
<tr><td rowspan="9">一般项目</td><td>1</td><td colspan="3">混凝土强度应符合设计规定</td><td>第15.6.1-2条</td><td>/</td><td></td><td></td></tr>
<tr><td>2</td><td rowspan="8">允许偏差</td><td>直顺度（mm）</td><td>扶手</td><td>≤4</td><td>/</td><td></td><td></td></tr>
<tr><td>3</td><td>垂直度（mm）</td><td>栏杆柱</td><td>≤3</td><td>/</td><td></td><td></td></tr>
<tr><td>4</td><td colspan="2">栏杆间距（mm）</td><td>±3</td><td>/</td><td></td><td></td></tr>
<tr><td rowspan="2">5</td><td rowspan="2">相邻栏杆扶手高差（mm）</td><td>有柱</td><td>≤4</td><td>/</td><td></td><td></td></tr>
<tr><td>无柱</td><td>≤2</td><td>/</td><td></td><td></td></tr>
<tr><td>6</td><td colspan="2">栏杆平面偏位（mm）</td><td>≤4</td><td>/</td><td></td><td></td></tr>
<tr><td></td><td colspan="2"></td><td></td><td></td><td></td><td></td></tr>
<tr><td></td><td colspan="2"></td><td></td><td></td><td></td><td></td></tr>
<tr><td colspan="3">施工单位检查结果</td><td colspan="6">专业工长：（签名）　　项目专业质量检查员：（签名）　　年　月　日</td></tr>
<tr><td colspan="3">监理单位验收结论</td><td colspan="6">专业监理工程师：（签名）　　年　月　日</td></tr>
</table>

注：现场浇筑的栏杆、扶手和钢结构栏杆、扶手的允许偏差可参照本款办理。

7.2.1.59　市政验·道-59　装配式钢筋混凝土挡土墙板安装检验批质量验收记录

市政基础设施工程

装配式钢筋混凝土挡土墙板安装检验批质量验收记录

市政验·道-59

第　　页，共　　页

<table>
<tr><td colspan="4">工程名称</td><td colspan="6"></td></tr>
<tr><td colspan="4">单位工程名称</td><td colspan="6"></td></tr>
<tr><td colspan="4">施工单位</td><td colspan="2"></td><td colspan="2">分包单位</td><td colspan="2"></td></tr>
<tr><td colspan="4">项目负责人</td><td colspan="2"></td><td colspan="2">项目技术负责人</td><td colspan="2"></td></tr>
<tr><td colspan="4">分部（子分部）工程名称</td><td colspan="2"></td><td colspan="2">分项工程名称</td><td colspan="2"></td></tr>
<tr><td colspan="4">验收部位/区段</td><td colspan="2"></td><td colspan="2">检验批容量</td><td colspan="2"></td></tr>
<tr><td colspan="4">施工及验收依据</td><td colspan="6">《城镇道路工程施工与质量验收规范》CJJ 1</td></tr>
<tr><td colspan="6">验收项目</td><td>设计要求或规范规定</td><td>最小/实际抽样数量</td><td>检查记录</td><td>检查结果</td></tr>
<tr><td rowspan="2">主控项目</td><td>1</td><td colspan="4">墙板焊接牢固，焊接长度、宽度、高度均符合设计要求。且无夹渣、裂纹、咬肉现象</td><td>第15.6.2-4条</td><td>/</td><td></td><td></td></tr>
<tr><td>2</td><td colspan="4">挡土墙板杯口混凝土强度应符合设计要求</td><td>第15.6.2-5条</td><td>/</td><td></td><td></td></tr>
<tr><td rowspan="6">一般项目</td><td>1</td><td colspan="4">预制挡土墙板安装应板缝均匀、灌缝密实、泄水孔通畅</td><td>第15.6.2-6条</td><td>/</td><td></td><td></td></tr>
<tr><td>2</td><td rowspan="5">允许偏差</td><td colspan="3">墙面垂直度（mm）</td><td>≤0.15%H且≤15</td><td>/</td><td></td><td></td></tr>
<tr><td>3</td><td colspan="3">直顺度（mm）</td><td>≤10</td><td>/</td><td></td><td></td></tr>
<tr><td>4</td><td colspan="3">板间错台（mm）</td><td>≤5</td><td>/</td><td></td><td></td></tr>
<tr><td rowspan="2">5</td><td colspan="2" rowspan="2">预埋件（mm）</td><td>高程</td><td>±5</td><td>/</td><td></td><td></td></tr>
<tr><td>偏位</td><td>±15</td><td>/</td><td></td><td></td></tr>
<tr><td colspan="2">施工单位检查结果</td><td colspan="8">专业工长：（签名）　　项目专业质量检查员：（签名）　　年　月　日</td></tr>
<tr><td colspan="2">监理单位验收结论</td><td colspan="8">专业监理工程师：（签名）　　年　月　日</td></tr>
</table>

注：*H* 为挡土墙高度。

7.2.1.60 市政验·道-60 砌体挡土墙检验批质量验收记录

市政基础设施工程

砌体挡土墙检验批质量验收记录

市政验·道-60

第　　页，共　　页

工程名称			
单位工程名称			
施工单位		分包单位	
项目负责人		项目技术负责人	
分部（子分部）工程名称		分项工程名称	
验收部位/区段		检验批容量	
施工及验收依据	《城镇道路工程施工与质量验收规范》CJJ 1		

验收项目						设计要求或规范规定	最小/实际抽样数量	检查记录	检查结果
主控项目	1	砌块、石料强度应符合设计要求				第15.6.3-2条	/		
主控项目	2	砌筑砂浆质量应符合规范要求				第14.5.3-3条	/		
一般项目	1	挡土墙应牢固，外形美观，勾缝密实、均匀、泄水孔通畅				第15.6.3-4条	/		
一般项目	2	允许偏差	断面尺寸（mm）		料石	0，+10	/		
					块石、片石、预制块	不小于设计规定	/		
	3		基底高程（mm）	土方	料石、块石、片石、预制块	±20	/		
				石方	料石、块石、片石、预制块	±100	/		
	4		顶面高程（mm）		料石、预制块	±10	/		
					块石	±15	/		
					片石	±20	/		
	5		轴线偏位（mm）		料石、预制块	≤10	/		
					块石、片石	≤15	/		
	6		墙面垂直度（mm）		料石、预制块	≤0.5%H且≤20	/		
					块石、片石	≤0.5%H且≤30	/		
	7		平整度（mm）		料石、预制块	≤5	/		
					块石、片石	≤30	/		
	8		水平缝平直度（mm）		料石、预制块	≤10	/		
	9		墙面坡度			不陡于设计规定	/		
施工单位检查结果	专业工长：（签名）　　项目专业质量检查员：（签名）　　年　月　日								
监理单位验收结论	专业监理工程师：（签名）　　年　月　日								

注：H为构筑物全高。

7.2.1.61 市政验·道-61 加筋挡土墙板及筋带安装检验批质量验收记录

市政基础设施工程

加筋挡土墙板及筋带安装检验批质量验收记录

市政验·道-61

第 页，共 页

<table>
<tr><td colspan="3">工程名称</td><td colspan="5"></td></tr>
<tr><td colspan="3">单位工程名称</td><td colspan="5"></td></tr>
<tr><td colspan="3">施工单位</td><td colspan="2"></td><td>分包单位</td><td colspan="2"></td></tr>
<tr><td colspan="3">项目负责人</td><td colspan="2"></td><td>项目技术负责人</td><td colspan="2"></td></tr>
<tr><td colspan="3">分部（子分部）工程名称</td><td colspan="2"></td><td>分项工程名称</td><td colspan="2"></td></tr>
<tr><td colspan="3">验收部位/区段</td><td colspan="2"></td><td>检验批容量</td><td colspan="2"></td></tr>
<tr><td colspan="3">施工及验收依据</td><td colspan="5">《城镇道路工程施工与质量验收规范》CJJ 1</td></tr>
<tr><td colspan="4">验收项目</td><td>设计要求或规范规定</td><td>最小/实际抽样数量</td><td>检查记录</td><td>检查结果</td></tr>
<tr><td rowspan="3">主控项目</td><td>1</td><td colspan="2">预制挡墙板的质量符合设计要求</td><td>第 15.6.4-3 条</td><td>/</td><td></td><td></td></tr>
<tr><td>2</td><td colspan="2">拉环、筋带材料应符合设计要求</td><td>第 15.6.4-4 条</td><td>/</td><td></td><td></td></tr>
<tr><td>3</td><td colspan="2">拉环、筋带的数量、安装位置应符合设计要求，且粘接牢固</td><td>第 15.6.4-5 条</td><td>/</td><td></td><td></td></tr>
<tr><td rowspan="4">一般项目</td><td>1</td><td rowspan="4">允许偏差</td><td>每层顶面高程（mm）</td><td>±10</td><td>/</td><td></td><td></td></tr>
<tr><td>2</td><td>轴线偏位（mm）</td><td>≤10</td><td>/</td><td></td><td></td></tr>
<tr><td>3</td><td>墙面板垂直度或坡度（mm）</td><td>0～−0.5%H</td><td>/</td><td></td><td></td></tr>
<tr><td></td><td></td><td></td><td></td><td></td><td></td></tr>
<tr><td colspan="2">施工单位检查结果</td><td colspan="6">专业工长：（签名） 项目专业质量检查员：（签名） 年 月 日</td></tr>
<tr><td colspan="2">监理单位验收结论</td><td colspan="6">专业监理工程师：（签名） 年 月 日</td></tr>
</table>

注：H 为挡土墙高度。

7.2.1.62 市政验·道-62 加筋挡土墙检验批质量验收记录

市政基础设施工程

加筋挡土墙检验批质量验收记录

市政验·道-62

第　　页，共　　页

<table>
<tr><td colspan="5">工程名称</td><td colspan="4"></td></tr>
<tr><td colspan="5">单位工程名称</td><td colspan="4"></td></tr>
<tr><td colspan="5">施工单位</td><td></td><td colspan="2">分包单位</td><td></td></tr>
<tr><td colspan="5">项目负责人</td><td></td><td colspan="2">项目技术负责人</td><td></td></tr>
<tr><td colspan="5">分部（子分部）工程名称</td><td></td><td colspan="2">分项工程名称</td><td></td></tr>
<tr><td colspan="5">验收部位/区段</td><td></td><td colspan="2">检验批容量</td><td></td></tr>
<tr><td colspan="5">施工及验收依据</td><td colspan="4">《城镇道路工程施工与质量验收规范》CJJ 1</td></tr>
<tr><td colspan="5">验收项目</td><td>设计要求或规范规定</td><td>最小/实际抽样数量</td><td>检查记录</td><td>检查结果</td></tr>
<tr><td rowspan="8">一般项目</td><td>1</td><td colspan="3">墙面板光洁、平顺、美观无破损，板缝均匀，线形顺畅，沉降缝上下贯通顺直，泄水孔通畅</td><td>第15.6.4-9条</td><td>/</td><td></td><td></td></tr>
<tr><td rowspan="2">2</td><td rowspan="7">允许偏差</td><td rowspan="2">墙顶线位（mm）</td><td>路堤式</td><td>−100，+50</td><td>/</td><td></td><td></td></tr>
<tr><td>路肩式</td><td>±50</td><td>/</td><td></td><td></td></tr>
<tr><td rowspan="2">3</td><td rowspan="2">墙顶标高（mm）</td><td>路堤式</td><td>±50</td><td>/</td><td></td><td></td></tr>
<tr><td>路肩式</td><td>±30</td><td>/</td><td></td><td></td></tr>
<tr><td>4</td><td colspan="2">墙面倾斜度（mm）</td><td>+（≤0.5%H）①且≤+50①mm
−（≤1.0%H）①且≥−100①mm</td><td>/</td><td></td><td></td></tr>
<tr><td>5</td><td colspan="2">墙面板缝宽（mm）</td><td>±10</td><td>/</td><td></td><td></td></tr>
<tr><td>6</td><td colspan="2">墙面平整度（mm）</td><td>≤15</td><td>/</td><td></td><td></td></tr>
<tr><td colspan="2">施工单位检查结果</td><td colspan="7">专业工长：（签名）　　项目专业质量检查员：（签名）　　年　月　日</td></tr>
<tr><td colspan="2">监理单位验收结论</td><td colspan="7">专业监理工程师：（签名）　　年　月　日</td></tr>
</table>

注：1.①表示墙面倾斜度，“+”指向外，“−”指向内；2.表中 H 为挡墙板高度。

7.2.1.63 市政验·道-63 路缘石安砌检验批质量验收记录

市政基础设施工程

路缘石安砌检验批质量验收记录

市政验·道-63

第　　页，共　　页

<table>
<tr><td colspan="3">工程名称</td><td colspan="5"></td></tr>
<tr><td colspan="3">单位工程名称</td><td colspan="5"></td></tr>
<tr><td colspan="3">施工单位</td><td></td><td colspan="2">分包单位</td><td colspan="2"></td></tr>
<tr><td colspan="3">项目负责人</td><td></td><td colspan="2">项目技术负责人</td><td colspan="2"></td></tr>
<tr><td colspan="3">分部（子分部）工程名称</td><td></td><td colspan="2">分项工程名称</td><td colspan="2"></td></tr>
<tr><td colspan="3">验收部位/区段</td><td></td><td colspan="2">检验批容量</td><td colspan="2"></td></tr>
<tr><td colspan="3">施工及验收依据</td><td colspan="5">《城镇道路工程施工与质量验收规范》CJJ 1</td></tr>
<tr><td colspan="4">验收项目</td><td>设计要求或规范规定</td><td>最小/实际抽样数量</td><td>检查记录</td><td>检查结果</td></tr>
<tr><td rowspan="3">主控项目</td><td>1</td><td colspan="2">混凝土路缘石强度应符合设计要求</td><td>第16.11.1条</td><td>/</td><td></td><td></td></tr>
<tr><td></td><td colspan="2"></td><td></td><td></td><td></td><td></td></tr>
<tr><td></td><td colspan="2"></td><td></td><td></td><td></td><td></td></tr>
<tr><td rowspan="6">一般项目</td><td>1</td><td colspan="2">路缘石应砌筑稳固，砂浆饱满，勾缝密实，外露面清洁，线条顺畅，平缘石不阻水</td><td>第16.11.1-2条</td><td>/</td><td></td><td></td></tr>
<tr><td>2</td><td rowspan="5">允许偏差</td><td>直顺度（mm）</td><td>≤10</td><td>/</td><td></td><td></td></tr>
<tr><td>3</td><td>相邻块高差（mm）</td><td>≤3</td><td>/</td><td></td><td></td></tr>
<tr><td>4</td><td>缝宽（mm）</td><td>±3</td><td>/</td><td></td><td></td></tr>
<tr><td>5</td><td>顶面高程（mm）</td><td>±10</td><td>/</td><td></td><td></td></tr>
<tr><td></td><td></td><td></td><td></td><td></td><td></td></tr>
<tr><td colspan="2">施工单位检查结果</td><td colspan="6">专业工长：（签名）　　项目专业质量检查员：（签名）　　年　月　日</td></tr>
<tr><td colspan="2">监理单位验收结论</td><td colspan="6">专业监理工程师：（签名）　　年　月　日</td></tr>
</table>

7.2.1.64 市政验·道-64 雨水管与雨水口检验批质量验收记录

市政基础设施工程

雨水管与雨水口检验批质量验收记录

市政验·道-64

第　　页，共　　页

<table>
<tr><td colspan="4">工程名称</td><td colspan="4"></td></tr>
<tr><td colspan="4">单位工程名称</td><td colspan="4"></td></tr>
<tr><td colspan="4">施工单位</td><td colspan="2"></td><td>分包单位</td><td></td></tr>
<tr><td colspan="4">项目负责人</td><td colspan="2"></td><td>项目技术负责人</td><td></td></tr>
<tr><td colspan="4">分部（子分部）工程名称</td><td colspan="2"></td><td>分项工程名称</td><td></td></tr>
<tr><td colspan="4">验收部位/区段</td><td colspan="2"></td><td>检验批容量</td><td></td></tr>
<tr><td colspan="4">施工及验收依据</td><td colspan="4">《城镇道路工程施工与质量验收规范》CJJ 1</td></tr>
<tr><td colspan="4">验收项目</td><td>设计要求或规范规定</td><td>最小/实际抽样数量</td><td>检查记录</td><td>检查结果</td></tr>
<tr><td rowspan="4">主控项目</td><td>1</td><td colspan="2">管材应符合国家标准《混凝土和钢筋混凝土排水管》GB 11836 的规定</td><td>第 16.11.2-1 条</td><td>/</td><td></td><td></td></tr>
<tr><td>2</td><td colspan="2">基础混凝土强度应符合设计要求</td><td>第 16.11.2-2 条</td><td>/</td><td></td><td></td></tr>
<tr><td>3</td><td colspan="2">砌筑砂浆强度应符合本规范第 14.5.3 条第 7 款的规定</td><td>第 16.11.2-3 条</td><td>/</td><td></td><td></td></tr>
<tr><td>4</td><td colspan="2">回填土压实度应符合本规范第 6.6.3 条压实度的有关规定</td><td>第 16.11.2-4 条</td><td>/</td><td></td><td></td></tr>
<tr><td rowspan="6">一般项目</td><td>1</td><td colspan="2">雨水口内壁勾缝直顺、坚实，无漏勾、脱落。井框、井箅应完整、配套，安装平稳、牢固</td><td>第 16.11.2-5 条</td><td>/</td><td></td><td></td></tr>
<tr><td>2</td><td colspan="2">雨水支管安装应直顺，无错口、反坡、存水，管内清洁，接口处内壁无砂浆外露及破损现象。管端面应完整</td><td>第 16.11.2-6 条</td><td>/</td><td></td><td></td></tr>
<tr><td>3</td><td rowspan="4">允许偏差</td><td>井框与井壁吻合（mm）</td><td>≤10</td><td>/</td><td></td><td></td></tr>
<tr><td>4</td><td>井框与周边路面吻合（mm）</td><td>0，−10</td><td>/</td><td></td><td></td></tr>
<tr><td>5</td><td>雨水口与路边线间距（mm）</td><td>≤20</td><td>/</td><td></td><td></td></tr>
<tr><td>6</td><td>井内尺寸（mm）</td><td>+20，0</td><td>/</td><td></td><td></td></tr>
<tr><td colspan="2">施工单位检查结果</td><td colspan="6">专业工长：（签名）　　项目专业质量检查员：（签名）　　年　月　日</td></tr>
<tr><td colspan="2">监理单位验收结论</td><td colspan="6">专业监理工程师：（签名）　　年　月　日</td></tr>
</table>

7.2.1.65 市政验·道-65 排水沟或截水沟检验批质量验收记录

市政基础设施工程

排水沟或截水沟检验批质量验收记录

市政验·道-65

第 页，共 页

<table>
<tr><td colspan="4">工程名称</td><td colspan="5"></td></tr>
<tr><td colspan="4">单位工程名称</td><td colspan="5"></td></tr>
<tr><td colspan="4">施工单位</td><td colspan="2"></td><td colspan="2">分包单位</td><td></td></tr>
<tr><td colspan="4">项目负责人</td><td colspan="2"></td><td colspan="2">项目技术负责人</td><td></td></tr>
<tr><td colspan="4">分部（子分部）工程名称</td><td colspan="2"></td><td colspan="2">分项工程名称</td><td></td></tr>
<tr><td colspan="4">验收部位/区段</td><td colspan="2"></td><td colspan="2">检验批容量</td><td></td></tr>
<tr><td colspan="4">施工及验收依据</td><td colspan="5">《城镇道路工程施工与质量验收规范》CJJ 1</td></tr>
<tr><td colspan="5">验收项目</td><td>设计要求或规范规定</td><td>最小/实际抽样数量</td><td>检查记录</td><td>检查结果</td></tr>
<tr><td rowspan="3">主控项目</td><td>1</td><td colspan="3">预制砌块强度应符合设计要求</td><td>第16.11.3-1条</td><td>/</td><td></td><td></td></tr>
<tr><td>2</td><td colspan="3">预制盖板钢筋品种、规格、数量，混凝土的强度应符合设计要求</td><td>第16.11.3-2条</td><td>/</td><td></td><td></td></tr>
<tr><td>3</td><td colspan="3">砂浆强度应符合本规范第14.5.3条第7款的规定</td><td>第16.11.3-3条</td><td>/</td><td></td><td></td></tr>
<tr><td rowspan="16">一般项目</td><td>1</td><td colspan="3">砌筑砂浆饱满度不应小于80%</td><td>第16.11.3-4条</td><td>/</td><td></td><td></td></tr>
<tr><td>2</td><td colspan="3">砌筑水沟沟底应平整、无反坡、凹兜，边墙应平整、直顺、勾缝密实。与排水构筑物衔接顺畅</td><td>第16.11.3-5条</td><td>/</td><td></td><td></td></tr>
<tr><td>3</td><td colspan="3">土沟断面应符合设计要求，沟底、边坡应坚实，无贴皮、反坡和积水现象</td><td>第16.11.3-7条</td><td>/</td><td></td><td></td></tr>
<tr><td>4</td><td rowspan="13">允许偏差</td><td colspan="2">轴线偏位</td><td>≤30</td><td>/</td><td></td><td></td></tr>
<tr><td rowspan="2">5</td><td rowspan="2">沟断面尺寸（mm）</td><td>砌石</td><td>±20</td><td>/</td><td></td><td></td></tr>
<tr><td>砌块</td><td>±10</td><td>/</td><td></td><td></td></tr>
<tr><td rowspan="2">6</td><td rowspan="2">沟底高程（mm）</td><td>砌石</td><td>±20</td><td>/</td><td></td><td></td></tr>
<tr><td>砌块</td><td>±10</td><td>/</td><td></td><td></td></tr>
<tr><td rowspan="2">7</td><td rowspan="2">墙面垂直度（mm）</td><td>砌石</td><td>≤30</td><td>/</td><td></td><td></td></tr>
<tr><td>砌块</td><td>≤15</td><td>/</td><td></td><td></td></tr>
<tr><td rowspan="2">8</td><td rowspan="2">墙面平整度（mm）</td><td>砌石</td><td>≤30</td><td>/</td><td></td><td></td></tr>
<tr><td>砌块</td><td>≤10</td><td>/</td><td></td><td></td></tr>
<tr><td rowspan="2">9</td><td rowspan="2">边线直顺度（mm）</td><td>砌石</td><td>≤20</td><td>/</td><td></td><td></td></tr>
<tr><td>砌块</td><td>≤10</td><td>/</td><td></td><td></td></tr>
<tr><td>10</td><td colspan="2">盖板压墙长度（mm）</td><td>±20</td><td>/</td><td></td><td></td></tr>
<tr><td colspan="3">施工单位检查结果</td><td colspan="6">专业工长：（签名） 项目专业质量检查员：（签名） 年 月 日</td></tr>
<tr><td colspan="3">监理单位验收结论</td><td colspan="6">专业监理工程师：（签名） 年 月 日</td></tr>
</table>

7.2.1.66 市政验·道-66 倒虹管及涵洞检验批质量验收记录

市政基础设施工程

倒虹管及涵洞检验批质量验收记录

市政验·道-66

第　　页，共　　页

工程名称			
单位工程名称			
施工单位		分包单位	
项目负责人		项目技术负责人	
分部（子分部）工程名称		分项工程名称	
验收部位/区段		检验批容量	
施工及验收依据	《城镇道路工程施工与质量验收规范》CJJ 1		

验收项目					设计要求或规范规定	最小/实际抽样数量	检查记录	检查结果
主控项目	1	地基承载力应符合设计要求			第 16.11.4-1 条	/		
主控项目	2	管材应符合本规范第 16.11.2 条第 1 款的规定			第 16.11.4-2 条	/		
主控项目	3	混凝土强度应符合设计要求			第 16.11.4-3 条	/		
主控项目	4	砂浆强度应符合本规范第 14.5.3 条第 7 款的规定			第 16.11.4-4 条	/		
主控项目	5	倒虹管闭水试验符合本规范第 16.4.2 条第 2 款的规定			第 16.11.4-5 条	/		
主控项目	6	回填土压实度应符合路基压实度要求			第 16.11.4-6 条	/		
一般项目	1	允许偏差	轴线偏位（mm）		≤30	/		
一般项目	2	允许偏差	内底高程（mm）		±15	/		
一般项目	3	允许偏差	倒虹管长度（mm）		不小于设计值	/		
一般项目	4	允许偏差	相邻管错口（mm）		≤5	/		
一般项目	5	允许偏差	轴线位移（mm）		≤20	/		
一般项目	6	允许偏差	内底高程（mm）	$D\leqslant1000$	±10	/		
				$D>1000$	±15	/		
一般项目	7	允许偏差	涵管长度（mm）		不小于设计值	/		
一般项目	8	允许偏差	相邻管错口（mm）	$D\leqslant1000$	≤3	/		
				$D>1000$	≤5	/		

施工单位检查结果	专业工长：（签名）　　项目专业质量检查员：（签名）　　年　月　日
监理单位验收结论	专业监理工程师：（签名）　　年　月　日

7.2.1.67 市政验·道-67 护坡检验批质量验收记录

市政基础设施工程

护坡检验批质量验收记录

市政验·道-67

第　　页，共　　页

<table>
<tr><td colspan="5">工程名称</td><td colspan="5"></td></tr>
<tr><td colspan="5">单位工程名称</td><td colspan="5"></td></tr>
<tr><td colspan="5">施工单位</td><td></td><td colspan="2">分包单位</td><td colspan="2"></td></tr>
<tr><td colspan="5">项目负责人</td><td></td><td colspan="2">项目技术负责人</td><td colspan="2"></td></tr>
<tr><td colspan="5">分部（子分部）工程名称</td><td></td><td colspan="2">分项工程名称</td><td colspan="2"></td></tr>
<tr><td colspan="5">验收部位/区段</td><td></td><td colspan="2">检验批容量</td><td colspan="2"></td></tr>
<tr><td colspan="5">施工及验收依据</td><td colspan="5">《城镇道路工程施工与质量验收规范》CJJ 1</td></tr>
<tr><td colspan="6">验收项目</td><td>设计要求或规范规定</td><td>最小/实际抽样数量</td><td>检查记录</td><td>检查结果</td></tr>
<tr><td rowspan="16">一般项目</td><td>1</td><td colspan="4">预制砌块强度应符合设计要求</td><td>第16.11.5-1条</td><td>/</td><td></td><td></td></tr>
<tr><td>2</td><td colspan="4">砂浆强度应符合本规范第14.5.3条第7款的规定</td><td>第16.11.5-2条</td><td>/</td><td></td><td></td></tr>
<tr><td>3</td><td colspan="4">基础混凝土强度应符合设计要求</td><td>第16.11.5-3条</td><td>/</td><td></td><td></td></tr>
<tr><td>4</td><td colspan="4">砌筑线型流畅、表面平整、咬砌有序、无翘动。砌缝均匀、勾缝密实。护坡顶与坡面之间缝隙封堵密实</td><td>第16.11.5-4条</td><td>/</td><td></td><td></td></tr>
<tr><td rowspan="2">5</td><td rowspan="12">允许偏差</td><td rowspan="2">基底高程</td><td>土方</td><td>浆砌块石、浆砌料石、混凝土砌块</td><td>±20</td><td>/</td><td></td><td></td></tr>
<tr><td>石方</td><td>浆砌块石、浆砌料石、混凝土砌块</td><td>±100</td><td>/</td><td></td><td></td></tr>
<tr><td>6</td><td colspan="2">垫层厚度</td><td>浆砌块石、浆砌料石、混凝土砌块</td><td>±20</td><td>/</td><td></td><td></td></tr>
<tr><td>7</td><td colspan="3">砌体厚度（mm）</td><td>不小于设计值</td><td>/</td><td></td><td></td></tr>
<tr><td>8</td><td colspan="3">坡度</td><td>不陡于设计值</td><td>/</td><td></td><td></td></tr>
<tr><td rowspan="3">9</td><td colspan="2" rowspan="3">平整度（mm）</td><td>浆砌块石</td><td>≤30</td><td>/</td><td></td><td></td></tr>
<tr><td>浆砌料石</td><td>≤15</td><td>/</td><td></td><td></td></tr>
<tr><td>混凝土砌块</td><td>≤10</td><td>/</td><td></td><td></td></tr>
<tr><td rowspan="2">10</td><td colspan="2" rowspan="2">顶面高程（mm）</td><td>浆砌块石</td><td>±50</td><td>/</td><td></td><td></td></tr>
<tr><td>浆砌料石、混凝土砌块</td><td>±30</td><td>/</td><td></td><td></td></tr>
<tr><td rowspan="2">11</td><td colspan="2" rowspan="2">顶边线型（mm）</td><td>浆砌块石</td><td>≤30</td><td>/</td><td></td><td></td></tr>
<tr><td>浆砌料石、混凝土砌块</td><td>≤10</td><td>/</td><td></td><td></td></tr>
<tr><td colspan="2">施工单位检查结果</td><td colspan="8">专业工长：（签名）　　项目专业质量检查员：（签名）　　年　月　日</td></tr>
<tr><td colspan="2">监理单位验收结论</td><td colspan="8">专业监理工程师：（签名）　　年　月　日</td></tr>
</table>

7.2.1.68 市政验·道-68 隔离墩检验批质量验收记录

市政基础设施工程

隔离墩检验批质量验收记录

市政验·道-68

第　　页，共　　页

<table>
<tr><td colspan="3">工程名称</td><td colspan="5"></td></tr>
<tr><td colspan="3">单位工程名称</td><td colspan="5"></td></tr>
<tr><td colspan="3">施工单位</td><td colspan="2"></td><td colspan="2">分包单位</td><td></td></tr>
<tr><td colspan="3">项目负责人</td><td colspan="2"></td><td colspan="2">项目技术负责人</td><td></td></tr>
<tr><td colspan="3">分部（子分部）工程名称</td><td colspan="2"></td><td colspan="2">分项工程名称</td><td></td></tr>
<tr><td colspan="3">验收部位/区段</td><td colspan="2"></td><td colspan="2">检验批容量</td><td></td></tr>
<tr><td colspan="3">施工及验收依据</td><td colspan="5">《城镇道路工程施工与质量验收规范》CJJ 1</td></tr>
<tr><td colspan="4">验收项目</td><td>设计要求或规范规定</td><td>最小/实际抽样数量</td><td>检查记录</td><td>检查结果</td></tr>
<tr><td rowspan="2">主控项目</td><td>1</td><td colspan="2">隔离墩混凝土强度应符合设计要求</td><td>第16.11.6-1条</td><td>/</td><td></td><td></td></tr>
<tr><td>2</td><td colspan="2">隔离墩预埋件焊接应牢固，焊缝长度、宽度、高度均应符合设计要求，且无夹渣、裂纹、咬肉现象</td><td>第16.11.6-2条</td><td>/</td><td></td><td></td></tr>
<tr><td rowspan="7">一般项目</td><td>1</td><td colspan="2">隔离墩安装应牢固、位置正确、线型美观，墩表面整洁</td><td>第16.11.6-3条</td><td>/</td><td></td><td></td></tr>
<tr><td>2</td><td rowspan="6">允许偏差</td><td>直顺度（mm）</td><td>≤5</td><td>/</td><td></td><td></td></tr>
<tr><td>3</td><td>平面偏位（mm）</td><td>≤4</td><td>/</td><td></td><td></td></tr>
<tr><td>4</td><td>预埋件位置（mm）</td><td>≤5</td><td>/</td><td></td><td></td></tr>
<tr><td>5</td><td>断面尺寸（mm）</td><td>±5</td><td>/</td><td></td><td></td></tr>
<tr><td>6</td><td>相邻高差（mm）</td><td>≤3</td><td>/</td><td></td><td></td></tr>
<tr><td>7</td><td>缝宽（mm）</td><td>±3</td><td>/</td><td></td><td></td></tr>
<tr><td colspan="2">施工单位检查结果</td><td colspan="6">专业工长：（签名）　　项目专业质量检查员：（签名）　　年　月　日</td></tr>
<tr><td colspan="2">监理单位验收结论</td><td colspan="6">专业监理工程师：（签名）　　年　月　日</td></tr>
</table>

7.2.1.69　市政验·道-69　隔离栅检验批质量验收记录

市政基础设施工程

隔离栅检验批质量验收记录

市政验·道-69

第　　页，共　　页

<table>
<tr><td colspan="3">工程名称</td><td colspan="5"></td></tr>
<tr><td colspan="3">单位工程名称</td><td colspan="5"></td></tr>
<tr><td colspan="3">施工单位</td><td colspan="2"></td><td>分包单位</td><td colspan="2"></td></tr>
<tr><td colspan="3">项目负责人</td><td colspan="2"></td><td>项目技术负责人</td><td colspan="2"></td></tr>
<tr><td colspan="3">分部（子分部）工程名称</td><td colspan="2"></td><td>分项工程名称</td><td colspan="2"></td></tr>
<tr><td colspan="3">验收部位/区段</td><td colspan="2"></td><td>检验批容量</td><td colspan="2"></td></tr>
<tr><td colspan="3">施工及验收依据</td><td colspan="5">《城镇道路工程施工与质量验收规范》CJJ 1</td></tr>
<tr><td colspan="4">验收项目</td><td>设计要求或规范规定</td><td>最小/实际抽样数量</td><td>检查记录</td><td>检查结果</td></tr>
<tr><td rowspan="8">一般项目</td><td>1</td><td colspan="2">隔离栅材质、规格、防腐处理均应符合设计要求</td><td>第16.11.7-1条</td><td>/</td><td></td><td></td></tr>
<tr><td>2</td><td colspan="2">隔离栅柱（金属、混凝土）材质应符合设计要求</td><td>第16.11.6-2条</td><td>/</td><td></td><td></td></tr>
<tr><td>3</td><td colspan="2">隔离栅柱安装应牢固</td><td>第16.11.7-3条</td><td>/</td><td></td><td></td></tr>
<tr><td>4</td><td rowspan="5">允许偏差</td><td>顺直度（mm）</td><td>≤20</td><td>/</td><td></td><td></td></tr>
<tr><td>5</td><td>立柱垂直度（mm/m）</td><td>≤8</td><td>/</td><td></td><td></td></tr>
<tr><td>6</td><td>柱顶高度（mm）</td><td>±20</td><td>/</td><td></td><td></td></tr>
<tr><td>7</td><td>立柱中距（mm）</td><td>±30</td><td>/</td><td></td><td></td></tr>
<tr><td>8</td><td>立柱埋深（mm）</td><td>不小于设计规定</td><td>/</td><td></td><td></td></tr>
<tr><td colspan="3">施工单位检查结果</td><td colspan="5">专业工长：（签名）　　项目专业质量检查员：（签名）　　年　月　日</td></tr>
<tr><td colspan="3">监理单位验收结论</td><td colspan="5">专业监理工程师：（签名）　　年　月　日</td></tr>
</table>

7.2.1.70 市政验·道-70 护栏检验批质量验收记录

市政基础设施工程

护栏检验批质量验收记录

市政验·道-70

第　　页，共　　页

<table>
<tr><td colspan="3">工程名称</td><td colspan="5"></td></tr>
<tr><td colspan="3">单位工程名称</td><td colspan="5"></td></tr>
<tr><td colspan="3">施工单位</td><td></td><td colspan="2">分包单位</td><td colspan="2"></td></tr>
<tr><td colspan="3">项目负责人</td><td></td><td colspan="2">项目技术负责人</td><td colspan="2"></td></tr>
<tr><td colspan="3">分部（子分部）工程名称</td><td></td><td colspan="2">分项工程名称</td><td colspan="2"></td></tr>
<tr><td colspan="3">验收部位/区段</td><td></td><td colspan="2">检验批容量</td><td colspan="2"></td></tr>
<tr><td colspan="3">施工及验收依据</td><td colspan="5">《城镇道路工程施工与质量验收规范》CJJ 1</td></tr>
<tr><td colspan="4">验收项目</td><td>设计要求或规范规定</td><td>最小/实际抽样数量</td><td>检查记录</td><td>检查结果</td></tr>
<tr><td rowspan="4">主控项目</td><td>1</td><td colspan="2">护栏质量应符合设计要求</td><td>第16.11.8-1条</td><td>/</td><td></td><td></td></tr>
<tr><td>2</td><td colspan="2">护栏立柱质量应符合设计要求</td><td>第16.11.8-2条</td><td>/</td><td></td><td></td></tr>
<tr><td>3</td><td colspan="2">护栏柱基础混凝土强度应符合设计要求</td><td>第16.11.8-3条</td><td>/</td><td></td><td></td></tr>
<tr><td>4</td><td colspan="2">护栏柱置入深度应符合设计规定</td><td>第16.11.8-4条</td><td>/</td><td></td><td></td></tr>
<tr><td rowspan="6">一般项目</td><td>1</td><td colspan="2">护栏安装牢固、位置正确、线型美观</td><td>第16.11.8-5条</td><td>/</td><td></td><td></td></tr>
<tr><td>2</td><td rowspan="5">允许偏差</td><td>顺直度（mm/m）</td><td>≤5</td><td>/</td><td></td><td></td></tr>
<tr><td>3</td><td>中线偏位（mm）</td><td>≤20</td><td>/</td><td></td><td></td></tr>
<tr><td>4</td><td>立柱间距（mm）</td><td>±5</td><td>/</td><td></td><td></td></tr>
<tr><td>5</td><td>立柱垂直度（mm）</td><td>≤5</td><td>/</td><td></td><td></td></tr>
<tr><td>6</td><td>横栏高度（mm）</td><td>±20</td><td>/</td><td></td><td></td></tr>
<tr><td colspan="3">施工单位检查结果</td><td colspan="5">专业工长：（签名）　　项目专业质量检查员：（签名）　　年　月　日</td></tr>
<tr><td colspan="3">监理单位验收结论</td><td colspan="5">专业监理工程师：（签名）　　年　月　日</td></tr>
</table>

7.2.1.71 市政验·道-71 声屏障检验批质量验收记录

市政基础设施工程

声屏障检验批质量验收记录

市政验·道-71

第　　页，共　　页

<table>
<tr><td colspan="4">工程名称</td><td colspan="4"></td></tr>
<tr><td colspan="4">单位工程名称</td><td colspan="4"></td></tr>
<tr><td colspan="4">施工单位</td><td></td><td colspan="2">分包单位</td><td></td></tr>
<tr><td colspan="4">项目负责人</td><td></td><td colspan="2">项目技术负责人</td><td></td></tr>
<tr><td colspan="4">分部（子分部）工程名称</td><td></td><td colspan="2">分项工程名称</td><td></td></tr>
<tr><td colspan="4">验收部位/区段</td><td></td><td colspan="2">检验批容量</td><td></td></tr>
<tr><td colspan="4">施工及验收依据</td><td colspan="4">《城镇道路工程施工与质量验收规范》CJJ 1</td></tr>
<tr><td colspan="5">验收项目</td><td>设计要求或规范规定</td><td>最小/实际抽样数量</td><td>检查记录</td><td>检查结果</td></tr>
<tr><td>主控项目</td><td>1</td><td colspan="3">降噪效果应符合设计要求</td><td>第 16.11.9-1 条</td><td>/</td><td></td><td></td></tr>
<tr><td rowspan="16">一般项目</td><td>1</td><td colspan="3">声屏障所用材料与性能应符合设计要求</td><td>第 16.11.9-2 条</td><td>/</td><td></td><td></td></tr>
<tr><td>2</td><td colspan="3">砌筑砂浆强度应符合本规范第 14.5.3 条第 7 款的规定</td><td>第 16.11.9-3 条</td><td>/</td><td></td><td></td></tr>
<tr><td>3</td><td colspan="3">混凝土强度应符合设计要求</td><td>第 16.11.9-4 条</td><td>/</td><td></td><td></td></tr>
<tr><td>4</td><td colspan="3">砌体声屏障应砌筑牢固，咬砌有序，砌缝均匀，勾缝密实。金属声屏障安装应牢固</td><td>第 16.11.9-5 条</td><td>/</td><td></td><td></td></tr>
<tr><td>5</td><td rowspan="12">允许偏差</td><td rowspan="6">砌体声屏障</td><td>中线偏位（mm）</td><td>≤10</td><td>/</td><td></td><td></td></tr>
<tr><td>6</td><td>垂直度（mm）</td><td>≤0.3%H</td><td>/</td><td></td><td></td></tr>
<tr><td>7</td><td>墙体断面尺寸（mm）</td><td>符合设计规定</td><td>/</td><td></td><td></td></tr>
<tr><td>8</td><td>顺直度（mm）</td><td>≤10</td><td>/</td><td></td><td></td></tr>
<tr><td>9</td><td>水平灰缝平直度（mm）</td><td>≤7</td><td>/</td><td></td><td></td></tr>
<tr><td>10</td><td>平整度（mm）</td><td>≤8</td><td>/</td><td></td><td></td></tr>
<tr><td>11</td><td rowspan="6">金属声屏障</td><td>基线偏位（mm）</td><td>≤10</td><td>/</td><td></td><td></td></tr>
<tr><td>12</td><td>金属立柱中距（mm）</td><td>±10</td><td>/</td><td></td><td></td></tr>
<tr><td>13</td><td>立柱垂直度（mm）</td><td>≤0.3%H</td><td>/</td><td></td><td></td></tr>
<tr><td>14</td><td>屏体厚度（mm）</td><td>±2</td><td>/</td><td></td><td></td></tr>
<tr><td>15</td><td>屏体宽度、高度（mm）</td><td>±10</td><td>/</td><td></td><td></td></tr>
<tr><td>16</td><td>镀层厚度（μm）</td><td>≥设计值</td><td>/</td><td></td><td></td></tr>
<tr><td colspan="2">施工单位检查结果</td><td colspan="7">专业工长：（签名）　　项目专业质量检查员：（签名）　　年　月　日</td></tr>
<tr><td colspan="2">监理单位验收结论</td><td colspan="7">专业监理工程师：（签名）　　年　月　日</td></tr>
</table>

7.2.1.72　市政验·道-72　防眩板检验批质量验收记录

市政基础设施工程

防眩板检验批质量验收记录

市政验·道-72

第　　页，共　　页

<table>
<tr><td colspan="3">工程名称</td><td colspan="5"></td></tr>
<tr><td colspan="3">单位工程名称</td><td colspan="5"></td></tr>
<tr><td colspan="3">施工单位</td><td></td><td colspan="2">分包单位</td><td colspan="2"></td></tr>
<tr><td colspan="3">项目负责人</td><td></td><td colspan="2">项目技术负责人</td><td colspan="2"></td></tr>
<tr><td colspan="3">分部（子分部）工程名称</td><td></td><td colspan="2">分项工程名称</td><td colspan="2"></td></tr>
<tr><td colspan="3">验收部位/区段</td><td></td><td colspan="2">检验批容量</td><td colspan="2"></td></tr>
<tr><td colspan="3">施工及验收依据</td><td colspan="5">《城镇道路工程施工与质量验收规范》CJJ 1</td></tr>
<tr><td colspan="4">验收项目</td><td>设计要求或规范规定</td><td>最小/实际抽样数量</td><td>检查记录</td><td>检查结果</td></tr>
<tr><td rowspan="8">一般项目</td><td>1</td><td colspan="2">防眩板质量应符合设计要求</td><td>第16.11.10-1条</td><td>/</td><td></td><td></td></tr>
<tr><td>2</td><td colspan="2">防眩板安装应牢固、位置正确，遮光角符合设计要求，板面无裂纹，涂层无气泡、缺损</td><td>第16.11.10-2条</td><td>/</td><td></td><td></td></tr>
<tr><td>3</td><td rowspan="6">允许偏差</td><td>防眩板直顺度（mm）</td><td>≤8</td><td>/</td><td></td><td></td></tr>
<tr><td>4</td><td>垂直度（mm）</td><td>≤5</td><td>/</td><td></td><td></td></tr>
<tr><td>5</td><td>板条间距（mm）</td><td>±10</td><td>/</td><td></td><td></td></tr>
<tr><td>6</td><td>安装高度（mm）</td><td>±10</td><td>/</td><td></td><td></td></tr>
<tr><td></td><td></td><td></td><td></td><td></td><td></td></tr>
<tr><td></td><td></td><td></td><td></td><td></td><td></td></tr>
<tr><td colspan="2">施工单位检查结果</td><td colspan="6">专业工长：（签名）　　项目专业质量检查员：（签名）　　年　月　日</td></tr>
<tr><td colspan="2">监理单位验收结论</td><td colspan="6">专业监理工程师：（签名）　　年　月　日</td></tr>
</table>

7.2.2 桥梁工程

7.2.2.1 市政验·桥-1 模板制作检验批质量验收记录

市政基础设施工程

模板制作检验批质量验收记录

市政验·桥-1

第　　页，共　　页

<table>
<tr><td colspan="5">工程名称</td><td colspan="5"></td></tr>
<tr><td colspan="5">单位工程名称</td><td colspan="5"></td></tr>
<tr><td colspan="5">施工单位</td><td></td><td colspan="2">分包单位</td><td colspan="2"></td></tr>
<tr><td colspan="5">项目负责人</td><td></td><td colspan="2">项目技术负责人</td><td colspan="2"></td></tr>
<tr><td colspan="5">分部（子分部）工程名称</td><td></td><td colspan="2">分项工程名称</td><td colspan="2"></td></tr>
<tr><td colspan="5">验收部位/区段</td><td></td><td colspan="2">检验批容量</td><td colspan="2"></td></tr>
<tr><td colspan="5">施工及验收依据</td><td colspan="5">《城市桥梁工程施工与质量验收规范》CJJ 2</td></tr>
<tr><td colspan="6">验收项目</td><td>设计要求或规范规定</td><td>最小/实际抽样数量</td><td>检查记录</td><td>检查结果</td></tr>
<tr><td>主控项目</td><td>1</td><td colspan="4">模板、支架和拱架制作及安装应符合施工设计图（施工方案）的规定，且稳固牢靠，接缝严密，立柱基础有足够的支撑面和排水、防冻融措施</td><td>第5.4.1条</td><td>/</td><td></td><td></td></tr>
<tr><td rowspan="14">一般项目</td><td>1</td><td rowspan="14">允许偏差</td><td rowspan="6">木模板</td><td colspan="2">模板的长度和宽度（mm）</td><td>±5</td><td>/</td><td></td><td></td></tr>
<tr><td>2</td><td colspan="2">不刨光模板相邻两板表面高低差（mm）</td><td>3</td><td>/</td><td></td><td></td></tr>
<tr><td>3</td><td colspan="2">刨光模板和相邻两板表面高低差（mm）</td><td>1</td><td>/</td><td></td><td></td></tr>
<tr><td>4</td><td colspan="2">平板模板表面最大的局部不平（刨光模板）（mm）</td><td>3</td><td>/</td><td></td><td></td></tr>
<tr><td>5</td><td colspan="2">平板模板表面最大的局部不平（不刨光模板）（mm）</td><td>5</td><td>/</td><td></td><td></td></tr>
<tr><td>6</td><td colspan="2">榫槽嵌接紧密度（mm）</td><td>2</td><td>/</td><td></td><td></td></tr>
<tr><td>7</td><td rowspan="8">钢模板</td><td colspan="2">模板的长度和宽度（mm）</td><td>0，−1</td><td>/</td><td></td><td></td></tr>
<tr><td>8</td><td colspan="2">肋高（mm）</td><td>±5</td><td>/</td><td></td><td></td></tr>
<tr><td>9</td><td colspan="2">面板端偏斜（mm）</td><td>0.5</td><td>/</td><td></td><td></td></tr>
<tr><td rowspan="3">10</td><td rowspan="3">连接配件（螺栓、卡子等）的孔眼位置（mm）</td><td>孔中心与板面的间距</td><td>±0.3</td><td>/</td><td></td><td></td></tr>
<tr><td>板端孔中心与板端的间距</td><td>0，−0.5</td><td>/</td><td></td><td></td></tr>
<tr><td>沿板长宽方向的孔</td><td>±0.6</td><td>/</td><td></td><td></td></tr>
<tr><td>11</td><td colspan="2">板面局部不平（mm）</td><td>1.0</td><td>/</td><td></td><td></td></tr>
<tr><td>12</td><td colspan="2">板面和板侧挠度（mm）</td><td>±1.0</td><td>/</td><td></td><td></td></tr>
<tr><td colspan="3">施工单位检查结果</td><td colspan="7">专业工长：（签名）　　项目专业质量检查员：（签名）　　年　月　日</td></tr>
<tr><td colspan="3">监理单位验收结论</td><td colspan="7">专业监理工程师：（签名）　　年　月　日</td></tr>
</table>

7.2.2.2 市政验·桥-2-1 模板、支架和拱架安装检验批质量验收记录（一）

市政基础设施工程

模板、支架和拱架安装检验批质量验收记录（一）

市政验·桥-2-1

第　　页，共　　页

<table>
<tr><td colspan="4">工程名称</td><td colspan="5"></td></tr>
<tr><td colspan="4">单位工程名称</td><td colspan="5"></td></tr>
<tr><td colspan="4">施工单位</td><td></td><td colspan="2">分包单位</td><td colspan="2"></td></tr>
<tr><td colspan="4">项目负责人</td><td></td><td colspan="2">项目技术负责人</td><td colspan="2"></td></tr>
<tr><td colspan="4">分部（子分部）工程名称</td><td></td><td colspan="2">分项工程名称</td><td colspan="2"></td></tr>
<tr><td colspan="4">验收部位/区段</td><td></td><td colspan="2">检验批容量</td><td colspan="2"></td></tr>
<tr><td colspan="4">施工及验收依据</td><td colspan="5">《城市桥梁工程施工与质量验收规范》CJJ 2</td></tr>
<tr><td colspan="5">验收项目</td><td>设计要求或规范规定</td><td>最小/实际抽样数量</td><td>检查记录</td><td>检查结果</td></tr>
<tr><td>主控项目</td><td>1</td><td colspan="3">模板、支架和拱架制作及安装应符合施工设计图（施工方案）的规定，且稳固牢靠，接缝严密，立柱基础有足够的支撑面和排水、防冻融措施</td><td>第5.4.1条</td><td>/</td><td></td><td></td></tr>
<tr><td rowspan="19">一般项目</td><td rowspan="3">1</td><td rowspan="19">允许偏差</td><td rowspan="3">相邻两板表面高低差（mm）</td><td>清水模板</td><td>2</td><td>/</td><td></td><td></td></tr>
<tr><td>混水模板</td><td>4</td><td>/</td><td></td><td></td></tr>
<tr><td>钢模板</td><td>2</td><td>/</td><td></td><td></td></tr>
<tr><td rowspan="3">2</td><td rowspan="3">表面平整度（mm）</td><td>清水模板</td><td>3</td><td>/</td><td></td><td></td></tr>
<tr><td>混水模板</td><td>5</td><td>/</td><td></td><td></td></tr>
<tr><td>钢模板</td><td>3</td><td>/</td><td></td><td></td></tr>
<tr><td rowspan="3">3</td><td rowspan="3">垂直度（mm）</td><td>墙、柱</td><td>H/1000，且不大于6</td><td>/</td><td></td><td></td></tr>
<tr><td>墩、台</td><td>H/500，且不大于20</td><td>/</td><td></td><td></td></tr>
<tr><td>塔柱</td><td>H/3000，且不大于30</td><td>/</td><td></td><td></td></tr>
<tr><td rowspan="3">4</td><td rowspan="3">模内尺寸（mm）</td><td>基础</td><td>±10</td><td>/</td><td></td><td></td></tr>
<tr><td>墩、台、</td><td>+5，−8</td><td>/</td><td></td><td></td></tr>
<tr><td>梁、板、墙、柱、桩、拱</td><td>+3，−6</td><td>/</td><td></td><td></td></tr>
<tr><td rowspan="5">5</td><td rowspan="5">轴线偏位（mm）</td><td>基础</td><td>15</td><td>/</td><td></td><td></td></tr>
<tr><td>墩、台、墙</td><td>10</td><td>/</td><td></td><td></td></tr>
<tr><td>梁、柱、拱、塔柱</td><td>8</td><td>/</td><td></td><td></td></tr>
<tr><td>悬浇各梁段</td><td>8</td><td>/</td><td></td><td></td></tr>
<tr><td>横隔梁</td><td>5</td><td>/</td><td></td><td></td></tr>
<tr><td>6</td><td colspan="2">支承面高程（mm）</td><td>+2，−5</td><td>/</td><td></td><td></td></tr>
<tr><td>7</td><td colspan="2">悬浇各梁段底面高程（mm）</td><td>+10，0</td><td>/</td><td></td><td></td></tr>
<tr><td colspan="2">施工单位检查结果</td><td colspan="7">专业工长：（签名）　　项目专业质量检查员：（签名）　　年　月　日</td></tr>
<tr><td colspan="2">监理单位验收结论</td><td colspan="7">专业监理工程师：（签名）　　年　月　日</td></tr>
</table>

7.2.2.3 市政验·桥-2-2 模板、支架和拱架安装检验批质量验收记录（二）

市政基础设施工程

模板、支架和拱架安装检验批质量验收记录（二）

市政验·桥-2-2

第　　页，共　　页

<table>
<tr><td colspan="5">工程名称</td><td colspan="5"></td></tr>
<tr><td colspan="5">单位工程名称</td><td colspan="5"></td></tr>
<tr><td colspan="5">施工单位</td><td colspan="2"></td><td colspan="2">分包单位</td><td></td></tr>
<tr><td colspan="5">项目负责人</td><td colspan="2"></td><td colspan="2">项目技术负责人</td><td></td></tr>
<tr><td colspan="5">分部（子分部）工程名称</td><td colspan="2"></td><td colspan="2">分项工程名称</td><td></td></tr>
<tr><td colspan="5">验收部位/区段</td><td colspan="2"></td><td colspan="2">检验批容量</td><td></td></tr>
<tr><td colspan="5">施工及验收依据</td><td colspan="5">《城市桥梁工程施工与质量验收规范》CJJ 2</td></tr>
<tr><td colspan="6">验收项目</td><td>设计要求或规范规定</td><td>最小/实际抽样数量</td><td>检查记录</td><td>检查结果</td></tr>
<tr><td rowspan="17">一般项目</td><td rowspan="4">1</td><td rowspan="17">允许偏差</td><td rowspan="4">预埋件</td><td rowspan="2">支座板、锚垫板、联接板等（mm）</td><td>位置</td><td>5</td><td>/</td><td></td><td></td></tr>
<tr><td>平面高差</td><td>2</td><td>/</td><td></td><td></td></tr>
<tr><td rowspan="2">螺栓、锚筋等（mm）</td><td>位置</td><td>3</td><td>/</td><td></td><td></td></tr>
<tr><td>外露长度</td><td>±5</td><td>/</td><td></td><td></td></tr>
<tr><td rowspan="3">2</td><td rowspan="3">预留孔洞</td><td colspan="2">预应力筋孔道位置（梁端）（mm）</td><td>5</td><td>/</td><td></td><td></td></tr>
<tr><td rowspan="2">其他（mm）</td><td>位置</td><td>8</td><td>/</td><td></td><td></td></tr>
<tr><td>孔径</td><td>+10，0</td><td>/</td><td></td><td></td></tr>
<tr><td>3</td><td colspan="3">梁底模拱度（mm）</td><td>+5，−2</td><td>/</td><td></td><td></td></tr>
<tr><td rowspan="3">4</td><td colspan="2" rowspan="3">对角线差（mm）</td><td>板</td><td>7</td><td>/</td><td></td><td></td></tr>
<tr><td>墙板</td><td>5</td><td>/</td><td></td><td></td></tr>
<tr><td>桩</td><td>3</td><td>/</td><td></td><td></td></tr>
<tr><td rowspan="3">5</td><td colspan="2" rowspan="3">侧向弯曲（mm）</td><td>板、拱肋、桁架</td><td>L/1500</td><td>/</td><td></td><td></td></tr>
<tr><td>柱、桩</td><td>L/1000，且不大于10</td><td>/</td><td></td><td></td></tr>
<tr><td>梁</td><td>L/2000，且不大于10</td><td>/</td><td></td><td></td></tr>
<tr><td>6</td><td colspan="2">支架、拱架（mm）</td><td>纵轴线的平面偏位</td><td>L/2000，且不大于30</td><td>/</td><td></td><td></td></tr>
<tr><td>7</td><td colspan="3">拱架高程（mm）</td><td>+20，−10</td><td>/</td><td></td><td></td></tr>
<tr></tr>
<tr><td colspan="2">施工单位检查结果</td><td colspan="8">专业工长：（签名）　　项目专业质量检查员：（签名）　　年　月　日</td></tr>
<tr><td colspan="2">监理单位验收结论</td><td colspan="8">专业监理工程师：（签名）　　年　月　日</td></tr>
</table>

7.2.2.4 市政验·桥-3 钢筋加工检验批质量验收记录

市政基础设施工程

钢筋加工检验批质量验收记录

市政验·桥-3

第　　页，共　　页

<table>
<tr><td colspan="5">工程名称</td><td colspan="4"></td></tr>
<tr><td colspan="5">单位工程名称</td><td colspan="4"></td></tr>
<tr><td colspan="5">施工单位</td><td></td><td colspan="2">分包单位</td><td></td></tr>
<tr><td colspan="5">项目负责人</td><td></td><td colspan="2">项目技术负责人</td><td></td></tr>
<tr><td colspan="5">分部（子分部）工程名称</td><td></td><td colspan="2">分项工程名称</td><td></td></tr>
<tr><td colspan="5">验收部位/区段</td><td></td><td colspan="2">检验批容量</td><td></td></tr>
<tr><td colspan="5">施工及验收依据</td><td colspan="4">《城市桥梁工程施工与质量验收规范》CJJ 2</td></tr>
<tr><td colspan="5">验收项目</td><td>设计要求或规范规定</td><td>最小/实际抽样数量</td><td>检查记录</td><td>检查结果</td></tr>
<tr><td rowspan="4">主控项目</td><td>1</td><td colspan="3">钢筋、焊条的品种、牌号、规格和技术性能必须符合国家现行标准规定和设计要求</td><td>第6.5.1-1条</td><td>/</td><td></td><td></td></tr>
<tr><td>2</td><td colspan="3">钢筋进场时，必须按批抽取试件做力学性能和工艺性能试验。其质量必须符合国家现行标准的规定</td><td>第6.5.1-2条</td><td>/</td><td></td><td></td></tr>
<tr><td>3</td><td colspan="3">当钢筋出现脆断、焊接性能不良或力学性能显著不正常等现象时，应对该批钢筋进行化学成分检验或其他专项检验</td><td>第6.5.1-3条</td><td>/</td><td></td><td></td></tr>
<tr><td>4</td><td colspan="3">钢筋弯制和末端弯钩均应符合设计要求和本规范第6.2.3、6.2.4条的规定</td><td>第6.5.2条</td><td>/</td><td></td><td></td></tr>
<tr><td rowspan="7">一般项目</td><td>1</td><td colspan="3">钢筋表面不得有裂纹、结疤、折叠、锈蚀和油污，钢筋焊接接头表面不得有夹渣、焊瘤</td><td>第6.5.6条</td><td>/</td><td></td><td></td></tr>
<tr><td>2</td><td rowspan="6">允许偏差</td><td colspan="2">受力钢筋顺长度方向全长的净尺寸（mm）</td><td>±10</td><td>/</td><td></td><td></td></tr>
<tr><td>3</td><td colspan="2">弯起钢筋的弯折（mm）</td><td>±20</td><td>/</td><td></td><td></td></tr>
<tr><td>4</td><td colspan="2">箍筋内净尺寸（mm）</td><td>±5</td><td>/</td><td></td><td></td></tr>
<tr><td rowspan="3">5</td><td rowspan="3">钢筋网</td><td>网的长、宽（mm）</td><td>±10</td><td>/</td><td></td><td></td></tr>
<tr><td>网眼尺寸（mm）</td><td>±10</td><td>/</td><td></td><td></td></tr>
<tr><td>网眼对角线差（mm）</td><td>15</td><td>/</td><td></td><td></td></tr>
<tr><td colspan="3">施工单位检查结果</td><td colspan="6">专业工长：（签名）　　项目专业质量检查员：（签名）　　年　月　日</td></tr>
<tr><td colspan="3">监理单位验收结论</td><td colspan="6">专业监理工程师：（签名）　　年　月　日</td></tr>
</table>

7.2.2.5 市政验·桥-4-1 钢筋成型和安装检验批质量验收记录（一）

市政基础设施工程

钢筋成型和安装检验批质量验收记录（一）

市政验·桥-4-1

第　　页，共　　页

工程名称			
单位工程名称			
施工单位		分包单位	
项目负责人		项目技术负责人	
分部（子分部）工程名称		分项工程名称	
验收部位/区段		检验批容量	
施工及验收依据	《城市桥梁工程施工与质量验收规范》CJJ 2		

验收项目			设计要求或规范规定	最小/实际抽样数量	检查记录	检查结果
主控项目	1	钢筋的连接形式必须符合设计要求	第6.5.3-1条	/		
	2	钢筋接头位置、同一截面的接头数量、搭接长度应符合设计要求和本规范第6.3.2条和第6.3.5条的规定	第6.5.3-2条	/		
	3	钢筋焊接接头质量应符合国家现行标准《钢筋焊接及验收规程》JGJ 18的规定和设计要求	第6.5.3-3条	/		
	4	HRB335和HRB400带肋钢筋机械连接接头质量应符合国家现行标准《钢筋机械连接通用技术规程》JGJ 107、《带肋钢筋套筒挤压连接技术规程》JGJ 108的规定和设计要求	第6.5.3-4条	/		
	5	钢筋安装时，其品种、规格、数量、形状，必须符合设计要求	第6.5.4条	/		

施工单位检查结果	专业工长：（签名）　　项目专业质量检查员：（签名）　　年　月　日
监理单位验收结论	专业监理工程师：（签名）　　年　月　日

7.2.2.6 市政验·桥-4-2 钢筋成型和安装检验批质量验收记录（二）

市政基础设施工程

钢筋成型和安装检验批质量验收记录（二）

市政验·桥-4-2

第　　页，共　　页

<table>
<tr><td colspan="5">工程名称</td><td colspan="4"></td></tr>
<tr><td colspan="5">单位工程名称</td><td colspan="4"></td></tr>
<tr><td colspan="5">施工单位</td><td></td><td>分包单位</td><td colspan="2"></td></tr>
<tr><td colspan="5">项目负责人</td><td></td><td>项目技术负责人</td><td colspan="2"></td></tr>
<tr><td colspan="5">分部（子分部）工程名称</td><td></td><td>分项工程名称</td><td colspan="2"></td></tr>
<tr><td colspan="5">验收部位/区段</td><td></td><td>检验批容量</td><td colspan="2"></td></tr>
<tr><td colspan="5">施工及验收依据</td><td colspan="4">《城市桥梁工程施工与质量验收规范》CJJ 2</td></tr>
<tr><td colspan="6">验收项目</td><td>设计要求或规范规定</td><td>最小/实际抽样数量</td><td>检查记录</td><td>检查结果</td></tr>
<tr><td rowspan="13">一般项目</td><td>1</td><td colspan="4">预埋件的规格、数量、位置等必须符合设计要求</td><td>第 6.5.5 条</td><td>/</td><td></td><td></td></tr>
<tr><td>2</td><td colspan="4">钢筋表面不得有裂纹、结疤、折叠、锈蚀和油污，钢筋焊接接头表面不得有夹渣、焊瘤</td><td>第 6.5.6 条</td><td>/</td><td></td><td></td></tr>
<tr><td rowspan="4">3</td><td rowspan="11">允许偏差</td><td rowspan="4">受力钢筋间距（mm）</td><td colspan="2">两排以上排距</td><td>±5</td><td>/</td><td></td><td></td></tr>
<tr><td rowspan="2">同排</td><td>梁板、拱肋</td><td>±10</td><td>/</td><td></td><td></td></tr>
<tr><td>基础、墩台、柱</td><td>±20</td><td>/</td><td></td><td></td></tr>
<tr><td colspan="2">灌注桩</td><td>±20</td><td>/</td><td></td><td></td></tr>
<tr><td>4</td><td colspan="3">箍筋、横向水平筋、螺旋筋间距（mm）</td><td>±10</td><td>/</td><td></td><td></td></tr>
<tr><td rowspan="2">5</td><td rowspan="2">钢筋骨架尺寸（mm）</td><td colspan="2">长</td><td>±10</td><td>/</td><td></td><td></td></tr>
<tr><td colspan="2">宽、高或直径</td><td>±5</td><td>/</td><td></td><td></td></tr>
<tr><td>6</td><td colspan="3">弯起钢筋位置（mm）</td><td>±20</td><td>/</td><td></td><td></td></tr>
<tr><td rowspan="3">7</td><td rowspan="3">钢筋保护层厚度（mm）</td><td colspan="2">墩台、基础</td><td>±10</td><td>/</td><td></td><td></td></tr>
<tr><td colspan="2">梁、柱、桩</td><td>±5</td><td>/</td><td></td><td></td></tr>
<tr><td colspan="2">板、墙</td><td>±3</td><td>/</td><td></td><td></td></tr>
<tr><td colspan="3">施工单位检查结果</td><td colspan="7">专业工长：（签名）　　项目专业质量检查员：（签名）　　年　　月　　日</td></tr>
<tr><td colspan="3">监理单位验收结论</td><td colspan="7">专业监理工程师：（签名）　　年　　月　　日</td></tr>
</table>

7.2.2.7 市政验·桥-5-1 混凝土检验批质量验收记录（一）

市政基础设施工程

混凝土检验批质量验收记录（一）

市政验·桥-5-1

第　　页，共　　页

<table>
<tr><td colspan="3">工程名称</td><td colspan="5"></td></tr>
<tr><td colspan="3">单位工程名称</td><td colspan="5"></td></tr>
<tr><td colspan="3">施工单位</td><td></td><td colspan="2">分包单位</td><td colspan="2"></td></tr>
<tr><td colspan="3">项目负责人</td><td></td><td colspan="2">项目技术负责人</td><td colspan="2"></td></tr>
<tr><td colspan="3">分部（子分部）工程名称</td><td></td><td colspan="2">分项工程名称</td><td colspan="2"></td></tr>
<tr><td colspan="3">验收部位/区段</td><td></td><td colspan="2">检验批容量</td><td colspan="2"></td></tr>
<tr><td colspan="3">施工及验收依据</td><td colspan="5">《城市桥梁工程施工与质量验收规范》CJJ 2</td></tr>
<tr><td colspan="3">验收项目</td><td>设计要求或规范规定</td><td>最小/实际抽样数量</td><td colspan="2">检查记录</td><td>检查结果</td></tr>
<tr><td rowspan="6">主控项目</td><td>1</td><td>水泥进场除全数检验合格证和出厂检验报告外，应对其强度、细度、安定性和凝固时间抽样复验</td><td>第 7.13.1 条</td><td>/</td><td colspan="2"></td><td></td></tr>
<tr><td>2</td><td>混凝土外加剂除全数检验合格证和出厂检验报告外，应对其减水率、凝结时间差、抗压强度比抽样检验</td><td>第 7.13.2 条</td><td>/</td><td colspan="2"></td><td></td></tr>
<tr><td>3</td><td>混凝土配合比设计应符合本规范第 7.3 节规定</td><td>第 7.13.3 条</td><td>/</td><td colspan="2"></td><td></td></tr>
<tr><td>4</td><td>当使用具有潜在碱活性骨料时，混凝土中的总碱含量应符合本规范第 7.1.2 条的规定和设计要求</td><td>第 7.13.4 条</td><td>/</td><td colspan="2"></td><td></td></tr>
<tr><td>5</td><td>混凝土强度等级应按现行国家标准《混凝土强度检验评定标准》GBJ 107 的规定检验评定，其结果必须符合设计要求，用于检查混凝土强度的试件，应在混凝土浇筑地点随机抽取。取样与试件留置应符合第 7.13.5-1、第 7.13.5-2、第 7.13.5-3 条规定</td><td>第 7.13.5 条</td><td>/</td><td colspan="2"></td><td></td></tr>
<tr><td>6</td><td>抗冻混凝土应进行抗冻性能试验，抗渗混凝土应进行抗渗性能试验。试验方法应符合现行国家标准《普通混凝土长期性能和耐久性能试验方法》GBJ 82 的规定</td><td>第 7.13.6 条</td><td>/</td><td colspan="2"></td><td></td></tr>
<tr><td colspan="2">施工单位检查结果</td><td colspan="6">专业工长：（签名）　　项目专业质量检查员：（签名）　　年　月　日</td></tr>
<tr><td colspan="2">监理单位验收结论</td><td colspan="6">专业监理工程师：（签名）　　年　月　日</td></tr>
</table>

7.2.2.8 市政验·桥-5-2 混凝土检验批质量验收记录（二）

市政基础设施工程

混凝土检验批质量验收记录（二）

市政验·桥-5-2

第　　页，共　　页

<table>
<tr><td colspan="3">工程名称</td><td colspan="4"></td></tr>
<tr><td colspan="3">单位工程名称</td><td colspan="4"></td></tr>
<tr><td colspan="3">施工单位</td><td></td><td colspan="2">分包单位</td><td></td></tr>
<tr><td colspan="3">项目负责人</td><td></td><td colspan="2">项目技术负责人</td><td></td></tr>
<tr><td colspan="3">分部（子分部）工程名称</td><td></td><td colspan="2">分项工程名称</td><td></td></tr>
<tr><td colspan="3">验收部位/区段</td><td></td><td colspan="2">检验批容量</td><td></td></tr>
<tr><td colspan="3">施工及验收依据</td><td colspan="4">《城市桥梁工程施工与质量验收规范》CJJ 2</td></tr>
<tr><td colspan="3">验收项目</td><td>设计要求或规范规定</td><td>最小/实际抽样数量</td><td>检查记录</td><td>检查结果</td></tr>
<tr><td rowspan="6">一般项目</td><td>1</td><td>混凝土掺用的矿物掺合料除全数检验合格证和出厂检验报告外，应对其细度、含水率、抗压强度比等项目抽样检验</td><td>第7.13.7条</td><td>/</td><td></td><td></td></tr>
<tr><td>2</td><td>对细骨料，应抽样检验其颗粒级配、细度模数、含泥量及规定要求的检验项，并应符合《普通混凝土用砂、石质量及检验方法标准》JGJ 52的规定</td><td>第7.13.8条</td><td>/</td><td></td><td></td></tr>
<tr><td>3</td><td>对粗骨料，应抽样检验其颗粒级配、压碎值指标、针片状颗粒含量及规定要求的检验项，并应符合《普通混凝土用砂、石质量及检验方法标准》JGJ 52的规定</td><td>第7.13.9条</td><td>/</td><td></td><td></td></tr>
<tr><td>4</td><td>当拌制混凝土用水采用非饮用水源时，应进行水质检测，并应符合国家现行标准《混凝土用水标准》JGJ 63的规定</td><td>第7.13.10条</td><td>/</td><td></td><td></td></tr>
<tr><td>5</td><td>混凝土拌合物的坍落度应符合设计配合比要求</td><td>第7.13.11条</td><td>/</td><td></td><td></td></tr>
<tr><td>6</td><td>混凝土原材料每盘称量允许偏差应符合规范表7.13.12的规定</td><td>第7.13.12条</td><td>/</td><td></td><td></td></tr>
<tr><td colspan="2">施工单位检查结果</td><td colspan="5">专业工长：（签名）　　项目专业质量检查员：（签名）　　年　月　日</td></tr>
<tr><td colspan="2">监理单位验收结论</td><td colspan="5">专业监理工程师：（签名）　　年　月　日</td></tr>
</table>

7.2.2.9 市政验·桥-6-1 预应力混凝土张拉检验批质量验收记录（一）

市政基础设施工程

预应力混凝土张拉检验批质量验收记录（一）

市政验·桥-6-1

第　　页，共　　页

<table>
<tr><td>工程名称</td><td colspan="3"></td></tr>
<tr><td>单位工程名称</td><td colspan="3"></td></tr>
<tr><td>施工单位</td><td></td><td>分包单位</td><td></td></tr>
<tr><td>项目负责人</td><td></td><td>项目技术负责人</td><td></td></tr>
<tr><td>分部（子分部）工程名称</td><td></td><td>分项工程名称</td><td></td></tr>
<tr><td>验收部位/区段</td><td></td><td>检验批容量</td><td></td></tr>
<tr><td>施工及验收依据</td><td colspan="3">《城市桥梁工程施工与质量验收规范》CJJ 2</td></tr>
</table>

<table>
<tr><td colspan="6">验收项目</td><td>设计要求或规范规定</td><td>最小/实际抽样数量</td><td>检查记录</td><td>检查结果</td></tr>
<tr><td rowspan="25">主控项目</td><td>1</td><td colspan="4">混凝土质量检验应符合规范第7.13节有关规定</td><td>第8.5.1条</td><td>/</td><td></td><td rowspan="7"></td></tr>
<tr><td>2</td><td colspan="4">预应力筋进场检验应符合规范第8.1.2条规定</td><td>第8.5.2条</td><td>/</td><td></td></tr>
<tr><td>3</td><td colspan="4">预应力筋用锚具、夹具和连接器进场检验应符合规范第8.1.3条规定</td><td>第8.5.3条</td><td>/</td><td></td></tr>
<tr><td>4</td><td colspan="4">预应力筋的品种、规格、数量必须符合设计要求</td><td>第8.5.4条</td><td>/</td><td></td></tr>
<tr><td>5</td><td colspan="4">预应力筋张拉和放张时，混凝土强度必须符合设计规定；设计无规定时，不得低于设计强度的75%</td><td>第8.5.5条</td><td>/</td><td></td></tr>
<tr><td>6</td><td colspan="4">孔道压浆的水泥强度必须符合设计规定，压浆时排气孔、排水孔应有水泥浓浆溢出</td><td>第8.5.7条</td><td>/</td><td></td></tr>
<tr><td>7</td><td colspan="4">锚具的封闭保护应符合规范第8.4.8条第8款的规定</td><td>第8.5.8条</td><td>/</td><td></td></tr>
<tr><td rowspan="18">允许偏差</td><td rowspan="10">先张法</td><td rowspan="6">钢丝、钢绞线</td><td rowspan="3">镦头钢丝同束长度相对差（mm）</td><td>束长>20m</td><td>L/5000，且不大于5</td><td>/</td><td></td><td rowspan="18"></td></tr>
<tr><td>束长6～20m</td><td>L/3000，且不大于4</td><td>/</td><td></td></tr>
<tr><td>束长<6m</td><td>2</td><td>/</td><td></td></tr>
<tr><td colspan="2">张拉应力值</td><td>符合设计要求</td><td>/</td><td></td></tr>
<tr><td colspan="2">张拉伸长率</td><td>±6%</td><td>/</td><td></td></tr>
<tr><td colspan="2">断丝数</td><td>不超过总数的1%</td><td>/</td><td></td></tr>
<tr><td rowspan="12">钢筋</td><td colspan="2">接头在同一平面内的轴线偏位（mm）</td><td>2，且不大于1/10直径</td><td>/</td><td></td></tr>
<tr><td colspan="2">中心偏位（mm）</td><td>4%短边，且不大于5</td><td>/</td><td></td></tr>
<tr><td colspan="2">张拉应力值</td><td>符合设计要求</td><td>/</td><td></td></tr>
<tr><td colspan="2">张拉伸长率</td><td>±6%</td><td>/</td><td></td></tr>
<tr><td rowspan="8">后张法</td><td rowspan="2">管道坐标（mm）</td><td>梁长方向</td><td>30</td><td>/</td><td></td></tr>
<tr><td>梁高方向</td><td>10</td><td>/</td><td></td></tr>
<tr><td rowspan="2">管道间距（mm）</td><td>同排</td><td>10</td><td>/</td><td></td></tr>
<tr><td>上下排</td><td>10</td><td>/</td><td></td></tr>
<tr><td colspan="2">张拉应力值</td><td>符合设计要求</td><td>/</td><td></td></tr>
<tr><td colspan="2">张拉伸长率</td><td>±6%</td><td>/</td><td></td></tr>
<tr><td rowspan="2">断丝滑丝数</td><td>钢束</td><td>每束一丝，且每断面不超过钢丝总数的1%</td><td>/</td><td></td></tr>
<tr><td>钢筋</td><td>不允许</td><td>/</td><td></td></tr>
<tr><td>施工单位检查结果</td><td colspan="9">专业工长：（签名）　　项目专业质量检查员：（签名）　　年　月　日</td></tr>
<tr><td>监理单位验收结论</td><td colspan="9">专业监理工程师：（签名）　　年　月　日</td></tr>
</table>

7.2.2.10　市政验·桥-6-2　预应力混凝土张拉检验批质量验收记录（二）

市政基础设施工程

预应力混凝土张拉检验批质量验收记录（二）

市政验·桥-6-2

第　　页，共　　页

<table>
<tr><td colspan="3">工程名称</td><td colspan="5"></td></tr>
<tr><td colspan="3">单位工程名称</td><td colspan="5"></td></tr>
<tr><td colspan="3">施工单位</td><td></td><td colspan="2">分包单位</td><td colspan="2"></td></tr>
<tr><td colspan="3">项目负责人</td><td></td><td colspan="2">项目技术负责人</td><td colspan="2"></td></tr>
<tr><td colspan="3">分部（子分部）工程名称</td><td></td><td colspan="2">分项工程名称</td><td colspan="2"></td></tr>
<tr><td colspan="3">验收部位/区段</td><td></td><td colspan="2">检验批容量</td><td colspan="2"></td></tr>
<tr><td colspan="3">施工及验收依据</td><td colspan="5">《城市桥梁工程施工与质量验收规范》CJJ 2</td></tr>
<tr><td colspan="3">验收项目</td><td>设计要求或规范规定</td><td>最小/实际抽样数量</td><td>检查记录</td><td colspan="2">检查结果</td></tr>
<tr><td rowspan="6">一般项目</td><td>1</td><td>预应力筋使用前应进行外观质量检查，不得有弯折，表面不得有裂纹、毛刺、机械损伤、氧化铁锈、油污等</td><td>第8.5.9条</td><td>/</td><td></td><td colspan="2"></td></tr>
<tr><td>2</td><td>预应力筋用锚具、夹具和连接器使用前应进行外观质量检查，表面不得有裂纹、机械损伤、锈蚀、油污等</td><td>第8.5.10条</td><td>/</td><td></td><td colspan="2"></td></tr>
<tr><td>3</td><td>预应力混凝土用金属螺旋管使用前应按国家现行标准《预应力混凝土用金属螺旋管》JG/T 3013的规定进行检验</td><td>第8.5.11条</td><td>/</td><td></td><td colspan="2"></td></tr>
<tr><td>4</td><td>锚固阶段张拉端预应力筋的内缩量，应符合规范第8.4.6条规定</td><td>第8.5.12条</td><td>/</td><td></td><td colspan="2"></td></tr>
<tr><td></td><td></td><td></td><td></td><td></td><td colspan="2"></td></tr>
<tr><td></td><td></td><td></td><td></td><td></td><td colspan="2"></td></tr>
<tr><td colspan="2">施工单位检查结果</td><td colspan="6">专业工长：（签名）　　项目专业质量检查员：（签名）　　年　月　日</td></tr>
<tr><td colspan="2">监理单位验收结论</td><td colspan="6">专业监理工程师：（签名）　　年　月　日</td></tr>
</table>

7.2.2.11 市政验·桥-7 砌体检验批质量验收记录

市政基础设施工程

砌体检验批质量验收记录

市政验·桥-7

第 页，共 页

工程名称			
单位工程名称			
施工单位		分包单位	
项目负责人		项目技术负责人	
分部（子分部）工程名称		分项工程名称	
验收部位/区段		检验批容量	
施工及验收依据	《城市桥梁工程施工与质量验收规范》CJJ 2		

验收项目					设计要求或规范规定	最小/实际抽样数量	检查记录	检查结果
主控项目	1	石材的技术性能和混凝土砌块的强度等级应符合设计要求			第9.6.1条	/		
	2	（1）砂、水泥、水和外加剂的质量检验应符合规范第7.13节的有关规定。 （2）砂浆强度等级必须符合设计要求			第9.6.2条	/		
	3	砂浆的饱满度应达到80%以上			第9.6.3条	/		
一般项目	1	砌体必须分层砌筑，灰缝均匀，缝宽符合要求，咬槎紧密，严禁通缝			第9.6.4条	/		
	2	预埋件、泄水孔、滤层、防水设施、沉降缝等应符合设计规定			第9.6.5条	/		
	3	勾缝应坚固、无脱落、交接处应平顺，宽度、深度应均匀，灰缝颜色应一致，砌体表面应洁净			第9.6.7条	/		
	4	允许偏差	表面砌缝宽度（mm）	浆砌片石	≤40	/		
				浆砌块石	≤30	/		
				浆砌料石	15～20	/		
	5		三块石料相接处的空隙（mm）		≤70	/		
	6		两层间竖向错缝（mm）		≥80	/		
施工单位检查结果	专业工长：（签名） 项目专业质量检查员：（签名） 年 月 日							
监理单位验收结论	专业监理工程师：（签名） 年 月 日							

7.2.2.12　市政验·桥-8　基坑开挖检验批质量验收记录

市政基础设施工程

基坑开挖检验批质量验收记录

市政验·桥-8

第　　页，共　　页

<table>
<tr><td colspan="5">工程名称</td><td colspan="4"></td></tr>
<tr><td colspan="5">单位工程名称</td><td colspan="4"></td></tr>
<tr><td colspan="5">施工单位</td><td></td><td colspan="2">分包单位</td><td></td></tr>
<tr><td colspan="5">项目负责人</td><td></td><td colspan="2">项目技术负责人</td><td></td></tr>
<tr><td colspan="5">分部（子分部）工程名称</td><td></td><td colspan="2">分项工程名称</td><td></td></tr>
<tr><td colspan="5">验收部位/区段</td><td></td><td colspan="2">检验批容量</td><td></td></tr>
<tr><td colspan="5">施工及验收依据</td><td colspan="4">《城市桥梁工程施工与质量验收规范》CJJ 2</td></tr>
<tr><td colspan="5">验收项目</td><td>设计要求或规范规定</td><td>最小/实际抽样数量</td><td>检查记录</td><td>检查结果</td></tr>
<tr><td rowspan="3">主控项目</td><td>1</td><td colspan="3">地基承载力应按规范第10.1.7条规定进行检验，确认符合设计要求</td><td>第10.7.2-2条</td><td>/</td><td></td><td></td></tr>
<tr><td>2</td><td colspan="3">地基处理应符合专项处理方案要求，处理后的地基必须满足设计要求</td><td>第10.7.2-2条</td><td>/</td><td></td><td></td></tr>
<tr><td></td><td colspan="3"></td><td></td><td></td><td></td><td></td></tr>
<tr><td rowspan="6">一般项目</td><td rowspan="2">1</td><td rowspan="6">允许偏差</td><td rowspan="2">基底高程（mm）</td><td>土方</td><td>0，−20</td><td>/</td><td></td><td></td></tr>
<tr><td>石方</td><td>+50，−200</td><td>/</td><td></td><td></td></tr>
<tr><td>2</td><td colspan="2">轴线偏位（mm）</td><td>50</td><td>/</td><td></td><td></td></tr>
<tr><td>3</td><td colspan="2">基坑尺寸（mm）</td><td>不小于设计规定</td><td>/</td><td></td><td></td></tr>
<tr><td></td><td colspan="2"></td><td></td><td></td><td></td><td></td></tr>
<tr><td></td><td colspan="2"></td><td></td><td></td><td></td><td></td></tr>
<tr><td colspan="3">施工单位检查结果</td><td colspan="6">专业工长：（签名）　　项目专业质量检查员：（签名）　　年　月　日</td></tr>
<tr><td colspan="3">监理单位验收结论</td><td colspan="6">专业监理工程师：（签名）　　年　月　日</td></tr>
</table>

7.2.2.13 市政验·桥-9 地基回填土方检验批质量验收记录

市政基础设施工程

地基回填土方检验批质量验收记录

市政验·桥-9

第　　页，共　　页

<table>
<tr><td colspan="4">工程名称</td><td colspan="5"></td></tr>
<tr><td colspan="4">单位工程名称</td><td colspan="5"></td></tr>
<tr><td colspan="4">施工单位</td><td></td><td colspan="2">分包单位</td><td colspan="2"></td></tr>
<tr><td colspan="4">项目负责人</td><td></td><td colspan="2">项目技术负责人</td><td colspan="2"></td></tr>
<tr><td colspan="4">分部（子分部）工程名称</td><td></td><td colspan="2">分项工程名称</td><td colspan="2"></td></tr>
<tr><td colspan="4">验收部位/区段</td><td></td><td colspan="2">检验批容量</td><td colspan="2"></td></tr>
<tr><td colspan="4">施工及验收依据</td><td colspan="5">《城市桥梁工程施工与质量验收规范》CJJ 2</td></tr>
<tr><td colspan="4">验收项目</td><td>设计要求或规范规定</td><td>最小/实际抽样数量</td><td>检查记录</td><td colspan="2">检查结果</td></tr>
<tr><td rowspan="2">主控项目</td><td>1</td><td rowspan="2">压实度</td><td>填土上当年筑路</td><td>符合国家现行标准《城镇道路工程施工与质量验收规范》CJJ 1 的有关规定</td><td>/</td><td></td><td colspan="2"></td></tr>
<tr><td>2</td><td>管线填土</td><td>符合现行相关管线施工标准的规定</td><td>/</td><td></td><td colspan="2"></td></tr>
<tr><td rowspan="4">一般项目</td><td>1</td><td colspan="2">除当年筑路和管线上回填土方以外，填方压实度不应小于 87%（轻型击实）</td><td>第 10.7.2-3 条</td><td>/</td><td></td><td colspan="2"></td></tr>
<tr><td>2</td><td colspan="2">填料应符合设计要求，不得含有影响填筑质量的杂物。基坑填筑应分层回填、分层夯实</td><td>第 10.7.2-3 条</td><td>/</td><td></td><td colspan="2"></td></tr>
<tr><td></td><td colspan="2"></td><td></td><td></td><td></td><td colspan="2"></td></tr>
<tr><td></td><td colspan="2"></td><td></td><td></td><td></td><td colspan="2"></td></tr>
<tr><td colspan="2">施工单位检查结果</td><td colspan="7">专业工长：（签名）　　项目专业质量检查员：（签名）　　年　月　日</td></tr>
<tr><td colspan="2">监理单位验收结论</td><td colspan="7">专业监理工程师：（签名）　　年　月　日</td></tr>
</table>

7.2.2.14　市政验·桥-10　现浇混凝土基础检验批质量验收记录

市政基础设施工程

现浇混凝土基础检验批质量验收记录

市政验·桥-10

第　　页，共　　页

<table>
<tr><td colspan="4">工程名称</td><td colspan="6"></td></tr>
<tr><td colspan="4">单位工程名称</td><td colspan="6"></td></tr>
<tr><td colspan="4">施工单位</td><td colspan="2"></td><td colspan="2">分包单位</td><td colspan="2"></td></tr>
<tr><td colspan="4">项目负责人</td><td colspan="2"></td><td colspan="2">项目技术负责人</td><td colspan="2"></td></tr>
<tr><td colspan="4">分部（子分部）工程名称</td><td colspan="2"></td><td colspan="2">分项工程名称</td><td colspan="2"></td></tr>
<tr><td colspan="4">验收部位/区段</td><td colspan="2"></td><td colspan="2">检验批容量</td><td colspan="2"></td></tr>
<tr><td colspan="4">施工及验收依据</td><td colspan="6">《城市桥梁工程施工与质量验收规范》CJJ 2</td></tr>
<tr><td colspan="6">验收项目</td><td>设计要求或规范规定</td><td>最小/实际抽样数量</td><td>检查记录</td><td>检查结果</td></tr>
<tr><td rowspan="8">一般项目</td><td>1</td><td colspan="4">基础表面不得有孔洞、露筋</td><td>第10.7.4-2条</td><td>/</td><td></td><td></td></tr>
<tr><td rowspan="2">2</td><td rowspan="7">允许偏差</td><td rowspan="2">断面尺寸（mm）</td><td colspan="2">长</td><td>±20</td><td>/</td><td></td><td></td></tr>
<tr><td colspan="2">宽</td><td>±20</td><td>/</td><td></td><td></td></tr>
<tr><td>3</td><td colspan="3">顶面高程（mm）</td><td>±10</td><td>/</td><td></td><td></td></tr>
<tr><td>4</td><td colspan="3">基础厚度（mm）</td><td>+10，0</td><td>/</td><td></td><td></td></tr>
<tr><td>5</td><td colspan="3">轴线偏位（mm）</td><td>15</td><td>/</td><td></td><td></td></tr>
<tr><td></td><td colspan="3"></td><td></td><td></td><td></td><td></td></tr>
<tr><td></td><td colspan="3"></td><td></td><td></td><td></td><td></td></tr>
<tr><td colspan="3">施工单位检查结果</td><td colspan="7">专业工长：（签名）　　项目专业质量检查员：（签名）　　年　月　日</td></tr>
<tr><td colspan="3">监理单位验收结论</td><td colspan="7">专业监理工程师：（签名）　　年　月　日</td></tr>
</table>

7.2.2.15 市政验·桥-11 砌体基础检验批质量验收记录

市政基础设施工程

砌体基础检验批质量验收记录

市政验·桥-11

第　　页，共　　页

<table>
<tr><td colspan="5">工程名称</td><td colspan="4"></td></tr>
<tr><td colspan="5">单位工程名称</td><td colspan="4"></td></tr>
<tr><td colspan="5">施工单位</td><td></td><td colspan="2">分包单位</td><td></td></tr>
<tr><td colspan="5">项目负责人</td><td></td><td colspan="2">项目技术负责人</td><td></td></tr>
<tr><td colspan="5">分部（子分部）工程名称</td><td></td><td colspan="2">分项工程名称</td><td></td></tr>
<tr><td colspan="5">验收部位/区段</td><td></td><td colspan="2">检验批容量</td><td></td></tr>
<tr><td colspan="5">施工及验收依据</td><td colspan="4">《城市桥梁工程施工与质量验收规范》CJJ 2</td></tr>
<tr><td colspan="5">验收项目</td><td>设计要求或规范规定</td><td>最小/实际抽样数量</td><td>检查记录</td><td>检查结果</td></tr>
<tr><td rowspan="8">一般项目</td><td>1</td><td rowspan="8">允许偏差</td><td colspan="2">顶面高程（mm）</td><td>±25</td><td>/</td><td></td><td></td></tr>
<tr><td>2</td><td rowspan="2">基础厚度（mm）</td><td>片石</td><td>+30，0</td><td>/</td><td></td><td></td></tr>
<tr><td>3</td><td>料石、砌块</td><td>+15，0</td><td>/</td><td></td><td></td></tr>
<tr><td>4</td><td colspan="2">轴线偏位（mm）</td><td>15</td><td>/</td><td></td><td></td></tr>
<tr><td>5</td><td colspan="2"></td><td></td><td></td><td></td><td></td></tr>
<tr><td></td><td colspan="2"></td><td></td><td></td><td></td><td></td></tr>
<tr><td></td><td colspan="2"></td><td></td><td></td><td></td><td></td></tr>
<tr><td></td><td colspan="2"></td><td></td><td></td><td></td><td></td></tr>
<tr><td colspan="3">施工单位检查结果</td><td colspan="6">专业工长：（签名）　　项目专业质量检查员：（签名）　　年　　月　　日</td></tr>
<tr><td colspan="3">监理单位验收结论</td><td colspan="6">专业监理工程师：（签名）　　年　　月　　日</td></tr>
</table>

7.2.2.16 市政验·桥-12 预制混凝土桩制作检验批质量验收记录

市政基础设施工程

预制混凝土桩制作检验批质量验收记录

市政验·桥-12

第　　页，共　　页

工程名称			
单位工程名称			
施工单位		分包单位	
项目负责人		项目技术负责人	
分部（子分部）工程名称		分项工程名称	
验收部位/区段		检验批容量	
施工及验收依据	《城市桥梁工程施工与质量验收规范》CJJ 2		

验收项目					设计要求或规范规定	最小/实际抽样数量	检查记录	检查结果
主控项目	1	桩表面不得出现孔洞、露筋和受力裂缝			第10.7.3-1条	/		
一般项目	1	桩身表面无蜂窝、麻面和超过0.15mm的收缩裂缝。小于0.15mm的横向裂缝长度，方桩不得大于边长或短边长的1/3；管桩或多边形桩不得大于直径或对角线的1/3；小于0.15mm的纵向裂缝长度，方桩不得大于边长或短边长得的1.5倍，管桩或多边形桩不得大于直径或对角线的1.5倍			第10.7.3-1条	/		
	2	允许偏差	实心桩	横截面边长（mm）	±5	/		
				长度（mm）	±50	/		
				桩尖对中轴线的倾斜（mm）	10	/		
				桩轴线的弯曲矢高（mm）	≤0.1%桩长，且不大于20	/		
				桩顶平面对桩纵轴线的倾斜（mm）	≤1%桩径（边长），且不大于3	/		
				接桩的接头平面与桩轴平面垂直度（mm）	0.5%	/		
	3		空心桩	内径（mm）	不小于设计	/		
				壁厚（mm）	0，－3	/		
				桩轴线的弯曲矢高（mm）	0.2%	/		
施工单位检查结果	专业工长：（签名）　　项目专业质量检查员：（签名）　　年　月　日							
监理单位验收结论	专业监理工程师：（签名）　　年　月　日							

7.2.2.17 市政验·桥-13 钢管桩制作检验批质量验收记录

市政基础设施工程

钢管桩制作检验批质量验收记录

市政验·桥-13

第 页，共 页

<table>
<tr><td colspan="4">工程名称</td><td colspan="5"></td></tr>
<tr><td colspan="4">单位工程名称</td><td colspan="5"></td></tr>
<tr><td colspan="4">施工单位</td><td></td><td colspan="2">分包单位</td><td colspan="2"></td></tr>
<tr><td colspan="4">项目负责人</td><td></td><td colspan="2">项目技术负责人</td><td colspan="2"></td></tr>
<tr><td colspan="4">分部（子分部）工程名称</td><td></td><td colspan="2">分项工程名称</td><td colspan="2"></td></tr>
<tr><td colspan="4">验收部位/区段</td><td></td><td colspan="2">检验批容量</td><td colspan="2"></td></tr>
<tr><td colspan="4">施工及验收依据</td><td colspan="5">《城市桥梁工程施工与质量验收规范》CJJ 2</td></tr>
<tr><td colspan="4">验收项目</td><td>设计要求或规范规定</td><td>最小/实际抽样数量</td><td>检查记录</td><td colspan="2">检查结果</td></tr>
<tr><td rowspan="3">主控项目</td><td>1</td><td colspan="2">钢材品种、规格及其技术性能应符合设计要求和相关标准规定</td><td>第10.7.3-2条</td><td>/</td><td></td><td colspan="2"></td></tr>
<tr><td>2</td><td colspan="2">制作焊接质量应符合设计要求和相关标准规定</td><td>第10.7.3-2条</td><td>/</td><td></td><td colspan="2"></td></tr>
<tr><td></td><td colspan="2"></td><td></td><td></td><td></td><td colspan="2"></td></tr>
<tr><td rowspan="6">一般项目</td><td>1</td><td rowspan="5">允许偏差</td><td>外径（mm）</td><td>±5</td><td>/</td><td></td><td colspan="2"></td></tr>
<tr><td>2</td><td>长度（mm）</td><td>+10，0</td><td>/</td><td></td><td colspan="2"></td></tr>
<tr><td>3</td><td>桩轴线的弯曲矢高（mm）</td><td>≤1%桩长，且不大于20</td><td>/</td><td></td><td colspan="2"></td></tr>
<tr><td>4</td><td>端部平面度（mm）</td><td>2</td><td>/</td><td></td><td colspan="2"></td></tr>
<tr><td>5</td><td>端部平面与桩身中心线的倾斜（mm）</td><td>≤1%桩径，且不大于3</td><td>/</td><td></td><td colspan="2"></td></tr>
<tr><td></td><td></td><td></td><td></td><td></td><td></td><td colspan="2"></td></tr>
<tr><td colspan="2">施工单位检查结果</td><td colspan="7">专业工长：（签名） 项目专业质量检查员：（签名） 年 月 日</td></tr>
<tr><td colspan="2">监理单位验收结论</td><td colspan="7">专业监理工程师：（签名） 年 月 日</td></tr>
</table>

7.2.2.18 市政验·桥-14 沉桩检验批质量验收记录

市政基础设施工程

沉桩检验批质量验收记录

市政验·桥-14

第　　页，共　　页

<table>
<tr><td colspan="6">工程名称</td><td colspan="4"></td></tr>
<tr><td colspan="6">单位工程名称</td><td colspan="4"></td></tr>
<tr><td colspan="5">施工单位</td><td colspan="2"></td><td colspan="2">分包单位</td><td></td></tr>
<tr><td colspan="5">项目负责人</td><td colspan="2"></td><td colspan="2">项目技术负责人</td><td></td></tr>
<tr><td colspan="5">分部（子分部）工程名称</td><td colspan="2"></td><td colspan="2">分项工程名称</td><td></td></tr>
<tr><td colspan="5">验收部位/区段</td><td colspan="2"></td><td colspan="2">检验批容量</td><td></td></tr>
<tr><td colspan="5">施工及验收依据</td><td colspan="5">《城市桥梁工程施工与质量验收规范》CJJ 2</td></tr>
<tr><td colspan="6">验收项目</td><td>设计要求或
规范规定</td><td>最小/实际
抽样数量</td><td>检查记录</td><td>检查
结果</td></tr>
<tr><td>主控
项目</td><td>1</td><td colspan="4">沉入桩的入土深度、最终贯入度或停打标准应符合设计要求</td><td>第10.7.3-3条</td><td>/</td><td></td><td></td></tr>
<tr><td rowspan="12">一般
项目</td><td rowspan="4">1</td><td rowspan="12">允许偏差</td><td rowspan="4">桩位</td><td rowspan="2">群桩
（mm）</td><td>中间桩</td><td>$\leqslant d/2$ 且不大于250</td><td>/</td><td></td><td></td></tr>
<tr><td>外缘桩</td><td>$d/4$</td><td>/</td><td></td><td></td></tr>
<tr><td rowspan="2">排架桩
（mm）</td><td>顺桥方向</td><td>40</td><td>/</td><td></td><td></td></tr>
<tr><td>垂直桥轴方向</td><td>50</td><td>/</td><td></td><td></td></tr>
<tr><td>2</td><td colspan="3">桩尖高程（mm）</td><td>不高于设计要求</td><td>/</td><td></td><td></td></tr>
<tr><td>3</td><td colspan="3">斜桩倾斜度（mm）</td><td>$\pm 15\%\tan\theta$</td><td>/</td><td></td><td></td></tr>
<tr><td>4</td><td colspan="3">直桩垂直度（mm）</td><td>1%</td><td>/</td><td></td><td></td></tr>
<tr><td>5</td><td colspan="3">接桩焊缝咬边深度（mm）</td><td>0.5</td><td>/</td><td></td><td></td></tr>
<tr><td>6</td><td colspan="3">接桩焊缝加强层高度（mm）</td><td>+3，0</td><td>/</td><td></td><td></td></tr>
<tr><td>7</td><td colspan="3">接桩焊缝加强层宽度（mm）</td><td>+3，0</td><td>/</td><td></td><td></td></tr>
<tr><td rowspan="2">8</td><td colspan="2" rowspan="2">钢管桩上下节
错台（mm）</td><td>公称直径≥700mm</td><td>3</td><td>/</td><td></td><td></td></tr>
<tr><td>公称直径<700mm</td><td>2</td><td>/</td><td></td><td></td></tr>
<tr><td colspan="3">施工单位
检查结果</td><td colspan="7">专业工长：（签名）　　项目专业质量检查员：（签名）　　年　月　日</td></tr>
<tr><td colspan="3">监理单位
验收结论</td><td colspan="7">专业监理工程师：（签名）　　年　月　日</td></tr>
</table>

注：1. d 为桩的直径或短边尺寸（mm）；2. θ 为斜桩设计纵轴线与铅垂线间夹角（°）。

7.2.2.19　市政验·桥-15　混凝土灌注桩检验批质量验收记录

市政基础设施工程

混凝土灌注桩检验批质量验收记录

市政验·桥-15

第　　页，共　　页

<table>
<tr><td colspan="4">工程名称</td><td colspan="5"></td></tr>
<tr><td colspan="4">单位工程名称</td><td colspan="5"></td></tr>
<tr><td colspan="4">施工单位</td><td></td><td colspan="2">分包单位</td><td colspan="2"></td></tr>
<tr><td colspan="4">项目负责人</td><td></td><td colspan="2">项目技术负责人</td><td colspan="2"></td></tr>
<tr><td colspan="4">分部（子分部）工程名称</td><td></td><td colspan="2">分项工程名称</td><td colspan="2"></td></tr>
<tr><td colspan="4">验收部位/区段</td><td></td><td colspan="2">检验批容量</td><td colspan="2"></td></tr>
<tr><td colspan="4">施工及验收依据</td><td colspan="5">《城市桥梁工程施工与质量验收规范》CJJ 2</td></tr>
<tr><td colspan="5">验收项目</td><td>设计要求或规范规定</td><td>最小/实际抽样数量</td><td>检查记录</td><td>检查结果</td></tr>
<tr><td rowspan="4">主控项目</td><td>1</td><td colspan="3">成孔达到设计深度后，必须核实地质情况，确认符合设计要求</td><td>第10.7.4-1条</td><td>/</td><td></td><td></td></tr>
<tr><td>2</td><td colspan="3">孔径、孔深应符合设计要求</td><td>第10.7.4-2条</td><td>/</td><td></td><td></td></tr>
<tr><td>3</td><td colspan="3">混凝土抗压强度应符合设计要求</td><td>第10.7.4-3条</td><td>/</td><td></td><td></td></tr>
<tr><td>4</td><td colspan="3">桩身不得出现断桩、缩径</td><td>第10.7.4-4条</td><td>/</td><td></td><td></td></tr>
<tr><td rowspan="7">一般项目</td><td>1</td><td colspan="3">钢筋笼制作和安装质量检验应符合规范第10.7.1条规定，且钢筋笼底端高程偏差不得大于±50</td><td>第10.7.4-5条</td><td>/</td><td></td><td></td></tr>
<tr><td rowspan="2">2</td><td rowspan="6">允许偏差</td><td rowspan="2">桩位（mm）</td><td>群桩</td><td>100</td><td>/</td><td></td><td></td></tr>
<tr><td>排架桩</td><td>50</td><td>/</td><td></td><td></td></tr>
<tr><td rowspan="2">3</td><td rowspan="2">沉渣厚度（mm）</td><td>摩擦桩</td><td>符合设计要求</td><td>/</td><td></td><td></td></tr>
<tr><td>支承桩</td><td>不大于设计要求</td><td>/</td><td></td><td></td></tr>
<tr><td rowspan="2">4</td><td rowspan="2">垂直度（mm）</td><td>钻孔桩</td><td>≤1%桩长，且不大于500</td><td>/</td><td></td><td></td></tr>
<tr><td>挖孔桩</td><td>≤0.5%桩长，且不大于200</td><td>/</td><td></td><td></td></tr>
<tr><td colspan="3">施工单位检查结果</td><td colspan="6">专业工长：（签名）　　项目专业质量检查员：（签名）　　年　月　日</td></tr>
<tr><td colspan="3">监理单位验收结论</td><td colspan="6">专业监理工程师：（签名）　　年　月　日</td></tr>
</table>

7.2.2.20 市政验·桥-16 沉井制作检验批质量检验记录

市政基础设施工程

沉井制作检验批质量检验记录

市政验·桥-16

第　　页，共　　页

<table>
<tr><td colspan="4">工程名称</td><td colspan="5"></td></tr>
<tr><td colspan="4">单位工程名称</td><td colspan="5"></td></tr>
<tr><td colspan="4">施工单位</td><td></td><td colspan="2">分包单位</td><td colspan="2"></td></tr>
<tr><td colspan="4">项目负责人</td><td></td><td colspan="2">项目技术负责人</td><td colspan="2"></td></tr>
<tr><td colspan="4">分部（子分部）工程名称</td><td></td><td colspan="2">分项工程名称</td><td colspan="2"></td></tr>
<tr><td colspan="4">验收部位/区段</td><td></td><td colspan="2">检验批容量</td><td colspan="2"></td></tr>
<tr><td colspan="4">施工及验收依据</td><td colspan="5">《城市桥梁工程施工与质量验收规范》CJJ 2</td></tr>
<tr><td colspan="5">验收项目</td><td>设计要求或规范规定</td><td>最小/实际抽样数量</td><td>检查记录</td><td>检查结果</td></tr>
<tr><td rowspan="2">主控项目</td><td>1</td><td colspan="3">钢壳沉井的钢材及其焊接质量应符合设计要求和相关标准规定</td><td>第10.7.5-1条</td><td>/</td><td></td><td></td></tr>
<tr><td>2</td><td colspan="3">钢壳沉井气筒必须按照压容器的有关规定制造，并经水压（不得低于工作压力的1.5倍）试验合格后方可投入使用</td><td>第10.7.5-1条</td><td>/</td><td></td><td></td></tr>
<tr><td rowspan="8">一般项目</td><td>1</td><td colspan="3">混凝土沉井壁表面应无孔洞、露筋、蜂窝、麻面和宽度超过0.15mm的收缩裂缝</td><td>第10.7.5-1条</td><td>/</td><td></td><td></td></tr>
<tr><td rowspan="2">2</td><td rowspan="7">允许偏差</td><td rowspan="2">沉井尺寸（mm）</td><td>长、宽</td><td>±0.5%边长，大于24m时±120</td><td>/</td><td></td><td></td></tr>
<tr><td>半径</td><td>±0.5%半径，大于12m时±60</td><td>/</td><td></td><td></td></tr>
<tr><td>3</td><td colspan="2">对角线长度差（mm）</td><td>1%理论值，且不大于80</td><td>/</td><td></td><td></td></tr>
<tr><td rowspan="2">4</td><td rowspan="2">井壁厚度（mm）</td><td>混凝土</td><td>+40，−30</td><td>/</td><td></td><td></td></tr>
<tr><td>钢壳和钢筋混凝土</td><td>±15</td><td>/</td><td></td><td></td></tr>
<tr><td>5</td><td colspan="2">平整度（mm）</td><td>8</td><td>/</td><td></td><td></td></tr>
<tr><td colspan="2">施工单位检查结果</td><td colspan="7">专业工长：（签名）　　项目专业质量检查员：（签名）　　年　月　日</td></tr>
<tr><td colspan="2">监理单位验收结论</td><td colspan="7">专业监理工程师：（签名）　　年　月　日</td></tr>
</table>

7.2.2.21 市政验·桥-17 沉井浮运检验批质量验收记录

市政基础设施工程

沉井浮运检验批质量验收记录

市政验·桥-17

第　　页，共　　页

<table>
<tr><td colspan="3">工程名称</td><td colspan="5"></td></tr>
<tr><td colspan="3">单位工程名称</td><td colspan="5"></td></tr>
<tr><td colspan="3">施工单位</td><td></td><td colspan="2">分包单位</td><td colspan="2"></td></tr>
<tr><td colspan="3">项目负责人</td><td></td><td colspan="2">项目技术负责人</td><td colspan="2"></td></tr>
<tr><td colspan="3">分部（子分部）工程名称</td><td></td><td colspan="2">分项工程名称</td><td colspan="2"></td></tr>
<tr><td colspan="3">验收部位/区段</td><td></td><td colspan="2">检验批容量</td><td colspan="2"></td></tr>
<tr><td colspan="3">施工及验收依据</td><td colspan="5">《城市桥梁工程施工与质量验收规范》CJJ 2</td></tr>
<tr><td colspan="3">验收项目</td><td>设计要求或规范规定</td><td>最小/实际抽样数量</td><td colspan="2">检查记录</td><td>检查结果</td></tr>
<tr><td rowspan="4">主控项目</td><td>1</td><td>预制浮式沉井在下水、浮运前，应进行水密试验，合格后方可下水</td><td>第10.7.5-2条</td><td>/</td><td colspan="2"></td><td></td></tr>
<tr><td>2</td><td>钢壳沉井底节应进行水压试验，其余各节应进行水密检查，合格后方可下水</td><td>第10.7.5-2条</td><td>/</td><td colspan="2"></td><td></td></tr>
<tr><td></td><td></td><td></td><td></td><td colspan="2"></td><td></td></tr>
<tr><td></td><td></td><td></td><td></td><td colspan="2"></td><td></td></tr>
<tr><td colspan="2">施工单位检查结果</td><td colspan="6">专业工长：（签名）　　项目专业质量检查员：（签名）　　年　月　日</td></tr>
<tr><td colspan="2">监理单位验收结论</td><td colspan="6">专业监理工程师：（签名）　　年　月　日</td></tr>
</table>

7.2.2.22 市政验·桥-18 沉井下沉检验批质量验收记录

市政基础设施工程

沉井下沉检验批质量验收记录

市政验·桥-18

第　　页，共　　页

<table>
<tr><td colspan="4">工程名称</td><td colspan="4"></td></tr>
<tr><td colspan="4">单位工程名称</td><td colspan="4"></td></tr>
<tr><td colspan="4">施工单位</td><td></td><td colspan="2">分包单位</td><td></td></tr>
<tr><td colspan="4">项目负责人</td><td></td><td colspan="2">项目技术负责人</td><td></td></tr>
<tr><td colspan="4">分部（子分部）工程名称</td><td></td><td colspan="2">分项工程名称</td><td></td></tr>
<tr><td colspan="4">验收部位/区段</td><td></td><td colspan="2">检验批容量</td><td></td></tr>
<tr><td colspan="4">施工及验收依据</td><td colspan="4">《城市桥梁工程施工与质量验收规范》CJJ 2</td></tr>
<tr><td colspan="5">验收项目</td><td>设计要求或规范规定</td><td>最小/实际抽样数量</td><td>检查记录</td><td>检查结果</td></tr>
<tr><td rowspan="2">主控项目</td><td>1</td><td colspan="3">就地浇筑沉井首节下沉应在井壁混凝土达到设计强度后进行，其上各节达到设计强度的75%后方可下沉</td><td>第10.7.5-3条</td><td>/</td><td></td><td></td></tr>
<tr><td></td><td colspan="3"></td><td></td><td></td><td></td><td></td></tr>
<tr><td rowspan="7">一般项目</td><td>1</td><td colspan="3">下沉后内壁不得渗漏</td><td>第10.7.5-3条</td><td>/</td><td></td><td></td></tr>
<tr><td>2</td><td rowspan="6">允许偏差</td><td rowspan="3">就地制作沉井</td><td>底面、顶面中心位置（mm）</td><td>$H/50$</td><td>/</td><td></td><td></td></tr>
<tr><td>3</td><td>垂直度（mm）</td><td>$H/50$</td><td>/</td><td></td><td></td></tr>
<tr><td>4</td><td>平面扭角</td><td>1°</td><td>/</td><td></td><td></td></tr>
<tr><td>5</td><td rowspan="3">浮式沉井</td><td>底面、顶面中心位置（mm）</td><td>$H/50+250$</td><td>/</td><td></td><td></td></tr>
<tr><td>6</td><td>垂直度（mm）</td><td>$H/50$</td><td>/</td><td></td><td></td></tr>
<tr><td>7</td><td>平面扭角</td><td>2°</td><td>/</td><td></td><td></td></tr>
<tr><td colspan="2">施工单位检查结果</td><td colspan="7">专业工长：（签名）　　项目专业质量检查员：（签名）　　年　月　日</td></tr>
<tr><td colspan="2">监理单位验收结论</td><td colspan="7">专业监理工程师：（签名）　　年　月　日</td></tr>
</table>

注：H为沉井高度（mm）。

7.2.2.23 市政验·桥-19 沉井清基、封底检验批质量验收记录

市政基础设施工程

沉井清基、封底检验批质量验收记录

市政验·桥-19

第 页，共 页

<table>
<tr><td colspan="3">工程名称</td><td colspan="4"></td></tr>
<tr><td colspan="3">单位工程名称</td><td colspan="4"></td></tr>
<tr><td colspan="3">施工单位</td><td></td><td colspan="2">分包单位</td><td></td></tr>
<tr><td colspan="3">项目负责人</td><td></td><td colspan="2">项目技术负责人</td><td></td></tr>
<tr><td colspan="3">分部（子分部）工程名称</td><td></td><td colspan="2">分项工程名称</td><td></td></tr>
<tr><td colspan="3">验收部位/区段</td><td></td><td colspan="2">检验批容量</td><td></td></tr>
<tr><td colspan="3">施工及验收依据</td><td colspan="4">《城市桥梁工程施工与质量验收规范》CJJ 2</td></tr>
<tr><td colspan="3">验收项目</td><td>设计要求或规范规定</td><td>最小/实际抽样数量</td><td>检查记录</td><td>检查结果</td></tr>
<tr><td rowspan="3">主控项目</td><td>1</td><td>清基后基底地质条件检验应符合 CJJ 2—2008 第 10.7.2 条第 2 款的规定</td><td>第 10.7.5-4 条</td><td>/</td><td></td><td></td></tr>
<tr><td></td><td></td><td></td><td></td><td></td><td></td></tr>
<tr><td></td><td></td><td></td><td></td><td></td><td></td></tr>
<tr><td rowspan="3">一般项目</td><td>1</td><td>沉井在软土中沉至设计高程并清基后，待 8h 内累计下沉小于 10mm 时，方可封底</td><td>第 10.7.5-5 条</td><td>/</td><td></td><td></td></tr>
<tr><td>2</td><td>沉井应在封底混凝土强度达到设计要求后方可进行抽水填充</td><td>第 10.7.5-5 条</td><td>/</td><td></td><td></td></tr>
<tr><td></td><td></td><td></td><td></td><td></td><td></td></tr>
<tr><td colspan="2">施工单位检查结果</td><td colspan="5">专业工长：（签名） 项目专业质量检查员：（签名） 年 月 日</td></tr>
<tr><td colspan="2">监理单位验收结论</td><td colspan="5">专业监理工程师：（签名） 年 月 日</td></tr>
</table>

7.2.2.24　市政验·桥-20　地下连续墙检验批质量验收记录

市政基础设施工程

地下连续墙检验批质量验收记录

市政验·桥-20

第　　页，共　　页

<table>
<tr><td colspan="4">工程名称</td><td colspan="4"></td></tr>
<tr><td colspan="4">单位工程名称</td><td colspan="4"></td></tr>
<tr><td colspan="4">施工单位</td><td></td><td colspan="2">分包单位</td><td></td></tr>
<tr><td colspan="4">项目负责人</td><td></td><td colspan="2">项目技术负责人</td><td></td></tr>
<tr><td colspan="4">分部（子分部）工程名称</td><td></td><td colspan="2">分项工程名称</td><td></td></tr>
<tr><td colspan="4">验收部位/区段</td><td></td><td colspan="2">检验批容量</td><td></td></tr>
<tr><td colspan="4">施工及验收依据</td><td colspan="4">《城市桥梁工程施工与质量验收规范》CJJ 2</td></tr>
<tr><td colspan="4">验收项目</td><td>设计要求或规范规定</td><td>最小/实际抽样数量</td><td>检查记录</td><td>检查结果</td></tr>
<tr><td rowspan="2">主控项目</td><td>1</td><td colspan="2">成槽的深度应符合设计要求</td><td>第10.7.6-1条</td><td>/</td><td></td><td></td></tr>
<tr><td>2</td><td colspan="2">水下混凝土质量检验应符合规范第10.7.1条规定，墙身不得有夹层、局部凹进。接头处理应符合施工设计要求</td><td>第10.7.6-2条</td><td>/</td><td></td><td></td></tr>
<tr><td rowspan="5">一般项目</td><td>1</td><td rowspan="5">允许偏差</td><td>轴线偏位（mm）</td><td>30</td><td>/</td><td></td><td></td></tr>
<tr><td>2</td><td>外形尺寸（mm）</td><td>+30，　0</td><td>/</td><td></td><td></td></tr>
<tr><td>3</td><td>垂直度（mm）</td><td>0.5%墙高</td><td>/</td><td></td><td></td></tr>
<tr><td>4</td><td>顶面高程（mm）</td><td>±10</td><td>/</td><td></td><td></td></tr>
<tr><td>5</td><td>沉渣厚度（mm）</td><td>符合设计要求</td><td>/</td><td></td><td></td></tr>
<tr><td colspan="3">施工单位检查结果</td><td colspan="5">
专业工长：（签名）　　项目专业质量检查员：（签名）　　年　　月　　日</td></tr>
<tr><td colspan="3">监理单位验收结论</td><td colspan="5">
专业监理工程师：（签名）　　年　　月　　日</td></tr>
</table>

7.2.2.25　市政验・桥-21　混凝土承台检验批质量验收记录

市政基础设施工程

混凝土承台检验批质量验收记录

市政验・桥-21

第　　页，共　　页

<table>
<tr><td colspan="4">工程名称</td><td colspan="5"></td></tr>
<tr><td colspan="4">单位工程名称</td><td colspan="5"></td></tr>
<tr><td colspan="4">施工单位</td><td colspan="2"></td><td colspan="2">分包单位</td><td></td></tr>
<tr><td colspan="4">项目负责人</td><td colspan="2"></td><td colspan="2">项目技术负责人</td><td></td></tr>
<tr><td colspan="4">分部（子分部）工程名称</td><td colspan="2"></td><td colspan="2">分项工程名称</td><td></td></tr>
<tr><td colspan="4">验收部位/区段</td><td colspan="2"></td><td colspan="2">检验批容量</td><td></td></tr>
<tr><td colspan="4">施工及验收依据</td><td colspan="5">《城市桥梁工程施工与质量验收规范》CJJ 2</td></tr>
<tr><td colspan="5">验收项目</td><td>设计要求或规范规定</td><td>最小/实际抽样数量</td><td>检查记录</td><td>检查结果</td></tr>
<tr><td rowspan="7">一般项目</td><td>1</td><td colspan="3">承台表面应无孔洞、露筋、缺棱掉角、蜂窝、麻面和宽度超过0.15mm的收缩裂缝</td><td>第10.7.7-2条</td><td>/</td><td></td><td></td></tr>
<tr><td rowspan="2">2</td><td rowspan="6">允许偏差</td><td rowspan="2">断面尺寸（mm）</td><td>长</td><td>±20</td><td>/</td><td></td><td></td></tr>
<tr><td>宽</td><td>±20</td><td>/</td><td></td><td></td></tr>
<tr><td>3</td><td colspan="2">承台厚度（mm）</td><td>0，+10</td><td>/</td><td></td><td></td></tr>
<tr><td>4</td><td colspan="2">顶面高程（mm）</td><td>±10</td><td>/</td><td></td><td></td></tr>
<tr><td>5</td><td colspan="2">轴线偏位（mm）</td><td>15</td><td>/</td><td></td><td></td></tr>
<tr><td>6</td><td colspan="2">预埋件位置（mm）</td><td>10</td><td>/</td><td></td><td></td></tr>
<tr><td colspan="2">施工单位检查结果</td><td colspan="7">专业工长：（签名）　　项目专业质量检查员：（签名）　　年　　月　　日</td></tr>
<tr><td colspan="2">监理单位验收结论</td><td colspan="7">专业监理工程师：（签名）　　年　　月　　日</td></tr>
</table>

7.2.2.26 市政验·桥-22 墩台砌体检验批质量验收记录

市政基础设施工程

墩台砌体检验批质量验收记录

市政验·桥-22

第 页，共 页

<table>
<tr><td colspan="5">工程名称</td><td colspan="5"></td></tr>
<tr><td colspan="5">单位工程名称</td><td colspan="5"></td></tr>
<tr><td colspan="5">施工单位</td><td></td><td>分包单位</td><td colspan="3"></td></tr>
<tr><td colspan="5">项目负责人</td><td></td><td>项目技术负责人</td><td colspan="3"></td></tr>
<tr><td colspan="5">分部（子分部）工程名称</td><td></td><td>分项工程名称</td><td colspan="3"></td></tr>
<tr><td colspan="5">验收部位/区段</td><td></td><td>检验批容量</td><td colspan="3"></td></tr>
<tr><td colspan="5">施工及验收依据</td><td colspan="5">《城市桥梁工程施工与质量验收规范》CJJ 2</td></tr>
<tr><td colspan="5">验收项目</td><td colspan="2">设计要求或
规范规定</td><td>最小/实际
抽样数量</td><td>检查记录</td><td>检查
结果</td></tr>
<tr><td rowspan="9">一般项目</td><td colspan="4">项　目</td><td>浆砌块石</td><td>浆砌料石、砌块</td><td></td><td></td><td></td></tr>
<tr><td rowspan="2">1</td><td rowspan="8">允许偏差</td><td rowspan="2">墩台尺寸
(mm)</td><td>长</td><td>+20，−10</td><td>+10，0</td><td>/</td><td></td><td></td></tr>
<tr><td>厚</td><td>±10</td><td>+10，0</td><td>/</td><td></td><td></td></tr>
<tr><td>2</td><td colspan="2">顶面高程（mm）</td><td>±15</td><td>±10</td><td>/</td><td></td><td></td></tr>
<tr><td>3</td><td colspan="2">轴线偏位（mm）</td><td>15</td><td>10</td><td>/</td><td></td><td></td></tr>
<tr><td>4</td><td colspan="2">墙面垂直度（mm）</td><td>≤0.5%H，且
不大于20</td><td>≤0.3%H，且
不大于15</td><td>/</td><td></td><td></td></tr>
<tr><td>5</td><td colspan="2">墙面平整度（mm）</td><td>30</td><td>10</td><td>/</td><td></td><td></td></tr>
<tr><td>6</td><td colspan="2">水平缝平直（mm）</td><td>—</td><td>10</td><td>/</td><td></td><td></td></tr>
<tr><td>7</td><td colspan="2">墙面坡度（mm）</td><td>符合设计要求</td><td>符合设计要求</td><td>/</td><td></td><td></td></tr>
<tr><td colspan="3">施工单位
检查结果</td><td colspan="7">专业工长：（签名）　　项目专业质量检查员：（签名）　　年　月　日</td></tr>
<tr><td colspan="3">监理单位
验收结论</td><td colspan="7">专业监理工程师：（签名）　　年　月　日</td></tr>
</table>

注：H 为墩台高度（mm）。

7.2.2.27 市政验·桥-23 现浇混凝土墩台、柱、挡墙检验批质量验收记录

市政基础设施工程

现浇混凝土墩台、柱、挡墙检验批质量验收记录

市政验·桥-23

第　　页，共　　页

工程名称			
单位工程名称			
施工单位		分包单位	
项目负责人		项目技术负责人	
分部（子分部）工程名称		分项工程名称	
验收部位/区段		检验批容量	
施工及验收依据	《城市桥梁工程施工与质量验收规范》CJJ 2		

验收项目						设计要求或规范规定	最小/实际抽样数量	检查记录	检查结果
主控项目	1	钢管混凝土柱的钢管制作质量检验应符合本规范第10.7.3第2款的规定				第11.5.3-1条	/		
	2	混凝土与钢管应紧密结合，无空隙				第11.5.3-2条	/		
一般项目	1	混凝土柱表面应无孔洞、露筋、蜂窝、麻面				第11.5.3-6条	/		
	2	允许偏差	墩、台	墩台身尺寸（mm）	长	+15，0	/		
					厚	+10，−8	/		
				顶面高程（mm）		±10	/		
				轴线偏位（mm）		10	/		
				墙面垂直度（mm）		≤0.25%H，且不大于25	/		
				墙面平整度（mm）		8	/		
				节段间错台（mm）		5	/		
				预埋件位置（mm）		5	/		
	3		柱	断面尺寸（mm）	长、宽（直径）	±5	/		
				顶面高程（mm）		±10	/		
				垂直度（mm）		≤0.2%H，且不大于15	/		
				轴线偏位（mm）		8	/		
				平整度（mm）		5	/		
				节段间错台（mm）		3	/		
	4		挡墙	断面尺寸（mm）	长	±5	/		
					厚	±5	/		
				顶面高程（mm）		±5	/		
				垂直度（mm）		0.15%H，且不大于10	/		
				轴线偏位（mm）		10	/		
				直顺度（mm）		10	/		
				平整度（mm）		8	/		
施工单位检查结果	专业工长：（签名）　　项目专业质量检查员：（签名）　　年　月　日								
监理单位验收结论	专业监理工程师：（签名）　　年　月　日								

7.2.2.28　市政验·桥-24　预制混凝土柱制作检验批质量验收记录

市政基础设施工程

预制混凝土柱制作检验批质量验收记录

市政验·桥-24

第　　页，共　　页

<table>
<tr><td colspan="4">工程名称</td><td colspan="5"></td></tr>
<tr><td colspan="4">单位工程名称</td><td colspan="5"></td></tr>
<tr><td colspan="4">施工单位</td><td colspan="2"></td><td colspan="2">分包单位</td><td></td></tr>
<tr><td colspan="4">项目负责人</td><td colspan="2"></td><td colspan="2">项目技术负责人</td><td></td></tr>
<tr><td colspan="4">分部（子分部）工程名称</td><td colspan="2"></td><td colspan="2">分项工程名称</td><td></td></tr>
<tr><td colspan="4">验收部位/区段</td><td colspan="2"></td><td colspan="2">检验批容量</td><td></td></tr>
<tr><td colspan="4">施工及验收依据</td><td colspan="5">《城市桥梁工程施工与质量验收规范》CJJ 2</td></tr>
<tr><td colspan="5">验收项目</td><td>设计要求或规范规定</td><td>最小/实际抽样数量</td><td>检查记录</td><td>检查结果</td></tr>
<tr><td rowspan="7">一般项目</td><td>1</td><td colspan="3">混凝土柱表面应无孔洞、露筋、蜂窝、麻面和缺棱掉角现象</td><td>第11.5.4-4条</td><td>/</td><td></td><td></td></tr>
<tr><td rowspan="2">2</td><td rowspan="6">允许偏差</td><td>断面尺寸（mm）</td><td>长、宽（直径）</td><td>±5</td><td>/</td><td></td><td></td></tr>
<tr><td colspan="2">高度（mm）</td><td>±10</td><td>/</td><td></td><td></td></tr>
<tr><td>3</td><td colspan="2">预应力筋孔道位置（mm）</td><td>10</td><td>/</td><td></td><td></td></tr>
<tr><td>4</td><td colspan="2">侧向弯曲（mm）</td><td>H/750</td><td>/</td><td></td><td></td></tr>
<tr><td>5</td><td colspan="2">平整度（mm）</td><td>3</td><td>/</td><td></td><td></td></tr>
<tr><td></td><td colspan="2"></td><td></td><td></td><td></td><td></td></tr>
<tr><td colspan="3">施工单位检查结果</td><td colspan="6">专业工长：（签名）　　项目专业质量检查员：（签名）　　年　月　日</td></tr>
<tr><td colspan="3">监理单位验收结论</td><td colspan="6">专业监理工程师：（签名）　　年　月　日</td></tr>
</table>

注：H 为柱高（mm）。

7.2.2.29　市政验·桥-25　混凝土柱安装检验批质量验收记录

市政基础设施工程

混凝土柱安装检验批质量验收记录

市政验·桥-25

第　　页，共　　页

<table>
<tr><td colspan="3">工程名称</td><td colspan="4"></td></tr>
<tr><td colspan="3">单位工程名称</td><td colspan="4"></td></tr>
<tr><td colspan="3">施工单位</td><td></td><td colspan="2">分包单位</td><td></td></tr>
<tr><td colspan="3">项目负责人</td><td></td><td colspan="2">项目技术负责人</td><td></td></tr>
<tr><td colspan="3">分部（子分部）工程名称</td><td></td><td colspan="2">分项工程名称</td><td></td></tr>
<tr><td colspan="3">验收部位/区段</td><td></td><td colspan="2">检验批容量</td><td></td></tr>
<tr><td colspan="3">施工及验收依据</td><td colspan="4">《城市桥梁工程施工与质量验收规范》CJJ 2</td></tr>
<tr><td colspan="3">验收项目</td><td>设计要求或规范规定</td><td>最小/实际抽样数量</td><td>检查记录</td><td>检查结果</td></tr>
<tr><td rowspan="3">主控项目</td><td>1</td><td>柱与基座连接处必须接触严密、焊接牢固、混凝土灌注密实，混凝土强度符合设计要求</td><td>第11.5.4-1条</td><td>/</td><td></td><td></td></tr>
<tr><td></td><td></td><td></td><td></td><td></td><td></td></tr>
<tr><td></td><td></td><td></td><td></td><td></td><td></td></tr>
<tr><td rowspan="7">一般项目</td><td>1</td><td>混凝土柱表面应无孔洞、露筋、蜂窝、麻面和缺棱掉角现象</td><td>第11.5.4-4条</td><td>/</td><td></td><td></td></tr>
<tr><td>2</td><td>允许偏差：平面位置（mm）</td><td>10</td><td>/</td><td></td><td></td></tr>
<tr><td>3</td><td>允许偏差：埋入基础深度（mm）</td><td>不少于设计要求</td><td>/</td><td></td><td></td></tr>
<tr><td>4</td><td>允许偏差：相邻间距（mm）</td><td>±10</td><td>/</td><td></td><td></td></tr>
<tr><td>5</td><td>允许偏差：垂直度（mm）</td><td>≤0.5%H，且不大于20</td><td>/</td><td></td><td></td></tr>
<tr><td>6</td><td>允许偏差：墩、柱顶高程（mm）</td><td>±10</td><td>/</td><td></td><td></td></tr>
<tr><td>7</td><td>允许偏差：节段间错台（mm）</td><td>3</td><td>/</td><td></td><td></td></tr>
<tr><td>施工单位检查结果</td><td colspan="6">专业工长：（签名）　　项目专业质量检查员：（签名）　　年　月　日</td></tr>
<tr><td>监理单位验收结论</td><td colspan="6">专业监理工程师：（签名）　　年　月　日</td></tr>
</table>

7.2.2.30 市政验·桥-26 现浇混凝土盖梁检验批质量验收记录

市政基础设施工程

现浇混凝土盖梁检验批质量验收记录

市政验·桥-26

第 页，共 页

<table>
<tr><td colspan="4">工程名称</td><td colspan="5"></td></tr>
<tr><td colspan="4">单位工程名称</td><td colspan="5"></td></tr>
<tr><td colspan="4">施工单位</td><td></td><td colspan="2">分包单位</td><td colspan="2"></td></tr>
<tr><td colspan="4">项目负责人</td><td></td><td colspan="2">项目技术负责人</td><td colspan="2"></td></tr>
<tr><td colspan="4">分部（子分部）工程名称</td><td></td><td colspan="2">分项工程名称</td><td colspan="2"></td></tr>
<tr><td colspan="4">验收部位/区段</td><td></td><td colspan="2">检验批容量</td><td colspan="2"></td></tr>
<tr><td colspan="4">施工及验收依据</td><td colspan="5">《城市桥梁工程施工与质量验收规范》CJJ 2</td></tr>
<tr><td colspan="5">验收项目</td><td>设计要求或规范规定</td><td>最小/实际抽样数量</td><td>检查记录</td><td>检查结果</td></tr>
<tr><td rowspan="3">主控项目</td><td>1</td><td colspan="3">现浇混凝土盖梁不得出现超过设计规定的受力裂缝</td><td>第11.5.5-1条</td><td>/</td><td></td><td></td></tr>
<tr><td></td><td colspan="3"></td><td></td><td></td><td></td><td></td></tr>
<tr><td></td><td colspan="3"></td><td></td><td></td><td></td><td></td></tr>
<tr><td rowspan="10">一般项目</td><td>1</td><td colspan="3">盖梁表面应无孔洞、露筋、蜂窝、麻面</td><td>第11.5.5-3条</td><td>/</td><td></td><td></td></tr>
<tr><td rowspan="3">2</td><td rowspan="9">允许偏差</td><td rowspan="3">盖梁尺寸（mm）</td><td>长</td><td>+20，−10</td><td>/</td><td></td><td></td></tr>
<tr><td>宽</td><td>+10，0</td><td>/</td><td></td><td></td></tr>
<tr><td>高</td><td>±5</td><td>/</td><td></td><td></td></tr>
<tr><td>3</td><td colspan="2">盖梁轴线偏位（mm）</td><td>8</td><td>/</td><td></td><td></td></tr>
<tr><td>4</td><td colspan="2">盖梁顶面高程（mm）</td><td>0，−5</td><td>/</td><td></td><td></td></tr>
<tr><td>5</td><td colspan="2">平整度（mm）</td><td>5</td><td>/</td><td></td><td></td></tr>
<tr><td>6</td><td colspan="2">支座垫石预留位置（mm）</td><td>10</td><td>/</td><td></td><td></td></tr>
<tr><td rowspan="2">7</td><td rowspan="2">预埋件位置（mm）</td><td>高程</td><td>±2</td><td>/</td><td></td><td></td></tr>
<tr><td>轴线</td><td>5</td><td>/</td><td></td><td></td></tr>
<tr><td colspan="3">施工单位检查结果</td><td colspan="6">专业工长：（签名） 项目专业质量检查员：（签名） 年 月 日</td></tr>
<tr><td colspan="3">监理单位验收结论</td><td colspan="6">专业监理工程师：（签名） 年 月 日</td></tr>
</table>

7.2.2.31 市政验·桥-27 人行天桥钢墩柱制作检验批质量验收记录

市政基础设施工程

人行天桥钢墩柱制作检验批质量验收记录

市政验·桥-27

第　　页，共　　页

<table>
<tr><td colspan="4">工程名称</td><td colspan="5"></td></tr>
<tr><td colspan="4">单位工程名称</td><td colspan="5"></td></tr>
<tr><td colspan="4">施工单位</td><td></td><td colspan="2">分包单位</td><td colspan="2"></td></tr>
<tr><td colspan="4">项目负责人</td><td></td><td colspan="2">项目技术负责人</td><td colspan="2"></td></tr>
<tr><td colspan="4">分部（子分部）工程名称</td><td></td><td colspan="2">分项工程名称</td><td colspan="2"></td></tr>
<tr><td colspan="4">验收部位/区段</td><td></td><td colspan="2">检验批容量</td><td colspan="2"></td></tr>
<tr><td colspan="4">施工及验收依据</td><td colspan="5">《城市桥梁工程施工与质量验收规范》CJJ 2</td></tr>
<tr><td colspan="4">验收项目</td><td>设计要求或规范规定</td><td>最小/实际抽样数量</td><td>检查记录</td><td colspan="2">检查结果</td></tr>
<tr><td rowspan="8">一般项目</td><td>1</td><td rowspan="8">允许偏差</td><td>柱底面到柱顶支撑面的距离（mm）</td><td>±5</td><td>/</td><td></td><td colspan="2"></td></tr>
<tr><td>2</td><td>柱身截面（mm）</td><td>±3</td><td>/</td><td></td><td colspan="2"></td></tr>
<tr><td>3</td><td>柱身轴线与柱顶支撑面垂直度（mm）</td><td>±5</td><td>/</td><td></td><td colspan="2"></td></tr>
<tr><td>4</td><td>柱顶支撑面几何尺寸（mm）</td><td>±3</td><td>/</td><td></td><td colspan="2"></td></tr>
<tr><td>5</td><td>柱身挠曲（mm）</td><td>≤H/1000，且不大于10</td><td>/</td><td></td><td colspan="2"></td></tr>
<tr><td>6</td><td>柱身接口错台（mm）</td><td>3</td><td>/</td><td></td><td colspan="2"></td></tr>
<tr><td></td><td></td><td></td><td></td><td></td><td colspan="2"></td></tr>
<tr><td></td><td></td><td></td><td></td><td></td><td colspan="2"></td></tr>
<tr><td colspan="3">施工单位检查结果</td><td colspan="6">专业工长：（签名）　　项目专业质量检查员：（签名）　　年　月　日</td></tr>
<tr><td colspan="3">监理单位验收结论</td><td colspan="6">专业监理工程师：（签名）　　年　月　日</td></tr>
</table>

7.2.2.32 市政验·桥-28 人行天桥钢墩柱安装检验批质量验收记录

市政基础设施工程

人行天桥钢墩柱安装检验批质量验收记录

市政验·桥-28

第　　页，共　　页

工程名称			
单位工程名称			
施工单位		分包单位	
项目负责人		项目技术负责人	
分部（子分部）工程名称		分项工程名称	
验收部位/区段		检验批容量	
施工及验收依据	《城市桥梁工程施工与质量验收规范》CJJ 2		

<table>
<tr><td colspan="5">验收项目</td><td>设计要求或
规范规定</td><td>最小/实际
抽样数量</td><td>检查记录</td><td>检查
结果</td></tr>
<tr><td rowspan="8">一般项目</td><td>1</td><td rowspan="8">允许偏差</td><td colspan="2">钢柱轴线对行、列定位轴线的偏位（mm）</td><td>5</td><td>/</td><td></td><td></td></tr>
<tr><td>2</td><td colspan="2">柱基标高（mm）</td><td>+10，−5</td><td>/</td><td></td><td></td></tr>
<tr><td>3</td><td colspan="2">挠曲矢高（mm）</td><td>≤H/1000，且不大于10</td><td>/</td><td></td><td></td></tr>
<tr><td rowspan="2">4</td><td rowspan="2">钢柱轴线的垂直度（mm）</td><td>H≤10m</td><td>10</td><td>/</td><td></td><td></td></tr>
<tr><td>H>10m</td><td>≤H/100，且不大于25</td><td>/</td><td></td><td></td></tr>
<tr><td></td><td></td><td></td><td></td><td></td><td></td><td></td></tr>
<tr><td></td><td></td><td></td><td></td><td></td><td></td><td></td></tr>
<tr><td></td><td></td><td></td><td></td><td></td><td></td><td></td></tr>
<tr><td colspan="3">施工单位
检查结果</td><td colspan="6">专业工长：（签名）　　　　项目专业质量检查员：（签名）　　　　年　　月　　日</td></tr>
<tr><td colspan="3">监理单位
验收结论</td><td colspan="6">专业监理工程师：（签名）　　　　年　　月　　日</td></tr>
</table>

7.2.2.33 市政验·桥-29 台背填土检验批质量验收记录

市政基础设施工程

台背填土检验批质量验收记录

市政验·桥-29

第 页，共 页

<table>
<tr><td colspan="3">工程名称</td><td colspan="4"></td></tr>
<tr><td colspan="3">单位工程名称</td><td colspan="4"></td></tr>
<tr><td colspan="3">施工单位</td><td></td><td colspan="2">分包单位</td><td></td></tr>
<tr><td colspan="3">项目负责人</td><td></td><td colspan="2">项目技术负责人</td><td></td></tr>
<tr><td colspan="3">分部（子分部）工程名称</td><td></td><td colspan="2">分项工程名称</td><td></td></tr>
<tr><td colspan="3">验收部位/区段</td><td></td><td colspan="2">检验批容量</td><td></td></tr>
<tr><td colspan="3">施工及验收依据</td><td colspan="4">《城市桥梁工程施工与质量验收规范》CJJ 2</td></tr>
<tr><td colspan="3">验收项目</td><td>设计要求或规范规定</td><td>最小/实际抽样数量</td><td>检查记录</td><td>检查结果</td></tr>
<tr><td rowspan="3">主控项目</td><td>1</td><td>台身、挡墙混凝土强度达到设计强度的75%以上时，方可回填土</td><td>第11.5.7-1条</td><td>/</td><td></td><td></td></tr>
<tr><td>2</td><td>拱桥台背填土应在承受拱圈水平推力前完成</td><td>第11.5.7-2条</td><td>/</td><td></td><td></td></tr>
<tr><td></td><td></td><td></td><td></td><td></td><td></td></tr>
<tr><td rowspan="2">一般项目</td><td>1</td><td>台背填土的长度，台身顶面处不应小于桥台高度加2m，底面不应小于2m；拱桥台背填土长度不应小于台高的3～4倍</td><td>第11.5.7-3条</td><td>/</td><td></td><td></td></tr>
<tr><td></td><td></td><td></td><td></td><td></td><td></td></tr>
<tr><td colspan="2">施工单位检查结果</td><td colspan="5">专业工长：（签名） 项目专业质量检查员：（签名） 年 月 日</td></tr>
<tr><td colspan="2">监理单位验收结论</td><td colspan="5">专业监理工程师：（签名） 年 月 日</td></tr>
</table>

7.2.2.34　市政验·桥-30　支座安装检验批质量验收记录

市政基础设施工程

支座安装检验批质量验收记录

市政验·桥-30

第　　页，共　　页

<table>
<tr><td colspan="3">工程名称</td><td colspan="5"></td></tr>
<tr><td colspan="3">单位工程名称</td><td colspan="5"></td></tr>
<tr><td colspan="3">施工单位</td><td></td><td colspan="2">分包单位</td><td colspan="2"></td></tr>
<tr><td colspan="3">项目负责人</td><td></td><td colspan="2">项目技术负责人</td><td colspan="2"></td></tr>
<tr><td colspan="3">分部（子分部）工程名称</td><td></td><td colspan="2">分项工程名称</td><td colspan="2"></td></tr>
<tr><td colspan="3">验收部位/区段</td><td></td><td colspan="2">检验批容量</td><td colspan="2"></td></tr>
<tr><td colspan="3">施工及验收依据</td><td colspan="5">《城市桥梁工程施工与质量验收规范》CJJ 2</td></tr>
<tr><td colspan="4">验收项目</td><td>设计要求或规范规定</td><td>最小/实际抽样数量</td><td>检查记录</td><td>检查结果</td></tr>
<tr><td rowspan="5">主控项目</td><td>1</td><td colspan="2">支座应进行进场检验</td><td>第12.5.1条</td><td>/</td><td></td><td></td></tr>
<tr><td>2</td><td colspan="2">支座安装前，应检查跨距、支座栓孔位置和支座垫石顶面高程、平整度、坡度、坡向，确认符合设计要求</td><td>第12.5.2条</td><td>/</td><td></td><td></td></tr>
<tr><td>3</td><td colspan="2">支座与梁底及垫石之间必须密贴，间隙不得大于0.3mm。垫层材料和强度应符合设计要求</td><td>第12.5.3条</td><td>/</td><td></td><td></td></tr>
<tr><td>4</td><td colspan="2">支座锚栓的埋置深度和外露长度应符合设计要求。支座锚栓应在其位置调整准确后固结，锚栓与孔之间隙必须填捣密实</td><td>第12.5.4条</td><td>/</td><td></td><td></td></tr>
<tr><td>5</td><td colspan="2">支座的粘结灌浆和润滑材料应符合设计要求</td><td>第12.5.5条</td><td>/</td><td></td><td></td></tr>
<tr><td rowspan="3">一般项目</td><td>1</td><td rowspan="3">允许偏差</td><td>支座高程（mm）</td><td>±5</td><td>/</td><td></td><td></td></tr>
<tr><td>2</td><td>支座偏位（mm）</td><td>3</td><td>/</td><td></td><td></td></tr>
<tr><td></td><td></td><td></td><td></td><td></td><td></td></tr>
<tr><td colspan="2">施工单位检查结果</td><td colspan="6">专业工长：（签名）　　项目专业质量检查员：（签名）　　年　月　日</td></tr>
<tr><td colspan="2">监理单位验收结论</td><td colspan="6">专业监理工程师：（签名）　　年　月　日</td></tr>
</table>

7.2.2.35　市政验·桥-31　支架上浇筑梁、板检验批质量验收记录

市政基础设施工程

支架上浇筑梁、板检验批质量验收记录

市政验·桥-31

第　　页，共　　页

<table>
<tr><td colspan="4">工程名称</td><td colspan="5"></td></tr>
<tr><td colspan="4">单位工程名称</td><td colspan="5"></td></tr>
<tr><td colspan="4">施工单位</td><td></td><td colspan="2">分包单位</td><td colspan="2"></td></tr>
<tr><td colspan="4">项目负责人</td><td></td><td colspan="2">项目技术负责人</td><td colspan="2"></td></tr>
<tr><td colspan="4">分部（子分部）工程名称</td><td></td><td colspan="2">分项工程名称</td><td colspan="2"></td></tr>
<tr><td colspan="4">验收部位/区段</td><td></td><td colspan="2">检验批容量</td><td colspan="2"></td></tr>
<tr><td colspan="4">施工及验收依据</td><td colspan="5">《城市桥梁工程施工与质量验收规范》CJJ 2</td></tr>
<tr><td colspan="5">验收项目</td><td>设计要求或规范规定</td><td>最小/实际抽样数量</td><td>检查记录</td><td>检查结果</td></tr>
<tr><td rowspan="3">主控项目</td><td>1</td><td colspan="3">结构表面不得出现超过设计规定的受力裂缝</td><td>第13.7.2-1条</td><td>/</td><td></td><td></td></tr>
<tr><td></td><td colspan="3"></td><td></td><td></td><td></td><td></td></tr>
<tr><td></td><td colspan="3"></td><td></td><td></td><td></td><td></td></tr>
<tr><td rowspan="9">一般项目</td><td>1</td><td colspan="3">结构表面应无孔洞、露筋、蜂窝、麻面和宽度超过0.15mm的收缩裂缝</td><td>第13.7.2-3条</td><td>/</td><td></td><td></td></tr>
<tr><td>2</td><td rowspan="8">允许偏差</td><td colspan="2">轴线偏位（mm）</td><td>10</td><td>/</td><td></td><td></td></tr>
<tr><td>3</td><td colspan="2">梁板顶面高程（mm）</td><td>±10</td><td>/</td><td></td><td></td></tr>
<tr><td rowspan="3">4</td><td rowspan="3">断面尺寸（mm）</td><td>高</td><td>+5，−10</td><td>/</td><td></td><td></td></tr>
<tr><td>宽</td><td>±30</td><td>/</td><td></td><td></td></tr>
<tr><td>顶、底、腹板厚</td><td>+10，0</td><td>/</td><td></td><td></td></tr>
<tr><td>5</td><td colspan="2">长度（mm）</td><td>+5，−10</td><td>/</td><td></td><td></td></tr>
<tr><td>6</td><td colspan="2">横坡（%）</td><td>±0.15</td><td>/</td><td></td><td></td></tr>
<tr><td>7</td><td colspan="2">平整度（mm）</td><td>8</td><td>/</td><td></td><td></td></tr>
<tr><td colspan="2">施工单位检查结果</td><td colspan="7">专业工长：（签名）　　　　项目专业质量检查员：（签名）　　　　年　　月　　日</td></tr>
<tr><td colspan="2">监理单位验收结论</td><td colspan="7">专业监理工程师：（签名）　　　　年　　月　　日</td></tr>
</table>

7.2.2.36 市政验·桥-32 预制梁（板）检验批质量验收记录

市政基础设施工程

预制梁（板）检验批质量验收记录

市政验·桥-32

第 页，共 页

<table>
<tr><td colspan="4">工程名称</td><td colspan="6"></td></tr>
<tr><td colspan="4">单位工程名称</td><td colspan="6"></td></tr>
<tr><td colspan="4">施工单位</td><td colspan="2"></td><td colspan="2">分包单位</td><td colspan="2"></td></tr>
<tr><td colspan="4">项目负责人</td><td colspan="2"></td><td colspan="2">项目技术负责人</td><td colspan="2"></td></tr>
<tr><td colspan="4">分部（子分部）工程名称</td><td colspan="2"></td><td colspan="2">分项工程名称</td><td colspan="2"></td></tr>
<tr><td colspan="4">验收部位/区段</td><td colspan="2"></td><td colspan="2">检验批容量</td><td colspan="2"></td></tr>
<tr><td colspan="4">施工及验收依据</td><td colspan="6">《城市桥梁工程施工与质量验收规范》CJJ 2</td></tr>
<tr><td colspan="5">验收项目</td><td colspan="2">设计要求或规范规定</td><td>最小/实际抽样数量</td><td>检查记录</td><td>检查结果</td></tr>
<tr><td rowspan="3">主控项目</td><td>1</td><td colspan="3">结构表面不得出现超过设计规定的受力裂缝</td><td colspan="2">第 13.7.3-1 条</td><td>/</td><td></td><td></td></tr>
<tr><td></td><td colspan="3"></td><td colspan="2"></td><td></td><td></td><td></td></tr>
<tr><td></td><td colspan="3"></td><td colspan="2"></td><td></td><td></td><td></td></tr>
<tr><td rowspan="9">一般项目</td><td>1</td><td colspan="3">混凝土表面应无孔洞、露筋、蜂窝、麻面和宽度超过 0.15mm 的收缩裂缝</td><td colspan="2">第 13.7.3-5 条</td><td>/</td><td></td><td></td></tr>
<tr><td colspan="4"></td><td>梁</td><td>板</td><td></td><td></td><td></td></tr>
<tr><td rowspan="3">2</td><td rowspan="7">允许偏差</td><td rowspan="3">断面尺寸（mm）</td><td>宽</td><td colspan="2">0，−10</td><td>/</td><td></td><td></td></tr>
<tr><td>高</td><td>±5</td><td>—</td><td></td><td></td><td></td></tr>
<tr><td>顶、底、腹板厚</td><td colspan="2">±5</td><td>/</td><td></td><td></td></tr>
<tr><td>3</td><td colspan="2">长度（mm）</td><td colspan="2">0，−10</td><td>/</td><td></td><td></td></tr>
<tr><td>4</td><td colspan="2">侧向弯曲（mm）</td><td colspan="2">L/1000，且不大于 10</td><td>/</td><td></td><td></td></tr>
<tr><td>5</td><td colspan="2">对角线长度差（mm）</td><td colspan="2">15</td><td>/</td><td></td><td></td></tr>
<tr><td>6</td><td colspan="2">平整度（mm）</td><td colspan="2">8</td><td>/</td><td></td><td></td></tr>
<tr><td colspan="2">施工单位检查结果</td><td colspan="8">专业工长：（签名） 项目专业质量检查员：（签名） 年 月 日</td></tr>
<tr><td colspan="2">监理单位验收结论</td><td colspan="8">专业监理工程师：（签名） 年 月 日</td></tr>
</table>

注：L 为构件长度（mm）。

7.2.2.37 市政验·桥-33 梁、板安装检验批质量验收记录

市政基础设施工程

梁、板安装检验批质量验收记录

市政验·桥-33

第　　页，共　　页

<table>
<tr><td colspan="4">工程名称</td><td colspan="5"></td></tr>
<tr><td colspan="4">单位工程名称</td><td colspan="5"></td></tr>
<tr><td colspan="4">施工单位</td><td></td><td colspan="2">分包单位</td><td colspan="2"></td></tr>
<tr><td colspan="4">项目负责人</td><td></td><td colspan="2">项目技术负责人</td><td colspan="2"></td></tr>
<tr><td colspan="4">分部（子分部）工程名称</td><td></td><td colspan="2">分项工程名称</td><td colspan="2"></td></tr>
<tr><td colspan="4">验收部位/区段</td><td></td><td colspan="2">检验批容量</td><td colspan="2"></td></tr>
<tr><td colspan="4">施工及验收依据</td><td colspan="5">《城市桥梁工程施工与质量验收规范》CJJ 2</td></tr>
<tr><td colspan="5">验收项目</td><td>设计要求或规范规定</td><td>最小/实际抽样数量</td><td>检查记录</td><td>检查结果</td></tr>
<tr><td>主控项目</td><td>1</td><td colspan="3">安装时结构强度及预应力孔道砂浆强度必须符合设计要求，设计未要求时，必须达到设计强度的75%</td><td>第13.7.3-2条</td><td>/</td><td></td><td></td></tr>
<tr><td rowspan="12">一般项目</td><td>1</td><td colspan="3">混凝土表面应无孔洞、露筋、蜂窝、麻面和宽度超过0.15mm的收缩裂缝</td><td>第13.7.3-5条</td><td>/</td><td></td><td></td></tr>
<tr><td rowspan="2">2</td><td rowspan="11">允许偏差</td><td rowspan="2">平面位置（mm）</td><td>顺桥纵轴线方向</td><td>10</td><td>/</td><td></td><td></td></tr>
<tr><td>垂直桥纵轴线方向</td><td>5</td><td>/</td><td></td><td></td></tr>
<tr><td>3</td><td colspan="2">焊接横隔梁相对位置（mm）</td><td>10</td><td>/</td><td></td><td></td></tr>
<tr><td>4</td><td colspan="2">湿接横隔梁相对位置（mm）</td><td>20</td><td>/</td><td></td><td></td></tr>
<tr><td>5</td><td colspan="2">伸缩缝宽度（mm）</td><td>+10，−5</td><td>/</td><td></td><td></td></tr>
<tr><td rowspan="2">6</td><td rowspan="2">支座板（mm）</td><td>每块位置</td><td>5</td><td>/</td><td></td><td></td></tr>
<tr><td>每块边缘高差</td><td>1</td><td>/</td><td></td><td></td></tr>
<tr><td>7</td><td colspan="2">焊缝长度（mm）</td><td>不小于设计要求</td><td>/</td><td></td><td></td></tr>
<tr><td>8</td><td colspan="2">相邻两构件支点处顶面高差（mm）</td><td>10</td><td>/</td><td></td><td></td></tr>
<tr><td>9</td><td colspan="2">块体拼装立缝宽度（mm）</td><td>+10，−5</td><td>/</td><td></td><td></td></tr>
<tr><td>10</td><td colspan="2">垂直度（mm）</td><td>1.2%</td><td>/</td><td></td><td></td></tr>
<tr><td colspan="2">施工单位检查结果</td><td colspan="7">专业工长：（签名）　　　　项目专业质量检查员：（签名）　　　　年　月　日</td></tr>
<tr><td colspan="2">监理单位验收结论</td><td colspan="7">专业监理工程师：（签名）　　　　年　月　日</td></tr>
</table>

7.2.2.38　市政验·桥-34　悬臂浇筑预应力混凝土梁检验批质量验收记录

市政基础设施工程

悬臂浇筑预应力混凝土梁检验批质量验收记录

市政验·桥-34

第　　页，共　　页

<table>
<tr><td colspan="4">工程名称</td><td colspan="5"></td></tr>
<tr><td colspan="4">单位工程名称</td><td colspan="5"></td></tr>
<tr><td colspan="4">施工单位</td><td colspan="2"></td><td colspan="2">分包单位</td><td></td></tr>
<tr><td colspan="4">项目负责人</td><td colspan="2"></td><td colspan="2">项目技术负责人</td><td></td></tr>
<tr><td colspan="4">分部（子分部）工程名称</td><td colspan="2"></td><td colspan="2">分项工程名称</td><td></td></tr>
<tr><td colspan="4">验收部位/区段</td><td colspan="2"></td><td colspan="2">检验批容量</td><td></td></tr>
<tr><td colspan="4">施工及验收依据</td><td colspan="5">《城市桥梁工程施工与质量验收规范》CJJ 2</td></tr>
<tr><td colspan="5">验收项目</td><td>设计要求或规范规定</td><td>最小/实际抽样数量</td><td>检查记录</td><td>检查结果</td></tr>
<tr><td rowspan="3">主控项目</td><td>1</td><td colspan="3">悬臂浇筑必须对称进行，桥墩两侧平衡偏差不得大于设计规定，轴线挠度必须在设计规定范围内</td><td>第 13.7.4-1 条</td><td>/</td><td></td><td></td></tr>
<tr><td>2</td><td colspan="3">梁体表面不得出现超过设计规定的受力裂缝</td><td>第 13.7.4-2 条</td><td>/</td><td></td><td></td></tr>
<tr><td>3</td><td colspan="3">悬臂合龙时，两侧梁体的高差必须在设计允许范围内</td><td>第 13.7.4-3 条</td><td>/</td><td></td><td></td></tr>
<tr><td rowspan="15">一般项目</td><td>1</td><td colspan="3">梁体线形平顺，相邻梁段接缝处无明显折弯和错台，梁体表面无孔洞、露筋、蜂窝、麻面和宽度超过 0.15mm 的收缩裂缝</td><td>第 13.7.4-5 条</td><td>/</td><td></td><td></td></tr>
<tr><td rowspan="2">2</td><td rowspan="14">允许偏差</td><td rowspan="2">轴线偏位（mm）</td><td>L≤100m</td><td>10</td><td>/</td><td></td><td></td></tr>
<tr><td>L>100m</td><td>L/10000</td><td>/</td><td></td><td></td></tr>
<tr><td rowspan="3">3</td><td rowspan="3">顶面高程（mm）</td><td>L≤100m</td><td>±20</td><td>/</td><td></td><td></td></tr>
<tr><td>L>100m</td><td>±L/5000</td><td>/</td><td></td><td></td></tr>
<tr><td>相邻节段高差</td><td>10</td><td>/</td><td></td><td></td></tr>
<tr><td rowspan="3">4</td><td rowspan="3">断面尺寸（mm）</td><td>高</td><td>+5，−10</td><td>/</td><td></td><td></td></tr>
<tr><td>宽</td><td>±30</td><td>/</td><td></td><td></td></tr>
<tr><td>顶、底、腹板厚</td><td>+10，0</td><td>/</td><td></td><td></td></tr>
<tr><td rowspan="2">5</td><td rowspan="2">合拢后同跨对称点高程差（mm）</td><td>L≤100m</td><td>20</td><td>/</td><td></td><td></td></tr>
<tr><td>L>100m</td><td>L/5000</td><td>/</td><td></td><td></td></tr>
<tr><td>6</td><td colspan="2">横坡（%）</td><td>±0.15</td><td>/</td><td></td><td></td></tr>
<tr><td>7</td><td colspan="2">平整度（mm）</td><td>8</td><td>/</td><td></td><td></td></tr>
<tr><td colspan="2">施工单位检查结果</td><td colspan="7">专业工长：（签名）　　项目专业质量检查员：（签名）　　年　月　日</td></tr>
<tr><td colspan="2">监理单位验收结论</td><td colspan="7">专业监理工程师：（签名）　　年　月　日</td></tr>
</table>

注：L 为桥梁跨度（mm）。

7.2.2.39　市政验·桥-35　悬臂拼装预制梁段检验批质量验收记录

市政基础设施工程

悬臂拼装预制梁段检验批质量验收记录

市政验·桥-35

第　　页，共　　页

<table>
<tr><td colspan="4">工程名称</td><td colspan="5"></td></tr>
<tr><td colspan="4">单位工程名称</td><td colspan="5"></td></tr>
<tr><td colspan="4">施工单位</td><td colspan="2"></td><td colspan="2">分包单位</td><td></td></tr>
<tr><td colspan="4">项目负责人</td><td colspan="2"></td><td colspan="2">项目技术负责人</td><td></td></tr>
<tr><td colspan="4">分部（子分部）工程名称</td><td colspan="2"></td><td colspan="2">分项工程名称</td><td></td></tr>
<tr><td colspan="4">验收部位/区段</td><td colspan="2"></td><td colspan="2">检验批容量</td><td></td></tr>
<tr><td colspan="4">施工及验收依据</td><td colspan="5">《城市桥梁工程施工与质量验收规范》CJJ 2</td></tr>
<tr><td colspan="5">验收项目</td><td>设计要求或规范规定</td><td>最小/实际抽样数量</td><td>检查记录</td><td>检查结果</td></tr>
<tr><td rowspan="8">一般项目</td><td>1</td><td colspan="3">梁体线形平顺，相邻梁段接缝处无明显折弯和错台，预制梁表面无孔洞、露筋、蜂窝、麻面和宽度超过 0.15mm 的收缩裂缝</td><td>第 13.7.5-5 条</td><td>/</td><td></td><td></td></tr>
<tr><td rowspan="3">2</td><td rowspan="7">允许偏差</td><td rowspan="3">断面尺寸（mm）</td><td>宽</td><td>0，－10</td><td>/</td><td></td><td></td></tr>
<tr><td>高</td><td>±5</td><td>/</td><td></td><td></td></tr>
<tr><td>顶底腹板厚</td><td>±5</td><td>/</td><td></td><td></td></tr>
<tr><td rowspan="2">3</td><td colspan="2">长度（mm）</td><td>±20</td><td>/</td><td></td><td></td></tr>
<tr><td colspan="2">横隔梁轴线（mm）</td><td>5</td><td>/</td><td></td><td></td></tr>
<tr><td>4</td><td colspan="2">侧向弯曲（mm）</td><td>≤L/1000，且不大于 10</td><td>/</td><td></td><td></td></tr>
<tr><td>5</td><td colspan="2">平整度（mm）</td><td>8</td><td>/</td><td></td><td></td></tr>
<tr><td colspan="2">施工单位检查结果</td><td colspan="7">专业工长：（签名）　　　　项目专业质量检查员：（签名）　　　　年　　月　　日</td></tr>
<tr><td colspan="2">监理单位验收结论</td><td colspan="7">专业监理工程师：（签名）　　　　年　　月　　日</td></tr>
</table>

注：L 为梁段长度（mm）。

7.2.2.40 市政验·桥-36 悬臂拼装预应力混凝土梁检验批质量验收记录

市政基础设施工程

悬臂拼装预应力混凝土梁检验批质量验收记录

市政验·桥-36

第 页，共 页

工程名称								
单位工程名称								
施工单位				分包单位				
项目负责人				项目技术负责人				
分部（子分部）工程名称				分项工程名称				
验收部位/区段				检验批容量				
施工及验收依据	《城市桥梁工程施工与质量验收规范》CJJ 2							
验收项目					设计要求或规范规定	最小/实际抽样数量	检查记录	检查结果
主控项目	1	悬臂拼装必须对称进行，桥墩两侧平衡偏差不得大于设计规定，轴线挠度必须在设计规定范围内			第13.7.5-1条	/		
主控项目	2	悬臂合龙时，两侧梁体高差必须在设计规定允许范围内			第13.7.5-2条	/		
一般项目	1	梁体线形平顺，相邻梁段接缝处无明显折弯和错台，预制梁表面无孔洞、露筋、蜂窝、麻面和宽度超过0.15mm的收缩裂缝			第13.7.5-5条	/		
一般项目	2	允许偏差	轴线偏位（mm）	$L \leqslant 100$m	10	/		
				$L > 100$m	$L/10000$	/		
	3		顶面高程（mm）	$L \leqslant 100$m	±20	/		
				$L > 100$m	$\pm L/5000$	/		
				相邻节段高差	10	/		
	4		合龙后同跨对称点高程差（mm）	$L \leqslant 100$m	20	/		
				$L > 100$m	$L/5000$	/		
施工单位检查结果	专业工长：（签名） 项目专业质量检查员：（签名） 年 月 日							
监理单位验收结论	专业监理工程师：（签名） 年 月 日							

注：L 为桥梁跨度（mm）。

7.2.2.41 市政验·桥-37 顶推施工梁检验批质量验收记录

市政基础设施工程

顶推施工梁检验批质量验收记录

市政验·桥-37

第　　页，共　　页

<table>
<tr><td colspan="4">工程名称</td><td colspan="5"></td></tr>
<tr><td colspan="4">单位工程名称</td><td colspan="5"></td></tr>
<tr><td colspan="4">施工单位</td><td></td><td colspan="2">分包单位</td><td colspan="2"></td></tr>
<tr><td colspan="4">项目负责人</td><td></td><td colspan="2">项目技术负责人</td><td colspan="2"></td></tr>
<tr><td colspan="4">分部（子分部）工程名称</td><td></td><td colspan="2">分项工程名称</td><td colspan="2"></td></tr>
<tr><td colspan="4">验收部位/区段</td><td></td><td colspan="2">检验批容量</td><td colspan="2"></td></tr>
<tr><td colspan="4">施工及验收依据</td><td colspan="5">《城市桥梁工程施工与质量验收规范》CJJ 2</td></tr>
<tr><td colspan="5">验收项目</td><td>设计要求或规范规定</td><td>最小/实际抽样数量</td><td>检查记录</td><td>检查结果</td></tr>
<tr><td rowspan="6">一般项目</td><td>1</td><td colspan="3">梁体线形平顺，相邻梁段接缝处无明显折弯和错台，预制梁表面无孔洞、露筋、蜂窝、麻面和宽度超过 0.15mm 的收缩裂缝</td><td>第 13.7.6-3 条</td><td>/</td><td></td><td></td></tr>
<tr><td>2</td><td rowspan="5">允许偏差</td><td colspan="2">轴线偏位（mm）</td><td>10</td><td>/</td><td></td><td></td></tr>
<tr><td>3</td><td colspan="2">落梁反力</td><td>不大于 1.1 设计反力</td><td>/</td><td></td><td></td></tr>
<tr><td>4</td><td colspan="2">支座顶面高程（mm）</td><td>±5</td><td>/</td><td></td><td></td></tr>
<tr><td rowspan="2">5</td><td rowspan="2">支座高差（mm）</td><td>相邻纵向支点</td><td>5 或设计要求</td><td>/</td><td></td><td></td></tr>
<tr><td>同墩两侧支点</td><td>2 或设计要求</td><td>/</td><td></td><td></td></tr>
<tr><td colspan="2">施工单位检查结果</td><td colspan="7">专业工长：（签名）　　项目专业质量检查员：（签名）　　年　月　日</td></tr>
<tr><td colspan="2">监理单位验收结论</td><td colspan="7">专业监理工程师：（签名）　　年　月　日</td></tr>
</table>

7.2.2.42　市政验·桥-38-1　钢板梁制作检验批质量验收记录（一）

市政基础设施工程

钢板梁制作检验批质量验收记录（一）

市政验·桥-38-1

第　　页，共　　页

<table>
<tr><td colspan="3">工程名称</td><td colspan="5"></td></tr>
<tr><td colspan="3">单位工程名称</td><td colspan="5"></td></tr>
<tr><td colspan="3">施工单位</td><td></td><td colspan="2">分包单位</td><td colspan="2"></td></tr>
<tr><td colspan="3">项目负责人</td><td></td><td colspan="2">项目技术负责人</td><td colspan="2"></td></tr>
<tr><td colspan="3">分部（子分部）工程名称</td><td></td><td colspan="2">分项工程名称</td><td colspan="2"></td></tr>
<tr><td colspan="3">验收部位/区段</td><td></td><td colspan="2">检验批容量</td><td colspan="2"></td></tr>
<tr><td colspan="3">施工及验收依据</td><td colspan="5">《城市桥梁工程施工与质量验收规范》CJJ 2</td></tr>
<tr><td colspan="3">验收项目</td><td>设计要求或规范规定</td><td>最小/实际抽样数量</td><td>检查记录</td><td colspan="2">检查结果</td></tr>
<tr><td rowspan="5">主控项目</td><td>1</td><td>钢材、焊接材料、涂装材料检验应符合国家现行标准规定和设计要求</td><td>第14.3.1-1条</td><td>/</td><td></td><td colspan="2"></td></tr>
<tr><td>2</td><td>高强度螺栓连接副等紧固件及其连接应符合国家现行标准规定和设计要求</td><td>第14.3.1-2条</td><td>/</td><td></td><td colspan="2"></td></tr>
<tr><td>3</td><td>高强螺栓的栓接板面（摩擦面）除锈处理后的抗滑移系数应符合设计要求</td><td>第14.3.1-3条</td><td>/</td><td></td><td colspan="2"></td></tr>
<tr><td>4</td><td>焊缝探伤检验应符合设计要求和规范第14.2.6、14.2.8和14.2.9条的有关规定</td><td>第14.3.1-4条</td><td>/</td><td></td><td colspan="2"></td></tr>
<tr><td>5</td><td>涂装检验应符合下列要求：
（1）涂装前钢材表面不得有焊渣、灰尘、油污、水和毛刺等。钢材表面除锈等级和粗糙度应符合设计要求。
（2）涂装遍数应符合设计要求，每一涂层的最小厚度不应小于设计要求厚度的90%，涂装干膜总厚度不得小于设计要求厚度。
（3）热喷铝涂层应进行附着力检查</td><td>第14.3.1-5条</td><td>/</td><td></td><td colspan="2"></td></tr>
<tr><td colspan="2">施工单位检查结果</td><td colspan="6">专业工长：（签名）　　项目专业质量检查员：（签名）　　年　　月　　日</td></tr>
<tr><td colspan="2">监理单位验收结论</td><td colspan="6">专业监理工程师：（签名）　　年　　月　　日</td></tr>
</table>

7.2.2.43 市政验·桥-38-2 钢板梁制作检验批质量验收记录（二）

市政基础设施工程

钢板梁制作检验批质量验收记录（二）

市政验·桥-38-2

第　　页，共　　页

<table>
<tr><td colspan="4">工程名称</td><td colspan="5"></td></tr>
<tr><td colspan="4">单位工程名称</td><td colspan="5"></td></tr>
<tr><td colspan="4">施工单位</td><td colspan="2"></td><td colspan="2">分包单位</td><td></td></tr>
<tr><td colspan="4">项目负责人</td><td colspan="2"></td><td colspan="2">项目技术负责人</td><td></td></tr>
<tr><td colspan="4">分部（子分部）工程名称</td><td colspan="2"></td><td colspan="2">分项工程名称</td><td></td></tr>
<tr><td colspan="4">验收部位/区段</td><td colspan="2"></td><td colspan="2">检验批容量</td><td></td></tr>
<tr><td colspan="4">施工及验收依据</td><td colspan="5">《城市桥梁工程施工与质量验收规范》CJJ 2</td></tr>
<tr><td colspan="5">验收项目</td><td>设计要求或规范规定</td><td>最小/实际抽样数量</td><td>检查记录</td><td>检查结果</td></tr>
<tr><td rowspan="20">一般项目</td><td>1</td><td colspan="3">焊缝外观质量应符合本规范第14.2.7条规定</td><td>第14.3.1-6条</td><td>/</td><td></td><td></td></tr>
<tr><td>2</td><td colspan="3">焊钉焊接后应进行弯曲试验检查，其焊缝和热影响区不得有肉眼可见的裂纹</td><td>第14.3.1-8条</td><td>/</td><td></td><td></td></tr>
<tr><td>3</td><td colspan="3">焊钉根部应均匀，焊脚立面的局部未熔合或不足360°的焊脚应进行修补</td><td>第14.3.1-9条</td><td>/</td><td></td><td></td></tr>
<tr><td rowspan="4">4</td><td rowspan="17">允许偏差</td><td rowspan="4">梁高 h (mm)</td><td>主梁梁高 $h\leqslant 2$m</td><td>±2</td><td>/</td><td></td><td></td></tr>
<tr><td>主梁梁高 $h>2$m</td><td>±4</td><td>/</td><td></td><td></td></tr>
<tr><td>横梁</td><td>±1.5</td><td>/</td><td></td><td></td></tr>
<tr><td>纵梁</td><td>±1.0</td><td>/</td><td></td><td></td></tr>
<tr><td>5</td><td colspan="2">跨度（mm）</td><td>±8</td><td>/</td><td></td><td></td></tr>
<tr><td>6</td><td colspan="2">全长（mm）</td><td>±15</td><td>/</td><td></td><td></td></tr>
<tr><td>7</td><td colspan="2">纵梁长度（mm）</td><td>+0.5，−1.5</td><td>/</td><td></td><td></td></tr>
<tr><td>8</td><td colspan="2">横梁长度（mm）</td><td>±1.5</td><td>/</td><td></td><td></td></tr>
<tr><td>9</td><td colspan="2">纵、横梁旁弯（mm）</td><td>3</td><td>/</td><td></td><td></td></tr>
<tr><td rowspan="2">10</td><td rowspan="2">主梁拱度（mm）</td><td>不设拱度</td><td>+3，0</td><td>/</td><td></td><td></td></tr>
<tr><td>设拱度</td><td>+10，−3</td><td>/</td><td></td><td></td></tr>
<tr><td>11</td><td colspan="2">两片主梁拱度差（mm）</td><td>4</td><td>/</td><td></td><td></td></tr>
<tr><td>12</td><td colspan="2">主梁腹板平面度（mm）</td><td>≤h/350，且不大于8</td><td>/</td><td></td><td></td></tr>
<tr><td>13</td><td colspan="2">纵、横梁腹板平面度（mm）</td><td>≤h/500，且不大于5</td><td>/</td><td></td><td></td></tr>
<tr><td rowspan="2">14</td><td rowspan="2">主梁、纵横梁盖板对腹板的垂直度（mm）</td><td>有孔部位</td><td>0.5</td><td>/</td><td></td><td></td></tr>
<tr><td>其余部位</td><td>1.5</td><td>/</td><td></td><td></td></tr>
<tr><td colspan="2">施工单位检查结果</td><td colspan="7">专业工长：（签名）　　项目专业质量检查员：（签名）　　年　月　日</td></tr>
<tr><td colspan="2">监理单位验收结论</td><td colspan="7">专业监理工程师：（签名）　　年　月　日</td></tr>
</table>

7.2.2.44 市政验·桥-39 钢桁梁节段制作检验批质量验收记录

市政基础设施工程

钢桁梁节段制作检验批质量验收记录

市政验·桥-39

第　　页，共　　页

工程名称							
单位工程名称							
施工单位				分包单位			
项目负责人				项目技术负责人			
分部（子分部）工程名称				分项工程名称			
验收部位/区段				检验批容量			
施工及验收依据	《城市桥梁工程施工与质量验收规范》CJJ 2						
验收项目			设计要求或规范规定	最小/实际抽样数量	检查记录	检查结果	
主控项目	1	钢材、焊接材料、涂装材料应符合国家现行标准规定和设计要求	第14.3.1-1条	/			
主控项目	2	高强度螺栓连接副等紧固件及其连接应符合国家现行标准规定和设计要求	第14.3.1-2条	/			
主控项目	3	高强螺栓的栓接板面（摩擦面）除锈处理后的抗滑移系数应符合设计要求	第14.3.1-3条	/			
主控项目	4	焊缝探伤检验应符合设计要求和规范第14.2.6、14.2.8和14.2.9条的有关规定	第14.3.1-4条	/			
主控项目	5	涂装检验应符合下列要求： （1）涂装前钢材表面不得有焊渣、灰尘、油污、水和毛刺等。钢材表面除锈等级和粗糙度应符合设计要求。 （2）涂装遍数应符合设计要求，每一涂层的最小厚度不应小于设计要求厚度的90%，涂装干膜总厚度不得小于设计要求厚度。 （3）热喷铝涂层应进行附着力检查	第14.3.1-5条	/			
一般项目	1	焊缝外观质量应符合规范第14.2.7条规定	第14.3.1-6条	/			
一般项目	2	焊钉焊接后应进行弯曲试验检查，其焊缝和热影响区不得有肉眼可见的裂纹	第14.3.1-8条	/			
一般项目	3	焊钉根部应均匀，焊脚立面的局部未熔合或不足360°的焊脚应进行修补	第14.3.1-9条	/			
一般项目	4	允许偏差	节段长度（mm）	±5	/		
一般项目	5	允许偏差	节段高度（mm）	±2	/		
一般项目	6	允许偏差	节段宽度（mm）	±3	/		
一般项目	7	允许偏差	节间长度（mm）	±2	/		
一般项目	8	允许偏差	对角线长度差（mm）	3	/		
一般项目	9	允许偏差	桁片平面度（mm）	3	/		
一般项目	10	允许偏差	挠度（mm）	±3	/		
施工单位检查结果	专业工长：（签名）　　项目专业质量检查员：（签名）　　年　月　日						
监理单位验收结论	专业监理工程师：（签名）　　年　月　日						

7.2.2.45 市政验·桥-40 钢箱形梁制作检验批质量验收记录

市政基础设施工程

钢箱形梁制作检验批质量验收记录

市政验·桥-40

第　　页，共　　页

<table>
<tr><td colspan="4">工程名称</td><td colspan="6"></td></tr>
<tr><td colspan="4">单位工程名称</td><td colspan="6"></td></tr>
<tr><td colspan="4">施工单位</td><td colspan="2"></td><td>分包单位</td><td colspan="3"></td></tr>
<tr><td colspan="4">项目负责人</td><td colspan="2"></td><td>项目技术负责人</td><td colspan="3"></td></tr>
<tr><td colspan="4">分部（子分部）工程名称</td><td colspan="2"></td><td>分项工程名称</td><td colspan="3"></td></tr>
<tr><td colspan="4">验收部位/区段</td><td colspan="2"></td><td>检验批容量</td><td colspan="3"></td></tr>
<tr><td colspan="4">施工及验收依据</td><td colspan="6">《城市桥梁工程施工与质量验收规范》CJJ 2</td></tr>
<tr><td colspan="6">验收项目</td><td>设计要求或规范规定</td><td>最小/实际抽样数量</td><td>检查记录</td><td>检查结果</td></tr>
<tr><td rowspan="5">主控项目</td><td>1</td><td colspan="4">钢材、焊接材料、涂装材料检验应符合国家现行标准规定和设计要求</td><td>第14.3.1-1条</td><td>/</td><td></td><td></td></tr>
<tr><td>2</td><td colspan="4">高强度螺栓连接副等紧固件及其连接应符合国家现行标准规定和设计要求</td><td>第14.3.1-2条</td><td>/</td><td></td><td></td></tr>
<tr><td>3</td><td colspan="4">高强度螺栓的栓接板面（摩擦面）除锈处理后的抗滑移系数应符合设计要求</td><td>第14.3.1-3条</td><td>/</td><td></td><td></td></tr>
<tr><td>4</td><td colspan="4">焊缝探伤检验应符合设计要求和规范第14.2.6、14.2.8和14.2.9条的有关规定</td><td>第14.3.1-4条</td><td>/</td><td></td><td></td></tr>
<tr><td>5</td><td colspan="4">涂装检验应符合下列要求：
（1）涂装前钢材表面不得有焊渣、灰尘、油污、水和毛刺等。钢材表面除锈等级和粗糙度应符合设计要求。
（2）涂装遍数应符合设计要求，每一涂层的最小厚度不应小于设计要求厚度的90%，涂装干膜总厚度不得小于设计要求厚度。
（3）热喷铝涂层应进行附着力检查</td><td>第14.3.1-5条</td><td>/</td><td></td><td></td></tr>
<tr><td rowspan="16">一般项目</td><td>1</td><td colspan="4">焊缝外观质量应符合规范第14.2.7条规定</td><td>第14.3.1-6条</td><td>/</td><td></td><td></td></tr>
<tr><td>2</td><td colspan="4">焊钉焊接后应进行弯曲试验检查，其焊缝和热影响区不得有肉眼可见的裂纹</td><td>第14.3.1-8条</td><td>/</td><td></td><td></td></tr>
<tr><td>3</td><td colspan="4">焊钉根部应均匀，焊脚立面的局部未熔合或不足360°的焊脚应进行修补</td><td>第14.3.1-9条</td><td>/</td><td></td><td></td></tr>
<tr><td rowspan="2">4</td><td rowspan="13">允许偏差</td><td rowspan="2" colspan="2">梁高 h（mm）</td><td>主梁梁高 $h\leq2$m</td><td>±2</td><td>/</td><td></td><td></td></tr>
<tr><td>主梁梁高 $h>2$m</td><td>±4</td><td>/</td><td></td><td></td></tr>
<tr><td>5</td><td colspan="3">跨度 L（mm）</td><td>±（5+0.15L）</td><td>/</td><td></td><td></td></tr>
<tr><td>6</td><td colspan="3">全长（mm）</td><td>±15</td><td>/</td><td></td><td></td></tr>
<tr><td>7</td><td colspan="3">腹板中心距（mm）</td><td>±3</td><td>/</td><td></td><td></td></tr>
<tr><td>8</td><td colspan="3">盖板宽度 b（mm）</td><td>±4</td><td>/</td><td></td><td></td></tr>
<tr><td>9</td><td colspan="3">横断面对角线长度差（mm）</td><td>4</td><td>/</td><td></td><td></td></tr>
<tr><td>10</td><td colspan="3">旁弯（mm）</td><td>3+0.1L</td><td>/</td><td></td><td></td></tr>
<tr><td>11</td><td colspan="3">拱度（mm）</td><td>+10，−5</td><td>/</td><td></td><td></td></tr>
<tr><td>12</td><td colspan="3">支点高度差（mm）</td><td>5</td><td>/</td><td></td><td></td></tr>
<tr><td>13</td><td colspan="3">腹板平面度（mm）</td><td>≤h'/250，且不大于8</td><td>/</td><td></td><td></td></tr>
<tr><td>14</td><td colspan="3">扭曲（mm）</td><td>每米≤1，且每段≤10</td><td>/</td><td></td><td></td></tr>
<tr><td colspan="2">施工单位检查结果</td><td colspan="8">专业工长：（签名）　　项目专业质量检查员：（签名）　　年　月　日</td></tr>
<tr><td colspan="2">监理单位验收结论</td><td colspan="8">专业监理工程师：（签名）　　年　月　日</td></tr>
</table>

7.2.2.46 市政验·桥-41 钢梁现场安装检验批质量检验记录

市政基础设施工程

钢梁现场安装检验批质量检验记录

市政验·桥-41

第　　页，共　　页

<table>
<tr><td colspan="4">工程名称</td><td colspan="6"></td></tr>
<tr><td colspan="4">单位工程名称</td><td colspan="6"></td></tr>
<tr><td colspan="4">施工单位</td><td colspan="2"></td><td colspan="2">分包单位</td><td colspan="2"></td></tr>
<tr><td colspan="4">项目负责人</td><td colspan="2"></td><td colspan="2">项目技术负责人</td><td colspan="2"></td></tr>
<tr><td colspan="4">分部（子分部）工程名称</td><td colspan="2"></td><td colspan="2">分项工程名称</td><td colspan="2"></td></tr>
<tr><td colspan="4">验收部位/区段</td><td colspan="2"></td><td colspan="2">检验批容量</td><td colspan="2"></td></tr>
<tr><td colspan="4">施工及验收依据</td><td colspan="6">《城市桥梁工程施工与质量验收规范》CJJ 2</td></tr>
<tr><td colspan="5">验收项目</td><td>设计要求或规范规定</td><td>最小/实际抽样数量</td><td colspan="2">检查记录</td><td>检查结果</td></tr>
<tr><td rowspan="2">主控项目</td><td>1</td><td colspan="3">高强螺栓连接质量检验应符合规范第14.3.1条第2、3款规定，其扭矩偏差不得超过±10%</td><td>第14.3.2-1条</td><td>/</td><td colspan="2"></td><td></td></tr>
<tr><td>2</td><td colspan="3">焊缝探伤检验应符合规范第14.3.1第4款规定</td><td>第14.3.2-2条</td><td>/</td><td colspan="2"></td><td></td></tr>
<tr><td rowspan="5">一般项目</td><td>1</td><td colspan="3">焊缝外观质量检验应符合规范第14.3.1条第6款的规定</td><td>第14.3.2-4条</td><td>/</td><td colspan="2"></td><td></td></tr>
<tr><td rowspan="2">2</td><td rowspan="4">允许偏差</td><td rowspan="2">轴线偏位（mm）</td><td>钢梁中线</td><td>10</td><td>/</td><td colspan="2"></td><td></td></tr>
<tr><td>两孔相邻横梁中线相对偏差</td><td>5</td><td>/</td><td colspan="2"></td><td></td></tr>
<tr><td>3</td><td rowspan="2">梁底标高（mm）</td><td>墩台处梁底</td><td>±10</td><td>/</td><td colspan="2"></td><td></td></tr>
<tr><td>4</td><td>两孔相邻横梁相对高差</td><td>5</td><td>/</td><td colspan="2"></td><td></td></tr>
<tr><td colspan="2">施工单位检查结果</td><td colspan="8">专业工长：（签名）　　项目专业质量检查员：（签名）　　年　月　日</td></tr>
<tr><td colspan="2">监理单位验收结论</td><td colspan="8">专业监理工程师：（签名）　　年　月　日</td></tr>
</table>

7.2.2.47 市政验·桥-42 结合梁现浇混凝土结构检验批质量验收记录

市政基础设施工程

结合梁现浇混凝土结构检验批质量验收记录

市政验·桥-42

第　　页，共　　页

<table>
<tr><td colspan="4">工程名称</td><td colspan="4"></td></tr>
<tr><td colspan="4">单位工程名称</td><td colspan="4"></td></tr>
<tr><td colspan="4">施工单位</td><td></td><td colspan="2">分包单位</td><td></td></tr>
<tr><td colspan="4">项目负责人</td><td></td><td colspan="2">项目技术负责人</td><td></td></tr>
<tr><td colspan="4">分部（子分部）工程名称</td><td></td><td colspan="2">分项工程名称</td><td></td></tr>
<tr><td colspan="4">验收部位/区段</td><td></td><td colspan="2">检验批容量</td><td></td></tr>
<tr><td colspan="4">施工及验收依据</td><td colspan="4">《城市桥梁工程施工与质量验收规范》CJJ 2</td></tr>
<tr><td colspan="4">验收项目</td><td>设计要求或规范规定</td><td>最小/实际抽样数量</td><td>检查记录</td><td>检查结果</td></tr>
<tr><td rowspan="8">一般项目</td><td>1</td><td colspan="2">钢主梁制造、安装质量检验应符合规范第14.3节有关规定</td><td>第15.4.1条</td><td>/</td><td></td><td></td></tr>
<tr><td>2</td><td colspan="2">混凝土主梁预制与安装质量检验应符合规范第13.7.3条规定</td><td>第15.4.2条</td><td>/</td><td></td><td></td></tr>
<tr><td>3</td><td colspan="2">现浇混凝土施工中涉及模板与支架，钢筋、混凝土、预应力混凝土质量检验部分应符合规范第5.4、6.5、7.13和8.5节有关规定</td><td>第15.4.3条</td><td>/</td><td></td><td></td></tr>
<tr><td>4</td><td rowspan="4">允许偏差</td><td>长度（mm）</td><td>±15</td><td>/</td><td></td><td></td></tr>
<tr><td>5</td><td>厚度（mm）</td><td>+10，0</td><td>/</td><td></td><td></td></tr>
<tr><td>6</td><td>高程（mm）</td><td>±20</td><td>/</td><td></td><td></td></tr>
<tr><td>7</td><td>坡度（%）</td><td>±0.15</td><td>/</td><td></td><td></td></tr>
<tr><td></td><td></td><td></td><td></td><td></td><td></td><td></td></tr>
<tr><td colspan="3">施工单位检查结果</td><td colspan="5">专业工长：（签名）　　项目专业质量检查员：（签名）　　年　月　日</td></tr>
<tr><td colspan="3">监理单位验收结论</td><td colspan="5">专业监理工程师：（签名）　　年　月　日</td></tr>
</table>

7.2.2.48　市政验·桥-43　砌筑拱圈检验批质量验收记录

市政基础设施工程

砌筑拱圈检验批质量验收记录

市政验·桥-43

第　　页，共　　页

<table>
<tr><td colspan="5">工程名称</td><td colspan="4"></td></tr>
<tr><td colspan="5">单位工程名称</td><td colspan="4"></td></tr>
<tr><td colspan="5">施工单位</td><td></td><td colspan="2">分包单位</td><td></td></tr>
<tr><td colspan="5">项目负责人</td><td></td><td colspan="2">项目技术负责人</td><td></td></tr>
<tr><td colspan="5">分部（子分部）工程名称</td><td></td><td colspan="2">分项工程名称</td><td></td></tr>
<tr><td colspan="5">验收部位/区段</td><td></td><td colspan="2">检验批容量</td><td></td></tr>
<tr><td colspan="5">施工及验收依据</td><td colspan="4">《城市桥梁工程施工与质量验收规范》CJJ 2</td></tr>
<tr><td colspan="5">验收项目</td><td>设计要求或规范规定</td><td>最小/实际抽样数量</td><td>检查记录</td><td>检查结果</td></tr>
<tr><td rowspan="2">主控项目</td><td>1</td><td colspan="3">砌筑程序、方法应符合设计要求和规范第16.2节有关规定</td><td>第16.10.2-1条</td><td>/</td><td></td><td></td></tr>
<tr><td></td><td colspan="3"></td><td></td><td></td><td></td><td></td></tr>
<tr><td rowspan="9">一般项目</td><td>1</td><td colspan="3">拱圈轮廓线条清晰圆滑，表面整齐</td><td>第16.10.2-3条</td><td>/</td><td></td><td></td></tr>
<tr><td rowspan="2">2</td><td rowspan="8">允许偏差</td><td rowspan="2">轴线与砌体外平面偏差（mm）</td><td>有镶面</td><td>+20，−10</td><td>/</td><td></td><td></td></tr>
<tr><td>无镶面</td><td>+30，−10</td><td>/</td><td></td><td></td></tr>
<tr><td>3</td><td colspan="2">拱圈厚度（mm）</td><td>+3%设计厚度，0</td><td>/</td><td></td><td></td></tr>
<tr><td rowspan="2">4</td><td rowspan="2">镶面石表面错台（mm）</td><td>粗料石、砌体</td><td>3</td><td>/</td><td></td><td></td></tr>
<tr><td>块石</td><td>5</td><td>/</td><td></td><td></td></tr>
<tr><td rowspan="2">5</td><td rowspan="2">内弧线偏离设计弧线（mm）</td><td>$L\leqslant30$m</td><td>20</td><td>/</td><td></td><td></td></tr>
<tr><td>$L>30$m</td><td>$L/1500$</td><td>/</td><td></td><td></td></tr>
<tr><td colspan="3">施工单位检查结果</td><td colspan="6">专业工长：（签名）　　项目专业质量检查员：（签名）　　年　月　日</td></tr>
<tr><td colspan="3">监理单位验收结论</td><td colspan="6">专业监理工程师：（签名）　　年　月　日</td></tr>
</table>

注：L为跨径。

7.2.2.49 市政验·桥-44 现浇混凝土拱圈检验批质量验收记录

市政基础设施工程

现浇混凝土拱圈检验批质量验收记录

市政验·桥-44

第 页，共 页

<table>
<tr><td colspan="4">工程名称</td><td colspan="5"></td></tr>
<tr><td colspan="4">单位工程名称</td><td colspan="5"></td></tr>
<tr><td colspan="4">施工单位</td><td colspan="2"></td><td colspan="2">分包单位</td><td></td></tr>
<tr><td colspan="4">项目负责人</td><td colspan="2"></td><td colspan="2">项目技术负责人</td><td></td></tr>
<tr><td colspan="4">分部（子分部）工程名称</td><td colspan="2"></td><td colspan="2">分项工程名称</td><td></td></tr>
<tr><td colspan="4">验收部位/区段</td><td colspan="2"></td><td colspan="2">检验批容量</td><td></td></tr>
<tr><td colspan="4">施工及验收依据</td><td colspan="5">《城市桥梁工程施工与质量验收规范》CJJ 2</td></tr>
<tr><td colspan="5">验收项目</td><td>设计要求或规范规定</td><td>最小/实际抽样数量</td><td>检查记录</td><td>检查结果</td></tr>
<tr><td rowspan="2">主控项目</td><td>1</td><td colspan="3">混凝土应按施工设计要求的顺序浇筑</td><td>第 16.10.3 -1 条</td><td>/</td><td></td><td></td></tr>
<tr><td>2</td><td colspan="3">拱圈不得出现超过设计规定的受力裂缝</td><td>第 16.10.3-2 条</td><td>/</td><td></td><td></td></tr>
<tr><td rowspan="10">一般项目</td><td>1</td><td colspan="3">拱圈外形轮廓清晰、圆顺，表面平整，无孔洞、露筋、蜂窝、麻面和宽度大于 0.15mm 的收缩裂缝</td><td>第 16.10.3 -4 条</td><td>/</td><td></td><td></td></tr>
<tr><td rowspan="2">2</td><td rowspan="9">允许偏差</td><td rowspan="2">轴线偏位（mm）</td><td>板拱</td><td>10</td><td>/</td><td></td><td></td></tr>
<tr><td>肋板</td><td>5</td><td>/</td><td></td><td></td></tr>
<tr><td rowspan="2">3</td><td rowspan="2">内弧线偏离设计弧线（mm）</td><td>跨径 $L \leqslant 30$m</td><td>20</td><td>/</td><td></td><td></td></tr>
<tr><td>跨径 $L > 30$m</td><td>$L/1500$</td><td>/</td><td></td><td></td></tr>
<tr><td rowspan="2">4</td><td rowspan="2">断面尺寸（mm）</td><td>高度</td><td>±5</td><td>/</td><td></td><td></td></tr>
<tr><td>顶、底、腹板厚</td><td>+10，0</td><td>/</td><td></td><td></td></tr>
<tr><td>5</td><td colspan="2">拱肋间距（mm）</td><td>±5</td><td>/</td><td></td><td></td></tr>
<tr><td rowspan="2">6</td><td rowspan="2">拱宽（mm）</td><td>板拱</td><td>±20</td><td>/</td><td></td><td></td></tr>
<tr><td>肋拱</td><td>±10</td><td>/</td><td></td><td></td></tr>
<tr><td colspan="3">施工单位检查结果</td><td colspan="6">专业工长：（签名） 项目专业质量检查员：（签名） 年 月 日</td></tr>
<tr><td colspan="3">监理单位验收结论</td><td colspan="6">专业监理工程师：（签名） 年 月 日</td></tr>
</table>

注：L 为跨径。

7.2.2.50 市政验·桥-45 劲性骨架混凝土拱圈制作检验批质量验收记录

市政基础设施工程

劲性骨架混凝土拱圈制作检验批质量验收记录

市政验·桥-45

第 页，共 页

<table>
<tr><td colspan="3">工程名称</td><td colspan="5"></td></tr>
<tr><td colspan="3">单位工程名称</td><td colspan="5"></td></tr>
<tr><td colspan="3">施工单位</td><td colspan="2"></td><td colspan="2">分包单位</td><td></td></tr>
<tr><td colspan="3">项目负责人</td><td colspan="2"></td><td colspan="2">项目技术负责人</td><td></td></tr>
<tr><td colspan="3">分部（子分部）工程名称</td><td colspan="2"></td><td colspan="2">分项工程名称</td><td></td></tr>
<tr><td colspan="3">验收部位/区段</td><td colspan="2"></td><td colspan="2">检验批容量</td><td></td></tr>
<tr><td colspan="3">施工及验收依据</td><td colspan="5">《城市桥梁工程施工与质量验收规范》CJJ 2</td></tr>
<tr><td colspan="4">验收项目</td><td>设计要求或规范规定</td><td>最小/实际抽样数量</td><td>检查记录</td><td>检查结果</td></tr>
<tr><td rowspan="3">主控项目</td><td>1</td><td colspan="2">混凝土应按施工设计要求的顺序浇筑</td><td>第16.10.4-1条</td><td>/</td><td></td><td></td></tr>
<tr><td></td><td colspan="2"></td><td></td><td></td><td></td><td></td></tr>
<tr><td></td><td colspan="2"></td><td></td><td></td><td></td><td></td></tr>
<tr><td rowspan="5">一般项目</td><td>1</td><td colspan="2">拱圈外形轮廓应清晰、圆顺，表面平整，无孔洞、露筋、蜂窝、麻面和宽度大于0.15mm的收缩裂缝</td><td>第16.10.4-4条</td><td>/</td><td></td><td></td></tr>
<tr><td>2</td><td rowspan="4">允许偏差</td><td>杆件截面尺寸（mm）</td><td>不少于设计要求</td><td>/</td><td></td><td></td></tr>
<tr><td>3</td><td>骨架高、宽（mm）</td><td>±10</td><td>/</td><td></td><td></td></tr>
<tr><td>4</td><td>内弧偏离设计弧线（mm）</td><td>10</td><td>/</td><td></td><td></td></tr>
<tr><td>5</td><td>每段的弧长（mm）</td><td>±10</td><td>/</td><td></td><td></td></tr>
<tr><td colspan="3">施工单位检查结果</td><td colspan="5">专业工长：（签名） 项目专业质量检查员：（签名） 年 月 日</td></tr>
<tr><td colspan="3">监理单位验收结论</td><td colspan="5">专业监理工程师：（签名） 年 月 日</td></tr>
</table>

7.2.2.51 市政验·桥-46 劲性骨架混凝土拱圈安装检验批质量验收记录

市政基础设施工程

劲性骨架混凝土拱圈安装检验批质量验收记录

市政验·桥-46

第 页，共 页

<table>
<tr><td colspan="4">工程名称</td><td colspan="5"></td></tr>
<tr><td colspan="4">单位工程名称</td><td colspan="5"></td></tr>
<tr><td colspan="4">施工单位</td><td colspan="2"></td><td colspan="2">分包单位</td><td></td></tr>
<tr><td colspan="4">项目负责人</td><td colspan="2"></td><td colspan="2">项目技术负责人</td><td></td></tr>
<tr><td colspan="4">分部（子分部）工程名称</td><td colspan="2"></td><td colspan="2">分项工程名称</td><td></td></tr>
<tr><td colspan="4">验收部位/区段</td><td colspan="2"></td><td colspan="2">检验批容量</td><td></td></tr>
<tr><td colspan="4">施工及验收依据</td><td colspan="5">《城市桥梁工程施工与质量验收规范》CJJ 2</td></tr>
<tr><td colspan="5">验收项目</td><td>设计要求或规范规定</td><td>最小/实际抽样数量</td><td>检查记录</td><td>检查结果</td></tr>
<tr><td rowspan="3">主控项目</td><td>1</td><td colspan="3">混凝土应按施工设计要求的顺序浇筑</td><td>第16.10.4-1条</td><td>/</td><td></td><td></td></tr>
<tr><td></td><td colspan="3"></td><td></td><td></td><td></td><td></td></tr>
<tr><td></td><td colspan="3"></td><td></td><td></td><td></td><td></td></tr>
<tr><td rowspan="5">一般项目</td><td>1</td><td colspan="3">拱圈外形圆顺，表面平整，无孔洞、露筋、蜂窝、麻面和宽度大于0.15mm的收缩裂缝</td><td>第16.10.4-4条</td><td>/</td><td></td><td></td></tr>
<tr><td>2</td><td rowspan="4">允许偏差</td><td colspan="2">轴线偏位（mm）</td><td>$L/6000$</td><td>/</td><td></td><td></td></tr>
<tr><td>3</td><td colspan="2">高程（mm）</td><td>$\pm L/3000$</td><td>/</td><td></td><td></td></tr>
<tr><td>4</td><td rowspan="2">对称点相对高差（mm）</td><td>允许</td><td>$L/3000$</td><td>/</td><td></td><td></td></tr>
<tr><td>5</td><td>极值</td><td>$L/1500$，且反向</td><td>/</td><td></td><td></td></tr>
<tr><td colspan="2">施工单位检查结果</td><td colspan="7">专业工长：（签名） 项目专业质量检查员：（签名） 年 月 日</td></tr>
<tr><td colspan="2">监理单位验收结论</td><td colspan="7">专业监理工程师：（签名） 年 月 日</td></tr>
</table>

注：L 为跨径。

7.2.2.52 市政验·桥-47 劲性骨架混凝土拱圈检验批质量验收记录

市政基础设施工程

劲性骨架混凝土拱圈检验批质量验收记录

市政验·桥-47

第　　页，共　　页

<table>
<tr><td colspan="4">工程名称</td><td colspan="5"></td></tr>
<tr><td colspan="4">单位工程名称</td><td colspan="5"></td></tr>
<tr><td colspan="4">施工单位</td><td colspan="2"></td><td colspan="2">分包单位</td><td></td></tr>
<tr><td colspan="4">项目负责人</td><td colspan="2"></td><td colspan="2">项目技术负责人</td><td></td></tr>
<tr><td colspan="4">分部（子分部）工程名称</td><td colspan="2"></td><td colspan="2">分项工程名称</td><td></td></tr>
<tr><td colspan="4">验收部位/区段</td><td colspan="2"></td><td colspan="2">检验批容量</td><td></td></tr>
<tr><td colspan="4">施工及验收依据</td><td colspan="5">《城市桥梁工程施工与质量验收规范》CJJ 2</td></tr>
<tr><td colspan="5">验收项目</td><td>设计要求或规范规定</td><td>最小/实际抽样数量</td><td>检查记录</td><td>检查结果</td></tr>
<tr><td rowspan="2">主控项目</td><td>1</td><td colspan="3">混凝土应按施工设计要求的顺序浇筑</td><td>第16.10.4-1条</td><td>/</td><td></td><td></td></tr>
<tr><td></td><td colspan="3"></td><td></td><td></td><td></td><td></td></tr>
<tr><td rowspan="9">一般项目</td><td>1</td><td colspan="3">拱圈外形圆顺，表面平整，无孔洞、露筋、蜂窝、麻面和宽度大于0.15mm的收缩裂缝</td><td>第16.10.4-4条</td><td>/</td><td></td><td></td></tr>
<tr><td rowspan="3">2</td><td rowspan="7">允许偏差</td><td rowspan="3">轴线偏位（mm）</td><td>$L\leqslant60$m</td><td>10</td><td>/</td><td></td><td></td></tr>
<tr><td>$L=200$m</td><td>50</td><td>/</td><td></td><td></td></tr>
<tr><td>$L>200$m</td><td>$L/4000$</td><td>/</td><td></td><td></td></tr>
<tr><td>3</td><td colspan="2">高程（mm）</td><td>$\pm L/3000$</td><td>/</td><td></td><td></td></tr>
<tr><td rowspan="2">4</td><td rowspan="2">对称点相对高差（mm）</td><td>允许</td><td>$L/3000$</td><td>/</td><td></td><td></td></tr>
<tr><td>极值</td><td>$L/1500$，且反向</td><td>/</td><td></td><td></td></tr>
<tr><td>5</td><td colspan="2">断面尺寸（mm）</td><td>±10</td><td>/</td><td></td><td></td></tr>
<tr><td colspan="2">施工单位检查结果</td><td colspan="7">专业工长：（签名）　　项目专业质量检查员：（签名）　　年　月　日</td></tr>
<tr><td colspan="2">监理单位验收结论</td><td colspan="7">专业监理工程师：（签名）　　年　月　日</td></tr>
</table>

注：1. L为跨径；2. L在60～200m之间时，轴线偏位允许偏差内插。

7.2.2.53 市政验·桥-48 装配式混凝土拱部结构（预制拱圈）检验批质量验收记录

市政基础设施工程

装配式混凝土拱部结构（预制拱圈）检验批质量验收记录

市政验·桥-48

第　　页，共　　页

工程名称			
单位工程名称			
施工单位		分包单位	
项目负责人		项目技术负责人	
分部（子分部）工程名称		分项工程名称	
验收部位/区段		检验批容量	
施工及验收依据	《城市桥梁工程施工与质量验收规范》CJJ 2		

验收项目					设计要求或规范规定	最小/实际抽样数量	检查记录	检查结果
主控项目	1	拱段接头现浇混凝土强度必须达到设计要求或达到设计强度的75%后，方可进行拱上结构施工			第16.10.5-1条	/		
	2	结构表面不得出现超过设计规定的受力裂缝			第16.10.5-2条	/		
一般项目	1	拱圈外形圆顺，表面平整、无孔洞、露筋、蜂窝、麻面和宽度大于0.15mm的收缩裂缝			第16.10.5-7条	/		
	2	混凝土抗压强度			符合设计要求	/		
	3	每段拱箱内弧长（mm）			0，－10	/		
	4	内弧偏离设计弧线（mm）			±5	/		
	5	允许偏差	断面尺寸（mm）	顶底腹板厚	＋10，0	/		
				宽度及高度	＋10，－5	/		
	6		轴线偏位（mm）	肋拱	5	/		
				箱拱	10	/		
	7		拱箱接头尺寸及倾角（mm）		±5	/		
	8		预埋件位置（mm）	肋拱	5	/		
				箱拱	10	/		

施工单位检查结果	专业工长：（签名）　　项目专业质量检查员：（签名）　　年　　月　　日
监理单位验收结论	专业监理工程师：（签名）　　年　　月　　日

7.2.2.54 市政验·桥-49 装配式混凝土拱部结构（拱圈安装）检验批质量验收记录

市政基础设施工程

装配式混凝土拱部结构（拱圈安装）检验批质量验收记录

市政验·桥-49

第　　页，共　　页

<table>
<tr><td colspan="5">工程名称</td><td colspan="5"></td></tr>
<tr><td colspan="5">单位工程名称</td><td colspan="5"></td></tr>
<tr><td colspan="5">施工单位</td><td colspan="2"></td><td colspan="2">分包单位</td><td></td></tr>
<tr><td colspan="5">项目负责人</td><td colspan="2"></td><td colspan="2">项目技术负责人</td><td></td></tr>
<tr><td colspan="5">分部（子分部）工程名称</td><td colspan="2"></td><td colspan="2">分项工程名称</td><td></td></tr>
<tr><td colspan="5">验收部位/区段</td><td colspan="2"></td><td colspan="2">检验批容量</td><td></td></tr>
<tr><td colspan="5">施工及验收依据</td><td colspan="5">《城市桥梁工程施工与质量验收规范》CJJ 2</td></tr>
<tr><td colspan="5">验收项目</td><td colspan="2">设计要求或规范规定</td><td>最小/实际抽样数量</td><td>检查记录</td><td>检查结果</td></tr>
<tr><td rowspan="2">主控项目</td><td>1</td><td colspan="3">拱段接头现浇混凝土强度必须达到设计要求或达到设计强度的75%后，方可进行拱上结构施工</td><td colspan="2">第16.10.5-1条</td><td>/</td><td></td><td></td></tr>
<tr><td>2</td><td colspan="3">结构表面不得出现超过设计规定的受力裂缝</td><td colspan="2">第16.10.5-2条</td><td>/</td><td></td><td></td></tr>
<tr><td rowspan="12">一般项目</td><td>1</td><td colspan="3">拱圈外形圆顺，表面平整，无孔洞、露筋、蜂窝、麻面和宽度大于0.15mm的收缩裂缝</td><td colspan="2">第16.10.5-7条</td><td>/</td><td></td><td></td></tr>
<tr><td rowspan="2">2</td><td rowspan="11">允许偏差</td><td colspan="2" rowspan="2">轴线偏位（mm）</td><td>$L \leqslant 60$m</td><td>10</td><td>/</td><td></td><td></td></tr>
<tr><td>$L > 60$m</td><td>$L/6000$</td><td>/</td><td></td><td></td></tr>
<tr><td rowspan="2">3</td><td colspan="2" rowspan="2">高程（mm）</td><td>$L \leqslant 60$m</td><td>±20</td><td>/</td><td></td><td></td></tr>
<tr><td>$L > 60$m</td><td>$\pm L/3000$</td><td>/</td><td></td><td></td></tr>
<tr><td rowspan="3">4</td><td rowspan="3">对称点相对高差（mm）</td><td rowspan="2">允许</td><td>$L \leqslant 60$m</td><td>20</td><td>/</td><td></td><td></td></tr>
<tr><td>$L > 60$m</td><td>$L/3000$</td><td>/</td><td></td><td></td></tr>
<tr><td>极值</td><td colspan="2">允许偏差的2倍，且反向</td><td>/</td><td></td><td></td></tr>
<tr><td rowspan="2">5</td><td colspan="2" rowspan="2">各拱肋相对高差（mm）</td><td>$L \leqslant 60$m</td><td>20</td><td>/</td><td></td><td></td></tr>
<tr><td>$L > 60$m</td><td>$L/3000$</td><td>/</td><td></td><td></td></tr>
<tr><td>6</td><td colspan="2">拱肋间距（mm）</td><td colspan="2">±10</td><td>/</td><td></td><td></td></tr>
<tr><td colspan="3">施工单位检查结果</td><td colspan="7">专业工长：（签名）　　项目专业质量检查员：（签名）　　年　月　日</td></tr>
<tr><td colspan="3">监理单位验收结论</td><td colspan="7">专业监理工程师：（签名）　　年　月　日</td></tr>
</table>

注：L 为跨径。

7.2.2.55　市政验·桥-50　装配式混凝土拱部结构（悬臂拼装桁架拱）检验批质量验收记录

市政基础设施工程

装配式混凝土拱部结构（悬臂拼装桁架拱）检验批质量验收记录

市政验·桥-50

第　　页，共　　页

<table>
<tr><td colspan="5">工程名称</td><td colspan="5"></td></tr>
<tr><td colspan="5">单位工程名称</td><td colspan="5"></td></tr>
<tr><td colspan="5">施工单位</td><td colspan="2"></td><td colspan="2">分包单位</td><td></td></tr>
<tr><td colspan="5">项目负责人</td><td colspan="2"></td><td colspan="2">项目技术负责人</td><td></td></tr>
<tr><td colspan="5">分部（子分部）工程名称</td><td colspan="2"></td><td colspan="2">分项工程名称</td><td></td></tr>
<tr><td colspan="5">验收部位/区段</td><td colspan="2"></td><td colspan="2">检验批容量</td><td></td></tr>
<tr><td colspan="5">施工及验收依据</td><td colspan="5">《城市桥梁工程施工与质量验收规范》CJJ 2</td></tr>
<tr><td colspan="5">验收项目</td><td colspan="2">设计要求或规范规定</td><td>最小/实际抽样数量</td><td>检查记录</td><td>检查结果</td></tr>
<tr><td rowspan="2">主控项目</td><td>1</td><td colspan="3">拱段接头现浇混凝土强度必须达到设计要求或达到设计强度的75%后，方可进行拱上结构施工</td><td colspan="2">第16.10.5-1条</td><td>/</td><td></td><td></td></tr>
<tr><td>2</td><td colspan="3">结构表面不得出现超过设计规定的受力裂缝</td><td colspan="2">第16.10.5-2条</td><td>/</td><td></td><td></td></tr>
<tr><td rowspan="10">一般项目</td><td>1</td><td colspan="3">拱圈外形圆顺，表面平整、无孔洞、露筋、蜂窝、麻面和宽度大于0.15mm的收缩裂缝</td><td colspan="2">第16.10.5-7条</td><td>/</td><td></td><td></td></tr>
<tr><td rowspan="2">2</td><td rowspan="9">允许偏差</td><td colspan="2" rowspan="2">轴线偏位（mm）</td><td>$L \leq 60$m</td><td>10</td><td>/</td><td></td><td></td></tr>
<tr><td>$L > 60$m</td><td>$L/6000$</td><td>/</td><td></td><td></td></tr>
<tr><td rowspan="2">3</td><td colspan="2" rowspan="2">高程（mm）</td><td>$L \leq 60$m</td><td>±20</td><td>/</td><td></td><td></td></tr>
<tr><td>$L > 60$m</td><td>$\pm L/3000$</td><td>/</td><td></td><td></td></tr>
<tr><td>4</td><td colspan="2">相邻拱片高差（mm）</td><td colspan="2">15</td><td>/</td><td></td><td></td></tr>
<tr><td rowspan="3">5</td><td rowspan="3">对称点相对高差（mm）</td><td>允许</td><td>$L \leq 60$m</td><td>20</td><td>/</td><td></td><td></td></tr>
<tr><td rowspan="2">极值</td><td>$L > 60$m</td><td>$L/3000$</td><td>/</td><td></td><td></td></tr>
<tr><td colspan="2">允许偏差的2倍，且反向</td><td>/</td><td></td><td></td></tr>
<tr><td>6</td><td colspan="2">拱片竖向垂直度（mm）</td><td colspan="2">≤1/300高度，且不大于20</td><td>/</td><td></td><td></td></tr>
<tr><td colspan="2">施工单位检查结果</td><td colspan="8">专业工长：（签名）　　项目专业质量检查员：（签名）　　年　月　日</td></tr>
<tr><td colspan="2">监理单位验收结论</td><td colspan="8">专业监理工程师：（签名）　　年　月　日</td></tr>
</table>

注：L 为跨径。

7.2.2.56 市政验·桥-51 装配式混凝土拱部结构（腹拱安装）检验批质量验收记录

市政基础设施工程

装配式混凝土拱部结构（腹拱安装）检验批质量验收记录

市政验·桥-51

第　　页，共　　页

工程名称			
单位工程名称			
施工单位		分包单位	
项目负责人		项目技术负责人	
分部（子分部）工程名称		分项工程名称	
验收部位/区段		检验批容量	
施工及验收依据	《城市桥梁工程施工与质量验收规范》CJJ 2		

验收项目				设计要求或规范规定	最小/实际抽样数量	检查记录	检查结果
主控项目	1	拱段接头现浇混凝土强度必须达到设计要求或达到设计强度的75%后，方可进行拱上结构施工		第16.10.5-1条	/		
	2	结构表面不得出现超过设计规定的受力裂缝		第16.10.5-2条	/		
一般项目	1	拱圈外形圆顺，表面平整、无孔洞、露筋、蜂窝、麻面和宽度大于0.15mm的收缩裂缝		第16.10.5-7条	/		
	2	允许偏差	轴线偏位（mm）	10	/		
	3		拱顶高程（mm）	±20	/		
	4		相邻块件高差（mm）	5	/		
施工单位检查结果	专业工长：（签名）　　项目专业质量检查员：（签名）　　年　月　日						
监理单位验收结论	专业监理工程师：（签名）　　年　月　日						

7.2.2.57 市政验·桥-52 钢管混凝土拱肋制作与安装检验批质量验收记录

市政基础设施工程

钢管混凝土拱肋制作与安装检验批质量验收记录

市政验·桥-52

第　　页，共　　页

<table>
<tr><td colspan="4">工程名称</td><td colspan="5"></td></tr>
<tr><td colspan="4">单位工程名称</td><td colspan="5"></td></tr>
<tr><td colspan="4">施工单位</td><td></td><td colspan="2">分包单位</td><td colspan="2"></td></tr>
<tr><td colspan="4">项目负责人</td><td></td><td colspan="2">项目技术负责人</td><td colspan="2"></td></tr>
<tr><td colspan="4">分部（子分部）工程名称</td><td></td><td colspan="2">分项工程名称</td><td colspan="2"></td></tr>
<tr><td colspan="4">验收部位/区段</td><td></td><td colspan="2">检验批容量</td><td colspan="2"></td></tr>
<tr><td colspan="4">施工及验收依据</td><td colspan="5">《城市桥梁工程施工与质量验收规范》CJJ 2</td></tr>
<tr><td colspan="5">验收项目</td><td>设计要求或规范规定</td><td>最小/实际抽样数量</td><td>检查记录</td><td>检查结果</td></tr>
<tr><td>主控项目</td><td>1</td><td colspan="3">防护涂料规格和层数，应符合设计要求</td><td>第16.10.6-2条</td><td>/</td><td></td><td></td></tr>
<tr><td rowspan="12">一般项目</td><td>1</td><td colspan="3">钢管混凝土拱肋线形圆顺，无折弯</td><td>第16.10.6-5条</td><td>/</td><td></td><td></td></tr>
<tr><td>2</td><td rowspan="11">允许偏差</td><td colspan="2">钢管直径（mm）</td><td>$\pm D/500$，且±5</td><td>/</td><td></td><td></td></tr>
<tr><td>3</td><td colspan="2">钢管中距（mm）</td><td>±5</td><td>/</td><td></td><td></td></tr>
<tr><td>4</td><td colspan="2">内弧偏离设计弧线（mm）</td><td>8</td><td>/</td><td></td><td></td></tr>
<tr><td>5</td><td colspan="2">拱肋内弧长（mm）</td><td>0，−10</td><td>/</td><td></td><td></td></tr>
<tr><td>6</td><td colspan="2">节段端部平面度（mm）</td><td>3</td><td>/</td><td></td><td></td></tr>
<tr><td>7</td><td colspan="2">竖杆节间长度（mm）</td><td>±2</td><td>/</td><td></td><td></td></tr>
<tr><td>8</td><td colspan="2">轴线偏位（mm）</td><td>$L/6000$</td><td>/</td><td></td><td></td></tr>
<tr><td>9</td><td colspan="2">高程（mm）</td><td>$\pm L/3000$</td><td>/</td><td></td><td></td></tr>
<tr><td rowspan="2">10</td><td rowspan="2">对称点相对高差（mm）</td><td>允许</td><td>$L/3000$</td><td>/</td><td></td><td></td></tr>
<tr><td>极值</td><td>$L/1500$，且反向</td><td>/</td><td></td><td></td></tr>
<tr><td>11</td><td colspan="2">拱肋接缝错边（mm）</td><td>≤0.2壁厚，且不大于2</td><td>/</td><td></td><td></td></tr>
<tr><td colspan="3">施工单位检查结果</td><td colspan="6">专业工长：（签名）　　项目专业质量检查员：（签名）　　年　月　日</td></tr>
<tr><td colspan="3">监理单位验收结论</td><td colspan="6">专业监理工程师：（签名）　　年　月　日</td></tr>
</table>

注：1. D 为钢管直径（mm）；2. L 为跨径。

7.2.2.58 市政验·桥-53 钢管混凝土拱肋检验批质量验收记录

市政基础设施工程

钢管混凝土拱肋检验批质量验收记录

市政验·桥-53

第　　页，共　　页

<table>
<tr><td colspan="5">工程名称</td><td colspan="4"></td></tr>
<tr><td colspan="5">单位工程名称</td><td colspan="4"></td></tr>
<tr><td colspan="5">施工单位</td><td></td><td colspan="2">分包单位</td><td></td></tr>
<tr><td colspan="5">项目负责人</td><td></td><td colspan="2">项目技术负责人</td><td></td></tr>
<tr><td colspan="5">分部（子分部）工程名称</td><td></td><td colspan="2">分项工程名称</td><td></td></tr>
<tr><td colspan="5">验收部位/区段</td><td></td><td colspan="2">检验批容量</td><td></td></tr>
<tr><td colspan="5">施工及验收依据</td><td colspan="4">《城市桥梁工程施工与质量验收规范》CJJ 2</td></tr>
<tr><td colspan="5">验收项目</td><td>设计要求或规范规定</td><td>最小/实际抽样数量</td><td>检查记录</td><td>检查结果</td></tr>
<tr><td rowspan="2">主控项目</td><td>1</td><td colspan="3">钢管内混凝土应饱满，管壁与混凝土紧密结合</td><td>第 16.10.6-1 条</td><td>/</td><td></td><td></td></tr>
<tr><td>2</td><td colspan="3">防护涂料规格和层数，应符合设计要求</td><td>第 16.10.6-2 条</td><td>/</td><td></td><td></td></tr>
<tr><td rowspan="7">一般项目</td><td>1</td><td colspan="3">钢管混凝土拱肋线形圆顺，无折弯</td><td>第 16.10.6-5 条</td><td>/</td><td></td><td></td></tr>
<tr><td>2</td><td rowspan="6">允许偏差</td><td rowspan="3">轴线偏位（mm）</td><td>$L \leq 60$m</td><td>10</td><td>/</td><td></td><td></td></tr>
<tr><td>3</td><td>$L=200$m</td><td>50</td><td>/</td><td></td><td></td></tr>
<tr><td>4</td><td>$L>200$m</td><td>$L/4000$</td><td>/</td><td></td><td></td></tr>
<tr><td>5</td><td colspan="2">高程（mm）</td><td>$\pm L/3000$</td><td>/</td><td></td><td></td></tr>
<tr><td rowspan="2">6</td><td rowspan="2">对称点相对高差（mm）</td><td>允许</td><td>$L/3000$</td><td>/</td><td></td><td></td></tr>
<tr><td>极值</td><td>$L/1500$，且反向</td><td>/</td><td></td><td></td></tr>
<tr><td colspan="3">施工单位检查结果</td><td colspan="6">专业工长：（签名）　　项目专业质量检查员：（签名）　　年　月　日</td></tr>
<tr><td colspan="3">监理单位验收结论</td><td colspan="6">专业监理工程师：（签名）　　年　月　日</td></tr>
</table>

注：L 为跨径。

7.2.2.59 市政验·桥-54 中下承式拱吊杆和柔性系杆拱检验批质量验收记录

市政基础设施工程

中下承式拱吊杆和柔性系杆拱检验批质量验收记录

市政验·桥-54

第 页，共 页

<table>
<tr><td colspan="4">工程名称</td><td colspan="5"></td></tr>
<tr><td colspan="4">单位工程名称</td><td colspan="5"></td></tr>
<tr><td colspan="4">施工单位</td><td></td><td colspan="2">分包单位</td><td colspan="2"></td></tr>
<tr><td colspan="4">项目负责人</td><td></td><td colspan="2">项目技术负责人</td><td colspan="2"></td></tr>
<tr><td colspan="4">分部（子分部）工程名称</td><td></td><td colspan="2">分项工程名称</td><td colspan="2"></td></tr>
<tr><td colspan="4">验收部位/区段</td><td></td><td colspan="2">检验批容量</td><td colspan="2"></td></tr>
<tr><td colspan="4">施工及验收依据</td><td colspan="5">《城市桥梁工程施工与质量验收规范》CJJ 2</td></tr>
<tr><td colspan="5">验收项目</td><td>设计要求或规范规定</td><td>最小/实际抽样数量</td><td>检查记录</td><td>检查结果</td></tr>
<tr><td rowspan="2">主控项目</td><td>1</td><td colspan="3">吊杆、系杆及其锚具的材质、规格和技术性能应符合国家现行标准和设计规定</td><td>第 16.10.7-1 条</td><td>/</td><td></td><td></td></tr>
<tr><td>2</td><td colspan="3">吊杆、系杆防护必须符合设计要求和规范第 14.3.1 条有关规定</td><td>第 16.10.7-2 条</td><td>/</td><td></td><td></td></tr>
<tr><td rowspan="8">一般项目</td><td>1</td><td rowspan="8">允许偏差</td><td colspan="2">吊杆长度（mm）</td><td>±L/1000，且±10</td><td>/</td><td></td><td></td></tr>
<tr><td rowspan="2">2</td><td rowspan="2">吊杆拉力（mm）</td><td>允许</td><td>应符合设计要求</td><td>/</td><td></td><td></td></tr>
<tr><td>极值</td><td>下承式拱吊杆拉力偏差 20%</td><td>/</td><td></td><td></td></tr>
<tr><td>3</td><td colspan="2">吊点位置（mm）</td><td>10</td><td>/</td><td></td><td></td></tr>
<tr><td rowspan="2">4</td><td rowspan="2">吊点高程（mm）</td><td>高程</td><td>±10</td><td>/</td><td></td><td></td></tr>
<tr><td>两侧高差</td><td>20</td><td>/</td><td></td><td></td></tr>
<tr><td>5</td><td colspan="2">张拉应力（MPa）</td><td>符合设计要求</td><td>/</td><td></td><td></td></tr>
<tr><td>6</td><td colspan="2">张拉伸长率（%）</td><td>符合设计规定</td><td>/</td><td></td><td></td></tr>
<tr><td colspan="3">施工单位检查结果</td><td colspan="6">专业工长：（签名） 项目专业质量检查员：（签名） 年 月 日</td></tr>
<tr><td colspan="3">监理单位验收结论</td><td colspan="6">专业监理工程师：（签名） 年 月 日</td></tr>
</table>

注：L 为吊杆长度。

7.2.2.60 市政验·桥-55 转体施工拱检验批质量验收记录

市政基础设施工程

转体施工拱检验批质量验收记录

市政验·桥-55

第 页，共 页

<table>
<tr><td colspan="3">工程名称</td><td colspan="5"></td></tr>
<tr><td colspan="3">单位工程名称</td><td colspan="5"></td></tr>
<tr><td colspan="3">施工单位</td><td></td><td colspan="2">分包单位</td><td colspan="2"></td></tr>
<tr><td colspan="3">项目负责人</td><td></td><td colspan="2">项目技术负责人</td><td colspan="2"></td></tr>
<tr><td colspan="3">分部（子分部）工程名称</td><td></td><td colspan="2">分项工程名称</td><td colspan="2"></td></tr>
<tr><td colspan="3">验收部位/区段</td><td></td><td colspan="2">检验批容量</td><td colspan="2"></td></tr>
<tr><td colspan="3">施工及验收依据</td><td colspan="5">《城市桥梁工程施工与质量验收规范》CJJ 2</td></tr>
<tr><td colspan="4">验收项目</td><td>设计要求或规范规定</td><td>最小/实际抽样数量</td><td>检查记录</td><td>检查结果</td></tr>
<tr><td rowspan="4">主控项目</td><td>1</td><td colspan="2">转动设施和锚固体系应安全可靠</td><td>第16.10.8-1条</td><td>/</td><td></td><td></td></tr>
<tr><td>2</td><td colspan="2">双侧对称施工误差应控制在设计规定的范围内</td><td>第16.10.8-2条</td><td>/</td><td></td><td></td></tr>
<tr><td>3</td><td colspan="2">合拢段两侧高差必须在设计规定的允许范围内</td><td>第16.10.8-3条</td><td>/</td><td></td><td></td></tr>
<tr><td>4</td><td colspan="2">封闭转盘和合拢段混凝土强度应符合设计要求</td><td>第16.10.8-4条</td><td>/</td><td></td><td></td></tr>
<tr><td rowspan="3">一般项目</td><td>1</td><td rowspan="3">允许偏差</td><td>轴线偏位（mm）</td><td>L/6000</td><td>/</td><td></td><td></td></tr>
<tr><td>2</td><td>拱顶高程（mm）</td><td>±20</td><td>/</td><td></td><td></td></tr>
<tr><td>3</td><td>同一横截面两侧或相邻上部构件高差（mm）</td><td>10</td><td>/</td><td></td><td></td></tr>
<tr><td colspan="2">施工单位检查结果</td><td colspan="6">专业工长：（签名） 项目专业质量检查员：（签名） 年 月 日</td></tr>
<tr><td colspan="2">监理单位验收结论</td><td colspan="6">专业监理工程师：（签名） 年 月 日</td></tr>
</table>

7.2.2.61 市政验·桥-56 拱上结构检验批质量验收记录

市政基础设施工程

拱上结构检验批质量验收记录

市政验·桥-56

第　　页，共　　页

<table>
<tr><td colspan="3">工程名称</td><td colspan="5"></td></tr>
<tr><td colspan="3">单位工程名称</td><td colspan="5"></td></tr>
<tr><td colspan="3">施工单位</td><td></td><td colspan="2">分包单位</td><td colspan="2"></td></tr>
<tr><td colspan="3">项目负责人</td><td></td><td colspan="2">项目技术负责人</td><td colspan="2"></td></tr>
<tr><td colspan="3">分部（子分部）工程名称</td><td></td><td colspan="2">分项工程名称</td><td colspan="2"></td></tr>
<tr><td colspan="3">验收部位/区段</td><td></td><td colspan="2">检验批容量</td><td colspan="2"></td></tr>
<tr><td colspan="3">施工及验收依据</td><td colspan="5">《城市桥梁工程施工与质量验收规范》CJJ 2</td></tr>
<tr><td colspan="3">验收项目</td><td>设计要求或规范规定</td><td>最小/实际抽样数量</td><td>检查记录</td><td colspan="2">检查结果</td></tr>
<tr><td rowspan="4">主控项目</td><td>1</td><td>拱上结构施工时间和顺序应符合设计和施工设计规定</td><td>第16.10.9条</td><td>/</td><td></td><td colspan="2"></td></tr>
<tr><td></td><td></td><td></td><td></td><td></td><td colspan="2"></td></tr>
<tr><td></td><td></td><td></td><td></td><td></td><td colspan="2"></td></tr>
<tr><td></td><td></td><td></td><td></td><td></td><td colspan="2"></td></tr>
<tr><td colspan="2">施工单位检查结果</td><td colspan="6">专业工长：（签名）　　项目专业质量检查员：（签名）　　年　月　日</td></tr>
<tr><td colspan="2">监理单位验收结论</td><td colspan="6">专业监理工程师：（签名）　　年　月　日</td></tr>
</table>

7.2.2.62　市政验·桥-57　现浇混凝土索塔检验批质量验收记录

市政基础设施工程

现浇混凝土索塔检验批质量验收记录

市政验·桥-57

第　　页，共　　页

<table>
<tr><td colspan="4">工程名称</td><td colspan="5"></td></tr>
<tr><td colspan="4">单位工程名称</td><td colspan="5"></td></tr>
<tr><td colspan="4">施工单位</td><td></td><td colspan="2">分包单位</td><td colspan="2"></td></tr>
<tr><td colspan="4">项目负责人</td><td></td><td colspan="2">项目技术负责人</td><td colspan="2"></td></tr>
<tr><td colspan="4">分部（子分部）工程名称</td><td></td><td colspan="2">分项工程名称</td><td colspan="2"></td></tr>
<tr><td colspan="4">验收部位/区段</td><td></td><td colspan="2">检验批容量</td><td colspan="2"></td></tr>
<tr><td colspan="4">施工及验收依据</td><td colspan="5">《城市桥梁工程施工与质量验收规范》CJJ 2</td></tr>
<tr><td colspan="4">验收项目</td><td>设计要求或规范规定</td><td>最小/实际抽样数量</td><td>检查记录</td><td colspan="2">检查结果</td></tr>
<tr><td rowspan="2">主控项目</td><td>1</td><td colspan="2">索塔及横梁表面不得出现孔洞、露筋和超过设计规定的受力裂缝</td><td>第17.5.2-1条</td><td>/</td><td></td><td colspan="2"></td></tr>
<tr><td>2</td><td colspan="2">避雷设施应符合设计要求</td><td>第17.5.2-2条</td><td>/</td><td></td><td colspan="2"></td></tr>
<tr><td rowspan="13">一般项目</td><td>1</td><td colspan="2">索塔表面应平整、直顺，无蜂窝、麻面和大于0.15mm的收缩裂缝</td><td>第17.5.2-4条</td><td>/</td><td></td><td colspan="2"></td></tr>
<tr><td>2</td><td rowspan="12">允许偏差</td><td>地面处轴线偏位（mm）</td><td>10</td><td>/</td><td></td><td colspan="2"></td></tr>
<tr><td>3</td><td>垂直度（mm）</td><td>≤H/3000，且不大于30或设计要求要求</td><td>/</td><td></td><td colspan="2"></td></tr>
<tr><td>4</td><td>断面尺寸（mm）</td><td>±20</td><td>/</td><td></td><td colspan="2"></td></tr>
<tr><td>5</td><td>塔柱壁厚（mm）</td><td>±5</td><td>/</td><td></td><td colspan="2"></td></tr>
<tr><td>6</td><td>拉索锚固点高程（mm）</td><td>±10</td><td>/</td><td></td><td colspan="2"></td></tr>
<tr><td>7</td><td>索管轴线偏位（mm）</td><td>10，且两端同向</td><td>/</td><td></td><td colspan="2"></td></tr>
<tr><td>8</td><td>横梁断面尺寸（mm）</td><td>±10</td><td>/</td><td></td><td colspan="2"></td></tr>
<tr><td>9</td><td>横梁顶面高程（mm）</td><td>±10</td><td>/</td><td></td><td colspan="2"></td></tr>
<tr><td>10</td><td>横梁轴线偏位（mm）</td><td>10</td><td>/</td><td></td><td colspan="2"></td></tr>
<tr><td>11</td><td>横梁壁厚（mm）</td><td>±5</td><td>/</td><td></td><td colspan="2"></td></tr>
<tr><td>12</td><td>预埋件位置（mm）</td><td>5</td><td>/</td><td></td><td colspan="2"></td></tr>
<tr><td>13</td><td>分段浇筑时，接缝错台（mm）</td><td>5</td><td>/</td><td></td><td colspan="2"></td></tr>
<tr><td colspan="3">施工单位检查结果</td><td colspan="6">专业工长：（签名）　　项目专业质量检查员：（签名）　　年　月　日</td></tr>
<tr><td colspan="3">监理单位验收结论</td><td colspan="6">专业监理工程师：（签名）　　年　月　日</td></tr>
</table>

7.2.2.63 市政验·桥-58 斜拉桥悬臂施工墩顶梁段检验批质量验收记录

市政基础设施工程

斜拉桥悬臂施工墩顶梁段检验批质量验收记录

市政验·桥-58

第　　页，共　　页

<table>
<tr><td colspan="4">工程名称</td><td colspan="5"></td></tr>
<tr><td colspan="4">单位工程名称</td><td colspan="5"></td></tr>
<tr><td colspan="4">施工单位</td><td></td><td colspan="2">分包单位</td><td colspan="2"></td></tr>
<tr><td colspan="4">项目负责人</td><td></td><td colspan="2">项目技术负责人</td><td colspan="2"></td></tr>
<tr><td colspan="4">分部（子分部）工程名称</td><td></td><td colspan="2">分项工程名称</td><td colspan="2"></td></tr>
<tr><td colspan="4">验收部位/区段</td><td></td><td colspan="2">检验批容量</td><td colspan="2"></td></tr>
<tr><td colspan="4">施工及验收依据</td><td colspan="5">《城市桥梁工程施工与质量验收规范》CJJ 2</td></tr>
<tr><td colspan="5">验收项目</td><td>设计要求或规范规定</td><td>最小/实际抽样数量</td><td>检查记录</td><td>检查结果</td></tr>
<tr><td>主控项目</td><td>1</td><td colspan="3">梁段表面不得出现孔洞、露筋和宽度超过设计规定的受力裂缝</td><td>第 17.5.3-1 条</td><td>/</td><td></td><td></td></tr>
<tr><td rowspan="10">一般项目</td><td>1</td><td colspan="3">梁段表面应无蜂窝、麻面和大于0.15mm的收缩裂缝</td><td>第 17.5.3-3 条</td><td>/</td><td></td><td></td></tr>
<tr><td>2</td><td rowspan="9">允许偏差</td><td colspan="2">轴线偏位（mm）</td><td>跨径/10000</td><td>/</td><td></td><td></td></tr>
<tr><td>3</td><td colspan="2">顶面高程（mm）</td><td>±10</td><td>/</td><td></td><td></td></tr>
<tr><td rowspan="4">4</td><td rowspan="4">断面尺寸（mm）</td><td>高度</td><td>+5，−10</td><td>/</td><td></td><td></td></tr>
<tr><td>顶宽</td><td>±30</td><td>/</td><td></td><td></td></tr>
<tr><td>底宽或肋间宽</td><td>±20</td><td>/</td><td></td><td></td></tr>
<tr><td>顶、底、腹板厚或肋宽</td><td>+10，0</td><td>/</td><td></td><td></td></tr>
<tr><td>5</td><td colspan="2">横坡（%）</td><td>±0.15</td><td>/</td><td></td><td></td></tr>
<tr><td>6</td><td colspan="2">平整度（mm）</td><td>8</td><td>/</td><td></td><td></td></tr>
<tr><td>7</td><td colspan="2">预埋件位置（mm）</td><td>5</td><td>/</td><td></td><td></td></tr>
<tr><td colspan="2">施工单位检查结果</td><td colspan="7">专业工长：（签名）　　项目专业质量检查员：（签名）　　年　月　日</td></tr>
<tr><td colspan="2">监理单位验收结论</td><td colspan="7">专业监理工程师：（签名）　　年　月　日</td></tr>
</table>

7.2.2.64 市政验·桥-59 斜拉桥悬臂浇筑混凝土主梁检验批质量验收记录

市政基础设施工程

斜拉桥悬臂浇筑混凝土主梁检验批质量验收记录

市政验·桥-59

第　　页，共　　页

<table>
<tr><td colspan="5">工程名称</td><td colspan="4"></td></tr>
<tr><td colspan="5">单位工程名称</td><td colspan="4"></td></tr>
<tr><td colspan="5">施工单位</td><td colspan="2"></td><td>分包单位</td><td></td></tr>
<tr><td colspan="5">项目负责人</td><td colspan="2"></td><td>项目技术负责人</td><td></td></tr>
<tr><td colspan="5">分部（子分部）工程名称</td><td colspan="2"></td><td>分项工程名称</td><td></td></tr>
<tr><td colspan="5">验收部位/区段</td><td colspan="2"></td><td>检验批容量</td><td></td></tr>
<tr><td colspan="5">施工及验收依据</td><td colspan="4">《城市桥梁工程施工与质量验收规范》CJJ 2</td></tr>
<tr><td colspan="5">验收项目</td><td>设计要求或规范规定</td><td>最小/实际抽样数量</td><td>检查记录</td><td>检查结果</td></tr>
<tr><td rowspan="3">主控项目</td><td>1</td><td colspan="3">悬臂浇筑必须对称进行</td><td>第 17.5.5-1 条</td><td>/</td><td></td><td></td></tr>
<tr><td>2</td><td colspan="3">合拢段两侧的高差必须在设计允许范围内</td><td>第 17.5.5-2 条</td><td>/</td><td></td><td></td></tr>
<tr><td>3</td><td colspan="3">混凝土表面不得出现露筋、孔洞和宽度超过设计规定的受力裂缝</td><td>第 17.5.5-3 条</td><td>/</td><td></td><td></td></tr>
<tr><td rowspan="16">一般项目</td><td>1</td><td colspan="3">梁体线形平顺、梁段接缝处无明显折弯和错台，表面无蜂窝、麻面和大于 0.15mm 的收缩裂缝</td><td>第 17.5.5-5 条</td><td>/</td><td></td><td></td></tr>
<tr><td rowspan="2">2</td><td rowspan="15">允许偏差</td><td rowspan="2">轴线偏位（mm）</td><td>$L \leqslant 200$m</td><td>10</td><td>/</td><td></td><td></td></tr>
<tr><td>$L > 200$m</td><td>$L/20000$</td><td>/</td><td></td><td></td></tr>
<tr><td rowspan="3">3</td><td rowspan="3">断面尺寸（mm）</td><td>宽度</td><td>+5，−8</td><td>/</td><td></td><td></td></tr>
<tr><td>高度</td><td>+5，−8</td><td>/</td><td></td><td></td></tr>
<tr><td>壁厚</td><td>+5，0</td><td>/</td><td></td><td></td></tr>
<tr><td>4</td><td colspan="2">长度（mm）</td><td>±10</td><td>/</td><td></td><td></td></tr>
<tr><td>5</td><td colspan="2">节段高差（mm）</td><td>5</td><td>/</td><td></td><td></td></tr>
<tr><td>6</td><td colspan="2">预应力筋轴线偏位（mm）</td><td>10</td><td>/</td><td></td><td></td></tr>
<tr><td>7</td><td colspan="2">拉索索力</td><td>符合设计和施工控制要求</td><td>/</td><td></td><td></td></tr>
<tr><td>8</td><td colspan="2">索管轴线偏位（mm）</td><td>10</td><td>/</td><td></td><td></td></tr>
<tr><td>9</td><td colspan="2">横坡（%）</td><td>±0.15</td><td>/</td><td></td><td></td></tr>
<tr><td>10</td><td colspan="2">平整度（mm）</td><td>8</td><td>/</td><td></td><td></td></tr>
<tr><td>11</td><td colspan="2">预埋件位置（mm）</td><td>5</td><td>/</td><td></td><td></td></tr>
<tr><td colspan="2">施工单位检查结果</td><td colspan="7">专业工长：（签名）　　项目专业质量检查员：（签名）　　年　月　日</td></tr>
<tr><td colspan="2">监理单位验收结论</td><td colspan="7">专业监理工程师：（签名）　　年　月　日</td></tr>
</table>

注：L 为节段长度。

7.2.2.65 市政验・桥-60 斜拉桥悬臂拼装混凝土主梁检验批质量验收记录

市政基础设施工程

斜拉桥悬臂拼装混凝土主梁检验批质量验收记录

市政验・桥-60

第　　页，共　　页

<table>
<tr><td colspan="3">工程名称</td><td colspan="5"></td></tr>
<tr><td colspan="3">单位工程名称</td><td colspan="5"></td></tr>
<tr><td colspan="3">施工单位</td><td></td><td colspan="2">分包单位</td><td colspan="2"></td></tr>
<tr><td colspan="3">项目负责人</td><td></td><td colspan="2">项目技术负责人</td><td colspan="2"></td></tr>
<tr><td colspan="3">分部（子分部）工程名称</td><td></td><td colspan="2">分项工程名称</td><td colspan="2"></td></tr>
<tr><td colspan="3">验收部位/区段</td><td></td><td colspan="2">检验批容量</td><td colspan="2"></td></tr>
<tr><td colspan="3">施工及验收依据</td><td colspan="5">《城市桥梁工程施工与质量验收规范》CJJ 2</td></tr>
<tr><td colspan="4">验收项目</td><td>设计要求或
规范规定</td><td>最小/实际
抽样数量</td><td>检查记录</td><td>检查
结果</td></tr>
<tr><td rowspan="3">主控项目</td><td>1</td><td colspan="2">悬臂拼装必须对称进行</td><td>第17.5.6-1条</td><td>/</td><td></td><td></td></tr>
<tr><td>2</td><td colspan="2">合拢段两侧的高差必须在设计允许范围内</td><td>第17.5.6-2条</td><td>/</td><td></td><td></td></tr>
<tr><td></td><td colspan="2"></td><td></td><td></td><td></td><td></td></tr>
<tr><td rowspan="7">一般项目</td><td>1</td><td colspan="2">梁体线形应平顺、梁段接缝处应无明显折弯和错台</td><td>第17.5.6-4条</td><td>/</td><td></td><td></td></tr>
<tr><td>2</td><td rowspan="6">允许偏差</td><td>轴线偏位（mm）</td><td>10</td><td>/</td><td></td><td></td></tr>
<tr><td>3</td><td>节段高差（mm）</td><td>5</td><td>/</td><td></td><td></td></tr>
<tr><td>4</td><td>预应力筋轴线偏位（mm）</td><td>10</td><td>/</td><td></td><td></td></tr>
<tr><td>5</td><td>拉索索力</td><td>符合设计和
施工控制要求</td><td>/</td><td></td><td></td></tr>
<tr><td>6</td><td>索管轴线偏位（mm）</td><td>10</td><td>/</td><td></td><td></td></tr>
<tr><td></td><td></td><td></td><td></td><td></td><td></td></tr>
<tr><td colspan="2">施工单位
检查结果</td><td colspan="6">专业工长：（签名）　　　　项目专业质量检查员：（签名）　　　　年　　月　　日</td></tr>
<tr><td colspan="2">监理单位
验收结论</td><td colspan="6">专业监理工程师：（签名）　　　　年　　月　　日</td></tr>
</table>

7.2.2.66 市政验·桥-61 斜拉桥钢箱梁段制作检验批质量验收记录

市政基础设施工程

斜拉桥钢箱梁段制作检验批质量验收记录

市政验·桥-61

第 页，共 页

<table>
<tr><td colspan="4">工程名称</td><td colspan="5"></td></tr>
<tr><td colspan="4">单位工程名称</td><td colspan="5"></td></tr>
<tr><td colspan="4">施工单位</td><td></td><td colspan="2">分包单位</td><td colspan="2"></td></tr>
<tr><td colspan="4">项目负责人</td><td></td><td colspan="2">项目技术负责人</td><td colspan="2"></td></tr>
<tr><td colspan="4">分部（子分部）工程名称</td><td></td><td colspan="2">分项工程名称</td><td colspan="2"></td></tr>
<tr><td colspan="4">验收部位/区段</td><td></td><td colspan="2">检验批容量</td><td colspan="2"></td></tr>
<tr><td colspan="4">施工及验收依据</td><td colspan="5">《城市桥梁工程施工与质量验收规范》CJJ 2</td></tr>
<tr><td colspan="5">验收项目</td><td>设计要求或规范规定</td><td>最小/实际抽样数量</td><td>检查记录</td><td>检查结果</td></tr>
<tr><td rowspan="14">一般项目</td><td>1</td><td colspan="3">梁体线形应平顺，梁段间应无明显折弯</td><td>第17.5.8-3条</td><td>/</td><td></td><td></td></tr>
<tr><td>2</td><td rowspan="13">允许偏差</td><td colspan="2">梁段长（mm）</td><td>±2</td><td>/</td><td></td><td></td></tr>
<tr><td>3</td><td colspan="2">梁段桥面板四角高差（mm）</td><td>4</td><td>/</td><td></td><td></td></tr>
<tr><td>4</td><td colspan="2">风嘴直线度偏差（mm）</td><td>L/2000 且≤6</td><td>/</td><td></td><td></td></tr>
<tr><td rowspan="4">5</td><td rowspan="4">端口尺寸（mm）</td><td>宽度</td><td>±4</td><td>/</td><td></td><td></td></tr>
<tr><td>中心高</td><td>±2</td><td>/</td><td></td><td></td></tr>
<tr><td>边高</td><td>±3</td><td>/</td><td></td><td></td></tr>
<tr><td>横断面对角线长度差</td><td>≤4</td><td>/</td><td></td><td></td></tr>
<tr><td rowspan="2">6</td><td rowspan="2">锚箱</td><td>锚点坐标（mm）</td><td>±4</td><td>/</td><td></td><td></td></tr>
<tr><td>斜拉索轴线角度（°）</td><td>0.5</td><td>/</td><td></td><td></td></tr>
<tr><td rowspan="3">7</td><td rowspan="3">梁段匹配性（mm）</td><td>纵桥向中心线偏差</td><td>1</td><td>/</td><td></td><td></td></tr>
<tr><td>顶、底、腹板对接间隙</td><td>+3，−1</td><td>/</td><td></td><td></td></tr>
<tr><td>顶、底、腹板对接错台</td><td>2</td><td>/</td><td></td><td></td></tr>
<tr><td colspan="2">施工单位检查结果</td><td colspan="7">专业工长：（签名） 项目专业质量检查员：（签名） 年 月 日</td></tr>
<tr><td colspan="2">监理单位验收结论</td><td colspan="7">专业监理工程师：（签名） 年 月 日</td></tr>
</table>

7.2.2.67 市政验·桥-62 斜拉桥钢箱梁的悬拼检验批质量验收记录

市政基础设施工程

斜拉桥钢箱梁的悬臂拼装检验批质量验收记录

市政验·桥-62

第　　页，共　　页

<table>
<tr><td>工程名称</td><td colspan="3"></td></tr>
<tr><td>单位工程名称</td><td colspan="3"></td></tr>
<tr><td>施工单位</td><td></td><td>分包单位</td><td></td></tr>
<tr><td>项目负责人</td><td></td><td>项目技术负责人</td><td></td></tr>
<tr><td>分部（子分部）工程名称</td><td></td><td>分项工程名称</td><td></td></tr>
<tr><td>验收部位/区段</td><td></td><td>检验批容量</td><td></td></tr>
<tr><td>施工及验收依据</td><td colspan="3">《城市桥梁工程施工与质量验收规范》CJJ 2</td></tr>
</table>

<table>
<tr><td colspan="5">验收项目</td><td colspan="2">设计要求或规范规定</td><td>最小/实际抽样数量</td><td>检查记录</td><td>检查结果</td></tr>
<tr><td rowspan="3">主控项目</td><td>1</td><td colspan="3">悬臂拼装必须对称进行</td><td colspan="2">第 17.5.7-1 条</td><td>/</td><td></td><td></td></tr>
<tr><td></td><td colspan="3"></td><td colspan="2"></td><td></td><td></td><td></td></tr>
<tr><td></td><td colspan="3"></td><td colspan="2"></td><td></td><td></td><td></td></tr>
<tr><td rowspan="10">一般项目</td><td>1</td><td colspan="3">梁体线形应平顺，梁段间应无明显折弯</td><td colspan="2">第 17.5.8-3 条</td><td>/</td><td></td><td></td></tr>
<tr><td rowspan="2">2</td><td rowspan="9">允许偏差</td><td colspan="2" rowspan="2">轴线偏位（mm）</td><td>$L \leqslant 200$m</td><td>10</td><td>/</td><td></td><td></td></tr>
<tr><td>$L > 200$m</td><td>$L/20000$</td><td>/</td><td></td><td></td></tr>
<tr><td>3</td><td colspan="2">拉索索力</td><td colspan="2">符合设计要求</td><td>/</td><td></td><td></td></tr>
<tr><td rowspan="3">4</td><td rowspan="3">梁锚固点高程或梁顶高程（mm）</td><td>梁段</td><td colspan="2">满足施工控制要求</td><td>/</td><td></td><td></td></tr>
<tr><td rowspan="2">合拢段</td><td>$L \leqslant 200$m</td><td>±20</td><td>/</td><td></td><td></td></tr>
<tr><td>$L > 200$m</td><td>$\pm L/10000$</td><td>/</td><td></td><td></td></tr>
<tr><td>5</td><td colspan="2">梁顶水平度（mm）</td><td colspan="2">20</td><td>/</td><td></td><td></td></tr>
<tr><td>6</td><td colspan="2">相邻节段匹配高差（mm）</td><td colspan="2">2</td><td>/</td><td></td><td></td></tr>
<tr><td colspan="2">施工单位检查结果</td><td colspan="8">专业工长：（签名）　　项目专业质量检查员：（签名）　　年　月　日</td></tr>
<tr><td colspan="2">监理单位验收结论</td><td colspan="8">专业监理工程师：（签名）　　年　月　日</td></tr>
</table>

7.2.2.68 市政验·桥-63 斜拉桥钢箱梁在支架上安装检验批质量验收记录

市政基础设施工程

斜拉桥钢箱梁在支架上安装检验批质量验收记录

市政验·桥-63

第　　页，共　　页

<table>
<tr><td colspan="3">工程名称</td><td colspan="5"></td></tr>
<tr><td colspan="3">单位工程名称</td><td colspan="5"></td></tr>
<tr><td colspan="3">施工单位</td><td></td><td colspan="2">分包单位</td><td colspan="2"></td></tr>
<tr><td colspan="3">项目负责人</td><td></td><td colspan="2">项目技术负责人</td><td colspan="2"></td></tr>
<tr><td colspan="3">分部（子分部）工程名称</td><td></td><td colspan="2">分项工程名称</td><td colspan="2"></td></tr>
<tr><td colspan="3">验收部位/区段</td><td></td><td colspan="2">检验批容量</td><td colspan="2"></td></tr>
<tr><td colspan="3">施工及验收依据</td><td colspan="5">《城市桥梁工程施工与质量验收规范》CJJ 2</td></tr>
<tr><td colspan="4">验收项目</td><td>设计要求或规范规定</td><td>最小/实际抽样数量</td><td>检查记录</td><td>检查结果</td></tr>
<tr><td rowspan="7">一般项目</td><td>1</td><td colspan="2">梁体线形应平顺，梁段间应无明显折弯</td><td>第 17.5.8-3 条</td><td>/</td><td></td><td></td></tr>
<tr><td>2</td><td rowspan="6">允许偏差</td><td>轴线偏位（mm）</td><td>10</td><td>/</td><td></td><td></td></tr>
<tr><td>3</td><td>梁段的纵向位置</td><td>10</td><td>/</td><td></td><td></td></tr>
<tr><td>4</td><td>梁顶高程（mm）</td><td>±10</td><td>/</td><td></td><td></td></tr>
<tr><td>5</td><td>梁顶水平度（mm）</td><td>10</td><td>/</td><td></td><td></td></tr>
<tr><td>6</td><td>相邻节段匹配高差（mm）</td><td>2</td><td>/</td><td></td><td></td></tr>
<tr><td></td><td></td><td></td><td></td><td></td><td></td></tr>
<tr><td colspan="3">施工单位检查结果</td><td colspan="5">专业工长：（签名）　　项目专业质量检查员：（签名）　　年　月　日</td></tr>
<tr><td colspan="3">监理单位验收结论</td><td colspan="5">专业监理工程师：（签名）　　年　月　日</td></tr>
</table>

7.2.2.69 市政验·桥-64 斜拉桥结合梁的工字钢梁段制作检验批质量验收记录

市政基础设施工程

斜拉桥结合梁的工字钢梁段制作检验批质量验收记录

市政验·桥-64

第　　页，共　　页

<table>
<tr><td colspan="4">工程名称</td><td colspan="5"></td></tr>
<tr><td colspan="4">单位工程名称</td><td colspan="5"></td></tr>
<tr><td colspan="4">施工单位</td><td></td><td colspan="2">分包单位</td><td colspan="2"></td></tr>
<tr><td colspan="4">项目负责人</td><td></td><td colspan="2">项目技术负责人</td><td colspan="2"></td></tr>
<tr><td colspan="4">分部（子分部）工程名称</td><td></td><td colspan="2">分项工程名称</td><td colspan="2"></td></tr>
<tr><td colspan="4">验收部位/区段</td><td></td><td colspan="2">检验批容量</td><td colspan="2"></td></tr>
<tr><td colspan="4">施工及验收依据</td><td colspan="5">《城市桥梁工程施工与质量验收规范》CJJ 2</td></tr>
<tr><td colspan="5">验收项目</td><td>设计要求或规范规定</td><td>最小/实际抽样数量</td><td>检查记录</td><td>检查结果</td></tr>
<tr><td>主控项目</td><td>1</td><td colspan="3">结合梁的工字钢梁段应符合规范第14.3节有关规定</td><td></td><td>/</td><td></td><td></td></tr>
<tr><td rowspan="13">一般项目</td><td>1</td><td colspan="3">梁体线形应平顺，梁段间应无明显折弯</td><td>第17.5.8-3条</td><td>/</td><td></td><td></td></tr>
<tr><td rowspan="2">2</td><td rowspan="12">允许偏差</td><td rowspan="2">梁高（mm）</td><td>主梁</td><td>±2</td><td>/</td><td></td><td></td></tr>
<tr><td>横梁</td><td>±1.5</td><td>/</td><td></td><td></td></tr>
<tr><td rowspan="2">3</td><td rowspan="2">梁长（mm）</td><td>主梁</td><td>±3</td><td>/</td><td></td><td></td></tr>
<tr><td>横梁</td><td>±1.5</td><td>/</td><td></td><td></td></tr>
<tr><td rowspan="2">4</td><td rowspan="2">梁宽（mm）</td><td>主梁</td><td>±1.5</td><td>/</td><td></td><td></td></tr>
<tr><td>横梁</td><td>±1.5</td><td>/</td><td></td><td></td></tr>
<tr><td rowspan="2">5</td><td rowspan="2">梁腹板平面度（mm）</td><td>主梁</td><td>h/350，且不大于8</td><td>/</td><td></td><td></td></tr>
<tr><td>横梁</td><td>h/500，且不大于5</td><td>/</td><td></td><td></td></tr>
<tr><td rowspan="2">6</td><td rowspan="2">锚箱（mm）</td><td>锚点坐标</td><td>±4</td><td>/</td><td></td><td></td></tr>
<tr><td>斜拉索轴线角度（°）</td><td>0.5</td><td>/</td><td></td><td></td></tr>
<tr><td>7</td><td colspan="2">梁段顶、底、腹板对接错台（mm）</td><td>2</td><td>/</td><td></td><td></td></tr>
<tr><td colspan="3">施工单位检查结果</td><td colspan="6">专业工长：（签名）　　项目专业质量检查员：（签名）　　年　月　日</td></tr>
<tr><td colspan="3">监理单位验收结论</td><td colspan="6">专业监理工程师：（签名）　　年　月　日</td></tr>
</table>

注：h 为梁高。

7.2.2.70　市政验·桥-65　斜拉桥结合梁的工字钢梁悬臂拼装检验批质量验收记录

市政基础设施工程

斜拉桥结合梁的工字钢梁悬臂拼装检验批质量验收记录

市政验·桥-65

第　　页，共　　页

<table>
<tr><td colspan="5">工程名称</td><td colspan="4"></td></tr>
<tr><td colspan="5">单位工程名称</td><td colspan="4"></td></tr>
<tr><td colspan="5">施工单位</td><td></td><td colspan="2">分包单位</td><td></td></tr>
<tr><td colspan="5">项目负责人</td><td></td><td colspan="2">项目技术负责人</td><td></td></tr>
<tr><td colspan="5">分部（子分部）工程名称</td><td></td><td colspan="2">分项工程名称</td><td></td></tr>
<tr><td colspan="5">验收部位/区段</td><td></td><td colspan="2">检验批容量</td><td></td></tr>
<tr><td colspan="5">施工及验收依据</td><td colspan="4">《城市桥梁工程施工与质量验收规范》CJJ 2</td></tr>
<tr><td colspan="5">验收项目</td><td>设计要求或规范规定</td><td>最小/实际抽样数量</td><td>检查记录</td><td>检查结果</td></tr>
<tr><td rowspan="7">一般项目</td><td>1</td><td colspan="3">梁体线形应平顺，梁段间应无明显折弯</td><td>第 17.5.8-3 条</td><td>/</td><td></td><td></td></tr>
<tr><td rowspan="2">2</td><td rowspan="6">允许偏差</td><td rowspan="2">轴线偏位（mm）</td><td>$L\leqslant200$m</td><td>10</td><td>/</td><td></td><td></td></tr>
<tr><td>$L>200$m</td><td>$L/20000$</td><td>/</td><td></td><td></td></tr>
<tr><td>3</td><td colspan="2">拉索索力</td><td>符合设计要求</td><td>/</td><td></td><td></td></tr>
<tr><td rowspan="2">4</td><td rowspan="2">锚固点高程或梁顶高程（mm）</td><td>梁段</td><td>满足施工控制要求</td><td>/</td><td></td><td></td></tr>
<tr><td>两主梁高差</td><td>10</td><td>/</td><td></td><td></td></tr>
<tr><td></td><td></td><td></td><td></td><td></td><td></td><td></td></tr>
<tr><td colspan="3">施工单位检查结果</td><td colspan="6">专业工长：（签名）　　项目专业质量检查员：（签名）　　年　　月　　日</td></tr>
<tr><td colspan="3">监理单位验收结论</td><td colspan="6">专业监理工程师：（签名）　　年　　月　　日</td></tr>
</table>

注：L 为分段长度。

7.2.2.71 市政验·桥-66 斜拉桥结合梁的混凝土板检验批质量验收记录

市政基础设施工程

斜拉桥结合梁的混凝土板检验批质量验收记录

市政验·桥-66

第 页，共 页

<table>
<tr><td colspan="4">工程名称</td><td colspan="5"></td></tr>
<tr><td colspan="4">单位工程名称</td><td colspan="5"></td></tr>
<tr><td colspan="4">施工单位</td><td></td><td colspan="2">分包单位</td><td colspan="2"></td></tr>
<tr><td colspan="4">项目负责人</td><td></td><td colspan="2">项目技术负责人</td><td colspan="2"></td></tr>
<tr><td colspan="4">分部（子分部）工程名称</td><td></td><td colspan="2">分项工程名称</td><td colspan="2"></td></tr>
<tr><td colspan="4">验收部位/区段</td><td></td><td colspan="2">检验批容量</td><td colspan="2"></td></tr>
<tr><td colspan="4">施工及验收依据</td><td colspan="5">《城市桥梁工程施工与质量验收规范》CJJ 2</td></tr>
<tr><td colspan="5">验收项目</td><td>设计要求或规范规定</td><td>最小/实际抽样数量</td><td>检查记录</td><td>检查结果</td></tr>
<tr><td rowspan="2">主控项目</td><td>1</td><td colspan="3">混凝土板的浇筑或安装必须对称进行</td><td>第 17.5.9-1 条</td><td>/</td><td></td><td></td></tr>
<tr><td>2</td><td colspan="3">混凝土表面不得出现孔洞、露筋</td><td>第 17.5.9-2 条</td><td>/</td><td></td><td></td></tr>
<tr><td rowspan="8">一般项目</td><td>1</td><td colspan="3">混凝土表面应平整、边缘线形直顺，无蜂窝、麻面和大于 0.15mm 的收缩裂缝</td><td>第 17.5.9-4 条</td><td>/</td><td></td><td></td></tr>
<tr><td rowspan="2">2</td><td rowspan="7">允许偏差</td><td rowspan="2">混凝土板断面尺寸（mm）</td><td>宽度</td><td>±15</td><td>/</td><td></td><td></td></tr>
<tr><td>厚度</td><td>+10，0</td><td>/</td><td></td><td></td></tr>
<tr><td>3</td><td colspan="2">拉索索力</td><td>符合设计和施工控制要求</td><td>/</td><td></td><td></td></tr>
<tr><td rowspan="2">4</td><td rowspan="2">高程（mm）</td><td>$L \leqslant 200$m</td><td>±20</td><td>/</td><td></td><td></td></tr>
<tr><td>$L > 200$m</td><td>$\pm L/1000$</td><td>/</td><td></td><td></td></tr>
<tr><td>5</td><td colspan="2">横坡（%）</td><td>±0.15</td><td>/</td><td></td><td></td></tr>
<tr><td colspan="2">施工单位检查结果</td><td colspan="7">专业工长：（签名） 项目专业质量检查员：（签名） 年 月 日</td></tr>
<tr><td colspan="2">监理单位验收结论</td><td colspan="7">专业监理工程师：（签名） 年 月 日</td></tr>
</table>

注：L 为分段长度。

7.2.2.72 市政验·桥-67 斜拉桥斜拉索安装检验批质量验收记录

市政基础设施工程

斜拉桥斜拉索安装检验批质量验收记录

市政验·桥-67

第　　页，共　　页

<table>
<tr><td colspan="5">工程名称</td><td colspan="4"></td></tr>
<tr><td colspan="5">单位工程名称</td><td colspan="4"></td></tr>
<tr><td colspan="5">施工单位</td><td></td><td colspan="2">分包单位</td><td></td></tr>
<tr><td colspan="5">项目负责人</td><td></td><td colspan="2">项目技术负责人</td><td></td></tr>
<tr><td colspan="5">分部（子分部）工程名称</td><td></td><td colspan="2">分项工程名称</td><td></td></tr>
<tr><td colspan="5">验收部位/区段</td><td></td><td colspan="2">检验批容量</td><td></td></tr>
<tr><td colspan="5">施工及验收依据</td><td colspan="4">《城市桥梁工程施工与质量验收规范》CJJ 2</td></tr>
<tr><td colspan="5">验收项目</td><td>设计要求或规范规定</td><td>最小/实际抽样数量</td><td>检查记录</td><td>检查结果</td></tr>
<tr><td rowspan="3">主控项目</td><td>1</td><td colspan="3">拉索和锚头成品性能质量应符合设计要求和国家现行标准规定</td><td>第 17.5.10-1 条</td><td>/</td><td></td><td></td></tr>
<tr><td>2</td><td colspan="3">拉索和锚头防护材料技术性能应符合设计要求</td><td>第 17.5.10-2 条</td><td>/</td><td></td><td></td></tr>
<tr><td>3</td><td colspan="3">拉索拉力应符合设计要求</td><td>第 17.5.10-3 条</td><td>/</td><td></td><td></td></tr>
<tr><td rowspan="7">一般项目</td><td>1</td><td colspan="3">拉索表面应平整、密实、无损伤、无擦痕</td><td>第 17.5.10-5 条</td><td>/</td><td></td><td></td></tr>
<tr><td rowspan="2">2</td><td rowspan="6">允许偏差</td><td rowspan="2">斜拉索长度（mm）</td><td>≤100m</td><td>±20</td><td>/</td><td></td><td></td></tr>
<tr><td>>100m</td><td>±1/5000 索长</td><td>/</td><td></td><td></td></tr>
<tr><td>3</td><td colspan="2">PE 防护厚度（mm）</td><td>+1.0，−0.5</td><td>/</td><td></td><td></td></tr>
<tr><td>4</td><td colspan="2">锚板孔眼直径 D（mm）</td><td>$d<D<1.1d$</td><td>/</td><td></td><td></td></tr>
<tr><td>5</td><td colspan="2">镦头尺寸（mm）</td><td>镦头直径≥1.4d，
镦头高度≥d</td><td>/</td><td></td><td></td></tr>
<tr><td>6</td><td colspan="2">锚具附近密封处理</td><td>符合设计要求</td><td>/</td><td></td><td></td></tr>
<tr><td colspan="2">施工单位检查结果</td><td colspan="7">专业工长：（签名）　　项目专业质量检查员：（签名）　　年　月　日</td></tr>
<tr><td colspan="2">监理单位验收结论</td><td colspan="7">专业监理工程师：（签名）　　年　月　日</td></tr>
</table>

注：d 为钢丝直径。

7.2.2.73　市政验·桥-68　悬索桥锚碇锚固系统制作检验批质量验收记录

市政基础设施工程

悬索桥锚碇锚固系统制作检验批质量验收记录

市政验·桥-68

第　　页，共　　页

<table>
<tr><td colspan="5">工程名称</td><td colspan="5"></td></tr>
<tr><td colspan="5">单位工程名称</td><td colspan="5"></td></tr>
<tr><td colspan="5">施工单位</td><td></td><td colspan="2">分包单位</td><td colspan="2"></td></tr>
<tr><td colspan="5">项目负责人</td><td></td><td colspan="2">项目技术负责人</td><td colspan="2"></td></tr>
<tr><td colspan="5">分部（子分部）工程名称</td><td></td><td colspan="2">分项工程名称</td><td colspan="2"></td></tr>
<tr><td colspan="5">验收部位/区段</td><td></td><td colspan="2">检验批容量</td><td colspan="2"></td></tr>
<tr><td colspan="5">施工及验收依据</td><td colspan="5">《城市桥梁工程施工与质量验收规范》CJJ 2</td></tr>
<tr><td colspan="6">验收项目</td><td>设计要求或规范规定</td><td>最小/实际抽样数量</td><td>检查记录</td><td>检查结果</td></tr>
<tr><td rowspan="2">主控项目</td><td>1</td><td colspan="4">锚碇锚固系统制作质量检验应符合CJJ 2—2008第14.3节有关规定</td><td>第18.8.3条</td><td>/</td><td></td><td></td></tr>
<tr><td></td><td colspan="4"></td><td></td><td></td><td></td><td></td></tr>
<tr><td rowspan="11">一般项目</td><td>1</td><td rowspan="11">允许偏差</td><td rowspan="6">预应力锚固系统制作</td><td rowspan="5">连接器</td><td>拉杆孔至锚固孔中心距（mm）</td><td>±0.5</td><td>/</td><td></td><td></td></tr>
<tr><td>2</td><td>主要孔径（mm）</td><td>+1.0，0</td><td>/</td><td></td><td></td></tr>
<tr><td>3</td><td>孔轴线与顶、底面垂直度（°）</td><td>0.3</td><td>/</td><td></td><td></td></tr>
<tr><td>4</td><td>底面平面度（mm）</td><td>0.08</td><td>/</td><td></td><td></td></tr>
<tr><td>5</td><td>拉杆孔顶、底面平行度（mm）</td><td>0.15</td><td>/</td><td></td><td></td></tr>
<tr><td>6</td><td colspan="2">拉杆同轴度（mm）</td><td>0.04</td><td>/</td><td></td><td></td></tr>
<tr><td>7</td><td rowspan="5">刚架锚固系统制作</td><td colspan="2">刚架杆件长度（mm）</td><td>±2</td><td>/</td><td></td><td></td></tr>
<tr><td>8</td><td colspan="2">刚架杆件中心距（mm）</td><td>±2</td><td>/</td><td></td><td></td></tr>
<tr><td>9</td><td colspan="2">锚杆长度（mm）</td><td>±3</td><td>/</td><td></td><td></td></tr>
<tr><td>10</td><td colspan="2">锚梁长度（mm）</td><td>±3</td><td>/</td><td></td><td></td></tr>
<tr><td>11</td><td colspan="2">连接</td><td>符合设计要求</td><td>/</td><td></td><td></td></tr>
<tr><td colspan="2">施工单位检查结果</td><td colspan="8">专业工长：（签名）　　项目专业质量检查员：（签名）　　年　月　日</td></tr>
<tr><td colspan="2">监理单位验收结论</td><td colspan="8">专业监理工程师：（签名）　　年　月　日</td></tr>
</table>

7.2.2.74 市政验·桥-69 悬索桥锚碇锚固系统安装检验批质量验收记录

市政基础设施工程

悬索桥锚碇锚固系统安装检验批质量验收记录

市政验·桥-69

第 页，共 页

<table>
<tr><td colspan="5">工程名称</td><td colspan="5"></td></tr>
<tr><td colspan="5">单位工程名称</td><td colspan="5"></td></tr>
<tr><td colspan="5">施工单位</td><td></td><td colspan="2">分包单位</td><td colspan="2"></td></tr>
<tr><td colspan="5">项目负责人</td><td></td><td colspan="2">项目技术负责人</td><td colspan="2"></td></tr>
<tr><td colspan="5">分部（子分部）工程名称</td><td></td><td colspan="2">分项工程名称</td><td colspan="2"></td></tr>
<tr><td colspan="5">验收部位/区段</td><td></td><td colspan="2">检验批容量</td><td colspan="2"></td></tr>
<tr><td colspan="5">施工及验收依据</td><td colspan="5">《城市桥梁工程施工与质量验收规范》CJJ 2</td></tr>
<tr><td colspan="6">验收项目</td><td>设计要求或规范规定</td><td>最小/实际抽样数量</td><td>检查记录</td><td>检查结果</td></tr>
<tr><td rowspan="11">一般项目</td><td>1</td><td rowspan="11">允许偏差</td><td rowspan="4">预应力锚固系统安装</td><td colspan="2">前锚面孔道点中心坐标偏差（mm）</td><td>±10</td><td>/</td><td></td><td></td></tr>
<tr><td>2</td><td colspan="2">前锚面孔道角度（°）</td><td>±0.2</td><td>/</td><td></td><td></td></tr>
<tr><td>3</td><td colspan="2">拉杆轴线偏位（mm）</td><td>5</td><td>/</td><td></td><td></td></tr>
<tr><td>4</td><td colspan="2">连续器轴线偏位（mm）</td><td>5</td><td>/</td><td></td><td></td></tr>
<tr><td>5</td><td rowspan="7">刚架锚固系统安装</td><td colspan="2">刚架中心线偏差（mm）</td><td>10</td><td>/</td><td></td><td></td></tr>
<tr><td>6</td><td colspan="2">刚架安装锚杆之平联高差（mm）</td><td>+5，−2</td><td>/</td><td></td><td></td></tr>
<tr><td rowspan="2">7</td><td rowspan="2">锚杆偏位（mm）</td><td>纵</td><td>10</td><td>/</td><td></td><td></td></tr>
<tr><td>横</td><td>5</td><td>/</td><td></td><td></td></tr>
<tr><td>8</td><td colspan="2">锚固点高程（mm）</td><td>±5</td><td>/</td><td></td><td></td></tr>
<tr><td>9</td><td colspan="2">后锚梁偏位（mm）</td><td>5</td><td>/</td><td></td><td></td></tr>
<tr><td>10</td><td colspan="2">后锚梁高程（mm）</td><td>±5</td><td>/</td><td></td><td></td></tr>
<tr><td colspan="3">施工单位检查结果</td><td colspan="7">专业工长：（签名） 项目专业质量检查员：（签名） 年 月 日</td></tr>
<tr><td colspan="3">监理单位验收结论</td><td colspan="7">专业监理工程师：（签名） 年 月 日</td></tr>
</table>

7.2.2.75 市政验·桥-70 悬索桥锚碇混凝土检验批质量验收记录

市政基础设施工程

悬索桥锚碇混凝土检验批质量验收记录

市政验·桥-70

第　　页，共　　页

<table>
<tr><td colspan="4">工程名称</td><td colspan="6"></td></tr>
<tr><td colspan="4">单位工程名称</td><td colspan="6"></td></tr>
<tr><td colspan="4">施工单位</td><td colspan="2"></td><td colspan="2">分包单位</td><td colspan="2"></td></tr>
<tr><td colspan="4">项目负责人</td><td colspan="2"></td><td colspan="2">项目技术负责人</td><td colspan="2"></td></tr>
<tr><td colspan="4">分部（子分部）工程名称</td><td colspan="2"></td><td colspan="2">分项工程名称</td><td colspan="2"></td></tr>
<tr><td colspan="4">验收部位/区段</td><td colspan="2"></td><td colspan="2">检验批容量</td><td colspan="2"></td></tr>
<tr><td colspan="4">施工及验收依据</td><td colspan="6">《城市桥梁工程施工与质量验收规范》CJJ 2</td></tr>
<tr><td colspan="6">验收项目</td><td>设计要求或规范规定</td><td>最小/实际抽样数量</td><td>检查记录</td><td>检查结果</td></tr>
<tr><td rowspan="2">主控项目</td><td>1</td><td colspan="4">地基承载力必须符合设计要求</td><td>第 18.8.5-1 条</td><td>/</td><td></td><td></td></tr>
<tr><td>2</td><td colspan="4">混凝土表面不得有空洞、露筋和受力裂缝</td><td>第 18.8.5-2 条</td><td>/</td><td></td><td></td></tr>
<tr><td rowspan="10">一般项目</td><td>1</td><td colspan="4">锚锭表面应无蜂窝、麻面和大于0.15mm的收缩裂缝</td><td>第 18.8.5-4 条</td><td>/</td><td></td><td></td></tr>
<tr><td rowspan="2">2</td><td rowspan="9">允许偏差</td><td colspan="2" rowspan="2">轴线偏位（mm）</td><td>基础</td><td>20</td><td>/</td><td></td><td></td></tr>
<tr><td>槽口</td><td>10</td><td>/</td><td></td><td></td></tr>
<tr><td>3</td><td colspan="3">断面尺寸（mm）</td><td>±30</td><td>/</td><td></td><td></td></tr>
<tr><td rowspan="2">4</td><td colspan="2" rowspan="2">基础底面高程（mm）</td><td>土质</td><td>±50</td><td>/</td><td></td><td></td></tr>
<tr><td>石质</td><td>+50，−200</td><td>/</td><td></td><td></td></tr>
<tr><td>5</td><td colspan="3">基础顶面高程（mm）</td><td>±20</td><td>/</td><td></td><td></td></tr>
<tr><td>6</td><td colspan="3">大面积平整度（mm）</td><td>5</td><td>/</td><td></td><td></td></tr>
<tr><td>7</td><td colspan="3">预埋件位置（mm）</td><td>符合设计规定</td><td>/</td><td></td><td></td></tr>
<tr><td colspan="2">施工单位检查结果</td><td colspan="8">专业工长：（签名）　　项目专业质量检查员：（签名）　　年　月　日</td></tr>
<tr><td colspan="2">监理单位验收结论</td><td colspan="8">专业监理工程师：（签名）　　年　月　日</td></tr>
</table>

7.2.2.76 市政验·桥-71 悬索桥预应力锚索张拉的检验批质量验收记录

市政基础设施工程

悬索桥预应力锚索张拉的检验批质量验收记录

市政验·桥-71

第　　页，共　　页

<table>
<tr><td colspan="3">工程名称</td><td colspan="5"></td></tr>
<tr><td colspan="3">单位工程名称</td><td colspan="5"></td></tr>
<tr><td colspan="3">施工单位</td><td></td><td colspan="2">分包单位</td><td colspan="2"></td></tr>
<tr><td colspan="3">项目负责人</td><td></td><td colspan="2">项目技术负责人</td><td colspan="2"></td></tr>
<tr><td colspan="3">分部（子分部）工程名称</td><td></td><td colspan="2">分项工程名称</td><td colspan="2"></td></tr>
<tr><td colspan="3">验收部位/区段</td><td></td><td colspan="2">检验批容量</td><td colspan="2"></td></tr>
<tr><td colspan="3">施工及验收依据</td><td colspan="5">《城市桥梁工程施工与质量验收规范》CJJ 2</td></tr>
<tr><td colspan="3">验收项目</td><td>设计要求或规范规定</td><td>最小/实际抽样数量</td><td>检查记录</td><td colspan="2">检查结果</td></tr>
<tr><td rowspan="6">主控项目</td><td>1</td><td>混凝土达到设计强度，方可进行张拉</td><td>第 18.8.6-1 条</td><td>/</td><td></td><td colspan="2"></td></tr>
<tr><td>2</td><td>张拉应符合设计和规范第 8.5 节的有关规定</td><td>第 18.8.6-2 条</td><td>/</td><td></td><td colspan="2"></td></tr>
<tr><td>3</td><td>压浆应符合设计和规范第 8.5 节的有关规定</td><td>第 18.8.6-3 条</td><td>/</td><td></td><td colspan="2"></td></tr>
<tr><td></td><td></td><td></td><td></td><td></td><td colspan="2"></td></tr>
<tr><td></td><td></td><td></td><td></td><td></td><td colspan="2"></td></tr>
<tr><td></td><td></td><td></td><td></td><td></td><td colspan="2"></td></tr>
<tr><td colspan="2">施工单位检查结果</td><td colspan="6">专业工长：（签名）　　项目专业质量检查员：（签名）　　年　月　日</td></tr>
<tr><td colspan="2">监理单位验收结论</td><td colspan="6">专业监理工程师：（签名）　　年　月　日</td></tr>
</table>

7.2.2.77 市政验·桥-72 悬索桥主索鞍制作检验批质量验收记录

市政基础设施工程

悬索桥主索鞍制作检验批质量验收记录

市政验·桥-72

第　　页，共　　页

<table>
<tr><td colspan="4">工程名称</td><td colspan="4"></td></tr>
<tr><td colspan="4">单位工程名称</td><td colspan="4"></td></tr>
<tr><td colspan="4">施工单位</td><td></td><td colspan="2">分包单位</td><td></td></tr>
<tr><td colspan="4">项目负责人</td><td></td><td colspan="2">项目技术负责人</td><td></td></tr>
<tr><td colspan="4">分部（子分部）工程名称</td><td></td><td colspan="2">分项工程名称</td><td></td></tr>
<tr><td colspan="4">验收部位/区段</td><td></td><td colspan="2">检验批容量</td><td></td></tr>
<tr><td colspan="4">施工及验收依据</td><td colspan="4">《城市桥梁工程施工与质量验收规范》CJJ 2</td></tr>
<tr><td colspan="4">验收项目</td><td>设计要求或规范规定</td><td>最小/实际抽样数量</td><td>检查记录</td><td>检查结果</td></tr>
<tr><td rowspan="3">主控项目</td><td>1</td><td colspan="2">成品性能质量应符合设计要求和国家现行标准规定</td><td>第 18.8.7-1 条</td><td>/</td><td></td><td></td></tr>
<tr><td></td><td colspan="2"></td><td></td><td></td><td></td><td></td></tr>
<tr><td></td><td colspan="2"></td><td></td><td></td><td></td><td></td></tr>
<tr><td rowspan="11">一般项目</td><td>1</td><td rowspan="11">允许偏差</td><td>索鞍防护层应完好、无损</td><td>第 18.8.7-4 条</td><td>/</td><td></td><td></td></tr>
<tr><td>2</td><td>主要平面的平面度（mm）</td><td>0.08/1000，且不大于 0.5/全平面</td><td>/</td><td></td><td></td></tr>
<tr><td>3</td><td>鞍座下平面对中心索槽竖直平面的垂直度偏差（mm）</td><td>2/全长</td><td>/</td><td></td><td></td></tr>
<tr><td>4</td><td>上、下承板平面的平行度</td><td>0.5/全平面</td><td>/</td><td></td><td></td></tr>
<tr><td>5</td><td>对合竖直平面与鞍体下平面的垂直度偏差（mm）</td><td>< 3/全长</td><td>/</td><td></td><td></td></tr>
<tr><td>6</td><td>鞍座底面对中心索槽底的高度偏差（mm）</td><td>±2</td><td>/</td><td></td><td></td></tr>
<tr><td>7</td><td>鞍槽轮廓的圆弧半径偏差（mm）</td><td>±2/1000</td><td>/</td><td></td><td></td></tr>
<tr><td>8</td><td>各槽深度、宽度（mm）</td><td>+1/全长，及累计误差+2</td><td>/</td><td></td><td></td></tr>
<tr><td>9</td><td>各槽对中心索槽的对称度（mm）</td><td>±0.5</td><td>/</td><td></td><td></td></tr>
<tr><td>10</td><td>各槽曲线立面角度偏差（°）</td><td>0.2</td><td>/</td><td></td><td></td></tr>
<tr><td>11</td><td>防护层厚度（μm）</td><td>不少于设计规定</td><td>/</td><td></td><td></td></tr>
<tr><td colspan="2">施工单位检查结果</td><td colspan="6">专业工长：（签名）　　项目专业质量检查员：（签名）　　年　　月　　日</td></tr>
<tr><td colspan="2">监理单位验收结论</td><td colspan="6">专业监理工程师：（签名）　　年　　月　　日</td></tr>
</table>

7.2.2.78 市政验·桥-73 悬索桥散索鞍制作检验批质量验收记录

市政基础设施工程

悬索桥散索鞍制作检验批质量验收记录

市政验·桥-73

第 页，共 页

工程名称							
单位工程名称							
施工单位				分包单位			
项目负责人				项目技术负责人			
分部（子分部）工程名称				分项工程名称			
验收部位/区段				检验批容量			
施工及验收依据	《城市桥梁工程施工与质量验收规范》CJJ 2						
验收项目				设计要求或规范规定	最小/实际抽样数量	检查记录	检查结果
主控项目	1	成品性能质量应符合设计要求和国家现行标准规定		第18.8.7-1条	/		
一般项目	1	允许偏差	索鞍防护层应完好、无（mm）	第18.8.7-4条	/		
	2		平面度（mm）	0.08/1000，且不大于0.5/全平面	/		
	3		支承板平行度（mm）	＜0.5	/		
	4		摆轴中心线与索槽中心平面的垂直度偏差（mm）	＜3	/		
	5		摆轴接合面与索槽底面的高度偏差（mm）	±2	/		
	6		鞍槽轮廓的圆弧半径偏差（mm）	±2/1000	/		
	7		各槽深度、宽度（mm）	+1/全长，及累计误差+2	/		
	8		各槽对中心索槽的对称（mm）	±0.5	/		
	9		各槽曲线平面、立面角度偏差（°）	0.2	/		
	10		加工后鞍槽底部及侧壁厚度偏差（mm）	±10	/		
	11		防护层厚度（μm）	不少于设计规定	/		
施工单位检查结果	专业工长：（签名） 项目专业质量检查员：（签名） 年 月 日						
监理单位验收结论	专业监理工程师：（签名） 年 月 日						

7.2.2.79 市政验·桥-74 悬索桥索鞍安装检验批质量验收记录

市政基础设施工程

悬索桥索鞍安装检验批质量验收记录

市政验·桥-74

第　　页，共　　页

<table>
<tr><td colspan="5">工程名称</td><td colspan="5"></td></tr>
<tr><td colspan="5">单位工程名称</td><td colspan="5"></td></tr>
<tr><td colspan="5">施工单位</td><td colspan="2"></td><td>分包单位</td><td colspan="2"></td></tr>
<tr><td colspan="5">项目负责人</td><td colspan="2"></td><td>项目技术负责人</td><td colspan="2"></td></tr>
<tr><td colspan="5">分部（子分部）工程名称</td><td colspan="2"></td><td>分项工程名称</td><td colspan="2"></td></tr>
<tr><td colspan="5">验收部位/区段</td><td colspan="2"></td><td>检验批容量</td><td colspan="2"></td></tr>
<tr><td colspan="5">施工及验收依据</td><td colspan="5">《城市桥梁工程施工与质量验收规范》CJJ 2</td></tr>
<tr><td colspan="6">验收项目</td><td>设计要求或规范规定</td><td>最小/实际抽样数量</td><td>检查记录</td><td>检查结果</td></tr>
<tr><td rowspan="10">一般项目</td><td>1</td><td colspan="4">索鞍防护层应完好、无损</td><td>第18.8.7-4条</td><td>/</td><td></td><td></td></tr>
<tr><td rowspan="2">2</td><td rowspan="9">允许偏差</td><td rowspan="4">主索鞍安装</td><td rowspan="2">最终偏差（mm）</td><td>顺桥向</td><td>符合设计规定</td><td>/</td><td></td><td></td></tr>
<tr><td>横桥向</td><td>10</td><td>/</td><td></td><td></td></tr>
<tr><td>3</td><td colspan="2">高程（mm）</td><td>+20，0</td><td>/</td><td></td><td></td></tr>
<tr><td>4</td><td colspan="2">四角高差（mm）</td><td>2</td><td>/</td><td></td><td></td></tr>
<tr><td>5</td><td rowspan="5">散索鞍安装</td><td colspan="2">底板轴线纵横向偏位（mm）</td><td>5</td><td>/</td><td></td><td></td></tr>
<tr><td>6</td><td colspan="2">底板中心高程（mm）</td><td>±5</td><td>/</td><td></td><td></td></tr>
<tr><td>7</td><td colspan="2">底板扭转（mm）</td><td>2</td><td>/</td><td></td><td></td></tr>
<tr><td>8</td><td colspan="2">安装基线扭转（mm）</td><td>1</td><td>/</td><td></td><td></td></tr>
<tr><td>9</td><td colspan="2">散索鞍竖向倾斜角</td><td>符合设计规定</td><td>/</td><td></td><td></td></tr>
<tr><td colspan="3">施工单位检查结果</td><td colspan="7">专业工长：（签名）　　项目专业质量检查员：（签名）　　年　月　日</td></tr>
<tr><td colspan="3">监理单位验收结论</td><td colspan="7">专业监理工程师：（签名）　　年　月　日</td></tr>
</table>

7.2.2.80　市政验·桥-75　悬索桥索股和锚头制作检验批质量验收记录

市政基础设施工程

悬索桥索股和锚头制作检验批质量验收记录

市政验·桥-75

第　　页，共　　页

<table>
<tr><td colspan="4">工程名称</td><td colspan="5"></td></tr>
<tr><td colspan="4">单位工程名称</td><td colspan="5"></td></tr>
<tr><td colspan="4">施工单位</td><td></td><td colspan="2">分包单位</td><td colspan="2"></td></tr>
<tr><td colspan="4">项目负责人</td><td></td><td colspan="2">项目技术负责人</td><td colspan="2"></td></tr>
<tr><td colspan="4">分部（子分部）工程名称</td><td></td><td colspan="2">分项工程名称</td><td colspan="2"></td></tr>
<tr><td colspan="4">验收部位/区段</td><td></td><td colspan="2">检验批容量</td><td colspan="2"></td></tr>
<tr><td colspan="4">施工及验收依据</td><td colspan="5">《城市桥梁工程施工与质量验收规范》CJJ 2</td></tr>
<tr><td colspan="4">验收项目</td><td>设计要求或规范规定</td><td>最小/实际抽样数量</td><td>检查记录</td><td colspan="2">检查结果</td></tr>
<tr><td rowspan="2">主控项目</td><td>1</td><td colspan="2">索股和锚头性能质量应符合设计要求和国家现行标准规定</td><td>第18.8.8-1条</td><td>/</td><td></td><td colspan="2"></td></tr>
<tr><td></td><td colspan="2"></td><td></td><td></td><td></td><td colspan="2"></td></tr>
<tr><td rowspan="6">一般项目</td><td>1</td><td rowspan="6">允许偏差</td><td>索股基准丝长度（mm）</td><td>±基准丝长/15000</td><td>/</td><td></td><td colspan="2"></td></tr>
<tr><td>2</td><td>成品索股长度（mm）</td><td>±索股长/10000</td><td>/</td><td></td><td colspan="2"></td></tr>
<tr><td>3</td><td>热铸锚合金灌铸率（%）</td><td>>92</td><td>/</td><td></td><td colspan="2"></td></tr>
<tr><td>4</td><td>锚头顶压索股外移量（按规定顶压力，持荷5min）（mm）</td><td>符合设计要求</td><td>/</td><td></td><td colspan="2"></td></tr>
<tr><td>5</td><td>索股轴线与锚头端面垂直度（°）</td><td>±5</td><td>/</td><td></td><td colspan="2"></td></tr>
<tr><td></td><td></td><td></td><td></td><td></td><td colspan="2"></td></tr>
<tr><td colspan="3">施工单位检查结果</td><td colspan="6">专业工长：（签名）　　项目专业质量检查员：（签名）　　年　月　日</td></tr>
<tr><td colspan="3">监理单位验收结论</td><td colspan="6">专业监理工程师：（签名）　　年　月　日</td></tr>
</table>

市政基础设施工程

悬索桥主缆架设检验批质量验收记录

市政验・桥-76

第 页，共 页

<table>
<tr><td colspan="5">工程名称</td><td colspan="5"></td></tr>
<tr><td colspan="5">单位工程名称</td><td colspan="5"></td></tr>
<tr><td colspan="5">施工单位</td><td colspan="2"></td><td colspan="2">分包单位</td><td></td></tr>
<tr><td colspan="5">项目负责人</td><td colspan="2"></td><td colspan="2">项目技术负责人</td><td></td></tr>
<tr><td colspan="5">分部（子分部）工程名称</td><td colspan="2"></td><td colspan="2">分项工程名称</td><td></td></tr>
<tr><td colspan="5">验收部位/区段</td><td colspan="2"></td><td colspan="2">检验批容量</td><td></td></tr>
<tr><td colspan="5">施工及验收依据</td><td colspan="5">《城市桥梁工程施工与质量验收规范》CJJ 2</td></tr>
<tr><td colspan="6">验收项目</td><td>设计要求或规范规定</td><td>最小/实际抽样数量</td><td>检查记录</td><td>检查结果</td></tr>
<tr><td rowspan="8">一般项目</td><td>1</td><td rowspan="8">允许偏差</td><td colspan="3">主缆架设后索股应直顺、无扭转；索股钢丝应直顺、无重叠和鼓丝、镀锌层完好</td><td>第18.8.8-4条</td><td>/</td><td></td><td></td></tr>
<tr><td rowspan="4">2</td><td rowspan="4">索股标高（mm）</td><td rowspan="3">基准</td><td>中跨跨中</td><td>±L/20000</td><td>/</td><td></td><td></td></tr>
<tr><td>边跨跨中</td><td>±L/10000</td><td>/</td><td></td><td></td></tr>
<tr><td>上下游基准</td><td>±10</td><td>/</td><td></td><td></td></tr>
<tr><td>一般</td><td>相对于基准索股</td><td>+5，0</td><td>/</td><td></td><td></td></tr>
<tr><td>3</td><td colspan="3">锚跨索股力与设计的偏差（mm）</td><td>符合设计规定</td><td>/</td><td></td><td></td></tr>
<tr><td>4</td><td colspan="3">主缆空隙率（%）</td><td>±2</td><td>/</td><td></td><td></td></tr>
<tr><td>5</td><td colspan="3">主缆直径不圆率（mm）</td><td>直径的5%，且不大于2</td><td>/</td><td></td><td></td></tr>
<tr><td colspan="3">施工单位检查结果</td><td colspan="7">专业工长：（签名） 项目专业质量检查员：（签名） 年 月 日</td></tr>
<tr><td colspan="3">监理单位验收结论</td><td colspan="7">专业监理工程师：（签名） 年 月 日</td></tr>
</table>

注：L 为跨度。

7.2.2.82　市政验·桥-77　悬索桥主缆防护检验批质量验收记录

市政基础设施工程

悬索桥主缆防护检验批质量验收记录

市政验·桥-77

第　　页，共　　页

<table>
<tr><td colspan="4">工程名称</td><td colspan="4"></td></tr>
<tr><td colspan="4">单位工程名称</td><td colspan="4"></td></tr>
<tr><td colspan="4">施工单位</td><td></td><td colspan="2">分包单位</td><td></td></tr>
<tr><td colspan="4">项目负责人</td><td></td><td colspan="2">项目技术负责人</td><td></td></tr>
<tr><td colspan="4">分部（子分部）工程名称</td><td></td><td colspan="2">分项工程名称</td><td></td></tr>
<tr><td colspan="4">验收部位/区段</td><td></td><td colspan="2">检验批容量</td><td></td></tr>
<tr><td colspan="4">施工及验收依据</td><td colspan="4">《城市桥梁工程施工与质量验收规范》CJJ 2</td></tr>
<tr><td colspan="4">验收项目</td><td>设计要求或规范规定</td><td>最小/实际抽样数量</td><td>检查记录</td><td>检查结果</td></tr>
<tr><td rowspan="3">主控项目</td><td>1</td><td colspan="2">缠丝和防护涂料的材质必须符合设计要求</td><td>第18.8.9-1条</td><td>/</td><td></td><td></td></tr>
<tr><td></td><td colspan="2"></td><td></td><td></td><td></td><td></td></tr>
<tr><td></td><td colspan="2"></td><td></td><td></td><td></td><td></td></tr>
<tr><td rowspan="5">一般项目</td><td>1</td><td colspan="2">缠丝不重叠交叉。缠丝腻子应填满</td><td>第18.8.9-3条</td><td>/</td><td></td><td></td></tr>
<tr><td>2</td><td rowspan="4">允许偏差</td><td>缠丝间距</td><td>1mm</td><td>/</td><td></td><td></td></tr>
<tr><td>3</td><td>缠丝张力</td><td>±0.3kN</td><td>/</td><td></td><td></td></tr>
<tr><td>4</td><td>防护涂层厚度</td><td>符合设计要求</td><td>/</td><td></td><td></td></tr>
<tr><td></td><td></td><td></td><td></td><td></td><td></td></tr>
<tr><td colspan="2">施工单位检查结果</td><td colspan="6">专业工长：（签名）　　项目专业质量检查员：（签名）　　年　月　日</td></tr>
<tr><td colspan="2">监理单位验收结论</td><td colspan="6">专业监理工程师：（签名）　　年　月　日</td></tr>
</table>

7.2.2.83 市政验·桥-78 悬索桥索夹和吊索检验批质量验收记录

市政基础设施工程

悬索桥索夹和吊索检验批质量验收记录

市政验·桥-78

第　　页，共　　页

<table>
<tr><td colspan="5">工程名称</td><td colspan="4"></td></tr>
<tr><td colspan="5">单位工程名称</td><td colspan="4"></td></tr>
<tr><td colspan="5">施工单位</td><td></td><td colspan="2">分包单位</td><td></td></tr>
<tr><td colspan="5">项目负责人</td><td></td><td colspan="2">项目技术负责人</td><td></td></tr>
<tr><td colspan="5">分部（子分部）工程名称</td><td></td><td colspan="2">分项工程名称</td><td></td></tr>
<tr><td colspan="5">验收部位/区段</td><td></td><td colspan="2">检验批容量</td><td></td></tr>
<tr><td colspan="5">施工及验收依据</td><td colspan="4">《城市桥梁工程施工与质量验收规范》CJJ 2</td></tr>
<tr><td colspan="5">验收项目</td><td>设计要求或规范规定</td><td>最小/实际抽样数量</td><td>检查记录</td><td>检查结果</td></tr>
<tr><td>主控项目</td><td>1</td><td colspan="3">索夹、吊索和锚头成品性能质量应符合设计要求和国家现行标准规定</td><td>第 18.8.10-1 条</td><td>/</td><td></td><td></td></tr>
<tr><td rowspan="14">一般项目</td><td>1</td><td rowspan="14">允许偏差</td><td rowspan="6">索夹</td><td>索夹内径偏差（mm）</td><td>±2</td><td>/</td><td></td><td></td></tr>
<tr><td>2</td><td>耳板销孔位置偏差（mm）</td><td>±1</td><td>/</td><td></td><td></td></tr>
<tr><td>3</td><td>耳板销孔内径偏差（mm）</td><td>+1，0</td><td>/</td><td></td><td></td></tr>
<tr><td>4</td><td>螺杆孔直线度（mm）</td><td>$L/500$</td><td>/</td><td></td><td></td></tr>
<tr><td>5</td><td>壁厚（mm）</td><td>符合设计要求</td><td>/</td><td></td><td></td></tr>
<tr><td>6</td><td>索夹内壁喷锌厚度（mm）</td><td>不小于设计要求</td><td>/</td><td></td><td></td></tr>
<tr><td rowspan="2">7</td><td rowspan="8">吊索和锚头</td><td>吊索调整后长度（销孔之间）（mm） ≤5m</td><td>±2</td><td>/</td><td></td><td></td></tr>
<tr><td>吊索调整后长度（销孔之间）（mm） >5m</td><td>$\pm L_1/500$</td><td>/</td><td></td><td></td></tr>
<tr><td>8</td><td>销轴直径偏差（mm）</td><td>0，−0.15</td><td>/</td><td></td><td></td></tr>
<tr><td>9</td><td>叉形耳板销孔位置偏差（mm）</td><td>±5</td><td>/</td><td></td><td></td></tr>
<tr><td>10</td><td>热铸锚合金灌铸率（%）</td><td>>92</td><td>/</td><td></td><td></td></tr>
<tr><td>11</td><td>锚头顶压后吊索外移量（按规定顶压力，持荷 5min）（mm）</td><td>符合设计要求</td><td>/</td><td></td><td></td></tr>
<tr><td>12</td><td>吊索轴线与锚头端面垂直度（°）</td><td>0.5</td><td>/</td><td></td><td></td></tr>
<tr><td>13</td><td>锚头喷涂厚度（mm）</td><td>符合设计要求</td><td>/</td><td></td><td></td></tr>
<tr><td colspan="3">施工单位检查结果</td><td colspan="6">专业工长：（签名）　　项目专业质量检查员：（签名）　　年　月　日</td></tr>
<tr><td colspan="3">监理单位验收结论</td><td colspan="6">专业监理工程师：（签名）　　年　月　日</td></tr>
</table>

注：1. L 为螺杆孔长度；2. L_1 为吊索长度。

7.2.2.84　市政验·桥-79　悬索桥索夹和吊索安装检验批质量验收记录

市政基础设施工程

悬索桥索夹和吊索安装检验批质量验收记录

市政验·桥-79

第　　页，共　　页

<table>
<tr><td colspan="5">工程名称</td><td colspan="5"></td></tr>
<tr><td colspan="5">单位工程名称</td><td colspan="5"></td></tr>
<tr><td colspan="5">施工单位</td><td colspan="2"></td><td colspan="2">分包单位</td><td></td></tr>
<tr><td colspan="5">项目负责人</td><td colspan="2"></td><td colspan="2">项目技术负责人</td><td></td></tr>
<tr><td colspan="5">分部（子分部）工程名称</td><td colspan="2"></td><td colspan="2">分项工程名称</td><td></td></tr>
<tr><td colspan="5">验收部位/区段</td><td colspan="2"></td><td colspan="2">检验批容量</td><td></td></tr>
<tr><td colspan="5">施工及验收依据</td><td colspan="5">《城市桥梁工程施工与质量验收规范》CJJ 2</td></tr>
<tr><td colspan="5">验收项目</td><td>设计要求或规范规定</td><td>最小/实际抽样数量</td><td colspan="2">检查记录</td><td>检查结果</td></tr>
<tr><td rowspan="6">一般项目</td><td rowspan="2">1</td><td rowspan="6">允许偏差</td><td rowspan="2">索夹偏位（mm）</td><td>纵向</td><td>10</td><td>/</td><td colspan="2"></td><td></td></tr>
<tr><td>横向</td><td>3</td><td>/</td><td colspan="2"></td><td></td></tr>
<tr><td>2</td><td colspan="2">上、下游吊点高差（mm）</td><td>20</td><td>/</td><td colspan="2"></td><td></td></tr>
<tr><td>3</td><td colspan="2">螺杆紧固力（kN）</td><td>符合设计要求</td><td>/</td><td colspan="2"></td><td></td></tr>
<tr><td></td><td colspan="2"></td><td></td><td></td><td colspan="2"></td><td></td></tr>
<tr><td></td><td colspan="2"></td><td></td><td></td><td colspan="2"></td><td></td></tr>
<tr><td colspan="2">施工单位检查结果</td><td colspan="8">专业工长：（签名）　　　　项目专业质量检查员：（签名）　　　　年　　月　　日</td></tr>
<tr><td colspan="2">监理单位验收结论</td><td colspan="8">专业监理工程师：（签名）　　　　年　　月　　日</td></tr>
</table>

7.2.2.85　市政验·桥-80　悬索桥钢箱梁段制作检验批质量验收记录

市政基础设施工程

悬索桥钢箱梁段制作检验批质量验收记录

市政验·桥-80

第　　页，共　　页

<table>
<tr><td colspan="4">工程名称</td><td colspan="5"></td></tr>
<tr><td colspan="4">单位工程名称</td><td colspan="5"></td></tr>
<tr><td colspan="4">施工单位</td><td></td><td colspan="2">分包单位</td><td colspan="2"></td></tr>
<tr><td colspan="4">项目负责人</td><td></td><td colspan="2">项目技术负责人</td><td colspan="2"></td></tr>
<tr><td colspan="4">分部（子分部）工程名称</td><td></td><td colspan="2">分项工程名称</td><td colspan="2"></td></tr>
<tr><td colspan="4">验收部位/区段</td><td></td><td colspan="2">检验批容量</td><td colspan="2"></td></tr>
<tr><td colspan="4">施工及验收依据</td><td colspan="5">《城市桥梁工程施工与质量验收规范》CJJ 2</td></tr>
<tr><td colspan="5">验收项目</td><td>设计要求或规范规定</td><td>最小/实际抽样数量</td><td>检查记录</td><td>检查结果</td></tr>
<tr><td rowspan="15">一般项目</td><td>1</td><td colspan="3">安装线形应平顺，无明显折弯。焊缝应平整、顺齐、光滑。防护涂层应完好</td><td>第18.8.11-3条</td><td>/</td><td></td><td></td></tr>
<tr><td>2</td><td rowspan="14">允许偏差</td><td colspan="2">梁长（mm）</td><td>±2</td><td>/</td><td></td><td></td></tr>
<tr><td>3</td><td colspan="2">梁段桥面板四角高差（mm）</td><td>4</td><td>/</td><td></td><td></td></tr>
<tr><td>4</td><td colspan="2">风嘴直线度偏差（mm）</td><td>L/2000，且不大于6</td><td>/</td><td></td><td></td></tr>
<tr><td rowspan="4">5</td><td rowspan="4">端口尺寸</td><td>宽度（mm）</td><td>±4</td><td>/</td><td></td><td></td></tr>
<tr><td>中心高（mm）</td><td>±2</td><td>/</td><td></td><td></td></tr>
<tr><td>边高（mm）</td><td>±3</td><td>/</td><td></td><td></td></tr>
<tr><td>横断面对角线长度差（mm）</td><td>4</td><td>/</td><td></td><td></td></tr>
<tr><td rowspan="4">6</td><td rowspan="4">吊点位置</td><td>吊点中心距桥中心线距离偏差（mm）</td><td>±1</td><td>/</td><td></td><td></td></tr>
<tr><td>同一梁段两侧吊点相对高差（mm）</td><td>5</td><td>/</td><td></td><td></td></tr>
<tr><td>相邻梁段吊点中心距偏差（mm）</td><td>2</td><td>/</td><td></td><td></td></tr>
<tr><td>同一梁段两侧吊点中心连接线与桥轴线垂直度误差（°）</td><td>2</td><td>/</td><td></td><td></td></tr>
<tr><td rowspan="3">7</td><td rowspan="3">梁段匹配性</td><td>纵桥向中心线偏差（mm）</td><td>1</td><td>/</td><td></td><td></td></tr>
<tr><td>顶、底、腹板对接间隙（mm）</td><td>+3，−1</td><td>/</td><td></td><td></td></tr>
<tr><td>顶、底、腹板对接错台（mm）</td><td>2</td><td>/</td><td></td><td></td></tr>
<tr><td colspan="2">施工单位检查结果</td><td colspan="7">专业工长：（签名）　　项目专业质量检查员：（签名）　　年　月　日</td></tr>
<tr><td colspan="2">监理单位验收结论</td><td colspan="7">专业监理工程师：（签名）　　年　月　日</td></tr>
</table>

7.2.2.86 市政验・桥-81 悬索桥钢加劲梁段拼装检验批质量验收记录

市政基础设施工程

悬索桥钢加劲梁段拼装检验批质量验收记录

市政验・桥-81

第 页，共 页

<table>
<tr><td colspan="3">工程名称</td><td colspan="5"></td></tr>
<tr><td colspan="3">单位工程名称</td><td colspan="5"></td></tr>
<tr><td colspan="3">施工单位</td><td></td><td colspan="2">分包单位</td><td colspan="2"></td></tr>
<tr><td colspan="3">项目负责人</td><td></td><td colspan="2">项目技术负责人</td><td colspan="2"></td></tr>
<tr><td colspan="3">分部（子分部）工程名称</td><td></td><td colspan="2">分项工程名称</td><td colspan="2"></td></tr>
<tr><td colspan="3">验收部位/区段</td><td></td><td colspan="2">检验批容量</td><td colspan="2"></td></tr>
<tr><td colspan="3">施工及验收依据</td><td colspan="5">《城市桥梁工程施工与质量验收规范》CJJ 2</td></tr>
<tr><td colspan="4">验收项目</td><td>设计要求或规范规定</td><td>最小/实际抽样数量</td><td>检查记录</td><td>检查结果</td></tr>
<tr><td rowspan="6">一般项目</td><td>1</td><td colspan="2">安装线形应平顺，无明显折弯。焊缝应平整、顺齐、光滑。防护涂层应完好</td><td>第 18.8.11-3 条</td><td>/</td><td></td><td></td></tr>
<tr><td>2</td><td rowspan="5">允许偏差</td><td>吊点偏位（mm）</td><td>20</td><td>/</td><td></td><td></td></tr>
<tr><td>3</td><td>同一梁段两侧对称吊点处梁顶高差（mm）</td><td>20</td><td>/</td><td></td><td></td></tr>
<tr><td>4</td><td>相邻节段匹配高差（mm）</td><td>2</td><td>/</td><td></td><td></td></tr>
<tr><td></td><td></td><td></td><td></td><td></td><td></td></tr>
<tr><td></td><td></td><td></td><td></td><td></td><td></td></tr>
<tr><td colspan="2">施工单位检查结果</td><td colspan="6">专业工长：（签名） 项目专业质量检查员：（签名） 年 月 日</td></tr>
<tr><td colspan="2">监理单位验收结论</td><td colspan="6">专业监理工程师：（签名） 年 月 日</td></tr>
</table>

7.2.2.87 市政验·桥-82 顶进箱涵滑板检验批质量验收记录

市政基础设施工程

顶进箱涵滑板检验批质量验收记录

市政验·桥-82

第　　页，共　　页

<table>
<tr><td colspan="3">工程名称</td><td colspan="5"></td></tr>
<tr><td colspan="3">单位工程名称</td><td colspan="5"></td></tr>
<tr><td colspan="3">施工单位</td><td></td><td colspan="2">分包单位</td><td colspan="2"></td></tr>
<tr><td colspan="3">项目负责人</td><td></td><td colspan="2">项目技术负责人</td><td colspan="2"></td></tr>
<tr><td colspan="3">分部（子分部）工程名称</td><td></td><td colspan="2">分项工程名称</td><td colspan="2"></td></tr>
<tr><td colspan="3">验收部位/区段</td><td></td><td colspan="2">检验批容量</td><td colspan="2"></td></tr>
<tr><td colspan="3">施工及验收依据</td><td colspan="5">《城市桥梁工程施工与质量验收规范》CJJ 2</td></tr>
<tr><td colspan="4">验收项目</td><td>设计要求或规范规定</td><td>最小/实际抽样数量</td><td>检查记录</td><td>检查结果</td></tr>
<tr><td rowspan="2">主控项目</td><td>1</td><td colspan="2">滑板轴线位置、结构尺寸、顶面坡度、锚梁、方向墩等应符合施工设计要求</td><td>第19.4.2-1条</td><td>/</td><td></td><td></td></tr>
<tr><td></td><td colspan="2"></td><td></td><td></td><td></td><td></td></tr>
<tr><td rowspan="5">一般项目</td><td>1</td><td rowspan="5">允许偏差</td><td>中线偏位（mm）</td><td>50</td><td>/</td><td></td><td></td></tr>
<tr><td>2</td><td>高程（mm）</td><td>+5，0</td><td>/</td><td></td><td></td></tr>
<tr><td>3</td><td>平整度（mm）</td><td>5</td><td>/</td><td></td><td></td></tr>
<tr><td></td><td></td><td></td><td></td><td></td><td></td></tr>
<tr><td></td><td></td><td></td><td></td><td></td><td></td></tr>
<tr><td colspan="2">施工单位检查结果</td><td colspan="6">专业工长：（签名）　　项目专业质量检查员：（签名）　　年　　月　　日</td></tr>
<tr><td colspan="2">监理单位验收结论</td><td colspan="6">专业监理工程师：（签名）　　年　　月　　日</td></tr>
</table>

7.2.2.88 市政验·桥-83 预制箱涵检验批质量验收记录

市政基础设施工程

预制箱涵检验批质量验收记录

市政验·桥-83

第 页，共 页

<table>
<tr><td colspan="4">工程名称</td><td colspan="5"></td></tr>
<tr><td colspan="4">单位工程名称</td><td colspan="5"></td></tr>
<tr><td colspan="4">施工单位</td><td></td><td colspan="2">分包单位</td><td colspan="2"></td></tr>
<tr><td colspan="4">项目负责人</td><td></td><td colspan="2">项目技术负责人</td><td colspan="2"></td></tr>
<tr><td colspan="4">分部（子分部）工程名称</td><td></td><td colspan="2">分项工程名称</td><td colspan="2"></td></tr>
<tr><td colspan="4">验收部位/区段</td><td></td><td colspan="2">检验批容量</td><td colspan="2"></td></tr>
<tr><td colspan="4">施工及验收依据</td><td colspan="5">《城市桥梁工程施工与质量验收规范》CJJ 2</td></tr>
<tr><td colspan="5">验收项目</td><td>设计要求或规范规定</td><td>最小/实际抽样数量</td><td>检查记录</td><td>检查结果</td></tr>
<tr><td rowspan="11">一般项目</td><td>1</td><td colspan="3">混凝土结构表面应无孔洞、露筋、蜂窝、麻面和缺棱掉角等缺陷</td><td>第 19.4.3-2 条</td><td>/</td><td></td><td></td></tr>
<tr><td rowspan="2">2</td><td rowspan="10">允许偏差</td><td rowspan="2">断面尺寸（mm）</td><td>净空宽</td><td>±30</td><td>/</td><td></td><td></td></tr>
<tr><td>净空高</td><td>±50</td><td>/</td><td></td><td></td></tr>
<tr><td>3</td><td colspan="2">厚度（mm）</td><td>±10</td><td>/</td><td></td><td></td></tr>
<tr><td>4</td><td colspan="2">长度（mm）</td><td>±50</td><td>/</td><td></td><td></td></tr>
<tr><td>5</td><td colspan="2">侧向弯曲（mm）</td><td>$L/1000$</td><td>/</td><td></td><td></td></tr>
<tr><td>6</td><td colspan="2">轴线偏位（mm）</td><td>10</td><td>/</td><td></td><td></td></tr>
<tr><td>7</td><td colspan="2">垂直度（mm）</td><td>$\leqslant 0.15\% H$，且不大于 10</td><td>/</td><td></td><td></td></tr>
<tr><td>8</td><td colspan="2">两对角线长度差（mm）</td><td>75</td><td>/</td><td></td><td></td></tr>
<tr><td>9</td><td colspan="2">平整度（mm）</td><td>5</td><td>/</td><td></td><td></td></tr>
<tr><td>10</td><td colspan="2">箱体外形（mm）</td><td>符合规范 19.3.1 条规定</td><td>/</td><td></td><td></td></tr>
<tr><td colspan="3">施工单位检查结果</td><td colspan="6">专业工长：（签名） 项目专业质量检查员：（签名） 年 月 日</td></tr>
<tr><td colspan="3">监理单位验收结论</td><td colspan="6">专业监理工程师：（签名） 年 月 日</td></tr>
</table>

7.2.2.89 市政验·桥-84 箱涵顶进检验批质量验收记录

市政基础设施工程

箱涵顶进检验批质量验收记录

市政验·桥-84

第 页，共 页

<table>
<tr><td colspan="4">工程名称</td><td colspan="5"></td></tr>
<tr><td colspan="4">单位工程名称</td><td colspan="5"></td></tr>
<tr><td colspan="4">施工单位</td><td></td><td colspan="2">分包单位</td><td colspan="2"></td></tr>
<tr><td colspan="4">项目负责人</td><td></td><td colspan="2">项目技术负责人</td><td colspan="2"></td></tr>
<tr><td colspan="4">分部（子分部）工程名称</td><td></td><td colspan="2">分项工程名称</td><td colspan="2"></td></tr>
<tr><td colspan="4">验收部位/区段</td><td></td><td colspan="2">检验批容量</td><td colspan="2"></td></tr>
<tr><td colspan="4">施工及验收依据</td><td colspan="5">《城市桥梁工程施工与质量验收规范》CJJ 2</td></tr>
<tr><td colspan="5">验收项目</td><td>设计要求或规范规定</td><td>最小/实际抽样数量</td><td>检查记录</td><td>检查结果</td></tr>
<tr><td rowspan="8">一般项目</td><td>1</td><td colspan="3">分节顶进的箱涵就位后，接缝处应直顺、无渗漏</td><td>第19.4.4-2条</td><td>/</td><td></td><td></td></tr>
<tr><td rowspan="3">2</td><td rowspan="7">允许偏差</td><td rowspan="3">轴线偏位（mm）</td><td>$L<15m$</td><td>100</td><td>/</td><td></td><td></td></tr>
<tr><td>$15m \leqslant L \leqslant 30m$</td><td>200</td><td>/</td><td></td><td></td></tr>
<tr><td>$L>30m$</td><td>300</td><td>/</td><td></td><td></td></tr>
<tr><td rowspan="3">3</td><td rowspan="3">高程（mm）</td><td>$L<15m$</td><td>+20，−100</td><td>/</td><td></td><td></td></tr>
<tr><td>$15m \leqslant L \leqslant 30m$</td><td>+20，−150</td><td>/</td><td></td><td></td></tr>
<tr><td>$L>30m$</td><td>+20，−200</td><td>/</td><td></td><td></td></tr>
<tr><td>4</td><td colspan="2">相邻两端高差（mm）</td><td>50</td><td>/</td><td></td><td></td></tr>
<tr><td colspan="2">施工单位检查结果</td><td colspan="7">专业工长：（签名） 项目专业质量检查员：（签名） 年 月 日</td></tr>
<tr><td colspan="2">监理单位验收结论</td><td colspan="7">专业监理工程师：（签名） 年 月 日</td></tr>
</table>

注：L 为箱涵沿顶进轴线的长度（m）。

7.2.2.90 市政验·桥-85 桥面排水设施检验批质量验收记录

市政基础设施工程

桥面排水设施检验批质量验收记录

市政验·桥-85

第 页，共 页

<table>
<tr><td colspan="3">工程名称</td><td colspan="5"></td></tr>
<tr><td colspan="3">单位工程名称</td><td colspan="5"></td></tr>
<tr><td colspan="3">施工单位</td><td></td><td colspan="2">分包单位</td><td colspan="2"></td></tr>
<tr><td colspan="3">项目负责人</td><td></td><td colspan="2">项目技术负责人</td><td colspan="2"></td></tr>
<tr><td colspan="3">分部（子分部）工程名称</td><td></td><td colspan="2">分项工程名称</td><td colspan="2"></td></tr>
<tr><td colspan="3">验收部位/区段</td><td></td><td colspan="2">检验批容量</td><td colspan="2"></td></tr>
<tr><td colspan="3">施工及验收依据</td><td colspan="5">《城市桥梁工程施工与质量验收规范》CJJ 2</td></tr>
<tr><td colspan="4">验收项目</td><td>设计要求或规范规定</td><td>最小/实际抽样数量</td><td>检查记录</td><td>检查结果</td></tr>
<tr><td rowspan="3">主控项目</td><td>1</td><td colspan="2">桥面排水设施的设置应符合设计要求，泄水管应畅通无阻</td><td>第 20.8.1-1 条</td><td>/</td><td></td><td></td></tr>
<tr><td></td><td colspan="2"></td><td></td><td></td><td></td><td></td></tr>
<tr><td></td><td colspan="2"></td><td></td><td></td><td></td><td></td></tr>
<tr><td rowspan="5">一般项目</td><td>1</td><td colspan="2">桥面泄水口应低于桥面铺装层 10～15mm</td><td>第 20.8.1-2 条</td><td>/</td><td></td><td></td></tr>
<tr><td>2</td><td colspan="2">泄水管安装应牢固可靠，与铺装层及防水层之间应结合密实，无渗漏现象；金属泄水管应进行防腐处理</td><td>第 20.8.1-3 条</td><td>/</td><td></td><td></td></tr>
<tr><td>3</td><td rowspan="3">允许偏差</td><td>高程（mm）</td><td>0，−10</td><td>/</td><td></td><td></td></tr>
<tr><td>4</td><td>间距（mm）</td><td>±100</td><td>/</td><td></td><td></td></tr>
<tr><td></td><td></td><td></td><td></td><td></td><td></td></tr>
<tr><td colspan="3">施工单位检查结果</td><td colspan="5">专业工长：（签名） 项目专业质量检查员：（签名） 年 月 日</td></tr>
<tr><td colspan="3">监理单位验收结论</td><td colspan="5">专业监理工程师：（签名） 年 月 日</td></tr>
</table>

7.2.2.91　市政验·桥-86　混凝土桥面防水层检验批质量验收记录

市政基础设施工程

混凝土桥面防水层检验批质量验收记录

市政验·桥-86

第　　页，共　　页

<table>
<tr><td colspan="4">工程名称</td><td colspan="4"></td></tr>
<tr><td colspan="4">单位工程名称</td><td colspan="4"></td></tr>
<tr><td colspan="4">施工单位</td><td></td><td colspan="2">分包单位</td><td></td></tr>
<tr><td colspan="4">项目负责人</td><td></td><td colspan="2">项目技术负责人</td><td></td></tr>
<tr><td colspan="4">分部（子分部）工程名称</td><td></td><td colspan="2">分项工程名称</td><td></td></tr>
<tr><td colspan="4">验收部位/区段</td><td></td><td colspan="2">检验批容量</td><td></td></tr>
<tr><td colspan="4">施工及验收依据</td><td colspan="4">《城市桥梁工程施工与质量验收规范》CJJ 2</td></tr>
<tr><td colspan="4">验收项目</td><td>设计要求或
规范规定</td><td>最小/实际
抽样数量</td><td>检查记录</td><td>检查
结果</td></tr>
<tr><td rowspan="2">主控项目</td><td>1</td><td colspan="2">防水材料的品种、规格、性能、质量应符合设计要求和相关标准规定</td><td>第 20.8.2-1 条</td><td>/</td><td></td><td></td></tr>
<tr><td>2</td><td colspan="2">防水层、黏结层与基层之间应密贴，结合牢固</td><td>第 20.8.2-2 条</td><td>/</td><td></td><td></td></tr>
<tr><td rowspan="6">一般项目</td><td>1</td><td colspan="2">防水材料铺装或涂刷外观质量和细部做法应符合下列要求：（1）卷材防水层表面平整，不得有空鼓、脱层、裂缝、翘边、油包、气泡和皱褶等现象；（2）涂料防水层的厚度应均匀一致，不得有漏涂处；（3）防水层与泄水口、汇水槽接合部位应密封，不得有漏封处</td><td>第 20.8.2-5 条</td><td>/</td><td></td><td></td></tr>
<tr><td>2</td><td rowspan="5">允许偏差</td><td>卷材接茬搭接宽度（mm）</td><td>不小于规定</td><td>/</td><td></td><td></td></tr>
<tr><td>3</td><td>防水涂膜厚度（mm）</td><td>符合设计要求，设计未规定时±0.1</td><td>/</td><td></td><td></td></tr>
<tr><td>4</td><td>粘结强度（MPa）</td><td>不小于设计要求，且≥0.3（常温），≥0.2（气温≥35℃）</td><td>/</td><td></td><td></td></tr>
<tr><td>5</td><td>抗剪强度（MPa）</td><td>不小于设计要求，且≥0.4（常温），≥0.3（气温≥35℃）</td><td>/</td><td></td><td></td></tr>
<tr><td>6</td><td>剥离强度（N/mm）</td><td>不小于设计要求，且≥0.3（常温），≥0.2（气温≥35℃）</td><td>/</td><td></td><td></td></tr>
<tr><td colspan="2">施工单位
检查结果</td><td colspan="6">专业工长：（签名）　　项目专业质量检查员：（签名）　　年　月　日</td></tr>
<tr><td colspan="2">监理单位
验收结论</td><td colspan="6">专业监理工程师：（签名）　　年　月　日</td></tr>
</table>

7.2.2.92　市政验·桥-87　钢桥面防水粘结层检验批质量验收记录

市政基础设施工程

钢桥面防水粘结层检验批质量验收记录

市政验·桥-87

第　　页，共　　页

<table>
<tr><td colspan="3">工程名称</td><td colspan="5"></td></tr>
<tr><td colspan="3">单位工程名称</td><td colspan="5"></td></tr>
<tr><td colspan="3">施工单位</td><td></td><td colspan="2">分包单位</td><td colspan="2"></td></tr>
<tr><td colspan="3">项目负责人</td><td></td><td colspan="2">项目技术负责人</td><td colspan="2"></td></tr>
<tr><td colspan="3">分部（子分部）工程名称</td><td></td><td colspan="2">分项工程名称</td><td colspan="2"></td></tr>
<tr><td colspan="3">验收部位/区段</td><td></td><td colspan="2">检验批容量</td><td colspan="2"></td></tr>
<tr><td colspan="3">施工及验收依据</td><td colspan="5">《城市桥梁工程施工与质量验收规范》CJJ 2</td></tr>
<tr><td colspan="4">验收项目</td><td>设计要求或规范规定</td><td>最小/实际抽样数量</td><td>检查记录</td><td>检查结果</td></tr>
<tr><td rowspan="2">主控项目</td><td>1</td><td colspan="2">防水材料的品种、规格、性能、质量应符合设计要求和相关标准规定</td><td>第20.8.2-1条</td><td>/</td><td></td><td></td></tr>
<tr><td>2</td><td colspan="2">防水层、黏结层与基层之间应密贴，结合牢固</td><td>第20.8.2-2条</td><td>/</td><td></td><td></td></tr>
<tr><td rowspan="5">一般项目</td><td>1</td><td colspan="2">防水材料铺装或涂刷外观质量和细部做法应符合下列要求：1）卷材防水层表面平整，不得有空鼓、脱层、裂缝、翘边、油包、气泡和皱褶等现象；2）涂料防水层的厚度应均匀一致，不得有漏涂处；3）防水层与泄水口、汇水槽接合部位应密封，不得有漏封处</td><td>第20.8.2-5条</td><td>/</td><td></td><td></td></tr>
<tr><td>2</td><td rowspan="4">允许偏差</td><td>钢桥面清洁度</td><td>符合设计要求</td><td>/</td><td></td><td></td></tr>
<tr><td>3</td><td>黏结层厚度（mm）</td><td>符合设计要求</td><td>/</td><td></td><td></td></tr>
<tr><td>4</td><td>黏结层与基层结合力（MPa）</td><td>不小于设计要求</td><td>/</td><td></td><td></td></tr>
<tr><td>5</td><td>防水层总厚度（mm）</td><td>不小于设计要求</td><td>/</td><td></td><td></td></tr>
<tr><td colspan="2">施工单位检查结果</td><td colspan="6">专业工长：（签名）　　项目专业质量检查员：（签名）　　年　月　日</td></tr>
<tr><td colspan="2">监理单位验收结论</td><td colspan="6">专业监理工程师：（签名）　　年　月　日</td></tr>
</table>

7.2.2.93 市政验·桥-88 桥面铺装层检验批质量检验记录

市政基础设施工程

桥面铺装层检验批质量检验记录

市政验·桥-88

第 页，共 页

<table>
<tr><td>工程名称</td><td colspan="3"></td></tr>
<tr><td>单位工程名称</td><td colspan="3"></td></tr>
<tr><td>施工单位</td><td></td><td>分包单位</td><td></td></tr>
<tr><td>项目负责人</td><td></td><td>项目技术负责人</td><td></td></tr>
<tr><td>分部（子分部）工程名称</td><td></td><td>分项工程名称</td><td></td></tr>
<tr><td>验收部位/区段</td><td></td><td>检验批容量</td><td></td></tr>
<tr><td>施工及验收依据</td><td colspan="3">《城市桥梁工程施工与质量验收规范》CJJ 2</td></tr>
</table>

<table>
<tr><td colspan="5">验收项目</td><td>设计要求或规范规定</td><td>最小/实际抽样数量</td><td>检查记录</td><td>检查结果</td></tr>
<tr><td rowspan="2">主控项目</td><td>1</td><td colspan="3">桥面铺装层材料的品种、规格、性能、质量应符合设计要求和相关标准规定</td><td>第 20.8.3-1 条</td><td>/</td><td></td><td></td></tr>
<tr><td>2</td><td colspan="3">水泥混凝土桥面铺装层的强度和沥青混凝土桥面铺装层的压实度应符合设计要求</td><td>第 20.8.3-2 条</td><td>/</td><td></td><td></td></tr>
<tr><td rowspan="9">一般项目</td><td>1</td><td colspan="3">外观检查应符合下列要求：
（1）水泥混凝土桥面铺装面层应坚实、平整，无裂缝，并应有足够的粗糙度；面层伸缩缝应直顺，灌缝应密实；（2）沥青混凝土桥面铺装层表面应坚实、平整，无裂纹、松散、油包、麻面；（3）桥面铺装层与桥头路接茬应紧密、平顺</td><td>第 20.8.3-5 条</td><td>/</td><td></td><td></td></tr>
<tr><td>2</td><td rowspan="8">允许偏差</td><td rowspan="3">水泥混凝土</td><td>厚度（mm）</td><td>±5</td><td>/</td><td></td><td></td></tr>
<tr><td>3</td><td>横坡</td><td>±0.15%</td><td>/</td><td></td><td></td></tr>
<tr><td>4</td><td>平整度（mm）</td><td>符合城市道路面层标准</td><td>/</td><td></td><td></td></tr>
<tr><td>5</td><td rowspan="5">沥青混凝土</td><td>抗滑构造深度（mm）</td><td>符合设计要求</td><td>/</td><td></td><td></td></tr>
<tr><td>6</td><td>厚度（mm）</td><td>±5</td><td>/</td><td></td><td></td></tr>
<tr><td>7</td><td>横坡</td><td>±0.3%</td><td>/</td><td></td><td></td></tr>
<tr><td>8</td><td>平整度（mm）</td><td>符合城市道路面层标准</td><td>/</td><td></td><td></td></tr>
<tr><td>9</td><td>抗滑构造深度（mm）</td><td>符合设计要求</td><td>/</td><td></td><td></td></tr>
<tr><td colspan="3">施工单位检查结果</td><td colspan="6">专业工长：（签名） 项目专业质量检查员：（签名） 年 月 日</td></tr>
<tr><td colspan="3">监理单位验收结论</td><td colspan="6">专业监理工程师：（签名） 年 月 日</td></tr>
</table>

7.2.2.94 市政验·桥-89 人行天桥塑胶桥面铺装层检验批质量验收记录

市政基础设施工程

人行天桥塑胶桥面铺装层检验批质量验收记录

市政验·桥-89

第　　页，共　　页

<table>
<tr><td colspan="4">工程名称</td><td colspan="5"></td></tr>
<tr><td colspan="4">单位工程名称</td><td colspan="5"></td></tr>
<tr><td colspan="4">施工单位</td><td></td><td colspan="2">分包单位</td><td colspan="2"></td></tr>
<tr><td colspan="4">项目负责人</td><td></td><td colspan="2">项目技术负责人</td><td colspan="2"></td></tr>
<tr><td colspan="4">分部（子分部）工程名称</td><td></td><td colspan="2">分项工程名称</td><td colspan="2"></td></tr>
<tr><td colspan="4">验收部位/区段</td><td></td><td colspan="2">检验批容量</td><td colspan="2"></td></tr>
<tr><td colspan="4">施工及验收依据</td><td colspan="5">《城市桥梁工程施工与质量验收规范》CJJ 2</td></tr>
<tr><td colspan="4">验收项目</td><td>设计要求或规范规定</td><td>最小/实际抽样数量</td><td>检查记录</td><td colspan="2">检查结果</td></tr>
<tr><td rowspan="2">主控项目</td><td>1</td><td colspan="2">桥面铺装层材料的品种、规格、性能、质量应符合设计要求和相关标准规定</td><td>第 20.8.3-1 条</td><td>/</td><td></td><td colspan="2"></td></tr>
<tr><td>2</td><td colspan="2">塑胶面层铺装的物理机械性能应符合规范表 20.8.3-1 的规定</td><td>第 20.8.3-3 条</td><td>/</td><td></td><td colspan="2"></td></tr>
<tr><td rowspan="4">一般项目</td><td>1</td><td colspan="2">外观检查应符合下列规定：
桥面铺装层与桥头路接茬应紧密、平顺</td><td>第 20.8.3-5 条</td><td>/</td><td></td><td colspan="2"></td></tr>
<tr><td>2</td><td rowspan="3">允许偏差</td><td>厚度（mm）</td><td>不小于设计要求</td><td>/</td><td></td><td colspan="2"></td></tr>
<tr><td>3</td><td>平整度（mm）</td><td>±3</td><td>/</td><td></td><td colspan="2"></td></tr>
<tr><td>4</td><td>坡度（mm）</td><td>符合设计要求</td><td>/</td><td></td><td colspan="2"></td></tr>
<tr><td colspan="3">施工单位检查结果</td><td colspan="6">专业工长：（签名）　　项目专业质量检查员：（签名）　　年　　月　　日</td></tr>
<tr><td colspan="3">监理单位验收结论</td><td colspan="6">专业监理工程师：（签名）　　年　　月　　日</td></tr>
</table>

7.2.2.95 市政验·桥-90 伸缩装置检验批质量验收记录

市政基础设施工程

伸缩装置检验批质量验收记录

市政验·桥-90

第　　页，共　　页

<table>
<tr><td colspan="4">工程名称</td><td colspan="4"></td></tr>
<tr><td colspan="4">单位工程名称</td><td colspan="4"></td></tr>
<tr><td colspan="4">施工单位</td><td colspan="2"></td><td>分包单位</td><td></td></tr>
<tr><td colspan="4">项目负责人</td><td colspan="2"></td><td>项目技术负责人</td><td></td></tr>
<tr><td colspan="4">分部（子分部）工程名称</td><td colspan="2"></td><td>分项工程名称</td><td></td></tr>
<tr><td colspan="4">验收部位/区段</td><td colspan="2"></td><td>检验批容量</td><td></td></tr>
<tr><td colspan="4">施工及验收依据</td><td colspan="4">《城市桥梁工程施工与质量验收规范》CJJ 2</td></tr>
<tr><td colspan="4">验收项目</td><td>设计要求或规范规定</td><td>最小/实际抽样数量</td><td>检查记录</td><td>检查结果</td></tr>
<tr><td rowspan="3">主控项目</td><td>1</td><td colspan="2">伸缩装置的形式和规格必须符合设计要求，缝宽应根据设计规定和安装时的气温进行调整</td><td>第 20.8.4-1 条</td><td>/</td><td></td><td></td></tr>
<tr><td>2</td><td colspan="2">伸缩装置安装时焊接质量和焊缝长度应符合设计要求和规范规定，焊缝必须牢固，严禁用点焊连接。大型伸缩装置与钢梁连接处的焊缝应做超声波检测</td><td>第 20.8.4-2 条</td><td>/</td><td></td><td></td></tr>
<tr><td>3</td><td colspan="2">伸缩装置锚固部位的混凝土强度应符合设计要求，表面应平整，与路面衔接应平顺</td><td>第 20.8.4-3 条</td><td>/</td><td></td><td></td></tr>
<tr><td rowspan="6">一般项目</td><td>1</td><td colspan="2">伸缩装置应无渗漏、无变形、伸缩缝应无阻塞</td><td>第 20.8.4-5 条</td><td>/</td><td></td><td></td></tr>
<tr><td>2</td><td rowspan="5">允许偏差</td><td>顺桥平整度（mm）</td><td>符合道路标准</td><td>/</td><td></td><td></td></tr>
<tr><td>3</td><td>相邻板差（mm）</td><td>2</td><td>/</td><td></td><td></td></tr>
<tr><td>4</td><td>缝宽（mm）</td><td>符合设计要求</td><td>/</td><td></td><td></td></tr>
<tr><td>5</td><td>与桥面高差（mm）</td><td>2</td><td>/</td><td></td><td></td></tr>
<tr><td>6</td><td>长度（mm）</td><td>符合设计要求</td><td>/</td><td></td><td></td></tr>
<tr><td colspan="2">施工单位检查结果</td><td colspan="6">专业工长：（签名）　　项目专业质量检查员：（签名）　　年　月　日</td></tr>
<tr><td colspan="2">监理单位验收结论</td><td colspan="6">专业监理工程师：（签名）　　年　月　日</td></tr>
</table>

7.2.2.96 市政验·桥-91 地袱、缘石、挂板检验批质量验收记录

市政基础设施工程

地袱、缘石、挂板检验批质量验收记录

市政验·桥-91

第 页，共 页

工程名称			
单位工程名称			
施工单位		分包单位	
项目负责人		项目技术负责人	
分部（子分部）工程名称		分项工程名称	
验收部位/区段		检验批容量	
施工及验收依据	《城市桥梁工程施工与质量验收规范》CJJ 2		

验收项目			设计要求或规范规定	最小/实际抽样数量	检查记录	检查结果
主控项目	1	地袱、缘石、挂板混凝土的强度必须符合设计要求	第 20.8.5-1 条	/		
主控项目	2	预制地袱、缘石、挂板安装必须牢固，焊接连接应符合设计要求；现浇地袱钢筋的锚固长度应符合设计要求	第 20.8.5-2 条	/		
一般项目	1	伸缩缝必须全部贯通，并与主梁伸缩缝相对应	第 20.8.5-4 条	/		
一般项目	2	地袱、缘石、挂板等水泥混凝土构件不得有孔洞、露筋、蜂窝、麻面、缺棱、掉角等缺陷；安装的线形应流畅平顺	第 20.8.-5 条	/		
一般项目	3	允许偏差 预制 断面尺寸（mm） 宽	±3	/		
		允许偏差 预制 断面尺寸（mm） 高				
一般项目	4	允许偏差 预制 长度（mm）	0，−10	/		
一般项目	5	允许偏差 预制 侧向弯曲（mm）	$L/750$	/		
一般项目	6	允许偏差 安装 直顺度（mm）	5	/		
一般项目	7	允许偏差 安装 相邻板块高差（mm）	3	/		

施工单位检查结果	专业工长：（签名） 项目专业质量检查员：（签名） 年 月 日
监理单位验收结论	专业监理工程师：（签名） 年 月 日

7.2.2.97 市政验·桥-92 预制混凝土栏杆检验批质量验收记录

市政基础设施工程

预制混凝土栏杆检验批质量验收记录

市政验·桥-92

第　　页，共　　页

<table>
<tr><td colspan="5">工程名称</td><td colspan="5"></td></tr>
<tr><td colspan="5">单位工程名称</td><td colspan="5"></td></tr>
<tr><td colspan="5">施工单位</td><td colspan="2"></td><td colspan="2">分包单位</td><td></td></tr>
<tr><td colspan="5">项目负责人</td><td colspan="2"></td><td colspan="2">项目技术负责人</td><td></td></tr>
<tr><td colspan="5">分部（子分部）工程名称</td><td colspan="2"></td><td colspan="2">分项工程名称</td><td></td></tr>
<tr><td colspan="5">验收部位/区段</td><td colspan="2"></td><td colspan="2">检验批容量</td><td></td></tr>
<tr><td colspan="5">施工及验收依据</td><td colspan="5">《城市桥梁工程施工与质量验收规范》CJJ 2</td></tr>
<tr><td colspan="6">验收项目</td><td>设计要求或规范规定</td><td>最小/实际抽样数量</td><td>检查记录</td><td>检查结果</td></tr>
<tr><td>主控项目</td><td>1</td><td colspan="4">混凝土栏杆、防撞护栏、防撞墩、隔离墩的强度应符合设计要求，安装必须牢固、稳定</td><td>第 20.8.6-1 条</td><td>/</td><td></td><td></td></tr>
<tr><td rowspan="5">一般项目</td><td>1</td><td colspan="4">混凝土结构表面不得有孔洞、露筋、蜂窝、麻面、缺棱、掉角等缺陷，线形应流畅平顺</td><td>第 20.8.6-8 条</td><td>/</td><td></td><td></td></tr>
<tr><td rowspan="2">2</td><td rowspan="4">允许偏差</td><td rowspan="2" colspan="2">断面尺寸（mm）</td><td>宽</td><td rowspan="2">±4</td><td rowspan="2">/</td><td rowspan="2"></td><td rowspan="2"></td></tr>
<tr><td>高</td></tr>
<tr><td>3</td><td colspan="3">长度（mm）</td><td>0，−10</td><td>/</td><td></td><td></td></tr>
<tr><td>4</td><td colspan="3">侧向弯曲（mm）</td><td>$L/750$</td><td>/</td><td></td><td></td></tr>
<tr><td colspan="3">施工单位检查结果</td><td colspan="7">专业工长：（签名）　　项目专业质量检查员：（签名）　　年　月　日</td></tr>
<tr><td colspan="3">监理单位验收结论</td><td colspan="7">专业监理工程师：（签名）　　年　月　日</td></tr>
</table>

7.2.2.98 市政验·桥-93 栏杆安装检验批质量验收记录

市政基础设施工程

栏杆安装检验批质量验收记录

市政验·桥-93

第　　页，共　　页

<table>
<tr><td colspan="4">工程名称</td><td colspan="5"></td></tr>
<tr><td colspan="4">单位工程名称</td><td colspan="5"></td></tr>
<tr><td colspan="4">施工单位</td><td></td><td colspan="2">分包单位</td><td colspan="2"></td></tr>
<tr><td colspan="4">项目负责人</td><td></td><td colspan="2">项目技术负责人</td><td colspan="2"></td></tr>
<tr><td colspan="4">分部（子分部）工程名称</td><td></td><td colspan="2">分项工程名称</td><td colspan="2"></td></tr>
<tr><td colspan="4">验收部位/区段</td><td></td><td colspan="2">检验批容量</td><td colspan="2"></td></tr>
<tr><td colspan="4">施工及验收依据</td><td colspan="5">《城市桥梁工程施工与质量验收规范》CJJ 2</td></tr>
<tr><td colspan="6">验收项目</td><td>设计要求或规范规定</td><td>最小/实际抽样数量</td><td>检查记录</td><td>检查结果</td></tr>
<tr><td rowspan="2">主控项目</td><td>1</td><td colspan="4">混凝土栏杆、防撞护栏、防撞墩、隔离墩的强度应符合设计要求，安装必须牢固、稳定</td><td>第20.8.6-1条</td><td>/</td><td></td><td></td></tr>
<tr><td>2</td><td colspan="4">金属栏杆、防护网的品种、规格应符合设计要求，安装必须牢固</td><td>第20.8.6-2条</td><td>/</td><td></td><td></td></tr>
<tr><td rowspan="7">一般项目</td><td>1</td><td colspan="4">混凝土结构表面不得有孔洞、露筋、蜂窝、麻面、缺棱、掉角等缺陷，线形应流畅平顺</td><td>第20.8.6-8条</td><td>/</td><td></td><td></td></tr>
<tr><td>2</td><td rowspan="6">允许偏差</td><td colspan="2">直顺度（mm）</td><td>扶手</td><td>4</td><td>/</td><td></td><td></td></tr>
<tr><td>3</td><td colspan="2">垂直度（mm）</td><td>栏杆柱</td><td>3</td><td>/</td><td></td><td></td></tr>
<tr><td>4</td><td colspan="3">栏杆间距（mm）</td><td>±3</td><td>/</td><td></td><td></td></tr>
<tr><td rowspan="2">5</td><td colspan="2" rowspan="2">相邻栏杆扶手高差（mm）</td><td>有柱</td><td>4</td><td>/</td><td></td><td></td></tr>
<tr><td>无柱</td><td>2</td><td>/</td><td></td><td></td></tr>
<tr><td>6</td><td colspan="3">栏杆平面偏位（mm）</td><td>4</td><td>/</td><td></td><td></td></tr>
<tr><td colspan="2">施工单位检查结果</td><td colspan="8">专业工长：（签名）　　项目专业质量检查员：（签名）　　年　月　日</td></tr>
<tr><td colspan="2">监理单位验收结论</td><td colspan="8">专业监理工程师：（签名）　　年　月　日</td></tr>
</table>

7.2.2.99 市政验·桥-94 防撞护栏、防撞墩、隔离墩检验批质量验收记录

市政基础设施工程

防撞护栏、防撞墩、隔离墩检验批质量验收记录

市政验·桥-94

第 页，共 页

<table>
<tr><td colspan="3">工程名称</td><td colspan="5"></td></tr>
<tr><td colspan="3">单位工程名称</td><td colspan="5"></td></tr>
<tr><td colspan="3">施工单位</td><td colspan="2"></td><td colspan="2">分包单位</td><td></td></tr>
<tr><td colspan="3">项目负责人</td><td colspan="2"></td><td colspan="2">项目技术负责人</td><td></td></tr>
<tr><td colspan="3">分部（子分部）工程名称</td><td colspan="2"></td><td colspan="2">分项工程名称</td><td></td></tr>
<tr><td colspan="3">验收部位/区段</td><td colspan="2"></td><td colspan="2">检验批容量</td><td></td></tr>
<tr><td colspan="3">施工及验收依据</td><td colspan="5">《城市桥梁工程施工与质量验收规范》CJJ 2</td></tr>
<tr><td colspan="4">验收项目</td><td>设计要求或规范规定</td><td>最小/实际抽样数量</td><td>检查记录</td><td>检查结果</td></tr>
<tr><td>主控项目</td><td>1</td><td colspan="2">混凝土栏杆、防撞护栏、防撞墩、隔离墩的强度应符合设计要求，安装必须牢固、稳定</td><td>第20.8.6-1条</td><td>/</td><td></td><td></td></tr>
<tr><td rowspan="8">一般项目</td><td>1</td><td colspan="2">混凝土结构表面不得有孔洞、露筋、蜂窝、麻面、缺棱、掉角等缺陷，线形应流畅平顺</td><td>第20.8.6-8条</td><td>/</td><td></td><td></td></tr>
<tr><td>2</td><td colspan="2">防护设施伸缩缝必须全部贯通，并与主梁伸缩缝对应</td><td>第20.8.6-9条</td><td>/</td><td></td><td></td></tr>
<tr><td>3</td><td rowspan="6">允许偏差</td><td>直顺度（mm）</td><td>5</td><td>/</td><td></td><td></td></tr>
<tr><td>4</td><td>平面偏位（mm）</td><td>4</td><td>/</td><td></td><td></td></tr>
<tr><td>5</td><td>预埋件位置（mm）</td><td>5</td><td>/</td><td></td><td></td></tr>
<tr><td>6</td><td>断面尺寸（mm）</td><td>±5</td><td>/</td><td></td><td></td></tr>
<tr><td>7</td><td>相邻高差（mm）</td><td>3</td><td>/</td><td></td><td></td></tr>
<tr><td>8</td><td>顶面高程（mm）</td><td>±10</td><td>/</td><td></td><td></td></tr>
<tr><td colspan="2">施工单位检查结果</td><td colspan="6">专业工长：（签名） 项目专业质量检查员：（签名） 年 月 日</td></tr>
<tr><td colspan="2">监理单位验收结论</td><td colspan="6">专业监理工程师：（签名） 年 月 日</td></tr>
</table>

7.2.2.100 市政验·桥-95 防护网安装检验批质量验收记录

市政基础设施工程

防护网安装检验批质量验收记录

市政验·桥-95

第 页，共 页

<table>
<tr><td colspan="3">工程名称</td><td colspan="5"></td></tr>
<tr><td colspan="3">单位工程名称</td><td colspan="5"></td></tr>
<tr><td colspan="3">施工单位</td><td></td><td colspan="2">分包单位</td><td colspan="2"></td></tr>
<tr><td colspan="3">项目负责人</td><td></td><td colspan="2">项目技术负责人</td><td colspan="2"></td></tr>
<tr><td colspan="3">分部（子分部）工程名称</td><td></td><td colspan="2">分项工程名称</td><td colspan="2"></td></tr>
<tr><td colspan="3">验收部位/区段</td><td></td><td colspan="2">检验批容量</td><td colspan="2"></td></tr>
<tr><td colspan="3">施工及验收依据</td><td colspan="5">《城市桥梁工程施工与质量验收规范》CJJ 2</td></tr>
<tr><td colspan="4">验收项目</td><td>设计要求或规范规定</td><td>最小/实际抽样数量</td><td>检查记录</td><td>检查结果</td></tr>
<tr><td rowspan="3">主控项目</td><td>1</td><td colspan="2">金属栏杆、防护网的品种、规格应符合设计要求，安装必须牢固</td><td>第 20.8.6-2 条</td><td>/</td><td></td><td></td></tr>
<tr><td></td><td colspan="2"></td><td></td><td></td><td></td><td></td></tr>
<tr><td></td><td colspan="2"></td><td></td><td></td><td></td><td></td></tr>
<tr><td rowspan="7">一般项目</td><td>1</td><td colspan="2">金属栏杆、防护网必须按设计要求作防护处理，不得漏涂、剥落</td><td>第 20.8.6-4 条</td><td>/</td><td></td><td></td></tr>
<tr><td>2</td><td colspan="2">钢防护网安装后，网面应平整，无明显翘曲、凹凸现象</td><td>第 20.8.6-7 条</td><td>/</td><td></td><td></td></tr>
<tr><td>3</td><td colspan="2">防护设施伸缩缝必须全部贯通，并与主梁伸缩缝相对应</td><td>第 20.8.6-9 条</td><td>/</td><td></td><td></td></tr>
<tr><td>4</td><td rowspan="4">允许偏差</td><td>防护网直顺度（mm）</td><td>5</td><td>/</td><td></td><td></td></tr>
<tr><td>5</td><td>立柱垂直度（mm）</td><td>5</td><td>/</td><td></td><td></td></tr>
<tr><td>6</td><td>立柱中距（mm）</td><td>±10</td><td>/</td><td></td><td></td></tr>
<tr><td>7</td><td>高度（mm）</td><td>±5</td><td>/</td><td></td><td></td></tr>
<tr><td colspan="2">施工单位检查结果</td><td colspan="6">专业工长：（签名） 项目专业质量检查员：（签名） 年 月 日</td></tr>
<tr><td colspan="2">监理单位验收结论</td><td colspan="6">专业监理工程师：（签名） 年 月 日</td></tr>
</table>

7.2.2.101　市政验・桥-96　人行道铺装检验批质量验收记录

市政基础设施工程

人行道铺装检验批质量验收记录

市政验・桥-96

第　　页，共　　页

<table>
<tr><td colspan="3">工程名称</td><td colspan="5"></td></tr>
<tr><td colspan="3">单位工程名称</td><td colspan="5"></td></tr>
<tr><td colspan="3">施工单位</td><td></td><td colspan="2">分包单位</td><td colspan="2"></td></tr>
<tr><td colspan="3">项目负责人</td><td></td><td colspan="2">项目技术负责人</td><td colspan="2"></td></tr>
<tr><td colspan="3">分部（子分部）工程名称</td><td></td><td colspan="2">分项工程名称</td><td colspan="2"></td></tr>
<tr><td colspan="3">验收部位/区段</td><td></td><td colspan="2">检验批容量</td><td colspan="2"></td></tr>
<tr><td colspan="3">施工及验收依据</td><td colspan="5">《城市桥梁工程施工与质量验收规范》CJJ 2</td></tr>
<tr><td colspan="4">验收项目</td><td>设计要求或规范规定</td><td>最小/实际抽样数量</td><td>检查记录</td><td>检查结果</td></tr>
<tr><td rowspan="3">主控项目</td><td>1</td><td colspan="2">人行道结构材质和强度应符合设计要求</td><td>第20.8.7-1条</td><td>/</td><td></td><td></td></tr>
<tr><td></td><td colspan="2"></td><td></td><td></td><td></td><td></td></tr>
<tr><td></td><td colspan="2"></td><td></td><td></td><td></td><td></td></tr>
<tr><td rowspan="5">一般项目</td><td>1</td><td rowspan="5">允许偏差</td><td>人行道边缘平面偏位（mm）</td><td>5</td><td>/</td><td></td><td></td></tr>
<tr><td>2</td><td>纵向高程（mm）</td><td>+10，0</td><td>/</td><td></td><td></td></tr>
<tr><td>3</td><td>接缝两侧高差（mm）</td><td>2</td><td>/</td><td></td><td></td></tr>
<tr><td>4</td><td>横坡</td><td>±0.3%</td><td>/</td><td></td><td></td></tr>
<tr><td>5</td><td>平整度（mm）</td><td>5</td><td>/</td><td></td><td></td></tr>
<tr><td colspan="2">施工单位检查结果</td><td colspan="6">专业工长：（签名）　　项目专业质量检查员：（签名）　　年　月　日</td></tr>
<tr><td colspan="2">监理单位验收结论</td><td colspan="6">专业监理工程师：（签名）　　年　月　日</td></tr>
</table>

7.2.2.102 市政验·桥-97 隔声与防眩装置检验批质量验收记录

市政基础设施工程

隔声与防眩装置检验批质量验收记录

市政验·桥-97

第　　页，共　　页

<table>
<tr><td>工程名称</td><td colspan="3"></td></tr>
<tr><td>单位工程名称</td><td colspan="3"></td></tr>
<tr><td>施工单位</td><td></td><td>分包单位</td><td></td></tr>
<tr><td>项目负责人</td><td></td><td>项目技术负责人</td><td></td></tr>
<tr><td>分部（子分部）工程名称</td><td></td><td>分项工程名称</td><td></td></tr>
<tr><td>验收部位/区段</td><td></td><td>检验批容量</td><td></td></tr>
<tr><td>施工及验收依据</td><td colspan="3">《城市桥梁工程施工与质量验收规范》CJJ 2</td></tr>
</table>

<table>
<tr><td colspan="5">验收项目</td><td>设计要求或规范规定</td><td>最小/实际抽样数量</td><td>检查记录</td><td>检查结果</td></tr>
<tr><td rowspan="2">主控项目</td><td>1</td><td colspan="3">声屏障的降噪效果应符合设计要求</td><td>第 21.6.2-1 条</td><td>/</td><td></td><td></td></tr>
<tr><td>2</td><td colspan="3">隔声与防眩装置安装应符合设计要求，安装必须牢固、可靠</td><td>第 21.6.2-2 条</td><td>/</td><td></td><td></td></tr>
<tr><td rowspan="12">一般项目</td><td>1</td><td colspan="3">隔声与防眩装置防护涂层厚度应符合设计要求，不得漏涂、剥落，表面不得有气泡、起皱、裂纹、毛刺和翘曲等缺陷</td><td>第 21.6.2-3 条</td><td>/</td><td></td><td></td></tr>
<tr><td>2</td><td colspan="3">防眩板安装应与桥梁线形一致，板间距、遮光角应符合设计要求</td><td>第 21.6.2-4 条</td><td>/</td><td></td><td></td></tr>
<tr><td>3</td><td rowspan="10">允许偏差</td><td rowspan="6">声屏障安装</td><td>中线偏位（mm）</td><td>10</td><td>/</td><td></td><td></td></tr>
<tr><td>4</td><td>顶面高程（mm）</td><td>±20</td><td>/</td><td></td><td></td></tr>
<tr><td>5</td><td>金属立柱中距（mm）</td><td>±10</td><td>/</td><td></td><td></td></tr>
<tr><td>6</td><td>金属立柱垂直度（mm）</td><td>3</td><td>/</td><td></td><td></td></tr>
<tr><td>7</td><td>屏体厚度（mm）</td><td>±2</td><td>/</td><td></td><td></td></tr>
<tr><td>8</td><td>屏体宽度、高度（mm）</td><td>±10</td><td>/</td><td></td><td></td></tr>
<tr><td>9</td><td rowspan="4">防眩板安装</td><td>防眩板直顺度（mm）</td><td>8</td><td>/</td><td></td><td></td></tr>
<tr><td>10</td><td>垂直度（mm）</td><td>5</td><td>/</td><td></td><td></td></tr>
<tr><td>11</td><td>立柱中距（mm）</td><td rowspan="2">±10</td><td rowspan="2">/</td><td rowspan="2"></td><td rowspan="2"></td></tr>
<tr><td>12</td><td>高度（mm）</td></tr>
<tr><td colspan="2">施工单位检查结果</td><td colspan="7">专业工长：（签名）　　项目专业质量检查员：（签名）　　年　月　日</td></tr>
<tr><td colspan="2">监理单位验收结论</td><td colspan="7">专业监理工程师：（签名）　　年　月　日</td></tr>
</table>

7.2.2.103 市政验·桥-98 混凝土梯道检验批质量验收记录

市政基础设施工程

混凝土梯道检验批质量验收记录

市政验·桥-98

第　　页，共　　页

<table>
<tr><td colspan="4">工程名称</td><td colspan="5"></td></tr>
<tr><td colspan="4">单位工程名称</td><td colspan="5"></td></tr>
<tr><td colspan="4">施工单位</td><td colspan="2"></td><td colspan="2">分包单位</td><td></td></tr>
<tr><td colspan="4">项目负责人</td><td colspan="2"></td><td colspan="2">项目技术负责人</td><td></td></tr>
<tr><td colspan="4">分部（子分部）工程名称</td><td colspan="2"></td><td colspan="2">分项工程名称</td><td></td></tr>
<tr><td colspan="4">验收部位/区段</td><td colspan="2"></td><td colspan="2">检验批容量</td><td></td></tr>
<tr><td colspan="4">施工及验收依据</td><td colspan="5">《城市桥梁工程施工与质量验收规范》CJJ 2</td></tr>
<tr><td colspan="4">验收项目</td><td>设计要求或规范规定</td><td>最小/实际抽样数量</td><td>检查记录</td><td colspan="2">检查结果</td></tr>
<tr><td rowspan="7">一般项目</td><td>1</td><td colspan="2">混凝土梯道抗磨、抗滑设施应符合设计要求。抹面、贴面面层与底层应黏结牢固</td><td>第 21.6.3-1 条</td><td>/</td><td></td><td colspan="2"></td></tr>
<tr><td>2</td><td rowspan="6">允许偏差</td><td>踏步高度（mm）</td><td>±5</td><td>/</td><td></td><td colspan="2"></td></tr>
<tr><td>3</td><td>踏面宽度（mm）</td><td>±5</td><td>/</td><td></td><td colspan="2"></td></tr>
<tr><td>4</td><td>防滑条位置（mm）</td><td>5</td><td>/</td><td></td><td colspan="2"></td></tr>
<tr><td>5</td><td>防滑条高度（mm）</td><td>±3</td><td>/</td><td></td><td colspan="2"></td></tr>
<tr><td>6</td><td>台阶平台尺寸（mm）</td><td>±5</td><td>/</td><td></td><td colspan="2"></td></tr>
<tr><td>7</td><td>坡道坡度（mm）</td><td>±2%</td><td>/</td><td></td><td colspan="2"></td></tr>
<tr><td colspan="3">施工单位检查结果</td><td colspan="6">专业工长：（签名）　　项目专业质量检查员：（签名）　　年　月　日</td></tr>
<tr><td colspan="3">监理单位验收结论</td><td colspan="6">专业监理工程师：（签名）　　年　月　日</td></tr>
</table>

7.2.2.104 市政验·桥-99 钢梯道制作检验批质量验收记录

市政基础设施工程

钢梯道制作检验批质量验收记录

市政验·桥-99

第　　页，共　　页

<table>
<tr><td colspan="4">工程名称</td><td colspan="5"></td></tr>
<tr><td colspan="4">单位工程名称</td><td colspan="5"></td></tr>
<tr><td colspan="4">施工单位</td><td></td><td colspan="2">分包单位</td><td colspan="2"></td></tr>
<tr><td colspan="4">项目负责人</td><td></td><td colspan="2">项目技术负责人</td><td colspan="2"></td></tr>
<tr><td colspan="4">分部（子分部）工程名称</td><td></td><td colspan="2">分项工程名称</td><td colspan="2"></td></tr>
<tr><td colspan="4">验收部位/区段</td><td></td><td colspan="2">检验批容量</td><td colspan="2"></td></tr>
<tr><td colspan="4">施工及验收依据</td><td colspan="5">《城市桥梁工程施工与质量验收规范》CJJ 2</td></tr>
<tr><td colspan="4">验收项目</td><td>设计要求或规范规定</td><td>最小/实际抽样数量</td><td>检查记录</td><td colspan="2">检查结果</td></tr>
<tr><td rowspan="8">一般项目</td><td>1</td><td rowspan="8">允许偏差</td><td>梁高（mm）</td><td>±2</td><td>/</td><td></td><td colspan="2"></td></tr>
<tr><td>2</td><td>梁宽（mm）</td><td>±3</td><td>/</td><td></td><td colspan="2"></td></tr>
<tr><td>3</td><td>梁长（mm）</td><td>±5</td><td>/</td><td></td><td colspan="2"></td></tr>
<tr><td>4</td><td>梯道梁安装孔位置（mm）</td><td>±3</td><td>/</td><td></td><td colspan="2"></td></tr>
<tr><td>5</td><td>对角线长度差（mm）</td><td>4</td><td>/</td><td></td><td colspan="2"></td></tr>
<tr><td>6</td><td>梯道梁踏步间距（mm）</td><td>±5</td><td>/</td><td></td><td colspan="2"></td></tr>
<tr><td>7</td><td>梯道梁纵向挠曲（mm）</td><td>≤L/1000，
且不大于10</td><td>/</td><td></td><td colspan="2"></td></tr>
<tr><td>8</td><td>踏步板不平直度（mm）</td><td>1/100</td><td>/</td><td></td><td colspan="2"></td></tr>
<tr><td colspan="3">施工单位检查结果</td><td colspan="6">专业工长：（签名）　　项目专业质量检查员：（签名）　　年　月　日</td></tr>
<tr><td colspan="3">监理单位验收结论</td><td colspan="6">专业监理工程师：（签名）　　年　月　日</td></tr>
</table>

注：L为梁长（mm）。

7.2.2.105 市政验·桥-100 钢梯道安装检验批质量验收记录

市政基础设施工程

钢梯道安装检验批质量验收记录

市政验·桥-100

第 页，共 页

工程名称			
单位工程名称			
施工单位		分包单位	
项目负责人		项目技术负责人	
分部（子分部）工程名称		分项工程名称	
验收部位/区段		检验批容量	
施工及验收依据	《城市桥梁工程施工与质量验收规范》CJJ 2		

验收项目				设计要求或规范规定	最小/实际抽样数量	检查记录	检查结果
一般项目	1	允许偏差	梯道平台高程（mm）	±15	/		
	2		梯道平台水平度（mm）	15	/		
	3		梯道侧向弯曲（mm）	10	/		
	4		梯道轴线对定位轴线的偏位（mm）	5	/		
	5		梯道栏杆高度和立杆间距（mm）	±3	/		
	6		无障碍C型坡道和螺旋梯道高程（mm）	±15	/		
施工单位检查结果	专业工长：（签名） 项目专业质量检查员：（签名） 年 月 日						
监理单位验收结论	专业监理工程师：（签名） 年 月 日						

7.2.2.106　市政验·桥-101　桥头搭板检验批质量验收记录

市政基础设施工程

桥头搭板检验批质量验收记录

市政验·桥-101

第　　页，共　　页

<table>
<tr><td colspan="3">工程名称</td><td colspan="5"></td></tr>
<tr><td colspan="3">单位工程名称</td><td colspan="5"></td></tr>
<tr><td colspan="3">施工单位</td><td></td><td colspan="2">分包单位</td><td colspan="2"></td></tr>
<tr><td colspan="3">项目负责人</td><td></td><td colspan="2">项目技术负责人</td><td colspan="2"></td></tr>
<tr><td colspan="3">分部（子分部）工程名称</td><td></td><td colspan="2">分项工程名称</td><td colspan="2"></td></tr>
<tr><td colspan="3">验收部位/区段</td><td></td><td colspan="2">检验批容量</td><td colspan="2"></td></tr>
<tr><td colspan="3">施工及验收依据</td><td colspan="5">《城市桥梁工程施工与质量验收规范》CJJ 2</td></tr>
<tr><td colspan="4">验收项目</td><td>设计要求或规范规定</td><td>最小/实际抽样数量</td><td>检查记录</td><td>检查结果</td></tr>
<tr><td rowspan="8">一般项目</td><td>1</td><td colspan="2">混凝土搭板、枕梁不得有蜂窝、露筋，板的表面应平整，板边缘应直顺</td><td>第21.6.4-2条</td><td>/</td><td></td><td></td></tr>
<tr><td>2</td><td colspan="2">搭板、枕梁支承处接触严密、稳固，相邻板之间的缝隙应嵌填密实</td><td>第21.6.4-3条</td><td>/</td><td></td><td></td></tr>
<tr><td>3</td><td rowspan="6">允许偏差</td><td>宽度（mm）</td><td>±10</td><td>/</td><td></td><td></td></tr>
<tr><td>4</td><td>厚度（mm）</td><td>±5</td><td>/</td><td></td><td></td></tr>
<tr><td>5</td><td>长度（mm）</td><td>±10</td><td>/</td><td></td><td></td></tr>
<tr><td>6</td><td>顶面高程（mm）</td><td>±2</td><td>/</td><td></td><td></td></tr>
<tr><td>7</td><td>轴线偏位（mm）</td><td>10</td><td>/</td><td></td><td></td></tr>
<tr><td>8</td><td>板顶纵坡（mm）</td><td>±0.3%</td><td>/</td><td></td><td></td></tr>
<tr><td colspan="3">施工单位检查结果</td><td colspan="5">专业工长：（签名）　　项目专业质量检查员：（签名）　　年　　月　　日</td></tr>
<tr><td colspan="3">监理单位验收结论</td><td colspan="5">专业监理工程师：（签名）　　年　　月　　日</td></tr>
</table>

7.2.2.107 市政验·桥-102 防冲刷结构检验批质量验收记录

市政基础设施工程

防冲刷结构检验批质量验收记录

市政验·桥-102

第　　页，共　　页

<table>
<tr><td colspan="5">工程名称</td><td colspan="5"></td></tr>
<tr><td colspan="5">单位工程名称</td><td colspan="5"></td></tr>
<tr><td colspan="5">施工单位</td><td colspan="2"></td><td colspan="2">分包单位</td><td></td></tr>
<tr><td colspan="5">项目负责人</td><td colspan="2"></td><td colspan="2">项目技术负责人</td><td></td></tr>
<tr><td colspan="5">分部（子分部）工程名称</td><td colspan="2"></td><td colspan="2">分项工程名称</td><td></td></tr>
<tr><td colspan="5">验收部位/区段</td><td colspan="2"></td><td colspan="2">检验批容量</td><td></td></tr>
<tr><td colspan="5">施工及验收依据</td><td colspan="5">《城市桥梁工程施工与质量验收规范》CJJ 2</td></tr>
<tr><td colspan="6">验收项目</td><td>设计要求或规范规定</td><td>最小/实际抽样数量</td><td>检查记录</td><td>检查结果</td></tr>
<tr><td rowspan="9">一般项目</td><td>1</td><td rowspan="9">允许偏差</td><td rowspan="4">锥坡护坡护岸</td><td colspan="2">顶面高程（mm）</td><td>±50</td><td>/</td><td></td><td></td></tr>
<tr><td>2</td><td colspan="2">表面平整度（mm）</td><td>30</td><td>/</td><td></td><td></td></tr>
<tr><td>3</td><td colspan="2">坡度</td><td>不陡于设计</td><td>/</td><td></td><td></td></tr>
<tr><td>4</td><td colspan="2">厚度（mm）</td><td>不小于设计</td><td>/</td><td></td><td></td></tr>
<tr><td>5</td><td rowspan="5">导流结构</td><td colspan="2">平面位置（mm）</td><td>30</td><td>/</td><td></td><td></td></tr>
<tr><td>6</td><td colspan="2">长度（mm）</td><td>0，－100</td><td>/</td><td></td><td></td></tr>
<tr><td>7</td><td colspan="2">断面尺寸（mm）</td><td>不小于设计</td><td>/</td><td></td><td></td></tr>
<tr><td rowspan="2">8</td><td rowspan="2">高程（mm）</td><td>基底</td><td>不高于设计</td><td>/</td><td></td><td></td></tr>
<tr><td>顶面</td><td>±30</td><td>/</td><td></td><td></td></tr>
<tr><td colspan="3">施工单位检查结果</td><td colspan="7">专业工长：（签名）　　项目专业质量检查员：（签名）　　年　月　日</td></tr>
<tr><td colspan="3">监理单位验收结论</td><td colspan="7">专业监理工程师：（签名）　　年　月　日</td></tr>
</table>

7.2.2.108 市政验·桥-103 照明系统检验批质量检验记录

市政基础设施工程

照明系统检验批质量检验记录

市政验·桥-103

第　　页，共　　页

<table>
<tr><td colspan="4">工程名称</td><td colspan="6"></td></tr>
<tr><td colspan="4">单位工程名称</td><td colspan="6"></td></tr>
<tr><td colspan="4">施工单位</td><td colspan="2"></td><td colspan="2">分包单位</td><td colspan="2"></td></tr>
<tr><td colspan="4">项目负责人</td><td colspan="2"></td><td colspan="2">项目技术负责人</td><td colspan="2"></td></tr>
<tr><td colspan="4">分部（子分部）工程名称</td><td colspan="2"></td><td colspan="2">分项工程名称</td><td colspan="2"></td></tr>
<tr><td colspan="4">验收部位/区段</td><td colspan="2"></td><td colspan="2">检验批容量</td><td colspan="2"></td></tr>
<tr><td colspan="4">施工及验收依据</td><td colspan="6">《城市桥梁工程施工与质量验收规范》CJJ 2</td></tr>
<tr><td colspan="6">验收项目</td><td>设计要求或规范规定</td><td>最小/实际抽样数量</td><td>检查记录</td><td>检查结果</td></tr>
<tr><td rowspan="2">主控项目</td><td>1</td><td colspan="4">电缆、灯具等的型号、规格、材质和性能等应符合设计要求</td><td>第21.6.6-1条</td><td>/</td><td></td><td></td></tr>
<tr><td>2</td><td colspan="4">电缆接线应正确，接头应作绝缘保护处理，严禁漏电。接地电阻必须符合设计要求</td><td>第21.6.6-2条</td><td>/</td><td></td><td></td></tr>
<tr><td rowspan="7">一般项目</td><td>1</td><td colspan="4">电缆铺设位置正确，并应符合国家现行标准的规定</td><td>第21.6.6-3条</td><td>/</td><td></td><td></td></tr>
<tr><td>2</td><td colspan="4">灯杆（柱）金属构件必须作防腐处理，涂层厚度应符合设计要求</td><td>第21.6.6-4条</td><td>/</td><td></td><td></td></tr>
<tr><td>3</td><td colspan="4">灯杆、灯具安装位置应准确、牢固</td><td>第21.6.6-5条</td><td>/</td><td></td><td></td></tr>
<tr><td>4</td><td rowspan="4">允许偏差</td><td colspan="3">灯杆地面以上高度（mm）</td><td>±40</td><td>/</td><td></td><td></td></tr>
<tr><td>5</td><td colspan="3">灯杆（柱）竖直度（mm）</td><td>$H/500$</td><td>/</td><td></td><td></td></tr>
<tr><td rowspan="2">6</td><td colspan="2" rowspan="2">平面位置（mm）</td><td>纵向</td><td>20</td><td>/</td><td></td><td></td></tr>
<tr><td>横向</td><td>10</td><td>/</td><td></td><td></td></tr>
<tr><td colspan="2">施工单位检查结果</td><td colspan="8">专业工长：（签名）　　项目专业质量检查员：（签名）　　年　月　日</td></tr>
<tr><td colspan="2">监理单位验收结论</td><td colspan="8">专业监理工程师：（签名）　　年　月　日</td></tr>
</table>

7.2.2.109 市政验·桥-104 水泥砂浆抹面检验批质量验收记录

市政基础设施工程

水泥砂浆抹面检验批质量验收记录

市政验·桥-104

第　　页，共　　页

<table>
<tr><td colspan="2">工程名称</td><td colspan="3"></td></tr>
<tr><td colspan="2">单位工程名称</td><td colspan="3"></td></tr>
<tr><td colspan="2">施工单位</td><td></td><td>分包单位</td><td></td></tr>
<tr><td colspan="2">项目负责人</td><td></td><td>项目技术负责人</td><td></td></tr>
<tr><td colspan="2">分部（子分部）工程名称</td><td></td><td>分项工程名称</td><td></td></tr>
<tr><td colspan="2">验收部位/区段</td><td></td><td>检验批容量</td><td></td></tr>
<tr><td colspan="2">施工及验收依据</td><td colspan="3">《城市桥梁工程施工与质量验收规范》CJJ 2</td></tr>
</table>

<table>
<tr><td colspan="5">验收项目</td><td colspan="3">设计要求或
规范规定</td><td>最小/实际
抽样数量</td><td>检查记录</td><td>检查
结果</td></tr>
<tr><td rowspan="2">主控项目</td><td>1</td><td colspan="3">砂浆的强度应符合设计要求</td><td colspan="3">第22.4.1-1条</td><td>/</td><td></td><td></td></tr>
<tr><td>2</td><td colspan="3">水泥砂浆面层不得有裂缝，各抹面层之间及其与基层之间应黏结牢固，不得有脱层、空鼓等现象</td><td colspan="3">第22.4.1-2条</td><td>/</td><td></td><td></td></tr>
<tr><td rowspan="11">一般项目</td><td>1</td><td colspan="3">普通抹面表面应光滑、洁净、色泽均匀、无抹纹、抹面分隔条的宽度和深度应均匀一致，无错缝、缺棱掉角</td><td colspan="3">第22.4.1-3条</td><td>/</td><td></td><td></td></tr>
<tr><td>2</td><td colspan="3">装饰抹面应符合下列规定：(1)水刷石应石粒清晰，均匀分布，紧密平整，应无掉粒和接茬痕迹。(2)水磨石应表面平整、光滑、石子显露密实均匀应无砂眼、磨纹和漏磨处。分格条位置应准确、直顺。(3)剁斧石应剁纹均匀、深浅一致，无漏剁处，不剁的边条宽窄应一致，棱角无损坏</td><td colspan="3">第22.4.1-5条</td><td>/</td><td></td><td></td></tr>
<tr><td>3</td><td rowspan="9">允许偏差</td><td rowspan="3">普通抹面</td><td>平整度（mm）</td><td colspan="3">4</td><td>/</td><td></td><td></td></tr>
<tr><td>4</td><td>阴阳角方正（mm）</td><td colspan="3">4</td><td>/</td><td></td><td></td></tr>
<tr><td>5</td><td>墙面垂直度（mm）</td><td colspan="3">5</td><td>/</td><td></td><td></td></tr>
<tr><td></td><td rowspan="5">装饰抹面</td><td></td><td>水磨石</td><td>水刷石</td><td>剁斧石</td><td></td><td></td><td></td></tr>
<tr><td>6</td><td>平整度（mm）</td><td>2</td><td>3</td><td>3</td><td>/</td><td></td><td></td></tr>
<tr><td>7</td><td>阴阳角方正（mm）</td><td>2</td><td>3</td><td>3</td><td>/</td><td></td><td></td></tr>
<tr><td>8</td><td>墙面垂直度（mm）</td><td>3</td><td>5</td><td>4</td><td>/</td><td></td><td></td></tr>
<tr><td>9</td><td>分格条平直（mm）</td><td>2</td><td>3</td><td>3</td><td>/</td><td></td><td></td></tr>
<tr><td colspan="2">施工单位
检查结果</td><td colspan="9">专业工长：（签名）　　项目专业质量检查员：（签名）　　年　月　日</td></tr>
<tr><td colspan="2">监理单位
验收结论</td><td colspan="9">专业监理工程师：（签名）　　年　月　日</td></tr>
</table>

7.2.2.110　市政验·桥-105　镶饰面板和贴饰面砖检验批质量验收记录

市政基础设施工程

镶饰面板和贴饰面砖检验批质量验收记录

市政验·桥-105

第　　页，共　　页

<table>
<tr><td>工程名称</td><td colspan="3"></td></tr>
<tr><td>单位工程名称</td><td colspan="3"></td></tr>
<tr><td>施工单位</td><td></td><td>分包单位</td><td></td></tr>
<tr><td>项目负责人</td><td></td><td>项目技术负责人</td><td></td></tr>
<tr><td>分部（子分部）工程名称</td><td></td><td>分项工程名称</td><td></td></tr>
<tr><td>验收部位/区段</td><td></td><td>检验批容量</td><td></td></tr>
<tr><td>施工及验收依据</td><td colspan="3">《城市桥梁工程施工与质量验收规范》CJJ 2</td></tr>
</table>

<table>
<tr><td colspan="4">验收项目</td><td colspan="6">设计要求或规范规定</td><td>最小/实际抽样数量</td><td>检查记录</td><td>检查结果</td></tr>
<tr><td rowspan="3">主控项目</td><td>1</td><td colspan="2">饰面所用的材料（饰面板、砖，找平、粘结、勾缝等材料），其品种、规格和技术性能应符合设计要求及国家现行标准规定</td><td colspan="6">第 22.4.2-1 条</td><td>/</td><td></td><td></td></tr>
<tr><td>2</td><td colspan="2">饰面板镶安必须牢固，镶安饰面板的预埋件（或后置预埋件）、连接件的数量、规格、位置、连接方法和防腐处理应符合设计要求。后置预埋件的现场拉拔强度应符合设计要求</td><td colspan="6">第 22.4.2-2 条</td><td>/</td><td></td><td></td></tr>
<tr><td>3</td><td colspan="2">饰面砖粘贴必须牢固</td><td colspan="6">第 22.4.2-3 条</td><td>/</td><td></td><td></td></tr>
<tr><td rowspan="10">一般项目</td><td>1</td><td colspan="2">镶饰面板的墙（柱）应表面平整、洁净、色泽协调，石材表面不得有起碱、污痕，无显著的光泽受损处。无裂痕和缺损；饰面板嵌缝应平直、密实，宽度和深度应符合设计要求，嵌填材料应色泽一致</td><td colspan="6">第 22.4.1-4 条</td><td>/</td><td></td><td></td></tr>
<tr><td>2</td><td colspan="2">贴饰面砖的墙（柱）应表面平整、洁净、色泽一致，镶贴无歪斜、翘曲、空鼓、掉角和裂纹等现象。嵌缝应平直、连续、密实，宽度和深度一致</td><td colspan="6">第 22.4.1-5 条</td><td>/</td><td></td><td></td></tr>
<tr><td rowspan="2"></td><td colspan="2" rowspan="2"></td><td colspan="3">天然石</td><td colspan="2">人造石</td><td rowspan="2">饰面砖</td><td colspan="3" rowspan="2"></td></tr>
<tr><td>镜面光面</td><td>粗纹石麻面条纹石</td><td>天然石</td><td>水磨石</td><td>水刷石</td></tr>
<tr><td>3</td><td rowspan="6">允许偏差</td><td>平整度（mm）</td><td>1</td><td>3</td><td></td><td>2</td><td>4</td><td>2</td><td>/</td><td></td><td></td></tr>
<tr><td>4</td><td>垂直度（mm）</td><td>2</td><td>3</td><td></td><td>2</td><td>4</td><td>2</td><td>/</td><td></td><td></td></tr>
<tr><td>5</td><td>接缝平直（mm）</td><td>2</td><td>4</td><td>5</td><td>3</td><td>4</td><td>3</td><td>/</td><td></td><td></td></tr>
<tr><td>6</td><td>相邻板高差（mm）</td><td>0.3</td><td>3</td><td></td><td>0.5</td><td>3</td><td>1</td><td>/</td><td></td><td></td></tr>
<tr><td>7</td><td>接缝宽度（mm）</td><td>0.5</td><td>1</td><td>2</td><td>0.5</td><td>2</td><td></td><td>/</td><td></td><td></td></tr>
<tr><td>8</td><td>阳角方正（mm）</td><td>2</td><td>4</td><td></td><td>2</td><td></td><td>2</td><td>/</td><td></td><td></td></tr>
<tr><td colspan="3">施工单位检查结果</td><td colspan="10">专业工长：（签名）　　项目专业质量检查员：（签名）　　年　月　日</td></tr>
<tr><td colspan="3">监理单位验收结论</td><td colspan="10">专业监理工程师：（签名）　　年　月　日</td></tr>
</table>

7.2.2.111 市政验·桥-106 涂饰检验批质量验收记录

市政基础设施工程

涂饰检验批质量验收记录

市政验·桥-106

第　　页，共　　页

<table>
<tr><td colspan="3">工程名称</td><td colspan="5"></td></tr>
<tr><td colspan="3">单位工程名称</td><td colspan="5"></td></tr>
<tr><td colspan="3">施工单位</td><td></td><td colspan="2">分包单位</td><td colspan="2"></td></tr>
<tr><td colspan="3">项目负责人</td><td></td><td colspan="2">项目技术负责人</td><td colspan="2"></td></tr>
<tr><td colspan="3">分部（子分部）工程名称</td><td></td><td colspan="2">分项工程名称</td><td colspan="2"></td></tr>
<tr><td colspan="3">验收部位/区段</td><td></td><td colspan="2">检验批容量</td><td colspan="2"></td></tr>
<tr><td colspan="3">施工及验收依据</td><td colspan="5">《城市桥梁工程施工与质量验收规范》CJJ 2</td></tr>
<tr><td colspan="3">验收项目</td><td>设计要求或规范规定</td><td>最小/实际抽样数量</td><td colspan="2">检查记录</td><td>检查结果</td></tr>
<tr><td rowspan="3">主控项目</td><td>1</td><td>涂饰材料的材质应符合设计要求</td><td>第22.4.3-1条</td><td>/</td><td colspan="2"></td><td></td></tr>
<tr><td>2</td><td>涂料涂刷遍数、涂层厚度均应符合设计要求</td><td>第22.4.3-2条</td><td>/</td><td colspan="2"></td><td></td></tr>
<tr><td></td><td></td><td></td><td></td><td colspan="2"></td><td></td></tr>
<tr><td rowspan="4">一般项目</td><td>1</td><td>表面应平整光洁，颜色一致，不得有脱皮、漏刷、返锈、透底、流坠、皱纹等现象</td><td>第22.4.3-3条</td><td>/</td><td colspan="2"></td><td></td></tr>
<tr><td></td><td></td><td></td><td></td><td colspan="2"></td><td></td></tr>
<tr><td></td><td></td><td></td><td></td><td colspan="2"></td><td></td></tr>
<tr><td></td><td></td><td></td><td></td><td colspan="2"></td><td></td></tr>
<tr><td colspan="2">施工单位检查结果</td><td colspan="6">专业工长：（签名）　　项目专业质量检查员：（签名）　　年　月　日</td></tr>
<tr><td colspan="2">监理单位验收结论</td><td colspan="6">专业监理工程师：（签名）　　年　月　日</td></tr>
</table>

7.2.3 给排水管道工程

7.2.3.1 市政验·管-1 沟槽开挖与地基处理检验批质量验收记录

市政基础设施工程

沟槽开挖与地基处理检验批质量验收记录

市政验·管-1

第　　页，共　　页

<table>
<tr><td colspan="4">工程名称</td><td colspan="6"></td></tr>
<tr><td colspan="4">单位工程名称</td><td colspan="6"></td></tr>
<tr><td colspan="4">施工单位</td><td colspan="2"></td><td colspan="2">分包单位</td><td colspan="2"></td></tr>
<tr><td colspan="4">项目负责人</td><td colspan="2"></td><td colspan="2">项目技术负责人</td><td colspan="2"></td></tr>
<tr><td colspan="4">分部（子分部）工程名称</td><td colspan="2"></td><td colspan="2">分项工程名称</td><td colspan="2"></td></tr>
<tr><td colspan="4">验收部位/区段</td><td colspan="2"></td><td colspan="2">检验批容量</td><td colspan="2"></td></tr>
<tr><td colspan="4">施工及验收依据</td><td colspan="6">《给水排水管道工程施工及验收规范》GB 50268</td></tr>
<tr><td colspan="4">验收项目</td><td colspan="2">设计要求或规范规定</td><td>最小/实际抽样数量</td><td>检查记录</td><td>检查结果</td></tr>
<tr><td rowspan="3">主控项目</td><td>1</td><td colspan="2">原状地基土不得扰动、受水浸泡或受冻</td><td colspan="2">第4.6.1-1条</td><td>/</td><td></td><td></td></tr>
<tr><td>2</td><td colspan="2">地基承载力应满足设计要求</td><td colspan="2">第4.6.1-2条</td><td>/</td><td></td><td></td></tr>
<tr><td>3</td><td colspan="2">进行地基处理时，压实度、厚度满足设计要求</td><td colspan="2">第4.6.1-3条</td><td>/</td><td></td><td></td></tr>
<tr><td rowspan="5">一般项目</td><td rowspan="2">1</td><td rowspan="5">允许偏差</td><td rowspan="2">槽底高程（mm）</td><td>土方</td><td>±20</td><td rowspan="2">/</td><td rowspan="2"></td><td rowspan="2"></td></tr>
<tr><td>石方</td><td>+20，−200</td></tr>
<tr><td>2</td><td>槽底中线每侧宽度（mm）</td><td colspan="2">不小于规定</td><td>/</td><td></td><td></td></tr>
<tr><td>3</td><td>沟槽边坡</td><td colspan="2">不陡于规定</td><td>/</td><td></td><td></td></tr>
<tr><td></td><td></td><td colspan="2"></td><td></td><td></td><td></td></tr>
<tr><td colspan="2">施工单位检查结果</td><td colspan="8">专业工长：（签名）　　项目专业质量检查员：（签名）　　年　月　日</td></tr>
<tr><td colspan="2">监理单位验收结论</td><td colspan="8">专业监理工程师：（签名）　　年　月　日</td></tr>
</table>

7.2.3.2　市政验·管-2　沟槽支护检验批质量验收记录

市政基础设施工程

沟槽支护检验批质量验收记录

市政验·管-2

第　　页，共　　页

<table>
<tr><td colspan="3">工程名称</td><td colspan="5"></td></tr>
<tr><td colspan="3">单位工程名称</td><td colspan="5"></td></tr>
<tr><td colspan="3">施工单位</td><td></td><td colspan="2">分包单位</td><td colspan="2"></td></tr>
<tr><td colspan="3">项目负责人</td><td></td><td colspan="2">项目技术负责人</td><td colspan="2"></td></tr>
<tr><td colspan="3">分部（子分部）工程名称</td><td></td><td colspan="2">分项工程名称</td><td colspan="2"></td></tr>
<tr><td colspan="3">验收部位/区段</td><td></td><td colspan="2">检验批容量</td><td colspan="2"></td></tr>
<tr><td colspan="3">施工及验收依据</td><td colspan="5">《给水排水管道工程施工及验收规范》GB 50268</td></tr>
<tr><td colspan="3">验收项目</td><td>设计要求或规范规定</td><td>最小/实际抽样数量</td><td colspan="2">检查记录</td><td>检查结果</td></tr>
<tr><td rowspan="2">主控项目</td><td>1</td><td>支撑方式、支撑材料符合设计要求</td><td>第4.6.2-1条</td><td>/</td><td colspan="2"></td><td></td></tr>
<tr><td>2</td><td>支护结构强度、刚度、稳定性符合设计要求</td><td>第4.6.2-2条</td><td>/</td><td colspan="2"></td><td></td></tr>
<tr><td rowspan="5">一般项目</td><td>1</td><td>横撑不得妨碍下管和稳管</td><td>第4.6.2-3条</td><td>/</td><td colspan="2"></td><td></td></tr>
<tr><td>2</td><td>支撑构件安装应牢固、安全可靠，位置正确</td><td>第4.6.2-4条</td><td>/</td><td colspan="2"></td><td></td></tr>
<tr><td>3</td><td>支撑后，沟槽中心线每侧的净宽不应小于施工方案设计要求</td><td>第4.6.2-5条</td><td>/</td><td colspan="2"></td><td></td></tr>
<tr><td>4</td><td>钢板桩的轴线位移不得大于50 mm；垂直度不得大于1.5%</td><td>第4.6.2-6条</td><td>/</td><td colspan="2"></td><td></td></tr>
<tr><td></td><td></td><td></td><td></td><td colspan="2"></td><td></td></tr>
<tr><td colspan="2">施工单位检查结果</td><td colspan="6">专业工长：（签名）　　项目专业质量检查员：（签名）　　年　月　日</td></tr>
<tr><td colspan="2">监理单位验收结论</td><td colspan="6">专业监理工程师：（签名）　　年　月　日</td></tr>
</table>

7.2.3.3　市政验·管-3　沟槽回填检验批质量验收记录

市政基础设施工程

沟槽回填检验批质量验收记录

市政验·管-3

第　　页，共　　页

<table>
<tr><td colspan="3">工程名称</td><td colspan="5"></td></tr>
<tr><td colspan="3">单位工程名称</td><td colspan="5"></td></tr>
<tr><td colspan="3">施工单位</td><td></td><td colspan="2">分包单位</td><td colspan="2"></td></tr>
<tr><td colspan="3">项目负责人</td><td></td><td colspan="2">项目技术负责人</td><td colspan="2"></td></tr>
<tr><td colspan="3">分部（子分部）工程名称</td><td></td><td colspan="2">分项工程名称</td><td colspan="2"></td></tr>
<tr><td colspan="3">验收部位/区段</td><td></td><td colspan="2">检验批容量</td><td colspan="2"></td></tr>
<tr><td colspan="3">施工及验收依据</td><td colspan="5">《给水排水管道工程施工及验收规范》GB 50268</td></tr>
<tr><td colspan="3">验收项目</td><td>设计要求或规范规定</td><td>最小/实际抽样数量</td><td>检查记录</td><td colspan="2">检查结果</td></tr>
<tr><td rowspan="4">主控项目</td><td>1</td><td>回填材料符合设计要求</td><td>第 4.6.3-1 条</td><td>/</td><td></td><td colspan="2"></td></tr>
<tr><td>2</td><td>沟槽不得带水回填，回填应密实</td><td>第 4.6.3-2 条</td><td>/</td><td></td><td colspan="2"></td></tr>
<tr><td>3</td><td>柔性管道的变形率不得超过设计要求或规范第 4.5.12 条的规定，管壁不得出现纵向隆起、环向扁平和其他变形情况</td><td>第 4.6.3-3 条</td><td>/</td><td></td><td colspan="2"></td></tr>
<tr><td>4</td><td>回填土压实度应符合设计要求，设计无要求时，应符合表 4.6.3-1、表 4.6.3-2 的规定。柔性管道沟槽回填部位与压实度见图 4.6.3</td><td>第 4.6.3-4 条</td><td>/</td><td></td><td colspan="2"></td></tr>
<tr><td rowspan="3">一般项目</td><td>1</td><td>回填应达到设计高程，表面应平整</td><td>第 4.6.3-5 条</td><td>/</td><td></td><td colspan="2"></td></tr>
<tr><td>2</td><td>回填时管道及附属构筑物无损伤、沉降、位移</td><td>第 4.6.3-6 条</td><td>/</td><td></td><td colspan="2"></td></tr>
<tr><td></td><td></td><td></td><td></td><td></td><td colspan="2"></td></tr>
<tr><td colspan="2">施工单位检查结果</td><td colspan="6">专业工长：（签名）　　项目专业质量检查员：（签名）　　年　月　日</td></tr>
<tr><td colspan="2">监理单位验收结论</td><td colspan="6">专业监理工程师：（签名）　　年　月　日</td></tr>
</table>

7.2.3.4 市政验·管-4 管道基础检验批质量验收记录

市政基础设施工程

管道基础检验批质量验收记录

市政验·管-4

第　　页，共　　页

工程名称			
单位工程名称			
施工单位		分包单位	
项目负责人		项目技术负责人	
分部（子分部）工程名称		分项工程名称	
验收部位/区段		检验批容量	
施工及验收依据	《给水排水管道工程施工及验收规范》GB 50268		

<table>
<tr><td colspan="6">验收项目</td><td>设计要求或规范规定</td><td>最小/实际抽样数量</td><td>检查记录</td><td>检查结果</td></tr>
<tr><td rowspan="3">主控项目</td><td>1</td><td colspan="4">原状地基的承载力符合设计要求</td><td>第5.10.1-1条</td><td>/</td><td></td><td></td></tr>
<tr><td>2</td><td colspan="4">混凝土基础的强度符合设计要求</td><td>第5.10.1-2条</td><td>/</td><td></td><td></td></tr>
<tr><td>3</td><td colspan="4">砂石基础的压实度符合设计要求或规范的规定</td><td>第5.10.1-3条</td><td>/</td><td></td><td></td></tr>
<tr><td rowspan="15">一般项目</td><td>1</td><td colspan="4">原状地基、砂石基础与管道外壁间接触均匀，无空隙</td><td>第5.10.1-4条</td><td>/</td><td></td><td></td></tr>
<tr><td>2</td><td colspan="4">混凝土基础外光内实，无严重缺陷；混凝土基础的钢筋数量、位置正确</td><td>第5.10.1-5条</td><td>/</td><td></td><td></td></tr>
<tr><td>3</td><td rowspan="13">允许偏差</td><td rowspan="4">垫层</td><td colspan="2">中线每侧宽度（mm）</td><td>不小于设计要求</td><td>/</td><td></td><td></td></tr>
<tr><td rowspan="2">4</td><td rowspan="2">高程（mm）</td><td>压力管道</td><td>±30</td><td>/</td><td></td><td></td></tr>
<tr><td>无压管道</td><td>0，−15</td><td>/</td><td></td><td></td></tr>
<tr><td>5</td><td colspan="2">厚度（mm）</td><td>不小于设计要求</td><td>/</td><td></td><td></td></tr>
<tr><td rowspan="3">6</td><td rowspan="5">混凝土基础、管座</td><td rowspan="3">平基（mm）</td><td>中线每侧宽度</td><td>+10，0</td><td>/</td><td></td><td></td></tr>
<tr><td>高程</td><td>0，−15</td><td>/</td><td></td><td></td></tr>
<tr><td>厚度</td><td>不小于设计要求</td><td>/</td><td></td><td></td></tr>
<tr><td rowspan="2">7</td><td rowspan="2">管座（mm）</td><td>肩宽</td><td>+10，−5</td><td>/</td><td></td><td></td></tr>
<tr><td>肩高</td><td>±20</td><td rowspan="2">/</td><td></td><td></td></tr>
<tr><td rowspan="2">8</td><td rowspan="4">土砂及砂砾基础</td><td rowspan="2">高程（mm）</td><td>压力管道</td><td>±30</td><td></td><td></td></tr>
<tr><td>无压管道</td><td>0，−15</td><td rowspan="2">/</td><td></td><td></td></tr>
<tr><td>9</td><td colspan="2">平基厚度（mm）</td><td>不小于设计要求</td><td></td><td></td></tr>
<tr><td>10</td><td colspan="2">土弧基础腋角高度（mm）</td><td>不小于设计要求</td><td>/</td><td></td><td></td></tr>
<tr><td colspan="2">施工单位检查结果</td><td colspan="8">专业工长：（签名）　　项目专业质量检查员：（签名）　　年　月　日</td></tr>
<tr><td colspan="2">监理单位验收结论</td><td colspan="8">专业监理工程师：（签名）　　年　月　日</td></tr>
</table>

7.2.3.5 市政验·管-5 钢管接口连接检验批质量验收记录

市政基础设施工程

钢管接口连接检验批质量验收记录

市政验·管-5

第 页，共 页

<table>
<tr><td colspan="3">工程名称</td><td colspan="5"></td></tr>
<tr><td colspan="3">单位工程名称</td><td colspan="5"></td></tr>
<tr><td colspan="3">施工单位</td><td colspan="2"></td><td colspan="2">分包单位</td><td></td></tr>
<tr><td colspan="3">项目负责人</td><td colspan="2"></td><td colspan="2">项目技术负责人</td><td></td></tr>
<tr><td colspan="3">分部（子分部）工程名称</td><td colspan="2"></td><td colspan="2">分项工程名称</td><td></td></tr>
<tr><td colspan="3">验收部位/区段</td><td colspan="2"></td><td colspan="2">检验批容量</td><td></td></tr>
<tr><td colspan="3">施工及验收依据</td><td colspan="5">《给水排水管道工程施工及验收规范》GB 50268</td></tr>
<tr><td colspan="3">验收项目</td><td>设计要求或规范规定</td><td>最小/实际抽样数量</td><td colspan="2">检查记录</td><td>检查结果</td></tr>
<tr><td rowspan="5">主控项目</td><td>1</td><td>管节及管件、焊接材料等的质量应符合规范第5.3.2条的规定</td><td>第5.10.2-1条</td><td>/</td><td colspan="2"></td><td></td></tr>
<tr><td>2</td><td>接口焊缝坡口应符合规范第5.3.7条的规定</td><td>第5.10.2-2条</td><td>/</td><td colspan="2"></td><td></td></tr>
<tr><td>3</td><td>焊口错边符合规范第5.3.8条的规定，焊口无“十字”形焊缝</td><td>第5.10.2-3条</td><td>/</td><td colspan="2"></td><td></td></tr>
<tr><td>4</td><td>焊口焊接质量应符合规范第5.3.17条的规定和设计要求</td><td>第5.10.2-4条</td><td>/</td><td colspan="2"></td><td></td></tr>
<tr><td>5</td><td>法兰接口的法兰应与管道同心，螺栓自由穿入，高强度螺栓的终拧扭矩应符合设计要求和有关标准的规定</td><td>第5.10.2-5条</td><td>/</td><td colspan="2"></td><td></td></tr>
<tr><td rowspan="6">一般项目</td><td>1</td><td>接口组对时，纵、环缝位置应符合规范第5.3.9条的规定</td><td>第5.10.2-6条</td><td>/</td><td colspan="2"></td><td></td></tr>
<tr><td>2</td><td>管节组对前，坡口及内外侧焊接影响范围内表面应无油、漆、垢、锈、毛刺等污物</td><td>第5.10.2-7条</td><td>/</td><td colspan="2"></td><td></td></tr>
<tr><td>3</td><td>不同壁厚的管节对接应符合规范第5.3.10条的规定</td><td>第5.10.2-8条</td><td>/</td><td colspan="2"></td><td></td></tr>
<tr><td>4</td><td>焊缝层次有明确规定时，焊接层数、每层厚度及层间温度应符合焊接作业指导书的规定，且层间焊缝质量均应合格</td><td>第5.10.2-9条</td><td>/</td><td colspan="2"></td><td></td></tr>
<tr><td>5</td><td>法兰中轴线与管道中轴线的允许偏差应符合：D_i小于或等于300mm时，允许偏差小于或等于1mm；D_i大于300mm时，允许偏差小于或等于2mm</td><td>第5.10.2-10条</td><td>/</td><td colspan="2"></td><td></td></tr>
<tr><td>6</td><td>连接的法兰之间应保持平行，其允许偏差不大于法兰外径的1.5‰，且不大于2mm；螺孔中心允许偏差应为孔径的5%</td><td>第5.10.2-11条</td><td>/</td><td colspan="2"></td><td></td></tr>
<tr><td colspan="2">施工单位检查结果</td><td colspan="6">专业工长：（签名） 项目专业质量检查员：（签名） 年 月 日</td></tr>
<tr><td colspan="2">监理单位验收结论</td><td colspan="6">专业监理工程师：（签名） 年 月 日</td></tr>
</table>

7.2.3.6 市政验·管-6 钢管内防腐层检验批质量验收记录

市政基础设施工程

钢管内防腐层检验批质量验收记录

市政验·管-6

第　　页，共　　页

<table>
<tr><td>工程名称</td><td colspan="3"></td></tr>
<tr><td>单位工程名称</td><td colspan="3"></td></tr>
<tr><td>施工单位</td><td></td><td>分包单位</td><td></td></tr>
<tr><td>项目负责人</td><td></td><td>项目技术负责人</td><td></td></tr>
<tr><td>分部（子分部）工程名称</td><td></td><td>分项工程名称</td><td></td></tr>
<tr><td>验收部位/区段</td><td></td><td>检验批容量</td><td></td></tr>
<tr><td>施工及验收依据</td><td colspan="3">《给水排水管道工程施工及验收规范》GB 50268</td></tr>
</table>

<table>
<tr><td colspan="6">验收项目</td><td colspan="2">设计要求或规范规定</td><td>最小/实际抽样数量</td><td>检查记录</td><td>检查结果</td></tr>
<tr><td rowspan="3">主控项目</td><td>1</td><td colspan="4">内防腐层材料应符合国家相关标准的规定和设计要求；给水管道内防腐层材料的卫生性能应符合国家相关标准的规定</td><td colspan="2">第 5.10.3-1 条</td><td>/</td><td></td><td></td></tr>
<tr><td>2</td><td colspan="4">水泥砂浆抗压强度符合设计要求，且不低于 30MPa</td><td colspan="2">第 5.10.3-2 条</td><td>/</td><td></td><td></td></tr>
<tr><td>3</td><td colspan="4">液体环氧涂料内防腐层表面应平整、光滑，无气泡、无划痕等，湿膜应无流淌现象</td><td colspan="2">第 5.10.3-3 条</td><td>/</td><td></td><td></td></tr>
<tr><td rowspan="17">一般项目</td><td>1</td><td rowspan="17">允许偏差</td><td rowspan="11">水泥砂浆防腐厚度及表面缺陷</td><td colspan="2">裂缝宽度（mm）</td><td colspan="2">≤0.8</td><td>/</td><td></td><td></td></tr>
<tr><td>2</td><td colspan="2">裂缝沿管道纵向长度（mm）</td><td colspan="2">≤管道的周长，且≤2.0m</td><td>/</td><td></td><td></td></tr>
<tr><td>3</td><td colspan="2">平整度（mm）</td><td colspan="2">＜2</td><td>/</td><td></td><td></td></tr>
<tr><td rowspan="3">4</td><td colspan="2" rowspan="3">防腐层厚度（mm）</td><td>D_i≤1000</td><td>±2</td><td rowspan="3">/</td><td rowspan="3"></td><td rowspan="3"></td></tr>
<tr><td>1000＜D_i≤1800</td><td>±3</td></tr>
<tr><td>D_i＞1800</td><td>+4，−3</td></tr>
<tr><td rowspan="3">5</td><td colspan="2" rowspan="3">麻点、空窝等表面缺陷的深度（mm）</td><td>D_i≤1000</td><td>2</td><td rowspan="3">/</td><td rowspan="3"></td><td rowspan="3"></td></tr>
<tr><td>1000＜D_i≤1800</td><td>3</td></tr>
<tr><td>D_i＞1800</td><td>4</td></tr>
<tr><td>6</td><td colspan="2">缺陷面积</td><td colspan="2">≤500mm^2</td><td>/</td><td></td><td></td></tr>
<tr><td>7</td><td colspan="2">空鼓面积</td><td colspan="2">不得超过 2 处，且每处≤10000mm^2</td><td>/</td><td></td><td></td></tr>
<tr><td rowspan="3">8</td><td rowspan="6">液体环氧涂料内防腐</td><td rowspan="3">干膜厚度（μm）</td><td>普通级</td><td colspan="2">≥200</td><td rowspan="3">/</td><td rowspan="3"></td><td rowspan="3"></td></tr>
<tr><td>加强级</td><td colspan="2">≥250</td></tr>
<tr><td>特加强级</td><td colspan="2">≥300</td></tr>
<tr><td rowspan="3">9</td><td rowspan="3">电火花试验漏点数</td><td>普通级</td><td colspan="2">3</td><td rowspan="3">/</td><td rowspan="3"></td><td rowspan="3"></td></tr>
<tr><td>加强级</td><td colspan="2">1</td></tr>
<tr><td>特加强级</td><td colspan="2">0</td></tr>
<tr><td colspan="3">施工单位检查结果</td><td colspan="8">专业工长：（签名）　　项目专业质量检查员：（签名）　　年　月　日</td></tr>
<tr><td colspan="3">监理单位验收结论</td><td colspan="8">专业监理工程师：（签名）　　年　月　日</td></tr>
</table>

7.2.3.7 市政验·管-7 钢管外防腐层检验批质量验收记录

市政基础设施工程

钢管外防腐层检验批质量验收记录

市政验·管-7

第　　页，共　　页

<table>
<tr><td colspan="4">工程名称</td><td colspan="7"></td></tr>
<tr><td colspan="4">单位工程名称</td><td colspan="7"></td></tr>
<tr><td colspan="4">施工单位</td><td colspan="3"></td><td colspan="2">分包单位</td><td colspan="2"></td></tr>
<tr><td colspan="4">项目负责人</td><td colspan="3"></td><td colspan="2">项目技术负责人</td><td colspan="2"></td></tr>
<tr><td colspan="4">分部（子分部）工程名称</td><td colspan="3"></td><td colspan="2">分项工程名称</td><td colspan="2"></td></tr>
<tr><td colspan="4">验收部位/区段</td><td colspan="3"></td><td colspan="2">检验批容量</td><td colspan="2"></td></tr>
<tr><td colspan="4">施工及验收依据</td><td colspan="7">《给水排水管道工程施工及验收规范》GB 50268</td></tr>
<tr><td colspan="5">验收项目</td><td colspan="3">设计要求或规范规定</td><td>最小/实际抽样数量</td><td>检查记录</td><td>检查结果</td></tr>
<tr><td rowspan="11">主控项目</td><td>1</td><td colspan="3">外防腐层材料（包括补口、修补材料）、结构等应符合国家相关标准的规定和设计要求</td><td colspan="3">第5.10.4-1条</td><td>/</td><td></td><td></td></tr>
<tr><td colspan="3"></td><td>防腐等级</td><td>普通级</td><td>加强级</td><td>特加强级</td><td></td><td></td><td></td></tr>
<tr><td>2</td><td rowspan="9">允许偏差</td><td rowspan="3">石油沥青涂料</td><td>厚度</td><td>≥4.0</td><td>≥5.5</td><td>≥7.0</td><td>/</td><td></td><td></td></tr>
<tr><td>3</td><td>电火花检漏</td><td>16kV</td><td>18kV</td><td>20kV</td><td>/</td><td></td><td></td></tr>
<tr><td>4</td><td>粘结力</td><td colspan="3">以夹角为4560边长4050mm的切口，从角尖端撕开防腐层；首层沥青层应100%地黏附在管道的外表面</td><td>/</td><td></td><td></td></tr>
<tr><td>5</td><td rowspan="3">环氧煤沥青涂料</td><td>厚度</td><td>≥0.3</td><td>≥0.4</td><td>≥0.6</td><td>/</td><td></td><td></td></tr>
<tr><td>6</td><td>电火花检漏</td><td>2kV</td><td>2.5kV</td><td>3kV</td><td>/</td><td></td><td></td></tr>
<tr><td>7</td><td>粘结力</td><td colspan="3">以小刀割开一舌形切口，用力撕开切口处的防腐层，管道表面仍为漆皮所覆盖，不得露出金属表面</td><td>/</td><td></td><td></td></tr>
<tr><td>8</td><td rowspan="3">环氧树脂玻璃钢</td><td>厚度</td><td></td><td>≥3.0</td><td></td><td>/</td><td></td><td></td></tr>
<tr><td>9</td><td>电火花检漏</td><td></td><td>3～3.5kV</td><td></td><td>/</td><td></td><td></td></tr>
<tr><td>10</td><td>粘结力</td><td colspan="3">以小刀割开一舌形切口，用力撕开切口处的防腐层，管道表面仍为漆皮所覆盖，不得露出金属表面</td><td>/</td><td></td><td></td></tr>
<tr><td rowspan="3">一般项目</td><td>1</td><td colspan="3">钢管表面除锈质量等级应符合设计要求；</td><td colspan="3">第5.10.4-3条</td><td>/</td><td></td><td></td></tr>
<tr><td>2</td><td colspan="3">管道外防腐层（包括补口、补伤）的外观质量应符合规范第5.4.9条的相关规定</td><td colspan="3">第5.10.4-4条</td><td>/</td><td></td><td></td></tr>
<tr><td>3</td><td colspan="3">管体外防腐材料搭接、补口搭接、补伤搭接应符合要求</td><td colspan="3">第5.10.4-5条</td><td>/</td><td></td><td></td></tr>
<tr><td colspan="2">施工单位检查结果</td><td colspan="9">专业工长：（签名）　　项目专业质量检查员：（签名）　　年　月　日</td></tr>
<tr><td colspan="2">监理单位验收结论</td><td colspan="9">专业监理工程师：（签名）　　年　月　日</td></tr>
</table>

7.2.3.8　市政验·管-8　钢管阴极保护工程检验批质量验收记录

市政基础设施工程

钢管阴极保护工程检验批质量验收记录

市政验·管-8

第　　页，共　　页

<table>
<tr><td colspan="3">工程名称</td><td colspan="4"></td></tr>
<tr><td colspan="3">单位工程名称</td><td colspan="4"></td></tr>
<tr><td colspan="3">施工单位</td><td></td><td colspan="2">分包单位</td><td></td></tr>
<tr><td colspan="3">项目负责人</td><td></td><td colspan="2">项目技术负责人</td><td></td></tr>
<tr><td colspan="3">分部（子分部）工程名称</td><td></td><td colspan="2">分项工程名称</td><td></td></tr>
<tr><td colspan="3">验收部位/区段</td><td></td><td colspan="2">检验批容量</td><td></td></tr>
<tr><td colspan="3">施工及验收依据</td><td colspan="4">《给水排水管道工程施工及验收规范》GB 50268</td></tr>
<tr><td colspan="3">验收项目</td><td>设计要求或规范规定</td><td>最小/实际抽样数量</td><td>检查记录</td><td>检查结果</td></tr>
<tr><td rowspan="3">主控项目</td><td>1</td><td>钢管阴极保护所用的材料、设备等应符合国家有关标准的规定和设计要求</td><td>第5.10.5-1条</td><td>/</td><td></td><td></td></tr>
<tr><td>2</td><td>管道系统的电绝缘性、电连续性经检测满足阴极保护的要求</td><td>第5.10.5-2条</td><td>/</td><td></td><td></td></tr>
<tr><td>3</td><td>阴极保护的系统参数测试应符合下列规定：（1）设计无要求时，在施加阴极电流的情况下，测得管/地电位应小于或等于－850mV（相对于铜—饱和硫酸铜参比电极）；（2）管道表面与土壤接触的稳定的参比电极之间阴极极化电位值最小为100mV；（3）土壤或水中含有硫酸盐还原菌，且硫酸根含量大于0.5%时，通电保护电位应小于或等于－950mV（相对于铜—饱和硫酸铜参比电极）；（4）被保护体埋置于干燥的或充气的高电阻率（大于500Ω·m）土壤中时，测得的极化电位小于或等于－750mV（相对于铜—饱和硫酸铜参比电极）</td><td>第5.10.5-3条</td><td>/</td><td></td><td></td></tr>
<tr><td rowspan="3">一般项目</td><td>1</td><td>管道系统中阳极、辅助阳极的安装应符合规范第5.4.13、5.4.14条的规定</td><td>第5.10.5-4条</td><td>/</td><td></td><td></td></tr>
<tr><td>2</td><td>所有连接点应按规定做好防腐处理，与管道连接处的防腐材料应与管道相同</td><td>第5.10.5-5条</td><td>/</td><td></td><td></td></tr>
<tr><td>3</td><td>阴极保护系统的测试装置及附属设施的安装应符合下列规定：（1）测试桩埋设位置应符合施加要求，顶面高出地面400mm以上；（2）电缆、引线铺设应符合设计要求，所有引线应保持一定松弛度，并连接可靠牢固；（3）接线盒内各类电缆应接线正确，测试桩的舱门应启闭灵活、密封良好；（4）检查片的材质应与被保护管道的材质相同，其制作尺寸、设置数量、埋设位置应符合设计要求，且埋深与管道底部相同，距管道外壁不小于300mm；（5）参比电极的选用、埋设深度应符合设计要求</td><td>第5.10.5-6条</td><td>/</td><td></td><td></td></tr>
<tr><td colspan="2">施工单位检查结果</td><td colspan="5">专业工长：（签名）　　项目专业质量检查员：（签名）　　年　月　日</td></tr>
<tr><td colspan="2">监理单位验收结论</td><td colspan="5">专业监理工程师：（签名）　　年　月　日</td></tr>
</table>

7.2.3.9 市政验·管-9 球墨铸铁管接口连接检验批质量验收记录

市政基础设施工程

球墨铸铁管接口连接检验批质量验收记录

市政验·管-9

第　　页，共　　页

<table>
<tr><td colspan="3">工程名称</td><td colspan="5"></td></tr>
<tr><td colspan="3">单位工程名称</td><td colspan="5"></td></tr>
<tr><td colspan="3">施工单位</td><td></td><td colspan="2">分包单位</td><td colspan="2"></td></tr>
<tr><td colspan="3">项目负责人</td><td></td><td colspan="2">项目技术负责人</td><td colspan="2"></td></tr>
<tr><td colspan="3">分部（子分部）工程名称</td><td></td><td colspan="2">分项工程名称</td><td colspan="2"></td></tr>
<tr><td colspan="3">验收部位/区段</td><td></td><td colspan="2">检验批容量</td><td colspan="2"></td></tr>
<tr><td colspan="3">施工及验收依据</td><td colspan="5">《给水排水管道工程施工及验收规范》GB 50268</td></tr>
<tr><td colspan="3">验收项目</td><td colspan="2">设计要求或规范规定</td><td>最小/实际抽样数量</td><td>检查记录</td><td>检查结果</td></tr>
<tr><td rowspan="4">主控项目</td><td>1</td><td>管节及管件的产品质量应符合规范第5.5.1条的规定</td><td colspan="2">第5.10.6-1条</td><td>/</td><td></td><td></td></tr>
<tr><td>2</td><td>承插接口连接时，两管节中轴线应保持同心，承口、插口部位无破损、变形、开裂；插口推入深度应符合要求</td><td colspan="2">第5.10.6-2条</td><td>/</td><td></td><td></td></tr>
<tr><td>3</td><td>法兰接口连接时，插口与承口法兰压盖的纵向轴线一致，连接螺栓终拧扭矩应符合设计或产品使用说明要求；接口连接后，连接部位及连接件应无变形、破损</td><td colspan="2">第5.10.6-3条</td><td>/</td><td></td><td></td></tr>
<tr><td>4</td><td>橡胶圈安装位置应准确，不得扭曲、外露；沿圆周各点应与承口端面等距，其允许偏差应为±3mm</td><td colspan="2">第5.10.6-4条</td><td>/</td><td></td><td></td></tr>
<tr><td rowspan="4">一般项目</td><td>1</td><td>连接后管节间平顺，接口无突起、突弯、轴向位移现象</td><td colspan="2">第5.10.6-5条</td><td>/</td><td></td><td></td></tr>
<tr><td>2</td><td>接口的环向间隙应均匀，承插口间的纵向间隙不应小于3mm</td><td colspan="2">第5.10.6-6条</td><td>/</td><td></td><td></td></tr>
<tr><td>3</td><td>法兰接口的压兰、螺栓和螺母等连接件应规格型号一致，采用钢制螺栓和螺母时，防腐处理应符合设计要求</td><td colspan="2">第5.10.6-7条</td><td>/</td><td></td><td></td></tr>
<tr><td>4</td><td>管道沿曲线安装时，接口转角应符合规范第5.5.8条的规定</td><td colspan="2">第5.10.6-8条</td><td>/</td><td></td><td></td></tr>
<tr><td colspan="2">施工单位检查结果</td><td colspan="6">专业工长：（签名）　　项目专业质量检查员：（签名）　　年　月　日</td></tr>
<tr><td colspan="2">监理单位验收结论</td><td colspan="6">专业监理工程师：（签名）　　年　月　日</td></tr>
</table>

7.2.3.10 市政验·管-10 钢筋混凝土管、预（自）应力混凝土管、预应力钢筒混凝土管接口连接检验批质量验收记录

市政基础设施工程

钢筋混凝土管、预（自）应力混凝土管、预应力钢筒混凝土管接口连接检验批质量验收记录

市政验·管-10

第　　页，共　　页

<table>
<tr><td colspan="3">工程名称</td><td colspan="5"></td></tr>
<tr><td colspan="3">单位工程名称</td><td colspan="5"></td></tr>
<tr><td colspan="3">施工单位</td><td></td><td colspan="2">分包单位</td><td colspan="2"></td></tr>
<tr><td colspan="3">项目负责人</td><td></td><td colspan="2">项目技术负责人</td><td colspan="2"></td></tr>
<tr><td colspan="3">分部（子分部）工程名称</td><td></td><td colspan="2">分项工程名称</td><td colspan="2"></td></tr>
<tr><td colspan="3">验收部位/区段</td><td></td><td colspan="2">检验批容量</td><td colspan="2"></td></tr>
<tr><td colspan="3">施工及验收依据</td><td colspan="5">《给水排水管道工程施工及验收规范》GB 50268</td></tr>
<tr><td colspan="3">验收项目</td><td>设计要求或规范规定</td><td>最小/实际抽样数量</td><td colspan="2">检查记录</td><td>检查结果</td></tr>
<tr><td rowspan="3">主控项目</td><td>1</td><td>管及管件、橡胶圈的产品质量应符合规范第5.6.1、5.6.2、5.6.5和5.7.1条的规定；</td><td>第5.10.7-1条</td><td>/</td><td colspan="2"></td><td></td></tr>
<tr><td>2</td><td>柔性接口的橡胶圈位置正确，无扭曲、外露现象；承口、插口无破损、开裂；双道橡胶圈的单口水压试验合格</td><td>第5.10.7-2条</td><td>/</td><td colspan="2"></td><td></td></tr>
<tr><td>3</td><td>刚性接口的强度符合设计要求，不得有开裂、空鼓、脱落现象</td><td>第5.10.7-3条</td><td>/</td><td colspan="2"></td><td></td></tr>
<tr><td rowspan="4">一般项目</td><td>1</td><td>柔性接口的安装位置正确，其纵向间隙应符合规范第5.6.9、5.7.2条的相关规定</td><td>第5.10.7-4条</td><td>/</td><td colspan="2"></td><td></td></tr>
<tr><td>2</td><td>刚性接口的宽度、厚度符合设计要求；其相邻管接口错口允许偏差：D_i小于700mm时，应在施工中自检；D_i大于700mm，小于或等于1000mm时，应不大于3mm，D_i大于1000mm时，应不大于5mm</td><td>第5.10.7-5条</td><td>/</td><td colspan="2"></td><td></td></tr>
<tr><td>3</td><td>管道沿曲线安装时，接口转角应符合规范第5.6.9、5.7.5条的相关规定</td><td>第5.10.7-6条</td><td>/</td><td colspan="2"></td><td></td></tr>
<tr><td>4</td><td>管道接口的填缝应符合设计要求，密实、光洁、平整</td><td>第5.10.7-7条</td><td>/</td><td colspan="2"></td><td></td></tr>
<tr><td colspan="2">施工单位检查结果</td><td colspan="6">专业工长：（签名）　　项目专业质量检查员：（签名）　　年　月　日</td></tr>
<tr><td colspan="2">监理单位验收结论</td><td colspan="6">专业监理工程师：（签名）　　年　月　日</td></tr>
</table>

7.2.3.11　市政验·管-11　化学建材管接口连接检验批质量验收记录

市政基础设施工程

化学建材管接口连接检验批质量验收记录

市政验·管-11

第　　页，共　　页

<table>
<tr><td colspan="3">工程名称</td><td colspan="5"></td></tr>
<tr><td colspan="3">单位工程名称</td><td colspan="5"></td></tr>
<tr><td colspan="3">施工单位</td><td></td><td colspan="2">分包单位</td><td colspan="2"></td></tr>
<tr><td colspan="3">项目负责人</td><td></td><td colspan="2">项目技术负责人</td><td colspan="2"></td></tr>
<tr><td colspan="3">分部（子分部）工程名称</td><td></td><td colspan="2">分项工程名称</td><td colspan="2"></td></tr>
<tr><td colspan="3">验收部位/区段</td><td></td><td colspan="2">检验批容量</td><td colspan="2"></td></tr>
<tr><td colspan="3">施工及验收依据</td><td colspan="5">《给水排水管道工程施工及验收规范》GB 50268</td></tr>
<tr><td colspan="3">验收项目</td><td>设计要求或规范规定</td><td>最小/实际抽样数量</td><td>检查记录</td><td colspan="2">检查结果</td></tr>
<tr><td rowspan="4">主控项目</td><td>1</td><td>管节及管件、橡胶圈等的产品质量应符合规范第5.8.1、5.9.1条的规定</td><td>第5.10.8-1条</td><td>/</td><td></td><td colspan="2"></td></tr>
<tr><td>2</td><td>承插、套筒式连接时，承口、插口部位及套筒连接紧密，无破损、变形、开裂等现象；插入后胶圈应位置正确，无扭曲等现象；双道橡胶圈的单口水压试验合格</td><td>第5.10.8-2条</td><td>/</td><td></td><td colspan="2"></td></tr>
<tr><td>3</td><td>聚乙烯管、聚丙烯管接口熔焊连接应符合下列规定：(1) 焊缝应完整，无缺损和变形现象；焊缝连接应紧密，无气孔、鼓泡和裂缝；电熔连接的电阻丝不裸露；(2) 熔焊焊缝焊接力学性能不低于母材；(3) 热熔对接连接后应形成凸缘，且凸缘形状大小均匀一致，无气孔、鼓泡和裂缝；接头处有沿管节圆周平滑对称的外翻边，外翻边最低处的深度不低于管节外表面；管壁内翻边应铲平；对接错边量不大于管材壁厚的10%，且不大于3mm</td><td>第5.10.8-3条</td><td>/</td><td></td><td colspan="2"></td></tr>
<tr><td>4</td><td>卡箍连接、法兰连接、钢塑过渡接头连接时，应连接件齐全、位置正确、安装牢固，连接部位无扭曲、变形</td><td>第5.10.8-4条</td><td>/</td><td></td><td colspan="2"></td></tr>
<tr><td rowspan="4">一般项目</td><td>1</td><td>承插、套筒式接口的插入深度应符合要求，相邻管口的纵向间隙应不小于10mm；环向间隙应均匀一致</td><td>第5.10.8-5条</td><td>/</td><td></td><td colspan="2"></td></tr>
<tr><td>2</td><td>承插式管道沿曲线安装时的接口转角，玻璃钢管的不应大于规范第5.8.3条的规定；聚乙烯管、聚丙烯管的接口转角应不大于1.5°；硬聚氯乙烯管的接口转角应不大于1.0°</td><td>第5.10.8-6条</td><td>/</td><td></td><td colspan="2"></td></tr>
<tr><td>3</td><td>熔焊连接设备的控制参数满足焊接工艺要求；设备与待连接管的接触面无污物，设备及组合件组装正确、牢固、吻合；焊后冷却期间接口未受外力影响</td><td>第5.10.8-7条</td><td>/</td><td></td><td colspan="2"></td></tr>
<tr><td>4</td><td>卡箍连接、法兰连接、钢塑过渡连接件的钢制部分以及钢制螺栓、螺母、垫圈的防腐要求应符合设计要求</td><td>第5.10.8-8条</td><td>/</td><td></td><td colspan="2"></td></tr>
<tr><td colspan="2">施工单位检查结果</td><td colspan="6">专业工长：(签名)　　项目专业质量检查员：(签名)　　年　月　日</td></tr>
<tr><td colspan="2">监理单位验收结论</td><td colspan="6">专业监理工程师：(签名)　　年　月　日</td></tr>
</table>

7.2.3.12 市政验·管-12 管道铺设检验批质量验收记录

市政基础设施工程

管道铺设检验批质量验收记录

市政验·管-12

第 页，共 页

<table>
<tr><td colspan="4">工程名称</td><td colspan="6"></td></tr>
<tr><td colspan="4">单位工程名称</td><td colspan="6"></td></tr>
<tr><td colspan="4">施工单位</td><td colspan="2"></td><td colspan="2">分包单位</td><td colspan="2"></td></tr>
<tr><td colspan="4">项目负责人</td><td colspan="2"></td><td colspan="2">项目技术负责人</td><td colspan="2"></td></tr>
<tr><td colspan="4">分部（子分部）工程名称</td><td colspan="2"></td><td colspan="2">分项工程名称</td><td colspan="2"></td></tr>
<tr><td colspan="4">验收部位/区段</td><td colspan="2"></td><td colspan="2">检验批容量</td><td colspan="2"></td></tr>
<tr><td colspan="4">施工及验收依据</td><td colspan="6">《给水排水管道工程施工及验收规范》GB 50268</td></tr>
<tr><td colspan="6">验收项目</td><td>设计要求或规范规定</td><td>最小/实际抽样数量</td><td>检查记录</td><td>检查结果</td></tr>
<tr><td rowspan="4">主控项目</td><td>1</td><td colspan="4">管道埋设深度、轴线位置应符合设计要求，无压力管道严禁倒坡</td><td>第 5.10.9-1 条</td><td>/</td><td></td><td></td></tr>
<tr><td>2</td><td colspan="4">刚性管道无结构贯通裂缝和明显缺损情况</td><td>第 5.10.9-2 条</td><td>/</td><td></td><td></td></tr>
<tr><td>3</td><td colspan="4">柔性管道的管壁不得出现纵向隆起、环向扁平和其他变形情况</td><td>第 5.10.9-3 条</td><td>/</td><td></td><td></td></tr>
<tr><td>4</td><td colspan="4">管道铺设安装必须稳固，管道安装后应线形平直</td><td>第 5.10.9-4 条</td><td>/</td><td></td><td></td></tr>
<tr><td rowspan="11">一般项目</td><td>1</td><td colspan="4">管道内应光洁平整，无杂物、油污；管道无明显渗水和水珠现象</td><td>第 5.10.9-5 条</td><td>/</td><td></td><td></td></tr>
<tr><td>2</td><td colspan="4">管道与井室洞口之间无渗漏水</td><td>第 5.10.9-6 条</td><td>/</td><td></td><td></td></tr>
<tr><td>3</td><td colspan="4">管道内外防腐层完整，无破损现象</td><td>第 5.10.9-7 条</td><td>/</td><td></td><td></td></tr>
<tr><td>4</td><td colspan="4">钢管管道开孔应符合规范第 5.3.11 条的规定</td><td>第 5.10.9-8 条</td><td>/</td><td></td><td></td></tr>
<tr><td>5</td><td colspan="4">闸阀安装应牢固、严密，启闭灵活，与管道轴线垂直</td><td>第 5.10.9-9 条</td><td>/</td><td></td><td></td></tr>
<tr><td rowspan="2">6</td><td rowspan="6">允许偏差</td><td colspan="2" rowspan="2">水平轴线（mm）</td><td>无压管道</td><td>15</td><td rowspan="2">/</td><td rowspan="2"></td><td rowspan="2"></td></tr>
<tr><td>压力管道</td><td>30</td></tr>
<tr><td rowspan="4">7</td><td rowspan="4">管底高程（mm）</td><td rowspan="2">$D_i \leqslant 1000$</td><td>无压管道</td><td>±10</td><td rowspan="4">/</td><td rowspan="4"></td><td rowspan="4"></td></tr>
<tr><td>压力管道</td><td>±30</td></tr>
<tr><td rowspan="2">$D_i > 1000$</td><td>无压管道</td><td>±15</td></tr>
<tr><td>压力管道</td><td>±30</td></tr>
<tr><td colspan="2">施工单位检查结果</td><td colspan="8">专业工长：（签名） 项目专业质量检查员：（签名） 年 月 日</td></tr>
<tr><td colspan="2">监理单位验收结论</td><td colspan="8">专业监理工程师：（签名） 年 月 日</td></tr>
</table>

7.2.3.13 市政验·管-13 工作井检验批质量验收记录

市政基础设施工程

工作井检验批质量验收记录

市政验·管-13

第　　页，共　　页

<table>
<tr><td>工程名称</td><td colspan="3"></td></tr>
<tr><td>单位工程名称</td><td colspan="3"></td></tr>
<tr><td>施工单位</td><td></td><td>分包单位</td><td></td></tr>
<tr><td>项目负责人</td><td></td><td>项目技术负责人</td><td></td></tr>
<tr><td>分部（子分部）工程名称</td><td></td><td>分项工程名称</td><td></td></tr>
<tr><td>验收部位/区段</td><td></td><td>检验批容量</td><td></td></tr>
<tr><td>施工及验收依据</td><td colspan="3">《给水排水管道工程施工及验收规范》GB 50268</td></tr>
</table>

<table>
<tr><td colspan="6">验收项目</td><td>设计要求或规范规定</td><td>最小/实际抽样数量</td><td>检查记录</td><td>检查结果</td></tr>
<tr><td rowspan="3">主控项目</td><td>1</td><td colspan="4">工程原材料、成品、半成品的产品质量应符合国家相关标准规定和设计要求</td><td>第 6.7.2-1 条</td><td>/</td><td></td><td></td></tr>
<tr><td>2</td><td colspan="4">工作井结构的强度、刚度和尺寸应满足设计要求，结构无滴漏和线流现象</td><td>第 6.7.2-2 条</td><td>/</td><td></td><td></td></tr>
<tr><td>3</td><td colspan="4">混凝土结构的抗压强度等级、抗渗等级符合设计要求</td><td>第 6.7.2-3 条</td><td>/</td><td></td><td></td></tr>
<tr><td rowspan="18">一般项目</td><td>1</td><td colspan="4">结构无明显渗水和水珠现象</td><td>第 6.7.2-4 条</td><td>/</td><td></td><td></td></tr>
<tr><td>2</td><td colspan="4">顶管顶进工作井、盾构始发工作井的后背墙应坚实、平整；后座与井壁后背墙联系紧密</td><td>第 6.7.2-5 条</td><td>/</td><td></td><td></td></tr>
<tr><td>3</td><td colspan="4">两导轨应顺直、平行、等高，盾构基座及导轨的夹角符合规定；导轨与基座连接应牢固可靠，不得在使用中产生位移</td><td>第 6.7.2-6 条</td><td>/</td><td></td><td></td></tr>
<tr><td rowspan="6">4</td><td rowspan="15">允许偏差</td><td rowspan="6">井内导轨安装（mm）</td><td rowspan="2">顶面高程</td><td>顶管、夯管</td><td>+3，0</td><td rowspan="6">/</td><td rowspan="6"></td><td rowspan="6"></td></tr>
<tr><td>盾构</td><td>+5，0</td></tr>
<tr><td rowspan="2">中心水平位置</td><td>顶管、夯管</td><td>3</td></tr>
<tr><td>盾构</td><td>5</td></tr>
<tr><td rowspan="2">两轨间距</td><td>顶管、夯管</td><td>±2</td></tr>
<tr><td>盾构</td><td>±5</td></tr>
<tr><td rowspan="2">5</td><td rowspan="2">盾构后座管片</td><td colspan="2">高程（mm）</td><td>±10</td><td rowspan="2">/</td><td rowspan="2"></td><td rowspan="2"></td></tr>
<tr><td colspan="2">水平轴线（mm）</td><td>±10</td></tr>
<tr><td rowspan="2">6</td><td rowspan="2">井尺寸（mm）</td><td>矩形</td><td>每侧长、宽</td><td rowspan="2">不小于设计要求</td><td rowspan="2">/</td><td rowspan="2"></td><td rowspan="2"></td></tr>
<tr><td>圆形</td><td>半径</td></tr>
<tr><td rowspan="2">7</td><td colspan="2" rowspan="2">进、出井预留洞口（mm）</td><td>中心位置</td><td>20</td><td rowspan="2">/</td><td rowspan="2"></td><td rowspan="2"></td></tr>
<tr><td>内径尺寸</td><td>±20</td></tr>
<tr><td>8</td><td colspan="3">井底板高程（mm）</td><td>±30</td><td>/</td><td></td><td></td></tr>
<tr><td rowspan="2">9</td><td colspan="2" rowspan="2">顶管、盾构工作井后背墙</td><td>垂直度</td><td>0.1%H</td><td rowspan="2">/</td><td rowspan="2"></td><td rowspan="2"></td></tr>
<tr><td>水平扭转度</td><td>0.1%L</td></tr>
<tr><td colspan="3">施工单位检查结果</td><td colspan="7">专业工长：（签名）　　项目专业质量检查员：（签名）　　年　月　日</td></tr>
<tr><td colspan="3">监理单位验收结论</td><td colspan="7">专业监理工程师：（签名）　　年　月　日</td></tr>
</table>

注：H 为后背墙的高度（mm）；L 为后背墙的长度（mm）。

7.2.3.14 市政验·管-14-1 顶管管道检验批质量验收记录（一）

市政基础设施工程

顶管管道检验批质量验收记录（一）

市政验·管-14-1

第　　页，共　　页

<table>
<tr><td colspan="3">工程名称</td><td colspan="5"></td></tr>
<tr><td colspan="3">单位工程名称</td><td colspan="5"></td></tr>
<tr><td colspan="3">施工单位</td><td></td><td colspan="2">分包单位</td><td colspan="2"></td></tr>
<tr><td colspan="3">项目负责人</td><td></td><td colspan="2">项目技术负责人</td><td colspan="2"></td></tr>
<tr><td colspan="3">分部（子分部）工程名称</td><td></td><td colspan="2">分项工程名称</td><td colspan="2"></td></tr>
<tr><td colspan="3">验收部位/区段</td><td></td><td colspan="2">检验批容量</td><td colspan="2"></td></tr>
<tr><td colspan="3">施工及验收依据</td><td colspan="5">《给水排水管道工程施工及验收规范》GB 50268</td></tr>
<tr><td colspan="3">验收项目</td><td>设计要求或规范规定</td><td>最小/实际抽样数量</td><td colspan="2">检查记录</td><td>检查结果</td></tr>
<tr><td rowspan="4">主控项目</td><td>1</td><td>管节及附件等工程材料的产品质量应符合国家有关标准的规定和设计要求</td><td>第6.7.3-1条</td><td>/</td><td colspan="2"></td><td></td></tr>
<tr><td>2</td><td>接口橡胶圈安装位置正确，无位移、脱落现象；钢管的接口焊接质量应符合规范第5章的相关规定，焊缝无损探伤检验符合设计要求</td><td>第6.7.3-2条</td><td>/</td><td colspan="2"></td><td></td></tr>
<tr><td>3</td><td>无压管道的管底坡度无明显反坡现象；曲线顶管的实际曲率半径符合设计要求</td><td>第6.7.3-3条</td><td>/</td><td colspan="2"></td><td></td></tr>
<tr><td>4</td><td>管道接口端部应无破损、顶裂现象，接口处无滴漏</td><td>第6.7.3-4条</td><td>/</td><td colspan="2"></td><td></td></tr>
<tr><td rowspan="5">一般项目</td><td>1</td><td>管道内应线形平顺、无突变、变形现象；一般缺陷部位，应修补密实、表面光洁；管道无明显渗水和水珠现象</td><td>第6.7.3-5条</td><td>/</td><td colspan="2"></td><td></td></tr>
<tr><td>2</td><td>管道与工作井出、进洞口的间隙连接牢固，洞口无渗漏水</td><td>第6.7.3-6条</td><td>/</td><td colspan="2"></td><td></td></tr>
<tr><td>3</td><td>钢管防腐层及焊缝处的外防腐层及内防腐层质量验收合格</td><td>第6.7.3-7条</td><td>/</td><td colspan="2"></td><td></td></tr>
<tr><td>4</td><td>有内防腐层的钢筋混凝土管道，防腐层应完整、附着紧密</td><td>第6.7.3-8条</td><td>/</td><td colspan="2"></td><td></td></tr>
<tr><td>5</td><td>管道内应清洁，无杂物、油污</td><td>第6.7.3-9条</td><td>/</td><td colspan="2"></td><td></td></tr>
<tr><td colspan="2">施工单位检查结果</td><td colspan="6">专业工长：（签名）　　项目专业质量检查员：（签名）　　年　月　日</td></tr>
<tr><td colspan="2">监理单位验收结论</td><td colspan="6">专业监理工程师：（签名）　　年　月　日</td></tr>
</table>

7.2.3.15 市政验·管-14-2 顶管管道检验批质量验收记录（二）

市政基础设施工程

顶管管道检验批质量验收记录（二）

市政验·管-14-2

第　　页，共　　页

<table>
<tr><td colspan="5">工程名称</td><td colspan="5"></td></tr>
<tr><td colspan="5">单位工程名称</td><td colspan="5"></td></tr>
<tr><td colspan="5">施工单位</td><td colspan="2"></td><td colspan="2">分包单位</td><td></td></tr>
<tr><td colspan="5">项目负责人</td><td colspan="2"></td><td colspan="2">项目技术负责人</td><td></td></tr>
<tr><td colspan="5">分部（子分部）工程名称</td><td colspan="2"></td><td colspan="2">分项工程名称</td><td></td></tr>
<tr><td colspan="5">验收部位/区段</td><td colspan="2"></td><td colspan="2">检验批容量</td><td></td></tr>
<tr><td colspan="5">施工及验收依据</td><td colspan="5">《给水排水管道工程施工及验收规范》GB 50268</td></tr>
<tr><td colspan="6">验收项目</td><td>设计要求或规范规定</td><td>最小/实际抽样数量</td><td>检查记录</td><td>检查结果</td></tr>
<tr><td rowspan="25">一般项目</td><td rowspan="3">1</td><td rowspan="25">允许偏差</td><td rowspan="3">直线顶管水平轴线（mm）</td><td colspan="2">顶进长度<300m</td><td>50</td><td rowspan="3">/</td><td rowspan="3"></td><td rowspan="3"></td></tr>
<tr><td colspan="2">300m≤顶进长度<1000m</td><td>100</td></tr>
<tr><td colspan="2">顶进长度≥1000m</td><td>$L/10$</td></tr>
<tr><td rowspan="4">2</td><td rowspan="4">直线顶管内底高程（mm）</td><td rowspan="2">顶进长度<300m</td><td>D_i<1500m</td><td>+30，−40</td><td rowspan="4">/</td><td rowspan="4"></td><td rowspan="4"></td></tr>
<tr><td>D_i≥1500m</td><td>+40，−50</td></tr>
<tr><td colspan="2">300m≤顶进长度<1000m</td><td>+60，−80</td></tr>
<tr><td colspan="2">顶进长度≥1000m</td><td>+80，−100</td></tr>
<tr><td rowspan="6">3</td><td rowspan="6">曲线顶管水平轴线（mm）</td><td rowspan="3">$R \leqslant 150D_i$</td><td>水平曲线</td><td>150</td><td rowspan="6">/</td><td rowspan="6"></td><td rowspan="6"></td></tr>
<tr><td>竖曲线</td><td>150</td></tr>
<tr><td>复合曲线</td><td>200</td></tr>
<tr><td rowspan="3">$R>150D_i$</td><td>水平曲线</td><td>150</td></tr>
<tr><td>竖曲线</td><td>150</td></tr>
<tr><td>复合曲线</td><td>150</td></tr>
<tr><td rowspan="6">4</td><td rowspan="6">曲线顶管内地高程（mm）</td><td rowspan="3">$R \leqslant 150D_i$</td><td>水平曲线</td><td>+100，−150</td><td rowspan="6">/</td><td rowspan="6"></td><td rowspan="6"></td></tr>
<tr><td>竖曲线</td><td>+150，−200</td></tr>
<tr><td>复合曲线</td><td>±200</td></tr>
<tr><td rowspan="3">$R>150D_i$</td><td>水平曲线</td><td>+100，−150</td></tr>
<tr><td>竖曲线</td><td>+100，−150</td></tr>
<tr><td>复合曲线</td><td>±200</td></tr>
<tr><td rowspan="2">5</td><td rowspan="2">相邻管间错口（mm）</td><td colspan="2">钢管、玻璃钢管</td><td>≤2</td><td rowspan="2">/</td><td rowspan="2"></td><td rowspan="2"></td></tr>
<tr><td colspan="2">钢筋混凝土管</td><td>15%壁厚，且≤20</td></tr>
<tr><td>6</td><td colspan="3">钢筋混凝土管曲线顶管相邻管间接口的最大间隙与最小间隙之差</td><td>$\leqslant \Delta S$</td><td>/</td><td></td><td></td></tr>
<tr><td>7</td><td colspan="3">钢管、玻璃钢管道竖向变形</td><td>$\leqslant 0.03D_i$</td><td>/</td><td></td><td></td></tr>
<tr><td>8</td><td colspan="3">对顶时两端错口</td><td>50</td><td>/</td><td></td><td></td></tr>
<tr><td colspan="3">施工单位检查结果</td><td colspan="7">专业工长：（签名）　　项目专业质量检查员：（签名）　　年　月　日</td></tr>
<tr><td colspan="3">监理单位验收结论</td><td colspan="7">专业监理工程师：（签名）　　年　月　日</td></tr>
</table>

注：D_i为管道内径（mm）；L为顶进长度（mm）；ΔS为曲线顶管相邻管节接口允许的最大间隙与最小间隙之差（mm）；R为曲线顶管的设计曲率半径（mm）。

7.2.3.16 市政验·管-15 垂直顶升管道检验批质量验收记录

市政基础设施工程

垂直顶升管道检验批质量验收记录

市政验·管-15

第 页，共 页

<table>
<tr><td colspan="3">工程名称</td><td colspan="5"></td></tr>
<tr><td colspan="3">单位工程名称</td><td colspan="5"></td></tr>
<tr><td colspan="3">施工单位</td><td colspan="2"></td><td>分包单位</td><td colspan="2"></td></tr>
<tr><td colspan="3">项目负责人</td><td colspan="2"></td><td>项目技术负责人</td><td colspan="2"></td></tr>
<tr><td colspan="3">分部（子分部）工程名称</td><td colspan="2"></td><td>分项工程名称</td><td colspan="2"></td></tr>
<tr><td colspan="3">验收部位/区段</td><td colspan="2"></td><td>检验批容量</td><td colspan="2"></td></tr>
<tr><td colspan="3">施工及验收依据</td><td colspan="5">《给水排水管道工程施工及验收规范》GB 50268</td></tr>
<tr><td colspan="3">验收项目</td><td>设计要求或规范规定</td><td>最小/实际抽样数量</td><td>检查记录</td><td colspan="2">检查结果</td></tr>
<tr><td rowspan="3">主控项目</td><td>1</td><td>管节及附件的产品质量应符合国家相关标准的规定和设计要求</td><td>第 6.7.4-1 条</td><td>/</td><td></td><td colspan="2"></td></tr>
<tr><td>2</td><td>管道直顺，无破损现象；水平特殊管节及相邻管节无变形、破损现象；顶升管道底座与水平特殊管节的连接符合设计要求</td><td>第 6.7.4-2 条</td><td>/</td><td></td><td colspan="2"></td></tr>
<tr><td>3</td><td>管道防水、防腐蚀处理符合设计要求；无滴漏和线流现象</td><td>第 6.7.4-3 条</td><td>/</td><td></td><td colspan="2"></td></tr>
<tr><td rowspan="14">一般项目</td><td>1</td><td>管节接口连接件安装正确、完整</td><td>第 6.7.4-4 条</td><td>/</td><td></td><td colspan="2"></td></tr>
<tr><td>2</td><td>防水、防腐层完整，阴极保护装置符合设计要求</td><td>第 6.7.4-5 条</td><td>/</td><td></td><td colspan="2"></td></tr>
<tr><td>3</td><td>管道无明显渗水和水珠现象</td><td>第 6.7.4-6 条</td><td>/</td><td></td><td colspan="2"></td></tr>
<tr><td>4</td><td>允许偏差 顶升管帽盖顶面高程（mm）</td><td>±20</td><td>/</td><td></td><td colspan="2"></td></tr>
<tr><td rowspan="2">5</td><td>允许偏差 顶升管管节安装（mm） 管节垂直度</td><td>≤1.5‰H</td><td rowspan="2">/</td><td rowspan="2"></td><td colspan="2" rowspan="2"></td></tr>
<tr><td>允许偏差 顶升管管节安装（mm） 管节连接端面平行度</td><td>≤1.5‰D_0，且≤2</td></tr>
<tr><td>6</td><td>允许偏差 顶升管节间错口（mm）</td><td>≤20</td><td>/</td><td></td><td colspan="2"></td></tr>
<tr><td>7</td><td>允许偏差 顶升管道垂直度（mm）</td><td>0.5%H</td><td>/</td><td></td><td colspan="2"></td></tr>
<tr><td rowspan="2">8</td><td>允许偏差 顶升管的中心轴线（mm） 沿水平管纵向</td><td>30</td><td rowspan="2">/</td><td rowspan="2"></td><td colspan="2" rowspan="2"></td></tr>
<tr><td>允许偏差 顶升管的中心轴线（mm） 沿水平管横向</td><td>20</td></tr>
<tr><td rowspan="2">9</td><td>允许偏差 开口管顶升口中心轴线（mm） 沿水平管纵向</td><td>40</td><td rowspan="2">/</td><td rowspan="2"></td><td colspan="2" rowspan="2"></td></tr>
<tr><td>允许偏差 开口管顶升口中心轴线（mm） 沿水平管横向</td><td>30</td></tr>
<tr><td colspan="2">施工单位检查结果</td><td colspan="6">专业工长：（签名） 项目专业质量检查员：（签名） 年 月 日</td></tr>
<tr><td colspan="2">监理单位验收结论</td><td colspan="6">专业监理工程师：（签名） 年 月 日</td></tr>
</table>

注：H 为垂直顶升管总长度（mm）；D_0 为垂直顶升管外径（mm）。

7.2.3.17 市政验·管-16-1 盾构管片制作检验批质量验收记录（一）

市政基础设施工程

盾构管片制作检验批质量验收记录（一）

市政验·管-16-1

第　　页，共　　页

工程名称			
单位工程名称			
施工单位		分包单位	
项目负责人		项目技术负责人	
分部（子分部）工程名称		分项工程名称	
验收部位/区段		检验批容量	
施工及验收依据	《给水排水管道工程施工及验收规范》GB 50268		

验收项目					设计要求或规范规定	最小/实际抽样数量	检查记录	检查结果
主控项目	1	工厂预制管片的产品质量应符合国家相关标准的规定和设计要求			第 6.7.5-1 条	/		
	2	现场制作的管片应符合下列规定：（1）原材料的产品应符合国家相关标准的规定和设计要求			第 6.7.5-2 条	/		
	3	管片的混凝土强度等级、抗渗等级符合设计要求			第 6.7.5-3 条	/		
	4	管片表面应平整，外观质量无严重缺陷且无裂缝；铸铁管片或钢制管片无影响结构和拼装的质量缺陷			第 6.7.5-4 条	/		
	5	钢筋混凝土管片抗渗试验应符合设计要求			第 6.7.5-6 条	/		
	6	允许偏差	管片钢模制作	宽度（mm）	±0.4	/		
	7			弧弦长（mm）	±0.4	/		
	8			底座夹角	±1°	/		
	9			纵环向芯棒中心距（mm）	±0.5	/		
	10			内腔高度（mm）	±1	/		
	11		单块管片尺寸	宽度（mm）	±1	/		
	12			弧弦长（mm）	±1	/		
	13			管片的厚度（mm）	±3，−1	/		
	14			环面平整度（mm）	0.2	/		
	15			内、外环面与端面垂直度（mm）	1	/		
	16			螺栓孔位置（mm）	±1	/		
	17			螺栓孔直径（mm）	±1	/		
	18		管片水平组合拼装	环缝间隙（mm）	≤2	/		
	19			纵缝间隙（mm）	≤2	/		
	20			成环后内径（不放衬垫）（mm）	±2	/		
	21			成环后外径（不放衬垫）（mm）	+4，−2	/		
	22			纵、环向螺栓穿进后，螺栓杆与螺孔的间隙（mm）	$(D_1-D_2)<2$	/		
施工单位检查结果	专业工长：（签名）　　项目专业质量检查员：（签名）　　年　月　日							
监理单位验收结论	专业监理工程师：（签名）　　年　月　日							

注：D_1为螺孔直径，D_2为螺栓杆直径，单位：mm。

7.2.3.18 市政验·管-16-2 盾构管片制作检验批质量验收记录（二）

市政基础设施工程

盾构管片制作检验批质量验收记录（二）

市政验·管-16-2

第　　页，共　　页

<table>
<tr><td colspan="4">工程名称</td><td colspan="5"></td></tr>
<tr><td colspan="4">单位工程名称</td><td colspan="5"></td></tr>
<tr><td colspan="4">施工单位</td><td></td><td colspan="2">分包单位</td><td colspan="2"></td></tr>
<tr><td colspan="4">项目负责人</td><td></td><td colspan="2">项目技术负责人</td><td colspan="2"></td></tr>
<tr><td colspan="4">分部（子分部）工程名称</td><td></td><td colspan="2">分项工程名称</td><td colspan="2"></td></tr>
<tr><td colspan="4">验收部位/区段</td><td></td><td colspan="2">检验批容量</td><td colspan="2"></td></tr>
<tr><td colspan="4">施工及验收依据</td><td colspan="5">《给水排水管道工程施工及验收规范》GB 50268</td></tr>
<tr><td colspan="5">验收项目</td><td>设计要求或规范规定</td><td>最小/实际抽样数量</td><td>检查记录</td><td>检查结果</td></tr>
<tr><td rowspan="11">一般项目</td><td>1</td><td colspan="3">钢筋混凝土管片无缺棱、掉边、麻面和露筋，表面无明显气泡和一般质量缺陷；铸铁管片或钢制管片防腐层完整</td><td>第6.7.5-8条</td><td>/</td><td></td><td></td></tr>
<tr><td>2</td><td colspan="3">管片预埋件齐全，预埋孔完整、位置正确</td><td>第6.7.5-9条</td><td>/</td><td></td><td></td></tr>
<tr><td>3</td><td colspan="3">防水密封条安装凹槽表面光洁，线形直顺</td><td>第6.7.5-10条</td><td>/</td><td></td><td></td></tr>
<tr><td>4</td><td rowspan="8">允许偏差</td><td rowspan="8">钢筋混凝土管片的钢筋骨架制作</td><td>主筋间距（mm）</td><td>±10</td><td>/</td><td></td><td></td></tr>
<tr><td>5</td><td>骨架长、宽、高（mm）</td><td>+5，−10</td><td>/</td><td></td><td></td></tr>
<tr><td>6</td><td>环、纵向螺栓孔</td><td>畅通、内圆面平整</td><td>/</td><td></td><td></td></tr>
<tr><td>7</td><td>主筋保护层（mm）</td><td>±3</td><td>/</td><td></td><td></td></tr>
<tr><td>8</td><td>分布筋长度（mm）</td><td>±10</td><td>/</td><td></td><td></td></tr>
<tr><td>9</td><td>分布筋间距（mm）</td><td>±5</td><td>/</td><td></td><td></td></tr>
<tr><td>10</td><td>箍筋间距（mm）</td><td>±10</td><td>/</td><td></td><td></td></tr>
<tr><td>11</td><td>预埋件位置（mm）</td><td>±5</td><td>/</td><td></td><td></td></tr>
<tr><td colspan="3">施工单位检查结果</td><td colspan="6">专业工长：（签名）　　项目专业质量检查员：（签名）　　年　月　日</td></tr>
<tr><td colspan="3">监理单位验收结论</td><td colspan="6">专业监理工程师：（签名）　　年　月　日</td></tr>
</table>

7.2.3.19 市政验·管-17 盾构掘进和管片拼装检验批质量验收记录

市政基础设施工程

盾构掘进和管片拼装检验批质量验收记录

市政验·管-17

第　　页，共　　页

<table>
<tr><td colspan="4">工程名称</td><td colspan="6"></td></tr>
<tr><td colspan="4">单位工程名称</td><td colspan="6"></td></tr>
<tr><td colspan="4">施工单位</td><td colspan="2"></td><td colspan="2">分包单位</td><td colspan="2"></td></tr>
<tr><td colspan="4">项目负责人</td><td colspan="2"></td><td colspan="2">项目技术负责人</td><td colspan="2"></td></tr>
<tr><td colspan="4">分部（子分部）工程名称</td><td colspan="2"></td><td colspan="2">分项工程名称</td><td colspan="2"></td></tr>
<tr><td colspan="4">验收部位/区段</td><td colspan="2"></td><td colspan="2">检验批容量</td><td colspan="2"></td></tr>
<tr><td colspan="4">施工及验收依据</td><td colspan="6">《给水排水管道工程施工及验收规范》GB 50268</td></tr>
<tr><td colspan="6">验收项目</td><td>设计要求或规范规定</td><td>最小/实际抽样数量</td><td>检查记录</td><td>检查结果</td></tr>
<tr><td rowspan="5">主控项目</td><td>1</td><td colspan="4">管片防水密封条性能符合设计要求，粘贴牢固、平整、无缺损，防水垫圈无遗漏</td><td>第6.7.6-1条</td><td>/</td><td></td><td></td></tr>
<tr><td>2</td><td colspan="4">环、纵向螺栓及连接件的力学性能符合设计要求，螺栓应全部穿入，拧紧力矩应符合设计要求</td><td>第6.7.6-2条</td><td>/</td><td></td><td></td></tr>
<tr><td>3</td><td colspan="4">钢筋混凝土管片拼装无内外贯穿裂缝，表面无大于0.2mm的推顶裂缝以及混凝土剥落和露筋现象；铸铁、钢制管片无变形、破损</td><td>第6.7.6-3条</td><td>/</td><td></td><td></td></tr>
<tr><td>4</td><td colspan="4">管道无线漏、滴漏水现象</td><td>第6.7.6-4条</td><td>/</td><td></td><td></td></tr>
<tr><td>5</td><td colspan="4">管道线形平顺，无突变现象；圆环无明显变形</td><td>第6.7.6-5条</td><td>/</td><td></td><td></td></tr>
<tr><td rowspan="21">一般项目</td><td>1</td><td colspan="4">管道无明显渗水</td><td>第6.7.6-6条</td><td>/</td><td></td><td></td></tr>
<tr><td>2</td><td colspan="4">钢筋混凝土管片表面不宜有一般质量缺陷；铸铁、钢制管片防腐层完好</td><td>第6.7.6-7条</td><td>/</td><td></td><td></td></tr>
<tr><td>3</td><td colspan="4">钢筋混凝土管片的螺栓手孔封堵时不得有剥落现象，且封堵混凝土强度符合设计要求</td><td>第6.7.6-8条</td><td>/</td><td></td><td></td></tr>
<tr><td>4</td><td rowspan="18">允许偏差</td><td rowspan="7">在盾尾内管片拼装成环</td><td colspan="2">环缝张开（mm）</td><td>≤2</td><td>/</td><td></td><td></td></tr>
<tr><td>5</td><td colspan="2">纵缝张开（mm）</td><td>≤2</td><td>/</td><td></td><td></td></tr>
<tr><td>6</td><td colspan="2">衬砌环直径圆度（mm）</td><td>5‰D_i</td><td>/</td><td></td><td></td></tr>
<tr><td rowspan="2">7</td><td rowspan="2">相邻管片间的高度（mm）</td><td>环向</td><td>5</td><td rowspan="2">/</td><td rowspan="2"></td><td rowspan="2"></td></tr>
<tr><td>纵向</td><td>6</td></tr>
<tr><td>8</td><td colspan="2">成环环底高程（mm）</td><td>±100</td><td>/</td><td></td><td></td></tr>
<tr><td>9</td><td colspan="2">成环中心水平轴线</td><td>±100</td><td>/</td><td></td><td></td></tr>
<tr><td rowspan="2">10</td><td rowspan="9">管道贯通后</td><td rowspan="2">相邻管片间的高差（mm）</td><td>环向</td><td>15</td><td rowspan="2">/</td><td rowspan="2"></td><td rowspan="2"></td></tr>
<tr><td>纵向</td><td>20</td></tr>
<tr><td>11</td><td colspan="2">环缝张开（mm）</td><td>2</td><td>/</td><td></td><td></td></tr>
<tr><td>12</td><td colspan="2">纵缝张开（mm）</td><td>2</td><td>/</td><td></td><td></td></tr>
<tr><td>13</td><td colspan="2">衬砌环直径圆度</td><td>8‰D_i</td><td>/</td><td></td><td></td></tr>
<tr><td rowspan="2">14</td><td rowspan="2">管底高程（mm）</td><td>输水管道</td><td>±150</td><td rowspan="2">/</td><td rowspan="2"></td><td rowspan="2"></td></tr>
<tr><td>套管或管廊</td><td>±100</td></tr>
<tr><td>15</td><td colspan="2">管道中心水平轴线（mm）</td><td>±150</td><td>/</td><td></td><td></td></tr>
<tr><td colspan="2">施工单位检查结果</td><td colspan="8">专业工长：（签名）　　项目专业质量检查员：（签名）　　年　月　日</td></tr>
<tr><td colspan="2">监理单位验收结论</td><td colspan="8">专业监理工程师：（签名）　　年　月　日</td></tr>
</table>

注：环缝、纵缝张开的允许偏差仅指直线段。

7.2.3.20 市政验·管-18 盾构施工管道的钢筋混凝土二次衬砌检验批质量验收记录

市政基础设施工程

盾构施工管道的钢筋混凝土二次衬砌检验批质量验收记录

市政验·管-18

第 页，共 页

工程名称					
单位工程名称					
施工单位		分包单位			
项目负责人		项目技术负责人			
分部（子分部）工程名称		分项工程名称			
验收部位/区段		检验批容量			
施工及验收依据	《给水排水管道工程施工及验收规范》GB 50268				

验收项目				设计要求或规范规定	最小/实际抽样数量	检查记录	检查结果
主控项目	1	钢筋数量、规格应符合设计要求		第 6.7.7-1 条	/		
	2	混凝土强度等级、抗渗等级符合设计要求		第 6.7.7-2 条	/		
	3	混凝土外观质量无严重缺陷		第 6.7.7-3 条	/		
	4	防水处理符合设计要求，管道无滴漏、线漏现象		第 6.7.7-4 条	/		
一般项目	1	变形缝位置符合设计要求，且通缝、垂直		第 6.7.7-5 条	/		
	2	拆模后无隐筋现象，混凝土不宜有一般质量缺陷		第 6.7.7-6 条	/		
	3	管道线形平顺，表面平整、光洁；管道无明显渗水现象		第 6.7.7-7 条	/		
	4	允许偏差	内径（mm）	±20	/		
	5		内衬壁厚（mm）	±15	/		
	6		主钢筋保护层厚度（mm）	±5	/		
	7		变形缝相邻高差（mm）	10	/		
	8		管底高程（mm）	±100	/		
	9		管道中心水平轴线（mm）	±100	/		
	10		表面平整度（mm）	10	/		
	11		管道直顺度（mm）	15	/		

施工单位检查结果	专业工长：（签名） 项目专业质量检查员：（签名） 年 月 日
监理单位验收结论	专业监理工程师：（签名） 年 月 日

7.2.3.21 市政验·管-19 浅埋暗挖管道的土层开挖检验批质量验收记录

市政基础设施工程

浅埋暗挖管道的土层开挖检验批质量验收记录

市政验·管-19

第 页，共 页

<table>
<tr><td colspan="4">工程名称</td><td colspan="4"></td></tr>
<tr><td colspan="4">单位工程名称</td><td colspan="4"></td></tr>
<tr><td colspan="4">施工单位</td><td></td><td colspan="2">分包单位</td><td></td></tr>
<tr><td colspan="4">项目负责人</td><td></td><td colspan="2">项目技术负责人</td><td></td></tr>
<tr><td colspan="4">分部（子分部）工程名称</td><td></td><td colspan="2">分项工程名称</td><td></td></tr>
<tr><td colspan="4">验收部位/区段</td><td></td><td colspan="2">检验批容量</td><td></td></tr>
<tr><td colspan="4">施工及验收依据</td><td colspan="4">《给水排水管道工程施工及验收规范》GB 50268</td></tr>
<tr><td colspan="4">验收项目</td><td>设计要求或规范规定</td><td>最小/实际抽样数量</td><td>检查记录</td><td>检查结果</td></tr>
<tr><td rowspan="2">主控项目</td><td>1</td><td colspan="2">开挖方法必须符合施工方案要求，开挖土层稳定</td><td>第 6.7.8-1 条</td><td>/</td><td></td><td></td></tr>
<tr><td>2</td><td colspan="2">开挖断面尺寸不得小于设计要求，且轮廓圆顺；若出现超挖，其超挖允许值不得超出现行国家标准《地下铁道工程施工质量验收标准》GB 50299 的规定</td><td>第 6.7.8-2 条</td><td>/</td><td></td><td></td></tr>
<tr><td rowspan="3">一般项目</td><td>1</td><td colspan="2">小导管注浆加固质量符合设计要求</td><td>第 6.7.8-4 条</td><td>/</td><td></td><td></td></tr>
<tr><td>2</td><td rowspan="2">允许偏差</td><td>轴线偏差（mm）</td><td>±30</td><td>/</td><td></td><td></td></tr>
<tr><td>3</td><td>高程（mm）</td><td>±30</td><td>/</td><td></td><td></td></tr>
<tr><td colspan="2">施工单位检查结果</td><td colspan="6">专业工长：（签名） 项目专业质量检查员：（签名） 年 月 日</td></tr>
<tr><td colspan="2">监理单位验收结论</td><td colspan="6">专业监理工程师：（签名） 年 月 日</td></tr>
</table>

7.2.3.22 市政验·管-20-1 浅埋暗挖管道的初期衬砌检验批质量验收记录（一）

市政基础设施工程

浅埋暗挖管道的初期衬砌检验批质量验收记录（一）

市政验·管-20-1

第　　页，共　　页

工程名称			
单位工程名称			
施工单位		分包单位	
项目负责人		项目技术负责人	
分部（子分部）工程名称		分项工程名称	
验收部位/区段		检验批容量	
施工及验收依据	《给水排水管道工程施工及验收规范》GB 50268		

验收项目			设计要求或规范规定	最小/实际抽样数量	检查记录	检查结果
主控项目	1	支护钢格栅、钢架的加工、安装应符合下列规定：(1) 每批钢筋、型钢材料规格、尺寸、焊接质量应符合设计要求；(2) 每榀钢格栅、钢架的结构形式，以及部件拼装的整体结构尺寸应符合设计要求，且无变形	第6.7.9-1条	/		
	2	钢筋网安装应符合下列规定：(1) 每批钢筋材料规格、尺寸应符合设计要求；(2) 每片钢筋网加工、制作尺寸应符合设计要求，且无变形	第6.7.9-2条	/		
	3	初期衬砌喷射混凝土应符合下列规定：(1) 每批水泥、骨料、水、外加剂等原材料，其产品质量应符合国家标准的规定和设计要求；(2) 混凝土抗压强度应符合设计要求	第6.7.9-3条	/		
一般项目	1	初期支护钢格栅、钢架的加工、安装应符合下列规定：(1) 每榀钢格栅各节点连接必须牢固，表面无焊渣；(2) 每榀钢格栅与壁面应楔紧，底脚支垫稳固，相邻格栅的纵向连接必须绑扎牢固	第6.7.9-4条	/		
	2	钢筋网安装应符合下列规定：(1) 钢筋网必须与钢筋格栅、钢加工或锚杆连接牢固	第6.7.3-5条	/		
	3	初期衬砌喷射混凝土应符合下列规定：(1) 喷射混凝土层表面应保持平顺、密实，且无裂缝、无脱落、无漏喷、无露筋、无空鼓、无渗漏水等现象	第6.7.3-6条	/		
施工单位检查结果	专业工长：(签名)　　项目专业质量检查员：(签名)　　年　月　日					
监理单位验收结论	专业监理工程师：(签名)　　年　月　日					

7.2.3.23 市政验·管-20-2 浅埋暗挖管道的初期衬砌检验批质量验收记录（二）

市政基础设施工程

浅埋暗挖管道的初期衬砌检验批质量验收记录（二）

市政验·管-20-2

第　　页，共　　页

工程名称			
单位工程名称			
施工单位		分包单位	
项目负责人		项目技术负责人	
分部（子分部）工程名称		分项工程名称	
验收部位/区段		检验批容量	
施工及验收依据	《给水排水管道工程施工及验收规范》GB 50268		

	序号		验收项目				规定值	设计要求或规范规定	最小/实际抽样数量	检查记录	检查结果
一般项目	1	允许偏差	钢格栅、钢架的加工与安装	加工	拱架（顶拱、墙拱）（mm）	矢高及弧长	+2	/			
	2					墙架长度	±20	/			
	3					拱、墙架横断面（高、宽）	+100	/			
	4				格栅组装后外轮廓尺寸（mm）	高度	±30	/			
	5					宽度	±20	/			
	6					扭曲度	≤20	/			
	7			安装	横向和纵向位置（mm）		横向±30 纵向±50	/			
	8				垂直度（mm）		5‰	/			
	9				高程（mm）		±30	/			
	10				与管道中线倾角		≤2°	/			
	11				间距	格栅（mm）	±100	/			
						钢架（mm）	±50	/			
	12		钢筋网加工、铺设	钢筋网加工（mm）		钢筋间距	±10	/			
	13					钢筋搭接长	±15	/			
	14			钢筋网铺设（mm）		搭接长度	≥200	/			
	15					保护层	符合设计要求	/			
	16		喷射混凝土	平整度（mm）			≤30	/			
	17			矢、弦比（mm）			≯1/6	/			
	18			喷射混凝土层厚度（mm）			见表注1	/			
施工单位检查结果	专业工长：（签名）　　项目专业质量检查员：（签名）　　年　月　日										
监理单位验收结论	专业监理工程师：（签名）　　年　月　日										

注：1. 喷射混凝土层厚度允许偏差，60%以上检查点厚度不小于设计厚度，其余点处的最小厚度不小于设计厚度的1/2；2. 厚度总平均值不小于设计厚度。

7.2.3.24 市政验·管-21 浅埋暗挖管道的防水层检验批质量验收记录

市政基础设施工程

浅埋暗挖管道的防水层检验批质量验收记录

市政验·管-21

第 页，共 页

<table>
<tr><td colspan="3">工程名称</td><td colspan="5"></td></tr>
<tr><td colspan="3">单位工程名称</td><td colspan="5"></td></tr>
<tr><td colspan="3">施工单位</td><td></td><td colspan="2">分包单位</td><td colspan="2"></td></tr>
<tr><td colspan="3">项目负责人</td><td></td><td colspan="2">项目技术负责人</td><td colspan="2"></td></tr>
<tr><td colspan="3">分部（子分部）工程名称</td><td></td><td colspan="2">分项工程名称</td><td colspan="2"></td></tr>
<tr><td colspan="3">验收部位/区段</td><td></td><td colspan="2">检验批容量</td><td colspan="2"></td></tr>
<tr><td colspan="3">施工及验收依据</td><td colspan="5">《给水排水管道工程施工及验收规范》GB 50268</td></tr>
<tr><td colspan="4">验收项目</td><td>设计要求或规范规定</td><td>最小/实际抽样数量</td><td>检查记录</td><td>检查结果</td></tr>
<tr><td rowspan="2">主控项目</td><td>1</td><td colspan="2">每批的防水层及衬垫材料品种、规格必须符合设计要求</td><td>第6.7.10-1条</td><td>/</td><td></td><td></td></tr>
<tr><td></td><td colspan="2"></td><td></td><td></td><td></td><td></td></tr>
<tr><td rowspan="5">一般项目</td><td>1</td><td colspan="2">双焊缝焊接，焊缝宽度不小于10mm，且均匀连续，不得有漏焊、假焊、焊焦、焊穿等现象</td><td>第6.7.10-2条</td><td>/</td><td></td><td></td></tr>
<tr><td>2</td><td rowspan="4">允许偏差</td><td>基面平整度（mm）</td><td>≤50</td><td>/</td><td></td><td></td></tr>
<tr><td>3</td><td>卷材环向与纵向搭接宽度（mm）</td><td>≥100</td><td>/</td><td></td><td></td></tr>
<tr><td>4</td><td>衬垫搭接宽度（mm）</td><td>≥50</td><td>/</td><td></td><td></td></tr>
<tr><td></td><td></td><td></td><td></td><td></td><td></td></tr>
<tr><td colspan="3">施工单位检查结果</td><td colspan="5">专业工长：（签名） 项目专业质量检查员：（签名） 年 月 日</td></tr>
<tr><td colspan="3">监理单位验收结论</td><td colspan="5">专业监理工程师：（签名） 年 月 日</td></tr>
</table>

7.2.3.25 市政验·管-22 浅埋暗挖管道的二次衬砌检验批质量验收记录

市政基础设施工程

浅埋暗挖管道的二次衬砌检验批质量验收记录

市政验·管-22

第　　页，共　　页

<table>
<tr><td colspan="4">工程名称</td><td colspan="5"></td></tr>
<tr><td colspan="4">单位工程名称</td><td colspan="5"></td></tr>
<tr><td colspan="4">施工单位</td><td></td><td colspan="2">分包单位</td><td colspan="2"></td></tr>
<tr><td colspan="4">项目负责人</td><td></td><td colspan="2">项目技术负责人</td><td colspan="2"></td></tr>
<tr><td colspan="4">分部（子分部）工程名称</td><td></td><td colspan="2">分项工程名称</td><td colspan="2"></td></tr>
<tr><td colspan="4">验收部位/区段</td><td></td><td colspan="2">检验批容量</td><td colspan="2"></td></tr>
<tr><td colspan="4">施工及验收依据</td><td colspan="5">《给水排水管道工程施工及验收规范》GB 50268</td></tr>
<tr><td colspan="5">验收项目</td><td>设计要求或规范规定</td><td>最小/实际抽样数量</td><td>检查记录</td><td>检查结果</td></tr>
<tr><td rowspan="3">主控项目</td><td>1</td><td colspan="3">原材料的产品质量保证资料应齐全，每生产批次的出厂质量合格证明书及各项性能检验报告应符合国家相关标准规定和设计要求</td><td>第 6.7.11-1 条</td><td>/</td><td></td><td></td></tr>
<tr><td>2</td><td colspan="3">伸缩缝隙的设置必须根据设计要求，并应与初期支护变形缝位置重合</td><td>第 6.7.11-2 条</td><td>/</td><td></td><td></td></tr>
<tr><td>3</td><td colspan="3">混凝土抗压、抗渗等级必须符合设计要求</td><td>第 6.7.11-3 条</td><td>/</td><td></td><td></td></tr>
<tr><td rowspan="9">一般项目</td><td>1</td><td colspan="3">模板和支架的强度、刚度和稳定性，外观尺寸、中线、标高、预埋件必须满足设计要求，模板接缝应拼接严密，不得漏浆</td><td>第 6.7.11-4 条</td><td>/</td><td></td><td></td></tr>
<tr><td>2</td><td colspan="3">止水带安装牢固，浇筑混凝土时，不得产生移动、卷边、漏灰现象</td><td>第 6.7.11-5 条</td><td>/</td><td></td><td></td></tr>
<tr><td>3</td><td colspan="3">混凝土表面光洁、密实，防水层完整不漏水</td><td>第 6.7.11-6 条</td><td>/</td><td></td><td></td></tr>
<tr><td rowspan="4">4</td><td rowspan="6">允许偏差</td><td rowspan="4">二次衬砌模板安装</td><td>拱部高程（设计标高加预留沉降量）(mm)</td><td>±10</td><td rowspan="4">/</td><td rowspan="4"></td><td rowspan="4"></td></tr>
<tr><td>横向（以中线为准）(mm)</td><td>±10</td></tr>
<tr><td>侧模垂直度（mm）</td><td>≤3‰</td></tr>
<tr><td>相邻两块模板表面高低差（mm）</td><td>≤2</td></tr>
<tr><td rowspan="2">5</td><td rowspan="2">混凝土施工</td><td>中线（mm）</td><td>≤30</td><td rowspan="2">/</td><td rowspan="2"></td><td rowspan="2"></td></tr>
<tr><td>高程（mm）</td><td>+20，−30</td></tr>
<tr><td colspan="2">施工单位检查结果</td><td colspan="7">专业工长：（签名）　　项目专业质量检查员：（签名）　　年　月　日</td></tr>
<tr><td colspan="2">监理单位验收结论</td><td colspan="7">专业监理工程师：（签名）　　年　月　日</td></tr>
</table>

7.2.3.26 市政验·管-23 定向钻施工管道检验批质量验收记录

市政基础设施工程

定向钻施工管道检验批质量验收记录

市政验·管-23

第 页，共 页

<table>
<tr><td colspan="3">工程名称</td><td colspan="6"></td></tr>
<tr><td colspan="3">单位工程名称</td><td colspan="6"></td></tr>
<tr><td colspan="3">施工单位</td><td colspan="2"></td><td colspan="2">分包单位</td><td colspan="2"></td></tr>
<tr><td colspan="3">项目负责人</td><td colspan="2"></td><td colspan="2">项目技术负责人</td><td colspan="2"></td></tr>
<tr><td colspan="3">分部（子分部）工程名称</td><td colspan="2"></td><td colspan="2">分项工程名称</td><td colspan="2"></td></tr>
<tr><td colspan="3">验收部位/区段</td><td colspan="2"></td><td colspan="2">检验批容量</td><td colspan="2"></td></tr>
<tr><td colspan="3">施工及验收依据</td><td colspan="6">《给水排水管道工程施工及验收规范》GB 50268</td></tr>
<tr><td colspan="6">验收项目</td><td>设计要求或规范规定</td><td>最小/实际抽样数量</td><td>检查记录</td><td>检查结果</td></tr>
<tr><td rowspan="4">主控项目</td><td>1</td><td colspan="4">管节、防腐层等工程材料的产品质量应符合国家相关标准的规定和设计要求</td><td>第 6.7.12-1 条</td><td>/</td><td></td><td></td></tr>
<tr><td>2</td><td colspan="4">管节组对拼接、钢管外防腐层（包括焊口补口）的质量经检验（验收）合格</td><td>第 6.7.12-2 条</td><td>/</td><td></td><td></td></tr>
<tr><td>3</td><td colspan="4">钢管接口焊接、聚乙烯管、聚丙烯管接口熔焊检验符合设计要求，管道预水压试验合格</td><td>第 6.7.12-3 条</td><td>/</td><td></td><td></td></tr>
<tr><td>4</td><td colspan="4">管段回拖后的线形应平顺、无突变、变形现象，实际曲率半径符合设计要求</td><td>第 6.7.12-4 条</td><td>/</td><td></td><td></td></tr>
<tr><td rowspan="14">一般项目</td><td>1</td><td colspan="4">导向孔钻进、扩孔、管段回拖及钻进泥浆（液）等符合施工方案要求</td><td>第 6.7.12-5 条</td><td>/</td><td></td><td></td></tr>
<tr><td>2</td><td colspan="4">管段回拖力、扭矩、回拖速度等应符合施工方案要求，回拖力无突升和突降现象</td><td>第 6.7.12-6 条</td><td>/</td><td></td><td></td></tr>
<tr><td>3</td><td colspan="4">布管和发送管段时，钢管防腐层无损伤，管段无变形；回拖后拉出暴露的管段防腐层结构应完整、附着紧密</td><td>第 6.7.12-7 条</td><td>/</td><td></td><td></td></tr>
<tr><td>4</td><td rowspan="11">允许偏差</td><td rowspan="2">入土点位置（mm）</td><td colspan="2">平面轴向、平面横向</td><td>20</td><td>/</td><td></td><td></td></tr>
<tr><td>5</td><td colspan="2">垂直向高程</td><td>±20</td><td>/</td><td></td><td></td></tr>
<tr><td>6</td><td rowspan="4">出土点位置（mm）</td><td colspan="2">平面轴向</td><td>500</td><td>/</td><td></td><td></td></tr>
<tr><td>7</td><td colspan="2">平面横向</td><td>1/2 倍 D_i</td><td>/</td><td></td><td></td></tr>
<tr><td rowspan="2">8</td><td rowspan="2">垂直向高程</td><td>压力管道</td><td>±1/2 倍 D_i</td><td rowspan="2">/</td><td rowspan="2"></td><td rowspan="2"></td></tr>
<tr><td>无压管道</td><td>±20</td></tr>
<tr><td>9</td><td rowspan="3">管道位置（mm）</td><td colspan="2">水平轴线</td><td>1/2 倍 D_i</td><td>/</td><td></td><td></td></tr>
<tr><td rowspan="2">10</td><td rowspan="2">管道内底高程</td><td>压力管道</td><td>±1/2 倍 D_i</td><td>/</td><td rowspan="2"></td><td rowspan="2"></td></tr>
<tr><td>无压管道</td><td>+20，−30</td><td>/</td></tr>
<tr><td>11</td><td rowspan="2">控制井（mm）</td><td colspan="2">井中心轴向、横向位置</td><td>20</td><td>/</td><td></td><td></td></tr>
<tr><td>12</td><td colspan="2">井内洞口中心位置</td><td>20</td><td>/</td><td></td><td></td></tr>
<tr><td colspan="2">施工单位检查结果</td><td colspan="8">专业工长：（签名） 项目专业质量检查员：（签名） 年 月 日</td></tr>
<tr><td colspan="2">监理单位验收结论</td><td colspan="8">专业监理工程师：（签名） 年 月 日</td></tr>
</table>

注：D_i 为管道内径（mm）。

7.2.3.27 市政验·管-24 夯管施工管道检验批质量验收记录

市政基础设施工程

夯管施工管道检验批质量验收记录

市政验·管-24

第 页，共 页

工程名称							
单位工程名称							
施工单位				分包单位			
项目负责人				项目技术负责人			
分部（子分部）工程名称				分项工程名称			
验收部位/区段				检验批容量			
施工及验收依据	《给水排水管道工程施工及验收规范》GB 50268						
验收项目				设计要求或规范规定	最小/实际抽样数量	检查记录	检查结果
主控项目	1	管节、焊材、防腐层等工程材料的产品应符合国家相关标准的规定和设计要求		第6.7.13-1条	/		
主控项目	2	钢管组对拼接、外防腐层（包括焊口补口）的质量经检验（验收）合格；钢管接口焊接检验符合设计要求		第6.7.13-2条	/		
主控项目	3	管道线形应平顺、无变形、裂缝、突起、突弯、破损现象；管道无明显渗水现象		第6.7.13-3条	/		
一般项目	1	管内应清理干净，无杂物、余土、污泥、油污等；内防腐层的质量经检验（验收）合格		第6.7.13-4条	/		
一般项目	2	夯出的管节外防腐结构层完整、附着紧密，无明显划伤、破损等现象		第6.7.13-5条	/		
一般项目	3	夯入的起始管节，其轴向水平位置、管中心高程的允许偏差应控制在±20mm范围内		第6.7.13-6条	/		
一般项目	4	夯锤的锤击力、夯进速度应符合施工方案要求；承受锤击的管端部无变形、开裂、残缺等现象，并满足接口组对焊接的要求		第6.7.13-7条	/		
一般项目	5	允许偏差	轴线水平位移（mm）	80	/		
一般项目	6	允许偏差	管道内底高程（mm）$D_i<1500$	40	/		
一般项目	6	允许偏差	管道内底高程（mm）$D_i\geqslant1500$	60	/		
一般项目	7	允许偏差	相邻管间错口（mm）	≤2	/		
施工单位检查结果	专业工长：（签名） 项目专业质量检查员：（签名） 年 月 日						
监理单位验收结论	专业监理工程师：（签名） 年 月 日						

7.2.3.28 市政验·管-25 沉管基槽浚挖及管基处理检验批质量验收记录

市政基础设施工程

沉管基槽浚挖及管基处理检验批质量验收记录

市政验·管-25

第　　页，共　　页

工程名称								
单位工程名称								
施工单位					分包单位			
项目负责人					项目技术负责人			
分部（子分部）工程名称					分项工程名称			
验收部位/区段					检验批容量			
施工及验收依据	《给水排水管道工程施工及验收规范》GB 50268							
验收项目					设计要求或规范规定	最小/实际抽样数量	检查记录	检查结果
主控项目	1	沉管基槽中心位置和浚挖深度符合设计要求			第7.4.1-1条	/		
	2	沉管基槽处理、管基结构形式应符合设计要求			第7.4.1-2条	/		
一般项目	1	浚挖成槽后基槽应稳定，沉管前基底回淤量不大于设计和施工方案要求，基槽边坡不陡于本规范的有关规定			第7.4.1-3条	/		
	2	管基处理所用的工程材料规格、数量等符合设计要求			第7.4.1-4条	/		
	3	允许偏差	基槽底部高程（mm）	土	0，−300	/		
				石	0，−500			
	4		整平后基础顶面高程（mm）	压力管道	0，−200	/		
				无压管道	0，−100			
	5		基槽底部宽度（mm）		不小于规定	/		
	6		基槽水平轴线（mm）		100	/		
	7		基础宽度（mm）		不小于设计要求	/		
	8		整平后基础平整度（mm）	砂基础	50	/		
				砾石基础	150			
施工单位检查结果	专业工长：（签名）　　项目专业质量检查员：（签名）　　年　月　日							
监理单位验收结论	专业监理工程师：（签名）　　年　月　日							

7.2.3.29 市政验·管-26 组对拼装管道（段）的沉放检验批质量验收记录

市政基础设施工程

组对拼装管道（段）的沉放检验批质量验收记录

市政验·管-26

第　　页，共　　页

<table>
<tr><td colspan="5">工程名称</td><td colspan="5"></td></tr>
<tr><td colspan="5">单位工程名称</td><td colspan="5"></td></tr>
<tr><td colspan="5">施工单位</td><td colspan="2"></td><td colspan="2">分包单位</td><td></td></tr>
<tr><td colspan="5">项目负责人</td><td colspan="2"></td><td colspan="2">项目技术负责人</td><td></td></tr>
<tr><td colspan="5">分部（子分部）工程名称</td><td colspan="2"></td><td colspan="2">分项工程名称</td><td></td></tr>
<tr><td colspan="5">验收部位/区段</td><td colspan="2"></td><td colspan="2">检验批容量</td><td></td></tr>
<tr><td colspan="5">施工及验收依据</td><td colspan="5">《给水排水管道工程施工及验收规范》GB 50268</td></tr>
<tr><td colspan="5">验收项目</td><td>设计要求或规范规定</td><td>最小/实际抽样数量</td><td colspan="2">检查记录</td><td>检查结果</td></tr>
<tr><td rowspan="3">主控项目</td><td>1</td><td colspan="3">管节、防腐层等工程材料的产品质量保证资料齐全，各项性能检验报告应符合国家相关标准的规定和设计要求</td><td>第7.4.2-1条</td><td>/</td><td colspan="2"></td><td></td></tr>
<tr><td>2</td><td colspan="3">陆上组对拼装管道（段）的接口连接和钢管防腐层（包括焊口、补口）的质量经验收合格；钢管接口焊接、聚乙烯管、接口熔焊检验符合设计要求，管道预水压试验合格</td><td>第7.4.2-2条</td><td>/</td><td colspan="2"></td><td></td></tr>
<tr><td>3</td><td colspan="3">管道（段）下沉均匀、平稳、无轴向扭曲，环向变形和明显轴向突弯等现象；水上、水下的接口连接质量经检验符合设计要求</td><td>第7.4.2-3条</td><td>/</td><td colspan="2"></td><td></td></tr>
<tr><td rowspan="6">一般项目</td><td>1</td><td colspan="3">沉放前管道（段）及防腐层无损伤，无变形</td><td>第7.4.2-4条</td><td>/</td><td colspan="2"></td><td></td></tr>
<tr><td>2</td><td colspan="3">对于分段沉放管道，其水上、水下的接口防腐质量检验合格</td><td>第7.4.2-5条</td><td>/</td><td colspan="2"></td><td></td></tr>
<tr><td>3</td><td colspan="3">沉放后管底与沟底接触均匀和紧密</td><td>第7.4.2-6条</td><td>/</td><td colspan="2"></td><td></td></tr>
<tr><td rowspan="2">4</td><td rowspan="3">允许偏差</td><td rowspan="2">管道高程（mm）</td><td>压力管道</td><td>0，−200</td><td rowspan="2">/</td><td colspan="2"></td><td></td></tr>
<tr><td>无压管道</td><td>0，−100</td><td colspan="2"></td><td></td></tr>
<tr><td>5</td><td colspan="2">管道水平轴线位置（mm）</td><td>50</td><td>/</td><td colspan="2"></td><td></td></tr>
<tr><td colspan="2">施工单位检查结果</td><td colspan="8">专业工长：（签名）　　项目专业质量检查员：（签名）　　年　月　日</td></tr>
<tr><td colspan="2">监理单位验收结论</td><td colspan="8">专业监理工程师：（签名）　　年　月　日</td></tr>
</table>

7.2.3.30　市政验·管-27　沉放的预制钢筋混凝土管节制作检验批质量验收记录

市政基础设施工程

沉放的预制钢筋混凝土管节制作检验批质量验收记录

市政验·管-27

第　　页，共　　页

<table>
<tr><td colspan="4">工程名称</td><td colspan="5"></td></tr>
<tr><td colspan="4">单位工程名称</td><td colspan="5"></td></tr>
<tr><td colspan="4">施工单位</td><td></td><td colspan="2">分包单位</td><td colspan="2"></td></tr>
<tr><td colspan="4">项目负责人</td><td></td><td colspan="2">项目技术负责人</td><td colspan="2"></td></tr>
<tr><td colspan="4">分部（子分部）工程名称</td><td></td><td colspan="2">分项工程名称</td><td colspan="2"></td></tr>
<tr><td colspan="4">验收部位/区段</td><td></td><td colspan="2">检验批容量</td><td colspan="2"></td></tr>
<tr><td colspan="4">施工及验收依据</td><td colspan="5">《给水排水管道工程施工及验收规范》GB 50268</td></tr>
<tr><td colspan="5">验收项目</td><td>设计要求或规范规定</td><td>最小/实际抽样数量</td><td>检查记录</td><td>检查结果</td></tr>
<tr><td rowspan="5">主控项目</td><td>1</td><td colspan="3">原材料的产品质量保证资料齐全，各项性能检验报告应符合国家相关标准的规定和设计要求</td><td>第7.4.3-1条</td><td>/</td><td></td><td></td></tr>
<tr><td>2</td><td colspan="3">钢筋混凝土管节制作中的钢筋、模板、混凝土质量经验收合格</td><td>第7.4.3-2条</td><td>/</td><td></td><td></td></tr>
<tr><td>3</td><td colspan="3">混凝土强度、抗渗性能应符合设计要求</td><td>第7.4.3-3条</td><td>/</td><td></td><td></td></tr>
<tr><td>4</td><td colspan="3">混凝土管节无严重质量缺陷</td><td>第7.4.3-4条</td><td>/</td><td></td><td></td></tr>
<tr><td>5</td><td colspan="3">管节抗渗检验时无线流、滴漏和明显渗水现象；经检测平均渗漏量满足设计要求</td><td>第7.4.3-5条</td><td>/</td><td></td><td></td></tr>
<tr><td rowspan="16">一般项目</td><td>1</td><td colspan="3">混凝土重度应符合设计要求，其允许偏差为：$+0.01t/m^3$，$-0.02t/m^3$</td><td>第7.4.3-6条</td><td>/</td><td></td><td></td></tr>
<tr><td>2</td><td colspan="3">预制结构的外观质量不宜有一般缺陷，防水层结构符合设计要求</td><td>第7.4.3-7条</td><td>/</td><td></td><td></td></tr>
<tr><td rowspan="3">3</td><td rowspan="14">允许偏差</td><td rowspan="3">外包尺寸（mm）</td><td>长</td><td>±10</td><td rowspan="3">/</td><td rowspan="3"></td><td rowspan="3"></td></tr>
<tr><td>宽</td><td>±10</td></tr>
<tr><td>高</td><td>±5</td></tr>
<tr><td rowspan="2">4</td><td rowspan="2">结构厚度（mm）</td><td>底板、顶板</td><td>±5</td><td rowspan="2">/</td><td rowspan="2"></td><td rowspan="2"></td></tr>
<tr><td>侧墙</td><td>±5</td></tr>
<tr><td>5</td><td colspan="2">断面对角线尺寸差（mm）</td><td>0.5%L</td><td>/</td><td></td><td></td></tr>
<tr><td rowspan="2">6</td><td rowspan="2">管节内净空尺寸（mm）</td><td>净宽</td><td>±10</td><td rowspan="2">/</td><td rowspan="2"></td><td rowspan="2"></td></tr>
<tr><td>净高</td><td>±10</td></tr>
<tr><td>7</td><td colspan="2">顶板、底板、外侧墙的主钢筋保护层厚度（mm）</td><td>±5</td><td>/</td><td></td><td></td></tr>
<tr><td>8</td><td colspan="2">平整度（mm）</td><td>5</td><td>/</td><td></td><td></td></tr>
<tr><td>9</td><td colspan="2">垂直度（mm）</td><td>10</td><td>/</td><td></td><td></td></tr>
<tr><td colspan="2">施工单位检查结果</td><td colspan="7">专业工长：（签名）　　项目专业质量检查员：（签名）　　年　月　日</td></tr>
<tr><td colspan="2">监理单位验收结论</td><td colspan="7">专业监理工程师：（签名）　　年　月　日</td></tr>
</table>

7.2.3.31　市政验·管-28　沉放的预制钢筋混凝土管节接口预制加工（水压力接法）检验批质量验收记录

市政基础设施工程

沉放的预制钢筋混凝土管节接口预制加工（水压力接法）检验批质量验收记录

市政验·管-28

第　　页，共　　页

<table>
<tr><td colspan="4">工程名称</td><td colspan="5"></td></tr>
<tr><td colspan="4">单位工程名称</td><td colspan="5"></td></tr>
<tr><td colspan="4">施工单位</td><td></td><td colspan="2">分包单位</td><td colspan="2"></td></tr>
<tr><td colspan="4">项目负责人</td><td></td><td colspan="2">项目技术负责人</td><td colspan="2"></td></tr>
<tr><td colspan="4">分部（子分部）工程名称</td><td></td><td colspan="2">分项工程名称</td><td colspan="2"></td></tr>
<tr><td colspan="4">验收部位/区段</td><td></td><td colspan="2">检验批容量</td><td colspan="2"></td></tr>
<tr><td colspan="4">施工及验收依据</td><td colspan="5">《给水排水管道工程施工及验收规范》GB 50268</td></tr>
<tr><td colspan="5">验收项目</td><td>设计要求或规范规定</td><td>最小/实际抽样数量</td><td>检查记录</td><td>检查结果</td></tr>
<tr><td rowspan="5">主控项目</td><td>1</td><td colspan="3">端部钢壳材质、焊缝质量等级应符合设计要求</td><td>第7.4.4-1条</td><td>/</td><td></td><td></td></tr>
<tr><td>2</td><td colspan="3">专用的柔性接口橡胶圈材质及相关性能应符合相关规范规定和设计要求，其外观质量应符合表7.4.4-2的规定</td><td>第7.4.4-3条</td><td>/</td><td></td><td></td></tr>
<tr><td>3</td><td rowspan="3">允许偏差</td><td rowspan="3">端部钢壳端面加工成型</td><td>不平整度（mm）</td><td><5，
且每延米内<1</td><td>/</td><td></td><td></td></tr>
<tr><td>4</td><td>垂直度（mm）</td><td><5</td><td>/</td><td></td><td></td></tr>
<tr><td>5</td><td>端面竖向倾斜度（mm）</td><td><5</td><td>/</td><td></td><td></td></tr>
<tr><td rowspan="3">一般项目</td><td>1</td><td colspan="3">按设计要求进行端部钢壳的制作与安装</td><td>第7.4.4-4条</td><td>/</td><td></td><td></td></tr>
<tr><td>2</td><td colspan="3">钢壳防腐处理符合设计要求</td><td>第7.4.4-5条</td><td>/</td><td></td><td></td></tr>
<tr><td>3</td><td colspan="3">柔性接口橡胶圈安装位置正确，安装完成后处于松弛状态，并完整地附着在钢端面上</td><td>第7.4.4-6条</td><td>/</td><td></td><td></td></tr>
<tr><td colspan="2">施工单位检查结果</td><td colspan="7">专业工长：（签名）　　项目专业质量检查员：（签名）　　年　月　日</td></tr>
<tr><td colspan="2">监理单位验收结论</td><td colspan="7">专业监理工程师：（签名）　　年　月　日</td></tr>
</table>

7.2.3.32 市政验·管-29 预制钢筋混凝土管的沉放检验批质量验收记录

市政基础设施工程

预制钢筋混凝土管的沉放检验批质量验收记录

市政验·管-29

第　　页，共　　页

<table>
<tr><td colspan="5">工程名称</td><td colspan="5"></td></tr>
<tr><td colspan="5">单位工程名称</td><td colspan="5"></td></tr>
<tr><td colspan="5">施工单位</td><td colspan="2"></td><td>分包单位</td><td colspan="2"></td></tr>
<tr><td colspan="5">项目负责人</td><td colspan="2"></td><td>项目技术负责人</td><td colspan="2"></td></tr>
<tr><td colspan="5">分部（子分部）工程名称</td><td colspan="2"></td><td>分项工程名称</td><td colspan="2"></td></tr>
<tr><td colspan="5">验收部位/区段</td><td colspan="2"></td><td>检验批容量</td><td colspan="2"></td></tr>
<tr><td colspan="5">施工及验收依据</td><td colspan="5">《给水排水管道工程施工及验收规范》GB 50268</td></tr>
<tr><td colspan="5">验收项目</td><td>设计要求或规范规定</td><td>最小/实际抽样数量</td><td>检查记录</td><td colspan="2">检查结果</td></tr>
<tr><td rowspan="3">主控项目</td><td>1</td><td colspan="3">沉放前、后管道无变形、受损；沉放及接口连接后管道无滴漏、线漏和明显渗水现象</td><td>第7.4.5-1条</td><td>/</td><td></td><td colspan="2"></td></tr>
<tr><td>2</td><td colspan="3">沉放后，对于无裂缝设计的沉管严禁有任何裂缝；对于有裂缝设计的沉管，其表面裂缝宽度、深度应符合设计要求</td><td>第7.4.5-2条</td><td>/</td><td></td><td colspan="2"></td></tr>
<tr><td>3</td><td colspan="3">接口连接形式符合设计文件要求；柔性接口无渗水现象；混凝土刚性接口密实、无裂缝、无滴漏、线漏和明显渗水现象</td><td>第7.4.5-3条</td><td>/</td><td></td><td colspan="2"></td></tr>
<tr><td rowspan="8">一般项目</td><td>1</td><td colspan="3">管道及接口防水处理符合设计要求</td><td>第7.4.5-4条</td><td>/</td><td></td><td colspan="2"></td></tr>
<tr><td>2</td><td colspan="3">管节下沉均匀、平稳、无轴向扭曲、环向变形、纵向弯曲等现象</td><td>第7.4.5-5条</td><td>/</td><td></td><td colspan="2"></td></tr>
<tr><td>3</td><td colspan="3">管道与沟底接触均匀和紧密</td><td>第7.4.5-6条</td><td>/</td><td></td><td colspan="2"></td></tr>
<tr><td rowspan="2">4</td><td rowspan="5">允许偏差</td><td rowspan="2">管道高程（mm）</td><td>压力管道</td><td>0，−200</td><td rowspan="2">/</td><td rowspan="2"></td><td colspan="2" rowspan="2"></td></tr>
<tr><td>无压管道</td><td>0，−100</td></tr>
<tr><td>5</td><td colspan="2">沉放后管节四角高差（mm）</td><td>50</td><td>/</td><td></td><td colspan="2"></td></tr>
<tr><td>6</td><td colspan="2">管道水平轴线位置（mm）</td><td>50</td><td>/</td><td></td><td colspan="2"></td></tr>
<tr><td>7</td><td colspan="2">接口连接的对接错口（mm）</td><td>20</td><td>/</td><td></td><td colspan="2"></td></tr>
<tr><td colspan="2">施工单位检查结果</td><td colspan="8">专业工长：（签名）　　项目专业质量检查员：（签名）　　年　月　日</td></tr>
<tr><td colspan="2">监理单位验收结论</td><td colspan="8">专业监理工程师：（签名）　　年　月　日</td></tr>
</table>

7.2.3.33 市政验·管-30 沉管的稳管及回填检验批质量验收记录

市政基础设施工程

沉管的稳管及回填检验批质量验收记录

市政验·管-30

第　　页，共　　页

<table>
<tr><td colspan="3">工程名称</td><td colspan="5"></td></tr>
<tr><td colspan="3">单位工程名称</td><td colspan="5"></td></tr>
<tr><td colspan="3">施工单位</td><td></td><td colspan="2">分包单位</td><td colspan="2"></td></tr>
<tr><td colspan="3">项目负责人</td><td></td><td colspan="2">项目技术负责人</td><td colspan="2"></td></tr>
<tr><td colspan="3">分部（子分部）工程名称</td><td></td><td colspan="2">分项工程名称</td><td colspan="2"></td></tr>
<tr><td colspan="3">验收部位/区段</td><td></td><td colspan="2">检验批容量</td><td colspan="2"></td></tr>
<tr><td colspan="3">施工及验收依据</td><td colspan="5">《给水排水管道工程施工及验收规范》GB 50268</td></tr>
<tr><td colspan="3">验收项目</td><td>设计要求或规范规定</td><td>最小/实际抽样数量</td><td>检查记录</td><td colspan="2">检查结果</td></tr>
<tr><td rowspan="3">主控项目</td><td>1</td><td>稳管、管基二次处理、回填时所用的材料应符合设计要求</td><td>第 7.4.6-1 条</td><td>/</td><td></td><td colspan="2"></td></tr>
<tr><td>2</td><td>稳管、管基二次处理、回填应符合设计要求，管道未发生漂浮和位移现象</td><td>第 7.4.6-2 条</td><td>/</td><td></td><td colspan="2"></td></tr>
<tr><td></td><td></td><td></td><td></td><td></td><td colspan="2"></td></tr>
<tr><td rowspan="4">一般项目</td><td>1</td><td>管道未受外力影响而发生变形、破坏</td><td>第 7.4.6-3 条</td><td>/</td><td></td><td colspan="2"></td></tr>
<tr><td>2</td><td>二次处理后管基承载力符合设计要求</td><td>第 7.4.6-4 条</td><td>/</td><td></td><td colspan="2"></td></tr>
<tr><td>3</td><td>基槽回填应两侧均匀，管顶回填高度应符合设计要求</td><td>第 7.4.6-5 条</td><td>/</td><td></td><td colspan="2"></td></tr>
<tr><td></td><td></td><td></td><td></td><td></td><td colspan="2"></td></tr>
<tr><td colspan="2">施工单位检查结果</td><td colspan="6">专业工长：（签名）　　项目专业质量检查员：（签名）　　年　　月　　日</td></tr>
<tr><td colspan="2">监理单位验收结论</td><td colspan="6">专业监理工程师：（签名）　　年　　月　　日</td></tr>
</table>

7.2.3.34 市政验·管-31-1 桥管管道检验批质量验收记录（一）

市政基础设施工程

桥管管道检验批质量验收记录（一）

市政验·管-31-1

第　　页，共　　页

<table>
<tr><td colspan="5">工程名称</td><td colspan="5"></td></tr>
<tr><td colspan="5">单位工程名称</td><td colspan="5"></td></tr>
<tr><td colspan="5">施工单位</td><td></td><td colspan="2">分包单位</td><td colspan="2"></td></tr>
<tr><td colspan="5">项目负责人</td><td></td><td colspan="2">项目技术负责人</td><td colspan="2"></td></tr>
<tr><td colspan="5">分部（子分部）工程名称</td><td></td><td colspan="2">分项工程名称</td><td colspan="2"></td></tr>
<tr><td colspan="5">验收部位/区段</td><td></td><td colspan="2">检验批容量</td><td colspan="2"></td></tr>
<tr><td colspan="5">施工及验收依据</td><td colspan="5">《给水排水管道工程施工及验收规范》GB 50268</td></tr>
<tr><td colspan="5">验收项目</td><td>设计要求或规范规定</td><td>最小/实际抽样数量</td><td>检查记录</td><td colspan="2">检查结果</td></tr>
<tr><td rowspan="9">主控项目</td><td>1</td><td colspan="3">管材、防腐层等工程材料的产品质量保证资料齐全，各项性能检验报告应符合相关国家标准的规定和设计要求</td><td>第7.4.8-1条</td><td>/</td><td></td><td colspan="2"></td></tr>
<tr><td>2</td><td colspan="3">钢管组对拼装和防腐层（包括焊口补口）的质量经验收合格；钢管接口焊接检验符合设计要求</td><td>第7.4.8-2条</td><td>/</td><td></td><td colspan="2"></td></tr>
<tr><td>3</td><td colspan="3">桥管位置应符合设计要求，安装方式正确，且安装牢固、结构可靠、管道无变形和裂缝等现象</td><td>第7.4.8-4条</td><td>/</td><td></td><td colspan="2"></td></tr>
<tr><td>4</td><td rowspan="6">允许偏差</td><td rowspan="6">钢管预拼装尺寸</td><td>长度（mm）</td><td>±3</td><td>/</td><td></td><td colspan="2"></td></tr>
<tr><td>5</td><td>管口端面圆度（mm）</td><td>$D_0/500$，且≤5</td><td>/</td><td></td><td colspan="2"></td></tr>
<tr><td>6</td><td>管口端面与管道轴线的垂直度（mm）</td><td>$D_0/500$，且≤3</td><td>/</td><td></td><td colspan="2"></td></tr>
<tr><td>7</td><td>侧弯曲矢高（mm）</td><td>$L/1500$，且≤5</td><td>/</td><td></td><td colspan="2"></td></tr>
<tr><td>8</td><td>跨中起拱度（mm）</td><td>$\pm L/5000$</td><td>/</td><td></td><td colspan="2"></td></tr>
<tr><td>9</td><td>对口错边（mm）</td><td>$t/10$，且≤2</td><td>/</td><td></td><td colspan="2"></td></tr>
<tr><td colspan="2">施工单位检查结果</td><td colspan="8">专业工长：（签名）　　项目专业质量检查员：（签名）　　年　月　日</td></tr>
<tr><td colspan="2">监理单位验收结论</td><td colspan="8">专业监理工程师：（签名）　　年　月　日</td></tr>
</table>

注：L 为管道长度（mm）；t 为管道壁厚（mm）。

7.2.3.35 市政验·管-31-2 桥管管道检验批质量验收记录（二）

市政基础设施工程

桥管管道检验批质量验收记录（二）

市政验·管-31-2

第　　页，共　　页

<table>
<tr><td colspan="5">工程名称</td><td colspan="5"></td></tr>
<tr><td colspan="5">单位工程名称</td><td colspan="5"></td></tr>
<tr><td colspan="5">施工单位</td><td></td><td>分包单位</td><td colspan="3"></td></tr>
<tr><td colspan="5">项目负责人</td><td></td><td>项目技术负责人</td><td colspan="3"></td></tr>
<tr><td colspan="5">分部（子分部）工程名称</td><td></td><td>分项工程名称</td><td colspan="3"></td></tr>
<tr><td colspan="5">验收部位/区段</td><td></td><td>检验批容量</td><td colspan="3"></td></tr>
<tr><td colspan="5">施工及验收依据</td><td colspan="5">《给水排水管道工程施工及验收规范》GB 50268</td></tr>
<tr><td colspan="6">验收项目</td><td>设计要求或规范规定</td><td>最小/实际抽样数量</td><td>检查记录</td><td>检查结果</td></tr>
<tr><td rowspan="19">一般项目</td><td>1</td><td colspan="4">桥管的基础、下部结构工程的施工质量经验收合格</td><td>第7.4.8-5条</td><td>/</td><td></td><td></td></tr>
<tr><td>2</td><td colspan="4">管道安装条件经检查验收合格，满足安装要求</td><td>第7.4.8-6条</td><td>/</td><td></td><td></td></tr>
<tr><td>3</td><td colspan="4">桥管钢管分段拼装焊接时，接口的坡口加工、焊缝质量等级应符合焊接工艺和设计要求</td><td>第7.4.8-7条</td><td>/</td><td></td><td></td></tr>
<tr><td>4</td><td colspan="4">管道支架规格、尺寸等，应符合设计要求；支架应安装牢固、位置正确，工作状况及性能符合设计文件和产品安装说明的要求</td><td>第7.4.8-8条</td><td>/</td><td></td><td></td></tr>
<tr><td>5</td><td colspan="4">钢管涂装材料、涂层厚度及附着力符合设计要求；涂层外观应均匀，无褶皱、空泡、凝块、透底等现象，与钢管表面附着紧密，色标符合规定</td><td>第7.4.8-10条</td><td>/</td><td></td><td></td></tr>
<tr><td rowspan="3">6</td><td rowspan="14">允许偏差</td><td rowspan="14">桥管管道安装</td><td rowspan="3">支架</td><td>顶面高程（mm）</td><td>±5</td><td rowspan="3">/</td><td rowspan="3"></td><td rowspan="3"></td></tr>
<tr><td>中心位置（轴向横向）（mm）</td><td>10</td></tr>
<tr><td>水平度（mm）</td><td>$L/1500$</td></tr>
<tr><td>7</td><td colspan="2">管道水平轴线位置（mm）</td><td>10</td><td>/</td><td></td><td></td></tr>
<tr><td>8</td><td colspan="2">管道中部垂直拱矢高（mm）</td><td>10</td><td>/</td><td></td><td></td></tr>
<tr><td>9</td><td colspan="2">支架地脚螺栓（锚栓）中心位移（mm）</td><td>5</td><td>/</td><td></td><td></td></tr>
<tr><td>10</td><td colspan="2">活动支架的偏移量（mm）</td><td>符合设计要求</td><td>/</td><td></td><td></td></tr>
<tr><td>11</td><td rowspan="3">弹簧支架</td><td>工作圈数（mm）</td><td>≤半圈</td><td>/</td><td></td><td></td></tr>
<tr><td>12</td><td>在自由状态下弹簧各圈节距（mm）</td><td>≤平均节距10%</td><td>/</td><td></td><td></td></tr>
<tr><td>13</td><td>两端支承面与弹簧轴线垂直度(mm)</td><td>≤自由高度10%</td><td>/</td><td></td><td></td></tr>
<tr><td>14</td><td colspan="2">支架处的管道顶部高程（mm）</td><td>±10</td><td>/</td><td></td><td></td></tr>
<tr><td colspan="2">施工单位检查结果</td><td colspan="8">专业工长：（签名）　　项目专业质量检查员：（签名）　　年　月　日</td></tr>
<tr><td colspan="2">监理单位验收结论</td><td colspan="8">专业监理工程师：（签名）　　年　月　日</td></tr>
</table>

7.2.3.36 市政验·管-32 井室检验批质量验收记录

市政基础设施工程

井室检验批质量验收记录

市政验·管-32

第 页，共 页

<table>
<tr><td colspan="5">工程名称</td><td colspan="4"></td></tr>
<tr><td colspan="5">单位工程名称</td><td colspan="4"></td></tr>
<tr><td colspan="5">施工单位</td><td></td><td>分包单位</td><td colspan="2"></td></tr>
<tr><td colspan="5">项目负责人</td><td></td><td>项目技术负责人</td><td colspan="2"></td></tr>
<tr><td colspan="5">分部（子分部）工程名称</td><td></td><td>分项工程名称</td><td colspan="2"></td></tr>
<tr><td colspan="5">验收部位/区段</td><td></td><td>检验批容量</td><td colspan="2"></td></tr>
<tr><td colspan="5">施工及验收依据</td><td colspan="4">《给水排水管道工程施工及验收规范》GB 50268</td></tr>
<tr><td colspan="5">验收项目</td><td>设计要求或规范规定</td><td>最小/实际抽样数量</td><td>检查记录</td><td>检查结果</td></tr>
<tr><td rowspan="3">主控项目</td><td>1</td><td colspan="3">所用的原材料、预制构件的质量应符合国家有关标准的规定和设计要求</td><td>第 8.5.1-1 条</td><td>/</td><td></td><td></td></tr>
<tr><td>2</td><td colspan="3">砌筑水泥砂浆强度、结构混凝土强度符合设计要求</td><td>第 8.5.1-2 条</td><td>/</td><td></td><td></td></tr>
<tr><td>3</td><td colspan="3">砌筑结构应灰浆饱满、灰缝平直，不得有通缝、瞎缝；预制装配式结构应坐浆、灌浆饱满密实，无裂缝；混凝土结构无严重质量缺陷；井室无渗水、水珠现象</td><td>第 8.5.1-3 条</td><td>/</td><td></td><td></td></tr>
<tr><td rowspan="17">一般项目</td><td>1</td><td colspan="3">井壁抹面应密实平整，不得有空鼓，裂缝等现象；混凝土无明显一般质量缺陷；井室无明显湿渍现象</td><td>第 8.5.1-4 条</td><td>/</td><td></td><td></td></tr>
<tr><td>2</td><td colspan="3">井内部构造符合设计要求和水力工艺要求，且部位位置及尺寸正确，无建筑垃圾等杂物；检查井流槽应平顺、圆滑 、光洁</td><td>第 8.5.1-5 条</td><td>/</td><td></td><td></td></tr>
<tr><td>3</td><td colspan="3">井室内踏步位置正确、牢固</td><td>第 8.5.1-6 条</td><td>/</td><td></td><td></td></tr>
<tr><td>4</td><td colspan="3">井盖、座规格符合设计要求，安装稳固</td><td>第 8.5.1-7 条</td><td>/</td><td></td><td></td></tr>
<tr><td>5</td><td rowspan="13">允许偏差</td><td colspan="2">平面轴线位置（轴向、垂直轴向）（mm）</td><td>15</td><td>/</td><td></td><td></td></tr>
<tr><td>6</td><td colspan="2">结构断面尺寸（mm）</td><td>+10，0</td><td>/</td><td></td><td></td></tr>
<tr><td rowspan="2">7</td><td rowspan="2">井室尺寸</td><td>长、宽（mm）</td><td rowspan="2">±20</td><td rowspan="2">/</td><td rowspan="2"></td><td rowspan="2"></td></tr>
<tr><td>直径（mm）</td></tr>
<tr><td rowspan="2">8</td><td rowspan="2">井口高程</td><td>农田或绿地（mm）</td><td>+20</td><td rowspan="2">/</td><td rowspan="2"></td><td rowspan="2"></td></tr>
<tr><td>路面（mm）</td><td>与道路规定一致</td></tr>
<tr><td rowspan="4">9</td><td rowspan="4">井底高程（mm）</td><td>开槽法管道铺设 $D_i \leqslant 1000$</td><td>±10</td><td rowspan="4">/</td><td rowspan="4"></td><td rowspan="4"></td></tr>
<tr><td>开槽法管道铺设 $D_i > 1000$</td><td>±15</td></tr>
<tr><td>不开槽法管道铺设 $D_i < 1500$</td><td>+10，−20</td></tr>
<tr><td>不开槽法管道铺设 $D_i \leqslant 1000$</td><td>+20，−40</td></tr>
<tr><td>10</td><td>踏步安装</td><td>水平及垂直间距、外露长度（mm）</td><td>±10</td><td>/</td><td></td><td></td></tr>
<tr><td>11</td><td>脚窝</td><td>高、宽、深（mm）</td><td>±10</td><td>/</td><td></td><td></td></tr>
<tr><td>12</td><td colspan="2">流槽宽度（mm）</td><td>+10</td><td>/</td><td></td><td></td></tr>
<tr><td colspan="2">施工单位检查结果</td><td colspan="7">专业工长：（签名） 项目专业质量检查员：（签名） 年 月 日</td></tr>
<tr><td colspan="2">监理单位验收结论</td><td colspan="7">专业监理工程师：（签名） 年 月 日</td></tr>
</table>

7.2.3.37 市政验·管-33 雨水口及支、连管检验批质量验收记录

市政基础设施工程

雨水口及支、连管检验批质量验收记录

市政验·管-33

第 页，共 页

<table>
<tr><td colspan="3">工程名称</td><td colspan="5"></td></tr>
<tr><td colspan="3">单位工程名称</td><td colspan="5"></td></tr>
<tr><td colspan="3">施工单位</td><td></td><td colspan="2">分包单位</td><td colspan="2"></td></tr>
<tr><td colspan="3">项目负责人</td><td></td><td colspan="2">项目技术负责人</td><td colspan="2"></td></tr>
<tr><td colspan="3">分部（子分部）工程名称</td><td></td><td colspan="2">分项工程名称</td><td colspan="2"></td></tr>
<tr><td colspan="3">验收部位/区段</td><td></td><td colspan="2">检验批容量</td><td colspan="2"></td></tr>
<tr><td colspan="3">施工及验收依据</td><td colspan="5">《给水排水管道工程施工及验收规范》GB 50268</td></tr>
<tr><td colspan="4">验收项目</td><td>设计要求或规范规定</td><td>最小/实际抽样数量</td><td>检查记录</td><td>检查结果</td></tr>
<tr><td rowspan="4">主控项目</td><td>1</td><td colspan="2">所用的原材料、预制构件的质量应符合国家有关标准的规定和设计要求</td><td>第8.5.2-1条</td><td>/</td><td></td><td></td></tr>
<tr><td>2</td><td colspan="2">雨水口位置正确，深度符合设计要求，安装不得歪扭</td><td>第8.5.2-2条</td><td>/</td><td></td><td></td></tr>
<tr><td>3</td><td colspan="2">井框、井箅应完整、无损，安装平稳、牢固；支、连管应直顺，无倒坡、错口及破损现象</td><td>第8.5.2-2条</td><td>/</td><td></td><td></td></tr>
<tr><td>4</td><td colspan="2">井内、连接管道内无线漏、滴漏现象</td><td>第8.5.2-4条</td><td>/</td><td></td><td></td></tr>
<tr><td rowspan="8">一般项目</td><td>1</td><td colspan="2">雨水口砌筑勾缝应直顺、坚实，不得漏勾、脱落；内、外壁抹面平整光洁</td><td>第8.5.2-5条</td><td>/</td><td></td><td></td></tr>
<tr><td>2</td><td colspan="2">支、连管内清洁、流水通畅，无明显渗水现象</td><td>第8.5.2-6条</td><td>/</td><td></td><td></td></tr>
<tr><td>3</td><td rowspan="6">允许偏差</td><td>井框、井箅吻合（mm）</td><td>≤10</td><td>/</td><td></td><td></td></tr>
<tr><td>4</td><td>井口与路面高差（mm）</td><td>−5，0</td><td>/</td><td></td><td></td></tr>
<tr><td>5</td><td>雨水口位置与道路边线平行（mm）</td><td>≤10</td><td>/</td><td></td><td></td></tr>
<tr><td rowspan="2">6</td><td rowspan="2">井内尺寸（mm）</td><td>长、宽：+20，0</td><td rowspan="2">/</td><td rowspan="2"></td><td rowspan="2"></td></tr>
<tr><td>深：0，−20</td></tr>
<tr><td>7</td><td>井内支、连管管口底高度（mm）</td><td>0，−20</td><td>/</td><td></td><td></td></tr>
<tr><td colspan="2">施工单位检查结果</td><td colspan="6">专业工长：（签名） 项目专业质量检查员：（签名） 年 月 日</td></tr>
<tr><td colspan="2">监理单位验收结论</td><td colspan="6">专业监理工程师：（签名） 年 月 日</td></tr>
</table>

7.2.3.38 市政验·管-34 支墩检验批质量验收记录

市政基础设施工程

支墩检验批质量验收记录

市政验·管-34

第　　页，共　　页

<table>
<tr><td colspan="4">工程名称</td><td colspan="4"></td></tr>
<tr><td colspan="4">单位工程名称</td><td colspan="4"></td></tr>
<tr><td colspan="4">施工单位</td><td></td><td colspan="2">分包单位</td><td></td></tr>
<tr><td colspan="4">项目负责人</td><td></td><td colspan="2">项目技术负责人</td><td></td></tr>
<tr><td colspan="4">分部（子分部）工程名称</td><td></td><td colspan="2">分项工程名称</td><td></td></tr>
<tr><td colspan="4">验收部位/区段</td><td></td><td colspan="2">检验批容量</td><td></td></tr>
<tr><td colspan="4">施工及验收依据</td><td colspan="4">《给水排水管道工程施工及验收规范》GB 50268</td></tr>
<tr><td colspan="4">验收项目</td><td>设计要求或规范规定</td><td>最小/实际抽样数量</td><td>检查记录</td><td>检查结果</td></tr>
<tr><td rowspan="3">主控项目</td><td>1</td><td colspan="2">所用的原材料质量应符合国家有关标准的规定和设计要求</td><td>第 8.5.3-1 条</td><td>/</td><td></td><td></td></tr>
<tr><td>2</td><td colspan="2">支墩地基承载力、位置符合设计要求；支墩无位移、沉降</td><td>第 8.5.3-2 条</td><td>/</td><td></td><td></td></tr>
<tr><td>3</td><td colspan="2">砌筑水泥砂浆强度、结构混凝土强度应符合设计要求</td><td>第 8.5.3-3 条</td><td>/</td><td></td><td></td></tr>
<tr><td rowspan="5">一般项目</td><td>1</td><td colspan="2">混凝土支墩应表面平整、密实；砖砌支墩应灰缝饱满，无通缝现象，其表面抹灰应平整、密实</td><td>第 8.5.3-4 条</td><td>/</td><td></td><td></td></tr>
<tr><td>2</td><td colspan="2">支墩支承面与管道外壁接触紧密，无松动、滑移现象</td><td>第 8.5.3-5 条</td><td>/</td><td></td><td></td></tr>
<tr><td>3</td><td rowspan="3">允许偏差</td><td>平面轴线位置（轴向、垂直轴向）（mm）</td><td>15</td><td>/</td><td></td><td></td></tr>
<tr><td>4</td><td>支撑面中心高程（mm）</td><td>±15</td><td>/</td><td></td><td></td></tr>
<tr><td>5</td><td>结构断面尺寸（长、宽、厚）（mm）</td><td>+10，0</td><td>/</td><td></td><td></td></tr>
<tr><td colspan="3">施工单位
检查结果</td><td colspan="5">专业工长：（签名）　　项目专业质量检查员：（签名）　　年　月　日</td></tr>
<tr><td colspan="3">监理单位
验收结论</td><td colspan="5">专业监理工程师：（签名）　　年　月　日</td></tr>
</table>

7.2.3.39　市政验·管-35　排水管（渠）道闭水试验验收记录

市政基础设施工程

排水管（渠）道闭水试验验收记录

市政验·管-35

<table>
<tr><td colspan="2">工程名称</td><td colspan="3"></td><td>施工单位</td><td colspan="2"></td></tr>
<tr><td colspan="2">单位工程名称</td><td colspan="3"></td><td>分包单位</td><td colspan="2"></td></tr>
<tr><td colspan="2">管（渠）结构</td><td colspan="2"></td><td>接口作法</td><td></td><td>管径或断面尺寸（m）</td><td></td></tr>
<tr><td colspan="2">验收起止井号</td><td colspan="6">号井段至　　号井段，带　　号井</td></tr>
<tr><td colspan="2">允许渗水量</td><td colspan="6">立方米/（24 小时×公里）</td></tr>
<tr><td rowspan="8">验收情况</td><td rowspan="2">第三方检测情况</td><td>试验结论</td><td>试验日期</td><td colspan="2">报告编号</td><td colspan="2">试验单位</td></tr>
<tr><td></td><td></td><td colspan="2"></td><td colspan="2"></td></tr>
<tr><td rowspan="6">自检情况</td><td colspan="2">试验次数</td><td colspan="4">第　　次　共试　　次</td></tr>
<tr><td colspan="2">试验水头</td><td colspan="4">高于上游管内顶　　米</td></tr>
<tr><td colspan="2" rowspan="2">试验结果</td><td colspan="4">1. 全长　　米，经　　小时共渗水　　立方米</td></tr>
<tr><td colspan="4">2. 折合　　立方米/（24 小时×公里）</td></tr>
<tr><td colspan="2">目测渗漏情况</td><td colspan="4"></td></tr>
<tr><td colspan="2">试验结论</td><td colspan="4"></td></tr>
<tr><td rowspan="2">验收结论</td><td colspan="7">施工单位自检意见：
项目专业质量检查员：
年　月　日</td></tr>
<tr><td colspan="7">监理单位意见：
专业监理工程师：
年　月　日</td></tr>
<tr><td rowspan="4">会签栏</td><td>项目技术负责人</td><td colspan="6"></td></tr>
<tr><td>项目建设负责人</td><td colspan="6"></td></tr>
<tr><td>项目设计负责人</td><td colspan="6"></td></tr>
<tr><td></td><td colspan="6"></td></tr>
</table>

7.2.3.40 市政验·管-36 压力管道水压试验验收记录

市政基础设施工程

压力管道水压试验验收记录

市政验·管-36

<table>
<tr><td colspan="2">工程名称</td><td colspan="3"></td><td colspan="2">施工单位</td><td colspan="2"></td></tr>
<tr><td colspan="2">单位工程名称</td><td colspan="3"></td><td colspan="2">分包单位</td><td colspan="2"></td></tr>
<tr><td colspan="2">验收里程桩号</td><td colspan="2"></td><td>试验段长度（m）</td><td colspan="2"></td><td>管道排气阀类型、数量</td><td></td></tr>
<tr><td colspan="2">管材及规格</td><td>接口种类</td><td colspan="2">管道工作压力
（MPa）</td><td colspan="2">管道试验压力
（MPa）</td><td colspan="2">允许渗水量
（L/min·km）</td></tr>
<tr><td colspan="2"></td><td></td><td colspan="2"></td><td colspan="2"></td><td colspan="2"></td></tr>
<tr><td rowspan="14">验收情况</td><td rowspan="2">第三方检测情况</td><td>试验结论</td><td colspan="2">试验日期</td><td colspan="2">报告编号</td><td colspan="2">试验单位</td></tr>
<tr><td></td><td colspan="2"></td><td colspan="2"></td><td colspan="2"></td></tr>
<tr><td rowspan="12">自检情况</td><td colspan="3">加固墩混凝土龄期（养护时间）（d）</td><td></td><td colspan="2">加固墩后背土</td><td></td></tr>
<tr><td colspan="3">压力表编号、量程</td><td colspan="4"></td></tr>
<tr><td colspan="3">压力表检定及有效日期</td><td colspan="4"></td></tr>
<tr><td rowspan="4">注水法</td><td>次数</td><td>达到试验压力时间
t_1</td><td colspan="2">恒压结束时间
t_2</td><td colspan="2">恒压时间内注入的水量 W（L）</td><td>实测渗水量 q
（L/min）</td></tr>
<tr><td>1</td><td></td><td colspan="2"></td><td colspan="2"></td><td></td></tr>
<tr><td>2</td><td></td><td colspan="2"></td><td colspan="2"></td><td></td></tr>
<tr><td>3</td><td></td><td colspan="2"></td><td colspan="2"></td><td></td></tr>
<tr><td colspan="7">折合平均实测渗水量：　　　　L/（min）·（km）</td></tr>
<tr><td colspan="2">外　观</td><td colspan="5"></td></tr>
<tr><td colspan="2">试验结论</td><td colspan="5"></td></tr>
<tr><td rowspan="2">验收结论</td><td colspan="8">施工单位自检意见：
项目专业质量检查员：
年　　月　　日</td></tr>
<tr><td colspan="8">监理单位意见：
专业监理工程师：
年　　月　　日</td></tr>
<tr><td rowspan="4">会签栏</td><td colspan="2">项目技术负责人</td><td colspan="6"></td></tr>
<tr><td colspan="2">项目建设负责人</td><td colspan="6"></td></tr>
<tr><td colspan="2">项目设计负责人</td><td colspan="6"></td></tr>
<tr><td colspan="2"></td><td colspan="6"></td></tr>
</table>

7.2.3.41　市政验·管-37　管道冲洗消毒验收记录

市政基础设施工程

管道冲洗消毒验收记录

市政验·管-37

第　　页，共　　页

<table>
<tr><td colspan="2">工程名称</td><td colspan="3"></td><td colspan="2">施工单位</td><td colspan="2"></td></tr>
<tr><td colspan="2">单位工程名称</td><td colspan="3"></td><td colspan="2">分包单位</td><td colspan="2"></td></tr>
<tr><td colspan="2">施工部位</td><td colspan="3"></td><td colspan="2">里程桩号</td><td colspan="2"></td></tr>
<tr><td colspan="2" rowspan="2">设计要求</td><td colspan="2">管径（mm）</td><td colspan="2">消毒剂种类及数量</td><td colspan="2"></td><td></td></tr>
<tr><td colspan="2"></td><td colspan="2"></td><td colspan="2"></td><td></td></tr>
<tr><td colspan="4">记录项目</td><td colspan="5">施工情况记录</td></tr>
<tr><td>1</td><td colspan="3">管道口径、全长</td><td colspan="5"></td></tr>
<tr><td>2</td><td colspan="3">管内杂物清理情况</td><td colspan="5"></td></tr>
<tr><td>3</td><td colspan="3">管道冲洗口位置里程、口径</td><td colspan="5"></td></tr>
<tr><td>4</td><td colspan="3">管道进水口里程、口径</td><td colspan="5"></td></tr>
<tr><td>5</td><td colspan="3">投加消毒剂种类、数量</td><td colspan="5"></td></tr>
<tr><td>6</td><td colspan="3">浸泡时间</td><td colspan="5"></td></tr>
<tr><td rowspan="3">7</td><td colspan="2" rowspan="3">冲洗时间</td><td>第一天</td><td colspan="5"></td></tr>
<tr><td>第二天</td><td colspan="5"></td></tr>
<tr><td>第三天</td><td colspan="5"></td></tr>
<tr><td>8</td><td colspan="3">冲洗水外观色泽</td><td colspan="5"></td></tr>
<tr><td>9</td><td colspan="3">出水口安全措施</td><td colspan="5"></td></tr>
<tr><td></td><td colspan="3"></td><td colspan="5"></td></tr>
<tr><td></td><td colspan="3"></td><td colspan="5"></td></tr>
<tr><td></td><td colspan="3"></td><td colspan="5"></td></tr>
<tr><td>备
注</td><td colspan="8"></td></tr>
</table>

项目技术负责人：　　　　质检员：　　　　施工员：　　　　年　　月　　日